中国艺术年鉴

2014年卷 + 上

吕品田　主编
中国艺术研究院《中国艺术年鉴》编辑部　编

文化艺术出版社
Culture and Art Publishing House

图书在版编目（CIP）数据

中国艺术年鉴.2014年卷／吕品田主编.—北京：文化艺术出版社，2017.8
ISBN 978－7－5039－6362－9

Ⅰ.①中…　Ⅱ.①吕…　Ⅲ.①艺术—中国—2014—年鉴
Ⅳ.①J12－54

中国版本图书馆CIP数据核字（2017）第160837号

中国艺术年鉴·2014年卷

主　　编　吕品田
责任编辑　周进生　齐大任　唐　嘉　叶茹飞　田　甜　彭世帆　魏　硕
书籍设计　李　鹏
出版发行　文化艺术出版社
地　　址　北京市东城区东四八条52号　（100700）
网　　址　www.caaph.com
电子邮箱　s@caaph.com
电　　话　（010）84057666（总编室）84057667（办公室）
　　　　　（010）84057696—84057699（发行部）
传　　真　（010）84057660（总编室）84057670（办公室）
　　　　　（010）84057690（发行部）
经　　销　新华书店
印　　刷　国英印务有限公司
版　　次　2018年11月第1版
印　　次　2018年11月第1次印刷
开　　本　880毫米×1230毫米　1/16
印　　张　84.75
字　　数　2500千字
书　　号　ISBN 978－7－5039－6362－9
定　　价　600.00元（上下册）

《中国艺术年鉴·2014 年卷》
编辑机构人员

前　言

2014年，是以习近平同志为核心的党中央提出并形成“四个全面”战略布局、治国理政总体战略全面展开的一年，是我国文艺发展史上具有里程碑意义的一年。党中央高度重视思想文化建设和艺术工作，2014年10月15日上午，中共中央总书记、国家主席、中央军委主席习近平在北京主持召开文艺工作座谈会并发表重要讲话。他强调，文艺是时代前进的号角，最能代表一个时代的风貌，最能引领一个时代的风气。实现“两个一百年”奋斗目标、实现中华民族伟大复兴的中国梦，文艺的作用不可替代，文艺工作者大有可为。习近平总书记的重要讲话清晰透彻地阐明了当代中国文艺发展一系列带有方向性、根本性的重大问题，对引导艺术创作生产，促进文艺界良好风气的形成，推动文艺行业健康发展产生重要而深远的影响。

在习近平总书记重要讲话精神指引下，广大文艺工作者站在“实现‘两个一百年’奋斗目标、实现中华民族伟大复兴的中国梦”的战略高度，高扬社会主义核心价值观旗帜，突出“中国梦”的时代主题，努力创作优秀作品，不断提升思想道德修养和文学艺术素养，为服务大局、服务人民、繁荣社会主义文艺事业作出了新贡献。

在中央高度重视文艺事业发展的背景下，《中国艺术年鉴》编辑部本着实事求是的原则，以客观记录与学术评述相结合、全面反映与重点突出相协调、活动实践与社会反响相兼顾的编辑思路编纂完成《中国艺术年鉴·2014年卷》。该卷侧重艺术创作，立足学术考量，以文化强国的艺术发展要求与艺术本体规律为辑选尺度，力图从宏观上对年度艺术发展状况作出全景概览，系统总结2014年度各艺术门类的发展成果和宝贵经验，收录和凸显那些符合艺术规律、对艺术创作健康发展具有推动作用和借鉴价值的优秀作品、杰出艺术家及重要工作实践，为社会各界了解中国艺术发展趋向提供资讯。

《中国艺术年鉴·2014年卷》在沿用《中国艺术年鉴·2013年卷》编纂体例的基础上，为了实现理论性、学术性、针对性的有机统一，各分卷增加了综述部分的比重，强调用翔实的数据和客观的视角，全面梳理艺术现实，并基于对相关门类、领域所面临的突出问题以及发展机遇的分析提出思考与建议，以期全面系统地展现2014年度中国艺术发展的整体状况、主要成就、重要特征和前景走向。

《中国艺术年鉴·2014年卷》分为总类卷，戏曲卷，话剧卷，音乐卷，歌剧、音乐剧卷，舞蹈卷，曲艺卷，电影卷，电视艺术卷，美术卷，工艺美术卷，摄影卷，书法·篆刻卷，设计卷，索引卷等15个分卷，总计250余万字。

一、本年鉴设分四级目录层级，依次为：卷目—栏目—类目—条目。条目为基本信息单元，以【】标示。

二、各分卷目下设栏目，依次为："年度述评""文件辑录""专题""作品""纪事"。

"年度述评"，以专论的形式，从不同角度对年度艺术发展的诸多方面作出视野开阔、立体丰富、严谨深入的现状评价、经验总结和趋势前瞻。

"文件辑录"，辑录年度内文化艺术主管部门和艺术团体发布的与艺术工作相关的法规、规划、公告、通知等文件。

"专题"，就年度中的某些重要艺术活动、事件、话题，辑选若干篇与此相关的媒体报道、采访、评论文章，对其进行全面展现。

"作品"，辑录年度内各艺术门类有影响的新作或佳作。

"纪事"，简要记录年度内艺术展演、评比、会议、产业、交流等各类活动信息。

三、各栏目下设类目，类目是若干相关条目的归类总称，根据各卷、各栏目所载条目的具体情况设置。

四、索引卷以音序排序，以方便读者检索。

本年鉴实行分卷主编制。稿件含约稿和摘录两类，摘录稿件涉及讲话、文件、报道、评论、论文等文体。年鉴纪事所录信息均由全国主要报纸期刊、公开出版物及网站收集而来，并按本年鉴的表述规范加以编辑整理。

《中国艺术年鉴》以收集创作、表演和展览等信息为主，本卷中各分卷涉及理论研究、学术研讨和艺术教育等内容，收录于我编辑部编纂的《中国艺术学年鉴》。

中国艺术研究院《中国艺术年鉴》编辑部

2017年9月

中国艺术年鉴

2014年卷 + 总目录

上册

下册

上册目录

总类卷……1

分卷主编　丛玲玲

话剧卷……209

分卷主编 王　晶

曲艺卷……545

分卷主编 王 晶

中国艺术年鉴

2014年卷

+

总类卷

+

分卷主编：丛玲玲

文件辑录

【文化部关于贯彻落实《国务院关于推进文化创意和设计服务与相关产业融合发展的若干意见》的实施意见】

各省、自治区、直辖市文化厅（局），新疆生产建设兵团文化广播电视局，各计划单列市文化局：

为深入贯彻落实《国务院关于推进文化创意和设计服务与相关产业融合发展的若干意见》（国发〔2014〕10号，以下简称《若干意见》），提高文化产业创意水平和整体实力，推动文化创意和设计服务与相关产业深度融合，制定本实施意见。

一、深刻领会、准确把握推进文化创意和设计服务与相关产业融合发展的重大意义和工作思路

《若干意见》的发布，体现了中央在新形势下对文化产业战略地位和重大作用的准确把握，标志着文化创意和设计服务与相关产业融合发展已经成为国家战略，对促进经济结构调整和发展方式转变、提升产业竞争力、满足多样化消费需求、提高人民生活质量具有重要意义，对提升全民文化素质、增强文化整体实力和竞争力、提高国家文化软实力有着重要的促进作用。各级文化行政部门要主动把文化产业融入经济社会发展全局，认真研判、准确把握产业融合发展新趋势，打破部门行业区域藩篱，创新理念方式手段，抓好政策措施落实，在切实提升文化产业的创意水平和整体实力的基础上，更加积极主动地发挥文化创意和设计服务对相关产业发展的支持作用，以文化提升相关产业产品和服务的附加值，以融合发展拓展文化产业发展空间，实现文化产业与相关产业相互促进、共同发展。

二、提升文化产业的创意水平和整体实力

（一）创意设计业。坚持注重创意创新、淡化行业界限、强调交互融合的大设计理念，不断提高创意设计能力，充分发挥创意设计对实体经济相关领域的促进作用。推动民族文化元素与现代设计有机结合，形成有中国文化特色的创意设计发展路径。促进创意设计与现代生产生活和消费需求对接，拓展大众消费市场，探索个性化定制服务。支持建设数个有国际影响力的“设计之都”。优化提升北京国际设计周、中国苏州文化创意设计产业交易博览会等专业会展，为创意设计推广、交易和交流合作提供平台。

（二）动漫、游戏业。扶持内容健康向上、富有创意的优秀原创动漫产品的创作、生产、传播和消费。组织评选好中国文化艺术政府奖动漫奖，继续实施国家动漫品牌建设和保护计划，加大对优秀动漫创意人才的扶持力度。推广手机（移动终端）动漫行业标准，鼓励面向新媒体渠道的动漫游戏创作。提高游戏产品的文化内涵，培育国产游戏知名品牌，增强游戏产业核心竞争力和国际影响力。加强网络游戏规范管理，积极引导行业和企业自律。办好中国国际动漫游戏博览会，建设最具影响力的专业化、国际化动漫游戏会展交易平台。

（三）演艺、娱乐业。通过政府购买服务、原创剧目补贴、以奖代补等方式，扶持演艺企业创作生产，增强面向市场服务群众的能力。加强舞美设计、舞台布景创意和舞台技术装备创新，丰富舞台艺术表现形式。鼓励演艺企业创作开发体现中华优秀文化、面向国际市场的演艺精品。加快演艺基础设施建设改造和文艺演出院线建设。支持开发具有民族文化特色、健康向上的原创娱乐产品和新兴娱乐方式，促进娱乐业与休闲产业结合。鼓励娱乐企业连锁经营，促进娱乐产品传播消费。

（四）艺术品业。支持多种艺术形式、艺术风格、艺术流派创新发展，鼓励创作更多思想性艺术性观赏性俱佳的艺术品。加强艺术品市场需求和消费趋势预测研究，促进艺术创作与市场需求对接、与生活结合。推动画廊业健康发展，扶持经纪代理制画廊等市场主体，引导、培育和建设艺术品一级市场。鼓励原创新媒体艺术发展。鼓励开发艺术衍生品和艺术授权产品，培育艺术品市场新增长点。鼓励有实力的艺术家积极开拓境外市场。加强对优秀青年艺术家的培育、宣传、推广服务。办好中国（北京）艺术品产业博览会，搭建全国性、专业化、品牌化的艺术品产业交易交流平台。

（五）工艺美术业。坚持保护传承和创新发展相结合，发掘民族文化元素，突出地域特色，在保护多样性和独特性的基础上，促进工艺美术业全面健康发展。保护传承传统技艺，推动传统工艺美术产品

融入现当代生活。在保护传承的基础上，支持开发新技术、新工艺、新产品，增加艺术含量和科技含量，提高产品附加值。强化品牌意识，培育一批有较高知名度的工艺美术品牌。

三、充分发挥文化创意和设计服务对相关产业发展的支持作用

（六）加强文化创意和设计服务与装备制造业、消费品工业对接。提升文化创意和设计服务企业服务装备制造的能力，支持基于新技术、新工艺、新设备、新材料的应用设计和文化内涵开发，进一步提升实用功能和审美性。推动在生活消费品制造中引入创意设计元素，提高附加值，引导消费升级。鼓励文化企业与制造企业深度合作，通过形象授权、限量复制、加盟制造、委托代理等形式开发文化衍生产品，推动文化创意和设计服务渗透到制造业产品生产、销售流通、宣传推广全过程。

（七）注重文化建设与人居环境相协调。鼓励文化创意和设计服务单位参与新型城镇化和新农村建设，强化创意设计理念，丰富文化元素，提升村镇规划和农村住宅、居民点建设水平，提升城乡居民宜居水平。强化文化传承创新，有效保护历史文化街区和历史建筑，提高城市公共空间和公共艺术的规划水平和设计品质，合理发展各类艺术园区，完善图书馆、文化馆、美术馆、博物馆等公共文化设施功能，提高展陈水平，努力使城市成为历史底蕴厚重、时代特色鲜明的人文空间。推进文化生态保护区建设，保持乡村原始风貌、文化特色和自然生态，保护有历史、艺术价值的传统村落和民居，建设各具特色的美丽乡村。鼓励装饰设计创新，突出文化内涵，创造舒适优美的个性化家居环境。

（八）加快文化与科技融合。促进文化与科技双向深度融合，依托高新技术增强文化产品的表现力、感染力、传播力，强化文化对信息产业的内容支撑和创意提升。通过国家文化科技提升计划和文化科技创新项目，研发一批具有自主知识产权的核心技术，推广一批高新技术成果，提升文化行业技术与装备水平。推动高新技术成果向文化领域的转化应用，加强对传统文化产业的技术改造，培育新兴文化业态。鼓励对舞台剧目、音乐、美术、文化遗产的数字化转化，支持开发适宜互联网、移动终端的数字文化产品。加强多媒体、动漫游戏软件开发，推动动漫游戏与虚拟仿真技术在相关产业中的集成应用。

（九）促进文化旅游融合发展。鼓励文化创意和设计服务进入旅游业，提升文化旅游产品开发和服务设计水平，促进发展特色文化旅游，促进发展参与式、体验式等新型业态。鼓励文化创意、演艺、工艺美术与旅游资源整合，开发具有地域特色和民族风情的旅游演艺精品和旅游商品。支持建设富有文化特色与内涵的休闲街区、特色村镇、旅游度假区，加快培育文化旅游精品。

（十）推动文化与特色农业有机结合。充分发挥文化在服务“三农”中的作用，鼓励文化创意和设计服务企业及个人工作室为乡村集体经济组织、专业合作社、农户开展多种形式的创意设计，提升农产品文化附加值，提高农业品牌的知名度。加强休闲农业与乡村旅游经营场所的创意设计，支持建设集农耕体验、田园观光、教育展示、文化创意于一体的休闲农业创意园。促进农业文化遗产的保护。

（十一）促进文化与体育产业融合发展。鼓励文化企业向体育领域拓展，支持发展体育竞赛表演、电子竞技、体育动漫等新业态。加强创意设计，提升体育用品及衍生产品附加值。丰富传统节庆活动内容，支持各地依托自然人文资源举办特色体育活动。

四、实施重要文化产业促进计划与工程

（十二）文化产业创业创意人才扶持计划。适应创业创意人才成果转化、市场推广的需要，通过加大资金投入、提供展示机会、扩大品牌影响，鼓励各类文化人才大胆创意、创造和创新，促进融合发展。制订人才选拔条件，5 年内重点扶持 5000 名青年创业创意人才，建设创业创意人才库。以文化会展、画廊、竞技比赛等为平台，通过提供展示交易机会、奖励、补助等形式对创意人才予以支持。依托文化产业园区基地和各类支持平台，建设文化产业创业创意人才扶持计划实践基地。

（十三）成长型小微文化企业扶持计划。落实国家关于扶持小微企业发展的政策措施，引导和帮助各类小微文化企业增强盈利能力和发展后劲。发挥文化产业园区基地的孵化、服务功能，培育具有地方特色的小微文化企业和个人工作室，支持文化创意和设计服务企业向专、精、特、新发展，重点培育一批具有较强创意创新能力和发展潜力的中小微文化企业。

（十四）特色文化产业发展工程。以特色文化资源保护和合理利用为基础，鼓励各地不断推出特色鲜明的文化产品和服务，引导特色文化产业与建筑、园林、农业、体育、餐饮、服装、生活日用品等领域融合发展。合理规划、引导实施一批特色文化产业项目，支持建设一批文化特色鲜明、产业优势突出的特色文化产业示范区。建设有历史记忆、地域特色、民族特点的特色文化城镇和乡村。持续推进藏羌彝文化产业走廊建设，突出民族文化特色，推进文化与生态、旅游的融合发展，建成国际知名的文化旅游目的地和有示范效应的特色文化产业带。

（十五）数字文化产业发展工程。强化创新驱动，积极支持科研机构和企业加强数字文化产业关键技术研发、产业融合、商业模式创新和品牌培育。推动建立高技术服务业专项支持数字内容动漫游戏领域项目的长效机制。支持建立数字内容生产、转换、加工、投送平台，加强网络文化信息内容建设。加强数字文化产业人才培养和趋势研究工作。

（十六）文化产业投融资体系推进工程。发挥文化产业、金融、财政政策协同作用，深化文化金融合作，引导金融资本支持文化创意和设计服务发展。根据文化创意和设计服务企业特点和资产特性，创新文化金融服务体制机制，创新文化金融产品和服务。加大文化金融人才培训力度，提升文化创意和设计服务企业的投融资能力。推进文化金融合作改革试点工作，探索创建文化金融合作实验区。实施“文化金融扶持计划”，发挥财政对文化金融合作的引导带动作用。

（十七）文化产业园区基地提升工程。支持文化产业园区基地更好地发挥促进创意孵化、加强人才培养、推进产业融合、建设服务平台、培育文化品牌等功能，促其转型升级。依托国家级新区、现代服务业合作区、综合实验区、自由贸易区等，推进资源整合，支持建设数个高起点、规模化、代表国家水准和未来发展方向的文化产业园区。推进动态管理，完善退出机制，严格控制园区基地数量，提高发展水平。

五、落实支持政策和保障措施

（十八）落实相关经济政策。加快推进文化创意和设计服务企业认定标准制定和认定试点工作，确定企业创意设计费用税前扣除范围和标准，将《若干意见》提出的税收、土地、价格等优惠政策落到实处。经认定的文化创意和设计服务企业减按15%税率征收企业所得税，发生的职工教育经费支出不超过工资薪金总额8%的部分，准予在计算应纳税所得额时扣除。企业发生的符合条件的创意和设计费用执行税前加计扣除政策。推动落实文化创意和设计服务出口营业税免税政策。推动营业税改增值税试点有关政策在文化创意和设计服务领域落实。支持以划拨方式取得土地的单位利用存量房产、原有土地兴办文化创意和设计服务，并享受相关政策。推动落实文化创意和设计服务企业用水、用电、用气、用热与工业同价。推动落实对非物质文化遗产项目经营实行税收优惠政策。用好各类文化产业发展专项资金、投资基金，发挥财政资金杠杆作用，吸引社会资本广泛参与，促进文化创意和设计服务蓬勃发展。将文化创意和设计服务与相关产业融合纳入文化部文化金融合作工作框架、文化产业投融资服务体系的重点支持与服务范围。推动建立完善文化创意和设计服务企业无形资产评估体系，提高文化保险产品开发力度和服务水平。

（十九）营造创意创新环境。加强文化类知识产权运用和保护，促进知识产权转化和合理有效流通，加大对侵权行为的打击力度，健全创新创意激励保障机制。营造鼓励创新、宽容失败的文化创造环境，支持企业和个人加强产品研发和内容原创，推动文化内容、形式、手段创新。提高政府公共文化服务水平，发挥各类公共文化机构功能，培育公众文化创新创造意识。搭建各类文化交流平台，为文艺创作者、创意设计人才深入生活提供条件。积极推动创意社区建设。

（二十）加大人才培养力度。发挥高校院所、文化企业、园区基地、创业创意孵化器等各自优势，推进产学研用合作培养人才。实施重点文化设施经营管理人才培养计划，有效提升剧院、图书馆、博物馆、文化产业园区基地等各类文化设施经营管理水平。办好国家数字文化产业高级研修班、国家原创动漫高级研修班、西部文化产业经营管理人才培训班、文化产业投融资实务系列研修班，组织全国演艺企业经营管理人才进行分批次系统化轮训。鼓励依托工作室、文化名人、艺术大师，培养具有较强创意创新能力和国际视野的文化创意和设计服务人才。推动将非物质文化遗产传承人培养纳入职业教育体系，推动将学艺者纳入免费中等职业教育范畴，并提供资金补助、免费培训等扶持。规范和鼓励举办国际化、专业化的创意和设计竞赛活动，促进创意和设计人才创新成果展示交易。

（二十一）扩大市场需求。加强全民文化艺术教育，提高人文素养，提升文化消费水平。积极推进与相关部门对文化消费现状和发展规律研究，发布文化消费指数，引导文化消费。鼓励实施文化消费补贴制度，开展文化惠民活动，培育文化消费需求，扩大文化消费规模。结合公共文化服务体系建设，继续扩大各类文化产品和服务的政府采购。支持有条件的地区建设有特色、专业化的文化创意产品和设计服务的交易市场。鼓励文化创意和设计服务企业利用电子商务平台开展网络销售。

（二十二）加强公共服务。加强对文化创意和设计服务与相关产业融合发展的支撑，提高公共技术、资源信息、投资融资、交易展示、人才培养、交流合作等服务能力。完善创意创业服务体系，支持各类创意创业孵化器发展，促进创意成果转化和创业团队孵化。建设一批布局合理、功能完善、运营高效的文化产业技术服务平台。引导各类文化产业展会转型升级，提升其市场化、专业化、国际化水平。

（二十三）鼓励开拓境外市场。综合运用多种政策手段，对文化服务出口、境外投资、营销渠道建设、市场开拓、公共服务平台建设、文化贸易人才培养等方面给予支持。减少对文化出口的行政审批事项，简化手续，缩短时限。支持有条件的企业通过海外并购、联合经营、设立分支机构等方式开拓境外市场。加强对外文化贸易公共信息服务，及时发布国际文化市场动态和国际文化产业政策信息。在重点出口地区建立和完善创意设计产品出口服务平台，推动中国原创设计产品走入国际市场。支持文化创意和设计服务企业参加国际知名展会和文化活动。鼓励发展设计服务外包。鼓励文化创意和设计服务企业通过文化交流、项目合作等方式，积极参与国际交流合作。

六、加强组织实施

各级文化行政部门要认真学习、深刻认识《若干意见》的重大意义，领会精神实质，按照本实施意见要求，在党委、政府的领导下，统一思想，提高认识，把文化创意和设计服务与相关产业融合发展列入重要议事日程，结合本地区实际制定配套政策措施，创造性地抓好组织实施。要主动加强与发展改革、财政、教育、科技、土地、税务、金融等部门的沟通协调，把各项政策措施落到实处。推进文化产业促进立法进程。充分发挥各级各类文化产业协（学、商）会、中介组织、研究机构等在提供政策咨询、加强行业自律、促进行业发展、维护企业合法权益、制定行业标准等方面的重要作用。

文化部
2014 年 3 月 20 日

【国家艺术基金章程（试行）】

为繁荣发展艺术事业，经国务院批准，设立国家艺术基金（英文名称为 China National Arts Fund，英文缩写为 CNAF）。为规范国家艺术基金的管理，特制定本章程。

第一章　总　则

第一条　国家艺术基金是由国家设立，旨在繁荣艺术创作、打造和推广原创精品力作、培养艺术创作人才、推进国家艺术事业健康发展的公益性基金。

第二条　国家艺术基金的资金，主要来自中央财政拨款，同时依法接受国内外自然人、法人或者其他组织的捐赠。

第三条　国家艺术基金坚持文艺“为人民服务、为社会主义服务”的方向和“百花齐放、百家争鸣”的方针，尊重艺术规律，鼓励探索与创新，倡导诚信与包容，坚持“面向社会、公开透明、统筹兼顾、突出重点”的工作原则。

第二章　机构、职责与管理

第四条　国家艺术基金理事会（以下简称“理事会”）是国家艺术基金的决策机构，受文化部、财政部领导和监督。

国家艺术基金管理中心（以下简称“管理中心”）具体负责基金管理和组织实施。

国家艺术基金专家委员会（以下简称“专家委员会”）承担咨询、评审、监督等相关职责。

国家艺术基金的决策管理机制是理事会议、秘书长会议和主任办公会。

理事会成员、管理中心工作人员和专家委员会委员，应恪守职业道德，遵章守法，尽职尽责，爱岗敬业，自觉维护国家艺术基金的声誉。

第五条　理事会理事由有关部门负责人、艺术家、专家学者和知名人士等组成。理事会设理事长一人，副理事长若干人，由现任和曾任文化部、财政部领导担任；设秘书长一人，由副理事长兼任。理事会理事由理事长或相关机构推荐，文化部、财政部审定。

第六条　理事长、副理事长、理事，每届任期五年，连任不超过两届，届中可根据基金工作需要按规定增补理事会成员。

第七条　理事会每年至少召开两次理事会议。如遇需要理事会决定的议题，经理事长同意，可临时召开理事会议。理事会议应有2/3以上的理事出席才能召开。理事如不能参加理事会议，应提前向理事长请假并经理事长同意。在对议案进行表决时，须经出席理事会议的2/3以上的理事同意，才能形成理事会决议。决议违反国家法律、法规和基金章程规定的，在表决中投赞成票的理事承担相应责任，不赞成的不承担责任。

第八条　理事会的主要职责：

（一）制定和修改《国家艺术基金章程》；

（二）审定国家艺术基金管理规章制度；

（三）审定国家艺术基金中长期规划和年度计划；

（四）审定国家艺术基金资助项目年度申报指南；

（五）审定国家艺术基金的专家评审结果；

（六）审查国家艺术基金年度资助项目的实施情况和经费使用情况；

（七）审核国内外自然人、法人或其他组织的捐赠事宜；

（八）审核国家艺术基金年度预决算，按规定程序报批；

（九）研究国家艺术基金管理工作中违纪违规行为的处理意见；

（十）指导监督管理中心的工作；

（十一）研究国家艺术基金的其他重大事项。

第九条　秘书长会议由秘书长或秘书长指定的一名理事主持，管理中心主任、相关理事、专家等人员参加。

第十条　秘书长会议的主要职责：

（一）落实理事会重要决议；

（二）研究处理理事会日常事务；

（三）研究处理管理中心的重要请示；

（四）研究处理拟提交理事会议的重要议程、事项；

（五）研究处理国家艺术基金管理的其他重要事项。

第十一条　管理中心为文化部事业单位，负责国家艺术基金的组织实施。管理中心主任、副主任按干部管理权限与程序选拔、考察、任命。

第十二条　管理中心的日常决策机制为主任办公会议，由主任、副主任和相关人员参加。

第十三条 管理中心的主要职责：

（一）草拟国家艺术基金各项重大规章制度，报理事会审定，负责制定管理中心内部各项管理制度；

（二）筹组、管理专家库；

（三）在征求相关部门意见后，提出国家艺术基金年度项目申报指南，报理事会审定；

（四）组织国家艺术基金年度资助项目申报、评审等工作；

（五）提出国家艺术基金年度资助项目及其资助资金额度，报理事会审定；

（六）草拟国家艺术基金向社会公示的事项，报理事会审定；

（七）提出国家艺术基金年度预算、决算以及财务报告，报理事会审定；

（八）负责国家艺术基金年度预算执行和管理工作；

（九）负责处理赞助、捐赠相关事宜；

（十）提出其他需要提请理事会审定的事项。

第十四条 按照代表性与多样性相结合、动态调整和专家自愿等原则，遴选具有较高专业水平、良好职业道德的艺术专家、项目管理专家、财务管理专家、监督评估专家，组建国家艺术基金专家库。

第十五条 专家委员会的产生方式及各项职能：

管理中心根据基金年度工作的实际需要，在开展咨询、评审、监督工作前，从国家艺术基金专家库中随机抽取或遴选相关专家，由理事会聘任，一年一聘，承担咨询、评审、监督等相关职能，提出咨询意见、评审结果和监督报告等。

第十六条 专家委员会的咨询职能：

（一）为国家艺术基金发展规划和年度项目申报指南制定工作，提供咨询意见；

（二）为国家艺术基金年度资助项目及其资助资金额度的评审工作，提供咨询意见；

（三）为编制国家艺术基金年度预算、草拟国家艺术基金决算和财务报告等工作，提供咨询意见；

（四）为其他涉及国家艺术基金专业业务方面的事项提供咨询意见。

第十七条 专家委员会的评审职能：

（一）评审国家艺术基金资助项目；

（二）评审国家艺术基金拟表彰奖励的优秀作品、杰出人才；

（三）评审国家艺术基金的招标项目和委托项目；

（四）评审国家艺术基金的资格、资质类项目；

（五）评审国家艺术基金开展的、其他适合使用评审方式的项目。

第十八条 专家委员会的监督职能：

（一）对国家艺术基金重大制度制定、重大决策等工作进行监督和评估；

（二）对国家艺术基金年度项目申报指南制定、项目申报、项目评审、项目审批、社会公示等各环节工作进行监督和评估；

（三）对国家艺术基金预算申报、审批、经费使用等情况进行监督；

（四）对国家艺术基金其他需要监督的事项进行监督。

第三章 资助范围与方式

第十九条 国家艺术基金资助范围包括艺术的创作生产、传播交流推广、征集收藏、人才培养等方面。项目资助立足示范性、导向性，努力体现国家艺术水准。

第二十条 国家艺术基金资助项目分为一般项目和特别项目。

第二十一条 国家艺术基金的资助方式分为三类：项目资助，即根据项目申报类别及评审情况予以相应资助；优秀奖励，即对优秀作品、杰出人才进行表彰与奖励；匹配资助，即为引导和鼓励社会力量支持艺术发展，对获得其他社会资助的项目进行有限陪同资助。

第四章　项目资助与管理

第二十二条　根据国民经济和社会发展规划、国家艺术发展规划及现实需求，制定国家艺术基金发展规划和项目指南，组织有关专家进行科学论证，明确优先发展领域和资助范围，并向社会发布。

第二十三条　申报单位及个人依据申报指南载明的条件与要求确定申报项目并填报项目申报表，按申报指南规定的时间和程序进行申报。

第二十四条　管理中心应当自基金项目资助申请截止之日起30日内，完成对申报项目的审查。符合基金章程和年度项目指南规定的，予以受理；不符合的，通知申报主体不予受理。

第二十五条　国家艺术基金遵循依托专家、严守程序、择优支持、公正合理的评审原则，制定评审标准和管理办法，组织对受理申报项目的评审，具体办法另行制定。

第二十六条　国家艺术基金资助项目是根据本章程和项目评审办法，以及专家提出的评审意见，决定予以资助的项目。拟予以资助的，予以公示，公示期满，应及时通知申报主体。

第二十七条　申报主体对不予资助决定有异议的，可自公示之日起15日内，向管理中心提出书面意见。对评审专家的艺术或学术判断有不同意见，不得作为提出异议的理由。

管理中心对申报主体提出的书面意见，应自收到之日起60日内完成审查。

第二十八条　管理中心应在资助项目公示期结束后与获得立项资助的申报主体（“项目承担主体”）签订《国家艺术基金项目资助协议书》，并及时划拨经费，项目承担主体应当按照国家艺术基金资助项目经费使用的相关规定和项目计划书的要求使用基金资助经费，不得以任何方式侵占、挪用基金资助经费。基金资助经费使用与管理的具体办法另行制定。

第二十九条　管理中心加强资助项目管理与监督，重点审查获资助项目的工作计划、经费预算和完成情况，检查年度进展报告，核准结项或组织验收，组织绩效评估，管理资助成果，推动成果共享等。

第三十条　各地文化行政主管部门、企事业单位、社会团体和机构等经管理中心遴选和认定，可作为受委托单位负责申报资助项目的审核、汇总、上报，协助管理中心进行资助项目的质量监管、年度检查和结项验收，并承担管理中心委托的其他工作。

第三十一条　项目承担主体负责资助项目的具体实施，按规定使用和管理资助经费，并承担相关责任。

第三十二条　国家艺术基金的管理，实行年度报告制度，公布资助情况，宣传资助成果。国家艺术基金依照相关法律和政策，制定和建立资助成果的管理办法。

第五章　财务与资产管理

第三十三条　国家艺术基金执行国家财政和财务制度，建立健全财务管理办法，完善财务内部控制制度，推进财务管理信息化建设，保障资金安全、合理、有效使用。

第三十四条　国家艺术基金年度预算编制按照量入为出、收支平衡的原则，严格执行预算编制程序。年度预算经财政部批准后执行，如有重大调整，按程序报批。

第三十五条　国家艺术基金年度决算报告编制，按程序报批。

第三十六条　国家艺术基金对资助项目经费预算执行情况进行监督。

第三十七条　国家艺术基金按照捐赠协议管理和使用接受捐赠的资产。

第三十八条　建立健全国家艺术基金国有资产管理制度，防止国有资产流失。

第六章　合作与交流

第三十九条　国家艺术基金本着繁荣艺术、服务社会的理念，加强与各类艺术机构、团体的合作，形成多样化的服务机制与平台。

第四十条　国家艺术基金根据国家发展和外交与文化艺术政策，科学制定国际（地区）艺术合作与艺术交流计划，促进艺术合作。

第四十一条　国家艺术基金通过资助艺术创作、学术研究、人员交流等多种形式，支持我国艺术家参与国际合作交流。

第四十二条 国家艺术基金积极开发利用海外艺术资源，吸引海外艺术家参与国内艺术发展和艺术创作。

第七章 监督与处罚

第四十三条 国家艺术基金接受国家财政、审计、纪检监察、文化等行政主管部门的监督检查，并接受社会监督。

第四十四条 国家艺术基金资助项目的评审结果须进行社会公示。

第四十五条 项目承担主体违反本章程及国家艺术基金其他有关管理规定者，管理中心给予通报，并追究责任人相关责任。

第四十六条 有下列情形之一者，报理事会批准后追回已拨经费，并取消项目承担主体和相关人员三年以上申请和参与新资助项目的资格：

（一）违反国家法律、法规及有关规定；

（二）项目内容有违公序良俗；

（三）资助项目存在严重质量问题；

（四）有弄虚作假行为；

（五）与批准的资助项目内容严重不符；

（六）擅自延期仍不能完成；

（七）严重违反财务会计制度规定；

（八）项目申报、评审、验收工作中有行贿行为；

（九）其他违法和严重违规事项。

第八章 附 则

第四十七条 本章程相关实施办法，另行制定。

第四十八条 理事会对本章程拥有解释权和修订权。

第四十九条 本章程经理事会会议讨论通过并报文化部、财政部备案，自 2014 年 5 月 1 日起施行。

【中华人民共和国文化部 2013 年文化发展统计公报】

2013 年，全国文化系统认真贯彻落实党的十八大精神，紧紧围绕实现中华民族伟大复兴的中国梦，坚持改革创新，坚持服务大局，以建设社会主义文化强国为目标，振奋精神、团结进取、扎实工作，开创了文化改革发展的崭新局面。

一、机构和人员

年末全国文化单位 29.3 万个，比上年末减少 0.31 万个；从业人员 215.99 万人，比上年末增加 6.18 万人。其中，文化部门所属单位 6.47 万个，增加 728 个；从业人员 64.19 万人，增加 2.61 万人。

二、公共文化服务体系

（一）公共图书馆

年末全国共有公共图书馆 3112 个，比上年末增加 36 个。其中县图书馆 1632 个，增加 4 个；少儿图书馆 105 个，增加 6 个。年末全国公共图书馆从业人员 56320 人，比上年末增加 1323 人。其中具有高级职称的人员 5322 人，占 9.5%；具有中级职称的人员 17867 人，占 31.7%。

年末全国公共图书馆实际使用房屋建筑面积 1158.45 万平方米，比上年末增长 9.5%；图书总藏量 74896 万册，增长 8.8%；电子图书 37767.27 万册；阅览室座席数 80.98 万个，增长 10.2%；计算机 19.54 万台，增长 12.8%；供读者使用的电子阅览终端 11.63 万台，增长 14.6%。

年末全国平均每万人公共图书馆建筑面积 85.1 平方米，比上年末增加 6.9 平方米；全国人均图书馆藏量0.55册，比上年增加0.04册；全国人均购书费1.22元，比上年增加0.13元。

全年全国公共图书馆发放借书证2877万个，比上年增长15.8%；总流通人次49232万，增长13.3%。书刊文献外借册次40868万，增长23.1%；外借人次20552万，增长18.1%。全年共为读者举办各种活动91520次，增长11.8%；参加人次4411万，增长7.4%。

（二）群众文化机构

年末全国共有群众文化机构44260个，比上年末增加384个。其中乡镇综合文化站34343个，增加242个。年末全国群众文化机构从业人员164355人，比上年末增加8127人。其中具有高级职称的人员5472人，占3.3%；具有中级职称的人员16348人，占9.9%。

年末全国群众文化机构实际使用房屋建筑面积3389.39万平方米，比上年末增长6.9%；藏书23013万册，增长10.7%；计算机29.22万台，增长24.9%；对公众开放的阅览室99.73万平方米，增长16.2%。年末全国平均每万人群众文化设施建筑面积249.09平方米，比上年末提高14.85平方米。

全年全国群众文化机构共组织开展各类活动129.32万场次，比上年增长6.8%；服务人次44171万，增长0.3%。

年末全国群众文化机构共有馆办文艺团体6022个，演出15.13万场，观众6569万人次。由文化馆（站）指导的群众业余文艺团体34.26万个，馆办老年大学724个。

三、艺术创作演出

年末全国共有艺术表演团体8180个，比上年末增加859个；从业人员26.09万人，增加1.88万人。其中各级文化部门管理的艺术表演团体2067个，占25.3%。

2013年10月，文化部组织举办了第十届中国艺术节。“十艺节”秉持“艺术的盛会、人民的节日”的宗旨，坚持节俭办节、创新办节模式，改进工作作风，突出文化惠民。其间参评参演剧目133台，647件美术作品参加全国优秀美术作品展览，成为一届展示中国道路、中国精神、中国力量的艺术盛会。文化部组织举办了第二届优秀保留剧目大奖获奖作品全国巡演活动。巡演活动共历时4个月，在20多个省（区、市）、100多个城市的社区、农村及基层单位演出1000多场，观众人次达80多万，取得了很好的社会效果。

全年全国艺术表演团体演出165.11万场，比上年增长22.3%；国内观众90064万人次，增长8.8%；赴农村演出105.08万场，增长29.5%，占总演出场次的63.6%；农村观众52973万人次，比上年增长1.7%，占观众总人数的58.8%。营业总收入280.03亿元，比上年增长42.2%；其中演出收入73.55亿元，增长14.7%。

全年全国文化部门所属艺术表演团体共组织政府采购的公益演出8.9万场，观众8716.30万人次。利用流动舞台车演出9.80万场次，观众9450.03万人次。

年末全国文化部门所属艺术表演场馆1344个，比上年增加65个，观众座席数102.79万个，增加8.24万个。全年共举行艺术演出6.60万场，比上年降低8.2%；观众2662万人次，增长21.5%。

四、文化产业与文化科技

2013年，通过开展国家级文化产业园区和基地考核巡检工作，文化部撤销了1家国家级文化产业试验园区、1家国家文化产业示范基地称号。年末全国共有8个国家级文化产业示范园区，6个国家级文化产业试验园区和268个国家文化产业示范基地。

年末经文化部、财政部、国家税务总局三部门联合认定的动漫企业共有587个，重点动漫企业43个。

年末文化产业中长期本外币信贷余额1574亿元，比年初新增419亿元，同比增长36.3%；185家文化企业注册发行的债券余额2878.5亿元；77家文化企业在沪深两地资金市场上市，全国各类型的文化产业股权投资基金57只，募集规模超过1350亿元。

2013年，文化部稳步推进国家文化科技提升计划、文化部科技创新项目、国家文化创新工程、标准化修订项目等部级科技及创新项目，积极扶持立项涉及公共文化服务、文化产业发展、文化市场管理、体制机制改革等领域的科技项目 48 项，国家文化创新工程项目 12 项，标准化修订项目 14 项。全年共完成各类艺术学评审立项项目 201 项，资助经费总额 2836 万元。首次开展“国家社科基金艺术学重大项目”评审立项工作，6 个项目获得立项。

五、文化市场

年末全国文化市场经营单位 22.66 万个，从业人员 145.18 万人。全年全国文化市场经营单位营业总收入 1366.57 亿元，利润总额 351.74 亿元。

分区域看，年末城市文化市场经营单位 83788 个，占文化市场经营单位总量的 37%；县城 90988 个，占 40.2%；县以下地区 51808 个，占 22.9%。

年末全国共有娱乐场所 89652 个，比上年末减少 619 个；从业人员 83.57 万人，比上年末增加 7.04 万人；全年营业总收入 884.21 亿元，比上年增长 46.2%；实现利润 208.47 亿元，增长 5.2%。

年末全国共有互联网上网服务营业场所 131013 个，比上年末减少 4670 个；从业人员 47.82 万人，减少 5.11 万人；全年营业收入 387.94 亿元，比上年增长 9.6%；实现利润 142.59 亿元，与上年基本持平。

六、文化遗产保护

年末全国共有文物机构 7740 个，比上年末增加 1616 个。其中，文物保护管理机构 2809 个，占 36.3%；博物馆 3476 个，占 44.9%。年末全国文物机构从业人员 13.88 万人，比上年末增加 1.36 万人。其中文物保护管理机构 35334 人，占 25.4%；博物馆 79075 人，占 57.0%。

年末全国文物机构拥有文物藏品 3840.85 万件，比上年末增长 9.6%。其中，博物馆文物藏品 2719.19 万件，占文物藏品总量的 70.8%；文物商店文物藏品 763.24 万件，占 19.9%。文物藏品中，一级文物 9.68 万件，占 0.3%；二级文物 76.14 万件，占 2.0%；三级文物 331.56 万件，占 8.6%。

全年全国文物机构共安排基本陈列 8392 个，举办临时展览 9644 个，接待观众 74706 万人次，增长 11.4%。其中博物馆接待观众 63777 万人次，占文物机构接待观众总人次的 85.4%；文物保护管理机构接待观众 10711 万人次，占 14.3%。参观人群中未成年人 20237 万人次，比上年增长 16.8%，占参观总人数的 27.1%。

2013 年中央补助地方博物馆免费开放资金 30.86 亿元；全国免费开放的博物馆 2780 个，占上报博物馆数量的 80%。免费开放博物馆从业人员 58809 人，占 74.4%。

2013 年，国务院核定公布了第七批全国重点文物保护单位 1943 处，至此全国重点文物保护单位总数达到 4295 处。国家文物局公布了第二批 12 个国家考古遗址公园名单、31 个国家考古遗址公园立项名单。红河哈尼梯田文化景观成功申遗，我国世界遗产总数达到 45 项，位居世界第二。

2013 年，文化部对第一批和第二批国家级非遗项目保护单位进行了调整变更，重新认定了 433 家第一、二批国家级非遗项目保护单位，并认定了 537 家第三批国家级非遗项目保护单位。截至 2013 年底，全国共有国家级非遗项目保护单位 2658 家。

2013 年，珠算被列入联合国教科文组织人类非物质文化遗产代表作名录，我国入选项目总数达到 38 个。截至 2013 年底，文化部共认定了 1219 个国家级非物质文化遗产名录和 1986 名国家级非物质文化遗产项目代表性传承人。据统计，各省共认定了 9647 个省级非物质文化遗产名录和 7713 名省级非物质文化遗产项目代表性传承人。

据初步统计，年末全国共有非物质文化遗产保护机构 2525 个，从业人员 18128 人。全年全国非物质文化遗产保护机构共举办展览 14078 次，接待观众 3086.05 万人次；举办演出 26339 场，观众 3070.69 万人次；举办民俗活动 12361 次，观众 3673.79 万人次；举办培训班 17554 次，培训 121.33 万人次。

七、对外及对港澳台文化交流

全国文化系统批准对外文化交流项目 2159 起，66338 人次参加；批准对港澳文化交流项目 425 项，

8883人次参加；批准对台文化交流项目324项，10802人次参加。

全年共配合中央领导和部领导参与各类高访和出访35次，接待外国政府文化代表团32起，与24个国家签订或续签文化交流年度执行计划，与9个国家签订了互设文化中心协定或谅解备忘录。在中俄、中美、中欧、中英、中非、中阿、东盟“10+3”、上合组织等近20个区域性多边和双边政府合作机制框架下，成功举办加拿大“中国文化系列活动”、美国“跨越太平洋”系列活动、德国“中国文化年”闭幕式、第28届沙特阿拉伯“杰纳第利亚遗产文化节”中国主宾国活动、第55届威尼斯艺术双年展中国馆活动、“中阿丝绸之路文化之旅”等重大对外文化项目近百起，参与和深化各类中外人文交流与合作。

2013年，完成尼日利亚中国文化中心的筹建和马德里中国文化中心的揭牌启用工作，使海外中国文化中心总数达到14个。各海外中国文化中心全年共举办各类文化活动近千场，参加人次超过50万人次。部省年度对口合作成果丰硕，与13个省（区、市）联合开展了100余项文化活动，国外参与相关活动公众10万多人次。

2013年，“欢乐春节”活动共涉及385个项目，在世界99个国家和地区的251个城市举办，国内参与省（区、市）多达29个，另有100多个我国驻外使（领）馆、中国文化中心、上百家海外中资企业参与，吸引了约3500万名海外各阶层民众和华人华侨的热情参与，得到了2000多家海外各类媒体的正面报道，在世界范围再次掀起“中国热”。亚洲艺术节、中国文化聚焦、上海国际艺术节、成都非遗节、相约北京等品牌活动成功举办，成为传播中华文化、促进中外文化交流的重要载体。“艺海流金”“濠江明月夜”“情系”系列老品牌和“中秋灯会”“艺传两岸”等新活动交相辉映，进一步增进了港澳台同胞对中华文化的认同。

八、文化资金投入

2013年，中央财政通过实施美术馆公共图书馆文化馆（站）免费开放、非遗保护、公共数字文化建设、地市级公共文化设施建设等中央补助地方文化项目，共落实中央补助地方专项资金46.19亿元，比上年增长11.2%。

全年全国文化事业费530.49亿元，比上年增加50.39亿元，增长10.5%；全国人均文化事业费38.99元，比上年增加3.53元，增长10.0%。

全国文化事业费占财政总支出的0.38%，比重与上年基本持平。

全国文化事业费中，县以上文化单位272.67亿元，占51.4%，比重比上年提高了0.8个百分点；县及县以下文化单位257.82亿元，占48.6%，比重比上年下降了0.8个百分点。东部地区文化单位文化事业费231.41亿元，占43.6%，比重下降了0.5个百分点；中部地区文化单位120.01亿元，占22.6%，比重提高了0.2个百分点；西部地区文化单位152.16亿元，占28.7%，比重下降了0.4个百分点。

全国文物事业费237.86亿元，比上年增加48.80亿元，增长25.8%；文物事业费占财政总支出的比重为0.17%，比重比上年提高了0.02个百分点。

据财政部统计，2013年全国财政支出中，文化体育传媒经费2520亿元，比上年增长11.1%，占财政支出的1.80%，比重与上年基本持平。

2014年5月15日

【中共中央办公厅、国务院办公厅印发《关于推动国有文化企业把社会效益放在首位、实现社会效益和经济效益相统一的指导意见》】

近日，中共中央办公厅、国务院办公厅印发了《关于推动国有文化企业把社会效益放在首位、实现社会效益和经济效益相统一的指导意见》，并发出通知，要求各地区各部门结合实际认真贯彻执行。

《关于推动国有文化企业把社会效益放在首位、实现社会效益和经济效益相统一的指导意见》全文如下。

为深入贯彻落实党的十八大和十八届三中、四中全会精神，推动国有文化企业把社会效益放在首位、实现社会效益和经济效益相统一，现提出如下指导意见。

一、重要意义

近年来，随着社会主义市场经济深入发展和文化体制改革不断深化，国有文化企业积极参与市场竞争，经营性文化事业单位规范进行转企改制，一大批图书出版、影视制作、文艺演出、电影院线、图书发行、有线电视网络等文化内容生产企业和文化信息传播企业迅速成长，文化精品不断涌现，文化服务更加活跃，有力促进了文化产业发展和文化市场繁荣，实现了社会效益和经济效益同步提升。同时也要看到，一些国有文化企业改革还没有到位，两个效益相统一的问题还没有很好地解决，片面追求经济效益、忽视社会效益现象时有出现；国有资本运行效率还不够高，内部经营管理问题比较多，知名文化企业和文化品牌比较少；相关体制机制和配套政策措施有待进一步完善，两个效益相统一的环境条件需要进一步优化。

文化企业提供精神产品，传播思想信息，担负文化传承使命，必须始终坚持把社会效益放在首位、实现社会效益和经济效益相统一。国有文化企业是发展文化产业、建设社会主义先进文化的重要力量，必须着力建立有文化特色的现代企业制度，充分发挥示范引领和表率带动作用，在推动两个效益相统一中走在前列。这是新形势下打造文化创新主体、满足群众精神文化需求、活跃文化市场的客观需要，是提升文化软实力、参与国际文化竞争、维护国家文化安全的必然选择。要进一步增强责任感、紧迫感和使命感，深化改革、创新发展，确保国有文化企业始终坚持正确文化立场，推出更多思想性艺术性观赏性俱佳的文化产品，提供更多有意义有品位有市场的文化服务，切实发挥文化引领风尚、教育人民、服务社会、推动发展的作用。

二、总体要求

全面贯彻党的十八大和十八届三中、四中全会精神，高举中国特色社会主义伟大旗帜，深入贯彻落实习近平总书记系列重要讲话精神，紧紧围绕“四个全面”战略布局，坚持党的领导，坚持中国特色社会主义文化发展道路，坚持以人民为中心的创作生产导向，遵循社会主义市场经济规律，遵循精神文明建设要求，遵循文化产品生产传播规律，以社会主义核心价值观为引领，在国有企业改革大框架下，充分体现文化例外要求，积极推进国有文化企业改革。以建立有文化特色的现代企业制度为重点，以落实和完善文化经济政策、强化国有文化资产监管为保障，建立健全确保国有文化企业把社会效益放在首位、实现社会效益和经济效益相统一的体制机制，打造一批具有核心竞争力的骨干文化企业，推动社会主义文化大发展大繁荣。

正确处理社会效益和经济效益、社会价值和市场价值的关系，当两个效益、两种价值发生矛盾时，经济效益服从社会效益、市场价值服从社会价值，越是深化改革、创新发展，越要把社会效益放在首位。正确处理文化的意识形态属性与产业属性、文化企业特点和现代企业制度要求的关系，把加强党的领导与完善公司治理统一起来，加强分类指导，创新资产组织形式和经营管理模式，建立健全把社会效益放在首位、实现社会效益和经济效益相统一的考核评价标准。正确处理党委、政府与国有文化企业的关系，统筹制度设计和政策配套，明确谁主管谁负责和属地管理，尊重企业法人主体地位和自主经营权，强化政策引导，严格依法监管，注重道德调节，坚守社会责任，把两个效益相统一的要求落到实处。

三、完善企业内部运行机制

明确把社会效益第一、社会价值优先的经营理念体现到企业章程和各项规章制度中，推动党委领导与法人治理结构相结合、内部激励和约束相结合，形成体现文化企业特点、符合现代企业制度要求的资产组织形式和经营管理模式。

科学设置企业内部组织结构。企业党委成员以双向进入、交叉任职的方式进入董事会、监事会和经营管理层，党委书记兼任董事长，切实履行内容导向管理第一责任人职责。党委、董事会、未设董事会的经理班子等决策机构要依据各自的职责、权限和议事规则，讨论决定涉及内容导向管理的重大事项及企业运营与发展的重大决策、重要人事任免、重大项目安排和大额度资金使用等事项。从事内容创作生产传播的文化企业，要建立和完善编辑委员会、艺术委员会等专门机构，强化总编辑等内容把关岗位的职责，对涉及内容导向问题的事项，具有否决权。党报党刊、电台电视台、通讯社、时政类报刊等新闻单位，可以依法依规开展有关经营活动，但必须做到事业与企业分开、采编与经营分开，禁止采编播人员与经营人员混岗。

深化企业内部劳动、人事和收入分配等制度改革。健全绩效考核办法，实行差异化考核，对直接涉及内容创作的部门和岗位，要以社会效益考核为主，收入分配和奖励也要适当予以倾斜。

四、推动企业做强做优做大

着力提高规模化集约化专业化水平，推动国有文化企业加快公司制股份制改造，转变发展方式，强化导向管理，全面提质增效，打造一批核心竞争力强的国有或国有控股骨干文化企业，使之成为文化市场的主导力量和文化产业的战略投资者。

坚持立足主业发展，形成内容优势和传播优势，扩大市场占有率和话语权。树立精品意识，完善引导激励机制，加强原创和现实题材创作，努力创作生产更多传播当代中国价值观念、体现中华文化精神、弘扬中华优秀传统文化、反映中国人民奋斗追求的优秀文化产品。健全传播网络，规范传播秩序，发展现代流通形式，加强市场营销，鼓励和引导文化消费，不断扩大优秀文化产品的覆盖面和影响力。加大核心技术研发攻关力度，建立健全相关标准规范、管理制度和技术手段，抢占文化科技融合发展制高点。扩大对外文化贸易和文化投资，提升国际传播能力，讲好中国故事，传播好中国声音。

明确股份制改造的范围、股权结构和管理要求。按规定已经转企的出版社、非时政类报刊出版单位、新闻网站等，实行国有独资或国有文化企业控股下的国有多元。在坚持出版权、播出权特许经营前提下，探索制作和出版、制作和播出分开。新闻媒体中的广告、印刷、发行、传输网络部分，可剥离进行转企改制，由国有资本绝对控股，利用市场资源和社会力量，为发展壮大新闻宣传主业服务。在新闻出版传媒领域探索实行特殊管理股制度，积极稳妥开展试点。

推进以资本为纽带进行联合、重组。鼓励符合条件的国有文化企业上市融资。推动出版、发行、影视、演艺集团交叉持股或进行跨地区跨行业跨所有制并购重组，突出内容建设，强化技术支撑。推动传统媒体与新兴媒体融合发展，强化互联网思维，实现跨媒体、全媒体发展。推动以党报党刊所属的非时政类报刊和实力雄厚的行业性报刊出版单位为龙头，整合本区域本行业报刊资源。推动党政部门逐步与所主管主办的出版社和非时政类报刊社等企业脱钩，可以整合资源组建出版传媒集团，由集团履行相应主管主办职责，也可以划转给相应符合条件的企业来主管主办，推动政企分开。

五、完善资产监管运营机制和评价考核机制

加强国有文化资产管理、有效行使出资人权利，是党委和政府加强对国有文化企业干部管理、导向管理的重要依据，是确保国有文化企业坚持把社会效益放在首位、实现社会效益和经济效益相统一的制度保障。必须坚持对重大事项的决策权、资产配置的控制权、宣传业务的终审权、主要领导干部的任免权，确保国有文化企业正确履行社会文化责任，确保国有文化资产保值增值。

建立党委和政府监管国有文化资产的管理机构。按照依法规范的要求，探索建立党委和政府监管有

机结合、宣传部门有效主导的管理模式，推动实现管人管事管资产管导向相统一。各地可结合实际继续对本地国有文化资产监管模式进行改革探索，完善宣传部门有效监管的管理体制和工作机制。推动主管主办制度与出资人制度的有机衔接。

建立健全两个效益相统一的评价考核机制。研究制定文化企业国有资产监督管理办法，充分考虑不同类型国有文化企业的功能作用，明确社会效益指标考核权重应占50%以上，并将社会效益考核细化量化到政治导向、文化创作生产和服务、受众反应、社会影响、内部制度和队伍建设等具体指标中，形成对社会效益的可量化、可核查要求；科学合理设置反映市场接受程度的经济考核指标，坚决反对唯票房、唯收视率、唯发行量、唯点击率。加强国有资本经营预算编制工作，确保国有资本保值增值，确保社会效益要求的落实。

强化国有文化资产监管运营。推进国有文化资本授权经营，统筹考虑两个效益相统一要求，形成国有文化资本流动重组、布局调整的有效平台，优化资本资源配置，推动国有文化企业增强实力、活力、抗风险能力，更好地发挥控制力、影响力。充分体现文化特点，制定文化企业无形资产评估指导意见。做好有关清产核资工作，完善和落实文化企业国有资产指定入场交易的具体办法。建立健全文化企业国有资本审计监督体系，建立健全资产损失责任追究制度。

六、发挥文化经济政策引导、激励和保障作用

文化经济政策是繁荣发展社会主义文化、确保两个效益相统一的重要保障，是扶持引导文化产业、培育规范文化市场的重要手段。必须着力落实和完善文化经济政策，保证国有文化企业合理经济效益、职工合理经济利益，引导国有文化企业自觉追求社会效益最大化，实现可持续发展。

进一步加大财政支持力度。完善政府采购和资助办法，积极有序推进政府向社会购买公共文化服务工作，进一步支持国有文化企业发展。完善各级文化产业发展专项资金使用管理，加大对社会效益突出的产业项目扶持力度。加大中央文化企业国有资本经营预算投入力度，探索以国有资本金注入的方式推动企业兼并重组，培育国家级骨干文化企业。省属重点文化企业，经省级政府批准，2020年年底前可免缴国有资本收益。

创新财政资金使用方式。鼓励有条件的地方组建或改组国有文化资本投资公司，设立国有文化资本投资基金，发挥财政资金和国有资本的杠杆作用，带动社会资本参与，支持创新型企业和小微企业，更好地引导文化产业发展。

落实和完善税收优惠政策。继续执行推动经营性文化事业单位转制和文化企业发展的有关政策。按照财税体制改革的总体要求，统筹研究有利于文化内容创意生产、非物质文化遗产项目经营等方面的税收优惠政策。

七、健全企业干部人才管理制度

落实党管干部、党管人才原则，坚持德才兼备、以德为先的选人用人标准，强化担当意识、责任意识、奉献意识，着力打造讲政治、守纪律、会经营、善管理、有文化的国有文化企业干部人才队伍。

加强企业干部人才管理。统筹企业负责人管理、关键岗位管理、社会化人才管理，做好现行文化单位干部管理与现代企业制度有关要求的衔接，做好主管主办单位干部管理与出资人制度有关要求的衔接。各地省属文化企业省管干部，由省级宣传部门会同组织部门共同负责提名、考察与管理。逐步建立企业领导人员分类分层管理制度。加强对企业领导人员的日常管理，及时调整不胜任、不称职的领导人员。建立企业负责人述职述德述廉述法制度，合理确定并严格规范企业负责人履职待遇、业务支出，完善经济责任审计和离任审计制度。建立企业负责人履行社会效益责任追究制度，对工作不力的进行诫勉谈话、降低薪酬标准，直至解除职务。

建立具有文化企业特点的干部人才评价考核制度。落实国有企业负责人薪酬制度改革的有关要求，建立健全国有文化企业负责人经营业绩考核和薪酬管理办法，统筹考核社会效益、经营业绩、管理责任和薪酬标准。按照国家有关规定，开展国有控股上市文化公司股权激励试点。开展国有文化企业职业经

理人制度试点，探索市场化选聘人才的办法。

八、加强企业党的建设和思想政治工作

加强和改进新形势下国有文化企业党建工作，充分发挥党组织的政治核心作用，加强职工思想政治工作，为推进国有文化企业把社会效益放在首位、实现社会效益和经济效益相统一提供坚强的思想保证、政治保证和组织保证。

加强基层党组织和党员队伍建设。建立健全企业党建工作机构，大型企业应设立专门的工作机构，中小型企业根据实际情况设立党群综合工作部门，根据企业实际需要确定专职政工干部的数量。积极吸收各方面人才特别是优秀青年入党，着力扩大党员在采编、创作等岗位的比例。落实党风廉政建设责任制，党委（党组）负主体责任，纪委（纪检组）负监督责任，严明纪律和规矩，经常性开展党风党纪教育，营造风清气正的从业环境。

加强企业文化建设。坚持把社会主义核心价值观的要求贯穿到企业生产经营管理各环节和全过程，内化为企业精神和发展理念，提升干部群众思想道德素质和科学文化素质，增强企业内生动力。认真贯彻执行党的路线方针政策，模范遵守国家法律法规，依法经营、诚实守信，塑造国有文化企业良好形象。尊重职工主体地位，关注干部群众思想动态和利益诉求，帮助解决思想问题和实际问题。

九、加强组织领导

各地区各有关部门要高度重视，加强领导，强化措施，切实解决国有文化企业改革发展中的实际问题，做到始终坚持把社会效益放在首位、实现社会效益和经济效益相统一。要结合本地区本部门实际，抓紧制定具体实施意见，认真抓好落实。

进一步为文化企业坚持把社会效益放在首位、实现社会效益和经济效益相统一营造良好发展环境。加快推进文化法治建设，健全文化产品和服务评价体系，加强文化市场监管，加大知识产权保护力度，打击违法违规行为，抵制低俗之风。建立健全严格的市场退出机制，对内容导向存在严重问题或经营不善、已不具备基本生产经营条件的国有文化企业，坚决依法吊销、撤销有关行政许可，予以关停。探索建立国有文化企业社会责任报告制度，开展社会评议，建立健全行业自律制度。加强政策业务培训和人才培养，完善有关职业资格制度，提高从业人员素质。及时总结推广两个效益相统一的做法和经验。

严格工作纪律和要求。认真执行国家现行有关政策法规和行业管理规定，重大问题要及时请示报告，重大改革举措要严格按照有关要求和程序报批。

【以行动促进文化合作——中国与荷兰两国签署文化合作谅解备忘录】

◎中国文化部副部长　丁　伟　荷兰教育、文化及科学大臣　杰特·布斯马克

2014 年 3 月 24 日，我们共同签署了中国与荷兰两国文化合作谅解备忘录。

这份新的备忘录旨在拓展中荷两国文化合作，加深双方互相了解。

自中荷两国于 2005 年起决定以正式签约形式加深文化关系以来，这是我们两国之间的第五份备忘录，它标志着中荷两国文化合作的广度和深度已达到一个新的里程碑。

中国与荷兰都拥有历史悠久的文化，两国之间的交流源远流长。在过去的 400 年里，荷兰商人一直与包括中国在内的亚洲国家开展生意往来，使中国的茶叶和瓷器自 17 世纪始便风靡荷兰，成为人人喜爱的必需品；1896 年，李鸿章在其欧美之旅中造访荷兰，成为第一位到访荷兰的中国外交官。直至今日，中国人有时仍会将海牙著名的库豪斯酒店称为“李鸿章酒店”。在该酒店的嘉宾留言簿上，迄今还保存着李鸿章留下的诗句，描写他如何享受在荷兰的时光。

今天，中国的文化产业正在快速发展。而近年来荷兰的文化领域也在蓬勃创新。在中国，文化的生产、扶持、平台发展迅猛，民众对文化及文化产品的欣赏需求与日俱增；而在荷兰，为了实现 2020 年

使荷兰成为欧洲最具创意经济体的目标，各文化基金和机构正在经历战略性的变革，以使其工作更具跨界性、协作性和国际性。

在如此充满活力的环境下，中荷双方都有许多可以互鉴之处。本备忘录旨在把握这种活力，重点关注中荷双方交流潜力最大的领域。本备忘录的两个主要目标，一个是以行动为基础，另一个就是聚焦关键领域。

1. 创意产业是创新的动力来源。我们两国已经开始了若干关于城市化可持续发展的项目，涉及清洁能源、洁净空气、水资源管理和宜居环境等诸多主题。另一些项目则包括如何通过设立健康的文化区域来扶持产业的整体化发展等。另外，荷兰今年还将主办亚欧文化部长会议，把“创意产业”列为会议及其周边更广泛活动的主要议题。

2. 博物馆能反映我们社会的精神追求，拉近人与人的距离。在本备忘录基础上，中荷两国不久将开展一项大规模的博物馆合作项目，内容包括培训、访学交流、比较研究和互换展览等。中国将于今年夏天派一个博物馆专家代表团访荷，世界知名的荷兰梵高博物馆则将在中国开设第一期为中国量身定制的培训项目，主题为“藏品管理与保护”。从长远来看，这项大规模合作的目标是建立一个政策对话平台，以便共同探讨两国博物馆未来如何发展、如何提升组织与运营能力，以及中荷之间如何互相学习了解等内容。

3. 电影与纪录片能激发我们的想象与创意，帮助我们了解过去，展望未来。中荷两国目前正在商签一份联合制作协议，希望通过这样的方式汇聚专业人才、创意和知识，为大众制作更加精彩的电影。中国参与联合制作的电影在全球院线越来越受欢迎，展示着中国电影产业的蓬勃活力。国际知名的荷兰电影节，如阿姆斯特丹国际纪录片节和鹿特丹电影节上，每年都会上映许多中国电影。作为呼应，荷兰于2013年在中国启动了一个新的项目，旨在通过举办一年一次的在线电影节，让更多中国观众观赏到荷兰电影。

展望未来，这份备忘录为我们下一代人的合作奠定了基础。去年夏天，北京电影学院、中央音乐学院、北京舞蹈学院和中央美术学院都与荷兰的相应机构达成了加强合作的意愿。同时，我们也在关注相对较为新兴的文化领域发展，比如电子舞蹈音乐等。

回顾过往，我们仍记得2013年，在这份备忘录签署前夕，南京博物馆在荷兰成功举办了一次明代文物展。今年，中国将会迎来更多的经典荷兰作品，如荷兰国家芭蕾舞团的来华巡演以及荷兰舞蹈剧团的在华演出。在本文件的新框架下，我们希望未来能促成更多类似的活动。

通过这一系列多姿多彩的活动，我们看到，文化是一种能把人们连在一起的力量。文化交流不仅为国家的经济发展作出贡献，也能够调动人民的积极性，让大家团结起来共同应对这个时代的重要社会与政治问题，如城市化、绿色科技、食品安全等。虽然，迥异的背景有时会导致我们持有截然不同的观点，但更深的交流，尤其是文化领域的交流，则能有效地帮助我们跨越隔阂，更好地互相理解。

总的来说，我们相信，通过双方的共同努力，两国文化共同发展的前景是光明的，在21世纪也将涌现出更多像高罗佩（1910—1967，外交官，作家，汉学家）以及狄仁杰（高罗佩笔下的著名人物）这样的中荷文化关系代表性人物。在当前中荷文化发展欣欣向荣的形势下，带着在文化领域进一步密切合作的决心，我们相信，我们今天创造的文化沃土，一定能带来明天的累累硕果。

专题

中共中央总书记、国家主席、中央军委主席习近平主持召开文艺工作座谈会

【中共中央总书记、国家主席、中央军委主席习近平主持召开文艺工作座谈会】

2014年10月15日，中共中央总书记、国家主席、中央军委主席习近平在北京主持召开文艺工作座谈会并发表重要讲话。他强调，文艺是时代前进的号角，最能代表一个时代的风貌，最能引领一个时代的风气。实现“两个一百年”奋斗目标、实现中华民族伟大复兴的中国梦，文艺的作用不可替代，文艺工作者大有可为。广大文艺工作者要从这样的高度认识文艺的地位和作用，认识自己所担负的历史使命和责任，坚持以人民为中心的创作导向，努力创作更多无愧于时代的优秀作品，弘扬中国精神、凝聚中国力量，鼓舞全国各族人民朝气蓬勃迈向未来。

中共中央政治局常委、中央书记处书记刘云山出席座谈会。

座谈会上，中国作家协会主席铁凝，中国戏剧家协会主席、上海京剧院艺术指导尚长荣，空政文工团一级编剧阎肃，中国美术家协会副主席、中国美术学院院长许江，中国舞蹈家协会主席、中国国家大剧院舞蹈艺术总监赵汝蘅，中国作家协会副主席、上海市作家协会副主席叶辛，中国电影家协会主席、中国国家话剧院一级演员李雪健先后发言。

在认真听取大家发言后，习近平作了重要讲话。他首先表示，文艺事业是党和人民的重要事业，文艺战线是党和人民的重要战线。长期以来，广大文艺工作者致力于文艺创作、表演、研究、传播，在各自领域辛勤耕耘、服务人民，取得了显著成绩，作出了重要贡献。在大家共同努力下，我国文艺园地百花竞放、硕果累累，呈现出繁荣发展的生动景象。习近平向全国文艺工作者致以诚挚的问候。

习近平指出，推动文艺繁荣发展，最根本的是要创作生产出无愧于我们这个伟大民族、伟大时代的优秀作品。文艺工作者应该牢记，创作是自己的中心任务，作品是自己的立身之本，要静下心来、精益求精搞创作，把最好的精神食粮奉献给人民。必须把创作生产优秀作品作为文艺工作的中心环节，努力创作生产更多传播当代中国价值观念、体现中华文化精神、反映中国人审美追求，思想性、艺术性、观赏性有机统一的优秀作品。

习近平强调，改革开放以来，我国文艺创作迎来了新的春天，产生了大量脍炙人口的优秀作品。同时，也不能否认，在文艺创作方面，也存在着有数量缺质量、有“高原”缺“高峰”的现象，存在着抄袭模仿、千篇一律的问题，存在着机械化生产、快餐式消费的问题。文艺不能在市场经济大潮中迷失方向，不能在为什么人的问题上发生偏差，否则文艺就没有生命力。低俗不是通俗，欲望不代表希望，单纯感官娱乐不等于精神快乐。精品之所以“精”，就在于其思想精深、艺术精湛、制作精良。文艺工作者要志存高远，随着时代生活创新，以自己的艺术个性进行创新。要坚持百花齐放、百家争鸣的方针，发扬学术民主、艺术民主，营造积极健康、宽松和谐的氛围，提倡不同观点和学派充分讨论，提倡体裁、题材、形式、手段充分发展，推动观念、内容、风格、流派切磋互鉴。

习近平指出，繁荣文艺创作、推动文艺创新，必须有大批德艺双馨的文艺名家。我国作家艺术家应该成为时代风气的先觉者、先行者、先倡者，通过更多有筋骨、有道德、有温度的文艺作品，书写和记录人民的伟大实践、时代的进步要求，彰显信仰之美、崇高之美。文艺工作者要自觉坚守艺术理想，不断提高学养、涵养、修养，加强思想积累、知识储备、文化修养、艺术训练，认真严肃地考虑作品的社

会效果，讲品位，重艺德，为历史存正气，为世人弘美德，努力以高尚的职业操守、良好的社会形象、文质兼美的优秀作品赢得人民喜爱和欢迎。

习近平强调，社会主义文艺，从本质上讲，就是人民的文艺。文艺要反映好人民心声，就要坚持为人民服务、为社会主义服务这个根本方向。这是党对文艺战线提出的一项基本要求，也是决定我国文艺事业前途命运的关键。要把满足人民精神文化需求作为文艺和文艺工作的出发点和落脚点，把人民作为文艺表现的主体，把人民作为文艺审美的鉴赏家和评判者，把为人民服务作为文艺工作者的天职。

习近平指出，随着人民生活水平不断提高，人民对包括文艺作品在内的文化产品的质量、品位、风格等的要求也更高了。文学、戏剧、电影、电视、音乐、舞蹈、美术、摄影、书法、曲艺、杂技以及民间文艺、群众文艺等各领域都要跟上时代发展、把握人民需求，以充沛的激情、生动的笔触、优美的旋律、感人的形象创作生产出人民喜闻乐见的优秀作品，让人民精神文化生活不断迈上新台阶。

习近平强调，人民是文艺创作的源头活水，一旦离开人民，文艺就会变成无根的浮萍、无病的呻吟、无魂的躯壳。能不能搞出优秀作品，最根本的决定于是否能为人民抒写、为人民抒情、为人民抒怀。要虚心向人民学习、向生活学习，从人民的伟大实践和丰富多彩的生活中汲取营养，不断进行生活和艺术的积累，不断进行美的发现和美的创造。要始终把人民的冷暖、人民的幸福放在心中，把人民的喜怒哀乐倾注在自己的笔端，讴歌奋斗人生，刻画最美人物，坚定人们对美好生活的憧憬和信心。

习近平指出，文艺工作者要想有成就，就必须自觉与人民同呼吸、共命运、心连心，欢乐着人民的欢乐，忧患着人民的忧患，做人民的孺子牛。对人民，要爱得真挚、爱得彻底、爱得持久，就要深深懂得人民是历史创造者的道理，深入群众、深入生活，诚心诚意做人民的小学生。艺术可以放飞想象的翅膀，但一定要脚踩坚实的大地。文艺创作方法有一百条、一千条，但最根本、最关键、最牢靠的办法是扎根人民、扎根生活。应该用现实主义精神和浪漫主义情怀观照现实生活，用光明驱散黑暗，用美善战胜丑恶，让人们看到美好、看到希望、看到梦想就在前方。

习近平强调，一部好的作品，应该是把社会效益放在首位，同时也应该是社会效益和经济效益相统一的作品。文艺不能当市场的奴隶，不要沾满了铜臭气。优秀的文艺作品，最好是既能在思想上、艺术上取得成功，又能在市场上受到欢迎。

习近平指出，每个时代都有每个时代的精神。文艺是铸造灵魂的工程，文艺工作者是灵魂的工程师。好的文艺作品就应该像蓝天上的阳光、春季里的清风一样，能够启迪思想、温润心灵、陶冶人生，能够扫除颓废萎靡之风。广大文艺工作者要高扬社会主义核心价值观的旗帜，把社会主义核心价值观生动活泼、活灵活现地体现在文艺创作之中，用栩栩如生的作品形象告诉人们什么是应该肯定和赞扬的，什么是必须反对和否定的，做到春风化雨、润物无声。要把爱国主义作为文艺创作的主旋律，引导人民树立和坚持正确的历史观、民族观、国家观、文化观，增强做中国人的骨气和底气。

习近平强调，追求真善美是文艺的永恒价值。艺术的最高境界就是让人动心，让人们的灵魂经受洗礼，让人们发现自然的美、生活的美、心灵的美。我们要通过文艺作品传递真善美，传递向上向善的价值观，引导人们增强道德判断力和道德荣誉感，向往和追求讲道德、尊道德、守道德的生活。只要中华民族一代接着一代追求真善美的道德境界，我们的民族就永远健康向上、永远充满希望。

习近平指出，中华优秀传统文化是中华民族的精神命脉，是涵养社会主义核心价值观的重要源泉，也是我们在世界文化激荡中站稳脚跟的坚实根基。要结合新的时代条件传承和弘扬中华优秀传统文化，传承和弘扬中华美学精神。我们社会主义文艺要繁荣发展起来，必须认真学习借鉴世界各国人民创造的优秀文艺。只有坚持洋为中用、开拓创新，做到中西合璧、融会贯通，我国文艺才能更好发展繁荣起来。

习近平强调，各级党委要把文艺工作纳入重要议事日程，贯彻好党的文艺方针政策，把握文艺发展正确方向。要选好配强文艺单位领导班子，把那些德才兼备、能同文艺工作者打成一片的干部放到文艺工作领导岗位上来。要尊重文艺工作者的创作个性和创造性劳动，政治上充分信任，创作上热情支持，营造有利于文艺创作的良好环境。要通过深化改革、完善政策、健全体制，形成不断出精品、出人才的生动局面。要高度重视和切实加强文艺评论工作，运用历史的、人民的、艺术的、美学的观点评判和鉴赏作品，倡导说真话、讲道理，营造开展文艺批评的良好氛围。

王沪宁、刘延东、刘奇葆、许其亮、栗战书出席座谈会。

中央和国家机关有关部门、解放军总政治部负责人，各领域文艺工作者代表等参加座谈会。

【中共中央政治局委员、中央书记处书记、中共中央宣传部部长刘奇葆主持召开“学习贯彻习近平总书记在文艺工作座谈会上的重要讲话精神工作会议”】

2014 年 10 月 18 日，中共中央政治局委员、中央书记处书记、中共中央宣传部部长刘奇葆主持召开“学习贯彻习近平总书记在文艺工作座谈会上的重要讲话精神工作会议”，强调宣传思想文化战线要把学习宣传贯彻习近平总书记重要讲话精神作为重要政治任务，深刻领会讲话关于文艺工作的新思想新观点新论断，切实把思想和行动统一到讲话精神上来。

刘奇葆指出，习近平总书记主持召开文艺工作座谈会并发表重要讲话，充分体现了党中央对文艺工作的高度重视、对文艺工作者的亲切关怀。讲话深刻阐述了文艺和文艺工作者的重大使命，科学回答了事关文艺繁荣发展的一系列重大问题，丰富和发展了马克思主义文艺观和社会主义文艺理论，大大提升了我们对文艺工作的规律性认识，是指导文艺工作和文化建设的纲领性文献，是推动文艺繁荣发展。现代水印版画应在保证传统工艺前提下，根据时代特征来调整，最好的办法就是让它活在现实中，让人们都经常用到它。目前，“十竹斋”正筹备 2015 年在英国大英图书馆和我国台湾佛光山美术馆等的展览。魏立中说：“传统技艺的真正传承推广，还要靠年轻人将现代思想和元素用传统技艺表达呈现。”

“习总书记的讲话催人奋进。”厦门歌舞剧院副院长贾朝晖感慨地说，厦门所处的特殊区位决定了它既是两岸交流的前沿，也是改革开放的前沿。特殊的地理位置和历史背景，让厦门文化有着独特厚重的思想内涵。这里的文化工作者都有强烈的民族情结，也是多年来厦门歌舞剧院一直坚守创作道路的源泉。厦门歌舞剧院目前正在策划创排音乐剧《鼓浪屿》，该剧邀请 4 个创作组分别创作交响史诗、音响诗话、音乐话剧和一部歌剧，就是为了让所有来鼓浪屿的外国友人都能了解鼓浪屿，进而更好地了解中国。

【文化部艺术司召开“学习习近平总书记文艺工作座谈会讲话精神，加强艺术评论工作座谈会”】

2014 年 10 月 27 日，文化部艺术司在北京召开“学习习近平总书记文艺工作座谈会讲话精神，加强艺术评论工作座谈会”。文化部副部长董伟出席会议并讲话。

董伟在讲话中指出，要深入学习贯彻习近平总书记文艺工作座谈会重要讲话精神，抓住创作生产优秀作品这个艺术工作的中心环节，切实加强艺术评论工作，促进艺术事业繁荣发展。他说，艺术评论是党的文艺事业的重要组成部分，是推动文艺繁荣发展的重要力量。但是，与艺术创作的现实需求和广大观众的审美期待相比，艺术评论工作还有一定的差距，存在人情评论、红包评论问题，套用西方文艺理论问题，评论队伍明显萎缩等问题。

董伟就加强艺术评论工作提出四点要求：一是要把握艺术评论的正确方向，始终坚持马克思主义在文艺领域的指导地位，弘扬社会主义核心价值观，牢牢把握好艺术评论的方向盘；二是要运用正确的观点开展艺术评论，用历史的、人民的、艺术的、美学的观点评判和鉴赏作品，倡导说真话、建诤言，摆事实、讲道理；三是要加强艺术评论阵地建设，不仅要用好传统媒体，还要高度重视、认真研究新媒体；四是要努力为艺术评论工作提供便利条件，培养更多艺术评论人才，营造开展艺术评论的良好氛围。

文化部艺术司司长诸迪主持座谈会。中国文艺评论家协会主席仲呈祥和副主席毛时安、傅谨，文化部政策法规司原司长康式昭，中央美术学院教授邵大箴，文艺报社总编辑梁鸿鹰，中国文化报社副总编辑徐涟等评论家及媒体代表近20人参加会议。

与会者结合自己的研究领域谈了戏曲、音乐、舞蹈、美术各门类艺术评论工作面临的形势和问题。傅谨说，在戏曲评论中，经常机械搬用西方戏剧观念，轻视戏曲表演体系，较少看到戏曲传统可能的发展性甚至否定传统戏曲当下的价值，这些观念对于戏曲发展具有不良影响。

大家表示，在充满各方利益诱惑、各种思潮干扰的情势下，不仅要强调文艺创作以人民为中心，文艺批评同样要以人民为中心。毛时安说，面对纷繁复杂的文艺创作，作为艺术大地的精神守望者，要拿出良心来负责。邵大箴提出，文化传统中的“人情味”一定程度上影响着艺术批评的开展，美术批评不能以红包厚度为标尺。仲呈祥表示，文艺评论工作者要保持清醒的是非判断力和理论定力，并且要不断强化中国文艺批评的民族学理。文艺要使中华民族最基本的文化基因与当代文化相适应、与现代社会相协调，一方面继承弘扬优秀文化传统；另一方面学习借鉴世界文明中适合中国国情的优秀成果，使立足本国、面向世界的当代中国艺术传扬开去，在当今世界文化激荡和文明对垒中站稳脚跟。

【中国文学艺术界联合会召开“文艺家学习习近平总书记在文艺工作座谈会上重要讲话精神座谈会”】

2014年10月16日，中国文学艺术界联合会在北京召开“文艺家学习习近平总书记在文艺工作座谈会上重要讲话精神座谈会”。

中国文学艺术界联合会主席孙家正，中国文学艺术界联合会党组书记、副主席赵实，中国文学艺术界联合会党组副书记、副主席李屹，中国文学艺术界联合会党组成员、副主席左中一、夏潮、李前光，中国文学艺术界联合会副主席边发吉、刘大为、李维康、杨承志、周涛、徐沛东，各艺术门类艺术家代表，各全国文艺家协会主席、在京副主席，各全国文艺家协会和中国文学艺术界联合会机关各部室、各直属单位负责同志等150余人参加座谈会。座谈会由李屹主持。

孙家正在座谈会上发言表示，习近平总书记在文艺工作座谈会上的重要讲话，对文艺界充分肯定、寄予厚望。以习近平同志为总书记的党中央，从来是把文艺作为党和国家事业大局中的重要部分来考虑，从来是把文艺事业和国家的振兴、民族的复兴联系在一起。对于习近平总书记的重要讲话，大家要全面学习领会，深刻理解党中央对文艺工作者的希望，把创作作为中心任务，把作品作为立身之本。

孙家正强调，文艺工作者要具有创新精神，洋为中用、古为今用，深深植根于人民、植根于生活，要按照习近平总书记讲话的要求，对人民爱得真挚、爱得彻底、爱得持久，这种爱应当发自内心，只有这样，我们的文艺作品才会真正打动人心。习近平总书记的号召是有共性的，涉及各个艺术门类和艺术领域，而我们的回报应当是有个性的，是千姿百态、百花齐放的，应当从文艺创作、表演、研究、教育等各个方面拿出优异成绩回报人民、回报中央的殷切期望。

赵实强调，中国文学艺术界联合会和广大文艺工作者要深刻领会习近平总书记关于实现中华民族伟大复兴中国梦需要中华文化的兴盛的重要论述，准确把握文艺工作的重要作用和文艺工作者的历史责任；要深刻领会习近平总书记关于创作无愧于时代的优秀作品的重要论述，牢记创作是文艺工作者的中心任务、作品是文艺工作者的立身之本，精益求精、锐意创新，处理好义利关系，努力成为德艺双馨的文艺名家；要深刻领会习近平同志关于坚持以人民为中心的创作导向的重要论述，准确把握文艺与人民、文艺与生活、文艺与市场的关系，与人民同呼吸、共命运、心连心，坚守文艺的审美理想，保持文艺的独特价值；要深刻领会习近平同志关于中国精神是社会主义文艺的灵魂的重要论述，充分认识文艺在培育和践行社会主义核心价值观的独特作用，积极传承优秀传统文化的血脉，追求真善美、弘扬正能量；要深刻领会习近平同志关于加强和改进党对文艺工作领导的重要论述，尊重和遵循文艺规律，切实加强文艺评论工作，充分发挥文学艺术界联合会作协的优势，形成不断出精品出人才的局面。

座谈会上，中国文学艺术界联合会荣誉委员、中国戏剧家协会主席尚长荣，中国电影家协会副主席王兴东，中国文学艺术界联合会副主席、中国音乐家协会分党组书记、驻会副主席徐沛东，中国文学艺术界联合会副主席、中国美术家协会主席刘大为，中国戏曲家协会主席、中国文艺志愿者协会主席姜昆，中国舞蹈家协会驻会副主席、中国文学艺术基金会秘书长冯双白，中国民间文艺家协会理事、北京师范大学民俗学与文化人类学研究所所长万建中，中国摄影家协会副主席王文澜，中国文学艺术界联合会荣誉委员、中国书法家协会主席张海，中国文学艺术界联合会副主席、中国杂技家协会主席边发吉，中国电视艺术家协会会员、上海戏剧学院表演系教授、音乐剧中心主任王洛勇，中国文艺评论家协会副主席、北京大学艺术学院院长王一川等12位文艺家代表发言，畅谈学习习近平总书记重要讲话的体会。发言者有些是在文艺工作座谈会上做过发言的代表，他们深情地描述了自己激动的心情，畅谈了自己参会发言的体会；有些是参加座谈会的代表，他们激动地讲述了聆听习近平总书记讲话的振奋之情；有些是从外地赶来的文艺家，他们表达了自己的学习心得。大家纷纷表示，习近平总书记的重要讲话为广大文艺工作者指明了方向，让大家感受到党和国家对文艺工作的重视和期待，更加坚定了自己以人民为中心的创作方向，更加坚定了为弘扬社会主义价值观而创作的信心，文艺工作者只有走进老百姓的门槛，才能走进老百姓的心坎，文艺工作者将处理好文艺与人民、社会效益与经济效益、继承与创新等的关系，不辜负党的期待和人民的期望。

【中国艺术研究院召开“中国艺术研究院学习习近平总书记在文艺工作座谈会上的讲话座谈会”】

2014年10月17日下午，中国艺术研究院召开“中国艺术研究院学习习近平总书记在文艺工作座谈会上的讲话座谈会”。会议由吕品田副院长主持。王文章院长、范曾、莫言、杨飞云，以及该院的30余位学者、艺术家参加了会议。

学习座谈会上，范曾、莫言、杨飞云介绍了聆听习总书记在文艺座谈会上讲话的体会和理解，王文章院长依据讲话精神，结合艺术现实状况对我院的发展目标及任务职责做了明确的阐释。刘梦溪、王列生、方宁、陈孟昕、赵卫防、刘万鸣、牛克诚、李云雷、汪国真、贾宝兰、刘青弋、贾志刚、杨斌、孙伟科、王磊也积极参与发言，表达了学习习总书记讲话的振奋之情和所收获的深刻启发。

【中国文学艺术界联合会在北京举办“深入学习习近平总书记文艺工作座谈会重要讲话精神专题研讨班”】

2014年11月26日至28日，中国文学艺术界联合会在北京举办“深入学习习近平总书记文艺工作座谈会重要讲话精神专题研讨班”。

为使与会学员进一步深入领会总书记重要讲话精神，研讨班还安排了专题讲座和分组研讨。中国文艺评论家协会主席仲呈祥以“文化养人，艺术养心，重在引领，贵在自觉——谈学习习近平总书记文艺工作座谈会讲话的一点体会”为题，中国美术家协会副主席、浙江省文学艺术界联合会主席、中国美术学院院长许江以“人民是艺术之魂——参加文艺工作座谈会的感受及所思”为题给与会学员作了专题讲座。分组讨论环节，各组学员将从文艺创作、文艺人才培养、文学艺术界联合会工作创新发展等角度交流学习体会，展开讨论。

【媒体观点】演艺单位负责人热议习近平总书记文艺座谈会讲话——理顺文艺与市场的关系至关重要

◎王立元

2014 年 10 月 15 日，习近平总书记在京主持召开文艺工作座谈会时指出，文艺不能当市场的奴隶，不要沾满了铜臭气。优秀的文艺作品，最好是既能在思想上、艺术上取得成功，又能在市场上受到欢迎。

这一席话在演艺单位引起强烈反响，大家纷纷表示，习总书记的讲话是一针清醒剂、一场及时雨，为演出市场的发展指明了方向。在市场经济背景下，文艺如何保持它的思想价值，如何在社会效益与经济效益之间保持辩证统一至关重要。

“现在，文艺作品低俗化和曲高和寡的现象确实存在，文艺作品应该争取更多观众，并要与国家发展的需求、时代主旋律相一致。如果文艺作品让一个民族失去斗志或趋向庸俗化，即使赚到再多钱也是失败的。舞剧《红色娘子军》演到今天依然很叫座，它坚持了红色题材与人民审美需求的统一。话剧《茶馆》至今也还是北京人民艺术剧院的‘看家菜’，就是因为它兼顾了思想性与艺术性的统一。这两部作品走出国门，也赢得了国外观众和市场的认可。”中国对外文化集团公司董事长兼总经理张宇说，中国对外文化集团公司与上海东方新闻传媒有限公司联合打造的《时空之旅》在传播当代中国价值观念基础上赢得市场的成功，至今在上海演出 9 年，每年演出 364 场。

“前些年谈了太多的产业化思维，致使有些作品在方向上出现了偏差，赚钱成为衡量成功与否的标准。”上海民族乐团副团长肖天生说，传统民乐在整个演出市场的份额中占比很小，但民乐也有其独特的价值，要从观众的需求出发做节目，不能一味迎合市场。

上海东方艺术中心总经理林宏鸣说，这些年来，文化建设取得了不少成绩，但也存在这样的现象：讲赚钱的多了，讲责任的少了；讲实惠的多了，讲理想的少了；讲娱乐的多了，讲思想的少了；讲物质条件的多了，讲精神追求的少了。“习总书记的讲话是一针清醒剂、一场及时雨，不仅敲响了警钟，更明晰了文化发展的方向。在错综复杂的社会变革中，文化工作一定要解决好为人民还是为金钱的根本问题。文化工作者应该自觉、自立、自律、自信，要有定力，有所坚持，不能在金钱面前低头。只有这样才能不断提供积极、健康、向上并无愧于人民和时代的伟大作品。”林宏鸣说。

曾经考察过全国演出市场的重庆歌舞团有限公司总经理助理王晓萍发现，可以取得良好经济效益的舞台演出很多是与旅游结合的大型实景演出，这些演出更多靠运营模式赢得市场，而不是内容，“在重庆，人们的文化消费意识不强，演出市场能赚钱的多为明星演唱会，大众对娱乐性的演出更愿意买票”。前几年为了经济效益，重庆歌舞团有限公司将自身定位为“大型晚会专家”，在政府引导演出市场渐渐走向理性的过程中，重庆歌舞团有限公司又将工作重点调整为剧目创作。“以前，很多文艺院团的创作思路是大舞美、大制作，现在我们首先要摸清市场脉搏，跟上全国演出市场脚步，创作引领性兼顾观赏性的舞台作品。”王晓萍说。

贵州文化演艺集团有限公司副总经理万光伟直言，以前很多文艺作品是“做给领导看”，不按艺术规律创作的结果就是失去观众。他认为，改变这种状况需要通过艺术普及调整群众的文化消费观念。贵州文化演艺集团有限公司已开始从完善的票务制度、年轻观众的培养、精品剧目的“引进来”和“走出去”等方面进行系统化的市场培育。“习总书记的讲话给我们指明了方向，要贴近老百姓的生活去创作，以精品剧目培育演出市场。”万光伟说。

在上海，一场交响音乐会可以依靠卖散票满座，这是很多地方的大剧院不敢想象的。其实，上海相对成熟的演出市场也是一点点培育起来的，而将观众放在首位就是成功经验。

林宏鸣说，近10年来，上海东方艺术中心始终把完成经济指标当作应该完成的任务，而不是最终目标。2011年9月，拥有大都会歌剧院、纽约爱乐乐团、朱莉亚音乐学院等12家知名艺术机构的美国林肯中心总裁雷诺·利维专程到访上海东方艺术中心时，向林宏鸣提出了一个问题：这些年最大的体会是什么？林宏鸣回答："'东艺'的演出收入在全国剧场中名列前茅，我并不以此为荣；'东艺'作为国内外名家名团献演最多的剧场之一，我也并不以此为荣。我由衷感到高兴的是看到观众快速地成长，这种成长主要反映在观众文明程度和欣赏水平的不断提高。只有市民的素质日益提高，才是社会文明、和谐、进步的根本保证。这也是文化人的终极目标。"

目前，很多转企改制的演艺集团面临着巨大经营压力，怎样处理好社会效益与经济效益的关系，成为急需研究的课题。2013年，浙江省宁波市演艺集团力推其下属歌舞剧院创排的大型民俗风情舞剧《十里红妆·女儿梦》赴美国纽约演出，寻找打入美国主流演出市场的机会。宁波市演艺集团有限公司董事长邹建红想将演艺集团打造成"外向型文化企业"，使其演艺产品在国际演出市场上分得一杯羹。"习总书记的讲话给了我们极大的鼓舞，我们有信心创排出更多传播中华优秀传统文化的好作品，既满足人民的文化娱乐需求，也弘扬主旋律和正能量，实现社会效益和经济效益的双丰收。"邹建红说。

中国儿童艺术剧院院长尹晓东说，文艺工作座谈会召开之时，他正和演出队在河南安阳开展公益演出，当大家从新闻中得知座谈会的消息后，顿时备受鼓舞。总书记的讲话让他有四个方面的体会，一是文艺对于实现中华民族伟大复兴的中国梦具有不可替代的作用。这既是总书记对文艺工作者的期望和嘱托，也是文艺工作者应该担负起的责任和使命。二要努力创作出无愧于人民、无愧于时代的好作品。三要坚持正确的创作方向。四要深刻把握社会主义文艺的灵魂。

原载《中国文化报》2014年10月24日

国家艺术基金成立

【国家艺术基金成立座谈会】

2013 年 12 月 30 日，文化部在北京召开国家艺术基金成立座谈会，介绍国家艺术基金成立有关情况。文化部部长、国家艺术基金理事会理事长蔡武，中央机构编制委员会办公室副主任张崇和，全国人大常委、外事委员会副主任委员、国家艺术基金理事会副理事长兼秘书长赵少华，文化部副部长、国家艺术基金理事会副理事长董伟，财政部部长助理、国家艺术基金理事会副理事长余蔚平等出席座谈会。座谈会由文化部副部长杨志今主持。

国家艺术基金为公益性基金，资金主要来自中央财政拨款，同时依法接受自然人、法人或其他组织的捐赠。国家艺术基金重点围绕创作生产、宣传推广、征集收藏和人才培养四大方向进行资助，其中艺术创作是基金支持的重点。国家艺术基金在组织管理上设立了理事会、管理中心、专家委员会。与人文领域其他类型的基金相比，艺术基金具有多样性、开放性、广泛性、复杂性的特点。和其他同类政府基金相比，艺术基金打破了体制、系统、行业和地域的局限，具有开放性和广泛性的特点，面向全社会，国有、民营、机构和个人都可以申报。

蔡武在座谈会上宣读了 12 月 18 日国务院副总理刘延东在“文化部关于成立国家艺术基金有关工作的请示”上作出的重要批示。余蔚平代表财政部对基金的成立表示热烈的祝贺。话剧导演查明哲代表中青年艺术家发言。

【文化部党组书记、部长，国家艺术基金理事会理事长蔡武在国家艺术基金成立座谈会上的讲话】

今天，国家艺术基金正式成立。它标志着我国管理、资助、扶持与引导艺术事业健康发展又有了一个新平台、新渠道、新机制，是文化部、财政部贯彻落实十八届三中全会精神、深化文化体制改革、转变政府职能、推动文化治理体制与治理能力现代化的新举措、新成果。

围绕国家艺术基金的创意、筹备和成立，文化部、财政部密切协作，从 2010 年就启动了国家艺术基金的调研、论证工作。多年来，我们一直在探索改进艺术产品创作生产引导方式。为此，我们多方了解世界各国通过设立政府基金扶持艺术创作和我国自然科学、社会科学、出版等领域基金制管理的做法和经验，深受启发。伴随我国政府职能不断转变，成立国家艺术基金的想法逐渐成熟。《国家“十二五”时期文化改革发展规划纲要》中提出，加强文化产品创作生产的引导，完善文化产品评价体系和激励机制，设立专项艺术基金，支持收藏和推介优秀文化作品。《文化部“十二五”时期文化改革发展规划》也提出“设立国家艺术基金，创新资金投入方式，提高资金使用效率，确保艺术资助公开、透明、规范、长效”的要求。为了将上述规划作出的相关部署落到实处，文化部会同财政部，利用两年多的时间进行充分的调研与论证，于 2012 年 10 月向国务院上报了《关于设立国家艺术基金的请示》和《国家艺术基金方案》，同年 11 月底国务院批准了该方案。2013 年 8 月，中央编办批复了国家艺术基金管理中心的机构编制。为落实好国务院的批复，统筹基金的筹备工作，2013 年 3 月，文化部、财政部研究决定，成立国家艺术基金筹备工作领导小组及其办公室，按照“积极稳妥、制度为先，团结协作、有序推进”的工作原则，积极开展前期各项准备工作，多次召开筹备领导小组办公室会议，深入研究基金的定位、指导思想、工作原则，明确基金的制度设计、机构设置、功能搭配和运作模式，力求在顶层设计上搞准、搞对、搞顺，符合十八大精神、符合全面深化改革的新要求新形势、符合我国艺术发展的实际。

经过紧张有序、扎实有效的筹备，从今天开始，国家艺术基金就正式成立、实施运转了。我认为，国家艺术基金是在全面建设小康社会、全面深化改革开放的时代背景下成立的，可以说是应运而生，正当其时，有着深远的历史意义和重要的现实意义。我理解有以下几个方面。

首先，是贯彻落实十八届三中全会精神，"推进国家治理体系和治理能力现代化"的具体举措。刚刚结束的十八届三中全会向全党全国发出了全面深化改革的动员令。习近平总书记的讲话和三中全会通过的《中共中央关于全面深化改革若干重大问题的决定》（以下简称《决定》），提出了全面深化改革的指导思想、目标任务、重大原则，汇集了全面深化改革的新思想、新论断、新举措，是未来5年、10年中国改革发展的行动纲领。它所包含的丰富深刻的思想、所凝聚的强大精神力量，必将成为当代中国的最强音。《决定》明确提出："全面深化改革的总目标是完善和发展中国特色社会主义制度，推进国家治理体系和治理能力现代化。"对政府全面正确履行宏观管理、政策调节、市场监管、公共服务的职能，提出了新的要求。《决定》还要求，完善文化管理体制，推动政府部门由办文化向管文化转变。国家艺术基金的成立，使文化部门转变职能、创新艺术创作生产引导方式，推进我国艺术治理"管""办"分离、激发全社会文化创造力。可以说，国家艺术基金的创意、筹备和诞生，沐浴着改革的雨露，携带了改革的基因，是文化体制机制创新的又一硕果。

其次，是我国艺术资助评审体制转型的里程碑。国家艺术基金的成立，不仅充分借鉴了部分发达国家通过设立基金资助艺术创作的经验，参考了我国自然科学、社会科学和出版等领域基金制管理的有益做法，而且紧密结合我国艺术工作的实际，形成了国家设立、政府主导、专家评审、面向社会的公益性基金模式。在资金来源上，它既发挥国家财政资金的主导作用，又充分调动社会力量的积极性；在申报和资助范围上，打破了行业、系统、体制和地域的限制，搭建了一个面向全社会的开放平等的平台；在评审主体上，它改变了主要由行政权力决策的格局，确立了各类专业、专家评估的重要作用，使评审更加科学合理；在运行机制上，实行决策、协调、执行、监督适当分设，实行公开公正公平的程序和操作，充分尊重广大公众知情权、参与权，提升了管理部门的权威性和公信力。可以说这种模式博采众长，既有国际视野，又有中国特色。它的设立，必将提升政府扶持艺术工作的科学化、规范化和专业化水平，推动艺术创作更加繁荣、推出更多优秀精品和人才，让人民享有更好更多的精神食粮。

最后，国家艺术基金的成立，是完善文化投入模式的新探索。财政是国家治理的基础和重要支柱，科学的财政制度是优化公共资源配置、提高公共支出使用效益、提升政府管理水平的有效途径。近年来，我国着眼于深化财税体制改革、建立现代财政制度，不断借鉴国外有益经验，探索创新财政投入模式。国家艺术基金就是一个很好的范例。它改变了以往财政投入直接"养人"的模式，通过间接赞助、专家评审、社会监督、绩效考评等手段，充分发挥了财政资金的导向作用，保证资金投入和资金使用的公开、公平、公正、透明，也有利于督促被资助者努力提高资金使用效率。可以说，国家艺术基金在探索适合改革发展新要求的文化投入模式上迈出了重要一步。

总之，国家艺术基金的设立，是十八届三中全会后文化领域改革创新的一件大好事，值得庆贺，也令人期待。这件努力多年的大事，在2013年底，尘埃落定、完美收官，有一个好结果，也兑现了今年文化体制改革的承诺，为2014年的艺术工作确定了一个新的支点。当前，我们正处在实现中华民族伟大复兴中国梦的历史进程中。要实现这一伟大的中国梦，不仅要有经济的强大、政治的文明、社会的和谐、生态的美丽，还要有文化的繁荣发展。创作出无愧于历史、无愧于时代、无愧于人民的优秀作品，是文化繁荣发展的重要标志，也是文化建设的重要任务。作为旨在繁荣艺术事业的国家艺术基金，在推精品、出人才方面负有神圣的使命，国家艺术基金，要立足导向性、示范性，在坚持机会平等的同时，坚持高标准、严要求，努力体现国家艺术水准。作为文化部部长和国家艺术基金理事会理事长，我感到责任非常重大。下一步，国家艺术基金的实施和发展，要着力做好以下几个方面的工作。

第一，充分发挥引领和示范作用，推出更多优秀作品和人才。习近平总书记在全国宣传思想工作会议上强调了意识形态工作的极端重要性。三中全会《决定》对坚持社会主义先进文化前进方向，坚持中国特色社会主义文化发展道路，培育和践行社会主义核心价值观，巩固马克思主义在意识形态领域的指导地位，巩固全党全国各族人民团结奋斗的共同思想基础，也提出了明确要求。近日，中央办公厅印发了《关于培育和践行社会主义核心价值观的意见》，全面详备地提出了践行和弘扬社会主义核心价值观的意义、内容、方法、规划和目标。实现中国梦必须走中国道路；实现中国梦必须弘扬中国精神；实现中国梦必须凝聚中国力量。“富强、民主、文明、和谐”是国家层面的价值目标，“自由、平等、公正、法治”是社会层面的价值取向，“爱国、敬业、诚信、友善”是公民个人层面的价值准则，这 24 个字是社会主义核心价值观的基本内容。国家、社会、个人，这三个层面的价值目标、价值取向、价值准则既有区别又相互融合，共同构筑中国梦的“精神支柱”。作为以中央财政资金为主设立的国家艺术基金，我们必须牢牢把握正确的艺术基金工作导向，开展各项工作要始终坚持“二为”方向和“双百”方针，坚持以人民为中心的工作导向，紧紧围绕构建社会主义核心价值体系，建设社会主义文化强国，确保任何时候、任何情况下，“导向不能改、阵地不能丢”。妥善处理好两个效益的关系，坚持社会效益第一、社会效益与经济效益相统一的原则。要把工作的导向和着眼点放在多出优秀作品、多出优秀人才上，放在扶持艺术创作、扶持艺术创新上，努力推出主题好、思想新、传得开、留得住、艺术感染力强、深受人民喜爱、经得起历史检验的优秀艺术成果。

第二，发挥孵化助推作用，让一切艺术创造的活力源泉充分涌流。与人文领域其他类型的基金相比，艺术基金具有多样性、开放性、广泛性、复杂性的特点。首先是艺术门类多样。伴随新技术和信息革命的发展，新兴艺术样式不断涌现，改变着社会特别是青少年的审美习惯；资助项目的成果形态丰富多彩、比较多样；和其他同类政府基金相比，艺术基金还打破了体制、系统、行业的局限，具有开放性和广泛性的特点，面向全社会，国有、民营、机构和个人都可以申报；同时，艺术管理、艺术创作的规律和社会评价也比较复杂。我们要充分发挥基金的社会性、开放性、长效性、规范性优势，调动一切艺术创作生产的积极因素，团结一切可以团结的艺术力量，充分发挥社会扶持和参与艺术生产的积极性，形成良好的艺术发展机制。尊重艺术创作生产的规律，倡导创新与包容，发扬更加广泛、更加充分的艺术民主，优化艺术发展生态，培育社会艺术土壤，推动艺术与政治、经济、社会、生活相融合，让蕴含于广大人民和艺术工作者之中的艺术创造活力充分迸发，让艺术发展繁荣的优秀成果更多更好更公平地惠及全体人民。同时，作为国家基金，一定要坚持高标准、高水平、严要求，门槛要高，这样才能真正发挥示范、引导作用，推出更多的名家、名作。基金工作要有前瞻性，要有长远眼光，善于发现人才，要关注不那么有名但富于才华、活力和责任感、潜心创作、埋头苦干的艺术工作者，为他们施展艺术才华、艺术抱负提供更多的机会，创造更好的条件。

第三，要密切沟通协作，加强顶层设计，切实提高管理的科学化水平。国家艺术基金对我们而言还是一个新事物，需要在实践中不断摸索，逐步完善。在吸收国内外经验的基础上，国家艺术基金在创新组织管理上大胆探索，设立了理事会、管理中心、专家委员会。其中，理事会是基金的决策机构，受文化部、财政部的领导和监督；管理中心负责基金的组织实施和日常工作，是文化部直属事业单位；国家艺术基金专家委员会根据基金工作需要，从专家库中抽取，承担基金项目的咨询、评审和监督职能。在基金的组织架构和运转实施中，“决策、协调、执行、监督”四个环节，适当分设、相辅相成，既相互配合又相互制约，符合现代治理体系的一般原则。文化部将和财政部通力合作、加强指导，切实履行顶层设计的职能，制定科学合理的中长期发展规划，不断健全完善各项制度，确保评审资助活动科学规范、公平公正。基金管理中心要做好项目的申报、受理、评审和资助等组织实施工作。要不断拓展资助领域，尽快做到艺术领域和门类的全覆盖、艺术创作各个环节和链条的全覆盖。要建立信息发布机制、申报受理机制、评审决策机制和签约实施机制，将基金的运作置于公众的监督之下，保证基金评审运作的公开、公正、公平。要不断扩大社会参与度，提升政府管理部门的公信力和权威性。各领域专家要充分发挥智囊团作用，秉着对国家和人民负责、对艺术负责的态度，认真、公正地履行基金的咨询、评审、监督、评估职责。

我深信，在文化部、财政部的领导下，在广大艺术工作者的积极参与和全社会的监督下，国家艺术基金一定能够发挥好职能，为推动艺术繁荣发展、建设社会主义文化强国作出积极贡献。

原载《中国文化报》2014 年 1 月 1 日

中国艺术研究院“汇聚正能量　抒写中国梦——文艺创作塑造中国梦”座谈会

【汇聚正能量　抒写中国梦——文艺创作塑造中国梦座谈会】

2014年1月17日，由中国艺术研究院举办的“汇聚正能量　抒写中国梦——文艺创作塑造中国梦”座谈会在北京召开。

中共中央宣传部文艺局副局长孟祥林，中国艺术研究院院长王文章，中国文学艺术界联合会副主席、中国美术家协会主席刘大为，中国艺术研究院文学院院长、中国作家协会副主席、作家莫言，中国文学艺术界联合会原副主席、中国传媒大学艺术研究院院长仲呈祥，文学评论家雷达，八一电影制片厂导演翟俊杰，中国文艺志愿者协会副主席解海龙，中国艺术研究院副院长吕品田，中国艺术研究院副院长田黎明，中国艺术研究院副院长贾磊磊等来自文学、美术、影视、音乐、舞蹈、雕塑等各艺术领域的艺术家、学者参加了座谈会。

中国艺术研究院院长王文章到会并致辞。座谈会由中国艺术研究院副院长贾磊磊主持。与会专家学者、艺术家围绕“文艺使命：以文学艺术的方式塑造中国梦”“中国梦与讲好故事：中国梦的形象表达”“中国梦的抒写与文艺表现的多样化”“中国梦的塑造：文艺作品中的时代精神与国家形象”“中国梦的抒写与社会主义核心价值观”等议题进行了深入而热烈的探讨，不仅加深了对中国梦内涵的理解，而且对文艺创作如何艺术地体现时代精神有了更深入的思考。

《中央电视台》《北京电视台》《人民日报》《光明日报》《新华社》《文汇报》《文艺报》《中国艺术报》《中国文化报》《中华读书报》等重要新闻媒体参加了会议。

【观点】抒写中国梦想的努力方向

◎王文章

中国梦的提出，具有特定的时代意义和历史意义。敏锐地捕捉和反映所处时代的精神内涵和价值理想，以文艺的方式抒写中国梦，表现人民群众努力实现中国梦的伟大实践，应是我们这个时代文学艺术创作责无旁贷的历史使命，也是值得文艺创作界和理论研究界认真研讨和实践的重要课题。

习近平总书记提出并深刻阐述的中华民族伟大复兴中国梦的核心理念，在全国各族人民中包括思想界和文化艺术界引起了广泛的共鸣和热烈的探讨。如何“讲好中国故事，传播好中国声音，阐释好中国特色”，如何通过文艺创作抒写中国梦，是我们应当深入研究探讨的重要课题。中国梦是在新的历史时期对我们国家和民族一百多年来的共同理想的全新阐释与形象表达。它把每一个中国人追求美好生活的个人梦想和民族复兴的伟大梦想联系在一起，既充满崇高的时代情怀，又具有浓郁的人情味儿和现实生活气息。中国梦的提出，具有特定的时代意义和历史意义。从文学、艺术的角度看，敏锐地捕捉和反映其所处时代的精神内涵和价值理想，以文艺的方式抒写中国梦，表现人民群众努力实现中国梦的伟大实践，应是我们这个时代文学艺术创作追求的重要目标，是文学家、艺术家责无旁贷的历史使命。

从现实关怀出发　深刻剖析时代生活

中国梦是民族的梦。中国梦的实现，是一个不断创造的历史进程，它在本质上是现实的和实践的。

这种现实实践正在使当代中国社会生活发生着历史性剧变，在这片充满挑战和机遇、充满矛盾和希望的沃土上，孕育着历史的诗意情怀、现实的生活故事和未来的崇高理想，对这样一个特殊的大时代，一个包含无限丰富性和可能性的时代，一个书写着历史大故事的时代，优秀的文学家与艺术家必应有所洞察和反映，必应勇于做历史的记录者，从现实关怀出发，深刻剖析现实生活，艺术地呈现当代中国人民追求梦想的现实实践，艺术地呈现当代中国历史所迸发出的时代精神。

中国梦是人民的梦，是每个中国人追求幸福生活的梦。现实生活是绚丽多姿、五彩斑斓的，人的生活状态、生存境遇是千差万别的。文艺创作应当对复杂的现实生活和人生样态作出深度发掘，坚持以人民为中心的创作导向，贴近广大人民群众特别是普通人的日常生活，展现他们的生存状态和内心世界，反映他们为了社会的变革勇于奉献牺牲的时代精神，深刻剖析人情人性，表现人民群众的喜怒哀乐，关注他们追求幸福生活的希望与梦想。

打开历史视野　系统梳理传统资源

中国梦包含着中华民族近代以来的历史夙愿。文艺创作体现中国梦，既要着眼当代，也要回望历史。近代以来，中国被迫走入长达百年的屈辱历史，从此，民族复兴、国家强盛、人民幸福就成为中华民族追求的共同梦想，无数仁人志士为此付出了艰苦卓绝的努力。近代以来一切为了民族独立和人民自由幸福而进行的斗争和努力，一切塑造了我们民族近现代史的大故事，一切为此付出牺牲的杰出人物，都应当成为文艺创作的重要内容和题材。同时，在中华民族5000多年的文明发展进程中，累积了十分丰富的可供文学艺术家撷取以塑造中国梦的创作题材。习近平同志指出："要系统梳理传统文化资源，让收藏在禁宫里的文物、陈列在广阔大地上的遗产、书写在古籍里的文字都活起来。"文艺创作也应以自己的方式，回顾中华文明史上的社会生活与社会实践，给予其艺术的提炼与升华，挖掘出具有当代价值的文化精神，以生动感人的鲜活艺术形象，使今天从事共筑中国梦伟大实践的人们得到丰富精神世界、增强精神力量的鼓舞和艺术感染。

积极面向未来　参与世界文化精神重塑

中国梦是对现实的不断改变，也是对未来的美好憧憬。当代中国正在开辟着一条人类历史上前所未有的社会道路，构建着一种具有中国风格、中国气派的崭新文化模式，一种不同于其他国家的新的现代文明形态。它为人类文明多样化发展提供了新范式。中国梦是面向未来，面向世界的。因此，文艺创作塑造中国梦，首先是对未来美好生活的艺术表征，是以艺术的方式传达积极的精神信念，给人以希望、动力、温暖和勇气。当代中国需要具有未来感的艺术，需要以积极的审美理想塑造人、感动人、激励人，传达出当代中国人的文化自信和梦想追求，以及对人类未来社会与文化模式的积极思考，表达中华民族为人类和平与发展作出更大贡献的意愿。这样的中国文艺也会不断走向世界，参与世界文化精神的重塑，为世界文学、艺术的发展提供一种独特的思想和精神资源，让中国文学艺术成为世界文艺繁花锦簇中亮丽的一枝。

明确价值支撑　自觉表达价值判断

中国梦是有其特定的价值内核与价值支撑的，这就是当代中国价值观念即社会主义核心价值观念。因此，文艺创作抒写中国梦，就不能脱离这个价值取向。古往今来，每个国家、每个民族、每个时代都会形成某种特定的价值观念。这些价值观念又会因为不同的社会、历史与文化语境而存在这样那样的差异。比如"美国梦"强调个人奋斗、个人成功的价值观，而中国梦则强调民族的整体利益和人民共同富裕的价值观，这是社会主义的本质所在。当代中国的文艺创作，理应有清晰的价值观判断，有充分的价值观自觉，把人类追求最广泛的自由、平等和公平、公正的社会主义理念，把实现人的自由全面发展的社会主义理想艺术地表达出来。这样的文艺创作才能充分地表现出中国梦在世界思想文化中的独特性，表现出中国梦的吸引力、凝聚力和感召力。

遵循艺术规律　提升艺术性感染力

从艺术的自身规律出发，充分遵循艺术的审美特性，这是文艺创作抒写中国梦的根本要求。文艺中的现实和历史、未来指向和价值内涵，都只有通过审美的形式，通过创作者的审美想象和情感转化，才能成为真正的艺术。因此，文艺创作体现中国梦，不应是概念化的，而是依循美的规律，把理念和价值观念融汇在艺术语言、艺术情感中，融汇在艺术形象的塑造中，以巧妙的艺术性和强烈的感染力去体现中国梦的精神内涵；文艺创作体现中国梦，不应是形式单一的，而是题材丰富、形式多样、风格各异的。每位艺术家都有自己独特的风格与擅长的表现手法，都有源自生活的自己独特的思考和情感感受。把个人情感体验和国家、民族的共同理想结合起来，用不同的想象方式、生动的艺术语言来讲述好中国故事，以真挚的情感打动人，才能促进人们对中国梦精神价值的审美认同。

文艺创作抒写中国梦，已经成为文学艺术领域一个重要的时代命题。它对当代中国的文化建设有着积极的意义，是值得文学家、艺术家和理论工作者认真研究探讨和实践的课题。

原载《人民日报》2014年1月24日

纪事

管理

【2014 年度国家文化创新工程项目评审会】

2014 年 5 月 13 日至 14 日，2014 年度国家文化创新工程项目评审会在陕西西安举行，13 个项目获得立项。

今年共有 24 个省市文化厅局、5 个文化部直属单位和原部属 3 所高等艺术院校参与国家文化创新工程项目申报，受理项目 155 项。通过组织初评及答辩评审，最终确立了“基于实景三维 GIS 的历史文化名镇（村）现代保护与开发示范研究”等 13 个立项项目，其中，“文化广场标准化建设及示范应用”等 3 个项目为重点项目，“文化金融服务中心建设及其大数据信用服务平台探索”等 9 个项目为一般项目，“国家文化创新体系政策研究及运行设计”为理论研究项目。这些项目涉及技术创新、公共文化服务内容与方式创新、文化遗产保护创新示范、文化新业态、艺术创作与演出内容创新等文化建设的诸多方面，有较强的实践性、科学性、创新性、推广性和示范性。

国家文化创新工程项目是文化部融合创新资源、动员创新力量、培育创新人才、推广创新成果、促进文化发展的重要抓手。工程实施 5 年来共立项 51 项，其中，技术创新类 7 项、公共文化服务创新类 15 项、教学实践与人才培养类 5 项、文化产业与市场类 10 项、非物质文化遗产保护传承及其他类 14 项。通过培育资助和优化推广这些创新思路，增强了各界人士参与文化创新的自觉性和主动性，营造了有利于创新项目成长的文化氛围，取得了扎实有效的创新成果，对推动文化建设起到了积极有效的作用。

【2014 年度国家文化创新工程项目名单】

文化广场标准化建设及示范应用项目

承担单位：镇江市文化广电新闻出版局

新兴城区（开发区）现代公共文化服务社会化的标准化建设项目

承担单位：无锡市新区社会事业局、无锡市全中文化发展有限公司、艾迪讯电子科技（无锡）有限公司

基于实景三维 GIS 的历史文化名镇（村）现代保护与开发示范研究项目

承担单位：浙江传媒学院

收购美国布兰森市白宫剧院　打造“中国文化海外展示平台”项目

承担单位：天创国际演艺制作交流有限公司

兵团军垦特色非遗的数字化保护与传承创新教育示范项目

承担单位：石河子大学

面向特定人群的数字音频公共文化服务平台项目

承担单位：文化部全国公共文化发展中心

裸眼 3D 全息影像技术与实景演出舞台应用项目
承担单位：无锡市演艺集团有限公司

文化金融服务中心建设及其大数据信用服务平台探索项目
承担单位：南京市文化投资控股集团有限责任公司

公共文化服务“四进”零距工程项目
承担单位：渭南市文化艺术中心

中国城市轨道交通站点空间设计文化与公共服务文化系统的建立关系的研究项目
承担单位：中央美术学院

故宫书画的全媒体传播策略和关键技术研究项目
承担单位：故宫博物院

艺术人才在线培训综合服务平台研发和示范项目
承担单位：上海戏剧学院

国家文化创新体系政策研究及运行设计项目
承担单位：深圳大学

【第十三届精神文明建设“五个一工程”表彰座谈会】

2014 年 9 月 13 日，第十三届精神文明建设“五个一工程”表彰座谈会在北京召开，揭晓本届“五个一工程”评选结果。《中国合伙人》《周恩来的四个昼夜》等 27 部电影，《毛泽东》《历史转折中的邓小平》等 30 部电视剧，《焦裕禄》等 33 部戏剧，《重整河山待后生》等 22 部广播剧，《我们的中国梦》等 31 首歌曲，《兴国之魂——社会主义核心价值体系释讲》等 28 部图书等脱颖而出，共 186 部作品获得“优秀作品奖”，中共浙江省委宣传部、中共云南省委宣传部等 25 个单位获得“组织工作奖”。

本届“五个一工程”评选，是对党的十八大以来我国文艺工作成效的一次重要检阅，是对优秀文化产品的一次集中展示，也是为新中国成立 65 周年献上的一份厚礼。获奖作品具有以下四个突出特点：一是彰显中华民族伟大复兴中国梦的主题。许多获奖作品紧紧围绕实现中华民族伟大复兴的中国梦的伟大实践，展现了中国人的光荣与梦想、奋斗与成功，讲述了百姓大众通过辛勤劳动创造美好生活的感人故事，很好地描绘了中国梦、弘扬了中国梦、抒发了对中国梦的美好憧憬。二是题材样式丰富多彩。本届获奖作品涵盖了农村、工业、都市、少年儿童、少数民族等各种题材，有改革发展历史进程的生动描绘，有领袖人物、英模典型的形象塑造，有普通百姓真挚情感的忠实记录。这次评选除电影、电视剧、歌曲等文化样式外，还新增加了纪录片、通俗理论读物和少儿思想道德读物类别，提高了地方戏曲的名额比重，作品的艺术样式进一步丰富，呈现出百花齐放的喜人景象。三是作品质量上乘。作家艺术家们秉持崇高的艺术追求，在人物塑造、情节设计、语言风格等方面力求创新、不断超越，赋予了作品深厚的思想内涵和高雅的艺术品格。许多作品不尚浮华、力戒奢华，以真情实意感染人、以清新朴实打动人。四是群众广泛认可。在评选过程中，每个艺术门类都吸收群众评委参加，评委会严守提高质量、控制数量，严格标准、宁缺毋滥的原则，评选结果在媒体上公示，广泛听取社会各界意见。获奖作品都是公认的好作品，有不少是畅销书、热播剧、流行歌，读者喜爱、网民点赞、群众传唱。

精神文明建设“五个一工程”是由党中央倡导，中共中央宣传部组织实施，旨在弘扬主旋律、推动优秀精神文化产品创作生产的示范工程、导向工程。评选从1991年开始实施，目前周期为五年两届，评选范围包括戏剧、电影（包括动画电影）、电视剧（包括电视动画片、电视纪录片）、广播剧、歌曲、图书（包括文学类图书、通俗理论读物和少儿思想道德读物）六个类别。

9月中旬开始至10月中旬，在全国范围开展第十三届精神文明建设“五个一工程”展演展映展播展示活动，集中推出获奖作品。

【关于国家艺术基金2014年度资助项目名单的公示】

根据《国家艺术基金项目资助管理办法》的规定，经国家艺术基金理事会第三次理事会议审定通过，现将国家艺术基金2014年度立项资助名单予以公示。公示时间为2014年11月7日至21日。公示期内，如对公示项目有异议，请以书面方式向国家艺术基金管理中心监督部反映，并提供必要的证据材料及本人真实姓名、工作单位、联系电话等有效联系方式（国家艺术基金管理中心将严格保密）。国家艺术基金管理中心监督部联系电话：（010）68498647；电子邮箱：jiandubu@ cnaf. cn；通讯地址：北京市海淀区中关村南大街1号友谊宾馆雅园63443房间，邮政编码：100873。

国家艺术基金管理中心
2014年11月7日

国家艺术基金2014年度舞台艺术创作资助项目大型舞台剧和作品（共81项）

项目名称	申报主体名称
京剧《钦差林则徐》	天津市青年京剧团
京剧《美丽人生》	武汉京剧院
京剧《赵佗》	河北省京剧艺术研究院
昆剧《李清照》	北方昆曲剧院
昆剧《川上吟》	上海昆剧团
吕剧《回家》	山东省吕剧院
芗剧《保婴记》	福建省漳州市芗剧团
滑稽戏《探亲公寓》	江苏省苏州市滑稽剧团
豫剧《苏武牧羊》	河南省豫剧院
花鼓戏《我叫马翠花》	湖南省花鼓戏保护传承中心
吉剧《站醒台》	吉林省戏曲剧院
滇剧《水莽草》	云南省玉溪滇剧传承保护展演中心、玉溪市滇剧院
龙江剧《松江魂》	黑龙江省龙江剧艺术中心
徽剧《惊魂记》	安徽省徽京剧院
扬剧《衣冠风流》	江苏省扬州市扬剧研究所
琼剧《浴血英魂》	海南省海口市琼剧演艺有限公司
豫剧《大明皇后》	河南省小皇后豫剧团
藏剧《朵雄的春天》	西藏自治区藏剧团

续表

项目名称	申报主体名称
淮剧《大洪流》	上海淮剧艺术传习所、上海淮剧团
河北梆子《百合岭》	石家庄市河北梆子剧团
山东梆子《萧城太后》	山东省聊城市山东梆子剧院、聊城市豫剧院
黄梅戏《徽州往事》	安徽再芬黄梅文化艺术股份有限公司
豫剧《大漠胡杨》	新疆生产建设兵团豫剧团
粤剧《碉楼》	广州粤剧院有限公司
湘剧《月亮粑粑》	湖南省湘剧院
晋剧《巴尔思御史》	山西省晋剧院
音乐剧《站台》	中国铁路文工团
歌剧《血原》	辽宁歌剧院
音乐剧《彝红》	四川省凉山彝族自治州歌舞团
歌剧《导弹司令》	总政歌剧团
歌剧《岳飞》	天津音乐学院
音乐剧《阿拉木汗传说》	新疆艺术剧院歌剧团
歌剧《太行奶娘》	山西省左权县开花调艺术团
歌剧《冰山上的来客》	中国国家大剧院
歌剧《大汉苏武》	陕西省歌舞剧院有限公司
歌剧《貂蝉》	甘肃省歌剧院
歌剧《白毛女》	中国歌剧舞剧院
歌剧《回家》	江西省歌舞剧院有限责任公司
歌剧《运之河》	江苏省演艺集团有限公司
歌剧《高山流水》	武汉歌舞剧院有限责任公司
音乐剧《阿诗玛》	云南大德正智传媒有限公司
音乐剧《嘎老》	贵州文化演艺集团有限责任公司
芭蕾舞剧《长恨歌》	上海芭蕾舞团
芭蕾舞剧《堂・吉诃德》	中央芭蕾舞团
舞剧《青衣》	北京亚彬舞影文化传播有限公司
芭蕾舞剧《乌斯浑河的回声》	辽宁芭蕾舞团
舞剧《沙湾往事》	广东歌舞剧院有限公司
芭蕾舞剧《西施》	苏州文化博览中心有限公司
舞剧《追寻香格里拉》	重庆演艺集团有限责任公司
舞剧《戈壁青春》	新疆生产建设兵团歌舞剧团
杂技剧《破晓》	广州军区政治部战士杂技团
舞剧《百鸟衣》	南宁市艺术剧院有限责任公司
舞剧《赵氏孤儿》	中国歌剧舞剧院
舞剧《太阳的女儿》	西藏自治区歌舞团
舞剧《24 节气——花间十二声》	北京现代舞团
舞剧《梅兰芳》	辽宁歌舞团
舞剧《泥人的事》	天津歌舞剧院

续表

项目名称	申报主体名称
舞剧《风之谷》	北京高原天创文化艺术传播有限公司
舞剧《马可·波罗传奇》	呼和浩特民族演艺集团有限公司
舞剧《夕照》	北京戏曲艺术职业学院
杂技剧《惊美图》	黑龙江省杂技团有限公司
儿童剧《山里娃》	山西省临县道情研究中心、吕梁市民间艺术团
儿童剧《大山里的红灯笼》	长春演艺集团有限公司长春话剧院
儿童剧《锛儿头、小辫儿之疯狂的节日》	北京缤纷无限儿童艺术剧团
儿童剧《我的麦哲伦海峡》	济南市儿童艺术剧院
儿童剧《时慢慢和外星人萨根》	新疆华艺文化传播有限公司
话剧《老大》	上海话剧艺术中心有限公司
话剧《牌坊》	北京人民艺术剧院
话剧《兵者，国之大事》	总政话剧团
话剧《红旗谱》	天津人民艺术剧院
话剧《老汤》	河南歌舞演艺集团有限责任公司
话剧《古田会议》	福建人民艺术剧院
话剧《徽商传奇》	安徽省话剧院
话剧《代理村官》	辽宁人民艺术剧院
话剧《茶壶就是喝茶的》	济南市曲艺团
话剧《国家的孩子》	内蒙古民族艺术剧院
小剧场话剧《早安，妈妈》	北京大学影视戏剧研究中心
交响合唱《木兰诗篇》	中国交响乐团
交响合唱《朝阳沟》	河南歌舞演艺集团有限责任公司
民族管弦乐《辽南畅想》	大连大学音乐学院
民族管弦乐《丝路长安》	陕西省广播电视民族乐团

国家艺术基金 2014 年度舞台艺术创作资助项目小型舞台剧（节）目和作品（共 100 项）

项目名称	申报主体名称
独幕剧《板车女孩》	安徽省话剧院
独幕剧《窗床闯创》	江西省话剧团有限责任公司
独幕剧《以梦为马》	北京山水世爵国际文化投资有限公司
独幕剧《人模狗样》	上海话剧艺术中心有限公司
独幕剧《当青春不再怀念蝴蝶的伤》	陕西省人民艺术剧院有限公司
独幕剧《苍新路 5 号》	沈阳话剧团
独幕剧《中国好爸爸》	中华全国总工会文工团
独幕剧《飞舞的蒲公英》	福建人民艺术剧院
独幕剧《蔡和森的布里梦》	河北省保定学院
独幕剧《森林奇遇》	浙江省宋城演艺发展股份有限公司
小舞剧《临川四梦》	李可臻

续表

项目名称	申报主体名称
小舞剧《向阳花》	贾东霖
黄梅戏小戏《红娘》	刘红
黄梅戏小戏《骄杨》	安徽黄梅戏艺术职业学院
傣剧小戏《绿叶信》	云南省德宏州傣剧传承保护展演中心
晋剧小戏《火中殉道》	山西省晋中市晋剧艺术研究院
晋剧小戏《清风亭》	山西省晋剧院
龙岩山歌小戏《假戏真做》	福建省龙岩山歌戏艺术中心
彩调小戏《这点差不得》	广西壮族自治区戏剧院
凤阳花鼓小戏《沈浩探母》	安徽省凤阳花鼓艺术团
二人台小戏《山村“九品”官》	呼和浩特民族演艺集团二人台艺术研究剧院有限公司
二人台小戏《婆媳三代》	山西省忻州市二人台戏曲研究所
二人台小戏《送驴记》	河北省张家口市卓盛口梆子演艺有限公司
楚剧小戏《两道菜》	武汉楚剧院有限责任公司
曲剧小戏《老鼠嫁女》	河南省曲剧艺术保护传承中心
莱芜梆子小戏《暖水袋　痒痒挠》	山东省莱芜市莱芜梆子剧团
吨腔小戏《廉政灶》	山东省博兴县京剧团
晋中秧歌小戏《好女丫丫》	山西省晋中市艺术学校
京剧小戏《挑起一片天》	安徽省黄山市徽剧艺术传习所
庐剧小戏《得失之间》	合肥演艺有限责任公司
陇剧小戏《剪纸情》	甘肃省定西市百花演艺有限公司
两夹弦小戏《爱心家园》	山东省定陶县两夹弦非遗保护传承中心
小歌剧《可可西里的故事》	李玉昆
独奏曲《远行》	杨益
独奏曲《丝路飞天》	赵聪
协奏曲《度》	广州交响乐团
歌曲《天耀中华》	何沐阳
歌曲《月亮情歌》	杨云燕
歌曲《兵团是我家》	艾尼瓦尔江·艾黎根
歌曲《迷彩四季》（组歌）	解放军艺术学院
歌曲《我的家在香巴拉》	云南省迪庆藏族自治州民族歌舞团
歌曲《南熏琴歌》	何怡
合唱《风》	中央音乐学院
合唱《坡芽故事》	云南省富宁县文化馆
合唱《蒙古铁汉》	内蒙古包头市达茂联合旗乌兰牧骑
合唱《木兰辞》	陈家海
合唱《放飞梦想》	陈劲松
合唱《听中国》	北京中视节点文化发展有限公司
室内乐《惊蛰》	冯勇
室内乐《圣山上的舞羚》	王斐南

续表

项目名称	申报主体名称
室内乐《筝语诗画》	南京艺术学院
室内乐《水德吟》	武汉音乐学院
室内乐《幻影三六》	上海音乐学院
室内乐《诗经・乐图》	广东省广州鳟鱼歌剧艺术团
室内乐《镜花水月》	黄河
室内乐《元曲小唱》	肖玛
民乐小合奏《汉字》	河南歌舞演艺集团有限责任公司
民乐小合奏《戈壁蜃影》	内蒙古民族艺术剧院
民乐小合奏《古谱今译》	吕屹
单人舞《追梦》	赵磊
双人舞《海上升明月》	福建福州歌舞剧院
双人舞《我想有个家》	杨畅
三人舞《穿越——三个女人的舞蹈》	北京晓星芭蕾艺术发展基金会
群舞《傩情》	郭磊
群舞《我们都是亲兄弟》	西藏军区文工团
群舞《羚羊的外套》	谢飞
群舞《满江红》	吉林市歌舞剧院有限责任公司
群舞《乡音》	金妮
群舞《锁风沙》	山西省歌舞剧院有限公司
群舞《黑走马》	戈米西・马合帕尔
群舞《汉正街的娘子军》	武汉歌舞剧院有限责任公司
群舞《biang biang 面》	宁波
群舞《青花叠韵》	江西艺术职业学院
群舞《芥子》	广东星海现代舞蹈艺术有限公司
群舞《库姆孜》	巴合提亚・木拉提
群舞《饭罐罐》	赵霖
群舞《爱的撞击》	云南省红河州民族文化工作团
群舞《万马奔腾》	北京歌舞剧院有限责任公司
群舞《罗汉之门》	河北艺术职业学院
群舞《和・鞋》	南宁市艺术剧院有限责任公司
群舞《牡丹赋》	中国铁路文工团
群舞《蛙神祭》	广西艺术学院
群舞《闹宴》	云南省绿春县民族文化工作队
小舞剧《南狮梦》	星海音乐学院
苏州弹词《绣神》（中篇）	苏州市评弹团
苏州弹词《陈其美 1911》（中篇）	上海评弹艺术传习所、上海评弹团
福州伬艺《秦楼月春回坊巷》	福建省福州市曲艺团
苏州弹词《江南第一燕》（中篇）	江苏省常州市曲艺团
小品《今天的幸福Ⅱ》	北京开心麻花娱乐文化传媒有限公司

续表

项目名称	申报主体名称
鼓曲联唱《鼓韵流芳》	天津市曲艺团
末伦《送情鞋》	南宁市民族文化艺术研究院
四川清音《雾云霞》	重庆演艺集团有限责任公司曲艺分公司
杂技《飞轮炫技》	武汉杂技艺术有限责任公司
杂技《未来——双轨旋转飞杠》	沈阳杂技演艺集团有限公司
杂技《黑白狂想——五人技巧》	中国杂技团有限公司
杂技《舞空竹》	上海杂技团
皮影戏《哪吒闹海》	湖南省木偶皮影艺术保护传承中心
皮影戏《泰山石敢当为民除害保平安》	范正安
木偶剧《兴仔宁妞识毒记》	广西木偶剧团有限责任公司
木偶剧《板桥作画》	许虹

国家艺术基金 2014 年度传播交流推广资助项目（共 79 项）

项目名称	申报主体名称
作为启蒙的设计： 中国国际设计博物馆包豪斯藏品展	中国美术学院
中演院线国家艺术院团精品推广工程	中演演出院线发展有限责任公司
中华意蕴——中国油画艺术国际巡展	中国国家画院
中国数字美术馆虚拟化展览	中国美术馆
中国民族音乐世界推广及数字化整理	中国国际文化艺术有限公司
中国梦・太行魂——纪念中国人民抗日战争暨世界反法西斯战争胜利 70 周年太行山美术作品展	山西画院
中国梦・黄土情——晋冀蒙陕甘宁六省（区） 地方戏曲及民乐民歌“三展”联动	山西省华艺实业总公司
中国国家当代艺术档案库	中国国家画院
中国福建木偶戏在亚太地区的传播交流推广	中国艺术研究院
中国风情秀《PANDA!》传播交流推广	北京时代新纪元文化传播有限公司
长江新媒体剧场	湖北长江人民艺术剧院有限责任公司
杂技剧《你好，阿凡提》传播交流推广	新疆杂技团
豫剧《焦裕禄》传播交流推广	河南豫剧院
影像“中国梦”摄影艺术展	中国艺术研究院
杨柳青木版年画系列展览	天津杨柳青画社
心智与图式——意象江南系列绘画作品巡回联展	南京艺术学院
舞剧《月上贺兰》传播交流推广	银川艺术剧院有限公司
舞剧《铁道游击队》传播交流推广	中国人民解放军总政治部歌舞团
舞剧《水月洛神》传播交流推广	郑州歌舞剧院
舞剧《孔子》国际（欧洲）巡演	中国歌剧舞剧院
舞剧《徽班》传播交流推广	安徽省歌舞剧院
舞剧《粉墨春秋》传播交流推广	山西华晋舞剧团

续表

项目名称	申报主体名称
塔尔寺藏艺三绝	青海湟中县塔尔寺管委会
首届中国新疆国际艺术双年展	新疆画院
桑皮纸上的中国画——美术作品巡回展	新疆亚心网网络有限公司
秦腔《花儿声声》传播交流推广	宁夏演艺集团秦腔剧院有限公司
蒲剧《山村母亲》传播交流推广	山西省运城市蒲剧青年实验演出团
评剧《赵锦棠》传播交流推广	天津评剧院有限公司
宁夏回族民间工艺美术品传承交流拓展	宁夏回族自治区民族艺术研究所
蒙古族史诗《江格尔》传播交流推广	新疆卡尔罗媒体科技有限公司
林兆华·戏剧邀请展	北京林兆华戏剧文化有限公司
昆剧《南柯梦》（上、下本）传播交流推广	江苏省演艺集团有限公司
昆剧《景阳钟》传播交流推广	上海昆剧团
京剧《铁弓缘》传播交流推广	云南省京剧院
京剧《孙安动本》传播交流推广	吉林省戏曲剧院
京剧《将军道》传播交流推广	沈阳京剧院
京剧《建安轶事》传播交流推广	湖北省京剧院
徽风皖韵中国行	安徽演艺集团有限责任公司
黄梅戏《风雨丽人行》传播交流推广	安徽省黄梅戏剧院
黄金腹地行——2015 环塔克拉玛干写生暨展览	新疆一行文化艺术学术中心
话剧《雾蒙山》传播交流推广	河北省承德话剧团演艺有限公司
话剧《天下第一桥》传播交流推广	甘肃省话剧院有限责任公司
话剧《解放！解放！》传播交流推广	西藏自治区话剧团
话剧《大巴扎》传播交流推广	新疆艺术剧院话剧团
花开敦煌——常沙娜艺术研究与应用展	北京圆融自在文化艺术有限公司
红妆文化海外推广	浙江宁波市演艺集团有限公司
古拙与雄浑——郑州美术馆馆藏汉代画像砖拓片艺术展	郑州美术馆
古韵镌拓，纸墨千秋——2015 年国家典籍博物馆宋元善拓展暨全国书法临摹展	中国国家图书馆
古塞奇珍——甘肃古代简牍暨汉简书法展	甘肃简牍博物馆
歌剧《钓鱼城》传播交流推广	重庆市歌剧院
高校毕业生优秀雕塑作品展	雕塑杂志社
高甲戏《妈祖》传播交流推广	福建泉州市高甲戏传承中心
儿童剧《想飞的孩子》传播交流推广	北京儿童艺术剧院股份有限公司
儿童剧《特殊作业》传播交流推广	中国儿童艺术剧院
第十二届全国美术作品展览国际巡展	中国美术家协会
第二届中国国际芭蕾演出季	北京中芭演出有限公司
大美长白——长白山题材美术作品巡回展	吉林艺术学院
传承与创新——景德镇当代原创陶瓷艺术作品巡回展	江西景德镇美术馆
川剧艺术走中国	重庆市川剧院
采茶戏《八子参军》传播交流推广	赣南采茶歌舞剧院

续表

项目名称	申报主体名称
20 世纪中国美术之旅： 走向西部——中国美术馆经典藏品西部巡展	中国美术馆
《状元媒》传播交流推广	北京京剧院
《中国美术大事记》当代美术（年度）史料文献	文化部艺术发展中心
《中国京剧像音像集萃》工程	天津市中华民族文化促进会
《印象・国乐》传播交流推广	中央民族乐团
《萧何月下追韩信》传播交流推广	上海京剧院
《天鹅湖》赴荷兰巡演	中国对外演出有限公司
《秦香莲》传播交流推广	天津市青年京剧团
《穆桂英挂帅》传播交流推广	国家京剧院
《木卡姆的春天》传播交流推广	新疆木卡姆艺术团
《茶馆》赴欧洲巡演	北京人民艺术剧院
《百年巨匠》传播交流推广	北京银谷艺术馆有限公司
《“下次开船”港》太行山区百场公益巡演	河北省话剧院演艺有限公司
“中国故事　大地之歌”叶小纲交响音乐会 传播交流推广	北京演艺集团有限责任公司
“新金陵画派”精品展交流推广项目	江苏省美术馆
“三区”中国梦　《解放》万里行	山西华夏之根艺术团
“青年艺术 +”青年艺术家推广计划	北京文创国际文化交流有限公司
“从洛桑到北京”第九届国际纤维艺术双年展 暨学术研讨会	清华大学美术学院
“《红色娘子军》50 年，继往开来，再出发！”	中央芭蕾舞团

国家艺术基金 2014 年度人才培养资助项目（共 41 项）

项目名称	申报主体名称
京剧《杨门女将》青年表演人才培养	国家京剧院
京剧尚派艺术人才培养	天津艺术职业学院
歌剧《白毛女》青年表演人才培养	中国歌剧舞剧院
木偶皮影制作人才培养	江苏省扬州市木偶研究所
芭蕾舞剧《红色娘子军》青年演员人才培养	中央芭蕾舞团
戏剧台词人才培养	中国国家话剧院
京剧梅派艺术人才培养	北京京剧院
舞剧《一把酸枣》青年表演人才培养	山西华晋舞剧团
评剧《花为媒》青年表演人才培养	中国评剧院有限责任公司
福建省古老剧种（梨园戏、莆仙戏、 泉州提线木偶戏）表演人才培养	福建省艺术研究院
闽剧《贬官记》青年表演人才培养	福建省实验闽剧院
艺术专业与管理人才国际交流项目	中国对外文化交流协会

续表

项目名称	申报主体名称
青年指挥人才培养	中央歌剧院
话剧《商鞅》青年表演人才培养	上海话剧艺术中心有限公司
舞剧《丝路花雨》青年表演人才培养	甘肃省歌舞剧院有限责任公司
滑稽表演人才培养	中国吴桥国际杂技艺术节组织委员会办公室
豫剧表演人才培养	河南豫剧院
话剧《立秋》青年表演人才培养	山西省话剧院有限责任公司
粤剧《伦文叙传奇》青年表演人才培养	广东粤剧院
越剧尹派青年人才培养	福建尹派越剧艺术传承保护中心、福建省芳华越剧团
舞蹈创作青年人才培养	中国舞蹈家协会
喜剧表导演人才培养	北京开心麻花娱乐文化传媒有限公司
当代陶瓷绘画艺术人才培养	江西省景德镇市逸品人间瓷画有限公司
景泰蓝工艺设计人才培养	北京汉艺煌景泰蓝工艺品有限公司
刺绣艺术创新青年人才培养	江南大学
篆刻艺术青年人才培养	中国艺术研究院
连环画专业人才培养	上海城市动漫出版传媒有限公司
青年艺术家扶持推广（CYAP2015 驻地培训）	北京德美艺嘉文化产业有限公司
徽州漆器髹饰技艺人才培养	安徽省黄山市安海文化传播有限公司
工艺雕刻青年人才培养	中国工艺美术协会
少数民族戏剧创作人才培养	中国少数民族戏剧学会
音乐评论人才培养	中央音乐学院
西南少数民族水彩画创作人才培养	曲靖师范学院
马头琴演奏人才培养	内蒙古民族艺术剧院
西北地区舞蹈艺术人才培养	西北师范大学
历史文化名镇创意规划设计工作营	同济大学
城镇文化创意管理人才培养	中央文化管理干部学院
艺术品营销人才培养	文化部文化艺术人才中心
云南省少数民族艺术人才培养	云南省民族艺术研究院
恩施地区土家族民间花灯（恩施耍耍、咸丰地盘子、建始喜花鼓、来凤靠灯舞）艺术人才培养	湖北民族学院
热贡唐卡艺术人才培养	青海黄南州热贡画院

国家艺术基金 2014 年度美术书法摄影创作人才资助项目（共 93 项）

项目名称	申报主体名称
中国画《嘉年华》	汤雪村
中国画《印象・柳叶・荷・禅》	孔晓峰
中国画《大运河・我的家》	陈健
中国画《心印寂静——花鸟画组图创作》	籍洪达

续表

项目名称	申报主体名称
中国画《老屋梨花绽笑颜》	唐德福
中国画《藏区神山央迈勇》	蔡敏
中国画《汉口租界历史建筑之当代水墨》	彭震中
中国画《都市系列》	杨柳
中国画《红楼梦》组画	李德惠
中国画《丝路使者——细君公主》	褚晓莉
中国画《迷彩青春》	刘鲁新
中国画《吾土吾民》	李刚
中国画《寄梦丹霞》系列组画	杨军
中国画《特战神兵》	翟书同
中国画《再不封闭的山村》	张博
中国画《青春的旋律》	汪荣强
中国画《壮乡揽胜》	钟涛
中国画《明代丽江木氏土司像复制及白沙壁画经典复制》	吕印
中国画《留住记忆》	马畅
中国画《甲午战争 120 周年祭》	刘同顺
中国画《广西少数民族村寨风情山水画创作》	秦晖
油画《世界肖像艺术创作》	童雁汝南
油画《魂兮归来——汉唐陵墓神兽石刻》	刘佳
油画《佤族文化》系列创作	边小强
油画《记忆的味道》系列创作	周亭
油画《晋察冀烽火》	郑光旭
油画《两亩地》	毛艳阳
油画《中国梦——造船》	刘玉龙
油画《人与马》	格日勒图
油画《百年一瞬 · 中东铁路 1907》	韩继强
油画《傣家》	郭仁海
油画《陈宝琛》	王裕亮
油画《礼记》系列创作	陈焰
油画《布里亚特的冬日——思》	孔庆雄
油画《四季太行》	孟新宇
油画《城市的肖像》	房雨轩
油画《寂静的纳吾错》	程建利
油画《春水东流》	蒯连会
油画《青春无悔》	吕承坚
油画《云南文山》系列创作	刘刚
油画《良渚人的家园——莫角山下美丽洲》	秦洪伟
油画《手机围城》	刘悦

续表

项目名称	申报主体名称
油画《珠三角水系文化》系列创作	罗灵
水彩（粉）画《锦灰堆》	陆浩然
水彩（粉）画《工业备忘录》	焦立强
水彩（粉）画《丝绸之路——天山南北》	何孝清
水彩（粉）画《民族之花》	黄华兆
水彩（粉）画《民族工业遗迹》系列组画	刘德龙
水彩（粉）画《城》	吴洁
水彩（粉）画《我的学生》	王辉宇
版画《盛世益州》	彭伟
版画《时空事迹》	傅洁
版画《红军东征》	吴娅妮
版画《幼学杂字》	刘益春
版画《回顾与展望》	尹小勇
雕塑《名仕风流》	汪沐川
雕塑《慢性》系列创作	卢征远
雕塑《青春无悔》	张飙
雕塑《丝绸之路——大漠长歌》	王超
工艺美术《茶则与勺子》	周震
工艺美术《甲骨文字绘画及工艺品》系列创作	陈楠
工艺美术《华夏器韵》	熊开波
工艺美术《家居生活艺术的再创作》	韩纳黎
工艺美术《可现的视界》	韩熙
工艺美术《觉色——中国传统天然染缬艺术服饰》	楚艳
工艺美术《青韵系列》	李明谦
工艺美术《山之意》	李素芳
工艺美术《晋冀蒙三省区端午节民俗编作》整理创作	齐晓霞
工艺美术《长白山地域文化下的纤维编织艺术创作》	宋海峰
漆画《海峡组曲》	汤志义
漆画《中国漆·本生故事》	简锦斯
书法《传统文化名句组印》	李明桓
书法《李白诗歌十幅》	纪松
书法《从原初到艺术之升腾——甲骨文书法创作系列精选》	池现平
书法《忆大山》	谭必清
书法《国学名篇小楷手卷》系列创作	贺子文
书法《古人书论选》	袁文甲
书法《中国梦——五十六个民族共同的梦（57 方篆刻组印）》	张晓东
书法《小楷书老子道德经长卷》	唐朝轶

续表

项目名称	申报主体名称
书法《咏淮河诗书法创作十幅》	季永
书法《四书》册页	曹端阳
书法《楹联书法创作》	胡朝霞
摄影《河南传统手工技艺》	郭月霞
摄影《“郑州国棉”转型记——一座棉纺城的变迁记忆》	延婧
摄影《世界小极了》系列创作	周岚
摄影《美好时光》	范顺赞
摄影《血色——史迪威公路》	胡群山
摄影《广厦——周山浜人居环境变迁影像档案》	袁徐庆
摄影《三生石》系列创作	王增跃
摄影《三峡新移民》	陈文
摄影《哈尼净土上的原始生命——黄连山珍稀动植物》	何疆海
摄影《边地行走——探索失落的南方丝绸古道》	范南丹
摄影《灾后羌族建筑》	周莉

展演·节会

【“中国文化周”在突尼斯举办】

当地时间2014年8月8日至14日，为庆祝中突建交50周年，由中国文化部主办的中阿丝绸之路文化之旅——“中国文化周”在突尼斯举办，新疆木卡姆艺术团、中央歌剧院交响乐团的演出和中突建交50周年图片展让突尼斯人民近距离领略了中国文化的魅力。

当地时间8月8日晚，中国新疆木卡姆艺术团首场访问演出在突尼斯迦太基古罗马剧场举行，表演了集体舞《朱拉》、塔吉克族集体舞《离太阳最近的人》等节目。此外，艺术团还特意表演了突尼斯民间音乐、歌曲。在亮相第50届迦太基国际艺术节之后，新疆木卡姆艺术团还参与了8月10日突尼斯坚杜拜国际艺术节，并将参加8月12日的凯鲁万国际艺术节。

当地时间8月9日晚，中央歌剧院交响乐团首场访问演出在埃尔·杰姆斗兽场举行。由指挥家俞峰指挥的中央歌剧院交响乐团为突尼斯观众献上了《费加罗的婚礼》选曲、《图兰朵》选曲等作品。在杰姆国际交响乐节上的演出结束后，中央歌剧院交响乐团还参与了8月11日莫纳斯蒂尔国际艺术节和8月12日的比塞大国际艺术节。

【2014年国家艺术院团演出季】

2014年8月21日，由文化部主办的“2014年国家艺术院团演出季”拉开序幕。演出季首次推出“9+1”院团参与模式，除国家京剧院、中国国家话剧院、中国歌剧舞剧院等9个文化部直属艺术院团外，还首次将中央民族歌舞团纳入其中。十大艺术院团在首都各大剧场推出29个剧目62场演出。

演出季集中展示国家艺术院团以“中国梦”为主题艺术创作活动的成果，各文艺院团将推出包括《劳动创造幸福》《中国的声音》《中国梦随想》《复兴之路》《红色娘子军》《丝绸之路》等一批精彩的舞台作品，展示人们寻梦的理想，表现人们追梦的奋斗，激励人们坚持中国道路、弘扬中国精神、凝聚中国力量，激发人们为实现中国梦努力奋斗的热情。此外，艺术评论成为本届演出季的重头戏，充分发挥对院团剧目生产和传播的指导作用，为国家艺术院团艺术发展营造良好的艺术评论氛围。

演出季期间，文化部继续组织剧目推广交易会、专业研讨会等，为院团提供展示和交易平台，更好地促进国家艺术院团朝市场化运作方向发展。值得一提的是，本届演出季交易会期间，就如何更好贯彻落实“制止豪华铺张，提倡节俭办晚会”的“节俭令”各项要求，推动演艺行业健康、科学、可持续发展等主题展开研讨，对全国演出行业发挥导向和示范作用。

演出季一如既往突出艺术惠民，以公益性演出满足广大观众的观演需求，各艺术院团演出100元以下的低价票不少于40%，观众在售票窗口和网上均可买票。

【中国文化周在蒙古国举办】

2014年8月22日上午，习近平主席夫人彭丽媛和额勒贝格道尔吉总统夫人包勒尔玛共同出席为庆祝中蒙建交65周年暨“中蒙友好交流年”举行的中国文化周开幕式并剪彩，欣赏蒙古国艺术家的精彩演出，并参观中国敦煌文化艺术展，观赏临摹的敦煌石窟壁画、复制泥塑和乐器。

此次“中国文化周”开幕展览由中国对外文化集团公司、中国敦煌研究院与蒙古国家艺术画廊承办，中国青海省黄南州热贡画院协办，展出中国敦煌研究院收藏的临摹品敦煌彩塑、壁画，仿制乐器，相关图文、实物资料、模型等，以及青海省黄南州热贡画院创作的唐卡作品等共约100件（套），是该主题的艺术展首次赴蒙举办。

8月22日下午，“从北京到乌兰巴托”中国茶文化艺术展在乌兰巴托中国文化中心开幕，中国文化部部长蔡武、蒙古国文化体育旅游部副部长图门吉日嘎拉等出席。该展以“万里茶道”的视角切入，共分“茶路”“茶礼”“茶境”3个板块，跨越了茶的疆界，动用多种艺术手段，充分调动参观者的感官体验，营造出一个古朴雅致的中国文化体验空间。

除展览活动外，本次文化周期间，由中国吉林省文化厅组派的综合性艺术团于26日、27日在蒙古国家文化宫举办2场以“吉风吉运送吉祥”为主题的文艺演出。文化周于30日闭幕。

【2014北京国际艺术博览会】

2014年10月7日，“2014北京国际艺术博览会开幕式”在北京全国农业展览馆举行。第十一届全国政协副主席、中国文学艺术界联合会主席孙家正和胡振民、陈云林、夏潮、李前光、董伟、丁伟、覃志刚、冯远、张海、姜昆等领导和嘉宾出席开幕式。

本届艺博会以“弘扬中华文化，促进国际交流”为主旨，共吸引超过150家艺术机构参展，展览内容主要包括中国书画、雕刻艺术、海外精品、民族工艺四大板块。其中，中国书画板块推出“当代中国画名家精品邀请展”等，雕刻艺术板块推出“新疆和田黄玉专题展”和“中国青年雕刻艺术家邀请展”，海外精品板块为观众带来“俄罗斯油画名家精品邀请展”，民族工艺板块则推出“安徽文房四宝精品展”等。

本届艺博会由全国政协教科文卫体委员会、中国美术家协会、中国书法家协会、中国民间文艺家协会、中国工艺美术协会、华兴经济咨询服务中心联合主办。本届艺博会还策划专场拍卖和相关主题论坛及系列会后延展活动。

【第十六届中国上海国际艺术节】

2014年10月17日，由文化部主办、上海市人民政府承办的“第十六届中国上海国际艺术节”在上海大剧院开幕。

本届艺术节继续坚持勤俭办节原则，凸显“好节目集中，好节目惠民”理念，让更多观众走近艺术、享受艺术，推出45台精心挑选的国内外优秀剧目和13个大型艺术展览。艺术节包括“艺术天空”演出系列版块、陕西文化周、加拿大文化周、无锡分会场、群众文艺演出活动，以及木偶节等一批“节中节”。

本届艺术节“青年艺术创想周”委约作品和邀约作品的数量较多、质量较高。今年新推出的“艺术天空”演出系列，将在上海市各区县上演31场26台经典演出，艺术节群众文艺演出活动10月18日同时在上海各区县拉开序幕。此外，国际演出交易会、艺术节系列论坛也在艺术节期间搭台唱戏，吸引海内外艺术家纷至沓来。

本届艺术节推出近3000场群文活动，作为让百姓共享城市文化发展成果的惠民举措，今年国际艺术节参演剧节目向市民推出了2万张优惠票。

艺术节开幕式后，中外嘉宾观摩了原创歌剧《一江春水》。《一江春水》由中国上海国际艺术节委约，上海音乐学院和上海周小燕歌剧中心创排，是一部反映昔日申城历史的代表性音乐作品。

【2014 首届中国文化馆年会·文化艺术博览会】

2014 年 12 月 19 日至 21 日，“首届中国文化馆年会”在浙江省宁波市举行。年会由文化部主办，文化部全国公共文化发展中心、中国文化馆协会和浙江省宁波市人民政府共同承办。

文化部副部长杨志今出席年会开幕活动，并与宁波市市长卢子跃等向获得“2014 全国文化馆榜样人物”的 10 名文化工作者和获得“2014 全国优秀文化馆”“2014 全国优秀文化站”称号的代表颁奖。以“引领风尚　美好生活”为主题的本届年会由政府、社会、市场共同推动举办，分为工作会议、主题论坛、博览会三大板块，旨在集中展示文化馆事业发展成就，搭建业界交流合作平台，实现文化产业与文化事业互促共赢。

年会期间，文化部召开了全国公共文化服务体系建设工作会议，传达了中央关于加快现代公共文化服务体系建设及公共文化服务标准化的精神，上海、宁波、甘肃等地交流了公共文化服务体系建设的工作经验，会议还为 2014—2016 年“中国民间文化艺术之乡”命名颁牌，并部署 2015 年公共文化服务体系建设重点工作。此次命名的“中国民间文化艺术之乡”涉及特色民间文化资源或艺术形式 550 种，涵盖表演艺术、造型艺术、手工技艺、民俗活动等艺术门类，集中展示了我国民间文化艺术蓬勃发展的现状。

主题论坛由 6 场分论坛组成，重点围绕现代公共文化服务体系中的文化馆建设、数字文化馆建设、国家公共文化服务体系示范区创建、群众文化艺术、优秀传统文化传承与文化馆建设、中国农民画发展等话题展开交流和研讨。文化学者于丹以“观乎人文以化成天下”为题做了主题演讲。曲艺表演艺术家刘兰芳、书法家曾来德、舞蹈艺术教育家潘志涛等分别担任主讲嘉宾。

博览会在宁波国际会展中心召开，5 个展馆展出总面积达 3.5 万平方米，设有 1500 个标准展位。博览会主要分为三大展区，即展示馆、交易馆和互动体验馆。走进展示馆，有数字文化馆建设的最新成果，有各地文化馆服务的品牌案例，也有特色文化现场表演。“中国文化馆事业成就展”由各地特装展位组成，通过声、光、电等综合技术手段全方位展示我国文化馆事业发展取得的巨大成就。交易馆吸引了大量与文化馆事业相关的单位和产业上下游企业参展，不仅有创新的优质公共文化产品和服务、相关公共文化设施设备，还有各地的群众文化艺术精品以及民族民间艺术精品等。互动体验馆吸引了大批与会代表观摩体验。博览会推动了文化事业与文化产业、文化科技融合共享，促进了全国文化馆行业的联动、共享、交流、发展。

会议

【2013年度文化部优秀专家颁证会】

2014年1月3日，“2013年度文化部优秀专家颁证会”在北京举行，95人获颁2013年度文化部优秀专家证书。文化部部长蔡武，副部长杨志今、励小捷、项兆伦、董伟、丁伟出席颁证会。

颁证会上，蔡武对优秀专家提出了几点希望：第一，要始终秉持高度的社会责任感，坚持文化建设的正确方向，集中反映当代中国人民的理想信念、价值追求、道德标准和精神追求；第二，要牢固树立正确的创作导向，从人民群众的生活实践当中，寻找灵感，挖掘素材，提炼主题，不断创作生产出思想性、艺术性、观赏性相统一，为人民群众所喜闻乐见的优秀作品；第三，要进一步增强创新、创造活力，在继承中华民族优秀传统文化和吸收世界优秀文化成果的基础上，博采众长，厚积薄发，推陈出新，创作出更多具有中国特色、中国风格、中国气派的精品力作；第四，要加强自身修养，追求德艺双馨，坚守艺术理想，弘扬职业精神，克服浮躁心态，潜心钻研创作，努力创作出感召社会、震撼心灵、经久传世的艺术作品。

[2013年度文化部优秀专家名单]

杨凤一（女） 北方昆曲剧院一级演员
王洪玲（女） 北京市河北梆子剧团一级演员
邓菊英（女） 首都图书馆研究馆员
王　平 天津京剧院一级演员
钟　海 天津人民艺术剧院一级编剧
李　培 天津图书馆教授
段宏振 河北省文物研究所研究馆员
李跃霞（女） 河北省沧州市艺术研究所研究馆员
栗桂莲（女） 山西省晋剧院一级演员
王菁华（女） 山西华晋舞剧团二级导演
赵中悦 山西省非物质文化遗产保护中心研究馆员
武利平 内蒙古二人台艺术团一级演员
曹建恩 内蒙古文物保护中心研究馆员
杨　赤 辽宁省大连京剧院一级演员
宋晓冬（满族） 辽宁省非物质文化遗产保护中心研究馆员
王筱雯（女） 辽宁省图书馆研究馆员
王　萍（女） 吉林省戏曲剧院一级演员
梁学华（女） 吉林省戏曲剧院一级演员
吴爱云（女） 吉林省图书馆研究馆员
杨丽萍（女） 黑龙江省哈尔滨市话剧院一级演员
王艳君（女） 黑龙江艺术职业学院一级导演
吴来明 上海博物馆副研究馆员
谷好好（女） 上海昆剧团一级演员
陈飞华 上海歌舞团一级导演

陈同乐　江苏省南京博物院研究馆员
许建业　江苏省南京图书馆研究馆员
王野翔　江苏省国画院一级美术师
刁玉泉　浙江省文化馆研究馆员
马锋辉　浙江美术馆一级美术师
陈水华　浙江自然博物馆研究馆员
刘廷龙　安徽省书画院一级美术师
郑龙亭　安徽省博物院研究馆员
陈大联　福建人民艺术剧院一级导演
郑智明（女）　福建省图书馆副研究馆员
周　明　福建省艺术研究院一级编剧
徐向东　江西省歌舞剧院有限责任公司一级演奏员
肖发标　江西省文物考古研究所研究馆员
杨金星　江西画院一级美术师
郑少华　山东省京剧院一级演员
李西宁　山东省图书馆研究馆员
郭思克　山东博物馆研究馆员
孟祥礼　河南省曲剧艺术保护传承中心一级演员
黄凤春　湖北省博物馆、湖北省文物考古研究所研究馆员
江　峰　湖北省京剧院一级演员
卢　慧（女）　湖北艺术职业学院一级演员
李建毛　湖南省博物馆研究馆员
鲁雁飞　湖南艺术职业学院教授
刘洪辉　广东省立中山图书馆研究馆员
陈佐辉　广东民族乐团一级演奏员
许鸿飞　广东省广州雕塑院一级美术师
彭煜翔　海南省歌舞团一级编导
陈素珍（女）　海南省海口市琼剧演艺有限公司一级演员
吴伟峰（壮族）　广西壮族自治区博物馆研究馆员
莫进尤　广西自然博物馆研究馆员
刘光宇　重庆市歌剧院一级演奏员
任　竞　重庆图书馆研究馆员
林戈尔　四川艺术职业学院一级作曲、教授
谢　辉　四川省成都武侯祠博物馆研究馆员
赵红川　四川省文化厅宣传信息中心副研究馆员
邵志庆（女）　贵州省花灯剧院有限责任公司一级演员
龙佑铭（苗族）　贵州省非物质文化遗产保护中心副研究员
戴宗品　云南省博物馆研究馆员
王砚辉　云南省话剧院一级演员
王水乔　云南省图书馆研究馆员
边点旺久（藏族）　西藏自治区藏剧团二级演员
夏格旺堆（藏族）　西藏自治区文物保护研究所副研究馆员

李东桥　陕西省戏曲研究院一级演员
杨光利　陕西国画院一级美术师
白利群（女）　陕西省西安市群众艺术馆副研究馆员
李　伟　甘肃画院一级美术师
杨　波　甘肃省陇剧院一级作曲
仁青加（藏族）　青海省藏剧团一级编剧
颜宗成　青海省文化馆研究馆员
王玉梅（女，回族）　宁夏回族自治区艺术学校一级演员
雷　侃（女，满族）　宁夏回族自治区文化馆研究馆员
王晓亮　新疆艺术剧院管弦乐团一级演奏员
奇满古丽・卡地尔（女，维吾尔族）新疆木卡姆艺术团一级演员
蒋　玫（女）　新疆生产建设兵团歌舞剧团一级导演
吴　军　新疆生产建设兵团杂技团一级演奏员
李树峰　中国艺术研究院副研究员
高　红（女）　中国国家图书馆研究馆员
罗文华　故宫博物院研究馆员
曹欣欣（女）　中国国家博物馆研究馆员
张小兰（女）　中国文化传媒集团有限公司高级记者
袁慧琴（女）　国家京剧院一级演员
刘佩琦　中国国家话剧院一级演员
许　宁　中国歌剧舞剧院一级演出监督
吕　虹　中国东方演艺集团有限公司一级舞美设计师
刘志勇　中国交响乐团一级演奏员
钟　浩　中国儿童艺术剧院一级导演
王　威（女）　中央歌剧院一级演员
张炳智　中央芭蕾舞团一级演出监督
赵东升　中央民族乐团一级作曲
张　晴　中国美术馆研究馆员
邢少臣　中国国家画院一级美术师

【2014 年全国文化厅局长会议】

2014 年 1 月 3 日至 4 日，“2014 年全国文化厅局长会议” 在北京举行。部分与会代表列席全国宣传部长会议，聆听学习了刘云山、刘奇葆同志在会上所作重要讲话精神。文化部党组书记、部长蔡武出席全国文化厅局长会议并作题为“深化改革，勇于创新，努力开创文化改革发展新局面” 的工作报告。

蔡武系统回顾了全国文化系统 2013 年的工作，并强调，党的十八届三中全会决定和习近平总书记系列重要讲话为我们做好各项工作提供了科学指南和行动纲领。全国文化系统要结合文化工作实际，明确方向，凝聚力量，增强文化改革发展的自觉性和坚定性，开启文化建设的新境界。

蔡武指出，2014 年是全面深化改革的第一年，文化系统要全面贯彻落实中央精神，继续坚持稳中求进的工作总基调，牢固树立以人民为中心的工作导向，紧密围绕社会主义文化强国建设，深化文化体制改革，推进体制机制创新，推动各项工作取得新进展。要坚持解放和发展文化生产力，进一步转变文化行政部门职能，完善文化管理体制；坚持满足人民群众基本文化需求，加快构建现代公共文化服务体

系，促进基本公共文化服务标准化、均等化；坚持先进文化的前进方向，以建设社会主义核心价值体系为核心，加强对文艺生产的引导，推动艺术创作出精品惠民生；坚持满足人民群众多样化精神文化需求，建立健全现代文化市场体系，提高文化产业创意能力和整体竞争力；坚持传承历史文化价值，做好文化遗产保护工作，构建优秀传统文化传承体系；坚持提升中华文化影响力，扩大对外文化交流和文化贸易，提升文化开放水平；坚持完善文化改革发展保障机制，进一步优化财政投入、加强科技支撑、建设人才队伍、改进工作作风，把各项任务落到实处。就巩固和深化党的群众路线教育实践活动成果，蔡武强调要推动形成文化系统作风建设长效机制，继续落实好整改要求，开展好“回头看”活动。要继续贯彻中央八项规定，在改进会风文风、厉行节约、完善用人制度和绩效考评机制等方面加强制度建设与监督检查。

文化部党组副书记、副部长杨志今代表部党组作了总结讲话，他就贯彻全国宣传部长会议和文化厅局长会议精神提出抓学习、重落实、求创新的三点意见。

此次会议简洁紧凑、务实高效，两天会议期间同时举行了国家艺术基金第一次工作会议、2013 年度文化部优秀专家颁证和国家舞台艺术精品工程重点资助剧目授牌。与会代表经过分组讨论一致认为，蔡武代表文化部党组所作工作报告求真务实、鼓舞干劲。会议主线突出，主题鲜明，自始至终贯穿了改革创新的精神，是一次深化认识、凝聚力量，总结经验、查找问题，厘清思路、明确方向，学习交流、碰撞智慧的会议。文化部党组成员励小捷、项兆伦、董伟、丁伟、单霁翔，部分原部领导，全国各省、自治区、直辖市和新疆生产建设兵团文化厅（局）长，计划单列市及各省会城市文化局长，文化部各司局、各直属单位主要负责人，国家文物局有关负责人，驻外使领馆文化处（组）和海外中国文化中心负责人及相关部委、单位负责人等出席会议。

【文化体制改革工作领导小组会议】

2014 年 2 月 28 日，文化部召开文化体制改革工作领导小组会议，全面贯彻落实党的十八大和十八届二中、三中全会以及习近平总书记系列重要讲话精神，回顾总结 2013 年以来文化系统体制改革工作，研究、讨论《2014 年文化系统体制改革工作要点》及其《分工实施方案》的征求意见稿，部署 2014 年有关工作。文化部部长、部文化体制改革工作领导小组组长蔡武出席并讲话。文化部副部长杨志今主持会议，副部长项兆伦对《2014 年文化系统体制改革工作要点》和《分工实施方案》起草情况作了说明，中纪委驻文化部纪检组组长王铁出席会议。

蔡武对 2013 年以来文化系统体制改革工作取得的新成效进行了回顾总结，强调了 2014 年是全面贯彻落实中央关于全面深化改革战略部署的开局之年，是文化体制改革步入攻坚期和深水区的转折之年，也是文化体制改革面临重大历史机遇的关键之年。他用“巩固、提高、突破、拓展”8 个字对文化系统体制改革工作的总体布局进行了概括。他指出，巩固的方面主要是针对取得阶段性成果的改革任务，如经营性文化单位的转企改制、保留事业性质文化单位的内部机制改革、文化市场的综合执法改革、文化行政部门的职能转变等，下一步要把这些改革成果巩固好，确保改革规范到位，让新的体制机制优势得到充分发挥，特别是要深入贯彻落实九部门《关于支持转企改制国有文艺院团改革发展的指导意见》，着力巩固、发展国有文艺院团体制改革成果。提高的方面主要是针对长期推动、成效有待进一步加强的工作，如建立健全现代文化市场体系、推进文化产业转型升级和提高文化开放水平等。下一步要持续发力，进一步提高工作质量和水平。突破的方面主要是针对新一轮文化体制改革的重点领域和关键环节，对于文化系统来说，最重要的是要着力推进基本公共文化服务的标准化、均等化，要把顶层设计和摸着石头过河结合起来，勇于进取、稳扎稳打，确保正确、有序、协调推进。拓展的方面主要是针对文化体制改革中要及时拓宽工作面的领域，对文化系统来说，当前很重要的工作任务是创新传承和弘扬优秀传统文化的体制机制。

蔡武强调，当前文化体制改革和文化发展正处于一个重要关头，既有复杂艰巨的难题，更有历史性的重大机遇。在此关头，一些同志不同程度地存在着思想认识上的误区和工作状态上的缺陷，这与中央的要求、改革的形势和群众的呼声是不相符的，对这些问题要引起充分注意。要注重以提高认识克服改革的“迷茫症”，以狠抓落实克服改革的“疑虑症”，以强化机制建设克服改革的“疲劳症”，以更加饱满的热情、更加开阔的思路、更加扎实的措施，开拓创新，锐意进取，争取各项工作再上新台阶。

【全国文化金融合作会议】

2014 年 3 月 25 日至 26 日，文化部、中国人民银行、财政部在江苏无锡联合召开全国文化金融合作会议，并发布了《关于深入推进文化金融合作的意见》。这标志着由文化部、中国人民银行、财政部等部门共同建立的文化金融合作部际会商机制正式启动。

会议上，文化部部长蔡武发表了书面讲话。文化部副部长项兆伦、中国人民银行副行长刘士余、财政部文资办主任王家新、中共江苏省无锡市委书记黄莉新、江苏省副省长曹卫星出席会议并讲话。国家开发银行副行长李吉平、中国工商银行副行长郑万春介绍文化金融合作经验。文化部文化产业司司长刘玉珠主持会议。

由文化部编撰的《文化金融合作创新案例汇编》以及会场外的走廊里 30 多张展板，以图文表格的形式直观地展示了《关于金融支持文化产业振兴和发展繁荣的指导意见》出台 4 年来的成果，成为与会代表关注的热点。

【第四届世界汉学大会】

2014 年 9 月 7 日，“第四届世界汉学大会”在北京召开，国务院副总理刘延东出席开幕式并致辞。

刘延东指出，中外文化交流源远流长，特别是近 400 年来，中外商贸往来互惠互利，文化典籍互相传播，风土人情互鉴交融，一批批卓有建树的汉学家为促进中外文化交流、人类文明包容共生贡献了智慧和力量。新的时期，中国将把文化繁荣发展放在更加突出的战略地位，将以更加开放包容的胸怀吸收世界文化优长，贡献中华文化精华，让世界文化多样性更加精彩。

刘延东说，当今时代，各国相互联系、相互依存空前加深，汉学发挥着沟通中外文化、深化理解、增进友谊的重要作用。她希望各位专家学者加强中外合作研究，积极参与“孔子新汉学计划”，加强优秀中国作品翻译，联合培养青年人才，传播分享中华优秀文化。深化人文交流，推动更多外国民众了解中国，传承发展中外友谊。促进包容互鉴，帮助人们理解不同文明的内涵和价值，消除偏见和误解，增进共识和认同，为建设持久和平、共同繁荣的和谐世界作出积极贡献。

世界汉学大会由孔子学院总部和中国人民大学共同举办，本届大会主题为“东学—西学 400 年”。来自 38 个国家和地区的 200 多名专家学者出席大会。

【第九届全国艺术院校院（校）长高峰论坛】

2014 年 10 月 18 日至 19 日，由文化部文化科技司、中国文化传媒集团主办，《艺术教育》杂志和西安美术学院共同承办的“第九届全国艺术院校院（校）长高峰论坛”在陕西西安美术学院举行。论坛深入学习贯彻习近平总书记在文艺工作座谈会上的重要讲话精神，探索我国艺术教育下一阶段发展的方向和路径。

以论坛为平台，来自全国 100 余家艺术院校、院系的专家学者、院（校）长汇聚一堂，深入学习领会习总书记重要讲话精神，研讨艺术教育工作者、艺术创作者要以人民为中心，正确把握文艺创作与艺术教育的方向，珍视中国文化基因，传承中华传统文化等时代责任。同时，以“深化教育改革背景下艺术教育新思路”为主题，结合“艺术教育与时代”“中国画的传承与创新”“当代设计艺术的交融与弥合”3个分论坛议题，剖析了当下我国艺术教育面临的问题、机遇与挑战，探讨如何办好人民满意的艺术教育，为我国艺术教育事业的繁荣发展提出切合实际的建议。

全国艺术院校院（校）长高峰论坛2005年由《艺术教育》杂志发起，至今已成功举办9届。

【第九届中国文学艺术界联合会文艺评论奖颁奖典礼暨第七届当代中国文艺论坛】

2014年11月5日，由中国文学艺术界联合会主办，中国文学艺术界联合会理论研究室、中国文艺评论家协会、江苏省文学艺术界联合会、苏州市文学艺术界联合会承办，江苏省文艺评论家协会、苏州市文艺评论家协会协办的“第九届中国文学艺术界联合会文艺评论奖颁奖典礼暨第七届当代中国文艺论坛”在江苏苏州举办，与会人员对习近平总书记主持召开文艺工作座谈会并发表重要讲话倍感振奋和深受鼓舞。

本届中国文学艺术界联合会文艺评论奖共收到630件参评作品，其中，中国文学艺术界联合会48个团体会员报送的作品489件，社会自荐作品141件。最终，朱良志的《南画十六观》，资华筠和王宁的《舞蹈生态学》，贾芝的《拓荒半壁江山——贾芝民族文学论集》获著作类特等奖；蒋述卓的《流行文艺与主流价值关系初议》，刘厚生的《建设社会主义文化强国，戏曲怎么办?》，饶曙光的《华语电影新发展及其前景》获文章类特等奖。陶庆梅的《当代小剧场三十年（1982—2012）》等5部专著获著作类一等奖；姜昆的《使二人转更好地“转”下去》等21篇文章获文章类一等奖。傅强的《叙事的嬗变——新世纪军旅小说的写作伦理》等12部专著获著作类二等奖，张永刚的《当代西南边疆少数民族文学的主体倾向》等9篇文章获文章类二等奖。中国电影家协会等15家单位获组织工作奖。

由中国文学艺术界联合会主办的文艺评论奖设立于2000年，每两年评选一次，涵盖文学、戏剧、电影、音乐、美术、书法、曲艺、舞蹈、民间文艺、摄影、杂技、电视共12个文艺门类，旨在按照中央关于加强文艺评论工作的指导精神，评选优秀文艺理论评论著作与文章，表彰优秀文艺评论工作者，推进全国文艺评论的创新和繁荣，促进文艺事业健康发展。

当日举行的第七届当代中国文艺论坛上，仲呈祥、资华筠、尹鸿、陈振濂、吴为山、范伯群、蒋述卓、刘永泽、王伟林等9位专家，以“新形势下文艺评论的责任与作为”为主题作了主旨演讲。王一川、侯光明、陈逸恒、唐凌、田科武、饶曙光、陈晓云、贾杲、周铁东、蔡少华等嘉宾分别参加了以“文艺的评价标准”和“文艺与市场”为主题的两场圆桌论坛，进行了交流和研讨。

【2014文化科技创新论坛】

2014年11月30日，以“移动互联背景下的文化科技融合”为主题的“2014文化科技创新论坛”在深圳举行。文化部文化科技司司长于平、中共深圳市委宣传部副部长吴忠出席并致辞。

来自美国、澳大利亚、法国、德国、比利时、韩国以及我国知名高校的专家学者以及政府主管部门领导、文化企业代表100余人参加论坛。与会人士探讨了在移动互联背景下文化科技创新发展的现状及趋势，并为文化新兴业态的培育和商业模式的创新建言献策。

本次论坛由文化部文化科技司指导，中共深圳市委宣传部、南山区人民政府、深圳大学主办，中国（深圳）文化科技周组委会担任特别支持单位。论坛开幕式上，《文化科技蓝皮书——文化科技创新发展报告（2014）》同时发布。

2014年12月13日，由中国人民大学和文化部文化产业司联合主办的“文化中国：中国文化产业指数发布会”在北京举行。本次会议发布了“中国省市文化产业发展指数（2014）”和“中国文化消费指数（2014）”，从城市文化产业整体发展和文化消费两个维度展示了我国文化产业发展实力和影响。文化部部长助理刘玉珠出席会议。

“中国省市文化产业发展指数（2014）”显示，在综合指数领域，北京、江苏、浙江排在前三位；广东、江苏、山东排在生产力指数前三名；上海、江苏、北京则占据影响力指数三甲；北京、辽宁、青海占据了驱动力指数前三名。根据该指数，我国区域文化产业综合发展格局基本未变。各省市综合指数排序与去年相比有小幅变动，河北、湖南、江西挤进全国前十名。在驱动力指数方面，排名前十的省市中，有近一半出自中西部地区。由此可见，在政府的高度重视与支持下，中西部地区的文化产业发展环境迅速优化，发展潜力大。

“中国文化消费指数（2014）”表明，今年我国文化消费整体情况优于去年。其中，文化消费环境、文化消费意愿和文化消费水平提升较大，但文化消费满意度不升反降，说明居民对文化产品的质量要求更高。该指数是在历时 6 个月、覆盖全国 31 个省区市的文化消费专项调研数据基础上，综合《中国统计年鉴》《中国文化文物统计年鉴》等客观数据，经过系统计算和分析得出的。

文化部文化产业司司长吴江波表示，文化产业既是文化的重要方面，也是经济的重要组成部分。文化产业如何主动适应经济发展新常态，如何进一步深化转型升级、培养产业发展的多极引擎、营造中国文化产业发展的法治环境，在实践中逐渐建立起符合中国国情的、推动文化产业发展的工作机制等都非常重要。

【第六届中国民族文化产业发展论坛】

2014 年 12 月 28 日，由中国传媒大学、民盟中央法治委员会等联合主办的“第六届中国民族文化产业发展论坛”在中国传媒大学举办。

中国民族文化产业发展论坛常设组委会执行主席兼秘书长陈忱认为，在全球化全媒体时代，提高国家软实力、提升国家话语权，都要建立在民族文化国际传播与文化产业全球推广的基础之上，同时还需要参与国际规则的制定以及国际法体系的建构，保障民族文化产业在国际竞争中的合法权益。此外，中国传媒大学国际新闻研究所所长刘笑盈等人分别从国际传播、文化理论、政策形势及海外竞争等不同角度阐述了中国民族文化产业的发展现状与方向。

机构

【中国民俗文化产业发展研究中心成立】

2014 年 5 月 18 日，由中国民间文艺家协会批准成立的中国民俗文化产业发展研究中心在北京揭牌。北京师范大学文学院、北京大学、中央民族大学、中国社科院等有关院校、专业机构的专家学者和社会有识之士作为专家和学术委员参与其中，从不同领域展开对民俗文化产业发展的研究。

该中心成立后，将做好《中国民俗文化交流》会刊的编辑出版工作，开展中国民俗文化产业年度发展报告的研究和编纂；通过建立数据库，对中国民俗文化产业发展趋势、产业规模、产业分布、产业联动效应等进行跟踪研究。此外，中心还将举办文化产业发展高峰论坛，筹划“开封·中国民俗文化产业博览会”，组织拍摄中国千年古村（古镇）百集纪录片等。

【中国唐卡文化研究中心揭牌仪式暨首届唐卡文化研究中心（北京）论坛开幕式】

2014 年 5 月 23 日，为纪念西藏和平解放 63 周年，“盛世雪域　吉祥丹青——中国唐卡文化研究中心揭牌仪式暨首届唐卡文化研究中心（北京）论坛开幕式”在北京恭王府举行。

唐卡是藏族文化中一种独具特色的艺术形式，至今已有 1300 多年的历史，其表现内容丰富，有“西藏的百科全书”之称，2006 年被列入我国首批非物质文化遗产名录。

中国唐卡文化研究中心由文化部恭王府管理中心及中国华夏文化遗产基金会共同发起，由文化部批准成立。该中心将立足于我国藏、蒙古民族聚居地区，辐射国内外，对唐卡文化过去和现在的发展状况进行全面考察与研究，搭建唐卡理论研究与学术交流、人才培养与社会服务的重要基地和平台。

研究中心选举耿莹出任理事长，孙旭光出任副理事长，成立了由国内知名专家学者、国家非物质文化遗产代表性传承人、国家级工艺美术大师等组成的专家委员会，将致力于唐卡学术研究、鉴定与评估、保护与修复、信息资料整理和文化传播等方面工作。

揭牌当天，还举办了唐卡精品展及唐卡文化研究论坛。

【中国文化管理协会艺术品市场管理委员会成立大会】

2014 年 8 月 16 日，“中国文化管理协会艺术品市场管理委员会成立大会”在北京举行。

中国文化管理协会前身为中国文化管理学会，成立于 1991 年。艺术品市场管理委员会由从事艺术品市场管理研究和实践的机构、文化企事业单位和对我国艺术品市场领域和行业有贡献、有影响的管理者、经营者、专家学者、艺术家自愿组成，其宗旨是推动和促进我国艺术品市场健康发展，加强艺术品市场建设，规范行业行为、促进行业自律、维护艺术品市场交易秩序。

【中国文学艺术界联合会文艺评论中心揭牌仪式】

2014 年 9 月 16 日，“中国文学艺术界联合会文艺评论中心揭牌仪式”在中国文艺家之家举行。

中国文学艺术界联合会文艺评论中心是由中编办批准设立的正局级事业单位，是中国文学艺术界联合会实施文艺评论工程、加强文艺评论的重要举措之一，内设四个工作部门，分别是办公室、联络处、研究处和信息处。中心的主要职责是负责开展同文艺评论家和广大文艺评论工作者的联络、协调、服务工作；负责组织实施中国文学艺术界联合会重大文艺理论评论课题研究，负责研究分析文艺思潮问题，对文艺创作和有关文艺思想的导向、动态提出分析评论意见和建议；组织文艺评论家开展对文艺创作和文艺思考的健康评论，撰写评论文章，开展文艺批评，开展学术交流和研讨；负责指导、协调中国文学艺术界联合会各团体会员的文艺评论工作，加强与文艺评论学术研究机构的交流和联系；负责“中国文学艺术界联合会文艺评论奖”和全国性评论奖项的评选工作；负责对文艺评论工作者的培训和扶持工作，促进文艺评论队伍建设；组织开展与国外及港、澳、台地区的文艺评论家及相关团体的学术交流与合作。

【中国文学批评研究会成立】

2014 年 11 月 22 日，“中国文学批评研究会”在北京宣布成立。中国社会科学院院长王伟光，人民日报社总编辑李宝善，中共中央宣传部副部长黄坤明，中国社会科学院副院长张江，中国社会科学院秘书长高翔，及中国文学艺术界联合会、中国作家协会相关领导出席了成立大会。

王伟光在讲话中指出，文艺评论是文艺活动的有机组成部分，文艺批评理论是文艺理论不可或缺的重要内容，文学批评是一切时代文艺创作健康发展的重要条件。改革开放以来，我国文艺事业得到进一步繁荣发展。中国文学批评研究会成立后，将创办《中国文学批评》杂志，立足于中国文学实践，加强文学理论和批评的研究，促进学术交流，扩大文学批评的影响力，推动具有中国作风和中国气派的文学理论与批评体系的建立。

中国文学批评研究会将围绕文学实践中出现的新问题、新现象、新趋势，组织召开专题学术会议，组织本领域内精干力量，针对文学研究中的重大学术问题进行集体科研攻关，广泛联系海外从事文学批评研究与教学的专家学者，并从事与文学批评相关学术咨询和普及工作。

【国家文化产业创新实验区揭牌仪式】

2014 年 12 月 15 日，“国家文化产业创新实验区揭牌仪式”在北京市朝阳区规划艺术馆举行，标志着全国首家也是目前唯一的国家级文化产业创新实验区正式在京启动建设。文化部部长蔡武、北京市市长王安顺为实验区揭牌，中共北京市委常委、宣传部部长李伟主持揭牌仪式，文化部部长助理刘玉珠宣读了《文化部关于同意建设国家文化产业创新实验区的复函》。

国家文化产业创新实验区由文化部于 2014 年 7 月 31 日批复设立，以文化产业改革探索区、文化经济政策先行区和产业融合发展示范区为建设目标，是文化产业政策先行先试的试验田。实验区以“北京商务中心区（CBD）—定福庄”一带 78 平方公里为核心承载空间，将重点发展创意设计业、动漫游戏业、演艺娱乐业、艺术品交易业、数字文化产业、文化贸易业六大产业，打造文化产业协同创新中心、文化产业金融服务中心、文化创意及设计产品会展中心等一批功能性、平台性项目。未来，将在总结核心区建设和发展经验的基础上，拓展至北京其他重点文化产业功能区，形成“一区多园”的空间发展格局，并建立京津冀协同合作机制，促进京津冀文化产业一体化的整体发展。

揭牌仪式后还召开了实验区建设发展研讨会。研讨会围绕“以国家文化产业创新实验区建设为契机，培育文化产业创新驱动发展的新引擎”的主题，就行业指导、产业发展、政策保障、多方参与等内容进行了深入研讨。

产业

【《中国艺术金融前沿问题研究》出版发行】

由中国艺术品市场研究院副院长西沐著、中国书店出版的《中国艺术金融前沿问题研究》日前出版发行。该书对中国艺术金融市场的前沿问题进行了鸟瞰式的分析，被多所高校列为中国艺术品市场教学与研究重点教材。

作为“中国艺术金融产业前沿问题研究”系列丛书的第二卷，《中国艺术金融前沿问题研究》就中国艺术金融发展的产业化理念、如何发展艺术品资本市场、中国艺术品质押融资研究等40多个前沿问题进行了较为全面、系统的分析与研究，显示了中国艺术金融作为一门学科的形成与不断发展，以及中国艺术金融市场研究多元化、多层次的生态格局正在不断形成。“中国艺术金融产业前沿问题研究”系列丛书是由西沐发起，上海大学中国艺术产业研究院、北京大学历史文化研究所、中国书店出版社共同全程打造的我国首套艺术金融产业研究丛书，全书共分为总论研究2卷、分论研究6卷、专题研究8卷，共计16卷。

【中国文化产业投资基金已累计投资20亿元】

2014年5月15日，第十届深圳文博会首日，中国文化产业投资基金在深圳会展中心与实力电传、大陆桥、金海岸、摩登天空等6家文化企业签署投资合作协议。至此，中国文化产业投资基金累计投资金额已达20亿元，完成了对传统媒体、新媒体以及文化相关行业的大部分细分领域的覆盖。

中国文化产业投资基金是中央批准设立的唯一一只国家级文化产业投资基金，由财政部、中银国际控股有限公司、中国国际电视总公司及深圳国际文化产业博览交易会有限公司联合发起，致力于推动我国文化产业的跨越式发展。

【首届中国文化创意产业优秀论文评选】

2014年12月21日，由中国人民大学书报资料中心和国家行政学院文化政策与管理研究中心共同主办的“首届中国文化创意产业优秀论文评选”在北京揭晓。高书生撰写的《中国文化产业研究论纲》、祁述裕撰写的《文化产业结构调整中的政府角色》、贾旭东撰写的《全球化背景下的中国文化产业政策及其影响》获得一等奖，其他17篇论文分获二、三等奖。文化部部长助理刘玉珠出席评选结果揭晓仪式并致辞。

评选揭晓仪式结束后，召开了“‘十三五’文化创意产业展望”主题研讨会，当天到场的获奖者及业界专家、学者围绕“十三五”期间我国文化产业发展规划等进行了深入交流和探讨。

作为国内文化产业研究领域首次举办的专业化学术论文评选，首届中国文化创意产业优秀论文评选活动由中国人民大学书报资料中心和国家行政学院文化政策与管理研究中心共同发起，旨在总结2009年至2013年期间我国文化产业学术研究水平，激发文化产业学术创造力，提升全社会对文化产业研究的关注度，同时，为即将开始的“十三五”文化产业发展规划提供学术参照。

【财政部公布《国有文化企业发展报告（2014）》】

2014年12月25日，财政部公布《国有文化企业发展报告（2014）》，报告显示国有文化企业保持稳健发展态势，利润总额1081.2亿元，同比增长23.2%。

这份由中央文化企业国有资产监督管理领导小组办公室发布的报告公布了国有文化企业的最新统计数据。报告显示，截至2013年末，全国国有文化企业共计12159户（按独立法人统计），同比增长12%；从业人员120.5万人，同比增长5.9%。

这1.2万多户国有文化企业掌管的资产总额为22420.2亿元，同比增长23.1%；实现营业总收入10715.7亿元，同比增长18.8%；利润总额1081.2亿元，同比增长23.2%；净利润946.4亿元，同比增长22.3%。

报告指出，中央文化企业和地方国有文化企业规模和产出均实现了较快增长。截至2013年末，中央文化企业共计3087户，同比增长10.2%；资产总额6329.2亿元，同比增长15.7%；实现营业总收入3346.7亿元，同比增长18.4%。

地方国有文化企业共计9072户，同比增长12.7%；资产总额16091亿元，同比增长26.3%；实现营业总收入7369亿元，同比增长18.9%。

报告指出，在各大类国有文化企业中，新闻出版发行服务企业规模和产出具有明显优势。截至2013年末，新闻出版发行服务企业资产总额6067亿元，实现营业总收入2313.2亿元，占比分别为27%和21.6%。同期，广播电视电影服务企业资产总额1822.4亿元，实现营业总收入750.8亿元，占比分别为8.1%和7%。

此外，在地方国有文化企业中，东部地区企业规模和产出具有明显优势。截至2013年末，东、中、西部地区企业资产总额占比分别为58.3%、15.6%、26.1%，实现营业总收入占比分别为56.6%、16.9%、26.5%。

交流

【第二届中非文化产业圆桌会议】

2014 年 5 月 27 日，“第二届中非文化产业圆桌会议”在北京开幕。文化部、商务部、国家新闻出版广电总局、国家文物局、中国文学艺术界联合会、部分省区市文化厅局相关部门负责人，以及来自非洲 21 个法语国家文化领域的官员和专家、非盟文化官员、中方文化企业代表等 150 余人出席了开幕式。

文化部外联局局长张爱平，会议主宾、贝宁驻华大使阿皮提分别代表中非双方作了主旨发言。会议持续至 6 月 2 日，中非代表将围绕“文化产业作为新兴产业在中国和非洲国家的地位和作用及双方合作前景”这一主题，就中国和非洲文化产业相关政策、发展现状、成功经验、彼此诉求、合作愿景等进行深入探讨与沟通。除了会议讨论，还考察了北京、福建两地的文化企业。

第二届“中非文化产业圆桌会议”由文化部、商务部、国家新闻出版广电总局、国家体育总局、国家文物局主办，北京市文化局、福建省文化厅、福建省莆田市人民政府协办。

【第三届阿拉伯艺术节在北京启动】

2014 年 9 月 10 日，由中国文化部、外交部与阿拉伯国家联盟秘书处联合主办的“第三届阿拉伯艺术节”开幕。

本届艺术节在前两届艺术节的基础上呈现出新的特点：一是内容丰富，涵盖文艺会演、论坛、非遗与艺术展览、电影节、书展、研修班、艺术工作室等众多领域，活动数量创历届之最；二是历时较长，活动延续 8 月至 10 月；三是多地参与，北京作为主会场，陕西西安、宁夏银川和福建泉州等城市作为分会场，近 10 个省区市参与；四是意义重大，本届艺术节同时也是 2014 年和 2015 年“中阿友好年”的重要内容。

艺术节包括中阿丝绸之路文化论坛——中阿文化部长论坛、“意会中国——阿拉伯知名艺术家访华采风作品精品展”、丝路梦想——第三届阿拉伯艺术节暨中阿友好年开幕式、中阿丝绸之路文化论坛——中阿美术馆馆长论坛、中阿丝绸之路文化论坛——中阿图书馆馆长论坛等系列活动，也包括国家新闻出版广电总局、国家文物局、中国摄影家协会等以及陕西、宁夏、四川、河南等地举办的多个文化项目。

启动仪式上，还通过充满异域风情的“丝路华服美食秀”、各国使馆展台展示、播放短片和文艺节目表演等方式，充分展现了近年来中阿文化交流的丰硕成果。

阿拉伯艺术节是为落实中阿合作论坛宣言及中阿合作论坛行动计划纲领，加强中阿文化交流与合作而创办的综合性文化艺术活动。自 2006 年创办以来，阿拉伯艺术节以丰富的活动内容、高超的艺术水准，成为中阿文化交流规模最大、影响最深远的国际性艺术盛会和中阿文明对话的新纽带、中阿文化交流的新平台。

【中俄文化对话】

2014 年 10 月 10 日，“中俄文化对话”在俄罗斯莫斯科召开。此次国际研讨会由北京师范大学中国文化国际传播研究院、俄罗斯科学院远东研究所联合主办，中俄研究中国文化的知名专家和学者出席论坛。北京师范大学中国文化国际传播研究院院长、资深教授黄会林以通讯方式做主旨发言“第三极文化的构想”。随后，中俄专家学者分别从中国文化、“第三极文化”、汉学、民间文学、中国电影、中俄电影对比、郭店楚墓竹简、太极拳等方面对中国文化进行了深入研讨和交流。

【第二届中韩文化产业论坛】

2014年10月31日，由中国文化部和韩国文化体育观光部主办，中国国家大剧院、中国对外文化集团承办的“第二届中韩文化产业论坛”在北京举行。中国文化部副部长丁伟、韩国文化体育观光部第一次官金熙范出席论坛开幕式并致辞。

丁伟和金熙范还共同见证了中韩文化产业论坛框架内两国文化产业合作成果文件的签署仪式。

论坛当天，中韩两国文化机构负责人、文化产业领域专家学者和企业代表围绕“携手打造面向亚洲和世界的文化产业”主题和“产业政策解读”“共同创作与联合制作”“海外推广经验分享”三个分议题进行了对话交流。

中韩文化产业论坛是由中韩两国文化主管部门共同主办的专业论坛，由两国轮流主办。首届论坛于2013年在韩国举办。

【第二届中俄文化论坛】

2014年11月27日，由中国文化部、俄罗斯联邦文化部主办，中国文化传媒集团承办，中俄友好、和平与发展委员会特别支持的“第二届中俄文化论坛”在北京开幕。中国文化部副部长丁伟、俄罗斯联邦文化部部长弗拉基米尔·梅津斯基出席论坛开幕式并致辞。俄罗斯驻华大使杰尼索夫，中国外交部、国家新闻出版广电总局、中国文学艺术界联合会、中国作家协会、中国社会科学院、中国人民对外友好协会、全国老龄工作委员会办公室的代表和文化部相关司局负责人，以及中俄两国专家学者、文化从业者、各界代表300多人出席论坛开幕式。

作家王蒙与全俄实用装饰与民间艺术博物馆首席顾问安德列耶娃，分别在论坛开幕式上作了关于两国文化的主旨演讲。

论坛开幕式由文化部外联局副局长谢金英主持。“中俄青年文化生活与创业”分论坛中方主席、青年钢琴家孙颖迪，俄方主席、全俄实用装饰与民间艺术博物馆展览和国际项目部专家舒斯托娃，“中俄文化产业与贸易”分论坛中方主席、中国文化传媒集团董事长、总经理兼中国文化报社社长刘承萱，“中俄边境文化交流”分论坛中方主席、黑龙江省文化厅厅长宋宏伟，俄方主席、俄罗斯阿穆尔州文化档案部部长萨玛林，“中俄文化金融”分论坛中方主席、中央财经大学文化产业研究院院长魏鹏举分别在论坛开幕式上发言。

【第六次中日韩文化部长会议】

2014年11月29日至30日，“第六次中日韩文化部长会议”在日本横滨举行。文化部副部长杨志今、日本文部科学大臣下村博文、韩国文化体育观光部长官金钟德出席会议并共同签署了《横滨共同文件》。

在会议上，杨志今对中日韩文化部长会议机制建立6年来，三方秉承“和平友好、平等互惠、深化合作、共同发展”的会议宗旨和精神内涵，不断加强文化领域战略性对话、大力开展思想交流交融的合作表示了充分的肯定。他同时表示，在当前的特殊形势下，三国文化主管部门有责任、有义务发挥文化增信释疑的作用，加强沟通协调，增进彼此信任，维护和平稳定。

下村博文和金钟德分别在会议中表示要进一步推进三国合作步伐，使三方文化合作朝着更加健康务实的方向发展。

中日韩三国部长会后共同出席记者会，并向2015“东亚文化之都”当选城市中国青岛市、日本新潟市、韩国清州市授牌。

中日韩文化部长会议是三国在文化艺术、文化产业、文化遗产和非物质文化遗产等领域加强交流与合作的重要政府间协商机制。第七次中日韩文化部长会议于2015年在中国举行。

综合

【百集大型人物传记纪录片《百年巨匠》新闻发布会】

2014 年 3 月 28 日，由中国艺术研究院、中央电视台、中央新影集团、中国民生银行共同主办，银谷艺术馆、百年艺尊（北京）文化传播有限公司承办的“百集大型人物传记纪录片《百年巨匠》新闻发布会”在中国艺术研究院举行。文化部部长蔡武，中国艺术研究院院长王文章，中国文学艺术界联合会副主席、中国美术家协会主席刘大为，中央电视台副台长、中央新影集团总裁高峰和龚心瀚、蓝天野、田黎明、吕品田、牛根富、贾磊磊、艾民等出席。

《百年巨匠》由中央电视台、中央新影集团、中国艺术研究院、银谷艺术馆联合拍摄，是第一部大规模、全方位拍摄制作的关于 20 世纪画坛巨匠、艺苑大师、文坛泰斗的大型人物传记纪录片。该片第一部推出的《齐白石》《黄宾虹》《张大千》《徐悲鸿》2012 年 11 月在北京卫视《光阴》栏目和《博览》栏目首播后，又相继在中央电视台一套《魅力纪录》、九套纪录片频道和十套《人物》等栏目播出，创同类纪录片收视率新高。由读者出版集团根据同名纪录片改编的系列丛书也同时出版，在全国各新华书店发行。

作为该片的总顾问，蔡武表示，这部作品将大师巨匠的个人际遇与中华民族的命运相联结，让波澜壮阔的历史风云与自然平实的叙事语言相映衬，赢得了广大观众的赞誉和好评。一个国家文化艺术事业的繁荣与发展，既需要广大艺术家的共同努力，也需要大师巨擘的垂范与引领，宣传巨匠、推广大师、为时代树立标杆，已成为责无旁贷的历史责任。《百年巨匠》呈现了 20 世纪中国文化艺术的大师巨匠，期待今天也能够、也必然产生这样的文艺精英与翘楚，期望他们将高度的社会责任感和历史使命感化作艺术创作的巨大动力，创作出无愧于时代、无愧于祖国和人民的优秀文艺作品，让这个时代的文艺创作异彩纷呈、光耀世界。

王文章表示，《百年巨匠》第一部 12 集引起了巨大反响，获得了从中央领导到社会各界的高度评价。今后《百年巨匠》的拍摄仍将充分展示百年来中华文化的伟大创造，展现中华民族对世界文明的巨大贡献，为这些巨匠和中华民族对世界文化艺术创造的贡献树立一座丰碑。

《百年巨匠》计划分为美术家篇、书法家篇、文学家篇、戏剧家篇、音乐家篇，全面反映 40 位代表性大师巨匠的风采。该片第二部推出的《潘天寿》《李可染》《傅抱石》《林风眠》正在拍摄，将于 2014 年下半年播出，其后还将陆续拍摄吴作人、刘海粟、鲁迅、老舍、田汉、欧阳予倩、焦菊隐等各领域巨匠，预计 5 年内完成。

【国家艺术基金 2014 年度逾 4 亿元拟资助 394 个项目】

2014 年 11 月 19 日，国家艺术基金管理中心在北京召开的新闻发布会公布，2014 年度国家艺术基金资助项目评审工作已经告一段落，394 个项目从 4256 个申报项目（其中 4124 个项目通过审查参加评审）中脱颖而出。

394 个项目将获得共计 4.29 亿元的资金支持。其中，181 个舞台艺术创作项目将获得 2.3 亿元支持，93 个美术书法摄影项目获得 0.09 亿元支持，79 个传播交流推广项目获得 1.5 亿元支持，41 个艺术人才培养项目获得 0.4 亿元支持。

国家艺术基金理事会副理事长、秘书长赵少华用“审慎探索、科学公正”评价国家艺术基金首次评审工作。她透露，初评和复评工作共邀请800多位专家，进行网络和会议两轮评审，并且制定了“同行专家评审、信息双向匿名、地域单位回避、系统自动生成”等严密的评审制度和工作措施。每位专家都是独立提出评审意见，再由计算机自动汇总出评审结果。大型舞台剧、传播交流推广和艺术人才培养项目由于资助金额较大，还安排了申报主体的现场答辩环节。

《国家艺术基金2014年度项目评审报告》显示，通过对394个资助项目关键词的检索分析，今年的资助项目充分体现了思想性和艺术性的统一，如以实现中华民族伟大复兴中国梦为主题的项目有70项，以践行和弘扬社会主义核心价值观为题材的项目有63项，以传承和弘扬中华优秀传统文化为目标的项目近百项。“丝绸之路”“美丽中国”以及“纪念世界反法西斯战争胜利70周年”等，也成为此次申报的热点内容。

国家艺术基金管理中心主任韩子勇表示，明年国家艺术基金在继续2015年度项目申报评审立项的同时，还将对2014年度已立项项目进行跟踪和监管。国家艺术基金管理中心将对4个申报指南进行修改完善，艺术设计和新兴艺术有望成为基金资助的两个新门类，动漫、互联网、数字艺术、实景演出等新兴艺术形式也将被纳入基金资助范畴。

【第三届中华之光——传播中华文化年度人物颁奖典礼】

2014年12月19日，“第三届中华之光——传播中华文化年度人物”颁奖典礼在北京举行。第九、第十届全国人大常委会副委员长许嘉璐出席颁奖典礼，文化部部长蔡武、中央社会主义学院第一副院长叶小文等出席典礼并为获奖的10位个人和1个集体颁奖。

该活动由文化部、国务院新闻办公室、国务院侨务办公室、中国人民对外友好协会、孔子学院总部、国家汉办和中央电视台共同主办。获奖个人饶宗颐、吴永光、方李邦琴、吴汝俊、鲁晏宾和王锁瑛夫妇、程抱一、李少玉、陈声桂、伍善雄、谭盾和获奖集体中国援非医疗队都是推动中华文化走向世界的杰出代表。

“中华之光——传播中华文化年度人物评选”旨在表彰为传播中华文化做出重大贡献的海外华人华侨、外国友人和我国各界知名人士。由各主办单位、中央媒体、知名专家学者和中国驻外使领馆推荐产生的20位候选人在央视网和各大门户网站公示后，引起广泛关注。

【《2014文化发展统计分析报告》出版发行】

2014年12月，由文化部组织编印的《2014文化发展统计分析报告》（以下简称《报告》）出版发行。文化部部长蔡武为《报告》作序。

《报告》显示，2013年，文化建设全面稳步推进。文化系统政府职能加快转变，文化机制体制改革不断深化；重大艺术活动示范引导作用不断增强，艺术演出市场平稳发展；现代公共文化服务体系构建步伐加快，公共文化服务效能稳步提升；现代文化市场体系不断健全，文化产业健康快速发展；历史文化价值得到弘扬，文化遗产保护工作不断加强；中华文化影响力不断扩大，对外文化交流活动顺利开展；中央财政资金示范效应显现，文化资金保障力度进一步加强。

《报告》同时指出，在当前文化建设工作中，一些问题依然值得关注：一是公共财政支持力度还需进一步加强；二是文化消费的外部环境还需进一步优化；三是公共文化服务体系建设仍面临诸多困难；四是演出市场转型依然艰难。

《报告》通过翔实的统计数据、科学的统计方法，直观展现了我国文化发展的现状与趋势，深刻剖析了文化发展中存在的问题并提出相应的政策建议，对现阶段我国文化发展具有积极的参考意义。

大事记

【2013 年（补充）】

12 月 30 日，文化部在北京召开国家艺术基金成立座谈会。

【2014 年】

1 月 3 日，国家艺术基金第一次工作会议在北京召开。

1 月 3 日，全国宣传部长会议在北京召开。

1 月 3 日，2013 年度文化部优秀专家颁证会在北京举行。

1 月 3 日至 4 日，2014 年全国文化厅局长会议在北京举行。

1 月 4 日，国家舞台艺术精品工程授牌仪式在北京举行。授牌仪式上颁发“国家舞台艺术精品工程组织工作奖”。

1 月 12 日，中国文化管理协会演艺工作委员会揭牌仪式在北京保利剧院举行。

1 月 17 日，由中国艺术研究院举办的“汇聚正能量　抒写中国梦——文艺创作塑造中国梦”座谈会在北京召开。

2 月 28 日，文化部召开文化体制改革工作领导小组会议。

3 月 20 日，《文化部关于贯彻落实〈国务院关于推进文化创意和设计服务与相关产业融合发展的若干意见〉的实施意见》发布。

3 月 24 日，中国与荷兰两国签署文化合作谅解备忘录。

3 月 24 日至 25 日，文化部在北京召开全国文化体制改革工作会议。

3 月 25 日至 26 日，文化部、中国人民银行、财政部在江苏无锡联合召开全国文化金融合作会议，并发布《关于深入推进文化金融合作的意见》。

3 月 28 日，由中国艺术研究院、中央电视台、中央新影集团、中国民生银行共同主办，银谷艺术馆、百年艺尊（北京）文化传播有限公司承办的“百集大型人物传记纪录片《百年巨匠》新闻发布会”在中国艺术研究院举行。

5 月 1 日，《国家艺术基金章程（试行）》开始施行。

5 月 13 日至 14 日，2014 年度国家文化创新工程项目评审会在陕西西安举行。

5 月 15 日，《中华人民共和国文化部 2013 年文化发展统计公报》发布。

5 月 18 日，由中国民间文艺家协会批准成立的中国民俗文化产业发展研究中心在北京揭牌。

5 月 23 日，“盛世雪域　吉祥丹青——中国唐卡文化研究中心揭牌仪式暨首届唐卡文化研究中心（北京）论坛开幕式”在北京举行。

5 月 27 日至 6 月 2 日，由文化部、商务部、国家新闻出版广电总局、国家体育总局、国家文物局主办，北京市文化局、福建省文化厅、福建省莆田市人民政府协办的“第二届中非文化产业圆桌会议”在北京举行。

7 月 31 日，文化部批复国家文化产业创新实验区设立。

8 月 8 日至 14 日（当地时间），由文化部主办的中阿丝绸之路文化之旅——“中国文化周”在突尼斯举办。

8月16日，中国文化管理协会艺术品市场管理委员会成立大会在北京举行。

8月21日，由文化部主办的“2014年国家艺术院团演出季”开幕。

8月22日，为庆祝中蒙建交65周年暨“中蒙友好交流年”举行的中国文化周开幕。

9月7日，由孔子学院总部和中国人民大学共同举办的第四届世界汉学大会在北京召开。

9月10日，由文化部、外交部与阿拉伯国家联盟秘书处联合主办的第三届阿拉伯艺术节开幕。

9月13日，第十三届精神文明建设“五个一工程”表彰座谈会在北京召开。

9月14日，中共中央办公厅、国务院办公厅印发《关于推动国有文化企业把社会效益放在首位、实现社会效益和经济效益相统一的指导意见》。

9月15日，由文化部和广西壮族自治区人民政府共同主办的“第九届中国—东盟文化论坛”在广西南宁开幕。

9月16日，中国文学艺术界联合会文艺评论中心揭牌仪式在中国文艺家之家举行。

10月7日，2014北京国际艺术博览会开幕式在北京全国农业展览馆举行。

10月10日，由北京师范大学中国文化国际传播研究院、俄罗斯科学院远东研究所联合主办的“中俄文化对话”在俄罗斯莫斯科召开。

10月15日，习近平总书记在文艺工作座谈会上的重要讲话公开发表。

10月16日，中国文学艺术界联合会在北京召开文艺家学习习近平总书记在文艺工作座谈会上重要讲话精神座谈会。

10月17日，由文化部主办、上海市人民政府承办的第十六届中国上海国际艺术节在上海大剧院开幕。

10月18日，中共中央政治局委员、中央书记处书记、中共中央宣传部部长刘奇葆主持召开“学习贯彻习近平总书记在文艺工作座谈会上的重要讲话精神工作会议”。

10月18日至19日，由文化部文化科技司、中国文化传媒集团主办，《艺术教育》杂志和西安美术学院共同承办的“第九届全国艺术院校院（校）长高峰论坛”在陕西西安美术学院举行。

10月27日，文化部艺术司在北京召开“学习习近平总书记文艺工作座谈会讲话精神，加强艺术评论工作座谈会”。

10月31日，由中国文化部和韩国文化体育观光部主办，中国国家大剧院、中国对外文化集团承办的“第二届中韩文化产业论坛”在北京举行。

11月5日，由中国文学艺术界联合会主办，中国文学艺术界联合会理论研究室、中国文艺评论家协会、江苏省文学艺术界联合会、苏州市文学艺术界联合会承办，江苏省文艺评论家协会、苏州市文艺评论家协会协办的“第九届中国文学艺术界联合会文艺评论奖颁奖典礼暨第七届当代中国文艺论坛”在江苏苏州举办。

11月22日，“中国文学批评研究会”在北京成立。

11月27日，由中国文化部、俄罗斯联邦文化部主办，中国文化传媒集团承办，中俄友好、和平与发展委员会特别支持的“第二届中俄文化论坛”在北京开幕。

11月29日至30日，“第六次中日韩文化部长会议”在日本横滨举行。

11月30日，以“移动互联背景下的文化科技融合”为主题的“2014文化科技创新论坛”在深圳举行。

12月15日，国家文化产业创新实验区揭牌仪式在北京市朝阳区规划艺术馆举行。

12月19日，由文化部、国务院新闻办公室、国务院侨务办公室、中国人民对外友好协会、孔子学院总部、国家汉办和中央电视台共同主办的“第三届中华之光——传播中华文化年度人物”颁奖典礼在北京举行。

12月19日至21日，由文化部主办，文化部全国公共文化发展中心、中国文化馆协会和浙江省宁波市人民政府共同承办的“首届中国文化馆年会”在浙江省宁波市举行。

12 月 21 日，由中国人民大学书报资料中心和国家行政学院文化政策与管理研究中心共同主办的“首届中国文化创意产业优秀论文评选”在北京揭晓。

12 月 25 日，财政部公布《国有文化企业发展报告（2014）》。

12 月 28 日，由中国传媒大学、民盟中央法治委员会等联合主办的“第六届中国民族文化产业发展论坛”在中国传媒大学举办。

12 月，由文化部组织编印的《2014 文化发展统计分析报告》出版发行。

中国艺术年鉴

2014年卷

+

戏曲卷

+

分卷主编：张乃锋

年度述评

2014 年度中国曲艺发展研究报告

◎贾志刚　熊　姝

2014 年中国曲艺学科发展态势平稳且不乏亮点，习近平总书记于 10 月 15 日《在文艺工作座谈会上的讲话》为戏曲学科的发展指明了方向，将中华民族优秀传统文化的继承与弘扬提到战略高度，对繁荣戏曲创作提出了更高的要求，树立了包括戏曲在内的传统文化艺术未来发展的明确目标。本年度戏曲创作成绩斐然，体现出题材的拓展与回归戏曲本体两大特点。戏曲理论的焦点则是当代戏曲艺术传承问题研究，由中国艺术研究院戏曲研究所首次研讨并制定了当代剧种认定标准指导原则，已于 12 月 2 日由《中国文化报》予以公布，目前已有部分省市开始参照执行。2014 年是梅兰芳诞辰 120 周年和叶盛兰诞辰 100 周年，庆祝活动丰富多彩，在缅怀戏曲艺术大师的同时，也引发了对当代戏曲如何发展的思考。11 月 14 日，中国艺术研究院与中国大百科全书出版社联合启动了《中国大百科全书·戏曲卷》第三版的编纂工作。第三版《中国大百科全书·戏曲卷》将原第一版 900 多个条目增至 5000 条，并同时推出纸质版和网络版，预计 5 年完成。

以下分为四部分对本年度戏曲创作、学术活动、年度焦点、未来预测方面进行总结与探讨。

一、2014 年戏曲艺术创作

（一）戏曲创作概况

1. 37 个剧种华丽亮相，50 台剧目群英荟萃——第四届全国地方戏优秀剧目展演

为全面展示地方戏发展成就，进一步促进地方戏曲艺术的传承发展，展示地方戏艺术魅力，由文化部主办，文化部艺术司、北京市文化局、江苏省文化厅共同承办了“第四届全国地方戏优秀剧目展演”。文化部以 2013 年审定的 39 家全国地方戏创作演出重点院团为主体，并择优选取了北京、江苏承办申报的优秀地方戏共 50 台，以北片、南片分别展演。

北片展演的 25 台剧目，于 5 月 5 日至 6 月 18 日在北京举行，包括评剧、河北梆子、秦腔、吕剧、豫剧等剧种；南片展演的 25 台剧目，于 5 月 9 日至 6 月 10 日在南京举行，涵盖越剧、黄梅戏、川剧、梨园戏等南方 17 个代表性剧种。

这次展演是一次名角荟萃的盛会。参加此次展演的 50 台剧目当中，既有脍炙人口的经典传统保留剧目，如粤剧《伦文叙传奇》、锡剧《珍珠塔》、彩调《刘三姐》、汉剧《宇宙锋》、淮剧《祥林嫂》等，也有近年来新创作或整理改编，具有很高艺术质量和鲜明剧种特色，在全国产生较大影响的精品剧目，如评剧《赵锦棠》、秦腔《西京故事》、秦腔《花儿声声》、沪剧《雷雨》、楚剧《大别山人》、川剧《易胆大》、湘剧《谭嗣同》等，这些剧目的主要演员都是具有精湛艺术造诣的著名艺术家，如沈铁梅、茅善玉、顾芗、李东桥、柳萍、曾昭娟、王红丽等，他们是本剧种表演艺术的代表性人物，为剧种的发展和剧目的积累做出了贡献。

2. 京剧艺术的盛会，人民群众的节日——第七届中国京剧艺术节

由文化部、天津市人民政府主办，文化部艺术司、天津市文化广播影视局承办的第七届中国京剧艺术节于 11 月 10 日在天津拉开序幕，揭幕大戏是天津青年京剧团带来的《钦差林则徐》，以林则徐虎门销烟为背景，展现其廉洁奉公的故事，具有针砭时弊的意义。

第七届中国京剧艺术节，历时 13 天，至 22 日为止，来自全国的 33 个京剧院团为观众献上 31 台剧目，57 场演出，均是近 3 年来创作的现代京剧、新编历史剧和具有鲜明创新意识、经过重大整理和改编的优秀传统剧目。值得一提的是，与以往各届京剧艺术节不同的是，本届京剧艺术节取消评奖环节，加

强评论研讨。每场演出结束后组织研讨会，对剧目质量、演出效果进行点评及探讨。对专家的点评，组委会也提出了具体要求，就是要敢于表达真实想法，多提建设性意见，既要“把脉”，又要“开方”。

3. 豫剧的盛会，人民的节日——河南省第三届豫剧节

河南省第三届豫剧节由文化部艺术司、中共河南省委宣传部、河南省文化厅、郑州市人民政府、河南中华豫剧文化促进会共同主办，河南豫剧院、河南省文化艺术研究院、郑州市文化广电新闻出版局共同承办，河南泽华文化投资有限公司协办，于3月31日至4月10日在郑州举行，主题是“豫剧的盛会，人民的节日”。本着这一主题，第七届豫剧节邀请到11个省，18个演出团体，推出18台剧目，演出34场，为豫剧爱好者提供4万个观剧席位。

第七届豫剧节的一大特点是现代戏比重大大增加，已达50%，在18台剧目中，有9台是现代戏。中青年演员挑大梁是本届豫剧节的一大看点，如河南豫剧院打造的新版《穆桂英挂帅》，主要演员全部由中国曲艺学院本科毕业的学生担任，为年轻豫剧人才展示功力提供了舞台。

4. 好戏连台，名家云集——第三届中国越剧艺术节

10月12日，第三届中国越剧艺术节在浙江省温州市开幕，在华美雍容的《大唐骊歌》引领下，本次越剧艺术节历时17天，邀请全国各地优秀越剧剧目参加交流演出，充分展示了越剧创作演出的最高成就和最新成果。

对广大戏迷来说更是天赐良机，此次越剧节首次将票房交给商业市场，无一赠票，以低票价真正还实惠于百姓，最低票价20元，最高票价也仅180元。此外，还有20场民间职业剧团展演展示，6场全国越剧票友戏迷比赛，近40场中心广场戏曲活动，让市民免费参与。主办方还策划越剧艺术表演团体、艺术家深入基层、服务群众，越剧艺术进广场、进社区、进校园活动，实现文化活动与群众需求的有效对接，实现人民群众最广泛的文化参与。

（二）戏曲创作特点分析

1. 整合文化资源，提升整体竞争力

整合文化资源，就是根据文化的发展战略和市场需求，对有关的文化资源进行重新配置，寻求文化资源配置与民众审美需求的最佳结合点，凸显文化的核心竞争力。

在京津冀一体化进程加速的当下，北京市文化局的目标是尽快加强三地演艺业协同发展的政策研究，推动三地文化系统的演艺机构、文化院团在政策支持、活动参与、资源利用等方面互惠互利，以市场机制推动剧院院线建设，推动三地演艺事业联动发展，提升整体竞争力。

在此背景下，以“三地同唱盛世曲，携手共筑中国梦”为主题的2014年京津冀河北梆子优秀剧目巡演于4月9日至16日闪亮登场。由北京市河北梆子剧团、天津市河北梆子剧院、河北省河北梆子剧院、河北省石家庄市河北梆子剧团四个著名院团组成强大演出阵容，集结10位梅花奖得主及20位国家一级演员，上演了《定都》《北国佳人》《宝莲灯》《徐策》《辕门斩子》《女人九香》《牧羊卷》7台河北梆子大戏，圆满完成了开启三地文化合作，深度拓展市场空间的任务。

目前，地方戏的观众多在二、三线城市，但囿于地方演出影响效果以及地方院团资金实力双重限制，使得创作发展的空间狭小。因此，建立演出合作机制，多层面对接演出资源，成为突破瓶颈的合力。此次京津冀三地河北梆子优秀剧目巡演起到了率先垂范的作用，以探路者的姿态为传统戏曲寻找到了一条可行的道路。

2. 为戏曲找寻新出路

大规模向市场投放改编作品，以缓解原创作品的不足，渐成全球化趋势。具体到戏曲舞台，以往只要一提到改编，首先想到的是对传统剧目的挖掘整理。然而，费时费力挖掘整理出来的传统剧目不能拿来即用，必须经过磨砺加工，对于如今快节奏的舞台变化来说时间成本赔不起。

在跨文本整体改编盛行的当下，越剧舞台率先对影视剧、畅销小说、网络文学等大众喜闻乐见的艺术形式进行逆袭，并初见成效，如温州越剧团推出了根据电视剧《大明宫词》改编的新剧目《大唐骊

歌》，浙江小百花越剧团根据同名网络小说改编的越剧《步步惊心》以及上海越剧院根据同名热播剧改编的越剧《甄嬛》。这些人们耳熟能详的剧目一经改编成为越剧后，立即吸引了一批年轻观众中的“甄嬛党”和“四爷党”，又经由他们口口相传，将越剧版本的甄嬛、四爷由舞台中心推向了观众的心中，使原本给青年观众“高大上”印象的戏曲艺术更加贴近民众。

如今的越剧舞台越来越多功能化，甚至成为影视剧的高效阅读器、真人秀的电影院，从中可以看到许多热门影视剧、畅销小说、网络文学的缩影。对于动辄百集的影视剧或百余章节的网络文学来说，两个小时舞台剧的浓缩本反而更能高效地打动观众。除越剧之外，其他剧种也在跃跃欲试，如豫剧计划改编《天龙八部》，京剧当然也要考虑尽快脱离曲高和寡的状态。逆袭虽然为戏曲找寻到一条新的出路，但问题也纷至沓来。今后怎么走，走多远还有待观测。

二、2014 年与戏曲相关的学术活动

（一）当代戏曲艺术理论研讨会

6 月 8 日，“当代戏曲艺术理论研讨会”在中国艺术研究院举行。该研讨会的主要议题为：戏曲剧种标准认定。

“剧种”这一概念确立于新中国成立后，是用来区分传统戏曲艺术中不同种类的特定称谓。据《中国戏曲志》统计，改革开放初期的 1983 年，全国有 374 个剧种，这些剧种创作演出过大量传统剧目，许多剧目至今盛演不衰，受到广大民众的喜爱，成为中国人精神文化生活的重要内容。

然而，到 2012 年全国的剧种已锐减至 200 多个，少了近百个，而且所剩的剧种中有 74 个仅有一个职业剧团或民间班社，情况十分危急。目前，随着非物质文化遗产保护工作方兴未艾，院团改革、剧种合并工作深入展开的同时，打着保护剧种的名义进行虚报、造假，甚至诈骗的行为屡见不鲜，这些行为直接关系着剧种的生死存亡，因而对剧种标准进行认定的工作已呈迫在眉睫之势。

中国艺术研究院戏曲研究所及时担负起这一职责，经过几次专家会议的商讨，对戏曲剧种标准问题提出了初步建议，共计有八大标准：①具有“以歌舞演故事”这一中国戏曲的主要特征；②唱念采用本民族和本地语言或本地官话；③在音乐上形成了本民族或本地特色；④在表演上分行当或形成角色类型；⑤服装、扮相、道具有历史形成的规制；⑥创作和演出了一定数量具有本民族或本地色彩的剧目；⑦出现了本地专业或业余演出团体和传承机构，传承人在本地区应具有较为广泛的影响力；⑧剧种名称应具有广泛的群众基础，得到多数观众的认同。

与会代表在八大标准间展开了热烈讨论，畅所欲言，献言献策。代表们普遍认同以实事求是、入情入理、尊重传统、约定俗成为指导思想，对戏曲剧种的认定标准做了进一步的磋商。当代剧种认定标准的指导原则已于 2014 年 12 月 2 日在《中国文化报》上予以公布。

（二）纪念梅兰芳诞辰 120 周年和叶盛兰诞辰 100 周年

1. 2014 年正值梅兰芳先生诞辰 120 周年之际，为纪念这位中国乃至世界戏剧史上具有影响的艺术大师，继承与发扬他的艺术精神，传播他的艺术思想，为当今的文化大发展大繁荣提供宝贵的精神营养和历史经验，由中国艺术研究院主办，梅兰芳纪念馆和戏曲研究所承办的一系列纪念活动在京拉开序幕。

（1）6 月 19 日，“纪念梅兰芳诞辰 120 周年系列活动新闻发布会”在京举行。戏曲研究领域专家及 26 家新闻媒体记者参加了发布会。发布会上，戏曲研究所贾志刚所长指出：我们今天纪念梅兰芳大师，有缅怀、纪念、重温的意义，但更为深远的内涵则是梅兰芳大师对于我们今天的指导、教诲的现实意义，以及指向未来的历史意义。其一，梅兰芳先生用他的实践与精湛的表演告诉了我们，什么才是戏曲表演艺术的最高境界。近几十年来，“话剧加唱”的表演形式大量充斥着戏曲舞台，戏曲舞台出现了写实化、生活化的趋势，甚至许多人宣称用话剧来改造戏曲或戏曲必须大量借鉴话剧。其实，梅先生在几十年前就告诉了我们，戏曲表演的最高境界不是生活化、写实化，而是第一求美，第二神似。其二，今天的戏曲仍然高举着继承与创新的旗帜，未来戏曲仍然会融入时代精神，不断开拓创新。这是未来发展的方向，可仅仅有方向是无法创新的，还要有创新所遵循的原则、措施、政策等系统化的方式方法。梅

兰芳先生在1949年11月提出了戏曲未来发展所要坚持的创作原则，这就是“移步不换形”，它生动地概括出传统戏曲形态渐变的发展规律，可以说，这是戏曲形态发展变化的重大发现。

（2）10月22日，“梅兰芳表演体系国际学术研讨会”在京举行，来自美国、俄罗斯、法国、日本、韩国、新加坡等国以及我国台、港、澳地区的20多位专家，大陆学者30人受邀参加此次研讨会。研讨会主要就梅兰芳京昆表演艺术与戏曲表演体系，同时，对梅派艺术、梅兰芳与京剧的传播、传承与发展，以及对当今文化发展、提升国家文化软实力的积极作用等问题，进行了全方位深入研讨。

（3）编辑出版“梅兰芳艺术大系”，包括《梅兰芳演出剧本集成》《梅兰芳往来书信选集》《梅兰芳演出戏单总集》《梅兰芳唱腔曲谱集成》和《梅兰芳研究评论选编》（十卷）、《梅兰芳访美京剧图谱全集》等。

（4）举办“梅兰芳华”大型综合展。

10月21日，在梅兰芳纪念馆举办“梅兰芳华”大型综合展，通过老照片、老戏单、戏衣、书画等文献文物，展板、影音等多途径，系统介绍梅兰芳一生的艺术成就和世界影响。展览以15天为周期，举办三期不同主题的展览，分别为“梅兰芳巨大的国际影响”“梅兰芳卓越的京剧创造”“梅兰芳高尚的爱国情怀”。

（5）12月2日，由文化部、中国文学艺术界联合会、北京市人民政府主办，中国戏剧家协会、中国艺术研究院承办的“纪念梅兰芳诞辰120周年座谈会”在北京召开。中国文学艺术界联合会党组书记赵实、文化部副部长董伟、中国文学艺术界联合会党组副书记李屹、中国艺术研究院院长王文章、中国戏剧家协会分党组书记季国平出席座谈会并讲话。

梅兰芳之子、著名京剧表演艺术家梅葆玖追忆了其父的艺术与生活，并表达了继承传统、立意创新，努力传承梅兰芳的表演艺术，使梅派艺术走向更高更远的决心。

2. 今年是京剧叶派小生艺术创始人、著名京剧表演艺术家叶盛兰诞辰100周年。文化部、中国文学艺术界联合会、全国政协京昆室于12月14日至17日在北京举办系列纪念活动。

叶盛兰是一位集前代小生艺术之大成，并以其卓绝的天赋才华、惊人的意志力和不懈的创新精神开宗立派，将京剧小生推向艺术与历史之巅的一代大家。他嗓音宽厚圆润，气度大方，扮相英俊，表演细腻，行腔刚劲遒健、华丽婉转，龙、虎、凤三音有机结合。其代表剧目有《群英会》《吕布与貂蝉》《罗成》《周仁献嫂》《奇双会》《八大锤》《雅观楼》《柳荫记》《西厢记》《白蛇传》《打侄上坟》《游园惊梦》《白毛女》等。他是京剧史上第一位以小生挑班的艺术家，也是第一位以挑班演员身份参加国营剧团的人，是国家京剧院开院元勋和奠基者之一。20世纪60年代初，他将家传珍贵文物——富连成科班“叶氏藏本”400余出剧目的手写真迹无偿捐献给了国家。

12月14日，纪念京剧大师叶盛兰诞辰100周年座谈会在北京人民大会堂召开。中共中央政治局委员、国务院副总理刘延东，中国艺术研究院院长王文章出席会议并讲话。此外，文艺界人士、叶盛兰亲属及生前友好、叶派弟子等200余人出席座谈会。

（三）福建地方戏传承与发展学术研讨会

9月22日，由中国艺术研究院、福建省艺术研究院联合主办的福建地方戏传承与发展研讨会在京举行。

与会专家高度肯定了由福建省组织集结的，能够反映近年来福建地方戏曲成果的6台晋京展演剧目，认为福建省对地方戏曲剧种的传承和发展所取得的成绩，具有示范性和导向性，应介绍经验，输出人才，带动周边地区的戏曲发展，继而向全国范围辐射。

然而，占据戏曲版图高地的福建省，依然面临传承主体的当下危机。戏曲的传承主体在改革开放35周年的今天遭遇瓶颈、面临挑战，没有传承就没有发展，因此传承主体问题是当下戏曲界迫在眉睫、急需解决的头等大事，全国各地的戏曲从业人员对此极为焦虑，盼望专家齐聚一堂，给戏曲的传承困境把诊问脉。此次会议正是在这样一种历史背景下召开的。

专家普遍认为应当把国家赋予传承主体的合法权益落到实处，具体方法有：第一，赋予传承主体个人、集体以荣誉，使他们能够受到社会的尊重，增强传承主体的自信心和自豪感，使传承主体更加积极主动地投入戏曲保护工作中；第二，赋予传承主体传承戏曲艺术重任的同时，要为他们的生活和工作提供良好的条件，特别是在经济相对落后地区，这一问题尤其突出；第三，国家应尽快出台政策法规，对传承主体进行统一保护，不能因当地政府的重视与否，地区经济的差异，剧种受众的多寡等原因，导致地方戏曲剧种发展出现不平衡的状况。

三、年度焦点：戏曲艺术传承问题研究与地方剧种生态化保护

（一）戏曲艺术传承问题研究

目前，当代戏曲艺术传承举步维艰，根本原因在哪里？经过2014年十几次学术研讨会的讨论，达成基本共识。戏曲艺术如果从唐代教坊和梨园算起，已传承了1300多年，这1300多年的戏曲传承，一帆风顺，卓有成效。其中有两次重大演变，第一次的演变是从唐代到清朝末年，可称为旧式传承，共有4个方式，即戏班、科班、票房、相公堂或叫“私寓”；第二次的演变可从1912年8月易俗社成立算起，一直到“文化大革命”前，可称为新式传承。这近百年的新式传承要求戏曲演员全面发展，极其重视文化教育，所学文化课程包括算术、历史、地理、文学、文化史、思想史、美学概论等，广泛涉猎。新式传承对戏曲人才的培养可谓硕果累累，如中华戏曲专科学校的“四块玉”李玉茹、侯玉兰、白玉薇、高玉倩等。然而，改革开放35年来的今天，戏曲艺术传承却受到极大的挑战，根本原因是“文化大革命”造成中国传统文化传承链条的断裂，而没有了深厚丰富的传统文化的巨大支撑，单纯技术、技巧的传承是难以为继的。习近平总书记的《在文艺工作座谈会上的讲话》中已将传统文化的保护与发展提到战略高度，增强了广大戏曲工作者的信心。但文化传承的链条得到修复、连接却不是短时间能够完成的，很可能要延续一代或两代人的不懈努力，我们不应该无所作为地等待。当前的传承需要恢复传统的师徒制，恢复戏曲传承的口传心授，因为师父在传承技艺、技巧的同时，就会把文化潜移默化地传授给徒弟，文化与技艺难分难舍地融合在一起，这对于戏曲人才的培养大有益处。

（二）地方戏曲剧种的生态化保护

生态化的保护就是要上下齐动员形成合力，这就需要各级党委政府、有关部门、相关单位共同关注与打磨，将地方戏曲剧种的传承与保护工作真正地抓实、抓好、抓出成效。

目前，全国的剧种仅有200多个，除去74个只有一个职业剧团或民间班社的剧种外，现有210个戏曲剧种被纳入国家非物质文化遗产名录，几乎达到全面覆盖的程度。特别是2013年7月，文化部出台了《地方戏曲剧种保护与扶持计划实施方案》后，2014年已确定了中国评剧院、上海沪剧艺术传习所、浙江小百花越剧团、广东粤剧院等32个剧种的39家演出院团为全国地方戏创作演出重点院团，这一措施，从一定程度上解决了制约地方戏曲发展的关键性问题。

地方戏曲剧种的保护方法可具体到以下四点：①由文化部组织专家对纳入国家级非物质文化遗产名录的地方戏曲剧种的传承保护进行专题调研，针对不同地区、不同民族、不同剧种的实际情况提出指导性意见；②可选择一些在地方戏传承方面做得好的院团作为示范单位加以扶持；③各级政府部门可通过“购买演出”，促进院团为群众演出，对为基层群众演出做出贡献的民营院团给予奖励；④把戏曲进校园纳入国民教育体系，派遣优秀院团进校演出。

地方戏曲剧种普遍存在着人才结构断层、历史包袱沉重、转企改制后面临困境的现实状况，但其优势在于地方戏曲剧种都是地域文化的品牌，有根有脉，有成长的潜力，要让每个剧种都能推出名家名剧，唱响当地，誉满华夏，走向世界是一项宏伟的工程，这四项具体的保护措施是全方位、系统化、生态化保护地方戏曲剧种的指导方针。

（三）地方戏曲剧种的自我成长

在国家保护传统文化遗产，发展文艺事业的有利环境中，传统戏曲迎来了前所未有的大好机遇，应充分把握时机，探索戏曲艺术的生存和发展空间，广泛吸收其他艺术精华，在把握艺术规律的基础上，

走出具有特色的创新之路。地方戏曲剧种自身也迫切需要解决以下几个问题。

1. 地方戏曲剧种要以敬畏传统之心进行传承。地方戏曲剧种都曾走过辉煌的历程，有许多优秀的传统需要保护与继承。在当下，无论戏曲界怎样努力，想要达到过去那样锣鼓一响、万人空巷的壮观场面已不可能，人人把戏曲当作主要娱乐的时代已然过去，地方戏曲剧种必须直面残酷的现实，对已经消亡的剧种，尽快做好抢救式记录，对健在的老艺人做好录音、录像、访谈、文本整理等工作，以便于研究；对尚未消亡的剧种，除应努力吸收其他艺术元素以增强自身竞争力外，还要以最大的诚意敬畏戏曲传统，挖掘人性中最为美好最为有价值的成分，转化为深入民众心理的艺术。

2. 地方戏曲剧种要时刻警惕“同质化”现象。在当下的戏曲舞台，小戏大戏化，地方戏曲京剧化，传统戏曲话剧化、歌剧化、舞剧化、音乐剧化成为普遍的现象，似乎不来点西洋的玩意儿就不时尚了。传统戏曲可以学习、借鉴相关艺术，切不可成为转基因的戏剧，每一个剧种都有自身的属性，乡音乡土总关情，不可以成为其他剧种的复读机，应当保持自身鲜明的艺术特色，只有这样才可能产生出经典唱段来，失掉了自我的特色，也就失掉了存在的意义。

3. 地方戏曲剧种要将当地的文化特色及灵动的表现方式不着痕迹地融入到剧目当中，不能硬贴硬靠，为形式而形式。这就需要地方戏曲剧种的艺术家们要对所处的地域文化深扎根，勤探索，从内部找出路，而不是仅仅依靠外援的临时性帮助。当下的生活画卷交叉、叠合、复杂而立体，主创人员必须要有洞察生活的能力，感受到创作环境的变化，拿出应对的本领，捕捉到一些细微的情感导向，推出品种繁多，可供多层次观众进行选择的艺术作品来。在深刻体验日新月异的生活基础上进行创作、创造、创新、创意，才能使地方戏曲剧种具备生产力和竞争力。

4. 地方戏曲剧种要勇于面向市场，在舞台表现上下苦功夫，打造精品剧目，形成剧目链条，不间断地进行艺术生产，争取每年推出一部大戏，形成好戏连台的局面。在编剧、导演、演员、作曲、舞美等各个方面培养尖端人才，推出名剧、推出名角儿，全面提升地方戏曲剧种的文化自信与自觉，在完善地域文化形象的同时，实现舞台艺术的繁花似锦。

5. 加强宣传普及以培养观众群体。地方戏曲剧种的艺术家们在创作艺术作品时，必须改变艺术至上的错误观念，树立起观众至上的理念，时刻将观众放在心中，成为创作的自觉，才会尽可能运用广大观众所理解、所接受的艺术语汇，在情节编造和人物塑造上满足观众所需，只有令观众喜爱、传唱，才能增加发展活力，还要开发衍生产品，促进立体化的传承之势。

四、戏曲艺术未来路径预测

（一）如何在传承与发展之间走好平衡木

戏曲改革的主要工作就是传统剧目的整理改编。随着非物质文化遗产保护工作的开展以及文化部针对地方戏曲剧种保护与扶持计划的出台，人们得以从新的视角来重新审视传统剧目。

长久以来，传统剧目在推陈出新的创作理念下，以脱胎换骨的改编来标示其成果。但在非物质遗产保护这一新的文化语境下，戏曲界提出要敬畏传统。因而，原汁原味地保留传统剧目的理念盛行起来。这就给戏曲人提出一个尖锐且不得不面对的难题，即如何在传承与发展之间走好平衡木？

改还是不改纠结着戏曲舞台的主创人员。取其精华，去其糟粕，简单的道理，在戏曲界却变得不那么简单。因为，哪样是原汁，哪种是原味，无从考究；什么是精华，什么是糟粕，分不清楚；该取哪部分，该去哪部分，各执一词。但针对传统剧目有两种类型的改编已达成共识，一是原本芜杂，精华糟粕杂陈，主题思想陈旧落后，如莆仙戏《团圆之后》《春草闯堂》，改编者只改动了几句唱词便改变了原本的基调；二是篇帙浩繁，难以在今天的舞台上原样呈现，如三本《牡丹亭》、四本《长生殿》、上下本《西厢记》，之所以能在今天的昆曲舞台上成功呈现，就是依靠改编者智慧地浓缩原本中的精华而成。

尊重传统不等于故步自封，传统剧目中精华与糟粕并存是客观事实，以非物质文化遗产保护之名反对推陈出新是不可取的。当然，既保护了遗产，又为遗产增加了积累，在传承与发展之间走好平衡木是最为理想的状态。北京市河北梆子团团长王洪玲说：“剧团目前发展的大方向是与时代同步改良和发展，不管是老戏的基础还是新戏的创作，都在力求更贴近时事生活和当代意义。所有的梆子演员都希望河北梆子的市场能日益红火，但若纯粹为了追求现实利益而舍弃梆子戏中的一些传统，则只会加速河北梆子艺术精神的衰落。”因此，找到传统戏曲与当代人审美取向中的共性，使传统戏曲在年轻人当中传承下去，戏曲才有未来。

（二）微戏曲是戏曲发展多元化的体现

当下的戏曲所面临的最繁复的问题就是一个“变”字。20世纪的百年，中国从农耕时代过渡到工业时代，随着21世纪的到来，中国从工业时代过渡到了电子信息时代，变化之剧烈，变化之迅猛，实属“三千年未有之大变局”。在戏曲的创作当中，戏曲人煞费苦心创作出来的一点点表演经验，根本来不及积淀为程式，就被快餐式的生活抛诸脑后。

进入21世纪以来，由于多元文化的发展，戏曲作品由过去的大众文艺渐变为小众艺术，甚至是私人订制，身处这一时期的艺术家们更要以敏锐的洞察力感受到创作环境的变化，拿出应对的本领，捕捉到一些细微的情感导向，推出品种繁多，可供多层次观众进行选择的艺术作品来。总之，戏曲作品向多元化、多层次、多向度开掘已是势在必行，毕竟戏曲观众的审美情结，某种程度上决定着戏曲艺术的兴衰。

贾志刚　中国艺术研究院戏曲研究所所长、研究员
熊　姝　中国艺术研究院戏曲研究所副研究员

戏曲艺术："新常态"下努力进取

◎安 葵

改革开放以来，戏曲工作者积极探索，文化主管部门也努力寻找戏曲艺术发展的规律，经过艰难曲折的过程，现在大家已基本把握了戏曲艺术发展的方向，政府的各项扶持政策也相继到位，因此我认为，戏曲艺术也与我国的经济发展一样，进入了"新常态"。2014年，戏曲工作者在"新常态"下努力进取，在各个方面都取得了显著的成绩。

一、京剧、昆曲进入相对稳定的发展阶段

2001年，昆曲进入联合国教科文组织"人类口头和非物质遗产代表作"名录①，之后，京剧、粤剧、藏戏等也先后进入这一名录；自2006年起，我国开始全面开展国家非物质文化遗产保护工程。国家对传统戏剧，首先是对昆曲、京剧的保护力度进一步加强。7个昆曲院团，11个国家级京剧重点院团以及多个省级的重点京剧院团都得到国家和地方政府资金和政策的支持。通过举办京剧节、昆剧艺术节等活动，展示新的创作成果，在贯彻"百花齐放，推陈出新"方针的前提下，大家对京剧、昆曲在艺术上如何健康发展也不断达成新的共识。应该说，京剧、昆曲都已进入一个相当稳定的发展阶段。

2014年11月，文化部与天津市人民政府联合举办了第七届中国京剧艺术节，演出了近30台大戏和1台折子戏，这是对近年京剧创作的一次检阅。演出剧目继续体现了整理改编传统戏、新编历史剧和现代戏"三者并举"的方针。创作者努力把堪称中华民族脊梁的人物——从伟大诗人屈原（《屈原》）到抗日英雄杨靖宇（《杨靖宇》）——搬上京剧舞台，体现了民族精神和时代精神。许多作品对历史文化进行新的反思，传递思想的正能量。古人对道德信念有一种坚守的执着，但传统的道德观念本身又常常具有矛盾性，这就使《春秋二胥》中的伍子胥和申包胥、《金缕曲》中的顾贞观和吴兆骞都因信念与友谊的冲突而陷于抉择的痛苦之中。这些作品都会引起人们新的思考。《金缕曲》（根据郭启宏话剧《知己》改编）的作者李莉说，她在改编中想渗透人性本善的向往和执着，让情义折射出温暖。在地方戏中，如芗剧《保婴记》，人们在患难中的互相关心也让我们感到这种温暖。从这些作品中，我们也可体会到习近平总书记所倡导的创作有筋骨、有道德、有温度的文艺作品的含义。

京剧节上多台剧目体现出创作者在重视剧目思想内容的同时，也重视内容与形式的统一，重视演员表演艺术和京剧特色的发挥。如天津京剧院创作演出的《康熙大帝》（周长赋编剧，谢平安导演），在表现康熙完成统一大业的同时，也着重揭示了他的内心情感，作品具有浓重的历史氛围，表现了一种昂扬向上的精神。作者说这个戏是为演员王平"量身定做"的，"围猎"一场，王平通过身段、枪花以及辫子功、击鼓技艺等表演，在舞台上塑造了康熙英武坚毅的鲜明形象，使观众得到欣赏的满足。

再如河北省京剧艺术研究院演出的《赵佗》，把秦汉两朝雄踞岭南而能维护祖国统一的南越王赵佗的形象搬上了京剧舞台。裴艳玲先生通过她精彩的表演将这一历史人物内心的波澜展现在观众面前，透露出一种历史的苍凉感。笔者看戏后很感动，曾写一首小诗："难忘夜奔剑鞘寒，又看名将靖边关。风神飒爽歌诗外，英气洋溢颦笑间。铁汉柔情感肺腑，忠肝义胆映山川。宝刀大匠两不老，再辟斑斓一片天。"

---

① 2009年，联合国教科文组织将有关非物质文化遗产的名录分为三类，分别是人类非物质文化遗产代表作名录，急需保护的非物质文化遗产名录，最能体现《公约》原则和目标的计划、项目和活动，昆曲、粤剧、藏戏、京剧归入《人类非物质文化遗产代表作名录》。——编者按

其他如《安国夫人》《楚汉春秋》《苏秦》《如姬》《紫袍记》《钦差林则徐》《铜牛记》《飞虎将军》《独钓寒江雪》等新编历史剧和根据传统戏改编的古代剧都具有各自的新意与特点。思想的挖掘与形式的创新经常是并行的。《金缕曲》等作品继续探索京剧新的表现形式的可能。《金缕曲》的主演之一麒派演员陈少云认为，京剧演清朝戏，对京剧剧种、对演出者都是挑战。因此他们坚持：样式可新，故事可新，表演可新，京剧的味道不能丢。要在新的表演创作中传递传统的京剧之美。《黔人端棻》《瑞蚨祥》《镜海魂》《红烛魂》《七个月零四天》《草原曼巴》等作品表明京剧表现近代和现代生活的努力没有停步。

甲午年是梅兰芳、周信芳诞辰120周年。北京举行了各种纪念梅兰芳的活动①，恢复演出梅兰芳曾经演出的剧目是纪念活动的重要内容之一。京剧节上演出的《梅兰霓裳》和此前演出的《麻姑献寿》等剧目使我们得以更全面地了解梅先生的艺术创造。流派纷呈是京剧艺术魅力之所在，近年来各院团对流派艺术的继承和弘扬给予了应有的关注。这次京剧艺术节的另一个特点是许多院团都尽量使用本团的演员，着力于本团演员的培养和角色、行当的全面发展。而第七届京剧节不评奖、加强评论，也起到了推动京剧人逐渐淡化评奖意识而注重艺术本体建设的作用。

昆曲院团则在慎重选择适合的题材进行新创作的同时，以更多的力量进行传承。2014年12月，在北京举行了全国昆曲传承汇报演出，各昆曲院团老中青三代演员集中演出了不同版本的《牡丹亭》。这是本年度一道亮丽的风景。昆曲老艺术家汪世瑜说："12月的北京，可以称为'《牡丹亭》月'。"

经过数百年的舞台流传，《牡丹亭》已成为昆曲最具代表性的剧目之一，搬演《牡丹亭》成为昆曲演员的必修课。昆曲老艺术家岳美缇说："我们这些人是跟着《牡丹亭》长大的。从小学，长大演，老了教。《牡丹亭》是昆曲的看家戏。"大师级的演员与年轻的演员以各自不同的特点和优势显示了昆曲的独特魅力。

西方有"一千个观众就有一千个哈姆雷特"之说，在中国可能有所不同。对观众熟悉的艺术形象，大家有相同的审美期待，而昆曲的表演更有严格的规范，但有创造性的艺术家能在规范中表达自己独特的、细微的体会，把观众引向新的审美天地。"老树着花无丑枝"，老艺术家在一招一式中传人物之神，在精致的表演中显示出昆曲独特的韵味。"雏凤清于老凤声"，年轻演员在向老一辈学习的同时，也在表演中体现出年青一代对传统的新理解。值得注意的是，在这些京剧和昆曲演出的剧场中，年轻的观众都占了多数。每一个精彩唱段或精彩表演结束，剧场里都响起热烈的掌声。这表明，优秀的传统艺术已逐渐为青年人所热爱和追求。

二、地方戏的剧种特点和优势正在显现

继对京剧、昆曲的扶持政策之后，文化部又出台了对地方戏曲的重点扶持政策。2014年上半年在南京和北京分南北两片举行了第四届全国地方戏优秀剧目展演。许多省市自治区也出台了对地方戏的具体扶持政策和措施。为庆祝新中国成立65周年，文化部举行了优秀剧目展演，同时有数个省组织剧团进京演出。文化部艺术司以及中国戏剧家协会与有关省市举办了中国评剧节、中国越剧节、中国秦腔艺术节等，有的省市也举办了艺术节和戏剧节。在这些演出活动中不仅涌现出许多优秀剧目，而且表现出地方戏正处于较好的发展态势，剧种的特点和优势正在逐步展现。

在各地方剧种中，河南的豫剧生存环境一直是比较好的，近年河南省举办了戏剧名家推介工程，对多位著名的表演艺术家、剧作家、导演艺术家、作曲家等进行推介研讨，对艺术家的尊重进一步激发了创作的积极性。除传统戏、古装戏受到观众欢迎之外，现代戏也继续保持旺盛的创作势头。如河南省豫剧院三团演出的《焦裕禄》，塑造了优秀共产党员干部的亲切感人的艺术形象，具有很强的艺术感染力。

优美的黄梅戏曲调在安徽以及湖北等地的广阔城乡回荡，《小乔初嫁》《徽州往事》《六尺巷》《寂寞汉卿》等剧目都使人耳目一新。黄梅戏来自民间，这些作品追求较高的文化品位，同时保持了黄梅戏

---

① 纪念周信芳的活动于2015年初在上海举行。

清新活泼的民间特色。在合肥，在安庆，你可以深切感受到黄新德、韩再芬等优秀演员在群众中影响之深，同时一批年轻的演员正在茁壮成长。

同样是生长于民间的越剧继续以精品赢得观众。在上海、浙江以及南京、福建，越剧的各个艺术流派都拥有众多痴迷的观众。福建芳华越剧团恢复演出的《沙漠王子》和新创剧目《柳永》，展现了尹派艺术的魅力；上海越剧院新创的《甄嬛》和《双飞翼》汇集了中年和青年的优秀演员，努力实现传统与现代的对接。而茅威涛的《二泉映月》等作品的刻意创新，意在打破人们在艺术上的固有观念，引起大家对越剧发展的思考。

江苏的锡剧继《二泉映月·随心曲》之后，又创作演出了《一盅缘》，“有情何须叹缘浅，纵使缘尽情愈浓”，作品表现出柔美抒情的江南风格。而吉剧《站醒台》、龙江戏《鲜儿》等则具有鲜明的东北地域特色。

山东梆子多年来有些沉寂，2013 年文化部与山东省联合举办第十届中国艺术节，这成为弘扬山东地方剧种的一个契机。几个山东梆子剧团都创作演出了新的作品。2014 年 11 月，《古城女人》《两狼山上》《萧城太后》《圣水河的月亮》等四台山东梆子剧目进京演出，使人们看到这一古老剧种在创造中传承发展的实绩。四台戏属于不同的题材，具有不同的艺术风格，同时又都具有浓郁的剧种特色，与山东的文化传统有着内在的联系。它们显示出山东梆子具有广阔的表现能力和强烈的艺术感染力。

在各地文化主管部门的努力下，其他地方许多古老剧种也都在创造中焕发出生机。如湖北举行了“百场汉剧青春行”活动，将在传统的基础上进行了新编的《王昭君》送到大学演出，受到大学生的热烈欢迎。《王昭君》在武汉大学的演出被当地媒体称为“最美汉剧邂逅最美大学”①。四川省通过青年川剧演员比赛挖掘和培养优秀川剧演员，凝聚川剧表演队伍，让古老川剧焕发青春。浙江绍兴举办绍剧新创剧目展演活动，把目连戏进行新的编排，使它散发出“人性”的光辉。湘剧《谭嗣同》的不断加工提高，徽剧《惊魂记》的大胆探索，潮剧《小城风雷》在广东艺术节上演出取得成功，都证明这些古老剧种并没有进入博物馆。

三、濒危剧种、稀有剧种的保护进一步受到重视

列入国家级非物质文化遗产名录传统戏剧类的项目前三批有 158 项（基本上一项是一个剧种），第四批又增加 4 项。过去大家重视的是申报，现在重点已转入如何进行有效的保护。实践证明，许多流布区域较小的剧种，只有一个专业剧团（曾被称为“天下第一团”）甚至没有专业剧团的剧种，保护起来是非常困难的。领导重视是第一步，随之必须采取符合实际的有效措施。2014 年度各地对非遗保护的力度在加强。如浙江省，“尽管各级部门多年来为这些地方戏剧的保护做出不少努力，但由于经济形态和社会结构的改变，多年来传统遗落的情形积重难返，仍有相当一部分戏剧项目濒危情况严重。据相关部门调研，浙江 56 个传统戏剧项目中，成建制登台表演的仅剩 14 个剧种，而濒危的珍稀剧种约有 11 个”②。但浙江省有关领导表示，这些非遗项目“一个都不能少”，他们举办了“浙江好腔调”传统戏剧系列展演，举行专场演出和研讨会，努力让这些非遗项目“活起来，传下去”，并准备出台《浙江省传统戏剧振兴计划》。

山东省文化主管部门讲，山东现有 24 个戏曲剧种，其中 12 个已没有专业院团演出，事实上处于濒危状态。针对这种状况，山东省文化厅鼓励各地积极想办法进行抢救和保护。菏泽市对大弦子戏创造了“依团代传”的经验。大弦子戏在河南濮阳还有专业剧团，还能正常演出和进行传承；在菏泽，“文革”前有大弦子戏专业团，在群众中还有很深的基础，现在健在的大弦子戏老艺人还能演唱，但已 40 多年没有专业剧团了。菏泽市地方戏曲传承研究院是山东梆子、枣梆和大弦子戏三个剧种的保护传承单位，前两个剧种有专业团，大弦子戏没有专业团。在这种情况下怎样进行保护传承？他们提出了“依团代

① 苏丹丹：《百年汉剧如何致青春》，《中国文化报》2014 年 4 月 18 日。

② 焦雯：《浙江，做传统戏剧保护的“行动派”》，《中国文化报》2014 年 12 月 11 日。

传”的构想。

所谓“依团代传”，就是在剧院的另外两个团里，选出适当的青年演员，向大弦子戏的老艺人学习，通过恢复演出大弦子戏的传统剧目，逐步培养演员，为成立专业大弦子戏剧团创造条件。山东省艺术研究院参与了保护和创作的实践，提供了重要的学术支撑。经过两年的艰苦工作，2014 年上半年他们演出了整理改编的大弦子戏传统剧目《两架山》，剧种特点鲜明，观众反响强烈，他们喜爱的大弦子戏又复活了！实践证明菏泽的这种做法是有效的，是成功的。这一成绩也说明菏泽市地方戏曲传承研究院的同志们不是重申报，轻保护，而是真正把非遗保护看成自己的责任，在实践中进行认真的探索，做出实实在在的努力，他们创造的经验也是值得重视的。

在各地的艺术节和戏剧展演活动中都重视小剧种的展示。据报道，第二届湖北地方戏曲艺术节“参演的湖北地方戏曲（包括开幕式）剧种共达 20 个，其中既有楚剧、汉剧、荆州花鼓、黄梅戏等大剧种，也有襄阳花鼓戏、东路花鼓戏、南剧、文曲戏等小剧种，还有襄阳豫剧这样从外地流传到湖北并被赋予湖北特色的戏曲剧种，更有一度消失于大众视野的二棚子、山二黄、阳新采茶戏、通城花鼓戏、随州花鼓戏、远安花鼓戏、提琴戏、柳子戏、湖北越调等稀有剧种”①。

再如广东陆丰正字戏也是一个濒危的古老剧种，为了做好这一珍稀剧种的保护与传承工作，近年陆丰文化主管部门在财力极其紧张的情况下，招收两批 49 名学员参加专业学校的学习，并在老演员精心培育下担纲演出了根据古老剧本整理编排的《刘文龙》，使这一古老剧种焕发出新的生命力。②

四、振奋精神，勇攀戏曲艺术的高峰

在回顾 2014 年戏曲艺术的成就的同时，我们也不能不看到，在前进的道路上仍然有很多困难。前些年种种因素，包括人为的因素，使戏曲人才的培养存在严重的断档之忧。面对“市场”的压力，戏曲艺术何去何从，也是一个无法回避的问题。把戏曲当成一般的宣传品，当成急功近利的“政绩”的体现，也促使许多艺术上平庸的作品出现。正是在这样的情况下，习近平总书记《在文艺工作座谈会上的讲话》正本清源，为我们指出了明确的方向。习近平总书记指出，中华优秀传统文化是中华民族的精神命脉，是涵养社会主义核心价值观的重要源泉，也是我们在世界文化激荡中站稳脚跟的坚实基础。这对戏曲工作者是巨大的鼓舞。我们要站在这样的高度来传承和弘扬民族戏曲文化，也必须站在这样的高度来克服前进道路上的各种困难。从创作的角度说，必须按照习近平总书记的要求，虚心向人民学习、向生活学习，从人民的伟大实践和丰富多彩的生活中汲取营养，不断进行生活和艺术积累，不断进行美的发现和美的创造。

戏曲创作要做到深刻的思想、丰富的生活内容与戏曲艺术形式的统一，必须克服内容和形式之间的矛盾，因此具有特别的难度，这就要求戏曲艺术家在深入生活和学习传统两方面都下更大的功夫。写现代戏应该像杨兰春等老一代剧作家那样扎根生活，真正熟悉人民的生活和思想感情。只靠蜻蜓点水式的“采风”是解决不了这一问题的。改编传统戏和创作历史剧也应该像老一代剧作家陈仁鉴、顾锡东那样有深厚的历史、文化修养。因此要从整体上克服平庸，攀登艺术的高峰，必须要有长远的规划，在人才培养上下大的功夫。

前面讲到裴艳玲、王平等优秀京剧演员的出色表演，但这样功力深厚的演员现在并不多，而且即使功力能达到他们的水平，也有观众网友调侃：赵佗击鼓，康熙也击鼓。说明对传统技艺的挖掘和使之与新的作品内容相结合，还需要我们拓宽思路，进行更多创造。昆曲拥有丰厚的遗产，随着老一代演员的年岁越来越大，传承的任务也十分迫切。

中国戏曲传统深厚，不同的剧种在唱腔、表演和风格上都各有特色，这是戏曲艺术魅力之所在。但如何继承和弘扬各个剧种的传统，做到创造性继承，创新性发展，避免“趋同化”的倾向，也是一个

---

① 林疋文：《第二届湖北地方戏曲艺术节综述》，《中国文化报》2014 年 7 月 24 日。
② 黄贤嘉：《保护珍稀剧种“正字戏”义不容辞》，《光明日报》2014 年 2 月 1 日。

需要不断努力解决的长久课题。

2014 年是一个在历史发展中有重要意义的一年。在回顾 2013 年戏曲成就时，笔者曾用《迎接戏曲艺术新的春天》做标题表达自己的展望和期盼；现在，我们更有充分的理由相信，戏曲艺术新的春天正稳步向我们走来。

安　葵　中国艺术研究院戏曲研究所研究员

2014 年中国戏曲热点现象述评

◎刘小梅

2014 年是中国戏曲承前启后的一年，京剧、越剧、豫剧、曲剧等剧种于努力推动艺术传承创新的同时，又在市场化运作方面进行了系列探索，积累了很多宝贵的艺术经验，也取得了初步的成果。戏曲界一系列的举措和探索，为弘扬中华优秀传统文化、促进戏曲艺术在传承创新的道路上健康发展作出了卓越的努力。

一、三大国家级戏曲节和南北方剧目展演

2014 年，三大国家级戏曲节的举办和“南北方剧目”展演是戏曲界非常醒目的一个举措。

10 月，华丽唯美、荡气回肠的新编历史越剧《大唐骊歌》在浙江温州大剧院演出，拉开了“第三届中国越剧艺术节”的序幕。中国越剧艺术节是唯一永久落户浙江的国家级艺术节，每 4 年一届，温州是继绍兴、宁波之后的第三站举办地。17 天里，19 台参赛大戏和 5 台展演剧目荟萃一堂，如浙江小百花越剧团的《二泉映月》、浙江越剧团的《我的娘姨我的娘》、上海越剧院的《甄嬛》、江苏南京越剧团的《丁香》、福建芳华越剧团的《沙漠王子》、中国戏曲学院的《牡丹亭》、绍兴小百花越剧团的《屈原》等。除了精彩的剧目展演，艺术节期间还举办了越剧艺术研讨会、南戏传统剧目展演、民间职业剧团社区汇演、全国越剧票友戏迷争霸赛、越剧征文、越剧主题摄影比赛以及名团名家进广场、进社区、进校园等丰富多彩的活动。艺术节围绕“汇集越剧精品，展示地域特色，实践文化惠民，凸显市场运作”的办节思路，搭建起优秀传统文化的交流平台，集中展示了中国越剧艺术繁荣的最新成果，进一步推动了越剧艺术事业的可持续发展。同时，艺术节筹办充分凸显了市场的运作价值，展现了江浙地区在经济文化上的优势。①

3 月 31 日至 4 月 10 日，“第三届中国豫剧节”在河南郑州举行，主题是：“豫剧的盛会，人民的节日”。来自河南、河北、山东、山西、新疆等 11 个省区市的 18 家豫剧团，以及海内外的常、陈、崔、马、闫、桑等豫剧流派的名家云集河南，为观众带来 34 场演出。本届豫剧节的一大特点是现代戏比重大大增加，演出现代戏 9 台，其中《天山人家》《妈妈去哪儿了》《石榴花儿红》《杨开慧》等都是新近创作的，颇具时代气息。中青年演员挑大梁是本次豫剧节的另一大看点。豫剧是一个流布全国 13 个省份的大剧种，本届豫剧节期间，18 朵豫剧之花同城争艳，加工提高的传统戏、新编历史剧、现代戏三类剧目精彩纷呈，常派、马派、桑派、牛派等各个流派同台竞技。参演队伍中，老、中、青三代演员纷纷亮出自己的拿手绝活。表演剧目风格各异、特色鲜明、多姿多彩，特别是河南省外的剧团在固守豫剧艺术本体的同时，还大胆吸收、借鉴了所在地域的文化元素，彰显了豫剧生生不息的艺术品格，充分展现了剧种特色和新时期豫剧所具有的旺盛创造力。一大批优秀演员唱做俱佳、声情并茂的表演，更是显现了不俗的实力。

11 月 10 日至 22 日，由文化部、天津市人民政府联合主办的“第七届中国京剧艺术节”在天津举行。京剧节剧目展演期间，除采取“一剧一评”的方式对参演剧目进行适时点评外，还召开大型专家研讨会，围绕京剧创作与当代中国价值观的传播、新时代如何打造京剧精品以及如何成就京剧大师等京剧发展的热点问题进行了深入研讨。

5 月 5 日至 6 月 18 日，由文化部主办，文化部艺术司、北京市文化局、江苏省文化厅承办的“第四届全国地方戏优秀剧目展演”在北京和江苏分南北片举办。展演以 39 家全国地方戏创作演出重点院团

① “第三届中国越剧艺术节”官网，http：//zgyjj. wzswhg. com。

的39台优秀作品为主体，并择优选取了北京、江苏有代表性的地方戏剧目共50台，涵盖全国37个剧种，演出70多场，引起业界广泛关注和观众好评。本次展演创新了工作机制，扩大了观众受惠面，具有鲜明特点：一是集中展现了评剧、豫剧、秦腔、藏戏、平弦戏、二人台及陇剧、吉剧等剧种的独特魅力和风采；二是推出全国地方戏精品佳作，“三并举”的剧目创作方针得到很好体现，现代戏创作取得显著成绩；三是加强艺术评论，以有效引导和促进艺术创作；四是坚持文化惠民，让更多观众共享文化发展的优秀成果。

第四届展演不再进行评奖，而是安排了三次研讨会，意在“加强艺术评论建设，推动艺术创作发展”。会议通过研讨展演（北方片）第二阶段上演的9台剧目，总结了地方戏在传承发展上所取得的重要成果和经验，也指出了地方戏创作发展中仍然存在的部分问题。①

2014年的三大戏曲节和“第四届全国地方戏优秀剧目展演”，坚守了办节主旨，促进了创作繁荣，落实了文化惠民，在很大程度上发挥了政府扶持的优势。

二、戏曲表现功能的拓展及现代传媒的加入

在当今信息时代，努力拓展戏曲多方面的表现功能，使得传统戏曲形式能够更全面、有力地表现当代生活，一直是戏曲人的梦想和责任。越剧、北京曲剧等新生代剧种，则更容易与影视和小说结合，更有利于反映和表现当代生活。

2014年是老舍诞辰115周年。老舍与北京曲剧的渊源颇深，1952年，老舍将自己创作的作品《柳树井》交给一批曲艺名家，并且建议将这种带有京味儿的曲艺命名为“北京曲剧”。由此，北京曲剧才填补了北京没有自己的地方戏种的空白。1月13日在天桥剧场，根据老舍作品创作的北京曲剧《正红旗下》《骆驼祥子》《四世同堂》进行了第一轮演出。春节期间，《骆驼祥子》和《四世同堂》在北京海淀工人文化宫进行了第二轮演出。

2014年的第三届越剧艺术节上，浙江小百花越剧团由一群平均年龄不到20岁的小演员演绎了继电视剧热播之后的越剧版《步步惊心》。上海越剧院的《甄嬛》则借助电视和小说的传播力，作为唯一的连台本剧在大剧院连演两天，演出现场高潮迭起。在戏曲式微的大环境下，越剧《甄嬛》改编并突破了电视剧，给观众带来惊喜，为传统戏曲原创作品的市场之路积累了不少经验。

拍摄京剧经典传统大戏电影工程是国家的重点项目，目的在于推动国粹艺术的传承发展，培养流派传承人才，扩大京剧文化普及、传播力度。2014年12月，北京京剧院举行了京剧经典传统大戏《赵氏孤儿》电影拍摄建组大会，2015年观众将通过银幕欣赏到这部京剧电影。《赵氏孤儿》近年已成为一个“现象”，陆续有电影版、电视剧版、话剧版，但京剧《赵氏孤儿》是最成熟的。此次《赵氏孤儿》的演员既有北京京剧院的“九大头牌”名家和优秀中青年演员，也有其他院团、院校的京剧名家加盟。其中，马派老生朱强饰演程婴，谭门第六代传人谭孝曾饰演赵盾，张派传人王蓉蓉饰演庄姬，同时还请来著名的裘派传人孟广禄饰演魏绛，舒桐饰演屠岸贾。

2014年3月，由著名电影导演张艺谋执导的京剧《天下归心》，云集老中青三代梨园精英，在经历近半年时间打磨之后再度亮相中国国家大剧院。感人肺腑的动人故事、梨园名家齐聚的黄金阵容、“一桌二椅”洒脱灵动的舞美设计，使得《天下归心》在经历首演惊艳亮相的沉淀之后，再度以其“致敬传统、弘扬孝悌”的诚挚情怀打动了现场观众。著名裘派花脸孟广禄领衔饰演雄才大略却内心孤寂的郑庄公，80岁高龄的老旦李派传人李鸣岩饰演郑庄公的母亲武姜，上海京剧院著名麒派老生陈少云与梅派青衣史依弘分别饰演智慧过人的颍考叔与温柔贤淑的庄后。此外，丑行名家朱世慧，老旦新秀康静、翟墨等也再次倾情加盟。在该轮《天下归心》的演出中，来自德国阿森图斯音乐公司的国际顶尖制作团队，在演出的同时为该剧拍摄舞台艺术片。作为在世界范围内久负盛名的舞台艺术制作公司，阿森图斯此次与中国国家大剧院的合作，是他们制作的第一部京剧作品。虽然是电影，但拍摄要以京剧艺术特点为本体，一切技术手段都要为人物塑造和表演服务。

---

① 新华网官网，http://news.xinhuanet.com/ent/2014-06/19/c_126638935.htm。

2014年3月，重庆原创杂技剧《花木兰》应邀参加南海有为影视文化发展有限公司“精品工程文艺演出进剧场”活动，在广东佛山南海影剧院拉开了演出序幕。该剧是国家舞台艺术精品工程重点资助剧目，在创作上老剧新编，在融合了杂技、舞蹈、变脸、武术等多个极具中国民族特色的艺术门类为一体的同时，于人物塑造和故事发展中赋予了纯技巧的杂技以丰富的情感。2014年5月，国内首部农村戏曲动漫舞台剧《跑旱船》在北京梅兰芳大剧院演出。该剧由中国戏曲学院和山东省菏泽市郓城县政府联合创排，郓城县山东梆子剧团演出。《跑旱船》历时两年创作完成，该剧语言幽默、表演滑稽、唱腔优美、形式新颖，具有浓郁的菏泽地方特色。《花木兰》和《跑旱船》的创作演出，对启动新戏剧形式的探索非常有益。

三、各大剧种集中优势兵力的“军团式”展演

中国戏曲拥有300多个剧种，目前最活跃的不过10多个。各大剧种跨地域、集中优势兵力抢占文化市场、扩大声势成为2014年一个极为显眼的成功举措。越剧在创作演出方面表现最为突出。2014年2月至3月，在近一个月的时间内，浙江小百花越剧团、上海越剧院、杭州越剧院、绍兴小百花越剧团、温州越剧团等越剧院团都携其代表剧目登上中国国家大剧院舞台，茅威涛、吴凤花、陈晓红、俞景岚等越剧界的名家新秀悉数登场。新编剧目与经典老戏相结合，戏曲名家搭配青春力量，共同彰显了越剧的唯美风情。由江、浙、沪、闽等地的越剧院团联袂打造的明星版《梁祝》，七大主流流派联手演绎同一角色，使得观众在两个小时内，欣赏到不同越剧流派的特点与神韵。“第十二届江浙沪经典越剧大展演”于5月8日至6月8日在绍兴举行，它是绍兴乃至全国重要的年度越剧盛典。展演期间，来自沪、苏、闽、浙四省市的上海越剧院一团、南京市越剧团、福建芳华越剧团、杭州越剧院、绍兴小百花越剧团、宁波小百花越剧团、嵊州市越剧团等14家越剧院团在绍兴大剧院、绍兴剧院参加展演，上演《铜雀台》《盘夫索夫》《绣球记》《孟丽君》《柳毅传书》《莫愁女》等经典越剧大戏近30场。

特别值得关注的是，近年来的“越剧军团”对每个演出剧目的选择可谓匠心独具，其中既有经过现代审美手段重新包装的经典老戏，也有近年来涌现出的关注时代精神的优秀新编剧目。

4月，河北梆子名家名角演唱会在北京梅兰芳大剧院上演，由此拉开了“三地同唱盛世曲　携手共筑中国梦——2014年京津冀河北梆子优秀剧目巡演（北京站）”的序幕。北京市河北梆子剧团、天津河北梆子剧院、河北省河北梆子剧院演艺有限公司、河北省石家庄市河北梆子剧团多位梅花奖得主先后登场。京津冀地缘相接、文化一脉，历史渊源深厚，以河北梆子为代表的地方戏曲，在三地都有着鲜明的文化特色、深厚的文化底蕴和广泛的群众基础，本次活动是河北梆子剧种在北京的一次大规模集体展示。

12月13日至24日，由文化部艺术司、北京市文化局主办，北方昆曲剧院承办的“名家传戏——2014全国昆曲《牡丹亭》传承汇报演出”活动在京举办。北方昆曲剧院、上海昆剧团等全国七大昆曲院团分别献上了不同版本的《牡丹亭》，旗帜鲜明，各具特色。北方昆曲剧院的大都版《牡丹亭》融汇了南北方昆曲的不同风格；浙江昆剧团的御庭版《牡丹亭》尝试运用了现代投影幕布作为舞台表演区域的背景；上海昆剧团的典藏版《牡丹亭》邀请了京剧大师梅兰芳之子、著名京剧表演艺术家梅葆玖到场助阵，延续了当年梅兰芳与俞振飞合作《游园惊梦》时奠定的京昆情缘。此外，本次汇报演出还推出了大师版《牡丹亭》，这一版汇集了当今昆曲界蔡正仁、张继青等10余位泰斗级名家联袂演出，为首都观众带来了最具古雅风情的《牡丹亭》，在戏曲界引起了广泛的轰动。

抱团取暖、集中优势兵力，越剧、河北梆子、昆曲的“军团式”展演充分展现了中国传统戏剧的魅力，为戏曲艺术在传统稀薄、娱乐多元纷杂的当代中国社会争得了一席之地。

四、“送戏进校园”和“还戏于民”

以精品力作培养良好的群众基础和社会影响、有效满足人民群众多样化的艺术需求是政府的一个重要文化举措。2014年的“文化惠民”工作更加侧重和着力于打造戏曲文化的特色氛围，旨在传承中华传统文化、愉悦群众文化生活，让戏曲艺术更贴近百姓的生活。

北京地区的“戏曲进校园活动”方兴未艾。中国戏曲学院与丰台区在“区校合作”理念的推动下，

深入丰台辖区开展“戏曲进社区”工作。为满足各个社区群众的个性需求，特别制订了一套全面的授课方案，并列出课程菜单供各个社区选择。“戏曲进社区”的课时量逾260场（次），戏曲普及活动囊括戏曲知识讲座、票房剧目指导、戏曲身段培训、成果集中展示等形式与内容，既满足了戏曲票友的需要，又达到了大众普及的效果。

6月，由中共河北省委宣传部、河北省文学艺术界联合会、河北省戏剧家协会主办的“梅花争艳·邯郸行”——河北省戏剧家协会中国戏剧梅花奖艺术团文化惠民巡演在河北省邯郸市邯郸大剧院举行。中国戏剧梅花奖得主、河北省文学艺术界联合会主席裴艳玲登台表演了京剧《夜奔》选段，其他来自河北省内外的10余位中国戏剧梅花奖等大奖获得者也纷纷登台表演了京剧、评剧、河北梆子等剧种的经典选段。其中，京剧《红灯记》、河北梆子《南北和》、评剧《花为媒》等让戏迷们过足了戏瘾。巡演期间还举办了“第18届中国少儿戏曲小梅花大赛河北省选拔赛”的颁奖仪式，评出了将代表河北省参加中国少儿戏曲梅花大赛的20名河北省选拔赛金奖、银奖获得者。

山东省的戏迷票友大赛在2014年尤其具有代表性。济南新年戏曲票友演唱会在济南群星剧场上演。活动旨在打造群众文化品牌，传承优秀民族文化，为节日里的泉城增添了浓厚的文化氛围。4月，山东省莱西市“第八届戏迷节暨第十届戏迷票友大赛决赛”落下帷幕。10月在莱西市举行了全国吕剧票友大赛。

2014年的各大戏曲节和展演都把“文化惠民”作为宗旨之一。越剧展演以“越剧盛典，惠民舞台”为主题，特别推出请残疾人进场看戏、慰问演出等公益性活动。天津京剧节的口号是“京剧艺术的盛会、人民群众的节日”，所有剧目展示的最低票价为10元，最高为80元。所有这些举措在实际行动中做到了“还戏于民”。

五、对京剧表演大师的纪念活动

2014年是梅兰芳诞辰120周年，也是程砚秋诞辰110周年，叶盛兰诞辰100周年，为了纪念这三位中国乃至世界戏剧史上具有重要影响力的艺术大师，京剧界举办了一系列演出活动。10月22日梅兰芳诞辰日前后，中国艺术研究院举办“梅兰芳表演体系国际学术研讨会”，邀请国内外50多位专家集中研讨梅兰芳京昆表演艺术与戏曲表演体系，对梅派艺术，梅兰芳与京剧的传播、传承与发展等内容进行全方位深入研讨；同时，将编辑出版“梅兰芳艺术大系”图书，包括《梅兰芳演出剧本集成》《梅兰芳往来书信选集》《梅兰芳演出戏单总集》《梅兰芳唱腔曲谱集成》《梅兰芳研究评论选编》《梅兰芳访美京剧图谱全集》等。11月通过展出“梅兰芳访美图谱”中的部分画轴，展示了梅兰芳1930年访美演出的盛况。

2014年也是程砚秋诞辰110周年，为纪念这位京剧大师，北京京剧院策划推出了“程砚千秋”系列纪念演出。北京京剧院拥有国内一流的京剧艺术资源，名家荟萃，得天独厚。京剧名家迟小秋十出程派经典专场演出是“程砚千秋”系列纪念演出中的一项重要活动。

12月14日至17日，为纪念京剧大师叶盛兰诞辰百年，由文化部、中国文学艺术界联合会、全国政协京昆室主办，文化部艺术司、中国戏剧协会、国家京剧院承办的系列活动在北京举行，纪念京剧大师叶盛兰诞辰100周年座谈会在北京人民大会堂召开。中共中央政治局委员、国务院副总理刘延东出席会议并讲话。文艺界人士、叶盛兰亲属及生前友好、叶派弟子等200余人出席座谈会。国家京剧院院长张凯华，中国文艺评论家协会主席仲呈祥，京剧艺术家梅葆玖、尚长荣、刘长瑜、夏永泉，叶盛兰之子、京剧艺术家叶少兰先后发言，回顾了叶盛兰的舞台风采和艺术成就。之后，汇集40余位艺术家的4台纪念演出陆续在北京梅兰芳大剧院上演，充分展示了当代京剧艺术家群体高超的艺术水平。

总的看来，2014年的中国戏曲在政府扶持和自由市场之间、在民族艺术传统和现代文化传媒之间，做了一系列艰难而有益的探索。阵痛之后，祝愿早日迎来东方曙色，这也是民族传统文化之幸。

刘小梅　中国戏曲学院副教授

原载《民族艺术研究》2015年第1期

文件辑录

【关于印发《山东地方戏振兴与京剧保护扶持工程实施办法》的通知】

各市文广新局、山东演艺集团、省直艺术单位：

《山东地方戏振兴与京剧保护扶持工程实施办法》已经山东省文化厅厅长办公会议研究通过，现予以印发，请各市和相关单位认真贯彻执行。

山东省文化厅

2014 年 7 月 22 日

山东地方戏振兴与京剧保护扶持工程实施办法

山东是中华文明的重要发祥地，具有悠久的历史传统和丰富的文化资源。得天独厚的地理位置和深厚的文化底蕴，不仅孕育了吕剧、柳子戏、山东梆子等数十个地方戏曲剧种，同时也是京剧的重要流布区域之一。作为享誉全国的“戏曲大省”，山东历来高度重视地方戏和京剧的繁荣发展。特别是近年来，我省在推动地方戏振兴和京剧发展方面做了大量工作，取得了一定的成效，一批优秀剧目脱颖而出，一批青年新秀崭露头角，在全国大型艺术评奖活动中取得优异成绩。但随着社会发展，文化多元化和各种娱乐形式的快速兴起，使得地方戏与京剧普遍出现了观众减少、市场萎缩现象。

为深入贯彻党的十八大和十八届三中全会精神，大力弘扬民族优秀文化，巩固戏曲事业发展基础，努力开创山东省戏曲发展新局面，根据文化部保护和扶持地方戏曲剧种与京剧的有关精神，决定实施“山东地方戏振兴与京剧保护扶持工程”，以剧种保护与扶持为依托，推动地方戏与京剧表演团体健康发展，促进山东舞台艺术全面繁荣。

一、指导思想

贯彻落实党的十八大和十八届三中全会精神，高举中国特色社会主义伟大旗帜，以邓小平理论、“三个代表”重要思想和科学发展观为指导，以“中国梦”为主题，以建设社会主义核心价值体系为中心任务，以满足人民群众精神文化需求为出发点和落脚点，以改革创新为动力，以繁荣创作为核心，坚持“二为”方向、“双百”方针和“三贴近”原则，创作更多无愧于历史、无愧于时代、无愧于人民的精品力作，培养更多德艺双馨的戏曲艺术人才，推动山东地方戏与京剧繁荣发展。

二、基本目标

围绕建设文化强省的目标和文化改革发展的总体部署，结合实施精品带动、人才推动、创新驱动三大战略，以现有各种体制地方戏与京剧艺术表演团体为基础，以目前活跃在舞台上的各剧种艺术家为骨干，以切实可行的政策为保障，以稳定的经费投入为支撑，调动一切积极因素，创造各种有利条件，全面加强地方戏与京剧保护扶持，在精品创作、人才培养、艺术传承以及院团建设、体制机制创新、市场开拓、推广普及等方面加大推进力度，逐步建立起管理规范、运行科学、保障有力、市场活跃、人才水平明显提高、剧目创作普遍繁荣的戏曲事业发展新机制。

三、主要措施

（一）成立“山东地方戏振兴与京剧保护扶持工程领导小组”。组长由省文化厅主要负责人担任，副组长由省文化厅、省财政厅分管负责人担任，省文化厅、省财政厅相关处室负责同志为小组成员，统筹协调地方戏、京剧保护扶持有关工作。领导小组办公室设在省文化厅，主任由文化厅分管负责人兼任，副主任由文化厅艺术处负责同志兼任。

各市要按照省里的统一部署，确定专门机构和负责人，统筹领导当地的地方戏振兴与京剧保护扶持工作，制定本市地方戏、京剧的发展规划和保护扶持方案，推进本地区戏曲艺术繁荣发展。

（二）扶持全省地方戏与京剧创作演出重点院团和重点剧目。全省各级文化行政部门要结合实际，对具有独特文化价值、浓郁地方特色、较高艺术成就，在本地具有代表性、在省内外具有一定影响力的地方戏剧种和院团，以及在省内外有较大影响的京剧院团（含转制、民营及其他社会力量举办的各种体制戏曲院团），予以重点扶持。

省文化厅将对全省地方戏、京剧院团的重点剧目创作给予一定资助，鼓励院团创作演出更多以人民为中心、以“中国梦”为主题、体现民族精神和地方特色、具有较高艺术水平的优秀作品。资助程序：省文化厅下发通知，各市文广新局、山东演艺集团组织申报（其他省直单位直接向省文化厅申报），省文化厅组织专家对申报剧目进行综合研究论证，提出资助剧目建议名单，经省文化厅党组审核确定（入选“山东省舞台艺术精品工程”的剧目，不再重复资助）。各有关市要对省里重点资助的剧目给予不低于1∶1的配套投入。

（三）加强全省地方戏、京剧院团人才队伍建设。要加强地方戏、京剧人才梯队建设，多方式、多渠道培养德艺双馨的戏曲创作和表演人才。省文化厅将定期举办全省戏曲院团主要演员高级研修班，邀请国内著名艺术家、戏剧理论家授课，全面提高戏曲院团主要演员艺术修养和综合素质，培养地方戏、京剧新一代领军人物；分年度组织举办戏曲编剧、导演、作曲、舞美等多专业培训活动；选送中青年业务骨干进修深造；支持青年演员拜师艺术名家；加强对山东省戏曲领军人物和中青年优秀演员宣传推介。各地也要积极创造条件，为中青年优秀演员量身排戏，为各专业人才提供更多的业务学习、艺术实践机会和展示艺术才华的广阔舞台，培养推出本地戏曲艺术优秀人才。

（四）举办展演、鼓励演出、加强交流，推动齐鲁文化“走出去”。定期举办全省地方戏、京剧优秀剧目（或地方戏精粹）展演，集中检验和展示地方戏、京剧剧目扶持和人才培养优秀成果。及时表彰、奖励在深化体制机制改革、长期扎根基层、服务群众方面做出突出成绩的基层地方戏、京剧院团。鼓励戏曲院团与国内外文艺表演团体、演出经纪机构、演出场馆合作，努力扩大演出市场。鼓励各地方戏、京剧创作演出重点院团“走出去”，开展多种形式的艺术推广交流活动，积极扩大山东地方戏、京剧演出市场，进一步推动山东戏曲走向全国乃至世界。省文化厅将对全省地方戏、京剧重点院团赴海内外重要演出活动给予一定的资助。各地也要积极创造条件，推动本地地方戏、京剧重点院团“走出去”。

（五）做好地方戏、京剧史料挖掘、抢救，加强理论研究和传承保护。省艺术研究院和各地艺术创作研究单位要进一步重视山东各戏曲剧种遗存史料的挖掘、保护和利用，组织专门力量，研究、总结山东戏曲艺术的本质特征、历史内涵、呈现形态、文化价值、表演体系等，以深入的理论研究和艺术评论促进本地区戏曲艺术在当代的弘扬和发展。要综合利用文字、图片、影像等多种方式，加大对现存的地方戏、京剧文献资料，对健在的老一辈艺术家的舞台艺术实践、艺术精粹和历史记忆的挖掘、抢救和保护力度。继续开展地方戏“音配像”、濒危剧种“依团传承”工作，利用现代科技手段，多形式、多渠道保留山东戏曲优秀传统剧目。省文化厅将对以上项目分年度予以扶持。

（六）加大对山东地方戏与京剧的宣传推介力度。充分利用电视、网络、广播、报刊等媒体，大力宣传推介山东戏曲，展示山东地方戏振兴与京剧保护扶持工程的最新成果。各地文化部门要积极与广播电视部门开展合作，在广播电台、电视台设立戏曲专题节目，在各种平面媒体设立专栏，加大对本地戏曲剧种特色、艺术活动、精品剧目、优秀人才等方面的宣传。广泛开展地方戏、京剧进课堂、进校园、进社区活动，开展戏迷擂台赛、戏曲知识竞赛、戏迷演唱会等群众性戏曲活动，普及戏曲知识，扩大戏曲观众基础。通过各种宣传措施，推动山东省地方戏、京剧的普及，扩大地方戏、京剧的影响力。

四、经费保障

省财政每年安排专项资金，对全省地方戏、京剧重点剧目创作、人才培养、史料抢救与保存、艺术理论研究及传承、优秀剧目展演等给予资金扶持。接受专项资助的单位必须建立严格的财务管理制度，专户管理、专账核算、专款专用。

省文化厅、财政厅与受资助单位签订资助协议，坚持“事先论证、事中监督、事后评估”的原则，加大对资金使用情况的监督管理。各市要按照省里的做法，安排一定资金，对本地地方戏、京剧重点院团给予经费扶持，各地扶持资金原则上不低于省里资金支持额度；要监督相关单位严格管理、合理使用资助资金，确保资金使用方向，提高资金使用效益，为地方戏和京剧的发展提供保障。

五、工作责任

省文化厅负责全省地方戏振兴与京剧保护扶持工作的组织协调工作。地方各级文化行政部门对本地区地方戏振兴与京剧保护扶持工作负主要责任，要积极协调相关部门，制定相应政策措施，开展本地的地方戏振兴与京剧保护扶持工作。要结合本地实际，在深化文化体制改革的同时，抓好本地地方戏、京剧重点院团建设，采取积极措施对重点戏曲院团予以重点扶持；要依照非物质文化遗产保护法律、法规、条例，对本地区的濒危剧种给予保护和扶持；要重视基层戏曲院团和民营戏曲院团在活跃基层演出市场、满足群众精神文化需求方面的重要作用，充分发挥其积极性和创造性，制定相关政策措施，推动基层戏曲院团和民营艺术院团持续、健康发展。

地方戏振兴与京剧保护扶持是一项全局性的工作。各级地方文化行政部门要高度重视，采取措施抓好落实，以实际行动构织全省地方戏、京剧保护网，形成合力，促进地方戏、京剧发展繁荣。

附件：山东地方戏振兴与京剧保护扶持工程领导小组（略）

专题

第三届中国豫剧节

【概况】

第三届中国豫剧节综述

2014 年 3 月 31 日至 4 月 10 日，由文化部艺术司、中共河南省委宣传部、河南省文化厅、郑州市人民政府、河南中华豫剧文化促进会主办，河南豫剧院、河南省文化艺术研究院、郑州市文化广电新闻出版局承办，河南泽华文化投资有限公司协办的“第三届中国豫剧节”在河南郑州举行。本届豫剧节的主题是：“豫剧的盛会，人民的节日”。在豫剧节短暂而充实的 11 天时间里，来自山东、江苏、四川、新疆、台湾以及东道主河南等 11 个省（区）的 18 个演出院团在河南艺术中心大剧院、河南省人民会堂、郑州艺术宫等 8 个场馆演出 34 场，使郑州成为豫剧艺术家尽展风采的大舞台，成为广大戏迷尽享豫剧盛宴的聚集地。

形象：节俭 + 热情

作为甲午年黄帝故里拜祖大典的重要活动之一，第三届中国豫剧节按照中央八项规定和省委、省政府关于改进工作作风、密切联系群众的要求，牢固树立节俭办会的观念，从各个环节节省开支、提高效率。在 4 月 1 日晚的开幕式上，没有豪华的大型文艺演出，而是代之以简短而隆重的 20 分钟开幕仪式。仪式结束之后，与会嘉宾和现场观众一起欣赏了本届豫剧节的参评剧目——新编历史剧《魏敬夫人》。此外，整个豫剧节涉及的所有证件、广告、宣传板等的设计、制作也都本着严格控制数量、保证总体质量的要求进行，各项支出较上届活动有明显减少。

豫剧是一个流布在全国 13 个省份的大剧种，举办豫剧节的宗旨就是要办成全国豫剧的盛会和豫剧观众的节日。做好东道主，服务好每一个参赛院团和与会嘉宾，是组委会一个重要的工作要求。第三届豫剧节更加明确地提出了让所有前来参加豫剧节的团体感受到回家的温情、温馨和温暖的指导思想。为此，组委会采取了一系列措施，如所有前来参赛团体的交通费、食宿费全部由河南负担，并对参演剧团按场次给予一定的补贴等。此外，组委会还要求每位工作人员做好规范化、个性化、精细化服务，从每一个细微之处抓起，充分展示河南形象。在厉行勤俭节约的同时，关注细节，体贴细致，圆满完成了豫剧节的接待任务，也得到了各方面的交口称赞。

效率：重视 + 配合

第三届豫剧节受到了文化部及河南省委、省人大、省政府和省政协领导的高度重视。中共河南省委书记郭庚茂做出批示，请省四大班子领导都关心、支持、参与豫剧节活动。省委常委、宣传部部长赵素萍，副省长张广智多次听取豫剧节的有关汇报。文化部副部长董伟和文化部艺术司对整个活动的各个环节给予了大力支持和悉心指导，全国政协教科文卫体委副主任、中华豫剧文化促进会会长、河南省政协原主席王全书自始至终关心、参与指导豫剧节的筹办。河南省文化厅党组书记、厅长杨丽萍对豫剧节进行整体部署，对演出、接待、座谈会、评奖等各项工作提出严格要求。郑州市人民政府和河南中华豫剧文化促进会作为共同主办单位，也为第三届中国豫剧节的成功举办作出了重要贡献。豫剧节组委会对工作进行了周密部署，制订并不断及时调整、完善具体实施方案，在抽调精干人员组成综合协调组、宣传组、演出组、评审接待组、保障组、票务组、监审组等工作小组的基础上，分工协作，加强协调，各项工作开展得有条不紊，井然有序。

4 月 1 日，第三届中国豫剧节在河南郑州拉开序幕。全国人大常委会原副委员长、中华炎黄文化研究会会长许嘉璐，全国政协原副主席张思卿，文化部副部长丁伟，全国政协经济委员会副主任、中国侨联副主席许荣茂，全国政协提案委员会副主任王国卿等出席开幕式。张思卿宣布第三届豫剧节开幕。河南省四大班子领导、参加黄帝故里拜祖大典的嘉宾以及文化部艺术司、12 个省（区）文化厅局的领导也出席了开幕式并观看演出。

提升：竞艳 + 交流

第三届豫剧节期间，18 朵豫剧之花同城争艳，加工提高的传统戏、新编历史剧、现代戏三类剧目精彩纷呈，常派、马派、桑派、牛派等各个流派同台竞技。参演队伍中，既有荣获中国戏剧梅花奖、文化部文华表演奖的老一辈实力派表演艺术家，也有年轻的豫剧苗子，老、中、青三代演员纷纷亮出自己的拿手绝活。表演剧目风格各异、特色鲜明、多姿多彩，特别是河南省外的剧团在固守豫剧艺术本体的同时，还大胆吸收、借鉴了流布地域的文化元素，彰显了豫剧生生不息的艺术品格，充分展现了剧种特色和新时期豫剧所具有的旺盛的艺术生命力和创造力。一大批优秀演员唱做俱佳、声情并茂的表演，更是显现了豫剧演员的不俗实力。

经过豫剧节组委会的评选，台湾豫剧团获得第三届豫剧节中国豫剧发展贡献奖；河南豫剧院一团的《魏敬夫人》，河南豫剧院青年团、洛阳豫剧院的《穆桂英挂帅》，山东省济宁市山东梆子剧院的《圣水河的月亮》，河南省文化艺术研究院、河南泽华金凤凰豫剧团的《杨开慧》，山西省长治市豫剧团的《吴琠晋京》5 台剧目获得优秀剧目奖；河南省郑州市豫剧院的《琵琶记》、河南省三门峡市戏曲研究中心的《女人是座山》、河北省邯郸市东风剧团的《打金枝》等 12 台剧目获得剧目奖；河南豫剧院一团的王惠、河南省郑州市豫剧院的张艳萍、山西省长治市豫剧团的李继梅、湖北省豫剧团的罗松敏等 15 人获得优秀表演奖；河南省济源市戏剧艺术发展中心的杜婉婉、山西省长治市豫剧团的刘秋霞、湖北省豫剧团的冯春苗等 11 人获得优秀青年演员表演奖。

通过第三届豫剧节，河南省外与河南本土的豫剧团进行了交流和学习，增进了友谊与了解。豫剧艺术的集中展示，吸引了全国很多专业表演团体和戏迷前来观摩、交流、学习，有相当数量的专业表演团体专门组织业务人员自费来郑州观摩、学习，把本届豫剧节当成提高团队业务水平的一次难得的学习机会。全国各地豫剧团体齐聚绿城，豫剧节不仅是比拼的舞台，更是行业交流的盛会。牛派传人金不换说，本届豫剧节为业内人士提供了交流、展示的机会，“不论能否得奖，剧团成员都得到了锻炼，剧目也可以结合专家建议进行加工提高”。桑派传人苗文华说，此次来郑州演出感觉像是“回娘家”，能在豫剧的发源地表演，感觉很亲切。台湾“豫剧皇后”王海玲说，同行之间能够互相借鉴、提高，对豫剧发展大有裨益。

惠民：公益 + 抢票

第三届豫剧节举办期间，组委会秉承“文化惠民”的原则，坚持为民宗旨，把“人民的节日”这一主题发挥得淋漓尽致。为突出第三届中国豫剧节的公益性，让广大的豫剧观众共享文化发展成果，使更多戏迷能到现场欣赏演出，所有演出剧目均实行低票价，还针对残疾人、老年人等群体推出了公益票，特别是豫剧节赶在拜祖大典、清明小长假期间举办，不仅烘托了节日气氛，更为海内外嘉宾提供了独具中原特色的文化食粮。此次豫剧节的门票，除组织专业观众之外，大部分门票无偿赠予了当地市民，市民可凭身份证提前两天到演出场所领票，每张身份证可领取 1 张门票。此外，组委会还与河南门户网站大河网等媒体合作，组织了网友跟帖抢票活动，每场演出均为网友提供门票 30 张以上。河南省文化厅厅长杨丽萍还在开幕式前做客大河网，与广大网民进行了网络直播的互动交流，介绍第三届中国豫剧节的有关情况。

第三届豫剧节不但是广大豫剧艺术家展示风采的舞台，更是观众和戏迷欣赏豫剧、共享盛宴的节日。“豫剧”也成了郑州街头巷尾热议的话题。在豫剧节 11 天时间里，3 万余名观众在剧场观看了演出，通过广播电台、电视台收听收看的观众更是不计其数。观众张先生说：“我看了《陈三两》《石榴花儿红》《刘姥姥》《红楼梦》4 台剧目，这些都是外省剧团演出的，不论是下午场还是晚上场，都是场场爆满，演员们投入，观众也很热情。”市民马女士陪妈妈看了山东省聊城市豫剧团演出的《陈三两》，这出剧目让她对豫剧有了新的看法：“主演章兰已年过六旬，她在剧中有近一个小时都是跪着在唱戏，演员如此敬业投入，令人感动。”马女士说，她平时不爱看戏，感觉节奏太慢，但看《陈三两》时，她随演员一起“入戏”了，发现了豫剧的美妙。由于没有看过瘾，也有观众对豫剧节提出了建议。

赵先生说：“每台剧目仅仅演出一两场太少了，难以满足观众的需求，希望主办方能安排演出团体深入到戏迷中，比如可以选择合适的时间到广场、社区、学校演出，让更多的观众，尤其是年轻人体会到豫剧的魅力。”

探索：节会＋市场

作为优秀传统文化的一个重要组成，地方剧种面临着市场萎缩、观众群流失等诸多严峻考验，培养年青一代的兴趣、增强文化认同是保护传统文化所要解决的根本问题。为此，第三届豫剧节组委会在演出门票的分配上大胆尝试，借助“中国豫剧节”的节会效应，尝试性地和中演票务通进行合作，积极培育河南的文化市场。豫剧节期间，观众登录中演票务通网站，即可购买豫剧节的演出门票。票价根据座位排列，分为10元、30元、50元不等。方便快捷的票务系统，不仅满足了全国豫剧观众的看戏愿望，对传统戏剧的市场化方面也进行了“试水”，并取得了积极效果。

影响：宣传＋录播

第三届中国豫剧节还得到了多家媒体的关注，新华社、中新社、《中国日报》、《光明日报》、《中国文化报》等多家媒体都参与了豫剧节的报道。《中国文化报》《河南日报》整版刊登了豫剧节的演出日程安排，河南音像出版社有限责任公司还对18台剧目的演出进行了录制。河南文化网专门为豫剧节开辟了专栏进行了全程跟踪报道。河南各省、市电视台和电台对豫剧节的开闭幕式进行了及时报道，其中河南省电台戏曲频道和郑州市电台戏曲频道开辟了专栏，对豫剧节进行了全程报道。据不完全统计，豫剧节期间，仅平面媒体及网站就刊发各类新闻稿件百余篇，仅大河网举办的“豫剧节抢票活动”就吸引了20.3万余人点击关注。

4月10日晚，“千树万树梨花开——第三届中国豫剧节闭幕式暨颁奖晚会”在河南电视台1500平方米的演播厅举行，并于4月27日通过河南电视台卫星频道面向全国播出。借助现代化的电子传播媒介，“第三届中国豫剧节”这一国家级的艺术盛事，通过荧屏进入千家万户，豫剧艺术的影响力和辐射力也将进一步扩大。

第三届中国豫剧节的成功举办，不仅从内容、形式、模式等多方面与前两届相比有诸多突破，而且通过多种新渠道、新路径的创新，对传统艺术表演形式在新时期的传承、发展进行了积极尝试。活动的举办，对展示中原文化精粹，扩大中原文化影响，丰富人民群众的精神文化生活，促进中原文化的大发展大繁荣，推动华夏历史文明的传承弘扬和创新发展，将起到极大的推动作用。

愿豫剧之花常艳，中原文化常青！

原载《中国文化报》2014年4月21日

【第三届中国豫剧节获奖名单】

一、中国豫剧发展贡献奖

台湾豫剧团

二、剧目奖

（一）优秀剧目奖（5台）

河南豫剧院一团《魏敬夫人》

河南豫剧院青年团、洛阳豫剧院《穆桂英挂帅》

山东省济宁市山东梆子剧院有限责任公司《圣水河的月亮》

河南省文化艺术研究院、河南泽华金凤凰豫剧团《杨开慧》

山西省长治市豫剧团《吴琠晋京》

（二）剧目奖（12台）

河南省郑州市豫剧院《琵琶记》
河南省三门峡市戏曲研究中心《女人是座山》
河北省邯郸市东风剧团《打金枝》
河南省鹤壁市豫剧牛派艺术研究院《芝麻官下江南》
新疆生产建设兵团豫剧团《天山人家》
湖北省豫剧团《亲爹亲娘》
四川省豫剧团《父亲》
江苏省梆子剧院《红楼梦》
山东省聊城市豫剧院《陈三两》
安徽省淮北市豫剧演出有限公司《石榴花儿红》
河南省济源市戏剧艺术发展中心《妈妈去哪儿了》
陕西省西安市豫剧团有限责任公司《儿牵娘心》

三、优秀表演奖、优秀青年演员表演奖

（一）优秀表演奖（15 人）
《魏敬夫人》王惠
《琵琶记》张艳萍
《吴琠晋京》李继梅
《亲爹亲娘》罗松敏
《打金枝》苗文华、刘昌东
《儿牵娘心》黄河
《穆桂英挂帅》关美利
《圣水河的月亮》李新花
《芝麻官下江南》金不换
《父亲》张松晓
《杨开慧》李向锋
《女人是座山》史茹
《陈三两》章兰
《天山人家》徐爱华
（二）优秀青年演员表演奖（11 人）
《妈妈去哪儿了》杜婉婉
《吴琠晋京》刘秋霞
《亲爹亲娘》冯春苗
《红楼梦》吴燕
《穆桂英挂帅》郭青峰
《芝麻官下江南》王娜娜
《父亲》范彦格
《石榴花儿红》赵文东、袁晶晶
《女人是座山》吕保伟
《天山人家》杨广高

第三届中国豫剧节组委会
2014 年 4 月

【媒体视点】海峡两岸专家艺术家共同把脉豫剧

◎张莹莹

2014年4月9日，作为第三届中国豫剧节的一部分，第十一届海峡两岸河洛文化暨豫剧发展研讨会在河南省郑州市举行，来自海峡两岸有关研究机构和艺术表演团体的近30位专家学者相聚豫剧发源地，就豫剧面临的问题、豫剧市场的开发与培育等议题进行了深入交流与研讨，为海峡两岸豫剧交流工作的进一步开展献策。

欣喜之余，常怀忧患意识

以河洛文化为源头的豫剧，原名“河南梆子”，从有文字记载至今已有200余年历史，自20世纪80年代中期开始，豫剧从演出团体、从业人数、观众数量等诸多方面跃居中国地方剧种前列。

“今年的豫剧节参演剧目丰富多彩，剧场观众场场爆满。但我只去看了两场，为什么？因为我找不到票。”河南省文化艺术研究院研究员谭静波的一席话引来在座的专家学者一阵笑声。但豫剧节的“热”，并没有消解海峡两岸的专家们对豫剧的危机意识。

“近20年来，豫剧在传承发展中遭遇到了前所未有的困境与危机，特色减退、传统剧目流失、阵地萎缩、人才匮乏。”谭静波说。她的发言得到与会专家学者的认同。台湾传统艺术中心副主任陈兆虎表示，在台湾地区，豫剧目前也遇到诸多问题，如人才断层、师资不足等。“过去台湾还有专门培养豫剧的学校，现在已经没有了。”

台湾世新大学客座教授曾永义感慨，一旦我们因为一点儿成就而止步不前，那豫剧将可能成为摆在博物馆里的“化石”，面临消亡的危险。

加强创新，助推豫剧发展

作为海峡两岸文化交流的组成部分，近年来，豫台之间关于豫剧的交流与合作日益频繁。两岸交流达20多次，人数超过200余人。河南豫剧的纯正传统和台湾豫剧的创新理念相互影响，不仅丰富了豫剧的文化底蕴，而且加强了两岸同根同祖的血脉之情。

河南省委党校副校长梁周敏认为，豫剧作为古老剧种，其唱腔、内容、形式、服装、布局乃至道具，都应该有变化。

关于创新方式，台湾文化大学中国戏剧系教授刘慧芬以新编豫剧《梅山春》为例，谈了戏曲剧本与小说、电影结合的跨界创作观点。她说，跨界艺术已经成为台湾当代戏曲创作的美学新潮流。

据了解，打造“豫莎剧”（用豫剧来演绎莎士比亚名著）日益成为台湾豫剧团创新剧目的主要方式。台湾师范大学国学系教授陈芳认为，如果能以更为宽阔的格局和角度来看待跨界改编，对莎士比亚来说，是延续其舞台生命，对中国戏剧而言，是增加戏曲演出的广度，其实是一个双赢举措。

走市场，需因地制宜

与豫剧在剧本、人才方面的困难相比，豫剧如何走市场更值得深思。

据记者了解，此次第三届中国豫剧节，主办方除了为残疾人等特殊群体提供免费门票之外，还将部分门票通过中演票务通出售，实行10元、30元、50元的低票价。较低的票价除了给观众提供文化大餐之外，还努力培育着市场主体。

台湾豫剧团编剧林娟妃表示，豫剧在台湾的推广运作跟大陆有一些不同。“台湾毕竟不是豫剧的故乡，所以我们要花很多的时间和精力去告诉观众什么是豫剧。从十几年前到现在，每个推广方案都有‘什么是豫剧’，最常被问到的是豫剧跟京剧有什么不同？”

作为台湾豫剧团的掌门人，彭宏志团长在给大家算了一笔账后，发出“如果单纯依靠政府支持和赞助，豫剧的路会很艰难”的感叹。“别看台湾小，但是豫剧在台湾不同地区的市场开发还是有很明显的区分。在台湾北部，进到校园里面，孩子买票的行为比较正常。但是到了南部之后，由于家庭经济条件的因素，买票的机制还没有办法建立起来。”彭宏志说。

原载《中国文化报》2014年4月11日

第七届中国秦腔艺术节

【概况】

2014年8月25日至8月31日，由中国戏剧家协会、宁夏回族自治区文化厅主办的“第七届西北五省区秦腔艺术节（暨第七届中国秦腔艺术节）”在宁夏银川举办。来自陕西、新疆、青海、甘肃和宁夏的13台风格各异的秦腔剧目在宁夏人民会堂、武警礼堂、宁夏工人文化宫轮番上演。

【第七届中国秦腔艺术节获奖名单】

一、优秀剧目奖，8名，按得票多少排序

1. 秦腔现代剧《狗儿爷涅槃》宁夏演艺集团秦腔剧院
2. 商洛花鼓现代剧《带灯》陕西省商洛秦剧团
3. 秦腔改编传统剧《王宝钏》陕西省戏曲研究院青年团
4. 秦腔现代戏《天国的百合花》陕西省渭南秦腔剧团
5. 历史秦剧《大秦文公》甘肃省天水市秦腔剧团有限责任公司
6. 传统秦腔《夏雪》兰州戏曲剧院兰州演艺集团
7. 平弦现代戏《未婚妈妈》青海省演艺集团平弦剧团
8. 秦腔现代戏《军垦之家》新疆生产建设兵团猛进秦剧团

二、优秀剧目特别奖，1名

西秦腔传奇歌舞剧《轩辕大帝》甘肃省清水县文化广播影视局

三、剧目奖，2名，按演出时间排序

1. 秦腔历史剧《汉关飞将》甘肃省静宁县成纪文化传媒有限责任公司
2. 现代秦剧《军医庄仕华》新疆维吾尔自治区乌鲁木齐市秦剧团

四、单项奖

1. 优秀表演奖特别奖，7名，按演出时间排序

秦腔现代剧《狗儿爷涅槃》李小雄饰狗儿爷
秦腔现代剧《狗儿爷涅槃》柳萍饰冯金花
历史秦剧《大秦文公》边肖饰秦硕
商洛花鼓现代剧《带灯》李君梅饰带灯
秦腔改编传统剧《王宝钏》李娟饰王宝钏
秦腔改编传统剧《王宝钏》张蓓饰代战公主
传统秦腔《夏雪》张小琴饰窦娥

2. 优秀表演奖，11名，按演出时间排序

秦腔现代剧《狗儿爷涅槃》韦小兵饰李万江
历史秦剧《大秦文公》袁丫丫饰戚女
平弦现代戏《未婚妈妈》张凌云饰海花儿
秦腔现代戏《军垦之家》何达饰王栋
商洛花鼓现代剧《带灯》王向明饰王后生

秦腔历史剧《汉关飞将》戚贵荣饰青年李广
秦腔改编传统剧《王宝钏》李小青饰薛平贵
现代秦剧《军医庄仕华》姚治华饰庄仕华
西秦腔歌舞传奇剧《轩辕大帝》蒲建民饰轩辕
秦腔现代戏《天国的百合花》胡香串饰常小凡
传统秦腔《夏雪》王鸿斌饰窦天章
3. 优秀编剧奖，5 名，按演出时间排序
秦腔现代剧《狗儿爷涅槃》刘锦云
历史秦剧《大秦文公》杨智、曹锐
商洛花鼓现代剧《带灯》徐小强
秦腔改编传统剧《王宝钏》党小黄
秦腔现代戏《天国的百合花》屈曌洁
4. 优秀导演奖，4 名，按演出时间排序
秦腔现代剧《狗儿爷涅槃》张曼君
平弦现代戏《未婚妈妈》杨君
商洛花鼓现代剧《带灯》徐小强
传统秦腔《夏雪》陈霖仓
5. 优秀音乐奖，3 名
秦腔现代剧《狗儿爷涅槃》作曲配器徐志远，唱腔设计罗新昌
现代秦剧《军医庄仕华》作曲唱腔设计罗新昌，配器杨浩平
西秦腔歌舞传奇剧《轩辕大帝》作曲唱腔设计杨长春
6. 优秀舞美奖，1 名
商洛花鼓现代剧《带灯》灯光设计蒙秦、金海
7. 特殊贡献奖，1 名
宁夏演艺集团有限公司

第九届中国评剧艺术节

【概况】

2014年9月6日至15日，由文化部艺术司、河北省文化厅、唐山市人民政府共同主办的“第九届中国评剧艺术节”在河北唐山举办。本届艺术节以“评剧故里、文化唐山”为主题，来自北京、天津、河北、广东、黑龙江、辽宁、内蒙古等7个省、自治区、直辖市的19个评剧院团，共21台剧目，进行了42场演出。同时，还举行评剧艺术研讨会、评剧经典电影放映、第八届中国评剧票友大赛等文化活动。

【第九届中国评剧艺术节获奖名单】

一、优秀剧目奖

中国评剧院《城邦恩仇》
黑龙江省评剧艺术中心《八女投江》
唐山市评剧团《榆钱谣》
沈阳评剧院《月清》
天津评剧院《宇宙锋》
石家庄市评剧院青年评剧团《灯魂》
深圳市世纪戏曲艺术研究院《风起同仁堂》

二、参演剧目奖

北京凌空评剧团《大汉名臣》
内蒙古敖汉旗乌兰牧骑评剧团《打渔杀家》
廊坊市龙凤演艺有限公司《金莲三寸》
丰润区评剧团《赶考》
石家庄市评剧院青年评剧团《新卖妙郎》
辽宁省凌源市评剧团《凌水湾》
滦南成兆才评剧团《杨三姐告状之后》
牡丹江艺术中心评剧团《咱们的领袖毛泽东》
天津评剧院《剑魂》
石家庄市评剧院一团《哑女传奇》
北京戏曲艺术职业学院《什刹海》
北京大兴评剧团《银杏庄》
迁安市艺术团演艺责任有限公司《燕赵汉子》
辽宁省锦州市评剧团《清水河畔》

三、优秀表演奖

孙路阳、王平、李春梅、徐金仙、靳玲展、宋丽、赵继兰、吴丹阳、赵斌、刘慧欣、王向阳、庄玉生、艾丽珍、张秀云

四、优秀青年演员表演奖

何静、王晓宇、张超群、周艳蕊、赵洋、盖学泉、马晗

【第九届中国评剧艺术节评剧流派艺术学术报告会】

9月13日至14日，评剧流派艺术学术报告会在唐山宾馆举行，参会人员集中对洪（影）派、花（淑兰）派两个流派进行了探讨、学习和交流。

自2000年首届中国评剧艺术节开始，学术研讨会即为整个评剧艺术节的一个重要组成部分。多年来，学术研讨会偏重于剧本创作、音乐和唱腔设计、舞台美术、导演等方面的研究。从第八届开始，增加了对“评剧流派艺术”的研究。

在9月13日召开的首场报告会上，洪派艺术传人、国家一级演员张俊玲，通过边讲边表演的方式，结合洪派优秀代表剧目以及自己的从师经历，多角度、深入浅出地介绍了洪派的发展历程和主要艺术特色。在9月14日召开的第二场学术报告会上，花派艺术传人、国家一级演员冯玉萍，结合自己的舞台表演经历，对花派的发展历程、深远影响以及唱念做舞方面的典型特点进行了讲解。

20世纪50年代，著名评剧表演艺术家、“洪派”创始人洪影，兼收并蓄评剧、京剧、越剧、梆子等剧种生行艺术精华，大量汲取“唐山皮影、乐亭大鼓”等冀东特色地域文化元素，逐步形成了“高入云端，低迴逾谷”的演唱风格和“潇洒飘逸，刚柔并济”的女小生表演程式，移植、创排了《柳荫记》《红龙传》《刘伶醉酒》《六国封相》等一大批以生行为主演的优秀剧目，赢得了广大观众的喜爱。花派艺术由评剧大师花淑兰所创立，她充分发挥自己声音有力度、共鸣好、音域宽等优势，巧妙地将刘（翠霞）、爱（莲君）两派的演唱艺术融为一体，汲取京、梆等艺术营养，形成了高亢、脆亮、甜美、细腻的演唱风格，深受专家学者的赞许和全国戏迷朋友的喜爱。

原载环渤海新闻网，2014年9月15日

【媒体视点】中国评剧院的成功经验和示范意义

◎丁　杨　李　雪

多年来，中国评剧院在为评剧界最具权威的年度盛典评剧节源源不断奉献优秀原创剧目的同时，还在评剧艺术的发展上提供了诸多具有示范意义的经验方法。9月5日，中国评剧院老中青三代艺术家演出的原创评剧《城邦恩仇》作为开幕式演出亮相第九届中国评剧艺术节。这部对古希腊悲剧《俄瑞斯忒亚》三部曲的大胆改编让业界同人看到了评剧演绎世界经典名著的可能，同时也令他们艳羡不已：“不愧是首都院团，思想上就领先一步。在全国文艺院团纷纷转企改制，探索符合戏剧市场发展规律的道路上，中国评剧院的先试先行值得学习和深思。”

提及对文艺院团转企改制的认识，中国评剧院院长王亚勋认为挑战与机遇永远共存。由于僵化的管理机制、一成不变的演出内容、淡漠的服务意识和市场观念等而产生的一系列问题，促使文化部门启动了有史以来最具规模、最彻底的文艺院团转企改制工作。“改革的顺利进行，既需要当地文化部门制定清晰渐进的配套政策，更需各院团根据自身情况，从内部自立、自强进军演出市场。相信文艺院团转企改制对中国评剧这样一个大剧种来说，是一次重振辉煌的机会。”王亚勋说。

作为全国唯一一家“国”字头地方戏剧院，几十年里评剧院的表演艺术家们把评剧推上了一个又一个高峰。20世纪50年代，仅新凤霞一个人的票房收入便超过梅兰芳京剧团的四大名旦。“改革开放后，多种艺术门类涌向演出市场，对传统戏曲带来了不小的冲击，造成戏曲演出市场低迷，演出场次不

断下降，原创剧目匮乏，一年难得出一部新戏。有些剧种甚至已淡出人们的视野，就此消亡。”王亚勋感慨，“这主要是因为长期以来院团只会排戏、演戏，不会卖戏、开发戏”。

2012 年 7 月 23 日，中国评剧院挂牌为“中国评剧艺术中心”，开始了文化企业的市场化运营。本着“与时代同步，与人民同心”的建院理念，通过调机构、调干部、调整生产方式，评剧院首先对内明晰了管理结构，对外通过借助政府举办的“周末场”“百姓大舞台”“星火工程”等公益性惠民演出进行剧目营销，多劳多得，有劳有得，调动了演职人员的创作积极性。

改制前，中国评剧院下设一团、二团、白派团以及艺术处、财务处等 13 个部门。为了充分调动演出的积极性，对演出团实行了分灶吃饭的管理办法。虽然在艺术生产过程当中，3 个团各具特色，但由于各自为战很难形成资源互补发挥最大效益。改制后，中国评剧院为整合资源首先对内设机构进行了调整，形成艺术生产部、艺术规划部、市场营销部、人力资源部、剧场经营部、财务部和综合办公室的“六部一办”部门格局。在艺术创作上注重规划，针对重点剧目实行剧目制管理，不断丰富完善剧院的经营管理模式。此举大破大立，带来了中国评剧院剧目数量和质量上的双重飞跃。2012 年，中国评剧院创作的《马本仓当官记》荣获中宣部颁发的第十二届精神文明建设“五个一工程”奖；本着“以演现代戏为主的国家级示范性剧院，同时上演新编历史剧和经过整理的优秀传统戏以及外国名著改编剧目”的建院方针，评剧院先后创作了《银杏庄》《林觉民》等原创剧目，复排整理了《评剧皇后》《祥子与虎妞》《无双传》《狸猫换太子》《回杯记》等传统剧目，重编了国外题材剧目《城邦恩仇》，对评剧经典名剧《马寡妇开店》再次进行深度挖掘整理并更名为《良宵》，树立了评剧在戏曲舞台演出市场的品牌形象，一大批优秀青年演员通过创排这些剧目积累了丰富的舞台经验，提升了社会知名度。年过七旬的老艺术家、评剧新派艺术的国家级代表性传承人谷文月对生活工作了 50 余载的院团获得“新生”十分期待：“我曾经对转企改制抱有疑虑，担心政府不管了，传统戏曲艺术难以发展，但看到其他院团转企后更具活力，年轻人的创作积极性更高了，心里一下就敞亮了。”

但王亚勋也强调：“近年来，北京市文化局出台了多项惠民政策扶持院团发展，使中国评剧院在演出场次及演出收入上发生很大变化，但政策性演出仍占主导地位，商业性演出偏低是不争的事实。我们当前的主要任务就是尽快转到以市场为导向的发展主路上来，积极疏通供销渠道，加大商演力度。在满足广大人民群众精神文化需求、弘扬中华民族优秀传统文化的同时，力争社会效益和经济效益的双丰收。”

作为对外培育市场的创新举措，2014 年 6 月 5 日，适逢文化部举办第四届全国地方戏优秀剧目展演，中国评剧院与中国国际演出剧院联盟正式签署“中国评剧周”全国巡演（2014—2019 年）战略合作协议，以中国评剧院出人、出戏，中国国际演出剧院联盟购买剧目向市场营销的方式，在中国甚至国外的大中城市推广评剧品牌。2014 年 9 月 23 日至 12 月 15 日，经典剧目《花为媒》《杨三姐告状》和《良宵》就将走进山东、河北等地的 10 个城市演出 60 场。

2015 年是中国评剧院建院 60 周年，王亚勋希望，甲子之年的中国评剧院能在改革的大潮取得更高的成就。他的自信来源于评剧深厚的观众基础、拥有一批舞台经验丰富的老艺术家以及风华正茂的中青年艺术人才和愈来愈成熟的市场环境。

原载《中国文化报》2014 年 9 月 12 日

第三届中国越剧艺术节

【概况】

2014 年 10 月 12 日至 10 月 28 日，由文化部、浙江省人民政府主办的“第三届中国越剧艺术节”在浙江温州举办。本届越剧艺术节包括全国越剧优秀剧目交流演出，中国越剧艺术节研讨会，“小百花”成立 30 周年巡演活动，民间职业剧团展演展示，南戏故里传统剧目展演，中国越剧票友节暨越迷演唱大赛，越剧名家进校园、进社区演出活动，群众性越剧艺术活动等内容。共有 19 台剧目参加评奖演出、5 台剧目参加展示演出，参演剧团来自北京、上海、江苏、福建和浙江 5 省市，既有专业的国办越剧艺术表演团体，也有非专业的民营越剧剧团。

【第三届中国越剧艺术节获奖名单】

一、优秀剧目奖（以演出先后为序，下同）

《大唐骊歌》温州市越剧演艺中心

《二泉映月》浙江小百花越剧院

《沙漠王子》福建省芳华越剧团

《我的娘姨我的娘》浙江小百花越剧院

《丁香》南京市越剧团有限公司

《甄嬛》上海越剧艺术传习所

二、参演剧目奖

《贺双卿》福鼎市闽浙边界文化艺术交流中心

《海兰花》舟山市艺术剧院小百花越剧团

《董小宛与冒辟疆》南通艺术剧院越剧团

《探春》余姚艺术剧院越剧团

《摄政王之恋》杭州越剧传习院

《步步惊心》浙江艺术职业学院

《双狮图》平阳县小百花越剧团

《章纶》乐清市戏曲艺术传承展演中心

《马寅初》嵊州市越剧艺术保护传承中心

《陆羽问茶》杭州市余杭小百花越剧艺术中心

《十里红妆·风雨情》宁海县越剧团

《凤姐》宁波市小百花越剧团有限公司

三、优秀表演奖（12 人）

《大唐骊歌》黄燕舞

《海兰花》刘南燕

《二泉映月》茅威涛

《董小宛与冒辟疆》范晓萍

《摄政王之恋》谢群英

《双狮图》苏素云
《章纶》李美凤
《马寅初》张伟忠
《我的娘姨我的娘》王滨梅
《凤姐》谢进联
《甄嬛》王志萍、钱惠丽

四、优秀青年演员表演奖（8人）

《大唐骊歌》邵梦岚
《探春》叶奇芳
《步步惊心》陈丽君
《沙漠王子》徐伟钗
《陆羽问茶》费鑫萍
《十里红妆·风雨情》潘巧巧
《丁香》章琪
《甄嬛》张宇峰

五、组织工作奖

浙江省文化厅
温州市文化广电新闻出版局

【第三届中国越剧艺术节研讨会】

2014年10月13日，以“弘扬优秀传统文化与中国越剧改革创新”为主题的“第三届中国越剧艺术节研讨会”在温州市人民大会堂举行。

中国戏剧家协会副主席、浙江小百花越剧团团长、著名越剧表演艺术家茅威涛，中国戏曲学院教授、南京大学教授、中国文艺评论家协会副主席傅谨，著名温籍剧作家张烈，当代著名导演艺术家郭小男应邀先后作主旨发言，发表了各自对越剧的传统与未来的思考和期盼。

温州市副市长、著名剧作家郑朝阳介绍了温州概况及戏曲艺术在温州的流传与发展。

茅威涛的发言题目是《新媒体时代的越剧》。2014年恰逢“小百花”建团30周年，1984年，“小百花”刚刚成立时，报纸和广播是传播信息的最主要途径，1994年，中国小百花越剧节举办时，电视已经崛起，成为最具影响力的传播方式；而今天，更多新兴媒介纷纷涌现，尤其是包括微博、微信在内的自媒体的出现，迅速改变着我们的文化生态和日常生活。这些前所未有的传播方式，对越剧观众和演出市场的影响越来越大，正在急剧改变着越剧的创作、演出乃至越剧的存在方式。茅威涛从新媒体时代如何“善用媒体占领文化制高点”“重新阐释越剧的文化内涵”“提升越剧的社会能见度”三个方面阐释了“小百花”近年来的所思所想、所作所为。

傅谨提出了对于越剧生存发展的三点思考：一是准确判断城市和农村的演出市场对越剧的意义以及城市剧场对越剧发展的决定性意义。当下农村在为城市越剧提供人才和观众准备这两方面的作用在迅速削弱，从越剧走向辉煌的那一天起，城市始终是越剧兴衰最具决定性的文化空间，越剧要再现当年的辉煌，唯一的途径，就是重新通过城市剧场演出激活观众对越剧的兴趣与爱好。二是越剧历史与当下的文化定位，现在的越剧已经是经过精英艺术改造之后的越剧，且有机地整合了东方与西方、传统与现代，艺术上的圆融程度或许还不够，但是基本的样貌与格局已经形成。这样的越剧，已经基本完成了城市化的过程，彻底蜕变成了现代城市的舞台艺术。三是经典剧目与新剧目的关系。在良好的演出市场环境中，精准地把握了观众欣赏需求的新剧目创作具有积极意义，即使是在目前萎靡不振的市场环境中，新剧目也因其较具话题性，同样可以吸引媒体与市场更多地关注。而经典保留剧目的继承不仅具有市场的意义，同时更是让青年一代演员迅速成长与成熟的最好的助推剂。

张烈从编剧的视角，呼吁剧作家要少写自己想写的戏，多写观众要看的戏，吸引更多没有看过越剧、对越剧不关心甚至有误解的人。演戏是给观众看的，流派是要演出来确定的，艺术家自身修养、繁盛的演出市场和观众认可，三个条件缺一不可。他指出观众的审美、舞美技术的改进，都会造就戏剧的变化。越剧要与时俱进，作为资深剧作家，他尤其推崇“小百花”的新版《梁祝》，既尊重经典，又能注入现代意识加以全新创排。他希望通过此次越剧节的举办，能出更多精品剧目，繁荣市场。

郭小男在发言中说道，中国越剧已经进入今天带有现代标识意义的第二个辉煌期，以“小百花现象”为例，它有精神上的企及点、自觉地标识出走在剧种前列的形态美、巨大的市场影响和号召力、面向未来的眼光。郭小男特别强调需要居安思危，首先，反思包括越剧在内的中国戏曲，由于表现形态、技术手段的限制，戏曲题材普遍以“历史剧”为主，这也导致了它很难与时代同步；其次，越剧如何区别于姊妹艺术，“小百花”在这方面做了很多有益的探索，尝试向现代化转型；再次，当今的演出市场相当丰富、活跃，仅北京秋季，就包括了北京青年戏剧周、爱丁堡前沿剧展、大学生戏剧节、小剧场戏剧展演在内的各类戏剧节令观众目不暇接，但其中却没有一台中国戏曲，这是值得深思的宏大命题；最后，他建议少办“节”，将戏曲推向市场，与国际接轨，让这种动态的、民族的、充满情感表达的文化语言在国际舞台上绽放光彩。

原载浙江省文化厅网站

【媒体视点】南戏故里姹紫嫣红——第三届中国越剧艺术节侧记

◎苏唯谦　郭人旗

秋风送爽时节，好戏连台。2014 年 10 月 12 日晚，荡气回肠的新编历史越剧《大唐骊歌》在温州大剧院拉开了第三届中国越剧艺术节的序幕。

本届中国越剧艺术节，围绕“戏曲故里、文化浙江、越剧盛会、人民节日”主题，突出“汇集越剧精品，展示地域特色，实践文化惠民，凸显市场运作”的办节思路，搭建起优秀传统文化的交流平台，集中展示中国越剧艺术繁荣的最新成果，进一步推动越剧艺术事业的可持续发展。

人民节日，越剧盛会越音缭绕

在 10 月 12 日至 28 日的 17 天里，江、浙、沪、闽各大专业剧团的 19 台参赛剧目和 5 台展演大戏“会师”温州，如浙江小百花越剧团的《二泉映月》、浙江越剧团的《我的娘姨我的娘》、上海越剧院的《甄嬛》、江苏南京越剧团的《丁香》、福建芳华越剧团的《沙漠王子》、中国戏曲学院的《牡丹亭》、绍兴小百花越剧团的《屈原》等，你方唱罢我登台，一展近年我国越剧艺术发展的丰硕成果。茅威涛、钱惠丽、董柯娣、王滨梅、吴凤花……越剧界明星和新秀汇成了一条灿烂的星河。

中国越剧艺术节是唯一永久落户浙江的国家级艺术节，每 4 年举办一届。温州是继绍兴、宁波之后的第三站举办地。据温州市文广新局局长吴东介绍，此次越剧节首次将票房交给市场，所有观摩票以文化惠民的低票价公开销售，市场反响良好。开幕前，《二泉映月》《大唐骊歌》《甄嬛》《屈原》等戏票全部售罄。全部票房售出率远远超出组委会的预期。

开幕大戏《大唐骊歌》根据电视剧《大明宫词》剧本选段改编，由温州市著名编剧张思聪和著名戏曲导演杨小青联手打造，温州越剧演艺中心演绎。在 2013 年浙江省第十二届戏剧节上，该剧获新剧目大奖。2014 年 3 月，《大唐骊歌》登上中国国家大剧院的舞台，首秀获得北京戏曲专家和观众的一致好评。2014 年国庆期间，剧组在杨小青导演督导下，精益求精，为观众奉献了一台不失传统又超越传统的视听盛宴。

10 月 13 日上午，以“弘扬优秀传统文化与中国越剧改革创新”为主题的第三届中国越剧艺术节研讨会在温州人民大会堂举行。温州市副市长、著名剧作家郑朝阳介绍了戏曲艺术在温州的流传与发展。

中国戏剧家协会副主席、浙江小百花越剧团团长、著名越剧表演艺术家茅威涛以《新媒体时代的越剧》为题发言。她从新媒体时代如何“善用媒体占领文化制高点”“重新阐释越剧的文化内涵”“提升越剧的社会能见度”等方面阐释了“小百花”的所思所想、所作所为。

中国戏曲学院教授、中国文艺评论家协会副主席傅谨提出对越剧生存发展的思考。著名剧作家张烈、著名导演郭小男从编剧、导演的视角对中国越剧的创作、排演、“小百花现象”及演艺市场等方面发表各自的真知灼见。

论坛的发言各具特色，文采飞扬，发言者对越剧事业的炽热激情溢于言表。

南戏故里，温州大戏尽显特色

作为东道主和南戏故里，温州除了开幕大戏《大唐骊歌》外，参赛或参演的还有《章纶》《双狮图》《高则诚》《秀芬》等四台大戏，可谓精彩纷呈。

参赛剧目《章纶》，根据章纶主要史实并赋予合理想象创作而成，是乐清市戏曲艺术传承展演中心打造的一部富有地方特色的大戏。该剧自 2011 年创排以来，收获了不少好评与奖项。中心主任陈国进表示，虽然《章纶》已是比较成熟的剧目，但精品需要不断打磨。节日里，全团放弃休假，紧锣密鼓在乐清大剧院合成彩排。

而 10 月 19 日亮相本届越剧节的平阳小百花越剧团的《双狮图》是越剧的传统剧目，团长梅春说，这么短时间内排一部参赛剧目很不容易。此番新排请来了温州市著名剧作家施小琴操刀改编，浙江京剧团团长、著名导演翁国生执导，全方位调度舞台综合艺术，以轻松的喜剧风格，讽喻了人性贪腐之弊端，演绎真善美的永恒主题。

瑞安市越剧团有限公司演出人物传记题材的《高则诚》，高则诚因写就《琵琶记》而蜚声海内外。全剧情节曲折、唱腔优美。其间，还穿插国家级非遗的温州鼓词，以及精彩的《琵琶记》戏中戏片段。温州瓯剧艺术研究院将最新力作《秀芬》搬上越剧节舞台，展示了温州独有的剧种瓯剧的魅力。

温州是一座历史文化名城，历史上最早成熟的戏曲形式——南戏就产生于此。800 多年来，南戏血脉贯穿中国戏曲全部历史，并与当代戏曲紧密联通。

时代变迁，越剧在温州几经沉浮。温州越剧演艺中心、平阳小百花越剧团、乐清市戏曲艺术传承展演中心、瑞安市越剧团有限公司等，如今均已过或将进入花甲之年。1997 年，温州越剧团成功改编创排了南戏四大名著中的《荆钗记》，获得全国各类奖项 40 余项，包括“曹禺戏剧奖”“文华奖”等最高级别国家戏剧大奖，《荆钗记》成了温州越剧史的巅峰之作。进入 21 世纪，温州越剧还诞生了南戏经典《白兔记》，造就了“梅花奖”得主郑曼莉；编排了带有浓郁瓯越地方特色的《宦门浪子》，创新尝试了现代越剧《温州女人》等，形成了温州越剧品牌和特色。

市场活跃，名家、越剧迷俱欢颜

温州的戏曲演出市场在国内首屈一指。温州的越剧观众是一个庞大的群落。新中国成立后，各地的票房组织此消彼长、薪火传承，从来就没有停顿过。

本届组委会温州执委会的一项调查表明，温州民间戏曲市场活跃，全市有 70 多个民间职业戏曲剧团，有 3500 多人的演艺大军，一年演出达 2.5 万场次，观众总数在 1000 万人次以上，全年戏金总收入超亿元。温州及周边地区拥有全国最大的越剧票友群体。据粗略统计，全市大小团队有 20 多个，他们定期聚在一起，学戏、排戏、看戏。很多票友已经不满足自娱自乐的方式，他们通过拜师名家、参加比赛来提升自己。温州越剧名家李珍珍说，温州票友水准越来越高，以前很多人只是学唱而已，现在很多人都要求学基本功表演，比如唱念做打，现在票友的年龄也越来越小了。她所教的学生好多都已是在票友大赛中崭露头角的“名角”。

戏曲市场的良性发展，也培养了温州观众的文化消费观念。本届越剧节一改以往赠票为主的形式，首次采用票务市场化运作。20 元至 180 元的低票价体现了政府办节的公益性，票房持续升温。同时开通了联网售票系统，温州地区设立了 18 个售票网点和 6 个预约网点，每个售票点都能买到所有演出场次的票。外地观众可通过网上预订。据悉，有法国、日本和我国香港等地的戏迷组团来温州看戏。

据介绍，除温州大剧院为本届中国越剧艺术节的主会场之外，还有温州东南剧院、鹿城文化中心、温州大学育英大礼堂（茶山校区）及乐清剧院等 4 个分会场。另外，有 50 名志愿者提供全程服务。

越剧节期间，配套活动很丰富，如越剧艺术研讨会、南戏传统剧目展演、民间职业剧团社区会演、全国越剧票友戏迷争霸赛、越剧征文、越剧主题摄影比赛等。在本届越剧节上，越剧艺术表演团体、艺术家深入基层，进广场、进社区、进校园，文化惠民活动异彩纷呈。

原载《文化交流》2014 年第 11 期

【浙江小百花越剧团建团 30 周年纪念演出】

2014 年 5 月 23 日，越剧《二泉映月》首演活动在杭州剧院举行，正式拉开了浙江小百花越剧团成立 30 周年巡演活动。《二泉映月》、《五女拜寿》、《孔雀东南飞》、新版《梁祝》、《江南好人》、《陆游与唐琬》、《春琴传》、《步步惊心》等 8 个剧目陆续在杭城各大剧院上演。此后，浙江小百花越剧团将分别携不同的经典剧目赴北京、上海、常州、常熟、张家港、无锡、南京、广州、香港等 10 余个城市和地区巡演，同期还将举办“小百花 30 年图片展”。此次巡演活动预计为期 1 年。

【观点】新版《梁祝》误入唯美歧途

◎张　敞

茅威涛是一个多有灵性和悟性的艺术家，有她在的舞台，根本不需要别人，也不需要渲染她。就让她干净地存在，幽幽地诉说，要尽可能多地给她属于一个艺术家的孤独时刻。这就像芭蕾舞里的独舞、话剧中的独白，这比在剧场里爆炸一颗原子弹还有力量和炫目。

新版《梁祝》在创新时，还有一种误区，其实这也几乎是所有戏曲创新的误区。那就是它似乎认为把戏曲做得时尚就可以吸引年轻人，因此花哨炫目，因此声光电，因此中国古典舞加后现代剧场艺术，因此紧跟流行。可惜，这种逻辑根本就是错的。首先，这些手段不是“时尚”，而是“时尚”的反面——是一种土气。真正高级的时尚是从容的、平和的、低调的、走入内心的。它们太喧闹了，一眼便可以看到底。

这些年，我看世界上第一流话剧、舞蹈、电影、戏曲、小说的心得，是我发现整个世界都在走入“简明”。

罗杰·伊伯特在评价拍摄于 1968 年的伟大电影《2001：太空漫游》时说：“《2001：太空漫游》的天才之处不在于其丰富，而在于其简洁：没有一个镜头是仅仅为了抓住观众的注意力而拍摄的，只有对自己的才华怀有无限信心的艺术家，才敢于创作这样精练的作品。导演斯坦利·库布里克将每一个场景简化到极致，只留下精华；每一个场景驻留在银幕上的时间都足以令我们充分思考，并被永远纳入我们的想象之中。”

可见，艺术是有普遍规律和终极审美的，无论它的过程多么诡异、个性、泼辣、烦琐，无论它是东方还是西方，也不管它是传统还是现代，最终它的气质都必须到达“简明”。正如电影界里，“每个热爱电影的人早晚都会遇上小津”。而张爱玲晚年写小说希望达到《海上花》的境界，因为她觉得那一种文字“平淡而近自然”。

最近浙江小百花越剧团庆祝创团30年，重演于2006年创作的新版《梁祝》，却走向了简明的反面。就越剧的作品来看，我除了喜欢传统越剧作品的那种朴素世俗、简单隽永，我也很喜欢茅威涛的另一个作品《陆游与唐琬》。它的气质很像苏州园林，粉墙黛瓦，高低错落。它的节奏淡雅清洁，舞美虚实相宜，剧情是围绕着人物讲故事。它的那种空灵之美，不是轻浮的，是有一个底子衬着的。这次看到的《梁祝》，有人以为它是一脉相承的，其实在我看来却截然不同。

表面上来看，《梁祝》用了很多想要“到达美”和“衬托美”的手段，然而并不高级（8年前也许它看上去比今天更“时尚”一点，可是今天来看，连这个感官刺激的“时尚”也是过时的）。这一版的《梁祝》，公平地来讲，的确体现了导演和艺术家的思考，可是他们的思考明显进入歧途——一种想要唯美的歧途，一种认为诗化就是漂亮的和形式主义的歧途。

自古以来，《诗经》是诗，《左传》亦是。《金瓶梅》是诗，《少年维特的烦恼》《卡拉马佐夫兄弟》《悲惨世界》亦是诗。希腊导演安哲罗普洛斯被人称为“导演中的导演，导演中的诗人”，那是因为他的思考，他完美的构图之下有一种沉潜的、忧伤的思想。因此当《雾中风景》中的小男孩面对一匹将死的马号啕大哭，那个场景即是诗的境界，缠绵、痛彻、优雅、细腻。所以，诗化不是形式化，必须是深刻思想经过锤炼之后的完美外化。

完全用形式去追求美，这有点类似于一种文体：骈文。它讲究对仗，辞藻华丽，一度盛行于南北朝。虽然骈文也有佳作，正如刚获得柏林电影节大奖的电影《布达佩斯大饭店》，它的整体风格流丽绝妙，处处形式化，但可贵的是处处有新意，奇巧淫技，纯净可人，真是视觉的盛筵。而且在这个冰激凌一样美好的画面之下，还有一层未被渲染的怅惘和忧伤。因此从完成度上来看，它并没有炫技和渲染，它如骈文一般纯粹，可也到达了“简明”。

反观新版《梁祝》，所有的观众都看得出编、导、演是多么想在重点章节渲染气氛，以及想要达到一种形式的美感。可是非常遗憾，这样的结果是弄巧成拙（拿捏度真是一个折磨人的事情）。当戏曲本身的写意元素和基因无限后退之后，观众反而变得更客观，更不容易被感动。大家可以看到的是舞美摆设的甜腻烦琐，舞蹈的过多且言不及义，人物性格和剧情也做不到合情合理。整个作品像一个不高明的画家，在干净的白纸上反复涂抹着一些不必要的闲笔，最后整张纸脏了。

我粗略数了一下，蝴蝶作为意象和实体出现了6次，书生群舞出现了3次，梁山伯和祝英台一起的扇子舞出现了4次。这不是反复咏叹，这是累赘和重复，当年王羲之写《兰亭集序》，21个“之”字无一相同。《梁祝》却让个人消失而变为广场舞。以蝴蝶为例，蝴蝶在原版故事中是一个意象，代表了美好的意愿，是空灵到不真实的精神寄托，也让观众的惆怅得以安放。它不到篇尾不会出现，不会点睛。然而在新版中，开头的童声“天乃蝶之家，地乃蝶之灵……”却是艺术的“破魅”。

这样说吧，我们看京剧《杨家将》《打金砖》，昆曲《牡丹亭》，小说《红楼梦》，尽管我们知道情节和结尾，可是剧场艺术就是历久弥新、随演随新的这样一种“造魅”的艺术：是数百个观众坐在那里，平心静气，仰头而观，像初次知晓故事一样，一起再感受一遍人物的心理曲折的气功场；是可以靠一个被艺术升华的人物打通天地间恒久的“道”，唤起千万种思绪的发源地。所谓“余音绕梁三日久”，绕梁的不仅仅是声腔音调，更是观剧当时欣赏到的人物动作、细节和情绪。

然而“天乃蝶之家”的合唱，却是在一开头就咏唱出对全剧的提炼和升华，像电视剧主题歌，而不是对某一场气氛的渲染，这就一下子让观众纵览全局，从感性忽然跌入理性，很难再收拢心神。剧场艺术毕竟不是80集的长篇连续剧，因此开头并不必放片花。

而山伯路遇蝴蝶、梁祝合捉蝴蝶，殊多讲故事的笨重刻意之姿。文学里讲“草蛇灰线，伏脉千里”，讲“背面傅粉”，所贵之处也在于线索的隐隐约约，而不在于直白显露。何必讲那么多次蝴蝶呢？而在“草桥结拜”一折，当梁山伯和祝英台以蝴蝶为金兰之证，则几乎达到矫揉造作、不合情理的地步。蝴蝶这个意象，自《庄子》的梦蝶开始，就代表梦境、脆弱、唯美，而且从它本身的生物属性说，它的生命短暂，飘忽不定。古人结拜向来以永恒的东西指证，绝不会以易逝的生命作为金兰象征。这样做已经属于编者的想当然，也是一味追求纤巧唯美而对剧情和人物合理性的伤害了。

艺术家和剧场导演应该知道，在剧场中，观众的情绪是很难把握的，敏感，易出离。剧场演出不是数学，一个情节的不合理，不是按照它在剧中所占剧情的百分比减分，而是整场演出都有可能因此陷入一场灾难。戏剧演出讲究“一棵菜”的精神，每一片菜叶都很重要。

因此，我的建议是，剧中唯一可以保留的两场关于蝴蝶的，大概也只有玉蝴蝶的扇坠、化蝶两段。金圣叹曾说：“文章最妙是先觑定阿堵一处，已却于阿堵一处之四面，将笔来左盘右旋，右盘左旋，却不擒住。分明如狮子滚球相似，本只是一个球，却教狮子放出通身解数。一时满棚人看狮子，眼都看花了，狮子却是并没交涉。人眼自射狮子，狮子眼自射球，盖滚者是狮子，而狮子之所以如此滚，如彼滚，实都为球也。”欲说还休，兜兜转转，如搔痒般，正遍挠不到，忽然一下子就到了。这才是艺术之所以吸引人和美的原因。每一下都挠到，就丧失了经营和机心。中国园林之美，在于“山重水复疑无路”，在于“柳暗花明又一村”。

当然，我并不是反对对旧版《梁祝》的改造。因为创新并不是错，只有创新的不好才是错。旧版的线性叙事，一些不够经典和脍炙人口的场景和唱段，就可以大幅删除或改造。比如第一折的英台卜卦，我就认为有很大问题。一个父亲是不可能因为女儿换了一身衣服就认不出来的。现在的观众古灵精怪，早不是当年天真好奇、看一场戏如同过年一般的观众了。

就剧场创新来说，我在剧场中看过演员顶着瓦楞纸当作王冠演绎《俄狄浦斯王》，也看过莎士比亚的麦克白在爵士乐中跳现代舞，他们都很诗意，很感人，都是很好地符合剧情的创新，在他们那里恰恰是外在不重要，形式不重要，着力表达内在，才创新出真正的“诗”一般品质的作品。一个艺术作品，艺术的完成度和创新可以不同，但却自有缪斯衡量着你的质量。什么是第一流的艺术作品，也当然存在一个普遍性的认知。正如看电影《东京物语》、小说《红楼梦》，若有人觉得不好，就是那个人的鉴赏水准出了问题，绝不是艺术家不好。

在这个时代，我们应该知道，“创新”一词既不可以成为诟病戏曲艺术家的大棒，可也不应该成为艺术家自己的保护伞。艺术家仍然应该为自己创新出的作品的艺术质量负完全责任。金庸的武侠小说破除了还珠楼主、梁羽生的写法，梅兰芳解放了青衣的化妆、身姿和歌喉，后现代戏剧将多媒体手段引入，让音乐、舞蹈、美术、动作和文本一争长短，这都是创新结出的硕果。

剧场艺术家应该知道，在任何一个剧场中，都坐着大批的庸众，也坐着慧眼独到的其他艺术家、评论家，戏曲不是向前者献媚，也不是单纯地为了获得后者的赞美。艺术家要有冷静清醒的认识，因为戏曲不比舞蹈，它有更丰富的语汇，要充分地发挥出来讲故事，把它淋漓尽致，自然就会感染人。戏曲艺术从来不是人多势众、满园春色的艺术。戏曲是以角儿为主体的，面对心灵的诉说。

比如思祝下山一折中，梁山伯和众书生一起跳扇子群舞，表现心中喜悦。此时茅威涛的个人魅力被吃掉了。王国维说，戏曲是“以歌舞演故事”，而齐如山说戏曲“无声不歌，无动不舞”，这才是真正对于歌舞和戏曲关系的认知。戏曲演员的一举一动，已经是歌是舞是诗，不需要另造出一个歌舞和诗。即使一定要创造一种舞蹈，也应该如梅先生创造《霸王别姬》的剑舞，《嫦娥奔月》中的花镰舞，《廉锦枫》中的刺蚌舞，是以突出演员和人物为中心的，情绪靠它来传达。记得茅威涛在《五女拜寿》“奉汤”一折中的演出，全场安静极了，“他”青衣小帽，清透婉转，似唱似念，以怕惊动翠云的口吻颔首唱出：“姑娘啊，请姑娘放心喝下这暖肚汤。”“他”是那么安静，可是每一个身段都是舞蹈，连一个生活化的、轻轻地翻动一下水袖都是，真是令人陶醉。

从舞美的角度来讲，新版《梁祝》也没有“简明”，而是相当不干净不清洁。一开场的祝英台家，抬眼即见四道蕾丝花边一般的幕，外加一个“U”形的上场门下场门，上面画满繁复的花纹。此外，舞台的背景又有巨大的牌坊和牌坊两边的数不过来的爬墙虎叶子。演员像在山洞里演戏，令人感到压抑。“草桥结拜”一折时，草桥伴随着嘎啦嘎啦的声音，分成两半上台，最终合体在台上，这样的设计把观众的眼神都扯走了。所有的道具上台，都应该具备形式感和美感。过去，戏曲有检场人，检场人长衫大褂，虽然会令观众分神，可是它具备形式感。它构成了观剧时一种美妙的、若即若离的郑重感受。而草桥上面缀满了各色花朵，看上去更像是土丘。

“山伯之死”一折，是梁山伯坐在一张巨大无比的，有镂空花纹的，极为现代的，看上去冰冷的铁椅子上，穿着一身素衣咏唱。那一张椅子实在抢戏，我可以说它很美，但梁山伯坐在那里更像拍平面广告。观众的目光被那个故弄玄虚、没有实际功用的花椅子完全抢走了。此时哪怕只有梁山伯一个人在台上都是好的，一切杂物都该去掉，因为这时候需要观众凝注心神，不可有半点闪失。在这场中，灯光也甚为不妥，冷冷的，惨白恐怖，透着一种诡异的气氛。

剧情的角度，除了前文说的“义结金兰以蝴蝶为证”不合适，还有梁山伯与祝英台同榻三载，中间放一碗清水的桥段。唱词里唱，这一碗水是梁兄的“呵护和亲近”，也是梁兄的“自重和人品”，此时梁山伯并不知道祝英台是女性，何谈自重和人品呢？在老版《梁祝》中，袁雪芬扮演的祝英台毫无女儿态，而新版《梁祝》中，祝英台屡屡娇弱痴憨，甚至枕在梁山伯的肩膀上，如果他们的关系如此亲密，恐怕不会三年不越雷池。又有，既然三年来共睡一榻，当然也就不会有三年后才见耳环痕。所以当唱段唱到“今日忽见耳环痕”时，祝英台的又惊又怕又慌张又娇羞，根本就失了情绪基础。

不过幸好茅威涛是高超的。从“草桥结拜”到“十八相送”，在大量的唱段抒情之下，居然仍能让人相信梁山伯是真的不知道，亦不是同性恋爱，火候实在太难把握。因为梁山伯但凡稍微流露一点脉脉含情的眼神，整个戏都会堕入邪路。

再说一下“四九”和“银心”，作为书童，他们一直在台上伴舞，至少两场扇子舞都是主角之一。他们的扇子也和梁山伯、祝英台一样，这就显得不应该。万松书院求学，他们不带行李，十八相送，也没有什么行李，扇子可以代表书，但是不应该代表行李。如果为了追求唯美的效果，抛掉一切辎重，去轻歌曼舞，那就和真实生活完全没有联系了。戏曲里马不能上台，但还是会有马鞭。船不能上台，仍会有船桨。如果马鞭和船桨都换成一件唯美而无实指的器物，这件器物就应该扔掉不用。还有，在“十八相送”一折，四九和银心先上来叙述了一下离情，然后忽然很布莱希特地喊了一声“十八相送喽”，他们用报幕的方式创造的“间离效果”，使人瞠目结舌。我觉得这都是形式主义之弊。

片面地追求唯美而丧失美，刻意地追求诗意而堕入笨重，嫁接一般地追求“后戏剧剧场”那种文本靠边，舞美、化妆、导演的价值过度体现的方法，而最终令人出戏……若说张火丁版本的京剧《梁祝》生硬、干瘪、粗疏，茅威涛版本的新版《梁祝》则存在这样食而不化、审美格调不高、加法过多而不够简明的问题。

所有的艺术必须从“艺”的角度出发，再考虑“术”。而每一门艺术，如戏曲，是有它的基因的，要尊重它的基因，再去创造符合这个基因的东西，可能才是正确之道。正如《陆游与唐琬》，它虚实结合、详略得当、结构精巧、人物鲜明、节奏洗练，但还是属于老老实实讲故事的戏。

“虽千万人吾往矣”，我佩服茅威涛的胆气，赞美她带领浙江小百花越剧团30年创造出那么多好剧目（像她自己所言，是像一个女人苦守着一个宅子），更陶醉于她艺术的造诣。可是我仍想送给她一段话，这段话是张爱玲在《自己的文章》中说的，也是我想说的：

“……我也并不赞成唯美派。但我以为唯美派的缺点不在于它的美，而在于它的美没有底子。溪涧之水的浪花是轻佻的，但倘是海水，则看来虽似一般的微波粼粼，也仍然饱蓄着洪涛大浪的气象的。美的东西不一定伟大，但伟大的东西总是美的。”

原载《北京青年报》2014年7月4日

【观点】批评者要跟上茅威涛的步伐

◎周黎明

《北京青年报》2014年7月4日刊登的“新版《梁祝》误入唯美歧途”一文，对这部茅威涛主演的越剧提出了批评。其中一个重要的观点，是蝴蝶这个主题意象的多次出现。文章作者张敞观剧时特意数了一下，共有13次之多，于是认为是“累赘和重复”。

在笔者看来，主题意象在一部剧中的出现次数和频率，是不应该被量化的。契诃夫的《海鸥》中，“海鸥”出现了不足3次，且十分隐晦；而《如梦之梦》一上来就讲了一大段梦。瓦格纳四联剧《尼伯龙根的指环》之《齐格弗里德》中，那把剑来来回回提了无数次，这还没算作曲家在音符中潜藏的音乐形象哩。就说蝴蝶，普契尼歌剧《蝴蝶夫人》歌词里仅点题性带过，完全符合张文的“简明”，但某些经典舞台演绎里被导演新增了不少蝴蝶的影子，如巧巧桑临死时双臂晃动，做出蝴蝶扑闪的效果。你可以认为那是画蛇添足，也可以认为是点睛之笔，完全视自己的美学立场而异，很难用单一的标准来衡量。

张文评判茅威涛版《梁祝》，采用了一个既定的标准，即该文一开始提及的小津安二郎的例子。我承认，那代表着一种非常高的境界，是艺术已臻化境后的简洁与平淡。但我们不能用这一个标准来衡量所有的艺术作品。假设你用小津来套黑泽明，会得出太过“重口味”的结论；反过来，你若用黑泽明的艺术来套小津，恐怕也会感叹“味同嚼蜡”。评价茅威涛的艺术，必须要捕捉到她的追求与轨迹，而不能用现成的框架来套用。再者，因为茅威涛探索不息，故评判者即便喜欢她某部作品，也不能全用那部作品来推及其余。

笔者有幸观赏了茅威涛《梁祝》《江南好人》《二泉映月》三部近作，诚然，这里面有导演郭小男以及其他创作人员的贡献，但应该可以确信最终效果是符合茅威涛的美学理念的。在笔者看来，茅威涛并非想做小津式的升华，中国传统戏曲原本就擅长写意，若要彻底“简明”，回归传统便是了。不夸张地说，去除所有舞美灯光等效果，甚至没有配戏的演员，她一个人绝对镇得住舞台，其他元素均是次要的。茅威涛想做的，显然是把越剧推进到当下，跟当下的观众尤其是都市年轻观众产生沟通，引发共鸣。

用“时尚化”或“唯美”来理解这种创新，其实是褊狭的。首先，茅威涛和她的团队大大拓宽了越剧的外延，丰富了越剧的音乐语汇和舞台呈现。《梁祝》里用源自越剧的小提琴协奏曲旋律来反哺，《江南好人》用评弹作为女主角以女性出场时的音乐动机，《二泉映月》当仁不让采用了无锡景，这种做法恐怕是纯粹派不屑也不敢做的。西洋歌剧也不乏外来旋律，如《图兰朵》里的“茉莉花”和《蝴蝶夫人》里的美国国歌，但终究被改造成歌剧的表达，而茅威涛作品中这些外来因素却依然保留着原汁原味，同时又没有违和感，跟越剧的音乐相得益彰。这三部作品中最大胆要数《江南好人》，汲取各种中外表演艺术的养料最为驳杂，大概让以正宗为标杆的评判者很是不适，但它在嫁接西方音乐剧方面的成就恐怕也是最大的，让我们看到了戏曲创新的一条新路子（当然不是必胜的路子，但起码是众多可能性之一）。

在舞台呈现上，《梁祝》和《二泉映月》都有中国文人美学的痕迹，这可能是让张敞老师误解的主要原因。相对于传统越剧，这种借鉴绝对是一大提升。这两个发生在江南的故事，摒弃了传统的手法以及49年后的写实，而是用了一种符合江南文人美学的写意，《梁祝》里仅有屋檐的布景和《二泉映月》里仅有椅子的房间，都是这个道理。主创大刀阔斧用了减法，但最终保留哪些元素，却不是按照某种公式计算出来的。因此，用以前的习惯来看书童扛不扛行李，实在是有点儿削足适履。如果说李翰祥电影版里他们必须扛行李，那么，茅威涛这版里扛了行李岂不是过于笨重，更不符合张文“简明”的旨意。茅威涛从20世纪80年代起便有意识博采众长，接受古今中外各种艺术熏陶，她的创新是不拘一格的，我们只能评判某一部作品的风格是否统一。她的《梁祝》有自己的美学定位，所有处理均是从这个定位出发的。

所谓“唯美”是一个非常含糊的概念，茅威涛的作品跟文艺流派中王尔德那一派没有什么相似之处。小百花新编或新版越剧的舞台和音乐无疑都在追求美，但那只是众多美的风格中的一种，是相对比较符合当下观剧阶层审美观的一种。它文艺，但并不极致；它通俗，但并不流俗；它根植于传统越剧艺术，但又与时俱进寻求发展。这么说，并不表示这三部作品毫无瑕疵，譬如从我的角度《二泉映月》铺垫过长、对阿炳心魔的挖掘浅尝辄止，《梁祝》跟现代人的对话跟徐克版电影相比仍显保守，《江南好人》想表达的东西太多，不时显得啰唆。但毋庸置疑，茅威涛的艺术尝试表现出一位成熟艺术家的眼光、胆识和高水准，评判者至少需要跟上她的步伐才可能看清全貌，而用一个定点光来扫射则不利于看清她究竟走了多高多远。

原载《北京青年报》2014 年 7 月 8 日

【观点】隔靴搔痒的批评时代应该尽快过去——再谈越剧新《梁祝》兼复周黎明先生

◎张　敞

一部《二泉映月》、一部新版《梁祝》，引起如此热烈且褒贬各异的争论，这背后，除了对茅威涛一人、越剧一个剧种的关切，恐怕还有各位评家深藏于内的初心：在加速度前进的社会中找到立锥之地，是包括越剧在内的传统戏曲以及所有在中国这片土地上生长出来的本土艺术面临的问题，我们要做的，是找到推动戏曲进步的根结，为缠绕多年的问题寻找答案：中国传统艺术的生长点和创造力是什么？下一步探索与创新的方向又在哪里？

在专家们欲语还休、点到为止，观众们随性吐槽的大环境中，茅威涛这样已经功成名就的艺术家，能够在行业内外引发一些严肃思考后得来的客观之声，是我们此番最乐意看到的结果。这也足以证明，茅威涛们所从事的艺术创新实践，无论成败与否，都能看到中国人重拾文化自信、让东方审美重现光彩之艰难。

2014 年 7 月 4 日，我在《北京青年报》发表了对茅威涛新版《梁祝》过度唯美化追求倾向的批评文章，话说了很多，也谈到了我的审美观，以及评价的标准，话已说尽，原本不该再来解释。因为作为写文字的人，总是抱着“知者自然会知，不知者也未必一定要使之知晓”这样的理念。可是 7 月 8 日看到周黎明先生对于我的评论发出了他的商榷文章，从礼貌的角度着想，还是回复一下。

茅威涛是我十分喜爱的一位演员和艺术家，20 多年前我就看过她的戏。但这并不妨碍我独立的艺术批评。对一个作品的喜爱和一个人的喜爱，我从来不会放大到盲目的程度。在我的笔端，没有朋友，没有熟人，没有历史，没有奖项，没有哪个人，而只有她完成的艺术品的高低（事实上，我看《梁祝》的票正是茅威涛女士所赠）。

周黎明先生所言“评价茅威涛的艺术，必须要捕捉她的追求和轨迹，而不能用现成的框架来套用”，又说“茅威涛的艺术常识表现出一位成熟艺术家的眼光、胆识和高水准，评判者至少需要跟上她的步伐才能看清全貌”，我并不以为然。

每一个艺术家的每一个作品，自它诞生那日起，便没有前世今生，不论创作之辛苦、思考之多艰、视野之宽广、抱负之远大，而应只论这一个孤立的艺术作品的品格、风貌、趣味和美学价值。夏志清先生评论中国现代小说，否定老舍的《四世同堂》而认同《骆驼祥子》，不屑巴金的《家》《春》《秋》而单取《寒夜》。傅雷先生在《论张爱玲的小说》中更说：“没有《金锁记》，本文作者决不在下文把

《连环套》批评得那么严厉，而且根本也不会写这篇文字。”我也如此认为，如果我没有看到过茅威涛其他作品中很美的一面，我绝不会来写之前的文字，也不会痛心、惋惜她被这个戏“吃掉”，消失了自己的美。

还有，我认为看艺术作品要看艺术品的“追求和轨迹”这样的话，绝不可以对买了票的观众去讲。“尽管我的作品是失败的，但是我的追求是好的。”这如同在公司打工而告诉老板说，虽然我没有完成既定目标，又花掉了你1个亿，但是我努力了，我有很好的追求。艺术批评不存在这样的标准，而隔靴搔痒的批评时代也应该尽快过去。

人们常叹民国品格的丧失，在评论界，正是丧失了“爱之深”，又丧失了“责之切”，更丧失了“评论家的孤高”。原本这应该是一个常识，原本艺术评论家应该具备独立的思想品格、高超的审美胆识和勇敢的铁口直断，可现在太多温吞水、中庸主义、哼哼唧唧的文章和作品研讨会，左抹一下，右拉一把。作为欣赏艺术的常人，要求他在艺术品鉴面前六亲不认，这当然是苛求，可艺术评论家，握着如椽巨笔，自当知道什么是一字千钧。我很赞赏周黎明先生在《看电影》专栏中的一些长文，因此我觉得您应该和我有一样的认知。

在戏曲评论的层面，也向来存在着两种滑稽又感性矛盾的观点，一种是“戏曲创新即错”，一种是“遵循传统即错”。其实都不对。我在前文已经表明，我反对的并非是茅威涛的创新，而是创新的质量。我反对的也不是唯美，而是美的质量。梅兰芳先生的“移步不换形”，齐如山先生不同意把戏曲舞台上的舞器“切末”称为话剧里的“道具”，皆是从深谙戏曲美学的角度出发，再来谈创新。

从中国土地上长出来一颗土豆，并不因为包上了一层粉紫色绉纱纸，配了三把满天星，又用喷壶喷了一些晶莹的水珠，就成为玫瑰。不过，如果你要把这个土豆做成薯条，我并不反对，但是你也应先找到土豆的本味，再买一个烤箱和一瓶番茄酱才对吧。

新《梁祝》，我只觉得它是歌舞和形式主义的嫁接，是以牺牲越剧本身美的基因，牺牲艺术创作中必须以人物为中心的原则，进行的空洞和表面化的创作。这就像领袖带着学者上了天安门城楼，指着偌大的北京城说，看见了吗，以后从这里望出去，要处处是烟囱——有那种透心凉!

它的唯美也是晚会式唯美。新《梁祝》的集体扇子舞，如同张火丁和张春华先生的神品《秋江》上了春晚，前面出来一批孩子在那里兴奋地划桨，这样的尝试与其说是勇敢和创新，不如说是格调不高的败兴和滥情。

周黎明先生开篇即以《如梦之梦》《尼伯龙根的指环》来反驳我说的新《梁祝》蝴蝶意向的过度使用导致的笨拙和累赘，先不说作品的不同，单说理解的程度，已经明显是误解我说的“简明”之意，认为少用几次蝴蝶，即是我认为的“简明”。这就狭隘化了我的前后文意思，并且没有看清我说它“不顾合理性去屈就蝴蝶”的段落，显然也没注意到“草蛇灰线”那段。至于何占豪的小提琴协奏曲“反哺”《梁祝》之事，也幸亏周先生提醒，在前文是我遗漏未说之处。周先生赞扬这种使用，我也非常反对。

从音乐本身的品格和传递的情绪来讲，小提琴协奏曲《梁祝》有它的气味、颜色和感情色彩，它惆怅、缠绵到不可挽救，它是极致的，不适合用在剧情之中，当然更不适合在剧情中一再出现。正如贝多芬的《第九交响曲》和阿炳的《二泉映月》，一个悲壮艰难，一个宛如叹息，乐曲一响，情感即到。在新《梁祝》中提前使用小提琴协奏曲《梁祝》，而不是化蝶的末尾，那么它只会把那一折塑造的情绪和演员表演吞掉，置换成它的情绪，由它来表演。而此时这种表演突兀和剧透，就是浮夸的风和没有根的草。

伟大的德国批评家莱辛在《汉堡剧评》中说：“……妩媚出现在不恰当的地方，便是矫揉造作，便是丑态毕露；同样的妩媚，如果反复出现，也会遭到冷遇，最终将令人讨厌。如果演员以在法国式的三步舞会上用的手势来表达具有普遍意义的思考，或者他的道德说教像纺车的捻干一样重复出现，我会认为是小学生在念儿歌。”

周先生又以黑泽明来比较我说的小津安二郎，说“小津固然是非常高的境界”，但黑泽明一定不合“我”口味，因为他的电影美学很“重口味”——这又是另一层的强行判断。因为“简明”在我的美学观中，并不仅仅是指风格，而是指境界。小津安二郎、阿巴斯这一类固然是“简明”，黑泽明、沟口健二、安东尼奥尼、安哲罗普洛斯、拉·斯·冯提尔、希区柯克、是枝裕和、昆汀·塔伦蒂诺、李安、王家卫的第一流作品亦都是“简明”。正如我说，“不唯《诗经》是诗，《左传》亦是诗”。

黑泽明的《七武士》《蜘蛛巢城》《罗生门》《生之欲》《梦》，那种节奏、情绪、人物、画面的控制以及传递过来的力量，最终到达的高度，何其“简明”也！而且我原文里说的本来就是：“艺术是有普遍规律和终极审美的，无论它的过程多么诡异、个性、泼辣、烦琐，无论它是东方还是西方，也不管它是传统还是现代……”

要知道，我认为的“简明”是一种禅境，是所有不分门类的第一流艺术品都会到达的超凡境界。是哲学的，亦是美学的。那也是当我们作为欣赏者，看到一件艺术作品时，感受到的它的不可思议和无法理喻。它是绚烂之极归于的平淡，是旧小说《水浒传》里陆谦着人穿旧衣衫站在桥头向林冲卖刀，也是《金瓶梅》里西门庆让宋惠莲去换一条翠蓝色的裙子配她的红袄，更是《西游记》里唐僧到达极乐世界，坐着无底船看见自己的肉身顺流而下时，孙悟空笑着祝贺他终于“脱胎换骨”——是那样地百转千回、前赴后继之后，“两岸青山相对出，孤帆一片日边来”。

除此之外，中国艺术乃至世界艺术，再没有另外一个至境。

周黎明先生还提到了“文人美学”的概念，但是周先生显然没看过《陆游与唐琬》，那一种舞台美术才是我欣赏的文人美学。戏曲表演中，说人的动作很“脏”，以及艺术鉴赏里，说一个艺术作品的气质很“脏”，也是说它有很多的多余。新《梁祝》就存在这样的多余和不“简明”。它就是那沉重的、飞升不了的肉身和宋惠莲配了红袄的紫裙。

昨夜看高居翰《诗之旅——中国与日本的诗意绘画》，正好看来一句话，可与周先生同观。第二页的第三段：“诗意画在中国刚出现时，更多是被辨识和体验出来的，而不是被有意创造出来的。”所以，当越剧新《梁祝》有意创造和改造越剧，却忽视了戏曲本身的趣味、基因、写意的美、角儿的个体的时候，无论它多努力，用了多少机关和舞美，也只能是一条唯美的歧路。当剧终化蝶时，粉红色的蛱蝶在坑道中被鼓风机吹起，美则美矣，余味又有多少呢？

戏曲创新的道路走了几十年，作品可谓车装船载，花费无数，然几无成功之作，批评环境不够良性，也是病灶之一。我是一个作者，我会把莱辛的另一句话当作我写艺术评论必须秉持独立品格和趣味的激励。他说：“使我非常惊讶的是，有人曾经断定，我那直言不讳的评论会激起许多读者的愤慨。如果他们不喜欢这点有限的自由（这可绝对不是什么区区小事），我将冒险使他们常常感到愤慨。”

也把这句话送给同为文艺评论人的周黎明先生共勉。

原载《北京青年报》2014 年 7 月 15 日

【观点】看茅威涛还是看越剧？

◎傅　谨

浙江小百花越剧团建团 30 年，恰好剧团来北京演出新《梁祝》，引起的反响大多在预料之中，有些出乎意料的，是张敞在《北京青年报》发表的评论，还有周黎明针对张敞的批评写的商榷文章，然后就是微博微信上一系列热烈的、观点迥异的讨论。文艺评论版的编辑们希望我针对这些讨论说点什么，我是很想就茅威涛这些年的创作与演出写点什么的，多年没有写，是不知道究竟什么时间写比较合适。想到老家一句俗话，择日不如撞日，于是就写在这里。

茅威涛在20世纪80年代初走上从艺道路，在初组建的浙江小百花越剧团第一部代表剧目《五女拜寿》中，她扮演的角色并不太重要，然而她的一段尹派风格鲜明的“奉汤”，却成为戏迷中传播范围最广的唱段。在以后的岁月里，她用自己的表演才华征服了观众，自然成为众星璀璨的小百花的领军人物，把小百花带入了全盛时代。浙江小百花是由一群艺龄不长的小姑娘组成的越剧团，她们可以在这个越剧各流派的创始人——“十姐妹”都还齐刷刷地健在的年头，得到观众充分肯定，其影响与地位不输于任何一家越剧团，无疑，功劳首先要记在茅威涛头上。

大约从20世纪90年代中期开始，确切地说，就是从茅威涛决定创作新剧目《寒情》时起，她的艺术道路出现了根本转折。在这之后的一系列新剧目，从《孔乙己》《藏书之家》和新《梁祝》直到更近的《江南好人》，她逐渐成为一个越剧界的争议人物。诸多的争议中，茅威涛当然是说过一些不够深思熟虑的话的，得罪了部分戏迷，也得罪了某些越剧界的前辈。其实不冷静的绝不止于茅威涛——当然你不能责怪观众们说的可能更过分的话，那是观众的权利，至于戏迷，迷谁和不迷谁更是他们的权利。只不过业内人士不难分辨，对茅威涛的那些比较尖锐和刻薄的批评，背后隐约还有那些感觉被她得罪了的前辈的身影。不过，这也不足为奇。

重点在于各种相关的争议，它们与茅威涛创作演出的那些不仅与传统越剧风格样貌迥异，甚至也与茅威涛得以成名的那些新创剧目有明显差异的表演，简直形影不离。有时我甚至觉得茅威涛自己也很享受这些争议，无论如何，它们让越剧始终保持了很高的大众媒体关注度，除了京剧和2001年之后的昆曲，越剧之所以能成为戏曲界最受关注的剧种，多少要拜茅威涛所赐。而且，由于有这样的高关注度，20世纪90年代以来的越剧新剧目创作，包括上海越剧院那些和茅威涛同龄的优秀演员在内，无论她们是否自觉，无论她们是否承认，都不同程度地受茅威涛很深的影响。如此之多的争论并不全是好事，所以我在纪念浙江小百花成立30年的座谈会上说，茅威涛创作演出这些剧目，对她个人是一场豪赌，她是在赌越剧的当代影响和历史发展，而押上的赌注，是她的艺术声誉。20世纪80年代的思想解放运动在艺术领域留下的遗产之一，就是对各类艺术争议无保留地肯定，甚至简单地把“引起争论”看成作品艺术价值的标志，然而，经常让自己处于争论旋涡中央，包含了巨大的艺术风险。就茅威涛而言，这些争议固然给她带来更大的社会影响，同时对她造成的伤害，却也不能轻视。我总是以为，即使是艺术的争论，也并非全无是非可言，如果争论的一方最终被历史证明是错误的，那一点也不值得羡慕。

其实，我还有两个基本的看法。

首先，我一直认为，评价一部戏曲作品可以有两个维度，其一是把作品看成一个独立的文本，孤立地从它舞台的呈现给予评价，其二是把作品放到剧种的框架中加以评价。如果从第一个维度看，我对茅威涛的那些新作，多数都有很高的评价。尽管这些作品的剧本，除了《孔乙己》之外，文学性都有不同程度的欠缺，但是茅威涛的个人表演能力，足以弥补其短；我甚至觉得茅威涛在《江南好人》中如此出色地扮演了女性戏剧人物，说明她的表演还有更多开拓空间。然而，如果把这些作品放在越剧的框架内加以评价，结论就会有很大的不同。诚然，越剧的传统并不完整，可拓展的空间还很多，不过对越剧自身的表现力的拓展，与逸出越剧的改造，完全不是一回事。茅威涛基本被引入了后一条道路，所以习惯了传统越剧的观众会逐渐疏离浙江小百花，这一点也不奇怪。至于因媒体大量的报道而好奇地进入剧场，并且喜欢上茅威涛的观众们，他们真的能成为新时代的“越剧观众”吗？如果他们只是茅威涛的观众，而不能成为越剧的观众，那么于越剧何益？因此，我从不反对艺术家有自己的追求，有自己的创造，走自己的道路。这是他们个人的选择，最低限度，就算为他们自得其乐，也已经是充足的理由。我所不能同意的，是简单地把自己的个人选择，看成艺术发展的方向。我赞成并欣赏茅威涛自己的追求，包括她出演电视剧《笑傲江湖》里的东方不败，然而，我并不认为必须把这意义放大为越剧发展的方向。

其次，我一直期待越剧，尤其是越剧中最具魅力的尹派表演艺术，其中又主要是其唱腔，能有好的当代传承。在戏曲艺术的范畴内，实际上在所有艺术门类中，继承传统从来就不是一件坏事。有时我甚至想，我对茅威涛最大的期待，不是她演出一些带有明显个人色彩的新剧目，是她能够把尹派名剧《何文秀》和《沙漠王子》唱得比尹桂芳更好。所以我为茅威涛的新作《二泉映月》的唱腔中尹派韵味更浓而欣喜。而像越剧尹派这样有人文深度的唱腔，是需要一代优秀演员才能继承并发扬光大的，这个时代的越剧演员，能够实现这样目标的人，实在并不多。在我看来，这才是对越剧更具实际意义的继承与发展，我甚至幻想着茅威涛能够步余叔岩的后尘，当年余叔岩就是一门心思向谭鑫培学习，才成就他自己的余派的。茅威涛的聪慧以及她的好学，在众多的戏曲演员里少有可堪比拟者，她更有为越剧振兴且发展的自觉担当。因此她有今天的成就，或还可有更大的成就。从公而言，她似乎一直认为，只有不断地逸出传统越剧的格范才有可能实现她振兴甚至拯救越剧这一目标；从私而言，我当然清楚茅威涛希望成就自己的流派。然而，余叔岩的范本在前，岂非是一条康庄大道？

最后，有一个我始终难以解开的困惑：从《寒情》直到今天，茅威涛的那些新创剧目之吸引观众的理由，始终是且只是茅威涛的表演。我不知道有多少观众是因编剧和导演的魅力而进入剧场，更不明白是否有观众因受舞台美术的吸引而去看浙江小百花的新剧目。通俗地说，浙江小百花直到今天，“卖”的还主要是茅威涛的表演。其他那些元素，某些给演出加了分，某些给演出减了分，两相抵扣，剩下仍魅力不减的，就是茅威涛。那么，茅威涛为什么还要背负那些无谓的争论？只要茅威涛潜下心来，她对越剧所能够做的贡献，实无可限量；而以她目前的影响力，让越剧重光，绝非梦想。

明明有坦途，然而茅威涛选择了崎岖。她的勇气，却未必走向光明。我努力理解茅威涛，然而，理解与认同之间，不是简单的等号。

原载《北京青年报》2014 年 7 月 15 日

首届当代小剧场戏曲艺术节

【概况】

2014 年 10 月 16 日至 11 月 16 日，由中国戏曲学院、中央戏剧学院、北京戏剧家协会、繁星戏剧村等单位共同主办的“首届当代小剧场戏曲艺术节”在北京举办。来自全国各地的 13 个剧目在繁星戏剧村完成 50 场演出。剧目包括台湾国光剧团的《青春谢幕》，江苏省昆剧院与香港荣念曾联合创作的《319》，北京京剧院的《惜娇》《浮生六记》，中央戏剧学院的《霸王别姬》，中国戏曲学院的《来自地球的你》《朱莉小姐》《一旦三梦》，上海戏剧学院田蔓莎创新戏曲工作室的《杀子》，天津京剧院的《琼林宴》，湖北省地方戏曲艺术剧院的《天仙配》，繁星戏剧村的《一夜一生》等。

11 月 14 日，由中国戏曲学院戏文系、台湾大学戏剧学系、中国艺术研究院戏曲研究所、北京戏剧家协会主办的“第五届海峡两岸戏曲编剧高峰论坛——小剧场戏曲起源与现状学术研讨会”在北京举办。来自内地和台湾、香港的 60 多位学者、专家、艺术家与会，围绕“小剧场戏曲起源与现状”的主题，对小剧场戏曲的历史与传承、生存与发展等相关命题展开研讨。

【媒体视点】小剧场，京剧的另类生存

◎牛春梅

“哎呀！真的是两场戏全卖光了！”看着伍剧场和贰剧场已经全部售罄的票图，繁星戏剧村“村长”樊星是又喜悦又有些不好意思地对赶来看戏的朋友说。

首届当代小剧场戏曲艺术节正在繁星戏剧村上演，13 台不同剧种、来自不同地区和高校的戏曲作品汇聚一堂。而正在上演的新编历史剧《倾国》和台湾国光剧团带来的新编京剧《青春谢幕》尤其受欢迎，周末两天票房都是爆满。这次艺术节完全刷新了樊星对戏曲演出的认识，“原来不是所有戏曲演出都门庭冷落！”

三四个人也能满台生辉

三四个演员，一个蒲团，一道屏风，几个木偶……由繁星戏剧村出品的《倾国》是首届当代小剧场戏曲艺术节的开幕戏，它完全打破了传统京剧概念，带领观众进入一个新的世界。

《倾国》简约的舞台上呈现出一种素朴克制之美，两位主角没有换来换去的精致服装，两位配演则干脆穿上了麻布的衣裤。在故事的呈现上，京剧表演不再是唯一手段，西施与夫差、西施与铸剑师的对手戏是纯正的京剧表演；而作为讲述人的铸剑师在叙述这个故事时，又变换成了话剧表演；在讲述的过程中，间或加入木偶的表演。演出不仅呈现了更为丰富的质感，也让观众在一个故事中欣赏到了多种艺术形式。

和传统大戏的大动干戈不同，小剧场戏曲看上去最直观的特征就是演员少、规模小。此次当代小剧场戏曲艺术节中，大部分戏都只有三四个演员，五六个人参演的就算是大戏了。演员少，但台上的角色却不少，因此一个演员往往要分饰多个角色，也更加考验演员的功力。

由北京京剧院制作的小剧场京剧《浮生六记》，2009 年曾作为唯一一部小剧场作品亮相中国戏剧节，并与许多名家大戏共同获得优秀剧目奖。担任评委的阎肃当时点评说：“三四个人也能令满台生辉，不也挺好吗?”

《倾国》是一部新编历史剧。编剧胡叠以一个全新的角度讲述了西施与吴王夫差的故事。传说中作

为“卧底”的西施，在越国战胜吴国后随范蠡归隐田园。在这部戏里，西施却感动于吴王夫差倾国以待的真情，对其产生感情，并为助其炼剑而投身铸剑炉。编剧胡叠解释，自己希望将传说中的昏君和美女从概念化的叙述中抽离出来，用更为人性化的角度去看待他们，“传统故事总是为胜利者锦上添花，其实，历史上所谓的失败者也不一定就是昏君。西施在吴国二十年，夫差对她倾国以待，二人之间产生感情也并不奇怪”。

小剧场戏曲艺术节上演出的另一台小剧场京剧《惜·姣》由北京京剧院制作，也是从现代人的角度重新看京剧经典剧目《坐楼杀惜》，挖掘出阎惜姣的情感诉求。它还开创了京剧演出的一个先例，第一次像电影大片那样为一出戏制作了一个两分多钟的预告片，在地铁和公交车上播放。该剧导演李卓群说：“剧组的主创大部分都是‘80后’，我们并没有想过创造历史，只是希望能将同龄人也拉进剧场，让京剧覆盖的人群更广些，所以向影视剧的宣传学习，用现代的视听手段吸引年轻观众。”

中国戏曲学院教授谢柏梁认为，目前的小剧场京剧创作尽管还很稚嫩，但在保留传统戏曲内容和人文内涵的基础上，其表述和呈现方式还是与现代观众找到了对接点，“现在大剧场戏曲作品越来越高台教化，和观众的距离越来越远。而小剧场京剧触手可及，观演之间甚至能听得到彼此的呼吸声，这是真正的艺术体验”。

黑发人叫好，白发人迷糊

“我没有什么问题，只是想当面跟你们说一声‘感谢’！”《青春谢幕》首场演出结束后，大概有五分之四的观众都留下来和剧组主创进行演后谈，一位年轻女孩由衷地对国光剧团艺术总监王安祈和其他主创表示感谢。她说，自己以前从未看过京剧演出，《青春谢幕》让她发现其实京剧也没有那么“可怕”，反而觉得很亲切。

在这次小剧场戏曲艺术节上，和这个女孩有着相似想法的观众还真不少。在伍剧场看完《倾国》后，观众阿博兴奋地说：“没想到，近距离观赏京剧是如此美妙，演员的一招一式、一颦一笑、一唱一念优雅至极。尤其是唱腔，那个动人的声音好像水袖飞舞一般悠长缥缈，美得让人心醉，不在现场真是难以体会到。”

被朋友硬拉进剧场看《倾国》的观众张先生也表示，他一直认为京剧是一种高不可攀的艺术，要等老了才能走进剧场欣赏。但《倾国》让他发现，其实京剧可以做成年轻人喜欢的类型，那种优雅之美是看话剧或是别的什么演出体会不到的。

这次小剧场戏曲艺术节现场观众以年轻人为主，白头发的老年人反而成了零星点缀。带着母亲来看《青春谢幕》的沈女士就有些担忧，“这个戏更接近话剧，唱得太少了，而且演员的表演比较先锋，我妈可能看不懂”。

沈女士是奔着“戏曲艺术节”五个字来的，把13部参展剧目的票全买了。可她没想到，前面加了“小剧场”3个字，后面的“戏曲”会如此大为不同。她说，母亲最喜欢的是前两天演出的黄梅戏《天仙配》，因为是原汁原味的传统戏。至于《倾国》，则彻底把老人家弄糊涂了，这出戏虽然还有京剧的唱，可是不光西施的命运改变了，演出中还有话剧演员的讲述和木偶的加入，觉得自己看的不是京剧。

谢柏梁说，传统戏曲演出“老戏老演，老演老戏”，无形中提高了观演门槛。懂戏的老观众沉醉于审美形式的外壳，看的是演员的身段，听的是那几句精彩的唱。不熟悉京剧的年轻观众却因为看不到人物，看不到和自己有共鸣的思想内容，就很难对这门艺术感兴趣。“小剧场京剧无形中充当了跳板，以年轻人更容易接受的形式来展现京剧的魅力，进而可以把他们拉进京剧大剧场。”

终于有了自己的角色

谭正岩可能是当下中国京剧界压力最大的年轻人。作为京剧谭派第七代传人，原本热爱影视表演的他，为了延续家族传统，不得不忍痛割爱，学习京剧老生。但他在继承的过程中也备受困扰，人们总习惯拿他和祖父谭元寿、曾祖父谭富英相比，说他演得不像先辈。直到《浮生六记》的出现，才让重压之下的他得以喘口气，因为这部戏“终于让我有了自己的角色，他们再也不能说‘你爷爷、你老祖不是这么演的’了”。

小剧场戏曲艺术节参演剧目《浮生六记》，改编自清朝作家沈复的同名小说，在原著的基础上又编织了一个新的故事。剧中的沈复不是某个传统戏里的经典角色，演员也不用向某一位前辈学习举手投足。彻底摆脱了祖辈的光环或者说是“阴影”，谭正岩全力投入到新角色的创作。他不仅看原著，还和导演、乐队一点点地进行磨合。“创作过程很艰难，但却觉得很享受，体会到了创作的快乐。”谭正岩说。

后来有一次，著名演员、老戏迷王铁成看谭正岩演传统戏《失·空·斩》，夸他不完全是用老戏的方法，而是有了自己的表演特点。谭正岩倍感欣慰，“这种变化正是得益于《浮生六记》，新戏的创作，让我的分析能力和创造能力有了很大提高”。

这部戏也让谭正岩积累起了自己的粉丝群，演出后总有许多年轻观众到后台找他签名。这样的时刻，才让他真正体会到作为一名京剧演员的快乐，“远比作为一个名门之后带给我的快乐更多”。

剧评人陶子说，现在的戏曲院团还延续着以前梨园行的习气，判断一场演出或是一个演员的最高标准是“像与不像”前辈的表演，而非是否成功塑造了一个人物。突破传统的小剧场京剧让他们失去了对比的对象，也减轻了加载在年轻人身上的压力。

谭正岩所在的北京京剧院，是全国出品小剧场京剧最多的院团，从2000年推出具有标志性的小剧场剧目《马前泼水》，到近几年连续推出《惜·姣》《玉簪记》《浮生六记》等多部作品，获得了观众和行业内的认可，目前还在筹备两部新的小剧场作品。北京剧协副主席杨乾武认为，这个现象并非偶然，“北京京剧院年轻演员非常多，它需要给这些年轻人一个出口，小剧场京剧恰好提供了这样一个平台”。

先后执导了《浮生六记》《倾国》，并参与过《马前泼水》《偶人记》等小剧场戏曲作品的白爱莲，可以说是在小剧场京剧这块舞台上成长起来的新导演。她说，在小剧场的舞台上，她能够获得更多艺术上的自由，不用担心剧院艺委会的老先生们说——这就不是戏。

陶子感慨，小剧场戏曲的创作要比小剧场话剧更难，也非常考验这些年轻人，“他们能够做得有模有样，是因为内心对中国传统文化有一种热爱，是一种文化自信的体现，小剧场戏曲的出现就是这种自信的外化”。她相信，这批年轻人能够跳过上一辈，接续起传统文化，并积蓄新的力量，从小剧场开始把传统戏曲发扬光大。

尚需耐下性子积淀和培育

首届当代小剧场戏曲艺术节将持续一个月时间，这几日，杨乾武、周龙、谢柏梁、樊星等几位发起者和组织者也时不时地到剧场看看上座的情况。看着台上台下一张张年轻的面孔，杨乾武有种“终于完成了一件大事儿”的感觉。

“戏曲大剧场市场一直不景气，看戏的以老年观众居多，必须为京剧培养新的观众才能改变这种局面。”早在几年前，杨乾武就萌生举办一个小剧场戏曲艺术节的想法，“小剧场戏曲资金需求少，生产周期短，能够尽快培养新的人才和新的观众”。他希望，把以往零打碎敲进行演出的小剧场戏曲组织起来，“集中演出，影响力也能大幅增加”。

但要把想法付诸实践却并不容易。因为这一新的艺术形式并未得到重视，申请举办小剧场戏曲艺术节的过程因此一波三折。2013年，杨乾武所在的北京戏剧家协会向有关部门提交了举办“小剧场戏曲艺术节”的申请，未获批准。于是，2014年杨乾武“曲线救国”，提交了一个《2014年体制外优秀青年戏剧推荐展演》的方案，把小剧场戏曲艺术节和体制外戏剧展演组合在一起，终于获得通过。其实，展演的重点项目就是这次小剧场戏曲艺术节。

解决了资金问题，在甄选剧目的过程中，他们又遇到了新问题。杨乾武原本想全部选择具有先锋、实验气质的小剧场戏曲作品，但由于这样的剧目并不足以支撑一个小剧场戏曲艺术节，最终又加入了《天仙配》《琼林宴》等传统剧目。

“除了北京京剧院，国内京剧院团大都很少或者根本没有涉足小剧场京剧。”杨乾武说，即将在天津举行的第七届中国京剧艺术节上，所有参展的剧目就都是煌煌大作，根本看不到小剧场剧目的身影。

文化部艺术司副司长吕育忠解释，中国京剧节并未对小剧场京剧设限，但由于小剧场京剧尚未形成规模，全国所有京剧院团中只有北京京剧院申报了一个剧目，最后也未能入围。他表示，如果小剧场京剧逐渐发展，能够推出比较成熟的作品，中国京剧艺术节肯定非常欢迎。不过，他也强调，为了迎合市场而肆意改编传统经典的作品是不能入围的。

本次小剧场戏曲艺术节艺术总监周龙认为，小剧场京剧正处于萌芽状态，当下体制内的院团尚未看到它的作用，排大戏还是院团的基本任务。从另一个角度看，京剧已有200多年历史，只有十几年的小剧场京剧自然很难影响到它。“小剧场京剧也不必着急上位，还是要耐下性子积淀和培育。”周龙说。

天津京剧院青年演员凌珂带着传统戏《琼林宴》参加了此次戏曲艺术节，他认为自己还没有能力去创新，“把旧的东西学明白了再去创新才能有根”。原来早在10多年前，20多岁的凌珂就曾根据海明威的小说制作过一版新编京剧《老人与海》。“当时自己的京剧底子还不扎实，做出来的东西显得很不上档次。”他意识到，创新不能凭一时冲动，还是要扎根在厚实的传统基础之上。

案例

国光剧团“拆”京剧兴京剧

小剧场京剧起源于大陆，但在海峡对岸被标志得更为鲜明，获得了更为突飞猛进的发展。曾向大陆院团“取经”小剧场京剧创作的台湾国光剧团艺术总监王安祈，这次却带着《青春谢幕》一剧和国光剧团近10年来小剧场创作的经验前来“布道”。

国光剧团是20世纪90年代台湾军中剧团解散后重组而成的京剧团。曾经以演出传统戏为主的国光剧团，为了能够依附政治力量生存下来，一度创作了许多政治色彩鲜明的台湾本土化作品，讲述台湾当代及历史故事。但是老戏迷对于这种变化并不买账，年轻人也觉得无趣，国光剧团只能惨淡经营。

2002年，王安祈加盟国光剧团。在剧团发展上，她设定了强调文学性、以小博大的策略。“那时的大戏自以为正统、辉煌，但在观众眼里却不过是口号、教条，所以必须改变。”王安祈说，“以小博大”的小，指的不仅是小剧场，同时还是切入角度的小，不再宏大叙事，而是要向内凝视，独抒性灵。

和大陆剧团不同的是，国光剧团的小剧场作品从一开始就旗帜鲜明地提出：小剧场就是要拆解传统京剧，做实验、先锋、颠覆京剧传统的另类作品。2004年，他们推出了根据传统经典《御碑亭》改编的《王有道休妻》。原剧讲述王有道因为误会妻子与一同避雨的书生有染而休妻，得知真相后又请回妻子的故事。小剧场京剧《王有道休妻》对人物进行了更为细腻的分析，王有道之妻同时由两个演员在台上扮演，代表不同的心理侧面；避雨的亭子也由真人来扮演，它还撮合王有道之妻和书生在一起。2005年的《青冢前的对话》则让原本不可能出现在同一时空的蔡文姬和王昭君对话，阐述作者对女性的理解。

“要是老戏迷看到我们这样改编《御碑亭》肯定要气死了，幸亏他们不会来到小剧场。”王安祈笑着说。两部小剧场作品，虽然被许多老戏迷斥为恶搞，但却吸引了很多年轻观众，他们认可国光剧团讲究艺术性和文学性的改编。

“一个京剧团胆敢做如此之大的改革，观众就会觉得你是有活力的。”王安祈说，有了小剧场作品打下的基础，国光剧团又启动大剧场的剧目改革。2007年，他们推出了根据张爱玲同名小说改编的《金锁记》。剧中，演员们没了水袖，不戴髯口。主演魏海敏也不再是雍容华贵的梅派风韵，而是完整地表现了一个恶人，呈现恶的风景，唱出负面人物内心的颤抖。魏海敏的这次演绎不可谓不出格，但观众却觉得很自然，因为在他们心中国光剧团的京剧就是一种前卫艺术。

10年下来，国光剧团不光做了8个小剧场剧目，在大剧场也扭转了国光剧团的“性格”，为自己培养了许多年轻观众。他们每次的演出现场约有七成观众是年轻人，许多热情的粉丝还会跟着剧团到处跑，一点儿不输京剧黄金时代那些捧角儿的人的热情。

2013年开始，国光剧团又推出了“小剧场大梦想”的展演活动，让京剧和其他戏剧形式同台竞技，希望用京剧的营养去滋养其他戏剧形式，让京剧的生命力通过更多的载体得到更好的生长。

牛春梅　《北京日报》记者

原载《北京日报》2014年10月30日

纪念梅兰芳诞辰 120 周年

【概况】

梅兰芳先生是 20 世纪我国杰出的京剧表演艺术家，是中国乃至世界戏剧史上具有重要影响的大师。1894 年 10 月 22 日，梅兰芳生于北京，2014 年适逢梅兰芳诞辰 120 周年，全国有关单位举行了形式各异的学术研讨会、巡回演出、展览等纪念活动，以传播梅派艺术。

【梅兰芳戏曲舞台美术改革理论与实践研讨会、梅兰芳表演艺术研讨会、梅兰芳表演艺术的传承研讨会】

为纪念梅兰芳诞辰 120 周年，中国戏曲学院梅兰芳艺术研究中心分别于 2014 年 6 月 4 日召开“梅兰芳戏曲舞台美术改革理论与实践研讨会”；2014 年 7 月 10 日召开“梅兰芳表演艺术研讨会”；2014 年 9 月 26 日至 27 日召开“梅兰芳表演艺术的传承研讨会”。

【观点】梅兰芳戏曲舞台美术改革理论与实践研讨会、梅兰芳表演艺术研讨会观点选录

澄清一个误说，重温四句箴言

国家级非物质文化遗产京剧项目代表性传承人钮骠教授通过当年马神庙王瑶卿弟子的口述历史，澄清了一个误说，认为学界一直大做文章的王瑶卿先生当年对四大名旦的一字之评并不确切，所以他号召不应该再在这四个字上反反复复做文章，因为这无论对谁都是一种不尊重。钮骠教授认为梅兰芳的“纯”、程砚秋的“正”、尚小云的“刚”、荀慧生的“柔”才是对四大名旦艺术特色的正确总结。梅先生的艺术风格是纯正之美，是中和之美，是绚烂之极归于平淡的美。

钮骠教授还提倡重温四句箴言：“移步不换形”“善于辨别精粗美恶”“演戏要从少到多再到少”“要学我早期的调门、中期的表演、晚期的火候”，这四句箴言是梅先生留下的宝贵财富，堪称经典中的经典，值得当今演员、教师和研究者反复学习、深入研究。

戏曲改革前沿阵地上的巨人

国家京剧院原院长苏移先生强调，梅先生是戏曲改革前沿阵地上的巨人。他在艺术上一直站在戏曲改革的前沿，是我们戏曲界永远学习的楷模。

梅兰芳纪念馆副馆长刘祯也认为梅兰芳对于 20 世纪京剧的贡献首先是表演艺术，但又不仅仅局限在表演艺术，他在导演、文本、唱腔、舞美、戏曲革新等各方面的贡献都非常凸显，所以，梅兰芳之所以成为 20 世纪的一代京剧大师，就在于他对京剧艺术的贡献是全面的。梅兰芳在京剧革新方面的步伐迈得非常大，改革非常全面。梅兰芳早期革新的思想和行为，是顺应社会时代和当时观众审美需求的选择。1949 年之后的戏曲改革，是国家层面的、全方位的，是动用了全国整体的文化力量来实现的戏曲革新，改革力度之大超越了戏曲界也超越了文化界本身，被赋予了时代的政治的使命。梅兰芳对于京剧、对于戏曲、对于革新的理解，对戏曲艺术规律的把握，使他对将要进行的“戏改”有很强的敏锐力，“移步不换形”的提出，就是这种敏锐力的表现。

关于梅兰芳对戏曲的改革，与会专家都有共识：梅兰芳的革新是全方位的，在舞台美术方面的革新就包括布景、道具、服饰、发饰等各个方面；梅兰芳的改革也是自觉的，他曾经和余上沅到欧洲考察戏剧，观摩西方戏剧的舞台演出，并有意识地从中国书法、绘画中汲取养料，以此丰富自己舞台美术的革新。梅兰芳的革新既有个人原因也有时代原因，时代在进步，物质条件在变化，必然促使戏曲的改革和创新；梅兰芳交友广泛，周围有良好的文化氛围，自身文化修养不断提高，也是其创新的起始源。梅兰芳当年勇于创新、善于反思、从善如流，他的精神对当下的戏曲创新仍有极大的指导和借鉴意义，学习他能以古鉴今，更好地传承戏曲文化。

戏曲必须修复

梅兰芳研究会会长吴迎先生呼吁必须修复戏曲。他认为传统已遭破坏，太多事情已成现实，要把它完全扭转过来为时已晚，抢救和创新都已来不及，目前我们要非常虔诚地逐步修复那些已经变样的东西，因为戏曲是遗产，遗产无所谓发展，必须以修复为主。一是修复已经被破坏的传统；二是修复教学方法。中国戏曲学院具有真正的权威性，可以做不少修复工作。

国家京剧院创研部副主任池浚也提出要从戏曲文化的角度去读解梅兰芳的艺术思想和梅兰芳精神，要正确理解梅兰芳在艺术革新创造上那些成败得失，要用一个修复之心去对待这些现象，把真正属于梅兰芳的艺术传给后代。

典范中的典范

中国戏曲学院国家级非物质文化遗产昆曲项目代表性传承人沈世华教授和戏文系主任谢柏梁教授都高度评价了梅兰芳先生对昆曲的贡献，认为他不仅仅是京剧大师，也是一个昆曲大师。

在昆曲无人问津的时候，梅兰芳先生一直提倡多学、多演昆曲，他每次到国外演出都要带几出昆曲戏，竭力提倡昆曲，弘扬昆曲。昆曲在 2001 年 5 月 18 日被联合国教科文组织命名为人类口头非物质文化遗产代表作，这与梅兰芳的付出是息息相关的，因为参评的剧目就是包括梅兰芳先生拍的电影《游园惊梦》《断桥》《墙头马上》，以及《十五贯》等。因此，梅兰芳先生不但为京剧作出了巨大贡献，对昆曲的贡献也是无法比拟的。

梅兰芳和俞振飞、朱传茗、周传瑛等前辈共同努力，使昆曲不断传承，才有今天的发展延续。昆曲绝不是地方戏，它是代表我们中国传统戏曲文化的典范，而梅兰芳先生就是典范中的典范。

谢柏梁教授也认为梅兰芳之所以在一定的时间内能够跟谭鑫培先生分庭抗礼，除了天分和勤奋之外，昆曲艺术对他的滋养也是非常重要的因素。梅先生一生能唱 50 多出昆曲戏，在国外演出的剧目超过三分之一是昆曲。谢教授提醒大家：梅兰芳在昆曲舞台上做了诸多实践，但是我们今天对昆曲的学术研究和学校教育都相对薄弱，这个局面必须改变。

海纳百川的胸怀

中国戏曲学院导演系主任冉常建教授着重分析了梅先生为什么能够成为中国京剧史上伟大的表演艺术家。他认为在诸多因素中有两个因素特别明显。

一是以我为主，兼容并蓄。梅先生像一条源远流长的河，吸收各种支流终成大海。梅先生以京剧为基础，注意吸收其他剧种的精华，如昆曲、豫剧、汉剧等，像《穆桂英挂帅》《宇宙锋》都对这些剧种有一定的吸收和借鉴。梅先生还善于向不同艺术品种学习，如绘画和电影，学习绘画使他对舞台构图、服装构图、舞台色彩以及表演艺术的意境有很大的提高，拍摄电影使他苦思冥想电影和戏曲美学追求的差异，他从电影艺术的表演中吸收到如何让戏曲表演更加真实，在美的基础上增加真实感。这些都是他以我为主，博采众长，丰富、发展、推动京剧表演艺术达到辉煌的一种境界和胸怀。

二是继承传统，大胆革新。他不满足于仅仅继承传统，而是利用传统创造新的人物形象，丰富和发展表演艺术，比如他革新了京剧的伴奏、服装、头饰等等，这种举动和精神非常令人敬佩。

这样的胸怀、眼界和精神就是梅兰芳给我们的重要启示。

强烈的传播意识

中国戏曲学院表演系主任王绍军教授指出梅兰芳能够享誉世界，成为一个超出艺术本体的人物，成为一个文化现象，成为中国文化的代表，而不仅仅是一位戏曲的表演艺术大师，是值得我们深思和研究的。

他认为梅兰芳之所以能够成为中国传统文化的符号性、标志性、象征性的人物，固然跟大家谈的方方面面的浑然天成或者有意追求密不可分，更重要的是梅兰芳不但是一位传统戏曲优秀的继承者，一个出色的改革者，更是一位具有前沿意识、具有时尚精神的中国文化和中国戏曲艺术的传播者。他是较早把中国戏曲大规模推向国外的人，他把戏曲带给东方的日本、远东的苏俄、西方的欧美，具有强烈的传播意识。梅兰芳在访美前，组织了一流的专家把所有剧目、道具、穿戴规制、故事背景等都翻译成英文，形成规范化的一套用英文来解释中国戏曲的艺术词汇体系，迄今为止没有人能超越这套词汇体系。我们半个世纪以来中国戏曲代表中国文化走出国门有相当多的演出和英文翻译，没有一套比他那套精准，因为他汇集了一大批的英文专家和文学大师，这是梅兰芳在中国文化对外传播方面的伟大贡献之一。

不遗余力做好三件事

梅兰芳纪念馆馆员梅玮设想如果曾祖梅兰芳先生今天还活着，一定会不遗余力地做好三件事：把自己最传统的东西保留下来；根据现在观众的审美需求，对京剧进行适当的改革和创新；宣传京剧，继续让以京剧为代表的中国传统文化在全世界产生影响。

原载《戏曲艺术》2014 年第 3 期

【观点】梅兰芳表演艺术的传承研讨会观点选录

梅派艺术的传承

著名京剧演员、梅派弟子李胜素认为梅派艺术“高山仰止”“学无止境”，多年来她正是秉承观众的厚爱，潜心研习梅派表演艺术，深感梅派戏很难演，而且越学越难。她特别提到《洛神》是她最喜欢也是最怕演的一出戏，这出戏用现代的观点来说就是一出非常意识流的戏，主要就是一场似是而非的冲锋和默默无言的离别，要让观众感受到洛神的拟歌先敛、欲笑还颦的情愫，并拨动他们的心弦十分不易。淡漠之中包含着对人世的洞察和悲悯，所有的前身今生都化在她的心里，所以李胜素认为这出戏大概是梅派艺术的顶峰所在了。

台湾地区的魏海敏讲述了京剧在台湾的情况，以及她与梅派艺术的结缘。在演绎和传承梅派艺术的同时，她也有自己的思考，比如对戏剧当中女性角色的探讨。梅兰芳大师是一位男性，但他却塑造了中国社会一种理想的女性形象——一个美丽而神秘又具备慈悲心的美丽的化身，也许正因为他是男扮女，所以在他扮演这些角色的时候还是有他的局限，那个局限就是梅兰芳大师适合演雍容华贵的人物，如果改变让他演一个坏人的形象，也许就会损伤到他的表演，所以他创造了一个奇迹。但身为女性演员，魏海敏认为也有局限，因为戏剧的本身就是在叙述人生，如何打破京剧的人物在舞台上的形象，也是另外一种值得思考的方向。同时，她还提到艺术的创作问题，她认为艺术的创作必须要在一个很自由的环境中，客观地编创出一些人们所需要的东西，它不应该是普通的、商业化的。因为我们的戏剧编出来是带领人们看待事情的一种看法，艺术本来具有很高的境界，如果我们只把表演限于所谓的技巧或是唱念做打，把它当作京剧的唯一，那么是非常可惜的一件事情。

京剧表演艺术家王志怡老师认为，梅派艺术一是唱，梅派唱腔在唱时非常善于以内在的感情传达剧中人物的思想，甚至可以从唱中区别出各种各样人物的身份、性格、处境和教养，而且唱腔上每一个细节的变化都和剧中人物当时的思想感情、内心活动十分吻合，且这一切又都表现得极有分寸，恰到好处。二是吐字，梅兰芳大师要求字要灵活、清真，听起来非常自然，接近生活。三是水袖，用来帮助演员刻画人物性格，表达思想感情，彰显身份和气质。四是眼神，梅兰芳练就了一双传神的眼睛，如《贵妃醉酒》中杨玉环的醉眼，穆桂英眼中的英武，《生死恨》中韩玉娘的怒眼，不同的人物表现不同的眼神。五是做功，梅兰芳经过许多年的不断思考和实践加工，他的表演达到精美绝伦的境界，总体上突出一个圆字，不仅背后有戏，从任何一个角度看他的表演都能给人以美的感受。

吴迎老师更是语重心长地深切急呼“再不端正了解梅兰芳的话，我们的梅派可能很难一直下去”。他提到像上海的魏莲芳、言慧珠、杨婉蓉，以李炳淑跟杨春霞为标准，这里面有很多值得深挖的东西，不赶紧把遗忘最彻底的东西好好地挖出来，就来不及了。例如李炳淑老师的《廉锦枫》就是她当时在旁亲眼看见魏莲芳老师是怎么教的，那是正统梅派，不是哪里看一点听一点就可以学来的，那是手把手教的。

梅派艺术的研究

来自台湾地区的王安祈教授认为，如果要用一句话来形容梅派的表演艺术，她认为是“豪华落尽见真淳”，这七个字可以拿来形容梅派的表演及剧本。有的版本说是“繁华落尽”，可是她独喜欢“豪华落尽”，而且她认为版本上正确的也应是“豪华”，对于曾经形容陶渊明的词句借用到形容梅兰芳，她觉得“豪华”更有气势，中间所有的技巧和那些雕琢已经全部内化，所以豪华落尽之后最后见到的是出于自然的真淳的状态。她提到梅先生形容自己的表演也有三个阶段，就是少—多、少—简、繁—简，这几个字正好可以形容梅派的剧本，梅派剧本都不讲究曲折的情节或者是冲突、张力，就好像山水写意，淡淡几笔，剧本就是提供演员常年发挥的机会，抒一段情或营造一种意境。所以，王安祈教授说她非常喜欢《洛神》，如果要编曹氏父子、曹氏兄弟跟甄氏之间的情感就会编成长篇连续剧，可是梅派《洛神》编得那么简淡高雅，不要说情节没有什么，就连情感都那么含蓄，含蓄到若有若无，主客之间是翻转过来的，这部戏反过来说真有一个洛川神女来到曹子建的梦中邀他明天洛川相会，然后一段光影是那样神光离合、乍阴还阳，随着曹子建目送神女的消逝那一刻戏也就结束了。《洛神》这个戏何止是抒情，更是营造一种意境，是最有意境的戏。“豪华落尽见真淳”不是空无一物的简单，而是把所有雕琢过的过程内化到里面，它不仅是梅派表演艺术的特色，也是梅派剧本的特色。

江苏省戏剧家协会主席汪人元先生认为讨论梅兰芳表演艺术的传承自然不能停留在几出代表剧目、几段唱腔、某几个身段动作的传习研究上，而应该把梅先生作为中国戏曲的杰出代表，更加自觉地从戏曲表演体系的高度来继承梅兰芳的表演艺术。他认为梅兰芳表演艺术之所以可以成为戏曲表演体系的杰出代表，就在于梅派艺术具有通大路的风格，这种通大路的品质不仅表现在对受众的广阔覆盖，更在于梅派艺术自身，简单地说就是个性中蕴含了更多的共性，个人创造中更多体现了艺术规律。梅兰芳的艺术创造中就体现了戏曲的创造规律，而且人们对于梅兰芳表演艺术最为人称道的评价就是平中见奇，在平和中正自然脱俗的中和之美当中去显示令人惊异的奇绝。

武汉大学哲学院的邹元江教授认为梅兰芳的表演艺术是没有显著特点的中和之美，正源于此，梅兰芳是很难学的，也很难传承出一个划界意义的梅派，因为梅兰芳的表演艺术从开始到成熟到鼎盛时期的面貌全都是不一样的，基于此对于传承者而言要学习的更应该是梅兰芳表演艺术的核心：一是美感，二是神韵，三是反思，四是谦逊，五是献身。

戏曲专家刘进群老师则是从另一种角度带领我们学习和了解梅兰芳艺术。他说到梅兰芳的唱腔那么悦耳动听，那么有感染力，让人百听不厌，可是如果反思这些唱腔不是梅兰芳唱出来的，它还能够流传下来吗？因此，结合梅派的唱腔，刘进群老师总结了梅兰芳演唱艺术形成的几个方面：一是天赋，包括嗓音和悟性；二是技巧、是功法；三是审美追求，是艺术家主观的审美标准；四是艺术修养，体现在梅先生身上就是他的反思和创新，以及表演中的写意和写实。今天我们说学习梅派越学越难，难就难在审美追求和艺术修养，所以传承梅派恐怕需要青年演员和学生在这两方面上修行一辈子才能到达这种高度。

戏曲理论家龚和德先生谈及对于梅兰芳的传承有三个层次，第一层是艺术作品，是流传下来且还在舞台上的梅先生的代表作，或者经过努力挖掘恢复到舞台上的，这些作品是我们要传承的。像其他的非物质文化遗产一样，要在生命与生命的对接当中把这些作品一代一代传下来，这是特别重要的，这是第二、第三层次的基础。第二个层次就是艺术风格，我们通常所称的流派，风格的概念大于作品，作品是留下来的，风格却可以用来塑造新的形象，所以在这一点上很值得去研究。第三就是梅兰芳的精神，是唯美色彩浓重的古典精神，铸就出许多经典动人的舞台形象。所以继承梅兰芳要从作品到风格到精神，三个层次都需要，京剧的经典是靠演员演出来的。今天的京剧虽已不是梅兰芳的时代，但梅兰芳对今天仍然非常重要，因为他把一般的剧目打造成为经典的基本经验和精神对我们今天依然非常有用。

戏曲人才培养

中国戏曲学院的张晶教授提到目前的戏曲教育问题，她具体到学生的音质来谈学习梅派艺术。她提到这两年“学京赛”中，唱梅派的非常多，但真正嗓子好的很少，现在的演员大多是靠胸麦哼唱，嗓子甜美，但爆发力不够。京剧演员喊嗓这门功课现在已经被忽视，以为有了麦克风就可以不用太使劲唱，也不常喊嗓。殊不知麦克风只能弥补声音上的不足，如果缺乏喊嗓音色就会发暗，不扎实，在需要爆发力的关键时刻往往靠麦克风的唱法是捉襟见肘的，而且现在舞台的电子扩音设备都是为流行歌曲设计，没有考虑到我们京剧的特点，所以出来的声音往往过厚发闷。同时，张晶教授还认为戏曲教育中急需建立起学生的声音履历或是变声期档案，要详细记载变声过程，他的年龄、身体发育状况、变声类型以及每个变声期的嗓音变化，他的音域、音型、音色等等，最好有变声前中后期的资料附上说明，要求变声同学做好随想笔记，把整个变声过程的感受记录下来，给变声期的学生定期检查嗓音，以便取得引起变声生理的依据。这些对今后指导唱念教学以及正确处理变声期的嗓音训练有极大的意义。纵观前辈艺术家之所以能够流芳百世，其优秀的作品和委婉的唱腔，达到了通畅、轻松明亮、圆润的效果，与美声唱法是一致的，戏曲演员在继承京剧传统的同时应认真研究总结前辈们科学的演唱方法，利用气沉丹田、音灌脑海演唱的方法，才能使我们的艺术更加持久。

京剧与信息技术

在多元化文化的今天，如何让中国传统文化的京剧在世界的洪流当中，要跟这么多表演媒介及传播媒介来对抗，如何能够让人们从其他的媒介当中把眼光转移到京剧这个比较难懂、比较深的表演形态上来，恐怕我们还是要向梅兰芳大师学习。梅先生身上那种不断创新，敢于接受新鲜事物，与时俱进的精神，仍然值得今天的我们好好学习。

中国传媒大学的周华斌教授讲述了梅兰芳的电影世界。梅兰芳毕生跟电影结缘，中国电影的起步和发展绕不开戏曲电影，而戏曲电影就离不开20世纪的梅兰芳，在中国电影领域中梅兰芳的电影就是戏曲电影的重要标志。梅兰芳一生拍过很多电影，他经历了活动影戏阶段、无声默片阶段、声画同步的有声片阶段、彩色片阶段，还包括私人摄录的若干个舞台纪录片。作为表演艺术大师，他把舞台实践和电影实践交叉进行，在电影起步的背景下经历了舞台语言与镜像语言的双重探索，20世纪60年代话剧、电影、戏曲并驾齐驱，表演艺术，既有交流也更有分野，梅兰芳坚持移步不换形，引起了很多争论，实际上是坚守以舞台为本体的艺术表演。尽管他的艺术经历跟镜像同步，但始终坚守舞台的本体，保持流畅的、程式的、写意的舞台表演，始终以戏曲直面观众，保持舞台上下美的距离，使电影成为戏剧手段。因为梅兰芳没有赶上电视时代，没有赶上互联网时代，我们甚至可以大胆地设想如果梅兰芳生活在今天，他也一定是这个时代的先驱。因此，从梅兰芳与电影的启示中我们可以得出：第一，可以考虑媒体和载体的辅助记录的作用；第二，观演关系，要考虑直面观众和虚拟观众；第三，表演节奏问题，就是流畅的表演和碎片化的镜头剪辑；第四，大众艺术和精品追求。所以梅兰芳的电影资料，不仅是电影发展的珍贵资料，也是研究梅兰芳艺术的珍贵资料。

来自上海的章伟国教授介绍了京剧与信息技术的另一种邂逅。章教授从上海的戏曲演出市场来谈目前的群众观演人数，以及曾经设想培养一定规模的观众群来谈戏曲发展的现状。但也许正因为时代在变化，京剧的盈利模式可能也需要变化，也就是说京剧的盈利模式可能不在于剧场的票房价值，而在于它更广泛的市场价值，它要在剧场演出之外另外有一个全新的盈利模式，这样才能够支撑我们京剧的继续传承和发展。章教授甚至设想并试图尝试利用互联网，因为智能手机的普及，人们打开智能手机里面有很多 App，前年他曾经和中国移动还有中国电信达成过一个意向，试图在手机里能够植入一些我们京剧演员的 App 进去，也就是说把它作为艺术名片，然后在此基础上进行推广，如果这点能够成功的话，当中就能够植入许多广告。其次，他还提到上海艺术节，它不单靠政府的财政收入，政府把相当一部分的广告资源特别是公益广告的资源分配给上海国际艺术节公司，由它们置换来支撑上海整个演艺界的发展。如果这条路能够走得通，或许它就是以后改变京剧盈利模式的一种方式。因此，随着时代的进步，京剧的发展也需要我们思维认识的改变。

原载《戏曲艺术》2014 年第 4 期

【梅兰芳表演体系国际研讨会】

2014 年 10 月 22 日，由中国艺术研究院主办，梅兰芳纪念馆、戏曲研究所承办的“梅兰芳表演体系国际研讨会”在北京召开。梅葆玖、梅玮等梅家后人、梅派弟子代表，以及来自中、韩、日、法、俄等国的近 60 位戏曲界专家学者参加会议，对梅兰芳京昆表演艺术与戏曲表演体系，以及梅派艺术、梅兰芳与京剧的传播、传承与发展等进行研讨。

【观点】珍视梅兰芳的艺术和精神遗产

◎王文章

京剧艺术大师梅兰芳诞辰 120 周年之际，我们缅怀大师，总结他的表演艺术体系，继承弘扬他的精神，对京剧和整个中国戏曲艺术的创新发展，具有重要的意义。

梅兰芳作为一代创立完整表演艺术体系的京剧艺术大师，首先是他在艺术上深入继承传统，并勇于改革创新，发展提高了京剧旦角乃至京剧艺术的整体水平，形成了具有京剧标志性、代表性的梅派艺术。梅兰芳的表演呈现的是戏曲的总体特征，但更有他自身立足传统与现代之间，广泛吸纳京剧和其他艺术之长，而进行的艺术创造与个性追求。他出身梨园世家，从小经过严格的戏曲艺术基础训练，11 岁登台演出，20 岁左右即形成轰动性的舞台艺术影响。但这时也是他进行艺术革新尝试、创演时装新戏的开始。梅兰芳一生对京剧舞台表演及其相关各艺术元素都做了前所未有的艺术革新。正是他继承传统又发展传统，在不断超越前人和超越自己的过程中，把京剧旦角艺术开创到前所未有的艺术高峰。他的表演虽然呈现的形式是京剧梅派旦角艺术，但他表演体系的构成则是京剧艺术的整体内容。

梅兰芳的表演艺术紧紧围绕着京剧艺术本体，千变万化而不离其宗，在深入继承中创新，移步不换形，他呈现的京剧艺术面貌，既是传统文化的，也是时代审美的。如很多人讲到梅派的唱腔时，常常称之为“无腔不新，又无腔不似旧”，作为“美的创造者”（欧阳予倩语），梅兰芳先生的创造鲜明地展示出中国传统文化对“新”与“旧”，“有形”与“无形”，“形式美”与“韵味”“意境”的高度统一和辩证思考。应该说，梅兰芳先生的艺术理想是京剧乃至中国戏曲表演体系的至高旨趣。

梅兰芳作为一代具有广泛性群众影响的京剧艺术大师，不仅是因为他具有精湛的表演艺术，更因为他品德高尚，一生始终展现着德艺双馨的人格魅力。他把为观众演好戏放在心中至高无上的地位；他扶危济困，提携同人和后学，待人诚恳，仁爱宽善。正是他对广大观众的无私奉献，才赢得观众的竭诚拥戴。

梅兰芳作为享誉世界的京剧艺术大师，还因为他以建立在对京剧艺术深入理解基础上的文化自信，抱着极大的热忱，筚路蓝缕，在世界艺术舞台上努力传播京剧艺术。梅兰芳于 1919 年、1924 年、1956

年3次去日本，1930年去美国，1935年和1952年去苏联访问演出，其精湛的表演，无不引起巨大轰动。这些演出，特别是1930年的访美演出，梅兰芳和他的剧团做了艰苦细致的筹备，个中艰辛，外人难以体会。梅兰芳以自己的表演，真正让世界了解了中国戏曲的独特魅力，打破了当时欧美戏剧界把写实主义戏剧视作唯一正统舞台艺术的格局，增强了中国人对以京剧为代表的中国戏曲艺术的自信力和自豪感，加强了中西文化艺术的交流。

梅兰芳作为中国人爱戴并引以自豪的京剧艺术大师，还因为他在民族危亡之际，将个人安危置之度外，蓄须明志，不为敌伪演出，以大义凛然的爱国情怀，彪炳青史，为人景仰。梅兰芳先生正是以这样的气节，表现了一位艺术家对祖国和人民的真挚情怀。

京剧诞生以来，多少代艺术家吸收融汇，创造积累了丰富的表演程式和手段，梅兰芳正是在学习继承前人和借鉴同代人艺术创造经验的基础上，吸收创新而发展出完整的表演体系，梅兰芳的表演艺术体系不是平地起高楼，而是高山起微尘。因为，梅兰芳的表演体系，代表了京剧的表演体系，研究梅兰芳艺术表演体系，必须与研究京剧表演体系相统一。同时，作为一代大师的舞台艺术，并非单一的表演技巧，而是与他的思想情操、道德修为相统一的，因此，研究梅兰芳表演体系，也应与研究他整个人生的奋斗实践相统一。

梅兰芳大师为我们留下了珍贵的艺术遗产和精神遗产，在今天我们按照习近平总书记提出的立足中华优秀传统文化，培育和弘扬社会主义核心价值观而努力之时，梅兰芳大师的艺术遗产和精神遗产尤其值得我们珍视。梅兰芳曾是中国艺术研究院前身之一的中国戏曲研究院的首任院长，使我们作为今天中国艺术研究院的一员，更对梅兰芳大师怀有一种特殊的感情。在他诞辰120周年之际，我们学习和总结梅兰芳京剧表演艺术体系，继承和弘扬他的高尚精神，正是表达对他留下的这份丰富戏曲遗产的珍视，以及对他艺术实践和思想精神的研究、继承和弘扬。

王文章　中国艺术研究院院长、研究员

【观点】梅兰芳为什么是大师

◎贾志刚

2014年是梅兰芳大师诞辰120周年，各类纪念活动方兴未艾。之所以纪念，是因为梅兰芳被称为戏曲表演艺术大师。可梅兰芳为什么是大师呢？对于这个问题的回答各式各样，莫衷一是。

有人说，有的书上也说，梅兰芳第一次把戏曲推向海外，使外国人欣赏到戏曲的魅力。这话不准确，应该这样说，梅兰芳较早地把戏曲推向海外，其影响是空前而巨大的。

翻开尘封已久的《申报》，我们看到光绪五年即1879年5月22日，美国前总统格兰脱在上海大观园欣赏戏曲，看的是京剧《赐福》《加官》《财神》《金山寺》《双摇会》等。俄国皇太子亲赴香港看戏等。而在光绪十七年（1891），也就是梅兰芳访日28年前，京剧武生张桂轩应华侨之邀请，随戏班在日本的长崎、大阪、东京、神户等地演了3年多，之后1895年又去朝鲜汉城演出，1896年又去俄国海参崴、伯力演出，于1908年回国。在京剧走出国门之前，地方戏如高甲戏、琼剧、潮州戏等已经多次前往东南亚演出，高甲戏最早，1840年高甲戏的三合兴班就已在新加坡、马来西亚、缅甸演出《三气周瑜》等戏。由此可知，外国人尤其是外国的上流社会在梅兰芳出国演出前不仅对戏曲早有耳闻，而且已略知一二。尽管如此，走向世界，并产生巨大影响的则是梅兰芳，无论是1919年、1924年的两次访日演出，还是1930年赴美国演出和1935年赴苏联的演出，为京剧乃至戏曲走向世界，做出了卓越的贡献，使世界对“东亚病夫”和“东方睡狮”另眼相看，令西方世界重新发现并重新确立了中华民族的伟大形象。就因为此，所以梅兰芳是大师。这个论断并不准确，距离全面还很遥远。

还有人说，梅兰芳之所以被称为大师，是因为他表演精湛，美轮美奂，所演剧目令广大观众获得了美的享受，他简直就是美的化身。这样的回答显得有些牵强。梅兰芳鼎盛的时代，或者说20世纪前半叶，更准确的可以专指20世纪二三十年代，戏曲艺术人才辈出，流派纷呈，争奇斗艳，繁花似锦，一座座艺术丰碑矗立于世，万众仰望，戏曲以前所未有的速度登上了艺术的巅峰。以京剧为例，有王瑶卿与四大名旦、欧阳予倩，前四大须生、后四大须生、麒麟童与关东唐、孟小冬、赵松樵，武生杨小楼、尚和玉、俞振庭、盖叫天，小生程继先、姜妙香、金仲仁，净行三杰及钱金福，丑行三大士及王长林等，不胜枚举。戏曲中的文学、音乐、舞台美术等都得到全方位提升，经典剧目层出不穷，演出覆盖全国的城市、乡村，风靡大江南北。应该是梅兰芳和那个时代的所有戏曲表演艺术家共同创造了戏曲无比的辉煌，激发起当时全国观众的审美愉悦，陶冶了人民大众的情操。其实，称梅兰芳为大师还有着更为深刻的缘由，这就是梅兰芳对于我们今天的指导、教诲的现实意义，以及指向未来的历史意义。仅举两点来说明今天的现实意义与未来的历史意义。

其一，梅兰芳先生用他的实践与精湛的表演告诉了我们，什么才是戏曲表演艺术的最高境界。在近几十年戏曲大量演出着“话剧加唱”这种类型的剧目，戏曲舞台出现了写实化、生活化的趋势，甚至许多人宣称用话剧来改造戏曲，或戏曲必须大量地借鉴话剧。其实，梅先生在几十年前就告诉了我们，戏曲表演的最高境界不是生活化、写实化，而是第一求美，第二神似。正因为此，他才创造了《嫦娥奔月》的“花镰舞”、《千金一笑》的“扑萤舞”、《天女散花》的“绸带舞”、《上元夫人》的“拂尘舞”、《霸王别姬》的“剑舞”、《麻姑献寿》的“杯盘舞”与“袖舞”。这些舞蹈姿态充满着意象化色彩，它不是生活化的，但比生活化更美。翻开《梅兰芳访美京剧图谱》，齐如山和梅兰芳花费数月时间，将梅兰芳访美演出剧目中的几乎所有舞姿与造型拍成照片，再由画师去画底稿，经反复修改后才正式定稿。舞谱共画了26卷，每卷6种，共156种舞姿，齐如山则从汉唐辞赋的诗文中找到相对应的词句给每一个舞姿冠名，剧目囊括了《天女散花》《嫦娥奔月》《上元夫人》《廉锦枫》《霸王别姬》《千金一笑》《麻姑献寿》《西施》《牡丹亭游园》《贵妃醉酒》的舞蹈身段，其精美的程度与传神的韵味令人叹为观止。比如《天女散花》，梅兰芳和齐如山命名了各舞蹈身段的名称，诸如“舞縠”“挥芳”“曳风”“云转”“焕霞”“瑞烟”“月烂”“弄影”“翔翥”“振羽”“云匝”“縠风”“横波”“云轻”“孤云”“对光”“交横”“奋翼”“续纷”“翔风”“纡形”，这些名字分别出自李白的《白纻辞》，傅毅的《舞赋》《开元字舞赋》，谢偃的《观舞赋》，卢肇的《湖南观柘枝舞赋》，鲍照的《舞鹤赋》，杨玉环的《赠张云容舞》，宋玉的《神女赋》中的相关诗句。① 《天女散花》情节较为简单，释迦因维摩居士有病，命文殊师利率诸菩萨弟子前往问疾。又命天女前往散花，以验结习。天女乃离众香国，遍历大千世界。四沙弥谈法，又侍维摩；文殊与之参禅，天女到，遂散花复命。此剧没有冲突，天女没有性格，人物并不丰满。梅兰芳也没想用人物性格的魅力打动观众，他创造了21种意象在审美层面上极大地感染了观众，优美的舞蹈使观众超越了实用性与功利性，也令此剧成为久演不衰的经典。梅兰芳当年的创造不仅彻底改变了那时京剧旦角尤其是青衣重唱不舞的表演弊病，而且一直到今天仍旧演出在舞台上，证明了戏曲表演只有创造意象才会散发永久魅力。举了这个例子并非是要证明戏曲不需要冲突和塑造人物性格，创造意象尽管是戏曲本体论中诗化原则的最高体现，却不是全部的体现。可以说，图谱是戏曲表演最高境界的范本。这对今天戏曲表演创作具有针对性的指导意义。

其二，今天的戏曲仍然高举着继承与创新的旗帜，未来戏曲仍然会融入时代精神，不断地开拓创新。这是未来发展的方向，可仅仅有方向是无法创新的，还要有创新所遵循的原则、措施、政策等系统化的方式方法。梅兰芳先生在1949年11月提出了戏曲未来发展所要坚持的创作原则，这就是“移步不换形”。当年梅先生的主张引来了一片反对之声。事隔60年后，重温梅先生的改革主张，让人不得不佩服之至。“移步不换形”生动地概括出传统戏曲形态渐变的发展规律，可以说，这是戏曲形态发展变化

① 参见王文章主编《梅兰芳访美京剧图谱》，文化艺术出版社2006年版，第250—257页。

的重大发现。这种渐变的发展规律不仅仅存在于戏曲的变革中，在历史发展的长河里，越是古老的传统艺术，越是近乎完美的艺术种类在形态上的变革就越是如此，中国传统音乐、传统书法，甚至包括传统美食、传统中医，等等。当然，“移步不换形”并不是说永远地不换形，只是变化采取渐进的、缓慢方式，由量变到质变，当它换形的那一天，人不觉得诧异与惊讶，会习以为常地、心平气和地去接受并热切地拥抱它。

传统艺术发展的特殊规律来源于对艺术实践的客观概括，是对以往艺术活动实事求是的总结，而且是为了指导当前和今后的创作。深刻地认识到这一特殊规律并自觉地去遵循它、发展它，就会使我们少走甚至不走弯路，使传统艺术的发展不再去经历一番艰难曲折，不再去重画一个个徒劳的怪圈。

贾志刚　中国艺术研究院戏曲研究所所长、研究员
原载《戏曲研究》2014 年第 92 辑

【媒体视点】双甲之约　一路等“梅”：纪念梅兰芳诞辰 120 周年全球巡演活动侧记

◎苏丽萍

2014 年 10 月 22 日，“双甲之约”纪念梅兰芳诞辰 120 周年全球巡演活动落幕。梅兰芳之子梅葆玖率领北京京剧院演员以及海内外梅派弟子与再传弟子重走梅兰芳当年演出之路，行程万里的“双甲之约”，向世人展示了京剧梅派艺术的传承发展，也展现了京剧工作者们沿着大师足迹再续京剧辉煌的信心。

10 月 22 日，北京京剧院在中国国家大剧院演出了梅派经典剧目《麻姑献寿》，为梅兰芳诞辰 120 周年献上了一份别致的寿礼，并为“双甲之约”纪念梅兰芳诞辰 120 周年——重走梅兰芳之路全球巡演系列活动，画上一个圆满的句号。

“双甲之约”巡演活动 2013 年 6 月 30 日在北京梨园剧场启动。演出以梅兰芳之子梅葆玖率领的北京京剧院演员为主要阵容，海内外梅派弟子与再传弟子共同赴“约”，展现着梅派艺术的传承发展。

一年多的时间里，从梅兰芳故乡江苏泰州，到京剧重镇天津、国际大都市上海、东方之珠香港、宝岛台湾，以及美国纽约、华盛顿，俄罗斯莫斯科、圣彼得堡，日本东京，“双甲之约”完成了近 30 场演出和相应的讲座，国粹京剧与华美的梅派艺术征服了中外观众。

终圆大师赴台梦

2014 年 8 月 7 日，“双甲之约”来到台北。魏海敏、唐文华、刘海苑、刘伽后、黄宇琳等台湾名家加盟，上演了《龙凤呈祥》《宇宙锋》《凤还巢》三出梅派经典大戏，以及一场名家名段演唱会，让岛内戏迷大饱眼福。

精湛的演出吸引了许多观众前来观看，其中还有不少年轻观众。台湾国光剧团老生演员唐文华说，在台湾京剧演出现场，经常会出现年轻人比老年人多的现象，这是因为台湾京剧界一直非常注重年轻观众的培养，“从小学到中学再到大学，我们都有各种不同类型的讲座和演出，还会为他们设定专门的戏码，尽可能地和他们分享京剧艺术中蕴藏的中华文化之美”。

已经 80 岁高龄的梅葆玖，近年来已很少登台，但是在首场《龙凤呈祥》演出结束后，他坚持上台向台湾观众致辞。“家父曾经在许多地方演出，但让他遗憾的是，一直没有机会来台湾演出，看看他的老朋友。”梅葆玖说，从 1992 年开始，20 多年间他多次来台湾演出，并在台湾收了自己的第一个弟子魏海敏，就是为了弥补父亲的这个遗憾。

谈到此次“双甲之约”系列活动，魏海敏也十分感慨：“梅兰芳在艺术上的最大特点就是他的创新精神，我们今天不仅仅是缅怀大师，还应该继承他的创新精神，推动京剧艺术发展，而不能只是翻演大

师经典。”

登上美国两大表演重地

2014 年 8 月 17 日至 30 日，“双甲之约”登上美国两大表演重地——纽约林肯中心与华盛顿肯尼迪艺术中心。窦晓璇、张馨月、李红艳、尚伟、陈俊杰、胡文阁等梅派传人轮番登台，演出了《天女散花》《廉锦枫》《抗金兵》《霸王别姬》《贵妃醉酒》等梅派经典折子戏。全场上千名中外观众看得如痴如醉，大呼精彩、过瘾。时隔 84 年后，“双甲之约”把梅兰芳当年在美国演出的剧目中最经典的部分再次呈现给美国观众，被《纽约时报》称为是梅派的“稀世之旅”。

作为梅兰芳第三代男旦传人，此次胡文阁演出了《穆桂英挂帅》，得到了观众的热烈回应。很多美国观众都非常好奇，男旦是怎么装扮的，怎么演得比女人还漂亮。每晚几番谢幕后，都会有热情的老外在后台等着与胡文阁合影。

在演出后台，梅葆玖邂逅了很多老戏迷。张德超是一位在美国行医的老中医，他的一个病人临终前委托他把自己珍藏的 1929 年梅兰芳在美国演出的宣纸印制的工尺谱带来，请梅葆玖签名，册子上有梅兰芳的亲笔签名。这让梅葆玖喜出望外，他也是第一次看到父亲为赴美演出所做的准备工作，“当年我父亲为赴美演出准备了 5 年，他去俄罗斯、去日本都把京剧工尺谱用当地的文字五线谱翻译出来。而这本曲谱已经在他家历经四代人的传承，具有文物价值”。

此次演出的林肯中心和肯尼迪艺术中心都是有 2000 多个座位的剧场，5 场演出，观众超过万人，在世界顶级剧院演出的成功，让京剧人极大地提高了艺术自信。

“中国歌剧”征服俄罗斯观众

2014 年 10 月 8 日至 16 日，“双甲之约”来到俄罗斯。当年梅兰芳在契诃夫剧院和斯坦尼斯拉夫斯基见的面，在这里，斯坦尼斯拉夫斯基对梅兰芳的艺术大加赞赏，也是在这里，斯坦尼斯拉夫斯基、布莱希特、梅兰芳世界三大表演体系得到确认。

10 月 14 日，圣彼得堡的首场演出《白蛇传》在马林斯基剧院上演，能容纳 1600 多人的剧院座无虚席。演出吸引了当地各个年龄、各个层次的观众，从优雅的“银发族”到时髦的年轻人。演出中，掌声不断。演出结束后，观众们更是全体起立，掌声经久不息，演员们谢幕持续了近 10 分钟。

在俄罗斯站巡演的同时，梅葆玖率团前往日本东京大学、樱美林大学、创价大学、早稻田大学等学府进行学术交流，再次让日本观众领略了梅派艺术的魅力。

行程万里的“双甲之约”，向世人展示了京剧梅派艺术的传承发展，在表达梅派传人对于大师崇敬与缅怀之情的同时，也展现了京剧工作者们沿着大师足迹再续京剧辉煌的信心。

苏丽萍　《光明日报》记者

原载《光明日报》2014 年 10 月 23 日

【媒体视点】纪念梅兰芳诞辰 120 周年座谈会

◎苏丽萍

2014 年 12 月 2 日，由文化部、中国文学艺术界联合会、北京市人民政府主办，中国戏剧家协会、中国艺术研究院承办的纪念梅兰芳诞辰 120 周年座谈会在北京召开。中国文学艺术界联合会党组书记赵实，文化部副部长董伟，中国文学艺术界联合会党组副书记李屹，中国艺术研究院院长王文章，北京京剧院院长李恩杰，中国戏剧家协会副秘书长崔伟，梅兰芳家人、梅派弟子、梅兰芳家乡人民及梅派专家、研究者等参加了座谈会。

赵实在讲话中指出，梅兰芳先生是享誉世界的中国艺术家杰出的代表，是中国京剧艺术功垂后世、影响深远的一代宗师，是“德艺双馨”的梨园典范。在长达半个多世纪的人生和舞台实践中，他倾心于戏曲、倾情于观众、倾力于国家，成果卓著，声名远播，创造了彪炳后世的“梅派”艺术，形成了具有世界影响的“梅兰芳戏剧表演体系”。

董伟结合习近平总书记在文艺工作座谈会上的重要讲话，指出“当前，在文艺创作方面，存在着有数量缺质量、有高原缺高峰的现象”。他希望，艺术家应该成为时代风气的先觉者、先行者、先倡者，通过更多有筋骨、有道德、有温度的文艺作品，书写和记录人民的伟大实践、时代的进步要求，彰显信仰之美、崇高之美。

王文章号召艺术家应全面继承和传承他所创造的艺术经典，全面理解梅兰芳表演体系，进而推进戏曲表演体系的理论建设。

崔伟宣读了中国戏剧家协会顾问刘厚生的文章。刘厚生从艺术上解读了梅兰芳的创新意识，“京剧传统剧目芜杂多样，大量剧目都需要加工整理或改编，更需要创编新剧目，梅兰芳的代表剧目中，每个剧目都经过了多次修改。他青年时期创编时装戏和古装戏，都明确是为了‘醒世’，为了提高京剧的文学价值。”接着。戏剧评论家王安奎从美学角度阐述了梅兰芳先生的美学追求。秦华生从学术角度介绍了梅兰芳对于戏曲理论发展的贡献。此外，李恩杰、李胜素、泰州市委宣传部部长卢佩民也做了发言。

最后，梅葆玖代表家人对座谈会的召开表示感谢，他希望自己的学生在各自的岗位上，在学、演、教三个方面，遵循中央关于“建设优秀传统文化传承体系，弘扬中华优秀传统文化”的精神，继承传统、立意创新，努力传承梅兰芳的表演艺术，使已经成为戏曲艺术标杆的梅派艺术走向更高更远。

苏丽萍　《光明日报》记者

原载《光明日报》2014 年 12 月 3 日

【媒体视点】京剧“出海”：昔日成功与今日困惑

◎刘　佳

梅兰芳时代京剧成功传播到海外靠的是什么？

如何从关注“去过多少次”转移到“传播了多少文化”？

我们的文化传播媒介还有哪些尚未发挥的潜能与效应？

在保持民族文化精髓的前提下如何创新传播形式？

作为中华民族最有代表性的戏剧艺术，京剧的海外传播是一项非常重要的文化交流工程，其形式、范围和影响力都从一个侧面反映着中华文化在世界范围内被接受的程度。从 1915 年梅兰芳第一次为外宾演出至今，不论国际国内如何风云变幻，京剧的海外传播始终表现出较强的活力和态势。梅先生虽不是在海外演京剧的第一人，但无疑是正式将京剧推广到世界的第一人，也在中国积贫积弱之时凭借京剧之美为华夏儿女赢得了宝贵的尊重。2014 年恰逢梅兰芳诞辰 120 周年，我们回顾大师走出国门的第一步，是希望前人的成功经验能为当前日益频繁的中外文化交流提供借鉴。

梅兰芳的海外亮相，让外国人看到京剧不是单纯的技巧堆积，而是承载着深邃东方美学内涵的精美艺术形式。

1919 年，在中国近代峥嵘岁月中，是“传统”被迫与“现代”揖别的一年，而在世界戏剧艺术的旖旎时光里，又是“传统”将要征服“现代”的一年。在这一年，新文化精英们将京剧归入“旧”的范畴，断言“这种东西淘汰干净，方才有纯粹戏剧出世”。也是在这一年，25 岁的梅兰芳东渡扶桑，以《天女散花》首登国际舞台，为京剧艺术走向世界铺开一条五彩斑斓的道路，此后又以一个个惊艳亮相向世界展示了这门古老东方艺术所蕴含的美丽与精深，令那些正遭遇艺术瓶颈的外国戏剧家们豁然开朗。如果没有他的海外之旅，布莱希特可能还要用很长时间去寻找“史诗剧”和“陌生化效果”的支点，西方戏剧可能还要踯躅许久才能迈出被“第四堵墙”困住的脚步。作为演员的梅兰芳也许并未充分意识到这点，但他的确为沟通中西戏剧做出了重要贡献，使京剧海外传播成为延续至今的伟大事业。

梅兰芳时代京剧海外传播的成功，在我看来以下三个因素功不可没：第一，积极交流、平等相处的心态；第二，产业性传播与非产业性传播的结合；第三，知识分子的介入。对梅兰芳来说，出国演戏并不是一个必须完成的指标，但他始终积极探寻着将民族艺术传播到海外的道路，为此不惧风险和质疑。同时，他又始终坚守艺术的原汁原味，虽然在剧目的选择和呈现上会尽量考虑外国观众的欣赏习惯，但从不屈己迎人，彰显了文化的自觉和自信。他的几次海外之旅跨越新旧中国，无论是纯粹的商业演出还是国际文化交流，都在当地造成万人空巷的场面，实现了传播动机与接受愿望相符的有效输出。此外，以戏剧家张彭春和齐如山为代表的学贯中西的知识分子的加盟，无疑是京剧艺术能在踏出国门伊始就拥有高起点的主要原因。他们所发挥的作用绝不仅仅是语言翻译和形式包装。对祖国文化的深入领会、对西方文化的透彻了解，使他们有足够的胆识和智慧超越中西戏剧截然不同的文化身份，信心十足地将京剧从茶楼酒肆直接带入世界戏剧艺术殿堂。或许因为中国戏曲向来讷于言而敏于行，在与日本、美国、苏联戏剧家座谈时，梅兰芳的声音被淹没在外国戏剧家激越的滔滔不绝之中，但是无可否认，中西戏剧的相互了解、碰撞、交融正是在这样热烈的讨论中开始的。如果说梅兰芳精彩地呈现了京剧，那么张彭春、齐如山则精彩地诠释了京剧，于是外国人眼中最初的京剧就不单纯是技巧的堆积，而是承载着深邃东方美学内涵的崇高艺术形式。

近年来京剧海外传播所面临的困惑，并不只属于京剧这一个艺术门类，而是广泛存在的带有普遍性的问题。

近年来，中国文化在世界舞台上频频亮相，但京剧的海外传播之路却不是我们所希望的那样宽广。

第一，“走出去”的渠道比较狭窄，京剧完全有实力作为中国文化产业的一部分进入国际高端演出市场，但现在规模较大的海外演出仍多采用政府主导、通过非营利性文化交流形式进行的非产业性传播，而小规模演出则多徘徊于低端演出市场或依赖海外华人社团的邀约。

第二，演出剧目贫乏，出访院团很多，但见诸报端的似乎只是《天女散花》《三岔口》《闹天宫》《秋江》等偏重技巧展示的剧目，连梅兰芳当年在海外上演过的一些戏也从节目单上消失了。即便有为数不多的几出大戏在国外上演，也大多进行了删减，保留下来的仍然是舞蹈、武打场面，抒情性段落往往被舍弃，大而不全，很难展示京剧艺术的全貌和在新时代的新发展。

第三，跨文化传播策略存在偏差，为了迎合外国观众的欣赏习惯不惜削足适履，甚至将国粹作为噱头装点于歌舞、杂技、时装秀之中，对民族艺术品牌造成伤害。

第四，传播手段单一，如果传播活动仅限于演出，而缺少戏剧家、理论家的阐述和推介，便无法在一个更高更精妙的层次进行中国戏剧的知识传播，也无法进行中外戏剧界的平等对话。

第五，传播目标过低，往往以“去过多少次”为标准进行传播效果评价，而不去分析究竟“传播了多少文化”，满足于视觉、听觉元素的展示，忽略中国文化内涵的深度影响。

京剧艺术早已被看作文化传播的重要媒介，但它尚未发挥应有的潜能和效应，传播内容多停留在表层，直观易懂的符号展现较多，而对情感与文化内蕴的开发不够，在传播中国文化深层内涵方面还比较乏力。这种传播效果既与外国观众希望进一步了解中国历史、哲学与美学等深层文化的心理期待不相符合，也无益于扩大中华文化的国际影响力。

京剧海外传播所面临的困惑并不只属于某个艺术门类，而是广泛存在的、带有普遍性的问题，能否正视它们并制定相应对策将直接关系到中华文化国际传播的前景。我们应适应全球化进程不断加快的新形势，在保持民族文化精髓的前提下创新传播形式，充分发挥产业性传播的主动性和积极性，重视京剧艺术的翻译、阐释与推介，实现新一代京剧人、京剧学研究者与外国戏剧家的对话交流，并兼顾经典性传播与动态性传播的结合。在经典性传播方面，尽力把更丰富多彩的传统经典剧目呈现给外国观众，不要过分顾虑他们是否看得懂，因为戏剧是靠心灵去感悟的，如果他们在一个世纪以前能闻《乌盆记》而怆然、观《御碑亭》而涕下，相信今天也一样；在动态性传播方面，应展现更多优秀的新编剧目、新的舞台呈现方式和创作理念，让世界看到中国传统文化的勃勃生机。

京剧走向世界的一个世纪，也是中外文化碰撞交融的100年，是中华文化重新认识自身的100年，其间经历的困惑、惊喜、自省都将成为宝贵的经验，给未来的100年铺就更加辉煌灿烂的道路。

刘　佳　南开大学汉语言文化学院副教授

原载《人民日报》2014年9月12日

纪念富连成社创办 110 周年

【富连成社】

京剧科班“富连成社”成立于1904年，历时44年，培养了“喜、连、富、盛、世、元、韵、庆”八科学生共近800人，是近代以来，历史最长、出人最多、业绩最丰的京剧科班，其弟子传人遍布海内外，当中涌现出一大批艺术上开宗立派的表演艺术家和戏曲教育工作者。

【纪念京剧富连成社创办 110 周年系列演出】

2014年5月2日至17日，由中国国家大剧院、北京京剧院联合主办的“纪念京剧富连成社创办110周年系列演出”在北京举行。来自北京、天津、上海、大连等地的京剧演出团体以及尚长荣、金喜全、孟广禄、袁小海、叶少兰、赵葆秀、谭孝曾、王蓉蓉、迟小秋、张慧芳、王珮瑜等京剧名家陆续演出全本《群英会》、“富社重光”名家演唱会以及折子戏专场等。为配合纪念演出，4月25日至5月18日，中国国家大剧院艺术沙龙展厅举办“富社重光”艺术展览，通过图文史料、书籍、唱片及京剧大师们曾穿过的“行头”，展现“富连成社”的历史。中国戏曲学院教授钮骠、叶蓬也通过讲座的形式，详解“富连成社”的百年传奇。

【纪念京剧科班富连成社创办 110 周年系列活动】

2014年12月25日至28日，由中国戏曲学院主办的“纪念京剧科班富连成社创办110周年纪念活动”在北京举办。纪念活动包括学术研讨会、纪念演出和出版论文集等。12月25日，学术研讨会在中国戏曲学院举办。来自中国戏曲学院、国家京剧院、北京京剧院等单位的艺术家，围绕“富社”办学育人的成功经验、中国戏曲学院（校）的实践与发展、戏曲高等教育的回顾与展望等主题进行研讨。12月26日至28日，纪念演出在中国戏曲学院举行，演出剧目有《龙凤呈祥》《大·探·二》《四郎探母》等。

【纪念京剧科班富连成社创办 110 周年座谈会】

2014年12月27日，由北京外国语大学、中国人民大学联合主办，北京外国语大学艺术研究院、中国人民大学国剧研究中心承办的“纪念京剧科班富连成社创办110周年座谈会”在全国政协礼堂召开。全国政协、国台办、中国艺术研究院、中央电视台、国家京剧院、北京京剧院、中国戏曲学院、北京外国语大学、中国人民大学等单位的领导、艺术家、专家学者和在京媒体近百人参加座谈会。与会人员对富连成社的兴办历程进行回顾，对富连成社在京剧人才培养理念、方法上的经验和历史功绩进行总结。会上，由外语教学与研究出版社出版的《富连成画传》首发。该画传由北京外国语大学艺术研究院、中国人民大学国剧研究中心等多家单位，联合众多京剧艺术家和专家学者，历时多年完成，包括700多张图片。

【观点】从富连成社探索京剧的传承

◎孙　萍

京剧作为中国传统戏剧艺术的突出代表，在其历史中，科班是作用最为重要的专业人才教育培养机构，全面继承了中国传统戏剧的教育理念与培养模式，为京剧艺术的存续作出了突出贡献，是京剧发展历程中的关键一环。在众多的科班中，富连成社作为京剧史上开办时间最长、培养专业人才最多、社会影响最大的京剧科班，时间跨度40余年，经历了从清末到民国的复杂历史，见证了京剧最为辉煌的年代，为京剧艺术培养了大量宝贵人才。

富连成社是文化传承的载体

首先，富连成社是整个京剧教育史上历时最长、规模最大、培养人才最多的，以科班面貌出现的京剧教育机构。从1904年开办到1948年解散，该机构存续达44年之久，培养了超过700名京剧艺术各行人才。在这些富连成学员之中，有相当一部分人成为在京剧表演领域开宗立派的“大师”级人物。如侯喜瑞的架子花脸“侯派”、马连良的老生“马派”、于连泉（筱翠花）的花旦“筱派”、谭富英的老生“谭派”、叶盛章的武丑“叶派”、叶盛兰的小生“叶派”、裘盛戎的花脸“裘派”、袁世海的花脸“袁派”等；开创了旦角“梅派”、使京剧走向世界的梅兰芳，开创了老生“麒派”的周信芳，也在早年于喜连成“借台练戏”的生涯中大量吸取了营养，对他们日后的艺术道路产生了积极而深远的影响。这些富连成社优秀弟子以超卓的表演艺术，引领着京剧发展的潮流，塑造着京剧艺术的形态。

更重要的是，富连成社还培养了一大批为培养京剧人才付出毕生精力的优秀教师，在他们的呕心沥血之下，1949年后的大量京剧新秀迅速成长，可以说，这些富连成社培养的教师，是在时代交替之际，承担京剧艺术接续重要历史任务的骨干。需要强调的是，有相当部分的富连成社优秀毕业生在中国台湾、香港、澳门地区及世界各地进行演出、京剧教育等活动，为传统艺术的对外传播、巩固海内外华人共同的文化纽带作出了积极贡献。

其次，从京剧演出市场发展历史的角度观照，富连成社是一家在经营上极为成功的京剧演出团体。1904年到1948年的北京京剧演出市场，经历过若干次剧烈动荡，在44年的漫长时间里，演出的形式、经营的方法、观众群体，乃至对于京剧的审美取向和趋向，都有相当显著的变化。在这些动荡和变化中，京剧班社不断地重复着结成—解散—重组的过程，唯有出于生存需要和艺术实践必需，始终坚持营业演出的富连成社，作为一个特殊的演出团体贯穿了清末到新中国成立前的这段历史，为研究京剧演出市场提供了非常完整的对象。

再次，从传统文化保存延续的视角考察，富连成社是非常良好的传统文化保留与传承载体，也是非常良好的文化传统保有及践行组织。一方面，富连成社保存、整理、改编了大量的京剧剧目，其中相当部分是首尾俱全的整本大戏或连台本戏，对于探索京剧剧目发展的历史轨迹，乃至研究清代以来民间演剧的内容形态都具有重要价值。另一方面，梨园界在历史上形成了一整套培训方法、行业规范、演出守则，辗转到民国之初，仅有富连成社以文本形式完整保存了这些体现旧时戏曲从业者价值取向的规条，并且始终将其贯彻到教育弟子的过程当中。这些规条不但对富连成社自身起到了积极作用，而且通过富连成社重新传播和树立，在富连成社之后成立的诸多京剧教育机构或班社，多以此借鉴参考，或干脆照搬套用，使这些浸润着梨园传统价值观的古老规范，在民国商业化氛围日渐浓厚、愈来愈讲求实利的时代里，仍旧起着约束戏曲从业者群体、增强凝聚力的功效。此外，在演剧形态方面，富连成社也保留了大量的清末时期演出形式，其中既有富于民俗价值的仪式和技巧，也有可以与宫廷演剧相参照的演员表演以及布景、道具的使用。与此同时，富连成社长期的演出场地广和楼，在民国时期就被视为保存清代茶园式剧场原貌的唯一范本，这些都可以视为稀缺的、遗产型的传统文化财富，通过富连成社这个一直存在到新中国成立前的样本保存下来，事实上为我们提供了一条探索中国更久远演剧传统的坦途。

最后，从文化传播，特别是对外文化交流的角度看，富连成社在整个民国时期都是中国传统戏曲及其教育方法对外传播的窗口。作为科班的典型代表，富连成社承担过多次对来华考察中国传统戏剧的外国戏剧家的展示与传播活动。而这些互访，既不是政府主导的官方正式外交活动，也不能等同于单纯的民间文化交流，而是介乎二者之间、带有“公共外交”性质的行为。在大力发展公共外交已经被提升为国家战略的今天，研究过往的公共外交活动非常具有现实指导意义，以富连成社为依托进行的公共外交，也为我们提供了重要的研究对象。

综上所述，以富连成社作为一家传统戏曲教育机构的基本定位为初级视角，再逐步提升扩大到其在京剧市场、演剧形态、文化保存、文化传播等一系列大的环境中，对其进行进一步的考察，可以认为富连成社不仅从多方面影响着京剧艺术的发展，而且从它身上折射出了从清末到整个民国时期，中国传统戏剧艺术活动的轨迹，其意义是丰富而重大的。

孙　萍　中国人民大学国剧研究中心执行主任、教授
原载《中国社会科学报》（节选）2014 年 4 月 23 日

【媒体视点】富连成 110 年：辉煌与沉思

◎苏丽萍

“富连成”科班是中国京剧教育史上的一座丰碑。

1904 年，吉林商人牛子厚先生和梨园世家的叶春善先生共同创办“喜连成”社，后改名为“富连成”社，是京剧教育史上公认的办学时间最长、造就人才最多、影响最为深远的一所科班。44 年时间里，“富连成”科班共培养了“喜”“连”“富”“盛”“世”“元”“韵”“庆”八科近 800 名京剧学生，其中雷喜福、侯喜瑞、马连良、于连泉（筱翠花）、马富禄、谭富英、裘盛戎、叶盛兰、萧盛萱、孙盛武、袁世海、李世芳、毛世来、江世玉、艾世菊、谭元寿、茹元俊、冀韵兰、夏韵龙、叶庆先等均为京剧名家。他们中不少人又传承、培养了一批又一批学生，为京剧事业的发展作出了不可磨灭的贡献。

1948 年，“富连成”因经济原因而停办。两年后，中国戏曲学院的前身——文化部戏曲改进局戏曲实验学校成立，戏曲教育由此告别科班时代，纳入国家教育体系。

今天，经济条件日益丰厚，戏曲教育业已办到研究生的层次，但为何出不来京剧大师？如今，纪念谢幕已近 70 年的“富连成”科班，在怀念其辉煌的成就的同时，京剧人更多的是沉思“富连成”的办学理念及教育方法，进而反思当今的戏曲教育，力求从传统的艺术教育中汲取精华，继承创新，培育更多的京剧人才。

因材施教让大师从这里起步

“‘富连成’成功的前提是它强大的师资力量”，中国戏曲学院教授傅谨认为，所有被“富连成”聘请来的老师都是被公认为出类拔萃的演员，有的先生只有一出戏技压群芳，“富连成”也会诚诚恳恳地请来，以此来保证其学生所学的每一出戏都是当时的顶级之作。这其中，最关键的人物是京剧史上著名的丑角宗师萧长华，他有“丑戏万派之源”的美誉。除丑行外，他对其他各行当的最精妙处也了然于心。著名京剧表演艺术家刘秀荣的花旦戏《拾玉镯》就是他教的，小生名家张春孝的三国戏，也是跟他学的。京剧名家梅葆玖还记得父亲梅兰芳曾说，他 14 岁时在“喜连成”（“富连成”）搭班，在“喜连成”（“富连成”）边学边演边练对他一生都产生重要影响。“不为发财致富争名夺利，只为培养梨园后生一代”，他认为当时“富连成”的科班班训对今天的民族艺术教育都有很大启发，也是京剧传统教育以德化人的亮点。

坚持因材施教、量材教艺，是“富连成”科班一贯的坚定的教学方针之一，同时也是“富连成”

培养艺术人才取得巨大成功的宝贵经验。萧长华之孙萧润德对富社历史颇有研究，对很多史实如数家珍。他说，马连良初入科时学武生，后经叶春善和萧长华考查，认为武生不适合他，遂改学老生而最终成为继谭鑫培后的又一位一代宗师。叶盛兰入科时学花旦，袁世海学老生，后来都是经他们指点，改攻小生与架子花脸，均成为各自行当中的一代大家。叶盛章入科后，老师们都希望他学武生，征求萧长华老师同意教他改学文武丑角，在科时已为观众所喜爱，出科后，成为文武名丑。正因为持之以恒地坚持因材施教、量材教艺，“富连成”不但成功地培养出了一批又一批后来享有盛誉的京剧表演艺术家、京剧教育家，还包括了众多的京剧研究家、管理家，以及器乐伴奏、舞台美术等多方面的人才。新中国成立后，众多的“富连成”前辈进入了中国戏曲学校或各地方戏曲学校任教。因材施教的传统，在新型的戏曲院校中得到了继承和发扬。

中国京剧青年演员研究生班首任班主任张关正说，始于20世纪90年代的六届中国京剧优秀青年演员研究生班的教学实践，再一次把因材施教的理论，推向了一个与时俱进的新境界，那就是对不同的学员量身定做不同的教学方案和培养计划。青研班学员的人才特点是著名演员多，主要演员多，流派演员多，大多数学员在艺术上已小有成就，而我们的教学培养方案，正是依据这一特点，要为他们从优秀演员成长为戏曲艺术家奠基铺路。

但为何出不来新的京剧大师？对此，从“富连成”科班走出的京剧名家谭元寿认为，如今治学不够严格，学生不能光有文凭，还要有真本事。其子、谭门第六代谭孝曾则认为现在的戏曲教学为了完成学历教育，学生大把的时间用在学英语等学科上，真正用来练功的时间很少。“过去学生都是从戏中学得做人的道理的、掌握人物的心理动态，这也就是为什么在1957年那出最能体现‘富连成’教学成果的电影《群英会》中，能出现那么多‘活曹操’‘活鲁肃’‘活孔明’。”

如今的京剧教学，基本在中专、艺校阶段就已经将学生归入所属行当的某一流派，但在傅谨看来，“富连成”能够涌现那么多开宗立派的大师的重要原因恰恰是其不归派。“学生在‘富连成’坐科时学的都是基础的东西，为日后通大路打基础，出科后该怎么发展再怎么发展。这样的做法多少有些像今天学生在基础教育阶段读书时不能过早分科一样。”谭孝曾也表示，“富连成”的教学教的都是“官中戏”，而非“流派戏”。“那时出科后都要‘重新投胎’，也就是二次拜师，因为坐科时学的是不通大路的，这样才能和社会院团融合。但现在的孩子十几岁就开始学流派，这样不仅把自己局限住了，有时还学了一身的毛病。”

勤于实践才能出人出戏

“富连成”在京剧剧目的传承、积累和整理、创新上做了大量富有建树的工作。不少濒将失传的剧目也在科班的演出中得以保存、传承。包括许多新编剧目在内的、常年轮流贴演的各类剧目有400余出，充实和丰富了京剧舞台的上演剧目。

中国戏曲学院教授、丑角名家钮骠介绍说，与一般的学戏教戏者不同，“富连成”的最大优势在于其整体性强。师父与学生中各行当都人才齐全，自己组织起来就能教能演绝大部分剧目，这是大多数戏班没法比的。一般入科头两年，除了学练基本功外，就是跟着戏班在后台打杂，这便是个极好的长见识机会。再往后稍大些，则从跑龙套开始，有能力者逐渐向次要角色再到主要角色，最后到主演的方向前进。在这一过程中，学生可零距离观摩与参与大量的演出，并了解前台后台的各类事务，这些都是其他学戏者远难企及的。

中国戏曲学院教授、叶春善之孙叶蓬说，“富连成”里都是“大带小”，新学员入科之后不久，就要随学长们一起到戏园子进行商业演出。新入科的学员，都必须跑龙套，而这也正是学员们梦寐以求的“偷戏”好机会。潜移默化中，学生们增加了舞台经验，熟悉了台上的场面调度，对今后学习、演戏都有极大好处。

著名京剧表演艺术家李世济也对“富连成”的整体性赞叹不已，在她看来，“富连成”科班每出一茬生旦净末丑都是全的，现在我们各个团缺胳膊短腿的。我们现在研究生班重点培养的都是生旦等，但我觉得很重要的一环要向“富连成”科班学习这一点。现在要培养的不仅是中坚的，其他的行当都要投入力量培养。而96岁高龄的武生泰斗王金璐则呼吁重视武戏的发掘和传承，不要让优秀的京剧武戏在我们手中失传。

当今京剧学生，学的戏少，演出更少。为此，叶春善之孙、北京京剧院著名演员叶金援说，中国戏曲学院有三个阵地，从初中，到大学，到研究生班，应该吸收以前“富连成”的好的教学方法，初中注重打基础，打下牢固的基础，用什么剧目开始学。初中学什么，哪些是初中的教材，哪些是大学的教材，哪些是研究生班的教材，一定要有一个特别科学的教学方法。此外，学校应该成立一个部门，专门去找市场，定个实践的剧场。让初中学生在剧场不断地实践，学一个戏彩排一个戏，演一个戏。大学到真正的观众的市场去，到了研究生班了，要参与大的国家剧目，找出更多的实践机会，边学边演。

也有人说，当今京剧毕业生基础太差，会的戏太少，这固然与缺少实践有关，但社会大环境对戏曲的冲击，也让戏曲教育处境尴尬。2014年中国戏曲学院京剧系表演专业招生，计划招生50人，报名人数才139人。中国戏曲学院京剧表演系前任系主任张尧说，“富连成”7年坐科其实就相当于如今的中专。因为京剧教育成本高、见效慢，许多中专学校京剧专业近年都隔年招生，或干脆停办，开设舞蹈、表演等热门专业。为了抢生源，有些学校就借助“地方保护主义”来限制学生报考外地高校。而戏校毕业生待遇偏低，也使得家长及学生不愿选择学戏。“一个戏曲学院本科毕业生，学了十几年的戏，毕业后一个月工资不过两三千块，刚够租房子、吃饭，根本没法成家立业。这样一个注定清贫的行业，能有多少人愿意学？学的人又有几个有动力？没人学这门艺术，水平怎么能提高？”

培养观众延续京剧血脉

“富连成”长期以广和楼剧场为根据地，以科班学生为主，演出了大量剧目。他们阵容极整齐，虽是一帮年轻孩子，演起来有些稚嫩，却又非常火爆，因此极受青年观众特别是青年学生的喜欢。比如吴祖光，中学时几乎天天下午逃学跑到广和楼看“富连成”的演出，并因此结交了许多科中的演员。15岁时，他甚至学着大人捧角的模样，去捧他喜欢的一位叫刘盛莲的唱旦角的男孩儿。他把刘盛莲领回家，母亲非但没怪他，反说这孩子挺可怜的，和你一样大却要唱戏养家，以后你可以多带他来玩。后来，这段少年友情，使他写出了自己最好的剧作《风雪夜归人》。

叶春善创办“富连成”时曾誓言：以后每科都要出几个顶大梁的，20年后甭管哪个戏班，没有我的学生就开不了戏。这些他都做到了，他也因为在京剧教育上的成就与高尚的品格赢得了世人的高度尊重。1935年，59岁的叶春善积劳成疾去世，“富连成”由其子叶龙章接掌。叶春善去世时，除亲朋子弟与同行外，更有京城百姓数千人自发前来送葬。北京城当时最大的绸布庄瑞蚨祥，白布因此而销售一空。出殡日，从前门到珠市口，整条商业大街所有店铺全部关门停业，门前一律设香案摆供品为其致祭。

钮骠说，“富连成”社的日常营业演出深深体悟民众的心理，戏票价格既有包厢的稍高价位，也有低价价位，相当于现今的二三十元到六七十元，一般工资收入的观众都能承受，因而“富连成”社的戏座无虚席，做到物美价廉，票价不高却能看到好戏，尤其是独具特色的大戏，舞台上呈现的齐整风貌观众觉得满意，钱花得值，为此在北京城形成了“富连成”的观众群，风雨无阻，有戏必看，日久天长，在客观上磨炼了几代观众欣赏戏曲的情趣兴致和高尚的审美素质。也就是说，“富连成”以连绵不断的演出实践，通过富有吸引力的整体艺术，吸引了大量京剧观众，当年不少年轻人通过看“富连成”社的戏而爱上了传统艺术，迷恋上了京剧艺术，影响至深，结成情缘，而后投身戏剧事业，走上艺术道路，后来成为戏剧家、剧作家、研究家。

钮骠深有感触地说，今天国家提倡的看戏要从娃娃抓起，京剧进课堂的举措就是传统经验的回归。想当初，我们这一辈年幼的时候都在戏园子趴过台栏杆，或者坐在大人腿上看过戏，而今天一米二以下儿童不让进戏院。我不相信年轻人天生就不爱看戏，只要引导他们看好戏、看懂戏，培养年轻观众是当今传承京剧艺术的首要任务。

中国戏曲学院院长巴图表示，“富连成”在人才培养方面的因材施教、注重实践、以戏代工等传统，是实现学院办学目标非常重要的滋养，需要认真地借鉴，要以敬畏的态度来继承。“当然如何在现代文化背景之下，让中国的戏剧文化更加坚守，如何在更有活力的传统中，培养出更多道德品质高尚、传统底蕴深厚的人才，我们还有很长的一段路要走。”

“富连成”科班班训

自古人生于世，须有一计之能。
我辈既务斯业，便当专心用功。
以后名扬四海，根据即在年轻。
何况尔诸小子，都非蠢笨愚蒙；
并且所授功课，又非勉强而行？
此刻不务正业，将来老大无成，
若听外人煽惑，终久荒废一生！
尔等父母兄弟，谁不盼尔成名？
况值讲求自立，正是寰宇竞争。
至于交结朋友，亦在五伦之中，
皆因尔等年幼，哪知世路难生！
交友稍不慎重，狐群狗党相迎，
渐渐吃喝嫖赌，以至无恶不生：
文的嗓音一坏，武的功夫一扔，
彼时若呼朋友，一个也不应声！
自己名誉失败，方觉惭愧难容。
若到那般时候，后悔也是不成。
并有忠言几句，门人务必遵行，
说破其中利害，望尔日上蒸蒸。

“富连成”治学十则

同人齐心　不谋私利　以师为基　严格选材　归行归路
以大带小　因材施教　严打底工　谨守班规　大量实践

苏丽萍　《光明日报》记者

原载《光明日报》2014 年 12 月 30 日

第七届中国京剧艺术节

【概况】

2014 年 11 月 10 日至 22 日，由文化部、天津市人民政府共同主办，文化部艺术司、天津市文化广播影视局承办的“第七届中国京剧艺术节”在天津举办。来自全国 22 个省市、中直及台湾地区的 33 个京剧院团、31 台剧目在天津的 10 个剧场完成 57 场演出。本届京剧艺术节不设奖项，不进行评奖，定期召开专家研讨会，采取“一剧一评”的方式对参演剧目进行点评。

【第七届中国京剧艺术节入选剧目名单】

（以行政区划为序）

序号	剧目名称	演出单位
1	《安国夫人》	国家京剧院
2	《屈原》	北京京剧院
3	《康熙大帝》	天津京剧院
4	《钦差林则徐》	天津市青年京剧团
5	《赵佗》	河北省京剧艺术研究院
6	《紫袍记》	山西省京剧院有限责任公司、山西省歌舞剧院有限公司交响乐团
7	《苏秦》	沈阳京剧院
8	《杨靖宇》	吉林省戏曲剧院京剧团
9	《月照塞北》	黑龙江省京剧院
10	《春秋二胥》	上海京剧院
11	《金缕曲》	上海大剧院
12	《镜海魂》	江苏省演艺集团京剧院
13	《如姬》	江苏省长荣京剧院、江苏省演艺集团李亦洁京剧工作室
14	《飞虎将军》	浙江京昆艺术中心（浙江京剧团）
15	《瑞蚨祥》	山东省京剧院
16	《楚汉春秋》	湖北省京剧院
17	《独钓寒江雪》	广西戏剧院京剧团
18	《金锁记》	重庆市京剧团有限责任公司
19	《黔人端棻》	贵州京剧院有限责任公司
20	《红烛魂》	云南省京剧院
21	《铜牛记》	陕西省京剧院有限公司
22	《草原曼巴》	甘肃省京剧团

续表

序号	剧目名称		演出单位
23	《七个月零四天》		青海省演艺集团京剧团
24	《梅兰霓裳》		中国戏曲学院
25	《知己》		台北新剧团
26	折子戏组台	《桃花村》	石家庄市京剧团
		《嫦娥奔月·碧海青天》	沈阳师范大学辽宁实验京剧团
		《文昭关》	福建京剧院
		《秦琼观阵》	河南省京剧艺术中心
		《杨门女将·探谷》	宁夏演艺集团京剧院有限公司

【第七届中国京剧艺术节祝贺演出剧目名单】

序号	剧目名称	演出单位
1	《洛阳宫》	天津京剧院
2	《墙头马上》	天津市青年京剧团
3	《少年马连良》	北京戏曲艺术职业学院
4	《鹿台亡国鉴》	北京啸风京剧团
5	“和平杯”中国京剧票友邀请赛获奖名票专场演唱会	组台演出

【观点】第七届中国京剧艺术节专家研讨会发言选录

为配合第七届中国京剧艺术节的举行，2014 年 11 月 15 日，第七届中国京剧艺术节专家研讨会同期在天津召开。以下为部分到会专家的发言选录。

坚守办节主旨，促进创作繁荣，落实文化惠民（文化部政策法规司原司长康式昭）

我认为，理想的办节模式应具备三个条件：坚持办节主旨、促进创作繁荣、落实文化惠民。

新时期伊始，面对文艺事业饱受摧残、文艺创作凋敝的情况，国家以设奖进行激励，如文化部的文华奖、中宣部的“五个一工程”奖，以及人口文化奖等。这些奖项多半是以报送光盘的形式参评，并不展示；之后提升为办节，如中国艺术节、中国戏剧节，以及中国京剧节、中国川剧节、中国评剧节等，作为艺术的盛会，在展示中评奖，对促进艺术创作发挥了更大的作用。其间，以中国京剧节为例，又大体经历了三个阶段：又奖又评、只奖不评和以评代奖。

评奖是激励创作的重要手段，但如果把目光都放在评奖上，也会产生副作用；把评奖作为艺术生产的唯一目的，就失去了举办艺术节的真正意义。忽视艺术的提高，忽视交流，评奖之后作品就封箱，“争奖不争观众”“看领导不看市场”，不利于艺术的创作和繁荣，而且还很难杜绝类似足球界的“收红包、吹黑哨”的弊端，这就把评奖主旨和意义异化了。

我认为，办节的主旨应包含以下几个方面：第一，检阅。为了检阅一个时期的艺术成果，文化工作者努力推出作品，通过检阅肯定了成绩，找出了差距，这对创作更加有利。

第二，交流。以往，各个艺术单位各自为政，并不完全知道同行做了些什么，有哪些好的经验。交流可以让各单位的编剧、导演、演员、舞台美术等人员，都有可能去观摩同行的其他剧目，从而受到启发和教益。

第三，激励。能够被选中参加京剧节展示，这本身就是一种激励和鼓励。同时，如果能把鼓励落实在奖项上则更佳。此次以评代奖，是为了更好地发挥评论对创作的推动作用，也是为了避开过分依赖评奖所生发的副作用。淡化争奖情结，关注创作提升，有现实的迫切需要。但这也不是绝对的，今后也许还会又奖又评，奖评并重。

第四，提高。办节和交流的结果是为了提高，为了出好作品。

第五，惠民。办节应把艺术佳作奉献给民众。本届京剧节的口号是“京剧艺术的盛会，人民群众的节日”。所有剧目展示的最低票价为10元，最高仅为80元，这是还文化于人民的实际表现。

在新常态下探索京剧发展的新方式（中国艺术研究院戏曲研究所原所长王安奎）

我认为，京剧的发展已进入相对稳定的时期。改革开放以来，京剧艺术走过了艰难的历程，但经过国家多年的扶植、举办各种京剧的艺术活动、对京剧院团和重点剧目的支持、非遗保护等措施都促进了京剧生存状态的改善。现在，我国经济发展已进入“新常态”，这个词也适合当前京剧艺术的发展。

第一，在这种新常态下，应该更加重视剧院基础性建设。新中国成立以来，京剧重视剧目建设的做法起到了很好的效果。现在更应该把剧目建设和剧院基础建设结合起来。培养造就一批青年演员，使之逐步成为艺术创作的骨干力量。重视行当、流派的传承发展，剧目选择上，应该和发展行当与流派结合起来。

第二，在创新中更加重视本体建设，稳步探索前进。

第三，更高超地体现中国美学的特点。习近平总书记强调艺术创作要传承和弘扬中华美学精神。梅兰芳、周信芳等老一辈艺术家都是在表演中注重表现美学特点，无论演什么样的人物，演人物的什么状态，都要美，都要传神，做到形神兼备。

理论评论工作者要认真学习，除了学习理论还要学习各个院团的新经验和新探索。

对于从不同视角、不同方向进行的创作探索，有些即使不成功也应该珍惜和鼓励。

制度、剧团、人才，三位一体全方位发展（上海市京昆艺术发展咨询委员会主任马博敏）

从评奖到评论，对参演剧目来说，是将终结性的奖项变为中期阶段性的论证，这种做法就有可能让其中一些作品成为真正的精品。

我认为，京剧艺术持续性的发展，首先需要制度保障。文化机构的管理、文艺体制的改革等都需要法律和规章制度，才能真正保证其发展的科学性，才能做到公平公正，达到出人出戏的目的。

其次，需要着手抓几点。第一，抓剧本。要重视“一剧之本”，尽早发现有潜力的作品，重视题材和内容的选择，启动对剧本分阶段评估的机制。第二，抓剧团建设。出人出戏的重要载体是剧团，因此剧团建设是基础。第三，抓人才建设。建议中国京剧优秀青年演员研究生班和流派班这些培养高端人才的摇篮要坚持下去，还要多创造其他培养人才的方法和机制。人才不是捧出来、养出来的，是从竞争中走出来的，要采取“放水养鱼”的政策，让人才充分施展才华。此外，各剧团应对人才进行资源整合，鼓励因行当重复难有演出机会的演员外借到别的院团。好演员扎堆的京津沪院团，应该帮助其他人才缺失的院团，这不仅对边远剧团的发展有好处，对于中青年演员来说也是机会，重点院团的管理也能更加有序。此外，除对演员的培养，创作人才、理论人才、教师人才的培养也尤为重要。

最后，怎样成就京剧大师。成为京剧大师至少有三个条件：要有一批公认的代表作，有鲜明的艺术个性，身后有众多弟子和再传弟子。京剧界应汇集力量，把优秀表演艺术家如何成为大师作为重要的课题进行研究。

传承发展，出人出戏（中国艺术研究院梅兰芳纪念馆馆长秦华生）

我想谈如何寻找出人出戏之路、把握继承创新之度的问题。

首先，现在的演员每年演出场次较少，舞台实践机会少，能够担任主演时，年纪已经较大了。当年，“四大名旦”“四大须生”每年要演出三四百场，演出机会多，与各种角色配戏，开窍早，出名早，这才能名满天下。

如何让当今的优秀青年演员发挥作用，担纲主演？我认为，现在京津沪京剧院团有大量的好演员，而新疆、青海、宁夏、甘肃等地的院团行当残缺，希望文化部出台政策，鼓励人才聚集的院团派中青年演员去西部省区挂职演出三五年，促进边远地区京剧艺术的发展。

其次，一出新创剧目应恰当把握继承与创新的度，成为能够代表时代精神的保留剧目。1935 年，在梅兰芳访问苏联演出召开的研讨会上，张彭春代表梅兰芳发言。他提出“中国戏剧之三要点”：“第一点，西方戏剧与中国戏剧的隔阂是可以打破的。第二点，中国戏剧的一切动作和音乐等，完全是姿势化的。所谓姿势化，就是一切的动作和音乐等都有固定的方式，这种种方式，可作为艺术上的字母，将各种不同的字母拼凑在一起，就可成为一出戏……但是中国戏的演员们都不被这种字母所束缚，他依旧可以发挥他在艺术上的天才与创造。第三点，中国（戏）未来之趋势，必须现代化，并不一定是戏剧、本事的现代化，是要使剧中的心情和伦理成为现代化，例如背景与灯光也可使其成为姿势化，使其有固定的方式来表现剧中各个情绪，这是中国戏剧今后可试验的途径。”这三点在今天仍有启迪性。

本届京剧节已经演出的几出戏中，《屈原》和《金锁记》给了我惊喜。《屈原》坚持京剧本体，又使用了一些话剧元素，塑造了屈原的丰伟形象，尤其结尾处大段唱腔，激越高亢，具有震撼力与感染力。而《金锁记》唱腔优美，舞台上石库门的组合别开生面，深化了全剧意旨，强化了人物性格。两部戏总体上达到了一定的艺术高度，但仍需向艺术高峰攀登。

此外，我希望京剧院团少搞另起炉灶的新剧目，事倍功半，费力不一定讨好。可以找优秀的小说、话剧、歌剧或其他戏曲剧种的优秀剧目改编。改编也能出彩，如梅兰芳改编的汉剧《宇宙锋》和豫剧《穆桂英挂帅》，都成了梅派的代表剧目。7 届中国京剧艺术节，我有幸参加了 6 届，京剧节总体上很成功，推出并交流了各院团创作改编的剧目，检阅了队伍，激励了斗志，服务了大众，引起了社会各界的关注，促进了京剧艺术的传承发展，功莫大焉。

愿京剧在未来的文艺春天里，开放出更灿烂的鲜花。

人才是京剧繁荣发展的关键（中国戏曲学会会长薛若琳）

京剧有近 200 年的历史，不算是古老的剧种，但为什么能成为国之瑰宝、中国戏曲的标志和代表呢？第一，京剧逐步形成了以西皮和二黄为主要代表的两大声腔系统，且悦耳动听。一个剧种的音乐声腔不但好听并且很优美，它就是一个优秀剧种，就能够取得良好的艺术效应。

第二，剧目题材决定了剧种的发展。当昆曲的创作题材走向“十部传奇九相思”时，昆曲也走向了衰微。同一时期，京剧的创作题材却越发广泛，形成“唐三千、宋八百”的波澜壮阔的局面。

第三，人才辈出。如此优美动听的音乐声腔，必然集聚了无数优秀的人才。

以上是京剧形成和发展的基本经验。

时至今日，京剧出现剧本荒，在最近 20 年里，让观众眼前为之一亮的剧目比较少。现在，京剧编剧极其匮乏。艺术经验证明，一出优秀剧目或精品剧目如果没有好的剧本作为支撑，再好的导演和表演都不可能扭转局势。所以，京剧院团应以剧目建设为中心，尤其要以剧本优先。

此外，导演、表演、音乐、美术、灯光等各类人才也非常缺乏。我希望，文化部在已有的支持京剧发展的基础上，进一步加大支持京剧发展的力度，从资金上进行帮助，地方政府也要划拨资金，上下结合，在培养各类人才上下功夫。没有人才，发展和繁荣京剧就是一句空话。

如今，很多剧团没有领军人物，所以我提议要进行人才交流。京津沪的院团人才扎堆，应该分期分批地请他们到边远地区或表演力量薄弱的院团去挂职，待遇要优厚，以此促进表演力量薄弱的剧团的发展。

总结来讲，京剧要繁荣发展，人才是关键。

创新是艺术发展的生命线（中国艺术研究院戏曲研究所研究员谭志湘）

创新是艺术发展的生命线。在艺术审美过程中，“新”是永恒的，任何一部经典剧目都在不同角度、不同程度上有所创新，艺术大家也无一不是创新者。无论是京剧或是其他剧种，都应该全方位地进行艺术创新。

从目前看到的几出戏来说，有些戏在内容上有新意，以新的视角、新的切入点、新的艺术形象，或是对早已立于舞台上的艺术形象进行新的解读等方面，步入创新层面。

剧本的问题是内容出新的问题，形式则关系着舞台面貌，但形式不是孤立的，形式与内容密不可分。形式大于内容，不顾内容，只着眼于形式的戏剧现象是存在的。把握形式与内容的辩证关系，是艺术创新的重要问题，决定着创新的“度”，决定着创新步子的大小，甚至决定着创新成功与否。创新可能成功，也允许失败；批评是正常的，不要把批评视为创新的绊脚石。争论也是正常的，沟通理解很重要。要做到“挖烂苹果”，不要去袒护，要允许批评，也允许反批评。理论工作者和创作者共同营造一个良好的创作环境，批评要言之有理、言之有物，目的是为了出精品。

创新者应该打开视野和思路。重庆京剧团的《金锁记》给了我很大启发，话剧和戏曲的结合，现代音乐和京剧音乐的结合，连细微的台步都是根据角色有不同的变化。这些经验是可以总结的，可以提升到创作思想、创作方法、创作理念、创作精神的层面来。

能被国内观众接受，也能把作品带到世界的创新，才是成功的创新。戏与观众的关系是一条铁律，戏是写给观众的，首先要考虑到观众的感受。但同时这种关系又是辩证的，艺术工作者在创新的同时要引导观众，要提升观众的审美品位。这是艺术工作者的责任。

重视戏曲艺术对中国价值观培养与传播的作用（中国艺术研究院戏曲研究所副所长王馗）

艺术大师的概念，包含着艺术本体（专业之术）、艺术体系（传承之学）、艺术境界（境界之道）的不同层次。时代需要大师，同时需要大师级的艺术。大师级的艺术作品需要艺术工作者长时间精心打磨，而且要经得起时间和时代的考验，并且受到观众的喜爱和尊重。戏曲艺术的价值观就是中国价值观，传承不绝的民族艺术的价值观就是中国价值观的具体彰显，传承传统、拓展传统也是中国价值观不断生长、延续的重要方式。京剧艺术的传承和创作要在新的艺术增长点上进行总结，例如戏曲现代戏的理论总结，现代导演对戏曲的作用，新的美学范式对戏曲表达方式的意义等，都需要进行及时的经验总结与理论探讨。

民族文化基因不仅借助戏曲传统剧目传承，还要有精致艺术、深度艺术的呈现。文化基因要用切实的作品来体现，优秀的艺术作品既是民族文化基因的承载，也是与时俱进的创造力不断延续的保障。当代戏曲艺术的优秀之作在展现社会与时代的核心价值时，更需要尊重和保持艺术传统、戏曲的文化品格以及戏曲艺术特有的艺术准则，要把人民作为戏曲艺术的接受者和批评者，不断地与戏曲艺术的传承者和创新者一起完成对民族戏曲艺术的传承与发展。京剧界要加强行业协作和资源统筹，尤其对边远地区、少数民族地区、京剧势弱地区的京剧团体和传承者，要有相应的政策扶持，用切实的政策保障和资金投入，提高京剧传承者的艺术素养，增加京剧团体的艺术自信，保证京剧艺术的完整传承和有序发展。如果一个院团不足以展示京剧的整体风貌，这对于京剧的传承是有影响的，如果行当不全，建制不全面，都会肢解我们艺术的整体面貌。

加强人才选拔，改善京剧生态环境（中国戏曲学院原院长周育德）

京剧的人才培养现状并不乐观。专职进行京剧剧本创作的人才很少；音乐作曲人才也很缺乏，本届京剧节有 8 台剧目由同一位音乐家创作唱腔。

中国戏曲学院办了好几届中国京剧优秀青年演员研究生班，学员是精挑细选的人才，但真正成为京剧界领军人物的也不多。

培养人才的主要途径是学校，学校招生状况也不容乐观，可以供学校选拔的考生越来越不理想，愿意学京剧的年轻人越来越少。

原来全国有十几家中专都有京剧表演专业，现在多数中专已经不再开设京剧表演专业。

学校是培养大师的摇篮，摇篮里没有健全的出众的婴儿，奢谈人才培养，何谈走出大师。

培养人才的任务非常迫切。京剧生态环境需要改善，如果国家通过政策扶持让京剧演员成为让人羡慕的职业，想学京剧的人才会越来越多。

尊重京剧艺术规律和特点，以长远的眼光谋发展（中国导演学会名誉会长黄在敏）

本届京剧节的“一戏一评”制度很好。

京剧剧目的建设需要关注以下几个问题。第一，要尊重京剧艺术的创作规律。京剧剧目题材的选择有其自身的特点，也有其局限性。第二，京剧剧目题材开掘的视角不应随意选择和随意深入。第三，剧目创作要在继承中求发展，不要盲目出新。

院团对剧目的建设要考虑到题材类型的因素，应做到新编历史剧、整理改编剧目和现代戏相结合。在这方面，天津京剧院做出了表率，新编历史剧《康熙大帝》、整理改编的骨子老戏《香莲案》、现代戏《华子良》、改编自地方戏的《洛阳宫》等，都是他们近年来创作的优秀剧目，剧目建设可谓全面。

同时，在创作中要注重人物形象塑造和演员塑造相结合。在排演当中，经过导演调教之后，演员的表演可以上升到一个新的台阶。

最后，京剧创作不要急功近利，要放长线钓大鱼。创作过程中，剧本还有许多毛病没解决，为了迎接视察或者某个纪念日就匆忙上马，这样的创作成不了精品。京剧剧目创作要不断加工打磨，要在目前编导力量不够强大的前提下，发挥社会和集体创作的力量，集体攻关可以让剧目从平地走向高原，从高原走向高峰，使一出戏得到进一步提高和升华，同时也可以在实践中发现新的人才。

原载《中国文化报》2014 年 11 月 20 日

【媒体视点】第七届中国京剧艺术节侧记

不入园林，怎知春色如许！

走近皮黄，方知京剧之妙！

由文化部、天津市人民政府主办，文化部艺术司、天津文广局承办的第七届中国京剧艺术节于 11 月 10 日至 11 月 22 日在天津举行。天津作为京剧重镇，在京剧发展史上占有重要位置。1995 年首届中国京剧艺术节在天津开幕，19 年后，第七届中国京剧艺术节再临津门，显示出天津作为京剧厚土的群众基础和艺术气质。三年一届的中国京剧节是对京剧创作成果的一次检阅。

第七届中国京剧艺术节有几个显著特点。

一、剧目题材广泛，演出丰富多彩

来自全国 22 个省市、中直及台湾地区的 33 个京剧院团，3000 多名艺术家和演职人员参加演出。11 个国家重点京剧团和一些省市级重点院团的作品悉数亮相。台湾地区和民营京剧团的演出也带给观众惊喜。参演剧目有 26 台，含祝贺演出剧目 5 台。其中既有精心整理和改编的传统戏，也有新创作的新编历史剧，还有反映时代精神和当代生活的现代戏。京剧作为传统艺术，沉淀丰富，行当齐全，有着极强的艺术表现力。这也是京剧傲立剧坛，深得人心的本钱。

二、名家荟萃，流派纷呈

作为中国戏曲的代表，京剧亦是角儿的艺术，京剧大家裴艳玲、陈少云有过人表现，其表演已臻化境。正值壮年的艺术家王平、孟广禄、倪茂才、董圆圆、裴咏杰、关栋天、安平、李亦洁、翁国生、常东、程联群、张军强等，撑起了京剧的一片天。青年才俊张建峰、田磊、刘建杰、马佳、王越、傅希如、吕洋、凌珂等，也挑起了京剧的重担。《少年马连良》中的京剧新苗，更让人看到京剧后继有人的前景。

同以往京剧节相比，第七届京剧节剧目的主角以生、净为多，一定程度上扭转了以往旦角过度占中的状况。体现出京剧艺术生旦并重、行当齐全的健康发展之常态。京剧是一门讲究传承的艺术，许多名角都师承有循，但宗流派不等于唯流派马首是瞻，而是根据剧情、人物和个人修养的需要，有传承，有发展，有流派特点，也有个人风格。这种传承发展的理念，是为正途，也逐渐成为更多的业内人士的共识。

三、以评代奖，休养生息

本届京剧节备受关注的是对参演剧目的逐个点评，暂缓评奖。将主创者和观众的目光导向对剧目本体的评价。为此，文化部主管部门组织了全国顶级专家参与的评论组，对所观摩剧目，一戏一评，共召开 26 个剧目研讨会和两个主题研讨会。

对专家而言，少了评奖的压力，评点剧目显得格外轻松、真挚，精辟的见解和深刻的评论既富理性色彩，又不失情感温度。剧团主创人员直呼受益匪浅。体现了本届京剧节切实加强文艺评论，发挥其引擎助力京剧发展的作用。

四、水平齐整，各有特色

第七届中国京剧艺术节的参演剧目，总体水平比较齐整。大部分在“高原”地带，少量作品经过深度加工，有望进入“高峰”状态。

上海大剧院与上海京剧院演出的《金缕曲》与台北新剧团演出的《知己》均根据郭启宏话剧《知己》改编。借用仲呈祥主席的话，原著抓住了中华民族的文化基因，引发共鸣，拨动了观众审美神经。同一题材由海峡两岸改编成两部京剧，构成第七届京剧艺术节一道亮丽风景，也是京剧节的一段佳话。关栋天和陈少云主演的《金缕曲》着重对中国知识分子命运的深切体验和反思，给人情感的冲击和思考的空间。李宝春主演的《知己》则表现环境对人性的改造，以及知识分子的人格异化，包含着对历史和现实的观照。两部作品对历史的把握很有分寸，没有强化政治性批判，而是引领观众深度思考，较之话剧《知己》，更具张力和感染力。

天津青年京剧团孟广禄主演的《钦差林则徐》是本届京剧节开台大戏。该剧以史为鉴，紧扣现实，传播出正能量。凸显了林则徐荣辱皆忘，为国尽瘁的情操。天津京剧院王平主演的《康熙大帝》，为第七届中国京剧节画上圆满的惊叹号。康熙大帝对疆土寸土不让的家国情怀，依然触动今天的观众。王平的表演允文允武，技艺浑然，唤醒人们对京剧审美的期待。一头一尾两部新作，可圈可点。

北京京剧院张建峰主演的《屈原》，令人眼前一亮，屈原那高洁的灵魂以及绝不同流合污的精神追求，以及他的忧国忧民的爱国情操被京剧演绎得淋漓尽致，直指世道人心。全剧洋溢着浪漫的诗意，令人动容。国家京剧院的《安国夫人》，既尊重传统，又不乏创新，体现京剧本色，追求通俗易懂。再现了京剧唱、做、念、打的艺术魅力，赏心悦目。尤其是主演董圆圆扮相、身段、表演，美得令人炫目。

山东省京剧院的《瑞蚨祥》，选材独到，成功表现了中华老字号的掌门人孟洛川顾国谋利的大商风范和儒商情怀，极具中国风和地域情。裴艳玲主演的《赵佗》，收获了一片赞扬。有专家称其是难得一见的“非转基因”京剧，保持了京剧的神髓。裴艳玲的表演洒脱精致，她对京剧本体的坚守，她与京剧血肉相连浑然一体的表演，让观众屏住呼吸，尽享皮黄之妙。

重庆市京剧团程联群主演的《金锁记》，得到了专家和观众的一致称赞。龚和德用十二字评价《金锁记》：非常导演，非常表现，非常别致。走向现代的京剧应多样化，《金锁记》站在了京剧的前沿。导演李六乙的才情为京剧注入一股别样风情，京剧多了一种样式和审美。

湖北省京剧院创排的《楚汉春秋》，老戏新演，古树新花。“移步不换形”。既得到老戏迷的喜爱，又受到新观众的欢迎，是经典传统剧目的成功嫁接。

吉林省京剧院新创剧目《杨靖宇》，是一出献给伟大抗日英雄杨靖宇的悲壮赞歌，生逢其时。它传递出中华民族精神的壮怀与骨气，观众观后无不心潮澎湃。主演倪茂才艺宗高派，他塑造的杨靖宇，气宇轩昂，其唱腔激越辉煌，感心动耳。当下急需《杨靖宇》，急需为国为民的担当与奉献。

五、注重京剧本体，尊重戏曲美学

放眼第七届中国京剧艺术节参演剧目，背离戏曲美学原则大制作的作品渐行渐远，坚守京剧本体、讲究写意空灵的美学理念成为创作主流。往日被人诟病的脱离剧情人物的大舞美、大乐队、歌舞化、话剧化的舞台呈现得以遏制，表明京剧创作步入成熟。青海京剧团的《七个月零四天》描写青藏公路之父慕生忠爱国奉献的丰功伟业。演绎了一幕幕荡气回肠、惊天动地的感人故事。一条天路将北京与西藏紧密相连。导演邢时苗是一位成就卓著的舞剧导演。但他对京剧心存敬畏，巧妙地将舞蹈元素融入京剧表演中，十几条白练垂落舞台，是景是情，整个舞台因此而丰富多彩，空灵诗意。

传统与现代，高雅与通俗，西方与东方，互相包容，互相补充，成了第七届中国京剧节的美丽胜景。

胜景之下，也有几点担心：人才匮乏依然掣肘京剧发展，比之演员，编剧、导演，作曲的人才格外短缺和紧俏，一位导演几个作品的现象未得到根本改变。特别是创腔作曲人才，奇缺，十个手指数得过来，所以急需培养人才，改善现状。

关于京剧发展，谈几点感受：第一，是“养水”的问题，水养得好，鱼儿才能游得欢快。所谓“水”就是当代中国京剧院团的生态环境问题，需要营造修补。修补可以有很多方法，办节很重要，它可以凝结力量，检验成果。第二就是评奖，评奖机制曾推动了京剧艺术的繁荣。评奖有利有弊，“两弊相衡取其轻，两利相权取其重”。不要把评奖看得过于负面，之前许多优秀剧目《成败萧何》《将军道》《金子》《董生与李氏》等，都是艺术节、精品工程推出来的。评奖可以完善，关键是标准透明，方能公平公正。文化部主办的优秀保留剧目大奖很成功。第三，关于京剧大师。当代有京剧大师，如南尚（长荣）北裴（艳玲），得到戏剧界同人的肯定和赞扬。我们莫要厚远薄近。中国京剧艺术总体上超越20世纪三四十年代包括五六十年代。艺术的完整性与观赏性超越过去。我对大师的定义是要有自己的代表剧目、德艺双馨、忠诚于京剧事业矢志不渝。第四，关于京剧重点院团的评估问题。2005年评估出11个全国重点京剧院团，10年来发生很大变化。一些当时未达标的非重点院团赶了上来。如吉林省京剧团、重庆市京剧团、福建京剧院、武汉京剧院等，在近几届中国京剧艺术节上都有上佳表现，创作出《牛子厚》《杨靖宇》《金锁记》《北风紧》《生活秀》《水上灯》等优秀作品。根据现实状况应该做一次重新评估，将这些年积极进取、成绩突出的院团纳入重点京剧院团的行列。对于一些停滞退步、作品寥寥的院团要进行重新定位。此外，院团中存在着资源的不平等，有些院团人才积压，有些院团人才匮乏，这种不均等阻碍了京剧艺术的发展。期待予以改观。京剧艺术的文化价值理应得到全社会的认知与重视。

正如文化部副部长董伟在第七届中国京剧艺术节开幕式所言：要坚持以人民为中心的创作导向，大力践行社会主义核心价值观，创作生产出更多无愧于时代的作品。

原载《中国戏剧》2014年第12期

作品

京剧

【京剧《屈原》】

2014年5月6日，由中国戏剧家协会、北京京剧院联合制作的新编历史剧《屈原》在北京梅兰芳大剧院首演。该剧由吕育忠编剧、石玉昆导演、刘杏林任舞美设计、彭丁煌任服装设计、周正平任灯光设计、艾淑云任造型设计，屈原由张建峰、杨少彭扮演，婵娟由窦晓璇、郑潇扮演，南后由王怡、常秋月扮演，楚怀王由方旭、孟宪腾扮演。该剧讲述为振兴楚国，屈原革新除弊，对外联齐抗秦。而秦相张仪不仅几度破坏楚齐联盟，还通过收买靳尚，设诡南后，蒙骗楚怀王，谗害屈原。逆境当中，屈原坚守自己的政治理想，并最终为了维护楚国的利益，宁愿以身殉楚的故事。

【京剧《黔人端棻》】

2014年5月19日，由贵州京剧院创排的新编历史京剧《黔人端棻》在贵州京剧院国艺剧场上演。该剧由陈泽恺编剧，陈少云导演，王振鹏任武戏设计，蓝玲任服装设计，冯元饰演李端棻，剧述清朝著名政治家、改革家、中国近代教育之父、北京大学首倡者、戊戌变法领袖、贵阳人李端棻忧国忧民、为推动改革矢志不移的故事。

【京剧《安国夫人》】

2014年5月22日，由国家京剧院创排的新编历史剧《安国夫人》在北京梅兰芳大剧院首演。该剧由国家京剧院高牧坤编剧、导演，梅派传人董圆圆饰演梁红玉，奚派传人张建国饰演宰相朱胜非，青年演员田磊饰演韩世忠。剧述“靖康之变”后宋高宗畏敌南逃，金军兵临南宋都城临安前后的故事。当时，朝廷中苗傅、刘正彦等拥兵作乱，大将军韩世忠尚未归朝。危难之际，韩世忠之妻梁红玉忍痛以襁褓之子作为人质，最终与韩世忠同返临安，扫平叛乱。平叛之后韩世忠、梁红玉夫妇奉旨出征阻击金兵，最终困敌于黄天荡中并大获全胜。

【京剧《铜牛记》】

2014年6月13日，由陕西演艺集团京剧院创作的新编历史京剧《铜牛记》在西安庆华文化宫上演。该剧由李建平导演，王晓马编剧，朱绍玉担任音乐作曲、唱腔、配器，张强、唐小宁、李素萍等人主演。该剧讲述唐宣宗大中年间，万寿公主将要下嫁，天下争送贺礼，泾阳县令李行言囊中羞涩，将一尊恩师所送的鎏金铜牛作为贺礼送进宫中，不料被宦官刻意曲解，认为鎏金铜牛意在讽喻影射圣上的戒奢倡俭与鎏金铜牛一样是虚有其表，表里不一，一场轩然大波由此引起。

【京剧《春秋二胥》】

2014年6月28日、29日，上海京剧院新编历史京剧《春秋二胥》在上海天蟾逸夫舞台首演。该剧由冯钢编剧，续正泰、白云明执导，上海京剧院花脸演员安平和上海京剧院青年演员傅希如领衔主演。讲述春秋时期一对相敬相惜的好友伍子胥与申包胥因为家仇国恨而相互纠葛的故事。

【京剧《紫袍记》】

2014年7月6日、7日，由山西演艺集团山西省京剧院创排的新编历史京剧《紫袍记》在北京梅兰芳大剧院上演。该剧由周长赋编剧，谢平安任总导演，冉常建任导演，王越、单娜主演。剧述女皇武则天与宰相狄仁杰在斗争与合作中较量，最后武则天将狄仁杰当作最倚重的大臣，狄仁杰也凭借对黎民社稷的贡献和对武则天的有力辅佐赢得紫袍加恩，二人扭转“武氏代唐”的危机，共同开创“政启开元、治宏贞观”的“武则天时代”。

【京剧《金缕曲》】

2014年7月9日、10日，由上海大剧院、上海京剧院推出的新编京剧《金缕曲》在上海首演。该剧由陈莉编剧，李小平导演，韩生任舞美设计，关栋天饰顾贞观，陈少云饰吴兆骞，邓沐玮饰纳兰明珠，金喜全饰纳兰性德，丁晓君饰云姬。该剧改编自郭启宏的话剧作品《知己》，讲述清代文人顾贞观为营救知己吴兆骞，到相国纳兰明珠府上做教书先生，为好友跪拜奔波。然而20年后好友归来时，顾贞观发现昔日的“江左凤凰”吴兆骞已变成一个卑琐小人。

【京剧《刘伯温》】

2014年7月15日，河南省京剧艺术中心新编历史剧《刘伯温》在河南省人民会堂首演。该剧由李学忠执导，李祖铭任唱腔设计，邢鹏远饰演刘伯温。剧目取材于《明史》《刘伯温全传》《明史通俗演义》，讲述的是刘伯温面对大明建国后第一贪腐大案及背后的风云吊诡，为匡扶正义、社稷安危，挺身而出最终机智化解矛盾成功退隐的故事。

【京剧《七个月零四天》】

2014年7月21日，由青海省演艺集团有限责任公司创作的新编现代京剧《七个月零四天》亮相甘肃大剧院。该剧由朱海编剧，邢时苗导演，上海京剧院梅兰芳金奖得主李军饰演慕生忠，讲述了“青藏公路之父”慕生忠率领各路人马修建青藏公路的感人事迹。

【京剧《镜海魂》】

2014年7月29日，为纪念澳门回归15周年，由江苏省演艺集团京剧院和澳门基金会共同创编的史诗京剧《镜海魂》在南京紫金大戏院首演。该剧由穆欣欣编剧，翁国生导演，京剧武生田磊和江苏省京剧院盛海宁、董源、张婷、张辉等主演。剧述165年前，葡萄牙第79任澳门总督亚马勒为扩张势力、占据地盘，在龙田村毁田地、强拆房屋、踏平祖坟，激起龙田村村民众愤。为保护家园，以沈志亮龙田七兄弟为首的村民在与葡兵的激烈冲突中，刺杀了亚马勒。事件发生后，沈志亮为保护同伴，主动自首，清政府不敌葡方压力，将沈志亮问斩。

【京剧《赵佗》】

2014年8月1日，河北省京剧艺术研究院新编京剧《赵佗》在石家庄人民会堂首演。该剧由裴艳玲自导自演，剧本策划谢荣泉，杨舒棠编剧。剧述秦朝末年恒山郡真定县（今正定县）人赵佗率军平定岭南、和辑百越，后来归顺汉朝的故事。

【京剧《如姬》】

2014年8月23日，由江苏省文化厅与淮安市人民政府共同投资制作，江苏省长荣京剧院与江苏省演艺集团李亦洁京剧工作室联合排演的新编历史京剧《如姬》在淮安涟水大剧院首演。该剧由赵微娜编剧，裴福林导演，中国戏剧梅花奖和文华奖得主李亦洁饰演如姬，中国戏剧梅花奖得主孟广禄饰演魏无忌。剧目取材于战国历史典故“窃符救赵”，讲述了战国末年，秦国围困赵国都城邯郸，赵国求救于魏国，身为魏王宠妃的如姬挺身而出，以其惊世骇俗的窃符壮举，帮助信陵君夺取了兵权，成功击败秦军，救援了赵国，也巩固了魏国在当时的地位。自己却因冒犯君颜，献出了年轻而宝贵的生命。

【京剧《嫦娥奔月》】

2014年9月7日至8日，由沈阳师范大学梅兰芳艺术研究所、辽宁实验京剧团等单位合作排演的梅派京剧《嫦娥奔月》在北京上演。该剧由梅葆玖任总顾问，肖迪主演。神话京剧《嫦娥奔月》取材于中国民间神话故事“嫦娥奔月”。1915年，梅兰芳先生首次以古装歌舞剧的形式将《嫦娥奔月》搬上京剧舞台，此后至今，该剧在京剧舞台上失传近百年。本次演出在还原梅兰芳先生演出细节的基础上，对原剧本进行修改、创作，演绎中秋之夜，嫦娥与众仙在宫中欢宴的情景。

【京剧《钦差林则徐》】

2014年9月15日，由天津市青年京剧团创作的新编历史剧《钦差林则徐》在天津中华剧院首演。该剧由梁波编剧，张曼君、白云明共同执导，孟广禄饰演林则徐，刘桂娟饰演郑淑卿，石晓亮饰演伍绍荣，卢松、刘轶杰、刘树军、刘俊杰、孙雨生、房志刚等也在剧中饰演角色。此剧以清朝名臣林则徐的仕途经历为原型，讲述了他接受赴广东查禁鸦片的命令，在离京前后经历的一段故事。

【京剧《杨靖宇》】

2014年10月15日、16日，由吉林省京剧院创排的京剧现代戏《杨靖宇》在北京上演。该剧由孟繁琳编剧，徐培成导演兼编剧，朱维英作曲，讲述抗日英雄杨靖宇将军在抗联十年间英勇善战、爱护百姓、收编土匪、壮烈殉国的英雄事迹。

【京剧《康熙大帝》】

2014年10月24日，由天津京剧院创排的新编大型历史京剧《康熙大帝》在天津上演。该剧由周长赋编剧，谢平安执导，王平领衔主演，讲述康熙皇帝平定葛尔丹叛乱，收复台湾的故事。

【京剧《独钓寒江雪》】

2014 年 11 月 16 日、17 日，由广西戏剧院创排的新编历史京剧《独钓寒江雪》在天津光华剧院上演。该剧由吴源信编剧，赵伟明、董德光联合执导，童志良任技术指导，广西戏剧院京剧团郭毅、陈慧、唐德辉、黄毅等主演。剧目讲述唐朝永贞、元和年间，柳宗元被贬柳州期间发生的故事，展示了柳宗元在亲人辞世、官位不保、生命堪忧的多重压力和愤懑下，坚持“守正为心，疾恶不惧”的人格魅力。

【京剧《楚汉春秋》】

2014 年 11 月 19 日，由湖北省京剧院编演的京剧《楚汉春秋》在天津上演。裴咏杰饰萧何、项羽。该剧以楚汉相争为题材，将周信芳、梅兰芳两位京剧大师的代表作《萧何月下追韩信》和《霸王别姬》加以连缀、改编而成，从萧何辅佐刘邦演到项羽自刎，由《夜追韩信》《楚汉交锋》《霸王别姬》《垂史乌江》等九场戏组成。

【京剧《丝路长城》】

2014 年 12 月 20 日至 24 日，由中国国家大剧院与国家京剧院联合出品、制作的新编历史京剧《丝路长城》在中国国家大剧院上演。该剧由陈维亚任总导演，朱绍玉任作曲/唱腔设计，高广健任舞美设计，蒋典、蒋连起任服装设计，艾淑云任造型设计，李继勇任道具设计，肖燕英任编舞，于魁智饰唐太宗，李胜素饰柳娘，杨赤饰北荒，袁慧琴饰柳母。剧目以大唐西北边境马帮首领之女柳娘新婚之日被胡兵掳掠为切入点，讲述了在唐太宗“开放边境、胡汉互市”重大决策和平叛出兵的时代背景下，柳娘一家人最终实现亲人团圆和报国立功的故事。

昆剧

【昆剧《影梅庵忆语——董小宛》】

2014年2月12日、13日，由北方昆曲剧院创作的昆剧《影梅庵忆语——董小宛》在梅兰芳大剧院上演。该剧由罗怀臻、沈杏莲编剧，曹其敬、徐春兰执导，汝金山作曲，顾兆琳任唱腔制谱，刘杏林任舞美设计，邢辛任灯光设计，彭丁煌任服装设计，龚元任造型设计，胡锦芳、乔燕和、王小瑞任表演指导，邵天帅饰董小宛，施夏明饰冒辟疆。剧目讲述明清之际秦淮歌女董小宛与如皋才子冒辟疆相互倾慕，董小宛从暂寓影梅庵到逆旅中的留守，再到冒辟疆身患重疾时不离不弃、悉心侍奉的爱情故事。

【实验昆曲《一旦三梦》】

2014年11月11日，实验昆曲《一旦三梦》在北京繁星戏剧村首演。该剧由谢柏梁编剧，廖向红导演，陈涛任执行导演，顾卫英、肖向平主演。剧目以昆曲《牡丹亭·惊梦》《烂柯山·痴梦》《长生殿·惊变冥追》三个折子戏为基础，展示出闺阁少女的青春梦、世俗妇人的富贵梦和皇宫贵妃的恩爱梦。

【大师版昆曲《牡丹亭》】

2014年12月13日、14日，由文化部艺术司、北京市文化局主办，北方昆曲剧院承办，上海昆剧团、江苏省演艺集团昆剧院、浙江昆剧团、苏州昆剧院协办的大师版昆曲《牡丹亭》在北京天桥剧院上演。该版本《牡丹亭》包括上、下两本，分两晚演毕，上本由《闺塾》《游园》《惊梦》《寻梦》《写真》《道觋》《离魂》七折组成，下本由《魂游》《冥判》《拾画》《叫画》《幽媾》《婚走》六折组成。张继青、沈世华、王奉梅、侯少奎、华文漪、岳美缇、梁谷音、张洵澎、汪世瑜、蔡正仁、刘异龙、杨春霞、张寄蝶、石小梅等18位昆曲表演艺术家联袂参演。

评剧

【评剧《追梦》】

2014 年 5 月 4 日，由天津市评剧白派剧团创排的大型评剧现代戏《追梦》在天津首演。该剧由王寿山、赵德明编剧，王永庆导演，王冠丽领衔主演。剧目讲述天津港东疆码头建设过程中，以填海造陆工程总指挥姚紫芳为代表的新一代港口人，依靠群众、组织群众，运用建造防波堤新技术，如期完成了东疆码头建设任务。

【评剧《城邦恩仇》】

2014 年 6 月 18 日，由中国评剧院创排的大型原创评剧《城邦恩仇》在北京首演。该剧由郭启宏编剧，罗锦鳞任总导演，李文国任导演，刘文田作曲，于海泉饰歌队长，李惟铨饰阿伽王，李春梅饰柯绿黛，李金铭饰埃圭斯。剧目改编自古希腊悲剧《俄瑞斯忒亚》三部曲，讲述古希腊迈锡尼城邦国王阿伽王率领大军攻打特洛伊之后引发的一系列故事，由“杀父”“杀母”“审判”三个主要部分构成。

越剧

【越剧《风雪渔樵记》】

2014年2月22日，由上海越剧团新排的越剧《风雪渔樵记》在上海天蟾逸夫舞台首演。该剧由吴兆芬编剧，曹其敬导演，刘元声任舞美设计，周正平任灯光设计，汝金山任音乐设计，陈钧任唱腔设计，汪世瑜任表演指导，章瑞虹饰朱买臣，华怡青饰刘玉仙。剧目讲述书生朱买臣三次应试落第，终日借酒浇愁，其妻刘玉仙为激励他上进，故意逼迫他写下休书，“受辱”的朱买臣遂奋发图强，考取功名，最后真相大白，夫妻团圆。

【越剧《陆游与唐琬》】

2014年2月22日、23日，由浙江小百花越剧团演出的越剧《陆游与唐琬》在中国国家大剧院上演。该剧由顾锡东编剧，杨小青导演，吴小平、顾达昌作曲，刘杏林任舞美设计，茅威涛饰陆游，陈辉玲饰唐琬。该剧在1989年老版的基础上修改而成，讲述南宋诗人陆游与表妹唐琬自小青梅竹马，婚后亦琴瑟相和。因陆游不愿攀权附贵，仕途不顺，陆母迁怒唐琬并逼迫陆游逐妇。三年后，陆游重游沈园，唐琬已改嫁赵士程。陆游悲题《钗头凤》于粉壁之上，唐琬见而和作。两阕《钗头凤》至今墨迹犹在，陆、唐的爱情也传唱千古。

【越剧明星版《梁山伯与祝英台》】

2014年2月25日、26日，由绍兴市演出有限公司创排的越剧明星版《梁山伯与祝英台》在中国国家大剧院上演。该剧由吴凤花、王杭娟、吴素英、李敏、陈飞、张小君、张学芬、张琳联袂演出。越剧明星版《梁祝》是在传统经典名剧的基础上改编而成，共11场，讲述浙江上虞女子祝英台女扮男装去杭城读书，与同窗梁山伯日久生情，无奈祝英台被父亲许配给太守之子马文才，梁山伯知道真相后抱病而亡，祝英台闻讯来到梁山伯坟前祭奠，最后梁、祝二人化作蝴蝶，翩翩飞舞。越剧明星版《梁山伯与祝英台》于2008年6月在第六届江浙沪越剧大展演开幕式上首演，已在全国近百个城市演出近200场。

【越剧青春版《家》】

2014年2月28日，由上海越剧院创排的越剧青春版《家》在中国国家大剧院上演。该剧由吴兆芬编剧，杨小青导演，齐春雷饰觉新，俞景岚饰梅芬，邓华蔚饰瑞珏，徐标新和裘隆分饰觉慧，郭茜云饰鸣凤。该剧根据巴金的同名小说改编，讲述的是一个没落崩溃的封建大家庭里，几对青年的爱情悲剧：觉新和梅芬的青梅竹马之爱，被专制荒唐“抓阄”定亲所扼杀；觉新和瑞珏由了解、理解而新生的夫妻之爱，被封建迷信的“血光之灾”所摧毁；觉慧与丫鬟鸣凤的纯洁恋情，则因鸣凤被逼投湖而湮灭。

【越剧《大唐骊歌》】

2014年3月11日、12日，由温州越剧演艺中心创排的越剧《大唐骊歌》在中国国家大剧院上演。该剧由张思聪编剧，杨小青导演，黄燕舞饰薛绍，邵梦岚饰太平公主，郑曼莉饰武则天。故事改编自电视剧《大明宫词》，讲述太平公主与薛绍的爱情故事。唐朝太平公主对神策军小将薛绍一见倾心，皇后武则天为满足女儿的愿望，不顾薛绍已婚，暗地赐死其妻慧娘，强招薛绍为驸马。婚后，薛绍对太平公主冷若冰霜，对武则天的强权表示无声的抗议。不知底细的太平公主竭尽为妻为媳之道，还无意中收养薛绍和慧娘之子叶儿。6年后，薛绍觉察到自己对太平公主渐生爱意，内心深为自责，最终自杀。全剧在太平公主对武则天的悲愤质问中结束。

【改良经典版越剧《红楼梦》】

2014年3月15日、16日，由杭州越剧院演出的改良经典版越剧《红楼梦》在中国国家大剧院上演。该剧由郑国凤饰贾宝玉，陈晓红饰林黛玉，谢群英饰王熙凤。剧述林黛玉和贾宝玉的爱情悲剧。林黛玉自幼寄居外祖母家，与表兄贾宝玉情投意合。一日，宝玉因与王府伶人交友，被父亲毒打，黛玉前去探望，被侍女误拒门外，恰巧看见宝玉送宝钗出门，心神凄怆。暮春时节，黛玉荷锄葬花，宝玉见之，倾吐衷肠。黛玉侍女紫鹃为试宝玉之心，谎称黛玉将返回苏州，致使宝玉一病不起。贾母察觉宝玉与黛玉心心相印，却又想娶宝钗为宝玉之妻，故照王熙凤的“掉包”之计，佯称宝玉与黛玉成亲，实则暗娶宝钗，黛玉因此含恨而死。宝玉闻之冲出新房至黛玉灵前痛哭后愤然出走。

【越剧《凤姐》】

2014年3月20日、21日，由宁波市演艺集团有限公司出品，宁波市小百花越剧团有限公司创排的越剧《凤姐》在宁波大剧院首演。该剧由谢丽泓编剧，李利宏导演，戴延年任舞美设计，周正平任灯光设计，陈钧任唱腔设计，吕派花旦谢进联出演王熙凤。剧目以王熙凤一生的起起落落为主线，塑造了一个可恨、可怜又可惜的古代女强人形象。剧目从贾元春被封贵妃，上元节回府省亲开始说起，荣国府的管家少奶奶凤姐既要打理家事，又刚好发现自己怀了身孕。偏偏贾琏与贾珍小姨子尤二姐一见钟情并暗纳为妾，凤姐不慎堕胎……一直到贾府被抄家，百年荣耀的国公府如大厦倾倒，凤姐于惶恐中死去。

【越剧《二泉映月》】

2014年5月23日，由浙江小百花越剧团创排的越剧《二泉映月》在浙江杭州首演。该剧由郭小男、罗周编剧，郭小男执导，刘杏林任舞美设计，刘建宽、翁持更任音乐设计，胡梦桥任唱腔设计，王秋平任服装设计师，茅威涛、陈辉玲、吴春燕主演。剧目以盲人音乐家阿炳坎坷的一生为背景，讲述他在对母爱的怀念中创作出《二泉映月》的故事。

【越剧电影《梁山伯与祝英台》】

2014年6月18日，新版越剧电影《梁山伯与祝英台》在浙江省嵊州市举行国内首映。该片改编自浙江小百花越剧团同名经典舞台剧作品，由郭小男执导，茅威涛领衔主演。影片于2012年送展法国戛纳电影节特别展播，入围“导演双周”单元，成为首部进军戛纳的中国越剧电影。2014年，茅威涛凭借该片获得金橘奖·第二届迈阿密中国拉丁美洲国际影视节最佳女演员奖。

【越剧《屈原》】

2014年9月25日，由柯桥区小百花越剧艺术传习中心出品、绍兴小百花越剧团制作的新编历史剧《屈原》在柯桥蓝天大剧院首演。该剧由吕育忠编剧，国家一级导演杨小青导演，吴凤花领衔主演，楼慧琴、吴素英、张琳、董鉴鸿、于伟萍等主演，讲述了楚国左徒屈原欲推行美政，对内除弊革新，对外合纵抗秦，不料触及靳尚、子椒等人利益，屡屡与之作对，又有秦相张仪从中作梗，最终楚齐联盟被破坏，秦国攻陷楚国，屈原投汨罗江而亡。

【全本越剧《甄嬛》】

2014年10月16日至21日，由上海越剧院创排的大型古装越剧《甄嬛》上、下本在上海公演。该剧由李莉、黄嫣、蒋东敏编剧，杨小青导演，刘建宽作曲，上本由李旭丹、杨婷娜、张宇峰、史燕彬等年轻演员主演，下本则推出“明星示范传承版”，由一组中生代明星演员和两组青年演员共同组成，分别是：王志萍、忻雅琴、李旭丹饰甄嬛，钱惠丽、杨婷娜饰皇帝，黄慧、张宇峰饰清河王，陈颖、裘丹莉、盛舒扬饰华贵妃。剧目根据流潋紫的小说《后宫·甄嬛传》改编，由“惊鸿一瞥”“失子离宫”“风雪合情”“死心回宫”“滴血验亲”等主要场次构成，讲述少女甄嬛进入后宫遭遇的情感经历和人生波折。

豫剧

【豫剧《妈妈去哪儿了》】

2014 年 3 月 31 日，由济源市戏剧艺术发展中心创作的现代豫剧《妈妈去哪儿了》作为第三届中国豫剧节开幕演出在郑州市英协剧场上演。该剧改编自评剧《非常妈妈》，讲述一位保姆以巨大的勇气与坚韧的毅力，独自抚养一对龙凤胎弃婴的故事。剧目由陆伦章编剧，田敬阳导演，郭朝林、周改改作曲，主演有杜婉婉等。

【豫剧《女人是座山》】

2014 年 4 月 1 日，由三门峡市戏曲研究中心创作的现代豫剧《女人是座山》在驻军 96548 部队礼堂内首演。该剧讲述了改革开放初期，女主角王美英在丈夫离世、婆婆绝情离家后，为抚育 3 个孩子牺牲自己的爱情，毅然挑起生活重担的故事。剧中王美英由史茹扮演。

【豫剧《天下第一颠》】

2014 年 5 月 5 日至 7 日，由襄阳市艺术剧院投资制作的新编豫剧《天下第一颠》在襄阳剧院首演。该剧根据襄阳历史文化名人，宋代“四大书法家”之一米芾的事迹改编而成，由习志淦编剧，丁素华导演，李华饰演米芾。

【豫剧《马丕瑶出京》】

2014 年 5 月 25 日，由安阳市艺术研究所、安阳市崔派艺术研究院创排的新编历史豫剧《马丕瑶出京》在安钢工人剧院首演。该剧由陈俊丽编剧，李利宏、齐宁联合执导，崔小田、杨少龙主演，剧述马丕瑶在清朝末年内政不稳、外强入侵的艰难时期，为实现自己的救国梦想，勤政爱民、忠君进谏、自筹赈银、坚固海防、护佑中华南疆的悲壮史实。

【豫剧《游子吟》】

2014 年 6 月 22 日，由新乡市演艺有限责任公司创排的新编现代豫剧《游子吟》在新乡市新星剧场上演。该剧由韩枫编剧，赵伟明导演，汤其河作曲，新乡市演艺有限责任公司万正红、周盼龙、李继红、陈梦珠等饰演主要角色。剧目塑造了一位个性独特且慈爱的后母形象。

【豫剧《史来贺》】

2014 年 6 月 20 日，由河南豫剧院三团根据新乡市刘庄村原党委书记、全国劳动模范史来贺先进事迹改编的现代豫剧《史来贺》在新乡县刘庄村礼堂首演。该剧由孔繁燕编剧，李利宏任总导演，王香云任执行执导，汤其河任音乐设计，蒿红伟、李书奇饰演史来贺一角。

【豫剧《全家福》】

2014 年 11 月 6 日，由河南豫剧院、河南江山文化传媒有限公司联合创作的现代豫剧《全家福》在河南省艺术中心首演。该剧姚金成、何中兴编剧，张平执导，赵国安、尹可富担任作曲，盛红林、辛艾、李书奇、陈晓兰、郑娟等担纲主演。剧目以廉政建设为主题，讲述了海外留学的韩琳琳回国结婚，却恰逢担任副市长的父亲韩英杰因经济问题被“双规”，一张 30 年前的“全家福”照片，引出了一个农民家庭两代人令人感叹唏嘘的奋斗史。

【豫剧《清吏郑板桥》】

2014 年 8 月 18 日，由濮阳市戏剧艺术传承保护中心（原濮阳市豫剧团）排演的新编历史豫剧《清吏郑板桥》在濮阳市中原文化宫首演。该剧由贾璐编剧，根据曾任范县县令的历史文化名人郑板桥其人其事改编创作。

【豫剧《王昭君》】

2014 年 10 月 23 日，由商丘市演艺集团创作的新编历史豫剧《王昭君》在商丘市宋城影剧院上演。该剧目由姚金成编剧，卢浩、李云联合执导，耿玉卿作曲，余辉任舞美设计，陈新琴饰演王昭君。剧述王昭君梦想宠幸却被打入冷宫、目睹郑婕妤之死到毅然请缨出塞的心路历程。

河北梆子

【河北梆子《定都》】

2014 年 4 月 10 日，由北京市河北梆子剧团创排的河北梆子新编历史剧《定都》在北京梅兰芳大剧院上演。该剧由石宏图导演，王海平编剧，姬君超作曲，王英会、张树群饰朱棣，王洪玲、杨秀琴饰碽妃，殷新泉、郭砚夫饰姚广孝，张树群饰朱元璋。剧述明洪武三十一年，太祖崩。嫡长孙允炆继位，号建文。太祖四子燕王朱棣出北平至南京吊孝。建文帝听信乱臣谗言，拒其于城外，燕王大悲。后闻建文帝纳谗言着手削藩，已累其同宗，自身性命亦岌岌可危。谋士姚广孝进言朱棣，荐其先发制人。朱棣即以"靖难"为名起兵南京，推翻建文帝，暂称帝南京，号永乐。后朱棣迁都北平，励精图治十八载，北平城终屹立于东方。

【河北梆子《宝莲灯》】

2014 年 4 月 11 日，河北省河北梆子剧院演艺有限公司编演的河北梆子原创剧目《宝莲灯》在北京梅兰芳大剧院上演。该剧由张警月饰圣母，刘凤岭、丁云飞饰刘彦昌，于静饰沉香。剧述华山之上，恶瘴时起，伤害生灵，圣母常以宝莲神灯排除瘴雾，万物得安。采药人刘彦昌敬仰圣母解救生灵之德，圣母爱慕刘彦昌济世之行，二人欲结良缘。二郎神闻之，横加干涉，被圣母用神灯逼退。圣母与刘彦昌结为夫妇一年后，生子沉香。二郎神乘圣母欢度生子百日之时，命哮天犬盗走宝莲灯，擒获圣母，将其压于华山之下。沉香被霹雳大仙救去，授以武艺；15 岁时，前往华山，劈山救出生母。

【河北梆子《徐策》】

2014 年 4 月 13 日，由天津市河北梆子剧院创排的河北梆子《徐策》在北京梅兰芳大剧院上演。该剧由赵德芝整理剧本并任艺术指导，刘可晨任唱腔设计，王少华饰徐策，冯卫、张翠香饰徐夫人，田辉饰薛刚，田晶饰纪鸾英，齐大鹏饰老家院。剧目改编自河北梆子经典剧目《薛刚反唐》，以《法场换子》《双狮图》《徐策跑城》三折传统戏为框架，增加夫妻定计、韩山发兵、平冤昭雪等场次。

【河北梆子《女人九香》】

2014 年 4 月 14 日，由石家庄市河北梆子剧团创排的河北梆子现代戏《女人九香》在北京梅兰芳大剧院上演。该剧由孙德民编剧，刘莉莎饰九香，雷保春饰李德旺，王艳武饰二壮，赵贞海饰大壮。剧述改革开放时期，聪慧、泼辣的姑娘九香嫁入李家，挑战因循守旧的思想，大胆承包土地，并带领全村人致富的故事。

【河北梆子《北国佳人》】

2014 年 4 月 16 日，由北京市河北梆子剧团创排的河北梆子舞台剧《北国佳人》在北京梅兰芳大剧院上演。该剧由郭启宏编剧，廖向红导演，李石条、姬君超任唱腔设计，刘杏林任舞美设计，蓝玲任服装设计，王洪玲饰刘喜奎，王英会饰曹锟，张四刚饰张勋，雷保春饰崔敬一，王少华饰迟鼎斌。剧述民国时期著名河北梆子女演员刘喜奎色艺双绝，次第有袁世凯、黎元洪、徐世昌、冯国璋、张勋、曹锟等大人物垂涎于她，她不为所动，设法逃脱这些人的控制，后来仓促中嫁给崔敬一，洞房之夜始知受骗，只好将错就错。孰不知在曹锟的迫害下，崔敬一不久病亡。万念俱灰之下，最终归隐田居，隐姓埋名40 年。

【河北梆子《天竺传奇》】

2014 年 5 月 5 日至 9 日，由河北省河北梆子剧院演艺有限公司根据西游故事创排的大型新编神话剧《天竺传奇》在河北大戏院首演。该剧由杨斌编剧，谢平安、刘少华导演，玉兔的扮演者孙娜、张警月，将军的扮演者丁云飞、张雷，三公主的扮演者赵璇、周会月，孙悟空的扮演者扈海蒙、张新杰。剧目讲述月宫玉兔贪恋凡尘，偷下人间变成天竺国三公主，大公主、二公主因利益驱使故意混淆真假，国王、国母以假当真，禁卫将军冒死相救，三公主绝望的呼唤，让玉兔的心灵受到震撼，最终她吐出千年修炼的丹珠，令三公主得以复原。

【河北梆子历史剧《六世班禅》】

2014 年 6 月 6 日、7 日，由河北省河北梆子剧院演艺有限公司联合企业打造的河北梆子历史剧《六世班禅》在北京梅兰芳大剧院上演。该剧由编剧孙德民根据自编话剧《圣旅》改编，曹其敬导演，邱瑞德主演。剧本以 1779 年六世班禅额尔德尼东行朝觐，到避暑山庄为乾隆皇帝祝寿为背景，展示六世班禅作为一代活佛的精神世界和内心情感。

【河北梆子《吕玉兰》】

2014 年 7 月 2 日，由邢台市河北梆子剧团创演的河北梆子现代戏《吕玉兰》在河北邢台首演。该剧由史长生编剧，李宪法执导，刘莉莎主演。剧目以全国女劳模吕玉兰为原型，讲述她在家乡带领群众战风沙、治盐碱、植树造林、兴修水利，改变农村落后面貌的故事。

【河北梆子《忒拜城》】

2014 年 11 月 26 日至 27 日，由北京市河北梆子剧团根据希腊悲剧《埃斯库罗斯》和《索福克勒斯》改编的梆子戏《忒拜城》在国话大剧场上演。该剧由郭启宏编剧，罗锦鳞执导，王洪玲饰演安提戈涅领衔，金民合饰演克瑞翁，殷新泉饰演安提戈涅未婚夫海蒙，王英会饰演先知，刘凤香饰演海蒙之母，克瑞翁之妻。该剧以忒拜王室两兄弟约定轮流执政，因弟爽约，引胞兄攻打本邦，终自戕同归。克瑞翁继承王位，称弟为英雄厚葬，斥兄为叛逆，下令暴尸。两兄弟的妹妹安提戈涅坚持天神的信条，不顾禁令，埋葬兄尸。克瑞翁大怒，将其囚禁，令其于石窟自然死亡。安提戈涅的未婚夫海蒙为之殉情。海蒙之母即克瑞翁之妻，忍悲痛为这对有情人完成冥婚，然后自杀。王命依旧君临忒拜，而克瑞翁只留下孤独。

晋剧

【晋剧《背水之战》】

2014年4月9日，由井陉县晋剧团创排的新编历史晋剧《背水之战》在石家庄河北大戏院上演。该剧由李慧琴任总导演，李建国饰韩信。剧述韩信在河北井陉以少胜多、大破赵军的故事：西汉开国大将韩信率军在井陉口绵蔓河畔与赵军主将陈馀展开生死较量，韩信明设背水阵，暗遣奇兵，拆断浮桥，自断退路，创造了历史上以少胜多的经典战役——背水之战。

【晋剧《白云真人》】

2014年4月28日，由太原市晋剧艺术研究院实验二团创排的新编神话故事剧《白云真人》在太原市晋剧艺术研究院实验剧场首演。该剧由武凌翔编剧，孙昌导演，田少华作曲，武凌云、王春梅领衔主演，青年演员郭宏刚、武威、时小丽担纲主演，剧述陕西佳县白云山三真人的传说故事。

川剧

【川剧《辉映羌山》】

2014 年 6 月 29 日，由四川省川剧院以北川县原副县长兰辉为原型创排的现代川剧《辉映羌山》在成都首演。该剧由郑德胜、张人俐、朱文汉、陈金远编剧，毛庭齐、郑德胜导演，张义饰演兰辉，全剧以道路建设、群众信访和灾后就业等故事为素材，还原了“车轮子县长”兰辉的故事。

【川剧《武则天与婉儿》】

2014 年 8 月 30 日，由广元蜀道文化研究院创排的新编历史川剧《武则天与婉儿》在广元豫剧团大剧场上演。该剧由张新秋编剧，张正廉导演，蒋立芳作曲，崔光丽饰演武则天，虞佳饰演上官婉儿，陆洪涛饰演苏味道，主要讲述武则天与上官婉儿之间的三代纠葛。

【川剧《白露为霜》】

2014 年 12 月 8 日，由重庆三峡川剧团创作排演的现代川剧《白露为霜》在万州大会堂首演。该剧改编自戏剧大师曹禺的名作《日出》，由隆学义编剧，李滨执导，熊尔康编曲，谭继琼领衔主演。

【川剧《还我河山》】

2014 年 12 月 13 日，由自贡市川剧艺术中心创排的现代川剧《还我河山》在自贡川剧艺术中心剧场首演。该剧根据 1944 年“盐都抗日救亡献金运动”这一历史事件改编，由廖时香编剧，任庭芳导演，刘开逵、曾宇、朱梦婷等主演。

沪剧

【沪剧《魂断蓝桥》】

2014 年 5 月 1 日，由上海沪剧院重新编排的沪剧《魂断蓝桥》在与首演时隔 30 年后再次亮相天蟾逸夫舞台。该剧改编自美国同名电影，此次上演除了保留 20 世纪 80 年代版本中两段最为经典的唱段之外，其他都进行了重新编排。剧中女主角玛拉由洪豆豆扮演，男主角罗依由朱俭扮演，王丽君、洪立勇等参与出演。

【沪剧《邓世昌》】

2014 年 12 月 11 日，上海沪剧院为纪念甲午战争 120 周年创排的新编沪剧《邓世昌》在天蟾逸夫舞台亮相。该剧以甲午海战为背景，重点讲述了邓世昌与刘步蟾、何如真、丁汝昌等众多人物的战友情、夫妻情、同僚情，着力颂扬敢于牺牲、国家利益至上的英雄主义情怀，呼唤发展科学技术以兴国力的强国梦、强军梦，传达中国人民和军队爱好和平的心声。剧目由陈薪伊执导，蒋东敏、庄一编剧，沪剧名家茅善玉、朱俭、李建华、钱思剑、凌月刚等出演。

粤剧

【粤剧《梦·红船》】

2014年5月27日、29日，由广东粤剧院编排的新编粤剧《梦·红船》于广东粤剧艺术中心剧场内部首演。该剧由梁郁南、尹洪波共同编剧，丁凡任总导演，梁郁南、徐光华导演，彭庆华、曾小敏等主演，剧情再现了20世纪30年代粤剧艺人追寻梦想的历程。

【粤剧《鹅潭映月》】

2014年5月30日、31日，由广州粤剧院红豆粤剧团创作的粤剧《鹅潭映月》在南方剧院连续两天公演。该剧由余楚杏编剧，陈少梅导演，青年演员陈骏旻、伍韵飞、杨芬、陈振江担纲主演，再现了珠江两岸的地域风情，演绎了疍家少女的悲剧人生。

【粤剧《南国菩提》】

2014年10月9日，由广东香山粤剧团全新编排的粤剧《南国菩提》在广州南方剧院首度公演。《南国菩提》原名《六祖惠能》，曾于2013年上演，经粤剧编剧家秦中英执笔，重新编排，更名《南国菩提》。该剧由郑卫国、王晓鹏导演，邓志驹领衔主演，演绎禅宗六祖惠能的人生故事，弘扬明心见性、和谐向善的精神。

【粤剧《金胎蝴蝶梦》】

2014年10月11日至15日，香港编剧李居明创作的粤剧《金胎蝴蝶梦》在中国香港上演。该剧以佛山粤剧院作班底，龙俊杰担任导演，李淑勤饰演庄子的妻子“田美人”，冯刚毅饰演庄子。剧目讲述庄子十年修道，冷落娇妻，怕妻红杏出墙，见学生楚王孙俊逸，特意用法术将自己变成楚王孙来追求妻子。庄子扮死，还要求妻子取庄子的脑浆当药，救楚王孙，进行一而再、再而三地试验妻子。后被妻子识破，反其道而行之。

秦腔

【秦腔《天国的百合花》】

2014 年 4 月 24 日，由渭南市秦腔剧团创排的秦腔现代戏《天国的百合花》在西安首演。该剧由屈婴洁编剧，韩剑英导演，胡香串主演。剧述出租车司机常小凡在无意撞人、无人知晓的情况下，从自知、自省、自查、自责，到自诉、自尊的心路历程。

【秦腔《大秦文公》】

2014 年 8 月 15 日，由天水市秦腔研究院、天水市秦剧团创排的秦腔新编历史剧《大秦文公》在天水秦州剧院首演。该剧由杨智、曹锐编剧，韩剑英导演，边肖、袁丫丫等主演，讲述了秦侯嬴硕励精图治、严秦法、安百姓、和西戎，率秦人东进关中的故事。

【秦腔《狗儿爷涅槃》】

2014 年 8 月 25 日，由宁夏演艺集团秦腔剧院改编创作的秦腔现代剧《狗儿爷涅槃》在宁夏人民会堂上演。该剧由刘锦云编剧的同名话剧改编而成，柳萍、李小雄主演，讲述了一个背负着中国封建经济及传统文化沉重包袱的普通农民——狗儿爷，在中国农村几十年大变迁背景下的命运。

【秦腔《王宝钏》】

2014 年 8 月 28 日，由陕西省戏曲研究院青年团创演的秦腔改编传统剧《王宝钏》亮相宁夏银川贺兰宣传文化中心。该剧由特邀编剧党小黄对《五典坡》进行了大刀阔斧的改编，使人物形象更加生动鲜活，唱腔也在保留原有经典唱段的基础上进行了梳理。剧中王宝钏由李娟饰演。

【秦腔《白居易》】

2014 年 10 月 18 日，由咸阳市演艺公司人民剧团编排的秦腔历史剧《白居易》在咸阳彩虹俱乐部上演。该剧由谢迎春编剧，何红星导演，杨小军、罗兰主演，以“安史之乱”后历史为背景，以白居易宦海沉浮人生命运为主线，以白居易与民女湘灵的爱情为副线，反映诗人白居易的人生理想。

汉剧

【汉剧《诗娘》】

2014年5月20日，广东汉剧传承研究院创排的新编汉剧《诗娘》在梅州亮胜客家艺术中心首演。该剧由王新生、梦梅编剧，梅晓导演，黄丽华、李焕霞、嵇兵等主演，讲述了清末民国初发生在岭南地区一群特殊女人——“自梳女”的生活故事。

【汉剧《红色娘子军》】

2014年9月28日，由武汉汉剧院重新编排的经典汉剧《红色娘子军》在武汉剧院首演，这也是该剧在40年后重现舞台。此次重排由胡和颜担任艺术指导，青年演员担纲主演，王荔、毕巍然分别饰演吴清华，洪常青一角则由易超、严智超扮演，李青、熊国强、范琼、矫浩等在剧中担任重要角色。

甬剧

【甬剧《筑梦》】

2014 年 3 月 1 日、2 日，由宁波市演艺集团甬剧团有限公司创排的新编甬剧《筑梦》在宁波大剧院首演。该剧由陈薪伊总导演，王晓菁、王俭编剧，刘一作曲，常疆任舞美设计，周正平任灯光设计，郑健饰沈三江，王锦文饰姚梦欣，虞杰饰林昀杰，严耀忠饰沈阿根。剧目以宁波商人沈祝三倾囊建造武汉大学的真实故事为原型，讲述 20 世纪 30 年代大汉口建筑商沈三江，竞标承建了国立武汉大学建筑群，在建造过程中，因时局动荡，工程几乎陷入绝境。沈三江坚守诚信，将自己的家给银行作抵押，终于完成工程，而这笔债务直到武汉沦陷时他才还清。最终，沈三江在萧条岁月中一病不起，直至去世。

锡剧

【锡剧《草命天子》】

2014年1月11日，由江苏省演艺集团锡剧团创作的锡剧《草命天子》在南京紫金大戏院上演。该剧由张勇编剧，俞克平导演，周东亮、张金华、许美霞、董云华等出演，讲述真龙太子被换出宫外遗落民间，由八贤王微服私访寻回宫内继承皇位，演绎了一段孤儿变王子的波折故事。

莆仙戏

【莆仙戏《叶李娘》】

2014 年 9 月 17 日，由福建省莆仙戏剧院、仙游县鲤声剧团的排演莆仙戏《叶李娘》在中国国家大剧院上演。该剧由郑怀兴编剧，吴镇勋导演，王少媛出演翁懿娘，剧述南宋理宗时代，太学生叶李上书弹劾宰相贾似道弄权误国，被处死刑，不日即斩。其妻懿娘为救丈夫，举簪刺臂，沾血写本，怒斥奸佞，替夫受刑的故事。

闽剧

【闽剧《贬官记》】

2014 年 9 月 16 日，由福建省实验闽剧院创排的闽剧《贬官记》在中国国家大剧院上演。该剧由吕忠文导演，朱善根饰边一笑、陈洪翔饰崔云龙、陈琼饰张岫玉，剧目通过喜剧的形式，塑造了一位为官清廉、不阿权贵的知府边一笑。

吉剧

【吉剧《站醒台》】

2014 年 5 月 20 日、21 日，由吉林省戏曲剧院吉剧团创排的现代吉剧《站醒台》在中国评剧院大剧场上演。该剧由张福先、李文国、石磊、陈忠伟编剧，李文国导演，刘杨、屈风荣、梁学华、孙忠宏、张跃兵、蒋凤梅等主演。剧述长白山脚下素有“皇家鹿苑”之称的醒台村村民养鹿致富，但是部分村民受利益驱使，一度逾越了道德底线，最终在感召下实现道德回归的故事。

采茶戏

【萍乡采茶戏《有事找老杨》】

2014 年 4 月 30 日，萍乡采茶戏《有事找老杨》在北京长安大戏院上演。该剧由胡爱萍饰老杨，王小红饰莲嫂。剧目以江西萍乡市全国模范司法所长、全国模范人民调解员杨斌圣为原型，以老杨夫妻之间的情感线作为主线，讲述老杨在基层司法调解第一线进行错综复杂的调解工作，即使身患癌症也从不言弃的故事。

【高安采茶戏《玖爷和他的贾家村》】

2014 年 5 月 7 日，由江西省高安市采茶剧团创演的高安采茶戏《玖爷和他的贾家村》在北京长安大戏院上演。该剧由李小宝饰贾克玖，况慧饰傅连平，褚凤荣饰肖织英。剧目以江西省高安市新街镇贾家古村原党支部书记贾克玖为原型，讲述这位基层农村干部几十年如一日为村民服务，兑现“让身边的老百姓永远说共产党好”的诺言的故事。

其他

【主题戏曲《城市心情》】

2014 年 4 月 15 日，由上海戏曲艺术中心制作出品，包含上海京剧院、上海沪剧院、上海淮剧团三出小戏的主题戏曲作品《城市心情》在上海首演。全剧由京剧《开心小屋》、沪剧《我只在乎你》和淮剧《星空之约》三个根据真人真事改编创作的小戏组成。京剧《开心小屋》取材于感动上海年度十大人物、“开心阿婆”鲍美利的事迹，由冯钢编剧，孙建弘导演，王小砖、李占华、齐宝玉主演。沪剧《我只在乎你》取材于全国道德模范提名奖、全国孝老爱亲模范候选人扈晓静和她养母的故事，由龚孝雄编剧，李莎导演，吕贤丽、王雯主演。淮剧《星空之约》取材于感动上海年度人物提名奖、上海东方广播电台节目主持人梦晓的先进事迹，由蒋东敏编剧，吴佳斯导演，邢娜、邱海东、郑杰主演。

纪事

展演·评奖

【中国国家大剧院举办“越剧艺术周”】

2014 年 2 月 22 日至 3 月 16 日，中国国家大剧院举办“越剧艺术周”，浙江小百花越剧团、上海越剧院、杭州越剧院、温州越剧演艺中心等越剧团体进行演出，茅威涛、吴凤花、陈晓红、俞景岚等越剧名家参演。剧目包括《陆游与唐琬》《家》《大唐骊歌》等新编剧目，以及《梁祝》《红楼梦》等整理改编的经典剧目。中国国家大剧院成立 6 年来，每一年都会安排不同主题的戏曲展演活动。

【2014 年京津冀河北梆子优秀剧目巡演（北京站）】

2014 年 4 月 9 日至 16 日，“2014 年京津冀河北梆子优秀剧目巡演（北京站）”在北京梅兰芳大剧院举办。本次巡演由北京市文化局、天津市文化广播影视局、河北省文化厅及河北省石家庄市文化广电新闻出版局共同主办，北京市河北梆子剧团承办，天津河北梆子剧院、河北省河北梆子剧院、河北省石家庄市河北梆子剧团协办。

北京、天津、河北的河北梆子院团及河北省石家庄市河北梆子剧团 4 家院团的艺术家上演《定都》《宝莲灯》《辕门斩子》等 7 台剧目及《河北梆子名家名角演唱会》。王洪玲、许荷英、吴桂云等 10 位“梅花奖”获得者及王少华、李夕果等近 20 位国家一级演员登台演出。北京站演出推出 30% 的低价票，并向部分弱势群体和梆子戏迷代表赠送 300 张演出门票。其间，还举办学术研讨、展览等活动。

【现代京剧《红灯记》创排 50 周年纪念演出】

2014 年 5 月 1 日、2 日，现代京剧《红灯记》创排 50 周年纪念演出在北京梅兰芳大剧院连演三场。5 月 1 日，刘长瑜在演出前致辞，原创音乐设计刘吉典，原排及出演过《红灯记》的老一辈艺术家钱浩梁、杜福珍、张岚、孙洪勋，复排导演孙元意、荀皓等都来到现场。本次演出由李文林、张浩洋饰李玉和，袁慧琴、张静饰李奶奶，耿巧云、张译心、吕慧敏饰李铁梅，张连祥、胡滨饰鸠山。

【兰馨辉耀一甲子——昆大班从艺 60 周年纪念演出】

2014 年 5 月 17 日至 21 日，由上海昆剧团主办的“兰馨辉耀一甲子——昆大班从艺 60 周年纪念演出”在上海举行。全国各剧种的代表、全国昆剧院团以“昆大班”师生进行祝贺演出，上海昆剧团黎安、余彬、袁国良、吴双、季云峰等演出新编历史昆剧《景阳钟》，毕业于“昆大班”的张铭荣、岳美缇、张洵澎、梁谷音等表演艺术家演出《绣襦记·收留教歌》《玉簪记·秋江》《牡丹亭·离魂》《惊鸿记·太白醉写》《儿孙福·势僧》《占花魁·受吐》《潘金莲·挑帘裁衣》等折子戏。

【第四届全国地方戏（南北片）优秀剧目展演】

2014 年 5 月 4 日至 6 月 18 日，由文化部主办，文化部艺术司、北京市文化局、江苏省文化厅承办的“第四届全国地方戏（南北片）优秀剧目展演”在北京和江苏两地举行。本次展演以 39 家全国地方戏创作演出重点院团的 39 台优秀作品为主体，择优选取北京、江苏有代表性的地方戏剧目 50 台，涵盖全国 37 个剧种，演出 70 多场。参演剧目有吉剧《站醒台》、吕剧《回家》、二人台《花落花开》、河北梆子《北国佳人》、陇剧《西狭长歌》、满族新城戏《洪皓》、豫剧《洪武皇后马秀英》、评剧《良宵》和《珍珠衫》等。展演不再进行评奖，而是安排研讨会，分阶段对展演剧目进行研讨，总结地方戏在传承和发展上取得的经验，探讨地方戏创作发展中存在的问题。

【第十三届嵊州·中国民间越剧节】

2014 年 6 月 18 日至 24 日，由浙江省文化厅和嵊州市人民政府主办的“第十三届嵊州·中国民间越剧节”在浙江嵊州举办。本次活动与浙江小百花越剧团成立 30 周年庆祝活动融合举行，计有 11 大系列 25 项活动，内容包括浙江小百花越剧团回嵊感恩祭祖活动、浙江小百花越剧团建团 30 周年史料捐赠仪式、浙江小百花越剧团越剧电影新版《梁祝》国内首映暨广场展播、嵊州越剧艺校校园开放日活动启动仪式、浙江小百花越剧团经典剧目惠民演出、“相约越乡”全国越剧名票擂台赛、嵊州市“信源杯”越剧戏迷角 PK 赛、嵊州市文化礼堂村特色节目展演、嵊州市越剧艺术保护传承中心惠民演出、现代越剧《马寅初》学术研讨会、经典越剧惠民演出等。

【昆剧《景阳钟》获中国戏曲学会奖】

2014 年 5 月 18 日，上海昆剧团创排的历史剧《景阳钟》获中国戏曲学会奖。该剧由周长赋编剧，谢平安、沈矿导演，黎安、余彬、吴双、季云峰、袁国良等主演。剧目改编自传统名剧《铁冠图》，讲述明末崇祯皇帝面临李自成的农民起义军与清兵的双重夹击，在内外交困中痛下《罪己诏》，自尽身亡的故事。《景阳钟》先后获得第五届中国昆剧节“优秀剧目奖”榜首、2011—2012 年度国家舞台艺术精品工程重点资助剧目、第十四届文华奖“优秀剧目奖”等。

【沪剧《挑山女人》获中国戏曲现代戏突出贡献奖和中国戏曲学会奖】

2014 年 6 月 12 日，上海宝山沪剧团原创沪剧《挑山女人》荣获中国戏曲现代戏突出贡献奖。同时，该剧编剧李莉获得中国戏曲现代戏编剧突出贡献奖，主演华雯获得中国戏曲现代戏表演突出贡献奖。

7 月 25 日，《挑山女人》再获中国戏曲学会奖。颁奖仪式后，由中国戏曲学会、上海文化发展基金会、上海市戏剧家协会、上海宝山区文化广播影视管理局共同主办的“深·真·美——沪剧《挑山女人》学术研讨会”在宝山宾馆举行。

《挑山女人》讲述安徽休宁县齐云山脚下的一位普通农村妇女汪美红，17 年前，丈夫意外身亡，使一家人生活陷入绝境，为抚养三个未成年的孩子，她毅然当起了令男人都望而生畏的挑山工，用柔弱的双肩扛起养家的重任，并将三个孩子抚养成人。该剧自 2012 年 10 月 26 日首演以来已获得 14 个奖项。

【香港第五届“中国戏曲节 2014”】

2014 年 6 月 20 日至 8 月 30 日，由香港康乐及文化事务署主办的第五届“中国戏曲节 2014”在香港举行。河北省京剧艺术研究院、越剧四大小生流派会演、新编粤剧《搜证雪冤》、“岭南余韵”八大曲选段、浙江永嘉昆剧团、云南省滇剧院、福建省梨园戏实验剧团、广东海丰县白字戏剧团、河南豫剧院二团、京昆剧场等轮番登陆香港舞台。除了舞台演出，戏曲节还安排了多项艺术导赏活动，包括专题艺术及导赏讲座、戏曲电影欣赏、艺人谈及展览等，更邀请昆剧表演艺术家蔡正仁、张继青、汪世瑜、梁谷音、姚继焜、黄小午、王维艰、李鸿良、龚隐雷、吴双等，与多位昆曲清唱家及学者参与清唱会及昆曲论坛。

【第二届湖北地方戏曲艺术节】

2014 年 6 月 21 日至 7 月 8 日，由湖北省文化厅主办的“第二届湖北地方戏曲艺术节”在湖北举办。14 台大戏、38 出小戏折子戏在湖北省 15 个州、市上演。同时，艺术节设置“湖北地方戏曲传承保护发展成果展览”，湖北美术馆以近 400 幅图片和部分实物及视频相结合的形式，展示 2008 年以来，湖北省地方戏曲传承保护发展方面的主要成果。艺术节还设置“地方戏曲民间艺人才艺展示”板块，荆州花鼓戏、阳新采茶戏、通城花鼓戏 3 个剧种的民间艺人，进行才艺展示，演唱本剧种优秀传统戏选段。本届艺术节上，湖北省豫剧团的豫剧《亲爹亲娘》、黄梅县黄梅戏剧团的黄梅戏《传灯》和罗田县黄梅戏剧团的黄梅戏《余三胜轶事》等 6 个剧目获优秀剧目奖。

【越剧《马寅初》获中国戏曲现代戏突出贡献奖】

2014 年 6 月 23 日，由浙江省嵊州市越剧艺术传承保护中心、嵊州市越剧团创作演出的越剧现代戏《马寅初》获得中国戏曲现代戏研究会颁发的“中国戏曲现代戏突出贡献奖”，该剧编剧姜朝皋、主演张伟忠分别获得创作、表演“突出贡献奖”。

《马寅初》选取马寅初在国民党统治时期面对腐败政府敢于斗争，面对高官厚禄不为所动，新中国成立后任北大校长，爱党爱国，悉心培育人才，崇尚科学，注重调查研究，发表《新人口论》、撰写《农书》等情节，塑造出马寅初求真理、做真人的形象。

【“程砚千秋”京剧名家迟小秋纪念程砚秋先生诞辰 110 周年专场演出】

2014 年 7 月 8 日至 8 月 10 日，“程砚千秋”京剧名家迟小秋纪念程砚秋先生诞辰 110 周年专场演出在北京长安大戏院举办。北京京剧院的迟小秋推出 10 部程派经典大戏，7 月和 8 月各连演五场。7 月 8 日至 12 日演出《锁麟囊》《碧玉簪》《荒山泪》《孔雀东南飞》《全部玉堂春》；8 月 6 日至 10 日演出《三娘教子》《文姬归汉》《红鬃烈马》《窦娥冤》《宋家姐妹》。

【福建戏剧优秀剧目晋京展演】

2014 年 9 月 16 日至 22 日，由文化部、福建省人民政府主办，文化部艺术司、福建省文化厅承办的“福建戏剧优秀剧目晋京展演”活动在北京举办。福建省实验闽剧院的闽剧《贬官记》，福建省莆仙戏剧院、仙游县鲤声剧团的莆仙戏《叶李娘》，漳州市芗剧团的芗剧（仔戏）《保婴记》，福州市闽剧院的闽剧《兰花赋》，厦门市金莲升高甲剧团的高甲戏《阿搭嫂》，福建省梨园戏实验剧团的梨园戏《皂隶与女贼》及泉州市木偶剧团的木偶剧《赵氏孤儿》在中国国家大剧院、中央党校和梅兰芳大剧院上演。9 月 22 日，中国艺术研究院与福建省文化厅在北京联合举办“福建地方戏剧继承与发展研讨会”。

【第十一届中国滨州·博兴小戏艺术节】

2014 年 9 月 22 日至 26 日，由文化部、山东省文化厅主办的“第十一届中国滨州·博兴小戏艺术节”在山东滨州举办。来自全国 10 个省市 17 个剧种的 29 个小戏小品剧目参加本次艺术节，包括吕剧、渔鼓戏、淮剧、淮海戏、花灯剧等近 20 个地方剧种的剧目参加评比及展演。

【苏州市地方戏（曲艺）优秀剧、节目晋京展演】

2014 年 10 月 9 日至 18 日，由中共苏州市委宣传部、苏州市文化广电新闻出版局联合主办的“苏州市地方戏（曲艺）优秀剧、节目晋京展演”活动分别在梅兰芳大剧院、清华大学剧场等地举办。此次演出汇集苏州 6 个专业文艺院团的 6 台剧目，包括滑稽戏《探亲公寓》、苏剧《柳如是》、锡剧《一盅缘》、昆剧《玉簪记》、舞剧《桃花坞》和中篇弹词《雷雨》，王芳、俞玖林、沈丰英等苏州地方戏的表演艺术家和优秀演员参与演出。

【北京市曲剧团成立 30 周年纪念演出】

2014 年 10 月 16 日至 24 日，为纪念北京市曲剧团成立 30 周年，《茶馆》《骆驼祥子》《正红旗下》《四世同堂》4 部老舍先生经典剧目在天桥剧场展演。展演期间，北京市曲剧团还推出《良曲俊存·赵俊良北京小曲集》CD 光盘向观众出售。该专辑共收录 20 段传统北京小曲，由北京市曲剧团老艺术家赵俊良、许吉星（三弦）合作完成。这是北京时调小曲第一次经过系统整理而结集出版，填补了北京民间传统口头唱曲艺术的一个空白。

【“国风·秦韵”陕西传统文化（晋京）展演】

2014 年 11 月 1 日至 12 月 5 日，由中共陕西省委宣传部、陕西省文化厅、中国国家图书馆主办的“国风·秦韵”陕西传统文化（晋京）展演活动在北京举办。12 月 5 日，作为此次活动之一的中青年戏曲演员优秀折子戏展演在京举办。华阴迷胡、长安道情、乾县弦板腔、富平阿宫腔等 4 个陕西小剧种，分别上演《李亚仙·郑丹哭祠》《隔门贤》《福寿图·磨房义救》《白蛇传·断桥》4 出折子戏。

【相约郴州——全国昆曲优秀青年演员展演】

2014 年 11 月 27 日至 29 日，由中共湖南省郴州市委、市政府主办的“相约郴州——全国昆曲优秀青年演员展演”在湖南郴州举办。演出剧目有江苏省昆剧院的《九莲灯·火判》，永嘉昆剧团的《蝴蝶梦·说亲》，北方昆曲剧院的《义侠记·戏叔》，湖南省昆剧团的《水浒记·活捉》，浙江京昆艺术中心的《疗妒羹·题曲》，苏州昆剧院的《孽海记·双下山》，上海昆剧团的《玉簪记·偷诗》，湖南省昆剧团的《八义记·闹朝扑犬》。展演期间，来自全国昆曲界的专家就昆曲艺术保护传承、昆曲艺术创作等问题进行探讨。11 月 27 日，中国昆曲交流中心在郴州成立。

【昆曲电影《红楼梦》在海外获奖】

2014 年 12 月 7 日，由北方昆曲剧院制作的昆曲电影《红楼梦》获得第十二届摩纳哥国际电影节最高奖“最佳影片天使奖”。该片同时还获得“最佳原创音乐奖”和“最佳服装设计奖”。该片由龚应恬导演，翁佳慧、朱冰贞、邵天帅等主演，于2011年首演，曾获金鸡奖最佳戏曲片奖。

【名家传戏——2014全国昆曲《牡丹亭》传承汇报演出】

2014年12月13日至26日，由国家昆曲艺术抢救、保护和工程办公室与北京市文化局主办的“名家传戏——2014全国昆曲《牡丹亭》传承汇报演出”在北京举办。江苏省演艺集团昆剧院、湖南省昆剧团、上海昆剧团、浙江永嘉昆剧团、北方昆曲剧院、江苏省苏州昆剧院和浙江昆剧团陆续在清华大学、长安大戏院、民族文化宫等地上演南昆版、天香版、典藏版、永嘉版、大都版、青春版和御庭版7个不同版本的《牡丹亭》。

【越剧《一缕麻》获中国戏曲学会奖】

2014年12月20日、21日，越剧《一缕麻》获中国戏曲学会奖研讨会暨梅花奖数字电影《一缕麻》首映礼在浙江杭州举行。来自北京、浙江、湖北等地的专家、学者30余人参加研讨会，对越剧《一缕麻》的创作过程、艺术得失以及越剧生存发展相关问题进行研讨和交流。由杭州越剧院创排的越剧《一缕麻》取材于1909年包天笑发表在《小说时报》上的同名小说，剧中的部分唱段采自20世纪50年代成容创作的越剧同名剧。该剧于2006年首演，由杨锐编剧，展敏任文学编辑并执导，徐铭、谢群英主演。梅花奖数字电影《一缕麻》由张峰导演，对舞台版进行少量改动。

【评剧《从春唱到秋》获中国戏曲现代戏突出贡献奖】

2014年12月22日，由唐山演艺集团公司、唐山市评剧团制作的新编现代评剧《从春唱到秋》荣获由中国戏曲现代戏研究会授予的中国戏曲现代戏突出贡献奖，颁奖仪式在燕山影剧院举行。这是该剧自2012年荣获第八届中国评剧艺术节优秀剧目奖、2013年荣获第十三届中国戏剧节优秀剧目奖之后的又一项国家级奖项。该剧由孙德民编辑、郭学文导演、薛殿杰任舞美设计，张俊玲扮演成兆才，剧目从一个普通人的角度，生动地展现了评剧鼻祖成兆才一生的舞台生涯，演绎了评剧创始时期艰辛的发展历程。

会议

【“中国戏曲文化价值理念”座谈研讨会】

2014 年 3 月 8 日，北京戏曲评论学会在北京召开“中国戏曲文化价值理念”座谈研讨会。丁荫楠、周艾若、康式昭、张永和等专家、学者与会。座谈会围绕习近平提出的六个“讲清楚”，即“要讲清楚中华优秀传统文化的历史渊源、发展脉络、基本走向，讲清楚中华文化的独特创造、价值理念、鲜明特色，增强文化自信和价值观自信”，以及“深入挖掘和阐发中华优秀传统文化讲仁爱、重民本、守诚信、崇正义、尚和合、求大同的时代价值，使中华优秀传统文化成为涵养社会主义核心价值观的重要源泉”为主题，对中国戏曲的思想道德与文化价值理念进行重点研讨。

【中国戏剧家协会第七届理事会第三次会议暨 2014 年工作会】

2014 年 3 月 20 日，“中国戏剧家协会第七届理事会第三次会议暨 2014 年工作会”在上海召开。中国戏剧家协会负责人和理事、各地戏剧家协会负责人、新闻媒体记者共计 140 余人参会。会议总结中国戏剧家协会在过去两年的工作，并规划部署 2014 年的工作任务。

3 月 21 日上午，与会代表参加由中国戏剧家协会、上海市文学艺术界联合会、上海静安区人民政府共同主办的当代中国戏剧现状与发展论坛。不同领域的戏剧家、管理者和体制外的戏剧工作者，共同交流戏剧艺术在新形势下发展，特别是区域发展的现状和思考，就人才培养、剧目创作对于院团和剧种乃至区域戏剧发展的重要作用，城市气质、区域文化特色对戏剧发展的影响，市场环境下，戏剧表演艺术的文化意义与商业价值的关系，传统戏曲文化传承、传播对弘扬社会主义核心价值观，扩大中华文化影响力的作用等议题展开研讨。

【中国戏剧史国际学术研讨会暨中国古代戏曲学会 2014 年会】

2014 年 4 月 5 日至 7 日，由中山大学中文系、中山大学中国非物质文化遗产研究中心、中山大学中国古文献研究所、文化遗产传承与数字化保护协同创新中心、江苏师范大学文学院、黑龙江大学明清文学与文化研究中心、中国古代戏曲学会共同举办的“中国戏剧史国际学术研讨会暨中国古代戏曲学会 2014 年会”在广州大学城召开。来自中国大陆 22 个省份及美国、日本、韩国、新加坡、马来西亚及我国港澳台的 180 多位学者参会，共提交 138 篇论文。会议汇集北京大学、复旦大学、浙江大学、南京大学、武汉大学、厦门大学、中山大学及美国哈佛大学、日本东京大学、早稻田大学、韩国首尔大学、全北大学、新加坡南洋理工大学、香港浸会大学、台湾世新大学、澳门大学等海内外 86 家学术机构戏曲学者的研究成果，是近 20 年来最大规模的中国戏剧史国际学术研讨会。

会议议程由大会发言、分组讨论、分组汇报、大会讨论四个环节组成。开幕式上，江苏师范大学李昌集教授、黑龙江大学杜桂萍教授、中山大学康保成教授代表主办方致辞。大会发言环节，上海戏剧学院叶长海教授、台湾世新大学曾永义教授、日本东洋文库田仲一成教授、美国哈佛大学伊维德教授、中山大学黄天骥教授、江苏师范大学李昌集教授、日本早稻田大学冈崎由美教授、中山大学黄仕忠教授、黑龙江大学杜桂萍教授、韩国首尔大学李昌淑教授、台湾政治大学蔡欣欣教授、中山大学黎国韬教授和日本九州大学中里见敬教授先后作主题演讲。分组讨论为四组，共计 16 场，分别对“中国戏剧起源的多元与一元问题”“祭祀戏剧与娱乐戏剧的关系问题”“大戏与小戏的关系问题”“文本与演出的关系问题”“戏剧文本及其与其他文体的关系研究”以及“明代戏曲文献与明代戏剧演出”等当前学界关注的热点、难点、疑点及前沿问题展开讨论。会议召集人中国戏曲学院傅谨教授、黑龙江大学薛瑞兆教授、华南师范大学陈建森教授、广州大学刘晓明教授，依序向大会汇报小组讨论的成果。

【张火丁京剧表演艺术座谈会】

2014 年 5 月 6 日，由中国戏曲学院和北京大学艺术学院共同举办的“张火丁京剧表演艺术座谈会”在北京大学召开。中国文学艺术界联合会原副主席仲呈祥，北京人民艺术剧院郑榕，《中国戏剧》杂志主编安志强，中央电视台戏曲频道白燕升，北京大学艺术学院院长王一川、副院长向勇，中国戏曲学院副院长巴图、副院长周龙等出席座谈会并发言。5 月 5 日，张火丁在阔别舞台 4 年后复出，带着她的京剧新作《梁祝》献演北京大学。此次座谈会即是针对这次京剧演出而进行的学术研讨。

【当代戏曲艺术理论研讨会】

2014 年 6 月 8 日，由中国艺术研究院主办的“当代戏曲艺术理论研讨会”在北京召开。来自北京、上海、重庆、山东、河南、云南、海南、广东、广西、江西、福建、安徽、浙江、吉林、湖北、贵州、西藏等省、市、自治区的 60 余位专家学者参加会议，围绕当代戏曲剧种认定标准和《中国地方戏珍本丛刊》编辑出版计划草案两个议题展开讨论。

附：中国戏曲剧种认定标准的指导原则

剧种，是中国戏曲在艺术创造和历史传承进程中，逐渐形成的相对稳定的艺术品种。在中国各民族传统戏剧样式中，汉族的戏曲艺术在各地形成了数量众多、特征鲜明的剧种形态，并以其成熟的分类特点和艺术构成，影响了少数民族剧种的认定。然而，遗憾的是，自中华人民共和国成立初期至今的 60 多年中，戏曲剧种的认定始终没有一个明确且相对科学的认定标准。在 60 多年的戏曲剧种研究中，学者专家心里都存在一个对剧种大致认定的标准，只是这个标准没有公布于众，因此是隐形与小众的，或者说只是部分学者的心照不宣。近年来，随着中国非物质文化遗产保护工作以及当代戏剧创新发展的不断推进，剧种标准在实际认定工作中渐趋混乱，给当前的遗产保护与剧目创作带来了很多的困惑。在当代，制定剧种认定标准已经刻不容缓，不仅是必要的，而且是可行的。2014 年 6 月 8 日，中国艺术研究院戏曲研究所邀请各省及一些地级市的艺术研究机构的戏曲学者，对剧种认定标准的原则进行了深入探讨，参照以往在剧种认定方面的历史经验，几经讨论与修订，确定为以下指导原则。

一、具有“以歌舞演故事”这一中国戏曲的主要特征；

二、舞台语言采用本民族和本地方言或本地官话；

三、在声腔音乐和伴奏形式上具有个性鲜明的民族或地域特色；

四、在表演上分行当或形成角色类型，具有相对成熟的表演形态和技术规范；

五、服装、扮相、道具具有历史形成的规制；

六、创作和演出了一定数量的保留剧目；

七、有本地专业或业余演出团体和演职人员，具有相对稳定的传承机制，在本地区具有较为广泛的影响力；

八、剧种名称具有某一地区的广泛群众基础，在社会中具有特定的文化认同。

中国艺术研究院戏曲研究所
原载《中国文化报》2014 年 12 月 2 日

【“与京剧名作面对面——来自国家级旗舰的新解读”系列活动】

2014 年 8 月 23 日，“与京剧名作面对面——来自国家级旗舰的新解读”系列活动在泰国曼谷中国文化中心启幕。该活动由国家京剧院、中外文化交流中心、曼谷中国文化中心和泰中文化促进委员会联合主办，旨在向泰国民众介绍中国传统京剧艺术，推广中国优秀传统文化。活动由中国国家京剧院折子戏专场演出、文化展览、艺术讲座、数字电影展映及京剧开放日五部分组成，分别在曼谷中国文化中心与诗纳卡琳威洛大学两地举行，一直持续到 9 月份。

【黄梅戏原创剧目《徽州往事》学术研讨会】

2014 年 9 月 3 日，由中国艺术研究院戏曲研究所主办的“黄梅戏原创剧目《徽州往事》学术研讨会”在北京举行。会议由中国艺术研究院戏曲研究所所长贾志刚主持，《徽州往事》主创人员中国戏剧家协会副主席、再芬黄梅艺术剧院院长、主演韩再芬，编剧谢熹，导演王延松等，北京大学艺术学院院长王一川，中国社会科学院研究员童道明，中国传媒大学文学院院长周靖波，中国艺术研究院话剧研究所副所长宋宝珍，戏曲研究所副所长王馗、研究员马也、研究员毛小雨、副研究员孙红侠、副研究员李志远等专家学者参加此次研讨会。大家围绕该剧的创作、演出以及黄梅戏的当代发展等多方面问题进行了讨论。

【中国戏曲现代戏研究会第 26 届年会】

2014 年 10 月 14 日至 15 日，由中国戏曲现代戏研究会和北京市文化局共同主办，中国评剧院承办的“中国戏曲现代戏研究会第 26 届年会（全国戏曲现代戏剧本创作经验交流会暨北京市现代戏剧本创作研讨会）”在北京举办。出席本次会议的有中国戏曲现代戏研究会 40 多个团体会员的代表，包括戏曲创作演出的院团、艺术研究院所、艺术创作中心的负责人或代表及 20 多位老中青剧作家和中国戏曲现代戏研究会的负责同志 80 余人。会议旨在以十八大以来习近平总书记关于思想文化工作的重要指示为指导，交流戏曲现代戏的创作经验，研讨北京市近年来的剧本创作，探索戏曲现代戏的发展。

【中国梆子腔剧种学术研讨会】

2014 年 11 月 28 日至 30 日，由中国艺术研究院、陕西省文化厅主办，中国艺术研究院戏曲研究所、陕西省振兴秦腔办公室承办的“中国梆子腔剧种学术研讨会”在西安举行。来自全国各地 30 余位专家、学者参加研讨会。本次研讨会主旨涉及梆子腔剧种生存现状研究、立足全国探讨秦腔的当前与未来发展路径、秦腔剧目创作研究、梆子腔剧种与地域文化研究等议题，与会专家学者为梆子腔剧种的传承与发展思路、走出困境的方法提供了借鉴的依据。研讨会之后，12 月 3 日至 6 日，以秦腔为代表的陕西地方稀有剧种中青年演员折子戏展演在中国剧院举行。

【全国非物质文化遗产戏曲剧种传承与保护学术研讨会】

2014 年 12 月 6 日、7 日，由文化部非遗司主办，中国戏曲学院、中国戏曲表演学会承办的“全国非物质文化遗产戏曲剧种传承与保护学术研讨会”在北京举行。来自文化部、中国文学艺术界联合会、中国艺术研究院、中国戏曲表演学会、中国戏曲学院及全国各地从事戏曲研究与表演的专家、学者 170 余人参加会议，与会人员以昆曲、藏戏、粤剧、南音、京剧、木偶戏、皮影戏等入选联合国教科文组织“人类口头与非物质文化遗产”（简称“非遗”）的戏曲剧种为研究主体，以入选国家及地方“非遗”的戏曲剧种为研究对象，就“非遗”戏曲剧种的地域特征、传承与保护、濒危剧种的整理抢救，以及与地方政府的合作方式等议题展开研讨。

人物纪念

【越剧表演艺术家裘大官逝世】

2014年1月20日，越剧表演艺术家裘大官因病医治无效在杭州逝世，享年95岁。

裘大官于1919年8月27日出生于浙江嵊县，11岁进入高升舞台学艺，先后工老生、大面，15岁出师，随班在嵊县、绍兴、杭州、宁波等地演出。1937年至1947年先后在上海黛玉、天红剧团演出，后随牡丹剧团到南京等地演出，曾与王香花、赵瑞花、筱素娥、徐天红等同台演出。1951年2月进入浙江省越剧实验剧团，后在浙江越剧团一队任花面兼老生、浙江越剧团党支部副书记等职，先后塑造了《九斤姑娘》中的张箍桶、《西厢记》中的惠明和尚、《秦香莲》中的王延龄、《盘夫索夫》中的严世蕃、《胭脂》中的施愚山等舞台艺术形象。1954年因主演《窦公送子》获浙江省首届戏曲会演演员二等奖，1957年因饰演《孔雀东南飞》中的刘大郎获浙江省第二届戏曲会演演员二等奖。她表演真实自然，感情充沛，文武俱全，嗓音洪亮，尤以架子花脸驰名于越剧舞台。

【秦腔表演艺术家吕明发逝世】

2014年1月29日，国家级非物质文化遗产项目秦腔代表性传承人、秦腔表演艺术家吕明发在宝鸡市陈仓区周原镇王家村家中逝世，享年91岁。

吕明发1923年出生于西府秦腔世家，自幼在宝鸡天水一带学艺，师承孙双田、魏甲合，主工文武须生，享有“西府活关公”的美誉。20世纪30年代起，吕明发随父亲吕贵在宝鸡聚顺社（王家班）学艺，1935年随父在凤翔凤易社学艺演出，1938年在甘肃灵台朱家戏班从艺，1947年在宝鸡聚胜社、甘肃徽县徽胜班，1949年在甘肃天水鸿胜社，1950年在凤翔县人民剧团工作。1982年退休后返聘到凤翔县人民剧团。2008年6月，陕西省文化厅命名为第一批非物质文化遗产秦腔项目代表性传承人，2009年4月，列入文化部第三批国家级非物质文化遗产秦腔项目代表性传承人名录。

【粤剧表演艺术家李飞龙逝世】

2014年2月25日，著名粤剧演员、人称“张相公”的李飞龙因病逝世，享年89岁。

李飞龙，原名李海培，1925年出生于广州，祖籍鹤山龙口高坪村，以粤剧小生形象闻名。从1945年开始，李飞龙出演了《归来燕》《情僧偷到潇湘馆》《多情燕子归》《胡不归》等剧目，并崭露头角。新中国成立后，又在第一部粤剧电影《搜书院》扮演主角张逸民为观众所熟知。此后，李飞龙还与马师曾、红线女合演了《昭君出塞》《苦凤莺怜》《红楼二尤》《桂枝告状》等剧目，凭借其丰神逸朗的扮相，柔润清亮的唱工，独创一格的演技赢得广大粤剧观众的欢迎。

【曲剧表演艺术家赵俊良逝世】

2014年3月4日，曲剧表演艺术家赵俊良在北京逝世，享年81岁。

赵俊良自幼学习八角鼓艺术，对北京的单弦、地方小曲等有深入研究，掌握一大批如今濒临失传的传统节目。20 世纪 50 年代，投身北京曲剧的开创事业，是第一代曲剧演员。从事曲剧事业 40 余年，出演 60 余部作品，主要角色有《杨乃武与小白菜》之刘锡彤、《啼笑因缘》之黄副官等。

【戏曲评论家吴小如逝世】

2014 年 5 月 11 日，戏曲评论家、文学研究专家、历史学家吴小如在北京病逝，享年 92 岁。

吴小如，原名吴同宝，曾用笔名少若，原籍安徽泾县，生于哈尔滨，系书法家、诗人吴玉如的长子，先后就读于燕京大学、清华大学、北京大学。曾受业于朱经畲、朱自清、沈从文、废名、游国恩、周祖谟、林庚等学者，是曲家俞平伯的入室弟子，跟随俞平伯 45 年。吴小如不仅专于中国文学史、古文献学、俗文学，而且长于戏曲评论和书法艺术，他与刘曾复、朱家溍被并称为京剧评论界“三贤”。吴小如 1945 年开始发表作品，著有 20 余部文学、书画、评论、翻译专著，其中戏曲专著有《京剧老生流派综说》《吴小如戏曲文录》等。

【淮剧表演艺术家梁国英辞世】

2014 年 6 月 3 日，淮剧表演艺术家梁国英因病在江苏盐城逝世，享年 56 岁。

梁国英，1958 年生，国家一级演员，第十三届中国戏剧“梅花奖”得主，原江苏省淮剧团副团长、江苏省戏剧家协会顾问、江苏省政协委员。曾主演过《打碗记》《奇婚记》《太阳花》《小豆庄风情》《蝶恋花》《路魂》《蓝齐格格》等淮剧作品。

【京剧表演艺术家李薇华逝世】

2014 年 9 月 8 日，著名京剧表演艺术家李薇华因病在上海去世，享年 82 岁。

李薇华是京剧大师荀慧生的亲传弟子。2000 年曾为荀慧生的《钗头凤》《得意缘》《卓文君》《花田错》等剧目音配像。

【戏剧导演谢平安逝世】

2014 年 10 月 25 日，戏剧导演谢平安因病在成都辞世，享年 74 岁。

谢平安，国家一级导演，曾荣获“文华大奖”五连冠、第四届中国戏剧节导演大奖第一名等殊荣，蜚声中国剧坛。他出生于川剧世家，一生与川剧缘分深厚，曾执导《死水微澜》《变脸》《中国公主杜兰朵》《潘金莲》《好女人坏女人》《尘埃落定》等备受戏迷喜爱的川剧作品，还曾应邀赴各地执导了川剧、京剧、越剧、评剧、黄梅戏等 30 多个剧种近 60 台大戏，创造了执导各类剧种数量的全国之最。

【纪念京剧大师叶盛兰先生诞辰 100 周年纪念活动】

2014 年 12 月 14 日，由文化部、中国文学艺术界联合会、全国政协京昆室主办的“纪念京剧大师叶盛兰诞辰 100 周年座谈会”在北京人民大会堂举行。中共中央政治局委员、国务院副总理刘延东，全国政协副主席、全国政协京昆室主任卢展工出席座谈会，尚长荣、梅葆玖、刘长瑜、叶少兰等京剧艺术家与会发言，对叶盛兰的舞台风采和艺术成就进行回顾、总结。

12 月 14 日至 17 日，由国家京剧院主办的纪念京剧大师叶盛兰先生诞辰 100 周年专场演出在北京梅兰芳大剧院举行。演出剧目有传统京剧剧目《群英会》《柳荫记》，折子戏《奇双会·写状》《雅观楼》以及“京剧名家名段演唱会”等，梅葆玖、孟广禄、叶少兰、尚长荣、谭孝曾、李胜素等参与演出。

【评剧创始人成兆才诞辰 140 周年】

2014 年 12 月 20 日，是评剧创始人成兆才诞辰 140 周年，相关纪念活动在唐山市评剧团举行。纪念仪式后，新书《评剧创始人成兆才》与读者见面。

唐山是评剧的发源地，评剧的前身“莲花落”是以乞讨为生的普通百姓创造的民间口头说唱艺术。成兆才出生于唐山市滦南县扒齿港镇绳各庄村，是中国戏曲发展史上一位杰出的农民戏曲作家，首创评剧，创作、改编了 145 部评剧剧目，也是评剧时装戏（现代戏）的开创者。

【评剧琴师龚占海逝世】

2014 年 12 月 25 日，著名评剧琴师龚占海先生因病医治无效在北京逝世，享年 78 岁。

龚占海，中国评剧院原副院长，北京戏剧家协会会员，中国戏剧家协会会员。8 岁随父龚万才从事评剧艺术，掌握全套打击乐器，新中国成立后改工弦乐，主奏大弦板胡。主奏过《秦香莲》《家》《闹严府》《赔情》《孙庞斗智》《钟离剑》《南海长城》《向阳商店》《野火春风斗古城》等剧目。

出版

【“中国戏曲海外传播工程”丛书首批成果出版】

2014 年 1 月，由中国人民大学“985 工程”资金支持的“中国戏曲海外传播工程”第一批 9 部戏曲剧作由外语教学与研究出版社出版。该丛书由北京外国语大学教授、中国人民大学特聘教授何其莘主编，计划出版 23 部，每本书的字数约为 10 万字，其中剧本译文的比重占三成左右，另外七成为文化知识介绍。已出版的首批成果包括京剧《白蛇传》《秦香莲》《杜十娘》《廉吏于成龙》，京藏剧《文成公主》，越剧《梁山伯与祝英台》，昆曲《西厢记》《潘金莲》以及河北梆子《钟馗嫁妹》等。

【前海戏曲研究丛书】

2014 年 1 月、4 月，《前海戏曲研究丛书》由文化艺术出版社出版，该丛书共 15 种 18 册。这套丛书的面世，源自 98 岁高龄的戏曲理论家郭汉城将自己荣获“中华艺文奖”的奖金捐赠出来，并提出动议资助出版。整套丛书展现了在张庚、郭汉城带领下，自中国戏曲研究院以及其后中国艺术研究院戏曲研究所（位于前海西街“恭王府”）的一批“前海”戏曲学者长期学术追求的一个缩影。

丛书书目为：《张庚戏曲论著选辑》，张庚著；《当代戏曲发展轨迹（增订本）》，郭汉城著；《古代戏曲理论探索》，傅晓航著；《戏曲史志论集》，余从著；《戏曲表演研究》，黄克保著；《戏曲意象论》，沈达人著；《阿甲论戏曲表导演艺术》，阿甲著；《戏曲音乐思考》，何为著；《汤显祖编年评传》，黄芝冈著；《关注戏曲的现代建设》，龚和德著；《中国戏曲通论》（套装共 2 册），张庚、郭汉城编；《中国戏曲通史》（套装共 3 册），张庚、郭汉城编；《纵横谈戏录》，颜长珂著；《南戏新证》，刘念兹著。

【北京大学图书馆藏程砚秋玉霜簃戏曲珍本丛刊】

2014 年 3 月，北京大学图书馆编《北京大学图书馆藏程砚秋玉霜簃戏曲珍本丛刊》由国家图书馆出版社出版。

该书为程砚秋玉霜簃藏曲中精华部分，其中大量钞本来自藏曲最富的北京梨园世家之一——“金匮陈氏”。这批藏曲最重要也是最大的价值在于较完整、系统地保存了明清以来梨园艺人场上演出曲本，其中相当部分为陈金雀与曹文澜等 30 多家名伶与班社的手抄本。该书出版得以使这批珍贵资料第一次正式与世人见面。程砚秋玉霜簃藏曲中有大量带有工尺谱和身段谱的抄本，这些身段谱是历代艺人留下来的原始材料，是传承和发展昆剧表演艺术的宝贵财富。

全书包括 200 多种戏曲剧目，分为曲文曲谱与骨牌灯式两类。其中曲文曲谱中又包括元明清杂剧传奇、散出、承应戏开场戏、引子家门、曲牌谱鼓谱等几部分。全书戏曲按照剧名笔画排序，分为 44 册，由著名学者吴书荫作序，并作有按照时代排序的索引和简要的剧目提要。

【明清孤本稀见戏曲汇刊】

2014 年 3 月，黄仕忠编《明清孤本稀见戏曲汇刊》由广西师范大学出版社出版。该书共汇集明清孤本稀见戏曲30余种，分作杂剧、传奇二编，并作标点整理。收录主要来自日本内阁文库、双红堂文库、大谷大学图书馆、天理图书馆、中国国家图书馆等机构以及一些学者珍藏的稀见明清戏曲文献，其中多数为海内外孤本。

【中国黄梅戏唱腔集萃】

2014年9月，《中国黄梅戏唱腔集萃》由苏州大学出版社出版。全书分上下两卷，共计215万字，每卷附有黄梅戏名家演唱录音CD两张。是书精选了中国黄梅戏各历史发展阶段的经典唱腔700余首，包括小戏、古装戏、现代戏、黄梅影视剧等选段，以及黄梅戏常用传统锣鼓、黄梅戏音韵等。

【京剧大师叶盛兰】

2014年11月，为纪念京剧大师叶盛兰诞辰100周年，国家京剧院主持编著的《京剧大师叶盛兰》由商务印书馆出版。是书共收录300多幅珍贵照片，全面翔实展现了叶盛兰先生一生事迹以及叶派小生艺术发展与流变，其中很多照片由私人收藏，系首次公开发表。

【周信芳全集】

2014年12月，周信芳艺术研究会、上海京剧院编纂的《周信芳全集》由上海文化出版社出版。全书16卷，内容包括剧本、文论、曲谱等。

全集中，剧本部分收集了上海京剧院所藏周信芳编写和演出的剧本126出，共278万字，包括手抄、油印、影印、铅印诸本，甚至收录单篇、残本。文论部分收录周信芳撰写的文章125篇，36万字，除曾刊登于《周信芳文集》《周信芳戏剧散论》《周信芳舞台艺术》的文章外，特别增入了散见于各类报纸杂志的文章。曲谱部分，收录有40部戏的唱腔曲谱，34万字，除个别唱段参照上海京剧院档案资料整理成谱外，大部分根据周信芳生前录音听写记谱而成。佚文部分，系10年编纂工作中意外获得的珍贵资料总汇，这些从未面世的文字涉及大师艺术人生的各个领域。此外，尚待出版的影像部分将汇集周信芳各个时期的剧照、生活照、工作照。演剧广告部分则收录大师演出的报刊广告。音像部分，汇聚了大师所拍京剧电影、纪录影片片段以及唱片公司、广播电台收藏的唱片、录音和实况转播资料等，将以数码方式另行出版。

【中国少数民族戏剧通史】

2014年12月，曲六乙著《中国少数民族戏剧通史》由中国民族摄影艺术出版社出版。该书共分3卷，上古卷、当代卷以及少数民族戏剧名录卷，填补了国内对少数民族戏剧史研究缺乏通史的空白。少数民族戏剧是少数民族历史与现实生活的活化石，通过少数民族戏剧能更好地反映这个民族的历史与现实生活。此外，少数民族戏剧以其独具特色的表现方式和艺术手法，多层次地展示了各地区少数民族地域文化，尤其是各地少数民族历史文化、戏剧文化、民俗文化。

机构

【中国戏曲学院“教学实践基地”“生源培训基地”揭牌】

2014 年 4 月 24 日，中国戏曲学院“教学实践基地”“生源培训基地”在江苏扬州文化艺术学校揭牌。通过合作，不仅百年扬剧将有第一批本科生，扬州艺校的师生也会有机会享受中国戏曲学院的相关优惠政策。中国戏曲学院 2014 年开设的表演专业中，新增扬剧、河南曲剧、吉剧三个戏曲剧种。2014 年 9 月，通过各项考试进入中国戏曲学院的扬剧专业本科生，可享受免缴学费的优惠政策。在校 4 年期间，扬剧班本科生接受“2 +1 +1”模式系统培养，即学生们在校学习文化理论、专业知识 2 年，在当地与扬剧艺术家学习经典剧目 1 年，最后一年学生与扬剧艺术家回校准备毕业大戏。此外，中国戏曲学院还会帮助扬州艺校充实师资力量，每年为艺校中青年教师提供免费赴校深造机会，并派学院教师赴扬州指导。

【故宫研究院宫廷戏曲研究所成立】

2014 年 10 月 15 日，在北京故宫博物院举办的纪念朱家溍先生百年诞辰系列活动上，故宫博物院与中国人民大学、北京外国语大学签署合作框架协议，成立故宫研究院宫廷戏曲研究所。故宫研究院院长郑欣淼为宫廷戏曲研究所所长王跃工颁发聘书。据介绍，宫廷戏曲研究所将启动《清代宫廷戏剧史编年》的编纂、编辑出版《故宫百科全书·戏剧文物卷》、整理修复老唱片等工作。

大事记

1 月 11 日，锡剧《草命天子》在南京紫金大戏院上演。

1 月 16 日，新编历史琼剧《海瑞》在海南省歌舞剧院上演。

1 月 20 日，越剧表演艺术家裘大官在杭州逝世，享年 95 岁。

1 月 29 日，秦腔表演艺术家吕明发逝世，享年 91 岁。

1 月，“中国戏曲海外传播工程”第一批 9 部戏曲剧作由外语教学与研究出版社出版。

1 月、4 月，《前海戏曲研究丛书》共 15 种 18 册由文化艺术出版社出版。

2 月 12 日、13 日，昆剧《影梅庵忆语——董小宛》在梅兰芳大剧院上演。

2 月 18 日、19 日，现代沪剧《挑山女人》在中国国家大剧院上演。

2 月 22 日至 3 月 16 日，中国国家大剧院举办“越剧艺术周”。

2 月 22 日，越剧《风雪渔樵记》在上海天蟾逸夫舞台首演。

2 月 22 日、23 日，越剧《陆游与唐琬》在中国国家大剧院上演。

2 月 25 日，粤剧表演艺术家李飞龙因病逝世，享年 89 岁。

2 月 25 日、26 日，越剧明星版《梁山伯与祝英台》在中国国家大剧院上演。

2 月 28 日，越剧青春版《家》在中国国家大剧院上演。

3 月 1 日、2 日，新编甬剧《筑梦》在宁波大剧院首演。

3 月 4 日，曲剧表演艺术家赵俊良在北京逝世，享年 81 岁。

3 月 8 日，北京戏曲评论学会在京召开“中国戏曲文化价值理念”座谈研讨会。

3 月 11 日、12 日，新编历史越剧《大唐骊歌》在中国国家大剧院上演。

3 月 15 日、16 日，改良经典版越剧《红楼梦》在中国国家大剧院上演。

3 月 20 日，中国戏剧家协会第七届理事会第三次会议暨 2014 年工作会在上海召开。

3 月 20 日、21 日，越剧《凤姐》在宁波大剧院首演。

3 月 31 日至 4 月 10 日，第三届中国豫剧节在河南郑州举办。

3 月 31 日，现代豫剧《妈妈去哪儿了》在郑州市英协剧场上演。

3 月，《北京大学图书馆藏程砚秋玉霜簃戏曲珍本丛刊》由中国国家图书馆出版社出版。

3 月，黄仕忠编《明清孤本稀见戏曲汇刊》由广西师范大学出版社出版。

4 月 1 日，现代豫剧《女人是座山》在驻军 96548 部队礼堂内首演。

4 月 5 日至 7 日，中国戏剧史国际学术研讨会暨中国古代戏曲学会 2014 年会在广州召开。

4 月 9 日至 16 日，2014 年京津冀河北梆子优秀剧目巡演（北京站）在北京梅兰芳大剧院举办。

4 月 9 日，新编历史晋剧《背水之战》在石家庄河北大戏院上演。

4 月 10 日，河北梆子新编历史剧《定都》在北京梅兰芳大剧院上演。

4 月 11 日，河北梆子原创剧目《宝莲灯》在北京梅兰芳大剧院上演。

4 月 13 日，河北梆子新编历史剧《徐策》在北京梅兰芳大剧院上演。

4 月 14 日，河北梆子现代戏《女人九香》在北京梅兰芳大剧院上演。

4 月 15 日，主题戏曲《城市心情》在上海首演。

4 月 16 日，河北梆子舞台剧《北国佳人》在北京梅兰芳大剧院上演。

4 月 24 日，中国戏曲学院“教学实践基地”“生源培训基地”在江苏扬州文化艺术学校揭牌。

4 月 24 日，秦腔现代戏《天国的百合花》在西安首演。

4月28日，新编神话晋剧《白云真人》在太原市晋剧艺术研究院实验剧场首演。

5月1日、2日，现代京剧《红灯记》创排50周年纪念演出在京举行。

5月1日，沪剧《魂断蓝桥》在与首演时隔30年后再次亮相上海天蟾逸夫舞台。

5月2日至17日，纪念京剧“富连成社”110周年系列演出在北京举行。

5月4日，大型评剧现代戏《追梦》在天津首演。

5月4日至6月18日，第四届全国地方戏（南北片）优秀剧目展演在北京和江苏两地举行。

5月6日，“张火丁京剧表演艺术座谈会”在北京大学召开。

5月5日至9日，河北梆子神话剧《天竺传奇》在河北大戏院首演。

5月5日至7日，新编豫剧《天下第一颠》在襄阳剧院首演。

5月6日，新编历史剧《屈原》在北京梅兰芳大剧院首演。

5月7日，高安采茶戏《玖爷和他的贾家村》在北京上演。

5月11日，戏曲评论家、文学研究专家、历史学家吴小如在北京病逝，享年92岁。

5月17日至21日，“兰馨辉耀一甲子——昆大班从艺60周年纪念演出”在上海举行。

5月18日，昆剧《景阳钟》获中国戏曲学会奖。

5月19日，新编历史京剧《黔人端菜》在贵州京剧院国艺剧场上演。

5月20日，新编汉剧《诗娘》在梅州亮胜客家艺术中心首演。

5月22日，新编历史京剧《安国夫人》在北京梅兰芳大剧院首演。

5月23日，越剧《二泉映月》在浙江杭州首演。

5月25日，新编历史豫剧《马丕瑶出京》在安钢工人剧院首演。

5月27日、29日，新编粤剧《梦·红船》在广东粤剧艺术中心剧场内部首演。

5月30日、31日，粤剧《鹅潭映月》在广州南方剧院公演。

6月3日，淮剧表演艺术家梁国英因病在江苏盐城逝世，享年56岁。

6月4日，“纪念梅兰芳诞辰120周年——梅兰芳戏曲舞台美术改革理论与实践研讨会”在北京举行。

6月6日、7日，河北梆子历史剧《六世班禅》在北京梅兰芳大剧院上演。

6月8日，“当代戏曲艺术理论研讨会”在京召开。

6月12日，沪剧《挑山女人》获中国戏曲现代戏突出贡献奖。

6月13日，新编历史京剧《铜牛记》在西安庆华文化宫上演。

6月18日，大型原创评剧《城邦恩仇》在北京首演。

6月18日，新版越剧电影《梁山伯与祝英台》在浙江省嵊州市举行国内首映。

6月18日至24日，第十三届“嵊州·中国民间越剧节”在浙江嵊州举办。

6月20日至8月30日，第五届“中国戏曲节2014”在中国香港举行。

6月20日，现代豫剧《史来贺》在新乡县首演。

6月21日至7月8日，第二届湖北地方戏曲艺术节在湖北举办。

6月22日，新编现代豫剧《游子吟》在新乡市新星剧场上演。

6月23日，越剧现代戏《马寅初》获“中国戏曲现代戏突出贡献奖”。

6月28日、29日，新编历史京剧《春秋二胥》在上海天蟾逸夫舞台首演。

6月29日，现代川剧《辉映羌山》在成都首演。

7月2日，河北梆子现代戏《吕玉兰》在河北邢台首演。

7月6日、7日，新编历史京剧《紫袍记》在北京梅兰芳大剧院上演。

7月8日至8月10日，“程砚千秋”京剧名家迟小秋纪念程砚秋先生诞辰110周年专场演出在北京长安大戏院举办。

7月9日、10日，新编京剧《金缕曲》在上海首演。

7月10日，“纪念梅兰芳诞辰120周年——梅兰芳表演艺术研讨会”在北京举行。

7月15日，新编历史剧《刘伯温》在河南省人民会堂首演。

7月21日，新编现代京剧《七个月零四天》亮相甘肃大剧院。

7月25日，沪剧《挑山女人》获中国戏曲学会奖。

7月29日，新编历史京剧《镜海魂》在南京紫金大戏院首演。

8月1日，新编京剧《赵佗》在石家庄人民会堂首演。

8月15日，秦腔新编历史剧《大秦文公》在天水秦州剧院首演。

8月18日，新编历史豫剧《清吏郑板桥》在濮阳市中原文化宫首演。

8月23日，“与京剧名作面对面——来自国家级旗舰的新解读”系列活动在泰国曼谷中国文化中心启幕。

8月23日，新编历史京剧《如姬》在淮安涟水大剧院首演。

8月25日至8月31日，“第七届西北五省区秦腔艺术节（暨第七届中国秦腔艺术节）”在宁夏银川举办。

8月25日，秦腔现代剧《狗儿爷涅槃》在宁夏人民会堂上演。

8月26日至31日，黄梅戏《徽州往事》在中国国家大剧院上演。

8月28日，秦腔改编传统剧《王宝钏》亮相宁夏银川贺兰宣传文化中心。

8月30日，新编历史川剧《武则天与婉儿》在广元豫剧团大剧场上演。

8月31日，京剧《慈禧与德龄》在北京梅兰芳大剧院上演。

9月6日至15日，第九届中国评剧艺术节在河北唐山举办。

9月7日至8日，梅派京剧《嫦娥奔月》在北京上演。

9月8日，著名京剧表演艺术家李薇华因病在上海去世，享年82岁。

9月15日，新编历史京剧《钦差林则徐》在天津中华剧院首演。

9月16日至22日，“福建戏剧优秀剧目晋京展演”活动在北京举办。

9月22日至26日，第十一届“中国滨州·博兴小戏艺术节”在山东滨州举办。

9月25日，新编历史剧《屈原》在绍兴柯桥蓝天大剧院首演。

9月26日至27日，“纪念梅兰芳诞辰120周年——梅兰芳表演艺术的传承研讨会”在北京举行。

9月，《中国黄梅戏唱腔集萃》由苏州大学出版社出版。

10月9日至18日，“苏州市地方戏（曲艺）优秀剧、节目晋京展演”活动分别在梅兰芳大剧院、清华大学剧场等地举办。

10月9日，粤剧《南国菩提》在广州南方剧院首度公演。

10月11日至15日，粤剧《金胎蝴蝶梦》在中国香港上演。

10月12日至10月28日，“第三届中国越剧艺术节”在浙江温州举办。

10月14日至15日，“中国戏曲现代戏研究会第26届年会（全国戏曲现代戏剧本创作经验交流会暨北京市现代戏剧本创作研讨会）”在北京举办。

10月15日、16日，京剧现代戏《杨靖宇》在北京上演。

10月15日，故宫研究院宫廷戏曲研究所成立。

10月16日至24日，北京市曲剧团成立30周年纪念演出在北京举行。

10月16日至21日，大型古装越剧《甄嬛》上、下本在上海公演。

10月16日至11月16日，“首届当代小剧场戏曲艺术节”在北京举办。

10月18日，新编秦腔历史剧《白居易》在咸阳彩虹俱乐部上演。

10月22日，“梅兰芳表演体系国际研讨会”在北京召开。

10月22日，“双甲之约”纪念梅兰芳诞辰120周年全球巡演活动落幕。

10月24日，新编大型历史京剧《康熙大帝》在天津上演。

10月25日，戏剧导演谢平安因病辞世，享年74岁。

11月1日至12月5日，“国风·秦韵”陕西传统文化（晋京）展演活动在北京举办。

11月6日，现代豫剧《全家福》在河南省艺术中心首演。

11月10日至22日，“第七届中国京剧艺术节”在天津举办。

11月11日，实验昆曲《一旦三梦》在北京繁星戏剧村首演。

11月16日、17日，新编历史京剧《独钓寒江雪》在天津上演。

11月19日，京剧《楚汉春秋》在天津上演。

11月26日至27日，河北梆子《忒拜城》在国话大剧场上演。

11月27日至29日，“相约郴州——全国昆曲优秀青年演员展演”在湖南郴州举办。

11月28日至30日，“中国梆子腔剧种学术研讨会”在西安举行。

11月，国家京剧院主持编著的《京剧大师叶盛兰》由商务印书馆出版。

12月2日，“纪念梅兰芳诞辰120周年座谈会”在北京召开。

12月6日、7日，“全国非物质文化遗产戏曲剧种传承与保护学术研讨会”在北京举行。

12月7日，昆曲电影《红楼梦》获得第十二届摩纳哥国际电影节“最佳影片天使奖”“最佳原创音乐奖”和“最佳服装设计奖”。

12月8日，现代川剧《白露为霜》在重庆万州大会堂首演。

12月11日，新编沪剧《邓世昌》在上海天蟾逸夫舞台上演。

12月13日、14日，大师版昆曲《牡丹亭》在北京天桥剧院上演。

12月13日至26日，“名家传戏——2014全国昆曲《牡丹亭》传承汇报演出”在北京举办。

12月13日，现代川剧《还我河山》在自贡川剧艺术中心剧场首演。

12月14日，“纪念京剧大师叶盛兰诞辰100周年座谈会”在北京人民大会堂举行。

12月14日至17日，“纪念京剧大师叶盛兰先生诞辰100周年专场演出”在北京梅兰芳大剧院举行。

12月20日、21日，越剧《一缕麻》获中国戏曲学会奖研讨会暨梅花奖数字电影《一缕麻》首映礼在浙江杭州举行。

12月20日至24日，新编历史京剧《丝路长城》在中国国家大剧院上演。

12月22日，评剧《从春唱到秋》获中国戏曲现代戏突出贡献奖。

12月25日，评剧琴师龚占海先生因病逝世，享年78岁。

12月25日至28日，“纪念京剧科班富连成社创办110周年纪念活动”在北京举办。

12月，周信芳艺术研究会、上海京剧院编纂的《周信芳全集》由上海文化出版社出版。

12月，曲六乙著《中国少数民族戏剧通史》由中国民族摄影艺术出版社出版。

中国艺术年鉴

2014年卷

话剧卷

分卷主编：王　晶

年度述评

2014 年话剧发展研究报告

◎宋宝珍

2014 年是中外戏剧交流广泛、舞台亮点猛增、演出季频繁的一年。中国国家大剧院为纪念莎士比亚诞辰 450 周年，于 4 月启动了中外莎剧系列演出；北京人民艺术剧院于 2 月至 3 月和 8 月两次举办“首都剧场精品剧目邀请展”，中国国家话剧院于 9—11 月举办“第六届国际戏剧季”，文化部对外演出公司和北京市政府于 11—12 月举办“第六届戏剧奥林匹克”，此外还有 4—5 月林兆华戏剧邀请展，7—8 月“第四届中国儿童戏剧节”，8—9 月北京青年戏剧节、爱丁堡前沿剧展，10—11 月第二届乌镇戏剧节等，其间都汇集了中西方有内涵、有创意的戏剧作品。

据北京演出行业协会统计，2014 年北京各类营业性演出共计 24595 场，而话剧类演出 4519 场，比 2013 年增加 5%；儿童剧类演出 3134 场，其他类型及小剧场演出 3200 场。其中，包括话剧、儿童剧、相声、杂技等语言类演出占总场次的 67.8%。按观众人数统计，话剧类观众 147.1 万人，儿童剧类观众 101.5 万人，其他类型及小剧场观众 106.1 万人。这些数字背后，是各个剧场红红火火的演出场面，是人潮涌动的中外戏剧交流的盛况，也是院团发展和文化市场互动的可喜景观。有专家断言，如今话剧的危机已经过去，在各个艺术门类中，其发展已经显示出良好局面。

一、原创戏剧：关注历史与现实

在 2014 年，中国原创戏剧依然显示了关注民族历史、社会现实的特点。只是在文化的内涵和思想的深度上，仍有应当提升的空间。众所周知，中国话剧向来具有与时代同步、与人民同心、与现实共振的特点。本年度由于外国戏剧演出增量较多，原创话剧的光彩受到一定程度的遮蔽，在评论话语中也处于较为次要的位置，但是，一些新创、首演剧目还是值得重视。

1. 现实题材的戏剧

反映当下的舆论热点和突出现象，依然是当今话剧所承担的艺术命题之一。2014 年 8 月 3 日，云南昭通地区发生 6.5 级地震，震源在鲁甸附近。由于鲁甸地处深山峡谷，民居多为土屋，地震造成大面积山体滑坡和河流阻塞，一时间情况危急。在党和政府的部署下，各级组织和人民解放军迅速赶往现场增援。云南省话剧院对此事件迅速做出反应，在不到 2 个月的时间，就组织人力、物力创作演出了话剧《鲁甸 72 小时》（王爱飞编剧，李鹏、唐伟执导，边文彤任舞美设计，丁璇领衔主演），为观众展示了一位大学生村官在危难面前自我选择、勇于担当，带领乡民走出死谷、走向新生的故事。剧中，准备离任的龙头山沙坝村村官徐晴，本来已经接到了调令，可是离职之前突然遭遇地震，一时间山摇地陷，房倒屋塌，受伤的乡亲们惶恐无助，把徐晴当成了主心骨。她只好临危受命，担起了带领大家走出险境的任务。徐晴让男朋友带人前去探路，自己忍饥挨饿照顾乡民。生死之际，人心浮动，疲累、忧伤和迷茫让人情绪激动，有人误解并顶撞徐晴，探路的男友也一去不返，而徐晴的家乡离震区不远，父母家人生死不明，种种苦况让她饱受内心煎熬，也让她在危难面前迅速成熟，敢于决断，意志坚定。最终，她克服内心的焦虑和隐痛，带领乡亲们与前来营救的解放军会合。话剧表现了一个年轻人特殊的成长经历，也以 LED 大屏幕的方式，穿插表现了震区内外的各级政府、军人、志愿者奋力救灾的大爱壮举。

9 月，由中国国家话剧院出品、黄盈编剧导演的《枣树》（王亚军、房子斌、陈炜、李建鹏等主演）在国话剧场演出。《枣树》的故事发生于 20 世纪 90 年代，大幕拉开，观众眼前俨然是一座北京大杂院，这里就是枣花胡同 31 号。正对面的一间大屋，住着老住户何奶奶一家，70 多岁的何奶奶三代同堂，老伴去世后，她守着他们定情的老枣树打发余生。何奶奶的儿子何鑫在厂里做工，工厂不景气，小院子里常见他晃动的身影。院子里还住着关家兄弟和他们的妻子以及开出租车的赵刚父女，他们彼此的日子息息相关，也会为鸡毛蒜皮闹出点小争执。院子即将拆迁，他们各自施展心机，而何大妈最割舍不下的是院子里老伴儿种下的枣树。枣树作为一个老人的化身、一种生活状态的象征、一种自我心灵的归宿，富有意象美。枣树并不直接表现拆与被拆的矛盾，而是旨在表现树与人的关系，戏剧揭示的主要问题是，树没了，人在哪里，情何所系？心何所依？这反映出黄盈透过经济社会的现象，审视社会人心的胆识。

《枣树》的舞台布景显示了现实主义的艺术风格，很具象，生活化：屋檐下的蒜辫子、辣椒串，过道里的旧桌椅、破暖瓶，墙角处的蜂窝煤、老扫帚，舞台中央旧砖头支起来的水泥池，池子里自来水管时有水流淙淙，这一切都意在还原四合院里的真实人生，再现锅碗瓢盆中的日常生活情景。甚至枣树下何家桌子上的打卤面、全院人围在一起吃的大西瓜，都摒弃了道具的使用，而采用现实生活里的面条、西瓜。舞台上真实情境的质朴再现，观众融入式的情感介入，是导演有意识地追求的艺术效果。

10 月，在纪念国庆 65 周年之际，一部直面现实、居安思危、面向未来的话剧《兵者・国之大事》（编剧王宏、李宝群、肖力，导演宫晓东，由赵旭、魏积安、潘军等担纲主演）隆重推出。总政话剧团演出的这部正剧，从和平年代里如何加强国防意识的战略角度，打破了以往军事题材强于正面歌颂、弱于问题揭示的创作积习，直面部队军演中出现的只求规模壮观、设计完成场面的弊端，表现了现代军人的严谨作风和强国宏愿。

从俄罗斯伏龙芝军事学院毕业归来的军事精英杨天放，在军事演习的庆功会上，面对楚玉麟将军直接发难，坦言现在演习变成了演戏，“战略思维落后”，如遇真正战争“等待我们的只有大败、惨败”，他的直言不讳导致了老局长钟世成的提前退休，而此人正是当年举荐他出国留学的恩人，连他的莫逆之交——战友赵云飞也劝他顾及人情，可是杨天放却不为所动。此后，在楚玉麟将军的支持下，杨天放从实战出发，从难从严进行军事训练，在中俄联合军演中取得了良好的战绩。而意气风发的杨天放却被下派西北训练基地。在这里，戏剧展开了他的内在心结：他之所以锐意实行军训改革，是因为在一次军事演习中，为了反抗“红军压倒蓝军”的既定模式，他的战友海鹏大哥冒险突击，不幸牺牲，而嫂子带着小女儿，一直守候在丈夫牺牲的地方。经过三年的磨炼，杨天放回归总部，在接下来的一场演习中，出于军人的职业理想和冒险精神，杨天放安排了真枪实弹的战况，结果导致楚玉麟的独子、旅长楚小虎为救战友而牺牲。尽管真实的军训意味着残酷，但却是未来战争中战胜残酷、夺取胜利的有效保证。“话剧《兵者・国之大事》既是一部心血之作，更是一部警世之作”，剧中人物有血有肉有情有义，坚持实事求是，表现出坚毅的军人意志和鲜明的铁血军魂。

在 2014 年的原创剧目中，中国国家话剧院于年末演出的《长夜》引人关注，此剧由李宝群编剧，查明哲导演，陶虹、刘威等主演。它揭示了新时期以来高速发展的社会经济，快速致富的世态人心，给普通的底层民众造成的心理冲击和情感压力。在现实时空，戏剧表现了嫂子面对两个男人的情感选择，以及嫂子经营的小饭店“月儿楼”的转让与赎回的过程。在回溯时空，戏剧揭示了当年作为小包工头的大哥含恨而死的秘密。大哥带领他的农民兄弟进城承包工程，在建楼房失火倒塌后，大哥受伤身亡，虎子被抓坐牢。嫂子在县城边开了家小饭店“月儿楼”，这里成为当年的兄弟们的聚会之地。如今学会了心黑手辣的崔二哥已经成了大款，发了财又面临三角债的佟老三又遇到资金难题，他俩都想娶嫂子为妻，可是嫂子却一直满怀心事。嫂子把他们召集回来，是因为虎子在这一天刑满出狱。被放出来的虎子满腔愤恨，要向当年陷害他的人复仇。嫂子最终说出当年的秘密：层层转包后的工程毫无利润，大哥只好亏心购进劣质建材，结果楼房倒塌，害人害己。嫂子已经卖掉了“月儿楼”，为的是给虎子和兄弟们一个补偿。而这帮农民兄弟突然意识到，总有些情分不能割舍，因此，他们要合力保住“月儿楼”。

《长夜》具有现实反思与批判精神，也具有浓郁的地域文化色彩和理想主义的浓情。全剧结合嫂子哼唱的东北小调《月牙五更》，显示着社会大众对心灵忏悔、自我救赎的渴望。戏剧结尾处，雪原之上，红日升天，尽管还有风，还有雪，还有夜，但是天上有明月，世上有人心，因此人们总有信心走出长夜，走向明天。

2. 书写民族的历史记忆

9月18日是一个撩起民族痛感的日子，孟冰编剧、林兆华导演，北京人民艺术剧院的话剧《公民》（冯远征、卢芳主演）在首都剧场首演。溥仪的一生如风中转蓬，颠倒混乱，一会儿登基，一会儿被废，一会儿复辟，一会儿退位，一会儿公民。戏剧有两条叙事线索：一是以现实笔触描摹出的溥仪后半生的生命轨迹，即从抚顺战犯管理所被特赦后的溥仪，在新中国的社会环境里逐渐被改造成公民的过程；二是以溥仪与鬼魂的对话，展示他对宫廷生活的追忆，以心灵自语的方式，反映出帝制旧梦在他心头萦绕，像挥之不去的魅影，占据了他惶惑、懵懂、迷惘的心境。在现实层面，溥仪完成了自我身份从皇帝到公民的喜剧性转变；而在意识层面，其不断追溯在宫廷生活中身心被钳制、被异化、从男人到非男人的悲剧性。这个戏的结构、场面、叙事模式，与传统的亚里士多德戏剧体系不同，它把末代皇帝溥仪的自我追索、灵魂反诘、斑驳思绪与现实境遇，以散点透视方式叠加在一起，让他在现实与回忆之间穿梭，形成一种迷离恍惚却色调浓郁的舞台镜像。《公民》的舞台，不见场面铺排式的布景，仅以一桌二椅式的道具，为演员的表演提供足够的空间，以推移的景片和部分道具表现生活的局部景观，也蕴含时光荏苒、镜像多变的意味。整台戏节奏处理如云卷云舒，变化自如，形散神凝，浑然天成，靠一种心理情绪统领全剧，不落俗套，别具新意。

9月26日，辽宁人民艺术剧院的抗日史诗剧《祖传秘方》在沈阳首演，此剧以1933年至1934年日伪时期的沈阳北市场为背景，展现祖传名医卜振堂及其医馆“正德堂”的传奇经历：卜家是满族正白旗旺族，祖上世代为医，持有14代相传、300多年验证的专治红伤外创的祖传秘方金刚散。在战争时期，金刚散既是义勇军的救命良药，也是日本鬼子的觊觎目标。良医卜振堂与义勇军团长邵正刚曾在江湖结怨多年，但在外敌压境之际，两人逐渐走近，相互信任，弃私仇而取公义，从惺惺相惜到义结金兰，成为生死与共的兄弟。卜振堂为保住药方，自行清理门户，以一杯毒酒除掉了杀害邵正刚、投敌变节的亲侄，却把药方留与外姓徒弟和养女，以便让正心正德之人造福后世。《祖传秘方》不仅塑造了具有民族气节的正面形象，讴歌了民族精神和文化遗产的捍卫者的高尚品格，展现了崇德、尚武、信义、弘道的人物群像；而且展现了超越血脉宗亲的民族之爱，在戏剧情节中，医道、人性、亲情、乡愁紧密交织，人物的命运轨迹和人生遭际颇为传奇。

无论是一个封建皇帝在历史变迁中的思想蜕变，还是东北地区的百姓在民族大义面前的人心所向，2014年的原创戏剧当中，都显示了对于历史的推进力量的正面阐释，以及对历史中的人性的深入反思。

3. 小剧场戏剧的新进展

2014年的小剧场新创剧目的演出，主要有北京人民艺术剧院出品的《枪声》《鱼眼》，哲腾文化出品制作的舞话剧《两只蚂蚁的地下室》，中国国家话剧院出品的《花心小丑》，辽宁人民艺术剧院出品的《请你对我说个谎》，过士行自编自导的《暴风雪》，怪咖剧团的黑色喜剧《笨贼一箩筐》和《东北往事》等，费明编剧、张慧导演的《无声尖叫》等也是年度值得关注的作品。此外还有独立制作人出品的《何事惊慌》《语文课》《我的妹妹，安娜》《一个陌生女人的来信》《地雷战2.0》《东海暴风雨》《倪焕之的故事》等。

2014年4月，北京人民艺术剧院出品的小剧场戏剧《枪声》（傅玲编剧，唐烨导演，史兰芽、仇晓光、李劲峰主演）在北京人民艺术剧院实验剧场首演。戏剧以第一次世界大战为背景，讲述英、法、德三国边境处的一个小镇上，两个异国少年和一位少女情同手足，他们长大了，战争却爆发了，怀揣着保卫民族的理想他们在战场狭路相逢。少女为了解救被俘的爱人失去了贞操，挚友为了对方的解脱而向其开枪。战后，开枪者、姑娘来到了死难者的家乡，与他可怜的母亲相逢。在战争的残酷环境里，善与恶的纠结，杀与被杀的痛苦，依然延续在活人的心里。此剧意在反思战争与人的关系，但是第一次世界大战的往事，英、法、德三国的青年故事，让当代中国青年与戏剧情境有一种遥远的距离感，这不能不说是一个遗憾。

4月，北京人民艺术剧院出品的小剧场戏剧《鱼眼》（王佩、张民编剧，唐烨导演，荆浩、蓝盈莹、李劲峰主演）在人艺实验剧场首演。这是一个关于信任与怀疑、真爱与救赎的故事。未婚女摄影师王芷露与表姐秦小燕一起合开了一家摄影工作室，由于王芷露特立独行，不善经营，生意惨淡。表姐和表姐夫整天为买房子绞尽脑汁，这让王芷露越发厌恶家庭，想着要通过人工授精生个孩子，以此打发余生。一天一个神色冷峻的商人来找王芷露，高薪聘请她一起出行法国，沿途为其女儿拍照。旅途中，两人荒凉的情感世界渐渐回暖。一桩桩的生活隐秘逐渐揭示：原来商人的女儿患有眼部恶疾，即将失明，她的妈妈离她而去。被痛苦折磨的商人，变得性格孤僻，甚至时有偏执，为了救治女儿的眼睛，他想尽一切办法，钓鱼、买鱼，让女儿把鱼眼睛吃下去。王芷露了解了一切，勇敢地选择与这对父女生活在一起。《鱼眼》“聚焦时下年轻人的情感话题，通过一个悬念故事，试图换一个角度引发观众思考如何对待生活、如何去爱”。表现青年人的心灵与生活，是这个戏的可贵之处。

8 月 7 日至 10 日，《花心小丑》在国话小剧场上演，此剧由中国国家话剧院出品、“90 后”导演查查执导、单冠朝主演。此剧透过“花心小丑”这样一个独特视角，反映了人与城市既熟悉又陌生、既相吸又相斥的奇特关系；并透过花心小丑的压抑与失落、忍耐与坚持、梦想与追求，反映了进城农民工五味杂陈的人生。

《花心小丑》的舞台设计很洗练却颇有意味，由此可以看出导演的空间感和心理内涵。舞台上空垂吊下不同的小方块，使天幕形成错落的方位空间，也对主人公的身体形成不确定的压迫感。台中央最醒目的地方，只有一个大“魔方”——两米多高的正方体，它自身及其一扇门皆可旋转，这扇大门在翻转之间，时有动漫式的影像投射其上，幻化出一幕幕光怪陆离的都市镜像。小丑所在的空间，经导演处理，变成了怪诞、异化的有意味的形式。“天堂花园”的人模狗样，帝王会所的虎豹豺狼，医院太平间的美的消失，寒冷街灯下主人公的迷惘，人生的悲喜转换之间，被赋予真实可感、复杂多变的况味。舞台调度中，花心小丑在魔方之中爬上跳下，此出彼入，景随人动，灵活多变；动漫意味的影像的介入，简明扼要地勾勒了小丑的活动背景，增强了艺术表现的丰富性。

10 月，小剧场话剧《我的妹妹，安娜》在先锋剧场上演，此剧编剧郭琪将托尔斯泰的经典文学作品作为剧本创意的出发点，站在当代文化立场，反思两性关系、浓情烈爱、情感危机以及家庭伦理的现代意义。

戏剧从安娜哥哥的视角看待妹妹的悲剧，从哥哥的情感危机，引出妹妹安娜与沃伦斯基的相遇，由此展开一段绝望的爱情之旅，安娜最终走向冰冷的铁轨，不是因为她与沃伦斯基爱已成灰，而是她的丈夫卡列宁对她尊严的诋毁，导致她生命意志的破碎。哥哥的出轨与安娜的出轨导致完全不同的结局：哥哥的生活回归本位，甚至因为害怕失去，反使其妻对他越加珍惜；而安娜夹在两个男人中间，感受来自双方的压力，名誉的压力让她身心俱疲。这也反映出社会伦理与传统意识对女性的苛责与蔑视。作为安娜的爱情对象，沃伦斯基在剧中并未出现，被爱的“男人”的“缺席”，情感的支点虚化，这本身就是一件值得琢磨的事，或许也是编剧的深意。

本剧构思巧妙，富有创意，哥哥的情感线与安娜的情感线融洽地交织在一起。哥哥的情感危机带有喜剧色彩，而妹妹安娜的移情别恋带有悲剧情愫，因为兄妹的亲情关系，导致彼此难以割舍，在生活中，他们互为对方的旁观者，在家庭危机时又互为对方的调停人。因此，两种性别、两种视角、两种姿态产生对比，这既使戏剧情节不致单一，也使戏剧情节形成一种张力。

原创剧目的创作和演出尽管取得了一定成绩，“但或多或少都存在着人物性格单薄、戏剧冲突弱化、叙事情节拖沓、情感表达失真等弱点。有些作品，尽管导演和演员们在努力弥补剧本先天不足带来的弱点，比如增加最新的网络段子、流行歌曲、社会事件以及角色之间的戏份儿、制造舞台氛围等，但在与现实‘对话’的过程中还是显得捉襟见肘。一些创作者不乏直面现实的表达热情，但在叙事策略上却总是徘徊在生活的地表。如何让现实题材创作真正成为有灵魂、有情怀、有生活、有力度的诚意表达，恐怕是需要认真探讨的课题”。此外创作不够强大、观念老化、待遇偏低等问题亦需要重视和解决。

二、建构中外戏剧交流的平台

1. 戏剧奥林匹克：梦想照亮现实

11月1日至12月25日，第六届“戏剧奥林匹克”在北京举行，本届戏剧奥林匹克的主题是“梦想”，口号是“中国的梦想，世界的舞台”，它汇集22个国家上千位戏剧家创作的46部作品，在北京17个剧场进行了百余场演出。在11万人次的观众中，既有评头品足的戏剧人，也有仰慕大师的拥趸，更有莘莘学子、普通市民。戏剧奥林匹克以其跨文化的姿态、丰富的内容、多元的色彩、多样的形式，突破了以往传统、整一、固定的戏剧观念。当中西戏剧的多彩图景梦幻般一一展开时，“风景这边独好”，人们感到，古老而现代的北京与世界戏剧前沿居然如此贴近。

戏剧奥林匹克首先是舞台艺术魅力的视觉盛筵，戏剧奥林匹克主席、希腊特尔佐布罗斯导演的《被缚的普罗米修斯》，以石头圈内歌队演员匍匐在地的身体，烘托普罗米修斯的悲壮兀立，以导演在台边的吟诵和场外传出的爆炸轰鸣，实现远古与现代的对接、互动。号称美国后现代戏剧的“灯塔式人物”的罗伯特·威尔逊，自导自演了独角戏《克拉普的最后碟带》，无论是他对于观众的严格规训，还是长时间无台词的默然表演，都令人震慑于他有意强化的戏剧庄严感。铃木忠志以其独创的身体姿态、低沉发音、跨国演员阵容，将西方戏剧经典置换为大和民族意蕴。而韩国崔致林导演的《鲜花，水和风之歌》则着眼于南北朝鲜的对峙冲突，在贯穿全剧的悼亡仪式中，展现古代爱情悲剧的现实隐喻。此外，俄罗斯瓦赫坦戈夫剧院演出的《群魔》，丹麦昆丁剧院的《盐》、爱尔兰的《大河之舞》、英国环球剧院的《仲夏夜之梦》等都是一票难求。戏剧奥林匹克既让人们在欧风美雨中流连，也让人们在东方神韵中沉湎。

戏剧奥林匹克将不同国家、民族的戏剧摆放在一起，让人们“不生分别心”显然是不可能的，但艺术的比较不是体育的竞技，这就像故宫和卢浮宫没必要评出谁第一。格鲁吉亚的《麦克白》舞台道具繁多，灯光变化莫测，让人们感知现代舞台的强大表现力；而香港的《恨嫁家族》则在空空的舞台上创造着戏剧生活的味道，以及情绪变化的微妙；法国的《勿忘我》以人偶同台的现代舞姿，创造出扑朔迷离的诗意幻境，当演员舞动巨大的布幔和犹如翅膀的长帆时，空旷的舞台上显现出奇妙的画面，如旋涡飞转，如大神飞天。法国的《纸人卡夫的英雄梦想》让演员拖着牛皮纸上场，一番揉搓、翻卷、折叠、捆绑之后，纸人出现，在演员的操控下，它似乎有了灵性，翩翩起舞。文化创意带来戏剧生机，没有好的创意，哪来好的戏剧？戏剧演出背后，比拼的是不同民族的文化软实力，是对于生命的感知力，对于艺术的想象力，对于舞台意象的创造力，说到归齐是戏剧创意的美学品位问题。

戏剧奥林匹克是一种艺术交流、对话的方式，它在打开了观众的艺术视域的同时，也提升了他们的美学品位和文化自信。那些传说中的大师和他们的戏剧不再遥不可及，而是俯仰可见，触手可及。感受一个城市的文明程度，只要看看这个城市的观众在剧场中的表现就大体可知了。戏剧奥林匹克所引发的“大师来了，你准备好了吗？”“看到别人先进的剧场理念，我们只能枉自嗟叹吗？”“当你不喜欢某场演出时，可以不尊重演出者的尊严，不顾及自己的体面吗？”“演后谈遇到神一样的大师，该不该坦陈质疑的观点呢？”这些疑问也许不会轻易得到答案，但是却引发了观众的思考和辨析，这也是戏剧奥林匹克给观众留下的启迪。

如果说戏剧奥林匹克是个平台，这个平台的搭建却不是为了让不同国家的戏剧混同一气，甚至个性消弭。在世界经济一体化的今天，戏剧奥林匹克的文化定位恰恰是为了保护各民族、各种族的文化多样性，正所谓“各美其美，美人之美，美美与共，天下大同”。以印度曼尼普尔语改编演出的《当死人醒来时》，且歌且舞，民族特色浓郁；而法国小丑剧《乔尼的小推车》则不设字幕、以法国方言演出，在古老的手风琴的伴奏下，男演员的独角戏时而与观众互动，时而陷入往事追忆。国家话剧院的《伏生》在导演手法上巧妙地化用了戏曲元素，致力于古代文化的现代表达，其鲜明的民族特色有目共睹。而上海话剧艺术中心的《秀才与刽子手》则以面具和歌队的叙事形式，以黑色幽默的舞台基调，展现了时代变化中人物命运起伏跌宕的悲喜剧。

第六届戏剧奥林匹克的大幕已经关闭，而它的艺术影响力和美学感染力正在渗透、流布。我们也应该明白，出于展示新锐、交流创意、启迪思维、瞻顾前景的目的，本届戏剧展演的大部分剧目是偏于先锋和实验性质的，它不可能显示当今世界主流戏剧的全貌，因此也需要提醒戏剧人，不要把大师的戏剧当成唯此唯大的范式，不要简单照搬、套用所谓的成功经验，更不要望洋兴叹，妄自菲薄。戏剧交流的目的是充实和发展自我的艺术，而不是为了召唤出西方中心论的魅影，否则便会邯郸学步，作茧自缚。他山之石，可以攻玉，只有转益多师，为我所用，方有助于推动中国戏剧的艺术进程。

戏剧奥林匹克以其跨文化的姿态、丰富的内容、多元的色彩、多样的形式，突破了以往传统、整一、固定的戏剧观念。

2. 俄罗斯戏剧的常青密码

中国戏剧与俄罗斯戏剧有着不解之缘，斯氏体系一直是我国训练演员的基本方法，也是剧场美学的重要资源。

2 月，白俄罗斯扬卡·库帕拉国家模范剧院将其音乐话剧《婚礼》推上首都剧场，这一契诃夫的戏剧在当代导演手中，通过装置艺术和音乐介入，演绎成冗长、沉闷、混乱、无聊的婚礼场面，其间充满了小市民的无聊争执和庸俗习气。而《婚礼》中不仅乐队在场，加入了舞蹈和歌唱，甚至一反演员化身为角色的传统，不加粉饰地让年迈演员扮演新娘，多人分饰一角（蛇太太），让观众被“间离”，成为“被演”的戏剧的观众。而他们随后演出的《哑巴》却在二战的背景下，以黑与白的主色调和细腻动人的表演，吟诵了一曲青年人超越种族、超越生死的感人恋歌。德军士兵按照指挥官的命令，住进俄罗斯村民家中，他因会讲俄语，与俄罗斯姑娘暗生情愫，当指挥官让他屠杀所有村民时，他不忍下手，为制止杀戮还向战友开了枪。从此他与俄罗斯姑娘彼此相依，四处躲藏，在他濒死之际，俄罗斯姑娘不舍不弃，他们在苦难中辗转流浪。但是无论是生活在集体农庄，还是移居到德国，他们一生都找不到心灵的归所。大历史中小人物的爱情，战争中人性的赤诚，边缘人的苦难历程是这个剧打动人心的地方。也许有人会说，这是战争状态下的罗密欧与朱丽叶，但是这出戏却自有亮点，在舞台处理上，几块垂吊的原色木板，一个餐桌便营造出简朴家庭；红黑色的背景中几缕跳动的小火苗，便营造出德军灭绝村民的恐怖情境。其灯光、音乐、声效都很讲究，尤其是结尾拍照时快门的咔嚓声，闪光灯面向观众的按动，让观众悚然而惊。

3 月，俄罗斯波罗的海之家剧院在首都剧场演出《从莫斯科到佩图什基》，此剧是根据俄罗斯作家维涅季克特·叶罗菲耶夫写于 1969 年的同名小说改编而成，这部具有后现代意味、充满了破碎感和荒诞性的小说，表现一个似醉非醉的男人维尼奇卡的梦幻之旅，他从莫斯科出发前往佩图什基，最后发现，无论如何无法到达，只能徘徊在莫斯科的街巷里，却看不见克里姆林宫。戏剧中面对观众的“眼睛”，悬挂的“鹿头”，通灵的狐狸，潜修者的暗室，底幕边的木屋……以充满幻象和多意色彩的舞台语汇，表现了苏联政治沉寂期主人公心灵的迷惘和痛苦。但是由于语言的障碍、文化背景的差异，它的很多意象让观众不明就里，影响了戏剧效果。

俄罗斯的艺术家不是将经典颠覆、拆分、矮化、俗化，以讨好的姿态迎合当今观众，而是把经典当成精神的宝藏和艺术的武库，打开它的神秘之门，摊平其历史褶皱，挖掘其人性内涵，阐释其当代意义和美学价值。在其剧场的美学形态中，我们看得到他们对文化传统与戏剧事业的崇敬，对现实主义艺术精神的倚重，以及对斯氏体系精粹成分的传承。

中国人对俄罗斯文化尤其是戏剧心存敬意，3 月，赖声川在保利剧院推出了由他执导的两部与契诃夫有关的戏剧，号称是“赖声川 + 契诃夫——大师的灵魂对话”，一是演出中国版的话剧《海鸥》，将契诃夫原剧的背景推到 20 世纪 30 年代的上海；二是根据契诃夫的生平及最后 4 年的日记、书信创作的话剧《让我牵着你的手……》。前者虽有赖声川将《海鸥》演绎为真正喜剧的努力，但那份感伤和忧郁却是挥之不去，而故事背景变成了上海之后，阿尔卡基娜的演员身份和她受到周围人的追捧，就失去了中国现实的可能性，而北京人艺上演的话剧《阮玲玉》中女主人公的自杀，恰恰是对于赖声川视野中处境优越的“上海女演员”的反讽。尽管有人说，在《让我牵着你的手……》中蒋雯丽扮演的欧嘉令人动容，但对照欧嘉也就是契诃夫的妻子的照片，很容易发觉人物造型的随意性。过于简单的布景服装，剧本朗读式的舞台处理，让整场演出体现不出综合艺术的魅力。

三、经典：在复原与演绎之间

1. 莎士比亚戏剧在中国

2014年恰逢莎士比亚诞辰450周年，为了纪念这位伟大的戏剧家，国内外的莎剧争相上演。中国国家话剧院导演田沁鑫对莎剧《罗密欧与朱丽叶》进行了本土化改编，影视明星殷桃和李光洁分别饰演的朱丽叶与罗密欧，一个性感动人，一个特立独行。此剧于2月在香港演艺学院首演，并做全国巡演。“几乎可以说，这是一部欢乐的戏剧。我们看到的是两个燃烧着生命热力的年轻人，在不顾一切地用力爱。喜剧手法的运用淡化了家族宿怨的沉重与这场爱情的悲剧感。即便剧作尾声，两个殉情的年轻人并排躺在白色床榻上，也无法即刻将观众印制在悲剧情境中。”“舞台上的彩色公路自行车，朱丽叶的黑色蕾丝超短裙、大墨镜，罗密欧的长风衣、牛仔裤，几次唱响的汪峰的《当我想你的时候》，都将莎翁作品改换了当代中国封面。这些服装道具颇具刺激性，音乐则起到了适度煽情作用。田版《罗密欧与朱丽叶》也因此受到诟病。”这样的改编与呈现，当然很有现代性特点，但是却与莎士比亚的原剧渐行渐远。

四五月间，在中国国家大剧院的戏剧场和小剧场，先后有《威尼斯商人》《麦克白后传》《大将军寇流兰》《仲夏夜之梦》《驯悍记》等剧上演。

4月，英国皇家莎士比亚剧团与苏格兰国家剧院联合制作的《麦克白后传》在中国国家大剧院演出，此剧是令人反思历史与人性的产物，其着眼点在于，当篡权弑君者麦克白殒命之后，苏格兰的政局又将面临怎样的境遇？6月，美国洛杉矶“演员班剧团”全新演绎了莎翁经典喜剧《仲夏夜之梦》，导演蒂姆·罗宾斯因主演过经典电影《肖申克的救赎》而闻名于世，演出以灯光变换、肢体造型、演员手中的花束、枝条等各种道具，拼搭林中仙境和人间宫室，在近乎空的舞台上演员表演精彩，将充满精灵、神怪、咒语、魔幻的超现实世界，演绎出趣味横生的喜剧感。

或许是为了配合莎士比亚的纪念活动，中国国家话剧院举办的“第六届国际戏剧季”也出现了三台莎剧：美国燃月剧团的《哈姆雷特》、马其顿比托拉国家剧院的《亨利六世》、韩国旅行者剧团的《仲夏夜之梦》。《哈姆雷特》以一张巨型可透视白纸做天幕，纸背景被演员当场切割，形成门与窗等空间造型，纸在戏剧中不仅是一种物质，而是一种意象的载体。它上面的文字，被映现的模糊人影，背后不可知的隐秘，不确定的空间等，无不具有悬疑性和多义性。导演兼改编约翰·布朗德尔让4个演员完成了全剧的表演，其中王后与奥菲利亚、哈姆雷特与老王、克劳迪斯与掘墓人一身二饰，而雷欧提斯、波洛尼厄斯、掘墓人由同一人扮演。演出中，舞台一侧锣鼓声时而响起，演员偶尔置身于观众中。当戏剧演到哈姆雷特和雷欧提斯决斗时，两个人挥剑直刺天幕，纸幕背景被砍削成碎片，在零落、纷乱的舞台意象中，给人以阴谋与杀戮之后空茫、破败、悲怆感。而韩国人演出的《仲夏夜之梦》，从人物造型到演出风格都进行了本土化的改装，让莎士比亚有关爱与情感的故事穿越了历史与文化时空。马其顿人演出的《亨利六世》，展现了英国历史上两大政治家族的权力争夺和暴虐厮杀，以残酷的视觉效果、具有冲击力的戏剧场面，对莎翁笔下弥漫着血腥、暴力、苦痛的历史剧予以新的演绎。

莎士比亚及其戏剧传入中国，是19世纪中期的事情，此后，无论是在抗战时期还是在新中国成立以后，莎士比亚的戏剧都曾在中国舞台上久演不衰。借助莎士比亚诞辰450周年的庆典，外国剧团的莎剧在中国轮番上演，这也是戏剧交流和跨文化研究的良好契机。

2. “第六届国际戏剧季”

中国国家话剧院第六届国际戏剧季于9月17日正式拉开大幕，此后到11月初，来自中国、德国、美国、马其顿、韩国、澳大利亚等6国戏剧院团的8部戏剧作品，在中国国家话剧院剧场、中国国家话剧院小剧场和中国国家大剧院戏剧场为首都观众带来24场精彩演出。莎士比亚、布莱希特、萨特等世界级戏剧大师的极具文学性和艺术性、历经时间检验的经典剧作在演出剧目中占据大部分比例。其中，中国国家话剧院的《死无葬身之地》《离去》《哥本哈根》三部经典作品率先登台，为戏剧季预热。

《死无葬身之地》和《哥本哈根》作为中国国家话剧院的保留剧目，曾经创造了久演不衰的历史，而《离去》则是6月27日至7月6日首演的新引进的外国戏剧。在北京炎热的夏季，由中国国家话剧院推出的《离去》在中国国家话剧院剧场上演。正如导演王晓鹰所言，“《离去》是一种纠结、一种困顿，也是一种境界、一种自由”，它像一阵穿透灵魂的清风，刮去了人们心头郁结的燥热和僵硬。《离去》改编自美国当代剧作家奈戈·杰克逊创作的话剧 *Taking Leave*，该剧1996年问世，1998年在美国丹佛首演。《离去》的中文版并非全部照搬原著，而是进行了合理的解读与改编，比如将主角埃略特·布莱恩从一个研究莎剧的“学者”，转换成一个一辈子演绎莎剧的“演员”。王卫国扮演的患有阿尔茨海默病（俗称老年痴呆）的布莱恩，演绎了不可理喻、时而躁狂、时而抑郁的病态，自然生命在病痛折磨中无奈的悲情和人性的赤诚，并传递出引人忧思、动情动性的感动。面对一位变化无常、不可理喻、时而躁狂、时而抑郁的病态父亲，布莱恩的三个女儿表现出三种不同的亲情：大女儿艾尔玛是收入微薄的中学教师，她否认父亲病症的严重，回避责任和担当的沉重。二女儿利兹是个小有名气的电视明星，只想摆脱牵累，她主张把父亲放到养老院去。三女儿考狄丽娅虽然是个叛逆女孩，曾经吸大麻、乱交友，但是她在失忆父亲最诚挚的亲情感召下，对自我、对亲情有了新的感动，她说，“在你们眼里他是个病人，在我眼里他是个崭新的人”。她决定接受现在的父亲，接受命运的安排。三个女儿性情各异，对待父亲的方式不同，但是却代表了现实之中人们对待疾病与命运的三类典型。话剧《离去》戏中有戏，幻象的现实与混沌的思绪相互交织，于平实、质朴中传递出命运的玄机和人性的隐秘。

10月14日、15日，来自德国法兰克福剧院的古希腊悲剧《美狄亚》的演出颇为令人称许。美狄亚作为一个为爱复仇的女子，古今中外都颇存争议。导演塔尔海默遵循欧里庇得斯原著的旨意，戏剧情节与台词基本保持不变，但在舞台表现形式上却颇有创意：戏剧一开场，光线幽暗，传来奶妈沉重的脚步声，她的影子拖曳在身后，显得凄迷而沉重。伴随着几声撕心裂肺的号叫，美狄亚在底幕附近与台口等宽的灰色高台上出现，她像一只困兽无望地挣扎，她的妆容、面部表情观众看不清晰，但这并不妨碍她传递生不如死的悲戚。她为了爱情，救助因盗取金羊毛而陷入绝境的伊阿宋，为了与爱人在一起，她射杀了阻止她私奔的弟兄，与伊阿宋一起漂泊在异乡柯林斯，并为其生下两个儿子。然而，伊阿宋却贪恋权势地位，将要迎娶国王的女儿，还要把她从城邦驱逐出去。美狄亚打定主意，要采取极端的报复行动，此时，她所在的灰色高台轰隆隆前移，直至台唇附近，如火山之涌动，如大厦之将倾，如怒涛之奔涌。此时灰色平台上投影快速闪动，播放着动漫形式的母亲怀孕、生产、哺育等情形，显现出美狄亚实施报复前的迷狂心智和凌乱思绪。最后她施展魔法，毒杀了公主和国王，又杀死了自己的孩子。而不得不承受这一切后果的伊阿宋，在极端悲痛中，张大嘴巴却喊不出来，这显然是对开场时美狄亚号叫的呼应，有一种痛是心如荒井，欲哭无声。

导演塔尔海默让一个演员承担了歌队的作用，在场上参与叙事，他的舞台调度较少，擅长用绝望的言说和僵硬的肢体，表达痛苦情感爆发的临界状态和持续张力。演出追求“空的空间”的戏剧效果和简约主义的舞美设计，单纯和壮美高度统一，形成简约、凝重、庄严、肃穆的舞台风格。塔尔海默导演的另一部戏剧《维也纳森林的故事》参加了“第六届戏剧奥林匹克”，在整体风格上与前者保持一致。

在“第六届国际戏剧季”之中，10月29日至11月1日，孟京辉为澳大利亚演员导演了《四川好人》，这是他首次执导布莱希特的剧本。舞台上作为神仙归宿的“T”形透明屋立于正后方，饮水售卖机和加油站的输油泵形成两大舞台支点，音效操控台设于舞台右前侧，其余大片空间留给了演员。演出中演员当众换衣，放置道具，这本身也显现出一种布莱希特式的间离效果。

《四川好人》揭示了社会环境之内、人性内涵之中，人与兽的鸿蒙、善与恶的辩证、生与死的撞痛、动机与结果的满拧。戏剧将现实主义与魔幻主义有机结合，使舞台镜像富于变化，摇曳多姿。剧中，当沈黛逐渐认清善的无用、爱的虚空之后，出现了饶有意味的戏剧场面：长了尾巴的动物四处出没，一只老虎对着舞台和观众虎视眈眈，被砍掉了尾巴、恢复了人形的家伙们，依然践踏和撕掠着弱小的生灵，而沈黛生出的孩子竟然是一块冷硬的石头。显然，孟京辉导演的这一版《四川好人》，更具视觉冲击和现实隐喻，它让人们在一个物化、冷酷的世界里反思、警醒。他以其惯用的黑色幽默，对布莱希特在美国期间未完成的改编本进行重新演绎，比通常流行的布莱希特的戏剧叙事更冷酷、更黑暗、更暴力，从中质询个体生命在命运挑战面前的善恶交织，使得演出更具冲击力与现实感。舞台上被泼墨的神仙屋、提着大宗购物袋、吃着零食、吐着烟圈的神仙，推着购物车往来穿梭的人流，吃着方便面的婚礼场面、布满玩偶的舞台空间，让人叹为奇观。因整场戏节奏迅疾，除了一段集体朗诵台词的处理之外，戏剧对间离效果的追求并不刻意。舞台调度也延续着孟氏戏剧的特有风格，节奏强烈，动感十足，场面纷乱，乱中取胜，热烈鲜明。

3. 外国戏剧的本土演绎

2014 年全新引入、本土出演的外国戏剧成绩也比较突出。

本年度，经过改装的全总文工团成为了鼓楼西剧场，4 月，周可导演，鼓楼西剧场出品的话剧《枕头人》首演，这部由英国马丁·麦克多纳编剧的黑色悬疑剧，由赵立新主演，此剧号称“高智商话剧”“思辨者童话”。剧情发生在一间审讯室里，舞台上，可旋转的矩形铁盒作为演区，它敞开的那面对着观众，显露出低矮的天花板、惨白的灯光、真实的刑具、斑驳的镜子，在对于主人公卡图兰讯问、拷打直至枪毙的威胁中，戏剧叙事和黑色童话一一展开：小镇上三个小孩失踪，两个惨死，另一个下落不明。警探图波斯基和暴躁警察埃里尔开始审问屠宰场清洗工、业余作家卡图兰，因为他写的黑色童话《小苹果人》《小绿猪》《小基督的故事》等，都显出嗜杀的残酷和阴冷，与儿童被虐杀的情节相互对应。卡图兰的哥哥因为弱智自小被父母虐待施暴，他的惨叫声启发卡图兰写出残虐的黑童话，出于对哥哥的同情他杀死了父母，而他的黑童话又让弱智的哥哥着意模仿，实施了对于儿童的犯罪，为了免除哥哥的罪孽和恐惧，卡图兰掐死了他，而他自己也被枪毙，他的黑童话却被警察留存。“全剧有一悬疑推动力——即求证作家所写的虐童杀童故事与实际发生的虐童杀童罪行之间，究竟有何关联。这一动作主线暗示了该剧的核心主题：艺术创造与现实结果之间，那些悖论迭出的紧张关系——诸如艺术与大众，艺术与自我，艺术与道德，艺术与政治，等等。如何外化这一抽象而复杂的主题？马丁·麦克多纳的方法是‘道成肉身’——将当代社会的群体存在或人性深处的不同维度化为人物角色，并赋予这些人物角色以圆融强烈的个性、血肉和情感，以此达成含混的象征性。”警察所代表的国家机器显示出来的强权之恶，作为愚弱者的哥哥无理性的恶，卡图兰自身欲念中的恶，交织成一张黑色的网，而警察追查罪犯，卡图兰杀死父母，结束哥哥的性命，却是基于人性中的善。而善与恶、对与错在这部戏剧里凝结成一团暗物质，使整场演出带有一种悬疑推理的张力，也有一种带着残酷和荒诞感的恐惧。

除此之外，经典剧目的重新演绎还有很多，如《一出梦的戏剧》《俄狄浦斯王》《等待戈多》《人民公敌》等。在戏剧批评界，如何对待经典的争论从未消歇，甚至引出了保守还是癫狂的议题。国家话剧院的《简·爱》、上海话剧艺术中心的《万尼亚舅舅》、英国环球剧院的《仲夏夜之梦》都是尊重原著的演出，也取得了很好的艺术效果，但被有些人看作保守；而铃木忠志导演的《大鼻子情圣》、田沁鑫导演的《罗密欧与朱丽叶》和赖声川导演的《海鸥》则因为脱离了原剧的人物定位或情境规定性，又被一些人看作一种任性，是癫狂型创作活动。

四、新视野新问题新启示

2014 年的话剧发展也并非尽如人意，甚至出现了一些奇特的剧场反应，也引发了人们有关当代审美问题的思考。“2014 年 7 月 24 日，演员杨立新连发 5 条微博，谈及北京人艺话剧《雷雨》7 月 22 日晚‘公益场’的种种‘不适应’的‘阵阵笑声’，发出了‘这样的公益场不演也罢’的感慨，被某些媒体放大为‘事件’，得以持续发酵。实际上，早在去年上半年北京人艺复排演出的《吴王金戈越王剑》上，就出现了青年观众多达 10 余次的‘笑场’。究竟是历史人物行为本身遭遇了质疑，还是这个时代的青年观众对历史缺乏耐心，抑或舞台上呈现的诗意已经不再为这个时代的审美所崇尚？两次‘笑场’虽然情况各异，但是台词和表演‘笑点’最为集中，问题也都出在所谓的‘青年观众’身上。审美的漂移，让‘笑声’成为了观剧的期待，以致《雷雨》在上海演出时，计算笑声的数量变成了观剧的一种乐趣。”是演出的质量问题，还是观众的素质问题？在笔者看来，这样的事情发生，恰恰是泛娱乐化戏剧盛行、严肃艺术低迷的社会反映。

纵览2014年话剧艺术的发展，有如下特点值得总结。

1. 表现手法日趋多元

当代剧场正以其跨文化的姿态、丰富的内容、多元的色彩、多样的形式，突破以往传统、整一、固定的戏剧观念。人们应该明白，戏剧也许不只是Drama，行动的艺术；抑或Theatre，有观有演的剧场艺术；在今天，它更是Performance，一种展现性的人类活动，当今世界的戏剧舞台，现实、现代、后现代各种主义早已自行拼贴、接续，融合成五光十色的斑斓图景。戏剧可以吸纳既有的文明精华和创造手段，歌、舞、声、电、光、屏等，只要它们能够填充舞台艺术的表现空间。如果一个国家的戏剧非要坚持一个主张、一种方法、一致表达，则无异于胶柱鼓瑟、刻舟求剑。

2014年不仅有英国国家剧院演出的《弗兰肯斯坦的灵与肉》以剧场纪录片的方式，通过大银幕在首都剧场与广大观众见面，也有德国柏林邵宾纳剧院将影像技术与剧场艺术巧妙结合的《朱莉小姐》，还有英国三维乐手当场演奏，两位艺人以一幅幅刻纸投影于屏幕上而形成的纸电影《奥德赛》、法国一个演员以法国南部方言演出的小丑剧《乔尼的小推车》、西班牙演员戴上面具扮演的默剧《安德鲁与多莉尼》等。孟京辉导演的《陌生女人的来信》以独角戏的方式，表现了王翀执导的《群鬼2.0》对易卜生的剧作做了本土化阐释，以即时影像化表达，传递出对于资产阶级的虚伪道德和家庭丑恶的愤怒情绪。

这些戏剧的演出，从不同侧面显示了当代剧场的新变化，话剧不仅是用对话演绎的戏剧行动，也不仅是观演互动的现场情景，它可以调动一切既有的艺术手段，表现艺术美学的新样态和包容性。

2. “戏剧构作”的良好示范

长期以来，中国剧院面临的共同问题是如何提升制作水平、如何创新审美观念、如何强化文化内涵的问题。2014年的外国戏剧演出，不仅让人们看到了剧场上的精彩，更让人们看到了剧院管理与剧目运作方面的先进性。德国法兰克福剧院在艺术管理和生产中，实行一套行之有效的特殊方式，即剧院有一个特殊职位：“戏剧构作”，此称谓的中文翻译未必确切，但在没有找到更好的表述之前只能暂且如此。“戏剧构作”在这里是一个专业性很强的剧院领导岗位。处在此岗位的人，其基本职能是掌控剧院的艺术取向和文化定位，与导演、制作人共同磋商，率先生发出创意种子，参与完成一部戏剧的形象构思和美学创意，此外其还有一项职责即时归拢演后资料，留存剧院档案。显然，这样一个具有客观性、学术性、决策性的管理角色，在德国剧院里是不可或缺的，其对于戏剧发展的积极作用，也逐渐被中国戏剧界所认同。近年来，中国剧团总是困惑于文化视界的狭隘和艺术视野的局促，如果设立这样的岗位，找到合适的人选，或许在一定程度上可以提升话剧艺术的发展水平。

3. 戏剧大师接踵而至

2014年的中国剧场，时见久负盛名的戏剧导演、演员的身影，在戏剧奥林匹克之中，美国的罗伯·特威尔逊、日本的铃木忠志、希腊的特尔佐布罗斯，带着他们执导的戏剧展演于中国人面前，他们风格不同，形式各异，也许还面临着水土不服的问题，但是，当代的中国观众终于可以自豪地说，那些传说中的大师的戏剧我们看到过了。大师的到来，不是仅仅为了让我们望洋兴叹，而是在于感受大师的气场、品鉴其艺术作品的同时，开阔眼界，增长见识，提升素养。对于中国戏剧而言，有文化的开放，才有文化的包容，才能在万花丛中比照对应，各取所长，为我所用。

4. 泛娱乐化戏剧遭遇瓶颈

娱乐化戏剧不同于传统喜剧，传统喜剧的存在目的，是以狂欢与嬉戏精神反抗现实的僵化、矛盾、扭曲与荒诞，将人类无价值的东西毁灭给人看，以引人发笑的方式达到对现实弊端和人性缺憾的讽刺与批评的快感。小丑的假面背后常有悲情泪影，因此柏格森认为，笑的余味是苦涩的。娱乐化戏剧以嬉戏和搞笑为目的，将有价值、无价值的东西一股脑儿贬低，将洗澡水与孩子一同泼出去，让观众在一种扑面而来、手足无措的荒诞感中，以莫名其妙的笑声做出直观反映，然而笑过之后，留不下多少思想共鸣和审美认同，反而对现实人生产生无力感和空虚感。

自2014年年初，原本热热闹闹的减压喜剧、爆笑喜剧走到了瓶颈，从前趋之若鹜的剧场人气难以为继。这一方面是因为喜剧的创作、演出绝非易事，如果一个剧团总是重复既有的创作模式，不断地摘录网络段子，不停地戏仿流行的娱乐现象，不变地使用肢体语言和地域方言，那么观众很容易失去新鲜感，甚至产生接受心理上的厌倦感。娱乐化戏剧一方面旨在争取最多数的观众；另一方面也因为同质化、低水平的自我重复而失去观众。

当然，2014年的话剧艺术的发展，也存在着一些亟须解决的问题。

一是原创剧本的文学质量有待提升。面对日新月异的时代变化，一些剧作家的创作心态有待调整，对于话剧艺术如何深入生活、反映时代，一些人在认识上有不足、有偏颇，认为独坐书斋，找个现实题材，写一写就算完成任务，而没有从根本上转变思路，对照习总书记在文艺座谈会上的讲话精神，深入实实在在的生活第一线去寻找和发现有温度、够丰富的创作素材。另外，创作队伍的不够强大也造成了创作实力的弱化，每遇调演或展演，常常会出现一个作家写了多部戏、一个导演导了多部戏的现象，影响了总体戏剧面貌的丰富性。

二是应当强化话剧艺术的民族性。随着中国综合国力的加强，当代剧场艺术遇到了新的发展机遇，一方面是外国戏剧的纷至沓来，另一方面是现代艺术思潮的波起云涌，这在一定程度上有利于打开中国戏剧家的创作视域，激发其创作活力，提升其审美水平。但是也要警惕一些人盲目崇洋，食洋不化，对于民族的文化传统与艺术资源重视不够，研究不够，吸纳不够，从而妄自菲薄、邯郸学步。如何立足于民族文化的土壤，把外国的艺术经验当成消化吸收的滋养，这不仅需要提升全民族的文化自信，也需要政策的指导和良性的互动。

三是建立良好的戏剧生态环境。戏剧文化的发展是一项综合的系统工程，政府的引导、经济的资助、院团的建构、产品的析出、市场的培育、受众的形成，在在需要健康、完善、良性的艺术生态环境。2014年国家艺术基金项目的评审和资助开始启动，国营剧团和一些民营剧团在其中受益，此项活动将持续进行，预计会对戏剧发展产生较大的推动作用。但是目前它所资助的多为国营院团，而对于民营剧团、社区演剧、小微演出形式，如何纳入其中，尚需研究切实可行的举措。

四是开展实事求是的戏剧批评。戏剧批评不仅是戏剧演出的衍生物和附属品，而是判定艺术与非艺术的舆论利器，也是标定戏剧产品之文化价值的重要标尺。戏剧批评应当瞄准历史的、文化的、人民的、美学的高标准，戒除虚话、废话、套话、假话，实事求是地评价戏剧作品，惩恶扬善、去伪存真。只有这样，才能推动戏剧艺术的发展，并且取信于民，提升观演双方的审美水平。

宋宝珍　中国艺术研究院话剧研究所所长、研究员

2014 年度中国话剧发展研究报告

◎刘彦君　赵红帆　潘晓曦

2014 年度的话剧舞台虽然没有高潮迭起，但终于出现了以社会效益和经济效益相统一为目标的共识，出现了把话剧作为一门行业而不是事业来看的共识。生产、创作格局和题材的结构调整渐趋合理，话剧创作的美学形态、叙事模式，各种元素的融合和探索都出现了较为理想的尝试与收获，不同规模、不同类型、不同运作模式的一批剧作共同支撑起了 2014 年度话剧的繁荣格局。这是深化文化体制改革，戏剧创作观念转变的必然结果，同时，也是话剧创作适应深化改革的国家语境，面对市场，确立自身品格的必然结果。

戏剧观念的转型

“文艺不能当市场的奴隶”，而是要有能力成为市场的主人。习总书记在 2014 年文艺座谈会上的讲话精神，已成为 2014 年大多数话剧从业者的共识，也成为他们在市场中腾挪辗转，屡战屡捷的观念支撑。

一些专家从理论上梳理了这一共识，厘清了一些文艺与市场关系问题上的混乱认识，清晰地论述了精品创作与市场的关系，指出了深化文化体制改革的必要性和中央坚持文化体制改革策略的正确性。他们指出，走市场，就是为人民服务，因为从本质的意义上来说，市场是由无数独立的个体欣赏者组成的，市场对艺术家和文艺作品接受与否，就是这些个体的判断与反应具体、综合与集中的表现方式。在整体上，市场是广大人民群众表达其审美选择的积极手段，尤其在普通民众被剥夺了话语权的时代，他们正是通过这种特殊手段，顽强却清晰地发声，传递他们对真善美的追求和积极向上的人生观。或许每个人的力量都很卑微，但是汇聚在一起就成为一股无法忽视的洪流，比起政治或文化意义上的权力阶层的爱憎好恶，更持久地发生着足以左右文艺发展方向的作用。

专家指出，人民就是市场的主体，市场是人民群众历史地给予文艺作品以美学评价最重要的途径。如果让人民群众拥有获得自主选择其欣赏对象的权利，那么，人类历史上还没有比市场更好的方式。学者们还列举了“文革”时期江青扼杀人民群众喜闻乐见的文艺样式的生存空间，将所有世界经典打入冷宫的历史教训。认为有必要重新肃清“文革”式的思维方式。“文革”虽然结束 30 多年了，但理论的拨乱反正直到今天依然是需要的。在话剧界，尽管那些不顾市场，完全根据行政权力来进行作品生产的现象渐行渐远，但这些作品无法吸引观众时，人们还是习惯性地责怪市场，拒绝市场，个别人甚至把目前出现的低俗化倾向和某些不良现象，简单化地归之于文化市场的复苏和发展，无限夸大市场的负面作用，实在是对话剧创作和发展无益的。

而在 2014 年，人们逐渐意识到了市场的认可是精品创作的前提，不能不说是一种进步。这种共识使那些将文艺与市场对立，认为只有完全排除了市场作用才能创作出精品的错误观点得到了纠正。

政府新作为

2014 年北京在戏剧方面最大的活动是承接了第六届戏剧奥林匹克。由北京市政府出资 3000 万元，与戏剧奥林匹克国际委员会共同主办，北京市文化局承办的第六届戏剧奥林匹克取得了不错的国际影响与票房业绩。作为戏剧艺术聚集地的北京，近年来国际戏剧演出交流活动非常活跃，举办了一批具有较大影响力的大型、国际性艺术节或戏剧节。每年演出场次超过两万多场，观众数量超过 1100 万人次，票房收入超过 15 亿元。正是这样的文化背景，让“戏剧奥林匹克”组委会选择了北京，使其成为多种传统和流派之间相互碰撞的舞台，以及艺术家交流和对话的论坛。

第六届戏剧奥林匹克以“梦想”为主题。为期一个月，演出国内外戏剧作品45部，艺术形式包括话剧、歌剧、舞剧、戏曲等主要戏剧艺术门类，外国戏剧作品占了三分之二，其中莎士比亚的作品尤为丰富，如立陶宛的《哈姆雷特》、英国的《仲夏夜之梦》、格鲁吉亚的《麦克白》《我的哈姆雷特》等。八成上座率，两万人观戏，演出票紧俏到不仅常规票务网站一票难求，就连“淘宝”的售票小店都一一告罄。

第二届乌镇戏剧节是2014年举办的地方政府资助下的民间活动。规模虽然无法与北京相比，但特点却十分显著。与首届乌镇戏剧节相比，特邀剧目由6部增加到17部，不仅数量上几近三倍于首届，剧目的类型也更加多元，演出的场地也增加到7个。这届戏剧节主要包括青年竞演、小镇对话与古镇嘉年华三个部分，以突出古镇的自然景观和人文风貌。戏剧节还推出了两部女性独角戏，增添了不一样的色彩。

乌镇戏剧节的意义，不仅在于戏剧，更在于证明了“小镇不小”，从而将“升级版古镇”的议题摆到了议事日程上。我国有那么多的名镇，虽然不可能个个都去打造戏剧节，但名镇的文化灵魂如何寻找，却是一个绕不开的课题。戏剧节的成功说明，最好的定位不是“竞争”，而是找到自己的独特文化资源。真正意义上的“竞争”都是文化之争，哪怕你再有钱，如果缺乏文化底蕴，意识不到文化的伟力，也只能在低层次同质化竞争中逐渐丧失吸引力。

乌镇成为这次戏剧节举办最大的赢家。近日国新办举行发布会正式对外宣布：由国家网络信息办公室和浙江省人民政府主办的首届世界互联网大会，已经在2014年乌镇戏剧节结束后就地举行，并且，今后还将乌镇作为世界互联网大会的永久会址。

戏剧的社会性延展

2014年度，话剧因素在社会其他领域的“跨界”和延展成为趋势。话剧的剧场外发展，在近年来也有大幅度推进。英国科学家最近有一项研究成果，说是人服用毒品可卡因所能引起的兴奋程度，只有在戏剧表演中才能达到。因而，用话剧表演来进行戒毒的实验在国外率先开了端倪。而2014年，一些有关治疗精神疾病的心理话剧也开始在北京、上海等地出现，一些有关素质教育、情感教育的话剧活动也在一部分高校、少年宫举行。

北京的“比如世界”是话剧社会化延展的一个成功例证。它虽然不是在2014年建成，却在本年度得到了极大的发展。它是一个小小的仿真社会，是一个超豪华的室内真实的由儿童自己管理的城市，最适合3—12岁的孩子来此做仿真的“职业游戏”。这个儿童城市不仅拥有与真实城市一样的城市形态和景观，同时还具备独立的城市系统（街道、红绿灯、路牌等）、金融系统（银行、工作场所等）、安全系统（电子信息化管理）、法律系统（法院、警局等）、社会服务系统（邮局、消防局等）、社会规则和文化等。房屋、广场、街道、路灯、餐厅、商场、电台、录音棚等应有尽有。

它的总面积有一万多平方米，设有50多种（将来能有100多种）不同职业体验场馆，孩子们在这里可以独立体验真实社会的各种工作，赚取报酬、获得知识、自主消费，通过模拟真实世界的各种职业，树立自尊心，提高创造力，培养他们的团队精神，树立远大的人生理想，在快乐中得到成长，这些在成长中获得的经验会成为他们日后生活的宝贵财富。

但这些都属于个别的、小规模的探索，真正使话剧走出剧场，并在城市旅游产业中发挥作用，获得成功的尝试，应属张艺谋以及他的“印象·铁三角”团队对于实景剧的打造。

他们执导的印象系列实景演出，开创了中国实景戏剧的先河。《印象·刘三姐》《印象·丽江》《印象·西湖》《印象·普陀》等都已成为当地文化产业的成功范本。这些印象系列，是话剧走出剧场，参与地方城市旅游业的一个成功例证。无论是它的公司化运作模式，还是风险资金入股的投资方式，都一步一个脚印地走在现代文化产业的发展之路上。张艺谋作为这一系列的核心竞争力，使他的团队从一个工作室开始，陆续增加法务部、财务部、环保部等，逐渐发展为一个国际化的大公司。

而且，这种戏剧团队与政府之间的合作，也是一个双赢的模式，不仅使当地城市受益，而且也使他们自身的收入成倍增长。最初张艺谋、王潮歌、樊跃仅受邀为《印象》做策划，报酬就是导演费。如今的收入不再属于个人，而是公司收入的一部分。三人作为创始人，成为新公司的股东，持有相同股份。2014 年，公司的业务模式发生了改变，开始参与部分投资。除“丽江”项目没有股权、“刘三姐”项目有少量股权外，在其他项目中都至少持股 30%—40%。

在这种运作中，他们也创造了“印象系列”最为成熟的商业模式：把表演搬出舞台，突破了传统的“三面墙加一个空地”的舞台框架；弱化故事成分，强化原生态中的天人合一观念，以当地最有卖点的文化形象为支点，如阳朔突出“刘三姐”，杭州突出“西湖”，丽江突出“玉龙雪山”等；雇用当地人为演员，以降低成本并保持个性；想办法获得当地政府的全方位支持等。

实景剧给话剧的社会性延展带来新思路。众多业内人士在看完演出后表示称赞，称其形式不仅在戏剧演出模式上具有突破性意义，而且在城市经济上具有重大意义。这一形式促进与刺激了当地旅游产业与文化产业的发展，受到当地政府，投资企业，服务行业及观众的多重欢迎，形成一个巨大的良性的产业循环链。

到目前为止，除了《印象·海南岛》还没有具体的营业数字汇总外，其他的印象系列都在盈利，就连一直受到质疑的《印象·西湖》也开始盈利。“观看《印象·刘三姐》的人甚至比游漓江的人还多。这个剧目 10 余年演了 3000 多场，观众人数每年都在增长，现在每场能容纳 3700 人，每张票价 200 元左右，2003 年投资 7000 多万元，按照这个比率，好几年前成本就回来了。更何况，整个阳朔的 GDP，有一部分就是靠这个演出支撑，那个地方现在有近 10 万人靠《印象·刘三姐》产生的就业机会生活。《印象·丽江》2014 年演出 900 余场，一天 3—4 场，座位 1500 多个，净利润数千万元，成为当地非常棒的一个企业。不少演员因为出演这部戏买了汽车。”

当然，就在“印象”系列呈如火如荼蔓延之势时，也产生了很多不同的批评声音。《印象·刘三姐》由于夜晚演出时有巨型灯柱打向作为背景的山体，被指扰乱了植物的正常生长。而《印象·西湖》演出，更因为要在湖底浇筑水泥，并且施工时将大量土方推向湖中，被指影响了西湖水质。

但是，“印象系列”巨大的商业利润，还是吸引了众多的戏剧从业者。据说陈凯歌的首部大型实景剧《希夷之大理》已于 2014 年正式演出，耗资高达两亿元，演员阵容近千人。这部已在云南大理上演的剧目，将成为陈凯歌首个大型实景演出项目。而著名导演冯小刚也参加了大型海上实景剧演出《印象·北部湾》的节目艺术创作。

2014 年度的实景剧发展外，一些新的话剧活动的建构尝试也在进行过程之中。浙江省舟山地区政府早在两年前，就率先根据自身历史文化和旅游资源丰富的特点，提出了建设“舟山戏剧谷”的构想，并被列入了浙江省十大文化产业项目之内。这是他们敢于打破常规，“无中生有”，充分利用现实可能的条件，在整体区域发展战略上实现的一个新突破。可以说，这一思路正是充分发挥舟山的自然、历史、文化优势，寻求文化产业与旅游经济相融合，并实现互动发展的最佳契合点。目前的工程已接近完成。

“舟山戏剧谷”的建设对戏剧社会化实践的重要性是不言而喻的。它使戏剧探索、实验的步伐，能够根据时代的需要，根据参与者审美的需要、体验的需要和感情生活的需要延展出了又一个绚丽空间；“舟山戏剧谷”的建设对于舟山旅游业发展的促进作用也是显而易见的。越来越多的旅游基地实践证明，单纯的景观资源，已然无法起到赢得市场认可的“避险”作用。旅游是载体，而文化则是灵魂。旅游吸引力，很大程度上来源于文化的魅力。用文化来提升旅游的品质，用旅游带动文化产业的快速发展，这是很多地方很多年来文化旅游大繁荣的一条成功经验。“戏剧谷”的建设对于政府来说，也绝不是一桩赔本的买卖，即使是忽略戏剧社会功能的深度开发，仅限于观演的范畴来看。因为，无论是演出者还是观看者，只要到戏剧谷来，就都有基本的衣食住行之需，这种基本的需要就足以使“舟山戏剧谷”作为文化产业的产业关联效应得到充分发挥了。

2014 年，青岛市黄岛区人民政府启动的“小品进社区”的文化创新工程，也成为话剧社会化发展的一个优秀品牌。他们强化社区管理中的文化因素，力图推动社区文化建设的创新。抓住了小品所特有的门槛低、易参与、易操作等特点，抓住了小品所具有的艺术综合性（包括文学、音乐、美术、舞蹈、形体艺术等）以及集体参与性，通过系统化地组织社区居民参与小品创演的方式，把社区内不同层次、不同职业、不同背景的居住人员团结和凝聚起来，提升他们的综合素质，加强人与人之间的沟通、理解、交流，形成“共建、共创、共享、共荣”的价值观念和“同地而居，共创繁荣，共建文明”的良好氛围，将社区的社会主义精神文明建设提高到一个新的更高的层次。从而强化社区管理中的文化因素，推动社区文化建设的创新。

应该说，这是戏剧与社会之间互动发展、日趋亲密的最好证明。社区是中国社会结构、城市结构最基础的单位，社区管理模式的创新直接关系到国家稳定和强盛。这一项目将刷新我国群众文化活动创新的思路，引领概念层面的文化创意和文化创新向具体、细微的纵深发展，从而促进并激发人文、绿色的社会群体文化活动的正能量，实现社会管理模式向文化层面的转换和创新。

管理制度创新

2014 年度话剧舞台最打眼的事情，非制度建设莫属了。一些改制和非改制院团在深化文化体制改革的背景下，努力适应市场，率先从管理制度入手进行改革，促进了制度改革红利的释放，促进了演职人员观念的转变，带来了创作的繁荣局面。在话剧方面有上海话剧艺术中心、北京人艺、国家话剧院、浙江话剧团、重庆话剧团、安徽省话剧院等。他们通过实施制作人制，启动贷款生产制度，推行目标管理责任制，优化用人机制，建立绩效管理跟踪体系，改革分配机制等一系列的制度设计，加快了发展方式的转变，留住了人才，锻炼了队伍，激发出了从创作到生产，到营销等所有环节上每一个岗位责任人的活力和动力，特别是激发出了演职员排练演出的积极性，使演出由“要我演”变成了“我要演”，从而锤炼出了更加适合市场需求的演出队伍。而在这些制度的制约下，以观众和市场为导向的剧目生产思路也产生了多重效益。不同属性的，联合制作的，多渠道融资的戏剧作品纷纷出台，出现了能够适应我国文化消费市场特点的多元化的戏剧类型，一些闯市场、走票房的创作盈利新模式开始显示出增长潜力，戏剧市场格局已初现雏形。可以不夸张地说，是制度创新促进了戏剧院团发展和剧目建设。

上海话剧艺术中心改制数年来，已经发展成为拥有资产 1.2 亿元以上的国家级大型表演艺术院团，先后上演了东西方名著数百部，涌现出一大批优秀戏剧人才，确立了较高的品牌认知度。据报道称，在他们的引领下，去安福路看戏剧已成为当代上海青年的一种文化时尚。他们在 2013 年的一个重大举措，是携三部具有海派特色的精品剧目即阿加莎·克里斯蒂经典法庭大戏《原告证人》、原创大型舞台剧《资本·论》、原创小剧场戏剧《活性炭》赴京演出，形成了一时之盛，充分显示了他们追求独创性的精神品格。

浙江话剧团改制四年以来，实现了跨越式的发展预期。他们主打“都市情感剧”系列，一年出产了六七部作品，推出了《轻度深爱》《只爱你一天》《幸福 . com》《心灵游戏》《女人初老》《暧昧不起》等新作。四年共创作、演出了近 30 台剧目，初步尝试到了盈利的甜头，这在体制改革前是无法想象的。《女人初老》参加了 2014 年全国小剧场戏剧优秀剧目展演，受到专家、观众的喜爱与肯定。2013 年，《幸福 . com》《女人初老》《轻度深爱》还赴德国参加了柏林中国文化中心举办的首届中国戏剧节，得到了包括驻德使馆官员、德国观众、华侨、留学生等多方人士的充分肯定和高度赞赏。

北京人艺尽管没有进行体制改革，但也在内部管理机制上进行了一系列新的尝试与改革。在实施小剧场制作人制的过程中，推出了资金贷款生产制度，形成了降低成本、预算票房、吸引观众等一系列良好的创作风气。2014 年，在复排了《天之骄子》《小井胡同》《骆驼祥子》，并创排了新戏《六个寻找剧作家的剧中人》的同时，他们还推出了《燃烧的梵高》《面包屑》《明枪暗箭》等数部小剧场新作。带着“国字头”的国家话剧院从转换经营机制入手，推行制作人制度，逐步建立起符合演出市场规律的剧目运营机制，重新焕发出国有艺术大团的创新活力。仅在 2014 年，就推出了《大宅门》和《浮生》两台大戏。天津人艺在短短几年间，先后成立金元戏剧工作室、博乐戏剧公社、好梦戏剧工作室、

80后戏剧工作室、第四空间戏剧工作坊、小飞侠戏偶工作坊、陶气宝戏剧工作坊、魔方戏剧社等近10个工作室，推出了《蛐蛐四爷》《贼在囧途》《天生胆小》《混世》《木偶奇遇记》《第四者晚宴》《阿拉丁神灯》《梦唤公主》等质量上乘并广受观众欢迎的“吃饭”戏。在新的创作观念和思路引领下，重庆戏剧团2014年创作的《幸存者》和安徽省戏剧院的《徽商传奇》也都以自己的独特和新颖引起了较大的社会反响。

生产与运作

曾长期处于事业体制保护下的话剧院团大多不缺乏精品力作的生产潜能，缺的是市场运作能力。因此，努力寻求剧目创作与制作、运作之间的平衡点，成为它们在2014年度最重要的转变。而且，这种转变不仅体现在地处北上广的大城市话剧院团中，而且体现在处于我国边缘地区团队中，成为一种普遍状态。

观众是话剧演出的终端。提前一年预售演出票是对观众最便利的服务，也是国际剧场的惯例做法，但是国内剧场和院团限于对节目的组织安排能力，往往难以实现。上海话剧艺术中心克服重重困难，率先在2011年开始实行。这一举措到了2014年，出现了一个前所未有的火爆局面。由于剧目多样，价格亲民等多种原因，2014年度预售票开票当天，上午8点不到，售票处外就已人山人海，队伍绵延数百米，创造了当代话剧演出史上的奇迹。北京人艺也早在2013年12月底，就宣布了2014年度全年的演出剧目时间安排。天津人艺、安徽省话剧院等单位，哈尔滨话剧院等，也都以“戏剧演出季”等多种形式，努力将演出信息对观众的告知提至一个季度之前。这种对观众的尊重和努力服务的姿态，让我们清晰地看到了话剧人的变化。

为满足观众需求，增添更多可供选择的剧目，很多话剧院团在生产机制方面进行了多方位调整，取得了不俗业绩。股份制尝试是很多团队成功的经验。陕西人艺改制后，采用股份机制，启动了成本较低的小剧场项目制，经过一段时间的大力推动，至2014年年底，他们已经创出了10余部小剧场话剧连演于西安舞台，52周不休的火爆纪录。这些剧目，或与企业联合，或是职工以自有资金入股，极大调动了创排、演出的积极性，不仅满足了观众需求，剧组“股东”演职员的收入也实现了翻番。沈阳话剧团和辽宁人艺在改制后，相继采用与演出公司合作出股的方法，推出了自己的小剧场剧目，得到了30多家演出商的首肯与好评，一个晚上就接到了50多场的演出订单。

而“亲子剧场”，则仍然是2014年度安徽省话剧院、湖南省话剧院及多地的话剧院团进行舞台演出的主要盈利模式。“亲子剧场”主要针对中国以孩子为中心的家庭消费习惯而建立的。经营策略多采用会员制、套餐制等商业手段以吸引观众。这一模式在20世纪七八十年代曾经成功挽救过日本儿童剧团的演出危机，而目前在北京、上海、武汉、合肥等大中城市，也已几乎成为一种普遍的文化现象了。这种“亲子剧场”的经营形式不仅是在艺术创作领域的全新探索，也是各地戏剧院团在剧场管理方面改变经营理念的全新尝试。

剧场经营模式改善

2014年度，随着剧场建设以惊人的速度增长，作为话剧演出终端的剧场受到了空前的重视。它们不仅承接演出活动，而且还自己制作剧目，进行更大范围内的开发利用。以北京为例，近年北京演出场所数量的增加稳居全国之首。中国国家大剧院、保利剧院、北展剧场、首都剧场、解放军歌剧院、长安大戏院、梅兰芳大剧院等剧场已成为全国乃至世界演艺机构及演出商争先抢占的演出平台。据统计，北京以上大剧场平均每年演出戏剧300场左右，演出剧目90个左右。其中最突出的无疑是集演出、创作、经营三位一体的中国国家大剧院。作为国家级文化事业单位、目前国内最强势的艺术机构，短短数年时间，已经成长为“吞吐量”世界第一、“生产力”及经营业绩全国第一的行业老大。

大剧场的周围，一大批更加时尚、前卫的民营小剧场也纷纷现身。如蜂巢、蓬蒿、聚敞、繁星、“雷剧场”、麻雀瓦舍、“新工人剧场”等。短短几年间，北京的小剧场就由原来的10余家增长为20余家。这些剧场不仅让更多的年轻戏剧人有了创作的机会和平台，也吸引了更多投资者和有关部门的关注，在资金和政策上给予支持，给小剧场带来了更大的发展空间。据不完全统计，2014 年，北京 20 多家小剧场演出逾 3000 场，演出剧目 180 个，其中新剧 100 余个，观众多达 70 多万人次。

大剧场和小剧场的建设推动了戏剧在全国各地的发展和繁荣，特别是在首都北京。据北京演出行业协会统计，2014 年，北京 80 余家（不完全）营业性演出场所全年演出收入达 11 亿元，比上一年增长了 50%。可以说北京正在形成一个体制内外，高端低端、多元多样、竞争共赢的舞台演出大市场。

与剧场建设相匹配的是剧场的经营。在这方面，近年来也有着多元化的模式尝试。

就话剧来说，最值得一提的是北京 9 剧场的建设与经营。为了更好地适应戏剧发展的需要，北京市朝阳区文化馆“9 个剧场”经过数年的培育，在 2009 年正式更名为北京“9 剧场”。经过了 5 年的经营积累和市场建设，北京 9 剧场的品牌效应和市场经营成绩十分突出。在北京历年的小剧场戏剧市场中，“9 剧场”占据份额最大，演出剧目 150 余个；话剧演出场次 935 场，培训、讲座等有关话剧创作的活动场次 165 场，全年总场次为 1081 场；全年营业剧场 6 个；平均每场演出 2. 9 场次；全年观众数量为 18 万人次；票房总收入 500 余万元；场租收入 350 余万元。无论是在演出场次及演出剧目数量上，“9 剧场”连续数年保持着全市第一的纪录，并创造了同一晚上演出 6 个不同剧目的新纪录，以及每晚平均上演场次 2. 8 场的最高纪录。

除了剧场经营之外，“9 剧场”还承担着观众培养、戏剧培训的重要作用。坚持开办非职业戏剧培训班、非戏剧演出季、戏剧进社区、国际工作坊、大学生戏剧节等不同类型的活动，扩展了公共文化的服务对象，也为普及戏剧文化做出了不懈努力。

随着“9 剧场”品牌的确立和市场份额的扩大，“9 剧场”在成立初期规划的“京东戏剧基地建设”在 2014 年初现规模。在垡头文化中心、798 艺术创意园区、化工八场等地，已经改造建设为小剧场；在呼家楼小学、鸟巢等地，也正在为剧场开发做出市场预测和分析，准备再建设 6 至 10 个小剧场。“京东戏剧基地”正在按照规划逐步实施以“9 剧场”为品牌、以众多小剧场群为基地、以各小剧场为核心区的发展战略。

民营剧场近年的经营也呈现出多元化的态势。商业、非商业，喜剧、非喜剧，实验、非实验……戏逍堂、繁星戏剧村、聚焦现代艺术中心、雷子乐“笑工厂”等民营剧社的掌门人都强调“泛剧场”概念，除了正常演出外，他们还采取举办跨界表演，引进国外交流项目，为有潜力的创作者提供机会和便利等措施来扩大影响。

由北青集团控股、落地于一个汽车经销商俱乐部里的剧场“盈之宝”的生存策略是寻找投资商和赞助商。他们先是制作一些比较吸引眼球的戏剧引起关注，得到投资商的赞助之后，小剧场的收益开始持平，一年之后就会稍有盈利了。对于剧场的经营，他们实行的是“综合营销”战略。并仿照“前店后厂”的食品加工模式，创造了“前场后社”的概念，剧场、剧社联动，最大限度地开发剧场联盟资源，通过各环节的联动，将雪球越滚越大，以实现在全国城市的巡演。

戏逍堂做戏剧，与家乐福开超市、肯德基炸鸡腿一样，目标是工业化的流水线产品。自 2009 年 9 月，戏逍堂获得了北京枫蓝小剧场的长期经营权以来，在与商业地产的碰撞、谈判和实际运营中，戏逍堂找到了一条小剧场运营的特色路线。2011 年，他们获得了两个亿的风险投资，计划近年内再建数十个小剧场，形成戏逍堂的院线资源。

目前，“戏逍堂”在上海、济南、青岛等地都有了自己的专门剧场。他们把在北京大本营演出获利的剧目，由当地加盟商进行排演，票房收入按约定的比例分成。他们坚信，将来连锁店能够达到 24—30 家时，盈利模式也会发生改变，到时可能光靠发行就能赚钱了。

“东方先锋剧场”的维系主要靠合作与票房。意大利小剧场戏剧节、亚洲城市青年戏剧节、两岸当代青年戏剧演出季、北京青年戏剧节……这些与北京戏剧家协会合作的项目，积攒了东方先锋剧场“高品位”的口碑，造成了演出市场的火爆。同时，对上演剧目近乎苛刻的选择，也为剧场的票房收入奠定了基础。

戏剧的网络粉丝效应

2014 年度话剧运作方面的黑马，是一部叫作《盗墓笔记》的作品，它为我们带来了一个“网络粉丝经济”的崭新话题。这部成本仅为 300 万元左右的剧目，在不到一年的演出时间里，创造了 2000 多万元的票房。演出成功的原因，是制作人针对特定网络粉丝进行了精准的、最大限度的“粉丝营销”。《盗墓笔记》根据同名网络热门小说改编，这部小说仅百度“贴吧”的粉丝就达 81 万之多，小说作者南派三叔的新浪“微博”粉丝逾 800 万人，“稻米”遍及全国，而小说在各大高校借书榜上更是列在前十名，这都为这部舞台剧打下了市场基础。尽管这部剧目在戏剧专业人士的认同方面遇到了些许困惑，但人们不得不承认其操作模式的成功。

其实，早在 2008 年，“戏逍堂”就在“猫扑网”上发布公告，开始打造国内首部网络话剧。其剧本创意、对白都是从网上征集，男女主角由网友投票选举两位网友担纲。这种网络嫁接的创作形式，在后来的数年中得到了延续。一些有关“职场”题材或爱情题材的小剧场戏剧，如《左爱右情》《高朋满座》《狂奔的蜗牛》《向左爱，向右爱》等剧目，走的都是网络嫁接的路子。从题材选择、故事编织、戏剧情境设置，一直到人物定位、性格、情感、语言等都是先在网上由网民们投票决定，然后再搬上舞台的。这种创作方式，在一定程度上扩大了小剧场话剧的受众，同时，也使无形的网络文化有了一个有形的平台。这个平台，成功地把一部分习惯于蜗居在电脑前的“宅男宅女”变成小剧场的忠实受众，也使一部分观众对网络产生了更大的兴趣。网络话题、网络语言、网络红人迅速进入小剧场舞台，一时间成为吸引人们眼球的焦点。

在这种互动中，小剧场戏剧的市场需求急骤上升，大量民营社团投观众所好，将网上热议的话题、流行段子快速搬上舞台，用“雷人”剧名吸引观众。把话剧创作变成一条戏剧工业化的流水线，少则一周多则一月就能将网络热点搬上舞台。甚至网络红人也进入舞台，吸引眼球，成为卖点。

不仅创作如此，评论、宣传、营销也都盯上了这更大、更快、更便捷的网络渠道。豆瓣网、宽度网、猫扑网、时光网等网站都相继成为了与话剧演出互动的平台。刊登演出信息、发布活动公告。建立网上票务中心、开辟戏剧评论板块等。网友通过点击鼠标实现查询演出信息、预选座位、网上订票、送票上门等业务，对工作繁忙的上班族而言，无疑快捷、方便了许多。

基于网络与话剧联姻的光明前景，2014 年，话剧人与百度合作的首个互联网戏剧创作平台——“48 小时微戏剧”创立，这也是 2014 年北京青年戏剧节选择的唯一网络项目。

这个项目的具体操作程序是，从 2014 年 9 月 20 日 20 点开始，5 名优秀青年编导带领团队参加了第一季的创作和演出。他们必须在 48 小时内，在一个封闭的小空间中，根据随机任务，完成一部不少于 20 分钟戏剧的创作。优胜者获得了“互联网文娱传播联合研究中心”提供的创作基金，其作品还被指定参加 2015 年北京青年戏剧节。

在 48 小时微戏剧直播平台中展现的 5 组作品风格各异，《手提箱》《扎金花和德州扑克牌》《伙伴》《漂流宅》《失恋博物馆》等作品脱颖而出。

其中，《失恋博物馆》在 2014 年 11 月 11 日光棍节进行了首演，在推出话剧版《失恋博物馆》的同时，主办方还发布了首部网络剧——第一季《失恋博物馆》网络剧作品。该网剧将以每周播一集，每集 10 分钟，总共 10 集的方式，于 12 月 12 日开始与广大网友观众见面。观众可以提交自己与失恋有关的纪念物，作为未来失恋博物馆的首批征集藏品。值得一提的是，《失恋博物馆》甚至还尝试了付费在线直播和在线众筹。

应该说，《失恋博物馆》目标长远，是一个可以让更多人和戏剧产生亲密接触的项目，是戏剧运营与推广适应当今网络时代的一种新尝试。

互联网和戏剧结合有难度——舞台艺术与数字艺术的界限到底在哪儿？二者之间是否还有互惠互利的可能性，目前还处于实验阶段，但这种尝试无疑是有意义的。

逐渐清晰的类型化选择

与市场化运作相联系，2014 年话剧舞台的剧目选择也出现了变化。一批类型剧目在 2014 年的规模化出现，表明中国话剧的类型意识在逐渐加强。类型剧目是针对观众需求，进行市场细分，有意识地按照市场已形成的消费惯性，采用既有的制作程式，选取相应题材、资源和相似创作手法打造的可相互参照的类似作品。这种创作方法，早在我国元代就初见端倪，形成了清官、公案、青楼、节令、朴刀杆棒、神仙道化等剧目的类型区别，近年来，电影界适应着产业化步伐的加快，率先打起了“贺岁剧”的招牌。而在话剧生产进入产业化经营与市场轨道之后，也将类型剧目的演出变为一种针对市场的主动出击方式。

与那些目标为获取奖项的大型话剧相比，类型化剧作更像平时人们所吃的家常饭菜，是支撑戏剧市场的重要日常消费品，因而从某种程度上来说，类型化创作更能代表戏剧艺术的常规创作和常规水平。上海话剧中心在国产剧目质量普遍不高的情况下，最先引进国外惊悚、悬疑等类型的剧目，以满足观众的观赏需求，他们买断了世界侦探女王阿加莎全部舞台剧版权，陆续上演了《意外来客》《无人生还》《原告证人》《命案回首》等惊悚、悬疑剧目，2014 年又引进了百老汇的《侦查》《我会在半夜之前回来》《死亡陷阱》，以及英国的《一个老太五个贼》等同类型剧目，推动上海的话剧票房不断走高。北京人艺则以经典剧目的复排为票房号召。《茶馆》《天之骄子》《吴王金戈越王剑》《六个寻找剧作家的剧中人》《油漆未干》《白鹿原》《天下第一楼》《雷雨》《理发馆》《公民》《窝头会馆》《阮玲玉》《洋麻将》等都是为观众耳熟能详的剧目。2014 年 9 月份，天津人艺也推出了自己的“喜剧演出季”，以《贼在囧途》《下一站，幸福》等新创喜剧作为类型剧目品牌来运作。

喜剧依然是各种类型中最受欢迎的品种。而喜剧创作中依然以北京开心麻花文化发展有限公司最为突出。开心麻花于 2003 年首创“贺岁舞台剧”概念，并在此后 11 年的时间里，陆续推出了 19 部舞台剧，剧剧引发观看热潮，剧剧成为京城文化热点。树立起了独特的文化品牌和影响力，突破传统的大众传播方式，构建了京城最具商业价值的立体传播网络。不同于小剧场话剧，开心麻花一直坚持在大剧场演出。开心麻花 2010 年贺岁剧《索马里海盗》，2011 年的贺岁剧《乌龙山伯爵》至今仍在演出。而且场场爆满，气氛热烈。“想快乐，看开心麻花”已经成为京城无数百姓的时尚口号。开心麻花系列舞台剧在北京及全国中心城市的 1200 余场大剧场演出为百余万观众带来了欢乐的笑声。现在，开心麻花已经成为北京舞台剧领域最具市场号召力的民营机构，无数年轻人高度喜爱开心麻花已经成为一种社会现象。这个团队的特点是，在其百万人次的观众群中，90% 以上都是 25—40 岁的白领、金领，他们或引导潮流，或走在潮流前沿，崇尚新鲜快乐的生活理念和方式，多为都市中有品位、有购买力、有影响力的精英达人。如今，开心麻花仅在北京就拥有 10 万会员。2014 年，开心麻花通过在高校及中心城市的巡演，已经逐步建立起了高校和全国中心城市的舞台剧院线体系。

2014 年的话剧演出实践证明，类型剧目具有良好的市场接受基础。遗憾的是，目前还只有上海、北京和天津等地进行着这样的尝试。而有关类型剧目的策划、创作、加工、生产、推广的体系和机制的推广和构建还有待时日。

问题与思考

随着时代的发展，当年那种集宣传、教育、娱乐等多种功能于一身的“全能戏剧”已经很难生存下去。如何在保持主流意识形态表达、社会化教育和社会心理净化等功能的基础上，提高它的观众化、市场化程度，仍然是今后的话剧创作和生产所面对的难题。

2014 年 7 月 22 日，北京人民艺术剧院在演出经典悲剧《雷雨》的过程中遭遇“笑场”，同一班人马，同一台剧目，8 月 3 日在上海的演出依然遭遇普通观众，甚至是专业人士的“笑场”，这一事件不能不说是话剧界的大尴尬了。悲怆凝重的悲剧，缘何会报以满场欢乐的笑声。

身处文化多元、观念多元的时代，各类电子媒体带来的快餐文化大量入侵，各类选秀节目风起云涌、高歌猛进，青春偶像剧处处拉拢迎合的文化语境中，包括严肃话剧在内的传统文化还能得到多少观众的喜欢？但话剧界本身也确实需要反思自身，到底在哪些方面出了问题。

展望未来，我们仍不敢乐观。因为话剧的难题不是仅靠话剧人所能解决的，特别是涉及大的整体组织结构和运作模式的时候。戏剧院团虽然完成了全国范围内自上而下的体制改革，但与体制改革相匹配、相适应的新制度和新机制建设，却迟迟未能跟进，甚至可以说还没有开始。一些新的，能够适应市场与观众需求的创作和生产模式得不到相应的鼓励和推广，“投资主体是政府，节庆演出是平台，政府评奖是导向”的管理模式依旧，“过年过节不过日子”的创作状态依旧，“狗熊掰棒子，掰一个扔一个”的创作局面依旧。这些情况都向我们提出了话剧应如何在政府、社会和自身的共同努力下，解决体制改革之后继续生存、发展的迫切现实问题。

就话剧创作、演出团队来说，除了为数不多的院团之外，大多数经历了体制改革的话剧团体仍然处于“事业”向“企业”转制的夹缝中，既要解决历史遗留问题，又要参与市场化竞争，包袱、问题还有很多。而创作中的积弊如题材集中，缺乏多样化选择，缺少市场定位，产量与质量不成正比，以及主旋律作品曲高和寡等现象，都依然存在。

由于历史的原因，戏剧长期以来缺少买票的文化消费习惯和营销策略，这种状况近年虽然在北上广等大城市的话剧人的努力下，得到一定程度的改变，但动辄上千元的票价还是把大部分喜爱话剧、有可能走进剧场的观众吓退在剧场之外。因而，如何使票价降下来，使绝大多数人买得起票？如何建构健全、规范的市场管理体系，通过市场来调节戏剧作品的创作与生产？特别是如何激发戏剧院团闯市场的内生动力，把“要他们闯”变成“他们要闯”？这些都需要整合多方面的力量与智慧才能真正实现。

就话剧舞台来说，尽管良莠不齐的现象还比较明显，创作与制作，艺术与市场，人文价值与娱乐性之间的平衡还远没有完成，但2014年已成为中国话剧适应市场化转型，改变“有高原无高峰”状况的重要年份，这一点，应是没有疑义的。

戏剧 2014：多元世界初体验

◎李　静

2014 年犹如一个休止符，使中国戏剧在持续市场化的高歌猛进中，突然进入短暂的“艺术本位”时间。“第六届戏剧奥林匹克”成批空降大师名作，各种“国际戏剧邀请展”纷至沓来，民间力量弥补国有院团之不足、精心运作精致戏剧，随着微信普及，众多戏剧公号纷纷上线，在促进公众戏剧认知上功不可没。与此相对的则是本土原创的继续低迷，观演关系事件时有发生。这场几乎蔓延全年的国际戏剧嘉年华，中国戏剧、戏剧人和戏剧观众究竟从中得到了什么？他/它们自身如何呈现，又如何自我反观？这是些值得思考的问题。

“大师来仪”及其他

2014 年度最大的戏剧事件是“戏剧奥林匹克”，“戏剧奥林匹克”最大的焦点是几位戏剧大师——希腊导演特尔佐布罗斯在《被缚的普罗米修斯》中，以荒寒沙漠、隆隆枪炮、演员非常的身体形态和气息呼喊，实践他以希腊悲剧观照当代危机的理念；日本导演铃木忠志在《大鼻子情圣》和《李尔王》里，以西方戏剧经典、日本古典情境、西洋音乐、多国演员的各自母语、日本能剧和歌舞伎的形体与发声方法，进行跨文化异质元素拼贴，彰显“铃木方法”要义，呈现西方阴影下主体空缺的东方心灵；意大利裔丹麦导演尤金诺·巴尔巴的《盐》并非实践其“戏剧人类学”的典型剧目，但那象征爱之眼泪的结晶、如帘幕般倾泻而下的“盐”意象，女主角激情的独白、吟唱与狂舞，男主角多种乐器、多国民间乐曲的弹奏、意味深长的沉默和角色转换，让人领略到欧丁剧团的神奇魔力；美国导演罗伯特·威尔逊在贝克特独角戏《克拉普的最后碟带》中饰演孤独老人克拉普，他在雷雨交加之夜以佯装的兴致勃勃和居高临下，倾听并鄙夷着 30 年前沮丧的中年自我讲述灰暗青春，于是他的老年—中年—青年，三个时间维度在这倾听的瞬间共存于同一时空，同样地荒败孤独、不甘沉沦却又无能为力，现代生命的存在之悲，就这样外化于幽暗寂静、时有雷鸣的环境和老人那张抹成白色、看不见表情的脸；俄罗斯导演尤利·留比莫夫的《群魔》则是此次戏剧奥林匹克最激动人心的戏剧——布莱希特式的叙述和表演方法，时空的自由转换，舞台的极简和隐喻，音乐的结构性贯穿，让这部几乎完全“摘自”陀思妥耶夫斯基原作的碎片化作品有着浑然天成的磅礴美感，成为“虚无主义者毁灭俄罗斯”的舞台史诗。

大师方法虽各个不同，却有某些精神共性：都强调演员要摆脱对日常生活与写实主义的记忆，都是“以技致道”的思想家。所谓“道”，即对历史和当下世界的哲学看法和主张，对个体生命、内在自我的精微体认与发现；所谓“技”，便是植根或超越于本民族身体与文化特性的训练方法，对“身体”（呼吸、体态、声音等）的探索几乎占据最重要的位置，同时，音乐的搜集和演奏、舞蹈和歌唱的全能也越来越成为戏剧演员之必备。“技”是“道”的基础和道路，二者兼备，方为大师。

还有许多精彩之作。德国导演米夏埃尔·塔尔海默的《维也纳森林的故事》，叙事体戏剧，舞台完全空旷，演员无所依凭，表演精湛，残酷揭示生活和人性的黑暗。波兰 ZAR 剧团的《剖腹产》，以诗的逻辑、音乐的主导、肢体的表演，传达“自杀与永生”的主题。立陶宛导演奥斯卡拉斯·科尔苏诺瓦斯的《哈姆雷特》，以化妆镜为舞台主体，万花筒般传达出荒谬的现代感。格鲁吉亚阿巴希泽音乐戏剧院的《麦克白》、格鲁吉亚亚科捷·马甲尼什维利国立戏剧院和拇指剧团的《我的哈姆雷特》，则充分显现出戏剧的“魔术”特质——出人意料的变化呈现戏剧最原始和童真的特性。

“戏剧奥林匹克”之外的各种戏剧邀请展也有不少令人难忘的佳作。俄罗斯波罗的海之家剧院演出、安德烈·达卓克导演的《从莫斯科到佩图什基》，是2014年北京戏剧舞台上最晦涩、最前卫的一部戏，它改编自俄罗斯最早的“后现代小说”，充满文学的引经据典、冷嘲热讽、隐喻寓言和放纵狂欢。凯蒂·米歇尔和里奥·沃纳导演、德国邵宾纳剧院演出的《朱莉小姐》如同一部实时完成的“舞台电影”，人物面孔和表情得以放大，对戏剧表演方式产生颠覆性影响。韩国旅行者剧团演出、梁正雄导演的《仲夏夜之梦》则以本土化的故事情境、音乐与表演，显示出韩国戏剧强大的创造力。

民间戏剧界的纯正努力

2014年有三个民间戏剧力量引人注目。天津大剧院先后举办首届天津曹禺国际戏剧节、首届天津国际歌剧舞剧节，频率密集的高水准演出使天津成为北京、上海之外的另一戏剧重地，一些受邀剧目引起全国性关注：波兰戏剧大师克里斯蒂安·陆帕的话剧《假面·玛丽莲》聚焦“性感女神”玛丽莲·梦露的灵魂世界，女演员桑德拉·科曾尼克的表演刻骨画髓；波兰波罗的海国家歌剧院的《居里夫人》作为国内引进的首部无调性歌剧，其音乐和演唱打开了中国观众的另一审美维度；俄罗斯莫斯科国立斯坦尼斯拉夫斯基和涅米洛维奇·丹钦科音乐剧院带来的“歌剧航母”《战争与和平》，普罗科菲耶夫作曲，美妙的个性人物和压迫的战争氛围相得益彰，空前庞大的600人演出阵容，堪称奇观。

2014年新成立的民营小剧场“鼓楼西剧场”甫一开业，即致力于不断排演国内外当代经典剧，其纯正趣味引人注目。开幕戏《枕头人》成为北京上半年独领风骚的剧目，编剧马丁·麦克多纳寓哲学观照于刑讯室中的暗黑童话，赵立新演绎的作家卡图兰以其柔弱温暖的反英雄形象，带给观众深刻的观剧体验。

全国巡演的“爱丁堡前沿剧展”已成为国内爱剧人不可或缺的精神飨宴。其审美眼光独到精致，其引进剧目轻盈灵动、雅俗共赏、成本低廉，对于涵养公众的戏剧审美趣味，功不可没。《反转地心引力》《喀布尔安魂曲》《纸电影之奥德赛》《最后晚餐》《我，马瓦利奥》等剧，从不同侧面展示了戏剧的多种可能性。

低迷原创的几朵浪花

2014年是国际戏剧的饕餮之年，却也是原创戏剧的低迷之年，但低迷中也有闪亮的浪花。过士行编剧、导演的《暴风雪》，延续他怪诞戏谑的黑色幽默风格，以笑中带泪的悲悯，观照欲哭无泪的现实，其洗练硬朗的导演手法令人惊艳。徐瑛编剧、郭文景作曲、易立明导演、中国国家大剧院出品的歌剧《骆驼祥子》，以小人物行尸走肉般的人生际遇暗喻国民性痼疾，颇多音乐和唱段令人击节，关于“中国经验能给歌剧提供什么”的沉重话题，也由此作品提出。

顾雷编剧、导演的《顾不上》正面强攻悖谬疼痛的当代现实，费明编剧、张慧导演的《无声尖叫》巧妙拼贴智识女性的情感境遇，藏志编剧、饶晓志导演的《东北往事》主打东北话、怀旧牌，都是今年值得回味的戏剧作品。

“不该”or“必须”冒犯观众？

七八月间，北京人民艺术剧院的《雷雨》在北京、上海演出时均遭笑场，主演杨立新表示难以接受；“戏剧奥林匹克”期间，有观众在演后谈当面指责铃木忠志“亵渎经典”，有观众在罗伯特·威尔逊的静默演出中大喊“下去吧”“fuck”“hopeless”。两次观演关系事件引起讨论。前者表明：中国式现实主义表演正在挑战观众的耐心极限；后者则试图宣布：所谓大师，无非是些“穿着皇帝新衣的人”。果真如此吗？

此处讨论需要引入“文化成熟”原则，意即文化乃是增进人类精神成熟之事业，智识上就高不就低，而非相反：就低不就高。在成熟观众的真实感受力面前，伪现实主义表演是“低”的；在有着深邃艺术体系的铃木忠志和罗伯特·威尔逊面前，艺术准备不足的观众是“低”的。艺术有通俗与严肃之分，其道德权利平等，但精神序列并不平等。公众可将平等诉求施于通俗大众艺术，但在严肃艺术领域，艺术家拒绝服从大众和常识性的心灵，探求极尽幽微的个性宇宙，则是最起码的自由。

由此想到，在中国数千年“大一统”观念中，一元化思想已蔓延于所有领域，但对文化艺术领域尤其有害。现在，它要么以“平等”和“生活”的名义，嗤笑深邃复杂的艺术为故弄玄虚，要么以“市场”和“大众”的名义，斥责精神探索性艺术为“装逼”“多余”。青春、大众、浅文化的反智霸权，已然形成。在如此环境中，成熟的精神人格如何生成？多元共存的价值观念和艺术形态怎样成长？

逆流而上，道阻且长。至少2014年的戏剧嘉年华，已让我们对那多元多姿的艺术世界，有了销魂荡魄的初体验。

酿成酒的生活味道才鲜美
——2014 年话剧舞台演出观感

◎刘 平

2014 年的话剧舞台，可谓最红火热闹的一年。戏剧节和展演活动一个接一个。3 月，2014 首都剧场精品剧目邀请展演，演出 6 个剧目；6 月，第五届北京南锣鼓巷戏剧节，演出 25 个剧目；8 月，2014 年金刺猬大学生戏剧节，演出 17 个剧目；9 月，北京青年戏剧节演出 40 个剧目；9 月，文化部主办的“国家艺术院团演出季”，其中演出话剧 6 个剧目；9 月至 10 月，中国国家话剧院第六届国际戏剧季，演出 8 个剧目；11 月至 12 月，北京举办了“第六届戏剧奥林匹克”，演出 22 个国家和地区的 46 个剧目。真可谓，好戏连台，美不胜收。在艺术创作上，这些演出所呈现的特点十分明显，带给人们的思考也很多。

一、来自生活的作品才有感人魅力

艺术来源于生活，但又不是照搬生活，它需要艺术家提炼，需要有高于生活的思维和创造技巧。这样创作出来的艺术作品才会耐看，才会有吸引人的魅力。近年来，话剧演出不少，但比较有影响的作品却不多。究其原因，仍然是剧本创作薄弱，对生活缺乏提炼，缺乏高于生活的创作能力。加之有些作品不敢讲真话，写不出真感情，尽管舞台呈现很华美，仍然无法弥补。令人欣喜的是，2014 年北京的话剧舞台上出现了几台令人兴奋的作品。如《兵者 · 国之大事》《老大》《伏生》《惊蛰》，儿童剧《宝船》和音乐剧《王二的长征》等。

《兵者 · 国之大事》（编剧王宏、李宝群、肖力，导演宫晓东，总政话剧团演出）之所以让观众激动，主要是这个戏讲了真话，敢于在尖锐的矛盾中揭示人物的复杂情感，展示人物在思想观念上的交锋和心灵间的情感碰撞。让观众看到了中华民族实现伟大复兴“梦想”的希望，感受到了文艺震撼人心的力量！剧情围绕着某部军事演习的总结评价问题展开交锋。为即将举行的中俄联合军演做准备，我军某部举行了一次大型军事演习。但是，如何评价这次演习的结果却说法不一。所有参加演习的部队都在争功摆好，指挥这次演习的钟世成局长也喜形于色，认为“这是近年来我们搞得最精彩最成功的一次演习”，但意想不到的是，他亲自提拔、具有国际眼光的高才生杨天放却说出了一句令全场人都目瞪口呆的话：“如果按照实战标准评判，这并不是一场成功的演习！”刹那间所有的眼光都投向了他，埋怨、嘲讽、不服气。说他不识时务，说他忘恩负义，在这种场合故意拆台。只有总部首长楚玉麟同意杨天放的意见，他对这次演习的评价也是“不及格”。结果，本来计划好的一场“庆功会”，变成了一个“检讨会”。

在这样激烈的矛盾冲突中，场上的每个人物都活跃起来，所有的人都因为这场治军观念的交锋而擦出了思想火花。观众也被这紧张的场上气氛紧紧地“吸引”着，自觉不自觉地成了这场演习结果的“评判员”。这是军旅戏剧在创作观念上的一次突破，也是部队文艺所收获的一大硕果。尤其是当你平时看多了那些矫揉造作、无病呻吟、空洞无物的作品后，更感到这部作品在舞台上出现的难能可贵！

《老大》（编剧喻荣军，导演查明哲，上海话剧艺术中心演出）也是近年来难得的一部话剧。通过渔民与鱼的关系描写，透视人与自然的关系。剧中写一个小渔村船老大的人生历程，反思在经济发展浪潮下我们所丢失的关于文化的、道德的、传统的和精神方面的东西。给人们以启发与思考。舞台演出以魔幻现实主义表现现实与历史的情景交叉，既有哲理性，又有着诗意的艺术韵味。

《伏生》（编剧孟冰、冯必烈，导演王晓鹰，中国国家话剧院演出）赞颂了古代知识分子的气节与品格。在秦始皇“焚书坑儒”之时，大儒伏生为让《尚书》等儒学典籍日后流传下去，竟然把几部儒学经典背诵记忆于心。为此他受尽屈辱，甚至交出了儿子的生命。该剧形象地塑造了伏生为保存历史文化的铮铮铁骨和无所畏惧的崇高精神。

《惊蛰》（编剧冯大庆，导演吴晓江，内蒙古话剧院演出）令人惊喜的是，它以真人真事为题材创作，却没有落入宣传戏的俗套，所塑造的两个人物——朱清扬、韩梅，给人留下了深刻的印象。矿工的儿子朱清扬侍候已成为“植物人”的母亲30年不离不弃。父亲生病后他独自承担起这个家，即使谈不成对象，他也无怨无悔。他的事迹感动着周围人，更感动了年轻姑娘韩梅。她不嫌弃朱家穷，不嫌朱母生病脏，自愿来到朱家，与朱清扬结为夫妻，勤俭持家，孝顺老人，帮助朱清扬照顾母亲，清洗朱母那些生满虱子的被褥和衣服，没有半句怨言。与朱清扬比起来，韩梅的形象更感动人。她虽是一个弱女子，但她的形象却非常高大。她以自己的实际行动诠释了中华传统文化的博大和高尚，彰显了传统“孝道”的光彩与美丽。她就如一个圣女，向人间撒播大爱，在普普通通中显现着一种崇高的精神境界。韩梅的事迹让所有有爱心的人感动，令人赞美，更令人景仰。这是一个非常令人心动的艺术形象，具有一种动人心魄的精神力量。

《宝船》（编剧老舍，导演钟浩，中国儿童艺术剧院演出）是老舍先生1962年创作的作品，今天演出仍然是舞台上的精品。它歌颂真善美，鞭挞假恶丑，赞美劳动，鼓励勤俭治家，有爱心的人才能得到别人的爱。在金钱泛滥，道德滑坡，孩子们成长缺乏一个健康环境时，看这个戏不仅让孩子去分辨什么是真善美，什么是假恶丑，还让孩子学会一些如何成长的知识，逐渐明白一些如何做人的道理。老舍先生在剧中没有直白地讲大道理，而是用形象说话，用故事去让孩子们感知。剧中塑造的几个活灵活现的人物——王小二、李八十、张不三等，还有大白猫、蜜蜂、仙鹤、蚂蚁等小动物形象，都受到孩子喜欢。“宝船”的设计与制作更是精美，一个小纸船只要一念口诀“快长快长，乘风破浪”，它就会变大，平整的舞台上，立时就变出了一条真的大船，可以乘坐十几个人，还可以转动，其逼真的程度令人惊讶、赞叹。看到这条漂亮的“大船”，小朋友自然会联想起“诺亚方舟”的故事并引起他们看戏的兴趣。

《大山里的红灯笼》（长春艺术研究所出品）的动人之处，在于描写了孩子们的一个真实的“梦”，写出了他们为实现这个“梦”而刻苦努力的过程以及人格成长，展现了孩子们的纯洁心灵和远大志向。剧中对城里孩子郑天宇转变的描写既真实又令人信服。对农村孩子的描写既朴实又真实，他们家里穷，学习条件差，但他们有志气有“梦想”，有克服困难的韧劲，他们的成长对今天的孩子无疑是一种鼓励。

以红军长征为题材创作的各类艺术品已有很多，但东莞保利三宝演艺集团创作演出的原创音乐剧《王二的长征》却有着自己的特色，该剧用中国的故事，中国人的情感，中国式的旋律，奏响具有中国歌剧的生命律动，写活了“小人物”的情感，写出了“小人物”的“大境界”，堪称长征艺术品之林中一棵有特色的大树。故事写王二逃难时遇到红军，“文工团”教他认识了第一个字“人”，由此他觉醒了、认识了自己的身份——作为一个“人”的意义。他通过“红米饭”为争得做人的尊严所付出的代价从而理解了“不”字的意义。他想像“红米饭”那样，挺直腰杆“站起来”“活”着。在懵懂中，王二不断地追问生命的意义，寻找人生的价值，并在“追问”与“寻找”中逐渐“成长”“成熟”起来。长征，就像一个大熔炉，熔化了旧的王二，也锻造了一个新的王二，使他从卑微渺小之中站直了腰杆，活出了人的尊严。

二、酿成酒的生活味道才鲜美

在观察生活中产生艺术的种子，以艺术的手法表达心中对生活的思考，进而在作品中表达对社会人生的一种观照与关爱，是年轻的戏剧创作者的一个突出表现。如《ROAR！ROAR!》《情感操练2012》《何事惊慌》《活出你自己》等。

《ROAR！ROAR!》（北京大学枫丹白璐工作室演出）通过人与兽的交往和人对野兽的研究，反观人类的生活，对文明与野蛮进行了深入思考。作为博士研究生的班马极力否定作为人文学教授父亲的人生追求，而选择了生物学研究。想不到的是，他竟然也自觉不自觉地走进了父亲那样的“笼子”，面对的仍然是父辈的人生困境。班马的这种困境在他与斯芬克斯——一头年轻的母狮子的交往与相恋的过程中表现得更为突出。斯芬克斯是一头野兽，有着简单、天真的头脑，却勇敢、真诚，敢爱敢恨，不惜生命代价；而文明人班马却越来越不敢面对自己，越来越虚伪、自私、狭隘、偏执，为达目的不择手段。舞台设计很有寓意，以“笼子”为象征，揭示人与兽的关系。本来是班马把斯芬克斯关在笼子里，及至后来舞台意象却像是班马待在“笼子”里。如此，舞台上就形成了这样的景观：外面是无知的野兽（斯芬克斯），里面是智慧的囚徒（班马），困在不同的牢笼，却受着一样的屈辱，很令人深思。

近年来的话剧创作，内容描写爱情婚姻和家庭的作品不少，但是，如何提升这类作品的艺术品格仍是一个值得关注的问题。有些作品一写爱情婚姻，就离不开床上戏，或庸俗的黄段子，并不是通过对爱情婚姻的描写去深入探讨人们的精神生活，就如《玩偶之家》和《雷雨》那样。在这方面，民营话剧社团的演出有了进一步的探索与思考，如《情感操练2012》和《何事惊慌》《活出你自己》等。

火狐狸剧社演出的《情感操练2012》（编剧、导演郑铮）。剧中描写青年男女的爱情、婚姻与家庭，但没有走“庸俗”的路子，而是以艺术的手法去表现夫妻之间、两性之间的隐秘空间，写出了两性关系在夫妻关系乃至家庭关系中的重要作用，进一步揭示出因为“感情不和”而草率地走上“离婚”之路的深层情感原因，由此去探讨人们的精神生活与情感成长的过程，由此暗示人们，婚姻需要男女双方呵护，也需要双方精心地“经营”。要使婚姻“保鲜”，就要随着社会的发展和价值观念的变化而不断地调整自己的观念与思维，不断地充实婚姻的内涵，使婚姻生活永远沿着健康的道路发展，就如剧中台词说的，“只有不断成长的东西才能不朽”。

《何事惊慌》（编剧哈智超，导演李伯男，丽华星光公司出品）探讨爱情婚姻的另一种选择，在生死攸关的时刻追问人的生命意义与生活价值。某公司员工崔民国得知自己患了癌症，不忍心将病情告诉妻子张静宜，便找到曾经暗恋着张静宜的公司老板托尼，将妻子托付给他，自己独自承受一切痛苦。三个人因为这场突如其来的“病”纠缠在了一起，使他们的情感产生着一波一波的震动，把一场描写普普通通的婚恋话题提升到对人生、命运的思考，每个人的情感都出现了这样那样的倾斜，并逐渐地找回了自己。这是一个有关救赎，也是崔民国自我救赎的故事，矛盾直指有关生死与灵魂的更深层次的困境，给观众提供了思考的空间。

《活出你自己》（盟邦戏剧出品）在探讨人生和生活意义问题时没有笼统地概念化地讲大道理，而是贴近普通人的生活，通过现实中的一些小人物的人生经历和情感变化，剖析生活，追问人生，释放情感，找回信心。某公司职员小雄遇到了一连串的“不如意”——因为过度疲劳造成工作上失误，面临着被开除的危险；因为没有时间满足女友小可去见她父母的要求，女友也一气之下要离他而去；母亲生病住院，需要他负担7万多元……他越想越感到“生活没有意义”，只有结束生命来个一了百了。但他看到公司老板和同事都过着舒心的日子时，又心有不甘。可是，当神奇的外星人指导他去体验他所羡慕的人的生活后，他才真切地感悟到，自己的人生只能由自己去体验，别人的人生终究无法代替自己的人生。更何况，家家都有一本难念的经，光看外表是体验不到生活与爱情的真实情形的。

这些作品尽管还不见得十分成熟，却显示着清新的创造活力和鲜活的生活脉动。

三、展现新思维的实验才有探索意味

戏剧要发展，需要不断地有新的思维、新的创意、新的形式来丰富戏剧创作，来强化舞台表现力，这就需要有一批敢想、敢拼、敢闯的新锐戏剧人来给戏剧创作增添新的血液。只有这样才能保证戏剧创作永葆旺盛、鲜活的艺术生命力。在这方面，民营戏剧社团的演出表现出了非凡的创造力，如《群鬼2.0》《时间简史》等。

《群鬼2.0》是年轻导演王翀导演的“新浪潮戏剧作品”之一，该剧以易卜生的剧作《群鬼》为蓝本，不是照本宣科地搬演，而是按照自己的艺术思路重新结构作品，展示人物关系。既没有离原作很远，又有自己新的解读。舞台上有四架摄像机参与演出，用影像艺术中夸张、变形、放大、特写、拼贴

等手法，突出人物的面目表情，增强故事的叙述功能，或者把舞台上两个表演区的人物表情放在一块屏幕上，揭示各自的不同心态，展现独特的个性特征。或者放大原作中的某些场景，营造出奇特的效果，给演出增添更大的冲击力，给观众留下更深刻、更惊人的艺术效果。比如表现阿尔文太太的儿子欧世华因受父亲的遗传的情感变态，表现阿尔文太太与好友曼德牧师的私情，就是把演员的表演与形体通过在屏幕上“放大”产生出了惊人的效果。表现阿尔文太太对儿子的失望与绝望，那种撕心裂肺的号叫也是通过影像表现出震撼人心的效果。

《时间简史》由年轻导演常徕导演，湖南火苗实验戏剧工作室演出，也是一出具有探索、创新意味的戏。时间无处不在，却看不到、摸不着。但年轻的戏剧人敢于迎接这样的挑战，他们以自己的思维以剧场艺术的形式表达一种新的可能性。也就是说，时间是无形的，触摸不到却能感觉得到。时间有长度却无法丈量，只能由一个个具体的生命体现。该剧试图运用剧场艺术的元素来表达对时间存在的意义，剧中没有具象的情节，也没有明确的角色，是通过构建装置艺术与行为，比如结绳记事，用三角模型等来呈现时间、解读时间，表示时间的存在与意义。演出既是一部作品，也是一种仪式。也许剧中仍然没有明确告诉观众“时间是什么”，但是从你走进剧场那一刻起，你分明可以感觉到时间是存在的，是有生命的，是有活力的。至于它的意义，就在于你的感受与理解中，你珍惜它，它就眷顾你；你无视它，它就抛弃你。这个戏给观众提供了一种新的思考和创作思维。

《童话·25.3公里》（导演李建军）是一种新样式的戏剧表现形式，不是在剧场里演出，租用一辆公交车围绕北兵马司—东直门—东四十条桥—张自忠路循环行驶，车窗外的街景就是戏的背景。观众坐在车上，可以随时上下。演员随时上来，完成自己的表演就下车，再上来一批新的演员。演员有工人、小学教师、编辑、打工者、中戏学生等。他们表演的节目就是讲述自己的故事——人生体验，讲完了就向观众提出问题：（1）什么是未来；（2）什么是消逝；（3）什么是恐惧；（4）什么是触动；（5）什么是选择。观众可以任选一题，由提问者讲解，也可以与提问者互相交流。这样的表现形式，很新鲜，气氛很活跃，观众与演员真正达到了零距离交流，他们完全放松了心态，与坐在剧场里看戏的体验截然不同，使他们感受到戏剧表达方式的一种新鲜感。

这种新颖的表现形式，无疑开阔了戏剧的表现空间，拓展了戏剧与生活的密切关系，密切了戏剧的表演者与观众的互动，增进了戏剧与普通观众的情感联系。

四、经过心灵创造的作品才有审美魅力

2014年上演了多部外国剧团演出的戏剧作品，北京人艺举办的“2014首都剧场精品剧目邀请展演”，国家话剧院“第六届国际戏剧季”，北京市举办的“第六届戏剧奥林匹克”等。演出的剧目不论是内容上还是形式上都给中国戏剧界带来了新思维、新观念与新形式，在给人们带来丰富的艺术享受的同时，也引起了人们思想上的震动，开阔了人们戏剧创作的艺术视野与创作思维。

比如在内容的开掘方面，英国国家剧院演出的《弗兰肯斯坦的灵与肉》是通过对从事生命科学研究的科学家维克多·弗兰肯斯坦制造“科学怪人”的故事的描写，反思生命科学的价值与意义，反观人类的人性与道德。看这样的戏每个人的心里都不会平静。人们不禁会问，科学研究究竟给人类社会带来什么？白俄罗斯扬卡·库帕拉国家模范剧院演出的《哑巴》则是从人性的视角反思战争。既写出了战争与人性的对立，也写出了人性对战争等邪恶势力的挑战。青年德国士兵弗朗兹随军队入侵苏联，宁愿违抗命令杀死上级长官，也要保护苏联人波莲娜一家。他的行为有爱情的力量，更有人性的力量——即对邪恶势力的憎恨。因此，他才有毅力装作“哑巴”，与波莲娜一家四处逃难，忍受着种种物质的艰难和人们鄙视的目光。后来，最痛恨德国侵略者的苏联人接纳了他。这种人性的温暖，让每个人心里都感到舒畅与快意。这与其说是正义的力量，不如说是人性的胜利。以色列盖谢尔剧院演出的《耶路撒冷之鸽》是一部控诉战争罪恶的剧作，但作品中没有一个情节是直接描写战争的。它是通过人物的生活与命运体现着战争背景下的政治，透过男女青年的恋爱悲剧控诉着战争的罪恶。看着很轻松，实则具有很深刻的思想内涵。看这样的话剧，观众不仅享受到了艺术创造的快乐，思想上也受到了震动。

在形式上，国外的戏剧舞台的一个明显的创作倾向是越来越简约，越来越精致，越来越写意化，道具越来越少，蕴涵越来越深。比如《耶路撒冷之鸽》的舞台设计就极其简单，道具只有固定在台口一侧的吉普车和随时上场的一辆三轮摩托车。换场不关幕，利用几块洁白的布帘子拉来拉去，配以灯光变化换场，非常自然、流畅。其中一场戏，“孩子”和女孩分别送信鸽去目的地的途中，突然一阵枪响，信鸽死了，太阳马上变成了红色。那情景给人留下的印象是非常深刻的。如日本铃木忠志导演的《大鼻子情圣》，舞台极其平实、安静、美丽、开阔，少许的背景和道具，构成了漂亮的图景如油画一般，而演员形体与语言的独特表现配以柔和、细腻的灯光，使整个舞台更增添了诗意般的美学意韵。印尼普尔纳迪地球剧团演出的《在火山下的神力》在表现火山爆发情景时的逼真与火山爆发前的宁静情景形成了鲜明对比。英国 TNT 剧院演出的《哈姆雷特》，舞台上只有 6 位演员，每个演员都兼演多个角色，只用服装、面具和声音区别，演来惟妙惟肖。在看格鲁吉亚科捷·马加尼什维里国家剧院演出的《皆大欢喜》时，你会发现每个演员都是全能的，训练有素的。他们在台上演戏，下了台就操起乐器伴奏，道具、布景也是他们搬上搬下。给人的印象是：台上台下都是戏，既协调又完整。

反观国内的戏剧创作与舞台演出，有些戏看后还没走出剧场就忘了，其原因就在于内容上缺乏开掘，形式上也缺乏创新。多数剧作文本，描写的也是生活中发生的故事，但只停留在简单地描述故事的层面，看不到经过作者“心灵渗透”的对生活的哲理思考和艺术加工过程，有生活没思想，有人物没形象。所以，尽管是生活中的故事，却不能打动人、感染人，更不能给观众以心灵的震动与深层的艺术审美享受。而形式上，舞美设计越来越华丽，制作越来越精细，舞台越来越臃肿，灯光越来越炫丽，动不动就是电脑灯满台转，舞台上眼花缭乱，而作为戏剧舞台的诗意韵味与审美意味却越来越少。铃木忠志导演在谈到他的戏剧追求时说：“我觉得戏剧应该深入地描写人类心灵和意识，或者着重去表现人类的理想和想象力，创造像传统戏剧具有的浪漫主义世界和展现人类的想象境界。我希望创作这样的戏剧，但不是借用机械的力量，而是像希腊时代那样全凭演员来实现，这就是我的基本思想。”

这些话，值得我们思考。

2014年北京话剧演出概述

◎王　晶

2014年，北京话剧演出市场票房连续第三年增长，收入达2.2亿元，较上年上涨10.1%，总体来说还是令人欢欣鼓舞的。经过多年来的文化体制改革和市场规范，北京话剧演出市场已经初具规模，各演出团体都明确了自身的定位，培养出了固定的观众群，整个市场正朝着规范化、多样化、持续化的方向发展。其具体的特点主要如下。

第一，不论国营剧团还是民营剧团，都在努力争取社会效益与经济效益的双丰收，排演出既受观众喜爱，又有一定思想深度的话剧作品。各演出团体不断挖掘剧本内涵，纷纷起用影视剧演员，运用各种宣传方式和营销手段，并引进众筹等全新的投资模式。第二，各演出团体皆在推出全新剧目的同时继续搬演往年的经典作品。经典剧目经受住了时间的考验，变得更加成熟完整，也拥有了大批的忠实观众，所以叫好叫座、常演常新。每年推出的全新剧目也是必不可少的，虽然它们良莠不齐，也缺少磨砺，但为了将来的可持续发展，各剧团还是排除各方面的阻力，保证每年新剧的上演。第三，不仅莎士比亚、易卜生、曹禺等戏剧大师的经典剧作在不断地被改编和翻新，各演出团体自己的原创作品也是不断涌现，而且它们大都贴近当下的社会生活，反映了当代人的思想和心态。第四，在大剧场佳作辈出的同时，小剧场也繁荣发展，成为先锋戏剧与民营剧团最为常见的舞台形式，为它们提供了生存盈利的空间与实验创新的养分。第五，戏剧节与戏剧展演层出不穷，这些戏剧活动不仅为国内外戏剧界的交流提供了土壤，也为观众们提供了更加丰富的精神文化生活。

下面具体从三类目前最主要的戏剧类型来分析2014年北京话剧演出市场的基本情况。

一、主流话剧：在社会效益与经济效益之间寻求平衡点

国营剧团是国内戏剧界的中坚力量，他们肩负着倡导先进文化，引导社会舆论导向，提高观众鉴赏能力的重要责任，同时还要兼顾观众喜好和票房收益，努力地在社会效益与经济效益之间寻求平衡点。

1. 中国国家话剧院

隶属文化部的中国国家话剧院（以下简称“国话”），2001年由中国青年艺术剧院和中央实验话剧院组建成立，拥有辉煌的历史传承和雄厚的艺术创作资源，汇聚了一大批优秀的戏剧艺术家，形成了实力强大的艺术创作团队。特别是2011年，作为“十一五”国家重点文化工程的国家话剧院新建剧场落成以后，国话成为国内一流的话剧艺术表演团体，代表了华语话剧创作的最高水准。

国话坚持以经典剧作为基础，以原创剧目为主导，努力展现戏剧文化的人文关怀精神和人本主义精神，同时也力图以实验性的探索引领当今戏剧创作的新潮流。2014年，国话推出的全新原创剧目包含：王晓鹰导演的《离去》与《红色》，查明哲导演的《长夜》，过士行导演的《暴风雪》，田沁鑫导演的《山楂树之恋》与《罗密欧与朱丽叶》，以及黄盈导演《枣树》等。它们都遵循国话一贯的创作规律，呈现了优秀的文学经典或杰出的现当代剧作。

这些新剧中，最为引人注目的是田沁鑫导演为了纪念莎士比亚诞辰450周年而重新诠释的《罗密欧与朱丽叶》。原本众所周知的经典爱情故事，被搬到了北京的市井胡同，维罗纳城的两大家族变成罗家和朱家两座大院。该剧在保留了莎翁风格的诗意台词的同时，融入了很多当代的生活元素，在保留原本庄重的悲剧氛围的同时，加入了许多活泼的喜剧成分。以殷桃、李光洁为代表的优秀青年演员，还有摇滚诗化的音乐设计，散发着奔腾、野性而又世俗的美感，不停地呼唤着每个观众内心深处的那段缱绻青春。这些成功的创新和实验，令观众们在感动中欢笑，在欢笑中唏嘘，在唏嘘中落泪。所以该剧在获得

艺术成功的同时，也获得了票房的丰收，成为少见的经典戏剧现代版的成功试验。

此外，给人留下深刻印象的还有王晓鹰导演的《红色》。该剧虽然是王导作品中少见的小剧场戏剧，却承袭了其一贯关注角色的内心挣扎与灵魂拷问的创作主题。该剧的原作者是美国的剧作家约翰·洛根，通过表现抽象派画家罗斯科和其助手坎的几次深刻对话，探讨了艺术的本质，以及艺术与商业、艺术与现实之间的矛盾与抉择。陈明昊、刘端端两位演员的表演张弛有度、相得益彰、直击内心。导演在两次戏剧高潮中对于红色光影、红色颜料洒满画纸的设计，配以优雅庄重的古典乐，都产生了十分震撼的效果，令人久久不能忘怀。

2014 年，国话启动了“保留剧目制”，每年选取部分经典剧目进行复排，引导观众们回顾感动、重温经典，获得了很好的社会反响和舆论反映。其中最为主要的作品，是查明哲导演的《死无葬身之地》和《纪念碑》。

《死无葬身之地》是法国存在主义大师萨特的经典剧作，是一部蕴含存在主义哲理的“境遇剧”。1997 年刚刚留俄归国的查明哲导演将这部戏搬上了舞台，在戏剧界引起强烈反响，2005 年复排时也好评如潮，时隔 9 年后又一次在观众的热切关注中载誉归来。该剧讲述的是二战结束前夕，5 名法国抵抗运动游击队员在一次行动中不幸被捕，面对民团分子的拷打和折磨，与他们抗争到底，最终获得尊严的胜利的故事，表现了绝境中人性的复杂与矛盾。

本次回归没有做大的改动，原班人马也齐齐响应，其中国家一级演员就有 6 位之多，这种班底在当今戏剧演出市场中实属罕见。冯宪珍、韩童生、牛飘等演员演技精湛，从台词功底到形体动作都无可挑剔，生动地刻画了誓死抗争的游击队员和残暴冷酷的法西斯分子。查导的舞台调度也非常出色，节奏紧张、层层推进、扣人心弦，把极富张力的舞台表现和极度艰涩的思想内涵有机地融合在一起，使该剧在具有历史内涵、社会内涵和审美内涵的同时，还具备了当代中国话剧所少有的极其丰富而深刻的精神内涵，实在是一部不可多得的上乘之作。

2. 北京人民艺术剧院

成立于 1952 年，首任院长为曹禺的北京人民艺术剧院（简称“北京人艺”），作为中国最负盛名的专业话剧院，以其独特的表演风格创建了闻名中外的“北京人艺演剧学派”。在长达 60 多年的历史传统传承与文艺实践探索的过程中，北京人艺积累了大量的美学理论与戏剧理论，上演了 300 余部古今中外不同风格的剧目，培养了大批的戏剧艺术家、戏剧理论家与表演艺术家。

2014 年，北京人艺新推出的新剧仅有《公民》《理发馆》《枪声》《鱼眼》，但令人意外的是它们大多反应平平，没有如往年一般引起巨大的反响。这也许因为它们在舞台上经历磨砺的时间较短，还需要更长时间的精进和考验。此外，《甲子园》《我爱桃花》《茶馆》《白鹿原》《天下第一楼》《雷雨》《阮玲玉》《窝头会馆》《洋麻将》《骆驼祥子》《小井胡同》等传统经典剧目，都得以继续上演或复排，皆获得了票房和舆论的双赢，并延续了人艺一票难求的演出盛况。

3. 中国国家大剧院

于 2007 年投入运营的中国国家大剧院，立足于国家表演艺术中心的定位，是我国目前最具代表性的现代剧场。自成立以来，中国国家大剧院努力推进自制剧目的生产，已制作 47 部剧目，虽然其中绝大多数都是歌剧作品，但中国国家大剧院还是推出了《王府井》《简·爱》《风雪夜归人》《推拿》等广受好评的作品。

2014 年，中国国家大剧院推出的唯一一部新戏是任鸣导演的《玩偶之家》。任导是人艺的现任院长，也是人艺目前最主要的导演之一，他在 2014 年的新作，除了《玩偶之家》，还有上文提到的《理发馆》。

诞生于 1879 年的《玩偶之家》是伟大的剧作家易卜生的代表作之一，也是在世界各国戏剧舞台上被搬演无数次的经典剧目。剧中女主角“娜拉”离家出走追求人格独立和个性解放的情节，推动了欧洲当时的女权主义运动，对五四时期的中国文学界也产生过重大影响。2014 年，自从上海春柳社首次演出幕表制的《玩偶之家》，该剧在中国首演已经100年。作为纪念中国国家大剧院制作并推出了其首部小剧场话剧《玩偶之家》，这也是大剧院与任导继《王府井》《风雪夜归人》之后的第三次合作。

该剧只做了极少的修改，高度还原了易卜生的原作，打造了一部原汁原味的诚意之作。为了引起现代观众的共鸣与思考，该剧将表现重点从剧作诞生之初的女权主义，转移到了更具时代意义的婚姻和家庭的问题上。著名影视演员和主持人曹颖与著名话剧演员王斑首次以“夫妻档”的形式登上话剧舞台，联袂出演娜拉夫妇。该剧人物刻画鲜明生动、戏剧情节紧凑集中、戏剧张力饱满强烈，制作精良、细致且极具品位，使观众获得了高层次的观剧体验。

4. 上海话剧艺术中心

上海话剧艺术中心（简称“上话”）是上海唯一的国家级专业话剧表演团体，也是国内最高水准的话剧团体之一。上话创建于1995年，由原上海人民艺术剧院和上海青年话剧团这两个拥有辉煌历史的话剧演出团体合并而成。成立10多年来，上话不仅拥有优秀的编剧、导演、演员、舞美等专业创作人员两百余人，成功上演经典戏剧和现当代作品百余部，还在国内甚至世界上获得百余项重要大奖，成为国内主流话剧创作中不可或缺的重要力量。

2014年，上话制作出品的《驯悍记》《意外来客》《乱套了》等作品来到北京演出，都收到了不错的效果。其中，《意外来客》是上话与上海捕鼠器戏剧工作室继《无人生还》《捕鼠器》之后合作的第三部作品。

《意外来客》的剧本最早由“侦探小说女王”阿加莎·克里斯蒂完成于1958年，并于同年在伦敦首演，此后多次被各国的影视作品翻拍。这部剧作被公认是阿加莎诸多作品中对人性的解读最直接、最不留情面的。它不但尖锐地表现了男人的薄情寡义，还对剧中被害人的性格进行了深度剖析，成功地从侧面塑造了一个在顺境中充满魅力，在逆境中本性暴露、狂躁暴虐、以折磨别人为乐的恶魔形象。

上话版的《意外来客》由青年导演林奕执导，以全新的演员阵容和舞美设计亮相北京。该剧忠实原作，情节离奇、风格写实、制作严谨、呈现精致，节奏紧张刺激又扣人心弦。层层展开的人物设置与步步推进的气氛营造中，精益求精的视觉设计与音响效果下，一直牢牢地抓住观众们的注意力，使观众们“直击”了一场惊心动魄的命案的全过程。

二、实验话剧：在传统美学与先锋探索之间寻求平衡点

20世纪八九十年代曾是实验话剧发展的黄金时期，时至今日，实验话剧被挤在主流话剧与商业话剧的夹缝里，创作力量与戏剧产量都大幅度下降。虽然其拥有一批较为固定的观众群，却在创新与探索的道路上举步维艰，越来越缺少评论与票房双赢的成功作品。

1. 林兆华

林兆华从20世纪70年代末开始在北京人民艺术剧院担任导演以来，已导演戏剧作品70余部，他还曾任北京人艺副院长，是北京人艺现今最为重要的导演。林导的作品风格多样，他不仅在人艺传统现实主义话剧的实践中取得了巨大的成就，还曾于20世纪七八十年代引发了实验、先锋戏剧的风潮，使中国的现当代戏剧进入了现代主义的新阶段。

2014年，除了上文提到的其为北京人艺导演的《白鹿原》《窝头会馆》《阮玲玉》等经典主流话剧继续在首都剧场上演，林导的新作有《雷雨2014》《人民公敌》《公民》。

2010年以来，林导每年邀请国际知名的话剧导演和演出团体到中国进行展演，这就是国内较早的国际级别剧展——林兆华戏剧邀请展。《雷雨2014》是第四届林兆华戏剧邀请展中唯一的国内作品，也是林导为纪念《雷雨》发表80周年而推出的新作。由于该剧过于先锋的实验风格，造成了两极分化严重的舆论评价，观众反映也褒贬不一。此外，根基于易卜生最后一部社会问题剧的《人民公敌》，较为忠实地还原了原作，舞台呈现中规中矩。王学兵所饰演的斯多克芒缺乏说服力，乏善可陈。

相比以上的新作，反而是北京人艺复排的《大将军寇流兰》更能体现林导在实验话剧领域的成就与突破。该剧最早上演于2007年，是人艺首部自排的莎士比亚剧目，也是著名表演艺术家、翻译家英

若诚先生的最后一部译作。2014 年，为了纪念莎士比亚诞辰 450 周年，该剧得以复排，并于中国国家大剧院上演。

该剧讲述了由濮存昕饰演的罗马贵族马修斯，也就是英勇无敌、军功卓著的寇流兰大将军，由于他孤傲的性格和对群众的蔑视，给竞争对手以可乘之机，最后走上毁灭之路的故事。这出“英雄悲剧”，因为塑造了马修斯这一既勇敢高贵又狂妄自大的复杂人物，表达了关于战争及人性的深层思考，而一直极富争议性。

林导对这部历史题材名剧的呈现非常具有颠覆性，在其中加入了痛仰和窒息两支代表批判精神的重金属摇滚乐队，一方面烘托气氛、突出节奏；另一方面制造出战争的混乱与不安的场面。此外，该剧还使用数十位民工和保安扮演群众，与濮存昕等职业演员形成了鲜明的对比，展现了极易被愚民政策煽动的暴民群像。濮存昕的表演延续了他在《刺客》中的松弛度，表现出马修斯的高贵与傲慢。该剧的舞台简洁、宏大，空旷的舞台错落地悬挂着几把梯子，配合庄严肃穆的灯光设计显得更加神圣，并透露出淡淡的孤独感。总的来说，该剧在形式上打破了传统戏剧和现代戏剧的界限，在舞台视觉上创造出一种空灵的美感，充分表现了林导“无时空戏剧”和“双重结构戏剧”等独特的戏剧美学观念。

2. 孟京辉戏剧工作室

孟京辉，国家话剧院导演，也是现今中国剧坛最有影响力的先锋戏剧导演之一。他前卫、批判、幽默、荒诞且极具个性的戏剧形式，成为了一种备受瞩目的文化现象，也为中国现当代戏剧舞台的多元化做出了重要的贡献。他在国际剧坛也有着广泛的知名度和号召力，2008 年创建了北京国际青年戏剧节。1997 年，孟京辉成立了自己的戏剧工作室，集中了一批优秀的戏剧艺术人才，在坚持原创戏剧并吸收外国优秀戏剧创作的同时，不断追求戏剧的实验性和先锋性，制作了大量引领中国戏剧潮流的剧作。

2014 年，孟京辉的代表作《一个无政府主义者的意外死亡》《两只狗的生活意见》《空中花园谋杀案》《一个陌生女人的来信》《我爱 × × ×》等继续在蜂巢剧场上演，而其本年唯一的一部新戏是《寻欢作乐》。《寻欢作乐》根据英国著名哲学家、诺贝尔文学奖获得者罗素的哲学著作《论幸福》改编而成，由孟京辉戏剧工作室最新组建的“二丁一笑戏剧男团”的三位演员主演，整体评价一般。

2014 年，孟京辉取得最大成功、引起最大轰动的，是其与廖一梅夫妻二人合作的“悲观主义三部曲”第一次于保利剧院联合上演，出现了一票难求的空前盛况。

《恋爱的犀牛》是中国先锋戏剧以及小剧场运动中最负盛名且最受欢迎的作品，自 1999 年首演以来长演不衰，被视为中国小剧场史上的奇迹，青年们的“爱情圣经”。该剧此番在保利剧院的演出与其之前在蜂巢剧场的演出没有太大出入，基本上就是把小剧场搬进了大剧院。

此次上演的第三版《琥珀》，由台湾知名音乐人姚谦担任音乐总监，内地著名舞蹈家金星担任舞蹈设计，孟京辉培养多年的两位青年演员张弌铖和孔雁领衔主演。该剧讲述了自然博物馆的讲解员小优追寻去世未婚夫的心脏，却爱上了玩世不恭的花花公子高辕的故事，表现了理智与情感、爱情与欺骗、诱惑与欲望之间的纠缠与挣扎。两位主演的表现都非常出色，一点也不亚于前两版中的明星演员。张弌铖的表演时而激情磅礴、自由奔放，时而细腻婉转、挥洒自如；女主角孔雁则聪明灵动而又粗枝大叶，既表现出了小资女孩的情调又具有控制全局的气场。

有“中国第一舞美”之称的孟京辉的老搭档张武和视觉艺术家丰江舟，为该剧打造出了充满趣味与诗意的舞台效果。自然博物馆的恐龙骨架照片、条形码状的红色背景、林立空调的城市高墙、巨大的可以投射影像的头像雕塑，把现实与超现实融合在一起，把市侩交易与炙热情感融合在一起，把喜剧情节与悲剧氛围融合在一起，展现出一种魔幻的实验色彩与唯美的空间张力。

《柔软》是三部曲的完结篇，也是三部曲中最极端、最深刻、最具颠覆性的作品。与前两部的爱情主题不同，它讲述了一个绯闻缠身的女医生和一个有性别认同障碍的男人之间微妙而纠结的感情。该剧以前卫、露骨的剧情，大胆、犀利的台词，撕掉一切伪装，直击观众的灵魂深处，其先锋精神与深刻内涵在近几年的实验戏剧中实属罕见。

此次复排由郝蕾、詹瑞文和吴洲凯主演。郝蕾的表演直率而坦诚，她的文艺气质与掌控整个舞台的强大气场都是当今女演员中不可多得的。吴洲凯曾参演过孟京辉的话剧《两只狗的生活意见》《希特勒的肚子》《混小子狂欢节》，作为舞台的新生力量与两位前辈对戏，没有一点迟疑和胆怯，反而把性别认同障碍者的敏感与细腻表现得淋漓尽致。此外，由白色立方体组装成的旋转式多角度可投影的舞台也非常独特，充满了想象力和现代感。

三、商业话剧：在内容质量与经济效益之间寻求平衡点

21世纪以来，民营剧团方兴未艾，一直处于良好的上升态势，并逐渐发展成为国内戏剧演出市场不可或缺的重要力量。民营剧团熟悉商业运作模式，了解观众的趣味与需求，这些都是其自身的独特优势。但同时少部分民营剧团急功近利，一味地追求经济效益，不注重挖掘剧本的完整性和思想性，制造出一批低俗、谄俗、媚俗的话剧作品，长此以往，必将影响其自身乃至整个话剧演出市场的健康发展。

1. 内地商业剧团

成立于2003年的北京开心麻花娱乐文化传媒有限公司，在10余年的时间里，推出了20多部舞台剧，在全国演出超过2000场，已成为国内最受欢迎、最有票房号召力的民营剧团。与其他的民营剧团的小剧场话剧不同，开心麻花一直坚持大剧场演出，并首创了“贺岁舞台剧”的概念，在每年年末推出全新的喜剧作品，演出场场爆满，气氛热烈。

2014年，开心麻花近年来最受欢迎的作品《夏洛特烦恼》已经上演到第20轮，《乌龙山伯爵》也演到了第27轮，而其于年底推出的全新贺岁喜剧《羞羞的铁拳》也收到了热烈的反应。《羞羞的铁拳》由宋阳导演，马丽、艾伦主演，讲述了一个搏击选手和一个体育记者灵魂互换的故事。性别互换的故事本身就具有很强的笑点，再加上拳击赛、打黑拳、黑帮等元素，融入俯拾皆是的流行词汇和令人意想不到的反转剧情，使全场观众们从头笑到尾。但是同开心麻花以往的作品类似，该剧同样缺乏深层的内涵，使观众在捧腹大笑的同时收获不到精神上的满足。还有其不考虑三一律等传统戏剧理论，像镜头剪辑般频繁地黑灯变换场景，也是开心麻花出品作品的一大通病，这样既容易令观众跳戏，又打破了叙事的连续性。

2014年，其他在北京上演的民营剧团的商业话剧还有：怪咖剧团的《驴得水》《破阵子》《狐狸小晶》，以及新剧《东北往事》和《笨贼一箩筐》；繁星戏剧村的《涉翁的情书》《那次说走就走的旅行》《那次奋不顾身的爱情》《螺丝小姐》，以及新作《一夜一生》；小柯剧场《因为爱情》《天坑》《稳稳的幸福》，以及新作《等你爱我》；三拓旗的颇受好评的《水生》以及新作《罗密欧与朱丽叶》；俞白眉工作室的《分手大师》以及新作《分娩大师》；龙马社版邹静之的剧作《我爱桃花》和《莲花》；陈佩斯上演多轮的《阳台》和《托儿》；坚果剧团的新作《玩命一家》等。

这里要着重提一下坚果剧团于蓬蒿剧场推出的新作《玩命一家》，与大多数民营小剧场作品看重娱乐性、轻视剧本的完整性与剧作的思想性的特点不同，这出黑色喜剧既充满了让人忍俊不禁的英式幽默，又不乏发人深省的深刻台词。该剧由佟欣雨翻译、导演并主演，还是目前为数不多的众筹戏剧。它通过一个隐藏着重重秘密的爱尔兰家庭，表现了恐怖主义分子对和平的威胁。

这不只是一出平凡的喜剧的原因在于其对于恐怖主义的深刻理解。男主角小杰对于清洗黑社会，使他们处于恐怖之中的阐述令人深思——真正的恐怖不是实施恐怖时造成的直接伤害，而是让幸存下来的人永远地活在无处不在的恐惧中。还有他对舅老爷谢老六的分析也一语中的，他说谢老六因为缺乏想象力，而想象不出被他制造的炸弹炸得支离破碎的人们，他虽然间接地荼毒了许多生命，却没有勇气自己动手杀人。这些台词绝对切中了恐怖分子的要害。

2. 港台商业话剧

2014年来内地演出的港台商业戏剧主要有：香港话剧团的《最后晚餐》；香港同流剧团的《许三观卖血记》；林奕华的新作《恨嫁家族》；赖声川与表演工作坊的著名作品《暗恋桃花源》《绝不付账》《宝岛一村》《如梦之梦》，以及新作《让我牵着你的手……》《海鸥》；李宗熹的《又见老爸》和《Hi，

米克!》；果陀剧场的名作《淡水小镇》《步步惊笑》《最后 14 堂星期二的课》 等。

作为香港戏剧的代表人物，林奕华的新作《恨嫁家族》 给人留下了深刻的印象。该剧是继《贾宝玉》《三国》后，林导与编剧黄咏诗的第三次合作，而且这次他们没有继续改编名著，而是推出了全新的原创故事。剧情由家族中大姐的婚礼而展开，以群像的形式展现了参加婚礼的 13 个角色，以及他们各自内心不为人知的心路历程，深刻地剖析了家庭、婚姻、爱情、自我等问题上现代人所面临的通病。该剧秉持了林导的一贯风格，叙事性在他的戏剧中退居次位，变成联系角色、铺垫内心的次要元素，他真正关注并擅长表现的是人们复杂而矛盾的内心，是剧中人物细微的内心感受和微妙的行为动机。

由于和林导合作多年的布景设计师陈友荣急病过世，林导决定取消布景，空台演出以示纪念。这对导演和演员来说都是不小的挑战，但同时这样也更加还原了舞台的本真，把舞台完全留给了台词和形体。在导演的精心指导下，演员们都充分地诠释了自己的角色，时而克制，时而癫狂，把一个个外表刻薄内心狂热，抑或外表乐观内心阴暗的人物表现得淋漓尽致。

香港话剧团建团于 1977 年，是香港历史最悠久、规模最大的专业剧团，也是唯一由香港特区政府资助的非营利性剧团。它们带来北京的剧目《最后晚餐》 非常与众不同，它一反以往香港给人时尚现代、光鲜亮丽的形象，表现了社会底层那个不为人知的真实的香港。为了更好地还原底层社会的日常生活，该剧采用了粤语对白，写实的服、化、道和体验派的表演方法。该剧讲述了互相关心却又互相误解的两母子，走入绝境时的一顿晚餐，通过这顿饭，他们打开了多年来的心结，也找到了自己长期以来的悲剧的根源，在他们正要正视问题从头开始之时，现实却狠狠地对他们关上了门。剧中所表现的家庭暴力、家庭责任的缺失、家庭成员间的互不理解、两代人之间的沟通困难等问题，在当今社会都拥有广泛的意义，十分发人深思。

3. 外国剧团

2014 年来北京演出的外国剧团的戏剧作品有：俄罗斯戏剧泰斗尤利 · 留比莫夫最后遗作《群魔》；英国空动剧团的《我和博尔赫斯》 和《揭秘——布莱切利公园密码破译中心》；英国 TNT 剧院的《哈姆雷特》；英国纸电影剧团的《奥德赛》；英国蒂姆 · 克劳奇的独角戏《我，马瓦利奥》 和《等到深夜又如何》；柏林德意志剧院的《维也纳森林的故事》；瑞士先锋剧团 OHNE ROLF 的《纸边人》；意大利都灵国立剧院的《相爱的人》；波兰比亚韦斯托克话剧院的《樱桃红色的马丁靴》 和《移民》；希腊阿提斯剧院的《被缚的普罗米修斯》；Y2D 制作公司的《反转地心引力》；美国运动集市剧团的《3 站台》；巴西阿默克剧团的《喀布尔安魂曲》；印度英帕尔合唱话剧团的《当死人醒来时》；铃木忠志版的《大鼻子情圣》；等等。

这些外国剧作大都通过北京的戏剧节、戏剧展演等活动得以和国内的观众见面。虽然存在语言的障碍与文化的差异，但这些戏剧大多以其独特的个性与先锋的表现手法引起了国内观众的共鸣，也给国内的戏剧工作者提供了很好的借鉴和参考。

纵观 2014 年北京的话剧演出市场，虽然还存在着部分剧本质量不高、艺术品位不高、思想深度不高的作品，但总体来说，整个演出市场的态势还是良好的。以国营剧团和主流话剧为中流砥柱，民营剧团和商业话剧繁荣发展，先锋实验戏剧作为补充促进戏剧艺术的前进与升级，越来越多的观众开始关注话剧，走进剧场。照此态势发展下去，相信将来一定会有越来越多高质量的戏剧作品与观众见面，也会有越来越多高水平的演出团体得到观众们的喜爱。

2014 年度话剧、儿童剧形势分析会摘要

◎王　晶

2014 年 12 月 24 日，为了贯彻落实习总书记重要讲话精神，加强和改进对文艺工作的领导，强化艺术理论评论建设，听取各方面对话剧艺术的意见和建议，由文化部艺术司、中国艺术研究院科研处联合主办的“2014 年度话剧、儿童剧形势分析会”在中国艺术研究院第五会议室召开。文化部艺术司周汉萍处长主持了本次会议。

艺术司吕育忠副司长首先进行开场发言。吕育忠指出，文艺理论与评论，既是论事论，又是方法论，对贯彻落实党的文艺方针，引导艺术创作，推介优秀作品，提高审美，引领文化风尚，都具有不可替代的作用。他认为本次会议的目的主要有三方面：一、实施艺术评论体系构建的引导计划的具体实践。二、尽力健全艺术评价体系的具体实践。三、构建具有中国特色社会主义文艺思想、美学和话语的评论体系的具体实践。

来自话剧、儿童剧的院团代表及该领域的专家学者都进行了踊跃发言，就 2014 年度话剧、儿童剧的形势与问题提出了诸多宝贵意见。

喻荣军介绍了去年上海话剧艺术中心的相关情况，在演出场次增长和坚持低票价方面取得了较大成绩，并且特别提到开拓儿童剧方面，并看好儿童剧的市场前景。同时，喻荣军也提出了当前所面临的问题，随着改革的深入和市民消费需求的变化，剧院更应认识到自身的定位与作用，要冷静客观地面对娱乐消费和经济发展的问题。喻荣军还提出在剧目市场方面所坚持的三个方向：第一是主流导向部分，这是作为国家院团的应有职责；第二在市场导向方面，所做的尝试和尺度还需要考量；第三是应在艺术上大胆寻求创新，坚持戏剧人应有的艺术追求。面对商业市场的问题，首先要考虑作为非营利的机构如何与商业剧团进行联系。喻荣军提到上海话剧中心的传统之一就是与观众建立互动，寻找并培养观众审美。他认为与建设剧场和创作剧目相比，培养观众是一个极耗时间与精力的工程。而培养观众、与社区进行互动，仍然是一家剧院的根本。喻荣军希望以后能更多地在政策支持方面和在艺术发展方面按艺术规律办事，并避免过分追逐商业利益而出现趋同化现象。

李龙吟认为中国的话剧在演艺舞台上一直处于领跑地位。主要体现在话剧最先开始寻求戏剧的本质。在去年，国有院团对于戏剧开始精雕细刻，开始按照戏剧的规律办事，按照欣赏戏剧的美学和制造戏剧的法学来做戏剧。国话和北京人艺等院团重点推出了一批经典戏剧，并且花时间对剧目进行打磨。而民营院团也越来越按照艺术规律和市场规律办事。随着作品艺术质量的提高，优胜劣汰也十分明显。通过非行政的方法进行艺术和市场的自然淘汰，是行业成熟的标志。最后，李龙吟认为随着文化体制改革的不断深入，从业者们将会更加冷静、清醒地看待体质发展，而话剧也将在戏剧当中继续领跑。

刘平认为从去年的话剧儿童剧整体发展来看，呈现出了市场更加健康的趋势，并强调了人才培养，特别是民营剧团人才培养都有巨大的进步。刘平重点谈了民营戏剧的创作与市场问题。民营剧团有两点突出的特点：一是重视剧本创作，对内容有很高追求；二是在舞台制作、艺术探索方面的追求。另外在市场运营方面，民营剧团也积累了丰富的经验。人才方面，民营剧团由很多高等艺术院校的专业毕业生组成。他认为，民营剧团重视讲故事的思路值得大家借鉴。同时，刘平也谈到了民营剧团存在的问题，如不注重内容的完整性的创作，儿童剧的问题则主要是部分作品过度弱化，缺少内容支撑。

吴彤汇报了北京人艺的相关情况。北京人艺演出的剧目主要分为原创的新戏、改编国内外小说、对外国剧目的移植和经典的重排及复排四部分。经典的重排和复排面临着今天的观众如何接受的问题。吴

彤认为，好戏的标准从来没有改变。今天的创作者需要考量的是该怎样选取一个合适的切入点。对于外国经典剧目则通过本土化的方法消弭观众的隔阂，并取得了很高的成功率。原创新剧部分，尤其是现实题材的创作被认为是最难的部分。另外，成功的现实题材的剧目也是观众最认可的部分。北京人艺2015年将有两项举措，一是使票价更加亲民；二是继续举办国际戏剧邀请展。

颜榴介绍了国家话剧院在艺术创作方面的几个亮点：一是提出了保留剧目制概念；二是注重当代原创题材；三是在全国各地开展演出季；四是与上海话剧中心两度合作召开研讨会。颜榴认为2014年第六届戏剧奥林匹克有三点值得借鉴。第一点是将国际上获得成功并得到普遍认可的国际级大师戏剧引进北京，让观众见识了当下国际戏剧生态鲜活的内容。第二点关于院团的建设和管理问题，剧团从业人员只有本着对戏剧这个事业的热爱进行投入，才能有所得。第三点是关于戏剧演员的培养问题，演员机制需要在剧院的美学追求上进行培养。颜榴还建议以国家的名义举办多种多样的系列文化活动，在中国的一线或者二线城市推广世界一流的戏剧。

赵永庄认为儿童剧有市场热、接地气、价格低等显著特点。但存在着缺品牌等问题。另外儿童剧作品越来越健康也是积极的方面，同时还保持了内容与主题的紧密联系。赵永庄提出中国木偶剧院将要处理好市场与精品、投资与公益、传统与现代、坚守与创新四大关系。她认为儿童剧更应将社会效益放在首位。

汤逸佩谈了对上海话剧的一些看法。第一是对更多更好的原创作品的需求，他认为应该把有才华的剧作家吸引到话剧、儿童剧的创作中来。另外应重视类型剧的创作，并且要有市场意识，尊重观众，通过好作品培养观众群体。第二是如何让戏剧评论参与到话剧建设当中。第三是关于市场竞争的问题，如果能够建立另一种演出机制参与并形成竞争，则更有利于话剧的发展。汤逸佩提到了民营剧团发展问题，他希望民营剧团能够与国家剧团形成良性竞争。最后他提到了话剧的本地化特点，剧团能争取到本地观众的支持就会产生竞争力。

欧阳逸冰重点谈了话剧儿童剧的文学创作体制问题。他认为话剧对文学创作的贡献，主要有三点：第一是话剧的剧作家们以空前的热情在关注现实；第二是敢于改变惯有的理念，通过新理念表现新的生活现象；第三在历史题材的创作上，不再仅仅陶醉于历史的某个事件。另外创作者不应沉浸在自己的生活中，创作也应该有更深刻的思考。

对于儿童剧，欧阳逸冰首先认为出现的好的倾向是剧作家们特别关注农村儿童生活，表现他们与城市孩子的碰撞与沟通。同时，2014年的儿童戏剧中，出现了一批给人留下深刻印象的儿童的艺术形象，尤其是强子和刘梦生两个人物令人印象深刻。另外他还关注到，儿童剧的新品种哑剧的出现，并且儿童舞剧等儿童话剧以外的形式的发展令人欣喜。这些现象说明，儿童剧同样可以有很强烈的可看性和很高的艺术魅力。欧阳逸冰也提出儿童剧存在着生活底子不厚实、创作者文化准备不足等问题。

冯俐就中国儿童艺术剧院2014年的工作成绩进行了阐述。儿艺通过2014年五部新剧目的创作总结出了几个亮点。第一是体制建设上，专家研讨论证制度和内部的研讨机制的确立对创作人员的业务提高很有帮助。第二是走出国门，儿童剧应该是最有可能承担文化传播任务的载体。第三是第四届中国儿童戏剧节的举办，该活动把国内外、国营民营院团都囊括在内，成为一个有效的儿童剧实践展示平台。2015年儿艺将进行儿童剧独角戏的尝试，并提出除了满足少年儿童的需求以外，应该还有更多的探索。冯俐希望儿童戏剧节能够纳入“十三五”规划当中，以使其发展更有保障。

李龙吟也谈了他对儿童剧的看法。首先是通过北京市文化局举办的“春苗行动”可以看到，北京儿童剧的市场需求量非常大，特别在暑期尤为明显。同时儿童剧创作者的责任也非常重大，他们近年来的贡献也是巨大的。但应当注意儿童剧演出中存在的问题，如一些公司过分注意市场而品质粗劣。最后他提出了应建立对儿童剧演出的扶持模式，并呼吁政府应对儿童剧给予较大的支持。

黎继德认为无论是话剧还是儿童剧，都涉及谁在写、为谁写、在写谁和在写什么的问题。对此，黎继德提出了四个建议。首先，希望文化部能扶持多种类型戏剧，如独角戏、独幕剧等形式的演出。其次，希望能够制订出台话剧进校园的详细方案，无论是从观众的培养还是创作者的培养这都是至关重要的。再次，关于儿童剧院团应该以销定产，而不是以产定销，必须根据消费对象进行创作。最后，他认为儿童剧的创作题材应该更加丰富，并且打造中国自己的品牌并将之推向国外。

通过对话剧和儿童剧的观察，陶庆梅发现2014年有两点重要变化，一是国际资本开始介入中国话剧创作，二是创作上取得的进步，后者从长远看仍有十分巨大的潜力。而创作的问题，则不能只依靠院团内部，还应将全国各层面的社会力量动员起来。同时，文化部应严肃思考在社会主义市场经济条件下的戏剧体制和戏剧美学是什么。在现在的基础上，话剧找到了一条适合传统之路。但仍要做当下的形势分析，以建设适应新形势下的体制。就美学层面而言，中国今天是要从自己的传统和自己的舞台美学出发，重新定义戏剧。随着主流戏剧转型的完成，中国话剧走出国门将指日可待。

吴朱红认为，2014年话剧从选材、演出数量等方面都有非常大的提高。尤其是题材的这种选择和表达内容上更加丰富多彩。国家院团的创作题材进一步拓展、对于经典剧目文本的倚重及对现实生活的关注等，都保持了高品质。这些事例说明了剧本和选材两者的重要性，关注人文贴近生活的作品更容易被接受。另外，新出现的一系列小剧场戏剧节也展示了各自的特色。

董宁通过对儿童剧艺术形势的分析，首先提出了一个问题，即在文化体制改革中如何保证院团生存的同时还能坚持对艺术品质的要求。而面对市场，一个新的课题就是版权合作的问题，在商业合作中仍然要把关艺术质量。对于作品年龄分段分级制的问题，虽然儿艺没有明文规定，但在内部作品创作之初就已经有所考虑。在新资本的冲击下，儿艺在保持目前的常规经营的同时，还将进行虚拟剧场的尝试和微剧的探索，并希望在不久的将来能够有新型的段落儿童剧出现。对于2015年的计划，儿艺除了原创大精品剧目还希望能做很多新的尝试。对此，董宁希望文化部能多出台部分新的鼓励政策，以针对原创和精品进行扶持，如对演出场次或剧场场租的补贴等，以促进作品质量。

李平首先介绍了丑小鸭剧团的情况。近10年的发展总结下来，儿童剧是有观众需求的，找准观众需求的点就能有所发展。李平提出了亲子概念，即孩子喜欢、家长也愿意掏钱的儿童剧。当下儿童剧形势发展利好，各地儿童剧团纷纷成立，眼下需要做的事就是分年龄段，创作剧目要根据孩子不同时期的年龄特点，如针对两三岁孩子的剧目则不宜用过多的声光电，否则会影响其视力和听力。市场细分是关键，这就需要从业者主动去研究市场，研究剧目如何能吸引观众，这应该是大家加强探讨的地方。

高音从剧场研究的角度谈了自己的看法，提出了"表演权利与当下的危机"。高音从2014年引起广泛热议的"《雷雨》笑场事件"中发现问题，认为事件中演出希望达到的最高任务夭折了，戏剧从业者应该冷静客观地分析青年观众对传统表演方式的排斥以及其背后揭示出的现实问题。从表演的历史性及历史发展的角度来看，表演方法随着时代的变迁、文化地域的区隔和限制，必然会发生变异和更新。舞台演出是一组台上台下对立统一的辩证关系。"80后""90后"就是未来戏剧受众的主体。观众的在场反应直接影响演出的成败。表演观念不断变化的今天，为谁表演、如何表演才是舞台表演的最高任务。剧院是一个最具社会性的艺术空间，应该有厚积薄发、吐故纳新的原创力，不能无视社会思潮的变化，不能没有时代痕迹。高音引述焦菊隐的观点，认为伟大的剧本在具有超时间性和超空间性的同时，又有时间性和空间性。因此导演应给予剧本新时代的新生命。

赵志勇谈到2014年众多戏剧节使得国外高水平剧目大量进入观众视野，相形之下，国内的剧目便不可避免地显露出了自身的差距。戏剧市场容量的有限，使得国际佳作的进入挤压了本土剧作的空间，但从另一面看，国内戏剧面临着原创剧目低迷的问题，而非其他老师所说的那样乐观。中央戏剧学院戏文系开展了一项名为"当代演剧追踪"的研究计划。针对国内一年来重要演出剧目进行追踪，以保留完整资料。赵志勇认为，在中国话剧最大的魅力就是与现实互动的关系，近年来国有院团的作品与现实互动并不明显。相比之下，2014年一些小团体的作品反而令人眼前一亮，青戏节等活动中涌现出的小作品更加贴近现实、与当下生活联系密切，这些都是在国有院团剧目中很难看到的。话剧自20世纪90年代以来真正引起思想界关注的作品特别少。赵志勇呼吁文化部门能对这些创作进行扶持，以鼓励创作者关注和思考当下的社会现实。他提到了对两个剧目的评价较高，分别是杨婷戏剧工作室的《我的妹妹，安娜》和上海草台班剧团的《世界工厂》。赵志勇认为话剧应当成为讨论和处理当下现实生活的重要空间，这应该是当下讨论话剧生态需要讨论的问题。

周汉萍处长在总结发言中谈道，大家谈到话剧舞台演出非常丰富、形式非常多样。同时针对儿童剧大家也谈了很多想法。并希望各界学者和专家成为艺术评论的引导。

专题

第九届中国话剧金狮奖

【概况】

中国话剧金狮奖创立于1989年，早期被称为“振兴话剧奖”。它是颁给长期以来从事话剧艺术工作并做出显著成绩的优秀话剧工作者的最高政府奖项。全国话剧金狮奖是经中共中央宣传部、文化部批准的一项全国话剧常设性专业奖，后更名为金狮奖。全国戏剧文化奖话剧金狮奖是由监察部会同国务院纠纷办等中央九部委组织开展的评比达标表彰活动清理工作后，经中共中央国务院同意保留文化部“评比达标表彰”的八个项目之一。此奖为中国话剧艺术唯一的专业奖项。全国话剧金狮奖共10个奖项类别：优秀剧目奖、优秀儿童剧奖、优秀小剧场剧目奖、经营管理奖、戏剧评论奖、舞台美术奖、优秀导演奖、优秀编剧奖、优秀表演奖、荣誉奖。

【媒体报道】第九届中国话剧金狮奖揭晓

2014年12月27日，第九届中国话剧金狮奖和第六届戏剧奥林匹克颁奖典礼在山西省揭幕。众多知名编剧、导演、表演艺术家出席。作为中国话剧界的最高奖项，本次“金狮奖”评选颁发了125个中国话剧金狮奖项和80个戏剧奥林匹克奖项，有来自全国107个话剧艺术研究会理事单位、近300人参加了颁奖典礼。陕西人民艺术剧院院长李宣荣获本届“中国话剧金狮管理奖”，陕西人民艺术剧院优秀青年演员张茜荣获本届“中国话剧金狮奖表演奖”，陕西人民艺术剧院原院长赵力强荣获本届“中国话剧金狮奖终身荣誉奖”。

【媒体报道】国话在第九届中国话剧金狮奖中喜获七大奖项

2014年12月27日，中国话剧艺术研究会2014年全国会员代表大会暨第九届中国话剧金狮奖、第六届戏剧奥林匹克颁奖典礼在山西太原龙城实验艺术剧场举行。中国国家话剧院院长周予援率剧院获奖人员出席了颁奖典礼。

中国话剧金狮奖创立于1989年，是颁发给长期以来从事话剧艺术工作并做出显著成绩的优秀话剧工作者的最高政府奖项。本届共颁出新剧目奖、儿童剧奖、小剧场剧目奖、编剧奖、导演奖、舞台美术奖、表演奖、杰出制作人奖、管理奖、评论奖、园丁奖、荣誉奖、特殊贡献奖等13个奖项。

在本届金狮奖评选中，中国国家话剧院共获得包括终身荣誉奖、表演奖、舞台美术奖、评论奖、杰出制作人奖、新剧目奖等在内的六项大奖，七座金狮。其中，赵有亮荣获金狮奖终身荣誉奖；王卫国、刘威荣获金狮奖表演奖；赵艳荣获金狮奖舞台美术奖；颜榴荣获金狮奖评论奖；李东荣获金狮奖杰出制作人奖；《活着》荣获金狮奖新剧目奖。

【媒体报道】第九届全国话剧金狮奖揭晓　长江人艺获多项大奖

◎王理略

12 月 27 日，第九届中国话剧金狮奖暨第六届戏剧奥林匹克奖在山西太原揭晓，长江人民艺术剧院共获得 7 项大奖。作为中国话剧界的最高奖项，本次“金狮奖”评选颁发了 125 个中国话剧金狮奖项，来自全国 107 个话剧艺术研究会理事单位、近 300 人参加颁奖典礼。

曾成功承办第八届全国话剧金狮奖的长江人民艺术剧院在本届金狮奖上收获颇丰。该院副院长贾先银获本届金狮奖经营管理奖，小剧场话剧《打不开的门》、儿童剧《闹闹与精灵》获本届金狮剧目奖。在第六届戏剧奥林匹克颁奖典礼上，长江人民艺术剧院打造的《闹闹与精灵》等 4 台原创剧目荣获戏剧奥林匹克全国话剧院团分会场剧目展演奖。

原载荆楚网，2014 年 12 月 31 日

【媒体报道】中国话剧最高奖“金狮奖”颁奖

◎韩雯雯　秦　玉

每 3 年一届的中国话剧最高奖“金狮奖”，于 2014 年 12 月 27 日上午在山西太原举行了盛大颁奖典礼。大连话剧团收获颇丰，团长初莲荣获第九届“话剧金狮经营管理奖”；首部本土爆笑话剧《这里有情况》荣获第九届“话剧金狮小剧场剧目奖”；《一诺千金》《雷雨》《这里有情况》《给爱留口气儿》荣获第六届戏剧奥林匹克展演表彰。这也是大连话剧团团史上继曾经获得“话剧金狮舞美设计奖”“话剧金狮表演奖”两个奖项后的历史新突破。

“话剧金狮奖”创立于 1989 年，是经中共中央宣传部、文化部批准的中国历史最悠久、影响和规模最大、最专业、最具权威性的话剧艺术评奖活动，为中国话剧艺术唯一的专业奖项，每 3 年评选一次。李默然、黄佐临、于是之、焦晃、徐铮、陶虹、秦海璐等都曾是“话剧金狮奖”的获奖者。

原载《大连日报》2014 年 12 月 30 日

经典剧目《雷雨》有那么可笑吗

【概况】

曹禺创作的《雷雨》是北京人民艺术剧院的经典话剧之一，常演不衰。然而2014年7月22日北京人民艺术剧院公益场演出的《雷雨》却成了爆笑场，2014年7月31日在上海话剧艺术中心演出时，再次遭遇观众笑场。是演员表演太“雷人”，还是年轻学子们不会欣赏？也许正如曹禺之女万方之言：“观众的培养需要一个过程，才能慢慢地从吸引到喜欢，再到热爱。”

【媒体观点】《雷雨》变“笑场”，问题在哪里？

◎《中国艺术报》综合整理

2014年7月22日，北京人民艺术剧院公益场演出的“《雷雨》成了爆笑场”。曹禺先生创作的《雷雨》是北京人民艺术剧院的经典话剧之一，常演不衰，然而让主演们没想到的是，当日他们的表演竟引起大学生观众的“哄堂大笑贯穿全剧”。此事件连日来引发了各界的广泛热议……

[勿让“笑场”伤害严肃创作]

魏信国

北京人民艺术剧院公益场话剧《雷雨》遭笑场，电影《京城81号》被吐槽“笑场连连”，前后脚的工夫，“笑场”就成为最近一段时间的关键词，引起大量关注。一个是曹禺的悲剧经典，一个是主打恐怖的惊悚片，与动辄以“爆笑”为宣传噱头的喜剧相距十万八千里，却纷纷“躺笑”了。不得不说，这是一个令人尴尬又值得深思的现象。因为，它不是个案。

在人们的经验里，“笑场”往往是被当作一场演出事故来看的。《雷雨》被笑场后，在剧中饰演周朴园一角的人艺演员杨立新在微博上表达不满，迅速在网上引起热议。有观众吐槽称“表演 hold 不住”，另一方则认为年轻人不懂经典，“对经典缺乏尊重”。无论实际情况怎样，从剧场文明的角度讲，笑场显然很不应该，而且它的确也干扰了演员的表演。电影《京城81号》被吐槽的笑点则是戏里的台词，“代表作”是勾引观众出戏的那句“他去参加《爸爸去哪儿了》”。一部惊悚片的“诚意之作”，陡然有了“指东打西”的戏谑感。

我看过多个版本的话剧《雷雨》，对于它遭遇笑场，我深感意外。北京人民艺术剧院有着深厚的人文积淀和舞台积累，对其演员的表演我是有信心的。曹禺先生的剧本《雷雨》，更是中国话剧史上惊雷出世般的存在，其经典地位不必存疑。看了网上列举的“笑点”，比如周萍见到父亲就“鸡飞狗跳”，在繁漪面前的手足无措，冒雨到四凤后窗伴随一声霹雳带来的惊悚，我并不以为有什么不妥。即便有些地方有可改进之处，尚不足以“躺笑”。当然，有的人据此指责年轻人不懂戏，认为此事说明了传统文化的失落，可能也有些大而无当。毕竟，报道称看演出的以大学生居多，其能走进剧场，至少说明并非毫无人文追求。

问题出在了哪里？在诸如小三、伪干爹等有违伦常的现实映照下，话剧《雷雨》中某些纯洁的真话可能会被理解为矫情，剧中人命关天的人物纠结也变得荒诞可笑。在此接受语境下，周萍的作为难免让人想起周星驰在电影《喜剧之王》中的形象，笑便有了逻辑基础。而在各种解构、恶搞经典日益流行的当下，除了《雷雨》，像《红楼梦》《三国演义》等经典也纷纷有了“消夏版”“高考版”的搞笑视频。这种无底线的大众娱乐行为，形成了一种浅表浮躁的接受语境，对严肃的演绎无疑是极大的干扰。在我看来，此干扰至少有两个方面：一是对观众造成的影响，如观众在话剧《雷雨》中走神笑场；二是对创作者造成的干扰，如电影《京城81号》中创作者明显刻意为之的“现挂”台词，似乎不过是为博取一乐，与作品的类型定位、主题或人物的塑造毫无关联。这是一个很坏的现象。

“笑”是一个很重要的反馈，在某些特定的情境或文艺类型中，适度营造“笑”果是可以理解的。《雷雨》遭笑场并非主创主演之所愿。《京城81号》引起笑声却可能正中下怀，短短几天其票房就收入数亿元，再没有比这个更有力的“诠释”了。但是，它们就像撕裂开来的布幕，让投射在上面的影像变得扭曲，伤害的都是严肃的创作。谁是“笑场”的始作俑者呢？是接受语境，而其根源又在现实的某些消极面、过度娱乐化的文艺风气。某种意义上讲，“笑场”事件给我们打开了一个文化的维度，让我们有机会去检视自身、直面挑战。改进创作，教育观众，营造良好的文化接受氛围，艺术家责无旁贷。

［各方观点］

杨立新（演员）：昨晚《雷雨》成了爆笑场。原以为这样一个发生在20世纪20年代的惨烈的悲剧，会打动这些生活在幸福中的当今学子们。令人惊诧的是随着台上剧情的发展，人物关系渐渐暴露，舞台下爆发出阵阵欢快的笑声。台上进入了角色的演员们非常不适应，努力调整表演的幅度仍然有很多台词被笑声淹没。文学上的精致、人物关系的复杂，以及台上所有年轻人全部死亡的悲剧结尾，使得《雷雨》毋庸置疑地成为了中国戏剧经典的开山之作。曹禺先生故去多年，《雷雨》仍然在中国的戏剧舞台上多有演出。但像昨晚这样的哄堂大笑贯穿全剧实是少见……《雷雨》的“公益场”真令人失望，这样的“公益场”不演也罢！

陆天明（编剧）：学生们在整场演出中不断笑场。令人艺艺术家们大为气愤。这确实是个值得警惕的信号：在把文化全盘推进市场进行全盘产业化以后，文化产品的商业化、庸俗化、高度娱乐化已经成了一个无法逆转的潮流，已经把一代人的文化审美趣味极度矮化了，同时也反映了他们内在精神层面的空虚和苍白，低俗化倾向同样在不可逆转中。这潮流反过来必将促使一些艺术家们为满足这一代观众的需求能挣到人们的票房钱去制造更多的庸俗商业产品，使更多的年轻人认为，艺术就是在娱乐，就是只要开心就好，怎么开心都无所谓。这种恶性循环已经形成。人艺艺术家受冲击仅仅是个中一例罢了。现在的确要考虑一下了：十年八年后，中国还会不会有严肃艺术和高尚文化产品的立足之地了？“00后”以后的观众进影院、戏院，打开电视机，除了《分手大师》《小时代》等性质的东西以外，他们还能接受别的什么？中国需要不需要喊一声：快救救我们的电影、我们的话剧，救救我们的艺术家，救救我们的孩子和我们的未来!!!

万方（曹禺之女、剧作家）：学生公益场的观众可能没有太多观剧的经验，话剧毕竟不是纯粹的娱乐，还有精神内涵在其中。观众的培养也需要一个过程，才能慢慢地从吸引到喜欢，再到热爱。如果演十场有九场笑场，可说明问题；如果演十场一场笑场，也可说明问题。

张泽群（主持人）：对牛弹琴。不弹才是。他们应先去看自然博物馆，知道人类的进化。再去看历史博物馆，了解社会的进步。再用假期上个补习班，掌握艺术的发展。之后再走进人艺，他们就知道该笑谁了。艺术不是救济物资可以随便分发。北京人民艺术剧院更不是菜市场。

宋凤仪（演员、编剧）：别说《雷雨》的年代，就算“文化大革命”，我们现在说了，如今的学生们都不能理解。我们当时可能是掉眼泪的，但是现在的年轻人只是听说而已。听说和亲身经历差着十万八千里，这一方面话剧需要我们做一些解释，那个时代的特点是什么，年轻人追求的梦想是什么，这样年轻人可能就能理解了。

尚伟（导演）：当代戏剧观众缺乏对于名著的解读，大量的快餐文化涌入生活，低俗且不堪入目。《雷雨》中大量语言是要结合当时时代去观看的，你要去看这样的剧目，就要理解它每句语言出现的背景和必要性。

北小京看话剧（网友）：观众为什么笑，很多人怪罪于这个时代，怪罪于新一代成长起来的青年不懂经典。而作为一个同样看过此版演出的观众，我知道这笑声不仅在学生场。观众们笑的不是剧情，而是被夸张做作的程式化表演所歪曲的舞台现状。

@ZooeyFunny（网友）：观众笑场有三类原因：一是对原著不熟悉；二是时代变化观念不同；三是对故事理解力的差异。去年看《简·爱》也是笑场频繁，罗切斯特对简·爱说你长得也不美时，台下几度笑声一片。分明是原著里很经典的台词，由于大多数人没有看过小说，只想男生怎么可以直白说女生不美呢，遂大笑。

原载《中国艺术报》2014年7月3日

【媒体观点】北京人民艺术剧院演员杨立新微博叙述“意外”——《雷雨》遭笑场是一种审美扭曲

◎贾梦雨

2014年7月24日下午，北京人民艺术剧院经典话剧《雷雨》演员杨立新发出5条微博，称“《雷雨》成了爆笑场”。原来，前一天晚上的公益场《雷雨》，很多大中学生以低价票进场看戏，但让主演们深感意外与尴尬的是，他们的精彩演出竟引起学生们“哄堂大笑”，这种笑“贯穿全剧”。《雷雨》的“笑场”事件一石激起千层浪，一些文化界人士和观众纷纷加入讨论，观点交锋激烈：有人认为现在的年轻观众不懂得欣赏经典，有人则认为《雷雨》剧本和表演与时代有“代沟”。不过，如果我们更深入一步分析，话剧《雷雨》遭遇笑场，不但与当今表层的娱乐氛围有关，更与深层的文化生态有关。

现在是一个娱乐高歌猛进的时代，无论什么东西都要与娱乐挂上钩才能赢得市场，久而久之，“笑”几乎成了衡量艺术作品的评判标准和欣赏方式。很多学生在看《雷雨》的时候，热衷于留在剧情的表层空间：繁漪和大少爷周萍的乱伦；四凤怀了大少爷的孩子；周冲跑到四凤家里表示爱慕；周萍夜探四凤窗户被关……这个时候，在学生们眼里，作为悲剧的《雷雨》就成了喜剧，“笑”成了一种自然反应。有网友表示：“不是所有笑声都是藐视，都是不重视艺术。现在孩子的表达方式与过去不同，过去以正色表达严肃，现在以笑面对生活。他们没把话剧当成修行，而是当成娱乐。”其实，这样的观点似是而非，彼时彼刻，他们的“笑”显得不合时宜，是对悲剧的解构。如今各类文艺作品，包括电视、电影乃至歌舞、话剧等，笑场很多，不过，“含金量”却很低，有的很脑残、很低俗的桥段，也能引发观众们的哄堂大笑，这在《三枪》《小时代》《龙门客栈》等影视剧中表现得尤为明显。从一定意义上说，没有内涵与智慧的“笑”已经成为很多观众尤其是年轻观众的本能反应，正是在这样的娱乐氛围中，即使面对《雷雨》这样的经典作品，他们也总能从里面发现大量的“笑”料。

应该说，北京人民艺术剧院演出的《雷雨》，无论是对原剧本的挖掘还是人物表演上，都达到了一定的艺术高度。不过，现场不少年轻观众不但缺乏艺术水准，还缺乏相应的艺术修养。我们都知道，在一些高雅演出中，即使你不一定非常认可演员的演出，但一定的艺术礼节必不可少。例如，古典音乐会中，什么时候该鼓掌，什么时候该起立，包括穿着、表情等，都有一些约定俗成的“程式”，甚至显得“刻板”，但就是在这样的仪式中，艺术才能够得到最好的尊重与诠释。维也纳新年音乐会，长期以来曲目不变，表演不变，但依然富有永恒的魅力，观众的“虔诚”几乎达到了敬畏的程度。由此观之，年轻观众在话剧《雷雨》演出过程中，不顾情节的演进，不顾演员的表演，由着自己的性子发出放肆的笑声，这样的笑声，不但刺耳，而且让人感到悲哀。

文化修养缺乏，其实还是表层的方面，从根本上说，是文化审美的扭曲。如今，很多人尤其是年轻人中，存在着一定程度的文化虚无主义，对严肃、崇高、悲悯等缺乏共鸣，更不要说产生敬意，反过来，却对一些低俗、空虚、无聊的东西趋之若骛。一方面，沉溺于碎片化的文化氛围中不可自拔；另一方面，对一些文化经典充满了戏谑与嘲讽。因而，一些年轻观众在看话剧《雷雨》的时候，对悲剧性的东西已经失去了最起码的感知，更不要说在审美空间产生共鸣。这与平时热衷于消遣性、功利性阅读，却对人文性、经典性阅读比较冷漠如出一辙。当然，经典话剧《雷雨》毕竟年代久远，跟当下时空存在一定的反差与错位，如果在不改变原著精神的前提下，在表演上适当做一些改进，可能效果会更好一些，也能在一定程度上减少笑场。

《雷雨》演出中的笑场，一定程度上折射了当今的文化生态。长期以来，我们的一些文化艺术作品，要么充斥着假大空，一副真理在握、舍我其谁的派头；要么充斥着娱乐八卦，一副消极放纵、随波逐流的架势。我们一方面生硬地把一些东西塞给大众，另一方面又不分青红皂白地迎合大众，在这两种力量的拉扯与“合谋”之下，久而久之，社会上充斥着一种涣散的、浮皮的、虚伪的、无聊的文化氛围，而真正优秀的文化，常常无人问津。话剧《雷雨》遭遇的笑场，应该让我们深思，更应该让我们警醒。

原载《新华日报》2014 年 7 月 29 日

【媒体观点】《雷雨》台词夸张有代沟　笑场属必然？

◎柏　琳

7 月 18 日晚，北京人民艺术剧院“镇院之宝”《雷雨》再次登上首都剧场的舞台，然而，7 月 24 日北京人民艺术剧院演员杨立新在其微博上连发 5 条帖子，对 22 日晚公益场《雷雨》遭学生观众笑场，表达强烈不满。“像昨晚这样的哄堂大笑贯穿全剧实是少见……《雷雨》的‘公益场’真令人失望，这样的‘公益场’不演也罢！”

帖子发出后，《雷雨》笑场事件在微博上掀起波澜，文化圈人士和观众群体议论得热闹，看客乐得疯狂转发，无非是两种观点：观众太差——学生观众素质低，欣赏不了经典戏剧；戏不好——创作组老套夸张的表演方式让人“不得不笑”。在这个新媒体占领世界各方角落，多屏幕连环轰炸感官的“互联网 3.0 时代”，“哄堂大笑”究竟该赖观众还是赖演员？为此，我们电话采访了三位“90 后”观众，他们都是艺术爱好者，面对文化圈说其“素质低下”的指责，年轻的他们显得既“委屈”，又理性。

“整个笑场事件，谴责年轻观众浅薄，我感到委屈，说学生观众‘哄堂大笑’更是不恰当。当时我就在现场，作为一个戏剧专业的学生，我在观看过程中也忍不住笑了出来。但这是因为这个演出‘戳到了观众的笑点’，而非观众的嘲笑。我看戏的时候，旁边有一个男同学，他边看边笑，简直笑得要钻到椅子底下去了。他看得特别投入，并不觉得戏不精彩，他是真心觉得这个戏好笑，他完全进入了。”

“我们这代人（‘90 后’）去看《地道战》《红色娘子军》这类电影，都会忍不住想笑。这次是同样的道理。因为理解不了人物的感觉。比如演出中，四凤、繁漪和周萍之间的互动，那种方式太夸张了，完全进入不了生活，大家很不适应。”

“‘90 后’的年轻观众，更爱看到那种‘如呼吸般自然’的演技，像吃饭睡觉一样地浑然天成。可是人艺的演绎方式有些拿腔拿调，说话方式又像 20 世纪 80 年代的译制片一样，经常出现如‘哦！亲爱的’那样的对话，让人鸡皮疙瘩掉一地，又忍不住想笑，我们觉得荒诞，笑出来很自然。”

“我高中时代《雷雨》就是课本里的经典，老师还带着大家去看话剧，到了大学里，每次排演《雷雨》大家都会笑，因为部分台词太夸张太脱节了，比如四凤说话的口气和腔调让人头皮发麻。”

“很多‘90 后’甚至‘00 后’都是在屏幕前长大的，习惯了用看电视和电影的思维去看戏剧，这种娱乐的心态自然会让老一辈的文化人不能接受，可是社会需要给年轻观众时间，不能因为他们对不理解的东西笑了一次，就放弃他们。”

“23 日的演出现场，在某些情节时全场都笑的情况也发生了，但持续时间短，频率低，很多时候纯粹是因为语言表达方式的‘代沟’带来笑点。”

“白话文初期的语言和现代汉语差别不小，‘我们拉拉手吧’之类的句子放在现代谁都会觉得囧。创作组这么写应该能想到观众的可能反应，强迫观众此时保持正经严肃简直就是道德绑架。”

“演员在阐释角色性格的时候很多舞台表现由于太过夸张而让人忍俊不禁。周萍的某些动作太娘炮了，而周萍夜探四凤窗户被关那一段，就像惊悚片一样啊！”

“人艺《雷雨》笑场事件，观众会笑，是因为这出《雷雨》只剩‘不变的剧情’，在‘多屏联播’的多媒体环境中，年轻的观众早就学会在各种视频软件中观看世界各地的影视节目，早就习惯了情节更为复杂紧密的英美剧，《雷雨》中那些乱伦、自杀等激烈的经典冲突桥段在我们看来‘狗血’极了，即使文学层面再精妙，观众也很难再被折服，相反会觉得很荒诞。”

“新一代的年轻观众并非只会去看那些适应快消费、娱乐性强的减压戏剧（如《开心麻花》），但是多媒体的环境确实让他们对那些单纯以情节取胜的老剧目不稀奇了。《雷雨》把自杀、乱伦、社会贫富冲突等悲剧都集中到了一块儿，这很可能是中国戏剧史上的第一次，但这些在现在的影视作品中已经遍地开花。学生观众再看这样的戏，只会不理解，为什么这种现在见怪不怪的题材，曹禺当时写出来就伟大得不得了？”

《雷雨》这样的经典剧目，如何成为年青一代的“新经典”？以如今年轻人的文化背景和社会见识，看到《雷雨》中的剧情冲突，觉得可笑也不奇怪。商业电影、网络文学等确实分流了我们对高雅艺术的注意力，可是总会有这样一个时期，年轻人厌倦了快餐文化，厌倦了《小时代》，需要一些缓慢、深刻的东西去安慰灵魂。戏剧是可以做到这一点的。

遗憾的是，现在高雅戏剧被其他影视产品“一边倒”地冲击，@HANA 就是 HUA 认为问题的症结在于“戏剧在社会上根本没有普及，很多人都是跟风看戏，观剧体验不足，应该多给我们一些时间。像《雷雨》《茶馆》这样的高雅戏剧如果再不和观众亲近，慢慢地可能会和戏曲一样让大家觉得曲高和寡了，变得像个尴尬的怨妇，或者被放到博物馆，和观众渐行渐远。和观众亲近并不是说要讨好我们，而是希望老一辈的艺术家们放低一些，带着年轻人进入大门”。

原载《新京报》2014 年 7 月 28 日

【媒体观点】话剧《雷雨》频遭笑场引反思　文化断层致理解隔阂

北京人民艺术剧院经典话剧《雷雨》日前在上海上演，整整 3 个小时的演出中，场下笑声不断。这样的情形不只发生在普通观众中。前一晚彩排，不少上海戏剧圈的专家、媒体记者在台下观看，笑声此起彼伏，观剧体验十分欢乐。这一来，该剧此前在北京发生的学生公益场“笑场”就不再是偶然事件。

有观众就是来看是否好笑

周冲的脸上两大块胭脂“很傻很天真”，四凤“表演做作”，繁漪“看上去足有 50 岁，大热天穿丝绒旗袍”……在网友毫不留情的拍砖下，此版《雷雨》频频让观众忍俊不禁。甚至角落的窃笑最后演变成全体观众的哈哈大笑。30 多岁的观众徐小姐直接笑出了声。“我看过《雷雨》，知道它的人物设定、故事情节，可这次怎么看怎么好笑。”

上海话剧艺术中心副总经理喻荣军也在台下跟着乐。“《雷雨》为什么会引人发笑，的确值得深思。”他说，“《雷雨》本来就有很多点好笑，这一版演员对表演继承得也不够鲜活。”不过，他把话又说了回来，“观众的心态不对。因为前面出了笑场的事件，很多观众来看这个戏，就是想来看《雷雨》到底好笑不好笑的。当然，整个戏看完之后还是非常震撼的。对剧院来说，还是要有坚守，不能一味迎合观众”。

文化断层导致理解隔阂

受北京公益场“笑场”事件影响，此版《雷雨》在上海演出前，导演顾威在剧场门口被团团围住。对于在北京遭笑场，顾威称自己的反应并不激烈，他也多次见过《雷雨》招惹笑声。

“比如最后一幕周萍带着四凤要私奔，繁漪推出周冲来阻拦，周冲说‘我没什么可说的，你带她走吧’，每次演到此处，学生观众就会哄堂大笑并鼓掌。”顾威说，“我就不明白了，这是一个乱伦的私奔，居然还笑、还鼓掌。结果，现在只要对着学生，一演到这儿演员就犯怵，不知道该怎么弄。”

顾威也听了很多意见，“有人说我们该内部检查，可能是表演不到位。20 世纪 50 年代，朱琳演出鲁侍萍时，一句‘你是萍……凭什么打我的儿子’，老被观众笑，于是朱琳就把这句词拿掉了。后来周总理看完戏，给她打电话问那句词为什么拿掉？朱琳说，我说不好，一说观众就笑。周总理说，那是你们演员的问题，不是曹老爷子写的问题，这词儿一定要说。后来朱琳调整了表演，观众就不笑了。”

更多人将《雷雨》遭笑归结于时代。“我知道这不是学生的问题，而是学校、老师的问题。他们还懂不懂得什么叫经典，什么叫权威，什么叫作追求？”

这两天，许多戏剧界人士纷纷对《雷雨》笑场事件进行反思。戏剧评论家刘茂认为，杨立新不满学生观众笑场，这事儿值得深思。《雷雨》笑场事件，不应一味恼怒于年轻观众，如何让年轻观众在经典里找到自己、找到真正心灵在场的体验，才是戏剧人应该深思的问题。

原载《东方今报》2014 年 8 月 7 日

【媒体观点】《雷雨》演到上海，为何仍然笑场？

◎何勇海

北京人民艺术剧院经典话剧《雷雨》在沪上演，整整 3 个小时的演出中，场下笑声不断。这样的情形不只发生在普通观众中。前一晚彩排，不少沪上戏剧圈的专家、媒体记者在台下观看，笑声此起彼伏，观剧体验十分欢乐。（8 月 4 日《新快报》）

此前，同一班人马主演的同一剧目《雷雨》在北京上演，是北京人艺常规的“公益场”，即专向大中学生的低票价专场。未想演出中屡屡有观众在不该笑的地方哄堂大笑，令本轮出演周朴园的杨立新连发多条微博，对《雷雨》遭遇观众笑场大表不满。想不到演到上海又遭笑场，看来，该剧在北京发生的学生公益场笑场，不是偶然事件。

话剧《雷雨》展现了一个发生在 20 世纪 20 年代的惨烈悲剧，骨肉分离却以仇人身份相见，兄妹手足却迸发出爱情火花，封建思想和自由主义强烈对抗……对伦理纲常的鲜明关注，对人情冷暖的深刻剖析，使它成为中国话剧史上“悲到让人无从流泪无从释然”的悲剧。如此一部被公认的经典悲剧，本应打动生活在幸福中的当今学子才是，缘何舞台下爆发出的却是一阵阵欢快的笑声？

这首先折射出一些年轻观众艺术修养缺失，悲喜观念颠倒，道德评判观念混乱。如今是个文化多元、观念多元的时代，各类电子媒体带来的快餐文化大量入侵，各类选秀节目风起云涌、高歌猛进，《小时代》等青春偶像剧拉拢迎合，又有多少年轻观众喜欢观看严肃话剧？再加上他们对中国戏剧经典的开山之作《雷雨》的写作背景可能还不太了解，哪懂得作者“以一种悲悯的情怀来俯视这群地上的人们”的用意？

甚至可以这么说，《雷雨》公益场成“爆笑场”，还凸显一些年轻观众对传统艺术缺乏最基本的尊重。话剧表演毕竟不是纯粹的娱乐搞笑，还有热爱传统艺术的精神内涵蕴含其中。传统艺术呼唤年轻观众，年轻观众也要尊重传统艺术，尊重一心为戏的话剧演员。在这个娱乐至死的时代，北京人艺的演员们还在秉持严肃和诚意，坚守对艺术创造的笃定追求，实在是难能可贵。遇到频繁笑场，委屈与愤懑亦在情理之中。

除观众因素，《雷雨》成为年轻观众眼中的“雷剧”，或许也有《雷雨》台词和表演与时代有代沟之故。比如有观众认为，“演出中角色之间的互动方式太夸张”“演绎方式有些拿腔拿调”“说话方式像20世纪80年代的译制片”等。《雷雨》自首次公演至今已有80年，被无数次搬上舞台，成为北京人民艺术剧院的“看家戏”。但剧本好不等于演出好，其剧情、台词、演出风格等如何面对一代又一代年轻观众，如何根据新的观演关系做出新调整，值得深刻反省。

《雷雨》遭笑场不是一个孤立现象，再次证明传统文化的失落。一部青春偶像剧即使含金量很低、恶评如潮，亦能引得趋者如鹜，赚得盆满钵满；一部充满悲悯情怀的经典悲剧即使振聋发聩，亦会被一阵阵不正常的笑场所干扰。如此荒诞的现实，难道不是传统文化失落、文化语境失衡的表征吗？如何进一步弘扬传统文化，提升年轻人的艺术修养，扭转社会的文化审美扭曲，如何让经典超越时代，是不可松懈的命题。

编辑点评：

一部悲剧，硬生生被演员和观众“演”成了喜剧。观众或许不太“厚道”，演员们或许更需反思自己的表演方式。

原载东方网，2014年8月5日

娱乐化戏剧

【观点】娱乐化戏剧：别因速生而速朽

◎宋宝珍

美国学者波兹曼在其著作《娱乐至死》中表达了一种忧虑：毁掉我们的不是我们所憎恨的东西，而恰恰是我们所热爱的东西。

中国戏剧这些年取得了有目共睹的成就，但是随着后现代文化思潮泛滥，戏剧的庄严感和严肃性被当成传统的羁绊，在商业化大潮中被怀疑、稀释，娱乐化戏剧则像可乐、炸鸡式的快餐一样流行开来。个人欲念的赤裸呈现、消费上的感官刺激、享乐主义的文化心理，在给予观众肤浅的官能快感的同时，也弱化了戏剧关注现实、反思人性的深度，甚至让一部分戏剧疏离了公共价值、美学旨趣和社会道义。

戏剧具有娱乐功能，这是不可否认的事实。改革开放之初，戏剧观念和艺术进步的标志之一，就是涤除“文革”时期的不良影响，让艺术作为人类精神灌注其中的产物，重回艺术本体。从大批判时代的金刚怒目到21世纪的笑逐颜开，不能不说是当今中国文化进步的一个标志。

然而，戏剧的娱乐功能与娱乐化戏剧，不可混为一谈。前者是戏剧的多种美学功能之一，后者是“只见树木不见森林”式的偏执；前者遵循艺术规律，以潜移默化的方式传达艺术价值和美感经验，后者则在否定传统、无视标准的前提下，将戏剧当成了消遣、玩乐的工具。娱乐化戏剧也不同于传统喜剧，传统喜剧以狂欢与嬉戏精神做反抗，以引人发笑的方式实现对现实弊端和人性缺憾的讽刺与批评。小丑的假面背后常有悲情泪影，因此，柏格森认为笑的余味是苦涩的。娱乐化戏剧则以嬉戏和搞笑为目的，将有价值、无价值的东西一股脑儿贬低，将洗澡水与孩子一同泼出去，让观众在一种扑面而来的荒诞感中，以莫名其妙的笑声做出直观反应，然而笑过之后，却没有多少思想共鸣和审美认同，反而对现实人生产生无力感和空虚感。

自2014年年初，原本热热闹闹的减压喜剧、爆笑喜剧遇到了瓶颈，以前火爆的剧场人气难以为继。这既是因为喜剧的创作、演出绝非易事，也是因为一些剧团总是重复既有的创作模式，简单摘编网络段子，反复戏仿流行的娱乐现象，频繁使用夸张的肢体语言和地域方言，观众对此失去新鲜感，甚至产生厌倦感。旨在争取最多数观众的娱乐化戏剧，因为同质化、低水平的自我重复，正在失去观众。

娱乐化戏剧以追求商业利益为目的，它并非不关注现实人生，但只是关注当下流行文化的趣味表层，以吸引眼球、追求票房为前提，社会流行什么，观众想看什么，市场需要什么，戏剧就制造什么，“包子、馒头、热乎饼，想吃麻花现给你拧”：白领成为话题，就产出白领戏剧；《武林外传》时髦，就制造同名话剧；“80后”开始怀旧，《李雷与韩梅梅》显形；“剩女”引人关注，《钱多多嫁人记》问世……正所谓“娱乐戏剧是个筐，什么都可以往里装”。市场运行的速度越快，求新求快的愿望越强，草率推出的急就章就越多。娱乐化戏剧是流行的，但由于文化积淀的匮乏，加之流行的多变性，它又常常是短命的。一方面是花样翻新；另一方面是速生速朽，成为娱乐化戏剧的自反性宿命。

在剧作《海鸥》中，契诃夫指出，只有严肃的戏剧，才是美的戏剧。而娱乐化戏剧显然是拒绝严肃的。它披着现代性外衣，打着流行化旗帜，以对严肃问题“事不关己，高高挂起”的态度，以自我调侃和自我矮化的游戏方式，在碎片化、无厘头、无主题恶搞、无底线调笑中，实现犬儒主义的得过且过的精神胜利。娱乐化戏剧以强调剧场性为前提，拒绝文本，轻视内涵，无意对社会人生进行深刻的反思和阐释，戏剧的意识形态色彩被商品属性遮蔽，思想性和艺术性被选择性遗忘，至于文化积累和价值增长根本谈不上。发展至今的人类史表明，文化价值和终极关怀不可或缺，艺术对其不能视而不见。娱乐化戏剧显然漠视了自身的文化价值。

具有娱乐属性的戏剧不是不需要，而是不可过度，不能泛化。娱乐化戏剧看起来很时髦，很轻松，很惬意，宛如生产线上出产的快餐食品，经商业策划包装上市，吃起来有味，能够快速满足消费欲，甚至会让人产生依赖心理，但是，长此以往，则会造成人体的营养失衡，对健康有害无利。

原载《人民日报》2014 年 10 月 10 日

【媒体观点】小剧场剧娱乐化不是唯一成功手段

◎孙丛丛

第五届山东国际小剧场话剧展演正在济南举办。17 部小剧场话剧集中展演，对于热爱话剧的观众来说是一次艺术盛会。

其实，小剧场话剧风靡，仅是近 10 年的事。看过小剧场话剧的观众都津津乐道于其在理念、舞台呈现、观演关系上的全新体验。它不局限于传统的剧场环境、情节叙述、结构范式，比如经常打破戏剧的常规叙事；走出剧场，来到食堂、体育馆演出；或者形成一种多元、多变的演剧模式，使观众感受到现场的互动、触摸到一片洞开的艺术天地。相对于传统话剧而言，小剧场话剧意味着一定的先锋性、实验性与探索精神，成为“新”“奇”“特”的代名词。更重要的是，作为对主流戏剧表达的不满足，小剧场话剧带有一定的实验性和反叛色彩，它将目光投向了对人内心的开掘和对社会深层问题的思考。

在一段时间内，针对大剧场演出不景气的现象，小剧场话剧通过调整观演距离，进行结构样式的探索等来实现自身表达的突破，为话剧市场带来了鲜活的生命力。《车站》《挂在墙上的老 B》《美国回来的妻子》《恋爱的犀牛》等小剧场剧目代表了一定时期话剧人的探索。

而近年来，随着小剧场话剧在商业上不断取得成功，以爆笑、取乐、游戏、悬疑为元素的小剧场话剧逐渐升温，像其诞生之初那种探讨生命意义、生存境遇等哲理命题的作品越来越少。小剧场话剧甚至被看作投资少、回报快、门槛低的商业运作模式，其制作逐渐走入了娱乐至上、迎合大众的误区。

当《临时居所》《蒋公的面子》等表现亲情的失落与伤痛、知识分子的面子与境遇等具有理性内涵的剧目作为学院派探索出现时，进入市场更多的却是像《有多少爱可以胡来》等以平面、娱乐为主的白领戏剧。本次展演的剧目中也反映出类似的问题，尽管肢体剧、悬疑剧、音乐剧等形式不一而足，但娱乐元素远胜于观念探索。

平淡的夫妻生活，因为丈夫要与情人约会不得已邀请朋友来做掩护，出人意料的是自己的妻子竟是朋友的情人。而随着一个“闯入者”——厨师的到来，原先的布局被打乱，故事更加扑朔迷离……由天津人民艺术剧院演出的《第四者晚宴》，原本戏剧情境极富张力、人物关系开掘深入，但舞台呈现也难免走上了哗众取宠之路。一方面要以笑剧、闹剧的方式赢得观众；另一方面又要展示婚姻背后的沉重议题，在抖出一连串的笑料后，将近剧终却板起脸说出“活在当下，要在不打扰别人幸福的前提下享受自由、快乐”这个严肃话题，笔者理解创作者意欲实现“有意思又有意味”的形式，而转变的突兀感却让观众难以心悦诚服地接受。在这点上，它倒不如日本团体带来的《表演》，干脆将实验、片段、拼贴玩转到底，在平面与娱乐化的外表下，间或有灵动的创意、表演的魔力以及即兴互动引来的动人心魄的狂欢。

笑过之后，走出剧场，小剧场剧目为观众留下了什么？为什么外在噱头、幽默场面成为小剧场戏剧在商业化道路上“狂奔”的一条捷径？诚然，轻松、娱乐让小剧场成了诸多观众的解压利器，同时也成为投资方票房获胜的一大法宝。但因此就将其作为与商业化互为表里的“短平快”产出模式，甚至那些有一定内在逻辑和哲理内涵的文本创作也甘愿跟风，被落俗地打造为毫无戏剧结构的“搞笑片段串烧”，这只说明了话剧人责任的旁落。因为，小剧场话剧的生态不光只有娱乐化，思辨性、哲理性与探索精神仍然不能缺失；观众需要“开心麻花”式的爆笑演绎，同样需要触摸灵魂、反思生命与人性的力作。面对一些变了味的实验，有的观众甚至呼吁《哥本哈根》等小剧场经典的回归，对此，我们不能不有所思考。观众始终是挑剔的上帝，他们也未必愿意一直被取悦，创作者若一味匍匐在地上，岂不既失了专业性又失了脸面？

原载《中国文化报》2014 年 1 月 14 日

【媒体观点】娱乐化戏剧正失去观众

◎杨雪梅

中国戏剧这些年取得了有目共睹的成就，但是随着后现代文化思潮泛滥，戏剧的庄严感和严肃性被当成传统的羁绊，在商业化大潮中被怀疑、稀释，娱乐化戏剧则像可乐、炸鸡式的快餐一样流行开来。个人欲念的赤裸呈现、消费上的感官刺激、享乐主义的文化心理，在给予观众肤浅的官能快感的同时，也弱化了戏剧关注现实、反思人性的深度，甚至让一部分戏剧疏离了公共价值、美学旨趣和社会道义。

戏剧具有娱乐功能，这是不可否认的事实。然而，戏剧的娱乐功能与娱乐化戏剧，不可混为一谈。前者是戏剧的多种美学功能之一，后者是“只见树木不见森林”式的偏执。娱乐化戏剧也不同于传统喜剧，传统喜剧以狂欢与嬉戏精神做反抗，以引人发笑的方式实现对现实弊端和人性缺憾的讽刺与批评。娱乐化戏剧则以嬉戏和搞笑为目的，将有价值、无价值的东西一股脑儿贬低，以莫名其妙的笑声做出直观反应，然而笑过之后，却没有多少思想共鸣和审美认同，反而对现实人生产生无力感和空虚感。

具有娱乐属性的戏剧不是不需要，而是不可过度。娱乐化戏剧看起来很时髦、很轻松、很惬意，宛如生产线上出产的快餐食品，吃起来有味，但是长此以往，则会造成人体的营养失衡，对健康有害无利。

原载《人民日报》2014 年 10 月 11 日

【媒体观点】北京小剧场戏剧的泛娱乐化倾向探究

◎陶　朋　朱　江

一、北京——小剧场戏剧两次浪潮的主阵地之一

小剧场戏剧作为一种席卷全球的戏剧运动，最早出现于 19 世纪末，以法国人安德烈·安图昂于 1887 年在巴黎组织的“自由剧场”为标志。我国的小剧场戏剧运动发生于 20 世纪 20 年代，1921 年在上海由汪优游和夏氏兄弟（夏月珊、夏月润）发起组织的“民众戏剧社”打出了“非营业的性质，提倡艺术的新剧”的旗号；随后，陈大悲又发起了“爱美剧”运动；继而又出现田汉领导的“南国社”……在中国小剧场戏剧的第一次浪潮当中，除了北京人民艺术剧院剧专之外，其他的剧社都是在上海发起成立，并波及江苏、浙江、广东等地。

1982 年北京人民艺术剧院推出的由高行健、刘会远编剧，林兆华导演的《绝对信号》则发出了小剧场戏剧第二次浪潮的“绝对信号”。1989 年在南京举办“首届中国小剧场戏剧节”，1993 年在北京召开“中国小剧场戏剧展暨国际研讨会”，通过两次比较正式且隆重的展演，小剧场戏剧才逐渐“从剧人们的寂寞实践一变而成为戏剧理论热点笼罩下的呐喊疾呼与热闹景观”。小剧场戏剧的第二次浪潮打破

了长久以来僵化的舞台，调整了观演关系，重新体现到戏剧的本质，找回了戏剧的活力与魅力，给中国内地的戏剧发展提供了无限生机。

二、先锋姿态下的北京小剧场戏剧

北京的小剧场戏剧以一种悄然生长的态势存在于戏剧之林，除了国家院团断续排演小剧场剧目以外，吸引了众多眼球的应该是一群"选择戏剧为自己生活方式"的年轻人，他们渴望通过自己的戏"给每一位观众带来审美的提高和情感的升华"，希望"煽起自己残存的一点热情，坚守自己赖以生存的栖息地，用更坦率、更清醒、更机敏的态度来回报别人投来的目光"，把"戏剧作为'理想的现代艺术'总是站在最高处向人类心灵的最阴暗面宣战"，凭着这种近乎执狂的热情，他们以一种先锋的姿态对戏剧进行着革命性的实验和探索，其中尤以牟森和孟京辉最具代表性。

有人戏称之为"双 M 时代"，他们在小剧场里以一种无所畏惧和忘乎所以的态度进行着戏剧革命，在实验戏剧这一步上迈得更大，做得更极端，当然也引来不少非议。总之，牟森和孟京辉此时的小剧场戏剧作品呈现出一种"先锋、实验、非主流"的显著特点。需要说明的是，在 20 世纪 90 年代的北京，并非只存在牟森和孟京辉这一种类型的小剧场戏剧，只是他们将小剧场作为阵地，开发了自己的一片疆土，并给了戏剧界一些地位上的震动和格局上的改变，小剧场剧目的丰富还仰靠其他一些戏剧工作者的勇敢的尝试和努力的探索。

三、当今北京小剧场戏剧的"泛娱乐化"倾向

孟京辉等导演在商业市场上的成功，带动了一批年轻人在小剧场这片天地里大显身手。截至 2009 年 5 月，"在北京，光是注册了公司的民营剧团就已有 51 家"。这其中既有"孟京辉戏剧工作室"，也有邹静之、万方、刘恒联手创办的"龙马社"，但所占比例最多的是一批年轻人组织的民营剧团。但今天这些民营剧团的目的和定位都极其明确，无论是在剧本创作、市场运营还是剧场演出当中，他们都把目光锁定在都市的年轻白领和大学生身上。

下面不妨举例。

（一）戏逍堂

戏逍堂的"堂主"叫关皓月，作品主要有《到现在还没想好》《我贵姓?》《自我感觉良好》《今年过节不收礼》《有多少爱可以胡来》《中西结合要你命》《满城全是金字塔》等。

（二）盟邦戏剧

盟邦戏剧的创始人是车向蓝，出品的话剧有《如果我不是我》《我不是李白》《同桌的你》等。

（三）大可乐剧社

大可乐剧社的社长是张志杰，他们的作品有《将话剧进行到底》《寻话记》《办公室有鬼 2 之谈谈情、跳跳槽》《Mr. 情剩儿》《一夜疯狂》等。

（四）哲腾文化

哲腾文化的总监是傅若岩，其作品是《达人未爱狂想曲》《彩虹猪向前冲》《东游记》《高尚以后怎么爱》《收信快乐》等。

（五）雷子乐笑工厂

雷子乐笑工厂的总裁是张成晓勇，"厂长"是雷子乐，他们的作品有《天生我 song 我忍了》《全村就我光着腚》《糖生要娶白骨精》《唐朝也有流星雨》《爱你就要背靠背》《爱情来了你就上》《天使为啥来我家》《青鸟那是必须的》等。

（六）红剧坊

红剧坊由贾立珠、高亮等一群年轻人创建，创演的作品有《拿什么整死你我的爱人》、续集《拿什么整死你我的亲人》《天生一个电灯泡》等。

（七）大鬼创作兵团

大鬼创作兵团以"大鬼"、孙渤涵和王庆泽等人发起成立，作品主要有《满城全是金字塔》《2064

之月亮之上》《盗版 DVD 之疯人院飞了》、续集《盗版 DVD 之疯人院飞来飞去》《幸福中国》《时尚耀中国》《古屋丽影之催眠夜》等。

以上剧目几乎占据了 21 世纪 10 年来（尤其是近 5 年）北京小剧场戏剧演出的全部份额，它们虽然在创作上良莠不齐，在收入上也盈亏不定，但始终是在顽强地挣扎，坚持着生存，活跃着北京的演出市场。当搜集以上这些民营剧社资料的时候，惊奇地发现其编剧、导演、演员以及制作人，大多是“70后”或者“80 后”的青年，他们当中有的是科班出身，有的是非专业的戏剧爱好者，他们将小剧场戏剧作为创业的一个方向，想从商业戏剧中分得一杯羹。比如其中做得最大、运营最好的“戏逍堂”自 2005 年成立以来，确实实现了盈利，而且还奔着将戏剧产业工业化的目标去努力，关皓月的理想就是“像麦当劳那样打造一个遍及全国的戏剧院线”，看来这个理想现在变得越来越真实，“除了北京，在上海、深圳、银川和济南开出了四家连锁店，加盟商在自己所在地租一个剧场，复制戏逍堂的产品就可以了”，它们的发展势头非常好，当下北京小成本制作的商业戏剧盛极一时，成了众人追逐的香饽饽。当然，21 世纪的北京小剧场戏剧也不全部都是民营剧社在演出，也有一些国家院团和体制内的导演在搞一些新戏，追求艺术上的精进和探索，比如林兆华的《故事新编》（林兆华戏剧工作室，2000 年）、《盲人》（北京人民艺术剧院，2008 年），李六乙的《非常麻将》（北京人民艺术剧院，2000 年）等。

四、对于北京小剧场戏剧发展的思考

一方面，我被以上民营剧社创办者的创业决心和毅力所深深打动，被他们戏剧作品中的创意和构思深深折服，对他们活跃了话剧艺术，带领更多年轻观众走进剧场表示深深敬意；但另一方面，对此也表现出非常忧虑和担心，因为小剧场商业戏剧的第一目标就是赢利，为了赢利就要争取更多观众和更多票房收入，为了观众和票房就不得不一味地迎合大众（有时候是庸俗、低俗甚至恶俗的）口味，围绕流行的卖点做一些噱头，使观众在剧场里获得短暂的娱乐。而基于运行成本的考虑，一个剧社的长线发展靠“短平快”的运行模式来加快投资和回收的速度，就难免造成某些作品的粗制滥造。

单从以上剧目的名称就可以发现，大多数民营剧社的作品都以“爆笑喜剧”“雷人闹剧”的形式推出，内容无非以都市爱情以及社会中时尚的影视或流行歌曲为招牌，将各种热门关键词混搭、拼贴在一起，逐渐形成了一种特有的戏剧形式——“减压戏剧”，各个演出团体竞相以一种“保证观众看过之后笑 × × 次，鼓掌 × × 次”为宣传口号来招徕观众。如果充斥在北京小剧场里的都是这样一些作品，对于观众，对于小剧场戏剧的发展以及整个戏剧生态的平衡都未必是一件好事。

话剧艺术并不排斥娱乐性和趣味性，但当它们成为首要目的和主要内容时就令人担忧了。尤其是小剧场戏剧，我们从北京的小剧场戏剧发展的历史脉络来看，从早期的“爱美剧”到“先锋实验戏剧”再到今天小成本制作，以商业模式运营的“小剧场戏剧”，它现在已经远远背离了其“内容的思辨性与形式的实验性”的本质，而走上了一条“大众娱乐，娱乐大众”的“快餐文化”之路。从打着贺岁旗号一路走来的“翠花”“麻花”及“韭菜花”系列，以其超级搞笑的形式和爆炸式的宣传炒作为手段，已经赚得盆满钵满。面对日益增多的“文化快餐”，王晓鹰导演曾打过一个非常确切的比喻：“现代都市文化不能没有‘快餐’，就像现代都市少不了‘麦当劳’‘肯德基’一样。但是‘快餐’永远只能是‘大餐’的补充而不能取代‘大餐’。”这正是我们现在这个话剧艺术市场所面临的一个严峻形势，“快餐”仿佛有取代“大餐”之势。北京当下小剧场戏剧艺术的生态极不平衡，观众希望看到各种艺术样式的戏剧作品出现在剧场里（包括以上众多的戏剧作品），可是这样的“泛娱乐化”极其严重的小剧场戏剧不应该成为一种唯一或主流的戏剧样态。

可是，要改变和维持话剧艺术的生态平衡，就需要政府和社会的大力帮助和支持；需要我们的戏剧工作者明确戏剧艺术的美学追求和品格，创造思想性和艺术性以及感染力更强的戏剧作品；需要我们的观众丰富观剧经验和提高自身的审美层次。

原载《长城》2014 年第 6 期

作品

话剧

【话剧《三人成“唬”》】

2014年1月26日，话剧《三人成“唬”》在北京人民艺术剧院实验剧场上演。

编剧：刘纪铭

导演：杜小川

主要演员：王雅迪、刘纪铭、张丛晓、贾媛

内容简介：本剧讲述临县县衙府里的包师爷作风正派，被百姓亲切地称为“五好师爷”。不料一日请客吃饭之后，把自己身上最重要的东西落在了酒楼老板娘吕帽子的闺房之中。在一群人越帮越忙的“协调”下，整个事情都偏离了大家的初衷。作品针对当下网络的谣言问题，通过古装戏的形式展开讨论。

【话剧《致青春》】

2014年2月9日，话剧《致我们终将逝去的青春》在中国国家大剧院戏剧场上演。

编剧：关渤

导演：何念

主要演员：甘露、戴墨

内容简介：在一所男多女少的理工院校，郑微和阮莞两大美女很受瞩目。富家公子许开阳便是郑微众多追求者中很有实力的一位，而阮莞用她特有的清冷守护着对于爱情的忠贞。一次偶然的误会使郑微与老张室友陈孝正结为死敌。在一次次的反击中，郑微惊讶地发现自己爱上了这个表面冷酷、内心善良的高才生，于是疯狂地反击演变为死缠烂打的追求，而陈孝正也终于在强攻之下缴械投降，欢喜冤家终成甜蜜恋人。

大学四年时光匆匆流逝，毕业在即的郑微憧憬着美好的未来，却再一次遭遇晴天霹雳：陈孝正迫于家庭压力选择出国留学，却迟迟不敢告诉郑微。感觉再次被欺骗的郑微痛苦地离开陈孝正，却遇到搂着新欢的许开阳，两相对比更觉世界的荒凉。但大家终于四散。

18岁的郑微满怀期冀地步入大学校园，开始她的追爱之旅。原来，郑微从小便与邻家林静大哥哥青梅竹马，此次终于如愿考上林静所在学校的邻校，可以开诚布公地与之交往了。谁想迎接她的不是心上人的怀抱，而是命运的捉弄——林静出国留学，杳无音信。郑微备受打击，患难时刻却与室友阮莞、朱小北、黎维娟及师哥老张结下深厚友谊，在他们陪伴下慢慢走出心结。

【话剧《关系》】

2014年2月20日，话剧《关系》在北京人民艺术剧院实验剧场演出。

编剧：万方

导演：任鸣

主要演员：丁志诚、邹健、梁丹妮、徐菁遥、徐岑子、刘辉内容简介：身为一家报社领导的沙辰星是一个40多岁事业有成、婚姻美满的中年男人，而他的身边却有着一个交往多年的情人和一个新欢，随着妻子、情人之间身份的曝光，沙辰星也面对着生活的无奈和尴尬。

【话剧《上海小姐》】

2014年2月23日，话剧《上海小姐》在上海话剧艺术中心上演。

编剧：陈天然

导演：陈天然

主要演员：胡雨菲、顾鑫、贺彬、张一、牟紫、郭林、杨婕

内容简介：本剧讲述的是民国三十七年，上海女人李蓉蓉度过了她人生中最特别的一年。

这一年，她爱过，她自由过，对未来有过美好的期望；也是这一年，她被欺骗，被利用，被伤害，不得不面对残酷的现实。最终，这位上海小姐和这个时代一同经历跌宕起伏之后，开始了另一段人生。

【话剧《自梳女》】

2014年2月27日，话剧《自梳女》在上海话剧艺术中心上演。

编剧：王天楚、陈梦梵

导演：王天楚

主要演员：马青利、车品孝、刘栩斌、陈文波、李晨涛、章静

内容简介：本剧讲述民国初年，广东顺德一带缫丝业兴盛，产生了一批向往自由独立的女子——自梳女。她们不甘受世俗婚姻的束缚，不愿婚后被夫家虐待，于是把头发像已婚妇一样自行盘起，以示终生不嫁、独身终老。她们相互扶持，不再依靠男子为生，也不准再与男子产生情感或结婚。冰玉堂中一个叫素馨的年轻自梳女，与丝厂老板家留洋归来的少爷许俊明萌生的纠结爱恋。

【话剧《婚礼》】

2014年2月28日至3月2日，话剧《婚礼》在北京首都剧场演出。

原著：安东·契诃夫

导演：弗拉季米尔·潘科夫

演员：根纳季·奥夫相尼科夫、尼古拉·基里延科、阿诺尔德·波马赞、季娜伊达·祖布科娃、斯维特兰娜·阿尼凯、伊格尔·吉尼索夫、安德烈·德罗贝什、德米特里·叶谢涅维奇

内容简介：话剧《婚礼》中新郎是一个当铺的估价员，一个斤斤计较、讲求实力的小市民，而新娘的父亲是退休的十四品文官，一个家境并不富裕的小官员。丈母娘为了给婚礼撑场面，花了25个卢布邀请一位将军参加婚礼，结果这个并非真正将军的海军中校在婚礼上大讲什么“顺风航行”“抢风行驶”等与婚礼毫不相干的事情，弄得连亲朋好友的祝词都没有时间讲，一个本该热热闹闹的婚礼，被这个耳聋眼花的72岁的“将军”搅得索然无味。

【话剧《榴莲女王》】

2014年3月14日，话剧《榴莲女王》在上海话剧艺术中心上演。

编剧：马心羽

导演：郭洪波

主要演员：孙宁芳、李梓溪、牟紫

内容简介：本剧讲述的是三个性格迥异的极品女人，她们用“最榴莲”的方式来诠释生活，嘲弄社会。无厘头的剧情宣示了她们三个不同的人生百态。

【话剧《红旗谱》】

2014 年 3 月 21 日至 23 日，话剧《红旗谱》在天津大剧院歌剧厅上演。

编剧：梁斌

导演：钟海

演员：吴京安

内容简介：《红旗谱》主要以“朱老巩护钟”“反割头税”“保定二师学潮”为中心事件，从清末至 20 世纪 30 年代前后 30 多年的历史为背景，生动地再现了农民革命从自发到自觉斗争的历史进程。

【话剧《又见老爸》】

2014 年 3 月 26 日至 4 月 6 日，《又见老爸》在北京国话先锋剧场上演。

编剧：李宗熹

导演：李宗熹

内容简介：《又见老爸》讲述了一个关于父亲的故事。父亲意外去世，为了不让年迈的奶奶知道这个消息，全家人伤心之余只能想尽一切办法对奶奶进行欺瞒。一个夜晚，父亲居然回到了儿子的身边，他的出现弄得全家人乱了分寸，但最重要的还是不能让奶奶知道，一连串爆笑之至又温馨感人的故事便就此展开。本次演出阵容均为国内演员，包括彭梓桁、张懿曼、宋庆楠等。

【话剧《审判乌布王》】

2014 年 4 月 10 日至 20 日，话剧《审判乌布王》在北京朝阳 9 剧场上演。

编剧：阿尔弗雷德·雅利

导演：沈巍

主要演员：陈雅狄、李镇泽、马卓、黄澄澄、李云飞

内容简介：话剧《审判乌布王》讲述了头脑简单、胆小如鼠的波兰大将乌布爸受其妻乌布妈的怂恿，谋朝篡位，刺杀了国王瓦茨拉夫。乌布爸就此展开了一系列极其荒谬的名为改革、实则杀戮的恐怖行径，一时间波兰国内哀鸿遍野。不久，遇害国王的幼子布格拉夫投奔俄国沙皇，率兵杀回国内，将乌布家族迅速推翻……本剧经过沈巍的重新构作之后，更加具有实验性和探索性，他颠覆传统，尝试诸多全新的戏剧演绎方式，并在荒诞的剧情中展现深刻的哲学思考。同时，剧中用戏谑的方式探讨当代社会中话语权的问题和人欲的膨胀，具有时代意义。

【话剧《枪声》】

2014 年 4 月 17 日，话剧《枪声》在北京人民艺术剧院实验剧场上演。

编剧：傅玲

导演：唐烨

主要演员：史兰芽、仇晓光、李劲峰

内容简介：枪声在肃杀的山谷中响起，有情的子弹将一条生命无情地终结。他隐藏起了一个真相，直到数年后才鼓起勇气敲开了那扇房门；他遭受到了最信任的人最痛苦的背叛，从此陷入了黑暗；她被囚禁在时间的牢笼中，寻找着释放心灵的钥匙；她背负着难以言说的罪恶蹒跚前行，始终期盼一路走回幸福开始的原点。

【话剧《枕头人》】

2014 年 4 月 25 日至 5 月 11 日，话剧《枕头人》在北京鼓楼西剧场首演。

编剧：马丁・麦克多纳

导演：周可

演员：赵立新等

内容简介：《枕头人》讲述了作家卡图兰因创作一系列以儿童为主角的黑暗童话，而卷入了一桩连环谋杀案。这部故事中套着故事的剧作，拷问的是文学作品中的一些细节或作者的一部作品是否具有造成有影响力的社会行为的潜质。

【话剧《贼在囧途》】

2014 年 4 月 25 日，话剧《贼在囧途》在广州友谊剧院上演。

编剧：付晓博

导演：韩兆

主要演员：任玉翔、付晓博、郜妍妍

内容简介：窃贼罗伯特身患绝症，为了让自己的兄弟铁头过上好日子而走上了犯罪的道路。

【话剧《庄仕华医生》】

2014 年 4 月 26 日，话剧《庄仕华医生》在中国国家大剧院戏剧场上演。

编剧：刘星

导演：黄定山

内容简介：该剧为中国人民武装警察部队政治部文工团原创剧目，以武警新疆总队医院院长庄仕华的先进事迹进行改编，《新疆日报》一位女记者的采访为线索，一幕幕艺术地再现了庄仕华时刻牢记全心全意为人民服务的宗旨，以救死扶伤为天职，以维护民族团结为己任的先进事迹。

【话剧《吴王金戈越王剑》】

2014 年 5 月 4 日，话剧《吴王金戈越王剑》在北京首都剧场上演。

编剧：白桦

导演：蓝天野、刘小蓉

主要演员：吕齐、郑榕、修宗迪

内容简介：春秋战国之交，诸侯割据称霸，杀伐不已。公元前 494 年，吴王夫差为报越王勾践杀其父阖闾之仇，率兵伐越，大败越兵于夫椒（今江苏吴县太湖附近）。勾践向吴王请降，吴王夫差在太宰伯嚭怂恿下接受越人投降。勾践、王后及谋臣范蠡入吴国为臣奴，为吴王养马，获取了吴王的信任。三年后，吴王不顾老臣伍子胥的谏阻，将勾践三人放回越国。

【话剧《狂疯纪》】

2014 年 5 月 14 日，话剧《狂疯纪》在上海话剧艺术中心上演。

编剧：苑彬

导演：徐紫东

主要演员：罗韧、苏永豪、杨峰

内容简介：本剧讲述的故事的主人公叫作“我”，他仅仅是这个社会当中一个单纯直白追求自由的青年。然而因为他常常语出惊人，做一些在别人看起来不会做的事情，所以他被众人看作一个危险人物。他被大家当成一个精神病患者抓了起来，在大家的一致同意之下，他被当成一个社会危险分子来对待，他变成一件“实验品”。大家开始仔细地对他进行一场“精神解剖”，却发现了足以让每一个人都惊讶的过往。

【话剧《第四者晚宴》】

2014 年 5 月 16 日，话剧《第四者晚宴》在友谊剧院上演。

编剧：李同青

导演：迟立静

主要演员：李立君、马慧慧、孙加

内容简介：事业有成的大道打算趁老婆倩倩回娘家时宴请情人杨希，为了掩人耳目找来大学好友老吴，但他并不知老吴其实是倩倩的情人。倩倩得知老吴要来做客，决定留在家里，大道情急之下只能让杨希假扮成老吴的情人。然而家政服务公司安排的厨师杨喜因名字中的一字之差，让老吴误以为是大道的情人，为了不让倩倩怀疑，老吴把杨喜称作自己的外甥女，一群人混乱的关系又引起杨喜丈夫张飞的误会。

【话剧《油漆未干》】

2014 年 5 月 25 日，话剧《油漆未干》在北京人民艺术剧院剧场上演。

编剧：勒内・福舒瓦

导演：任鸣、崔颢、周寰

主要演员：李洪涛、吴珊珊、杨桂香

内容简介：小镇医生哈医生一家人宁静的生活被打破了，只因为他曾经的房客克里斯宾成了突然蹿红的名画家。尽管这位画家已经在潦倒中病逝，但他曾经散落在这里的画却已经价值连城。一时间，一个又一个掘金者神秘地出现。

【话剧《蛛网》】

2014 年 5 月 29 日，话剧《蛛网》在上海话剧艺术中心上演。

编剧：［英］阿加莎・克里斯蒂

导演：林奕

主要演员：丁美婷、贺坪、许承先、李建华、刘炫锐内容简介：有没有人爱玩一种名叫“假设”的游戏——“假设我突然继承了一笔巨额遗产”，“假设我深爱的丈夫多年来爱的根本不是我”，这种游戏经常会为我们乏味的生活带来戏剧性的乐趣，但如果有一天你的幻想变成了现实，带来的会是什么？克拉丽莎，这位迷人而又充满想象力的外交官夫人，就经常“假设”自己某一天下楼，发现图书室里有一具尸体。不幸的是，这一次她一语成谶，假设变成了现实，图书室里真的藏了一具尸体，而且嫌疑犯直指自己的继女皮帕。这个房子里社会名流，底层草民，形形色色。而不一会儿警察也接到了匿名电话，不请自来。最要命的是，克拉丽莎的丈夫此时正带着一名神秘的外国元首来自己的家中与外交大臣会晤，这关系到他的仕途和前程。情况危急，于是一场弄假成真、虚虚实实的闹剧拉开了序幕。

【话剧《何事惊慌》】

2014 年 6 月 10 日至 29 日，话剧《何事惊慌》在北京人民艺术剧院实验剧场演出。

编剧：哈智超

导演：李伯男

主要演员：王璇、卢野、李劲峰

内容简介：故事讲述了主人公崔民国得知自己身患癌症，不忍将病情告知妻子张静宜，决定将她托付给曾经暗恋张静宜许久的老板托尼，并选择自己一个人承担一切痛苦。三个人因为这一场突如其来的“病”纠缠在了一起，让他们无法正视现在的关系。终于，崔民国不堪忍受现状，决定离开。离开之前，三人进行了一场“最后的晚餐”，托尼终于按捺不住，讲出了事情的真相……

【话剧《一夜一生》】

2014 年 6 月 12 日，话剧《一夜一生》在北京繁星戏剧村 1 剧院上演。

编剧：黄彦卓

导演：黄彦卓

主要演员：孔令美、李溯、解天、张驰

内容简介：本剧讲述的是一个年过七旬，却对剧场不离不弃的看守者，他时常在剧场里自言自语，如同那里有自己的老朋友。三个怪咖不约而同，带着各自目的，夜间造访剧场，产生的心灵碰撞。

【话剧《雨人》】

2014 年 7 月 4 日，话剧《雨人》在上海话剧艺术中心上演。

编剧：［美］巴瑞·莫罗、罗纳德·巴斯

导演：［瑞典］乔治·马威斯

主要演员：蒋可、许圣楠

内容简介：去世的父亲，留下 300 万美元的遗产，却全部给了查理从未听说过的哥哥雷蒙。住在精神病院里的雷蒙，自幼患有自闭症，甚至没有一丝金钱的概念。愤怒不已的查理，决定争夺雷蒙的监护权，以夺回本该属于自己的一半遗产。于是查理独自带着雷蒙踏上了一段充满连串别拗和摩擦争执的旅程。

【话剧《山楂树之恋》】

2014 年 7 月 8 日至 16 日，话剧《山楂树之恋》在中国国家大剧院戏剧场演出。

编剧：胡靖梵

导演：田沁鑫

主要演员：杨彩旗、韩东君、艾佳、王欣如

内容简介：2014 年，说我爱你，只需要一秒，1974 年，他等她，用了一生。

1974 年初春的山楂树下，她和他像两颗干净的种子，第一眼，就种在了彼此心里。2014 年的舞台上，她和他成长出一株“爱情”。他送她钢笔，擦掉她沾在手上的墨迹。他送她满树的山楂花儿，染成最好看的红穿在她身上。他送她回家，在黑夜里牵起她发抖的手。他送她爱情，他说：我等你一辈子。她拥有了钢笔，拥有了红色毛衣，拥有了他微微出汗的掌纹，拥有了他的爱情。她说，我还不知道爱情，就知道了生死。他说，我知道了爱情，也懂得了生死。

【话剧《五人间》】

2014 年 7 月 18 日至 8 月 3 日在鼓楼西剧场演出。

编剧：曾伟力

导演：裴魁山

主要演员：郑磊、阮思航、谢霜南、李腾飞、卢澜戈

内容简介：《五人间》的故事发生在一个密室之中。五个身份各异的人被邀请参与一场奖金丰厚的实验，但他们并不知道，这场游戏本来是一个科学家的疯狂实验。在这场实验中，参与的每个人都将受到肉体和灵魂上的双重考验，并面对由此引发的一系列连锁反应。在不断出现的危机中，每个人都面临着人性善恶的选择。

【话剧《晚餐》】

2014 年 7 月 23 日至 8 月 3 日，话剧《晚餐》在北京人民艺术剧院实验剧场上演。

编剧：卡巴奈利斯

导演：罗锦鳞

主要演员：刘畅、张典典、孙骁潇、王宁、张福元、吴涵伊、丛林、陈宣宇

内容简介：《晚餐》一剧在情节上接续于埃斯库罗斯的三联剧之后，讲述伊菲格涅亚三姐弟聚集到依拉克特瑞的“丈夫”费罗斯的家里，而他们的父母、母亲的情人以及卡桑德拉的灵魂也来到这里，共进晚餐。每一个杀死别人和被别人杀死的灵魂，原谅了彼此的罪恶，却无能为力地注视着因为杀人的精神重负而几近崩溃的孩子们，也亲眼看着伊菲格涅亚最终亲手结束一切痛苦和循环往复的罪恶。

【话剧《蝴蝶变形记》】

2014 年 7 月 31 日，话剧《蝴蝶变形记》在北京蜂巢剧场上演。

编剧：迪伦马特

导演：孟京辉

主要演员：王泷正、张紫淇、黄湘丽

内容简介：话剧《蝴蝶变形记》根据 20 世纪著名德语作家迪伦马特的经典戏剧进行创意改编，孟京辉首次挑战一种“拧巴”的表演方式来诠释复仇、赎罪等世界性的庞大主题，其中漫画式的表演极具象征意义，滑稽的场面透露着庄严的气氛，轻松的言笑包含着尖刻的讽刺，这种背道而驰的距离感不仅极大地增强了戏剧的张力，还能让观众在忍俊不禁的同时看到生活的残酷真相。这绝对是一种全新的“变形”。

【实景影像话剧《草庐·诸葛亮》】

2014年8月9日，首部大型实景影像话剧《草庐·诸葛亮》在湖北襄阳隆中风景区草庐剧场上演。

编剧：张仁胜

导演：严文龙

主要演员：余家良等

内容简介：《草庐·诸葛亮》全剧分为《隆中对》《丑妻吟》《赤壁赋》三幕，通过现代多媒体影像技术和先锋话剧交叉融合的展现形式，重现刘备“三顾茅庐”踏雪寻才、黄月英入嫁、赤壁火烧连营等历史，再现诸葛亮传奇的一生。襄阳是中国三国文化之乡。《三国演义》120回中有32回的故事发生在襄阳，诸葛亮曾在襄阳隆中躬耕求学10年，三顾茅庐、隆中对策等故事便发生在襄阳。近年来，襄阳市致力于打造“千古帝乡智慧襄阳”的城市形象。此次《草庐·诸葛亮》就是为了挖掘诸葛亮智慧文化，提升襄阳旅游地位而打造的一台山水实景影像话剧。

【话剧《从前有座山》】

2014年8月22日至9月7日，话剧《从前有座山》在北京人民艺术剧院上演。

编剧：张幼梅

导演：张幼梅

主要演员：魏小军、邓飞、尹伟、冷纪元、张典典、杨蕤葶

剧情简介：《从前有座山》讲述了两对年轻的夫妻，面临着职业和生活的困境，他们迷茫、困顿、利欲熏心。男主人公决定与妻子“离婚”，以此套住一个有钱的女人。不想他在欺骗过程中却陷入了另一个谎言。

【话剧《理发馆》】

2014年8月26日至9月8日，话剧《理发馆》在北京人民艺术剧院上演。

编剧：宋凤仪、李卫

导演：任鸣、王鹏

主要演员：石维坚、吕中、班赞、王雷、李小萌、王长立、孙茜、梁丹妮

内容简介：怀着祖传的老手艺，在胡同口开着小理发馆，大名叫耿直的老板迷糊，执着地守着父辈传下来的小店。归国华侨朱比德夫妇在回国寻访老中医时，无意中发现了这家老式理发店。店里浓郁的传统味儿让旅居加拿大30余年的朱比德兴奋不已。他发现这里有一个为救同学而失明的孤儿光明。以迷糊为首的全胡同人都给了他无偿的帮助，这成了光明生活的动力，也让这对归国的老夫妇深深受到了感动。

【话剧《伏生》】

2014年8月28日至31日，话剧《伏生》在中国国家大剧院戏剧场演出。

编剧：孟冰、冯必烈

导演：王晓鹰

主要演员：侯岩松等

内容简介：秦时统一天下，伏生通晓儒学精髓，被立为博士。随时间发展，一时被尊崇备至的儒学地位竟翻天沦至废黜，秦始皇下令“焚书坑儒”，伏生传奇般地将儒家大成之作《尚书》以奇特方式保存下来，得以免受焚烧之祸。伏生用个体生命扛起文化坚守，受尽了家庭情感的不解与社会的全面诋毁，当坚守看似终得圆满时，他又经历了内心深处更为震彻心灵的拷问，他毕生承载的究竟是什么？

【话剧《枣树》】

2014 年 9 月 4 日，话剧《枣树》在中国国家话剧院剧场演出。

编剧：黄盈

导演：黄盈

主要演员：房子斌、陈炜等

内容简介：该剧讲述了 10 年前北京一座大杂院里面发生的故事。何大妈是全院老小都敬重爱戴的老人。老伴去世多年，大妈就把二人年轻时种下的枣树当成了老伴，每天和枣树念叨家长里短。胡同区就要拆迁，何家的枣树不算古树前途未卜，普通百姓感受到了人情冷暖。

【话剧《群鬼 2.0》】

2014 年 9 月 6 日，话剧《群鬼 2.0》在北京蜂巢剧场上演。

编剧：亨利克·易卜生

导演：王翀

主要演员：李嘉龙、王小欢、崔永平、李泊霖、佟蒙

内容简介：话剧《群鬼 2.0》是新浪潮戏剧的最新作，在《雷雨 2.0》和《一镜一生易卜生》之后，再次刷新剧场里的视听语言。以 4 台摄影机为基础，创造出前所未有的视觉奇观。在一群鬼面前，两只眼睛，不再够用。

【话剧《公民》】

2014 年 9 月 18 日，话剧《公民》在首都剧场上演。

编剧：孟冰

导演：林兆华

主要演员：冯远征、卢芳、张福元、李珍、兰法庆、刘鑫、张瀚生、毛俊杰、黄薇、孙琳、何靖、张华、罗熙、金汉、王羽铮、张典典

内容简介：1959 年 12 月 4 日，爱新觉罗·溥仪得到特赦，走出抚顺战犯管理所，开启了他人生的新阶段。从日薄西山的满清皇帝到昙花一现的伪满洲国执政，从沦落苏联的战犯到遣送回国接受改造的囚徒，溥仪的人生曾经历了诸多重大的转折点。“实迷途其未远，觉今是而昨非”。从皇帝到公民，走下神坛的帝王开始逐步适应一个普通人的生活。是正视自己的懦弱无助，还是放任心中的阴暗偏执？被历史洪流裹挟的，是一名堂堂正正的公民，还是一个徒有其表的傀儡？在一个新的时代里，他将做出怎样的选择？

【话剧《别怕黑》】

2014 年 9 月 19 日，话剧《别怕黑》在中国国家话剧院小剧场上演。

编剧：熊亮、柯鲁

导演：柯鲁

主要演员：彭梓栋、孙艺菲、杨佳瑄、龚天慧

内容简介：本剧讲述了一个刚刚失明并被女友抛弃的盲人，和一个迷了路，满脑子充满怪物幻想的小女孩“小光”，两个人在地铁站中相遇了。躲在阴影中的怪物们正在召开着怪物会议，议论着如何帮助小怪物完成吓人的成人礼，可是小怪物却偏偏不想吓人，让其他怪物，尤其是无敌怪物王焦急万分。就在此时，怪物们发现了小光也发现了盲人，怪物们要出动了。

【话剧《鱼眼》】

2014年9月23日，话剧《鱼眼》在北京人民艺术剧院实验剧场上演。

编剧：王佩、张民

导演：唐烨

演员：荆浩、蓝盈莹、李劲峰、松天硕、黄依依、马心怡

内容简介：《鱼眼》是一个关于信任与怀疑、真爱与救赎的故事。未婚女摄影师王芷露对男人和爱情已不抱希望，只想生个孩子陪伴余生。她与表姐秦小燕一起合开了一家摄影工作室，因过于文艺，生意惨淡。小燕的丈夫张大强非常着急，经常过来出谋划策。正在无可奈何之际，离异商人聂远航来到工作室，邀请王芷露跟他到欧洲给独生女儿拍摄照片。旅途中，两人生活的废墟中绽放出一株桃花。然而，事情的发展很快脱离了王芷露预想的轨道。秘密一道道揭开，裂缝一点点扩大。为了所爱的人，她必须追根溯源，找到真相。

【话剧《寻欢作乐》】

2014年9月30日，话剧《寻欢作乐》在北京蜂巢剧场上演。

编剧：贝兰特·罗素

导演：孟京辉

主要演员：丁一滕、丁博轩、关笑天

内容简介：本剧讲述了不同年龄的青年的面貌。17岁，好好学习，天天向上。18岁，风华正茂，心比天高。19岁，情窦初开，花前月下。20岁，昼夜笙歌，把酒言欢。22岁，初出茅庐，意气风发。23岁，白手起家，指点江山。25岁，放浪形骸，肆无忌惮。28岁，情场得意，职场失意。

【话剧《花心小丑》】

2014年10月4日，话剧《花心小丑》在中国国家话剧院先锋剧场演出。

编剧：李宝群

导演：查查

主要演员：单冠朝等

内容简介：话剧《花心小丑》由李宝群编剧，单冠朝主演，讲述了都市中一个骑着车子扮小丑给人送花的乡村男孩“花心”在寒冬里的独特经历：淳朴乐观的“花心”为了心爱的姑娘来到了大城市，在普通的工作中遇见了形形色色的人，在好奇、吃惊、留恋、回味、反思和失去中，逐渐归于平静，也慢慢看透了生活的本真和情感的本质。

【话剧《阮玲玉》】

2014 年 10 月 12 日，话剧《阮玲玉》在北京首都剧场上演。

编剧：锦云

导演：林兆华、任鸣、李铭森

主要演员：徐帆、苗驰、濮存昕

内容简介：故事讲述了我国 20 世纪 30 年代著名影星阮玲玉短促而坎坷的一生。

【话剧《下一站，幸福》】

2014 年 10 月 17 日，话剧《下一站，幸福》在天津人民艺术剧院实验剧场上演。

编剧：李治邦、李娟

导演：苗欣

主要演员：王雅迪、刘纪铭、孟春江

内容简介：在长途车站开出租揽活的“三儿”，巧遇到城里度蜜月的大顺和凤儿，大顺和凤儿误把“三儿”当成了贼，却放跑了真正的盗窃嫌疑犯万宝；刑警石惠由于长年追捕逃犯，有家不能回，面对亲人的误解，石惠依旧决然追捕逃犯。

【话剧《没有表情的人》】

2014 年 11 月 5 日，青年导演尚垒作品话剧《没有表情的人》在蓬蒿剧场首演。

编剧：尚垒

导演：尚垒

主要演员：温亚男、王赫、韩文亮、钟思媛

内容简介：该剧讲述了一对陌生男女 K 和 S 在最后一班地铁偶遇，因相互妨碍陷入纠纷，意外发现他们竟是同一小区的邻居，网络上也长期互动，并互有好感。而 K 得了一种怪病，失去了笑的能力，自嘲是没有表情的人。通过细究失去表情的原因，剧作揭示了都市中的人际冷漠等诸种病态。最后，两人敞开心扉，K 也在 S 的真诚相待下找回了表情。

【话剧《师爱芬芳》】

2014 年 11 月 12 日，话剧《师爱芬芳》在上海演出中心上演。

编剧：刘跃利、谭博

导演：刘南

主要演员：张梦瑶等

内容简介：该剧是以感动中国的“最美女教师”张丽莉为原型，用平民的视角，艺术地还原并再现了张丽莉的工作和生活情景，细腻地描画了她的人生轨迹，展现了她成长为一名共产党员的真实心灵历程，是对“最美女教师”张丽莉纯净心灵、崇高人格、永恒师魂的释读和歌颂。该剧由著名剧作家刘跃利、国家一级编剧谭博、国家一级导演刘南共同创作剧本。

【话剧《那次说走就走的旅行》】

2014年11月19日，话剧《那次说走就走的旅行》在北京繁星戏剧村上演。

编剧：黄彦卓

导演：黄彦卓

主要演员：王萌、桑可舟、杨博森

内容简介：本剧讲述的是当一段爱情走到尽头的时候，会是婚姻吗？爱情中总有难解的心结，如果忽然去旅行，一下子走到陌生的环境，是否我们的想法也会随之改变？是否我们的困扰也会随之消失不见呢？就让你我在这次旅行中，寻找答案。

【话剧《洋麻将》】

2014年11月24日，话剧《洋麻将》在北京人民艺术剧院经典剧场上演。

编剧：［美］柯培恩，卢燕翻译

导演：唐烨

主要演员：濮存昕、龚丽君

内容简介：故事围绕着一家破旧的养老院展开，讲述了两位孤寡老人魏勒和芳西雅历尽一生坎坷，被家人无视，被功利的社会抛弃，在养老院孤独终老。他们相遇后在一起玩纸牌，以打发时光、排遣苦闷。全剧鲜有复杂的人物关系和强烈的戏剧冲突，仅以两位老人在牌桌上的对话，去观照现实、触及人心。

【话剧《当归》】

2014年12月9日，话剧《当归》在北京9剧场上演。

编剧：张晶晶

导演：王晓凡

主要演员：白硕、柳文伊、苑梦

内容简介：这个故事关于独立，关于梦想，关于勇气，关于坚韧；也关于思考，关于信守，关于情怀，关于故乡。孟小鱼从小城来到北京，打拼多年，经历了求学的艰辛、事业的起伏、情感的纠葛，疲惫不堪的她终于决定辞职，回家乡发展。小城里飞出的金凤凰，街坊们口中的天之骄女突然回到了市井之中。一向将她视为“军功章”的母亲李春丽却怎么也理解不了自己女儿的选择。

【话剧《兵者·国之大事》】

2014年12月9日，话剧《兵者·国之大事》在中国剧院上演。

编剧：王宏、李宝群、肖力

导演：宫晓东

主要演员：赵旭、魏积安、潘军、邵峰、秦方

内容简介：话剧《兵者·国之大事》充满军味、兵味、战味，该剧以我军近10年间的新军事变革为时代背景，全剧时间跨度10年，以组织、策划重大军事演习的高层决策者、导调组人员为切入视角，塑造了一批鲜活生动的当代军人形象，其中，有留学毕业归来、胆识兼备的军中精英杨天放，有一代名将楚玉麟，有壮志未酬身先退的老局长钟世成，也有作战部队青年指挥员楚小虎，还有海、陆、空各部

队的指战员……这样一群铁血军人满怀军人的使命感和强烈的忧患意识，敢于直面现实，敢于突破历史禁区，上演了一幕幕感人至深的人生大戏，用激情与热血谱写了一曲震撼人心的强军壮歌。

【话剧《一个老太五个贼》】

2014 年 12 月 11 日，话剧《一个老太五个贼》在上海话剧艺术中心上演。

编剧：格雷厄姆·莱恩汉

导演：高坤

主要演员：Peter Capaldi / James Fleet / Stephen Wight / Clive Rowe / Ben Miller

内容简介：本剧讲述风度翩翩的马库斯教授和他的四位乐队成员租下了独居老太太威尔伯福斯别墅的一间空屋，与亲切并有点爱管闲事的她成为了好朋友。老太太对这位极为绅士的教授充满了好感，为他们五个人即将举行的“音乐会”提供了完美的排练场地，并精心准备了各种茶点。不久，威尔伯福斯老太太附近的银行被抢劫了，而马库斯教授也突然要带着他的乐队离开，正直善良的老太太和五个乐队人啼笑皆非的故事。

【话剧《红色》】

2014 年 12 月 28 日，话剧《红色》在中国国家话剧院小剧场上演。

编剧：John Logan

导演：王晓鹰

主要演员：陈明昊、刘端端

内容简介：《红色》的作者是美国的剧作家约翰·洛根。该剧通过西格拉姆壁画的创作者罗斯科与其雇用的名叫坎的助手，进行的激烈的苏格拉底式的对话，探讨了严肃艺术与商业娱乐、艺术追求与金钱社会的抉择与困境。

儿童剧

【儿童剧《宝船》】

2014年4月20日，大型儿童剧《宝船》在中国儿童剧场演出。

编剧：老舍

导演：钟浩

主要演员：马寅、齐杰、宋建霖

剧情简介：故事讲述了善良勤劳的王小二在山中砍柴时，救起落水的老汉李八十，因此获赠一条小纸船和一篇口诀，可以将小纸船变成一条乘风破浪的大船。洪水来了，王小二驾着宝船，帮助很多动物脱离险境，并在大水中救起好吃懒做的张不三。洪水退去后，贪婪的张不三趁大家重建家园时，偷走宝船献给了皇帝。王小二在李八十和朋友们的帮助下，进皇宫夺回宝船，并让贪婪的张不三和愚蠢的皇帝受到了应有的惩罚。

【儿童剧《猫鼠新传》】

2014年4月25日，儿童剧《猫鼠新传》在天津光华剧场上演。

编剧：付晓博

导演：田雪

主要演员：付晓博、田雪、陶炫儒、丁晓晨

内容介绍：为了维护社区的安宁与稳定，以自己的爷爷黑猫警长为榜样的多多，勇敢地承担起了守护森林社区大油灯的任务，并开动脑筋，运用自己的聪明才智和结巴狼及大老鼠斗智斗勇，最终与朋友们一起抓住了三个坏蛋，受到大家的赞扬。

【儿童剧《三只小猪》】

2014年5月17日，儿童剧《三只小猪》在北京青年宫影城上演。

编剧：安兰

导演：魏亚辉

内容介绍：《三只小猪》讲述的是在大森林里，住着一群可爱的小动物，有兔子老师、皮皮狗、小猫咪、三只小猪，猪妈妈带着三只可爱的小猪快乐地生活着；妈妈为了培养三只小猪的独立和他们的生存能力，离开家让三只小猪团结起来盖一所房子。可是猪老大、猪老二好吃懒做，猪大哥想用稻草盖方便，猪二哥想用木头好看，猪小弟希望盖个坚实牢固的石头房子，因为盖房子每个人都意见不一样，最后吵起来拆伙自己盖自己的。狡猾的狼家族，大灰狼、美美狼夫妻却一直想找机会吃掉三只小猪：大灰狼向三只小猪发起了攻击，猪老大和猪老二的稻草房和木头房被大灰狼吹倒、推翻了。最后猪小弟聪聪建造的石头房，保护了三只小猪，成功抵御了大灰狼的进攻。最终，三只小猪凭借智慧、勇气和团结，以坚固的石头房子为阵地和大灰狼它们斗智斗勇，成功地惩罚了可恶的大灰狼。

【儿童剧《青蛙王子》】

2014年5月24日，儿童剧《青蛙王子》在中国儿童剧场上演。

编剧：王晓滨

导演：王晓滨

内容介绍：撒尼王国与安第斯王国是邻国，同守着克里湖，世代友好，撒尼王国的王子威廉因起初骄傲，暴躁易怒，惹恼了安第斯王国的巫师那达，被变成了克里湖边的一只青蛙。乔安娜是安第斯王国的公主，非常美丽而高贵，同时却又任性、蛮横，因为乱扔小魔女COCO最喜爱的玩具，被小魔女COCO的爷爷巫师那达变成了一只癞蛤蟆。一只后悔的青蛙和一只伤心的癞蛤蟆在克里湖边相遇了，王子为了使公主恢复原貌答应巫师那达毁掉克里湖的水，公主获救后没有依照约定帮助威廉，威廉很伤心，邋遢鼠奇客和鼻涕猪哼哼来到了污染的克里湖边，后来恢复容貌的乔安娜公主为了捞掉在湖中的王国信物，不得不答应威廉王子带他回皇宫同吃同住，可捞起信物后小公主又一次失约了，王子追到皇宫，亨利国王让小公主信守承诺，后来小公主真心地悔过和王子的原谅使魔法失效。公主和王子联合起来拯救克里湖的水源，使两个国家的人民又有了干净的水喝，并且使他们世代友好下去!

【儿童剧《白雪公主和七个小矮人》】

2014年5月26日，儿童剧《白雪公主和七个小矮人》在中国儿童中心剧院上演。

编剧：白爱莲

导演：王镭

内容介绍：故事发生在一个气球王国，城堡里有一个世界上最漂亮可爱的白雪公主，她有一个很疼爱她的气球国王，还有一个阴险恶毒的皇后。皇后忌妒白雪公主比她漂亮，所以她先杀害了保护白雪公主的气球国王，然后给公主吃下了一颗毒苹果，公主昏睡了过去。书呆子王子也妒忌那些追求白雪公主的帅王子，但是他战胜了自己心中的魔鬼，跟美国魔术大师Mr. Magic和七个小矮人一起救回了美丽的白雪公主。

【儿童剧《聪明的阿凡提》】

2014年7月19日，儿童剧《聪明的阿凡提》在光华剧院首演。

编剧：郭相言

导演：施维聪

内容简介：悠悠村要选举新的村长，有两个候选人分别是阿凡提和巴依。老村长想对他们两个进行一番考验，等到草莓节上再让大家共同来选出新村长。老村长先是假装糊涂把悠悠村社区里的树荫管理权都交给了巴依。可是巴依却不让大家在夏日树荫里乘凉和玩耍，于是阿凡提就想出了一个卖树荫的办法来惩治巴依，得到了村民们的拥护和赞赏！心有不甘的巴依把失败的原因全都归罪于阿凡提吃了上次草莓节上的聪明大蛋糕，才比自己强了一点点。于是这次他决定和菲菲在草莓节前夜偷吃大蛋糕，然后栽赃陷害给倔倔驴和村长孙女瓜瓜。关键时刻阿凡提却用他的智慧分析案情并让罪魁祸首——巴依和菲菲自己主动承认了偷吃大蛋糕的事情，让事实大白于天下。因为阿凡提的聪明才智和优秀人品，在草莓节上老村长和大家一致推选阿凡提成为了下一任悠悠村的村长。

【儿童剧《深海总动员》】

2014 年 8 月 19 日，儿童剧《深海总动员》在天津儿童艺术剧团上演。

编剧：刘琦

导演：张凯

内容介绍：小鱼尼克为了证明自己，没听爸爸和同学们的劝阻，不幸被人类抓走！这可急坏了爸爸，于是开始了漫长的寻子奇遇。一路上他遇见了短暂失忆症的彩霞，爱吃素食的鲨鱼和恐怖可怕的深海巨怪，爸爸在海底深处为了有一天能父子重逢努力着。可怜的小尼克被人类带到了一个鱼缸中，在鱼缸中尼克结识了新朋友们，在他们的帮助下开始了一段不可思议的“越狱”生涯，这段经历使尼克幼小的心里知道了一切都要靠自己，直到父子终于战胜一切重逢时，爸爸终于明白了要相信自己的孩子会做得很好，可爱的尼克也知道了爸爸的爱。

【儿童剧《天才小精灵》】

2014 年 8 月 28 日，话剧《天才小精灵》在北京儿童剧场演出。

编剧：陈传敏

导演：宫晓东

剧情简介：《天才小精灵》是一部讲述一个“穷二代”女孩和一个“富二代”男孩有关“中国梦”故事的现实主义题材儿童剧。品学兼优的打工子弟张霞前去应聘“家教”，而负责招聘的是个“差生富二代”——高小宝。张霞做了高小宝的陪读，高小宝知道她的梦想是要拥有一面墙的新书，就想帮她实现梦想，但没想到，高小宝的“好心”居然让张霞愤怒“辞职”。“穷二代”张霞的自尊赢得了“富二代”高小宝的尊重，他又想出了新的很“天才”的办法来帮助张霞实现她的小小的梦想……

【儿童剧《格林童话冒险王》】

2014 年 9 月 27 日，儿童剧《格林童话冒险王》在中国儿童中心剧院上演。

演出团体：北京红果儿童戏剧坊

内容介绍：本剧讲述了主人公小迪捡到了一本会说话的书，格林童话书。格林童话已经破旧不堪，残缺不齐。拜托小迪帮他寻找残缺的部分，并告诉他是大魔王弄成这样的，如果让大魔王找到他或者得到他书中的全部内容，大魔王就会毁灭这个世界孩子们的童话故事与童真的天性，所以请小迪帮忙拯救，于是格林童话书让小迪选了两个到三个童话书里的人物协助小迪对付大魔王，于是他们开始了一场又一场的拯救之旅。

【儿童剧《阿里巴巴与四十大盗》】

2014 年 10 月 5 日，儿童剧《阿里巴巴与四十大盗》在天津儿童中心剧院上演。

编剧：樊荣

导演：樊荣

内容介绍：《阿里巴巴与四十大盗》原著出自阿拉伯民间故事集《一千零一夜》。在遥远的阿拉伯，有一个叫阿里巴巴的人，他出身穷苦，为人忠厚老实，心地善良。无意间他发现了四十大盗的巨大宝库，当阿里巴巴的哥哥戈西姆得知宝藏的秘密后，想把宝藏据为己有，最终被四十大盗发现，把戈西姆杀掉。四十大盗同样想杀掉知道宝藏秘密的阿里巴巴，勇敢的阿里巴巴机智地与强盗周旋。在美丽善良的马尔基那的帮助下，阿里巴巴成功地打败了强盗，并把宝库里的财宝都分给了穷人。

【儿童剧《火星奇遇记》】

2014年11月21日，儿童剧《火星奇遇记》在天津光华剧场演出。

编剧：黄健

导演：齐丽华

内容介绍：《火星奇遇记》是以目前探测已知的火星的凄凉现状，比喻地球如果不保护好自身环境，继续无休止地掠夺地球上的仅存资源，那么地球的将来也将会变得和现在的火星一样不再适合人类生命的存在，火星的现在就会变成地球的未来。

【儿童剧《森林勇士之熊熊出没》】

2014年12月14日，儿童剧《森林勇士之熊熊出没》在中国儿童中心剧院上演。

编剧：小圣

导演：大雄、小圣

内容介绍：《森林勇士之熊熊出没》讲述了猎人与森林里善良可爱的小动物之间争夺勇士宝杖的故事，小动物们和猎人之间的斗智斗勇、勇士宝杖保护森林家园的故事设定，再加上全新的阵容，全新的舞台，将带给小朋友们全新的体验。更为新奇的是，《森林勇士之熊熊出没》还会让小朋友参与剧情中，甚至决定剧情的发展，寓教于乐，让每一位小朋友都骄傲地高喊："森林勇士"就是我！

【儿童剧《丑小鸭的天鹅梦》】

2014年12月27日，儿童剧《丑小鸭的天鹅梦》在辽宁中华剧场上演。

演出团体：北京手拉手儿童剧团

内容介绍：根据安徒生童话故事改编，一只小鸭子有一个梦想，它希望像天鹅一样美丽，但相反的是它却奇丑无比，伙伴们嘲笑它，兄弟姐妹们欺负它，所有人都嫌弃它。于是它去寻找属于它的一片天地，在天鹅姐姐的帮助下，它学会了跳舞；在好朋友遇到危险时，它挺身而出，并与环保小卫士们一起把被污染的森林清理干净。

纪事

节会·演出

【2014 首届天津曹禺国际戏剧节】

2014 年 3 月 11 日至 6 月 7 日，首届天津曹禺国际戏剧节上演了 14 台来自中国、俄罗斯、德国、波兰的经典大戏，还举办了一系列研讨会、座谈会及学术讲座。

“2014 首届天津曹禺国际戏剧节”聚集了北京人民艺术剧院的精品大戏《茶馆》《白鹿原》，莫斯科高尔基模范艺术剧院的《蘑菇沙皇》《在底层》，柏林列宁广场剧院的《朱莉小姐》，汉堡塔利亚剧院的《耶德曼》，华沙话剧院的《假面·玛丽莲》和国内首次公演的《红旗谱》《雷雨 2014》《夜半歌声》等 14 部高水平戏剧。

3 月 11 日的开幕大戏由《茶馆》担纲，这部在中国话剧史上具有里程碑意义的作品由北京人民艺术剧院原班人马出演。其中，天津籍演员梁冠华在剧中扮演掌柜王利发，与濮存昕、杨立新、冯远征、岳秀君等实力名家共同演绎大时代下小人物的悲欢离合、沉浮沧桑，参透老舍笔下凝重深刻的人情冷暖、世态炎凉。

在本届曹禺国际戏剧节中，来自北京人民艺术剧院的两部经典大戏格外引人注目。除了只属于北京人民艺术剧院的丰碑杰作《茶馆》外，另一部则是“完胜电影版”的话剧作品《白鹿原》。除了《茶馆》《白鹿原》两部来自北京人民艺术剧院的大戏外，其他中外剧目也均有亮点。《雷雨》是曹禺的经典代表作，北京人民艺术剧院的艺术家们将带来最新打造的版本《雷雨 2014》。这一版本由国内戏剧界最擅长突破创作的“大导”林兆华担纲导演，濮存昕饰演周朴园，并在剧中引入了新的视角。曹禺的女儿、剧作家万方为纪念父亲而创作，由万方之子苏蓬导演的话剧《有一种毒药》亮相。由俄罗斯莫斯科高尔基剧院带来的俄罗斯现实主义戏剧《在底层》是高尔基创作于 1902 年的戏剧典范，自上演之初即成为影响中国整整一个世纪的作品。此次是德国顶级剧院——柏林列宁广场剧院首度来中国演出，这部《朱莉小姐》改编自瑞典剧作家斯特林堡的同名原著。

在本届戏剧节设立的“特别活动单元”中，还将展现囊括俄罗斯文学艺术巅峰之作的“俄罗斯启示诗文音乐朗诵会”、“纪念普希金诞辰 215 周年诗歌音乐会”、著名雕塑家田世信的个人作品艺术展等。

【首届首都儿童戏剧精品展演月】

2014 年 3 月 13 日，“首届首都儿童戏剧精品展演月”在北京举办了新闻发布会。由中国儿童艺术剧院和北京市文化局首次联手主办的首届展演月以“我们的中国梦”为主题，于 4 月 12 日至 5 月 3 日在中国儿童剧院上演。演出剧目有《绝对小孩》《巴啦啦小魔仙之甜心公主》《黑猫警长》《锛儿头小辫儿》4 个剧目 13 场演出。本次展演月期间，100 元以下的低价票占将近 40%，同时还将为打工子弟、残疾儿童、低保家庭等困难群体提供公益性演出和戏剧体验活动。

【中国国家话剧院举办首届小剧场演出季】

2014 年 4 月 16 日，“中国国家话剧院首届小剧场演出季”开幕。当晚，《招租启示》和《江小东与刘小文》两部剧分别在中国国家话剧院先锋剧场和中国国家话剧院小剧场上演。演出季囊括了《招租启示》《请你对我说个谎》《江小东与刘小文》《花事如期》《又见老爸》《建家小业》《你好，打劫!》《黄粱一梦》《1988 我想和这个世界谈谈》《水生》《两只蚂蚁的地下室》《ps. 我爱你!》《环路男女》《绝对高级》《她的碎片》15 部来自社会戏剧团体的优秀戏剧作品，中国国家话剧院出品的《死无葬身之地》《纪念碑》《白夜》也在演出季中亮相。

【中国国家大剧院八台大戏贺莎翁 450 寿诞】

2014 年 4 月下旬至 11 月底，中国国家大剧院举行“致敬！莎士比亚”系列演出，以纪念莎翁诞辰 450 周年。由英国皇家莎士比亚剧团与苏格兰国家剧院联合制作的《麦克白后传》在 4 月 22 日至 23 日开启大剧院此次纪念莎士比亚诞辰系列演出的序幕。

【中国国家大剧院“致敬！莎士比亚”剧目排期】

英国皇家莎士比亚剧团与苏格兰国家剧院联合制作《麦克白后传》4 月 22—23 日
上海话剧艺术中心《驯悍记》4 月 28 日—5 月 3 日
北京人民艺术剧院《大将军寇流兰》5 月 8—11 日
美国洛杉矶演员班剧团《仲夏夜之梦》6 月 10—15 日
三拓旗肢体剧团《罗密欧与朱丽叶》6 月 25—29 日
中国国家大剧院制作歌剧《奥赛罗》7 月 17—20 日
中日联合制作话剧《麦克白》10 月 9—15 日
环球莎士比亚剧院《仲夏夜之梦》11 月 26—30 日

【首届福建省大学生戏剧节暨海峡两岸校园戏剧交流展演】

2014 年 5 月 18 日，“首届福建省大学生戏剧节暨海峡两岸校园戏剧交流展演”闭幕式暨颁奖晚会在福建农林大学举行。

颁奖仪式上，话剧《上大学》《陈嘉庚》，课本剧《沧海月明》，音乐短剧《歌剧青春》，小品《金山合伙人》《助学金变奏曲》等 6 部作品荣膺优秀剧目奖；话剧《南京日记》，小剧场话剧《十三角关系》，英语短剧《一报还一报》等 3 部作品荣获优秀演出奖；话剧《继点·片段》和小剧场话剧《出气筒》等 8 个作品分获剧目奖和演出奖；王晓红、陈彬彬等 5 人荣获优秀编剧奖，刘芭、徐甡敏等 9 人获优秀导演奖，纪丽莹、赵泽宇等 22 位同学凭借各自在剧中出色的表演荣获优秀表演奖，舞美奖、音效奖、化装造型奖等单项奖也依次颁出，福建农林大学、厦门大学等 14 所高校分获优秀组织奖和组织奖。

为期 13 天的首届福建省大学生戏剧节，是福建有史以来规模最大、规格最高、参与面最广的一次全省性校园戏剧活动，包括福州大学、福建师范大学、集美大学、华侨大学、闽南师范大学等 13 所省内高校的 17 台剧目依次在福州各高校精彩上演。戏剧节期间，还邀请了台湾艺术大学话剧《文盲》、南台科技大学话剧《天黑请闭眼》、台北教育大学儿童剧《小笛大王宝石山》来榕进行交流展演，这是台湾校园戏剧首次“登陆”，也成了本届戏剧节的一大特色。

【东北三省戏剧小品大赛】

2014 年 6 月 11 日至 13 日，由辽宁省文学艺术界联合会、吉林省文学艺术界联合会、黑龙江省文学艺术界联合会、大连市文学艺术界联合会以及三省戏剧家协会主办的第十届“金州新区杯”东北三省戏剧小品大赛在辽宁大连举办。共有35个优秀节目进入决赛。最终评出31人获编剧一等奖，33人获导演一等奖，20人获表演金奖，32人获表演一等奖，37人获舞美设计一等奖，20个剧目获剧目一等奖。

东北三省戏剧小品大赛始于1992年，是由已故著名表演艺术家李默然提议创办，东北三省文学艺术界联合会、戏剧家协会主办，三省戏剧家协会轮流承办的一项区域性赛事，每两年举办一届。本届大赛期间还举办了东北三省戏剧理论研讨会。

【中国儿艺联手4小学打造戏剧教育实践基地】

2014年7月19日，中国儿童艺术剧院参与小学体育美育发展工作签约授牌仪式，在东城区革新里小学举行。中国儿童艺术剧院与革新里小学、织染局小学、灯市口小学优质教育资源带北池子校区、东高房校区等4所小学签约，双方共同推进小学的体育、美育、艺术教育和学生科技素养的培养。中国儿童艺术剧院充分发挥国家院团资源优势，围绕小学现有的办学特色和需求以及剧院的特点，在开设艺术校本课程、艺术类社团组建与指导、专题讲座和参观考察以及教师及校园文化建设等方面提供帮助，同时扩大学校艺术教育基地、剧场资源和部分排练厅对签约小学的开放。

【第四届中国儿童戏剧节】

2014年8月8日，中国儿童艺术剧院迎来两部中外经典儿童剧——天津市儿童艺术剧团互动儿童剧《阿里巴巴与四十大盗》和中国、瑞典共同打造的魔幻儿童剧《一个二月的夜晚》。“第四届中国儿童戏剧节”以首都大本营为中心，联动济南、天津、徐州等地上演《马兰花》《三毛流浪记》等10部共27场演出。

《一个二月的夜晚》是瑞典最著名的儿童剧，作品1972年发表时，在瑞典乃至欧洲戏剧界引起了巨大反响。同现在的中国一样，当时瑞典的儿童剧大多是用来“哄小孩”的童话，充斥着卡通人物和幼稚的表演，而本剧却率先开始关注儿童的心灵，把孩子当作具有独立思想的个体来看待。

【专题研讨纪念《四世同堂》问世70周年】

2014年8月8日，为纪念老舍先生的《四世同堂》问世70周年，中国公共外交协会、中央文史研究馆、中国老舍研究会在重庆举办了专题研讨会。中国公共外交协会会长李肇星，中央文史研究馆副馆长冯远，中国老舍研究会会长关纪新，重庆市政协副主席何事忠，老舍子女以及中外学者60余人参加研讨。会议期间，《四世同堂·北碚版》首发，老舍铜像揭幕。

【全国政协原副主席、中国文联主席孙家正观看话剧《伏生》演出】

2014年8月28日，中国国家话剧院参加“2014年国家艺术院团演出季”首部剧目《伏生》在国家话剧院剧场演出。全国政协原副主席、中国文学艺术界联合会主席孙家正观看演出。

两个小时的演出中，话剧《伏生》把中国传统的戏剧元素与现代的艺术构思相结合，舞台极富创造力与冲击力，既充盈历史风韵又不失现代感，观众的心情随着情节发展跌宕起伏，剧场不时响起阵阵掌声。该剧以“非历史”的视角讲述了伏生传奇般地将儒家大成之作《尚书》，以奇特方式保存下来的故事，全面表现出文化坚守与个人坚持的宏大题材。演出结束后，孙家正副主席、周予援院长、赵有亮院长和各位院领导走上舞台，亲切慰问了剧组全体演职人员，与演职人员合影留念并祝贺演出成功。

【儿艺三剧亮相“国家艺术院团演出季”】

2014 年 8 月 23 日至 10 月 8 日，中国儿童艺术剧院的安徒生经典作品《卖火柴的小女孩》、大型儿童剧《宝船》、现实题材儿童剧《天才小精灵》在中国儿童剧场演出 23 场，参演“2014 年国家艺术院团演出季”。中国儿艺是参加此次演出季活动的唯一一家儿童戏剧演出团体。其中《卖火柴的小女孩》为经典保留剧目，《宝船》《天才小精灵》为新创剧目。

【试点“创新剧场”实验】

2014 年 9 月，支付宝钱包与戏剧演出方“孟京辉戏剧工作室”联合宣布在北京率先试点“创新剧场实验”项目。支付宝用户搜索关注该“孟京辉戏剧会员中心”服务窗，就能在其中购买孟京辉旗下所有剧场的演出门票并在线选座。

通过 O2O 工具实现自营，演出主办方不仅可以摆脱第三方渠道的分成压榨，而且能够直接面向自己的用户群体，并掌握核心的用户数据，继而进行后续的会员维护、营销和变现，即“粉丝经济”。

【国话第六届国际戏剧季荟萃大师经典】

2014 年 9 月 17 日，一部由王晓鹰执导，集结了王卫国、赵倩、翟冠华等中国国家话剧院老、中、青三代优秀演员的话剧《离去》在国话剧场上演，拉开了“中国国家话剧院第六届国际戏剧季”的序幕。在随后的两个月时间里，6 国戏剧院团携 8 台 24 场精彩演出齐聚北京。

自 2004 年首次举办每两年一次的国际戏剧季以来，中国国家话剧院至今已成功举办了 5 届国际戏剧季，主题分别为“永远的契诃夫”“永远的易卜生”“永远的莎士比亚”“华彩亚细亚”“华彩欧罗巴”，共有来自中国、以色列、俄罗斯、英国、法国、德国、加拿大、挪威、丹麦、立陶宛、哈萨克斯坦、韩国、日本、新加坡、越南等 16 个国家和中国香港地区的剧团在北京演出。在本届国际戏剧季中，有来自中国、德国、美国、马其顿、韩国、澳大利亚等国戏剧院团带来的《死无葬身之地》《离去》《哥本哈根》《哈姆雷特》《亨利六世》《仲夏夜之梦》《美狄亚》《四川好人》8 部戏剧作品上演。

【中国儿艺首次开讲儿童戏剧公开课】

2014 年 9 月 24 日，北京市东城区革新里小学、织染局小学、灯市口小学优质教育资源带北池子校区、东高房校区的 600 多名一年级学生走进中国儿童艺术剧院，听第一节“儿童戏剧公开课”。大型儿童剧《宝船》的副导演杨成为孩子们讲解剧本构思、创作流程、角色设置、舞台风格设计等知识，并普及了观剧礼仪，课后孩子们观看了《宝船》演出。从 9 月起，包括中国儿童艺术剧院在内的高等学校和社会力量支持小学体育美育特色发展工作全面启动，旨在推进小学的艺术教育和学生艺术素养的培养。通过前期与各所小学的沟通和交流，中国儿童艺术剧院将在开设艺术课程、艺术类社团组建与指导、专题讲座、组织师生观摩艺术演出以及校园文化建设等方面逐步推进，同时扩大学校艺术教育基地、剧场资源和部分排练厅对签约小学的开放，从而塑造艺术普及的立体发展模式。

【中国国家话剧院召开专题座谈会学习习近平总书记在文艺工作座谈会上的重要讲话精神】

2014年10月28日，中国国家话剧院召开专题座谈会，深入学习习近平总书记在文艺工作座谈会上的重要讲话精神，交流体会，凝聚共识，探讨剧院贯彻落实总书记重要讲话精神的思路与办法。剧院40余名业务人员代表参加座谈，院长周予援，副院长史丽芬、戈大立，院长助理罗大军出席会议。会议由党委书记景小勇主持。

会议传达了习近平总书记在文艺工作座谈会上的重要讲话精神及中共中央宣传部、文化部关于学习贯彻讲话精神的重要工作指示。与会同志紧密围绕总书记讲话精神展开讨论。

【第六届戏剧奥林匹克】

2014年11月1日“第六届戏剧奥林匹克戏剧节”开幕，来自22个国家和地区的1000余位艺术家，在北京17个剧场共演出了46部作品，演出场次达到110余场，观众数超11万人次。戏剧奥林匹克给北京留下了丰富的文化遗产，国外戏剧人的艺术理念和创作方法，也带给中国同行很多启发。“戏剧奥林匹克”是1994年由世界知名戏剧导演、剧作家特尔佐布罗斯、铃木忠志、罗伯特·威尔逊等发起的国际性戏剧活动，每四年举办一次。已分别在希腊、日本、俄罗斯、土耳其、韩国和中国等6个国家举办。

【中国儿艺首次在海外举办儿童戏剧周】

2014年11月10日至17日，受柏林中国文化中心邀请，中国儿童艺术剧院演出团一行15人首次访德。8天时间，3台剧目在德国柏林、白湖演出6场，成为中国儿童艺术剧院成立58年来在海外举办的首个儿童戏剧周活动，这也是中国儿童艺术剧院首次走进中欧国家演出。

【俄罗斯话剧《群魔》压轴第六届戏剧奥林匹克】

2014年12月19日，由俄罗斯戏剧大师留比莫夫导演的话剧《群魔》在北京天桥剧场上演。《群魔》改编自陀思妥耶夫斯基的同名小说，在保留原作所有基本线索的同时，讲述了一个多月间发生在小镇上的故事，将小说中的情节和心理完整地统一在一起。舞台中央，钢琴演奏家现场演奏20世纪著名作曲家斯特拉文斯基的音乐，与剧情完美配合。俄罗斯瓦赫坦戈夫国立剧院的演员们把形形色色的角色扮演得惟妙惟肖。戏剧理论家童道明表示，瓦赫坦戈夫国立剧院的表演将体验派和表现派有机结合在一起，令观众感到震撼。

【上海尝试儿童剧按年龄“分级”】

2014年12月20日，上海儿童艺术剧场（上汽荣威儿童文化中心）发布了《2015年演出季》。28台剧目、演出总计145场以上，所有演出都将针对不同年龄层儿童观众将剧目“分级”，不同年龄的小观众都可以选择最适合自己的节目。儿童演出节目的分级系统，在国外已经比较普遍，但在国内的剧场里还不多。

【话剧《生如夏花》获金狮奖两项奖】

2014年12月27日，“第九届中国话剧金狮奖颁奖典礼”在山西省话剧院有限责任公司龙城实验剧场进行，《生如夏花》摘得中国话剧最高奖金狮奖中的两项奖。新剧目奖填补了江西在该奖项上的空白。《生如夏花》讲述了方志敏同志被捕入狱后，面对生与死的考验、战友的误解以及革命斗争遭遇的挫折，在承受巨大心理煎熬的同时，勇于直面现实、自我剖析，坚持信仰、保持气节，展示了一名共产党员水晶一般纯洁的灵魂。

【中国国家大剧院策划“两岸迎春·戏剧对话”】

2014年12月27日，中国国家大剧院宣布，其策划的“两岸迎春·戏剧对话”演出板块已邀请到中国国家话剧院、上海话剧艺术中心、广州话剧艺术中心三支艺术生产活跃的实力院团，与台湾果陀剧场和初次亮相大陆的绿光剧团加盟，两岸戏剧人在2015年开年于此间以戏会友。

研究著述选目

【著作选介】

著作：《红色娘子军：中国戏剧发展纵论》
作者：孔庆东
出版社：中华书局
出版日期：2014 年 1 月

著作：《话剧与社会——20 世纪 30 年代中国话剧文献史料辑》
作者：魏建、刘子凌
出版社：人民出版社
出版日期：2014 年 3 月

著作：《海外学者论曹禺》
作者：田本相、邹红
出版社：广西师范大学出版社
出版日期：2014 年 5 月

著作：《“十七年”剧史论稿（1949—1966）》
作者：顾振辉
出版社：上海交通大学出版社
出版日期：2014 年 6 月

著作：《游园惊梦：从小说到话剧》
作者：史嘉秀、胡雪桦
出版社：上海交通大学出版社
出版日期：2014 年 7 月

著作：《自由的舞台：中学话剧教育的实践与探索》
作者：刘卫红
出版社：高等教育出版社
出版时间：2014 年 7 月

著作：《中法文学关系研究丛书：莫里哀喜剧与 20 世纪中国话剧》
作者：徐欢颜
出版社：北京大学出版社
出版日期：2014 年 10 月

著作：《中国内地新时期话剧导演研究》
作者：吴戈
出版社：云南大学出版社
出版日期：2014 年 12 月

【文章选目】

刘亚玲：《话剧表演中形体语言的运用探析》，《戏剧之家》2014 年第 17 期。
宁宗一：《田本相剧学思想研究》，《美育学刊》2014 年第 6 期。
曹丹：《肢体语言在话剧演出中的重要地位》，《大众文艺》2014 年第 24 期。
李扬：《问题与方法：现代话剧研究范式的转型》，《广东社会科学》2014 年第 4 期。
邹元江：《话剧艺术的魅力何在——从当代话剧〈信义兄弟〉谈起》，《四川戏剧》2014 年第 3 期。
周梦琛：《浅析赖声川话剧在大陆成功推广的营销策略》，《艺术教育》2014 年第 10 期。
毕长江：《试谈话剧与影视剧中的表演异同》，《四川戏剧》2014 年第 2 期。
郁文娟：《浅论话剧表演中的语言技巧》，《传播与版权》2014 年第 4 期。
王姗姗：《浅谈日本新派剧对我国早期话剧的影响》，《戏剧文学》2014 年第 2 期。
徐志和：《谈话剧的台词节奏》，《歌海》2014 年第 2 期。
王慧：《话剧〈秋海棠〉改编和演出再考》，《洛阳师范学院学报》2014 年第 12 期。
赵萍：《话剧中多媒体影像技术的作用——以〈你好，打劫〉为例》，《戏剧之家》2014 年第 6 期。
胡星亮：《论张晓风的话剧创作》，《中国现代文学研究丛刊》2014 年第 2 期。
宋郑烽：《试论老舍话剧的美学特征》，《才智》2014 年第 20 期。
李奇：《音乐性特征为何会在话剧表演中存在》，《戏剧之家》2014 年第 8 期。
解玺璋：《20 世纪以来中国戏剧的创新之路》，《戏剧》2014 年第 5 期。
徐小越：《“体验派”与话剧表演》，《戏剧之家》2014 年第 14 期。
关涛：《艺术和人生的艰难调和——解读田汉早期戏剧创作中的莎乐美情结》，《中国比较文学》2014 年第 3 期。
李瑱：《浅析中国当代话剧与西方消费主义结合表现的新特征》，《戏剧之家》2014 年第 8 期。

大事记

1月15日至16日，“关爱打工子弟快乐健康成长”——2014年元旦春节慰问打工子弟公益演出在中国儿童剧场举行。

1月19日，中国儿童艺术剧院益智趣味儿童剧《小卡车·变变变》在北京太阳村儿童福利院演出。

2月9日，话剧《致我们终将逝去的青春》在中国国家大剧院戏剧场上演。

2月20日至3月16日，话剧《关系》在北京人民艺术剧院实验剧场演出。

2月28日至3月2日，话剧《婚礼》在北京首都剧场演出。

3月11日，“首届天津曹禺国际戏剧节”开幕。

3月13日，“首届首都儿童戏剧精品展演月”在北京举办新闻发布会。

3月21日至23日，话剧《红旗谱》在天津大剧院歌剧厅上演。

3月26日至4月6日，话剧《又见老爸》在北京国话先锋剧场和上海话剧艺术中心D6空间同时上演。

4月20日，由中国儿童艺术剧院排演的大型儿童剧《宝船》建组会在北京举行。

4月25日至5月11日，由周可执导的话剧《枕头人》在北京鼓楼西剧场首演。

4月26日，话剧《庄仕华医生》在中国国家大剧院戏剧场上演。

4月10日至20日，荒诞话剧《审判乌布王》在北京朝阳9剧场上演。

4月16日，“中国国家话剧院首届小剧场演出季”开幕。

5月18日，首届福建省大学生戏剧节暨海峡两岸校园戏剧交流展演闭幕式暨颁奖晚会在福建农林大学举行。

6月10日至29日，话剧《何事惊慌》上演。

6月11日至13日，第十届“金州新区杯”东北三省戏剧小品大赛在辽宁大连举办。

7月8日至16日，话剧《山楂树之恋》在中国国家大剧院戏剧场演出。

7月18日至8月3日，话剧《五人间》在鼓楼西剧场演出。

7月19日，中国儿童艺术剧院参与小学体育美育发展工作签约授牌仪式，在北京市东城区革新里小学举行。

7月23日至8月3日，话剧《晚餐》在北京人民艺术剧院实验剧场上演。

8月8日，魔幻儿童剧《一个二月的夜晚》在中国儿童艺术剧院上演。

8月8日，纪念老舍先生的《四世同堂》问世70周年研讨会在重庆举办。

8月9日，话剧《草庐·诸葛亮》在湖北襄阳隆中风景区草庐剧场上演。

8月22日至9月7日，话剧《从前有座山》在北京人民艺术剧院上演。

8月26日至9月8日，话剧《理发馆》在北京人民艺术剧院上演。

8月28日至31日，话剧《伏生》在中国国家大剧院戏剧场演出。

8月28日，孙家正观看话剧《伏生》演出。

8月23日至10月8日，2014年国家艺术院团演出季举办。

8月28日，话剧《天才小精灵》在北京儿童剧场演出。

9月4日，话剧《枣树》在中国国家话剧院剧场演出。

9月17日，中国国家话剧院第六届国际戏剧季启动。

9月18日，话剧《公民》在首都剧场上演。

9 月 23 日，话剧《鱼眼》在北京人民艺术剧院实验剧场上演。

9 月 24 日，中国儿童艺术剧院首次开讲儿童戏剧公开课。

10 月 4 日，话剧《花心小丑》在中国国家话剧院先锋剧场演出。

10 月 28 日，中国国家话剧院召开专题座谈会学习习近平总书记在文艺工作座谈会上的重要讲话精神。

中国艺术年鉴

2014年卷

+

音乐卷

+

分卷主编：陈　乾

年度述评

2014 年度音乐发展研究报告

◎中国艺术研究院音乐研究所

音乐创作

2014 年全国音乐创作较 2013 年更为丰富多样，其中仅“第十八届全国音乐作品（民乐）评奖”这项政府活动，就推出优秀新作 37 部。另有国际、国内各类音乐节（包括北京国际音乐节、北京现代音乐节、上海之春国际音乐节、北京国际电子音乐节）和各大专业院团以及音乐院校，分别以比赛、委约等形式产生的更多新作，比如中国新室内乐作曲比赛、“炎黄杯”手风琴独奏和重奏作品比赛、中国室内歌剧创作推动计划展演等。据不完全统计，全年音乐新作品（除歌剧等大型歌舞体裁）共计 200 多首，大型器乐作品 92 首、室内乐 59 首、电子音乐 52 首，声乐和电影音乐以及话剧配乐等 60 首。以下将从全国音乐作品评奖以及相关音乐节的器乐、声乐创作情况，部分国家乐团的创作情况，公益演出中的新作品，电子音乐作品创作情况等几方面，就作品数量、题材、创作特点、审美取向、演出反响、各方评论以及社会改革对音乐创作产生的影响等诸方面略作评述；此外，再对文化部艺术司牵头举办的“2014 年度音乐艺术发展形势分析会”相关内容，作简要陈述。

（一）全国音乐作品评奖以及相关音乐节的器乐、声乐创作情况

2014 年 3 月，由文化部发布的“第 18 届全国音乐作品（民乐）评奖”结果中，涌现出一批优秀作品，其中有 16 首民族管弦乐作品和独奏、重奏以及 21 首其他组合作品，分获一、二、三等以及优秀奖。前者包括姜莹的《丝绸之路》获一等奖、周煜国的《夏日骄阳》和周湘林的《花腰三道红》获二等奖、刘湲的《富春山居图随想·秋山闻道》和刘长远的《梦释》以及姜莹的《印象国乐》分获三等奖；后者包括冯勇的《惊蛰》获一等奖、龚华华的《楚俏》和阎岩的《风雪背影》获二等奖、常平的《圣风》和罗麦朔的《弦舞》以及江洋的《谐谑曲》分获三等奖。这些作品的创作理念较以往更为简洁具象，创作风格大气明朗，创作手法洗练严谨，音乐内容都直抒胸臆，总体上体现出一种蓬勃向上的新时代气息。

4 月 28 日至 5 月 18 日，“第 31 届上海之春国际音乐节”如期举行，其间各种音乐演出和比赛共 65 场，与音乐创作相关的活动有 6 项。一是新人新作评奖，主要由中国文学艺术界联合会和上海音乐家协会以及何占豪、许舒亚、王甫建等音乐家，共同认真审听，然后现场评分，除去艺术表演（主要是声乐和二胡）的新人奖外，评委们在 27 部参赛作品中评出陈哲的《苍歌引》、唐建平的《春之随想》、关峡的《大地之博厚其德》等几部获原创奖。二是“南”与“北”之间的对话，包括了室内乐和交响乐两场音乐会，共 13 部作品，比如郭文景的《莲花》、叶国辉的《乐舞图》、陈牧声的《牡丹园之梦》等。三是创立于 2007 年的“海上新梦”，它是展示原创作品的重要平台，有委约和征集两种形式，此次音乐会曲目由原创民族管弦乐和民族声乐作品构成，作曲家涵盖各个年龄段，民族管弦乐主要有周成龙的《音画·佤山印象》、房晓敏的《春之舞》、徐景新的歌曲《纳西姑娘在天边》等。另外，2013—2014 年上海乐团音乐季也属此次音乐节范畴，重磅推出奚其明的抒情交响音诗《向往》、芭蕾组曲《魂》，委约吕其明、陈新光创作的大型交响组曲《使命》，这三首作品都是世界首演，其中《使命》是十八大期间唯一主题创作音乐作品，为求完善和精益求精，作品经过反复打磨，二胡演奏家段皑皑、唢呐演奏家左翼伟的加盟演出也为作品增色。由上海音乐学院主办的“原创在上海——2014 数字音频大赛”中，也有几部新作品问世上演，该赛已有 6 年历程，是音乐和科技融合与普及的社会公益活动，主要为国内外音乐界技术、制作、编曲等方面推出人才，展示当下中国乐坛原创力量。此次音乐会主要围绕上海打

造、海纳百川、现代古典、实力跨界四大特点展开，观众可以感受到原创歌曲从 demo 到编曲配器，再到录音混音以及最后在舞台完美呈现的过程，会间也有华语乐坛音乐人和中国音乐电视的专家探讨中国音乐电视的发展。最后，“‘风·雅·颂’——范曾诗词艺术歌曲廖昌永独唱音乐会”是 2014 年唯一原创中国艺术歌曲作品音乐会，题材选自范曾诗词作品，由孟卫东、印青等 5 人联袂创作。将“回归古典、回归自然”作为主题，遵循“以诗为魂、以书为骨”的美学原则，把诗词书画之美学纳入乐曲创作中，打造出一台诗词“歌赋”，在文学和音乐界广受重视，同时充实了中国现代艺术歌曲曲库。此外，音乐节还以举办各种音乐会和出版专辑的形式，推动新作品的后续发展，比如，陈怡的大型管弦乐曲《火韵》（中国首演）等新作品，也与观众得以见面。

4 月 11 日至 30 日的“中国交响乐之春”的舞台上，迎来了众多国家级交响乐团及北京、天津、上海、广州、深圳、贵阳、台湾等地方交响乐团，从民族交响精品到中国交响新作，集结呈现南北交响巨著，展现出国内交响乐团近年来的成长和发展，获得业内外的广泛关注和社会的强烈反响。本次活动的 12 场音乐会，都以“东西相遇”为主题，从作品到演出团体，基本保证能让东西方交响乐同台竞技；整体上北方乐团与南方乐团是 7∶5 的比例，各自以迥异的艺术气质表达音乐；在作品选择上兼顾青年作曲家和“地方特色”。上演作品主要有北京交响乐团的《云南随想》、天津交响乐团的《太阳祭》等；台湾长荣交响乐团与贵阳交响乐团的加盟，体现出“交响乐之春”在艺术交流以外，也积极响应当下文化体制改革。其中最引人注目的是，由中国国家大剧院与悉尼交响乐团联合委约赵季平创作《第二琵琶协奏曲》，该作品以苏州评弹为音乐素材，充满江南水乡的灵秀，在美国已上演多次，反响强烈，中国舞台首次亮相，同样好评如潮。

2014 年下半年，中央音乐学院举办的“第七届中国新室内乐作曲比赛”和“第八届‘炎黄杯’手风琴独奏和重奏作品作曲比赛”中，共有 22 部作品获奖。室内乐有孙晶的《且听风吟》、黄百林的《梦的五个片段》、邵丽棠的《论书四则》等 8 部；手风琴作品有李博禅的《目送》、王帆的《零》、陈秋成的《温暖》等 14 部。室内乐创作基本在专业音乐教育和国际音乐交流两个领域内蓬勃发展，对于中国公众大型演出场馆以及普遍非专业音乐的听众而言，这种形式并未得到广泛普及和相应认知。室内乐这种原本最为抽象的纯音乐，已在题材定位时被冠以更多具象性，比如以上作品中的《论书四则》和《目送》，但青年作曲家稚嫩的技法和所谓的“多元化”审美取向，往往使音响本身变得抽象无逻辑，可听性弱，不知所云。这两个问题不单是社会历史文化背景和民族审美习惯所致，也牵扯到艺术发展阶段的复杂性，如何能使室内乐的创作贴近大众，做到“有话可说”，还应引起政府职能部门和专业音乐教育家以及青年学生的关注和反思。

（二）部分国家乐团的创作情况

中央民族乐团分别于 6 月 13 日和 7 月 12 日，在中国国家大剧院音乐厅举办了两场“弦意岭南——中央民族乐团青年演奏家音乐会”，第一场主要委约作曲家为箜篌创作新作品，特别是唐建平的箜篌与室内乐《洛神》、刘长远的箜篌协奏曲《空谷幽兰》等作品都是世界首演；第二场是综合型民族作品，有李崇望的古琴与乐队《禅思》、张豪夫的唢呐协奏曲《大漠长河》等。9 月 26 日，在文化部国家艺术院团演出季中，该团又上演了民族管弦乐“丝绸之路”音乐会，新作品有郝维亚的民族管弦乐与合唱《丝路颂》、王丹红的民族管弦乐与合唱《中华之光》；还有大部分改编作品，比如，陈思昂与何建国改编的阮族乐器与乐队《阿斯图里亚斯》等。10 月 22 日，该团又举办了民族音乐会“塞上弦鸣”，新作品有二胡协奏曲《塞上弦鸣》、民族管弦乐《印象国乐·大曲》等。11 月 30 日，举办青年作曲家王丹红作品音乐会《弦上狂想》，上演了二胡与乐队《弦意岭南》、箜篌与乐队《伎乐天》、民族管弦乐《玫瑰狂想曲》和《太阳颂》。以上作品无论新旧，都具有极强的可听性，在配器上整体呈现出超强的创新意识，特别对箜篌这件冷门乐器的挖掘，取得可喜成绩。通常，听众普遍认可民乐的传统演奏方式，民族管弦乐不比西洋管弦乐那样具有国际通约的音乐语言，辐射面和接受度略弱；特别是改革开放以来，专业音乐院校的教学体系导致作曲家对西洋管弦乐的了解和掌控能力远高于中国民族乐器，加上民族管弦乐改革问题有始无终，多数乐团都以演出传统民乐和改编民乐为主，新作品极其少。民族管弦乐的优秀作品主要集中于20世纪80年代，进入新时代，多媒体手段和电子音乐的介入，多元拼贴和强调个性的审美追求，“民族化”被简化为一件乐器、一句旋律、一段节奏，民族管弦乐作品成为创作的瓶颈。而以上作品，则从各个方面尝试挑战和创新的佳作，特别是《空谷幽兰》和《玫瑰狂想曲》，构思新颖，配器独特，大作品中见小细腻，局部设计和整体构思统一协调，清雅绚丽的民族韵味和气势磅礴的管弦风格融为一体。据以往创作情况来看，国内西洋管弦乐的作品质量和上演率都高于民族管弦乐，但2014年有所不同，仅《印象国乐·大曲》就在全国巡演数场，中央民族乐团全年总演出量高达162场，大型演出85场，特别为民族管弦乐的创作、上演做出突出贡献。

中国国家交响乐团全年筹备并演出了多场大型新作品音乐会，其中4月在北京音乐厅举办的“龙声华韵民族魂交响音乐会”中，有《时代万花筒》《乡愁》《萌动的色彩》等新作；5月在北京音乐厅举办的“龚晓婷个人作品音乐会——半城春色·新西城交响音乐会”中，有《丁香百合》《京城印迹》等；11月在武汉上演《悲怆的黎明》和《木兰诗篇》；特别于12月5日和12日分别在南京和北京举办了“和平祭”南京大屠杀死难者国家公祭日音乐会，上演关峡的《不能忘却》等作品。以上作品中，由旅德作曲家陈晓勇创作的《时代万花筒》得到业内人士普遍赞誉，该作品创作于2012年，此次在北京首演，作者着重强调要在理解本国音乐和欧洲音乐及文化的基础上，在更高层次上建立新的音乐表现形式，追求人在精神上的音乐文化认可。该作品中没有“中国标签”式的语汇，仍能使人感觉到中国人文和思想；其中含有不同音律体系、调式、音色的融合与碰撞等多元因素；是传统的三管编制，统一的音乐段落中，局部各声部之间呈现出演奏力度的对比和相反的运动方向；有自然音程和微分音程共存，产生旋转效果；音乐形象显抽象，仅在表现声音内部的微型变化；在音乐造型上，旋律、主题都显模糊，取而代之的是作曲家对声音本身的感知；音乐以始终变化的运动形式触动听众的情感，长达17分钟的单一乐章一气呵成。另外，由女高音么红担任主唱、龚晓婷创作的声乐协奏曲《丁香百合》，也掀起观感高潮。该作品由“沉香”“迷城”“花语”三个乐章组成，听觉上具有新而不怪、美而不俗的现代中国音乐风格，音色斑斓飘逸，诗意浓郁，具有独树一帜的文人气质。

总政歌舞团全年都有各类歌舞演出，特别为纪念中国人民解放军建军87周年，于7月30日在中国国家大剧院隆重上演大型情景交响合唱《列兵》。由张千一、刘青、贺东久等人组成创作团队，并由阎维文、王宏伟等担任独唱和领唱。《列兵》是总政歌舞团近30年来创作的首部大型交响合唱作品，选择“列兵”作为一部交响合唱作品的核心艺术形象，是为表现军队中数量最庞大的普通一兵，众志成城的主题思想。作品气势恢宏，由混声合唱、男声合唱、女声合唱、五重唱、独唱、领唱等多种表演样式构成。大型情景交响合唱《列兵》的创作与演出，是当代中国文艺舞台上“军事题材”与高雅音乐形式结合的一次全面突破；体现了总政歌舞团在军事题材作品创作方面的责任心和使命感，表现出总政歌舞团探索混合艺术形式的创新意识。

（三）公益演出中的新作品

中国国家大剧院坚持7年恪守“公益先行、票价亲民”的宗旨，举办“春华秋实——艺术院校舞台艺术精品展演周”，至2014年已积累64台85场演出，为全国乃至世界19所艺术院校的近6000名师生及青年艺术家提供艺术实践、交流以及成果展示的平台。2014年11月3日大幕拉启，共有10余所艺术院校的8场演出，西安音乐学院上演的赵季平民族管弦乐《〈大宅门〉写意》，给人印象深刻。

中央剧院也本着“奉献经典　票价亲民”的原则，在“2014年国家艺术院团演出季”中的所有演出均实行惠民“123”票价政策，连同“年度歌剧公共免费开放日”等众多活动，让文化惠民真正落到了实处，将观众请回了剧场。该团历时一年时间精心改编音乐会版的《复兴之路》，将演出时长浓缩至约一个半小时，演员人数精减至180名，力图借此艺术形式让观众了解近代史。该版本以时间为线索，重大历史事件为载体，通过“山河祭”“热血赋”“创业图”“大潮曲”“中华颂”五大板块，再现了中国共产党建党90年历史的辉煌及中华民族自1840年鸦片战争至今的伟大复兴之路，得到观众的热烈好评。

（四）电子音乐作品

2014 年的中国电子音乐创作依旧红红火火，仅第 15 届北京国际电子音乐节就有 52 部优秀作品产生，它们分别位列于两批“2014 年中国青年作曲家优秀作品专场电子音乐会入选作品”中，如李秋筱为单簧管、中国民族打击乐与电子音乐所作的《武松打虎》，邓凤为钢琴与电子音乐所作的《幻・唤》，亓梦婕所作的幻听电子音乐《戏鼓》，金帆为三组中国民族打击乐与电子音乐所作的《色彩的舞蹈》，王熙皓为中国民族打击乐、道家舞台表演与实时多媒体电子音乐而作的《玄武》，陈彦锟为六台 MIDI 键盘及 TAPPER 所作《Golgotha》，冷岑松为古琴波形采样和计算机八声道而作的《江雪》，王鹤霏为舞蹈视觉艺术与交互电子音乐而作的《支羽》，赵晓雨为琵琶与电子音乐而作的《秋露坠》，黄旭为大提琴与电子音乐而作的《战役》、邢一楠为箫与大陀罗尼咒语而作的《梵音》等。

作者们来自包括中国、中国香港、中国澳门、中国台湾、美国等海内外各大音乐院校，作品多以新近音响手段、西洋古典和中国民族乐器为主，加入大量的中国民族音乐元素，来展现中国传统文化和历史，以及作曲家的哲学观和世界观。以《玄武》和《戏鼓》为代表，大部分作品都体现出一种传统的音响概念和审美诉求。电子音乐自诞生至 2014 年已有 65 年历史，在全世界范围内都面临着技术、形式、理论、思维上要求创新的挑战，而中国的电子音乐，在 20 年的时间里，依然是小众的比拼和新奇事物。但从全年的创作总量可以看出，北京国际电子音乐节为中国电子音乐事业坚持不懈地努力和贡献着。如果相关机构能够给予电子音乐更多的演出和普及教育机会，从社会层面让国人了解电子音乐，将其作为主体形式融入现代音乐生活中，必然可以使它通过自己特有的音乐语言传播中国文化。

综上所述，2014 年音乐创作以积极进取、实现“中国梦”为核心主题，呈现出体裁多样、题材丰富、演出形式多元化的局面。其中民族管弦乐和室内乐新作主要集中在中央民族乐团自创以及与地方合作项目中，西洋管弦乐和室内乐新作除国家专业乐团外，中国国家大剧院、专业音乐院校、国内外音乐节也是创作和演出的主要渠道。管弦乐作品体裁各异，题材民族化，主要集中在历史典故、大好山河、风土人情、创业改革等方面；室内乐作品改变了以往的抽象纯音乐模式，题材更为具象，音乐语言也大都做到有话要说，多为追问人性内心声音和反映社会现象的。从以上创作中，可以清晰看到社会历史文化背景和民族审美习惯对创作的巨大影响；总体的创作技法主要还是以西方古典现代技法为主干，加入中国民族音乐元素，这一点在电子音乐作品中尤其明显；主流创作群体集中在北京、上海等专业音乐院校师生和院团专职作曲家之手；独唱和独奏作品数量稀少。可喜之处在于，有部分新作品以巡演取代了过去的一次性或实验性展示，有利于被普通市民熟知，避免了创作质量逐步下降、市场凋敝、音乐文化呈病态发展的局面；个别地方院团敢于在坚持传统的维度里锐意创新，并将专业音乐创作成果与百姓文化生活紧密相连。

总之，2014 年，全社会各相关部门不仅在社会传媒、管理体制、教育导向、监督培养等方面积极跟进改革，还努力实现比赛、创作、表演、评论、教育一体化，使整个音乐创作和大众文化形成自由的良性循环，在鼓励音乐文化社会化方面取得很大成绩。

演出市场

2014 年，随着文化体制改革的进一步深入，中国音乐演出市场在城市中逐渐形成良性环境，发展势头良好，尤其是经济发展较好的大中型城市的音乐演出，无论在质量、数量都较以往有明显的提升，演出市场种类丰富、精彩纷呈，照顾到不同年龄阶段、欣赏层次观众的精神文化需求。一批国家级音乐艺术团体的演出，集中体现了年度音乐演出市场所能达到的最高艺术水准。北京、上海、广州、武汉无疑是国内音乐演出市场的引领者，吸引了最优质的演出资源。在城市，我国音乐演出市场中逐渐形成以区域中心城市为主、一般城市为辅的合理格局和良性发展势头，无论在质量、数量都较以往有明显的提升，城市中不同年龄阶段、欣赏层次观众的精神文化需求基本得到满足。

然而，在城市音乐演出市场持续发育的同时，我国城乡演出市场二元化格局不容忽视。从演出团体看，由于国家政策与扶持力度的不同，国家级院团和省部以及部队系统院团依托政府的资金支持和较强的阵容、影响力，运营状况一般较好；市级及以下音乐团体的整体情况堪忧。演出市场的发育主要在大城市（特别是区域性中心城市），并占据了国内音乐演出市场绝大多数份额；小城镇以及广大农村等演出市场则存在两条腿走路的局面，即一方面以自发性的民间礼俗活动为依托，另一方面由政府和民营资本共同参与的多元化市场主体格局初步形成。与城市的音乐演出相比，农村纯粹的音乐演出市场有待相关部门和机构有针对性的扶持。

（一）音乐厅、剧场、院团演出举要

音乐厅和剧场是举行各种音乐演出最重要的平台，是城市音乐演出市场的主要场所，它几乎可以囊括交响乐、歌剧、音乐剧、舞剧、戏曲等所有音乐演出门类，也同时是市场与艺术、多元与专业等最佳的集合地。因此，音乐厅与剧场的音乐演出市场可以作为衡量不同年度、不同区域、不同表演团体之间发展水平重要的参考之一。

以文化中心北京的音乐演出市场为例，根据 2014 年天桥演艺指数发布平台公布的“剧院演艺指数”①，各类演出在 1 月份达到最高峰，在 2 月份直线下降后，经历了 3 月份的平稳发展，在 4 月份直线上升至 5 月份的高点（接近 2.8 万点），此后的 4 个月中经历了先下降后回升的曲线，并于 10 月份又上扬至高点（接近 2.9 万点），10 月份高点过后大幅下滑，并在 12 月有小幅反弹。这一指数吻合了年度内北京音乐演出市场整体的发展态势，反映了北京演艺市场整体动态，以及北京歌舞剧、话剧、戏剧、音乐剧及其他演出等不同类型演出市场动态变化情况。

中国国家大剧院作为首都的国家级音乐演出场所，是国内高水平艺术表演最为集中之处，年度内各种主题的音乐演出场次繁多、品种层出不穷。同往年一样，元月的中国国家大剧院以“新春欢乐颂”主题拉开了 2014 年音乐演出的大幕。中央歌剧院、中国国家大剧院管弦乐团、北京交响乐团、中央民族乐团、中国广播民族乐团、中央芭蕾舞团交响乐团等国内乐团为观众带来 15 场丰富多彩的新春音乐节目，在曲目选择上杜绝千篇一律。中外名家名团在中国国家大剧院的新年系列音乐会中轮番奏响，用音乐给首都观众送上马年新春的祝福。阿根廷探戈女王莫拉·戈多伊、指挥大师祖宾·梅塔携西班牙瓦伦西亚皇后歌剧院交响乐团，英国芭蕾旗舰 NBT 舞团的舞剧《仲夏夜之梦》等外国院团也前来为马年贺岁；“国际钢琴系列”邀请了托马斯·瓦萨里、约尔格·德穆斯、基里尔·格斯坦、约翰·里尔和陈萨等钢琴演奏家的独奏音乐会。中国国家大剧院主办的第四届“中国交响乐之春”展示了海峡两岸的 13 支乐团（1 支台湾乐团以及特邀的波士顿交响乐团），上演了张千一的《云南随想》、普罗科菲耶夫的《罗密欧与朱丽叶》、德沃夏克的《a 小调小提琴协奏曲》等作品。“五月音乐节”以“完全莫扎特”为主线贯穿始终，横跨弦乐、管乐、打击乐、钢琴、声乐等各个领域。中国国家大剧院八月合唱节汇集来自中国、法国、德国、奥地利、英国的 9 支优秀合唱团，为观众呈现 9 场风格各异且具有鲜明地域特色的音乐会。在戏曲演出方面，上海宝山沪剧艺术传承中心原创的大型现代沪剧《挑山女人》；浙江小百花越剧团的新编越剧《二泉映月》、“原生代”版《五女拜寿》、新版《梁山伯与祝英台》；安徽桐城市黄梅戏剧团（黄梅戏艺术传播公司）根据“桐城女杰”施剑翘传奇人生改编的新编黄梅戏《惊天一兰》；“安庆再芬黄梅艺术剧院”出品、黄梅戏表演艺术家韩再芬领衔主演的新编黄梅戏《徽州往事》在中国国家大剧院戏剧场演出。特别是“越剧艺术周”将中国国家大剧院的戏曲演出推向高潮，在近一个月的时间内，浙江小百花越剧团、上海越剧院、杭州越剧院、温州越剧团等国内顶尖越剧团体齐聚大剧院，优秀新编剧目、经过重新编排包装的经典老戏等一一登台亮相。在吸引国内外优秀演出团体展示不同类型、地域、音乐种类的特色的同时，中国国家大剧院也注重自制剧目的投入，2014 年的首部原创舞剧《马可·波罗》崭新“升级版”上演；与此同时，中国国家大剧院延续了自 2009 年以来年产 6—7 部经典剧目的态势，制作了《乡村骑士》《丑角》《诺尔玛》《唐·帕斯夸莱》等多部“大剧院

---

① 详见 http://www.tianqiao.cc/index.php?m=t9_cinemaindex&c=index&a=show_p&typeid=0。

版”的著名歌剧。

2014年度，北京音乐厅累计上演音乐会约182场次以上，除了参与北京国际音乐节等活动外，北京音乐厅始终关注社会效益和市场收益的兼顾统筹，在暑期上演大量适合青少年儿童欣赏趣味的音乐会，如“天空之城——久石让 & 宫崎骏作品视听音乐会”“‘打开音乐之门’少年钢琴梦——旅美少年音乐小天才高靖远钢琴独奏音乐会”“‘打开音乐之门’马德里音乐之梦——儿童插画音乐故事会”等。

对于中央芭蕾舞团而言，2014年既是建团55周年，又是其经典保留剧目《红色娘子军》首演50周年。从1月开始，中央芭蕾舞团《红色娘子军》首演50周年纪念活动就陆续开展。2014年全年，该团在全国范围内开展“50年50场”纪念巡演，演出地点包括北京、广东、重庆、湖北、浙江、江苏、安徽、山东等地；创排的新剧是世界著名芭蕾舞剧《吉赛尔》和《蝙蝠》。为庆祝建团55周年，中央芭蕾舞团年底的演出季上演约10台经典芭蕾舞剧，如《大红灯笼高高挂》《天鹅湖》等。① 中央歌剧院在2014年以贯穿全年的歌剧季演出为主线，隆重推出瓦格纳的鸿篇巨制《尼伯龙根的指环》第三部《齐格弗里德》、贝多芬的经典歌剧《费德里奥》、伯恩斯坦的经典歌剧《西区故事》等3部新排歌剧。在2014年的歌剧季演出中，剧院上演了多部观众喜闻乐见的经典作品，如《卡门》《茶花女》《游吟诗人》等，以满足广大歌剧迷的需求。在2014年举办的第二届中国歌剧节上，中央歌剧院携瓦格纳的歌剧《女武神》在湖北省武汉市参加演出，并把瓦格纳的歌剧带往全国各地。

2014年，中国国家交响乐团的重点创作剧目包括《龙声华韵》——“民族魂”大型交响音乐会、庆祝新中国成立65周年——《五十六个民族，五十六朵花》大型合唱系列音乐会、《祖国之恋》合唱音乐会等。除此之外，中国国家交响乐团还举办了包括中国国家大剧院新春演出季闭幕暨“浪漫与动感”中国国家交响乐团交响音乐会、第四届中国交响乐之春开幕式——中国国家交响乐团音乐会、“第一次世界大战100周年”纪念音乐会等近40台音乐会。

（二）艺术节演出市场与区域性的热点城市

区域中心城市对于艺术节演出市场的吸引毋庸置疑，北京国际音乐节、北京现代音乐节、北京传统音乐节、第十六届中国上海国际艺术节、首届天津曹禺国际戏剧节和首届天津歌剧节、第二届中国歌剧节成为艺术节演出市场的重心，北京、上海、天津、广州和武汉也因此位列热点城市。

2014年北京国际音乐节延续其推广德奥古典音乐的优秀传统，以纪念德国作曲家、指挥家理查德·施特劳斯（Richard Strauss，1864—1949）诞辰150周年为核心主题。来自全球20多个国家的精英艺术家、演奏团体纷至沓来，与北京观众一道参与并见证了这一国内音乐文化舞台的年度盛事。本届音乐节创纪录地推出了16部理查德·施特劳斯的管弦乐作品，几乎囊括了作曲家毕生的创作精华，甚至包括像《家庭交响曲》《变形》《d小调谐谑曲》等鲜有在国内舞台演奏的冷僻曲目，其《d小调第一交响曲》等多部作品更是首次出现在中国观众面前，并且还重磅推出两部理查德·施特劳斯的歌剧——《阿里阿德涅在拿索斯岛》与《艾莱克特拉》音乐会版。北京现代音乐节是中国教育部、文化部支持，中央音乐学院主办的国际化大型音乐文化交流活动。2014北京现代音乐节为期7天，主打“青年牌”，推出精品音乐会、青年作曲家发展计划（与美国巴罗基金共同主办），来自美国、法国、柬埔寨、哈萨克斯坦、中国等国家和地区的数百位音乐人会聚一堂，奉献了“来自亚洲和美国的新音乐”“库尔曼卡基音乐学院混声合唱”“密苏里大学音乐学院精英管乐会”和“中外现代室内乐作品音乐会”等14场风格迥异的音乐会。第六届北京传统音乐节由北京市教委与文化部民族民间文艺发展中心共同主办，中国音乐学院承办，主题是“礼乐重建”7场雅乐音乐会精彩纷呈，分别是“燕国礼乐专场音乐会”（开幕式）；“亚洲宫廷乐专场音乐会”（由来自日本大学雅乐部、韩国汉阳大学、柬埔寨古典舞高棉艺术团、越南顺化音乐学院雅乐团和印度尼西亚日惹舞蹈团的艺术家们表演的亚洲各国宫廷音乐）；“神乐署清代雅乐专场音乐会”完整重现了清代宫廷音乐艺术的华美与雅致；“台湾汉唐乐府专场音乐会”再

---

① 王立元：《2014，九大院团准备好了》，《中国文化报》2014年2月26日。

现了汉唐乐府的“艳歌行”；“古应风云”（西周应国礼乐）和内蒙古阿斯尔乐团的潮尔歌曲《圣主成吉思汗》、呼麦说唱《满者拉汗赞》、宫廷乐舞《大帐宴歌》，分别展示了中原古韵风格和蒙古族宫廷乐舞的昔日风采；多媒体音乐会“礼乐和鸣”构成了宏大的闭幕式。

2014 年，天津市先后主办了首届天津曹禺国际戏剧节和首届天津歌剧节。首届天津曹禺国际戏剧节为期 3 个月，主要上演了 12 部国内外经典剧目，大胆引进国外优秀剧目，剧目质量上乘；政府补贴，票价优惠，让市民享受更实惠的精神食粮。主要参演剧目为《茶馆》《白鹿原》《在底层》《假面·玛丽莲》《耶德曼》《朱莉小姐》《蘑菇沙皇》《海淀之北》《红旗谱》和《雷雨 2014》等。在首届天津歌剧节上，指挥大师祖宾·梅塔率西班牙瓦伦西亚皇后歌剧院献上歌剧《卡门》和《奥赛罗》，在天津大剧院连演 6 场；俄罗斯斯坦尼斯拉夫斯基和涅米洛维奇—丹钦科音乐剧院以 600 余人的庞大阵容带来普罗科菲耶夫的歌剧巨著《战争与和平》。除此之外，还上演了《居里夫人》《蓝胡子公爵的城堡》等多部歌剧巨作。

上海国际艺术节作为中国唯一的国家级综合性国际艺术节创立于 1999 年，第十六届中国上海国际艺术节以中国歌剧《一江春水》揭幕，此后上演了几十场不同类型的与音乐相关的演出，有滇剧《水莽草》、黄梅戏《徽州往事》、上海市长宁沪剧团沪剧《小巷总理》、指挥家长野健与加拿大蒙特利尔交响乐团音乐会、郑京和小提琴独奏音乐会、韩国音乐剧《图兰朵》、女高音歌唱家安吉拉·乔治乌独唱音乐会、陕西榆林市民间艺术团陕北秧歌剧《米脂婆姨绥德汉》、德国慕尼黑室内乐团音乐会、吴牧野钢琴独奏音乐会、西安鼓乐音乐会和香之舞·何训田作品音乐会等。2014 年 4 月 28 日至 5 月 18 日，由上海市文化广播影视管理局、上海市文学艺术界联合会、上海文化广播影视集团共同主办，上海音乐家协会、上海音乐学院、上海广播电视台共同承办的第 31 届上海之春国际音乐节在上海举行。音乐节期间，来自中国、美国、俄罗斯、德国、法国、意大利、罗马尼亚、波兰、奥地利、新加坡、荷兰等 10 余个国家的乐队、音乐家、舞蹈家演出了 57 台音乐舞蹈演出。其中包括两台开、闭幕式音乐会，新人新作展示 9 台、名家名团演出 12 台，国外专场演出 11 台，舞蹈类节目 3 台，展演类节目 20 台。

第二届中国歌剧节由文化部和湖北省主办，主要演出地点在武汉。第二届中国歌剧节历经 16 天，是党的十八届四中全会和文艺工作座谈会召开后举办的一次国家级艺术活动。本届中国歌剧节以“歌剧艺术的盛会，人民群众的节日”为主题，汇集了湖北省歌剧舞剧院的《八月桂花遍地开》，辽宁歌剧院的《雪原》，武汉音乐学院的《茶花女》，天津歌舞剧院的《中华儿女》，江苏省演艺集团的《运之河》，中国歌剧舞剧院的《白毛女》，上海歌剧院的《阿蒂拉》，武汉歌舞剧院、武汉爱乐乐团的《高山流水》，四川艺术职业学院的《苏武》，重庆市歌剧院的《钓鱼城》，中国交响乐团的《悲怆的黎明》，中国交响乐团、总政歌舞团的《木兰诗篇》，四川凉山州歌舞团的《彝红》，中央歌剧院的《女武神》，甘肃省歌剧院的《貂蝉》，江西省歌舞剧院有限责任公司的《回家》，中央音乐学院歌剧中心的《阿依达》，湖南省昆剧团五岭歌舞团的《以青山的名义》，陕西省歌舞剧院有限公司的《大汉苏武》，山东歌舞剧院的《赵氏孤儿》20 台全国各地的优秀剧目，演出达到 38 场，3000 余名歌剧艺术工作者参演，开展论坛讲座、赴基层演出等惠民活动 10 余场，观众达到 9 万余人次。歌剧节闭幕式在全国歌剧界知名艺术家“中国歌剧经典选段音乐会”中圆满落幕。

2014 年 5 月 2 日至 6 月 8 日，第二十五届澳门艺术节开幕。活动由澳门乐团等多个本地艺术团体打造。在开幕式音乐会中，澳门乐团、澳门管乐协会、澳门敲击乐协会、澳门治安警察局银乐队联袂演奏了肖斯塔科维奇的《节庆序曲》、贝多芬的《威灵顿的胜利》、佛瑞的《帕凡舞曲》等著名乐章。艺术节期间共安排了 31 场节目，总场次及各类艺术延伸活动超过 200 场。

9 月 22 日至 24 日，由文化部、广东省人民政府主办，广州市人民政府、广东省文化厅承办，广州市文化广电新闻出版局执行举办的“2014 中国广州国际演艺交易会”在广州成功举办。它是中国文化“走出去、引进来”的桥梁，以“演中华古今、交世界舞台”为理念，是文化产品走向市场的重大创新，是市场在文化资源配置中发挥基础性作用的一个成功尝试。本届国际演艺交易会集展览展示、现场演出、剧目交易、高峰论坛为一体，邀请来自数十个国家和地区的国外演艺机构、上百家国内演艺机构参展，2000多家国内外演艺机构以及3000多家文化、传媒、广告、公关活动公司报名观摩，共同研讨国内外演艺市场发展趋势，分享运营经验，交流行业信息，对2015年度中国演艺市场的推动和造势是显而易见的，实际上是对2015年度国内重要演出市场的一次“信息发布会”。

（三）年度音乐演出市场的回顾和展望

随着国家对文化体制改革的深入和对演出市场的进一步开放，国际演出机构势必大举来华“分一杯羹”，这既对“节俭令”下的演出团体的运营提出了挑战，又有助于我们吸收更多有益的经验，进一步促进我们的文化体制改革。

北京、上海、天津、广州属于全国一线城市，同样也是音乐演出市场的一线阵地，作为全国中心和区域中心城市（武汉），它们以音乐节、艺术节为依托，稳固处于演出市场的热点和主体，并对周边城市的演出市场有着比较大的辐射作用，成为拉动区域音乐演出市场的主动力。但是，它们能否在“新常态”下为当地音乐演出市场的可持续发展带来契机，还有待于长时间和适度距离的进一步的观察与探索。在“节俭令”的继续影响下，区域中心城市的音乐演出市场的动力较往年仍有不足。以北京为例，受大环境影响，由于官方主办的庆典活动、企业包场和赞助的减少，较之2013年，2014年的北京音乐会市场票房、场次、观众均出现小幅下滑。① 可见，音乐演出市场仍未走出所谓“寒冬期”。

“节俭令”之后的演出市场“寒冬期”，折射出了前些年我国表面红火的演出行业潜伏着诸多不良因素，其中最突出的问题就是某些演出企业市场观念薄弱和运作能力缺乏。长期以来，许多大型音乐演出都由政府掏钱，导致票价居高不下，造成观众减少、场次减少、演出质量降低，一些优秀剧目很难取得观众缘。“冬天来了，春天还会远吗?”演出市场的“新常态”应当成为让文艺演出真正回归市场的机会与春天。现在的音乐演出团体要想继续生存发展就必须满足消费者的口味，适应市场的发展规律。“寒冬期”是将以前存在的泡沫挤破的过程，以后的音乐演出市场势必更加透明、规范。中国人民大学文化创意产业研究所所长金元浦认为：“现在消费者出现了代际转换，观众不再只是原来的‘50后’‘60后’群体，新一代的‘80后’‘90后’已成为市场的消费主体，这意味着节目要适应更多新的观看需求。演出市场也要主动培养观众的消费习惯，打造更多固定的受众群体。”② 的确，就2014年全年的演出市场（主要指大中城市演出市场）的演出产品而言，在加快市场开放、促进学术交流、满足不同年龄观众的需求等众多因素推动下，我们对境外优秀音乐演艺产品的引进比较积极，手续上也相对简化，对我们民族民间和当代题材的优秀原创演出产品造成了相当程度上的冲击。我们自身原创性的经典产品并不是很多，而能将传统文化“讲清楚”的作品更是少之又少，在大举来华的国外优秀音乐演艺产品面前显得“话语权”还很不够，原创产品的市场竞争力和对不同年龄段观众的吸引力尚显不足。我们还处于从基本适应观众、市场的需求向培养观众、市场的消费的过渡状态，还没有培养出足够的固定的观众群体，这无疑为今后音乐演艺产品的创制、推广提出了更高的要求，但这并不是朝夕之功，需要音乐界的通力合作方能提升之。

农村演出市场关系到十亿农民的精神文化生活，关系到社会主义新农村建设与和谐社会建设。农村音乐演出市场与城市音乐演出市场存在着鲜明的不同，呈现出另一番景象。农村的音乐演出市场与农业生产活动和民俗活动密切相关，分为季节性的演出市场、与传统节日密切相关的演出市场、与宗教信仰密切相关的演出市场、与人生礼仪相关的演出市场。随着城镇化和新农村的进一步发展，中小城镇及乡村音乐演出市场呈现出新的变化。一方面，参与演出市场的有国有专业剧团和小城镇所属的专业剧团、业余剧团，多元化市场主体初步形成，多元化的市场主体格局带来的竞争成为各主体经营发展的动力，例如有的国有或私营的戏曲剧团全年演出超过400场次；另一方面，仍存在市场主体参差不齐、先进演

---

① 田夕：《演出市场的冬春》，《北京纪事》2014年第8期，第7页。

② 李漾：《“限奢令”下，国有演出团体如何转型发展》，《中国文化报》2014年7月29日。

艺产品供应不足、演出形式单一等问题，改变现状、培育健康繁荣的演出市场势在必行。政府培育农村音乐演出市场中不能完全用“城市人”的大脑思考“农村人”的需要（例如在有些三四线城市和农村地区推广、普及交响乐等西洋音乐体裁），应该有针对性的措施，例如政策引导、转变培育形式、鼓励企业参与农村演出市场建设、引导演艺中介机构进入农村演出市场和加强农村演出市场监管等。既要建立、培育与城镇化相适应的文化体制和音乐演出市场，又要注重在体制和机制上加强对于传统文化（特别是某些非遗项目戏曲类的传承团体解体或面临解体的问题）的保存和保护，不能“只栽树，不浇水”。如何在新形势下切实推进农村音乐演出市场的发育是对公共文化服务体系的一种考验。

音乐理论

2014 年度的音乐理论研究，在 2013 年各门类成果基础上继续发展。中国音乐史、民族音乐学、乐律学等领域重点问题不断深化，学科方法论反思意识进一步加强，作曲技术理论研究和国外音乐学术成果译介也取得了新的成果。围绕音乐学各领域热点问题的学术研讨会频频举行，有力推动了音乐理论研究的纵深发展，使中国音乐学术事业不断成熟。2014 年度的音乐理论研究状况，可以从“中国音乐史学”“民族音乐学”“乐律学与作曲技术理论”“音乐学术活动”等方面综述。

（一）中国音乐史学研究

1. 音乐史学方法论反思

2014 年度的中国音乐史研究成果，首先体现为学者对史学研究方法论的反思。秦序指出在认识音乐学不是艺术而是科学（艺术科学）的同时，也应强调社会科学、精神科学及人文学科等不容忽视的“非科学性”本质，希望引发对音乐史学及音乐学在科学性之外的人文学科性质、“非科学”性质的思考，深化音乐学研究。① 项阳以历史民族音乐学和“接通”理念为观照，从“西方音乐史研究模式对中国音乐史学研究的影响”“音乐艺术史与音乐文化史之关系”“中国音乐史学论域拓展对多学科的影响”等方面，提出从中国历史实际出发把握传统音乐文化内涵，使音乐史写作和相关学科研究从侧重音乐艺术的理念中拓展开来的新观念。② 郭树群结合实例论证“接通”学术理念在乐律研究中的体现，认为“接通”思维指向的核心是要在“同类异质”或“质近”的文化样态中寻求一种沟通，而这种沟通在于揭示历史现象中的某些隐性规律。③ 宫宏宇、洛秦等人也撰文反思中国音乐史学，提出从国际视野关照史学研究和宋代音乐的学术理念。④ 这些有关音乐史学方法论的深入思考，对 21 世纪中国音乐史研究纵深发展将发挥积极指导意义。

2. 古代音乐研究

古代音乐事象方面，刘再生以姜夔的音乐诗词作为直接史料依据，对其一生的爱国理念和人文精神加以学术梳理，反思了“阶级分析论”和“唯成分论”的史学观念，对姜夔的历史定位予以新评价。⑤ 郑祖襄以音乐史上王维“观图辨乐”一事为对象，解读其蕴含的音乐图像学信息，指出王维“观图辨乐”并非虚妄，沈括所言也并非确论。这段久远的故事却说明了中国古代音乐图像学的历史与学理。⑥ 音乐考古研究方面，方雪扬翻译了国际传统音乐学会（ICTM）音乐考古学会主席阿恩德·阿德杰·鲍斯（Arnd Adje Both）的《音乐考古学：方法和理论的思考》，文章给出了音乐考古学研究的一般范式，并分析音乐考古学与民族音乐学、民族考古学和实验考古学的关系，探索了音乐考古学借鉴其他学科理

---

① 秦序：《音乐学学科性质再认识——读何兆武〈历史与历史科学〉札记之一》，《中国音乐学》2014 年第 2 期。

② 项阳：《中国音乐史学研究理念拓展的意义》，《音乐研究》2014 年第 1 期。

③ 郭树群：《中国古代律学史研究需要“接通”的思维向度》，《音乐研究》2014 年第 1 期。

④ 宫宏宇：《国际视野下的中国音乐研究》，《中央音乐学院学报》2014 年第 3 期；洛秦、康瑞军：《国际化视野下宋代音乐研究的新动向与新思考（2009—2013）》，《中央音乐学院学报》2014 年第 4 期。

⑤ 刘再生：《姜夔人文精神的历史定位——兼论姜夔与抗金将领交往对其爱国精神之影响》，《音乐艺术》2014 年第 2 期。

⑥ 郑祖襄：《王维“观图辨乐”与音乐图像学》，《南京艺术学院学报（音乐与表演版）》2014 年第 1 期。

论和方法的可能性。① 吕钰秀梳理了国外音乐图像学的发展历程，指出20世纪后半叶声音景观（soundscape）概念影响民族音乐学研究，使音乐图像在提供历史见证与文化象征之外，更具备重建古代音乐声响想象的意义。② 出土音乐文物方面，近年发掘的叶家山墓地是继1978年曾侯乙墓发掘之后又一重大考古发现，特别是M111号大墓出土的编钟意义重大。方勤介绍了该墓出土编钟情况和编钟的编列、云纹特征，说明其在西周早期具有标志性意义，是先秦礼乐制度发展的重要一环。③

2014年度《交响》专栏刊载了2013年在西安音乐学院举办的“敦煌乐舞国际学术研讨会”的部分论文，集中展示学界近年来在敦煌音乐研究方面的新成果。④ 音乐史研究在音乐文献、古代乐器和音乐制度等方面亦不乏佳作，⑤ 展现出中国音乐史领域不断深化、拓展的新趋势。

3. 近现代当代音乐研究

近现代音乐史研究方面，2014年度成果主要体现在“音乐思潮”和“乐人乐事”研究两方面。居其宏的三篇论文分别探讨了近现代当代音乐研究中的多元史观和战时左翼音乐理论的建构与思潮论争。⑥ 李岩、王冰清、宫宏宇、衣慎思等人的文章，以曾志忞、田边尚雄、阿甫夏洛穆夫等对中国近现代音乐发挥重要影响的人物为对象，立足史实对其成就予以新的评价。⑦ 秦萌、戴嘉枋、蔡灿煌的文章，则以近现代不同时空中的音乐活动为对象，在梳理乐人、乐事基础上反思当代音乐历程，对未来音乐文化发展和中华礼乐文明重建等问题，均有积极参考价值。⑧

（二）民族音乐学研究

跨界，是2014年度民族音乐学研究的热点。随着“跨界”“学科”“交叉”“接通”等学术概念的兴起，传统的学科意识（学科界域）研究范畴与治学方法正在发生变化。《音乐研究》组织音乐学科各领域多位专家就“跨界”论题展开广泛研讨（学术及学科“跨界”对音乐学研究的意义；跨区域、跨国界、跨族群的音乐学研究；学术跨界与学科“接通”的范畴及方法等），⑨ 并设“‘跨界’的学术内涵及远瞻”专栏（第1、2期）刊载诸多卓见。正如参加是次会议的民族音乐学者所言：“从民族音乐学学科整体的状态而言，不仅早前的西方民族音乐学是学科跨界研究的产物，其后在我国逐渐发展起来的民族音乐学，仍然还在处于学科跨界研究的持续发展过程之中。”“学问与学问之间、学科与学科之间的相互学习和借鉴，是所有学问和学科能够向前发展走向精密的基本动力，同时也是一个新兴学科由

---

① ［西班牙］阿恩德·阿德杰·鲍斯：《音乐考古学：方法和理论的思考》，方雪扬译，《黄钟》2014年第2期。

② 吕钰秀：《图像中的音乐史料研究视角与方法》，《中央音乐学院学报》2014年第3期。

③ 方勤：《叶家山M111号墓编钟初步研究》，《黄钟》2014年第1期。

④ 相关论文有：李宝杰《敦煌壁画经变图礼佛乐队与唐代坐部伎乐的比较研究》，程天健《敦煌壁画乐器、乐队、乐伎的历史形态构成分析》，李芸、黄勃、夏滟洲《从敦煌壁画看南北朝歌舞娱乐节目的构成》，刘蓉《丝路多元音乐文化在敦煌壁画中的呈现》，李村《敦煌壁画中的横卧类弹弦乐器》等（均见《交响》2014年第1期）。

⑤ 相关论文参见：亓娟莉《唐徐景安及其〈历代乐仪〉辑考》，《交响》2014年第2期；孙克仁《由篪及篪——篪在先秦的原貌》，《星海音乐学院学报》2014年第1期；温和《五弦琵琶柱制再考》，《南京艺术学院学报（音乐与表演版）》2014年第2期；赵维平《宋教坊的形成、内容及与唐教坊的关系考》，《音乐艺术》2014年第2期；黎国韬《西周前期乐官考》，《星海音乐学院学报》2014年第1期。

⑥ 居其宏：《“中国近现代当代音乐史研究的历史观与方法论思考系列”（之二）中国近现代当代音乐史研究的多元历史观》，《音乐艺术》2014年第2期；居其宏：《中国近现代当代音乐史研究的多元史观与普适性原则》，《音乐艺术》2014年第3期；居其宏：《战时左翼音乐理论建构与思潮论争——中国近现代音乐史研究笔记之一》，《中国音乐学》2014年第2期。

⑦ 相关论文参见：李岩《广学流慈——曾志忞史料殆尽之欤?》，《音乐艺术》2014年第3期；王冰清《曾志忞戏曲改良撷英》，《中央音乐学院学报》2014年第1期；宫宏宇《田边尚雄朝鲜、台湾、中国大陆访乐之行及其影响》，《中国音乐》2014年第1期；衣慎思《阿甫夏洛穆夫与〈孟姜女〉命运的浮沉》，《音乐研究》2014年第1期。

⑧ 秦萌、戴嘉枋：《思想改造适应新的社会角色的转变：1949—1956年上海交响乐团的成立及创作演出情况》，《音乐艺术》2014年第2期；蔡灿煌：《乐以载道？——台湾“中华文化复兴运动”期间的礼乐重建经验》，《中央音乐学院学报》2014年第4期。

⑨ 陈荃有：《跨界　接通　整体观——音乐学“跨界”问题高层论坛评述》，《人民音乐》2014年第4期。

此脱颖而出的基本导因。"① 民族音乐学科理论方面的探索，与前述"跨界"理论相呼应，呈现出民族音乐学科对于当下跨学科问题的反思。

1. 侧重历史学视域

洛秦撰文试图对"音乐"研究范式予以突破，通过对人类学与历史学两个学科整合及其系列问题的广泛探讨，认为"挑战性的重写音乐史的研究范式的核心为注重叙事而非描述，强调阐释而非证实"②。王小龙认为民族音乐研究由整体研究向局部研究、"历史的民族音乐学"等理论的运用、非物质文化遗产保护向纵深推进是区域音乐文化成为热点的原因所在，作者从观念、态度、方法、目标等多方面就区域音乐研究进行探讨，主旨即强调民族音乐学与历史学的"接通"。③

2. 侧重相类学科比较

杨民康认为："中国传统音乐是一个重要的学科门类，也是一种特定的研究对象范畴，无论从历时性或共时性角度看，该学科领域都存在着对方法论范式进行选择的不同的可能性。"认为"民族音乐学分析从理论和分析实践上假定并包括了音乐形态学、音乐学两种分析范式的因素"，"应该首先予以考虑的一种分析思维和方法"。④

3. 侧重于对国外学术借鉴与反思

杨民康指出："现代民族音乐学先后采纳了学术上有承继关系的博厄斯人类学多元文化观和后现代建设论文化观，以较宽容、理性的态度来处理和面对各种音乐文化危机现象的同时，还一定程度削弱、化解了由彻底、极端的后现代怀疑论所带来的某些尖锐矛盾问题。"中国民族音乐学者应当对"后现代学术发展思路"予以反思与借鉴。⑤ 蒂莫西·赖斯《民族音乐学中音乐与认同的反思》、克里萨拉·哈里森《应用民族音乐学：认识论、方法论与实践》以及陈波《我国城市民族音乐学研究综述》等翻译及综述对本学科也有重要参考意义。⑥

中国传统音乐理论 2014 年度公开发表文论集中于调体系研究。杜亚雄提出将中国传统音乐调体系分为"调式"和"调型"，并以四种不同形式的"调型"加以论证。⑦ 刘正维提出"三色学说"，认为中国传统音乐的风格特征"由 Z（徵）色、Y（羽）色、G（宫）色'三色分子'进行各种不同成分和不同比例的交融（调配）而成"。⑧ 周勤如以"西北民歌"为对象，连续三期在《中央音乐学院学报》刊载相关研究，集中探讨中国西北民歌音列、音阶问题，提出"黄河江淮流域民间和传统音乐的音阶构成显示出宫调在两仪五度相生音阶体系中的派生调系地位""两仪五度相生阳变九音阶"等系列观点。⑨ 胡晓东通过对重庆罗汉寺瑜伽焰口仪轨音乐调式型号体系的系统分析，认为"我国民族音乐中功能不同的同类调式可分成多种调式型号，各乐种内部由此构建起繁复的调式型号体系。研究我国民族音乐的调

---

① 伍国栋：《音乐学的学科跨界研究——以民族音乐学为例》，《音乐研究》2014 年第 1 期。

② 洛秦：《叙事与阐释的历史，挑战性的重写音乐史的研究范式——论音乐的历史田野工作及其历史音乐民族志书写》，《音乐艺术》2014 年第 1 期。

③ 王小龙：《依托史料、构建事实、关注细节、参透历史——"区域音乐文化研究"之我见》，《中国音乐学》2014 年第 2 期。

④ 杨民康：《音乐形态学分析、音乐学分析与民族音乐学分析——传统音乐研究的不同方法论视角及其文化语境的比较》，《音乐艺术》2014 年第 1 期。

⑤ 杨民康：《由反本质主义到臧否表象：民族音乐学后现代转型之路——兼论当代音乐民族志的语境研究观》，《音乐探索》2014 年第 1 期。

⑥ ［美］蒂莫西·赖斯：《民族音乐学中音乐与认同的反思》，魏琳琳译，《音乐探索》2014 年第 1 期；［加］克里萨拉·哈里森：《应用民族音乐学：认识论、方法论与实践》，陈心杰译，《中央音乐学院学报》2014 年第 1 期；陈波：《我国城市民族音乐学研究综述》，《中国音乐》2014 年第 1 期。

⑦ 杜亚雄：《"调型"初探》，《音乐探索》2014 年第 1 期。

⑧ 刘正维：《制约传统音乐风格的"三色论"——"四度三音列"续论》，《中国音乐》2014 年第 1 期。

⑨ 周勤如：《西北民歌音阶的形成——西北民歌新论之一》《负阴而抱阳的两仪五度相生阳变九音阶——西北民歌新论之二》《宫调系的派生性与音阶分类——西北民歌新论之三》，《中央音乐学院学报》2014 年第 1、2、3 期。

式型号体系，是全面深刻认知其丰富内涵与深层本质的有效方式"①。

2014年度对于音乐本体的关注，尤其是基于活态遗存进行乐种间、曲牌间的比较分析、源流考证等研究明显增多，如"中国传统声腔项目""当下传统音声形态中的'曲子'积淀研究"等；文化分析更多趋向对于口述史、区域文化背景等多方面的考察。民族音乐学在视野与方法的运用上趋于理性，学界正在逐渐开始涌起一股对既有研究进行深刻反思的思想浪潮。现代语言学理念与方法正悄然成为音乐学向其他学科借鉴的一种新的研究趋向，屈歌、韩启超、侯燕、李纬霖等人的研究，充分运用语言学、语音学的实验方法与分析手段探讨音乐问题②伴随音乐科技作为音乐学第四专业方向的设置，自然学科方法的介入将越来越多，音乐学科"跨界"问题亦将越发深入和广泛。

（三）乐律学与作曲技术理论研究

1. 乐律学研究

2014年度乐律学研究成果较多，主要集中在古代乐律学家理论探讨、琴律研究、宫调研究、古谱研究等方面。戴念祖从历史语境出发，解读朱载堉创立新法密率的思维方式，揭示出朱载堉借《周礼》之名从几何学入手解决千年音乐学难题，以解等比数列的所有方法尝试建立新法密率的可贵探索。③ 郭树群以古代"均差"思维为视角，探讨了《律历融通》对朱载堉"新法密率"创新思维的影响，以及江永今律理论中蕴含的均差特性。④ 京房六十律、荀勖笛律等方面，也有文章进一步深化。⑤ 陈应时系统梳理了宋代琴律中"自然之节"理论的历史脉络，⑥ 谢俊仁从《律吕正义》所载古琴律制探讨了康熙十四律在音乐实践中的运用。⑦ 喻辉提出古琴使用纯律的可行性、可能性与应用方式等问题，通过对《神奇秘谱》琴曲律制的考察，进一步探讨了琴律的律制归属，有助于深化相关问题研究。⑧

乐学研究方面，沈洽对比汉语"拍"与西文"meter"的含义，从民族音乐学视角取比较研究方法，对"拍"的定义及与之相关的拍节关系属性与拍节类型等作了正本清源的探讨。⑨ 李玫在系统分析《词源》乐学论述的基础上，指出中国古代音乐理论在体系化过程中自身独特的描述方式和记录理解音乐的传统。⑩ 杜亚雄从音程关系角度探讨五正声阶名由来，并指出在五度圈律位构成的音列里，音数量与其所含"宫"的数量成正比，与"同均三宫"理论相符。⑪ 李宏锋取音乐文化传播视角，结合学界对"变体燕乐音阶"的研究，进一步探讨其音阶形态、音级游移、地域分布等与伊斯兰音乐的关系，分析了伊斯兰音乐元素影响中国古代音阶、音律的可能性。⑫ 汪静渊则结合浙江民间器乐等传统音乐实际，对相关宫调理论及其与历史和传统的关系作了更为深入的论证。⑬ 古谱研究方面，涉及俗字谱、琴谱、

---

① 胡晓东：《我国民族音乐调式型号体系研究举隅》，《中央音乐学院学报》2014年第2期。

② 相关论文如：屈歌《语音学背景下的歌唱元音声学特性》，《音乐研究》2014年第1期；屈歌《基于声学分析的女高音声区划分及换声点确认方法》，《中国音乐学》2014年第1期；韩启超《南昆念白声学实验分析（一）》，《中国音乐学》2014年第4期；侯燕《蒙古语"元音和谐律"对长调歌唱审美观念的影响》，《中央音乐学院学报》2014年第2期；李纬霖《论赞哈调不平均律音阶及其与傣仂语声调的关系》，《中央音乐学院学报》2014年第4期等。

③ 戴念祖：《从传统音乐学和数学角度看朱载堉创立等程律的思维》，《中国音乐学》2014年第4期。

④ 郭树群：《略论朱载堉与江永的"均差"律学思维》，《中国音乐学》2014年第1期。

⑤ 参见张俊杰《京房六十律与西汉易学宇宙论》，《音乐艺术》2014年第2期；陈正生《荀勖"笛律"暨"泰始笛"研究》，《南京艺术学院学报（音乐与表演版）》2014年第1期。

⑥ 陈应时：《宋代琴律理论中的"自然之节"论》，《音乐艺术》2014年第2期。

⑦ 谢俊仁：《从〈律吕正义〉的古琴律制看康熙十四律的实际运用》，《中国音乐》2014年第3期。

⑧ 喻辉：《从扎利诺音阶的实践看古琴音乐的纯律与"复合律制"问题》，《中国音乐学》2014年第2期。

⑨ 沈洽：《乐拍论》（上、下），《中央音乐学院学报》2014年第3、4期。

⑩ 李玫：《〈词源〉中的音乐学雏形》，《中国音乐》2014年第1期。

⑪ 杜亚雄：《五正声阶名探源》，《中国音乐》2014年第2期；杜亚雄：《五度圈中律位构成的音列及其所含"宫"的数量》，《黄钟》2014年第2期。

⑫ 李宏锋：《伊斯兰音乐传播对变体燕乐音阶的若干影响》，《音乐传播》2014年第1期。

⑬ 汪静渊：《论浙江民间器乐曲中的"立调"》，《交响》2014年第1期；汪静渊：《浙江民间器乐曲中"合头"与"合尾"的音乐形态研究》，《中国音乐》2014年第2期。

瑟谱、琵琶谱、工尺谱的节奏、定弦、宫调、唱名等问题，均在前人基础上提出新见。①

2. 作曲技术理论研究

相比中国音乐史、民族音乐学和乐律学研究，作曲技术理论研究一直是中国音乐学术的薄弱环节。突破学科发展瓶颈是本领域亟待解决的问题。2014 年度作曲技术理论方面，赵宋光、樊祖荫、刘康华等学者，集中探讨了和声的民族特点和中国当代作曲家的和声语言问题。② 刘康华剖析作曲家和声语言的本土特征，即以作曲家对中国文化的理解或感受为基础、以创作相应的个性化和声材料为核心、以西方现代音高组织技术为借鉴、通过构建新的材料相互关系、以适应和声材料的基本特性以及中国音乐文化的特定理念，指出和音、音组、音列、音响等四种和声的基本结构成分，涵盖了 20 世纪音高组织手法从思维到技法的一些最重要的基础性内容。这对深化民族音乐技法研究、拓展音乐创作空间有积极的理论与实践价值。

西方音乐技法研究方面，钱亦平认为中世纪、文艺复兴、巴洛克、古典主义、浪漫主义、20 世纪上半叶和 20 世纪下半叶的作品中，构成作品的参数和主宰结构的要素各不相同，分析工作者必须持不同历史观察点予以分析。③ 2014 年度作曲技术理论研究较之 2013 年进一步提升，不乏深入探究之作，④ 但如何使技术理论研究摆脱单纯、枯燥的形式分析，拥有更多文本分析、文化背景和音乐精神内涵的相互关照，如何深化作曲技术理论的民族化研究等，仍是未来有待深入探讨的课题。

外国音乐研究方面，音乐学界对国外成果的关注比往年有所加强，译介出一批有价值的学术成果。⑤ 这为学界提供新的学术信息，或不同视角观照中国音乐，拓展国内学者视野、完善音乐理论建设有积极意义。

（四）音乐学术活动

2014 年度有一批学术活动值得特别关注，其一定程度上促成了年度学术热点话题的产生与影响力的迅速扩大，主要表现为以下几方面。

1. 学术社团年会

2014 年度主要有中国传统音乐学会、中国音乐史学会、中国少数民族音乐学会等三个学术团体的年会。（1）中国少数民族音乐学会第十四届年会，于 2014 年 7 月 15—21 日在贵阳市召开，围绕“三十年来中国少数民族音乐研究的经验与反思”“贵州民族音乐文化专题研究报告”“音乐类非物质文化遗产保护工作的现状与思考”“利用民间音乐资源进行创编、表演的技法与理论研究”“各民族音乐研究”等议题分别展开研讨，2014 年恰逢该学会 30 周年，因而学会研讨重点在于会议以“总结经验、理论反

---

① 相关论文参见：赵玉卿《姜白石俗字谱歌曲译谱之节奏研究》，《音乐艺术》2014 年第 2 期；吴志武《杨宗稷〈琴学丛书〉中的诗乐谱》，《星海音乐学院学报》2014 年第 2 期；吴修文《现存瑟谱调弦考》，《南京艺术学院学报（音乐与表演版）》2014 年第 2 期；庄永平《〈闲叙幽音琵琶谱〉研究》，《乐府新声》2014 年第 1 期；李宏锋《明清戏曲传承中工尺谱的作用及首调唱名法的确立》，《星海音乐学院学报》2014 年第 1 期。

② 参见赵宋光《关于和声的民族特点问题》（一、二、三），《乐府新声》2014 年第 1—3 期；樊祖荫《黄虎威音乐作品中的调性拓展技法研究》，《乐府新声》2014 年第 1 期；刘康华《中国当代作曲家和声语言构成的思维与技法研究》，《乐府新声》2014 年第 1 期。

③ 钱亦平：《音乐分析的历史观察点》，《中国音乐学》2014 年第 1 期。

④ 相关论文如：温德青《“让自己的音乐与民间音乐融为一体”（上、下）——对贝里奥〈民歌〉改编、配器技巧与艺度的探究》，《中央音乐学院学报》2014 年第 1、2 期；王旭青《乔治·克拉姆〈四个月亮的夜晚〉中的引用与象征》，《中国音乐学》2014 年第 2 期；郭新《调性布局比主题材料安排更重要——西方巴洛克中期至古典中期奏鸣曲式结构思维的传承关系》，《中央音乐学院学报》2014 年第 4 期。

⑤ 相关论文如：马克·埃文·邦兹《作为思想的音乐：在贝多芬时代聆听交响乐》，柯扬译，《中央音乐学院学报》2014 年第 1 期；伊·康·库兹涅佐夫《斯克里亚宾的和声语言及其演进》，彭程译，《中央音乐学院学报》2014 年第 2 期；阿·亚·卡拉廖夫《普罗科菲耶夫和肖斯塔科维奇对配器的对立态度》，王慷怡译，《中央音乐学院学报》2014 年第 2 期；西蒙·莫里森《不为人知的苏联音乐史》，王丽君译，《中央音乐学院学报》2014 年第 2 期；埃利克·M. 冯·霍恩博斯特尔、柯特·萨克斯、安东尼·贝恩斯、克劳斯·P. 沃斯曼《乐器分类体系》，刘勇译，《中国音乐》2014 年第 1 期。

思、规划展望”。（2）中国传统音乐学会第十八届年会于7月11—15日在华中师范大学举行。本届年会以“传统音乐研究与现代生活建构”为主题，并分“传统音乐与当代表述”“传统音乐与国学”“传统音乐在乡村、城市、学校”“楚音乐文化研究”“中国民族音乐学家及人物研究”“新研究”等六个子议题。研究整体呈现多元化特点。（3）中国音乐史学会第十三届年会于11月15—17日在宁波大学召开，除了“第八届全国高校学生中国音乐史论文评选”进行颁奖与点评之外，大会议题主要分为“音乐史料的发掘与整理”“中国音乐史学史研究”“音乐史学家汪毓和先生研究”“浙东籍音乐家研究”等四个议题，研究趋向于对学术史（尤其是人）的重点关注。两个学界最大的学术组织在会议的规模与议题上都堪称本年度之最，众多成果涌现的同时也浮现“学术泡沫”，其中部分文论对热门理论不加辨析地追捧与“拿来”使用，值得商榷。此外，中国博协乐器专委会、东亚音乐考古学会作为近年新成立的音乐学术组织，于11月22—27日在厦门召开了研讨会，基于音乐考古学学术群体与中国博物馆学会两个强有力的支持，相信其在未来几年中将会迅速发展。

2. 专题研讨会

相较于学会年会性质的大型会议，专题讨论较为集中且深入。（1）探索中华礼乐新体系学术研讨会（8月28日，北京）邀请文史、音乐、舞蹈等多学科专家就“礼乐文明新体系探索与当代文化建设”进行了深入探讨。（2）音乐美学高峰论坛（9月13—14日，长春）。（3）全国首届音乐口述历史学术研讨会（9月24—25日，北京）。（4）燕赵音乐文化研讨会（9月27—28日，石家庄）。（5）中国第三届旋律学学术研讨会（11月1日，呼和浩特）。（6）两岸音乐学术的现时发展与未来协作高端论坛（11月28日—12月1日，福州）。此外，还有诸如“南音国际学术研讨会”（3月1—2日，泉州）、冀中笙管乐交流会（4月29日，霸州）、青海花儿论坛（7月1日，西宁）等针对某一乐种的专门性研讨。

3. 学术纪念活动

学术机构是一个学科发展的关键平台，具有学术生产与学术造血的功能。作为新中国音乐学科的起点，中国艺术研究院音乐研究所在2014年迎来了建所60周年的重要日子，音乐研究所为此进行了系列纪念活动，所刊《中国音乐学》开辟“音乐研究所60年巡礼”“音乐研究所学者介绍”“音乐研究所60年专栏”等系列专题，首次集中发表大量珍贵图片与众多当事人口述史，为新中国音乐学科学术史留下珍贵资料。此外，2014年也是中国音乐学院建校50周年之际，该院组织了系列学术论坛，论题涵盖中国音乐史、民族音乐学、西方音乐史等方面，是2014年较为集中、持续时间较长、热度较高的学术活动。

2014年度，学界先后为多位老一辈音乐学家举办了学术研讨活动，如：“《杨荫浏纪念文集》《薪传代继——中国艺术研究院音乐研究所学术文集》首发式暨学术座谈会”（3月27日，中国艺术研究院音乐研究所）、“中国传统音乐美学暨蔡仲德辞世十年祭”（5月10日、11日，中央音乐学院）、“《马可选集》首发式暨马可艺术成就研讨会”（9月19日，中国音乐学院）、“钱仁康教授百岁诞辰纪念研讨会”（12月13日，上海音乐学院）、“李纯一先生95华诞学术研讨会”（12月16日，中国艺术研究院音乐研究所），以及《星海音乐学院学报》纪念沈知白学术专栏，等等。20世纪以来，一代又一代学者筚路蓝缕、殚精竭虑为今天的音乐学科发展打下厚实的基础，而这些学者自身的研究工作及其成就也由此具有了中国音乐学科学术记忆与学术标尺的意义。这些会议是学界对先学致敬，先学的治学理念、方法、贡献，其学术精神亦将感召和激励后学继续奋进。

课题负责单位：中国艺术研究院音乐研究所
课题负责人：项阳
课题执笔人：石一冰、孙嘉艺、李宏锋、郭威
课题参加人：李玫、崔宪、石一冰、孙嘉艺、李宏锋、郭威、陈丹曦

2014年度中国音乐史研究综述

◎李宏锋

中国音乐史若以时间为期，基本可划分为“古代音乐”和“近现代音乐”两大领域。二者虽同为音乐史研究范畴，但关注对象与探讨问题有所相同。传统的中国古代音乐史学更多侧重对音乐本体形态的探索，包括历代乐律、宫调、乐谱、乐器和音乐风格等内容，兼及对人物思想、音乐制度等的研究；近现代音乐史则多以音乐家和音乐事件为核心，涉及史实钩沉和史学地位再评价等问题。2014年的中国音乐史学成果在上述各领域都有拓展，不断深化人们对音乐历史形态和相关史实的认知。本文即从古代音乐本体形态、古代乐人乐曲与音乐制度以及近现代音乐三方面，综述2014年度中国音乐史研究成果，为日后相关问题研讨提供参考。

一、古代音乐形态研究

依音乐学界长期形成的学术传统，中国古代音乐历史研究的核心问题，多集中在律、调、谱、器等本体形态方面，2014年度学者在这些方面均有创获。戴念祖的《从传统音乐学和数学角度看朱载堉创立等程律的思维》一文，从历史语境出发解读朱载堉创立新法密率的思维方式，揭示出朱载堉借《周礼》之名，从几何学入手解决千年音乐学难题，以解等比数列的所有方法尝试建立新法密率的可贵探索。文章对朱载堉的学术业绩予以史学关照，有助于深入认知其学术思想和历史地位。郭树群的《略论朱载堉与江永的“均差”律学思维》以古代“均差”思维为视角，探讨了《律历融通》对朱载堉“新法密率”创新思维的影响，以及江永音律理论中蕴含的均差特性，有助于深化对古代乐律学思维观念以及律学研究中实践与理论关系的认知。陈克秀的《儒家注经十二律相生考辨》以儒家注经和《天水放马滩秦简》等材料为基础，比照杂家著述、史家记载，考证了历史上有关十二律相生问题的诸多抵牾之说，有助于厘清相关乐律学问题及其在古代文化史中的基本情况。清康熙十四律是律学史上的重要成果，其独特运律方式有别于传统十二律思维。2014年度吴志武和谢俊仁的文章，重点关注康熙十四律在琴谱和琴乐中的应用。吴文认为，《律音汇考》和《琴谱谐声》丰富了康熙十四律在古琴上的运用，古代琴谱律制除纯律、三分损益律外也有康熙十四律，它们为十四律在民间的推广做出了贡献。谢文关注《律吕正义》所载古琴律制与康熙十四律的关系，对十四律的音阶属性和实践应用等问题也提出了新见。

宫调理论研究方面，李玫的《论侧犯、侧弄、侧调》集中探讨了三个名词的乐学内涵，认为“侧犯”是二十八调的犯调原则之一，“侧弄”是侧犯在古琴上的实践，“侧商调”则是一种含有徵调式性质的调名。于韵菲撰文梳理了学界对诸宫调之“宫调”的不同理解，结合对《事林广记》《西厢记》诸宫调等相关史料的研读，认为诸宫调的宫调保有在传统宫调理论体系中的乐律学本义，不仅符合宋元燕乐调规律，而且沿承唐宋乐曲用调传统，其宫调转换也基本囊括了传统宫调转换的结果。杨善武的两篇文章，探讨了正声音阶和下徵音阶在历代不同时期的表现形式，尤其是二者在理论与实践层面的矛盾关系，可为深入认知传统音阶历史提供参考。李宏锋的《伊斯兰音乐传播对变体燕乐音阶的若干影响》一文，取音乐文化传播视角，关注伊斯兰音乐传播对近古中原音乐的影响，重点探讨了“变体燕乐音阶”的音阶形态、音级游移、地域分布等与伊斯兰音乐的关系，希望更深入认知宋元以来传统音乐的形态特征与变迁原因。

古代乐谱研究方面2014年成果不多，以下几篇文章值得关注。赵玉卿的《姜白石俗字谱歌曲译谱之节奏研究》，将研究重点集中在姜白石俗字谱歌曲的节拍节奏方面，在梳理学界相关成果的基础上提出“一音一拍”“均拍”观点，为深化《白石道人歌曲》古谱研究提供了有益参考。温和的《唐传五弦谱及其相关的五弦琵琶柱制再考》运用考古与图像资料辨析隋唐五弦琵琶柱制，结合五弦谱例对“小”字含义予新证，指出了孤柱在隋唐以来琵琶发展史中的意义。李丽斯等的《〈五知斋琴谱〉琴歌初探》，分析了该谱六首琴歌的历史、版本、定弦、解题、歌词、减字谱等问题。李宏锋的《明清戏曲传承中工尺谱的作用及首调唱名法的确立》一文认为，明代戏曲以“腔句”为主要特征的创曲方法，使工尺记谱在明代戏班的口传心授过程中并非绝对必需；随着清以来家乐戏班衰亡，依字行腔、词乐曲唱传统失落，工尺谱字成为记录昆腔旋律的必要手段，催生大量以首调唱名为主体的词乐宫谱；不同时代戏曲唱腔所用的谱式及唱名法，与音乐表演和传承实践密切相关。

古代乐器研究方面，王子初撰文对舞阳贾湖骨笛形制进行再探讨，涉及贾湖“竹笛”应用的可能性、贾湖七音孔笛的年代、音阶观念的产生发展等问题，认为中国人在距今万年前后经历了长期的实践和抽象思维，已逐步建立起七声音阶观念，这是古代中国对人类音乐艺术的伟大发明与贡献。胡小满的《河北燕下都乐器明器的出土意义》一文，以燕下都出土钟磬明器为对象，通过与其他相关音乐文物对比分析，探讨燕下都钟磬明器的形制、组合、材质等问题，以及战国时代燕国音乐的多样性特征。王洪军的文章在梳理先秦古琴文献记载和考古实物的基础上，提出二者在“分布范围”“普及程度”“音乐表现”等方面的诸多差异之处，为琴史研究深入拓展提出新期望。王金旋的论文以考古文物中的竖笛形象为基础，从演奏姿势、持笛姿态等分析乐器吹口特点，探讨了不同时代竖笛的吹口样式和形制特征。此外，结合敦煌壁画材料开展乐器或乐队组合研究，也是2014年度古代乐器研究的亮点之一，以程天健、李宝杰、李村等学者的成果为代表。出土乐器方面，近年来叶家山M111号墓、钟离国卞庄一号墓、蚌埠双墩一号春秋墓发掘的钟磬乐器为学界关注，一批论文对此作了重点介绍和初步研究。

二、乐人乐制乐曲研究

音乐学家郭乃安先生曾指出：“音乐，作为一种人文现象，创造它的是人，享有它的也是人。音乐的意义、价值皆取决于人。因此，音乐学的研究，总离不开人的因素。”对于中国音乐历史研究而言，关注表演者、创作者、欣赏者乃至制约社会音乐活动的制度等因素，在音乐历史进程中的地位和存在方式，对于深入认知音乐形态特征和发展变化，具有积极的理论和现实意义。刘再生的《姜夔人文精神的历史定位》一文，以姜夔音乐诗词为依据，对其爱国理念和人文精神加以梳理，反思“阶级分析论”和“唯成分论”史学观念，对姜夔的历史定位给予了重新评价。吴安宇的两篇文章，探讨了“游艺”这一清代琴人独特的生存方式，指出明清社会变革以及科举途径壅塞带来的文人群体分流和职业多样化，使以文人为主体的琴人群体产生内在质变，游艺成为文人琴家的新型职业。孙云的两篇论文从“为用”与“制度”关系视角，审视中国佛教音声的历史发展，结合作者多年对五台山佛教音乐的考察，梳理出佛教音声“僧尼非乐—僧尼奏乐—伎乐供养僧尼化—俗曲佛用”的流变历程，可为深入探讨国家制度在传统音乐演进中的意义提供参考。司冰琳的论文以明代琴论中的“琴不妄传”和明清琴谱《三教同声》等为主要材料，探讨古琴艺术发展过程中儒、释、道三教间，尤其是儒、释之间的复杂关系，认为三教虽然有相互排斥和冲撞，但总体以对立中有融合、融合中有对立为主要面貌。2014年度还有一些涉及文人音乐家观念的文章，也努力开拓视野，力求从多个侧面关注人物音乐思想，取得了比之以往更深入的认知。

音乐制度简单说来，就是在一定历史条件下形成的与音乐有关的法令、礼俗等规范，对于约束人们音乐行为、维系相对稳定的社会音乐生活具有重要影响。2014年度这方面研究，主要涉及传统礼乐文化性质、先秦礼乐关系与变迁、两汉音乐机构、唐宋音乐制度等内容。项阳撰文指出，研究礼乐文化首先要界定概念，关注不同礼制仪式与乐制类型的关系，并辨析了近年来礼乐研究中存在的以雅乐代礼乐、以吉礼用乐为礼乐全部、礼乐断层论、忽视礼乐本体形态和民间活态传统等误区，所论对于拓展传统礼乐文化研究有积极指导意义。黎国韬的《西周前期乐官考》结合文物文献材料梳理西周前期乐官情况，认为其官制已初具规模，在上古音乐史中占有独特地位。王晓俊的论文考辨商周时代的礼乐关系，认为周“礼”祭祀观念与仪式出自乐图腾，“礼”用音声舞容之“乐”出自乐图腾“余事”。杨赛、任宏等学者的论文，对“礼崩乐坏”这一先秦重要文化现象作了较深入探讨。汉代音乐结构与制度方面，王洪军撰文探讨了乐府创立时间、采诗制度、工作任务、平行机构、罢免裁撤等问题；陶成涛的论文关注两汉鼓吹乐隶属机制的变化，认为东汉“黄门鼓吹”作为仪仗乐队开始广泛使用，提高了鼓吹乐曲地位，最终在西晋正式进入国家雅乐系统，黄门鼓吹的仪仗乐队应用对鼓吹乐曲雅正化产生了直接影响。宋代音乐制度与机构是中古音乐研究的重要内容之一，2014 年度若干文论涉及宋代教坊、礼乐制度和都城音乐文化等问题。赵维平的论文探讨了宋教坊四部乐为何接受唐太常四部乐和宋教坊与唐教坊的传承关系等问题，认为宋初所循前代教坊与盛唐玄宗朝的教坊，无论从内容与制度上都相距甚远，这种变迁始于天宝末年安禄山之乱。杨成秀撰文探讨了北宋吉礼用乐的新情况及其礼乐观念变化，黄艺鸥的论文则聚焦宋徽宗时期都城汴京的音乐文化，以声音景观理论（soundscape）为视角描绘北宋都城宫廷音乐、文人音乐、市民音乐交相辉映的总体风貌。

“一时代有一时代之艺术”。音乐作品的体裁形式和结构规律作为音乐的重要呈现形态，集中反映着特定时代音乐审美的风格特征，2014 年度这方面研究也取得了若干成果。方建军撰文考证清华大学收藏战国竹简中，作为音乐作品独立单位的“终”字含义。黄大同的《元散曲在浙江》一文，关注浙江地区元散曲艺术特征，认为后期散曲风格的核心形态主要表现为世俗情趣和雅致风格，前者沿袭前期北方传统，后者源于江浙文化，浙江的元散曲与唐代诗乐和宋代词乐一脉相承。陈文革的论文以元曲北方小令的独特部分“务头”为对象，探讨了务头的含义、应用和在南北曲中的不同表现形态，及其在明清以来戏曲中的遗存等问题。王汉民撰文探讨了元代回回曲的特点、应用和影响等，指出其作为回回民族的特有乐曲，与“达达乐”等一样有着独特表现形式，其风格在元代以来的戏曲音乐中依然传承。柏互玖的《唐俗乐大曲的传承与传播》运用音乐传播学理念，从地方官府用乐机构、乐籍体系等层面探讨该问题，认为唐俗乐大曲通过专业乐人群体创承、制度化乐籍体系传播以及各级地方官属音乐机构保障，已形成多形态、多层面、多空间、网络化的传承与传播状态。有关乐曲与体裁的相关文论还有：张丹阳的《教坊曲〈文溆子〉考》、薛冬艳的《北宋古琴音乐体裁“调子”文献考》、蒲亨强等的《东晋道教斋乐传承之研究》、代宏的《唐代南岳的禅门音乐》等。

2014 年度的古代音乐研究，在音乐文献史料考辨方面也取得一定成果。《大周正乐》是五代末年窦俨等人奉诏编撰的一部综合性音乐著作，杨超撰文指出《太平御览》所载此书现存佚文中，有 25 篇琴曲解题文字出自当时《琴操》的某种传本。唐宸从《西麓堂琴统》序文作者唐皋的卒年入手，辨析该琴谱的成书时间，提出此书成于嘉靖四年乙酉年（1525）的新结论。亓娟莉的论文系统搜集整理了《历代乐仪》佚文，并就相关问题加以考辨，可为研究唐代乐部、乐律、乐仪等史实提供参考。相关文论还有余作胜的《〈钟律书〉考辨》和唐继凯点注的《〈律吕正义〉论朱载堉新说》等。

三、近现代音乐研究

相对中国古代音乐史而言，近现代音乐史由于时间跨度较小，相关文献、作品、实物等史料较为丰富，甚至乐史当事人依然健在，使这一领域研究自然转向以人物、事件和作品为中心。在近年来“重写音乐史”思潮影响下，学者们努力发掘新史料、提出新论题，不断深化人们对近现代音乐史细节的认知，一些乐人乐事也获得了重新评价的可能。

近代人物与音乐家研究方面，宫宏宇以美国长老会传教士狄就烈（Julia Brown Mateer，1837—1898）的音乐教育理念与实践为例撰文，探讨 19 世纪下半叶基督教新教传教士有关中国学校音乐教育的主张，指出早在 19 世纪中期“五口通商”后不久，唱歌便已成为基督教会活动的固定项目之一，音乐课程被列为教会中小学校教育的重要组成部分。他的另一篇文章以田边尚雄 1921—1923 年的朝鲜、中国台湾、中国大陆之行为主线，介绍了田边氏有关中国音乐的考察活动，可为了解当时日本学界的音乐史学理念和方法提供参考。另有文章关注明末以来外国人对中国音乐的记述，可为考察中国音乐历史提供新材料。李岩的《广学流慈》一文以新史料为据，探讨了曾氏北京时期的“中西音乐会”情况，及其有关京剧改革和教育立场的主张，解读勾勒出曾志忞诸多鲜为人知的史实。李莉等的论文对抗战时期吴伯超在重庆的音乐活动和历史贡献作了进一步探讨。音乐作品研究方面，华丽丝的艺术歌曲、早期抗日救亡主题歌曲和《哀乐》的沿革为学者所关注，在作品艺术特色和史实挖掘等方面提供了新参考。

近现代音乐活动研究方面，梁茂春的文章以天津近现代音乐事件为对象，深入发掘发生在这个“边角之地”的诸多被边缘化的音乐史实，涉及天津公共乐队、新军军乐队、《军乐稿》、乐工学堂、直隶学务公所附设音乐体操传习所等内容，为近现代音乐史的进一步精确和丰富提供了参考。张静蔚的《阅读〈北洋画报〉，感悟音乐历史》在系统梳理《北洋画报》（1929—1937）500多幅图片的基础上，从音乐教育、明月歌舞团、音乐歌舞演出、民族音乐、音乐家及音乐文论等方面，描绘出20世纪30年代的音乐传播与音乐生活，为近代音乐史提供了形象生动的史料。居其宏的文章聚焦于抗日战争和解放战争期间的左翼“新音乐运动”思潮和论争，反思了左翼音乐家在这场论争中的功过得失。宫宏宇撰文考证上海开埠后鸦片战争以降直至清末期间天主教和基督教新教传教士的音乐活动，内容包括上海开埠后天主教会和基督教会的音乐活动、上海开埠后教会学校的音乐活动、上海传教士对中国音乐的研究等，进一步丰富了上海地区的近现代音乐史实。此外，针对早期军乐队、伪满地区音乐广播、学堂乐歌传播等近现代乐事，亦有较深入探讨的文论。篇幅所限，不赘。

2014年度学界在中国音乐史学科方法论方面也有探讨。项阳的《中国音乐史学研究理念拓展的意义》一文，反思西方专业音乐强调艺术审美的治史理念对中国音乐史学的影响，认为中国音乐以礼乐与俗乐两条主导脉络贯穿数千载，又有国家制度下的专业乐人群体支撑，中国音乐文化应从这种整体意义上进行全面考察，在既有成果基础上拓展研究理念，关注音乐传统与文化生活的关系，把握传统音乐文化自身发展规律，文章还进一步探讨了这种史学理念对中国音乐教育学、传统音乐学、音乐传播学以及音乐美学等学科的积极影响。居其宏的三篇文论重点关注近现代当代音乐史研究的史学观念和方法论问题，指出百年来不同历史阶段存在着历史唯物论、庸俗社会学、西方中心论、崇古主义等多种音乐史学观念，对当时音乐实践的影响亦不尽相同。当代语境中的音乐史观应多元并存、自由表达、平等争鸣，同时不同音乐史观间亦存在某些普适性原则，即对象第一性原则、史料第一性原则、史实第一性原则、研究第一性原则、秉笔直书原则，这是推进本学科研究健康发展的必要前提。作者还据自身多年学术经验，总结出中国近现代当代音乐史研究的两类一般方法，即史料收集分析方法和历史写作方法，认为史料甄别方法与运用技巧、突出重点与带动全局、对象解析与方法运用、以史带论与史论结合、主体在场与主体隐身、“三维结合”方法论等，是目前研究者关注和提升的重点。

综观2014年度中国音乐史学研究，学界在继承既往学术传统的基础上，不断推进各领域论题向纵深发展，在古代音乐本体形态、音乐文化构成和近现代史料发掘、史论反思等方面，都取得了令人瞩目的成果。另外，中国音乐史学作为一门独立学科提出至今不过百余年时间，无论在史实考证还是学科定位、研究理念、研究方法等方面都有待更为系统的完善总结。例如，古代音乐各专题研究之间并非各自独立，也不是简单的相互补充、借鉴关系，而是应以律、调、谱、器为核心的音乐本体考证为旨归，将研究目标应指向“音乐”和“音乐风格”，为中外历史背景下历代音乐风格流变研究提供支持，最终在构建中国音乐风格史的宏观架构中予以系统整合。近现代音乐史研究方面，则不仅要关注以人物和作品为核心的“新音乐”发展，更不可忽视对清末以来传统音乐各门类事象变迁的考察，它们不仅与古代音乐有着千丝万缕的联系，甚至承载着中国传统音乐文化的精髓，理应在近现代音乐史研究中占有相当比重。中国音乐史学研究中这些令人兴奋的学术期待，有待研究者继续为之付出艰辛而切实的努力。

李宏锋　中国艺术研究院音乐研究所副研究员

2014 年音乐美学研究综述

◎黄宗权

2014 年是音乐美学研究硕果颇丰的一年。在秉承国内音乐美学领域一贯的研究思路和学术传统的基础上，该年度的音乐美学研究呈现出一些新的趋向和特点，在看似平凡的“整体”之中，闪烁着些许令人欣喜的光亮。现对该年度发展动态和主要期刊论文的内容、观点综述如下。

一、重要学术研讨会

2014 年，音乐美学界的一个重要会议是，5 月 10—11 日在中央音乐学院举办的“中国传统音乐美学暨蔡仲德辞世十年祭”学术研讨会。在该会议中，众多音乐美学界的专家学者、中央音乐学院的部分院系领导，蔡仲德先生的家属和其生前好友、同事、学生济济一堂，以学术研讨会的方式纪念这位为中国音乐美学领域作出巨大贡献的先行者。并深切缅怀了蔡先生敢于直言、刚直不阿的高尚人格。

纪念会之后，会议针对蔡仲德先生的学术思想和中国传统音乐美学研究进行了专题研讨。主要聚焦于其人本主义思想。如李起敏、苗建华、周海宏、邢维凯、冯长春、明言、张向东等人所言，人本主义既是蔡先生学术研究的出发点，也是最终目标。蔡先生认为文化包括音乐都是人的创造物，因此要从音乐与人的关系中去探求音乐之道，认清文化的本质。判断文化乃至音乐价值的尺度应该在于，是否有利于人的解放。在中国音乐美学史的研究之外，蔡仲德在士人格和冯学研究方面也有所涉猎，与会学者认为，他的研究已超越了音乐学界，在哲学界和文化界产生了深远的影响。主题发言之后的自由讨论将本次研讨会推向高潮，学者们就音乐美学的学科属性、学术边界进行了热烈讨论。尤其对中国音乐美学史在蔡仲德先生之后，如何继续研究等问题成为与会者热议的问题。

二、音乐美学基本问题研究

关于形式和内容、审美和立美、音乐的存在方式等问题的探讨，一直是音乐美学领域争论不休的问题。不过，伴随着此类话题的逐渐“饱和”与“沉寂”，近年来对此类问题的关注度明显下降，而音乐美学其他基本问题的探讨转向了更为具体的、富于历史、文化视野的研究。

黄虹在《真的有纯音乐吗？——从西方器乐体裁的历史发展看纯音乐的形式与内涵》一文中，从西方器乐体裁、器乐语汇的历史形成及其发展的角度，探讨纯音乐形式与内涵的一系列问题。作者认为，纯音乐体现了音乐审美自律的理想。纯音乐从综合艺术中独立出来到成熟，展现了人们努力发展音乐形式使其更具内涵表现意义的历史进程。在这一历程中，随着实用功能的概念从占据支配性地位到渐被摆脱，器乐体裁及其重要性由兴而盛、由盛而衰，纯音乐的形式及其内涵则从简到繁，从浅到深，反映了音乐审美自律理想的逐步实现。作者进而提出，不存在没有任何内涵表现的只有集形式与内涵表现于一身的纯音乐。音乐内涵的表现有具象和抽象之分，具象表现只能间接进行，要依靠听者的联觉、联想想象活动，甚至还要具有相关知识才能达成抽象表现却是音乐更擅长的。音乐形式的动态结构以其出发与到达、稳态的保持与改变、上升与下降、渐增与衰减等整体变化趋势，形成一种能量场，反映各种事物、自然现象、人的心理活动乃至生命的发展历程。在抽象表现的角度看，纯音乐的内涵寓于形式，其形式则充满生命意味。

池瑾璟在《论作为存在特征的音乐形象》一文中，提出作为存在特征的音乐形象，它与绘画、雕塑中视觉可见的形象不同，它并不具有客体对象之形状、色彩等特征的外在确定性。文章从“音响的时间表象”“音响的空间动象”“音响的时空具象”“音响的物化情态”四个方面，阐述音乐是自由利用数的结构、特定音响的变化以及特定的起伏波动的情感对应共振，曲折和间接地反映多样、复杂的现实生活，从而唤起主体（人）内在审美情感与审美意象。

音乐叙事学自20世纪80年代兴起以来，一直受到质疑。对音乐的叙事性质，一直存在着支持和反对两种声音，持续的争论在一定程度上影响了人们对音乐叙事能力的认识。陈德志、车文丽《音乐接受与音乐叙事的有效性》一文，尝试切入对立双方的理论焦点——接受者的认知与想象。文章从三个方面来论证音乐叙事的有效性问题：（1）音乐叙事与音乐接受者的认知是统一的，通过接受者的认知与想象实现；（2）音乐的叙事接受总是在一定语境中发生的，音乐与语言的互文性关系为音乐叙事提供了坚实的语境支持；（3）对音乐作品的叙事理解遵循“解释团体”的规范，可以达到确定性。基于此，作者认为音乐的叙事性质是有效的。

钟芳所写的《音乐作品接受阶段的自律性特征——以肖邦〈第四叙事曲〉为例》一文，以肖邦的《第四叙事曲》为探讨对象，以20世纪兴盛的现象学、接受美学为理论基础，提出音乐作品在接受阶段由自律性占据主导地位，作者通过阐述作品的无标题原则、形式内涵的自律特性，进而通过演奏录音、欣赏实验等证实这一现象。认为在作品的接受阶段被赋予各不相同的内容，在这一过程中，自律性因素越大，对其内容的理解就越丰富深刻。作者认为，音乐作品在接受阶段的自律特性不仅是一个特殊的美学现象，它对于音乐实践的各个阶段都具有一定的启示和指导意义。

和上述借助历史和哲学的方法论探讨音乐美学的基本问题不同，陈燕婷引入了民族音乐学的视角来探讨音乐美学问题。在《泉州地区地方乐感初探》一文中，鉴于人们普遍对自己当地音乐有熟悉、亲近之感，作者称之为“地方乐感”，它含于地方文化之中，其中地方性“闹热”对“地方乐感”的养成起着关键性作用。作者认为，由于音乐的特殊性，日积月累的被动倾听，所形成的这种“地方乐感”并非纯粹的音乐感觉，只有长时间的乡土生活经验才能获得。同时，作者指出，“地方乐感”往往处于潜伏状态，原因在于现代社会人们不把地方音乐视为审美对象，而地方音乐要想获得广泛深刻的社会影响，没有“地方乐感”的帮助无法真正实现，具有“地方乐感”才能更深入地理解地方音乐。文章认为，唤醒地方乐感，发挥其作用，是培养地方音乐的广大受众和接班人之根本，也才能更好地实现和发挥音乐功能。“地方乐感”有多种唤醒方式，比如：个人感兴趣；在学习地方音乐的过程中唤醒；由于某一机缘唤醒等。

三、国外音乐思想家研究

在唐应龙《勋伯格为何代表进步——哲学与作曲的对话：阿多诺音乐哲学思想研究之一》一文中，作者从阿多诺的两篇文章《勋伯格与进步》《斯特拉文斯基与倒退》为切入点，研究阿多诺从西方音乐的历史逻辑和精神内涵两个方面论述了两位作曲家的音乐所代表的进步意义与退步特性。阿多诺赞赏勋伯格，是因为他认为勋伯格的音乐实现了感性形式与精神内涵的完美统一。文章作者认为，阿多诺在深入论述音乐素材所体现的自律与他律的辩证法的基础上，强调音乐的社会批判功能与超越现实的指向。

宋瑾在《彼得·基维的音乐美学思想》一文中，对分析美学的代表人物彼得·基维的音乐美学思想作了深入探究。揭示基维的音乐思想的几点重要主张：具备非功利性且又敏感的听觉器官是纯音乐体验的基础之一；纯音乐体验并不追问音乐之外的意义；“刺激模式”和“再现模式”都不是纯音乐体验的模式；在一个过程中，聆听与思考不能同时进行；对音乐的最好解释是非语言的重新表演；理性分析与感性体验之间有差异，理解有利于审美，但不是审美；音乐可以描绘情感，但打动人的智能是音乐本身。宋瑾认为，基维思想的启示在于揭示了善/认知方式和美/审美方式的区别，不足在于没有充分阐明“音乐认知”和“音乐感受”的区别，没有区分“首次欣赏”和“重复欣赏”。

聂愿青则对彼得·基维的音乐思想作了评述，在《彼得·基维音乐哲学中的形式主义思想研究》中作者认为，基维极力主张的形式主义更侧重于音乐聆听过程中的“纯审美体验”，这一情感是音乐形式建构规则的要素之一。表面看来，基维的“升级的形式主义”是将形式与情感等非音乐本体要素结合起来，其实是严格的“形式主义思想”，他将情感、历史、文化功能、社会背景等纳入形式的范畴“将形式进行了拓展升级”，其终极目标是希望听者在鉴赏的过程中能通过与音乐信息相关的历史理论、人文背景等“隐性”的认知行为“给予音乐纯审美感知体验”。由此得出基维的思想具有形式主义特征的观点。

四、国外音乐创作中的美学问题

汪涛在《瓦格纳与绝对音乐》一文中认为，瓦格纳复杂多变的艺术理论和实践最终并没有脱离绝对音乐观念的控制。瓦格纳以负面的立场创造了“绝对音乐”术语，但随着他先后在不同阶段受浪漫派文人、费尔巴哈和叔本华的影响，瓦格纳对绝对音乐的思考也经历了“肯定—否定—再肯定”的过程。浪漫派形而上学的影响或明或暗地贯穿了瓦格纳美学的各个时期，使其美学论述时常出现矛盾和断层。瓦格纳美学立场的变化在一定程度上呈现出绝对音乐从产生到发展所具有的复杂性与多义性。

何宽钊在《20世纪西方现代和声审美的现代性》一文中认为，对大小调调性音乐的审美是一种静观、从容、沉思的细细品味，它笼罩着一层别具“灵韵”的光晕。“震惊”则是现代性独有的经验，它是一种新奇、迷茫、刺激而困惑的感受，这一点在20世纪西方和声中得到了体现。20世纪的和声摆脱了大小调调性和声的感性专制，获得了全新而丰富的感性内涵，形式上的超越功不可没。20世纪西方和声导致精英与大众的分化，这种不顾及大众、饱含自恋倾向的精英主义的形成与20世纪的音乐制度密切相关，同时，20世纪作曲家对平庸的反抗则是这种精英主义之所以产生更为内在的根由，形成所谓“有限的”生产场。

邹丽霞在《巴洛克时期合唱艺术的美学思想分析——以亨德尔的清唱剧〈弥赛亚〉为例》一文中，以巴洛克时期英国作曲家亨德尔的清唱剧《弥赛亚》中的合唱曲目为例，通过对合唱艺术的音响层次的和谐、各个声部间的音响平衡感的特征，合唱作品结构的对称、整体性特征的分析，以及对合唱作品获得相对完美的艺术表现力因素进行了重新认识和思考。认为，巴洛克时期合唱艺术的各个声部之间体现出来的多层次音乐音响效果，具有巴洛克音乐艺术华丽而庄严的典型特点，通过对不同声部的编排、组合来表现对比、统一等各种音色、音响构成。对合唱作品的多种情绪情感的体验起到了重要的作用。丰富的情感内涵蕴藏在高度理性化的形式结构中，从而达到了人类情感与音乐外形结构上的完美统一。

五、中国古代音乐思想家研究

罗小华的文章《噪音和权力——孔子音乐美学解读》结合贾克·阿达利的《噪音：音乐的政治经济学》的理论，从音乐人类学和政治学视角出发，重新观照孔子，从诗教即乐教、音乐即秩序、尽善尽美的审美理念、崇雅乐斥郑声的艺术评判等四个方面展开论述，剖析孔子音乐美学的政治内核。作者认为，孔子在对音乐的赏鉴中，更为重视伦理的法则，伦理秩序的关切令他很难听到那些最敏感的心灵发出的真实声音，这种声音已露出礼崩乐坏之后新秩序的萌芽，是个体的吟哦而不是权力的征用，诉说个体的情感欲望而非统一的权力意志，呈现个体生活的瞬间真实而非功利性的典章仪式。

王维在《魏晋四士音乐美学思想的比较研究》一文中，对王弼、嵇康、阮籍、陶渊明四位魏晋士人的音乐美学思想围绕着玄学主题对音乐本体、音乐功用、乐论主体、音乐审美等问题进行全方位的分析阐述。在分析了这些音乐美学思想之后，最终提炼出四大音乐美学特征，它们分别是“以无为本”“以无为用”“以无为心”“圣人之心”。其中，“以无为本”是前提，“以无为用”是方法，“以无为心”是目的，三者之间的互动关系成就了一个“圣人之心”的观点。作者认为，这些思想家的一个共同主张是认为，音乐本来自生命的本体初创，返回音乐之本的方法就是去除世俗的哀乐情感，最终的目的是使魏晋士人们在精神中体验到古之圣人的作乐理想，魏晋士人，乐论中的“主体性”特征实际上就是一种对“圣人之心”的修炼和塑造过程。

在另外一篇文章《对阮籍〈乐论〉中“圣人作乐”音乐美学思想的探究》中，王维进一步阐述了阮籍的音乐美学思想。作者认为，阮籍的思想试图实现对个体自由的向往以及重建世间秩序的价值追寻。阮籍实际上一直在按照自己的视野来理解“圣人”的。把圣人作乐、和乐的精神作为一种精神自由的理想参照。

曲师在《老子“大音希声”之音乐理论新解》认为，老子的音乐理论“大音希声”走的是与孔子

“尽善尽美”殊途同归的道路，老子反对“礼乐”之教，却并非否定音乐甚至取消音乐，“大音希声”显示出老子将“自然”作为音乐的情态本体，将“大”作为其音乐的理想，而“希”更是显示出老子对“礼崩乐坏”的忧虑及其对音乐超越性的热望。老子用“大音希声”撕掉一切虚伪的、粉饰的仁义礼乐，既肯定了音乐之于社会的实在性，又彰显了音乐之于“道”的超越性。“大音希声”大大开拓了老子音乐美学的空间。

李法桢在《嵇康音乐思想自相矛盾现象探析》一文中，认为嵇康的《声无哀乐论》，就其本体论哲学而言，是以对名教的彻底否定来构建其思想理论体系的。而这就导致潜藏着巨大的理论危险，即嵇康难以正确面对名教体系中的某些合理成分，为其音乐思想埋下自相矛盾的隐患。在对《声无哀乐论》涉“音声”义词语的比较、辨析中，作者给出了与其本体论哲学相一致的解释，对于学界流行的“纯音乐”不表现“哀乐”和“声无哀乐，乐有哀乐”之说，作者认为，“声无哀乐”而“乐有哀乐”非嵇康本意。

徐琼、程宁敏在《李渔唱论及其审美思想的戏剧学意义》一文中，通过多种角度的分析，揭示并论证了李渔唱论及其审美思想的戏剧学意义。文章认为，李渔的“解明曲意”“调熟字音”“字忌模糊”“曲严分合”“锣鼓忌杂”“吹合宜低”等论题，分别论述了戏曲的演唱及舞台表演中锣鼓的敲打和丝竹乐器的演奏。“注重曲情的表达”，“强调字的归韵收声，注重演唱的吐字清晰”，“注重唱中之演”贴近戏曲的表演及剧情的表达，而使其理论论说因为表现出戏剧性的特征，而不仅具有歌唱理论的学科价值，也富有戏剧学的学科意义。

葛蓁蓁在《白居易音乐思想中的三重身份交织特征探析》一文认为，白居易音乐思想中同时体现官员、市民和文人三种身份特征。作为官员，他自觉“崇雅贬俗”以突出官方立场；作为市民，他极力享受“俗乐”带来的娱乐享受；作为文人，他努力调和雅俗，使之既有理性正统的一面，又有对民间俗文化的兴趣。这三种身份特征彼此交织融合，随现实环境的不断变化而此消彼长，使白氏的音乐思想表现出在绝对服从王权与追求个人价值之间寻求平衡、在儒道佛三教思想之间寻求平衡两大特征。

六、中国古代音乐美学命题范畴研究

范卫平的《“音声相和”：中国音乐美学思想的核心命题》一文认为，在《老子・二章》中“音声相和”并不是讲音乐美学问题，而是老子为说明其正反相生、相依、互转辩证思想的六个例证之一。但是，由于这些例证是对人们常见或熟知的自然、生活、文化现象的描述和概括，因而它们又有自己的所指。从音乐文化事象的角度看，“音声相和”既是对音乐实践经验及其特征的全面总结，也是对老子之前诸家乐论思想的凝练概括，它从音乐内在结构的矛盾关系中揭示了音乐的审美特质。故此，作者认为“音声相和”是中国音乐美学思想的核心命题。

曲明明在《琴与禅——古琴审美中的禅宗美学》一文中提出，琴与禅是佛教文化特别是禅宗在与传统文化相交融的态势下，从精神追求、审美旨趣等方面相互影响，互为阐发，以琴参禅、以琴喻禅成为僧、俗两界共同接受的习尚。琴学与禅理在动态的相互交融、转化的过程中，琴与禅达到了圆融共通，并最终形成了中国文化中独特的“琴禅”美学。

崔伟的文章《琴乐“远”之审美范畴探析》认为，“远”深刻体现了中国艺术“意境”论的理论内核，其诸多规定性与“意境”理论密切相关。“远”这一概念承载了中国古代音乐家、艺术家、文人对音乐艺术引导主体精神超越当下、超越时空，进入韵致无限的艺术天地、审美之境的期许，也呼应了中国传统哲学一贯秉持的“天人合一”的终极追求，让审美主体能够借由音乐之阶把有限的自我安放到无限的宇宙之中，从而达到一种“独与天地精神往来”的自由之境界。这种境界落实到音乐审美活动中，正是“通过联想与想象的精神活动，在空灵的音响中获得弦外之音、声外之境进入超乎音声的审美意境”。

普敏的文章《中国古代唱论中情感超离与意象审美——兼谈其文化心理与哲理意蕴》认为，中国传统声乐中的情感与意象之间的关系，是声乐创作和演唱的重要美学范畴，“声音”“情感”“意境”的

关系体现出的是鲜明的民族审美旨趣，这一关系中显现了中国传统声乐对声情和意象审美意识的追求，成为中国古代独有的美学观念，其背后有着深刻的中国古代传统的文化心理内涵和哲理意义。作者主要主张有二：一是中国的情感表达和西方的情感表达不同，它和伦理紧密地联系在一起，是一种中庸的、适度的情感论；二是中国的情感论是在意境、传神之语境中的情感论。也即在声乐的演唱中，情感是为整体意境而服务的，这种情感不是简单的人的情绪色彩的情感，而是一种从生命中抽象出来的情感。

七、关于音乐美学的学科发展与建设问题

杨和平、吴远华在《音乐美学研究对象与学科边界厘定研究》一文认为，现有音乐美学研究的对象要么过于宽泛，要么过于狭隘。不能揭示音乐美学研究对象的实质，也使得音乐美学的学科边界呈现模糊。作者认为，应遵循历史与逻辑相统一、理论与实践相结合的方法论原则，将音乐美学界定为是一门研究音乐音响的听觉感性体验与其所引发的人类音乐实践活动的意义生成规律为宗旨的学科，同时也使其成为一门具有哲学品格的独立学科，这既是对音乐美学研究对象的科学界定，又能对音乐美学的学科边界作出准确判断。

程乾在《蔡仲德先生〈中国音乐美学史〉再读札记》一文中，对当前音乐美学界存在的几个争议问题一一作了解释和回应，共分为五个部分。第一，如何理解“中国音乐美学史”的研究对象？作者认为，这一问题首先是“审美意识”和“美学理论”的关系，而美学史不等同于审美意识发展史；其次是“美学史”与“美学思想史”的关系，对于“美学史”的研究对象，偏重已成体系的“思想”，至今仍具有最大的可行性与合理性。第二，中国音乐美学历史上“美”的成分有多少？作者认为，中国文化结构的一个显著特点是文史哲三者的互融，这一互融性也体现在美学领域。今人要了解中国关于“美”的学说、“美”的发展，就不能仅仅从中国历史中搜索“美”的概念，这是中国美学理论独特的呈现方式使然。而这恰恰是中国美学关注的最重要的问题。第三，通往哲思路上的困顿：理论与实践的“隔离”与“对接”。作者认为，作为哲学的分支之一，美学本身具有自足完满的向度，并不具有对实践绝对的创造性及指导性。就其实质而言，美学不给任何具体事象提供解决的方案。美学肯定本质的代价，就是必然要大量舍弃掉具象的、经验的成分。第四，文本中，音乐之道与音乐事实有多远？作者认为，心灵与声音的融通能否成立，需要一个前提——真实，即在主体心灵没有遮蔽的情况下，心与乐的阐释才能有效。第五，如何看待蔡仲德《中国音乐美学史》一书关于古代音乐美学思想的判断与取舍？作者认为，蔡先生在深刻批判古人音乐思想方面，尤其是对于儒家音乐美学思想，可谓痛下针砭。

赵文怡在《无自觉的自觉——由“中国音乐美学”与“中国音乐的美学”而想到的一次合式作业》一文中，作者认为，面对中国音乐美学时，由于音乐本体的相对缺失、方法论的相对不成熟，以及非乐文本的大量充斥，这一领域处处有着难以消磨的罅隙。主张将中国音乐美学划分为“中国音乐美学”与“中国音乐的美学”两种论域，并将中国音乐划分为“古典范式”与“传统程序”两大范畴，试图通过对中国音乐中“古典范式”与“传统程序”间“合式”作业的可能性的探索、“合式”作业方法论的探讨来解释“中国音乐美学”与“中国音乐的美学”间罅隙存在的缘由、罅隙补完的可能性。

八、音乐现实中的美学问题研究

冯长春《“拨乱反正”时期主情音乐思潮的兴起》一文认为，粉碎“四人帮”至十一届三中全会和中国文学艺术工作者第四次全国代表大会的召开，是文艺思想领域里的“拨乱反正”时期。这一时期关于抒情歌曲、音乐形象、音乐的阶级性、音乐与政治之关系等问题的讨论，促进了音乐观念的不断更新，特别是抒情歌曲在音乐创作和群众音乐生活中的回归与广受欢迎，反映了主情音乐思潮的迅速崛起。主情音乐思潮的一个最突出的特征是抒情主体的迁变，即由集体抒情转向个体抒情。

雷美琴《中国流行音乐审美特质的流变及其社会动因》一文认为，华语流行乐坛40多年的发展历程，呈现出了一个丰满立体的审美形态。这些形态可以用“优美”“崇高”“荒诞”“淡泊”四个方面为典型的审美范畴，作者用“审美特质”一词来描述这些在特定的环境中孕育而生，在不同历史时期交替更迭，并代表了社会和民众审美心理变迁的审美现象。作者认为，在“主流社会意识推动下”，华

语流行歌曲的审美特征呈现出以“优美—崇高—荒诞—淡泊”为主轴的流变发展态势，并认为这一态势是艺术内在发展动力和潜藏于背后的复杂的外在社会动因相互作用的结果。

通过以上梳理和分析，可以看出 2014 年——准确地说，是近几年来的音乐美学研究呈现以下几个特征：（1）对西方哲学视野下的音乐哲学、美学研究，大量地引入了新的学科方法论（如“叙事”理论和分析哲学理论等）；（2）对中国本土音乐思想、音乐美学问题的研究正在逐步增长，且开始利用新的方法论和视角对原有问题给予新的阐释和解读；（3）音乐美学的基本原理和基本方法开始更多地运用于现实生活中的音乐现象当中。这些现象背后的原因是复杂的，超出了本文的容量。放下对原因的追寻本身，我们可以看到，中国国内的音乐美学研究开始逐步走向自我的话语体系，一批年轻的学者开始崭露头角，从这个意义上，我们有理由对中国音乐美学的良好发展前景充满期待和希望。

黄宗权　福建师范大学音乐学院副教授

2014 中国音乐：版图风起云涌

◎张　悦

2014 年是中国音乐版图风起云涌的一年，虽少有年度大事件，但在古典、流行以及音乐产业等各个领域也都看点颇多。

古典：纪念年亦与世界同步

在近年接连完成了对马勒、瓦格纳、威尔第等一系列西方重要音乐大师的致敬后，2014 年古典乐界将目光对准了 19 世纪末、20 世纪上半叶最伟大的歌剧及交响乐作曲家理查德·施特劳斯。在这位德国浪漫主义作曲家诞辰 150 周年之际，北京国际音乐节开国内乐坛风气之先，以大诚意、大手笔、大制作，史无前例地向这位彪炳史册的音乐艺术大师发起纪念。在 10 月 9 日至 31 日短短 3 周多时间内，来自全球 20 多个国家的精英艺术家、演奏团体纷至沓来与北京观众一道，参与并见证了这一国内文化舞台的年度盛事。在全球瞩目的理查德·施特劳斯纪念年中，北京国际音乐节此次所呈现的演出规模之大、水平之高、涵盖艺术体裁之全面，在国内乃至全亚洲古典音乐舞台都可谓独领风骚，在全球“施特劳斯年”的纪念行列中，无疑让世界听到了强有力的中国声音。

在以“幻·响——理查德·施特劳斯在北京”为主题下，16 部理查德·施特劳斯的管弦乐作品，几乎囊括了作曲家毕生的创作精华，甚至包括像《家庭交响曲》《变形》《d 小调谐谑曲》等鲜在国内舞台演奏的冷僻曲目，而《d 小调第一交响曲》等多部作品更是首次出现在中国观众面前。同时，理查德·施特劳斯的两部歌剧《阿里阿德涅在拿索斯岛》与《艾莱克特拉》音乐会版，也第一次被搬上了中国的歌剧舞台。改编自古希腊神话的《艾莱克特拉》，由于“弑母”情节等因素而被誉为“最大胆歌剧”，两部重量级歌剧均以艺术性和学术性取胜，亦与世界同步。

因为有北京国际音乐节和 7 年来大力推动歌剧发展的中国国家大剧院这两座歌剧“堡垒”，歌剧演出近两年在中国的发展可谓迅猛。据统计，2014 年中国国家大剧院演出歌剧共有 22 部 84 场，其中大剧院制作 16 部（含《奥涅金》）74 场演出、外邀 6 部共 10 场演出。这个剧目数量和演出场次，即便是在欧美诸多历史悠久的大歌剧院中，也可谓排在前列。值得一提的是 2014 年中国国家大剧院歌剧节上推出了原创力作、由郭文景作曲的歌剧《骆驼祥子》，并收获诸多好评。紧随其后的还有叶小纲、谭盾、周龙这些在国际舞台上早已得到高度认可的当红华人作曲家，他们也将在歌剧创作上更凸显“中国力量”。

继 2013 年天津大剧院的异军突起后，2014 年的表现亦亮眼。天津大剧院这两年以“有歌剧的城市”作为口号，开始大量引进并且自制歌剧，势头很猛。首先推出了波兰波罗的海歌剧院歌剧《居里夫人》作为 2014 年首届天津歌剧舞剧节的开幕大戏，并接连自制巴托克歌剧《蓝胡子公爵的城堡》，并推出俄罗斯莫斯科斯坦尼斯拉夫斯基和涅米洛维奇 - 丹钦科模范音乐剧院歌剧巨制《战争与和平》，由杜薇作曲，根据易卜生名作《玩偶之家》改编的歌剧《娜拉》也在天津大剧院迎来全球首演，12 月天津歌剧舞剧院还制作了歌剧天津卫版《茶花女》，共 5 部歌剧演出了 14 场。

流行：有“平凡之路”亦有“小苹果”

国家新闻出版广电总局 2013 年出台新增规定，2014 年地方卫视黄金音乐选秀节目只能有四档，且每季度一档。分别为第一季度的《我是歌手》，第二季度的《最美和声》，第三季度的《中国好声音》和第四季度的《梦想星搭档》。这四档音乐类选秀节目均不是首次播出，也都有成熟的节目模式，如何打破模式老化，在原有基础上进行改进，成为了节目生存面临的首要问题。《中国好声音》的“转椅”已经不再新鲜，需要其他新点子的刺激才能继续吸引观众眼球。而赛制的微小调整也并未给《我是歌手》带来更激烈的竞争，因此节目想出了“媒体经纪人”的办法，可以说在对节目关注度的刺激上取得了一定的成效。无论对于哪一档选秀节目，给力的嘉宾都成为节目高收视的保障，节目组也均在嘉宾邀请上费尽心思。如这一季的《最美和声》除了在上季就有突出表现的萧敬腾继续连任外，这次请来了黄绮珊、孙楠、陶喆三位实力歌手，除此之外，节目组还非常具有诚意地邀请了韩红跨界担任总导演，五位高手一台戏，在趣味性和演唱精彩程度上助节目更上一层楼。看来音乐选秀节目要想博得高收视，还得花费心思做出特色和差异性。

网易云音乐12月22日发布的2014年度中国移动音乐用户行为报告显示，《平凡之路》《小苹果》是年度播放最多的歌曲。其中《平凡之路》出现在用户歌单的次数高达7万余次；而从网易云音乐以单曲、歌词图片等方式被分享到其他社交媒体高达26万次。位列第二的是年度“神曲”《小苹果》。在此之前，蛰伏多年未发新歌的朴树凭借韩寒执导的电影《后会无期》中的这首主题曲斩获第51届台湾金马奖“最佳原创电影歌曲”。《平凡之路》一经发布，引发网友热烈讨论，成为各个音乐排行榜冠军，在一天内获得了34万次的微博转发，刷爆朋友圈，同时也创造了7小时百万试听量的纪录。“我曾经跨过山和大海，也穿过人山人海；我曾经拥有着一切，转眼都飘散如烟；我曾经失落、失望、失掉所有方向；直到看见平凡才是唯一的答案”。让无数人感动、让众人泪奔的恰恰是那一句句平凡如口语的歌词。正是这平凡的歌词直击平凡人的心声，刺痛了平凡人心底，让人听后欲罢不能。

提起2014年的音乐，估计让普罗大众脱口而出想到的就是“神曲”《小苹果》，这首由筷子兄弟为他们自导自演的电影《老男孩之猛龙过江》所做的宣传曲，一经推出就立刻红遍了全国，甚至火到了大洋彼岸。《小苹果》在年底还斩获2014全美音乐大奖“年度国际最佳流行音乐奖”，在2014亚洲音乐大奖颁奖礼中获得“中国最受欢迎歌曲奖”。《小苹果》的音乐风格以全新的复古电音节奏与朗朗上口的歌词为主，一改之前《老男孩》的忧伤怀旧曲风。《小苹果》的成功不仅取决于强大的推广团队，歌曲本身的娱乐性和可传播性，也是成功的关键点。

产业：做大做强亦有漫漫长路要走

如要细数2014年音乐产业方面的大事，备受瞩目的汪峰鸟巢演唱会的演出直播一定彪炳史册。之所以备受瞩目，不仅由于这是内地歌手站上10万人大舞台的首秀，更是由于这场演唱会第一次进行在线售票的商业模式并取得了令人惊讶的付费数字。直到音乐会转播全部结束，乐视音乐成功售出4.8万张电子票，而直接通过乐视TV、移动端及PC端等乐视网全平台屏幕欣赏到这次精彩演出的人数则超过15万人，初次尝试在线付费模式的成绩无疑值得庆祝，这也象征着一个全新的商业模式的开启。

“2013年中国音乐产业总体规模已达2716亿元人民币，率先成为文化娱乐行业中的千亿级产业。”这是不久前首次权威发布的《2014中国音乐产业发展报告》中最令人兴奋的数据公布。当然这个2716亿元的产业总体规模是涵盖了以实体唱片、乐器、专业音响等实体产品行业，以及音乐演出、数字音乐、音乐教育培训等音乐消费服务行业。而分析这些数据，可以看出现代音乐产业不再是以售卖附带音乐艺术附加值的实体产品为主的传统行业，而是以出售音乐消费服务或媒介二次售卖为主的现代服务业。这也标志着传统音乐产业的相关市场体系标准、企业经营模式和政府引导、监管机制都应随之而改变。

2014年6月，普华永道发布了2014—2018年的媒体和娱乐业走势预测，其中对新音乐产业观察谈到几个趋势：其一，数字录音制品收入超过实体录音制品，数字音乐的成长为消费者提供了更多不同选择，同时也促进了各种不同音频格式的繁荣。其二，下载销售将放缓，但走势仍然强劲。其三，虽然大型音乐零售连锁企业错过了数字音乐增长的红利，但他们中的一部分正在向云音乐转型。其四，移动端的音乐市场潜力巨大。其五，现场音乐市场将会有地区性的增长，重要地区的音乐节和巡演将成为新兴市场发展的主要动力。其六，音乐市场将利用“大数据”为消费者更好地服务，唱片公司不但越来越多地使用数据分析来拓展市场，也开始意识到歌迷的数据能帮他们进行更好的营销。

原载《中国艺术报》2014年12月31日

专题

第十八届全国音乐作品评奖

【概述】

2014 年 1 月，由文化部主办的第十八届“全国音乐作品（民乐）评奖”在北京举行。由来自全国的作曲家、指挥家、演奏家及理论家樊祖荫、卞祖善、金纪广、温中甲、赵东升、俞良模、叶国辉、林文增、徐占海、杨青、秦文琛、刘庆、刘光宇、于庆新（以上排名不分先后）组成该次评选委员会。评奖活动共收到全国各地报送的作品 287 首，其中民族管弦乐作品 77 首，独奏、重奏及其他组合作品 210 首。经评委评选，共评出获奖作品 37 首，其中民族管弦乐作品 16 首，独奏、重奏及其他组合作品 21 首。

3 月 14 日，中央民族乐团举办了第十八届全国音乐作品（民乐）评奖获奖作品音乐会，演出了《丝绸之路》《奔腾》《夏日骄阳》《花腰三道红》等获奖作品。

“全国音乐作品评奖”是中国文化艺术政府奖——“文华奖”的重要组成部分，也是音乐创作领域的政府奖项。

【文化部办公厅关于公布第十八届全国音乐作品（民乐）评奖结果的通知】

各省、自治区、直辖市文化厅（局），新疆生产建设兵团文化广播电视局，解放军总政宣传部艺术局：

由文化部主办的全国音乐作品评奖是中国文化艺术政府奖——“文华奖”的重要组成部分，也是音乐创作领域的政府奖项。2014 年 1 月，第十八届全国音乐作品（民乐）评奖在北京举行，本次评奖活动共收到全国各地报送的作品 287 首，其中民族管弦乐作品 77 首，独奏、重奏及其他组合作品 210 首。经评委认真评审，共评选出获奖作品 37 首，其中民族管弦乐作品 16 首，独奏、重奏及其他组合作品 21 首。现将获奖名单予以公布，望有关单位做好表彰工作，共同推动民族音乐艺术发展。

特此通知。

文化部办公厅

2014 年 2 月 10 日

[第十八届全国音乐作品（民乐）评奖获奖名单]

民族管弦乐作品组（16 首）

作品名称	作者姓名	报送单位
一等奖（1 首）		
《丝绸之路》	姜　莹	中央民族乐团
二等奖（2 首）		
《夏日骄阳》	周煜国	西安音乐学院
《花腰三道红》	周湘林	上海音乐学院
三等奖（3 首）		
《富春山居图随想・秋山闻道》	刘　湲	浙江歌舞剧院有限公司

续表

作品名称	作者姓名	报送单位
《梦释》	刘长远	上海民族乐团
《印象国乐》	姜　莹	中央民族乐团
优秀奖（10 首）		
《狂想曲》	王丹红	中央民族乐团
《坐看云起》	陈思昂	星海音乐学院
《第五二胡协奏曲——望儿山的传说》	郑　冰	大连市戏剧创作室
《新龙舞》	徐昌俊	天津音乐学院
《连年有余》	刘锡津	天津歌舞剧院
《巴图鲁战神之舞》	隋利军	黑龙江省文化厅
《踏歌》	王建民	上海音乐学院
《青铜乐舞》	张　朝	上海民族乐团
《奔腾》	谢　鹏	中央音乐学院
《太阳祭》	张　朝	上海民族乐团

独奏、重奏及其他组合作品组（21 首）

作品名称	作者姓名	报送单位
一等奖（1 首）		
《惊蛰》	冯　勇	西安音乐学院
二等奖（2 首）		
《楚俏》	龚华华	武汉音乐学院
《风雪背影》	阎　岩	陕西戏曲研究院
三等奖（3 首）		
《圣风》	常　平	中央音乐学院
《弦舞》	罗麦朔	中国音乐学院
《谐谑曲》	江　洋	中央音乐学院
优秀奖（15 首）		
《锦瑟》	南思羽	中央音乐学院
《芬芳》	朱　琳	中国音乐学院
《古巷深处》	李博禅	中央音乐学院
《弦上记忆》	梁文曦	天津音乐学院
《醉秦》	谢　鹏	中央音乐学院
《翩翩》	温展力	中国音乐学院
《青丝鸟》	徐坚强	上海音乐学院
《乡韵蜀音》	宋名筑	四川音乐学院
《二·胡》	刘　健	浙江师范大学音乐学院
《鸣蝉》	常思淼	中央音乐学院

续表

作品名称	作者姓名	报送单位
《华州小韵》	聂四季	陕西戏曲研究院
《菩提》	王云飞	沈阳音乐学院
《梦想追击Ⅲ》	饶鹏程	中央音乐学院
《春之舞》	李云涛	山东艺术学院
《西风破》	周　娟	中央音乐学院

【评论】春风不度玉门关　无数铃声遥过碛——评姜莹民族管弦乐《丝绸之路》

◎卞祖善

青年作曲家姜莹以西汉年代开辟的古丝绸之路为题材创作的民族管弦乐《丝绸之路》，既有幽幽怀古之情，更有着展望未来的宽广胸怀，是一部听之使人浮想联翩、催人奋进的民族管弦乐力作。乐曲开始由古筝下行刮奏阿拉伯音阶（$d^2c^{\#2}b^{b1}a^1f^{\#1}e^{b1}$），其演奏风格借鉴了印度西塔尔琴的刮奏和滑音演奏法，宛如撒向“丝绸之路”的一粒音乐主题的种子，中阮、大阮和拉弦乐队的持续低音，加上吊钗轻声的滚奏（p〈mp，一阵阵吹过沙漠的微风），营造出一片幽远空旷的氛围（自由的慢板），从容而苍凉的笛声富有怀古叙述的风格，作曲家别出心裁地使用了贴胶布的G调新笛，而不采用常规的（贴笛膜）笛子，避免其音色过于脆亮，而使其接近于羌笛的音质，以烘托出诗人王之涣“春风不度玉门关”的雄阔悲凉之情怀，并自然地引出了高音唢呐独奏的乐句，和新笛声部构成了二部对位。新笛独奏为唢呐进入做好了铺垫，音色与力度的过渡自然流畅。而唢呐独奏的出现无异于“主角”登场，唢呐正是从波斯辗转传入华夏，并成为中国民族乐器的。由其独奏悠扬而高亢的阿拉伯调式的旋律，塑造本作品特有的“典型环境”中的“典型性格”，实乃最佳之选择，板胡独奏的乐句（用新疆萨塔尔演奏别有韵味）作为呼应和补充淡然地结束了引子。

上述由新笛、唢呐和板胡独奏的乐句，其音调与音色上既富有鲜明的对比，又有着微妙而内在的联系，即都带有增二度音程的“阿拉伯波音”乐句句尾，从而为全曲浓郁的西域民族音乐风格奠定了基调。

引子的篇幅虽不长，仅寥寥数笔点到为止，然而艺术品位与艺术效果却十分到位。昔南朝梁画家张僧繇创造“疏体的线描法”，能达到“笔才一二，像已应焉”的神奇功效。而《丝绸之路》引子的写作功力，正说明作曲家线型思维多声部的写作技法，与上述的“疏体的线描法”实有异曲同工之妙。

自15小节起乐队进入中板，琵琶（低音区）、中阮伴随着古筝（低音区）和拉弦乐队的低音支持，奏出了贯穿全曲的节奏型——即全曲的主导节奏，这一主导节奏型来自古筝低音声部一开始的“胚胎细胞”原型的细胞分裂：它是一组带有歌唱性、带有切分音的、带有相当独立性的节奏型组合，全长共6小节，其第3、第4小节的反复进行，有着鲜明的“副歌”特点，在打破了方整性的同时使乐队的节奏富于动力。

阿拉伯音乐常以固定节奏型（多达一百多种）贯穿全曲，主要用手鼓来演奏，并用拉丁字母D（读“冬”，表示击鼓心）和T（读“达”，表示击鼓边）记录。其常用的“沙维”节奏型以四拍为单位：“冬 0达 冬 达达”，作曲家正是抓住了这一典型节奏型，灵活、适度地加以组合后运用在《丝绸之路》之中。古筝再一次奏响了乐曲最初的西塔尔琴下行刮奏的阿拉伯音阶，引出了由中阮和大阮演奏的波斯—阿拉伯音乐体系中以四音列为基础的调式主题，其中上行的增二度音程与下行的自然二度音程独具特色。乐句句尾响起了晶莹的丝路驼铃（钟琴与碰铃）之声。其后，由柳琴、扬琴奏出答句予以呼应，在音程上则变为下行带增二度的四音列的移位进行。大阮手腕击面板，二胡、中胡（其后为高胡与二胡）拍琴筒的切分节奏与音响，不由令人联想起在阿拉伯人中流行的“达步卡”舞（“dabuc”在阿拉伯语中意为“踢踏”）。中胡和大阮演奏的第二乐段首句，和在弹拨乐低音区演奏的结束句，显得更为沉着稳健。高胡、板胡与二胡齐奏的第二个乐段首句句尾转入下属方向的调式，梆笛（同音起拍）奏出悠扬如歌的 c 小调阿拉伯旋律（其中 $g^{\#1}$ 的记谱法可见作曲家意在避开和声小音阶的调式思维），不由令人联想起最早的阿拉伯歌曲“呼大”（Huda）——驼运队歌曲，其曲调和骆驼行走的节奏相吻合，通常为四四拍，只有 3 小节；而此句旋律为抑扬格、开放型的上、下句，长达 8 个小节，继之以拉弦乐（高胡、板胡、二胡、中胡）与柳琴上五度的移调重复，音调更为昂扬激越，动人心弦。丝路驼铃之声不绝于耳。这歌声宛如千万无名“游吟诗人”对前程和命运的向往与祈福；这歌声亦是对先贤的缅怀和赞颂；这歌声伴随着数不尽的驼运商队跋涉前行，坚毅、沉着、苍凉、悲壮，连绵不绝，直至消失在茫茫的沙漠之中……

“丝绸之路”的贸易往来至唐代达到鼎盛时期，其后逐渐衰弱。唐诗人张籍在《凉州词三首》（其一）中有过“无数铃声遥过碛，应驮白练到安西”的描述，一个“应”字凝聚了太多辛酸而沉痛的感情，因为往日“平时安西万里疆”丝绸之路上的繁荣景象已逐渐成为过去，直至 16 世纪前没落。作曲家姜莹借此段驼运之歌，感沧海桑田之历史演变，抒发悲凉怀古之情。

蹲杯鼓引进新的段落，固定节奏型，高音唢呐独奏的旋律由于每小节压缩为 2/4 拍（其速度实际应为♩=160）音乐因此显得更为活跃。弹拨乐、吹管乐领奏的主题短句此起彼伏，速度随之自然增长（piu mosso），整个乐队开始放声歌唱。

当蹲杯鼓戛然而止时，音乐别开生面地转入扬琴、柳琴和高音笙断奏的竞技段落。旋律连续 4 小节小二度（其中带有减三度）的进行，阿拉伯音乐风格十足。移高二度的模进之后，胡琴，中、低音笙连奏出豪迈的乐句，构成巧妙的对位，音乐浑然一体，毫无雕凿之痕，可见作曲家复调技法之一斑。至此，乐队迎来第一次全奏。这是全曲的转折点：全奏的主题动机与固定节奏型两个回合的呼应之后，固定节奏型以 pp－p－mp－mf－f 的力度自然递增，琵琶声部的切分旋律，神奇地引出了被作曲家本人认为是“乐曲最激动人心的段落”——东方晨曦初露，大地生机勃勃。乐队一直保持着“紧拉慢唱”的势头，悠扬的新笛独奏乐句，与手鼓领奏的复合固定节奏型，形成的乐队内在张力在不断增强，二胡与中胡－高胡与板胡风驰电掣的阿拉伯音阶在乐队中刮起了一阵旋风。高音唢呐和新笛独奏的乐句是对生命、对未来强烈的呼唤。蹲杯鼓再现，持续的固定节奏型（八个 16 分音符）开足马力向全曲最高潮攀升。柳琴、扬琴在演奏固定节奏型（多调式进行）的同时，引出了“呼唤动机”：G－A^b－B－C－D（源自于引子中的 $DE^bF^\#GA$），大锣的加入使乐队的音色更为浑厚。“呼唤动机”转入高胡、板胡、二胡声部（mp），其后移高八度演奏，高音唢呐、低音唢呐和中音笙及低音笙同时加入（mf），第 4 次为强有力的乐队全奏（f），在 8 小节非常强（ff）的补充之后进入急板：♩=184（比乐曲最初的中板快一倍）将全曲推向了狂喜的最高潮。乐队营造出了炽热的气场，正如作曲家姜莹所言：“也许它更像在沙漠中太阳升起在远处的地平线，它的光芒逐渐把整个沙漠染成一片金色，也把每一个拥有梦想的灵魂照亮。”

由民族管弦乐《丝绸之路》引发的思考：

1. 姜莹创作的《丝绸之路》“主题乐思”（“以小二度迂回开始的曲调”），富有浓郁的东方阿拉伯音乐风格，并给整个作品注入了神韵，这是民族管弦乐《丝绸之路》获得成功的重要前提。

1876 年，里姆斯基－科萨科夫创作了交响组曲《安塔尔》，其中有着绮丽的东方色彩的仙女主题，是从鲍罗廷送给作曲家的一本《阿拉伯曲集》中引用的一首旋律。笔者将这两个主题进行比对之后，对姜莹如此娴熟地把握东方阿拉伯音乐风格的功力深为赞赏。

2. 作曲家在《丝绸之路》中创造性地运用了阿拉伯固定节奏型，由简而繁，再由繁而简，使全曲自始至终充满了动力，顺其自然地排除了常用的曲式结构，因而使《丝绸之路》带有鲜明的“狂想曲”特征。

3. 乐队的每个声部都在歌唱，各声部线条清晰流畅，充分发挥了各种乐器自身的特点，互相之间连贯柔顺，水乳交融。音色、力度变化自然。乐队音响浑然一体，轻而不浮，强而不躁。全曲品位纯正，风格高雅。毋庸置疑，只有当作曲家具备了高超的内心听觉和乐队思维造诣之时，方能实现她所追求的艺术理想：“有意识地希望每件乐器都展现它最有效的音区及音色，这也是我配器的主要宗旨。”因此，姜莹于2010年10月底，撷其室内乐《丝路》和《敦煌新语》之精华，用了一周的时间完成了现在这首民族管弦乐曲《丝绸之路》，实乃水到渠成之佳作。

4. 简约风格和持续低音的运用：为营造全曲的最高潮，在尾声的进行中，姜莹运用简约主义手法，采用简单的和声语言，重复短小的音乐动机，重复最少的音乐材料，使音乐积聚的能量逐步白热化，最后使其达到总爆发的艺术效果。持续低音在《丝绸之路》中的巧妙运用也很引人注目：乐曲引子的持续低音描绘了旷古、遥远而神秘的气氛；进入中板后，低音声部调式化的持续低音起着承前启后、平稳过渡的连接作用。总谱第160小节起低音声部调式化、动力型的持续低音将乐队推向高潮区，其后的58小节的持续低音仿佛以蒙太奇的手法，将古丝绸之路的特写镜头推向听众的眼前，爆发出具有惊人的、势不可当、不可逆转的气势和力量。

5. 笔者很欣赏《丝绸之路》曲作者对艺术创作的执着和自信。姜莹说：“当我在完成《丝绸之路》后，我就有很大的把握，相信它一经问世一定会是一部大家所喜爱的作品。”这很说明作曲家和听众、和乐队的心是相通的，她深知听众和乐队演奏家们艺术审美的品位和鉴赏力。笔者不能不说这不仅是作曲家的一种境界，更是作曲家自身的幸运。《丝绸之路》问世以来屡屡获奖，然而在姜莹的心目中“作品将来的意义要比比赛的名次更有意义”。

20世纪50年代起在亚洲，相继诞生了一批以“丝绸之路”为主题的音乐作品，如日本作曲家团伊玖磨的管弦乐组曲《丝绸之路》（1954），中国作曲家赵季平的管子与乐队《丝绸之路幻想组曲》（1981），于建芳的管乐交响诗《吐鲁番的古道》（1987），吴少雄的管弦乐《刺桐城》（荣获1991年在日本举办的“丝绸之路”交响乐国际作曲比赛第3名），周吉的民族管弦乐组曲《龟兹古韵》（1996）；1998年，美籍华裔大提琴家马友友创立了“马友友丝路乐团”，该团在国际巡演中曾演出过赵季平的《关山月》和贾达群的《漠默图》等作品。而今，姜莹的一曲《丝绸之路》在海内外华乐坛刮起了一阵旋风：中央民族乐团、中国广播民族乐团、上海民族乐团、香港中乐团、澳门中乐团、新加坡华乐团、台北市立国乐团、台湾新竹国乐团、高雄市国乐团、浙江民族乐团、广东民族乐团、陕西民族乐团、河南民族乐团、山西省歌舞剧院民族乐团、天津歌舞剧院民族乐团、成都民族乐团、山东省歌舞剧院民族乐团、飞云民族乐团、中国青年民族管弦乐团、上海音乐学院青年民族管弦乐团、北京金帆少年广播民族乐团、北京林业大学民族乐团、武汉音乐学院东方中乐团、浙江文琴民族管弦乐团、香港演艺学院中乐团、香港城市中乐团和香港爱乐民乐团等先后演奏过此曲，且处处受到热烈的欢迎。“雅”者能立于专家之案头，“俗”者可进寻常百姓之家。姜莹的《丝绸之路》作为雅俗共赏的民族管弦乐作品，业已传播四方。

原载《人民音乐》2014年第10期

【评论】大乐必易　大礼必简——周煜国民族管弦乐《夏日骄阳》析评

◎杨　清　沈建军

《夏日骄阳》是西安音乐学院周煜国于2013年受新加坡教育部艺术处委约，为“青少年华乐艺术节”指定比赛曲目创作的。之后，该曲被世界多个民族管弦乐团广泛演奏。在文化部举办的2014年第十八届“全国音乐作品（民乐）评奖”中，《夏日骄阳》获得民族管弦乐作品组二等奖第一名。从作曲家早期的《忆事曲》到民族管弦乐《春晓》，乃至今日获奖的《夏日骄阳》，无不凸显出作曲家对人生的思考、对年轻一代的人文关怀。正如作曲家本人在题记里说的：“借喻‘夏日骄阳’之形象，来比拟青春少年的勃勃生机与纯真浪漫，表现出乐观向上的精神面貌，寄予了对青少年未来发展和光辉明天的期许。”与这个时代一味追求个人内心感受、忽略大众的情感需求和体验的众多音乐作品相比，周煜国的作品一直执着于人生本源的思考，使音乐回归到传统“伦理意识”的哲学层面。也因为《夏日骄阳》“是一首为青少年而作的民族管弦乐作品”（作曲家题记），所以作品结合我国传统的音乐美学观，通过中西方音乐技法的娴熟融合，以看似简单又不失精巧的设计，弘扬一种积极向上的精神品质。在西方现代、后现代文化冲击、精神信仰出现危机的今天，展现了年轻一代积极向上的精神风貌。作曲家就像一位仁慈的守望者，默默地关注着青少年的成长。以自己对生命的感悟、艺术的体验和哲学的思考，用音乐这一独特艺术形式，表达出对青少年的关怀和希望。全曲在我国传统“中和”美学思想引导下，融合西方音乐的写作技法，将音乐中的结构、材料、和声、音色等诸要素完美结合，一气呵成。作品内敛、含蓄，平和而不失张力；充满动感与朝气，激情而不张扬。

传统结构形式的新思维

乐曲采用西方曲式中的单三部结构，结合我国传统器乐曲“散、慢、中、快、散”的结构改造而成。整体的速度安排是：散板（引子）、快板（首部）、慢板（中部）、快板（再现部）、快（尾声）。作曲家在传统的结构基础上还融入传统“起、承、转、合”的逻辑结构原则，是中国联曲体的结构与西方再现原则相结合的单三部曲式。通过节奏型及其变形节奏引入的和弦进行以及康加鼓以同样的节奏，在引子（起）、首部（承）、中部（转）、再现部（合）之间的连接，将乐曲主体部分有机地串联起来。全曲结构简单、精巧，连贯、流畅，一气呵成。加之尾声部分以快板的速度结束，保持了全曲音乐与情绪的统一性，极富动感与动力性，表现了一种积极向上的精神气质。中部（转）的引入，加强了全曲的对比性，是西方“对立统一”、我国“和而不同”的辩证思想的完美体现。

传统与现代美学思想影响下的民族音乐文化

民族音乐寻求创新与突破是中国近代音乐创作中作曲家们所努力追求的目标。“他们开始寻求将既能凸显个性，又能更深刻体现本民族的精神气质神韵的创作素材结合现代作曲技法作为自己的创作理念。”“后现代主义思潮在中国能落地生根，也说明其在中国这个古老文明的文化土壤里找到了适合自己生存的环境，抑或说中国有着巨大包容性将其兼容并蓄了。”中国文化与西方现代、后现代文化的融合，成为当代作曲家们发展我国传统文化的不二选择。《夏日骄阳》在材料的运用上正是受后现代拼贴、平行、混合、注重内在性等思想的影响。力求简单，将各地、各种形式的民间音乐素材进行有机整合，没有固守狭隘的地方色彩，而是音调风格的民族特点向外延展，所产生的新的音响效果，让听众觉得既熟悉又新奇。创作呈现两个特点，即简单的主题创作凸显出返璞归真的美学追求；多地民间音乐荟萃与后现代“拼贴”思想的融合。

欧洲和声与我国民族和声的发展性运用

音乐中的创意主要是由音的相互结合的关系中表现出来的。现代主义音乐在和声方面最重要的艺术特征是：对“不协和”和声新的认识和运用、传统调性与功能和声的瓦解。在创新方面，勋伯格就说过：“一种关系被过多地使用，无论它有多大的变化，它已不再有能力去表现值得表现的音乐思想。因此，每一位作曲家都应该去创造新的东西，提出新的音的关系……”《夏日骄阳》整部作品较多地使用了经过“改造”的诸如“复合和弦”、“附加音和弦”、空五度以及羽七和弦等独具特色的和弦。尽管不是作曲家的首创，但作为一部民族管弦乐作品，能如此大量突破性地运用，体现了作曲家致力于民族管弦乐现代化的探索，对西方音乐创作技法进行民族化改造的尝试。

我国传统音乐中尽量避免小二度和声出现（注：有部分少数民族地区未受此限制），但中国传统音乐中却又有特意运用小二度的情形，如四川扬琴曲《将军令》就特意采用了一个小二度的音乐，这是我国传统音乐对音色、音响的一种突破性的认识和运用，而本作品中也特意安排了这样一组音响。如果说《将军令》的小二度的不协和是为表现战斗前的紧张而刻意为之，那么本作品中的小二度，是在连续空五度进行中所营造的一种空灵的音色中，注入尖锐的音响效果，产生协和与不协和、空灵与实在、淡雅与刺激的对比。让人感受到音乐流淌中的动感，在简单、宁静的情绪中诉说着生命的美与力量。

结语

综观整部作品，作曲家一直在追求简约的写作风格，这种技术的简约既有青少年题材的现实要求，更是作曲家超越技术后的一种自由驾驭。从前文对作品的结构、材料、和弦的分析可以看出，作曲家是在传统的基础上结合现代音乐美学思想与文化加以变化、重组，从而创造出新的音乐语言，是更高层次上传统与现代、西方与中国的结合。在这一结合中，作曲家“已从当初的表象化的标识，转为更加内化的美学层面的韵味追求”并逐渐形成了以中国哲学文化的基本精神为主导，统摄、吸收、改造、同化西方哲学文化，而不是简单把中国文化之体与西方文化之用嫁接起来。在追求简单且富有独特个性作品的同时，更注重的是哲理内涵的表现。《乐记》中说：“乐也者，动之于内也；礼也者，动之于外也。”就是用音乐触动人的内心，使青少年在不知不觉中得到美的享受、于润物无声中接受传统文化与传统道德教育。作曲家在这部作品中的艺术追求，正如周国平先生所说：“我相信，对于热爱人生却又为终极关切苦恼着的人们来说，艺术确是最好的慰藉。”作曲家在进行民族音乐文化的推广与发展中，坚持“寓教于乐”的乐教思想，特别是对青少年一代的关怀与教育，是其不懈的追求。作曲家青少年题材“春、夏、秋、冬”民族管弦乐组曲的创作，已经完成了春（《春晓》）、夏（《夏日骄阳》）两部，期待作曲家系列组曲早日完成。用新的民族音乐语言、思维为我们创作出更多具有独特民族文化特点的民乐精品。

原载《人民音乐》2014 年第 11 期

第三届“华乐论坛”暨“新绎杯”青年作曲家民族管弦乐作品评奖

【概述】

2014 年 6 月 12 日至 14 日，由文化部艺术司与中国民族管弦乐学会主办，新绎文化发展有限公司协办的第三届“华乐论坛”暨“新绎杯”青年作曲家民族管弦乐作品评奖活动在北京、廊坊两地举行。获奖作品于 6 月 12 日在北京中山公园音乐堂举办的颁奖音乐会上揭晓。活动以鼓励青年作曲家继承中华文化传统，创作受广大群众欢迎的优秀作品为主旨，推介精品力作，培养造就民族管弦乐新生代作曲家群。

第三届“新绎杯”青年作曲家民族管弦乐作品评奖活动通过业内征集、专家评审，评选出 40 岁以下的青年作曲家创作的金、银、铜及作品奖等 28 部作品。该届评奖活动所选出的金奖、银奖 10 部作品奖作为第三届华乐论坛的核心论题，举办作者与评论者“1 +1”创作研讨会。

2014 年 6 月 13 日至 14 日，第三届“华乐论坛”在河北省廊坊市举办，论坛对第三届“新绎杯”青年作曲家民族管弦乐获奖作品进行了理论研讨。

“新绎杯”青年作曲家民族管弦乐作品评奖获奖名单

民族管弦乐作品组（15 首）

奖　项	作　品	作　者	单　位
金　奖	《弦上秧歌》	王丹红	中央民族乐团
	《弄狮》	陆枟	台湾台南艺术大学
	《丝绸之路》	姜莹	中央民族乐团
	《奔腾》	谢鹏	中央音乐学院
银　奖	《破晓》	白浩钰	中央音乐学院
	《入漫》	刘青	中国音乐学院
	《舞之光影》	朱琳	中国音乐学院
	《醉想》	李博	中央音乐学院
	《天眼》	杜薇	中央音乐学院
	《坐看云起》	陈思昂	星海音乐学院
铜　奖	《远思》	王云飞	沈阳音乐学院
	《对话》	史付红	中央音乐学院
	《青年随想曲》	高原	北京市实美职业学校
	《维港夜曲》	黄学扬	香港大学专业进修学院
	《味道还在》	温展力	中国音乐学院

【观点】奏响华乐新章 绽放青春光芒——第三届华乐论坛暨“新绎杯”青年作曲家民族管弦乐作品评奖活动综述

◎刁 艳 宋 阳

由文化部艺术司与中国民族管弦乐学会主办，新绎文化发展有限公司协办的第三届华乐论坛暨“新绎杯”青年作曲家民族管弦乐作品评奖活动于2014年6月12日至14日在北京、廊坊两地举行。来自海内外诸多音乐院校、表演团体和民间组织的近百名专家、学者齐聚一堂，围绕着此次活动评选出的获奖作品以及当下民乐界热议的话题展开了深刻、热烈的研讨，呈现并延续着往届华乐论坛丰富多彩的内容和严谨务实的会风，给人以全新的启发与思考。

第三届华乐论坛暨“新绎杯”青年作曲家民族管弦乐作品评奖活动自2013年10月面向社会征集作品，经过业内专家的初评、终评，最终于2014年4月从40余部作品中评选出15首作品分获金、银、铜奖。本次活动由作品评选、颁奖音乐会和论坛三部分组成，论坛期间，获得金奖、银奖的10部作品作为第三届华乐论坛的核心议题，举办作者和评论者“1+1”创作研讨会以及与会专家分组讨论。

一、光荣绽放——颁奖音乐会

2014年6月12日晚，由10部获奖作品组成的颁奖音乐会在北京中山公园音乐堂举行，指挥家彭家鹏执棒、中国广播民族乐团演绎的获奖作品似一股清风给仲夏夜的北京带来阵阵凉爽。全国政协副主席、中共中央对外联络部部长王家瑞，文化部艺术司副巡视员翟桂梅等有关部门领导同与会嘉宾一道出席颁奖音乐会。

音乐会正式开始前，主办方为获奖作品及作者颁发奖状和奖杯。刘锡津代表主办方向中国广播民族乐团和新绎文化发展有限公司颁发了“特别贡献奖”，以表彰他们对本届华乐论坛的大力支持。颁奖仪式由中国民族管弦乐学会副会长王书伟主持。本次评奖共设置金银铜三个奖项，其中金奖4名，奖金8万元；银奖6名，奖金6万元；铜奖5名，奖金3万元。

音乐会在蕴含着民族精神和民族情怀的乐曲《奔腾》中拉开了序幕，随后，取材于民间小调、灵感源自古典诗词的《坐看云起》，对青少年朝气蓬勃、富有活力的《破晓》，以台湾节庆音乐为素材、表现传统民俗技艺的《弄狮》纷纷奏响。音乐会的上半场在具有浓郁陕北特色的乐曲《弦上秧歌》中告一段落。下半场，凸显弹拨乐器语汇的《舞之光影》将听众再次带回当代民族音乐的震撼中来，而后，灵感来源及素材韵致取材于中国昆曲的《入漫》，为纪念南京大屠杀70周年而作的亡灵安魂曲《天眼》以及迷离而又充满诗意的《醉想》依次上演。整场音乐会在具有多元音乐文化特点的《丝绸之路》中落下帷幕。青年演奏（唱）家孟霄、曾千芸、邱霁、王洋、赵志勇以及乐团演奏家们的精彩演绎诠释着不同乐器组合的声音魅力和不同音乐体裁的文化内涵，带给现场听众非凡的艺术享受，博得阵阵热情而真诚的掌声。无论是取材民间音乐元素，还是受到古今文学题材的启发，抑或是表达源自内心的独白，获奖作品无不透露着当代青年作曲家的开放性思维与独特想象，使人感受到他们积极向上、锐意进取的时代风貌以及对中国民族管弦乐事业饱含深情、孜孜以求的探索精神。

二、畅谈“新”声——华乐论坛

6月13日上午，第三届华乐论坛开幕式在河北廊坊新绎贵宾楼举行。中国民族管弦乐学会会长刘锡津、文化部艺术司音舞处副处长黄小驹、新奥集团文化健康集团副总经理翟晓勤先后致辞。刘锡津在致辞中回顾了华乐论坛走过的历程，点评了华乐论坛的社会意义和发展前景，简要介绍了本届论坛的主旨与内容。他说：“第三届华乐论坛将研讨的目光投向未来、投向青年作曲家的作品，用传承和发展的理念关注青年作曲家的创作现状、创作理念及生存状态。力图鼓励青年作曲家继承中华文化传统，创作广大群众欢迎的优秀作品，推介精品力作，培养造就民族管弦乐新生代作曲家群，为民族音乐文化在当代发展造势，为民族音乐的传承和发展铺平道路。”

简短的开幕式后，与会专家围绕本届华乐论坛的获奖作品以及当下民乐界热议的话题展开了热烈的研讨。获奖青年作曲家根据自身的教育背景、创作经历，结合本次获奖作品的创作思路、创作手法、作品内涵等话题依次发言；评论者则根据获奖作品的音乐文本，对作者的音乐语汇、审美追求展开技术分析和人文阐释。

1. 坚守与创新：汲取传统的营养，聆听内心的声音

传统民间艺术形式汲取营养，对本土文化和内心独白坚守坚持是此次获奖作曲家们的出发点和立足点。作曲家们扎根民间文化的深厚土壤，将内心所感与传统音乐文化紧密结合，很好地解答了民乐作品如何继承、怎样创新的问题。作曲家王丹红在《弦上秧歌，心灵感悟——关于〈弦上秧歌〉创作的思考及感言》中谈道：“要通过学习和探索传统民族音乐和现代作曲技法的结合点，寻找个性化的音乐语言，追求音乐的思想深度和情感依托。《弦上秧歌》试图去寻找一种抽象但却生动、深邃但却浪漫、古朴但却唯美的音乐语言，并试图用这样独特的表现手法去表达标题所体现的那样一种文化内涵和精神力量。”来自台湾的青年作曲家陆枟在《〈弄狮〉创作前后》一文中也提到，《弄狮》的成功得益于作者对本土民俗节庆的熟知和对北管音乐的深层感悟。除此之外，作曲家刘青、陈思昂在发言中也提到了这个问题，而诸多评论者对这种创作思路与倾向纷纷表示赞同。

2. 回顾与展望：辩证地看待中国民族管弦乐的历史与现状

作曲家对本土音乐的文化自信，不仅体现在对民族乐器性能的熟知和对各类乐器音色的合理运用，更体现在他们对民族管弦乐队发展历程的思考。如何更深入地挖掘乐器的演奏空间，如何更合理地运用乐器的特性音色等问题都成为青年作曲家们所关注的焦点。作曲家朱琳在《从弹拨乐、弓弦乐的创作感悟到〈舞之光影〉的构思》一文中这样说：“如果把民族管弦乐队作为一个丰富的音响库来看，那么就要使同一族群的单音色或者不同族群的混合音色能够清晰地呈现。……从目前创作来看，民族乐器演奏形式的变化，已经带来了不同以往的音乐审美感受。随着创作数量的增加，每个族群的可能性也将会被作曲家不断挖掘，作品的音乐语汇也将更加多元化，艺术趣味必然会被拓展。”此外，作曲家白浩钰提出了诸如民族管弦乐队中特殊乐器的使用情况、各声部比例是否匀称、座位分布是否合理有效以及民乐作品记谱与实际音响的统一性等具体问题。作曲家李博也从乐器法、记谱法等方面阐述其在现代音乐观念下的民乐创作。这些都是基于民族管弦乐队发展现状的思考所提出来的。

3. 反思与觉醒：走出一条艺术化、市场化兼顾的创作道路

此次论坛发言的标志性理念，就是作曲家对创作方向的觉醒——走出一条既要艺术化又要市场化的创作道路，为社会提供更多优秀的、雅俗共赏的中国民族管弦乐作品。所谓“艺术化”，就是倡导作曲家创作出融合古今中外优秀创作技法的音乐作品，使其能够充分体现音乐语言涤荡心灵的社会功能，进而提升和培养民众的审美水平和艺术素养；而“市场化”则要求作曲家能够面向社会，考量大众的审美需求，从而创作出符合普通听众审美价值和时代特征的力作、佳作。关于中国民族管弦乐作品的创作方向，谢鹏在《逃避自由——从〈奔腾〉的创作谈文人音乐的艺术旨归》一文中提出了自己的见解，他说：“雅与俗既对立又统一，听众的审美观念、兴趣喜好与对音乐的思想认识水平永远不能整齐划一，高低永在。作为一名音乐工作者，将小我放置于大我之中，扎根脚下的土地，关怀百姓的冷暖，洞悉生活的百态，才能从容于当下的生活，才能渗透出真实的质朴，才可找到真正的自由。”基于同样的认识，作曲家姜莹、杜薇也在发言中表现出对民乐作品创作的反思。由此可见，在尊重音乐类型多元化发展的基础上，对中国民族管弦乐作品创作方向的重新认识，体现出当代青年作曲家审美取向的觉醒和对创作意识的回归。

根据日程安排，论坛在会期的最后一天下午举行了分组讨论。与会专家针对当下民乐创作领域中的一些问题和现象发表了个人的看法与想法。上海民族乐团团长、指挥家王甫建表示，就民族管弦乐合奏作品（包括协奏曲）的创作来讲，目前全国优秀的作品也不超过20个。通过众多乐团多年不懈的努力，

近年来民乐观众群体扩大了，可是优秀的作品在哪里？创作告急，创作不能断档。此次活动的目标不是评奖，是为了激励更多有才华的作曲家投入民乐的创作中。中央音乐学院教授刘长远在发言中谈到了“民乐的本体思维”这一话题，他说：“我们在民族音乐方面的了解是很肤浅的，而在创作上的空间很大，甚至是刚刚开始。作曲系师生有这样的倾向，认为写民乐是二流的，这种现象与我们的教学体系是有关的。青年作曲家要成长，不仅学西方的，还要学习本土的作曲家，一代代地学，在学习的过程中不断反思和创新，找到适合自己的路。”台湾指挥家陈澄雄连续三年参加论坛，他指出华乐论坛的影响力越来越大，对于此次获奖的金奖作品，他予以了高度评价，“都是从生活中来，有根基、言之有物”。但是，他也指出，有的作品并不能令人了解其意义和想法，还不太成熟。他建议年轻的作曲家如果能请教大作曲家，将会更快地成长。有的专家还表示应鼓励青年作曲家们多到民间采风、学习，体悟优秀民族文化的真谛，如有需要将为其提供资源上的便利，以利于年轻人更深刻地理解民族音乐。言语的交锋碰撞出智慧的火花，学术的交流融汇成思想的江海，第三届华乐论坛在与会专家的肯定与好评声中落下帷幕。

由中国民族管弦乐学会主导的“华乐论坛”在文化部艺术司和新绎文化发展有限公司的大力支持下已于2012年、2013年连续两年在北京、廊坊两地举行。这一旨在回顾改革开放以来民乐创作成果、探索未来创作方向，以期加速民乐创新发展的重要事件，引起了音乐界和社会舆论的普遍关注，业已成为当代中国民族音乐文化标志性活动之一。主办方表示，2015年第四届华乐论坛计划围绕民乐室内乐作品展开评奖和研讨。民乐室内乐作品在音乐学院和音乐舞台上被广泛演奏，拥有较广泛的受众群和较高的审美品位，对这一领域精品力作的推广和研讨将有力推动原创作品的发展。

原载《人民音乐》2014年第8期

首届中国音乐产业高端论坛

【概述】

2014年11月6日，由中国传媒大学主办，国家音乐产业促进工作委员会、中国传媒大学艺术学部音乐与录音艺术学院承办的“首届中国音乐产业高端论坛”在中国传媒大学举行。近200名业界人士参会，对中国音乐产业的现状与未来进行了研讨。

本届论坛推出了《2014中国音乐产业发展报告》，报告显示，中国音乐产业市场总规模2013年突破2000亿元，达到2716.56亿元，音乐产业已成为拉动文化产业发展的重要引擎。

《2014中国音乐产业发展报告》是在国家新闻出版广电总局的指导下，由国家音乐产业促进工作委员会和中国传媒大学联合完成。该报告针对中国音乐产业发展的现状和趋势，在对音乐产业全产业链综合分析的基础上，对音乐市场进一步细分和重点分析，提出了大量有价值的参考数据和定性分析，对促进中国音乐产业发展具有重要意义。

据悉，这是我国首次权威发布音乐产业的年度报告。该报告除了总报告外，还包括实体唱片、音乐演出、数字音乐、音乐版权经纪、音乐图书、乐器行业、音响行业、音乐教育培训、广播电视音乐、卡拉OK音乐市场、音乐评奖与排行榜、音乐产业基地、音乐文化交流等13个分报告。

【观点】数据详解:《2014中国音乐产业发展报告》

2013年是中国音乐产业快速发展、转型升级的一年。在国家文化产业政策环境不断优化的背景下，中国音乐产业正在走出由实体唱片为主的传统模式向以网络音乐为主的数字模式转变的关键期，11月6日，在国家新闻出版广电总局的指导下，由中国传媒大学和国家音乐产业促进工作委员会联合承办的2014（北京）音乐产业高端论坛发布了我国首次音乐产业年度报告——《2014中国音乐产业发展报告》（以下简称《报告》），该报告是在国家新闻出版广电总局的指导下，由中国传媒大学和国家音乐产业促进工作委员会联合撰写的。《报告》显示，2013年中国音乐产业市场总规模达到2716.56亿元，已成为拉动文化产业发展的重要引擎。以下为《报告》的主要内容和数据分析，中国经济网文化产业频道为大家详解我国音乐产业发展情况。

一、《2014中国音乐产业发展报告》的结构框架

本报告中的音乐产业，是指以音乐作品原创为核心，覆盖音乐创作、表演、制作、出版、发行等与音乐生产服务相关的所有行业。其音乐产业结构可分为三个层次。

音乐产业结构图：

由此，本报告由总报告和“实体唱片、音乐图书、数字音乐、音乐演出、音乐版权经纪与管理、卡拉OK市场、乐器、专业音响、音乐教育培训、广播电视音乐、音乐评奖与排行榜、国家音乐产业基地、音乐对外交流”等13个分报告组成。首次从微观层面，对中国音乐产业的创作、生产、出版、发行、营销等产业链的各环节进行数据调查统计和定性剖析；也从宏观层面，全面、系统地分析和研究了中国音乐产业的发展状况、发展态势及其未来发展政策建议。

二、2013年中国音乐产业的发展概况

2013年是中国音乐产业快速发展、转型升级的一年。在国家文化产业政策环境不断优化的背景下，中国音乐产业正在走出由实体唱片为主的传统模式向以网络音乐为主的数字模式转变的关键期，逐步形成了以音乐内容创作和音乐版权经纪为双核驱动，以跨终端、跨媒体的平台为售卖渠道，以最终用户体验度

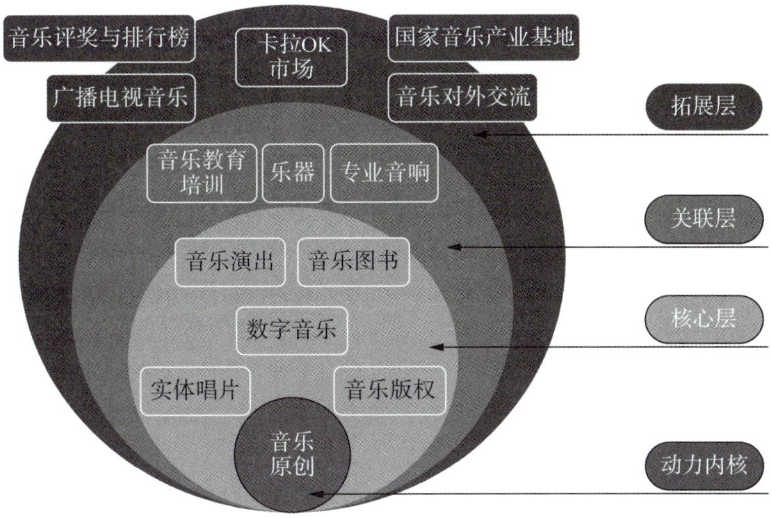

音乐产业结构图

为市场导向的新型文化经济业态。转型、融合、集约、创新，共同构成了 2013 年中国音乐产业的发展主题。

1. 实体唱片行业

2013 年中国内地实体唱片市场规模约 6.5 亿元，较 2012 年增长约 9.5%。虽然 2013 年整个唱片市场销售量呈下滑趋势，但总营收仍有小幅增加。“线上销售唱片模式的兴起，实体唱片市场零售价的逐步提高以及独立唱片成为实体唱片的重要组成部分”等成为实体唱片行业的新生现象。

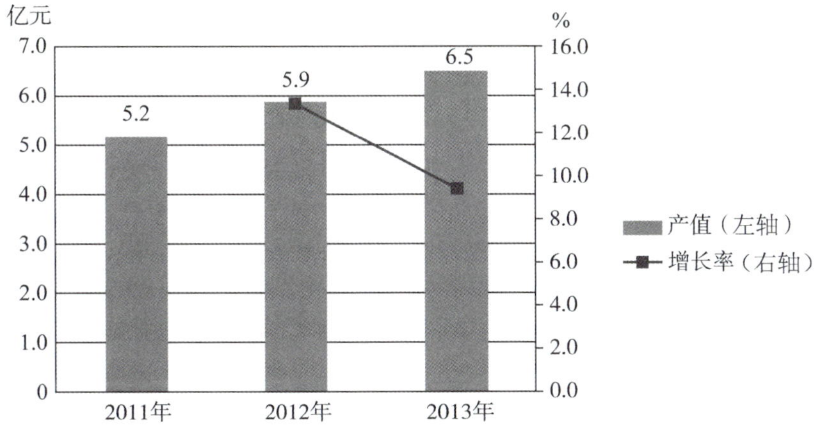

中国实体唱片行业产值

2. 音乐演出行业

2013 年中国音乐演出产业规模达 140 亿元，其中票房收入 43.6 亿元，演出总场次 1.65 万次。虽然较 2012 年有小幅度下降，但总体来看依然保持着良好的发展势头。商业模式和定位日渐清晰，整个行业运作日趋规范，细分市场规模不断扩大，这些现象都预示着音乐演出行业正在调整之中寻求新的突破。

3. 音乐版权经纪和管理

截至 2013 年底，中国音乐著作权协会的登记作品约 31 万首，年许可收入破亿，总额约为 1.12 亿元人民币，比 2012 年增长 2.13%，继续保持增长趋势。

2013 年中国音像著作权集体管理协会向 KTV 商家收取版权许可费的门店数约 5000 家，收入总额大

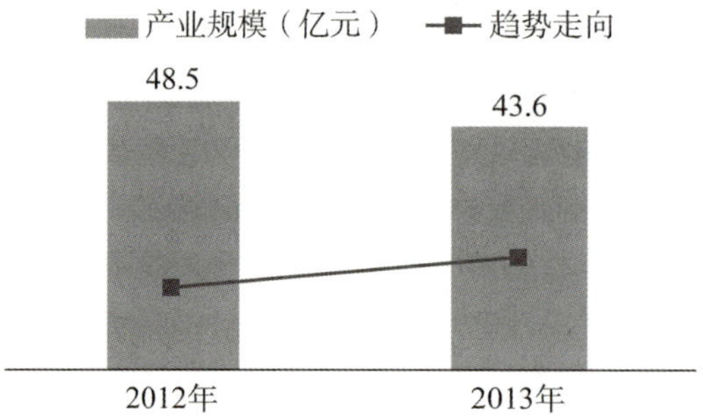

2012—2013 年音乐演出产业规模及增长趋势

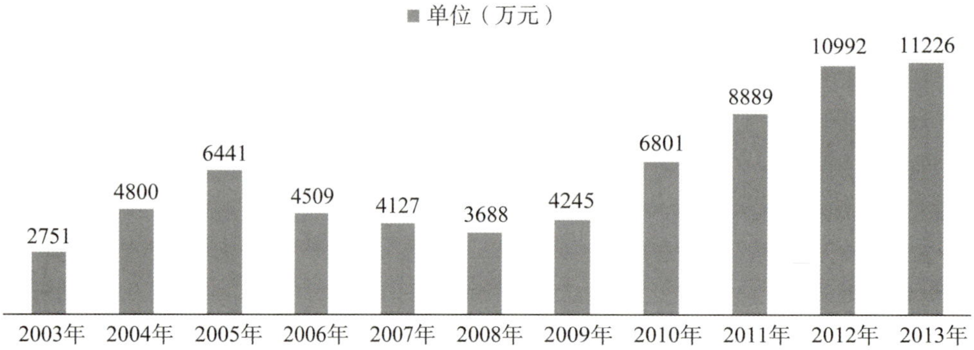

音著协 2003—2013 年许可收入图

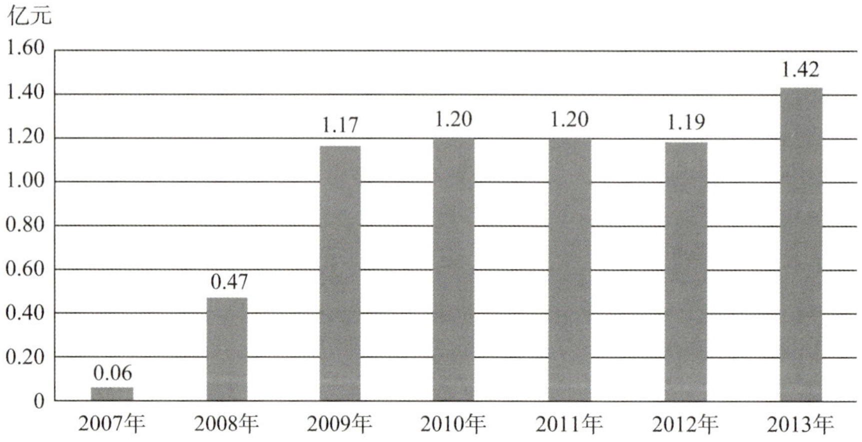

2007—2013 年许可收入图

约 1. 42 亿元。两家主要的音乐版权经纪和管理机构的年收入总规模仅为 2. 54 亿元，其实际收益与其应得收益相差悬殊，加强音乐版权保护和经纪管理任重道远。

4. 数字音乐行业

2013 年中国数字音乐市场规模达到 440. 7 亿元人民币。其中无线音乐市场规模达 397. 1 亿元，在线音乐市场规模达 43. 6 亿元。2013 年数字音乐用户数量达到 4. 53 亿人以上，规模以上提供音乐产品或音乐服务内容的企业数量达到 695 家。数字音乐的传播、消费、体验模式日新月异，具有巨大的市场发展潜力。

5. 音乐图书出版

2013 年图书市场总码洋约为 500 亿元，其中音乐图书出版在整个图书市场中的占有率为 1%，约为

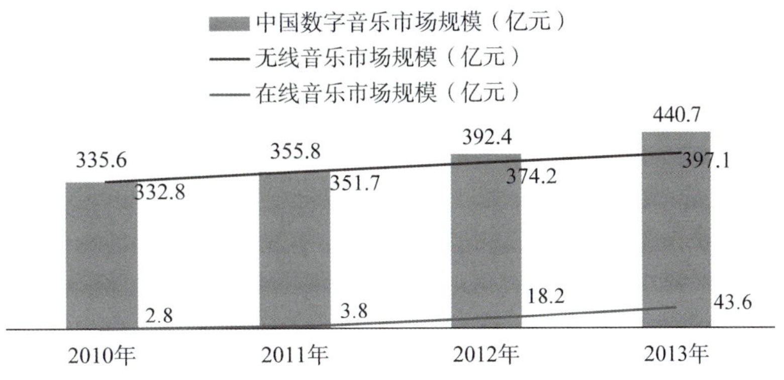

中国数字音乐市场规模变化趋势图

7 亿元，环比增长 16.67%。2013 年全国涉及音乐图书出版的出版社共 365 家。随着音乐图书数字出版的兴起以及音乐图书市场细分的日趋明显，音乐图书出版行业整体正处于稳步上升期。

2011—2013 年全国年出版音乐图书总码洋

年份	总码洋（亿元）	年增幅（%）
2011	5.3	—
2012	6.0	13.20
2013	7.0	16.67

6. 乐器行业

2013 年全国乐器行业规模以上企业总计 217 家，年主营业务收入 280.93 亿元，同比增长 6.84%；全年利润总额 15.90 亿元，同比增长 13.34%；多项指标均好于 2012 年同期。在乐器生产企业各项经济指标中，尽管电子乐器的产值、收入以及出口交货值有所下降。但乐器产业整体呈现稳步增长的态势。

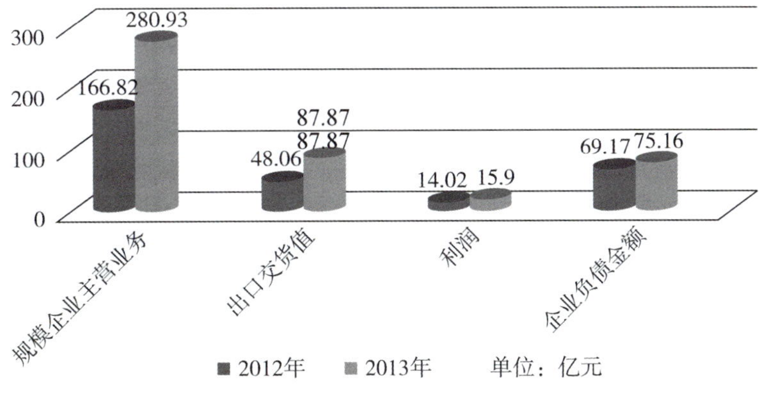

2012—2013 年乐器行业主要经济技术指标

7. 专业音响行业

音响设备是音乐制作、传播、欣赏的工具和介质，是音乐产业的重要“装备”组成部分。2013 年在音乐制作、演出中使用的专业音响设备产值达 375.9 亿元。占音响行业总产值的 15.65%。其中民用声音重放设备产值由于缺乏有效的统计途径，暂未涉及。2013 年我国音响行业总体产值同比下降 1.0%。但由于近年来手机、平板电脑等移动终端设备的持续热销，有源音箱产品、耳机和无线耳机产品的产量和产值都有较大增长。音响行业整体基本呈现低速发展的态势。

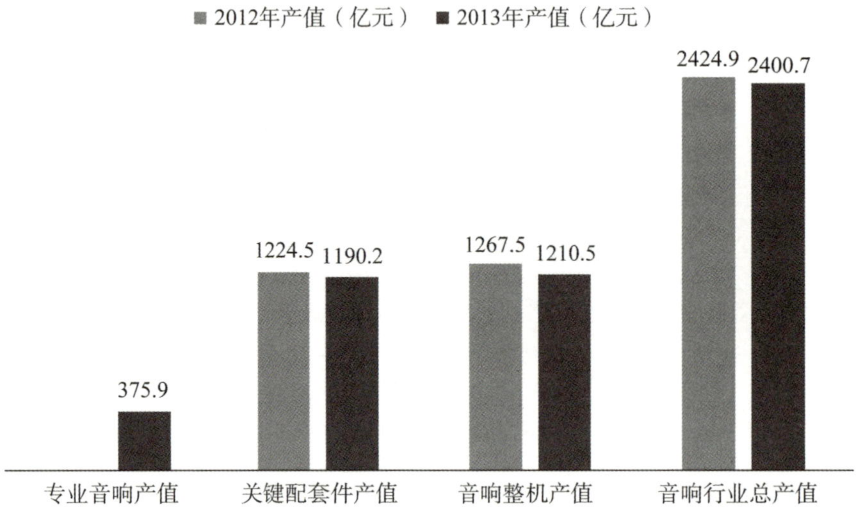

2013 年中国音响行业产值

8. 音乐教育培训行业

2013 年中国音乐教育培训行业的总产值约为 577 亿元。其中，艺术高考培训行业的产值约为 77 亿元，社会音乐考级培训的产值约为 467 亿元，其他行业如短期培训和民营音乐类学校产值合起来约为 33 亿元。艺术高考音乐培训和社会音乐考级培训成为音乐教育培训产业产值的主要来源。音乐教育培训行业整体规模呈上升趋势。

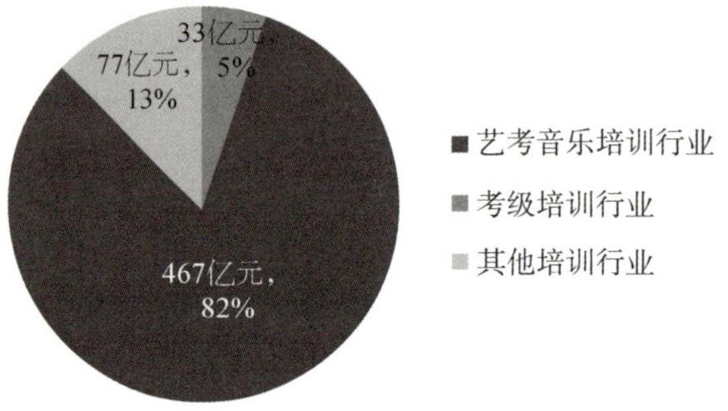

2013 年中国音乐教育培训产业产值比例

9. 广播电视音乐行业

2013 年全国各级主要的广播频率共计 1203 个。其中音乐类广播频率约有 71 个，数量逐年递增。2013 年音乐广播至少为广播广告市场贡献了 10% 以上的份额，约 14 亿元。

2013 年全国省市级以上电视频道总数量为 900 多个，拥有音乐类节目的频道总数约为 42 个，电视音乐类节目的总数则达到 104 个。音乐节目总体冠名收入已达 20 亿元以上。《中国好声音》等热播电视音乐节目除传统广告收入外，还得通过线下演出、电影票房、签约艺人代言等方式获得收益。依托电视节目衍生的音乐产业具有广阔的发展前景。

	频率、频道总数量	音乐频率、音乐频道数量	音乐类节目数量	广告收入（亿元）
广播	1203	71	—	14
电视	900	42	104	20

10. 卡拉 OK 市场

卡拉 OK 是中国乃至东亚地区大众喜闻乐见的一种娱乐方式，卡拉 OK 市场以包含消费者参与、体验、娱乐、社交等元素的音乐产品和服务需求为核心，带动商业地产、餐饮、娱乐等其他消费，形成巨大的商业市场。2013 年全国规模以上 KTV 总体数量多达 2 万家，卡拉 OK 行业总产值约为 852 亿元。另外截至 2013 年底，在线 KTV 等在线演艺收入也达到 36.7 亿元。

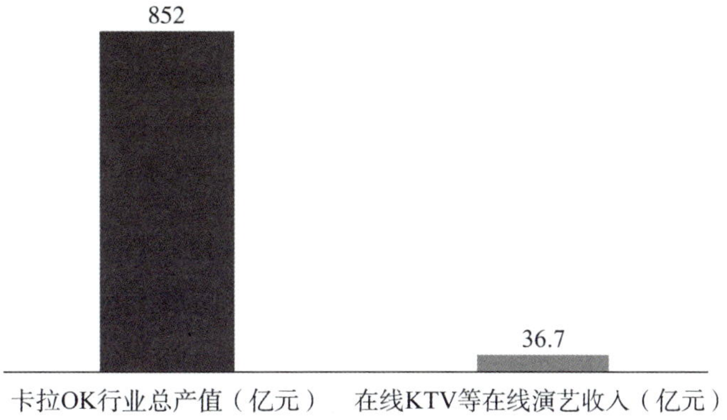

2013 年卡拉 OK 行业产值

11. 音乐评奖与排行榜

音乐评奖是对音乐创作及演奏、演唱表演水平和技能的评比与评判，它通过确立权威性的认定标准，成为音乐发展的风向标。2013 年有全国性影响的音乐评奖共 38 项。音乐排行榜则是指根据一定的标准，对流行音乐作品的传播进行数据综合统计，将统计结果暨排行信息以榜单形式进行发布的传媒产品。2013 年，有全国性影响力的电台、电视、网络等各类音乐排行榜共计 13 个。音乐评奖与排行榜通过影响大众的认知度与认可度，间接引导大众音乐消费；在音乐产业的发展中起到重要的信息监控和反馈作用。

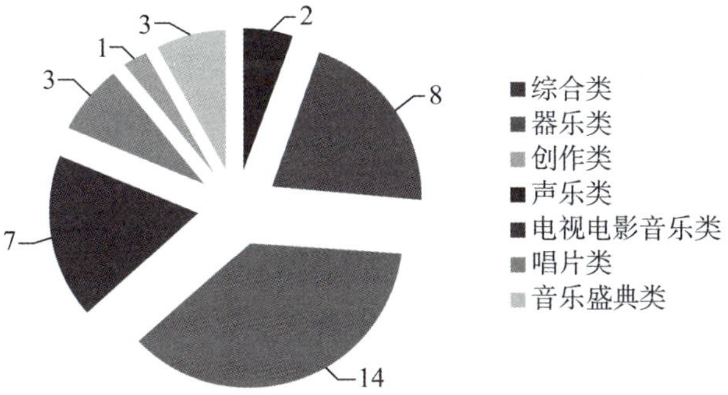

2013 年中国音乐评奖主要类型图

12. 国家音乐产业基地

2009 年 7 月，国家新闻出版广电总局（原国家新闻出版总署）发布《关于促进我国音像业健康有序发展的若干意见》后，上海、广东、北京和成都的国家级音乐产业基地相继被批准。2013 年国家音乐产业基地总资产已达 82.43 亿元，与 2011 年相比增长了 184.2%。其主营收入达到 11 亿元，与 2011 年相比，增长了 75.3%。另外，截至 2013 年底，国家音乐产业基地入驻企业总量已达 2318 个。通过“集聚”效应，国家音乐产业基地建设在中国音乐产业的发展过程中发挥着越来越重要的作用。

13. 音乐对外交流

2013 年音像、电子出版物和数字出版物累计进口 28.51 万盒（张），总金额约为 2 亿美元；累计出口 12.12 万盒（张），总金额约为 2300 万美元。2013 年全国共引进版权 18167 种；2013 年共输出版权 10401 种。在乐器进出口贸易量方面名列世界前茅；对外音乐演出交流频率迅速增长；音乐类出版物的海外发行仍然处于薄弱地位，但随着数字技术不断发展，中国音乐海外发行有了更多的渠道和选择。

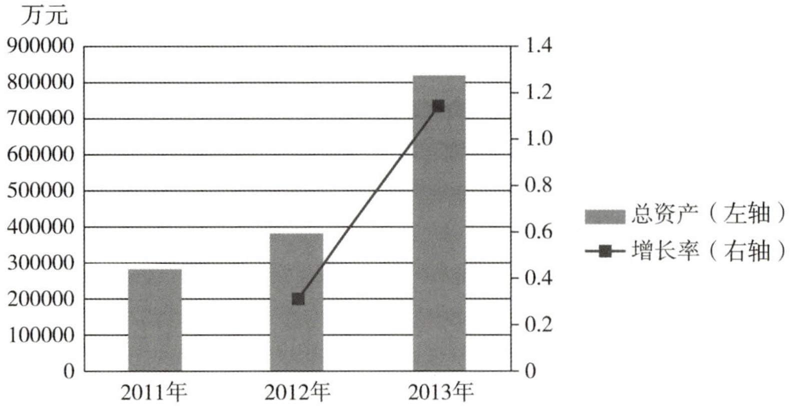

2011—2013 年国家音乐产业基地总资产对比

2012—2013 年音像、电子出版物和数字出版物进出口统计

年份	进口数量（万盒）	进口总金额（亿美元）	出口数量（万盒）	出口总金额（万美元）
2012	18. 56	1. 67	7. 89	2191. 58
2013	28. 51	2	12. 12	2346. 96

三、2013 年中国音乐产业的总体规模分析

根据分报告的数据，2013 年中国音乐产业相关细分行业市场规模及总体规模数据如下表：

2013 年中国音乐产业的市场总规模和细分行业数据

行业类别	市场规模（亿元）	细分行业	市场规模（亿元）
核心层	596. 74	音乐演出行业	140
		唱片行业	6. 5
		音乐版权经纪（管理）	2. 54
		数字音乐行业	440. 7
		音乐图书出版行业	7
关联层	1233. 82	乐器行业	280. 92
		音乐教育培训行业	577
		专业音响行业	375. 9
拓展层	886	广播电视音乐行业	34
		卡拉 OK 市场	852
合计			2716. 56

根据本报告对“音乐产业”的界定，2013 年中国音乐产业市场总规模为 2716. 56 亿元，同比 2012 年增长 7. 9%，略高于同期 GDP 增速。

从国家文化产业主要行业的市场总量来看，音乐产业在比例上占文化产业总体市场规模的 8%，属于体量较小、特点较为突出的专业行业。

音乐产业的体量虽然小于新闻出版产业、广播影视产业等传统文化产业，但是已经超过了动漫产业、电影产业、网络游戏产业等娱乐产业，率先成为了文化娱乐行业中的千亿级产业。这也表明了音乐产品和服务具有更广泛的受众群体，在产业化运营上具备天然的市场优势。

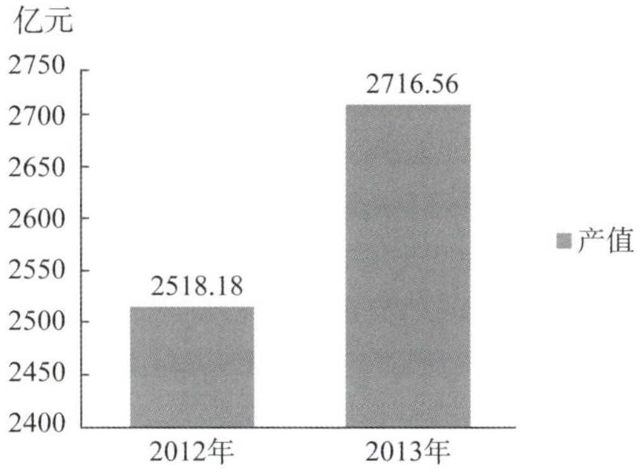

2012—2013年中国音乐产业市场总规模增长图

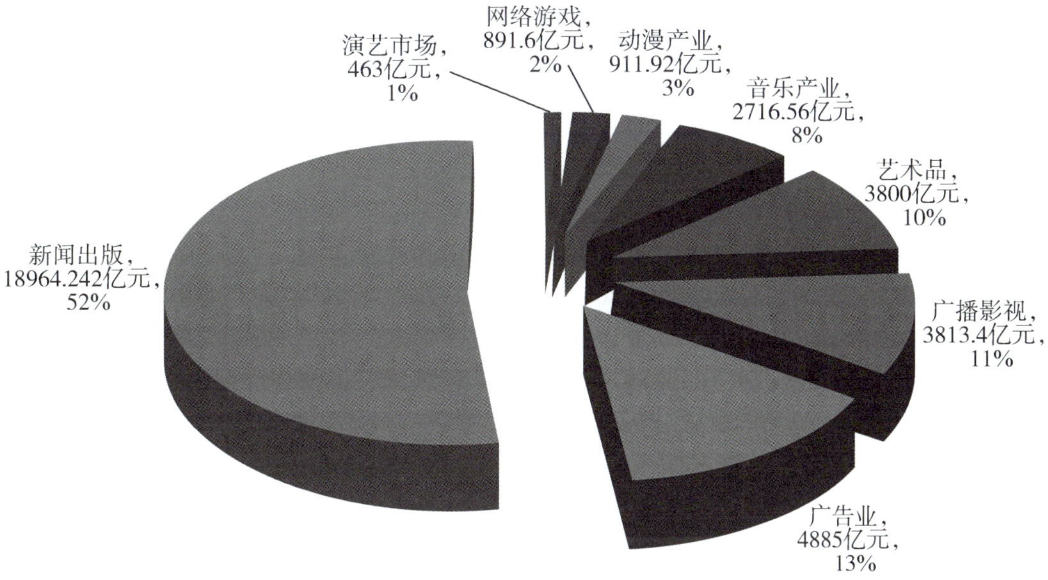

2013年文化产业各主要细分行业市场规模比重

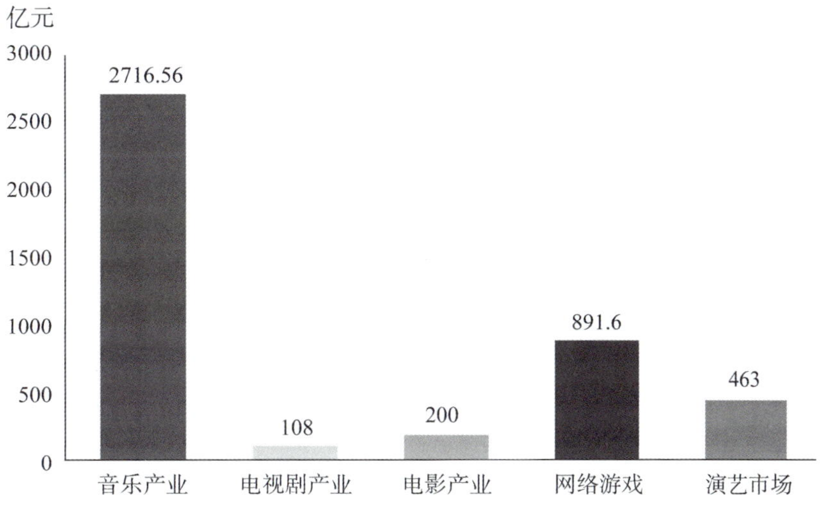

2013年中国音乐产业与其他文化娱乐行业市场规模

四、2013 年中国音乐产业的产业结构分析

2013 年，以乐器、音乐教育培训、专业音响为主的音乐产业关联层行业总产值约为 1233.82 亿元，约占总体市场规模的 45%；以广播电视音乐、卡拉 OK 市场为主的拓展层行业总产值约为 886 亿元，约占总体市场规模的 33%。关联层行业市场规模比重最大，也表明了音乐产品服务符合一般文化产品的基本特征：融合性、关联性、渗透性。能够以音乐产品或服务的消费为核心，带动创作、生产、复制、传播、娱乐、版权、教育等多种业态共同发展。

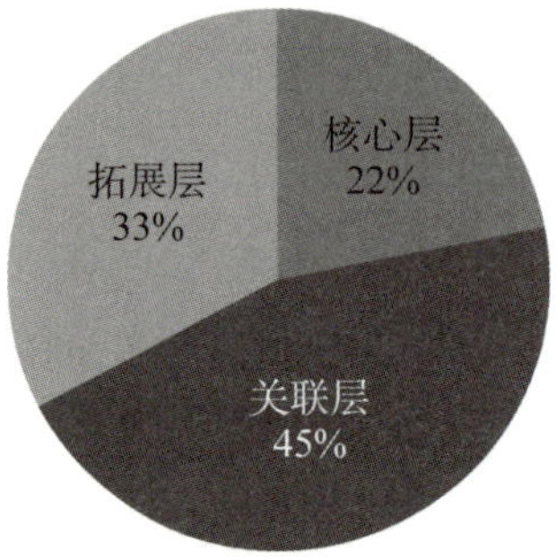

音乐产业各层次行业产值规模对比

从核心层音乐行业市场结构来看，数字音乐产业所占比重最大，约占核心层比重的 73.9%，音乐演出产业占总规模的 23.5%。这些数据表明，数字化娱乐方式已成为当前主流大众消费模式。另外，核心层的线下音乐消费从以实体唱片消费为主发展到以现场音乐体验消费为主，并且实体唱片赖以生存发展的音乐版权经纪又未完全激活，因此呈现出以音乐会、演唱会、音乐节等为主的现场音乐体验消费一枝独秀的发展态势。

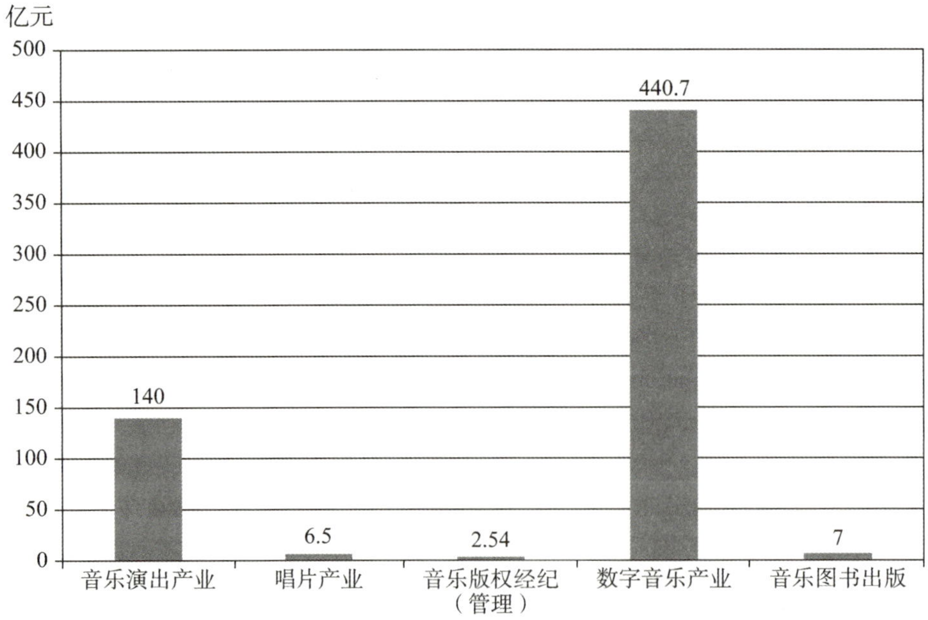

音乐产业核心层行业市场规模对比

从关联层音乐行业市场结构来看，音乐教育培训行业所占市场规模较大，占到关联层行业市场规模的 46.8%，乐器行业、专业音响行业则发展较为均衡，分别占 22.8% 和 30.4%。

2013 年中国音乐产业各层级的行业数据表明，以服务普通消费者为核心的数字音乐、卡拉 OK 行业的市场规模较大，充分说明最受消费者喜爱的音乐产品和服务需要包含参与、体验、娱乐、社交等增强

音乐产业关联层行业市场规模对比

用户黏性的元素，尤其是在新技术手段下用户消费渠道发生变化，如何使纯粹的音乐作品、音乐表演与文化体验、交互参与、商业娱乐等行业进行融合发展将成为中国音乐产业未来挖掘潜在市场空间的重要路径。

五、2013 年中国音乐产业的消费市场分析

从产品的类型来看，实体唱片、乐器、专业音响等实体产品行业市场规模约为 670. 32 亿元，占总体市场规模的 24. 7%；而音乐演出、数字音乐、音乐教育培训等音乐消费服务行业的市场规模约为 2046. 24 亿元，占总体市场规模的 75. 3%。这些数据说明现代音乐产业不再是以售卖附带音乐艺术附加值的实体产品为主的传统行业，而是以出售音乐消费服务或媒介二次售卖为主的现代服务业。这也标志着传统音乐产业的相关市场体系标准、企业经营模式和政府引导、监管机制都应随之而改变。

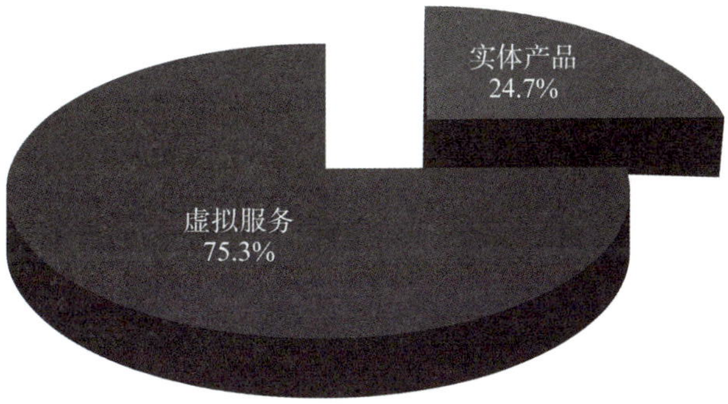

音乐产业消费品类别比例对比

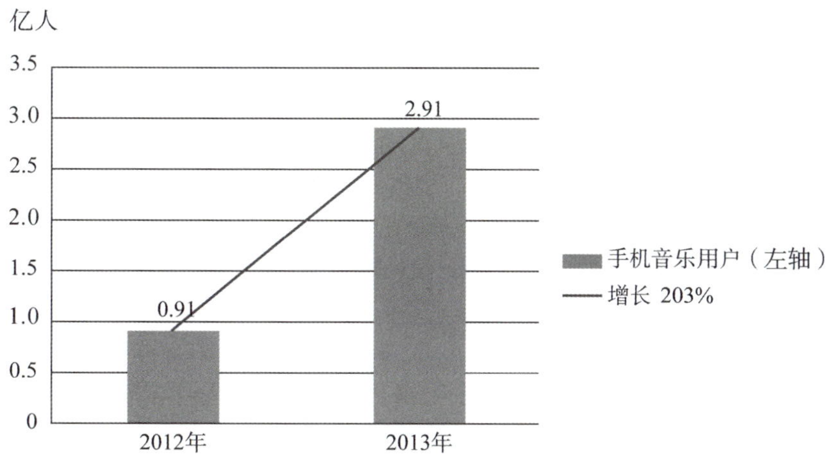

手机音乐用户增长比例

从消费群体来看，2013 年我国网络音乐用户规模达到 4.53 亿，音乐演出产业接待观众约 1640 万人次，人均消费约为 260 元/人次。消费群体的数据分析表明，目前中国音乐产业盈利模式主要分为两大类型：一是以低廉甚至免费的音乐产品提供来吸引普通受众，以实现二次售卖获利的目的；二是以针对专业群体的付费服务来实现获利的目的。

从消费终端来看，2013 年在实体唱片、音乐图书出版等实体产品行业中，网络销售已经成为主要渠道之一，销售形式由线下转为线上；发展最为迅速的是数字音乐行业，不仅智能手机用户达到 3.13 亿人，相关音乐类终端产品也层出不穷：如截至 2013 年底，仅苹果移动应用商店供中国大陆地区的音乐类产品就约达 3.1 万个。消费终端的数据再次表明了中国音乐产业数字化、移动化、大众化的发展趋势。

原载中国经济网，2014 年 11 月 14 日

作品

演出

【管弦乐曲《森多玛》】

2014 年 5 月 16 日，管弦乐曲《森多玛》被作为“2014 北京现代音乐节开幕式音乐会”的开场曲在中国国家大剧院音乐厅上演，演奏乐队为中国国家大剧院管弦乐团，指挥张艺。《森多玛》是作曲家金平受“2014 北京现代音乐节”委约而创作的一部三管编制的单乐章作品，灵感源于被称为狮面空行母的藏传佛教护法森多玛的雕塑，并以雕塑造型为创作题材。通过单一音乐动机获得丰富的音响效果，表现不同的音乐形象。

【微电影交响音乐史诗：女书】

2014 年 5 月 22 日，谭盾创作的《微电影交响音乐史诗：女书》由费城交响乐团在中国国家大剧院上演。“女书”是一种女性文字，完全由女性创作并使用，流传于湖南江永一带，字形飘逸舒展，字音极具乐感。谭盾以此为创作灵感，创作历时 5 年，意图通过音乐来演绎这一文字的奇特魅力。作品第一次以声像方式，通过数码科技手段展示古老的女书文化，竖琴作为谭盾心目中“最女性”的乐器，在作品中占据了重要位置。竖琴演绎者为费城交响乐团首席竖琴演奏家伊丽莎白·海伦。

【大型情景交响合唱《列兵》】

2014 年 7 月 30 日至 8 月 2 日，为纪念中国人民解放军建军 87 周年，由总政歌舞团大型情景交响合唱《列兵》在中国国家大剧院上演，献礼八一建军节。由阎维文、王宏伟、蔡国庆、张英席等分别担任独唱或领唱，与总政歌舞团所属的中国人民解放军合唱团共同演出。

大型交响合唱作品《列兵》构思于 2012 年，创作完成于 2013 年，由混声合唱、男声合唱、女声合唱、室内合唱、五重唱、独唱、领唱与合唱、表演性合唱以及器乐演奏的插部等多种表演形式组成。作为总政歌舞团近 30 年来创作的首部大型交响合唱作品，张千一、赵大鸣、印青、刘青、贺东久、屈塬、张宏光、任毅、赵思恩、赵麟等词曲作家和导演胡宗琪、舞美设计高广健、音响师沈援之、多媒体设计丰江舟等加盟创作团队。演出由总政歌舞团副团长李玉宁担任指挥。

【大型实景剧《文成公主》】

2014 年 8 月 25 日，在西藏拉萨开幕的 2014 年西藏雪顿节上，大型实景剧《文成公主》上演。全剧综合运用大唐歌舞和西藏地区流传久远的藏舞、藏戏、佛号念唱等艺术形式，以人工舞台结合自然山川，描写了文成公主昔日援藏和亲之行。国家一级演员、空政文工团青年女高音王莉与藏族歌手四郎贡布分别出演文成公主和松赞干布。

此前，《文成公主》剧场版曾在北京中国国家大剧院上演。与剧场版相比，此次拉萨“实景剧”中搭建了以拉萨自然山水为背景的舞台，制作了数个高 2. 5 米、宽 2 米的巨大蓝面具来展现传统藏戏，增加了独具西藏特色的抱石头比赛、生火场景等细节还原实景。

【佤族原生态歌舞《佤部落》】

2014 年 8 月 26 日，佤族原生态歌舞《佤部落》在中国国家大剧院上演。该剧是中共云南省委宣传部、云南省文化厅推出的全省优秀少数民族剧目。

《佤部落》是一台由云南省普洱市自主创作的本土剧目，由《佤山韵》《佤山魂》《佤山美》《佤山情》4 个篇章和尾声《阿佤人民唱新歌》组成。据普洱市副市长杨林介绍，《佤部落》题材来源于普洱佤族千百年来繁衍生息积淀的文化，汇集了佤族神话、祭祀、风俗等内容，表达了佤族人对自然的敬畏、期盼和崇拜。

【钢琴协奏曲《态势》】

2014 年 9 月 2 日，华裔作曲家周龙创作的钢琴协奏曲《态势》由指挥家水蓝执棒新加坡交响乐团于第 120 届英国 BBC 逍遥音乐节首演。《态势》是出生于北京的作曲家周龙应 BBC 和新加坡交响乐团的联合委约而创作的一首钢琴协奏曲。周龙在《态势》中融入了功夫元素，挖掘了钢琴作为节奏性敲击乐器与中国传统及西洋打击乐器之间相互竞奏抗衡的潜力。

BBC 逍遥音乐节已有 120 年的历史，作为全世界最受瞩目的大型音乐盛会之一，它长期反映并影响着音乐的发展格局。

【交响合唱《中国梦随想》】

2014 年 9 月 3 日，由指挥家邵恩执棒中国交响乐团和北京节日合唱团联合演出的交响合唱《中国梦随想》在北京音乐厅上演，男中音歌唱家廖昌永、男高音歌唱家薛浩垠等参与演出。

《中国梦随想》是中国交响乐团委约作曲家全新创作的作品，也是 2014 年国家艺术院团演出季参演剧目，由作曲家黄凯然、杨帆、温展力、郑阳、王丹红合作完成，刘麟作词，整个作品由《中国梦》《百年梦回》《海天筑梦》《青春梦幻》《复兴梦圆》等乐章组成，以器乐与合唱各声部不同节奏的律动与叠加，诉说中国人民百年寻梦的历程。

【歌舞剧《传奇》】

2014 年 9 月 16 日，由中央民族歌舞团全新制作的歌舞剧《传奇》在北京民族剧院上演。该歌舞剧由丁伟担任总导演，李沧桑担任音乐总监，腾格尔、曲比阿乌、吴彤、蓝剑、李卫红、艾尔肯、扎西顿珠、卞英花、苟婵婵、央金等倾情加盟。

大型原创歌舞剧以《传奇》音乐为主线，以舞蹈为语汇，通过莽撞少年的奇遇穿越，迎引出生活在密林村寨、雪域高原、茫茫戈壁、辽阔草原、林海雪原的不同民族的人文脉络和习俗各异的舞种曲风，将仫佬族、保安族、撒拉族、珞巴族等中国少数民族歌舞运用到作品中。共演出了包括《水色》《情姐下河洗衣裳》《那么远那么近》《山那边》《花儿情深》《察汗苏勒德》等歌曲。

【交响音乐会《海的随想》】

2014 年 11 月 27 日，由中国国家交响乐团委约新作品首演交响音乐会《海的随想》在北京中国国家大剧院音乐厅上演。本次委约的6位青年作曲家对同一个主题："海"进行命题创作。本次交响音乐会，委约李劭晟、刘青、罗麦朔、谢文辉、黄若和张朝等6位青年作曲家分别创作了《甲午》《妈祖》《海澜》《海的随想》《海之回想》《中国之梦》6部原创作品。音乐会由指挥家胡咏言执棒，由古琴演奏家陈雷激演奏谢文辉创作的《海的随想》，旅美钢琴家田佳鑫演奏张朝创作的《中国之梦》。

纪事

节会·演出

【“江南风—塞北情”刘锡津作品音乐会及研讨会】

2014年3月29日，上海民族乐团携手指挥家洪侠，在上海音乐厅举办了“江南风—塞北情”刘锡津作品音乐会。音乐会呈现的五首器乐作品依次为：合唱与乐队《连年有余》、二胡和琵琶双重协奏曲《天缘》、柳琴与乐队《满族风情》、竹笛与乐队《雪意断桥》及民族管弦乐《靺鞨组曲》。30日，京沪音乐名家对刘锡津的音乐创作进行了研讨。

刘锡津现任中国民族管弦乐学会会长。在其近50年的从艺生涯中，创作了数百部作品，体裁、题材广泛，涉猎声乐、器乐、歌剧、舞剧、音乐剧、影视剧等。

【中央音乐学院首届协奏曲音乐季开幕】

2014年4月9日，为期一年的“中央音乐学院首届协奏曲音乐季”开幕。音乐季期间，每个月推出二到三场音乐会，在中央音乐学院音乐厅、中央音乐学院附中音乐厅和北京音乐厅等地上演。音乐季由胡咏言、李心草、林涛、陈琳、夏小汤五位指挥家，分别执棒中央音乐学院中国青年交响乐团、中央音乐学院少年交响乐团、中央音乐学院EOS交响文献乐团3个乐团，由吕思清、柴亮、张提、林朝阳、谢楠、高参、陈曦、谭小棠、盛原、邹翔、王笑寒、田博年、赵耀、袁源等39位音乐家担任独奏。音乐季分为上、下两季，计划在为期一年的演出季中举办近20场协奏曲音乐会。

【“龙声华韵”系列“民族魂”交响音乐会】

2014年4月11日，中国国家交响乐团于北京音乐厅举办《龙声华韵》系列“民族魂”交响音乐会。音乐会推出中央音乐学院作曲系八〇零级李滨扬、关峡、陈晓勇、郭小笛、赵石军5位同窗作曲家的6首作品。音乐会由邵恩指挥，分别演出了管弦乐曲《萌动色彩》、小提琴独奏曲《彝》、管弦乐曲《时代万花筒》、交响组曲《吉祥高原》、交响诗《乡愁》等。

【第四届“中国交响乐之春”】

2014年4月11日至30日，由中国国家大剧院主办的第四届“中国交响乐之春”在中国国家大剧院举办。本届“中国交响乐之春”共有11个大陆交响乐团、1个台湾乐团和1个国际交响乐团参加演出。其中，“美国五大乐团”之一的波士顿交响乐团作为特邀乐团加盟。

第四届“中国交响乐之春”汇集汤沐海、陈佐湟、陈燮阳、谭利华、俞峰、洛林·马泽尔和吕思清、于红梅、卡蒂雅·布尼亚季什维莉等中外指挥家、演奏家。在曲目安排方面，既有莫扎特、贝多芬、勃拉姆斯、马勒等作曲家的经典之作，也有柴可夫斯基、格里格、拉赫玛尼诺夫、西贝柳斯等浪漫乐派与民族乐派大师的交响名曲，还上演了沙汉昆、江文也、辛沪光、赵季平、张千一等中国作曲家的原创作品。

【第31届上海之春国际音乐节】

2014年4月28日至5月18日，由上海市文化广播影视管理局、上海市文学艺术界联合会、上海文化广播影视集团共同主办，上海音乐家协会、上海音乐学院、上海广播电视台共同承办的“第31届上海之春国际音乐节”在上海举行。

音乐节期间，来自中国、美国、俄罗斯、德国、法国、意大利、罗马尼亚、波兰、奥地利、新加坡、荷兰等10余个国家的乐队、音乐家、舞蹈家演出了57台音乐舞蹈演出。其中包括两台开、闭幕式音乐会，新人新作展示9台、名家名团演出12台，国外专场演出11台，舞蹈类节目3台，展演类节目20台，赛事5项，论坛1个，节中节2个，群文活动8项。

【在那遥远的地方——纪念“中国民歌之父”王洛宾作品音乐会】

2014年5月8日，为纪念王洛宾诞辰101周年，上海轻音乐团特邀王洛宾之子王海成担任艺术顾问，共同呈现了“在那遥远的地方——纪念‘中国民歌之父’王洛宾作品音乐会”。音乐会演出了《康定情歌》《在那遥远的地方》《永隔一江水》等王洛宾作品近20首。作品被重新配器与编排。10位演唱者顺序登场，音乐会将话剧与音乐的新组合形式呈现给观众。

【2014北京现代音乐节】

2014年5月16日，“2014北京现代音乐节”开幕式音乐会在中国国家大剧院举行。音乐会推出五部新作品，分别是：金平创作的管弦乐曲《森多玛》（世界首演）、加籍华裔作曲家阿莱希娜·路易创作的《破碎的夜，颤抖的星》、马丁·赫尔辛鲁德创作的双吉他协奏曲《内外的风景》、新西兰作曲家杰克·博迪创作的《帕拉兰——爱与战争的诗》、中国作曲家盛宗亮创作的小提琴协奏曲《飞飞歌》。音乐节组委会在开幕式中授予作曲家、音乐教育家塞缪尔·阿德勒（Samuel Adler）先生“北京现代杰出贡献奖”，以表彰他对北京现代音乐节的发展及推动现代音乐的前行所做的贡献。

【中国爱乐乐团成立14周年庆典音乐会】

2014年5月25日，“中国爱乐乐团成立14周年庆典音乐会”在北京保利剧院举行，余隆担任指挥。音乐会曲目以美国音乐为主，由来自美国的“罗马水牛”乐队担任演唱，与中国爱乐乐团合作演出了约翰·丹佛的《乡路带我回家》和《高高的落基山》、比吉斯乐队的《爱我多深》、理查德·马克思的《此情可待》等经典歌曲。美国交响音乐贯穿音乐会始终。美国作曲家阿伦·科普兰的管弦乐作品《阿巴拉契亚之春》被分为几个段落穿插上演。音乐会以管弦乐与摇滚乐相融合的方式演出了阿伦·科普兰的另外两部代表作《小伙子比利》和《平凡人号角》。

【2014濠江之春——澳门与内地文艺家大联欢】

2014年6月10日，为庆祝澳门回归15周年，由中国文学艺术界联合会支持，澳门中华文化联谊会、中国音乐家协会、澳门中联办文教部联合主办的“2014濠江之春——澳门与内地文艺家大联欢”在澳门举办。活动由中国音乐家协会金钟奖艺术团与澳门艺术家合作演出了《生日快乐变奏曲》、广东音乐《春郊试马》、筝曲《山丹丹开花红艳艳》、唢呐曲《百鸟朝凤》、江南丝竹《三六》、钢琴曲《皮黄》等。歌唱家李谷一、刘秉义、殷秀梅等参加演出，分别演唱了《我和我的祖国》《我为祖国献石油》《一杯美酒》等知名声乐作品。

全国政协副主席马培华、何厚铧，中国文学艺术界联合会党组书记、副主席赵实，中国文学艺术界联合会副主席、中国音乐家协会驻会副主席徐沛东以及澳门各界人士800余人出席并观看了演出。

【艺术永恒、春色满园——纪念黄自先生诞辰110周年音乐会】

2014年6月11日，上海音乐家协会、上海音乐学院、浦东新区川沙新镇人民政府、浦东新区文物保护所在上海音乐厅共同举办“艺术永恒、春色满园——纪念黄自先生诞辰110周年音乐会”。音乐会上演绎了黄自及其弟子的经典声乐、器乐作品，如《春思曲》《花非花》等，并演唱了《游击队之歌》等多首合唱作品，由指挥家张锐担任指挥。

黄自生于浦东川沙，是中国近代史中杰出的作曲家、首位创作交响乐并在外国演奏的中国音乐家，留有106部音乐作品，23篇论文和6部书稿。其音乐创作以声乐作品为主，以西洋技法融入民族特色。他还培养了众多中国近代音乐先驱，如江定仙、刘雪庵、贺绿汀、陈田鹤等人。

【首期北京/天津音乐孔子学院“音乐夏令营”】

2014年6月27日上午，由中央音乐学院主办，孔子学院总部、国家汉办支持，丹麦皇家音乐学院、密歇根大学孔子学院、洛杉矶加州大学孔子学院和天津音乐学院协办的“首期北京/天津音乐孔子学院‘音乐夏令营’”在中央音乐学院举办了开营仪式。孔子学院总部副总干事、国家汉办副主任胡志平，中央音乐学院党委书记、音乐孔子学院理事长郭淑兰，丹麦驻华大使馆于伯侯参赞为开营仪式致辞，中央音乐学院院长、音乐孔子学院理事王次照等出席了开营仪式。

本次活动是孔子学院创立10周年以来首次以“中国音乐文化”为主题的夏令营活动。夏令营由丹麦皇家音乐学院打击乐系主任莫徒生教授带队，由来自丹麦皇家音乐学院孔子学院、美国密歇根大学孔子学院和加州洛杉矶大学孔子学院的14名营员组成。在为期12天的活动中，营员们体验和学习中国传统乐器，参加中国音乐文化讲座，并赴孔子学院总部、天津音乐学院等地访问，与中国民乐家同台交流。

【乐享乐趣——2014上海夏季音乐节】

2014年7月4日至7月18日，由上海交响乐团、上海市教育委员会创办，上海广播电视台、上海文化广播影视集团有限公司等主办的“乐享乐趣——2014上海夏季音乐节”举办。音乐节分浦东和黄浦两个会场，共计演出了26场音乐会。音乐节将古典音乐与电影、动画、民乐、乡村、爵士甚至流行乐等各个文化元素结合多媒体进行展现。开幕音乐会上，凡格罗夫演奏了圣桑《哈巴涅拉》《引子与回旋》，王健演奏了《洛可可变奏曲》，巴尔松演奏了陈其钢《万年欢》，李坚演奏了《蓝狂》，谭盾创作的交响诗《隆里格隆》等节目上演。

上海夏季音乐节（Music in the Summer Air，简称MISA），是一个自2010年起每年定期举办的、以古典音乐为主题的大型跨界音乐节，是上海的夏季音乐节品牌。由上海交响乐团音乐总监余隆和英国皇家爱乐乐团音乐总监夏尔·迪图瓦担任联合总监。

【中国国家大剧院2014秋季演出季重点剧目展】

2014年8月19日至10月10日，中国国家大剧院于歌剧院一层环廊推出“中国国家大剧院2014秋季演出季重点剧目展”。为了让观众更加详细和直观地了解中国国家大剧院的重点演出剧目，展览以专题展板的形式，从剧目创作、剧情内容、主创阵容、艺术名家等方面对剧目进行诠释，并辅以剧照、服装、舞美设计图，向观众介绍中国国家大剧院制作歌剧《诺尔玛》《洪湖赤卫队》《唐·帕斯夸莱》《卡门》以及中国国家大剧院与中国人民解放军总政治部歌舞团联合制作舞剧《马可·波罗》。

【中国音乐文学《百年乐府》系列工程新闻发布会】

2014年8月19日，由国务院参事室、中国文史研究馆主办，中华诗词研究院、中国音乐文学学会承办的“中国音乐文学《百年乐府》系列工程新闻发布会”在北京召开。该工程是集歌词、歌曲、音乐理论、音像制品多个音乐相关领域于一体的系列工程。

《百年乐府》是采用音乐编年体的方式，用音乐的形式再现和还原历史。该工程当前的重点工作是编选自辛亥革命以来近百年最具影响力、最有文学和史学价值的音乐作品。在选编原则上注重文学价值、流传程度、影响范围等艺术品质方面的因素。工程的顾问、监审、编辑委员会由来自海峡两岸暨港澳台地区的专家学者，包括王立平、袁行霈、乔羽、沈鹏、阎肃等50多人组成。《百年乐府》歌词集、《百年乐府》歌曲集的搜集、研究及选编工作已全面展开。

【春天的故事——纪念邓小平同志诞辰110周年交响音乐会】

2014年8月21日，由中共北京市委宣传部、中共四川省委宣传部和中国国家大剧院联合主办的“春天的故事——纪念邓小平同志诞辰110周年交响音乐会”在中国国家大剧院举行。音乐会以“春天的故事”为主题，分为“春天的雨露”“春天的阳光”“春天的脚步”和“春天的梦想”4个篇章。由歌唱家廖昌永领衔，曹芙嘉、霍勇、王丽达、王宏伟、泽旺多吉等歌唱演员相继登台。本台音乐会演出的15首歌曲中有14首为新创作品，车行、王持久、任卫新、李昕、田晓耕等音乐人加盟演出。

【2014年国家艺术院团演出季】

2014年8月21日，由文化部主办的“2014年国家艺术院团演出季”开幕。文化部副部长董伟出席开幕式并致辞，财政部部长助理余蔚平、国家民委专职委员管培俊、中国文学艺术界联合会副主席杨承志等出席开幕式。

本次演出季旨在充分发挥国家艺术院团的导向性、代表性和示范性作用，全面展示艺术成果、推出艺术人才，重点推出弘扬“中国梦”主题的作品。本次演出季除国家京剧院、中国国家话剧院、中国歌剧舞剧院等9个文化部直属艺术院团外，还首次将中央民族歌舞团纳入其中。十大艺术院团将在首都各大剧场推出29个剧目62场演出。演出季剧目题材广泛，汇聚了国家艺术院团的保留剧目和新创剧目，交响音乐会《劳动创造幸福》、舞剧《红色娘子军》、民族音乐会《丝绸之路》等一批舞台作品上演。

文化部自2010年启动国家艺术院团演出季以来，至今已成功举办了4届，共推出优秀作品130余部。

【来自泥土的呼唤——世界陶笛名家专场音乐会】

2014 年 8 月 24 日，由江西三清山风景名胜区主办的“来自泥土的呼唤——世界陶笛名家专场音乐会”在中国国家大剧院举行。由来自中、日、意三国共 9 位陶笛演奏家：周子雷、宗次郎以及 Fulvio Carpanelli 等演出了《来自泥土的呼唤》《心中的三清山》《故乡的原风景》《大黄河》《G 弦上的咏叹调》《皇家焰火音乐——终曲》等中外作品。

陶笛（Ocarina）也译作洋埙、奥卡利那笛，它形似潜艇，通常用陶土烧制，是一种音色优美、音域宽广的独特乐器，随着陶笛音乐的普及和发展，陶笛日益成为风靡全球的乐器。

【中国梦——纪念邓小平同志诞辰 110 周年《小平之歌》音乐会】

2014 年 8 月 28 日，为纪念邓小平同志诞辰 110 周年，由人民政协报社主办，中国国家交响乐团演出的“中国梦——纪念邓小平同志诞辰 110 周年《小平之歌》音乐会”在北京全国政协礼堂举办。音乐会共 8 个篇章，主题曲目为大型声乐套曲《小平之歌》和歌曲《中国梦》。《小平之歌》由傅庚辰作曲，翟泰丰作词，创作于 2004 年邓小平 100 周年诞辰之时，包括《序曲》《他从广安走来》《三位老人》《小路》《新编凤阳花鼓》《小平您好》6 首歌曲。此外，音乐会还上演了革命家诗词歌曲、交响组曲《地道战的故事》选曲、电影《挺进中原》选曲、电影《闪闪的红星》选曲、歌剧《星光啊星光》第七场，包括《映山红》《地道战》等观众耳熟能详的歌曲。

音乐会由指挥家李心草执棒，万山红、王丽达、霍勇、黄华丽、王传越、马晓晨、于爽等登台演唱。

【华夏弦歌　国乐传承——中国音乐学院建校 50 周年】

2014 年 9 月 20 日，“华夏弦歌　国乐传承——中国音乐学院建校 50 周年纪念大会”在中国音乐学院国音堂音乐厅举行。文化部文化科技司、中国音乐家协会、北京市文化局有关负责人，中央音乐学院等国内 27 所艺术院校代表，美国、澳大利亚、挪威、爱尔兰等国际友好院校嘉宾与中国音乐学院师生一道，共同庆祝中国音乐学院建校 50 周年。

纪念大会后，中国音乐学院青年爱乐乐团上演了“华夏弦歌　国乐传承——中国音乐学院建校 50 周年纪念音乐会”。音乐会囊括了早期老艺术家刘雪庵、刘天华的作品《长城谣》《虚籁》；中国音乐学院老教授施万春、金湘的作品《节日序曲》、歌剧《原野》片段等；中国音乐学院培养的宋祖英、宋飞、张也等知名表演艺术家也登台表演，以《爱我中华》《高天上流云》《在希望的田野上》等知名曲目，向中国音乐学院建校 50 周年献礼。

同时，“世界音乐院校长论坛”“第四届高等音乐艺术院校少数民族音乐文化传承学术研讨会”等多项学术活动，也作为中国音乐学院 50 周年校庆系列活动的重要部分陆续开展。

【第六届北京传统音乐节】

2014 年 9 月 20 日至 26 日，由北京市教委、文化部民族民间文艺发展中心、中国对外文化交流协会主办，中国音乐学院承办的“第六届北京传统音乐节”在中国音乐学院举行。

本届传统音乐节分展演、研讨、大师培训三大板块，以“国乐魂”为主题展开。系列展演包括“国乐魂”第六届北京传统音乐节开幕式音乐会，“弦外话音”——琴、影像、互动多媒体的对话，“八面来风奏弦歌”，第二届太极传统音乐奖颁奖盛典等 8 场音乐会。其间有 22 个演出团体以歌、舞、乐等形式为观众带来 27 个乐种的表演。此外，该届传统音乐节延续往届内容，开设大师培训板块，涵盖“诗歌乐舞”“汉语吟唱与经典教育”等专题讲座。

该届音乐节适逢承办方中国音乐学院建校 50 周年，因此一并举办多个论坛研讨会，如第三届世界音乐院校合作论坛、第四届高等音乐艺术院校少数民族音乐文化传承学术研讨会、全国首届音乐口述史学术研讨会等。

【美丽中国　光荣梦想——庆祝中华人民共和国成立 65 周年音乐会】

2014 年 9 月 29 日，“美丽中国　光荣梦想——庆祝中华人民共和国成立 65 周年音乐会”在北京举行。习近平、李克强、张德江、俞正声、刘云山、王岐山、张高丽等党和国家领导人，与首都各界欢聚一堂，共同欣赏了音乐会。演出分为《祖国颂》《光荣路》《春潮曲》和《追梦行》四个乐章。合唱《保卫黄河》《人民解放军占领南京》《我们走在大路上》《革命人永远是年轻》《北京喜讯到边寨》《在中国大地上》《希望的田野》《长江之歌》《孝和中国》《天耀中华》《丝路彩虹》《强军战歌》《光荣与梦想》等佳作先后上演。首都各界代表约 3000 人观看了演出。

【永恒的记忆：庆祝中华人民共和国成立 65 周年暨中俄（苏）建交 65 周年音乐会】

2014 年 10 月 2 日，由中国驻俄罗斯大使馆主办，中国东方演艺集团、中央歌剧院、上海国际艺术节中心共同承办的“永恒的记忆：庆祝中华人民共和国成立 65 周年暨中俄（苏）建交 65 周年音乐会”在俄罗斯莫斯科爱乐之家音乐厅上演。由指挥家俞峰，中国男高音歌唱家迟立明、薛皓垠、杨阳、韩蓬等与俄罗斯的艺术家联合演出。

“永恒的记忆”音乐会象征中俄建交 65 年的历史岁月。此次音乐会，以中俄两国艺术家的联袂表演，共同纪念两国走过的那一段波澜壮阔的岁月。音乐会上半场主要以歌剧选曲为主，涵盖《奥涅金》《灰姑娘》《图兰朵》等歌剧选段；下半场以中俄经典歌曲为主，由中国歌唱家演唱了《遥远啊，遥远》《夜莺》《黑眼睛》等俄罗斯名作。

【纪念红军长征胜利八十周年大型民族音乐会】

2014 年 9 月 29 日，由文化部艺术司主办、中央民族乐团排演的“纪念红军长征胜利八十周年大型民族音乐会”在北京音乐厅举行。

音乐会用艺术乐曲展现了红军长征的艰难与辉煌，并书写了新时期人们怀揣梦想、勇往直前的时代精神。节目包括唢呐与乐队《十送红军》、琵琶与乐队《蝶恋花》、原生态民歌与乐队《山丹丹开花红艳艳》、弹拨乐合奏《映山红》、女高音与乐队《情深谊长》等名作的当代演绎，也上演了作曲家唐建平、刘文金分别创作的长征题材经典：民族管弦乐与合唱《长征序曲》和二胡协奏曲《雪山魂塑》；由作曲家关乃忠和王丹红分别为此次音乐会创作的合唱、打击乐与乐曲《娄山关》、民族管弦乐与合唱《红色征程》等。

【第十七届北京国际音乐节暨第十二届北京国际交响乐演出季】

2014 年 10 月 9 日至 10 月 31 日，由文化部、北京市人民政府共同主办的“第十七届北京国际音乐节暨第十二届北京国际交响乐演出季”在北京举办。10 月 9 日，由安德里斯·波嘉指挥慕尼黑爱乐乐团，上演了题为“跨越巅峰”的开幕式音乐会。

该届音乐节历时 23 天，共上演了 6 场交响乐、2 部三场歌剧、3 场免费公益音乐会、2 场室内乐、1 场爵士乐、1 场艺术歌曲、2 场民族原生态音乐会、1 场钢琴独奏音乐会。

该届音乐节上演 10 台施特劳斯专场音乐会纪念作曲家理查德·施特劳斯诞辰 150 周年。其间，演出了 16 首管弦乐作品、2 部歌剧（均为中国首演，分别是《阿里阿德涅在拿索斯岛》与《艾莱克特拉》音乐会版)，《d 小调第一交响曲》等多部作品则是第一次于中国上演。音乐节以“时光·传承——黄自作品音乐会”纪念作曲家、音乐理论家、教育家黄自诞辰 110 周年。还上演了“漫步茶马古道——云南少数民族原生态音乐会”，呈现了茶马古道沿线 8 个民族的原生态音乐文化。

北京国际音乐节创办于 1998 年，是经文化部和中共北京市委、市政府批准举办的大型音乐活动。该艺术节为一年一度，地点设在北京，每年秋季举办。

【首届“两岸三地”音乐艺术专业博士研究生学术论坛】

2014 年 11 月 3 日至 6 日，由上海音乐学院主办、上海音乐学院研究生部承办的首届“两岸三地”音乐艺术专业博士研究生论坛活动在上海音乐学院贺绿汀音乐厅开幕，来自海峡两岸暨港澳台地区的专家学者参会，并观看了由作曲与表演专业博士生创作、演出的开幕音乐会。论坛过程共计 4 天，共分为作曲与表演专业博士研究生专场音乐会、博士生学术成果发布、教授点评以及各艺术院校研究生部（处）长联席会议四个板块。本届论坛涵盖了音乐分析、音乐学研究以及音乐教育研究三大板块的内容，参会的博士研究生从不同的研究领域、不同的研究视角提交了相关研究论文并进行了现场交流，从不同层面展现了海峡两岸暨港澳台地区博士研究生的研究成果。

【首届中国民族民间音乐周】

2014 年 11 月 5 日至 9 日，由中央音乐学院创办的“首届中国民族民间音乐周”活动在中国国家大剧院、中央音乐学院、中国音乐学院等地举行。本届音乐周的学术展演从 12 月 8 日起在中国国家大剧院、中央音乐学院等地进行。主要展演纳西族、壮族、汉族、朝鲜族、蒙古族等民族的特色民间音乐形式。

中国民族民间音乐周，是由中央音乐学院音乐学系创办的每两年一次的学术性、公益性系列活动。活动主要包括学术展演、学术研讨、学术典藏、英才扶持、走进殿堂、走进高校等计划，旨在为中国民族民间音乐的教学、研究、保护、传承、鉴赏品评等提供经典案例。

【当代古琴音乐周】

2014 年 12 月 4 日至 7 日，由上海音乐学院主办的“当代古琴音乐周”在上海音乐学院贺绿汀音乐厅举办。音乐周期间将举办座谈、研讨会和三场古琴音乐会。本次古琴音乐周的主题在于“着眼当代”，突出古琴音乐的时代性。

音乐会第一场：“室内乐重奏比赛系列之一”古琴重奏作品比赛决赛音乐会；第二场：“把遗产交给未来”上海古琴研究会专场音乐会；第三场：“海上琴汇”中国琴会当代作品音乐会。在“海上琴汇”音乐会构思上，根据 20 世纪 50 年代到 21 世纪古琴音乐创作顺序，按照不同年代的曲目来安排演出；同时也增加了现代古琴创作的力度，在古人已有遗产的基础上继承和创新。龚一、赵家珍、戴晓莲、曾成伟、杨青等古琴演奏家分别演奏了《山水情》、古琴与手鼓《春风》、古琴与钢琴《古舞》

《跃进歌声》《春江花月夜》等作品，演奏家李祥霆也于现场即兴演奏。

【首届北京国际电影音乐节】

2014年12月4日至8日，由中央音乐学院主办，美国南加州大学（USC）、美国加州大学洛杉矶分校（UCLA）、美国纽约大学（NYU）支持协办的“首届北京国际电影音乐节”在中央音乐学院开幕。12月4日，由中国青年交响乐团指挥夏小汤指挥北京国际电影音乐节合唱团演出了开幕式音乐会——《盛光交响》电影交响音乐会。音乐会曲目选自电影中的主题音乐，如《星球大战》《辛德勒名单》《超人》《泰坦尼克》《功夫熊猫》等。

北京国际电影音乐节发起创立了青年电影音乐作曲家发展计划（YFMCP），致力于整合影视投资人、影视导演、制片人、作曲家以及北京国际电影音乐节赞助商等社会资源，为青年作曲家提供新作品展示平台。

【《和平祭》——南京大屠杀死难者国家公祭日音乐会】

2014年12月5日、12月12日，由中共江苏省委宣传部主办、中国国家交响乐团和江苏省演艺集团的130名乐手和100名合唱队员共同演绎的大型交响音乐会“《和平祭》——南京大屠杀死难者国家公祭日音乐会”，由中国国家交响乐团与江苏省演艺集团交响乐团分别在南京人民大会堂和北京中国国家大剧院音乐厅上演。音乐会演出五首中国当代音乐作品：《永不忘却》（李朝润作词、关峡作曲），《大地安魂曲》第一乐章（无声乐版，关峡），《我遥远的南京》、《和平祭》第三乐章（叶小纲）和《让历史告诉未来——南京安魂曲》（徐振民）以悼念南京大屠杀死难者。

会议

【第一届全国音乐学院指挥教学研讨会】

2014 年 3 月 17 日，由上海音乐学院主办的“第一届全国音乐学院指挥教学研讨会”在上海音乐学院开幕。参加活动的为来自全国九所音乐学院的指挥专业的师生。3 月 18 日，活动还组织了“九大音乐院校学生及教师研讨会”，由中国音乐学院、沈阳音乐学院、四川音乐学院、西安音乐学院、武汉音乐学院、天津音乐学院、美国孟菲斯大学音乐学院的专家参加研讨。

【中国艺术研究院音乐研究所纪念成立 60 年】

2014 年 3 月 27 日，“中国艺术研究院音乐研究所成立 60 年”纪念会举行。《纪念杨荫浏文集》《薪传代继——中国艺术研究院音乐研究所学术文集》首发式及学术座谈会也同期举办，两部文集体现了当代中国音乐学界的尴尬与困惑，展现了杨荫浏、李元庆和十间房期间的老一辈为中国音乐界奠定的基础。项阳、田青、张振涛等出席纪念会。

【中国传统音乐美学研究暨蔡仲德辞世十年祭】

2014 年 5 月 10 日至 11 日，由中央音乐学院音乐学研究所和音乐学系共同主办的“中国传统音乐美学暨蔡仲德辞世十年祭”学术研讨会在中央音乐学院成功举行。会上来自全国各地的 40 余位代表分阶段发言，主要讨论了关于中国传统音乐的美学研究，以及沉痛缅怀蔡仲德先生逝世十周年并探讨其学术思想。参会的学者们就音乐美学的学科属性、学术边界进行了讨论。

【2014 年中国交响乐峰会暨中国交响乐发展基金会理事会】

2014 年 7 月 19 日至 21 日，由中国交响乐发展基金会、中共杭州市委宣传部主办，杭州文广电视集团和杭州爱乐乐团承办的“2014 年中国交响乐峰会暨中国交响乐发展基金会理事会”在浙江省杭州市举办。此次论坛有来自北京、上海、河南、安徽、四川、广东、湖南、内蒙古、山西等省、自治区、直辖市及澳门地区的 40 多个乐团和相关表演机构的 60 余位负责人参加会议。本届论坛的议题是“音乐会内容的商业性和艺术性”“乐团管理现状和改革经验分享”两个题目。

【探索中华礼乐文明新体系学术研讨会】

2014年8月28日，由中国艺术研究院音乐研究所主办的“探索中华礼乐文明新体系学术研讨会”在北京召开。参会人员来自中共中央宣传部文艺局，中国艺术研究院音乐研究所、舞蹈研究所、戏曲研究所，文化部民族民间文艺发展中心、清华大学、中央音乐学院、中国音乐学院、天津音乐学院、南京艺术学院、杭州师范大学、青岛海洋大学以及《人民日报》《光明日报》《中国文化报》《中国社会科学报》《音乐研究》《人民音乐》《中国音乐》等不同机构、领域的专家学者和媒体人士参加了研讨。学者们的发言从礼乐文明的精神发凡到民间活态存在的礼俗用乐，从礼乐传统在现代音乐教育中的践行到当下雅乐的复原与实践，将历史的礼乐文化与当下重建礼乐的现状接通，各学科领域学者的交流碰撞，为礼乐文明体系的探索带来了新的启示。

【第四届高等音乐艺术院校少数民族音乐文化传承学术研讨会】

2014年9月22日至23日，由中国音乐学院、中国少数民族音乐学会主办，北京民族音乐研究与传播基地、中国音乐学院中国传统音乐文化传承与传播中心承办的“第四届高等音乐艺术院校少数民族音乐文化传承学术研讨会”在北京举行。该届研讨会为期两天，会议包括大会发言、主题发言、分会场讨论三个部分，共有来自全国各地60余位代表与专家学者参加了本次会议。

会议以“碰撞与交流——复兴中华传统文化背景下的高校少数民族音乐文化传承”为主题，重点探讨以下三个议题：1. 大文化背景下的当代少数民族音乐文化传承；2. 高校少数民族音乐课程与师资建设的现状及存在的问题；3. 少数民族音乐文化传承与全球化。在音乐学界与文化学界的沟通与交流中，深入探讨中国少数民族音乐文化在高校传承的理论与实践问题。

【全国首届音乐口述历史学术研讨会】

2014年9月24日至25日，由中国音乐学院中国传统音乐文化传承与传播研究中心发起并承办，中国音乐学院主办，由中国音乐史学学会、中国少数民族音乐学学会、中国传统音乐学会、中国音乐美学学会、中国音乐教育学学会协办的“全国首届音乐口述历史学术研讨会”在北京举行。研讨以“音乐口述历史”为主题，由来自全国各地120多位专家学者“跨学科口述历史理论与经验交流”“音乐口述历史理论研讨”“音乐口述史历史学的理论研究与学科体系建构”“音乐口述历史成果发布与实践经验交流”以及“音乐口述史总结会”五个单元展开热烈交流讨论。

【燕赵音乐文化研讨会】

2014年9月27日至28日，由河北师范大学和中国艺术研究院音乐研究所主办，河北省音乐家协会、河北省艺术研究所、河北省非物质文化遗产保护中心协办，河北师范大学音乐学院承办的“燕赵音乐文化研讨会”开幕式暨河北师范大学燕赵音乐文化研究所揭牌仪式在音乐学院小剧场隆重举行。来自中国艺术研究院音乐研究所、中央音乐学院、中国音乐学院、天津音乐学院、河北大学、河北经贸大学等十几所院校以及《音乐研究》《中国音乐学》《人民音乐》等多家杂志社的50余位专家学者和音乐学院的100余名师生参加了开幕式。开幕式后，大会进行了为期两天的学术研讨。50多位与会代表就燕赵音乐文化的历史、传承、发展等相关问题在大会上交流并展开讨论。研讨会期间，学者们就燕赵音乐的相关史学问题作了交流与探讨。

【首届中国音乐产业高端论坛】

2014 年 11 月 6 日，由国家音乐产业促进工作委员会和中国传媒大学音乐与录音艺术学院联合承办的“首届中国音乐产业高端论坛”在中国传媒大学举行。论坛针对创新模式、音乐制作、音乐演出、音乐版权、音乐编辑、人才培养六个板块展开研讨，围绕音乐产业链条，针对核心问题提出建议和方案。

论坛发布了《2014 中国音乐产业发展报告》，这是中国首个音乐产业的年度报告。该报告除了总报告外，还包括实体唱片、音乐演出、数字音乐、音乐版权经纪、音乐图书、乐器行业、音响行业、音乐教育培训、广播电视音乐、卡拉 OK 音乐市场、音乐评奖与排行榜、音乐产业基地、音乐文化交流 13 个分报告。

【罗忠镕先生九十华诞暨中国当代音乐创作学术研讨会】

2014 年 12 月 12 日，由中国音乐学院主办的“罗忠镕先生九十华诞暨中国当代音乐创作学术研讨会”以及“罗忠镕学术成果系列出版（第一期）首发式”在北京举办。罗忠镕学术成果系列出版（第一期）首发式正式开启，由中国音乐学院“中国现当代音乐史料建设与研究工程——罗忠镕研究”专项资助，上海音乐学院出版社出版了“罗忠镕选集”系列丛书。

罗忠镕是当代作曲家、音乐理论家、音乐教育家，代表作品有《山那边哟好地方》《春江花月夜》《涉江采芙蓉》等。

【庆贺李纯一先生九五华诞学术研讨会】

2014 年 12 月 16 日，“庆贺李纯一先生九五华诞学术研讨会”在北京亚奥国际酒店举行。李纯一先生是我国著名音乐史学家、音乐考古学家。该研讨会由中国艺术研究院音乐研究所、中国音乐学院音乐研究所、湖北省博物馆联合主办，中国音乐史学会、《音乐研究》杂志和《乐府新声》杂志协办，李纯一先生及其家属、国内音乐学界学者、媒体代表、硕博研究生等参加了会议。会议开幕式由中国艺术研究院音乐研究所所长项阳主持。

评奖

表演类

【第四届“金莺奖”全国声乐比赛】

2014 年 1 月 12 日，“第四届‘金莺奖’全国声乐比赛”在北京闭幕。“金莺奖”全国声乐比赛是由中国国际声乐艺术研究会主办，中国音乐家协会高校音乐联盟、北京音乐家协会协办，北京香江国际声乐艺术中心承办的专业性声乐专项赛事。来自全国各地 20 多所高校及专业团体的 100 多名选手参加了美声、民族唱法的比赛，最终每组分别评出 2 名金奖、3 名银奖、4 名铜奖，还颁发了五个优秀组织奖和一个最佳表演奖。

[第四届“金莺奖”全国声乐比赛获奖名单]

民族组

金奖：王相周、李涵

银奖：李鑫、刘苹瑾、秦利伟

铜奖：张琳雅、于东尼、张勰、戴灿

美声组

金奖：郭龙、牛艺添

银奖：李扬、刘迪、陈艳伟

铜奖：邓曼丽、刘宁、王佳音、刘阔、郝爽（并列）

最佳表演奖：王佳音

优秀组织奖

中国音乐学院

中央音乐学院

西安音乐学院

天津音乐学院

广西艺术学院

【第七届中国原生民歌大赛】

2014 年 6 月 26 日至 30 日，由文化部主办，文化部民族民间文艺发展中心、甘肃省文化厅、甘肃临夏回族自治州人民政府等单位承办的“第七届中国原生民歌大赛”在甘肃省临夏回族自治州和政县举行。

本届大赛报名人数达 1098 人，参加初评的有 31 个省区市 48 所院校的 362 组节目，涵盖 32 个民族。经过初选，有 167 位选手进入决赛。比赛的曲目均为传统民歌，包括田歌、山歌、号子、渔歌、小调及少数民族体裁作品。大赛设独唱及重唱、对唱组、多人组合组、院校组及民歌改编组四个组别，其中民歌改编组为本届大赛增设。大赛期间，还举办了“花儿音乐保护学术研讨会”，来自全国近40位民族民间音乐研究方面的专家学者将围绕“花儿”音乐等传统音乐的保护、传承进行交流。

［第七届中国原生民歌大赛获奖名单（金奖）］

独唱金奖：斯琴毕力格

多人组合组金奖：玛依拉·艾山、古丽波斯坦·吾甫尔、阿斯古丽·艾则孜、图尔贡·米尔阿吾敦、卡米力·毛拉、阿里木江·吾甫尔

院校组金奖：阿里木江·阿不都克日木

民歌改编组金奖：欧尼尔、李文斌、巴特尔、那日苏、白斯乐

【2014“中国梦”全国原创歌曲征集活动】

2014年7月15日，根据中共中央宣传部、文化部、国家新闻出版广电总局、中国文学艺术界联合会、中国作家协会五部委《关于开展以“中国梦”为主题的文艺创作活动的通知》（中宣发〔2013〕33号）的总体部署，由中国文学艺术界联合会、中国音乐家协会、中国文学艺术基金会共同主办的2014“‘中国梦’全国原创歌曲征集活动”共收到投稿作品3343首。征集活动经过初评、复评、终评三轮次专家委员会评审，最终评选出最佳作品15首、优秀作品20首、优秀报送单位5个。

［2014“中国梦”全国原创歌曲征集活动评选获奖名单］

最佳作品15首（排名不分先后，下同）

《梦想星光》（总政艺术局选送）	田地词　印青曲
《大梦中国》（委约创作）	宋小明词　孟庆云曲
《美丽中国梦》（江苏省音乐家协会选送）	李朝润词　吴小平曲
《家风》	邹友开、毛光正词　刁玉泉、张全武曲
《永恒的心跳》	郭凤词曲
《美丽中国》（江苏省音乐家协会选送）	曲波词　咏梅曲
《柴米油盐酱醋茶》	梁和平词　王原平曲
《中国抒情诗》（山东省音乐家协会选送）	瞿琮词　李云涛曲
《我有一个梦》（委约创作）	苏柳词　浮克曲
《梦在心上》（北京音乐家协会选送）	车行词　许镜清曲
《感谢》（辽宁省音乐家协会选送）	宜舒词　吕威曲
《温暖岁月》（安徽省音乐家协会选送）	孙中明词　盘龙曲
《幸福树》（总政艺术局选送）	吴国平词　方鸣曲
《祖国，母亲》（委约创作）	刘伯俊词　戚建波曲
《感动》	苏诚词　鄂矛曲

优秀作品20首

《一起为祖国》	卢义方词　李需民曲
《恋着祖国》	韩雪词　刘跃强、韩菡曲
《每一个人，每一个梦》	苏虎词　孟勇曲
《中国，我爱你》	王德清词　黄胜华曲
《我要见到你》	黄龙词　蔚鸫曲
《我也有个中国梦》（贵州省音乐家协会选送）	玉镯儿词　王龙曲
《梦想的声音》	金丹、金宇华词　金宇华曲

《心愿》（北京音乐家协会选送）	刘梦侠词　修骏、朱玉成曲
《故乡的伊犁河》（新疆维吾尔自治区音乐家协会选送）	瞿琮词　努斯勒提曲
《梦梦相牵》	葛逊词　王欲明曲
《巴楚天堂》	周立荣词　方石曲
《清风明月》	黄冬松词　黄大鹏、费勤力曲
《追梦中国》	宋青松词　顾春雨曲
《守望我的家园》	韩景连词　平安俊曲
《同一个梦》（总政艺术局选送）	唐跃生词　孟文豪曲
《中国之梦》（总政艺术局选送）	田地词　印青曲
《心永在，梦常在》（福建省音乐家协会选送）	唐炳椿词　陈丁曲
《梦里梦外》（委约创作）	苏柳词　王原平曲
《中国有我》（委约创作）	杨德祥词　戚建波曲
《甜甜的中国梦》	谈焱焱词　杨军曲

优秀报送单位 5 个

总政艺术局、贵州省音乐家协会、广东省音乐家协会、江苏省音乐家协会、北京音乐家协会。

【第七届海峡两岸合唱节】

2014 年 7 月 15 日，以“同圆中华梦”为主题的第七届海峡两岸合唱节在福建省福清市落幕。国台办副主任叶克冬，中国文学艺术界联合会党组成员、书记处书记郭运德等相关领导出席了闭幕式。本届合唱节共有海峡两岸 22 支合唱队约 1200 人参赛。合唱节期间还举办了台湾合唱团队大陆交流沟通活动，包括：“梦之声・心相连”——海峡两岸合唱团少儿专场演出活动、“两岸同根”——海峡两岸少儿合唱艺术讲座、海峡两岸青年合唱艺术论坛、中国音乐家协会“送欢乐下基层”两岸合唱团队慰问演出、第七届海峡两岸合唱节闭幕暨颁奖音乐会等。

海峡两岸合唱节创立于 2008 年，由中国音乐家协会和福州市人民政府共同主办。先后在福州、台中、新竹等榕台两地举办，成为海峡两岸文化交流品牌活动之一。

［第七届海峡两岸合唱节获奖名单］

一、金茉莉奖（4 个）

福建师范大学音乐学院合唱团
台湾嘉义大学音乐系合唱团
福清市侨乡合唱团
河南省教育厅教师合唱团

二、银茉莉奖（6 个）

武汉诗语教师合唱团
福州九日台音乐厅爱乐合唱团
广州合唱团
青岛市中小学教师合唱团
台湾台南应用科技大学音乐系女声合唱团
中国矿业大学艺术学院合唱团

三、铜茉莉奖（6个）

台湾高雄美声合唱团

白银市爱乐合唱团

华侨大学音乐舞蹈学院学生合唱团

台北市建安国小教师混声团

江苏广播合唱团

上海市陆家嘴金融城合唱团

四、展演奖（2个）

中国文学艺术界联合会老干部合唱团

福建红星艺术团合唱团

五、童星展演奖（4个）

（中国台湾）屏东县丰田小学合唱团

福清市滨江小学“滨江之声”合唱团

福清市实验小学“福桑花”合唱团

福清元洪师范学校附属小学“小星星”合唱团

六、优秀组织奖（3个）

福州市文化新闻出版局

中共福清市委宣传部

中共福州市委宣传部

七、特别贡献奖

祥兴集团

八、突出贡献奖

福清市文化体育局

【第十二届中国国际合唱节开幕】

2014年7月29日至8月4日，由文化部对外联络局、中国对外文化集团公司、北京市教育委员会、北京市西城区人民政府、国际合唱联盟、中国合唱协会共同主办的“第十二届中国国际合唱节”在北京举行。7月29日，“第十二届中国国际合唱节”暨国际合唱联盟青少年合唱教育大会在北京人民大会堂开幕。来自中国、立陶宛、墨西哥、美国、菲律宾、罗马尼亚、埃及、葡萄牙、南非、乌克兰、尼日利亚、匈牙利等国家的合唱团进行了表演。国际合唱联盟主席安德森、文化部副部长董伟上台致辞。

第十二届中国国际合唱节由来自全球43个国家和地区的188支合唱团参加。合唱节期间，共进行活动122场，近万名国内外合唱团团员在北京的音乐厅、剧场、社区广场进行演出。合唱节期间还举办了专项研讨会、合唱教育大会、大师班及工作坊、公益行动、新作品音乐会、专场音乐会等。

[第十二届中国国际合唱节获奖名单]

童声组金奖

上海市盲童合唱团

（广东）广州市荔湾区青少年宫合唱团

少年组金奖

（北京）中国人民大学附属中学合唱团

菲律宾罗布克儿童合唱团

（立陶宛）达吉勒利斯青年男声合唱团

浙江温州二中海坛男声合唱团

复旦大学附属中学学生合唱团

成人混声组金奖

（广东）中山大学东校区合唱团

成人男声组金奖

（匈牙利）佩奇市男高音合唱团

成人女声组金奖

（广东）深圳龙岗纯美声音女教师合唱团

（广东）广州市白云女声合唱团

老年混声组金奖

（浙江）杭州市民合唱团

北京海燕合唱团

（广东）深圳市福田区秋之语合唱团

流行音乐组金奖

中国儿童艺术团合唱团（北京）

重唱小合唱组金奖

（广东）佛山市顺德区容桂合唱团

（北京）十六分音符合唱团

童声组银奖

（浙江）台州市爱乐少年合唱团

（广东）深圳市宝安区弘雅小学雅之颂童声合唱团

福建省泉州市青少年宫侨乡少儿艺术团合唱团

中国儿童艺术团合唱团（北京）

（辽宁）沈阳广播电视台童声合唱团

（安徽合肥）启明星合唱团

（北京）密云青少年宫合唱团

北京小学大兴分校合唱团
（北京）白家庄小学云鹤合唱团

少年组银奖
（广东）中山市实验中学合唱团
北京市第三十五中学合唱团
山西省实验中学合唱团
（广东）华南师范大学中山附属中学合唱团

成人混声组银奖
（安徽）合肥市蜀山区黄山合唱团
（安徽）中国科学技术大学学生合唱团
上海市普陀区教工合唱团
广东惠州西湖合唱团
（广东）佛山市顺德区容桂合唱团
（浙江）舟山市民爱乐合唱团

成人男声组银奖
（安徽）中国科学技术大学学生合唱团

成人女声组银奖
北京市大兴区教委丽人女子合唱团
（福建）泉州师院音乐与舞蹈学院恒安合唱团
（河南）开封市教育局教师合唱团

老年混声组银奖
北京市西城区第一文化馆童心合唱团
北京西城区军星爱乐合唱团
重庆市彭水苗族土家族自治县老年大学乌江韵合唱团

老年女声组银奖
（陕西）西安培艺女子合唱团
（广东）深圳市福田区秋之语合唱团
（浙江）杭州星海合唱团

重唱小合唱组银奖
（贵州）阿仰欣合唱团
北京逐韵童声合唱团
（天津）翼乐团

童声组铜奖
北京春天童声合唱团

山西省太原市迎泽区少年宫小黄鹂合唱团
广西贵港市小荷合唱团
（北京）海淀少年宫律动童声合唱团
（河南）爱之翼合唱团
（北京）北洼路小学“盈科”童声合唱团
北京市东高地科技馆金音童声合唱团
（北京）天使之音合唱团
（浙江）宁波市慧远少儿合唱团
（河南）三门峡市艺术教育学会太阳花合唱团
宁夏少儿活动中心小燕子合唱团
北京逐韵童声合唱团

少年组铜奖
（北京）清华附中朝阳学校月上清音童声合唱团
（河南）三门峡市实验高中远航合唱团
（北京）大兴五中阳光合唱团

成人混声组铜奖
埃及阿卡贝拉合唱团
（广东）深圳市福田区春天合唱团
广西贵港市“荷之灵”职工合唱团
（陕西）西安佳音合唱团
（浙江）苍南县玉苍合唱团
台湾欣欣合唱团
尼日利亚阿布贾首都之声合唱团
（北京）首都经济贸易大学合唱团

成人男声组铜奖
（广东）中山大学东校区合唱团

成人女声组铜奖
河北省爱乐女子合唱团
（山西）太原工人文化宫职工美丽时刻合唱团
（贵州）阿仰欣合唱团

老年混声组铜奖
浙江省杭州市萧山区退休干部活动中心金秋合唱团
（辽宁）前进之友合唱团
（广东）深圳市福田区春天合唱团
（黑龙江）东北林业大学东林之声合唱团
（湖北）武汉喀秋莎合唱团
辽宁省鞍山市教育局老教师合唱团

云南省文化馆聂耳合唱团
台湾台电合唱团
（陕西）中国西电集团艺术合唱团
北京市大兴区清源街道阳光合唱团
北京市西城区金融街金歌合唱团

老年女声组铜奖
（河南）焦作卉森美之声女子合唱团
天津东方老年大学合唱团
河南省省直老干部合唱团
（辽宁）锦州市群众艺术馆群星合唱团
包头市阿雅丽歌女声合唱团

爵士乐组铜奖
Black Eyes 爵士合唱团

重唱小合唱组铜奖
北京市少年宫女子合唱团
（河南）焦作卉森美之声女子合唱团
（北京）贝贝合唱团

童声组表演奖
（湖南）青葵合唱团
（北京）东园之音合唱团
（陕西）西安经发学校合唱团
北京小学翡翠城分校翡翠娃合唱团
（广东）佛山市南海区大沥镇中心小学小海燕合唱团
（河北）张家口垣梦合唱团
（江苏）溧水区第二实验小学哆咪唻咪童声合唱团
安徽小云雀合唱团
（北京）白家庄小学望京新城校区合唱团
新疆生产建设兵团第二师华山中学童声合唱团
（北京）曼安迪童声合唱团

少年组表演奖
北京市北苑中学合唱团
北京市大兴区第一中学合唱团
（北京）运河之帆合唱团
天津市第四十五中学合唱团
河南省开封市第八中学静宜女子合唱团

成人混声组表演奖

（福建）华侨大学合唱团
香港明仪合唱团
澳门妇女联合总会合唱团
天津滨海新区彩虹教师合唱团
湖北省大冶市爱乐合唱团
（黑龙江）哈尔滨工业大学 MUSICA 室内合唱团
葡萄牙茉莉花中文合唱团
（北京）文艺复兴学者合唱团

成人女声组表演奖

天津滨海新区彩虹教师合唱团

老年混声组表演奖

贵州省文化馆文华合唱团
太原市老干局老干部活动中心汾河之声合唱团
（新疆）独山子天韵合唱团

【第九届中国音乐金钟奖——管乐比赛】

2014 年 8 月 3 日，由中国文学艺术界联合会、中国音乐家协会、青岛市人民政府主办，中国音乐家协会管乐学会、青岛市文学艺术界联合会承办的“第九届中国音乐金钟奖——管乐比赛”在青岛开幕。中国文学艺术界联合会党组书记、副主席赵实，以及徐沛东、胡绍军、于钦彦、刘尚军、谭利华、栾新、韩新安、牛鲁平、王宏、于海、邹锐、张桂林等出席了开幕式。第九届中国音乐金钟奖——管乐比赛为期 6 天，共举办单簧管、长笛复赛、半决赛和决赛，来自全国各地的 120 余名选手参加。

［第九届中国音乐金钟奖——管乐比赛获奖名单］

奖　项	姓　名	选送单位
	长　笛	
金　奖	刘晔	中央音乐学院
银　奖	刘颖茜	中国交响乐团
	高源	陕西省音乐家协会
铜　奖	王佳	中国交响乐团
	周诗楠	上海音乐家协会
	雷蕾	中国音乐学院
优秀奖	宋一迪	中国音乐学院
	杨语熙	星海音乐学院
	车达	中央音乐学院
	崔启昊	西安音乐学院
	张翔	总政艺术局
	单簧管	
金　奖	吕树清	中央音乐学院

续表

奖 项	姓 名	选送单位
银 奖	肖禹	总政艺术局
	何时雨	总政艺术局
铜 奖	周磊	总政艺术局
	董诗乐	中国音乐家协会管乐学会
	李震伟	上海音乐学院
单簧管		
优秀奖	刘瀚文	辽宁省音乐家协会
	李光韬	中国音乐家协会管乐学会
	李思远	中央音乐学院
	张鑫	山东省音乐家协会
	唐艳婷	星海音乐学院

【第十一届全国声乐比赛】

2014 年 8 月 6 日至 15 日，由文化部、哈尔滨市人民政府主办的“第十一届全国声乐比赛”在“第三十二届中国·哈尔滨之夏音乐会”期间举行。

本届比赛共有来自全国 30 个省、自治区、直辖市和新疆生产建设兵团及澳门特别行政区的 1130 名个人选手和 26 支合唱队伍报名，最终评出 367 名个人选手和 13 支合唱队伍参加现场比赛。大赛鼓励演唱中国原创歌曲，旨在进一步推广优秀中国原创音乐。比赛共分美声、民族、流行、合唱四个组别，经过 8 天 43 场比赛，最终评选出一等奖 3 名，二等奖 10 名，三等奖 16 名，优秀奖 38 名。山西大学音乐学院郑斌、中国铁路文工团黄训国、四川音乐学院陈鹭红，分别夺得美声组、民族组、流行组一等奖，合唱组一等奖空缺。

全国声乐比赛创办于 1985 年，大赛始终以发现优秀青年演唱人才、繁荣声乐艺术发展为宗旨，阎维文、王秀芬、幺红、戴玉强、聂建华、吴碧霞、王传越、伊泓远、曹芙嘉等均先后于该赛事中获奖。

[第十一届全国声乐比赛获奖名单]

美声组

一等奖（1 名）

郑 斌　　山西大学音乐学院

二等奖（3 名）

马 飞　　上海歌剧院

徐 森　　中央歌剧院

周 楠　　德国杜塞尔多夫罗伯特舒曼音乐学院

三等奖（5 名）

王泽南　　天津歌舞剧院

张 怡　　中央音乐学院

苏文博　　中央音乐学院
张春梅　　解放军艺术学院
蔡俊军　　西安音乐学院

优秀奖（16名）
梁　辰　　海政文工团
黄延明　　总政歌舞团
骆　洋　　南京艺术学院
朱振涛　　意大利帕尔马音乐学院
王传亮　　广州星海音乐学院
王一凤　　中国歌剧舞剧院
王立夫　　山东艺术学院音乐学院
吴志峰　　空政文工团
纪懋懋　　中国音乐学院
周　欣　　重庆师范大学
易可佳　　广东省肇庆学院
王佳豆　　解放军艺术学院
张　斌　　山西省太原市歌舞杂技团
白正义　　山东师范大学音乐学院
张玉芳　　浙江歌舞剧院
刘　琼　　总政歌舞团

评委会提名奖（1名）
李　丹　　哈尔滨师范大学音乐学院

伴奏奖（1名）
张佳佳　　中央音乐学院

民族组
一等奖（1名）
黄训国　　中国铁路文工团

二等奖（3名）
易文卉　　中国音乐学院
龚　爽　　中国音乐学院
郭芳芳　　第二炮兵政治部文工团

三等奖（5名）
陈燕妮　　空政文工团
张　辛　　空政文工团
徐子棋　　第二炮兵政治部文工团
张　全　　中国歌剧舞剧院歌剧团

郑海兵　　福建省歌舞剧院

优秀奖（14名）
蒋　宁　　中国歌剧舞剧院
曾　勇　　北京歌剧舞剧院
陈家坡　　西安音乐学院
李　超　　东北大学艺术学院
刘皓月　　武汉音乐学院
王相周　　中国武警文工团
吴琍智　　中国铁路文工团
毛一涵　　中国东方演艺集团
郝亮亮　　全总文工团
朱志容　　解放军艺术学院
吴永飞　　个人
于海洋　　空政文工团
董小涵　　中国歌剧舞剧院
郑颖娟　　中国武警文工团

评委会提名奖（2名）
周虹池　　黑龙江省歌舞剧院
王继明　　哈尔滨师范大学音乐学院

新创歌曲演唱奖（1名）
陈燕妮　　《我就是花》

伴奏奖（1名）
任　卓　　中国音乐学院

流行音乐组
一等奖（1名）
陈鹭虹　　四川音乐学院

二等奖（3名）
汤　非　　空政文工团
柴铭君　　南京军区政治部前线文工团
霍　敬　　全总文工团

三等奖（5名）
张　张　　解放军军乐团
藏宁子　　广州军区政治部战士文工团
陈　臻　　浙江歌舞剧院有限公司
徐　镇　　杭州歌剧舞剧院

阿云嘎　　北京歌舞剧院

优秀奖（5名）
卢丁豪　　星海音乐学院
郭靖丰　　南京艺术学院
张正元　　南京艺术学院
乔　治　　解放军总政歌剧团
李清影　　广西南宁市艺术剧院有限责任公司

伴奏奖（1名）
卢丁豪　　星海音乐学院

合唱组
一等奖（空缺）

二等奖（1名）
四川音乐学院合唱团

三等奖（1名）
山西长治学院爱乐合唱团

优秀奖（3名）
云南艺术学院青年合唱团
齐齐哈尔大学合唱团
辣妹子合唱团

新创歌曲演唱奖（1名）
四川音乐学院合唱团《念奴娇·追思焦裕禄》

指挥奖（1名）
孙相根　　齐齐哈尔大学合唱团

伴奏奖（1名）
钱蕊嫣　　上海检察官合唱团

优秀组织奖
哈尔滨市文化和新闻出版局

【欢乐春节——交响音乐作品推广计划】

2014年8月20日至11月10日，文化部外联局启动“欢乐春节——交响音乐作品推广计划”，以鼓励海内外音乐家共同用交响乐语言展现春节丰厚的文化内涵。“计划”规定在未来5年内，每年征集10部交响音乐作品，向国际著名交响乐团和“欢乐春节”海外合作伙伴推荐。2014年“计划”由指挥家余隆担纲组委会主席。2014年度选出的10部作品，于岁末以全球首演交响音乐会的形式呈现给大众。

“欢乐春节——交响音乐作品推广计划”2014年度推荐作品名录

《太谷秧歌狂想曲》：王西麟

《惊蛰》：王建元

《水墨画意》：尹明五

《迁徙》：刚妍

《爱未央》：刘晔

《祝福》：李文平

《号角与前奏曲》：陆培

《咚咚喹》：罗毅

《庆典序曲》：夏良

《师公舞》：黄荟

【第四届中国国际小提琴比赛】

2014年10月16日至29日，由中华人民共和国文化部主办、青岛市人民政府承办的“第四届中国国际小提琴比赛”在山东省青岛市举办。法国籍华裔小提琴演奏家、英国皇家音乐学院教授胡坤担任第四届中国国际小提琴比赛评委会主席，来自8个国家的10位评委组成本届比赛评委会。同上届比赛相比，本次比赛章程在奖项设置方面变化较大，共设置6个名次奖和7个单项奖。

韩国选手宋智垣获得冠军并兼获“古典音乐奖”，亚军和季军分别由日本选手青木尚佳和法国、俄罗斯双国籍选手费尔多·罗亭获得。中国选手蒋熠颖获得中国选手最佳演奏奖，党华莉获得大赛为纪念林耀基先生而特别设置的“林耀基”优秀演奏奖。

中国国际小提琴比赛是由文化部主办的国内三大国际性音乐赛事之一，每三年举办一届。首届中国国际小提琴比赛于2005年9月在青岛举办，并永久落户青岛。

【第六届中国国际声乐比赛（宁波）】

2014年10月20日至31日，由文化部主办的“第六届中国国际声乐比赛（宁波）”在浙江宁波举行。在11天赛事里，共有来自五大洲40个国家和地区的85名选手参加比赛。该届比赛经过3轮共13场比赛，由罗马尼亚男高音阿德里安·杜米特鲁和中国女高音周欣分别获得男、女声部第一名。赛事还评出“中国艺术歌曲优秀演唱奖”，获奖者分别是中国的杨阳和韩国的施荣敏，来自宁波大学的孙铭澧获得“优秀青年钢琴伴奏奖”。

中国国际声乐比赛创办于2000年，与文化部主办的中国国际小提琴比赛和中国国际钢琴比赛一起并称为“三大音乐赛事”。自2005年第三届起，中国国际声乐比赛落户宁波，至今已连续成功举办4届，并已加入国际音乐比赛世界联盟。

[第六届中国国际声乐比赛（宁波）获奖名单]

男声部：

第一名　男高音　阿德里安·杜米特鲁（罗马尼亚）

第二名　假声男高音　肖玛（中国）

第三名　男高音　郑堤允（韩国）

第四名　男高音　杨阳（中国）

女声部：
第一名　女高音　周欣（中国）
第二名　女中音　埃玛努埃拉·帕斯库（罗马尼亚）
第三名　女高音　玛丽亚·利特克（俄罗斯）
第四名　女高音　梅妮·加洛延（亚美尼亚）

中国艺术歌曲或中国歌剧咏叹调优秀演唱奖：
男高音　杨阳（中国）
男中音　施荣敏（韩国）

【首届中国民族声乐艺术歌曲大赛】

2014 年 12 月 2 日，由中央民族大学音乐学院主办，中央民族大学音乐学院声歌系承办的“首届中国民族声乐艺术歌曲大赛”在北京中央民族大学闭幕。大赛分为教师组、学生组和演员组三个组别，每组均设金、银、铜以及优秀奖。

［首届“中国民族声乐艺术歌曲大赛”获奖名单］

金奖
教师组：赵天刃
演员组：毛一涵
学生组：张诗谣

银奖
教师组：解本康
演员组：陶建阿成
学生组：谢成

铜奖
教师组：杭红梅、韩昌梅
演员组：刘洺君
学生组：郑文婷、张琼

优秀奖
教师组：李霞、郭建秀、陈明友
演员组：吕宪超、姜宇
学生组：温震、李传龙、王丽云
徐跃、陈亚楠、唐国钧、蓝峻、毕卉智

作品奖

金奖：《望故乡》	谭建军词　许镜清曲
银奖：《美丽贵州》	丁时光词　唐德松曲
《徘徊》	乌·纳钦词　期琴朝克图曲
铜奖：《跟着阿妹的山歌走》	谢维耕词　吴渝林、业原曲
《古丽亚娜提》	崔永新词　杨杰、邓华升曲
《昭君》	宝谙词　邓垚曲

理论类

【第九届中国音乐金钟奖理论评论奖、作品奖颁奖】

2014年1月15日，由中国文学艺术界联合会、中国音乐家协会主办的第九届中国音乐金钟奖理论评论奖和作品奖的颁奖仪式在北京举行。中国音乐金钟奖理论评论奖涵盖了2000年至2012年正式出版发表的音乐著作，分中国音乐史学、民族音乐学、西方音乐史学和音乐美学四个研究领域，最终共评出金奖、银奖各3部，铜奖4部，优秀奖27部。其中，于润洋著的《悲情肖邦——肖邦音乐中的悲情内涵阐释》，张中笑、胡家勋、高应智、李继昌、张人卓、杨方刚、王承祖编著的《贵州少数民族音乐文化集萃》（布依族篇、侗族篇、土家族篇、彝族篇、水族篇、苗族篇和芦笙篇），李晓东著的《感性智慧的思辨历程——西方音乐思想中的形式理论》获金奖。

作品奖分声乐作品奖和器乐作品奖。声乐作品评选出5首最佳作品和15首优秀作品，《生命之城》（宋小明词、王备曲）、《领雀嘴鹎》（胡晶莹词曲）、《脚印》（湘粤、晓达词，崔臻和、赵建华曲）、《睡莲》（田书彦词、平远曲）、《簸箕上的麻雀》（陈楚良词、张世敏曲）获最佳作品奖。器乐作品评选出4首最佳作品和15首优秀作品，《水德吟》（龚华华曲）、《书鼓——为琵琶与两位打击乐手而作》（秦毅曲）、《南音说俏》（胡晶莹曲）、《啊哩哩》（王建民曲）获最佳作品奖。

【第五届中国音乐评论“学会奖”】

2014年11月，为了繁荣音乐生活、促进音乐艺术事业健康发展，鼓励业余音乐爱好者创作发展，中国音乐评论学会于第六届中国音乐评论年会期间举办了第五届中国音乐评论“学会奖”的评选活动。

［第五届中国音乐评论“学会奖”获奖名单］

一等奖（3篇）

冯长春《艰难的突围——“重写音乐史”史学思潮的回顾与思考》，华南师范大学音乐学院；

柯扬《梦境、融合与自我构建——聆听王斐南作品印象》，中央音乐学院音乐学系；

蒋晓雨《闻乐恍若君犹在——评刘文金管乐作品音乐会》，中央音乐学院音乐学系2011级本科生。

二等奖（5篇）

黄宗权《似曾相识的亲切是一种力量——由〈奔腾〉引发的几点思考兼评当前民族管弦乐创作的一种审美取向》，福建师范大学音乐学院；

赵书峰《当下中国少数民族音乐研究现状评析——以博士学位论文选题为例》，河北师范大学音乐学院；

张燚《对中国当代流行音乐评论的评论》，河南理工大学音乐学院；

李红春《聂耳应该是什么家？——与王西麟先生商榷》，陕西铁路工程职业技术学院；

陈茹《今夜注定无法入眠——记席夫上海音乐厅独奏音乐会》，华东师范大学音乐系。

三等奖（8篇）

熊雪《传统与现代的对话——听东盟音乐周“中国音乐学院紫禁城青年室内乐团专场音乐会”有感》，广西艺术学院音乐学院；

和云峰《印象〈乐咏·中国〉——2013中国国家大剧院新春演出季闭幕音乐会评述及音乐学分析》，中央音乐学院音乐学系；

张宝华《论徐振民〈南京安魂曲〉主题—动机的音程与“腔音列”结构途径》，中央音乐学院作曲系2014级博士研究生；

杨柳成《跨越生死的永恒——解读叶小纲〈最后的乐园〉》，广西艺术学院音乐学院；

高百坚《岭南筝派现象的梳理与思考》，广东省汕头市澄海区澄华街道社区医疗服务中心；

智凯聪《再谈“聂耳不是作曲家”事件》，天津音乐学院；

臧娜《时尚的批判与批判的时尚：网络音乐文化的两副面孔》，沈阳师范大学戏剧艺术学院；

和云峰《长调之美与传承之忧——中国民间文艺家协会“内蒙古原生态民歌采风”随感》，中央音乐学院音乐学系。

【第六届“人音社杯”音乐书评评奖】

2014年11月，第六届“人音社杯”全国音乐书评征文比赛获奖名单在北京揭晓。该次活动由中国音乐家协会音乐评论学会和音乐研究编辑部主办，人民音乐出版社协助。比赛旨在活跃音乐理论生活，营造勤于读书、积极关注当前音乐理论与创作的良好学术氛围；同时，也为了提高学生的理论及文化素养，增强学生发现问题、分析问题进而解决问题的能力。

一等奖（17篇）

（一）博士生组

王雅婕《流动的东亚音乐历史博物馆——评赵维平〈中国与东亚音乐的历史研究〉》，上海音乐学院2013级博士研究生；

宋佳《“人性之善”的分裂、迷途与归返——评布里安·K. 艾特〈从古典主义到现代主义：西方音乐文化与秩序的形而上学〉》，福建师范大学音乐学院2014级博士研究生，指导教师：叶松荣；

田彬华《寻找莫扎特：〈莫扎特论〉书评》，上海音乐学院2012级博士研究生，指导教师：杨燕迪。

（二）硕士生组

周东颖《猎奇·认同·误解：19世纪之前西方对华音乐态度的转变——读林青华著〈中乐西渐的历程〉（中文版）》，中央音乐学院2012级硕士研究生，指导教师：陈荃有；

熊雪《禅思悠悠，琴韵悠悠——评田青先生的〈禅与乐〉》，广西艺术学院音乐学院硕士研究生；

马琴《授人以鱼，不如授人以渔——读王小盾〈中国音乐文献学初阶〉有感》，四川音乐学院音乐学系2013级硕士研究生，指导教师：包德述；

刘青《驻足远望万物而生——评居其宏〈音乐创作与批评的当下视野〉》，天津音乐学院硕士研究生，指导教师：明言。

（三）本科生组

彭晔瑜《音乐的“伟大性”：理解与剖析——读阿尔弗雷德·爱因斯坦〈音乐中的伟大性〉》，上海音乐学院音乐学系本科生，指导教师：孙国忠；

夏润禾《“感性智慧的思辨历程”——对李晓冬同名音乐美学著作的述评》，南京艺术学院音乐学院2011级本科生，指导教师：班丽霞；

陈果《对戏曲音乐发展与传承的解读与思考——〈亦腔亦史——音乐在戏曲继替变革中的作用研究〉书评》，浙江师范大学音乐学院本科生，指导教师：郭克俭；

濮海伦《蛮乐不“蛮”，诗性天籁——评〈诗性的思维——壮侗族民族民歌文化传承与发展的调查和研究〉》，广西艺术学院音乐学院2011级本科生，指导教师：蒋燮；

甘楚雯《跳动在国家边疆的歌唱生命——评〈国家视野下的民间音乐——花儿音乐的人类学研究〉》，广西艺术学院音乐学院2011级本科生，指导教师：蒋燮；

谢杨路佳《音乐，请你呼唤美——评布里安·K. 艾特〈从古典主义到现代主义：西方音乐文化与秩序的形而上学〉》，南京艺术学院音乐学院2010级本科生；

胡艺睿《浸染着城市文化印痕的音乐表达——评〈城市音乐纪事〉》，广西艺术学院音乐学院2011级本科生，指导教师：杨柳成。

（四）社会人士组

孙红杰《史识·乐养·人文——评菲利普·唐斯〈古典音乐：海顿、莫扎特与贝多芬的时代〉》，上海师范大学音乐学院；

孙红杰《作曲家何以伟大？——评阿尔弗雷德·爱因斯坦〈音乐中的伟大性〉》，上海师范大学音乐学院；

问楚寒《集百位作曲家之大成的音乐史著作——明言〈中国新音乐〉读后》，西安工程大学艺术工程学院。

二等奖（22篇）

（一）博士生组

李鹏程《“复风格”交响曲需要“复风格”的研究方法——读谢福源的新著〈阿尔弗莱得·施尼特凯交响曲创作研究〉有感》，上海音乐学院2012级博士研究生，指导教师：陈鸿铎、韩锺恩；

袁建军《音乐是有声的思想——罗艺峰教授著〈中国音乐思想史五讲〉学习札记》，中国音乐学院2013级博士研究生；指导教师：罗艺峰；

谌蕾《西方音乐断代史古典卷开山之作——读〈古典音乐：海顿、莫扎特与贝多芬的时代〉》，上海音乐学院2012级博士研究生，指导教师：杨燕迪。

（二）硕士生组

李常新《视域融合　参互成文——评〈一维两阈：布朗族音乐文化志〉》，广西艺术学院民族艺术研究所2013级硕士研究生，指导教师：吴霜；

王国坤《向世界上美好的音乐致敬——试评洛秦〈世界音乐人文叙事及其理论基础〉一书》，四川音乐学院音乐学系硕士研究生，指导教师：甘绍成；

严姗姗《没有音乐的观念，行为就不会出现——〈民族音乐学概论〉（增订版）评论》，南京艺术学院音乐学院2013级硕士研究生，指导教师：杨曦帆；

孙大尉《以“思维论”统摄下的史学研究——满新颖〈中国近现代歌剧史〉读后》，南京艺术学院音乐学院硕士研究生，指导教师：冯效刚；

陈怡静《默默耕耘　低调绽放——评〈探索无垠——金湘音乐论文集之二〉》，中央音乐学院2013级硕士研究生，指导教师：陈荃有；

苏倩《在传统中化繁为简开拓思维——〈曲式与作品分析基础〉书评》，中国音乐学院作曲系2011级硕士研究生，指导教师：高为杰。

（三）本科生组

李怡筱《“独树一帜的乐评家”——〈音乐的极境——萨义德音乐随笔〉书评》，四川音乐学院音乐学系2011级本科生；指导教师：李波；

卢瑞《解读“音乐中的伟大性”文思密码——评阿尔弗雷德·爱因斯坦的〈音乐中的伟大性〉》，南京艺术学院音乐学院2010级本科生；

王怡雯《音乐的“言说”主体——评爱德华·T. 科恩〈作曲家的人格声音〉》，南京艺术学院音乐学院2011级本科生，指导教师：班丽霞；

宋敏《唤醒自由的心灵，捍卫自主的声音——评夏滟洲〈从中世纪到贝多芬——作曲家社会身份的形成与承认〉》，南京艺术学院音乐学院2012级本科生，指导教师：屠艳；

曹晨《一个欧洲人眼中的中国古琴——高罗佩〈琴道〉中译本述评》，中央音乐学院音乐学系2011

级本科生，指导教师：章华英；

张璇《音亦有道，哲窥其妙——评彼得·基维的〈音乐哲学导论：一家之言〉》，南京艺术学院音乐学院本科生，指导教师：范晓峰、班丽霞；

周源《百尺兰台勤翠墨，一编锦书话琴音——评章华英〈宋代古琴音乐研究〉》，南京艺术学院音乐学院 2012 级本科生，指导教师：钱慧；

贺帅《吸收·交融·扩散——评赵维平〈中国与东亚音乐的历史研究〉》，广西艺术学院音乐学院 2011 级本科生，指导教师：蒋燮；

樊乐乐《一维多阈：读杨民康〈一维两阈：布朗族音乐文化志〉》，四川音乐学院音乐学系本科生，指导教师：杨晓；

龙俊奕《从"文学"视角到"音乐"位阈的研究嬗变——评〈蒙古族英雄史诗音乐研究〉》，广西艺术学院音乐学院 2011 级本科生，指导教师：吴霜。

（四）社会人士组

黄宗权《通往中国古代音乐思想秘境的另一扇门——评〈中国音乐思想史五讲〉》，福建师范大学音乐学院；

麻峰《探索现代音乐之轨迹　引导音乐教育之理念——读〈乐海探象：姚恒璐音乐学术论文选〉有感》，江西师范大学音乐学院；

赵娜《津梁之作　时代之需——评〈理解后调性音乐〉》，西北师范大学音乐学院。

【第三届全国音乐传播论文征集活动】

"第三届全国音乐传播论文征集活动"由中国大众音乐协会和中国音乐家协会音乐传播学会共同发起，中国大众音乐协会、中国音乐家协会音乐传播学会、中国传媒大学艺术研究院和《音乐研究》《人民音乐》《中国音乐》《音乐传播》联合主办。此次征文活动从国家社会音乐文化建设和音乐传播学科及学术发展的现实出发，以"音心相印，乐至道存"为宗旨，以激发前沿性、创新性的音乐传播科学思想为目标，呼吁音乐传播研究的价值理性，倡导音乐传播的积极社会效应和人文精神价值，顺应文化自觉、文化自信、文化自律、文化自强的时代潮流。

从第三届"全国音乐传播论文征集活动"参评论文的整体情况来看，文章研究对象涵盖音乐传播的方方面面，研究角度多元，包括音乐传播的学科理论建设研究、社会音乐文化建设研究、音乐与传播媒介的关系研究、传统音乐文化的传承与保护等多个方面，同时实现了音乐传播研究方法的丰富和创新，为目前的音乐传播研究注入了新的活力。征文活动的参与者不仅包括了专家学者、在校学生，还包括传媒界和音乐界的从业人员和音乐爱好者，这表明音乐传播作为一门充满朝气的新兴学科，正在不断吸纳来自各方的理论和实践经验，逐步实现自身的成长，进而向着学科建设的完善迈进。

"全国音乐传播论文征集活动"于 2013 年 4 月正式启动，2013 年 12 月圆满完成论文征集的评选，经过初筛、复评与终评三个阶段，共产生获奖论文 38 篇，其中一等奖 2 篇，二等奖 5 篇，三等奖 8 篇，优秀奖 23 篇。

[第三届"全国音乐传播论文征集活动"获奖名单]

一等奖（按作者姓氏笔画排序，下同）

何洪禄（南开大学文学院）：《群策群力以图音乐之革新——留美生对近代"新音乐"的传播和推动》；

国得杰（中国音乐学院）：《有意味的空间——音乐传播之空间媒介》。

二等奖

朱晓峰（兰州大学敦煌学研究所）：《音乐传播理论下的洮岷花儿研究》；

李常新（广西艺术学院音乐学院）：《中国少数民族“歌书”的传播形态研究——以广西平果壮族嘹歌歌书为例》；

周东颖（中央音乐学院）：《清代末期粤剧的海外传播及其意义》；

赵志奇（郑州师范学院音乐学院）：《音乐文化创意的释义与内涵——基于文化创意时代语境下的学理透析》；

黄德俊（南京艺术学院流行音乐学院）：《我国数字音乐产业影响因素的实证研究》。

三等奖

马栋梁（广西艺术学院音乐学院）：《论明星评委在〈中国好声音〉品牌打造中的作用》；

刘靖华、郭建民（辽宁师范大学音乐学院）：《高校音乐教育引领城市社区大众精神文化》；

李凌燕（常州工学院师范学院）：《苏南传统音乐传播、传承与发展研究——以常州为例》；

陈丽萍（广西艺术学院音乐学院）：《音乐生活中的“精神困境”——解读外出农民工音乐生活现状》；

袁茜（湖南理工学院音乐学院）：《网络音乐传播中的审美现象研究》；

聂会佳（河南大学艺术学院）：《当代音乐理论期刊出版问题探讨》；

蒋劼（中国传媒大学）：《音乐表演商品的社会价值》；

谢引风（中国传媒大学）：《新媒体视阈下的在线音乐付费模式探析》。

优秀奖

艾和（广东省深圳市罗湖区文化馆）：《大众文化中雅俗学说误区的辨析——由高雅音乐进社区引起的刍议》；

刘畅（华南理工大学艺术学院）：《高校通识教育的音乐人文传播——以通识课“影视音乐赏析”为例》；

杨瑞庆（江苏省昆山市文化馆）：《扫描与时俱进的歌曲传播媒体》；

杨灿（广西艺术学院音乐学院）：《在传承与传播民族音乐的探索中找寻出路——广西右江民族歌舞团建团初期研究（1958—1983）》；

李奇龙（广西艺术学院音乐学院）：《广西南宁市琴行音乐文化产业调查与分析》；

张艳（广州大学音乐舞蹈学院）：《一袭春风满树繁花——关于当代古琴艺术传播的思考》；

张燚（河南理工大学音乐学院）：《大学生古琴社团中的多重话语——以“首届全国高校琴学论坛”为中心的分析》；

张劲盛（内蒙古自治区艺术研究所）：《中蒙两国马头琴音乐文化交流史与现状调查分析》；

陈怡静（中央音乐学院）：《从传播学的视野探究非遗音乐的传承与发展——以侗族大歌为例》；

陈露（广西艺术学院音乐学院）：《广府白话童谣当代传播模式考察与研究——以禅、穗二地为例》；

林平（四川农业大学文法学院）：《音乐审美象征体验与公共音乐传播》；

罗洁璐（中央音乐学院）：《栖息在旅游与产业之间的艺术》；

居地希（星海音乐学院）：《20世纪30年代广州戏院、茶楼、民间乐社的兴盛——粤剧、粤曲、粤乐在广州的传播研究》；

赵君（河南师范大学音乐舞蹈学院）：《河南南阳在戏曲艺术传播中的作用与价值——以汉调二黄为例》；

赵波（南京艺术学院）：《MV创作者的社会身份及创作心理解读——基于音乐社会学视角》；

宫林林（首都师范大学教育学院）：《左翼电影歌曲的传播价值》；

黄燕（星海音乐学院）：《当代客家民间音乐传承的文化生态剖析——以广东梅州客家竹板歌为例》；

曹军军（福建师范大学传播学院）：《媒介与受众音乐接触行为相关性研究及其方法论》；

曹翘楚（中央音乐学院）：《传播学视野下的近现代鄱阳渔鼓变迁》；
崔家嘉（中国音乐学院）：《融合影与光乐音齐飞扬——浅谈多媒体应用视角下的严肃音乐传播》；
韩建勇（浙江杭州卓韵文化艺术策划工作室）：《企业音乐电视的传播之道》；
曾凡忠（东莞市嘉美文化传播有限公司）：《古琴艺术的网络传播》；
雷涛、周翔（四川师范大学文理学院）：《四川羌族多声部民歌的传播嬗变》。

【第八届全国高校学生中国音乐史论文评选“徐小平奖”】

2014 年 11 月 14 日至 17 日，中国音乐史学会第十三届年会暨第八届高校学生中国音乐史论文评选颁奖大会在宁波大学艺术学院胜利召开。本次会议由中国音乐史学会、宁波大学艺术学院主办，由宁波大学艺术学院承办。学会副会长兼秘书长修海林主持了开幕式。

本届年会的一项重要内容，是 11 月 12 日至 14 日举行的第八届全国高校学生中国音乐史论文评选工作以及在会议开幕式上举行的颁奖活动。这次论文评选活动由中国音乐史学会、中央音乐学院音乐研究所、徐小平基金会、《音乐研究》杂志共同主办。本届论文评选共收到参评论文 106 篇。其中，本科组 28 篇，硕士组 58 篇，博士组 20 篇。经评委会秘书处审核，有 2 篇文章不符合参评条件，因此实际参评论文为 104 篇。经过初评和终评两轮评审，最终共有 47 篇论文获奖。

[第八届全国高校学生中国音乐史论文评选“徐小平奖”获奖名单]

学士组（15 篇）

奖次	论文题目	作者	院校	指导教师
一等奖（2 篇）	论永嘉琴人群体中的“名仕效应”——宋元明清永嘉琴人史料考辨	王乒乒	上海音乐学院	戴微
	20 世纪 30 至 40 年代初北平管弦乐音乐生活窥探——以清华、燕京、辅仁三校的管弦乐队音乐活动为例	董瑞	中央音乐学院	李淑琴
二等奖（5 篇）	“坚持中西结合的创作主张、发展民族音乐”——刘雪庵钢琴作品研究	谭滢滢	星海音乐学院	祁斌斌
	音乐家俞便民研究	郑晓丽	中央音乐学院	蒲方
	唐代歌舞戏《踏摇娘》研究	马天源	中央音乐学院	章华英
	蓝玉崧先生及其在教育教学领域的贡献	张绎如	中央音乐学院	陈荃有
	《仁智要录・春莺啭》的中国音乐遗存——兼谈金文达的“日本雅乐”研究及其他	张茜	中央音乐学院	陈荃有
三等奖（8 篇）	川渝地区汉画像石中的乐器研究	韩星玥	中央音乐学院	章华英
	明初周宪王朱有燉戏曲音乐活动研究	李月	中央音乐学院	章华英
	《清稗类钞・音乐类》史料考	张佳欣	星海音乐学院	吴志武
	清代李斗《扬州画舫录》中的音乐史料探窥	曹晨	中央音乐学院	章华英
	国乐复兴路上的航标灯——论王露“复兴国乐”观的形成与践行	孟乔	中央音乐学院	李淑琴
	晚明张岱的音乐活动研究	白佳欢	中央音乐学院	章华英
	松阳高腔的音乐表现形式与艺术特征	叶肖圆	宁波大学艺术学院	喻辉
	汪毓和《中国近现代音乐史》研究初探	宁海伊	沈阳音乐学院	胡天虹

硕士组（24 篇）

奖次	论文题目	作者	院校	指导教师
一等奖（4 篇）	近代北京六份老报纸中的新音乐史料研究	袁耀龙	首都师范大学音乐学院	孟维平
	琴曲《梅花三弄》之明清谱本兼及两种现代演奏	杨雅瑾	上海音乐学院	戴微
	“堂名”辨：乐籍制度解体后以“官属乐人”为主的区域转型与发展	乔俏	中国艺术研究院	项阳
	中国乐谱出版技术的历史变迁（1949—2000）	周战听	河南大学艺术学院	陈荃有
二等奖（8 篇）	陈钢“红色小提琴”作品研究	张静	武汉音乐学院	田可文
	明清军制官制双重作用下的聊城鼓吹乐积淀辨析	郭艳君	中国艺术研究院	项阳
	个体意识与权利的文化突围——施咏康早期管弦乐创作研究	郑伊洋	星海音乐学院	周广平、邓希路
	河南所见东周纽钟的音乐考古学研究	焉瑾	中国艺术研究院	王清雷
	陈田鹤的音乐教育、文论及晚期思想转变情况研究	文艺	中国艺术研究院	李岩
	清代扬州学派实学传统下的音乐著述研究	周汨	武汉音乐学院	孙晓辉
	陈田鹤三部歌剧音乐研究	牛蕊	中央音乐学院	蒲　方
	辽宁地区音乐图像遗存的音乐考古学研究	李琦	沈阳音乐学院	贺志凌
三等奖（12 篇）	唐宋乐部制度研究	冯青林	河南大学艺术学院	张国强、杨善武
	论中国近代音乐史上的三部国乐教材——《中乐寻源》《国乐新谱》《国乐概论》之研究	龚玮	杭州师范大学音乐学院	郑祖襄
	存世瑟谱考略	吴修文	星海音乐学院	吴志武
	以谱观行：曾志忞戏曲改良实践研究	王冰清	中国艺术研究院	李岩
	论明代宾礼制度下的礼乐	李妍静	南京师范大学音乐学院	徐元勇
	白云生生平事略与唱腔表演艺术研究	徐凌恒	中国艺术研究院	刘静
	徐养原《管色考》点校与研究	陆晓彤	中国音乐学院	刘勇
	“文革”十年（1966—1976）民乐小合奏作品研究	王琨	中国音乐学院	余峰
	《旧唐书・音乐志》与《新唐书・礼乐志》比较研究	张百合	中国音乐学院	刘勇
	冯文慈古代乐律学研究成果之研究	郝帅	中国音乐学院	王军
	唐代鼓吹乐的兴盛——鼓吹乐发展的高峰应在唐代而不是汉代	胡倩	温州大学音乐学院	陈其射
	浸染着时代印记的“样板”之作——京剧现代戏《智取威虎山》唱腔音乐创作分析	薛雪	中国戏曲学院	李晓天

博士组（8 篇）

奖次	论文题目	作者	院校	指导教师
一等奖（2 篇）	评弹流派的历史与变迁——流派机制的上海叙事	张延莉	上海音乐学院	洛秦
	《愿成双·赚》谱研究——基于南宋《遏云要诀》与后世曲谱等文献的记载	于韵菲	上海音乐学院	陈应时
二等奖（6 篇）	陈培勋及其音乐创作研究	李俊	中央音乐学院	汪毓和、蒲方
	周汉音乐转型的实证解析	朱国伟	中央音乐学院	王子初
	清音流转——清代音乐史学的嬗变与转型	黄敏学	中国人民大学历史学院	黄爱平
	一个音乐群体的社会角色研究——上海交响乐团（1949—2009）	秦萌	中央音乐学院	戴嘉枋、洛秦
	北宋音乐编年史	黄艺鸥	上海音乐学院	洛秦
	世界青年与学生和平友谊联欢节与新中国音乐事业的建设及发展	李岩松	哈尔滨师范大学音乐学院	陶亚兵

说明：

1. 本届评奖共收到海内外参评学生论文 103 篇。其中，博士组论文 20 篇，硕士组论文 56 篇，学士组论文 27 篇。
2. 所有参评论文经过资格审查、匿名初评、匿名复评、获奖名单网络公示等环节，最终评定获奖作品。
3. 由于按照古代音乐史、近现代音乐史分组评审，获奖名单中的同级次奖项间并无严格排序。

人物纪念

【中国台湾作曲家李泰祥逝世】

2014年1月2日，中国台湾作曲家李泰祥因病于台湾病逝，享年73岁。李泰祥的音乐创作涉及古典、流行音乐，创作歌曲近500首。其代表作有《橄榄树》《告别》《欢颜》《春天的故事》《答案》《你是我所有的回忆》《一条日光大道》等。

【二胡表演艺术家闵惠芬逝世】

2014年5月12日，二胡表演艺术家闵惠芬病逝，享年69岁。

闵惠芬是中国音乐家协会第五、六届副主席，第七届顾问，上海音乐家协会副主席，刘天华阿炳中国民族音乐基金会副理事长，刘天华研究会会长。曾首演了《江河水》《长城随想》《新婚别》《夜深沉》等大量二胡乐曲，并始终坚持对"器乐演奏声腔化"的探索。

【音乐家、文艺理论家周巍峙逝世】

2014年9月12日，音乐家、文艺理论家周巍峙因病于北京逝世，享年98岁。

周巍峙，原名周良骥。生于1916年6月，江苏东台人，曾任文化部原党组书记、代部长。主要作品有《中国人民志愿军战歌》《十里长街送总理》（担任作曲）、《守土抗战歌》（原名《上起刺刀来》），歌剧《不死的老人》（与劫夫、陈地合作），作曲集《周巍峙声乐作品选》等。他主持和参与创作了大型音乐舞蹈史诗《东方红》和《中国革命之歌》。参与创作了大量的歌曲和合唱作品，如《两年间》《相信谁》《八路军和孩子》等。曾编辑出版了第一本救亡歌曲集《中国呼声集》（1936），主持编纂了10部民族民间文艺集成志书，设"中国文化万里长城"的系统工程，其中《中国戏曲音乐集成》《中国民间歌曲集成》由他担任主编或副主编。著有《聂耳全集》《冼星海全集》《田汉全集》《夏衍全集》等作品。

【音乐教育家谭冰若逝世】

2014年11月15日，音乐教育家谭冰若逝世，享年90岁。谭冰若是上海音乐学院教授、音乐理论和声乐教育家，是金钟奖终身成就奖获得者。

谭冰若早年留学日本学习声乐，后学习理论作曲，在上海音乐学院任教，他主张"大力弘扬民族音乐，积极普及古典传统音乐，严肃认真地引导通俗音乐"。在20世纪80年代，谭冰若就走出校园讲授鲍勃·迪伦，还举办了一系列流行音乐的讲座，推动了流行音乐在中国的普及。音乐教育家谭冰若被看作通俗音乐研究专业的开创者。

大事记

1月2日，中国台湾作曲家李泰祥因病于台湾病逝，享年73岁。

1月4日，中国国家大剧院周末音乐会“2014新年音乐会——致敬约翰·施特劳斯家族”开幕。

1月7日，由中国国家大剧院和北京市地铁运营有限公司联合主办的“乐行北京”项目正式启动。

1月12日，第四届“金莺奖”全国声乐比赛在北京闭幕。

1月15日，第九届中国音乐金钟奖理论评论奖和作品奖颁奖仪式在北京举行。

1月15日至19日，“中西荟萃　经典演绎——国图艺术中心试运行音乐周”在中国国家图书馆开幕。

1月16日，旅德青年钢琴家吴纯独奏音乐会暨公开大师课在北京清华大学举行。

1月18日，由中国爱乐乐团演出的马勒第九交响曲在北京中山音乐堂上演。

1月19日，2014年中国音乐家协会管乐学会年会在北京召开。

1月22日，“西风烈·绚丽甘肃”原创歌曲征集评选活动揭晓。

2月1日，北京音乐厅举行“在那遥远的地方——王洛宾经典金曲新春音乐会”。

2月16日，根据电影《云图》配乐而改编创作的《云图交响曲》于北京中山音乐堂首演。

2月18日，“2014新春音乐会”在中国国家大剧院举行。

2月23日，大提琴家秦立巍的协奏曲专辑《埃尔加·布里顿·沃尔顿》发行。

2月25日，由北京市文学艺术界联合会、北京音乐家协会、北京交响乐团主办的“群星璀璨——我的中国梦”北京新人新作音乐会在北京举行。

3月2日，中国人民抗日战争纪念馆志愿合唱团——黄河合唱团成立。

3月2日，上海民族乐团在上海东方艺术中心推出“风雅东方”民乐精品系列音乐会。

3月14日，中央民族乐团在北京举办第十八届全国音乐作品（民乐）评奖获奖作品音乐会。

3月17日，由上海音乐学院主办的“第一届全国音乐学院指挥教学研讨会”在上海音乐学院开幕。

3月27日，中国艺术研究院音乐研究所成立60年纪念会举行。

3月29日，“江南风—塞北情”刘锡津作品音乐会在上海音乐厅举办。

4月2日至5日，首届“亚太地区音乐院校高峰会议”在澳大利亚首都悉尼召开，中央音乐学院、上海音乐学院负责人参加了此次高峰论坛会议。

4月4日，由指挥家郑小瑛执棒天津爱乐乐团，在天津大剧院音乐厅演出了莫扎特的名作《安魂曲》。

4月9日，中央音乐学院首届协奏曲音乐季开幕。

4月10日，天津大剧院成立天津爱乐合唱团。

4月11日，中国国家交响乐团于北京音乐厅举办“龙声华韵”系列“民族魂”交响音乐会。

4月11日至30日，第四届“中国交响乐之春”在北京中国国家大剧院举办。

4月20日晚，在贺绿汀音乐厅举办了“未完成交响乐——纪念著名小提琴演奏家、教育家郑石生教授专场音乐会”。

4月25日，“中国梦·金盾情——中国警察组曲原创作品音乐会”在广东佛山市举办。

4月28日至5月18日，第31届上海之春国际音乐节在上海举行。

4月28日至5月25日，第十四届“相约北京”联欢活动举办。

5月2日至6月8日，第二十五届澳门艺术节开幕。

5月4日，由中共云南省委宣传部、上海之春国际音乐节组委会、云南师范大学主办的“我从七彩云南来——高淑琴独唱音乐会”在上海音乐厅上演。

5月6日，“‘风·雅·颂’——范曾诗词艺术歌曲廖昌永独唱音乐会”在上海文化广场上演。

5月7日，马林巴演奏家陈翔豪与华东师范大学打击乐团的合作演出在上海举行。

5月8日，为纪念王洛宾诞辰101周年，上海轻音乐团在上海举办“在那遥远的地方——纪念‘中国民歌之父’王洛宾作品音乐会”。

5月10日，“哈佛—华东师大音乐家室内乐作品音乐会”于上海东方艺术中心上演。

5月10日，“原创在上海——2014第三届数字音频大赛歌曲新作音乐会”在上海音乐厅上演。

5月10日，2014上海音乐学院第五届“百川奖”作曲比赛决赛音乐会暨颁奖仪式在上海音乐学院举行。

5月11日，“北京音乐厅2014国际古典系列演出季”开幕。

5月12日，“星光灿烂——部分国内重大声乐比赛获奖选手音乐会”在上海举行。

5月12日，上海民族乐团二胡表演艺术家闵惠芬病逝。

5月14日，“海上新梦Ⅷ——美丽中国”音乐会在上海音乐厅隆重献演。

5月16日，“2014北京现代音乐节开幕式音乐会”在中国国家大剧院举行。

5月18日，为期三周的“第31届上海之春国际音乐节”在上海文化广场落幕。

5月21日，古琴会馆夔音阁在北京举办古乐雅集，活动演奏了古琴、阮、箫等中国古典乐器的代表曲目，并宣告夔音阁成立。

5月22日，谭盾创作的《微电影交响音乐史诗：女书》由费城交响乐团在中国国家大剧院上演。

5月22日，“李祥霆古琴专题系列讲座之‘古琴与唐诗’”活动在中国人民大学国学馆举行。

5月23日，“‘神州续梦’古典也流行——男高音歌唱家丁毅和他的学生们音乐会”在北京上演。

5月25日，中国爱乐乐团成立14周年庆典音乐会在北京保利剧院举行。

5月25日，“乘着歌声的翅膀——北京师范大学大学生合唱团建团35周年纪念音乐会”在北京举行。

5月25日至31日，由中国音乐家协会、东莞市人民政府主办的2014全国打工歌曲创作大赛系列活动暨第二期全国优秀青年词曲作家高级研修班在广东省东莞市举办。

6月10日，为庆祝澳门回归15周年，“2014濠江之春——澳门与内地文艺家大联欢”在澳门举办。

6月11日，“艺术永恒、春色满园——纪念黄自先生诞辰110周年音乐会”在上海举行。

6月12日，“新绎杯”青年作曲家民族管弦乐作品评奖在北京中山公园音乐堂揭晓。

6月13日至14日，第三届“华乐论坛”在河北省廊坊市举办。

6月14日，天津交响乐团在天津中华剧院举行“从巴洛克风格到浪漫主义系列之十二”音乐会。

6月15日至16日，中国文学艺术界联合会文艺志愿服务团在邓小平同志的家乡四川广安举行了“高山仰止——纪念邓小平同志诞辰110周年中国文联文艺志愿服务团赴广安慰问演出”活动。

6月26日至30日，由文化部主办，文化部民族民间文艺发展中心、甘肃省文化厅、甘肃临夏回族自治州人民政府等单位承办的“第七届中国原生民歌大赛”在甘肃和政县举行。

6月26日至7月7日，中央音乐学院举办首期音乐孔子学院音乐夏令营活动。

7月14日，由英国指挥家唐肯·沃德与威尔士BBC广播交响乐团合作，中国青年作曲家肖瀛的大型管弦乐作品《天边一朵云》在英国上演。

7月15日，第七届海峡两岸合唱节在福建省福清市闭幕。

7月15日，2014“中国梦”全国原创歌曲征集活动闭幕。

7月19日，全新开放式视听模式音乐会“夏日里的轻舞飞扬”在北京音乐厅上演。

7月19日至21日，“2014年中国交响乐峰会暨中国交响乐发展基金会理事会”在浙江省杭州市举办。

8月3日，“第九届中国音乐金钟奖——管乐比赛”在山东青岛开幕。

8月4日，作曲家石一岑在第五届德沃夏克国际作曲大赛闭幕式暨颁奖典礼上首演了其管弦乐作品《中国故事》。

8月5日，葛·娜仁托雅词作的歌曲专辑《我的长生天，我的厚土地》在北京首发。

8月6日至15日，由文化部、哈尔滨市人民政府主办的第十一届全国声乐比赛在哈尔滨举行。

8月6日至15日，“第三十二届中国·哈尔滨之夏音乐会”开幕。活动期间还举办了第十一届全国声乐比赛、国际手风琴比赛以及勋菲尔德国际弦乐比赛三项音乐赛事。

8月8日，第九届中国音乐金钟奖暨第三届中国音乐“小金钟”奖管乐比赛颁奖音乐会，在山东青岛举行。

8月16日，由天津歌舞剧院民族乐团演奏的《中西合璧“梁祝·黄河”中国经典大型民族音乐会》在天津大剧院上演。

8月19日至10月10日，中国国家大剧院于歌剧院一层环廊推出“中国国家大剧院2014秋季演出季重点剧目展”。

8月19日，由国务院参事室、中国文史研究馆主办，中华诗词研究院、中国音乐文学学会承办的中国音乐文学《百年乐府》系列工程新闻发布会在北京召开。

8月20日，文化部外联局正式启动“欢乐春节——交响音乐作品推广计划”。

8月20日至23日，“天籁之音·石海之约”首届西南民歌邀请赛在四川省兴文县举行。

8月21日，由中共北京市委宣传部、中共四川省委宣传部和中国国家大剧院联合主办的“春天的故事——纪念邓小平同志诞辰110周年交响音乐会”在中国国家大剧院举行。

8月21日至26日，全国第十一届少儿小提琴邀请赛在广东省东莞市举行。

8月21日，由文化部主办的“2014年国家艺术院团演出季”开幕。

8月23日，上海音乐厅和美国流行音乐学府伯克利音乐学院合作推出2014mini音乐节。

8月27日，“中国人民抗日战争胜利纪念日——大型民族交响音乐会《和平颂》”新闻发布会在北京举行。

9月1日，中国交响乐团“上个世纪的回声——纪念世界反法西斯战争胜利专题音乐会”在北京音乐厅上演。

9月3日，“中国人民抗日战争胜利纪念日——大型民族交响音乐会《和平颂》”在北京上演。

9月5日，文化部侨联在北京中央民族乐团音乐厅举办“‘花好月圆’中秋慰问文化部归侨侨眷专场音乐会”。

9月10日，由浙江省文化厅、省音乐家协会和省舞蹈家协会共同主办的浙江省第九届音乐舞蹈节在浙江杭州落幕。

9月15日，首届陕南民歌大赛颁奖晚会在陕西省西安人民剧院举行。

9月18日，深圳合唱节开幕。

9月25日，由文化部主办的“永远的辉煌——第十六届中国老年合唱节”在山东省淄博市落幕。

9月28日，中国国家博物馆举办“李焕之先生曲谱和手稿捐赠仪式”，接受音乐家李焕之先生家属捐赠李焕之的系列重要音乐曲谱和手稿。

9月30日至10月5日，中国国家大剧院举办第三届打击乐节。

10月2日，大型音乐舞蹈史诗《东方红》在北京人民大会堂演出，以此纪念该剧首演50周年。

10月18日，台湾台北市立国乐团首席指挥瞿春泉受上海民族乐团邀请来沪执棒，在上海音乐厅演绎“中国民乐两岸情”，带来多首近年来在我国台湾地区广受欢迎的民乐新作。

10月26日，指挥家汤沐海执棒天津歌舞剧院民族乐团，在天津大剧院演出了“华夏经典——大型民族音乐会”。

10 月 31 日，第十七届北京国际音乐节落幕，闭幕式音乐会由帕沃・雅尔维指挥巴黎管弦乐团演出。

11 月 5 日至 9 日，由中央音乐学院创办的首届“中国民族民间音乐周”活动在北京举行。

11 月 6 日，由国家音乐产业促进工作委员会和中国传媒大学音乐与录音艺术学院联合承办的“首届中国音乐产业高端论坛”在中国传媒大学举行。

11 月 18 日，《百年巨匠》音乐篇开机仪式暨研讨会在中国艺术研究院举行。

11 月 24 日，以纪念耿生廉为主题的学术展览“歌行天下”在中国音乐学院图书馆揭幕。

11 月 27 日，由中国国家交响乐团委约新作品首演交响音乐会“海的随想”在北京中国国家大剧院音乐厅上演。

12 月 2 日，由中央民族大学音乐学院主办的“首届中国民族声乐艺术歌曲大赛”在北京中央民族大学闭幕。

12 月 4 日至 8 日，由中央音乐学院主办的“首届北京国际电影音乐节”在中央音乐学院开幕。

12 月 5 日及 12 月 12 日，由中共江苏省委宣传部主办、中国国家交响乐团和江苏省演艺集团演出的大型交响音乐会“《和平祭》——南京大屠杀死难者国家公祭日音乐会”分别在南京、北京上演。

12 月 12 日，由中国音乐学院主办的“罗忠镕先生九十华诞暨中国当代音乐创作学术研讨会”以及“罗忠镕学术成果系列出版（第一期）首发式”在北京举办。

12 月 13 日，中央歌剧院举办“金陵祭”国家公祭日音乐会。

12 月 16 日，中国交响乐团“羽管键琴的声音与室内乐的故事”室内乐音乐会在北京音乐厅上演。

12 月 19 日，由中国文化部艺术司主办，中国歌剧舞剧院承办的“心歌追梦”专场慰问演出在北京中国剧院举行。

12 月 20 日，由中国音乐家协会、中国东方演艺集团主办，北京滴水天下影视传媒有限公司承办“把歌声留给未来——纪念王昆老师专场音乐会”在北京人民大会堂举行。

12 月 21 日，“中国音乐家协会管乐学会成立 10 周年暨 2015 年年会”在北京召开。

12 月 25 日至 26 日，中央民族歌舞团 2014 圣诞节“雅乐汇——踏雪寻梅・中外名曲音乐会”上演。

12 月 26 日至 27 日，由广州鳟鱼歌剧团推出的中青年歌唱家音乐会“诗经・乐图”在北京上演。

12 月 28 日至 29 日，由德国指挥家彼得・弗洛执棒中国国家交响乐团的“中国国家交响乐团 2015 新年音乐会”在中国国家大剧院上演。

12 月 29 日，新疆艺术剧院歌舞团创编的情景音乐汇“歌声使我迷了路”在新疆艺术剧院上演。

12 月 30 日，由汤沐海执棒中国国家交响乐团的“中国之声音乐会”在人民大会堂上演。

12 月 30 日，“中国爱乐乐团 2015 奥迪之夜丝绸之路新年音乐会”在国家会议中心举行。

12 月 31 日，中国音乐家协会爱乐乐团“2015 北京新年音乐会”在北京中山音乐堂上演。

中国艺术年鉴

2014年卷

歌剧、音乐剧卷

分卷主编：陈　乾

年度述评

2014年度歌剧、音乐剧发展研究报告

◎中国艺术研究院音乐研究所

一、2014年度歌剧与音乐剧总体概览

2014年国内歌剧市场呈现出进一步的繁荣，尤其在北京、上海、广州这几大歌剧“重镇”以及近年来在歌剧制作演出制作方面迅速提升的天津。北京的歌剧舞台上高质量的新制作和原创新作品数量仍居全国之首。中国国家大剧院成为中国歌剧演出当之无愧的领军者，2014年演出歌剧共22部84场，其中大剧院制作16部（含《奥涅金》）共74场演出、外邀6部共10场。北京国际音乐节2014年度歌剧演出遵循的是同步世界思路：为纪念作曲家理查·施特劳斯诞辰150年，与德国莱比锡歌剧院合作上演了《阿里阿德涅在拿索斯岛》① 舞台版和《艾莱克特拉》② 音乐会版，二者均为中国首演；上海大剧院的年度歌剧仅有一部——与伦敦科文特花园皇家歌剧院联合推出的科文特“谷歌3D地图版”普契尼《曼侬·莱斯科》，共演出3场；此外有《卡门》《燕子之歌》《一江春水》《奔月》4部共9场外邀剧目；广州大剧院的年度歌剧是由指挥大师丹尼尔·奥伦指挥的比才《卡门》。天津大剧院近两年以“有歌剧的城市”作为口号，开始大量引进并独自制作歌剧，异军突起且个性鲜明，如下半年有波兰波罗的海歌剧院的歌剧《居里夫人》、巴托克的歌剧《蓝胡子公爵的城堡》，俄罗斯莫斯科斯坦尼斯拉夫斯基和涅米洛维奇－丹钦科模范音乐剧院的歌剧《战争与和平》，易卜生国际、天津大剧院联合制作歌剧《娜拉》，天津歌剧舞剧院歌剧、天津卫版《茶花女》，5部歌剧共14场。

二、歌剧

1. 原创歌剧

《珠郎与娘美》

2月14日，侗族大歌剧《珠郎与娘美》在贵州省从江县小黄村首演。此剧是根据发生在清乾隆年间贵州从江和榕江两地的真实爱情故事改编。流传于侗族的关于珠郎与娘美的叙事歌在清末由侗族戏师梁耀庭、梁少华改编为侗戏。2013年末，贵州黔东南州歌舞团有限公司与从江县签订协议，将《珠郎与娘美》改编成侗族大歌剧。首演之后，该剧在国内多地进行了巡演。

《天鹅》

5月1日，由中国歌剧舞剧院编创的原创歌剧《天鹅》在北京保利剧院上演。此剧根据蒙古布里亚特部、巴尔虎部的美丽传说改编，由克明编剧，乌兰托嘎、张宏光、张帅作曲，董小函、毋攀分别饰演剧中的白嘎拉玛和巴尔虎代。

《貂蝉》

5月14日，甘肃歌剧院原创歌剧《貂蝉》在第三届甘肃大剧院艺术节上演。此剧以甘肃历史人物和地域文化为素材，既融合了秦腔、碗碗腔等具有浓郁地域特色的艺术元素，同时借鉴了西洋音乐的表现手段。剧中主角貂蝉由空政文工团青年歌唱家曲丹、总政歌剧团青年歌唱家兰天饰演A、B角。该剧

---

① 《阿里阿德涅在拿索斯岛》(Ariadne auf Naxos)，又译《欢乐人间》，独幕歌剧，胡戈·霍夫曼斯塔尔编剧，理查·施特劳斯作曲，1912年10月5日首演于斯图加特宫廷剧院。剧情取自古希腊神话，讲述拿索斯孤岛上的阿里阿德涅公主与酒神巴克斯相爱并得到拯救的故事。

② 《艾莱克特拉》(Elektra)，独幕歌剧，胡戈·霍夫曼斯塔尔编剧，理查·施特劳斯作曲，1909年1月25日首演于德累斯顿宫廷剧院。剧情取自古希腊悲剧作家索福克勒斯的剧作，讲述艾莱克特拉为父亲阿伽门农报仇、在杀死仇人后自己狂喜而死的故事。

为中共甘肃省委宣传部、甘肃省文化厅、甘肃省演艺集团联合打造的重点剧目，由中央戏剧学院教授黄维若担纲编剧，总政歌剧团国家一级导演胡宗琪执导，西安音乐学院副院长崔炳元作曲，中央戏剧学院舞美系教授黄海威担任舞台设计，青年女指挥家王燕担任首演指挥，孙涓涓担任舞蹈编导。

《八月桂花遍地开》

5 月 24 日，大型原创民族歌剧《八月桂花遍地开》在武汉琴台大剧院首演。该剧讲述了主人公桂花的曲折命运，表现觉醒后的桂花投身革命浪潮，与千千万万大别山儿女共同迎接“八月桂花遍地开，鲜艳的旗帜竖起来”的新世界。剧中凄美而激昂的音乐，浓郁的湖北地域特色，赢得听众和业界肯定。剧中的主题曲《桂花树下望哥来》旋律优美。青年女高音歌唱家王庆爽扮演女主角桂花，演绎咏叹调《桂花树下等哥来》等优美唱段，将观众引入土地革命时期鄂东大别山的氛围。

《骆驼祥子》

6 月 25 日至 28 日上演，郭文景作曲，徐瑛编剧，易立明担任导演，作为中国国家大剧院歌剧节的重头剧目，赢得广泛关注。首演的成功直接促成了 2015 年《骆驼祥子》的意大利巡演。除了引起听众的热烈反应，此剧还引发关于歌剧题材和形式的争论，有影响力的媒体甚至以《歌剧在中国到底是什么东西?》为题进行整版探索。①

作为中国国家大剧院推出的第五部原创中国歌剧，《骆驼祥子》也被认为可能是迄今为止中国国家大剧院原创歌剧中艺术性最高的一部。郭文景将单弦、京韵大鼓和京剧等传统的北京音乐素材融入他保持着新锐、创新甚至先锋因素的音乐语汇，是在新的层面上对歌剧的戏剧性、抒情性、交响性与地域性、民俗性认同感的一次全新尝试。

《中华儿女》

9 月 3 日，为纪念抗日战争胜利 69 周年，天津歌舞剧院创作的多媒体歌剧《中华儿女》在天津津湾大剧院首演。该剧以散文诗式的手法，再现了 8 名抗联女战士为掩护大部队转移，英勇抗击日军，在弹尽粮绝的情况下宁死不屈，最后毅然投入乌斯浑河为国捐躯的故事。李稻川任导演，刘忠德担纲编剧，金湘作曲，刘枫华任舞美设计、服装设计。天津歌舞剧院女高音李瑛、男中音曲波、青年歌唱家王泽南等在剧中担任主要角色。该剧音乐在保持歌剧自身艺术风格的基础上进行了创新，将通俗唱法融入民族歌剧之中，与美声、民族唱法共同塑造人物形象，并加入了芭蕾舞、民族舞的表演。

《一江春水》

10 月 17 日，由周小燕任艺术总监，上海音乐学院创排的原创歌剧《一江春水》在第十六届中国上海国际艺术节开幕式上首演。该剧由郝维亚作曲，罗周和喻江编剧，易立明担任导演。该剧意在成为一部反映上海城市历史的代表性音乐作品，它以电影《一江春水向东流》为蓝本。改编后的《一江春水》剧情浓缩，故事主线突出，在剧情设置上也作了相应调整。首演由男中音廖昌永领衔主演，女高音黄英、李秀英，女中音杨光，男低音周正，男高音韩蓬等联袂演出，汤沐海指挥上海爱乐乐团演奏。

《运之河》

11 月 2 日至 3 日，江苏省演艺集团原创歌剧《运之河》在武汉上演，12 月 13 日至 14 日在中国国家大剧院歌剧厅演出，由唐建平作曲，冯柏铭编剧，邢时苗导演，刘科栋设计舞美，戴玉强、殷秀梅等主演，江苏省歌舞剧院交响乐队演奏，程晔指挥。该剧以隋炀帝开掘大运河为经，以隋唐五代更迭为纬，编织了一部荡气回肠、令人警醒的历史正剧。歌剧中的大运河不仅是一条沟通五大水系、贯通南北的“运输之河”，还是一条承载家国荣辱兴衰的“命运之河”。这部歌剧是江苏省中断歌剧创作 15 年后重新进行这一领域的艺术创新，《运之河》被认为实现了江苏在中国歌剧节上的“零的突破”，赢得从未有过的佳绩。

---

① 《北京青年报》2014 年 7 月 1 日。

《冰山上的来客》

12 月 24 日在中国国家大剧院“第十二届北京国际戏剧·舞蹈演出季”期间首演。作品由雷蕾作曲，易茗编剧，陈薪伊导演，吕嘉指挥，维吾尔族女高音歌唱家迪里拜尔饰演古兰丹姆，维吾尔族男高音艾尔肯·阿布杜热依木和男中音杨小勇分别饰演主要角色。这是中国国家大剧院首部改编自银幕的原创歌剧，歌剧以电影中的 6 首歌曲为主题，大量运用了具有塔吉克民族特色的旋律，并在乐队配器中加入热瓦普、手鼓等新疆民族乐器。原创歌剧《冰山上的来客》成为 2014 年中国歌剧舞台一道独特的风景，因为这是中国乃至世界范围内唯一一部歌剧在降生之前其主要唱段就已家喻户晓的作品，因其“前世”是半个多世纪前的同名电影，而其中多首脍炙人口的歌曲至今仍被广泛传唱。

2. 经典歌剧制作

《乡村骑士》和《丑角》

5 月 18 日，作为第 31 届上海之春国际音乐节闭幕演出，由意大利贝里尼歌剧院与上海音乐学院合唱团在上海文化广场演出马斯卡尼的《乡村骑士》和莱翁卡瓦洛的《丑角》，由担任贝里尼歌剧院艺术总监兼首席指挥的中国指挥家、钢琴家许忠指挥，迪米特拉·希奥多西欧、巴德利·迈苏拉泽、萨比娜·比亚尼等歌唱家饰演两剧中的主要角色。

《游吟诗人》

5 月 21 日至 25 日，威尔第歌剧《游吟诗人》在中国国家大剧院拉开帷幕。作为中国国家大剧院开幕 6 年来的第 28 部中国阵容歌剧制作，同时也是继《茶花女》《弄臣》《假面舞会》《奥赛罗》《纳布科》之后该剧院中国制作上演的第六部威尔第歌剧，国际著名导演乌戈·德·安纳、指挥家吕嘉、享誉全球的华人女高音和慧、男高音卢恰诺·冈奇和戴玉强、男中音罗德里古斯和廖昌永，联袂出色地演绎了这部“烈火史诗”。这是歌剧名导德·安纳在大剧院执导的第二部歌剧。饰演莱奥诺拉的女高音和慧，成为此次《游吟诗人》的最大亮点。这是她继《假面舞会》之后在中国国家大剧院主演的第二部歌剧，也是她第一次在国内饰演莱奥诺拉一角。她的高超声乐技巧、富有表现力的音色以及对于剧中人物内心世界的深入表现，赢得听众喝彩。来自意大利的男高音卢恰诺·冈奇是当今为数不多的男高音才俊之一，他的音色嘹亮而富有穿透力，同时具有戏剧抒情男高音必备的声音厚度和质感。吕嘉指挥下的中国国家大剧院管弦乐团与合唱团，再次显示了在歌剧演出中日臻成熟的表现力。

《威廉·退尔》

罗西尼的《威廉·退尔》于 9 月 19 日和 21 日在中国国家大剧院上演。此次演出并非在歌剧院的舞台演出，而是以歌剧音乐会的形式在音乐厅举行，全剧经过了大幅删节，由 4 个多小时压缩到了 100 分钟内。中国国家大剧院的《威廉·退尔》证明，以带投影的音乐会呈现这部歌剧不仅完全可取，甚至有在歌剧院演出所不及之处。独唱与合唱，完全以清唱剧的方式演出，无任何表演，有一种与这部歌剧的史诗风格契合的古典风范。因没有舞台表演而缺失的，由音乐本身更专注、炽热的表现而得到充分补偿。多媒体投影所提供写意的、提示性景观，不仅引领听众徜徉于瑞士美丽的湖光山色，而且在关键时候对于听众想象力有着最有效果的激发。最典型的在于全剧的高潮、第三幕中，当威廉·退尔一箭射中放在儿子头上的苹果的场景，在歌剧舞台上呈现存在较大难度，而借助投影效果则取得出色效果。独唱阵容之强，是中国国家大剧院《威廉·退尔》赢得喝彩的一个重要原因。乔瓦尼·梅欧尼的威廉·退尔和马里奥·泽菲里的阿诺尔德，不仅演唱精湛，而且对角色的领悟非常到位。宋元明的玛蒂尔德，将这位美丽的公主的内心世界表现得极为细腻感人。饰演渔夫罗迪的石倚洁也有上佳表现。在整部歌剧中，吕嘉指挥的中国国家大剧院管弦乐团与合唱团展现了在罗西尼歌剧作品的高水准。

《唐帕斯夸莱》

10 月 16 日至 19 日，中国国家大剧院版多尼采蒂歌剧《唐帕斯夸莱》首演，弥补了我国歌剧舞台在意大利美声喜歌剧方面的又一空白。意大利导演皮埃尔·弗朗切斯科·马埃斯特里尼和我国舞美设计高广健联手呈现的《唐帕斯夸莱》，将剧情从惯常采取的 19 世纪初叶的罗马搬到了 20 世纪二三十年代的好莱坞，在导演看来，“中国观众更加熟悉这个时代，而人物性格在这个时代也很合理”。独身富翁唐帕斯夸莱成了炒股票的巨贾，身边的女秘书在他的淫威下唯唯诺诺；女主角诺莉娜成了一名女电影迷，满脑子都是明星梦。这种“时空穿越”的导演思路在当今歌剧舞台变得越来越常见，但并非每次都能取得好的效果，有时会显得牵强而缺乏戏剧说服力，甚至会让听众因舞台呈现与歌剧唱词的明显抵牾而困惑，但中国国家大剧院版《唐帕斯夸莱》的“穿越”取得了成功。

剧中唐帕斯夸莱的侄子埃内斯托的两位饰演者之一、深得听众喜爱的美声男高音石倚洁，赋予埃内斯托这个通常并无太多意趣的角色以更多吸引力，他在面对匪夷所思的局面时的那种“崩溃”表情，充满强烈的喜剧感染力。

《乡村骑士》与《丑角》

8 月 13 日至 17 日，中国国家大剧院全新制作的意大利“歌剧双子星”《乡村骑士》和《丑角》上演。马斯卡尼的《乡村骑士》和莱翁卡瓦洛的《丑角》，由于篇幅较短，从 20 世纪初开始，两部歌剧经常在同晚上演便成为世界各大剧院的演出惯例。与讲述宏大题材的浪漫主义歌剧不同，在《乡村骑士》和《丑角》中，意大利平民人物成为剧中主角。在《乡村骑士》中饰演女主角桑图扎的立陶宛歌唱家薇奥莉塔・乌玛娜是首次来中国演出，与她搭档的男高音豪尔格・德・莱昂同样是一位经验丰富的歌唱家，二人的出色演唱和表演赢得听众喝彩。《丑角》男主角的饰演者古斯塔沃・波尔塔曾在大剧院版《奥赛罗》中饰演奥赛罗，此次他饰演的卡尼奥也是意大利歌剧中男高音声部最具吸引力的角色。女高音布丽吉塔・凯莱饰演女主角内达，俊俏美丽的形象、富有个性的表演，让这一敢于追求真爱的独立女性形象跃然眼前。由戴玉强、孙秀苇、杨光领衔的中国组阵容也表现出色。

《费德里奥》

9 月 3 日至 4 日，由中央歌剧院制作的贝多芬歌剧《费德里奥》在“2014 年国家艺术院团演出季”中首演。该剧由中央歌剧院院长俞峰执棒，青年导演施晶芙执导，歌唱家王威、王丰、幺红、王海涛等主演。《费德里奥》讲述贵族之妻莱奥诺拉女扮男装，化名费德里奥沉冤昭雪的故事。这部歌剧的音乐延续了贝多芬英雄式的曲风，由于在歌剧手法上吸收了德国传统“歌唱剧”演唱与说白交替的手法，大量的德语对白一直是影响这部歌剧在包括我国在内的非德语国家和地区上演的因素，为演出者带来挑战。中央歌剧院全部用德文演唱和对白，是一次上演经典德语歌剧的大胆尝试和探索。

《艾莱克特拉》

10 月 24 日，德国作曲家理查・施特劳斯的歌剧《艾莱克特拉》以音乐会形式在北京保利剧院举行了中国首演。这部歌剧被誉为 20 世纪最大胆、最具独创性的歌剧之一，有时被称为“惊世之作”，其中全然感受不到传统歌剧甜美优雅的音乐和剧情。这部歌剧对于歌唱家、指挥、乐团以及听众都构成挑战。音乐会版演出没有布景、道具和服装等舞台视觉元素，以音乐会的形式演出。在世界知名指挥大师夏尔・迪图瓦指挥下，此剧以表现主义手法对人的内心世界的深刻揭示给听众带来震撼。在剧中担任主要角色的歌唱家均表现出色。

《阿里阿德涅在拿索斯岛》

10 月 19 日至 20 日，北京保利剧院，理查・施特劳斯作于 1912 年的歌剧《阿里阿德涅在拿索斯岛》在问世 102 年迎来了中国首演。《阿里阿德涅在拿索斯岛》是理查・施特劳斯与剧作家霍夫曼斯塔尔这对被誉为“黄金搭档”的合作者完成的代表作之一。歌剧的序幕发生在维也纳的一场贵族晚宴中，形成了“戏中戏”的结构，上演难度较大。北京国际音乐节在作曲家诞辰 150 周年之际首度将这部歌剧搬上中国舞台，具有一定意义。德国指挥家马提亚斯・福曼尼指挥中国爱乐乐团与来自莱比锡歌剧院的歌唱家演出，美国女高音米根・米勒饰演女主角阿里阿德涅，给人印象深刻。饰演酒神巴克斯的丹尼・基尔希是国际知名的男高音歌唱家，表现出色。剧中的另一位女性角色泽比内塔由莎林・乔恩特饰演，同样获得好评。

《诺尔玛》

9月11日至14日，由中国国家大剧院全新制作的贝里尼歌剧《诺尔玛》在中国国家大剧院上演。由欧洲著名歌剧导演皮耶·阿里执导并担任舞美设计，意大利指挥家雷纳托·帕伦波执棒，女高音拉凯莱·斯坦尼西、男高音高罗切戴伊、女中音索尼娅·加纳西和男低音斯堪迪乌齐等国际一线歌唱家组成的主演阵容发挥出色。中国国家大剧院合唱团和深圳交响乐团在帕伦波指挥下，呈现出较高的艺术水准，赢得听众喝彩。由孙秀苇、莫华伦、杨光、田浩江等歌唱家领衔的中国组演员也有令人瞩目的表现。

《齐格弗里德》

9月21日至22日，由中央歌剧院独立制作的瓦格纳歌剧《尼伯龙根指环》之三《齐格弗里德》在中国国家大剧院首演。这既是这部高难度作品首次由国内歌剧院全本演出，又是中央歌剧院在2014年中国国家艺术院团演出季的展演剧目之一。由俞峰担任指挥，王湖泉任导演，主要演员有克里斯蒂安·沃伊特、刘怡然、於敬人、王海涛、田浩、孙雪曼、牛莎莎、郭橙橙等。

《齐格弗里德》是瓦格纳根据古代北欧神话《尼伯龙根之歌》写成的《尼伯龙根指环》中的第三部，讲述了齐格弗里德历经重重磨难，最终夺取指环并收获爱情的曲折故事。该剧在“指环”系列剧目中是凸显英雄性格的篇章。全剧音乐充满了生机与活力，最后一幕堪称展现瓦格纳音乐作品张力的经典乐章。

《叶甫盖尼·奥涅金》

4月24日至27日，中国国家大剧院第一部与俄罗斯剧院联合制作的俄罗斯经典歌剧、柴可夫斯基的《叶甫盖尼·奥涅金》在俄罗斯指挥家瓦莱里·捷杰耶夫指挥下为2014年中国国家大剧院歌剧节拉开了序幕。7月25日至26日，中国国家大剧院与俄罗斯马林斯基剧院联合制作的《叶甫盖尼·奥涅金》登上2014年圣彼得堡“白夜艺术节”的舞台，在剧中担纲主角的田浩江、金郑建、翁若佩等中国歌唱家更是放歌“白夜”，带去了来自中国的“好声音”。此举更被当地媒体誉为中国歌剧迈向国际的重要步伐。俄罗斯白夜艺术节是世界十大艺术节之一，1993年由时任圣彼得堡市长的库索恰克首度开启，今年已迎来第22届。艺术节涵盖歌剧、音乐会、芭蕾三大板块，由指挥大师捷杰耶夫亲任艺术总监。20多年来，“白夜”的舞台星光熠熠：指挥大师朱利尼、艾森巴赫，歌唱家多明戈、鲍罗金娜，钢琴家波里尼、布伦德尔，小提琴家克莱默、文格洛夫……无数重量级艺术大师都曾在这里华丽登场，从而使白夜艺术节成为全球乐迷高度关注的艺术盛事。据悉，本届白夜艺术节的演出总场次首次突破了200场，其中特邀歌剧20余部，《叶甫盖尼·奥涅金》就是其中之一。《叶甫盖尼·奥涅金》在“白夜”首秀当晚获得巨大成功。当地观众盛赞其“将写实和写意结合在一起，唯美而精致”。捷杰耶夫称赞中国音乐家的表现，认为他们与指挥、乐队的配合十分完美。据报道，这两场演出的售票率达90%，在2014年白夜艺术节200多场的演出中名列前茅。

《战争与和平》

9月30日至10月2日、10月4日至6日，苏联作曲家谢尔盖·普罗科菲耶夫的歌剧《战争与和平》由俄罗斯莫斯科国立斯坦尼斯拉夫斯基和涅米洛维奇－丹钦科音乐剧院以及中方演员合作在天津大剧院上演。这是这部改编自列夫·托尔斯泰的史诗歌剧首次在中国上演。剧中的战争场面，舞台上的演员达到600人，场面壮观，成为2014年度国内歌剧舞台最大规模的演出盛事。

《曼侬·莱斯科》

9月3日、5日和7日，上海大剧院2014/2015演出季以英国皇家歌剧院、上海大剧院和上海歌剧院联合制作的普契尼经典歌剧《曼侬·莱斯科》开幕。该制作于2014年6月在英国伦敦科文特花园皇家歌剧院举行了首演，是该歌剧院近30年来首次对《曼侬·莱斯科》进行新制作，此次上海演出为该制作中国首演。《曼侬·莱斯科》作为普契尼第一部获得成功的歌剧，取材于安托万·弗朗索瓦·普莱佛的小说《骑士葛利欧和曼侬·莱斯科的故事》，普契尼以富有表现力的优美旋律奠定了他的艺术特色。伦敦科文特花园皇家歌剧院的全新制作将原本发生在18世纪的故事移植到当下，歌剧从一场旅馆外的学生派对开始，道具和布景充满现代感，跑车取代了马车，剧中人手拿智能手机和平板电脑，第三幕中甚至引入了流行的真人秀元素。演员的表演风格更接近音乐剧。在这样的导演理念下，这部传统歌剧与年轻听众有了更为直接的关联。

《茶花女》

12月8日和9日，由天津歌剧院制作、指挥家汤沐海携手导演易立明，天津交响乐团、天津歌剧舞剧院共同演出的歌剧《茶花女》在天津大剧院歌剧厅上演，被称为天津卫版《茶花女》。导演易立明大胆地将剧情移植到了我国民国时代商贾政要、文化名流会集的天津，故事中的“茶花女”变身为当红歌女魏澜丽。名门子弟纪雷德对她一见倾心，魏澜丽以期相守白头，却因纪雷德之父的不期而至而鸳梦破碎。原剧中的环境变为茶馆，欧式寓所改为中式院落，赌场成了戏园子。对于这种“穿越式”导演理念，指挥家汤沐海认为：“起初，我们比较担心的是中国装扮的人，唱着意大利语，字幕又是中文，这种视和听的差距会不会太大，但是经过这几天的彩排，我们发现一点都不怪。”两位男主角均来自威尔第的故乡意大利，女主角的饰演者叶卡捷琳娜·巴卡诺娃是俄罗斯女高音，她成为第一位穿旗袍的“茶花女”。

3. 复排歌剧

《伤逝》

12月10日至11日，中国歌剧舞剧院时隔33年复排的歌剧《伤逝》在北京天桥剧场上演，由王莹和莫华伦分别饰演剧中主要人物子君和涓生，由陈蔚担任导演。由王泉、韩伟编剧，施光南作曲的民族抒情歌剧《伤逝》是中国第一部原创抒情歌剧，是音乐家施光南为纪念鲁迅诞辰100周年，于中国歌剧舞剧院内创作完成，于1981年在北京人民剧场首演。原作由中国歌剧舞剧院组织创作排练，殷秀梅、程志、关牧村、刘跃等担纲主演。已故作曲家施光南的杰作，2014年末被北大歌剧艺术中心重新制作，在天桥剧场上演。歌剧《伤逝》，原剧采自鲁迅的《彷徨》中所收录的一部同名短篇小说。

《秋子》

12月12日，由南京艺术学院复排的歌剧《秋子》于南京上演。作品由钱态执导，崔新编曲，居其宏担任艺术总监，由王玉健、侯蔚、曹琳饰演剧中主要角色。《秋子》是中国第一部歌剧，于1942年在重庆首演，周恩来曾前去观看。作品讲述了侵华日军士兵夫妇真实经历：1938年，新婚3个月的日本青年宫毅，被日本政府征兵派往中国，不久其妻秋子也被蒙骗到扬州当了随军“慰安妇”。夫妻相认后悲痛欲绝，双双于扬州瘦西湖边自杀。1939年剧作家陈定以此作为素材，写成了同名剧本《宫毅与秋子》。后经臧云远、李嘉作词，黄源洛作曲，于1941年完成歌剧创作，并改名为《秋子》。

4. 歌剧节与大型歌剧活动

2014年第六届中国国家大剧院歌剧节

2014年7月6日，历时3个多月的第六届中国国家大剧院歌剧节落幕。本届歌剧节历时百余天，共为观众奉献了15台32场演出，公共空间演出活动160余场。本届歌剧节开幕戏《叶甫盖尼·奥涅金》由指挥家捷杰耶夫率领俄罗斯马林斯基剧院参加演出，这是中国国家大剧院开幕以来制作的首部俄语歌剧。

歌剧节期间，中国国家大剧院第六届世界歌剧发展论坛召开，来自14个国家的34家艺术机构的负责人出席，包括意大利都灵皇家歌剧院、佛罗伦萨市立歌剧院、美国洛杉矶歌剧院、韩国首尔艺术殿堂等15家剧院和艺术组织与会，就“当今背景下歌剧创作的走向及东西方歌剧制作的艺术特征”的主题进行了交流和探讨。

首届天津国际歌剧舞剧节

9月3日，由天津大剧院主办的首届天津国际歌剧舞剧节开幕，波兰波罗的海歌剧院的现代歌剧《居里夫人》作为揭幕大戏上演。在为期4个月的时间里，共计19台47场歌剧、舞剧等在天津大剧院上演。复排版巴托克歌剧《蓝胡子公爵的城堡》，挪威北极歌剧团、易卜生国际中心等联合制作的歌剧《娜拉》，由叶小纲作曲，林兆华执导，汤沐海执棒的我国原创歌剧《永乐》上演。其中，莫斯科国立斯坦尼斯拉夫斯基和涅米洛维奇—丹钦科音乐剧院带来俄罗斯音乐家普罗科菲耶夫根据托尔斯泰同名作品创作的歌剧《战争与和平》。该剧系首次在中国演出。在本届歌剧舞剧节中，与演出同步举行的还有免费开放的艺术普及和名家讲座等活动。

第二届中国歌剧节

10 月 29 日至 11 月 13 日，由文化部和湖北省人民政府共同主办，文化部艺术司和湖北省文化厅承办的第二届中国歌剧节在湖北武汉举行。湖北省歌剧舞剧院演出了原创歌剧《八月桂花遍地开》。本届歌剧节安排上演《大汉苏武》《貂蝉》《赵氏孤儿》等来自全国各地的 20 台精彩剧目。

5. 中国国家大剧院推出歌剧电影

2014 年 3 月 16 日，中国国家大剧院歌剧电影《图兰朵》在“2014 国家大剧院歌剧节”上举行全球首映式。歌剧院舞台上立起的高 6 米、宽 16 米的超大高清屏幕以及多声道环绕声效果给在场的千余名观众带来强烈艺术震撼。贯穿整剧的中国民歌《茉莉花》的熟悉曲调，《今夜无人入睡》脍炙人口的旋律，通过歌剧电影这一对于很多中国观众还显得很新奇的形式而焕发出奇特魅力。由中国作曲家郝维亚续写最后 18 分钟的《图兰朵》中国国家大剧院版本成为歌剧制作中国元素的代表作。首映式之后，歌剧电影《图兰朵》于 4 月 16 日正式登陆全国院线，并参加 2014 年北京国际电影节和上海国际电影节的展映。除普契尼的《图兰朵》之外，中国国家大剧院首批制作的歌剧电影还有威尔第的《纳布科》和《假面舞会》，相继问世的还有莫扎特的《费加罗的婚礼》、威尔第的《奥赛罗》《弄臣》和比才的《卡门》以及一场音乐会和京剧《天下归心》。

歌剧电影，顾名思义，是以歌剧或歌剧演出为蓝本拍摄的电影。中国观众有了走进电影院里一睹“歌剧大片”风采的机会。中国国家大剧院自 2007 年投入运营以来，6 年间共制作歌剧 26 部。本着将中国制作的最优秀歌剧向更广范围推广的初衷，中国国家大剧院成为国内第一个将西方经典歌剧拍摄成歌剧电影的艺术机构，于 2013 年开启了歌剧电影拍摄制作的艺术工程。中国国家大剧院选择了全球水平最高、影响力最大的专业歌剧拍摄团队担任拍摄和制作任务。《图兰朵》和《假面舞会》的拍摄邀请的是意大利歌剧电影导演曼奇尼及其团队，曼奇尼曾执导世界著名的 Unitel 公司出品的《图兰朵》（梅塔指挥）和《特洛伊人》（捷杰耶夫指挥）等歌剧电影，同时是萨尔茨堡音乐节和斯卡拉歌剧院等出品的多部歌剧电影的导演，在歌剧电影拍摄制作领域享有盛誉。《纳布科》和“威尔第折子戏音乐会”的拍摄邀请的是德国阿森图斯国际音乐制作公司，该公司制片人保罗·斯马兹尼制作的众多歌剧、芭蕾舞剧、音乐会影片以及音乐纪录片闻名世界乐坛，包括为各国音乐爱好者熟悉的《巴赫 24 小时》与《纽约爱乐乐团在平壤》。

6. 歌剧论坛

6 月 25 日，“中国国家大剧院 2014 世界歌剧院发展论坛”欢迎仪式在中国国家大剧院举行，揭开了一年一度歌剧盛会的大幕。来自 14 个国家的 34 位世界著名艺术机构领导者莅临参加，陈薪伊、郭文景等知名艺术家也参加了本届论坛，共话歌剧发展。“每年观一剧”，是中国国家大剧院自成立以来一年一度举行的世界歌剧院发展论坛的固定安排，每届论坛都安排在中国国家大剧院新的歌剧上演之时，从最初的《图兰朵》，到之后的《茶花女》《赵氏孤儿》《运河谣》和 2013 年由多明戈主演的《纳布科》。这样做的目的非常明显，即中国国家大剧院希望借助歌剧论坛这一平台和契机，将“大剧院制作”向来自全球的同行进行推广和展示，通过歌剧这一世界艺术语言传播中国声音。而“中国国家大剧院 2014 世界歌剧院发展论坛”开幕之时，恰是备受瞩目的歌剧《骆驼祥子》首演当日，这使得 2014 年的论坛与往年相比有了更不寻常的内涵。尽管中国国家大剧院以本土题材为内容的原创歌剧已有多部，但《骆驼祥子》是大剧院第一次邀请更具艺术探索精神和国际知名度的中国作曲家创作整部歌剧，而且《骆驼祥子》的题材无论对于剧本还是音乐都具有更大的挑战性。在论坛上，资深评论家司马勤评价歌剧《骆驼祥子》："我想说昨晚看到的《骆驼祥子》，离一部真正成功的歌剧距离非常近了。"这样的反馈乍听起来或许会让那些为此剧付出艰辛努力的主创者觉得有几分败兴，却是比山呼万岁的喝彩更有分量，也更有益的见解。在我们看来，这也是中国国家大剧院举办歌剧论坛的初衷之一：听到世界范围内的同行和评论家直言不讳的"把脉"诊断，而不是陷入讳疾忌医的精神泥淖。

6 年来，29 个国家、89 家艺术机构的 260 余人参会，如此的范围、规格和持续性，真正的国际化视野，不仅在国内首开先河，也使论坛当之无愧地成为与欧洲歌剧论坛、美国歌剧大会和德国剧院联盟大会等同样受到重视的歌剧论坛盛会。

同行间的资源交流和信息共享构成了论坛的多元化功能中最务实的部分。在歌剧论坛开幕当日下午，听中国国家大剧院剧目制作部部长韦兰芬介绍《图兰朵》——"唯一一部具有中国元素和中国背景的西方经典歌剧，也是大剧院 29 部自制歌剧剧目中上演场次最多、票房销售率最高的剧目"——以及《漂泊的荷兰人》《游吟诗人》《赤壁》《天下归心》和《骆驼祥子》等剧目，听维也纳国家歌剧院数字化发展部总监克里斯多夫·魏道尔介绍其高清直播项目，听来自美国的洛杉矶歌剧院院长克里斯托福·杰拉尔德·凯尔奇介绍他领导下的歌剧院制作的《尼伯龙根的指环》《卡门》《蝴蝶夫人》和《浮士德》，这样的交流很有商品交易会的色彩。对于一些抱有"为艺术而艺术"的文艺范儿们而言，将崇高圣洁的艺术等同于商品可能是难以容忍的，但在当今世界，没有成功的商业运作，艺术的存在将势同无源之水，这是头脑清醒的从业者们并不回避的事实，尽管政府和机构的赞助同样起着至关重要的作用。这样的"交易会"也确实是富有成效的。中国国家大剧院版《图兰朵》在第三届论坛期间就成功地进入西雅图歌剧院的视野。

新的思路和运营模式的借鉴与吸纳，也是论坛的重要功能之一。维也纳歌剧院，在理查·施特劳斯生活的年代即以"配置庞大、辉煌壮丽的演出"著称，很少会有人觉得这座世界音乐之都的歌剧殿堂会有危机感。此次前来参加论坛的维也纳国家歌剧院的魏道尔先生也告诉人们，维也纳国家歌剧院每个演出季大约有 300 场演出，其中包括 50 部歌剧和 10 部芭蕾舞剧，由中国国家歌剧院乐团音乐家组成的维也纳爱乐乐团每年还举行 80 场左右的音乐会。这样，歌剧院每年的听众接近百万，2013—2014 年演出季的售票率达到惊人的96%，这意味着几乎每场演出的门票都销售一空，而其中歌剧演出的上座率更高达99. 63%。门票收入占到剧院总预算的50%，约1. 09 亿欧元，一个晚上就达13 万欧元之多。因此，维也纳国家歌剧院并没有市场营销部门，也没有市场营销预算，但是该剧院的上座率基本能达到100%，因为维也纳是一座具有独特优势的城市，虽然它的人口仅有 180 万，但是喜爱高雅艺术的人比例很高，晚上听古典音乐和歌剧演出是一个极为强大的传统，不仅维也纳国家歌剧院，其他剧院也都是基本济济一堂。但即使在这种情况下，魏道尔先生承认，歌剧院依然面临财政方面的困难，由于政府不愿增加每年 5500 万欧元的补贴，所以歌剧院谋求新的途径增加收入，其中之一就是高清直播项目，即通过数字平台推介歌剧产品。由于互联网的飞速发展以及高清电视、电脑屏幕和手机屏幕的日益普及，实施这一项目的时机已经成熟，于是在 2013 年 3 月开始启动，当年 10 月开始对歌剧院部分演出剧目进行现场直播。直播采用高清技术，可通过电视或电脑观看，观众只要在智能手机或平板电脑上加装特定软件就可以观看。目前软件还配有英语、德语、韩语字幕和乐谱。直播与歌剧院现场演出时间同步，并根据时差传送到世界各地，便于不同时区的观众在合适的时间观看。为此我们进行了整个剧院的设施改造，将摄像机放置在剧院各个空间，每晚每一场演出都进行录制，但并不影响演员和观众。高清直播是收费的，观看直播需要付费 14 欧元，或支付 5 欧元在一星期内观看录播。这一项目中包含公益成分，如邀请学生观看彩排，将视频免费提供各学校和图书馆等，为奥地利和德国的学校播放歌剧院的演出片段和视频。魏道尔先生希望维也纳国家歌剧院的高清直播项目也能在中国尽快推行。这与国际大剧院 2014 年大力推出的歌剧电影有异曲同工之处。

资源交流并非世界歌剧院发展论坛的全部内容。对于不奉行竭泽而渔式运作的歌剧从业者，"务虚"的前瞻式探讨同样重要。回顾每一届歌剧论坛的议题，均以不同方式涉及世界范围内歌剧艺术的现状与发展、歌剧制作与政府支持、机构赞助、市场前景等。2014 年的中心议题为“东西方不同的文化土壤对歌剧创作制作的影响”，既有学术深度，又深具现实意义，激发出了来自各国的专家和歌剧从业者浓厚兴趣。中国观众欣赏歌剧的追求深受中国戏曲传统审美的影响，追求剧情的故事性、音乐的动听、舞台呈现的“过瘾”以及结局的“大团圆”。国内很多专家认为中国歌剧不能一味照搬欧洲歌剧的创作模式和规律，应该更多地从中国传统声乐艺术中汲取借鉴和营养。因为，只有满足中国观众审美需求的中国歌剧，才会在中国观众中受到欢迎，流传于世。

英国《金融时报》资深评论家司马勤认为，歌剧《骆驼祥子》的作曲者郭文景在歌剧创作方面可以作为善于将中国元素与国外元素结合的范例。他的第一部歌剧、改编自鲁迅小说的《狂人日记》，做到了音乐语言与故事叙事的高度一致。郭文景后来陆续创作的《夜宴》《凤仪亭》《诗人李白》等，同样将中国内容与西方交响音乐语汇完美融合，独具特色。包括新上演的《骆驼祥子》在内，郭文景的每一部歌剧新作都是一个可贵的尝试。由田浩江主演的歌剧《诗人李白》以独特的方式表现了李白内心的孤独与自言自语式的独白。歌剧结合了方言和李白的诗歌，在两种不同的语言中反复转换，很有独创性。看到了很多新歌剧很少有歌剧或者说几乎没有歌剧是不需要改变的，肯定是需要改变的，如经过商业的评判、观众的评价或一个周期后进行改编。普契尼的歌剧也是这样的，在西方很多创作家都遇到这样的问题，需要很长的时间，所以我们没有这么快把它进行改编。对于《骆驼祥子》，在司马勤看来，它“离一部真正成功的歌剧距离非常近了”。中国歌剧舞剧院艺术指导李小祥认为，《骆驼祥子》是一部非常震撼的成功之作，标志着中国国家大剧院原创歌剧走到了一个顶峰，同时也意味着中国歌剧已经超越了对西方歌剧的学习与借鉴阶段，从故事的编排到音乐风格，再到舞美均呈现出中国声音的独特魅力。

市场对新歌剧创作的影响与作用，也是本届歌剧论坛的一个重要议题。欧洲各大歌剧院对此看法不一，他们的认识常常并不乐观。维也纳国家歌剧院的克里斯多夫・魏道尔认为，推出新创作非常困难，面临很多挑战。歌剧受众的口味是随着时间而变化的，早期是根据国王、公爵的口味来选择，但现在需要满足整个大众的口味。意大利佛罗伦萨市立歌剧院总经理阿尔贝托・特里奥拉提出这样的问题：新歌剧运用现当代音乐，其中有越来越多的戏剧化表达，它是否还具有歌剧原来的吸引力？20 世纪的歌剧与观众的期待产生越来越远的距离。他担心，如果这一问题得不到解决，年青一代观众会失去对歌剧的兴趣。他认为，最有效的办法是在创作新歌剧时选择与人们的现实和情感生活紧密相关的题材，激起观众的共鸣。如此，则歌剧仍然可以作为优秀的介质，让每一个国家和文化能够通过歌剧这面镜子来折射人性，让观众能够通过歌剧来深刻地感悟和认识人性。

7. 歌剧普及活动

2014 年 4 月 8 日，2014 年中国国家大剧院“经典艺术讲堂——百场歌剧普及活动出剧院”在北京工业大学拉开帷幕。其间，男高音歌唱家戴玉强与北京工业大学合唱团合作演出。“经典艺术讲堂”是中国国家大剧院艺术普及教育贯穿全年、周周必有的公益性系列品牌项目之一，全年提供 300 场以上的艺术讲座及艺术体验活动，内容涉及音乐、舞蹈、戏剧、戏曲等各个艺术门类。正值中国国家大剧院歌剧节期间，2014 年的“经典艺术讲堂”除剧院内的常规活动，又推出了“百场歌剧普及活动出剧院”活动。

三、音乐剧

2014 年度音乐剧创作和上演同样呈现出繁荣之势，一个突出表现是音乐剧品种的增加和新创，其中包括中国的音乐剧自创新品种。

1. 代表性作品

《焦裕禄》

3 月 29 日，为纪念焦裕禄同志逝世 50 周年，原创音乐剧《焦裕禄》在北京中国剧院上演。音乐剧《焦裕禄》以焦裕禄的事迹为蓝本，在真实诠释历史事件的基础上，借鉴百老汇音乐剧经验，融合音乐、舞蹈、戏剧、高科技等综合艺术手段，并融入兰考当地的非物质文化遗产项目《麒麟舞》，再现焦裕禄的事迹。

《回家》

4月18日，2014北京·江西文化月首部舞台大戏——江西原创歌剧《回家》在中国国家大剧院演出。《回家》通过“保家”“离家”“想家”“安家”“寻家”“回家”6个章节，讲述了台湾老兵罗旺篼1949年离家至1988年回家的曲折感人故事。该剧由江西省委宣传部、江西省文化厅重点组织策划，并由江西省歌舞剧院有限责任公司创作的江西第一部原创民族歌剧。

《王二的长征》

4月30日，音乐剧《王二的长征》在北京保利剧院演出。该剧由音乐人三宝担任艺术总监，编剧关山和导演黄凯制作。是广东东莞市推出的第七部音乐剧，讲述了长工王二在老家得罪了财主老爷，遇到了一名快要牺牲的红军战士，战士给了王二一口救命的干粮，拜托王二帮自己捎一封信。于是，王二踏上了长征的故事。北京大学歌剧研究院教授蒋一民指出：“音乐剧在中国作为一种舶来品，从引进国外版权到如今的原创开发，我们欣喜地看到《王二的长征》在原创音乐剧上取得了突破。”①

《寻找初恋》

6月6日，由亚洲联创打造的小剧场音乐剧《寻找初恋》在上海茉莉花剧场首演。该剧改编自韩国十分卖座的小剧场音乐剧《寻找金钟旭》，讲述了始终无法忘记初恋的女孩骆颜，为了找回失散7年的初恋男友童宁，通过IT宅男郑灰灰开设的“初恋事务所”开始了一段匪夷所思的“寻找”之旅。两个大龄男女在“寻找”的过程中也产生了感情，而最终找回初恋的女孩如何选择成为悬念。在保留原作故事结构的基础上，《寻找初恋》对人物性格和情节台词均进行了大幅度的本土化改编，“随手拍解救大龄女青年”“少年派”等时下潮流话题加入其中，女主角的操心老爸，歌王Taxi司机，满头卷儿的房东阿姨更会不时说出几句经典的上海话。剧中的神奇人物“MM”——Multi－man先生，成了首演当晚最令人期待的人物。他一人分饰19个角色，18次瞬间变装最快只花了不到10秒钟时间，全剧共变换包括沪语、泰语、港台腔、印度英语在内的7种口音，MM先生当之无愧地成为这部浪漫爱情音乐剧中的“喜剧变形金刚”。10月15日，《寻找初恋》在北京首演。

《冰川奇缘》

6月13日至7月12日，华夏乐章音乐剧团最新创作的音乐剧《冰川奇缘》在北京西区剧场上演，这是华夏乐章继原创音乐剧《昆仑神话》和《纳斯尔丁·阿凡提》之后的第三部作品。《冰川奇缘》讲述的故事发生在冰封的上古时代，水神共工撞断不周山，致使人间被冰川封冻，他因这一过失受到西王母的责罚，被夺去神力落入凡间，唯一回归天界的机会是点亮暗夜中的7颗真爱之星。舞美上还原了故事中的冰川美景，带来近乎“裸眼3D”的梦幻视觉效果；剧中的原创音乐吸收了“破铜烂铁（Stomp）”风格的打击乐，巧妙贴合故事设定的“远古”背景，散发出淳朴而热烈的感染力。

《妈妈再爱我一次》

7月14日，由上海视觉艺术学院、德稻集团、东莞·塘厦·松雷等联合出品的中国原创音乐剧《绿地梦·妈妈再爱我一次》获韩国大邱国际音乐剧节“评委会大奖”，也是中国原创音乐剧首次在该节上获奖。这是继2011年音乐剧《蝶》之后，第二部中国原创音乐剧获奖。

《白雪公主踢踏秀》

9月24日至28日，国际版音乐剧《白雪公主踢踏秀》在北京解放军歌剧院上演。该剧是国内第一部引入踢踏舞的原创音乐剧，既有音乐剧本身的戏剧矛盾，又有踢踏舞的肢体表现。在剧情上，该剧对欧洲童话原著中的故事情节进行了大胆改编和简化，王子不见了，女王被白雪公主感化，最终弃恶从善。该剧由徐州市歌舞剧院创作排演，曾于8月8日至8月24日在徐州人民舞台首演15场，8月29日

① 《人民日报》2014年4月4日。

至8月31日在南京青春剧场演出3场。

《夜宴图》

11月22日，由音乐家蔡东铧创作并担任指挥，歌唱家陈小朵、舞蹈家宋洁、打击乐独奏家荣辰初和上海古凡交响乐团等参与演出的大型音乐剧《夜宴图》在上海交响乐团音乐厅首演。创作者以南唐中书侍郎韩熙载的生活逸事为题材绘制而成的《韩熙载夜宴图》为素材，创作了6幕音乐剧。作品介乎音乐剧、戏曲和舞台剧之间，以琵琶、中阮、新笛、羌笛、扬琴、古筝、大提琴和二胡等组成小型乐队担任伴奏，与歌者舞者直面呼应。

《如果有来生》

12月3日，由中舜影业推出的惊悚爆笑音乐剧《如果有来生》在北京繁星戏剧村上演。作品由流行歌手刘婕担当制作人，陈雪燃担任作曲，沈文帅导演的《如果有来生》是融音乐、话剧等多个舞台表现形式的音乐剧。它以黑色幽默的方式讲述了一个爱情故事，打造了“来生”世界。《如果有来生》作为“如果……”系列音乐剧的首部作品，作品将祝英台与梁山伯、罗密欧与朱丽叶等多个爱情故事进行场景重现，并在此基础上以轻松、讽刺的方式进行了重构。

《聂小倩与宁采臣》

12月6日，由北京保利剧院管理有限公司出品音乐剧《聂小倩与宁采臣》在广东东莞玉兰大剧院首演。音乐剧《聂小倩与宁采臣》由作曲家三宝担任配乐、作曲和艺术总监与编剧关山合作完成。作品取材自中国古典名著，以“人鬼”故事为蓝本，挖掘了老故事的当代价值和新意。创作上运用了京剧、民间小调为表现方式，借鉴戏曲的表现手法，也按照生、旦、净、末、丑划分角色，主题曲《贪念》由韩红演唱。

《下一个出口，望牛墩》

12月31日，由望牛墩镇与摩登影子音乐剧团出品、影子主演的原创音乐剧《下一个出口，望牛墩》在广东东莞玉兰大剧院首演。全剧独幕8场，时长100分钟，该剧讲述了一位音乐剧演员从芝加哥、纽约到北京、上海、东莞，为了追求梦想走遍世界舞台的故事。

2. 跨界新剧种——舞台剧

9月4日至7日，由哲腾文化、青瓦青花联合出品，歌手弦子、徐嘉苇主演，台湾大开剧团导演李明泽执导的舞台剧《分手旅行》，于北京先锋剧场首演。《分手旅行》改编自自由极光创作的畅销小说《我终于可以不再爱你了》。舞台剧这一名称被赋予新的内涵，即对话剧和音乐剧的重新解构和组合，不同于话剧单一讲故事的方式，也有别于音乐剧的唱跳结合。

3. 音乐剧节·演出季

第二届中关村国际音乐剧节

2014年7月18日，由北京大学主办，由中国音乐剧孵化基地、北京大学艺术学院民族音乐与音乐剧研究中心承办的第二届中关村国际音乐剧节新闻发布会在北京大学艺术学院民族音乐与音乐剧研究中心举行。第二届中关村国际音乐剧节为期一个月，共演出国内外音乐剧近60场。2014年8月15日，第二届北京大学中关村国际音乐剧节暨北京大学国际音乐剧研讨会在北京大学举行，本次研讨会的主题是音乐剧与城市文化。

天桥音乐剧演出季

11月11日，“天桥音乐剧演出季”在北京开幕。《锦绣过云楼》《楼兰》《闪亮芭比》等剧目陆续登场。

4. 北京首家音乐剧专业剧院启幕

4月12日，北京第一家音乐剧专业剧院东方剧院在京启动音乐剧演出季，有两部音乐剧作品《妈妈再爱我一次》和《爱上邓丽君》在此驻场演出62场。北京东方剧院由北京东方文化资产经营公司投资创建。首个演出季即采取驻场演出的方式降低演出成本，5月6日至18日《妈妈再爱我一次》演出

12 场，《爱上邓丽君》6 月上旬至 9 月初首轮驻场演出 50 场。这两部作品前者已在全国巡演 81 场。音乐剧专业剧院的出现是一个积极的信号，它标志着音乐剧这一外来艺术形式在中国拥有的听众数量已经达到一定的水准，对于音乐剧今后的发展无疑具有促进作用。

四、歌剧与音乐剧著述

《中国歌剧音乐剧通史：中国歌剧音乐剧创作历史与现状研究》九卷本丛书于 2014 年 1 月由安徽文艺出版社出版，成为我国歌剧与音乐剧研究史上的里程碑之作。该丛书由中国艺术研究院音乐研究所研究员、南京艺术学院音乐研究所所长居其宏教授担任主编。丛书分理论和艺术两大类。其中理论类包括 5 卷：《中国歌剧音乐剧理论思潮发展与嬗变研究》《中国歌剧文学特性历史审视与美学视野》《中国歌剧音乐剧生存现状与战略对策》《中国歌剧音乐剧创作历史与现状研究》和《中国歌剧音乐剧演出历史与现状研究》。艺术类含 3 卷和 DVD 3 盘：《中国歌剧音乐剧唱段精粹》（乐谱并附有演唱教学提示，分民族唱法、美声唱法、通俗唱法各 1 卷），《中国歌剧音乐剧场面精粹》（DVD，分民族歌剧、严肃歌剧、音乐剧各 1 盘）。整套丛书共计 260 余万字。

2008 年初，教育部音乐学重点研究基地中央音乐学院音乐学研究所正式对外发布《中国歌剧音乐剧发展状况研究》课题招标公告，南京艺术学院居其宏教授领衔的团队积极进行课题设计并正式参与课题竞标，2008 年底教育部宣布由南艺竞标团队正式中标，成为南艺有史以来由本校师生独立承接的第一个国家级重大科研项目。该项目研究团队历时 4 年，调研行程 2 万余公里，现场采访歌剧音乐剧同行数百人，收集了大量一手资料，最终顺利通过教育部验收，并获得“优秀”等级。作为国家新闻出版署出版基金资助的重点出版项目之一，该丛书重点梳理了自 20 世纪 20 年代以来中国歌剧音乐剧的发展历程，详述了这一时期各个阶段两剧的表演形式、理论发展、院团建设、专业教育等，展现了两剧在音乐艺术领域中不可替代的地位和影响，对于中国歌剧音乐剧的未来发展有着重要的借鉴意义。丛书填补了中国近百年歌剧音乐剧领域的研究空白，对我国以至世界在该领域的相关研究都具有重要意义。

4 月 21 日，《中国歌剧音乐剧通史》丛书出版座谈会在南京艺术学院召开，会议由丛书总撰稿人居其宏教授主持。参加本次座谈会的校外专家有首都师范大学博士生导师王安国教授，中央音乐学院音乐学研究所所长、博士生导师戴嘉枋教授等国内相关著名学者、媒体记者等。《中国歌剧音乐剧通史》受到与会学者一致好评。国家一级作曲、总政歌剧团前团长王祖皆教授认为：“该丛书完全称得上是对中国歌剧音乐剧全面研究的权威之作。无论从研究内容的广度和深度，还是从论点提炼的精度和运用的效度看，国内外这一领域已有的相关研究成果，其质和量皆无一能与之相比。”中央音乐学院教授、中央音乐学院研究所所长戴嘉枋先生指出：“该丛书结构恢宏，涵盖全面，历史脉络梳理清晰系统，艺术分析中肯，理论阐述深入，提出的观点、建议和对策富有现实针对性、前瞻性与可操作性。”

《中国歌剧音乐剧创作历史与现状研究》（居其宏著）以我国歌剧音乐剧一度创作（特别是音乐创作）为记叙重心，兼及表导演艺术、理论思潮、表演艺术院团建设、专业教育等领域，联系国内外的社会现实，对在不同时期的发展过程及现实状况进行历史梳理，对其中的代表剧目、代表人物、重要事件、核心观点进行剖析并给出恰当的历史评价，总结各个时期的创作特点和 80 余年来主要的历史经验，并在充分调研基础上，对市场条件下科学发展我国歌剧音乐剧艺术的战略对策提出设想和建议，作为相关方面决策和实践的参考。

《中国歌剧文学特性历史审视与美学视野》（戈晓毅著）以不同时期之代表性作家、代表性剧目为主要坐标，对我国歌剧文学剧本及剧诗创作的观念、体裁、语言发展嬗变脉络进行历史描述和系统梳理，对其中的艺术特色、成就和不足进行美学的分析和研究，更要从理论高度概括总结出我国歌剧音乐剧文学的历史经验和美学特征，以期有益于当代歌剧剧本文学创作。

《中国歌剧音乐剧理论思潮发展与嬗变研究》（满新颖著）以我国歌剧音乐剧的历史发展为主要坐标，对创演实践中渗透在不同体裁作品艺术本体中的美学理念、理论批评文本以及学术研究成果进行系统梳理和评述，探索中国艺术家在歌剧音乐剧艺术观念和思潮的嬗变轨迹，彰显其理论建树和学术贡献，总结其历史经验，力图从本体的、历史的和美学的三维结合视角对我国歌剧音乐剧理论与思潮研究的学术建树与不足进行论述，从中总结出若干规律性认识，为当代歌剧音乐剧的创演实践与理论建构提供参考。

《中国歌剧音乐剧演出历史与现状研究》（智艳、张强、钱庆利著）主要梳理我国歌剧音乐剧表导演艺术成长、发展、成熟的历程，并结合代表性剧目，从声乐、表演、导演等不同视角分析各阶段代表性表导演艺术家的艺术特色及其成就；对不同时期演出场地及其他媒介对歌剧音乐剧传播方式与质量、接受效果、社会影响、经济效益进行调研和业绩评估，结合当时现实条件研究其变迁，从中总结经验，提出问题和建议；对外国歌剧音乐剧访华演出、中国歌剧音乐剧出访演出及中外歌剧音乐剧团体合作演出的历史与现状进行梳理，总结这种双向互动交流中的经验与教训，并就其对中国歌剧音乐剧艺术发展的影响进行历史的和美学的评价。

《中国歌剧音乐剧生存现状与战略对策（咨询报告书）》（居其宏著）对我国代表性歌剧音乐剧专业院团进行深入的选点调查，研究其不同时期创演体制的历史变迁；重点对新时期以来专业院团或创制单位行政管理体制、剧目创演体制、投资经营体制的现状及其改革的理论与实践进行调查、研究和评估，为当下文艺体制改革提供借鉴。

乐谱《中国歌剧音乐剧唱段精粹》（主编：居其宏、智艳）从我国歌剧音乐剧优秀剧目中精选出具有经典意义、在广大观众和歌剧界、声乐界同行中有广泛影响并传唱至今的若干精彩唱段，按照现行的“三种唱法”分类，分别编入民族唱法卷、美声唱法卷和通俗唱法卷。所有唱段均以钢琴声乐谱形式出版；同时，在每首唱段之前附有剧目的创演概况，之后附有长短不一的“唱段分析与演唱提示”，以帮助读者或演唱者准确理解和演绎这些作品。

DVD《中国歌剧音乐剧场面精粹》（主编：居其宏、智艳）从我国歌剧音乐剧优秀剧目中精选出具有经典意义，在广大观众和歌剧界、声乐界同行中有广泛影响，至今仍有示范价值和排演价值的若干精彩歌剧场面，按照现行的歌剧音乐剧分类法，分别编入民族歌剧篇、严肃歌剧篇和音乐剧篇。所有场面均从歌剧音乐剧演出录像中截屏而来并以 DVD 形式出版。

五、结语

综观 2014 年歌剧与音乐剧演出市场，整体呈现前所未有的繁荣态势，演出场次和整体水准有进一步提高，歌剧与音乐剧创作数量大幅上升，政府资助力度空前增加。题材得到更广泛挖掘，艺术性有所提高，创新手法引起关注。听众群体也以空前规模增加。据 8 月的统计数字，中国国家大剧院歌剧《弄臣》创上座率新纪录，高达 96.9%。上半年中国国家大剧院歌剧整体上座率为 81%，生僻剧目平均上座率为七成。这一数字再次证明歌剧这门艺术在我国的美好前景。歌剧与音乐剧在新的传播模式方面有进一步拓展，包括歌剧电影这一传统载体的引入，可谓大胆之举，取得的社会积极效益也相当明显。

在歌剧和音乐剧创作和上演方面的一些问题也比较明显。主要是题材深度开掘有所欠缺，主旋律基调所占比例过高。艺术性方面不够均衡，政府资助下的委约之作对于剧本与音乐的质量难以进行有效指导，从而影响水准和质量的保证。一些原创歌剧和大规模、大成本制作的歌剧首演或首轮演出之后的演出机会较少，影响了演出制作成本的回收，对于歌剧音乐剧艺术的可持续性发展带来一定的不利影响。

课题负责单位：中国艺术研究院音乐研究所
课题负责人：项阳
课题执笔人：王纪宴
课题参加人：李岩、王纪宴、郗本玲

丰收年景的成色与思考
——2014 中国歌剧音乐剧创作年终盘点

◎居其宏

对我国歌剧音乐剧一度创作而言，2014 年注定是个井喷之年和丰收之年。因为，按照文化部与相关省政府联合主办之中国歌剧节的预定周期，第二届中国歌剧节于 2014 年在湖北武汉开幕；而一年一届、此前已成功连办三届的第四届“东莞音乐剧节”，也如期在 2014 年底举行。为此，各地各级歌剧音乐剧院团都在积聚力量，纷纷打造新创剧目，以求在这两个歌剧音乐剧盛会上一展各自的创演成果及其艺术风采。以往的实践证明，上述两个歌剧音乐剧盛会，对 2014 年及此前两年我国歌剧音乐剧创作均发挥较强的推动和引领作用。更重要的是，就在上述两会即将开幕的 10 月 15 日，习近平同志在京主持召开文艺工作座谈会并发表重要讲话，对我国文艺事业和歌剧音乐剧艺术具有现实和长远的指导意义，也为上述两个艺术盛会提供了最新的精神动力和评价指针。

在上述两个歌剧和音乐剧的盛会中，笔者均有幸应邀担任评委，在歌剧节现场观看了全部剧目，音乐剧节通过现场或光碟观看了部分剧目。此外，亦应邀观看了其他剧目在当地的首演，在上述观剧体验的基础上，自然也引发一些思考。

一、第二届中国歌剧节参评原创剧目评点

参加第二届歌剧节终评的剧目，共有原创剧目 14 部，欧洲经典歌剧 4 部，都是从各地报名参评的 30 多部剧目中经过初评专家组评选脱颖而出的，本文仅就其中部分原创剧目的一度创作作简略评点。

（一）歌剧《钓鱼城》

冯柏铭、冯必烈编剧，徐占海、郑冰作曲。描写宋末元初发生在重庆钓鱼城一段真实的历史，通过王立、忽必烈、熊耳夫人和王母等人面对名节与大义、复仇与和解、战争与和平一系列诡谲难题时的诡谲情境以及反复权衡之后的毅然抉择，高扬化干戈为玉帛、解万民于倒悬的民本主题，塑造了个性鲜明的歌剧形象，谱写出一曲和平的赞歌。

此剧音乐创作具有凝重沉雄的历史质感、强烈的戏剧冲突和气势磅礴的史诗性风格——以混声大合唱《屠城！来吧！》为战争主题，以汉蒙两族童声合唱《长长水，方方船》为和平主题，构成全剧音乐戏剧性展开的张力结构，剧中 4 个主要人物音乐主题的贯穿发展以及咏叹调、宣叙调、重唱、合唱、乐队音乐的严密组织和综合运用，有效推进情节发展，生动塑造音乐形象；加之此剧导演、主要演员和群众演员、指挥、乐队和舞美团队表现出较高的整体实力和专业水准，令全剧的舞台呈现完整流畅、有机统一，有较强的艺术感染力。

当然，如果作曲家能够进一步加强旋律的如歌性，为剧中主人公精心打造一两首动人魂魄的咏叹调，则必将令此剧音乐的可听性和全剧的观赏性更上层楼。

在第二届中国歌剧节上，该剧是最受同行和观众赞赏的剧目。它之最终未能获得“优秀剧目奖”，恐与网上传闻之“历史观争论”有关。据笔者考证，对王立降元之举的争论，从宋元以降的人文社科界早已有之，褒之者、贬之者、褒贬参半者聚讼纷纭，至今未绝，今后仍可继续争论下去。然而，在当代艺术创作和评奖中扬此而抑彼，未免失之轻率。

（二）歌剧《大汉苏武》

党小黄编剧，郝维亚作曲。这是陕西省歌舞剧院继《张骞》《司马迁》问世以来，又推出的“大汉三部曲”的第三部。

本剧根据历史真实，按照“大事不虚，小事不拘”原则，构建了具有丰富戏剧内涵的人物关系，

以苏武和牧羊女索仁娜为一方、单于和李陵为一方，彼此围绕和平与战争，爱国使命、气节坚守与背叛，展开了一场生与死的剧烈戏剧冲突，以史诗般的浓墨重彩，激情讴歌了苏武崇高的爱国主义情怀和矢志不移顽强不屈的伟大人格力量。

郝维亚在《大汉苏武》音乐创作中，表现出高度职业精神和全面音乐戏剧素养，不仅为全剧几个主要人物设计了性格各异的音乐主题，通过这些主题在剧中的贯穿发展来展开戏剧冲突、抒发人物情感、刻画角色形象，而且他对咏叹调、宣叙调以及各种声部组合的重唱、合唱和乐队音乐的运用以及音乐在全剧中的戏剧性展开，也渐达熟稔境界，同时注意将正歌剧的音乐形式规范与陕西民间音乐元素有机结合起来，从而实现了历史题材、古代人物之现代化、中国化、戏剧化的歌剧音乐演绎。

我特别赞赏剧中第三幕第一场的女声合唱《春天来了》，郝维亚以纯净质朴的音调和晶莹剔透的和声织体，表现了牧羊姑娘们对于春天草原美景的咏叹，为紧接而来的索仁娜咏叹调《啊，太阳，我的太阳》描画出一幅春意盎然的情感背景。而这首抒情咏叹调，则以深情的笔触写出女主人公对于苏武急切追寻的心境，情真意切，成为刻画索仁娜形象最动人的音乐抒情性场面之一。此外，剧中还有一首男声合唱和多首不同声部组合的重唱，也都承担着不同的戏剧使命并具有各自独特的色彩。

在剧本创作上，还应加强对于苏武形象的刻画，特别是对苏武在逆境求生的深层含义上作进一步挖掘；李陵劝降一场，应突出苏武对和平使命的坚守和爱国主义情怀的揭示，以求在这两个人物的对比中令苏武的形象更形丰满；对苏武与索仁娜的爱情描写，不仅要使爱之萌发、情之展开的过程真实流畅、衔接有机，更有必要加入一些动人的细节描写，方使这段跨国恋情显得可信可亲、撩人心弦。音乐创作应在细部结构和几个主要人物咏叹调的写作上，选定人物内心情感倾诉的一两个喷涌点，在加强旋律的如歌性、动情性方面狠下功夫；戏剧性重唱的声部结合和展开形态应更讲究综合音响的清晰性。

（三）歌剧《高山流水》

黄维若编剧，莫凡作曲。此剧以俞伯牙、钟子期高山流水觅知音的著名传说作为全剧情节主线加以展开，其中穿插进楚王的穷兵黩武、晋王的穷奢极侈这两个对比性宫廷场景作为反衬，揭示出“高山流水”与当时朝政、民间疾苦的紧密关联，刻画了俞伯牙胸怀大我的古代文人形象。剧本别出心裁地将高山和流水外化为两个女性角色，其构思堪称奇绝。同时加进钟母，从而丰富了原本只有两个男性主角的戏。

剧诗吸收了楚辞的意蕴，文辞华美精致而又想象力丰富，洋溢着浪漫色彩。本剧的音乐创作流畅而精致，选取古琴音乐作为主题并在乐队中加以贯穿发展，作曲家在充分运用各种音乐手段营造全剧空灵浪漫风格方面的努力值得肯定，一些咏叹调和合唱曲的创作也颇见功力。

本剧的主要不足是，对“高山流水”的深刻主旨、俞伯牙与钟子期心灵契合的历程以及中国古琴音乐“清虚淡远”美学特征的理解和表现尚不够到位，晋楚两个王宫场面也有铺排过甚之嫌，且略显表面化。

（四）歌剧《貂蝉》

黄维若编剧，崔炳元作曲。与小说《三国演义》及众多“三国戏”中的貂蝉不同，本剧女主人公不再是为报义父养育之恩而主动请缨周旋于董卓、吕布两个男人之间实施“连环计”的那个柔弱美女，而是在战乱频仍、董卓专权的东汉末年，在王允精心设局“连环美人计”挑拨并瓦解董卓与吕布联盟中的一颗棋子；尽管她对义父王允养育之恩刻骨铭心，对英武俊逸的吕布充满真爱，但最终得知这一切竟成为政治阴谋的工具而被欺骗、被利用，而自己曾倾心爱慕过的吕布也同样污浊时，便毅然决然地投入滚滚洮河，以冰清玉洁的真善美之身抛却这肮脏的尘世。

崔炳元调动各种音乐手段，精心刻画了貂蝉性格中各个不同侧面——她的善良、真诚和对爱的憧憬和执着，揭示出她在政治阴谋中复杂的心路历程，以及真相大白时对于真爱和生命尊严的坚守，从而令貂蝉音乐形象的刻画显得较为丰满。与此同时，作曲家对王允这个复杂人物的内心矛盾以及处于不同戏剧情境中的种种无奈和愧悔也作了较为真切的描写。从整体上说，作曲家熟知歌剧艺术创作规律，对歌剧音乐的各种形式要素以及音乐性与戏剧性关系的处理有较高驾驭能力，对地域性音乐元素的运用、融合和发展相当到位，全剧音乐的戏剧性展开显得张弛有度，恢宏大气与委婉抒情的对比鲜明。

相比之下，董卓和吕布这两个音乐形象的刻画则相对单薄，尤其是吕布，其形象的前后转折，因此前缺乏必要的铺垫或暗示而显得相当突兀，给人以两张皮的感觉。当然，这首先是剧本的问题。剧本的另一个问题是，将王允及其“连环计”单纯置于道德层面进行拷问和指责，却全然回避从历史维度对此作出适当评价，如此处理，势必将王允与董卓、吕布混为一谈，从而抹杀了这 3 个人物之间事实存在的重要区别。

（五）歌剧《运之河》

冯柏铭、冯必烈编剧，唐建平作曲。此剧围绕隋炀帝杨广开凿运河之举，在杨广、萧皇后和李渊、宇文化及以及地方官府（以麻胡子为代表）、普通百姓（以秀秀为代表）对凿河一举利弊得失的不同态度，在朝堂内外组织起一场由帝王的灵魂自我拷问（在杨广和萧皇后之间）、权臣乘势而起夺取皇位的明争暗斗（在李渊与宇文化及之间）、官府横征暴敛和百姓民不聊生的惨烈抗争（在麻胡子和秀秀之间）构成的情节架构和错综复杂的戏剧冲突。

剧作者将运河“运输之河”之“运”巧妙地引申为“命运”“国运”之“运”，有“水可载舟，亦可覆舟”隐喻暗含其间，以此为核心理念统领全剧，从而突破了单纯就运河写运河的寻常套路，令剧目运载着浓重的历史哲学和反思意味。

与唐建平以往的歌剧音乐创作相比，他为《运之河》所作之曲，吸取江苏民歌《拔根芦柴花》的音调素材，为全剧音乐奠定了较为鲜明的江苏地域特色；整体风格凝重沉雄、恢宏磅礴，颇具史诗性气概；各种歌剧音乐体裁的运用和连接流畅，重唱、合唱的立体性声部组合和乐队的交响化写作技法纯熟，音乐铺陈与展开具有较强的戏剧性张力。凡此种种，均使此剧音乐创作体现出较高的专业水准和严肃的职业态度。此剧也有若干不足，主要表现在：剧本对杨广性格的刻画及其凿河之举的主观动机和客观效果的描写尚欠火候，三条情节线的组织和发展未能实现有机勾连，其缝连针线亦不够严整、细密。作曲家不顾汉语四声和语调、语势的区别，对大多数宣叙调均作同音反复处理，过于简单草率；在正歌剧中出现两处大面积的对白场面，显得突兀；整体音响有些喧闹，缺乏必要对比；声乐部分的旋律歌唱性有待加强。

（六）音乐会歌剧《赵氏孤儿》

莫凡编剧、作曲，系根据同由莫凡编剧、作曲的该剧舞台版剪裁缩编而成。莫凡是一个具有很深戏剧修养、专业作曲技术功底扎实而全面、富有歌剧创作经验的作曲家，这一点在此前莫凡编剧、作曲的《雷雨》中已得到充分证明。此前舞台版《赵氏孤儿》又由他一人身兼编剧和作曲，剧本创作与音乐创作同步构思、统一结构，不少场面将剧本文学的戏剧性和歌剧音乐的戏剧性相互关系处理得很好，从而在整体上实现了两者的有机综合和统一平衡；此番音乐会版又由他亲任导演，对舞台版进行了合理剪裁和舞台处理。

在笔者印象中留有较深记忆的是，全剧有两个亮点：其一，是要不要舍子救孤，对相关人物的心理矛盾和情感纠结有很深入的揭示；其二，是巧妙运用闪回手法，让两个养父（程婴和屠岸贾）和一个生父（赵朔的鬼魂）以及两个母亲（公主和程婴之妻的鬼魂）一起出现，从而将赵武置于极端复杂的戏剧情境中经受煎熬。此外，第一幕有个宏大的回旋曲式场面，第二幕欢庆赵武 20 岁生日场面，都是既具音乐性又很戏剧化的场面。第二幕程婴救孤两首咏叹调的旋律也比较深切动人，对程婴复杂情感世界和心理矛盾作了富有层次的音乐刻画。摇篮曲《天黑黑，地黑黑》原是剧中一首民歌风的抒情短歌，旋律洋溢着过耳成诵之美质，情感深挚动人，作曲家将它在全剧多个不同场次中重复再现，带有某种主题贯穿的功能。

不足是：剧本不宜过分强调忠奸、家族复仇、个人感恩，应将立足点置于正义和邪恶的对垒这个基点之上。因为，晋王昏庸无道，重用奸佞、滥杀忠臣，本身不值一忠；如仅是家族复仇，为救赵武一人牺牲那么多人的生命非其所值；音乐创作应加强旋律的歌唱性，总感到在动情点上还差一口气；某些重唱声部交织略显杂乱，声部间旋律性格对比不明显。

二、第四届东莞音乐剧节参演剧目评点

在第四届东莞音乐剧节上，参评剧目达10余部之多且各有成就和问题，不及备述。现就其中四部有代表性的剧目加以评点。

（一）音乐剧《聂小倩与宁采臣》

关山编剧，三宝作曲。其情节取材于蒲松龄小说《聊斋志异》中相关故事和人物。写不信鬼魂灵异之说的书生宁采臣，在进京赶考时路遇一群女鬼，虽百般勾引均无效果；唯其中有一女鬼名聂小倩者，向其叙述自身不幸经历和凄惨遭际，终获宁氏深切同情，甘愿放弃功名为聂小倩收拾残骨，从而博得聂氏芳心，二人遂决心不计后果共度一宵。聂小倩因此被打入十八层地狱，而宁采臣则在经过一番灵魂挣扎之后，终负前约，不敢共赴黄泉。

剧本以“你心中是否有个鬼”作为核心意象，讲究情节推进的完整性，围绕男女主人公聂小倩、宁采臣之间的情感纠葛，又穿插进专门打鬼的大侠（兼演附身的阎罗王）燕赤霞以及为众女鬼媚惑之举穿针引线、类似人间老鸨者母夜叉，以此构成人物关系，敷演一出人鬼情的故事，展开戏剧冲突……

三宝为此剧创作的音乐，仍沿其在音乐剧《钢的琴》《王二的长征》中就已形成套路的吟诵体风格，且在腔词关系的处理上依然存有若干枯燥和佶屈聱牙之弊；久而久之，观众的听觉疲劳便绝难避免。但此剧的音乐创作仍有两大亮点。

其一，作曲家不但在第一幕运用京剧音调写成《玲珑塔》的整个场面，而且在乐队编配中加进二胡、琵琶等民族乐器，其独特音色和韵味在不少场面和唱段中反复出现，为彰显全剧音乐的中国传统文化底蕴及其风格和气派增色不少。

其二，剧中一首独唱曲《贪念》，剧诗意蕴悠长，富有哲理；旋律娓娓动听，其首句音调似从《阿里山的姑娘》脱胎而来，但随即以一个委婉细腻的句尾润腔为核心乐汇，将全曲音乐演化开去，发展成篇，并以二胡、琵琶的演奏相伴随，颇具抒情性和歌唱性，形成自己的独有格调，从而在充斥全剧的吟诵式音调铺陈中显得特别亮丽而悦耳，令人有久旱逢甘霖之感。此曲在全剧中多次反复再现并由不同人物唱出，带有主题曲和主题贯穿的功能。笔者预言，此曲很可能成为近年来在流行音乐领域能被广泛传唱的我国音乐剧唯一单曲。

（二）音乐剧《妈妈再爱我一次》

这是根据台湾同名电影改编的音乐剧。刘云编剧，梁芒作词，金培达作曲。音乐剧保留了影片中的亲情主线，并根据数年前上海机场儿子刺母的真实事件，将故事发生的时空环境变换到当代上海，对剧情作了发展，增加了爱情、友情等多条副线。为增加此剧的音乐剧特性，主创团队将本剧女主人公邓雯娜的角色职业设置成“拉丁舞皇后”，从而为剧中莎莎舞、拉丁舞等激情四射舞蹈场面的出现提供了合理性契机，使之成为全剧创新性的亮点和重要看点。

在音乐创作上，金培达对影片中《世上只有妈妈好》这首主题歌做了创造性改编，在不失原曲纯朴格调的前提下，对它的单乐段结构加以扩展，使其旋律构成更显得丰富；给观众的听觉印象是，在温暖熟悉中又新添了几分新鲜感。此曲在剧中反复出现，赋予它一定的戏剧意味，并具有某种主题贯穿的功能。

（三）音乐剧《楼兰》

马达编剧，赵光作曲，上海音乐学院音乐戏剧系师生创演。该剧对楼兰国消失的千古之谜作了富有艺术想象的另一种解读：楼兰古国公主阿奇丝和巧匠纳吉是一对真诚热恋的情人。但匈奴大单于贪恋楼兰国土和公主美貌，悍然以发起战争相威胁。阿奇丝和纳吉为拯救楼兰国免遭匈奴铁蹄蹂躏、捍卫纯真爱情而英勇抗敌，最终在大单于指挥敌兵大举进攻、楼兰古城将破之际，毅然开山劈石、引下天池之水，一举将城池与爱情共同湮没的故事，从而为当代观众奉献出一部凄美而又壮美的舞台传奇。

赵光为此剧创作的音乐，以摇滚、节奏蓝调等西方流行音乐元素为主，整体风格抒情而时尚；又在剧中若干歌舞场面加入西域音乐的某些特性调式和旋律，以彰显全剧音乐的地域特色和民族风采。在运用独唱、重唱、合唱等声乐形式抒发人物情感、推进情节发展、渲染戏剧情境方面体现出纯熟的驾驭能力和较高的专业水平。乐队编配考究、手法丰富，从而创造出一种“交响式流行”的听觉效果。其整体风貌，与这一创制团队对于创造“学院派中国原创音乐剧”的艺术追求相一致。不足之处是：剧本有些冗长，戏剧节奏也略显拖沓，在说白和戏剧场面、音乐和抒情场面、歌舞和色彩场面安排的合理性以及它们相互组接的有机性、紧密性方面，仍有不少“立主脑、减头绪”的文章可作。诚如作曲家赵光本人所言：“音乐剧的灵魂在于其脍炙人口的唱段和动听旋律。”而《楼兰》的音乐在“脍炙人口”和“动听旋律”方面尚有不小距离。

三、节外有枝：对本年度首演之其他剧

重点评点在第二届中国歌剧节和第四届东莞音乐剧节之外，2014 年度公演的其他原创剧目有：音乐剧《王二的长征》《锦绣过云楼》《国之当歌》，歌剧《骆驼祥子》《秋子》修订版等。除《骆驼祥子》因未看过剧场演出，不敢妄评外，对其他剧目点评如下。

（一）音乐剧《王二的长征》

关山编剧，三宝作曲。全剧主人公王二，原本是个老实本分、目不识丁的农民，他参加革命的基本动因，一是遭财主追杀、无路可逃；二是为报一饭救命之恩和受人之托、不可不为情结；三是巧遇红军女战士“文工团”并被其异性魅力所牵引。三者均极素朴寻常，均与崇高主义、坚定信仰、博大胸怀并无直接关联。

此剧的整体叙事结构、舞台呈现语汇和表导演艺术手法，从戏剧美学的角度说，受布莱希特“陌生化”和间离效果理论影响很深，从音乐剧类型的角度说，也与斯蒂芬·桑德海姆的“概念音乐剧”（Concept Musical）之以概念和角色驱动而不是情节驱动戏剧展开、完整连贯的线性叙述被打碎的片段场景和唱段所取代的理论与实践（其代表作为首演于 20 世纪 70 年代的《伙伴》）存在着某种深刻的联系。其具体表现为：通过旁唱和合唱中的剧诗交代最基本的故事轮廓，从而导致情节及其展开的碎片化；除了王二之外，其他人物均以“同志”“文工团”“红米饭”“汉阳造”“自由颂”等符号化的称呼命名，从而导致人物及其性格的抽象化；除了王二这个贯穿全剧始终的角色之外，其他人物均是随机出没的，从而导致人物关系的松散化；在舞台表演中追求疏离效果，从而消解了王二与其他人物对手戏的直接交流，因此也瓦解了传统意义上的戏剧冲突；如此等等。但我必须同时指出，此剧在上述艺术手法的包裹下，却有一种深刻而冷峻的现实主义戏剧精神运化其间，就此确立起全剧的主旨，即对信仰和革命意义返璞归真的追溯。

然而，恰恰就是王二的“这一个”，却代表着革命队伍中偌大的“这一群”，即大多数红军战士参加革命时原初的生命状态和精神起点。当全剧终了前，经受了精神长征洗礼的王二最终戴上八角帽，随着《国际歌》豪壮歌声响彻全场，一个普通农民向革命战士的精神成长过程就此基本完成，也向全场观众明确宣示了本剧对于信仰和革命意义返璞归真的追溯。剧本对王二精神长征历程的描写仍有一些可改善之处。例如，主人公种种心灵变化的微妙性、阶段性及相互间的逻辑性并未得到令观众能够触摸得到的揭示；在全剧结尾处，王二戴上八角帽之后依然一如既往地佝偻着身躯，也使王二成长的意义受到稀释。

三宝在此剧中的音乐创作有很多优点，他为全剧音乐奠定的吟诵化风格具有粗厉朴实的质感，在整体上与剧本所确定的真实冷峻风格相当协调。当然，其中也有若干旋律清新较具唱歌性的唱段，大多数合唱、重唱的声部配置和写法也比较纯熟，有较好的听觉效果。但也不可否认，另有一些唱段啰嗦絮叨，且重复过多（这也与剧作者的安排有关），容易令观众产生听觉疲劳；在腔词关系处理上也存在某些拗口现象，最后《国际歌》的出现，因前无任何铺垫，因而略显突兀。

（二）音乐剧《锦绣过云楼》

叶建成编剧，金复载作曲。剧本通过男女主人公顾麟士与虞枕书为保护珍贵古籍相遇、相爱，因书结缘，为护书而勠力同心战胜日寇侵占我国宝级古籍图谋的情节展开，揭示中国知识分子在国难当头之际“以书传家、以身护书”的家国情怀，很有创意也很独到，其主题与中华文化的传承保护、与江苏和苏州过云楼、与凤凰集团、与抗战主题均有紧密联系。金复载为此剧创作的音乐，整体上具有江南水乡婉转灵秀和通俗优美的品格，既注重音乐的抒情性，也在不少唱段中注入戏剧性质素，运用多种声乐形式抒发人物情感、刻画音乐形象的驾驭功夫纯熟，乐队编配轻灵时尚，有较高的专业水准。

不足之处是：剧本情节有前后两截之感，戏剧冲突没有贯穿；有些次要场面（如两个日本人和杜丽娘昆曲唱段）铺排过甚，因此显得拖沓冗长；某些历史人物（例如张大千）在剧中出现缺少史实的支撑；不少剧诗显得空泛，与特定戏剧情境和人物性格有一定距离。在个别单曲的创作上，由于既成音调素材使用较多，从而影响了音乐的原创性。

（三）音乐剧《国之当歌》

李瑞祥、石俊编剧，李瑞祥作曲。剧本以聂耳作为贯穿全剧始终的第一主人公，描写其生平事迹和国歌的诞生过程；剧作者将田汉和黎锦晖等真实历史人物穿插进来，亦创造出一些虚构人物，以此构成全剧的人物关系网络，主要的史实和情节架构及其展开基本做到了“大处不虚，小处不拘”。这类真人真事题材，对于歌剧音乐剧创作而言很不容易；要想在历史真实性基础上组织起有戏剧意味的人物关系，形成戏剧冲突，进而刻画人物艺术形象，更加不易。因此，本剧在这方面的处理及艺术成就，高于近期出现的大多数真人真事题材的歌剧音乐剧。

在此剧的音乐创作中，作曲家用了不少心力，下了很多苦功，对聂耳作品之音乐主题的选择、运用和发展，也有自己的想法和创造。与此同时，根据剧情和形象刻画的需要，作曲家又新创了大量的唱段和音乐，整体风格凝重大气，有较高的专业水准。《国之当歌》剧本的不足之处是，既然以《国之当歌》为剧名，就应将聂耳创作《义勇军进行曲》作为情节展开的主线。从目前的处理看，前面几场戏依然受制于聂耳生平和创作经历太多（例如聂耳与黎锦晖、与明月歌舞班的交集和描写，以及《码头工人歌》《卖报歌》和《毕业歌》等作品的产生过程），仅在全剧后半部才涉笔国歌诞生过程，因铺排和渲染不充分而导致艺术感染力较为贫弱。

当然，最主要的问题还是出在剧目的体裁选择、整体风格和艺术立意上。写聂耳，写国歌是一个非常庄重而严肃的主旋律题材。问题是，究竟选用音乐剧还是歌剧，才最适宜这个题材的艺术表现？《国之当歌》音乐创作的整体风格，听来十分歌剧化，倒是音乐剧本有的轻灵、活泼、生动等质素反显不足。因此，不妨将此剧定位于歌剧，以聂耳创作《义勇军进行曲》作为全剧的基本立意和情节主线，将聂耳与黎锦晖这条情节线尽量淡化，将《义勇军进行曲》的诞生过程置于聂耳与田汉两人从相识到相知、由师友到战友的过程中，将聂耳深入生活了解民间疾苦和国家生死存亡的过程与《义勇军进行曲》中若干有警句意义的歌词或乐句片段有机结合起来，并且根据戏剧展开的需要适当加入某些虚构的人物和场景（例如爱情线），或可吸纳某些象征主义理念，引进时空交错手法，将历史人物与当代人物、历史情境与当代情境有机地勾连起来铺陈情节，逐渐推动戏剧情势的发展，最后使《义勇军进行曲》全曲的完整出现成为全剧情势必至的最高潮。

四、对2014年度我国歌剧音乐剧一度创作的思考

对2014年我国原创歌剧音乐剧之一度创作进行年终盘点，笔者获得的总印象是：若论剧目产生数量，参加第二届中国歌剧节终评的原创剧目有10余部，而参加初评的剧目更是高达30部之多；在第四届东莞音乐剧节上，也有10余部剧目参评。

较之于往年往届，称之为丰收年景并不为过；但就其内在质量而言，堪称优秀者不多，不少剧目艺术成色不足，整体上显出单纯追求剧目生产数量、忽视其艺术质量的倾向。诚如习近平同志在文艺工作座谈会上所指出的，“机械化生产”是滋生有数量、缺质量现象的根本原因；而这种根本违背艺术规

律、不顾剧目创制周期的“机械化生产”模式之所以能够在歌剧音乐剧界大行其道，当与文艺界急功近利、投机取巧、浮躁浮夸浮华风气的盛行与肆虐有关。

习近平同志在文艺工作座谈会上也曾指出，当代文艺创作有“高原”，缺“高峰”。在笔者看来，这一评价同样适用于歌剧音乐剧创作。就歌剧创作而言，2014 年度出现的《大汉苏武》《运之河》《高山流水》和《貂蝉》以及前两年首演的《钓鱼城》《赵氏孤儿》等剧，其整体艺术质量，较之新世纪以来绝大多数同类剧目都有不同程度的提高，因此，说当下歌剧创作的高原已经形成，并非全无根据。然而除了《钓鱼城》之外，其他剧目不是剧本创作有重要缺憾，就是音乐创作有明显不足，抑或两者兼而有之，因此其戏剧性、音乐性及两者高度综合的整体成就，尚不能与 20 世纪 80 年代之《原野》、90 年代之《苍原》相媲美。

《三毛流浪记》《钢的琴》《王二的长征》《妈妈再爱我一次》《聂小倩与宁采臣》等剧的出现表明，我国音乐剧的创作质量近年来呈逐步上升趋势，我国艺术家们对音乐剧本土化探索能力和水平有了较大提高，特别是《钢的琴》《王二的长征》两剧，其整体艺术质量又在其他剧目之上，从而为我国音乐剧创作的高原业已形成之说提供了较充足的理由。但若以“高峰”标准来衡量，这些剧目仍有较大的修改提高和精心打造的空间。

具体到在我国歌剧音乐剧的音乐创作，有一个共同的创作命题不能不提，即如何处理宣叙（吟诵性）和咏叹（歌唱性）的相互关系？宣叙调之于正歌剧音乐创作，是音乐戏剧性展开的重要手段，因此必不可少；但在音乐剧中却未必非有不可。即便两者都用，也有一个如何处理腔词关系问题。目前，我们在几乎所有正歌剧和某些音乐剧中听到的宣叙调或所谓“吟诵体”唱段，不顾汉语四声和人物的语调、语势，生硬别扭、佶屈聱牙之状比比皆是；类似的情形甚至也浸淫到咏叹调或歌唱性唱段的创作中——如今，一些被作曲四大件武装到牙齿的作曲家，竟然写不出一段娓娓动听、撩人心弦的如歌旋律来，反倒让形形色色拼难度、赛响度、飙高音、既难唱又难听的独唱、重唱和合唱充斥全剧。这对于如歌旋律长期养成独特审美情趣的中国观众而言，不啻是一场听觉折磨。

因此，无论是歌剧还是音乐剧，如何在高原上进一步夯实基础，克服各种不健康、不正常心态和现象，真正做到为人民创作，为观众写戏，潜心积累后劲、苦练内功，努力打造出思想精深、艺术精湛、制作精良的精品剧目，为我国歌剧音乐剧创作高峰的真正出现创设各项主客观条件，是摆在所有音乐戏剧家面前的光荣使命。

居其宏　河南理工大学特聘教授、南京艺术学院教授

2014 年度歌剧、音乐剧发展概览

◎游暐之

2014 年全年，据不完全统计，全国（除港澳台三地区）共演出歌剧约 60 部、200 余场，其中原创、经典新版制作歌剧占总数的近二分之一。演出音乐剧约 30 部、150 余场，其中原创音乐剧作品占到总数的约三分之一。

目前，国际上流行一句话："歌剧的希望在中国。"这句话有以下几层含义：一是欧美经济的持续低迷，严重影响了歌剧等舞台艺术的生存空间，于是纷纷将目光瞄准中国；二是中国经济持续稳定，尤其是一二线城市的人们，在经济上有实力，对文化产品有需求，对于歌剧、音乐剧等舞台艺术的发展也是一种促进；三是京沪津几大城市，一直以来在舞台文化艺术方面就比国内其他城市更加活跃一些，因此也成为歌剧、音乐剧演出热度能够保持并且呈上升趋势的几个区域。而这种热度，也辐射到国内的其他区域，形成散点星火态势。当然，要解释 2014 年在全国形成的一个歌剧热潮，就不能不首先关注当年 10 月在武汉举办的全国第二届歌剧节。

歌剧节催生的创作热潮

2014 年 10 月 29 日—11 月 13 日，由文化部和湖北省人民政府联合主办的第二届中国歌剧节在武汉举行。首届歌剧节于 3 年前在福州举办。

与第一届歌剧节相比，本次歌剧节在剧目的申报数量上有所增加，从演出的质量上看，准备也较前更加充分。当然，一个很独特的现象就是，90% 的参评剧目均是当年首演，一部分首演时间在上半年，演出之后还有几个月的时间修改提高，但也有个别剧目基本是踩着歌剧节开幕时间的点才杀青，匆匆上阵，没有任何修改提高的机会。

据统计，全国各地共申报作品 42 部，包括歌剧、音乐剧、歌舞剧，应该说，两届歌剧节关于歌剧的概念都是广义的。通过初选，最终确定出 16 部作品参加歌剧节评选，4 部（台）作品，只参加展演，不参与评选。

20 台剧目在武汉几个剧院分别演出共 38 场。其中：湖北省歌舞剧院的《八月桂花遍地开》，辽宁歌剧院的《雪原》，江苏省演艺集团的《运之河》，武汉歌舞剧院的《高山流水》，中国交响乐团的《木兰诗篇》，陕西省歌舞剧院有限公司的《大汉苏武》获得优秀剧目奖。

天津歌舞剧院的《中华儿女》，四川艺术职业学院与中国歌剧舞剧院合作的《苏武》，重庆歌剧院的《钓鱼城》，四川凉山州歌舞团的《彝红》，甘肃省歌剧院的《貂蝉》，山东歌舞剧院的《赵氏孤儿》（音乐会版），获得剧目奖。

中国歌剧舞剧院的《白毛女》，中国交响乐团的《悲怆的黎明》，江西省歌舞剧院有限责任公司的《回家》，湖南省昆剧团五岭歌舞剧团的《以青山的名义》获得演出纪念牌。上海歌剧院的《阿蒂拉》、中央歌剧院的《女武神》获优秀演出奖。武汉音乐学院的《茶花女》，中央音乐学院歌剧中心的《阿依达》获得演出奖。

另有个人和单项获奖情况不在此赘述。从参评剧目及最终获奖情况来看，应该说获得优秀剧目奖的整体水准和艺术质量还是近年来比较高的，具有一定的代表性。当然，可能因为奖项设置的数量有限，所以还有几部创作出来之后在业界反响不错的作品与"优秀"二字擦肩而过，屈就剧目奖。

歌剧《钓鱼城》《赵氏孤儿》是创作于 2011 年的两部作品，当年这两部作品也是为备战首届歌剧节而作，因为各种原因未能登上福州歌剧节的舞台。在参加第二届中国歌剧节之前的两年当中，《钓鱼城》先后亮相全国少数民族文艺汇演和中国国家大剧院的舞台，并曾经获得中共中央宣传部“五个一工程”奖和“国家舞台艺术精品工程”年度资助剧目，可以说是一部相对成熟的作品。而莫凡作曲的歌剧《赵氏孤儿》，首演于2011年，这个“孤儿”诞生之后，虽然在业内口碑不错，但由于山东歌舞剧院经费和改制等原因，鲜有机会搬上舞台。此番也是借着第二届中国歌剧节的契机，山东歌舞剧院希望此剧能有展示的机会，决定上报参评。但因为经费有限，只能推出音乐会版，这样的舞台呈现形式多少会对最终的评奖结果有一些负面影响。甘肃歌剧院的《貂蝉》是专为第二届中国歌剧节所作，2014年5月首演。首演之后经过修改，在本省几大剧院演出十几场，在赴武汉之前先绕道上海，应上海国际艺术节之邀在上海大剧院演出一场，获得好评。这部歌剧也是甘肃省歌剧院近年来在歌剧创作方面零的突破。

在2011年首届歌剧节举办的时候，全国歌剧的创作态势就出现了一次“井喷”，3年后，这种“井喷”现象再次出现。所谓“井喷”，其实就是一种能量的集中爆发，促成这种能量爆发的，正是歌剧节的举办。对于很多地方院团（排除京沪），由于体制改革和经费困难等原因，很多年都不排一部歌剧。而且，排演一部歌剧不仅需要资金的支持，同时也需要有能够演出歌剧的完整团队。但现实情况是，很多院团有歌剧的理想，但缺乏歌剧的实力，要么是乐队声部不完整，要么是没有自己的合唱队，此前提到的山东歌舞剧院就是典型的例子，演出《赵氏孤儿》的合唱队员基本上来自社会上的业余合唱团；还有很多作为院团台柱的角色演员，也因为多年缺乏歌剧的舞台实践，因此在各方面都难以达到歌剧演员的素质要求。所以，即便有比较好的一度创作，但是二度创作的艺术质量也难以保证。凡此种种，就形成了地方院团对于歌剧创作和演出的恶性循环，越没有能力演，就越怕演，反之亦然。

而有能力冲破这种负面循环链的，就是每隔3年由文化部举办的歌剧节。这种规模的歌剧节由于规格高，吸引力也就强。对于很多地方院团，想要创排歌剧，基本上会选择借助歌剧节的力量。因为对于这些院团而言，如果向地方政府提出申请参加歌剧节，政府往往都会在人财物各方面给予一定的支持。如果最终能够在歌剧节上获得一个令地方政府满意或还算认可的奖项，那么之后还会得到相应的奖励，为接下来这部作品的修改提高和继续演出提供一定的资金保证。

如此说来，国字号的歌剧节对于各地方院团在歌剧发展方面的促进作用是显而易见的，但是这种促进并不完全符合艺术发展的规律。为了评奖而创作，不是说不会诞生好作品，但是急功近利的心态是无法避免的，所以依靠评奖的歌剧创作，其负面效应也逐渐显现。因为很多是应景之作，评奖结束恐怕就会刀枪入库，很多作品再没有机会拿出来演；或者即使拿出来演，在艺术水准、观众知晓度方面都不能令人满意，因此演出也不过是凑数字、走过场，对于剧目本身和院团的发展并无太多益处。所以，歌剧的发展还是要符合其艺术发展的基本规律，外力的作用固然需要，而内部机制的良性循环可能才是歌剧艺术健康发展的原动力。

不可否认的一个现象，那就是我们原创歌剧的观众基本上还是局限在专业圈子里。原创作品的社会认知度不高，原因肯定是多方面的。但是很多歌剧创作脱离生活、闭门造车，也是人们远离这些创作的根本原因。一部好的歌剧作品，还是要接地气。文艺作品的好坏优劣，不是专家学者说了算的，观众才是真正的评委。那么怎样创作出广大观众喜爱的作品，我想有几点是需要重视的。一是临时抱佛脚的创作态度。也就是刚才说的为了某个特殊的日子或在某个节上面拿奖。如果创作出于某种功利的目的，那么势必会离观众的要求越来越远，最终的结果只能是自娱自乐。二是院团要有自己的创作人才。目前很多院团因为种种原因自己没有创作人员，一旦需要创作就要依赖外请。高额的费用还在其次，关键是外请的创作人员有时会同时接好几个戏，不要说下到基层体验生活，能在规定的时间拿出东西就已经很不错了，而好的作品都是磨出来的，所谓慢工出细活。三是歌剧事业的发展是一个循序渐进的过程，地方政府对于各地院团确实应该在人力、物力、财力上给予长期、充分的支持和保障，这种支持必须是常态化的，不能是参加比赛或评奖就重视，平时基本不闻不问。只有为院团解除了后顾之忧，才有望创作出好的作品。

京沪津三地不同的歌剧环境

在前述当中的院团中，京沪的中央歌剧院、上海歌剧院在两届歌剧节上都没有原创作品展示。原因在于，这两个歌剧院包括中国歌剧舞剧院的中直院团，在文艺体制改革中基本没有受到影响。上海歌剧院还从以前的差额事业单位改为全额事业单位，也就是政府给予的支持力度更大了。所以京沪院团如果想要进行歌剧的创排，与其他院团相比，还是有很多优势，并且因为这种优势，所以一般不会因为某个节庆而赶制作品。还有一个主要的原因，那就是目前中国的歌剧观众（主要指西方经典歌剧）基本集中在京沪等经济比较发达的地区，很多观众常年浸淫于各种高水准的演出中，可以说见多识广，眼光和要求自然也挑剔。

在上海，如果一个卖瓷砖的跟你侃侃而谈普契尼、威尔第……你丝毫不要觉得惊讶，我自己就曾遇到过这样的人。观众有需求是好事，但是这种需求是有标准的。所以，在京沪的国有院团也面临着一种尴尬，那就是排演制作一部西方经典歌剧，可能还有百分之六七十的出票率（不能奢望100%，因为很多观众只看国际知名团体来华的演出，即使票价昂贵），但是，如果是一部中国原创歌剧，尤其是新的作品，那么结果基本上票房惨淡，甚至零票房。走进剧场，要么看到的都是音乐圈的熟人，要么是通过各种关系的送票，好比一个规模宏大的堂会，自娱自乐而已。这也是中央、上海两大歌剧院对于原创都比较慎重的原因之一。

当然，对于中央歌剧院、上海歌剧院这样在国内早已非常知名的老牌剧院，无论是演绎西方经典还是中国原创，实力毋庸置疑。但从两个院团全年演出歌剧（包括西方经典和原创）的数量规模，与成立仅6年的中国国家大剧院无法比肩。原因就是没有属于自己的剧场。因为场地的使用不自主，所以在制定年度演出季的时候也会有很多的限制。以上海歌剧院为例，在上海能够演出舞台版歌剧的场地就那么几个，因为所有权不在自己手中，所以每排一部歌剧都要提前约租，而剧场方面因为还有自己的安排，所以给出的档期未必是院团所期望的；档期的问题还不是最重要的，因为即使不能租到黄金档期（周末时段），平日档还是有可能的。但场地费的“铁面无私”，则无形中将演出成本拉高很多。因为剧场通常是自负盈亏的单位，它要考虑其运营成本。因此，当作为道具的一把椅子搬进剧场，场租就开始发生了，假设一晚上场租10万元，则费用就从这把椅子进场开始算起，这把椅子估计也成为世上最贵道具了。所以，为了降低成本，上海歌剧院近年来在经典歌剧制作方面都选择与上海大剧院合作的模式，如《卡门》和《曼侬·莱斯科》。但是联合制作并非长久之计，因为版权共同所有，歌剧院自主的权利就只有一半，就好比一辆四轮车，两个轮子是自己的，另外两个轮子是借的，一旦失去借力，那么这辆车也就无法正常前进了。

目前，在国内实现场团合一的还有福建省歌舞剧院和福建大剧院，但是因为文化背景和文化需求与京沪等一线城市有很大的不同，因此虽然其早于中国国家大剧院实现场团合一，但是发展的力度显然无法望中国国家大剧院的向背。当然，中国国家大剧院的发展模式是一个特例，它是先有剧场，后组建包括乐团、合唱团的演出团队。并且，由于具有在硬件和软件上得天独厚的优势，以及开幕以来在经营运作方面先进的理念，使得中国国家大剧院在短短6年之内，一跃成为中国歌剧演出、制作、创作的当之无愧的老大。开幕至今，中国国家大剧院演出歌剧近500场，原创和制作歌剧28部，其中原创中国歌剧5部，制作西洋经典歌剧23部，歌剧演出场次238场，接待观众超过30万人次，平均上座率达到80%，这样的制作和演出体量，是国内任何一个院团都望尘莫及的。虽然中国国家大剧院的成功有多方面的因素，并且这种成功也是无法复制的，但是场地自主使用安排的优势却是不可忽略的。

中国国家大剧院也是目前国内唯一具有成熟的歌剧演出季的剧院，其演出季具有前瞻性和准确性，观众基本在上年度就可以购买下一年歌剧演出季全年的套票。2014年，中国国家大剧院全年演出歌剧共有22部84场，其中自主制作16部74场、外邀6部共10场。这也是6年来演出场次、数量最多的一年，而这个数量，也占据了2014年全国歌剧演出数量的三分之一还要多。

前来中国国家大剧院观看演出的观众主要有两个层面：一是京城本地和来自上海、天津、广州等一线城市的音乐爱好者、专业人士；二是来自全国各地赴京旅游、出差的人们。后者是一个不确定的群体，但是数量可观。中国国家大剧院地处首都最核心位置，从剧院的建筑本身来讲，已经成为天安门西侧的一个地标式建筑。对于很多外地到北京旅游或出差的人来说，中国国家大剧院不仅是一个文化场所，更是一处旅游景点。大剧院也从开幕不久便推出日间 50 元参观剧院的活动。游客在参观的同时，也愿意花钱买票观看歌剧或其他演出作为一种难得的艺术体验。遇上五一、十一旅游长假，这样性质的观众就会更多。虽然，这一观众群体的增加具有随机性和偶然性，并且绝大多数是一次性的，但是从绝对数量上来讲，是不会减少只会增加的。当然，这个群体的观众，由于很多是第一次观看歌剧，对观剧礼仪等方面还不太了解，因而剧场秩序有时候不是特别好。但是，无论如何，只要能够吸引观众走进剧场，对于剧院的发展、歌剧的普及都是有益的。

正是因为中国国家大剧院无与伦比的人气和影响力，近年来也吸引越来越多的国际合作，而国内很多歌剧院团也以将自己的作品推上中国国家大剧院的舞台，作为提升自身影响力的一种手段。

与中国国家大剧院正宗国字号不同的，近年来颇具影响力的天津大剧院是一个地道的民营剧院，它的崛起也可谓是一个奇迹。当然，天津大剧院目前还是以剧场为主，并没有演出团队，演出的歌剧作品基本上是引进制作。在剧目的选择上，也非常大胆和先锋，引进的歌剧要么是规模超大，比如 2014 年的《战争与和平》，要么是在国外上演率也不高，但是具有一定艺术价值和水准，比如《居里夫人》《娜拉》……因为风格独具，所以天津大剧院近年也成为京沪两地歌剧爱好者和专业人士关注之地。高铁的开通，让沪上观众赴津观剧更加方便快捷，而天津大剧院为了吸引上海观众，每当新剧上演，都会想尽一切办法，与旅行社合作，专门组织上海观众的观剧团，为其平价预订五星酒店，满足上海观众观剧之外生活品质的要求。2014 年，天津大剧院全年共演出 5 部歌剧，共 14 场。

虽然数量与规模都不能与中国国家大剧院相比，但是天津大剧院走的是一条属于自己的发展之路。它的歌剧基本是引进制作。并且几乎每一部戏都能成为当年歌剧演出的一个热点。2014 年，天津大剧院推出了由天津歌剧院等几家单位联合制作的津门版歌剧《茶花女》，将原本歌剧发生的故事移植到民国时的天津。这种歌剧本土化的方式在日、韩、新加坡等亚洲国家和地区比较常见，在中国尚属首次，因而引起的关注也比较大。

京津两地的歌剧热演，吸引了众多的上海乐迷。而上海本地的歌剧演出，无论数量还是规模，都不足以满足沪上乐迷的需求。事实上，2014 年，上海一年的歌剧演出确实热度不够且相对分散。上海歌剧院全年推出的小剧场情景音乐会版的歌剧系列演出，是基于歌剧艺术在民众中的普及展开的，无论是乐队的编制还是制作的规模，都不能达到舞台版歌剧的要求。其他相对吸引观众的剧目也以联合制作为主，比如，上海大剧院与上海歌剧院联合制作的《曼侬·莱斯科》，上海交响乐团与北京国际音乐节联合制作的音乐会版理查·施特劳斯的《艾莱克特拉》和《阿里阿德涅在拿索斯岛》，以及意大利贝里尼歌剧院在上海文化广场演出的《乡村骑士》和《丑角》，虽然这些歌剧演出在当时也都形成了一定的影响，但是如果以歌剧演出的数量和场次来衡量的话，这样的体量显然与上海国际大都市的地位难以匹配。

京沪津三地的歌剧环境各不相同。而尤其具有代表性的还是京沪两地。一是由于京沪两地在经济和文化方面特殊的影响力，使得两地成为国内歌剧发展的风向标和参照体；二是由于文化和历史的原因，使得国内绝大多数的歌剧爱好者都集中于两地，因此，中国歌剧发展状况的冷与热，都会首先在这两个城市得到比较集中的体现。

原创歌剧题材的选择特点

如前所述，由于第二届中国歌剧节的举办，让中国原创歌剧在数量和质量上都有不小的收获。分析 2014 年原创歌剧的题材和内容，会发现本土化题材成为各院团的首选。

中国国家大剧院原创歌剧《骆驼祥子》，根据老舍同名小说改编，故事的发生地为 20 世纪 30 年代的北京。郭文景虽然祖籍四川，但在北京生活 30 多年，他自称自己是有着四川口音的地道北京人。老舍的很多作品都是由京字号的院团搬上舞台继而红遍全国的。《骆驼祥子》就有非常经典的话剧版本，歌剧版的《骆驼祥子》从一个全新的视角和艺术形式来演绎这部名著，观众的感受自然会比较独特。

在长达3个小时的时间里，郭文景用音乐塑造角色、体现事件，独唱、重唱各具性格，宣叙调的处理尤其成功。接近尾声的大合唱《北京人》画龙点睛，震撼全场，堪称卓越。虽然演出后评价见仁见智，但肯定的声音还是占绝对的优势。而这部作品也毫无疑问成为大剧院成立6年来在歌剧原创的巅峰之作。

歌剧《八月桂花遍地开》首演于2014年5月，故事以革命老区湖北省红安县为大背景，讲述的是土地革命时期大别山区一个富人家的养女，如何从懵懂走向觉悟投身革命的故事。音乐元素以湖北民间音乐和戏曲音乐为主色调，创作方式是与红色经典歌剧《洪湖赤卫队》一样的民族歌剧的样式。《八月桂花遍地开》原本就是在湖北当地流行随后全国传唱的一首红色歌曲，以曲名作为剧名，一是体现了作品的地域特征，二是明确这是一部革命红色题材的原创。作品首演后，根据各方意见，在几个月之内做了大幅度的修改，第二届中国歌剧节上呈现的，比首演时更加完整、合理、精练。

2014年9月30日，是中国第一个烈士纪念日。由辽宁省歌剧院推出的原创歌剧《雪原》在这一天正式亮相。这部专为抗联战士而写的歌剧作品，用编剧冯柏铭的话说，就是真实的故事虚构的人物。虽然背景宏大，但作品还是以情构剧，从同志情、恋人情、母子情等几个方面，推进剧情发展，展开各种矛盾。本剧作曲徐占海称这部作品是献给抗联英烈的一首安魂曲。徐占海总结这部歌剧的音乐创作特点：从形式而言，是功能与非功能之间；调式结构则是有调式和无调式之间不停的游离转换。这也是徐占海多年来歌剧音乐创作新的探索。歌剧《雪原》既是为参加第二届中国歌剧节评比，也是为纪念2015年世界反法西斯战争胜利70周年而作。

京杭大运河是世界上里程最长、工程最大的古代运河。大运河南起余杭（今杭州），北到涿郡（今北京），途经今浙江、江苏、山东、河北四省及天津、北京等地。严格来说，江苏只是运河的途经地，但是江苏以敏锐的嗅觉，率先将这个题材归拢到自己的名下。关于运河，有很多故事可以讲。歌剧《运之河》将视角投向隋炀帝，对于这个在中国历史上颇具争议的一代帝王，剧作试图以现代人的视角，客观评说隋炀帝在开凿运河这一历史事件当中的功过。整部剧故事比较完整，唐建平的音乐流畅，旋律性强，尤其是占据大篇幅的合唱部分，令人印象深刻。舞台呈现恢宏华丽但细节有待雕琢。戴玉强、殷秀梅的领衔为这部歌剧增强了号召力。

在武汉的琴台音乐厅旁边，就是伯牙和钟子期纪念公园。武汉市歌舞剧院抓住这样一个本土题材创作歌剧《高山流水》。这个家喻户晓的故事，在史料中的记载不过百字，从歌剧的角度讲，伯牙与钟子期两个均为男性角色，一个男高音，一个男中音，是无法满足歌剧声种要求的。编剧黄维若没有按照歌剧惯常的编剧手法，而是赋予这部歌剧一种文学形态，通过这种文学形态来确定这部歌剧的语境。剧中既有伯牙、钟子期、楚晋两王、钟子期母等真实的人物形象，又有高山、流水、玉衡仙子、星星等虚拟的人物形象。这样的人物设置，使得这部歌剧的戏剧形式独特同时具有歌剧特点。音乐方面，莫凡将古琴音乐与西洋歌剧的艺术形式相结合。除了运用古琴音色，更运用古琴音乐的旋法、韵律，赋予作品“轻、飘、淡、远”的气质，同时又有浓烈、醇厚的交响性。这部作品也是近年来莫凡歌剧创作的一个高峰。

陕西歌舞剧院的原创歌剧《大汉苏武》诞生于2013年，经过首演和全国几个地方的巡演之后，登上第二届中国歌剧节的舞台。经过几轮演出，其舞台呈现也日益成熟。古都西安就是当年的长安，苏武的故事虽然并不是以这里为主要的发生场所，但是始发和回归都在此，因此也可以说是本土题材。全剧共3幕，选取的是苏武出使、遇劝降、受囚禁、被牧羊、获荣归等若干片段，虽不足以铺陈苏武留胡19年的忍辱负重、生死挣扎的全过程，但这几个片段，集大成地体现了苏武在使命、信念、气节、忠诚上矛盾冲突最激烈的篇章。郝维亚的音乐恢宏、旋律性强，舞台呈现虚实结合，大气质朴，古风鲜明。

歌剧《钓鱼城》取材于700多年前发生在重庆市合川县钓鱼城的真实故事。这是一个非常有故事的题材，然而因为涉及民族和投降等敏感话题，使得几十年来迟迟没有人敢于将其搬上舞台。编剧冯柏铭以独特的视角，对这个故事重新诠释，否决了忠君报国的历史观念，强调以人为本、生命第一的现代理念，既体现坚强抗战、忠贞不渝的精神，更阐述了和平统一、民族和解的更高境界。该剧音乐创作力求抒情与戏剧性兼顾，器乐与声乐创作平衡，独唱、重唱、合唱等各种声乐表演形式展示充分，就整体而言，下半场戏比上半场更好，主题更为鲜明、风格更为民族化，旋律更为流畅。此剧曾获得全国少数民族汇演金奖。

由四川凉山彝族自治州歌舞团创作的民族歌剧《彝红》，在第二届中国歌剧节上连演两场，其鲜明的民族风格和红色题材，引起了观众的特殊兴趣。而从舞台呈现看，这部作品似乎应该更接近民族歌舞剧或音乐剧，作品取材于当年发生的真实事件，讲述的是红军长征经过凉山，与彝族人民结下深厚战斗友情的故事。它所反映和表现的内容也都是较为通俗易懂的。加上音乐的旋律性、抒情性，让这部作品显得非常亲民。

关于中国古代“四大美人”之一貂蝉的籍贯，有说是甘肃临洮人，也有说是陕西米脂人，还有说是山西忻州人，众说纷纭，莫衷一是。甘肃歌剧院抢得先机，让《貂蝉》落户甘肃。歌剧《貂蝉》的编剧黄维若将人们熟知的王允设连环计除掉董卓的故事进行了颠覆性的改编，让貂蝉从一个同谋者变为一个毫不知情被政客利用的牺牲品。让原本沉浸于父女情深、恋人相爱的一个单纯女子，最终因对残酷现实的绝望而香消玉殒。配合悲剧的戏剧设定，曲作者崔炳元运用陕西一带秦腔的苦音，作为它最富特征的核心性音乐动机。音乐整体性上，符合唱词平仄四声的西北音调与时有时无的秦腔样貌，都良好地衬托了本剧音乐的基本气质。同时，曲作者在旋律创作与西北民族民间音乐的内在联系方面也进行了尝试和探索。

歌剧《一江春水》是由上海音乐学院周小燕歌剧中心制作的一部原创作品。这部歌剧根据电影《一江春水向东流》改编。同名电影诞生于 1947 年，是 20 世纪三四十年代中国电影工业最高水准的巅峰之作。故事的题材也是上海本土题材。首轮演出的效果并没有预想的好，由于电影的深入人心，歌剧在故事的裁取和主题立意的把握上都缺乏影片应有的深刻和震撼，将原本的一个由社会和大时代造成的悲剧，演绎成 3 个女人与一个男人无聊的感情纠葛。这部歌剧的音乐延贯郝维亚的音乐风格，旋律动听，场景烘托有磅礴的气势。但是剧本的硬伤也从一定程度上限定了作曲家的发挥。

如何看待歌剧题材本土化的选择？其优劣又体现在哪里？首先，中国地大物博，每个地域的文化特点和历史积淀都不同，只要有好的艺术眼光和判断力，本土题材的选择具有不可替代的优势。而这个独家优势一旦占据，其他地方基本不会再有同样的选择。其次，对于地方院团来说，抓本土题材，可以比较容易获得当地政府在人财物方面的支持，地方政府出于宣传本地文化的考虑，对于能够体现当地文化历史的舞台作品会有更多政策上的支持。但是，从一个大中华文化的角度来说，这样选择歌剧题材很容易形成固化思维，眼睛只盯着自家区域的那点东西，会越来越缺乏大的艺术格局，久而久之，难免会成为井底之蛙，走到创作选题的死胡同中。

引进和原创音乐剧各自成蹊

与歌剧相比，音乐剧产业化的形态比较明显。可能是纽约百老汇和伦敦西区带给人们的直观印象，认为音乐剧与歌剧最大的不同就是能够走市场，靠巡演和可观的票房实现良性循环和自我生存。但现实却不尽如人意。目前国内音乐剧界，无论是引进制作还是原创作品，都希望在市场中分得一杯羹。但实际的情况是，引进的音乐剧制作最多可以连演几十场，并轻松实现全国一二线城市的巡演，上座率亦可保持在 80% 以上。而很多国内原创虽然前期宣传也想尽办法，用足手段，但最终所引起的关注和收效却不令人满意，通常热闹的首演之后便迅速降温，巡演或驻场演出如果没有外力的支持也不会有大的影响。盘点 2014 年音乐剧的整体发展，是引进的热潮与原创的热情各自成蹊，没有交汇。

音乐剧进入中国的时间要比歌剧短得多，追溯历史也就不到 20 年。无论是普通的音乐剧爱好者还是专业的创作人员，对于音乐剧的认识和了解都是从西方经典音乐剧开始。所以，谈中国音乐剧的业态，西方引进制作的影响是绕不开的。

和歌剧一样，上海也是音乐剧在中国的首个着陆点。十几年前，上海大剧院曾经把发展的重心放在演出引进版的音乐剧制作上，《剧院魅影》《悲惨世界》《狮子王》《妈妈咪呀》《猫》等都是在这里首次登陆中国。可惜之后大剧院没有坚持下去，将音乐剧的接力棒转到了上海文化广场的手中。

上海文化广场目前的定位是音乐剧。而最能聚拢文化广场人气的，是每年引进的几部欧美经典制作。在2014年初上海文化广场公布的引进制作名单中，有百老汇最经典的《剧院魅影》、英国男版《天鹅湖》、德语音乐剧《伊丽莎白》、百老汇音乐剧《芝加哥》。后《芝加哥》因故取消。最终虽然只剩下三部引进制作，但依然在3个不同的时段掀起了音乐剧迷的观剧热潮。

韦伯的经典作品《剧院魅影》10年后重返上海，观众的追剧热度不但没有减弱，反而更加强烈。不仅上海本地的观众慕名而至，也吸引了一批又一批来自外省市的音乐剧迷们“打飞的”前来观赏，可见其无与伦比的艺术号召力。

英国导演马修·伯恩（Matthew Bourne）的新《天鹅湖》基于俄罗斯浪漫经典芭蕾《天鹅湖》改编而成，沿用了柴可夫斯基的音乐。与经典版本最显著的不同在于众天鹅的角色全部改由男性舞者演绎，故事也进行了颠覆性的修改，人们常简称其为男版《天鹅湖》。男版《天鹅湖》是具有音乐剧元素的现代芭蕾舞。在前期宣传中，上海文化广场召开新闻发布会，同时邀请参加发布会的媒体观看本剧3D视频，做前期热身。正式演出之后，效果和人气一场比一场高，剧中男性舞者的阳刚、力度，赋予老柴音乐以新的内涵，令观众耳目一新，且每一段舞蹈与音乐都完美契合，仿佛老柴当年的音乐就是为了今天而作的。主创者的想象力和艺术创造力令人叹服。

在人们的印象中，音乐剧可能更适于表现浪漫和超现实，但德语音乐剧《伊丽莎白》却是“最接近历史的音乐剧”，其叙述方式和舞台语言都有着独特的“德式”烙印。不同于电影《茜茜公主》中塑造的天真烂漫的少女形象，这部音乐剧里的伊丽莎白是个矛盾的集合体，剧中运用戏剧的间离美学，让刺客卢凯尼作为讲述人从开场就始终游走于舞台，而伊丽莎白与死神的若即若离的“相恋”也预示了这部作品悲剧的结局。在人物情感的表达上，也没有善恶绝对的对立，而是让角色自始至终处于一种无奈的纠结状态中。这部音乐剧从12月跨年至2015年1月中旬，连演40场，吸引了大批音乐剧粉，也让看惯了百老汇和伦敦西区音乐剧的中国观众对德国音乐剧有了最直观的认识和了解。

除了引进版制作，从2011年开始，上海文化广场还推出了华语音乐剧展演。展演剧目的数量从第一年的1部到2014年的4部，且都是最新创作。

2014年，入围文化广场华语音乐剧展演的音乐剧共有四部，分别是来自杭州的《简·爱》、来自北京的《昆仑神话》和《纳斯尔丁·阿凡提》以及来自新加坡的《搭错车》。

音乐剧《简·爱》有很好的文学基础，而且影视话剧作品也有很多不同的版本。对于创作可参照的方面很多，这是有利因素。但是不利的因素也显而易见，正是由于太深入人心，观众的期望值会很高，这就非常考验主创的文学艺术功底以及裁选的能力。从故事结构上来说音乐剧《简·爱》与同名话剧没有太多突破，最终的呈现没有太多意外。或许主创还没有完全摸索出音乐剧创作的规律，所以现场感觉叙事和抒情有些脱节，在遣词造句上也不够考究。从音乐方面来看，风格上基本按照百老汇或伦敦西区音乐剧的风格，旋律动感结合，比较好听但特点不鲜明。

《纳斯尔丁·阿凡提》与《昆仑神话》两部作品均由华夏乐章文化传播有限公司出品，这是一家民营企业。《纳斯尔丁·阿凡提》是有着异域风情的喜剧音乐剧。故事来自民间传说，音乐风格比较多样化。《昆仑神话》采用古今、人间、天界穿越交替的表现手法，以剧中剧的表现形式，将发生在昆仑山的上古神话与现实生活中的真实情感相结合，音乐方面也有几段悦耳的唱段。华夏乐章文化传播有限公司在市场运作方面经营得不错，两部剧在参加展演之前都已经过北京等地的多次巡演，从演出和制作上都相对成熟。

音乐剧《搭错车》很容易让人想到苏芮演唱的《酒干倘卖无》，不过虽然剧名和台湾电影的名字相同，但是在故事内容和风格上都有改动，歌曲和音乐也与原作完全不同。这部剧由几位来自新加坡的华人青年创作演出。

从上海文化广场华语展演剧目制作方来看，对于音乐剧，民间社会团体的参与度和热情比国有院团更高一些。原因有两个方面：一是音乐剧的艺术形态更年轻化，市场的前景会对民间的投资有一定的吸引力；二是音乐剧产业化的形态是从选择演员就开始了，音乐剧表演专业也是近年来各艺术院校的新兴专业，学习音乐剧表演专业的演员更乐于自由地支配自己的艺术实践。在国有院团，声乐演员基本是学习美声或民族唱法的，而学习音乐剧表演专业的演员一般都会选择跟项目，加入某个音乐剧剧组演出，而不会选择进入国有院团，这也使得国有院团音乐剧演出的人才方面有所欠缺，从某种程度上限制了其音乐剧的创制。

当然，目前国内创作和演出原创音乐剧，最佳的组合可能还是要与政府合作，政府搭台，艺术家唱戏。

广东东莞近年来提出的目标是打造中国的“音乐剧之都”，目的是树立东莞的文化形象。由东莞市文广新局、东莞市东城区和北京保利剧院管理有限公司3家，合作成立了东莞（东城）保利文化艺术制作基地，并采用“政府扶持、企业承办、项目办团、院线运营、指标监管”的运营模式。

音乐家三宝近年来致力于中国音乐剧的创作和演出，他的几部音乐剧作品都是与东莞市政府和保利院线合作完成的。近两年获得较好口碑的音乐剧《钢的琴》《王二的长征》都在全国的保利院线进行了巡演，《钢的琴》演出100余场。2014年，音乐剧《王二的长征》在全国巡演50余场。这个红色题材的音乐剧，文本有着很独特的视角，一封红军手写的家书贯穿始终，就是这封信，一字一句，经过不同的人和事，让王二这个普通农民走上革命道路。三宝的音乐很有特点，有几个唱段激昂振奋，令人难忘。2014年，三宝再次依托东莞保利院线，与编剧关山合作，完成音乐剧《聂小倩与宁采臣》，并进行全国巡演。在故事的架构上，剧作者同样融入了自己的理解，而舞台的呈现也是融古典与现代相结合。在前期宣传片中，主题曲由韩红演唱，巡演中，歌手景岗山加盟，这些都成为这部音乐剧的卖点。从音乐方面来说，整部作品的音乐旋律性强，没有刻意模仿西方音乐剧音乐的创作样式，这点难能可贵，主题曲很好听，总体戏剧张力弱一些，听久了会略感疲惫。

至2014年，东莞已连续四届举办音乐剧节，成为国内首个以地方政府牵头的音乐剧节。所不同的是，音乐剧节除了进行音乐剧展演，还进行音乐剧的产业交流，也就是说，原创音乐剧作品在这里不仅是艺术品，而且是可以买卖的文化产品。前来东莞参与展演的很多原创剧目都来自民间音乐剧工作坊，这些工作坊通常由几个志同道合的专业人士组成，他们的创作演出有3个特征：一是更加注重个性群体观众的需求；二是注重创作者艺术的个性展示；三是创作的终极目的就是走市场。

虽然原创音乐剧的发展势头看起来红红火火，但是其社会影响力和市场冲击力与引进版的制作是不可同日而语的。当然，作为一个在中国起步不久的艺术形式，要想取得西方经典音乐剧的骄人业绩恐怕还需要很长的时间。近年来，即便是最初赢得很好口碑的原创作品，经过一段时间便销声匿迹，似乎已经成了很多原创音乐剧的宿命。我想下面几个问题如果不搞清楚，原创音乐剧创作叫好不叫座或不叫好更不叫座的局面还会持续。

一是音乐剧在中国怎样做？也就是说，我们是完全按照西方音乐剧的形式来进行中国音乐剧的创作，还是撇开外来影响，按照自己的理解做，再或者将两者结合？其实，中国音乐剧的创作不被观众接受归根结底还是样态的问题。一部引进的经典，中国观众很容易接受，因为他很清楚，这就是外国的，就像西餐，中国人也会吃，但仅是调剂而已。如果是我们自己做音乐剧，讲的是中国人的故事，用的却是西方人的演绎方式，就会让观众难以接受。就好比中国的饺子，馅料不是韭菜鸡蛋或猪肉大葱，而是黄油土豆，就会不伦不类，观众自然难以产生共鸣和认同。所以，如何将音乐剧这种形式恰到好处地与中国人的欣赏和审美实现无缝对接，是今后要研究和探索的。

二是中国是不是具备如同百老汇或伦敦西区的一种文化生态。目前在国内京沪津一线城市，都缺乏一个标志性的地域，让人产生关于音乐剧的联想。上海文化广场在向着这方面努力，但是真的要成为中国音乐剧地标性品牌可能还需要相当长的时间。在如今文化娱乐可选择的方式越来越丰富的情况下，怎样才能让音乐剧成为人们一种主动的选择。其实，在百老汇或伦敦西区，音乐剧的吸引力并不局限于本地居民。从某种程度来讲，这两个地域已经成为各自城市的文化品牌符号，其观众群有很大一部分来自游客。只要对文化艺术感兴趣的，到了这两个城市，选择看一两场音乐剧，已经成为一种常态选择。形成这两个品牌地标最重要的因素，还是曾经诞生于此的那些优秀的音乐剧作品，所以，好的作品可以成就有吸引力的剧场和市场。

三是什么样的音乐才是音乐剧的音乐。综观西方经典音乐剧题材，有文学名著、经典电影、历史人物、儿童动画等，从题材选择上并没有特别之处，但音乐剧最关键的部分还是音乐。一部经典作品，其音乐的流传会远远久于故事的记忆。无论是百老汇还是伦敦西区的音乐剧，都有着鲜明的地域特色，在我们听来非常洋气、流行感十足的音乐，其根本元素还是来自本土的传统或流行音乐，比如爵士乐在百老汇音乐剧、甲壳虫音乐在伦敦西区音乐剧中的运用等，而如果中国人创作音乐剧，在其中采取什么样的音乐元素，可能还是要从中国本土的文化艺术当中寻找灵感和思路，因为一部作品，只有中国人自己接受了，才谈得上走向世界。

中国音乐剧未来的发展还是要引进和原创两条腿走路，这是必然的趋势，但是这两个点怎么样能够有效地交汇，我想日韩音乐剧发展之路值得借鉴，那就是将引进的本土化，然后带动本土的原创，日积月累，以音乐剧这样一个比较现代的艺术形态，在中国形成气候应该还是有希望的。

游暐之　《歌剧》杂志总编

歌剧“热”持续升温

◎紫　茵

歌剧，这颗音乐艺术皇冠上的明珠，在2014年闪烁着分外耀目的光华。

伟大的歌剧作曲家诞辰纪年热度虽已稍逊于上年。但经典轮回仍然是歌剧爱好者关注的焦点。

中国歌剧节三年一轮，梅开二度，围绕“歌剧艺术的盛会，人民群众的节日”主题，开春从全国精选的19部歌剧，深秋集结江城武汉，在半个月里演出38场。这是党的十八届四中全会和文艺工作座谈会召开后，文化部第一次举办的国家级艺术活动，剧目数量、演出场次、观众人数、业界影响力、社会关注度均创下新纪录。

中国国家大剧院，这个引领歌剧创作潮头的高大上平台，《骆驼祥子》夏季首演，《冰山上的来客》冬日面世。两部引人注目的原创歌剧，被业界评价为最近20年中国歌剧的创作高峰，而普通观众在演出现场燃烧释放的真诚热情，也让歌剧“热”持续升温。

经典魅力依旧

在世界经典歌剧文献宝库中，威尔第和瓦格纳的作品永远散射着神奇而独特的光芒，所有歌剧爱好者对他们作品的尊崇与热情永远不会衰减。曾有人说，伟大的歌剧作曲家，如果只能选出两位，毫无疑问只能就是这两位。所以，2014年虽然纪年不再，但他们的作品依旧常演不衰、票房火热。

瓦格纳的四联乐剧《尼伯龙根的指环》，2005年首度由德国纽伦堡歌剧院原班全版亮相北京。中央歌剧院作为引领示范的“国家队”，在2013年纪念这位歌剧巨匠诞辰200周年之际，从“指环”之二成功入手，精彩上演了中国版《女武神》。9月21日、22日，再度将第三联《齐格弗里德》荣耀送上中国国家大剧院舞台。2014年度国家艺术院团演出季的重头大戏，既是独立制作，又是国内首演。在4个小时里，笔者总会不由自主联想到2005年的纽伦堡版本，希望找出我们的差距，差了多远？差在哪里？最后不得不说服自己，中央歌剧院版与纽伦堡歌剧院版，实在并没差到哪里去。许多方面可能更精妙、更出彩，更让人赏心悦目、赏心悦耳。

中国国家大剧院2014歌剧节，威尔第继续保持着相当高的热度，《游吟诗人》《茶花女》《纳布科》《阿蒂拉》4部作品仍然是观众抢票的目标。在全力翻新威尔第、瓦格纳等重量级歌剧作品后，该院又将目光投注于两部相对简短凝练的意大利真实主义歌剧经典。8月13日至17日，马斯卡尼的《乡村骑士》和莱翁卡洛瓦的《丑角》“双拼套餐”连续五晚散射异彩。两部精致而精彩的小型歌剧，带给观众复合叠加又耳目一新的审美体验。恰似夏夜里交相辉映的双子星，因奇异美妙而感人至深。

在经典歌剧《叶甫盖尼·奥涅金》《卡门》《图兰朵》等轮番密集的演出中，中国歌剧迷如盼甘霖的《诺尔玛》终于来了。这部意大利传统美声时期引领风向的经典名作，在意大利本国上演次数也是相当有限的。9月11日至14日，中国国家大剧院全新制作的《诺尔玛》是为舞台全本在我国内地第一次完整呈现。“贝里尼式旋律运行”的独特风格与隽永魅力，从著名的“交响”序曲开始引人入胜。诺尔玛与阿达尔吉萨的二重唱《拥抱我吧》，两条声线纵横交织，穿插重叠和谐融通，她们的呼吸深浅、心律动向、振幅频率，竟然达及高度契合、同步共振、浑然一体的境界，绝对堪称一个不可复制的现场范本。

原创再攀高峰

相对经典的轮回，原创歌剧首演更引人注目。其中，有3部新作在艺术上所达及的高度较为突出，值得一提。

历经3年创意策划、创排之作，中国国家大剧院原创歌剧《骆驼祥子》（郭文景作曲、徐瑛编剧），6月25日至28日世界首演。这部“全息化”交响曲般的歌剧充满了灵感与激情，超凡脱俗、非同凡响，可谓“洋为中用”最新版本成功范例。该剧高度体现了作曲家器乐化交响性、通盘化立体性、多维度宽幅度的歌剧创作思维与艺术追求，声乐与器乐相通互动浑然一体。这部歌剧不是一部民族歌剧，同我们曾经听过的中国民族歌剧无法相提并论、举例类比。原著里双重文化批判的深刻内涵，在歌剧中毫无削减削弱，因借助艺术的力量而显得格外突出。郭文景的音乐以其独特的音乐语言，成就其独特的审美价值。

“花儿”为什么依旧红？12月24日至28日歌剧《冰山上的来客》首轮6场演出，北京的冬夜因此而变得温暖而热腾。这是音乐“基因”传承最富典型意义的特例，这样的特例基本不可能复制。父亲雷振邦为1963年首映的电影谱写了大量美妙动听的音乐和插曲，女儿雷蕾为2014年首演的歌剧谱写了同样感人肺腑的音乐和唱段。这是雷蕾和丈夫、词作家易茗搭档的第一部歌剧，在创作上更为互感默契心智相通。电影的主要人物与重要情节一个都不少，舞台呈现却力求歌剧化、音乐化。父亲谱写的经典魅力依旧，女儿谱写的新曲一脉相承。

一部以京杭大运河的开掘通航和隋唐朝代更迭为题材的歌剧《运之河》，9月20日在南京首演。这是向中国大运河“申遗”成功致贺献礼。冯柏铭和冯必烈的文本为音乐创作提供了富足的空间与丰实的基础。在《运之河》中，作曲家精心运用双主题贯穿的笔法结构。全剧6个主要角色，音乐形象鲜明，个性特征迥异。编剧与作曲并未将隋炀帝脸谱化简单地描写成一个暴君或英雄，而是以理性客观与人性情怀，用艺术化的手法赋予隋炀帝有血有肉、有情有义的全新形象。

一场“戏外戏”打破了歌剧界长久的沉寂，围绕歌剧《运之河》，舞台下乐评人与作曲家之间几个回合的“笔仗”，似乎要比舞台上的烽烟火药味更浓烈，这是近年少有的现象。一部新戏上演后，万马齐喑毫无反应，那才是艺术创作真正的悲哀。

2014年原创歌剧“量”与“质”不成正比。大制作大而无当，高速度却非高效率。几年前，笔者曾撰文指出中国原创歌剧创作存在“三大顽疾”，即贪大求洋、厚古薄今、争快求速。几年后，“三大顽疾”似无改观，某些方面甚至愈演愈烈，有悖歌剧创作规律的粗制滥造触目惊心。

节庆皆大欢喜

第二届中国歌剧节荟萃中外歌剧异彩纷呈，从参演参评的19个剧目看，无不各行其道各显其能。“国家队”力求再现经典魅力，如中央歌剧院《女武神》、中国歌剧舞剧院《白毛女》；“地方军”立足原创本土特色，如辽宁歌剧院《雪原》、武汉歌舞剧院《高山流水》、陕西歌舞剧院《大汉苏武》、四川凉山州歌舞团《彝红》、湖南昆剧团《以青山的名义》等。

本届歌剧节东道主、湖北省歌舞剧院的《八月桂花遍地开》获得优秀剧目奖，中国交响乐团《木兰诗篇》等5部也获得同等奖项；殷秀梅、杨小勇、雷佳、於敬人、李爽等11人获得优秀表演奖；79岁的作曲家金湘获得特别贡献奖；王原平、唐建平、林戈尔、关峡、郝维亚等获得优秀音乐创作奖；俞峰、张国勇、王燕、许知俊、张峥获得优秀指挥奖；湖北省文化厅获得优秀组织奖。总计70余个单项奖各归其主，可谓皆大欢喜。

从积极的角度去认识中国歌剧节举办的意义非常必要。荣誉得主实至名归，但《雪原》和《钓鱼城》两剧的作曲、《赵氏孤儿》和《高山流水》两剧的作曲，颗粒无收匪夷所思。从歌剧创作演出的特殊性出发，考虑到这项浩大工程需要投入的高成本，应当予以鼓励和肯定，这有利于推动中国原创歌剧创作繁荣，有利于引进世界经典歌剧更新剧目。

此外，中央音乐学院作曲系“为促进中国歌剧事业的发展，使年轻作曲家获得实践机会，填补教学中长期存在的空白”而面向在读本科生、研究生和教师征集作品的一项举措。“第二届中国室内歌剧创作推动计划展演”在12月15日同一个晚上、同一个舞台，演出了《罗生门》《灵魂拒葬》《李陵碑》《五子葬父》《天鹅之林》《三棱镜》6部微型歌剧。郭文景教授是我国第一个在世界舞台成功推出室内歌剧的作曲家，在国内歌剧舞台一片“大型”喧嚣中，重点培植“袖珍”“迷你”的室内歌剧，无疑是一种既富有文化战略眼光，又实事求是的想法和做法，坚持下去必见成果。

愿歌剧人真正潜心寻求生活与生命的源头，写出更多更好受人民群众喜欢的歌剧作品。愿作曲家对歌剧艺术本体特征有更深入的理解、更准确的表达；愿编剧对歌剧文本语言有更理性的把握、更专业的写法。希望委约方要留给创作者充分的创作时间，不能“急就章”。急于求成也许一事无成，辛勤耕耘才会喜获丰收。

原载《文艺报》2015年2月2日

专题

第二届中国歌剧节

【概况】

2014年10月29日至11月13日，由文化部和湖北省人民政府主办、文化部艺术司和湖北省文化厅承办的“第二届中国歌剧节”在湖北省武汉市开幕。本节歌剧节以唱响“中国梦”为主题，以“歌剧艺术的盛会，人民群众的节日”为宗旨。来自全国的20台歌剧精品剧目分别在琴台大剧院、湖北剧院、洪山礼堂等6个场馆上演了原创歌剧《八月桂花遍地开》《大汉苏武》《貂蝉》《赵氏孤儿》等来自全国各地的20台精彩剧目。文化部副部长董伟，中共湖北省委常委、宣传部部长尹汉宁等出席开幕式并观看演出。

10月30日至31日，举办第二届中国歌剧节论坛，全国歌剧界30名专家，以主题发言和座谈讨论的形式，围绕中国当代歌剧创作、演出及经营等，探讨中国歌剧如何在继承传统文化的基础上，借鉴西方歌剧传统，创作更多时代作品，推动中国歌剧的发展。

为期16天的歌剧节共上演20台剧目，演出38场，3000余名歌剧艺术工作者参演，开展论坛讲座、赴基层演出等惠民活动10余场，约9万人次观看了演出。其中，《八月桂花遍地开》获优秀剧目奖和优秀编剧奖、优秀导演奖、优秀音乐创作奖、优秀表演奖、表演奖6个单项奖，《高山流水》获优秀剧目奖和优秀编剧奖、优秀舞台美术奖、优秀指挥奖、表演奖4个单项奖，《茶花女》获演出奖和优秀表演奖、表演奖2个单项奖。

【第二届中国歌剧节入选剧目名单】（按剧目名称首字拼音排序）

一、参评剧目（16台）

序号	剧目名称	演出单位
1	《阿蒂拉》	上海歌剧院
2	《阿依达》	中央音乐学院歌剧中心
3	《八月桂花遍地开》	湖北省演艺集团
4	《茶花女》	武汉音乐学院
5	《大汉苏武》	陕西省歌舞剧院有限公司
6	《貂蝉》	甘肃省歌剧院
7	《钓鱼城》	重庆市歌剧院
8	《高山流水》	武汉歌舞剧院、武汉爱乐乐团
9	《木兰诗篇》	中国交响乐团、总政歌舞团
10	《女武神》	中央歌剧院
11	《苏武》	中国歌剧舞剧院、四川艺术职业学院
12	《雪原》	辽宁歌剧院
13	《彝红》	凉山州歌舞团
14	《运之河》	江苏省演艺集团

续表

序号	剧目名称	演出单位
15	《赵氏孤儿》	山东歌舞剧院
16	《中华儿女》	天津歌舞剧院

二、参演剧目（3 台）

序号	剧目名称	演出单位
1	《悲怆的黎明》	中国交响乐团
2	《以青山的名义》	湖南省昆剧团五岭歌舞团
3	《白毛女》	中国歌剧舞剧院

获奖剧目及单人奖项

优秀剧目奖：

《八月桂花遍地开》《雪原》《运之河》《苏武》《木兰诗篇》《大汉苏武》

剧目奖：

《中华儿女》《苏武》《钓鱼城》《彝红》《貂蝉》《赵氏孤儿》

优秀指挥奖：

《雪原》：许知俊

《阿蒂拉》：张国勇

《高山流水》：王燕

《苏武》：张峥

《女武神》：俞峰

特别音乐创作奖：

《八月桂花遍地开》：王原平、朱才勇、罗怡林

《运之河》：唐建平

《苏武》：林戈尔

《木兰诗篇》：关峡

《大汉苏武》：郝维亚

特别贡献奖：

金湘

【评论】会师武汉大江边　检阅创作求发展——第二届中国歌剧节剧目述评

◎蒋　力

2014 年 10 月 29 日至 11 月 13 日，由文化部和湖北省人民政府联合主办的“第二届中国歌剧节”在武汉举行，这是时隔 3 年后全国歌剧创作的一次集中检阅。

本届歌剧节在全国各地申报的 42 部歌剧（含音乐剧、歌舞剧）作品的基础上，经过初评，选出 16

台参评剧目，还安排了4台参演剧目。20台剧目共演出38场。按演出时间顺序，这些剧目分别是：《八月桂花遍地开》（湖北省歌舞剧院）、《雪原》（辽宁歌剧院）、《茶花女》（武汉音乐学院）、《中华儿女》（天津歌舞剧院）、《运之河》（江苏演艺集团）、《白毛女》（中国歌剧舞剧院）、《阿蒂拉》（上海歌剧院）、《高山流水》（武汉歌舞剧院、武汉爱乐乐团）、《苏武》（四川艺术职业学院、中国歌剧舞剧院）、《钓鱼城》（重庆歌剧院）、《悲怆的黎明》（中国交响乐团）、《木兰诗篇》（中国交响乐团、总政歌舞团）、《彝红》（四川凉山州歌舞团）、《女武神》（中央歌剧院）、《貂蝉》（甘肃省歌剧院）、《回家》（江西省歌舞剧院有限责任公司）、《阿依达》（中央音乐学院歌剧中心）、《以青山的名义》（湖南省昆剧团五岭歌舞剧团）、《大汉苏武》（陕西省歌舞剧院有限公司）、《赵氏孤儿》（山东歌舞剧院）。上述剧目分别在琴台大剧院、湖北剧院、武汉剧院、洪山礼堂、武汉市艺校实验剧场和琴台音乐厅演出。《八月桂花遍地开》为开幕式演出，闭幕式为歌剧GALA音乐会。评委会由林文增、黄奇石、王世光、王祖皆、方红林、刘凤德、刘元声、刘维维、刘东、刘丹丽、居其宏11人组成，其身份包括：曾任歌剧院团领导、剧作家、作曲家、指挥、导演、舞美艺术家、表演艺术家、声乐教授和歌剧理论家。

20台剧目中，中国剧目16台，外国剧目4台。从题材上看，中国剧目大致可以分为如下几类：

一是历史或古典题材，计有《运之河》《高山流水》《苏武》《钓鱼城》《木兰诗篇》《貂蝉》《大汉苏武》《赵氏孤儿》。二是革命历史题材，计有《八月桂花遍地开》、《雪原》、《中华儿女》（原名《八女投江》）、《白毛女》、《悲怆的黎明》、《彝红》。三是现实题材，计有《回家》《以青山的名义》。3类题材构成“八六二”的比例，可见现实题材歌剧创作仍是一个薄弱环节。作为现实题材的两部歌剧，由于不同原因，均只参演，而没有参评。但两剧均有亮点，主要特色是以真情感人，不回避矛盾；创作力量相对不足，也是两剧的共同问题。

中国剧目的主创阵容

编剧：有3部作品同时入选的冯柏铭、冯必烈父子，有两部作品同时入选的黄维若，有剧作家党小黄、李亭、李天圣、周慧，有词作家刘麟、作曲家莫凡、作家熊召政和陈岳，有演员出身的谭凯，有不太知名的步川、李蓬获，还有原文化部部长刘忠德、前辈剧作家贺敬之和丁毅。其中有歌剧编剧领域的骁将，如冯柏铭、黄维若，20余年来始终未中断歌剧剧本创作。也有一批剧作成果丰硕，却是初尝歌剧剧本创作的剧作家。还有如莫凡这样的已改编、创作过多部歌剧剧本的作曲家。亦有一些名不见经传的作者。据笔者所了解，一些剧本的背后，还有未署名而提出建议、意见甚至亲自参与前期创作及后期修改工作的宣传、文化部门的负责人。

作曲：有两部歌剧同时入选的徐占海、郑冰、莫凡、关峡，有歌曲或器乐曲创作成果丰硕的王原平、崔炳元，有实力雄厚的唐建平、郝维亚，有提出“歌剧思维”观点的金湘，有担任院团、院校或宣传、文化部门负责人的林戈尔、罗怡林、岳瑾，还有管平波、熊纬、刘党庆、朱青、王华、朱才勇等人。最后要提的是以马可为首的展演剧目《白毛女》的音乐创作集体。

导演：有两部戏同时入选的曹其敬，有当今歌剧音乐剧导演中最具活力的陈蔚，有话剧名导王晓鹰、戏曲名导张曼君，有舞剧、舞蹈、晚会名导邢时苗，有退而不休的张奇虹、李稻川、胡宗琪，还有莫凡、陈子度、朱亚林、李福祥、曹平、徐向东、谢南等人。

指挥：许知俊（身兼两部歌剧指挥）、张峥、王燕、姜金一（亦兼两部歌剧指挥）、杨又青、李玉宁、罗怡林、冯学忠、刘凤德、程烨、周祥辉、钟昕等人。

舞美设计：刘科栋、刘杏林、罗江涛、黄海威、修岩、刘枫华等人的设计较有特色。

灯光设计涵于舞台美术门类，没有单独列项，但要提一句：独占鳌头的是邢辛，20部剧目中，由他担任灯光设计的高达4部。其次是刘科栋，3部作品的舞美设计出自他。

中国剧目的前世今生

参评剧目中，最早创作的是《木兰诗篇》，已有10年持续不断的演出历史。此次由雷佳主演，她已是第二代“木兰”的扮演者。

较早创作的是《钓鱼城》，2011 年 11 月首演于重庆，几乎与首届中国歌剧节同时，但未赶上参加。迄今已有 70 多场的演出记录，包括两度晋京演出，并获得中宣部“五个一工程”奖。与“二歌节”中的其他剧目相比，舞台磨合显然更娴熟，表演更自如，整体呈现更完美。

较早创作的另一部是山东版的《赵氏孤儿》，2011 年 8 月首演于济南。没有参加首届中国歌剧节，也没有参加 2013 年在山东举办的第十届中国艺术节。2014 年 7 月在济南推出音乐会版，11 月携此版参加“二歌节”。

《大汉苏武》，2013 年 8 月首演于西安，也是相对成熟的一部。获中宣部“五个一工程”奖。

《苏武》的首演，与《大汉苏武》同时，也在北京。演出场次远不及《大汉苏武》。

《回家》，据报载，2014 年 4 月在南昌、北京两地演出。获中宣部“五个一工程”奖。

《貂蝉》，2014 年 4 月首演于兰州，11 月 5 日在上海演出。

《八月桂花遍地开》，2014 年 5 月首演于武汉。

《高山流水》，2014 年 6 月首演于武汉。

《彝红》于 2014 年 6 月邀请文化部有关领导和专家到四川凉山验收。

《运之河》，2014 年 9 月首演于南京，而后在扬州演出两场。

《雪原》，2014 年 9 月 30 日首演于沈阳。

2005 年中国歌剧舞剧院首演于北京的《八女投江》，今易名为《中华儿女》，由天津歌舞剧院于 2014 年 10 月在天津首演，内容几乎没有改动。

《以青山的名义》首演时间不详。看演出时我才知道这个湖南省郴州市五岭歌舞剧团就是成立于 1958 年的郴县专区文工团、后改为郴州市歌舞剧团，是参演院团中行政级别最低的一个团，也是长年坚持现实题材创作的一个团！

半数以上的剧目首演于本年内，有的在首演后作了修改，有的刚刚出炉，来不及修改就到了武汉。不从容是无奈的，赶任务是显见的。既然搭上了“二歌节”的车，就希望上述剧目借此做好持续发展的文章，千万不要获奖之后刀枪入库。

中国剧目的主演阵容

明星大腕的领衔主演，是“二歌节”中的一个亮点。戴玉强、殷秀梅主演的《运之河》，雷佳、张英席主演的《木兰诗篇》，都出现了爆满的场面。某种意义而言，歌剧也搭了一下明星的便车。

重量级的歌剧演员依旧起到支柱的作用，要特别提出的是：主演《大汉苏武》的米东风、主演《运之河》的殷桂兰、主演《雪原》的车英、从演员改作导演（《以青山的名义》）的郭卫民等。

中坚力量的演员，要提到的有：主演《高山流水》的李爽和孙砾，主演《运之河》和《大汉苏武》的彭康亮、张海庆，主演《苏武》的陈小朵，主演《钓鱼城》的刘广和车璐，主演《八月桂花遍地开》的王庆爽，主演《大汉苏武》的周晓琳，主演《中华儿女》的李瑛和曲波，主演《以青山的名义》的何文，主演《貂蝉》的孙中伟等。

青年演员中有数位都有相当不错的展示，给观众印象较深的是：主演《雪原》的王传越、赵丽丽、曹粹，主演《钓鱼城》的王凯，主演《白毛女》的蒋宁，《大汉苏武》中的郝萌，《运之河》中的张其萍，主演《苏武》的毋攀，主演《高山流水》的董研峰和汤俊军等。

中国剧目的多元现状

1990 年在株洲举办全国歌剧观摩演出期间，文化主管部门对歌剧创作的要求是主旋律与多样化。2008 年中国歌剧论坛前后，首次提出中国歌剧出现多元发展态势。“二歌节”的剧目，在多元发展的前提下，显得更加斑斓，更加异彩纷呈。某种程度而言，也有更加无序发展的态势。凝重、厚重，典雅、清新，民美交融，多媒体助阵，舞美大制作，伴奏带替代现场乐队，不同原因的音乐会歌剧，震耳欲聋的高大强音响，不一而足。

《中华儿女》，自称为多媒体歌剧。可以解释的理由是多媒体的运用，连主创人员的名单中都列有

“多媒体导演”一项。多媒体不仅如以往所见置于舞台后方，而且大胆出新地增至舞台的沿幕。“看歌剧，先看电影”，是普通观众观看这部戏时的惊讶发现。其实，多媒体的运用，已不止此一戏，只不过其他剧目的多媒体运用尚处于辅助层面，还没有想到要打“多媒体”这张牌。依该剧“导演的话”（见节目单）归纳，这部戏更像是“散文诗体歌剧”。

《运之河》围绕运河的开挖，对隋炀帝杨广的政绩作出评价。观后即有行家称之为“政论体歌剧”。然而，一个朝代的兴衰与另一个朝代的兴起，其缘由之复杂，岂是一部歌剧所能讲清？所幸作曲家为剧中主角的理想“修一条河，一条梦中的河”尽心写出了动听的旋律。

《貂蝉》除角色演员之外，群众演员（包括合唱队员和舞蹈演员）一概戴面具出场。群舞比例远远多于其他剧目，舞蹈风格带有鲜明的现代舞色彩，或可视为戏剧语言及潜台词的肢体表现。合唱队员从头到尾都是整齐划一的动作，移步、低头、冷漠、旁观、叹息，莫不如是。观后有人概括曰：可叫作“形体歌剧”。

《木兰诗篇》10 年前首演时，叫“交响情景音画”，这次的节目单上叫“中国歌剧”，在作曲家的简介中叫“民族歌剧”，在国家艺术基金资助的名单中叫“交响歌剧”。依本人所见，还可以叫“民族清唱剧体歌剧”。

每天看戏，有时一天要看两部戏，密集的安排让人应接不暇，几乎没有回味和思考的时间。但对多种“体”歌剧的出现，评委、专家、行家乃至观众，还是有种种议论的，议论之一是：中国歌剧可以继续作多方面的探索，朝多元的方向发展。然而，万万不可忽略的，恰恰是歌剧的本体。如果丢弃了歌剧的本体，过多强调多元，歌剧的前景就未必乐观了。

中国剧目的普遍问题

操之过急，在目前中国剧目的一度创作中表现得尤为明显。剧本的硬伤，在多个剧目中皆可见到。人物的非戏剧语言，包括结论式的、评判式的、辩解式的、口号式的语言（从台词到唱词），常使观众有倒胃口的感觉。剧本的前期论证，显然被忽略，而过早地拍板确定上马，转而进入作曲阶段。不容否认，即便是编剧名家的剧本，即便是获奖剧目，也程度不同地存在上述问题。

作曲家过于自我自信，也或多或少地影响了剧目的风格，而一个剧目的风格，显然不能只遵从作曲家的风格。当然，这样的风格亦好于那些无风格的、赶任务的、歌曲联唱式的、音乐仍未入歌剧之门的某些剧目。面对某些配器过重的剧目，有人提出“交响歌剧”的观念，认为这类剧目的音乐接近交响乐的写法，人声也是其中的一个声部。对此我完全不能苟同，我以为歌剧就应当是歌剧，没有必要去跨界融入交响乐，歌剧的本体特征之一就是以声乐为音乐的主导，写不好歌剧的作曲家可以先去写交响乐，也可以先研究经典歌剧作品，不必打着貌似出新的旗号创作那些不着调的所谓歌剧。

导演不重视歌剧本体特色的舞台呈现，只强调场面恢宏、视觉效果强烈、晚会味道浓郁的做法，在一些剧目中也能看到。对歌剧概念的随意诠释，彰显的只是导演的特长，那些特长可能是戏曲的、舞剧的，也可能是哑剧的甚至小品的，但绝不是歌剧的长项。

合唱队是歌剧院团中的重要建制，但我们所看过的剧目中的合唱队，大多不是歌剧院团的专业合唱团，要靠外借业余合唱团（年龄偏大）、大学生合唱团（年龄偏小）来补足人数。在没有常规的基本训练、没有歌剧合唱表演经验的前提下，随项目进入剧组，短期排练后即登台演唱，很难达到歌剧合唱的艺术标准和作曲家的预期效果。合唱方面较好的一个例子是《八月桂花遍地开》，尽管我在 5 月看过首演后对这部戏提了一些意见，但还是有肯定的部分，我当时就说：这个戏，灯光第一（是邢辛的设计），合唱第二（阵容相当整齐）。反之，不少剧目想尽办法，在音响上弥补合唱的薄弱，却不从根本上设法解决问题，吃亏的只能是自己。

外聘角色演员，尤其是明星演员，与院团自己的演员，在演唱水准上距离偏大，不太容易融合。《高山流水》可作一例。或许有的剧目也注意到了这一点，加之可能还有财大气粗的原因，索性角色演员 A 组完全外聘，B 组本地区解决。这样做的好处是解决了参赛的问题，弊端是解决不了长久的问题。

我在“二歌节”前观看某省参赛剧目的首演时，就提出：为保证可持续发展，必须尽快增加 B 组演员登台实践的机会。还有一类问题是：即便是外聘的演员，知名的或小有名气的演员，最终在演唱等方面的舞台呈现也不尽如人意。这个责任，我认为导演和出品人都不能推卸。与上述方式相比，我更赞赏的是聘请一位切实负责的、有成就的声乐艺术指导。魏松与《雪原》、杨小勇与《钓鱼城》、李秀英与《八月桂花遍地开》，都是这种关系，多见成效。也有明显问题，那就是个别有名气的歌唱演员与剧组其他角色唱法及音色的不融合，例如王庆爽主演的两部歌剧就都存在这个问题。她的唱法、小嗓、不加麦克风就几乎听不到的音量，都使她在戏中时时给人格格不入的感觉。这种唱法或许适合演韩英，但歌剧，即便是民族歌剧，恐怕也不能总停留在《洪湖赤卫队》的阶段而不继续发展。

部分剧目舞美设计的贪大，美其名曰“震撼”，实则有喧宾夺主之嫌。我以为，一部歌剧，如果给人印象最深的是它的舞美设计，绝不能证明这部歌剧的成功。以刘科栋为例，《钓鱼城》《大汉苏武》《运之河》都是他的舞美设计，我欣赏的是前两部，因为都有规定情境中的戏剧元素，后一部则有过分铺陈的感觉。《运之河》的舞美，最抢眼的就是那块硕大的翻板，竖立时是宫墙，横起来就成了高台，角色可以站在上面高歌，不需要时还可以吊上去。这些转换还都是不加掩饰地进行，观众观剧时难免出戏。我赞赏的两个设计，分别出自《雪原》和《高山流水》。前者的斜平台，既有助于声音向观众的传播，又使台上出现了层次。斜平台随着剧情的变化或开或合，有版图被割裂及收复国土的寓意，裂开时的缝隙处还可有演员的穿插。舞台正中的一棵大树，虽枯不萎，刚硬挺直，如同化石。待到光复之时，一线红色从枯树底部扶摇直上，迅速通向树冠，刹那间，树冠处出现鲜红的树叶，极具动感，更具美感，令人赞叹不已。《高山流水》舞美的简约，大约可以视为刘杏林走向简约的极致之作。一条船、一片苇叶、一角山坡，就是一幕戏的舞美。更绝的是还有更简约的，空旷的舞台，只有背景幕上一抹写意的、氤氲的墨色山水，古典美学精髓尽在，却让灯光设计邢辛迭迭叫苦：什么景都没有，灯往哪儿打啊？这般简约的舞美设计，近年间我只在金永玲歌剧院（民营）的《祝福》中见过，那是担任评委的刘元声的设计，确是大手笔！话说回来，刘杏林为保证台上的车轨不暴露给观众，还设计了两道微微隆起的缓坡，这又给导演出了难题，有些调度必须调整，否则身着古装的演员站在坡上边演边唱，难免绊脚跌跤。

偌多剧目音响的无节制，常常超过观众接受程度的上限，也混淆了作曲家精心营造的乐队与声乐、重唱、合唱的交融效果。完全不加音响的演出，在“二歌节”中只有两三台，这种职业的做法，如果主办方不加提倡，势必影响中国歌剧今后的健康发展。举例而言，我和王燕在观摩某剧之前，先看了彩排，剧场里偏强的音响，使我们颇有不适应的感觉。助理导演还指着某排座位说：这是评委席，音响要按这一排的效果调试。我们私下说：有的评委都被高大强的音响震怕了，戏一开演，就用餐巾纸自制的纸捻塞耳朵呢。作曲家征询我们对音响的意见，我们坦诚相告，他也认为过大，去和导演协调，没想到的是，次日的评委场，竟然比前一天的音响还强！原因是显见的：剧中的一段男声合唱，都是大学生，他们的音量本来就有限，若不依赖强扩音，效果必然出不来。但经过强扩音后出来的音色，已经不知道是什么声音了。同一剧中的八重唱，也被音响糟改得毫无重唱效果，成了混声混唱。又例：乐评人唐若甫撰文评论了《貂蝉》在上海的演出，特别说到音响，他说加了音响的演出使舞台上的声音失去了方位感。我们则认为，这种不加节制地使用音响，不啻是对歌剧的一种羞辱。当然，我们的力量有限，有限到不足以影响出品人对市场的屈从、对演员的不自信和对歌剧传播样式的误解，但我们仍在坚持我们认为正确的理念。《高山流水》曾于 7 月以音乐会版的形式在琴台音乐厅演出两场，在我们的坚持下，完全不用扩音地成功完成了演出，让观众听到了歌剧应当传播给他们的真实的声音。与普遍采用音响的做法截然相反，《大汉苏武》的演出，开演前即告知观众：本场演出不带任何音响，所以更希望观众配合。坦率讲，被迫听了数天的扩音歌剧，忽然出现这么一台“原生态”的，一开始听还真不适应，但渐渐地就习惯了，听着舒服了，能听出演员的优缺点了，也能感到享受声乐艺术的乐趣了。

歌剧院团的业务建设是否规范，从其剧目的舞台呈现即可见之端倪。这一点，院团长们更应心中有数，可惜，“二歌节”期间坚持在武汉观摩数部剧目的院团长，似乎并不多，我在剧场数次见到的，只有刘光宇、车英（含“辽歌”院班子全体）、卢向荣、罗怡林、王海涛等人。此外，院团长或曰出品人，其专业性与权威性，明显参差不齐、高低有别，所以出现了个别剧目某些环节把握失控的局面。对此现象，亦不能掉以轻心。

我对“歌剧人”的肯定与遗憾

2014 年 11 月 13 日晚，评比结果揭晓。对这个结果，观看过全部或大部分剧目的、以歌剧爱好者及歌剧人为主的观众，反应是不一的。就我个人观点而言，有些剧目、有些人的获奖与落选，都是远在我预料之外的。先说落选，《钓鱼城》只得到“剧目奖”而没有进入“优秀”行列，是一大遗憾，另外两部获“剧目奖”的剧目，与《钓鱼城》绝不在同一层面。《钓鱼城》的整体呈现有目共睹，重庆歌剧院严谨的工作作风和敬业精神令人钦佩，在我的排序中，《钓鱼城》绝对是近年创作的一部担得起“优秀”二字的歌剧。作曲家徐占海、莫凡，各自都有两部作品参评，都有上乘的水准和较好的展示，他俩的落选，恐怕比只得了“剧目奖”的《钓鱼城》还委屈，对比一下“优秀音乐奖”的获奖名单，就更令人生不可思议之困惑。我与居其宏评委私下交换意见时说，我认为《大汉苏武》的音乐最好，他认为《钓鱼城》的音乐最好。我说，郝维亚与徐占海，伯仲之间。未料，竟是我的判断准于居兄的判断。我俩还议论过，他说某某的音乐估计要得奖，我说那就见了鬼了。结果真如他所言，让我又长了次见识。

初评时有两部歌剧落选，一是上海歌剧院的《燕子之歌》，二是李元华与四川交响乐团制作的《鸣凤》。后者我未看过，没有发言权，但在论坛上听到了李元华公开表示的不满。《燕子之歌》我看的是首演，未看过修改版，坦率讲，我对这个作品有些意见，但没有机会讲。与初评评委王道诚交换意见时，我说，我若是初评评委，就会力主让《燕子之歌》参评，理由有三，一是原创新作，二是原型人物周小燕与武汉的关系，三是对上海歌剧院创演中国剧目的肯定。即便有什么不足，也应先让大家看戏，然后再听评委和观众的意见。现在这样做，虽然演了一个全世界都不常演的外国剧目《阿蒂拉》，却难免挫伤了一个老牌歌剧院创演中国剧目的积极性。而“二歌节”上的剧目，比《燕子之歌》差出许多的剧目也不止一两部。

说到剧院，还要提到中央歌剧院和中国歌剧舞剧院。前者在两届歌剧节上演出的都是外国剧目，都是瓦格纳的作品，抓人眼球是毋庸置疑的，但完全可以再奉献一部中国歌剧，比如《山林之梦》或《红帮裁缝》，以展示国家歌剧院在中国剧目上的实力和水准。退一步说，该院到武汉之前在宁波演出的《白毛女》，水准也高于中国歌剧舞剧院在“二歌节”演出的同一剧目。后者的《白毛女》过于年轻，舞台经验的欠缺，人物把握的不够深入，都不足以证明该院的水准。该院还承担了《苏武》的演出，用的是他人的名义，与首届歌剧节以《红河谷》隆重开场，形成了极大的落差。真心希望下届歌剧节时，中国歌剧舞剧院能有实至名归的表现。

各个奖项中，与我的排序几乎一致的是“优秀指挥奖”和“优秀舞美奖”。获奖的 5 位指挥中，俞峰、张国勇、许知俊、张峥都是著名指挥家，都颇有资历，都不是第一次获奖。唯独王燕，是 5 人中最年轻的一个，也是唯一的女性指挥，是第一次获得文化部颁发的指挥奖。她没有固定的剧院，这次客座武汉歌舞剧院，不仅当指挥，还兼执行导演，面对的是一个近 30 年未排演歌剧的、没有乐队的剧院。要把从未演过歌剧的、年轻的武汉爱乐乐团与歌剧业务生疏的歌舞剧院整合如一，排出一部像样的歌剧来，难度之大可想而知。这个奖于王燕而言，可谓天道酬勤。“优秀舞美奖”的设置，我认为小有问题，按主办方解释，这个奖涵括了舞美各个部门，包括灯光、服装、道具，甚至还可能有化妆和音效，实则无法一概而论。若可能增加一项“灯光设计奖”，且只有一个名额的话，我以为：邢辛当之无愧。

“二歌节”落幕后，媒体迅速作出反应，在那些报道中，我最不能容忍的是某某剧目获得了 N 个大奖、成为大赢家等提法。首先，颁布的奖项，没有一个称谓中有“大奖”字样的，请问：您的“大奖”从何而来？其次，赢对应的是输，您是赢家，还大赢家，那么输家是谁呢？我们的艺术创作目的难道就是比个你输我赢吗？最后，不必太看重这个奖那个奖，不必因获奖而过于满足、激动、自我感觉良好、老子这个那个；也不必因未获奖或获奖级别不高而过于沮丧、气馁甚至怨天尤人、完全丧失自信。如果有一天，取消了评奖，大家纯粹是为歌剧而来，我认为那才是真正的科学发展，我憧憬那一天！

最后要说的是，中国国家大剧院、解放军总政治部歌剧团、北京大学歌剧研究院，近年间均有不止一部的原创新作，3 家均未参加这一全国性的歌剧盛事，虽有各自原因，但也确是一个遗憾。

原载《歌剧》2014 年第 12 期

【观点】坚持服水土接地气的歌剧民族化发展道路——第二届中国歌剧节论坛在武汉举行

◎陈吉尔

沐浴着习近平总书记在文艺工作座谈会上指明方向的重要讲话与党的十八届四中全会胜利闭幕的强劲东风，中国歌剧界的最高艺术盛会——第二届中国歌剧节，10 月 29 日在湖北武汉琴台大剧院开幕。

第二届中国歌剧节由文化部、湖北省人民政府主办。以唱响“中国梦”为主题，以“歌剧艺术的盛会，人民群众的节日”为宗旨，为期 16 天，来自全国的 20 台歌剧精品，分别在琴台大剧院、湖北剧院、洪山礼堂等 6 个场馆上演。本届歌剧节是在党中央召开文艺工作座谈会后举办的一次国家级艺术活动，是文化部和湖北省贯彻落实习近平总书记在文艺工作座谈会上重要讲话精神的具体举措。歌剧节集中展示了近年来中国歌剧艺术发展和人才培养的最新成就，探索中国民族歌剧在新时期的传承、发展和创新之路。

10 月 30 日，由文化部和湖北省人民政府共同主办的第二届中国歌剧节论坛也拉开了大幕。来自全国的歌剧艺术家、本届歌剧节评委、参演单位代表、湖北省各高校相关专业师生代表济济一堂，一同“把脉”中国当代歌剧。出席此次歌剧盛会的有，中国著名女指挥家、教授郑小瑛，中国国家话剧院国家一级导演张奇虹，中国音乐学院表演教研室主任陈蔚，中央戏剧学院副院长、教授廖向红，中央歌剧院创作中心主任、特约评论员蒋力，北京大学歌剧研究院教授蒋一民等 26 位专家学者。

中国歌剧的“根”在哪里？

在专家学者热情洋溢的交流中，关于中国歌剧的“根”成为讨论的焦点。与会专家认为，正是有了自己独有的民族特色，中国歌剧才区别于外国歌剧，占有一席之地。

国家一级导演张奇虹回忆起当年排演《白毛女》的场景：“我 15 岁参加革命队伍，参加华大文工团《白毛女》的演出，从解放战争中给乡亲们、给队伍演出直至全国解放。《白毛女》深深教育我，文艺、戏剧要为工农兵大众服务，为人民服务的人生观，牢记至今。”她提出两点主张：第一，年轻演员要热爱心中的艺术，而不是艺术中的自己；第二，要打造“诗的歌剧”，而不是话剧加唱的戏。

原解放军总政治部歌舞团、解放军艺术学院政委乔佩娟则表示：“过去的剧目为什么能打动老百姓，因为它体现了时代脉搏。比如《小二黑结婚》就是以新中国第一部《婚姻法》的颁布为背景创作的。”

“世界上所有音乐的根都在民族民间音乐中”，在四川师范大学教授、国家一级作曲韩万斋看来，“深深扎根在中华沃土之中的《白毛女》《刘胡兰》《小二黑结婚》《红霞》《红珊瑚》《洪湖赤卫队》《党的女儿》《月落乌啼》《盐井传奇》等歌剧都得益于民歌、曲艺、戏曲的事实，更为我们确证了扎根民族沃土对于歌剧创作的重要性！”

湖北省歌剧院创研室主任、国家一级作曲罗怡林分享观点时说道：“我们的眼光、视角要放在民族、民间和戏曲音乐上。虽然歌剧是舶来品，但具有中国特质歌剧的出现和发展也有六七十年的历史了。像歌剧《白毛女》《兄妹开荒》等早在延安时期就已经有了中国民族歌剧的雏形。”

原中国歌剧舞剧院副院长、剧作家、词作家黄奇石认为：“以《白毛女》为代表的一批红色经典歌剧为我们提供了极其宝贵的成功经验。这些经验概括起来，集中到一点就是：强烈的时代精神与鲜明的民族特色，也就是毛主席的延安‘讲话’中所提出的‘中国作风和中国气派，为中国老百姓所喜闻乐见’。这是中国歌剧有别于一切外国歌剧的最根本也是最重要的特征。繁荣期所产生的一大批民族歌剧的经典之作，是中国歌剧的瑰宝，无论过去、现在还是将来，都值得我们珍视、学习与借鉴。”

北京大学歌剧研究院教授蒋一民则说到了“学堂乐歌”：“什么是体现于音乐尤其是声乐艺术的北大文化及其传承呢？与此关联的，必须首先提到三个标志性北大人物：蔡元培、萧友梅和黎锦晖。而这一关联的枢纽就是‘学堂乐歌’。‘学堂乐歌’是中国向欧美学习过程中的第一次音乐现代化的运动，可惜这个运动对歌剧创作的影响到聂耳为止即告中断。希望中国歌剧创作从历史曾经给予的机遇中获取启示，增强活力，重拾音乐梦想，另辟蹊径，走出新路。”

中国当代歌剧“难”在哪里？

论坛上，不止一位专家学者提出了歌剧之“难”。此难，不仅来自歌剧制作的外部因素，也来自歌剧本身。专家们在自己丰富的歌剧创作演出实践的基础上，总结自己的经验和教训，深化对歌剧创作规律的研究，为中国歌剧创作提供具有实践指导意义的理论依据和方法参照，为歌剧之“难”寻找出口。

中国音乐学院表演教研室主任、导演陈蔚近几年来执导了若干部歌剧和音乐剧。她说：“近几年，中国的原创歌剧作品的出品量，相较以往的年份来说，不可谓不多。然而即便如此，‘歌剧很难’已经成了几乎所有人的共识。这个问题不仅仅是中国的，更是世界性的。即便是在歌剧艺术发展的积淀和传统已经非常成熟的西欧，原创新剧目也是相当艰难的。究其原因，可能有两点：一方面是外部的原因，而另一方面就是歌剧本身的原因。试想一部原创歌剧的成立需要多少精力、人力、物力和财力。而且这只是成立，如果要成功，我们需要做得更多。”

有多部歌剧在第二届歌剧节上亮相的中国广播艺术团国家一级作曲莫凡总结说：“在歌剧创作中，用音乐塑造鲜活的人物形象是作曲者面临的最大难题、最大考验、最大挑战。用音乐塑造好人物，这真是一个需要终生探求的课题，这也是创作出一部优秀歌剧所必须做到的最起码的要求。”

曾执导歌剧《运河谣》的中央戏剧学院副院长、教授廖向红说：“歌剧导演在进行三度创作时，音乐是创作的核心要素，主要运用音乐和歌唱叙述故事，展现剧情，刻画人物，呈现主题。导演需运用综合艺术诸多手段为音乐造型，将音乐视觉形象化，最大限度地呈现音乐的内涵表现力和魅力！歌剧导演应努力使观众听见的音乐形象和看见的视觉形象有机融合，创造完整的舞台演出形象，否则，就将破坏、失去歌剧艺术的特征与魅力。”

中央歌剧院中提琴演奏家、特约评论员景作人指出：“歌剧就是歌剧，借鉴姊妹艺术的优点是对的，但首先要考虑一个‘度’的问题，若过分渲染，生搬硬套，必会产生出相反的效果。试想，如果把一部舞剧搞成了歌剧化的舞剧，观众同样会有不舒服的感觉。”

北京艺术研究所研究员、特约评论员傅显舟说：“新世纪以来国产歌剧创制实力的提高，并不能掩盖其中存在的问题。歌剧生产数量增加、精品缺乏，也是一个不争的事实。”

南京艺术学院音乐学研究所副教授满新颖盘点了2013年的歌剧创作后总结道：“造船不易，造航母更难。歌剧就是一种寻找时代精神聚合力和人类文化导向力的舞台航母，是中国歌剧人的百年梦想。中国歌剧要长成世界之林中的参天大树，就须考虑此载体在中国的特殊现代文化身份、文化属性和立足当下的思想功能与审美引领水平。目前，两大根本问题钳制着我们的脚步：一是歌剧创作观要走出‘称颂’体而有效地介入当下生活；二是院团体制必须在群众监督的阳光下才能运行。”

当下文艺创作中一系列不良现象

习近平同志在10月15日召开的文艺工作座谈会上发表重要讲话，对当下文艺创作中一系列不良现象提出批评。他说：“在文艺创作方面，存在着有数量缺质量、有‘高原’缺‘高峰’的现象，存在着抄袭模仿、千篇一律的问题，存在着机械化生产、快餐式消费的问题。”针对习总书记的讲话，论坛上专家学者们发表的观点成为论坛上的热点。

河南理工大学特聘教授、博士生导师、特约评论员居其宏对歌剧音乐剧创制领域的“机械化生产”

表示了愤慨："不顾或根本无视歌剧音乐剧这种高度复杂性和高度综合性舞台戏剧样式的艺术规律和创制周期，盲目追求剧目生产数量，匆匆立项，匆匆上马，匆匆创排，匆匆上演，匆匆下档，一些剧目的创制周期竟然只有短短两三个月，甚至在10多天内就完成了一部大戏的全部作曲和配器。然后既不听取同行和观众意见，更不想从事剧目的进一步打磨提高，而是将它束之高阁，便急匆匆地再创制下一部，如此周而复始、恶性循环，乃至第三部、第四部，于是便形成了一种机械化的生产套路和创制模式。在我国当下歌剧音乐剧的创制实践中，这种'机械化生产'模式，轻则抛弃艰苦艺术创造和打造精品佳作的神圣使命，重则挥霍纳税人血汗，助长粗制滥造、急功近利之风，以高投入低质量的产品同虚假宣传、虚假广告、胡吹评论一起愚弄观众，腐化艺术家灵魂，败坏本行业声誉，其危害性、腐蚀性极大，故业内同行不可不察、不可不说。当代歌剧音乐剧中的'机械化生产'模式可以休矣！"

"万物生长都需要环境，改革开放30多年，高速增长的经济，百姓衣食无忧丰衣足食，但长时期的经济冲动也催生了金钱与物质的崇拜，我们固有的质朴价值取向与世界观受到一定程度的影响。"中国社会艺术协会副主席、国家一级演员李元华说，"当下歌剧人为我们民族歌剧事业的发展有必要对昨天做一个反思和梳理，对明天有个展望，对当下做一个实事求是的审视。"

中国歌剧舞剧院交响乐团团长武旭海指出："现在打开电视机，众多低俗的二人转、脱口秀等文艺节目占据了大量的文艺频道和演播时间，这是对媒体资源的高度浪费，并且对人民艺术欣赏水平产生恶劣的影响。如何传播正能量，让高雅的文艺节目和好的艺术资讯在广大人民间传播，让舞台艺术走进人民的生活中，我们需要构筑一个健康、有效的宣传平台和环境。"

湖南省歌舞剧院国家一级作曲刘振球痛心疾首地说："值得注意的是，当今一些新创演的歌剧、音乐剧，投资金额大到吓人的地步，动辄上千万元的制作，豪华的舞美、耀眼的灯光、华贵的服装，震耳的音响，掩盖了戏剧内容的贫乏、空洞与虚假，这不仅是一种新形势下的巨大舞台奢侈和舞台浪费，而且是对崇高的舞台艺术的极大的污染。最叫人难以容忍的是让那些钻钱眼儿的所谓'艺术家'钻了空子，猛抬自己身价，以获取艺术领域的'暴利'，滋生了一批艺术蛀虫。"

中央歌剧院创作中心主任、特约评论员蒋力总结道："万丈高楼平地起，无限风光在险峰。中国歌剧的高原在哪里？历届文华奖、艺术节评出的'文华大奖'的歌剧作品，就是中国歌剧的高原。于歌剧而言，不希望攀比谁的制作大、谁的投入大，希望比内功、比真功、比自己的真实实力。在实现中国梦的进程中，不希望看到歌剧的独秀峰，希望看到的是歌剧的喜马拉雅山和珠穆朗玛峰！"

中国歌剧的"路"在哪里？

参加论坛的业内专家们在"把脉"找出问题之后，也纷纷给中国歌剧支招。大家共同的心愿，是希望在不远的将来，看到中国歌剧迎来更美好的春天。

我国著名女指挥家、教授郑小瑛表示："我们不仅要排自己的剧目，也要排些西方经典歌剧的中文版，先让老百姓接受、喜欢。说到底，培养市场、培养观众不是一场演出的事，需要持之以恒地投入。"

重庆歌剧院院长刘光宇提出："对歌剧形式创新探究，并非要去颠覆或者逆转歌剧的传统，相反，唯有创新，才能确立歌剧在现实中对其自身命运的独立思考与深刻把握，这样才能使得这种形式创新在当下获得特殊的时代意蕴。"

四川音乐学院院长、国家一级作曲林戈尔的关键词是"民族化"："歌剧要想在当代中国继续扎根、发展，民族化是其首要途径。在各种艺术形式中博采众长，广泛汲取东西方文化营养，实现多元化发展，保持不断创新，是其成功之道。"

中国歌剧研究会副秘书长王道诚同样提到了"民族化"："真正优秀的歌剧作品，不仅需要具有深刻的思想主题、良好的群众基础，还需要有好看的故事，鲜活的人物，动听的音乐，严谨的舞台呈现。切不可非要一厢情愿地、盲目而固执地去跟西洋歌剧攀亲续家谱。唯其如此，才能带领中国歌剧走一条'民族化'与'本色化'的绿色生态的发展之路。"

解放军总政治部歌剧院原团长、国家一级作曲王祖皆则提出了"文化自觉"和"文化自信"的问题。他说："在当今时代，中国的歌剧究竟应当如何发展，如何在新时期探索一条既紧贴今天这个时代，又适合中国歌剧艺术发展的民族化道路是我经常思索的问题。我认为，在新时期发展民族歌剧，不仅应当学习西洋歌剧的创作手法，同时，更应当提升歌剧人的文化自觉，增强歌剧人的文化自信，只有这样，才能保持文化定力，从而探索出一条立足传统、融合现代，服水土、接地气的歌剧民族化发展道路。"

原载《歌剧》2014 年第 12 期

2014 第六届中国国家大剧院歌剧节

【概况】

2014 年 7 月 6 日，历时 3 个多月的“第六届中国国家大剧院歌剧节”落幕。本届歌剧节历时百余天，共为观众奉献了 15 台 32 场演出，公共空间演出活动 160 余场。本届歌剧节开幕戏《叶甫盖尼·奥涅金》由指挥家捷杰耶夫率领俄罗斯马林斯基剧院参加演出，这是中国国家大剧院开幕以来制作的首部俄语歌剧。

本届歌剧节 10 部歌剧大戏中，包含三部首演作品：3 月 14 日，由俄罗斯马林斯基剧院与中国国家大剧院合作开幕之作——歌剧《叶甫盖尼·奥涅金》上演，作品由捷杰耶夫执棒；5 月 21 日至 25 日，由乌戈·德·安纳执导的中国国家大剧院版歌剧《游吟诗人》上演。剧中主要角色由意大利著名男高音罗伯托·阿罗尼卡，华人歌唱家戴玉强、廖昌永、和慧等联合首演；6 月 25 日至 28 日，首演由郭文景、徐瑛创作的原创歌剧《骆驼祥子》。

除了首演剧目，复排剧目包含：4 月 10 日至 12 日，由斯卡拉歌剧院指挥家安德列·巴蒂斯托尼执棒，张立萍、莫华伦、廖昌永等全华人阵容主演的歌剧《茶花女》；4 月 24 日至 27 日，由意大利指挥家马西莫·扎内蒂指挥，孙秀苇、袁晨野、田浩江等主演的歌剧《纳布科》，以我国著名音乐家周小燕生平为蓝本而创作、由上海歌剧院演出的原创歌剧《燕子之歌》，北大歌剧研究院的代表作《宋庆龄》等相继上演。

此外，还有 5 月 18 日上演的莫扎特经典歌剧音乐会《费加罗的婚礼》、七一期间北大歌剧研究院的音乐会版歌剧《江姐》等。5 月 30 日，指挥家郑明勋首度与中国国家大剧院管弦乐团、合唱团合作演出威尔第的名作《安魂曲》。

演出之余，活动还推出歌剧艺术交流与推广普及活动。邀请艺术名家、专家学者，通过“歌剧百场讲座”，以及系列以歌剧为主题的普及音乐会、沙龙、观摩活动、艺术展览等，分享歌剧之美。

【中国国家大剧院 2014 世界歌剧院发展论坛】

2014 年 6 月 25 日至 26 日，“中国国家大剧院 2014 世界歌剧院发展论坛”在北京举行。来自 14 个国家的 34 家艺术机构的负责人出席，包括意大利都灵皇家歌剧院、佛罗伦萨市立歌剧院、美国洛杉矶歌剧院、韩国首尔艺术殿堂等 15 家剧院和艺术组织与会。国内方面，包括中国国家大剧院、中央歌剧院、中国歌剧舞剧院、香港歌剧院、上海歌剧院、天津歌剧院、重庆歌剧院、福建歌剧院、解放军总政治部歌剧团等在内的 19 家国内歌剧制作团体参加。除此，导演陈薪伊、作曲家郭文景等 10 余位艺术家也参与了活动，共同围绕“当今背景下歌剧创作的走向及东西方歌剧制作的艺术特征”的主题进行了交流和探讨。

其中，包含“歌剧的制作以及剧院的管理与发展”“多元文化语境下的歌剧联合制作”“当今歌剧艺术的经营与发展”“当今古典歌剧制作的前景与发展”等议题。本届歌剧论坛还围绕“东西方不同的文化土壤对歌剧创作制作的影响”“东西方观众传统审美观念对歌剧创作的不同需求”“新技术在歌剧创作方式上的应用”和“市场对新歌剧创作的影响与作用”等议题，以动态眼光来看待歌剧创作，搭建全球范围内的沟通平台。

【媒体观点】2014 中国国家大剧院歌剧节闭幕 "歌剧在中国"魅力收官

2014 年 7 月 5 日至 6 日，中央歌剧院制作普契尼歌剧《图兰朵》将在中国国家大剧院上演，至此，历时 3 个多月的第六届中国国家大剧院歌剧节也将正式落下帷幕。本届歌剧节百余天的时间中为观众奉献了 15 台 32 场精彩演出，5.4 万观众走进剧院亲身感受歌剧艺术的永恒魅力。中国国家大剧院开幕 6 年多来，中国国家大剧院自制出品的歌剧已有 29 部，预计到 2016 年底，中国大剧院自制出品的歌剧将达到 50 部、年上演歌剧 150 场。经过 6 年的历练打磨，"中国国家大剧院歌剧节" 树立了一流的品牌形象，不仅为中国观众搭建了欣赏高水准歌剧艺术的平台，也成为中国歌剧领域一年一度的盛事，更与世界歌剧发展紧密同步，以高规格、高品质的国际化水准受到了全球同行的瞩目。

"大剧院出品" 集结大师经典，中国原创深入人心

大学之大，不在高楼大厦，在学术大师。而即便是一座高楼，也需要有坚实 "骨架" 的支撑才能够屹立不倒，这不仅是万事万物所要遵循的规律，更是成功的必由之路、一切创新的基础。在中国国家大剧院历届的歌剧节中，总会有这样一队强有力的 "中坚力量"，这也成为歌剧节获得成功的关键要素——在出新、创新的基础之上，整合资源，稳打地基。2014 年阵容中的 "国际规格" 尤其高：如日中天的 "指挥沙皇" 瓦莱里·捷杰耶夫、指挥家郑明勋、安德烈·巴蒂斯托尼、吕嘉、张国勇，国际级导演阿列克谢·斯捷潘纽克、乌戈·德·安纳、海宁·布洛克豪斯，蜚声海内外的歌唱家和慧、张立萍、孙秀苇、戴玉强、莫华伦、廖昌永、袁晨野、田浩江等都纷纷亮相，或担纲经典名剧，或在原创新歌剧中担当灵魂人物，极大提升了歌剧节的整体品质的同时，充分彰显了中国国家大剧院在国际歌剧界形成的号召力、影响力和资源整合能力，组建了一支精良的歌剧制作班底。

对歌剧这种源远流长的艺术形式，经典有其无可替代的魅力，而在中国这样的新兴市场，经典也肩负着培育观众、提高整体人文素养和欣赏水平的重任。本届歌剧节开幕大戏《叶甫盖尼·奥涅金》由指挥大师捷杰耶夫率领俄罗斯国宝级的马林斯基剧院带来，这不仅是中国国家大剧院开幕以来制作的首部俄语歌剧，也是捷杰耶夫大师首度执棒中国院团。原汁原味的俄罗斯戏剧传统、诗情画意的精妙舞美，艺术家们高水准的演唱为观众带来了一次 "俄式" 艺术震撼，而马林斯基剧院 230 年来首度与亚洲剧院的联合制作，也成了中国国家大剧院积极进行国际合作的典范。同样的新制作还有威尔第的不朽名篇《游吟诗人》，巨幕 3D 大片般恢宏瑰丽的舞台视效、波澜壮阔的旋律和美妙唱段令观众赞不绝口，博得了经久不息的掌声与喝彩。观众难以忘怀的《茶花女》《图兰朵》和《纳布科》都是中国国家大剧院的自制经典，每一轮演出都有新观众的加入，口口相传的 "美誉度营销" 也是经典作品的魅力体现。

每年歌剧节中，观众和业内人士最期待的还属中国国家大剧院独具特色的中国原创作品。观众也越来越期待能在舞台上看到自己心中的人物与故事如何被再塑造与演绎。从不缺乏戏剧性冲突和各种喜剧、悲剧故事的中国文学史，不管古代还是现代，是中国歌剧创作的金矿，而如何能够保留住 "原汁原味" 的中国味道，又能在此基础上有所升华，则是对大剧院这个 "总设计师" 的考验。寻找全新题材，打造当代作品，是全世界所共同面临的歌剧发展新课题。大剧院改编歌剧版《骆驼祥子》与国际歌剧制作的潮流是一致的，这种做法无疑为拓展歌剧创作的题材探索出更多的可能性，也体现了大剧院艺术视野的开阔与多元。从话剧《王府井》到歌剧《骆驼祥子》，观众可以看到中国国家大剧院立足 "北京范儿"，打造 "最接地气" 的高雅艺术的愿景。在题材的选择上，大剧院也有着独到的眼光和全面的考量。在剧本打造上，故事是再纯粹不过的老北京；不管是四合院儿还是天桥集市，都能在舞台上再次呈现北京城的雍容与热闹；老舍刻画的祥子、虎妞、刘四爷等人物栩栩如生，跃然纸上，有利于改编；老舍精练而传神的风格已经给剧本打下了很好的基础，平易近人的文字鲜活亲切，句句可以朗诵。在音乐诠释上，大剧院的魄力将这部作品引向了成功之路：以委约创作的模式，让本土作曲家写中国人自己的故事——郭文景用柴可夫斯基对《奥涅金》的办法，抽取场景，提炼矛盾冲突，用交响性的抒情方式浓墨重彩地喷洒出最激动人心的场景，唱出了“中国原创”的最强音。《骆驼祥子》在票房上也取得了极大的成功。邹静之、陈薪伊、雷蕾、莫华伦等业内人士纷纷给出好评：“音乐上非常新颖”“整剧的气场非常强大，使人感到震撼”“咏叹调太美了！很抓人、很打动人”。

据悉，未来3年，大剧院多部中国原创歌剧也将陆续与观众见面。正如美国大都会歌剧院男低音歌唱家田浩江所说，最让歌剧界海内外华人自豪的，也是中国歌剧能在世界歌剧之林里独树一帜的，还是独具一格的文化基因，流淌在我们血液中的亲切悠扬的东方韵味。

国内院团演出异彩纷呈，舞台下歌剧之美“零距离”

一花独放不是春，万紫千红春满园。中央歌剧院、上海歌剧院、江西省歌舞剧院等竞相带来自己“压箱底儿”剧目，异彩纷呈的制作为歌剧节增色不少，中国国家大剧院的舞台也给国内从事歌剧创作与演出的院团宝贵的演出机会，将作品呈现给国内外的观众。江西省歌舞剧院的民族歌剧《回家》，讲述了一位台湾老兵38年的漫漫归乡寻亲之路；上海歌剧院原创歌剧《燕子之歌》以我国著名音乐家周小燕生平为蓝本而创，描绘出了我国著名歌唱家、一代音乐教育大家周小燕教授对于祖国与学生的深情厚谊，展现了一代代音乐人薪火相传的历史使命感。“难忘的旋律”《费加罗的婚礼》以及由享誉国际乐坛的指挥家郑明勋的威尔第《安魂曲》音乐会更是多姿多彩。

舞台上精彩的演出此起彼伏，舞台下歌剧之美照样“看得见摸得着”。从3月开始，中国国家大剧院的歌剧普及活动就拉开了帷幕。“中国国家大剧院经典艺术讲堂——百场歌剧系列活动进校园”“歌剧节主题观摩”“歌剧兴趣培养基地”“市民高雅艺术殿堂文明行”“歌剧爱好者沙龙”等歌剧主题活动各具特色，国内的著名歌唱家们也不遗余力地参与其中。歌剧节期间，中国国家大剧院公共空间里经常传来中外歌剧经典咏叹调演唱和著名歌剧片段器乐演奏。整个歌剧节期间，公共空间演出活动高达160余场，这样“零距离”的接触让不少对歌剧还有陌生心理的市民在互动活动中走近了高雅艺术。

在欧洲和美国，歌剧院等高雅艺术机构在普及方面都做出了巨大的努力。“让歌剧更贴近每个市民”不仅仅是一句口号，更是实实在在的行动。2014年中国国家大剧院走出剧院，走进社区、学校、企事业单位的“歌剧百场讲座”更加火爆，平时在舞台上闪耀光芒的明星艺术家们带着对歌剧的体会与热爱深入到城市的各个角落，分享给前来聆听的每一个普通观众，如深受大众喜爱的男高音歌唱家戴玉强就放下身段，幽默地讲歌剧，声情并茂的讲解通俗易懂，甚至他还拉上好朋友幺红和吕思清，一起玩儿起了歌剧“快闪”。

歌剧节期间，中国国家大剧院第六届世界歌剧发展论坛也如期召开，来自14个国家的34家全球著名艺术机构的领导者出席，包括意大利都灵皇家歌剧院、佛罗伦萨市立歌剧院、美国洛杉矶歌剧院、韩国首尔艺术殿堂等15家剧院和艺术组织与会，就“当今背景下歌剧创作的走向及东西方歌剧制作的艺术特征”的主题进行了深入交流和探讨。

原载新华网娱乐版，2014年7月4日

2014 首届天津国际歌剧舞剧节

【概况】

2014 年 9 月 3 日至 2015 年 1 月 10 日，历时 4 个月、囊括 19 台 47 场演出的“2014 首届天津国际歌剧舞剧节”在天津大剧院举办。

在为期 4 个月的时间里，俄罗斯莫斯科国立斯坦尼斯拉夫斯基和涅米洛维奇－丹钦科音乐剧院的歌剧《战争与和平》、波兰波罗的海国家歌剧院的歌剧《居里夫人》、复排版巴托克歌剧《蓝胡子公爵的城堡》，挪威北极歌剧团、易卜生国际中心等联合制作的歌剧《娜拉》，由叶小纲作曲、林兆华执导、汤沐海执棒的我国原创歌剧《永乐》等相继上演。

在该届歌剧舞剧节中，首演的歌剧作品有：由俄罗斯音乐家普罗科菲耶夫根据托尔斯泰同名作品创作的歌剧《战争与和平》为该剧首次在中国演出；现代歌剧《居里夫人》也是首次于中国上演，并为首届天津国际歌剧舞剧节揭幕。歌剧《娜拉》则是世界首演。

在该届歌剧舞剧节中，与演出同步举行的还有免费开放的艺术普及和名家讲座等活动。

2014 首届天津国际歌剧舞剧节——名家讲座

时间	名称	主讲人	地点
2014 年 8 月 30 日	幸亏有过他：谈谈托尔斯泰	史航	天津大剧院小剧场
2014 年 9 月 14 日	俄罗斯文化巡礼	陶米恒	天津大剧院小剧场
2014 年 9 月 20 日	白岩松：为什么要听歌剧？	白岩松	天津大剧院音乐厅
2014 年 9 月 21 日	王蒙谈俄罗斯文学	王蒙	天津大剧院音乐厅
2014 年 9 月 27 日	为什么要做《战争与和平》？	亚历山大·蒂特尔	天津大剧院小剧场
2014 年 9 月 29 日	世界经典歌剧漫步	钱世锦	天津大剧院小剧场
2014 年 10 月 1 日	感受俄罗斯音乐	郑小瑛	天津大剧院小剧场
2014 年 10 月 25 日	西方当代歌剧新锐舞台制作揭秘	维多利亚·梅里克	天津大剧院小剧场

【媒体视点】2014 首届天津国际歌剧舞剧节开幕——“带给中国观众难以复制的心灵震撼”

◎张　悦

从 2014 年 9 月 3 日起至 2015 年 1 月 10 日历时 4 个月，囊括了 19 台 47 场世界顶尖院团一流演出的“2014 首届天津国际歌剧舞剧节”在天津大剧院荣耀绽放。30 场名家导赏及开放彩排等歌剧舞剧节系列活动使得整座城市沉浸在艺术的海洋之中，为期 4 个月的跨年艺术体验使 2014 首届天津国际歌剧舞剧节成为艺术盛宴。

天津大剧院总经理钱程介绍，天津大剧院历经数月、遴选众多剧目之后，才最终确定全部演出场次，而类似歌剧《战争与和平》这样的鸿篇巨制，更是从一年之前就开始策划、筹备。因此，本届国际歌剧舞剧节中将出现俄罗斯莫斯科国立斯坦尼斯拉夫斯基和涅米洛维奇－丹钦科音乐剧院的歌剧《战争与和平》、马林斯基剧院的芭蕾舞剧《神驼马》、波兰波罗的海国家歌剧院的歌剧《居里夫人》、法国卡菲舞团的现代舞《有机体》等代表世界最高艺术水准的剧目。这将带给中国观众难以复制的心灵震撼。

俄罗斯 600 人团队唱响歌剧《战争与和平》

如果把 2014 首届天津国际歌剧舞剧节比喻成一座艺术宫殿的话，那么撑起整座宫殿的那根台柱就是将于十一期间上演的斯坦尼斯拉夫斯基和涅米洛维奇－丹钦科音乐剧院的歌剧《战争与和平》。

苏联音乐巨匠普罗科菲耶夫以生命最后 10 余年时间倾力创作的史诗歌剧《战争与和平》，系根据世界文学瑰宝——托尔斯泰的同名原著改编而成。该剧忠于文学原著，保持了原作的宏大规模，浓郁的俄罗斯民族风格的音乐恢宏而富有魅力。两幕 13 场的演出，场面壮观，人物繁多。

这部鸿篇巨制在俄罗斯音乐文化中占有重要地位。9 月 30 日至 10 月 6 日，莫斯科国立斯坦尼斯拉夫斯基和涅米洛维奇－丹钦科音乐剧院将三度来到天津大剧院，以 600 人的庞大演出阵容连演 6 场。

“芭蕾航母”带来童话舞剧《神驼马》首次登陆中国

有“芭蕾航母”之称的俄罗斯马林斯基剧院芭蕾舞团代表着世界芭蕾的最高水准，今年该舞团将携两部中国首演作品登陆天津——芭蕾舞剧《神驼马》和《福金编舞芭蕾集锦：〈火鸟〉〈天方夜谭〉〈仙女们〉》。由罗曼斯基担任编舞的芭蕾舞剧《神驼马》取材于同名民间童话故事，并在原作的基础上进行了大量的改编，表现了一个愚人在一匹神奇的马的帮助之下，击败了邪恶的可汗而成为沙皇的左膀右臂，最终取代了无能昏庸的沙皇的奇妙故事。该剧具有醇厚的俄罗斯风格，不但在古典芭蕾语汇与现代表现手段的结合上令人为之赞叹，谢德林作曲的音乐也精彩异常。

引领先锋原创新作体味当代艺术生命力

本届天津国际歌剧舞剧节有大批优秀剧目或首演或原创，带领观众体味当代艺术的生命力。

2014 年是居里夫人逝世 80 周年，波兰波罗的海歌剧院 9 月 3 日至 4 日带来现代歌剧《居里夫人》的中国首演并为首届天津国际歌剧舞剧节揭幕。10 月 30 日至 31 日，由挪威北极歌剧团、易卜生国际中心、驱动文化传媒联合制作的歌剧《娜拉》将在天津大剧院进行盛大的世界首演。这部以易卜生经典剧作《玩偶之家》为背景的歌剧，由挪威最具盛名的剧作家乔恩·弗斯亲自操刀执笔，并重任我国著名青年作曲家杜薇担纲音乐创作，以极富神秘个性的音乐戏剧语言呈现出一部激情丰沛的“女人大戏”。12 月 9 日，由冯柏铭、冯必烈撰写剧本，叶小纲作曲、汤沐海执棒、林兆华导演的原创歌剧《永乐》也在本届歌剧舞剧节中亮相。

原载《中国艺术报》2014 年 9 月 5 日

【媒体视点】歌剧《居里夫人》：光与影黑暗与闪光

◎张　悦

作为享誉世界的科学家，玛丽亚·居里的名字可以说是家喻户晓，然而在光环背后，她的生平却并非为世人所知，其波澜壮阔的一生也往往被各种传言所包围。9 月 3 日晚，作为“2014 首届天津国际歌剧舞剧节”的开幕演出，波兰波罗的海国家歌剧院带来的现代歌剧《居里夫人》让观众看到了居里夫人的“多棱镜面”。

1867 年出生波兰华沙的法籍科学家玛丽亚·居里是历史上第一位两次获得诺贝尔奖的人。2011 年，联合国将这一年定为“国际化学年”，恰巧也是居里夫人获得诺贝尔化学奖 100 周年的特殊年，她的祖国波兰将这一年命名为“居里夫人年”。历经两年的艰苦创作，波兰波罗的海国际歌剧院制作的歌剧《居里夫人》终于在这一年诞生：2011 年 11 月 15 日世界首演于巴黎世界遗产中心，11 月 25 日波兰首演于格但斯克。

“无人能否认她是个伟大人物，但人们并不了解她的生活。对于这位化学教授的介绍通常十分扼要呆板，鲜有人看过介绍她真实生活的介绍，更少有人能意识到她的研究对科学产生的巨大影响。其实在波兰她的名字家喻户晓，她在人们的心目中有较高的地位，波兰的许多街道、学校都以她的名字命名。”波罗的海歌剧院艺术总监、歌剧《居里夫人》的导演马莱克·维伊斯一直十分崇拜这位女科学家，他说：“我们用歌剧的形式，讲述了这位优秀的女科学家克服种种鲜为人知的困难，以及战胜周围人们对她的敌意和嫉妒，最终取得成功的故事。”作曲家希克拉女士是欧洲当代著名的作曲家，在歌剧《居里夫人》中，音乐极其复杂而且富有质感，希克拉创造性地加入了电子元素。电子乐和管弦乐相互配合，在这部歌剧作品中扮演重要的角色，电子乐在并不被主导听觉的作用下成为管弦乐不可或缺的另一个部分。剧中饰演居里夫人的女高音歌唱家安娜·米科瓦伊齐克具有丰富的舞台表演经验，100 分钟的演出她几乎从头唱到尾。她说，“自从接到《居里夫人》歌剧演出的任务，我一直生活在塑造居里夫人的状态中，每天每时都不能放松，《居里夫人》不同于我唱过的任何古典歌剧，难度非常大，因为是现代歌剧，唱腔把握起来就更加需要力量和技巧，这对于我来说是最大的考验。”

在歌剧的最后一段居里夫人的咏叹调中，庄严地高唱蝴蝶扑火而灼伤翅膀的意象，更有喷泉火焰暗指居里夫人发现了“镭”元素对人们生活的影响，爱因斯坦走入居里夫人的梦境与她倾心交谈对于未来的担忧。在歌剧的最后，“光与影，黑暗与闪光”的唱词就像科学家摸索找寻的新物质一样带给人们的兴奋和焦虑。

原载《中国艺术报》2014 年 9 月 5 日

【媒体视点】歌剧《蓝胡子公爵的城堡》再度复排亮相

◎张　悦

2014 年 9 月 13 日至 14 日，匈牙利作曲家巴托克的经典歌剧《蓝胡子公爵的城堡》在天津大剧院再度复排上演。指挥大师汤沐海执棒天津音乐学院青年交响乐团演绎这部艰深的音乐作品，这也是2014首届天津国际歌剧舞剧节亮相的第二部歌剧。

歌剧《蓝胡子公爵的城堡》是巴托克唯一的歌剧作品，这部仅 60 分钟的独幕歌剧创作于 1911 年，1918 年 5 月首演于布达佩斯国立歌剧院，时由意大利指挥家坦戈担任指挥。“蓝胡子”是西方世界家喻户晓的童话故事，然而，身为 20 世纪最伟大作曲家之一的巴托克却独出机杼地将这个经典童话作了全新演绎，赋予了其不一样的内涵。歌剧《蓝胡子公爵的城堡》褪去了童话原作中浓厚的恐怖气氛，代之以晦暗却充满象征意味与哲理的情节：年轻貌美的尤迪特不顾家人反对与蓝胡子公爵私奔，来到阴冷昏暗、与世隔绝的蓝胡子城堡。城堡中有 7 扇紧闭的大门，尤迪特出于好奇恳求蓝胡子公爵打开所有的门。门依次打开后，尤迪特看到了或狰狞恐怖，或绚丽夺目，或不可思议的景象。然而，蓝胡子公爵却迟迟不愿打开第七扇门。最终，在尤迪特的一再恳求下，第七扇门终于被打开……

2013 年 6 月 21 日至 22 日，《蓝胡子公爵的城堡》曾在天津大剧院举行了首演，“歌剧泰斗”周小燕和郭淑珍特意来津观摩。2014 年，这部由易立明导演、汤沐海指挥的歌剧再度复排，舞台制作方面，除去保留了首演时广受好评的布景——高耸的铁制旋转阶梯与质感十足的筒形墙壁构成的“城堡”主体外，还有两位“神秘人物”在舞台上配合蓝胡子公爵和尤迪特的演唱。此外，为了契合歌剧中阴森神秘的情节，天津大剧院还在剧场内营造烟雾弥漫的气氛，使观众产生身临其境的感受。演员方面，男中音歌唱家克里斯蒂安·西尔饰演蓝胡子公爵，女高音歌唱家安德丽娅·梅拉斯饰演尤迪特。两位匈牙利歌唱家均为匈牙利国家歌剧院独唱歌手，为演出质量奠定了保障。

原载《中国艺术报》2014 年 9 月 12 日

第四届中国·东莞音乐剧节

【概况】

2014 年 12 月 6 日，由中国音乐剧协会、中共东莞市委宣传部、东莞市文化广电新闻出版局主办的“第四届中国·东莞音乐剧节”在广东东莞开幕。开幕式首演了由东莞市东城街道办事处和北京保利剧院联合出品、东莞保利三宝演艺团担纲演出的原创音乐剧《聂小倩与宁采臣》。

本届音乐剧节分为六大板块，兼顾国外名剧、国内精品和本土原创，共上演 13 部音乐剧 28 场演出。本土化是第四届东莞音乐剧节的特点，13 部音乐剧中，5 部为“东莞制造”，分别是：《聂小倩与宁采臣》《妈妈再爱我一次》《下一个出口，望牛墩》《海的女儿》和《蔬菜总动员》。

12 月 7 日，“中国音乐剧运作的东莞模式”研讨会在东莞望牛墩音乐剧基地举行。研讨会上，中国音乐剧协会会长王祖皆与中国音乐剧协会多位副会长、理事，以及音乐剧编剧、作曲等专业人员就中国原创音乐剧的发展、东莞模式的探讨等问题交换了意见。

第四届东莞音乐剧节负责人周汉标率先介绍了东莞音乐剧的“五合一产销模式”，即“政府扶持、指标监管、企业承办、项目办团、院线营销”。

王祖皆发表了《中国原创音乐剧的东莞现象》的报告，称东莞坚持做音乐剧做到了 3 个“第一”：东莞在 2007 年全国第一个提出打造“音乐剧之都”的目标，吸引了中国优秀的音乐剧创作人三宝、李盾、影子等落户东莞；第一个形成了音乐剧“五合一产销模式”的机制；第一个坚持以原创为中心，以作品积累为资本。他表示，东莞已经建立了科学的、行之有效的机制，东莞的音乐剧生产与运营，已形成了良性竞争的生态。同时，他肯定了东莞原创音乐剧对中国音乐剧发展的三大作用：提升了音乐剧的思想内涵，拓展了音乐剧的表现形式，强化了音乐剧的中国特色。

截至 2014 年，东莞是国内唯一举办音乐剧节的城市。自 2007 年提出打造“音乐剧之都”，东莞先后与北京保利和东方松雷合作，在东城、塘厦、望牛墩建立 3 个音乐剧生产基地，创编生产了《蝶》《爱上邓丽君》《钢的琴》《王二的长征》《妈妈再爱我一次》等 10 部原创音乐剧，先后获得了韩国大邱国际音乐剧节最高奖、中共中央宣传部“五个一工程”、文华奖等。

【第四届中国·东莞音乐剧节“莞香奖”获奖剧目】

特别贡献奖：《妈妈再爱我一次》
特别荣誉奖：《爱情花》
评委会大奖：《聂小倩与宁采臣》
优秀原创剧目奖：《又见桃花红》《六号车间》
优秀剧目制作奖：《六祖惠能》《楼兰》《魔豆》
优秀剧目表演奖：《下一个出口，望牛墩》《最后的瞬间》
优秀创新剧目奖：《蔬菜总动员》
最受观众喜爱剧目奖：《海的女儿》

【评论】音乐剧：以音乐之名向艺术出发

◎王　珏　赵　玲

一封信，一个大字不识的长工，一段旅程，一次“长征”……五一期间，原创音乐剧《王二的长征》在北京保利剧院上演，作为广东东莞推出的第七部音乐剧，《王二的长征》以其上乘的品质和精良的制作，引起了不少人的关注。

近年来，音乐剧这种新兴艺术形式越来越为中国观众所熟知，它正在走进各大剧场，走入寻常百姓的生活中。

保留传统　面向现代

音乐剧走过了近300年的发展历史，兼容并包、紧跟时代的特点是其长盛不衰的原因。音乐剧是一种既传统又现代的舞台艺术形式，它通过歌曲、台词、音乐、肢体动作等的紧密结合，把故事情节以及其中所蕴含的情感表现出来。

“我爱你，直到时间的尽头。”这是音乐剧《红磨坊》中的台词，这部为人熟知的音乐剧，通过一段不被人祝福的爱情，亦歌亦舞地展开了一个令人动容的爱情故事。

英国和美国可算是音乐剧的两大发源地。各种各样的音乐剧已经在世界各地红红火火地上演了上百年。

1728年，首演于伦敦的《乞丐歌剧》，算得上音乐剧的雏形。它吸收了轻歌剧和喜剧的元素，采用了69首流行曲调作为穿插情节的主线，宛若一幅风景画般展现伦敦西门监狱的情景。

说到音乐剧在美国是怎么火起来的就更有趣了，这个过程本身就像一场“杂耍”。1866年，法国一个芭蕾舞团赴纽约音乐学院演出，但预订的剧场却在公演前毁于一场大火。

当时尼波罗花园剧院的经理惠特利正好安排了一部情节剧《黑魔鬼》准备上演，但惠特利对此剧信心不足，在听说了这个关于芭蕾舞团的消息之后，他顿觉如果能在剧中加上这些芭蕾舞女孩一定会出彩不少。于是美国的喜剧、跳舞的法国女孩、滑稽的歌曲，以及鬼魅和妖精的扮相，歪打正着地拼凑成了一场大受欢迎的卖座戏。《黑魔鬼》也因此被公认为第一部美国的音乐剧。

经过19世纪中叶之后半个多世纪的多方位的探索，音乐剧逐步求得了音乐、舞蹈与戏剧的结合，到20世纪中期它已成为一种独具魅力的戏剧演出形式。特别是美国的百老汇音乐剧，凭其涤荡心胸的律动节奏，光怪陆离的艺术效果，令人陶醉的戏剧故事，百老汇音乐剧已成为一种与众不同的“日用商品”，被全世界的人们认同着，喜爱着。

虽然音乐剧是在美国诞生成长的，但其极富时代感的艺术形式和强烈的娱乐性使它正成为世界上所有国家的观众都喜欢的表演艺术。此后的几十年，音乐剧也开始在日本、韩国、新加坡、中国等国家流行。

专家指出，音乐剧具有兼容并包的特点，它能够打破传统，紧贴时代步伐，给快节奏生活的人们缓解压力。正是因为这些特点，才使得音乐剧逐渐地走近观众，得到了更广泛的传播。

改编打头　原创跟进

引进改编、中西合璧，音乐剧在中国本土迅速发展。在引进、移植、学习借鉴的过程中，中国音乐剧开启了原创之路。

说到音乐剧在中国的发展，不得不提《妈妈咪呀》。《妈妈咪呀》中文版是由中国对外文化集团、上海东方传媒和韩国希杰集团联手打造的。2011年《妈妈咪呀》中文版在上海大剧院演出，一亮相便博得满堂彩，兼得了票房和美誉。

《妈妈咪呀》描述了发生在爱琴海小岛上的故事。它的情节虽不跌宕起伏，但当舞台的大幕拉开时，你还是会情不自禁地跟着节奏摇摆，跟着剧情感动。这部改编音乐剧舞台完全复制原版，中文版台词在不失英文版精髓的同时，甚至还不时加入地方方言，惹得观众捧腹不已。

其实，将欧美音乐剧改编为中文版，《妈妈咪呀》并非首例。早在1987年，音乐剧《异想天开》的歌声就曾唱响在中国大地上。那时的中国，音乐剧算是很新奇的“玩意儿”。几十年过去了，《妈妈咪呀》《猫》等中文版音乐剧相继成功，这也说明中国老百姓对精神消费的细分化和专业化。

当欧美音乐剧的引进和中文改编方兴未艾之时，中国本土原创音乐剧也蓬勃发展起来。这些年就陆续出现《雪狼湖》《金沙》《蝶》等原创音乐剧。在不断地引进、移植、模仿和学习借鉴的过程中，中国音乐剧也开启了自己的原创之路。

值得注意的是，在广东东莞甚至出现了音乐剧的“东莞模式”。东莞市文化广电新闻出版局副调研员周汉标这样总结，“所谓‘东莞模式’就是采取‘政府扶持、指标管理、企业投资、项目办团、院线营销’的运作模式，每年创编至少1部音乐剧作品”。

目前，东莞已成功打造音乐剧《爱上邓丽君》《三毛流浪记》等多部剧目，今年内还将陆续推出5部音乐剧作品。经过这几年的发展，甚至使得远在北京的演艺圈都形成“要搞音乐剧，就到东莞去”的认识。

南京艺术学院音乐学研究所副教授满新颖就称赞道：“近两三年来，中国出现了剧本扎实、音乐戏剧性较强、本土化程度较高的原创作品，如《钢的琴》和《王二的长征》等。”这两部作品艺术水准都相当高，比如《钢的琴》，全剧18个唱段皆为全新的艺术创作，选用人们熟悉的苏联歌曲做串场，抒发过往岁月的理想主义情怀，使得全剧饱满而有张力。

感受音乐　推广艺术

观众可以从名剧看起，多多积累欣赏经验，通过比较来寻找自己比较喜欢的剧目，充分领略音乐的魅力。

随着西方音乐剧的引进、改编和本土音乐剧的不断发展，全国各地演出场次的数量在增加，每年新推出的剧目种类也令人眼花缭乱。许多观众在面对种类繁多的音乐剧时，便常常觉得无从选择。

如何才能更好地感受音乐剧？武汉大学艺术学系的江柏安教授建议：“真心爱好音乐剧的人们做好心理准备的前提是：投入心态的自我培养，时间经费和好奇心都需要投入。观众可以首先从了解音乐剧入手，然后再从名剧看起，通过多看音乐剧来积累欣赏经验，通过比较来寻找自己比较喜欢的剧目，充分领略音乐的魅力。”

音乐剧在中国虽然已得到长足发展，但是也存在不少问题。对当前中国音乐剧的发展状况，满新颖副教授这样评价，“近10年来，中国每年产生的音乐剧数量平均在10部以上，这些数字和剧目与中国歌剧相比略显高出，与上一个10年中国音乐剧平均每年3部多相比，提升明显”。但缺少故事性和思想性、投资者片面追求经济利益等都是我们不可回避的硬伤。

面对这样的现状，怎样才能更好地推广和普及音乐剧呢？

中国文学艺术界联合会副主席徐沛东提出了这样几点建议，“要实现音乐剧的发展与繁荣，首先，引进国外经典音乐剧，培育音乐剧的市场与观众；其次，要购买版权，制作经典音乐剧的中文版，通过制作、表演和运营，从而培养我们自己的优秀人才队伍，这是一个在许多国家被验证为行之有效的方式；最后，我们需要努力创作一批原创的、优秀的本土音乐剧，并推动其走入国内外市场”。

原载《人民日报》2014年5月3日

【观点】我国音乐剧的“东莞模式”及其策略构建

◎居其宏

新世纪以来，中共东莞市委、市政府基于当地文化产业发展战略和雄厚经济实力对音乐剧艺术和音乐剧产业情有独钟，整合当地的地缘优势和人才资源推出一系列举措，雄心勃勃地提出了将东莞打造成“中国音乐剧之都”的宏伟构想。

就我视野所及，从2007年至今，中共东莞市委、市政府和相关文化企业联合投资，相继推出8部大型原创音乐剧并创办每两年一届的“中国东莞国际音乐剧节”，至今年已连续举办了4届。此外，东莞有关方面又整合各种资源成立我国第一个“东莞国际音乐剧创作生产基地”并创建“中国松雷·蝶之舞东莞音乐剧团”和“东莞保利演艺团”等音乐剧创演剧团。

这次来到东莞了解到，这样的音乐剧创作生产基地在东莞还有好几个。上述这些举措和创制剧目，非但充分体现出东莞人对我国音乐剧艺术、音乐剧产业的执着情结、过人胆识、巨大热情、雄厚财力和出众才华而且在全国地市级城市中，若论创制决心之大、成效之著和影响之广，足可当之无愧地称其为全国之冠。

东莞的音乐剧情结，以及我国音乐剧艺术和音乐剧产业中的“东莞现象”和“东莞模式”，受到国内外同行的广泛关注和高度重视。东莞的剧目创制思路和艺术质量以及其中的经验和做法，也在国内业界引起不同意见的争论。

东莞的音乐剧创演

就我自己看过的剧目而言，自2007年至今，东莞已连续推出多部音乐剧新作。

音乐剧《蝶》《爱上邓丽君》《王牌游戏》《三毛流浪记》《妈妈再爱我一次》《钢的琴》《王二的长征》和刚刚首演的《聂小倩与宁采臣》。

在上述部剧目中《三毛流浪记》《钢的琴》《王二的长征》3部体现出近年来我国音乐剧创作的最高水平。特别是《王二的长征》一剧，我以为是我国音乐剧舞台上出现的第一部“概念音乐剧”其思想性、艺术性又在其他剧目之上。

东莞音乐剧创制的基本经验

东莞在音乐剧创制方面的多年实践，为我国音乐剧艺术和音乐剧产业的发展提供了很多新鲜的经验，我把这些经验概括为如下几条。

1. 坚持政府与文化企业联合创制的基地模式

东莞市各级政府，以音乐剧创作生产基地为依托，坚持与文化企业联合投资制作是一条行之有效的创制模式。其优势有三。

其一，与北京、上海等一线城市和大多数国家级、省级专业院团的音乐剧创制多由国家投资相比，拓宽了音乐剧的投资渠道有效解决了融资难的问题，分担了剧目的市场风险。

其二，由政府牵头，与深谙文化市场、文化产业和社会文化消费规律的文化企业联姻，从而将音乐剧市场化和产业化概念及其运营的能力和技巧引入刚刚起步的音乐剧行业，可在很大程度上弥补政府文化主管部门和音乐剧艺术家在这些方面的不足。

其三，政府在与文化企业的联合创制实践中，能够有效发挥政府的导向性功能和管理监督职责。

2. 坚持以剧目原创为导向的发展路径

就我视野所及，迄今为止，东莞一直坚持以剧目原创为导向的发展路径。这一条对于中国音乐剧艺术、音乐剧产业、音乐剧市场的长远健康发展来说尤为重要。

原样引进或翻译演出欧美经典剧目，活跃我国音乐剧市场，丰富当代观众的音乐剧生活，开阔我国音乐剧从业者的视野都有绝大的好处，但这样做的最终目的是发展表现中国人民精神生活、具有中国风格、中国气派和时代风貌的中国原创音乐剧提供借鉴。

东莞音乐剧同行坚持原创的发展路径并通过多年实践，推出的原创剧目在实现思想性、艺术性、观赏性三性统一方面渐入佳境，其成功经验体现出高度的文化自觉值得全国同行好好学习。

3. 打造长期稳定的创制团队

经过长期创演实践的考验和冲刷，打造出一支或多支稳定和谐的高水平创制团队在欧美有成功先例。例如，百老汇的黄金组合以及伦敦西区以麦金托什、韦伯、勋伯格为代表的大师级创制团队等即是。

东莞同行经过多年创制实践的磨合和筛选也渐渐形成了以作曲家三宝、剧作家关山、管理者周汉标和制作人李盾组成的相对稳定的创制团队。尤其是三宝和关山二人，继早期《金沙》和《蝶》的磨合之后，彼此知根知底，艺术理念高度契合，合作日趋默契。近年来连续推出三部很有特点和潜质的剧目，在国内同行中树立起较高的专业标杆和良好声望。

4. 坚持展演与研讨互为促进的办节理念

东莞国际音乐剧节的办节理念从第一届至今就是展演和研讨并重，在强调剧目演出和交流的同时，邀集全国同行和专家举行各种主题的学术研讨会。

就我国音乐剧创作、演出、运作等理论研究展开自由讨论，令音乐剧的创演制作实践与学术研讨两轮驱动、齐头并进，取得了良好的效果。

本届音乐剧节将“中国音乐剧发展的东莞模式”定为研讨会的主题，这就把东莞多年来的音乐剧创制实践、成果和经验提高到一个新的高度来进行审视，非常好。相信本届研讨会一定能够汇聚本地和全国同行的智慧，不仅对东莞音乐剧的未来发展和产业化进程有一个长远而科学的规划，也对全国同行有很强的启迪意义。

对东莞音乐剧产业发展策略的建议

俗话说“榜样的力量是无穷的”。为了使东莞音乐剧产业的发展更加健康，我国音乐剧的“东莞风景”更加亮丽，更好地将东莞在我国音乐剧创演和音乐剧产业中的榜样作用发挥到极致，使其领头羊地位更加巩固，兹在坚持上述四条基本经验这个前提之下提出如下建议。

1. 立足音乐剧市场，打造音乐剧产业

与歌剧艺术不同，音乐剧是艺术，更是产业，理应也必须走向市场。对音乐剧艺术及其成败得失，必须以市场接纳与否、广大观众欢迎与否为主要导向，以票房和衍生产品收入为根本标准加以衡量。

因此在音乐剧这个领域只顾投资规模不问经济效益，只讲思想性艺术性不讲观赏性，光看同行专家叫好不看普通观众反应，光看报章评论不看上演率、上座率和票房数据是个欠缺。因为这样做不符合音乐剧市场化、产业化本性，也与政府、企业和广大观众对音乐剧的热切期待相违背，长此以往音乐剧不容易获得可持续发展。

2. 坚持以故事音乐剧为主

探索性的“概念音乐剧”必不可少，然而即便在音乐剧产业发达的欧美时至今日，依然是以故事音乐剧为主，何况在音乐剧尚处于起步阶段的中国？

我国观众喜欢看情节精彩、故事抓人的戏剧，喜欢听旋律优美动人的音乐；在欧美各国同样如此。而这一点，正是故事音乐剧的优势也是它之所以长期在欧美各国音乐剧市场上久演不衰，从而理所当然地成为世界音乐剧产业的主导类型的奥秘。

3. 在高原基础上潜心建造音乐剧高峰

东莞创演的音乐剧单就其数量论，在全国同行中，应该算作高产了。再从其质量论《三毛流浪记》《钢的琴》和《王二的长征》三剧，在中国音乐剧史上，也该算作高原了。但与高峰相比还有一段不小的距离。

依我看东莞创制的这3部剧目，尤其是《钢的琴》如果再花一些工夫加以精心修改提高，是完全可能将它打造成同行叫好、观众喜爱、票房叫座的音乐剧精品的。听说它在“十艺节”之后已然下档，我为东莞同行失去这样一个绝佳机会而深深惋惜。

4. 改变剧目的创制和生产模式

我对东莞音乐剧创制、生产模式的情况和细节了解不多，仅从表面看，一年推出一部新戏似乎成了规律。

按理说从创制周期看，一年一部新戏并不局促，因此对剧目艺术质量并无大碍。事实上，东莞创制团队在近年来连续推出的3部新剧都有各自的特点和成就，在同行和观众中也赢得了良好口碑，为陷入低谷的我国当代音乐剧艺术和音乐剧产业争回了不少脸面。然而存在的问题是，这种一年推出一部新剧的创制思路和计划本身就陷入了“机械化生产”和“狗熊掰棒子”的窠臼，这就把此前某些基础很好、颇有前途的优秀剧目做加工修改提高、进一步打造成精品的机会白白浪费了，彻底错过了岂不惜煞人也？

因此东莞同行如果有雄心打造社会效益和经济效益双丰收的音乐剧精品，在这片高原上营造真正的中国音乐剧高峰就有必要将这种定期创制新剧目的生产模式变它一变。

5. 虚心向欧美音乐剧及其专家学习但无须迷信

欧美音乐剧及其专家是我们的老师，中国音乐剧艺术家向欧美同行虚心学习的脚步从未停止，于是才有中国音乐剧的今天。

虚心学习大有益，盲目迷信则不必。东莞同行曾有邀请欧美音乐剧专家担任剧目主创的经历，但从《蝶》和《王牌游戏》两剧的实践效果看票房业绩并不好。分析其中原因，所选非人可能是其一，但最主要的还是中国音乐剧是写中国故事并且主要是写给中国观众看的，因此要让欧美专家主创的中国音乐剧有市场、有票房这当中横亘着一个文化隔膜问题需要切实解决。即便我们把麦金托什、韦伯和勋伯格这3位大师请来担任制作人和主创，他们若不能花三五年时间深入了解中国国情、中国文化、中国音乐剧市场和中国观众的审美习性，那么最后拿出来的剧目可能非但无法盈利甚至难以保本。

6. 在大牌基础上造就大师

中国音乐剧需要精品，需要经典，需要被音乐剧拥趸视为偶像的大师级作曲家、剧作家和制作人。

前已说过，“东莞模式”已经锤炼出一个相对稳定的高质量的创制团队，产生了一批有才华、有潜力的大牌音乐剧艺术家和制作人。

但大牌和明星还不是大师。大师既不能凭空产生，也不宜自诩。在当代中国这片沃土上，它不但需要当事人深厚功力的养成和自我反思，自我锤炼也需要适宜的环境和机遇，需要有意识地培养和来自不同方向的呵护。总之，需要所有相关人等的艺术自觉。

原载《歌剧》2015年第2期

【媒体视点】东莞：创建中国音乐剧一片“绿洲”

◎谭志红　江升华

2014年12月6日晚，第四届中国·东莞音乐剧节在东莞市玉兰大剧院开幕。自2007年提出打造“音乐剧之都”构想以来，东莞已先后举办了三届音乐剧节，成为国内唯一举办音乐剧节的城市。

8年来，东莞在发展音乐剧的征途上扎实前行，先后推出了10部原创音乐剧，这座制造业城市的艺术气质和浪漫情怀逐渐展现。东莞市委常委、宣传部部长潘新潮说，音乐剧正在改变东莞城市和东莞人的形象，让世人看到东莞这片神奇的热土上，不单有林立的工厂，还有动人的音乐剧。

改变中国音乐剧版图

开幕式当晚，由东莞市东城街道办事处和北京保利剧院联合出品、东莞保利三宝演艺团担纲演出的原创音乐剧《聂小倩与宁采臣》在玉兰大剧院首演。这是东莞创编生产的第10部原创音乐剧。自2007年以来，东莞先后与北京保利和东方松雷合作，探索形成了“政府扶持、指标监管、企业承办、项目办团、院线营销”的“五合一产销模式”，在东城、塘厦、望牛墩建起了3个音乐剧生产基地，创编生产了《蝶》《爱上邓丽君》《钢的琴》《王二的长征》《妈妈再爱我一次》等10部原创音乐剧，先后获得了韩国大邱国际音乐剧节最高奖、中共中央宣传部“五个一工程”、文华奖等众多奖项。

中国音乐剧协会会长王祖皆说，东莞以敢为人先的气魄、从不动摇的精神和东莞制造的速度呈现给广大人民群众数十部优秀的音乐剧，创建了中国音乐剧的“东莞绿洲”。

上海音乐学院教授金复载曾经对东莞生产音乐剧充满疑问。这次参加第四届东莞音乐剧节，尽管只是他第二次来东莞，但他的疑问已经打消。这位曾为《红河谷》《宝莲灯》等著名影视作品创作音乐的艺术家认为，东莞选择音乐剧很有眼光，他在这里看到了其他地方发展音乐剧所没有的景象。

统计显示，莞产音乐剧已在全国上演700多场，平均上座率达到80%以上。12月18日，在中共东莞市委宣传部联合市文广新局举办的“走转改”活动上，南京艺术学院副教授满新颖认为，工作开展得好不好，要看作品，为什么几部优秀音乐剧都在东莞诞生？发展音乐剧体现了东莞人的胸怀和文化担当，因音乐剧而知道东莞的人越来越多，东莞音乐剧已经成为一种现象，其模式值得推广。

著名音乐制作人李苏友在北京做了10多年的音乐剧，因为一个偶然的机会来到了东莞，和著名的音乐剧演员影子在望牛墩镇成立了东莞摩登影子音乐剧团，还推出了由影子主演的一个人的音乐剧《下一个出口，望牛墩》。在李苏友到来之前，东莞已经生产了好几部音乐剧，他为自己的迟到懊恼不已。他认为，东莞与北京、上海一起构成音乐剧的“北上莞”版图，北京有音乐剧人才，上海有音乐剧演出市场，而东莞能给音乐剧最大的支持。

本土音乐剧创作实力不断增强

12月31日，音乐剧《下一个出口，望牛墩》在玉兰大剧院小剧场首演，并驻场演出。该剧讲述了一位音乐剧演员从芝加哥、纽约到北京、上海、东莞，为了追求梦想走遍世界舞台的故事。这是音乐剧首次在东莞驻场演出，也是东莞音乐剧本土化的尝试。本土化是第四届东莞音乐剧节的一大特色，其间上演的13部中美韩优秀音乐剧中，有5部音乐剧是原汁原味的“东莞制造”。

近年来，东莞在发展音乐剧的过程中，注重“两条腿走路”。一方面，通过学习国内外先进的音乐剧运作模式，引进外来音乐剧人才创编生产音乐剧，合作推出“大制作”；另一方面，注重提高音乐剧的本土化水平，努力实现演出团队的本土化和题材的本土化。

儿童音乐剧的蓬勃兴起就是东莞音乐剧本土化的成果。东莞从少儿入手普及音乐剧，由本土团队生产了多部儿童音乐剧，丰富了莞产音乐剧的形式和内容。本届音乐剧节上演的13部音乐剧中，有两部是东莞原创的儿童音乐剧，即东莞儿童艺术团的《海的女儿》和东莞市精战杂技艺术团的《蔬菜总动员》。此前，莞城英文实验学校、东莞儿童艺术团等已经排演了《盛开的桃花》《小鬼当家》等儿童音乐剧，先后登上了中央电视台、第十二届广东省艺术节的舞台。

为进一步挖掘本土的音乐剧创作力量，本届东莞音乐剧节新增了音乐剧小戏小品专场比赛，参加比赛的作品均为东莞市文艺创作者原创的音乐剧小戏小品，开拓了音乐剧发展的新渠道。

东莞人“过文化周末”的习惯

12月12日晚，获得中共中央宣传部“五个一工程”奖的音乐剧《妈妈再爱我一次》在常平大剧院演出。这部诠释无私母爱的音乐剧在全国演出了160多场后，回到“娘家”演出，吸引了不少常平观众。情到深处，不少观众低头拭泪。

塘厦镇的观众反应更为热烈。12月8日，该剧在塘厦演艺馆演出，1200多个座位满满当当，一些市民为买不到票而抱怨。《妈妈再爱我一次》在塘厦创编合成，塘厦人对它并不陌生，有的观众已经看了几次，可还是被深深吸引。还有的观众专程从深圳赶来，为这部戏泪流满面。

12 月 15 日至 16 日晚，该剧在东莞理工学院演出。原来，该校几名毕业生在玉兰大剧院看完演出后，大为感动，于是出钱邀请剧团前往演出，以此回馈母校。不少学生表示，他们从该剧中找到了久违的感动，希望能多演几场。

满新颖认为，音乐剧对东莞培育城市文化、提升市民素质起到了很好的作用，东莞人的欣赏水平大大提高，已经形成了爱看、会看的氛围。东莞（塘厦）音乐剧基地的一位工作人员说，住在她楼下的卖菜阿姨都知道音乐剧了。前几天她去买玉米，这位卖菜阿姨竟然要将玉米都送给她，只为换取一张《妈妈再爱我一次》的演出票。

潘新潮说，东莞不是“文化沙漠”，而是“国际制造名城”和正在兴起的“文化名城”。音乐剧让东莞人正在养成“过一个文化周末”的生活习惯，大家都认为有钱请人吃饭，只能算是土豪；而有心请人进玉兰大剧院，才算是文化人。

原载《中国文化报》2014 年 12 月 24 日

【媒体视点】来莞八年音乐剧和者日众

◎李玉婷

东莞探索形成音乐剧的“五合一产销模式”，培养了观众和市场

2014 年 12 月 8 日，第九部东莞产音乐剧、儿童杂技音乐剧《蔬菜总动员》在望牛墩影剧院首演。这是望牛墩被授予中国音乐剧创作基地的牌匾后举行的首场演出，也是望牛墩音乐剧基地成立后首部作品面世。

塘厦、东城与望牛墩 3 个音乐剧创作生产基地的建立并获“国字号”认定，只是东莞音乐剧发展 8 年来成绩的一部分体现。东莞音乐剧发展的 8 年，成绩远远不止这些。正在热闹举行的中国·东莞音乐剧节，作为重要的展示窗口，今年已经是第四届了。展演剧目的数量、场次不断增加，演出场地不断拓展，观看人数每年不断递增，莞产音乐剧数量与质量“齐飞”……市民对音乐剧这个带有“阳春白雪”标签的舶来物，从陌生到熟悉，喜爱和懂得欣赏的观众群体日益增加。

音乐剧这棵艺术之树已在东莞这片热土上生根发芽，并在东莞市委、市政府的支持下，使得“阳春白雪”的音乐剧和者日众，不再曲高和寡。

数量增加

演出剧院从 1 个到 8 个

自 2007 年举办首届东莞音乐剧节后，又连续在 2009 年、2011 年成功举办了两届音乐剧节。

在 12 月 6 日晚拉开序幕的第四届中国·东莞音乐剧节，更与中国音乐剧协会联手主办，这让东莞音乐剧节的规格和档次得以提升，同时这也是对东莞音乐剧发展的一个肯定。

东莞音乐剧节已经进入了第四届。从首届音乐剧节 8 部音乐剧展演，到今年的 13 部剧；从最初半年时间的 18 场演出，到现在不到一个半月时间内的 28 场演出；从最初只有玉兰大剧院一个场地，到今年在全市 7 个镇街 8 个剧院展演。

数字的变化是枯燥的，但也是最真实和直观的。从四届东莞音乐剧节上展演剧目数量和场次、场地不断增加、观影人数不断上升等，可以看到，音乐剧切切实实地走到了东莞观众的身边，走进了东莞市民的文化生活中。

为了丰富音乐剧节的内涵，本届音乐剧节期间，除了音乐剧展演外，还举行音乐剧沙龙、本土音乐剧小戏小品比赛、音乐剧艺术普及推广、剧目评奖等活动，让更多的市民参与其中。

宽度拓展

从城区到镇街的推广

音乐剧节的展演剧院每届都在增加，从最初只有玉兰大剧院一个场地，拓展到塘厦、东城两个音乐剧基地，再到今年新增了望牛墩、长安、常平等共 8 个演出剧场。这是让东莞观众在家门口便能感受到音乐剧的魅力，同时也是我市“文化惠民”工程的体现。东莞的“文化惠民”工程，将“百场培训、千场演出、万场电影”送到市民的家门口，同时也将“阳春白雪”的音乐剧送到各镇街的市民身边，让他们得以接触和了解音乐剧，从而实现音乐剧在东莞的普及。

在政府支持下，镇街的音乐剧展演大多是优惠的票价甚至赠票的形式，这难免让外界对音乐剧市场在镇街的发展提出质疑。

对此，或许塘厦这个东莞首个音乐剧创作生产基地能给出一些答案。塘厦在 2011 年和东方松雷音乐剧剧团有限公司正式“联姻”，先后推出了《王牌游戏》《妈妈再爱我一次》等音乐剧。

因此，塘厦观众算是比较早能在家门口欣赏到高雅的音乐剧的。塘厦最初赠票的对象是机关公务员、各村代表、商会及企业代表等人群，但几年坚持下来后，今年剧目还没上映，普通群众已经想方设法索取赠票。

观众的培养是需要时间和过程的，让从来没有接触过音乐剧的观众掏钱买票，从目前来说是不切实际的。而且东莞镇街的观众群体与北上广等大城市不一样，这就决定了观众培养的模式不一样。因此，政府的支持是必不可少的。

榜样力量

音乐剧基地的示范作用

这 8 年来，东莞以打造“音乐剧之都”为目标，探索形成了东莞音乐剧的“五合一产销模式”，合共引进了国内外 60 多部音乐剧来莞上演，培养了观众和市场。而塘厦、东城和望牛墩 3 个音乐剧创作生产基地的建立并获“国字号”认定，更在我市甚至全国起到示范和引领作用。

2013 年才建立音乐剧基地的望牛墩，吸引了摩登影子音乐剧团和东莞精战杂技团在此落户，更在 2014 年的音乐剧节上一下推出两个新剧目。望牛墩镇委宣传办负责人在接受采访时称，这是最好的时代，我们要做最大的努力，将借力东莞“音乐剧之都”的平台，将望牛墩音乐剧基地打造成影响全国的艺术品牌、中国原创音乐剧的孵化器，促进望牛墩的艺术创作向专业化高端方向转型。

望牛墩将会借着两部本土原创音乐剧的推出，开展专家研讨、交流座谈、文艺培训和作品下乡活动，并与摩登影子剧团和精战杂技团洽商，组织这两个优秀剧目进行巡演，特别是《蔬菜总动员》这个剧目，将尝试送戏到校园。

原载《东莞日报》2014 年 12 月 10 日

作品

演出

【侗族大歌剧《珠郎与娘美》】

2014 年 2 月 14 日，侗族大歌剧《珠郎与娘美》在贵州省从江县小黄村首演。《珠郎与娘美》是根据发生在清乾隆年间贵州从江和榕江两地的真实爱情故事改编。清末，该叙事歌由侗族戏师梁耀庭、梁少华改编成侗戏。2013 年末，贵州黔东南州歌舞团有限公司与从江县签订协议将《珠郎与娘美》改编成侗族大歌剧，首演之后该剧在国内多地巡演。

【原创音乐剧《焦裕禄》】

2014 年 3 月 29 日，为纪念焦裕禄同志逝世 50 周年，原创音乐剧《焦裕禄》在北京中国剧院上演。

音乐剧《焦裕禄》以焦裕禄的事迹为蓝本，在真实诠释历史事件的基础上，借鉴百老汇音乐剧经验，融合音乐、舞蹈、戏剧、高科技等综合艺术手段，并融入兰考当地的非物质文化遗产项目《麒麟舞》，再现焦裕禄的事迹。

【民族歌剧《回家》】

2014 年 4 月 18 日，在“2014 北京·江西文化月”中，首部舞台大戏——江西原创歌剧《回家》在中国国家大剧院演出。

《回家》通过“保家”“离家”“想家”“安家”“寻家”“回家”6 个章节，讲述了台湾老兵罗旺篼 1949 年离家至 1988 年回家的曲折感人故事。该剧由中共江西省委宣传部、江西省文化厅重点组织策划，并由江西省歌舞剧院有限责任公司创作的江西第一部原创民族歌剧。

【音乐剧《王二的长征》】

2014 年 4 月 30 日，音乐剧《王二的长征》在北京保利剧院演出。该剧由音乐人三宝担任艺术总监，编剧关山和导演黄凯制作。该作品是广东东莞市推出的第七部音乐剧，讲述了长工王二在老家得罪了财主老爷，遇到了一名快要牺牲的红军战士，战士给了王二一口救命的干粮，拜托王二帮自己捎一封信。于是，王二踏上了长征的故事。

【歌剧《天鹅》】

2014 年 5 月 1 日，中国歌剧舞剧院原创歌剧《天鹅》在北京保利剧院上演。该剧根据蒙古布里亚特部、巴尔虎部的美丽传说改编而成。由克明担任编剧，乌兰托嘎、张宏光、张帅作曲，董小函、毋攀分饰白嘎拉玛、巴尔虎代。

【歌剧《貂蝉》】

2014 年 5 月 14 日，由甘肃歌剧院原创的歌剧《貂蝉》在第三届甘肃大剧院艺术节上演。该剧主角“貂蝉”由解放军空军政治部文工团青年歌唱家曲丹、总政歌剧团青年歌唱家兰天担任 A、B 角。歌剧《貂蝉》是由中共甘肃省委宣传部、甘肃省文化厅、甘肃省演艺集团联合打造的重点剧目。该剧由黄维若担纲编剧，胡宗琪执导，崔炳元作曲，黄海威担任舞台设计，王燕担任指挥，孙涓涓担任舞蹈编导。《貂蝉》以甘肃历史人物和地域文化为素材，既融合了秦腔、碗碗腔等具有地域特色的艺术元素，又借鉴了西洋音乐的表现手段。

【歌剧《游吟诗人》】

2014 年 5 月 21 日至 25 日，中国国家大剧院新制作的又一部威尔第歌剧《游吟诗人》首演。这是 2014 年中国国家大剧院歌剧节推出《奥涅金》《茶花女》《纳布科》等歌剧后推出的又一自制剧目。该剧由中国国家大剧院歌剧总监吕嘉执棒，乌戈·德·安纳领衔执导，意大利男高音卢恰诺·冈奇、西班牙男中音胡安·海苏斯·罗德里古斯则将分别饰演游吟诗人曼里科、卢纳伯爵一角。

【音乐剧《冰川奇缘》】

2014 年 6 月 13 日至 7 月 12 日，由华夏乐章音乐剧团最新创作的音乐剧《冰川奇缘》在北京西区剧场上演，这是华夏乐章继原创音乐剧《昆仑神话》和《纳斯尔丁·阿凡提》之后的第三部作品。

《冰川奇缘》讲述的故事发生在冰封的上古时代，水神共工撞断不周山，致使人间被冰川封冻，他因这一过失受到西王母的责罚，被夺去神力落入凡间，唯一回归天界的机会是点亮暗夜中的七颗真爱之星。舞美上还原了故事中的冰川美景，带来近乎“裸眼 3D”的梦幻视觉效果；剧中的原创音乐吸收了“破铜烂铁（Stomp）”风格的打击乐，巧妙贴合故事设定的“远古”背景，散发出淳朴而热烈的感染力。

【歌剧《骆驼祥子》】

2014 年 6 月 25 日至 28 日，为纪念老舍先生诞辰 115 周年，根据其同名长篇小说编创的中国国家大剧院歌剧《骆驼祥子》在中国国家大剧院首演。

歌剧《骆驼祥子》由郭文景作曲、徐瑛编剧、易立明导演兼舞美设计、张国勇执棒指挥，剧中演员祥子和虎妞则由张亚林、王心、韩蓬、孙秀苇、沈娜、周晓琳分 3 组演员饰演，宋元明、李欣桐、田浩江、关致京、孙砾、王鹤翔等歌唱家也参加演出。

【多媒体歌剧《中华儿女》】

2014 年 9 月 3 日，为纪念抗日战争胜利 69 周年，天津歌舞剧院创作的多媒体歌剧《中华儿女》在天津津湾大剧院首演。

该剧以散文诗式的手法，再现了 8 名抗联女战士为掩护大部队转移，英勇抗击日军，在弹尽粮绝的情况下宁死不屈，最后毅然投入乌斯浑河为国捐躯的故事。李稻川任导演，刘忠德担纲编剧，金湘作曲，刘枫华任舞美设计、服装设计。天津歌舞剧院女高音李瑛、男中音曲波、青年歌唱家王泽南等在剧中担任主要角色。该剧音乐在保持歌剧自身艺术风格的基础上进行了创新，将通俗唱法融入民族歌剧之中，与美声、民族唱法共同塑造人物形象，并加入了芭蕾舞、民族舞的表演。

【舞台剧《分手旅行》】

2014 年 9 月 4 日至 7 日，由哲腾文化、青瓦青花联合出品，歌手弦子、徐嘉苇主演，台湾大开剧团导演李明泽执导的舞台剧《分手旅行》于北京先锋剧场首演。《分手旅行》改编自自由极光创作的畅销小说《我终于可以不再爱你了》。该剧是对话剧和音乐剧的重新解构和组合，不同于话剧单一讲故事的方式，也有别于音乐剧的唱跳结合。

【歌剧《一江春水》】

2014 年 10 月 17 日，由周小燕任艺术总监，廖昌永、黄英等领衔主演的歌剧《一江春水》于第十六届中国上海国际艺术节开幕式首演。《一江春水》是一部反映上海城市历史的代表性音乐作品，以电影《一江春水向东流》为蓝本，由男中音廖昌永领衔主演，女高音黄英、李秀英，女中音杨光，男低音周正，男高音韩蓬等联合演出。改编后的《一江春水》剧情浓缩，故事主线突出，在剧情设置上也作了相应的调整。

【音乐剧《夜宴图》】

2014 年 11 月 22 日，由音乐家蔡东铧创作并担任指挥，歌唱家陈小朵、舞蹈家宋洁、打击乐独奏家荣辰初和上海古凡交响乐团等参与演出的大型音乐剧《夜宴图》在上海交响乐团音乐厅首演。创作者以南唐中书侍郎韩熙载的生活逸事为题材绘制而成的《韩熙载夜宴图》为素材，创作了 6 幕音乐剧。作品介乎音乐剧、戏曲和舞台剧之间，以琵琶、中阮、新笛、羌笛、扬琴、古筝、大提琴和二胡等组成小型乐队担任伴奏，与歌者舞者直面呼应。

【音乐剧《如果有来生》】

2014 年 12 月 3 日，由中舜影业推出的惊悚爆笑音乐剧《如果有来生》在北京繁星戏剧村上演。作品由流行歌手刘婕担当制作人，陈雪燃担任作曲，沈文帅导演的《如果有来生》是融音乐、话剧等多个舞台表现形式的音乐剧。它以黑色幽默的方式讲述了一个爱情故事，打造了“来生”世界。《如果有来生》作为“如果……”系列音乐剧的首部作品，作品将祝英台与梁山伯、罗密欧与朱丽叶等多个爱情故事进行场景重现，并在此基础上以轻松、讽刺的方式进行了重构。

【原创音乐剧《聂小倩与宁采臣》】

2014 年 12 月 6 日，由北京保利剧院管理有限公司出品音乐剧《聂小倩与宁采臣》在广东东莞玉兰大剧院首演。音乐剧《聂小倩与宁采臣》由作曲家三宝担任配乐、作曲和艺术总监与编剧关山合作完成。作品取材自中国古典名著，以“人鬼”故事为蓝本，挖掘了老故事的当代价值和新意。创作上运用了京剧、民间小调为表现方式，借鉴戏曲的表现手法，也按照生、旦、净、末、丑划分角色，主题曲《贪念》由韩红演唱。

【儿童杂技音乐剧《蔬菜总动员》】

2014 年 12 月 8 日，由东莞精战杂技团创编、演出的儿童杂技音乐剧《蔬菜总动员》在广东东莞望牛墩影剧院上演。该剧开创了一种全新的儿童剧艺术形式，将音乐、杂技、话剧 3 种艺术形式巧妙嫁接，融为一体。

故事讲述在东莞望牛墩镇东奥蔬菜园里的蔬菜们，因无公害、纯天然很受大家欢迎，却受到害虫的偷袭，蔬菜们决定通过才艺比拼选出蔬菜之王来对抗害虫，从而向小朋友们传导智慧、团结、勇敢的正能量。

【复排歌剧《伤逝》】

2014 年 12 月 10 日至 11 日，中国歌剧舞剧院时隔 33 年复排的歌剧《伤逝》在北京天桥剧场上演，由王莹和莫华伦分别饰演剧中主要人物子君和涓生，由陈蔚担任导演。

由王泉、韩伟编剧，施光南作曲的民族抒情歌剧《伤逝》是中国第一部原创抒情歌剧，是音乐家施光南为纪念鲁迅诞辰 100 周年，于中国歌剧舞剧院内创作完成，于 1981 年在北京人民剧场首演。原作由中国歌剧舞剧院组织创作排练，殷秀梅、程志、关牧村、刘跃等担纲主演。

【复排歌剧《秋子》】

2014 年 12 月 12 日，由南京艺术学院复排的歌剧《秋子》于南京上演。作品由钱态执导，崔新编曲，居其宏担任艺术总监，由王玉健、侯蔚、曹琳饰演剧中主要角色。

《秋子》是中国第一部歌剧，于 1942 年在重庆首演，周恩来曾前去观看。作品讲述了侵华日军士兵夫妇真实经历：1938 年，新婚 3 个月的日本青年宫毅，被日本政府征兵派往中国，不久其妻秋子也被蒙骗到扬州当了随军“慰安妇”。夫妻相认后悲痛欲绝，双双于扬州瘦西湖边自杀。1939 年剧作家陈定以此作为素材，写成了同名剧本《宫毅与秋子》。后经臧云远、李嘉作词，黄源洛作曲，于 1941 年完成歌剧创作，并改名为《秋子》。

【原创歌剧《冰山上的来客》】

2014 年 12 月 24 日，中国国家大剧院首部改编自银幕的原创歌剧《冰山上的来客》在中国国家大剧院“第十二届北京国际戏剧·舞蹈演出季”期间首演。作品由雷蕾作曲、易茗编剧、陈薪伊导演、吕嘉指挥，维吾尔族女高音歌唱家迪里拜尔饰演古兰丹姆，维吾尔族男高音艾尔肯·阿布杜热依木和男中音杨小勇分别饰演主要角色。歌剧《冰山上的来客》以电影中的 6 首歌曲为主题旋律，将富含塔吉克民族特色的旋律运用到作品中，并使用了热瓦普、手鼓等新疆民族乐器。

【音乐剧《下一个出口，望牛墩》】

2014 年 12 月 31 日，由望牛墩镇与摩登影子音乐剧团出品、影子主演的原创音乐剧《下一个出口，望牛墩》在广东东莞玉兰大剧院首演。全剧独幕 8 场，时长 100 分钟，该剧讲述了一位音乐剧演员从芝加哥、纽约到北京、上海、东莞，为了追求梦想走遍世界舞台的故事。

纪事

论坛 · 评奖

【歌剧《妲己的教训》获加拿大“杜拉奖”】

2014 年 2 月 14 日，加拿大华裔音乐家何冰颐和编剧陈以珏主创的歌剧《妲己的教训》，获 2013 年加拿大剧场艺术界最高荣誉“杜拉奖”的最佳新音乐剧、歌剧奖。

杜拉奖是由多伦多表演艺术联盟为在多伦多上演的戏剧、舞蹈和歌剧等舞台艺术颁发的年度奖项，该奖代表加拿大剧场表演艺术的最高水平。歌剧《妲己的教训》以中国古代故事为蓝本，以西方的歌剧形式来表现。该剧的制作和演出，由多伦多专门演出欧洲宫廷歌舞剧的多伦多古欧面具剧院担纲，其中的演员和乐队伴奏也有多位华裔艺术家加盟。

【中演院线与中国歌剧舞剧院战略签约仪式】

2014 年 3 月 19 日，中演院线与中国歌剧舞剧院战略签约仪式在北京举行。签约双方的合作主要将从四个方面展开：深入挖掘国内外文化资源题材，共同创意编排、联合打造具有一流艺术水准和国内外行业影响力的特色剧（节）目；共同开发国内演艺市场，协同开展已有演艺产品的改编提升和联合新创演艺产品的国内推广、巡演工作；共同开发国际演艺市场，向境外重点地区和主流市场推介双方共同创意编排的优秀剧（节）目；加强信息和资源的互通共享。

【中国歌剧舞剧院与西藏自治区歌舞团签署合作协议】

2014 年 5 月 7 日，中国歌剧舞剧院与西藏自治区共同签署《中国歌剧舞剧院与西藏自治区歌舞团联合出品大型原创民族歌舞剧合作方案》。4 月初中国歌剧舞剧院选派舞蹈、声乐、钢琴伴奏等专业人员进藏，对西藏自治区歌舞团演员进行为期 10 天的业务培训。合作期间中国歌剧舞剧院与西藏自治区歌舞团联合出品大型原创民族歌舞剧《太阳的女儿》，为西藏自治区成立 50 周年献礼。

【大型原创民族音乐剧《元培校长》创作研讨会】

2014 年 5 月 8 日，大型原创民族音乐剧《元培校长》主创人员在北京大学举行了首次创作研讨会。该剧是第一部以中国高校知名人物为主人公的音乐剧，以 1916 年到 1927 年，新文化运动及蔡元培任北大校长期间的改革为背景，展示其“思想自由、兼容并包”的教育观念与实践对旧文化体制的冲击。由王海平编剧，以 20 世纪初的流行音乐和学堂歌曲来勾勒故事的时代背景，并以交响乐、民谣音乐和摇滚乐打造全剧雅俗共赏的艺术气质。

【中国国家大剧院 2014 世界歌剧院发展论坛】

2014 年 6 月 25 日，“中国国家大剧院 2014 世界歌剧院发展论坛”在中国国家大剧院举行，此次论坛来自 14 个国家的 34 位世界著名艺术机构领导参加。为期两天论坛以“东西方不同的文化土壤对歌剧创作制作的影响”“东西方观众传统审美观念对歌剧创作的不同需求”“新技术在歌剧创作方式上的应用”以及“市场对新歌剧创作的影响与作用”为主题进行探讨，搭建全球歌剧沟通的平台，加强业内的交流与协作，推进歌剧这门艺术在全球的发展。

【音乐剧《妈妈再爱我一次》获韩国大邱国际音乐剧节“评委会大奖”】

2014 年 7 月 14 日，由上海视觉艺术学院、德稻集团、东莞·塘厦·松雷等联合出品的中国原创音乐剧《妈妈再爱我一次》获韩国大邱国际音乐剧节“评委会大奖”，也是中国原创音乐剧首次在该节上获奖。

韩国大邱举办的国际音乐剧节是世界第二大国际音乐剧节，也是亚洲最大的音乐剧节。本次，有美、英、德、韩、中国等 17 台新剧目参演，音乐剧《妈妈再爱我一次》作为开幕式指定剧目，这是中国音乐剧首次入选开幕演出。这也是继 2011 年音乐剧《蝶》之后，第二部中国原创音乐剧获奖。

【音乐剧《妈妈再爱我一次》获“五个一工程”奖】

2014 年 9 月 16 日，由上海视觉艺术学院、德稻集团、松雷蝶之舞音乐剧团等单位联合出品的音乐剧《妈妈再爱我一次》，经中华全国妇女联合会报送，荣获中共中央宣传部颁发的全国第十三届精神文明建设“五个一工程”奖。

《妈妈再爱我一次》是上海视觉艺术学院出品的第二部原创音乐剧，在北京、上海、广州、南京、哈尔滨、重庆、青岛、深圳等十几个城市巡演，反映青少年教育和母爱的题材，传播社会正能量。2014 年 6 月，该剧作为首部入选大邱国际音乐剧节开幕演出的中国音乐剧，从 17 部来自世界各地的原创音乐剧作品中胜出，斩获音乐剧节最高奖项的评委会大奖。

节会·演出

【华夏乐章音乐剧团在北京召开全国巡演及新剧创作新闻发布会】

2014年3月7日，华夏乐章音乐剧团在北京召开全国巡演及新剧创作新闻发布会，宣布当年计划新创4部音乐剧。

这4部新创音乐剧包括《少林，少林》、《大幕线》、《冰川奇缘》（暂定名）和《漂》，其中作为年度原创大戏的《少林，少林》，将功夫这一中国文化符号以音乐剧形式结合，由陆川执导，于4月建组创排。华夏乐章2012年成立以来，先后创作过两部音乐剧《昆仑神话》和《纳斯尔丁·阿凡提》，加上4部新戏，2014年的巡演计划是243场。目前《昆仑神话》和《纳斯尔丁·阿凡提》已在上海、苏州、杭州等城市演出。

【2014中国国家大剧院歌剧节】

2014年3月14日至7月6日，“2014中国国家大剧院歌剧节”开幕。中国国家大剧院歌剧节迄今已举办了五届，本届歌剧节有16台节目演出，数十位世界一流艺术家参演。同时大剧院邀请了中央歌剧院、上海歌剧院、江西省歌舞剧院、北大歌剧研究中心等院团共同出演。

本届歌剧节上演了柴可夫斯基歌剧《叶甫盖尼·奥涅金》、威尔第歌剧《游吟诗人》、《茶花女》、《纳布科》、《阿蒂拉》、普契尼歌剧《图兰朵》等剧目以及郑明勋与大剧院管弦乐团音乐会合作的《安魂曲》等多部歌剧音乐。

本届歌剧节期间，还举办一系列以歌剧为主题的普及音乐会、讲座、沙龙、观摩活动、艺术展览。在6月25日至26日举行了由中国国家大剧院主办的第六届“世界歌剧院发展论坛”。本届论坛围绕“歌剧创作”而展开。

【歌剧电影《图兰朵》全球首映式】

2014年3月16日，中国国家大剧院歌剧电影《图兰朵》在“2014中国国家大剧院歌剧节”上举行全球首映式。本次电影拍摄的《图兰朵》第八轮演出集结了世界级歌剧指挥丹尼尔·欧伦，国内著名导演陈薪伊，歌唱家戴玉强、孙秀苇、幺红、田浩江等主要演职人员。

【经典艺术讲堂——百场歌剧普及活动出剧院】

2014年4月8日，2014年中国国家大剧院“经典艺术讲堂——百场歌剧普及活动出剧院”在北京工业大学拉开帷幕。其间，男高音歌唱家戴玉强与北京工业大学合唱团合作演出。

“经典艺术讲堂”是中国国家大剧院艺术普及教育贯穿全年、周周必有的公益性系列品牌项目之一，全年提供300场以上的艺术讲座及艺术体验活动，内容涉及音乐、舞蹈、戏剧、戏曲等各个艺术门类。正值中国国家大剧院歌剧节期间，2014年的“经典艺术讲堂”除剧院内的常规活动，又推出了“百场歌剧普及活动出剧院”活动。

【北京首家音乐剧专业剧院启幕】

2014 年 4 月 12 日，北京第一家音乐剧专业剧院东方剧院在京启动音乐剧演出季，有两部音乐剧作品《妈妈再爱我一次》和《爱上邓丽君》在此驻场演出 62 场。

北京东方剧院由北京东方文化资产经营公司投资创建。首个演出季即采取驻场演出的方式降低演出成本，5 月 6 日至 18 日《妈妈再爱我一次》演出 12 场，《爱上邓丽君》6 月上旬至 9 月初首轮驻场演出 50 场。这两部作品前者已在全国巡演 81 场。

【第 31 届“上海之春”国际音乐节音乐剧发展论坛】

2014 年 5 月 10 日，“第 31 届‘上海之春’国际音乐节音乐剧发展论坛”在上海文化广场举行。80 余位海内外音乐剧领域的业界人士和专家学者以“规范产业链、发展音乐剧，以音乐剧为媒介扩大城市文化影响力”为主旨进行了研讨。

上海话剧艺术中心总经理杨绍林、日本株式会社东急文化村专务董事仁田雅士、美国音乐剧制作人董方思、香港作曲家金培达、日本株式会社 Nelke Planning 总裁松田诚，分别从中国音乐剧发展初探、日本的音乐剧现状、音乐剧的音乐创作等方面进行了主题发言。与会嘉宾介绍了国际音乐剧发展的前沿动态，为现阶段国内音乐剧的发展所面临的，提高创作与制作水平、加强人才培养、打通产业链上下游等问题进行了研讨，为中国音乐剧的发展进程提供了宝贵的经验。在分组研讨会中，与会者还就“打造音乐剧全产业链”主题，分别就创作与制作、运营与推广进行了研讨。

【第二届中关村国际音乐剧节新闻发布会】

2014 年 7 月 18 日，由北京大学主办，由中国音乐剧孵化基地、北京大学艺术学院民族音乐与音乐剧研究中心承办的第二届中关村国际音乐剧节新闻发布会在北京大学艺术学院民族音乐与音乐剧研究中心举行。

第二届中关村国际音乐剧节为期一个月，共演出国内外音乐剧近 60 场。2014 年 8 月 15 日，第二届北京大学中关村国际音乐剧节暨北京大学国际音乐剧研讨会在北京大学举行，本次研讨会的主题是音乐剧与城市文化。

【中央歌剧院版歌剧《费德里奥》首演】

2014 年 9 月 3 日至 4 日，由中央歌剧院制作的德国歌剧《费德里奥》于 2014 年国家艺术院团演出季首演。该剧由中央歌剧院院长俞峰执棒，青年导演施晶芙执导，歌唱家王威、王丰、幺红、王海涛等主演。《费德里奥》讲述贵族之妻莱奥诺拉女扮男装，化名费德里奥沉冤昭雪的故事。该剧音乐延续了贝多芬英雄式的大气而严谨的曲风，中央歌剧院全部用德文演唱和对白。

【中国国家大剧院版歌剧《诺尔玛》中国首演】

2014 年 9 月 11 日至 14 日，由中国国家大剧院全新制作的意大利歌剧《诺尔玛》在中国国家大剧院上演。《诺尔玛》是作曲家贝里尼的名作，该剧主演为拉凯莱·斯坦尼西、孙秀苇、莫华伦、索尼娅·加纳西等，女主角诺尔玛由孙秀苇担任。此前，《诺尔玛》仅于2013年深圳交响乐团上演过音乐会版。此次中国国家大剧院版《诺尔玛》是该剧首次于中国“全本”演出。

【中央歌剧院版歌剧《齐格弗里德》首演】

2014年9月21日至22日，由中央歌剧院独立制作的瓦格纳歌剧《尼伯龙根指环》之三《齐格弗里德》在北京中国国家大剧院首演。这既是这部高难度作品首次由国内歌剧院全本演出，又是中央歌剧院在2014年国家艺术院团演出季的展演剧目之一。由俞峰担任指挥，王湖泉任导演，主要演员有克里斯蒂安·沃伊特、刘怡然、於敬人、王海涛、田浩、孙雪曼、牛莎莎、郭橙橙等。

《齐格弗里德》是瓦格纳根据古代北欧神话《尼伯龙根之歌》写成的《尼伯龙根指环》中的第三部，讲述了齐格弗里德历经重重磨难，最终夺取指环并收获爱情的曲折故事。该剧在“指环”系列剧目中是凸显英雄性格的篇章。全剧音乐充满了生机与活力，最后一幕堪称展现瓦格纳音乐作品张力的经典乐章。

【国际版音乐剧《白雪公主踢踏秀》】

2014年9月24日至28日，国际版音乐剧《白雪公主踢踏秀》在北京解放军歌剧院上演。该剧是国内第一部引入踢踏舞的原创音乐剧，既有音乐剧本身的戏剧矛盾，又有踢踏舞的肢体表现。在剧情上，该剧对欧洲童话原著中的故事情节进行了大胆改编和简化，王子不见了，女王被白雪公主感化，最终弃恶从善。该剧由徐州市歌舞剧院创作排演，曾于8月8日至24日在徐州人民舞台首演15场，8月29日至31日在南京青春剧场演出3场。

【第二届中国室内歌剧创作推动计划】

2014年12月15日，由中央音乐学院作曲系举办的“中国室内歌剧创作推动计划”在北京举办。活动面向中央音乐学院作曲系在读本科生和研究生，意为促进中国歌剧事业的发展，使年轻作曲家获得实践机会，填补教学中长期存在的空白，征集优秀室内歌剧作。

“中国室内歌剧创作推动计划”是中央音乐学院作曲系于2013年启动的一项学术实践活动项目，面向院内作曲系师生，征集优秀室内歌剧作品，每年评选出六部作品进行展演。

大事记

1月16日，由歌唱家李鳌、黄英、周正中、于冠群领衔主演的《费加罗的婚礼》在中国国家大剧院戏剧场上演。

2月14日，加拿大华裔音乐家何冰颐和编剧陈以珏主创的歌剧《妲己的教训》，获2013年加拿大剧场艺术界最高荣誉“杜拉奖”的最佳新音乐剧、歌剧奖。

3月7日，华夏乐章音乐剧团在北京召开全国巡演及新剧创作新闻发布会，宣布当年计划新创4部音乐剧。

3月14日至7月6日，“2014中国国家大剧院歌剧节”举办。

3月14日至17日，柴可夫斯基歌剧《叶甫盖尼·奥涅金》上演。

3月16日，中国国家大剧院歌剧电影《图兰朵》在“2014中国国家大剧院歌剧节”上举行全球首映式。

3月19日，中演院线与中国歌剧舞剧院战略签约仪式在北京举行。

4月10日至12日，大剧院版威尔第歌剧《茶花女》参演2014年中国国家大剧院歌剧节。

4月12日，北京第一家音乐剧专业剧院东方剧院在北京启动音乐剧演出季。

4月15日，原创歌剧《红帮裁缝》启动全国巡演。

5月1日，中国歌剧舞剧院原创歌剧《天鹅》在北京保利剧院上演。

5月7日，中国歌剧舞剧院与西藏自治区共同签署《中国歌剧舞剧院与西藏自治区歌舞团联合出品大型原创民族歌舞剧合作方案》。

5月8日，由中央歌剧院，中共廊坊市委、市政府主办，廊坊市党的群众路线教育实践活动领导小组办公室、市文广新局承办，中央歌剧院大型音乐舞蹈史诗《复兴之路》音乐会在廊坊管道影剧院上演。

5月14日，由甘肃歌剧院原创的歌剧《貂蝉》在第三届甘肃大剧院艺术节上演。

5月21日至25日，中国国家大剧院新制作的威尔第歌剧《游吟诗人》首演。

5月24日，天津版歌剧《白毛女》在天津滨湖剧院上演。

5月27日至6月9日，中国国家大剧院主办青少年歌剧音乐会首场演出。

5月29日，中国歌剧舞剧院帮扶呼和浩特民族演艺集团在北京签约。

6月13日至7月12日，华夏乐章音乐剧团最新创作的音乐剧《冰川奇缘》在北京西区剧场上演。

6月14日、7月23日，中央歌剧院与中国国家大剧院演出纪念理查·施特劳斯诞辰150周年专场音乐会。

6月18日，由新绎文化打造的音乐剧《森林魔咒》在北京启动，该剧是百老汇经典音乐剧 *Into the Woods*（《拜访森林》）的中文版，于11月开始公演，并采用驻场演出的方式，在解放军歌剧院驻场演出100场。

6月19日至20日，中央歌剧院举办第四届年度歌剧公共免费开放日在北京天桥剧场免费演出原创歌剧《红帮裁缝》。

6月25日至28日，为纪念老舍先生诞辰115周年根据其同名长篇小说编创的中国国家大剧院歌剧《骆驼祥子》在中国国家大剧院首演。

6月25日，北京东方剧院修排版《爱上邓丽君》拉开了该剧50场驻场演出的大幕。

6月25日，“中国国家大剧院2014世界歌剧院发展论坛”在中国国家大剧院举行。

7 月 6 日，第六届中国国家大剧院歌剧节落幕。

7 月 14 日，中国原创音乐剧《妈妈再爱我一次》获韩国大邱国际音乐剧节“评委会大奖”。

7 月 18 日，第二届中关村国际音乐剧节新闻发布会在北京大学举行。

7 月 25 日至 26 日，由中国国家大剧院与俄罗斯马林斯基剧院联合制作的歌剧《叶甫盖尼·奥涅金》受邀至俄罗斯参加“白夜艺术节”。

9 月 3 日，由天津大剧院主办的首届天津国际歌剧舞剧节开幕，波兰波罗的海歌剧院的现代歌剧《居里夫人》作为揭幕大戏上演。

9 月 3 日，为纪念抗日战争胜利 69 周年，天津歌舞剧院创作的多媒体歌剧《中华儿女》在天津津湾大剧院首演。

9 月 3 日至 4 日，由中央歌剧院制作的德国歌剧《费德里奥》于 2014 年中国国家艺术院团演出季首演。

9 月 4 日至 7 日，由哲腾文化、青瓦青花联合出品，台湾大开剧团导演李明泽执导的舞台剧《分手旅行》，于北京先锋剧场首演。

9 月 4 日，根据《社会团体登记管理条例》，经民政部民函〔2014〕247 号文件批复，中国音乐剧研究会更名为中国音乐剧协会。

9 月 9 日至 11 日，由浙江省杭州剧院出品、中国音乐剧协会杭州剧院基地及杭州断桥文化艺术发展有限公司联合制作的原创音乐剧《简·爱》在韩国上演。

9 月 11 日至 14 日，由中国国家大剧院全新制作的贝里尼歌剧《诺尔玛》在中国国家大剧院上演。

9 月 21 日至 22 日，由中央歌剧院独立制作的瓦格纳歌剧《尼伯龙根指环》之三《齐格弗里德》在北京中国国家大剧院首演。

9 月 24 日至 28 日，国际版音乐剧《白雪公主踢踏秀》在北京解放军歌剧院上演。

10 月 4 日至 5 日，复排歌剧《张骞》在北京民族文化宫大剧院演出。

10 月 15 日，由亚洲联创打造的小剧场音乐剧《寻找初恋》在北京首演。

10 月 17 日，由周小燕任艺术总监，廖昌永、黄英等领衔主演的歌剧《一江春水》于第十六届中国上海国际艺术节开幕式首演。

10 月 29 日至 11 月 13 日，由文化部和湖北省人民政府共同主办，文化部艺术司和湖北省文化厅承办的第二届中国歌剧节在湖北武汉举行。

11 月 11 日，“天桥音乐剧演出季”在北京开幕。《锦绣过云楼》《楼兰》《闪亮芭比》《简·爱》《聂小倩与宁采臣》《我期待》等音乐剧上演。

11 月 21 日，中国文学艺术界联合会荣誉委员、歌剧表演艺术家王昆因病于北京去世，享年 89 岁。

11 月 22 日，大型音乐剧《夜宴图》在上海交响乐团音乐厅首演。

12 月 3 日，由中舜影业推出的惊悚爆笑音乐剧《如果有来生》在北京繁星戏剧村上演。

12 月 6 日，第四届中国·东莞音乐剧节在广东东莞开幕。

12 月 6 日，由北京保利剧院管理有限公司出品音乐剧《聂小倩与宁采臣》在广东东莞玉兰大剧院首演。

12 月 6 日，作为中法建交 50 周年系列活动之一，由中央歌剧院合唱团、交响乐团演出的“2014 年英蓝圣诞歌剧音乐会”在北京上演。

12 月 10 日至 11 日，中国歌剧舞剧院复排的歌剧《伤逝》在北京天桥剧场上演。

12 月 12 日，由南京艺术学院复排的歌剧《秋子》于南京上演。

12 月 13 日至 14 日，由戴玉强、殷秀梅联袂主演，作曲家唐建平、剧作家冯柏铭与冯必烈、导演邢时苗打造的大型原创歌剧《运之河》在中国国家大剧院上演。

12 月 20 日，2014《木兰诗篇》10 周年全国巡演完毕。

12 月 24 日，中国国家大剧院首部改编自银幕的原创歌剧《冰山上的来客》在中国国家大剧院“第十二届北京国际戏剧·舞蹈演出季”期间首演。

12 月 31 日，原创音乐剧《下一个出口，望牛墩》在广东东莞玉兰大剧院首演。

中国艺术年鉴

2014年卷

＋

舞蹈卷

＋

分卷主编：杜　蕾

年度述评

2014 年度舞蹈研究报告

◎欧建平

2014 年，中国舞蹈虽然因为比赛的大量减少，缺乏特别耀眼的亮点，但整体的发展态势是稳步向好的，具体表现在：由于北京、上海、广州、天津、杭州、乌鲁木齐等大中城市的舞蹈院团贯彻落实中央关于“改进工作作风、密切联系群众”的“八项规定”和相关的“实施细则”，舞蹈工作者们认真学习和领会习近平总书记在文艺工作座谈会上的重要讲话精神，潜心思考自己担负的历史使命和责任，杜绝了急功近利、快餐速度、贪大求洋、肆意铺张的不正之风，开始沉下心来，放慢速度，努力创作无愧于我们这个时代的优秀作品。与此同时，各地的演出场所则坚持民族题材和外来经典并举的政策，确保不同国家、不同民族、不同舞种、不同风格的舞蹈演出此起彼伏、琳琅满目，不仅满足了普罗大众的不同精神需求，拓宽了专业观众的国际艺术视野，而且繁荣了舞蹈的演出市场，加快了城市的国际化进程。

继 2013 年湖南卫视、东方卫视、浙江卫视、央视等 10 余档电视舞蹈选秀节目争奇斗艳之后，2014 年只有东方卫视和浙江卫视以各自的方式存活下来，说明长期以“高雅艺术”自居的舞蹈，要在电视这种“雅俗共赏”的大众传媒中占有永久的地位，还需要一个长期的转型和培育期。

2014 年的中国舞蹈发展中，“新媒体舞蹈”这个新兴舞种尽管依然是以院校教学、个体创作和小型作品为主，却显示出更加旺盛的生命力，由此折射出中国经济实力的逐年递增与中国舞蹈工作者的积极进取。

2014 年的中国舞蹈教育亦相当活跃，突出的事件是参与人数众多的少儿舞蹈教育更加活跃，而中国舞蹈家协会建立的专业委员会则接连在这个领域中举办了论坛、展演和比赛，有效地推动了少儿舞蹈教育的有序发展。另外，北京舞蹈学院在 60 年院庆之际，由各系部推出了一大批颇有创意的教学剧目和经过时间考验的教材，举办了一系列专题性的研讨会，由此显示出这个“舞蹈家摇篮”在中国舞蹈建设和发展中做出的卓越贡献。

在非遗保护方面，2014 年公布了“第四批国家级非物质文化遗产的代表性项目和扩展项目”，并在国内外举办了一系列的展演和研讨活动，舞蹈则在其中占有显著地位，并且受益良多。

在舞蹈评论与出版方面，2014 年，中国艺术研究院舞蹈研究所受文化部艺术司的委托，圆满地举办了“2014 年全国舞蹈评论高级研修班”，从而为全国各地的舞蹈研究和创作骨干拓宽了艺术视野，提高了写作能力。据不完全统计，2014 年全国各地的作者至少出版了六大类共 72 本舞蹈著作，由此为舞蹈事业的深入发展提供了更加坚实的基础和开卷有益的知识。

下文将重点评析中国舞蹈演出在 2014 年的发展状况。

北京舞蹈演出的数据分析与比较

首先，要特别感谢北京演出行业协会，它们已经连续数年通过网络向全社会免费发布了北京市演出市场的统计数据和分析报告。这些重要的研究成果使我们不仅为舞蹈在首都乃至全国的演出行业中找到了准确的定位，看到一些进展，锁定了主要问题，而且为今后的可持续性发展提出了建设性的意见。相比之下，其他城市的演出行业协会则在这方面落在北京同行的后面，致使我们无法对它们的演出市场做出准确的量化分析和个案研究。

根据北京演出行业协会 2015 年 1 月 9 日发布的《2014 年北京市演出市场统计分析》，我们得知，北京市 2014 年的全年演出多达 24595 场，而在音乐、歌舞、话剧、京剧、杂技、儿童剧、地方戏及曲艺、综艺与其他及各种小剧场这八大类、共计24595场的演出中，场次最多的是地方戏和包括相声在内的曲艺，话剧紧随其后，杂技第三，综艺与其他及各种小剧场第四，儿童剧第五，音乐第六，京剧第七，舞蹈第八。

其次，在观众的数量方面，总计1012.68万人次中，音乐第一，话剧第二，杂技第三。其他类型及各种小剧场第四，儿童剧第五，综艺第六，地方戏第七，舞蹈第八，曲艺第九，京剧第十。在总计14.95亿元的票房中，戏剧和舞蹈均有所增加，而音乐则有所下滑。

这些数据既举足轻重，又相当有趣，说明了各门类艺术在演出场次、观众数量和票房金额上并不完全呈同步关系，比如场次排行第一的地方戏和包括相声在内的曲艺，观众却仅排行第九，因为这类演出的场地大多较小，观众的容量因此较小。又如音乐的场次排行第六，但观众却排行第一，因为在体育场馆举行的流行音乐会让几万观众随着歌手的演唱摇旗呐喊的场面比比皆是。再如话剧、杂技、儿童剧和舞蹈在两类数据中均保持了第二、第三、第五、第八的排行，说明观众对它们各自的定位非常清楚，并且形成了固定的观众群。而与舞蹈相比，话剧高居演出场次和观众数量第二的原因首先是口头与文字语言本是人们的生活语言，能够直击我们的心灵，因此，观众很少出现在不说话的舞蹈中经常出现的“看不懂”的困惑。杂技在两类数据中均稳居第三的原因是传统杂技中的“绝活儿”“玩儿命”“真功夫”“卖力气”等特征早已是家喻户晓，而现代杂技中的“花样翻新”和“无穷创意”则总能让人眼花缭乱，甚至充满悬念。这些能够吸引观众眼球的特点中，都有值得舞蹈思考和借鉴的地方。

在上述数据中，我们还看到了这样的信息：舞蹈虽然在演出场次和观众数量上仅排行第八，演出场次还比2013年减少了8%，但票房却有所增加，这或许可以说明，舞蹈在观众心中的价值有所提升。

舞蹈发展的难度与希望并存

舞蹈如何才能在上述两组数据中保持第八的前提下争取前进一至几位，是难度和希望并存的。其难度首先在于它是以“不说话”的动作语言为主的“体力活儿”，因此，舞者绝对无法像歌手那样在体育场馆里举办个人舞蹈晚会，而一个动作幅度特大的舞蹈只要3分钟，就能像短跑那样精疲力竭，为此，俄罗斯古典芭蕾双人舞中的变奏都必须控制在1分钟左右。同时，舞蹈又是需要通过技艺并举去传情达意的表演艺术，因此，舞者既不能像杂技演员那样靠单纯炫技去赢得观众，又不能像话剧演员那样用口头语言去让人心痛。但最大的问题还在于，中国的舞蹈专业工作者们至今依然呆在“高雅艺术”的神坛上不愿意下来，只要还有一口饭吃，就从骨子里瞧不起“通俗艺术”“下三烂”式地讨好观众，他们需要观众发出有鉴赏力并带敬畏感的掌声和欢呼声，而不要失去理智的狂喊乱叫。

事实上，在艺术的创作上，是没有高低贵贱之分，但却可以有雅俗文野之别的，重要的不在于风格的取向，而在于艺术的品相。无论高雅艺术还是通俗艺术，都可以达到炉火纯青的境界。我以为，最高的境界应该是那些“通俗而不庸俗、严肃照样流行”的作品。古往今来，真正有才华的艺术家都是那些谙熟时代脉搏、拥有超常敏感、创造独特形式、直击人类心灵的人。

舞蹈发展的希望则在于，随着百姓对精神生活需求的不断提升，从身体美感出发的爱舞和学舞之人与日俱增，“大妈广场舞”在全国的遍地开花只是其中的一个案例，但只要给予正确的引导，并且提供优惠门票，她们很可能日后成为专业舞蹈的忠实观众。这方面，2014年的“广东省艺术节”和“广州艺术节”走在了北京和上海的前面——他们不仅在公园安排了8场2—10元的粤剧和皮影戏演出，在社区安排了12场免费的现代舞演出，还将4万多张门票免费赠送给了特殊群体。

舞蹈发展的希望还在于，随着700多个高校舞蹈系在全国的逐步健全和文化体制的日益多元，在体制外生存和发展的自由身舞者们将会不断地增多，由此可能导致小型、轻便、多样、廉价的小剧场舞蹈成为新宠。当然，归根结底，能够代表国家形象的作品还要有赖于舞蹈的专业工作者们，在杜绝了快餐速度和奢靡之风后，能够真正地沉下心来，放慢速度，根据各自的条件去潜心创作。

北京舞蹈发展的显著优势

显而易见，北京作为中华人民共和国的首都，在全国的政治、经济、文化、教育与国际交流等各方面拥有的天时、地利、人和等绝对优势，是其他城市无法媲美的。

首先，北京聚集了全国范围内素质最高、数量最多的舞蹈人才——不仅有北京舞蹈学院、中央民族大学舞蹈学院、解放军艺术学院这三大中国顶级舞蹈人才的培育机构，而且有中国歌剧舞剧院、中国东方演艺集团、中央芭蕾舞团和中央民族歌舞团这四大中国顶级舞蹈家的精英团队。不仅有中国舞蹈家协会这个全国舞蹈发展的领导机构，而且有中国艺术研究院舞蹈研究所这个全国舞蹈研究的权威机构。

其次，根据北京演出行业协会发布的《2014年北京市演出市场统计分析》，这里有“130家主要从事营业性演出的场所”，其中包括20多个遍布北京、规模不同、取向各异、经常上演舞蹈的场地。其中的中国国家大剧院，每年都要推出“中国舞蹈十二天”和“舞蹈节”这两个集中展示舞蹈佳作的板块，以及“春华秋实——艺术院校舞台艺术精品展演周”这个大量推介舞蹈教育成果的园地和“艺术教育活动”这个大力普及舞蹈鉴赏知识的部门。同时，北京还有12个演出查询及票务网站，为各界观众提供便捷而周到的服务。

正因为如此，这里引领着全国舞蹈发展的走向，是全国舞蹈学习者、工作者和爱好者心驰神往的地方，2014年尽管没有全国性的大型庆典活动，却依然演出了舞蹈572场，舞蹈票房有所增加，而舞蹈观众则多达62.3万人……这些数据也都是其他中国城市无法媲美的。

北京舞蹈发展的十大新闻

就北京舞蹈演出的发展而言，2014年里，最为新鲜，也最值得关注的十大新闻分别如下：

（1）中央芭蕾舞团为了纪念《红色娘子军》首演50周年，在人民大会堂举行的演出轰轰烈烈，6000名观众在演到《军民一家亲》的片段时，全体起立并放声歌唱的场面空前绝后，而中央芭蕾舞团委托中国艺术研究院舞蹈研究所主编、袁银昌平面设计工作室精心设计、上海音乐出版社出版的《中国芭蕾的丰碑——纪念〈红色娘子军〉首演五十周年文集》，则为这次庆典增添了厚重的学术含量，并且说明了红色题材只要能在艺术上过得硬，自然能够成为跨越时间的经典。

（2）中国歌剧舞剧院的《孔子》和《恰同学少年》，首开“伟人系列”舞剧之先河，从而为中国舞剧的创作打开了一个不成文的禁区。与此同时，两位曾经深刻影响了中国历史的发展进程，其精神遗产至今流动在当代中国人血脉中的伟人形象，通过舞蹈的再创造，可亲可敬地复活在我们的舞台之上。

（3）中国东方演艺集团的两台晚会《国色》和《中国的脚步》，作为改企后的新一轮尝试，在人、财、物的成本核算下，告别人海战术，分别用了28位和26位舞者，便将各种中国的文化符号和多民族的民俗风情展示得淋漓尽致，其演职人员们的倾力而为，令全场观众感到强烈震撼。

（4）中国舞蹈家协会首次推出“青年舞蹈人才培育计划”，4位入选编导在中国国家大剧院小剧场接连演出了各自的晚会，不仅体现出以“创新能力和发展潜力”为标准的公平竞争原则，而且让体制内外的参选者得到了同等的机会，更使现当代风格和实验性创作首次成为这项计划的主调。

（5）今年的“北京舞蹈双周”上，最让观众惊喜的板块当是“香港舞蹈日”。从早到晚的4台演出中，包括了13位青年的11个节目，其编导都是香港演艺学院的毕业生，都有去欧美游学或做职业舞者的经历，但更重要的是，他们尽管先天的条件、能力、技术、形象各异，后天的观念、意识、方法、技术不同，但都能在跳舞的精疲力竭中找到身体上的超级快乐，都能在现代舞的自由创造中找到远远大于物质的精神享受，因此，都能安贫乐道，专心致志地从事现代舞。

（6）为了庆祝北京舞蹈学院建院60周年及“第五届国际舞蹈院校芭蕾舞邀请赛”暨“北京舞蹈学院2014国际合作院校展演”，该院的新剧场举行了一系列精彩的舞蹈演出，并成为整个海淀区、北京市，乃至全国的一个舞蹈演出中心。

（7）北京舞蹈学院和英国密德萨斯大学表演艺术创作研究中心合作的《舞动无界五周年纪念演出》，成为近年来中外舞蹈合作时间最长的成果，不仅难能可贵，而且需要继续得到支持，以便培养出能够穿越文化隔膜、风靡国际舞台的中国舞蹈才俊。

（8）台湾云门舞集在中国国家大剧院歌剧院演出的现代舞《松烟》，不讲故事，却能让北京观众看得不能自拔，其中既有该团连年来京演出，已有极好口碑的原因，也有林怀民先生在演前导赏时，将观众从解读故事的惯性中解脱出来的神功。

（9）美国洛杉矶舞蹈团的当代芭蕾《光影之城》仅用了 5 位舞者，便在中国国家大剧院歌剧院座无虚席地演出了两场，说明只要导赏到位、媒体给力，北京观众是完全可以接受当代艺术的。

（10）“第六届戏剧奥林匹克”首次落地北京，45 台演出中，有 7 台舞蹈，包括中国的 3 台、欧美的 4 台，较好地体现出了“相互理解、和平、友谊、公平竞争”的奥林匹克精神与各类演出交相辉映的多元文化特色，其中反差最强的两台舞蹈当属爱尔兰的踢踏舞综艺秀《大河之舞》和美籍华人舞蹈家沈伟的现代舞专场《声希之夜》：前者 20 年来，以雷霆万钧的动势让民间舞老树开新花，将踢踏舞这种爱尔兰的国舞变成了风靡世界的“通俗艺术”；而后者则在 20 年里，以极简主义的中国美学融入戏曲、美术和舞蹈，并作为“高雅艺术”的代表，登上了世界舞蹈之巅。

其他一线城市的舞蹈发展点评

上海是中国内地城市中最具有国际知名度的大城市，也是全国最重要的经济、文化、教育和国际交流中心。2014 年，“中国上海国际艺术节”推出的三大类共 50 台演出中，有多达 13 台不同的舞蹈演出。其中有内地的两台、中国台湾的一台、中外合作的一台、欧洲的 7 台和北美洲的两台。有趣的是，13 台这个数量恰好与中国国家大剧院 2014 年的“舞蹈节”持平，但就舞种的多样性和剧目的国际性而言，则要高于中国国家大剧院，特别是 6 台外国的舞蹈演出均未来京，仅由上海一地独享，足以说明了这个国际大都市无与伦比的地位和影响。

从地缘上看，广州接近港澳台地区，在许多方面均具有国际化的优势，但其地域文化也有异常深厚的基础，因此，在“第十二届广东省艺术节”上的 20 个艺术品种、86 台剧目和 158 场演出中，既有国际化的话剧、音乐剧、音乐会、舞剧、现代舞、儿童剧、皮影戏、魔术等 8 个品种，更有地域性的粤剧、潮剧、广东汉剧、山歌剧、雷剧、正字戏、西秦戏、白字戏、花朝戏、渔歌剧、评剧等 11 个品种。其舞蹈演出尽管只有广东歌舞剧院新编的舞剧《沙湾往事》一台，但由于故事讲的是作为广东文化名片之一的“广东音乐”的历史，并与抗日战争这个牵动国人爱国之情的重大事件紧密相连，所以在 10 月份首演时便备受好评，进而被确定为开幕演出。

2014 年的“广州艺术节”以“共圆中国梦”为主题，精心策划了五大版块，有来自德国、法国、韩国、意大利、罗马尼亚、加拿大、英国等 10 余个国家的 26 台优秀剧目、66 场演出、近千名中外艺术家参加了演出。其间举办的“中国广州国际演艺交易会”和“国际演艺制作人座谈会”，吸引了来自世界各地的演出经纪机构、艺术团体、演出设备生产企业、演艺人才和制作人参加，极大地推动了广州作为中国南方演艺中心的形成。

天津作为中国重要的经济大港和直辖市，曾在经济和文化等方面走在全国的前列，但近年来有所滞后——人们已经将北京、上海和广州列为三大城市，而把天津抛在一边的做法，足以佐证它的发展过慢。但天津大剧院开张两年来的卓越表现，已经在轰轰烈烈地改变着这种滞后，逐步提升着这座城市的艺术品位和审美格调，方式则是非常明智地从普及和推广高雅艺术入手，先后主办了大量国内国际一流的舞蹈和音乐演出，并且提出了要把天津打造成一座“有歌剧的城市”这种激动人心的口号，特别是在 2014 年创办了“首届天津曹禺国际戏剧节”和“首届天津国际歌剧舞剧节”，并且让《今日艺术》这个当年曾在北京红红火火的免费文艺刊物在天津大放异彩。

但仅靠一个自负盈亏的剧院，完成不了提升一座城市面貌的重任。天津大剧院的这个伟大理想在 2013 年得到了天津市政府“50% 高额资助高雅艺术政策”的巨大支持，由此导致了两年来北京、上海等地的芭蕾专家和学子们要看大名鼎鼎的马林斯基剧院芭蕾舞团的经典舞剧，非奔天津去不可的现象，并由此对天津刮目相看。毫无疑问，天津在芭蕾演出上的全国领先地位已经开始形成，长此以往，必将成为这座城市的文化名片。

杭州歌剧舞剧院在杭州大剧院接连三晚演出的舞蹈剧场《遇见大运河》，不仅在杭州，而且通过巡演，在全国产生了重要的影响。作为编剧、总导演的院长崔巍，她的国际化创作团队为此工作了长达三年的全体演职员，特别是不靠外借明星主演，照样满台生辉的舞者们让我们意识到，在打造精品力作的过程中，才华横溢与长期积累同等重要，历史责任与潜心创造并行不悖。

新疆生产建设兵团歌舞团为兵团成立60周年，在新疆人民会堂首次创作并演出的大型舞剧《戈壁青春》，让观众重温了第一代拓荒者们当年在戈壁滩上开荒种地、艰苦创业的历程。创作者通过大量老照片的投影，为我们再现了当年热火朝天的劳动场景，展示了第一代拓荒者们以苦为荣的精神面貌，倒叙的结构和奔驰的列车则将昨天的艰苦奋斗与今天的衣食无忧构成了明显的因果关系，而红花、红旗、红围巾、烟斗、口琴、骨灰盒等生活道具，开荒用的“第一犁”、砸平打谷场用的石头夯、打谷用的木拍子等生产工具，则将我们带入了那个“一颗汗珠摔八瓣”的典型环境，让我们动情，引我们入戏……

中国舞蹈发展的资源和契机

2014年岁末，一个巨大的资金来源和重要的发展契机出现在我们的面前：由中央财政拨款、文化部、财政部领导和监管的国家艺术基金，经过向全体内地艺术机构、单位和艺术工作者公开征集申报提案和专家评审之后，首批颁布了对四大类共394个项目的资助名单，资助总金额多达4.29亿元人民币，其中有17台舞蹈作品获得“大型舞台剧目和作品”项目的资助，有25个单人舞、双人舞、三人舞、群舞、小舞剧和舞蹈晚会获得“小型舞台剧（节）目和作品”项目的资助，有6台舞剧获得“传播交流推广项目”的资助，有3台舞剧获得“人才培养项目”的资助。

另外，2015年度的申报于3月1日开始。因此，我们完全有理由期待，在艺术院团改企、舞蹈市场太小的重压下，我们有如此强的国家后盾、如此大的资助力度、如此宽的申请范围、如此好的竞争机制，从事专业舞蹈创作和表演的同行一定能够在今后的日子里，坚守“高雅艺术”的品格，兼顾“雅俗共赏”的追求，打造出高品质、能够代表国家形象的舞蹈作品来。

2014 舞蹈艺术：青年·现实·国际化

◎慕　羽

2014 年中国舞蹈行业发生了一些具有标志意义的改变，这些改变在一定的程度上反映了舞蹈对于社会和时代的意义开始有了新气象。

中国舞蹈“大繁荣”多呈现出一种“自我陶醉式”的卡拉 OK，这种状态虽未从根本上改变，但其中也有一些艺术观念的突破是我们不能忽视的。比如，迎来 60 周年院庆的北京舞蹈学院开始以“文化重建”的态度看待传统乐舞，随着被定位于“传统民族乐舞传承与发展行动研究”的专场演出《沉香》，以及《东方古代雅乐展示交流》的推出，学院派民间舞和古典舞“文化回归”的诉求或明确，或有了起步。

另外，2014 年末，王玫教授结合教学和研究成果，推出了一台奇特的晚会《传统舞蹈的现代性编创》，这是王玫为 2011 级新疆班这个特别群体量体裁衣地设定的一个命题：作为生活在族群文化背景和汉族生活空间，以及传统社会和现代社会并置的“复调主体”，如何进行个体的身份认同？王玫给其 3 个选择，即“今天的传统”“现代性表意”和“世界性表意”。演出引发圈内热议。

再比如，体制内外的青年舞蹈人登上了官方“扶持计划”的艺术创造平台，超越各种范式，获得了追求独立身体语言和剧场表达的勇气与机会；进行资本探索的杨丽萍迈开了上市的舞步，成功实现了转型；陶身体剧场的世界巡演之旅走得越来越从容，继续实践着“极简即终极复杂”的艺术观；蜚声国际的跨界舞蹈家沈伟将 10 余年间的跨文化、跨艺实践带回了中国，引爆业内外极大关注；被日本媒体誉为“东方《天鹅湖》”的上海歌舞团舞剧《朱鹮》成功实现了文化外交；而中国对外文化集团公司又将一些民族舞剧推上纽约林肯艺术中心、华盛顿肯尼迪中心等世界一流舞台。不能忽略的，还有“文艺评论”已然成为业界关键词，在全媒体时代，写作和阅读方式正发生着翻天覆地的改变。当然，这些大都只是一个启动，还远未充分展开。

青年编导扶持

记得 2013 年在中国国家大剧院主办的舞蹈比赛论坛上，评委会主席——国际现代舞大师林怀民曾感慨：“舞蹈不是一本书，一幅画，舞蹈是空气般的存在。偌大的中国，偌大的北京，能不能为年轻人铺出一条路？让他们发声，让他们存在，让他们来拥有自己的身体。没有开始，便没有失败，没有成长，便没有关注。”这是舞蹈行业要深入思考的问题。不知是否机缘巧合，2014 年，“扶持青年编导”成了一个突出现象。

在此之前，业内对于青年编导的扶持更多处于民间推动状态。比如，一年一度夏季，由著名现代舞活动家、教育家曹诚渊推动的“北京舞蹈双周”（前身是 2008 年开始举办的“北京现代舞周”），就是中国现代舞发展最真实的当下语境平台。不以比赛为诉求，分别是“教学周”与“展演周”，内容涉及创作、表演、教学、理论研究以及舞蹈影像诸多方面，促成新锐（“另类平台”）、新生独立编导（“青年舞展”）与国际级的、有分量的现代舞编导（“焦点观摩”）对话是重要环节。“北京舞蹈双周”连续 3 年举办，已经发展为国内最有规模的国际性现代舞盛事。本届的特点是将 7 月 21 日设置为“香港舞蹈日”，当天从早到晚“马拉松式”上演了 10 部香港新生代中小型作品，是内地与香港现代舞人的一次亲密接触。

值得一提的是，2014 年中国国家大剧院的舞蹈演出板块“中国舞蹈十二天”，也在第三年迎来全面改版升级，与中国舞蹈家协会联合推出“青年舞蹈家展演计划”，在 7 月 11 日至 8 月 30 日间，由赵汝蘅、冯双白、沈培艺、杨美琦、金星、曹诚渊6位业内专家出任“导师”，以“一对一”的形式推荐6位青年舞蹈精英和他们的原创作品，分别是王亚彬（《梦·三则》）、赵梁（《幻茶谜经》）、柴明明（《两人一台》）、“04广东班”（《十年》）、王荣禄（《失物待领》）和孙主臻、汪涛（《我和我》）等。他们当中有体制内舞蹈人，有独立艺术家，有民营舞团成员，也有马来西亚华裔舞者，各自展现了丰富的身心世界。尤其是杨美琦带领的“04广东班”的《十年》令人印象深刻：9位原创编导兼舞者，以10年的青春和努力，呈现出他们各自的“当下”。这个被圈内人称为“传说中的现代舞班”虽是过去完成时，但他们当中的部分舞者例如段妮、戴剑等已经成为当今中国后现代舞的核心人物。

2014年11月底，中国文学艺术界联合会、中国舞蹈家协会等机构又推出了“中国梦——青年舞蹈培育计划暨成果展演”。虽也是“导师制”，不过特别的是，导师组中除了有舞蹈界的赵汝蘅、冯双白、高成明之外，还有电影导演田壮壮、音乐人三宝、雕塑家向京和当代艺术家岳敏君等加盟。可见，此次亮点是业界和跨界艺术家的共同搭档，以及作品的跨界呈现。4位获选人的成果《第一束光》（费波）、《听天说》（柳宁）、《镜子》（柴明明）、《人之初》（赵梁）分别于12月17日至21日在中国国家大剧院上演，向观众呈现舞蹈人对各自生活的感悟。

国际上有名的“导师制”是2002年创建的“劳力士创艺推荐资助计划”，由劳力士邀请艺术大师对有天赋的年轻艺术家们进行单独指导。先由评审团在全球范围内推举出相应领域的3位候选人，再由导师亲自面试选出一人，获得与导师浸润在一起一年的机会，彼此自由选择最有效的沟通方式，激发出在未来能创造出属于独立天地的能量。如此看来，虽然也有短期访学计划，但目前国内的扶持计划是围绕短期创作项目展开，并将演出排演当成结果。

中国青年扶持还有上海国际艺术节2012年创立的“扶持青年艺术家计划”，相对中国舞蹈家协会的“培青计划”而言更为立体和国际化。“扶青计划”面向全球征集40岁以下青年艺术人才，围绕“委约创作项目”“青年作品大赏”“国际制作”3个贯穿全年的活动举办。几年下来，已经有越来越多的华人“海漂”开始驻足上海。在本年度青年艺术创想周上，“邀约作品”和“委约作品”同台亮相。由享有国际盛誉的艺术大师（包括谭盾、林怀民、杨丽萍、田沁鑫等）组成艺委会，对委约青年作品进行“一对一”的辅导和点评，主题是《进化——适应与衍变》，也鼓励呈现“跨界”音乐舞蹈和戏剧的作品，最终入选了14部类型丰富的作品，反映年轻人对艺术和社会的思考。

“中国梦”现实

“国家艺术院团演出季”是塑造国家艺术形象的一个重要平台。2014年，“主旋律”创作进一步提升了艺术表现空间，推广交易会为演出确认了新的市场定位，专业研讨会还尝试了艺术评论界与艺术团体的良性互动。

当然，最值得肯定的是，给予了年青一代艺术家实践的机会，中国歌剧舞剧院的《孔子》《恰同学少年》等作品在选材上的勇气彰显了年轻编导的锐力，也体现了院团领导的魄力。舞剧《孔子》是年轻舞蹈人参与当今社会热点议题的一次大胆尝试。孔子思想的当代价值是什么？先秦之雅舞与俗舞的艺术形态，有怎样的文化渊源？在内容和形式两方面，舞剧《孔子》都还可以再深入挖掘。相对而言，该剧的观赏性大于思想性。

《恰同学少年》则是一部“节选浓缩”自热播电视剧的舞剧作品，走的是“偶像主旋律”的路子。在舞剧中，随着电子音乐卖力地奏响，那些“白衣飘飘”的舞动少年竟然也让我联想起了“快乐男生”的时尚与青春。给人印象较深的是两段青年毛泽东与刘俊卿（虚构）、杨开慧的三人舞，以及一段表现青年毛泽东“粪土当年万户侯”思想外化的四人舞，体现了舞剧基本创作规律。不过，那如同“糖葫芦”般串联在一起的督军府上的花鼓戏、袖舞、扇舞，以及嘉兴南湖边起舞的荷叶少女……虽美不胜收，但这些情态舞与剧情并不直接关系。

近年，改制后的中国东方演艺集团不仅继续保留着“描红”传统，还越来越有关照传统的胸襟了，中国和世界对话的“文化牌”打得很是丰富。在2014年国家艺术院团演出季上，由中国东方演艺集团歌舞团推出的《国色》，就是这样一台晚会。在一部作品中，各种“文化牌”打得很是丰富。各美其美，让人应接不暇，但是“过犹不及”，笔者很难真正抓住其中的国色精髓。

舞剧（或舞蹈诗）创作应该越来越看重叙事或表达的立场和视角。舞剧之“舞”是为观赏性而舞，还是为推出某个“舞蹈明星”而舞，或者为了“戏剧性”而舞，这会导引出不同的舞剧结构。如果在观看舞作时，观众不只是因为个别演员高超的技术技巧而热烈鼓掌，也不会再受字幕左右之际，舞剧版的人物形象才可能鲜明起来。相对而言，为了纪念梅兰芳大师诞辰120周年，辽宁歌舞团于年底在保利剧院推出的原创舞剧《梅兰芳》效果不俗。该剧没有琐碎的叙事，却立住了人物。一袭白衫的梅兰芳“真身”与“生旦净丑”的内心视像，以及4位女子“扮相”既相融，又各自独立。而当梅兰芳化身为仙女，翻飞的长袖跃然舞台……他的艺术人生灿烂至鼎盛。在整部舞剧的构思和设计上，京剧的简洁和写意赋予了该剧灵魂，就连日寇也是黑色靠旗装扮的群像所指代。

此次2014国家艺术院团演出季的7台舞蹈演出中，中央芭蕾舞团的作品占据了其中的3台，颇为引人关注。其中包括引进的罗兰·佩蒂的名作《蝙蝠》，中央芭蕾舞团和外聘年轻编导带来的《新人新作》，以及迎来了50周年庆典的《红色娘子军》。几部作品代表着中央芭蕾舞团建构世界强团“中国梦”的用心，一类是对世界芭蕾名作做出中国的演绎，另一类是用民族化的芭蕾语言反映民族情感，还有一类是用不断更新的芭蕾语言来演绎人类共创、共享、共有的文化资源，或者“全球在地化”的当代中国人的情感、故事和观念。《新人新作》部分舞作出自新春演出季的第五届“芭蕾创意工作坊”，彰显了“80后”和“90后”的年轻艺术家锐意突破自我的才华。上述做法不仅再次凸显中央芭蕾舞团已经成为中国最有艺术品格的国家级舞蹈院团，也是开放的中国对世界芭蕾文化的贡献，“多元共生”的中央芭蕾舞团正在践行。

笔者认为，“主旋律”不只是革命历史或改革建设的宏大叙事，还有弘扬真善美的多元共生的艺术表达。在全球化的今天，具有世界影响力的舞蹈舞剧作品光是故事动人、情感真挚、技巧高超、动作混杂、舞美现代是不够的。传统文化、现代文化和大众文化类型的创作尤其关键的是内容和形态的契合，否则就会有生搬硬套、文化错位的嫌疑。这种现象不仅体现在当代舞或民族舞剧的创作上，就连国标舞艺术表演舞也不能随意拼贴。

政府近些年对舞台艺术扶持的力度一点儿都不弱。在财政支持上，国家尤其注重体现民族特色和国家水准，也能具有一定市场份额的舞台作品。但是，好政策却导引出一种当代中国舞台剧创作的最佳路数，即“周旋于艺术与政策，周旋于得奖与好看之间”①。此种模式难以涌现出具有国际影响力的艺术大家。

从作品数量，或从参与人数来看，中国都是一个舞蹈大国，然而成为舞蹈强国，需要的是真正具有世界性的舞蹈“文化力”，国家级舞蹈院团无疑承担了重大责任，那么怎样能彰显导向性、代表性和示范性呢？笔者认为，需要有效地进行艺术传播，在世界多元文化中寻找自己的位置，其中有两层含义，一是在创作上如何提升作品的文化和精神内涵，由浅入深、由表及里地进行艺术表达，在整体思想深度和艺术价值上与世界优秀作品对话；二是思考我们的表演艺术如何能跟上时代的变革。

共享对话

2014年有两台国际性的东方意韵作品引起了业内外不同的思考。分别是10月中国国家大剧院舞蹈节上，云门舞集带来的《松烟》，以及在第六届戏剧奥林匹克上沈伟带来的《声希之夜》。这也是年度两台最受艺术界普遍关注的现代舞演出。虽然不全是艺术家的新作，但因其渗透的不是直面社会的思考，也不是对经典文本的借题发挥，所以给观众带来了不同寻常的体验或考验，完全因人而异。品鉴林怀民作品，需要调动超感性臆想。而沈伟的跨界探索，甚至还需要借助理性思维。

云门舞集的《松烟》（2003）是颇能陶冶性情的作品，2009年在中国国家大剧院初遇林怀民“行草三部曲”开篇舞作的灵动与之一脉相承。中西贯通的技巧、气韵和声响，造就了林怀民的“身体书法

① 谢炜：《中国当代戏剧中的新模式化现象》，见中国文学网（原载《文艺争鸣》2005年第4期）。

美学”。这部《松烟》已不是身体与书法的临摹互动，而是抽离出着墨者当下心灵自由颤动的轨迹，犹如层次丰富而写意的“松烟墨”。不过，林怀民的《松烟》依循了美国先锋作曲家约翰·凯奇，东方色彩的声响缘于“偶发”，舞者却不现场即兴，吐纳呼吸与身体步调皆精妙设计，是一种“限制中的自由”。此与书法美学相通，虽受笔画字形所限，却又透出自由灵动的精神，引人联想。欣赏林怀民的此类作品，需要亲临现场的心灵感悟，因为编舞、跳舞、赏舞已经成为一种精神活动，人类学意义上的“气”、艺术境界的“象”与哲学境界的“道”达到了某种契合。当然，此类作品也会给人带来视觉和感知上的挑战，如果没有“聆听”和“观赏”的主动介入，加之一种平静到冥想境界的心态，怕是很难“忍受”这一系列作品的。

10月，在世界享有盛誉的跨界编导沈伟携《春之祭》《声希之夜》两部扛鼎之作首度与上海观众见面。11月，又在北京推出《声希之夜》。《春之祭》（2003）是沈伟在西方获得广泛艺术认同的作品之一。如果说《春之祭》诞生后的几十年中，大多数版本仍侧重于对“春之祭”历史学、社会学、心理学的祭礼阐释，与诸多向《春之祭》致敬的经典版本不同，沈伟则逾越了人文母题基因所限，在不规则棋盘般的舞台上，大胆去探讨音乐肌理与身体语言的关系，充满了对于东方“禅”学思想的一次理性探寻，解读空间很大。面对它，重要的不是去评判它，而是去阐释它。

北京的演出原本名为“博物馆之夜”，综合了《连接转换》《静止的移动》《0－12》《声希之夜》等多部代表性作品的经典片段，并重新编排而成，而且是沈伟专门为首都博物馆的环境打造，舞美部门和舞团舞者都为此做了长时间的准备。但由于APEC峰会的原因，演出地点临时由中国国家博物馆调整为国话剧场。博物馆空间变回镜框式剧场空间，意蕴也随之改变。沈伟作品强调完整的创作，要从动作、音乐、布景、服装等全方位观赏。其中，跨文化、跨领域、极富创意的肢体语言构成了沈伟独特的审美。而空间对于他的舞作而言，是一切审美开始的核心。虽然近年他在博物馆空间的作品中都有他多年前作品的影子，跟随“自然身体运动发展”（Natural Body Development Technique）而来的“用身体作画”的构思也成为其作品的复调，但是审美意蕴存在不同的时空里。看来，要在华亲临沈伟的实景互动演出，还需要等上一段时间了。沈伟还处于人生的黄金时代，未来的发展仍是开放的，一切变化可能会“自然”到来吧。

民营舞团的突破

2014年，非营利舞团和营利性舞蹈企业都有了更重要的突破。作为独立现代舞人，王媛媛于2008年创办了北京当代芭蕾舞团。如今，第一个5年过去了，舞团坚守着自己的艺术追求，凭借连续创作的12部风格迥异的作品跻身国际主流艺术平台。5年前，王媛媛的团队吸纳了所有前来面试的舞者；5年后，王媛媛的团队吸引了中国杰出芭蕾人才的加盟，比如在最新舞剧《夜宴》中扮演哈姆雷特的吴炎就曾是中央芭蕾舞团的主要演员和香港芭蕾舞团的首席舞者。2014年，王媛媛及其舞团再次应邀参加纽约布鲁克林音乐学院（BAM）剧院“下一波艺术节”。这是全球最重要的当代艺术节之一，以当前世界最佳或最具有前瞻性的近期作品发表为主。巧合的是，在纪念鲁迅逝世78周年期间，舞团在BAM推出了《野草》，这是王媛媛对生存意识的大胆剖析，生命弱小却也不能苟活，为曾经这样活着而大欢喜。

2014年，《云南映象》在中国国家大剧院推出了10周年纪念版，与此同时，云南杨丽萍文化传播股份有限公司成为全国第一家舞蹈演艺企业登陆新三板的公司。如今，《云南映象》虽已没有了当年的开创意义和审美突破，但这个作品十年如一日地保持了本真。10年间，杨丽萍如何保持《云南映象》的“原生态”品质和“衍生态”改编的变与不变，这是一个值得思考的问题。同时，杨丽萍的作品及其形象逐渐被打造成了精致的大众文化产品，它的意义更在于丰富了我们这个强调“一体多元化”的文化市场，“杨丽萍现象”逐渐发生着由“文化事件”向“娱乐事件”的转型。从市场定位的角度，我更急于思考的是，《云南映象》进入资本逻辑后对中国舞蹈行业的启示，比如，体制内外舞蹈机构及个人如何进行“市场”定位？市场对政府和舞蹈机构及个人而言又意味着什么？

在杨丽萍及其专业操盘手的整体设计下，10年间，她也完成了从台前到幕后的转型。杨丽萍的接班人，虾嘎、杨舞、小彩旗等相继浮出台面，而且都具备了独当一面的魅力。他们之间衔接得自然而然，让观众接受得也自然而然：杨丽萍并未被替代，只是转型了。第一个转型，她完成了作为独舞演员的转型，使自己有了掌控群舞和驾驭一整台作品的能力，成了总编导。第二个转型更为彻底，她完成了舞者的转型，使自己成为一个团队的灵魂人物：艺术总监。与“活到老、跳到老”，在舞台上真实展现年龄感与沧桑感的现代舞者不同，杨丽萍的舞蹈气质似乎永远属于“少女时代”，“知天命”的她的确缔造了这个神话。第三个转型仍是现在进行时和将来时，杨丽萍作为艺术家正在向以自己名字命名的品牌价值转型。人的艺术生命毕竟有限，但品牌价值可以是永恒的。

杨丽萍一直清楚地知道自己要做怎样的艺术，并坚定不移地追求。当年她可以不受体制内赛事规则的约束，如今更希望她和她的投行团队不会受制于商业的资本逻辑。毕竟，艺术不是普通的商品。

剧场：令人敬畏的空间

近年，我国一些民族舞剧相继被推上纽约林肯艺术中心、华盛顿肯尼迪中心等世界一流舞台，这算得上是重大进步。当然，我更为关注的是我国的舞剧真正能登上一流的艺术对话平台，比如能否登上林肯中心“艺术节”？而不是把林肯中心、肯尼迪中心等开辟为下一个“维也纳金色大厅”。在这方面，民营现代舞团队具有某种“示范性”，在艺术交流的深度方面显得更为“有效”。

去年在北京有两场演出，让人感受到了剧场体验的特别魅力。一次是9月在人民大会堂举办的中央芭蕾舞团《红色娘子军》首演50周年纪念演出，其中包含五代琼花代表、150名芭蕾舞演员、70余名交响乐团演奏员、50名小学生、150名学生合唱团代表，以及社会各界嘉宾代表共同参演。现场6000名观众无不为一次次的高潮迭起而感动，同时也成为了这历史性时刻的共同组成部分。

如今，《红色娘子军》的复排不再把它当成“样板”，而只当作“剧”，便回到了艺术本来的轨迹。一方面，《红色娘子军》的文化地位已经远远超过了作为一部舞剧的意义和价值。它既是一个时代的投影，应该从中汲取历史的教训，也可以视其为艺术，将它置于审美的平台上欣赏、评价与传承。另一方面，它在现实中必须回归作为一部舞剧艺术作品的正常地位，要有人看，才能继续成就“经典”。从观众“没得选”到消费者“主动选”，《红色娘子军》未来的生命力还取决于异时异地共赏。

另一场演出就是《云南映象》在中国国家大剧院推出了10周年纪念版演出。当晚我确实没见着什么舞蹈圈朋友，池座楼座满眼都是普通的观众，慕杨丽萍名而来，哪怕就是杨丽萍出个画外音，几句简单的云南方言，都会引起现场掌声。

值得一提的还有一次特别观剧经历。在上海的一家剧场，演出结束后，除了“超级粉丝献歌”已然让我感动之外，2000多位观众还一同参与了“观众与演员大合影”，现场令每一位“在场者”不仅体验了艺术感染力，还感受到了艺术的尊严与温暖。毕竟之前，我在北京见惯的都只是“领导与演员大合影”。

2014年，也有一次观舞经历让我久久无法释怀。3月，北京仍值春寒料峭，舞蹈家金星携舞团登上保利剧院，上演两台现代舞专场《我和我的细胞在九宫格里Have Fun》与《三位一体》。她却说，她又一次回到20年前起步的地方，由于高昂的场租，或许将是最后一次站在这个舞台上。言谈中传递着尴尬与无奈。

每年，在京、沪等地舞台上，都能邂逅国内外一流演出。6月，洛杉矶舞蹈工坊首秀，献舞上海、中国香港、北京三地，带来了一套精致清透、简约却极富创意的“三合一”作品。11月，全世界最著名的现代芭蕾舞团荷兰舞蹈剧场（NDT）带着5个小作品组成的集锦演出踏上了访华之旅（北京、上海和苏州）。不过，去年英国皇家芭蕾舞团的《堂吉诃德》和“男子版”芭蕾舞剧《天鹅湖》都只选择在上海的剧场停留。天津大剧院的舞蹈演出也日渐被更多人认知，由于票价优势和独到的眼光，甚至吸引了一拨热爱艺术的北京人坐上了城际列车，由此形成了独特的“天津观剧文化圈”。因为，他们感受到了剧场不只是一个对外出租的场地，而是一个情感充沛，甚至凝聚仪式感的令人敬畏的空间。

原载《艺术评论》2015年第2期

2014 年中国舞蹈现象扫描

◎乔燕冰

大众舞蹈

大妈遇到“小苹果”

年年舞相似，岁岁曲不同。从几年前对凤凰传奇的《最炫民族风》街知巷闻，到鸟叔的《江南style》风靡全球，再到今年筷子兄弟的《小苹果》席卷全国，3 支“神曲”先后火热的过程，应了《诗·大序》那句“咏歌之不足，不知手之舞之，足之蹈之也”。载歌必载舞乎，随之而来的是从白领恶搞“最炫民族风”、到人人大跳“骑马舞”，再到大妈最爱“小苹果”。无论是“神曲”带动舞蹈还是舞蹈推动“神曲”，各种版本的神曲舞蹈外衣下，裹挟的是大众消费文化的丰富内核。如果说《最炫民族风》让大众初尝流行文化的魔力，如果说鸟叔的“骑马舞”强势来袭俨然让我们经历一场“文化殖民”，那么今年的《小苹果》这一生发于本土的创作是否有了些许回归？即便经过韩版改编，即便依然富含新鲜、刺激、幽默、戏谑、自嘲等多重意味，却似乎多了一份青春阳光的正能量，难怪连处变不惊的广场舞大妈们也按捺不住学之不迭。这或许亦可为大众舞蹈推广提供一丝信息。

理论建设

院校协会试突围

如火如荼的舞蹈创作实践中脉动着理论探索的潜流。从本土到西方，从古典到现代，从美学到人类学，无论院校还是协会都努力试图将舞蹈理论研究向纵深掘进。以建校 60 周年纪念为契机，北京舞蹈学院举办了“中国古典舞学科 60 年建设与发展恳谈会”“当代视野下古代舞蹈研究”“国际芭蕾教育和艺术研讨会”等系列理论研讨活动，邀国内外精英纵论舞蹈发展。此外“2014 全国舞蹈高等教育论坛”“人文社科学科建设座谈会”“中国艺术人类学国际学术研讨会”等活动对舞蹈学科建设和舞蹈美学与人类学进行了探讨。北京师范大学艺术与传媒学院正式成立“中国拉班研究中心”，这是目前中国内地唯一一所全面研究拉班理论的学术机构，期待推动中国舞蹈教育事业走向科学化。而中国舞蹈家协会举办的“首届舞蹈人类学发展研讨会”对舞蹈理论建设具有开创意义，“舞蹈评论写作研讨会”对扭转舞蹈批评失语、缺位，倡导理论界发起真诚批评亦颇有启示。

创作实践

青年人才“挑大梁”

无论是零星散点还是集中绽放，新锐编导独当一面频露锋芒的局面已势不可当，也让今年舞坛表情不啻由青年人才合力绘就。2014“中国舞蹈十二天”荟萃了赵梁、柴明明、王荣禄、王亚彬、孙主臻等舞蹈新生领军人的 6 台风格各异的原创精品。而作为此举的延伸，中国舞蹈家协会进一步推出了“中国梦——青年舞蹈人才培育计划”，遴选费波、柳宁、柴明明和赵梁 4 位当前极具创新与发展潜力的青年舞蹈编导进行扶持培养，最终完成《第一束光》《听天说》《镜子》《人之初》四部作品并在中国国家大剧院展演。此举搅动舞界，让人感受了全新的创作理念。此间，赵汝蘅、田壮壮、冯双白、岳敏君、沈培艺、三宝等重磅级导师参与指导，使创作更有“底气”。而中央民族歌舞团的《传奇》、中央民族大学舞蹈学院男子舞蹈天团的《Hi》、北京舞蹈学院附中的《豆蔻年华》、上海歌舞团的《朱鹮》、辽宁歌舞团的《梅兰芳》、山西长治市歌舞剧团的《女娲》等分散于各地的创作，亦让人看到青年人才不凡的力量。

重大节庆

以演代庆迎盛典

立足舞蹈本体，用作品说话，简约庄重、以演代庆成了2014年舞蹈重大节庆的一大特点。“舞动中国梦——庆祝新中国成立65周年舞蹈精品晚会”献礼祖国65华诞，并为与共和国同龄的中国文学艺术界联合会、中国舞蹈家协会65岁庆生。国内顶尖艺术院团和高校表演了近年来全国各大舞蹈赛事的金奖佳作，老、中、青三代舞蹈艺术家们以各自的方式表达了对祖国母亲和舞蹈事业的深情祝福，以及“为人民而舞”的执着信念。北京舞蹈学院建校60周年纪念大会期间，芭蕾舞、民间舞等各院系推出了《天鹅湖》《缘从民间来》等新创作品上百部。中央芭蕾舞团建团55周年演出季先后推出《大红灯笼高高挂》《堂·吉诃德》《吉赛尔》《牡丹亭》等精品，展示自己多年来古典与现代、民族与世界融合、具有中国风格的艺术发展道路。而“今夜星光灿烂”上海歌舞团35周年庆舞蹈专场演出，是欢庆该团成立35周年，亦是上海歌舞团“2014演出季”的主打演出之一。

舞蹈赛事

赛场背后重反思

各大舞蹈赛事依旧红火之外，今年赛场角逐背后似乎更多流露出反思意味。以专业舞蹈艺术最高成就的专家奖“荷花奖”为例，第五届中国舞蹈节暨第九届中国舞蹈“荷花奖”先后举办了校园舞蹈评奖和当代舞、现代舞评奖。其间，不仅是对近年舞蹈创作发展的检阅、人才的发现和历练，更是发现矫正问题的契机。无论是比赛现场评委适时指正、观众直接发问，还是赛后专家点评，主办方及专家都不失时机地在此过程中以各种方式让比赛不停留于竞技层面，而是真正力促舞蹈健康发展。当前舞蹈创作同质化、机械复制、千舞一面、辅助手段拙劣、深入生活不够、精神内涵不足等问题都被毫不留情地指出来，让人突出感觉到舞蹈人敢于直面问题、直言不讳的勇气，与渴望发现不足、力求改进的决心。而在2014年第16届CBDF国际标准舞“院校促进杯”公开赛期间，主办方甚至邀请比赛评审、诸多世界著名国标舞大师在赛后为选手等授课，问诊把脉、寻找差距，以求提升。

志愿服务

舞蹈培训溯原点

2014年8月在京举行的新农村少儿舞蹈美育工程——“少数民族舞蹈课堂”成果展演中，来自全国8个省市区的19个代表队、近500名学生表演了20个各具特色的少数民族舞蹈节目，舞出生命最美的旋律。而这正是“新农村少儿舞蹈美育工程”自2013年在全国多个少数民族聚居地建立的18个“新农村少数民族舞蹈课堂”示范点开展志愿服务的显著成效。2014年，由中国文学艺术界联合会、中国文艺志愿者协会主办的2014中国文学艺术界联合会文艺培训志愿服务项目——舞蹈培训（云南）活动将力量聚集到云南这个我国少数民族最多、舞蹈资源丰富的省份，针对当地舞蹈文化生态和少数民族舞蹈“非遗”传承等问题，通过系列讲座和研讨，发现整理问题并制定对策，整合全国艺术家、高校、院团等相关资源，发动云南及全国志愿者行动起来，践行“到人民中去”的志愿服务宗旨，追溯舞蹈艺术原点，回到各民族舞蹈生发地，让舞蹈学习与发展从“根”上再出发。

舞蹈教育

调研试水“大数据”

2014年7月，在北京师范大学举办的“北京中小学艺术课程衔接研究与实践项目”第一次会议上，北京师范大学发布了我国第一份中小学生舞蹈素养报告《北京中小学生舞蹈素养调查报告》，这是首次在舞蹈领域发布采用大规模调查方式和数据处理技术的分析报告。报告以北京15所中小学为研究对象，通过“大数据”研究分析生成的系列数据，揭示了当前小学舞蹈素养教育失衡现状和涉及的多方面问题。报告显示，中小学艺术课程开设中，舞蹈学习比例相对音乐、美术还有较大提升空间；小学、初中、高中的舞蹈课程开设上，初中舞蹈教育处于“低谷”状态；在对舞蹈课程期待程度调查中，出现严重性别差异，男生在舞蹈学习比例、学习意愿上都明显低于女生；目前学生学习的舞种与喜欢的舞种之间存在一定的错位，“外来舞蹈”是中小学生的偏好，等等。“大数据”在素质教育的此次试水引起相关专家的重视，未来扩大到全国或将指日可待。

国际交流

内外互动各争锋

2014年各种形式的舞蹈交流热度不减，在自觉的“请进来”和“走出去”中实现着内外互动、各自争锋的火热局面。作为舞蹈交流演出重镇的国家大剧院，今年有布宜诺斯艾利斯探戈之火舞蹈团《探戈之火》、西班牙玛利亚·佩姬弗拉明戈舞蹈团《自画像》、本杰明·米派德洛杉矶舞蹈团《光影之城》、荷兰国家芭蕾舞团《吉赛尔》、苏格兰舞蹈剧场《又一年冬天》、英国NBT芭蕾舞团《仲夏夜之梦》、法国图卢兹歌剧院芭蕾舞团《海盗》等多个顶尖舞团云集。此外，在2014“中法文化之春”艺术节、“2014 ·相聚北京”青少年舞蹈节等活动，以及“亚彬和她的朋友们第六季”《梦·三则》继第五季《生长》世界巡演，上海歌舞团舞剧《朱鹮》10月完成东瀛“首飞”等演出中，中国舞者与世界舞团互视对读、交流借鉴，助力自我提升。

乔燕冰　《中国艺术报》记者

原载《中国艺术报》2014年12月31日

2014 年度舞蹈艺术发展形势分析会纪要

◎杜　蕾

2014 年 1 月 20 日，为了贯彻落实习总书记在文艺工作座谈会上的重要讲话精神，加强和改进对文艺工作的领导，强化艺术理论评论建设，听取各方面对话剧艺术的意见和建议，由文化部艺术司、中国艺术研究院科研处联合主办的“2014 年度舞蹈艺术发展形势分析会”在中国艺术研究院第五会议室召开。文化部艺术司周汉萍处长主持了本次会议。文化部艺术司明文军副司长首先进行开场发言。本次会议分为上午、下午两场，主要目的是加强艺术评论工作，深化对艺术的研究，建立形势分析制度，为社会各界提供参考。本次会议来自舞蹈界的协会代表、院团代表及该领域的专家学者都进行了踊跃发言，就 2014 年度舞蹈艺术发展的形势与问题提出了诸多宝贵意见。

明文军司长首先作了开场发言，希望大家贯彻习近平总书记在文艺工作座谈会上强调的关于高度重视和切实加强文艺评论工作，运用历史的、人民的、艺术的、美学的观点评判和建构作品，倡导说真话、讲道理，营造开展文艺批评的良好氛围。近年来无论是小节目还是大型舞剧创作，在舞蹈界有所兴盛，总书记说的高原、高峰的问题，在高原的用词上是准确的，舞蹈界的创作也走出了低谷。明司长谈到了自己作为舞蹈界的一员的感受。希望大家可以在会上有碰撞，不同焦点有交锋，因为经常参加舞蹈界很多的会议，觉得这种氛围少，特别希望在咱们的业内从小的范围开始，也能够多点儿内容。今天请来的人也都是来自各行各业，连年龄搭配都关注到了，希望能够把舞蹈目前面临着怎样的生态、什么样的环境，往下该思考点儿什么好好作一下研讨。

欧建平从演出市场的现状谈起，认为如果不了解舞蹈界的情况会觉得很沮丧，把整个演出市场进行分类，分了八类，舞蹈排在第八，不光是纯舞蹈，歌舞类，包括民族舞、芭蕾舞、外国舞、现代舞，既有舞种国别很混乱，但是歌舞类放在一块儿我们在最后，占整个演出市场的 2.3%，比去年同期的演出减少了 8%，这是总体的状况。我们要面对现状，也要面对很多问题，比如说在第八的位置上，有可能通过什么方式有所提升吗？怎么扩大我们的演出市场，怎么真正做到雅俗共赏，这是非常大的问题。要加大对现当代艺术的发展力度，这些年变化已经很大了，从过去的洪水猛兽，现在不压制、不批评但是也不怎么鼓励的状态，但显然是不行的。中国的舞蹈要在世界的艺术之巅真正占有一席之地，而不是自己花钱给别人唱堂会，拿一篇评论。真正的是外国人花钱买你的东西，而不是你花钱演给别人看。

左青讲道，现在有一个常态词，要用问题意识研究工作、问题意识推动工作，如果按照这个讲话的精神，歌功颂德的话少说点儿。“我感觉 2013 年舞蹈大的形势应该是作品多、精品少，演出多、观众少，活动多、影响小，实践多、评论弱，基本上是圈儿里热、外边儿凉，这是基本形态”。针对圈儿里热、外面凉的窘境有几点建议。

第一，应该改革政府的评奖机制。政府要让舞蹈事业繁荣发展，首先是倡导舞蹈为人民而舞的导向性。

第二，要更好地发挥政府职能，充分地调动社会各界舞蹈力量为政府所用。政府要有导向性。

第三，完善和规范国家艺术发展基金的评审条例。

第四，建议从政府的层面加强与强势媒体和新媒体的合作，用多种方法宣传舞蹈艺术家，特别是中青年的舞蹈家，树立更多舞蹈艺术的国家领军人物和国家品牌。

黄民暄从艺术发展自身的生态链谈起，认为对于舞蹈的发展没什么好急的，所有的生态链的发展是有一定的规律的，一个国民文化艺术的水准对于一个国家很重要，甚至可以决定一个国家的前途和命运。但是艺术水准不是一两天就可以提起来的，一定要在人的生活水平提高和许多基本问题得以解决之后才行。有的时候是不是可以考虑一下，当我们研究这些问题时，不要单纯就艺术的研究和舞蹈的研究而研究，一定要把它和生存状态联合起来，这样对高层领导的研究和指导作用及提供参谋的作用能够更强一些。在更高的层次上能够提供一些信息，而不是就事论事。所谓的监督作用，所谓的发展方向，所谓的好与坏、雅和俗或价值取向，这才是评论家真正能够品尝到味道的。

第一，评论队伍要做好人，自己要有正确的价值观，这才能够有正确的导向。

第二，要有专业的水准，要有专业知识。

第三，不能人云亦云，要有独特的见解。

如果真正在舞蹈界哪怕有5位这样的评论家，可能对我们的发展都会起到非常重要的作用。

张居淮提出了几点建议。一个是舞蹈编导的培训，另一个是文艺评论的拓展。这两条都是至关重要的，因为会对整个舞蹈界的发展起关键性的作用。另外，谈到演艺也是个生态链，从载体、人才培养、出口也是大生物链，一旦生物链断裂了也和生物界是一样的。现在广场舞、健身舞、少儿舞就是少了艺术独创性的舞蹈，接地气的舞蹈少，对舞蹈本体创作追求的作品少，有些东西是自娱自乐的多，自己圈儿里很热，外面一点儿感觉也没有。这说明我们的舞蹈出问题了，在创造上现在作品重复的多、雷同的多、拿来主义的多。舞蹈创作在基层感觉也困惑，确确实实是活动多、影响小，演出多、观众少。在这种状态下部里搞得很好，现在导向性文化应该抓在手里。实事求是地说，规划至关重要，我们作为创作规划带有导向性、规范性，政府一定要做这个事儿，创作规划会不能停，要抓起来。

陈飞华说，目前中国的舞蹈发展和中国其他的发展是一样的，舞蹈很小众不必纠结。从我当团长到现在，我感受起码在座的不会掏钱买票，这就是现状，所以它是小众。如果在座的包括干部、各类阶层都可能自己买票的话，它就不是小众了。他提出应该借用社会的成功案例，以成功的模式去研究分析，而我们自己在社会快速发展中，也要重新思考我们自己。

江东谈道，2014年的形势分析判断有亮点、有变化、有举措，也面临很多问题。有两个亮点，一个是《红色娘子军》50年纪念，不能小看《红色娘子军》的价值。还有一个亮点，北京舞蹈学院建院60周年，以及为这个纪念开展的一系列的演出，这是贯穿全年的一大亮点，从中看到中国舞蹈走过60多年之后整体上的表现。国家艺术基金对我们来说是非常重要的一件事儿，中国的舞蹈如想做强做大，同时能够更早地融入国际潮流中来，做出一些切实可行的方法和措施的话，国家艺术基金对我们来说是特别有帮助的。虽然现在作品越来越多了，层次越来越高了，整个的文化感觉很繁荣，但是对于创作本身来说，环境不见得是好的。

许锐提出从艺术司的角度，觉得示范的作用和在剧目推广上可以再做一些工作。有些时候我们也在创造，我们创作了一些舞剧以后，好像一完了以后后面的东西完全自发；政府就管评价，评奖以后是缺乏支撑的，这方面也有运作的空间。不光是舞蹈，包括一些剧很好，但是进了剧场以后可能有相对固定的观众群，不可能像影视面那么大，现在连这部分人都被排斥在外面，就连我们有时候都觉得太贵了。反而话剧好一些，有些比较合理，有些我们自己花钱去看，起码连小群体都保障不了更别说大的群体了，这方面可以有运作的空间。

冯双白认为2015年到2016年艺术一定和心灵越来越相关，谁关注心灵，谁能真正说出生活中特别动心的话，谁就能够成功，包括各个艺术门类。可是舞蹈看没看到这一点，我总觉得舞蹈的编导根本看不见这个问题，根本也不在意这个问题。第二个问题是教育。这20年来，整个中国的教育出了大的问题，其中关键是丧失了做人的教育。所以舞蹈的教育、舞蹈的高等教育、舞蹈的研究生教育我认为可能跟这个都有关，我们的研究生教育是个大问题。我觉得史论的研究多多少少还是有一些停滞，如果没有史和论的东西作为基础，批评是无法建立起来的。舞蹈批评如果没有历史的角度和梳理作为支撑的话，它也做不到。请部里抓创作时、组织舞蹈创作时，工作要延伸，向前延伸，从策划选题一直到深入生活向前延伸，这样才能抓出重点的题材来，找到有希望的编剧、有希望的编导来做，才能出好的作品。我个人认为要鼓励作品更贴近生活，现在更多的是纠缠在技术层面或者纠缠在一般层面，这是比较大的问题。同时冯双白认为2014年活跃的关注点非常多，主要有3个点：北京舞蹈学院的剧场一系列演出、中国国家大剧院小剧场以现代舞作为标志的一系列演出。另外，民间舞向本质回归的状态和现代舞高度活跃的探索的状态都是值得肯定的。

唐凌提出一个门类艺术的发展，最核心就是作品和艺术家，其实外围有很多的东西，无论是市场、观众、教育都是更外围的，核心只有作品和艺术家，抓住了这个就抓住了这个领域全部的发展。围绕这个来谈问题，首先是对国有院团的艺术发展的，引导甚至是强制必须是以创作真正的艺术作品为指针。现在独立的艺术家，以艺术家为民营的团的力量在迅速崛起，艺术评论和艺术理论的研究，大家谈论这个话题觉得毫无疑义。它缺乏独立的环境，如果没有独立评论也就意味着评论都是零，目前的问题根源都在此。

张萍谈到整个舞蹈界创作的风向在2014年是个爆发期，但是重复出来的力量核心的问题更明晰化了。

第一，整个舞蹈创作缺乏成熟的审美判断。

第二，缺少成体系的多样化的风格流派的积淀。

关于所谓现在平台开放与多元的问题，舞蹈的传播包括新媒体，包括网络，我们要传播的是什么，传播什么东西，怎么传播，我们是不是需要传播一家之言。现在数字格式的传播，作品很多，数字格式传播的过程中有多少编导通过大的门户网站收回了你们的权益，你们最重要的著作权就是播出与传播权，有没有合理的利益回报？我觉得舞蹈界没有，当然除了商演的。舞蹈的艺术生态几乎没有进入产业环节中去，我们只是通过资本投入，然后大家去简单地玩儿一票，我特别希望大的职能部门来规范我们的大未来。我2016年写问题与反思的时候还提这个问题。

仝妍谈到舞蹈艺术无非就是圈儿内和圈儿外，圈儿内也包括创作的导向性，创作的作品针对圈儿内直观的是针对比赛、评委和专家的，还有一个层面是针对市场，针对观众和业外的。在怎么为的问题上也是两种方式。怎么为的方式上更多的是明确我们的自我定位，我认为舞蹈艺术两种主要的形态，一种是艺术教育的形态，另一种是艺术生产的理论，艺术家、艺术作品是主要的层面，还有一个层面是受众，就是产品的欣赏者，欣赏者更多的是靠文化产业形态，我们的演出和市场、各大院团做的市场的推广。

慕羽从体制的角度阐述了自己的想法。她认为去年有一个非常重要的声音，体制内外的青年人都登上了官方扶持的艺术创造平台，超越了各种范式。关于有效性的问题，现在有一个非常有意思的现象，国家给艺术院团的支持力度一点儿都不弱，目前有钱的特别有钱，而且越来越有钱，甚至学校里任何人想要做任何事情都可以，想做演出可以，想出书也可以，但是能够真正传世是很难的，不过起码起步了。还有两个问题，第一个层面的问题是在创作中如何提升作品的文化和精神内涵进行由表及里的艺术表达，整体思想深度和艺术价值与世界的优秀作品进行对话。第二个问题是表演艺术如何猛攻跟上传播时代的变革，实现真正的异时异地共享。

应杰思考了两个问题，一是军旅舞蹈的发展现状，二是舞蹈评论人才成长困境的问题。这可能跟体制有关，跟生存有关，军旅舞蹈还算不算舞蹈中很重要的一部分？双拥晚会成就了一大批人，也拖垮了一大批人。是不是舞蹈已经遇到了表意的焦虑，而且是表意的匮乏？当然有些好作品步调一致，也是非常好的，但是大多数作品表现到“牺牲”的时候就很匮乏，是我们对“牺牲”的主题已经麻木了吗？第二个问题，大家在谈舞蹈评论的水平很差等的问题，可能代表这一代人对舞评状态的看法，今天老师讲的要像养女儿一样对待作品，为什么不能像养女儿一样对待舞蹈评论人呢？

胡杨站在年轻人的角度和演员的角度谈了在学习和加入工作之后的所见所闻。术业有专攻，现在全国艺术院校培养出来的艺术学生的群体绝对不在少数，但是质却不一定高。现在这样的极度特殊的专业的高端的人才，要比全面性的培养显得更为重要。演员实际上也非常被动，演员是整个生产环节的最下层，也有很多苦衷。各位专家前辈提到的舞蹈生产和艺术生产，使观众看到，或者说我们的东西是不是太空了，不接地气。我们跟中国观众之间的关系是在于他们没有时间和精力来欣赏我，生活的情怀中国很少见，但是艺术回归到人民缺少不了这个环节，艺术工作者再怎么挖空心思，但是观众无暇来看，也许不仅仅是艺术工作者能够解决得了。

茅慧认为，通过 2014 年的荷花奖的当代舞平台反映出很多问题，除了刚才评论家说到的雷同的问题，但是模仿雷同、仿效背后有个机制作保障，所以应该在机制上动刀子，机制是评奖比赛的导向性问题，所以机制的问题需要在多大程度上克服和调整，必须尽快地思考和研究然后提出对策。另外，2014 年体制内外开始亲密接触，涌现出很多这样那样的平台和培养计划，但是随之配套的监管、跟踪、实录和最后的评估等必须跟着去做，否则这个势头形成洪水的时候只有被带着往前冲，不能及时采取冷静的配套措施，至少在思想上会有隐患，会影响其健康地发展。2015 年特别希望能够解决当代舞的概念问题，当代舞是舞蹈界一直争论的概念，以至于评奖的时候当代舞是什么反复被提出来，没有一个概念被大家认可，所以容易造成评奖机制下的混乱，创作思想和创作方向的混乱。

周汉萍处长在总结发言时强调，各位艺术家、学者说得都比较充分，从艺术教育、人才的培养到院团的演出评论等话题比较广泛，不同角度、不同领域的碰撞与交流给予大家很多启示。

杜　蕾　中国艺术研究院《中国艺术年鉴》编辑部

专题

首届全国少数民族优秀舞蹈作品展演

【概况】

2014 年 8 月 8 日，由国家民委、文化部和内蒙古自治区人民政府主办，内蒙古自治区民族事务委员会、自治区文化厅、自治区旅游局、呼和浩特市人民政府承办的“首届全国少数民族优秀舞蹈作品展演”在内蒙古自治区呼和浩特市开幕。

首届全国少数民族优秀舞蹈作品展演组委会共收到来自 28 个省、自治区、直辖市以及解放军总政治部宣传部艺术局报送的作品 498 部，内容涉及蒙古族、回族、满族、壮族、瑶族、布依族、藏族、维吾尔族、鄂温克族、鄂伦春族、白族、畲族、朝鲜族、锡伯族、保安族、彝族、傣族、苗族、达斡尔族、黎族、京族、撒拉族、塔吉克族、土家族、佤族、高山族、赫哲族、裕固族、羌族、哈萨克族、侗族、哈尼族、拉祜族、仡佬族、土族等 35 个少数民族。

经评委组初评，最终有 51 个来自国家级、省（区）级、地州级和县级文艺团体（文化馆或文化传承中心）的 63 部作品参加了展演。展演分为两个组别，群舞为一组，单人舞和双人舞为一组。63 部作品分 4 场进行展演，每部作品的演出场序由抽签决定。

经评委组终评，有 5 部作品荣获金奖，12 部作品荣获银奖，20 部作品荣获铜奖，26 部作品荣获优秀奖。

在展演期间，组委会安排了 4 位专家分别作了关于少数民族舞蹈创作的专题讲座。中央民族歌舞团国家一级编导邓林的讲座题目是《民族创作舞蹈的选材空间》，中央民族大学舞蹈学院教授徐小平的讲座题目是《编导技法在民族舞蹈创作中的运用》，海政文工团国家一级编导张小芯的讲座题目是《关于作品的题外话》，中央民族大学舞蹈学院教授马跃的讲座题目是《民族舞蹈作品的结构艺术及相关问题》。

首届全国少数民族优秀舞蹈作品展演是少数民族舞蹈艺术的盛宴，是促进各民族文化交往、交流、交融的盛会，达到了推动创作、发现人才、促进少数民族舞蹈艺术繁荣发展的目的。

[获奖名单]

金奖：

单、双人舞组

单人舞	《英吉莎小子》	解放军艺术学院
双人舞	《情系绿草地》	内蒙古民族歌舞剧院

群舞组

《摘葡萄》	新疆艺术剧院歌舞团
《傣家的女儿傣家的雨》	上海歌舞团
《一抹红》	上海戏剧学院舞蹈学院

银奖：

单、双人舞组

单人舞	《莲花》	中国歌剧舞剧院

单人舞 《翡翠》 中国歌剧舞剧院
单人舞 《情系乡俗》 延边大学艺术学院
群舞组
《蒙古扎鲁》 西北民族大学
《卫拉特布斯贵》 内蒙古民族歌舞剧院
《踩云彩》 红河哈尼族彝族自治州歌舞团
《金色汤瓶》 宁夏演艺集团歌舞剧院有限公司
《红色英雄》 浙江歌舞剧院有限公司
《顶碗舞》 鄂尔多斯市民族歌舞剧院
《舞动的琴弦》 内蒙古民族歌舞剧院
《力神》 海南省歌舞团
《盛世长鼓》 延边群众艺术馆

铜奖：
单、双人舞组
单人舞 《姥姥的身影》 呼和浩特市民族演艺集团民族歌舞剧院
单人舞 《玉龙河的姑娘》 新疆艺术剧院歌舞团
双人舞 《遥远的图腾》 呼和浩特市民族演艺集团民族歌舞剧院有限公司
单人舞 《捞月亮》 中国歌剧舞剧院
双人舞 《火塘情》 南宁市艺术剧院有限责任公司
群舞组
《毕兹卡·卜吡》 湖北省民族歌舞团
《寨子里的年轻人》 西南民族大学艺术学院
《锦鸡舞》 贵州省丹寨县民族文工团
《弹指》 广东清远市连南瑶族自治县民族文化传习中心
《花儿漫漫》 宁夏艺术职业学院
《长桌长》 桂林市文艺演出有限责任公司
《田棚细语》 红河哈尼族彝族自治州歌舞团
《“过山”瑶》 广东南方歌舞团有限公司
《德吉》 阿拉善盟民族歌舞团
《裙儿摆摆秧箩情》 玉溪市红塔区聂耳文化演艺有限公司
《暖》 广西百色市民族文化传承中心
《摇篮》 昆明市民族歌舞剧院有限公司
《三道弯》 云南大理南涧县民族文化工作队
《传说》 中央民族大学舞蹈学院
《打草席》 文山壮族苗族自治州民族文化工作团

优秀奖：
单、双人舞组
双人舞 《归途》 河南歌舞演艺集团有限责任公司
单人舞 《牯藏头》 河北艺术职业学院
单人舞 《山南笠影》 解放军艺术学院

单人舞	《花腰带》	无锡市演艺集团有限公司歌舞剧院
单人舞	《梦中的草原》	空政文工团
双人舞	《送郎调》	重庆市民族歌舞团
单人舞	《扎尔的爱情》	北京舞蹈家协会
单人舞	《呼鲁戈谜呢》	内蒙古直属乌兰牧骑艺术团
单人舞	《湏》	浙江歌舞剧院有限公司
单人舞	《恩和阿穆隆》	伊金霍洛旗文化体育广播电影电视局
双人舞	《孔雀孔雀》	安徽艺术职业学院
单人舞	《森塔斯》	新疆阿勒泰地区歌舞团

群舞组

《响铃公主》	吉林市歌舞剧院有限责任公司
《苗女秀》	中国人民解放军成都军区战旗文工团
《萨米尔的成长》	宁夏大学音乐学院
《河灯祈福》	昆明市民族歌舞剧院有限公司
《心中的乌力格尔》	兴安盟乌兰牧骑兴安盟民族歌舞团
《心琴》	广西百色市民族文化传承中心
《凤冠银光》	宁德畲族歌舞艺术传承中心
《鼓艺新承》	西北民族大学
《彩虹姑娘》	青海省互助县文化馆
《彝山纵情》	天津歌舞剧院歌舞团
《乖乖花瑶寨》	湖南洪江市文化馆
《拨动你的心弦》	四川乐山文化发展研究中心
《仙鹤与松鸡》	呼伦贝尔市根河市乌兰牧骑
《激情博依阔》	内蒙古莫力达瓦达斡尔族自治旗乌兰牧骑

【媒体视点】少数民族舞蹈艺术“百花齐放”

◎钱丽花

2014年8月8日至12日，由国家民委、文化部和内蒙古自治区人民政府主办的首届全国少数民族优秀舞蹈作品展演在呼和浩特市举行。63部作品、千余名舞蹈演员参加了此次盛会，舞蹈题材内容涉及30多个少数民族。

这是近10年来国内少数民族优秀舞蹈作品的一次集中展示，各族舞蹈艺术家在这个舞台上光芒四射，尽情地展示着自己的艺术才华。这次展演也为培养少数民族舞蹈编创人才、促进少数民族舞蹈艺术创新繁荣提供了契机。

少数民族舞蹈作品的一次大检阅

8月的呼和浩特，沉浸在浓浓的艺术氛围中。在这里，第四届中国·呼和浩特少数民族文化旅游艺术节正在举办。作为艺术节最重大的活动——首届全国少数民族优秀舞蹈作品展演，也在万众期待中拉开序幕。

全国来自28个省区市以及解放军总政治部选送的63部作品参加了比赛，千余名舞蹈演员参演。全国人大常委会原副委员长布赫、内蒙古自治区政协主席任亚平、呼和浩特市委书记那顺孟和、国家民委专职委员管培俊等领导出席了开幕式。布赫对本届展演给予了高度评价，认为其对促进各民族文化交流具有积极意义，并希望展演越办越好。

在8日至12日的4天时间内，参演节目按抽签顺序演出4场。评委由来自中央民族歌舞团、中央民族大学舞蹈学院、北京舞蹈学院、中国艺术研究院、中国舞蹈家协会和海政文工团的专家组成。经过激烈的角逐，最终，由内蒙古民族歌舞剧院选送的双人舞《情系绿草地》等5部作品获得金奖，由延边大学艺术学院选送的《情系乡俗》等12部作品获得银奖，由新疆艺术剧院歌舞团选送的《玉龙河的姑娘》等20部作品获得铜奖，由解放军艺术学院选送的《山南笠影》等26部作品获得优秀奖。

每一场展演都有15部舞蹈作品同台竞技，这些作品民族风格浓郁，地域特色鲜明，时代气息浓厚，很好地诠释了本届展演促进各民族文化交往、交流、交融的宗旨。

据活动主办方相关的负责人介绍，此次参演的作品是近年来国内各文艺团体的少数民族优秀舞蹈作品，可以说是对国内少数民族舞蹈作品的一次集中展示，一次大检阅。

精品“扎堆”，传统与创新兼备

首届全国少数民族优秀舞蹈作品展演可谓精品“扎堆”。获得银奖的《盛世长鼓》，就是一个久演不衰的节目。作品以群舞、双人舞相结合的表现形式，体现了朝鲜族女性含蓄委婉、坚忍不拔的特点和热爱生活的精神面貌。作品以急缓交替的旋律、婀娜飘逸的舞姿以及舞者眉宇间的情感交流，展现了老艺人精心传艺、年轻人用心学艺的场景。

“这是我们延边群众艺术馆在2011年编创的一个舞蹈，展现了在现代文明的冲击下，朝鲜族古老的鼓舞艺术代代相传的场景。”延边群众艺术馆馆长金升活介绍，《盛世长鼓》曾获得2013年群众类舞蹈的最高奖项“群星奖”，并参加过“大地情深”群众文化展演活动、2013年吉首鼓文化节等演出，获得了观众的认可。因为延边群众艺术馆不是专业的艺术团体，参演的舞者平常除了跳舞，还要担任群众的舞蹈培训工作，所以节目的舞蹈演员已经换了三批，这次参演的演员年龄最大的已经45岁了。

“作为非专业团体，能和专业团体的舞蹈演员们同台竞技，我们既感到有压力，也很骄傲。”金升活说。

由云南红河哈尼族彝族自治州歌舞团选送的《田棚细雨》，曾荣获第七届中国舞蹈“荷花奖”民族民间舞蹈比赛表演铜奖。田棚是哈尼族姑娘情感的“私房”，是哈尼族小伙儿的精神“天堂”。夜幕降临，姑娘和小伙儿在月光下相约，窃窃私语，甜蜜地倾诉着爱慕之情，小伙儿的木屐声、姑娘的铃腰带声，构成了一曲青春的旋律。

和《盛世长鼓》《田棚细雨》这些展示少数民族传统文化的舞蹈不同，内蒙古民族歌舞剧院选送的《情系绿草地》是一个关注现实生活的节目。据舞蹈编导巴格那介绍，舞蹈的创作灵感源于他在内蒙古电视台看到的一部纪录片。纪录片讲述了生活在鄂尔多斯毛乌素沙漠的一对夫妻的故事。妻子是盲人，丈夫是哑巴，他们因为热爱环保而走到一起。他们相依相扶与沙漠抗争，日复一日，年复一年，用汗水浇灌沙漠，用生命哺育绿色。

“这是一个很新的题材，和少数民族群众的现实生活很贴近，又能宣传环保的理念。”巴格那说，但怎么用舞蹈来讲述这个故事是个难题。为此，他制作了一个细长棍似的道具——既可以当树，又可以当作压井的工具。在舞蹈动作的编创上，也尽量融入生活化的元素，比如压井水的动作等，舞曲也是他自己制作的。

除了《情系绿草地》这样的作品，展演中还有许多有特点的作品。比如，群舞《响铃公主》作为展演中仅有的满族舞蹈，以黄色的“格格”服装带领观众回到了清朝；群舞《萨米尔的成长》以独特的回族舞步吸引了观众，再现了回族男孩儿“萨米尔”的成长过程……

4场演出，让观众大呼过瘾。呼和浩特市民乌云娜带着女儿来看演出，女儿在学习民族舞，这次展演让她们获益匪浅。“以前对蒙古族舞蹈、维吾尔族舞蹈比较熟悉，这次看到了很多南方少数民族的舞蹈，例如黎族、纳西族舞蹈我都是第一次看，觉得很精彩。”乌云娜说，女儿很兴奋，演出结束后还去和演员们合影。

为少数民族舞蹈编创者带来灵感

首届全国少数民族优秀舞蹈作品展演，是为繁荣发展少数民族舞蹈艺术开展的一项活动。国家民委文化宣传司司长武翠英说，目前，国内比较重大的舞蹈赛事如“荷花奖”等，虽然有民族民间舞的分项赛事，但还没有一个专门让少数民族舞蹈艺术家展示才华的良好平台。举办这个活动，就是要弥补这样一个空白，培养少数民族舞蹈创作和表演人才，促进少数民族舞蹈艺术繁荣发展。

此次展演也为各文艺团体互相观摩、交流和学习提供了契机。天津歌舞剧院此次带着作品《彝山纵情》参加展演。创作人员介绍，因为天津是少数民族散居地区，创作人员对少数民族舞蹈艺术的了解不是很深入。他们虽然专门到四川凉山彝族自治州采风，可惜时间有限。令人高兴的是，此次参演的舞蹈作品不仅有不少彝族歌舞，例如四川乐山文化发展研究中心选送的《拨动你的心弦》等，还有其他民族的优秀舞蹈作品，这为他们今后创作和表演少数民族题材舞蹈作品提供了许多可借鉴的经验。

来自福建省妇女干部学校的舞蹈编导黄海蓉老师，是专门到呼和浩特观看展演的。“我从大学同学那儿得到了展演的消息，就决定自己花钱过来观摩。因为对于我们少数民族散居地区来说，这样的机会太难得了。”黄海蓉说，她平时在学校教女干部学员们跳民族民间舞。她很喜欢蒙古族舞蹈和维吾尔族舞蹈，但由于民族文化的熏陶不够，在创作舞蹈方面常会遇到瓶颈。“这一次，我要好好学习这些优秀舞蹈作品的创作技巧，带回福建，让福建的少数民族舞蹈也能发展起来。”黄海蓉说。

原载《中国民族报》2014年8月15日

第九届中国舞蹈“荷花奖”当代舞、现代舞评奖

【概况】

2014 年 11 月 21 日，由中国文学艺术界联合会、中国舞蹈家协会主办的第五届中国舞蹈节暨第九届中国舞蹈“荷花奖”当代舞、现代舞评奖结果揭晓。

当代舞组中，广州军区政治部战士文工团的《夫妻哨》等 3 部作品获得作品金奖，黑龙江省歌舞剧院有限公司的《松花江上》等五部作品获得银奖，沈阳师范大学戏剧艺术学院的《闯关东》等 3 部作品获得铜奖。编导金奖空缺，遵义市演艺集团有限公司的《红军山上》获得银奖，兰州军区战斗文工团《班长·班长》获得铜奖。表演金奖空缺，济南军区前卫文工团的《为你守候……》等两部作品获得银奖，重庆两江艺术团的《高山流水》等两部作品获得铜奖。黑龙江省歌舞剧院有限公司的《继母》等 8 部作品获得“十佳作品”荣誉称号。

【评奖结果】

现代舞组

表演金奖：

北京军区战友文工团《心尘》

广州军区政治部战士文工团《日出》

作品银奖：

浙江歌舞剧院有限公司《奋楫者》

三亚市艺术团《且行且珍惜》

表演银奖：

北京军区战友文工团《一念》

编导银奖：

北京舞蹈学院《深呼吸》

作品铜奖：

上海戏剧学院舞蹈学院《也许，仅此而已》

表演铜奖：

北京师范大学《修·行》

编导铜奖：

北京舞蹈学院《奋斗》

十佳作品：

广西艺术学院舞蹈学院《晓晓的幸福生活》

上海戏剧学院舞蹈学院《我和我》

西安音乐学院舞蹈系《ta 说》

杭州歌剧舞剧院《行·禅》

当代舞组

作品金奖：

广州军区政治部战士文工团《夫妻哨》

解放军艺术学院《彩虹桥》

海军政治部文工团《我等你》

作品银奖：

黑龙江省歌舞剧院有限公司《松花江上》

南宁市艺术剧院有限责任公司《骆越先歌》

北京市军乐艺术学校《青春·着色》

山东省艺术研究院《海拔 6000 米》

四川文理学院《魂铸巴山》

表演银奖：

济南军区前卫文工团《为你守候……》

海军政治部文工团《海之翼》

编导银奖：

遵义市演艺集团有限公司《红军山上》

作品铜奖：

沈阳师范大学戏剧艺术学院《闯关东》

武警贵州总队文工团《冲刺·十环》

郑州师范学院《妙手生花》

表演铜奖：

重庆两江艺术团《高山流水》

第二炮兵政治部文工团《困之战》

第二炮兵政治部文工团《火箭兵的梦》

编导铜奖：

兰州军区战斗文工团《班长·班长》

十佳作品：

黑龙江省歌舞剧院有限公司《继母》

山东艺术学院舞蹈学院《沂蒙那座——桥》

中山市文化馆中山纪念中学舞蹈团《追忆 1911》
洛阳歌舞剧院演艺有限公司《哥俩好》
湖南人文科技学院《寝室里的那些事》
杭州歌剧舞剧院《哭嫁》
浙江师范大学音乐学院《活着 1937》
东北师范大学音乐学院舞蹈系《婆媳之间》

【媒体视点】中国当代舞、现代舞立于发展“拐点”

◎石曼晴　付　瑶

第五届中国舞蹈节暨第九届中国舞蹈“荷花奖”当代舞、现代舞评奖活动于 2014 年 11 月 18 日晚在民族剧院开幕。出席当晚开幕式的领导和嘉宾有中国文学艺术界联合会荣誉委员、中国舞蹈家协会名誉主席贾作光，中国文学艺术界联合会荣誉委员、中国舞蹈家协会名誉主席白淑湘，中国舞蹈家协会主席、中国国家大剧院艺术总监赵汝蘅，中国文学艺术界联合会主席团委员、中国舞蹈家协会驻会副主席冯双白，中国舞蹈家协会副主席、原总政宣传部艺术局局长左青，中国舞蹈家协会副主席、解放军艺术学院舞蹈系主任刘敏，中国舞蹈家协会副主席、吉林歌舞剧院艺术总监王小燕，中国舞蹈家协会副主席、上海歌舞团艺术总监黄豆豆，中国舞蹈家协会分党组书记、秘书长罗斌，中国文学艺术界联合会办公厅主任兼计划财务部主任陈建文，中国文学艺术界联合会国内联络部主任刘尚军，中国文学艺术界联合会国际联络部主任董占顺，中国文学艺术界联合会理论研究室主任庞井君，中国文学艺术界联合会人事部主任郑希友，中国文学艺术界联合会国内联络部巡视员李培隽，中国舞蹈家协会分党组成员、副秘书长李甲芹，中国舞蹈家协会分党组成员、办公室主任夏小虎，中国文学艺术界联合会国内联络部评奖处处长罗江华，中宣部文艺局艺术处副处长马小龙等。开幕式由罗斌主持，赵汝蘅和白淑湘分别致辞和宣布开幕。

经过为期三天的评奖，本届当代舞、现代舞共产生了 5 个金奖、12 个银奖、10 个铜奖以及 12 个“十佳作品”荣誉称号。纵观本届当代舞、现代舞评奖活动，舞蹈文化与时代气息共融，在不同的层面以各自的角度展现了中国人当代生活和情感的诸般情态。入围的作品中既有部队文工团选送的作品，也有地方院团和各大高校选送的作品，参赛作品均符合了以往现当代舞获奖作品强调以舞蹈契合创造精神与理念、强调生命意识表现的特点，很多优秀的作品受到大家的普遍喜爱和广泛关注，有些甚至引起了大家火热的讨论，但同时也呈现出了中国当代舞、现代舞在创作和表演中尚存的不足。

佳作频出

本届评奖活动的初评报名工作从今年 6 月开始，截至 9 月初报名结束，共有来自全国 24 个省、自治区、直辖市等会员单位的 180 个作品报名参评，其中当代舞组作品 115 个，现代舞组作品 65 个，经初评评委集中观摩录像投票选拔，最终有 30 个当代舞作品、15 个现代舞作品，共计 45 个舞蹈作品参与终评，无论是当代舞还是现代舞的参赛作品在与往届比赛的对比中都有可圈可点之处。

首先以现代舞为例，现代舞组的两个表演金奖分别由北京军区战友文工团的《心尘》和广州军区政治部战士文工团的《日出》两部作品获得，编导金奖与作品金奖全部空缺。而两个金奖的名额都为表演金奖，不难看出，这是评委们对本届现代舞评奖中演员们表现的肯定，也是本届评奖活动中现代舞所呈现出的一大特点。两个现代舞组金奖作品均为部队文工团选送，这也突破了以往的比赛中部队文工团全力以赴当代舞组的惯例，部队文工团演员的实力不可小觑。现代舞作品《心尘》是一个女子独舞作品，舞台上的布景为分别放置于舞台两侧的两把背椅，一把倒扣，另一把直立，舞者在两把椅子间流连与挣扎，表达了一个女人的盼望与等待之情。此舞者有着极高的身体素质，动作的完成程度堪称完美，无论是表现内心的情感还是舞蹈动作、技术技巧动作以及与椅子配合完成的动作都熟练而流畅，但相对而言以“心尘”为题的这部现代舞作品还未完全表现其主题。广州军区政治部战士文工团的现代舞作品《日出》与作品《心尘》在得失上分析有着部分相似之处，《日出》为男子独舞作品，演员的身体素质同样无懈可击，动作的完成度与技术技巧的表现都十分精彩。同时，作品《日出》巧妙地利用“一把红扇”作为道具，似与作品题目相和，一把由闭到开的红扇既是红日初升的象征，同时也是内心的红日绽放光芒的过程展现。从两部作品的动作呈现来看，必然经过编导十分用心地编创和排练，但就成功的现代舞作品而言，主题与动作、表现与内在的结合还可以更加紧密贴合，就演员的表演而言是可圈可点的。

再看当代舞的评奖状况，本届评奖活动中，共有 115 个当代舞作品参与初评，最终进入终评的当代舞作品也有 30 个之多，仍旧延续以往的占比状态，大大超过了现代舞的数量，但本届评奖活动中的当代舞所容纳的内容和涉及的题材更加广泛，且突破了部队院团独霸半边天的惯例，地方院团与院校作品数量大幅增加，质量也有所提升。部队院团选送的参赛作品仍保持以质取胜的原有水平，地方院团的参赛作品则在人物塑造、题材选择上尤为注重贴近生活、贴近老百姓的情感，在作品中呈现出新颖的创意和想法。作品金奖代表着该作品在表演、编导等诸多方面的综合优势，本届评奖活动中当代舞的 3 个金奖均为作品金奖，这不仅体现出本届的当代舞作品在内容和选材上的突出优势，也说明当代舞作品的整体水平在一定的程度上有稳步发展的趋势。备受大家喜爱的作品《夫妻哨》由广州军区政治部战士文工团选送，表现了“夫妻哨”这一特殊的军旅家庭的生活状态，通过男女舞者一动一静的不同动作状态，表现出军人一心保卫祖国，在面对家人时的愧疚之情，和军嫂无怨无悔操持家务的艰辛之苦。双人舞的动作连接编创得极为巧妙，在演员流畅的完成下更加精彩，不愧为作品金奖的获得者。同样表现军嫂生活的当代舞作品《我等你》是由海军政治部文工团选送的女子群舞作品，表现了妻子等待丈夫回家的思念之情，作品用椅子作为道具，身着相同服装的女舞者眼睛看着同一个方向，重复着生活化的动作，经过编导艺术化再创造的提炼，该作品成功地走进了观众的内心，虽朴实，但格外令人感动。由解放军艺术学院选送的作品《彩虹桥》因取材独特而备受关注，以电影《赛德克·巴莱》中所讲述的台湾少数民族抗击日军的故事为背景，虽然是用数分钟的舞蹈讲述了复杂的历史故事，但并不显得拖沓，特别是在对女族人的英勇赴死这个故事情节的刻画上，用一条条红色丝带挂于脖间，后倾的身躯、垂下的手臂与音乐的完美结合表现出难以抑制的悲伤，舞作的情感展现溢于言表，掩盖了动作的优劣，将舞蹈抒情达意的功能展现无余。

不足隐现

虽然在获奖作品中可以看到本届“荷花奖”当代舞、现代舞参赛作品中所呈现出的可圈可点的优势与进步，但同样从本届评奖活动中也浮现出关于现当代舞创作的弊端与不足之处。关于这些无法掩盖的问题，在颁奖仪式后的评委点评当中各位监审与评委也提出了自己的看法。

在现代舞作品的创作中，虽然最终获得金奖的两部现代舞作品《心尘》与《日出》中的舞者都有十分出色的表现，赢得评委与观众的一致认可，但很明显的一个现象便是如今的现代舞创作选材与内容都十分局限。有的作品将舞蹈的重心放在动作的表现上，力图将舞者身体语言的优势发展到极致，但对于身体的认识还远远不够。有的则是偏重于某种情感的表达，但动作的表现不能与情感的释放相吻合。这都最终使作品在呈现时给观众带来两个极端的感觉，一个是过于肤浅和表面，没有内涵体现；另一个是故弄玄虚，让观看的人只能大呼“不懂”。在对本届评奖活动中的现代舞进行点评时，同为现代舞与当代舞组评委的刘春认为“现代舞是由内而外的，如果里面不能够解决，外面就是空的，也就无法延伸”，也就是说我们应解决身体的束缚与局限，在这个基础上进行真正的创造，而对于创作则应该打开视野，接受更多的东西，在把自己磨合得更为圆润的基础上再继续进行创作。这或许需要漫长的时间与过程才能完成，但就如刘春所言：“舞蹈是近似狂热的艺术，真的别着急。”

无论是当代舞、现代舞的整体创作倾向还是本次参加评奖的作品本身，都引来了大家的热烈讨论。对于本届“荷花奖”当代舞、现代舞作品所呈现出的弊端与不足之处，本次评奖活动的监审冯双白指出以下三点。

首先，是“事件的过程”与“精神的支点”之间的关系。本次评奖活动中的很多作品都忙于交代事件的过程，而对于精神的支点提炼得不够，真正的精神支点是需要仔细地斟酌和探寻的，如果寻找得不够，或者开辟得不够，会使整个作品缺乏深度。在寻找精神支点的过程中会发现创作不能远离生活，应真正深入到生活中去、到民族文化中去。

其次，是关于身体语言和辅助式的手段。辅助式手段很多时候是不可或缺的，对整部作品应起到画龙点睛的作用，而如今的普遍现象则是对于辅助式手段的依赖超过了对身体语言的发展和运用。本次评奖活动的当代舞作品中有一个很大的共同点便是很多作品都运用了“喊”的部分，也就是语言的辅助手段，这似乎已形成了一种革命历史题材创作时的必选项。有的作品本是非常好的选材、非常大胆的编创，可以成就非常有价值的东西，但随意地附加了辅助的语言手段，暴露出艺术功底火候欠佳。

最后，是关于作品编创的跟风模仿、千舞一面现象。冯双白还半玩笑半讽喻地总结出创作一个现代军事主题或革命历史题材舞蹈作品的“六字箴言”：一“打”，二“抖”，三“死”，四“喊”，五“滚”，六“魂”。这体现出现当代舞蹈作品雷同现象的严重，在最后一晚的当代舞评奖中，当越来越多的作品中出现枪声与喊声时，观众不禁哑然失笑。艺术创作应以不同的个性为特点，这样才能把艺术作品的独特魅力呈现出来。

艺术的创作需要个性，同时也需要准确，当所有表述、所有环节都准确、合情合理了，优质的作品自然呈现。本届“荷花奖”当代舞、现代舞评奖活动虽然至此已告一段落，但参赛作品带给观众的震撼、感动与反思却余韵悠长，让我们总结经验与教训，放眼未来，期待下届“荷花奖”当代舞、现代舞评奖活动能够舞出更多的精彩。

原载《中国艺术报》2014 年 12 月 5 日

第五届中国舞蹈节暨第九届中国舞蹈“荷花奖”校园舞蹈评奖

【概况】

2014年7月24日至27日，由中国文学艺术界联合会和中国舞蹈家协会共同主办的第五届中国舞蹈节暨第九届中国舞蹈“荷花奖”校园舞蹈评奖活动在北京举办。大赛首次采取互联网线上投票与线下评奖相结合的方式评奖。此次比赛分艺术院校和普通院校两个组别。本次评奖共有27个省（区、市）的300多部作品报名参赛，不仅有艺术院校的作品，普通院校的参赛作品数量也有所增加，涌现出了众多反映校园文化、青春风貌和当代青年思想情怀的作品。本次评奖经过3场终评，产生了5个金奖、11个银奖、12个铜奖、5个编导奖、19个“十佳作品”荣誉称号。

【评奖结果】

普通院校组（按演出顺序）

“十佳作品”荣誉称号：

北京师范大学《游园惊梦》
太原师范学院《老夫老妻》
北京师范大学《翡·玉》
西北民族大学《繁弦妙引》
贵州民族大学《苗山铜鼓人》
湖南民族职业学院《楚风锣鼓》
陕西师范大学《再唱山丹花》
重庆大学《山水游》
中南民族大学《啊啧啧！安多喜姆》
成都体育学院《龙的传人》
天津体育学院《卫妞》

表演铜奖：

江南大学《东林书魂》
南昌大学《生如夏花》
福建师范大学《方志敏》

作品铜奖：

北方民族大学《金沙梦》
许昌学院《与阳光牵手》
广东省外语艺术职业学院《木棉花开》

表演银奖：

四川文理学院《致青春》

内蒙古师范大学《卫拉特青年》

河南大学《霓裳迴旋》

曲阜师范大学《大鼓小妞》

作品银奖：

云南民族大学《跳人之舞》

西北民族大学《大河行》

广西师范大学《白白的裤子黑黑的哥》

福建师范大学《香扇春情》

编导奖：

江南大学《东林书魂》

内蒙古师范大学《卫拉特青年》

南昌大学《生如夏花》

表演金奖：

许昌学院《红旗渠故事》

作品金奖：

乐山师范学院《天梯・梦想》

湖南第一师范学院《八班教室》

艺术院校组（按演出顺序）

“十佳作品”荣誉称号：

中央民族大学《鹰人》

中央民族大学《迁徙》

中央民族大学《蝶恋花》

湖南艺术职业学院《那一片阳光》

中央民族大学《细雨醉竹》

山东艺术学院《谷雨》

中央民族大学《那一世　那一逝》

中央民族大学《传说》

表演铜奖：

山东艺术学院《相依唯梦》

上海戏剧学院《一篓秋》

吉林艺术学院《乡音》

中央民族大学《噶鲁情歌》

作品铜奖：

中央民族大学《辞母》

中央民族大学《镜中人》

表演银奖：

山东艺术学院《春知沂蒙》

吉林艺术学院《勇敢的鄂温克人》

安徽艺术职业学院《蒙古骑兵》

编导奖：

山东艺术学院《春知沂蒙》

吉林艺术学院《勇敢的鄂温克人》

作品金奖：

山东艺术学院《脊梁》

云南文化艺术职业学院《咿板嘟》

作品

舞剧

【舞剧《丹顶鹤》】

2014年5月15日，无锡市演艺集团歌舞剧院原创现代舞剧《丹顶鹤》在无锡市人民大会堂首演。该剧由中共江苏省委宣传部和中共无锡市委宣传部联合出品，主角原型是被称为“中国第一位驯鹤姑娘”的徐秀娟。徐秀娟从小帮助父母喂养小鹤，1987年9月16日为寻找走失的丹顶鹤而溺水牺牲，被追认为烈士。她的事迹曾被写入歌曲《一个真实的故事》。

【舞剧《遇见大运河》】

2014年5月21日，杭州歌剧舞剧院舞剧《遇见大运河》在浙江杭州大剧院首演。该剧运用舞者开口说话的表现形式和极富张力的舞台造型，展现了古老大运河的历史风貌和沧桑巨变，表达了对生命之源——水的礼赞，更是昭示了浙江儿女以“五水共治”保护大运河，治出山清水秀美丽浙江、坚定不移走“绿水青山就是金山银山”发展之路的豪迈情怀和坚定决心。

【舞剧《丝海梦寻》】

2014年8月24日，福建省歌舞剧院创排的舞剧《丝海梦寻》在中国国家大剧院上演。该剧通过讲述一家两代水手开发海上丝绸之路的故事，再现了800年前我国南方海上丝绸之路商船竞发、东西方文明交流融合的繁华景象。剧目在内容上以福建闽南元素为主，充分展现福建在开辟海上丝绸之路、沟通各大洲商贸往来、维系东西方文化交融过程中发挥的重要作用。

【舞剧《蝙蝠》】

2014年9月11日至14日，中央芭蕾舞团在北京天桥剧场首度上演已故法国著名编导大师罗兰·佩蒂创作的经典芭蕾舞剧《蝙蝠》。为了缅怀这位世界级编导大师，中央芭蕾舞团于2014年再度引进了其引以为傲的这部作品。该剧创作灵感来自“圆舞曲之王”约翰·施特劳斯的同名轻歌剧，讲述了男主人公约翰在妻子贝拉的努力下重归家庭和睦、尽享天伦之乐的故事。剧目是一部典型的欧洲舞台喜剧，风格独具，融合了华尔兹、滑稽哑剧等多种艺术形式。

【舞剧《沙湾往事》】

2014年10月8日至9日，广东歌舞剧院舞剧《沙湾往事》在广州大剧院首演。该剧以广东音乐的代表人物——“何氏三杰”为创作原型，通过舞剧特有的艺术载体，展示了广东音乐人传承发展民族音乐的不懈努力和执着追求，同时展示了丰富的岭南文化，例如五架头、英歌、钱鼓舞、粤剧、南狮等。

【舞剧《马可·波罗》】

2014 年 10 月 11 日至 14 日，中国国家大剧院出品、中国国家大剧院与中国人民解放军总政治部歌舞团联合制作的原创舞剧《马可·波罗》作为中国国家大剧院舞蹈节开幕演出上演。1271 年，意大利旅行家马可·波罗跟随着自己的父亲，从遥远的西方，经历了很多艰难困苦来到神秘的东方国度——元朝经商，这块美丽富饶的土地让马可·波罗产生了好奇：严谨的君臣关系，淳朴善良的民风，精巧的指南针、柔美的丝绸，等等。结束元朝的经商之后，马可·波罗回到自己的国度，回忆在东方的点点滴滴，他久久不能平复自己的心情，于是就有了《马可·波罗》。

【舞剧《梅兰芳》】

2014 年 10 月 23 日，为了纪念梅兰芳诞辰 120 周年，由辽宁歌舞团打造的舞剧《梅兰芳》在沈阳市公演。由梅葆玖担任艺术总监，舞蹈编导杨威执导，辽宁歌舞团团长罗怡春编剧，董华兴领衔主演。剧目以梅兰芳对待艺术的态度为核心着力点，采用写意笔法，将综合性舞蹈语汇与京剧艺术核心元素巧妙结合，虚实相间地刻画了一代艺术大师的心路历程，再现其对艺术的执着探索、创新精神和爱国情怀。

【舞剧《那个秋天里的女人——秋瑾》】

2014 年 10 月 25 日至 26 日，北京舞蹈学院舞剧《那个秋天里的女人——秋瑾》在中国国家大剧院上演。该剧凝练出秋瑾人生中的几个代表性事件，并进行艺术表现，分别以“秋雨”“秋赋”“秋风”为题，通过表现秋瑾人生中“反抗”“寻梦”“献身”三个重要阶段，饱满地塑造出秋瑾及其丰富的精神世界，使秋瑾形象生动地跃然于舞台上。

【舞蹈《豆蔻年华》】

2014 年 11 月 12 日，《豆蔻年华》晓星基金会未来之星舞蹈专场在中国国家大剧院上演。2014 年适逢北京舞蹈学院建校 60 周年，本次演出系列展示了北京舞蹈学院附属中学优秀的传统作品、中外经典、历年比赛获奖剧目和近年新创作品，集中展示附属中学的舞蹈教学成果。参加本次演出的是附属中学芭蕾舞和中国舞专业 12 至 17 岁的学生，他们重现学校经典剧目《木兰归》《秦王点兵》，新创剧目《罗敷行》，芭蕾舞经典剧目《花园》《海盗》等。

【舞剧《十月·春之祭》】

2014 年 11 月 15 日，北京现代舞团新版舞剧《十月·春之祭》在天桥剧场公演。2013 年，北京现代舞团新作《十月·春之祭》在中国国家大剧院首演，2014 年北京现代舞团对这台舞剧再一次加工改造，崔健则跨界升级为这台舞剧的总导演，与舞蹈家高艳津子联袂给这台舞剧注入更新鲜的表达。《十月·春之祭》作为一部以女性生命观为主题的舞剧，讲述了一个牺牲与重生的故事，同时也是一个以母亲为主体的故事。该剧主要由孕、存、行、创、生五个场景构成，表现人类对于春天及生命的渴望，将《春之祭》原作体现出来的牺牲与再生的悲剧精神，与东方哲学里生生不息的创生精神融合在一起。

【舞剧《朱鹮》】

2014年12月9日，中国人民对外友好协会和中共上海市委宣传部、上海歌舞团共同策划并制作的舞剧《朱鹮》在中国国家大剧院歌剧院举行了国内首演。该剧讲述了世界珍禽朱鹮从濒危到最终重生的故事。历史上，朱鹮曾广泛分布于东北亚地区，20世纪七八十年代一度濒临绝迹。1981年，中国陕西省汉中市洋县发现了7只野生朱鹮，自此开始了对朱鹮的保护之路，吉祥之鸟朱鹮最终得以再次展翅高翔。艺术家们将中国传统舞蹈与古典芭蕾及现代舞相结合，通过舞蹈特有的表现形式讲述故事，以优美动人的艺术表演打动观众，呼吁人们珍爱共有家园，“为了曾经的失去，呼唤永久的珍惜”，表达了人与自然和谐相生，人与人、国与国和谐相处的和谐世界理念。

【舞剧《恰同学少年》】

2014年9月10日，中国歌剧舞剧院原创舞剧《恰同学少年》在北京保利剧院进行首演。该剧由《风起云涌》《恰同学少年》《督军府上》《风华正茂》及尾声《梦圆》组成。讲述了年轻的毛泽东离开湖南韶山家中考入湖南第一师范接受新文化思潮。从目睹军阀混战，内忧外患，帝国主义瓜分中国，民不聊生，到后来坚定信念，找到方向，投身革命。这一路走来，毛泽东由一个初生牛犊的热血青年成长为充满坚定理想信念与智慧的革命斗士。他怀揣救国救民的伟大梦想，在实践中成长，在摔打中成熟，他领导一群和他一样有着救国梦想的有志青年救国家于水深火热之中，他不断探寻着中华民族的出路，播撒着乱世中那份微薄却照亮希望的阳光，最终实现了自己的人生梦想，引领中华民族走向复兴之路。

【歌舞《佤部落》】

2014年8月26日，佤族原生态歌舞《佤部落》在中国国家大剧院上演。该剧是中共云南省委宣传部、云南省文化厅推出的全省优秀少数民族剧目。剧目题材来源于普洱佤族千百年来繁衍生息积淀的丰厚文化，汇集了佤族神话、祭祀、风俗等内容，表达了佤族人对自然的敬畏、期盼和崇拜，是一台由普洱市自主创作的本土剧目，由《佤山韵》《佤山魂》《佤山美》《佤山情》4个篇章和尾声《阿佤人民唱新歌》组成。

歌舞剧

【歌舞剧《山里娃》】

2014 年 4 月 15 日，山西原创歌舞剧《山里娃》在中国国家大剧院上演。该剧以吕梁市民间艺术团的一群孩子为原型，以他们自立自强的奋斗历程为主线，用音乐、舞蹈等艺术语汇形象地描述了山里娃走出大山、走进城市、改变命运、经历蜕变的真实经历。

【歌舞剧《阿拉善传奇》】

2014 年 4 月 15 日，内蒙古自治区阿拉善盟排演的民族歌舞剧《阿拉善传奇》在北京保利剧院首演。该剧讲述了 1 万年前，巴丹王国被群魔灭亡后，幸存的巴丹国王子与居延王妃带领族人奋力抗争、重建家园，最后以自己的血肉之躯镇压恶魔、保护戈壁生态，捍卫人与自然和谐共存的动人故事。剧目充分挖掘阿拉善歌舞资源，通过 30 首扣人心弦的歌曲，巧妙串联起包括双驼峰、贺兰山、长调、巴丹吉林沙漠、额济纳胡杨林等特色文化符号，在舞台上展示出一个精彩绝伦、特色浓郁的阿拉善。

【歌舞剧《传奇》】

2014 年 9 月 16 日，中央民族歌舞团大型歌舞剧《传奇》在北京民族剧院上演。全剧以《传奇》音乐为主线，通过莽撞少年的奇遇穿越，迎引出生活在密林村寨、雪域高原、茫茫戈壁、辽阔草原、林海雪原的不同民族的人文脉络和习俗各异的舞种曲风。《传奇》以全新的舞蹈语汇、完美的音乐制作和目不暇接的舞美变化，恢宏多彩的勾勒展示了不同民族的独具风采。

纪事

展演·艺术节

【中央芭蕾舞团复排舞剧《吉赛尔》】

2014 年 4 月 3 日至 6 日，中央芭蕾舞团在北京天桥剧场演出了全新版本的浪漫主义芭蕾经典之作《吉赛尔》。重新制作排演的芭蕾舞剧《吉赛尔》，由团长、艺术总监冯英担任导演和制作人，芭蕾大师徐刚担任执行导演和总排练者。在舞美创作方面，龚勋、邓文等中央芭蕾舞团优秀青年舞美设计师进行了新的制作，在保留该剧 19 世纪风格原汁原味儿的同时，又赋予鲜明的时代特征。演员方面，中央芭蕾舞团推出新老结合的强大明星演员阵容，由首席主演朱妍、张剑，主要演员盛世东、马晓东等领衔主演。

【第五届芭蕾创意工作坊】

2014 年 4 月 25 日至 26 日，第五届芭蕾创意工作坊晚会在北京天桥剧场上演，青年编导费波、张镇新、王思正编创的芭蕾新作《哈姆雷特》《香莲·赛莲》和《偃师》集中亮相。本届工作坊主题为“开放的求索”，意以一种无所拘束的姿态，表达对生活、人文情怀的审视、探寻和追求。

由费波编创的《哈姆雷特》取材于莎士比亚的同名戏剧名著，讲述了丹麦王子哈姆雷特在父死母嫁、新王登基的困惑中寻找自我的存在，最终与他认为的丑陋无比的世界同归于尽。费波表示：“当我想要把《哈姆雷特》这样一部伟大的戏剧作品变成一部芭蕾舞剧时，就意味着我给自己选择了一个巨大的难题。困难的不仅仅是如何编创，更重要的是如何思考，如何用最简洁的肢体语言将我看到的文字表达出来。”《香莲·赛莲》根据冯骥才文学作品《三寸金莲》改编而成，讲述了清末明初佟氏大家族里，大太太香莲因为参加“赛莲大会”而引起的地位和命运变化。编导张镇新尝试将中国舞与芭蕾舞相结合，以舞剧片段的方式展示了中西方文化交融之后的精彩。由王思正编创的《偃师》根据潘海天当代科幻小说《偃师传说》改编，作品选材自《穆天子传》里的一个传说《偃师造人》。相传先秦时有一位机械师名叫偃师，曾献给周穆王一个会跳舞唱歌的人偶，最终博得穆王宠妃盛姬一笑。王思正说：“偃师造人，唯难于心，就是说技艺再好，人心难造。整个作品改编围绕偃师的内心情感发展开来，立意落在‘唯难于心’上。在如今社会物质化严重的大环境下，万事最难得的其实也是用心。”

【中国舞蹈十二天】

2014 年 7 月 11 日至 8 月 30 日，中国国家大剧院推出了 2014“中国舞蹈十二天”舞蹈系列演出，呈现 6 台 12 场优秀青年编舞家作品。与前两届舞蹈系列力推中国民族舞和原生态舞蹈不同，本年度的“中国舞蹈十二天”系列把重点放在了年轻一代新生力量的培养和推荐上。

在这次“中国舞蹈十二天”系列中，首次推出由冯双白、赵汝蘅、杨美琦、沈培艺、金星、曹诚渊等舞蹈界领军人物组成的导师团，以一对一的方式推荐 6 位青年舞蹈精英和他们的原创作品。其中，中国舞蹈家协会主席赵汝蘅推荐王亚彬的舞作《梦·三则》，文艺理论家冯双白推荐编舞家赵梁的作品《幻茶谜经》，金星推荐的是其舞团孙主臻、汪涛的原创作品《我和我》，中央戏剧学院舞剧系主任沈培艺推荐的是柴明明的作品《两人一台》。各位导师将根据不同的风格、不同的内容，推荐年轻的编舞家原创作品，将他们近年来的优秀的作品展示给观众，反映的内容、涉及的题材均是体现年轻人的青春与梦想。在这次6台12场中国青年舞蹈家原创精品中，既包括首次上演的新作品，也有编舞家成熟舞作的精选。

【赵梁作品《幻茶谜经》】

该作品源于法门寺出土的文物——唐代皇帝僖宗李儇的一套精美茶具，以“茶”为因，由男性舞者反串绝色女子茶幻并与剧中的樵夫、高士、僧人分别相遇。这3个人物分别隐喻三种不同精神指向的个体，在与美若天人的女子茶幻偶遇后或心动或伪装或煎熬或恍然的心路历程，步步皆戏，章章见心，引领观众在高古深致的感通体验中悦纳“素处以默、妙机其微”的神韵。这部作品在视觉艺术上，无论服装、道具、舞美还是妆容等无不展示出赵梁ART的国际化审美、深厚文化底蕴和艺术创作追求。

【柴明明《两人一台》】

这是一个关于两个理想主义者为了追求个人理想而引发一连串行为事件的故事。

导演为胡磊、柴明明、孙博，演员为柴明明、孙博，作曲为斯特拉文斯基、孙博，舞美设计为王琛；灯光设计为李彤，出品为北京三宝音乐工作室有限公司。

【王荣禄《失物待领》】

火车冒着浓浓的白烟，每日成千上万的乘客，熙来攘往地在驿站里进出，总有些冒失鬼于车站失物待领处寻找他们的失物。失物待领处任职的年轻人，每日为别人寻找失物，并以有趣、富有创意的方式让失主证明失物是他们的。“失去”和“拥有”始终在人生的驿站进出，有人失而复得，有人拥有却不知而懊悔终生……《失物待领》，就在生命的摆荡之间铺陈上演。该剧艺术总监、编舞为王荣禄；剧场导演为陈志桦。

【王亚彬《梦·三则》】

这部新作由独舞、双人舞和群舞组成，由王亚彬携手曾连续17年担任美国阿尔文·艾利舞蹈团主演的伊丽莎白·洛克萨斯·都布莱斯，以及国内青年舞者尹昉、李超、王晴共同创作并演出。《梦·三则》是三段体结构的舞作，每一个段落既相对独立，又相互关联，如同梦境中断断续续的片段，与现实有着某些隐秘的联系，但又不同于现实。3个作品在时空上可以叠加、错落、重调，你既可以把这三则看作一个顺序排列的微型舞剧，也可以按照个人理解和感知，在脑海中重新排列其顺序，创造出每位观众心中独特的故事。

【孙主臻、汪涛《我和我》】

我们在犹豫，是因为有所选择。我们在对话，只是选择了不同的方式。我们……是你和我还是我和我？该剧编舞为孙主臻、汪涛，作曲为Nicolas Dezorzi、Various Artists、Ren Aubry，演员为刘晓桐、董玲钰。

【现代舞荟萃《十年》】

2004 年毕业于北京舞蹈学院编导系现代舞专业（广东班）的本科生 9 位原创作者、表演者上演了现代舞荟萃《十年》。他们并非接受传统意义上的“科班教育”，却在广东由舞蹈教育家杨美琦女士的主持下接受国际顶级师资团队的实验性全新教育，因此备受瞩目。10 年后，他们已成长为活跃在国际舞坛的现代舞一代新人，本次汇聚一堂，带来国际水准的精彩舞作。

【2014 北京舞蹈双周】

2014 年 7 月 13 日至 25 日，北京雷动天下现代舞团、广东现代舞团、香港城市当代舞蹈团联合主办的“2014 北京舞蹈双周”在北京举办。

“2014 北京舞蹈双周”共邀请了 68 部作品分别于“焦点舞台”“另类平台”“青年舞展”中进行展演。“焦点舞台”与“另类平台”的节目来自以色列、荷兰、美国、加拿大、澳大利亚、波兰、俄罗斯和首次到访的斯洛伐克，以及中国台湾、香港及广州等地。“青年舞展”的开放平台，更吸引了来自国内多地以及澳大利亚、印度、韩国等年轻编舞的原创节目。北京雷动天下舞蹈团新作《圆・超速》作为本次舞蹈双周的开幕演出。该作品上半部分《圆》由舞团资深舞者訾伟编创，而下半部分《超速》则由舞团的编舞家伉俪李捍忠和马波编创，为观众带来了两支风格完全不同的精彩舞蹈。此外，香港城市当代舞团新浪编舞庞智筠的《购人心弦》追问究竟是人在购物还是物在扣人。荷兰巴拿马映画舞蹈团《咫尺；从心》，从多维度空间诉说情感角力和人间冷暖。广东现代舞团沉淀后回归，以《本无》让身体返璞归真。斯洛伐克首次到访带来了经典舞作《卡门》，这是斯洛伐克舞蹈团继《火鸟》之后的又一视觉盛宴，作品在保留原著情节的同时，加入了音乐、舞蹈、喜剧等元素，情感充沛。

香港城市当代舞蹈团与 12 位出众的香港编舞新生代亮相“香港舞蹈日”，并在北京繁星戏剧村、解放军歌剧院上演了 4 场各具风貌的节目。这些作品由纯肢体舞动到黑色幽默，从迷恋彩绘至雕塑家的恋情，各施其技，展现了多元化的香港文化。

【第二届荷花少年・全国(中学)校园舞蹈展演】

2014 年 7 月 20 日至 23 日，中国舞蹈家协会主办，中国教育学会音乐教育分会、中国教育学会舞蹈教育专业委员会协办，中国社会福利基金会星光基金资助的“第二届荷花少年・全国（中学）校园舞蹈展演”在北京大学举行。“荷花少年・全国（中学）校园舞蹈展演”作为“荷花奖”的品牌系列，是中国舞蹈家协会于 2013 年 7 月推出的介于“荷花奖”校园舞蹈比赛和“小荷风采”少儿舞蹈展演之间以中学为主的校园舞蹈展演活动。

第二届“荷花少年・全国（中学）校园舞蹈展演”经过各地区初选并经过专家评审委员会的严格评审，最终有 30 多部优秀作品入围参加在北京大学举行的全国汇演活动。

【第五届中国舞蹈节 2014 海峡两岸暨港澳地区青少年舞蹈交流展演】

2014 年 8 月 20 日至 25 日，中国舞蹈家协会主办的“第五届中国舞蹈节 2014 海峡两岸暨港澳地区青少年舞蹈交流展演”在北京举办。来自台湾和港澳地区的舞蹈学子们与内地顶尖舞蹈院校的师生参加展演。来自中国台湾和港澳地区的舞蹈学子们来到北京，与内地顶尖舞蹈院校的师生欢聚一堂，孩子们以舞交友、以舞结情，共同舞出了两岸青少年的美好情谊。

新增设的以“合作与发展”为主题的论坛是此次活动的一大亮点，海峡两岸及港澳地区七大院校的学科带头人与业界专家、学者借此机会首次深入交流与讨论，共同探寻舞蹈艺术的未来发展之路，进一步探索内地与港澳台地区之间未来合作与发展的空间。在论坛中，各高校负责人针对不同地区、学校的舞蹈学科发展状况及舞蹈艺术的交流方式阐述了自己的观点和看法。在自由讨论环节中，各位专家、学者就内地与港澳台地区文化艺术合作与发展中的舞蹈表演、创编、教育等核心问题进行了深入讨论。

为了让内地与港澳台地区的孩子们更加深入地了解彼此的舞蹈文化，主办方特意安排了交流课环节。交流课共有七堂，七所院校各派出一名优秀教师进行授课，每堂课的学生则由三所不同院校的学生融合构成。这样的设置，是希望孩子们通过各种肢体动态交流的方式，感受其他院校教师的授课内容和教学方法，在共同学习中加深对彼此的了解。

【新农村少儿舞蹈美育工程——少数民族舞蹈课堂成果展演】

2014 年 8 月 25 日，中国文学艺术界联合会、中国舞蹈家协会主办的“新农村少儿舞蹈美育工程——少数民族舞蹈课堂”成果展演在北京民族剧院举行，共有来自全国 8 个省、市、自治区的 19 个代表队、近 500 名学生进京参加表演 20 个各具特色的少数民族舞蹈。

“新农村少儿舞蹈美育工程”是中国舞蹈家协会的一项重大文化惠民工程，该工程设立 7 年多来，得到了各地舞蹈家协会的大力支持，已惠及全国 29 个省市自治区的农村孩子，开办了 175 个农村教师班，免费为农村小学培养了 5808 名农村舞蹈教师。

【2014 国家大剧院舞蹈节】

2014 年 10 月 11 日至 11 月 23 日，“2014 国家大剧院舞蹈节”在 44 天内共计上演了 13 台 28 场高品质舞蹈演出。本届舞蹈节分为“寻觅东方之美”“寻觅传世之爱”“寻觅真实之我”三大板块，除了演出外，舞蹈大师班、艺术普及教育、舞蹈主题展览等活动同期呈现。

《马可·波罗》作为开幕大戏之后，来自中国台湾的舞团云门舞集接着亮相本届大剧院舞蹈节，上演了林怀民《行草三部曲》中的第二部《松烟》。来自荷兰的两个世界顶级舞团也先后登上中国国家大剧院舞台；荷兰国家芭蕾舞团带来由该团当红首席明星安娜·齐冈高娃领衔主演的《吉赛尔》和汇集了众多编舞大师杰作的《精品芭蕾荟萃》；代表全球现代舞最高水平的荷兰舞蹈剧场，派出了由经验丰富的精英舞者组成的“一团”，献演《房间》和《你好，地球》两台舞作。苏格兰舞蹈剧场带来全新的英伦舞蹈潮流，解读人性寻觅夜行罪恶之影的舞作《又一年冬天》独树一帜。有着“现代舞界的莫扎特”之称的现代舞大师马克莫里斯率团首度赴京，以《身体协奏曲》对话先哲，所有舞蹈伴奏音乐均为现场演奏，体现其对音乐和舞蹈超强的驾驭能力。法国图卢兹歌剧院芭蕾舞团带来的《海盗》也是一部相当有新意的作品，无论是编舞的角度还是演员的角度，都洋溢着浓浓的创新精神。

本次舞蹈节中，经过 10 年岁月积淀和精心打磨的杨丽萍《云南印象》10 周年纪念演出在此上演。这部走遍云南山水寻觅民族舞魂的佳作令观众感动的不仅是台前的绚丽，更有背后的舞蹈情怀。而今年恰逢北京舞蹈学院 60 周年校庆，由北京舞蹈学院学子带来的舞剧《那个秋天里的女人——秋瑾》和《豆蔻年华》晓星基金会未来之星舞蹈专场更让观众看到中国舞蹈事业正在蓬勃发展的新生代。最后，由辽宁芭蕾舞团将以炙热浓烈、挑战高难度的经典舞剧《堂吉诃德》为“2014 国家大剧院舞蹈节”盛大闭幕。

【“跨艺·舞动无界”暨中外当代舞蹈作品五周年演出】

2014年10月23日，“‘跨艺·舞动无界’暨中外当代舞蹈作品五周年演出”在北京舞蹈学院上演。9部风格迥异、形式多样的作品编导有来自北京的郭磊、赵铁春、刘岩、赵梁，来自中国台北的布拉瑞扬·帕格勒法、苏威嘉和来自伦敦的乔纳森·卢恩、瑞秋·洛佩兹·德拉·尼叶塔、凯莉·尼科尔斯。

“跨艺·舞动无界”项目始于2009年北京舞蹈学院和英国密德萨斯大学表演艺术创作研究中心合作的一个国际舞蹈创作研究与演出项目，2011年中国台北艺术大学舞蹈学院加入，主体由具有影响力的国内外一线编导、资深舞蹈研究学者和优秀舞者共同构成，逐渐成为一个国际舞蹈合作交流的品牌项目。自2009年开始至2013年“跨艺·舞动无界”已经分别在北京、中国台北、伦敦举行了四届，主题分别是“起舞于动荡世界”“不确定的等待”“光与水”与“离乡/在别处”。

【大美不言·中国古典舞甲子之叙专场演出】

2014年10月28日至29日，为了纪念北京舞蹈学院建校60周年，“大美不言·中国古典舞甲子之叙”专场演出在北京舞蹈学院剧场上演。“甲子之叙”中星光璀璨，众舞蹈家云集，共叙峥嵘岁月，舞出60年中国古典舞的辉煌成就。其中，陈爱莲先生舞起《春江花月夜》，李恒达、沈培艺再现《新婚别》、陈维亚回望《秦王点兵》，刘震、王亚彬等著名舞者经典剧目重现，年轻舞者和编导更以全新作品迸发活力。老一辈舞蹈家与中青年舞蹈家同台表演，共同向母校60周年华诞献礼。

比赛 · 评奖

【第九届中国舞蹈"荷花奖"终身成就奖】

2014 年 1 月 16 日，第九届中国舞蹈"荷花奖"终身成就奖在北京揭晓并颁奖。舞蹈理论家叶宁、舞蹈教育家吕艺生、舞蹈编导家张文明、舞蹈编导家陈翘、现代舞理论家郭明达和舞蹈编导家蒋祖慧 6 人获奖。本届"荷花奖"终身成就奖候选人从 75 岁及以上、从事舞蹈事业 50 年及以上、对新中国舞蹈事业的发展具有奠基作用和开拓性贡献的舞蹈家中产生。

此项评选旨在充分肯定老一代舞蹈家对新中国舞蹈事业做出的贡献，激励中青年舞蹈家继承前辈优良的艺术精神，为中国舞蹈事业做出更大的贡献，这一荣典对中国舞蹈文化的传承与发展将起到积极的推动作用。本届颁奖典礼是荷花奖第四次评选终身成就奖，至今已有 18 位中国舞蹈艺术家获此荣誉。

【第六届华东专业舞蹈大赛】

2014 年 5 月 11 日，上海之春国际音乐节主办，上海、江苏、安徽、浙江、江西、山东、福建等六省一市舞蹈家协会承办的"第六届华东专业舞蹈大赛"颁奖晚会在上海举行。

本届比赛共有来自华东地区的近百个节目报名，进入决赛的节目有近 60 个，单项组评委会大奖由上海戏剧学院舞蹈学院的《巴赫 G 小调协奏曲》摘得，群舞组评委会大奖空缺。上海市松江区文化广播影视管理局、扬州市歌舞剧院有限公司的《老陆和他的孩子们》，浙江歌舞剧院有限公司的《奋楫者》，南京艺术学院舞蹈学院的《沐月行》同获群舞组创作一等奖、表演一等奖。上海歌舞团有限公司的《蒲公英》、扬州市歌舞剧院有限公司的《甘霖》同时捧得单项组创作一等奖、表演一等奖，上海芭蕾舞团的《伤逝》获得单项组创作一等奖、上海艺仁文化传播有限公司的《落》获得单项组表演一等奖。本次比赛还首次设立了"华东舞蹈之星"奖项，上海戏剧学院舞蹈学院的张媛媛、袁岸璞，浙江歌舞剧院有限公司的张雪松，上海歌舞团有限公司的王佳俊、侯腾飞获此殊荣。

为了拓展参赛渠道，提高平台的影响力，本届比赛首次鼓励民营舞蹈团体参与。上海艺仁文化传播有限公司的参赛节目独舞《落》获得单项组表演一等奖、创作二等奖的佳绩。

华东舞蹈比赛于 1982 年起源于上海，1984 年在江西南昌举行了第二届比赛。由于资金等因素，比赛中断了 20 多年。2008 年，时隔 24 年之后，华东六省一市舞蹈家协会联手恢复举办"2008 华东六省一市专业舞蹈比赛"，项目由上海市文学艺术界联合会主办，华东六省一市舞蹈家协会承办。2010 年和 2012 年，上海市舞蹈家协会乘势而上继续联合六省舞蹈家协会举办比赛，并得到了上海文化发展基金会的项目资助，比赛逐渐成为华东舞蹈新人展示才华的舞台：古典舞《夜深沉》和民族民间舞《一抹红》《红色英雄》等脱颖而出的作品得到了业界一致好评。

【辽宁省首届民族舞蹈比赛】

2014 年 8 月 5 日，辽宁省文化厅首次主办的"辽宁省首届民族舞蹈比赛"在沈阳举行。本次辽宁省民族舞蹈比赛有《寻梦》《奔放》等40多个节目150余名选手报名参赛。比赛设独舞、双人舞、三人舞和群舞，分初赛和决赛两个阶段进行。比赛按一、二、三等奖评选出若干优秀节目以及优秀创编奖，授予辽宁文化艺术政府奖。

【第五届北京国际舞蹈院校芭蕾舞邀请赛】

2014年10月11日至24日，“第五届北京国际舞蹈院校芭蕾舞邀请赛”在北京舞蹈学院举办。来自30多个国家及地区的百余名芭蕾选手通过三轮比赛的选拔，比赛共决出“北京舞蹈学院大奖”2名、一等奖7名、二等奖7名、三等奖7名、“华夏奖”2名、“评委会特别奖”1名、“现代舞作品创作奖”2名、“现代舞作品表演奖”1名，共8个奖项，26人获奖。其中，北京舞蹈学院共有13人获奖。该赛事是经文化部批准举办，在中共北京市委、市政府大力支持下，由北京舞蹈学院主办的一项国际性舞蹈赛事。两年举办一届。

[获奖名单]

北京舞蹈学院大奖：

陈铸明（北京舞蹈学院附属中等舞蹈学校）

管翀正（北京舞蹈学院附属中等舞蹈学校）

一等奖：

甲组女：奥莉希亚·沙雅诺娃（乌克兰国家芭蕾舞剧院）

甲组男：余灵鹏（北京舞蹈学院）

乙组女：玛法尔·希多连科（莫斯科大剧院芭蕾舞学校）

乙组男：王一川（北京舞蹈学院附属中等舞蹈学校）

丙组女：李方齐（北京舞蹈学院附属中等舞蹈学校）

丙组男：陈铸明（北京舞蹈学院附属中等舞蹈学校）

管翀正（北京舞蹈学院附属中等舞蹈学校）

二等奖：

甲组女：陈稚瑶（北京舞蹈学院）

甲组男：奥莱克斯德尔·斯凯金（乌克兰国家芭蕾舞剧院）

乙组女：吉赛尔·贝萨（美国马斯特芭蕾舞学院）

乙组男：尹戈尔·格拉什琴科（莫斯科大剧院芭蕾舞学校）

丙组女：许梓煜（北京舞蹈学院附属中等舞蹈学校）

尼娜·维奇（维也纳国立歌剧院芭蕾舞学校）

丙组男：威廉·贝克汉姆（美国马思特芭蕾舞学院）

三等奖：

甲组女：尹樱燕（北京舞蹈学院）

甲组男：叶尔金·拉克马图里亚耶夫（阿斯塔纳国家歌剧芭蕾剧院）

乙组女：李帅（北京舞蹈学院附属中等舞蹈学校）

罗莎·皮耶罗（维也纳国立歌剧院芭蕾舞学校）

乙组男：文森佐·迪·普利莫（维也纳国立歌剧院芭蕾舞学校）

丙组女：阿比盖尔·潘（美国晨星舞蹈学院）

丙组男：郭卓儒（北京舞蹈学院附属中等舞蹈学校）

华夏奖：
陈星宇（北京舞蹈学院附属中等舞蹈学校）
瞿希（北京舞蹈学院附属中等舞蹈学校）

评委会特别奖：
赛驰尔·坦纳（美国马思特芭蕾学院）

现代舞作品创作奖：
《微风》编导：费波（中央芭蕾舞团）
《路过身边的风》编导：刘梦辰（北京舞蹈学院）

现代舞作品表演奖：
郭卓儒（北京舞蹈学院附属中等舞蹈学校）

【广东省第四届岭南舞蹈大赛】

2014年11月24日至29日，广东省文学艺术界联合会、广东省舞蹈家协会主办，江门市文学艺术界联合会、东莞市文学艺术界联合会、东莞市清溪镇人民政府承办的“广东省第四届岭南舞蹈大赛”在广东省江门市、东莞市清溪镇举行。

岭南舞蹈大赛于2005年在广州始创，至今已成功举办了三届。目前，该赛事是广东省影响面广、规模大、含金量高、权威性强的专业舞蹈赛事品牌。大赛秉承“出人才，创精品”的宗旨，以公开、公平、公正的原则，使其成为广东省舞蹈艺术人才及作品的重要交流平台，并通过这个平台大力促进广东省舞蹈艺术的发展。岭南舞蹈大赛两年一届，本次大赛共设小舞剧、群舞（职业组、非职业组、院校专业组、院校非专业组）、独、双、三人舞组别，分别在广东省江门市、东莞市清溪镇进行决赛。

【第三届甘肃舞蹈“飞天奖”大赛暨首届甘肃“小桃李杯”校园舞蹈比赛】

2014年12月18日，中共甘肃省委宣传部、甘肃省文学艺术界联合会、甘肃省文化厅、甘肃省教育厅、甘肃省广播电影电视总台联合主办的“第三届甘肃舞蹈‘飞天奖’大赛暨首届甘肃‘小桃李杯’校园舞蹈比赛”在金城大剧院拉开帷幕。最终，《新月梆声》《陶·印》《纱韵》《陶鼓祭》《索艾纳》《律动》等获得“飞天奖”作品金奖，兰州歌舞剧院、西北民族大学、西北师范大学等25家单位获得优秀组织奖。

会议

【2014 全国舞蹈高等教育论坛——舞蹈学专业与学科建设研讨会】

2014 年 6 月 9 日，北京舞蹈学院、中国舞蹈家协会主办，中国艺术研究院舞蹈研究所承办的“2014 全国舞蹈高等教育论坛——舞蹈学专业与学科建设研讨会”在北京举行。北京舞蹈学院党委书记王传亮，中国舞蹈家协会分党组书记冯双白，教育部高等教育司副司长刘贵芹，北京舞蹈学院党委副书记迟行刚，副院长郭磊、明文军、邓佑玲、王伟，纪委书记彭红，中国舞蹈家协会秘书长罗斌，中国艺术研究院舞蹈研究所副所长江东出席了会议。来自北京舞蹈学院的专家、骨干教师及地方院校的代表 100 余人到会听取了大会的主题发言和交流发言。

【2014 中国舞蹈创作高级研修班】

2014 年 6 月 17 日至 22 日，中国舞蹈家协会、中共云南省委宣传部、云南省文学艺术界联合会主办，云南省舞蹈家协会承办的“2014 中国舞蹈创作高级研修班”在昆明举办。本次舞蹈创作高级研修班邀请了众多在国内舞蹈创作方面卓有成就的编导、舞蹈理论研究及舞蹈评论、舞蹈音乐创作、舞台灯光、舞美等方面的资深专家对国内舞蹈创作的整体态势，创作的发展及趋势化等问题进行深入讲授、讨论。活动采用学术讲座、现场交流、专题讲授及采风等多种方式交叉进行。

【2014 年全国舞蹈评论高级研修班】

2014 年 9 月 22 日，文化部艺术司主办、中国艺术研究院舞蹈研究所承办的“2014 年全国舞蹈评论高级研修班”在北京开班。在 10 天时间里，来自全国各地的 32 名舞评人和仲呈祥、冯双白、欧建平、王宁宁、刘青弋、隆荫培、罗斌、刘晓真等 10 余位专家学者面对面，解析作品，探寻艺术评论之道。本期舞蹈评论高级研修班以集中授课、大量观摩、导师点拨与自由讨论相结合的方式进行，同时提供《文艺批评的社会责任》《新中国舞蹈评论史纲》《欧美舞蹈评论家研究》《舞蹈评论写作方法》以及中外舞蹈历史、理论、作品分析等舞蹈评论的基础课程。

【“当代舞蹈教育的现状与发展”校长论坛·教授对话】

2014 年 10 月 12 日至 13 日，北京舞蹈学院主办的“‘当代舞蹈教育的现状与发展’校长论坛·教授对话”在北京召开。本论坛旨在通过论坛和对话这样一种平台，聚集国内外舞蹈学院校长、教授，围绕舞蹈教育特性与体系建立的问题及跨学科研究的视角，对新时代背景下的教育理念和人才培养模式等进行深入探讨。

【中国首届舞蹈文化人类学发展研讨会】

2014 年 10 月 24 日至 25 日，中国舞蹈家协会主办，河南大学艺术学院承办的“中国首届舞蹈文化人类学研讨会”在河南大学召开。参加此次会议的专家有中国舞蹈家协会驻会副主席冯双白，中国舞蹈家协会分党组书记、秘书长罗斌，中央民族大学教授王建民，中国艺术研究院舞蹈研究所所长欧建平，中国艺术研究院舞蹈研究所副所长江东及河南省教育厅、省文学艺术界联合会、舞蹈家协会及河南大学及艺术学院的相关领导，和来自全国各地高等院校及研究所从事舞蹈研究的同行。会议围绕舞蹈文化人类学的发生、发展、创新、学科建设的推进等诸多方面进行了深入的学术交流，专家们博采众长，分享了个人的研究成果并为舞蹈学科的探索与完善提出了宝贵的意见和建议，引发了舞蹈界对舞蹈本体更丰富的思考，拓宽了舞蹈文化人类学领域认识的视角。

【中国古典舞学科 60 年建设与发展恳谈会】

2014 年 10 月 30 日至 31 日，为了纪念北京舞蹈学院建校 60 周年，北京舞蹈学院举办了“中国古典舞学科 60 年建设与发展恳谈会”。专家、学者围绕“中国古典舞 60 年总结”“中国古典舞教学”“中国古典舞创作”等板块，回顾了中国古典舞学科创建的历程，对中国古典舞学科 60 年来在人才培养、教学设计、课程建设、剧目创作、教材编写、理论研究等方面积累的经验进行总结、梳理。

【首届中国拉班研究中心学术研讨会】

2014 年 11 月 8 日，“首届中国拉班研究中心学术研讨会”在北京师范大学举办。专家教授们对舞蹈理论、舞蹈的历史与发展传承等话题展开探讨，交流分享各自独到的教学心得，形成并发表了相关的学术论文 16 篇。中国拉班研究中心于 2014 年 7 月在北京师范大学成立，旨在通过对人类动作语言学、舞谱学等学术理论的全面深入研究，促进拉班动作分析与记谱法产学研一体化的发展和普及，推动中国舞蹈艺术教育走向科学化。

【当代视野下古代舞蹈研究】

2014 年 11 月 8 日，北京舞蹈学院主办的“当代视野下古代舞蹈研究”会议在北京召开。会议邀请来了自韩国、日本、中国台湾的专家学者，就古代舞蹈的复兴与发展进行了交流与探讨。出席此次会议的发言人有韩国呈才研究会艺术总监金英淑女士、韩国国学院前院长朴一熏先生、日本雅乐瑞凤会主席三田德明先生，以及中国台湾新古典舞团艺术总监刘凤学教授，中国舞蹈家协会罗斌教授，中国艺术研究院舞蹈研究所所长欧建平教授、副所长江东教授、刘青弋教授、王宁宁教授等。各位专家学者将各自领域的“古代舞蹈”研究进行了详尽介绍，并认真解答了大家的困惑，跨国、地区间文化的交融与碰撞对“中国古代舞蹈”的研究与发展起着重要的推进作用。北京舞蹈学院学术委员会主任吕艺生教授在代表发言结束后对古典舞的“中和大雅”演出和此次会议的举办给予了高度评价。论坛包含了各方关于古代舞蹈研究与传承所开展的思考和实践，各篇学术论文使这次古代舞蹈的学术研讨与交流碰撞，体现出互鉴互补、相互佐证的学术氛围与学术高度。

人物纪念

【舞蹈家李玉兰逝世】

2014 年 2 月 4 日，中国东方演艺集团著名舞蹈家李玉兰在北京逝世，享年 52 岁。

李玉兰 1976 年开始专业舞蹈学习，先后毕业于安徽艺术学校舞蹈科，北京舞蹈学院表演系，北京大学艺术系文化管理硕士研究生班。1984 年入中央歌舞团任主要演员。1992 年赴日本留学深造，深入学习日本古典、民族舞蹈。李玉兰的舞蹈表演曾被日本 NHK “名人录” 电视专栏录制和播放，并为 “中国希望工程” 和 “阪神大地震” 募捐义演。1995 年在北京保利剧院成功举办了《玉兰之舞》舞蹈专场晚会，多次参加中央电视台、北京电视台春节晚会。1996 年被中国文学艺术界联合会、中国舞蹈家协会评为 “当代跨世纪青年舞蹈家”。其收入个人舞蹈专辑《玉兰之舞》的主要作品有《贵妃醉酒》《菩萨》《解放》等。

【舞蹈理论家郭明达逝世】

2014 年 5 月 16 日，中国著名舞蹈理论家、教育家，中国艺术研究院研究员郭明达逝世，享年 99 岁。

郭明达，1915 年生，汉族，四川省江津县人，九三学社社员。1945 年毕业于南京中央大学教育系，就任体育系舞蹈教师。1950 年毕业于美国依阿华大学研究院，获得舞蹈教育硕士学位，成为新中国第一位舞蹈研究生。1955 年毕业于纽约大学舞蹈教育系博士生班，先后任北京舞蹈学校、贵州大学舞蹈教师，中国舞蹈家协会编译员，中国艺术研究院研究员、研究生导师，中国儿童舞蹈学会会长等职。他在现代舞蹈史论研究、舞蹈教育研究、外国舞蹈研究，以及社会舞蹈研究等领域的杰出成就和贡献对中国舞蹈创作、研究以及思想观念的变革产生了广泛且重要的影响，并催生了中国现代舞在当代的复兴。郭明达于 2014 年荣获中国舞蹈家协会颁发的 “中国舞蹈终身成就奖”。

【著名舞蹈理论家资华筠逝世】

2014 年 12 月 9 日，舞蹈表演艺术家和理论家、中国艺术研究院终身研究员资华筠在北京逝世，享年 78 岁。

资华筠，1936 年 3 月出生，原籍湖南。系国家一级演员，研究员，中国艺术研究院终身研究员，中国艺术研究院学术评议委员会副主任、国家非物质文化遗产保护工作专家委员会副主任委员，第五届至第十届全国政协委员。资华筠在舞蹈表演、舞蹈理论、舞蹈教学方面均取得了令人瞩目的成就，在同行及公众中享有较高的威望。出访过 50 多个国家，为国际文化交流作出了贡献。舞蹈表演代表作品有《飞天》《荷花舞》《白孔雀》《思乡曲》《长虹颂》等。2012 年荣获中国舞蹈 “荷花奖” 中国舞蹈艺术终身成就奖。

研究著述选目

【著作选目】

［德］库尔特·萨克斯著，郭明达译，恒思校：《世界舞蹈史》，上海音乐出版社，2014年1月。

罗雄岩著，梅雪译：《中国民间舞蹈文化教程》（英译本），知识产权出版社2014年1月。

江东著：《古典舞新论·古典舞卷》，上海音乐出版社，2014年1月。

江东著：《华舞咀英·评论卷》，上海音乐出版社，2014年1月。

江东著：《舞看八方·交流卷》，上海音乐出版社，2014年1月。

江东著：《系着土风的升华·民族民间舞卷》，上海音乐出版社，2014年1月。

冯双白著：《新中国舞蹈史（1949—2000）》知识产权出版社，2014年1月。

李菲著：《嘉绒跳锅庄——墨尔多神山下的舞蹈：仪式与族群表述》，北京大学出版社，2014年1月。

周青著：《甘肃秦安蜡花舞的遗存及文化释义》，甘肃人民出版社，2014年1月。

陈炳云主编：《青田鱼灯舞》，浙江摄影出版社，2014年1月。

吕艺生著：《舞蹈学导论》（英译本），知识产权出版社，2014年1月。

吴露生著：《浙江舞蹈史》，学林出版社，2014年3月。

刘岩著：《手之舞之——中国古典舞手舞研究》，人民出版社，2014年3月。

刘厦静著：《舞研舞语——舞蹈及舞蹈教育初探》，人民邮电出版社，2014年5月。

李微笑编著：《舞动治疗的缘起》，中国轻工业出版社，2014年5月。

王克芬著：《中国舞蹈发展史》，上海人民出版社，2014年6月。

万素著：《留给时间的舞蹈——生命会怎样起舞》，中央民族大学出版社，2014年6月。

顾迁著：《中国的乐舞》，南京大学出版社，2014年6月。

丹增次仁著：《西藏民间歌舞概说》，民族出版社，2014年6月。

［阿根廷］费雷尔著：《探戈艺术的历史与变革》，北京师范大学出版社，2014年6月。

张丽民著：《戏曲与舞蹈——从戏曲艺术特色看其对舞蹈创作的影响》，中国电影出版社，2014年6月。

杨岭多吉主编：《藏族弦子艺术研究——中国首届藏族弦子与热巴艺术高峰论坛》，民族出版社，2014年7月。

张斌、李曼著：《新媒介时代的舞蹈艺术》，中国电影出版社，2014年7月。

［日］山崎正和著，方明生等译：《世界文明史——舞蹈与神话》，上海译文出版社，2014年7月。

胡夏娟著：《太阳雪——舞蹈艺术家王举的传奇人生》，人民出版社，2014年8月。

党允彤著：《舞蹈传说与典故》，中国文史出版社，2014年8月。

贾作光著：《贾作光艺术文库》，上海音乐出版社，2014年8月。

梁宇著：《汉代袖舞研究》，华中师范大学出版社，2014年8月。

杨东苗，金卫东著：《敦煌舞蹈精品线描》，浙江古籍出版社，2014年8月。

刘水平、刘健编著：《中国舞蹈图书总书目》（上中下册），中央民族大学出版社，2014年10月。

毕研洁、周亮著：《维吾尔民间舞蹈麦西来甫》，社会科学文献出版社，2014年11月。

肖苏华著：《历史生活舞蹈》，中央民族大学出版社，2014年11月。

高度主编、王渝璇编著：《中国舞蹈音乐研究》，中央民族大学出版社，2014 年 11 月。

高度、黄奕华主编：《中国民族民间舞教学术语词典》，上海音乐出版社，2014 年 11 月。

高度、黄奕华主编：《1989—2013 中国民族民间舞论文索引》，上海音乐出版社，2014 年 11 月。

高度、黄奕华主编：《中国民族民间舞蹈概论》，上海音乐出版社，2014 年 11 月。

巫允明著：《中国原生态舞蹈文化》，上海音乐出版社，2014 年 11 月。

刘青弋著：《返回原点：舞蹈的身体语言研究文集》，中国文联出版社，2014 年 12 月。

胡尔岩著：《胡尔岩舞评舞论汇集》，中央民族大学出版社，2014 年 12 月。

徐颃著：《异化与反异化——视觉权力下的舞蹈身体表达研究》，中央民族大学出版社，2014 年 12 月。

郑璐编：《中国汉唐古典舞术语词典》，上海音乐出版社，2014 年 12 月。

孙力主编：《中国古典舞长穗剑舞术语词典》，上海音乐出版社，2014 年 12 月。

吕艺生著：《素质教育舞蹈》上海音乐出版社，2014 年 12 月。

柳雅青著：《荆楚舞蹈》，武汉出版社，2014 年 12 月。

韩小菲著：《汉文献中西域乐舞资料考》，山东人民出版社，2014 年 12 月。

刘春主编：《新的一天会降临——音乐剧〈猫〉中文版诞生记》，中国文联出版社，2014 年 12 月。

【著作选介】

《嘉绒跳锅庄——墨尔多神山下的舞蹈：仪式与族群表述》

作者：李菲

出版社：北京大学出版社

出版时间：2014 年 1 月

墨尔多神山脚下，大小金川蜿蜒流淌于嘉绒藏地。在这片古老的土地上，有甲居神秘的“玛尼”，梭坡、中路欢舞的“卓”和巴底、太平桥神圣庄严的“达勒嘎”……这些鲜活的地方性族群传统与世所熟知的汉语名词“跳锅庄”，不仅是民俗学“我称”与“他称”的区别，也不能被轻率地理解为“类比性总称”与“个别专名”的类属关系，它们之间的不同是根本性的，是一个名为“嘉绒”的共同体在神圣与世俗之间践行的一套族群文化表述模式：在以“歌”与“舞”为表征的身体实践系统中，可以联结起嘉绒的历史记忆与当前现实，分辨出“我”与“他”的异与同、远与近。对于嘉绒人来说，“跳锅庄”不是游客“凝视”下的文化展演品，而是关乎其如何理解、表达传统与自我，如何在社会进程的实践情境中调整认同，从过去走向未来的根本方式之一。

《新中国舞蹈史（1949—2000）》

作者：冯双白

出版社：知识产权出版社

出版时间：2014 年 1 月

《新中国舞蹈史（1949—2000）》在大量的史料基础上，分析了 1949—2000 年间中国舞蹈艺术的历史发展轨迹，以重大的舞蹈历史事件作为历史分期的依据，分六章梳理了中华人民共和国舞蹈艺术的事业概貌、创作收获、舞种沿革、杰出人物、重大组织活动等方面的基本历史现象，并且以整个中国原始舞蹈和封建社会舞蹈的发展为参照坐标，提出了新中国舞蹈是对中国女乐舞蹈文化和民间自娱歌舞文化的革命性转变，其历史本质是建立一种真正意义上的创作艺术，其发展方向是建立 21 世纪的独立自主的艺术美学表现体系。

《舞蹈学导论》（英译本）

作者：吕艺生

出版社：知识产权出版社

出版时间：2014 年 1 月

本书为将中国当代舞蹈理论著作翻译成英文并向西方推介的成果之一，《舞蹈学导论》（英译本）以舞蹈本体论为核心，从舞蹈定义、舞蹈本质属性、舞蹈社会功能等视角，探讨舞蹈学自身规律，构建舞蹈学基础理论，强调舞蹈本体，涉及舞蹈表演、教育、创作及舞蹈史等方面。《舞蹈学导论》（英译本）结构独特，自成体系，是中国探讨舞蹈学的首部理论著作。

《留给时间的舞蹈——生命会怎样起舞》

作者：万素

出版社：中央民族大学出版社

出版时间：2014 年 6 月

《留给时间的舞蹈——生命会怎样起舞》一书毫不怠慢地说：没有舞蹈就没有我的存在，而我存在又为何？是想与更多的人感受、交流和享受舞蹈。毫不客气地说：舞蹈是艺术，它是人类的智慧结晶。舞蹈不只是艺术，它更是生命本身的自然，自然的自由自在，包含了生命的价值。这是舞蹈永远的承载，这是舞蹈远远没有终极的使命。毫不夸张地说：舞蹈本身就是一种语言，一种抽象的语言。它有自身的内部思维、逻辑、文思语法，但它更是一种无法解释的只能意会不可言传的生命状态。舞蹈，有着宗教般的神力、哲学般的张力、医学般的功力、物理般的客观、化学般的变化、人文般的博大、青春般的灵动、动物般的潇洒、自然般的存在。这是真的！一旦你能感受到并有深切的体会，感悟出舞蹈的这种存在，那你就自然明白这是真的！如果你想关注它，不用顾及全文，随意“溜达”，想停就停、想扔就扔如果你真需要它，亲爱的读者及同人，这本书就不是留给时间的，而是把我深深的歉意和遗憾留给了时间。

《西藏民间歌舞概说》

作者：丹增次仁

出版社：民族出版社

出版时间：2014 年 6 月

《西藏民间歌舞概说》结合社会学、民族学、民俗学、历史学等相关的理论，综合运用有关历史文献、考古、岩画、壁画、舞蹈内容、民间传说、歌词内容、表演场合、表演对象、时间地点、服饰道具，特别是作者对西藏 74 个县的乡村、牧场、寺院实地调查之后编写的近 300 个宗教舞蹈、民间舞蹈、宫廷乐舞进行分析、研究、归纳，从而比较准确系统地论述了西藏民间歌舞的起源、发展、演变、流传、分布、数量、形式、内容、特点、作用、服饰、乐器、动作造型等。为研究西藏民族艺术发展的历史，创作规律，美学特征等提供了系统而又翔实可靠的资料。

《汉代袖舞研究》

作者：梁宇

出版社：华中师范大学出版社

出版时间：2014 年 8 月

《汉代袖舞研究》围绕汉代舞蹈中丰富多彩的袖舞，在广泛收集图像资料的基础上，通过对图像的统计、归类、甄别，初步梳理了汉代袖舞在盘鼓舞、建鼓舞、百戏、以舞相属（交谊舞）、即兴舞等舞种中的运用；从袖舞的样式、袖舞的延伸（巾舞、绸舞）两个方面对汉代袖舞展开分析，归纳出汉代袖舞中不同样式的舞服以及每种舞服所呈现出的不同表演风格和表演技艺，进而深入解析了汉代袖舞的表演形式和表演场合；探讨了袖舞表演场合中的主体，总结出汉代袖舞的主要风格特点，并将袖舞技巧进行了细致的划分；从美学角度将袖舞与美学原理有机结合起来，阐释出汉代袖舞存蓄的中华舞蹈文化的深厚内涵与审美情趣。

《返回原点：舞蹈的身体语言研究文集》

作者：刘青弋

出版社：中国文联出版社

出版时间：2014 年 12 月

本书为作者关于舞蹈身体语言研究成果的选集。“返回原点”的思想，是本书研究成果的核心部分：“原点”即为世界万事万物的“出发点”，即其自身存在的理由。人类在发展过程中不断地建立起自身的种种文化形态，每一种文化形态的发生，必然有其最初的原点，即其文化支撑点。从“这一点”出发，人类达到自身存在与发展的种种目的。舞蹈的出发点来自表现生命的需要及其目的。因此，舞蹈身体的原点，也就在于每个个体生命对世界和人性的理解。同样，不同时代、不同民族的舞蹈身体动作都有自身的原点，它既构成动作的文化支撑点，又是动作发生与发展最初的动机和最后的归宿，显现文化的生存和人的生存状态，展示特有的身体动作语言的表达魅力，形成不同的风格特征。“重新返回身体”的意义在于返回生命自身，在本能的律动中发现身体动作的原发意义。“返回原点”的思想为艺术家保持独立的主体性，为当代艺术保持鲜活的生命力、为民族文化保持独立的品格和个性提供有效的思想策略与根本保证。

《汉文献中西域乐舞资料考》

作者：韩小菲

出版社：山东人民出版社

出版时间：2014 年 12 月

《汉文献中西域乐舞资料考》根据黄翔鹏在《中国古代音乐史》中对中国音乐史的阶段划分，并结合周吉在《中国少数民族音乐史・维吾尔族音乐史》中对西域乐舞勃兴、发展、鼎盛、融合与变异这四个阶段的划分为依据，按时间顺序把关于西域乐舞的汉文文献分为 4 个时期：先秦时期，秦汉时期，魏晋至唐时期，宋、元、明、清时期。每个时期均按照数据内容分成音乐、舞蹈和百戏 3 类。对史料的收录，以正史、杂记、诗词为序，并尝试对文献中乐器出现的次数做初步统计。

大事记

1 月 16 日，“第九届中国舞蹈荷花奖终身成就奖”在北京揭晓并颁奖。

2 月 4 日，中国东方演艺集团著名舞蹈家李玉兰在北京逝世，享年 52 岁。

4 月 3 日至 6 日，中央芭蕾舞团在北京天桥剧场演出了全新版本的芭蕾经典之作《吉赛尔》。

4 月 15 日，山西原创歌舞剧《山里娃》在中国国家大剧院上演。

4 月 15 日，内蒙古自治区阿拉善盟排演的民族歌舞剧《阿拉善传奇》在北京保利剧院首演。

5 月 11 日，第六届华东专业舞蹈大赛颁奖晚会在上海举行。

5 月 15 日，无锡市演艺集团歌舞剧院原创现代舞剧《丹顶鹤》在无锡市人民大会堂首演。

5 月 16 日，中国著名舞蹈理论家、教育家、中国艺术研究院研究员郭明达逝世，享年 99 岁。

5 月 21 日，杭州歌剧舞剧院舞剧《遇见大运河》在浙江杭州大剧院首演。

6 月 9 日，“2014 全国舞蹈高等教育论坛——舞蹈学专业与学科建设研讨会”在北京举行。

6 月 17 日至 22 日，“2014 中国舞蹈创作高级研修班”在昆明举办。

7 月 13 日至 25 日，“2014 北京舞蹈双周”在北京举办。

7 月 20 日至 23 日，“第二届荷花少年 · 全国（中学）校园舞蹈展演”在北京大学举行。

7 月 24 日至 27 日，第五届中国舞蹈节暨第九届中国舞蹈“荷花奖”校园舞蹈评奖活动在北京举办。

8 月 5 日，“辽宁省首届民族舞蹈比赛”在沈阳举行。

8 月 8 日，“首届全国少数民族优秀舞蹈作品展演”在内蒙古自治区呼和浩特市开幕。

8 月 20 日至 25 日，“第五届中国舞蹈节 2014 海峡两岸暨港澳地区青少年舞蹈交流展演”在北京举办。

8 月 25 日，“新农村少儿舞蹈美育工程——少数民族舞蹈课堂”成果展演在北京民族剧院举行。

8 月 24 日，福建省歌舞剧院创排的舞剧《丝海梦寻》在中国国家大剧院上演。

8 月 26 日，佤族原生态歌舞《佤部落》在中国国家大剧院上演。

9 月 10 日，中国歌剧舞剧院原创舞剧《恰同学少年》在北京保利剧院进行首演。

9 月 11 日至 14 日，中央芭蕾舞团在北京天桥剧场首度上演经典芭蕾舞剧《蝙蝠》。

9 月 16 日，中央民族歌舞团大型歌舞剧《传奇》在北京民族剧院上演。

9 月 22 日，“2014 年全国舞蹈评论高级研修班”在北京开班。

10 月 8 日至 9 日，广东歌舞剧院舞剧《沙湾往事》在广州大剧院首演。

10 月 11 日至 24 日，“第五届北京国际舞蹈院校芭蕾舞邀请赛”在北京舞蹈学院举办。

10 月 11 日至 14 日，舞剧《马可 · 波罗》作为“2014 国家大剧院舞蹈节”开幕演出上演。

10 月 11 日至 11 月 23 日，中国国家大剧院举办“2014 国家大剧院舞蹈节”。

10 月 12 日至 13 日，以“当代舞蹈教育的现状与发展”为主题的校长论坛 · 教授对话在北京举办。

10 月 23 日，“‘跨艺 · 舞动无界’暨中外当代舞蹈作品五周年演出”在北京舞蹈学院上演。

10 月 23 日，辽宁歌舞团打造的舞剧《梅兰芳》在沈阳市公演。

10 月 24 日至 25 日，中国“首届舞蹈文化人类学研讨会”在河南大学召开。

10 月 25 日至 26 日，北京舞蹈学院舞剧《那个秋天里的女人——秋瑾》在中国国家大剧院上演。

10 月 28 日至 29 日，“大美不言 · 中国古典舞甲子之叙”专场演出在北京舞蹈学院剧场上演。

10 月 30 日至 31 日，北京舞蹈学院举办了“中国古典舞学科 60 年建设与发展恳谈会”。

11月8日，北京舞蹈学院主办的“当代视野下古代舞蹈研究”会议在北京召开。

11月8日，“首届中国拉班研究中心学术研讨会”在北京师范大学举办。

11月12日，《豆蔻年华》晓星基金会未来之星舞蹈专场在中国国家大剧院上演。

11月15日，北京现代舞团新版舞剧《十月·春之祭》在天桥剧场公演。

11月21日，第五届中国舞蹈节第九届中国舞蹈“荷花奖”当代舞、现代舞评奖结果揭晓。

11月24日至29日，“广东省第四届岭南舞蹈大赛”在广东省江门市、东莞市清溪镇举行。

12月9日，由中国人民对外友好协会和中共上海市委宣传部、上海歌舞团共同策划并制作的舞剧《朱鹮》在中国国家大剧院歌剧院举行了国内首演。

12月9日，舞蹈表演艺术家和理论家、中国艺术研究院终身研究员资华筠在北京逝世，享年78岁。

12月18日，“第三届甘肃舞蹈‘飞天奖’大赛暨首届甘肃‘小桃李杯’校园舞蹈比赛”在金城大剧院开幕。

中国艺术年鉴

2014年卷

曲艺卷

分卷主编：王　晶

年度述评

2014 年度中国曲艺发展研究报告

◎吴文科　蒋慧明　高　苹

2014 年度的中国曲艺，总体呈现出行业活动频繁、展演赛事连连、学术交流活跃、创演持续低迷、传承任务艰巨、传播缺乏规范的发展局面。追踪其热点，透视其焦点，关注其亮点，思考其难点，不仅有助于总结当下，还可以启迪未来。

一、展演活动比较频繁，存在问题也很突出

作为表演艺术，组织进行展演活动，一直以来是曲艺行业交流创演成果并彰显自身价值的主要形式和常见手段。

本年度曲艺行业规模最大、层次最高、影响最大的展演活动，当属第八届中国曲艺节。10 月 21 日至 25 日在江苏省连云港市举办的这次曲艺节，共有来自全国各地的 500 多位演职人员进行了 6 场特色鲜明的专场演出和两场“送欢笑到基层”慰问演出。其中，“越来越好——中国广播艺术团相声小品专场”和“幸福快车——中国铁路文工团相声专场”，展示了中央直属曲艺院团的整体实力；“江北和声——北方优秀曲艺节目专场”及“江南雅韵——南方优秀曲艺节目专场”，则让观众领略了二人转、数来宝、苏北大鼓、山东琴书、萍乡渔鼓、壮族海察、四川清音和潮州歌等风格各异的曲艺节目。两场慰问演出一是在国家东中西区域合作示范区徐圩新区为广大的建设工人演出，另一是众多曲艺明星赴开山岛为模范守岛夫妻二人所作的专程演出。这些节目及其演出，一定程度上反映了我国近年曲艺创演的总体水平，也体现了曲艺界名家新秀团结一致、乐于奉献的良好艺德。而从连云港观众的踊跃程度看，曲艺在当地具有较为深广的群众基础和社会影响。

本年度气氛热烈且意义独特的曲艺展演活动，是 9 月 17 日至 26 日在北京民族文化宫大剧院举行的“向人民报告——庆祝新中国成立 65 周年暨说唱中国梦优秀曲艺节目展演”。这次由中国文学艺术界联合会、中国文学艺术基金会和中国曲艺家协会等单位联合主办的展演活动，以“向祖国献礼，为人民说唱”为主题，共组织了来自全国各地的 10 台曲艺节目，包括“越来越好——中国广播说唱团专场”“江南曲美——江苏扬州曲艺专场”“蜀风蜀韵——四川曲艺专场”“晋情快乐——山西曲艺专场”“曲水流觞——浙江曲艺专场”“马街书会——河南曲艺专场”“幸福快车——中国铁路文工团专场”“草原情怀——内蒙古民族曲艺团专场”“警营曲唱——全国公安曲艺专场”和“牡丹芬芳——中国曲协专场”。通过集中展演，近 500 名老中青少四代曲艺人以崭新的精神风貌，向首都观众展示了曲艺工作者奋力开创事业新局面、推动文化大发展大繁荣的豪情壮志和共同决心，同时也为共和国的生日营造出欢乐祥和、奋发向上、团结和谐的喜庆气氛。

本年度最具主题特点和公益价值的曲艺展演活动，是 4 月 11 日开始至 7 月 24 日结束，为期 3 个月有余的“2014 年全国道德模范故事汇基层巡演活动”。由中央文明办、中国文学艺术界联合会、中国曲艺家协会协共同主办，各省市文明办及文学艺术界联合会等单位参与的该项活动，以“讲述道德故事弘扬中国精神”为主题，采用西河大鼓、数来宝、绍兴莲花落、二人转、评书、故事等曲艺形式，传扬了第四届“全国道德模范”称号获得者龚全珍、何玥、刘洪安、罗阳、陈俊贵、刘培、刘洋、罗长姐等人的感人事迹。整个展演活动从北京的清华大学首演，分三轮先后在北京、厦门、漳州、泉州、萍乡、宜春、南昌、郴州、岳阳、武汉、宜昌、许昌、新乡、西宁、成都、绵阳、广安、南宁 11 个省区的 18 个城市进行，共计演出 37 场，行程两万多公里，观众人数将近 4 万人。

本年度另外一些比较重要的具有主题特点和公益价值的曲艺展演，还有中共中央宣传部、中共中央

文明办和中国文学艺术界联合会主办，中国曲艺家协会联合北京、四川、浙江、河南、山西、深圳等省市曲艺家协会共同承办，分别以国是家、勤为本、俭养德、诚立身、孝当先为主题的“我们的价值观——曲艺走基层全国百场巡演”和以“中国曲协文艺志愿服务团”为代表的曲艺人坚持每个月开展的“送欢笑到基层”义务慰问演出等。

这些名目多样的曲艺展演，对于满足广大群众的曲艺欣赏需求，传扬社会主义核心价值观，活跃基层文化生活，引领当今时代风尚，起到了十分积极的作用。但也要看到，其间也存在着一些需要加以改进的地方和问题。一是节目选择的“张冠李戴”偏差。如在第八届中国曲艺节上，除中国广播说唱团的“越来越好”专场夹杂了不属曲艺的小品节目，还有一台河南省曲艺团演出的非曲艺节目即“方言话剧”《老汤》。尽管该节目的演出效果较为良好，作品本身也有较高的艺术水准，但将这一明显不属曲艺范畴的节目类型，公然安排在如此重大的曲艺行业的专业活动中，毕竟不很妥当。这从一个侧面反映出，从主办方到参演单位，对曲艺的本体认识，还存在着某种偏差。即不能将非曲艺的小品及曲艺团为走市场赚钱而排演的话剧节目，也作为曲艺来进行专业展演和行业交流。从而给社会人群以“小品”及“方言话剧”就是曲艺的知识误导。更何况，中国曲艺节是我国曲艺界层次最高的行业检阅与专业交流平台，其所承载的，不只是类似商业性的市场演出，更为重要的作用和更加重大的意义，乃是代表着当前中国曲艺最为典范的艺术传统和最为高格的审美水准，是专业格范的风向标。所以，在节目的选择上，同时具有无可置疑的艺术示范性与专业导向性，有着相应的专业知识的宣示价值，不能不加以特别的注重。二是活动开展的“宣传化”倾向。比如“道德模范故事汇”的组织开展，目的虽很纯正，内容也很感人，但方式却可斟酌。即将原本存在于生活实际中的好人好事，作为曲艺创演的素材加以利用，本无可厚非；而将这些时代楷模作为宣传的对象，借助曲艺的形式载体组织开展“宣讲”，在实际操作与审美接受上，毕竟给人以“道德说教”和“思想灌输”的感觉，艺术品难免因贴上实用的标签而被当成宣传品。正如鲁迅所言：“一切文艺固是宣传，而一切宣传却并非全是文艺。”这就启示我们，借助曲艺形式进行艺术化的宣传未尝不可，但将曲艺的艺术活动直白地进行“宣传化”的实用处理，却也不尽妥当，需要调整改进。三是展演评奖的“以假乱真”问题。如 11 月在西安举办的“韩起祥杯”西部优秀曲艺节目展演暨评奖活动中，就有获得二等奖的小品《宠物哲学》《回家》和获得三等奖的小品《对策》《84—77》4 个实非曲艺的戏剧（话剧）节目。同时，获得三等奖的方言快板《脱贫致富的领头人》之“方言快板”的曲种称谓，也很匪夷所思。亦即这里的“方言快板”到底采用的是何处方言？而凡曲艺品种，都是基于不同方言的“说唱”叙述表演，亦即曲艺本身就是基于方言的叙演艺术！可类似含糊其词又莫名其妙的曲种名称的出现，又从一个侧面折射着组织工作的粗疏和专业成色的不足，亟待在今后的曲艺展演及评奖活动中加以规范和矫正。

二、赛事评奖数量较多，精品力作相对欠缺

本年度的曲艺赛事也很活跃。从央视平台到地方舞台，可谓轮番上演，连连不断。其中，尤以第八届中国曲艺牡丹奖的评选和中央电视台第七届全国电视相声大赛的规格为最高，影响也最大。

中国曲艺牡丹奖是经中共中央宣传部批准，由中国文学艺术界联合会和中国曲艺家协会共同主办的全国性曲艺专业奖项，每两年评选一届。自 2000 年创立以来，已连续举办八届。本届牡丹奖在评奖机制方面有了一些变化，即将原先的“文学奖”更名为“创作奖”，使奖励范围有所扩展，既包括曲本文学的创作，也包括曲唱音乐的创作（包括唱腔设计与伴奏）等。但从评选过程及结果看，显然业界对该奖项名称的调整尚未达成统一的认识与理解，对曲唱音乐的创作未能引起申报与评选的足够关注和相应重视。本届牡丹奖还增设了基于已获得过牡丹奖表演奖人员的“金牡丹奖”，并在参评条件上作了相应严格的规定，但由于种种原因，该奖项未能评出而空缺。值得肯定的是，本届牡丹奖的评选程序，由于坚持了复赛环节和分赛场举办的实施流程，一定程度上加大了通过评奖撬动创作并拉动交流的专业推动效应。亦即本届牡丹奖的复赛评选，共设立了 4 个分赛区：浙江余杭赛区、江苏武进赛区、安徽合肥赛区和山西长治赛区。全部复赛从 6 月 5 日开始，持续到 8 月 2 日结束。胜出的入围节目在后续举行的

终评环节最终评出了（1）独脚戏《爸爸去哪儿》、杭州摊簧《美丽的眼睛》、中篇苏州弹词《绣神》、小品《社区民警于三快》、大同数来宝《你幸福吗》、小品《送礼》、群口相声《为玉树放歌》、相声《南腔北调》、鼓曲联唱《鼓韵流芳》9个节目奖和南昌清音《傲雪红梅》、中篇苏州弹词《江南第一燕》、上海说唱《壮志凌云》3个节目特别奖；（2）叮当、杨雪莉、陈忠达、夏吉平、吴新伯、袁小良、高博文、尚大庆、凌淋、张曦文、白军宣等11个表演奖和刘靓靓1个表演特别奖；（3）王新创作的小品《心愿》，金曾豪与陆建华创作的短篇苏州弹词《招牌菜》，冯阳、刘晰宇与刘俊杰创作的相声《我的房子呢》，尹琪创作的小品《一路平安》，马小平，李彦生与弓瑞创作的相声《我爱山西》，暴玉喜创作的长子鼓书《腊月天儿》，腊国庆创作的哈尼族小三弦弹唱《白鹇姑娘》7个作品奖；（4）唐瑜蔓、董其峰、施金裕、庄丽芬、康康、苗阜、张楠、赵梓琳8个新人奖和崔丽玲1个新人特别奖；（5）郭学东的《山东曲艺音乐概论》、岳永逸的《城墙内外：曲艺的都市化与都市化曲艺》、王茵的《相声在陕西的传承与发展》、康尔的《巧智之美与相声艺术》4个理论奖；（6）常贵田（相声）、杨振华（相声）、李鸿民（山东快书）、连丽如（评书）、余红仙（苏州弹词）、张凌怡（曲艺理论）、赵连甲（曲艺创作表演）7个终身成就奖。但本届牡丹奖的评选也存在一些问题和遗憾：一是两个小品即《社区民警于三快》和《送礼》占据了曲艺“节目奖”，两个小品《心愿》和《一路平安》获得了曲本“创作奖”，与前述将《宠物哲学》《回家》《对策》《84—77》4个小品节目评为西部曲艺大赛的获奖节目及“方言话剧”《老汤》被列入第八届中国曲艺节作为曲艺节目进行交流展演的相类情形一样，反复说明曲艺界对于自身艺术的本体认知和专业活动的组织开展，尚未形成正确的理论认识，也没有成为普遍的专业常识，亟待加以矫正和改进。很显然，曲艺是以口头语言的“说唱”方式叙述表演的艺术形式，即便有着人物代言的模仿成分，也是属于“说法现身”表演的“跳入跳出”；而小品是属于人物代言的角色化扮演即戏剧的“现身说法”表演，不是也不属于曲艺的表演形式。而那种为了将小品作为曲艺对待就将小品是否曲艺的不同认知，说成是学术争鸣问题的舆论及做法，也是一个无法成立的伪命题和故意搅混水的态度。对此要有明确的认知，绝不可含糊其词、贻笑大方。二是分赛区组织上的曲种分类及其表述，也存在着不够专业的似是而非问题。即将4个分赛区的分片设置，分别冠以“南方鼓曲唱曲类”“弹词评话和滑稽类”“相声三书小品类”和“北方鼓曲唱曲类”，就很缺乏专业理据。且不说“小品”作为话剧形态的精短节目类型，本身不属曲艺的范畴；就是仅有“南北”而缺“西东”的地域式划分，以及把“相声”与“滑稽”分列不同赛区的做法，也使“相声”即基本上采用普通话表演的“北京相声”与“滑稽”即别名“独脚戏”的“沪语相声”不能划归于同一类型而无法同台比赛，评判的标准因而也就难于协调；至于“三书”之谓，缺乏约定俗成，是属“大书”“小书”和“快书”即曲艺“说书”的三种不同类型，还是其他的什么所指？因为，“弹词评话和滑稽类”中的“弹词”与“评话”，即分属于“小书”（说唱相间表演，擅长表现日常小事）和“大书”（徒口讲说表演，擅长表现历史大事）的类型，本身就属于“说书”范畴，单独分列难免重叠。这看似体现的是曲艺分类学研究的成果不够普及，实则折射的是活动组织的比较随意和缺乏专业意识。而作为具有一定权威性的曲艺团体组织主办的全国性赛事，此等专业划分方式，很有必要在今后的类似活动中加以改进和调整。否则，既不利于曲艺活动的科学开展，也不利于专业知识的日常普及。三是由于评奖的范围和角度较多，亦即涉及创作、表演、节目、人物和理论、评论，并且节目、表演和新人等奖项的评选又要同台竞技即现场比赛，这就导致形成了仅有十几分钟的短篇、选回或开篇等节目形态能够参评的惯例。而像长篇大书即动辄几十上百回巨制的长篇节目等构成曲艺“说书”主体形态的节目类型及其蕴藏其间的技艺水平，即无法得到相应的参与展示和评价褒扬。这使此类评奖在客观上具有仅鼓励短篇短段而无视或忽略长篇节目的偏向，也使曲艺的曲本创作与“说唱”表演在某种意义上被引向或者说流于竞技化和碎片化。牡丹奖因此而在事实上被经营成为“短篇”曲艺节目及其创作和表演为主的奖项，远离了作为涵盖曲艺行业所有方面而撬动整个事业发展的设奖宗旨。长此以往，不加完善，深层意义上的行业伦理紊乱和文化生态崩塌，也就在所难免！如何进一步改进和优化包括牡丹奖在内的曲艺评奖办法，使之成为真正激励和推动曲艺事业全面繁荣的有效杠杆，还有较长的路要走。

本年度于10月举办的中央电视台第七届电视相声大赛，由于依托国家电视台这个传媒巨无霸而具有特殊的传播影响力。本次大赛给人的突出印象，是一大批年轻相声演员的集体亮相。经年累月在各地小剧场的演出实践，为他们跃上央视大舞台奠定了基础。但总体来看，这次大赛仍反映出相声界“不缺好演员，唯缺好作品”的严峻现实。另外，相声作为一门舞台表演艺术形式的自身创作规律与电视栏目播出之间的矛盾，也反映在整个大赛期间。比如本届大赛中新增的考核环节——临时更换搭档，从媒体播出的角度考虑，似乎算作一个亮点，足以吸引观众的注意；但从相声艺术的本身来讲，又恰恰是违背其创演规律的无厘头做法。因为，相声对口表演中的捧逗双方，是既对立又互补的关系，相互依存，缺一不可。一般说来，两位演员合作搭档的时间越长，越有可能保证现场演出的默契效果。一对配合默契的搭档，无疑会更有效地传达所演作品的思想内涵。那种为“考核”技能而临时变换搭档的做法，因而不该得到承认和鼓励。另外，从大赛的收视率及网络评论观察，本届大赛的影响力和受关注程度，明显有所下降。而诸如“为中央电视台综艺频道遴选和储备相声节目资源，为中央电视台春节联欢晚会发现相声编创和表演人才”（参见本届大赛《实施办法》）的举办目的，也较偏狭。对相声艺术的整体繁荣与发展来说，此等目标定位，显然远远不够。相反，相声的创演现状及发展症结，却通过这次电视大赛，无形之中反被集中“暴露”和着实“放大”了，更须引起警醒和重视。这就是：推出新人不少，但精品力作欠缺。真正出类拔萃的新人和“叫得响、立得住、传得开、留得下”的佳作，实在罕见而难觅。某种意义上甚至可以说，新人因缺乏得力新作的支撑而不够耀眼，新作也因不够精湛而难以体现新人的艺术光彩。如果要在新人与新作之间权衡，则观众对于新作的呼唤，某种意义上可说是压倒了业界对于新人的期盼。毕竟，新人需要新作来证明，而没有精品力作的新人，无异于缺少血肉的“稻草人”。此类遗憾与问题，同样存在于本年度举办的第五届天津相声节和第五届北京相声节等相关活动中。

本年度8月在四川省彭州市举行的第六届全国少儿曲艺大赛，虽因中央电视台的中途缺席而在传播力上逊于往届，但由全国24个省区市的60个入围节目及两天4场比赛的情形与成果看，其参与度和影响力也很令人欣慰。本次比赛共收到参赛节目150个，涵盖曲种48个，选手年龄最大的16岁，最小的5岁，从一个侧面反映出各地少年儿童对于传统曲艺的热爱与兴趣。同月在北京举办的首届“高元钧杯”全国山东快书大赛，也因在成人组之外设有一个少儿组而让人备觉欣慰。其他如11月在湖南常德举办的“第五届澧水流域鼓书大王擂台赛”和在河北河间市举办的“中国河间西河书会”等地方性活动和单项性比赛，也都特色独具，表明不同地区的不同曲种，均为激扬自身艺术并使之走向繁荣而不懈地努力着。

三、创作表演持续低迷，其中也有可圈点处

某种程度上讲，上述各种展演和评奖活动，基本上代表了本年度曲艺创演的总体面貌与最高水平。但将本年度的创演成绩与评奖成色放到近年曲艺发展的整体链条上去比对，即可发现，演出节目和评出奖项的专业水准，依然无法令人乐观，基本上延续了一个时期以来曲艺创演的低迷态势。换言之，本年度各种展演及评奖活动的外在热闹，并未转换成节目创演的内在品质。尽管展演交流和评奖激励在一定程度上的确推动了创作与表演，但与这些活动的组织初衷、宗旨要求特别是广大群众的欣赏需求相比，还不能说是十分理想。有数量乏质量即有高原缺高峰的现象，在本年度的曲艺创演中，表现得也很突出。即便本年度正式启动的国家艺术基金扶持计划对曲艺的曲本创作、节目排演和推广宣传，也给予了一定的关切与扶助，但这种外在的活动组织引导与政策杠杆撬动，依然难于在短时间内收到明显的成效，需要通过曲艺界内部的齐心协力尤其是创作和表演者持续不懈的潜心创造，假以时日去加以实现。其他急功近利的想法与做法，都注定难以如愿。

同时也要明白，评价和检验曲艺创演成绩的最终尺度与恒久标准，不是参加了什么层级的展演和获得了什么等次的奖项，而是社会的反响与观众的口碑，是日常性演出的开展情况即在演出市场上的受欢迎程度。以此而论，本年度的曲艺演出市场，可谓总体遇冷。国营和集体性的曲艺创演团体，大多演出

较少；民营班社及个体艺人的曲艺演出经营，情况稍好一些。类似陕西西安“青曲社”等小剧场演出的民营相声班社，较之一般的市场演出，情况又稍好一些。其他如本年度北京宽和茶园以连锁经营的方式拓宽曲艺演出市场，天津谦祥益茶馆以别具一格的演出形式迎来200期庆典，等等举措，也从一个侧面昭示出民营曲艺演出市场的持续努力与潜在活力。其间的因由，除了他们老老实实和本本分分地踏实经营，还有一个重要的原因，就是许多民营曲艺班社尤其是相声班社的青年创演人员，虽没受过比较系统的曲艺专业训练，但却大都接受过人文专业的高等教育洗礼，对曲艺特别是相声具有近乎痴迷的热爱，再加上能够结合当今时代的审美趣味进行创演，具有相应现代的经营策略，包括注重团队管理、媒体公关和经营宣传，善于利用淘宝售票、微博宣传和微信推广等现代技术手段。从而与前些年个别业者以“非著名”相标榜且在客观上对抗“著名”的情形大为不同，给人思路开阔、朝气蓬勃又气象一新之感。其中的代表性班社，除了西安“青曲社”，还有北京“嘻哈包袱铺”、上海“田耘社”和“品冠相声会馆”等以“80后”和“90后”为主的年轻相声创演群体。他们的可贵之处，还表现在肯与前辈亲近，乐于接续传统，主动拜师学艺，自觉充电提升。

尽管本年度各地的民营小剧场里活跃着一批热爱曲艺尤其是相声的年轻业者，但仔细检视当今曲艺发展的客观实际，人才资源仍是最为紧缺的第一资源，也是直接影响创演水平的致命短板。而缺乏相应高端的人才孵化机制，缺失艺术传承的有效教育平台，是导致曲艺专业人才包括创作表演人才严重匮乏而影响创演发展的深层社会历史原因。本年度曲艺界于8月和11月分别开展的对于京韵大鼓表演艺术家骆玉笙、相声表演艺术家马三立和陕北说书表演艺术家韩起祥3位大家百年诞辰的各种纪念活动，某种意义上可以看作业界对于自身行业优秀人才的怀念与呼唤，也从一个角度反衬出当下曲艺传承后继乏人的焦虑与尴尬。对此，结合学习和贯彻习近平总书记在文艺工作座谈会上的重要讲话精神，中国曲艺家协会于11月在重庆举办了第六期全国曲艺创作高级研修班。来自全国20多个省区市以及部队文工团的中青年曲本作者共60余人参加了研修。12月又在江苏南通举办了“2014年全国小剧场曲艺作品研讨班”，在加强专业人才培养的同时，进一步关注对于曲本的创作与打磨。

令人欣慰的是，本年度整体低迷的创演态势下，也出现了一些为数不多却较为优秀的艺人、曲本与节目，可圈可点，可赞可叹。给曲艺在当今的健康发展与走向繁荣，积累着经验，提供着启示。较有代表性而需特别提及的艺人，要数本年度从一开始即受到媒体关注的西安“青曲社”青年对口相声表演搭档苗阜与王声，以及扬州市曲艺研究所青年扬州评话演员马伟。前者以其相声表演的扎实基本功和对相声传统的良好继承，在本年度的同行之中脱颖而出，备受瞩目。后者以在6月成功推出“炼艺悟道——马伟扬州评话专场”并集中展示了较为深厚的艺术功力而声名鹊起，并在接下来的半年间陆续应邀交流巡演于苏州、上海与北京等地，受到广泛肯定，并给较为沉寂的评书评话类曲艺的传承与发展带来一股清风；较有代表性而需特别提及的曲本及其作者与节目，则是山西省长治市业余曲本作家暴玉喜及其获得本年度牡丹奖创作奖的长子鼓书曲本《腊月天儿》。《腊月天儿》堪称近年来难得一见又令人惊喜的优秀曲本之一。从参加牡丹奖比赛时演唱者刘引红及其伴奏乐队珠联璧合的精彩演绎看，经过排演的这个作品，也是一个非常优秀的精品节目：唱腔设计优美动听，说唱表演机巧自如，乐队伴奏激情投入，舞台效果引人入胜。作品虽然选取腊月二十三至大年三十山西本地准备过年的民间习俗，进行了近乎平直却似风情画式的铺陈唱叙，但由于基调喜庆、语言通俗、情感真挚、表达机趣，极具审美的张力与艺术的感染力。以至在参加牡丹奖复赛时，让一些见多识广的曲艺界专家艺术家误以为是翻唱的传统节目，从一个侧面反衬出其所具有的经典品格。其实，暴玉喜作为近年涌现的曲本创作新秀，在本年度于《曲艺》杂志发表的上一年在第十届中国艺术节上获得第十六届“群星奖”的长子鼓书《常回家看看》的曲本，也是一篇极具风情画品格的精品力作，堪称《腊月天儿》的姊妹篇。这篇作品的表现题材，同样是过年的内容，所不同者，《腊月天儿》表现的是准备过年的期盼与享受丰收的喜悦，而《常回家看看》表现的是传统年节的欢闹与举家团圆的美好。并且，还通过作品的唱叙渲染，赋予现代社会的传统年节以反思时代弊端的现实针对性，就像一首同名歌曲所唱叙的那样：常回家看看，与父母团圆。不同的是，暴玉喜的创作对于年节团圆题旨的艺术表现，由于采用了传统的长子鼓书形式而更具传统的韵味，具备了优秀曲本最为典范的格调与品性：深接地气，以小见大；描景细腻，绘俗生动；状物机巧，写人传神。事儿、趣儿、情儿、理儿，清新蕴藉，话儿、语儿、音儿、调儿，沁人心脾。既是乡村的风情画，又是生命的哲理诗。特别是采用“儿化韵”所形成的亲切、俏皮、风趣、温馨，更是将长子方言的特殊韵味、回家看看的主题立意，包括着意表现的儿女孝心以及回家途中的小夫妻热爱生活的美好欢欣等，均表现得淋漓尽致，抒发得引人憧憬。全无耳提面命般的高台教化，更非标语口号式的硬性宣传。四两拨千斤，润物细无声，是极为难得的佳构和上品，庶几可谓矫正并引领当下曲本创作的一面成功的鉴镜。苗阜、王声、马伟、暴玉喜和刘引红等人以其出色的曲艺表演和曲本创作，堪称2014年度值得记住的“青年曲艺年度人物”！

四、学术交流趋向活跃，研究成果多有亮色

与艺术活动相比，本年度曲艺的学术研究及其交流活动也很活跃，并且成果可观，亮色多多。一些重要的学术活动，将学术研讨与艺术观摩相结合，使理论思考与创演实际相结合，赢得积极反响，收到良好效果。

比如，2月在上海市嘉定区安亭镇举办的由中国曲艺家协会、上海市文学艺术界联合会和上海市嘉定区人民政府主办，上海市曲艺家协会和上海市嘉定区文广局承办的“多元文化中都市曲艺的生存与发展”研讨会，就“沪上曲艺现状”“都市曲艺的生存与发展”“曲艺的多元发展与单元深入”“大数据时代的曲艺生存之路”“曲艺的第二次都市化浪潮”和“新故事与群众文化”等议题展开交流，一定程度上回应了当前曲艺的发展关切，促进了对于都市曲艺及其生存发展的深入思考。

再如，8月在山东省济宁市举办的由中国艺术研究院曲艺研究所和山东省济宁市人民政府联合主办的“大运河流域曲艺学术交流展演及研讨活动”，由“大运河流域地方曲艺学术邀请赛”和“大运河流域优秀曲艺节目‘运河之都行’惠民演出”组成的“大运河流域曲艺学术交流展演”及“大运河流域地方曲艺传承发展论文征集评奖”和“大运河流域曲艺发展论坛”组成的“大运河流域曲艺学术交流研讨活动”组成。来自运河沿线8个省份30个地区代表队包括北京评书、京韵大鼓、河南坠子、安徽琴书、苏州评话、苏州弹词、徐州琴书、木板大鼓、快板书、扬州弹词、扬州评话、常州道情、同里宣卷、杭州评话、杭州小锣书、绍兴平湖调、绍兴词调、绍兴莲花落、恰咚咚、山东大鼓、山东琴书、山东渔鼓、山东柳琴、山东清音、山东快书、山东落子、端鼓腔、湖滨（淮海）大鼓、数来宝、相声等30多个曲种42个节目的300多人参与。其中“大运河流域曲艺发展论坛”围绕“如何传承发展地方曲艺”的主题，宣读交流了此前征集来的30篇优秀论文并予以奖励。

又如，9月由中国艺术研究院曲艺研究所和江苏省曲艺家协会、中共江苏省扬州市委宣传部、扬州市文化广电新闻出版局联合主办，中国说唱文艺学会、中国俗文学学会和北京大学中文系协办，扬州市曲艺研究所和扬州市曲艺家协会承办的“扬州曲艺进京学术观摩展演及扬州评话传承发展学术研讨会”，分别在北京中国艺术研究院和北京大学举行。来自扬州市曲艺研究所的扬州评话老中青三代艺术家杨明坤、姜庆玲、马伟、谭敏、于海、陈中，扬州弹词和扬州清曲艺术家包伟、刘芓君、康康、赵松艳、周林、张一丞等不仅演出了《皮五辣子·假扮夫妻》《武松·杀嫂祭兄》《三国·蒋干讨差》《水浒·武松打虎》《万年青·大闹上官桥》《一代儒将陈毅·较量》《挺进苏北·陈毅进香》等传统经典和新编优秀扬州评话节目，而且演出了《啼笑因缘·误入师长府》《梅兰芳·蓄须明志》《大路朝天任你走》等扬州弹词和《扬州小巷》《黄莺儿·风》等扬州清曲节目。扬州曲艺应邀进京举办系列活动，使艺术展演和学术研讨相结合，不仅集中探讨和及时交流了扬州评话传承发展的客观规律与成功经验，而且有力激扬并有效推动了扬州曲艺的持续繁荣与健康发展。出席活动的专家学者和艺术家充分肯定了扬州市近年来在扬州评话的创作表演、传承保护，尤其是人才培养方面的持续努力与优异成绩，也指出了其中存在的一些不足，对扬州评话的今后发展无疑很有裨益。

还如，11月由中国艺术研究院曲艺研究所、中国说唱文艺学会、湖南省文化厅、中共湖南省常德

市委、常德市人民政府联合主办，湖南省非物质文化遗产保护中心、中共常德市委宣传部、常德市文化广电新闻出版局承办，常德市文化馆和常德市非物质文化遗产保护中心实施的“全国‘鼓书’观摩交流座谈会”及“湖南常德·全国‘鼓书’学术邀请赛”，在湖南省常德市举行。共有东北大鼓、山东渔鼓、长子鼓书、西河大鼓、苏北大鼓、杭州小热昏、象山唱新闻、温州鼓词、义乌道情、永新小鼓、四川竹琴、湖北大鼓、湖南渔鼓、三棒鼓、鼓盆歌、对鼓16个曲种的25个节目参加比赛，其中8个节目获得金奖、8个节目获得银奖、9个节目获得铜奖。以击鼓伴奏为基本特征的说书表演即“鼓书”艺术是中国“说书”类曲艺的重要组成部分；常德是湖南著名的曲艺之乡，尤以鼓盆歌（孝鼓）、渔鼓、说鼓、对鼓、三棒鼓、地花鼓、薅草锣鼓、番邦鼓、跳三鼓、围鼓等“鼓书”形式的集中流布为世所罕见。近10年来，常德市持续举办的“常德市（沅、澧流域）鼓书大王擂台赛”，将各种“鼓书”创演推向活跃。不仅大大提高了民间“鼓书”艺人的社会地位，调动了他们在丰富群众文化生活中的积极性，而且找到了传承发展曲艺类非物质文化遗产的一种有效形式；同时实现了群众文化活动公益性和市场性的有机结合，成为当地曲艺文化的重要品牌与亮丽风景，得到全国文化界的热情赞誉和学术界的热切关注。继2013年10月成功举办常德“鼓书”进京学术观摩展演及研讨活动之后，本年度各主办单位再度携手，在常德本地举办“全国‘鼓书’观摩交流座谈会”及“湖南常德·全国‘鼓书’学术邀请赛”，通过开展全国性的艺术观摩与学术交流，相互学习，交流经验，多方借鉴，取长补短，有力推动了各地“鼓书”的传承保护与繁荣发展。

另如，12月由中国艺术研究院曲艺研究所发起组织，全国各地各类曲艺团体及其主要负责人积极参与，中国说唱文艺学会参与主办，旨在“强化行业内部协作意识，交流事业经营有益经验，促进学术艺术良性互动，推动曲艺创演健康发展”的“中国曲艺团长高峰论坛”，在北京中国艺术研究院成功举行了第五届活动。“中国曲艺团长高峰论坛”是一个开放式和松散型的协作交流平台，自发组织，自愿参与，学术引领，平等交流。自创办以来，已于2006年6月、2008年11月、2010年6月和2012年12月分别在苏州、广州、扬州和济南成功举办了4届。本届论坛的举办，同样得到了有关方面的大力支持和全国同行的积极响应，来自北京、天津、上海、山东、河南、江苏、湖北、湖南、陕西、重庆、福建、浙江、宁夏等地从事曲艺创作、表演、教育、研究、传承、传播和联络、协调、服务等工作的各地各类曲艺团体与机构的负责人参加了论坛活动。他们按照习近平总书记10月15日在文艺工作座谈会上的重要讲话精神，围绕“曲艺团体：经营与责任”的主题，结合各自实际，直面现实问题，紧扣曲艺在市场经济条件下的经营实践与作为精神食粮的社会责任，深入思考，热烈讨论，奉献各自心得，形成诸多共识，并在论坛闭幕时向全国同行与有关各方发出一份题为《切实担负起繁荣发展曲艺事业的社会历史责任》的倡议书，通过2015年1月5日的《文艺报》和2015年1月9日的《中国文化报》等媒体向全国发布，集中表达了与会者在市场经济条件下繁荣发展我国曲艺事业的多方思考与价值追求。

此外，本年度还有各方举办的“如何让地方曲艺走得更远”主题研讨会（10月，浙江杭州）、“河南坠子传承与发展学术研讨会”（10月，河南商丘）、“陕西相声现象研讨会”（11月，陕西西安）等学术交流活动。其中的“如何让地方曲艺走得更远”研讨会，居然将“如何突破语言障碍”作为“重点讨论的问题之一”。个别与会者甚至将方言作为影响曲艺“走得更远”的局限与包袱加以认知并进行讨论，观点包括“要想使地方曲艺走出去，除了打破语言的障碍外，还要与其他姊妹艺术多交流、多借鉴，不断丰富、改进，使其在保留本曲种味道的同时尽可能地大众化，这样才容易被大众接受”。这种背离曲艺本质特征的偏误之论，以及将“如何突破语言障碍”作为“重点讨论的问题之一”的伪命题做法，十分危险地显示出其可能是属良好曲目却实为糊涂观念的错误思想，非常值得曲艺业界的高度警惕。

同时，本年度有一批曲艺研究成果和曲艺文献资料陆续出版。包括《伊玛堪集成》（3卷本，黑龙江人民出版社1月出版）、《弦边婴宛：晚清以来江南女弹词研究》（周巍著，商务印书馆6月出版）、《雅韵留痕：评弹与都市》（申浩著，商务印书馆6月出版）、《清代曲艺史》（包澄絜著，学苑出版社6

月出版）、《中国历代曲艺作品选》（3 卷本，春风文艺出版社 7 月出版）、《相声“三字经”》（崔琦、徐德亮合著，北京联合出版公司 7 月出版）、《二人转概论》（两卷本，李威著，辽宁教育电子音像出版社 8 月出版）、《新中国北京文艺 60 年 · 曲艺卷》（吴文科主编，中国文联出版社 10 月印行；版权页依丛书首印卷而标为 2010 年 12 月版）、《常德“鼓书”的历史传统与现实激扬》（吴文科主编，文化艺术出版社 10 月出版）、《苏州评话弹词艺术概论》（周良著，古吴轩出版社 11 月出版）、《徐州琴书概论》（于雅琳著，南京大学出版社 11 月出版）等。其中《伊玛堪集成》和《中国历代曲艺作品选》的出版尤为可贵。前者集纳了我国黑龙江省的赫哲族曲艺伊玛堪的传统曲本、曲本故事、赫哲语注音曲本片段、伊玛堪音乐概述、伊玛堪传人口述史选录、伊玛堪现状调查报告以及伊玛堪艺人与曲本汉译者简介等 7 种有关伊玛堪的曲本集成与文献资料。留存空前，殊为珍贵；后者辑录了自唐至清代 30 余种曲艺形式的 100 余种曲本篇段，价值独特，蔚为大观。对于今人了解曲艺曲本的留存状况、学习传统曲本的创作经验、研究曲本创作的文学规律、继承曲艺自身的文化传统，有着切实的作用与意义。

相比之下，本年度也有相当一些曲艺出版物编校粗糙、水平较差。如个别冠以“素质教育”或“国粹精华”等名目，以介绍曲艺知识，主要面向青少年读者的普及性读本，内容东拼西凑，版权意识淡薄。或全部照录现有的专业曲艺著作及辞典，却没有对参考文献作任何标注；或在内容编排上，将曲艺与戏曲、建筑、园林混在一起，且图片说明张冠李戴；或专业名词与术语使用混乱，讹误百出。如将“独脚戏”误作“独角戏”“渔鼓”讹作“鱼鼓”等。谬种流传，后果堪忧。曲艺书籍编辑出版的去伪存真和去粗存精工作，由是显得极为迫切。

值得特别一提的是，本年度有关中国曲艺史的研究，出现了一些令人欣喜的考据成果。代表性的论文有两篇：一篇是山西师范大学戏曲文物研究所研究人员车文明受北京大学历史系教授李小南启发撰写发表在《文艺研究》2014 年第 2 期上的《诸宫调创始人孔三传新解》对于“三传”内涵的全新考释。该文从宋代科举考试科目内容的角度切入并解读认为：一般认为孔三传的“三传”是指“多知古事，善书、算、阴阳者”的说法可能不确，孔三传名号的来源“可能是属一位宋代科举诸科中地方一级乡贡之‘三传（春秋三传）’的中举者”身份所致。这也算一种令人信服的阐释，具有一定的新意。另一篇是兰州交通大学文学与国际汉学院副教授、复旦大学在站博士后张晓兰发表在《东南大学学报（哲学社会科学版）》2014 年第 6 期上的《合生新考》对“‘合生’定义、体制、起源以及在元代的留存”所作的系统性考释。该文认为：“合生是一种以诗词曲的方式即兴题咏人或事物的表演伎艺。这种题咏要以含蓄隐喻的方式表达出来，或讽谏，或戏谑，或侑酒佐欢。合生最初盛行于宫廷和文人士大夫的宴席之间，随着宋代市民娱乐的兴盛，成为瓦舍勾栏中受人欢迎的一种伎艺形式。到了元代，这种伎艺仍有留存，只是又由市井勾栏返回到文人酒宴上，并融入元杂剧中，产生了‘合生’和‘乔合生’这种曲牌。元代以后，合生伎艺名称消失，只是作为曲牌名存在着。同时，根据相关分析，本文认为，合生是与小说、说经和讲史并列的宋代说话四家数之一。”且不说该文对合生发展形成及其历史演变中由宫廷文人而市井勾栏再到文人雅士的嬗变描述是否存在着以“历时性”遮蔽同时也可能有的“共时性”现象，但就其所钩沉的史料文献及其关联解读看，对于合生的考据研究，比较全面系统，堪为一家之言。

五、艺术传承任务艰巨，文化传播亟待规范

随着经济全球化进程和社会现代化步履的日益加快，包括曲艺在内的非物质文化遗产及其传承保护，成为由国际社会到国内各界的关注热点。对于曲艺的传承与保护，因而也是本年度曲艺界尤其是各级政府文化主管部门与各地曲艺专业团体的重要工作。2014 年 11 月 11 日，国务院批准了文化部确定的第四批国家级非物质文化遗产代表性项目名录（共计 153 项）和国家级非物质文化遗产代表性项目名录扩展项目名录（共计 153 项），并予公布。其中，属于曲艺的第四批国家级非物质文化遗产代表性项目占据 13 项，分别是：北京市东城区申报的数来宝、天津市申报的梅花大鼓、山西省吕梁市离石区申报的弹唱、上海市浦东新区申报的浦东宣卷、浙江省丽水市莲都区申报的丽水鼓词、江西省于都县申报的

客家古文、江西省永新县申报的永新小鼓、山东省菏泽市申报的山东花鼓、湖北省石首市申报的跳三鼓、湖南省申报的湖南渔鼓、广西壮族自治区桂林市申报的桂林渔鼓、新疆维吾尔自治区尼勒克县申报的托勒敖；曲艺类国家级非物质文化遗产代表性项目第四批扩展项目占4项，分别是：天津市申报的西河大鼓、湖南省澧县申报的鼓盆歌、辽宁省辽阳市和吉林省梨树县分别申报的二人转、山东省金乡县申报的山东落子。加上此前分三批已经公布的114个不同曲种，曲艺类国家级非物质文化遗产代表性项目的总数，至2014年度达到了127项。其中相当一部分曲种，由于没有相应专业的曲艺院团作为传承保护的核心阵地，缺乏相对完整的工作支撑，传承保护的任务非常艰巨。再加曲艺在当代社会的整体生存发展状况很不乐观：缺乏专业阵地，缺少专门人才，缺失机制保障，工作很难开展。尽管中国曲艺家协会在本年度组织开展了旨在推动曲艺高等教育开展的教材编写工作，但像苏州评弹学校和中国北方曲艺学校等已有的曲艺专科学校在教材及师资队伍建设上的相对不足，表明有关曲艺的现代教育和文化传承，以及曲艺作为一个行业和一项事业，在总体发展上的消极被动状况与恶性循环局面，很难在短期内消除或改观。亟待国家和社会层面的统筹协调与全面关切，也需要曲艺界的团结协作与不懈努力。

关于曲艺的文化传播，本年度也得到了有关各方特别是相关媒体的热切关注。然而，由于历史和现实的种种原因，一个时期以来，有关曲艺的知识普及与文化传播，存在着非常多的问题与遗憾。除了前述在书刊编印方面的诸多问题，媒体报道和网络传播中对于曲艺的错误认知与含混表述，更是时有所见。就连最具权威性的中国报业“大哥大”《人民日报》，在关涉曲艺的内容报道时也未能幸免。比如，该报于本年7月16日在第14版“连线基层”中以大半版的篇幅推出的《民间曲艺，路在何方》的集束报道中，对包括山东聊城东昌府区柳园街道孔堂村的聊城八角鼓艺人逯焕斌、河南省扶沟县固城乡贺楼村的河南坠子艺人贺明德等艺人及其艺术传承状况进行了深入报道，却遗憾地将辽宁省朝阳县东大道乡喜来皮影艺术团的团长王喜来和妻子赵小萍及其皮影戏艺术，也作为曲艺艺人进行了报道。虽然现实中个别民间艺人也有“两下锅”即同时兼演兼营戏曲与曲艺的状况，在这对皮影剧团的艺人夫妇所经营的，如该报记者所写，的确是属于“业余剧团”的皮影戏表演。这就表明，在《人民日报》的记者和编辑眼里，皮影戏的确是被作为曲艺误认并报道了。需要指出的是，这种拿出大半版篇幅关心关注曲艺艺人及其艺术状况的“连线基层”做法，难能可贵！体现了党报对于曲艺艺术尤其是基层艺人关怀与关爱。唯感遗憾的是，由于曲艺知识的文化普及不够深入，对于曲艺的社会认知普遍粗疏，就连《人民日报》的记者和编辑，也不能避免应当属于常识范畴的错误。而将原本不属于曲艺的皮影戏作为曲艺进行报道的结果，不但会在一般读者那里形成皮影戏就是曲艺的认知错觉，还会给曲艺知识的日常普及带来障碍。亦即一般人在面对皮影戏不属曲艺的知识矫正时，很可能搬出《人民日报》的权威品牌加以抗衡。这也说明，有关曲艺的知识普及文化传播，要想走出恶性循环的低谷境遇，困难还有很多。

而有关曲艺文化包括知识与节目的传播乱象，在当今时代尤其是电视和网络媒体上，表现得尤其突出。纵观本年度的曲艺文化传播状况，其无序程度主要表现为：缺乏规范，平台失管；编辑凌乱，版权不清；技术粗糙，艺术飘零。真可谓鱼龙混杂、乱象丛生。包括长期以来存在着的专门曲艺学术刊物的缺失，也未能实现改观。究其原因，除了有关文化知识的普及性教育在曲艺知识方面的严重缺失，另一个可能是属深层次的问题，就是对曲艺的文化存在与功能价值，在整个社会还缺乏起码的关注关心与必要的敬畏尊重。如何让曲艺的文化普及包括专业知识的推广传播，也能跟上时代前进的发展步伐，实在是需要国家、社会乃至民众、业界都来关切的大问题！

说唱百姓故事，传播主流价值
——2014 年中国曲艺艺术发展报告(摘编)

◎杨晓雪 张 鑫 刘金山 张小卫 汪 娜 程德兴 陈 旻

一、发展概况

2014 年对于包括曲艺在内的中国文艺事业而言必将是载入史册的重要一年。从对主流价值的积极倡导到与百姓忧乐的诚挚共鸣，从对前辈大师的深情追思到对传统艺术的继承变革，广大曲艺工作者在过去的一年里，用创作、语言、表演、节目、活动等，讲述了一个关于使命与责任、传承与创新、欢乐与温暖的中国故事。

10 月 15 日，习近平总书记在文艺工作座谈会上发表的重要讲话，令广大曲艺工作者倍感振奋、备受鼓舞，自觉用实际行动贯彻落实总书记讲话精神，坚持以人民为中心的创作导向，扎根人民、扎根生活，把握时代进步脉搏，体悟群众冷暖诉求，努力创作无愧于时代和人民的优秀作品，实现曲艺工作艺术价值和时代价值的统一。一年来，曲艺创作佳作涌现，曲艺队伍新人辈出，曲艺表演异彩纷呈，曲艺交流展示空前活跃，曲艺对外文化交流领域扩大，曲艺理论学术研究趋向深入，曲艺传播手段日益丰富，曲艺院团管理体制和创演机制日趋完善，曲艺生态环境逐步改善，曲艺事业在改革创新中实现了新的发展。

2014 年，曲艺人积极响应“深入生活、扎根人民”的号召，继续深入到受灾地区、革命老区、贫困地区、边疆民族地区和国家重点工程建设一线以及农村、企业、社区、学校、军营等基层单位，开展“送欢笑”到基层活动。这一年，曲艺评奖办节交流展演展示活动空前密集，全国曲艺工作者无疑度过了忙碌充实而又成果丰硕的一年。

二、传承与创新

2014 年，曲艺人延续着自强不息的品质，积极致力于从不同的角度、以不同的形式、用不同的方法回应“传承与创新”这一永恒的命题。

对于陕西相声来说，2014 年是一个丰收年。在 2014 年的北京春晚上，苗阜、王声这两位“80 后”的陕西籍相声演员以一段将传统表演技法与时尚元素完美结合的相声作品《满腹经纶》迅速在网络上走红。随后，苗阜、王声众望所归地登上了 2014 年央视元宵晚会的舞台，苗阜获得了第八届中国曲艺牡丹奖新人奖，二人获得了央视第七届全国电视相声大赛金奖等重要奖项。从《满腹经纶》年初的火爆再到央视相声大赛陕西选手的全面出彩，陕西相声作为新兴的文化现象受到业界和大众的关注。11 月 12 日，“陕西相声现象研讨会”在西安召开，与会者对继续繁荣陕西相声艺术，推动陕西曲艺发展乃至促进全国相声艺术、曲艺事业的发展提出了大量建议意见。

放眼曲艺舞台，老一辈曲艺人以非凡的毅力在为曲艺的“传承与创新”站脚助威。耄耋之年的山东快书名家杨明扬坚守在自己创办的“义校”中奉献光热；同样耄耋之年的单弦名家赵玉明多次在京津两地舞台上展现风采。古稀之年的评书大家田连元拖着仍在康复的病体坚持为观众演出；同样古稀之年的湖北大鼓名家张明智奔波在惠民演出的基层推广曲艺。他们在传承着曲艺艺术的昨天，也在坚守着曲艺艺术的今天。

2014 年的全国道德模范故事汇基层巡演中，组织者第一次做出大胆尝试，将绍兴莲花落这一地方曲种引入活动。由绍兴莲花落表演艺术家翁仁康演绎的节目《冰山上的守候》呈现得更加淋漓尽致，表演时把浙江方言改为“浙江普通话”，并根据故事的发展精心将音乐、灯光、屏幕等舞台元素进行整合编排，这些大胆尝试取得了良好的效果，既拓展了方言类曲种的受众面，也丰富了表现手法和呈现方式。

一举荣获第八届中国曲艺牡丹奖节目奖的大同数来宝《你幸福吗?》也是近年涌现的优秀方言类节目。作品中巧妙地运用方言优势、提高语言技巧、结合舞台调度、加强表演刻画等大胆而合理的尝试是丰富作品呈现的有效办法，应该说这些本就是曲艺艺术的优势和长处，也将为曲艺的“传承与创新”注入动力。

“全国首部原创评弹微电影”《千里寻宝》在常熟评弹馆上映，虽然这部由评弹名家陆建华创作主演的作品制作略显简单，但作为传统评弹艺术与新媒体、新载体相结合的大胆尝试值得称道。微电影《中国 style》讲述了青年鼓曲演员杨菲在以风靡全球的《江南 style》为代表的外来文化冲击中国本土文化市场的背景下，如何将中国传统鼓曲艺术进行改革创新，融入现代元素并重新演绎的故事。与此同时，App 平台也成为曲艺人宣传推广的有力工具。目前，辽宁、江苏、福建、广东、海南等省曲艺家协会，成都哈哈曲艺社、青岛瀛海轩曲艺社、西安青曲社等曲艺小剧场组织都通过设立微信公众平台开展资讯传播、艺术交流、市场调研等工作。这当中，“戏曲曲艺两门抱”是公认知识性、趣味性较强的微信公众号，目前关注量近 5000 人，不少珍贵图片、文章、音频、影像等内容点击量都已过万。

“扬州评话传承发展学术研讨会”以及“扬州曲艺进京学术观摩展演”为扬州曲艺搭建了一个良好的展示平台。“北京曲艺抢救性保护工程系列演出”也为地方曲艺艺术的“传承与创新”提供了新的动力。2014 年是开展中国曲艺之乡创建活动 20 周年。为此，中国曲艺家协会同有关单位在山西省长治县举行了系列纪念活动，来自 40 余个中国曲艺之乡的代表齐聚一堂、总结经验、展望未来。

三、问题与思考

2014 年，在深化文艺体制改革的推动下，曲艺产业的市场化程度进一步加深，表现形式更加多元化，与民众的血肉联系也得到了强化，在整个文化事业的发展中，正越来越呈现出强劲的生命力。同时也要看到，由于诸多原因，曲艺的发展仍然存在着一些不容忽视的问题。

1. 曲艺创作难出精品

从最近的发展来看，曲艺的创作不容乐观，滞后于社会的发展，难出精品。首先，专业创作人员的匮乏造成了曲艺新作品生产的后劲不足。其次，快餐化的创作方式也阻碍了精品节目的出现。最后，过于依赖传统也使创作缺乏新的思路，影响了时代精品的产生。

2. 曲艺队伍面临断档的危险

在急剧的社会变迁中，很多传统曲艺的生存空间被压缩了，它们的功能也失落了，受此影响，这些艺术很难在年轻一代中传承下去。如东山歌册是流传于福建东山县的曲艺，至今已有 600 余年的历史。但目前掌握表演技艺的人群多为六七十岁的女性老年人。作为西河大鼓的发源地，河间市从事西河大鼓的艺人已经不到 20 名，迫于生计，越来越多的艺人转行，传统的老段子也从原来的数百篇减少到现在的几十篇。相比之下，相声、快板、评书等艺术已经拥有了相当数量的年轻传承人，但也仍面临着传承的问题。首先，这些年轻演员并没有形成稳定的传承群体。其次，年轻演员在艺术传承上的责任感也有待加强。

3. 小剧场的市场化运作尚未成熟

小剧场既是艺术展示的空间，也是一种经营手段，从业者必须熟练掌握市场动态，制定有针对性的经营策略。然而，大多数小剧场没有专业的经营者，曲艺演员担任起了经营与演出的双重任务，他们既缺乏对市场的充分了解，也欠缺运营的知识与技能，只是出于对曲艺的一腔热情，或是对盈利的渴求便投身其中。所以，小剧场遍地开花，在经历了短暂的兴盛期后，迅速迎来了艰难期，面对僧多粥少、市场饱和的局面，难以维持下去。如今，北京的相声小剧场已经从 2009 年时的 50 余家锐减到 21 家，而沈阳曲艺小剧场的上座率也很不景气，很少能超过三成。如何提高小剧场的艺术含量，推动小剧场的市场化运作走上正轨，是曲艺界的重任。

四、趋势与建议

过去的一年里，中国曲艺延续和巩固了主流的发展态势：曲艺新星不断凸显，曲艺新作层出不穷，曲艺产业迅速发展，曲艺教育得到拓展。

1. 曲艺助推核心价值观建设

抨击丑恶、弘扬正气是曲艺艺术自身固有的传统，这使得曲艺艺术成为弘扬社会主旋律和时代精神的主要载体。本年度，曲艺工作者积极配合反腐倡廉，将传统的艺术表现形式与新时期廉政建设新内容有机结合，从中国优秀的廉政文化中汲取养分，在说学逗唱的氛围中鲜活生动地助推廉政教育。同时，为唱响社会主义核心价值观的主旋律，为实现中国梦凝聚精神力量、提供道德支撑，曲艺工作者积极投身曲艺作品创作和相关曲艺活动，力求用老百姓看得懂、喜欢看的曲艺形式来阐述社会主义核心价值观，推动社会主义核心价值观的生活化、大众化。

2. 曲艺发展满足多元文化需求

随着社会的发展，曲艺的受众趋于多元，他们的趣味也日益多元。受此影响，曲艺工作者们在艺术的创作和表演中更加关注受众的喜好、市场需求，他们根据受众多样化、个性化的欣赏需要选择曲艺的功能、技艺、内容、情趣、演艺风格等，按照各自小群体的口味，创作出了适合当下娱乐需求的艺术作品。为了满足受众的需求，传统曲艺又和其他艺术形式、表演形式嫁接、结合，丰富了艺术的表现形式。其中比较突出的便是脱口秀。传统曲艺与脱口秀的有效嫁接不仅符合文化发展的整体趋势，同时对曲艺的发展、传承、传播产生了积极影响。

3. 曲艺表演空间不断开拓

一方面，曲艺在农村多以草台班子的形式得以传承发展，多是走街串巷、撂地表演；另一方面，曲艺走进都市，或撂地表演或走进茶馆、剧场。同时，随着科技的进步，电视、网络成为曲艺传播的重要媒介。近些年，随着经济的发展和专业团队商业化经营，基层曲艺小剧场、书场如雨后春笋蓬勃发展，进而形成了剧场、茶馆、网络、电视、民间草台班子、撂地表演等多元传播途径并存的景象。

4. 权益保护建设有序推进

为了摸清当前曲艺家最关注、与曲艺发展关系最紧密的维权诉求，破解曲艺维权难题，探索建立曲艺维权模式，本年度，中国曲艺家协会开展了曲艺维权调查工作，初步完成《曲艺作品著作权许可使用合同》《曲艺维权服务手册》，成功调解了不少曲艺版权纠纷案件。在曲艺工作者的共同努力下，曲艺权益保护、宣传、纠纷调解等工作也日益走上正轨。

结合 2014 年的曲艺发展趋势与问题，我们提出如下建议：

1. 持续推进曲艺与多种媒介联姻

随着网络的普及，传统曲艺不可能只着眼于“原生态”的净土，而应多方面、多渠道拓展自己发声的途径。一方面，网络中时兴的线上交互平台可以弥补电视封闭舞台空间的不足，形成与受众的良好互动，促进传统曲艺的改革与创新。另一方面，网络当中的云存储技术也能构建曲艺数据库，在保障创作权的基础上提供多种形式的资料供人浏览和作为日后归档的基础。广播电视媒介与网络媒介各有其生态和长处，曲艺应与多种媒介联姻，才能在日益多元化的文化空间中找到自己的位置。

2. 打破体制“内”“外”的刻板观念

在市场化的浪潮中，不少私营的曲艺从业者纷纷给自己贴上了“草根”“民间”“非主流”等标签。这些自贴标签的背后是一种潜在的区分，呈现出体制内与体制外、教化与娱乐的人为对立。其实划“主流”“非主流”这条线并不利于曲艺的发展，反而会促成曲艺界的分裂，应当着力破除这些刻板观念，加强行风建设，加大对新曲艺组织、曲艺从业者的团结引导服务力度，多渠道壮大与发展曲艺队伍，才能将曲艺这块“蛋糕”做大做好。

3. 以“高标准”增强年轻一代对传统的诠释力

在曲艺从业者越来越年轻化、曲艺越来越市场化的趋势下，更应该坚守艺术的高标准，踏踏实实诠释传统，以精品曲目引领文化市场。首先，应该改变曲艺“脑体倒挂”的分配方式，政府部门可启动资金或者吸引企业、非营利性机构资助以加强对于曲艺创作的关注与投入，搭建一个提高曲艺创作者知名度的平台，加大对优秀曲艺创作者的奖励制度，使创作与表演均衡发展；其次，每一次曲艺的创作都是传统曲艺的“再情境化”过程，曲艺创作者应尽快脱离快餐文化的创作方式，应秉持对曲艺的自觉，在市场化、商业化浪潮中不能迷失对艺术价值的判断，稳下心神增强自身的功力，使构思的作品既有传统的光晕，又有其独特的开创之处；最后，不可忽略的是，应继续坚持各地曲艺培训班的开办，并持续推动曲艺与高校专业接轨，使曲艺工作者能产出更高质量的作品。

4. 加强对传统曲目、曲种的活态发展以及音像资料保存工作

对于传统曲目、曲种的保护不仅在于对其资料的收集、整理以及音像出版等基础工作，还应该注重传统曲目、曲种的活态传承。许多老传承人年事已高，为防“人去艺亡”，应开辟可供传统曲艺发展的文化空间，使传统曲艺可持续发展。传统曲艺在突出“传承人”的重要性的同时，也不可忽略提供在原生社区内的自娱自乐、非营利性表演活动的机会，增强传统曲艺的生命力。

五、活动与交流

2014 年，在中国曲艺家协会的积极引领下，曲艺界各项活动蓬勃开展，内外交流继续深化，与往年相比呈现出 3 个鲜明特点：重大活动的影响力和导向性进一步加强，基础工作的效用进一步凸显，特色品牌的号召力进一步增大。

1. 各项赛事展演竞相绽放

第八届中国曲艺牡丹奖评奖颁奖活动圆满举行，从筹备到落幕历时 7 个月，报送参评节目总计 365 个，涵盖 86 个南北曲种，报送节目和曲种数量均为历届最多。第九届河南宝丰马街书会全国曲艺邀请赛在河南省宝丰县举行，来自全国 15 个省区市的百余位曲艺家云集中原，涌现出扬州清曲《春江花月夜》、二人转《找老伴》等一批贴近基层群众文化生活的优秀曲艺作品。第六届全国少儿曲艺大赛在四川成都彭州成功举办，来自全国 22 个省区市和香港、台湾地区的 62 个优秀少儿曲艺节目同台竞艺，这是自 2006 年首届大赛举办以来参加人数最多、举办规模最大、节目质量最高的一届比赛，而且通过全国少儿曲艺大赛的带动，一些有条件的省区市也逐渐开展本地区的少儿曲艺大赛。第八届中国曲艺节在江苏省连云港市成功举办，曲艺节以“曲艺的盛会、大众的节日”为主题，全面展示了 3 年来曲艺事业的发展成果。2014 年，中国曲艺家协会还开辟了首届中国好故事（走马）邀请赛、中国・铁岭首届二人转邀请赛、首届“高元钧杯”全国山东快书大赛、首届“韩起祥杯”中国西部优秀曲艺节目展演等新活动，为各地的优秀曲艺节目提供了更多的展示平台。

2. 重大主题活动有声有色

“我们的价值观——曲艺走基层全国百场巡演”贯穿中国曲艺家协会工作全年，广大曲艺家和曲艺工作者深入北京、吉林、黑龙江、湖北、湖南、河北、山东、四川、山西、河南、浙江、广东等地的城市广场、农村集镇、社区文体中心等场所巡演，总计 106 场。第四届全国道德模范故事汇基层巡演活动，先后赴北京、福建、江西、湖南、湖北、河南、青海、四川、广西 9 个省区市的 18 个城市，共开展 37 场演出。中国曲艺家协会组织艺术家赴宁夏银川、四川凉山彝族聚居区和西昌卫星发射中心开展“深入生活、扎根人民”主题实践活动采风慰问，中国曲艺家协会文艺志愿服务团和牡丹奖艺术团赴四川彭州、邛崃，山西长治，河南宝丰、商丘，重庆走马镇，江苏张家港、武进、南京、无锡、苏州，吉林农安，安徽合肥，北京丰台，浙江余杭，陕西西安，贵州都匀等地开展文艺志愿服务。“向人民报告——庆祝新中国成立 65 周年暨说唱中国梦优秀曲艺节目展演”曲艺展演汇集了江苏、浙江、河南、四川、山西、内蒙古、中国广播艺术团、中国铁路文工团、全国公安文学艺术联合会曲艺家协会等 10 台风格各异、异彩纷呈的专场节目，推出了一批思想精深、艺术精湛、制作精良的优秀作品。

3. 作品评选创作培训齐头并进

第三届“包公杯”全国反腐倡廉曲艺作品征集颁奖系列活动在包公故里——合肥市成功举办，推

出了小品《送礼》、相声《座右铭》、京韵大鼓《龚全珍训女》等一批以廉政文化为主题的思想性、艺术性和观赏性俱佳的优秀曲艺作品。在重庆举行的第六期全国曲艺创作高级研修班吸引了来自全国各地的58位中青年曲艺作者。另外，中国曲艺家协会在福建厦门、浙江绍兴、山东聊城先后举办“文艺培训志愿服务项目——曲艺培训班”，通过教、学、帮、带的形式共培训三地的地方曲艺骨干350余人、曲艺爱好者千余人。

4. 曲艺理论研究继续推进

“多元文化中都市曲艺的生存与发展”研讨会在上海召开，探讨了曲艺的多元发展与单元深入、都市曲艺的生存与发展等议题。第三届“包公杯”全国反腐倡廉曲艺作品征集活动座谈会围绕曲艺助推廉政文化建设这一主题，就廉政文化建设进一步展开全局性深入探讨和前瞻性理性思考。在中国·铁岭首届东北二人转邀请赛期间，中国曲艺家协会组织曲艺、传媒等各界专家就二人转艺术生存和发展问题进行了研讨，进一步探索了二人转艺术的发展方向与思路。第八届中国曲艺牡丹奖“说唱百姓服务社会”专题研讨会学习交流了习近平总书记在文艺工作座谈会上的重要讲话精神，并结合中国曲艺牡丹奖评选的进一步改进和完善，研究探讨了曲艺艺术如何在实现中国梦的伟大征程中发扬优势、贡献力量。“核心价值观与优秀传统曲艺”研讨会，从曲艺的价值引领作用、市场经济环境下的曲艺创新、曲艺小剧场的生命力等多方面出发，深入讨论了传统曲艺如何在培育践行社会主义核心价值观的时代召唤中发光发热，切实为实现中华民族伟大复兴中国梦做出应有贡献。陕西相声现象研讨会围绕近年来形成的陕西相声现象把脉定位、总结经验、分析现状、明确思路、研究问题、拿出办法。2014年，中国曲艺家协会加大曲艺高等教育学科体系和教材建设推进力度。7月，高等教育曲艺类专业教材编写工程合作协议在辽宁科技大学签订，标志着高等教育曲艺类专业教材编写工程正式启动。12月18日至19日，中国曲艺家协会在辽宁鞍山和辽宁科技大学召开了高等教育曲艺类专业教材编写工程联席会议，以进一步推动曲艺高等教育教材的编写工作，确保在2015年取得实质性成果。

5. 曲艺对外民间交流继续深化

2014年中国曲艺家协会先后组织团组出访了新西兰、美国、加拿大、德国、法国、匈牙利、新加坡，且首次到奥地利、捷克、南非和马来新亚4个国家交流演出，并就深化合作进行了洽谈，进一步推动了中华传统文化“走出去”。在横向拓展交流区域的同时，各类外事品牌也逐步建立。在与中国港澳台地区的交流上，交流渠道逐步拓宽，长效机制逐渐形成。

2014年度曲艺木偶皮影艺术发展形势分析会摘要

◎王 晶

2014年12月24日，为了贯彻落实习总书记重要讲话精神，加强和改进对文艺工作的领导，强化艺术理论评论建设，听取各方面对话剧艺术的意见和建议，由文化部艺术司、中国艺术研究院科研处联合主办的“2014年度曲艺木偶皮影艺术发展形势分析会”在中国艺术研究院第五会议室召开。文化部艺术司周汉萍处长主持了本次会议。

中国曲艺家协会姜昆主席率先发言。他首先介绍了2014年中国曲艺家协会的工作成果。姜昆总结2014年曲协工作为“打了主动仗，唱了主旋律，凝聚了正能量”，并重点介绍了五方面的工作成绩。

一是开展了一系列的演出。这些演出活动整体上呈现了近年来曲艺的丰硕成果。在谈到成果的同时他也提到了发现的问题，如在宣传工作方面，部分媒体对曲艺演出宣传不积极配合的问题较为明显。二是评奖办节，主要包括牡丹奖、曲艺节等活动。姜昆表示，通过这些赛事和活动，中国曲艺家协会得以不断地挖掘新人新作，使一批年轻的曲艺演员走上舞台。他尤其强调这些活动都成为推动曲艺工作发展和繁荣曲艺创作、发现曲艺人才的重要平台。三是走基层。为响应中宣部提出的深入生活、扎根人民主题实践活动，中国曲艺家协会在去年开展了一系列的走基层活动。四是理论建设。中国曲艺家协会在这一年来把握问题导向，强化问题意识，切实加大学术研究和理论探索。尤其在曲艺艺术的推广方面的一些工作，中国曲艺家协会集中抓了几批曲艺教材的编写工作。姜昆认为，应该把一些热活动跟冷思考结合在一起，以共同推动曲艺艺术事业的发展。五是对外交流。中国曲艺家协会去年共派出7个代表团进行出国访问和两岸文化交流活动，尤其在两岸交流方面在去年有了较大的发展，中国曲艺家协会去年组织赴台湾开展了以“海峡水暖曲艺情浓”为主题的慰问演出，反响巨大。

另外，姜昆也介绍了2015年中国曲艺家协会将要开展的几项重要工作：第一，把握习近平总书记重要讲话的精神实质，深入开展主题实践活动。第二，将继续精心地来组织曲艺展演的赛事，创作生产曲艺精品力作。第三，今年曲协将推出“中华曲艺海外行工程”，进一步扩大曲艺艺术的海外影响，并将深化合作内涵。姜昆表示，很多人并不理解曲艺艺术为什么要走出国门。他说，诚然曲艺艺术与木偶、皮影等艺术形式不同，作为以语言为特点的艺术，曲艺有很强的本土特点。因此他表示，活动的本意并不是要求中国曲艺冲出亚洲走向世界，但是要扩大曲艺的影响，就要有一批热爱中国曲艺的人，在世界范围上做宣传员。姜昆认为，如果没有这个活动，不去交朋友、不去开眼界，就达不到这种更加广阔更加深远的影响。

随后姜昆谈了他对当前曲艺形式的一些看法。他首先表示了对现在曲艺发展形势的看好，并且提出其中最重要的原因就是年轻一代曲艺工作者已经成长起来了。同时，他也认为接下来需要做的是给青年演员进行必要的指导，因为大多数年轻人现在已经走到了瓶颈。他们长期在民间小剧场进行了大量的演出，由此形成了一个量变。完成量的积累之后，则需要他们走上中央电视台这样的公共媒体，从为小众服务转变为为大众服务，这需要让他们进行质变。从量变到质变，来保障一代人艺术上的升华。让青年演员从民间艺人走向艺术家，这对于曲艺艺术而言是一个非常大的任务。

谈到曲艺、木偶、皮影整体发展方面，姜昆认为对外宣传是仍须再努力的方面。他认为，在对外宣传方面，应该多呈现一些实际的文化内容。如外国人都知道孔子、四大发明等中国文化符号其实无须进行过多宣传，任何文化宣传都应多贡献一些实际内容。他希望文化部能够在这方面多做些实际的研究，想一些可行的方法来促进本土艺术的国际对外宣传。

天津市曲艺团创作员赵崑同志在发言中介绍了天津市曲艺团2014年的整体情况。天津市曲艺团于去年初完成了正式转企改制。在这种背景下，全团去年的演出比往年减少了100多场。他认为主要原因是曲艺团在转企以后，全团压力较大，这种压力并不仅来自市场，还有曲艺团自身团队建设方面的压力，同时他提出了全团人员比较紧缺这一现实问题。赵崑总结了2014年天津市曲艺团举行了几场大型演出活动，其中最主要的是几位曲艺大师的百年诞辰。去年一年中，骆玉笙大师的诞辰活动共举办3场，演出内容都是经典曲目，但是形式呈现出更加多样的趋势，部分节目还依托了现代的声光电技术，这些新形式获得了大家的认可。纪念相声名家赵佩茹先生的活动中，曲艺团推出了原创概念性相声剧《致那远去的身影》，深受观众好评。此外还有“中华曲艺唱中华”演出、以“中国梦”为主题的综合戏曲曲艺晚会等活动，都获得了不错的反响。最后，赵崑还提到了天津曲艺团2014年申报成功了两项国家级非遗项目的情况。

中国艺术研究院曲艺研究所蒋慧明副研究员从曲艺理论研究方面发表了自己的看法。她认为当今的曲艺理论建设不仅较为薄弱，更出现了小众化的趋势。另外，现代大众对于曲艺艺术的内涵与概念较为模糊，一些常识缺乏了解。出现这样问题的原因一方面是舆论宣传不足，另一方面则是从业者呈现给公众的作品并没有达到预期效果所致。简单而言就是精品太少。蒋慧明重点强调，当今青年演员所出现的问题，核心就是创作问题。

除了指出问题，蒋慧明也认为青年曲艺演员也有很多值得肯定的方面，如在宣传营销手段、与观众互动等方面，青年曲艺演员的表现与传统演员就有很大不同，青年演员与观众距离更近，彼此也更像是朋友。观众来看他们的表演，有一种轻松愉悦的感觉，这正是曲艺作品所希望达到的效果。她还提到青年演员也主动进行公益性演出等优点，并认为此举说明了他们努力希望改变公众对小剧场的一些负面印象的诉求。

蒋慧明近年来从事当代相声小剧场研究，以上谈到的现象都来自其在研究中的体会。她表示，现在全国范围内相声小剧场发展态势良好，她希望自己下一步的研究能更加深入，并以此为切入口，为曲艺事业的繁荣发展找到方法。

最后，蒋慧明提出了“年轻演员如何能够撑起曲艺这片舞台”这一问题。她认为，除了人才、作品等方面外，体制的保障方面也应重视，而诸如市场功能开发等多个课题，都将是需要在今后着重去解决的问题。

中国艺术研究院曲艺研究所所长吴文科谈了他的看法。他认为，曲艺界2014年整个文艺活动是走在前面的，尤其从活动组织、工作的主动性和大家的团结拼搏等方面而言，这是没问题的。但同时他也提出要看到热闹后面的问题，最突出的就是“有热闹但没有形成热点”。他就媒体和社会对曲艺活动关注度不够的问题谈了自己的看法，他认为一方面媒体现状确实如此，这应该理解；另一方面，举办的曲艺活动能够提供给社会的价值究竟有多大，是需要大家反思的问题。吴文科认为，艺术创作和表演，是靠推出杰出的艺术家和具有影响力的作品来说话。而今年来有哪些作品或哪些人真正能够引起人们的关注，才是大家需要认真思考的问题。吴文科发现，当下举办的赛事较多，但是推出的新人新作与大家的期待相比，其实仍然有较大差距，这一问题应当重视。

同时，吴文科也提出了对当下一些现象的看法。由于近期以来，对大制作风气的纠正，有关方面对艺术创作的投入在减少，出现了“过去撑死现在饿死”的现象。他认为真正的曲艺文化投资不应该投在技术上，而应该投在艺术创作上。吴文科认为做事要符合艺术的发展规律，在讲俭朴的同时不应影响艺术发展。艺术应该起到发光发热的作用，不能过分低调从而牺牲艺术作品质量和影响力。最后他提出，反对大制作是反对把钱乱花，但并不意味着就不投入，应防止从一个极端走向另外一个极端。

吴文科还提出了曲艺创作方面的问题。他发现，在举办的很多活动中，的确推了不少新人，但是出好作品的比例还是不够高。创作应该是从业者的中心任务，作品是立身之本，没有扎实的作品则没有艺术话语权。他发现的另一个问题是创新多、传承少。创新多是值得鼓励的方面，不创新的艺术是肯定不能发展的，因此创新是必然的。但是创谁之新，从哪个地方开始创新，这都是该思考的问题。在曲艺传承少方面，吴文科发现，当今很多曲艺院团在话剧排演方面都有不俗的表现，甚至在话剧市场中显得尤为突出，并且带来了客观的收入。但他呼吁从业者在此良好的条件下能回归曲艺创作，坚持曲艺阵地。他对当今大众对曲艺意识模糊等现象表示了忧虑。他举例说明，小品应该属于戏剧，但是现在有人还把它当作曲艺来看待，这种现象所折射出的问题应该重视。

随后，他又提出了当下曲艺演出“娱乐多，艺术少”的问题。吴文科承认小剧场演出有其自身的优点，但他也发现，由于近年来受草根文化的影响，小剧场曲艺演出有了草莽性。不同于草根的清新、朴实和本真，草莽性多了莽气。他赞扬了姜昆老师前几年提出的反对三俗，并谈到这一号召在当时受到部分来自网络的非议，却鲜有声援者的怪现象。而 2014 年 10 月 15 日习主席的讲话则是真正肯定了姜昆老师的呼吁。吴文科由此总结，研究者从业者不能盲目跟风，而是应该敢说真话，不能不加思考的就认同大多数。多数人说的不全是对的，特别在文艺问题上，专业人士应该比多数群众要稍高一点，否则便不能示范。因此他呼吁文艺工作者要有自信。

吴文科还谈到了当下曲艺作品宣教意味过于浓重，而感动观众的成分有些不足。他提出，曲艺作品中的很多故事都很好很感人，但是不应总“贴标签”，总给观众以宣传教育的感觉。几十年以来的宣传味道让老百姓或多或少有了抵触心理。他建议创作者在表达方式上应有所改进。

最后，吴文科认为从国家政策层面上，曲艺还没有得到足够平等的重视。他提出，教育部在对曲艺的学科划分上有所偏颇，缺少文化情怀。吴文科强调艺术是一个生态系统，如果没有良好的土壤、阳光和空气，一个艺术行业不可能培养出有文化、有素养、有追求的人才。因此他认为顶层设计对于曲艺发展的影响十分巨大，建议高层重视。

在听完曲艺方面的发言后，周汉萍说，由于编制艺术形势发展的年度研究报告的工作刚刚开展，还有很多问题，包括对待艺术门类等都有待改进，感谢专家们提出的批评和建议。他表示将很快将完成 2014 年全国各省文化厅艺术创作生产演出方面的情况汇报工作。

随后，木偶皮影方面的专家进行了发言。首先是国际木偶联会亚太地区主席唐大玉发言。他首先总结了 2014 年木偶皮影界的主要工作进展。大型活动方面举办了南通国际木偶艺术周，以及湖南和贝宁合作举办的传统文化展演活动，尤其是湖南与贝宁的合作活动中，双方进行了交流，对抢救保护非遗作品起了非常大的作用。除此之外，还举办了评奖会、世界巡演推荐会等活动。在研讨活动方面也有进展，这些活动对提升木偶界的理论研究水平和理论建设有非常大的作用。

2014 年中，通过木偶皮影艺术的国际交流活动，共建立两个文化基地：一个是位于南充的亚太地区的国际木偶皮影展演基地，该基地落成以后，推动了南充地区的木偶皮影艺术的建设。另一个基地是与亚太委员会联合建立的国家基地。

唐大玉还介绍了与上海戏剧学院开展合作办学的情况。合作办学多年以来培养了大批木偶艺术人才。去年则更进一步，与上戏联合推出了优秀人才海外交流实习项目，该活动对调动学生积极性有着极大的帮助。此外，唐大玉还专门介绍了与上戏合作办的中外专家交流活动，通过交流活动，参会各方在学术上都有很大的收获。因此通过文化交流等活动，极大地增强了业界的自信心，也确实看到中国文化走出去的发展前景，也为业内各方提供了开放的视野以促进交流。

在介绍成果的同时，唐大玉也提出了存在的问题。他首先谈到的是传承问题，他说，过去的木偶皮影演员，肚子里都是几百个剧本，现在从业者根本做不到这一点。因此，唐大玉认为应该通过活动来进行挽救，以传承木偶皮影的艺术传统。他提出的第二个问题是经费不足，目前可以举办的活动有很多，也有很多抢救计划，在资金到位的前提下就自然会水到渠成。但是目前的很多活动，组织起来还要一些院团自掏经费，尽管如此，这些活动最终也都成功举办，这应得益于两方面，一是地方政府对文化艺术事业的支持，二是业界同人艺术家的团结和对木偶艺术的执着与真诚。

唐大玉认为，很多民间团体的演出热情非常高，仅他发现的，有的团体最多在一年间演出 721 场，观众热情也很高。尽管演出的场次多，但是从业者的收入极少，因此唐大玉希望有关部门在财政支持上加大力度进行扶持，他说，由于大量的木偶剧团在民间，演出普遍深入到最基层，这些都是文化生活最贫乏的地区，如果这些根植民间的剧团如果消失，那么该地区的文化生活则会更加匮乏，这是亟待解决的问题。

唐大玉认为对于专业院团而言，他们在创作上是非常独立的。在演出场次非常多的情况下，仍然保持创作力，并且在非常艰苦的条件下不断探索、不断出作品，这一点十分不易。唐大玉以唐山团为例进行了说明。作为唯一一个专门演皮影戏的团体，在改制以后，其经营现状并不容乐观：工资是基本上发不出来，演出也极少，主要因为没有合适的演出场地。而且最近两年该团都没有参加大型活动，因为排不出新戏。唐大玉提出造成该局面的原因有很多，如地方政府扶持力度不大、没有独立剧场等，造成经营不善，人才流失。他认为场地和硬件问题是制约木偶皮影发展的一个大问题，不仅唐山团如此，全国很多地方都是如此。而有的地方政府为演出团体提供了场地，其效益就有明显好转。唐大玉认为只要为木偶皮影演出团体提供场地，这些场地就能得到充分利用，除了演出之外，还可以进行展览宣传，并把木偶制作及木偶培训全部集中在一起。

最后，唐大玉提到木偶皮影也会和很多宣传工作结合在一起，如消防宣传、法制宣传、经济宣传、环保宣传等。有些地方还将木偶皮影艺术以传承课的形式开进学校，并在学校里举办业余的木偶皮影培训班。他认为这些都是传承皮影艺术的有效方法。

泉州木偶剧团的王景贤团长在发言中总结了该团在 2014 年进行的几项工作。一是创新。王景贤认为创新是一个团体能力和价值提升的引领，没有艺术上的创新，艺术就不会进步。他以去年创作的《赵氏孤儿》为例，这部作品为该团斩获了诸多荣誉。在《赵氏孤儿》的演出过程中他发现，过去一味对创作数量上的追求是有问题的，很多戏演完以后就不再演，也就没有再提高，随后就会销声匿迹。王景贤尤其认为，对于小剧团而言，过分追求创作的数量本身就是一种极大的浪费，应该把创作的戏不断地加工再提高，使其成为一个精品，引领行业从业者在艺术上精益求精。

二是对外交流。泉州木偶剧团多年以来，外交流活动的频率一直都比较高。他赞同姜昆老师所提到的木偶皮影在国际交流中间应该担当重要使命的观点，并认为木偶皮影可以发挥的功能是非常巨大的。这也引起了王景贤的思考，从文化传播的层面来看，该如何把木偶戏这一“利器”用好。他认为木偶戏形式灵活，成本低，在国外也受欢迎，这些都是其传播的优势，目前的问题是国内行业内部自身没有大的成熟的组织，他建议文化部可以牵头组织，并希望能够重视。

三是剧团的工作。王景贤介绍说，由于泉州木偶剧团同时也是非物质文化遗产保护传承单位，因此传承“非遗”工作便成为一切工作的基础。2014 年泉州木偶剧团做的比较重要的工作就是开始恢复自主性，以往演员从学校毕业，是老师跟学生的关系，现在重新拜师学艺。王景贤认为这种师徒教育模式有两个好处，第一是重新建立了剧团内部的伦理精神，对职业的热爱转化为师徒之情，这种既教艺又教人的模式是对学校教育的一个补足；第二是对传统的尊重与保护，他认为传承工作做不好，空谈创新是无用功。

四是公益性演出。2014 年泉州木偶剧团举办了多场公益性演出。

对于木偶、皮影、曲艺的发展，王景贤提出，没必要关注其是不是在制造热点，制造热点往往会带来虚假的烦恼，木偶皮影以及曲艺等艺术门类都是润物细无声的。因此他认为工作的重点应该放在如何更好地扶持和保护，以使其更家日常化、平民化，能进入百姓的日常生活。

随后，王景贤介绍了 2015 年泉州木偶剧团的工作重点，如丝绸之路国际文化节、亚洲艺术界、第四届中国全球国际木偶节等。最后他提出对木偶皮影等艺术的未来发展形势分析中，应重点分析出木偶皮影戏的功能，尤其是在对外交流传播方面的功能。王景贤还希望中国木偶皮影艺术学会提升，并希望相关领导予以考虑。

江苏省扬州木偶研究所的戴荣华所长在发言中首先介绍了 2014 年的相关情况，除了获得荣誉、市场开拓以及对外文化交流演出等方面的积极工作以外，他重点提到了在剧目创作上的不俗表现，扬州木偶研究所创作了多种形式的新剧目，以适应不同环境的演出，如有的在剧场中演出，有的则为苏州景点专门打造，还有专门为进校园演出创作的剧目。这些演出的收入也非常可观。同时，他也提到了在木偶制作方面的成就同样突出。

随后，戴荣华针对木偶艺术的发展提出了四个亟待解决的问题。第一，与其他艺术形式相比，针对木偶艺术的投入太少。可喜的是，近期在文化交流层面上，政府的重视有所增加，但是总体而言投入和扶持仍然显得不足。第二，当前的文化演出市场较为混乱。戴荣华认为这些混乱局面主要体现在民营演出团体在组织形式上给国营团体造成的冲击。民营院团组织成本低，剧目不精良，低俗的成分多，很大程度上影响了正规木偶行业的发展。第三，戴荣华希望文化部对木偶行业的活动能给予更多重视。第四，戴荣华专门谈及他对木偶艺术创作的信心，和很多艺术形式不同，他对木偶的发展前途充满信心的，而这种信心是来自他对观众的信任。

湖南木偶艺术研究院木偶传承保护中心的张帆主任在发言中首先介绍了相关情况。张帆强调，近几年在比较艰难的条件下，仍然取得的一些成绩，非常不易。针对皮影戏，他们在传统的基础上进行了很多创新。张帆特别强调，创作出来的作品应该是接地气的，能令观众喜欢的作品。在传承文化方面，他谈到其一直秉承的一个理念，即传统文化应当从娃娃抓起。通过针对青少年的展演，湖南木偶艺术研究院进行了良好的艺术传承，同时也培养了新的观众群体，这是其与众多兄弟院团的一个重要区别。

谈到对于 2015 年的一些工作展望，张帆提出，将继续创作一批新戏，如围绕环保打造的一台新戏，以及关于反映留守儿童问题的作品等，这些都是传播正能量的内容。他还重点介绍了在创作风格方面的“外向型”特点，湖南木偶艺术研究院的项目中，有 3 个都是与外部合作的项目。展望未来，他认为需要做的工作会有很多，也将会更加努力，只是希望大家能够重视皮影事业的发展。

国际木偶专业教学委员会委员、上海戏剧学院的王晓鑫教授在发言中重点提出了他的两个观点。第一，要重点培养选择以民族木偶皮影艺术为事业的人才。第二，希望上级单位能够组织如木偶皮影传统剧目展演的相关活动，并且能起到鼓励发掘传统流派代表性剧目的作用。这个是他认为在木偶皮影发展中较为紧急、较为重要的两个问题。

针对第一个问题，王晓鑫说，上戏的木偶专业已经创办 10 年，这 10 年当中不仅取得了一些成绩，也发现了一些问题。他认为很多问题从本质上折射出的是一个国家层面木偶皮影艺术现状的问题，如当下木偶皮影艺术青年人才问题。王晓鑫认为，目前多数青年从业者过于浮躁，非常急功近利。但同时他也提出，不能苛责他们不坚守这份寂寞的事业，因为毕竟现实是很残酷的。他认为眼下应该做的是给青年从业者一个更好的平台，树立他们对木偶皮影艺术事业的信心。同时他呼吁业界自身也不要轻视自己从事的事业，行业内要有自信。建立自信也就随之会造就一批敢于担当、能够把木偶皮影当作自己事业的人才，他们将会成为木偶皮影艺术事业传承的根基。

第二个问题，王晓鑫希望文化部能够组织木偶皮影传统剧目展演活动。他认为剧目的传承是表演艺术传承最好的途径，通过举办展演，可以让很多压箱底儿的老戏有重见天日的机会，同时也可以使年轻的木偶皮影从业者能够更安心在这一事业上继续发展。他表示，如果在将来有相关的需要，上戏也愿意参与其中的工作。

文化部艺术司原副巡视员，杂技、曲艺、木偶皮影研究专家李延年在发言中赞成了此前众位专家和学者的意见，并重点总结和强调了其中几个重要问题。首先是对外宣传问题，在木偶皮影的对外宣传方面，很多工作还有不足之处。他强调，对于有着深厚文化底蕴和传统的古老艺术，对外宣传工作中的缺位是非常不应该的，这主要是因为外宣工作人员对这一门艺术了解不够，他希望能够给相关工作人员“补补课”，使他们对中国的传统艺术有基本的了解，这是工作的重点。这一问题也反映出了文化工作中民族性的问题，是国家大的文化战略的问题。李延年随后强调了文化部应加强对木偶皮影等传统文化艺术的支持力度问题。他专门讲到，过去大家有一个误区，将木偶皮影归在儿童剧的范畴中，这说明其本身现在已经被边缘化了。如现在各个艺术门类都有协会，木偶皮影没有人承认，这是应该引起重视的问题。

李延年还重点提到了人才培养的问题，他强调，木偶皮影的人才培养是个大事。当下因为条件差，收入不好，造成招生难度比较大。个别地区尽管已经将人才输送到上戏去培养，但数量仍然十分有限。同时李延年也发现了在上戏培养产生的问题，好的方面是从业人员的文化素质有了很大提高，但与此同时，培养的同质化问题也显现出来，即各地木偶皮影不同的艺术风格，流派之间的差异性、艺术特色很有可能会丧失掉，这也是值得大家重视的问题。

对此，李延年认为大学培养是一方面，还有更重要的方面就是要普遍培养中专生。他认为这一点需要国家层面的支持，没有上级支持院团自己办不起来。对此他非常同意王晓鑫的意见，即进行一次传统经典剧目、经典技艺的展演活动。他认为这对中华文化的传承和木偶皮影的宣传都有很大的作用。另一方面，李延年还提出了改编经典木偶皮影剧目进行世界巡演的想法，并认为此活动应由文化部出面才能完成，因此，他希望文化部能够把这些意见向上反映。

专题

承续运河文明传统·推动流域曲艺繁荣
——“大运河流域曲艺学术交流展演及研讨活动”

【概况】

2014年8月9日至11日，由中国艺术研究院曲艺研究所和山东省济宁市人民政府主办，中共济宁市委宣传部和济宁市文化广电新闻出版局承办，中国说唱文艺学会、山东省文化馆和山东省艺术研究院提供支持，济宁市群众艺术馆和济宁市非物质文化遗产保护中心组织实施的“大运河流域曲艺学术交流展演及研讨活动”在山东省济宁市举行。中国文学艺术界联合会荣誉委员、中国曲艺家协会名誉主席、中国说唱文艺学会名誉会长罗扬，中国文学艺术界联合会副主席、中国曲艺家协会名誉主席、评书表演艺术家刘兰芳，中国艺术研究院常务副院长王能宪，中国艺术研究院曲艺研究所所长、中国曲艺家协会副主席、中国说唱文艺学会常务副会长兼秘书长吴文科，中国说唱文艺学会副会长、苏州弹词表演艺术家金丽生，中国曲艺家协会副主席、天津市文学艺术界联合会副主席、梅花大鼓表演艺术家籍薇，北京曲艺家协会副主席、京韵大鼓表演艺术家种玉杰，河北省曲艺家协会主席、曲艺作家陈小平，河南省曲艺家协会副主席兼秘书长鲁银海，安徽省曲艺家协会主席、相声表演艺术家李慧桥，浙江省曲艺家协会副主席、苏州评话表演艺术家魏真柏，中国说唱文艺学会常务理事、中国音乐学院副教授陈爽，山东省文化厅公共文化处处长刘显世，山东省文化馆馆长王寿宴，山东省艺术研究院院长张积强，山东省艺术研究院非遗保护研究所所长郭学东，中共济宁市委常委、宣传部部长王次忠，济宁市人大常委会副主任殷允岭，济宁市人民政府副市长吴霁雯，济宁市政协副主席陈颖，中共济宁市委宣传部常务副部长樊刚，济宁市文化广电新闻出版局局长孙爱民、副局长周长征等领导嘉宾及来自运河流域各地的专家学者和演职人员近300人出席活动。

本次活动得到有关方面的大力支持和相关领导的热情关怀。文化部艺术司和中国艺术研究院院长、中国非物质文化遗产保护中心主任王文章发来贺信。文化部艺术司的贺信指出：“千百年来，大运河不仅持续推动了沿线各地的经济发展，而且有力促进了流域地区的文化交流。素有‘孔孟之乡’和‘运河之都’美誉的山东济宁，发展成为运河之滨的‘曲艺之乡’，与大运河的长期哺育密切相关。值此大运河列入《世界遗产名录》之际，举办旨在‘承续运河文明传统，推动流域曲艺繁荣’的曲艺展演及研讨活动，对深化运河流域的曲艺文化交流，推进曲艺学术建设和创作实践稳步发展，具有重要意义。”王文章在贺信中指出：“举办旨在‘承续运河文明传统，推动流域曲艺繁荣’的‘大运河流域曲艺学术交流展演及研讨活动’，对于深化大运河流域的曲艺文化交流，强化大运河作为世界文化遗产的独特内涵，意义十分重大！不仅是推动文化强国建设的好事，也是推进曲艺学研究的善事。值得赞赏和肯定！”

本次展演及研讨活动共由二大项四小项内容组成，即“大运河流域地方曲艺学术邀请赛”和“大运河流域优秀曲艺节目‘运河之都行’惠民演出”组成的“大运河流域曲艺学术交流展演”，以及“大运河流域地方曲艺传承发展论文征集评奖”和“大运河流域曲艺发展论坛”组成的“大运河流域曲艺学术交流研讨活动”。来自北京、天津、山东、河北、河南、安徽、江苏、浙江等8个省市包括北京、天津、德州、聊城、济宁、泰安、枣庄、扬州、常州、苏州、杭州等城市的30个地区代表队参加了交流展演活动。参演节目包含北京评书、京韵大鼓、河南坠子、安徽琴书、苏州评话、苏州弹词、徐州琴书、木板大鼓、快板书、扬州弹词、扬州评话、常州道情、同里宣卷、杭州评话、杭州小锣书、绍兴平湖调、绍兴词调、绍兴莲花落、恰咚咚、山东大鼓、山东琴书、山东渔鼓、山东柳琴、山东清音、山东快书、山东落子、端鼓腔、湖滨（淮海）大鼓、数来宝、相声等30多个曲种。其中，经筛选推荐的42个节目参加了学术邀请赛和惠民演出，并分获金银铜奖；大运河流域地区相关科研单位、高等院校、曲艺院团、文化馆站、曲艺家协会、文化主管部门和非遗保护单位等方面的专家学者、管理工作者与创演人员共60余人参加了征文投稿和论坛活动，有32篇优秀论文分获论坛征文金银铜奖。吴文科和张积强共同主持了论坛活动；刘兰芳和籍薇等知名曲艺家出席活动并参加了惠民演出。

享有“运河之都”美名的山东省济宁市位于大运河中段，是著名的“孔孟之乡”和“曲艺之乡”；中国艺术研究院作为国家设立的曲艺研究学术机构，同时担负着为传承发展全国范围的曲艺文化提供智力支持和学术服务的责任与使命。此次联合举办大运河流域曲艺学术交流展演及研讨系列活动，就是按照“承续运河文明传统，推动流域曲艺繁荣”的宗旨，秉承“艺术与学术相互动、理论与实际相结合”的原则，围绕“如何传承发展地方曲艺”的主题，为新世纪新时代运河流域的南北曲艺交流搭建平台、提供助力。该项活动拟办成区域性的曲艺交流品牌，此次为首届活动。

【观点】以学术杠杆撬动大运河流域曲艺发展

◎王能宪

大运河流域是我国经济文化发达的地区，也是曲艺这门艺术十分丰富与活跃的地区。这次举办“大运河流域曲艺学术交流展演及研讨活动”，将运河流域8个省市的曲艺表演和研究人才集中到一起，进行展演交流和学术研讨，是一个很好的创举。为了办好这次活动特别是曲艺发展论坛，主办方事先组织开展了“大运河流域地方曲艺传承发展论文征集评奖”活动。来自大运河流域从事曲艺创作、表演、研究、保护的文化与教育工作者，踊跃参加，献计献策，表现出极大的热情。获奖论文均从各自地区曲艺传承与发展的客观实际出发，由不同的角度和层面，梳理总结和探讨了“如何传承和发展地方曲艺”的诸多问题，为大运河流域的曲艺传承和发展，提供了有益的思考与启示。

拥有“孔孟之乡”和“运河之都”美名、有着“曲山艺海”之誉的山东省济宁市，在我国的文化版图上居于极为重要的地位，曲艺的艺术资源也十分丰富。除了普遍流行的山东琴书、山东渔鼓和山东落子，其他如端鼓腔、河南坠子、山东花鼓和山东大鼓等曲种也十分活跃。从“大运河流域地方曲艺学术邀请赛”上参演的节目看，济宁曲艺创演实力也十分雄厚，的确称得上是运河之滨的“曲艺之乡”！本次济宁市人民政府与我们中国艺术研究院曲艺研究所联合主办“大运河流域曲艺学术交流展演及研讨系列活动”，充分体现了济宁市在繁荣发展地方曲艺和促进南北曲艺交流方面的担当与奉献精神，赢得了与会代表的充分肯定与高度赞赏！

中国艺术研究院曲艺研究所作为国家设立的曲艺研究学术机构，同时担负着为传承发展全国范围的曲艺文化提供智力支持和学术服务的责任与使命。成立28年来，先后组织编写和出版了《说唱艺术简史》《中国曲艺史》《中国曲艺通论》《中国曲艺通史》和《中国曲艺概论》等一系列具有学科奠基意义的重要著作，部分研究人员还长期参与并具体承担了国家重大科研项目《中国曲艺志》的编纂组织与学术审定工作，为曲艺的学术研究和艺术繁荣，作出了积极而重要的贡献。随着中国艺术研究院艺术科研、艺术教育、艺术创作“三足鼎立”总体发展格局的形成，曲艺研究所在继续深化学术研究的同时，一些高级研究人员也招收培养曲艺学方向的研究生，成为目前全国唯一招收培养“曲艺学”研究生的科研与教学机构，是培养曲艺高端人才的重要阵地。近年来，该所相继发起主持或参与主办了一系列旨在科学推进非物质文化遗产保护语境下曲艺传承与发展的学术研讨和展演活动，都收到了良好的效果。此次活动的举办，同样是为传承发展地方曲艺提供智力支持和学术服务，也是该所理论联系实际一贯学风和学术服务社会工作宗旨的具体体现。衷心希望通过这样的研讨与交流活动，继续积极发挥其作为曲艺研究“国家队”的学术龙头作用和组织服务职能，为共同传承保护和繁荣发展曲艺艺术，推动社会主义文化的大发展大繁荣，作出新的更大的贡献。

王能宪　中国艺术研究院常务副院长

【观点】大运河与南北曲艺的交流发展

◎吴文科

绵延近1800公里的隋唐/京杭/浙东大运河，流贯北京、天津、河北、山东、河南、安徽、江苏、浙江8个省市，串起北京市通州区，天津市，河北省沧州市、衡水市，山东省德州市、聊城市、济宁市、泰安市、枣庄市，江苏省宿迁市、淮安市、扬州市、常州市、无锡市、苏州市，浙江省湖州市、嘉兴市、杭州市18个城市，沟通黄河、海河、淮河、长江和钱塘江5大水系，滋育了华夏文明的传扬与发展，也促进了包括曲艺在内的南北文化交流。在今年6月22日第38届世界遗产大会上获准列入《世界遗产名录》，表明其不仅是享誉世界的中国古代航运工程，同时也是富含历史文化价值的自然与人文景观。

大运河流域自古至今一直都是我国经济和文化较为发达的地区，沿线各地的曲艺文化资源也都十分丰富。翻开耗时25年陆续编竣、具有“曲艺《史记》”意义的“国家社科基金资助重大项目暨国家艺术科学规划重点项目”《中国曲艺志》（29卷，3000万字），不难发现，这一地区的曲艺发展，无论历史渊源之深、传统积累之厚、品种数量之多，还是发展水平之高，整体上均居于全国前列。诸如北京曲艺因基本采用普通话表演所拥有的广泛影响力；天津曲艺在近代以来以整体发展水平较高而形成的独有品牌效应，山东、河北、河南、安徽曲艺各具姿采又气韵相通的大众审美情趣；江苏曲艺因有苏州弹词那样精致清雅的代表性曲种而风神独具的清丽气质；浙江曲艺古今品种数量近百，堪为全国之冠的丰富蕴藏，都使大运河流域在某种意义上居于中国曲艺版图的核心位置。

而大运河千百年来的无声流淌，更承载并奏响着南北曲艺交流交融的雄浑交响。比如，明末清初的“大说书家”柳敬亭，之所以享有广泛声誉并能彪炳史册，除了其传奇的人生经历和高超的艺术水平，清康熙年间曾随漕运总督蔡士英沿运河北上到达北京，途中为同行人说书“谈隋唐间稗官家言”，入京后“以评话闻公卿”而“邀致踵接”，引来文人名士纷纷赠诗作传，也是非常重要的原因；再如，相传曾给凭借大运河的便利交通六次到过江南的清乾隆皇帝“御前弹唱”、以说唱《游龙传》和《白蛇传》闻名、外号“紫癞痢”的著名苏州弹词艺人王周士，所以还能北上扬州，给那里的人们表演，除了运河交通带来的便利，沿线往来各地人等的娱乐需求，也是其虽操吴语说唱而依然能在异地拥有听众的根由；又如，运河沿线的诸多城市像沧州、扬州、苏州、杭州等之所以在历史上曲艺发展繁盛，知名艺人众多、演出活动频繁，除了各自拥有的曲艺资源丰富和曲艺传统深厚，一个十分重要的因素，就是均属运河沿线的交通大码头，南来北往人多，娱乐需求旺盛，从而使得运河交通的拉动及商贸经济的兴隆，为曲艺的繁荣发展提供了非常适宜的社会文化环境；另如，许多南北曲艺的唱腔曲调之所以互相借鉴、相互交融，以至碰撞激扬、发展创新，同样是由于大运河便利交通的传载与推动。

可以毫不夸张地说，大运河不仅沟通了中国古今的南北交通，促进了沿线的经济发展，也推动了流域曲艺的交流与繁盛。正是基于这样的历史渊源，着眼当今的繁荣发展，发起举办旨在“承续运河文明传统，推动流域曲艺繁荣”的“大运河流域曲艺学术交流展演及研讨活动”，便有了特殊的作用与意义。

吴文科　中国艺术研究院曲艺研究所所长、研究员

【观点】搭建互利合作平台　促进南北曲艺交流

◎吴霁雯

在红荷争艳、绿意葱茏的初秋时节，“大运河流域曲艺学术交流展演及研讨活动”在济宁市成功举办，标志着流域地区的曲艺文化交流从此步入新的阶段，必将为中国特色社会主义文化的大发展大繁荣聚集积极有益的推动力量。

济宁市位于山东省西南部，是山东鲁南经济带的核心城市，是一座底蕴非常深厚的历史文化名城。始祖文化、儒家文化、运河文化、“水浒”文化、“梁祝”文化、佛教文化等在这里相映生辉，使济宁成为中华传统文化的代表性城市，在全国具有独特地位和重要影响。济宁境内文化遗存和文物古迹众多，有国家级重点文物保护单位36处，省级重点文物保护单位206处，市级重点文物保护单位314处；还拥有“祭孔大典”等入选国家级非物质文化遗产名录的保护项目18个，山东省级非物质文化遗产保护项目47个，济宁市级非物质文化遗产保护项目164个。

多年来，在各级领导和有关部门的关心支持下，济宁市的文化事业全面繁荣，文化产业蓬勃发展，公共文化服务体系逐步健全。济宁市“政府搭台，百姓听戏，激情广场大家唱”文化惠民工程，成功入选国家第二批公共文化服务示范项目。公共文化基础设施建设加快推进，新规划建设的济宁市文化艺术中心包括博物馆、美术馆、图书馆、文化馆4个文化建筑，建设用地36.7万平方米，功能齐全，设施先进。这些新场馆的建成，对于不断丰富济宁群众文化生活，集中展示济宁文化风采，有效提升对外文化交流，都将发挥重大作用。特别是在2013年于山东举办的第十届中国艺术节期间，济宁市成功承办了“中国民族器乐民间乐种组合展演”活动，并在“十艺节”各类参赛项目上取得佳绩，在“文华奖”和“群星奖”两大主体比赛中，夺取1个“文华奖”和3个“群星奖”，同时还荣获其他单项奖12个，实现了办赛和参赛的双丰收。

曲艺是中华民族重要的艺术门类，历史悠久，传统深厚，绵延近1800公里的隋唐/京杭/浙东大运河，纵贯我国南北，滋育了华夏文明，也促进了南北曲艺的广泛交流。济宁素有“曲山艺海”之美誉，山东琴书、山东渔鼓、山东落子等曲艺形式在这里深受群众喜爱，端鼓腔、山东清音和河南坠子等曲种也普遍流行。本次活动的举办，对于承续运河文明传统，推动流域曲艺繁荣，将产生积极而深远的影响。济宁市将以这次活动为契机，不断创新曲艺发展的理念和思路，整合各方面力量，加大对曲艺的传承保护力度，进一步提升济宁市“孔孟之乡，运河之都”的美誉度，积极打造弘扬优秀传统文化的首善之区。并期望通过此次曲艺的艺术竞赛和学术研讨，能为大运河流域曲艺文化的深入交流与互利合作，提供一种特别的契机，搭建一个良好的平台，为进一步促进大运河流域尤其是沿线各城市间的曲艺文化交流，作出积极而又切实的贡献。

【观点】济宁曲艺的历史传统与现实追求

◎周长征

济宁是著名的“孔孟之乡”和“运河之都”，历史文化底蕴十分深厚。元代以降，随着大运河的凿竣和通航，一跃而为热闹非凡的码头城市，成为南北文化包括曲艺交流的重要枢纽，并因此成就了“曲山艺海”的美誉。这里的曲艺资源非常丰富，广泛流行的曲种就有山东琴书、山东渔鼓、山东落子、山东快书、山东清音、端鼓腔、三弦平调、岭儿调、八角鼓、砰砰鼓、湖滨大鼓、河南坠子、石门小鼓等

10 多个。进入新世纪以来，济宁市高度重视对这些本土曲艺品种的传承与保护，山东琴书、端鼓腔和山东落子等列入国家级非物质文化遗产保护名录，其独特的文化价值受到空前重视。

近年来，济宁市的曲艺创演出现了百花齐放、量质齐升的可喜局面，大批基于济宁本地历史故事和民间传说题材的优秀曲艺节目陆续涌现，使得许多优秀的传统文化内涵通过曲艺艺术创演愈加焕发出新的光彩，不断传递着我们时代所急需的各种正能量。如根据孟母“三迁择邻、断机教子”的民间传说创作表演的山东渔鼓《断机教子》，荣获了第十一届“群星奖”金奖；根据“天赐颜回一锭金”的历史故事创作表演的山东渔鼓《孔子试徒》，在第十届中国艺术节上同样荣获“群星奖”；根据“昔仲尼，师项橐”的历史典故创作表演的山东渔鼓《孔子拜师》，参加了 2010 中国（曲阜）国际孔子文化节开幕式演出及 2011 中国文化遗产日（济宁）主场城市活动闭幕式演出，赢得了观众的普遍赞誉。新排演的山东清音传统节目《鞭打芦花》，也在此次“大运河流域地方曲艺学术邀请赛”上荣获金奖。特别是济宁籍的山东琴书国家级非物质文化遗产代表性传承人刘士福，非常善于结合时代新风进行创作和表演，由他编演的《人祸》《罪责难逃》《贾会计》等成为新时期脍炙人口的优秀山东琴书节目，其中《罪责难逃》荣获第十一届“群星奖”金奖，《农家春》参加第十届中国艺术节再获“群星奖”，他本人还荣获中国曲艺“牡丹奖”“泰山文艺奖”等一系列国家级和省级大奖。

济宁历史上曾以建有整个大运河上最具科技含量的汶上“南旺分水枢纽工程”和设有最高行政管理机构“河道总督衙门”而彰显着“运河之都”的区位优势，至今仍在大运河流域的经济和文化交流中发挥着独特作用。为使自身独特的文化传统更加发扬光大，继续发挥“运河之都”和“曲艺之乡”的特殊功能，此次依托我国曲艺研究的“国家队”——中国艺术研究院曲艺研究所的组织和引领，共同举办旨在“承续运河文明传统，推动流域曲艺繁荣”的“大运河流域曲艺学术交流展演及研讨活动”，为南北曲艺的持续深入交流搭建平台，为运河流域的曲艺创作表演出力，是非常神圣和无比光荣的事情，必将通过扩大交流和相互激扬，推进本地及相邻地区曲艺的健康发展与持续繁荣。

造就优秀传人·繁荣扬州评话

——“扬州曲艺进京学术观摩展演”及“扬州评话传承发展学术研讨会”

【概况】

2014年9月20日至21日，由中国艺术研究院曲艺研究所和江苏省曲艺家协会、中共扬州市委宣传部、扬州市文化广电新闻出版局联合主办，中国说唱文艺学会、中国俗文学学会和北京大学中文系协办，扬州市曲艺研究所和扬州市曲艺家协会承办的“扬州曲艺进京学术观摩展演”及“扬州评话传承发展学术研讨会”，在北京中国艺术研究院和北京大学举行。中国文学艺术界联合会荣誉委员、中国曲艺家协会名誉主席、中国说唱文艺学会名誉会长罗扬，中国文学艺术界联合会副主席、中国曲艺家协会名誉主席、评书表演艺术家刘兰芳，中国艺术研究院常务副院长王能宪，中国作家协会创研部主任梁鸿鹰，中国曲艺家协会分党组书记、驻会副主席兼秘书长董耀鹏，中宣部文艺局艺术处处长汪泽；中国艺术研究院曲艺研究所所长、中国曲艺家协会副主席、中国说唱文艺学会常务副会长兼秘书长吴文科，北京大学中文系副主任金永兵，中国艺术研究院曲艺研究所副所长田莉，《曲艺》杂志副主编宋洪发；江苏省曲艺家协会驻会副主席兼秘书长芦明，江苏省文学艺术界联合会《繁荣》主编李晓东；中共扬州市委宣传部常务副部长丁毅，中共扬州市委宣传部副部长、扬州市文化广电新闻出版局局长季培均，扬州市文化广电新闻出版局副局长周启云，扬州市文化广电新闻出版局副调研员兼艺术处处长祁淑惠，江苏省曲艺家协会副主席、扬州市曲艺研究所所长姜庆玲，扬州市曲艺研究所副所长包伟等有关方面领导，来自北京、天津、南京、济南、扬州等地曲艺界和学术界的专家学者与艺术家朱光斗、倪钟之、蔡源莉、陈连升、姚振声、常祥霖、王印权、种玉杰、陈泳超、陈连山、张蕴和、赵春强、康尔、韦明铧、徐德明、张亚昕、蒋慧明、申文、赵柔柔、高苹、李菁、张怡，中国艺术研究院研究生院“曲艺学”方向访问学者艾晔、李晓静和在读研究生，以及扬州进京参加展演的曲艺家与演职人员共约100人出席了活动。

“扬州曲艺进京学术观摩展演”及“扬州评话传承发展学术研讨会”共由三项内容组成。9月20日下午在中国艺术研究院举行“扬州评话传承发展学术研讨会”，“扬州曲艺进京学术观摩展演”包括9月20日上午在中国艺术研究院举行的“扬州评话优秀传人学术观摩展演”和9月21日晚在北京大学举行的“传统艺术北大行——扬州曲艺专场展演”两项内容。来自扬州市曲艺研究所的扬州评话老中青三代艺术家杨明坤、姜庆玲、马伟、谭敏、于海、陈中，扬州弹词和扬州清曲艺术家包伟、刘芓君、康康、赵松艳、周林、张一丞等不仅演出了《皮五辣子·假扮夫妻》《武松·杀嫂祭兄》《三国·蒋干讨差》《水浒·武松打虎》《万年青·大闹上官桥》《一代儒将陈毅·较量》《挺进苏北·陈毅进香》等传统经典和新编优秀扬州评话节目，而且演出了《啼笑因缘·误入师长府》《梅兰芳·蓄须明志》《大路朝天任你走》等扬州弹词和《扬州小巷》《黄莺儿·风》等扬州清曲节目。之前，由扬州市曲艺研究所承办的“向人民报告——庆祝新中国成立65周年暨说唱中国梦优秀曲艺节目展演·扬州曲艺专场演出”，于9月18日晚在北京民族文化宫大剧院成功举办，从而使得此次扬州曲艺的进京展演及研讨活动在“向人民报告”之外，还实现了同时又向专家学者和高校师生多方汇报的交流意愿。

扬州是苏北著名的曲艺重镇，拥有扬州评话、扬州弹词和扬州清曲等享誉全国并被国务院先后公布为国家级非物质文化遗产的重要曲种。近年来，由扬州市曲艺团转制组建的扬州市曲艺研究所，在继续做好扬州曲艺创作表演工作的同时，也承担着包括扬州评话在内的扬州地方曲艺的传承保护工作和学术研究工作，培养出老中青三代曲艺表演艺术家，形成了传承有序的良好发展格局。他们不但深刻发掘和继承传统，而且积极开展新节目的创作和推展，陆续创作并排演了长篇扬州评话《王少堂》等新节目，屡创佳绩，屡获奖励。此次应邀进京举办系列活动，就是通过艺术展演和学术研讨，集中探讨和及时交流扬州评话传承发展的客观规律与成功经验，有力激扬并有效推动扬州曲艺的持续繁荣与健康发展。出席研讨会的专家学者和艺术家充分肯定了扬州市近年来在扬州评话的创作表演、传承保护，尤其是人才培养等方面的持续努力与优异成绩，并指出了其中存在的一些不足，对扬州评话的今后发展建言献策、寄予厚望。南开大学中文系教授、曲艺理论家薛宝琨和北京大学中文系教授、民间文艺学家段宝林等因事未能与会，专门发来了书面发言。

【观点】自觉意识和自强追求

◎王能宪

这次“扬州评话传承发展学术研讨会”的主题是“扬州评话的传承与发展”，宗旨是“推出扬州评话优秀传人，推动扬州评话传承发展”。为此，在研讨之前，专门安排“扬州评话优秀传人学术观摩展演”，共有老中青三代扬州评话的优秀传人，为大家表演了 6 个传统与新编节目。不仅全面展示了扬州评话三代传人的艺术风采，而且集中展现了扬州评话当代传承的丰硕成果，更为我们从学术角度思考和探讨扬州评话的艺术传承与持续发展，提供了实在而又鲜活的交流凭借。

扬州作为苏北著名的曲艺重镇，不仅拥有扬州评话、扬州弹词和扬州清曲等享誉全国并被国务院先后公布为国家级非物质文化遗产的重要曲种，而且具有传承和发展本土曲艺的优良传统。近年来，在中共扬州市委和市人民政府的正确领导与大力支持下，由扬州市曲艺团转制组建的扬州市曲艺研究所，在继续做好扬州曲艺创作表演工作的同时，还承担起了包括扬州评话在内的扬州地方曲艺的传承保护和推展传播工作，培养出一批中青年的优秀曲艺表演艺术家，取得了令人欣喜的业绩。这次应中国艺术研究院曲艺研究所之邀，进京举办展演及研讨活动，进一步表明，扬州在本土曲艺的传承与发展方面，具有充分的文化自觉意识和积极的文化自强追求，非常值得赞赏和肯定！

王能宪　中国艺术研究院常务副院长

【观点】借力学术繁荣艺术

◎丁　毅　季培均

扬州曲艺来到首都北京中国艺术研究的最高学术殿堂，进行汇报演出、听取专家意见，是一件非常富有意义并十分难得和荣幸的事情！

扬州地处长江与运河的交汇口，是中国首批 24 座历史文化名城之一。明年即将迎来建城 2500 周年的大喜日子。2500 年的深厚历史文化积淀，为扬州留下了灿烂而辉煌的文化遗产，扬州评话就是其中的一朵具有典范代表性的奇葩。自形成以来的数百年间，扬州评话名家辈出、流派纷呈、节目繁富、影响深远，成为中国“说书”类曲艺的重要代表性品种。

组织开展扬州评话等扬州曲艺的晋京展演和研讨，是我们多年的愿望；不断提高以扬州评话为代表的扬州曲艺的发展水平，是我们持续的追求。来自首都北京及天津、南京、扬州等地的专家学者与艺术家给予我们的热忱鼓励和恳切点评，对扬州评话等扬州曲艺的传承与发展，是非常重要的激励和引领！

我们将以此为契机，进一步增强文化自觉与自信，更加积极地努力弘扬包括曲艺在内的地方优秀传统文化，更加重视非物质文化遗产保护语境下扬州曲艺的传承与发展，更加重视创新性的创作与表演，更加重视传承人队伍的培养与建设，更加重视向其他工作做得好的地方学习与借鉴，更加重视培育适宜本土曲艺持续健康发展的文化土壤，不断推动扬州曲艺的繁荣发展，为中国文化的大发展大繁荣做出我们应有的贡献！

丁　毅　中共扬州市委宣传部常务副部长

季培均　扬州市文化广电新闻出版局局长

【观点】继承创新　再续辉煌

◎罗　扬

作为曲艺战线上的一名老兵，我与扬州评话结缘，是从20世纪50年代认识王少堂开始的。那时他正在上海说演《水浒》，我有幸聆听了他的表演，并与他进行了长时间交谈。他的人品和艺术，都使我深为敬佩。回京后，我向时任中国文学艺术界联合会党组书记和副主席的阳翰笙同志作了汇报，中国文学艺术界联合会和中国曲艺家协会很快邀请王少堂来京为文艺界作观摩演出，令到场的阳翰笙、老舍、赵树理、陶钝、王朝闻等同志赞不绝口，纷纷称赞他为大说书家。后来到80年代，我在扬州主持了中国曲艺家协会召开的全国中长篇书座谈会，观赏了康重华、余又春和李信堂、惠兆龙、杨明坤、姜庆玲等同志的演出，对扬州评话又多了一些了解。

今天出席扬州评话的进京观摩展演及研讨活动，欣赏了老中青6位演员的精彩表演，看到扬州评话后继有人，感到十分高兴，现就扬州评话的传承发展提几点希望和建议，供同志们参考。一要继续抓紧扬州评话遗产的抢救、发掘和整理工作，就像当年王鸿等同志抓“王派”《水浒》“四个十回书”的整理一样，坚持不懈，务求实效；二要大力加强新书创作，不断推出新的成果；三要加强队伍建设，不断提高现有评话人才特别是年轻演员的思想道德素质和文化艺术修养；四要争取和团结更多热心并致力于扬州评话艺术的各界有关人士参与扬州评话的整理研究和创作推展工作；五要争取党和政府的文化主管部门和有关社会团体，更加重视这方面的工作，集思广益，群策群力，奋力推动扬州评话的发展繁荣。

罗　扬　中国文学艺术界联合会荣誉委员、中国曲艺家协会名誉主席

【观点】抓人才就是抓根本

◎吴文科

面对经济全球化和社会现代化的时代语境，要想传承和发展极具地域性和民族性的扬州评话等曲艺形式，最为基础和根本性的任务，就是努力造就一批又一批艺术精湛又事业心强的各类专门人才，包括创作、表演、教学、研究、传播、经营、管理等方面的专业队伍。尤其面对学校教育和学历教育主导当今人才培养的客观实际，面对曲艺的专业教育尤其是高层次的学历教育尚未完全纳入国家整体教育体制的尴尬局面，要想培养和孵化出能够满足当今曲艺传承与发展要求的各级各类专业化人才队伍，遇到的困难和挑战，就更加可想而知！

这就要求我们的曲艺界必须从各地各自的实际出发，结合自身的职责与使命，善于应对，勇于担当，努力开辟艺术传承的新途径，创造自身发展的新境界。在这方面，由扬州市曲艺团改制组建的扬州

市曲艺研究所，近年做出了切实的探索，已然交出了满意的答卷。此次他们不仅应邀来京参加了中国文学艺术界联合会和中国曲艺家协会组织的庆祝新中国成立65周年暨说唱中国梦优秀曲艺节目展演，向首都的观众献上了一台“扬州曲艺专场演出”；而且面向来自全国曲艺界和学术理论界的热心同行，进行了“扬州评话优秀传人学术观摩展演”，听取了“扬州评话传承发展学术研讨会”；同时还到北京大学，为广大师生作了一场旨在普及中国传统艺术的“中国传统艺术北大行——扬州曲艺专场展演”。既进北京登上了首都的大舞台，又进中国艺术研究院登上了国家艺术研究领域的重要学术殿堂，还进北大跨上了高等学府的大讲堂；把人才培养和艺术传承结合起来，把勤学苦练和实践磨砺结合起来，把艺术的砥砺置于学术的观照之下，让人才的成长遍历阳光雨露乃至风霜雨雪的滋养与洗礼，从而使艺术的传承发展和人才的培养造就紧密结合起来，用心可谓良苦，意义十分重大。

吴文科　中国艺术研究院曲艺研究所所长、中国曲艺家协会副主席

【观点】观摩之后说“五气”

◎朱光斗

扬州是苏北的曲艺重镇，是出过柳敬亭和王少堂等说书大家的曲艺圣地。这次看了“扬州评话优秀传人学术观摩展演”，内心十分欣喜，感觉非常高兴。老艺术家如杨明坤的精彩表演不用说了，中青年姜庆玲、马伟、谭敏、于海和陈中的表演，可说各具潜力，各有特色，也不一一点评了。

总的印象，概括起来，我有以下几点感受：一是大气。大气磅礴，气势恢宏。大气也是正气，正义昂扬。既弘扬了主旋律，唱响了正气歌，又传递了正能量，提振了听众观众的精气神。二是帅气。无论男演员还是女演员，在书台上都很帅很美。意气风发，英姿飒爽。撑得起台，压得住场。既让人羡慕，又让人崇敬。文艺工作者是人类灵魂的工程师，艺术表演有化育大众的教育功能。演员在台上帅气，具有引领和示范的作用。三是勇气。在当前传统艺术普遍低迷的情况下，他们用自身独特的艺术魅力，演绎出曲艺文化的别样风采，既是深刻继承的结果，也是勇于创新的体现。四是志气。从他们展演的传统经典和新编节目去看，他们都具有传承和发展扬州评话艺术的抱负与理想，并且克服了可想而知的种种困难，展示出志在必得的昂扬锐气。五是接地气。从他们在台上说表自如、摹学生动的娴熟表现看，他们肯定非常深入生活，否则无法说透人情事理，这都是难能可贵的。衷心希望，扬州的同志们能够继续发扬这些精神，把扬州评话这门艺术更好地传承下去，发扬光大。

朱光斗　中国曲艺家协会顾问、快板艺术家

【观点】细腻的描摹　立体的文学

◎梁鸿鹰

我是从事文学评论的，对曲艺比较陌生。但看了今天的“扬州评话优秀传人学术观摩展演”，深感艺与文实在是相通的。尤其面对当今全球化和现代化的社会环境，保护文化多样性的时代主题，使得扬州评话等曲艺的存在和传扬，越显迫切和珍贵。

看过刚才的展演，你会不得不折服。曲艺的艺术风范与美学特质，是如此独特。不只自身价值独特，即使对于文化学的研究而言，其贡献与启迪也是丰富和多样的。许多说表叙述和摹学描写，简直就是“立体的文学”。比如谭敏说演的《三国・蒋干讨差》，对于人物塑造采用的虚实相间与留白反衬，

文学性的技巧运用得十分巧妙。马伟说演的《武松·杀嫂祭兄》，描写非常细腻，人物塑造生动。尤其是一张嘴表演极尽各种口吻的娴熟转换，使故事的讲述和形象的塑造达到高度的统一，富于文学的智慧，深刻继承并彰显着传统“讲史”的叙事风范。

曲艺说书的意义，因而不只是一种娱乐，同时也具有构建中华民族“精神共同体”的作用与意义。“说书唱戏劝人方”，历来说书表演的价值，不唯体现在娱乐和审美，而是还有给人心灵慰藉乃至某种意义上的精神皈依效用；所谓“乡愁”，传统的说书表演当是一种典型的载体。这就使说书艺术的文化功能，远远超出了曲艺本身。而文学与曲艺，因此更应相向而行。因为，文学是“无声”的叙述，说书是“有声”的文学。文学与曲艺应互相学习，共同提高。

梁鸿鹰　中国作家协会创研部主任

【观点】扬州评话应有“梦”

◎段宝林

我是扬州人，从小喜欢扬州评话。最喜欢王少堂说演的《水浒》，忘不了他说书时滚圆的大眼和炯炯的目光；也喜欢《清风闸》中皮五辣子的笑话，他的机智和幽默，能启发人的智慧。这使我和扬州评话的关系难解难分。20 世纪 50 年代，我在北京大学教授民间文学，讲到曲艺一章时，重点分析介绍了王少堂的《武松打虎》，后来写进教材《中国民间文学概要》；1984 年到 1987 年，我多次带学生到扬州地区作调查，在高邮请教过康重华先生，还访问过惠兆龙和费俊良等评话专家；1996 年，我在参加哥本哈根大学召开的“现代中国口头文学学术研讨会”时，与王筱堂等 4 位扬州评话艺人同行，他们的出席成为会议的一大亮点；今天看到扬州评话老中青三代演员来京演出，继承了传统艺术，说明扬州评话还有很大的生命力。

为使扬州评话得到更大发展，我想到了“三个梦”，这就是“扬州梦”“中国梦”和“世界梦”。所谓“扬州梦”，是希望扬州评话深深扎根于人民群众的日常生活中，不但壮大自己，还要培养观众，尤其要培养年轻的“书迷”；所谓“中国梦”，是希望采用扬州方言表演的扬州评话，像山东快书、北京相声和苏州评弹一样，受到外地人的欣赏，走向全中国；所谓“世界梦”，是说优秀的艺术是属于全人类的，我们要有雄心壮志，通过增强艺术影响力，让全球许多地方的人都能喜欢它。为此，就要奋发图强，从艺术美感的强度、高度、深度、广度、精度和新度等方面入手，全面繁荣扬州评话艺术。

段宝林　北京大学中文系教授

【观点】叙事学视野中的扬州评话及其前景

◎康　尔

扬州评话是一种历史悠久、青春常在的叙事艺术。对其研究历来多从说书表演、民间文学、民俗文化等角度切入。现在看来，将其置于叙事学的视野，同样拥有许多的精彩。

扬州评话的叙事策略非常高明。在叙事语态上，坚持民间立场，主张平视人生。无论是《隋唐》《三国》《水浒》，还是《岳传》《清风闸》《飞跎传》，讴歌的是民族英雄，抨击的是奸佞权贵，讽刺的是市井无赖，同情的是底层大众。说书人娴熟运用明褒暗贬、暗褒明贬、正话反说、反话正说、指桑骂槐、借沟放水等策略，使“千秋功过早有公论、书家评点不含偏见”，机智而又蕴藉；在叙事结构上，有程式却不程式化。可拆可分，可叠可加，灵活机动。破题、承题、发展、突转、高潮、结尾，结构十分讲究；在叙事语式上，有“方口”“圆口”之分。或工整而节奏铿锵，或散淡而错落有致，阴阳交错，张弛有度。同时，叙事的方法极为丰富。说表结合，兼收并蓄。叙说、模仿、描述、阐释、像声、仿形、绘色、点评，不一而足。它如预叙补叙、夸张归谬、比喻象征、追忆闪回、插科打诨、合辙押韵、庄谐结合、观演互动等，全都采用了。至于在语言上大量吸纳俚语、俗语、谚语、歇后语、对联、诗词等，都使其艺术世界异常缤纷。

这使扬州评话具有旺盛的生命力，发展前景依然广阔。为此，在“说什么”的问题上，要更加注重传奇性、市井性和不可替代性；在“怎么说”的问题上，更加注重“东张西望”、开拓创新。如此，必定焕发出新的光彩，赢得新的辉煌。

康　尔　南京大学艺术研究院教授

激扬“鼓书”传统·推动“鼓书”繁荣
——全国“鼓书”观摩交流座谈会及湖南常德·全国“鼓书”学术邀请赛

【概况】

2014年11月2日至4日，由中国艺术研究院曲艺研究所、中国说唱文艺学会、湖南省文化厅、中共湖南省常德市委、常德市人民政府联合主办，湖南省非物质文化遗产保护中心、中共常德市委宣传部、常德市文化广电新闻出版局承办，常德市文化馆和常德市非物质文化遗产保护中心实施的“全国‘鼓书’观摩交流座谈会”及“湖南常德·全国‘鼓书’学术邀请赛”在湖南省常德市举行。中国文学艺术界联合会副主席、中国曲艺家协会名誉主席、评书表演艺术家刘兰芳，中国艺术研究院曲艺研究所所长、中国曲艺家协会副主席、中国说唱文艺学会常务副会长兼秘书长吴文科，中共湖南省委宣传部副部长魏委，湖南省文化厅副厅长孟庆善，湖南省非物质文化遗产保护中心主任颜喜，湖南省群众艺术馆馆长周志勇、副馆长梁向东，中共常德市委常委、宣传部部长刘进能，常德市人民政府副市长陈华，常德市人民政府副秘书长陈智慧，中共常德市委宣传部副部长张志平，常德市文化广电新闻出版局局长黄修林；以及来自北京、上海、重庆、黑龙江、河北、山东、山西、江苏、江西、浙江、湖北、湖南12个省市的曲艺界、学术界和文化界代表陈泳超、王印权、陈小平、付群刚、张克宪、刘国福、孙亚强、邱淑华、叶英盛、楼亚群、黄奕、吴蓓、刘凤来、纪文杰、刘炳金、李争艳、王敏杰、陈莉君、田发奎、肖泽贵、高尚升、邹昆山、雷元淦、李金楚、周星林、武振英、朱永生、牛崇祥、金一戈、陈庆泛、缪秀霞、李素琴、叶胜建、李武杰、励霓、肖国芳、张成辉、刘昌会、邵丹、刘静、郭方忠、谭惠芳、占洋、沈佰军、陈克华、田金华、陈元华、姚琴、关李、潘梅香、邵峰、赵宏霞、王五妹、万化健等与23个演出单位的共120多名演职人员出席了活动。

湖南常德·全国“鼓书”学术邀请赛11月3日下午和晚上分两场在常德市文化馆剧场举行，共有东北大鼓、山东渔鼓、长子鼓书、西河大鼓、苏北大鼓、杭州小热昏、象山唱新闻、温州鼓词、义乌道情、永新小鼓、四川竹琴、湖北大鼓、湖南渔鼓、三棒鼓、鼓盆歌、对鼓16个曲种的25个节目参加比赛，其中8个节目获得金奖、8个节目获得银奖、9个节目获得铜奖；全国“鼓书”观摩交流座谈会11月4日上午在常德市文化馆举行。黄修林在会上向来自全国各地的曲艺界及文化界同行重点介绍了常德市近年来繁荣发展本地各种“鼓书”艺术的做法与经验；河北省曲艺家协会主席陈小平、曲艺作家王印权、浙江省金华市曲艺家协会主席楼亚群、山西省长治市曲艺作家暴玉喜、江西省永新县文化馆馆长陈莉君、重庆市曲艺家协会副主席张克宪、山西省长子县长子鼓书表演艺术家刘引红、江苏省宿迁市苏北大鼓艺术家牛崇祥、浙江省象山县非遗保护中心干部励霓、湖南省祁东县渔鼓艺人邹昆山、黑龙江省东北大鼓省级传承人邱淑华、常德市剧作家协会主席雷元淦、湖南理工学院教授周星林、常德市“鼓书”艺人李金楚、邵丹15人围绕座谈主题、结合观摩感受、联系各自单位与个人实际，先后作了交流发言。

11月4日晚，来自全国各地的曲艺家为回馈当地民众、答谢东道主盛情，借颁奖典礼之机，自发在常德市白马湖广场举办了一场旨在文化惠民的专场演出。节目包括长子鼓书《腊月天儿》、湖南渔鼓《过关》、义乌道情《狄青比武》、苏北大鼓《虞姬辞楚》、鼓盆歌《香火》、山东渔鼓《孔子试徒》、北京评书《康熙买马》、湖南丝弦《昭君出塞》《爱在常德》等。

以击鼓伴奏为基本特征的说书表演即“鼓书”艺术是中国“说书”类曲艺的重要组成部分；常德是湖南著名的曲艺之乡，尤以鼓盆歌（孝鼓）、渔鼓、说鼓、对鼓、三棒鼓、地花鼓、薅草锣鼓、番邦鼓、跳三鼓、围鼓等“鼓书”形式的集中流布为世所罕见。近10年来，常德市持续举办的“常德市（沅、澧流域）鼓书大王擂台赛”，将各种“鼓书”创演推向活跃和繁荣。不仅大大提高了民间“鼓书”艺人的社会地位，调动了他们在丰富群众文化生活中的积极性，而且找到了传承发展曲艺类非物质文化遗产的一种有效形式；同时实现了群众文化活动公益性和市场性的有机结合，成为当地曲艺文化的重要品牌与亮丽风景，得到全国文化界的热情赞誉和学术界的热切关注。继去年10月成功举办常德“鼓书”进京学术观摩展演及研讨活动之后，此次各主办单位再度携手，举办全国“鼓书”观摩交流座谈会及湖南常德·全国“鼓书”学术邀请赛，意在通过开展全国性的艺术观摩与学术交流，相互学习，交流经验，多方借鉴，取长补短，共同推动各地“鼓书”的传承保护与繁荣发展。

活动期间，恰逢收录和记载常德“鼓书”进京学术观摩展演及研讨活动的文献资料汇编《常德“鼓书”的历史传统与现实激扬》一书由文化艺术出版社正式出版，主办方于11月4日下午举办了隆重而又简朴的新书发布会，参加全国“鼓书”观摩交流座谈会及湖南常德·全国“鼓书”学术邀请赛的各方来宾应邀出席了新书发布与座谈活动。

【观点】立足常德实际·促进“鼓书”发展

◎刘进能　黄修林

常德是著名的曲艺之乡，“鼓书”艺术源远流长。源头最远可追溯到庄子的“鼓盆歌”及楚大夫宋玉“伐竹击打而歌”等形式。千百年来，在长期的生产和生活实践中，逐渐演变形成了孝鼓（鼓盆歌）、渔鼓、说鼓、对鼓、三棒鼓、地花鼓、薅草锣鼓、番邦鼓、跳三鼓、围鼓等一系列“鼓书”形式。近年来，常德市积极贯彻中央、省有关加强文化建设的精神和意见，大力开展文化强市建设，以保障人民群众文化权益、满足群众文化需求为出发点和落脚点，重心下移、面向基层，积极挖掘、保护、传承和弘扬包括“鼓书”在内的优秀传统文化，编创了孝鼓《传承》《整酒也烦恼》《查家底》《西瓜的秘密》等众多的精品节目，打造了常德市沅、澧流域“鼓书”大王擂台赛、群众文艺演出“百团大赛”“武陵欢歌”等一系列文化活动品牌，极大丰富了群众文化生活，形成了“城乡互动、全民同乐”的生动局面。具体做法是：

一、党委政府搭舞台。过去常德的“鼓书”发展以自发为主，鼓书从业人员社会地位低，艺术品质参差不齐。2006年，常德市在临澧县首次尝试组织了“澧水流域鼓书大王擂台赛”，在社会上产生了巨大反响，使人们对当地“鼓书”有了新的认识。此后，“鼓书”大王擂台赛在澧水、沅水两大流域县市轮番举办，一年一赛，已连办9届，在全市范围掀起了一股“鼓书”创演和欣赏的热潮。2012年起组织开展的群众文艺演出“百团大赛”，每届都有大量“鼓书”节目参与，每次都是万人空巷。这些赛事均由党委指导、政府搭台、百姓参与，满足了民众参与文化创造的强烈愿望，得到了广大群众的衷心拥护。

二、打造品牌重特色。连续九届的“鼓书”大王擂台赛，激活了散落在民间的“鼓书”遗产，使许多几乎被遗忘的“鼓书”形式重新焕发艺术活力。同时也找到了传承发展曲艺类非物质文化遗产的一种有效形式，实现了群众文化活动公益性和市场性的有机结合，成为当地曲艺文化的重要品牌与亮丽风景，也得到全国文化界的热情赞誉和学术界的热切关注。2013年10月25日至28日，常德市与中国艺术研究院曲艺研究所、湖南省文化厅在北京共同举办的常德鼓书传承发展研讨会暨常德“鼓书”进京学术观摩展演活动，使常德“鼓书”得以走进中国艺术研究院、北京大学、中国音乐学院等学术与艺术殿堂。罗扬、刘兰芳、薛宝琨、朱光斗、吴文科、田连元、倪钟之等曲艺界专家学者和艺术家对常德“鼓书”的当代发展给予了高度评价和极大鼓励，《人民日报》《光明日报》《中国文化报》《中国艺术报》和《湖南日报》等主流媒体用大篇幅进行了深度跟踪报道。群众文艺演出“百团大赛”，更是进一步激活了常德的“鼓书”文化资源，使流布常德的各种“鼓书”形式得到了广泛宣传和弘扬，成为常德市文化建设的一大特色。

三、注重节目推精品。正如习近平总书记最近在主持文艺工作座谈会时发表的重要讲话中指出的，推动文艺繁荣发展，最根本的是要创作生产出无愧于我们这个伟大民族、伟大时代的优秀作品。常德市连续9年举办的“鼓书”大王擂台赛，一直把鼓励艺人抓创作和出精品作为主要追求。特别注意引导艺人直面生活、深接地气，用作品来引领风尚、针砭时弊。许多表现常德城乡社情民意的节目，演出后引起很大共鸣，深受群众欢迎。据不完全统计，历届大赛共推出获奖节目207个，其中如《湘女征婚》2007年在第8届中国艺术节上获得“群星奖”，孝鼓《查家底》2010年在第9届中国艺术节上获得“群星奖”，孝鼓《传承》和《整酒也烦恼》不仅在2013年的第10届中国艺术节上荣获“群星奖”，常德市“鼓书”大王擂台赛同时还获群众文化活动“项目奖”。

四、价值引导抓核心。在“鼓书”大王擂台赛和“百团大赛”等赛事中，我们始终坚持价值引导，要求参赛节目必须以弘扬社会主义核心价值观、展示地方优秀传统文化、反映常德人民精神面貌、歌颂常德人民美好生活为主要内容。民间艺人们奉献的各种“鼓书”节目，也大多是他们自编、自导、自演的，群众就是演员，演员就是观众。由身边人演身边事，内容多反映农村的新生活与新风貌，包括伦理道德和乡风乡俗。他们赞美新生活、讴歌真善美、展示新形象。不仅使人民群众从幕后走到台前，从台下走到台上，既当观众又当演员；还使活动成为引领风尚的有效载体，实现了人民群众的自我教育与自我提高。

五、满足需求勤服务。近年来常德市非常注重文化强市工作。为办好“鼓书”大王擂台赛和“百团大赛”等活动，市委、市政府高度重视，市委书记和市长亲自挂帅，并成立了强有力的组织机构，市财政每年都给这些活动以固定的经费保障。同时，注重扶持领军人物，着力培养艺术骨干。9届“鼓书”大王擂台赛共评选出“金鼓书”大王10个，“鼓书”大王49个，进入决赛的鼓书艺人近500人次，观众达30万人次。其间，先后举办“鼓书”说唱培训班15期，培训“鼓书”艺人1300多人次。目前全市经常开展职业性演出的“鼓书”艺人已达1000多人，自发组成的演出队伍有100多支，每年演出数千场。从艺人员也逐步年轻化，一大批“80后”甚至“90后”的“鼓书”新人迅速成长为行业生力军。各主要乡镇建有大小茶馆近百个，每天听书人数近万人。特别是澧县的大堰垱、澧洋镇，临澧县的合口镇、新安镇、安福镇等乡镇茶馆，每天的听书人数都在二三百人。常德市文化馆自2013年新馆运行以来，每周四下午定期开展“鼓书”演出且场场爆满，听书人数累计已达4万多人。

常德“鼓书”这些年取得的成绩，和党的文艺方针政策的正确指引分不开，和各级领导的关怀重视分不开，也和文艺界各方朋友的支持帮助分不开。今年，常德有幸成为全国“鼓书”观摩交流座谈会及全国“鼓书”学术邀请赛的举办地，更为我们就近学习兄弟省市的典型经验提供了便利。我们一定以此为契机，学习观摩，取长补短；借此机遇和平台，为常德“鼓书”的更好发展，凝心聚力，充电打气，同时也接受各地同行的批评与指正。

刘进能　中共常德市委常委、宣传部部长
黄修林　常德市文化广电新闻出版局党组书记、局长

【观点】座谈会发言选摘

楼亚群（浙江省金华市曲艺家协会主席）：金华道情是国家级非物质文化遗产，义乌的叶英盛老师是金华道情的国家级传承人，这使义乌的道情传承与发展具备了良好条件。近年来我们相继推出几项举

措传承道情，收到较好成效。一是在学校设立“少儿曲艺培训基地”，培训了一批道情小演员；二是创建了“曲艺创作培训基地”，培养了一批道情创演新人；三是为道情提供展示舞台，开设两年的电视书场《天天有谈头》已成为当地电视屏幕的热门栏目；四是启动“义乌曲艺传统经典书目抢救工程”，收集整理了几十部长篇节目，以录音、录像、出书等方式加以保存。新创节目如《宣言》《盗圣火》等多次在全国曲艺赛事中获奖，初步形成了良性的发展局面。

陈莉君（江西省永新县文化馆馆长）：别名“唱号音”的永新小鼓是江西永新特有的“击鼓说书”形式。原是一人坐演，有说有唱。表演者左手指夹着两块竹板，右手持小竹竿自敲自唱。后发展成由挂在腰间的小鼓伴奏、用当地方言和源于山歌号子的特有曲调说唱，并可以有小乐队伴奏的说书表演。较之其他地方的“鼓书”形式，永新小鼓的流布主要局限在永新及周边地区。为传承这一濒危的“鼓书”形式，近年来采取了多项措施。一是成立主管副县长牵头的领导机构统筹保护工作；二是县财政每年拨款5万元进行专项扶持；三是创建以“永新文化艺术中心”和“永新文化艺术展示厅”为载体的“永新小鼓”传承基地；四是聘请省级传人定期开展培训活动，并在全县8个初级中学培养小传承人近千名。

张克宪（重庆市曲艺家协会副主席）：三峡曲艺团是重庆东部唯一的专业曲艺表演团体，也是国家级“非遗”四川竹琴的保护单位。近年来，我们结合曲艺团的艺术生产，积极发掘整理竹琴遗产，使之成为创新发展的有力支撑。2008年以来，我们走遍万州区的40余个乡镇，采访老艺人70余位，整理竹琴唱腔及唱本（唱词）500多篇（回），编辑出版了《四川竹琴传统唱本选》。不仅恢复排演了《桃园问津》《月下盘貂》等传统节目，而且通过发掘整理，学习传统，训练队伍，编演了《赞三峡》《妹妹花轿几时来》等新节目。其中，《赞三峡》在2010年获第9届中国艺术节“群星奖”，《妹妹花轿几时来》2013年获第10届中国艺术节优秀节目奖。

暴玉喜（山西省长治市曲艺作家）：我是一名业余曲本作者，从事曲艺创作多年，甘苦自知。但无论怎样，总是饱含由衷的感情去观察生活、表现生活。因为，深入生活是写好作品的唯一途径。仅以最近刚获第八届中国曲艺“牡丹奖”创作奖的长子鼓书《腊月天儿》为例，就是从民俗角度切入，表现传统节日景象的“风俗画”，看似“平铺直叙”地描绘了从腊月二十三到除夕夜的过年习俗，实则通过蒸黄蒸、备年货、扫灰尘、剪窗花、贴对联、放鞭炮、挂灯笼、拜大年等风习咏叹，反映的是广大民众对于幸福生活的追求与向往。视角虽小，寓意不小。它的成功使我深切体会到，扎根传统文化，深接生活地气，运用本土资源，酿造精神大餐，是一个曲艺作家的本分。

刘引红（山西省长子县引红曲艺演出公司董事长）：我是来自山西省长子县引红曲艺演出公司的说唱演员，为把长子鼓书发扬光大，我们长年累月，翻山越岭，走村串户，坚持演出。活动的主要区域遍及河南、山西两个省，晋中、晋城、临汾3个地市及二十几个县区。目前，演出区域已经扩展到北京、天津、河北等地，每年演出500余场。表演的节目主要有《访陈州》《回杯记》《门楼会》《五女兴唐传》《小八义》《回龙传》等传统长篇，在基层最受群众欢迎。同时也编演一些新的短篇，其中由我表演的长子鼓书《常回家看看》在第10届中国艺术节上获“群星奖”，《腊月天儿》获第8届中国曲艺“牡丹奖”表演奖提名。作为一个演员，我深知只有演好每一个节目，才是对“鼓书”艺术的最大贡献。

牛崇祥（江苏省宿迁市苏北大鼓艺人）：苏北大鼓是苏、鲁、皖接壤地带的一个曲种，表演有说有唱，说唱并重，并以长篇节目为主。20世纪80年代还拥有较为深广的演出市场，艺人刘汉飞、晁岱民和我编演的《高怀德兵下河东》《五梅七枪反唐传》《无艳春秋》《战军山》等20多部长篇的近1000小时的录音，相继由中国唱片公司及苏鲁皖等地音像公司出版发行唱片4000多万张，VCD、磁带2000多万盒（碟）。进入90年代后，情势急转直下，听众减少，艺人老化，书场凋零，跌入低谷。到21世纪初已基本无人从事表演，濒临消亡的危险。所幸2008年被列入省级非遗保护名录，情况有所好转。但现在的艺人最年轻的也已50多岁，一些老艺人虽然没有工资和劳保，也都毫无怨言地默默进行传承工作。

邱淑华（黑龙江省群众艺术馆东北大鼓省级传承人）：我是2008年被评为省级代表性传承人的东北大鼓演员。参加这次观摩交流活动，见到这么多专家和同行，听到这么多的真知灼见，感觉很激动。东北大鼓是东北地区重要的“鼓书”形式，但发展状况无法与常德和其他地方的“鼓书”相比。艺人青黄不接，传承资金不足，表演缺乏伴奏，演出没有场所。即便有人来学习这门艺术，也是解决不了就业问题。我们那里的文化生态，已经严重影响着这门艺术的正常发展。亟待社会各界齐心协力，多方加以扶持和保护。

励霓（浙江省象山县非物质文化遗产保护中心干部）：唱新闻又称“锣鼓书”，自清末传入象山并本土化已有100多年的历史。语言、唱腔都用象山土语土调，自成一派，所以也叫“象山唱新闻”。20世纪90年代起，象山唱新闻开始逐渐淡出人们的视线，几近消亡。21世纪初，全国开展非遗保护以来，又从濒危的边缘被拉了回来。2011年列入第三批国家级“非遗”名录以来，得到了较好传承，加大了扶持的力度。仅2012年，全县就创作了近30个唱新闻曲本，并邀请中央和省级专家指导排演。其中《陈老大的心事》《让新房》《长年葱》等不仅得到当地群众欢迎，而且屡获奖励，如《长年葱》获得第十届中国艺术节“群星奖”。这说明，只要政府重视，社会参与，业界努力，“鼓书”艺术是可以繁荣发展的，关键是看肯不肯下力气。

邹昆山（湖南省祁东县渔鼓艺人）：我的父亲邹祖西是“祁东渔鼓”创始人，为把这门艺术传承下去，我几十年来坚持在这个行业里打拼，学习和钻研他老人家传下来的表演技艺，并收集有关资料，进行系统研究，还在原有的基础上尝试进行改革，吸收各类表演艺术的一些元素，试图丰富和发展渔鼓表演。但我也有困难与困惑。困难主要是传承新人少，演出收入低，传播少渠道；困惑是在艺术革新方面为适应乃至迎合观众，在形式上大动手脚，加入过多其他艺术元素，使原貌变了形，不大像是渔鼓表演，或为追求火爆效果，将原本一个人的说唱表演，搞成多人的群演群唱。感觉虽不很顺，却也没有定见，是对是错，希望得到指正。

田发奎（湖南省龙山县文化广电新闻出版局局长）：三棒鼓在我们龙山拥有广泛的群众基础，但传承发展也困难重重。2010年5月，文化部批复建立“武陵山区（湘西）土家族苗族文化生态保护实验区”，包括三棒鼓在内的非物质文化遗产得到生态性保护。为此龙山县制定了区域规划，将三棒鼓作为曲艺类项目单列保护。目前县文化馆整理成书的三棒鼓传统曲本就有《花鼓根》《大闹黄花院》《三打祝家庄》《青云楼》《马前复水》《天仙配》《生死牌》《孔雀东南飞》《三打华府》《白蛇传》《四下河南》《祝英台》等。2007年10月，由陈亚丽主编的《龙山民间花鼓词选编》《龙山民间三棒鼓词·肖泽贵专辑》和《龙山民间三棒鼓词·杨妙勤专辑》已由大众文艺出版社出版。其他工作也在稳步进行。

李金楚（湖南省常德市澧县“鼓书”艺人）：澧县流行的“鼓书”有五种形式，俗称“澧州五鼓”，分别是丧鼓、渔鼓、说鼓、对鼓、三棒鼓。其中，渔鼓、说鼓、对鼓演出不择场合。而丧鼓却只能在灵堂演出，专为守灵伴亡服务，艺人也被视为瘟神，演出结束走人时，主家要放鞭炮“送瘟神”。直到1981年，局面才得以改变。当时湘西北县城及集镇的茶社演出以渔鼓和评书为主，丧鼓不让进茶社。那年我在津市新洲北街茶社演出渔鼓时和茶社老板商量，丧鼓的鼓板节奏强于渔鼓，道具也便于表达，经过一段时间说服，老板同意我试一下，演出当天就得到听众支持，之后天天爆满。风声传出，澧水流域及湖北边界所有书场很快都成了丧鼓即鼓盆歌或孝鼓的世界，不到一年即全面占领书场。这也算是我对孝鼓发展的一点贡献。至今想起，仍感欣慰。

邵丹（湖南省常德市临澧县“鼓书”艺人）：“鼓书”艺术要发展，艺人素质需提高。首先精神面貌要好，上台表演穿着打扮要整洁美观，这既是自尊，也是尊重听众。其次要打破门户之见，从拜师学艺到创作表演，都应兼收并蓄，切不可画地为牢。再次要努力学习，提高修养。通过学习各种知识，丰富说书本领。否则，表演历史故事会掌故不清、误人子弟甚至贻笑大方。对此我有体会。比如一次演出北宋故事，说到一富人送一穷书生一千两银子上京赶考。在场的一位小学生突然站起来说：“师傅，一千两银子有好几十斤，书生哪里拿得动，他们都傻啊！”我灵机一动，改口说送的是银票。不料小学生又说：“北宋没有银票这词，全世界第一张纸币就产生在中国的北宋，但不叫银票，叫交子。”我尴尬之余，满面羞愧，深感没有文化的艺人是没有前途的。

纪事

展演 · 评比 · 活动

【曲艺学研究生培养工作座谈会】

2013 年 12 月 26 日，中国艺术研究院研究生院和曲艺研究所在北京举行“曲艺学研究生培养工作座谈会”。罗扬、刘兰芳、吕品田、李新风、吴文科、蔡源莉、宋宝珍、王馗、陈爽等曲艺界和学界专家学者会聚一堂。大家在回顾和总结曲艺学研究生招收和培养工作 10 年来所取得的成绩和经验的同时，呼吁有关方面进一步用改革思维与创新思路，修订并完善《学位授予和人才培养专业目录》以及《普通高等学校本科专业目录》，尽快将“曲艺学”列入“艺术学”门类学科下的一级学科目录，并在高校开办曲艺系科，开设曲艺专业课程，完善曲艺教育链条，给曲艺的人才培养和事业发展提供制度保障。

【全国首届小剧场发展研讨会】

2014 年 1 月 6 日，由中国曲艺家协会主办的“全国首届小剧场发展研讨会”在江苏苏州举行，来自全国各地的专家、学者以及曲艺小剧场的负责人 100 多人参加了研讨，会议期间还成立了全国曲艺小剧场艺术委员会，著名相声表演艺术家李金斗当选为主任，北京军区相声名家李立山和江苏相声名家吕少明当选为副主任，中国广播艺术团李伟健当选为秘书长，江苏省文化馆导演倪明当选为副秘书长。同时当选的还有梁爽、夏吉平等。

研讨会上，大家就曲艺小剧场健康发展，民营曲艺小剧场运营方式与趋势进行了讨论。全体参会代表还向全国小剧场曲艺工作者发出倡议书，倡导坚持以人民为中心的创作导向，追求德艺双馨，加强团结协作，推动全国曲艺小剧场健康发展。

【剧本创作与时代精神座谈会】

2014 年 1 月 14 日至 15 日，由中国文学艺术界联合会文艺研修院主办的“剧本创作与时代精神座谈会”在陕西西安百年易俗剧场举行，来自影视、戏曲、话剧、曲艺等领域的编剧、导演、演员近百人参加。尚长荣、康健民、吴天明、罗怀臻、芦苇、路海波等专家学者及青年编剧代表在会上进行了发言交流。

本次座谈会围绕中国梦的时代主题，研讨如何将时代精神融入剧本创作中，将社会主义核心价值观融入创作中，将普通人的真情实感融入创作中，把握文艺创作规律，努力创作思想性、艺术性、观赏性相统一的优秀作品。

【第九届河南宝丰马街书会曲艺邀请赛开幕】

2014 年 2 月 11 日，由中国曲艺家协会、河南省文学艺术界联合会，中共平顶山市委、平顶山市人民政府共同主办的“第九届河南宝丰马街书会曲艺邀请赛”拉开帷幕，来自全国 15 个省区市的近百位曲艺家云集马街。大赛共收到近 80 个节目，经初评选出 25 个节目参加角逐，涵盖了河南坠子、山东琴书、二人转、相声、苏州弹词等 17 个南北曲种，最终评出一、二等奖，其中一等奖 12 个、二等奖 13 个。大赛节目内容以现实题材为主，主题鲜明，贴近基层群众的文化生活，展现我国各地曲艺创作表演的最新成果与最高水平。

【首届中国好故事（走马）邀请赛】

2014 年 3 月 22 日，“首届中国好故事（走马）邀请赛”在重庆九龙坡区走马镇落幕。此次比赛是从今年 2 月 14 个省区市曲艺家协会和个人报送的 58 个故事节目中遴选出的 27 个节目的最终角逐，经评审决出故事大王 2 名，金奖 5 个，银奖和铜奖各 10 个。

邀请赛期间还举行了两场惠民活动。3 月 21 日上午，翁仁康、田连元、杨鲁平、陈志峰等走进走马古镇，参加“梦想龙门阵”活动。3 月 22 日上午，在九龙坡区走马镇金马桃花缘广场举行了故事邀请赛颁奖礼和“送欢笑”惠民演出。

“走马民间故事”是国家级非遗项目，目前，走马镇拥有国家级非遗传承人 1 名，市级非遗传承人 4 名，2010 年中国曲艺家协会为走马镇授牌“中国曲艺之乡”。比赛由中国曲艺家协会、重庆市文学艺术界联合会主办，重庆市曲艺家协会、九龙坡区文学艺术界联合会承办，九龙坡区走马镇政府协办，以后将落户走马镇，每两年举办一届。

[首届中国好故事（走马）邀请赛评奖结果]

中国故事大王（2 名）：

吴文、黄震良

金奖（5 个）：

故事《汪三兴屋里》　表演者：刘寒霜

群口故事《谁输谁赢》　表演者：张飒、郭超、王倩倩

故事《那个谁》　表演者：张楚君

故事《岳云锤震金蝉子》　表演者：刘朝

故事《缘分》　表演者：孙艾佳

银奖（10 个）：

故事《曹雪芹治病》　表演者：王静

故事《虎口夺盐》　表演者：张千

故事《“90”后》　表演者：谭敏

故事《八宝菜传奇》　表演者：王红艳

故事《赵大帮工》　表演者：刘万能

故事《必须大声说话》　表演者：潘晓炜

情景故事《捉漏》　表演者：严珊、龚礼、袁忠传

故事《沙套子怪事》　表演者：徐荣耀

故事《生死八秒》　表演者：刘阳洋

杏林故事《毛主席开药方》表演者：于鸿

铜奖（10 个）：

故事《我是中国人》　表演者：季逢春

故事《此路不通》　表演者：詹海洁

故事《过小年》　表演者：刘超

传统故事《万岁嬉赌》　表演者：潘海良

故事《棋局》　表演者：李云
音乐故事《永不灭的灯光》表演者：梁颖箫
故事《买不起的单》　表演者：何童
故事《钢铁战士》　表演者：张子佳
故事《警务室的故事》　表演者：刘宝
故事《第三个证明》　表演者：刘明

【滑稽戏《今天他休息》进京演出】

2014 年 4 月 1 日至 3 日，由上海人民滑稽剧团携手上海市公安局治安总队倾力打造的大型滑稽戏《今天他休息》在中国人民公安大学礼堂上演。该剧以荣获“全国最美警察”和“中华孝亲敬老楷模”称号的上海市公安局普陀分局社区民警陈德骅、“全国特级优秀人民警察”上海市公安局虹口分局社区民警邹克耀等优秀民警先进事迹为素材，以滑稽戏的喜剧表现形式，生动塑造了一名“80 后”社区民警的形象。剧中娓娓道来的虽然都是生活中最平凡的小事，却让人从平凡中感受到社区居民和片区民警间如家人般的情感。

《今天他休息》特邀作家赵化南执笔、导演秦雷执导，历时两年创作完成，剧中演员阵容强大，由中国曲艺家协会副主席、上海人民滑稽剧团团长王汝刚领衔，毛猛达、张小玲、李久松、林锡彪等上海滑稽戏名家共同倾情出演。

【2014 全国道德模范故事汇基层巡演活动启动仪式暨首场演出】

2014 年 4 月 11 日，由中央文明办、中国文学艺术界联合会、中国曲艺家协会共同主办，首都文明办，中共海淀区委、海淀区人民政府承办的“讲述道德故事弘扬中国精神——2014 全国道德模范故事汇基层巡演活动启动仪式暨首场演出”，在清华大学蒙民伟音乐厅举行。评书表演艺术家刘兰芳、田连元，绍兴莲花落表演艺术家翁仁康，吉林二人转表演艺术家佟长江、闫淑平，军旅曲艺家杨子春、李立山、杨鲁平等，著名影视表演艺术家温玉娟以及中青年曲艺工作者通过深情讲述和精湛表演，带领全场观众进行了一次震撼心灵的感动之旅。

【天津曲艺团“传世鼓曲”专场演出】

2014 年 4 月 14 日，由天津曲艺团演员们奉献的“传世鼓曲”专场演出在天津大剧院多功能厅举行。来自梅花大鼓、西河大鼓、京韵大鼓、河南坠子等曲种、流派的优秀演员将一段段经典唱段奉献给津门观众，受到观众欢迎。

演出在梅花大鼓演员李丽的《王二姐思夫》中拉开帷幕。在“传世鼓曲”的主题下，天津曲艺团的演员们纷纷拿出了对自己具有良多意义的曲目：西河大鼓演员王祥伟为观众带来《绕口令》，京韵大鼓演员夏炎表演了《百山图》，梅花大鼓表演者杨云为观众带来了《杏元和番》，京韵大鼓演员时唯、李响分别为观众献上《连环计》《丑末寅初》，河南坠子演员李玉萍表演了《偷石榴》。最后，京韵大鼓演员韩梅演奏了《大西厢》，演出画上圆满的句号。

【全国小剧场艺委会曲艺创作、展演基地落户江苏南通通州】

2014 年 4 月 15 日，中国曲艺家协会全国小剧场艺术指导委员会，江苏曲艺家协会和南通通州区文广新局合作项目——全国小剧场艺委会曲艺创作、展演基地在南通通州区正式签约。李金斗主持会议。自 2014 年起，以两年为一周期，在南通市通州区组织全国曲艺新作展演（研讨）活动，“双”年份举办新作品研讨会，“单”年份举办新作展演，并设立新作奖和表演奖。“新作奖”和“表演奖”的一等奖获奖作品可直接进入中国曲艺家协会及江苏曲艺类重大赛事决赛评选。

【赵玉明先生收徒王巨贤拜师暨赵玉明先生八五寿诞庆典】

2014 年 4 月 22 日，“单弦演唱艺术家赵玉明先生收徒王巨贤拜师暨赵玉明先生八五寿诞庆典”在北京举办。中国文学艺术界联合会副主席、中国曲艺家协会名誉主席刘兰芳，中国曲艺家协会副主席吴文科、籍薇以及马玉萍、马增蕙、莫岐、韩宝利、朱光斗、杨少华、王毓宝、姚雪芬、梁厚民、王印权、张志宽、杨凤杰、刘洪沂、李立山、李增瑞、马岐、侯耀华、李光荣、刘春爱、王宏等 200 余位曲艺界人士到场祝贺。李金斗、孟凡贵、崔琦主持了收徒仪式。赵玉明嘱咐弟子王巨贤要好好学习单弦、学习曲艺，把它们传承下去；还托付到场的各位老艺术家、老朋友帮着自己共同把徒弟教好。

【“包公杯”全国反腐倡廉曲艺作品展演】

2014 年 5 月 21 日至 22 日，第三届“包公杯”全国反腐倡廉曲艺作品征集成果展演系列活动在安徽合肥举办。系列活动除为本次征集活动获奖作品颁奖外，还举行了作品征集成果展演和相关座谈会，《全国反腐倡廉曲艺作品征集优秀作品集 3》也同期首发。活动期间，还举办了作为中国文学艺术界联合会“百场进基层演出活动”之一的以“惠民、为民、乐民”为主题的曲艺名家“送欢乐下基层”文艺志愿服务活动，组织曲艺名家和安徽省、市书法家协会部分会员开展“书画倡廉政”等活动。

【“铁岭新城杯”中国·铁岭首届东北二人转邀请赛】

2014 年 6 月 1 日，“铁岭新城杯”中国·铁岭首届东北二人转邀请赛火热开赛。为期 3 天的比赛中，辽宁、吉林、黑龙江三省和铁岭市各组织 1 台二人转专场，每场 5 个节目，《赞辽宁》《西厢观画》《看谁有才》《包公断后》《秦香莲》等节目将传统艺术与现代创新相结合，为观众呈上端午节欢愉的艺术盛宴。

【四川省小牡丹艺术团成立】

2014 年 5 月 31 日，四川省小牡丹艺术团在成都成立。该艺术团旨在弘扬民族艺术，培养四川曲艺新苗。18 名首批团员用一场充满童趣的演出欢度六一儿童节，庆祝艺术团的成立。艺术团也获得了社会各界众多文艺界人事的大力支持。中国曲艺家协会主席姜昆为艺术团题写了团名。四川省曲艺家协会常务副主席、秘书长李蓉担任团长，巴蜀笑星叮当、编导范杨担任副团长。

【第八届中国曲艺牡丹奖武进赛区结果揭晓】

2014 年 6 月 21 日至 22 日，“第八届中国曲艺牡丹奖江苏武进赛区全国曲艺大赛”在武进举行。由中国文学艺术界联合会、中国曲艺家协会、江苏省文学艺术界联合会、常州市武进区人民政府主办的本次大赛，共有来自江苏、上海、甘肃和中国人民解放军总政治部宣传部艺术局报送的 30 个节目参与角逐，涵盖苏州弹词、苏州评话、扬州评话、扬州弹词、上海说唱、常州小热昏、小品等多个曲种。

最终，中篇苏州弹词《江南第一燕》、中篇苏州弹词《孙武与胜玉》、中篇苏州弹词《绣神》、小品《看电影》、小品《路在何方》、上海说唱《壮志凌云》、小品《社区民警于三快》获节目提名奖；金曾豪和陆建华创作的短篇苏州弹词《招牌菜》、王智雄创作的长篇苏州弹词《张学良与赵四小姐》、梁定东和徐开麟创作的上海说唱《两辆红旗车》获创作提名奖；表演提名奖由吴新伯、袁小良、高博文、徐惠新、郭玉麟、唐爱国、尚大庆 7 人获得；新人提名奖由许芸芸（许云仙）、康康、谭敏、黄海华 4 人获得。获得赛区提名奖的演员、作品和作者都将直接进入第八届中国曲艺牡丹奖的终评。

【曲艺走基层全国百场巡演启动】

2014 年 7 月 16 日，由中国曲艺家协会主办的“我们的价值观——曲艺走基层全国百场巡演”启动仪式暨“节俭养德”首场演出在北京市房山区韩村河村举办。中共中央宣传部副部长黄坤明，中国文学艺术界联合会党组书记、副主席赵实等参加。

演出围绕培育和践行社会主义核心价值观，以节俭养德为主题，用曲艺的形式弘扬戒奢克俭的优良传统和艰苦奋斗的优良作风。演出形式多样、内容丰富，既有现实题材作品，也有传统经典演绎和故事改编，向观众展示了社会主义核心价值观的丰富内涵。除了在北京市房山区韩村河村举办的主场演出外，当天四川、山西、河南、浙江等省以及深圳市也启动了“我们的价值观——曲艺走基层全国百场巡演”在当地的首演。启动仪式之后，中国曲艺家协会和部分省（市）曲艺家协会将在全国举办 106 场巡演活动，围绕“国是家”“勤为本”“俭养德”“诚立身”“孝当先”5 个主题，深入到各地的城市广场、农村集镇等基层场所，开展导向鲜明、内涵深刻的主题文艺活动，传播社会主流价值，传递积极人生追求，培育健康生活情趣。

【纪念骆玉笙诞辰 100 周年座谈会】

2014 年 8 月 6 日，由中国文学艺术界联合会、中国曲艺家协会、中共天津市委宣传部、天津市文学艺术界联合会共同主办的“纪念骆玉笙诞辰 100 周年座谈会”在北京中国文艺家之家举行。李前光代表中国文学艺术界联合会讲话。姜昆代表中国曲艺家协会致辞。寇士恺，骆玉笙徒弟代表刘春爱，天津市曲艺团团长王立扬，中国曲艺家协会名誉主席罗扬，天津市曲艺团离休干部孟然，中国曲艺家协会理论委员会主任常祥霖，天津市曲艺团鼓曲演员冯欣蕊，中国曲艺家协会副主席吴文科，骆玉笙孙女骆巍巍先后发言。

当晚，纪念骆玉笙诞辰 100 周年专场演出在天津津湾大剧院举行。京津两地鼓曲名家新秀共同演绎骆派经典曲目，用特殊的方式缅怀一代曲艺大师。此外，《鼓韵长馨——纪念骆玉笙诞辰 100 周年》画册也同时编辑完成，以图片的方式全面立体地展现了骆玉笙的艺术人生。

【第六届全国少儿曲艺大赛】

2014年8月14日，由中国关心下一代工作委员会办公室、中国曲艺家协会、四川省文学艺术界联合会共同主办，四川省曲艺家协会、成都市文明办、成都市文学艺术界联合会、中共彭州市委宣传部承办的“第六届全国少儿曲艺大赛”在四川成都彭州落下帷幕。来自北京、四川、河南、山东、湖北、陕西等省市自治区共60支参赛队伍的202名小选手参赛，经过4场比赛后，评委会评出了一等奖10个，二等奖20个、三等奖30个、新苗奖10个、作品奖10个、园丁奖10个、组织奖15个、特殊贡献奖4个。

【百集广播评书《花果山传奇》】

2014年8月15日，由中共连云港市委宣传部、连云港市广电传媒集团和中央人民广播电台制作，中国文学艺术界联合会副主席、评书表演艺术家刘兰芳演播的百集广播评书《花果山传奇》在中央人民广播电台娱乐频道播出。

《花果山传奇》以神奇浪漫的花果山等诸多景点为线索展开故事，再现了《西游记》《水浒传》《三国演义》《儒林外史》《镜花缘》等经典名著的成书过程、人物原型，以及吴承恩、施耐庵、罗贯中、李汝珍、吴敬梓等文坛大家及诸多历史名人在连云港的逸闻趣事，结合当地的民间传说、风土人情，以及“一带一路”的精彩故事，充分展现了连云港的人文精彩传奇。

【中国相声群英会】

2014年8月30日，为纪念相声泰斗马三立诞辰100周年，由中国文学艺术界联合会、中国曲艺家协会、天津市文广局、天津市文学艺术界联合会、天津华谊东方等单位承办的“中国相声群英会”在天津举办。姜昆、戴志诚、师胜杰、石富宽、侯耀华、李金斗、李建华、何云伟、李菁等齐聚天津人民体育馆。作为曲艺界里程碑式的人物，“相声大师”马三立为相声艺术的发展与传承立下了汗马功劳，并奠定了马氏相声这一中国相声重要流派的艺术基础。

【关于举办2014年全国曲艺小剧场作品研讨班的通知】

2014年9月12日中国曲艺家协会发布“关于举办2014年全国曲艺小剧场作品研讨班的通知”。

为贯彻落实党的十八大精神和习近平总书记在全国宣传思想工作会议上的讲话精神，坚持以人民为中心、为百姓说唱的工作导向，推动曲艺工作和曲艺事业在改革创新中焕发生命力。围绕大家普遍关注、反映强烈的全国曲艺小剧场创演问题，中国曲艺家协会、江苏省文学艺术界联合会指导，中国文学艺术界联合会曲艺艺术中心、全国曲艺小剧场艺术指导委员会将与江苏省曲艺家协会、中共南通市委宣传部共同举办“2014年全国曲艺小剧场作品研讨班”。通过举办研讨班，共同探究曲艺小剧场的新变化、新趋势、新特点和新挑战，共同打造小剧场优秀曲艺节目，为2015年全国曲艺小剧场优秀作品展演打下良好基础。

【第八届中国曲艺节新闻发布会】

2014 年 9 月 23 日，“第八届中国曲艺节新闻发布会”在北京举办。中国曲艺家协会分党组书记、驻会副主席、秘书长董耀鹏作新闻发布，中共连云港市委常委、宣传部长滕雯代表连云港市政府介绍了第八届中国曲艺节筹备情况，青年导演赵京生向到会嘉宾说明了开幕式晚会相关情况，中国曲艺家协会主席姜昆到会讲话，中国曲艺家协会分党组成员、副秘书长黄群主持新闻发布会。第八届中国曲艺节活动内容丰富，日程安排紧凑。主要内容包括开、闭幕式惠民晚会，6 场专场演出，2 场“送欢笑到基层”慰问演出，1 场学术研讨活动。

【“如何让地方曲艺走得更远”研讨会】

2014 年 10 月 12 日至 13 日，“如何让地方曲艺走得更远”研讨会在杭州召开。本次研讨会由中国曲艺家协会副主席翁仁康主持了会议，共同探讨在服务好当地的同时如何使浙江省的地方曲种更好地向外发展。在为期两天的讨论中，首先由绍兴莲花落专委会秘书长季承人简单介绍了自 2014 年 6 月专委会正式成立以来的工作情况。随后大家就“如何让地方曲艺走得更远”这一主题进行了讨论。

【滑稽戏《行善・缺德》传承演出研讨会】

2014 年 10 月 16 日，上海戏剧家协会、上海曲艺家协会及上海滑稽剧团有限公司共同召开“滑稽戏《行善・缺德》传承演出研讨会”。马博敏、荣广润、沈鸿鑫、李建平、秦来来、童双春、梁定东、徐开麟等上海戏剧、曲艺、资深媒体人等各领域业内人士与会，上海文化广播影视集团 SMG 演艺总监吴孝明以及非遗处的相关负责人也应邀出席研讨会。

大家一致认为，上海滑稽剧团根据史上第一部滑稽戏《谁先死》，整理改编的《行善・缺德》，其对滑稽戏的传承与发展起到了很大的积极作用。此次剧团从演员、导演、舞美设计、灯光设计、音乐等大胆使用新生代年轻演员，凸显了剧团对青年滑稽从业人员的培养和重视。与会专家对该戏的演员表演、剧情的设计、人物关系、音乐舞美等提出了意见和建议。专家认为通过将百年前的半个小时的小戏改编整理成这样一部滑稽戏，使观众能欣赏到大量原汁原味的滑稽曲调演绎以及滑稽套子、噱头的运用是比较有价值的，同时还肯定了青年演员们的成绩，并对他们在人物刻画上如外形动作的模仿理解不深，缺少人物的内在联系，人物的个性特点不鲜明等提出了很好的修改意见。

【第八届中国曲艺牡丹奖颁奖仪式暨惠民演出】

2014 年 10 月 18 日，“第八届中国曲艺牡丹奖颁奖仪式暨惠民演出”在南京莫愁湖公园抱月楼广场举行。中国文学艺术界联合会党组成员、副主席李前光，中国曲艺家协会主席姜昆，中国曲艺家协会分党组书记、秘书长、驻会副主席董耀鹏，中国曲艺家协会副主席冯巩、崔凯、李时成、郭刚、王汝刚、翁仁康、马小平，盛小云、籍薇、吴文科，中国曲艺家协会党组成员、副秘书长黄群等领导出席了颁奖仪式。

曲艺“牡丹奖”是由中共中央宣传部批准设立的，是中国曲艺艺术专业奖项的最高奖。第八届中国曲艺“牡丹奖”颁奖仪式暨惠民演出及系列活动，有中国文学艺术界联合会、中国曲艺家协会、中共江苏省委宣传部、江苏省文学艺术界联合会主办，江苏省文学艺术界联合会、江苏省曲艺家协会、南京市建邺区人民政府承惠民演出也是“中国·江苏文化艺术节”活动的重要组成部分。

【上师大举办评弹讲座　陈卫伯开讲《苏州评话七十年》】

2014 年 10 月 30 日，评话表演艺术家陈卫伯先生在上海师范大学开讲“评弹与江南社会”系列讲座第二十五讲——《苏州评话七十年》。唐力行教授主持讲座，彭本乐先生及该校评弹研究室全体师生聆听了报告。

在讲座上，陈先生首先通过回顾自己拜师学艺及演艺生涯来讲述评话的“昨天、今天、明天”。报告的第二部分，陈先生根据 70 多年的从艺经验提炼出了自己如何说好评话的独到见解。第一，学习评话要学会变通，要勇于改掉不合理的地方，使书情更合理。第二，说好评话的关键是要研究听众的品位和心理。陈先生指出，说评话要根据书场或同一书场的不同表演时间段听众的欣赏水平来调整具体的表演。第三，把握好“语境、语调、语速”对说好评话尤为重要，为将火车鸣笛和开动的声音以及在火车上的各种表情动作表现得更逼真，陈先生就曾专门到上海铁路局体验生活。第四，陈先生着重强调，“开打”“口技”等只是评话表演的“佐料”，说好评话最根本的是要说书。

【牡丹奖艺术团江苏“送欢乐下基层”】

2014 年 11 月 9 日至 10 日，中国文学艺术界联合会、中国曲艺家协会牡丹奖艺术团“送欢乐下基层”走进无锡、苏州市相城区“中国曲艺之乡”授牌仪式暨“文化进万家共筑中国梦”中国曲艺志愿者惠民演出在江苏举行。

此次参加演出的演员全部获得过中国曲艺界最高奖“牡丹奖”，他们带来的节目从内容到演出形式力求贴近每一位老百姓，APEC、iPhone 6、《甄嬛传》、“你幸福吗”、网上相亲等生活中最常出现的关键词被曲艺家活灵活现地表现了出来。评弹演员袁小良说：“虽然面对的观众可能不是曲艺迷，但我们还是要把最经典的曲目带给观众。”艺术家们“新瓶装陈酒”，播撒传统文化种子的同时揣摩观众口味，有思想性但不是说教，或褒或贬或调侃或讽刺或直陈其事，不知不觉中以艺术的形式让老百姓对社会现象有了更加理性的判断。老百姓近距离接触名家，同时也体会到了名家们的价值观。

【纪念韩起祥诞辰 100 周年座谈会】

2014 年 11 月 12 日，由中国文学艺术界联合会、中国曲艺家协会、中共陕西省委宣传部、陕西省文学艺术界联合会主办，陕西省曲艺家协会承办的“纪念韩起祥诞辰 100 周年座谈会”在西安举行。

韩起祥是延安文艺座谈会后涌现出的一位曲艺大家，一生与说书结缘、与三弦为伴，曾被毛泽东同志称为“天才的说书艺术家”和“革命的三弦战士”。在 60 多年的艺术生涯里，他青年投身革命、中年改旧唱新、晚年致力于曲艺传承，虽经历传奇、饱受磨难，却矢志不渝坚守陕北黄土高坡，为革命、为人民说唱，深受人民喜爱。

【陕西相声现象座谈会】

2014 年 11 月 12 日，由中国曲艺家协会、中共陕西省委宣传部、陕西省文学艺术界联合会主办的“陕西相声现象座谈会”在西安召开。中国曲艺家协会主席姜昆作主旨发言。中共陕西省委常委、宣传部部长景俊海出席并讲话，对陕西相声所取得的丰硕成果给予充分肯定，对陕西相声的可持续发展提出了具体的扶持措施。中国曲艺家协会分党组书记、驻会副主席董耀鹏主持会议。陕西省文学艺术界联合会党组书记、常务副主席吴丰宽介绍陕西相声发展情况及现状。

座谈会主题是以习近平总书记在北京召开的文艺工作座谈会上的重要讲话精神为统领，围绕近年来形成的陕西相声现象，总结经验，分析现状，明确思路，研究问题，为促进全国相声艺术事业的发展和全国曲艺事业的繁荣把脉定位，拿出办法，作出陕西曲艺人的独特贡献。会议认为，陕西相声近几年在全国异军突起，要加强创作引导，多出精品，保持风格，形成团队力量。

【中国文学艺术界联合会举办曲艺培训班】

2014 年 11 月 18 日至 24 日，由中国文学艺术界联合会、中国文艺志愿者协会主办，中国文学艺术界联合会文艺志愿服务中心、中国文学艺术界联合会曲艺艺术中心、聊城市群众艺术馆、聊城市曲艺家协会承办的 2014 中国文学艺术界联合会文艺培训志愿服务项目——曲艺培训班（聊城）举办。培训班吸引了聊城市各区县曲艺家协会、文化馆站的曲艺工作者和各行各业的基层曲艺爱好者百余人，除了讲座，培训班还设有作品讲评、示范表演、交流、排练等环节，深受学员欢迎。22 日晚，在聊城大学音乐厅举行了“优秀学员汇报暨名家展演专场演出”，张志宽、李立山、王文水为学员们带来了快板书《劫刑车》和数来宝《特殊采访》等节目，学员申振柱、李贵才等展示了快板、快书、坠子等节目。聊城市曲艺家协会主席贾振鑫表示，这次曲艺培训班，对这里的人才培育、创作提高以及恢复曲艺生态系统至关重要。

【第四届海峡两岸欢乐汇】

2014 年 11 月 16 日至 22 日，由中国文学艺术界联合会、中国曲艺家协会、福建省文学艺术界联合会主办的“第四届海峡两岸欢乐汇”在中国台湾举办。中国文学艺术界联合会党组成员、书记处书记郭运德和王汝刚、黄群等有关方面负责人参加活动。奇志、梁玉嵘、冯欣蕊、朱少宇、陈情愉、陈靓、张伟、柴宝玉、孙雪、庄丽芬、叶怡均、钱君卫、王汉霖等海峡两岸曲艺家，先后在台北、淡水、台南、嘉义等地为大中学生、社区老人、普通百姓等不同群体观众进行了 6 场曲艺演出。活动期间，还举行了海峡两岸曲艺发展研讨会，海峡两岸的曲艺家和专家学者围绕传承和弘扬中华传统曲艺文化的主题，就两岸曲艺交流现状、合作发展趋势、闽台曲缘文化、曲艺创作与创新等问题进行了深入研讨。

【中国梆子腔剧种传承与发展学术研讨会】

2014 年 11 月 28 日至 30 日，由中国艺术研究院主办、陕西省文化厅承办的“中国梆子腔剧种传承与发展学术研讨会”在西安举办。省内外 30 余位专家学者与会，全面解析制约梆子腔剧种传承的难题，积极寻求梆子腔剧种在当下的发展思路与对策。

研讨会涉及梆子腔剧种生态现状研究、秦腔剧目创作研究、梆子腔剧种与地域文化研究、梆子腔剧种音乐和表导演艺术研究等议题，为梆子腔剧种的传承与发展思路、走出困境的方法提供借鉴依据。12 月 3 日至 6 日，以秦腔为代表的陕西地方稀有剧种中青年演员折子戏展演将在北京中国剧院举行。

研究著述选目

【著作选介】

著作：《中华传统曲艺文化常识》
作者：牛建军、赵斌
出版社：中州古籍出版社
出版日期：2014 年 1 月

著作：《浙江省非物质文化遗产代表作丛书：温州莲花》
作者：沈不沉
出版社：浙江摄影出版社
出版日期：2014 年 1 月

著作：《浙江省非物质文化遗产代表作丛书：平湖钹子书》
作者：张玉观、戎永鑫、陆爱斌
出版社：浙江摄影出版社
出版时间：2014 年 1 月

著作：《中国大百科全书·名家文库：中国戏曲、曲艺》
作者：张庚、陶钝、沈彭年
出版社：中国大百科全书出版社
出版日期：2014 年 1 月

著作：《中国曲艺》
作者：徐潜、张克、崔博华
出版社：吉林文史出版社
出版时间：2014 年 2 月

著作：《教你学习曲艺（学生口才曲艺表演学习手册）》
作者：冯志远
出版社：辽海出版社
出版时间：2014 年 2 月

著作：《“包公杯”全国反腐倡廉曲艺作品征集优秀作品集 3》
作者：董耀鹏、张海林
出版社：中国方正出版社
出版时间：2014 年 5 月

著作：《中华文明探微书系——中国曲艺（英）》
作者：格拉特－梅内特、罗宾逊、朱天曙
出版社：中国画报出版社
出版日期：2014 年 6 月

著作：《清代曲艺史》
作者：包澄絜
出版社：学苑出版社
出版日期：2014 年 6 月

著作：《中州传统音乐研究丛书：中州传统曲艺戏曲音乐概论》
作者：郭德华、刘世嵘
出版社：河南大学出版社
出版日期：2014 年 7 月

著作：《流派众多的曲艺杂技》
作者：闻婷、沈丽颖
出版社：吉林出版集团有限责任公司
出版日期：2014 年 8 月

著作：《浙江省非物质文化遗产代表作丛书：绍兴词调》
作者：杨志强、徐红
出版社：浙江摄影出版社
出版时间：2014 年 11 月

著作：《不绝如缕——曲艺评论杂文续集》
作者：尹增埙
出版社：中国文联出版社
出版日期：2014 年 12 月

【文章选目】

王亚平：《传统曲艺的“组织化”与现代化——简论建国初期的曲艺改进活动》，《湖北科技学院学报》2014 年第 2 期。

赵嫦、吴飞：《试谈曲艺节目的革新和舞蹈元素的吸收》，《四川戏剧》2014 年第 2 期。

王亚平：《新中国成立初期曲艺改进活动评析》，《湖北科技学院学报》2014 年第 3 期。

吴文科：《曲本创作的严重不足和滞后》，《文艺报》2014 年 3 月 24 日。

于福海：《浅谈曲艺与戏曲的几点区别》，《大众文艺》2014 年 5 月 15 日。

贾振鑫：《山东快书在 20 世纪五六十年代走红的原因探究》，《艺术百家》2014 年第 3 期。

李雷：《浅谈民歌与传统曲艺的关系》，《长春师范大学学报》2014 年第 5 期。

刘衍青：《论城市演出场所与曲艺发展的关系——兼及宁夏坐唱》，《宁夏师范学院学报》2014 年第 4 期。

李治邦：《天津小剧场演出市场的前前后后》，《上海文化》2014 年第 8 期。

于雅琳：《徐州琴书当下发展方式探究》，《艺术百家》2014 年第 5 期。

黄庆妍：《苏州评弹流派唱腔徐丽仙“丽调”》，《艺术百家》2014 年第 S1 期。

王培良：《试析曹啸君评弹艺术中的“噱头”》，《艺术百家》2014 年第 S1 期。

蒋春雷：《苏州评弹艺术表演之“理”》，《艺术百家》2014 年第 S1 期。

夏夕燕：《论长篇苏州弹词〈三笑〉的流派渊源》，《艺术百家》2014 年第 S1 期。

吴文科：《曲艺工作者要提高学养、涵养、修养》，《文艺报》2014 年第 12 期。

郑直、吴莹：《广西京族曲艺唱哈生存现状调查分析》，《语文学刊》2014 年第 23 期。

王汝刚：《当下曲艺发展的几个瓶颈》，《中国艺术报》2014 年 12 月 10 日。

鲍震培：《宋代市民文化与曲艺勃兴》，《中原文化研究》2014 年第 6 期。

李志强：《黄河口早期民间曲艺研究》，《中国石油大学胜利学院学报》2014 年第 4 期。

于红、李豫：《“西河大鼓”说唱艺术在明末清初京津冀地区传播之“新证”》，《长春教育学院学报》2014 年第 23 期。

董大汗：《网络时代，曲艺人既要放下身段又要理直气壮》，《中国艺术报》2014 年 12 月 19 日。

李珠：《日本殖民统治时期大连地区的曲艺活动概述》，《大连近代史研究》2014 年第 12 期。

大事记

1月8日，中国曲艺家协会、江苏省曲艺家协会主办的“首届全国曲艺小剧场优秀节目展演活动”在苏州市举行。活动期间成立了中国曲艺家协会全国曲艺小剧场艺术指导委员会。

1月13日，新疆生产建设兵团曲艺家协会成立，张爱国当选主席。

2月11日，中国曲艺家协会、河南省文学艺术界联合会、中共平顶山市委、平顶山市人民政府共同主办的“第九届河南宝丰马街书会曲艺邀请赛”拉开帷幕。

2月27日至28日，2014年全国曲艺家协会工作会议在上海举行。其间召开了中国曲艺家协会第七届主席团第三次会议。

2月28日，由中国曲艺家协会、上海市文学艺术界联合会、上海市嘉定区人民政府主办的“多元文化中都市曲艺的生存与发展”研讨会在上海嘉定区安亭镇举行。

3月19日至22日，由中国曲艺家协会主办、重庆市曲艺家协会、重庆市九龙坡区文学艺术界联合会承办，重庆市九龙坡区走马镇人民政府协办的“首届中国好故事（走马）邀请赛”在重庆九龙坡区走马镇举行。

3月27日，中国曲艺家协会授予江苏省张家港市“中国曲艺之乡”牌匾。

4月11日，由中央文明办、中国文学艺术界联合会、中国曲艺家协会共同主办的“2014全国道德模范故事汇基层巡演活动”启动仪式暨首场演出在北京清华大学蒙民伟音乐厅举行。

5月12日至16日，由中国曲艺家协会快板艺术委员会、山西文学艺术界联合会、山西曲艺家协会、中共大同市委宣传部、大同市总工会主办的中国快板艺术论坛暨中国快板艺术名家“走基层送欢笑”慰问演出活动在山西大同举行。

6月5日，由中国文学艺术界联合会、中国曲艺家协会、浙江省文学艺术界联合会、浙江省杭州市余杭区人民政府主办，浙江省曲艺家协会等单位承办的“第八届中国曲艺牡丹奖全国曲艺大赛”浙江余杭赛区开赛。同日，中国曲艺家协会绍兴莲花落艺术委员会在杭州成立。

6月7日至8日，江苏省扬州市有关方面举办“炼艺悟道——马伟扬州评话专场”观摩及座谈研讨活动，对近年成长起来的扬州评话编演新秀马伟给予特别的推介和展示。

6月21日至22日，由中国文学艺术界联合会、中国曲艺家协会、江苏省文学艺术界联合会、常州市武进区人民政府主办，江苏省曲艺家协会等单位承办的“第八届中国曲艺牡丹奖全国曲艺大赛”江苏武进赛区开赛。

7月12日至15日，由中国文学艺术界联合会、中国曲艺家协会、安徽省合肥市人民政府主办，合肥市文化广电新闻出版局、合肥市文广集团有限公司承办的“第八届中国曲艺牡丹奖全国曲艺大赛”安徽合肥赛区开赛。

7月16日，由中国曲艺家协会主办的“我们的价值观——曲艺走基层全国百场巡演”启动仪式暨“节俭养德”首场演出于当晚在北京市房山区韩村河村举行。

7月30日至8月2日，由中国文学艺术界联合会、中国曲艺家协会、山西省文学艺术界联合会、长治市人民政府主办的“第八届中国曲艺牡丹奖全国曲艺大赛”山西长治赛区开赛。

8月6日，由中国文学艺术界联合会、中国曲艺家协会、中共天津市委宣传部、天津市文学艺术界联合会共同主办的“纪念骆玉笙诞辰100周年座谈会”在北京中国文学艺术界联合会文艺家之家举行。

8月9日至11日，由中国艺术研究院曲艺研究所和山东省济宁市人民政府主办，中共济宁市委宣传部和济宁市文化广电新闻出版局承办，中国说唱文艺学会、山东省文化馆和山东省艺术研究院提供支持，济宁市群众艺术馆和济宁市非物质文化遗产保护中心组织实施的“大运河流域曲艺学术交流展演及研讨活动”在山东省济宁市举行。

8月11日至14日，由中国关心下一代工作委员会办公室、中国曲艺家协会、四川省文学艺术界联合会共同主办，四川省曲艺家协会、成都市文明办、成都市文学艺术界联合会、中共彭州市委宣传部承办的“第六届全国少儿曲艺大赛”在四川成都彭州举行。

8月14日，由中共江苏省连云港市委宣传部、连云港广电传媒集团、中央人民广播电台制作，中国曲艺家协会名誉主席刘兰芳演播的百集广播评书《花果山传奇》在京举行开播仪式。

8月18日至20日，由中国曲艺家协会、北京市丰台区文化委员会、丰台区文学艺术界联合会主办的首届“高元钧杯”全国山东快书大赛在北京丰台区文化馆举行。

8月30日，由中国文学艺术界联合会、中国曲艺家协会和天津市文学艺术界联合会、天津市曲艺家协会、天津市曲艺团等单位主办的“纪念马三立诞辰100周年座谈会”在天津举行。

9月17日至26日，由中国文学艺术界联合会、中国文学艺术基金会、中国曲艺家协会等单位联合主办的“向人民报告——庆祝新中国成立65周年暨说唱中国梦优秀曲艺节目展演”共10场演出在北京民族文化宫大剧院陆续举行。

9月20日至21日，由中国艺术研究院曲艺研究所、江苏省曲艺家协会、中共扬州市委宣传部、扬州市文化广电新闻出版局联合主办的“扬州曲艺进京学术观摩展演及扬州评话传承发展学术研讨会”在北京中国艺术研究院和北京大学举行。

10月16日，北京市文学艺术界联合会主办、北京市曲艺家协会承办、京城15家相声小剧场参与的“第五届青年相声节”启动。之后陆续举办了30场相声演出，其中每个剧场举办的两场演出分别包括传统相声专场和相声新作品专场。

10月18日，由中国文学艺术界联合会、中国曲艺家协会、中共江苏省委宣传部、江苏省文学艺术界联合会主办的第八届中国曲艺牡丹奖颁奖典礼暨“金陵牡丹曲”惠民演出在江苏省南京市举行。

10月21日至25日，由中国文学艺术界联合会、中国曲艺家协会、江苏省文学艺术界联合会、中共连云港市委市政府共同主办，江苏省曲艺家协会、中共连云港市委宣传部、连云港市广播电视总台等单位承办的“第八届中国曲艺节”在连云港举行。

10月27日至29日，“中国曲艺之乡创建20周年系列活动”在山西省长治县举行。

10月30日至31日，由中国曲艺家协会、河南省文学艺术界联合会、河南省曲艺家协会、商丘市委宣传部主办的“首届全国河南坠子艺术流派演唱会和河南坠子传承与发展研讨会”在河南商丘举办。

11月2日至4日，由中国艺术研究院曲艺研究所、中国说唱文艺学会、湖南省文化厅、中共湖南省常德市委、常德市人民政府联合主办，湖南省非物质文化遗产保护中心、中共常德市委宣传部、常德市文化广电新闻出版局承办，常德市文化馆和常德市非物质文化遗产保护中心实施的“全国‘鼓书’观摩交流座谈会”及“湖南常德·全国‘鼓书’学术邀请赛”在湖南省常德市举行。

11月10日至12日，由中国文学艺术界联合会、中国曲艺家协会、中共陕西省委宣传部、陕西省文学艺术界联合会主办，陕西省曲艺家协会承办的“纪念韩起祥诞辰100周年座谈会”在西安举行。活动期间举办了“韩起祥杯”首届中国西部优秀曲艺节目展演和“送欢笑”惠民专场演出。

11月12日，由中国曲艺家协会、中共陕西省委宣传部、陕西省文学艺术界联合会共同主办的“陕西相声现象研讨会”在西安召开。会议决定，次年起将设立陕西曲艺创作专项资金，资金数额将从200万元起步，以推动陕西曲艺的发展。

11月19日至21日，由河北省群众艺术馆、河北省曲艺家协会、河北省非遗保护中心和河间市人民政府主办的“中国河间西河书会”在河北省河间市举行。

12月25日，中国曲艺家协会军旅曲艺艺术委员会在北京成立。

12月28日，由中国艺术研究院曲艺研究所、中国说唱文艺学会、中国曲艺团长高峰论坛理事会联合主办的“第五届中国曲艺团长高峰论坛”在北京中国艺术研究院举行。

中国艺术年鉴

2014年卷 + 下

吕品田　主编
中国艺术研究院《中国艺术年鉴》编辑部　编

文化艺术出版社
Culture and Art Publishing House

《中国艺术年鉴·2014年卷》
编辑机构人员

主　编

吕品田

副主编

谭　平　贾磊磊　杨　斌

孙伟科　吴　昊

编辑部主任

吴　昊

编辑部副主任

王　伟

分卷主编

丛玲玲

张乃锋

王　晶

陈　乾

杜　蕾

张啸涛

王　伟

顾骁瑾

傅　秋

中国艺术年鉴

2014年卷 + 总目录

上册

下册

下册目录

电影卷……603

分卷主编　张啸涛

摄影卷……965

分卷主编　王　伟

设计卷……1059

分卷主编　顾骁瑾

中国艺术年鉴

2014年卷

+

电影卷

+

分卷主编：张啸涛

年度述评

电影造就的对话及路向
——2014 年中国电影艺术发展现状、问题与趋势

◎丁亚平　储双月

中国电影即将走过 110 年的旅程，许多突出的电影发展现象和一些在电影艺术上具有标志性意义的影片，恰巧都在 2014 年出现。分析中国电影在当前遭遇的转变，评论影片创作的优劣，并进而带出一些关于中国电影路向方面的讨论，颇具价值。

近年来，中国电影市场呈现持续的繁荣和快速提升，创作上则表现为视野不断拓宽。其中，近现代历史题材构成年度电影发展的重要脉络，电影类型化、影像话语和导演个人性诠释等正逐渐形成更加多样化的理解和故事策略，电影综合产值及市场占有率、过亿元票房电影数量、观影人次等各项指标均大幅增长；中国当代电影穿越历史隧道，吸纳世界电影文化成果，跟中国改革开放的实践结合，中国电影在跨越式发展的同时，更呈现出了多媒体时代的新特征。当代电影如何进一步融会贯通、进一步体现文化自觉、追求创新实践、直面现实生活、反映时代精神，仍然值得深思。

一、总体发展：电影市场和艺术的重塑与激活

党的十八大以来，习近平总书记提出并深刻阐述了实现中华民族伟大复兴的中国梦理念，在全国各族人民中引起广泛的共鸣和热烈的探讨。如何“讲好中国故事，传播好中国声音，阐释好中国特色”，如何通过电影创作抒写中国梦，成为电影界普遍关注、深入研究探讨的重要课题。2014 年 10 月，习近平总书记在文艺工作座谈会上的讲话，结合当前电影的发展现状和问题，具有极强的针对性。讲话作为当代文艺史上的里程碑，作为重要的指导文艺工作的纲领性文件，对电影的发展同样具有举足轻重的意义。如何反思中国电影现状，总结经验，探索规律，这对中国电影发展将产生重要、深刻的影响。2014 年，电影创作捕捉和反映时代的精神内涵和价值理想，解读中国榜样的力量，充分认识到弘扬真、善、美的正能量，成为广大电影工作者的重要目标，电影发展新的舆论环境正在形成。

根据 2015 年 1 月国家新闻出版广电总局电影局通报的 2014 年国内电影票房情况，2014 年我国故事影片产量 618 部，同比减少 20 部；全国电影总票房 296. 39 亿元，同比增长 36. 15%，其中国产片票房 161. 55 亿元，占总票房的 54. 51%。相比 2013 年 217. 69 亿元的票房总收入，今年内地票房的增长幅度高达 36. 15%，这也是 2011 年以来票房涨幅最高的一年。按总体形势和趋向而言，2014 年的中国电影诸种发展特点可以归类为六个方面。

（一）电影的类型化发展呈现多样性的创新。2014 年以来，中国电影在类型片的道路上取得了可喜的成绩，不少国产类型片富于真实感和创新性表现，标志着类型片绝对优势的确立。2014 年，不仅出现了《西游记之大闹天宫》（10. 48 亿元）、《心花路放》（11. 67 亿元）等过 10 亿元票房的华语大片，一鸣惊人，而且《智取威虎山》《澳门风云》《窃听风云 3》《白发魔女传之明月帝国》《熊出没之夺宝熊兵》《救火英雄》《无人区》《北京爱情故事》《绣春刀》《一个人的武林》《京城 81 号》等，也获得票房与口碑的双丰收。影片故事及叙述往往较为紧凑、耐看，并不单纯建构视觉效果，在类型框架、影像和剧情设置中着意表现人性的复杂与丰富，提炼生活质感，成为净化人心的作品，令人惊艳，让我们感觉成功类型拥有较为强大的生命力。

2014 年，全年票房过亿元影片共 66 部，其中国产影片 36 部，全年城市影院观影人次达到 8. 3 亿，同比增长 34. 52%。但在 5 年前，全年票房过亿元国产片才有 11 部，2013 年只有 33 部。2014 年票房过亿元电影中，有历史片、喜剧片、警匪片、动作片，也有爱情片、青春片、武侠片、励志片、公路片、

灾难片等，类型丰富。其中《西游记之大闹天宫》《心花路放》《分手大师》等喜剧片在类型元素、风格、故事、人物等方面，较具一定的开拓与张力，加上凸显“粉丝”影响力的青春爱情时尚片《后会无期》《小时代3》、近现代历史题材影片《智取威虎山》以及《一步之遥》等，悉数上阵，构成票房主力，而古装武侠片则明显减少，电影创作的市场反应机制与作品所具有的内涵较2013年有了多姿多彩的变化和发展。

（二）国产文艺片和严肃电影创作取得好成绩，好口碑持续发酵。国产片《归来》《黄金时代》《白日焰火》《亲爱的》《夜莺》《蓝色骨头》和《推拿》等都获得了比较好的口碑与票房成绩。陈可辛的《亲爱的》，表现血浓于水的亲情加人性表现，口碑非常好，市场表现不俗，独具艺术、思想和情感的魅力与感染力。人们在影院里一次次哽咽流泪时，亲情与爱已悄然升华。这部影片能够成为一种现象，而不仅仅是一部作品，是因为编导主创人员深谙观众的心理和喜好，准确击中了中国观众的情感泪点。而且，作为严肃电影创作，它处在一个合适的节点，这就是一个民族需要在新的时代和语境中重建人性的价值与中国传统伦理的节点。张艺谋的《归来》自5月16日在全国上映以来，首周票房达8240万元，最终获得全国总票房为2.84亿元。影片打破了中国国产文艺片公映日票房、破亿元速度、上映总天数、总票房纪录，成为最卖座国产文艺大片。作品改编自严歌苓小说《陆犯焉识》最后30页的内容，讲述的是男主人公陆焉识回家的故事。妻子冯婉瑜由巩俐饰演，等到陈道明饰演的丈夫归来时，却已认不出他，他们所怀的各自强烈而执着的爱直击人心。影片公映后引起很大的争议，有的说它非常好，有的说它“简单”，有的则说它不好。《党建》杂志发文批这部影片，说它“以揭露的方式，渲染丑恶颠覆主流价值”，提到相当的高度，后来《人民日报》又发表肯定《归来》的文章。现在看来，政治还是不能代替艺术评判，影片好，口碑居于上风，其所显现出的个人对待历史的包容、和解态度值得肯定。电影的批评及评论，一定要百家争鸣。影视、文艺评论，一定要贯穿一种科学、健康的批评标准。电影市场尽管表现出多样化的挑战，但对国产片的高品质和永不过时的历史反思内容及表现，仍然是受欢迎的。

《黄金时代》剧情真切，语言质朴，影像表现精致细腻，票房虽未过亿元，但在业内口碑较高，是电影界的“正声雅乐”。作为小众电影，《黄金时代》的观众较商业片仍显偏少，而且观众年龄偏大，但它不同于一般的商业类型片或娱乐片，其创文艺片票房新高，已是本年度的亮眼成绩。

（三）产业与市场发展进入“快车道”，国产电影与好莱坞呈现激烈竞争的态势。2014年度暑期档票房累计超90亿元，同比增幅超55%。至2014年5月21日，中国电影市场的票房仅用141天便成功突破百亿元大关，达到100.24亿元。在2014年暑期档期内，国产/进口片票房比为44:46，国产片在“档期保护”下仍败下阵。2014年第一季度，国内电影市场总票房即累计近68亿元，同比往年一季度增加近30%；与此同时，全国银幕数目还在以日均18块的速度增加，按照这个速度，2014年底中国城市影院银幕数将逼近2.5万块。在银幕数与日俱增的情况下，市场发展潜力与场次容纳量将再度爆发，好莱坞与中国电影在2014年继续呈现出竞争的激烈、紧张和胶着状态。第一季度国产片一度获得市场份额的60%以上，但到第二季度结束，国产片份额却因为《变形金刚4》的上映跌至50%以下。排片、观影在按照市场化方式运作与演进。《变形金刚4》上映，排片达50.1%，影片首日全国排片约5万场。据言有影院“恨不得排片100%”。《变形金刚4》毫无悬念以19.79亿元的创纪录票房拿下冠军宝座。暑期档里国产影片特征鲜明，类型多样，国产片与进口片碰撞、交流，国产片占据上风。但其后的形势与发展脉络仍以好莱坞影片领先，《星际穿越》等片的多重影响自不待言，进口片在2014年内地影市的表现依然坚挺，其所具持强大的市场号召力挥之难去。虽然国产片票房过亿元总数呈现增长态势，国产片票房市场占比也略胜进口片，但如何寻找更多的突破口与好莱坞抗衡，无疑还有很长的路要走。国内的电影市场环境复杂，兼具好口碑与票房的国产片并不很多，中国电影与好莱坞的市场角逐形势仍然严峻。

（四）在全球化语境下，电影寻求国际化发展，“走出去”势头不减，中外影视合作得到不断拓展。

2014年国内近300亿元的总票房，国产影片海外销售收入仅18.7亿元，同比增长32.25%。人们越来越认识到，外国有经验丰富的制作团队，中国电影发展迅速，资金实力雄厚，市场发展很快，国家政策推动和主导下的中外电影合作，如何对国产电影的发展起到强力推进作用非常重要，而中外在影视文化产业合作方面势将大有可为，把影响带到相关国家和好莱坞，前景可期。2014年9月17日至19日，习近平主席对印度进行了访问。据媒体报道，莫迪总理问习近平主席，中国电影能不能来印度拍。习主席很爽快，大意是：当然可以啊，好莱坞第一，宝莱坞第二，中国的电视片第一，咱们要加强交流合作。2014年11月10日，中韩双方签署了结束中韩自贸区实质性谈判的会议纪要，习近平主席与韩国朴槿惠总统共同确认中韩自贸区结束实质性谈判。韩国《亚洲经济》报道称，依据中韩FTA的相关内容，韩国影视、娱乐文化公司今后将通过更为合法的途径在中国拓展市场，所设立的电影等娱乐公司，韩国方面最高可持49%的股份。而电影版权等方面的法律法规也得到新的确认，规定韩国电影在中国的版权保护时间由原来的20年延长至50年，为韩国电影进一步输入中国市场提供了动力和保障。11月20日，在习近平主席和新西兰约翰·基总理的共同见证下，两国在惠灵顿签署影视合拍协议。这一双边协议将令中、新双方的电视制作、电影制作更方便地进行合作，并与本土制作一样获得政府的资金奖励和帮扶。

2014年中国电影在海外票房收入还不足亿元人民币，跟好莱坞相比确实差距很大。有人指出，中国电影产业营收模式依旧需要改变，目前国内电影产业仅仅是票房的繁荣，通过电影的一次消费带动市场增长，但电影产业的衍生品市场、广告版权收入等营收模式的开发有待加强。显然，在好莱坞和西方这种强势话语的语境下，中国电影需要打开新的思路，努力走出去拓展海外市场，将自身的文化差异性作为亮点来建树，找到世界性和本土性的结合，寻求某种有利于建构本民族文化主体性的平衡，只有这样，才能进一步加强文化交流，推进国际社会对中国形象的认知，最终促进和带动中国电影在国际社会的文化传播力和竞争力。

（五）影视合流促使中国影视产业新的转型和飞跃。2014年春节档期，投资仅500万元的小成本电影《爸爸去哪儿》再次创造了中小成本电影的票房奇迹，在众多的质疑声中，轻取5亿元票房。虽然有人说影片《爸爸去哪儿》根本不算电影，但是，新语境下的电影与电视联手打造成为近年的重要事件，是显而易见的。影片拍摄借重于同名电视栏目的资源，明星父亲独自料理孩子这一创意打破了观众对家庭角色分配模式的刻板印象，其能做到口碑票房双收，几乎很难让人怀疑。市场对国产片的多样化的需求趋旺，当下国内电影“市场已经出现了越来越多的高端影院，而电影生产的工业水平还远远没有跟上”，中国电影市场处于优秀电影供不应求的阶段，所以《爸爸去哪儿》靠同名娱乐节目的热播摘得商机，而有的影片凭宣传和档期的优势大赚一笔，都属难以避免。此外，值得注意的还在于，互联网和新技术掀起了传统电视和电影在新媒体融合基础上发展的新趋向。全媒体时代，传统的“内容为王”已被改写为“内容+渠道”的多媒体交互模式。基于BBS、微博、微信、手机App，电视台借助第三方产品实现内容接驳，构建了吸引观众参与节目线上线下互动的新型交互通道。各种资讯、话题讨论、有奖问答、参与投票等内容的实时推送，增强了观众的互动性，使电影内容的关注度和影片票房（收视率）得到显著拉动。

（六）中国电影产业对于高科技和新媒体的应用越来越普遍，数字化的拍摄、制作、放映的影片数量正不断增加，互联网和电影发展的关系及趋向受人瞩目。现在，数字传输、放映已经逐步取代传统的胶片发行、放映，数字银幕、3D银幕以及数字巨幕逐渐成为市场主流，针对数字电影的制作、发行、放映、传输、运营管理和技术支持等服务体系也已经走上正轨，数字技术对我国电影产业的支撑、引领作用开始显现，并且已经成为可持续发展的强大动力。《西游记之大闹天宫》（3D）在2014年大年初一上映，票房与题材、档期相联系，该片虽在内容表现上有争议，但仍然达到了10亿元级别。2012年的《人再囧途之泰囧》、2013年的《西游·降魔篇》票房相继突破10亿元大关。《大闹天宫》的市场成功，与其利用观众家庭观影的整合口味订制有关，也与影片制作数年磨一剑、后期制作的各项技术都被数字带和数码技术所取代、利用3D实现高票房都有重要的关联。这证明运用高新技术带来的票房增长能力是巨大的。同时，影片汇集周润发等一线港台与内地明星，吸引了更多的市场销售与观影目光，这也为其取得成功奠定了基础。在电影市场中，高新技术和明星运用的影片虽让成本上涨，回收的压力增大，但独特的数字景观画面、3D技术吸引观众眼球，自不必说，而恰恰也因为高新技术影片加上拥有明星的影片，才具有议价能力，可以获得很好的销售价格与票房前景。

网络媒体进入电影业，以互联网为代表的新媒体，以及以数字技术为代表的高科技对影视产业产生了重要的助推作用。2014年2月26日，国务院下发了《国务院关于推进文化创意和设计服务与相关产业融合发展的若干意见》，就实施国家文化科技创新工程提出要求，提出应支持利用数字技术、互联网、软件等高新技术支撑文化内容、装备、材料、工艺、系统的开发和利用。该文件还对互联网时代的媒介融合提出战略性指导，指出应大力推动传统文化单位发展互联网新媒体，推动传统媒体和新兴媒体融合发展，全面推进三网融合，推动下一代广播电视网和交互式网络电视等服务平台建设。2014年4月23日，中共中央政治局委员、中共中央宣传部部长刘奇葆在《人民日报》撰文，进一步强调要推动传统媒体和新兴媒体融合发展，这既是战略任务，也是紧迫任务；而大数据和云计算技术、移动互联网技术以及微信微博技术是推动融合与发展的关键技术手段。上述这些顶层设计文件有着共同的指向：使用以数字技术为主体的高科技手段，以互联网为基础来进行媒介融合。当下，某些互联网公司已经成为市场重要投资主体和院线品牌，其中乐视最具代表性，互联网基因的新电影品牌纷纷刷新了国产电影票房纪录，如2013—2014年乐视的《小时代》三集电影票房超13亿元。而其“乐视TV·超级电视”如同一个完整的移动互联网生态系统，拥有海量的电影和电视剧资源。乐视网除所有的电视剧都已经同步卫视播映，越来越多的电影也将实现与院线上映发行的同步，对视频直播行业具有开创意义。2014年度的《归来》出品方即为乐视影业。作为国内首部4K影片，《归来》以全新的高质量画面，在宣传和放映中吸引了无数目光。“4K”对于国内观众来说是一个新名词，据介绍，它指的是物理分辨率达到3840×2160，这个数据是全高清的4倍，高清的9倍。在此分辨率下，观众将可以看清画面中的每一个细节、每一个特写，画面更加锐利，层次更加明显。4K意味着“超高清”和电影观影新媒体时代的到来。6月20日，《归来》在乐视TV超级电视及乐视网全平台登陆（上映），人们在家中可观看4K高清影片，对于观众来说，这是一种全新的影像感觉和影像体验。

2014年起，以“BAT”（百度、阿里巴巴、腾讯）为代表的互联网公司纷纷进入电影行业，关于互联网与电影的战略合作、并购、融资纷至沓来。2014年，腾讯再次发布了全新的“泛娱乐”战略以及涵盖文学、动漫、游戏、影视等多个互动娱乐业务的重磅信息，全面布局互动娱乐产业，致力于打造全球领先的综合互动娱乐服务品牌。而阿里巴巴介入影视业，成立影视公司，百度倚重旗下爱奇艺整合、开掘电影业务，都已浮出水面。关注新媒体对中国电影创作现状、美学形态以及业态整体发展的影响、挑战与作用，势在必行。

二、叙述路径：社会/历史记忆的嵌入

2014年，《太平轮》（上）、《黄金时代》、《智取威虎山》、《归来》、《触不可及》、《一步之遥》等影片不同程度地表达了对社会/历史记忆的珍视，提示观众去关注那些作为主体存在的个人。它们对待历史的态度虽然不尽相同，但“历史—个人”式的导演思维却一再呈现并获展演的空间。个人只有作为主体性存在，历史才会出现有血有肉的活人面貌。出于对正史和宏大叙事所遮蔽的真相的修正，与信息的补充，许多个人化的口述历史、书信、回忆录、文艺作品以社会/历史记忆的形式展开，构成了另一组叙述历史的路径。个体如何与宏观的社会历史结构发生关联、撞击、融会，表现被动的、主动的抑或互动性的关系，自然而然地就成为当下电影介入并塑造历史的主要方式。在把握社会/历史记忆与当下的延续或接续问题时，为了与以往的宏大叙事刻意区分开来，电影大多选择从人性、审美这两个维度进行突围、开拓。这些影片的时代选择存在着某种趋同性。吴宇森、许鞍华、徐克、张艺谋、赵宝刚、姜文作为出生于20世纪40—60年代初的导演，最让他们无法释怀并引起冲击撼动的就是那个乱世或动

荡不安的年代。艰难、苦痛、残酷、颠沛流离抑或狂热、激进的记忆，经由沉淀、反思，成为导演们岁月荏苒之后采掘不尽的矿藏。选择政权易替的“民国年代”、政治社会剧烈震荡的“文革”及后“文革”时期，这种无形的组构现象实际上是一种有意味的文化症候。历史回眸画出了一块生命的空间，通过这块空间，能把我们的社会/历史记忆和我们对历史本身的更广阔的想象以叙事化的方式对动乱年代重新呈现。它宣告某一个历史阶段终结了，已经亡故的历史似幽灵一样通过影像回到眼前。

（一）《太平轮》（上）与《触不可及》：但见爱情不见史诗

《太平轮》（上）和《触不可及》都是以历史为框架的浪漫爱情故事，一个聚焦于抗日战争后期，一个聚焦于解放战争时期。爱情与战争交会，爱情为个人故事注入了人性因素和感情成分，让冷峻强硬的战争和政治话语变得更好消化。爱情使历史变得温情脉脉，而历史则让爱情显得更加凄绝动人、悠长回荡。不过，精密权衡爱情、战争这两种不同质地、不同色调的元素也并非易事。令人感到遗憾的是，两部影片皆侧重于打造唯美、诗意、浪漫、典雅的视觉画面，让爱情情调化、平面化、凝固化，无形之中也矮化了历史，冲淡了剧变和转折过程中历史的厚重感、复杂性及其本应该具有的冲击力量。导演应该着力于将时局动荡、政权交替的大背景更多地融入故事情节之中，让背景故事与前景故事交相辉映，而不是拘泥于在前景上打造爱情与社会责任冲突的通俗剧。两部影片的主人公关于浪漫的演绎和情感的表达站在了第一线，充溢着优雅的男子气概及出自自我提升、保持较高自我价值的精神需要，为了责任和承诺而不惜牺牲。不过，国共内战、谍战引发的险要、刺激的悬念叙事却被淡化了，或者干脆退居其后隐身了。也许是为了规避“对号入座”的观赏心态带来的麻烦，影片没有严格参照某位历史人物的传奇来加强国民党少将雷义方、中共地下工作者傅经年的性格弹性和情感广度，而是杂糅了某些历史人物的棱面，但娱乐心态是需要完整明晰且动人的人物弧线、印象深刻的精彩场景和惊心动魄的悬念叙事来满足的。

《太平轮》上集将国共战争视作个人无力抵御的重大灾难，下集则让“太平轮事件”即海难充当了把个人置于渺小和无助境地的“反派”主角。海难和战争属于两类不同性质的灾难。将战争概念化，视为一般意义上的灾难，仅倚重于灾难性景观给人带来视听奇观和制造恐怖、惊慌、悲惨等极致情感，是远远不够的。战争的地缘政治性，是战争片的特质，也是为其增添史诗价值的重要元素。“我只是个军人，我不懂政治，我只做军人该做的事情。”这也许是吴宇森借雷义方之口道出无力架构宏观政治格局的托词。上集没有精心挖掘雷义方的背景故事，将由战略战术上的决策分歧牵引出来的与上层政治人物之间的错综盘结关系清晰地勾勒出来，分别、死亡场面也只见浪漫不见凝重。浩大的群众场面、战争场面仅出于渲染气氛之需让战争出演灾难的角色，而没有使得民族风貌、政治意识、具有历史质感的细节与自然、地理、四季、环境等融为一体，生出史诗气质，收到荡气回肠的写意效果。战争和海难的组合，未能在《太平轮》中形成“1+1>2”的累积效应，而且两头失据。冲着片名想看“太平轮事件”的观众在上集没有见到海难，对战争感兴趣的观众又没有见到战败者视野中带有揭秘性质的第二次国共内战。

爱情和人性都具有普遍性。让爱情跨越民族鸿沟，使人性超越阶级性，还不能仅仅依靠历史浪漫化、战争去政治化来实现。以人性和人民战争论来表现国共内战，左右逢源的同时一定程度上消解了战争的义与不义，而激烈的战斗则由此显得平淡无味。影片如若做到直击观众的心灵，不仅需要贯穿本土化的透彻鲜明的价值观指引，同时还要寄寓对历史的深刻思考，以及对人、命运、生活乃至最渺小的生命个体的博大而深沉的关爱。《太平轮》中的三对情侣戏线索复杂、视点分散，未能在情感线上逐步聚合起来形成爆发力。没有深层潜文本阐释的苍白罗曼史无力担当苦难救赎的重任，也是势所必然。

（二）《智取威虎山》：红色经典的民间想象与中心的抽离

从张艺谋的《红高粱》到徐克的《智取威虎山》，会让人发现“我爷爷”的历史记忆再度被激活。个人化的历史视角、民间化的叙述立场，让曾经面目不清的、边缘化的历史主体成为历史叙述中的先辈。《智取威虎山》结尾处出人意料的是，“我爷爷”不是传奇英雄杨子荣而是普通村民小栓。小栓备受土匪欺凌、家破人亡，对所有武装组织都不信任，后来才依赖203小分队去铲除匪患并意外救出已沦为山寨夫人的母亲，由受害者转变为获益者。他在影片中只是个历史的见证者，如他母亲一样感情用事，甚至有时还帮倒忙，而不像《红高粱》中的"我爷爷"，是创造历史的抗日英雄。"我爷爷"由英雄到平民的身份转变，意味着当下电影在表达个人与历史之间的作用力与反作用力时，对个人的信心远不如20世纪50—70年代的革命历史电影，也不如80—90年代的新历史主义电影那样充足。

尽管《智取威虎山》走的是商业和娱乐路线，但影片将个人作为历史获益者的定位，还是会让小栓的后代怀揣感恩的心态欣赏并认同杨子荣只身一人勇战老虎、端掉匪窝这一超出普通人能力范围的丰功伟业。复仇型小栓的个人化存在，为成功除霸的杨子荣增添了锄强扶弱、疾恶如仇的理想色彩。普通群众头脑里只有美与丑、善与恶、好与坏这样的道德伦理评价，而无阶级观念上的进步与反动之区别。不从阶级立场而从村民的情感和生存问题出发，可视为人性化视角的回归，泾渭分明的道德伦理观将暴力强权下的群体组织反抗事件阐释得明白易懂。

草根出身的英雄，向来不以经过文明修养教育修饰过的帅气或高踞于朝的正统的官气引人注目，而以游荡于野的匪气、霸气别具风采。草莽英雄浑身是胆的历史叙述，可以让观众从日常行为规范、秩序、制度约束中超脱出来，以民间的心态抵御凌驾一切的高大上。这种混沌而又与秩序间离的传奇英雄，可以追溯到《红高粱》中的余占鳌。《智取威虎山》中的杨子荣区别于革命英雄少剑波。他起初并不被这位203小分队首长信任和接纳。外形装扮、语言、文化背景并不能证明一个人的真实身份，匪首座山雕因对外来者杨子荣深度怀疑而设置重重关卡，杨子荣的闯关、里应外合剿匪则成为全片吸睛之处。"徐克最重要的设计是让杨子荣变成了双重意义上的外人。……双重外来者的设计，彻底改变了原作中英雄主义与集体主义的关系，变成了孤胆英雄的传奇故事。这种改写遵循的是香港卧底电影的逻辑。"① 错综复杂的形势让潜伏人员在香港卧底电影中面临双重效忠的难题，其影射的是"香港人"的中国性与"中国人"的边缘化这一身份认同的困窘。杨子荣不会死，他的全部智慧活在信念之中。当遍及权欲之争的威虎山里最信任并力挺杨子荣的金刚老八倒下之时，难免要引起观众的担忧与唏嘘，然而片中杨子荣并未出现色变或为之动容。类型化，缺乏对人物灵魂、命运、心理变化屏气凝神的注视，可能成为历史人物失去厚度的原因。

红色经典的翻拍，不只是一种想象的延伸，唯有在审美、情感、思想观念上对既定模式进行拓展、调整或反叛，才能适合当下观众的欣赏口味。该片的戏剧张力之一，在于不断变化的意义，这种变化一定意义上改变了观众对片中主角的认同。显而易见，影片是借助造型、气氛、地方风貌等许多能够增强视听效果的手段来介入历史。宏观的历史背景被淡化，暴力革命的政治寓意被省略，底层百姓的精神状态情绪化，而刻意将历经三代奋斗成社会精英的孙子设置成为青年观众的形象，安放在回忆框架之中，以建构现实与历史的对话。在那桌历史与现实齐聚的团圆饭中，虚构与想象让曾经边缘化的历史主体重新粉墨登场，赢得掌声。

（三）《黄金时代》：革命洪流之外的日常生活观照

作家是一个民族的记忆。萧红的文学创作源于自身的生命、生存体验。民生维艰之饥饿感、战乱流亡之飘零感、在"娜拉们"纷纷出走时代里不能自立和情无所依的幻灭感，以及时代的苦闷，遍及她的作品和人生经历。而这些，已然成为我们民族的历史记忆、文化记忆。这种人物，历经磨难一生漂泊，感性大于理性，情路多舛，与时代格格不入，向来与许鞍华契合度很高。在她创作的《胡越的故事》《投奔怒海》《今夜星光灿烂》《客途秋恨》等影片中都能见到。《黄金时代》延续了这位女导演探讨中国人的历史命运和家国之外的边缘人处境的人文电影传统。

许鞍华一贯刻意求新，喜好实验性尝试。首部传记片《黄金时代》被她处理成了淡化戏剧效果的反情节片。拍摄手法上，将演员替代萧红的作家朋友口述历史与演员投入剧情的表演，反复交替，产生

① 张成专访戴锦华：《徐克版〈智取威虎山〉：成功逃离革命叙事》，香港《凤凰周刊》2015年第2期。

间离效果。作家身份和演员身份在观众面前不断置换，带领着观众去见证、质疑并获取信息。这种艺术形式将民国才女萧红与众多不同地域作家亲疏交集的关系及史实不受限制地具现出来，在细致的资料梳理、细节叙述中讲述人生，诚意满满。萧红的作家朋友们讲述的是萧红与萧军、端木蕻良三人的情感纠葛细节，是饮食男女的吃饭、聊天、穿衣、探望等日常生活的切面，时代感和革命气息并不浓厚。“人是在最日常的生活中流逝的……你窗边革命洪流过去的时候，可能你正在剥一颗鸡蛋。”① 编剧李樯对时代领略问题作出如是回答。这种日常生活史学视角，关注的是作家们常规性的生活经验，“冀望从琐碎的生活细节中梳理出有意义的历史脉络”②。这种表达样式可以逼近客观性，提高传主的可信度。然而，最为审慎而精确的历史，并非最具观赏性的历史。影片最大的硬伤就是史料堆砌、细节铺陈，缺乏深入分析和重构历史的魄力。真相探求的叙事结构，失之于没有定论、没有观点。以一种价值观念、思想意识来整合、穿透史料，往往会比单纯的学术和实证主义视角看待历史和人更为有效。注重将她作品和其他人回忆的文字转化为影像，而在人物塑造和情节设置上放不开手脚，自然剧力涣散。

影片目不转睛地凝视萧红的童年和错综复杂的情爱生活，尽力要扩展真实的萧红，以填补围绕在残存碎片四周的空白。生活中的她为追求个性解放、身心自由坚定地走出铁屋子，依赖爱情来实现传统伦理道德革命终不可得。萧红疏离于萧军奋不顾身投入的易钗而弁、投笔从戎的浩荡革命洪流，不愿接受整齐划一的左翼文学、延安文学的统一规范，而宁愿坚守五四文学的多元化、人性化、人类化的革命视野。能走出封建地主家庭却走不出更为广阔的人生困境和迷局，也许，只有当物质现代化与精神革命性不再背道而驰之时，才是一个自由的黄金时代。片中萧红的每次逆向性自主选择，都是对她的率性而为这种性格中的悲剧性成分的强化性表述，但正是这一点才成就了作家萧红的真实，历经岁月无情的淘洗而历久弥新。影片如若能将萧红性格悲剧的道德寓意提炼出来，就更会给人以升华的力量。

（四）《归来》：时空凝缩的情感聚焦

“历史—个人”式的导演思维是现在向过去发起的隔空对话，也是由价值观的代际断裂、紧张生成的。《归来》中父母象征着历史，女儿则意味着个人。当“右派”身份的父亲逃出监禁来探望在家守望的妻子时，女儿对这位给她带来命运逆转和创伤记忆的父亲是拒斥的，激进或政治化地视其为来自另一个阶级阵营。父母与子女之间的紧张对峙，隐喻着历史与个人之间的分裂。成长于“文革”且深受无产阶级专政下继续革命理论洗脑的女儿，出人头地的自尊自强愿望压过了一切，包括亲情。女儿的背叛与出卖，这一悖逆人性之举成为母亲耿耿于怀以致放逐她的动因。随着后“文革”时期的到来，文化在中断后复苏，价值观在失调后聚拢。当女儿接受历史并得到父亲的谅解时，也就是个人不断主动寻求与历史达成和解的时刻。影片讲述的是后“文革”时期，折射的其实是叙述当下导演看待历史的态度。

影片并未选取父亲、母亲在“文革”中的遭遇作为叙述对象，作一种还原历史、解读历史、认定历史的努力，而是“记录历史当中典型且永恒的一瞬”③。“文革”这场浩劫给一个知识分子家庭留下的遗患与影响，亦即“文革”后果成为影片着力描摹的内容。在后“文革”时期，父亲经常去母亲家给她念“文革”时期自己写给她的书信，父亲和女儿不断陪同失忆的母亲去车站迎接书信中说要归来的陆焉识，这些都成为仪式化场景。一家人的情感时间定格在那一刻，价值观的代际鸿沟也得到了弥合。没有血淋淋的事实，没有控诉，没有怒火，只是平静而又絮絮叨叨地叙述日常生活琐事。影片表现出特殊的时空观：时间维度的复活扩张与历史经验的空间建构。“文革”时代的特殊记忆被凝缩成一个个瞬间，车站、不锁门的家这些空间场景又负载起建构历史经验的转化任务。车站和不锁门的家是对归来中的陆焉识的永远欢迎，也昭示个人对历史的开放、包容心态。温习陆焉识的“文革”书信和迎接他的归来，简化为一种恒定的家庭事件的模式，不锁门的家、车站在空间维度上也就展现出了其所含的文化

① Aska：《专访〈黄金时代〉许鞍华×李樯：“看过后久久萦绕心头的，才是高潮”》，Mtime 时光网 2014 年 10 月 7 日。

② ［美］格奥尔格·伊格尔斯：《二十世纪史学》，杨豫译，台湾昭明出版公司 2003 年版，第 76 页。

③ 袁蕾：《陈道明：愈合历史留下的斑斑伤痕》，《南方周末》2014 年 5 月 20 日。

意义和经验意义。空间是一种叙事维度，凝聚着丰富的社会生活信息与历史经验。影片中最有意义的事件就是家人的相聚。家庭的时间和日常的空间在影片里变成了一种原真的存在，构成一个共同体，用以抵御外来的威胁力量。

借助电影，人们再度试图把握时间，把握时间中延展的历史，而不仅仅是某些仪式化场景。侯孝贤曾这样阐述过："电影其实就是某种情感时间与空间的凝结，所谓'凝结'是扩张、放大的意思。"① 时空凝缩有两层含义：一是时间空间化，被凝固成一个个"瞬间"；二是空间时间化，又被分裂为"当下"。捕获瞬间的永恒或永恒的瞬间，于是过去的记忆就在其叙事之中获得了时间维度的复活。然而，影片过于依赖时空凝缩的情感聚焦，让过去时代的全貌在历史延续的建构之中触不可及。复活的历史记忆并没有满足观众对"文革"的来源、过程、细节的了解、认识、探求的心理。影片端出来的是一盘热气腾腾的心灵鸡汤，却又让人浑然不见货真价实的食材。历史的痛感被稀释，历史的真实被回避，历史的整体感被割裂，因为影片就没有完成带领我们客观地去考察我们的历史过程的任务，尤其要全面考察历史行进中人与人、人与政治的关系。《归来》的出现，标志着第五代导演直面历史的反思精神业已淡化，个人意志丝丝锐气已被现实磨平，而以探讨个人与历史和解的愈合型电影取而代之。

（五）《一步之遥》：大众传媒的角色审视

影片在开篇处就道出了个人对20世纪历史的野心和抱负："我们创造了历史，我们是历史的一部分。""不是我们选择了历史，而是历史选择了我们！"许多国内外重要历史人物的话语都在这里汇聚或改装换面，夸夸其谈，创造历史的信心爆棚。大张其词的同时，北洋时期重要政治人物穿梭其中，再配以盛大奢靡、光怪陆离、长达30分钟的花国总统选美的歌舞场面。全片贯穿着一种嘲讽的语调和上帝视角，自己活在自己的故事之中。影片定下了很高的基调，个人似乎能够游刃有余地打通自己与宏大社会历史结构的关系，在虚构与想象中的民国社会自由驰骋。片中塑造的逃避责任、没有担当的马走日，在另一段真诚的情感面前终于站出来承担自己应负的责任。从繁荣走向崩溃，从强大走向泯灭，影片却把这主题处理成了一个头重脚轻的叙事结构，给观众带来极大的落差。虽然影片着意构建反讽的叙事框架，但是结局要达到严肃的悲剧效果，否则就不足以支撑前面营构的宏大格局。姜文并未冷静而克制地用社会新闻来科学分析社会现象，而是采取了荒诞派戏剧风格的喜剧来表现。影片运用拼贴、戏仿、杂糅、变形等后现代叙事手法对叙事片段进行重新编码，春晚、新闻联播、超女选秀等媒介用语风格，黑白默片、歌舞、相声、话剧等艺术形式交错混杂在一起。色拉盘未能熔铸为一体，造成美学风格不统一，所以马走日在结尾处失重了，让观众不能承受他的生命之轻，而这种轻恰恰是由其张扬、浮夸和自恋造成的。

电影取材于"阎瑞生案"，把民国奇案当作社会症状来诊断，以帮助观众理解大众传媒可以熟练、巧妙地操纵民众这一社会问题。通过姜文对"阎瑞生案"的再造与想象，我们恍然发现历史在当下生活中的延续。大众传媒熟谙社会权力的整个运作过程，通过所传播的信息和塑造的形象，引导着公众的注意和兴趣，影响着公众的思想和行为。麦克风、摄影机、高音喇叭、传声筒、报纸、电报、电话等传播媒介在影片中触目可及，不分青红皂白，极尽能事地迎合民众的窥视欲望。大众传媒制造着公众舆论、消费文化，不明真相的民众只是麻木的看客，也是被愚弄的对象。"人民，只有人民，只有狂热的人民，才是历史的创造者。"影片既讽刺了大众传媒，也讥讽了围观的民众。王天王娱乐化地表演马走日暗杀完颜英的始末，让观众在欣赏这出红颜薄命的话剧中集体狂欢。苦难、绯闻、死亡、灾难只要能变成商品来攫取利润，大众传媒就可以将人文关怀、责任抛之脑后。全能的、控制一切的大众传媒，一旦与权力结合，人人都是受虐者也是施虐者。在欣赏别人的不幸时，观众获得了临时性的自我解放的空间，得到心理补偿。大众传媒才是大众文化的"神话"缔造者，这也是影片的寓意所在。

上述6部影片关注的都是知识分子、国共两党军官、清朝遗老等中上层人物，底层人物只是零星地

---

① 侯孝贤：《自述》，《当代电影》2006年第5期，第53页。

点缀出现。在处理社会和历史问题的创作手法上，既不同于以往宏大叙事的“自上”法，也不纯粹采用微观史叙述的“自下”法，而是结合了一种交互性的平视。不管是由内而外的平视还是由表及里的平视，皆是对以往看待历史的视角的一种纠偏。从创作思路来说，平视不仅是对以往宏大叙事的抵御或刻意疏离，而是力图在整一性的宏大叙事与微观的小叙事之间搭建一种有机的联系。

历史被浪漫化、传奇化、边缘化、碎片化、荒诞不经化，是当下电影历史叙事存在的发展趋向。历史往往是由主流机构与意识形态来叙述的，证明统治机构和政权的合法性。权力是历史背后的操纵力量。毋庸讳言，历史应该涵盖许多“个人”具体生活经历的多层次流动。规避历史的幽微层面，视个人为数字性、工具性存在，会让诸多“个人”消失在统一进程的宏大叙事中。显然，无论是以历史为框架，以历史为内容，还是选取历史的截断面，重视历史题材挖掘和历史叙述的电影创作，都要对社会、历史提出自己独到、独立的见解。超阶级观念并不代表着可以去政治化或回避政治问题，人性视角并不意味着政治立场上要调和、中立，甚至让电影丧失看待历史的正当眼光和衡量人的尺度。为此，导演应该将镜头更深地推向宏观的社会历史结构，潜入广袤丰富的社会历史生活，进行提炼和高度概括，让历史真相真正回到文本之中。唯有准确而有力地把握住深厚的社会历史背景，将其转化为驱动个人在前景活动的情节，赋予强有力的潜文本，个人故事才会更有意义和动人。

追溯历史，固然是为了认知、揭示过去的事件和人物，接近历史真相，更为重要的是要分析过去与现在之间的联系，探寻断裂与延续。发现历史的不连贯性，展现历史与现在的接榫，或者预告历史将在未来不断出现，其目的都是让人们从中汲取力量。怎样把握和分析历史，怎样看待过去与当下的联系以及怎样将这种联系清楚明晰地呈现给观众，是电影书写和呈现历史需要正视的重要命题。而其中最为关键的就是设置贯穿于宏大社会历史结构的人物，肩负清晰而富有穿透力的价值观，让观众走出历史的迷雾，缝合时间距离。在对那个年代永恒的忘却与微弱的记忆之间，“传媒化”了的过去，还应让观众觉察到从场面、个人故事中涌现出来的人性、生命的力量。在重塑社会/历史记忆的过程中，提供作为面对现实并向未来挺进的原料，作为报答，影片会赋予观众更多的代入感和投入感，更为从容地引领观众抵达彼岸。

三、电影的社会话语：现实中不可承受之重与轻

当下中国，社会阶层分化较为剧烈，底层人群不仅限于经济贫困、受教育程度低、社会地位低、个人能力低的农二代、小手工业者、蚁族，而扩大到受过正规教育甚至高等教育但收入水平低、生存压力大的工薪阶层、城市打工者、北漂族。2014 年度出现的《亲爱的》《推拿》《白日焰火》等影片，将笔触伸向生活在城市边缘、没有社会地位或安全感的底层人群，代表他们向社会发言，记录底层社会真实，渴望、期盼社会正义，可称之为“社会派电影”。出于对真实的尊重、对真相的敬畏，故事剧情的架构过程中带有一种质朴的、无中介的纪录片风格。影片对当代中国的社会问题密切关注，探讨的话题严肃而沉重，富有时代使命感。他们的故事融入了中国社会的改革阵痛和变迁焦虑，不同程度地揭示了现实社会的城乡矛盾、政策和法律的某些非人性、社会保障制度的不尽完善，以及社会不平等现象。

相比较向城市迁移的父辈的奋斗之艰难，“80 后”“90 后”因有上一代人创业硕果做的铺垫，没有物质、生存问题的刚性压力烦忧，因而，他们在电影中表现为是追求休闲享乐、精神上标榜自我、张扬个性自由、时尚化的一群都市青年男女。随着经济社会发展和青年人受教育程度的普遍提高，他们无法赢在起点，出人头地并发挥重要作用，愿望在职场屡屡受挫，便开始以娱乐化心态对自己的尴尬处境进行自我戏谑、自嘲与解嘲。这些以爱情、喜剧为主导元素的“轻电影”，对处在近景的爱情、友情、青春、梦想、成长、创业等话题予以轻松幽默的诠释。“轻电影”皆为中小成本制作，近些年来一直是票房黑马，投入产出比往往胜过那些“大导演 + 大场面 + 大阵容”的巨制大片。2014 年的电影生产和市场中，《心花路放》《分手大师》《匆匆那年》《小时代 3：刺金时代》《同桌的你》都是进入国产电影票房排行榜前十的“轻电影”。

“社会派电影”与“轻电影”同是现实题材，都是投射城市化背景下当代中国镜像，在娱乐至上的

消费主义语境下却有着判若霄壤的票房遭遇。这是一个“只扫自家门前雪，莫管他人瓦上霜”的小时代。“社会派电影”难入俗眼，是因为与占据观影主流的“80后”“90后”观众群的生活经验有隔膜。后者在接受自己无力改变大的环境、大的秩序这一现状后，难以分出精力去关注和悲悯弱势群体，讨论与自己关联不密切、处在远景的社会问题，大家宁愿缩在狭窄的工作、情感事务里自我经营、自娱自乐。

（一）《亲爱的》：人文的温暖和真相的双面性

从《双城故事》《甜蜜蜜》《三更》《如果·爱》《投名状》到《中国合伙人》《亲爱的》，陈可辛20多年来的电影创作在情绪基调上几乎都是一样的。尽管类型在千变万化，但都将温暖作为底色，情感是主题。陈可辛说道：“对我来讲，要是不讲情的话，我没信心拍得好，我喜欢用感情来做根，比较容易拍。”① 他的电影里没有对传统的彻底决裂，没有太多人性阴暗面，没有走向极端的愤怒，而是着力表现人唯一的对手就是自己，展现人怎样跟自己较真。《亲爱的》是陈可辛继《中国合伙人》将主创阵容和故事题材全面“北上”之后的第二部力作，让我们再度惊讶地发现这样一部反映当代中国多样性和复杂性的电影居然出自香港导演之手。影片对底层民众的生存状态和情感状态真实而准确地予以捕捉，让人心生暖意，却对镜头语言的流畅与成熟全然不察。

影片以新闻报道过的“彭高峰寻子事件”为蓝本，故事重心落在虚构的收养被拐孩子的李红琴的情感世界里。上半段以失去孩子的家庭的视角来展开打拐的故事，下半段则是以李红琴的视角讲述失去养子、养女之后踏上寻女之途，千方百计争取夺回养女抚养权的故事。这样一个急转而下的两幕式结构，让影片超越了传统打拐题材电影的套路，在结构转化之中树立新的价值观。“如果没有这种结构上造成的峰回路转，那整部电影就不会存在了。”② 陈可辛认为整部影片的力量就源于此。只有从正方和反方两个视角进行交互性注视，才能发现真相的双面性。影片扩大了家庭伦理剧的格局，同时又超越了复原型三幕式结构的主题，即善有善报，恶有恶报。这种报应和复原并未在剧终前出现，而是采取了反讽型两幕式结构，出现了类型的偏离，主要人物始终处在选择和评判的纠结之中。影片反类型而行，对既定类型的母题进行颠覆，如若产生出人意料的结果将要冒很大的风险。因为对三幕剧的犯错、认知、救赎的整齐秩序以及圆满结局的遵循，建立在故事必须巩固观众认同的道德规范，否则会忤逆了观众的日常观影经验。显而易见，影片放弃了善恶分明的道德观，而以有力的观点来整合日常生活的经验、细节、肌理。拐卖者未得到应有的惩罚，争夺养女抚养权的法庭戏无果，李红琴怎样处理意外怀孕也无解，所有的疑问和期待都依赖于观众对明星赵薇饰演的安徽村姑李红琴的认同来补偿。看到让人觉得可信、心生同情即情理上塑造得成功的李红琴故事，观众也就被一种包容的温暖情愫牵引着往前走，不再细加追问。

千里寻子的打拐题材只是陈可辛掷向水面的一颗石子。通过这一事件表现，影片将话题引入更为广阔的中国现实问题探讨中去。影片热映，引起全社会对法律在保护被拐卖儿童及其相关家属等问题的热议，许多职业律师、法律专家在互联网、电视节目中对观众就影片所涉及的法律疑问进行解答。随着民众要求立法、司法实务严惩拐卖儿童犯罪的呼声日益高涨，影片还推动了立法，《〈刑法〉修正案（九）草案》于2014年10月27日规定收买被拐卖妇女儿童将构成犯罪。

“失独”的中产阶级家庭在忏悔，在相互鼓励、抱团取暖，而无数个农村留守家庭、农民工、久居城市的外来打工者处于家庭生态系统受损、家庭功能得不到正常发挥的状态之中。在中国城市化进程日益加剧的过程中，改革和发展为家庭这一最小的社会细胞的生存、成长与发展还需提供怎样的政策保障，修复已被破坏了的人文生态环境，是整个社会亟须思考并解决的问题。

---

① 易立竞：《中国导演访谈录》，广西师范大学出版社2009年版，第255页。

② 安莹：《陈可辛谈〈亲爱的〉：人生有很多双面性》，《新京报》2014年9月26日。

（二）《推拿》：可触摸的爱欲与不可控的残酷

《推拿》，像极了一个残忍却真实的时代和世界的隐喻。“这个世界上，眼睛是有分工的，有一部分眼睛看到光，一部分眼睛看到黑。”这是毕飞宇小说和娄烨电影共同的主题。受限、有障碍的生理感知并不妨碍盲人在精神层面上去抵达人、人生和世界的本质。看得见的人是主流社会的人，在暗处，盲人却在明处。王大夫静默、悄无声息，是因为对主流社会的人感到紧张、疏离，对那个健康、标准化、强势的世界充满敬畏，希冀平等和尊重。他们能触摸到爱情、欲望，但是无法应对、掌控来自主流社会的冷漠残酷、威胁。生活在不见光亮的世界里，作为弱势群体的他们只能蹑手蹑脚、只能瞻前顾后，唯恐自己掉入巨大的人生陷阱，轻易沦为另一个世界的人的笑柄和阴谋的牺牲品，被凌辱以致虐杀。伪文青沙复明渴望感受美，深情触摸主流社会的人所定义的美，这一场景令每个看得见的人无不心生悲悯。作为弱势群体、边缘、非主流存在的盲人，与主流社会的人的关系在影片中呈现出一条清晰而完整的弧线。从沙复明刻意模仿、王大夫激烈对抗到小马与“发廊女”美满联姻，这条线索寄寓了娄烨沉重的感喟和对主流与非主流这两种文化走向融合的殷切期盼。

食色性也。沙宗琪盲人推拿中心的推拿师们是一群兴冲冲过日子的世俗化的饮食男女。娄烨删繁就简，直接从盲人对肉身的崇尚出发，让他们的肉身感受生发出许多思想火花。“人与人相撞是爱情，人与车相撞是车祸。”“每个人的眼泪不一样，但哭的念头是一样的。”“（你）像红烧肉一样好看。”影片中许多活色生香的妙语，有触觉、听觉、味觉、嗅觉。娄烨曾这样说道：“一部作品起作用的首先不是它的思维逻辑，它的语言首先是作用于肉体的。只有你的语言，不管是文字语言还是视听语言，必须先达到肉体层面，然后才能作用于精神层面。”① 小马幼年失明后割颈自杀、王大夫对抗恶势力自残、沙复明失恋后吐血，都以喷薄而出的流血场面呈现。鲜血淋淋的视觉画面，直接作用于观众的感官，指向“我的血想哭”“我的血感到耻辱”。小马因定期光顾“发廊女”日久生情并为其吃醋而暴打客人，却意外获得感光的生机，并幸得灵与肉的统一。把肉身感受放在第一位，把理性置于第二位，也非常吻合推拿师本身所从事的工作——让人的肉身舒适、无恙。肉身成为推拿师的信仰，也是打通主流与非主流世界的渠道。对人的本真状态、人的感性存在的推崇，彰显了影片个性鲜明的人文主义精神内核。肉身不固，精神永存，这一理性主义观念在影片中受到了质疑。20 世纪英国作家 D. H. 劳伦斯创作的小说《盲人》，也是从肉身这一维度切入叙事，深入挖掘人物心理，探索人的灵魂世界。今天，冲破人伦和理性的束缚，高扬人性的自由和解放，这一现代主义话题仍未过时。

“非常态”没有被异化，而是得到了常态化的表达。一直书写人性阴暗面和社会残酷物语的娄烨，第一次结结实实地落回到了地面。以盲人世界的视听语言、“盲人摸象”的方式平均用力地展现与刻画盲人群像，再度证实了娄烨电影的实验性、先锋性。表现性的叙事结构和镜头语言，始终在寻找写实与写意之间的平衡。影片获得了反思性的理性之美，但又未将底层社会的真实状态抽离。

（三）《白日焰火》：不动声色下的人性挣扎

让原本小众的文艺片富含商业价值，一种通行的方式就是以类型片的故事框架与文艺片的内核、语言和风格来寻求商业与艺术的交融。类型片的框架结构，使得文艺片导演的浪漫构想、哲理阐发与叙事主线有了更紧密的联系，更加连贯，情节不再碎片化或模糊不清。《白日焰火》借鉴了好莱坞传统黑色电影，与侦探片混合，但又反类型而行，未将背叛与救赎的母题处理成走不出的悲剧，而让观众在剧终时看到人性的复苏与守护。犯罪、情爱、悬疑是影片中可见的商业元素，如何将其化腐朽为神奇、点石成金，最终赢得 2014 年柏林电影节金熊奖？刁亦男这样解答道：“你的故事可能是庸俗的，或者你的剧本剧情呈现出来的是有一些商业的、俗套的内容在里边。但你是一个导演，你可以用你驾驭电影语言的各种方法来让你的电影呈现出一个作者的风貌。”②

---

① 娄烨、张莉：《在看见和看不见中间的那个世界》，《文艺报》2014 年 12 月 3 日。

② 刁亦男：《上天会眷顾有信念的人》，《新华每日电讯》2014 年 12 月 26 日。

人性的试炼、检验，一直是电影热衷探讨的命题。将人性置于抗日民族革命战争背景中予以考察。《色·戒》就属于此类，色诱汉奸从恨转爱的剧情引起了国际影坛广泛瞩目以至于争议。《白日焰火》的题材没有政治敏锐性，只是注目于由连环碎尸案引发出的社会底层男女之间的自我救赎。不同于《色·戒》中由“猎人”转化为“猎物”的王佳芝，由警察被撤职沦为保安的张自力没有选择为爱生存，而是清醒地站在了与警察这个角色相匹配的正义与责任一边，希冀案件侦破重获警察身份。将受害者与同谋者集于一身的罪美人吴志贞绳之以法，也令付出过真情的他怅惘不已。张自力执着于公众社会所承担的角色和客观评价，同时对私人情感满怀着冲动、驱力和激情。基层警察不再英姿飒爽，枪战也不见神武的英雄气概，有的只是命悬一线和失误的惩罚，烂醉如泥倒在冰天雪地无人救助反而遭窃。朴素、克制、冷寂的影像给人以强烈的纪实感，让警察这类高危职业群体的生存现状和精神压力静穆地呈现出来，具有社会辐射力。

情色与暴力并置，相互转化，互为因果。这是黑色电影约定俗成的角色观念。丈夫为失手杀死要挟者的妻子戴罪，软弱无助、心系爱情的妻子却不断背叛这个心理扭曲的守护灵。每个靠近她的男人都不能将其从道德负累、人性禁锢中救赎出来，反而被那位诈死的丈夫以爱和保护的名义碎尸。在这场男人与女人的情欲战争中，男性雄风遭遇挑战，女色成为致命的诱惑。然而，当吴志贞以“粉身碎骨都没有关系的勇气”去抓住张自力这根绳索，借着他这盏灯走出无边无际的黑暗，却又因此走进有形的牢房。不同于好莱坞传统黑色电影中冷酷无情的蛇蝎美女，罪美人吴志贞不是为金钱不择手段而是以爱情为信仰，让人心生恻隐。一旦触犯优越的、处于上风的道德正当性，即使是没有被物化的爱情也是脆弱的，且是毫无招架之力的。凶残的暴行与扑朔迷离的情爱纠葛交互穿行，彰显出冰火相激的戏剧张力。

影片捕捉的焦点是苟延残喘的城市边缘人内心深处的不安、欲望和潜意识，其中包含对世界之疑惑、对生死之恐惧、对情爱之饥渴。阴暗忧郁的影调里渗出一种恐怖莫测的生存危机感。这种被生存裹挟着踉跄而行的压抑、焦虑和孤立无援，与传输带上不停运转的黑煤、厚厚的冰雪、狭小逼仄的洗衣店、衰败和严寒的北方工业城市相互映现，相互构造。这是一座冰冷、沉闷且充满危险和侵略性的城市。待到被撤职警察张自力与嫌犯吴志贞相恋时，才出现夜色摩天轮、冒热气的小笼包、白日焰火等给人以希望、温暖和凡尘气息的场景，扭转了整部影片的情绪基调。城市的欲望与社会底层的再现天衣无缝地融入了案件侦破过程，加强了男女主角的背景故事，让凸显人性挣扎的黑色电影以本土化的形式呈现出来，既不动声色又富有生活的质感。

(四)《心花路放》：失败者的救赎与治愈

失败者这种遭受挫折的角色容易让观众产生认同。不同于那些只手擎天地穿行于现代社会的成功人士，失败者焦灼不安、紧张的精神状态严重影响到了他的日常生活和人际关系。这种事业感情双失意、处于城市社会底层的中青年男性，在《亲爱的》《白日焰火》《心花路放》中是作为主角来加以塑造的。表现他们的悲剧性缺点，和在现实社会中沦为弱势群体的种种无奈，讲述他们怎样从一件事情、一程旅途、一段感情中获得救赎与治愈，也会吸引和打动观众。我们往往会因失败者个性上的悲剧性而接受他。失败者身上都有一种较真、疏离、愤怒的特质，这种特质既是他不同于常人的本质概括，也是对社会变迁过程中城市普通民众和家庭的真实现状的揭示。

《心花路放》巧妙地设置了两个男主角，一个是心碎的耿浩，一个是快乐的郝义。耿浩暴露了人的脆弱，处于引人同情的地位；郝义是滑稽可笑的源泉和情节驱动力。尽管一路搭讪美女，泡妞手段老到，但他对性和爱情、婚姻的本质还是有着严格区分。耿浩让观众成为参与者，郝义让观众成为偷窥者，这样一静一动的相互映衬、对比的故事就能继续下去，而且趣味十足。平衡偷窥者和参与者的地位，要依靠影片的叙事结构，同时也依靠两位男主角所代表的价值观的发展来表现。被前妻遗弃的情感状态时时困扰着他，走不出来，影响着他迎接下一段感情。正是因为他的良知、责任感、道德感及不同于花花公子的特质，才让他赢得了观众的认同。事实上，耿浩对随意的两性关系越抗拒，挣扎得越强，而郝义游刃有余支配和控制，就越能发现两人的目标不一致，形成对立。这也是影片设置戏剧矛盾的精妙之处。影片让观众笑声不断，就是让观众在对比性格决然不同的两位男主角中产生娱乐。

猎艳途中遇到的“阿凡达女郎”、“杀马特”、“白富美”、夜总会坐台小姐等四个女人，以及带着文艺范的前妻康小雨，就是不同年龄阶层、出身背景、职业、地域特征的人的情感状态写照，也是导演对当代中国青年人生活脉络的洞察与梳理。这场送道具服装的猎艳之旅满足了观众作为偷窥者的刺激性想象，而耿浩应对时的手足无措加强了我们对这场异于常人日常生活、言行举止的事件的情感参与。参与感与偷窥欲望的巧妙运用，促使这部影片获得巨大的商业成功，荣居国产片票房榜首。

获得2005年奥斯卡最佳改编剧本奖的《杯酒人生》的故事框架、人物关系，在《心花路放》中依稀可见。除了放弃前者的文艺片路数、以诙谐搞笑的轻喜剧定调全片之外，后者区别于前者的地方还在于添加了另一时间维度上的叙事线索。在耿浩这条治愈线索上，另外设置了一条前妻康小雨五年前的寻爱线索。这条重要线索带来了别出心裁、独辟蹊径的叙事结构。当两条不在同一时间节点上的线索在故事结尾处汇聚时，才发现一段感情的开始原来就是另一段感情的结束。只有选择有尊严地放弃，才能重启另一段新生之旅。尽管故事很俗套，但这种叙事结构的创新，救活了整部影片，出人意料让人恍然大悟，天机尽在其中。

过度痴迷于笑点的设计，仅注重调动和刺激观众的情绪，还是让整部影片流俗为一出热闹的轻喜剧。看待、分析社会现象的视角油滑有余，犀利不足，且没有集中线条、色彩勾勒出无奈而悠远的社会生活画卷，因此，也就不能赋予影片一种清新优雅或韵味十足的格调。人生失之于格调、眼界、境界，也是“轻电影”之所以轻的根源。

2014年的“轻电影”在票房市场上取得巨大的成功，有专打爱情和喜剧元素的《撒娇女人最好命》《微爱之渐入佳境》《单身男女2》《我的早更女友》《临时同居》《北京爱情故事》，也有青春电影《同桌的你》《匆匆那年》和“粉丝”电影《小时代3：刺金时代》《后会无期》，都获得了不俗的票房佳绩。这些影片的总体趋向就是注重描摹人物的前景故事，搞闹搞笑，刺激感官需求。浪漫、纯情、唯美的古典爱情已不符合当下主流观众群的审美口味，赵宝刚的《触不可及》、高希希的《露水红颜》因缺乏轻喜剧风格、一味走韩剧苦恋和生死恋路数招致票房惨败就是证明。

“轻电影”中的男主人公大多为北漂族或社会地位、金钱财富、个人能力弱于女主角的都市白领，有些为了实现眼前目标不惜在权威、强权、竞争激烈的生存环境面前主动放弃尊严，有些则坚定地簇拥在强权周围，呈现出自轻自贱的生存姿态。男主人公骄傲地自居为微男（卑微的男人）、贱客、Gay，不惜以搞基卖萌耍贱的媚态、贱态来取悦女主人公；女主人公则荣幸地冠名为毒舌女王、女汉子、早更女友、威女（威猛的女人）、剩女，甚至将竞争对手贬抑为绿茶婊。这些互联网消费文化中的非传统审美因素，在“轻电影”中甚嚣尘上，构成逗趣耍宝的情节。伴随着占据主流的青年观众群的喝彩声，轻电影引领观众进入了一个以炫丑、审丑为美的小时代。在一出出炫丑、审丑仪式中，生不逢时的际遇感触、职场压力于空洞的娱乐笑声中得到暂时地释放。同时，贱文化意识形态使得年青一代对不符合或危及自身利益的一本正经的权威进行激烈反击，自主地去选择自嘲、自轻自贱，长辈的批判和指责被直接地搁置旁边。

贱文化对政治意识形态采取敬而远之的态度，对关乎国是民瘼的大问题概不提及。即使是表现时代变迁的青春电影，那些大事件也只是如背景墙一样平面、黯淡，如注脚一样微不足道。“爱过”“哭过”“笑过”“梦想过”，这些就是“80后”“90后”将自我投诸社会之后的镜像。无论是塑造失败者，还是怀念逝去的青春，感怀一个时代的远去，都需要表现出个人如何独自泅渡过寒冷的湍流，让观众看到人物在困境中对理想的坚持。不管过去多么令人气馁，多么自暴自弃，但如果在其中添加一些自我诙谐，外表很放松，内心却很勇敢，表现出自尊、自强、自爱，同样也会让观众产生共鸣，而又回味无穷。

四、新语境下中国电影如何拓展新的思维和想象空间

在2014年中国电影市场总票房中，光线、博纳、华谊、乐视、万达五家民营企业联手贡献的票房，

占国产影片票房的70%左右。种种迹象表明，基于市场和互联网发展的新电影，包括民营电影企业在内的电影业态在不断改变与崛起，正深刻地改变着中国电影市场格局。

一年来，随着电影产业化改革的不断深入，民营电影业特别是互联网公司对电影业态的改变产生了越来越深刻的影响。在不久前的上海国际电影节上，保利博纳总裁于冬预言，电影公司未来都将给BAT（即百度、阿里巴巴、腾讯）打工。可见，现在的电影业已经离不开民营电影公司和新媒体，离不开华谊兄弟、光线、博纳、万达、乐视、小马奔腾，离不开百度、阿里巴巴、腾讯。

这些电影企业所指涉的电影产品、电影行为及电影业活动的内容，构成当下以及未来电影发展的基本含意。中国电影的新的创作格局、价值取向、产品结构，影响着中国电影人对电影创作、电影生产演进及电影行业多向度发展变化的认识。相对于国有企业和传统电影，新的电影公司在从事电影活动过程中，会更努力地将市场理念应用于实践当中，由于没有包袱，能够更加灵活地应对电影市场的变化，可以更多地借重于资本市场的力量和新媒体的手段，在电影市场争取越来越大的话语权。这种产业结构的自我调整升级，对促进中国电影工业化发展功不可没。可以说，新语境下的电影已成为中国电影发展的重要支撑。

然而，民营电影和互联网电影企业的发展并非一帆风顺。它们发展水平并不整齐，几家大型公司融资、上市、收购、推出新作品、签约大导演，将资本市场和电影生产搅得热闹非凡。而中小型企业由于规模不大，缺乏成熟的运营机制，在激烈的市场竞争中面临着资金缺乏、产品质量不高等难题。再者，这些电影企业与生俱来的市场身份，以及和网络结缘，使其必须以经济效益为主要目的，对艺术的坚守往往被摆在次要位置，由此而衍生出的模仿、跟风、山寨、低俗现象较多，作品中不乏昙花一现的“炮灰电影”。如何进一步打开电影创作新的精神空间与艺术空间，在深掘生活沃土的同时努力走向历史与未来，仍然是新电影生产需要认真对待的问题。

基于市场和互联网的新电影已经成为电影业乃至社会文化生态的一个重要媒介，人们很自然地对它产生了种种评判和期望。这其中隐含一种大电影发展的全新观念，同时也意味着一种对责任与要求的自觉。电影是商品，具有一般商品属性，但电影又是特殊商品，具有鲜明的文化属性和政治属性。要对人们的思想、道德、心理和文化素质产生潜移默化、深入持久的影响，新语境下的电影发展在诸多方面还面临着挑战。在新电影迅速崛起之际，希望更多人去关注当代中国电影整体发展态势的研究课题，通过对市场变化的密切观察，适时调整发展策略，实现产业和艺术的共赢。

2014年电影业的发展，证明中国电影已经进入快速发展和迎接挑战的关键时期。可以说，中国电影已成为世界电影生产和市场发展的中坚，如何进一步发展并创作出优秀电影作品，为中国电影乃至世界电影打造新标杆并拓展新的路径，值得思考。

反观2014年电影业的发展，一些偏差和存在的问题搭乘市场化这趟“顺风车”，已使部分电影生产乃至电影业的发展拉向迷途。

首先，指导思想存在偏差。在电影创作、生产和电影市场上，由部分电影生产与市场情势影响、作用，使得中国电影业存在着习近平总书记说的“有数量缺质量”的问题，存在着“快餐式消费”和“在市场经济大潮中迷失方向”的问题。一味低俗，一味表现欲望，表现轻贱，一味重市场发展，这其中就没有一个把关、引导甚至批评和反思的问题吗？现在看，正确的市场观、电影发展观，也存在一个电影理念与思想上的总闸门如何拧紧的问题，存在着电影发展路向及选择模糊的问题。

其次，电影市场的发展，缺乏具有人文性内涵的有质量的过硬的作品。我们认为，还是不能一味追求票房、追求收视率，我们千万不要为了追求这样的东西，牺牲掉更多关键的东西。2014年国庆档有《黄金时代》《亲爱的》这样的香港电影人的极具人文理念和情怀的电影的“北上”，和我们普遍缺乏人文性的唯经济马首是瞻的商业电影，是一种对比和“矛盾趋向”。我们的一些国产影片创作，主要依赖情节、桥段和虐恋取得观众关注，情节剧在市场上的比例越来越高。娱乐至死，商业至上。一些影片虽然取得了不错的经济效益，但从长远来看，其所透支的是电影和市场的生命力。电影走极端的市场化路线、“一味赚钱”路线并不可取。面对这一现实，必须强化影视的人文意识、创新意识，务求做到求新求变。

此外，如何让影视方面的文艺评论产生更大的影响，改变理论滞后的现象，也值得思考与重视。在国产电影发展中，应当通过有好说好、有坏说坏的批评，使电影创作和生产保持一定的底线，对艺术创作心存敬畏，尊重文化与艺术创作基本的主题和人物关系。市场发展与艺术创作关系处理上，问题日趋增多，相应要求我们的就更多，如何真正重视起来，去努力解决好，是当务之急。现在在影视界，确有一种唯收视率、唯票房是求的不好的倾向，而批评则缺乏引领，弘扬文学与思想的正能量明显不足。在这个方面，批评应该发挥作用，应对业界、创作界，对社会有引领和带动的作用。

作为中国电影发展的电影创作与业态大势的良性与科学性是不可避免的。中国电影业的发展是事关电影产业和文化产业发展的大业，因为不但是市场的形式很重要，而且更重要的还是电影创作及其包含的文化价值的实质与趋向，即电影观众得到什么，观众是否满意。我们认为，电影将面临如下变局。

第一，2015 年以至未来几年的中国电影发展会成为一个重要起点。电影发展上的指导思想会进一步厘清；对于中国电影应发挥何种功能的认识可能形成一种共识；在商业片泛滥市场，却无法满足民众对于自我民族文化在银幕上的认同的境况下，一场关于电影发展的反思以至大讨论现象势将应运而生。与此同时，如何加强电影业在整体上的合理布局，促进其数量、类型、内容等方面的多种可能性，使中国电影在社会影响力不断增大和新语境新条件下完成一次色彩斑斓的华丽转身，值得期待。

第二，中国电影国内市场保持跨越式发展的良好态势，产业化成绩会进一步得到凸显，根据各项数据分析，我们完全有理由期待明年的电影带来更多精彩。随着中国电影业改革以及票房规模进入 300 亿元时代，中国作为全球第三大电影生产国、第二大电影消费市场，进一步显示出充满生机与活力的整体发展格局。但是，在市场快速发展的形势下，中国电影应该肩负起自己的历史责任，以深刻的思考书写时代精神，真实而趋于丰盈，以精彩纷呈、各有特点的多样化占据市场，建构基本电影发展趋向，以民族化的表达方式铸就电影的文化品格，用鲜活、生动而妙合无间的艺术形象传达电影的审美蕴含。

第三，大陆、台湾、香港三地的整体格局，随着三地电影工业的合作越来越紧密，融合、合作以至合拍片越来越多。2014 年 11 月，第 51 届台湾电影“金马奖”在台北市举行。从最终的得奖情况上看，大陆电影人收入 16 项奖，占绝对优势。香港电影人有许鞍华获得的最佳导演奖（《黄金时代》的主要出品方还是来自中国大陆），以及最佳动作设计与最佳视觉效果两个技术奖，共计 3 项。而作为东道主的中国台湾地区影人，则只收入了最佳女主角和最佳原著剧本两个奖项。基于中国大陆电影为主导的华语电影融合势将成为更重要的趋向。与此同时，《黄金时代》《亲爱的》这样的由香港电影人创作的极具人文理念和情怀的电影，相对于我们当前的商业电影，一方面是并存互补，各有各的价值，在操作层和存在层，应有不同的对待、把握和理解；另一方面也是融合，经由这样的“矛盾趋向”，推动形成新的艺术本体论、电影本体论，使我们能理直气壮地、放开地进行艺术的创造与实践，把这样的电影思想传播得更远、声音更大。在内容生产、业态转型、投融资模式、海外营销等方面与好莱坞等外国电影实现竞争，实现并积极推动三地电影工业合作，在形成有中国特色的电影叙事体系和文化价值观方面下功夫，以进一步提升中国电影的品质、质量和竞争力。

第四，中国电影提升国际竞争力。随着全球化的发展，中国电影既是面向未来，也是面向世界的。在中国位列世界电影票房排名第二却不及排名第一的美国电影票房一半的情况下，如何更好实现“国际化”，参与海外电影市场竞争，借以向海外传播中国价值观，成为重要趋向。张艺谋在 2014 年 6 月 11 日曾披露他将与好莱坞电影公司传奇影业合拍大制作电影《长城》。这部电影的故事发生在中国，有明显的中国元素，据介绍该片为魔幻动作片，它的推出和好莱坞同步增强中国元素的取向是不无关系的。如何看待这种国际合作，怎样看待中国电影和电影人的这种“走出去”，更重要的是，如何理性对待好莱坞竞争对手及其市场新动向，是一个重要而迫切的课题。也许其中的关键是不能对国产电影实现海外市场竞争失去信心。

第五，电影和互联网结合，使用新媒体和以数字技术为主体的高科技手段，以互联网为基础来进行媒介融合，这成为中国电影产业未来发展的重要方向。互联网思维的核心，就是连接、跨界。就是用极致的产品，满足用户的需求，创造用户的需求。中国电影的发展这样大，就因为它重视创造用户的需求，重视带给用户的新体验。腾讯这样的公司是应互联网而生的企业，最有活力，最有蓬勃的生命力，腾讯拥有巨大的互联网用户联系的资源，它打造“腾讯电影 +”和泛娱乐的产业生态，充满了无限想象的空间和可能。像阿里巴巴、腾讯、百度这样的中国互联网技术公司已经走在世界前沿，这时候互联网公司的强势介入，很可能撼动好莱坞，改变整个电影产业。在影视快速发展的同时，网络、数字技术、3D 技术等技术层面的变革无疑深刻影响了影视的制作、传播和融合，艺术潜力再次被激发，人与影像的关系也产生了新的变革，一批融合新的技术创新成果的创作、放映（传播）联姻活动陆续得以推出。值得一提的是，2014 年影片《人间・小团圆》（“反杜汶泽”）事件和影片《等一个人咖啡》（“反九把刀”和反“台独”），比较突出地反映了新媒体对电影观众选择及市场、票房的影响力（最终该片仅获票房收入 400 万元）。这种网络环境下，观众、舆论抵制及市场化处理方式对未来的电影环境清理和思想厘清不无启示作用。

互联网公司有明星（优质）IP、大数据洞察力，有影响了我们所有人生活的社交平台，有像微信平台这样的优势，这为电影的创作，为电影传播、电影营销、电影消费带来了新的模式。所以，我们想，中国电影产业的发展和未来走向，一定是和这样的跨界、互动更为紧密地联系、融合在一起的。我们需要重视多产业联动赋予电影产业的新空间。但是互联网语境下的多产业联动，它对电影会带来更新的思路、更大的影响，对传统电影的冲击，甚至颠覆会更多。有人说，在腾讯这样的公司，插根扁担都能发芽、开花，可见作为互联网公司，作为社交平台，它的“粉丝”经济、玩家经济，它的群众路线有多么大的力量。像腾讯游戏有几亿的用户和玩家，拥有这样丰富的资源，非常惊人。目前国内网络游戏的主要消费群体，是 18 岁至 22 岁的青年。而这个群体，和如今的电影市场的主要消费群体，包括不断成长、发展的消费群体，有着很高的契合度。这样的多产业联动的过程，既是产生巨大收益的市场化过程，也是中国故事和它的叙述话语需要转型、改变的过程。

我们说，好莱坞电影现在已经做得足够强大、成熟，中国的传统电影业发展还不够强大成熟，但是像阿里巴巴、腾讯这样的中国的互联网技术公司已经走在世界前沿，这时候互联网公司的强势介入，很可能撼动好莱坞，改变整个电影产业。

电影作为艺术和社会生活的一道亮色，源于正能量的释放和创新激情的想象。在此，时代主流叙事和电影创作的拓展得到了有效的结合。当代电影创作中的不少好的或比较好的影片，通过生动的中国故事讲述、人物设置、语言、场面，表现中国梦的价值追求，指涉社会整体性想象的众多方面及其关系，色彩丰富，业已构成当代社会文化发展中的一道绚烂亮丽的风景线。中国电影走过 110 年的旅程，在电影业整体快速发展的情况下，对于电影而言，市场、票房固然重要，可这不应是唯一的东西。电影是负载着一个国家的文化价值观和民族精神的，它如何讲述中国故事，它的思想艺术水平直接关系国家的文化软实力建构。当代中国的社会意识复杂多变，用电影传递出正能量，诠释中国梦，显示快捷而明确的思想传播与普遍性的意旨，所起作用值得重视。一个全面发展、卓越发展的电影，一个优质的电影，和好的电影环境，应该融入数字时代的互联网思维，与中国电影的中国化结合在一起，讲好中国故事，传播好中国故事，而这也是实现电影的中国梦的必由之路。

丁亚平　中国艺术研究院电影电视艺术研究所所长、研究员

储双月　中国艺术研究院电影电视艺术研究所副研究员

2014 年度中国电影产业发展报告

◎支菲娜

2014 年，国民经济在新常态下平稳运行，工业化、信息化、新型城镇化和农业现代化新“四化”加快推进。在政策大力支持、经济结构优化升级、城镇化率日益提高的背景下，电影业正处于繁荣发展的关键时期，多层次、多渠道和信息化、网络化的现代综合电影市场体系逐步形成。中国电影产业已成为中国文化产业最活跃的组成部分，并成为全球电影产业发展最强劲的引擎。

一、电影生产

2014 年，国产电影压产量、提质量，不断提高创作水平，不断丰富类型种类，受到市场认可和观众广泛欢迎。

（一）故事片产量稳中有降，其他片种生产依然活跃

2014 年，电影创作生产力保持活跃状态。全国电影产量小幅下降，生产各类电影 758 部，其中，故事影片 618 部，同比减少 20 部（见图 1—1、表 1—1）。

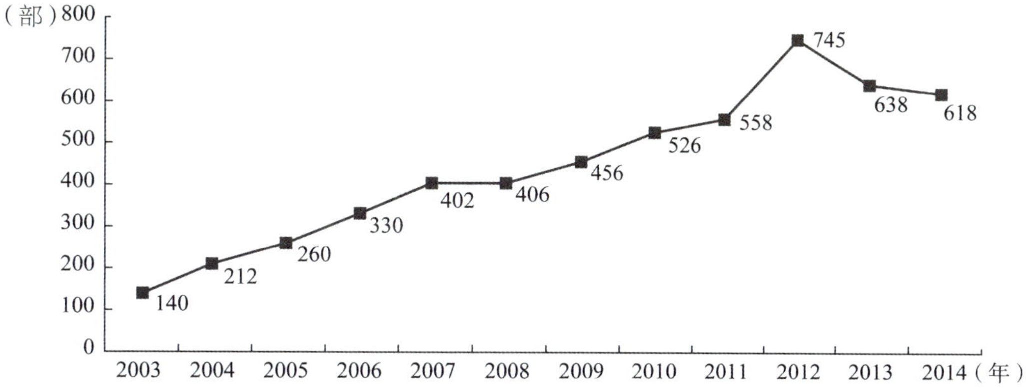

图 1—1　2003—2014 年国产故事片生产情况

数据来源：国家新闻出版广电总局电影局。

表 1—1　2007—2014 年故事片以外的其他影片生产情况

单位：部

年份 电影种类	2007	2008	2009	2010	2011	2012	2013	2014
动画影片	6	16	27	16	24	33	29	40
纪录影片	9	16	19	16	26	15	18	25
科教影片	34	39	52	54	76	74	121	52
特种影片	9	2	4	9	5	26	18	23
合计	58	73	102	95	131	148	186	140

数据来源：国家新闻出版广电总局电影局。

（二）新老导演百舸争流，人才辈出生机勃勃

2014 年，成熟导演佳作不断。张艺谋的《归来》、顾长卫的《微爱之渐入佳境》等均具有很高的艺术观赏性，陈凯歌的《道士下山》和田壮壮的《杨贵妃》正在制作当中。香港新浪潮代表导演许鞍华的《黄金时代》、徐克的《智取威虎山》、张之亮的《白发魔女传之明月天国》等影片制作精良、场面宏大、明星会聚。吴宇森的《太平轮》、徐克的《智取威虎山》和王家卫的《一代宗师》3D 版，是当前国内电影工业水平完成度较高的影片。

新生导演正逐渐成为电影市场的主力军。宁浩、郑宝瑞、邓超、张一白等 10 多位代表电影新力量的“70 后”“80 后”导演，敏锐把握市场动态，快速生产出观众喜闻乐见的电影作品。他们的作品如《分手大师》《绣春刀》《北京爱情故事》《同桌的你》《老男孩之猛龙过江》等，票房合计额约占 2014 年国产片票房的 2/3，其中包括大多数票房过亿元的影片。

（三）影片合拍方式多样，高质量作品不断涌现

合拍方涉及面广，合拍影片数量多。2014 年，在中国电影合作制片公司立项的影片共 77 部，较 2013 年的 55 部增长 40%。大制作影片较多，如中法合拍的《勇士之门》，中美合拍的《长城》《第七子》《魔兽》《像素大反攻》《猎杀原型》，中韩合拍的《鸣梁海战 2》等。送审并通过审查的有 43 部，涉及法国、马来西亚、新加坡、韩国、英国、澳大利亚、美国、加拿大、萨摩亚独立国等 9 个国家，以及中国香港、澳门、台湾 3 个地区。

合拍片类型多样、品质提升。除武侠片《四大名捕大结局》《白发魔女传之明月天国》，警匪片《澳门风云》《窃听风云 3》《魔警》等传统合拍类型外，法国著名导演让—雅克·阿诺执导的中法合拍动物环保题材史诗大片《狼图腾》于 2015 年春节上映，影片获得口碑与票房双赢，成为中外合拍具有里程碑意义的影片。动画电影方面，内地与香港合拍的《麦兜·我和我妈妈》，中日合拍的《聪明的一休》《喵星少年漂流记》等各具特色。

与中国香港合拍片数量稳定，合拍模式有所转变。与香港合拍片数量占合拍片立项总数的 60% 左右，同比下降 2%；审查通过 32 部，占合拍片审查通过部数的 74.42%，同比增长 6.42%。合拍片随着观众口味的不断变化，从“港式合拍”逐渐过渡到以内地故事为核心的“华语合拍”新模式，并取得了票房成功。陈可辛的《亲爱的》立足社会现实，彭浩翔的《撒娇女人最好命》把脉现代都市生活，均实现口碑与票房双赢。

与中国台湾合拍片也有一定的发展，完成并审查通过的合拍片有 5 部，其中《痞子英雄 2》票房过 2 亿元，打破了此类合拍片的票房纪录。

二、电影放映与票房

2011 年 5 月制定的《中国电影 2011—2020 年发展规划纲要》提出，电影市场的建设目标是“到 2015 年，力争全国城市电影银幕数、观影人次、电影票房在 2010 年的基础上翻一番，到 2020 年力争在 2015 年基础上翻一番”。按 2014 年情况来看，银幕总数、观影人次和电影票房三项指标，在 2012 年和 2013 年均提前超额完成中期目标的基础上，正向 2020 年长期目标稳步推进。

（一）电影票房增速再创新高，观影人次快速增加

2014 年，全国电影票房达到 296.39 亿元，同比增长 36.15%。自 2003 年中国电影产业改革以来，票房连续 12 年年均增长率保持在 30% 左右（见图 1—2）。其中，城市院线电影票房 294.68 亿元，同比增长 36.84%。

2014 年，全国观影人次继续快速增长，达 8.3 亿人次，同比增长 34.52%。① 观影人群扩大、人均观影频次提高。电影平均票价为 35.24 元，3D、IMAX、中国巨幕等高新格式影片增多、票价较高，促使平均票价比 2013 年上涨 0.33 元。

① 数据来源：中国电影发行放映协会。

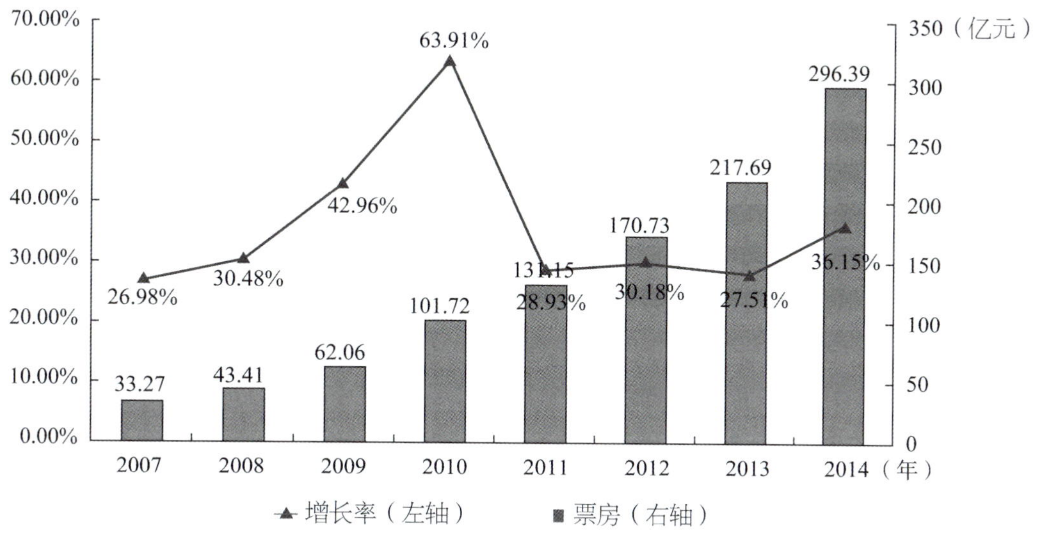

图 1—2　2007—2014 年全国电影票房及增长率

数据来源：国家新闻出版广电总局电影局。

就观影人次的地区分布情况而言，广东为 1.1166 亿人次，是首个过亿人次的省份，同比增幅为 38.71%。中西部省（区、市）观影人次增幅较快，排名前 5 的依次为西藏 69.39%、青海 60.82%、安徽 55.05%、河北 51.99%、河南 47.10%。①

（二）国产影片票房保持过半份额，中小成本电影成绩斐然

2014 年，电影放映市场总体呈平稳上升态势。国产电影票房收入 161.55 亿元，占总票房的 54.51%，继续保持过半份额（见表 1—2）。

表 1—2　2007—2014 年国产电影和进口电影市场份额情况

年份	2007	2008	2009	2010	2011	2012	2013	2014
国产片票房（亿元）	18.01	25.63	35.15	57.34	70.31	82.73	127.67	161.55
进口片票房（亿元）	15.26	17.78	26.91	44.38	60.84	88.00	90.02	134.84
国产片票房比例（%）	54.13	59.04	56.64	56.37	53.61	48.46	58.65	54.51

数据来源：国家新闻出版广电总局电影局。

全年有 66 部票房过亿元的影片，其中有 36 部国产影片，30 部进口影片。票房排名前 10 位的影片中，国产影片占 5 部，票房均超过 6 亿元（见表 1—3）。

国产中小成本电影成绩斐然。与《变形金刚 4》同天上映的《分手大师》投资仅 5000 万元，最终获得 6.67 亿元票房。投资 4000 万元的《爸爸去哪儿》和《匆匆那年》也分别获得 6.96 亿元、5.68 亿元票房②。

表 1—3　2014 年票房收入排名前十名的国产影片

排名	片名	票房收入（亿元）	观影人次（万人）
1	《心花路放》	11.70	3403
2	《西游记之大闹天宫》	10.45	2492

① 数据来源：《2014 中国电影市场报告》，中国电影发行放映协会编，中国电影出版社，2015 年 4 月。
② 同上。

续表

排名	片名	票房收入（亿元）	观影人次（万人）
3	《爸爸去哪儿》	6.96	2189
4	《分手大师》	6.67	2006
5	《后会无期》	6.30	1968
6	《匆匆那年》	5.68	1638
7	《澳门风云》	5.25	1623
8	《小时代3》	5.22	1653
9	《一步之遥》	4.92	1169
10	《同桌的你》	4.56	1389

数据来源：中国电影发行放映协会。

动画电影票房成绩大幅提升。受2013年国家新闻出版广电总局出台的《推动国产动画电影发展的九条措施》引导，2014年共上映34部国产动画电影，累计产出票房逾11亿元。在国家政策的扶持下，动画电影制作技术和艺术质量明显提高，优秀作品不断涌现，如《秦时明月之龙腾万里》《潜艇总动员》《绿林大冒险》《81号农场》《龙之谷》《熊出没》等，系列动画电影《赛尔号》《魁拔》《神秘世界历险记》等（见表1—4）。

表1—4　2014年主要动画电影票房情况

序号	片名	票房（万元）	人次（万）	上映日期
1	《熊出没之夺宝熊兵》	24642.63	713.99	1月17日
2	《喜羊羊与灰太狼之飞马奇遇记》	8487.05	279.85	1月16日
3	《神秘世界历险记2》	6246.28	213.56	8月8日
4	《秦时明月之龙腾万里》	6017.93	168.94	8月8日
5	《神笔马良》	5873.94	178.12	7月25日
6	《龙之谷》	5727.69	161.49	7月31日
7	《潜艇总动员4：章鱼奇遇记》	4827.57	146.97	5月30日
8	《洛克王国3：圣龙的守护》	4779.51	140.12	7月10日
9	《猪猪侠之勇闯巨人岛》	4505.97	148.30	5月31日
10	《麦兜·我和我妈妈》	4403.17	141.39	10月1日

数据来源：《2014中国电影市场报告》，中国电影发行放映协会编，中国电影出版社，2015年4月。

国产影片在重要档期表现突出。春节档国产影片票房14.34亿元，市场份额95.6%，《大闹天宫》《爸爸去哪儿》《前任攻略》《澳门风云》等电影贡献突出；五一档票房3.78亿元，市场份额75.2%；暑期档票房40.76亿元，市场份额57.5%；国庆档票房12.4亿元，市场份额99.3%。

2014年，票房排名前10的进口影片票房收入共计74.07亿元，占全国总票房的24.99%。2014年好莱坞最具影响力的前30名影片中有18部被引进中国，另外还有2013年生产的《冰雪奇缘》和《霍比特人2》公映，这20部影片在中国合计产生票房97.13亿元，占中国2014年总票房的32.77%。《星际穿越》在中国的票房收入为6.99亿元，占该片全球票房5.95亿美元的约19%。《变形金刚4》由于采用了大量中国元素，成功获得高达19.76亿元的票房，打破了《阿凡达》保持四年的中国票房纪录，也超过其在美国本土的2.45亿美元票房成绩，占其全球票房10.87亿美元的28.58%（见表1—5）。

表 1—5　2014 年票房收入排名前十名的进口影片情况

排名	片名	票房收入（亿元）	上映时间
1	《变形金刚 4》	19.76	6 月 27 日
2	《X 战警：逆转未来》	7.25	5 月 23 日
3	《美国队长 2》	7.22	4 月 4 日
4	《猩球崛起 2：黎明之战》	7.06	7 月 11 日
5	《星际穿越》	6.99	11 月 12 日
6	《银河护卫队》	5.93	10 月 10 日
7	《超凡蜘蛛侠 2》	5.91	5 月 4 日
8	《哥斯拉》	4.81	5 月 16 日
9	《霍比特人：史矛革之战》	4.63	2 月 21 日
10	《敢死队 3》	4.48	9 月 1 日

数据来源：《2014 中国电影市场报告》，中国电影发行放映协会编，中国电影出版社，2015 年 4 月。

（三）票仓地区票房增幅稳定，中西部地区票房高速增长

全国市场主要票仓收入增幅稳定。2014 年，票房收入前 10 的省（区、市）票房收入均超过 10 亿元，合计 198.99 亿元（见表 1—6），占总票房的 67.14%。广东省票房保持领先，超出排名第 2 位的江苏省 48.16%。与 2013 年相比，地区票房排名变化不大，北京与浙江、河南与福建排名位置互换，河南进入票房排名前 10 位。中西部省份票房增幅较大，青海高达 63.61%，河北为 54.76%，西藏为 54.07%，安徽为 53.48%，河南为 48.96%。

表 1—6　2014 年票房前十名省份

序号	地区	票房收入（亿元）	同比增长（%）
1	广东	41.43	39.80
2	江苏	27.96	39.81
3	浙江	23.74	32.10
4	北京	22.89	23.41
5	上海	20.29	29.65
6	四川	15.66	38.55
7	湖北	14.35	34.10
8	辽宁	11.15	34.92
9	山东	10.95	47.18
10	河南	10.58	48.96

数据来源：《中国电影市场报告》（2013、2014 年），中国电影发行放映协会编，中国电影出版社。

三、院线和影院

2014 年，全国银幕总数、增速均达新高（见表 1—7），城市放映终端建设成效突出。

表 1—7　2006—2014 年中国电影市场影院和银幕增长情况

年份	院线数（条）	银幕数（块）	新增影院（家）	新增银幕（块）
2006	33	3034	182	366

续表

年份	院线数（条）	银幕数（块）	新增影院（家）	新增银幕（块）
2007	34	3527	102	493
2008	34	4097	118	570
2009	37	4723	142	626
2010	38	6256	313	1533
2011	39	9286	803	3030
2012	45	13118	646	3832
2013	45	18195	1048	5077
2014	47	23592	1015	5397

数据来源：国家新闻出版广电总局电影局。

（一）城市院线“一超多强”，市场集中度进一步提高

2014 年，全国共有城市院线 47 条，新增北京华夏星火和新疆华夏天山 2 条院线，这是时隔两年来市场第一次增加新院线。

城市院线继续保持“一超多强”局面。龙头院线万达继续扩大规模，年度票房达 42.08 亿元，占全国市场的 14.28%，放映场次 263.19 万场，观影人次 1.017 亿人次。中影星美术学院线、广东大地电影院线、上海联和电影院线、广州金逸珠江院线和中影南方新干线院线年度票房均超过 19 亿元，观影人次均超过 5000 万。浙江时代院线、中影数字院线、浙江横店院线、北京新影联院线年度票房收入均在 10 亿—12 亿元。十强院线票房同比均有明显增长。

城市院线集中度进一步提高，竞争激烈。票房排名前 10 的院线，票房总和达到 197.22 亿元，占全国城市院线票房总额的 66.93%（见表 1—8）。中影星美术学院线、广东大地院线和上海联和院线，这两年的竞争呈现胶着状态，排名有调整，但彼此差距不明显。

表 1—8　2014 年票房收入前十名的电影院线情况

院线名称	票房		放映场次		观影人次		影院	
	收入（亿元）	增长率	场次（万）	增长率	人次（万）	增长率	影院数量（座）	增长率
万达院线	42.08	33.11%	263.19	23.91%	10174	30.77%	182	28.17%
星美术学院线	24.47	33.12%	257.70	42.01%	6892	24.47%	286	24.89%
大地电影院线	23.51	47.83%	394.16	42.22%	7622	23.51%	491	28.87%
上海联和院线	22.74	20.80%	185.32	14.68%	6151	22.74%	223	7.21%
广州金逸珠江院线	20.83	35.13%	204.48	28.26%	5468	32.85%	227	37.58%
中影南方电影新干线	19.84	28.55%	246.05	30.03%	5581	29.97%	276	34.63%
浙江时代院线	11.95	31.82%	155.70	33.81%	3392	31.78%	166	16.90%
中影数字院线	11.04	47.10%	170.37	37.87%	3311	46.44%	279	40.20%
横店电影院线	10.60	36.23%	176.82	37.61%	3334	36.98%	180	36.36%
北京新影联院线	10.16	16.03%	88.12	2.44%	2598	13.75%	100	3.09%
合计	197.22	—	2141.89	—	54523	—	2410	—

数据来源：根据《2013 中国电影市场报告》《2014 中国电影市场报告》计算，中国电影发行放映协会编，中国电影出版社，2014 年 4 月、2015 年 4 月。

院线打造经营特色，优化资源配置，中小型院线进行混合所有制探索。由国营深影院线有限公司与

橙天娱乐集团合并而成的深圳市深影橙天院线有限公司，发挥国企民企合营优势，聚合旗下影院资源，2014 年运营影城数量 84 家，银幕总数 530 块，票房排名从合并前的 2012 年第 44 名，迅速上升至 2014 年第 19 名①。

（二）影院建设速度加快，规模化影院发展迅猛

2014 年，银幕数继续快速增长。全国共有影院 5158 家，其中新增城市影院 1015 家②，平均日增约 3 家影院。银幕总数达到 23592 块（见图 1—3），继续保持银幕总数全球第二大国的优势，银幕数是美国的 60% 左右、日本的 7 倍左右。银幕建设速度继续加快，新增银幕 5397 块，同比增长 29. 66%，平均每天新增 14. 79 块。

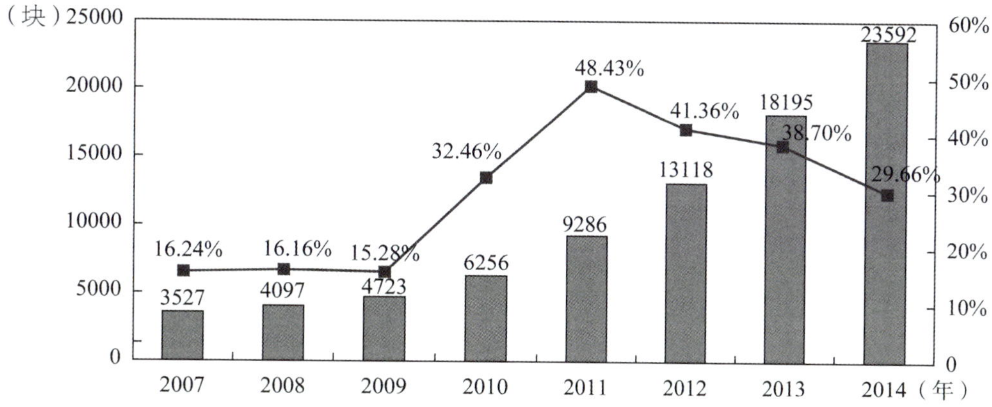

图 1—3　2007—2014 年全国银幕增长情况

数据来源：国家新闻出版广电总局电影局。

新增银幕以中西部地区、县级城市为主。各地县级城市数字影院建设继续加快。全国县级城市拥有数字银幕 7204 块，占银幕总数的 30. 53%。重庆、河北、浙江等 10 省（区、市）实现了县城数字影院全覆盖。在经济条件相对较好的中西部省区，影院建设逐步在乡镇展开。四川省乐山市在犍为镇和苏稽镇建起了镇级影院。

影院的票房规模不断扩大。2014 年，票房在 5000 万元以上的影院有 37 家，票房在 3000 万—5000 万元的影院有 128 家，票房在 2000 万—3000 万元的影院有 200 家（见表 1—9），分别比 2013 年增长 13 家、26 家、70 家。

表 1—9　2014 年全国城市院线影院票房结构（500 万元以上）

票房范围	影院数（家）	票房合计（万元）
5000 万元以上	37	229199
3000 万—5000 万元	128	484180
2000 万—3000 万元	200	479803
1000 万—2000 万元	605	844070
500 万—1000 万元	696	503664

数据来源：《2014 中国电影市场报告》，中国电影发行放映协会编，中国电影出版社，2015 年 4 月。

其中，北京耀莱成龙国际影城五棵松店票房收入 10086 万元，同比增长 9. 57%，观影人次高达 278 万，该影院已连续 4 年蝉联全国票房冠军，是唯一一家年票房破亿元、年观影人次超 200 万的影院。

① 数据来源：中国电影发行放映协会。
② 数据来源：国家新闻出版广电总局电影局。

（三）特色放映加快推广

2014年，艺术影片进一步向多样化放映探索。延续北京当代MOMA百老汇电影中心、“后窗放映”艺术电影长线巡回放映、上海艺术电影联盟（SAFF）的艺术片常态化放映等，艺术电影放映进一步发展。2014年4月，M1905电影网及一九零五影业公司在北京横店影视电影城王府井店开辟“1905主题影厅”（冠名厅），推广国产佳片。中国电影资料馆于2014年9月开辟北京百子湾影厅，拓展国内外老片佳作放映。中国电影资料馆艺术院线、北京耀莱成龙国际影城五棵松店、新影联华谊兄弟影院北京望京店这三家影院，在北京市政府支持下，推出“经典电影”“艺术电影”“儿童电影”三类主题影片放映，每周两场、每场票价10元。随着市场深入探索，专门放映纪录片、老年题材影片、儿童题材影片、少数民族题材影片的分众化影院市场空间将进一步拓展。

校园电影院线投入建设。2014年11月18日，教育部与国家新闻出版广电总局在京签署《关于“全国校园电影院线”会商备忘录》，提出在3—5年内建设6000块银幕，覆盖大学校园，并辐射中小学。

（四）影院信息化、网络化建设取得新成就

影院相关技术自主研发步伐加快、成绩斐然。影星银幕有限公司、中国电影科学技术研究所、中影股份有限公司等单位和机构自主研发的可折叠金属幕、中国多维声、ALPD激光光源、超高光效3D系统TurboScreen、Cinelab激光巨幕等设备与技术，突破了技术壁垒和技术瓶颈，获得广泛认可，并加快市场推广应用，有的技术还走出了国门。

影院数字化管理水平进一步提升。影院网络运营维护中心（NOC）进一步推广，为市场经营与业务管理提供全方位的技术保障，大大优化影院服务效率。影片密钥管理系统（KDM）应用范围不断扩大，电影母版制作放开，重新形成发行多主体的格局。影院管理系统（TMS）应用广泛，通过中心服务器以及片库进行统一的排映、发送影片、监控放映质量等工作，提高了管理效率，降低了人工成本。影院数字拷贝卫星分发接收系统基本形成，大大提高影片传输发行效率，降低了相关硬盘、物流成本。覆盖全国的影院票务综合信息系统建设完成，成为收缴专项资金、统计影院票房、规范电影市场的技术平台。

影院高新技术应用进一步普及。截至2014年底，全国共有3D银幕21627块，拥有3D银幕的影院数占全国影院总数的98%；4K银幕数占数字银幕总数的4.7%。中国巨幕放映系统已在全国18个省的78家影城运营，其中新建中国巨幕影厅近40个①。RealD 3D影院系统在中国的签约设备总计超过2550台。以高帧率（HFR）、高动态范围（HDR）、大色域、MF标准、激光放映、多声道全景声、沉浸式声音、6福特朗伯、4D技术等为代表的新兴视听技术在影院获得应用和推广。激光放映正式进入商业运营阶段，激光放映的相关技术、放映机、银幕、光源等都得到研发与应用。中国首个高亮度激光巨幕影厅在上海开业。

四、电影发行与营销

2014年，电影发行公司创新发行方式，拓展发行渠道，国营企业与民营企业齐头并进。

（一）电影发行多元创新

发行主体多元化格局形成。中影股份有限公司发行分公司、华夏电影发行有限责任公司、上影股份公司这三家国有企业仍是发行市场中的主要力量，博纳影业集团、万达影业、银都机构等民营企业的发行业务快速发展。

2014年，中影股份公司发行分公司调整思路、创新观念，采取“大片大发、小片细发”的策略，发行多类型、多题材的影片270多部。华夏电影发行有限责任公司发行影片114部，票房成绩87.45亿元，占全国电影票房的29.51%。其中，国产影片65部，票房成绩35.88亿元。上影股份有限公司发行42部影片，约占6%的票房份额。

---

① 数据来源：中影股份有限公司。

民营发行公司再接再厉。2014 年，博纳影业集团共发行中外影片 12 部，总票房达 30 亿元，其中《澳门风云》获得 5.2 亿元的佳绩。乐视影业全年共出品、发行电影 13 部，总票房近 24 亿元。万达影业共发行影片 11 部，票房 13.2 亿元。华谊兄弟传媒股份有限公司共发行 8 部国产电影，累计票房约 10 亿元。

多家发行公司对发行方式进行了有益探索。华夏公司推出“那些年，错过的好电影”专题展映活动，利用数字修复技术，组织“老电影新感动”“大话西游”等多场不同类型影片的展映活动。第 1 季放映活动包括《双旗镇刀客》《那山那人那狗》《红高粱》3 部影片，全国共 350 多家影院参与其中，展映时间 1 个月，一定程度上填补了淡季市场。

（二）营销模式推陈出新

电影营销的作用日益被市场重视，营销模式也随之推陈出新。2014 年，中国电影营销费用达 36 亿元，占全国总票房的 12%，同比增长 24%。线下电影营销手段日益丰富。例如《西游记之大闹天宫》公映前，片方在北京和上海分别包下两列地铁，将地铁由内到外包装成“大闹天宫”专列。《坏姐姐之拆婚联盟》片方与某大型快递公司跨界合作，在上千万份快递中搭载影片海报，直投目标人群。“粉丝”营销成效明显，移动互联网促使电影向“粉丝经济”转变。依靠社交网络，《小时代》三部曲获得超过 13 亿元的总票房。《爸爸去哪儿》凭借强大的明星“粉丝”号召力与同名电视节目的收视惯性，票房高达 6.96 亿元。《分手大师》公映前，导演邓超利用自己的明星效应，亲自到 20 座中小城市的影院、商场、广场、大学等进行落地宣传，取得了很好的效果。

五、电影投融资

2014 年，在相关利好政策鼓励下，电影企业竞相上市，跨界并购频繁，资本平台呈现多样化态势，电影投融资日趋活跃。

（一）多层次融资体系逐渐形成

在电影产业稳定高速增长的态势下，电影投资热持续高涨，大量金融资本和其他行业资金涌入电影业，影视产业资本市场规模扩大。2014 年，电影产业共发生并购事件 39 起，占文化、体育和娱乐业并购总数的 25.2%。国内 VC/PE 设立的私募股权基金中，在设立初期就定位于影视投资方面的基金有 30 余只，目标规模为 400 多亿元。如北京文资华夏影视文化产业投资基金、华物影视文化基金、青岛市影视产业发展基金、中广影视产业创新投资基金、中南文化传媒产业并购基金等。

基金公司频繁投资电影创作，如经纬创投投资《后会无期》、博纳诺亚影视基金投资《白发魔女传》、乐视星云影视文化基金投资《小时代 3：刺金时代》、其石基金投资《黄金时代》等。

传统产业资本积极跨界进入电影业。泰亚股份、熊猫烟花、禾盛新材、中南重工、湘鄂情（后更名为中科云网）、松辽汽车、珠江钢琴等来自不同业种的企业，纷纷发布公告意图涌入影视业。北京旅游公司定增募资 33 亿元收购世纪伙伴、浙江星河、拉萨群像等三家影视公司，并增资全资子公司艾美影院。北京旅游公司 2013 年以自有资金 1.5 亿元全资收购的子公司光景瑞星，于 2014 年改名为北京摩天轮文化公司后，参与了《心花路放》《同桌的你》等热卖电影的发行工作，单年发行收益过亿元。俞敏洪旗下的洪泰基金也对自在影业公司投资 5000 万元，利用该公司在电影营销方面的成功经验，参与电影制作。

（二）电影企业积极上市

受宏观经济政策鼓励，多家电影企业筹备在国内上市。2014 年 11 月，中国证券监督管理委员会发行审核委员会宣布万达院线和唐德影视上市 IPO 首发获得通过。2015 年 1 月 22 日，万达院线正式上市，成为“院线第一股”。2015 年 1 月 30 日，唐德影视在 A 股登陆。此外，2015 年 2 月，完美影视也宣布借壳金磊股份在 A 股上市。

一些电影企业积极运作海外资本市场。2014 年 3 月，保利文化在香港上市。12 月 23 日，华策影视全资公司华策影视（香港）投资有限公司投资韩国 Next Entertainment World Co. Ltd，并在韩国 KOSDAQ

挂牌上市。

借壳上市和并购重组现象频繁。部分电影企业借助借壳重组的方式，解决资金资源短缺瓶颈问题。长城影视借壳江苏宏宝后，借助资本市场平台实现内生与外延的持续发展。

（三）投资模式更趋多元

产业链各个环节的企业积极投资其他环节。剧角映画于2014年6月将超过6000万元的B轮融资用于下属影院业务开发建设。2014年6月，华谊兄弟以2.66亿元控股在线票务网站“卖座网”，江苏幸福蓝海院线投资影片《白日焰火》，广州金逸珠江院线投资动画电影《龟兔再跑》，北京新影联院线参与投资《京城81号》《黄克功案件》等影片，并承担了《京城81号》华北地区的发行工作。

以构建产业链为目的的行业整合类并购兴起。华谊兄弟2013年收购的银汉科技于2014年获批，华谊兄弟由此向游戏业务延伸。该公司还采取“品牌授权+参股”轻资产运营模式，启动实景娱乐，其中海口项目2014年春节已试营业，苏州项目计划2015年开业，上海、深圳项目也已签约。华谊兄弟正在从项目型公司向平台型公司转变。一些民营影视企业借由强大的融资能力打造国际性影视企业。

六、电影产业链拓展延伸

借鉴高新技术、互联网的发展，电影产业链日益延伸，衍生产业展现出良好前景。

（一）赢利渠道日益拓展

2014年，电影院从单一的票房赢利模式向多渠道赢利探索。影院作为社交场所的作用日益凸显，体验式消费也成为影院经营重点。北京通州万达影城打造“影院2.0”概念，开发自有餐饮品牌“one餐”，并设置互动区域，免费放映经典电影、体验大屏幕互动游戏、桌游等，供观众等候入场时使用。广州橙天嘉禾影城利用影院内空间提供密室逃脱游戏，并经营咖啡厅；北京耀莱成龙国际影城五棵松店售卖“成龙”为主题元素的电影周边产品，并经营超市、美甲店等。这些经营方式有效增加了影院的复合娱乐体验，收益很好。2014年上半年，万达院线票房收入191330万元，毛利率为19.60%；而卖品销售额为30078.71万元，毛利率高达68.93%；其他业务销售额为26166.80万元，毛利率98%。中影星美术学院线2014年中期业绩报告中的非票房收入比同期增长500%以上。

（二）电影广告市场日益扩大

2014年，国内电影映前广告市场仍以超过30%的幅度增长，广告市场规模扩大，形式内容创新。影院因客流集中、广告投放成本低廉且到达率高的优势，日益受到广告主重视。2014年上半年，各大品牌在影院视频广告的投放费用增幅达57%，其中交通、饮料、娱乐及休闲行业增幅分别高达140%、123%、183%。① 以央视三维公司为代表的电影广告公司，其营业额从2013年的约6亿元上升到2014年的约10亿元。中影股份影院投资有限公司的影院广告收入与影院票房之比，由2013年的2%上升到约4%。位于海南省的琼海中影影城，2014年广告收入约40万元，约为票房收入的4.6%。

（三）IP业务促进相关产业融合发展

2014年，电影业内IP项目运作频繁。多家公司通过引入经典IP或培育原创IP进行影视业务布局，内容涵盖小说、游戏、动漫等多个领域。虽然相较于国外成熟的IP运作商业模式，国内的电影IP业务发展还处于初始阶段，但是市场已开始着力开发各种IP内容资源，IP融合趋势日益凸显。典型的IP商业模式有如下几种。

一是文学作品改编电影。由同名小说改编的《小时代》系列三部曲票房位列国产系列电影之首。小说《小时代》的“粉丝”集中于青少年女性群体，她们也成为该片的忠实观众。此外，《狼图腾》《鬼吹灯》等著名文学作品也获得了电影改编。截至2014年底，共有114部网络小说影视版权被购买，其中24部计划拍成电影。

二是网络音视频资源改编电影。2014年5月，由网络热播视频《老男孩》改编的电影《老男孩之

① CTR媒介智讯：《2014年6月全媒体广告分析》，2014年8月。

猛龙过江》上映，其营销 MV《小苹果》广泛传播，促使影片获得 2 亿元票房。《小苹果》的点击量已经超过了微电影《老男孩》，成为“衍生 IP”，并正单独作为电影片立项。

三是游戏动漫改编电影。2014 年 9 月，腾讯旗下的影视实体业务平台“腾讯电影 +”推出电影《斗战神》《QQ 飞车》《天天酷跑》《洛克王国》《QQ 炫舞》，5 部电影的 IP 内容均来自腾讯游戏和腾讯动漫平台。长影集团、华夏电影发行公司、金鹰卡通、盛大游戏、米粒影视、优漫卡通等来自文化领域不同行业的企业，将韩国 3D 动作 MMORPG 游戏改编为电影《龙之谷：破晓奇兵》，实现了游戏与国产电影 IP 的深度融合。

四是电视资源改编电影，并带动产业链下游的发展。2014 年春节，纪录电影《爸爸去哪儿》公映，影片改编自同名亲子真人秀综艺节目，借助电视节目在观众中的影响力，获得很好的市场反响，各地影院出现了“小手牵大手、大手牵小手”全家一起看电影的景象。该片作为电视节目衍生电影的典型案例，获得近 7 亿元的票房，其衍生游戏销售额超过 11 亿元。改编自同名电视综艺节目的电影《奔跑吧兄弟》也于 2015 年 1 月上映。

（四）电影节展内容丰富

各类电影节展是电影促进消费的一大渠道，大型国际电影节和重要电影节展对会展经济的贡献显著。2014 年有 24 个国家和地区的 248 家展商参加第 4 届北京国际电影节，同比增加 20%，其中国际展商增长至 125 家，首次超越本地展商。实现签约数目约 32 个，签约总额达 105.207 亿元。参加的中外电影机构有 800 余家。电影嘉年华活动平均每天的客流量在 4000 人次左右，怀柔分会场更是在首个活动主题日就迎来 5000 余名游客参观游览。

上海国际电影节共有 1808 部影片报名参展，385 部影片获展映，观众人次近 30 万。完片担保模式首度试水，中、韩、美、法著名影视机构代表在上海共签订 7 个电影项目的投资及长期战略合作协议。

七、“互联网 + 电影”成效明显

电影业是文化产业中市场化程度最高的行业，也是“互联网 +”发展最快的行业。2014 年，互联网加快融入电影业。基于移动互联的社交网络兴起，“众筹”、移动 App、大数据、“线上选座购票”等互联网手段，促进电影产业链从线下迅速向线上延伸，拓展产业发展空间。“互联网 +”对行业信息的发布、放映终端的售票、选座、排片等多个环节发展进行了革新。

（一）互联网资本跨界投入电影业

2014 年，以百度、阿里巴巴、腾讯（简称 BAT）为代表的互联网巨头从资本运作到业务战略合作等多方面深度涉足电影业。

互联网公司凭借雄厚资本，通过投资、并购和战略合作，直接投资电影公司。2014 年 3 月，阿里巴巴集团以 62.44 亿港元投资获得文化中国传播集团 59.32% 的股份，并将其更名为“阿里影业”。阿里巴巴与浙江横店影视产业实验区签署了联合投资成立影视公司的合作意向书，将在电子商务与电影的互利共赢发展模式方面进行探索。11 月，阿里巴巴、腾讯这两家互联网企业联合平安资管公司和中信建投公司，向华谊兄弟投资 36 亿元用于影视剧制作。12 月，奇虎 360 与光线传媒成立合资公司，运营以电影为主的互联网视频业务。2015 年 3 月，阿里巴巴又投资 24 亿元认购光线传媒定增股。

互联网企业也直接参与电影制作。除前述将游戏作为 IP 资源改编电影外，腾讯又于 2014 年 6 月推出“为虎添翼”电影计划，参与投资《钟馗伏魔：雪妖魔灵》《我的早更女友》等 6 部影片。7 月，百度成立爱奇艺影业，推出“爱 7 · 1 电影大计划”。乐视影业也主导投拍了《归来》《老男孩之猛龙过江》《小时代 3》等影片。

在融资方面，互联网企业充分发挥自身用户资源优势，进行众筹。2014 年 9 月，百度联手中影股份、中信信托、北京德恒一起成立“百发有戏”平台，1 天内为电影《黄金时代》募集资金 1800 余万元。阿里巴巴联合了国华人寿推出影视及理财增值平台“娱乐宝”，一期上线项目包括《小时代 3》《小时代 4》《狼图腾》《非法操作》4 部电影以及网络游戏《模范学院》，募资总额为 7300 万元。6 月 10

日，第二期“娱乐宝”100 小时内为《全城通缉》《老男孩之猛龙过江》等5 部电影筹资9200 万元。前3 期“娱乐宝”共募集资金2.65 亿元。

（二）互联网拓展电影营销空间

随着“互联网 + 电影”的迅速融合，互联网正在成为电影最主要的营销渠道。

网络营销注重与热门话题相结合。网站是了解电影资讯的主要平台，网站的话题效应直接影响影片营销效果。《后会无期》利用导演韩寒在微博上的影响力，制造了多个热门话题，为影片公映营造了良好氛围。从电影立项至整个宣发期间，韩寒共发布105 条相关微博，转发数超过700 万次，评论超过240 万次，点赞超过660 万次。2014 年11 月，《狼图腾》结合“APEC 蓝”的社会话题，发布以环保为主题的影片花絮视频，讲述剧组在拍摄过程中对内蒙古草原生态环境的保护，引起关注。

网络营销的重心由PC 终端向移动终端转移。《西游记之大闹天宫》在200 多个生活类App 平台投放广告。《微爱之渐入佳境》海报不但在百度、淘宝、腾讯、京东、格瓦拉、56 视频、乐视网等多个平台投放，还在多个热门App 上投放。

在线票务平台成为重要营销阵地。随着在线票务的市场份额日益扩大，票务平台作为宣传营销渠道的作用也凸显出来。华谊兄弟通过控股在线票务网站“卖座网”来促进电影营销。猫眼电影与电影制片方合作，成为影片《心花路放》的重要宣传平台，结合电影票预售进行宣传，最终使该片获得11.7 亿元票房。

（三）移动互联促进售票方式升级

2014 年，在移动互联和高速互联促动下，随着社交网络兴起，以智能手机为终端的网络票务蔚然成风。网络票务平台包括院线和影院官网、专业售票网站、电商平台、视频及社交网站四类。主要网络票务平台有微信电影票、猫眼电影、时光网、格瓦拉、淘宝电影、蜘蛛网等。网络票务平台在资本支持下，采用低价策略吸引观众，网络购票比影院挂牌价格低廉，差价由片方、影院、票务平台、赞助商等其中一方或多方承担。如淘宝电影的“三八节3.8 元看电影”，猫眼电影的“1 元钱看电影”等活动。2014 年，网络票务发展快速，具有以下特点。

方便快捷。网络票务的基本经营模式是观众在智能手机上下载相关网络票务平台App，在该App 上完成影讯查询、比价、购票、支付、选座等，到达影城后在柜台或者通过专用取票机取出纸质票。相比传统购票模式，具有信息准确、座位有保证、支付便捷等优势。网络票务平台，还提供路线规划、观影提醒、观影保险、影评推送、观影社交等服务。

覆盖广泛。微信电影票用一年时间覆盖了全国3000 家影院，票务销售额占到5% 的市场份额，日出票量6 万—7 万张，峰值高达15 万张。格瓦拉合作的可在线选座影院超过2000 家，覆盖近300 座城市，其注册用户超过2000 万，日均出票量超过12 万张。数据显示，2014 年有40% 的票房是观众通过手机App 或者售票网站购买的。有研究机构指出，网络票务市场会在2015 年超过50%。《变形金刚4》网络票务占比达40%，《后会无期》网络票务占比超过50%，《分手大师》有1/3 的电影票是通过猫眼售出的，《京城81 号》在猫眼电影上推出仅1 分钟就卖出了2 万张票。

节省人工。网络票务能有效减少影院前台售票工作。随着自动检票闸机的研发和普及，部分影城还配备自动检票口，无须人工检票。由此，观众可自助完成购票、出票、检票等流程。

八、电影国际交流与合作

随着中国电影市场的国际地位持续提升和逐渐开放，电影国际交流范围不断扩大，中国电影已积极参与到全球电影资源配置中。

（一）电影市场的国际地位不断提升

随着国内电影市场的日益扩容，中国在全球电影市场的影响力日益扩大。继2012 年取代日本成为全球第二大电影市场之后，中国电影票房在全球市场的份额不断扩大。2014 年，全球票房达到375 亿美元，作为第一大票房市场的美国占27% 的市场份额。中国票房总收入约48 亿美元，占比13%，接近美国的1/2，超过排在第三位的日本市场约8%。日、英、法、德、韩等8个电影大国，在全球票房市场的占比均不超过5%。纵向来看，中国电影的全球票房份额2013年为9.7%，2012年为8%，近几年呈不断上升趋势。

2014年，全球电影票房共增长16亿美元，增幅为4.45%。在全球电影票房总体增长缓慢的背景下，中国成为带动全球电影市场发展的主要动力。2014年，中国电影票房增长了78.7亿元，约合12.86亿美元①，占全球增长总量的80%。与之相对，北美全年票房为103亿美元，与2013年相比下降6%；日本、法国、韩国、西班牙等国家电影票房增幅均不超过10%。

多国积极与中国签订政府间电影合作框架性协议。4月，由英国电影学会提出，中、英两国签订了《电影合拍协议》，并于2015年3月威廉王子访华期间正式生效。7月，习近平主席访韩期间，中、韩两国签订了《电影合拍协议》；9月，习近平主席访印期间，中、印两国签订了《视听合拍协议》。9月，西班牙首相马里亚诺·拉霍伊来华期间，中、西签订了《电影合拍协议》；此外，中国与意大利签订了《中意关于合作摄制电影片的协议》的附件《合拍影片程序》等，与中国已签署政府间合拍协议的对象国达11个。俄罗斯、巴西、希腊、伊朗、荷兰、马耳他等6个国家与中国的《电影合拍协议》也正在洽谈之中。②

（二）电影国际交流范围进一步扩大

2014年，中国电影国际交流工作顺应国家宏观政治经济发展趋势和国际地位的提高，配合国家外交、外宣大局，坚持海外营销和对外文化交流两手抓，取得良好效果，国产影片进一步提升国际影响力，国际交流范围进一步扩大。

国产影片实现销售收入18.7亿元，同比增长32.25%③（见图1—4）。

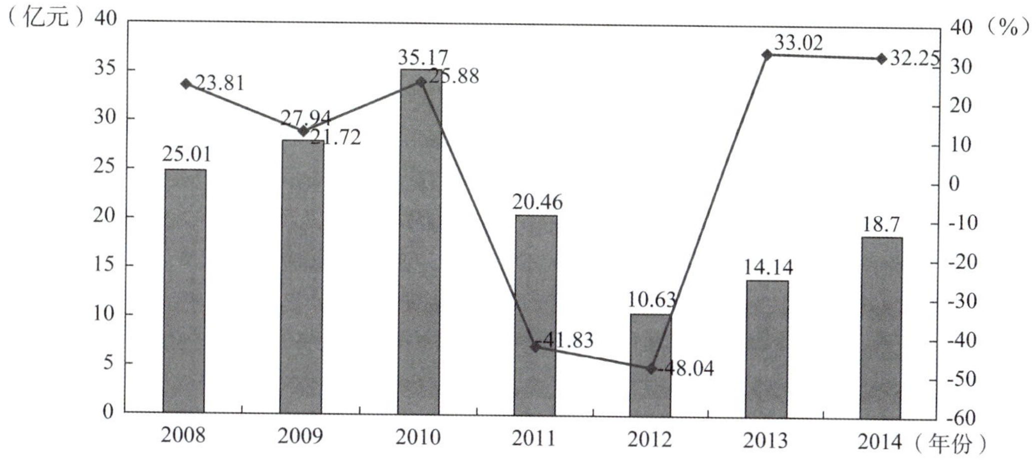

图1—4　2010—2014年国产影片海外销售收入及增长情况

数据来源：国家新闻出版广电总局电影局。

中国积极参加和主办各种国际电影节展。共有345部次国产影片参加了29个国家和港澳台地区的99个国际电影节，其中70部次影片在22个电影节上获得117个奖项。11月作为主宾国参加了印度国际电影节。中国在境外44个国家及港澳台地区举办了65次中国电影节展活动，展映影片（含合拍影片）452部次。在国家新闻出版广电总局（以下简称总局）“丝绸之路影视桥工程”的框架下，首届丝绸之路国际电影节在西安成功举办，有26个国家的147部故事片、纪录片、短片参展。电影节上发布的《首届丝绸之路国际电影节国际合作共同宣言》得到相关国家的积极响应。

---

① 按照中国银行2015年1月1日牌价6.119折算。

② 《中国已与11个国家签署合拍协议》，《中国电影报》2015年1月14日。

③ 数据来源：国家新闻出版广电总局电影管理局。

电影卫星频道节目制作中心继续加大落实“中非影视合作工程”实施力度和实施范围，除在土耳其和斐济播放影片外，还与新西兰最大华文媒体中华电视网签订了合作协议，实现了整频道落地。

（三）中国积极参与全球电影资源配置

中国市场吸引了大量海外优质资源。美国六大电影公司纷纷在中国设立办事处。SMG 尚世影业和迪士尼签署多年合作协议，合作开发迪士尼品牌电影，促进中美电影产业深度合作。一批优秀的、有国际合作经验的创作人员也陆续进入中国。

中国元素日渐成为好莱坞电影的重要组成部分。以《变形金刚 4》为例，该片拍摄期间，出品方派拉蒙电影公司与中国合作方——电影卫星频道节目制作中心在选角、拍摄和营销等方面进行了深度合作。影片以北京和香港为主场景，起用李冰冰、韩庚等六位中国演员，并植入了多个中国品牌。影片完成后，不但成功地在中国获得高达 3.01 亿美元的票房，超过其在美国本土 2.45 亿美元的票房成绩，还在全球其他市场共获得 5.45 亿美元的票房。①

国内资本频频投资海外电影公司、参与电影制作及相关产品开发。2014 年 2 月，百度投资美国电影制作公司 Aquamen Entertainment，并斥资 4000 万美元制作 3D 动画电影《悟空》。6 月，复星集团投资好莱坞影视公司 Studio 8 近 2 亿美元，这是中国对海外电影制作领域的最大投资。2015 年 1 月 29 日，电广传媒与美国狮门影业（Lions Gate Entertainment Corp.）达成额度为 15 亿美元的合作协议，双方拟在未来三年共同投资影片制作、发行，并进行电影衍生产品的开发营运。腾讯也与迪士尼达成协议，针对迪士尼旗下的影片《复仇者联盟》，以多终端网络游戏开发为核心进行泛娱乐合作。

国内电影资源也继续积极与国际接轨。中影股份与美国传奇影业签署了影片《长城》的合作协议，标志性地迈出了超大型中外合拍电影项目的第一步；中影股份还斥资 8000 万美元，与美国传奇影业旗下的传奇东方签署了《第七子》《魔兽世界》两部影片的合作协议。乐视影业也和好莱坞电影视觉知识产权开发公司合作成立“传奇影业”公司，投资制作影片《敢死队》。

九、电影发展政策与管理

中央十分重视电影发展。2014 年 10 月，习近平总书记主持召开文艺工作座谈会，对电影发展作出了重要指示。2014 年 7 月，中共中央宣传部、国家新闻出版广电总局召开全国电影工作座谈会，刘奇葆同志在会上作了重要讲话，提出“内容为王、技术为基、人才为本”的战略部署，鼓励中国电影人在提升国家文化软实力的历史使命面前担纲重任，充当先锋。为贯彻落实中央部署，国家新闻出版广电总局、财政部、税务总局、住建部等多个部委协同出台政策措施，全方位、多角度地促进电影业发展，加强对电影业的管理，收效明显。

（一）创新电影发展促进政策

电影审查权力下放。2014 年 2 月 18 日，国家新闻出版广电总局出台《关于试行国产电影属地审查的通知》（新广电发〔2014〕27 号），明确从 4 月 1 日起，除重大革命题材、重大历史题材、重大文献纪录片以及各类中外合拍片外，在全国范围内试行国产电影属地审查，即由各省级广电部门对本行政区域内所属电影制片单位摄制的各类影片进行审查，总局负责宏观指导和监督。

一系列新的财政金融税收政策出台。2014 年 5 月 31 日，财政部、国家发展改革委、国土资源部、住房和城乡建设部、中国人民银行、国家税务总局、国家新闻出版广电总局联合出台《关于支持电影发展若干经济政策的通知》（财教〔2014〕56 号，以下简称财教 56 号文）。这是近年来参与部委最多、涉及领域最广、扶持力度最大的政策文件之一，提出财政补贴、税收优惠、金融支持、土地使用等八个方面的具体政策。为配合落实财教 56 号文和新出台的《国务院关于加快发展对外文化贸易的意见》（国发〔2014〕13 号文）、《国务院关于推进文化创意和设计服务与相关产业融合发展的若干意见》（国发〔2014〕10 号）等重要政策，财政部下达 2014 年度文化产业发展专项资金 50 亿元，发挥引导示范和带

---

① 数据来源：http://www.boxofficemojo.com/。

动作用，创新管理模式，优化资金投向。2014 年 11 月 27 日，财政部、海关总署、国家税务总局等三部委联合出台《关于继续实施支持文化企业发展若干税收政策的通知》（财税〔2014〕85 号），提出对电影集团公司、电影制片厂及其他电影企业取得的销售电影拷贝收入、转让电影版权收入、电影发行收入以及在农村取得的电影放映收入免征增值税等，从减免税负角度支持电影产业发展。

与此同时，国家投入 3 亿元支持 6 家国有重点制片基地发展。2014 年 12 月，全国总工会发出《关于〈关于加强基层工会经费收支管理的通知〉的补充通知》（工财发〔2014〕69 号），明确支持基层工会组织利用会费组织看电影。通知出台后，各地工会组织积极响应。这一通知将有力促进电影院团购大客户业务发展。

地方政府结合本地实际积极落实财教 56 号文精神，陆续出台地方政策支持电影发展。2014 年 10 月，上海电影工作座谈会上发布了由中共上海市委宣传部、上海市文化广播电视管理局等九部门联合制定的《关于促进上海电影发展的若干政策》。2015 年 1 月，山东省新闻出版广电局等八部门印发了《关于贯彻落实财政部等七部委〈关于支持电影发展若干经济政策的通知〉的实施意见》（鲁财文资〔2014〕16 号）。

（二）加强市场监管

2014 年，国家新闻出版广电总局陆续出台一系列政策措施，解决院线、影院领域的政策执行、公共服务、市场监管、平台建设等方面出现的问题，建立和完善公平、公正、公开的电影市场体系。

一是进一步加强行业规范管理。按照 2013 年底国家新闻出版广电总局电影局下发的《电影院票务管理系统技术要求和测量方法》（GY/T276－2013），售票原始数据上报要求影院每售出一张电影票，其相关数据将在 10 分钟内上传至新平台，上传的内容包括影院编码、影片编码、影厅编号、场次时间、座位号、票价、电影票信息码等。2014 年 1 月 17 日，总局出台《关于加强电影市场管理规范电影票务系统使用的通知》（新广电发〔2014〕12 号），从严格完善票务软件产品市场准入制度、切实加强票务软件产品市场应用管理、严格规范影院经营行为、大力加强行业监管、加大对违法违规行为的打击力度五个方面提出了明确要求。行业主管部门对违规影院的查处打击力度得到加强，院线影院发展规范化程度进一步提高。2014 年 9 月 30 日，由电影资金办负责组织实施的全国电影票务综合信息管理系统升级改造工作基本完成，有 7 家影院票务软件商的软件产品通过标准符合性检测并予以备案准入，全国 4000 余家影院完成票务系统升级。该系统将票房上报周期从 24 小时缩短为 10 分钟，通过二维码实现电影票实时真伪查询，实现电影票房的透明化，为有效打击偷漏票房提供技术保证，票务信息进一步公开透明。

二是规范管理放映质量。2014 年 12 月，国家新闻出版广电总局电影局发布《关于进一步提高放映质量的通知》（影字〔2014〕722 号），严格要求影院放映的银幕亮度和声压级达到标准，并责成中国电影技术科学技术研究所、国家新闻出版广电总局电影技术质量检测所等单位定期发布放映质量检测报告。

（三）市场监管规范，行业自律加强

随着市场建设快速推进，相应的服务和管理措施难以跟上发展的步伐，规范市场的重要性提到行政管理部门的日程上来。针对屡禁不绝的偷漏瞒报票房等违规经营现象，为实现放映终端市场的规范、健康和可持续发展，行政管理部门陆续出台了一系列政策措施，在院线、影院领域的政策执行、公共服务、市场监管、平台建设等方面，建立和完善公平、公正、公开的电影市场体系。

一是电影审查权力下放。2 月 18 日，国家新闻出版广电总局出台《国家新闻出版广电总局关于试行国产电影属地审查的通知》（新广电发〔2014〕27 号），明确从 4 月 1 日起，除重大革命题材、重大历史题材、重大文献纪录片以及各类中外合拍片外，在全国范围内试行国产电影属地审查，即由各省级广电部门对本行政区域内所属电影制片单位摄制的各类影片进行审查，国家新闻出版广电总局负责宏观指导和监督。

二是电影窗口期得到规范。9月，总局出台《关于进一步落实网上境外影视剧管理有关规定的通知》（新广电发〔2014〕204号），在2012年《广电总局关于进一步加强和改进境外影视剧引进和播出管理的通知》基础上，针对互联网传播境外影视剧进行规范。该通知规定，对网上播出的境外电影，应依法取得新闻出版广电部门颁发的“电影片公映许可证”，并取得著作权人授予的信息网络传播权；依法取得国家新闻出版广电总局颁发的“信息网络传播视听节目许可证”，且许可项目含有“第二类互联网视听节目服务第五项：电影、电视剧、动画片类视听节目的汇集、播出业务”的网站，可以引进专门用于信息网络传播的境外影视剧。

三是放映质量实现规范化管理。12月，总局电影局发布《关于进一步提高放映质量的通知》（影字722号），严格要求影院放映的银幕亮度和声压级达到标准，并责成中国电影技术科学技术研究所、总局电影技术质量检测所等单位定期发布放映质量检测报告。

支菲娜　国家新闻出版广电总局发展研究中心电影所副所长、副研究员

浓墨重彩的本土情怀
——2014 年香港电影综述

◎赵卫防

尽管《内地与香港关于建立更紧密经贸关系的安排》（以下简称 CEPA）签署已过去 11 年，且在该年度又有了新的补充协议，但 2014 年香港电影的产业格局与创作态势与以往相比没有较大的变化，其和内地的合拍片依然保持着强劲的势头，在华语影坛占据着较为强势的地位；香港本土电影在产业层面延续着相对孱弱的状况，而本土特色浓郁的文艺类型相对凸显，以及有着强烈本土特色的情色片和惊悚灵异片占据主导，成为这年度香港电影创作的主体基调。

一、产业基本概况

2014 年的香港电影，在产业状态上依然维持着相对弱势的格局。全年共上映影片 310 部，与 2013 年持平，总票房报收 16.47 亿港元，较之 2013 年 16.26 亿港元的成绩微涨 1.3 个百分点。其中上映的港产片数量有所增长，从前一年的 43 部提高到了 59 部。① 上映港产片的数量虽有所增长，但并没有换来市场的青睐，从市场现状来看，仅有《金鸡 SSS》与《澳门风云》两部本土电影挤进了票房十强榜单。而此前两年票房前十的本土电影数量也都没有超过两部，可见港产片的弱势地位并未改变。（见表 1 及表 2）

表 1　2014 年香港地区上映影片票房前十名统计②

名次	影片名称	累计票房（万港元）
1	《变形金刚 4：绝迹重生》（美）	9820
2	《美国队长 2：冬日战士》（美）	5660
3	《超凡蜘蛛侠 2》（美）	5470
4	《星际穿越》（美）	5110
5	《X 战警：逆转未来》（美）	5080
6	《金鸡 SSS》（港）	4130
7	《沉睡魔咒》（美）	4090
8	《猩球崛起：黎明之战》（美）	3697
9	《博物馆奇妙夜 3》（美）	3650
10	《澳门风云》（合拍）	3360

① 数据来源：香港电影工业协会（MPIA）。
② 数据来源：香港电影协会网站，http：//www. mpia. org. hk/content/press. php。

表2 2014 年香港地区上映香港影片票房前十名统计①

名次	影片名称	累计票房（万港元）
1	《金鸡 SSS》（港产）	4130
2	《澳门风云》（合拍）	3360
3	《西游记之大闹天宫》（合拍）	2560
4	《窃听风云 3》（合拍）	2390
5	《那夜凌晨，我坐上了旺角开往大埔的红 VAN》（港产）	2130
6	《救火英雄》（合拍）	2040
7	《六福喜事》（合拍）	1820
8	《魔警》（合拍）	1740
9	《临时同居》（合拍）	1650
10	《3D 豪情》（港产）	1610

从以上两表，可以看出 2014 年香港电影的某些产业特征。一方面，此前每年度在香港上映的本土电影及与内地合拍的电影中，票房较好的影片中大部分为纯粹的港产片，但在 2014 年在港公映的华语片中，两地参与的合拍片占据了市场主体。如在本土的香港影片票房十强中，合拍片占据了 7 部。这表明香港观众已逐渐适应并接受了合拍片。

尽管如此，2014 年度在内地票房和口碑较好的华语合拍片如《心花路放》《匆匆那年》《分手大师》《后会无期》《小时代 3：刺金时代》《智取威虎山》等，在香港均出现“水土不服”现象，这些影片在香港既无票房，也没有多大反响。而有几部影片如《亲爱的》和《黄金时代》等虽然在港没有票房，却引起了较大的反响，纷纷斩获了当年香港电影金像奖的大奖，这大抵是因为这些影片的导演皆为香港导演的缘故。上述情况也表明，香港观众虽然接受了合拍片，但香港民众对本土文化的焦虑感，依然十分强烈。

另一方面，2014 年两地合拍片中，香港影人占据了创作主体，且这些影片在内地均收获了巨额票房，参与合拍的香港公司利润丰厚。在 2014 年国产片票房前 10 名的影片中，有两地制片公司参与合拍的影片占据 4 部，其中有 3 部影片的主创为香港导演：郑宝瑞执导的 3D 版《西游记之大闹天宫》在内地获得 10.46 亿元的票房，荣列当年内地市场华语影片票房第二位；紧随其后的是徐克执导的 3D 版《智取威虎山》，在内地获得 8.33 亿元的票房；王晶执导的《澳门风云》也在内地斩获了 5.25 亿元的票房，排名第八。此外，还有众多的香港演员参与了上述高票房影片的演出。港资电影公司如安乐、寰亚、英皇、银都机构等大多在内地市场收益良好。

二、文艺片新景观

香港电影以类型美学著称，但在商业类型之外，其文艺片也以类型的方式呈现出来，形成了香港影坛所特有的文艺类型片。在香港电影的商业类型北移之后，其本土的文艺类型逐渐凸显出来，成为其主流影片。2014 年的香港电影，文艺类型依然成为其主导影片之一。

与商业类型片比起来，文艺类型片更能表述港人浓郁的本土情怀，这也是在两地关系发生微妙变化的态势下，香港观众和香港影人选择文艺片的另一重要原因。2014 年的香港文艺片，多以抒发港人的本土情怀为主。事实证明，只要能展现香港人的主体性，表达当下港人的情思，香港电影就可以在本土获得极大的认可，之前的《岁月神偷》《低俗喜剧》《激战》等均证明了这一点。2014 年，很多香港电

① 数据来源：香港电影工业协会（MPIA）。

影推出具有文艺气质的影片。这些影片中有一些不同以往，集中于寻觅希望却又前途未卜，还涉及对制度、法规的探讨。其实这种身处多重困境下的情感或身份焦虑感在以往香港电影中也时有出现，却不及2014年这样集中，同时又表现得非常直接，没有任何隐藏。2014年的这些影片中，将之前遮掩、隐晦、暗喻、不便说明的情感和问题均以不同形式呈现，让观众更清晰地感受到香港电影人对当下香港现实的关怀和解读，进而推动人们对香港未来的思考。这其中，以陈果的《那夜凌晨，我坐上了旺角开往大埔的红VAN》（以下简称《红VAN》）最为凸显。《红VAN》属中小成本制作，其中525万元港币的融资来自香港电影发展局的“电影制作融资计划”，其市场定位也指向香港本地。① 影片根据香港人气网络小说改编而成，讲述一辆载有17人的从旺角开往大埔的小巴士经过狮子山隧道后，香港竟变成了一座空城，一夜之间香港700万居民全部消失，只剩下小巴上的17名旅客，而且小巴上的人也开始一一离奇死去，幸存者们力图重返真实世界，随后进行的一系列惊悚冒险的旅程。

看似科幻及灾难类型，但《红VAN》的骨子里却是以文艺手法展现出港人的深切思考。主创在人气小说之上加入大量社会信息，片中幻想与现实交错，黑色幽默与尖锐讽刺并存，还不乏洞察与预见。而且影片没有以黄、赌、毒、鬼等题材做文章，反而用魔幻现实主义的手法刻画一群香港人如何在“失去”家园和族群的情况下不断“寻找”原有世界，显现出了对现实的深刻焦虑。

同样的情绪在彭浩翔执导的《香港仔》（内地上映时名为《人间·小团圆》）中也有所体现。影片表现一个普通香港家庭中三代人貌似风平浪静的安逸生活，却带出了各人成长中隐藏的伤痕与阴影：父子关系恶劣，家庭暗藏危机，各人烦恼难以释怀。同时，影片还表露了对香港前途的隐忧，如片中人物邱健章质疑“生活的目的地”，无法看到未来；另一人物郑东那句描述搁浅鲸鱼的话，实际是在指向现实生活中的人：“从上岸那一刻就已经死了，其实和我们渔民一样，至少是死了一部分。”这又像是一次香港灭亡的独白。影片中还多次出现纸制的香港仔城市模型，与《红VAN》无人的香港街景有异曲同工之妙——都是熟悉的城市，也都是陌生的呈现。纸模型大多是用来烧掉做祭拜先人之用，在模型的世界里，人物处于死一般困境的焦虑。但相比《红VAN》来说，《香港仔》并未将这种危机放大，片中每个人都做出了小小的让步和改变，最终家庭成员彼此透过港人自强不息的精神，将问题放下，留给观众的依然是美好的畅想。全片没有警匪片的暴力，没有喜剧片的恶搞，而以浓郁的文艺气质成为典型的表现普通港人生活的电影。

2014年还有很多香港文艺片也值得称道，如高志森导演的《妈咪侠》讲述一个年过半百的中年女子，面对生活的逆境如何面对困难、克服逆境、挽救自己的人生和家庭的故事。影片也是由真实故事改编而来，故事中的女主角在面对接踵而来的困难时，那种从容不迫的生活态度亦是香港精神的写照。影片还表达了另一个关于三代人情感沟通的主题，并以如何化解“代沟”为主题贯穿整部电影。女主角自小和她的父亲感情非常好，但由于爸爸的生活起了变化，所以父女的感情开始渐行渐远，甚至产生了前所未有的矛盾；同时，她与自己的儿子也因缺乏沟通产生很大的代沟。在当今社会，三代人之间的感情纠纷困扰着许多家庭，影片积极探讨了这个问题，并在最后呼吁大家沟通才是化解“代沟”最容易的方式。今年的其他文艺片，还有由香港著名影人曾志伟监制和参演的《澳门街》，该片是由“串烧式”的四个短片组成的澳门街发生的故事，片中先后以悬疑、言情等不同角度演绎出了融汇中西文化的濠江故事。青年导演麦曦茵的新作《暧昧不明关系研究学会》，通过非线性的剪辑形式，向观众展示当下香港刚出校门走向社会的年轻人的工作状态，同时讲述了几位年轻人错综的友爱关系与情感交流。朱家宏导演的《贩卖·爱》讲述一位女大学生因经济压力初试性交易，结识各色人等，当遇见一个有理想的热血青年后想一起重过新生。正当她以为旧事已过，一切重新开始的时候，一件意想不到的事让她明白，她要为自己过去的选择付出代价。影片很清晰向观众讲述了一段不同的人生经历，表现了每个活着的人都有值得记下来的故事。

---

① 李铁成：《黄金时代有多远？——2014年香港电影略论》，《当代电影》2015年第3期。

“麦兜”系列动画片也是2014年香港文艺类型片的呈现。继《麦兜之当当伴我心》之后，2014年谢立文再次推出麦兜系列《麦兜·我和我妈妈》。全片贯穿无法避免的“失去”情结，如传统店铺的关门、老师傅的离世等。随着麦兜的不断长大，他与妈妈之间的关系渐渐疏离，那个疑似麦兜父亲的“大表伯”出现又消失。另外，《麦兜·我和我妈妈》终于拾回了熟悉的正港味。这一次，猪头麦兜延续蠢萌欢乐，絮絮叨叨开启人生之旅。他的那些经典无厘头台词带着熟悉的哲理意义，如同一剂猛药注入大龄人日益冷却的心。

除老导演外，还有更多的新人投入2014年的香港文艺片创作中，如陶杰、黄浩、杨紫烨等。其中陶杰自编自导的《爱－寻－迷》颇受关注，这部电影讲述的是三个小学时候的死党多年后在Facebook上重遇，见面后所展开的一连串遭遇。三段故事里，一个金融才俊爱上政客的妻子，穷讲师被大陆来的女学生爱上，发型师和离婚富太太的情欲，均扣紧当下香港的社会现状。此外还有黄浩然自编自导的处女作《点对点》，影片讲述一个从多伦多回流至香港的艺术家与从长春来到香港当普通话老师的女孩的奇缘。主创以此讲述了一个同城爱情故事，用男女主角的城市点对点游戏带出一代人的记忆，因此，片中浓浓的本土情怀更是为人称道。而在抒发本土情怀方面，影片没有近年一些讲述情怀的港片里常有的滥情和呻吟，也没有对捍卫本土价值的用力表达，而是放慢节奏，是以写意的方式描绘出这座城市。这部独立制作的电影赢得了不少赞许，当中还有曾翠珊、崔允信、黄修平、麦婉欣等香港独立电影界导演的客串，可谓一次香港独立电影的大联欢。

此外，2014年香港的年轻导演推出的文艺气质影片中，还有多部纪录片，其中杨紫烨导演的《争气》讲述一群少年出演音乐剧的过程，当中有调皮的少年、残障人士还有忧心忡忡的家长，他们在艺术老师的指引下，经历了一次非同寻常的人生历练。影片亦反映了当下香港平凡人的生活，以及年轻人那股“争气”的信心。杨紫烨之前拍摄过多部纪录短片，还曾获得奥斯卡最佳纪录短片奖，这次《争气》是她回归香港的首部长片作品，也赢得了金像奖新晋导演的提名。而曾翠珊的《河上变村》是一部讲述位于香港西贡拥有逾五百年历史的蠔涌村的纪录片。导演以村民身份走访村中不同角落，访谈不同年代的村民，发掘村里的大小故事，从而观看这个村子在岁月洗礼下的各样变化。纪录片一直是近年来香港文艺电影的重要组成，这两部优秀的纪录片，更开拓了2014年香港电影的美学向度。

三、本土化特质的惊悚及情色类型

2014年的香港电影，一方面在文艺类型上呈现出了新的景观，另一方面则在香港电影传统的商业类型片上亦有突破，而且这些影片中的主题表达和商业类型的营造，也充溢着强烈的本土情怀。

以恐怖、灵异为主的惊悚片和以情欲为主的情色片，是香港电影的传统类型。因为两地电影文化的差异，在香港导演大面积北上之后，这两大类型片并没有北上，但在香港本土却得到了延续，并成为不同于内地电影及两地合拍片的香港本土电影的标志，也一再成为香港电影人及香港观众本土情怀的集体投射。2014年的香港类型电影中，这两大类型依然占据着较强的优势。

在2014年的香港惊悚类型中，既有心理恐怖片，亦有仿效传统的鬼片和僵尸片的灵异片。其中《魔警》便属于第一类，该片不单延续导演林超贤的宿命世界观，更走入心理惊悚层面，以熟练的技法，深思复杂的人性内心。影片讲述幼年的王伟业因给父亲复仇而烧死了防爆警察，从此留下心理阴影，成年后也身为警察的他开始一丝不苟地工作，却遭同事嫌弃；他在一个团伙抢劫案中开始谋杀犯罪分子，最终为救人而被烧死。该片可以看作《无间道》的个人较力版，即所谓“魔”其实是王伟业的心魔，是他挥之不去的童年阴影，他内心的复仇欲望和自己警察身份互相缠斗，如同《无间道》中的刘建明和陈永仁之间的博弈较量。所以，王伟业的行为也极具分裂性，即在正邪之间游离。电影也将王伟业的心魔通过光怪陆离的夸张特效化展现，搭配吴彦祖在电影中出众的演技，将主人公一种备受挣扎困锁的灵魂，展现得淋漓尽致。整部电影的色调很压抑，无论是从配乐，镜头的调动或者说色彩上，都完全围绕着核心的“魔”字，在惊悚氛围中，探讨人性。

2014年香港的灵异类型片更是不乏其数，如以导演身份拍摄电影的张家辉，处女作便挑战恐怖片题材——《盂兰神功》，影片借用粤剧这门传统艺术阐述过往和现在的恩怨纠葛，表现可圈可点。其他还有陈达年执导、司徒法正主演的《尸骸之路》，陈翊恒执导的《天师斗僵尸》，杜玉贞执导的《恐怖在线》，钱人豪执导的《尸城》等惊悚片也纷纷涌现其中，《魔警》和《盂兰神功》都取得了逾千万港元的票房成绩。

这些影片特色各异，但灵异恐怖均是片中的主要元素。《盂兰神功》从主角宗华在内地经营出版社失败、遂回父亲所经营的粤剧戏班开始，主要讲述盂兰节时戏班将上演神功戏的故事。传统戏曲的悠长历史使其增添一抹神秘色彩，片中几场恐怖的桥段与此有直接关联。片中灵异场面的出现频率紧凑，几乎毫无冷场，如《咒怨》的伽椰子、《大法师》的诡异动作，也可以看到《灵动：鬼影实录》的监视器画面，甚至还有一点西方活尸片的味道。《尸骸之路》更是遵循灵异恐怖路线，集中展示了东南亚地区的多重关于鬼怪灵异的传说和真实案例。当中不乏怪异惊奇的恐怖场面，如在老挝直击与尸同眠实相，报道奸尸的真相及过程，并解构百岁巫师尝尸肉的真相；在泰国直击报道湄公河十三船员血案及执尸的真实过程，并在发现有2000多首婴尸的古曼童庙庙内，拍摄超度的过程以及"养鬼仔"巫师与古曼童斗法等。

《恐怖在线》取材自香港屯门汀九村巴士坠桥惨剧及农历七月十四屯门友爱村红衣女跳楼的真人真事，张兆辉饰演的警察，不时接触到鬼怪事物及灵异事件，他与年轻探员B仔组成灵异孖探，主力调查死尸奇案，查案时不时见鬼。《天师斗僵尸》为陈翊恒循规蹈矩拍的一部十分地道的僵尸片，片中有很多20世纪80年代《僵尸先生》(1985)、《猛鬼大厦》(1986)的身影，这些影片其实是在80年代香港电影结合了西方吸血僵尸和东方的迷信而诞生出来的港产僵尸片。《天师斗僵尸》的故事结合了僵尸片和鬼片的类型，但无论是故事模式还是人物设置，主要还是遵循着80年代僵尸片法则。影片表现一个正派的道长带着一个小徒弟抓僵尸，然后出现一个反派道长，不小心把百年老僵尸放了出来；小人物角色偶遇含冤而死的女鬼，被她缠上，原来她被反派道长害死还不能拿回自己的骨灰，这像是《倩女幽魂》附体。此外，动作场面和软性色情在影片中随处可见，增加影片娱乐性。而《尸城》中惊悚、暴力是其最大卖点，影片讲述安志杰饰演的年轻警探，为了拯救公寓内的住户，与僵尸搏斗却被活捉成为阶下囚，而要活下去就必须在地下竞技场上击倒僵尸，最终他成为一个格斗高手，等待逃生机会。这部影片色调阴暗，场面极度血腥，砍头、枪战火并镜头不断，属于典型的香港灵异恐怖片。

情欲片也是2014年香港电影本土制作的一个重要类型，其中首推打擦边球的性喜剧《金鸡SSS》，该片延续吴君如主演的《金鸡》系列的品牌，同样以性工作者的视角来看社会的现状和几十年香港的变迁。影片还表现了回归的历史巨轮改变了香港娱乐事业的生态环境，而在看到香港被改变的影子和痕迹的同时，电影道出"旧香港人"的心声，带点哀鸣，抒发了港人的怀旧情怀。影片在春节档上映后票房一路攀升，成为年度票房冠军。邱礼涛执导、蔡卓妍和任达华主演的《雏妓》，则把视角对准未成年少女的卖淫行为，并以纯熟的叙事技巧，铺写用肉体换取机会的女性成长历程。但该片同样也未仅止于情色的展现，而以剑走偏锋的题材继续关怀社会上边缘个体的命运，并造就蔡卓妍的突破性演出，发掘港女当自强的现代气质。

2014年香港电影的情色类型中，还有主打情欲噱头的《3D豪情》。该片为2003年陈庆嘉执导、古天乐和陈奕迅主演的三级片《豪情》的续集，并将其升级为3D版本。这次的3D版本由李公乐执导，影片汇集很多粗口对白，性爱场面也不少，但该片更多的是搞笑。影片讲述港男阿泽因为一些原因无意中当上了AV男优，经朋友梁景介绍认识了日本女孩代子。代子也是因为某种原因，决定到日本做AV女优，她就以自己的经验教导阿泽做男优的技巧，学成必杀技后，阿泽竟然越做越红，代子当了他的经理人，两人因朝夕相处还发生了感情。

除此之外，2014年的香港情色类型中还有王晶监制的《唐伯虎冲上云霄》，以及叶念琛编剧、黄柏基执导的《小姐诱心》。前者讲述一位飞行师在误打误撞下穿越到了古代，并且还成了才子唐伯虎，当现代的各种奇谋怪论遭遇到封建时期的保守时，不可避免地闹出了很多的笑话；后者讲述两对性生活不协调的夫妇的故事，也以情色类搞笑作为主要噱头。

四、其他类型片

除了惊悚片和情色片之外，2014 年的香港影坛上还有众多的其他类型片，其中动作片、喜剧片、情感片以及由这些类型组合而成的复合类型片，仍是当年的主打类型片之一。这些影片依然延续经典的香港类型，遵循着传统“港味”美学特色。

动作类型在 2014 年的香港影坛有一定的凸显，出现了如《一个人的武林》《潜龙风云》等影片。陈德森执导的《一个人的武林》将争霸武林与警匪悬疑类型结合，巧妙地创造一个古代武林与现代社会共融的武痴自足世界。本片在动作类型营造上体现了诸多香港传统动作类型的特色。其一，影片在动作场面的营造上，有效地结合了现代城市的特征与古装动作片的打斗，实现了两者的对接。片中的香港是一个现代化的城市，影片也充分利用都市元素如高楼、市井街道来营造动作类型。片中最出彩的是最后夏侯武和封于修在公路上的打斗，两人在车来车往中搏杀，公路与车流是一种特别现代的特征，但打斗方式又是香港动作片中特别经典的打斗。同时这场打斗戏节奏处理得特别有急迫感，叙事张力也很强。香港动作片中虽有成龙电影中出现过公路上的打斗戏，但那些影片主要表现追车和车上的打斗，很少有类似在车来车往中的公路上的打斗场面。其二，影片将不同类型的动作元素集合到一块，而且是香港动作电影中经典和尖端级动作的集合。片中封于修杀死不同的武林高手，每一场打斗都是经典。比如他跟北腿王、擒拿王、兵器王等人的打斗，都是在腿脚、擒拿以及兵器打斗方面的最高水平的打斗，从而使得这三场打斗在香港动作电影界来说是经典的甚至是最高级别的。其三，香港新旧动作电影人在片中集体亮相，比如直接出现了《醉拳》和《七剑》等影片的场面，还有一些人物如邹文怀、吴思远、成龙、刘家良、姜大卫、刘伟强、章国明、谭家明、袁文祥、元彬、樊少皇、郭子健等经典动作电影里的演员、导演、制片人和其他幕后都出现在了影片中。影片以此向香港的功夫前辈及电影人致敬，重建香港功夫电影传统，这在本土意识鼎盛的 2014 年的香港影坛别具意义。其四，封于修和夏侯武两人对决具有“双雄对决”的惺惺相惜的感觉，这样的“双雄对决”设计也是香港动作电影的一大传统，从古龙到倪匡，再到楚原、张彻、吴宇森，这些人的作品都是这样的，其实这就是香港动作电影中所一贯倡导的英雄主义惺惺相惜的一种情怀。

其他还有由李保樟执导的《潜龙风云》（又名《大茶饭》），这是一部集喜剧、动作、爱情等多种元素于一体的混搭型影片。影片讲述了隐退江湖的大佬和茶餐厅继承人之间的一段忘年恋情，折射出两代香港人的新旧交融，加上众多香港老戏骨出演，以及围绕香港传统茶餐厅文化的故事，使得影片具有浓郁的香港味道。其他动作片还有以赌神形象翻新的《赌城风云》（又名《澳门风云》）以及以黄飞鸿为卖点的《黄飞鸿之英雄有梦》等，这些具有香港情怀的类型影片也在香港电影市场上取得了不错的票房。

2014 年香港电影的喜剧类型，也延续了其传统的喜剧路子。比如，融合了时尚、浪漫、俊男靓女、合家欢等诸多贺岁元素的喜剧电影《六福喜事》，延续了港式贺岁片中的鬼马爆笑和平民喜剧，亦有笑不完的百变大咖和搞怪。该片也是香港“喜事”系列之作，为纯正的港式贺岁喜剧，群星汇聚、家庭故事、鬼马恶搞、大团圆结局是该系列的必备元素。此外，《六福喜事》在题材上有所创新，影片将“生育、亲子”话题作为故事内核，有效地将成人趣味和家庭伦理相连接，在合家欢的基础上，增加了看点和卖点，充分挖掘了题材的商业潜力。此外，钱国伟执导的电影《黑色喜剧》讲述了矮个子警探杜奇风与性格嚣张脾气火暴的女友安琪之间的鬼马故事，片中二人演绎了一对相恋多年的情侣，因事业不如意导致爱情产生裂痕，魔鬼文西趁机而入欲让两人出卖灵魂获得全新生活，一幕幕爆笑故事由此展开，具有香港鬼马喜剧的一贯风格。杜琪峰执导的《单身男女 2》延续上集的选择命题，为通俗的多角恋爱浪漫喜剧，尤为值得称道的是，该片将“爱情”作为影片最重要，甚至是唯一的类型诉求。影片营造出明确的“爱情气场”：他们上班时间在恋爱，下班之后也在恋爱，加班都得靠恋爱撑着。而其中那些关于恋爱的技巧和桥段，以及情侣之间所迸发出的化学反应、因爱而生的种种误会等，都有着较好的营造。杜琪峰一贯干脆利落，张弛有度的剪辑风格，以及他长久以来所形成的对“香港“这一意象独特的城市影像表达，都使《单身男女2》呈现出一种有别于其他爱情电影的气质。

其他类型片还有李光耀执导、刘青云和黄晓明主演的《暴疯语》，影片讲述精神病医生治疗杀人犯的故事，这正是香港电影擅长的类型。麦兆辉、庄文强执导的《窃听风云3》，则将焦点转移至新界丁权问题，紧扣港人逃不过的地产霸权阴影，并以此获得了强烈的本土意义。影片将人性的贪婪与懦弱处理得荒谬却又不失共鸣，主线与支线人物的纵横交错条理清晰，群戏精彩纷呈，亦为2014年香港类型电影的优秀之作。

赵卫防　中国艺术研究院电影电视艺术研究所副所长、研究员

2014 年电影频道出品电影综述

◎赵小青

国家新闻出版广电总局电影频道节目中心（以下简称频道）出品的“电视电影”自2012年起，在电影产业相关统计中并入故事电影里进行计算，到2014年已有三年。当年提出的“控制产量，提高质量”的制片方针，在2014年4月29日下午第14届电影百合奖工作会上，更加具体为“压缩数量，提高质量，多出精品，涉足院线”，并提出了为“四个需求”制作电影的具体目标：一是为配合国家重大宣传任务制作高品质主流电影；二是整合资源制作有回报的院线电影；三是制作以正确导向为前提的高收视娱乐电影；四是制作高水准的艺术电影以在国内外展台进行艺术交流。① 在此方针目标下，2014年频道出品产量有所下降，最终，除了院线电影的市场效果不尽如人意外，其他三项目标顺利达成。

2014年，以频道资本为主、社会资本为辅的联合出品比例加大。2012年为19.5%，2013年为16%。2014年，频道总产65部，其中联合出品17部，联合出品比例上升，占年产比26%（之前频道独家资本的比例占全年总产的90%以上）。

一、年度产量、题材分布及主要类型

2014年，频道出品影片量从2013年的92部急降至65部（截至2014年底，频道出品总量达1676部）。2014年现实题材占比创历史新低，仅26部，占总量40%；非现实题材39部，占总量60%，其中古装片17部，占总量26%，战争片8部，占总量12%，民国题材14部，占总量21%。

2014年，频道出品的影片，续走风格多样化和通俗性之路，其中娱乐片占大多数，主要涉及古装、古装喜剧武打、民国传奇、战争、惊险、人物传记、现实喜剧、爱情、涉案、科幻等类型，也有部分文艺片和一般正剧。

二、现实题材

（一）现实题材占比现历史新低

与之前相比，2014年频道出品影片最突出的特点就是现实题材在总产中比例下降了40%，这是一个从未有过的现实题材占比。一直以来，频道出品电影的主要特色是“以现实题材为主，风格多样化”。这种小成本、短周期、精制作的生产特性，被称为“影视轻骑兵”，是频道出品的独家特色，能及时反映社会变迁、世态风貌，表现当下人的喜怒哀乐、所思所想。尤其在表现热点、焦点、社情民意和突发事件方面，频道出品电影的优势是院线电影和长篇电视剧所不能企及的。这些散发着当下气息的现实生活作品是大家共同的生活经验，透着令人熟悉亲切的生活美学，一直以来年产占比很高，2008年前都在70%以上。随着市场竞争的激烈，现实题材逐渐退位于更有市场竞争力的古装民国题材。2009年现实题材占比跌破70%，降到64%，之后逐年下降，2012年没有过半，占年产的46.7%，2013年回升到51.2%，2014年低至总比的40%。

与近些年的电影市场相比，电视市场更青睐发生在古代和民国年间的故事。如《甄嬛传》《北平无战事》《红高粱》等古装年代戏此起彼伏，引发收视热潮，形成电视文化现象。在中国，古代传说、传奇、战争、武打、悬疑、探案等题材，以戏曲、评书为媒介，就是观众戏院茶楼的主要消遣。从电影频道播出记录看，在电视环境下，观众的口味并无变迁，尤其是近些年，上榜作品基本不出左右。如今的电视市场，除了电视台之间的竞争外，新媒体、院线电影分流了部分观众，频道的生存处境更为艰难。

---

① 电影频道节目中心主任曹寅在2014年4月29日第14届电影百合奖工作会上的讲话。

虽年初百合奖工作会上，频道和部门领导特别强调2014年的制片方针，要以现实题材和革命历史题材为主，压缩古装年代题材，但最终生产还是受制于市场的摆布，古装年代戏占了大头。

从美韩电视剧和韩国电影市场现状来看，现实题材已经稳妥地占据了主流市场，说明现实题材大有观赏价值、市场前途。但中国内地市场一时还不可能出现这种局面。其原因一是观众因经验、成见形成的收视惯性一时不能扭转，更由于创作界还没有足够量的现实题材佳作填充市场转换观众口味，反倒无奈地跟着观众的需求走。殊不知观众正是因为现实题材无法满足他们的需求才趋向于他类题材。从中外历史上看，影视市场对现实题材的喜好有着大量证据，只要找到合适的故事内容和类型包装，提高制片水准，现实题材终会回归。中国内地电视电影中如救援片《极限救援》、灾难片《大沙暴》、喜剧片《土婆婆PK洋媳妇》、涉案片《情不自禁》等一批现实题材就有很好的市场表现，令观众难以忘怀。

（二）类型片占比降低，院线电影试水不佳、非类型片闪现亮点

2014年现实题材数量少，其中类型片占比也较往年低，26部作品中有13部，刚过半（往年都在60%以上）。主要涉及喜剧、涉案、爱情等类型。总体而言，其中不乏精心打造之作，制作层面很用心，但艺术层面较一般，整体质量不如从前。涉案片《神眼之红毛鬼》别具一格，令人眼前一亮（详待后述）。

自2010年以来，“频道出品”始尝试制作院线电影。2012年频道的电影创作部开启了“双轮驱动”（既为频道播出生产小成本电影，也为院线放映制作院线电影）。院线电影的尝试非常谨慎，几年来为避免国有资产流失，电影创作部基本上都是采用联合投资方式，产品多为500万—1000万元的中成本制作，遵循院线电影创作规律，在选材和风格上注重大的题材事件和类型包装，并选用较有知名度影响力的演员。如描写西路军悲壮史实的《惊沙》（2010）、由“黄花岗七十二烈士”之一林觉民的爱情绝唱改编的《百年情书》（2011）、家庭伦理喜剧《双人床条约》（2011），讲述新中国国徽创作过程的《国徽》（2012）、改编自徐锡麟烈士事迹的《刺夜》（2012）、战争悬疑片《近距离击杀》（2013）等。上述影片聘请了李雪健、郑佩佩、巫刚、蒲巴甲、王伯杰、蒋梦婕、刘威葳、耿乐等在社会上有一定知名度影响力的新老影人，收获了一定的市场反馈。

2014年，院线电影主要尝试走的是“中成本＋爱情轻喜剧＋知名演员”路线，如与中央新影电影集团联合出品的都市青春爱情片《爱情进化论》（编剧：吴怀洁、刘荣艳，导演：刘艳荣），由内地演员段奕宏和台湾籍演员郭碧婷、戴立忍主演，其他主要配角也在《小时代》《致我们终将逝去的青春》等名片中给人留下深刻印象。旅游风光爱情片《情战》（编导：吴卫东）由台湾籍演员赵文瑄、韩国演员孙泰英主演，主要配角也选了观众熟悉的刘力扬、胡兵、陈德容等。此外，还有一部表现大气污染的科幻片《变异危机》（编剧：刘冠均，导演：钟海）由黄觉、杨雪主演。这几部作品制作精良、场景优美，演员知名，题材类型也合市场的口味，但市场结果不尽如人意。故事不够精彩出奇也不够饱满，形式内容缺乏电影化的超验性等是失利的原因之一，还有一重要原因在于因资金和经验的缺乏，使得宣发方面没有到位。电影的制作发行放映是一个复杂的运行机制，每个系统、每一环节，是一个配合作战、互不可缺、互不疏漏的关系。频道初涉试水，需要一个了解、学习、摸索的过程。

2014年现实题材佳作主要集中在现实题材非类型片，共有13部，占一半比例，以伦理片和文艺片为主，其中《基隆》《妈妈在哪儿》《贴着你心跳》《激情跳水梦》《飘来飘去》《金秋喜临门》等影片，在选材、思想艺术价值、题旨表达、演员表演等方面都可圈可点，闪烁不同的亮色新意。

《激情跳水梦》（编剧：吴峥、菁瓜、狼小京、李喆，导演：臧溪川，主演：邓安奇、王柯达）讲述的是男跳水队员训练比赛的故事。与一般体育片一样，该片套用的是运动员如何战胜心理障碍超越自我，最后目标达成的模式。虽然故事缺乏新意，内容也较单薄，但这是一部近年少有的散发着青春气息的电影，主要体现在演员和题旨阐发上，不乏亮点。主演是专业演员，不但表演生动，还有着专业运动员的矫健身材，硬朗的气质、清新的容貌，如初升的太阳散发着朝气。技术处理和剪接尤其精妙，将演员和真正的跳水队员的镜头进行了天衣无缝的衔接，足以乱真。影片关于运动员使命和体育精神的探讨

比之以往有所超越，它既提醒运动员必须对所从事的运动要有非功利的原始的热爱，也充分肯定体育比赛的设置和运动员追求冠军梦的重要意义。冠军除了是荣耀外，更是一个激励人探索运动极限和探及人类运动可能性的有效机制。探索极限，这是人类体育运动的神圣使命和体育赛事的意义所在。

《贴着你心跳》（编剧：王磊，导演：张新武，主演：朱一龙、焦黎、夏晴）是关于器官捐献的动人故事。一对刚刚确立恋爱关系的恋人，男孩为救女孩车祸重伤。男孩父亲早逝，与开小卖部的母亲相依为命，是母亲的顶梁柱和主心骨。男孩在神志尚清的生命即逝之时，完成了遗体捐献的手续。这是影视作品极少触碰的话题。在创作上，此类影片处理不好的话，很易成为行业宣教片，或直奔主题显得简单空洞和概念化。在受众心理层面，关于死亡的故事总难寻找播映时机，观者也不喜闻乐见。但这部作品突破性地进行了有益并有效的尝试，通过一个感人的故事以及捐赠者、母亲、恋人、大夫和器官需求者等人物的塑造和情节编织，巧妙地提出了一个具有较大社会意义的讨论话题，并在一定程度上起到了改变观念、正面引导的作用。其中扮演母亲的演员表现突出，塑造了一个真实感人的母亲形象。

《飘来飘去》（编导：李灌洪，主演：杨峻羽、何杜鹃）讲述北漂音乐人情感历程和事业理想追求的故事，故事发生在冬季，影片以一种纪实色彩记录着淡淡的凄凉。影片在描述了北漂音乐人边缘状态的同时，也对这类人坎坷不顺的原因进行了探究和思索。孤芳自赏、顾影自怜、坚持自我，也许是艺术家必备的素质，艺术创作需要个性、独立，但在现实生活中却不能自以为是、以自我为中心。如果与社会环境格格不入，是否也需要自我调整？创作者通过这种反思，表达了对主人公怀有一种理解、同情、批评交织的情感，并最后让主人公有所觉悟。这是一部音乐片，主创人员特别为这部影片创作了好几首歌曲，但是，这部充满艺术情感和思想深意的音乐片，片中插曲没给人留下印象。这是音乐片最不应出现的遗憾。

《金秋喜临门》（编剧：韩志君、韩志晨、蓝强，导演：韩志君，主演：温玉娟、郭凯敏、郝岩、尚大庆、伊春德）是一部农村家庭伦理剧。影片内容丰满、细节生动，讲述了老娘和她含辛茹苦养大的孩子们之间的摩擦，是养老和孝道问题的再提出。虽然该片话题不新，但这一题材有着永远的现实意义。导演韩志君对农村戏轻车熟路，用传统的套路讲述传统的故事倒不显老旧。几位主演，都是20世纪80—90年代中国影坛颇具知名度的演员，功力不衰、很有感染力。扮演母亲的演员温玉娟，曾在经典名片《喜盈门》中扮演贤惠孝顺、顾全大局的媳妇水莲，这次却成了养育出不孝儿女的母亲。影片播出时，频道特别将两部影片做了前后连映，产生了强烈的戏剧性效果。《金秋喜临门》收视率0.76%，市场份额3.04%。随后播出的《喜盈门》收视率1.11%，市场份额3.46%。这类古老而永远存在的人间题材，是观众永不厌倦的故事。

《基隆》（编剧：金仁顺，导演：乔梁，主演：任帅、安唯绫、陈以文、海伦清桃）讲述了一个发生在台湾基隆的情感故事，题材和人物都很有新意。全剧场景在台湾基隆、台北两地完成。一个为台湾老板打工的大陆渔工，为糊口出卖劳力，按法令不可登岛，囚于船舱，收入低微，身心压抑，没有尊严。一个靠出卖色相为生的槟榔妹，珍爱她的男孩因病去世，从男孩的母亲到出租司机对其的心态不是厌弃忌讳就是轻薄。在基隆的破落街头，以自伤的方式获得登岛许可的渔工遇到了槟榔妹。一个用玩世不恭掩饰着自己的肝肠俱碎，一个战战兢兢花着这偷来的有限时间。基隆日与夜，虽然短暂，两个孤独压抑带伤的灵魂在相互慰藉中彼此的心灵伤口得到包扎。这是一部以平视的眼光走近下层社会、体味特殊职业人群境遇的作品，饱含人本思想。这样一个情感故事，采用文艺片方式表达，不追求戏剧性和曲折感，任何情绪都不加渲染，静静叙述，镜语理智客观。这个“卖春女”的塑造，在切入角度和心理刻画上让她免于流俗，也让故事有了新意。如果她对这个渔工没有产生情感就更合情理，最后她出现在瞭望台的镜头，多少违背了这个因痛失爱人而肝肠俱裂的女子的情感逻辑。瑕不掩瑜，该片在黄金时段播出后，获得收视率1.001%、市场份额2.889%的好成绩。在频道出品中，乔梁是少有的能把学院派和大众化、艺术性和可视性整合得较好的导演。

《妈妈在哪儿》（编剧：李铭、张馨，导演：张馨，主演：幺依田、蒋欣月）是一部女性题材的影片，讲述一位农村女性在丈夫车祸去世后，毅然为一笔养治瘫痪儿子的钱再嫁。没想到，还没过门儿，男的就因事故去世。为得到一笔钱，女人带着男人留下的女儿，踏上了为孩子找亲生母亲的漫漫长路。这是一部公路片，通过一个俗套的缘由，展示了社会面貌和人生百态，尤其是中国社会最底层人的生活状态，从而阐释“奔生活”的主题。境遇不顺的人像野草，虽然艰辛却异常坚韧、充满生命耐力。人的一生本由得失悲欢组成，影片的境界不俗，它不回避人心有恶，更描绘人的善意，尤其赞美积极的生活态度。它不搞阶层对立，也不展示善恶斗争。主人公刘桂香是一个很有新意的人物形象，创作者以客观的笔触，描写了这个女人的所作所为，一切是那么合情合理。演员深切地理解了刘桂香这个人物，演技精湛，神形具备，为中国电影艺术长廊增添了一个新的艺术形象。影片虽采用文艺片风格，但由于内容丰满、过程曲折、纹理清晰、结局颇具悬念，所以不乏观赏价值。该片在晚间黄金时段播出，收视率达 0.89%，市场份额 3.66%。

三、人物、事件改编作品

2014 年，频道出品的电影延续了 2013 年的特色，有许多改编自真人真事和文学作品。在 65 部作品中，出自改编的作品有 22 部，占总比 33.8%。略有不同的是，2013 年的改编以真人真事为主（有 19 部改编自古今真人真事，现当代人物有 7 人），文学改编为辅；2014 年的是以文学改编为主（共 13 部），人、事改编为辅（共 9 部）。人、事改编，主要集中在古代、民国，现当代人物仅有 1 部。

2014 年改编作品总体较成功，无论是人、事改编还是文学作品改编，都有令人拍案叫好之作。本节主要概述古代和近现代人物和事件改编作品，文学作品改编中的佳作《蚀》和现代人物改编作品《神眼之红毛鬼》在系列片章节有述。

习近平总书记于 2014 年 10 月 15 日在文艺工作座谈会的重要讲话中指出：“必须把创作生产优秀作品作为文艺工作的中心环节，努力创作生产更多传播当代中国价值观念、体现中华文化精神、反映中国人审美追求，思想性、艺术性、观赏性有机统一的优秀作品。”2014 年度频道出品电影中人物和事件的改编创作，是符合习总书记重要讲话精神的艺术践行，开掘了新题材，塑造了优秀的民族形象，宣扬了中华优秀文化成果，令观者不但增长历史知识，还激发民族自豪感。且以百姓喜闻乐见的形式满足了观众精神生活需求，丰富了影视市场，取得了很好的观赏效果。

众所周知，《中华人民共和国国歌》是改编自田汉、聂耳作词作曲的《义勇军进行曲》，但《义勇军进行曲》的创作因由却鲜为人知，抗日名将唐聚五的名字同样知者甚少。1932 年 4 月 21 日，唐聚五团结各路武装成立义勇军，在桓仁举行誓师大会，宣誓杀敌并创作了《义勇军歌》：“起来，起来，不愿做亡国奴的人们。山河碎，家园毁，爹娘当炮灰。留着头颅有何用，拿起刀枪向前冲，杀杀杀！”这支队伍多次与日寇交战，打击了军国主义的侵略野心，激励了全国人民的抗日斗志。田汉、聂耳《义勇军进行曲》的创作灵感和激情就来自《义勇军歌》和唐聚五的事迹。抗日影片《义勇军魂》讲述了抗日名将唐聚五散尽家财举兵抗日，成立辽宁民众自卫军融入东北抗日义勇军与敌血战的英勇事迹。影片慷慨悲壮，醒人缅怀英烈，不忘国耻。

宋朝是中国历史上经济、文化、教育与科学创新高度繁荣的时代。2014 年，有两部影片的创作选取了两位宋代中医的故事做改编。钱乙是北宋年间儿科专家。其去世后，他的学生阎季忠将他的医学理论、医案和经验方加以搜集，整理编成《小儿药证真诀》一书。此书是世界上最早一部儿科专著，《四库全书目录提要》称钱乙的书为“幼科之鼻祖，尊钱乙为儿科之圣”。古装片《医者童心》讲述的就是钱乙潜心医理、救治小儿的故事。《怪医唐慎微》讲述的也是一位宋代名医的故事。唐慎微的巨大贡献在于发展药物学和收集民间单验方，编成《经史证类备急本草》（简称《证类本草》）32 卷，收药物 1746 种。药物学著作而附有方剂的著法，从此书开始，因此，唐慎微被称为中医领域的药学始祖。这两部中医药相关题材的影片均采用传奇笔法，故事线索简单，过程曲折生动，每每遭遇绝路，然后神医降临出奇招，妙手回春。这种身怀绝技救人于危亡的“超人故事”很为观众所喜爱。《医者童心》和《怪医唐慎微》在黄金时段播出，分别获得收视率 1.21%、1.33%，市场份额 3.356%、3.57% 的佳绩。

熟悉京剧的人都知道造就了众多人才的“富连成”，梅兰芳、周信芳、侯喜瑞、马连良、裘盛戎、叶盛兰等众多中国京剧界璀璨的明星都出于此，但大多人都不熟悉牛子厚。牛子厚为山西籍东北巨商，创办了富连成的前身“喜连成科班”，为中国京剧事业做出了巨大贡献。《梨园伯乐》（编剧：郝国忱，导演：高力强，主演：李威）讲述的就是牛子厚挥金创办喜连成科班的故事。影片主要展示了牛子厚的经商智慧、对京剧的痴爱、创办科班的过程以及他大度、仗义、仁厚的为人。作品采用诸多冲突对立桥段，制造戏剧性效果，注重人物性格塑造，演员表演也很生动，有很强的观赏性。

《刺杀吉川》（编剧：海流、吴怀洁，导演：高力强，主演：张振华、高海诚）的故事原型来自日本吉川贞佐少将于1940年5月17日在河南省开封市被中共党员吴凤翔刺杀毙命事件。这个事件被改编成一部国共两党联合刺杀行动的惊险谍战片，表现国共联合抗日，是一种进步的历史观。影片多次重播，黄金时段收视率0.8661%，市场份额达3.6831%，凌晨播出，市场份额达到9.454%。这部深受市场欢迎的作品，除了进步的观念外，还有三个方面的好素质：一是故事编得精彩，主要人物血肉丰满；二是演员表演生动，很在状态；三是导演把握叙事节奏张弛有致，布局精妙，尤其是刺杀一场戏，惊险的五分钟与现实时间基本一致，各个环节扣人心弦，对观众形成极大的吸附力，实现了惊险片的最佳效果。

此外，表现清朝海上抗法战役的《镇海保卫战》（编剧：许金华、张鑫、陆云飞，导演：张鑫，主演：吕良伟、杜奕衡、阎以昌）和以第一个加入新四军的国际人士、奥地利大夫罗生特先生的故事改编的《罗生特医生》（编剧：肖莫庸、赵海，导演：徐宗政，主演：［罗马尼亚］伟华、夏雨）等都是可贵的题材挖掘，创作上也各有特色。《镇海保卫战》，小成本做出了大片的辽阔、恢宏，充满爱国主义豪情。《罗生特医生》的人物塑造鲜活生动富有个性。

四、系列片

系列片作为频道打造的最成功品牌和最受市场欢迎的影片，依然是2014年的重点工程，一共有五个系列运行。

2014年，自2007年开发的“水浒系列”又创作了4部（《丑郡马宣赞》《顾大嫂与孙新》《金钱豹子汤隆》《青眼虎李云》，北京时代电影有限公司摄制，总导演刘信义）。截至2014年底，该系列累计生产了37部。2014年度4部作品保持了一直以来人物塑造立足原著基本性格、事件的特色，在细节上进行较大加工。在主题阐述上，注重与当下社会现象关联、制作用心、类型化人物塑造、文戏细腻、武戏炫目的创作理念。多年多部作品创作，该制作公司能一直保有初态，实在难能可贵。

2013年开发了作品《神眼之金面具》的“神眼系列”原班人马，2014年又创作了《神眼之红毛鬼》（编剧：李黎明、林志刚、王煜，导演：旭泽，主演：马迎春）。该片属悬疑刑侦类型，剧作扎实，刑侦过程极尽曲折之效果，拍摄极尽20世纪60年代中国小镇之风貌，人物极尽当时代之气质，表演风格质朴本色，久远的年代感和扑朔迷离的故事，以及神奇的侦破才能，使这部带有纪实色彩的刑侦片具有较强的观赏性。

下面三个是2014新开发的系列。

“铁翼重生”系列完成一部《铁翼重生——绝境勇士》（编剧：朱可欣、刘潇，导演：李克龙，主演：［美］隋抒洋、李洋、孙晓飞）。该片讲述了国共两军保护飞虎队员安全的故事。作为一部战争片，该片在构思选材和制作上并无新意，故事编织、绝境设置和矛盾冲突也很牵强，但军事战争片一直是影视市场赢家，该片把握住了战争片必要的氛围场面、节奏和一些小桥段，故播出后结果甚佳。收视率高达1.42%，市场份额4.72%。

由茅盾文学《蚀》三部曲——《幻灭》《动摇》《追求》改编的五部系列片“蚀”（各部副标题分别为《春风桃李》《章台秋柳》《怀朴抱素》《江枫渔火》《霜天晓角》，最后一部算作2015年出品。总编剧：吴滨，总导演：郑大圣，导演：潘宇，主演：纪宁、啜妮、顾易浩、张立昕）是一套文学气质很足的作品，讲述了发生在20世纪20年代大上海，有关两男两女四个年轻人的故事。影片浓郁的时代气息和书卷气，黄昏、黑夜、若临的黎明的心理时空，构成了五部作品散淡、清雅、苦痛、压抑、挣扎但又不乏晨曦的气质。每个人物命运的起伏都无法逃脱所处时代的束缚，他们之间的关系错综复杂，人生追求各个不同，遭遇各异，呈现出那一代年轻人在时代的裹挟下，主动被动地追求、挣扎、变化。电影和原著相比，改动非常大，书中的人事非常淡薄，只有依稀的姓名和若有若无的星点细节，除保留了茅盾作品特有的“革命加恋爱”的特征，故事情节和人物命运基本是新创。影片主创抓住了名著思想价值的时空穿透性和时代通用性，改编出了一个令今人共鸣的故事。名著之所以是名著，在于它不只属于它的写作年代，也不只属于它所描写的那个年代，任何时候阅读，我们都能联系到自己和当下。《蚀》这部系列剧具体地说是每一届大学毕业生从校园步入成人社会的经验，年轻人的努力、寻路、追求、生存、进步，小日子或大胸怀，走向光明或黑暗，飞黄腾达或穷愁潦倒，无论是在茅盾的时代，还是在当下，没有改变。可以说，《蚀》这部系列剧是一部最忠实于原著的改编，加上精良的制作和娴熟别致的艺术技巧，堪称2014年频道佳作。此外，需要特别一提的是，影片起用了一批新人，新鲜的面孔和到位的表演，让影片有一种簇新的成色。大胆使用各种新人尤其是青年演员，是频道出品以来的优良传统，对中国影视人才建设意义重大。《蚀》让许多新人一试身手，是这一优良传统的良好继续。

七部集古装系列片《毛驴县令》（总编剧：崔凯，编剧：潘长江、徐小燕、董凌山、谢林明、崔继丹，总导演：潘长江，导演：曹华，主演：潘长江、恬妞）是一套制作精良的原创作品。该系列的投产源于电影创作部想打造喜剧贺岁片的诉求，刚好潘长江有个类似戏曲小品式的《毛驴县令》想做成电影，核心内容是亲民清廉的县官骑着毛驴替百姓办事。两边一拍即合。潘长江从小评剧作科，专攻小花脸，表演风格外化、直接、夸张，极易调动观众情绪。他以往作品在频道播出，有很好的市场效果。崔凯与潘长江合作多年，很有默契。于是由崔凯主笔，为潘长江量身打造了一位县令形象。为贴近现下社会的审美情趣和年轻观众的喜好，影片除了打造属于潘长江表演风格的喜剧外，还加上了动作元素，最后形成了一部嬉笑怒骂，针砭现实的古装动作喜闹剧。潘长江和恬妞，文喜加武喜，出色地撑起该片的类型基调，其他演员张庭、巩汉林、潘阳、李明等也添姿加彩，表现不俗。七部的篇幅，为的是刚好在一周内连续播出。该片人物虽穿着古装，讲的却是当下的故事，反腐打恶、劫富济贫、为民做主，塑造了一个非常理想化的县官和他带领的执政团队。片中轻松幽默的喜剧风格，眼花缭乱的精彩打斗以及针对当下时弊的嬉笑怒骂，很好地实现了艺术作品对观众娱乐宣泄诉求的满足。影片在2014年频道暑期黄金档播出，获得了良好的社会反响和收视效果。此后多次重播，观众兴趣不减，是2014年频道出品重播率最高、最为观众喜爱、反响最热烈的系列片。

五、民国类型片

在2014年频道出品的影片中，一批民国类型片也特别值得一提。其中《诡计1940》《生死船票》《津门三少爷》无论是制作还是艺术构思以及类型包装，都有上佳表现。《诡计1940》讲述的是一位南京大屠杀的失亲者，为报家仇，精心做局，终于报仇雪恨的故事。《生死船票》的故事发生在国民党溃逃台湾之时。围绕三张船票，黑社会、警察局、当铺老板以及年轻的女地下党都裹入其中，上演了一出生杀予夺的乱剧，最后生者见到了新中国的曙光。《津门三少爷》是一出悲壮的喜闹剧。富家公子心仪的女旦赛西施的弟弟被日本人杀害，公子一怒为红颜，吹出大话要在十天内杀掉日本宪兵司令川口。在天津各界人士撺掇帮助下，公子带着两个也是富家公子的朋友，硬着头皮开始血气壮举，最终完成承诺。三部作品有着共同的特质，制作精良，剧作扎实，故事曲折生动，叙事流畅，脉络清晰，人物生动鲜活，演员表演精彩。与一般民国传奇相比，三部作品既娴熟地把握了类型片的套路，又在人物性格和情节布局上做出了新意。很为观众喜闻乐见，多次重播，收视不衰。《诡计1940》黄金时段收视率1.39%，市场份额4.55%；《生死船票》在清晨时段播出，收视份额达6.95%；《津门三少爷》黄金时段收视率0.91%，市场份额2.69%，凌晨四点时段播出，市场份额高达11.24%。

六、抗战题材电影

部分抗战题材作品因话题原因在前已被陈述，但2014年的抗战电影很有必要作为一个专题集中提及。为庆祝反法西斯战争胜利70周年，频道在2014年特别出品了《义勇军魂》《血色挂云山》《安丘儿女》《西地突围》《罗生特医生》《铁翼重生——绝境勇士》《谍莲花》《刺杀吉川》《诡计1940》等十部抗战电影。这些抗战题材电影其类型丰富，有军事战争、谍战、喜剧、复仇；题材多元，有正规军抗日，游击队抗日、特工抗日、土匪抗日，还有普通民众抗日；题旨宽宏，既宣扬共产党浴血奋战，也表现国民党奋勇杀敌，有军人血战，也有百姓反抗。2014年的抗战题材的最大主题是“全民抗战，一致对外”，尤其着重表现国共联合抗战，十部作品中，有一半（《安丘儿女》《西地突围》《铁翼重生——绝境勇士》《谍莲花》《刺杀吉川》）讲述的是国共两党肝胆相照、同仇敌忾、共克强敌的故事，表现了重要历史时期我中华优秀儿女的义理智勇坚，主题鲜明，艺术形象感人至深。这是进步、客观的历史观在艺术作品中的良好体现。这批作品与历年抗战经典片一道展播，描绘一幅全民抗日的影像画卷。

结语

2014年的频道出品电影，数量不多，也存在诸多不尽如人意之作，但闪现新意亮点的作品也不少。配合国家重大政治文化活动的主流作品，满足观众娱乐需求的类型电影，追求艺术品位的艺术作品中都有数量可观的优秀之作。更令人欣喜的是，无论哪一种类，都在观赏性上有所收获，这是对电影作品实现艺术性、思想性、观赏性的有机统一的一次富有成效的实践。

人才问题依然是频道出品电影未来发展的重点。中国电影大环境创作繁荣，也造成了“频道出品”在吸纳新人和留住人才方面的困难。从2014年频道出品创作队伍看，虽然有零星的富有才华的新人加入，但从前的中坚力量已明显流失，如导演队伍，除了高力强、郑大圣、乔梁、方军亮、张馨、刘信义、安澜等还在坚守外，许多仅偶尔现身或踪影不在。现在频道出品已经进入为频道播出和院线放映制造产品的双轮驱动时代，建立吸引并留住人才的科学机制，应该是频道创作的当务之急，它是未来做强做大、稳健发展的重要基础。

赵小青　中国艺术研究院电影电视艺术研究所研究员

2014 年中国动画电影观察

◎张啸涛

2014 年，在全球电影市场增长放缓的背景下，中国电影却在以令世界震惊的速度快速增长。作为中国电影产业的重要组成部分，国产动画电影也在稳步发展。2015 年 4 月 27 日，“第十一届中国国际动漫节‘中国动画电影产业高峰论坛’”举办，国家新闻出版广电总局电影局副局长毛羽指出，2014 年我国国内动画电影制作企业和机构共制作完成并取得公映许可证的影片达到 43 部，其中有 32 部成功进入城市影院市场，累计票房超过 11 亿元，国产动画电影放映总场次为 487 万场，比上年增长 45.4%，观影人次达 8687.9 万人次，同比增长 43.8%，票房同比增幅则为 67%，这些指标均高于全国电影产业的同期值。毛羽同时表示，大型专业影视公司、动漫公司和互联网公司是国内动画电影产业的主体，它们非常活跃，推动着国产动画电影的产量和质量不断攀升，制作方的目标也正从高票房产品向包括国际合作、版权开发授权、衍生产品、主题公园等后产品延伸。

近几年，国产动画电影进步与变化显著。《喜羊羊与灰太狼》《赛尔号》《熊出没》《洛克王国》等面向儿童的动画电影系列已小有所成，基本形成每年一部的生产节奏，票房也相对稳定。2014 年国产动画电影有了进一步的发展，面向青少年受众群体的动画电影《龙之谷：破晓奇兵》《秦时明月之龙腾万里》等开创了新局面，赢得了票房和口碑。

“创新”成为国产动画电影创作的基础

首先，在故事结构设计上更为创新。2014 年的动画电影大多都走出经典改编、历史传奇的套路，以原创为特征，设定较为完整而严密。例如，《龙之谷：破晓奇兵》改编自盛大游戏的《龙之谷》原创故事，制作精良、叙事流畅；《秦时明月之龙腾万里》里中国古典文化的合理融入使其有着鲜明的中国特色底蕴。其次，角色形象有创新。一部动画电影，有个性的角色形象是赢得观众缘的关键。例如，《喜羊羊》里的群羊和红太狼，《熊出没》里的熊大、熊二，《秦时明月之龙腾万里》里的天明、项少羽、石兰、盖聂、卫庄等，《麦兜》系列中的麦兜，《魁拔》中的蛮吉、远浪船长、幽弥狂、海问香、大仓……尤其是《秦时明月之龙腾万里》，它画面精致唯美大气，画风细腻，人物造型唯美，因为有动画 TV 版为基础，电影版里无论正派反派都拥有一批忠诚“粉丝”，“粉丝们”甚至为谁的戏份多少吵得不可开交。再次，受众领域有创新。故事和影片的观众定位关系十分密切，改变低龄的受众定位、发展全民动画是未来的动漫产业发展的新思路。突破青少年市场这道终极防线，动画电影之路可能才算真正打开。众所周知，青少年受众群体对动漫有消费能力，但他们却是在美漫、日漫的熏陶下长大的，很多人对国漫持不认可态度。如果要与以往以“低幼”为受众的动画电影创作目的划分水岭，2014 年是个节点。这一年，不再是《喜羊羊》和《熊出没》统战江湖，而是涌现出一批拍给青少年甚至是全年龄段观众看的电影。例如，《魁拔》系列、《龙之谷：破晓奇兵》《秦时明月之龙腾万里》《麦兜·我和我妈妈》等。《喜羊羊》2010 年把中国动画电影带入了 1 亿元时代，《熊出没》在 2014 年带入 2 亿元时代，青少年这一块如果谁能先做到 1 亿元，才说明中国有了全民动画。复次，在影片的配音和音乐上也有创新。动漫与真人电影不一样，动漫是高科技做出来的，人物和角色本身是没有感情的，所以对后期要求很高，配音和音乐显得特别重要。通观 2014 年的动画电影，配音阵容都非常豪华。《龙之谷：破晓奇兵》由著名演员胡歌、景甜、夏梓桐、徐娇等参与配音；而《秦时明月之龙腾万里》除了动画电视版原班人马再度献声外，知名演员张嘉译首次加盟为反派献声。而女一号则由曾为电视剧《甄嬛传》“甄嬛”配音的“配音女王”季冠霖担纲，同时，国内知名音乐人胡彦斌、日本动画音乐顶级人物和田薰，以及《舌尖上的中国》配乐阿鲲等也加盟为电影主题曲、插曲助阵。最后，关注社会热点，在影片题材上创新。近年来动画公司在选材、创作上的思路更加体现出与市场接轨的良性态势。这一点在2014年尤为明显。有3部国产动画电影（《熊出没之夺宝熊兵》《新大头儿子和小头爸爸》《潜艇总动员4》）都瞄准了同一个社会热点——亲情的回归，将其作为编剧主线。动画影片本来就具有"合家欢"属性，表现亲情本是常态题材，但在国产动画多年来偏重童话叙事的背景之下看，这个面向现实主义的路线改变，还是值得特别关注的。2013年起，从《爸爸去哪儿》到《爸爸回来了》等亲子类真人秀的热播，反映出了富裕起来的中国家庭开始反思幸福的本质和家庭的本质。2014年度第一个借鉴此热点的国产动画就是大赢家《熊出没》系列的《夺宝熊兵》。影片中一个新的角色嘟嘟的加入，使其与同名电视剧集拉开了距离。一向以反派形象示人的光头强也化身温柔奶爸，为嘟嘟做饭、逗乐，几乎成为一部动画版《爸爸去哪儿》。观众表示，相比《熊出没》的电视剧集，电影版则显得更加"纯净"，电视版中的不雅用语、暴力镜头等饱受诟病的环节，在电影中都做了相应的"温和化"处理。2014年央视动画大银幕首秀《新大头儿子和小头爸爸》更是理所当然地在父子亲情的道路上继续前进。事实上，无论是1995年的《大头儿子和小头爸爸》，还是2014年的电影版《新大头儿子和小头爸爸》，无不是就围绕着大头儿子、小头爸爸和围裙妈妈的日常生活展开，这部动画系列片受欢迎的根本原因，就是观众在剧中看到了"自己"。无论是大观众——家长，还是小观众——孩子，都对这个再平凡不过的家庭感到亲切；这部剧让他们或欢笑或流泪的投入，都是因为剧中体现出的最普通却也最珍贵的亲情。长大成人的观众迄今对老版中小头爸爸牵着大头儿子的手溜冰、与儿子共同住在纸箱改造的房子里等情节念念不忘；新一代的小观众则为睡前的五个吻、机器人爸爸等剧集深深吸引，感动落泪。这也是多年来这一电视动画系列片受到好评的原因。电影版《新大头儿子和小头爸爸》在创作之初也曾就走童话路线还是现实路线左右摇摆，最终选择继续现实主义。尽管最终票房成绩不甚理想，但不失为近年来国产动画电影现实主义题材的一次试水。

国产动画电影票房持续提升

2014年，我国国产动画电影票房持续走高。2014年票房超过5000万元以上的国产动画电影达7部，上映档期多集中在暑假。相比2013年5部的产量和2010—2012年每年只有一部超过5000万元票房收入的情形，2014年国产动画电影票房可谓表现不俗。（见下图）

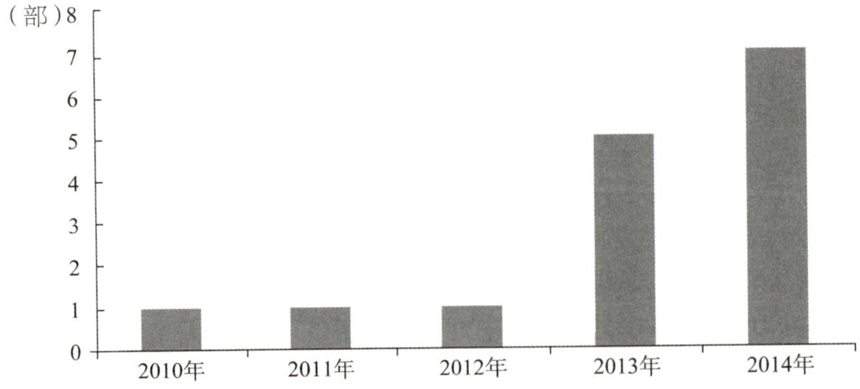

2010—2014年票房超过5000万的国产动画电影部数

2014年初，《熊出没》大电影拿下2.47亿元票房①，拉开全年国产动漫电影票房井喷的大幕。其他影片虽然在票房上无法与之匹敌，但整体水平远远好过往年同期，纷纷创下历史最佳成绩。从资本参与来看，2014年国产动画电影开始吸引电影公司的资金注入；从制片方来看，央视动画公司首度试水大

① 参见《盘点2014动画电影〈熊出没〉入围"奥斯卡"》，"人民网三亚频道"2014年12月30日电。

银幕，携《新大头儿子和小头爸爸》走入电影院；从市场口碑来看，许多观众在看完诸如《龙之谷：破晓奇兵》等影片后惊叹国产动画艺术水准的提高；从观众参与度来看，《秦时明月之龙腾万里》等影片在青少年观众群中引起热议。上述现象均意味着国产动画电影迎来了发展迅猛的新时代。

就票房成绩而言，2014年确乎是国产动画电影飞速进步的里程碑。10前的2004年，仅有4部国产动画电影登上大银幕，票房更是无法与进口动画电影相提并论。经过10年的积累与发展，国产动画电影票房终于突破10亿元大关，确乎振奋人心。尤其是2013年至2014年这一年来的票房涨幅更是令人看到了国产动画电影市场的光辉前景。2012年，全国生产放映动画电影33部，票房4.7亿元；2013年，尽管放映片数降至26部，但是票房却上升到逾6.6亿元，放映场次达到265.8万场，同比增长53%，观众6.1亿人次，同比增长38.4%。而2014年仅第一季度票房就超过了2011年全年的动画电影票房，仅暑期档上映的8部国产动画电影就拿到了3.8亿元票房，同比增长80%①。

2014年的国产动画电影中，《熊出没之夺宝奇兵》拔得头筹，收获高达2.47亿元的票房，刷新了之前《喜羊羊》系列大电影创下的国产动画电影票房纪录。该片是《熊出没》电视动画系列片第一部贺岁电影，由深圳华强、优扬传媒、乐视影业、卡通先生、珠江影业、航美传媒等联合出品，也是国内首部真3D动画大电影。影片沿袭了电视动画系列片的特征，并就一直以来外界诟病的种种负面元素做出积极调整，无论从制作效果抑或剧情均具备了一部“全家欢”电影的要素，取得如此票房佳绩绝非偶然。另一部值得注意的影片是年末上映的《十万个冷笑话》。《十万个冷笑话》的电影版在2014年最后一天登陆国内院线，成为首部“跨年”国产动画电影。作为一部跨年影片，其票房成绩未列入，但其票房战绩非常惊人，开画一天半后便实现盈利。截至2015年1月10日，《十万个冷笑话》电影版的票房突破1亿元，达1.03亿元，成为继《喜羊羊与灰太狼》和《熊出没》之后，第三部过亿元的国产动画影片。（见表1）

表1　2014年国产动画片票房前十排名

（单位：万元）

排名	片名	票房
1	《熊出没之夺宝熊兵》	24642
2	《喜羊羊与灰太狼之飞马奇遇记》	8487
3	《赛尔号大电影4：圣魔之战》	6243
4	《神秘世界历险记2》	6246
5	《秦时明月之龙腾万里》	6017
6	《神笔马良》	5873
7	《龙之谷：破晓奇兵》	5727
8	《潜艇总动员4》	5827
9	《洛克王国3》	4779
10	《猪猪侠2》	4505

与进口动画电影相比，国产动画影片的公映数量已明显超越；在票房总量上却仍然存在差距。2014年全年共上映进口动画电影19部，票房19亿元；对比34部国产动画累计的11亿元票房，平均票房数仅为进口动画的1/3。不过也应当看到，在全年度票房排名前10的动画电影中，国产动画影片已经占据4部，收获了相当不错的票房和口碑。②（见表2）

① 数据来源：中国电影发行放映协会编，《2014中国电影市场报告》中国电影出版社2015年版。（原书有疏漏，未排入《赛尔号大电影》）

② 以上数据引自《2014年国产动画电影大盘点》，《杭州日报》2014年12月11日。

表 2　2014 年国内上映动画片票房前十排名

（单位：万元）

排名	片名	票房
1	《驯龙高手 2》	39746
2	《神偷奶爸 2》	32424
3	《冰雪奇缘》	29842
4	《熊出没之夺宝熊兵》	24642
5	《里约大冒险 2》	24378
6	《天才眼镜狗》	12097
7	《喜羊羊与灰太狼之飞马奇遇记》	8487
8	《赛尔号大电影 4：圣魔之战》	6243
9	《神秘世界历险记 2》	6246
10	《秦时明月大电影之龙腾万里》	6017

主管部门政策引导，动画电影产业成为行业关注热点

随着国家的各种政策引导和鼓励动画电影，全年参与动画电影投资制作及出品发行的国内企业和机构近百家，投资方呈现出更为多样的态势。特别值得关注的是，民营电影企业开始着力投资动画领域。其中动作最大的当数光线传媒。这家于 2012 年凭借《泰囧》一举成名的民营电影公司从 2013 年下半年开始进入动画电影领域，成为国内第一家专门成立动画部的民营影视公司。不仅如此，2014 年 6 月 16 日，光线传媒发布公告称，拟以自有资金 2.084 亿元收购广州蓝弧文化传播有限公司部分股权并增资，项目完成后将持有蓝弧文化 50.8% 的股权。成立于 2007 年的蓝弧文化自身已经是成熟的动画制作公司，拥有包括“Q 版果冻”“猪猪侠”在内的多个成熟影视动画角色，累计产量超过 35000 分钟。这种发展轨迹，与好莱坞影视产业业态接近。电影公司对动画制作的介入，将会对动画影片的质量提升起到积极的促进作用，使得动画电影主题、视听语言等多个方面接近实拍电影，趋于成熟。

2014 年，不仅可以看到国产动画公司吸引到投资，还可以看到其作为投资方出现在海外市场。制作出品了《巴啦啦小魔仙》的“奥飞动漫”宣布与好莱坞的“新摄政娱乐公司”达成长期战略合作关系，同时对该公司制作的 3 部好莱坞大片，进行总额不超过 6000 万美元的投资。中国动画电影也在努力拓展海外发行市场，《熊出没》自电视动画系列片起，就将目光投向海外市场。项目策划从一开始就已经瞄准了国外市场，公司拥有一支十几人的团队，其中来自澳大利亚、英国、美国的专业配音演员，专门来做配音。他们不单单是配音，还需要把中文的台词，根据国外的生活习惯、观影习惯、思考方式做一些调整，使动画片语言更符合外国人的表达方式。所以这个动画片一开始就是中英双语制作、走国际化路线，而且它不仅能做到配音的原汁原味，台词设计也接近欧美表达习惯，所以比较容易进入海外的播出渠道。该公司致力于参加海外专业展会，推广品牌形象。目前，《熊出没》电视动画剧集已出口至全球 50 多个国家和地区，包括进入迪士尼儿童频道，在俄罗斯的 Karusel、伊朗的 IRIB 等多个国家和地区的电视台播出。由于有这样的海外市场基础，《熊出没之夺宝熊兵》的海外发行之路更加畅通无阻。此外，部分国产动画片开始引进国外人才充实创作队伍，也因此铺垫了海外版权的销售渠道。《龙之谷》即是一例，虽然国内票房只有 5000 多万元，但在国外卖了 30 多个国家或地区的版权。

综观 2014 年国产动画电影，续集电影占据七成以上，仍然是制片的主流。相较于真人实拍电影，动画电影的周期长，投资风险大，已有角色和品牌显然更受欢迎。而且动画电影不能像实拍片那样邀请明星加盟出演，只能在配音上做文章，真正银幕上出现的还是动画角色，陌生角色的吸引力自然不如熟悉的角色更大。因此，对于动画影片制作来说，品牌效应、角色的明星效应要比实拍电影更为重要。目前，国产动画品牌的影响力已初步形成。从《喜羊羊》到《熊出没》，已经描画出“电视系列片—明星

角色—剧场版”的清晰品牌形成路线，也是目前最适合民营动画企业的发展路线。成熟的品牌意味着市场培育已经较为完善，省去了许多前期造势的必要。而且成熟的动画品牌中，角色设定、角色关系、冲突类型等都已是“熟饭”，稍加佐料，即可奉上一道不会太差的佳肴。续集电影也是好莱坞动画影片常用的制片手法，投资风险小，回报有望。可以预见，未来很长一段时间内，国产动画影坛依然是续集电影占据主流的趋势，品牌优势将在市场竞争中占据越来越重要的地位。

动画创作除了要带来票房号召力外，更要形成有影响力的IP，大力发展周边衍生品。《冰雪奇缘》在全球有10亿美元的票房，但是周边却带来100亿美元价值。《秦时明月之龙腾万里》虽然终极票房只有近6000万元，但电影上映前后两个月，在新媒体、游戏领域以及衍生品等方面的收益是接近2亿元。2014年，一部标志性的国产动画影片《十万个冷笑话》成为年末贺岁档异军突起的一匹黑马。之前，新媒体对动画产业也有一定影响，但均为几部短片或系列片带来的小范围好评，未能形成对整个产业的冲击。此次《十万个冷笑话》电影版则形成了较大范围和力度的影响，势必成为国产动画电影发展历程中的一个样本事件。该片在登上大银幕之前，该片的漫画原作、网络短剧已经在社交网络平台爆红，杂糅了网络文化特有的反讽、反英雄、后现代叙事特征，用“恶搞”“吐槽”的风格颠覆经典角色。《十万个冷笑话》电影版延续了漫画和网络剧的特征，是一部典型的脱胎于互联网、有明显“二次元”特点、面向全年龄段的动画电影作品。同时，该片充分利用社交网络作为宣传平台，还尝试了植入广告等盈利模式，成为低成本换高收益的成功范例。从网剧到电影，《十万个冷笑话》的上映标志着网络文化向大银幕的进军已经开始。①

国产动画电影在暑期档的表现

“电影暑期档”是根据大、中、小学放暑假的日期而自然形成的具备针对性的电影档期，一般是指每年的7、8月。所以，“暑期档”是青少年观看动画电影的重要档期。2014年暑期档，有11部动画电影上映，其中8部为国产片，分别是《洛克王国3圣龙的守护》《赛尔号大电影4：圣魔之战》《开心超人2启源星之战》《神笔马良》《龙之谷：破晓奇兵》《秦时明月之龙腾万里》《神秘世界历险记2》《白雪公主之矮人力量》。国产动画电影占72.7%，2013年共上映11部动画电影，其中9部为国产，占81.8%。动画电影总量及国产动画电影数量皆保持较稳定的状态。

如果说2013年暑期档中《昆塔·盒子总动员》的技术进步只是个案的话，2014年暑期档已经把中国CG动画电影的整体技术水平提升到一个新的台阶上。可以预计，此后国产动画电影的技术门槛将有明显提升，在技术上不能达到新的及格线的动画电影，将很难获得市场认可。这无论是对于国产动画电影本身还是对于观众，显然都是一件好事。因此，《白雪公主之矮人力量》的出现有些尴尬，该片的技术水平显示出明显的差距。

受众更趋多样化是2014年暑期档国产动画电影的又一个显著特征。除了《赛尔号大电影4：圣魔之战》《开心超人2》《洛克王国3》《神秘世界历险记2》是主打儿童市场的续作之外，《龙之谷：破晓奇兵》《秦时明月之龙腾万里》是面对青年的“粉丝”动画电影，《神笔马良》则面向全年龄段。其实，几个老品牌的续作也可算是“粉丝”电影，只不过它们的“粉丝”是儿童，票房驱动力基本还是“小手拉大手”，几年的市场积淀基本确定了它们的票房在4000万—7000万元。今年暑期档国产动画票房真正的增量部分在《龙之谷：破晓奇兵》和《秦时明月之龙腾万里》，它们成功带动了中学生以上群体甚至是一批青年白领进入影院观看国产动画。当然，“粉丝”电影在给市场带来活力的同时也带来一些值得思考的问题，比如如何调动“粉丝”走进影院。以《秦时明月之龙腾万里》为例，票房约6000万元，以平均一张电影票40元计算，观影人次约150万，这个数字与片方此前宣传的数千万“粉丝”数量还是有较大差距。

从角色创作分析，2014年暑期档国产动画电影中的小人物、小角色很出彩，比如《洛克王国3》中

---

① 参考李晓珊《2014年中国动画电影产业发展报告》，《动漫蓝皮书：中国动漫产业发展报告（2015）》，社会科学文献出版社2015年9月版。

的海盗船长，虽然是个次要角色，却有着丰富的情感寄托，成为片中最感动人心的存在；再如《神秘世界历险记2》中的“大脸怪”，没有一句台词，却以萌萌的样子获得无数小朋友的点赞，成为被议论最多的角色；《秦时明月之龙腾万里》中也有一个“打酱油”的军官，论功夫自然没法跟主角们媲美，但临危时刻的见义勇为给人留下了深刻印象。相比这些出彩的小人物，影片着力刻画的主人公们却仍难称得上成功，从他们身上感受不到多少生活气息。《秦时明月之龙腾万里》《龙之谷：破晓奇兵》这些青年向“粉丝”电影过于强调人物的酷与帅，以至于让原本应该立体的角色扁平化；《洛克王国3》《开心超人2》这些儿童向动画电影最终落脚的价值观太过寻常，而实际生活中可以挖掘的意义有很多。

在最初获知暑期档有10多部动画电影上映的时候，很多市场人士悲观地认为，本来就不太大的国产动画电影市场将更加分流。现在看来，不仅没有被分流，反而显示出强劲的合力效应，国产动画电影票房总量近翻番，这表明国内的动画市场容量仍有很大的拓展空间。综观今年暑期档的8部国产动画电影，可以发现，中国动画电影市场已进入品牌决胜期，有作品品牌、导演品牌、公司品牌的作品在市场中更具竞争力。《赛尔号大电影4：圣魔之战》和《洛克王国3》的品牌基础相对最强，不仅有持续火热的社区游戏，还有电视动画和动画电影前作；《神秘世界历险记2》和《开心超人2》都有前作铺垫，后者的电视动画影响力也不容小觑；《龙之谷：破晓奇兵》从韩国游戏改编而来，《秦时明月之龙腾万里》拥有千万电视动画“粉丝”；《神笔马良》和《白雪公主之矮人力量》虽是新创作品，但取材于经典题材。

结语

总体来看，2014年的国产动画电影创作及产业发展迅速，但是也呈现出一些亟待解决的问题。首先，影片主题与类型单一、趋同的问题。探险、冒险题材仍是创作的主流，尤其是各种续集电影，只是简单地将电视系列片或之前影片的冲突加以重复使用，创新不足。情节的处理或有翻新和亮点，但欠缺深层次设计，叙事结构简单。主题的挖掘也只局限在“勇敢”“团结”等陈词滥调之中，挖掘不深，格局不大。其次，尽管2014年“二次元”对国产动画市场已经开始产生作用，但从整体看来，动画产业的全媒体发展路径仍然不甚清晰，包括如何在成功的动画作品基础上进一步开发与设计新媒体产品、动画作品的艺术风格如何带入新媒体产品的开发与设计中，都还没有国产动画电影在此方面做出尝试。再次，国产动画电影衍生产品的开发，已经是呼吁多年未见改善的环节。一部成功动画电影的衍生产品带来的收益能够媲美票房收入，且赢利战线更长。只有《秦时明月之龙腾万里》做出了一些有意的尝试。最后，动画电影制作企业规模偏小，关键人才缺失，观影人群定位过于狭窄，制作不够精良，艺术感染力不够，知识产权（IP）开发单一，故事制作偏弱等，仍是国产动画电影的痛点。2014年，就场次而言，国产动画电影和进口动画电影之比是62%比38%，而票房之比正好倒了个，国产动画电影仍然有很大的提升空间。

张啸涛　中国艺术研究院《中国艺术年鉴》编辑部副研究员

电影与政策

内化于心　外化于形：数字技术支持下的中国电影审美

◎裴旖旎

数字技术随着科技时代的到来，正以势如破竹之势侵入每一个领域，与现代人亲密接触，并已在诸多领域引起一系列的变革。电影是科学技术和艺术的综合体，自诞生以来就源源不断地吸收最新的科技成果，提高和充实着自身的创造力和表现力。因而，来势汹汹的数字技术对电影领域的影响也是迅速且全方位的。在创作题材、制作手法、审美接受、传播方式等诸多方面，数字技术都为电影带来巨大变化，也为其发展提供了多方面的可能。首先，被引入电影艺术中的数字技术为创作提供了更大的挥洒空间，使更多、更新、更奇妙的创意得以畅快表达，更独特的表述方式得以开创；同时，数字技术在电影中的运用也为观影接受提供了更大的选择范围，更精彩更震撼的影片可供挑选，更舒适更立体的观影方式可供享受。

中国电影业也无法抗拒这股新兴力量的强势介入：在总是充当"前锋"的拍摄实践中，数字技术对电影的创作生产已然点滴渗透；在后期至关重要的传播方式中，数字技术对电影的发行放映也有所改变。同时，国家电影主管部门越来越重视数字技术对我国电影领域的影响，做出明确决策："实现从模拟技术向数字技术的转变，从传统产业、传统媒体向新型产业、新型媒体的转换。"在数字技术的大潮中，中国电影的起步虽晚，技术实力与国外相比也相对落后，但近年来在发展势头上呈现出明显上升的趋势。中国电影正在步入数字化、信息化、网络化的新时期，逐步与世界数字电影的发展实现接轨。但是由于政策国情、市场机制以及民族审美性的差异，数字技术在中国电影中的应用及其效果呈现出独特的表征，数字技术对中国观影接受也产生了深刻影响，因而，对数字技术的尝试和得失成为当前电影艺术探索的热点。面对来势汹汹的数字技术，创作符合国情民风的电影艺术正是当务之急。因此，以数字技术对中国电影创作影响的具体表现为出发点，探究契合中国本土观影习惯而应具备的当代电影思维，对于电影创作的实践和观影对象的分析都具备现实意义。

数字技术在中国电影创作中的应用

20 世纪 90 年代中期，已在欧美电影中形成热潮的数字技术方始登陆中国本土电影，并从电影的声音制作方面开始试水，代表作即 1997 年谢晋的《鸦片战争》，该片第一次采用了杜比数据立体声。随后，数字技术被逐步引用到电影的拍摄和后期制作过程中，譬如周晓文导演的历史片《秦颂》，为了渲染战争中血染长河的惨烈场景，在后期制作时用电脑对背景进行染色加工；举行登基大典时阿房宫的背景也经过了数字技术后期合成，彰显出帝王气魄。张建亚导演则可称为孜孜不倦探索数字技术在电影中运用的中国电影界第一人。1995 年，他尝试运用数字特技和真人实拍合作创作《大闹天宫》，却因资金原因搁浅。但他并未放弃，4 年之后成功执导了惊险片《紧急迫降》，其中有 37 个镜头采用了数字合成的方式完成，长达 9 分 45 秒，是国产电影中数字技术大量运用的首次尝试。随后，数字技术在国产影片中得到越来越广泛的应用，各类型电影对数字技术都表示出浓厚的兴趣，并作出了不同程度的尝试。对于国产电影来说，由于资金、技术、市场机制和创作人才的限制，数字技术的运用还在试验和摸索阶段，因此不成熟的尝试在所难免。但成功也好，失败也罢，都是国产电影对数字影像技术的积极回应。可以想到，当这股方兴未艾的新技术浪潮波及国内电影人时，他们无一不感到前所未有的考验和压力，而这种压力即为动力的源泉，是电影艺术发展到新阶段的一个契机。

一、炫目的武侠大片

自《卧虎藏龙》运用数字特技将中国功夫的神秘感和浪漫诗意提升到一个更高的层次上后，中国迎来了武侠片的新一轮热潮。紧随其后的《英雄》《天地英雄》《十面埋伏》《无极》《夜宴》，乃至极尽奢华之能事的《满城尽带黄金甲》，都不落人后，一部赛着一部将数字技术应用到极致。同时值得特别提出的是，香港本地及合拍片中也涌现出一批结合数字技术的武侠大片，譬如《蜀山传》《千机变2——花都大战》《少林足球》《功夫》《神话》《情颠大圣》《西游降魔篇》等，票房火爆的同时也展示了当代武侠片崭新的视觉形式与风格，传统武侠片的创作思维、审美观念都被改写或更新。

（一）动作场面的舞蹈化

这些武侠大片虽然也将动作场面列为重要的卖点，但创作观念和使用手段却较之从前大不相同了。数字技术被普遍运用于动作场面中，使从前在传统武侠片中以人力无法展现的奇功绝招得以面世，不再被湮没于小说文本中只能任读者凭空想象。并且，数字技术对电影画面处理和修饰的可能性，不但使“飞檐走壁”“凌波微步”“旱地拔葱”等传统武侠场景更具真实感，同时使动作场面的画面美感也有所提升。创作者不再拘泥于硬桥硬马的真功夫格斗，而将刀剑往来处理得愈加洒脱优美，以此表现洒脱的侠士精神和深邃的中国功夫。譬如《英雄》中美轮美奂的“胡杨林大战”，厮杀的场面不但尝不出血腥的味道，反而仿佛欣赏了一场绚丽的视觉盛典。漫天黄色的胡杨树叶飘飘洒洒、落英缤纷，两位红衣女侠穿梭其中，使的虽是寒光闪闪的刀剑兵器，姿态却是飘逸柔美，达到“虚幻、流动、神似与形似相统一的动人境界”。① 《十面埋伏》和《无极》则把动作场景的美化推向了极致：无论是翠绿竹林中呼啸而过的飞刀还是牡丹坊中听石击鼓的舞蹈与格斗，还有被放飞在空中、身披羽衣光彩照人的王妃，都将舞蹈的造型、形体和韵律之美加入了传统的武打招式中，使动作不再局限于快、准、狠的对抗性模式，这些“建立在传统特技技术上的武打场面，在数字技术的支撑下完全演绎成为一种武舞奇观”。② 且不论这些场景是否符合客观规律，也不计较与剧情是否疏离，单从画面欣赏的角度来说，的确美不胜收。数字技术创造视听奇观的功能在这类新武侠电影中得到显著凸现。

（二）画面场景的游戏化

除了动作场面的优美化和舞蹈化外，新武侠电影利用数字特效制作的画面场景还显示出电脑游戏式的特征。譬如《风云》《华英雄》中两强对决时如同光束般的过招，这已完全不能用小说中描述的“一阳指”来形容了，似乎更倾向于电子游戏中赋予玩家的特异功能。而号称大场面的湖上截杀、元神出窍的高手对决、主角们的轻功、身法，都出奇斗巧、别开生面。此外，特意增加的诸如命盘、怪兽等专门展示特技的场面和段落，俨然一局杀戮过关的网络游戏。譬如《夜宴》中不知从哪里冒出来的一拨又一拨黑衣“蜘蛛人”挥舞着飞来飞去的弯刀，《功夫》中如同脚踏风火轮般的追逐场面，很难想象它们不是从电脑游戏中借鉴而来。诸如此类的影片，还有徐克大肆尝试数字特技的《蜀山传》、刘镇伟的《情颠大圣》等，显露出典型的漫画风格和网络游戏的特色。剧情的离奇自不待言，人物造型也趋向漫画化，仿佛舶来的游戏动漫角色。他们的服饰、造型力求光怪陆离，性格也更加“新新人类化”，不再拘于传统侠士以“国”以“道”为宗旨的理念。正义和道德虽然还是这些影片中强调的部分，但主要人物基本以“情”作为主要的个人原动力：你雄霸天下也好，你至尊武林也好，都不关我的事，但你不能毁我家庭、杀我爱人。

（三）对真功夫的挑战

“在数码技术进入电影制作行列之后，虚拟化的影像世界首先改变的就是传统武侠电影对演员真实武功的依赖，无论是铁砂掌、无影脚，还是少林拳、武当剑，数码技术几乎能够‘练’任何不同的武林绝技。一个建构在冷兵器时代的电影故事，其中的所有经典表述方式在高科技的支撑下，正变得越来越神奇、越来越惊异！”③ 数字技术对打斗动作的加工和修饰，使越来越多没有武术根基却有人气的明

① 张智华：《武侠片观念辨析》，《电影艺术》2004 年第 1 期。

② 贾磊磊：《中国武侠电影史》（节选），豆瓣网 2006 年 7 月 15 日，http://www.douban.com/group/topic/1149750/。

③ 贾磊磊：《中国武侠电影史》，文化艺术出版社 2005 年版。

星加入武侠电影的表演中。演员虽然做不到百分之百，但数字影像合成①却可以为其加分，最后呈现于银幕上的是演员自己都无法相信的好身手。《功夫》中的火云邪神功夫高强，饰演者梁小龙虽身有真功夫，但还是无法达到导演的要求。因此他亮相时干脆利落的一字马姿势，就运用了数字合成技术：拍摄时演员只需将右腿稍微弯曲抬起，而在后期合成时，则抹去了腿的下半截，根据跟踪点的准确位置加入一条高高抬起到头顶的腿即可。倘若没有解释，观众根本不会注意到这个场景是"做"出来的。新兴的科技手段同样威胁到了传统武术替身在动作影片中的地位。虽然相比以前挑战高危险动作的概率降低了，但数字技术的"无所不能"使从事这一行业的人数和待遇锐减，数字技术向真实的功夫发起了挑战。

（四）对特定场景的修饰

利用数字影像合成技术，新武侠大片的"群戏"可以不用传统的"人海战术"就达到完美的视觉效果。《英雄》中黑压压的秦军方阵浩浩荡荡排列成阵，给人强大的压迫感，但真实的拍摄场景中士兵数量其实少得多，只是在后期选取士兵影像在电脑中合成一眼望不到边的百万雄师，即可得到人山人海的效果；射向赵国书堂的箭阵如骤雨飞降密密麻麻，与仿佛划过耳旁的"嗖嗖"声配合起来，似乎真假难辨，但其实也是数字技术的功劳；《天地英雄》中火攻小孤城的场景中，千百个士兵从阴森广袤的大漠涌向小孤城，地上跃动的火龙喷射着火焰，更增加了危险将至的气氛，而这场戏在实际拍摄时其实只有寥寥数人和点点星火，是数字技术从原始素材中"挖掘出原有的骑兵，将之重新排列组合、叠加、改变方向，加上马匹的影子及兵卒手举火把的光照光影"②，把几对骑兵从不同方向鱼贯涌向小孤城的紧急场面做得天衣无缝；《无极》中牦牛与野人的追逐大战虽然能明显看出数字特效的痕迹，但也算是国产电影大场面的又一个突破性的尝试；《满城尽带黄金甲》最后犹如大型团体操般的万人决战中，也有相当一部分克隆出的数字人在其中充场面。

（五）视觉丰盈与叙事贫乏

虽然新武侠电影对数字技术的应用跃跃欲试，但总体评价来说，这些注重以数字特技修饰或创造场景画面的大片，往往陷入了光华灿烂的特技场面中难以自拔，以至于故事、结构、形象、性格、矛盾等其他元素几乎全部瘫痪在视听效果的万丈光芒之中。这些新武侠电影的问题在于，在这些电光石火华丽奇幻的视觉景观中，令人信服的叙事以及故事的完整性、历史真实性被无情地忽略了，陷入视觉层面超级丰盈，而叙事层面却意外的乏善可陈的局面。造成这种局面的原因较为复杂，不仅有对数字特技与视觉效果的崇尚心理作祟，也有迫切希望把影片推向国际市场的盲目性，这两方面的交汇使新武侠大片对数字技术和视觉效果过度依赖，对明星人气过度重视，对表演功力却有所忽视，从而丧失了合理的叙事能力、鲜活的生活体验和历史真实感。

但无论如何，数字技术"作为当代电影的超级包装术为武侠电影增添了无数诱人的景观，也使当代武侠动作电影显现出愈来愈神奇的风采"。③视觉丰盈与叙事贫乏的现象或许只是一个过渡时期不可避免的失误。当度过了迷惘和盲目的尝试阶段，客观条件也进一步完善之时，武侠电影与数字技术或许将找到完美的契合点，呈现给观众的才是视听与叙事双赢的作品。

二、再现真实的战争电影

战争场面是所有战争电影绕不开的一道关卡。战场上的枪击爆破、硝烟弥漫、血战肉搏等经典场面都是战争电影必不可少的表现元素。传统国产战争影片中枪林弹雨的场面往往由于资金的缺乏和技术的简陋，制作难免令人感到虚假和质疑，因此无法达到预期的震撼程度和惊险效果。而数字技术进入电影

---

① 数字影像合成技术：相对于传统合成技术而言，是在计算机的软硬件环境中，运用计算机图形图像学的原理和方法，将多种源素材（包括实拍的画面和计算机创造的画面）混合成单一复合图像的处理过程。这类似于化学方式的胶片洗印技术产生的画面合成效果，但功能要强大得多。从理论上讲，计算机合成的层次可以达到无限多。参见张歌东《数字时代的电影艺术》，中国广播电视出版社2003版。

② 徐欣：《电影数字合成技术的创新与实践》，《影视技术》2005年第8期。

③ 贾磊磊：《中国武侠电影史》，文化艺术出版社2005年版。

创作后，战争场面的表现力和真实感在一定程度上得以提升，《大战宁沪杭》《紫日》《英雄郑成功》，以及被指定为纪念抗日战争胜利60周年影片、“‘二战’经典战争巨片选映”的主打影片《太行山上》，都充分了利用数字技术为影片添砖加瓦。

《太行山上》是中国首次大规模地进行数字制作的战争片，也是中国第一部全片进行数字中间片(DI)① 调色配光的电影。依靠大量数字技术的处理，《太行山上》呈现出千军万马、战火硝烟的宏大场面，颇具真实感和冲击力。影片以具有动感的战争影像为观众打造出不同以往的视觉享受，成就了中国首部全新视觉的战争大片。为了尽其所能表现出战争的真实场面，“《太行山上》动用炸药100吨、部队官兵11万余人次、战车800余辆、直升机航拍200余架次，聘用武师100多名，并由30多位数字制作人员跟踪拍摄，制作出23分钟特技镜头，表现出千军万马、气吞万里的宏大场面，营造出中国特色的战争大片奇观”。②

负责电影《太行山上》后期数字制作的华龙电影数字制作有限公司是国内数字技术制作机构的领头羊之一，从2004年8月底华龙公司的相关技术人员就和电影主创一起参与了剧本的策划和视觉画面设计，帮助导演完成创意。在拍摄期间和摄制完成后，华龙公司都担负着从设计到实践的重任，最终完成了这部极有意义的历史战争片。据负责后期制作的艺术总监冯旭介绍，“全片共使用了160多个特技镜头，占全片1500多个镜头的10.7%，组成了共计30多分钟的数字特效”。③《太行山上》的第一摄影师姜力军全部参与了影片后期制作的过程，包括数字特技、特效制作及数字中间片（DI）处理，他认为“《太行山上》使用胶片拍摄，而数字技术使电影艺术更加完美。比如《太行山上》中的机场重头戏，机场上的飞机是实景拍摄的飞机模型，而空中的飞机则是通过数字技术制作出来的，通过后期的三维处理和合成，电影画面既逼真又节省了成本。在全片经过数字调色和配光之后，《太行山上》具有了更好的整体视觉效果，使得电影更真实、更好看了”。④

在非战争场面的镜头处理上，数字技术也尽显了它的神通广大。譬如对部分实拍自然环境镜头的处理，就使画面更贴近了现实。由于拍摄过程中往往存在不可避免的外力和光线干扰，因而倘若原封不动地将实拍画面呈现于银幕之上，反而会有失真的纰漏。相反，通过数字技术对原始素材的处理和修饰，最终呈现的影像则会更接近人眼观察的真实程度，并且利于影片主题的表达。

当然，技术、设备和资金的差距还使国产战争片无法与国外优秀的战争电影相提并论，并且由于这类主旋律战争影片多为政府投资，赢利本来就没有被作为目标而受到重视，因此票房上的收获也不尽如人意。另外在内容的创作上，对战争的根源和人性深度上挖掘也并不十分到位，因而国产战争影片想要从内容和形式上齐头并进，还有待数字技术的进一步完善和文本创作水平的提高。

此外，2008年及2009年由吴宇森操刀的《赤壁》上、下部虽然剧情和人物表演为观众所诟病，但其两军对垒的战争场面无疑是数字技术应用成功的典范。在拍摄战争戏时，电影拍摄地和战争始发地一个在河北，一个在湖北，完全不搭边。由于北方和江南的山形完全不同，因此剧组将早已在河北搭建好的曹军大营、用于拍摄水战的水库及其周边的山峦交由后期电脑特效部门取景，制作成三维模型图带回美国，通过数字技术进行合成，从而将本搭建于河北一个四面环山的水库改造成长江之景，把四周的群山改造成赤壁之境，才得以在电影中呈现出江南水战惊心动魄的场景。这种灵活的拍摄方式由先进的数字技术所提供和配合，解决了在节省成本、实现完美效果、避免环境因素阻碍等方面的问题，为电影创

---

① 数字中间片：数字中间片（Digital Intermediate，简称DI）是采用数字形式对已拍摄的电影素材进行素材编辑、色彩调整、后期合成、特效处理、字幕混合等一系列处理，它经常以2K输出（即一幅图像的尺寸为2048 * 1556/1536），由于它处于拍摄完片和放映出片之间，因此被称为数字中间片。参见［美］杰克·詹姆斯著，施正宁、刘戈三译《数字中间片》，中国电影出版社2007年版。

② 边涛、邹懂礼：《太行山上：数字制作的战争大片》，《综艺》周刊2005年8月13日，http：//rareforest. bokee. com/2572153. html。

③ 同上。

④ 同上。

作能够精准呈现其影像要求和画面标准搭建了高效快捷的双赢平台。

三、震人心魄的惊险片

执导了《紧急迫降》《极地营救》等惊险片的导演张建亚十分热衷数字技术在电影中的运用，他对电影有着独到的见解：“我觉得电影就是运动的艺术，电影离不开各种有趣的运动形式，因而也离不开技术。中国电影从《孤儿救祖记》以来就太注重道德伦理兴趣，结果把运动细胞都退化掉了。”① 长期以来电影中被忽视的科技在张建亚看来十分重要，为此他积极地作出了实践，其大量运用数字技术解决惊险场面难题的《紧急迫降》和《极地营救》就是证明。

1999年，中国影坛一连串涌现了《紧急迫降》《冲天飞豹》《横空出世》三部运用数字技术制作的影片，其中飞机迫降、腾空翻滚、原子弹爆炸等惊险场面在数字技术的帮助下，普遍超越了传统特技拍摄的效果。以《紧急迫降》为例，影片中共包含了“长达9分18秒（涵盖37个镜头）的数字特技制作，其中至少有80%以上是实景拍摄和虚拟再现相结合或者完全虚拟的内容。影片中虚拟的内容主要是与失事飞机相关的镜头。由于制作上涉及大量的数据运算，在制作中动用了包括SGI Onyx2（配置8个尖端中央处理单元）在内的多套当时的尖端工作站；前后共有20多名艺术家、工程师参与了影片的数字特技制作，共历时3个多月”。② 在表现飞机迫降起火后撞入候机大厅，旅客四处奔逃的场景时，为了保证画面的真实感，创作人员先利用1/4的缩微模型拍摄了飞机（模型）撞入候机大厅的场面；然后在摄影棚中的绿幕前单独拍摄旅客奔逃画面，输入计算机后将旅客的活动影像从绿幕上分离出来，与飞机撞入候机大厅的画面进行合成，就得到了最终的效果。同时，数字技术还能够修饰一些细节，如飞机引擎上火焰的大小、候机大厅被撞后的倒塌速度、碎片大小等影响观众观影接受的部分，使惊险场面看起来更加真实可信。倘若没有数字技术的帮助，恐怕这一场景的效果会大打折扣。

值得称道的是，为了投拍《紧急迫降》，上海电影制片厂当年审时度势，毅然斥巨资从海外引进先进设备，成立了“上影计算机特技制作中心”。现累计投资达8000万元以上，已正式亮出“上影数码”的品牌，决心打造国内领先、国际一流的数码电影生产基地。2002年，“上影数码”又出品了张建亚执导的《极地营救》，这部影片的数字特效数量更大、制作难度更高，总量占全片镜头数的60%，涉及泥石流、沙尘暴、雪崩、高空救险等多个惊心动魄的场面，以及“瞬间浓缩”古格王国由鼎盛至衰落的奇观。虽然部分效果的表现不尽如人意，但也不乏精彩的片断：例如片头古格王宫瞬间破败的镜头，就是数字技术的杰作之一。倘若依靠传统拍摄方式，不必说时间流逝的效果不可能达到，就是王宫衰败前的华丽景象也无法搭建出来。因此，摄制组求助于数字技术，先在三维软件中搭建了藏庙、村落和古格王宫的三维虚拟模型，再通过虚拟摄影机，在数字虚拟环境中对整个镜头的运动、节奏、构图、光照等内容进行了数字预演，即虚拟拍摄。然后以预演的结果为指导，将原始拍摄的影像素材（古格王宫遗址和喇嘛影像）与数字素材制作中必要的细节（质感、画面等）进行整合，完成了最终的镜头。

四、“虚拟的”现实题材影片

随着在国内的快速发展，数字技术已不只是为动作片、惊险片、战争片服务的专利，越来越多的现实题材影片也积极利用数字技术完成无法或不便拍摄的场景，渲染气氛，甚至成为主题表述不可或缺的重要元素。

《孔雀》即是一个成功的范例。影片最后的大结局镜头就是一个“从无到有，从抽象概念转化成具体画面的特效制作”③。为了体现新旧交替的时代特色，这一冬日城市的大全景被安排了多个代表不同时代特色的建筑物，展示了一个旧时代的结束和新时代的到来。由于无法找到画面构成十分贴近主题的实际场景，创作人员先后在各地拍摄了许多素材，然后在计算机中按照设计方案对各元素搭配组合，终于创造出理想的场景。虽然完全由数字特技制作，但这一画面的高度真实性丝毫未让观众起疑，并且达

① 张建亚、倪震：《〈紧急迫降〉张建亚导演访问记》，《北京电影学院学报》1999年第3期。
② 叶峰：《数字特技在“上影”电影中的应用》，《现代电影技术》2006年第8期。
③ 刘言韬：《〈孔雀〉数字视效制作体现的美》，《电影艺术》2005年第3期。

到了全片最后主题升华的效果。此外，雨中抢煤球的段落也通过数字技术得到了修饰和处理：本来这场戏是通过一个固定机位的长镜头表现的，画面包含了整个下雨的过程和煤球被冲毁的过程，原始素材拍了十条左右。但在后期剪辑制作时，创作人员发现演员表演较好的镜头中雨的感觉却不理想，而且下雨时由小到大的过程也不自然，因此只能利用数字特技来解决问题。可喜的是，视效特技创作人员把几条原始素材进行拆分，选取了其中刚下雨时表演好的部分与雨下大后表演满意的部分进行合成衔接，将两个镜头完美地结合在一起，而观众根本不会看出任何衔接的端倪。并且其中还用数字技术增加了细节：如雨水下过一段时间后，台阶和柱子的根部被积水溅起的水花渐渐打湿的过程，以及从煤堆中流出的雨水越变越黑，煤堆渐渐塌陷的过程。通过数字技术添加和处理的细节表现，影片的真实感得到强化，与电影整体的基调和目标达成了一致。

2005 年年末，冯小刚的贺岁片《天下无贼》一改其往昔风格，运用了大量数字技术，为影片增色不少。虽然部分特技镜头尚有瑕疵，但值得肯定的是，其中数字技术的运用服从于影片的整体娱乐效果，并且适应于故事讲述的需要。全片共有 600 多个特效镜头，而没有一个以“炫耀”作为视觉重点，它们是为了给演员营造一个表演舞台而作为背景存在的。相比于特技异常丰富却为人诟病的《无极》来说，《天下无贼》的成功在于恰到好处的特技应用不但能够提升影片的趣味性和可看性，还避免令观众出戏。譬如黎叔展示功夫，单手剥掉生鸡蛋外壳而内壳完好无损这场戏，就利用了数字技术为葛优“做”出一副好身手。实拍时，葛优只要按照设计好的剥鸡蛋动作进行表演即可，当然这时的鸡蛋并没有转动，蛋壳也未脱落，只在蛋壳上画好标记。拍摄完成后将这一场景胶转磁输入计算机，利用跟踪软件对鸡蛋上的标记进行跟踪，制作出与实拍时摄影机机位和运动相符的数字鸡蛋模型，并设置鸡蛋旋转；同时，用分离功能把鸡蛋模型划分出一些不规则的碎片，在鸡蛋旋转时结合手指动作将蛋壳的碎片设置出动画，鸡蛋壳被手指剥落的效果就展示出来了。如此利用数字技术为人物的“绝活”加分，既调动了观众的好奇心和兴奋点，又并无突兀虚假之感，算得上是一次成功的实践。

2006 年年末的爱情片《云水谣》是继《太行山上》的又一部经过数字中间片工艺制作的影片。仅仅一年间，数字技术在《云水谣》中的运用就比《太行山上》完善许多。与《天下无贼》相同，这部爱情片的特技制作也是由中国电影集团华龙数字电影公司承担的，所有的创意都是出自原创。虽然没有战争场面、惊险动作，但在这样一部温婉凄美的爱情影片中，数字特技的加入便于不同场景的色彩控制，表现出亦幻亦真油画般的恋爱感觉，也渲染了风浪交加的避难之夜，在一定程度上升华了影片的视觉表达。《云水谣》的特技制作其实从文字创作阶段就已经开始构思了，导演尹力非常重视数字特技与前期拍摄的关系，从分镜头的构思开始就与特效人员一起商量、磨合，最终达到“不露痕迹”的创作初衷。影片开头的 6 分钟长镜头是值得骄傲的一个特技制作，它利用数字合成将分别拍摄的 8 个镜头天衣无缝地组接起来，使开篇如同一幅《清明上河图》，还原了 20 世纪 40 年代台湾社会的细枝末节。这个利用数字特技拼接的长镜头，穿街走巷，上天入地，展示了闽南戏、布袋戏、婚嫁、街头小贩、国民党士兵等，完整的勾勒出 20 世纪 40 年代台湾的民俗民情，营造了一个立体可信的故事背景。此外，主人公避难时波涛汹涌的海面完全由数字特技制作，海浪的质感足以以假乱真；震撼的雪崩场面也是由数字技术对真实雪崩镜头进行处理和合成，最后与原始素材中西藏的地形地貌相融合，展现于银幕之上而不显突兀。最值得一提的是片尾处飞越重重峻岭的那只雄鹰，这只雄鹰的展翅翱翔是片中最后一个特技镜头，也是制作时间最长的一个。为了让鹰能飞起来，摄制组整整花去了一年的时间，还特地请了一只真鹰到工作室，为它拍摄了无数的照片和录象，作为假鹰的参考素材。如果细心观察，可以清晰看到鹰的羽毛在气流下的轻微抖动以及光影变换给鹰的毛发带来的细微差别，这应当算是国内数字技术水平的很大突破，成功虚拟出了“现实感”。

五、蓄势待发的三维动画片

与《宝莲灯》《小兵张嘎》和《红孩儿大话火焰山》中数字技术的小试牛刀不同，由环球数码媒体科技研究（深圳）有限公司制作的《魔比斯环》是一部全三维动画电影。这部动画片从 2000 年开始策划到2005年制作完成，是中国首部从内容风格、制作技术到市场运作都完全与国际接轨的3D（三维）动画电影。影片耗资1.3亿元，集聚了来自法国、美国、英国、加拿大、马来西亚以及中国400多名三维动画和数字特技专家的才智。虽然创作人员来自五湖四海，但《魔比斯环》的制作是一个全新的模式——由中国人出钱，雇国际精英打工，版权百分之百属于中国。尽管制作班底里有不少国外专家，但他们的存在却代表着截然不同的意义：中国动画企业已开始具有国际化的眼光，更代表着中国动画资本已经到了能够吸纳外国顶级制作巨星的水平。在电影制作过程中，创作团队不仅克服了许多硬件和软件上的困难，还研发出各种系统和工具来辅助电影制作。譬如利用“群组动画系统”，就可以复制单个元素，达到造成宏大场面的效果，并且使复制出来的单个物体分别具有自己特殊的特征。而“肌肉系统”则会使制作出来的这套肌肉系统拥有真实的皮下肌肉滑动、鼓起等效果。此外，为了满足全世界中国功夫迷的需求，在《魔比斯环》的打斗场景里，还大量表现了精湛的中国武术，使中国独特的功夫文化在CG领域中也得到了发扬光大。2006年8月4日，《魔比斯环》已在各大影院上映，反响虽然没有预计的强烈，制作也仍有缺陷，但毕竟是中国3D动画尝试的关键一步，对于中国数字技术领域和动画片的制作来说，《魔比斯环》应该称得上是一块基石。

2011年的《大闹天宫3D》是在上海美术电影制片厂1961年老版的基础上，进行胶片修复、色彩还原、数字处理、3D特效制作而来。这部动画电影保留了中国传统的艺术风格，造型上延续了原片的京剧脸谱，音乐风格仍以中国传统戏曲作为基调，同时加入了大量西洋乐器，杂糅各长却取得不同效果。影片导演速达介绍，与老版相比，3D版的《大闹天宫》故事情节基本没有改动，除了更新了3D技术外，为了配合目前不少影院为宽银幕的情况，有些画面进行了重新绘制。其中，该影片的技术制作由美国特艺集团副总裁皮埃尔·劳提耶（Pierre Routhier）亲自操刀掌控，为经典再现并青出于蓝的观影效果提供了技术保证。

数字技术下中国式电影接受特质：“有中国特色的”电影审美接受

对于中国电影的审美接受，可以从横向和纵向两个方面考察。横向方面，由于地域的不同、生产实践、经济活动的不同，以及社会背景的差异，各民族的历史文化各有千秋。在千差万别的历史文化下，各民族各国的电影创作和观众审美接受也互不相同。中国电影在数千年的文明史中，不断融汇、改造外来艺术形式，逐渐确立了自己独有的美学范畴、审美方式、美感构成和审美价值取向。这一美学传统已经深刻地体现在我国的影视创作和观众审美活动之中。具体在观影接受上，就表现为以中国式视觉方式和情感方式为前提的审美心理和观影心态。从纵向方面考察，随着时代的发展、社会的变迁，中国电影观众的审美取向也始终处于不断变化的状态：数字时代信息的激增和传播的快捷使观影心态和审美心理更趋向平民化、大众化，数字影像的出现也使观影活动呈现出批评视野的拓宽和审美水平的提高。因此在数字技术密切参与电影创作的前提下，对中国式观影心态和审美心理进行考察是十分必要的。

同时，虽然数字技术对中国电影的影响是深刻和全方位的，它冲击了电影美学、电影文化、电影工业，也同样影响着中国电影观众的审美接受，但必须强调的是，符合观众的观影审美需求也是制约电影创作的重要因素之一。本质上，电影与其他艺术形式相较而言，其欣赏者的作用就更为重要，电影艺术如果没有观众的接受，没有了票房的保证，艺术再生产就无法进行。因此，分析中国社会文化背景下的观影心态和审美心理，找出特定的观影审美内在规律，对于中国电影的创作定位有着至关重要的作用，也是刻不容缓的。

一、中国式视觉方式和情感方式

先在结构①中的文化因素对于观众观赏电影有着决定性的影响。在观影过程中，观众总是带着自己所处的特定文化、特定意识形态来欣赏和评断电影。因而，产生于中国传统文化下的观影视觉方式和情

① 先在结构：是指欣赏者个体在接受作品之前已有的由诸多主观因素组成的心理模式。参见章柏青、张卫《电影观众学》，中国电影出版社1994年版。

感方式，成为中国审美心理和观影心态的前提条件之一。

"中国观众的视觉方式有传统方式和现代方式之分，现代方式既由于创新，也由于当代世界的优秀绘画作品和优秀影视作品影响而致。……可传统方式却来自中国人的传统空间观念、哲理观念、中国古代人物画、风景画的特殊视点，来自中国人观赏中国戏曲的特殊视点。"① 与西方绘画追求的透视画法相比，中国画不追求固定视角的空间透视，而是将注意力集中在周围的环境中。即使画面中不缺少远景的描摹，但视线总会最终循环至近景之上，落实于此。宗白华在《美学散步》中如此评价中国画的空间观念："中国画则喜欢在一个竖立方形的直幅里，令人抬头先见远山，然后由远至近，逐渐迫于画家或观者所流连盘桓的水边林下，正如《易经》上说：'无往不复，天地际！'"② 这种空间意识和画面结构直接影响着中国电影的影像结构和镜头语言。而这种视觉习惯表现在电影观赏过程中，就使观众更乐于接受"由近及远、由远及近的运镜方式和组接方式"③，感受到镜头流畅和谐的辗转，以及随着镜头运动了解影片的故事背景和环境。中国人物画追求神似的视觉表现方式，使其笔触并不像西方绘画那样追究肌理的质感和精确的比例，因此多采用全景构图，展示人物的线条美。同时，由于中国人物画对表意和叙事的注重，对画面内容的刻画也多选择全身像。这一特征渗透观影习惯中，就表现为观众喜好观赏中景和全景镜头，乐于接受人物的全身活动、大景别画面带来的丰富信息和叙事内容。

中国式"情感方式也呈二元性，一是传统的'温柔敦厚''以理节情'，一是现代的喜怒哀乐，淋漓宣泄"。④ 传统中国美学观提倡哀而不伤，怨而不怒的情感形式。这种含蓄节制的审美精神和审美态度促使部分中国观众认同电影中设计的主人公以理节情、淡泊平静的人生选择。而部分现代观众与传统情感方式相悖，乐于从情感强烈、震撼人心的观影中找到宣泄的出口；情绪表达的极端或过程的曲折起伏是他们感兴趣的条件之一。这两种截然不同的情感方式作为不同层面，共同构成了中国式观影的情感方式。

二、中国式审美心理和观影心态

中国式的审美心理和观影心态，是中国传统的视觉方式、情感方式熏陶下的产物，但事实上一个民族观影心理特征的形成绝不仅止于此。倘若从观赏内容、观赏形式和审美取向方面分析，也可发现中国式审美心理和观影心态中蕴含极具民族特色的普遍性规律。首先，从观赏内容上看，中国观众需要电影切合自身的生活体验、蕴含人生的表现，还需要从中得到鲜活的生命力和丰富的人性感知。其次，在观赏形式上，中国式审美心理表现为条理清楚、章法井然，使人一目了然而易于接受；同时又能将这些生命活力渲染得热闹紧张、活跃动人。最后，在审美取向方面，中国观众的观赏习惯往往相对固定。他们乐于选择固定的片种样式和影院，也趋向于接受叙事流畅、故事抓人的影片类型。中国电影秉承了戏剧的传统，正是以演绎传奇的民族历史故事、展现浓郁的民族风土人情和独特的风俗民情，而得到一代又一代观众的认同。

成功的电影作品，其内容与形式应当浑然一致，艺术家的创作追求与观众的审美感受也应相符，而这都需要创作者以本民族的审美心理为支点，尊重观众富有民族文化特质的审美需求，并准确把握观众根植于民族文化内涵的审美心理。"归结起来，电影创作者要拥有广阔的艺术空间，一不可背离时代而违背广大观众的审美旨趣；二不可背离社会而脱离广大观众的心理体认；三不可背离生活而相左广大观众的生命感悟；四不可背离艺术而违反广大观众的审美追求。一言以蔽之，只有以观众为本，才会有创作的无尽源泉。而所有这些，都必然与作者、作品和观众处身的土壤——民族的背景紧密相连。"⑤

三、数字技术时代中国观众的审美心理与观影心态

相比于较为稳定、单一的传统观影模式，现代通信，交通及信息处理等科学技术的迅速发展，使当

---

① 章柏青、张卫：《电影观众学》，中国电影出版社 1994 年版。
② 转引自章柏青、张卫《电影观众学》，中国电影出版社 1994 版；引自宗白华《美学散步》，北京大学出版社 1984 年版。
③ 章柏青、张卫：《电影观众学》，中国电影出版社 1994 年版。
④ 同上。
⑤ 黄会林：《百年电影的民族化特质》，人民网 2006 年 1 月 12 日。

代人具有了新的时空观念和更为繁复的心理结构。在移动通信设备发达和遍及全球的网络资源下，人们之间交流的时间和空间都发生了变化：人与人之间的交流更迅速、更快捷，交流过程中损耗的时间被缩短到可以忽略不计；同时，通信的便利使信息的获得量大大增加，联络空间的范围也被大大拓展了。一切都在高效率中进行，人们的生活节奏愈来愈快，他们要求在单位时间内获取收益的最大值。而这种心理节奏的加快表现在观影活动中，就呈现为观众对影片在单位时间内蕴含并传递出的消息量有了更高的要求。

同时，在资源共享的后现代语境下，大众文化显示出其越来越强大的生命力。艺术作品的大众化、平民化已成为不可忽视的大众需求，电影的娱乐性被更加迫切地需要。自言自语的所谓“精英”话语已经渐渐失去了从前的权威地位，全民总动员的时代到来了，观众的主体地位被置于了更高的层次。但要注意的是，虽然电影的娱乐性功能被前所未有地凸显出来，观众乐于在电影中看到更美妙的画面，听到更不可思议的故事，体味更不一样的人生，但并不代表他们欣赏与自己的生活经验毫无关系，天马行空，扯了八丈远的所谓“大制作”；他们仍然需要电影中应该也必须具备的对外在世界，对社会，对人本身的思考。只不过这些思考若用更通俗、更平实、更真诚、更巧妙的手段表达出来，更易于普罗大众所接受。

数字技术为电影带来的奇观画面、震撼视听以及超凡想象，都是当代观众喜闻乐见的艺术表现。但不能因为成像手段的提高就顾此失彼，忽视了观众对于电影内涵的判断能力。随着交流的便捷、信息的扩充，各地域各民族各领域的文化艺术互动愈加频繁，人们能够接触和接受到的知识范围和领域愈加广泛。视野的拓宽不但使接受者对于艺术作品与活动的判断力得以增强，并且审美水平也得到了提高。电影艺术中，越来越精良的画面和音效是科技发展的必然，也是电影创作的大势所趋，同样是人类潜在心理中追求完美的结果。但同时被需要的，还有世世代代传承下来的民族精神和人文关怀，还有始终不变真诚的创作态度和严谨的创作风格。

在数字技术条件下创作契合中国本土观影习惯和心态的电影

数字技术对于电影在制作手法、反映题材、审美接受、电影理论和传播方式等诸多方面的深刻影响已是不争的事实。中国电影在运用数字技术为自身增添创作实力、提高制作素质时，有让人惊喜的收获，也有令人深思的教训。数字技术作为当前电影创作中越来越必不可少的手段之一，如何使其为电影艺术服务的能力得到最恰当的发挥，是中国电影人孜孜不倦力图寻求的答案。诚然，尖端的数字设备、足够的资金投入、良好的市场环境、健康的商业运作以及完善的政策法规，都是电影持续鲜活生命力的客观因素，但若想屡创佳作，观众的认同和接受是一个关键的条件。观众是电影最终的“审判者”，在任何时期任何地域都握有电影成败的决定权；他们所创造的票房和口碑，在电影商业性和艺术性的双重层面起着至关重要的决定意义。而数字技术在电影中的运用若想得到观众的认同和接受，必须具备数字时代的电影思维，使其得到适当运用：将数字技术融入剧情和叙事，支撑画面和细节，实现丰富的想象力，保持影片内容与形式的统一，并符合时代特征进行表述。当然，还要注意避免盲目的跟从和模仿，使中国电影对数字技术的应用达到良性循环，创作出契合中国本土观影习惯和心态的电影艺术。

一、强化细节的真实感

人对事物的认知是从眼睛开始的。当观看某一物体时，映射到眼睛中的不仅仅是此物体的外部形态，还包括与之相关的光线、色彩、空间等细节。人眼看到的是有诸多细节组成的这一物体的整体关系，并由此得出此物体确实存在、确实真实的结论。这种视觉习惯已经成为一种本能，人们会不自觉地以这种本能审视电影中的物体和画面，判定物体和画面的真实感。因此，当电影中一旦出现与人眼熟悉的形态不相吻合的物体、画面时，他们就会认为虚假、不真实，进而无法入戏，甚至会否定一部影片的价值。这就能够解释为什么观众能够接受武侠片中飞来飞去的演员，却不能容忍钢丝的出现；能够接受虚拟的外星人、无所不能的特警或007，却不能容忍模型在银幕上煞有介事的表演，他们需要细节上的真实感来说服自己的感观。中国电影在长期以纪实为主的风格中，已经培育了本土观众在观影时注重物体实物感和细节性的观影习惯，中国观众往往更注意影片的细节部分。

事实上，国产电影中运用数字特技在细节方面的处理还有待重视。譬如《天下无贼》中火车顶对决一场戏中，打斗中刘德华被推下火车，只能用手紧紧抓住急驰的火车车顶，身下就是陡峭的山坡。这一场景因为高度危险性不可能实地拍摄，因此演员在绿幕前完成的表演被抠像出来，后期合成于火车奔驰场景中。由于技术不到位以及细节的被忽略，人物与背景的合成并不十分自然，在人物身体边缘还可以发现“毛边”，没有与背景合而为一。敏感的观众马上就注意到了这一点，在评论中不留情面地指出了纰漏。

《英雄》中攻打赵国使用的数字“箭雨”虽然气势磅礴，乍一看也相当逼真，但总是让人感觉“不正常”，而这正是因为数字技术制作的箭的运动轨迹过于清晰了。事实上人眼在观察急速运动中的事物时，会由于生理反应在某一时刻看不清物体的形态，而“箭雨”就是因为忽略了这个微小的细节导致真实感被打了折扣。相比之下《阿甘正传》中对乒乓球的运动模糊处理就是值得借鉴的范例。同样，在《紧急迫降》中拍摄飞机在跑道上的急速滑行时，飞机产生了明显的颠簸和抖动，暴露出以微缩模型拍摄的内幕。真正的飞机由于自身重量和减震功能的作用是不会被看出抖动的，但对于重量和体积都不足的模型飞机来说，这样的情况却在所难免。影片后期处理时显然没有注意到这一点，因此观众很容易觉察出模型的虚假感，影响了观影效果。由此可见，强化细节的真实感是数字技术在电影中运用值得注意的关键环节。

二、数字技术融入叙事

《无极》公映之后，曾有网友评论其场面太过华丽、做作以至于脱离现实，令人无法接受。其实这反映出《无极》中数字技术对画面过于精雕细刻的修饰，反而转移了观众对情节和叙事的注意力。并且最致命的是，其中一些经过数字技术大肆处理的镜头对于影片整体叙事和情节推进并没有至关重要的作用，有人评论说，昆仑从一片花花草草中走来的镜头就好像是张东健在一张挂历前面拙劣地表演。这种说法虽然尖刻，但也道出了实质。的确，数字技术使这一画面红得绚烂、绿得璀璨，但却无法使这些华丽繁复的镜头融入影片的叙事，与其他元素组合形成浑然一体的整体。这种“做作”的“人工镜头”就好比人造美女一样，虽然挑剔不出什么丑陋之处，但却令人不悦。

中国电影从“影戏”以来传承的戏剧性和故事性使中国观众较为注重曲折辗转的故事情节，乐于欣赏起承转合的戏剧冲突。虽然他们并不排斥优美精致的画面，但那些只为特技而特技的画面却打破了观众的观影习惯，它们像 MTV 一样绚丽但却凌乱，在流畅的叙事中如一堆碎片般突兀，一定程度上肢解了影片的故事性。因此合理利用数字技术的优势，令其不露痕迹地在画面中发挥作用，进而融入影片的叙事，助推主旨交代，才是巧妙利用数字技术的正确途径。诸如此类国外成功的例子不胜枚举，国内影片中较好的镜头处理有前文已做分析的《孔雀》中“雨天抢救煤球”和结尾大全景的数字镜头；还有《寻枪》中利用 3D 特技制作的孔明灯场景。十几只数字“孔明灯”飘浮在蓝色夜空之上，像梦境一样美好而迷离，但却巧妙体现了主人公马山丢枪后茫然却不能与人言之的孤独感。虽然使用数字技术制作孔明灯是因为原先的实物模型无法放飞而迫不得已的第二选择，但此时此刻，数字技术与叙事完美结合在一起，又有谁会计较孔明灯的真假呢?

同时，与以美国为代表的电影文本不同的是，中国电影的素材来源在漫画和游戏改编方面薄弱许多，魔幻和科幻电影中超级英雄、超能力战士的故事并不是中国式观影接受的传统和最爱，中国观众更乐于接受与个人生活息息相关的题材。因此，广泛应用于魔幻和科幻电影中炫目的数字技术在这里似乎无法博得和国外观众同等程度的青睐。而数字技术应用于《云水谣》《孔雀》中的生活场景效果，却十分成功地体现了时代感，与观众的日常社会生活无比贴近，同时就抓住了观众的心。

三、选择恰当的数字镜头

路易斯·贾内梯认为：“在多数情况下，人眼并非无区别地掠过形体的表面，而是被引导着、依次朝特定的区域看。导演运用一个‘主要对比’亦即‘优势’来完成引导。”① 这里谈到的虽是电影构图，但对数字技术在镜头中的运用也具有指导意义。观众的注意力往往集中在“画面中运动的部分、主体或用亮度对比、色彩对比等手段强调、突出的部分”②，即上文提到的“优势”。创作者应当把握观影心理中的这一特点，将数字技术运用到能够引导观众注意力的场景和环面中去，而不是不管不顾地用在任意的位置中，丧失了应达到的表现力。譬如《大战宁沪杭》在后期制作中运用数字技术做了两个小小的雕塑，放置在原始素材的大楼顶部，目的是还原过去真实的银行大楼外观，但事实上这一静态场景本身就不具备吸引观众关注的“优势”，即便追求真实的态度可嘉，但观众又怎么能明显注意到处于画面一角小小的雕塑呢？数字技术在此的运用不能不说是杀鸡用牛刀——大材小用了。其实，“既然花费一定的制作经费使用了数字技术，那么就要力图使它们具有视听冲击，成为真正的视听奇观，同时成为影片具有表现力的元素，否则就会把数字技术应用仅当作一种纯粹的技术，只是为用而用，不管在哪个位置，不管是否能引起观众的注意，更不管是否具有表现力”。③

《阿甘正传》中演员与已故历史人物的亲密接触就是利用数字技术使不可能变为可能，令观众在无法相信眼前景象的惊讶之余，又不得不被画面天衣无缝的真实感所折服，被牢牢抓住了注意力；《真实的谎言》中施瓦辛格驾驶战斗机在摩天大楼外与恐怖分子较量的重头戏也是一个突出的典范。这场动作戏惊险连连，本来就是吸引观众的卖点之一，而其运用数字技术的程度更达到了无懈可击的地步：这场戏中，既有摄影棚内绿幕拍摄的合成素材，又有三维虚拟的烟雾、导弹尾部的气流，还有以各种角度实拍的城市环境，影片把它们完美地合成在一起，还顾及了复杂的镜头运动，让观众时刻捏一把冷汗。由此可见，选择最适当的镜头运用数字技术为其添光增彩，营造出视听奇观，对于加强影片的感染力和引导观众的视听注意力会有事半功倍的效用。

毋庸置疑，无论是数量还是质量，数字技术在电影中的渗透愈加深广。这项新的科技正努力着艺术性地融入电影之中，把现实的精确再现和想象的梦幻世界尽力呈现于银幕之上，扩充着电影的表现空间和时间，丰富着电影创作的手段和元素。而作为观影接受方的观众，也因其与电影密切的相互促动，在数字技术浸融电影的背景下渐渐打破传统的观赏方式和接受限度，不断被拓展范围，打破底线，呈现出多元性的特质。电影创作的无限可能，同样决定了观影接受的生发和变化，而观影接受的能动性亦会促动电影创作对自身永不停歇地挖掘。

数字技术对电影艺术性和商业性全方位的渗透极为迅速，甚至使电影有“士别三日当刮目相看”的发展趋势，它所具有的功能及能够实现的效果，大大拓展了电影的内涵和表现力，也突破了电影胶片载体的传统限制。以至于有人忧虑到：在数字技术继续迅猛发展的未来，电影是否将面目全非，甚至最终变得有名无实乃至消亡？事实上，广义的电影概念并不限于以胶片这种特定物质实体承载的视听信息，也不局限于必须以摄影机拍摄、供影院放映的运作模式，而应当是涵盖电影的美学意义，即有别于小说、戏剧、电视或其他叙事性艺术的特定的叙事文本，是体现电影特质的艺术形式。因此，无论数字技术的影响是否会使电影创作产生多种形式，发展出多条轨迹，最终展现于观众眼前的电影艺术其美学渊源都会与传统电影同宗同族、始终一致。因此，电影不仅不会消亡，反而会因此获得更加宽广的发展领域。在未来很长一段时间内，以数字技术为新手段、展现新形式的电影与传统手段制作的电影并不会成为非此即彼、你死我活的死对头，而会和谐共存，为电影艺术的发展献一份心力。

裴旖旎　中国艺术研究院研究室副研究馆员

① ［美］路易斯·贾内梯著，焦雄屏译：《认识电影》，中国电影出版社 1997 年版。
② 赵卫防：《数字技术：从理论到实践的美学思考》，陈犀禾《当代电影理论新走向》，文化艺术出版社 2005 年版。
③ 同上。

文件辑录

【财政部　国家发展改革委　国土资源部　住房和城乡建设部　中国人民银行　国家税务总局　国家新闻出版广电总局《关于支持电影发展若干经济政策的通知》】

（财教［2014］56号）

各省、自治区、直辖市、计划单列市财政厅（局）、发展改革委、国土资源厅（局）、住房和城乡建设厅（委）、国家税务局、广播影视局，中国人民银行上海总部，各分行、营业管理部、省会（首府）城市中心支行、副省级城市中心支行：

为贯彻落实党的十八大和十八届三中全会精神，丰富人民群众文化生活，促进中国电影繁荣发展，提高中国电影的整体实力和竞争力，推动中国电影在关键时期迈上一个新的台阶，实现由电影大国向电影强国的跨越，现就支持电影发展若干经济政策通知如下：

一、加强电影事业发展专项资金的管理

加强电影事业发展专项资金的征缴、使用和管理，支持电影事业产业发展，切实提高资金使用效益。

二、加大电影精品专项资金支持力度

中央财政继续安排电影精品专项资金促进电影创作生产，其中每年安排1亿元资金，采取重点影片个案报批的方式，用于扶持5—10部有影响力的重点题材影片。

三、通过文化产业发展专项资金重点支持电影产业发展

在文化产业发展专项资金中，专门安排资金支持电影产业发展，主要用于五个方面：一是推动高新技术在电影制作中的应用；二是支持中国电影企业走出去；三是支持重要电影工业项目和高科技核心基地建设；四是资助具有较强市场竞争力的重点影片；五是加强重点专业性电影网站建设。

四、对电影产业实行税收优惠政策

对电影制片企业销售电影拷贝（含数字拷贝）、转让版权取得的收入，电影发行企业取得的电影发行收入，电影放映企业在农村的电影放映收入，自2014年1月1日至2018年12月31日免征增值税。

一般纳税人提供的城市电影放映服务，可以按现行政策规定，选择按照简易计税办法计算缴纳增值税。

五、实施中西部地区县级城市影院建设资金补贴政策

中央财政通过电影事业发展专项资金安排补贴资金，重点支持中西部地区及东部困难地区县级城市数字影院建设。地方财政根据本地经济发展实际情况，合理安排资金，促进县城数字影院建设的均衡发展。

六、加强和完善电影发行放映的公共服务和监管体系建设

适应电影技术革新、产业升级的发展趋势，加强和完善电影发行放映的公共服务和监管体系建设，推动电影发行放映的运营、服务和管理向现代化、智能化转变。

七、对电影产业实行金融支持政策

鼓励银行业金融机构加快推动适合电影产业需求特点的信贷产品创新，在有效控制风险的前提下，逐步扩大融资租赁贷款、应收账款质押融资、产业链融资、股权质押贷款等适应电影企业特点的信贷创新产品的规模，探索开展无形资产抵质押贷款业务，拓宽电影企业贷款抵质押物的范围。

积极推动适合电影产业需求特点的服务模式创新，支持银行业金融机构根据电影企业的不同发展阶段和金融需求特点，有效衔接信贷业务与结算业务、国际业务、投行业务，有效整合银行公司业务、零售业务、资产负债业务与中间业务；鼓励银行、投资基金、保险等机构联合采取投资企业股权、债券、资产支持计划等多种形式为电影企业提供综合性金融服务。

大力推进电影企业直接融资。支持符合条件的电影企业上市，鼓励电影企业发行公司债、企业债、集合信托和集合债、中小企业私募债等非金融企业债务融资工具；引导私募股权投资资金、创业投资基金等各类投资机构投资电影产业；中央财政对国家重点支持的电影基地、企业和项目，给予一定比例的贷款贴息和保费补贴。

八、实行支持影院建设的差别化用地政策

鉴于影院用地来源形式多样，放映方式多样，为鼓励影院建设，可通过单独新建、项目配建、原地改建、异地迁建等多种形式增加观影设施，并针对不同情况分别实行协议、挂牌等差别化的土地供应政策。一是新建单体影院建设用地实行挂牌出让政策。政府供应影院用地时，可提出影院建设标准要求，通过公开挂牌方式确定土地使用权人。二是积极探索在商服设施项目中配建影院等建设途径及土地供应方式。市、县在供应商服用地或其他房地产用地时，可将在项目中配套建设影院相关要求纳入出让条件，并依法明确影院建成后的处置方式。三是支持现有影院实行改造建设。在符合规划的前提下，现有影院改造可兼容一定规模的商业、服务、办公等其他用途，并按协议方式补充办理用地手续。四是鼓励其他公益场所建设适应电影放映的设施。对图书馆、博物馆、文化馆和青少年活动场所等非营利性公共文化设施中建设适用电影放映设备和场地的，因主用途符合《划拨用地目录》，经批准以划拨方式供应用地的，影院用地部分可按文体娱乐用途采取协议方式办理供应手续。五是鼓励利用现有工业、仓储等存量建设用地建设影院。经出让方和规划管理部门同意，可按文体娱乐用途采取协议方式办理用地手续。六是严格影院用地供后监管。严格影院用地改变用途的审批程序。影院用地使用者应按土地出让合同约定开发、利用、经营土地，需改变合同约定的土地用途的，必须取得出让方和市、县人民政府城市规划行政主管部门同意。对新供单体影院建设用地，应在出让合同中明确，如改变土地用途的，需由政府依法收回后重新供应。

各地应根据当地影院建设和发展实际，科学规划影院建设布局和总量，防止低水平重复建设和过度竞争，确保影院建设有序进行。影院建设过多的地区应严格控制新建影院数量，以调整优化影院布局、结构作为重点；影院建设滞后的地区，应按相关规划，积极推进影院建设。

九、狠抓落实，加强管理

各级发展改革、财税、金融、国土资源、住房城乡建设部门要认真落实关于支持电影发展的各项经济政策，尽快制定完善各项配套政策措施和办法，建立健全专项资金使用管理制度，加强对资金的宏观调控和评估监管力度。各级新闻出版广电部门要切实强化责任意识，认真抓好具体实施工作，及时研究解决新情况、新问题。

特此通知。

财政部　国家发展改革委　国土资源部
住房和城乡建设部　中国人民银行
国家税务总局　国家新闻出版广电总局
2014 年 5 月 31 日

作品

电影

【电影《推拿》】

电影《推拿》导演：娄烨，编剧：马英力，制片人：耐安、李泠，主演：郭晓东、秦昊、张磊、梅婷、黄轩、黄璐等，出品：陕西文投（影视）银海投资有限公司、华娱时代影业投资股份有限公司，联合出品：恒大影视文化有限公司、海南广播电视总台、海南电广传媒影视有限公司、北京梦工作文化艺术有限公司。

该片聚焦盲人推拿师这一特殊群体，展现他们的喜怒哀乐。

获奖：

1. 第64届柏林电影节主竞赛单元最佳艺术贡献银熊奖（摄影）；

2. 第51届台湾电影金马奖最佳剧情片奖、最佳新人演员奖、最佳改编剧本奖、最佳摄影奖、最佳剪辑和最佳音效奖；

3. 第22届北京大学生电影节最佳男演员奖；

4. 第15届华语电影传媒大奖最佳剧情片奖、最佳新演员奖、最佳改编剧本奖、最佳摄影奖、最佳剪辑和最佳音效奖。

【电影《智取威虎山》】

电影《智取威虎山》改编自曲波的小说《林海雪原》，导演：徐克，编剧：黄欣、李杨、徐克、吴兵、董哲、林启安，制片：施南生、于冬、陆国强，主演：张涵予、梁家辉、林更新、余男、佟丽娅、韩庚，出品：博纳影业集团、华夏电影发行有限责任公司、八一电影制片厂、万达影视传媒有限公司、电影频道节目中心、优酷土豆影业有限公司、蓝色星空影业有限公司、上海三次元影视传媒有限公司等联合出品。

影片讲述解放军一支骁勇善战的小分队与在东北山林盘踞多年的数股土匪斗智斗勇的故事。

获奖：

1. 第35届香港电影金像奖最佳导演、最佳音响效果奖；

2. 第30届中国电影金鸡奖最佳导演、最佳男主角、最佳剪辑奖；

3. 第5届北京国际电影节天坛奖最佳男配角奖。

【电影《黄金时代》】

电影《黄金时代》导演：许鞍华，编剧：李樯，制片人：覃宏，主演：汤唯、冯绍峰、王志文、朱亚文、黄轩、郝蕾、袁泉等。

影片以民国时代为大背景，以民国传奇女作家萧红特立独行的人生以及爱情经历为引子，塑造当年一群意气风发的热血青年，还原了一个充满自由理想、海阔天空的时代。

获奖：

1. 第51届台湾电影金马奖最佳导演奖；

2. 第 30 届中国电影金鸡奖最佳原创剧本奖。

【电影《亲爱的》】

电影《亲爱的》编剧：张冀，导演：陈可辛，主演：赵薇、黄渤、佟大为、郝蕾、张译等，出品：星美传媒集团有限公司。

该片是 2014 年出品的一部“打拐题材”电影，讲述以田文军为首的一群失去孩子的父母去寻找孩子，以及养育被拐孩子的农村妇女李红琴如何为夺取孩子做抗争的故事。

获奖：

1. 第 16 届中国电影华表奖优秀故事片奖、最佳影片、最佳女演员奖；
2. 第 30 届中国电影金鸡奖最佳女主角、最佳男配角奖；
3. 第 34 届香港电影金像奖最佳女主角奖；
4. 第 15 届华语电影传媒大奖最佳女主角奖。

【电影《归来》】

电影《归来》改编自严歌苓小说《陆犯焉识》，导演：张艺谋，编剧：邹静之，制片人：张昭，主演：陈道明、巩俐、张慧雯、郭涛、刘佩琦等，出品：乐视影业（北京）有限公司。

该片是张艺谋时隔多年回归文艺片的作品，是国内首次采用了 4K 高视效制作技术的影片，也是中国电影史上首部 IMAX 文艺片，讲述了知识分子陆焉识与妻子冯婉瑜在大时代际遇下的情感变迁故事。

获奖：

1. 第 51 届台湾电影金马奖最佳原创电影音乐奖；
2. 第 12 届长春电影节最佳女主角奖；
3. 第 9 届亚洲电影大奖最佳新演员奖；
4. 第 34 届香港电影金像奖最佳两岸华语电影奖；
5. 第 30 届中国电影金鸡奖最佳录音奖。

【电影《诺日吉玛》】

编剧、导演：巴音，主演：巴德玛、达日玛，出品：内蒙古阿儿含只文化有限责任公司。

影片根据发生在 20 世纪 30 年代呼伦贝尔草原上的爱情故事改编而成，主要讲述了诺日吉玛与杭盖两位主人公在诺门罕战役下的凄惨故事。影片从侧面展现出战争的残酷，这表现了呼伦贝尔草原的美丽和蒙古族人宽广的胸怀。

获奖：

第 30 届中国电影金鸡奖最佳中小成本故事片、最佳女主角奖。

动画电影

【动画电影《熊出没之夺宝熊兵》】

动画电影《熊出没之夺宝熊兵》导演：丁亮、刘富源，编剧：刘富源、江波、万秦、戴悫、林超、陈为强等，配音：张秉君、张伟、谭笑、陈光等，出品：深圳华强数字动漫有限公司等。

影片讲述了光头强和熊大、熊二为了夺取神秘箱子里的宝贝而展开的一系列故事。

获奖：

1. 第 12 届精神文明建设“五个一工程”优秀作品奖；
2. 第 10 届中国国际动漫节金猴奖动画电影金奖；
3. 第 7 届厦门国际动漫节最佳影视动画长片金奖；
4. 第 3 届国际原创动漫大赛最佳动画长片奖、最佳编剧奖。

【动画电影《秦时明月之龙腾万里》】

动画电影《秦时明月之龙腾万里》原著：温世仁，编剧、导演：沈乐平，制片人：杨智超、何宇、陈斌等，配音：冯骏骅、沈达威、季冠霖、周佶、刘钦和张嘉译等，出品：杭州玄机科技信息技术有限公司等。

该片原定名《秦时明月之远古龙魂》，是中国动画《秦时明月》系列的第一部动画电影。影片讲述的是一个原本天真善良无知的少年——荆天明在秦汉乱世之中无畏奸雄，忠于信念，最终改变命运并成长为盖世英雄的励志故事。而该片在原动画的基础上重塑了剧情。角色们将阻止秦始皇将“龙魂”据为己有。在历险途中，展现了楼兰古国的异域风情。

获奖：

第 12 届金龙奖最佳动画长片奖铜奖。

【动画电影《神秘世界历险记 2》】

动画电影《神秘世界历险记 2》编剧、导演：王云飞，制片人：袁梅、刁仁勇，配音：刘校好、孟泉霖、陆揆、林强、杨天翔、冯盛等，出品：江苏省广播电视总台、优漫卡通、其欣然影视、其石电影基金、其卡通、土豆网、国动动画等。

该片讲述了小姑娘雨果尾随啦啦在一个充满神奇动物和神奇植物的美丽国度里惊险刺激的冒险经历故事。影片上映后获得 6230 万元的票房成绩。

纪事

节展·评比

【电影《白日焰火》《推拿》在第64届柏林国际电影节获大奖】

2014年2月15日，第64届柏林国际电影节颁奖典礼上，刁亦男执导的《白日焰火》摘得电影节最高奖最佳影片“金熊奖”，该片主演廖凡获最佳男演员“银熊奖”；娄烨执导、曾剑摄影的影片《推拿》获杰出艺术贡献“银熊奖”（摄影）。

第64届柏林国际电影节于2月6—16日举行，共展映72个国家和地区的409部影片，主竞赛单元共入围23部影片，20部参与“逐熊”，其中3部为中国电影。此外，中国台湾的影片《白米炸弹客》《冰毒》以及蔡明亮的《西游》亮相全景单元。

【第四届北京国际电影节】

2014年4月16日至23日，第四届北京国际电影节举行。由国家新闻出版广电总局、北京市人民政府主办，国家新闻出版广电总局电影局、北京市新闻出版广电局承办。

本届北京国际电影节秉持“共享资源、共赢未来”的活动主旨，在“勤俭办节”的同时，还充分利用北京特有的电影资源优势，使流程及团队更专业化。为进一步与国际知名电影节接轨，本届电影节增设顾问委员会，会集著名影人、大型活动策划及营销人士，评估电影节方案，推介、宣传电影节，整合首都影视资源，并对电影节具体项目给予指导。此外，本届电影节新增了意在推动中国纪录片产业发展的“纪录佳作”单元、培养有潜质的青年人才的“华语电影新焦点”单元以及鼓励创新、促进各国影人互动的“注目未来”国际展映单元。

电影节于2014年4月16日开幕，开幕片被定为法国爱情奇幻大片《美女与野兽》。天坛奖于2014年4月23日晚颁出了10项大奖，这10个奖项从15部入围影片中选出。

[天坛奖获奖名单]

最佳影片　《寻子记》导演：瑞奇·梅塔（加拿大、印度）

最佳导演　王家卫《一代宗师》（中国、中国香港）

最佳编剧　周智勇、张冀、林爱华《中国合伙人》（中国）

最佳男主角　纪尧姆·古依《声梦奇遇》（法国）

最佳女主角　章子怡《一代宗师》（中国）

最佳男配角　艾伦·里克曼《爱的承诺》（法国）

最佳女配角　李莱（李甄）《素媛》（韩国）

最佳摄影　菲利浦·勒素《一代宗师》（中国香港）

最佳音乐　《声梦奇遇》（法国）

最佳视觉效果　《火箭》（澳大利亚）

第四届北京国际电影节“中外电影合作论坛”

2014年4月17日，第四届北京国际电影节重要内容之一的“中外电影合作论坛”举行。国家新闻出版广电总局副局长童刚出席并致辞，美国导演奥利弗·斯通、墨西哥导演阿方索·卡隆、俄罗斯导演季莫尔·贝克曼贝托夫、法国演员让·雷诺、中国导演宁瀛等就“国际合作的本土化策略”进行对话。

【第 14 届电影频道电影百合奖】

2014 年 4 月 29 日晚，“第 14 届电影频道电影百合奖颁奖典礼”于北京国家会议中心举行。本届百合奖颁奖典礼以“创启未来”为主题，在表彰电影频道 2013 年度出品电影中的优秀作品及杰出个人的同时，意在打造中国电影产业的“思想峰会”。颁发优秀故事片、优秀导演等 88 个奖项。电影局，国家新闻出版广电总局电影相关直属单位，全国部分国有、民营影视制作机构负责人及老艺术家出席了颁奖晚会。

[获奖名单]

优秀故事片一等奖：《卒迹》《胡巧英告状》《甘南情歌》《战将周希汉》《孔二皮进城记》

优秀故事片二等奖：《秀水河子歼灭战》《我叫阿里木》《父亲的旅程》《近距离击杀》《大明劫》

优秀男演员奖：安尼瓦尔·阿不拉伊提《我叫阿里木》、陈创《孔二皮进城记》

优秀女演员奖：沈傲君《胡巧英告状》、德姬《甘南情歌》

优秀导演奖：王竞《大明劫》、宋国锋《胡巧英告状》

优秀编剧奖：张挺《孔二皮进城记》、杨海波《卒迹》

优秀儿童片奖：《少年闵子骞》

评委会特别奖：《龙凤村儿女》

【第 21 届北京大学生电影节】

2014 年 4 月 8 日至 5 月 10 日，经国家新闻出版广电总局、教育部和北京市人民政府批准，由北京师范大学、北京市广播电影电视局主办，北京师范大学艺术与传媒学院承办的“第 21 届北京大学生电影节”举办。

[获奖名单]

奖项	获奖
最佳影片奖	《狗十三》
最佳导演奖	刁亦男（《白日焰火》）
最佳编剧奖	宁岱（《警察日记》）
最佳男演员奖	张家辉（《激战》）
最佳女演员奖	汤唯（《北京遇上西雅图》）
最佳新人奖	董子健（《青春派》）
最佳处女作奖	陈思成（《北京爱情故事》）
评委会大奖	《说说美丽世界》
组委会大奖	《百鸟朝凤》《同桌的你》
艺术探索奖	《记忆望着我》
最佳观赏效果奖	《狄仁杰之神都龙王》
民族题材特别奖	《诺日吉玛》
最佳低成本电影奖	《孔二皮进城记》
最佳低成本电影导演奖	鲁坚（《卒迹》）
最佳低成本电影男演员奖	陈创（《孔二皮进城记》）
最佳低成本电影女演员奖	沈傲君（《胡巧英告状》）
最受大学生欢迎导演奖	管虎（《厨子戏子痞子》）
最受大学生欢迎男演员奖	冯绍峰（《狄仁杰之神都龙王》）

最受大学生欢迎女演员奖　　桂纶镁（《白日焰火》）、杨颖（《狄仁杰之神都龙王》）

【第五届“中国影协杯”优秀电影剧作奖】

2014年5月23日，由中国电影家协会主办、中国电影家协会电影文学创作委员会承办“中国影协杯”优秀剧作奖在北京揭晓。电影《西藏天空》（编剧：阿来）、《全民目击》（编剧：非行）、《中国合伙人》（编剧：周智勇、张冀、林爱华）、《胡巧英告状》（编剧：刘洋、宫凯波）、《孔二皮进城记》（编剧：张挺）、《警察日记》（编剧：宁岱）、《酒肆风雪夜》（编剧：云山）等七部剧本被评为2013年度优秀电影剧作。

“中国影协杯”评选自2010年开始，目前已举办五届，先后表彰了35部优秀剧本。

【第17届上海国际电影节】

2014年6月14日至22日，“第17届上海国际电影节”举办。本届上海国际电影节在办节机制上进行创新调整，由文化主管部门首次承办的这一国际知名电影节，突出服务观众、产业创新两大主线，强化了产业发展必备要素的集聚效应。共有来自102个国家和地区的1099部影片报名参赛，报名参展影片多达1808部。电影节期间，约30万人次观众欣赏了上千场次的中外电影佳片。电影节期间还举办了金爵奖评选、国际影片展映、亚洲新人奖评选、电影论坛、手机电影节、电影频道传媒大奖颁奖典礼、金爵奖颁奖典礼等活动。

[获奖名单]

主竞赛单元

金爵奖最佳影片：《小英格兰》（希腊）

评委会大奖：《胜利》（中国）

金爵奖最佳导演：潘多利·佛加瑞《小英格兰》（希腊）

金爵奖最佳编剧：《外交秘闻》（法国、德国）

金爵奖最佳男演员：维他亚·潘斯林加姆《最后的执刑人》（泰国）

金爵奖最佳女演员：佩内洛普·忒西丽卡《小英格兰》（希腊）

金爵奖最佳摄影：《五彩神箭》（中国）

金爵奖艺术贡献奖（音乐）：《重新开始》（美国）

亚洲新人奖

最佳影片奖：《我没有生气!》（伊朗）

最佳导演奖：雷扎·多米西安《我没有生气!》（伊朗）

评委会特别奖：李容承《十分钟》（韩国）

坎特伯雷大学奖学金：雷扎·多米西安《我没有生气!》（伊朗）、因德拉尼尔·罗伊乔德瑞《路过蜻蜓》（印度）

电影频道传媒大奖

最佳影片奖：《西藏天空》

最佳导演奖：傅东育《西藏天空》

最佳编剧奖：阿来《西藏天空》

最佳男主角奖：李保田《夜莺》

最佳女主角奖：陶虹《忘了去懂你》（又名《陌生》）

最佳男配角奖：王紫逸《忘了去懂你》（又名《陌生》）
最佳女配角奖：索朗卓嘎《西藏天空》
最佳新人导演奖：肖央《老男孩之猛龙过江》
最佳新人男演员奖：拉旺罗布《西藏天空》
最佳新人女演员奖：杨雪《西藏天空》

【第23届中国金鸡百花电影节暨第32届大众电影百花奖】

2014年9月24日至27日，“第23届金鸡百花电影节”在兰州举行。评选出最佳编剧、最佳导演、最佳男女主演等9大奖项。本届电影节有超过20个国家和地区的电影代表团，150余部新电影在兰州各大影院放映。

[第32届大众电影百花奖获奖名单]

最佳影片：《一代宗师》
优秀故事片：《周恩来的四个昼夜》《中国合伙人》
最佳导演：赵薇《致我们终将逝去的青春》
最佳编剧：李樯《致我们终将逝去的青春》
最佳男主角：黄晓明《中国合伙人》
最佳女主角：章子怡《一代宗师》
最佳男配角：佟大为《中国合伙人》
最佳女配角：邓家佳《全民目击》
最佳新人：马浴柯《扫毒》
终身成就奖：史超、程庆华、庞学勤、王心刚

[第23届中国金鸡百花电影节中国电影论坛]

2014年9月25日，“第23届中国金鸡百花电影节中国电影论坛”在兰州举办。本届论坛以“中国故事与中国梦”为主题，深入探讨了如何在电影创作中展示中国梦、讲好中国故事，创作出具有国内国际影响力的电影精品。在本届论坛举行的两天时间里，来自全国的影视和学术界专家学者阐述了自己的观点。北京电影学院教授王志敏说，当前，中国电影的发展正处在一个前所未有的“黄金机遇期”，面临着可能开启一个辉煌前景的重要转折阶段。他说，在这种情况下，中国电影人应该认识到，用电影这种现代艺术形式和现代化的传播媒介，讲述中国故事，向世界传播中国故事，是实现中华民族伟大复兴不可缺少的重要方面。中国艺术研究院电影电视艺术研究所所长、博士生导师丁亚平说，当前社会意识复杂多变，电影传递正能量、诠释中国梦的作用值得重视。中国艺术研究院电影电视艺术研究所副研究员张慧瑜认为，相比好莱坞电影的国际影响力，中国电影还有很长的路要走。对于文化工作者来说，中国梦更像一种理解当下的中国、中国的过去以及未来的方法和视野。而中国电影能否也承担起讲述中国梦的文化使命和影像自觉将是建设中国电影强国的重要标志。北京大学艺术学院教授李道新认为，电影既能承载又可归结为精神层面的软实力，也能呈现并归属于经济、科技和军事等物质层面的硬实力。中国电影需要在增强自身硬实力的同时，通过故事讲述呈现更为丰富、更加安全并充满自信的国家硬实力，真正体现并成为中国梦的一部分。上海交通大学电影电视系教授李亦中说，电影是名副其实的内容产业，“内容为王”的前提是“故事为王”。作为世界电影生产第三大国，2013年，中国故事片年产量638部，但进入影院上映的仅有245部，且良莠不齐，叫座又叫好的佳片还不多。李亦中认为，当前，具有新闻故事、职业故事、司法故事、科学故事以及连续性故事的故事片在中国电影中长期空缺，造成

了中国影坛创作题材还不够丰富多样，故事种类趋于同质化，远不能满足广大观众日益挑剔的审美需求。因此，中国电影业从“做大”到“做强”，尚有很大的提升空间。举凡能在电影史上留得下来的经典作品，其成功的秘诀不仅在于叙事技艺娴熟，更在于为人们开启了一扇心灵之窗。北京电影学院教授黄式宪认为，在当今的中国银幕上，具有这样经典品质的电影日渐式微，而充斥市场的则多为“娱乐快餐”式的平庸之作，偏偏是这类平庸之作，却往往在票房上屡屡攀顶。“面对银幕，观众最朴素的渴望，就是想看到一个好故事。”他表示，能不能把一个故事讲得精彩并令人赏心悦目，无疑考验着电影艺术家在亲近现实生活并从中作出审美发现的能力和才华，这就要求电影艺术家要巧于从生活中提炼出不落俗套的情节结构，同时要善于将创作者主体的情怀渗透于叙事，使故事焕发出荡涤心灵的冲击力，昭示出作品独特的主题意蕴和美学价值。

【首届丝绸之路国际电影节】

2014 年 10 月 20 日至 25 日，由国家新闻出版广电总局、陕西省人民政府、福建省人民政府共同主办的“首届丝绸之路国际电影节”在西安举办。其间，海上丝绸之路起点福建省福州市作为电影节的分会场也举办了相关活动。

本届电影节是主办单位贯彻落实中央建设“丝绸之路经济带”和“21 世纪海上丝绸之路”战略构想的重要举措，旨在借助电影节平台，进一步加强丝路国家之间的电影合作与交流，促进丝路国家电影业的共同繁荣与发展，增进丝路国家人民之间的相互了解和友谊，为“一带一路”建设营造良好的文化氛围。

本届电影节吸引了丝路沿线 20 余个国家的驻华使节、100 多个电影剧组代表和众多国内外电影界人士，从报名的近 200 部影片中精心挑选出 147 部故事片、纪录片、短片进行展映。这些影片来自 25 个国家，涵盖俄语、韩语、阿拉伯语、土耳其语等 18 个语种。影片在西安的 20 家城市影院、15 个社区、广场、院校进行了 800 余场展映，观影人次超过 12 万。福州分会场也展映了部分影片。为彰显丝路国家电影的独特风情，电影节专门为俄罗斯、印度、韩国、亚美尼亚、阿塞拜疆、菲律宾 6 个丝路国家举办了电影展映周及首映仪式。电影节还举办了“新丝路·新电影”“电影与旅游”“西部类型电影”三个合作论坛。与丝路相关国家的电影合作项目也备受关注，中国与俄罗斯合作拍摄《黑土地的最后一战》、中国与韩国合作拍摄《花样厨神》、中国与印度合作拍摄《功夫瑜伽》的三个项目成功举行了签约仪式。国内外电影技术公司、片商积极参与电影产业交流，设立展台，举办电影技术讲座及设备展示，推介新电影技术与影视剧项目。从电影市场得到的信息，共有 11 个国家的 170 多家片商参与节目与版权交易，交易总金额约 30 亿元。

【第 51 届台湾电影金马奖】

2014 年 11 月 22 日，“第 51 届台湾电影金马奖”在台北揭晓所有奖项。台湾电影金马奖是中国台湾地区主办的电影奖项，创办于 1962 年，当年主要是为了促进台湾地区电影制作事业和表扬对华语电影文化有杰出贡献的电影人。金马奖每年举办一届，其中 1964 年和 1974 年停办，金马奖在华语圈中历史最为悠久，与中国香港电影金像奖和内地的中国电影金鸡奖并称华语电影最高成就三大奖，也是三大奖中唯一不设地域限制、评选对象面向所有华语电影和华语影人的奖项。原由台湾“行政院新闻局”主办，后由台湾电影事业发展基金会赞助。

[第 51 届金马奖获奖名单]

最佳剧情片奖：娄烨《推拿》

最佳导演奖：许鞍华《黄金时代》

最佳男主角奖：陈建斌《一个勺子》
最佳女主角奖：陈湘琪《回光奏鸣曲》
最佳男配角奖：陈建斌《军中乐园》
最佳女配角奖：万茜《军中乐园》
最佳新演员奖：张磊《推拿》
最佳新导演奖：陈建斌《一个勺子》
最佳摄影奖：曾剑《推拿》
最佳原著剧本奖：易智言《行动代号：孙中山》
最佳改编剧本奖：马英力《推拿》
最佳视觉效果奖：唐家伟、罗伟豪、梁展锋《那夜凌晨，我坐上了旺角开往大埔的红 VAN》
最佳动作设计奖：黄伟亮《救火英雄》
最佳美术设计奖：刘强《白日焰火》
最佳造型设计奖：梁婷婷《绣春刀》
最佳原创电影音乐奖：陈其钢《归来》
最佳原创电影歌曲奖：朴树《平凡之路》
最佳剪辑奖：孔劲蕾、朱琳《推拿》
最佳音效奖：富康《推拿》
最佳纪录片：《棉花》广东二十一世纪传媒股份有限公司、上海 SMG
最佳创作短片：耿军《锤子镰刀都休息》
年度台湾杰出电影工作者：黄志明
终身成就奖：田丰

会议

【“中国梦与中国电影国际传播”研讨会】

2014年2月18日，中国艺术研究院电影电视艺术研究所主办“中国梦与中国电影国际传播”研讨会。中国电影评论学会会长章柏青，中国艺术研究院影视研究所所长丁亚平，清华大学新闻与传播学院副院长尹鸿，国家新闻出版广电总局电影剧本规划策划中心主任、著名编剧苏小卫，北京电影学院教授陈山，北京大学艺术学院院长王一川，中国电影家协会分党组成员、秘书长饶曙光，中国电影海外推广公司总经理周铁东，中国艺术研究院影视研究所副所长赵卫防等专家学者纷纷直陈中国电影存在的一些问题，并呼吁中国电影应该在实现伟大中国梦的道路上，关注那些具有中国精神和中国力量的人和事。

专家认为，中国电影有效地完成与时代，与人民的思想上、精神上和感情上的有效对接，这是中国电影实现国际传播的基础和关键。中国梦的影像化表述应该遵循艺术规律，弘扬社会主义核心价值观，这也是一个根本的指导性原则。对于中国电影的国际化传播，中国艺术研究院影视研究所所长丁亚平说，中国电影走向世界要实现中国电影的国际化转型，它要实实在在地思考电影本身的问题，通过传播有更多人文含量的内容，以此去影响更多的受众。电影表现中国梦归根到底还是要塑造好普通人的艺术形象，表达普通人的人性诉求和人性理想。因为任何理论、任何梦想建立在普通人的感性和人性的基础上，它才有更广泛的发展空间，电影要以观众乐意接受的方式表现中国梦。从观众个体的角度来理解，中国梦应该是以大多数观众的个人化愿望为起点，然后走向大多数人共识的终点，即中国精神，中国力量。它是从个人走向集体，从分散走向集中，从艺术走向心灵的一个工程。社会主义核心价值观的发布也为电影人寻找共识提供了方向。就拿爱国这一核心价值观来说，反观好莱坞电影不乏宏大叙事的影片，但他们的影片都有这样一个中心主题，即国家是每个公民个体的，国家要保护每个个体，这一主题在其奥斯卡获奖影片《阿甘正传》《拯救大兵瑞恩》《逃离德黑兰》中都能强烈地感受到，美国人把最重要的奖项都颁给了这些影片，其中的含义不言而喻。换句话说，好莱坞爱国主义宣传的是，国家就是来保护每一个人的梦想的，要让每一个人的生命得到尊重，这是很高明的策略。所谓民族性，不仅仅是民族的风物和符号，更是一种民族的精神和实力，一种不可复制、不可替代专属于本民族却又容易为其他国家和民族接受的民族经验和民族声音。比如美国梦，它实际上是一种以独特美式方式表达的世界梦。需要引起重视的是，我们的民族精神在寻求中国梦的过程中，所追求的不仅仅是一种民族的符号和表征，更应该是民族精神的保持和维护。

【2013中国电影国际影响力全球调研数据发布】

2014年2月27日，“2013中国电影国际影响力全球调研数据发布会”在北京师范大学举行。数据显示，2013年外国观众观看中国电影数量下滑，受访者走进电影院观看中国电影的意愿降低，更愿意选择电视和互联网观看中国电影。功夫片和动作片依然是外国观众最喜欢的中国类型片。

据介绍，2013年度“中国电影文化的国际传播研究”数据调研项目，共回收1436份有效问卷，涉及99个国家，40种母语的人群。研究团队对近40万条相关调研数据进行深入研究，总结出大量研究结果。

调研数据显示，2013年中国类型电影评分系统的总分是9分，受访者对中国类型电影给出的平均分是5.7分，总体评价中等。得分最高的是功夫片和动作片，得到了6.8分，得分中等偏上。得分最低的恐怖片、音乐片未超过 5 分。中国类型电影在海外依然主打动作片和功夫片，其他电影类型缺乏吸引观众的有效元素。

中国国际电影节距离真正国际化尚有一定距离。调研结果显示，超过 57% 的受访者根本不知道任何中国电影节或者知道一点，但不了解。上海国际电影节、北京国际电影节和香港国际电影节是中国最具知名度的国际电影节，但只有低于 19% 的受访者表示他们了解这些电影节。

报告指出，中国电影节的国际化首先要解决定位的问题。北京、上海、香港分别植根于“京派”“海派”及国际化的文化区域，具有不同特色。北京、上海、香港国际电影节作为中国国际化程度最高的三大电影节在定位上既要突出国际化，也应当彰显中国文化元素，既要有相互竞争，也应当相互合作，共同推动中国电影的国际传播，“中国电影文化的国际传播研究”数据调研项目自 2011 年启动，已连续进行三届，在数据调研的基础上形成了六万多字的调研报告和两本论著，在电影研究学者与电影从业者中的影响力不断扩大，为中国电影国际传播理论研究提供了数据基础和创新依据。

【百年香港电影大型学术研讨会系列活动】

2014 年 5 月 7 日至 8 日，由第 21 届北京大学生电影节组委会、北京师范大学艺术与传媒学院、南京艺术学院和中国文学艺术界联合会电影艺术中心联合主办的“百年香港电影大型学术研讨会系列活动”在北京师范大学艺术楼举办。本次活动是北京大学生电影节对“青春激情、学术品位、文化意识”这一宗旨不断追求的体现。研讨会上，来自大陆及香港、台湾地区的专家学者进行了坦诚而深入的讨论。研讨会促进了海峡两岸暨香港地区电影人的交流，回顾了香港电影百年历史，促进华语电影未来的发展。

【全国电影工作座谈会】

2014 年 7 月 8 日，“全国电影工作座谈会”在北京开幕，会议的主题为落实此前财政部、央行等七部委出台的支持电影发展若干经济政策，包括从财政补贴、税收优惠等八个方面支持电影产业发展，涉及电影产业内容制作、产业发展等诸多方面。中共中央政治局委员、中央书记处书记、中共中央宣传部部长刘奇葆与会，强调中国电影已进入发展“快车道”，迎来繁荣发展的关键时期，要全面贯彻“二为”方向和“双百”方针，坚持以人民为中心的创作导向，以社会主义核心价值观为引领，坚持把社会效益放在首位、社会效益和经济效益相统一，着力增强创新创造能力，推动我国由电影大国向电影强国迈进。要繁荣电影创作，用电影体现和传播社会主义核心价值观，通过精彩的故事情节、鲜活的镜头语言、丰满的银幕人物，生动形象传播核心价值观。中国梦充满想象，得其大可兼其小，见其小可观其大，要以中国梦为重要主题，植根中华文化沃土，把人们追梦寻梦的奋斗表现出来、筑梦圆梦的激情汇聚起来。电影创作要坚持题材多样、创意制胜，既要善于大中取材，积极反映历史大势、讴歌人间真情、塑造美好心灵、追求幸福生活；也要善于小中见大，从凡人小事、生活情趣、乡村山廓、走进自然中发现真善美，写出为时代和百姓称道的好剧本，推出更多唱响主旋律、传递正能量的好影片。要促进电影艺术与现代科技深度融合，加强评论引导，推动优秀国产影片更好地提高水平赢得观众。

人物纪念

【中国影视业的创始人之一、慈善家邵逸夫辞世】

2014 年 1 月 7 日，电视广播有限公司（又称为无线电视，即 TVB）荣誉主席邵逸夫爵士在家中安详离世，享年 107 岁。

邵逸夫爵士，大紫荆勋贤（1907 年 11 月 19 日—2014 年 1 月 7 日），原名邵仁楞，号逸夫，1907 年生于上海，祖籍浙江宁波镇海。香港电视广播有限公司荣誉主席，邵氏兄弟电影公司的创办人之一。香港知名的电影制作人、娱乐业大亨、慈善家。

自 1985 年以来，邵逸夫通过邵逸夫基金与教育部合作，连年向内地教育捐赠巨款建设教育教学设施，截至 2012 年赠款金额近 47.5 亿港元，建设各类教育项目 6013 个。历年捐助社会公益、慈善事务超过 100 多亿港元。

1974 年获英女王颁发 CBE 勋衔。1977 年，获英女王伊丽莎白二世册封为下级勋位爵士，成为香港娱乐业获“爵士”头衔的第一人。1990 年，中国政府将中国发现的 2899 号行星命名为“邵逸夫星”。1991 年，美国旧金山市将每年的 9 月 8 日定为“邵逸夫日”。2002 年，创立有“东方诺贝尔”之称的邵逸夫奖，每年选出世界上在数学、生命科学与医学及天文学卓有成就的科学家进行奖励。2011 年正式退休，邵逸夫也是全球最长寿、任期时间最长的上市公司 CEO。2014 年 1 月 7 日，邵逸夫逝世，享寿 107 岁。

邵逸夫的父亲是上海锦泰昌颜料公司的老板邵行银。育有 5 男 3 女，1907 年，邵逸夫出生，他在兄弟姐妹中排行老六，所以香港影视圈尊称他为“六叔”“六老板”。邵逸夫长大后，邵氏家族已经家道中落，只有一栋上海的老房子和一家名为“笑舞台”的上海剧院。邵逸夫早年就读于家乡庄市叶氏中兴学校，与包玉刚、包从兴、赵安中等为前后届同学，后赴上海就学于美国人开办的英文学校“青年会中学”，为此练就一口流利的英语。邵家众多的兄弟无人继承父业，几乎都进入娱乐圈。五兄弟中，大哥邵醉翁于 1924 年创办天一影片公司，开始闯入当时尚属草创时期的中国电影业。邵逸夫在“上海青年会英文中学”念书时，就已经加入长兄邵仁杰主导成立的上海天一影片公司，并助兄长开拓外埠发行。1925 年，邵氏兄弟在上海成立“天一影片公司”，这也是邵氏兄弟电影公司的前身。1926 年，刚从中学毕业的邵逸夫，应三哥邵仁枚之邀，南下新加坡协助开拓南洋电影市场。此后，邵氏兄弟带着一架破旧的无声放映机和“天一”影片，在南洋乡村巡回放映，并开设游艺场和电影院。天一影片在创业首两年发展迅速，其他电影公司于是组成“六合影业公司”，围剿“天一”，迫使上海甚至南洋的大戏院，不再播放“天一”的电影。

1930 年，邵氏兄弟在新加坡成立“邵氏兄弟公司”，邵逸夫与三哥邵仁枚成立邵氏兄弟，先后购入多间戏院。1931 年，邵逸夫前往美国购买有声电影器材。途中轮船触礁沉没，幸亏其命大，落水的邵逸夫抱着一小块木舢板，在大海上漂泊一夜后终于获救生还，并从美国好莱坞买回所需的“讲话机器”。

1931 年，九一八事变发生后，因上海的局势不稳，“天一影业”决定迁往香港发展，并建立了“天一港厂”。邵逸夫任制片和导演的中国首部有声电影《白金龙》上映引起轰动，将中国观众带入“有声时代”。到 1937 年抗战前夕，“天一影业”在上海，邵氏兄弟在南洋，在新加坡、马来西亚、爪哇、越南、婆罗洲等东南亚各地已拥有电影院 110 多家和 9 家游乐场，并建立了完整的电影发行网，他们南北呼应，分工协作，共同打造邵氏家族的电影王国。

1938 年，“天一影业”正式改名为“南洋影片公司”，其后第二次世界大战波及东南亚，中国香港、南洋地区相继沦陷，邵氏各兄弟的电影事业大受打击。战后，二哥邵仁棣回港重建业务，并于 1948 年将“南洋影片”改名“邵氏父子”。同时，邵逸夫与三哥邵仁枚的新加坡电影公司“邵氏兄弟”亦重拾轨道。但“父子公司”在港的发展不顺，遭“电懋”和“长城”两大电影公司夹击，所以邵逸夫决定接掌香港的电影生意。

1957 年，与邵仁枚成立“邵氏兄弟（香港）有限公司”，在香港制作电影，邵逸夫任总裁。1961 年，位于九龙清水湾的邵氏影城于 12 月 6 日正式启用。20 世纪 70 年代，邵氏兄弟踏足当时发展迅速的电视行业，与无线电视合作，培训艺员。1973 年邵逸夫举办首届香港小姐选举，该选举成为香港最具代表性的选美盛会。

1980 年，邵逸夫成为无线电视的最大股东，出任董事局主席。同期，邵氏的电影业务不断收缩，减少电影，于 1985 年卖出全部院线，至 1987 年 5 月，邵氏宣布停止生产电影。由邵氏投产至暂停制作期间计算，邵氏已生产超过 1000 部电影。

1985 年起，邵逸夫开始将关注的目光投向中国内地。当年他向中国保护敦煌画展工程和浙江大学分别捐资 1000 万元。有关部门特立碑予以纪念。甬上文化人王重光 1996 年曾前往敦煌考察。大漠深处，类似的纪念碑不止一个，但唯有同乡邵逸夫是炎黄子孙。

2000 年，马来西亚的“天映娱乐”斥资 4 亿港元购入 760 部邵氏电影的永久版权，并花费 2 亿港元作数码复修。

2002 年邵逸夫创立“邵逸夫奖”，第一届于 2004 年举行。奖项模仿诺贝尔奖，每年选出世界上在数学、医学及天文学三方面有成就的科学家，颁授 100 万美元奖金以作表扬。第一届的数学奖得主是陈省身；天文学奖为 P. James E. Peebles；生命科学与医学奖为 Stanley N. Cohen、Herbert W. Boyer、简悦威和 Richard Doll。

邵氏与中国星电影公司合作投资 11 亿港元，位于将军澳工业村的“香港电影城”，于 2005 年中期开幕。影城设施包括后期制作中心、行政大楼、摄影厂、电影院及展览厅等。

2007 年，邵氏兄弟公司成立 50 周年，邵逸夫迎来百岁诞辰。2010 年 1 月 1 日，102 岁的邵逸夫宣布正式卸任 TVB 行政主席。2011 年 12 月 31 日，时年 104 岁的邵逸夫卸任公司董事局主席、非执行董事及董事局下辖行政委员会成员的职务，获委任为荣誉主席。

2014 年 1 月 7 日 6 时 55 分，邵逸夫在家人陪伴下在家中安详离世，享年 107 岁。

【电影导演路学长去世】

路学长（1964—2014），北京市人。2014 年 2 月 20 日，导演路学长突然因病去世。路学长导演生前留下许多优秀的电影作品，其中《长大成人》《卡拉是条狗》等为观众所喜爱。

路学长自幼学习绘画，1981 年进入中央美术学院附中专攻绘画，1985 年考入北京电影学院导演系，在校期间拍摄有短片《代价》《孩子和苹果》《荒草地日记》《玩具人》等。1990 年 9 月进入北京电影制片厂导演室任导演。1991 年拍摄电视剧《梅女》《小分队》。1995 年编剧并执导电影处女作《长大成人》（原名《钢铁是这样炼成的》）。1999 年编剧并执导电影《光天化日》。

【著名电影演员、表演艺术家仲星火去世】

仲星火（1924—2014），安徽亳县（今亳州市）人，著名电影演员，表演艺术家。1949 年入上海电影制片厂任演员直至退休，先后在故事片《南征北战》《今天我休息》《李双双》《405 谋杀案》《巴山夜雨》《月亮湾的笑声》《天云山传奇》《相思女子客店》等经典影片中塑造了众多脍炙人口的角色，曾获得首届中国电影金鸡奖最佳男女配角集体奖、第二届电影百花奖最佳配角奖。仲星火是新中国培养的第一代演员，他是从一名普通百姓走上大银幕的，他出演的角色平实正气，纯净无华，有血有肉。20世纪五六十年代，是中国电影事业同时也是仲星火演员生涯的黄金时期。仲星火于 2014 年 12 月 25 日在上海黄浦中心医院因病去世，享年 90 岁。

大事记

1 月 7 日，电视广播有限公司（又称为无线电视，即 TVB）荣誉主席邵逸夫爵士在家中离世，享年 107 岁。

2 月 15 日，刁亦男执导的电影《白日焰火》摘得“第 64 届柏林国际电影节”最高奖最佳影片“金熊奖”，该片主演廖凡获最佳男演员“银熊奖”，娄烨执导、曾剑摄影的影片《推拿》获杰出艺术贡献“银熊奖”（摄影）。

2 月 18 日，“中国梦与中国电影国际传播”研讨会在北京举办。

2 月 20 日，导演路学长因病去世，终年 49 岁。

2 月 27 日，“2013 中国电影国际影响力全球调研数据发布会”在北京师范大学举行。

4 月 16 日至 23 日，“第四届北京国际电影节”在北京举行。

4 月 29 日，“第 14 届电影频道电影百合奖颁奖典礼”在北京举行。

4 月 8 日至 5 月 10 日，“第 21 届北京大学生电影节”举办。

5 月 7 日至 8 日，“百年香港电影大型学术研讨会系列活动”在北京师范大学艺术楼举办。

5 月 23 日，“中国影协杯”优秀电影剧作奖获奖名单在北京揭晓。

6 月 14 至 22 日，“第 17 届上海国际电影节”举办。

7 月 8 日，“全国电影工作座谈会”在北京举办。

9 月 24 日至 27 日，“第 23 届金鸡百花电影节”在兰州举行。

10 月 20 日至 25 日，“首届丝绸之路国际电影节”在西安举办。

11 月 22 日，“第 51 届台湾电影金马奖”在台北揭晓所有奖项。

12 月 25 日，著名演员仲星火在上海因病去世，享年 90 岁。

中国艺术年鉴

2014年卷

电视艺术卷

分卷主编：张啸涛

年度述评

2014年度中国电视艺术发展研究报告

◎许　婧

2014年，是中国电视在艺术、产业和行业发展上有着重要转折意义的“大年”，可谓“气象万千”。“现象级”季播综艺节目呈现集群效应，成为堪与电视剧分庭抗礼的主流电视节目类型。而电视剧在题材与类型上贡献了具有现实人文观照和历史深度书写的标志性精品，在这个受众最广、影响最大的大众文化产品样态上，以一种富有文化标杆意义的多维度创新，表征了艺术创作的尊严与社会责任感，不少作品还进入电视收视率和网络播放量的年度排行榜。伴随收视人口的结构性变化，“网生代”成为大众文化产品消费的主流，其娱乐口味和社交需求，影响了传统电视综艺节目和电视剧的生产、制作、营销、传播、收看与批评方式，2014年也因之成为网络自制剧元年。

此外，2014年被视为媒介融合年，开启了全媒体产业链生态布局的娱乐新时代。传统媒体阵营的国网“广电系”与互联网三大巨头主导的“BAT系”①，都在“内容创新—渠道整合—盈利模式”的市场化运营中意识到IP内容的价值高地。相对于“广电系”偏于防御性的改制，“BAT系”更具颠覆和创新，一面加强自身品牌和平台的建设，一面激发生产力裂变，在台网联动、内容版权分销和增加自制内容上发力。“互联、跨界、并购、转型、创新”是2014年传统广电媒体和新媒体进行媒介融合的改革关键词。全媒体语境下，大型真人秀节目和电视剧的传播渠道与编排方式优化、卫视发展的马太效应不断增强、电视台制播分离的步伐加快、社会化影视节目制作公司崛起、网络自制节目和独播方式渐趋常态化，人们对中国电视生发出更多的艺术期望和产业想象，也萌生了诸多困惑和担忧。

“一剧两星”政策和“台网联动”甚至“网台联动”，一定程度上将会改善单一收视率衡量指标对艺术质量的漠视，激发市场对精品的需求，以及投资在制作和薪酬上的合理化分配。中国梦和社会主义核心价值观的确立、国家重要纪念日的设立，以及72年后文艺座谈会的重开，为中国文艺的创作指明了方向。但是，“泛娱乐”时代的商业化诉求和单纯感官刺激的浅层追逐，加速了对传统历史的消费性改写和对文化价值的选择性舍弃，经济大潮中的文艺方向性问题迫在眉睫，是时代对文艺的严峻考验。

正如今日中国处在全面深化改革的“历史转折”关头一样，中国电视业也面临体制与机制的改革、制度创新与管理观念的转型、传统文化价值守成与文化产业升级换代等诸多时代课题。

一、“历史转折”关头：文艺方向和电视节目结构化改革

2014年是中国新一届政府全速推进深化改革，并进行顶层制度设计之年，在事关国家、政党、信息和文化安全的宏观层面上都做出了重要部署，以打造现代中国的“新常态”，一如《咬文嚼字》编辑部公布的2014年度十大流行语排行榜，“顶层设计”和“新常态”分列一、二位，是大众生活中最关心的政经话题。同时，中国政府高度重视互联网安全和管理。

首先，确立社会主义核心价值观②，它对中国传统文化的道德资源加以梳理，创造性地融入现代文明价值元素，与“中国梦”共同传达了植根于传统与现代性对接的转型中国的崭新姿态，也是未来中国文化对内对外传播所应肩负的历史使命。

---

① 中国互联网已逾20年，形成以阿里巴巴、腾讯、百度等为主导的互联网巨头公司，统称“BAT”，在电商、社交和搜索领域居于垄断地位。

② 《人民日报》2014年2月12日公布了包含3个层次共24个字的社会主义核心价值观：从国家层面看，是富强、民主、文明、和谐；从社会层面看，是自由、平等、公正、法治；从公民个人层面看，是爱国、敬业、诚信、友善。

其次，循国际惯例首次以国家立法的最高形式设立3个纪念日：9月3日为中国人民抗日战争胜利纪念日、9月30日为烈士纪念日、12月13日为南京大屠杀死难者国家公祭日。这不仅是向胜利致敬并向罹难者致以崇高敬意，增进本国民众和国际社会对历史的正确认知，更是铭记中国命运的一个个重要的“历史转折”，传承民族精神提升凝聚力，实现中华民族伟大复兴的中国梦。2014年的电视剧《历史转折中的邓小平》《北平无战事》《长沙保卫战》《四十九日·祭》做了年度颇具呼应意味的艺术立碑。

最后，再次召开文艺座谈会，及时对转型中的中国秉持何种价值观的迷惘进行历史遗产的重启，高调重申“文艺事业是党和人民的重要事业，文艺战线是党和人民的重要战线”，“文艺不能在市场经济大潮中迷失方向，不能在为什么人的问题上发生偏差，否则文艺就没有生命力。低俗不是通俗，欲望不代表希望，单纯感官娱乐不等于精神快乐”。可见，时代虽变，但延安文艺座谈会始终是中国文艺航行的精神灯塔，始终是国家意识形态坚定的文艺立场，文化产品的市场化运作绝不能腐蚀文艺筋骨和民族根脉，而当下文艺乱象是对文艺传统的背离。

以上三点都指向了“立国之本”。换言之，未来中国的“现代性”建构必须是尊重传统、融洽传统、不失民族身份的转型和新生，是建立在传统资源上的“凤凰涅槃”。文艺尤其是影视剧作为一个国家文化形象的载体和对民众深远影响的“涵化”① 媒介，事关民族未来和中国屹立于世界文化之林的根基。2014年国家新闻出版广电总局（以下简称“广电总局”）发出“节目宣传管理进行结构化改革”的明确信号，从传统电视媒体到网络视频的线上线下标准统一、从境内市场整体监管到境外作品控制、从主持人语言规范到不良内容删减、从作品审查到艺人艺德等。短期调控与长期规划并行，表明了广电节目遏制娱乐化，创新创优出精品，改变有“高原”无“高峰”的决心。

2014年由此成为广电总局历年来举措最多、频率最密、力度最大、凸显“根治”的一年：“一剧两星”、规范网络视频内容准入和播出、“限外令”、封杀劣迹艺人、规范养生栏目，等等。

4月15日，广电总局发布“一剧两星”政策，自2015年1月1日开始，同一部电视剧每晚黄金时段联播的卫视综合频道不得超过两家，且不得超过两集，结束了自2004年以来电视剧“4+X”的播出模式。业内反响不一，认为政策存在某种“折中性”，但从优化产业链结构循序渐进地推动行业变革的角度看，未来对释放电视剧库存，控制电视剧成本流向并合理配比，促使行业重新洗牌优胜劣汰，以及鼓励卫视创新、强化综合定位、优化频道资源、丰富荧屏节目等不失为良策，最终渐至“一剧一星”的理想状态。

6月中旬后，广电总局严格按照2011年10月28日发布的181号文件②整顿互联网电视。数次发布禁令限制互联网企业“电视盒子”布局客厅的行动、关闭第三方视频TV版终端App、要求未取得播映资质的境外影视剧网络剧和微电影一周内迅速下线、停止部分互联网电视盒子电视节目时移和回看功能、禁止未经批准的终端产品推向市场等，这些“净网行动”虽有广电系统自我保护的质疑，但不能否认它对整治混乱的互联网盒子市场、监管内容传播渠道、规范版权、明晰盈利模式的裨益。

9月2日，广电总局发出通知，要求用于互联网等网络传播的境外影视剧，必须依法取得“电影片公映许可证”或“电视剧发行许可证”。此举将视频网站纳入广电监管体系，并保证网站长久合法经营的权利。在播的境外影视剧信息于2015年3月31日前按规定报新闻出版广电行政部门登记，2015年4月1日起禁播未登记境外剧。此外，“总量控制”和“先审后播”是两项值得关注的重要规定，前者要求“单个网站年度引进播出境外影视剧的总量，不得超过该网站上一年度购买播出国产影视剧总量的

① “涵化理论”是研究电视传播对受众产生影响的理论，20世纪60年代由美国传媒学家乔治·格伯纳系统提出，也称“培养理论”“涵化分析”“教养理论”，是“文化指标”研究的重要部分。该理论认为电视节目通过讯息与受众的长期互动，将潜移默化地塑造人们对现实和文化的认知，从而在“学习”中“构建”人们的价值观和行为模式。

② 内容详见国家广播电影电视总局办公厅文件《持有互联网电视牌照机构运营管理要求》（广办发网字〔2011〕181号）。

30%"；后者明确指出"各网站需要先在统一平台登记，待总局确认后与版权方签约，随后再报送属地省级广电主管部门审查，最后再由总局配发序列号"。一则利于消化国产剧库存，二则正如通知精神"在维护我国民族文化主体地位的同时，适量引进境外影视剧供信息网络传播，满足人民群众日益增长的精神文化需求。鼓励符合条件的互联网视听节目服务网站引进播出内容健康、制作精良、弘扬真善美的境外影视剧。"① 从价值观安全、内容健康、保护民族文化产业等方面，保证了国内外优秀文艺作品有秩序的传播和借鉴。11 月 10 日，《关于加强互联网视听节目内容管理的通知》的发布，是对互联网常打擦边球的色情、暴力、黑社会、凶杀等内容的进一步规范管理的强化。

9 月 29 日，广电总局正式下发通知，要求限制播出劣迹艺人的影视作品。明确要求各级广播电视播出机构和网络视听节目服务机构坚持正确导向，"不得邀请有吸毒、嫖娼等违法犯罪行为者参与制作广播电视节目；不得制作、播出以炒作演艺人员、名人明星等的违法犯罪行为为看点、噱头的广播电视节目；暂停播出有吸毒、嫖娼等违法犯罪行为者作为主创人员参与制作的电影、电视剧、各类广播电视节目以及代言的广告节目"②。以维护广播影视作品作为传播社会主义先进文化、弘扬社会主义核心价值观重要载体的作用，而公众人物首先要以身作则地践行德艺双馨的职业操守，给青年人树立积极、正面的榜样形象。同时，中央纪委对影视行业涵盖影视剧购销、广告经营、大型节目和纪录片等领域的潜规则探底摸查，在 2015 年将有更严厉的举措，意味着反腐倡廉深入影视行业，确保影视产品的文化内涵。

9 月 29 日，广电总局继 6 月 6 日叫停"健康 365"和"杏林好养生"等因虚假宣传误导消费者造成恶劣影响的养生节目后，再次下达特急通知，加强各电视台养生类节目的审查，严禁借此节目形式变相发布广告。规定电视养生类节目只能由电视台策划制作，不得由社会公司制作，在专家资源、节目资金、制作能力等方面不具备条件的电视台，不得盲目跟风制作。事实上，仅有少量养生节目如《健康之路》《养生堂》保持了公益性节目的服务性质，大多数卫视的养生节目都变成经营性节目，沦为电视台的"摇钱树"，尤其是二三线电视台的生存之道，每年有几千万元乃至上亿元的盈收。此次被整治的均是以"二类广告形式"创收的养生节目，通常是在被企业买断的俗称为"垃圾时间"的时段播放，在节目当中推销保健品、药品、营养品、医疗器械或宣传医院。最新数据显示，全国省级卫视一周内播出的养生节目共有 103 档，仅 9 档达标，主持人仅 10 名合格，是近年来被消费者投诉最多的节目。③ 在全民高涨的健康保健需求和社会医疗保障体系滞后的矛盾下，百姓看病难看病贵的问题日益突出，不良养生节目无疑雪上加霜，激化了社会矛盾，损害了广播电视媒体的社会公信力。

11 月 6 日到 12 月底，国家互联网信息办公室和国家广电总局联合，首次专门针对网络不良视频、有害信息展开专项清理整治行动。及时公开专项行动的重点、进展及成效，曝光典型案例，因势利导地宣传传播有害视频的社会危害和法律后果，培养网民自觉抵制并主动监督有害信息的意识，显示了不同以往的震慑效应和社会引导作用。

11 月 27 日，广电总局发布《关于广播电视节目和广告中规范使用国家通用语言文字的通知》，这是对《关于规范广播电视节目用语推广普及普通话的通知》（广发〔2013〕96 号）的适时跟进和强化调控，明令广播电视节目的播音员主持人除特殊需要外，一律使用标准普通话并规范发音，用词造句遵守现代汉语的语法规则，禁用有损语言规范的方言俚语俗词和网络流行语。捍卫民族语言作为文化载体的纯洁性，为许多国家和民族所重视。汉语言是具有民族特征和文化底色的中国特色的典型符号，随着一些电视节目和广告中存在的语言文字不规范，乱用谐音别字、随意篡改成语的现象普遍，如"晋善晋美""咳不容缓"，以及信息碎片化和社交网络化带来的不雅网络语言文化的流行，如"屌丝"不分语

---

① 参见国家新闻出版广电总局网站 9 月初发布的《关于进一步落实网上境外影视剧管理有关规定的通知》（新广电发〔2014〕204 号）。

② 参见国家新闻出版广电总局网站 11 月发布的办公厅特急文件《国家新闻出版广电总局办公厅关于加强有关广播电视节目、影视剧和网络视听节目制作传播管理的通知》（新广电办发〔2014〕100 号）。

③ 任龙婵：《电视养生节目的非主流生长》，《视听界》2014 年 6 月。

境与场合的乱用，在海内外产生了较大的负面影响。面对综艺节目和汉语文化节目日渐扩大的社会影响力，新规旨在防止汉字滥用和粗俗猥琐网络语言的侵蚀，强化母语保护意识，及时纠正对社会公众尤其是未成年人的误导，正本清源，防止造成文化断代和语言混乱。

12 月 4 日，广电总局网络视听节目管理司司长罗建辉在第六届中国网络视听产业论坛上强调，传统媒体不允许播出的内容，新媒体一样不允许播出，而传统媒体鼓励的内容，新媒体更加鼓励。12 月 16 日，中共中央宣传部副部长、广电总局局长蔡赴朝在第二届中国网络视听大会上再次重申："线上线下要统一标准""对传统媒体、新兴媒体，对网上、网下，对不同产品、不同业态，都要进行科学有效的管理，确保面向大众的传播要遵循统一的导向要求和内容标准"①。这与国家高度重视网络视听业的发展、重视新兴媒介运用和管理有密切关系。之前，8 月 18 日，中央全面深化改革领导小组第四次会议审议通过了《关于推动传统媒体和新兴媒体融合发展的指导意见》，明确了推动新旧媒体融合发展的正确方向和严格管理："要遵循新闻传播规律和新兴媒体发展规律，强化互联网思维，坚持传统媒体和新兴媒体优势互补、一体发展，坚持以先进技术为支撑、内容建设为根本，推动传统媒体和新兴媒体在内容、渠道、平台、经营、管理等方面的深度融合，着力打造一批形态多样、手段先进、具有竞争力的新型主流媒体，建成几家拥有强大实力和传播力、公信力、影响力的新型媒体集团，形成立体多样、融合发展的现代传播体系。"

截至 2014 年底，中国网络视频用户规模达 4.39 亿，占网民的近七成，大的视听网站移动收视份额已经超过 PC 端，年轻人获得信息的渠道不再是主流媒体，媒介的深度融合与内容标准的统一毋庸置疑。正如广电总局宣传司司长高长力对当下广播电视节目突出问题的归纳：国际新闻和军事类节目把握不当，容易引起外交争端；媒体从业者政治敏感性不强，误用、误读中央政策；节目引导不当，价值观出现偏差；引用网上不实信息，播发虚假新闻；炒作丑闻劣迹者，助长社会不良风气；真人秀节目情节身份有假，欺骗公众；选题内容取舍不当，缺少人文关怀；媒体猎奇、窥探隐私，侵犯他人权益；摆错自身位置，超越媒体权力。

可见，到 2014 年，广播电视、网络视频市场已是乱象丛生，显示了前所未有的复杂，这有历史遗留问题和现实发展需要两个方面的原因。我国广播电视内容管理没有"广播电视法"，实践层面缺乏体系完备的规范性法典。现行的可操作文件依据，除了国务院 2002 年 2 月 1 日颁布实施的《电影管理条例》中的内容禁忌，以及 2006 年广电总局《电影剧本（梗概）备案、电影片管理规定》中明示的删剪修改事项有一定参照借鉴以外，具备法律效力的根本性的指导文件便是 1997 年 9 月 1 日实施的《广播电视管理条例》，但仅限于第四章第三十二条从大处着眼的七款条令，节目内容细则不免粗疏，并无量化规制。2010 年 7 月 1 日起施行的《电视剧内容管理规定》（国家广播电影电视总局令〔第 63 号〕）把原来的七条扩充到十一款，其他则是许可证、审查、备案、公示等制度层面的把关。

由于电视节目（以综艺和电视剧为主）是最广泛普及的大众文化产品，受众面和社会影响力巨大。自 1997 年后，广播电视的监管审查和来自"看不见的高层"的意见，远远比文学、电影和其他艺术严格。就国产电视剧而言，除了广电局审之外，还因题材类别，比如重大革命题材和历史题材、牵涉国家领导人及其家属，以及民族、宗教、公安、司法、谍战、涉外、军队、医疗卫生、学校等相关领域，则分别交由对应部门特殊办审，涉及政府部分的情节处理已经约定俗成、心照不宣。

因此，广电总局从 1997 年以来，不断地针对构成社会负面影响的特定事件、领域和作品，发布一系列"临时补充性"的法规、条例、禁令，对内容进行因时制宜的具体调控管理，最常见的便是题材类型的调控，比如涉案剧、反腐剧等。种种短期条令"叠床架屋"的颁布和临时抱佛脚的管理，给公众和业内造成了有失透明规范的随意性印象，从传统文化因素的角度看，体现出中国社会变革中的"内

---

① 《总局局长：视频网站内容标准与电视台统一》，新浪娱乐，2014 年 12 月 16 日：http：//ent. sina. com. cn/v/m/2014 - 12 - 16/doc - icczmvun2681624. shtml。

在多重适应性”：中国作为亚洲新兴的经济高速发展的国家，有着“亚洲伦理工业区”的共同之处，即相对于西方建立在“法制”“规则”上的行为约束，中国更注重传统文化的“人治”因素，通过非正式社会关系和非正式制度安排对人际关系产生规束，形成“重内容不重形式”的实用主义文化，对古老保守传统与现代化进程反差巨大的多变环境而言，显示出较高的灵活性，有利于解决复杂多变的各种情况①。但是，这种优势已近极限终非长久之计，在互联网时代更显被动。从中国走向现代性国家的全球角度看，强国需依法治理，以律治乱当是中华民族汲取世界文明优秀成果的改革方向。这也是2014年中共十八届四中全会发出的全面深化改革、依法治国的铿锵足音。

从对2014年广播电视政策的全年梳理看，广播电视监管开始从“治标”走向“治本”，初显不同往年的新气象。

一是“一剧两星”将会发生显著的后续效应。除了对市场制作主体和创作人员进行大浪淘沙的筛选外，单个实体的购剧成本增加，将促使制作费和演员片酬的合理分配、多种薪酬支付分配方式进一步优化，有利于引导电视剧制作的专业化和精品化，内容自制、独播乃至周播将成为趋势。同电视业发达的欧美国家依法管理、行业自律、专业门槛高、竞争格局稳定等相比，中国电视行业的结构问题一直是悬而未决的“群雄逐鹿”的难题：“四级办电视”的历史债务造成频道资源过剩、弱化乃至取消艺术门槛的资本准入机制衍生市场投机、专业法典尚不完善时产业化提前介入等造成产能失调、商业与艺术失衡的错置局面和诸多“灰色地带”的掣肘。显现在制作、营销、定价与播出上的恶性竞争便成为新累加的文化产业后患，以致精品稀缺，电视市场上流通的绝大多数作品，并非由少量的专业制作机构提供，“滥竽充数”是造成有“高原”无“高峰”的根本原因。业界认为“一剧一星”可以根治痼疾，而从电视市场应对新政策出台的“1.5轮跟播”和“920节目带”编排看，这种变应性策略依然仰赖“遥控器”检验，政策的过渡性色彩犹存，关键在于破除电视内容管理的行业结构性“死结”。

二是面对新形势加大相关部门联合执法的力度，重视政策的实践效果。中国社会已迈入移动互联网时代，加快源头的制度建设和市场监管，对一个人口众多、贫富不均、知识层次差异巨大、社会阶层分化严重的发展中大国来说，尤为迫切。2014年针对传统媒体、新媒体、视频网站的境内外内容的审查、准入等综合治理措施及时而密集，起到了净化市场、重视版权、保护守法盈利、激发创新积极性的良好作用。

三是广播电视监管超越了短期之见和形式主义。充分重视电视的“涵化”功能具有的长期性，渐显的某些潜在恶果，比如语言规范、吸烟、暴力、色情、凶杀等内容在精神思想上产生的不良教化。同时，关心建设和谐社会的民生问题，在保障人民群众“身心健康”的两个层面上，强化媒体的疏导作用和公益服务性。对养生栏目危害性的觉悟与治理，突出了对文化产品的精神食粮作用的肯定。

四是广播电视节目管理由播前管理向播后管理转型。主要采用“一优两管”的方式，一手抓宣传管理，一手抓创新创优。播后管理是国际上最常用的管理模式，主要包括政府监管、社会监督和媒介批评。此外，以科学的监管理念，让好节目进入好时段，重价值而不再一刀切地一律硬性规定晚上十点半后播出。

总结十多年以来广播电视部门出台的各种电视法规禁令，不能否认政策的碎片化和随意性。当前对广播电视行业整体的管控和运营体制还有很大问题，特殊历史和国情下行政体制与市场运营的二元化管理，宣传职能与艺术规律的无法平衡，加重了当前中国电视行业的畸形发展的行业现状。主管部门今后若能转变监管逻辑，从制度的“顶层设计”角度出发，建立电视市场管理的长效机制，打好市场运行的基础。重视文艺规律和艺术门槛，从项目立项、艺术指标监管、年产总量控制、剧集长短规范、购剧与播出不被收视率和广告收益绑架，电视节目的引进和电视剧的制播将会慢慢驶入良性轨道。

事实上，互联网及其软硬件应用的快速发展，倒逼了行政部门必须改变管理滞后的问题。媒介融合

① 参见杨庆育《变革中的文化因素与制度制约》，《中国新闻周刊》2014年11月24日，第43期。

多年却仍举步维艰，体制和利益是最大的“拦路虎”。广电总局握有电视内容集成的播控权，电信运营商拥有互联网国际出口的权利，面对新媒体气势如虹的破竹势头，广播电视行政管理思路若仅停留在收紧牌照封杀盒子上，也不过是得过且过的权宜之计。日趋复杂的媒介环境将会对管理者的执政能力形成更大的考验，解放思想观念，从全局出发，确定大政方针，推进顶层设计，依法管理的时机成熟了。

二、媒介消费语境：“后 PC”时代全媒体娱乐生态产业链

中国移动互联网发展迅猛，被网民形象地称作“指尖上的中国”。

2014 年 11 月 19—21 日，首届世界互联网大会在乌镇召开，在首场新论坛上，传统媒体和新媒体的此消彼长，成为业界学界代表们的讨论焦点，清华大学新闻与传播学院教授沈阳指出：“每个中国人平均每天摸手机 150 次。”《中国传媒产业发展报告（2014）》① 披露，2013 年，新媒体迅速崛起，成为传媒产业超越 GDP 快速增长的重要驱动力，社交媒体、网络视频等商业新模式层出不穷，市场规模不断扩大。移动互联网用户在全体网民中占比由 2007 年的 24% 上升到 81%，移动互联网相关产业对传媒产业的增长贡献率达 30.3%，较上年提升 12%。移动互联网正式走入第一媒体的序列，全面抢夺了传统互联网的风光，更在使用时间上远超传统媒体②。网民年龄结构中 10—39 岁的群体占据了 78.1%，其中，31.5% 是 20—29 岁的年轻人③。中国 15—25 岁的青年约占中国总人口的 16%，这样的目标市场成为撬动电视产业链条的基点。

BAT 近两年以资本力量展开的跨界地毯式收购，业务资源外延不断扩大，触角也探入影视领域。特别是阿里和腾讯面对“用户体验”的一系列创新之举，包括阿里收购口碑网入股优酷土豆、腾讯收购手机助手魔乐和大众点评并入股华谊等在 O2O 战略上占据先机的产业布局，都与脸谱网斥资 190 亿美元收购未来可连接 10 亿人的即时通信应用 Whats App 如出一辙。这种快速与国际接轨的产业架构，使中国影视产业在发生裂变。

2015 年 2 月 3 日，中国互联网络信息中心（CNNIC）正式发布的第 35 次《中国互联网络发展状况统计报告》显示，截至 2014 年 12 月，互联网普及率为 47.9%，较 2013 年底提升 2.1%。中国网民规模达 6.49 亿，全年新增网民 3117 万人，其中，手机网民规模达 5.57 亿，网民中使用手机上网的人群占比提升至 85.8%，较 2013 年增加 5672 万人。2014 年新网民最主要的上网设备是手机，使用率为 64.1%，手机网民即将进入平稳增长阶段，4G 网络的推广带动了更多人上网，中国 4G 用户总数达 9728.4 万户。

伴随中国社会的人口结构变化，新型消费需求崛起，中国经济逐步由投资驱动型转向消费驱动型④。艾瑞咨询数据显示，2014 年中国在线视频市场增势强劲，营收规模为 239.7 亿元，同比增长 76.4%，远高于 2013 年的 48.0%。未来的广告、终端销售、游戏联运等收入，仍然是在线视频企业的核心增长动力。大消费时代来临，势必引发文化产业与文化消费的风暴，2014 年文艺座谈会的重开无疑是面对新形势，为文艺方向和文化安全考虑的绸缪之举。

中国电视产业在 2013 年就展露出体验创造价值的盈利新趋势：现代经济从“工业经济”到“体验经济”转变，基于体验诉求的打通全产业链、开发衍生需求、引进和输出版权。传统的价值创造的观念也在变化，由企业和消费者共同创造价值，取代了以往企业主观制造和消费者被动接受的传统生产模式，电视产业模式升级换代的拐点出现，互联网重塑传统产业环境，加速了行业优胜劣汰的步伐。

在此背景下，电视产业盈利模式在资源整合中随之成为变量，市场格局因互联网及网络寡头的介入而风起云涌。各级电视台、影视制作公司、传媒集团，都在市场重新配置资源的焦虑感和紧迫感中，寻

① 系清华大学新闻与传播学院 2014 年发布的传媒蓝皮书。

② 《中国传媒产业规模将超万亿北京广告收入占全国三成》，《中国新闻网》2014 年 4 月 19 日。

③ 数据来源：中国互联网络信息中心（CNNIC）第 35 次《中国互联网络发展状况统计报告》。

④ 2014 年 10 月 29 日，国务院确定“扩大信息消费”“促进绿色消费”“稳住住房消费”“升级旅游休闲消费”“提升教育文体消费”“鼓励养老健康家政消费”等六大领域为拉动内需的新入口。

找一切融合升级的盈利模式。以“先进技术为支撑、内容建设为根本”的媒介深度融合与机制“转型”，电视产业领域最为敏感，作为与百姓生活密切相关的大众媒介，产业与技术深度交融带来内容制作与传播的巨大变化。2014年，中国电视节目和电视剧正在尝试通过“大数据”精准地区分受众市场，运用互联网思维提供用户需要的内容，创新播映合作模式，不断丰富盈利空间，这些变革动摇了传统媒体制播模式的根基。随着移动互联网和移动终端及其应用的普及与便捷，电视台内容播出渠道日益互联网化，迎来新旧媒体融合、多屏互动的“四屏时代”（即电视、电脑、平板和手机等4块屏幕）。很多电视台与视频网站加强合作，分销版权，在收视、广告收益和平台品牌传播上力图双赢。

2014年，央视将两档热播节目7集纪录片《舌尖上的中国2》和《嗨！2014》的版权向多家视频网站开放，收视不俗。《舌尖上的中国2》延续了“舌尖文化”作为年度电视文化现象的纪录，自2014年4月18日首播以来，力压众多电视节目获得黄金档周播收视冠军。区区几百万的制作费以小博大，创造了包括播出权冠名、版权销售及插播广告的上亿元收益，并缔造了近年中国纪录片海外发行的最好成绩。这并非单纯源自央视“饥饿营销”的丰收，尤其获益于线上线下的盈利模式创新，挟第1季的收视口碑，第2季采取季播模式，与天猫食品同步首发每期节目中的食材和美食菜谱。刚播出两集，在电商平台上就引爆了相关食品的销售佳绩，彰显了“舌尖文化”价值衍生的市场购买力。但或许对纪录片创作来说不是福音，《舌尖上的中国2》在艺术诚意和品质上远逊于第1季，立足于市场化生存的生意方式，阻隔了天生缺乏艺术承继和历史维度的中国纪录片审美范式的创新，将审美主体从“美食故事”转移到“中国人的故事”，在“舌尖上的中国梦”中完成主旋律基调和多方利益诉求的置换，难掩说教冲动和商业欲望。

与此同时，视频网站身份前移，纷纷投拍影视剧和自制综艺节目，打通上、下游产业链，从单一的流媒体商晋身为“平台+内容”的全媒体托拉斯，主流视频网站均已完成转型。不仅如此，视频网站间的“直播大战”还凸显了“逆向O2O”新趋势，互联网直播正在改变演艺和影视行业的传统播映乃至发行方式。将观众变为用户，关注转换成价值，流量升级为生意，线上线下同步，互联网公司热衷并购影视制作公司进行资源整合的目的即在于此。视频网站的常规产业盈利模式是购买版权内容，吸引用户点击，靠流量排名吸引广告。其弊端是内容和运营的成本仅靠广告难以为继，更难谈发展后劲。因此，有前瞻性的网站意识到后向收费的牵制，遂以优质的免干扰的视频服务，吸引并培养用户的付费习惯，建立用户前向收费模式，这是乐视网“乐视生态”的初衷。搜狐、腾讯则进一步拓展自制剧和自制栏目，甚至与电视台、传媒企业“合纵连横”，如搜狐视频自制节目《大鹏嘚吧嘚》和自制周播迷你剧《屌丝男士》(第3季)，新上线的真人秀节目《隐秘而伟大》仿效日美韩的偷拍模式，开启了内地综艺节目整蛊明星的首档虐星节目，但从以往国外同类节目看，难以形成规模化的产业模块；腾讯视频网络综艺《你正常吗?》和开辟《中国好声音》唯一报名通道的《微视好声音》，以及播出网络自制剧《探灵档案》《我的西游》等。此外，乐视、优酷、优朋普乐等视频公司都准备在4K内容上发力，甚至提供专门的4K频道。

自2014年开始，各大视频网站尝到流量拉动广告的甜头，纷纷加大了海外剧的引进力度。《来自星星的你》在爱奇艺点击量破20亿；《继承者》以3亿点击率刷新优酷纪录，爱奇艺是4.8亿，酷6达到10.4亿；搜狐因《纸牌屋》第2季的高点击率获得英菲尼迪的特约赞助。借助于网络传播，韩剧、美剧、英剧等在中国广大的市场不容小觑，从4部美剧和搜狐自制剧《屌丝男士》被紧急勒令“下架”开始，海外剧被纳入同中国影视剧一样待遇的“先审后播”管理，中国互联网政策的收紧，是海内外电视剧播出走向正版化、制度化播出的肇始。随着拥有2亿多活跃用户的快播宣布关闭QVOD服务器，被视为中国互联网最后一个“草寇”的视频网站，终结了其以低俗内容和盗版立身的原罪型商业模式。

主流视频网站以何种运营理念建构专业化的商业模式至关重要，避免“唯流量”的重口味低俗节目上线，应是网站公共服务的基本准则。2014年4月24日，新浪网因在读书和视频频道传播淫秽色情信息，面临吊销“互联网出版许可证”“信息网络传播视听节目许可证”而无法从事互联网出版和网络传播视听节目的窘境。中国视频网站的盈利模式打造，要借鉴美国流媒体服务商奈飞（Netflix）十几年来苦心经营影碟出租和流媒体在线服务衍生的“长尾效应”，及其清晰的盈利模式设计。鉴于美国民众良好的付费意识，奈飞每月7.99美元的前向收费，将薄利规模化，建立起稳定长效的盈利机制。《纸牌屋》的推出，正是奈飞基于对网民喜好的精确算计，推出的世界首部渠道商越过传统电视运营系统实现全球热播的在线电视剧，不仅引发了亚马逊、微软等公司对投拍互联网剧集的热情，也带给传统影视产业操作模式的启发：以全新的互联网思维消融产业界限，创新盈利模式，并将“文化折扣”降到最低。

与产业盈利模式的创新相比，源于“众筹模式”的网剧制作虽在国内外热火朝天，其实在初创阶段不过是一种简单的向大众融资的集资手段，与互联网思维下的创意衍生是两个概念。

互联网背景下，专注于用户体验的产业创新是盈利的新起点，比如，制定严格的创新流程、系统化地诱发衍生需求、搭建多方利益深度合作平台解决用户需求从而共享价值、寻找社会和商业效益共赢的可复制推广的项目等。另外，网络社交化趋势淘汰了传统营销中品牌靠用户忠诚固守的市场定位，只有将“品牌”植入客户的价值链中，才具备因价值而不是单纯广告所形成的内容感染力，让品牌的价值日益中心化，才是今后产业盈利的核心，苹果、小米、淘宝皆然。电视产业盈利趋势必然是从“注意力经济”走向产业链，是产业链之间的竞争，乔纳·伯杰①总结了互联网时代融入观众/用户生活形态后实现“盈利”的流行密码：让一切事物疯传的六个原则——社交货币、高度诱因、激发情绪、有公共性、实用价值、融入故事。

新媒体为传统电视提供了创新空间，而传统电视也为新的渠道提供了过硬的内容，内容—渠道—平台将是媒介融合的战略方向，是电视产业链的网络化多屏延伸。多屏世界的电视消费模式，或者说电视传播的全媒体化，是不可逆的全球性趋势。电视作为“第一块屏幕”的危机与压力，被新媒体移动屏带来的“第二屏”发挥了锁定受众的效应。移动互联网和新媒体所赋予的多向度应用的灵活性和社交属性，使受众由传统的固定收视模式趋向于媒介化生存“随时随地随机”的动态行为。社会化互动趋势的“四屏合一”意味着资源整合与跨媒体传播，不仅使“沙发上的土豆”变成“移动的土豆”，还明显提升了超过单一平台的收视规模，弥补了麦克·克朗论述的“电视地理”物理空间的缺憾：“电视创造了一个同时有着全球性的视角范围和狭小的观看空间的相互矛盾的地理。”② 在更广的意义上无疑也佐证了马歇尔·麦克卢汉“媒介是人的延伸”的论断，进而体现出“媒介即讯息”③ 的革命性意义所在。

2014年11月14日，歌华有线基于超过400万户高清交互数字电视机顶盒终端回传数据的样本收视数据实时采集分析系统显示，北京地区有线电视用户近两年平均每日不重复开机率稳定地保持在60%以上④，修正了此前“北京地区电视机开机率从三年前的70%下降至30%”的不实消息。2014年10月24日发布的《大视频时代——中国视频媒体生态考察报告》佐证了这一点：电视、网络、手机、户外视频媒体复合用户规模已达20.7亿，视频消费量因此至少爆炸性增长50%—70%。尽管在线视频、户外视频广告形式发展势头强劲，但电视目前仍具优势，其广告收入是可知的视频广告收入的11倍，而新媒体的发展壮大约需20年的规律性过程，传统电视面对“大视频时代”的冲击，最好的良策便是“全媒体”策略⑤，这是新语境下中国电视产业发展的方向。

多媒体时代对内容和创意的渴求日益迫切，不单是行业竞争和传播深入的需要。未来，随着移动终

---

① 系美国宾夕法尼亚大学沃顿商学院市场营销学教授。

② ［英］迈克·克朗著，杨淑华、宋慧敏译：《文化地理学》，南京大学出版社2005年版，第86页。

③ “媒介是人的延伸”和“媒介即讯息”是加拿大传播学者马歇尔·麦克卢汉著名的传播警句。特别是后者极富争议兼具前瞻性，他从社会意义和人类文明发展的角度肯定了媒介作为技术的根本价值，即“媒介”是一种深刻改变人们的世界观、思维方式和生活习惯，以及改造社会和历史的积极能动的革命性力量。这种对“媒介”本身作用的赞扬，刷新了一般人将媒介仅仅视作形式、信息、知识、内容的载体的习惯性思维定式。

④ 王磊：《北京人日均看电视3.4小时》，《法制晚报》2014年11月14日。

⑤ 参见《电视广告收入仍超视频10倍》，《北京晨报》2014年10月24日。

端的全覆盖，渠道越多，内容需求量越大，对高品质节目越趋之若鹜。当人口红利消失后，市场迎来受众细分的分众化时代，特别是审美趣味“文化视差”现象的存在和海外优秀电视剧引进的催化效应，视频内容供给呈现多元化，也会激发创新内容的精品独播意识。湖南卫视之所以宣布启动2015年独播战略，将自制的版权综艺节目不再分销到其他视频网站上，正是着眼于建立媒体生态的长远考虑，“一云多屏”地推进“芒果森林”，最终打造全媒体集团的互联网视频平台。湖南卫视作为业界公认的中国电视娱乐的第一媒介品牌，其成功的产业模式在于“快乐中国”的长期经营和“粉丝”群体的社交化生存方式。在互联网和移动通信下成长起来的“数码土著”是自助消费群的主力，他们没有“信息超载”的困惑，只是一种习以为常的生活方式。玩游戏、收发邮件、聊天社交、购物娱乐、数据下载、线上线下互动等，衍生出巨大的消费力，是互联网企业最可靠的盟友，奠定了产业模式创新的经济基础和人力资源。湖南卫视“快乐很简单”的频道主张吻合了“网生代”的生活习性，因而迅速成为庞大的青少年观众收视体验的“快乐大本营”。

显然，6亿多中国网民和BAT为首的网络公司正在重划互联网产业的世界版图，一条64K国际专线让中国全功能接入国际互联网，中国4G网络标准晋身国际标准之一，全球最大的15个社交网络中6个在中国。互联网化正在成为世界上人口最多的国家民众的生活方式，它在改变着文化生产和消费的产业模式。

三、大综艺娱乐狂欢：常规综艺与大型季播真人秀集群化

乐正传媒数据显示，2014年国内各大电视台及视频网站与国外版权合作的节目共计63档，其中，32档为2014年新引进节目，31档为延续播出的节目模式①。电视台播出渠道引进节目居多，视频网站除了与电视台网台联动播出之外，主要是加大网络自制综艺节目的比重，全年播出量大于引进节目。另据12月26日发布的《2014腾讯娱乐白皮书》统计，2014年共有303档节目先后上线，73个季播节目中，原创节目近七成，引进节目模式25个，其中，韩国节目版权12个，改变了以往欧美节目模式引进为主的特点。

2014年，中国电视综艺节目呈现出题材类型多元化和引进数量大的集群效应，以及全媒体互动的商业模式的变化，传统的制片策略、传播路径、收视格局、收视方式都随之发生了根本改变。类似于电影“高概念”的制播营销模式，开始移植到综艺真人秀节目中，延续电影“大片化”路线的“综艺大片”制作，成为2014年真人秀节目主流。新媒体的迅速发展，使“网台联动”成为真人秀播出的标配，扩大了受众覆盖面。相应地，受到尼尔森率先将传统收视与新媒体收视一并统计的“综合收视率”影响，中国收视率统计虽未启动“综合收视率”的推进工作，但已经在自觉地从传统电视渠道的单一模式，走向电视收视率、网络播放量、各类移动智能终端设备视频放送、百度搜索、微博论坛等多平台数据和关注度计量发布的多元模式。2014年综艺节目收视的“四屏合一”渐成常态，如果说2013年开启了中国电视业“以用户体验为导向”的理念，那么，2014年电视收看模式则从传统的被动“看电视”演变为参与互动体验的“玩电视”乐趣，传统电视上最火的节目通常也是互联网上最受欢迎的。2013年省级卫视的网络视频点击总量就达到336亿多次，从视频点击量看，湖南卫视2013年以118.9亿次名列第一，其次是江苏卫视的41.4亿次，浙江卫视的34.8亿次②。到了2014年，电视节目通过互联网平台的联动和点播得到全面升级（见表1）。

---

① 闫鹏飞：《曝中国每年花费超2亿元引进海外综艺节目》，艺恩网，2014年12月23日：http：//www. entgroup. cn/news/Markets/2323003. shtml。

② 数据来源：《视听界》2014年第3期“新媒体”资讯。

表 1　2014 年综艺节目收视率、网络播放量、公众最关注节目 TOP10

2014 综艺节目平均收视排行（数据来源：CSM50 城）			
综艺节目	卫视频道	收视率%	播出周期
《中国好声音 3》	浙江卫视	3. 88（15 期节目中有 10 期破 4）	季播
《爸爸去哪儿 2》	湖南卫视	3. 31	季播
《非诚勿扰》	江苏卫视	2. 61	周播
《我是歌手 2》	湖南卫视	2. 30	季播
《奔跑吧，兄弟》	浙江卫视	2. 15	季播
《出彩中国人》	CCTV -1	2. 06	季播
《快乐大本营》	湖南卫视	2. 04	周播
《最强大脑》	江苏卫视	1. 93（最后一期收视率 2. 74%）	季播
《花儿与少年》	湖南卫视	1. 81	季播
《天天向上》	湖南卫视	1. 38	周播

2014 卫视季播节目网络播放量（数据来源：六大视频网站、芒果 TV，截至 12 月 24 日）				
综艺节目	卫视频道	网络视频	播放量（亿）	播出周期
《中国好声音 3》	浙江卫视	腾讯视频（独播）	38. 40	季播
《爸爸去哪儿 2》	湖南卫视	爱奇艺、芒果 TV	23. 45	季播
《奔跑吧，兄弟》	浙江卫视	全网	19. 49	季播
《爸爸回来了》	浙江卫视	全网	12. 10	季播
《中国好舞蹈》	浙江卫视	腾讯视频（独播）	7. 60	季播
《十二道锋味》	浙江卫视	腾讯视频（独播）	7. 56	季播
《笑傲江湖》	东方卫视	全网	7. 13	季播
《我是歌手 2》	湖南卫视	乐视、芒果 TV	6. 46	季播
《中国好歌曲》	CCTV -3	腾讯视频（独播）	4. 76	季播
《变形记 7》	湖南卫视	腾讯视频（独播）	4. 72	季播

2014 公众最关注节目（数据来源：微博、论坛、博客、新闻和视频跟帖）		
综艺节目	卫视频道	百度指数
《我是歌手 2》	湖南卫视	30882722
《中国好声音 3》	浙江卫视	19382071
《爸爸去哪儿 2》	湖南卫视	16969888
《中国好歌曲》	CCTV -3	9050932
《奔跑吧，兄弟》	浙江卫视	8909508
《最强大脑》	江苏卫视	8849520
《出彩中国人》	CCTV -1	6270972
《百变大咖秀 5》	湖南卫视	4633837
《超级演说家 2》	安徽卫视	3546134
《最美和声 2》	北京卫视	2727911

注：表格自制，数据来源分别标示；截至 2015 年 1 月 16 日，《奔跑吧，兄弟》连续 14 周位列周五档综艺之首，以整季正片网络点播量近 39 亿次收官。

随着移动互联网的秒级响应和智能终端的普及，综艺节目的跨屏互动和“高概念”式的运作模式，推动了“现象级”节目收视纪录的不断刷新，从 2011 年的破 1 亿、2012 年的破 10 亿、2013 年破 20

亿，直到2014年30亿—40亿，呈现出几何级增长态势，表现在电视剧上这个纪录则是翻倍。2014年的电视综艺节目有以下几个特点。

1. 集群效应：常规与季播并行的综艺节目放送

中国真人秀节目的理念和制作水准，得益于前几年的预热和积累，一般来讲已优于普通演播室的节目，显示出强劲的收视品质，强烈吸引着广告商。2014年，真人秀节目井喷，从第一季度的喜剧节目《笑傲江湖》《中国喜剧星》《我为喜剧狂》开始，到第二季度的户外真人秀《爸爸回来了》《爸爸去哪儿》《花儿与少年》和演播室亲子秀《妈妈听我说》《爸爸请回答》，第三季度的明星旅游真人秀《花样爷爷》，以至第四季度的《两天一夜》《极速前进》《奔跑吧，兄弟》收尾。全年87档上线季播综艺，每一季度都有20档上下的节目开播，比较均衡（见图1）。

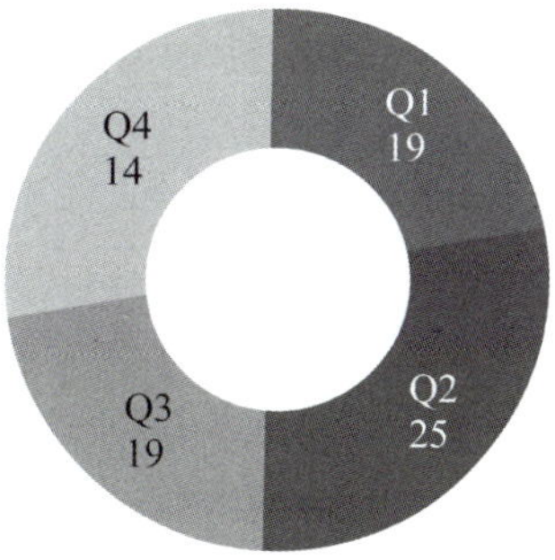

图1　2014年上线季播综艺节目全年数量分布

数据来源：ETVT电视决策智库。

常规综艺热播节目以电视台播出为主导，如江苏卫视的《非诚勿扰》和湖南卫视的《快乐大本营》《天天向上》，网络视频对季播综艺和自制节目青睐有加。2014年的季播综艺与往年歌唱真人秀独步全年不同，歌舞选秀节目数量锐减一半，只有《中国好声音》《我是歌手》《中国好歌曲》坐镇收视排行榜；户外真人秀、竞技类和益智类节目因其新颖受到观众追捧，《爸爸去哪儿》《奔跑吧，兄弟》《最强大脑》是年度最热综艺；喜剧类节目只有《笑傲江湖》突出重围，喜剧节目比其他任何节目模式都更强调本土性原创，不容易复制海外模式，图1各类型节目的收视排名清楚地显示了这个变化。此外，《中国好声音3》和《爸爸去哪儿2》双双在电视和网络平台夺魁，也位列公众关注节目的前三。

虽说歌唱类节目减半，但它因改变了中国电视的传统晚会形态和单纯欣赏表演的被动收视而受到欢迎。歌唱真人秀弥补了现场感和参与互动的短板后，载歌载舞富有节日气氛的美好"晚会记忆"变成"集体怀旧"的意绪在新模式中复活。只要不断增加富有时代气息的新鲜元素进行娱乐翻新，带有"节日晚会"元形态的新的演唱会"变种"依然会层出不穷，有旺盛的生命力。中国电视"十年综艺"，从2004年《超级女声》开始，各种节目类型走马灯似的更换，唯独歌唱类节目成为一以贯之的"常青树"，不能不说是其遗存的晚会形态基因真实地反映了大众共同的审美惯性和普遍的社会心理。

除了主流的收视统计方式外，2014年社会各界普遍膜拜"大数据"，热门综艺节目的评选和统计异常活跃，呈现出多维度多视角。其中，在搜狐娱乐的网友"年度综艺总评选"投票中，《最强大脑》《奔跑吧，兄弟》《爸爸去哪儿2》分别获得29283票、28949票、24409票；在包含媒体从业者、知名娱评人、电视从业人员等专业人士的问卷调查中，这三档节目的得票率分别占到8%、40%、15%①。综合评估，《奔跑吧，兄弟》是2014年最热门综艺，《最强大脑》是一档科学含量高的原创节目，题材独树一帜令人耳目一新。相对而言，歌唱选秀节目收视吸引力下降，只有《我是歌手2》和《中国好声音3》在网友投票中名列前茅，而专家的评价指数却在下行。《奔跑吧，兄弟》中的杨颖、《极速前进》

① 恬恬：《竞争最狠年！2014综艺节目红黑榜》，搜狐娱乐2014年12月31日。

中的钟汉良、《爸爸去哪儿 2》中曹格的小女儿 Grace 得到网友和专家的一致好评，得票率分别是 21.2%、6.1%、6%。2014 年诞生的年度热词“路人转粉”，就是表达对那些因表现出色而获得更多好感与认同的艺人的喜爱。

2014 年各种类型的真人秀节目在卫视和视频网络全面开花，二三线卫视也加入季播化开发阵营。激烈竞争的压力下，二线卫视不断寻找新的盈利模式，像贵州和青海两家卫视联手推出原创亲子益智挑战栏目《爸爸请回答》，打破了综艺节目一向由卫视独家研发的惯例，首开合作研发先河，共担风险。

2. 路径变化：网台联动和社交互动的收视格局

互联网时代的全渠道客户体验，在 2014 年的收视格局中成为亮点。随着互联网和多媒体的普及，终端媒体的社交化倾向和参与度迅速提高，跨屏互动体验成为娱乐消费的“常态”，观众和电视节目间互动的“触点”越来越多，“玩电视”已成为区别传统“看电视”的新方式。

《中国好声音 3》与腾讯视频进行了互动模式的创新玩法，推出微信“摇一摇”电视竞猜活动，不仅增加了用户体验的黏性，还激发了用户主动传播的兴趣，并推而广之成为许多大型综艺节目标配的互动方式。腾讯对热门综艺的独播模式吸引了大批用户，目前，其日均 PV（页面浏览量）逾 6 亿，移动端流量占比 65%。腾讯“秒级响应、海量、精准、社交化、互动性”等产品特色，提升了用户的活跃度和覆盖面。日均 PV 从 2013 年 1 月初的破亿升到 2014 年的 6 亿，仅用了 2 年时间，对传统电视收视率的提升起到了积极作用。《中国好声音 3》总决赛的钻石广告被化妆品植美村买下，创造了 1070 万元的奇迹，之前，单条广告费不到百万元。

每年的卫视跨年晚会都是卫视之间暗自较劲比拼实力的“大擂台”，在“节俭令”背景下，拿到 2015 年卫视跨年晚会通行证的三家卫视（湖南、东方、浙江），早已经不再拘泥于传统的“演唱会”形式，纷纷在媒介互动上比拼创意。

湖南卫视联合芒果 TV 推出“360 度全方位直播创意”，让观众和网友在芒果 TV 移动客户端、PC 端自主选择现场 5 个机位。逼真地营造出一场看似无策划、无后期剪辑、原汁原味的欢乐现场，打造了一台“裸眼 3D”跨年演唱会。

没有拿到通行证的安徽和江苏卫视利用“时间差”庆祝跨年，江苏卫视借助手机端进行互动，观众看节目时可以通过微信“摇一摇”进入互动平台聊天、点赞、收红包。安徽卫视的《国剧盛典》举办 6 年，已经成为具有业界影响力的品牌节目，跨年之际首次尝试线上线下互动，在盛典播出过程中，借助微信“摇一摇”与观众实时互动，吸引了高达 272 万的微信用户参与，安徽卫视的官方微信瞬间猛增 13 万“粉丝”。在开播大电影的直播中首次加入“弹幕”互动功能。有数据显示，元旦当晚，观看国剧大电影的现场观众多达数百人，弹幕后台互动数量近万条。

全国网数据显示，2014 年 12 月 31 日晚三家卫视的晚会，湖南、浙江、安徽收视率分别为 3.55%、0.84%、0.39%，湖南卫视向来推陈出新创意无限，连续 10 年保持着收视率第一。东方卫视和湖南卫视的跨年晚会在腾讯视频播出，截至 2015 年 1 月 3 日晚，网络播放量相差无几，分别是 8880 万和 8758 万。

3. 广告吸金：“现象级”电视综艺节目屡创纪录

“台网联动”是 2014 年电视综艺播出和收视的特点，特别是“现象级”综艺节目的多平台播出对频道的品牌贡献，使央视和各级卫视增加了与电视剧相媲美的又一个支柱产业。

电视与电脑、手机、平板客户端的 App 开辟了综艺节目一键直达的便捷收视路径，涵盖了不同受众群体的收视需求。电视固定时段播出的规则是其作为传统媒体的基本属性，黄金档资源毕竟有限，更多的时间资源被浪费掉，价值削减。非黄金时段通常意义上对观众和广告商的吸引力不大。而新媒体的即时性将观众的碎片时间聚合成个体的“黄金时间”，传统媒体入口的内容优势被盘活，广告商从“择时投放”的传统广告路径转变为时下的“项目投放”。爱奇艺以 2 亿元版权费，打包了湖南卫视 5 档热播综艺《爸爸去哪儿》《快乐大本营》《天天向上》《百变大咖秀》《我们约会吧》2014 年的独家播放权。银鹭 6600 万元获得《爸爸去哪儿 2》网络独家冠名权，蓝月亮 3000 万元获得联合赞助权。腾讯视频投入2.5亿元拿到《中国好声音3》独播权，总播放量近40亿次。优酷因播放《最强大脑》创下10.42%的收视份额，遂拿下其第2季独播权。乐视以过亿元版权费买断《我是歌手2》独家版权。独播模式是视频网站获得高点击率，吸引广告冠名及贴片的首选策略。

随着网络观看综艺节目的常态化，腾讯视频、乐视网、爱奇艺、搜狐视频、优酷等5大主流视频网站基本覆盖了一线（湖南/江苏/浙江/东方/北京）、二线（山东/天津/湖北）卫视的热播综艺节目。相对于网站积极开发自制节目，综艺节目的主要制作实力仍掌握在央视和卫视手中，引导并主导广告投放，网站拓展了受众群，提升了对广告商的吸引力。《中国好声音3》的广告招标总收益超过13亿元，《爸爸去哪儿》两季和《我是歌手》两季广告招标总收益为18.7亿元。

随着2014年11月18日央视黄金资源广告招商的低调落幕，2014年末各大电视台的广告招商季画上句号，一线卫视前3家"现象级"综艺节目强势的吸金能力凸显，10个综艺节目仅广告冠名费总额就达到20亿元左右，并不断在冠名费纪录上"放卫星"，《我是歌手3》冠名费3亿元，现场拍卖交易的广告总额达到8亿元①，湖南卫视2015年即将播出的《偶像来了》是上榜节目中唯一的新栏目，冠名费却高达4亿元。据业内人士分析是源于4G手机的推广，三四线城市将迎来换手机的高峰，湖南卫视的收视对象是暑期学生和二三线城市的观众，物美价廉的OPPO、步步高VIVO的主要消费者是高中生和大学生，而《偶像来了》是以"粉丝"为主题、选秀真人秀和素人真人秀结合的大型电视选秀活动，广告商看好未来市场②。（见表2）

表2　一线卫视热门综艺节目2014年底广告招标冠名价格

一线卫视	综艺节目及剧场	广告投放及合作模式	广告商	成交价
湖南卫视	《爸爸去哪儿3》	冠名＋战略合作资源	伊利	5亿元
	金鹰独播剧场＋《变形记8》	冠名	滋源	4亿元
	钻石独播剧场	冠名	温碧泉	1.28亿元
	《偶像来了》	冠名＋全面合作	OPPO	4亿元
	《快乐大本营》	冠名	VIVO	3.5亿元
	《我是歌手3》	冠名	立白	3亿元
	《天天向上》	冠名	蒙牛	2亿元
江苏卫视	《非诚勿扰》	冠名＋全面合作	韩束	5亿元
	《最强大脑2》	冠名	伊利	2.5亿元
	幸福剧场	冠名	温碧泉	1.68亿元
浙江卫视	《奔跑吧，兄弟2》	冠名	伊利	2.16亿元
	《奔跑吧，兄弟2》	位序硬广	29家	2.50908亿元
	《中国好声音4》	特约赞助	百雀羚	1.8亿元
	《爸爸回来了2》	冠名	好彩头	1.38亿元

可见，"现象级"电视综艺节目已经当之无愧地成为中国电视时下最具影响力、传播力、竞争力，也是最赢利的内容。《爸爸去哪儿》《中国好声音》的"大电影"操作模式、手游开发、相关栏目剧制作和电商平台联动，以及像《最强大脑》《花样爷爷》《一站到底》《极速前进》等致力于开发同名手游打造"粉丝经济"，初露内容IP化的产业链形态。2014年关注IP内容产业是年度大事件，也是传统媒体和新媒体视为核心竞争力的产业孵化方向。

4. 引进转向：中韩联合制作降低"文化贴现"

中国电视节目版权引进从2010年"模式元年"开始，基本是英国为主的欧美真人秀。2014年，韩

① 《〈我是歌手3〉吸金　整体广告将达10亿元》，《法制晚报》2014年11月14日。

② 《卫视招标冠名费屡创新高　明年综艺节目广告或高达480亿》，中国广告网2014年11月18日：http://www.meipo360.com/html/Article/2014/1118/20141118090141343.shtml。

国电视节目模式在中国掀起新一轮的真人秀热潮，韩流从最初的音乐1.0时代、韩剧2.0时代，升级为综艺3.0时代。而且，节目引进后本土化制作同步升级，从欧美模式依循“宝典”手册“二次编码”的操作，转向中韩深入合作的“联合制作”。此外，随着广电总局“限外令”的实施，韩剧版权价格走低，将促使中韩合作主流转向电影和综艺的内容制作。

随着韩版 *Running Man* 的中国版《奔跑吧，兄弟》在浙江卫视开播，江苏卫视的《明星到我家》和天津卫视的《囍从天降》在中国落户①，还有四川卫视的《明星家族的2天1夜》、贵州卫视的《完美邂逅》、东方卫视的《花样爷爷》、湖南卫视的《爸爸去哪儿》、《我是歌手》、《花儿与少年》等，韩国综艺节目颇受中国观众喜爱。

按照英国学者斯图亚特·霍尔关于电视节目的生产—传播是“编码—解码”的观点，跨文化传播中的异域文化需要“二次解码”，解码的过程必然导致不同程度的“文化贴现”：“扎根于一种文化的特定电视节目、电影或录像，在国内市场很具吸引力，因为国内市场的观众拥有相同的常识和生活方式；但在其他地方其吸引力就会减退，因为那儿的观众很难认同这种风格、价值观、信仰、历史、神话、社会制度、自然环境和行为模式。”② 相对于欧美文化的西方个人主义价值观，同处东亚儒家文化圈的韩国节目，更易让中国人感受到文化亲和力，以及相仿的伦理亲情型社会人际关系。由于中韩都是“高语境文化”的国家，在电视节目解码过程中价值观差异甚微；欧美则属于“低语境文化”，适合原样照搬，文化语境的差异导致本土转换过程中，稍加发挥或解读就容易走样，不太贴合中国实际，传播效果不好。

海外节目模式的引进转向，也可以视作中国电视综艺节目本土原创方向的循序渐进，从引进到“联合制作”再到“联合研发”，都是“师夷之长”的学习过程。综艺节目国内一线制作公司——灿星研发的《中国好歌曲》，已被英国国际传媒集团英国独立电视台购买了版权模式，负责其全球发行权和英国播出权，巴西、越南等国电视台已购买该节目版权，是中国首档输出海外的原创才艺模式节目。之前，湖南卫视2009年与泰国正大集团签订《挑战麦克风》模式销售协议，是国内首家将自主研发的节目模式销往海外的卫星电视经营机构。从《挑战麦克风》《非诚勿扰》到《中国好歌曲》的海外版权输出交易目前还是个案，代表了中国自主研发版权能力的养成和产业盈利方向：从全国性影响生发成全球性现象级事件，引起世界关注，输出版权，与国际电视业接轨。另外，中国主流视频网站国产综艺超过引进模式的节目比例，意味着中国电视综艺节目本土制作和原创的蓄能（见图2）。腾讯视频在引进综艺和国产综艺储备、播放数量和自制实力上，比国内其他视频网站更显优势与合理性（见图3、图4）。

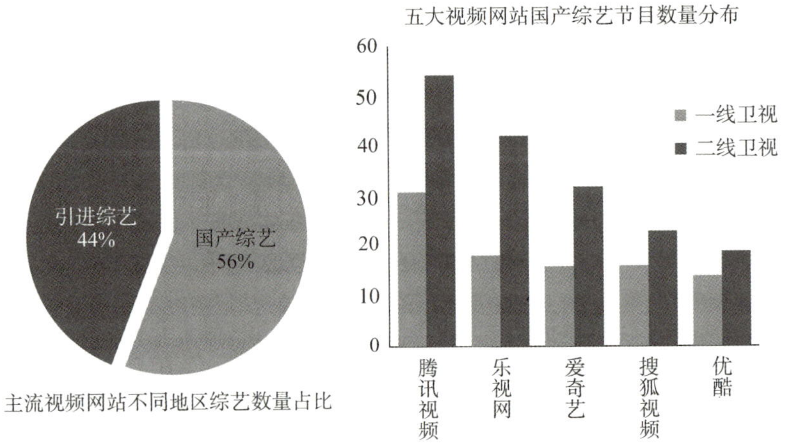

图2 2014年主流视频网站综艺来源占比和网台国产综艺规模

数据来源：ETVT电视决策智库。

① 这两档韩国节目因师出同门《伟大的婆家》而诱发版权之争，但并未影响收视。

② ［加拿大］考林·霍斯金斯、斯图亚特·迈克法蒂耶、亚当·费恩著，刘丰海、张慧宇译：《全球电视和电影——产业经济学导论》，新华出版社2004年版，第45页。

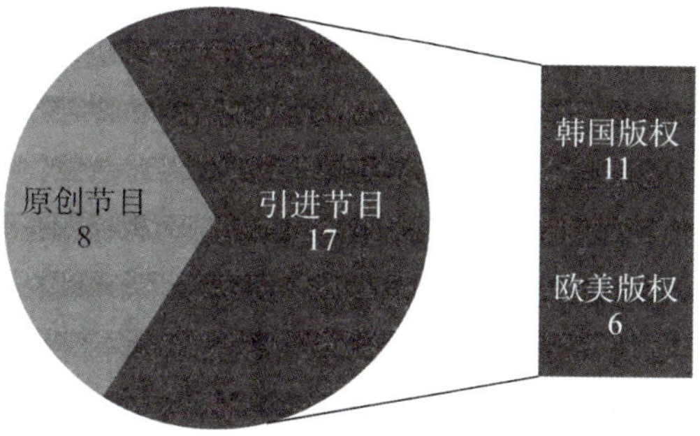

图3　2014年季播综艺节目网络播放TOP25版权引进主要来源国

数据来源：ETVT电视决策智库，截至12月24日。

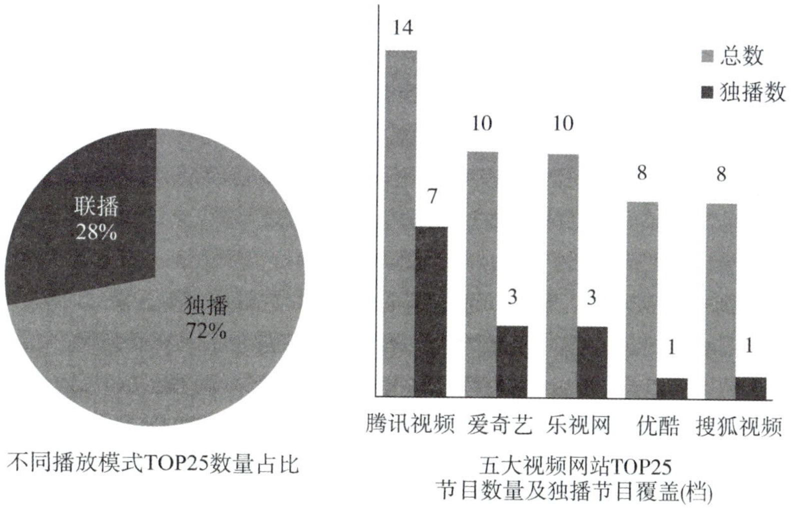

图4　2014年季播综艺节目网络播放TOP25播放模式和5大平台覆盖情况

数据来源：ETVT电视决策智库，TOP25中包括芒果TV和PPTV的部分独播节目。

中国综艺目前仍不能避免"一女嫁两夫"的海外版权复制倾向，像四川卫视《明星家族的2天1夜》和东方卫视《两天一夜》源自韩版《两天一夜》、东方卫视《舞林争霸》和浙江卫视《中国好舞蹈》脱胎于美国的*So you think you can dance*、东方卫视《花样爷爷》和湖南卫视《花儿与少年》复刻自韩版《花样爷爷》等。在对海外节目模式反刍消化过程中，提高版权意识，培养自主研发能力，改变中国处于全球创意产业链下游位置的现状，是中国电视节目制作主体必须认清的方向。2014年，中国电视综艺在海外模式引进中表现出来的题材类型多元化、相近文化圈节目的选择、视频网站不同于电视台的制播趋势，都是本土原创节目持续发力的信号。

5. 业界翘楚：中国电视综艺的娱乐"风向标"

在中国电视节目版图上，长三角板块的湖南卫视、浙江卫视、江苏卫视是中国电视综艺频道的"三驾马车"，无论是收视率、话题指数、广告收入，还是媒介融合与内容生产的创新能力，均是中国电视行业的娱乐"风向标"，其综合指标与央视成掎角之势。

湖南卫视10多年来保持的行业奇迹颇有"乔布斯风格"，将"持续创新"熔铸成"遗传性"本能，自2003年开始连续11年稳居全国地方卫视第一，多次撼动央视强势媒体的地位。到2013年底，频道全年共获得140多个全天收视第一，其所在的湖南广播电视台营收体量183.4亿元人民币，位居第二的江苏广电总台营收体量为123亿元，只及湖南广电的2/3①。湖南卫视总是在努力探索传统电视的新增

① 杨光：《湖南卫视持续十多年创新之谜："芒果"青春之道》，《中外管理》2014年6月10日，网易：http：//money.163.com/14/0610/08/9UC8JOKT00253G87.html##。

长点，逐渐形成季播节目和常规综艺交叉、引进模式和自制综艺并驾齐驱的较为理想的节目资源分布，特别是拥有完整知识产权的系列自制节目、自主研发能力和产业链全媒体衍生的战略布局。5 月 9 日与芒果 TV 推出“芒果独播战略”，《唱战记》《变形记 8》《花儿与少年》等几档新节目将不再对外销售互联网版权，这既是强势媒体“自我价值觉醒”的必然选择，性质如同央视 2014 年世界杯直播权仅在自家 CNTV 上网络播放，也是“传统电视媒体众多自我救赎手段中的一个选项而已”①。

《非诚勿扰》作为一档生活服务类相亲节目，是江苏卫视响亮的电视名片和常规大型季播综艺，频道定位于“情感世界，幸福中国”。《非诚勿扰》敏锐地体察到转型期中国社会出现的诸多情感困惑和价值混乱，为大众提供了一个分享、交流、纾解和情感释放的平台，体现了江苏卫视“幸福传播”主旨的“强适配性”。开办 5 年来，超越了综艺真人秀“收视疲劳”的通病，源于其搭建了一个价值观交锋的舞台，与时代同步地实时呈现蕴含深刻社会心理的新鲜话题，情景剧式地“搬演”现实人生对爱情、婚姻和家庭的不同态度与选择，是电视综艺版的“现实肥皂剧”，也是适合举家观看的少数节目类型。因此，覆盖了几个主流年龄层观众，年轻人和父母及隔辈都能感同身受地表达意见，容易达成在网络空间的话题交流，即节目总制片人所谓的“内容设置遵循了涌现性原则”。《非诚勿扰》已名扬海外，举办了 10 多次海外专场，受到华人社群和外国受众的欢迎。《最强大脑》是江苏卫视 2014 年新推出的一档大型科学类益智真人秀节目，版权来自德国，其独特的品牌价值是关于国内外各领域“天才”的超常脑力竞赛，很难作秀。真实、知识、信息、视野、娱乐的兼顾成为节目严肃而活泼的内涵品质，主持人和科学家是生活中真正的教授，他们以“电视知识分子”的身份把握节目流程，引导电视观众，突出益智特点。

浙江卫视则以“中国蓝”的文化内涵和产业前景打造“梦想”品牌。《中国好声音》是中国首档真正制播分离的综艺节目，它让浙江卫视成为中国电视行业第一家试水制播分离，并拉开中国引进海外节目模式大幕的先行者，启蒙影响了此后中国歌唱真人秀的基本模式。2014 年引进韩国的户外竞技真人秀《奔跑吧，兄弟》并联合制作，是岁末电视荧屏上人气最高的节目，它在“游戏”和“竞赛”中挖掘出艺人鲜为人知的一面，包括体力、智商、情商等方面有趣、搞笑、意外、惊喜的诸多感受，向观众展现了艺人职业表演之外更加丰富多彩的生活情态，提升了“明星消费”层次：从单纯猎奇到欣赏明星多面才艺的健康娱乐态度。

从制播分离的角度看，制作公司是版权方，电视台是播出平台，才是内容研发与合作盈利的良性的产业模式，比如灿星是《中国好声音》的版权方，浙江卫视是播出方，两者合作模式采取股份制形式，中国目前还是少数（见表 3）。

传统的制播分离通常是两种模式：一是电视台向制作公司销售播出时段；二是制作公司收取制作费负责创意和制作，电视台拥有广告收益。省级卫视间的差距和差异化日趋明显，以“创意”为中心的内容制作使传媒公司迎来了春天。曾经因身处“体制内”而有优越感的电视媒体人，在市场化的今天面临电视台的体制性分流裁员，地面频道尤甚，央视和一线卫视也面临人才流失问题。2014 年体制内主持人、制片人和电视高层人士纷纷出走的“离职潮”，侧面反映了媒介变革和制播分离对电视台造成的阵痛，以及核心团队核心人物在品牌节目中的头脑作用。制播分离是中国电视产业趋势，再难也要走，思维观念的转换与重塑才是适应环境变革的根本。

表 3　国内知名节目制作公司的品牌节目②

公司名称	综艺节目品牌
灿星制作	《中国达人秀》《中国好声音》《舞林争霸》《舞出我人生》
	《出彩中国人》《中国好歌曲》《中国好舞蹈》

① 戴元初：《电视价值的新媒体重建准备好了吗?》，《视听界》2014 年第 3 期。

② 表格自制，来源参考彭侃《综艺节目制作公司迎来黄金机遇期》，《视听界》2014 年第 6 期。

续表

公司名称	综艺节目品牌
光线传媒	《国剧盛典》《梦想合唱团》《超级减肥王》《中国正在听》
	《加油！少年派》《我是传奇》
华录百纳	《中国喜剧星》《笑傲江湖》《最美和声》《女神的新衣》
能量传播	《超级演说家》《我为喜剧狂》《我是演说家》《壹周立波秀》《鲁豫有约》
唯众传媒	《开讲啦》《爱拼才会赢》《感恩成长》
元纯传媒	《人生第一次》《造梦者》
大道传媒	《妈妈听我说》《明星到我家》
世熙传媒	《大地飞歌》《舞动全城》《神探医生》
乐正传媒	《因为是医生》《中国艺术苑》
天娱传媒	《超级女声》《快乐男声》《快乐女声》《红星闪闪》
中广天泽传媒	《超级女兵》《私人订制》《士兵突击》《花样年华》

大型季播真人秀已成为电视台适应媒介融合并获利的收视法宝，基本盈利模式是播出权、广告冠名和插播广告，进一步是 IP 内容开发甚至版权销售。像湖南卫视《爸爸去哪儿》每一季都衍生出电影套拍、手游开发和图书出版，首季综艺电影票房 7 亿元，跑酷手游下载量超过 1.2 亿次，出版 5 本图书，这是韩国原版节目未曾尝试的。

值得注意的是，“现象级”综艺节目的大电影越来越口碑两极，从 2014 年春节上映的《爸爸去哪儿 1》，到 2015 年 1 月底上映 6 天缔造 3 亿元“票房神话”的《奔跑吧，兄弟》（累计 4.31 亿元），以及 3 天票房 1.04 亿元的《爸爸去哪儿 2》（累计 2 亿多元）等，都是根据同名热门综艺节目、仅用五六天正式拍摄、保持高票房纪录的“现象级真人秀电影”。这些热播综艺衍生大电影的产业实践属中国“首创”，本质上仍是一期“付费的”电视节目而无关电影艺术性，无论是节目原版国的韩国还是美国，都不会如此随便地以“不伦不类”的影视形态打造产业链。

之前，《中国好声音》（电影《中国好声音之为你转身》）、《快乐男声》（电影《乐火男孩》）、《我们约会吧》都曾拍成电影，票房惨败①。即便是高票房的综艺电影，其艺术评价并不高，在时光网和豆瓣网上，《爸爸去哪儿》分别是 5.6 分和 6.3 分，《奔跑吧，兄弟》仅为 4 分和 3.3 分，无法比肩同名综艺节目。

中国目前的真人秀电影谈不上“诚意”，只是“泛娱乐”产业语境中急功近利的又一“中国式圈钱”例证，背离了国际上 IP 影视项目的专业操作模式，加剧了中国电影生态的恶化，招致了不少电影导演或痛斥或“存在即合理”的分歧。相反，获益丰厚的出品方众口一词地支持“跨界整合产品”的产业盈利方向，认为有助于中国电影类型多样化。而且，基本采取“趁热打铁”快速上映的方式，利用每一季节目收官后“余兴未尽”的收视率热度，“二度复制”后延伸成票房收益。不过，《爸爸去哪儿 2》和《爸爸的假期》的总票房，相比《爸爸去哪儿 1》已大幅下跌，2015 年春节档电影的多样化排映，留给这类投机性电影的“取巧空间”不断萎缩，随着观众的新鲜感消失和电影类型的丰富，缺乏艺术含量的低水平综艺电影将降至冰点。

6. 亦喜亦忧：综艺节目的文化价值和娱乐底线

从 2014 年全年看，真人秀题材类型开始多元化，包括户外旅游、生存挑战、表演选秀、益智闯关、情景体验、角色互换、生活服务、婚恋交友、职场创业等，热播综艺尤以亲子、音乐、竞赛、户外游戏为主。其他的像喜剧类（如《笑傲江湖》）、时尚类（如《女神的新衣》）、美食类（如《十二道锋味》）、舞蹈类（如《中国好舞蹈》）、婚恋体验类（如《囍从天降》）、脱口秀（如《我是演说家》）等

---

① 根据综艺节目《爸爸去哪儿》拍摄的剧情片《爸爸的假期》，3 天票房刚过 4000 万元，累计 1 亿多；《快乐男声》的剧情式纪录片《我就是我》电影票房仅 670 万元，远不如电视节目形态呈现的综艺电影《奔跑吧，兄弟》《爸爸去哪儿》和《爸爸去哪儿 2》。可见，相比于剧情化改编，真人秀模式的大电影是最受市场欢迎的类型。

差异化新节目，满足着市场多样化需求。特别是非主流的喜剧类节目，在更考验本土文化特色和原创性上做了可贵的探索（见图5）。

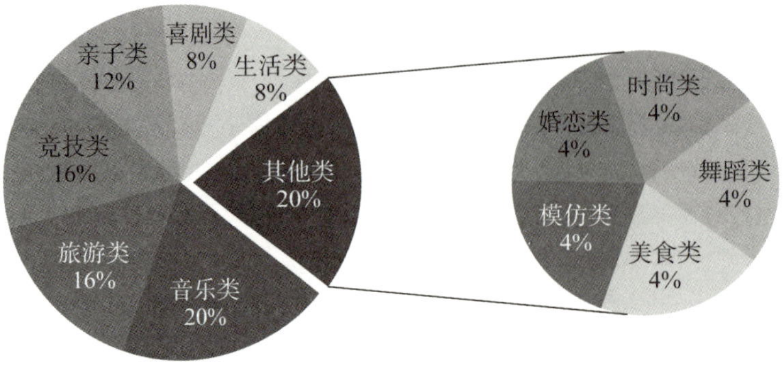

图5 2014年季播综艺网络播放TOP25题材分布

数据来源：ETVT电视决策智库，截至12月24日。

真人秀风靡全球，与人类深层的社会心理有关，“人类都有深入了解他人生活状态的欲望，从低级层面说就是窥视欲，从高级层面说则是要通过观照他人来理解自己。故事与戏剧的出现大概都与人类的这个普遍欲望有关，而电视则更是为实现人类这一古老理想提供了极大的方便”①。中国传媒大学教授苗棣从兼顾内容题材侧重于电视节目形态模式的角度，将真人秀类型分为三大类七小类：竞赛真人秀（包括游戏真人秀和职业竞赛真人秀两类）、才艺真人秀（包括平民才艺真人秀和明星才艺真人秀两类）、非竞赛真人秀（包括生活服务真人秀、换位体验真人秀和特殊任务真人秀3类）②，中国目前的综艺节目全部涵盖在这些类型内。

现象级季播文化类节目的出现令人惊喜，《人民日报》特发专版文章，盛赞其复兴传统给中国文化带来的新内涵。河北卫视的《中华好诗词》与央视《中国汉字听写大会》被界定为2014年“现象级”文化类节目，它们与传统节日之际推出的《清明说吧》《写在墓碑上的人声》等新节目模式一并被视为对传统文化的回归，“原创、低成本、接地气、寓教于乐，这些节目风格清新、内容充实，不仅触摸到了流淌在中国人血液中的文化情结，更直指世道人心，对社会风气起到了很好的引领作用”③。

自河南卫视2013年播出《汉字英雄》《成语英雄》以来，全国涌现出一批文化节目，央视《中国汉字听写大会》、《中国成语大会》、河北卫视《中华好诗词》、云南卫视《中国灯谜大会》、贵州卫视《最爱是中华》，充分调动了电视的全息性、戏剧性等艺术手段，结合互动体验，在竞赛模式中传播中国文化，填补了《百家讲坛》后电视节目形式创新上的空白。

相较于其他文化类节目，《中华好诗词2》创新性地运用综艺节目闯关、益智等娱乐包装手法，汲取中国文艺传统中喜闻乐见的元素，融知识性和娱乐性一体，体现出“以娱乐为外壳、文化为内核”的兼顾传统与现代的前卫研发理念。因此，在收视和网络热度上表现突出，平均收视约0.3，全国同时段排名位于10左右，在新浪微博“疯狂综艺季单期排名”的最高纪录是第2名，话题阅读量破2亿，文化界和学者纷纷给予好评。而《中华好诗词3》已和全球多家孔子学院达成战略合作意向，积极吸纳外国选手参与节目，还计划到海外进行诗词交流，在中国文化海外传播中搭建中外文化合作的新平台。《汉字英雄》在2014年4月的戛纳电视节上，首次输出中国原创文化节目模式，世熙传媒从海外节目模式引进和本土研发制作，到获得《汉字英雄》的国际行销权，代表了中国电视节目原创能力和版权意识的进步。

① 苗棣、毕啸南主编：《解密真人秀——规则、模式与创作技巧》，中国广播影视出版社2015年版，第12页。
② 苗棣、毕啸南主编：《解密真人秀——规则、模式与创作技巧》，中国广播影视出版社2015年版，第9—11页。
③ 《2014，中国文化百分百》，《人民日报》2014年12月29日，中国文明网：http：//www. wenming. cn/wmzh_ pd/jj_ wmzh/201412/t20141229_ 2372927. shtml。

真人秀节目模式代表了全球电视产业跨文化传播中具有现代性意蕴的发展趋势，其艺术价值在于“真实性与戏剧性的完美结合”，它将在相当长的时间里引导世界电视节目的制作主流。而中国电视综艺节目在理念和实践上表现出“双重性”分裂倾向，一面在借鉴学习中进行本土改良与创新，走内涵式渐进发展的自主知识产权之路；一面又短视地为了收视率和广告盈收屡屡触碰文化和产业的底线，将这种“极具张力的窥视”导向低俗化。

2013 年，真人秀有 3 对 6 个节目“撞脸”：跳水秀《中国星跳跃》和《星跳水立方》；歌唱秀《中国最强音》和《激情唱响》；梦想秀《中国达人秀》和《出彩中国人》。到 2014 年却翻了 3 倍，9 组 21 个节目在“打擂”：喜剧类 4 个：《中国喜剧力量》《中国喜剧星》《我为喜剧狂》《笑傲江湖》；亲子类 3 个：《爸爸去哪儿》《爸爸回来了》《人生第一次》；明星夫妻海外游纪实秀：《鲁豫的礼物》和《真爱在囧途》；明星自助旅游类：《花样爷爷》和《花儿与少年》；户外竞技类：《极速前进》和《奔跑吧，兄弟》；家庭生活体验类：《明星到我家》和《囍从天降》；全明星户外生存旅游类：《明星家族的 2 天 1 夜》和《两天一夜》；明星恋爱类：《完美邂逅》和《如果爱》；文化节目：《汉字英雄》和《中国汉字听写大会》。

这些“高仿”节目有两个特点：一是集中在“明星消费”，7 组是纯粹的“明星秀”，2 组是“名人（文艺或文化）+平民”配置的竞赛选拔。二是从央视到一二线卫视都不同程度地表现出“复制”倾向，游离了媒体社会导向职能的媒介伦理，不利于本土原创节目研发及其版权保护。从灿星“纵向研发+横向复制”的节目研发模式看，也体现出某种内在需求的“一致性”（见图 6）。

2010 年《中国达人秀》→ 2014 年《出彩中国人》
↓
2012 年《中国好声音》→ 2014 年《中国好歌曲》
↓
2013 年《舞林争霸》 → 2014 年《中国好舞蹈》
↓
2013 年《舞出我人生》

图 6　中国最具创新启示的灿星公司节目研发矩阵

同一类节目的普遍扎堆竞拼、压线、“擦边球”、“闯红灯”，甚至无视娱乐底线、价值底线的投机取巧现象，在 2014 年格外突出，全国 34 个卫视的综艺节目格局同质化严重，这种“竞争性复制”导致很多卫视从节目类型的形态、模式、手段到编排高度相似。随着《爸爸去哪儿》的热播效应，大量亲子类节目跟风出现：央视 1 套《宝宝来了》、央视 2 套《超级育儿师》、北京卫视《妈妈听我说》、浙江卫视《爸爸请回答》、《人生第一次》、安徽卫视《加油好 BABY》、江苏卫视《改造熊孩子》、深圳卫视《辣妈学院》、陕西卫视《好爸爸坏爸爸》、青海卫视《星星知我心》、东南卫视《老爸向前冲》、厦门卫视《老爸拼吧》，等等。从社会学角度看，亲子节目的热播反映了人们开始重视健康的亲子关系和父母在孩子成长中的教育问题，并且从传统影视“世上只有妈妈好”的颂扬，转向重构现代家庭中的“父亲”角色，带有跨文化意味的现代伦理内涵。问题是，当全国绝大多数电视台都加入亲子节目混战时，已非单纯的“收视疲劳”，也不是节目过度成人化表达带来的泛娱乐倾向，而是演变成一场成人世界进行“童年消费”的媒介奇观。固然，一些节目有一定的育儿意义，但许多不当处理，在未成年人教育和心理层面产生的思维混乱、危险误导和价值观问题不容忽视。“星二代”真人秀节目的情境设计明显暴露出自我认知偏差；有些节目戏仿形态，比如《妈妈听我说》的节目程式与《非诚勿扰》基本相似，只是更换为以儿童为主体的成长言说；《爸爸去哪儿 2》依然有高收视，与第 1 季相比，却普遍给人留下今不如昔的感觉，第 1 季好看是因为有童真童趣和时时爆出的童言无忌的金句，第 2 季则变成看爸爸们的体力游戏，“萌娃”们反而成为沉默内向的陪衬，让“亲子秀”不自觉地走向“明星秀”。

暴露出中国综艺节目为博眼球游离主旨反而弄巧成拙的通病，破坏了节目制作理念的连贯性。

其他类型的节目中，如深圳卫视的产房真人秀《来吧孩子》直播分娩的血腥镜头触犯了医学伦理禁忌，《我是传奇》《两天一夜》愈演愈烈的“虐星”式噱头营销，《真爱在囧途》《花样爷爷》大曝隐私的镜头处理，都让人质疑真人秀“走极端”的商业心理。

中国电视节目市场并不需要如此多大同小异的娱乐节目，引进和输出的不对等造成的文化传播“逆差”，不仅会衍生产业泡沫的风险，还会招致无法预估的文化渗透和价值观逆转。某些西方国家对中国孔子学院不绝于耳的封杀，实际上源于对中国意识形态的文化渗透可能会颠覆本国价值观的远虑。海外节目模式通过影像和故事这种纯娱乐的方式，进入中国民众的日常生活和文化消费，隐性地传播西方的生活方式、信仰和价值观，其影响力甚于中国大张旗鼓地“走出去”的宣传策略。慎重模式引进，鼓励本土原创，才是民族文化承继的根基。

中国电视行业的乱象，都是现行体制、电视行业布局和电视节目生态结下的恶果，产业化过程中的“内涵式增长”是中国电视台普遍缺乏的经营理念，文化自觉也是各级经营主体匮乏的自律意识，节目模式多元化是产业选择，但不是所有题材内容都适宜拿来“秀”！

四、电视剧高峰之作：作者化实践召唤艺术美学理念回归

电视剧被人们称作这个时代的“长篇小说”，是大众文化产品中最流行的文艺样态。从斯图亚特·霍尔“文化即生活”的论断出发，电视剧承载着日常生活、社会心理和集体愿望，是解读中国社会现代性的最好文本，在这个意义上，与老舍先生“艺术为人生”的主张不谋而合。

2014年，中国电视剧精品大剧涵盖了全题材类型，在现实和历史两个层面上佐证了电视剧“大年”的品质。《父母爱情》《一仆二主》《爷们儿》《生活启示录》《亲爱的》《产科医生》《马向阳下乡记》《离婚律师》等现实题材作品，忠实于“艺术源于生活高于生活”的创作理念，直面现实的种种困境和情感焦虑，又超越了讲故事的浅层叙事；《历史转折中的邓小平》《北平无战事》《四十九日·祭》《长沙保卫战》等历史题材作品致力于历史发展内在逻辑的现代重构，提升电视剧作为大众文化产品的思想价值，警示因消费历史而对历史遗忘的危险语境。2014年中国电视剧创作在流行文化和艺术主张两个方面的“内涵精进”，是精英艺术实践和大众普罗文化握手言欢的成功试水，表征了电视剧创作逆流而上回归艺术本源的努力：“艺术一词的原义就是力图使人意识到自身的、尚未被认识的伟大。”①

同2013年乏善可陈缺少领跑全年大剧的颓势相比，2014年涌现的一批精品大剧带来了年度新气象，树立了电视剧创作新的艺术标杆，甚至成为年度热议话题。上半年，现实题材电视剧的播出占主流，历史大剧多集中在下半年，这与广电总局倡导7—10月卫视黄金档播出“中国梦题材”“爱国主义题材和反法西斯题材”的调控有关。年末，央视“跨年大剧”《大清盐商》为2014年中国社会的“历史转折期”做了承上启下的良好开端。

即便如此，电视剧的大众文化产品属性，决定了收视率和网络播放量高的基本是凸显流行文化，侧重日常性、通俗化、娱乐性，反映社会心理和释放集体欲望的大众文本，不一定是富有精英意识思想深刻的“艺术电视剧”，这符合大众文化的发展规律（见表4）。

1. 主流政治叙事“脱敏”：《历史转折中的邓小平》

献礼剧是中国特色的艺术类型，每逢重要纪念日都会隆重开启献礼的阀门，与时俱进地更新历史话语表述系统，传递现实合法性起源和当下诉求。2014年8月8日，央视综合频道（CCTV－1）播放了“重大革命历史题材电视剧”《历史转折中的邓小平》，8月22日是邓小平诞辰纪念日。这次与以往不同的是，该剧几乎是悄悄开播，并未提前预热和重点宣传。相反，是播出后才带动了中国社会从上至下的热烈讨论和反思，为今日中国正在进行的“全面深化改革”——又一次“历史转折”——做了互文意义的“致敬”和“献礼”。

---

① ［法］弗·特吕弗：《法国电影的某种倾向》，《世界电影》1987年第6期。

《历史转折中的邓小平》在题材和叙事上的突破表现在三个方面。

一是将改革开放以来对敏感人物和政治事件的前沿学术研究成果引入大众文化传播。该剧由中央文献研究室牵头，成立了以专家和作家结合的特殊编剧团队，剧本创作60万字，历时4年，送达各级审查的光盘逾1万张。它打破了诸多“历史话语禁忌”，第一次涉及以往影视作品中很少出现的“敏感人物”华国锋和胡耀邦，尤其是对胡耀邦做了相当篇幅的正面积极的改革者形象的塑造；第一次在代表官方意志的影视作品中对“文革”基本全盘否定；第一次戏剧化地呈现逃港事件。从这个意义上看，代表了主流政治叙事开始直面历史真相和重视民意诉求的勇气，敏感人物从影像的“不可见”到“可见”，政治事件雷区从“不能蹚”到形象地“阐释”，在视觉符号层面反映了更大的政治包容性。

二是该剧按照“信史”标准采取真实与虚构相结合、设置正反角色再现时代分歧的创作方法。为了更好地塑造改革开放的“总设计师”邓小平，增加了田志远和夏默这两个融合了数十位真实人物原型的半虚构角色，从正面刻画改革派；又通过曲径和曹慧两个“左”倾路线者的渐变，侧面表现了当时的反面力量，以及在党的问题与国策上的重大分歧。在叙事层面上，把对国家领导人政治活动的描写，纳入私人家庭生活细节和公共领域代表“民间力量”的基层描写中，改变了过去新闻纪录片式的严肃影像表达和符号化诠释的模式，凸显“故事性”。在选角思路上，放弃对国家领导人经过严格视觉形象设计的“特型演员”，起用大众认同的马少骅、萨日娜、张嘉译分别饰演邓小平、卓琳和习仲勋。显示了主流文化对流行文化符号的征用，将阐释的权利部分性地交由民众，达成借助大众媒体传播主流价值观的良好愿望，尽量让民众可感可知地体悟今天的改革成果来之不易，为“历史转折”关头的新使命进行富有艺术感染力的改革动员。电视剧开播当天收视率破2，立即引发了社会广泛的关注与热议。

三是突破了大而全的人生传记的时间跨度，截取其中最具“历史转折”意义的1976—1984年的8年，通过展现“四人帮”被捕、恢复高考、扑网逃港、包产到户、个体经济、真理标准大讨论、十一届三中全会、知青返城、平反冤假错案等重大事件，生动地描写“历史转折”时期“正确决策”的出台，及其缔造的“中国特色的转型奇迹”。

中国走过20世纪80年代的改革开放后，今天仍然处在改革时代，只不过是又一个形态更高级的“历史转折”。该剧片头第一个画面是习仲勋，依次是夏默、田志远、邓小平，这4个画面的政治指向和政治寓意不言而喻、意味深长。

当然，该剧未能避免对真实人物“脱敏”后仍有所取舍和保留的刻画，比如，华国锋的角色在剧作结构上最低限度的功能性串联，给人以“打酱油”的印象；再比如，“为尊者讳”始终是重大革命历史题材中塑造领袖时无法逾越的现实鸿沟，真实历史中邓小平与华国锋、叶剑英和陈云的分歧基本都被过滤掉。艺术虚构中的“省略法”设计，为的是符合当前现实的改革诉求。

随着蕴含多元价值的文化在全球的流动，以及民众媒介化生存对接受信息方式的改变，中国社会的思想解放逐渐摆脱了种种历史禁忌和唯政治正确的羁绊，新历史主义的文化思潮对中国电视剧创作的影响越加深刻。历史剧创作不同以往的历史表达和叙事视角，佐证了当代法国新史学派代表人物勒高夫的观点：“资料本身不是纯粹客观的，它不仅要经过史学家的选择，而且其本身也部分受产生它的时代和地点的制约，它是以往社会有意识或无意识的产物，既是为了说出‘事实’，也是为了把过去的形象强加于人。”①

《历史转折中的邓小平》传达出中国主旋律创作观念在新媒体时代的变化，已经从过去对历史合法性的直白呈现，或青春中国的浪漫表述，转向探究“历史真相”和“新历史主义”相结合的历史观。

① 徐庆全：《少一点武断，多一点“别备异说”》，《中国新闻周刊》2009年第36期，第89页。

2. 当下历史语境的重构：历史大剧对改革的严谨解读

2014年两部事关“贪腐”主题的大剧《北平无战事》和《大清盐商》播出，其艺术里程碑的意义绝不限于题材、类型、叙事、意义和情怀上的突破，而是通过讲述改朝换代的特殊时期“最后王朝”的衰音，探讨了不同时代共同面临的“生死存亡”的严肃主题，仿佛是“历史的警钟”。

《北平无战事》采取国事与家事同构的叙事架构，糅合国民党肃贪反共、币制改革、国共地下斗争和家族亲情等情节。自播出就持续受到社会各方和业界一边倒的喝彩，豆瓣网评分高达9.7，社交媒体上满是交口称赞的帖子，北京卫视和天津卫视播出时位居同时段收视率前三，河南卫视首次进入收视前十。该剧1.6亿元的投资、精良的制作、电影化的拍摄手法、先进的技术设备、七位影帝加盟的全明星阵容的商业化配置，成就了一部“电影规格”的电视剧。它改变了很多人之前对电视剧“难登大雅之堂”的评价，也得到学界高度评价：“对历史的诠释已经达到历史学界研究前沿。”

编剧刘和平7年磨一剧，以“士大夫精神”进行了3000多万字的资料储备，用符合史实的解读方式，戏剧化地描写了国民党这个曾经“一个巨大的存在”是如何在一年的时间里，从经济战线到地下战线的党内反腐和国共斗争中全面溃败逃亡浮岛的。该剧用艺术影像和作者化思考印证了学界共识：决定国共两党命运的不是军事和经济，而是两党对社会各阶层力量的态度和方针，所谓“三分军事，七分政治”，国民党的失败是自食自己种下的恶果。

全剧一开始就将国共两党的精英和高层，放在多方对峙、“各为其主”的胶着对局上。在故事布局上，“国事往家事里写”（刘和平语），方步亭的掌管国民党经济命脉的经济学家身份，他的两个儿子作为执行国民党反腐大计的中坚力量的设置，方家大家族长幼尊卑男女有序的描写，姑父谢培东以儒家“孝悌”思想对方氏兄弟的教诲，使故事一开始就建立了可信的历史和文化的逻辑基础。

在人物设计上凸显对比，方孟敖堂·吉诃德式的理想主义、方孟伟血气方刚下的隐忍奉献、曾克达义无反顾的信仰选择、梁经伦存在主义的悲剧命运、方步亭不露声色的胸有成竹、崔中石为信仰献身的无名英雄气质、马汉山圆滑世故中隐藏的率性、徐铁英道貌岸然的伪善贪婪，都让人物在反差极大的明暗较量正反对比中，转化为叙事的戏剧张力。在台词设计上，突出人物身份职业的个性化和诗意的语言，充分调动舞台艺术视觉和听觉表情达意的手段，将各方人物的对手戏从故事层面逼入心灵较量，通过影像的视觉听觉意义符号表达哲学思考。

特别是该剧打造了一个电视剧史上经典的“暗线人物”蒋经国，剧中从未现身，始终被称作“建丰同志”，总是在电话的另一端传出声音，这个设计基于编剧的认识“最后的王朝真正的主人公是蒋经国”。

“暗线人物”蒋经国的存在意义，不只是体现在“只闻其声不见其人”的剧作结构上，而是承继“兄弟睨于墙”的国共叙事语境，经由“剔骨式”的历史深挖对现实的深情投射。历史上，蒋经国的经历和学识极为复杂而深厚，与李大钊、同盟会、苏共关系密切，历经共产国际、国共合作与内战。正是这种“多重政治背景”，使他的“一手坚决反共，一手坚决反腐”的一次革命两面作战的部署，有了真实可信的历史根基，他对共产党组织纪律的熟悉也就不足为奇了。所以，他用共产党的“特别党员”去反对国民党的贪腐，他对方孟敖“用人要疑，疑人要用”的重用，既有胡适待人接物“有疑处不疑”的文化遗风，又显示了蒋经国于国民党政权风雨飘摇中力挽狂澜的胆识和胸襟。

“建丰同志”作为国共两党“你中有我，我中有你”不二人选的“存在”，指证了共同民族身份特殊的历史渊源。以往影视作品中少有称呼“国民党”为“同志”的，“建丰同志”身份的多义性将观众带入深层思考，在那个复杂的历史阴霾中，真实的国共谍战岂止双面间谍、三面间谍。“老蒋”及其为首的四大家族，已成为腐败的代名词，首次从“小蒋”角度切入“太子执政”的反腐力度，有扎实的历史依据和现实隐喻，因为“建丰同志”心中“天下为公”“民惟邦本”“政得其民”体现了中华民族一脉相承的道统精神和治国理政智慧。

从这个角度看，该剧创作从叙事、人物、立意等方面已进“诗无达诂”的境界。编剧在哲学、历史、文学和艺术上的深厚素养，使《北平无战事》变成一次“编剧中心制”的探索，一次成功的“文艺电视剧”的商业化实验，被业内同行盛赞为“为编剧写作的编剧”，具有多维层面的“教科书”示范含义。

《大清盐商》不同于任何清宫剧，也不同于以个人奋斗和家族传奇为主的商战剧，它选择了一个具有全国性高度而非地域性话题的特殊群体“盐商”——“世袭”“官商”“儒商”三位一体。同时，从彻查“两淮盐引案”切入，选取了一个与中国现实有颇多“共鸣”的叙事视角——肃贪反腐、改革弊端。主人公汪朝宗急公好义造福乡梓的形象，有着很强的现实投射。从故事最后乾隆对准皇亲外戚和朝廷重臣开刀，在敲山震虎中整肃朝纲开创澄明盛世的结局看，用心良苦。巧合的是，《历史转折中的邓小平》中习仲勋和《大清盐商》中汪朝宗的扮演者是同一个演员张嘉译，两种“历史转折”时代的“改革者”形象都被塑造得栩栩如生，与现实构成了“互文”指涉。张黎作为艺术总监的身份，赋予该剧的影像叙事和镜头语言明显的“张黎风格”，呈现了复杂多义的历史语境，甚至还出现了少量诡异的“背拱”① 镜头，这是风靡全球的美剧《纸牌屋》中频繁使用、带有强烈“剧场意识”的表现方式。

历史剧若一味追逐历史戏说的浅薄娱乐，而不提供可资借鉴的历史经验与失败教训，其文化价值和历史意义值得商榷。《北平无战事》《大清盐商》除了具备很高的艺术造诣之外，堪令“后世警醒”的重要现实意义在于提供了大众文化产品稀缺的价值：以史为鉴。杜牧在《阿房宫赋》中说：“秦人不暇自哀，而后人哀之；后人哀之而不鉴之，亦使后人而复哀后人也。”

3. 集体记忆困境的修正：用影像公祭国难讴歌胜利

2014 年值得关注的历史大剧有 4 部：《北平无战事》《大清盐商》《四十九日・祭》《长沙保卫战》。在这些作品中，“历史”不仅仅是故事展开的“背景”，而是存在于具体“文本”描述中创作者个人深沉的话语实践，切合当下主流意识形态、文化反思和价值取向。并且，都是通过反类型化的叙事策略齐整地表现出回归艺术美学理念的意绪：故事趣味、思想深度和艺术个性，以此强化民族/国家的公共记忆。

《四十九日・祭》改编自严歌苓小说《金陵十三钗》，在叙事、结构、人物、影像和主题上与张艺谋版的电影改编截然不同。该剧明显地打上了“张黎制造”的标签，是导演张黎继《走向共和》《大明王朝 1566》《中国往事》《人间正道是沧桑》《圣天门口》后又一历史剧精品。电视剧没有停留在民族主义情绪集体宣泄的层面上，也没有大难临头时的道德劝谕，而是从平民视角切入，如实呈现了众生面对灾难时“一个正常人的另类生存经历”（张黎语），完全削平了阶层、身份、职业的差异，妓女、高官、孩子、将士、国际友好人士概莫能外，“覆巢之下焉有完卵”。

无论是中国还是世界的角度，对“南京大屠杀”的认识，都无法达到与“犹太人大屠杀”相提并论的高度，正如张纯如在《南京大屠杀》一书中的评价：“被遗忘的大浩劫。”但在张黎看来“南京大屠杀就是个世界题材”，黎式电影化的诗意镜头语言和纪实性的沉郁影调，再现了人类历史上那场惨无人道的屠城“虐杀”——南京大屠杀，是对这个被漠视的世界性“大屠杀题材”的历史重构。这种视角扭转了之前关于南京大屠杀的“耻化叙事”模式，着眼于对民族灾难“文化创伤”的建构，通过生动地呈现受害者/罹难者/幸存者的主体叙事地位，实现对集体记忆困境的恢复性修正和重建。

可以说，在电视剧这一提供大众娱乐文本的体裁样式上，《四十九日・祭》迈出了“南京大屠杀”作为“文化创伤”的历史意义空间的第一步，以此对抗大多数抗日题材电视剧中普遍折射出的民粹背景下反智价值观念对历史的消解，以及“革命主题”先行下的叙事阴影。这种创作意图与中国在 2014 年为 3 个纪念日立法并隆重纪念，以及在北京举行反法西斯战争胜利 70 周年阅兵式的意图是一致

---

① “背拱”指的是中国曲艺中一种独特的戏曲空间结构模式——“混合空间”。就是让剧中人暂时脱离戏曲演出的规定情境，形成审美主体与客体两个空间的混合交叉。台上演员直接与观众沟通交流，使舞台空间与观众审美空间叠加，共同对舞台上发生的一切加以评判，剧中人类似于观众的“代言人”。这种空间形式在产生“间离效果”之余，容易引发与观众的共鸣，激发新的审美愉悦。参见周晓亚《戏曲舞台空间生成机制及其构成形态》，《中国曲艺学院学报》2010 年 8 月，第 31 卷第 3 期，第 94 页。

的——推动民族性纪念活动仪式化和庄严地进入人类学视野。

《长沙保卫战》严格讲是首部走出国门获得国际认可的中国抗战题材电视剧，在2014年俄罗斯国际电影节上广受好评，获得“评委会特别大奖”；电影化的镜头、考究的制作、诗意的叙事、逼真的历史场景营造、铁血硬汉的抗战群像，使该剧荣获俄罗斯塞瓦斯托波尔第10届国际电视节“大功勋编年史”一等奖。该剧部分情节根据罗先明著名历史纪实小说《远东战争风云》改编，从叙事、影像、配乐到镜头都借鉴了俄罗斯卫国战争题材的艺术风格，是一次富有文化尊严和历史责任的国际表达。

历史上的“长沙保卫战”历时4年，其意义是“守一城捍天下”。该剧视角高远，将一场重要战役置于“远东战争格局”的背景下，具有突破意义地呈现了中国在国际反法西斯力量中一致抵抗外侮的民族形象，而非国共争端。同时，突出了同盟国统一战线缔结后，中国战场对日寇的胜利是同盟国对轴心国“第一场胜仗”的历史功绩，它成为中国抗日战场和太平洋防御体系的转折点，而中国抗日也在正面战场和敌后战场取得了双重胜利。

该剧在2014年12月13日纪念南京大屠杀死难者的首个国家公祭日播出，有多重突破：首次描写了中国抗战历史上歼敌最多（27万）的国民党名将薛岳；首次以电视剧解密长沙会战历史内幕的始末；首次展现中日双方军备力量、战术战法、作战师团和日将性格对战局胜负的心理诱因，叙事上不执着于单一对抗的胜负，突出抗战的“一波三折”，将中日高级将领间的高手过招处理得触目惊心，极具智慧；首次在全剧35集的长度中，罕见地以“双方战术”和“战场对阵”作为“主角”大篇幅正面呈现，堪称“战场教科书”。而且，战争场面逼真，场面调度和细节叙事电影化；首次人性化人情味地塑造了蒋介石恩威并施、亲和冷静的形象，表现其所谓“苦撑待变”的抗日主张，而非以往影视剧中简单的“不抗日”形象，修正了历史的扁平化和意识形态选择。在叙事上匠心独运，采用了以著名战役和名将群像为主线、蒋介石及其高参幕僚在重庆“外围观战督战”，以及共产党在敌后战场配合的复调结构。

如果说，《长沙保卫战》呼应了大陆官方日渐开明成熟的政治风气，对国民党抗日正面战场功绩及其助中国战后加入联合国“五常”作用的客观肯定，可贵地展现了中国抗日战争的国际视野和意义。那么，《北平无战事》则从历史反思的角度，探讨了一个苦撑苦熬8年取得抗日胜利的政府，为何3年后败走台湾的必然命运。

商品社会大众文化的消费特点是“快餐化”，随着影视产业世俗化、功利化和实用性的加剧，智性（工具理性）让位于非智性（非工具理性），而对历史最危险的遗忘就是影视作品的简单解读或戏说肢解。2014年是抗日战争胜利69周年，《北平无战事》《四十九日·祭》《长沙保卫战》从不同的历史视角，共同讲述了国民党的反腐、国难和胜利，将传统的文化、价值、理性、责任、伦理，含蓄隐性地蛰伏于“感性愉快”和“智性愉快”交织的“好看”“耐人寻味”中，映射了当下现实语境的变革需求。这些历史大剧发人深省的影像叙事，站在民族高度对显性意识形态的“祛魅”处理、陌生化的内容挖掘和叙事探索，赋予中国历史剧以审美现代性，提升了中国电视剧的艺术地位，以及电视剧文本的文化价值和研究层次。

4. 革命、抗战、谍战：传奇叙事与喜剧化创新意识

近年来，有关革命、历史、战争题材的热播剧，基本上都在借鉴商业化的创作元素，采用虚实相间的艺术手法，即在事件和背景的设置上依据历史史料，具体人物和故事情节则进行艺术虚构。选角走偶像化路线，接近年轻人的视觉期待，将史诗、传奇和喜剧等元素杂糅，改变了以往主旋律作品正剧叙事方式对年轻观众缺乏吸引力的现象。

2014年，中国电视剧在内容风格和叙事探索上，对献礼剧、抗战剧和谍战剧进行了多种可能性的努力。《十送红军》作为纪念红军长征80周年的献礼剧，采取“单元叙事”的结构，用10个故事串起长征路上普通战士的成长、蜕变与牺牲，展示年轻人具体可感的“信仰”的力量。《战长沙》和《战神》在偶像叙事中，融入现代年轻人的个性、喜好和价值观，发掘适于当下的革命叙事。《虎口拔牙》

《二炮手》将诙谐喜剧与严肃的抗战主题和历史情怀做了有智慧的艺术嫁接，极富想象力和创新意识。《刀客家族的女人》改编自董陆明小说《拉锯地带》，从“刀客家族”展开抗日故事，将人物关系和剧情冲突置于戏剧化的“两难”境地，人物每次都能起死回生带给事件以转机。最后，让女主人公从个人情爱纠葛走向家族命运与家国天下赋予“重托”的成长，完成闭环式抗战传奇叙事，营造出史诗风格的叙事氛围。

《勇敢的心》和《红高粱》是双双进入2014年台网播放电视剧TOP10的两部历史题材电视剧（见表4），在百度贴吧和社交网站上都是年度话题性作品。《勇敢的心》延续了郭靖宇《铁梨花》《将军》《红娘子》《打狗棍》等抗日剧独特的“舞台式语境”，极致的戏剧冲突、大悲大喜的命运、生死关头的兄弟情都是创作者个性鲜明的叙事标签，在小人物的性格转变和成长主题中抒写抗日传奇。《红高粱》改编自莫言同名小说，与原著和张艺谋电影版相差甚远，它迎合了大众审美心理，没有一味地“家仇国恨”，适当增加“黑色幽默”，并糅合偶像、抗日、探案、宅斗、多角恋等元素，抒写女性成长的“英雄传奇”。虽然剧评人对该剧普遍表示失望，但换个角度，假如撇开小说和电影的“经典意义”带来的“影响的焦虑”，剧版《红高粱》是一部讲究起承转合叙事，有着专业剧作技巧的情节剧，只不过是对名著进行媒介叙事转换时，明确受众定位，尝试探索抗日叙事的传奇性而已。

传奇叙事，一向是大众喜闻乐见的艺术表达方式，人物的塑造决定了叙事的成败。《二炮手》和《勇敢的心》都是通过传奇叙事讲述普通人在规定叙事情境下“逆袭”的故事。在人物成长的蝶变中，从造型到身手都进行了夸张乃至“反主流”的艺术想象，充分借鉴民间艺术的传奇叙事经验，将红色经典中的“英雄”、武侠世界的“侠士”、江湖好汉的“兄弟情义”糅合。在革命的抗日的主旋律基调中渗入大量说书、话本、武侠等民间艺术传统和民族文化血脉，为传奇叙事增加了江湖义气与人间正道混杂的迷人气质。“英雄”与“好汉”合二为一是今天革命传奇叙事的一个趋势，《二炮手》中无论是赵辰、齐志武都不是传统的革命英雄。土匪出身的贼九“二”得至情至性，这使他身上少了江湖匪气，传统的“英雄”和“好汉”在各自偏移出原有的概念后，焕发出一种基于人性内涵和崇高境界的混合气质，增加了人物形象的立体感和复杂性。革命队伍对“奇人”贼九许多出格的关照和默许，常常溢出“三大纪律八项注意”的框架，又绝不触碰革命者的底线，而贼九歪打正着的“个人英雄主义”为革命带来意想不到的贡献，让人物在抗日传奇的叙事中获得了革命的合法性接纳。这种个性逾越而又不失规则的“传奇性”人物塑造，契合了“创建引人共鸣人物”的叙事密码。

《勇敢的心》中“民国版韦小宝”霍啸林和正邪合体的“二货英雄”贼九，与2014年徐克导演的3D电影《智取威虎山》中的“新杨子荣”一样，都接受了时代的审美暗示和感召，打造了传奇叙事中不同以往的革命力量和“另类英雄”。与其说这是革命浪漫主义情怀在抗战题材剧中的时代变异，不如说是渴望与“80后”“90后”，甚至“00后”这些成长于互联网、动漫游戏世界中的“新新人类”达成认同和对话的艺术创新，这也符合年轻人的价值诉求。

“所有的历史都是当代史”，所有的革命叙事也必须吻合当下社会心理，而“英雄”“豪情”都是今日年轻人憧憬的“昔日辉煌”。中国“英雄好汉”的传奇叙事，与美国动漫的“超人叙事”文化基因不同，却异曲同工地反映了共同的时代心理。中国抗战剧从“反主流”人物的传奇叙事中，找到了回归主流价值观的新路径。从文化传统和民间叙事中不断寻找革命叙事的空间，反映了创作者对文化历史资源中合理性元素进行转换的愿望和努力。

2014年谍战剧的叙事突破尤其让人惊喜的是类型杂糅的抗日谍战悬疑推理剧《红色》。该剧表现的普通人的“抗日”行为，完全是在被逼无奈的“不得已”中生发出的正义感和勇气，又因种种机缘巧合阴差阳错地完成了“使命”，这一立意与《虎口拔牙》毫无二致。不同的是，《红色》的人物塑造既有英剧《神探夏洛克》中福尔摩斯的形象气质和天赋异禀的天才推理能力，又有美国电影《史密斯夫妇》的人物关系构架；在影像上，既有王家卫电影《花样年华》的小资情调和老电影中上海里弄的烟火气，又有美剧痕迹学断案的神秘性和逻辑链；在叙事上，既有希区柯克悬疑和惊悚元素与场景的借用，又有《潜伏》式画外音旁白对人物心理活动的铺垫和叙事推进。可贵的是，《红色》没有为“经典”所累成为大杂烩的“拼盘”，而是借鉴并转化成有统一风格、叙事完整的艺术作品，在“借鉴”与“致敬”的平衡中建立新的对话关系。

《红色》没有走谍战剧通常在剧情上增加酷刑、武打、枪战、耍酷和五花八门密码传递方式的老套路线，而是在创造性的多重借鉴中，呈现了与《暗算》《潜伏》《借枪》《黎明之前》《悬崖》等不同的叙事语境和地域风情。《潜伏》还是在影视城的人工场景中摄制，之后，地域文化色彩越来越多地进入谍战剧的创新视野，《借枪》的天津方言、风俗人情和人文地理，《悬崖》中哈尔滨冰天雪地的严酷环境和俄罗斯异域风情，《红色》里上海小巷的市井生活和十里洋场的风花雪月，为谍战剧打造了具有人文气质的历史空间，这些基于“类型”的时代特色的拟仿还原，提供了不同以往的审美意境。

广电总局下达“慎重考虑”“有劣迹导演、编剧、演员等主创人员参与制作影视剧”的通知后，《红色》是首部受到影响的作品，演员高虎客串的戏份被删除。《红色》在电视台渠道播出时未见波澜，却在网络播放中逆“视”走红，引人思考，互联网时代伴随社交媒体的发达，即时体现的用户口碑将为精品剧打开一扇“新后门”，带来“用户转换收视率”的红利补偿，未来多屏智能收视终端会提供更多的入口让优秀电视剧进入大众视野。

5. 现实题材的类型创新：心理现实主义和中产阶级叙事

2014 年，中国电视剧不仅在重大题材政治脱敏、历史反思和主旋律作品人性化创作上令人瞩目，现实题材创作也有诸多新意，行业剧人文关怀气质的类型提升，农村剧令人耳目一新的定制式创作，都为电视剧美学开辟出更加开放广阔的艺术想象空间；在现实话题的反映上既有凸显深层文化心理的“中国特色”的困惑、烦恼和问题，又将“扩展了的中产阶级”①作为替代性想象，为“都市国际化”“新型城市化”“城镇化建设”并存的梯级中国社会的多层现实人生提供了目标幻象。2014 年发生在都市空间中的当代故事，几乎都呈现了“中产阶级”的职业背景和生活场景，这种创作倾向源于收视群体的主流社会结构特征，以及年轻人作为文化消费中“新贵”的存在，中国社会人口的结构性变化和新媒体时代受众接受讯息的深刻影响是其内在逻辑。

关于中国是否存在“中产阶级”的探讨，学界一直争议很大，但现实中吸引观众的影视剧恰恰是反映中产阶级生活方式的作品。物质丰盈不仅让中国人感受到全民奔小康的喜悦和生活质量的巨大改善，也让影视剧呈现的中国现实图景，从电影《黄土地》《红高粱》代表的农耕文明的田园文化时代，电视剧《渴望》《一年又一年》揭示的传统与现代交替暗流涌动的中国社会转型时代，走向连根拔起不加掩饰地艳羡追慕物质实景的个人主义化“小时代”，披上貌似现代文明的时尚华丽的外衣。

2014 年，都市情感剧和青春偶像剧是播出和收视的主流，视野不再囿于婆媳关系、房产争夺、育儿养老、家庭内讧、邻里纷争、黄昏恋等家庭琐碎生活的是是非非上。日渐开放的中国社会和民众生活水平的提高，使人们更加关注生活质量和健康水平，渴望情感交流，追求平等、公平、公正和个人价值。婆婆妈妈家斗模式为主的家庭伦理剧退潮，转向都市生存状态下人们的情商与智商，以及重视生活质量乃至向往生活情调的理念传达，年轻受众群的崛起，带动了青春偶像剧的多元化类型创作。这两个类型剧的创作来源主要有三类：一是文学改编，《美丽的契约》《父母爱情》《亲爱的》《相爱十年》《产科医生》等。二是针对现实话题和社会需求的创作，《大丈夫》《一仆二主》《爱的多米诺》《离婚律师》《金牌律师》《青年医生》《马向阳下乡记》等。三是海峡两岸暨香港地区的合作，主要是古装剧和现实题材轻喜剧。《最美的时光》《产科男医生》《爱情回来了》《约会专家》等现实剧，适合年轻人口味，轻松搞笑、偶像化是其普遍的美学风格，基本沿袭了港台叙事套路，难有精品也难见类型和内涵的突破，湖南卫视是主要播出平台。

---

① ［英］格雷厄姆·默多克：《重建倾圮之塔：当代传播和阶级问题》，载詹姆斯·库兰、米切尔·古尔维奇主编，杨击译：《大众媒介与社会》，华夏出版社 2006 年版，第 20 页。

年初播出的《父母爱情》是2014年最好的文学改编剧作，温暖而富有诗意地将一对出身悬殊、知识差距大的年轻人长达半个世纪的美好爱情娓娓道来，展现了“平凡中的不平凡”。平平淡淡的婚姻生活中有冲突有摩擦，可贵的是，编剧没有因此差距刻意制造矛盾，反而将戏剧冲突平实善意地融注在啼笑姻缘中，呈现问题，也描写性格互补的生活乐趣，富有喜剧效果。基于人性基础上的细节展现全无斧凿痕迹，仿佛是生活的自然流淌，没有《金婚》式吵吵闹闹的白头偕老，也没有《门第》《假如生活欺骗了你》对门第观念的戏剧化极端处理。《父母爱情》和《我的父亲母亲》如同一个硬币的两面，真实呈现了人生年轮和特殊岁月中两种典型的父母爱情与婚姻。

《一仆二主》是近年来少见的幽默喜剧精品。以轻喜剧风格讲述了一个陕西女老板（闫妮饰演的唐红）在北京事业有成，却暗恋自己的男司机（张嘉译饰演的杨树），求而不得的苦恼爱情故事。该剧的创作灵感应该是得到了意大利剧作家哥尔多尼1745年的同名舞台喜剧的启发，将仆人“特鲁法尔金诺”式的喜剧原型，在这部电视剧中做了恰当的本土转换和喜剧主体的性别微调。西安方言、普通话和英语在人物日常对话中土洋结合的使用，既塑造了人物的个性化气质，又一语双关地暗示了人物原始身份和现实阶层错位的情感矛盾，荒诞中增加了喜感和思考。在喜剧情节的设计上，每当唐红和杨树的情感拉锯出现戏剧性转折时，都会出现“老电影”的音乐调性，传统电影元素的喜剧反转是一种“美学创新”。该剧立意健康积极，探讨了爱情天平上金钱/真情和物质/真爱的重量角逐。在人物身份反差悬殊的复调叙事中，不做“贴标签”的道德训诫，真实展现“女老板”和“物质女”暧昧而多义的人生观、价值观的存在合理性，并适度批判，而对普通小人物安分守己、待人真诚、毫不物质、追求真爱的生活理想则报以艺术的敬意，给出正确的“爱情方程式”。

《相爱十年》改编自慕容雪村的小说《天堂向左，深圳向右》。该剧貌似青春偶像剧，实际上已经超过“偶像剧”类型所赋予的认知内涵。故事给人的不再是单纯的“梦想”成真，而是成长中实实在在的残酷代价，是青春追名逐利后的理想幻灭和人生碎片。它杂糅了“情节剧”“校园剧”“青春剧”“创业剧”“家庭伦理剧”等类型，渗透着浓郁的“伤痕”意味。《大丈夫》聚焦现实中日益普遍的老少恋，强情节重口味的情节剧表现方式，和对细节失当的处理招致非议，引发了人们对生活剧创作方向的积极思考。网络上，北上深广的观众点播突出，尤其受到东南沿海“70后”“80后”白领女性观众的喜爱，是2014年收视高争议大的热播剧目。

2014年的行业剧创作明显增多，出现了医疗剧《产科医生》《青年医生》《产科男医生》，以及律政剧《离婚律师》《金牌律师》。其中，《产科医生》和《离婚律师》是佼佼者。

电视剧创作对医疗行业内容的关注，自然与日趋激化的医患矛盾有关，是当下社会的焦点话题，情节设置带有鲜明的本土生活气息，与日韩美剧以专业化和人性化的“双P模式”（professional + personal）的内容结构有质的区别。医学永远存在技术和知识的局限，并非万能，但“神医扁鹊”带给中国人“手到病除”的神话却是根深蒂固的，以一种源远流长的理想化了的潜意识，塑造着人们对“好医生”的职业诉求定式。心理投射与科学知识的距离，注定了医患之间的信任与托付极为沉重，“生物—心理—社会”医学模式的转变顺应了这种社会心理，美国医师E. L. 特鲁多的墓志铭“有时去治愈，常常去帮助，总是去安慰”（英文原句：“To Cure Sometimes, To Relieve Often, To Comfort Always”）也成为中国医疗剧塑造人物、设计剧情的人文准则。从2011年的《医者仁心》，2012年的《感动生命》《生死托付》，2014年的医疗剧，直到2015年初的《长大》，无一例外地强化着这一主题。

特别是从2012年开始至今，中国医疗剧越来越多地从实习医生角度出发构建情节，妇产科和急诊室是故事发生的常见背景，开头“灾难片”风格的“危机叙事”是共同的剧作技巧。《产科医生》《青年医生》《长大》均选择实习医生和师生恋的叙事视角，用大量故事和细节去丰富每一个好大夫的成长路径（包括事业与感情），一方面便于普及医疗知识和急救常识，另一方面突出了医学实践中人文精神的现代性趋势，所谓“技术能救命，沟通能救心”的以心换心的医疗理念，表达了“知行合一”的现代职业理想。同时，近年来的中国医疗剧反复强调“希波克拉底誓言”，显示了与国际接轨的观念，唤起医者崇高的从医信念时，也向民众普及“好医生”不同于传统想象的现代新标准。

《产科医生》树立了2014年“国产医疗剧”的新标杆，在医疗专业水准上，之前的中国医疗剧难以匹敌。编剧张作民根据自己的同名小说改编，小说从构思到完成历时5年。作者曾有在医院做护工2年的经验，对医院的格局、管理、术语、行话了如指掌，并大量阅遍产科方面的著作，网上搜索各种妇科知识、疑难病例和手术视频。如此细致的积累，几乎让作者成为半个产科专家。该剧将专业医疗剧和职场剧、青春偶像剧进行了很好的类型元素杂糅，叙事上并不回避尖锐话题、医学腐败、医患冲突、争议医疗和职称权利角逐黑幕，也不以恋爱故事喧宾夺主，体现出医疗剧真实严谨的行业风格。

编剧徐萌继《医者仁心》后，又创作了《青年医生》，这是中国版的《急诊室的故事》，从3个实习生和3个带教急诊医生共同成长的角度，讲述医务人员的工作、爱情与生活。影像风格有着赵宝刚电视剧一贯的人物话痨和青春时尚元素，叙事风格接近《心术》，将医疗剧、青春偶像剧和都市生活剧杂糅。该剧虽说因不少医疗细节的疏漏影响专业性、与日常紧张的急诊工作并不相宜的过度八卦化、明星串场过于调侃戏谑的情节设置，都让人感到缺乏诚意和对市场趣味的一味迎合，而招致广泛“吐槽”。尤其是植入广告与情节和人物不能融为一体的硬性植入，成为该剧颇为抢眼的又一“败笔”，如急诊医生私车一水儿的奥迪A3、人手一个的联想iPad和手机。但是，《青年医生》并非一无是处，有些非专业过失责任不在编剧，剧中对热爱急诊工作的青年人正能量的形象塑造、类似“黄金五分钟”急救常识的普及、对医患间关系和距离的探讨、超越技术的仁心理念传达、“大医生”职业理想和境界的思考，都具有现实积极意义，显示了创作者关注民心民情，以艺术积极干预人生的人本思想。甚至该剧用虚实结合的手法给出了现实困境解决的路径，寄寓了中国医疗改革急需深化的四个方面：将慈善救助、社区医院、私立医院和公立医院，一并纳入社会大医疗体系框架的理想格局。

《产科男医生》虽有收视率，不过是以医院为背景的青春偶像闹剧，从服饰、造型、台词到表演夸张过火，情节肤浅幼稚，模仿港台风格，整体缺乏艺术和生活的内在逻辑性，与《产科医生》和《青年医生》无法相提并论。

《离婚律师》是2014年投资超过1.3亿元的律师剧，严格说属于“都市话题情感轻喜剧”。它从离婚律师职业身份的独特视角，呈现出在传统和现代转型期复杂酸楚的一幕幕“中国式离婚”。表面看，是在一个个撕心裂肺的“一拍两散”的情节中，观察两性婚姻关系的骤变导致的生活失色和人性蜕变，以此解剖男性女性不同的价值观，探讨婚姻意义和婚姻中男女平等关系的维系可能。深层则是影射了现实法制保障的缺陷，争取人格和经济的双重独立固然是今日新女性的独立价值，但对传统时代缔结的婚姻而言，中国的《婚姻法》并不能完全保护受害者利益。现实案例中，相夫教子的发妻在人老珠黄后承受着“丈夫成功”的代价，比比皆是“成功男人中年换妻”的游戏及其在社会学上醒目的统计数据。如同专栏作家黄佟佟的博文：“一个不公平的游戏带来的恶果是，它让所有人都显得很难看，它让所有参与者都显得那么面目可憎——就像在中国式离婚里你很少看到一别两宽的体面男女，在那里，你永远只看到秦香莲和陈世美，在那里，负心的男人永远那么猥琐，而索命的女人永远那么狰狞。”①

很多观众挑剔《离婚律师》作为行业剧的专业性不足，基本上都是以美剧的律政剧为度量坐标，却忽略了本土行业剧和都市情感剧结合后现实主义意味的“中国特色”。都市话题与律政、偶像、爱情等元素的杂糅和轻喜剧路线，显示了差异性的创新策略，这是中国作为古老伦理社会赋予行业剧的本土文化特色，医疗剧亦然。

扎根现实，源于生活，高于生活的创作态度，赋予2014年的中国电视剧新气象，编剧陈彤2014年创作的两部电视剧《一仆二主》《离婚律师》在艺术和商业上都取得了不同凡响的效果。徐萌和陈彤记者出身的生活阅历，张作民深入医疗行业的感受体验，为他们的创作提供了扎实的生活基础。同样，编

---

① 黄佟佟：《中国式离婚：负心的男人VS索命的女人》，新浪专栏，2014年8月19日：http://ent.sina.com.cn/zl/discuss/blog/2014-08-19/10502124/1198474965/476f46d50102uzur.shtml。

剧谷凯的农村题材电视剧《马向阳下乡记》也是深入生活的结晶。

《马向阳下乡记》是近年来中国乡土叙事的精品力作，是建立在费孝通“乡土性”中国社会的根本认识，以及贯通历史、文化、传统和现实几个层面的有沉淀意味的作品。今天，在城镇现代化的过程中，农村人外出打工和城市机关公务员下基层挂职锻炼、大学生村官都已经成为常态。该剧撷取了不同于以往农村剧的叙事视角——城市青年干部下乡对口扶贫，艺术地反映了这种成熟的行政扶贫模式，从而开启了一个认识农村、观察城乡差别的新视角和新模式。它对农村题材电视剧的另一个创新和突破是：实现了田园牧歌、乡村现代化追求、新农村建设的聚合性叙事。

作为中共山东省委的定制性创作，编剧深入农村一线体验生活，虚实结合地塑造了由几十位原型人物汇成的“马向阳”，深刻反映了“993861”① 的“空心村”留守人群现状。不同于近年来火热荧屏的几部农村剧的喜剧路线，《马向阳下乡记》并不刻意喜剧化，而是“按照生活逻辑”创作的正常故事。编剧将高落差的人物设置和低位置的戏剧冲突合二为一，对生活细节诗意处理，描写了美丽的山村景色和“空心村”普遍生活贫困的“双重现实”，既凸显了农村推行政治体制改革实现民主制的艰难，又将中国最基层组织民主政治图景实现的可能性，做了符合农村实际和农民心理的描写。此外，剧中的“大槐树”、“齐长城”、农村原生态的自然风光、600 年历史古村和建筑文化风貌等，都给观众留下深刻印象。电视剧播出后带火了当地旅游，《马向阳下乡记》不期然地成为最好的“旅游风光宣传剧”。

2014 年的中国电视剧对大众社会心理的敏锐捕捉，不仅推动了类型创新，还表现出回归艺术反映现实逼近真实人生的核心本质，甚至达到“心理现实主义”的高度。它与都市剧中“扩展了的中产阶级”叙事，是经济高速发展的中国社会中两种典型的叙事图景，显示出旧传统和新时代“剪不断理还乱”的缠绕，以及当下中国社会多元价值交锋的文化逻辑。

价值内涵的突破与深度是 2014 年现实题材剧目超越单纯数量取胜的真正意义所在！

6. 2014 年中国电视剧的创作、生产、收视和产业新锐

2014 年对电视剧创作是个丰收的大年，对编剧行业来说却是个多事之秋。从年初宋方金与宋丹丹因《美丽的契约》关于演员修改剧本引发的“两宋之争”，到琼瑶于正对簿公堂长达 8 个月的诉讼，以及两版《姥爷的抗战》荧屏干戈等，都引发业界倍加关注和反思编剧的创作主体地位，以及“著作权法”的修订。同时，这种在创作和制作上敌对紧张的关系，也暴露出中国电视剧行业一直以来不规范的痼疾。

随着“一剧两星”政策的即将实施，迫使卫视将往年“开年大剧”的播放传统调整为“跨年大剧”，7 部电视剧赶上“四星联播”的末班车：《武媚娘传奇》《花火花红》《老农民》《二炮手》《独家披露》《镖门》《鹿鼎记》。政策对央视的影响不大，央视一套向来是独播为主的每日 2 集，八套电视剧频道由每晚 4 集改回 3 集②，跨年之际分别开播的《锋刃》和《大清盐商》，不过是顺应市场行为的惯性。

来自广电总局的统计显示，2014 年全年生产完成并获准发行的国产电视剧共计 429 部 15983 集。其中，现实题材剧目 243 部 8335 集，分别占比 56. 64%、52. 15%；历史题材剧目 178 部 7383 集，分别占比 41. 49%、46. 19%；重大题材 8 部 265 集，分别占总比 1. 86%、1. 66%。相较于 2013 年全年的 441 部 15770 集，总部数减少（12 部）的同时总集数上涨（213 集），电视剧越拍越长甚至注水的趋势成为主流。现实题材剧目略升，历史题材剧目微降，重大题材基本持平，可喜地呈现出紧跟时代形势题材

---

① 即老人、妇女、孩子的年龄和节日的形象化指称。

② 央视八套 2011 年 7 月 19 日把黄金档从 19:30 提前到 19:00，每天 3 集改为 5 集连播，后几经调整为常见的 4 集连播，特殊编排时偶有少见的“3+3”播出模式。江苏卫视 2012 年 1 月 1 日以开年大剧《传奇之王》率先在省级卫视中增容到 3 集连播尝到甜头，湖南卫视 7 月恢复黄金档播剧后也开始 3 集连播。从 2013 年 1 月 1 日起，东方、江苏、深圳等卫视每天 3 集联播《天真遇到现实》，山东和湖北两卫视跟进。自此，省级卫视晚黄金档电视剧 2 集连播的传统惯例，基本被周间 3 集连播周末 2 集连播的大趋势取代。2015 年 1 月 1 日开始执行的“一剧两星”政策，恢复了卫视晚间黄金档电视剧 2 集播出的传统。

“脱敏”的政治开明势头。此外，2014 年被称作“网络自制剧元年”，自制数量超过之前总和，总计 55 部 1242 集①。网络剧并未对传统电视剧内容市场的核心地位构成冲击，比如网络播放量排名第一、达到 90 多亿②的《古剑奇谭》是湖南卫视的“独播剧 + 周播剧”，网络剧《爱情公寓 4》最高纪录是 48 亿。

“网台联动”的播出模式和新媒体智能终端的多屏收视趋势，再次提高了电视剧热剧的标准，进入主流视频网站年度播放量前 10 名的电视剧都超过 20 亿（见表 4），腾讯视频、乐视网、爱奇艺等三家视频网站对国产剧的播放均超过了年度半数以上。此外，热播电视剧中，38.8% 的用户直接选择网上视频观看，20.7% 的用户以网上收看为主，仅有 14.9% 的选择电视收看③。

表 4　2014 年台网播放电视剧 TOP10

排名	2014 年卫视电视剧播出收视 TOP10（CSM&ETVT 电视决策智库，截至 12 月 26 日全部播完剧）			2014 年电视剧网络播放量 TOP10（单位：万次）（腾讯视频、乐视网、搜狐视频、爱奇艺、优酷、土豆）		
	电视剧名称	卫视频道	收视率	电视剧名称	首播形式	播放量
1	《宫锁连城》	湖南独播	1.641	《古剑奇谭》（游戏 IP）	全网联播	817680
2	《神犬奇兵》	湖南独播	1.496	《因为爱情有奇迹》	全网联播	386594
3	《大丈夫》	四星联播	1.449	《红高粱》	三网联播	354514
4	《一仆二主》	四星联播	1.448	《宫锁连城》	全网联播	291521
5	《杉杉来了》	江苏独播	1.440	《勇敢的心》	三网联播	265875
6	《勇敢的心》	四星联播	1.395	《风中奇缘》（文学 IP）	三网联播	239763
7	《红高粱》	四星联播	1.387	《妻子的秘密》	全网联播	234945
8	《战神》	三星联播	1.374	《步步惊情》	全网联播	226854
9	《因为爱情有奇迹》	湖南独播	1.350	《杉杉来了》（文学 IP）	两网联播	225472
10	《恋恋不忘》	浙江独播	1.287	《离婚律师》	全网联播	222260

注：纬岭数据显示，2014-01-01 至 2014-12-31，网络播放量前 10 的电视剧分别是：《古剑奇谭》90.1 亿；《因为爱情有奇迹》44.7 亿；《宫锁连城》35.7 亿；《勇敢的心》33.5 亿；《红高粱》32.8 亿；《杉杉来了》31.8 亿；《风中奇缘》26.6 亿；《卫子夫》26.5 亿；《大丈夫》25.8 亿；《金玉良缘》24.8 亿。

湖南卫视在 2014 年完成了 3 个电视剧场和综艺节目周间节目带的合理配置（见图 7），随着其周播剧《古剑奇谭》在“钻石独播剧场”的试水成功，湖南卫视加大自制版权节目和自制周播剧的产业设想进入“快行道”。湖南卫视推出“周播剧”概念已 3 年多，2014 年开辟周播剧场“青春星期天”，陆续推出青春偶像剧。只有《不一样的美男子》是第一部真正意义上“边拍边播”的周播剧，它以“栏目剧”的形式在晚 10：00 后开播，巧妙地规避了审查，相当于“未完成片”直接播出④。匆匆上马的粗糙制作和“雷剧”风格不尽如人意，但它给中国周播剧留下了不少经验和教训。

韩国偶像剧在每周三四的“水木剧”时间专门针对年轻观众播放，很受广告商喜爱，《古剑奇谭》完全模仿韩国“水木剧”的观众定位和播出时间。利用偶像剧成功造星者数台湾为先，湖南卫视多年来持之以恒地制作不同类型的“偶像剧”，拓展艺人经纪产业链。《古剑奇谭》改编自同名国产电脑游戏，操作模式有新意，既用偶像明星阵容托底，又靠剧情加大配角戏份，通过“红花衬绿叶”的方式带火配角，李易峰和陈伟霆在 2014 年迅速蹿红。湖南卫视的古装偶像剧在选材、制作和播出上渐趋成

① 数据来源：艺恩咨询发布的《2014 年网络自制内容白皮书》。
② 2013 年的电视剧网络播放量最高是《咱们结婚吧》34.19 亿，2012 年是《轩辕剑之天之痕》28.16 亿。
③ 数据来源：中国互联网络信息中心（CNNIC）第 35 次《中国互联网络发展状况统计报告》。
④ 行政监管中的法制不完善和管理漏洞，常常成为市场“创新”的盲点。

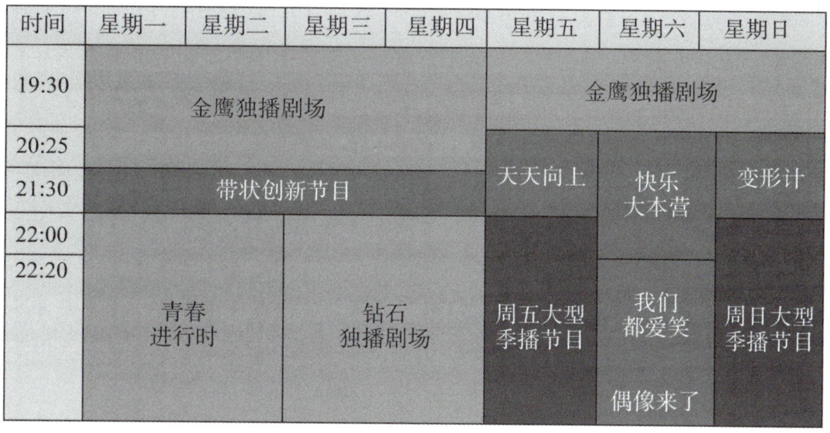

图 7　湖南卫视一周节目带

熟，有稳定的年轻受众群和保险的市场基础，加上多年来古装剧、穿越剧的火热，已经证明其是“安全的有收视保障的题材”。产业转型升级是 2014 年民营影视公司实现“从传统到现代”跨越发展的关键词。中国影视产业市场开放较晚，然而，民营制作机构发展势头强劲，出现了一些有综合实力的品牌公司，如华谊兄弟、海润影视、华策影视、小马奔腾、光线传媒、新丽传媒、大连天歌传媒、上海新文化传媒等（见表 5）。

表 5　2014 年值得关注的民营影视公司

制作公司	片名	类型	播出卫视	收视率	网络点击
花儿影视	《红高粱》	改编、年代传奇	北京/山东/东方/浙江	1. 387%	35. 5 亿
新丽传媒	《大丈夫》	都市、爱情	北京/安徽/东方/浙江	1. 449%	30 亿
新丽传媒	《父母爱情》	改编、年代剧	央视一套	2. 37%	
新丽传媒	《一仆二主》	喜剧、都市爱情	东方/山东/深圳/陕西	1. 448%	7 亿
新丽传媒	《相爱十年》	都市、青春偶像	湖南卫视	1. 364%	14. 1 亿
新丽传媒	《二炮手》	幽默喜剧、抗战	浙江/江苏/东方/天津	0. 669%	12. 6 亿
新丽传媒	《团圆饭》	都市、家庭伦理	江苏/东方/天津/云南	0. 94%	4 亿
上海耀客	《离婚律师》	都市爱情、律师	浙江/深圳/江苏/天津	1. 19%	15 亿
欢瑞世纪	《古剑奇谭》	改编、古装玄幻	湖南卫视钻石独播剧场	1. 314%	90. 1 亿
完美影视	《勇敢的心》	年代传奇	北京/山东/江苏/天津	1. 395%	34. 4 亿
剧酷传播	《杉杉来了》	改编、青春偶像	江苏/山东/东方/东南	1. 44%	31. 8 亿
永乐影视	《战神》	抗战	江苏/浙江/贵州/黑龙江	1. 374%	8. 6 亿（独播）
儒意欣欣	《北平无战事》	近代历史	北京/天津/河南	0. 964%	7. 9 亿
唐德影视	《武媚娘传奇》	宫廷、古装传奇	湖南金鹰独播、浙江 1. 5 轮	2. 52%	102 亿（至 15/2/6）

数据来源：央视－索福瑞、纬岭公司（Vlinkage）。

新丽传媒对目标受众市场定位精准，出品电视剧美学风格多样，是近年来业绩出色的民营公司，2014 年“新丽剧”整体热播。其自 2007 年成立以来，出品履历显赫，渐入佳境，电视剧有《我是太阳》《血色迷雾》《秘密列车》《人到四十》《告密者》《你是我兄弟》《孤军英雄》《请你原谅我》《传奇之王》《赏金猎人》《悬崖》《北京爱情故事》《浮沉》《我的父亲母亲》《假如生活欺骗了你》《辣妈正传》《大丈夫》《父母爱情》《一仆二主》《相爱十年》和未播先热将在 2015 年播出的《虎妈猫爸》等；电影有《山楂树之恋》《失恋 33 天》《搜索》《101 次求婚》《我的早更女友》等；网络剧有《爱上男主播》《Loli 的美好时代》《杜拉拉升职记》等。兼顾精品意识和市场喜好的“新丽剧”，让新丽传媒成为行业令人瞩目的产业新锐。

结 语

2014 年，既是媒介融合年，又是网络自制剧元年，还是传统影视剧创作主导模式迁移与融合的年份，无论是“导演中心制”“制片人中心制”“编剧中心制”还是“工作室模式”，都将适应互联网时代的媒介变化趋势，更多地导入“用户喜好”的大数据。网络剧和自制栏目短期内无法撼动传统电视内容的品质，但一定程度上会刺激竞争，加速行业洗牌。《南方都市报·娱乐》2014 年鉴发布的“十大华语电视”榜单中，涵盖了《古剑奇谭》《奔跑吧，兄弟》《爸爸去哪儿 2》《暗黑者》等 2014 年的“现象级”电视内容，《暗黑者》是唯一的网络剧。2013 年美剧《纸牌屋》的出现，已经为网络剧创作的精品化潜力做了最好的预演。

互联网思维将 2014 年打造成一个强调内容和渠道整合的全媒体产业布局的年份，充满变量与颠覆。多媒体端口的消费红利、大数据的运用、新旧媒体的深度融合、剑指电视行业结构变革的密集调控，以及文艺方针的意识形态引导等，带给混乱失序的电视产业以新的潮讯。

相对于创作、制作、传播和收视等观念、技术与产业的转型，对经济高速发展 30 年转向中高速发展的中国社会而言，最重要的时代命题是实现文化转型和社会主义核心价值观的认同转型，以引领后物质主义时代的年轻人在精神层面上的更高需求。成长于“仓廪实”“衣食足”丰裕年代的“网生代”，已经从父辈对安全、小康、幸福的追求，转向个性价值、自由表达、分享交流等强调自我意志和平等民主的价值观取向，热衷于以“吐槽”的方式抒发隐含的价值观，享受言论自由的快感。文化传播模式也应该从传统的精英话语主导、精英政治动员、精英价值灌输，转向精英引导、精品感召、精神交流的文化自觉，让社会主义核心价值观和中国梦从政治口号变成富有艺术感染力的精神食粮，真正融入年轻人骨血，化为中国新一代的理想和信仰，这是延安文艺座谈会 72 年后重开，旨在传承文化和价值衣钵的意义。

2014 年为中国电视开启了从产业到文化的新航向，让价值观创造“价值”，是中国电视艺术不可推卸的时代使命！

许 婧 中国艺术研究院电影电视艺术研究所研究员

2014年度中国广播电视产业发展报告

◎李　岚

当前，全球经济仍然处于金融危机以来的长期调整过程中，大部分经济体的增速有所减慢。2014年，中国国民经济在新常态下平稳运行，增长速度有所放缓，产业升级提质，产业结构孕育着新的突破，体现出“合理区间、结构优化、创新驱动”的特征。广播电视产业的发展不仅仅表现出增速变化，更重要的是产业内容的调整和发展方向的改变，为下一轮繁荣发展打下坚实的基础。

一、2014年广播电视产业总体情况

2014年广播电视产业着力深化体制机制改革，完善宏观调控，激发市场活力，培育创新动力，呈现增长平稳、结构优化、质量提升、产业升级的良好态势，进入了全面转型的攻坚阶段。

（一）产业规模稳步扩大，产业结构日趋优化

2014年，广播电视产业实现稳步增长，增幅持续放缓，但仍高于GDP增幅。2014年全国广播电视行业总收入达到4226.27亿元，比2013年的3734.88亿元增加491.39亿元，同比增长13.16%，较2013年14.26%的增幅下降1.1个百分点。广播电视行业总收入增幅持续放缓，主要原因：一是受中国经济发展整体放缓的影响；二是由于各种新媒体、新业务对传统广播电视业务的挑战和冲击，作为广播电视主要收入的广告收入和有线电视收视费收入增幅明显收窄，二者的增幅分别为5.59%、4.46%，比2013年分别降低了3.60个百分点和2.77个百分点（见图1）。

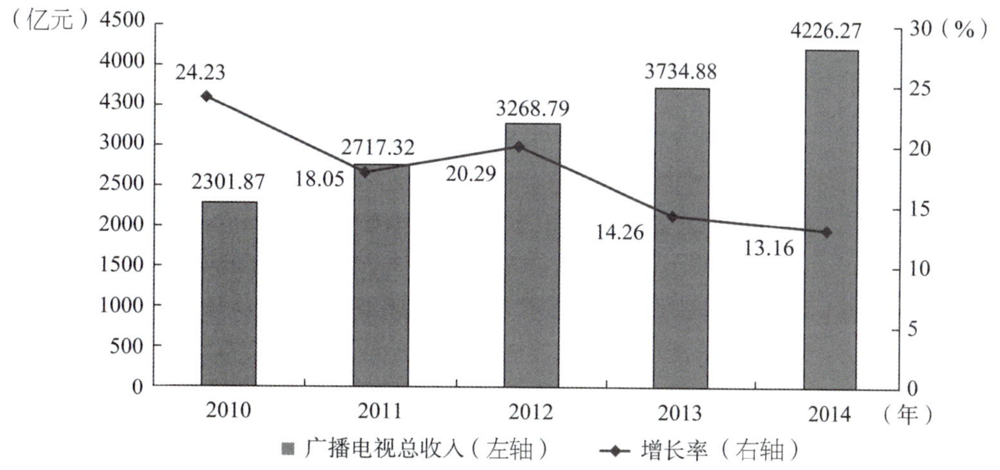

图1　2010—2014年全国广播电视总收入及增长情况

数据来源：国家新闻出版广电总局财务司。

从2014年全国广播电视总收入分级构成情况来看，中央级广电机构总收入679.51亿元，占16.08%的份额；省级广电机构总收入2618.36亿元，占61.95%的份额；地市级广电机构总收入556.24亿元，占13.16%的份额；县级广电机构总收入372.16亿元，占8.81%的份额。

2014年全国广播电视行业创收收入3635.51亿元，比2013年3242.77亿元增加392.74亿元，增幅12.11%。广播电视行业创收梯次结构比较稳定，北京市稳居全国第一，创收收入达到404.22亿元，浙江、上海、江苏、广东、湖南、山东、四川、湖北、陕西等省位居创收收入前10位，收入分别达到

380.20 亿、359.81 亿、267.69 亿、235.32 亿、198.46 亿、150.41 亿、94.57 亿、89.02 亿、72.72 亿元。

广播电视产业创收结构不断优化，对广告与有线网络收入的依赖程度有所下降。广告仍为收入大头，2014 年广播电视广告收入达 1464.49 亿元，占创收收入的 40.28%，其中广播广告由于服务和广告创新，实现大幅度增长；有线网络收入达 827.21 亿元，占比 22.76%；以版权收入等构成的其他收入份额增长明显，达到 1343.81 亿元，占比 36.96%。

各级广播电视媒体通过多元产业板块的拓展，推动广电产业结构优化，提升广电产业整体实力。一些省台在产业布局调整优化上成效初显。上海广播电视台及所属公司保持稳健发展势头，2014 年合并营业收入达 232 亿元，同比增长 10%；台、集团总资产达 498 亿元，净资产达 309 亿元，资本实力持续增强。江苏广播电视台“双轮驱动”的产业布局持续深化，传统业务创新营销，保持了领先优势，全年创收总量突破 135 亿元，同比增长 10%。北京广播电视台产业布局与资源配置进一步优化，全台 8 个频道的 40 余档栏目发行至全国 20 余家省级台、20 余家地市台，截至 2014 年 9 月 30 日，传统版权发行实现签约额 2189 万元。一些地市台依托本地优势，开展产业链经营，正在逐渐形成以媒体为核心支撑，嫁接演艺、科技、金融、商贸、旅游、设计、教育等业务多元并进的产业布局。

广播电视产业空间巨大，对相关行业的带动作用十分显著。国家统计局的数据显示，2013 年广播电视设备制造业营业收入达到 7322 亿元。

（二）广播电视产业体制机制改革持续推进，主体活力显著增强

2014 年，文化体制改革全面深化，广电产业体制机制改革进程提速，市场主体活力显著增强，在政策与市场引导下，广电产业资源配置效率得到提升。

一方面，传统广电媒体、国有传媒企业深化改革，稳步提升自身的竞争力、控制力与影响力。上海文化广播影视集团、上海广播电视台和东方传媒集团的经营性资产进行全面整合，改制设立国有独资上海文化广播影视集团有限公司（与上海广播电视台合称 SMG），着力打造新型传媒集团。湖南广播电视台探索媒体融合下产业发展的公司制转型，构建产业生态，以自制内容优势发力芒果 TV 独播，通过“以我为主、一云多屏”，实现传统媒体、新兴媒体一体化发展。湖北广播电视台成立北京长江传媒有限责任公司，与湖北总部形成“双总部”，全面布局影视剧、节目制作、节目版权、新媒体产业等。2014 年，河南大象融媒体集团有限公司组建，整合 4 家传统媒体单位和 8 个媒体公司经营性资源，集聚 14 类主流媒体业态和 38 个媒体传播平台，启动崭新布局。上海、湖南、浙江、福建、辽宁等省级卫视纷纷以独立制作人为核心，打造制作机制扁平化管理架构。体制内分离的国有制作公司面向全国市场，依靠广电媒体的内容资源进行多终端运营，实现跨地域、跨媒体、跨层级运营，成长为富有活力的市场主体。长沙广播电视台旗下的中广天择为多个卫视定制节目，并面向全国各地合作电视台联供网销售版权节目，实现了从地面平台向卫视平台的跨越发展。

另一方面，民营文化传媒企业注重内部机制建设，企业活力不断增强。唯众传媒坚持原创和精品战略，从“提供优质节目的内容供应商”向“基于优质视频的全媒体整合运营商”转型，从最初的财经、文化节目制作向生活类、综艺类节目领域拓展，节目播出平台从省级卫视向中央电视台提升，先后获得包括国家新闻出版广电总局“创新创优”栏目在内的 40 多个奖项。世熙传媒从模式引进起步，逐渐建立起了“模式引进 + 模式研发 + 模式节目制作 + 广告营销 + 演艺经纪 + 新媒体运营 + 品牌授权”的全链条运营机制。民营企业在节目市场十分活跃，成为栏目创新创优的重要力量。

2014 年，节目产业资源市场配置趋势显现。各级电视台与民营节目制作公司的合作意愿明显增强，民营企业大规模进入内容制作与运营领域，节目创新创优活力强劲。央视创造传媒有限公司首次在《喜乐街》节目制作中引入民营资本影视基金，2015 年初，央视创造与韩国 MBC、灿星制作合作，共同打造一档全新户外明星真人秀《无限挑战》。灿星制作与多个领先电视台合作，连续推出《中国好声音》《中国好歌曲》等优秀综艺节目，整体营收持续增长。蓝色火焰 2014 年继续发力节目制作业务，加强与东方卫视等媒体合作，先后推出《女神的新衣》等热门项目，总产值达 12 亿元左右。光线传媒 2014 年

重振电视业务，先后与中央电视台合作推出《梦想星搭档》《少年中国强》等多档原创或引进制作项目，综艺节目运营日趋活跃。

（三）广告经营进一步创新，赢利模式多元化发展

广播电视广告产业经营模式有所创新，拓展广告收入增长新生空间。广播电视媒体广泛运用新技术，微博、微信、客户端、二维码等快速发展，全面拓展广告触达受众的渠道和机会，丰富广告营收方式。多媒体整合营销在2014年崭露头角，谋求更多电视、网络、社交及线下联合推广的精准营销。

广电产业的商业模式逐步演进与丰富，拓宽了营收途径。内容制作与播出所带动的消费需求，通过与电商平台合作形成新的商业模式，如东方卫视的《女神的新衣》将电视节目、电商、时尚的资源结合，创新了综艺节目商业模式。旅游卫视2014年新成立旅游产业中心，与淘宝合作共同探索旅游电视节目电商化，在扫码支付、智慧旅游、旅游节目制作等业务领域开展全方位的合作。《舌尖上的中国2》、东方卫视《何以笙箫默》均与天猫达成合作，同步销售节目中的食材、美食菜谱以及电视剧中的商品。此类探索初步形成了广播电视产业“T2O”（TV to Online）的电子商务模式。

区域广播电视媒体把握相关产业融合的趋势，培育新的产业增长点。湖北经视婚恋交友节目《桃花朵朵开》推出同名杂志，月均销量过万本；河北经济生活频道《我为购物狂》每期平均创造100万元的销售额，实体店也在规划之中。许多城市广电媒体加大线下活动的力度，不断拓展业务范围，改变创收渠道单一的局面。长沙广播电视台2014年举办了节展、比赛、博览会等20多个活动，取得了较好的经济效益和社会效益；江西广播电视台依托广电媒体资源成功举办了第6届中国中部南昌国际汽车文化节，该车展项目赢得“中部第一车展”的美誉，经营收入达1512.57万元。有线网络公司之间跨地域合作加强，谋求共赢发展。北京歌华有线与30家有线网络公司签署电视院线合作协议，联手打造“中国电视院线”平台，拓展视频点播业务。

（四）资本运作频繁，广播电视产业集约化水平进一步提升

2014年广播电视产业通过主体内部改革以及外部收购兼并，产业资源进一步整合和优化，集约化水平提高，效率和效益进一步提升。SMG旗下百视通与东方明珠合并重组，整合IPTV、数字付费电视、互联网电视及网络视频等业务单元，成为统一的产业平台和资本平台。2015年1月湖南卫视旗下电视购物品牌快乐购在深交所创业板上市，成为中国A股电商第一股，市值超过52亿元。

影视节目制作公司兼并收购势头进一步呈现，重点在上、下游产业的并购，通过产业链整合提升竞争优势。华录百纳收购蓝色火焰100%的股份，华策影视继2013年入股高格影视后，又收购了合润传媒20%的股权以及天映传媒40%的股权，并以3.23亿元人民币收购了韩国NEW公司15%的股权，长城影视通过四川圣达以10亿元购买宏梦卡通等6家公司100%的股权，光线传媒以2.08亿元收购广州蓝弧文化50.8%的股权，浙江美盛文化以4200万元获得天津酷米40.10%的股权，华闻传媒收购漫友文化85.61%的股权。此类并购重组行动正深刻影响中国影视产业格局。

随着互联网与影视的融合不断加深，互联网企业成为对影视文化企业并购的重要力量，最有代表性的是阿里巴巴集团完成对文化中国传播集团60%的股权认证，将其更名为阿里影业。互联网企业以其强大的资本优势和融合能力进入影视行业，加速市场格局的重新洗牌。

在资本市场的带领下，广播电视企业优胜劣汰，行业集中度大幅度提升，行业整体实力明显加强，电视剧制作公司表现尤其突出。艺恩咨询数据显示，在2014年上半年上星频道播出的电视剧中，排名前10位的电视剧制作公司剧目共播出4487集，占总播出量的38%，华策影视以1176集位居卫视频道播出量榜首。前景广告数据显示，2014年上星频道电视剧收视排名前50位的剧目中，华策影视、完美影视、新丽传媒、唐德影视分别占据3部，花儿影视与SMG尚世影业分别占据2部，电视剧市场集中度正在稳步提升。

（五）政策引导实效全面辐射，广电产业生态进一步优化

广电系统推出和实施一系列具体政策措施，不断优化广电产业生态。一方面，以鼓励节目自主原创与弘扬优秀传统文化为着力点，进行调控与规范，释放清晰信号。总局《关于做好2014年电视上星综

合频道节目编排和备案工作的通知》(广发〔2013〕68 号)对卫视歌唱类选拔节目同质化、境外版权模式节目“引进潮”作出进一步规范;2014 年年初,总局发布《关于积极开办原创文化节目弘扬和传承优秀传统文化的通知》(广发〔2013〕97 号),从资金、人才、评优评奖等方面给予原创文化节目重点支持和倾斜,鼓励广电机构积极开办弘扬和传承优秀传统文化为主旨的原创文化节目。数据显示,2014 年电视原创节目大幅增加,全年 200 多档全新电视节目中,原创占据八成,原来的节目引进热开始降温,自主创新更受重视。

另一方面,通过调控卫视节目播出结构,优化电视频道资源,平衡电视节目产业生态。总局对娱乐类节目进行宏观调控,进一步扩大电视上星综合频道新闻、经济、文化、科教、生活服务、动画和少儿、纪录片、对农等类型节目的播出比例,要求总播出时长按周计算不少于30%,每个上星频道每天至少播出 30 分钟国产纪录片和 30 分钟国产动画或少儿节目。该政策增加了全年 6000 小时的国产纪录片播出量,对国产纪录片的生产、价格、交易产生了一定的拉动作用。总局将电视动画季度推优机制与播出平台采购挂钩,将播出机构的诉求作为评价标准,更加凸显推优机制的实效。在电视剧方面,2014 年 4 月总局出台“一剧两星、每晚两集”政策,影响到电视剧的投资、创作、生产、播出、销售等各个环节。“一剧两星、每晚两集”政策总体上优化了频道资源的利用率,电视剧需求量增加,有效缓解了电视剧供需矛盾,盲目过热投资受到抑制,市场趋于理性,以质取胜成为行业共识,促进电视剧产业健康良性发展。

二、电视剧产业

(一)电视剧产量持续理性回落,类型丰富,播出与收视保持平稳

2014 年全国电视剧的制作量与播出量持续理性回落,电视剧产业进入了提质升级期。电视剧产量总体平稳,全年全国共计生产完成并获准发行剧目 429 部 15983 集,比 2013 年略有下降(见图 2)。现实题材剧目共计 243 部 8335 集,分别占比 56.64%、52.15%,其中当代题材 234 部 8024 集,现代题材 9 部 311 集;历史题材剧目共计 178 部 7383 集,分别占比 41.49%、46.19%,其中近代题材 132 部 5304 集,古代题材 46 部 2079 集;重大题材共计 8 部 265 集,分别占比 1.86%、1.66%(见图 3)。

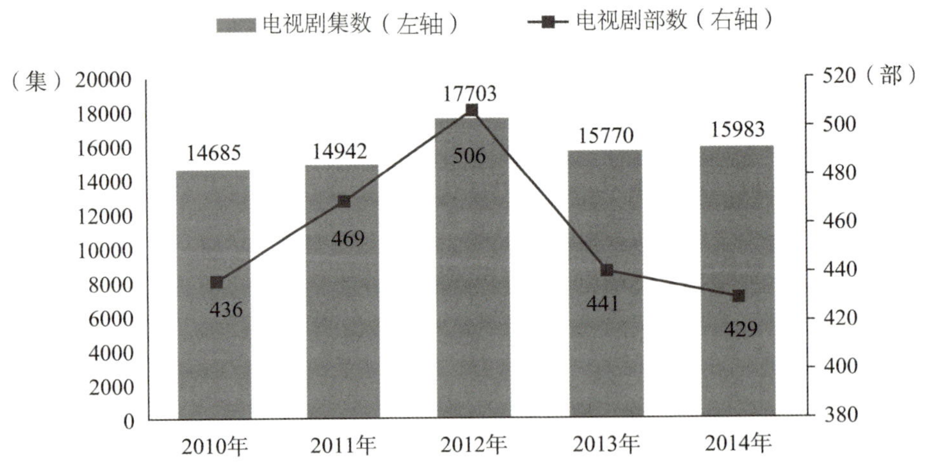

图 2 2010—2014 年全国生产完成并获得发行许可证的电视剧数量

数据来源:国家新闻出版广电总局电视剧司。

2014 年电视剧类型较为丰富,古装剧、偶像剧、战争题材、家庭生活题材、青春偶像剧、经典著作改编等类型在细分市场上获得成功,题材类型偏轻偏重的现象明显改善。以《历史转折中的邓小平》《北平无战事》为代表的主旋律电视剧取得创作与收视的突破;行业剧成亮点,《爱的妇产科》《产科医生》等医疗剧,《金牌律师》《离婚律师》等律政剧呈现崛起之势,行业剧逐渐脱离都市生活剧的模式,日趋成熟稳定。

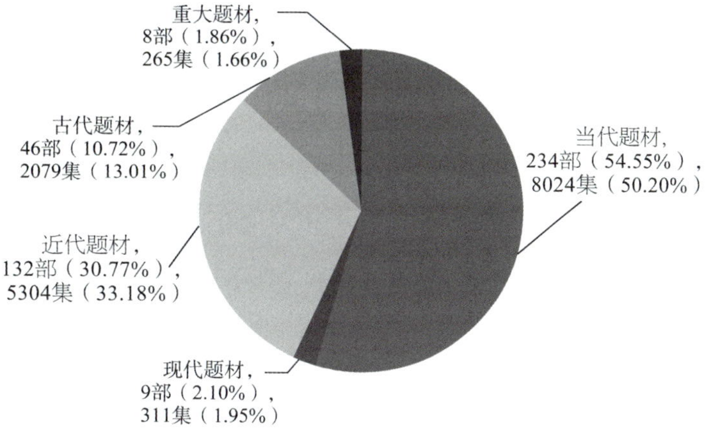

图3　2014 年中国电视剧生产题材构成情况

数据来源：国家新闻出版广电总局电视剧司。

总局设立了电视剧剧本扶持引导专项资金，资助优秀电视剧剧本创作。2014 年，共有 21 部电视剧获得总局专项资金扶持，其中《生死三八线》《历史转折中的邓小平》等红色及战争题材电视剧占大多数，也不乏《向幸福前进》《海棠依旧》等现实题材剧，《青年医生》《青春之花，爱的守则》等青春题材剧（见表 1）。

表 1　2014 年优秀电视剧暨剧本扶持项目

类别	序号	作品名称
一类	1	《生死三八线》
	2	《抗倭英雄戚继光》
	3	《东方战场》
	4	《东北抗联》
二类	5	《历史转折中的邓小平》
	6	《开国元勋朱德》
	7	《十送红军》
	8	《舰在亚丁湾》
	9	《红流》
	10	《为了明天》
	11	《领袖》
	12	《向幸福前进》
	13	《海棠依旧》
	14	《8848》
	15	《大平原》
	16	《草帽警察》
	17	《岁月如金》
	18	《守望正义》
	19	《青年医生》
	20	《青春之花，爱的守则》
	21	《平凡的世界》

数据来源：国家新闻出版广电总局电视剧司。

电视剧总体播出比重与收视相对平稳。电视剧作为引领收视的龙头，依旧保持相对较高的资源使用效率，占各类电视节目的收视比重为30.9%。电视剧收视主要集中在卫视频道，2014年，36家卫视综合频道（包括中央电视台综合频道、电视剧频道）晚间黄金时段共播出电视剧903部33731集，全年卫视频道电视剧的整体收视份额为65.8%，其中省级卫视电视剧收视份额较上年有所提升。不过省市地面频道电视剧的份额呈现逐年下降状态，但下降势头相比2013年略有放缓（见图4）。省级卫视剧场收视"马太效应"减弱，传统电视剧收视靠前的湖南卫视、安徽卫视、江苏卫视等受到山东卫视、北京卫视、天津卫视等的冲击，甚至重庆卫视及云南卫视等二三线卫视也出现了电视剧收视排名进入前5位的机会，高收视电视剧不再集中于一线卫视。

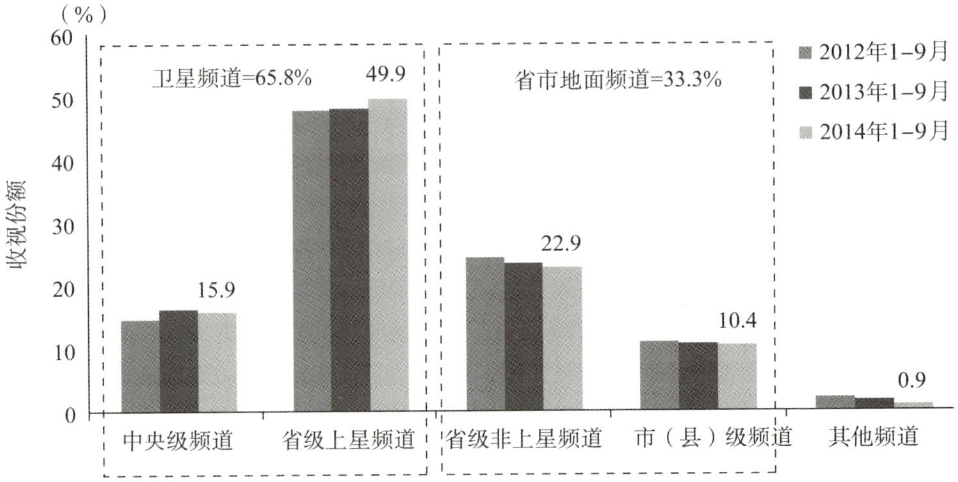

图4 各级电视频道电视剧收视份额

数据来源：CSM媒介研究。

（二）电视剧品质提升，优秀作品叫好又叫座

2014年电视荧屏涌现出一批叫好又叫座的优秀电视剧作品，革命历史题材资源进一步开掘，不仅出现了如《开国元勋朱德》《陈云》《聂荣臻》等重大革命历史题材作品，也出现了表现普通革命战士奋斗与牺牲的《铁血红安》《十送红军》等优秀作品。

历史题材电视剧出现了《北平无战事》等精品力作。此类电视剧不仅立意深远，在艺术表达上也树立了标杆。改编自莫言同名小说的《红高粱》也备受关注，电视剧在原著基础上增设人物、增加线索，起步于家族故事，最后成就联合抗日的感人故事。

现实题材电视剧在题材扩展、立意提升、视角创新等方面取得突破。《历史转折中的邓小平》《马向阳下乡记》《老农民》《父母爱情》等剧目表现出思想与艺术方面的较高水准，突破了过去主旋律电视剧叫好不叫座的困境，实现较好收视效果。特别是《历史转折中的邓小平》从"小"处入手，"平"视伟人，突破了过去伟人形象高大全、扁平化的创作困境，使得电视剧中的伟人形象深入人心。

2014年，在中央电视台综合频道黄金剧场播出的多部电视剧收视率都超过了2%，《父母爱情》创下了2014年中央电视台电视剧收视率的最高纪录，《毛泽东》《历史转折中的邓小平》《开国元勋朱德》《湄公河大案》等主旋律电视剧不仅取得突出的收视成绩，并且引发了轰动性的话题效应（见表2）。中央电视台全年播出的电视剧中，有8部跻身全国市场黄金时段电视剧前20名，全部为反映时代生活、传递正能量的精品剧目。省级卫视播出的《红高粱》《大丈夫》《一仆二主》《勇敢的心》等制作精良的电视剧收视率高、复播率高，取得了较好的经济效益。

表 2　中央电视台综合频道黄金档剧场电视剧收视情况

剧目	收视率%	市场份额%
《父母爱情》	2.43	6.44
《湄公河大案》	2.16	6.55
《毛泽东》	2.05	5.54
《历史转折中的邓小平》	2.00	5.69
《开国元勋朱德》	1.92	5.53
《马向阳下乡记》	1.83	5.37
《我在北京挺好的》	1.82	5.44

数据来源：CSM 全国测量仪（截至 2014 年 11 月）。

（三）定制、自制成大势，新政推动卫视与制作机构结成联盟

2014 年，电视台定制剧、自制剧大量出现，电视台纷纷从制作前端把握市场竞争主动权。定制、自制的生产方式一方面扭转了电视台在选剧上的被动局面，另一方面通过独有版权实现价值最大化，抬高了竞争门槛。2014 年初，东方卫视提出将 2014—2015 年度定为“定制剧品牌锻造年”，推动多部定制独播大剧的创作生产，实现在黄金剧场播出总量占到 40%—50%。重庆广电集团联合永乐影视共同策划的《傻儿传奇》成为重庆卫视的收视黑马，深圳广电集团投资拍摄《东方战场》《午夜蝴蝶》等剧目，山东卫视首部自制剧《红高粱》取得较好收视成绩。2015 年随着“一剧两星、每晚两集”政策落地，各家卫视纷纷将有限的资金精准投放到可控剧目上，如山东卫视 2015 年的重点剧目多为自制剧和定制剧。

“一剧两星、每晚两集”新政使二三线卫视与一线卫视的拼播空间减少，购买优质剧成本上升，二三线卫视纷纷谋求与制作机构联盟突围，抢占先发优势。厦门卫视与华策影视开展“华剧场”项目合作，开播“华策 700 剧场”；甘肃卫视与长城影视 2015 年将联手打造 700 集黄金档首播剧。深圳国际电视剧节目交易会的“新剧项目前置对接”专项活动中，共有 225 个项目参与活动，将新剧项目对接提前到大纲阶段。2015 年，电视剧制播双方的合作和交易将提前，使制播双方合作的针对性更强、风险更小。

（四）多台联播仍为主流，多元化播出模式探索效益最大化

电视剧通过多台联播、独播、一轮半跟播、周播等多元播出策略与编排方式获得效益最大化。多台联播一直是电视台应对采购价格逐年增长、减轻独播压力的有效手段，2014 年“一剧四星、三集连播”的播出模式仍是卫视频道的播出常态。有实力的省级卫视加大了在独播模式上的深耕力度，独播剧目增多。如浙江卫视《恋恋不忘》，江苏卫视《独爱》《杉杉来了》，东方卫视《犀利仁师》《金牌律师》等多部独播剧接档播出。电视台将独播剧和立台理念进行个性化对接，以凸显媒体的辨识度，锁定目标受众。江苏卫视的“幸福中国”理念和湖南卫视的“快乐中国”理念，都在各自的独播剧中有所体现。湖南卫视“金鹰独播剧场”的品牌价值持续得到释放，“金鹰独播剧场”与纪实真人秀节目《变形计》2015 年打包冠名费售出 4 亿元，并在周三周四新开辟“钻石独播剧场”，进一步加大独播力度。

新的播出模式出现。在“一剧两星、每晚两集”的调控正式实施后，无力购买一轮大剧的卫视采取“一轮半跟播”的全新方式。湖南卫视跨年首轮播出的古装剧《武媚娘传奇》过半后，浙江卫视重新剪辑播出；《何以笙箫默》在江苏卫视、东方卫视黄金档播出后，安徽卫视晚 10 点错峰播出。非黄金档跟播，二轮三轮或精编版、完整版将成为性价比较高的编播方式。这些新的播出模式加快了重播节奏，以低于首轮播出的购剧成本获得最大化的宣传效益和收视效益。

部分省级卫视在 2014 年开始尝试边播边拍的周播剧，根据热点新闻和潮流趋向设计每周的主题，具有很强的互动性、话题性、时效性。湖南卫视在周播剧上进行探索，2014 年播出的《古剑奇谭》《爱在妇产科》《女王驾到》获得同时段收视率第一的成绩（CSM50 城市收视率）。浙江卫视播出的《我的青春高八度》同样表现不俗。

地面频道组建联盟，统一编播争取市场空间。2014 年 6 月，哈尔滨、沈阳、长春、广州等全国 30 多个省市地面电视频道组建了“全国地面频道电视剧播出联盟”，采用统一供给“选购剧 + 编排 + 剧场

包装 + 数据分析”的完整体系，通过联合方式分担购片资金压力，增强电视剧购买能力。“剧盟”战略将以“低成本、低风险”为成员台打造“高收视、高收益”的专业电视剧频道，突围发展困局。

电视剧编排大胆创新，吸引观众收看。山东卫视在电视剧编排上采用“2 + 1”套播模式，借由先前电视剧的高收视率，将剧集大结局放到新电视剧的 2 集后，拉动新剧的首播收视。为了抢占暑期档学生市场，湖南卫视采取了独具特色的暑期编排策略，2014 年 7 月每周一至周五晚独播《相爱十年》，周三周四晚 10 点增加独播剧《古剑奇谭》，周日晚 10 点独播《不一样的美男子》，以密集的剧目编排吸引目标受众。

（五）电视剧制作主体新旧交替、兼并趋势明显

电视剧产业的市场竞争日趋白热化，资金实力较弱、产能落后的小微电视剧制作企业纷纷被淘汰出局，同时影视剧行业前景看好，市场充分竞争，仍有许多新加入者。2014 年，电视剧制作主体新旧交替的趋势更加明显。截至 2014 年底，全国共有持“电视剧制作许可证（甲种）”的机构 133 家，比上一年减少 4 家。首都广播电视节目制作业协会成员的电视剧产量占全国总量的 70% 以上，以该协会的会员数量变化为例，2011 年至 2013 年三年退会会员总数为 60 家，而仅 2014 年一年会员退会数量就达到 28 家，新入会 103 家，会员总数从 2013 年的 276 家增加到 2014 年的 319 家。

并购重组促使电视剧产业专业化程度提升。2013 年至 2014 年，影视行业资本运作频繁，其中涉及电视剧制作发行公司收购、增资和借壳上市的交易金额近 400 亿元。2014 年影视剧制作企业的兼并趋势加剧，业内一线电视剧企业或出于市场份额考虑，或出于短板补长，纷纷收购中小规模影视公司，提升影视剧出品量、交易量和市场占有率，完善产业链布局，巩固其在影视剧领域的竞争优势和综合实力。华策影视通过对高格影视、合润传媒的收购，加强了生产制作、大数据分析与市场营销等环节，产业链进一步向上、下游拓展；华录百纳通过并购蓝色火焰，形成以电视媒体为核心、电影业务为突破点、兼顾新媒体等多种媒体形式的传媒产业链综合布局。

三、电视动画产业

2014 年，电视动画产业从促产量向提质量转型，国产电视动画海外市场进一步拓展，精品的创作生产与全产业链运营成为行业关注的重点和努力的方向。

（一）电视动画产量收缩，题材丰富，“低龄化”作品仍为主流

2014 年，国产动画产业继续优化升级。全年生产电视动画完成片 277 部 138496 分钟，产量整体回落（见图 5）。这一方面是中国动画扶持政策由注重产量逐渐转向注重质量的宏观调控初见成效；另一方面由于市场竞争的作用，产能低下的中小型动漫企业逐渐被淘汰。

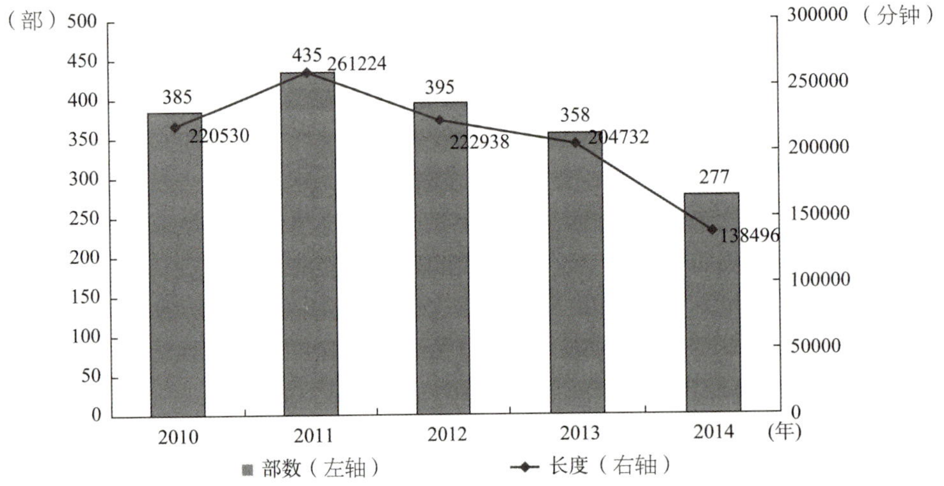

图 5　2010—2014 年全国制作完成电视动画片数量及时长

数据来源：国家新闻出版广电总局宣传司。

电视动画片题材更加丰富，往年占据主导的童话题材与教育题材比重大幅下降，科幻、神话类的比重也有所下降，而现实、历史及其他题材的电视动画片的比重有所增长。2014年出现了《戚继光》《英雄冯子材》《翻开这一页》等爱国主义题材的动画片，聚焦革命和历史主题，开拓了动画创作题材，使电视动画片更好地承担起主旋律宣传的职责，取得了优异的收视成绩，并得到社会广泛赞誉。

"低龄化"仍然是电视动画的主流内容。爱奇艺2014年第三季度《中国动漫指数报告》显示，7—13岁儿童仍然是国产动漫的主流观众，比例达到46%；18岁以上动漫观众占比上升至16%，与第一季度3.7%的占比相比增速明显。观众结构变化将对动画创作产生巨大影响。

（二）电视动画精品不断涌现，创作水准整体提升

电视动画进入产业升级期，提升质量、制作精品正在成为电视动画行业的重要着力点。总局的扶优政策实施促进了电视动画创作生产水平提升。2014年，国产动画片在制作技术、艺术表达、内容题材创新等方面取得显著成绩，品质进一步提升，精品不断涌现。2014年，总局共推荐了52部国产优秀动画片，这些作品坚持正确导向，制作精良，具有较高的艺术水平（见表3）。

表3　2014年国产动画片总局推优目录

序号	片名	序号	片名	序号	片名	序号	片名
1	《老小阿凡提》	14	《美食大冒险》	27	《超时空大冒险》	40	《加油吧！三二班》
2	《小花仙》	15	《神魄》	28	《猪猪侠之变身战队》	41	《翻开这一页》
3	《我的朋友猪迪克》	16	《图图的智慧王国——数学系列》	29	《饼干警长》	42	《神奇阿呦之最强流星人》
4	《熊出没之年货》	17	《木木部落》	30	《数学岛历险记3之地球，我来了》	43	《阿优之神奇萝卜》
5	《噢咿噢——唱歌岛3、4》	18	《寻找英雄——小淘气长征记》	31	《热血小将》	44	《姓氏王国1征途》
6	《新年钟声》	19	《正义红师（1—52）》	32	《快乐家族》	45	《怪兽家族》
7	《小龙甜品工厂》	20	《功夫鸡》	33	《那萨尔丁》	46	《木奇灵之绿影战灵》
8	《巴菲特神秘俱乐部》	21	《小猪歪歪》	34	《非常小子马鸣加2》	47	《大秦五行少年传》
9	《蛋宝宝日记》	22	《少数民族民间故事动画系列之灯花儿》	35	《阿福寻规记》	48	《快乐星猫8》
10	《二兔大梦想》	23	《戚继光》	36	《兔子帮之勇闯螃蟹岛》	49	《锦绣神州之奇游迹2》
11	《赛尔号3》	24	《熊出没之春日对对碰》	37	《恐龙来了》	50	《少年师爷之勇者闯江南7》
12	《土豆侠1》	25	《梦飞纸客国》	38	《英雄冯子材》	51	《霹雳勇士》
13	《山海奇谭1》	26	《喜羊羊与灰太狼之羊羊小心愿》	39	《熊出没之春日对碰》	52	《神奇绿色心》

数据来源：国家新闻出版广电总局宣传司。

一批优秀的原创电视动画作品深受国内观众的好评，《新大头儿子和小头爸爸》获第27届金鹰奖最佳电视动画片奖与第10届中国国际动漫文化节金猴奖金奖，《老子道德三百问》《郑成功》《淮南子传

奇2》等获得第27届金鹰奖优秀电视动画片奖，《西游记的故事》与《熊出没之丛林总动员》分别获得金猴奖银奖与铜奖。这些优秀的国产电视动画片在国际市场崭露头角，受到世界的瞩目。中国电视动画产业品牌战略实施成效初现，许多国产的原创电视动画品牌深受少年儿童及成人观众的认可与喜爱。旅行家、糖果虎、卡卡屋等新动画品牌，市场影响逐渐扩大。

（三）华东华南产量保持领先，中西部逐步崛起

以广东、江苏、浙江为首的华东、华南地区依然保持领先，作为中国影视动画的核心产业集群带，对本区域和周边发挥着引领作用。2014年广东、江苏、浙江3省的电视动画产量位列全国前3名，占全国电视动画片产量的49.19%，将近一半。前5名省份的电视动画片产量占全国产量的69.07%（见表4）。其中，广东原创动力文化传播有限公司、广州奥飞文化传播有限公司、浙江河姆渡动漫文化发展有限公司、福建神画时代数码动画有限公司、央视动画有限公司、上海炫动卡通传播股份有限公司等全年动画产量较为靠前。作为中国动画产业链最完整、动画名企名作最多、产值最大的省份，广东省于2014年成立了首个动漫协会。广东动漫协会的成立将进一步稳固和确立广东在全国动漫产业中的领先地位。

表4　2014年电视动画片产量前5名

省份	部数	分钟数
广东	32	28818
江苏	42	20288
浙江	41	19020
福建	34	14814
安徽	20	12717.2

数据来源：国家新闻出版广电总局宣传司。

2014年，国家和地方政府加大对中西部地区文化创意产业的扶持力度。2014年3月，文化部、财政部联合发布《藏羌彝文化产业走廊总体规划》，重点扶持西部地区、民族地区文化产业发展，加快发展特色文化产业。中西部省纷纷出台关于加快文化创意产业发展的若干扶持政策，收效显著，这些地区动漫产业发展提速。尤其是西部地区，2013—2014年依靠独特的地域和民族文化特色，初步形成一条颇具特色的文化产业带，推动电视动画产业迅速发展。中西部地区动漫产业的崛起有利于中国动画产业的均衡发展，有利于体现中国多元文化，形成题材多样、百花齐放的动画生产局面。

（四）衍生品市场规模逐年扩大，全产业链运营逐步成形

动画品牌授权、衍生产品开发、产业合作等全产业链营销战略布局基本形成，逐渐成为电视动画产业的主流赢利模式。2014年，中央电视台依托原创动画品牌《新大头儿子和小头爸爸》，围绕主题元素实施全产业链营销，市场覆盖新媒体播映、图书与音像制品发行、舞台剧授权开发、主题玩具和文具及家具用品的设计等多领域。动画电影《新大头儿子和小头爸爸之秘密计划》上映后，相关主题产品广受关注。北京广播电视台卡酷传媒积极开拓版权运营空间，开发游戏、玩具衍生产品，联合长江文艺出版社推出漫画系列图书《二秃子！不许笑！》《二秃子！不许跑！》。SMG旗下炫动卡通面对市场竞争，通过全产业链运营消化前期投资压力，积极拓展市场领域，2014年全年实现衍生品收入8598.5万元，电视动画发行收入445.77万元，同比增加49%。这些探索将有力带动动画衍生产业发展。

（五）国产动画片海外市场进一步拓展

国产电视动画“走出去”步伐加快，一批优秀国产动画品牌走向国际市场。2014年，央视动画和捷克小鼹鼠公司联合打造的两国文化合作项目《熊猫和小鼹鼠》成功签约。广东省动画企业群起拓展海外市场，广州蓝弧积极拓展欧洲市场和北美市场；深圳华强文化除了维护原有海外市场外，还重点开拓南美、拉美、欧洲等全新市场，更大范围寻求国际合作；广东咏声《猪猪侠》《逗逗迪迪》《疯狂小糖》相继在美国、中国台湾、新加坡、马来西亚、泰国等国家和地区播出；广州达力《神兽金刚2》出

口至中国台湾、马来西亚，《数学荒岛历险记 1、2》出口至马来西亚、新加坡；广州奥飞《巴啦啦小魔仙之奇迹舞步》《电击小子 3》《超限猎兵凯能》等 6 部作品出口海外；广东原创动力《喜羊羊与灰太狼》在中国文化艺术政府奖第 2 届最佳动漫奖评选中获最佳动漫国际市场开拓奖。

其他地区的国产动画片在国际市场拓展上也卓有成效。安徽省原创动画片《十二生肖》（系列）成功将版权输出到韩国、泰国和印度尼西亚等国家；上海 SMG 旗下炫动传播的原创电视动画作品经过持续投入，影响力日趋扩大，《好奇探长》《非常小子马鸣加》等一批炫动原创作品走出国门，发行到欧美市场。一批优秀动画片译制成非洲当地语言，进入非洲 20 多个国家的主流媒体播出，覆盖约 6 亿非洲观众。

四、纪录片产业

2014 年，纪录片产业在优质播出平台的带动下，生产播出数量大幅度提升。优秀纪录片持续成为公众话题，纪录片产业价值越发凸显。视听新媒体发展对纪录片产业的影响日益显现，产生了适应新媒体环境的产品和传播形态。

（一）新增上星频道及卫视时段拉动市场需求，纪录片播出大幅度增长

自 2010 年以来，总局实施了一系列推动纪录片发展的重大政策举措，有效缓解了播出市场需求不足的矛盾。2014 年，继中央电视台纪录频道全国覆盖播出之后，总局批准北京广播电视台纪实频道、上海广播电视台纪实频道上星播出，至此，中国纪录片已拥有 3 个专业上星频道全国覆盖播出。2014 年实施的电视上星综合频道调控政策规定，每个上星频道平均每天至少播出 30 分钟国产纪录片。此项政策打破了以往纪录片一般只在纪录频道播出的局面，使其进入上星综合频道，拓展了新的播出渠道。纪录片播出优质平台需求大幅增长，有力拉动国产纪录片的产量与播出，纪录片队伍在恢复壮大，市场价格提升，纪录片的产业价值得到认可。《中国纪录片发展研究报告（2015）》数据显示，2014 年中国纪录片行业总投入为 19 亿元，总收入约 30 亿元。全国电视台纪录片总投入为 13.04 亿元，民营公司总投入为 4.11 亿元，分别占行业年度总投入的 68% 和 22% 。

2014 年陆续出台的相关扶持政策使纪录片播出量和播出比例显著增加。《中国纪录片发展研究报告（2015）》的数据显示，2014 年中国播出的主要纪录片栏目总计 110 档，其中直播 98 档，在不同频道重复播出的节目有 12 档。全年纪录片节目播出总量大幅增长近一倍，比 2013 年增长 97.4% 。根据美兰德的统计数据，2014 年电视纪录片网媒关注度达 31 万条，微博提及量接近 5500 万条，视频点击量超过 14 亿次，播出量与网络影响力都比往年有大幅度提升。在 2014 年前 11 个月中，中央电视台各频道播出纪录片时长较 2013 年同期增长 69% ，省级卫视则大幅增长 104% 。在 31 家卫视中，四川卫视、黑龙江卫视、云南卫视日均播出时长接近 4 个小时，江苏卫视和浙江卫视也保持较高的纪录片播出量①。上海广播电视台纪实频道上星后国产纪录片的播出比例从上星前的 50% 提升到 70% ，平均收视率上升了 11% 。

（二）纪录片生产形态创新，微纪录片兴起

视听新媒体对观众收视行为的影响日益深入，碎片化观看逐渐成为视频收看模式之一，纪录片生产适应这一形势，生产微纪录片，取得了较好的传播效果。2014 年，总局在纪录片季度推优中增加了中国梦纪录片短片类别，设立了中国梦纪录短片库，并要求各上星综合频道平均每周至少播出一集推荐的中国梦纪录短片。展播从 2014 年 3 月 1 日启动以来，已推荐了《追梦在路上》《守望土地》《天地神州》《江豚兄弟连》等 29 部中国梦主题纪录短片，全国上星频道已经播出 500 余部次，很多片子不仅赢得良好社会反响，而且进入了收视前列。湖南广播电视台推出《味道》，每集只有 4 分钟，从每一道菜入手展现源远流长的饮食文化，贴合受众短而快的消费习惯。第一集《辣椒炒肉》上传至网络后，短时间内被土豆网、爱奇艺等 10 多家视频网站转发，一天的点击量达到 100 多万次。南京广播电视台创

---

① 数据来源：尼尔森网联。

作的30集微纪录片《城殇》，每集3分半钟，回顾南京大屠杀的历史，通过电视与网络同步推出，被多家电视台转播，推出半个月内腾讯视频点击量突破千万次。

（三）纪录片全媒体传播格局初显

2014年纪录片全媒体传播加快推进。中国纪录片网扩大总局季度推优、年度评优成果及优秀国产纪录片的推介展播规模。北京广播电视台纪实频道除了采用卫星传输方式外，还采用互联网多频传输、IPTV传播等多梯度覆盖方式，进行有效落地、精准传播。定位于新闻短视频和纪录片传播的凤凰视频向用户呈现海量的纪录片内容，2014年凤凰视频与中国移动“和”品牌联合推出的国庆特别策划《甲乙丙丁——新的生活梦想者》，获得千万级的点击量。腾讯视频等综合类商业视频网站也加大对纪录片版权的购买投入。美兰德数据显示，全网视频库中纪录片超过1万部，在所有监测节目中占比约16%。全网纪录片视频点击量将近155亿次。在纪录片中，中国网络电视台纪录片数据最多，达3700余部，占43.65%。

顺应移动互联网发展趋势，中广协会、中国纪录片网与国内主要纪录片制作播出机构推出“纪录·中国”移动客户端，打造展示优秀国产纪录片和促进纪录片产业交流发展的双功能移动多媒体平台，爱奇艺专门为喜爱纪录片的人群推出“爱奇艺纪录片”App。社交媒体对纪录片的“微传播”效应显现，微博、微信等社交媒体对《舌尖上的中国2》的碎片化传播拓宽了传播渠道，再次使“舌尖”成为一个影响广泛的社会性话题。随着大数据、云计算应用到纪录片传播环节，中国纪录片融合传播体系正在形成。

（四）纪录片广告价值受重视，全产业链模式开始探索

随着受众对纪录片节目的关注度和纪录片制作水准提升，2014年纪录片广告逆市上扬，反映了纪录片的影响力与价值正在提高。尼尔森网联数据显示，电视纪录片在2014年前11个月的广告花费比2013年同期增长8.5%，高于电视广告花费4.6%的增长率；电视纪录片2014年广告花费较2011年同期增长42.2%，远远高于电视花费10%的增长率（见图6）。例如，优秀美食纪录片《舌尖上的中国3》经过2年的品牌积累，冠名费在中央电视台2015年广告招标会上拍出1.18亿元。

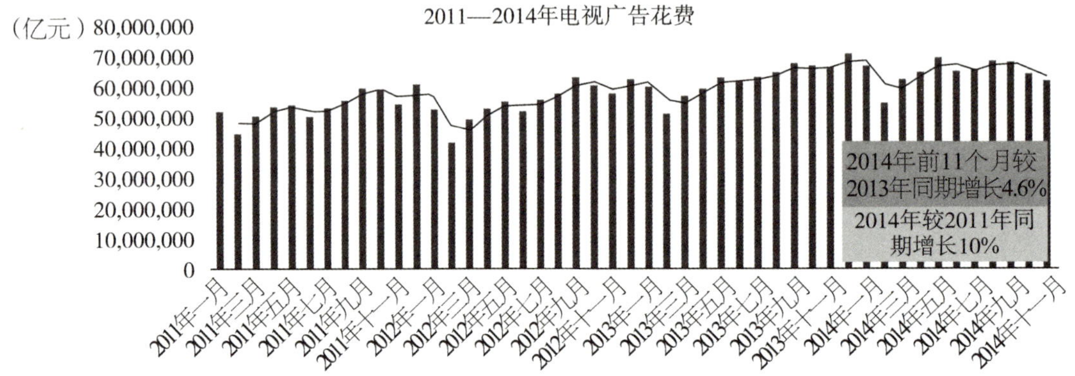

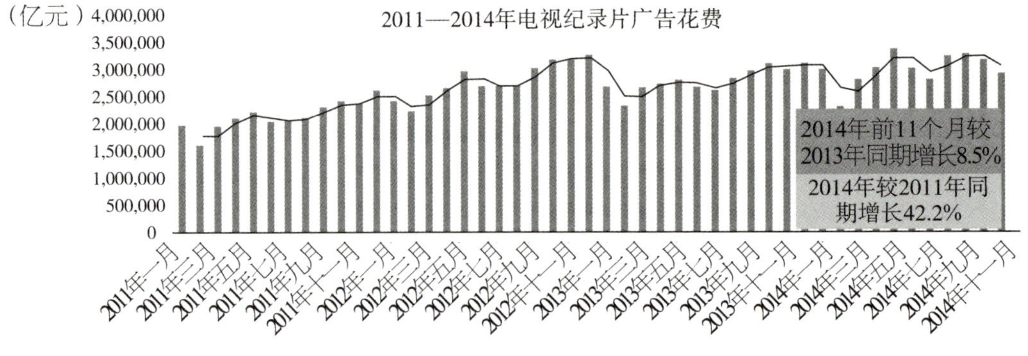

图6　2011—2014年电视广告与电视纪录片广告花费情况

数据来源：尼尔森网联。

纪录片产业链条纵向延伸，横向拓展，探索全产业链经营模式。中央电视台开始筹备电影版《舌尖上的中国》，《舌尖上的中国2》同名图书已出版，图书除了收录纪录片内容外，还加入了美食溯源、文化考据、营养知识等，对纪录片产业进行补充和延伸。《舌尖上的中国》首开纪录片“T2O”模式，与电商跨行业跨领域合作。《舌尖上的中国2》以淘宝网为独家整合传播体验平台，该片播出的第5天，已有580多万人次在淘宝搜索零食特产，2005万人次浏览过相关美食页面，成交729万余件。《舌尖上的中国》带动的食品工业等相关产业规模不低于10亿元，相关上市公司的市值因此升值。“舌尖”系列已成功地打造成为一个可供持续开发、可消费的纪录片“品牌形象”。新上星的上海广播电视台纪实频道努力打造纪录片领域的内容提供商和网络运营商，制作播出了大量自主版权的纪录片节目，其《档案》成为全国纪录片栏目的销售冠军。该频道在产业链运营上不断探索，打造纪录片节目的版权销售、青年导演培养、纪录片国际联合制作、纪录片院线等产业模式，推动上海广播电视台纪实频道全产业链发展。

五、广播电视节目制播

2014年，全国广播电视节目制播全面焕发活力，原创节目叫好又叫座，声频荧屏节目类型更加多元，围绕节目版权资源的开发更加充分、日趋专业，广电节目制播产业持续健康发展。

（一）广播电视节目制作播出总体情况

全国广播电视节目制作机构进一步呈现出数量平稳增长、结构持续优化的良好态势。截至2014年年底，全国共有持“广播电视节目制作经营许可证”的机构8563家，比上一年度增加1315家，增长率为18.15%。其中事业单位和国有企业超过1000家，民营企业超过7000家，民营企业占广播电视节目制作机构总量的比重达到了85%左右，多种所有制形式协调发展，市场活力和竞争力整体显著增强。

1. 广播节目生产与播出情况

2014年，全国广播节目总产量达到764.73万小时，同比增长3.46%。产量居前3位的节目类型连续多年保持不变，依次仍然是专题服务类、综艺类和新闻资讯类节目，产量分别为212.05万小时、202.05万小时和144.35万小时，占全年广播节目总产量的比重依次为27.73%、26.42%和18.88%。

全年全国公共广播节目播出时间总量为1405.83万小时，同比增长1.91%。其中，播出量居前3位的节目类型依次为综艺益智类、专题服务类、新闻资讯类，播出时间分别为374.87万小时、316.74万小时和283.71万小时，占全年广播节目总播出时间的比重分别达到26.67%、22.53%和20.18%。

2. 电视节目生产与播出情况

2014年，全国电视节目总产量为327.74万小时，同比减少3.54%。产量居前3位的节目类型依次为新闻资讯类、专题服务类和广告类，分别为91.83万小时、84.83万小时和51.03万小时，占电视节目总产量的比重为28.02%、25.88%和15.57%。

全国公共电视播出时间总量为1747.61万小时，同比增长2.46%。其中，影视剧类、新闻资讯类和专题服务类为播出总量排名前3位的节目类型，播出时间分别达到742.70万小时、244.38万小时和219.64万小时，播出比重依次为42.50%、13.98%和12.57%。

（二）广播电视节目制作播出的亮点和特点

1. 广播电视制播环节两加强，原创节目类型百花齐放

2014年，在一系列节目调控和创新创优政策的引导和推动下，广播电视台和社会节目制作机构持续发力原创节目。广播电视节目在类型和传播策略等方面的创新，一定程度上打破了同质化恶性竞争的困局，全年涌现了一批有特色有新意的原创节目和模式，提供了更加丰富多样的收听收视选择，营造出健康平衡的原创节目生态环境。

广播方面，在新闻、交通、广播剧、音乐类原创节目持续创新广受欢迎的同时，2014年全国涌现多档精心策划的大制作文化专题类节目，备受关注。其中有围绕重大主题的宏大叙事，也有深挖本土文化的生动讲解。如中央人民广播电台“中国梦　我的梦”百集文艺主题节目，在文艺之声播出，集中

展示文化艺术界近10年取得的成就；四川广播电视台文艺广播推出了重点文化专题节目《人文四川——寻访传承》等。广播节目的制播更加紧贴听众的内容消费习惯，呈现多档跨媒体节目。广东广播电视台南方生活广播策划制作了《超级辣妈团》和《十分好男人》等两档跨媒体节目，内容涉及健康、育儿、情感等，广播版播出的同时，视频版在广东广播在线、南方生活广播双网播出；江苏文艺广播推出“文艺微生活”原创性碎片化节目群落，以“内容碎片化、制作精致化”等为特征，提供一种全新的内容套餐，并在新媒体平台同时上线。

电视方面，原创节目类型表现出四大特点：一是具有文化品位的电视节目成为主流类型。2014年，高品质文化类节目延续往年精彩。中央电视台用《中国汉字听写大会2》《中国成语大会》《中国谜语大会》等3档创新语言文字类季播节目，架构起传承优秀传统文化的电视平台。地方卫视也将文化类节目作为突围发展的新选择，云南卫视《中国灯谜大会》、黑龙江卫视《最爱中国字》、贵州卫视《最爱是中华》、四川卫视《我知道》、甘肃卫视《大国文化》、江西卫视《挑战文化名人》等相继播出。二是公益道德励志属性的原创节目集中出现，中央电视台全新推出《出彩中国人》《少年中国强》《等着我》，山西广播电视台《美的故事》全面改版，新疆电视台《美丽梦想》等节目持续创新。三是喜剧类节目纷纷亮相，据不完全统计，仅2014年上半年卫视开播的喜剧类综艺节目就达20余档。例如，东方卫视《笑傲江湖》、浙江卫视《中国喜剧星》等，形式以真人秀、竞技比赛、剧场类和脱口秀等四种为主。四是原创真人秀节目形式极大丰富，像亲子秀《爸爸回来了》、《人生第一次》、平民秀《超级育儿师》、明星秀《明星到我家》、《囍从天降》、军旅秀《超级女兵》、竞技秀《中国好歌曲》、《超级演说家》、体验秀《私人订制》、社交生存秀《百万粉丝》、民族民间音乐秀《让世界听见》等，各类真人秀模式节目总体都表现出色，收视效果良好。

2. 电视节目迈入大投入大制作时代，优秀节目贯穿全年引领市场

2014年，中国电视综艺节目的制作团队规模庞大、装备精良，参演嘉宾和主持阵容强大，制作成本不断突破新高。强势省级卫视节目投资过亿成为标配，“大投入、大制作”成为电视综艺节目最鲜明的标签。一是户外拍摄拉高投资和制作成本。如《爸爸去哪儿2》《花儿与少年》《花样爷爷》《如果爱》《极速前进》等节目纷纷走向户外，外景地由城市到森林、由国内到全球。二是道具和布景费用高企。江苏卫视《最强大脑1》的魔方墙、《最强大脑2》的300张脸谱以及占地900平方米的室外迷宫、3D打印头骨等都堪称“最强道具”。中央电视台综艺频道《中国正在听》重金购置15米高的命运巨墙道具，灯光团队聘请国际著名灯光师，音响任用春晚团队，舞美总体投入超千万元。天津卫视《百万粉丝》由200人耗时2个月修建占地约8000平方米的“能量城”。三是“电影级综艺”节目开始盛行。这类节目具备预设剧本，具有更高标准的摄像、更复杂的道具、更精良的后期制作。比如，浙江卫视与英皇合作的《十二道锋味》，每集制作费不低于100万元，后期耗片比达到400∶1。

由于节目研发制作流程的模式不断标准化、水准不断提升，以及高品质电视节目经验日臻成熟，2014年优秀节目集中爆发，成为电视制播市场新标杆。不同题材和形式的优秀节目引发多种类型节目制播热潮，引领电视走向差异化制作。《中国汉字听写大会》《成语英雄》的成功为文化类节目提供新思路，在其带动下从第二、三季度开始集中出现了10档左右的文化类节目。《爸爸去哪儿》催热亲子真人秀节目，2014年相继出现了包括《爸爸回来了》《人生第一次》《宝贝大猜想》等多档类似题材的节目。从播出市场来看，湖南、江苏、浙江、上海东方、北京、深圳、安徽、湖北等多家卫视都专门在周末时段推出季播节目带，置入优秀节目，提高观众黏性。这种季播节目全线打通的趋势在2015年进一步蔓延，从周末到周间，从季播到常态，空间不断开辟。如江苏卫视拉出周三、周五和周日3条季播节目带，分别用4档大投入季播节目贯穿全年。

3. 节目IP化开发成为共识，产业链渗透力延展力不断增强

2014年，优质节目的价值边界正在突破单纯的广告收入，在基于IP（知识产权）开发的基础上，不断进行渗透、拓展和延伸，向产业链上、下游和相关产业延展辐射，形成贯穿影视、出版物、游戏、

动漫、电商、客户端应用等多种产品的生态圈。优质节目具有庞大的“粉丝”群体，具备较强的品牌效应，是IP化开发的坚实基础，后续孵化的衍生产品更容易获得成功。

一是衍生形态多样的内容产品。有的围绕母体节目进行二次创作和创新，有的完全脱离母体节目形成全新的内容和形式。《中国好歌曲》衍生出附属栏目《原创之声》，素材完全是在学员休息室录制，并无额外成本支出。《谢天谢地，你来啦》走出荧屏，走进剧场，与观众近距离接触。《奔跑吧，兄弟》同名电影上映2天之内就拿到1.7亿元票房，衍生先导节目《跑男来了》在一些城市收视表现甚至超出母体节目，从侧面说明衍生内容产品拥有很大的市场空间。二是品牌价值立体式开发。《爸爸去哪儿2》在图书、电影、手游、智能可穿戴设备、同款造型服饰和商品等方面进行了开发，同名电影收获了超过7亿元的票房，同名动画片在金鹰卡通频道播出。《中国好声音3》推出了“成长教室”“酷我真声音”等多档适于电视及网络平台播放的自制节目，推出以唱歌为核心的音乐类游戏，玩家可以在节目播出时参与互动。《花样爷爷》《最强大脑》推出同名手游，游戏玩家与节目跨屏互动。《中国梦之声2》与娱乐宝合作，开放1亿元的总投资额度，观众成为节目投资人，共享收益。三是“T2O”模式快速兴起。2014年，旅游卫视率先与淘宝合作将T2O商业模式用到了电视节目《鲁豫的礼物》中，明星在节目中体验各种产品。东方卫视《女神的新衣》、旅游卫视《超级代言人》推动T2O模式更进一步发展，实现“节目即商品、观众即买家”。

4. 电视台对优质内容资源控制力增强，版权节目网络独播成为趋势

2014年，电视台纷纷加强对优质内容资源的控制力，通过网络独播增加版权价值。一是与品牌认知度较高的视频网站强强联合，将优质内容资源网络独播，实现节目品牌传播最优化。江苏卫视将《非诚勿扰》《最强大脑1》等多档拳头节目在内的2014年全部综艺节目网络独家版权销售给聚力网，仅《最强大脑》一档节目就创下超过6亿次的点播量，播出总时长达121亿分钟。中央电视台综艺频道的《中国好歌曲》两季分别由腾讯视频、搜狐视频独播，浙江卫视《中国好声音3》、北京卫视《最美和声2》网络独播版权分别售给腾讯视频和优酷土豆。中央电视台也将2015年羊年春晚的国内及海外独家在线直播、独播版权出售给了爱奇艺。

二是优质内容在电视台的自有网络平台独播，完整开发IP资源的全媒体品牌效应。2014年5月，湖南广播电视台将湖南卫视拥有完整知识产权的自制节目全部由芒果TV独播，在互联网版权上一律不分销，开启自制节目在自有平台网络独播时代。虽然不是所有电视台都选择像湖南这样独立运营新媒体，但都在通过各种方式进行捆绑。不少电视台已经开始曲线布局新媒体，通过自有平台独播策略提升全媒体影响力。上海广播电视台将东方卫视2014年全年所有节目的网络首播版权和2014年综艺节目独家版权授予旗下的风行网，同时打通百视通和五星体育的资源，在风行网播出重要赛事等。中央电视台不分销2014年世界杯新媒体版权，仅在中国网络电视台独家使用。通过优质内容资源的网络独播，电视台有效提升了自有网络平台的影响力，加快实现融合发展战略转型和布局。

六、广播电视广告产业

受中国宏观经济影响，广告主总体支出收缩，投放更谨慎，广播电视广告产业也随之迎来了收入结构调整、增长方式转变的关键时期。随着新兴媒体的蓬勃发展，网络广告呈现持续高速增长态势。据艾瑞咨询数据，2014年中国网络广告市场规模达到1540亿元，同比增长40%，其中在线视频广告市场规模152亿元，同比增长55%，给传统广播电视广告经营带来挑战。为此，电台电视台创新广告运营机制，进一步优化和提升广告质量，更加注重广告收入的绿色增长。2014年，广播电视广告整体发展速度放缓，但仍然保持小幅增长态势。

2014年，全国广播电视广告收入为1464.49亿元，同比增长5.59%（见图7），增幅比2013年下降3.6个百分点。从广播电视广告收入分布情况来看，中央直属占比21.78%，省级占比58.51%，地市级和县级占比分别为16.01%和3.70%，与2013年相比，省级优势进一步扩大，比重增加3.67个百分点。按地区分布来看，经济发达的东部地区仍然是广告收入贡献最高的地区，占比达48.13%，同比增加

1.57 个百分点，其次依次是中央直属、中部和西部地区，占比分别为21.78%、20.76%和9.33%。

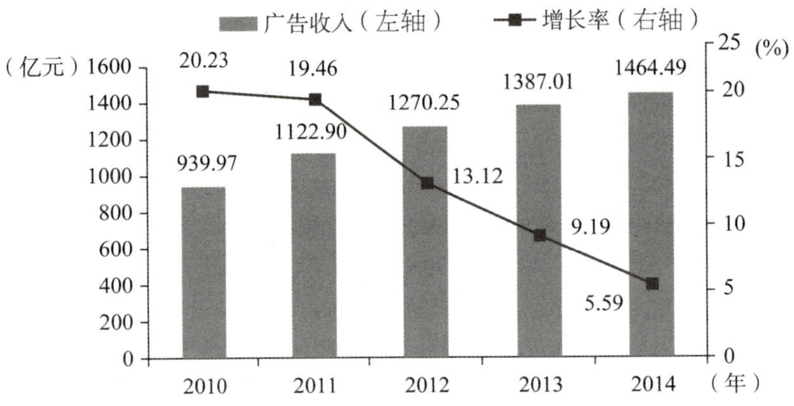

图7 2010—2014 年广播电视行业广告收入及增幅走势

数据来源：国家新闻出版广电总局财务司。

从广播电视广告收入构成来看，2014 年广播广告、电视广告收入在广电行业广告总体收入中的比重分别为10.92%和76.22%。其他广告业务快速发展，在广告总量中的比重同比增加了39.48%，收入构成更加多元（见表5）。

表5 2010—2014 年广播电视行业广告收入构成及比重

单位：亿元，%

年份	广播广告收入	占比	电视广告收入	占比	其他广告收入	占比
2010	99.58	10.59	796.59	84.75	43.80	4.66
2011	123.32	10.98	934.54	83.23	65.04	5.79
2012	136.20	10.72	1046.29	82.37	87.76	6.91
2013	139.92	10.09	1119.26	80.69	127.83	9.22
2014	159.94	10.92	1116.19	76.22	188.37	12.86

数据来源：国家新闻出版广电总局财务司。

（一）广播广告产业发展情况

1. 广播广告保持稳健增长良好势头

广播具有较强的地域优势和分众优势，新媒体迅猛发展对广播的冲击相对较小，与此同时，广告主投放预算收缩，高性价比的广播广告自然更受倚重。2014 年，广播广告实现了快速的发展势头，全国广播广告总收入达159.94 亿元，同比增长14.30%，增幅同比增加了11.57 个百分点（见图8）。广播广告收入排名前3 位的省份依次为浙江、江苏和广东（见图9）。近两年，部分省级广播电视台创新广播广告经营机制，广告经营不断开创新局面，成为推动广播广告收入整体走高的一个重要因素。2014 年，北京广播电视台广播广告创收首次突破8 亿元大关，达到8.014 亿元，比2013 年全年增长10.24%，其中交通台单频率创收达4.969 亿元，同比增长9.28%。上海广播电视台全年广播广告收入实现6.39 亿元，同比增长18%，动感101 音乐频率全年广告收入突破2 亿元。湖南广播电视台全年广播广告收入3.8 亿元，同比增长14.2%。河北人民广播电台全年广告收入2.55 亿元，在2013 年广告经营收入实现30%高增长的基础之上，同比增长15.33%。

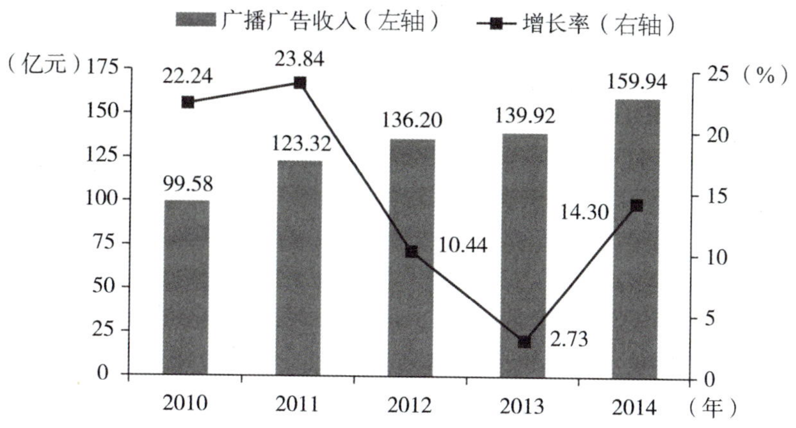

图 8　2010—2014 年全国广播广告收入及增长情况

数据来源：国家新闻出版广电总局财务司。

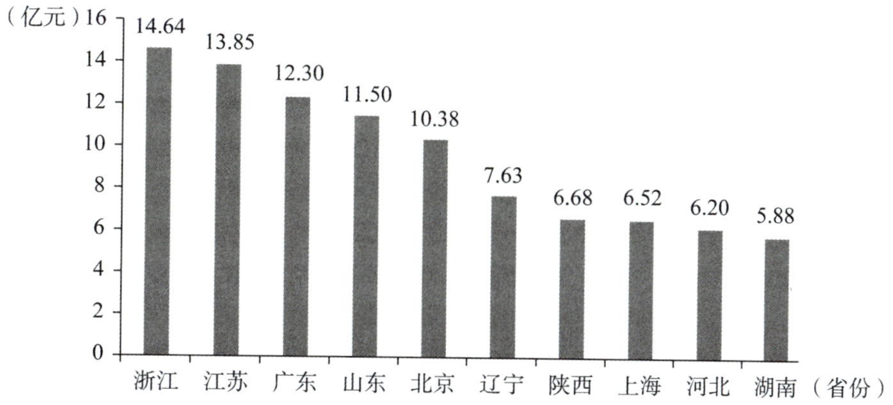

图 9　2014 年全国广播广告收入前 10 名的省份情况

数据来源：国家新闻出版广电总局财务司

2. 立足细分市场挖潜经营创新，广播广告创收打开新的增长空间

2014 年，广播媒体深挖广告经营方面的创新潜能，广告创收实现多个新的增长点。第一，广播与互联网等新兴媒体间有较好的兼容性，互联网思维越来越多地体现在了广播广告经营环节，基于用户关系管理的创新营销方式得到广泛运用。中央人民广播电台音乐节目中心为 *Music Radio*（《音乐之声》）策划了听友见面会等开播 12 周年宣传、品牌和市场推广系列活动，进一步加强对优质广告的吸引力。中国国际广播电台的国际流行音乐频率 Hit FM 定期邀请国际知名歌手和乐队召开线下歌迷见面会；轻松调频 Easy FM 开播 10 年的《飞鱼秀》节目瞄准“粉丝经济”，将影像记录集结成《飞鱼秀十年大电影》纪录影片。第二，积极探索整合营销，广告形式由广播广告向集广播广告资源、互联网广告资源、微博与微信资源、线下活动资源于一体，广告样态和传播渠道进一步丰富。尤其值得一提的是，活动营销在广告创收贡献上的表现突出。上海广播电视台东方广播、河北人民广播电台借举办节展活动提升品牌价值，都带来了较好的经济效益。第三，广播媒体的手机电台、App、PC 客户端等快速发展，全面拓展广告触达受众的渠道和机会，丰富广告创收方式。中国国际广播电台轻松调频提供微电台、App、网站在线等多种收听方式，通过微信、微博与听众进行话题互动、活动推介宣传等，提高听众黏性。北京广播电视台网络电台“听听 FM”手机客户端 2014 年 12 月已上线公测。广东广播电视台珠江经济广播电台的“在线直播”实现网络播放与电台播放同步。河北人民广播电台的“即通”用户超 10 万人，遍布全国。河南人民广播电台交通广播微信公众平台推送的头条资讯阅读量几乎都在万次以上，“摇一

摇”功能吸引每天近20万人次的微信活跃用户参与互动。

（二）电视广告产业发展情况

1. 电视广告收入在高基数上小幅降低

2014年，全国电视广告收入为1116.19亿元，同比下降0.27%，受网络视听业务快速增长、新兴媒体广告业务分流等因素的影响，近5年电视广告收入的增幅逐渐收窄，并于2014年首次出现负增长（见图10）。电视广告收入排名前3位的省份分别为湖南、江苏和北京（见图11）。

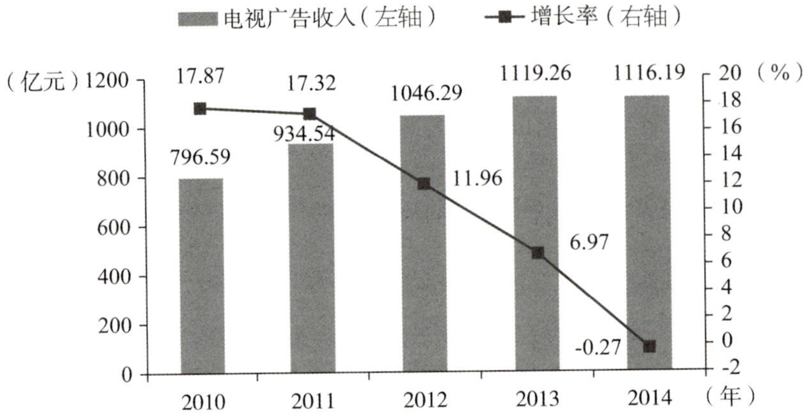

图10 2010—2014年全国电视广告收入及增长情况

数据来源：国家新闻出版广电总局财务司。

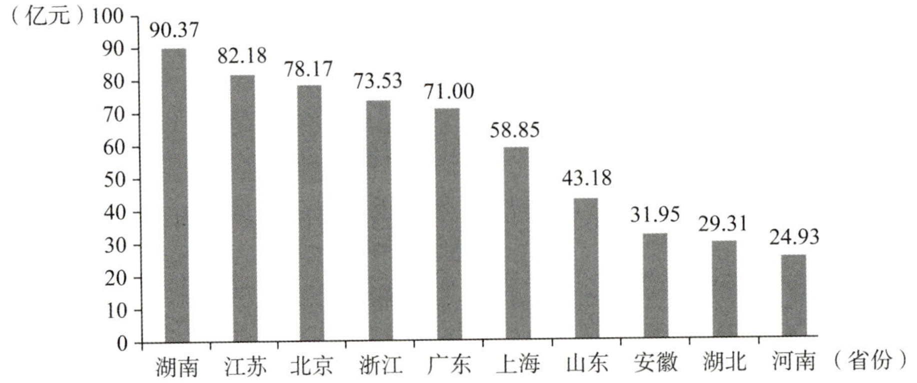

图11 2014年全国电视广告收入前10名的省份情况

数据来源：国家新闻出版广电总局财务司。

电视广告收入体量上继续占有绝对优势，是广告市场的主导力量。从收入构成综合可知，优质综艺娱乐节目的广告价值得到充分挖掘和释放，逐渐成为继影视剧、新闻时事类节目之外拉动增长的生力军，以往过度依靠电视剧拉动营收的局面有所改变，综艺节目广告收入占电视广告收入的比重逐步提升，电视广告增长点进一步拓展。

各级电视媒体的广告创收策略进一步多元化和差异化。中央电视台一方面巩固新闻节目的龙头地位，另一方面“开门办台”和广告经营创新成效显著，广告总量维持在高位水平。省级电视媒体方面，省级卫视的广告创收在2014年依然强势增长，凸显优秀节目和高品质电视剧对广告收入的拉动作用；省级地面频道在民生新闻类节目的带动下，大部分频道广告收入实现了小幅增长。城市电视媒体充分发挥接地气优势，在竞争激烈的广告市场中走出了差异化创收路线，赢得了不俗的成绩。一是加大线下活动力度，在制造新的创收空间的同时，也拉动了电视广告的投放。二是创新电视广告样态，甚至为品牌或产品量身定制电视节目，用最佳广告效果提升对广告主的吸引力。按刊例价格计算，2014 年，投放前 10 位的广告主对省级卫视的投放比重整体有所增加，其他级别媒体的投放则各有增减，广告主的投放组合更加多样（见图 12）。从全国电视广告收入分级构成情况来看，2014 年中央直属电视广告收入占比 27.23%，省级收入占比 54.06%，地市级收入占比 14.51%，县级收入占比 4.20%（见图 13）。省级优势进一步扩大，对电视广告总收入的贡献同比增加了 2.27 个百分点。

央视	卫视	省台	市台	整体
-24%	26%	-15%	-9%	-8%
-54%	14%	-4%	-19%	-11%
25%	-6%	-26%	-35%	-27%
-23%	6%	16%	-14%	-2%
10%	44%	23%	25%	29%
6%	6%	12%	22%	11%
新增	新增	70%	72%	69%
-42%	23%	-42%	-41%	-15%
-17%	68%	454%	-50%	69%
98%	28%	-26%	71%	9%

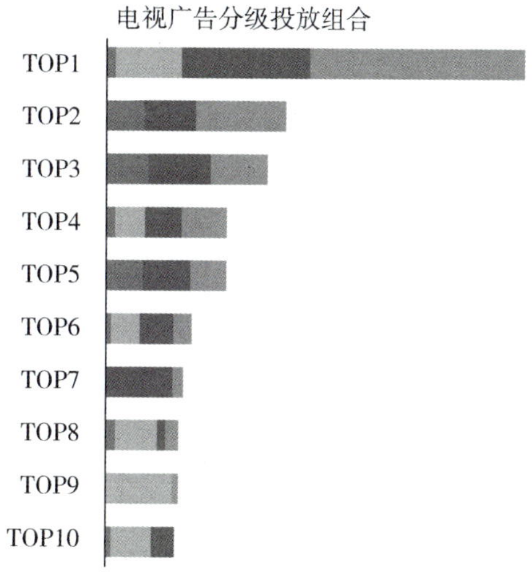

图 12　2014 年全国投放排名前 10 位的广告主的电视广告分级投放同比变化及对比

数据来源：尼尔森网联。

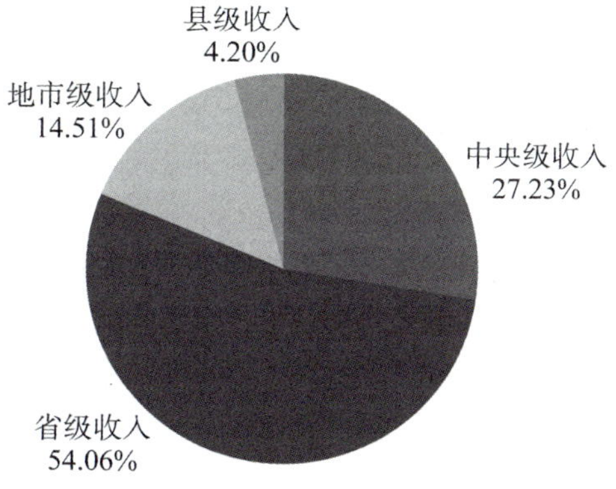

图 13　2014 年全国电视广告收入分级构成情况

数据来源：国家新闻出版广电总局财务司。

2. 优质平台黄金资源对广告的吸附力进一步增强，广告的单位价值全面提升

2014 年，受经济增速减缓的影响，广告预算收紧，电视广告主投放更集中，品牌传播策略以“追热点”或“重频次”为主，优秀节目和电视剧剧场等优质平台的黄金资源冠名成为首要选择。稀缺优质内容资源成为创收利器，广告价值显著提升，成为电视广告收入的重要贡献力量。

2014 年，在大型季播节目的引领下，一线省级卫视成为广告增长最快的平台。以湖南卫视、江苏卫视、浙江卫视为代表的一级梯队广告增长势头良好。不少节目已经跨入了“亿元俱乐部”，取代电视剧成为广告收入的“顶梁柱”。《爸爸去哪儿 2》仅冠名费一项收入就达 3.12 亿元，广告总收入 13 亿元。2015 年，优质季播节目的价值将持续释放，优质平台的黄金节目备受广告商追捧，呈现集中爆发趋势。2014 年冠名《非诚勿扰》、销售额实现突破的某化妆品品牌，2015 年投放广告金额达 8 亿—9 亿元，全部集中在湖南、江苏、浙江三大一线省级卫视。从已公开的 2015 年综艺节目独家冠名情况来看，

TOP10 集中在湖南卫视、江苏卫视、浙江卫视、中央电视台等 4 家强势平台，其中湖南卫视独占 5 席；TOP10 独家冠名费总收入高达 30.37 亿元，同比增长 60.18%（见表 6）。中央电视台纪录频道的《舌尖上的中国 3》在纪录片季播节目市场一枝独秀，独家冠名费 1.18 亿元，加上合作伙伴一项，在 2015 年招标会上共创收 2.69 亿元。

表 6　2014 年、2015 年全国综艺节目独家冠名费排行榜前十名对比

单位：亿元

2014 年				2015 年			
排名	节目名称	播出频道	冠名费	排名	节目名称	播出频道	冠名费
1	《爸爸去哪儿 2》	湖南卫视	3.12	1	《爸爸去哪儿 3》	湖南卫视	5
2	《中国好声音 3》	浙江卫视	2.5	2	《非诚勿扰》	江苏卫视	5
3	《非诚勿扰》	江苏卫视	2.4	3	《偶像来了》	湖南卫视	4
4	《我是歌手 2》	湖南卫视	2.35	4	《快乐大本营》	湖南卫视	3.5
5	《快乐大本营》	湖南卫视	1.93	5	《我是歌手 3》	湖南卫视	3
6	《天天向上》	湖南卫视	1.58	6	《天天向上》	湖南卫视	2.5
7	《梦想星搭档 1》	中央电视台	1.35	7	《最强大脑 2》	江苏卫视	2.5
8	《我要上春晚》	中央电视台	1.31	8	《奔跑吧，兄弟 2》	浙江卫视	2.16
9	《奔跑吧，兄弟 1》	浙江卫视	1.30	9	《爸爸回来了 2》	浙江卫视	1.38
10	《中国梦之声 2》	东方卫视	1.12	10	《挑战不可能》	中央电视台	1.33
总计			18.96				30.37

数据来源：根据网络公开资料整理，统计截至 2015 年 2 月。

电视剧具有相对稳定的收视保证，剧场冠名曝光频次较高，投资回报情况较好，一直是广告吸附力较强的黄金资源。2015 年，湖南卫视、江苏卫视和东方卫视等的剧场冠名价格都有一定程度上涨。受“一剧两星，每晚两集”政策的调控，部分省级卫视剧场冠名价格总体出现一定幅度回落，但扣除播出总量减少的影响，单集价格呈明降暗升的态势（见表 7）。

表 7　2014 年、2015 年部分省级卫视剧场冠名价格对比

单位：万元

频道	剧场名称	冠名类型	2014 年价格	2015 年价格
湖南卫视	金鹰独播剧场	独家冠名	32000	40000
	钻石独播剧场	独家冠名	12000	12800
江苏卫视	幸福剧场	冠名	16000	16800
东方卫视	梦想剧场	独家冠名	8000	12000
浙江卫视	中国蓝剧场	冠名	13200	10000
安徽卫视	海豚第一剧场	冠名第 1 集	4980	5380
		冠名第 2 集	5380	5680
		冠名第 3 集	3580	—
	海豚星光剧场	冠名	4760	4380

续表

频道	剧场名称	冠名类型	2014 年价格	2015 年价格
天津卫视	快乐生活剧场	独家冠名第 1 集	3380	8800
		独家冠名第 2 集	3580	
		独家冠名第 3 集	2400	—
山东卫视	天秤剧场	独家冠名第 1 集	4500	5000
		独家冠名第 2 集	5000	5600
		独家冠名第 3 集	4000	—
		总冠名	—	7600
四川卫视	合家欢剧场	冠名第 1 集	9052	9052
		冠名第 2 集	8197	9559
		冠名第 3 集	6129	—
江西卫视	独播剧场	冠名第 1 集	5000	5500
		冠名第 2 集	6000	6600
		总冠名	8500	—
重庆卫视	传奇剧场	冠名第 1 集	1400	2600
		冠名第 2 集	1500	2860
		冠名第 3 集	1450	—
广东卫视	活力剧场	冠名第 1 集	1680	1850
		冠名第 2 集	1680	1850
		冠名第 3 集	1080	—

数据来源：根据上海前景广告和公开数据整理。

3. 广告产品和营销加大创新力度，成为广告创收增长的重要动因

电视广告的产品创新主要体现在三个方面：一是非时段广告资源形式多样，黏合度高的植入广告备受欢迎。冠名、特约播出、栏目鸣谢、频道合作伙伴、下期预告等广告产品大量被使用，充分挖掘了广告的投放空间。特别是讲求平台与品牌契合度和投放自然度的植入广告，成为应用非常广泛的广告形式。《爸爸去哪儿》《一年级》《十二道锋味》等节目的广告植入形式丰富、多变，收效明显。深圳卫视《极速前进》，某汽车公司以联合出品人身份深度参与节目策划到制播全程，开创品牌客户与电视媒体合作开发节目、定制广告先河。二是原生广告（Native Ad）从互联网走向电视，广告价值大幅提高。原生广告的重要特点在于内容即广告、广告即内容，打破传统广告与内容的清晰界限，将广告变成有价值的信息提供给受众，让受众愿意主动去消费广告。东方卫视《女神的新衣》等的“T2O”模式让节目内容成为网络商城上的产品推介，二者有机统一；《今晚 80 后脱口秀》中专为冠名商打造的段子如同信息流广告，无形中完成广告消费，增强观众对品牌的感知度和好感度。三是新媒体新技术广告得到普遍使用。图片二维码广告全面推行，以节目为单位的独立客户端、以频道和电视台为单位的集成型客户端集中涌现。摇手机成为互动最常用的方式之一，湖北广播电视台、西安广播电视台等与腾讯合作开启“微信摇一摇”电视互动模式，北京导视互动的“TV 摇摇乐”与全国 20 余家城市台进行了合作。这些都成为广告延伸的新渠道。

2014 年，电视广告营销更强调从观众角度打通媒体资源，呈现全媒体整合营销态势。上海百视通收购艾德思齐，快速打通五大屏营销数据系统，引入程序化购买，研发了跨平台电视广告实时竞价系统（RTB）。安徽卫视与腾讯视频联手，与广告主三方共同研发广告产品，提高传播精准度。天津卫视广告逐渐由“平台营销”转向“以核心内容为特色的整合营销”，并提出“广告运营中心的 4S 服务体系”；

《百万粉丝》与新浪联合，电视冠名等广告产品均可在微博上呈现。中央电视台的2015年黄金资源广告招标大会首次纳入了电视强势内容与新媒体融合的广告产品，展现了强势内容向多维渠道延伸的整合能力。全媒体整合营销有助于电视台借助传统强势节目，发挥以台为主，向周边多维拓展、强力辐射的整合效应，开启新的创收空间。

七、有线网络产业

2014年，国家出台了一系列促进有线广播电视网络产业发展的政策，包括3月发布的《国务院关于推进文化创意和设计服务与相关产业融合发展的若干意见》（国发〔2014〕10号）提出，要“全面推进三网融合，推动下一代广播电视网和交互式网络电视等服务平台建设”；4月《国务院办公厅关于印发文化体制改革中经营性文化事业单位转制为企业和进一步支持文化企业发展两个规定的通知》（国办发〔2014〕15号）明确，“2014年1月1日至2016年12月31日，对广播电视运营服务企业收取的有线数字电视基本收视维护费和农村有线电视基本收视费，免征增值税”。在一系列利好政策的推动下，在三网融合和NGB建设带动下，有线网络产业发展全面提速。

（一）有线网络产业发展的总体情况

截至2014年底，全国有线广播电视用户数达2.35亿户，比2013年增加超过560万户，增长了2.47%，较2013年6.44%的增幅减少3.97个百分点。受IPTV、互联网电视等业务快速发展用户分流的影响，少数地区的有线电视用户数出现不同程度的减少。数字电视用户延续了较快的增长速度，到2014年底全国数字电视用户达到1.91亿户，增幅达11.56%，数字电视用户占有线电视用户比重已达到81.61%，在2013年74.93%的基础上又增加了6.68个百分点。付费数字电视用户4505.41万户，占数字电视用户的23.54%，占比同比增加了3.12个百分点（见图14）。全国有线双向网络覆盖用户超过1.08亿户，比2013年增长13.69%。其中，开通双向业务的用户超过3694.77万户，同比增长50.38%。高品质的数字电视、双向交互高清电视成为电视服务的必然趋势。

2014年，全国有线广播电视网络总收入达到827.21亿元，比2013年的754.91亿元增加72.30亿元，同比增长9.58%（见图15）。其中，有线电视基本收视费收入457.39亿元，比2013年的437.87亿元增加19.52亿元，增幅4.46%，基本收视费在总收入中的比重进一步降低，从2013年的58.00%减少到55.29%。付费数字电视收入66.51亿元，比2013年的58.60亿元增加7.91亿元，增长了13.50%；三网融合业务增长较快，收入57.97亿元，比2013年的50.14亿元增加7.83亿元，增幅达15.62%（见图16）。

（二）三网融合取得新突破，有线网络在竞合中快速发展

2014年，三网融合深入推进，获得实质性的突破。中国广播电视网络有限公司于5月正式成立运营，该公司注册资金45亿元，承担三网融合市场主体责任，重点推动全国有线网络的互联互通和“全国一网”，全面进行三网融合和有线网络行业的顶层设计，引领行业转型升级（见图17）。公司成立至今已作出一系列部署，有力推动和带动了行业发展：2014年底，与陕西广电网络签署协议，合作建设内容交换中心（CDN）、IP交换中心的骨干节点与相关平台，并开展电视节目交换与数据交换的云服务商业化运营，展开全国网络整合的模式探索；2015年3月，与中央人民广播电台展开战略合作，与中国传媒大学成立新媒体实验室；5月，用增资扩股的形式控股天威视讯子公司天华世纪传媒等。此外，2014年11月《国家新闻出版广电总局办公厅关于组织做好三网融合第二阶段试点双向进入业务许可申报有关工作的通知》（新广电办发〔2014〕115号）下发，启动对第二阶段42个试点地区（城市）（见表8）双向进入许可的发放工作。2015年3月前，已有贵州广电、重庆有线、陕西广电、歌华有线、湖北广电、北方广电、广西广电、新疆广电、山西广电等9家有线网络公司发布了获得三网融合业务经营许可的消息，涵盖有线网络的互联网接入业务、互联网数据传送增值业务、国内IP电话业务等多种基础和增值电信业务，有线网络的三网融合进度加快。

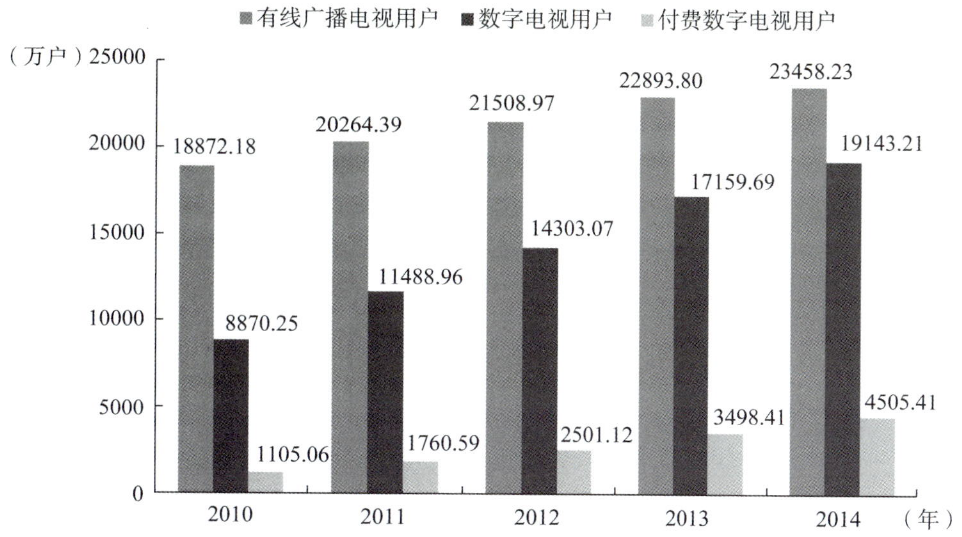

图 14　2010—2014 年全国有线广播电视用户、数字电视用户和付费数字电视用户增长情况

数据来源：国家新闻出版广电总局财务司。

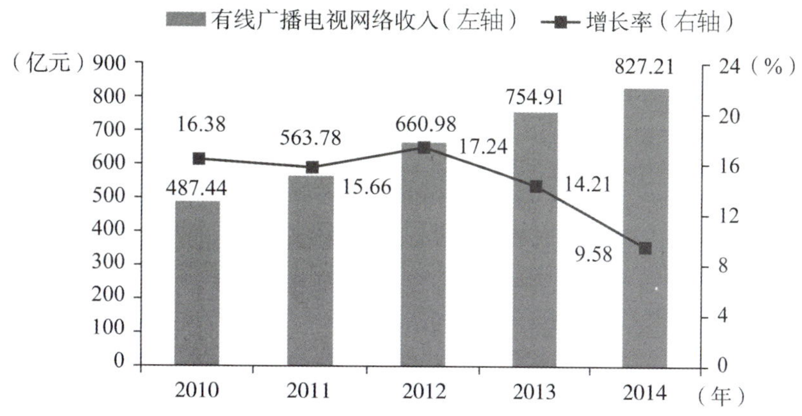

图 15　2010—2014 年全国有线广播电视网络收入及增长情况

数据来源：国家新闻出版广电总局财务司。

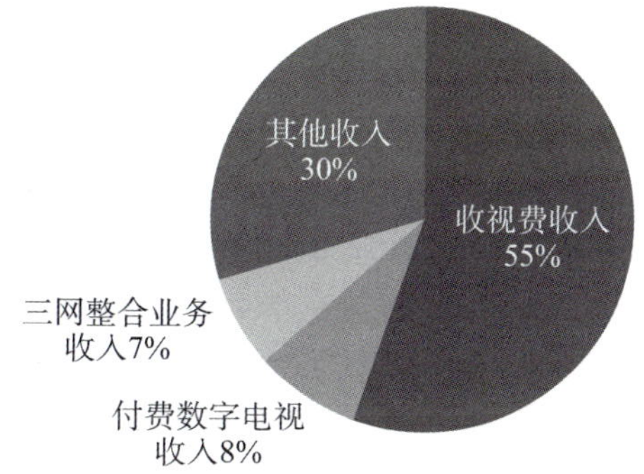

图 16　2014 年全国有线广播电视网络收入构成

数据来源：国家新闻出版广电总局财务司。

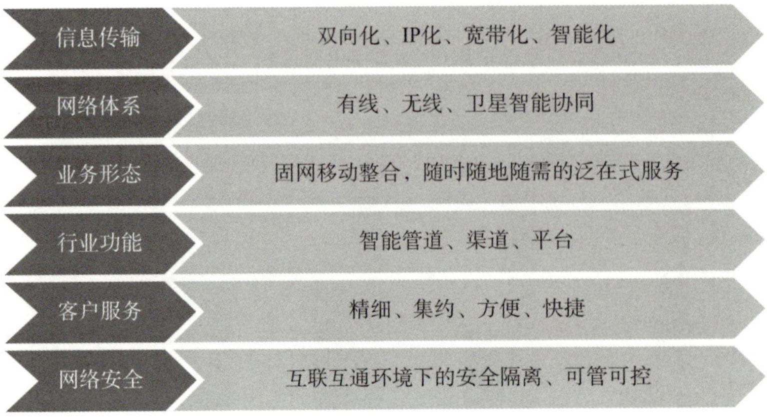

图 17 国网公司引领行业转型升级目标

数据来源：中国广播电视有线网络公司。

表 8 三网融合第二阶段 42 个试点地区（城市）名单

直辖市（2 个） 天津市、重庆市
计划单列市（1 个） 浙江省宁波市
省会、首府城市（22 个） 河北省石家庄市、山西省太原市、内蒙古自治区呼和浩特市、辽宁省沈阳市、吉林省长春市、安徽省合肥市、福建省福州市、江西省南昌市、山东省济南市、河南省郑州市、广东省广州市、广西壮族自治区南宁市、海南省海口市、四川省成都市、贵州省贵阳市、云南省昆明市、西藏自治区拉萨市、陕西省西安市、甘肃省兰州市、青海省西宁市、宁夏回族自治区银川市、新疆维吾尔自治区乌鲁木齐市
其他城市（17 个） 江苏省扬州市、泰州市、南通市、镇江市、常州市、无锡市、苏州市，湖北省孝感市、黄冈市、鄂州市、黄石市、咸宁市、仙桃市、天门市、潜江市，广东省佛山市、云浮市

数据来源：《国务院办公厅关于印发三网融合第二阶段试点地区（城市）名单的通知》（国办函〔2011〕164 号），2011 年 12 月。

有线网络公司在广泛的自发合作、竞合中迎来快速发展期。一是有线网络公司之间跨地域合作加强，谋求共赢发展。“一省一网”整合目标基本完成后，有线网络公司开始跨地域合纵连横，创造规模红利，寻找新的增长点与突破点。2014 年 4 月，湖南电广传媒分别与广东广电网络、天津广电网络、华数传媒、河北广电信息网络、云南广电网络等 5 省（市）有线网络公司签订战略合作协议，在三网融合、NGB 建设及互联互通等方面展开合作。7 月，华数传媒向甘肃广电网络投资 10 亿元，双方共同组建西北华数；向河南广电网络和新疆广电网络投资，展开全面合作。2015 年 3 月，吉视传媒与安徽广电网络达成协议，从技术、产品和解决方案等方面发挥各自优势，并展开深入合作。

二是有线网络公司与电信运营商、互联网企业由简单的竞争转向竞合，在融合发展中实现互补互利。北京歌华有线继与中国移动合作共建 4G 网络后，又与中国电信北京分公司合作，推出宽带业务，拓展新的业务增长空间。天津广电网络与天津市电信分公司签署协议，整合资源，形成全方位的综合信息服务。宁夏有线网络与中国移动宁夏分公司合作，在全区开展移动电话、电视、互动、宽带等融合业务。

（三）NGB 建设进程加快，围绕关键技术的产业链初步成形

下一代广播电视网（NGB）建设是广电推进三网融合的利器。2014 年，除进一步搭建和升级改造物理层面网络外，围绕 NGB 宽带接入技术的产业链逐渐培育发展成形，能够承载各类业务的融合平台成为建设的主要方向。

一是 NGB 宽带接入技术得到产业化应用。总局科技司 2014 年 10 月发布了《NGB 宽带接入系统 C－DOCSIS技术应用实施指南》（中华人民共和国广播电影电视行业暂行技术文件 GD/J055－2014），为进一步推动 C－DOCSIS 的广泛应用创造了条件。目前，C－DOCSIS 已形成了从芯片、产品到应用的完整成熟产业链。2014 年以来 C－DOCSIS 国内市场持续增长，黑龙江广电、河南有线、甘肃广电、哈尔滨元申、江苏有线南京分公司等运营商都进行了较大规模的 C－DOCSIS 设备采购。

二是实验室在 NGB 建设中进一步发挥重要作用。继歌华有线获批建立下一代广播电视网（NGB）融合业务平台实验室后，江苏有线牵头又成立了全国第 8 个 NGB 实验室“下一代广播电视网物联网工程技术研究中心”，这些实验室有效推动了 NGB 建设进程，为突破关键技术、创新融合业务等提供了重要支撑。

三是依托 NGB 网络的融合业务成为有线网络公司的核心目标。截至 2014 年年底，上海、北京、江苏、浙江、重庆、安徽、湖北、海南、深圳和大连等 10 个 NGB 示范省市完成了省域骨干网和市骨干网建设，基本实现点播、宽带和视频通信等三网融合业务，NGB 示范网络覆盖用户超过 5500 万，双向业务用户超过 1500 万。湖南电广传媒与广东、河北、天津、浙江、云南等 5 省市网络公司开展战略合作，拓展 NGB 综合信息服务。江苏有线的首次公开募股（IPO）于 2015 年 2 月获通过，拟募集资金 47 亿元，其中 10.65 亿元将用于全省 NGB 基础网络建设项目。

（四）融合业务全面铺开，有线网络运营商向综合信息服务商加速转型

2014 年，有线网络运营商以核心视频业务为跳板，向能够承载“语音＋数据＋视频”的综合信息服务平台全面发展，加速向综合信息服务商转型。

一是服务走向移动化、多屏化。为实现电视无处不在，有线网络公司积极研发提出了解决方案。通过在交互机顶盒中内置 Wi－Fi 模块和广泛布局广电 Wi－Fi 热点，实现有线网络向无线延伸，由室内向户外延伸，用户可以通过平板电脑、手机等多种移动终端收看电视，比如歌华有线推出的云飞视业务。有线、无线的融合方面，浙江、广东、重庆、上海、贵州等地有线网络公司都启动了试点试验。与此同时，有线网络公司加大 CDN 投资和使用，也凸显了其将内容分发到移动终端，开拓多屏视频业务的战略决策。

二是服务更加多元，以云平台为基本架构整合各个行业各种类型的应用。歌华有线与 30 家有线网络公司签署电视院线合作协议，联手打造“中国电视院线”平台，拓展视频点播业务。涌现新疆广电网络天山云指数、北京歌华有线大样本收视数据实时采集分析系统等专业化工具，有线网络公司将大数据业务向行业开放，为节目评估、广告投放和效果评估提供新的参考坐标系。有线网络公司在拓展并统合大数据、游戏、电视影院等增值业务之余，更重要的是利用掌握传输渠道和直接面对用户的优势搭建服务平台，集纳各行业的应用，从中获得更大的利润。比如智慧城市、智能家居和电视教学、电视医疗、电商等合作形式。从这种意义上看，有线网络之于整个信息服务生态圈就具有了更大的作用空间。吉视传媒惠民电子商务综合信息服务平台、歌华有线云平台、新疆天山云平台、江西三网融合云服务平台等都是有线网络多业务、全业务发展取得的初步成果。有线网络公司由此全面铺开融合业务、综合业务（见图 18），逐步实现从“看电视”向“用电视”“玩电视”的转换，从单一有线网络运营商向综合信息服务商的转型。

图 18　有线网络公司开展的综合业务情况

为确保这些丰富多元的三网融合增值业务能有效到达用户，被用户感知和接受，2014 年，有线网络公司更加注重营销推广环节，从策略和渠道两方面明显发力。一是采用捆绑套餐模式，培养用户黏合度。歌华有线将服务、产品和宽带绑定推广，4K 电视、Xbox One 捆绑宽带产品。大连天途有线打造云游戏平台“炫单车”游戏套餐。甘肃有线与甘肃银行共同设计开发联名卡。二是善于借力增加关注度，制造销售黄金档期。比如在 2014 世界杯期间推广高清业务，“双 11”“双 12”购物节，吉视传媒、歌华有线等趁势推出促销活动。三是拓展销售和推广渠道，提高营销精细化水平。继电视营业厅、网上营业厅之后，多家有线网络公司开通了淘宝、天猫官方旗舰店和微信公众平台、微信营业厅，拓宽社会营销渠道，方便用户自助完成缴费、产品和服务订购，同时也方便直接与用户沟通并推广业务，有助于网格化管理和营销落地。

八、广播电视会展产业

2014 年，广播电视会展的功能性和实效性显著提升，作为广播电视产业链上的重要一环，在信息发布和产品推介、在提高市场交易效率和降低交易成本等方面发挥了关键作用。节展的国际国内影响力不断提升，参与范围越来越广，品牌效应更加凸显。

（一）广播电视会展总体情况

1. 技术展会是展现广电业前沿动态和成果的重要平台

北京国际广播电影电视设备展览会（BIRTV）和中国国际广播电视信息网络展览会（CCBN）是专注广电技术、设备及解决方案的两大老牌展会，经过多年的积累，专业度不断提升，影响力不断增强。2014 年，第 23 届 BIRTV 集中展示传统媒体与新兴媒体融合发展、4K 超高清、IP 化网络制播以及最新电影技术等，展出面积超过 5 万平方米，中外参展厂商 519 家，其中国际厂商占 45%，观众总人数达 6 万人。第 22 届 CCBN2014 聚焦广播电视播出新业态、传输与网络覆盖、公共服务、新媒体、台内制播等技术和产品的最新发展，共有来自 30 多个国家和地区的近 1000 家企业和机构参展，展出面积达 6 万平方米。

2. 影视节目展会成为版权交易的重要渠道，交易额再创新高

目前，已经形成一定规模和影响力的影视节目展会主要有中国国际影视节目展、北京春秋两季电视节目交易会、上海电视节、四川电视节（逢单年举办）、中国金鹰电视艺术节等，此外，2014年还新出现了包括深圳国家电视剧节目交易会、首届海南影视节等新兴展会。这些影视节目综合型展会的内容非常丰富，涵盖影视节目推广展映、交易创投、论坛评奖、衍生品交易等各方面，是节目版权交易的重要渠道之一。

第12届中国国际影视节目展交易总额（含意向）达54.92亿元，较上届增长13%。参展节目共计43048部，参展商达1650多家。2014年春季北京电视节目交易会实现电视剧、纪录片、动画片等电视节目意向交易额52.21亿元，2014年秋季北京电视节目交易会参展制播机构和作品又创新高，有434家制播机构参展，推出电视剧472部18772集。

2014年深圳国际电视剧节目交易会，是在以往节目推介会基础上的“升级版”和实施“走出去”工程的“创新版”。来自境内外的800余名电视制播机构代表参加了“高峰论坛”“新剧项目前置对接”等主题活动。首届海南影视节暨第3届海口金岛音乐节，包含海南影视动漫产业峰会、影视发行交易会等，还特别开辟了“全城放映”电影惠民活动、影视成就展等文化活动。

3. 纪录片、动漫等专业型展会影响力快速扩大

中国（广州）国际纪录片节创始于2003年，是中国纪录片产业脉动的风向标，是纪录片国际交流的重要窗口。2014年举办的第12届吸引了85个国家和地区的3054部作品参与，234家中外机构就联合制作、海外销售、版权交易等达成近2亿元交易额，参与人数、征片数量、市场交易额均创历史新高，影响力不断提升。

连续举办10届的中国国际动漫节、中国国际动漫游戏博览会和举办6届的中国国际影视动漫版权保护和贸易博览会（漫博会）、深圳动漫节，是目前国内动漫类节展中最具影响力的展会品牌，已形成杭州、上海、东莞、深圳四强并立的行业展会格局。此外，2014年的广州国际动漫周等展会也设置了电视动画产品及制作企业、机构的单元。第10届（杭州）中国国际动漫节汇集了会展、商务、赛事、论坛、活动5大板块共53项活动，汇聚74个国家和地区的动漫企业、机构和代表。第6届（东莞）漫博会吸引了443家国内外企业参展，举办88项活动，成交总额34.9亿元，增长4.18%，观众超过63万人次。第6届深圳动漫节邀请了300余家国内外优秀动漫企业、机构参展，参加人数达17万人次，同比增长11%，参展交易额达5亿元。

（二）广播电视会展产业发展特点

1. 展会类型丰富全面，重点展会发挥示范效应

经过多年的积累和努力，广播电视展会从节目和产品的品类以及展会的功能上来看已发展得相对完备，各展会也逐渐形成了独有的特色和定位，成为产业链上的重要环节，发挥着越来越重要的作用。一批重点展会逐渐成为行业发展的风向标和“晴雨表”，示范引领作用持续放大，辐射并引导整个广播电视会展产业朝健康有序的方向发展。北京国际广播电影电视设备展览会（BIRTV）入选“2014年商务部引导支持展会”名录。中国（广州）国际纪录片节，获得中国国际公共关系协会国际文化交流特别奖，并录入《2013—2014年度国家文化出口重点项目目录》。

2. 广播电视会展功能设置更加多元，效能不断提升

2014年，广播电视会展将功能向纵深推进，用更加多元的主题议程和环节设置来丰富和延拓展会内涵，效果和功能明显增强。第12届中国国际影视节目展同时举办了“丝绸之路影视桥国际合作高峰论坛”等内容丰富的主题活动。2014中国（广州）国际纪录片节强化丝绸之路影视桥工程的重要载体功能，推动与海上丝绸之路沿线国家的合作，并启动丝绸之路纪录片创作项目；此外，新设立了“寻梦中国——大学生优秀纪录短片征集活动”。第10届中国（深圳）国际文化产业博览交易会突出综合文化产业盛会的优势，特色活动和环节包括：中法文化之春“国际葡萄酒电影节”、中外合作影视推介交

流酒会、影视众筹等，深入影视产业链各个环节。

3. 品牌节展发展成为广电盛典，互动性参与性全面增强

品牌广电节展在专注于服务专业观众的同时，开始更多面向广大普通观众，通过设置丰富精彩的主题活动板块吸引观众全程参与，将节展打造成为盛典。

电视节充分借力电视屏幕的入口特性。2014 年，第 10 届中国金鹰电视艺术节直播节目中，湖南广播电视台引入创新性的弹幕应用，吸引观众参与。第 20 届上海电视节扩大文化辐射，让普通百姓参与进来。在上海广播电视台旗下的东方卫视等七大频道一次性展播 80 部（集）海内外优秀的热门佳片，并组织观众票选、晚会特别区“粉丝”招募等亲民活动。

动漫节升级发展为动漫迷的节日盛会。第 6 届深圳动漫节以“快乐动漫　节日盛典”为主题，首次引进日本大型游戏设备，设立互动游戏区，引进 IEM 国际电子竞技大赛，首创梦幻动漫剧场，还举行了丰富多彩的亲子活动、深圳原创动漫品牌名家签售及原创衍生产品交易售卖等活动。第 10 届（杭州）中国国际动漫节，举办“中国 COSPLAY 超级盛典”、名家签售、动漫彩车狂欢巡游、金猴奖颁奖典礼暨动漫交响音乐会等活动，更加注重市民的参与体验。

李　岚　国家新闻出版广电总局发展研究中心研究员

2014 年度中国纪录片发展研究综述

◎孙佳山

一、2014 年中国纪录片的产量与规模

在国家新闻出版广电总局出台的纪录片新政的政策利好下，再加之纪录片形态的持续拓展，2014 年中国纪录片在投资、产量、播出率、院线等方面均获得较大幅度增长。

2014 年中国纪录片播出总量达 73267 小时，比 2013 年增加 97.4%，增幅将近一倍，其中首播量为 1.8 万小时。全年全国上星频道在播纪录片 835 部，约占在播节目比例的 13%。2014 年，央视纪录频道纪录片播出时长最长，其次是央视科教频道，两者之和超过了全年播放总量的 60%。2014 年共有 110 档电视纪录片栏目，其中首播 98 档，在不同频道重复播出的栏目有 12 档。以自拍自编、外购素材加后期编辑为主的栏目所占比重均有一定上升，而完全外购栏目所占比重则相对下降，中国纪录片行业的自制能力有所提高①。

2014 年国家新闻出版广电总局要求国内 34 个上星卫视综合频道，每天在 6：00—24：00 时间段至少播出 30 分钟纪录片。因此，34 家省级卫视共增加了约 6000 分钟的纪录片播出时长，在全部的电视节目类型中，纪录片占比为 6%，其中播出量较大的有四川卫视、黑龙江卫视、云南卫视、江苏卫视等。当然，每天纪录片总播出时长在 60 分钟以下的卫视频道还是占到了总数的近一半，除了央视因为有纪录片频道存在，全天纪录片播出时间分布均衡之外，省级卫视纪录片播出时段还是较多集中在睡眠时间，其中凌晨 2：00—4：00 时段的播出量占比达 29%，纪录片电视播出的总体格局尚没有因为新政而有根本性的改观②。

继 2011 年“中国（广州）国际纪录片节”上，在国家新闻出版广电总局首次拿出 500 万元奖励优秀纪录片的基础上，2014 年，该奖金额度又增加至 1000 万元，足以说明国家政策层面对纪录片行业的重视程度，中国纪录片行业的总投资也维持着每年 20%—30% 的高速增幅。

从广告收益趋势看，在电视媒体广告投放量增幅整体下滑的情况下，纪录片的广告投放增幅反而逆势上涨。2014 年中国电视广告投入增幅仅 4.6%，而纪录片广告投入增幅却达到 8.5%。③ 不仅如此，2014 年，纪录片行业的金融模式也进一步创新，号称“中国纪录片第一股”的三多堂传媒实现了新三板上市。2014 年 3 月和 11 月，“北回归线纪录片天使基金”和“中尚雷禾纪录片创作基金”两只专门针对纪录片的基金项目也先后诞生。前者由中国广播电视协会纪录片工作委员会和北京中视文公文化传媒有限公司联合发起成立，启动资金 1000 万元，具体项目单独招募；而后者单就资金规模，就已高达 1 亿元。

这种金融创新模式的出现，自然离不开纪录片领域现象级作品所带动的社会话题效应。《舌尖上的中国 2》在央视综合频道、纪录片频道播出后，再次引发了继《舌尖上的中国 1》之后全社会的关注。《舌尖上的中国》系列，是中国纪录片行业第一个市场化的 IP 品牌，在文化传播和市场效益等多个领域都树立了标杆。该系列的综合收益已经超过 5 亿元，将纪录片的产业链从传统的广告、音像、图书等扩

---

① 张同道、樊启鹏：《2014 年中国纪录片发展研究报告》，《现代传播》（中国传媒大学学报）2015 年第 5 期。

② 《2014 年纪录片电视市场研究报告》，尼尔森网联，http：//www. nielsenccdata. com。

③ 中国传媒大学中国纪录片研究中心，《2014 年度及 2015 一季度中国纪录片行业数据》，人民网（北京），2015 年 4 月 16 日电。

展到电商、电影等领域，甚至拉动了相关行业的股票走势，这在中国纪录片历史上，都是可以标识出两个时代的具有承前启后意义的历史坐标。

2014 年我国电影院线上映纪录片 5 部，其中国产制作 4 部，总票房 7.21 亿元，比 2013 年的 2143 万元增加了 30 多倍。然而，娱乐类纪录片，像综艺真人秀大电影《爸爸去哪儿》这一部影片的票房就有 6.97 亿元，而第二名的《永远的焦裕禄》则只有区区 1012 万元①。一方面，综艺真人秀大电影有着巨大的争议，学院派几乎众口一词地对其持否定态度；另一方面，它事实性地拓展了纪录片类型、形态的边界，在大幅提升纪录片的票房的同时，其背后也有着更为错综复杂的脉络和线索，尤其是在新媒体领域，正在发生着山雨欲来的蝴蝶效应。

这种新媒体领域的蝴蝶效应的最直观表征，就是我国纪录片受众年轻化趋势越发明显，15—34 岁年龄段的学生群体和青年群体开始成为纪录片观众的主体力量，占到受众总数的近 60%。虽然 45—64 岁的中年人群仍然是稳定的收视群体，但由于收视群体不可逆的年轻化趋势，纪录片的类型和形态势必还将进一步更新②。

二、2014 年中国纪录片的传播渠道与媒介

2014 年是中国纪录片行业的“卫星年”，北京纪实频道、上海纪实频道作为地方电视台也实现了“上星”，与央视纪录频道一同构成了中国纪录片播放的核心渠道，长期困扰中国纪录片的播放渠道瓶颈终于拨云见日，细分化、品牌化等深层次的发展议题，也终于提升到可操作层面的议事日程。

当前，中央电视台是我国纪录片制作、播放体系中的最大的行业主体。央视纪录频道是全纪录片播出频道，首播时段是 18：00—23：30，每天有 5.5 小时的首播时间。2014 年，从央视全部 24 个频道的收视情况来看，纪录频道排名第 10 位。在央视所有栏目收视排名中，纪录片栏目《探索发现》《走近科学》《地理中国》均进入前 50 名。从 2011 年纪录频道开播至 2014 年，其收视份额以每年 55% 的速度持续增长，广告收益也迅速从零飙升到现在的四五亿元水准。央视除纪录频道之外，纪录片占比较高的还有科教频道、农业军事频道、中文国际频道、综合频道。除少数专业频道外，央视绝大部分频道都有纪录片播出。

此外，在现行广电体系下的纪录片播放渠道中，省级纪录片专业频道、省级卫视及地面频道则是纪录片制作、播放的重要平台。2014 年，省级纪录片专业频道有北京纪实频道、上海纪实频道、湖南金鹰纪实频道、中国教育电视台三套、辽宁北方频道、天津科教频道、重庆科教频道 7 家；而付费纪录片频道则有世界地理、老故事、先锋纪录 3 家。

中国纪录片的发行机构，主要有央视国际电视总公司以及大陆桥、良友文化、雷禾传媒、元纯传媒等民营公司。“中国（广州）国际纪录片节”项目已被国务院列入“2013—2014 年度国家文化出口重点企业和重点项目目录”，其影响力与日俱增，2014 年“中国（广州）国际纪录片节”组委会共收到来自全球 85 个国家和地区的共计 3054 部作品，来参与评奖、展播和预售等，刷新了亚洲纪录片节展的征片数量纪录。不仅如此，包括“中国纪录片网”在内的一些专业网站，也成为中国纪录片行业的重要产业运营平台。

尽管 2014 年中国纪录片行业的产量、规模、渠道都取得了突飞猛进的增长和拓展，但全行业的整体状况并没有根本性的改变，远远难言乐观。2014 年中国纪录片行业的实际投入产出比并不尽如人意。中国纪录片行业在 2014 年的总投入约 19 亿元。各级电视台投入 13.04 亿元，占 68%，其中，央视与地方频道分别占 61% 和 39%；民营公司共投入 4.11 亿元，占 22%。2014 年中国纪录片行业总收入约 30 亿元，其中有 18 亿元为电视硬广告收入，与 2013 年相比，增长约 33%。绝大部分的电视纪录片栏目，单靠广告收入根本不足以收回成本，即便是 2014 年收视率最高的电视纪录片栏目的广告收入也仅有 268

---

① 《2014 年度及 2015 年第一季度中国纪录片行业数据》，中国传媒大学中国纪录片研究中心，人民网（北京），2015 年 4 月 16 日电。

② 同上。

万元①。可见，中国纪录片行业的收入增幅与总投资增幅大抵相当，盈利模式并无实质突破，还是典型的弱势行业的放量式增长。

因此，进一步打破制约着中国纪录片播放渠道和载体的瓶颈，是消化当前海量纪录片库存，真正打通产业链，培育良好行业生态的关键。在现行广电体系不可能有大幅度改变的情况下，作为新媒体的视频网站，事实上也具有现实可行性的突破口。

2014 年我国的纪录片行业在新媒体领域发展良好。纪录片在网络媒体的相关报道量达 31 万条，占电视节目总报道量的 2.5%，微博提及量接近 5500 万条，占比 3.4%②。《舌尖上的中国 2》与《舌尖上的中国 1》在影响力上的最大变化，就是前者在新媒体领域产生了现象级的影响，在电视播出期间有着 4 万余条网络媒体报道、1000 万余条相关微博、7 亿余次点击，让纪录片真正成为这个时代的大事件。而且，不同视频网站的纪录片频道也有着不同的定位：优酷集中力量分别主打自制纪录片和国内纪录片，先后有《季录》《经典传奇》《优酷影像录》等和《老梁故事汇》《老梁观世界》《绝对经典》等；爱奇艺特别强调“正版”，主要有《传奇故事》《真相》等；迅雷则专注国外纪录片，代表作有《探索》《荒野求生》等。在 2014 年，另外一个值得关注的新媒体现象是，移动端已经成为观众关注纪录片的主要平台。在《舌尖上的中国 2》的相关微博中，PC 端占比为 40.1%，而移动端占比为 59.9%③。在可以预见的将来，这一比例还将进一步上升。

但从总体占比来看，我国纪录片的网络关注度还是整体偏低，仍属于小众关注的范围。2014 年，纪录片的全部数量只占整个网络节目的 16%，而点击量仅仅 1%。例如《舌尖上的中国 2》首集点播量为 2690 多万次，而电视剧《何以笙箫默》首集点播量则高达 1.5 亿次④。目前爱奇艺纪录片频道、搜狐视频等视频网站，还是主要通过 HULU 模式来进行整体运营，即购买正版高清影片版权，并免费提供给用户观看，仅通过广告收入来支撑网站运营——广告同样也是视频网站的纪录片频道的最主要收入来源。与视频网站的其他频道相比，视频网站的纪录片频道的广告市场规模仍然偏小，普遍处于亏损运营状态。而搜狐视频、爱奇艺的纪录片频道，虽已开始尝试会员制和个人付费模式，但还处于探索阶段，并未成为稳定的商业模式。

总之，作为新媒体的视频网站的良好发展势头，尽管拓宽了中国纪录片的播出渠道，但并未给中国纪录片行业带来“真金白银”的明显利润增长。这一切充分说明，中国纪录片依然还有很长的道路需要摸索。

三、2014 年中国纪录片创作的题材与类型

经过 21 世纪以来的长期积累，特别是自第二个 10 年开始的厚积薄发，国产纪录片已经有了相对稳定的行业标准，并形成了美食类、考古类、科学类、探险类等多种固定的类型；大量相关文化公司在从事纪录片类型生产的过程中，确立了自身在整个行业中的角色和位置；很多省级卫视也形成了自己的纪录片品牌栏目，如北京卫视的《档案》、云南卫视的《经典人文地理》、江西卫视的《经典传奇》等。这对于整个行业生态都有着非常积极的意义。

2014 年出品的纪录片的一个突出特征是关注传统和地域文化，最具有代表性的纪录片是现象级的《舌尖上的中国 2》，正是各地美食背后极具地方特色的传统生活方式的魅力，使其平均收视份额高达 9%，较《舌尖上的中国 1》增长了 56%，已经接近《爸爸去哪儿 2》等热门综艺节目的收视率⑤。《舌尖上的中国 2》总投资 3000 万元左右，首播版共分 7 集，每集 50 分钟；在中央电视台综合频道、中央

---

① 马海燕：《中国纪录片行业 2014 年总收入 30 亿元》，中新社北京 2015 年 4 月 17 日电。

② 《CDRC 携手美兰德开展中国纪录片新媒体数据 2015 一季度发布会》，http://www.cmmrmedia.com/CMMRxinwen/CDRCxsmldkzzgjlpxmtsj2015yjdfbh_620620.html。

③ 《〈舌尖上的中国 2〉的传播与营销研究专题》，易观智库，http://www.analysys.cn。

④ 《2014 年度及 2015 年第一季度中国纪录片行业数据》，中国传媒大学中国纪录片研究中心，人民网北京 2015 年 4 月 16 日电。

⑤ 《〈舌尖上的中国 2〉的传播与营销研究专题》，易观智库，http://www.analysys.cn。

电视台纪录频道同步播出，并首创了国内纪录片的周播模式；其冠名费近9000万元，海外版权的销售价格达到6万美元一集，创下了中国纪录片海外销售的最好成绩。除了广告、电商、海外版权，《舌尖上的中国2》在图书、网络版权销售等领域也有着良好收益，其作为IP的品牌效应已经形成并趋于成熟。在《舌尖上的中国2》的带动下，2014年还有《味道中国》《心传》等关注各地传统饮食文化的纪录片面世，这种纪录片类型在未来势必还会受到持续关注。

方言纪录片的出现也是2014年中国纪录片的一大亮点。由上海纪实频道推出的日播纪录片栏目《闲话上海滩》，它用上海方言作节目的语言形态，讲述上海民俗风物、市井人情。在2014年，还有《大黄山》《瓷路》《楚国八百年》《五大道》等从自然、地理、历史等角度来关注传统和地域文化的作品。

2014年出品的纪录片的另一个突出特征，是紧密关注当下时代，《互联网时代》是最典型的代表。该作品是中国第一部全面、系统、深入、客观地解析互联网行业的大型纪录片。全片共10集，每集50分钟，是中央电视台继《大国崛起》《公司的力量》《华尔街》等纪录片之后的又一部大制作。《互联网时代》于2014年8月在中央电视台财经频道、综合频道、纪录片频道、科教频道播出，并同步进行了互联网在线播放——和《舌尖上的中国2》一样，实现了全媒体传播。全媒体传播，是理解2014年中国纪录片行业的一大关键词。

正是由于全媒体传播已经是这个年代纪录片领域的“新常态”，纪录片的新媒体化也开始成为行业趋势，湖南金鹰纪实频道在这方面就有着非常前瞻性的布局。清晰的频道定位，使其一直致力于做中国第一的青春纪录品牌，也特别重视微博、微信的新媒体运营，并与优土、芒果TV等视频网站和在线播放品台有着深度合作，专门覆盖青年群体。而其所依托的湖南卫视也有《变形计》这种长期运营的专门描绘城乡青年精神世界的纪实类电视真人秀节目，湖南卫视还在2014年推出了基于综艺真人秀节目《快乐男生》的综艺真人秀大电影《我就是我》。

伴随着中国社会的高速发展，近年来现实题材的纪录片和电视栏目数量持续上升。在2014年，我国共有98档纪录片栏目，其中社会现实类栏目有37档，而且呈现出上升趋势，其内在品质也在数量增长的同时进一步提升。由于好的现实题材的纪录片栏目可以获得社会话语权和社会知名度，并可以拉动收视率，所以无论是卫视还是有能力的地面电视台，都予以充分重视。比如央视的《客从何处来》，该片分8集，每集仅讲述一位嘉宾的故事，通过阐释个人与家庭、民族、宗族之间的关系，描绘故土牵挂、追旧思念、家国情怀的精神线索，从而找寻当代中国人的情感归宿和身份认同。

在2014年，“主旋律”纪录片也呈现出新的特色。《九天——1979年邓小平访美》《永远的焦裕禄》《你所不知道的中国》《水脉》《北洋海军兴亡史——甲午海战120年祭》《大抗战》《1937南京记忆》《中国梦·中国路》《追梦在路上》等不同类型的“主旋律”纪录片一扫以往给人留下的过于严肃、呆板的印象，开始以更为开阔的视角、更为活泼的语言和更为灵活的方式来展现、表达重大历史事件、优秀先进人物和宏大时代主题。因此，“主旋律”纪录片在2014年的接受度也较往年有大幅提升。

如果不考虑传播效果和市场反映，仅仅将美学风格作为最高评价标准，那么《犴达罕》或许是2014年能够写进中国纪录片艺术史的作品。《犴达罕》是导演顾桃的“鄂温克三部曲”中的第三部。从2007年开始，他用超过500小时的素材剪出了三部自成一体的人类学纪录片《敖鲁古雅的养鹿人》《雨果的假期》和《犴达罕》。《犴达罕》以人类学的视角，蕴藏着一种难以言说的悲壮和哀婉，记录下了狩猎民族在其没落过程中的不为人知的辛酸和悲壮。这在各类民俗传统越来越成为文化奇观的当下，具有着不可替代的文化价值和历史意义。

四、2014年中国纪录片的发展趋势和问题

2014年对于中国纪录片行业来说，具有重要的节点意义。经过21世纪以来方方面面的积累和积淀，中国纪录片行业已经明确进入行业发展周期的上行通道。无论是数量、质量，还是规模、渠道和社会关注度，都达到了该行业的历史最高水平区间。但我们需要保持冷静和理智的是，中国纪录片行业的内在

品质和实际效益，并没有和产能的放量式扩张保持相应的合理比例，特别是近年来持续涌入影视行业的大量“热钱”，不可避免地对由《舌尖上的中国》系列纪录片所带动的社会热潮保持密切关注，中国纪录片行业该如何避免像电影、电视等行业那样被资本所裹挟甚至是“绑架”，是必须面对的严肃问题。

纪录片在近年来的兴盛离不开时代大环境，自21世纪的第二个10年以来，由文学领域最先提出的“非虚构”理念迅速受到了包括影视、美术、舞蹈、舞台艺术等领域在内的各个艺术门类的回应，纪录片被认定为更贴近真实、更贴近生活，而被赋予了更为优先的价值排序。在虚构类艺术的魅力已经大打折扣的今天，虚构意义上的“艺术的真实”，已经在很大程度上丧失了原本的对“现实的真实”的优越性和合法性，今天已经很难再像过去一样大谈“艺术的真实”是如何高于“现实的真实”。因此，当前各个艺术门类都在重新界定自身与真实性的关系，纪录片的兴起，不过是这一“多米诺骨牌”效应中的一环。

然而，问题在于，即便是纪录片已经被认定具有“非虚构”的优先价值，中国纪录片行业反而更需要警惕沦为“景观”消费的巨大风险。在这个年代，对于真实性的消费有着前所未有的需求和渴望，“非虚构”的真实，同样可以被编织进消费主义的罗网，乃至更深度的卷入。从最初的奇观和猎奇，到今天的所谓更贴近真实、更贴近生活，都不过是可供消费的文化“景观”。当下，在“非虚构”意义上被认可的纪录片，超越其“艺术的真实”的，很可能并不是“现实的真实”，而是“景观的真实”。对于纪录片而言最重要的“纪录”功能正在事实性地衰退——而是以更贴近真实、更贴近生活“非虚构”之名进行着“景观”书写——这正是这个年代中国乃至世界纪录片行业本体论意义上的最大危机，也是2014年留给我们的最为严酷的时代命题。

孙佳山　中国艺术研究院马克思主义文艺理论研究所助理研究员

文件辑录

【关于公布2014年度优秀国产纪录片及创作人才扶持项目名单并拨付奖励资金的通知】

（新广电发 ［2015］ 126号）

各省、自治区、直辖市新闻出版广电局，新疆生产建设兵团新闻出版广电局，中央电视台、中央新影集团、中国教育电视台、解放军总政治部宣传部、中央和国家有关单位：

为大力支持和鼓励国产纪录片的创作、生产和播出，奖励对国产纪录片发展有重要贡献的优秀人才、制作机构及播出机构，国家新闻出版广电总局在2014年四个季度推荐优秀国产纪录片的基础上，按照客观公正、优中选优的原则，经评审委员会评审，并通过总局政府网站及中国纪录片网公示，最终确定11类60个优秀作品、人才、栏目和机构等获评2014年度优秀国产纪录片及创作人才扶持项目，现予公布。

评选结果可在国家新闻出版广电总局政府网站（http：//www. chinasarft. gov. cn/）公告区中查询，同时可在中国纪录片网（http：//www. docuchina. cn/）和“纪录中国”App移动平台上查询。

国家新闻出版广电总局将于2015年6月2日举行优秀国产纪录片及创作人才扶持项目表彰活动，对2014年度获评作品和单位（个人）给予隆重表彰。

优秀国产纪录片扶持项目获评作品由总局安排，在中国纪录片网和“纪录中国”App移动平台展播。中国纪录片网和“纪录中国”App移动平台须按国家法律规定确保总局扶持项目版权不因展播受到侵犯。

扶持项目奖励资金由总局拨付至相关选送单位，由选送单位严格按照国家有关政策规定，分发至获奖单位和个人。

请相关各省、自治区、直辖市新闻出版广电局，新疆生产建设兵团新闻出版广电局和中央电视台，解放军总政宣传部等选送单位于2015年6月10日前将发票、收款单位、开户银行账号加盖公章后报送至总局宣传司。

特此通知。

附件：2014年度优秀国产纪录片及创作人才扶持项目评选结果

2014年度优秀国产纪录片及创作人才扶持项目评选结果

一、优秀微片

《中国梦365个故事》之《马背上》，中共北京市委宣传部、北京广播电视台联合制作，北京市新闻出版广电局选送。奖金8万元。

二、优秀短片

1. 《麦收故事》，中国农业电影电视中心制作，中国农业电影电视中心选送。奖金10万元。
2. 《龙泉寺网络故事》，北京广播电视台纪实频道制作，北京市新闻出版广电局选送。奖金8万元。
3. 《“菜刀”老师的公益青春》，湖南快乐金鹰纪实传媒有限公司制作，湖南省新闻出版广电局选送。奖金8万元。
4. 《替补》，南京市电视台制作，江苏省新闻出版广电局选送。奖金8万元。
5. 《盲人IT工程师》，广东广播电视台制作，广东省新闻出版广电局选送。奖金8万元。
6. 《骑着牦牛去巡逻》，解放军电视宣传中心制作，解放军总政治部宣传部选送。奖金8万元。

7.《悬崖舞者》，江西网络广播电视台制作，江西省新闻出版广电局选送。奖金8万元。

三、优秀长片

1.《终身大事》，广西电视台制作，广西壮族自治区新闻出版广电局选送。奖金15万元。

2.《李智的梦》，广东广播电视台制作，广东省新闻出版广电局选送。奖金10万元。

3.《急诊室》，真实传媒有限公司制作，上海市文化广播影视管理局选送。奖金10万元。

4.《九天——1979年邓小平访美》，中央新闻纪录电影制片厂（集团）、北京师范大学联合制作，中央新闻纪录电影制片厂（集团）选送。奖金10万元。

5.《高三16班》，中央电视台制作，中央电视台选送。奖金10万元。

四、优秀系列片

1.《百年潮·中国梦》，中央电视台、学习出版社联合制作，中央电视台选送。奖金20万元。

2.《美丽克什克腾》，北京科学教育电影制片厂、中央电视台纪录频道联合制作，中央新闻纪录电影制片厂（集团）选送。奖金15万元。

3.《水脉》，中央电视台科教频道、国务院南水北调办公室联合制作，中央电视台选送。奖金15万元。

4.《互联网时代》，中央电视台制作，中央电视台选送。奖金15万元。

5.《1937南京记忆》，中央电视台、江苏电视台联合制作，江苏省新闻出版广电局选送。奖金15万元。

6.《台儿庄1938》，解放军电视宣传中心制作，解放军总政治部宣传部选送。奖金15万元。

7.《舌尖上的中国2》，中央电视台纪录频道制作，中央电视台选送。奖金15万元。

8.《谷牧》，中央新闻纪录电影制片厂（集团）、全国政协办公厅、中央党史研究室联合制作，中央新闻纪录电影制片厂（集团）选送。奖金15万元。

9.《客从何处来》，中央电视台综合频道制作，中央电视台选送。奖金15万元。

10.《宋之韵》，北京三多堂传媒股份有限公司制作，北京市新闻出版广电局选送。奖金15万元。

11.《中国人的饭碗》，中国农业电影电视中心制作，中国农业电影电视中心选送。奖金15万元。

五、优秀导演

1. 张兵，作品《南侨机工——被遗忘的卫国者》，中央电视台选送。奖金10万元。

2. 孙原，作品《船政学堂》，福建省新闻出版广电局选送。奖金7万元。

3. 张力、董浩珉，作品《瓷路》，中央新闻纪录电影制片厂（集团）选送。奖金7万元。

4. 祖光，作品《五大道》，天津市文化广播影视局选送。奖金7万元。

5. 路佳、温艺钧，作品《邓小平遗物故事》，四川省新闻出版广电局选送。奖金7万元。

六、优秀撰稿

1. 王密林，作品《国魂》，中央电视台选送。奖金10万元。

2. 顾翔、戴波，作品《中国大运河》，江苏省新闻出版广电局选送。奖金7万元。

3. 蔡美慧，作品《百年南京》，江苏省新闻出版广电局选送。奖金7万元。

4. 尹艺茂，作品《曲山艺海》，山东省新闻出版广电局选送。奖金7万元。

5. 王韧、徐冠群，作品《仁医爱人》，上海市文化广播影视管理局选送。奖金7万元。

七、优秀摄像

1. 曹军，作品《大湿地——红海滩》，辽宁省新闻出版广电局选送。奖金10万元。

2. 王路，作品《牦牛》，中央电视台选送。奖金7万元。

3. 李汝建、牟照阳、张申、张祯，作品《京剧·八答仓》，辽宁省新闻出版广电局选送。奖金7万元。

4. 雷洋、乔光林、郭益、陈浩然，作品《老佛山　新天地》，广东省新闻出版广电局选送。奖金7

万元。

5. 张春雷、解波，作品《纪录四川100双手之铁马神医》，四川省新闻出版广电局选送。奖金7万元。

八、优秀栏目

1.《纪录片编辑室》，上海广播电视台纪实频道，上海市文化广播影视管理局选送。奖金15万元。

2.《军事纪实》，中央电视台军事节目中心，解放军总政治部宣传部选送。奖金10万元。

3.《讲述》，中央电视台科教频道，中央电视台选送。奖金10万元。

4.《我的纪录片》，湖南卫视、湖南广播电视台金鹰纪实频道，湖南省新闻出版广电局选送。奖金10万元。

5.《纪实天下》，北京广播电视台纪实频道，北京市新闻出版广电局选送。奖金10万元。

九、优秀制作机构

1. 中央电视台科教频道，中央电视台选送。奖金15万元。

2. 真实传媒有限公司，上海市文化广播影视管理局选送。奖金10万元。

3. 北京广播电视台纪实频道，北京市新闻出版广电局选送。奖金10万元。

4. 解放军电视宣传中心，解放军总政治部宣传部选送。奖金10万元。

5. 湖南快乐金鹰纪实传媒有限公司，湖南省新闻出版广电局选送。奖金10万元。

6. 中央新闻纪录电影制片厂（集团），中央新闻纪录电影制片厂（集团）选送。奖金10万元。

7. 北京三多堂传媒股份有限公司，北京市新闻出版广电局选送。奖金10万元。

十、优秀播出机构

1. 中央电视台纪录频道，中央电视台选送。奖金15万元。

2. 中央电视台科教频道，中央电视台选送。奖金10万元。

3. 上海广播电视台纪实频道，上海市文化广播影视管理局选送。奖金10万元。

4. 北京广播电视台纪实频道，北京市新闻出版广电局选送。奖金10万元。

5. 南京市电视台，江苏省新闻出版广电局选送。奖金10万元。

6. 湖南广播电视台金鹰纪实频道，湖南省新闻出版广电局选送。奖金10万元。

十一、优秀组织机构

1. 北京市新闻出版广电局宣传管理处

2. 湖南省新闻出版广电局宣传管理处

3. 江西省新闻出版广电局宣传处

国家新闻出版广电总局

2015年5月29日

【国家新闻出版广电总局关于公布 2014 年度少儿节目精品及国产动画发展专项资金项目评审结果的通知】

（新广电发［2015］140 号）

各省、自治区、直辖市新闻出版广电局，新疆生产建设兵团新闻出版广电局，中央三台，中国电影集团公司，中国教育电视台，中直有关单位：

为深入贯彻落实《中共中央、国务院关于进一步加强和改进未成年人思想道德建设的若干意见》（中发〔2004〕8 号）、《国务院办公厅转发财政部等部门关于推动我国动漫产业发展若干意见的通知》（国办发〔2006〕32 号），鼓励和扶持少儿广播电视节目和国产动画原创作品的创作、生产和播映，在国家财政部的大力支持下，国家新闻出版广电总局设立少儿节目精品及国产动画发展专项资金项目。经各省级广播影视行政管理部门、中央人民广播电台、中央电视台推荐，总局专项资金评审委员会初审、终审并公示，最终确定 2014 年度七大类奖励项目获奖数额共 183 个，奖励资金共计 1339 万元。现将 2014 年度少儿节目精品及国产动画发展专项资金项目评审结果予以公布。

专项资金要严格按照有关规定专款专用，受资助单位应将专项资金用于少儿广播电视节目及国产动画作品的制作、购买和播映。

2014 年度少儿节目精品及国产动画发展专项资金项目评审结果

一、优秀少儿电视栏目

一等奖：奖金 15 万元

《小小智慧树》	中央电视台
《看我 72 变》	中央电视台
《卡酷动物园》	北京广播电视台
《宝贝 come on》	武汉市广播电视台
《疯狂的麦咭（第二季）》	湖南广播电视台

二等奖：奖金 10 万元

《智力快车》	中央电视台
《剧星派》	北京广播电视台
《七色光》	北京广播电视台
《锋狂实验室》	天津广播电视台
《潮童天下》	上海广播电视台
《非读不可》	上海市闵行区广播电视台
《百校争霸赛》	浙江电视台
《闪亮零零后》	江西广播电视台
《快乐向前冲》	广西电视台
《TICO 坚果屋》	重庆电视台

三等奖：奖金 5 万元

《非童小可》	中国教育电视台
《糖心家族——加油宝贝》	天津广播电视台
《成长》	河北电视台

《宝贝玩吧》	山西广播电视台
《健健康康长大之说法班会》	内蒙古电视台
《阳光地带》	辽宁东港广播电视台
《布丁剧场》	吉林电视台
《超级家长会》	上海广播电视台
《风雅少年诵》	江苏常州市电视台
《包剪锤》	江苏南京市电视台
《七彩路·明星宝宝秀》	安徽广播电视台
《向前看齐》	福建福州市广播电视台
《夸夸我》	江西九江市电视台
《幼幼总动员》	广东广播电视台
《HI 宝贝》	云南广播电视台

鼓励奖:奖金 3 万元

《刺桐花》	福建泉州市广播电视台
《花儿朵朵》	山东济宁市广播电视台
《宝贝真棒》	海南海口市广播电视台
《乐豆生日会》	四川成都市广播电视台
《七彩桥》	贵州毕节市广播电视台
《邦锦梅朵》	西藏电视台
《体验在一线》	陕西潼关县广播电视局
《快乐成长》	甘肃白银市广播电视台
《金色童年》	青海广播电视台
《PK 先锋》	宁夏广播电视台
《雪莲花(维吾尔语)》	新疆电视台

二、优秀少儿频道、动画频道

一等奖:奖金 30 万元

中央电视台少儿频道

二等奖:奖金 20 万元

内蒙古电视台少儿频道

三等奖:奖金 10 万元

浙江宁波市电视台少儿频道

四川成都市广播电视台少儿频道

三、优秀国产动画片

特等奖:奖金 50 万元

空缺

一等奖:奖金 30 万元

《戚继光》	北京广播电视台
《超时空大冒险》	上海今日动画影视文化有限公司
《加油吧! 三二班》	江苏广电影视动漫传媒有限责任公司
《木木部落》	杭州定格文化创意有限公司
《饼干警长 2》	江通动画股份有限公司
《翻开这一页》	湖南金鹰卡通有限公司

《美食大冒险》	广州易动文化传播有限公司、广东珠江电影集团有限公司、北京电视台
《正义红师(1—52)》	深圳市方块动漫画文化发展有限公司
二等奖:奖金 20 万元	
《我的朋友猪迪克》	北京电视台、北京百视文化传媒有限公司
《赛尔号》第三季	上海淘米动画有限公司
《图图的智慧王国——数学系列》	上海上影大耳朵图图影视传媒有限公司
《英雄冯子材》	上海广播电视台、杭州玄机科技信息技术有限公司
《梦飞纸客国》	江苏希际数码艺术网络股份有限公司
《恐龙来了》	常州恐龙园股份有限公司
《猪猪侠之变身战队》	广东咏声文化传播有限公司
《数学荒岛历险记 3 之地球,我来了》	广州市达力传媒有限公司
《熊出没之春日对对碰》	深圳华强数字动漫有限公司
《大秦五行少年传》	陕西动漫产业平台管理中心有限责任公司
三等奖:奖金 10 万元	
《神奇阿呦之最强流星人》	优扬天津动漫文化传媒有限公司
《老小阿凡提》	上海阿凡提投资控股有限公司
《小花仙》	上海淘米动画有限公司
《噢咿噢——唱歌岛第三、四季》	上海大模王动漫科技有限公司、上海炫动传播股份有限公司
《非常小子马鸣加 2》	上海炫动传播股份有限公司
《兔子帮之勇闯螃蟹岛》	上海炫动传播股份有限公司
《小龙甜品工房》	常州文化科技创意发展有限公司
《蛋宝宝日记》	无锡雪豹十月数码动画制作有限公司
《神奇绿色心》	无锡广新影视动画技术有限公司
《阿优之神奇萝卜》	杭州阿优文化创意有限公司
《少年师爷之勇者闯江南(第 7 部)》	浙江特立宙动画影视有限公司
《功夫鸡》	福州零壹动漫有限公司
《土豆侠(第一季)》	福州天之谷网络科技有限公司
《二兔大梦想》	河南麦草动漫科技有限公司
《姓氏王国第一季　征途》	湖南锦绣神州影视文化传媒有限公司
《锦绣神州之奇游迹第二季》	湖南锦绣神州影视文化传媒有限公司
《神魄》	广州奥飞文化传播有限公司
《喜羊羊与灰太狼之羊羊小心愿》	广东原创动力文化传播有限公司
《霹雳勇士》	广州市星原动偶文化活动策划有限公司

四、优秀动画电影

一等奖:奖金 15 万元	
《神秘世界历险记 2》	江苏省广播电视总台、北京其欣然影视文化传播有限公司
二等奖:奖金 10 万元	
《秦时明月之龙腾万里》	杭州玄机科技信息技术有限公司
《熊出没之夺宝熊兵》	深圳华强数字动漫有限公司
三等奖:奖金 5 万元	
《新大头儿子和小头爸爸之秘密计划》	央视动画有限公司

《龙之谷:破晓奇兵》	长影集团有限责任公司
《龟兔再跑》	珠海天娱影视制作有限公司

五、优秀学院动画短片

一等奖:奖金5万元

《我和老爸》	中国传媒大学
《重返人间》	北京电影学院
《雾上清晨》	南京艺术学院

二等奖:奖金3万元

《网迷宫》	中国传媒大学
《海的曙光》	北京电影学院
《游往星空的鱼》	吉林动画学院
《迷彩》	中国传媒大学南广学院
《查房》	东南大学

三等奖:奖金1万元

《飞翔》	中国传媒大学
《黄狗先生》	北京电影学院
《敦煌》	天津大学
《球形锁》	天津美术学院
《圣域奇兵》	吉林动画学院
《不倒翁》	上海视觉艺术学院
《楚风汉韵》	金陵科技学院
《这儿有人了》	东南大学
《又做错了嘛?》	中国美术学院
《十只桶》	中国美术学院

六、优秀动画创作人才

最佳奖:奖金3万元

曹梁	央视动画有限公司
陈家奇	央视动画有限公司
李严	北京广播电视台
孙海鹏	广州易动文化传播有限公司
钱国栋	深圳市方块动漫画文化发展有限公司

优秀奖:奖金1万元

方凌	央视动画有限公司
周凤英	北京辉煌动画有限公司
袁梅	北京其欣然影视文化传播有限公司
陆杰	上影大耳朵图图影视传媒有限公司
吴晓刚	上海炫动传播股份有限公司
陈凌超	浙江特立宙动画影视有限公司
章成雷	杭州阿优文化创意有限公司

国家新闻出版广电总局

2015年6月16日

作品

电视剧

【电视剧《北平无战事》】

电视剧《北平无战事》53集，改编自刘和平同名小说，出品：儒意欣欣影业、和力展光国际、山东影视集团等，导演：孔笙、李雪，制片人：侯鸿亮，编剧：刘和平，主演：刘烨、陈宝国、焦晃、倪大红、王庆祥、程煜、廖凡、董勇、祖峰、王凯、王劲松等。

该剧讲述了1948年，潜伏于国民党空军的中共地下党员方孟敖，为和平解放北平，在千钧一发的时刻，为人民的幸福与安宁，做出艰难抉择的故事。

获奖：

1. 2014年安徽卫视国剧盛典最佳电视剧、最佳导演、最佳编剧、最佳男配角奖；
2. 第5届澳门国际电视节最佳电视剧、最佳男主角奖。

【电视剧《老农民》】

电视剧《老农民》60集，由山东影视传媒集团、山东电影电视剧制作中心出品，制片人：侯鸿亮、吴雪松，导演：张新建、王滨、张开宙，编剧：高满堂、李洲，主演：陈宝国、冯远征、牛莉、蒋欣、任帅等。

该剧讲述了由北方农村的一场土地改革所引发的长达半个多世纪的故事，关注中国当代农村现实生活和农民精神世界60年的发展演变历程。

【电视剧《红高粱》】

电视剧《红高粱》60集，改编自莫言小说《红高粱家族》，出品：山东卫视、青岛凤凰影视、花儿影视，导演：郑晓龙，编剧：赵冬苓、管笑笑、潘耕、巩向东，主演：周迅、朱亚文、于荣光、秦海璐、黄轩。

该剧讲述了在20世纪30年代初，九儿和余占鳌在充满生命力的山东高密大地上，用生命谱写的一段关于爱与恨、征服与被征服，充满生命力的近代传奇史诗巨制。

获奖：

1. 2014年安徽卫视国剧盛典十佳电视剧、最佳女主角奖。

【电视剧《历史转折中的邓小平》】

电视剧《历史转折中的邓小平》48集，由中共中央文献研究室和中共四川省委组织、指导，北京华影文轩影视文化有限公司、中央电视台等单位联合制作。总编剧：龙平平，编剧：张强、黄亚洲、魏人，导演：吴子牛，分组导演：刘海涛、王忠伟、王永超，主演：马少骅、萨日娜、张嘉译、宋佳、印小天、何琳、于笑等。

该剧描述了1976—1984年的邓小平，主要从1976年毛泽东同志逝世27天后开始写起，直到1984

年 10 月 1 日，邓小平在天安门城楼上检阅国庆游行队伍，游行队伍中的大学生自发地打出代表亿万人民心声的横幅“小平，您好!”为止，其间历经粉碎“四人帮”，结束十年动乱，进行拨乱反正，国家走上改革开放的道路，对中国具有划时代意义。

获奖：

1. 2014 年安徽卫视国剧盛典十佳电视剧奖。

【电视剧《嘿，老头!》】

电视剧《嘿，老头!》37 集，是由北京文创百纳影视有限公司、北京华录百纳影视股份有限公司、北京曼孚文化传播有限公司联合出品，导演：杨亚洲，编剧：刘东岳、俞露，主演：李雪健、黄磊、宋佳等。

该剧讲述了玩世不恭的刘海皮与患有阿尔茨海默症的父亲、神经大条的白领易爽之间发生的诸多平凡感人又温暖美好的故事。

获奖：

1. 第 6 届澳门国际电视节最佳男主角奖。

电视动画片

【电视动画片《戚继光》】

电视动画片《戚继光》26集，由中影电影数字制作基地有限公司北京动画制作分公司、广州蓝弧文化传播有限公司、北京东飞永动漫影视文化发展有限公司制作，北京卡酷少儿卫视出品。导演：李严（总导演）、朱业、王沛珊、杨瑒、刘爽、郭衍超、徐一超、赵磊、许炯，编剧：邹晗、陆禄、马芳屏。

该片是2013年3月根据国家新闻出版广电总局工作部署，北京卡酷少儿卫视承制的中国梦主题重点项目，讲述的是明朝嘉靖年间戚继光带领的戚家军金戈铁马，舍死忘生，转战于新河、台州、福建等地，清剿倭寇的英雄故事。戚继光由一名有理想、有抱负的热血青年，成长为一位赤胆忠心、心怀天下的民族英雄的传奇历程。

获奖：

第11届中国国际动漫节金猴奖银奖。

【电视动画片《阿优之神奇萝卜》】

电视动画片《阿优之神奇萝卜》52集，由杭州阿优文化创意有限公司制作，导演：曹小卉。

该片是《阿优》系列动画片的第五季，主要围绕阿优和贪吃的胖仔、刻板教条的男人婆、爱萌物的阿美以及宠物狗小白在一个神奇的岛——萝卜岛上发生的奇妙生活展开。

获奖：

第11届中国国际动漫节金猴奖铜奖。

【电视动画片《功夫兔与菜包狗》】

电视动画片《功夫兔与菜包狗》12集，中国传媒大学将将将动画工作室出品，导演：李智勇。

故事发生在一个年轻人家中，他画出了一只聪明却叛逆的兔子和一只忠诚却自负的狗。从此，抓住兔子就成了主人和狗的精神理想和肉体梦魇，他们屡战屡败，屡败屡战，穿越到书中追兔子，钻进大脑打怪兽，与外星人联手，操纵巨人去战斗……一场场华丽的功夫比拼，一次次妙趣横生的创意冒险就此展开。

获奖：

1. 2014年中国文化艺术政府奖第二届动漫奖最佳动漫形象奖；
2. 第11届中国动漫金龙奖系列动画金奖；
3. 第7届金海豚奖最佳电视动画系列片金奖。

电视纪录片

【电视纪录片《舌尖上的中国 2》】

电视纪录片《舌尖上的中国 2》7 集，由中国中央电视台制作，出品人：胡占凡，总监制：罗明，总制片人：刘文，导演：陈晓卿。

《舌尖上的中国 2》定位为中华美食文化纪录片，延续第一季的主题，探讨中国人与食物的关系。150 多个人物，300 余种美食，一张张餐桌，见证生命的诞生、成长、相聚、别离。通过美食，人们可以有滋有味地认知这个古老的东方国度。

获奖：

1. 第 20 届上海电视节白玉兰奖年度最具影响力纪录片奖。

纪事

节展·评比

【第22届中国国际广播电视信息网络展览会（CCBN 2014）】

2014年3月20日至22日，“第22届中国国际广播电视信息网络展览会（CCBN 2014）”在北京中国国际展览中心（老馆）举办。展览的主题是“融合高速网络，领航新媒体时代”。这个主题涵盖本届展会的主体内容，也昭示了广电行业未来的技术发展趋势。

CCBN 2014设置的专业展区包括：视音频制作、传输与覆盖、发射、测试、播控、智能终端、三网融合、移动多媒体广播电视、数字新媒体、直播卫星、数字视听与家庭网络、影视灯光音响、大屏幕显示、转播车，吊臂/云台、运营商展区等。其中亮点包括：三网融合、OTT融合创新、NGB、云计算、高清与超高清、可下载CA、广播影视公共服务（直播卫星和地面电视）、网络建设与双向网改造、信息安全、全媒体、3D立体电视、CMMB、多屏融合、数字音频广播、数字家庭与智能终端、网络电视、移动电视、手持电视、信息化视听等技术产品的最新发展。

本届展会展览内容的综合度进一步提高，不仅是涵盖制作、传输、接收等全部广播影视技术环节的综合广电展，也涉及通信、IT、电子、信息化视听等相关行业技术产品。本次展会共有来自30多个国家和地区的近1000家企业和机构参展，展出面积达6万平方米。

【第23届“星光奖”】

2014年5月30日，中国广播影视大奖·广播电视节目奖第23届“星光奖”颁奖。中国电视“星光奖”是由国家广播电影电视总局主办的政府奖项，以思想性、艺术性、观赏性“三性统一”作为评判标准，“星光奖”是与中国电视剧“飞天奖”、中国电影华表奖并列的国家广电总局3个政府大奖之一，是中国电视艺术的最高奖项。电视文艺“星光奖”始于1987年，1988年纳入政府奖范畴。每两年一评比。

2014年3月16日，广电总局办公厅向各省、自治区、直辖市广播影视局，新疆生产建设兵团广播电视局，解放军总政治部艺术局，中央电视台发出《广电总局办公厅关于组织参加第23届电视文艺“星光奖”评奖的通知》（广办发办字〔2013〕39号）。至此，由国家广电总局主办、中国电视艺术委员会承办的2011—2012年度中国广播影视大奖广播电视节目奖第23届“星光奖”评奖工作开始启动，2014年5月30日晚在北京大兴星光影视园隆重举行。

第23届“星光奖”的评选范围是2011年3月1日至2013年2月28日在各电视台播出的各类文艺节目，涵盖“电视综艺节目”“电视歌舞节目”“电视音乐节目”“电视戏曲节目”“电视文艺专题片”“电视纪录片”“电视文学节目”“电视文艺评论节目”“少儿电视节目”“电视动画片”“电视科普节目”“电视文艺栏目”12大类电视节目。参评节目共1079个，经过初评、复评和终评后，最终评选出6个特别奖、7个优秀栏目成就奖、60个大奖；另有61个节目获得提名荣誉奖。电视文艺评论节目奖空缺。

[获奖名单]

特别奖

《2012年中央电视台春节联欢晚会》　　中央电视台

《2013年中央电视台春节联欢晚会》　　中央电视台

《领航中国：喜迎党的十八大胜利召开大型文艺晚会》　中央电视台

《亿万农民的笑声——2013 全国农民春节晚会》　中国农业电影电视中心、农业部、水利部、国家林业局、中国气象局、中华全国供销合作总社、国务院扶贫办、中国农业银行

《2013 中央电视台春节戏曲晚会》　中央电视台

《功业千秋——庆祝“京剧音配像”播出 15 周年电视晚会》　中央电视台

《第 14 届国际泳联世界锦标赛开幕式》　上海广播电视台、上海东方娱乐传媒集团有限公司大型活动中心、上海市体育局

优秀栏目成就奖

《回家》　吉林电视台

《江南话语》　宁波广播电视集团

《梨园春》　河南电视台

《天下父母》　山东广播电视台

《CCTV 空中剧院》　中央电视台

《艺术人生》　中央电视台

《正大综艺》　中央电视台

电视综艺节目大奖

中央电视台：《为人民放歌——纪念〈在延安文艺座谈会上的讲话〉发表 70 周年大型文艺晚会》

延边电视台：《情系图们江——2012 延边电视台春节晚会》

广东电视台：《为了人民的幸福——广东省庆祝中国共产党成立 90 周年文艺晚会》

中央电视台：《为祖国放歌——第 12 届精神文明建设“五个一工程”颁奖晚会》

北京电视台：《2012 年北京电视台网络春节联欢晚会》

江苏省广播电视总台：《幸福 NO. 1——江苏卫视 2013 春节联欢晚会》

电视歌舞节目大奖

《2013 环球春晚》　北京电视台

《梦圆东方——2013 东方卫视跨年盛典》　上海广播电视台、上海东方娱乐传媒集团有限公司大型活动中心

《美好的一天——第四届中国·新加坡大型歌会》　中央电视台、新加坡新传媒集团

电视音乐节目大奖

《梦想合唱团》　中央电视台

《中国好声音》　浙江卫视、灿星制作

《2012 CCTV 民族器乐电视大赛》　中央电视台

《老屋》　广西电视台、北京御景江山影视文化发展有限公司

《红旗颂——吕其明交响乐作品音乐会》　上海广播电视台艺术人文频道

《光荣绽放·十大青年钢琴演奏家音乐会》　中央电视台

电视文艺专题片大奖

《〈读书〉重返狼群——李微漪专访》　河北电视台

《绽放的力量——中国电视艺术回眸》　上海广播电视台、中国电视艺术委员会

《青春放歌》　湖南广播电视台金鹰纪实频道

《为时代放歌》　中央电视台、中共中央宣传部文艺局、北京三多堂传媒

《儿女情长·铁柱》　吉林电视台

电视纪录片大奖

《舌尖上的中国》　中央电视台

《人民的艺术》　北京电视台、北京人民艺术剧院
《大鲁艺》　陕西广播电视台、中央电视台、中共陕西省委宣传部、陕西省广播电影电视局
《百年辛亥》　湖北广播电视台、中共湖北省委宣传部、湖北经视、中央新闻电影制片厂（集团）
《农民工的局长》　中央电视台
《超级工程》　中央电视台
《中国之路》　中国国际电视总公司、中国广播电影电视节目交易中心、学习出版社
《从悲壮走向豪迈》　四川广播电视台、中共四川省委宣传部、北京年年三畅影像工作室
《金砖之国》　中央电视台
《体育的力量》　中央电视台
《丁玲传》　吉林电视台
《春晚》　中央电视台
《克里特大撤离——浙商参与利比亚撤侨记》　浙江广播电视集团经济生活频道

电视文学节目大奖

《张苍水》　宁波广播电视集团

少儿电视节目大奖

《星星火炬心向党》　江苏省广播电视总台、江苏省文明办、共青团江苏省委、江苏省少工委
《牵手道德　启航未来——内蒙古未成年人思想道德建设主题晚会》　内蒙古电视台、中共内蒙古自治区党委宣传部未成年人思想道德建设处
《幸福像花儿一样——2012 年六一晚会》　中央电视台、中华全国妇女联合会、中央文明办、共青团中央、教育部、文化部、国家新闻出版广电总局、国务院妇女儿童工作委员会办公室、中国关心下一代工作委员会
《小小智慧树》　中央电视台、北京博瑞祥和文化传播有限公司

电视动画片大奖

《小狐狸发明记》　苏州天润安鼎动画有限公司、昆山张浦好山水动画有限公司
《数学荒岛历险记（二）》　广州市达力传媒有限公司
《噢咿噢——唱歌岛》　上海大模王动漫科技有限公司、上海炫动传播有限公司
《秦汉英雄传》　北京辉煌动画公司、央视动画有限公司、青岛欧亚集团有限公司
《开心小镇》　央视动画有限公司

电视科普节目大奖

《逃出落水车》　中央电视台
《标签上的奥秘》　上海广播电视台

电视文艺栏目大奖

《中国梦想秀》　浙江卫视
《大戏台》　甘肃省广播电影电视总台
《星光大道》　中央电视台
《国宝档案》　中央电视台
《泊客中国》　天津电视台
《草原音画》　内蒙古电视台

《向幸福出发》 中央电视台
《状元360》 中央电视台
《情动八点》 长沙市广播电视台
《百家讲坛》 中央电视台
《光荣绽放》 北京电视台
《可凡倾听》 上海广播电视台、上海新娱乐传媒有限公司

电视戏曲节目大奖

《海峡梨园情——2011京昆交响音乐会》 福建省广播影视集团海峡电视台、台湾辜公亮文教基金会
《万紫千红——戏曲演唱会》 中央电视台
《今夜戏满天——2013全国十五省市电视台元宵戏曲晚会》 山西广播电视台、湖北电视台、河北电视台、河南电视台、北京电视台、上海广播电视台、安徽电视台、天津电视台、江苏省广播电视总台、中央电视台戏曲频道、甘肃广播电视总台、深圳广播电影电视集团、香港星汇资源、华娱卫视

【第20届上海电视节】

2014年6月9日至13日"第20届上海电视节"在上海举行。作为全球为数不多的集评奖、市场交易与创投、论坛于一体的综合性国际电视节，上海电视节力争触及行业内热点，尽量集中展示整个行业链上的各个环节，更是一个全局性和综合性的盘点。6月13日，电视节闭幕，揭晓了白玉兰奖电视电影·迷你剧、动画片、纪录片、电视连续剧4大类17个奖项。

[获奖名单]

电视剧类

最佳电视剧金奖： 《假如生活欺骗了你》
最佳电视剧银奖： 《咱们结婚吧》
最佳导演： 刘江（《咱们结婚吧》）
最佳编剧： 李潇、于淼（《大丈夫》）
最佳男演员： 王志文（《大丈夫》）
最佳女演员： 孙俪（《辣妈正传》）
观众网络票选最具实力导演： 虎子（《渗透》）
观众网络票选最具人气男演员：乔振宇（《烽火佳人》）
观众网络票选最具人气女演员：李小冉（《大丈夫》）
观众票选最具吸引力电视剧： 《烽火佳人》
海外电视剧金奖： 《绝命毒师》（美国）
海外电视剧银奖： 《来自星星的你》（韩国）

电视电影类

最佳电视电影导演奖： 菲利普·卡戴尔巴赫（《我们的父辈》）（德国）
最佳电视电影编剧奖： 大卫·普拉内尔、帕特里克·巴克利（《重返印度》）（西班牙）
最佳电视电影奖： 《谜湖之巅》（英国）

纪录片类

年度最具影响力纪录片： 《舌尖上的中国》
最佳纪录片： 《街头》（印度尼西亚）
最佳纪录片导演： 莫·阿苏曼（《雅利安人》）（德国）

最佳纪录片摄影：	莫罗·赫斯（《疯狂的岁月》）（埃塞俄比亚）
最佳中国纪录片：	《乡村里的中国》
评委会特别奖：	《寻找薇薇安·迈尔》（美国）
动画片类	
最佳动画片：	《好奇小恐龙》（英国）
最佳中国动画片：	《昆塔：盒子总动员》
评委会特别奖：	《男孩与异世界》（巴西）

【第六届深圳动漫节】

2014 年 7 月 16 日至 20 日，“第六届深圳动漫节”在深圳会展中心举行。本届动漫节以“快乐动漫节日盛典”为主题，邀请了 300 余家国内外优秀动漫企业、机构参展，参加人数达 17 万人次。本届动漫节呈现以下亮点：一是与变形金刚官方合作，首次引进了国际品牌展；二是首次引进日本大型游戏设备，设立了互动游戏区；三是首次引进了 IEM 国际电子竞技大赛；四是持续举办动漫真人秀 COSPLAY 荣誉盛典活动和城际街舞大赛活动；五是首创了梦幻动漫剧场；六是举行了丰富多彩的亲子类活动、深圳原创动漫品牌名家签售活动及原创衍生产品交易售卖等。

【第十二届中国国际影视节目展】

2014 年 8 月 21 日至 23 日，由国家新闻出版广电总局主办，中央电视台、中国国际电视总公司、中国广播电影电视节目交易中心承办的“第十二届中国国际影视节目展”在北京展览馆举行。“中国国际影视节目展”是国家新闻出版广电总局主办的中国国际广播影视博览会的重要组成部分，是国家“十一五”“十二五”文化发展规划纲要重点会展活动。

本届展会汇集了国内外优秀的电视剧、电影、纪录片、动画片、电视栏目等，题材涵盖现实生活、革命历史、青春励志、家庭伦理、古代传奇、古典正剧、悬疑动作、生活百科、人文历史、儿童动漫等各个领域，荟萃了活跃在电影电视制作领域的各大制作商、发行商和播出机构。据统计，展会交易金额（含意向）达 54.92 亿元人民币；参展节目共计 43048 部，其中电视剧 17677 部 517653 集；电影 4949 部；纪录片、专题、栏目 13942 部；动画片 6480 部 617639 集。

本届中国国际影视节目展面积 2.4 万平方米，参展商（含现场注册）达 1650 多家，民营公司占设展比例的 73.3%，国内媒体占设展比例的 11.6%，国际展商占设展比例的 15.1%。据展会总体统计，民营公司占参展比例的 63.5%，国内媒体占参展比例的 23.3%，国际展商占参展比例的 13.2%。本届展会的国内参展商包括中国国际电视总公司、江苏广电总台、小马奔腾、唐德影视、华谊兄弟、五岸传播、南方领航、大唐辉煌、星座国际、山东影视集团等；港澳台及海外参展商包括新传媒电视新加坡私人有限公司、韩国 KBS、澳门广电公司、电视广播有限公司、中华广播电视节目制作商业同业公会展团、GIGLIO - ITALY、Mondo TV、开普亚洲国际影视股份有限公司、釜山国际影视节目展等，展商来自美国、法国、韩国、意大利、南非、新加坡、中国港澳台等多个国家和地区。

为了适应我国新闻出版和影视文化产业市场化改革趋势，8 月 21 日上午举办了由中国广播出版社主办的“中国广播影视出版社影视同期书签约仪式暨洽谈会”，此次会议以策划出版影视同期书、与作者签约及业务洽谈合作等形式，展示了近年来的影视文化书的产品。8 月 22 日上午，以“发展丝路影视合作、促进国家民心交流”为主题的“丝绸之路影视桥国际合作高峰论坛”在北京香格里拉饭店举行，论坛旨在搭建中外文化国际交流平台、加强丝路国家影视合作力度、拓展影视节目国际传播方式、提升中国影视节目国际影响力。来自国家新闻出版广电总局国际合作司、中央电视台、中国国际电视总公司、中国广播电影电视节目交易中心、清华大学新闻与传播学院、吉尔吉斯斯坦国家电视台、南非易传媒、约旦 MEM 公司、香港沙龙电影有限公司、印度 Sun TV、缅甸 Skynet、捷克电视台、哈萨克斯坦7频道、新影制作中心纪录电影部、派拉威影视等海内外知名媒体代表共聚一堂，就影视项目国际合作、中国影视节目的外语译制、丝路国家多元化的节目内容与播出平台合作等内容进行了探讨交流的高峰论坛。

本届中国国际影视节目展特设“国家文化出口重点企业联合展区”和“国家文化出口重点项目展映区”，该展区由国家新闻出版广电总局主办、国家新闻出版广电总局国际合作司组织、中国国际影视节目展组委会承办，旨在搭建宣传中国影视文化企业平台，扩大我国影视文化产品和服务的国际影响力。内容具体包括两部分：一是近年来影视文化产品和服务“走出去”成果展示，包括相关政策、重大项目成果等；二是列入“2013—2014 年度国家文化出口重点企业目录”的 79 家广播影视企业展示，特别是积极配合总局实施“中非影视合作工程”并做出突出贡献的影视机构。

【第六届新农村电视艺术节暨优秀农村题材电视剧颁奖典礼】

2014 年 8 月 24 日，“第六届新农村电视艺术节暨优秀农村题材电视剧颁奖典礼”在河南濮阳举行，现场揭晓了新一届“金牛奖”评选结果。新农村电视艺术节由中国电视艺术家协会与中国农业电影电视中心（CCTV－7 农业频道）联合主办，中国电视协会农村电视委员会、CCTV－7《乡村大世界》栏目承办，是目前国内唯一一档服务“三农”的大型电视艺术节庆活动。

2014 年 9 月 6 日至 11 月 22 日，“第六届新农村电视艺术节”举办，本次电视节首度提出“艺术节播出季”概念，在长达 70 天的时间里，播出 12 场精彩节目。其中，仅“乡村牛人”预赛、决赛内容就达到 6 场，占据一半份额。放大“牛人大赛”“书画大赛”等农民做主角的活动，是这一届艺术节的一个重要特点。

[第六届新农村电视艺术节优秀农村题材电视剧“金牛奖”获奖名单]

最佳作品：　《乡村爱情圆舞曲》《我在北京·挺好的》《老家门口唱大戏》
最佳编剧：　田有刚《野鸭子 2》
最佳导演：　李京、武洪武《油菜花香》
最佳男主角：　范伟《老家门口唱大戏》、孙松《兵法乡村》、姜超《石榴红了》
最佳女主角：　王茜华《我在北京·挺好的》、颜丹晨《油菜花香》、王力可《大村官》
最佳男配角：　句号《大村官》、邵峰《大村官》
最佳女配角：　王丽云《油菜花香》、毕畅《乡村爱情圆舞曲》、王丽丽《追求幸福的日子》
最佳新人奖：　张楚楚《追求幸福的日子》、申奥《追求幸福的日子》、于博《追求幸福的日子》
最佳制片人：　刘辉《乡村爱情圆舞曲》

【第十届中国金鹰电视艺术节】

2014 年 10 月 10 日至 12 日，“第十届中国金鹰电视艺术节”在长沙举办。本届金鹰节主体呈现三个晚会，包括开幕式文艺晚会、互联盛典晚会以及颁奖晚会。本届金鹰奖评选收到全国各类参评作品包括：电视剧 104 部、电视文艺节目 159 部、电视纪录片 164 部、电视动画片 28 部、电视公益广告片 72 部。其中，《大秦帝国之纵横》等 19 部作品荣获优秀电视剧作品奖，《2013 光荣绽放系列》等 8 部作品荣获优秀电视文艺节目作品奖，《习仲勋》等 14 部作品荣获优秀电视纪录片作品奖，《老子道德三百问》等 3 部作品荣获优秀电视动画片作品奖。

中国金鹰电视艺术节，简称金鹰节，即原“中国电视金鹰奖”评选活动，以中国电视金鹰奖的评选颁奖为主要活动内容，是唯一以机器投票为主选方式产生的全国性电视艺术综合大奖，也是中国第一个以国产电视艺术作品作为评奖和交流对象的电视艺术节庆活动。首届电视金鹰奖评选活动于1983年在云南省昆明市举行。自1997年第15届开始，“大众电视金鹰奖”改由中国文学艺术界联合会和视协主办，成为中国电视界唯一的并经中共中央宣传部批准的由观众投票评选的全国性电视艺术大奖，名称也改为“中国电视金鹰奖”。自2000年第18届开始，改称为“中国金鹰电视艺术节”，由中国文学艺术界联合会、湖南省人民政府、中国电视艺术家协会、湖南省广播电视局联合主办，湖南广电传媒股份有限公司承办，每年的第四季度固定在湖南省长沙市举行。金鹰电视艺术节现设有电视剧、电视文艺片、电视纪录片、电视美术片、电视广告片五大门类优秀作品奖和若干单项奖共99个。由专家组成的评委会在观众投票的基础上评选产生。所有候选节目、歌曲和演员，均由各省、自治区、直辖市电视艺术家协会及中国电视会协分会推荐，经中国电视金鹰奖评选委员会初评，报上级主管部门批准后公布。

［第十届中国电视金鹰奖获奖名单］

最佳电视剧：	《焦裕禄》《寻路》
优秀电视剧：	《大秦帝国之纵横》《毛泽东》《父母爱情》《长白山下我的家》《叶问》《打狗棍》《母亲母亲》《壮士出川》《妈祖》《老有所依》《我们的法兰西岁月》《我的土地我的家》《国家命运》《赵氏孤儿案》《原乡》《聂荣臻》《营盘镇警事》《精忠岳飞》《舞乐传奇》
观众喜爱的男演员：	张嘉译、王洛勇、林永健、陈逸恒
观众喜爱的女演员：	侯梦瑶、刘涛、王维维、孙俪
金鹰节最佳表演艺术奖：	刘涛、王洛勇
金鹰节观众喜爱的港澳台演员：	郑佩佩、秦沛
最佳编剧奖：	李汀《长白山下我的家》
最佳摄影奖：	张超英《大秦帝国之纵横》
最佳美术奖：	刘勇奇《赵氏孤儿案》
最佳电视文艺节目：	《最强大脑》
优秀电视文艺节目：	《2013光荣绽放系列》《2013年中央电视台春节联欢晚会》《2014上海新年倒计时外滩4D灯光秀》《2014年北京电视台春节联欢晚会》《中国汉字听写大会》《汉字英雄》《爸爸去哪儿》《爱我中华自治区第三届少儿双语口语大赛颁奖晚会》
最佳电视节目主持人奖：	朱迅、启米翁姆
最佳电视纪录片作品：	《苦难辉煌》
优秀电视纪录片作品：	《习仲勋》《千里进疆采棉记》《大黄山》《大鲁艺》《不能忘却的伟大胜利》《天府》《北京凹头》《曲山艺海》《吾守尔大爷的冰》《青春一九三零》《变形计》《指点江山——毛泽东诗词故事》《茶——一片树叶的故事》《楚国八百年》
最佳电视公益广告片：	《筷子篇》
优秀电视公益广告片：	《中国传统节日民俗皮影篇》《关爱失智老人》《关爱家人之〈手机篇〉》
最佳电视动画片：	《新大头儿子和小头爸爸》
优秀电视动画片：	《老子道德三百问》《郑成功》《淮南子传奇第二季》

【2014 中国（广州）国际纪录片节】

2014 年 11 月 12 日至 14 日，“2014 中国（广州）国际纪录片节”在广州举办。本届纪录片节强化了纪录片节作为丝绸之路影视桥工程的重要载体功能，通过举办亚洲日、亚洲圆桌会议等活动着重推动了国内纪录片制作机构与海上丝绸之路沿线国家的合作，并与马来西亚、新加坡、印度尼西亚、越南等国家达成合作意向，打造亚洲共同内容市场。同时，启动了《丝路·双城记》《大中医》等丝绸之路纪录片创作项目。

本年度中国（广州）国际纪录片节吸引了来自全球 85 个国家和地区的 3054 部影片参加评优、展播、方案预售，1305 部作品参与评优。历经初评、复评与终评的层层筛选，最终诞生 12 项金红棉奖，14 个获奖名额。活动期间，还开展评优、预售、论坛、展览、展映、培训等系列交流活动，并在 14 日晚的闭幕式上揭晓 12 项金红棉奖。200 余家中外机构就联合制作、海外销售、版权交易等达成近 2 亿元交易额，7 部中国纪录片和 1 部中外联合制作纪录片获金红棉奖，占总奖项的 50%。本届纪录片节创新设立了“寻梦中国——大学生优秀纪录短片征集活动”，共征集到来自国内外 86 所高校的 187 部作品。

［获奖名单］

1.（美国）	人文历史类	《112 场婚礼》	评审团大奖
2.（中国）	社会纪实类	《高三（16）班》	最佳纪录长片奖
3.（孟加拉国）	人文历史类	《托卡 2012》	最佳纪录短片奖
4.（保加利亚）	人文历史类	《漫漫寻家路》	最佳纪录片导演奖
5.（德国）	自然环保类	《绿色世界》	最佳纪录片摄影奖
6.（荷兰）	自然环保类	《橡树上的童年》	最佳纪录片剪辑奖
7.（芬兰）	人文历史类	《园艺爱好者》	最佳纪录片音效奖
8.（中国）	人文历史类	《最后的小火车》	最佳中国制作人奖
9.（中国）	社会纪实类	《我和野狼有个约会》	最佳中国制作人奖
10.（中国）	自然环保类	《潜行深渊》	最佳中国制作人奖
11.（中国）	人文历史类	《习仲勋》	最佳纪录片系列节目奖
12.（中国、德国）	自然环保类	《雪豹》	最佳纪录片奖

【2014 年中国视听传媒发展论坛】

2014 年 11 月 14 日，由国家新闻出版广电总局发展研究中心主办、苏州广电总台承办的“2014 年中国视听传媒发展论坛”在苏州市会议中心隆重举办。论坛的主题是“探索广电媒体融合发展之路”。论坛发布了由国家新闻出版广电总局发展研究中心组织评出的“2014 广电媒体融合发展创新榜”。论坛还举行了“国家新闻出版广电总局发展研究中心媒体融合创新发展研究基地”揭牌仪式。

【2014 中国纪录片学院奖】

2014 年 12 月 26 日，“2014 中国纪录片学院奖”颁奖典礼在中国传媒大学举行。今年共有近 200 部作品入围学院奖评选，竞逐 16 个奖项，其中最佳网络纪录片、系列纪录片、最佳纪录电影奖是今年新设立的三个奖项。最终，《棉花》等 13 部影片获奖。今年新增的学院奖特别活动——“纪录片观影会暨导演见面会”和“光影纪年——纪录片论坛”也吸引了来自全国各地的纪录片人和纪录片爱好者积极参与。

会议

【《2014年中国纪录片发展研究报告》发布】

2014年2月27日，北京师范大学纪录片中心对外发布《2014年中国纪录片发展研究报告》（以下简称《报告》）。《报告》称2013年中国纪录片产业已由萌芽期进入高速发展期。研究课题组项目主持、北京师范大学纪录片中心主任、艺术与传媒学院教授张同道表示，2013年纪录片专业频道公司化运作全面启动，民间力量迅猛崛起，市场化的独立制作体系基本形成。经保守测算，2013年纪录片生产规模大约15.5亿元，市场规模近23亿元。中国纪录片虽进入了制播联盟时代和多元市场时代，而产能不足、人才匮乏、盈利模式单一是制约纪录片市场发展的主要瓶颈。

据《报告》数据显示，2013年纪录片市场在各方面都发展平稳，在制作、盈利、新媒体传播等方面呈现出优势。纪录片的生产机构数量日渐庞大，除了纪录片专业频道普遍实现公司化运营外，民间力量迅速崛起，已经成为不可取代的核心生产力量，并全面参与纪录片研发、制作、引进、营销、出口等纪录片产业链的所有环节。《报告》认为，2013年7月，由央视纪录频道发起的"中国纪录片制作联盟"和"中国纪录片播出联盟"的成立，标志着中国纪录片发展进入联盟时代，也标志着中国纪录片进入产销分工协作的行业细分时代，它终结了纪录片前店后厂、自产自销、各自叫卖的产销格局，是中国纪录片产业发展的必然产物和必经之路。

张同道表示，中国纪录片产业还处在发展阶段，市场远没达到饱和程度，外部竞争大于内部竞争。制播联盟具有产业创新价值，它为纪录片制播两端的力量搭建了一个汇聚平台，既充分发挥产品自身的价值，让纪录片在更大范围的传播中实现价值，同时又构建了一个具有产业聚合效应的传播平台，创造并提升平台自身的价值。目前中国至少有200多家民营公司、工作室参与纪录片制作。仅参加"中国纪录片制作联盟"的民营制作机构就达100多家。其规模、产能大小不等，大的民营制作机构年度营业额接近1亿元，小公司的年度营业额在一两百万元。民营机构虽然投入不及电视台，但是增长速度很快，2013年度的投入总量为3.77亿元，较2012年增长了88%，是近4年来增长数量和幅度最高的一年。

调查显示，随着观众欣赏趣味、习惯和渠道的日益多元，中国纪录片市场逐渐进入细分阶段，产品形态和制作模式也相应有所变化。互联网技术的发展，在冲击纪录片的传统生产传播方式，引发纪录片人重新审视市场、受众、产品、价值链乃至整个行业生态。制作机构与新媒体合作加强，合作方式丰富多元，内容分销、专区合作、多屏互动，各制播机构都在利用新媒体拓展纪录片新的潜在受众，寻找新的盈利增长点。不同语境出现的纪录片概念可能有着相距很大的内涵和外延，任何一种类型都不足以代表这个时代的纪录片，电视纪录片、新媒体纪录片和纪录电影在一起发展。

从纪录片发展趋势看，网络新媒体自制的微纪录片可能是一个新方向。2013年优酷纪录平台将全部成本的70%左右留给了自制内容，记录张昕宇与梁红环球旅行的《侣行》，单期1100万播放量，总流量1.1亿。土豆纪录片上线之后的第一个大的品牌活动就是与宝马MINI联合出品《进藏》，片中记录了10人通过川藏线、青藏线、喜马拉雅线进入西藏，拍摄沿途的各种经历。张同道表示，虽然电视台依然是纪录片的主要市场出口，但是新媒体已经成为纪录片不可或缺的传播渠道，并且呈现PC端向移动端转移的趋势，新媒体纪录片该有自己的独立属性，这已经是纪录片人的共识，它也被认为是具有良好前景的市场潜力股。三多堂意识到互联网大数据对于纪录片生产的重要意义，开始布局新媒体市场，并开始试水纪录电影市场，参与纪录电影《快乐男声》的投资；新影世纪在新媒体方面已经有了比较多的行动，不仅为新媒体量身定做微纪录片，如30集短纪录片《下南洋》和介绍东南亚风光美食的纪录片，而且和爱奇艺合作推出“爱上纪录片”互联网视频平台。《报告》认为在新媒体自制纪录片中，优酷土豆出品的《进藏》是2013年的一个亮点，《优酷影像录》《侣行》也赢得了可观的点击量；搜狐视频还在继续生产品牌栏目《搜狐大视野》；爱奇艺推出自制纪录栏目《热记录》；CNTV和东方良友联合出品了《点燃理想的日子》。

【《中国广播电影电视发展报告（2014）》发布会】

2014年7月9日，国家新闻出版广电总局发展研究中心组织编写的《中国广播电影电视发展报告（2014）》（广电蓝皮书）发布会在北京举行。

2014年广电蓝皮书是连续出版的第九部广电年度发展报告，深入分析了2013年中国广播影视发展现状和趋势，剖析行业重点、热点、焦点问题，探究改革发展中的经验与亮点，全方位多角度呈现广电行业发展的宏观局势与发展轨迹。

【中国纪录片发展论坛——全媒体语境下的中国纪录片运营策略】

2014年8月21日，作为中国国际影视节目展的重要组成部分，由中国国际电视展组委会和中国教育电视台联合主办的“中国纪录片发展论坛——全媒体语境下的中国纪录片运营策略”在北京举行。本次论坛是中国国际影视节目展首次举办纪录片专题论坛，相关领导、纪录片从业人员和纪录片研究专家出席了论坛，研讨如何突破以电视为载体的传统传播方式，推动传统媒体和新兴媒体融合发展，强化中国纪录片人的互联网思维，促进中国纪录片在内容、渠道、平台、经营、管理等方面在全媒体环境下的深度融合，不断拓展纪录片市场化路径，使中国纪录片成为全媒体环境下深受市场欢迎的现代传播文化产品。

2010年，国家新闻出版广电总局出台了《关于加快纪录片产业发展的若干意见》，对推动纪录片生产创作起到重要促进作用。特别是2013年总局规定各上星综合频道每天播出30分钟国产纪录片，仅此一项政策便为纪录片每年新增加6000小时的播出时长。今年国家新闻出版广电总局又批准了北京纪实频道等，在可以预见的几年里，国家相关政策还会陆续出台，纪录片文化消费会逐渐进入寻常百姓家。

从制作量来看，前两年央视占70%多，现在地方台已经占到65%—70%，尤其是省级电视台，不少都开始进行纪录片的专项生产，包括有关部门出台的相关政策，规定了省级电视台必须播出固定时长以上的纪录片。整体播出情况是央视基本占到了1/4左右。从首播时间段来看，随着国家相关政策的陆续出台，真正黄金时间段播出纪录片的电视台有25%。

业态

【中国广播电视网络有限公司成立】

2014 年 5 月 28 日，“中国广播电视网络有限公司”挂牌运行。在随后举行的“建设网络强国背景下中国广播电视网络融合发展”研讨会上，中共中央宣传部副部长、国家新闻出版广电总局局长蔡赴朝表示，要实现有线电视网络“全国一网”，把广播电视网络建设发展成为一张可管可控的“绿色”网、一张传播先进文化的“干净”网、一张发布权威信息的可信网。中国广播电视网络有限公司注册资金为 45 亿元，经营范围包括有线电视网络规划、建设、运营和维护。作为“三网融合”的市场主体，中国广播电视网络有限公司有望成为继中国电信、中国移动和中国联通之后的“第四大运营商”。

大事记

2 月 27 日，北京师范大学纪录片中心对外发布《2014 年中国纪录片发展研究报告》。

3 月 20 至 22 日，“第 22 届中国国际广播电视信息网络展览会（CCBN2014）”在北京举办。

5 月 28 日，“中国广播电视网络有限公司”挂牌运行。

5 月 30 日，中国广播影视大奖·广播电视节目奖第 23 届“星光奖”颁奖。

6 月 9 日至 13 日，“第 20 届上海电视节”在上海举行。

7 月 9 日，国家新闻出版广电总局发展研究中心组织编写的《中国广播电影电视发展报告（2014）》（广电蓝皮书）发布会在北京举行。

7 月 16 日至 20 日，“第六届深圳动漫节”在深圳会展中心举行。

8 月 21 日，“中国纪录片发展论坛—— 全媒体语境下的中国纪录片运营策略”在北京举行。

8 月 21 至 23 日，“第十二届中国国际影视节目展”在北京举行。

8 月 24 日，“第六届新农村电视艺术节暨优秀农村题材电视剧颁奖典礼”在河南濮阳举行，现场揭晓了新一届“金牛奖”评选结果。

10 月 10 日至 12 日，“第十届中国金鹰电视艺术节”在长沙举办。

11 月 12 日至 14 日，“2014 中国（广州）国际纪录片节”在广州举办。

11 月 14 日，“2014 年中国视听传媒发展论坛”在苏州举办。

12 月 26 日，“2014 中国纪录片学院奖”颁奖典礼在中国传媒大学举行。

中国艺术年鉴

2014年卷

美术卷

分卷主编：王　伟

年度述评

2014 美术年度综述：美术的日常生活

◎尚　辉

美术与生活的关系日益密切。连续举办了 3 年的全国美术馆藏品展出季，开始在 2014 年收获广泛的社会效益，更多的市民自觉走进美术馆享受审美的愉悦，去美术馆或画廊观赏作品，已成为今天的时尚生活。2014 牵动业界乃至社会广泛关注的，无疑是第十二届全国美展的创作、推选、评审和开展，而从获得金奖的中国画《儿女情长》、油画《桥上的风景》、版画《三十而立》、水彩《亮宝节上的人们》和漆画《织情叙意》等作品，也不难看出当代美术创作与人们日常生活的密切关联。美术作品日常情态的呈现，也同时涉及绘画性或造型艺术本体特征的创作话题。这个看似不太先锋的问题提出，或许也意味着在图像化时代如何追问美术不可被替代的艺术图像的价值命题。

民族美术创作持续推进

正像水彩画《亮宝节上的人们》描绘的那样，城市化进程的深化已深刻地触及了边陲少数民族聚居地，土著民族生活形态已不断地被现代文明同化，民族题材美术创作在某种意义上是对当下原生状态民族文化变迁的历史见证。4 月 25 日，一个以云贵美术为艺术史的研究对象而展开的“七彩云南·多彩贵州——中国美术作品展”在中国美术馆隆重揭幕，这是继“灵感高原”“天山南北”和“浩瀚草原”之后，有关 20 世纪以来中国少数民族题材美术创作的另一次大集结。该展以 400 余件作品从历史的角度对于云贵高原少数民族题材美术创作的梳理，向我们展示了这些作品之间构成的审美历程与文化逻辑，揭示了这些作品所寓涵的整个中国社会的历史变迁与现代化转型。

与以往已经举办的表现其他少数民族地区的主题展不同，该展揭示了云贵高原为 20 世纪中国美术史现代性演进提供了审美支撑的独特性。且不说庞薰琹、张仃、祝大年、黄永玉等在四五十年代从云贵高原民族生活形象获得的具有现代形式美感的初探与采掘，就新时期美术而言，有关形式美的启蒙、有关人性表现的觉醒、有关现代意识的突围等，似乎也都和那片神奇美丽的高原密切相关。袁运生的机场壁画《泼水节——生命的赞歌》，以泼水节的裸女描绘，冲决“文革美术”的思想禁锢、呼唤人性的解放；丁绍光、蒋铁峰、刘绍荟的线描重彩，从中国画内部跨越东西、张扬形式美表现的旗帜；王晋元、郭怡孮等从版纳热带雨林的写意，走出了传统花鸟画题材的苑囿，确立了花鸟画对于生命意识表达的新的人文理念；蒲国昌、董克俊、田世信等在边地少数民族原生态文化里，感悟出现代文明所失缺了的人性精神，并以此探寻新时期美术向现代性转换的精神维度……不论是云贵本土美术家还是全国其他省区的美术家，无不在云贵高原提供的边地民俗文化、民间美术与自然环境里来获得这种“现代性”意识的觉醒，来探寻这种中国式“现代性”的思想载体与审美符号。

2014 年似乎成了对民族题材美术创作持续发力的一年。5 月 19 日，首届中国民族美术发展论坛暨 2014 年民族美术艺委会年会在贵州省黔南民族师范学院举办；5 月 22 日，第三届西部少数民族青年美术家高级研修班写生创作展在中央民大美术馆举行；12 月 14 日，第三届全国少数民族美术作品展在北京民族文化宫举行；12 月 25 日，中国民族美术双年展暨第二届云南美术双年展在昆明举行。而 9 月 24 日由多家学术机构发起主办的中国少数民族题材美术历史与创作学术论坛，回顾总结了 5 年来中国美术家协会策划组织的一系列民族题材美术创作与展览活动，而如何持续推动民族美术创作、表现现代化进程中的边地少数民族生活，也成为此次论坛的热点议题。毕竟，现代化从根本上说，是个同化与消解民族特性的过程，这意味着当下少数民族题材美术创作必然会面临着一种与以往不同的时代与审美的转型。

从展延拓宽中回归传统

摘得全国美展中国画类唯一金奖的《儿女情长》，再度印证了近些年工笔画外沿强劲拓展的势头。年内，工笔画各种专项展依然是中国画展的主角。6月12日，以“精致立场”为主题的全国第二届现代工笔画大展在中国美术馆开幕，这是继2013年第九届全国工笔画展后另一次规模盛大的全国工笔画检阅，展出了来自全国各地近500位艺术家创作的400余件作品。12月6日，以“托古改制”为主题的当代工笔画展在今日美术馆展出，画展集结了12位前卫性工笔画家的数十件作品，“托古改制”的寓意也鲜明表达了这些画家如何借用传统工笔语言进行当代性文化隐喻表达的尝试。12月28日，以“多重空间”为主题的厦门全国工笔画双年展在厦门美术馆举行，画展邀请了当代富有探索性的39位工笔画家参展，并以“物性寓言”“表情截屏”“澄怀之境”和“花木悦容”四个专题对工笔画艺术语言的潜性空间进行了探讨。

相对于“水墨为上”的文人画时代，“精工”已成为今天技术理性时代的审美崇尚。顺应此种审美潮流，工笔画一方面因汲取欧洲写实绘画语言而获得极为宽广的现代视觉经验表现，另一方面也因此种欧式语言的汲取而逐渐进入当代艺术语境，工笔画成为当下最不确定、最具有变革性的画种。“精致立场”的提出，也在很大程度上揭示了科技文明对于我们观看方式与审美触点的改变。的确，没有哪个时代会像今天的科技这样如此深刻地操控着我们的日常生活、如此快捷地刷新我们的美感知觉。相对于艺术史上那些悲愤诗情的艺术、那些歌哭生命的艺术、那些原始粗朴的艺术，这个时代对于精工技艺的崇尚、对于图像信息的消费，已演化为一种闲适优雅的精神向度和富丽精致的美学范式。获得金奖的《儿女情长》固然以一种纯厚的中国式家庭伦理观的展现而博得人们的喜爱，但精致细微的写实语言更表现出当代人的审美趣味。写实，在当下已不仅仅是一种造型语言，而是精致立场的一种审美呈现，是科技文明造就的读图时代一种最习以为常的美术生活经验。

年内的其他中国画大型群展还有，以“澄怀味象”为主题的第三届中国艺术研究院中国画院院展7月12日在中国美术馆举行，该展以文心哲思为基础，强调用纯净的心性与笔墨来感怀属于时代的审美理想；以“多彩中国梦”为主题的2014中国百家金陵画展（中国画）11月18日在南京举行，这是百家金陵画展自创立以来的第十届展览，该展业已成为当代倡导现实主义美学理念的知名品牌；以“辑页掇英”为主题的第三届杭州中国画双年展12月23日在浙江美术馆举行，该展试图以中国画特有的册页形制来推动中国画传统的当下活化；以“写意中国”为主题的2014中国国家画院年展12月27日在中国国家画院（国展）美术中心举行，该院展以年度展的方式呈现了国家画院一贯倡导的中国画写意精神。相比于工笔画的红火，写意画显得冷清式微，“写意性”或“写意精神”成为美术界年度高频词。大家似乎都看到了当下中国画存在的症结，却无力改变现状。中国画学传承与发展的路径在经历全面接受西学并发生了巨大变革之后，也变得越来越游移不定。7月28日，由多家学术机构组织召开的中国画学的传承与发展学术研讨会，就中国画学的体系及传承发展规律进行了深入探讨，会中对中国画学核心价值观展开的激烈论辩，或许揭示了人们今天对于中国画学精髓的多种价值思考。

写实作为当代中国的文化创造

在第十二届全国美展中拔得油画头筹的《桥上的风景》，塑造了林风眠、吴大羽和林文铮等作为中国现代主义艺术先驱的形象，但颇具意味的是该作恰恰是以精湛的写实技艺而荣获大奖，这或许揭示了写实油画移植中国重获新生的历史寓意。

写实油画在欧美日趋式微之时却于中国再生复活，一直是当代艺术批评家与艺术史学者探讨和争议的话题。7月25日，以“沃土中原”为主题的吾土吾民油画系列邀请展在历经了西北、东北、江南、华南和西南片区展览之后，终于在中原之京、津、晋、冀、鲁、豫收官，这或许能够让我们从历史文脉的梳理中寻求写实油画在中国活化的解答。相对于吴越那种秀润纤巧、绰约风姿，相对于荆楚那种诡谲神秘、奇幻浪漫，中原文化的审美类型一直严守着纯正严谨、浑朴厚实的特质。这种正大气象，也不妨作为黄土地“土”色系与“土”质感的一种审美浸润。如果说厚重感是中原油画的基本文化特征，那么，这种厚重感首先来自此种艺术能够敏锐地述说历史与表达现实。在中国，没有哪个地区会像中原这样有着强烈的国家艺术意识，油画作为当代中国的一种重要的造型艺术，在此已成为国家艺术意识的承载主体。中原油画凸显出的刚健与质朴，其实更是一种民族担当意识的外化。因而，通过写实油画表达现实主义美学思想，也只有在中原才能获取得天独厚的条件。或者说，写实油画是中原文化的选择，是中原油画最基本的艺术风貌。

这种文化观念无疑也决定了当代中国文化腹地的油画艺术审美取向，甚至在当代艺术袭来之时仍然处于立定的姿态。创立于2003年的中国写实画派，就是这种文化观念作用的结果，纯正严谨的思维在此成为中国写实油画“寻源问道”的艺术理念。几乎集结了当代中国最有影响力的写实画家，在这面旗帜下不懈地探索中国文化现实中的写实精神，攻克中国油画造型与色彩的难题。11月7日，中国写实画派十年展在中国美术馆整个一楼展厅隆重举行，画展以回顾的方式展现了靳尚谊、陈逸飞、艾轩、杨飞云、王沂东、郭润文和冷军等中国当代31位成就卓著的写实画家的450幅作品，从他们的创作可以窥见中国当代写实油画并不相同的艺术追求与斑斓多彩的风格面貌，尤其是他们在古典主义中寻求的高贵与典雅，也几乎折射了当代中国社会普遍尊崇的一种审美趣味。这是个可以定格于2014中国美术事件的画面，久违了的人头攒动的观展盛况让人难以忘怀。中国写实画派的10年不仅在学术上推动了中国油画写实水准的提升，而且使这种艺术深入人心、发动市场。

当然，油画在中国的发展并不唯写实的单一面目。譬如，4月10日在广东美术馆举办的第五届广东当代油画艺术展，就以“叙事性图像”为主题，强调油画艺术并不在语言，而在叙事性图像对于当下现实社会的介入。再譬如，8月16日在中国美术馆开幕的第二届中国油画双年展，就以“在场”为主题，并通过“历史之场”“生活之场”和“突围之场”来呈现油画家怎样以艺术的方式“在场”，展览的突出特色并不在于展览一件完整的作品，而在于展示创作过程的各类草稿，以此呈现艺术在场的心路。还譬如，4月19在山东潍坊举行的中国油画风景作品展再次以“可见之诗”为主题，强调观看的风景与表现的风景之间构成的某种“诗性”特征。但即使是这些着眼于当代性或观念化的油画展，仍不难从统计学的角度得出一种概率，也即写实油画仍然是中国油画的主角，而且这种写实并不局限在对于欧美哪个时段油画的研习模仿上，而是从欧美艺术史的宽广视野寻求当代中国文化的创造。

消费社会的民生形象

年内波及面最广的展览当属第十二届全国美展。本届全国美展共13个分展区，除了沿袭上届美展的基本格局，主要是将上届陶艺、漆画的合展劈分两个展区，并增设综合材料绘画和试验艺术展区，因而，新增的实验艺术展区和综合材料绘画展区也在很大程度上体现了国际艺术发展的潮流。本届全国美展在时间上分为两个阶段：第一阶段是8月15日至9月29日，中国画展区（天津）、油画展区（杭州）、版画展区（广州）、雕塑展区（太原）、水彩粉画展区（武汉）、壁画展区（北京）、漆画展区（福州）、艺术设计展区（西安）、港澳台及海外华人展区（盘锦）、实验艺术展区（北京）、综合画种展区（嘉兴）、综合材料绘画展区（石家庄）和陶艺展区（西安）相继开幕，共展出从2.4万余件投稿作品中遴选的4391件作品，是历届全国美展展出作品最多的一届；第二阶段是12月15日在中国美术馆开幕的第十二届全国美展暨中国美术奖·创作奖、获奖提名作品展，共展出576件作品，其中金奖作品7件，银奖作品18件、铜奖作品49件，优秀奖作品86件。金奖获奖数比原设定的空缺3件，或许也很好地体现了评审宁缺毋滥的严肃性。

相较于20世纪五六十年代、八九十年代美术作品里呈现的新中国改天换地的劳动人民形象、新时期改革开放的人文风貌，21世纪美术作品里描绘的中国人文形象则更多地转向了以消费性为特征的后现代社会人文图景，许多作品试图触碰新中国以来较少涉及的消费性社会给予人们生活方式的改变以及这种社会变迁之于人的精神心理的反应。这种对于当代中国生活的描写，也最集中地呈现在第十二届全国美展的众多作品里，甚至成为本届全国美展的显著特征。这一方面体现了中国社会在一些发达的中心城市进入后现代社会之后，人们生活方式与文化观念的深刻改变，许多作品成为此种生活样态敏感而细微的心灵镜像；另一方面也体现了当下美术创作试图从某种类型化题材或概念化主题的阐释中挣脱出来，在捕捉那些真切自然的生活表情中扩大表现半径、挖掘某种陌生化的新鲜美感，从那些看似无意识情绪的释放里触摸某种真实的存在，在那些看似庸常与琐屑的生活现场中揭示某种人性的价值。

在艺术语言上，中国画、漆画、综合材料绘画与雕塑不断通过新媒材的尝试来扩展其本体审美属性，和油画、水彩、版画等相对收缩画种外延、凸显油彩、水彩与刀刻的绘画性品质，或许也共同构成了本届全国美展两种十分突出的学术推进范式。也即，在中国画、漆画、综合材料绘画和雕塑等门类中，我们往往把中国画、漆画、综合材料绘画和雕塑能够囊括多少非本体的媒材运用、增强多少非本体的艺术表现力作为其学术突破的评判标志，而在油画、水彩和版画等领域，则常常偏重对于其本体艺术特征的深入发掘与展现。譬如，在电子图像大众化时代，油画的精英立场恰恰体现在不同于图像的绘画性的创造上，凸显油画在空间、造型和色彩等方面的传统精神与人性表现魅力，使之更具有不可替代的油画味道，已成为这种移植而来的艺术推进本土化与现代性的重要文化支撑。而脱胎于民族艺术的漆画，在现代性成型的过程中所面临的品格独立性考量，恰恰在于能否最大限度地扩展传统大漆媒介的“韧性”以融会更多的媒材、增添建立在此种媒材基础上的审美表现性。

当然，不断拓展外延的雕塑已消解了与多媒体、现成品装置的边界，人们在欣喜地看到雕塑此种“当代性”跨越的同时，也对雕塑逐渐褪色的“崇高感”而担忧。壁画界提出“架上壁画”的概念，既出于对学院壁画教育与研究仍在持续推进的现实考量，也出于对这种学院壁画教育不能在现实中广泛应用的一种无奈。这是个学术问题，但更多的可能还是社会问题。新增设的实验艺术展，是对十年来以装置、影像和观念为代表的中国新媒体艺术的概略回顾。这些曾在一些大型国际双年展中产生影响的作品，运用人们熟悉的现成品或文化符号，并通过“现场”或“观念”的寓意转换，来表达艺术对于当代现实社会的人文关切。这种对于艺术表达方式的探索与实验，虽还不能为更多的人所熟悉所习惯，但实验艺术展毕竟开启了全国美展对新的艺术语类的容纳，并为架上艺术的发展提供了崭新的思维方式与审美角度。

结语

年内不能遗漏的美术事件，还有中国城市雕塑家协会的正式成立和长春世界雕塑大会的举办。作为一种传统意义上的公共艺术，城市雕塑可以说是让美术走进百姓生活的最佳方式。而第二届全国青年水彩画展和青岛国际水彩画双年展的策划举办，则使这种简易大众的绘画媒介开始获得了一种学术提升。美术馆业通过一年调研论证，终于制定出可行性的美术馆藏品普查数据库与操作程序，真正启动了这一规模空前的为美术公共服务夯实基础的全国美术馆藏品普查工程。第十二届全国美展获得艺术设计金奖的作品是《为西部农民生土窑洞改造设计》，可见，美的生活已成为今天美术给予我们的一种生活路标。

尚 辉 中国美术家协会理论委员会副主任、
《美术》杂志社长兼主编

回顾与反思：2014 中国当代水墨艺术展览述评

◎魏祥奇

2014 年以“当代水墨”“新水墨”“青年水墨”为题的展览，相较于 2013 年在数量上明显增多，尤其是“70 后”新一代际水墨艺术家群体的崛起，日渐受到各美术馆和艺术机构的推重；还有就是对于 20 世纪 80 年代以来参与“现代水墨”“实验水墨”的前辈艺术家创作的梳理性的展览也越来越多。应该说，正是因为学界和市场对近两年来“新工笔”和“新水墨”创作的推动，使得参与“现代水墨”和“实验水墨”的前辈艺术家重新浮现出来。因此，在观察这两年的展览中，我们就会有一个很深刻的印象，就是水墨艺术创作在不同年龄层的艺术家群体之中延续着，因此完全不同的文化经验在相互对话和碰撞。诸如李华生、梁铨和张羽在“实验水墨”的理论维度上继续推进，在语言和观念上与“新水墨”艺术家群体追求的“图像性”之间，有着非常大的差异。以至于张羽在谈到“水墨”和“水墨画”的问题时，指出他们的创作早就超越一种绘画的思维方式，而“新水墨”仍然在思考绘画的问题。从某种意义上而言，“新水墨”并没有关注 20 世纪 80 年代以来的水墨叙事，也没有关注“实验水墨”和“当代艺术”在 1990 年末和 21 世纪初所讨论的问题，甚至可以说是无视，在理论建构上近乎是一种“倒退”。

事实上，从事“新工笔”和“新水墨”创作的“70 后”的年轻艺术家群体，对于参与“现代水墨”和“实验水墨”创作的“40 后”和“50 后”的艺术家的创作状态所知甚少，他们的知识经验也相去甚远。应该说，年轻艺术家群体更为注重“绘画”的基本内容，诸如造型、笔墨、色彩等，而前辈艺术家群体则更为注重一种“理论”的推动，希望不断在“认识论”上有新的改观。然而“实验水墨”的概念在近十年的时间里已经很少被使用，但“水墨”的概念已经深入人心，从“现代水墨”“抽象水墨”到“实验水墨”，“实验水墨”之后呢？虽然“当代水墨”最经常被使用，但更多意义上而言只是在描述“当下的时间”，而不是一个明确的概念。自“新工笔”和“新水墨”的概念在近两年被广泛接受之后，“水墨”的问题才重新被追溯和被讨论，而且发生了很多新的变化。尤其是 2014 年初，纽约大都会艺术博物馆亚洲部主任何慕文，在大都会艺术博物馆主持策划的“水墨艺术：当代中国的过去作为现在”①（InkArt：Past as Present in Contemporary China）展刚刚启幕，为中国本土的“水墨热”注入了新的活力。这个展览囊括了“实验水墨”和“当代艺术”两个群体的艺术家，使他们的作品在“水墨”的视觉空间里显现出“新的和谐”：似乎当代艺术家也想参与“水墨热”的讨论，而一直以来从事水墨艺术创作的艺术家更是想与“当代艺术”融为一体，这也是一种对自我形象和身份认知的新展现。

尽管对于这个展览的具体状况和象征意义，国内学者在短时间内还缺乏更深入的判断，但从事水墨艺术创作的艺术家群体，都无不在这个展览的相关媒体报道中，感受到振奋人心的力量。毕竟，无论怎样，“水墨”作为一个主题，进入了美国大都会，象征着“水墨问题”的“国际化”，也象征着 20 世纪 80 年代年以来“水墨”的线索，在短暂的中国当代艺术发展史中，“从边缘逐渐走向中心”。在研究水墨的理论家群体和创作水墨的艺术家群体中，这种普遍的兴奋之情都溢于言表，“水墨”一直以来所秉持的迥异于“当代艺术”的创作观念，以及这种语言媒介中所隐喻的中国文化身份的信息，正在被逐

---

① 2013 年 12 月 11 日至 2014 年 4 月 6 日，何慕文策划的“水墨艺术：当代中国的过去作为现在”，在美国纽约大都会艺术博物馆举行，展出了徐冰、张洹、王冬龄、蔡国强、展望、黄永砯、杨泳梁、邢丹文、邱黯雄、谷文达、杨诘昌、方力钧、杨福东、艾未未、张羽、张健君、邱志杰、邱世华、刘丹、王广义、宋冬、王天德、冯明秋、吴山专、季云飞、陈心懋、刘子健、刘进安、崔健、李孝萱、黄一瀚、沈勤、王公懿、阎秉会、段建宇、洪浩、黄岩、李华生、刘炜、任戬、少番、史国瑞、孙逊、王晋、曾梵志共 45 位艺术家的 73 件作品。

渐揭示出来，提供了一种完全不同于被欧美美术博物馆所接纳的“当代艺术”的语言形式。抑或，“水墨”被作为一种“文化符号”，这种自觉不仅得益于中国传统文化意识在20世纪初的觉醒，更得益于19世纪以来所谓“殖民文化”思维方式的演绎，只要我们在使用“水墨”，就能够在内在和外在上，找到与中国传统文化的渊源关系。2014年中国水墨艺术创作的形态，就是在这样一种心理机制中展开的。当然，关于什么是“水墨”的问题已经不再有人过于纠缠，“水墨”的内涵和外延在“实验水墨”的讨论中已经有很多共识，在很多新的创作中，“水墨性”和“水墨感”使“水墨”的外延更加丰富，因为很多油画、版画、影像、装置艺术，也都在“模仿”水墨的视觉质感，以至于使很多创作看起来都像是“与水墨有关”，尤其是一些单色绘画，或者是主要以黑色颜料为主带有“表现主义”特征的绘画，都与“水墨”有着很类似的视觉效应。与此同时，经历和参与了20世纪80年代年以来“现代水墨”“实验水墨”创作的艺术家，“水墨热”也使其身份的“合法性”开始受到广泛的关注和认同，但“从水墨出发”一路走来，对于“水墨”论题的守护和责任感，使得他们越来越注意不用“水墨”的标签来限制自我。这些“40后”和“50后”的艺术家也在自觉与不自觉之间，产生了一种“身份辨别”的意识，相对于“新水墨”艺术的青涩，他们更愿意在同龄的艺术家身上寻找彼此的认同。

重新回顾：“40后”和“50后”艺术家群体的创作

关于20世纪80年代以来的水墨艺术的回顾，在2014年主要的展览是在上海喜马拉雅美术馆举办的“时间的节点：中国·1980年代水墨景观”展①。这个展览与大都会的“水墨艺术：当代中国的过去作为现在”展之间，有着很直接的学理上的延续关系。展览得到刘骁纯、朱其、郭雅希、曾玉兰等评论家在研究上的支持，以“1979年至1984年”和“1985年至1989年”两个段落，展出了30余位艺术家在20世纪80年代创作的近180幅水墨作品，并配合自述的相关文献，可谓“从源头梳理当代水墨的缘起、发展、变革和实验，探索水墨艺术家的成长、变迁和分化”。在展览的作品和文献中，我们可以看到马德升在1979年完成的《抽象人物》、杨诘苍在1982年完成的《大屠杀》、广曜在1984年完成的《红色马头系列》、仇树德1984年完成的《照片2931》、沈忱的《无题No. 77—84》、倪海峰1989年完成的《无题》等，这些创作中都有一种很野性的、凛冽的、“表现主义”的情绪，使观者也深刻意识到20世纪80年代水墨艺术创作的自由和单纯。这些创作都在追求一种更直接的表现，虽然也间接接受了欧美“现代艺术”和“当代艺术”只言片语的影响，但并不过于纠结中国传统绘画的笔墨问题，也不过于纠结传统文化身份的问题，秉持的是一种非常开放的创作状态。我想，这与20世纪80年代中国社会思想语境中的“理想主义”有着非常直接的联系，从“政治生活”向“经济生活”转变的过渡时期，“水墨”是一种自由奔放的状态，“抽象”成为这一时期最富有象征意味的视觉表征，一种感性的、本能的、荒蛮的、粗犷的、追求释放的、追求无意识的、带有酒神精神的表现力，将“水墨”推向以“抽象”为主体的“现代艺术”的层面，“现代水墨”的概念随之生成。在该展中，我们还可以清晰地感受到20世纪80年代的水墨艺术中，所蕴藉的质朴浑厚的生命热度，不是一种细腻的、精致的、带有“物质主义”“消费主义”表征的东西，而是从这样一个古老的土地中萌发、生长起来的。

在该展的论坛中，策展人张平杰就谈到事实上展览想更为完整地呈现20世纪80年代的水墨艺术创作的景观，但由于很多艺术家在这30年的时间中变动不安，很多作品都散佚不见了，有的艺术家甚至是一件作品也找不回来，连照片也没有。学术嘉宾曾玉兰谈到20世纪80年代“很多艺术家回到水墨这个媒材，它本身的意义不仅仅是简单的回归传统，实际上是借助传统的材料来对当时的文化、政治氛围，有一种思想上批评的力度，通过他们的作品表达出来”。批评家朱其就谈到，通过这个展览就可以

---

① 2014年2月28日至4月10日，张平杰策划的“时间的节点：中国·1980年代水墨景观”在上海喜马拉雅美术馆举行，参展画家有陈巨源、陈心懋、戴光郁、仇德树、冯骁鸣、谷文达、广曜、郭禎、胡项城、姜德溥、蒋奇谷、李津、梁铨、刘一原、刘子健、麦杰、孟禄丁、蒲国昌、秦风、申凡、沈忱、沈勤、孙良、阎秉会、杨诘苍、游思、余友涵、袁顺、张健君、张进、张兰生、张羽、赵葆康、郑重宾、周嘉政、左正尧（马德升、倪海峰、任戬、王川、王公懿、周韶华作品在画册中呈现）。

感受到20世纪80年代的水墨艺术是以“抽象主义”为主要取向，展览中的大部分作品尽管不是严格意义上的抽象绘画，它至少有抽象的语言形式，所以20世纪80年代“现代水墨”中最有价值的一个倾向是“抽象主义”的倾向，进而将其分为三种类型：一是很接近西方抽象绘画的“抽象水墨”；二是“意象主义抽象”，即图像模式是意象的，只是表面一些笔法有抽象性；三是“简约主义抽象”，即没有具体形象，但保留一种大概的抒情结构，非常简约化。理论家刘骁纯是20世纪80年代艺术运动的亲历者，他认为20世纪80年代在水墨艺术创作上最有力的推动者，莫过于谷文达和朱新建。谷文达从“传统水墨”的角度切入，然后到“抽象水墨”，吸收了“表现主义”“超现实主义”“抽象主义”，在传统泼墨的基础上走向观念，在很短的时间里跨域很多。朱新建的“新文人画”有很强的当代性，对艺术的挑战、对社会的挑战都在他的创作中，非常鲜活，很有才情和性格。而直接参与了“现代水墨”“实验水墨”运动的艺术家张羽认为，“现代水墨”是传统水墨画受到西方现代主义影响之后的一个画种；“当代水墨”是在“现代水墨画”的基础上，具有“当代性”的、“当代艺术”的表达。“当代水墨”是“当代艺术”的一种表达形式，这个方法既可以是创作方法也可以是表达方法。

此展将20世纪80年代的“现代水墨”景观直接呈现出来的时候，还是非常有益于我们重新认识今天“新水墨”的状态。与之相较，“新水墨”显然更为“图像性”、更为精致、更为理性，也更具有“消费主义”的文化特征。“现代水墨”“实验水墨”的粗野，在“新水墨”中被转换为一种细腻的脆弱，在这其中究竟损失了什么，将是一个非常耐人寻味的问题。是否从“现代水墨”“实验水墨”，到今天的“新水墨”，在学理上是一种不断推进的关系，我们现在也难以判断。但“新水墨”更在意于一种“图像”的制作，“水墨”在这里也仅仅是作为一种语言媒介，虽然其仍注重在中国传统绘画的笔墨方式中生成，但新的“图像”、新的“视觉”，仍然是其确立自身价值的基本。因此可以说，“新水墨”是在“画新的事物”，是在思考“画什么”的问题，而不是“水墨是什么”、不是“当代艺术是什么”的问题。“新水墨”几乎不会关注“当代艺术”语言与观念的问题，其基本上局限于在绘画的层面上展开，几乎不会关注“社会学”层面上的问题，而大多是吸收了马格利特“超现实主义”的影响，制作一些暧昧不清、荒诞不经的，带有心理学意味的“图像”，营造一种神秘的梦幻的“意境”。通过此展，我们会突然意识到，水墨艺术中原来还蕴含一种坚实的表现力，这种坚实的表现力是“反图像”的、更追求一种直接的表现，在规整的笔墨秩序中，是一种对自我的规训，就如同理想主义的失落一样，“新水墨”是物质的，也是现实的。

同时还有另外四个展览特别值得注意：“关切的向度：当代水墨六人展”“转序 IN SEQUENCE：水墨中国当代艺术展”“释放未来：中国当代水墨邀请展”和“水墨与身体”。这四个展览都是在关注和研究亲历了“现代水墨”和“实验水墨”运动的艺术家在当下的创作状态。

范迪安在“关切的向度：当代水墨六人展”的前言中谈道：“在这些画家的笔墨基因里，综合了古典的传统和现代的经验，笔墨的品质、格调、内涵是他们始终追求的目标，但他们在笔墨的‘治学’生涯中为自己设置了课题，以理性的意识锤炼自己的笔墨感觉，一方面，注重从‘小’笔墨走向‘大’笔墨，从把握形势结构整体的当代特征入手，既拉开和已有水墨语言样式的距离，更远离流行的习气与趣味，以综合的学养营造新颖的视觉意境；另一方面，他们在写意的笔墨语言上坚持‘写’的感性，并且突破陈规和常矩，以情感与灵魂为媒介，在‘写’的过程中心手合一，在塑造形象中充分发挥笔墨的表现力，使笔墨不是外在于形象的符号，而是贴切于形象并与形象共生澄明的语言。”范迪安认为梁占岩、刘进安、袁武、周京新、张江舟和刘庆和六位水墨画家，都非常注重笔墨传统和造型语言的锤炼，在塑造形象的过程中发挥笔墨的表现力，其中存在着一种“新的人文情怀的关切”。郎绍君则在学术研讨会上指出六位艺术家“过于风格化”的问题：“这六位画家不要满足于已有的、哪怕是很成熟的风格，因为我们现在又处在一个商品化的时代，市场欢迎那些风格稳定的作品，它不大欢迎特别有变化的，因为觉得不是你的面貌，所以包括这六位画家在内都面临着一种风格化。”如果说当代意识的核心问题是“人的问题”，那么这种过于风格化的语言，是不是一种冲突？

于文·甘策划的“转序 IN SEQUENCE：水墨中国当代艺术展”则是邀请了谷文达、叶永青、周京新、李津、阿海、王劲松、袁进华、林峰、刘庆和、武艺 10 位艺术家，共同领略和探讨云水氤氲的水墨从相对“传统”的形态实现转变的全新时代。展览策展人并没有直接使用“当代水墨”的概念，而是以“水墨中国”和“当代艺术”作为关键词，突出以“当代艺术”为观照，考察水墨创作的状态。应该说谷文达、王劲松、叶永青的创作已经完全脱离了水墨的局限，进入了一种“当代艺术”的思想方式，而李津、周京新、刘庆和、武艺、阿海、袁进华、林峰都还是在画“水墨画”，所要解决的也多是水墨画的问题，而不是“当代艺术”的观念。如果在这些绘画中有观念的话，也是通过一种逻辑非常简单的理论构建出来的。换而言之，当我们一旦注意到“水墨”与中国传统绘画的血缘关系的时候，就很容易忽视“当代艺术”的核心命题。

殷双喜策划的“释放未来：中国当代水墨邀请展”，邀请的艺术家比较多，除了刚才提到的谷文达、李津、刘庆和之外，还有蔡小松、黄致阳、蓝正辉、刘丹、刘国松、潘公凯、潘信华、秦风、仇德树、王璜生、王天德、徐冰、徐累、郑重宾、朱伟。策展人明确使用了“中国当代水墨”的概念，并且认为“当代水墨”的概念出现和使用，是当下中国画坛的一个突出现象，它反映了西方现代艺术引入中国后，中国画内部出现的一种追求“现代”的创新意愿，也反映了中国水墨画走向世界的发展趋势。殷双喜认为在“当代水墨”的概念中，应该是“水墨”更重要，但在诸如大都会“水墨艺术：当代中国的过去作为现在”展览中，过于注重“当代”而忽视了水墨艺术的丰富性与复杂性。

如果说前面三个展览都停留在一种宏大叙事的层面上，箫岭和林似竹在墨斋策划的“水墨与身体”，则是进入一种专题研究的序列。策展人坦言：“身体是创造和感知艺术的载体。一件好的水墨作品离不开艺术家高度灵敏的直觉，它如同一面镜子，能照见艺术家的精神状态。”在这里，20 世纪 80 年代以来水墨叙事被归纳为一种直接的身体关系：水墨的所有表现都是通过人的身体发生的，因此所有参展艺术家的作品都注重探究身体在其中的作用。诸如陈海燕的《照镜子》《遮挡的布》，水墨挥写的形体带有一种“野兽派”绘画般的视觉张力；黄致阳的《ZOON——北京生物 1001 号》，用水墨表现了一种神异的近乎图腾的形象，笔势的扭转跌宕中凝聚着完足的气力；李津的《自画像》，以一种快意的笔墨描述了自我的身体，身体既是作为发生者又是作为呈现者，率性的笔墨中是一种荒诞不羁的调侃等。墨斋作为一个专注于研究中国当代水墨艺术的新创设的画廊机构，推出了“水墨：现象与诠释”系列群展，美国斯坦福大学艺术史教授林似竹博士担任此系列项目的策展人，而“水墨与身体”是这一系列展览项目的开始。显而易见，林似竹在观察水墨艺术的时候特别注意到“身体”的存在，而这个“身体”的存在事实上是必然的，也是我们在讨论水墨问题的时候比较容易视而不见的。我想，恰得益于林似竹并不完全围绕“水墨”而展开，而是以西方“现代主义”“后现代主义”思想中关于“身体”的讨论为基点，使我们重新看到了“水墨”。尽管作为研究中国古代绘画的学者，林似竹在简短的前言中并没有过于深究中国传统水墨的渊源，而是将观者所有的注意力都引向“身体”。也正是因为身体的状态、心灵的状态的起伏变化，才使得水墨呈现出各种不同的形状。显而易见，“水墨与身体”并不是在描述一种简单的水墨与身体的关系，不是在描述“水墨画对身体的再现”，而是“身体的直觉”“身体的感知”“身体的情绪”“身体的表现”。

在这几个重要的水墨群展项目以外，钟经新策划的“一尘不染”①、笔者策划的“无·空：当代艺术的一种思想维度”② 展也值得关注，但其基本观念并没有超越 2003 年栗宪庭在“念珠与笔触”③ 展

---

① 2014 年 1 月 4 日至 2 月 23 日，钟经新策划的“一尘不染”，在台中大象艺术空间馆举行，参展画家有张羽、倪再沁、李华生、周洋明、陈念慈、刘美育、徐睿甫、李巳、赵陆、谢德兰。

② 2014 年 7 月 5 日至 8 月 2 日，魏祥奇策划的“无·空：当代艺术的一种思想维度”，在北京东京画廊 + BTAP 举行，参展艺术家有李华生、梁铨、张羽、姜吉安、王光乐、王雷。

③ 2003 年 7 月 26 日至 10 月 10 日，栗宪庭策划的“念珠与笔触”在北京东京艺术工程举行，参展艺术家有陈光武、陈墻、杜婕、丁乙、李华生、路青、刘毅、马延泠、潘缨、秦一峰、石晋华、王云、徐宏民、伊灵、游婷祺、野雪、余友涵、钟山、周洋明。

览中所思考的问题："我关注的是这样一种语言方式：在作品的创作中，繁复的手工过程，对于艺术家是至关重要的。一个个笔触的形，是简单的。而且，每一个笔触或者制作动作，对于作品整体形象的构成，主要靠烦琐的重复和简单过程的痕迹组成。从这个角度说，繁复或者极繁是对极简的扬弃，是积简而繁，或者说是积'极简'而成'极繁'。"这两个展览所邀请的艺术家的作品，与"水墨与身体"展的作品之间，就有着非常不同的视觉质感：如果说"水墨与身体"是一种"表现主义"的、激烈的触发，那么这两个展览就是"理性主义"的、温和的平静。

除此之外，还有四个策展主题并不明确的群展："香港当代水墨艺术展"① "当代水墨五位展"② "水墨当代：李华弌、王天德、郑重宾、陆春涛四人联展"③ "黑白之境"④。如在"香港当代水墨艺术展"中，王无邪的《狮山望曙》、王秋童的《春雨香江》、何百里的《崖上人家》、沈平的《维多利亚港》、黄孝奎的《云起》、林天行的《洁净的地方》、熊海的《捷克印象》、陈镜田的《云海相搀》等，大多都只能说是借助于写生的方式，鲜有将水墨理解为一种带有特殊文化含义的造型语言，尤其是注重墨彩的运用，在从"传统水墨"向"现代水墨""实验水墨"转变的逻辑中，学术价值的探索并不为学界所重。沈揆一在美国策划的"水墨当代"展中的四位艺术家，李华弌和王天德是注重在中国传统山水画图式中汲取灵感的，郑重宾的水墨则更为注重一种即兴的、有情绪的触感，在视觉形态上较为"抽象"，陆春涛画得"荷塘"系列则是对"再现"的改造，显然也是仅仅注重一种空间的形式感。这 4 个展览都是没有策划主题的，将这些艺术家的作品放置在一个空间之中有对话的存在，但逻辑并不严密。

"书法"：20 世纪 80 年代以来另外一条"水墨"的线索

还有两个展览值得我们特别思考，就是夏可君策划的"书写与默化"⑤ 展，以及在德国举办的"神秘字符——中国当代艺术中的书法"⑥ 展。这两个展览都非常注重"书写"与中国当代艺术的关系，但是主题的关键词中并没有"水墨"的概念。夏可君认为传统的"书写性"在经过西方抽象艺术的剥离与超出之后，会产生一种"中国当代生命意志的新书写"。在这里，夏可君并没有过于纠结"水墨"的问题，而是主要从"书写性"析出一种新的认识，认为在这种"书写"之后，有一种不同于西方抽象艺术、不同于日本书象和墨象艺术、不同于传统书法的"新的视觉"，这种"新的视觉"是一种源于中国传统的精神力度，也触及着现代艺术和当代艺术的本质。"神秘字符——中国当代艺术中的书法"则是专题探究与"书法"相关的中国当代艺术创作，展览会集了 38 位中国当代艺术家创作的近 110 件作品，以不同角度诠释了"书法"这一中国古老的文化传统在当代艺术创作中的影响和显现。此次展览的主题是汉堡堤坝之门美术馆与收藏家乌利·希克以及香港 M + 视觉文化博物馆共同协商确定，并根据法尔肯贝格（Falckenberg）收藏基金会特别提供的场地进行了调整。展品涵盖了书法、摄影、视频、装置和雕塑等不同媒介的作品，由希克收藏基金会、香港 M + 希克收藏、中国当代艺术家及其工作室提供，涵盖了 20 世纪 80 年代至 2014 年各个时期的代表性艺术家的代表作品。当然，以往我们在讨论 20

---

① 2014 年 7 月 25 日至 30 日，"香港当代水墨艺术展"在北京画院美术馆举行，参展画家有王无邪、王秋童、何百里、黄孝逵、沈平、熊海、林天行、陈镜田。

② 2014 年 9 月 6 日至 24 日，"当代水墨五位展"在北京 798 艺术区红子兰艺术中心举行，参展画家有刘巨德、卢新华、王玉良、李书安、金正铉。

③ 2014 年 10 月 4 日至 11 月 8 日，沈揆一策划的"水墨当代：李华弌、王天德、郑重宾、陆春涛四人联展"，在美国旧金山南海艺术中心举行。

④ 2014 年 12 月 12 日至 2015 年 1 月 6 日，柳莹策划的"黑白之境"，在北京 798 艺术区上舍空间举行，参展画家有梁铨、刘旭光、张羽、王天德、姜吉安、秦冲、赵露。

⑤ 2014 年 9 月 13 日至 28 日，夏可君策划的"书写与默化"，在上海明圆文化艺术中心举行，参展艺术家有张大我、王冬龄、邱振中、沃兴华、刘永刚、张浩、陈光武。

⑥ 2014 年 11 月 8 日至 2015 年 2 月 8 日，"神秘字符——中国当代艺术中的书法"在德国汉堡堤坝之门美术馆举行，参展艺术家有艾未未、陈光武、陈再炎、戴光郁、丁乙、冯梦波、谷文达、何森、洪浩、金锋、江波、李曦、卢昊、马轲、毛同强、邱世华、邱志杰、单凡、邵帆、田卫、曾建华、乌托邦小组、王庆松、吴山专、萧昱、徐冰、薛松、阳江组、杨心广、原弓、张帆、张洹、张伟、周铁海、董小明、Jia、李镇伟、路青。

世纪80年代以来的水墨叙事时，鲜有注意到“水墨画”与“书法”的差异，往往笼统地将“书法”归入大的“水墨”的概念之中。诸如谷文达1986年完成的 *Drama of Two Culture Formats Merge*，其中当然不仅仅有“书写性”的“书法”，还有这些“书写”的“墨线”构成的“图形”和“图像”，我们在描述的时候显然是将其首先作为“绘画”而不是“书法”。应该说，乌利·希克在这30年间一直注意收藏的是“中国当代艺术”创作，尽管在展览作品中有我们常在“水墨”研究中提到的谷文达的作品，但其他艺术家诸如艾未未、邱志杰、丁乙、王庆松、吴山专、徐冰、张洹等，都是以“当代艺术”的装置、行为和影像为主要语言形式的，尽管他们的一些创作中使用了“水墨”，但观念的落脚点并不在“水墨”之上——他们也无意受“水墨”概念的局限，而是以“当代艺术”作为自我的身份认同。因此，这个展览使我们很容易拿来与年初何慕文在美国大都会艺术博物馆策划的“水墨艺术：当代中国的过去作为现在”相比对，我们会发现他们所选择的艺术家有重复，诸如徐冰、张洹、谷文达、艾未未、邱志杰、邱世华、吴山专、洪浩等。但无论是“水墨”还是“书法”，都是“中国当代艺术”进程中无可回避的一条线索，尤其是当我们很注意将这条线索梳理出来的时候，我们就会意识到水墨抑或书法，在很多重要艺术家的实践中总是或隐或显地直接存在。或者正是一种文化经验和文化基因的根源，我们总是可以找到这种亲密的关系。

两种转向：个体意识与公共领域

同时，在2014年“40后”“50后”到“60后”的很多水墨艺术家，都先后举办了一个或多个个展项目，诸如黄致阳、王天德、谷文达、杨诘苍、武艺、张羽、黄国武、刘庆和、沈勤、朱建忠、梁铨、李华生等。这些个展项目对于我们梳理2014年的水墨艺术创作的状态，都极有帮助。林似竹策划的“工·课：黄致阳作品展”①，展出了黄致阳描述“现象学”“神经学”“生物进化学”的创作，是一种梦境与潜意识即兴的融合，既在山水之间，又表现出更神秘的形态。王嘉骥策划的“开门：王天德个展”②、沈揆一策划的“后山：王天德个展”③，展出了王天德十年来创作的以燃香烧烫宣纸与水墨山水前后并置的山水画探索，这些类近于装置的绘画仍在遵循着中国传统山水画的图式结构，烧烫的痕迹与水墨也在模仿中国传统山水画的笔墨质感，形成一种很有意思的对接。“孝道：谷文达个展”④ 则是以公共艺术的形式，邀请千余学生共同书写《孝经》，并在元吉黄公祠内用佛山人的头发制作装置，表达一种血脉和文化的回顾和传承，表达后辈对祖辈的一种尊敬的拳拳之情。显然，谷文达的创作中，带有一种超越政治和历史意识的爱的情感。林似竹策划的“杨诘苍：还是花鸟山水画”⑤，艺术家以白描和工笔的方式重现了戈雅、希特勒的绘画，还用写意的方式画了“二战”时期越南小孩逃亡的场景，尤其是《十一日谈：白描芥子园》，表现出一种与历史、政治和知识的对话，“图像”的归宿被隐匿在一种传统的绘画语言空间之中。朱朱策划的“逍遥游：武艺个展”⑥，展现了武艺在敦煌和日本写生的小幅绘画，这些作品应该属于油彩和水彩作品，只是这一系列创作与其早期投入“实验水墨”的抽象笔触大相径庭，开始追求“绘画”自身的乐趣，一种很细腻的感觉在画面上留下了很多超脱物外的自在。罗一平策划的“意念的形式：张羽个展”⑦，朱其在撰写的文章中，也指出了与“念珠与笔触”“一尘不染”“无·空：当代艺术的一种思想维度”相类近的认识：“张羽的《水·墨》装置作品，试图让意念退回至日常性的无所作为的状态，让水和墨在仪式中实现一种水气、墨气和宣纸交合的‘灵念’状态。同时，空间的上方仍悬挂一幅‘指印’作品，显现为一种意念的‘空灵’感。张羽的作品显示了一种中国式的泛灵论意义上的有关‘灵’的意念，他从‘指印’开始一直试图使其找到纯粹的直接形式，而这种最终的纯粹形式其内容又是‘空无’的。因此，张羽的水墨实验使艺术以自己的方式而回

---

① 2014年3月29日至5月11日，林似竹策划的“工·课：黄致阳作品展”，在北京草场地艺术区墨斋画廊举行。
② 2014年5月5日至26日，王嘉骥策划的“开门：王天德个展”，在今日美术馆举行。
③ 2014年7月29日至10月8日，沈揆一策划的“后山：王天德个展”，在苏州博物馆举行。
④ 2014年5月11日，“孝道：谷文达个展”在佛山元吉黄公祠举行。
⑤ 2014年5月18日至8月10日，林似竹策划的“杨诘苍：还是花鸟山水画”，在北京草场地艺术区墨斋画廊举行。
⑥ 2014年6月1日至7月6日，朱朱策划的“逍遥游：武艺个展”，在北京798艺术区蜂巢当代艺术中心举行。
⑦ 2014年7月11日至23日，罗一平策划的“意念的形式：张羽个展”，在广东美术馆举行。

到自身的哲学形式。这一切接近禅宗的意义，剥离一切外相的包裹或载体形式之后，发现核心是空无的；因为其内在的空无，它才无所依凭；无是一切有的起始。它的意义仅此而已，别无其他。”抑或，从中国传统的道家、禅宗思想出发，重新梳理水墨艺术中追求“过程性”表现的绘画，仍是一种很受认同的阐释理路。皮道坚策划的“并置：黄国武现当代水墨研究展”①，展出了黄国武新近创作的、将艳俗的商业广告画与淡雅的中国传统山水画并置的“神州行”系列作品。这种并置的方式在视觉结构上较为单调，在思想观念上也显得乏善可陈。林玉柱策划的“悦·色：刘庆和个人新作展”②，展出了刘庆和多年来一直延续的系列，描绘了身着泳衣抑或吊带短裙的青年女子在水边抑或在房间之中的情景，整个氛围非常暧昧也非常情色，之中又有几分忧伤的神色，很多批评家将这种带有隐喻特征的视觉符号概括为对当代生活中人的心理的准确描写。但由于这个题材已经持续多年，尤其是在“都市水墨”的视觉体系中，这种经验已经逐渐显现出矫揉造作的痕迹。田畑幸人策划的“影迹于山：朱建忠个展”③、冀少峰策划的“山外山：沈勤、朱建忠作品展”④中，策展人在前言中也谈道：“面对沈勤和朱建忠的视觉图像世界，扑面而来的是一种澄明之境和空谷梵音的交响。他们把无限情思寄寓在有限的视觉表达间，进而营构出‘象外有象，山外有山’的澄怀意境。”沈勤的绘画追求一种极简的“抽象”之美，淡墨氤氲的块面中有几根线极具形式感，“田”系列、“园”系列都在描述一个传统的文人图像；朱建忠就是在描绘一个迷雾中的孤松，在视觉上极富有象征性的意味，所营造的气氛也是一种非常耐人寻味的观看和凝视。黄石策划的“基本原理：张羽视觉进化论”⑤，力图呈现一个“无色”“无味”“无笔”的展览，张羽也邀请了一大批做水墨艺术研究、策划和批评的理论家到现场参观并参与学术沙龙的讨论，事实上“讨论生成的思想观念”远远大于现场所呈现的空间，作品《发生》《发生与生成》所残留的视觉，也是自然的本真、自然的生命的记忆。应该说，这是观念性非常强的展览，但同时也消解了水墨、消解的作品存在的意义。作品的存在只是为了达到观看，指向观念的极致。夏季风策划的“绘事后素：梁铨个展”⑥，展出了梁铨近年来创作的“染色”和“薄拼贴”系列，《我的茶日记》《茶和一点点咖啡》等，都表现出一种温文尔雅的传统文化气质，“作品通过形式的途径保持了艺术的当代性，同时又试图构建一个与传统美学既有差异又有连接的美学通途”。林似竹策划的“李华生：过程·心神·山水”⑦，可谓2014年最重要的水墨艺术家个展之一，将李华生1998年尝试突破传统山水画格局的作品，延续到今天带有“纯粹抽象”特质的“线格”绘画，进行了一次集中的展示。其中2006年完成的巨幅画作《0606》《0699》，代表着对“书写”和“勾描”两种语言风格探索的努力。李华生坦言在1987年从美国回来后就感觉不要再画画了，没有价值。他最早在传统山水画的图式和笔墨语言中寻找精神，1980年至美国举办展览时吸收了当代艺术观念和形式的启发，诸如波洛克的行动绘画，于是专心投入现代水墨运动过程之中，进行相关的水墨实验，将山水画从传统的语言程式中解脱出来，最早将其平面化而后寻找一种自由的混沌，但最终归于一种理性的认知即可谓意念，高冷、孤寂、克制和单纯，一种隐修式的生活和工作状态，使其艺术在单纯中生出灿烂的光芒。除此以外，还有岛子策划的“飚墨与狂逸：旅加艺术家宣永生意象性抽象水墨展”⑧，宣永生的水墨也仅仅是将传统水墨画的空间样式处理得更奔放、随性和简化一些，学术价值并不高。

综合以上艺术家的创作状态，我们可以看到李华生、梁铨、张羽的绘画都在朝向着内敛和冥想的理路行进，“格线”“拼贴”和“指印”都在强调一种“过程性”的感知，与时间、与空间、与内心的体验有关，与中国传统文化思想深处的一些精神理念相吻合。相较而言，李华生更是一个隐居者，更多的

---

① 2014年6月29日至7月9日，皮道坚策划的“并置：黄国武现当代水墨研究展”，在今日美术馆举行。
② 2014年7月26日至8月2日，林玉柱策划的“悦·色：刘庆和个人新作展”，在日照天大美术馆举行。
③ 2014年5月24日至6月25日，田畑幸人策划的“影迹于山：朱建忠个展”，在北京798艺术区东京画廊+BTAP举行。
④ 2014年9月26日至10月31日，冀少峰策划的“山外山：沈勤、朱建忠作品展”，在上海玉衡艺术中心举行。
⑤ 2014年10月10日至11月11日，黄石策划的“基本原理：张羽视觉进化论”，在杭州三尚当代艺术馆举行。
⑥ 2014年11月8日至12月8日，夏季风策划的“绘事后素：梁铨个展”，在北京798艺术区蜂巢当代艺术中心举行。
⑦ 2014年11月29日至2015年1月31日，林似竹策划的“李华生：过程·心神·山水”，在北京墨斋画廊举行。
⑧ 2014年9月18日至26日，岛子策划的“飚墨与狂逸：旅加艺术家宣永生意象性抽象水墨展”，在今日美术馆举行。

时间都是在自己面对山林、面对自然，在工作室中细细体味时间的微妙；梁铨半出半隐的生活，使他的作品中更有温和之气、人情之暖，在工作室中泡茶、饮茶，对很多新的绘画保持着敏感的接受态度，工作的过程也是一种生活仪式的延续；张羽是一个思想积极活跃的艺术家，他不断在重新回顾和重新阐释自我对于水墨的认识，主张超越水墨的局限，以“当代艺术”的观念诉求重新梳理20世纪80年代以来的水墨艺术创作，诸如借助于“物派”艺术的理论，完成新的“视觉进化”。而谷文达、杨诘苍则是坚定地将“政治学”和“社会学”思想，介入艺术创作观念之中，“水墨”在很长一段时间里都仅仅是作为一种观念表达的语言，并不强调“水墨”本身的传统性维度，而在近年来的创作中，“水墨”开始被越来越多地赋予了新的意义，但是对于生命意识、对于人的反思，仍构成其最基本的理论框架。刘庆和、武艺、沈勤、朱建忠和黄国武都属于在“绘画”本身上寻求“图像”的叙事，并且我们看到，从“现代水墨”到“实验水墨”到今天，这几位艺术家却是越来越迷恋于绘画本身的乐趣，在绘画中体会心与手的感知。刘庆和的很多创作虽然仍在自我叙述中谈观念的问题、“都市水墨”的问题、现代性的问题，但已经过于风格化的语言本身已经是图式化、符号化的，所以绘画本身变得非常重要，很多细腻的观看重新被认识；武艺的绘画更是越来越单纯和简逸，所谓的观念的局限在近两年的绘画中完全被抛开，绘画面对的就是绘画本身，“水墨”对其而言也就不构成问题。

“新水墨”：“70后”艺术家群体的崛起

从“新工笔”到“新水墨”，2013年以来“新水墨”主要是指称“70后”水墨艺术家群体的创作，最具代表性的可能就是“柒舍雅集”①，他们在2012年底始就开始有意识地组织起来，共同参与关于水墨艺术创作的讨论。由于近年来在美术学院从事教学的田黎明、刘进安、刘庆和、李孝萱等都有学生陆续毕业出来，加之整个艺术市场对于“新水墨”的关注，使得“70后”的水墨艺术家群体显得尤为壮大，主要有党震、丁蓓莉、杜小同、郝世明、李戈晔、马骏、潘汶汛、秦修平、刘琦、孙浩、沈沁、谭军、王煜、徐加存、吴强、曾健勇、张天幕、黄丹、颜海蓉、雷子人、田卫、林于思、王牧羽、张见、高茜、彭薇、秦艾、祝铮鸣、杭春晖、徐华翎、郑庆余、涂少辉，还有3位“60后”的艺术家即徐累和姜吉安、金沙，甚至还包括8位早熟的“80后”艺术家郝量、肖旭、杨宇、马灵丽、魏久捷、李婷婷、焦洋、李振等。其中诸如张见、高茜、秦艾、徐华翎、郝量等在前两年都被归入“新工笔”的概念之中，而后在2013年左右“新水墨”的概念逐渐覆盖并囊括了“新工笔”的艺术家。可以看到，相较于“40后”“50后”乃至“60后”水墨艺术家群体的回顾性展览，2014年关于“70后”的“新水墨”艺术家群体的展览更多，群展达到40多个，并且有14名艺术家举办了个展。

关于“70后”的“新水墨”群展，主要有：“墨色千寻：水墨推荐展”②“工不可墨：中国工笔画邀请展”③“新水墨·新青年：新水墨青年艺术家作品展（第一回）”④“质：新水墨切片系列展第三回”⑤

---

① “柒舍雅集”当代中国画创作实践与学术研究中心，成立于2012年11月3日，是一个自发形成的当代中国画学术团体，由从事中国画创作、评论与研究等方面的青年艺术家和批评家发起成立，包括：孙浩、杜小同、秦修平、谭军、徐加存、刘琦、王煜、张英剑等。2014年1月6日，“雅昌圆桌——柒舍雅集当代中国画研究第六回”在南京举行，裴刚主持，嘉宾有水墨艺术家周京新、张英剑，艺术家杜小同、秦修平、谭军、杭春晖、徐加存、刘琦、王煜、孙浩参与讨论。

② 2014年1月11日至19日，“墨色千寻：水墨推荐展”在南京芥墨艺术馆举行，参展画家有王法、束新水、刘懿、李金国、叶芃、秦修平、马骏、杭春晖、徐加存、徐钢、黄丹、韩非、孙浩、赵怡文、单鼎凯、黄岑。

③ 2014年1月12日至2月20日，“工不可墨：中国工笔画邀请展”在南京芥墨堂美术馆举行，参展画家有方骏、王仁华、朱建忠、徐乐乐、江宏伟、何家英、陈子、喻慧、崔进、王法、姜吉安、金沙、陈林、雷苗、姚媛、张见、叶芃、罗寒蕾、高茜、王海滨、杭春晖、郑庆余、周雪、祝铮鸣、韩非、杨宇、林聪文。

④ 2014年2月22日至3月16日，武洪滨策划的“新水墨·新青年：新水墨青年艺术家作品展（第一回）”，在南京六尘艺术馆举行，参展画家有朱雅梅、陈明、吴思骏、毕可燕、石荣强、贾秋玉、沈沁、谭雷鸣、窦良羽、李戈晔、郝世明、马兆琳、赵丽娜、穆赛、王濛莎、吴楠、王永成、林跃平。

⑤ 2014年3月1日至4月1日，杭春晓策划的“质：新水墨切片系列展第三回”，在北京798艺术区新绎空间举行，参展画家有沈勤、张诠、伊瑞、颜海蓉、李婷婷。

“首届70后水墨大展”① “艺术家的理想：柒舍雅集水墨群展”② “世说新语：水墨人物展”③ “弥：水墨空间实验场”④ “鸿蒙变：中国当代水墨状态”⑤ “2013—2014中国水墨双年展之流动的水墨主题展”⑥ “笔墨当随时代：新文人水墨展”⑦ “后移”⑧ “工笔新语：2014新工笔画邀请展”⑨ “墨言新语：当代水墨展”⑩ “盛气青年：中国当代水墨邀请展”⑪ “现场——跨地域的水墨经验”⑫ “新装：八位水墨新锐艺术家联展”⑬ “‘默化墨’与水墨的未来”⑭ “解构·解放：当代水墨邀请展”⑮ “来自水墨的新

---

① 2014年3月6日至20日，孙磊策划的“首届70后水墨大展”，在南京金陵美术馆举行，参展画家有毕可燕、陈明、党震、丁蓓莉、董俊超、杜小同、范治斌、方原、房汉陆、傅旭明、甘永川、韩朝、杭春晖、郝世明、贾秋玉、李戈晔、李金国、李军、马骏、潘汶汛、秦修平、沈沁、施权峰、石荣强、束新水、孙静松、孙磊、谭军、谭雷鸣、涂少辉、万骁、王艾、王海滨、王犁、王牧羽、王煜、王志、吴思骏、徐光聚、徐加存、阎盈汐、杨斌、杨珺、杨立奇、杨运高、姚媛、阴澍雨、于磊、袁玲玲、曾健勇、詹勇、张明弘、张筱膺、赵飞、赵丽娜、赵名釜、周乾华。

② 2014年3月16日至21日，张英剑策划的“艺术家的理想：柒舍雅集水墨群展”，在今日美术馆举行，参展画家有杜小同、杭春晖、刘琦、秦修平、孙浩、谭军、王煜、徐加存。

③ 2014年4月9日至5月31日，杭春晓策划的“世说新语：水墨人物展”在北京鼎峰空间举行，参展画家有李津、刘庆和、武艺、徐华翎、杭春晖、祝铮鸣、刘琦。

④ 2014年10月10日至24日，“弥：水墨空间实验场”在上海大学美术学院举行，参展画家有白璎、丁蓓莉、洪健、毛冬华、文森特·沃德。

⑤ 2014年4月19日至6月10日，赵力策划的“鸿蒙变：中国当代水墨状态”，在上海玉衡艺术中心举行，参展画家有党震、丁蓓莉、杜小同、高茜、李军、刘琦、马骏、沈勤、王冠军、张见、曾健勇、朱建忠。

⑥ 2014年5月10日，丁雪峰策划的“2013—2014中国水墨双年展之流动的水墨主题展”，在北京时代美术馆举行。参展艺术家有蔡广斌、陈建辉、崔进、郭俊生、韩峰、杭春晖、杭法基、黄岩、姬子、贾宝珉、贾海泉、姜吉安、蓝正辉、李广明、李津、刘江、刘玉社、刘知白、卢沉、秦风、邵岩、王天德、王勇、吴湘云、易凭、张铁梅、张羽、张朝晖、张正民、朱岚、周思聪。展览分为“凝缩之象——具象水墨”“寓意之象——意象水墨”“表现之象——抽象水墨”三个部分。

⑦ 2014年5月17日至31日，孙越策划的“笔墨当随时代：新文人水墨展”，在北京马奈草地美术馆举行，参展画家有杜小同、黄丹、何加林、金泽友那、廖星君、刘进安、刘庆和、马骏、潘汶汛、彭博、秦修平、唐勇力、田黎明、王烨、吴楠、武艺、徐加存、张明弘、周京新、张捷。

⑧ 2014年5月26日至6月25日，“后移”在上海廿一艺术空间举行，参展画家有南溪、蔡广斌、张诠、魏青吉。

⑨ 2014年5月29日至6月4日，鲁虹策划的“工笔新语：2014新工笔画邀请展”，在江苏省美术馆新馆举行，参展画家有阿海、陈湘波、崔进、高茜、杭春晖、郝世明、何家英、何剑、江宏伟、姜吉安、金沙、李金国、李孝萱、卢甫圣、秦艾、桑火尧、王颖生、魏东、徐华翎、徐累、张见、周湧、朱伟。

⑩ 2014年6月1日至30日，李璇策划的“墨言新语：当代水墨展”，在北京1+1艺术中心举行，参展画家有陈子、戴光郁、杜小同、何玮明、贾秋玉、李戈晔、李婷婷、吕鹏、雷子人、沈沁、田卫、王劲松、王煜、徐加存。

⑪ 2014年6月3日至9日，刘尚勇策划的“盛气青年：中国当代水墨邀请展”，在北京荣宝斋举行，参展画家有徐华翎、黄丹、杭春晖、秦修平、涂少辉、郑庆余、周雪、乔园、高重飞、凌晓星。

⑫ 2014年6月5日至7月15日，“现场——跨地域的水墨经验”在上海喜马拉雅美术馆举行，参画家有黄钥霖、李思贤、王雪云、张爱东、张京华、张平杰。

⑬ 2014年6月15日至27日，刘思言策划的“新装：八位水墨新锐艺术家联展”在北京新水墨意象馆举行，参展画家有靳骐沣、谭斐、王宏州、王亚崴、王云云、谢正赛、朱小坤、张原凤。

⑭ 2014年6月27日至7月26日，夏可君策划的“‘默化墨’与水墨的未来”，在北京正和诚艺术空间举行，参展画家有梁铨、朱岚、姜吉安、王爱君、田卫、徐畅、李婷婷。

⑮ 2014年7月5日至8月5日，彭锋策划的“解构·解放：当代水墨邀请展”，在北京上舍空间举行，参展画家有刘庆和、李津、李旺、武艺、闫永军、彭震中、郑强、李彦伯、何唯娜、贾秋玉、郝世明、杨鹏、康建华、左正尧、李惠昌、张肇达、刘景路、黎小强、杨珺、宁彬彬、秦秀娟、曾健勇、李戈晔、赵露、祝铮鸣、崔雪涛、李娜、康春慧。

语境"①"坚白同异：柒舍雅集学术展"②"即·墨：一种当下的工笔与水墨景象"③"本墨志：青年新水墨推介展"④"大观：柒舍雅集水墨邀请展"⑤"水墨新精神：传统文化的当代裂变群展"⑥"像由心生：新水墨艺术展"⑦"中国当代青年水墨年鉴展第一回：虚实"⑧"新青年：五人水墨邀请展"⑨"水墨画皮：五位水墨女画家展"⑩"易观第四回展：当代水墨的十个个案"⑪"墨向·非常态：中国当代水墨邀请展"⑫"新水墨　新青年：2014新水墨青年艺术家作品展（第二回）"⑬"中国当代青年水墨年鉴展第二回：入境"⑭"出——水墨系列展之传统的'维'"⑮"游心虚淡：新水墨研究展"⑯"房间·新水

---

① 2014年7月5日至9月5日，王萌策划的"来自水墨的新语境"，在北京寺上美术馆举行，参展画家有杭春晖、李飒、刘俐蕴、彭薇、秦修平、孙博、孙浩、田卫、王璜生、杨凯、章燕紫。

② 2014年7月12日至30日，夏可君策划的"坚白同异：柒舍雅集学术展"，在北京798艺术区蜂巢当代艺术中心举行，参展画家有杜小同、秦修平、谭军、杭春晖、徐加存、王煜、刘琦、孙浩。

③ 2014年7月19日至8月15日，白洁策划的"即·墨：一种当下的工笔与水墨景象"，在北京新水墨意象馆举行，参展画家有陈蕾、董婷竹、胡健、贾宝锋、李晶彬、欧阳光、申卉芪、王晖。

④ 2014年7月26日至8月31日，孙磊策划的"本墨志：青年新水墨推介展"，在上海玉衡艺术中心举行。

⑤ 2014年8月10日至24日，葛高路策划的"大观：柒舍雅集水墨邀请展"，在南京芥墨艺术馆举行，参展画家有杜小同、秦修平、谭军、杭春晖、徐加存、王煜、刘琦、孙浩。

⑥ 2014年8月10日至9月1日，李国华、乔本文策划的"水墨新精神：传统文化的当代裂变群展"，在石家庄美术馆举行，参展画家有毕可燕、党震、杜小同、杭春晖、郝世明、贾秋玉、李戈晔、李嘉儒、潘汶汛、沈沁、石荣强、束新水、涂少辉、王牧羽、王煜、魏青吉、徐加存、阎盈汐、于磊、曾健勇、张天幕。

⑦ 2014年8月16日至9月16日，"像由心生：新水墨艺术展"在北京团城艺术馆举行，参展画家有杜小同、范琛、党震。

⑧ 2014年9月5日至14日，赵力、陈琳、宋继瑞策划的"中国当代青年水墨年鉴展第一回：虚实"，在北京798艺术区圣之空间举行，参展画家有姜吉安、郝世明、马灵丽、秦艾、秦修平、徐加存、于继东、吴少英。

⑨ 2014年9月11日至17日，葛高路策划的"新青年：五人水墨邀请展"，在南京芥墨艺术馆举行，参展画家有宗锡涛、梁雨、赵怡文、单鼎凯、李岩。

⑩ 2014年9月20日至10月20日，"水墨画皮：五位水墨女画家展"在北京798艺术区蜂巢当代艺术中心举行，参展画家有高茜、潘汶汛、徐华翎、章燕紫、祝铮鸣。

⑪ 2014年9月26日至10月3日，韩健策划的"易观第四回展：当代水墨的十个个案"，在北京时代美术馆举行，参展画家有陈林、丁蓓莉、杜亚璇、李戈晔、秦修平、涂少辉、徐加存、徐坚伟、颜海蓉、郑庆余。

⑫ 2014年9月28日至10月12日，"墨向·非常态：中国当代水墨邀请展"在江苏省美术馆新馆举行，参展画家有梁铨、周京新、徐累、武艺、张诠、姜吉安、靳卫红、雷苗、李金国、曾健勇、姚媛、吴思骏、杜小同、张见、高茜、秦艾、秦修平、谭军、周雪、徐华翎、马骏、侯昊、杭春晖、郑庆余、沈宁、李戈晔、潘汶汛、冯海涛、徐加存、郝世明、涂少辉、王煜、林于思、颜海蓉、祝铮鸣、刘琦、杨立奇、韩非、李曦、孙浩、卞雅清、宗锡涛、焦洋、王濛莎、梁雨、彭剑、郝量、肖旭、杨宇、单鼎凯、黄岑、杨鸿、马灵丽。

⑬ 2014年9月30日至10月8日，孙磊策划的"新水墨　新青年：2014新水墨青年艺术家作品展（第二回）"，在今日美术馆举行，参展画家有丁蓓莉、郝世明、何振华、贾秋玉、金泽友那、李戈晔、赖静、马兆琳、石荣强、孙鑫宇、谭雷鸣、吴思骏、王牧羽、王濛莎、阎盈汐、颜海蓉、赵丽娜、张湘溪。

⑭ 2014年10月10日至10月19日，"中国当代青年水墨年鉴展第二回：入境"在北京798艺术区圣之空间艺术中心举行，参展画家有杜小同、杭春晖、李戈晔、孙浩、谭军、曾健勇、刘琦、李鹏。

⑮ 2014年10月25日至11月8日，杭春晓策划的"出——水墨系列展之传统的'维'"，在南京芥墨艺术馆举行，参展画家有李桐、王法、李金国、刘懿、丁蓓莉、马骏、方勇、涂少辉、潘汶汛、徐钢。

⑯ 2014年11月10日至12月4日，陈孝信策划的"游心虚淡：新水墨研究展"，在南京先锋当代艺术中心举行，参展画家有金兆韬、仇德树、朱建忠、王彦萍、杨志麟、沈勤、韩冬、李津、张羽、南溪、刘庆和、叶放、张正民、阿海、桑火尧、蔡广斌、黄国武、白明、张朝晖、崔进、谢晓虹、张诠、陈钟、邱志杰、雷苗、李洁、田卫、王牧春、杭春晖。

墨联展”①“反观工笔：中国当代工笔画学术邀请展”②“托古改制——当代工笔展”③“变异：中国当代水墨大展Ⅱ”④“双轨记——关于老鲁的一次‘写生’”⑤。当然，在这些展览中，也有很多“40后”和“50后”的水墨艺术家被纳入进来，但参展艺术家的主体主要是“70后”。在展览的主题中，使用比较多的两个关键词就是“当代水墨”和“青年水墨”，这大约可以说明学界和市场对于“70后”水墨艺术家的基本描述。

主要个展有：“幽邃之地：郝量个展”⑥“迷路：曾健勇个展”⑦“迁想：刘琦个展”⑧“双瞳记：党震个展”⑨“诗意的长啸：沈沁水墨作品展”⑩“树：徐加存水墨作品展”⑪“心念的灵光：田卫水墨作品展”⑫“印度拂尘：祝铮鸣个人作品展”⑬“错觉与错位：郝世明、李军双个展”⑭“视觉的阀：王煜个展”⑮“水磨调：雷子人个展”⑯“似是——涂少辉个展”⑰等。可以看到，这些举办个展的艺术家除郝量出生于1983年外，其他艺术家全部是“70后”，展览的标题都是对其画面的某种描述，“幽邃”“迷”“迁想”“心念”“灵光”“错觉”“错位”“似是”等，可以看到“新水墨”与一种模糊的描述有关，图像是趋于朦胧和暧昧不清的，具有某种“神异”“奇诡”的视觉意象，似乎与欧洲现代艺术中的“形而上画派”“超现实主义”有某种关联。

我们也会注意到，这些展览主要都是在北京、南京和上海举行的，主要参与的艺术机构是北京的蜂巢当代艺术中心（5次）、新绎空间（2次）、新水墨意象馆（2次），以及今日美术馆（7次）、时代美术馆（2次）；还有南京的芥墨艺术馆（6次）、六尘艺术馆（3次）、金陵美术馆、先锋当代艺术中心和江苏省美术馆新馆等；另外就是在上海以玉衡艺术中心（3次）、喜马拉雅美术馆、廿一艺术空间等。除此之外，还在广东东莞的岭南美术馆举办过一次“新工笔”的展览、南通市中心美术馆举办过一次雷子人的个展，其他地域没有“新水墨”的展览。这些展览的主要策展人是杭春晓（策划6个展览）、

---

① 2014年11月22日至12月21日，“房间·新水墨联展”在北京亦安画廊举行，参展画家有黄丹、刘琦、谭军、曾健勇。

② 2014年12月5日至28日，陈国辉等策划的“反观工笔：中国当代工笔画学术邀请展”，在东莞岭南美术馆举行，参展画家有张见、陈湘波、高茜、李戈晔、杭春晖、丁蓓莉、曾健勇、蔡金花、彭薇、吴思骏、李水歌、秦艾、祝铮鸣、雷苗、郑庆余、涂少辉、陈林、莫玉瑜、周雪、陈子、郝世明、金沙、沈宁、罗寒蕾、张庆。

③ 2014年12月6日至16日，夏可君策划的“托古改制——当代工笔展”，在今日美术馆举行，参展画家有徐累、姜吉安、魏东、张见、高茜、徐华翎、杭春晖、郑庆余、祝铮鸣、赖静、彭剑、郝量、肖旭。

④ 2014年12月20日至2015年1月20日，夏季风策划的“变异：中国当代水墨大展Ⅱ”，在北京798艺术区蜂巢当代艺术中心举行，参展画家有艺术家有党震、何剑、江宏伟、姜吉安、金沙、彭薇、秦艾、宋陵、王天德、魏东、魏青吉、徐华翎、张见、张羽、朱伟、曾健勇。

⑤ 2014年12月21日至2015年1月5日，杭春晓策划的“出”水墨系列展第二期：双轨记——关于老鲁的一次“写生”，在南京芥墨艺术馆举行，参展艺术家有李桐、曾健勇、杜小同、党震、秦修平、徐华翎、沈宁、潘汶汛、王煜、颜海蓉、黄丹、刘琦、祝铮鸣、孙浩。

⑥ 2014年3月22日至4月20日，朱朱策划的“幽邃之地：郝量个展”，在北京798艺术区蜂巢当代艺术中心举行。

⑦ 2014年4月12日至5月7日，“迷路：曾健勇个展”，在北京798艺术区东京画廊+BTAP举行。

⑧ 2014年4月26日至5月26日，夏季风策划的“迁想：刘琦个展”，在798艺术区蜂巢当代艺术中心举行。

⑨ 2014年5月16日至20日，杨建国策划的“双瞳记：党震个展”，在今日美术馆举行。

⑩ 2014年7月26日至8月7日，杨卫策划的“诗意的长啸：沈沁水墨作品展”，在北京798艺术区圣之空间艺术中心举行。

⑪ 2014年8月22日至9月5日，乔本文策划的“树：徐加存水墨作品展”，在韩国首尔中国文化中心举行。

⑫ 2014年9月11日至16日，夏可君策划的“心念的灵光：田卫水墨作品展”，在今日美术馆举行。

⑬ 2014年9月20日至10月9日，刘梓封策划的“印度拂尘：祝铮鸣个人作品展”，在北京798艺术区艺凯旋艺术空间举行；12月12日至22日，在南京六尘艺术馆举行。

⑭ 2014年9月20日至10月20日，“错觉与错位：郝世明、李军双个展”在北京798艺术区新绎空间举行。

⑮ 2014年10月19日至22日，杭春晓策划的“视觉的阀：王煜个展”，在今日美术馆举行。

⑯ 2014年11月8日至23日、11月29日至12月10日，“水磨调：雷子人个展”分别在南通市中心美术馆、六尘艺术馆举行。

⑰ 2014年12月6日至15日，杭春晓、朱小钧策划的“似是——涂少辉个展”，在今日美术馆举行。

夏可君（策划4个展览）、孙磊（策划3个展览）、夏季风（策划2个展览）等。

“新水墨”或者“新的水墨”作为一个描述性用语在20世纪90年代的批评文章中并不鲜见，并且从近30年来关于“中国画”抑或“水墨画”的概念讨论中，“水墨”作为一种描述方式能够更好地与“当代艺术”的语境进行对话和自我建构，区别于20世纪初以来带有某种“现代性”意味的“中国画”的概念的语义和理论知识体系，“水墨”成为超越中国传统绘画观念而进入一种“当代性”思考的“正统”通道。与带有政治话语和理论批评意识的“当代艺术”观念不同，与油画、装置、行为和影像等同时从欧美引入的“当代艺术语言”的方式不同，从20世纪80年代的“现代水墨”到20世纪90年代的“实验水墨”，2003年左右一部分“实验水墨”探索者开始跳出自身语言的边界思考将“水墨”的表达方式与“当代艺术”的思想逻辑进行更多的回应，试图置换出“当代水墨”的轮廓，抑或者说消除“水墨”作为一种语言方式的“所指性”，超越“水墨”语言和理论结构自身所界定的身份特征而不再谈论“水墨”抑或“水墨画”的问题，而是以“当代艺术”概而论之。但无论如何，以“水墨”的方式进入“当代艺术”创作之中的探索者都在以不同的方式和角度叙说着“水墨”与中国传统文脉的直接关联性，进而在某种程度上质疑“当代艺术”价值和理论体系的“正统性”，这种潜在的论争和情绪总是在言语行文之中若隐若现。与此同时，中国的“当代艺术”同样遭遇着知识理论体系的匮乏和庸俗资本经济的困境，“水墨”在很短的时间之中完成了其介入“当代艺术”的过程，并且以某种“自觉性”的呈现方式实现了“蜕变”。“水墨”不管是作为一种“形式外壳”还是作为一种内在的“精神象征”，都成为重构“中国当代艺术”话语权力的基点，以期能够与欧美国家20世纪60年代以来的“当代艺术”知识观念并置而复现一种“自我民族意识”的价值认同。在这些展览和讨论之中，将“水墨”与“当代艺术”作为关键词不断进行“互动”以使得这种新的“当代艺术”机制生效，尽管这种审视和考量更多还是在水墨艺术创作者和理论批评自身内部之间发生着，还很少能够与欧美“当代艺术”的思想范式发生有意义的对话甚至是被理解和关注，但“水墨”之中所蕴含的丰富意味和可能性，对于具有中国文化身份的艺术创作者和理论研究者而言都有着无可比拟的情感召唤力。

我们还会注意到，杭春晓作为“新水墨”概念和理论的主要推动者，连续策划了“言——新水墨·切片系列展览第一回”①“色·新水墨切片系列第二回”②“质·新水墨切片系列展览第三回”③三个展览，在第一回展的前言中是这样表述的：“‘新水墨’并非‘风格概念’，而是水墨的一种‘状态’，所谓‘状态’，是指水墨在新资源（包括视觉资源、思想资源）的刺激下，‘生成方式’发生了变化，并因此形成不同于此前水墨的‘视觉机制’；这种‘机制’研究，不是为了提供某种价值判断的依据，而是为了理解：作为传统存在的文化经验，在纷繁复杂的当下语境中，是如何自我激活并进而应变的，就此，‘新水墨’并非谋求‘抗衡’其他艺术形态的话语，而是‘内省’式的自我‘检讨’。”

---

① 2013年4月6日至5月6日，“言——新水墨·切片系列展览第一回”在北京798艺术区新绎空间举行，参展画家有陈林、党震、郝世明、李戈晔、秦修平、郑庆宇。杭春晓：视觉作为认知结果的描述，首先显现为“图像”与“意义”的生成结构。在古代意象表现、新中国现实再现以及新时期形式主义构成之后，受“超现实主义”叙述结构影响，水墨的图像生成再次发生变异：在表现、再现、构成的方式之外，显现出“非逻辑性真实”的叙述方式，从而不同于此前水墨的“言说方式”。

② 2013年6月30日至7月30日，“色·新水墨·切片系列展览第二回”在北京798艺术区新绎空间举行，参展画家有杭春晖、刘琦、涂少辉、杨珺、曾健勇。杭春晓：我们需要一种新的认知立场，重新面对我们的传统，并在与传统的互动中，激活某些看似陈旧实际却能改变我们观看世界的手段、方式。色彩，正是这种方式与手段之一。在近十年内的水墨画创作中，它率先挑战我们习惯了的视觉次序，并为我们带来相应的成果。

③ 2014年3月1日至4月1日，“质·新水墨切片系列展览第三回”在北京798艺术区新绎空间举行，参展画家有李婷婷、沈勤、颜海蓉、尹瑞、张诠。杭春晓一幅绘画作品的“视觉本身”显现绘画的意义与价值，成为中国水墨独特的认知方式。其背后隐约着一种美学观——超越现实世界的视觉独立，是诗学感悟的实现方式之一。中国水墨的历史，不是镜子与世界的映射关系，而是屏幕与主体的感知关系。后者，绘画直接成为主体的感知对象，并基于自身显现的“质感方式”，给予主体直接的认知体验……通过他们的作品我们会看到图像、语言虽然各不相同，但我们仍能获得一种似曾相识的“视觉质感”。无疑，这正是水墨超越图像、语言的另类存在——关乎独立的视觉质感的存在。

杭春晓认为“新水墨切片”，并不在意于“结果”化的展现，而试图将有关“新水墨”的问题作为讨论对象，并以“切片展现的方式”来完成“审视”的过程，而非提供一种“固定”的答案；在这一过程中，我们的关注点是：水墨作为固定的、传统的、封闭的文化体验，是怎样被转换、怎样被演绎，以至重新获得开放性、活跃性，从而与当下经验建立联系，其所选择的五个问题——言说结构、色彩象征、水墨质性、材料边界、视觉结构，将其概括为言、色、质、界、绎五个展览主题来加以讨论，不在于将观者引入“新水墨是什么”的简单化“结论”中，而是将观者导向“新水墨是何以出现的?”“新水墨通过怎样的通道完成了水墨的转换?”“这些通道背后又存在着怎样的资源系统?”等。杭春晓一直致力“激活传统”的理论探索，其认为“新水墨”与“新工笔”绘画一样不能是一个“固化”的样式和风格，而应该具有一种“开放性”和“活跃性”，其所选择的画家年龄段多集中于年轻的“70后”创作者，甚至还有1958年出生的沈勤、1967年出生的张诠。但总体而言，“新水墨”更多是运用一种“绘画”的方式来展现一种不同于“新工笔”绘画的“表现力”，其中很突出的一个视觉特征就是“水墨性”和“水墨质感”的存在，以及带有传统“笔墨感知”意味的笔性和墨色，暗含传统文人画的某种“逸笔草草，不求形似，聊以自娱”的审美趣味，不同的是这里仍然在寻找一种新的“图式结构”和“图像”，也追求迥异于传统绘画的“笔墨”表征。但是我们也可以清楚地看到“新水墨”与“新工笔”绘画之间的紧密联系，诸如杭春晓都是主要的理论推动者，一些“新工笔”画家参与到“新水墨”的展览活动之中，并且在画家人员结构上主要是江宏伟、田黎明、徐累、刘进安、梁占岩等人的学生，以至于“新水墨”和“新工笔”绘画在这两年之中共同构成一种“水墨热”，受到画廊、美术馆和媒体等艺术机构的强烈关注。

然而，“新水墨”就像杭春晓所指出的并不是一个被确定的概念，其含义的模糊性也为“水墨”的表现带来新的活力，即很多以“水墨”名义的展览在不同的美术馆、画廊和艺术空间之中举行①，很多参与“水墨画”创作的画家似乎对学术概念如何解释和描述毫无兴趣，都积极参与到“水墨”的展览活动之中，当然，在这之中最多的参与者仍然是刚从美术学院中国画专业并毕业新供职于画院或学院的青年画家②。在他们的理解中“现代水墨”“实验水墨”几乎与他们的创作毫无关系，他们也多采取一种“绘画”的语言方式来表现，在于这种语言方式是受到资本市场认同的，几乎没有像“实验水墨”那样制作影像、装置和行为的空间面相，用张羽的话来说，“新水墨”事实上无视“实验水墨”的实验性和观念性而重新回归到“绘画”，“新水墨”并不是关心“水墨”的问题而是关心“画”的问题。在他看来，“水墨”都是需要被超越的，而“新水墨”还在追求一种“绘画”的呈现：“新水墨”当然不属于“当代艺术”。当然，张羽作为“实验水墨”运动的主要参与者和推动者，他认为“水墨画”在

---

① 其中尤为值得一提的是北京798艺术区蜂巢当代艺术中心策划的一系列与“水墨”有关的展览：2013年5月11日至6月11日“烟色轻染：梁铨个展”；6月22日至7月22日，沈揆一策划的“幻象：中国当代水墨大展Ⅰ”，参展画家有梁铨、李华弌、刘丹、李津、刘庆和、徐累、季云飞、武艺、雷子人、潘汶汛、刘琦、黄丹、郝量、肖旭；9月14日至10月13日，“误绘：雷子人个展”；10月20日至29日，朱朱策划在今日美术馆举行的“世界的壳——徐累个展”；10月26日至11月24日，“搜神记：肖旭个展”；12月21日至2014年1月21日，“向阳花：刘庆和个展”；2014年3月22日至4月20日，“幽邃之地：郝量个展”；4月26日至5月26日，“迁想：刘琦个展”；7月12日至8月10日，夏可君策划的“坚白同异：柒舍雅集学术展”，参展画家杜小同、秦修平、谭军、杭春晖、徐加存、王煜、刘琦、孙浩；9月20日至10月20日，徐累学术主持的“水墨画皮：五位水墨女画家展”，参展画家高茜、潘汶汛、徐华翎、章燕紫、祝铮鸣；11月8日至12月8日，“绘事后素：梁铨+金石”等。

② 诸如成立于2012年11月“柒舍雅集”，参与者秦修平、杜小同、杭春晖、王煜、徐加存、孙浩、刘琦、谭军都是“70后”画家，在2013年至2014年在北京、南京、烟台的画廊、博览会和美术馆都举办了一系列的活动。

2001年皮道坚策划“中国：水墨实验二十年”① 以及2004年主编《中国实验水墨（1993—2003）》② 已经被终结了，“新水墨”既然作为一种新的“水墨”探索方式理应在“实验水墨”的基础上继续推进，然而“新水墨”却是一种近乎“纯粹的绘画”而不是继续实验，以至于在皮道坚和张羽看来艺术市场的勃兴在其中发挥了更大的作用，而不是学术的价值和理想。杭春晓同样在2012年策划了“非媒介——张羽梁铨作品展”③，与“新水墨”和“新工笔”绘画构成一种学理上的呼应关系，或者是看到20世纪80年代至90年代“理想主义”的衰落。杭春晓关于“超越水墨媒介”的思考并没有作为其唯一的学术兴趣方向，而是直接面对绘画的现状推进“新工笔”和“新水墨”的发展，并为这两种绘画语言“激活传统”的能力提供理论上的支持。我们也注意到，“新水墨”和“新工笔”绘画赢得了市场的成功和学术界的新关注，刘庆和、李津、朱新建、朱京新、刘进安、李孝萱、李钢、黄国武等人的绘画也在广义上被纳入“新水墨”的视觉景观之中，还有较为年轻辈的画家党震、潘汶汛、“柒舍雅集”等一批“70后”艺术家，也都在积极参与这场堪被称为“水墨狂欢”的新表现之中。概而言之，“新水墨”在某种程度上而言逐渐置换和替代了“新工笔”绘画的概念，因为其所能囊括的知识维度相对更加宽阔和开放，有新的“图像”和新的“图式”，但“观念”和“思想”的延展在很多画家的创作中同样存在着显而易见的局限，诸如孙浩画马、谭军画骷髅、刘琦画假山、李津画食物和肉色、刘庆和画新中国初期的儿童，这些绘画并没有介入“当代艺术”知识语境的能力，甚至可以说过于“符号化”和“图式化”而呈现出封闭和庸俗的印象。

从“新工笔”绘画到“新水墨”的转换可以看到，离开“实验水墨”抑或是“当代艺术”宏大的美术史和社会学叙事，将绘画观念指向内在感知的个人心性；从关注宏大的时代和历史命题，转向更为关注自我精神和情感素养；抛离一种社会学的思想道德建设，走向超越世俗羁绊的心灵意志。换而言之，“新水墨”和“新工笔”绘画的创作观念在理论层面上，主张绘画要更遵循自我的直觉，要有虚淡明空的心性，是一种绝对的、弗羁于物的心灵自由。那么，创作者的内心就既是绘画活动的开始，也是最终精神意象的归宿。我们如何理解人的价值，如何看待自我存在的意义，将是每一位创作者必须思考的问题。不仅仅是“新水墨”和“新工笔”绘画，今天所有中国画的创作者都在谈论激活传统的问题。传统是什么，在我看来并不抽象，传统就是在不断追问我们如何认识世界、如何认识自我，从而给我们一种生命经验和精神感召。我们所接纳的传统，也就不仅仅是文人画的笔墨和视觉图式，而是对人的发现，对人与自然关系的深刻理解。今天我们生活在一个消费化、符号化的时代，我们如何能够在其中保持一种冷静的自省，是一个并不容易回应的问题，因为我们的评判价值多元，我们总能够在一些理论结构中寻找到支撑。但是，我们是否能够真诚地对待自己的绘画，在绘画与自我的内心之间寻找到一种精神的契合。绘画的确是一种极为个人性的时间体验，但是对绘画的理解不能够局限在笔墨、结构和气势之上，最重要的还是要看到一种人的气质，这种气质应该是真诚、朴实而正直的。作为创作者，如果我们对传统的思想史缺乏最基本的理解，缺乏一种敬畏之心，那么我们就无法在绘画中“澄怀”“味象”。我们为什么在今天不断提出重置传统的命题，还是因为我们在社会中意识到一种世俗的虚无，当我们意识到这种思想困境时，传统的文化情怀总能够为我们提供最为有力的精神慰藉。当然，我们在主张重构

---

① 2001年8月31日至9月23日，皮道坚、王璜生策划的“中国：水墨实验二十年”在广东美术馆举行，参展艺术家有晁海、陈铁军、陈心懋、崔健、方土、谷文达、海日汗、黄国武、黄一瀚、胡又笨、梁铨、李华生、李津、李世南、刘国松、刘进安、刘庆和、刘一原、刘子建、李孝萱、邱志杰、邵戈、沈勤、石果、田黎明、王川、王纯杰、王公懿、王天德、王彦萍、魏青吉、吴冠中、武艺、阎秉会、杨诘苍、张进、张羽、郑强、周涌、朱青生、朱振庚、邹建平。

② 皮道坚主编《中国实验水墨（1993—2003）》，黑龙江美术出版社，2004年。其中收录了梁铨、石果、刘子建、杨志麟、聂危谷、张进、张羽、孙百钧、潘缨、崔见、方土、何灿波、陈红汗、魏青吉的作品。

③ 2012年7月20日至7月31日，杭春晓策划的“非媒介——张羽梁铨作品展”在北京798艺术区悦美术馆举行。杭春晓为了回应“实验水墨”及其相关的“水墨”运动与高名潞、皮道坚、张羽、梁铨分别进行了对话，并撰写了《隐藏的能指——关于“抽像水墨”、“实验水墨”的另类思考》。

传统时也是在反思当代，寻求一种弥合传统与当代罅隙的理论方式，这是一种认知的转变。当代中国画创作，当然要面对当代的社会与历史语境。然而我们的创作观念，仍然处于一种相对封闭的理论结构之中，即对传统理论观念的复现，仍缺乏一种更具思想史视野的判断，诸如不同区域、不同宗教和政治信仰的群体，应当如何相处，在今天这样一个高度商业化的时代，我们如何沟通和相处，在差异中寻找共同的地方，相互理解和包容，最终实现社会和文化的进步。当我们缺乏对社会现实生活的一种基本认识，缺乏最基本的平民意识，相对于今天的社会和政治生活，我们的绘画能够做些什么？这显然已经不再是一个纯粹的美术理论的命题，而是一种宏观意义的思考，但这种思考非常重要，缺乏一种社会文化的责任感，我们将有可能面临更大的精神困境和现实困境。

另外，还有中央美术学院胡伟的几个学生，都是综合材料专业的研究生，也组成了以“冷墨”① 为名的艺术小组，与批评家、策展人和艺术机构联合，尝试发出自己的声音。不同的是，“冷墨”艺术小组并不是以“水墨画”为主，而是以“装置”为主。从几次展览的标题中，可以见到他们试图召唤一种原始甚至是野蛮的力量：“水墨还重要么”②“狂飙：一场水墨实验运动”③“狂飙：一场水墨实验运动第一部分”④“‘出柜’冷墨第三回：一次驱魔仪式”⑤。这就让我们回想起20世纪60年代末至70年代初，关根申夫、菅木志雄、李禹焕、榎仓康二等艺术家在日本发起了“物派”的艺术运动思潮，其美学理论与西方20世纪60年代以来的当代艺术观念多有契合之处，诸如对“现成物”的使用，“反绘画”并彻底颠覆传统的美学知识系统，也同时在日本乃至“泛东方”的思想观念中寻求启发，尤其是从日本古老的“神道”和传入的“禅宗”意识中汲取经验，创造了真正具有东方文化内在性觉醒的“当代艺术”观。在笔者看来，冷墨小组的创作与日本“物派”之间的艺术史关联性，远远大于我们从装置艺术乃至行为艺术的方式进入去剖析的准确度：“物派”的思想转换是在20世纪60年代末至70年代初冷战意识的历史语境中确立的，也包含了战后日本思想对于自我认知的觉醒，而冷墨小组的创作却是在“实验水墨”乃至“中国当代艺术”在面对西方自省的时期出现的。相较于“物派”艺术追求单纯、极致和超越性，其中甚至带有一种“原始主义”的野性；冷墨小组的思考则更多偏重于感性的触发和极端理性的判断，冷墨小组作品中的“物质性”是依照杜尚到博伊斯的语言体系发展起来的，诸如对结构和视觉的复杂转化，甚至呈现出某种形式主义化的视觉景观，这里的“物质性”牵涉到对多重材质的并置和探究，尤其是将之与“墨”的语言思想系统形成一种阐释观念的互文，其中可能还带有某种介乎社会学语境之间的物质的运用，这些都使得冷墨小组的创作是将“物质”理解为一种材料性的语言而不是对“物质”自身的发现，也就是说，冷墨小组的创作还是在使用物质制造视觉图像而非指引观者对物质进行“直接的观看”。但是在最开始笔者谈到冷墨小组的艺术创作与“物派”艺术之间有着更为直接的艺术史关联，因为冷墨小组在创作观念上仍强调一种中国抑或是东方的文化身份，其试图在思想价值上建构一种对20世纪90年代以来、在艺术社会学理论范式中析出的中国“当代艺术”创作景观的批判，这种反思意识在近两三年来受到艺术理论界的普遍关注，也与当代中国社会思想中复活的民族意识有关。冷墨小组的艺术创作观念因此带有一种显而易见的“反社会学”“反图像”的形态，而专注于研究“物质内在”的结构、空间和逻辑，因此我们很容易用“抽象”的概念来指称这些

---

① “冷墨”艺术小组成立于2013年8月，主要艺术家有方志勇、金京华、黄祺、孔妍、李皓、李飒、于洋，都是“70后”和“80后”的青年人，他们创办了自己的书刊、微信公众号。

② 2014年4月16日至25日，段少锋、张晨策划的“水墨还重要么”，在北京芳草地画廊举行，参展艺术家有方志勇、金京华、黄祺、孔妍、李皓、李飒、于洋。

③ 2014年8月20日至9月27日，荣剑策划的“狂飙：一场水墨实验运动”，在北京锦都艺术中心举行，参展艺术家有方志勇、金京华、黄祺、孔妍、李飒、于洋。

④ 2014年8月30日至9月27日，段少锋策划的“狂飙：一场水墨实验运动第一部分”，在北京798颖画廊举行，参展艺术家有方志勇、金京华、黄祺、孔妍、李飒、于洋。

⑤ 2014年12月21日至2015年1月19日，段少锋策划的“‘出柜’冷墨第三回：一次驱魔仪式”，在北京798艺术区东京画廊+BTAP举行。

作品。这里就需要追问：冷墨小组的创作应该从何处汲取语言和观念的资源？显然“现代水墨”“实验水墨”之中更偏重于语言探索的部分成为其思考的基础，还有就是对于“当代艺术”装置语言形式的借用，“反传统”绘画的笔墨和图式，建构一种以“水墨性”为语言和思想表征的新的“当代艺术”。当然，冷墨小组成员大多毕业于美术学院材料研究专业，本身对材料的“物质性”就极为敏感，因此对不同物质材料的运用就显得自然而然了，就像笔者刚才提及的，冷墨小组的创作带有“反图像”的底色，因为在某种程度上而言物质材料本身就是“反图像”的，因为物质材料试图展示的是“自性”而非“被他者化”的图像表意体系。也就是说，一旦进入图像，就容易被传统的“模仿论”和“再现”理论所囿。笔者想冷墨小组的创作意识中一定也深刻意识到这一点，换而言之对作品材料物质性的讨论甚至是唯一可行的研究方向。但这也暗合了20世纪60年代末至70年代年初日本物派艺术家的直觉性发现，只是冷墨小组与之有着或截然不同的文化和思想语境。但是，对于冷墨小组以“狂飙”为主题的创作，如何回应“物派艺术”，笔者想这是一个必须提出而谨慎面对的问题。因为“物派艺术”在20世纪70年代初很快就遇到了新的困境，因为这种艺术语言和观念太极致也太超越，以至于无法对“现实世界”做出更积极、生动和有效的回应。这种困境，冷墨小组的艺术同样也会遇见。

2014年11月20日，中国嘉德2014秋季拍卖会上，徐累《霓石》以620万元起拍，最终以1600万元落锤，加佣金1840万元成交；北京匡时国际2014秋季拍卖会中，郝量的《科学世界》拍出230万元的高价。2014年水墨艺术市场由热转冷，但收官时显得不是太糟糕。尽管“当代水墨”“新水墨”也逐渐在各大拍卖公司的大拍中设立了专场拍卖，但与“当代艺术”在市场份额上仍难以相较高下。显而易见，对20世纪80年代以来中国“现代水墨”“抽象水墨”“都市水墨”“新文人画”“实验水墨”，到今天的“新工笔”和“新水墨”，大家都在不断重新梳理和重新认识，也不断产生新的理解和新的知识。当然，对于“当代水墨”“新水墨”的回顾和研究，基本上都是由画廊等艺术机构推进的，几乎所有以学术为名义的展览活动都带有或多或少的资本色彩。确实，对于“70后”的艺术家而言，他们身处于“消费主义”的思想语境之中，“语言”与“图像”的“工致”，从某种意义上而言是对“消费主义”的顺从。我们也很难说从20世纪80年代的“现代水墨”，到20世纪90年代的“实验水墨”，到今天的“新工笔”和“新水墨”，是一种理论和观念上的“推进”，而只能说是一种“转变”。毫无疑问，无论是“传统水墨”，还是“当代水墨”，都需要一种“沉淀”，需要一种反思的精神，需要一种重新认识自我的能力，需要很清醒地思考当代社会和当代生活的知识景观。我们也必须离开“图式”的壳，去寻找其中失落的人的灵魂。

魏祥奇　中国美术馆馆员、博士

2014 年中国版画创作和研究现状

◎郝　斌

中国版画创作和研究，在沉寂了一段时期之后，近些年来日益活跃。2014 年的中国版画创作和研究在保持着近年来活跃态势的同时，尤其随着第十二届全国美展的举办、中国版画博物馆的建立而出现了一个高潮。在版画创作方面，主流全国性美展以及版画专题展览仍是推动当代版画创作的主要平台；版画的一些极具特色的子门类获得了更大的发展，青年版画创作日益活跃，国际版画交流也取得了比以往更大的成绩，这都推动了 2014 年的版画创作的进一步发展。同时，版画的评论和研究工作也持续向前拓展，对当代版画、现代版画、古代版画都推出了一些新的研究成果。

一、版画创作与展示

1. 主流全国性美展仍是推动当代版画创作的重要平台

2014 年美术界最重要的事莫过于规模宏大的第十二届全国美展的举办，本届全国美展也同样为版画创作提供了展示成果的重要平台。作为本届全国美展独立展区的“第十二届全国美术作品展览版画作品展”于 2014 年 9 月 23 日在广东美术馆隆重开幕，共展出了从各地推选上来的 778 件作品中严格甄选出的 349 件入选作品，是对 2009 年至 2014 年 5 年间版画创作成果的集中展示，立体地展示出当代中国版画的创作成果。在本届展览中，版画家们把目光对准了身边的人和事，捕捉日常生活的精彩瞬间。展现祖国现代化进程的工农业生产、社会建设和都市生活，聚焦国家重大事件和民生热点，表现年青一代生活面貌，历史题材和重大题材等都成为版画创作的重要题材，展现出浓郁的时代气息。通过本届展览也可以看出，版画的学术现状呈现出多元发展的良好态势，版画本体意义的审美理念得到了延展，传统技法和现代意识得到了有机结合，尤其是中青年美术家表现出超越以往的创新精神，这都赋予了版画以崭新的时代风貌。其中尤其值得一提的是，青年版画家彭伟的木刻作品《而立之年》获得了第十二届全国美展金奖，显示了全国美展评委对近年来版画创作成绩的肯定。

对于版画的发展而言，2014 年另一个大事是专属于版画的首家国家级博物馆——中国版画博物馆终于在 10 月 26 日在深圳开馆揭牌，从此版画也终于有了专属于自己的阵地。中国版画博物馆是观澜国际版画基地重要的学术项目和版画基地整体规划建设的重要组成部分。博物馆占地面积 1. 76 万平方米，总建筑面积 1. 86 万平方米，将为艺术家提供规范而专业的展示场地与服务，同时对接版画基地入驻艺术家的作品收藏、研究工作；并为国际版画交流提供一个新的合作平台，实现中外版画学术研究信息共享，常设有观澜国际版画双年展、中国版画大展、观澜论坛等重要学术项目。著名版画家吴长江任中国版画博物馆首任馆长。同时，作为中国版画博物馆的揭幕展——由中国版画学会、深圳龙华新区管委会主办，中国美术家协会版画艺委会、中国版画博物馆承办的“2014 首届中国版画大展”也在中国版画博物馆开展。此次展览展出了 70 余位著名艺术家在版画及相关领域创作的代表性作品 600 件。可以说，中国版画博物馆的建立，对于中国版画创作和研究的发展而言具有重要意义，也标志着版画事业的发展进入一个新的阶段。

8 月 16 日，由中国中共文献研究会、中国美术家协会、中国国家画院、中共广安市委联合主办的“春天的故事——全国版画艺术精品展”在中国美术馆开幕。本次展览作为首次以邓小平为题材的全国性版画展，以此来纪念时代伟人邓小平同志的百年诞辰。展览展出的许多作品为优秀版画家特意为本展览精心创作，并从 30 多年来全国美展、版画展中遴选出部分邓小平题材优秀作品参展，都深切表达了对邓小平同志的纪念与敬仰。展览展示了版画主题性创作的重要成果。

此外，在2014年的全国性美术综合展览中，如中国梦强军梦·军事题材美术作品展、七彩云南——中国美术作品展、多彩贵州——中国美术作品展、2014年中国国家画院年展等展览中也都有着版画的丰富身影。版画在其中彰显着其独特的艺术魅力，展示了显著的创作成绩。

2. 老版画家的创作得到梳理，青年版画创作日趋活跃

版画在20世纪中国现代美术创作中占有重要地位，涌现了一大批卓有成就的重要版画家尤其木刻家，然而，这批版画家长期以来缺乏有效的学术梳理。近些年来，随着国家经济条件的日趋良好以及各地美术馆、博物馆的建立和支持，为有效梳理这批老艺术家的艺术成就创造了条件，如2011年以来就曾先后举办了“发现——百年江丰文献展”“武器——彦涵革命战争时期艺术作品展”“中国美术馆藏彦涵版画特展、力群版画特展”等展览项目的举办都大大推进了这方面的工作。2014年，对老版画家艺术的梳理和展示，得到了更多方面的支持。4月18日，由人民美术出版社、北京美术家协会、北京画院联合主办的“文峰静雅——邹雅艺术回顾展”在北京画院美术馆举办。此次展览作为邹雅先生逝世40周年的大型纪念活动，汇集了木刻版画和山水画精品近百幅，全面回顾其短暂而又丰富的一生，立体呈现了作者孜孜不倦的艺术探索与追求。5月30日，郑野夫版画作品捐赠仪式在中央美术学院美术馆举行，展出了61幅其不同时期的作品，并全部捐赠给中央美术学院美术馆。在正值朱维明从艺60年之时，9月4日，“刻木纪事——朱维明从艺六十年作品展”在中国美术馆开幕，展出了其2013年捐赠给浙江美术馆的近600件画作，系统地反映朱维明多个方面的艺术成就。2014年，著名版画家杨涵、赵延年、凌君武逝世，是我国版画创作的重要损失，也应当促使我们更加珍视老版画家的艺术创作，梳理与展示其艺术成就，传承其艺术精髓。

同时，青年版画创作则日趋活跃，显示了版画创作的传承和新的发展。2014年9月13日，由中国美术家协会主办，中国美术家协会版画艺委会、天津常青藤文化传播有限公司、北京中间美术馆共同承办的“常青藤计划2014·首届中国青年艺术家推介展”在北京中间美术馆隆重开幕。展览中，来自全国不同地区的88位参展艺术家以风格迥异、形式多样的百余幅优秀作品完整客观地呈现了中国当代青年艺术家群体的开放思维、崭新艺术风采，并以学术的视角阐释青年艺术家的艺术态度与文化立场。

3. 版画特色子门类获得了更大发展

在综合展览以及版画专题展览活动中，版画的传统子门类，如木版、铜版、石板、丝网版以及新近兴起的PS版等依然作为版画创作的主要媒介，推动着当代版画创作的多样多元发展。但同时，版画仍然有许多极具特色的子门类，如藏书票、年画、绝版木刻，以及版画的特殊现象——工业版画等，近年来日益受到关注，推出了许多专题展示。

2014年1月，由中国文物学会与北京市文物局共同主办的“红红火火中国梦——中国首届木版年画展”在北京艺术博物馆举办。参展作品汇集了我国六大著名木版年画：河北武强年画、河南朱仙镇年画、苏州桃花坞年画、天津杨柳青年画、山东潍坊年画和湖南滩头年画，以其精湛的技艺和生动的题材庆祝中国农历新年的到来。此次展览也是近年来最大规模的年画展事，显示了各方对我国传统民间艺术形式的关注。8月2日，由炎黄艺术馆主办的“中外版画、藏书票联展”在炎黄艺术馆开幕。此次联展邀请到国内知名藏书票收藏家及多位藏书票制作者，云集中国当今老、中、青三代版画家及收藏家的代表作品300余件。9月11日，“天赐普洱·世界茶源”普洱绝版木刻美术作品展在中国美术馆开展，展出了60多幅绝版木刻作品，会集普洱本土版画家2000年以来的艺术探索，画风浓郁而强烈，极具地域特色。这些展览的举办及其收获的好评，都显示了版画发展至今天所具有的广度和深度。

工业版画作为新中国美术一种独特的艺术现象，曾在20世纪80年代兴极一时，产生了重要影响，通过版画的形式表现了中国改革开放新时期的崭新面貌。但遗憾的是，20世纪90年代之后便趋于衰落。近些年来，在原有的工业版画基地的协力支持下，工业版画也大有再次崛起之势。继湖北美术馆举办首届工业版画三年展之后，2014年10月15日，“中国梦·龙江情——黑龙江工业版画作品展览”在黑龙江省美术馆展出。展览由黑龙江省文学艺术界联合会、《黑龙江日报》报业集团主办，黑龙江省美术

馆、黑龙江省版画院承办，展出了工业版画作品近百幅，从不同侧面反映了现代化大工业的恢宏气势、老工业基地的惊人变化和在生产一线默默奉献的劳动者的亲切可爱，呈现了黑龙江工业发展的历史进程。本次展览也是“新中国六十五年——黑龙江工业版画创作展示工程”项目的组成部分。

4. 国际版画交流呈现出愈加活跃的态势

近些年来，随着全球经济的日益融合、文化交往的日益密切，许多国际知名版画家的作品也都陆续引入国内展出；同时，国内也不断举办国际性综合美术作品展览及国际性版画专题展览，都为国内外版画艺术交流提供了重要平台。

2014 年 1 月 15 日，“现实的幻象——2012 米罗版画作品特展”在上海美术馆开幕，展出了著名超现实主义版画家米罗的作品 170 余幅，完整呈现了米罗各个时期的艺术探索和成就。2 月 28 日，值此中国和西班牙建交 40 周年纪念系列活动落幕之际，毕加索“二十世纪版画的巅峰之作——沃拉尔系列版画”展在中国国家博物馆举办，共展出了百幅毕加索版画珍品。沃拉尔系列版画包含了巴勃罗・鲁伊斯・毕加索在 1930 年 9 月至 1936 年 6 月间创作完成的 97 幅作品，以及 1937 年增加的 3 幅沃拉尔的肖像版画。这 100 幅系列版画以毕加索的朋友兼代理商安布鲁瓦茨・沃拉尔的名字命名，是毕加索创作力爆发期的代表作。12 月 23 日，“时代印记—从戈雅到当代—丹麦皇家美术学院百年版画收藏内蒙古画展”在内蒙古大学艺术学院开展，汇集法国、德国、西班牙、丹麦等多国名家版画作品百余幅，有传统的木板、铜板、石版版画，也有现代的丝网版画等，呈现了西方自 16 世纪以来的文化变迁。

在国外版画名家名作引入展示的同时，国内也不断创造国际性版画交流和展示平台。9 月 16 日，由中国美术家协会、中共晋中市委宣传部主办，中国美术家协会版画艺委会、晋中市文学艺术界联合会、中共灵石县委、灵石县人民政府承办的“2014 第二届中国灵石国际版画双年展”在山西灵石开幕。本届版画双年展共有来自美国、加拿大、波兰、塞尔维亚等 19 个国家和地区的 90 位艺术家的 100 幅版画作品参展。其中特邀 40 位外国艺术家和 40 位中国艺术家参展，每位艺术家一幅作品；同时展出的还有“版画进万家・美丽灵石行”活动的 10 位中国艺术家的 20 幅写生创作，灵石本土版画家协会会员创作的 11 幅作品也参加了展览。此次展览不仅参展国家多元化，而且版种多样、技术精良，充分展现了灵石版画双年展的独特艺术魅力。“当代版画的划界与跨界”2014 第二届中国灵石国际版画双年展学术论坛也同期举行。

二、版画评论与研究

1. 中国当代版画批评

2014 年的美术批评依然是比较活跃的，针对第十二届全国美展版画创作及 2014 年度举办的一系列版画专项展览、青年版画创作、地域版画发展等方面积极开展了批评和推介，推广了版画艺术，并取得了一定的批评成果。

第十二届全国美展是 2014 年美术界最重大的事件，版画创作也在这一平台上得到集中展示，并得到了批评家的关注。代大权在题为《第十二届全国美展版画展凸显的版画当代面貌》① 一文中认为，第十二全国美展版画展体现出了主动与积极的变化，这一变化首先在版画的本体观念上；其次是在新的理念的指引下本体语言得到更深入的探索和更深入的表现。同时，青年版画家不满足现代版画语言的保守开始寻求突围，去创造和建构属于当代的语言模式。当代版画自“文革”后实际整体进入自在状态，版画近些年的稳定发展已经为文化创新积累着资源和能量。值得一提的是，青年版画家彭伟的木刻作品《而立之年》获得了第十二届全国美展金奖，该作品也得到了专家和评委们的一致赞赏。中国美术家协会副主席吴长江说，版画《而立之年》表现了青年坚毅的目光充满对未来的希望。②《美术》杂志执行主编尚辉认为它“较好地体现了传统木口木刻的当代图像转换，代表了当代木刻艺术肖像的新探索与新

① 代大权：《第十二届全国美展版画展凸显的版画当代面貌》，《美术》2014 年第 12 期。

② 吴长江：《第十二届全国美展思考——吴长江：从时代汲取力量》，《人民日报》2014 年 12 月 21 日。

成就”。①

同时，许多专家也注意到第十二届全国美展所展示出的版画创作的许多问题。中国美术学院院长许江关注到当代美术创作（包括版画创作）的“照片化”现象，他认为，我们今天生活在媒体时代、技术时代，数字媒体的照相技术无所不在，它已经深刻地影响了美术创作。“现在照片的效果已经极大地影响了国画、油画、版画，甚至综合材料的创作，使得这些材料作品在发挥画种自己语言特色的时候，产生了一种障碍，艺术本体难以很好地发挥。”《美术报》社副社长蒋跃批评认为，本届全国美展版画展显示出，版画创作缺失了队伍，作者群变窄，作品的艺术容量越来越小。《美术观察》记者徐翎则注意到版画创作“绘画性”的丧失问题，她提醒道：“‘综合’不一定会失去版画，而绘画性的丧失一定会降格为工艺品。”②

围绕着 2014 年度一些全国性版画专项展览，一些批评家就展览自身及其所展现出的版画创作现状等问题及时进行了评介。如盛葳就第二十届全国版画展评论说，本届全国版展延续了中国版画的基本特色，黑龙江、江苏、四川、浙江等版画大省优势明显，但其他省（区、市）也涌现出不少新人新作，呈现出齐头并进的繁荣面貌，尤其是青年作者的作品，让人惊喜。无论是着眼宏大题材的政体叙事建构，还是日常经验的陌生化审美，都在一定程度上指向版画艺术向历史、哲学等精神层面推进。③ 杨锋就西安美术学院第三届国际版画工作室及展览进行了总结，谈到了国际版画交流对于版画教学和创作的意义。他在文中指出：“不论本土间还是国际间，也不论是学生、教师和艺术家之间，版画创作在技术与观念上的交流日渐频繁，呈常态化发展。”借由 2013 中国当代版画新人新作展，周举谈到青年版画创作问题。他认为，通过本次展览呈现出青年版画创作的五方面特征，即观念、视野的开阔性与创作思维的实验性，文化倾向于语言表现的当下性与时代感，创作介入的微观视角与个人情怀，对图像、信息、科技大量接受与应用的主动性，媒材传达的多元性与版画概念的拓展延伸。

以上的版画批评的成果，都是紧密围绕着展览的举办而开展的，具有及时性的重要的价值。除此之外，2014 年，还产生了一些专题性研究的文章。如张雪的《大道行者——北大荒版画创始人晁楣访谈录》④，通过访谈的形式对北大荒版画的发展、晁楣的贡献和创作、新中国版画的群体性特征等问题进行了探讨；刘承川的《当代批评中的川渝版画艺术》⑤、刘英的《民族认同语境下的科尔沁版画发展初探》⑥ 分别对川渝地区和内蒙古科尔沁地区的版画发展及其独特的艺术面貌进行了专题探讨。地域性，是我国当代版画发展的显著特征。这些专题性的研究聚焦地域版画的发展问题，对于深入探究我国当代版画深层次的地域性特征问题具有积极意义。

2. 中国现代版画研究

中国现代版画是中国现代美术史上一枝在世界艺术百花园中绽放光彩的夺目花蕾。相对于其在美术史上的重要地位，中国现代版画研究依然十分不足。2014 年，相关中国现代版画研究的成果依旧不多。这种现状一方面提醒了当前中国现代版画研究的不足，另一方面也显示了这一研究领域的巨大潜力。

2014 年，仅有两篇较有价值的文章涉及中国现代版画研究，分别是张明学、潘召的《抗战时期的桂林木刻版画》⑦，黄志明的《从“鲁迅的版画情结”看文学与绘画的互动》⑧。前一篇文章着重于对抗战时期版画运动史料的梳理，后一篇文章则从鲁迅的视角讨论了文学与绘画的互动性问题。

在《抗战时期的桂林木刻版画》一文中，作者首先介绍了抗战时期桂林木刻版画兴起的历史背景，

---

① 冯智军：《全国美展，不仅是一场美术盛会》，《中国文化报 · 美术文化周刊》2014 年 12 月 21 日。
② 徐翎：《“长大了”的版画——第十二届全国美展版画展区观察》，《美术观察》2014 年第 11 期。
③ 盛葳：《见微知著有容乃大——评第二十届全国版画作品展》，《美术》2014 年第 2 期。
④ 张雪：《大道行者——北大荒版画创始人晁楣访谈录》，《美术观察》2014 年第 9 期。
⑤ 刘承川、赖琳：《当代批评中的川渝版画艺术》，《艺术百家》2014 年第 S1 期。
⑥ 刘英：《民族认同语境下的科尔沁版画发展初探》，《美术观察》2014 年第 12 期。
⑦ 张明学、潘召：《抗战时期的桂林木刻版画》，《美术》2014 年第 8 期。
⑧ 黄志明：《从“鲁迅的版画情结”看文学与绘画的互动》，《文艺理论与批评》2014 年第 1 期。

尤其从1939年至1941年，桂林成为国统区木刻创作的中心，集结了一大批知名木刻家，而宽松开放的政治环境为桂林木刻版画的迅速发展提供了前提和基础。然后，作者从木刻刊物和作品、木刻社团和展览活动两个方面对桂林这一时期的木刻版画运动进行了介绍。最后，作者对抗战时期桂林木刻版画的艺术特征进行了总结。他认为，桂林的抗战木刻不仅对抗战文化事业做出了巨大贡献，而且也极大地促进了版画艺术自身的发展。木刻版画家自觉地将艺术创作与当时抗日救亡的时代主题紧密结合在一起，进而将艺术的审美功能和艺术的社会功能高度统一了起来，所释放的能量是巨大的。

鲁迅先生是我国20世纪重要的文学家，又是新兴木刻运动的“导师”，他晚年不遗余力地倡导“新兴版画运动”。黄志明正关注到了鲁迅先生的这种双重的角色及其所隐含的文学和艺术的互动问题，并从艺术和革命两个层面对这种互动进行了阐述。他认为，从鲁迅的版画情节看文学与绘画在艺术层面的互动，主要体现在艺术手法的互补与艺术语言的融合两个方面；而在革命层面的互动，则主要体现在革命性宣传功能与革命性表达主题两个方面。鲁迅倡导的“新兴版画运动”以绘画带动文学，以文学引导绘画，完成了一次文学与绘画在艺术与革命双重层面上的历史性互动，也使我们看到了两者互动在一个作家身上所产生的意义。

3. 中国古代版画研究

尽管创作版画是20世纪30年代才在鲁迅先生的推介和倡导之下引入中国，并产生了轰轰烈烈的新兴木刻运动，即我们今天所谓的现代版画；然而实际上，版画在中国有着悠久而辉煌的历史，并最早诞生于中国。中国古代版画研究也一直是美术史研究的重要领域，尤其近些年来日益受到学界重视。2014年的中国古代版画研究也产生了许多成果，这些研究分别关注古版画的图像、刻工等问题，并分别从传播学、比较研究、个案研究等视角推进了中国古代版画研究，显示了中国古代版画研究的最新趋势。

对于古版画图像的研究，有解丹的《晚明“才子佳人”戏曲版画插图中的视觉传播》①、陈霆的《清末民初石版画与传统木版画的图像差异》②、赵庆峰的《刻版的言说：关于〈帝鉴图说〉的启蒙价值》③ 三篇论文。解丹的论文选取了晚明时期传播性较强“才子佳人”戏曲版画插图作为研究对象，并根据其视觉传播方式和绘画特点将明代中期到明代末期的才子佳人戏曲版画插图作品分为三个阶段，分别是明代中期到万历早期、万历中期、万历后期到明末。通过分段研究，作者认为晚明戏曲版画插图作品从对舞台模仿的知觉性表达到将现实生活与戏曲情感相互融合，进而形成对观众心理与视觉期待的图像建构过程，最终使其逐步从文字的附属地位转变为独立的艺术作品。陈霆的论文则从图像对比研究的角度，对清末民初的石版画与传统木版画的图像差异进行了分析，并对图像差异的成因也进行了阐述，其成因包括观念的改变、工艺技术的差异、印刷产品的应用等。作者最后认为，石版画由于重视现实情境的再现，满足了当时人们在图像上观察当下生活和通过图像反映时代面貌的愿望，进而出现了石印画报的流行，得到了民众的普遍接受；而传统木刻版画由于以线条表现为主，无法满足时代的需要，而逐渐被石版画所取代，而趋于凋敝。赵庆峰的论文则是针对《帝鉴图说》做得专题研究，考察了其编排、内容、流传、使用，并由此讨论了艺术与政治的关系，对于我们更深地了解《帝鉴图说》提供了重要参考。

相比较而言，董捷的《明末湖州版画创作中的刻书家》④ 和汪燕岗的《论明代通俗小说版画刻工——兼谈版画刻工研究的学术意义》⑤ 则关注到了中国古代版画的创作主体。其中，董捷的论文关注的是明末湖州主持刊刻书籍及其版画的刻书家，并对刻书家的身份、刻书与市镇经济、湖州刻书的性质作了翔实的考察。作者认为，明末湖州套印书所反映的知识结构、认识水平、趣味好恶以及受商业因素影

① 解丹：《晚明“才子佳人”戏曲版画插图中的视觉传播》，《美术学报》2014年第5期。
② 陈霆：《清末民初石版画与传统木版画的图像差异》，《美术》2014年第5期。
③ 赵庆峰：《刻版的言说：关于〈帝鉴图说〉的启蒙价值》，《装饰》2014年第3期。
④ 董捷：《明末湖州版画创作中的刻书家》，《美术研究》2014年第4期。
⑤ 汪燕岗：《论明代通俗小说版画刻工——兼谈版画刻工研究的学术意义》，《美术研究》2014年第2期。

响的程度，与前文所阐释的相关刻书家们复杂的身份是相适应的；而明末湖州版画虽然其创稿与刻印具有一定的独立性，但仍是从属于书籍的一个“单元”，直接与刻书家们的身份和意识相关联。正是刻书家的身份决定了版画作品的性质和层次。汪燕岗的论文则关注到明代通俗小说版画的刻工问题，文章在对明代通俗小说版画刻工及其作品统计的基础上，着重论述了新安、建阳、南京、苏州、杭州等地的一些有代表性的刻工，包括其籍贯、主要活动和版刻风格等，并从版本鉴定的角度出发，以《水浒传》的一个重要版本——大涤余人序本的刊刻时间为例，论述了版画刻工研究在版本学上的重要意义。

综上所述，2014 年的版画创作和展示十分活跃，尤其由于第十二届全国美展版画展以及获奖作品展的举办、中国版画博物馆的成立等都为版画的创作和展示搭建了新的平台，版画发展获得了更大的空间。2014 年的版画批评和研究取得了一些新的研究成果。版画批评紧密结合展览，通过对展览的评介推广版画艺术、推进版画批评。而同时，针对某些版画发展问题、创作问题的独立性的版画批评和研究文章则较少，显示了当前版画批评的不足。版画研究则主要关注到当代版画的地域性发展问题、鲁迅与新兴木刻、抗战版画以及古版画的图像与刻工问题等，显示了该年版画研究的最新趋势。但总体而言，当前版画批评并不十分活跃，版画研究虽然取得了一些成果，但是尤其在现当代版画研究方面，仍然有很大的研究空间。

郝　斌　中央美术学院博士生、《美术》杂志编辑

近年海外中国美术展览趋势与未来展望

◎苏文惠

近几年欧美艺术史学界兴起一股书写全球艺术史风潮，也就是不同以往艺术史写作都是以西方为中心的角度，开始重视西方之外的艺术发展，以及各区域之间的关系，在此潮流影响下，中国美术史的重要性逐渐提升，近几年欧美博物馆积极招揽中国或者东亚美术史研究专才，针对馆藏中国艺术品研究，并策划许多展览，学界与博物馆界合作更密切。同时许多美国院校为开拓学生国际视野，培养全球化人才，也陆续增开东亚美术史教职缺，中国美术史仍为研究主流。此现象出现并非一夕之间，而是学界研究长期累积的成果，后殖民主义兴起以来西方学界不断反思19世纪末以来的帝国主义与殖民主义对非西方国家如非洲、拉丁美洲与亚洲各殖民地的经济、政治、文化等各层面产生的重大影响以及殖民地人民如何建立主体性与文化认同。去中心化、去国家主义叙事之后，全球艺术史如何书写，各区域文化之间有何连接与关系，都是学界关心的问题。物质文化研究在这股趋势之下，摆脱过去是否为艺术史研究的范围种种尴尬的处境，一跃为最热门的研究方向之一，如外销瓷、外销画等，这些物品以前因为艺术水平高低不齐，不被学界重视，现在则因其流动的自由性，反而成为串起全球史重要的中介与线索。

学界这股全球化风气转变也反映到展览主题，本文主要分析对象以欧美、日本、韩国以及我国台湾地区自2012年至2014年前后中国美术展览为例，讨论各区域展览趋势与特色，因取样时间仅限于近几年，可能有以偏概全之处，但本文仍期待读者可以动见近几年对海外中国美术展览方向，并对海外学界与美术馆界之关注趋势有宏观认识。

整体上来说海外中国美术展览呈现多样活泼面貌，主题、媒材或思考框架都多元，媒材从水墨画、书法、陶瓷到摄影等，都大大拓展了一般大众对中国美术史的认识。比较重要的趋势有：（1）物质文化研究与全球艺术史；（2）东亚艺术圈的建立；（3）转折时期的艺术表现；（4）传统媒介的当代性；（5）摄影史；（6）女性艺术研究；（7）收藏与典范的建立；（8）古典命题的新材料；（9）在线展览。以下笔者将逐一说明。

一、物质文化与全球艺术史：代表案例有台北“故宫”2011年底至2012年初举办的“康熙大帝与太阳王路易十四特展”，讨论中国与法国宫廷艺术的交流，透过法国耶稣会士，康熙大帝与太阳王路易十四建立了无形的对话桥梁，经由传教士与商旅的推介，中、法两国在文化与艺术方面的直接接触与模仿，并介绍中法双方交会后各自创发的成果。紧接着台北“故宫”又举办“清代宫廷与西方贵族珠宝展”。事实上关于清代的国际学术研讨会是最近20年间的热门议题，而近三年的展览与学术会议只是大潮流中的一小部分，如香港大学在2012年6月举办的“清代艺术：视觉性、图像与想象”讨论清代艺术与西方绘画的关系，同年北京大学也与洛杉矶盖提美术馆合作举办“相遇清代：中国与西方的艺术交流”，同样都是从全球史脉络检视清代艺术，不同以往谈中西文化交流时事实上往往只着重单一方向影响，即中国如何受到西方艺术如透视学等影响，新一波展览与研究趋势则是强调交流之后的影响是双方相互，同时许多原本只研究英国、法国或意大利十七八世纪时期的西方艺术史学家也逐渐加入这一波新潮流，发表更多中国学者不熟悉的原文材料，丰富中西方艺术史学界的对话。此潮流可与近30年来兴起的新清史一起看，新清史在20世纪90年代出现时其目标是将汉族中心的思想转为重视满洲人主体性，以及帝国中其他少数民族的重要性，同时主张全球视野，将清史纳入全球史范围讨论，比较大清帝国与同时代其他帝国。而台北“故宫”展览与学术会议也反映此观点，在全球史框架下讨论清代艺术的意义，以新角度重新诠释清宫旧藏品。

相较于大部分展览与研讨会关注于清代艺术，柯律格于2014年9月至2015年1月在大英博物馆策划展览的“明：皇朝盛世五十年”则是关注明代艺术，展出最新发掘或从未展出过的瓷器、黄金、珠宝、家具、绘画、纺织品。此外，与过去展览不同之处还有特意将以往讨论只关注中国与欧洲的对话转为中国与中东、东南亚地区的互动与交流。以上展览显示近几年明清艺术展览和过去绘画史独霸局面不同，而是以物质文化研究为主流，透过各种渠道，无论是透过商业贸易抑或朝贡体制，中国对全球各地文化产生相当大的影响，研究中国艺术史与其他地区的互动自然也是一部全球艺术史。

除了台北“故宫”与北京故宫有丰富的清代宫廷艺术藏品之外，其他欧美美术馆难以与之媲美，因此其他较为小型的美术馆展览则专注发挥其馆藏特色，处理某单一媒材，如陶瓷。例如，旧金山亚洲美术馆于2012年底至2013年初举办的“亚洲陶瓷展：出口、进口与影响”，以中国外销瓷为中心，展现中国陶瓷如何为各地陶瓷工业提供灵感，包含日本、韩国、越南、泰国、土耳其等，描绘出亚洲陶瓷之间不断互动交流、互相激荡的图像。2013年至2014年纽约亚洲艺术协会举办“中国陶瓷与伊斯兰世界”，讨论从元到明代之间景德镇、龙泉窑对印度、波斯帝国陶瓷艺术的影响，如青花瓷花瓶上的龙图样透过明代朝贡体制进入波斯。2014年3月弗利尔美术馆推出“日本茶道文化中的中国陶瓷”展，凸显中国陶瓷对日本茶道文化的重要性。这些展览共同的信息是中国对全球文化最深远的影响之一便是瓷器的制造、生产与传播。如何更细致、有意义地讨论展示文化交流、调和与影响，而不是沦为简单的图像学比较，是策展人必须思索的问题。

二、东亚艺术圈的建立：所谓的东亚艺术圈的建立主要涉及中国在东亚艺术的地位，不用“中国”此单一国族框架讨论中国美术史。很长一段时间东亚美术史是放在国家框架之下来书写，如中国美术史、日本美术史与韩国美术史，在此框架之下，艺术史与国家主义密不可分，许多学者在对作品进行形式分析时，往往也不自觉地带入所谓中国、日本或韩国特色，并强化各国文化独特性，而忽略或简化现代化之前东亚各国共享的文化与传统，特别是中国的汉字、儒学、中医等传统在东亚文化传统形成过程中所占的主导性地位。要打破这一思考框架必须先建立东亚艺术史与区域史的概念，不同于全球史和国家史，区域史是个超越国家政治的概念，将东亚作为文化共同体处理。然而在进行区域史研究时必须了解到区域意识是19世纪至20世纪初东亚各国受西方帝国主义压迫影响之后出现的产物，不可贸然用现代概念解释过去的语境。

在区域史的框架内，如何处理与中国艺术的关系也成了近几年日本与韩国美术馆特别关心的主题。举例来说，韩国国立中央博物馆2011年底至2012年1月举办的“出使中国的画家们”便是以朝鲜时代派出的500余批大型使节团的成员为主题，展出画家们被派往中国亲身接触和体验当地文化后创作的作品，观者可从中一窥画家们创造性地演绎和体现出来的跨文化美学，以及画家们在使团中的作用，2011年在东京文化财研究所举办“从东亚看日本美术”，也是类似的思维脉络，展览展示了日本收藏的中国美术，以及受到日本艺术影响的中国画家如任伯年、吴昌硕与丰子恺。2013年东京博物馆展出“描绘的风景：从理想的真景到实景”，展出江户末期特别是18世纪左右兴起的真景图，展现日本艺术家如何将中国、朝鲜绘画中的元素与技巧转换为描绘旅行中看到的实景，展出作品包含绘画与浮世绘。2014年6月，东京国立博物馆举办“中国绘画：来日的中国清朝画家与日本的交流”，则呈现来自浙江与福建的画家如何将当地画风带入日本，此展览不是用大概念的“中日交流”框架，简化复杂的中国文化，而是更准确地谈江浙地区与日本的交流，更符合历史实境。

现代化之前，中国在东亚的势力独霸一方，但日本自明治维新之后，挟其强大的经济、政治与军事实力一跃为亚洲新势力，东亚区域互动关系重新洗牌，日本艺术与体制成为东亚各国艺术家观察、模仿与挑战的对象。不过为避免敏感的政治议题与争议，日本美术馆举办相关展览往往凸显中日画家彼此间的友谊，而非竞争关系，如东京博物馆举办的“孙文与梅屋庄吉：100年前的中国与日本”，大和文华馆2014年8月举办的“富冈铁斋与现代日本的中国趣味”，以及2012年京都国立博物馆的“中国近代绘画展”，从馆藏的近代中国水墨画，讨论吴昌硕等人与日本美术界的交流。同时日本学界也逐渐面对敏感的帝国主义历史，如福冈美术馆于2014年举办的“官展中的现代美术：东京、首尔、台北、长春”展出1907年至1938年日本在东京以及各殖民地入选的官展作品。同时台湾大学在2013年12月也举办“异地与家乡：东亚美术史的伏流与激荡，1920—40”国际学术研讨会，重新检视日本美术与中国台湾、韩国美术之间的关系，特别以日本画家在战前这30年间在日本本土、中国台湾、韩国各地旅行所绘的作品，从他者观照自我，从异地眺望家乡，这些图像如何表现画家复杂的自我与家乡的对话。这一波重新检视东亚文化、艺术传统的趋势相信未来会在学界与美术馆界持续下去。

三、转折时期的艺术表现：以往许多展览或学术文章专注在某一政治时期，如宋画、明或清艺术，但事实上文化艺术的发展变迁并不等同于政治权力的转移，因此部分展览的另一方向是跳脱以政治划分的朝代，看转折时期的艺术表现，如明末清初的艺术。代表例子有2011年底至2012年初在大都会博物馆举办的17世纪明遗民画作展，包含黄道周、弘仁、朱耷、石涛等人作品。2012年10月至2013年1月在加州圣塔芭芭拉大学美术馆举办的“招隐：十七世纪中国的诗画与政治”，讨论董其昌（1555—1636）和陈继儒等人的成就与对后世中国绘画的影响，此展览并获得全美艺术协会（Collage Art Association）奖项。同年2012年，芝加哥大学东亚艺术研究中心出版“十世纪的中国：在多元中心时代的艺术与视觉文化”学术会议论文，也是讨论在唐末、五代十国之间转折时期的多样且复杂的视觉文化。

四、传统媒介的当代性：近几年当代中国艺术在欧美逐渐引起重视，西方收藏家购买当代中国艺术品增加，“文革”之后中国艺术家如何透过新媒材表现独特的社会经验受到西方买家关注。同时美国美术馆希望拉近与观众的距离，当代艺术无疑比古代艺术更容易与观众产生共鸣，传统中国艺术媒材如何能表现当代性成为热门主题之一。2012年5月至9月大英博物馆即有“现代中国水墨画”，以张大千为代表，展出在中国香港、台湾地区与旅美华人的水墨画，勾勒艺术家如何运用中国传统水墨画表现当代经验，旧金山亚洲美术馆也举办“文字之外：解读中国书法”，将徐冰与受到中国书法影响的美国艺术家如布莱斯·马登（Brice Marden）、马克·托比（Mark Tobey）并列，让观者感受中西艺术的对话。然而此类主题中最重要的展览应该是大都会博物馆在2013年12月至2014年4月之间展出的“水墨艺术”，展览分四大部分，有“书写的文字”“新山水画”“抽象艺术”“笔墨之外”，展出徐冰、张洹、艾未未等人的作品，由这四大主题，可见中国艺术家如何重新诠释原有的主题，并加入抽象艺术元素，活化水墨画。

继当代中国水墨艺术成功展览之外，大都会博物馆再接再厉，与时装学院在2015年共同推出“中国：镜花水月”展览，展出运用中国元素作为创作灵感的欧美高级时装。此大规模展览涵盖三个楼层，并用了部分埃及艺术展厅，无疑是最受关注也是最受争议的例子，自展出以来即引起许多讨论，成功制造话题性，吸引超过35万次观看人潮，并延期三周结束。从展览形式看，此展览结合时装、艺术与电影，将展场设计为时装秀，将古代中国艺术品如铜镜、陶瓷、佛像等与有类似图样的西方时装设计师的作品并列，在昏暗的展厅里配上各色特殊打光，并搭配服装风格，设计不同背景音乐。以往静态的展览空间布置与设计最重要的考量是要能让观者能专注在欣赏艺术品，并产生纯粹超然的美感经验，此展览彻底颠覆过去展场设计习惯，加入声光特效，不谈时装背后隐藏的严肃的政治、权力、历史与文化议题，只要感官享受，受到许多观众欢迎，可说是将时装秀风格带入中国艺术展的首例。然而此展览最大的争议点是策展理念与东方主义的关系。策展人在展览开宗明义地说不否认东方主义偏见仍存在西方设计师的作品，但东方主义在西方的讨论已经过于政治化，此展览的目的是要去政治、去历史脉络，呈现东方主义也可以是灵感创造的泉源，因此所有服装展示并不打算梳理从17世纪欧洲的中国风到当代中国文化元素挪用的历史，只看西方设计师如何创意地运用中国文化元素。尽管策展人这么宣称，这个展览是否成功说服观者服装可以完全去脉络化是另一回事。开幕后美国许多主流媒体艺评家与文化评论者纷纷撰文批判，提到这个展览不但没有展现不一样的中国文化面貌，而是重蹈东方主义覆辙，更加深西方对中国文化的深刻印象，例如，功夫武打片、旗袍、鸦片、小脚等，佛像的展示设计也改为朝拜在中央的闪耀着金光的晚宴服。另外部分展示服饰是春夏最新款也引起为某品牌打广告的质疑，批评美术馆沦为百货公司。在两派相反意见阵营不断来回辩论之际，或许这个展览最大的贡献便是在于它引起的诸多讨论，如何有建设性地呈现跨文化交流，如何处理文化挪用的问题，美术馆的教育功能底线在哪里等议题。

五、摄影史：摄影在欧美学界的艺术史研究属于新兴研究领域，摄影不再只是被当作客观记录现实的媒介，而必须考量摄影师积极介入呈现个人观点同时兼顾艺术表现，特别是早期摄影作品其视点与政治权力关系常密不可分。不过一般来说摄影在中国美术史通论书籍仍常被忽略，以沈揆一和安雅兰合著，2012 年出版的《现代中国艺术史》一书来说，尽管两人尽量涵盖各层面各媒材的讨论，为现代中国美术史书写提供相当清楚的脉络，但是整本书对摄影却只字未提，是为缺憾之一。尽管如此，摄影史的重要性仍值得注意，如 2011 年底在格拉斯哥美术馆举办的“约翰·汤姆森镜头下的中国，1868—1872”，同时配合弗利尔美术馆举办的慈禧太后展，美术馆同时亦举办“早期摄影与亚洲皇室肖像摄影”学术研讨会。目前摄影史领域仍为西方艺术史学者主导，研究中国摄影史的学者仍属少数，期待学界与美术馆继续整理出版摄影相关材料、文献与作品，推进中国摄影史的研究。

六、女性艺术：同摄影史一样，女性艺术主题是近 20 年学界关心的议题，但是相关学术讨论与展览主题仍是少数，由于相关文献与作品太少，研究有其难度需要克服。2013 年底至 2014 年初弗利尔美术馆举办的“中国绘画中的女性”，展出 30 件作品表现各种女性形象，强调女性的成就以及对文化活动的重要性。同样在 2013 年 9 月至 12 月加州柏克莱大学美术馆亦推出“清代绘画中的女性形象”展览，高居瀚并在展览图录中讨论美人画的问题，相较于弗利尔与柏克莱大学展览关注在女性的再现，台北“故宫”2015 年初推出的“毫素风采：明末清初女性绘画”则是小而精致的展览，选出代表性女性画家作品，展出她们的人物、山水、花卉、草虫作品。这些女性画家，有大家闺秀也有名妓，这些女性画家皆身处社会结构与伦理常纲的两极，通过导师与男性文人的媒介，形成特殊交游网络。展览虽小，但对女性艺术研究来说有重要意义。

七、收藏与典范的建立：欧美美术馆常以某收藏家或自身馆藏作品推出展览，这类展览主题不可避免需要讨论的问题是某收藏家的品位，或者该美术馆的馆藏如何形成，是通过哪些渠道：收藏家或中介商，使这些艺术品进入该美术馆，通常与两国特殊的历史与政治背景息息相关。举例来说加拿大安大略皇家美术馆在 2014 年举办的“收藏亚洲：第一个五十年，1908—1958”即以馆藏中国艺术品为主题，讨论收藏史、艺术典范与展示空间之间的关系，此主题展览具有反思自身收藏独特性与局限性的意义，2013 年聂婷（Lara Jaishree Netting）出版约翰福开森及中国艺术收藏一书，介绍福开森与美国大都会博物馆中国美术收藏品之关系也是属于此类研究范围。同样是讨论收藏史，2014 年 5 月至 7 月洛杉矶县立美术馆举办的“日本收藏的中国绘画”则通过新颖的角度，精选 40 件日本藏品中公元 8 世纪至 17 世纪的中国绘画，从四个层面深入讨论日本收藏的中国画对日本文化的意义：保存中国重要的文化与美学传统、日本文化认同的泉源之一、中国画作为日本美术的典范传统、中国画作为社会阶级的象征。如此深入浅出地介绍收藏史对国外个人收藏家、社会与文化的多层次意义相当少见，足为典范，此展览的模式与理念值得将来也打算策划类似主题的美术馆策展人参考学习。

八、古典命题的新材料：中国艺术史研究传统是以某一名家作品为对象研究，因此通常只有大师级艺术家，对后世影响深远才会成为艺术史学家关注的对象。此研究方法的特色是，在叙述与诠释其作品时容易将艺术家当作天才，无形中为艺术家及其作品制造不可取代的光环（aura），而以上所列几个趋势都是美术馆与学界为打破此学术主流而衍生的各种不同诠释框架。尽管如此，单一名家作品的展览和叙事方式仍有其吸引力及重要性，艺术家个人创作历程也往往与其所处时代背景演变密切相关，相较于大叙事，专注在某一艺术家更能有深度地处理美学与相关文化政治问题，容易揭示新材料或以往从未展出过的作品，如 2012 年初在克利夫兰美术馆举办的“傅抱石：革命时期的中国艺术”、香港艺术馆举办“有情世界：丰子恺的艺术”展出 200 多幅丰子恺作品，以及台北“故宫”在 2014 年初开始台北“故宫”推出一系列明四大家特展，沈周、文征明、唐寅、仇英，展出四大家艺术全貌，2015 年继续推出

“典范与流传：范宽及其传派”展。

九、在线展览：2011 年底北齐响堂山石窟展览在弗利尔美术馆展出，与以往展览不同之处在于此展览是透过数字科技重建石窟造像艺术，通过芝加哥大学赞助此项目，东亚美术中心与科技团队将散落于全球各大美术馆、文物机构与私人收藏家手上保存的响堂山石窟造像利用 3D 扫描技术重建，让观者可以超越时空限制，重新欣赏早期佛教艺术成就。展览结束后，观者也可继续于在线观赏，这是科技首次运用在佛教美术展览，尽可能地利用 3D 技术呈现雕刻造像的立体感。事实上利用利用科技活化传统绘画并非新概念，最有名的案例便是《清明上河图》动画，但是相较将绘画的平面空间在转换为动画所需要的技术和期待成果，如何再现佛教造像在原本石窟环境中的语境，让观者体会作品与空间的对话则是更大的挑战。响堂山计划最大的贡献便是引起更多人对佛教艺术的兴趣，重视文物遭破坏和流失的严重问题，利用科技实现重建石窟原境，除此方法之外几乎是不可能将散落全球各处的雕像一次凑齐，同时该网站方便更多学者投入研究相关主题。

事实上，响堂山计划只是数字潮流中的一个案例，美国的大型美术馆如大都会博物馆与弗利尔美术馆早已开始投资策划在线展览，如 2017 年即将于弗利尔美术馆开幕的粟特人国际展览，也会同时在线开展。弗利尔也将部分展览放在在线，让观者虚拟实境浏览艺术品。最成功的例子是大都会美术馆的网页，将藏品放在在线让观者通过不同方式展开连接，如“One MET, Many Worlds”（来 MET 参观，看多元文化），即透过各种形容词及名词，如“平衡”“有机的”“雕刻”“文字”等词汇或图像，不断连接各项跨文化跨时空的艺术品，发掘有意思的藏品。另外大都会的“艺术家计划”（The Artist Project）则是免费视频，邀请艺术家带观者欣赏馆藏艺术品，“82 街与第五大道”是类似计划，但是由大都会研究员谈改变他们观看世界方式的一件艺术品。除此之外，大都会与弗利尔都相继开放藏品高清图片下载，以及部分图书免费在线阅读，促进学术资源共享。从大方面来说，在线展览与资料数字化是美国人文领域新趋势，一般称为“人文学科数字化”（digital humanities），近几年通过梅隆基金会等其他非营利组织赞助单位积极补助各大院校、文化机构与美术馆将重要的馆藏品数字化，如文献、地图、书籍、明信片、艺术品等脆弱但重要的资料，并免费开放在线浏览与下载，已成为一股后势强劲重要的潮流，值得中国美术馆借镜，思考未来发展方向。

以上九项展览趋势显示学界与美术馆界积极合作成果，互相学习，有许多令人值得期待的精彩展览，但同时我们也必须了解到学界与美术馆界的兴趣和方向并不总是同步。美术馆展出时因必须考量能借到展出的作品、装置、空间与观众兴趣等，如何有组织、清楚地呈现作品之间的关系，并能让观众感受到有趣有意义的故事是主要任务，学术论文研究则无此顾虑，因此学界其他重要研究趋势如艺术生态学（eco－art history）、技术艺术史（technical art history）等抽象议题，并不容易透过展览表达。然而随着双方合作，相信透过深入、全面地了解过去未曾注意的作品，这个过程也会逐渐改写学界对中国艺术史的书写，以及中国艺术史呈现给我们的面貌。

苏文惠　芝加哥大学艺术史博士、
纽约巴德物质文化与设计史研究院博士后研究员、
大都会博物馆“日本明治时期浮世绘与合成颜料”计划研究员

2014 年美术考古研究综述

◎张　翀

2014 年的美术考古研究情况可以看出美术史与考古学、历史学进一步交流。在注重历史文献等文本研究的传统史学界内也普遍开始使用图像等材料，尽管未能系统采用图像学的研究方法，仍过于重视"文本"的首要地位，但还是应该欣喜地看到视觉文化在历史学研究中逐步受到重视。我们大致分为三个部分对 2014 年度的美术考古研究做一概览。

一、铜玉之缘

铜、玉器物器形以及纹饰图像是之前美术考古较少讨论的，因为这一题材主要是在商周春秋时期，距传统美术史所涉及的时期为早，但确实是秦汉及其之前后的艺术重要发展源流。然而，近年有一批从事考古、铜玉器的学者开始加入美术史的眼光去重新审视考古材料，对美术史写作的影响也逐渐显现，所谓"缘"意谓于此。例如，叶舒宪《〈山海经〉与白玉崇拜的起源——黄帝食玉与西王母献白环神话发微》虽然只是以《山海经》文本及白玉为切入点的古代神话研究，但许多内容都与中国美术史有关，值得注意。

关于铜器、玉器纹饰及图像的美术史研究，因为先期需要器形纹饰铭文等专门知识，也因长期不同程度的缺席于主流美术史研究，现今有许多如图像细读等需要"补课"的工作，只是预先设置一个宏大概念，试图用所有材料加以解释之，而并未做图像来源、概念背后的时人接受度及变化的更多的中层分析，或许会错失良机。由张乔翻译的罗樾一篇旧文《东周玉器装饰中塑性卷纹的出现与衰退》，原文见于 1975 年罗樾为哈佛大学弗利尔美术馆馆藏温索浦古玉收藏目录。文章对东周浅浮雕带有塑性功能玉器纹饰进行工艺上的研究，利用风格、断代等美术史的问题对其出现及衰退原因做了探索。王政、陈乃平的《巫术交感与魇制：战国前考古学图像的典型特征》虽程度不一地出现了这些问题，但幸也列举了更为丰富的材料。朱乃诚的《故宫博物院藏大型玉雕人兽像考略》将旧认为的红山文化玉雕人兽像定为接近早于商代晚期的夏家店下层文化的时期，并认出兽为完整水牛形象，当为勇士使用带刃的杖状武器搏杀一头水牛，杖状武器的刃头插入水牛头后的脖颈内的情景。高原《浅论古代改制玉器》虽多是在技术层面讨论，但廓清史前文化治玉是被动改制，而殷墟之后则是主动地，使得美术史"复古"的概念于此可能成立，亦如作者自言，"玉器对于古人来说，既是物质财富，也是精神财富。当某一器物出现破损的时候，古人自然会想尽办法挽回、保留、延续它的价值"。

苏荣誉《青铜工艺与青铜器风格、年代和产地》一篇长文详细讨论了我们看到铜器风格的背后，其实工艺如何发生作用，亦有着传承与变革，也就变现年代和产地上；其重点讨论四耳铜簋以及出戟饰青铜器，均颇具视觉效果的商周之际的铜器材料，早年流散海外各大博物馆，近年发现亦见身影，苏荣誉以此契机重新检视海外藏器及其工艺。所涉及的陕西宝鸡石鼓山 2012 年及 2012 年发现的铜器，在上海博物馆展览，展期为 2014 年 11 月 12 日至 2015 年 3 月 1 日，并同时推出展览图录《周野鹿鸣：宝鸡石鼓山西周贵族墓出土青铜器》。张翀的《商周铜器双身龙纹非"肥遗"说兼论其图像辨析》通过双身龙纹的图像细读及所涉及《山海经》的文本细读，不再将双身龙纹图像与神话动物"肥遗"直接对应，试图对铜器图像建立所应用的语法逻辑，如剪视、移用等手法，不再只存有简单文献对应的前图像志方法。苏辉的《商周青铜器所谓"歧身夔纹"的辨析》对前人所谓的青铜器"歧身夔纹"作了类型学分析，但又在滕州前掌大所出的觯上作了重点分析，从其一边附有刀形横羽、另一边则无可证的两相对的夔纹看出附加身躯的横羽构件具有不确定性。这比一般意义的考古类型学要进步，从而得出"歧身"

其实只是一种与夔身平行的刀形横羽集饰的可靠结论。

霍锟的《鹿邑“长子口”墓出土音乐文物初探》没有停留在商代晚期长子口墓葬出土的音乐文物的考古学统计，而是从音乐出发做了梳理及排组。陈小三的《简论曲村墓地发现的南宫姬鼎》试图在素面、长腿浅底等铜鼎形制外看到人的因素，认为是南宫家分封到长江中游后，杂糅了姬姓宗室与当地土著两种制器风格，可惜未再进一步拓展说明。吴小平的《汉代中原系刻纹铜器研究》对带有图像的汉代刻纹铜器做了梳理，并从中看到工匠的流动问题，“蜀郡西工所造刻纹铜器技术应来源于滇地。结合滇系刻纹在西汉晚期的急剧消失和蜀郡西工刻纹铜器的爆发性增长来看，应是部分滇系刻纹铜器工匠被迁徙至蜀郡所致”。

李零的《论西辛战国墓裂瓣纹银豆——兼谈我国出土的类似器物》虽然已是讨论器物及工艺，但因材质既非传统的“铜”，亦非关注为多的“金”，故就显得更为重要，而裂瓣纹则是探讨中国的金银器与欧亚草原关系重要的线索。而他的《“国际动物”：中国艺术中的狮虎形象》是在演讲稿基础上形成的一篇长文，大量征引中国石刻艺术及其他材质的狮虎文物，结合世界范围内的狮虎形象，讨论“中国艺术中的狮子是一种外来动物，虽然其形象在中国被彻底改造，已经面目全非，但在千变万化制作，我们仍然不难窥见其原型和不断被人引入的外来影响……老虎是中国的本土动物，但即使这样的动物，也一样受到外来影响”。其他文章还有张庆、方敏的《春秋时期楚国王子午鼎中的装饰纹样研究》、张庆的《楚国升鼎中的纹样研究》等。

对三代铜器及其后世传藏著录的研究，如果没有一个大的系统及理论问题的支持的话，难免会显得支离破碎，重新回到古老金石学的形态，尽管可以使用美术史中比较流行的术语概念，但于事无补。石炯的《政和“牛鼎”形制考》梳理金石文献，积日之功，但过于陷入政和“牛鼎”与“周晋姜鼎”之间的斤斤考辨中，未能在“仿古”“复古”宋代特有的造物思想体系下进行更为精彩的讨论。孔令伟的《黄伯思与〈宣和博古图〉》在考辨《宣和博古图》《博古图》的作者的细节问题之外，更多的是讨论《宣和博古图》背后所隐藏的复杂的知识结构，“金石学者面对的是一个真切的物质世界，那些器物、图像和铭文既古老又新奇，既熟悉又陌生，随时散发着几乎令人窒息的历史感——金石古物本身就是事实，更是历史本身，它铭刻了生命的印记，并顽强地对抗着时间的侵蚀。古老的历史遗物，正如沉默而又急于倾诉的目击证人，不断地把历史召唤回现实世界，让‘寄居’在文献中的古人重新获得了生命”。而李军的《吴大澂的绘画与临摹黄易〈访碑图〉问题之再探讨》，则是在书画的视角对吴大澂受黄易的影响以及两人关系做了探讨，因为书画更有表现力、更具有社交性，使得黄易式的访碑扩展到吴大澂式的金石交游，其中窸斋对绘画的热爱颇有重要。详可见他的专书《访古与传古：吴大澂的金石生活考论》。

二、画像石与图像

画像石的研究，长久以来都是早期美术史研究的重点，其研究的材料也是美术考古重要的构成。然而2014年的相关著论是否在之前研究基础上有所突破，成为笔者最为注意的，特别是海外学界所常使用的早期中国（Early China）概念与本土更为常用的早期美术史之间如何转换，是否可以通过画像石与图像材料的相关讨论予以实现。

肖贵田的《武氏祠石室屋顶后坡画像的配置》利用山东长清大街汉画像石墓M1中的一幅“水陆神灵交战图”（作者命名）画像，对武氏祠石室屋顶后坡及画像重新讨论。这是利用画面对蒋英炬、吴文祺的复原方案的再次检讨。当然，画像石因为有着工匠、刻工等设计制作问题，其画面并不如后世壁画或架上绘画那么纯粹，作者警惕地发现是否存在叙事与表格化两套画面系统。类似的文章还有邹清泉的《图像重组与主题再造——“宁懋”石室再研究》，认为“宁懋”石室内部后壁应为墓主画像，才方符合石室内部的空间逻辑，但呈现在人们面前的却是被凿残的《庖厨图》，显然是一件通过重组图像再造主题的遗物。关于“宁懋”石室的图像研究，早见于林圣智的《北魏宁懋石室的图像与功能》，我们高兴见到新材料的公布，也更乐于见到“拳拳见肉”的老材料再检讨。如邹清泉另外一篇《北魏画像石椁考辨》则是在更大视野下，对包括宁懋石室在内的许多曾经发现的北魏画像石椁材料做以形制、孝子图像、图像程序等问题的重新检讨。他的《略论北魏时代的蔡顺画像——兼及六朝〈孝子传〉的成本》更进一步利用孝子蔡顺画像来认识《孝子传》的形成。应当说这个做法是正当的，虽然这个社会受着一个大思潮的影响，但孝子这类故事更是于民间生长，以非精英或反精英的图像材料为基准讨论文本的形成是更能接近历史真相。对于这个问题，可看李清泉更为宏观的一篇文章《汉魏南北朝孝子画像的发现和研究》。

王子今的《汉代“舞轮”画像》则纯粹从历史文献出发，考察汉代“舞轮”画像，亦即文献所称的“戏车”。他的《“猿骑”考——借助汉代画像资料的探索》亦不过是借助汉代画像资料对文献中出现的“猿骑”“马戏”或“戏马”等字眼的考证。同样进行这样历史学考证的还有刘海宇的《汉代画像石中的縶马图像解读》、程少轩的《滕县西户口画像石“良邪丞”、“武阳尉”小考》、赵唯的《南阳汉画中的古籥画像略》等。其中徐国栋、林海慧的《北魏平城时期的板瓦和筒瓦》对北魏平城时期的瓦材做了考古学梳理，尤为注意到素面瓦出土于大同操场城北魏宫殿遗址，属孝文帝太和年间。孝文帝对平城宫殿分饰增建。这在《水经注》亦有记载，甚至有大批关于圣贤忠烈的图画，亦不乏张僧达、蒋少游名手，也折射在瓦这样基本的建筑构件上。罗二虎的《东汉墓“仙人半开门”图像解析》是在盛磊、戈尔丁、吴雪杉曾经工作基础上的进一步拓展，特别是部分接受吴雪杉提出鲁苏和川渝两地区的“启门图”含义存在差异的观点，重点讨论川渝地区发现的22处“仙人半启门”的图像，启门人应该是西王母仙境入门的具体执掌人，代表西王母具体管理能否让希望升仙者进入仙境，但是将启门人的身份引向“道士”过于穿凿，也缺少证据链条。张鹏的《穿越古今的逐梦之旅——〈六骏图〉研究》的研究对象固然是“昭陵六骏”，但着眼于后世关于“六骏”概念重构，如宋游师雄的昭陵六骏碑、金赵霖的《唐太宗六马图》，甚至是现当代的艺术创造，如申红飙关于“六骏”的当代雕塑。这篇由古代石刻艺术跨涉至后期的绘画门类，颇具现世意义。刘晓达的《中国早期画像艺术对“纵深空间”的视觉表现变迁——以对先秦至魏晋南北朝时期若干画像的解读作为中心》解读早期画像材料的“纵深”空间，更意图与历代画论系统为主的案（架）上绘画发生联系。这至关重要，将成为探究以“纵深空间”为基础的山水画在五代唐初发展动力的关键之处。此外，还可见庄蕙正《从汉墓壁画看山水画的起源与功能》一文。

黄厚明、叶康宁的《图像与空间：以汉代画像艺术为中心》利用空间给定图像一套叙述系统和语法。所谓空间，一者是画像所被构建的实体空间，一者是画像所在的逻辑空间，尤指二维表现三维的处理方法，特别指出大多数楼台拜谒图式只不过是前后进深关系的门阙、前堂、后室表现为从上到下、从低到高的叠加关系，这其中可能出现严重的图像误读情况。程万里的《汉画四神星象图的文化考察》是在文化视野下，将星象与图像结合讨论。王煜的《南阳麒麟岗汉画像石墓天象图及相关问题》也属于这样一篇文章。王建勇的《〈人物御龙帛画〉略考》(虽然要谈的是一个老题目，但作者已“重新”进行图像细读，注意到“略呈舟形的龙身的笔势似有不一之处。在龙的第四足后、画中男子正下方偏左的地方，线条有微弱的分叉”，但之后为这一现象寻找文献支撑时，又退回到图像志的方法。

张启彬的《高台庙堂与仙境之城——马王堆1号墓黑地彩绘棺成仙之所的发现与确定》试图利用图像叙事以及仙境等概念来解决图案性质的纹饰。陈锽的《〈丧服图〉题铭与图像内涵试析》也是研究马王堆汉墓的材料，虽然是以三号墓所出的《丧服图》的题铭入手，但是毕竟适度地把握住图像与文本的关系。其实关于马王堆帛书图像与题记相关研究的一篇重要文章当数来国龙的《马王堆〈太一祝图〉考》，文章首先对先前李淞的《太一祝图》复原意见提出修改意见，认为将太一和雷公分在两上角不合，而太一作为上古中国神话中最重要的神应在帛图中是中心人物，之后用图像文献作以内外证讨论人兽杂糅图像在战国至秦汉的视觉文化中的作用。

有关画像的文章还有董雪迎的《陕北地区汉画像石中的博山炉图像初探》、姚义斌的《粟特人石葬具上的山水图像考源》、张学涛等的《四川汉画像砖中树木图像研究》、王娟的《山西离石东汉吴执画像石墓“车马右行”图像解析》、陈长虹的《纺织题材图像与妇功——汉代列女图像考之一》、姜生与种法义合撰的《汉画像石所见的子路与西王母组合模式》、曹铁娃与曹铁铮合撰的《霍去病墓石刻艺术的早期调查与研究》、王倩的《论汉画像石西王母图像方位结构》、崔晓东的《“张得其肉”的北齐造像——天龙山北齐石窟艺术略考》、隋璐的《堆塑长颈瓶上“天门”探论》等。

三、墓室壁画的丹青世界

美术史与考古学两个学科发生最为密切关联的是在墓室壁画材料上，如何互为作用成为笔者比较关注的问题，“墓室壁画”可以完全是考古材料或是基于考古学的讨论，但一定要进入“丹青世界”，去解决美术史所真正需要解决的问题。墓室壁画与画像石并不完全是时间承续的线性发展，如赵超的《试论隋代的壁画墓与画像砖墓》讨论了隋代北方延续了北朝晚期壁画墓的制作风格，而在南方则渐多地延承了汉代以来的画像砖墓葬传统上。因为隋代立国及完成一统，使得墓葬艺术视觉营建的方式由线形发展变成了地域上的区别，视角独特。

程旭的《长安地区新发现的唐墓壁画》公布了五座唐墓壁画，其中以西安市长安区大兆乡郭庄村唐韩休夫妇合葬墓壁画、大兆乡庞留村唐贞顺皇后敬陵壁画尤为瞩目，特别是韩幌之父韩休墓中有一独幅山水画，在中国美术发展史上极为重要。必须指出的是，这几批材料属于盗墓劫余，有些如韩休墓的玄武图已不在天壤间，让人抱憾，足见这批材料非常珍贵。葛承雍的《壁画塑俑共现的唐代家乐中胡人》文中就使用了韩休墓中男女相对乐舞壁画，并更为丰富地征引了大量唐代壁画资料且结合塑俑讨论所出现的家乐性质的胡人形象。关于俑中的胡风，也有邱忠鸣的《酒肆胡姬：“胡风”引领时尚——“唐装”研究之四》一文。

吕智荣的《郝滩东汉壁画墓升天图考释》是对2003年发现的陕西省定边县郝滩带斜坡墓道的土洞式墓的壁画内容考释，其时代王莽或晚至东汉早期，墓室壁画保存较好，内容丰富，除升天图外，还有星宿、车马出行、狩猎、放牧、庭院、劳作等图像。作者利用图像志的方法重点对升天图进行考释，对原来简报的指认做了更为详细的考释，也为进一步的美术史研究做了基础。同样，卢秀文的《敦煌民俗乐舞服饰图像研究——〈宋国夫人出行图〉女子乐舞服饰》以晚唐第156窟北壁所绘的《宋国河内郡夫人宋氏出行图》入手，考察高髻、黛眉、胭脂、长袖小衫、襦裙等女子服饰的源流发展，156窟南壁即绘有《河西节度使张议潮统军出行图》。但是美术史不仅要说清图像是什么，还要追问为什么要这样，唯如此才能以图见人。

韦正的《北朝晚期墓葬壁画布局的形成》着眼于墓葬规制与壁画制作的文化连续，提出“洛阳规制”，其实断裂亦是另一种状态的连续，北魏洛阳诚然是北朝之后历史的一个重要文化源，但在此之前的“邺城规制”则属对于墓室规划、墓主画像的尝试与先行。相关讨论还有刘玮琦的《试论东魏北齐时期官方样式——邺城与晋阳随葬俑的特征研究》。

汪小洋在2014年新年伊始就发表《中国墓室壁画的重生信仰讨论》，直指墓室营建、壁画绘设的一个主导思想，即重生信仰的讨论，意即他所言的壁画宗教价值。接着，他的《中国墓室壁画图像体系探究》就力图建构事关墓室壁画的一个图像系统，他认为这一系统有着封闭性、多元图像、多重审美等因子，以期独立叙事来完成“重生”的愿望，在其背后亦有着仪式的存续。他的《中国墓室壁画兴盛期图像探究》《中国墓室壁画衰退期研究》两文用墓室壁画发展的一头一尾来印证他所建构的系统。《中国墓室壁画的当代意义讨论》即在他所建构大的理论体系下，讨论墓室壁画的当代意义，也包括未曾离开“生人”的讨论。

陈琳的《浅论唐墓室壁画——从内容表现看其形成原因》是谈墓室壁画，然第一条材料即说吴道子擅画壁画，中间未有任何的过渡及解释性论述。画像石榜题、壁画墨书题记亦是美术史研究者需要重视的内容，它们也在重申图像与文本的关系这个古老命题。王义印的《山西屯留宋村金代壁画墓墨书题记研究》，虽重点分析题记的俗体、别字现象，认为“书写人的文化水平所限，字体极其潦草不规整，书写前未经精心安排，因而产生行款紊乱、字体大小悬殊等现象”，我们回查2008年发表的简报，从壁画的人物故事以及马牛等图像也似乎能看出整体制作者水平不高的迹象，特别是壁画中妇人着襦裙罗衫，而侍童却是髡发，与王义印“以上两幅题记，字里行间蕴含题记书写人对已亡故国的怀念”的看法不谋而合。袁泉的《生与死：小议蒙元时期墓室营造中的阴阳互动》看到了墓室空间的“死”与营造墓室的“生”，试图解读墓室营造直至结果的阴阳互动，尽管结论比较单薄，但还好有大量的材料梳理。

前述今年李清泉发表了一篇关于“孝子”比较宏观的文章，“孝子”作为题材亦可延伸到其他材质的材料上。而他的《墓主像与唐宋墓葬风气之变——以五代十国时期的考古发现为中心》则是在墓主画像形成之后，重新对石材墓主像的考察，由刻石如何到“石真”，并借用史学“唐宋之变”的概念详细辨析。邹清泉的《“三教圆融”语境中的元代墓葬艺术——以李仪墓壁画为例》，则是以河北涿州元代丰润县尹李仪夫妇合葬墓为例讨论“三教”合流的古老命题，首先讨论的就是东南壁的有关孝子画像及其儒家教化。关于壁画的讨论还有陈倩的《河南永城柿园梁王墓壁画玄武形象缺席考》、赵凡奇的《宋金时期的屏风——以北方宋金墓资料为中心》、王江鹏的《魏晋南北朝墓葬图像与佛教图像之关系探析》、朱智武的《酒泉丁家闸五号墓“社树图”辨析》、于静芳的《唐长乐公主墓壁画〈云中车马图〉考》、马丹丹的《有凤来仪——唐代墓室壁画禽鸟图像研究》、雷中民的《唐代墓室壁画〈礼宾图〉图像学研究》等。

对于美术史的写作应当慎用“审美”这个概念，该词应该说是一个非常主观的词汇，甚至是无法得到验证的，甚至是美术史与美学两种不同学科的界限。这样的说法容易混淆，是回到当时人原境式的“审美”范畴，还只是利用某些材料进行现代艺术设计素材的积累，如梁惠娥等的《秦汉时期动物纹瓦当的装饰审美分析》、郭佳琳的《浅析长治观音堂明代悬塑云纹装饰意趣》等文；但是我们也乐意看到不同学界开始注意到考古、文本之外的图像世界，如宋丙铃的《从文本和考古材料探析早期鲜卑服饰反映的汉人意象》。当然，我们更高兴读到由具体问题上升到理论高度的文章，徐东树的《西周器物的“符号化”及其意识形态转换》就是这样一篇文章，引入符号学、民族图腾学等概念知识重新西周铜器的制度体系，这不同以往历史文献或考古类型等方法所建立的“制度史”，而是在理论的高度具备了美术史所要讨论的语法逻辑，是由器入道的可贵尝试，同时他还对杨晓能的《另一种古史》有所批评，认为杨著不太关注形式功能背后的制度内涵，因此无法解释周之后鸟的图式的变化。

图像以及纹饰或图案虽小且大，常被人忽略本身的图像渊源，过于急切地产生直接对应。而张同标《汉晋柿蒂纹不是莲花的辨识》却是一篇冷静的文章，不仅缕析柿蒂纹，也拆解莲荷的概念，甚至能够找到柿蒂纹的原生图像——“侯”纹，指出柿蒂纹不是莲花。这样的做法无疑是有价值的，亦能避免过度阐释。菊地雅彦的《南朝石兽与东汉石兽比较研究》颇有意趣，进行南朝与东汉这种跨时空的比较，不过基于这种目的却对南朝石兽进行考古学类型排比却是无效的研究。葛承雍的《蒙元时代胡人形象俑研究》是一篇很有意思的文章，是在属于外族控制下的中原下墓葬中外族形象的考察，这涉及本我与他者的双向认识，亦如葛承雍所论，“元代贵族和投降蒙元的高级汉官要彰显自己权贵者的身份”使然，同时也看到色目人在蒙元治下的中原文化的汉化视觉表现。

值得欣喜地看到美术考古已经开始进入传统历史学、考古学讨论中，并发出声音，如“汉代陵墓考古与汉文化国际学术研讨会”上，黄佩贤、霍巍、朱浒多位学者对涉及“汉代艺术”的汉墓壁画、画像石、墓葬出土随葬器物等材料做了讨论，详见朱一良的《“汉代陵墓考古与汉文化国际学术研讨会”的感悟与思考》。

杨洋的《唐“真子飞霜”铜镜的图像研究》避免图像的二元单线指认，试图找到“真子”图像发展源流，然仅仅罗列图像与文献实例，尚未形成严密的逻辑证据链条，缺乏中间层次论证。如讨论山，直接引入“仙山”的概念，远不及万木春的《远离山水：中国古代山水观的一个侧面》对“山”的考察，认为唐时有教养的文人已经从田园山林撤离，原因是山林有着现实与意象的危险；但因道士或和尚出于修炼的目的占据山林，文人或向传统致敬或求心理慰藉开始寻山问道，这几重关系共同形成了

“山”的文化传统。王趁意的《洛阳三角缘笠松纹神兽镜初探》则研究在中国发现的更早期的一面笠松形三角缘神兽镜，所谓笠松形纹饰是日本学界在日本三角缘神兽镜课题研究方面的专用述语，用来表述出土于日本古坟时期、缘部呈三角形的神兽镜上，有类似斗笠（或伞），又类似松枝的一种纹饰。关于这种纹饰的原形并未确论，而王趁意研究三角缘神兽镜有年，此文亦是研究笠松形的开端，似乎能从文化传播、图像源流有所发现。庄程恒的《庆堂与净土——晋南金墓中的婴戏图像及其双重信仰》也是利用不同媒材的墓葬材料，讨论一个主体性问题。刘芳芳的《古代妆奁研究》以墓葬考古材料为主，对历代妆奁器具做了梳理，对我们认识各时期的壁画材料有所裨益。类似文章还可见黄剑波的《“叉手”礼图像考》、董旭的《平山万寿禅寺塔林建筑形制及建筑年代考略》等。

张 翀 中央美术学院博士、
中国社会科学院历史研究所助理研究员

2014 年古代绘画研究综述

◎秦晓磊

古代绘画是中国美术史研究的起点。在中国，自唐代张彦远以来，书画便进入史学家的视野，成为被记录和被叙述的对象。在西方，自 19 世纪始，有关中国古代绘画的搜集、整理和研究工作便不断展开。尽管今日的美术史研究对象更为宽泛，且有日益拓展之势，然而作为传统美术史研究核心的古代绘画领域，无论中西方都有学者在持续关注和不断推进。

2014 年中国古代绘画领域的研究成果，就笔者所见，仅中国大陆一地，论文近 200 篇，专著 10 余本。考虑到论文发表的时效性高于专著出版，本文拟撷取有代表性的研究论文进行概述，试图以一点，窥见整个中国古代绘画研究领域的动向。以笔者目力所见，难免有所疏漏，或有以偏概全之嫌，还望诸位读者给予批评指正。

为了便于读者查阅，也为了从多个角度展现古代绘画研究领域的全貌，本文将从作品研究、画家研究、画院制度及赞助人研究、鉴藏研究、对绘画史研究方法的反思这五个方面进行叙述。

一、作品研究

（一）卷轴画

卷轴画的真伪鉴定、作者归属、定名、题材及内容的考辨、递藏流转，不仅是中国传统画史关注的中心，绘画研究的基础问题，也是深入研究的根基。这一类型的研究在 2014 年发表的论文中占有不少分量。聂崇正的《〈呼尔璊大捷图〉（残本）的辨识和探究》、王连起的《王翚画仿古与古画中的王翚画》、赵晶的《明代宫廷画家作品钩沉》、江涛的《罗稚川及其〈雪江图〉与〈古木寒鸦图〉》、赵雅杰的《枕倚小山屏——作为曲屏山水的〈茂林远岫图〉》和《传乔仲常〈后赤壁赋图卷〉递藏考略——兼谈多版本图像近似问题》等，皆为厘清作品基础信息的研究。考察辨析的对象中，既有尚未引起学界广泛关注的作品，也有在画史上占有一席之地的名作。吴雪杉的《画与诗：读唐伯虎〈班姬团扇图〉》、胡译文的《〈步辇图〉的今生——近现代中国美术史上一件经典作品的形成》、沈冬梅的《〈撵茶图〉与宋代文人茶集》、张琼的《〈平安春信图〉新释》、谢圣明的《被误读的〈孔雀竹石图〉》、吕晓的《〈晴峦萧寺图〉的定名与作者考辨》、陶喻之的《金源还是南宋？——关于〈寒林聚禽图〉的时代、作者与本事探讨》，则是对已有定论或尚存争议之作品的重新考证与解读，其中不乏正本清源之论及颇有新意的见解。颜晓军的《旧金山亚洲艺术博物馆藏〈赵鼎像〉研究》，除分析画中人物的服饰形制等信息外，还根据画面文字考证了画中人赵鼎的生卒年。李才根、韩涛、李惠子的《缘相而立——范宽〈溪山行旅图〉与照金丹霞地貌的图像质证》另辟蹊径，将传世名作与实地景观对照，分析作品中场景、物象、经营布置的真实来源。

考察风格样式之形成与流变是绘画史研究基本的工作方法之一。在中国传统画史的叙述中，某家某样就已受到记录者的重视，这一传统暗合了西方艺术史学界对于风格和图式的研究，在现代的美术史研究中被发扬光大。现今学界有关绘画风格样式的研究，除了强调绘画自身在审美层面所呈现的艺术意义外，更倾向于凭借风格样式的形成与流变，来探索绘画在文化思想史上的意义。邱才桢的《“曲水流觞”的新时空：文徵明兰亭图中的图式与德政指向》，通过对文徵明兰亭图的研究，分析其在“兰亭雅集”这一经典母题文图模式上的创新，进一步指出创新背后的政教动机，俞丹《明代“江岸送别”图式的演变——以沈周〈虎丘送客〉为例》一文的切入角度与之类似。黄丽莎的《明末清初文人山水画中的西洋影响》考察了明末清初西方绘画传入中国之际中国山水画坛出现的新样式，从视觉体验与传统形式融合、摹古与洋风合流两个层面理解这种变化，试图对当时的绘画新风提供另一种观察视角。刘静的《从〈白莲社图〉看文人画家对道释画的改编》，通过考察莲社图文本和图像的演变，分析以李公麟为代表的文人画家，如何用文人立场改编传统图式，将道释题材纳入文人画叙事体系。相较之下，冯鸣阳、黎晟的《形式、观看与视域——论南宋画院人物画〈采薇图〉的视觉模式》一文，所受西方艺术史研究方法影响的痕迹更为明显，直接借用沃尔夫林在《艺术风格学》中提出的概念，讨论中国美术史经典画作的形式风格和视觉模式，以期更好地理解作品的意图和功能。

对作品创作动机的考察及其向观者传达特定观念的研究，受到西方艺术史研究中图像学方法的影响。由于中国古代绘画的特殊性，这一层面的研究，首先必须基于对作品基础信息的准确判断，其次需立足于风格分析的扎实基础之上，继而探讨更为广大的文化层面上的历史问题。赵琰哲的《节令、灾异与祈福——清乾隆朝〈三阳开泰图〉仿古绘画的趣味与意涵》，将画作置于具体的历史语境中，讨论画作的实际功能与创作动机，并分析其中所蕴含的审美趣味与帝王意志。余洋的《明中期吴门文人花鸟画之新变——以花果杂品图为例》，将明中期吴门地区流行的花果杂品图，还原到吴门文人的生活中，分析其与当时文人审美及趣味的关联，试图窥见当时文人花鸟画在审美观上的变革。朱孟武的《〈阆苑女仙图〉中的云水法与叙事》、张东华的《扬无咎画梅中的格物思想——〈四梅花图〉新解》、孙超的《锦瑟无端五十弦——解读〈听琴图〉蕴含的图像学意义》、邓雪萍的《〈雍正洋装伏虎图〉研究》、李溪的《天下谁弗乞者——从陈洪绶〈乞士图〉看明末清初士人心态》亦属此类研究，试图通过对作品中特定主题、形式形象以及风格技法等层面的考察，分析其中所可能包含的意图，以及向观者传达特定观念和意义的潜在可能性。

（二）版画、插图等为传统画史所忽略的图像

受到西方艺术史学界在20世纪90年代兴起的视觉文化研究的影响，书籍插图、版画等一些以往并不受到重视的图像逐渐进入学者的视野。“视觉文化研究”试图将一切与“看”的行为有关的东西作为研究对象，分析运行在观看行为背后的制度环境与社会力量。一些具有商业或宗教功能的图像，由于其艺术性并非居于第一位，并非传统画史所着意记录的对象，然而这些因具有实际功能被大量复制并使用的图像，相较于杰作的唯一性及其背后的精英立场，实则更能反映当时社会的普遍观念，在今天越发受到学者们的重视。邵彦的《宗法社会的面孔——祖先像的意义》便反映了这一趋势。此文从一件清代佚名的祖先像切入，讨论了祖先像与墓葬美术中的墓主像之关联、祖先像的形式特征以及功能变迁，进而述及近年来艺术史研究领域的开拓。陈研的《作为艺术的题款时间——论德藏〈会真图〉的纪年题款》一文，从多见于书画作品，而作为书籍插图的版画作品中少见的题款入手，通过分析考证认为这一题款暗含作者巧思，不仅记录了书籍成书及版画刊刻的年代，更反映了一位在画史上默默无闻的版画家所具有创造力和想象力，及其对于古典主题的深刻理解。王廉明的《巴黎藏清人无名款〈圣心图〉考析：内容、图式及源流》关注了一幅清代佚名画家绘制的中西合璧画风的画作，结合文献与实物材料，考察其内容、图式来源、实际功能，并对其制作年代及与宫廷之间可能存在的关系作出推断。

倪葭的《首都博物馆藏〈水陆缘起图〉探微》、王少浩的《〈圣谕谨遵辟邪全图〉考析》则关注了与宗教联系密切的绘画，虽则一为明代官方组织绘制的水陆画，一为晚清民间版画，从中亦可见过学者们对于此类材料的关注。

牛漫青的《明清小说插图形态的演进》、温巍山的《论〈水浒叶子〉插图的商业特征与高古风格的形成》、周亮的《徽州版画与徽派版画——晚明版画史中的地域因素》、罗礼平的《〈晚笑堂竹庄画传〉版本考述》、邢晋的《龚贤〈课徒画稿〉与〈芥子园画传〉比较研究》、时准的《中国明代〈水浒传〉插图与日本江户〈水浒传〉插图比较研究》等文章，分别从不同角度，讨论了版画这一在明清商业社会中占有重要席位的绘画类型。

二、画家研究

（一）生平及绘画历程

作为绘画史主体的画家，是传统画史记录和叙述的重要对象，也是今天美术史研究的重要组成部分。对画家生平与艺术历程的考察，往往通过爬梳文献和结合可靠传世作品来完成。2014 年这一领域的研究同样有不少成果值得注目。

有对以往不太被重视的画家其生平及绘画活动的考察，如李娜的《晚明名妓画家林雪西湖游踪及创作考》，就试图从明末清初多位文人文集中的零散记录，还原一位女性画家的生平与绘画创作。聂崇正的《清宫廷画家冷枚其人其作品》除了考察冷枚的生平及创作外，还考证了冷枚之子冷鉴、冷铨，补充了画史的记载。这类文章还有朱万章的《恽向画艺研考》《“新安画派”的余绪——清代汪后来绘画研究》，赵晶的《清代画家张风之生平与艺术初探》，邝以明的《清代符翕生平交游及艺术考析》等。

也有对名家生平及艺术活动细节的再考察，如吕晓的《名动长安客　偏随倦鸟还——试论王翚主绘〈南巡图〉后选择南返的主客观因素》，对王翚在京城获得巨大声誉后选择返乡的原因提出新的见解。蒋志琴的《“王逊之玺卿”之“玺卿”考》、贾涛的《从北宋地理志看荆浩里籍归属》、张荣国的《王诜生卒年新考》、陈秋速的《少监材抱岂画史　禹迹曾为帝亲理——元任仁发的艺术与仕进之途》等亦属此类。

画家及其交游圈同样是研究热点。仅王世贞一人，便有杜娟的《王世贞与文徵明书画交游考》，朱彦霖的《王世贞与徽州友人交游考略》，诸亭、汤宇星的《王世贞与彭年的艺术交游——兼论晚明山人群体》等数篇文章。此外，李永强的《钱选与赵孟頫关系考》、胡启明的《蓝瑛的交游》、李维琨的《画史上的“同能”与“独诣”——从清初王翚与恽寿平之交谊谈起》、朱良志的《石涛与丰南吴氏交谊——石涛事迹考析之五》《石涛在真州艺术活动考——石涛事迹考析之六》等文章皆属此类。汤宇星的《〈离賫园图〉与〈求志园图〉关系考》和意如的《从〈古雪轩图〉看乾隆皇子之书画交游》，则皆为从具体作品入手，考察画作背后所反映的文人交游及诗画应答情况。李若晴的《谢兰生〈常惺惺斋日记〉研究》，通过日记手稿，分析鸦片战争前夕广州城内士绅的日常生活，试图揭示当时社会中文化、权力、经济资源的流动方式，和以谢兰生为代表的文士在其中扮演的角色。

此外，李倍雷的《吴历：文人、居士、天主教士与画家》、杜汭的《南北之间自有道——蒙古帝国多元文化语境中的赵孟頫》、张建军的《顾恺之问题》、李修建的《顾恺之：一种艺术人类学的解读》这几篇文章，皆显示出试图将画家置于大的历史背景下，考察其社会身份与人际交往对其成就画名的助益，及绘画在其中发挥何种功用的尝试。

（二）画学思想

画家在绘画创作过程中生发出的绘画理念，多以画论的形式集结成书，或散在见作品的题跋中。理解画家的绘画理念有助于理解其绘画作品，因而有关画家画学思想的研究同样受到学者的关注。陈婧莎的《石涛“蒙养”说释意初探》、倪志云的《也论顾恺之〈论画〉》、夏开丰的《荆浩的图真论与本源之思》皆以具体画家留下的画学著作为研究对象，讨论并阐释其画学思想。张卉的《纽约大都会博物馆藏龚贤〈山水册〉跋文研究》，则通过解读龚贤晚年作品上的跋文，从“丘壑论”和“笔墨论”两方面，把握画家晚年的画学思想。陈博涵、鲍楠的《南北文化融合与赵孟頫的书画艺术主张》与张东华的《阳明学与徐渭的写意模式》，则试图从思想史的角度，在历史文化的语境中分析画家画学思想的形成与意义。吕少卿的《论渐江思想中的儒道佛因素及对其画风的影响》则试图在绘画理念与绘画风格的互动中，分析了画家所持有的画学思想对于其画风所可能产生的影响。

三、画院制度及赞助人研究

自五代始，便有了建制较为明确的宫廷画院，此后历代皆有延续。画院这种官方绘画组织机构，对宫廷画家的创作活动及绘画面貌影响很大。现存的古代绘画作品中，许多都与宫廷画院有直接或间接的关系，因而有关画院制度的研究，也一直为学界所重视。赵晶的《明代宫廷画家入值体例探析》一文，通过文献记载和画作中的落款，讨论明代宫廷画家入值的具体细节。梁田的《试析宋王朝道统建设对宋代画院录用选拔制度的影响》一文，较为细致地讨论了宋代画院的录用选拔制度，并分析政治制度和举措其对建制的影响，以及画院在塑造国家形象方面发挥的作用。韩刚的《也谈〈江行初雪图〉制作时代——三论南唐画院有无》亦涉及有关画院建制的讨论。

除了对画院制度的讨论外，有关赞助人的研究同样值得关注，这亦是从西方艺术史研究中借鉴来的方法。无论是订制画作的收藏家，还是支持艺术的皇室成员，都可被视为赞助人的角色。这一视角注重政治、经济、人情对作品风格与内容的影响，试图从艺术与社会的联系中，洞悉画作何以呈现出最终的面貌。王静的《中晚唐蜀地藩镇使府与绘画》，梳理了中晚唐藩镇使府中的画家群体及他们在幕府支持下的创作情况，一并讨论了画家与作为赞助人的节度使之间的关系。赵琰哲的《节令、灾异与祈福——清乾隆朝〈三阳开泰图〉仿古绘画的趣味与意涵》一文，也充分考虑到了皇帝在宫廷绘画创作中的主导性。王隽的《宫廷赞助视角下的功臣画像研究》，分析了以皇帝为主导的宫廷绘画机构对于绘画题材、风格的影响。张震的《试析乾隆内府书画鉴藏中臣工的职责及其与皇帝的互动——从内府鉴藏黄公望〈富春山居图〉谈起》，主要涉及鉴藏方面，也部分涉及作为文艺活动赞助者的乾隆在览藏方面所具有的影响力。

四、鉴藏研究

鉴藏活动是绘画制作完成后，在社会中流通并发挥作用的重要环节。从魏晋开始，便有了关于书画鉴藏活动的记录。有关绘画鉴藏的研究，除了有助于考定绘画的真伪外，一件作品在历史中的传递收藏，本身就是一部缩微的历史；而考察其中关涉的人与事等丰富的细节，也是观察历史的一个微观窗口。因而，绘画鉴藏方面的研究同样备受中外美术史学者的重视。

2014年有关鉴藏史的研究，多集中在对收藏家其藏品、著录及收藏理念的考察方面。其中既有对以往不太受关注的收藏家鉴藏活动的发掘考察，如章晖、白谦慎的《清初父子收藏家张若麒和张应甲》，卢静的《吴荣光古书画鉴藏研究》，任军伟的《查士标的绘画收藏、鉴赏与观念》，朱敏的《孙毓汶的书画收藏活动》，彭飞的《明末清初的书画鉴藏家王鹏冲》，徐凯凯的《明代麻城刘守有、刘承禧父子书画鉴藏考论》等，也有对名重一时的大收藏家活动的细致辨析，如杜娟的《王世贞与项元汴：明代中后期两种不同类型的书画鉴藏家——兼论二者交游疏离之原因》一文，通过比较两位不分类型书画鉴藏家在理念、方式、诉求等方面的差异，分析两人之间耐人寻味的关系，试图揭示其背后所反映的文化资源与权力上的竞争与对抗。王安莉的《从〈西园雅集图〉团扇看董其昌早年收藏与画史观》一文，从董其昌对一件作品的收藏谈起，分析董其昌早年的收藏规模与动机，并考察其中所反映出的画史观。李万康的《项元汴载价题记综录与题记简注》《项元汴载价题记中的购求时间与出售者》《项元汴自记法书价格的统计分析》《项元汴自记绘画价格的统计分析》等文章，整理并统计了项元汴对书画价格的记录，以及书画交易活动等基础信息的记录，具有资料索引之功用。

除了对私人藏家的考察外，也有对大规模官方收藏行为的考察，张震的《试析乾隆内府书画鉴藏中臣工的职责及其与皇帝的互动——从内府鉴藏黄公望〈富春山居图〉谈起》一文从乾隆内府收藏黄公望的《富春山居图》的始末入手，并结合文献、实物等资料，分析皇帝与词臣在鉴藏活动中的互动。刘迪的《乾隆朝臣工参与内府书画鉴赏活动之研》亦属此类。

五、对绘画史研究方法的反思

对于一门学科而言，除了作为研究基础的材料和对象外，研究方法亦至关重要，正所谓“工欲善其事，必先利其器”。相同的材料，使用不同的方法，从不同角度切入，便会揭示出不同层面的历史信息。因而，学者们在进行学术研究的同时，也会不断地反思本学科的研究方法，试图通过方法的创新，为研究提供新的思路，反思原有的研究模式，探索学科未来的发展方向。

张长虹的《遮蔽与忽略：明清艺术史研究的另一面——以谢时臣现象为例》，分析了明中期画家谢时臣从著名画家到美术史上藉藉无名的失踪者这一现象的社会原因和历史原因，探讨明清以来画家的社会接受与形象建构问题，指明美术史研究与现存通史写作模式中存在的被遗忘与被遮蔽现象。杭春晓的《高居翰“视觉研究”中的辞与图——中国绘画史研究方法之再检讨》以对中国美术史研究影响巨大的高居翰为对象，梳理其研究立场及思路，文章并非简单接受或批判其观点，而是通过对这位西方学者研究方法的理解与思考，反思中国画史研究的可能性。杜娟的《王世贞与董其昌：两种不同倾向的绘画史观与画史建构方法——兼谈绘画史写作的立场与原则》通过比较和分析两位在明清画史上占有重要地位的人物，对于中国古代画史的不同整理与建构，讨论二者在绘画史观上存在的差异，及在建构画史的立场和意图上的不同取向，继而思考在画史写作中应有的立场与原则。徐习文、章孔畅的《20 世纪 90 年代以来西方的宋代美术史研究》则注意到了自 20 世纪 90 年代以来，西方美术史界对于方法论探讨有所重视的倾向，以及各种新的研究方法的出现，并选取重要学者及其研究，梳理了西方近 20 年来宋代美术史研究的情况。

秦晓磊　中央美术学院博士生、
人民美术出版社编辑

2014 年中国当代艺术研究文献概述

◎杨梦娇

相较于其他领域的艺术史研究和艺术写作，专注于中国当代艺术的相关写作，无论是批评性的或者研究性的，都尚处于萌芽阶段。尽管伴随着此起彼伏的当代艺术创作和展览，大量相关文字成果正在被批量化生产出来，然而，这些文字产品之中却交织着严肃写作和非严肃写作。本文试图在 2014 年所出版的当代艺术研究文献中，选取出最具学术价值的著作和刊物，并予以简单介绍。通过梳理这些出版物，不难发现一些存在于中国当代艺术写作中的问题，如：海外学者的研究往往更具有问题意识，选题更有针对性，围绕研究课题所做的资料收集和整理工作也更加细致全面。与此同时，中国当代艺术的本土写作也正在发生转向，从过去的以翻译海外研究著作、研究海外艺术现象、理论，逐渐转向对中国当代艺术的有针对性的研究，这些写作正逐渐成为艺术世界中的一种行动力量，与中国当代艺术的创作和中国当代艺术的认知发生互动，特别是出现了一些优秀的个案研究。但总体而言，本土艺术写作仍旧是比较缺乏的，也表现出了记录、叙述大于问题研究的特点。

一、中国当代艺术研究著作

（一）通史类研究

自 2000 年以来，中国当代艺术在世界艺术市场上表现抢眼，获得来自包括西方的世界各国的广泛关注。然而，与此同时，针对于中国当代艺术的严肃的历史性研究却尚显单薄，与艺术市场的活跃形成鲜明对比。于今年出版的 *Contemporary Chinese Art：A History 1970s－2000s*（《中国当代艺术：1970—2000》）作为一本向西方读者全面介绍中国当代艺术发展历程的学术著作，适时地完善了这一研究领域的版图。这本书的作者巫鸿（Wu Hung）是一位艺术史学者，同时从事中国艺术方面的批评和策展。近年来，巫鸿不断致力提升西方观众对中国当代艺术的理解和研究水平，他在海外策划的重要展览包括“瞬间：90 年代末的中国实验艺术”（Transience：Chinese Experimental Art at the end of the Twenties Century，1998，美国）、“已取消：在中国展览实验艺术”（Canceled：Exhibiting Experimental Art in China，2000，美国）、“过去和未来之间：中国新影像展”（Between Past and Future：New Chinese Potography and Video from China，2004，美国、英国、德国）、“‘美’的协商”（About Beauty，2005，美国）等。同时，他所撰写编辑的几部重要相关著作也在海外出版发行，如：*Making History：Wu Hung on Contemporary Chinese Art and Art Exhibition*（《创造历史：巫鸿论当代中国艺术与展览》，2008）、*Wu Hung on Contemporary Chinese Artists*（《巫鸿论中国当代艺术家》，2009）以及已经成为西方中国当代艺术研究者必备书的 *Contemporary Chinese Art：Primary Texts*（《中国当代艺术：基本文献》，2010）。而今年出版的这本以年代为序的通史性著作，亦将成为西方世界了解中国当代艺术的重要参考书目之一，从而在该领域新一轮的知识构建中发生重要作用。

为自肇始至今不足半个世纪的中国当代艺术著史，无疑是极具挑战性的。巫鸿于“文革”后入读中央美术学院，继而在 20 世纪 80 年代之后赴美，既是变革时代的亲历者和见证人，又对如火如荼的当代艺术运动保持了观察者的距离。站在这个位置上，巫鸿提出：恰是两个相异而又相生的历史条件在中国当代艺术的进程中发挥着决定性的作用，他也正从两个角度出发搭建起本书的逻辑框架。这二者其一，就是无产阶级文化大革命的政治背景以及在这一政治背景之下的“艺术为工农兵服务”文艺方针；其二，是改革开放之后，市场在当代艺术潮流兴起当中所起到的重要作用。巫鸿总结道：从当代艺术诞生的那天起，它就在与其他艺术体系如：官方艺术、学院艺术、商业艺术的互动与谈判中定义自我，而在40年后的今天，当代艺术已经开始渗透其他艺术体系之中了。正如巫鸿所指出的，1970年和2000年分别可以被看作重要的历史节点，分别划定了两个高度体制化的时代，1970年前是一个政治的世界，而2000年之后则是一个市场的世界。这中间的30年，从社会学的角度看，是一个相对松动和开放的时期，这种松动同时酝酿出社会的大变革，中国当代艺术是这个大变革故事的一个侧面。本书恰恰提供了一个艺术史的角度，即如果说今天我们对中国当代艺术的讨论无法回避其与社会经济条件变化之间的紧密关系，那么这种相关性绝不仅止于艺术新语言的发明等外在表征，而应当关注变革的大环境是如何内化为所谓“中国当代艺术”的本质特性的。

Between State and Market：*Chinese Contemporary Art in the Post－Mao Era*（《国家与市场之间：后毛泽东时代的中国当代艺术》）的作者杜柏贞（Jane DeBevoise）目前担任亚洲艺术文献库（Asian Art Archive）董事会主席一职。她不仅是一名久居香港的独立艺术史学者，同时更具备多年的金融从业经验，这样的双重背景使得她在中国当代艺术方面的研究与多数西方学者乐于关注政治批判的面向有所不同，Jane DeBevoise在这本书中提出这样一个问题：“艺术的商业化是否扼杀了艺术的前卫精神？抑或起到了支持艺术前卫性得以持续发展的作用?”为了找到这个问题的答案，*Between State and Market*一书回顾了从1978年到1993年之间的中国艺术家在国家体制与艺术市场的双重作用下，如何在两者的夹缝中创作、展出并出售他们的艺术作品的历史。特别是在施行市场经济体制之后，中国产生了大量的私人资本，当这些资本作为国家体制之外的独立力量广泛介入艺术世界中，中国的当代艺术家又是如何在国家与市场之间继续他们的艺术创作的。

作者将1993年之前的后毛泽东时代划分为三个重要时段：1978—1984年、1985—1989年、1990—1993年，并以时间年代为序，将全书内容分为五个章节进行阐述。在第一章“艺术中的国家角色”中，作者分析了20世纪70年代末在国家力量主导之下的艺术界情况，特别阐述了文化部、中共中央宣传部以及中国美术家协会、中国美术馆与全国美术展览几大官方文化艺术机构之间的关系。Jane对“主流艺术”的强调截然不同于其他几乎只关注这一时期的前卫艺术实践的学者，她在本书中开创性地讨论了全国美展中的绘画风格与潮流，以及这种趋向与其背后的国家赞助体制之间的关系。第二章“市场化的引入”，Jane阐释了中国在80年代的经济制度改革如何直接或间接地影响了艺术领域，并评估了这种影响的深度和广度。比如，旅游业的开展使得机场和一些大型酒店开始定制巨幅艺术作品，“国画”作为一种文化象征成为外贸交易商品的重要品类，这种交易甚至得到国家的认可与支持。在经济大潮中，一批艺术家同时成为企业家。由于缺乏商品经济条件下的操作经验，许多中国的早期艺术市场化行为都有其特别之处，比如，最早的商业画廊是由中央美术学院和国家美术馆这样的官方机构建立的。与此同时，具备成熟经验的西方力量在早期艺术市场中起到了至关重要的作用，并在中国艺术界造成了持续性影响，这些问题直到今天仍旧是备受关注的问题。第三章“国家与市场之间，1985—1989年”则讨论了随着国家在经济上不断放松管控，其对文化的控制力也随之下降。商业化的艺术场所为艺术家提供更自由的展览机会，新的艺术期刊如《美术思潮》和《中国美术报》成为艺术思想交锋的阵地，不满足于全国美展体制的艺术家开始自行组织艺术活动，这些活动部分得益于地方美术家协会的支持，还有一些甚至直接受益于私人支持。其中著名的“89’中国前卫艺术大展”就是一个产生于国家赞助体制与艺术市场体制之间的机会的典型案例。而在第五章“大生意”中，作者将重点放在1992年广州双年展和1993年由张颂仁和栗宪庭所策划的“中国新艺术——后89”这两个展览的比较研究之上，同时，她似乎以“中国新艺术”展览为例暗示私人企业的个人创造性行为正在让位于市场逻辑。

Paul Gladston是诺丁汉大学当代东亚文化研究的负责人，从事视觉文化和批评理论领域的研究。他长期关注中国当代艺术并且撰写和编辑了相关著述，2011年，他撰写了《上海的当代艺术：对话七位中国艺术家》（*Contemporary Art in Shanghai*：*Conversations with Seven Chinese Artists*，Timezone 8－Blue Kingfisher，2011）；2012年，他与Katie Hill共同编辑了Journal of Visual Art Practice的《中国当代艺术批评》（*Contemporary Chinese Art and Criticality*）特刊；2013年，则出版了《中国前卫艺术小组，1979—

1989》（‘*Avant - Garde*’ *Art Groups in China*，1979—89，Intellect and University of Chicago Press）。

经过近5年来对中国当代艺术的近距离观察，Paul Gladston在本书中表现出宽广的学术视野，不仅囊括了大陆地区的重要艺术实践，还纳入台湾、香港、澳门等地区的艺术活动，在关注较著名的艺术家的同时，书中也不乏以往被西方学者忽略的名字，在艺术形式上亦不拘泥于架上艺术，广泛涉猎影像、行为领域等。与此同时，基于作者在批评理论方面的知识功底，本书在方法论上也对当前中国当代艺术的批评和写作提供了补充和启示。

（二）个案研究

自历史学的“元叙事”被打破之后，个体化的叙事模式越来越成为一种更加行之有效地接近历史和文化的手段。中国学界对个案研究、口述史、文化史、微观、局部、碎片式的研究方法也愈加关注。在中国当代美术史这一研究领域，以个案为基础的研究和写作成为2014年的主流。

1. 针对艺术家个体的个案研究

巫鸿在《行动中的绘画：刘小东笔记（1998—2014）》开篇就谈道：“本书代表了有关当代艺术的新形式的书写……这本书的不同之处在于它对文本的重视，具体表现为对一个重要艺术家手写和口述的第一手资料的收集和发表。但他又不仅仅是一个材料汇编，而同时也包含了对艺术家创作和思考经历的系统思考和综述，为本书使用者提供了一个基本平台。”

巫鸿把对原始资料的积累视为带有某种观念和方法论意义的行动，其目的在于提供有关中国当代艺术家的原始资料，编者不对材料做价值上的判断和取舍，而是尽力保证资料的完整性并将其综合整理入一个比较合理的分类和年代构架，以便美术馆、收藏者和研究者得以在今后的一个长时期中查询和使用。事实上，巫鸿采用这种思路所编辑的出版物在2014年还有中文版的《荣荣的东村：中国实验艺术的瞬间》问世，这个中文版脱胎于2003年纽约前波画廊和荣荣合作出版的一本有关荣荣“东村摄影”的限量版画册。这两本书都不算严格意义上的研究著作，将他们收录进入综述的原因是，巫鸿通过这一类材料性著作提示了一种中国当代艺术的研究方法，即对当代艺术的研究不能就作品谈作品，亦不能停留在对某些潮流的泛泛谈论，而把艺术家以及作品简化为这个潮流的个别例证。他明确了当代艺术研究的目的是深入理解当代艺术的意义，包括对其思想和美学价值的探讨。由此就要求研究者结合每个艺术家的独特文化、生活经验和美学趣味，深入到具体的社会和思想环境中去，重视文本和档案材料，重视艺术家的个人经验和个人思考，包括重视多个艺术家的多重视角下的复杂解读（如《荣荣的东村》）。

由严善錞所撰写的《创造与冥想：王广义的艺术历程》则体现出另一种艺术批评的写作手段。本书的作者严善錞是王广义的同辈人，更是同学，共同参与和目击了中国当代艺术的发展历程。他的写作材料除去共同的经历、相关文献档案，最重要的还是两人历时近一年的对话和讨论。写作者和写作对象之间的深度交流、感性经验和理性思考的分享，促使写作者力图去表达对象即艺术家的理解和解释，是一种非常规性的批评写作，尤其是作者还采用了鲜见的第一人称视角，可以说本书介乎于批评与传记之间。近年来，王广义作为中国最成功的当代艺术家之一，非常重视他本人的文献档案整理和艺术研究，相继有著作出版。包括2013年由黄专操刀的《当代艺术中的政治与神学——论王广义》和严善錞的《创造与冥想》，都提出了对王广义及其作品的新的阐释与理解。如黄专重新梳理了沃霍尔式的美国波普艺术以及王广义的《大批判》系列，指出两者所涉及问题的不同之处，从而拓展了由栗宪庭提出“政治波普”的说法，更回应了西方对“85新潮美术”的形式挪用的、政治批判式的肤浅解读倾向。他指出，王广义的波普艺术强调的是世俗世界与超验世界的悖谬性关系。严善錞在他的著作中所表达的观点则是王广义的艺术创作使用政治学、神学、玄学来重新解读艺术史。书后附录了王广义的九篇文章以及年表。

2. 针对艺术家群体的个案研究

“77、78级”这个名词的背后是中国历史上的一次特殊事件：1977年冬天，全国570万年龄、背景各异的考生参加了文化大革命之后的第一场高考，这场高考规模庞大，更具有特殊的历史意义。同年，全国院校又招收了一批1978年入学的研究生。这两批在这场竞赛中夺标的佼佼者，即所谓的“77、78级”学生，成为“文化大革命”之后的第一批大学生，他们大多是老三届、知青，经历了“文革”风雨、上山下乡，人生阅历丰富、思想成熟，构成了中国高等教育史上的一个极其特殊的群体。正是在这样的背景之下，这批学生在毕业之后迅速补充了全国性的人才缺口，在各个行业发挥重大作用，特别是在改革开放之后，形成了一股极具延展性的影响力量。

而在这个群体之中，进入美术院校的学子们就是《“77、78级”艺术现象研究》一书作者徐晓燕所关注和研究的对象。“77、78级”艺术家群体的成长伴随着中国现代美术在“文革”后至今40余年间所走过的道路，这期间的发展历程沧桑巨变，曲折而生动。从一个百废待兴的特殊年代到改革开放后古今中西思想间的激烈碰撞；从政治挂帅的文艺环境到商业领军的全球一体化，他们与艺术发展所经历的蜕变同步、相濡以沫，是推动中国当代视觉、艺术观念革命的核心力量。

徐晓燕认为，过往已经有不少美术史论家为中国当代美术立传，这其中已经有不少“77、78级”艺术家被载入其中。而对于当代美术史上一些重要的艺术事件或特定艺术现象、艺术概念、艺术思潮以及对困惑、机遇的思考，诸如“伤痕美术”“85新潮”等，自20世纪80年代至今，评论家们对他们的关注始终未停息，所采取的研究角度诸如史学、美学、社会学、哲学等不一而足。本书则试图通过梳理“77、78级”艺术家这一特殊群体，从艺术家的个体角度出发，分析他们的思考与选择，并总结归纳他们的群体性特征，结合当时的历史性面貌，在剖析历史对个人、对群体的影响的同时，反观个人、群体对中国当代美术发展的推进作用。

3. 针对地域的个案研究

近年来，艺术史学者越发重视地域研究方法，尤其在古代艺术史领域取得丰硕的成果，如对岭南画派、海派、北京画派的研究。当代艺术学者也开始广泛借鉴这一研究方法，对如四川画派、厦门达达等课题展开讨论，这些以地域划分的流派或风格构成了中国美术史的横截面。今年有两本采用地域个案研究方法的当代艺术研究著作问世，这两本著作将研究重点分别放在了天津和上海的当代艺术运动之上，这两个地区具备相似的地缘文化特征，作为中国近代史上的重要港口城市和租界区域，这两个地区的文化在中西文化的碰撞和政治风流的动荡中得到激发，曾是中国最早表现出前卫艺术活力的地方。然而在20世纪80年代之后轰轰烈烈的当代艺术运动中，却逐渐隐没在以位于北京、杭州、四川、广州等的几大艺术院校为策源地的当代艺术叙事框架之中。从这个意义上讲，《个案与历史：与天津有关的中国当代艺术》和《激进艺术小史：八十年代上海记事》可以说补充了当代艺术史的部分空白。

《个案与历史：与天津有关的中国当代艺术》的作者郭雅希是一名地道的天津人，在天津美术学院从事了多年的艺术史教学与研究工作，对津门文化不仅有深入的调查研究，更渗透了他对故土的感性理解。于此同时，著者是天津地区当代艺术的亲历者与见证人，在写作的过程中，亦通过走访天津的艺术家和艺术从业者掌握了许多口述史的一手资料。全书主体由四部分构成：第一章介绍天津文化的地域性特点以及在此特殊的文化和历史氛围中所形成的表现性艺术传统，与近现代以来的天津艺术史相联系。第二章是对与水墨实验的具体窥探，重点探讨了由天津地区涌现出的许多以水墨实验为主要创作方式的艺术家，如以张羽为代表的实验水墨运动，以李津为代表的“新文人画”，还有以闫秉会为代表的“自由水墨”。第三章则是对各种面貌的当代艺术形态的审视，其中涉及大量在天津出生、工作和定居的艺术家，他们的作品反映了中国都市文化以及当代艺术发展的脉动。第四章所探讨的则是当代艺术发展的推动力之一——学院教育。作者指出学院教育与当代艺术之间相辅相成并同时相互龃龉的矛盾同体关系，同时从多年的教育经验出发，提出当代艺术在试图进入学院教学中的举步维艰的现状，以天津美术学院作为个案研究的对象，探讨了这个中国当代艺术界的难点问题。

《激进艺术小史：八十年代上海记事》以上海为立足点，记录了20世纪八九十年代不同艺术团体、艺术家各自的或相呼应的实验、实践、态度和观点，重新挖掘和厘定了他们工作的意义。作者赵川在2006年就撰文《上海抽象故事》记录过上海地区的抽象艺术家群像，而在2014年出版的这本书中，继续完整了这一段故事。正如作者本人和一些书评者所指出的，以“激进”取代自西方“拿来”的“现代”“先锋”“前卫”等词汇，明确了作者对这一段上海艺术活动的基本观点，即这一段艺术既称不上“现代”也称不上“先锋”，其实是“文革”后对思想禁锢的一种反叛，而并不具有艺术本体的革命性质。上海这个历史上的口岸、西方文化的吞吐港，滋养了这一批年轻的艺术家，他们创作中“洋为中用”显得比中国其他地方的创作实验形式上更“激进”，却未见得在观念上更“先锋”。这一段“激情”之下的当代艺术活动展现了中国当代艺术在被卷入“全球化”之前的一个重要阶段。

另一本关注上海地区的研究 *A History of Exhibitions*：*Shanghai* 1979—2006，是策展人比利安娜·思瑞克（Biljana Ciric）主编出版的《上海滩：上海艺术家的个案（1979—2009）》一书的英文版本，后者是比利安娜2009年呈现的研究项目“上海滩：1979—2009”的展览出版物。两书描述的主题稍有不同，中文版把艺术家个案作为核心问题。

二、中国当代艺术研究刊物

2014年不仅是国内外当代艺术研究著作的丰收之年，更加值得注意的是三本关注中国当代艺术议题的刊物的面世。

其中，《美术向导》是一份改版刊物，2014年1—2月刊起，这本刊物由原本的业余美术爱好者“向导”变身为与图像、美术有关的思想文化“向导”。改版的操刀者——新任主编尹吉男在《改版略语》中写道：“当下中国的美术刊物多如牛毛。除了传统的美术刊物，一些由媒体、美术馆、画廊和艺术投资机构开办的美术刊物比比皆是，刊物的市场导向和收藏预期都很明显。这些功能是必要的，但不应该是唯一的美术刊物模式。我觉得应该有一个空间让思想呼吸。它既不追逐当代艺术潮流，也不迎合艺术市场，它只关涉美术和图像的思想能力，以此与民间有思想嗜好和感觉动力的人群互动对话。”正是在这样的办刊理念之下，《美术向导》形成了其独树一帜的编辑风格：不发表专业论文和艺术评论，只发表自由文体、杂谈、随笔、书信、日记、口述等。力求将思想意义和文献意义并重，并呈现于刊物之中。在2014年出版的6卷刊物中，引人注目的固定栏目“三人谈”涉猎了诸如有关“终结论”的哲学问题、有关“平民化”的阶级问题、“艺术与资本”的问题，艺术作品的标准问题，及至由新水墨引发的讨论等。谈话内容纵横捭阖，在美术史的视角之外，读者更可以看到思想史、社会学、文化研究等丰富的内容；同时，《美术向导》持续性地刊登来自艺术家的日记或者口述文献；而刊物中的个案研究文章则普遍性地体现出对“读图”和“解图”的重视，特别是那些以当代艺术为对象的文章，值得作为对目前当代艺术研究方法的补充予以重视。

此外，由黄专、董冰峰主编的《世界3：作为观念的艺术史》和由鲁明君主编的《中国当代艺术研究》，同样以他们强烈的问题意识，以及重构艺术史知识系统、力求拓展艺术史研究方法的诉求赢得了读者的广泛期待。《世界3：作为观念的艺术史》中以大篇幅刊登了论述艺术史家瓦尔堡的文章，以及巫鸿以残碑（废墟）为材料研究古代视觉文化与意识的文章。此外，邵宏梳理了设计批评的理论观念发展历程，沈语冰则围绕迈耶·夏皮罗的研究方法展开讨论，鲁明君基于乔纳森·克拉里地视觉考古学阐述了艺术理论研究的视觉认知的新面向。《中国当代艺术研究》首刊选取了大量针对清末至民国以及20世纪80年代两个时期的研究文章，如杨小彦使用摄影史材料探讨技术与主体认知的关系、张慧瑜通过集体电影放映反观20世纪的主流历史观念、费大为谈“新刻度”小组的文章则揭示了20世纪八九十年代艺术家在“去个人化”问题上的一种表现等。

杨梦娇　《中国摄影家》杂志编辑

文件辑录

【文化部办公厅关于开展2013—2014年度全国美术馆优秀项目评选工作的通知】

（办艺函［2014］477号）

各省、自治区、直辖市文化厅（局），中国美术馆、中国国家画院：

为全面贯彻落实党的十八大及十八届三中、四中全会精神和习近平总书记在文艺工作座谈会上的重要讲话精神，积极培育和践行社会主义核心价值观，传承和弘扬中华优秀传统文化，大力推动公益性文化事业的发展，保障人民群众基本文化权益，文化部将于近期开展2013—2014年度全国美术馆优秀项目评选工作。该工作是对美术馆日常工作和专业建设的重要考核，也是文化部“国家美术发展工程”的重要组成部分。对于评选出的优秀项目，文化部将予以表彰。现将相关工作事项通知如下：

一、宗旨及目标

坚持以人民为中心的工作导向，全面贯彻“二为”方向和“双百”方针，加强美术馆的专业化、标准化、规范化建设，全面提高美术馆的建设管理水平和服务质量，促进优秀美术作品收藏研究和地域文化研究传承，充分发挥国家重点美术馆的行业示范作用和美术馆的公共文化服务作用，提升美术馆的文化影响和社会贡献率，繁荣文化艺术事业，进一步满足人民群众的精神文化生活需求。

二、评选内容

（一）展览项目

1. 重点美术馆展览项目：于2013年至2014年期间完成的，由国家重点美术馆自主策划举办的重要展览项目，学术性强，社会影响广泛，展期不少于30天。

2. 其他美术馆展览项目：于2013年至2014年期间完成的，围绕美术馆学术研究职能并结合本馆学术定位和学术规划，由本馆自主策划举办的展览项目，具有学术深度和较为广泛的社会影响，展期原则上不少于15天。

（二）公共教育项目

于2013年至2014年期间完成的，由本馆自主策划并举办的公共教育项目，能够体现美术馆较高的公共文化服务水平，并取得积极的社会影响，成效显著。

（三）已列入2013年和2014年全国美术馆馆藏精品展出季活动目录的展览，不再参与本次评选。

三、申报单位资质

（一）“重点美术馆展览项目”仅限国家重点美术馆申报。

（二）其余项目的申报单位须满足如下资质要求：

1. 各级各类国有美术馆，以及在民政部门登记注册、在文化行政部门备案的具有民办非企业法人资质的民营美术馆。

2. 开馆时间满两年，并常年向公众开放。（说明：申报2013年项目的美术馆，开馆时间不晚于2012年1月1日；申报2014年项目的美术馆，开馆时间不晚于2013年1月1日）

3. 申报单位应在申报时提供能够证明以上资质的相关证明文件复印件。

四、申报项目要求

（一）“展览项目”必须提供详细的策划及实施方案，包括明确展览学术定位、相关学术活动、公共教育和推广活动的设计及目标人群的设定、展览的社会反响等。“公共教育项目”必须充分说明该项目的社会影响。

每个申报的项目都必须提供能够说明以上要求的较为完备的相关资料，包括画册、文集、展览介绍、新闻报道、观众反响等各方面的信息和资料，与“2013—2014 年度全国美术馆优秀项目申报书”一同报送。

（二）各美术馆均可同时申报“展览项目”及“公共教育项目”，每类项目限报 2 个。原则上“展览项目”与“公共教育项目”申报内容不得相同。

五、申报方式

（一）2013—2014 年度全国美术馆优秀项目评审工作由全国美术馆专业委员会承办。

（二）参与申报的美术馆均需认真填写“2013—2014 年度全国美术馆优秀项目申报书”。该申报书可从文化部官方网站 www. mcprc. gov. cn 下载，请将电子版本申报书与相关附件刻录成光盘，与纸本申报书同时提交。

（三）自本通知发布之日起，各省、自治区、直辖市文化厅（局）组织本地区符合申报条件的美术馆开展项目申报工作：

1. 按照公平、公正、公开的原则，对本地区美术馆的申报材料的真实性、完整性、规范性进行初步审核，确保申报材料的真实、可靠。

2. 在初审通过的项目申报书中，填写明确的审核和推荐意见并加盖公章。

3. 将本地区初审通过项目的申报材料统一报送至全国美术馆专业委员会。

（四）中央和国家有关部门所属美术馆、国家重点美术馆的申报由全国美术馆专业委员会直接受理。

六、收件时间和收件地址

申报工作自本通知发布之日起开始。请于 2014 年 12 月 31 日前（以当地邮戳为准）将申报材料报送至全国美术馆专业委员会。申报项目的材料不符合通知要求的，或延迟报送的，将不予评审。报送地址及联系方式如下：

地址：北京市东城区五四大街 1 号，全国美术馆专业委员会；邮政编码：100010；收件人：温铮；联系电话：010－64008546；电子邮箱：zwh5401@ 163. com。（邮件外部注明“2013—2014 年度申报材料”字样）

七、评选方式和监督管理

由文化部艺术司聘请专家组成评审委员会，对申报项目进行评审，评选出“国家重点美术馆优秀展览项目”“优秀展览项目”和“优秀公共教育项目”，评审结果经文化部审批后予以公布，并择时对获得优秀项目的美术馆以及在组织工作方面表现突出的文化厅（局）进行表彰。

各地文化行政部门应对美术馆提供的各项申报材料进行认真核查，保证申报材料的真实性。凡弄虚作假者，一经查实，即取消本次评选资格及下一年度的申报资格。

八、文化部艺术司文学美术处联系人及联系方式

联系电话：010—59881764，59881765

特此通知。

附件：“2013—2014 年度全国美术馆优秀项目申报书”（略）

文化部办公厅

2014 年 11 月 17 日

【文化部办公厅关于开展第二次全国重点美术馆评估工作的通知】

（办艺函 ［2014］ 478 号）

各省、自治区、直辖市文化厅（局），中国美术馆、中国国家画院：

为了加强和规范全国美术馆行业管理和分类指导，提高美术馆的建设管理水平和服务质量，探索美术馆科学管理方法，推动美术馆专业化、标准化、规范化建设，充分发挥美术馆的公共文化服务作用，满足人民群众精神文化生活需求，根据《全国重点美术馆评估办法（修订稿）》，文化部将于近日启动第二次全国重点美术馆评估工作，现将有关事项通知如下：

一、指导思想和工作原则

全国重点美术馆评估坚持以人民为中心的工作导向，坚持文艺为人民服务、为社会主义服务的方向和“百花齐放、百家争鸣”的方针，坚持传承和弘扬中华优秀传统文化，培育和弘扬社会主义核心价值观，推动社会主义文化大发展大繁荣。

全国重点美术馆评估工作遵循自愿申报、行业评估、动态管理、分类指导和公平、公正、公开的原则，立足全面提升美术馆的管理水平、专业能力和公共文化服务水平，促使美术馆焕发生机和活力，提高社会贡献率，同时便于社会关注与监督。第二次全国重点美术馆评估工作依据《全国重点美术馆评估办法（修订稿）》《全国重点美术馆评估标准》（见文艺发〔2014〕33 号）开展。

二、参评范围

全国范围内具有展览、典藏、研究及公共教育和服务功能，不以营利为目的的公益性美术馆。包括国有的综合类美术馆和各种专题类美术馆，如美术名家艺术馆（纪念馆）等；也包括在民政部门登记注册、在文化行政部门备案的具有民办非企业法人资质的民营美术馆。参评美术馆应于 2013 年 1 月 1 日前正常向公众开放运行（对于新建馆舍或改扩建馆舍的美术馆，其新馆舍应于 2013 年 1 月 1 日前正式启用）。

三、工作步骤和时间安排

第二次全国重点美术馆评估工作分为申报、评估、公布三个工作阶段。

（一）申报阶段（2014 年 11 月至 2015 年 1 月）

1. 各省、自治区、直辖市文化厅（局）组织本地区符合申报条件的美术馆进行自评，填报“全国重点美术馆评估标准评分细则表”和“第二次全国重点美术馆评估申报书”，同时提供本馆 2013 年和 2014 年工作总结，2015 年至 2016 年发展规划，以及组织机构代码证等能够证明申报单位资质的证明文件复印件。

2. 各省、自治区、直辖市文化厅（局）对本地区美术馆的申报材料的真实性、完整性、规范性进行审核，出具初审意见，并将本地区符合规定的申报材料统一报送全国重点美术馆评估委员会办公室。

3. 中央和国家有关部门所属美术馆的申报材料由全国重点美术馆评估委员会办公室直接受理。

4. 申报时间：自本通知发布之日起，至 2015 年 1 月 31 日止，以邮件寄出时间为准。

5. 收件方式：

（1）申报材料原件寄送至：北京市东城区五四大街 1 号，中国美术馆，全国重点美术馆评估委员会办公室收件组（邮政编码：100010），联系人：温铮，联系电话：010—64008546。

（2）申报材料电子版发送至：zwh5401@163. com.

（二）评估阶段（2015 年 2 月至 2015 年 5 月）

全国重点美术馆评估委员会对各省、自治区、直辖市文化厅（局）及中央和国家有关部门所属美术馆报送的申报材料进行复核，并根据一定比例确定进入评估考察程序的美术馆名单，组织专家小组对上述美术馆进行实地考察，并在综合评议的基础上提出评审意见。

（三）公布阶段（2015 年 6 月至 2015 年 7 月）

文化部审定全国重点美术馆评估委员会的评审意见，并将审定结果向社会进行为期 7 天的公示。公示期满后，由文化部正式公布“国家重点美术馆”名单。

四、对于首批国家重点美术馆的复审工作

按照《全国重点美术馆评估办法（修订稿）》第五章第二十五条规定，对于首批国家重点美术馆的复审工作依据最新评估标准执行，与第二次全国重点美术馆评估工作同步进行。工作步骤如下：

（一）首批国家重点美术馆进行自评，并填报“全国重点美术馆评估标准评分细则表”和“第二次全国重点美术馆评估申报书”，同时提供本馆自首次评估以来的整体工作总结，以及未来三年的整体发展规划。上述材料于 2015 年 1 月 31 日前直接报送至全国重点美术馆评估委员会办公室收件组。

（二）全国重点美术馆评估委员会对首批国家重点美术馆的自评材料进行审核，并组织专家小组进行实地考察。考察结束后，全国重点美术馆评估委员会在综合评议的基础上，对首批国家重点美术馆提出复审意见，报文化部审定后将复审结果予以公布。

五、文化部艺术司联系方式

电话：010—59881764　传真：010—59881765

特此通知。

附件：“第二次全国重点美术馆评估申报书”（略）

文化部办公厅

2014 年 11 月 17 日

专题

同行——2014 美术馆联合展

【从“印象”转为“表现”　全球七大表现主义展首聚上海】

2014 年 8 月 1 日，享有盛誉的国际表现主义名作齐聚上海。“同行——2014 美术馆联合展”在中华艺术宫拉开序幕。

按照表现主义在不同国家和时代的作品分类，此次中华艺术宫分为七大板块：“通变涵远——20 世纪中国美术中的 10 个样本”对原有的中华艺术宫名家馆进行了重新策划、作品增补，选取了 20 世纪中国美术中的 10 个大师作为样本。展览通过这些融汇中西艺术大师的作品，展现中国近现代绘画继承写意传统，呈现内里的表现主义元素。而“中国新表现：1980—2014 特别邀请展”，则展出 21 位当今中国艺术界名家的优秀艺术作品，展现中国当代艺术中表现性的内涵特质。来自中国美术学院的“此在的绘画——中国具象表现绘画二十年艺术展”，则展现了中国美术学院的艺术家在实践中以现象学哲学为思想背景，对绘画创作进行再思考的艺术体系。

来自国际的表现主义艺术展，最为引人注目的是“狂野的心——20 世纪 60 年代以来的德国新表现主义艺术展”，该展为人们带来了德国新表现主义艺术流派中令人激动的几个名字，如安森・基弗、格哈德・里希特等。此外，“琳琅满天——20 世纪下半叶意大利表现性艺术展”呈现出意大利艺术家以全球化作为文化土壤、令绘画从各种艺术实验回归架上绘画的创作成果；“伸出你的拳头——厄瓜多尔绘画大师奥斯瓦尔多・瓜亚萨明画展”展示了表现主义艺术在遥远而神秘的南美大陆曾产生的声声回响；“我的孩子，春天来了——德国绘画大师珂勒惠支作品展”则展示了珂勒惠支作为百年前表现主义艺术旗手的风采，以及她对中国近现代艺术发展产生的深远影响。

【通变涵远——20 世纪中国美术中的 10 个样本】

“通变涵远——20 世纪中国美术中的 10 个样本”是“同行——2014 美术馆联合展”项目中关于 20 世纪中国美术现代转型时期，贺天健、朱屺瞻、林风眠、关良、滑田友、周碧初、陆俨少、谢稚柳、吴冠中、程十发 10 位艺术家的作品展览。此展试图通过一批典型性的作品来体现在社会变迁、文化艺术思潮涌动下，艺术所具有的时代风貌。它们在形式上虽有些大相径庭，但恰是一群具有“自觉”精神的艺术家，在各自的探求中所产生出的丰富的“通变”样本。

【中国新表现：1980—2014 特别邀请展】

“中国新表现：1980—2014 特别邀请展”是“同行——2014 美术馆联合展”的一个展项。该展以群展的方式着重展出改革开放以来，中国既具有表现绘画特点，又卓有成就的 21 位艺术家的作品，展览分为油画与水墨两个部分。此展的举办一方面有利于学术界对 20 世纪 80 年代以来中国具有表现性特点的新绘画进行严肃的学术清理；另一方面也可以使本展与同期举办的各个分展形成有趣的互文或上下文关系。

本次参展的油画艺术家有（按姓氏笔画排列）：

丁方、王玉平、方力钧、毛旭辉、许江、苏新平、陈钧德、尚扬、罗中立、岳敏君、邱瑞敏。

水墨艺术家有（按姓氏笔画排列）：

卢辅圣、朱振庚、刘进安、刘庆和、李孝萱、张培成、周京新、施大畏、崔振宽、谌孝安。

策展人：

艺术理论家鲁虹。

【此在的绘画——中国具象表现绘画二十年艺术展】

“此在的绘画——中国具象表现绘画二十年艺术展”是具象表现绘画由法国引入中国20年来的艺术创作成果呈现展。中国具象表现绘画在对当代艺术的不断反思中，在现象学哲学理论的基础上发展出一整套绘画方法论体系，从20世纪末至今一直引导着一批艺术家进行艺术探索和实践，对中国当代艺术教学和创作产生了深远的意义和重要的影响。

展览第一部分是“溯源·回归视觉”，展出中国与法国具象表现画家的日常素描习作，也包括具象表现绘画自1990年初由法籍华裔艺术家司徒立先生引入中国之后的发展历程的文献展示，呈现了法国与中国艺术家在这条道路上的同行之旅。展览的第二部分“生机·感性的完满”展出19位中国具象表现画家的油画作品，集中体现了具象表现绘画强调现场直观的视觉真实和视域意义的感性构成的品格特征，以及艺术家立足自然的思想与创作姿态，以此来完成对“此在的绘画”这一展览主题的诠释。

【狂野的心——20世纪60年代起的德国新表现主义艺术展】

“狂野的心——20世纪60年代起的德国新表现主义艺术展”，集中呈现了20世纪60年代德国艺术运动的兴起，以及新表现主义和新具象的发展，其中有中国观众耳熟能详的著名艺术家巴塞利兹、伊门道夫、安森·基弗、格哈德·里希特等的重要作品。

【琳琅满天——20世纪下半叶意大利表现性艺术展】

“琳琅满天——20世纪下半叶意大利表现性艺术展”，集中推出了在欧洲艺术界举足轻重的意大利20世纪七八十年代的超前卫艺术风潮，也就是意大利新表现主义艺术。它的根本精神在于把绘画从各种艺术实验回归架上绘画。尽管这个流派中的每个画家的精神追求和艺术手法各不相同，但他们使架上绘画在意大利艺坛上获得了一次空前辉煌的复兴。

【伸出你的拳头——厄瓜多尔绘画大师奥斯瓦尔多·瓜亚萨明画展】

“伸出你的拳头——厄瓜多尔绘画大师奥斯瓦尔多·瓜亚萨明画展”分为“等待”系列、“母亲”系列和“中国风景速写”系列等内容。

奥斯瓦尔多·瓜亚萨明是拉丁美洲厄瓜多尔的国宝艺术家，著名的文化战士。早在20世纪50年代，奥斯瓦尔多·瓜亚萨明就参加拉丁美洲革命，用作品反映人民疾苦，争取民族独立。他曾来过中国，受到毛泽东主席的接见。

【我的孩子，春天来了——德国绘画大师珂勒惠支作品展】

“我的孩子，春天来了——德国绘画大师珂勒惠支作品展”展出了20世纪早期德国表现艺术绘画大师珂勒惠支的版画和雕塑作品。此次展览，以珂勒惠支作为对中国当代艺术影响的启蒙者，展出她三个系列的版画和雕塑作品。

第十二届全国美术作品展览

【第十二届全国美术作品展览漆画展】

2014年9月1日，由文化部、中国文学艺术界联合会、中国美术家协会主办，福州市人民政府、福建省文学艺术界联合会、福建省美术家协会、福建拓福文教基金会承办，福州市文化新闻出版局、福建省文学艺术界联合会书画艺术发展有限公司、福建省美术家协会漆画艺术委员会、福建拓福文化发展有限公司协办的“第十二届全国美术作品展览漆画展”在福州海峡国际会展中心开幕。

本届展览共征集作品1700余件，共有308件作品入选，其中进京作品34件。

【第十二届全国美术作品展览艺术设计作品展】

2014年9月6日，由文化部、中国文学艺术界联合会、中国美术家协会主办，陕西省美术家协会、西安美术学院、陕西省文化产业投资控股（集团）有限公司承办的“第十二届全国美术作品展览艺术设计作品展”在陕西省西安当代美术馆开幕。

“第十二届全国美术作品展览艺术设计作品展”共收到作品6900余件，共有478件作品入选，其中进京作品80件。

【第十二届全国美术作品展览综合材料绘画作品展】

2014年9月16日，由文化部、中国文学艺术界联合会、中国美术家协会主办，中共河北省委宣传部、河北省文化厅、河北省文学艺术界联合会承办，中国美术家协会综合材料绘画艺术委员会、河北画院、河北省美术家协会、河北省博物院协办的“第十二届全国美术作品展览综合材料绘画作品展”在河北省博物院开幕。

“第十二届全国美术作品展览综合材料绘画作品展”先后共收到全国各地5000多件作品，共评选出271件入选作品，34件进京作品。

【第十二届全国美术作品展览综合画种·动漫作品展】

2014年9月18日，由文化部、中国文学艺术界联合会、中国美术家协会主办，浙江省文化厅、浙江省文学艺术界联合会、浙江省美术家协会、嘉兴市人民政府承办的“第十二届全国美术作品展览综合画种·动漫作品展览”在浙江省嘉兴市秀洲·中国农民画艺术中心开幕。

第十二届全国美展综合画种·动漫展区共分动漫、连环画·插图、漫画、年画·书籍装帧等四大展厅，展线2200多米。展览共收到参赛作品5731件，其中综合画种作品4221件，动漫作品1510件，最终选出综合画种作品235件（年画32件、漫画48件、连环画40件、插图85件、书籍装帧30件），其中进京作品38件；动漫作品112件（动画66件、漫画46件），其中进京作品10件。

【第十二届全国美术作品展览油画作品展】

2014年9月20日，由文化部、中国文学艺术界联合会、中国美术家协会主办，中共浙江省委宣传部、浙江省文化厅、浙江省文学艺术界联合会承办，浙江省美术家协会、浙江美术馆协办的“第十二届全国美术作品展览油画作品展览”在浙江美术馆开幕。

第十二届全国美展油画展征集参评作品计1200余件，最终确定入选作品578件，其中进京作品90件，包括获奖提名作品金奖1件、银奖8件、铜奖6件和优秀奖6件。

【第十二届全国美术作品展览壁画作品展】

2014年9月21日，由文化部、中国文学艺术界联合会、中国美术家协会共同主办，中央美术学院、中国壁画学会、中国美术家协会壁画艺术委员会、中央美术学院壁画系、中央美术学院美术馆共同承办的“第十二届全国美术作品展览壁画作品展览”及中国美术家协会壁画艺委会和中国壁画学会主办的“第三届全国壁画大展”在中央美术学院美术馆开幕。

第十二届全国美术作品展览壁画作品展览在参加复评的182件壁画作品当中，评选出入选作品159件，其中20件进京作品。

【第十二届全国美术作品展览版画作品展】

2014年9月23日，由文化部、中国文学艺术界联合会、中国美术家协会共同主办，中共广东省委宣传部、广东省文化厅、广东省文学艺术界联合会承办，广东省美术家协会、广州美术学院、广东美术馆协办的“第十二届全国美术作品展览版画作品展”在广东美术馆开幕。

本次版画展区共收到推选作品778件，最终评出入选作品349件，其中进京作品40件。

【第十二届全国美术作品展览雕塑作品展】

2014年9月25日，由文化部、中国文学艺术界联合会、中国美术家协会共同主办，太原市人民政府承办，山西省文化厅、山西省文学艺术界联合会、山西省美术家协会、太原市文化广电新闻出版局、太原美术馆共同协办的“第十二届全国美术作品展雕塑作品展览”在山西太原美术馆开幕。

“第十二届全国美术作品展雕塑作品展览”共收到全国各地2689件作品，评选出参展作品350件，最后从中选出35件进京暨获奖提名作品。

【第十二届全国美术作品展览中国画作品展】

2014年9月26日，由文化部、中国文学艺术界联合会、中国美术家协会主办，中共天津市委宣传部、天津市文广局、天津市文学艺术界联合会、天津市美术家协会承办的“第十二届全国美术作品展览中国画作品展”在天津美术馆开幕。

第十二届全国美术作品展览中国画作品展共收到1300余件中国画作品，最终遴选出591件入选作品，其中进京作品86件。

【第十二届全国美术作品展览水彩·粉画作品展】

2014年9月27日，由文化部、中国文学艺术界联合会、中国美术家协会主办，中共湖北省委宣传部、湖北省文化厅、湖北省文学艺术界联合会、中共武汉市委宣传部协办，湖北省美术家协会、武汉美术馆承办的“第十二届全国美术作品展览水彩·粉画作品展”在武汉美术馆开幕。

第十二届全国美展水彩·粉画展从800余件参评作品中，经终评共评出入选作品319件，进京作品41件。

【第十二届全国美术作品展览陶艺作品展】

2014年9月29日，由文化部、中国文学艺术界联合会、中国美术家协会主办，陕西省美术家协会协办的“第十二届全国美术作品展览陶艺作品展”在西安市大唐西市博物馆开幕。

“第十二届全国美术作品展览”首次将陶艺作品展设为独立展区，共评选出221件入选作品，29件进京作品。

【第十二届全国美术作品展览暨中国美术奖·创作奖、获奖提名作品展】

2014年12月15日，由文化部、中国文学艺术界联合会、中国美术家协会共同主办，集中展示了近5年来中国美术创作丰硕成果的“第十二届全国美术作品展览暨中国美术奖·创作奖、获奖提名作品展”在中国美术馆开幕。本届全国美展分两个阶段举行：第一阶段是2014年8月15日至9月29日，各画种13个分展区在全国陆续亮相。其中中国画展区设在天津，油画展区设在杭州，版画展区设在广州，雕塑展区设在太原，水彩·粉画展区设在武汉，壁画展区设在北京，漆画展区设在福州，艺术设计展区设在西安，港澳台地区及海外华人展区设在盘锦，实验艺术展区设在北京，综合画种·动漫展区设在嘉兴，综合材料绘画展区设在石家庄，陶艺展区设在西安，共展出从2.4万余件投稿作品中遴选的4391件作品。第二阶段是进京“第十二届全国美术作品展暨中国美术奖·创作奖、获奖提名作品展”，集中展出分展区作品精心推举的576件作品，其中160件为第二届“中国美术奖·创作奖”获奖作品。

第十二届全国美术作品展览中国美术奖·创作奖评奖结果

序号	作者	题目	省份	画种	备注
1	彭　伟	而立之年	重庆	版画	金奖作品
2	刘德才	刻在北大荒的土地上	黑龙江	插图	金奖作品
3	许海刚	亮宝节上的人们	湖北	水彩粉画	金奖作品
4	何红舟	桥上的风景	浙江	油画	金奖作品
5	陈　治　武　欣	儿女情长	天津	中国画	金奖作品
6	中央美术学院　西安美术学院　太原理工大学　北京服装学院	“为西部农民生土窑洞改造设计”四校联合公益设计项目	四大美术学院	环艺	金奖作品
7	张玉惠	织情叙意	福建	漆画	金奖作品
8	董喜春	存在之三十六·走过	辽宁	水彩粉画	银奖作品
9	李智华	老广东，小生活	广东	油画	银奖作品

续表

序号	作者	题目	省份	画种	备注
10	洪　涛	速写长征—向北？向北！	辽宁	雕塑	银奖作品
11	杨　洋	春将至	北京	综合材料	银奖作品
12	赵培智	开河节上的塔吉克男人	北京	油画	银奖作品
13	杨　春	美丽的森林	北京	动漫	银奖作品
14	陈若菊、周令钊等	北京地铁六号线集体创作	北京	壁画	银奖作品
15	李焕民	守望	四川	版画	银奖作品
16	李成民	开国大典・人民万岁	浙江	油画	银奖作品
17	黄洪涛	光阴的故事	辽宁	中国画	银奖作品
18	沈克龙	花事千年	福建	漆画	银奖作品
19	应金飞	似水年梦	浙江	水彩粉画	银奖作品
20	赵　奇	在土地上	北京	中国画	银奖作品
21	王树山	延安鲁艺的一天	解放军	雕塑	银奖作品
22	梁业健	青影	广西	版画	银奖作品
23	李雪松　季绪超	便携风力发电机设计	辽宁	工业	银奖作品
24	黄　鸣	大沉香	浙江	油画	银奖作品
25	张　策	大山正月	辽宁	中国画	银奖作品
26	李永清　卢　密	循之路	江苏	工艺	铜奖作品
27	邓　柯	民族系列—芭沙人的芦笙节	北京	雕塑	铜奖作品
28	陈福彬	群乡蔬谱图	上海	中国画	铜奖作品
29	杨向宇	爱	四川	漫画	铜奖作品
30	丁志伟	寻找焦裕禄	河南	综合材料	铜奖作品
31	林一蕙	黑・白	浙江	陶艺	铜奖作品
32	孙立军　方　成　邹静之	兔侠传奇	北京	动漫	铜奖作品
33	王　秦	欢乐颂	上海	工艺	铜奖作品
34	卢　冰	吉祥西藏	北京	连环画	铜奖作品
35	周宗凯　周渭淙	南京	重庆	连环画	铜奖作品
36	林智勋　黄建坤	旧时光	福建	漆画	铜奖作品
37	李善阳　李　慧	喜马拉雅	山东	油画	铜奖作品
38	苏　丹　张　月　杜　异 陆轶辰　汪建松　崔笑声 梁　雯　周艳阳　师丹青 顾　欣　王之纲	2015 年意大利米兰世博会中国馆整体设计	北京	环艺	铜奖作品
39	曾春平	我把春天带回家	广东	中国画	铜奖作品
40	焦兴涛	逐梦	重庆	雕塑	铜奖作品
41	李　康	城・惊蛰	广东	版画	铜奖作品
42	徐　钢	三教圣地	江苏	中国画	铜奖作品
43	单飞达	中国远征军	浙江	壁画	铜奖作品
44	薛文凯　李奉泽　孙　健	滤径——环保道路隔离设施设计	辽宁	工业	铜奖作品
45	宋光智	渡船	广东	版画	铜奖作品

续表

序号	作者	题目	省份	画种	备注
46	肖　勇	昆虫记	广东	插图	铜奖作品
47	潘　妙　高　良	事事如意	北京	工艺	铜奖作品
48	尤　山	石头城的传说	新疆	连环画	铜奖作品
49	熊礼斌	草原上的人们	福建	油画	铜奖作品
50	王天德	后山图	上海	综合材料	铜奖作品
51	王　雷	文化中国·大明	河南	综合材料	铜奖作品
52	韩　绪　俞佳迪　瞿振超　林衍兆　易柳汝　袁婧怡	浙江省农村文化礼堂视觉形象及符号系统设计	浙江	平面	铜奖作品
53	侯国良	北大荒的呼唤	黑龙江	连环画	铜奖作品
54	王颖生　董　卓　李　靖　岳　阳　吴大铧	万国来朝	北京	壁画	铜奖作品
55	孙景刚	偶遇	浙江	油画	铜奖作品
56	张杞峰	简	北京	服装	铜奖作品
57	柳　青	成果	北京	雕塑	铜奖作品
58	闫　睿	秋蝉的轮回	北京	工艺	铜奖作品
59	栾清涛	“和”清园普洱茶膏文化礼品包装	山东	平面	铜奖作品
60	徐　展	郎木寺的节日	天津	中国画	铜奖作品
61	袁　伟	碎片	安徽	综合材料	铜奖作品
62	罗中立　郝大鹏　潘召南　孙继任	共生校园—四川美术学院虎溪校区	重庆	环艺	铜奖作品
63	王　超	西行	江苏	雕塑	铜奖作品
64	毕　璐	盛装	黑龙江	壁画	铜奖作品
65	周少华　王　蕾　吴　晶	年轮	湖北	服装	铜奖作品
66	冯崇利	熔铸—竹风	北京	雕塑	铜奖作品
67	姜　延	不缺席的繁星	河北	平面	铜奖作品
68	王　岗　肖　乐	青语·山	浙江	陶艺	铜奖作品
69	郑　峰	奔月颂	广东	版画	铜奖作品
70	刘金亭　杨　婉	春风化雨	辽宁	雕塑	铜奖作品
71	杨　季	榜样	陕西	中国画	铜奖作品
72	姜永安	伤逝的肖像·中国“慰安妇”写真	江苏	中国画	铜奖作品
73	任世民　李　翔	升腾	北京	壁画	铜奖作品
74	苏军权	日出而作，日入而息	广东	水彩粉画	铜奖作品
75	叶武林　杨　宁　赵　岩　耿延民　王　康	石壁客家祖地牌坊门浮雕群	北京	壁画	优秀奖作品
76	孙国庆	失衡的状态	北京	综合材料	优秀奖作品
77	陈文骥	不料	北京	综合材料	优秀奖作品
78	魏传涛	印象—轨迹系列	湖北	工艺	优秀奖作品
79	吴静秋	梳妆	黑龙江	版画	优秀奖作品
80	李雨祗	梦·十日	北京	插图	优秀奖作品
81	陈文智	灰面人	广东	插图	优秀奖作品
82	赵　竹	元音	贵州	油画	优秀奖作品

续表

序号	作者	题目	省份	画种	备注
83	罗　江　卢　冰	天路	云南	中国画	优秀奖作品
84	曲　晶	无有一炻器	浙江	陶艺	优秀奖作品
85	邵　健　周　浩　张　露　倪苹均　李金蔚	龙泉大师园徐朝兴工作室——建筑与景观设计	浙江	环艺	优秀奖作品
86	韩晓骏	上海轨道交通 9 号线醉白池站设计施工方案	上海	环艺	优秀奖作品
87	游　宇	搪瓷・红双喜	云南	版画	优秀奖作品
88	李龙燕	童谣乐	重庆	年画	优秀奖作品
89	廖　扬	爸爸妈妈都去哪了	上海	版画	优秀奖作品
90	闫　平	小鱼儿是自由的	北京	油画	优秀奖作品
91	林　强　王　淼　李永炜　马　彧	升腾的爱	北京	壁画	优秀奖作品
92	彭韶军	流传百年的味道	新疆	插图	优秀奖作品
93	张小磊	戈壁滩上的军乐队	解放军	中国画	优秀奖作品
94	马　蕾	如跂斯翼・如矢斯棘	山东	漆画	优秀奖作品
95	周吉荣	景观——太和殿	北京	版画	优秀奖作品
96	阮　梅	于无声处	解放军	油画	优秀奖作品
97	赵　旸	父亲・母亲	山东	水彩粉画	优秀奖作品
98	王羽天	遥望	浙江	油画	优秀奖作品
99	冯　峰	时间中的宫殿——西安大明宫国家遗址公园中轴线标识性建筑宣政殿、紫宸殿的设计	广东	环艺	优秀奖作品
100	景育民	黑雨	天津	雕塑	优秀奖作品
101	李雪松　王艺蓉　陈　宇	汽车脱困板设计	辽宁	工业	优秀奖作品
102	曹德利　金常江　胡楚凡　赵时珊　尹　航　刘　健	汇聚・第十二届中华人民共和国全国运动会火炬塔及舞台设计	辽宁	环艺	优秀奖作品
103	王洪亮　孙玉敏　王衍达	劳动者之歌	北京	壁画	优秀奖作品
104	曲宝来	往事	山东	水彩粉画	优秀奖作品
105	高　鸣	渔舟唱晚	江苏	中国画	优秀奖作品
106	翟振辉	霜露	浙江	陶艺	优秀奖作品
107	田奎玉	祖国颂	辽宁	壁画	优秀奖作品
108	路　昊	梦回巴黎	北京	油画	优秀奖作品
109	陈　娜	若只如初见	福建	漆画	优秀奖作品
110	熊开波	华夏器韵系列	北京	陶艺	优秀奖作品
111	徐志伟	麒麟系列	浙江	陶艺	优秀奖作品
112	杨德君	使命	山东	中国画	优秀奖作品
113	李金国	古木吉禽	江苏	中国画	优秀奖作品
114	刘金贵	节日的山村	北京	中国画	优秀奖作品
115	李啸非	辛卯日记	北京	插图	优秀奖作品
116	夏大川　杨　欣	无题	山东	漫画	优秀奖作品
117	杨耀斌	迷彩青春	福建	漆画	优秀奖作品

续表

序号	作者	题目	省份	画种	备注
118	陈振国	秋醉大巴山	陕西	水彩粉画	优秀奖作品
119	招炽挺	晴空	解放军	中国画	优秀奖作品
120	沈烈毅	铁壳船	浙江	雕塑	优秀奖作品
121	柴立青	无题	浙江	漫画	优秀奖作品
122	李　程　钱麒光	玄光	辽宁	陶艺	优秀奖作品
123	李付彪	古音—10	山东	工艺	优秀奖作品
124	庄道静	放飞梦想	江苏	中国画	优秀奖作品
125	范　潇	功夫——五子搏连环	江苏	漆画	优秀奖作品
126	叶　菁	外面	上海	漆画	优秀奖作品
127	张　伟	律动	黑龙江	版画	优秀奖作品
128	董　卓	般若	北京	壁画	优秀奖作品
129	王檬檬	惑之书	陕西	工艺	优秀奖作品
130	冯卫军	2012	江苏	水彩粉画	优秀奖作品
131	池颖红	空间物语之八	黑龙江	油画	优秀奖作品
132	于小冬	燃灯节	天津	油画	优秀奖作品
133	章伯奇	绿牡丹	上海	连环画	优秀奖作品
134	刘释凌	打麦场上	四川	水彩粉画	优秀奖作品
135	涂蓉蓉	初春的郊野	江苏	水彩粉画	优秀奖作品
136	何梦琼	巴莎汉子	北京	中国画	优秀奖作品
137	余平	瓷儿系列・同行	广东	陶艺	优秀奖作品
138	董克诚　董瑀强	格桑与卓玛	天津	连环画	优秀奖作品
139	汪晓曙　汪　蕓　李茂宁 熊中华　皮宪文	一个人的长征	广东	连环画	优秀奖作品
140	赵俊峰	晨曦	陕西	中国画	优秀奖作品
141	林宜耕　李　涛	戏画人生	福建	漆画	优秀奖作品
142	余潮松	温暖前行之三	广东	漆画	优秀奖作品
143	李小光	家乡记事	江苏	版画	优秀奖作品
144	郑　艺　刘振生	城市老年人家庭洗浴产品设计	北京	工业	优秀奖作品
145	陈勇劲	山火	湖北	水彩粉画	优秀奖作品
146	李晓明　王其钧	都市中的一抹霞光	北京	水彩粉画	优秀奖作品
147	崔凤东　吴跃胜　郭荣钧	待命	解放军	水彩粉画	优秀奖作品
148	方赞茹	看不见的风景	浙江	油画	优秀奖作品
149	张峻明　李雪梅	岁月留声	解放军	油画	优秀奖作品
150	宋仁伟	陕北红	北京	油画	优秀奖作品
151	崔小冬	温暖的日子	浙江	油画	优秀奖作品
152	沈　璐	鹤之灵	辽宁	连环画	优秀奖作品
153	潘丽萍	踮脚张望	广西	动漫	优秀奖作品
154	王泽培	查一惊百	河南	漫画	优秀奖作品
155	朱　松	吉祥钱塘	浙江	年画	优秀奖作品

续表

序号	作者	题目	省份	画种	备注
156	史　墨	“荷韵”竹炭高级茶巾销售包装设计	北京	平面	优秀奖作品
157	马力平　马　青	高原汽车兵	四川	版画	优秀奖作品
158	胡贤武	多重猜想·2014	广东	版画	优秀奖作品
159	张文平	八月	甘肃	油画	优秀奖作品
160	刘泉义	源泉	解放军	中国画	优秀奖作品

纪事

综合展览

【丹青贺岁——第十届中国艺术节全国优秀美术作品展】

2014年1月15日，“丹青贺岁——第十届中国艺术节全国优秀美术作品展”在中国美术馆开幕。展览作品在“第十届中国艺术节全国优秀美术作品展”基础上精选辑成，包括中国画、油画、版画、雕塑和水彩（水粉）画共计200余件。

【献给母亲的歌——中国女美术家提名邀请展】

2014年3月6日，由中国女画家协会主办，文化部艺术司、中华全国妇女联合会宣传部、中国文学艺术界联合会国内联络部支持，中国美术家协会、中国国家画院学术支持，“献给母亲的歌——中国女美术家提名邀请展”在北京中国文艺家之家展厅开幕。本次展览以“献给母亲的歌”为主题，汇聚了来自全国各地的130多位优秀女艺术家的作品，涵盖了中国画、油画、版画、雕塑等各大艺术门类。

【意绘——武汉八人美术作品展】

2014年3月18日至26日，由武汉美术馆主办的“意绘——武汉八人美术作品展”在中国美术馆开幕。本次展览集合了王心耀、刘寿祥、冷军、沈伟、肖丰、罗彬、徐勇民、樊枫等8位艺术家最具代表性的68件/组作品。

【汉风墨韵——李可染暨“彭城画派”美术作品晋京展】

2014年3月19日至27日，“汉风墨韵——李可染暨‘彭城画派’美术作品晋京展”在中国美术馆开幕。此次展览在对百年徐州美术书法发展史全面系统梳理基础上，由“风声先觉——徐州籍大师序列文献展”（张伯英、王子云、王青芳、刘开渠、李可染、王肇民、朱丹、朱德群）、“可染无疆——李可染绘画世界”“鸿鹄高飞——旅外艺术家群”“昕昕原创——守望乡土的耕耘者”四部分组成，共展出中国画、油画、版画、雕塑、书法作品191幅（件）。

【中央美术学院附中60周年校庆展】

2014年3月29日，由中央美术学院、中国美术馆、中央美术学院附属中等美术学校主办的“中央美术学院附中60周年校庆展”在中国美术馆开幕。本展览展出的是60年来附中师生创作的有重大影响的作品，以展现附中60年来在各个时期的教学理念与办学成果。展览由4个部分组成：中国美术馆馆藏的附中师生创作的重要作品、附中历任教师作品、附中学生留校优秀作品、附中校史。

【丰华臻传——中国重要书画收藏展】

2014年4月18日至20日，“丰华臻传——中国重要书画收藏展”在北京保利艺术博物馆展出，展品涵盖齐白石、黄宾虹、张大千、傅抱石、徐悲鸿、吴昌硕、潘天寿等近现代艺术家的经典作品。

【七彩云南　多彩贵州——中国美术作品展览】

2014年4月25日，由中国文学艺术界联合会、中共云南省委宣传部、中共贵州省委宣传部、中国美术家协会、中国美术馆、云南文学艺术界联合会、贵州省文学艺术界联合会、中央民族大学、中国文学艺术基金会、中国文学艺术发展专项基金等单位联合主办的“七彩云南——中国美术作品展”与“多彩贵州——中国美术作品展”在中国美术馆开幕。“七彩云南”与“多彩贵州”展览是中国美术家协会有关少数民族美术题材美术作品系列展览的重要延续。

【大美寻源——当代优秀书画家作品展】

2014年4月26日，由中国艺术研究院主办，中国艺术研究院艺术创作院美术创作研究中心、北京孔庙和国子监博物馆承办的辟雍雅集“大美寻源——当代优秀书画家作品展”在北京国子监举办。此次展览参展的艺术家主要以中国艺术研究院艺术创作院美术创作研究中心书画家为主。

【第28届亚洲国际美术展】

2014年4月30日，“第28届亚洲国际美术展”在广州美术馆开展，展出了21位来自中国不同地区艺术家的架上作品。

【2014届中央美术学院研究生毕业展】

2014年4月30日，中央美术学院研究生毕业展——第三季“2014届中央美术学院研究生毕业展”在央美美术馆开幕。本次展览汇集了中央美术学院中国画、油画、版画、壁画、雕塑、实验艺术、设计、建筑和影视等专业的307名硕士、博士研究生近400余件作品。

【中国意象——当代中国水墨与雕塑艺术展】

2014年5月7日，由中国美术馆与中外友好国际交流中心共同主办“中国意象——当代中国水墨与雕塑艺术展”在中国美术馆启幕。此展遴选了61位当代中国水墨画家和21位雕塑家，以“中国意象”为题，展示了富有东方意韵的中国水墨画和雕塑艺术作品。

【新疆印象——青年艺术家画新疆创作展】

2014年5月25日，作为新疆双年展的前奏，由新疆维吾尔自治区文化厅主办的“新疆印象——青年艺术家画新疆创作展”在中国美术馆揭幕。此次展览出了21位年轻艺术家的80余件作品。

【千里之行——中央美术学院2014届毕业生优秀作品展】

2014年6月27日，“千里之行——中央美术学院2014届毕业生优秀作品展”在中央美术学院美术馆开幕。这也是“千里之行”项目的第六届展览，此次展览展出了来自中国画学院、造型学院、设计学院、建筑学院以及城市设计学院等各专业140名本科和硕士毕业生的优秀毕业作品。

【澄怀味象——中国艺术研究院中国画院第三届院展】

2014年7月12日，由中国艺术研究院、中国美术家协会、中国美术馆共同主办的“澄怀味象——中国艺术研究院中国画院第三届院展”在中国美术馆展出。经过中国艺术研究院中国画院一年多的精心筹备，此次共展出中国画院在职、外聘画家及中国艺术研究院特聘艺术家的最新创作230余幅，其中不仅语言形式多样、思维观念多元，更能够立足于时代文化的基点之上，思考如何实现中国画理论的传统情怀与当代意识之间的价值转换，反映出当代中国画创作格局的最新景观。

【澳门美术家作品展——庆祝澳门回归十五周年】

2014年7月14日，由文化部与澳门基金会、中国国家博物馆共同举办的“庆祝澳门回归十五周年——澳门美术家作品展”在中国国家博物馆开幕。展览展出了从回归以来澳门本土美术作品中精选出的近60幅。

【中国梦强军梦——军事题材美术作品展】

2014年7月26日，“中国梦强军梦——军事题材美术作品展”在中国美术馆开幕。展览由中国人民解放军总政治部宣传部与中国美术家协会联合举办，参展的300余件作品分为中国画、油画、版画、雕塑、装置、水彩画、宣传画、连环画、实验艺术作品等，集中展示了近年来军事题材美术创作的最新成果。

【第八届AAC艺术·生态·观察巡展】

2014年7月30日，“第八届AAC艺术·生态·观察巡展”在北京拉开序幕，展览由雅昌文化集团、今日美术馆主办，雅昌艺术网承办，美术理论家、北京画院美术馆馆长吴洪亮担任策展人。此次全球巡展由深圳、北京、济南、南京、武汉、重庆以及海外等多站组成。

【中国画名家中堂作品展】

2014年8月3日，由李可染画院、国韵文华书画院、南京书画院联合主办的“中国画名家中堂作品展”在中国美术馆开幕。共展出当代中国画名家的256件中堂作品。

【文史翰墨——首届中华诗书画展】

2014年8月7日，由国务院参事室、中央文史研究馆联合全国各地方政府参事室、文史研究馆，共同举办的“文史翰墨——首届中华诗书画展”在中国美术馆启幕，展览集中展示了文史研究馆馆员近年来的诗、书、画创作成果。近300位中央和地方馆员应邀参展，展品总规模超过420件。根据作者齿序、所属地区、专业分类等原则，展览分为“大家墨迹”“名家精品”“馆员风采”“才俊佳品”四个板块。

【大美华夏·人道主义的呼唤——首届全国助残美术作品展】

2014年8月28日，以“大美华夏·人道主义的呼唤”为主题的首届全国助残美术作品展在中国美术馆开幕。此次活动是由文化部、中国文学艺术界联合会、中国残疾人联合会共同主办，中国美术家协会、中国书法家协会、中国国家画院、中国美术馆等单位协办，展出了200多幅作品。

【四川省诗书画院三十年创作成果展】

2014年8月29日，为纪念邓小平同志诞辰110周年暨四川省诗书画院建院30周年，“四川省诗书画院三十年创作成果展”在中国美术馆举行。此展由中共四川省委宣传部、四川省文化厅、中国美术家协会、中国书法家协会、中国国家画院主办，四川省诗书画院承办，展览共展出诗书画院创作研究部的20位专职美术师30年来的书画代表作品156件，集中反映了四川省诗书画院的创作实力。四川省诗书画院艺委会的院外成员和特聘美术师最新力作共50件一并展出。

【丹青中国梦——庆祝中华人民共和国成立65周年美术作品展】

2014年9月23日，由文化部主办，文化部艺术司、中国美术馆承办的“丹青中国梦——庆祝中华人民共和国成立65周年美术作品展”在中国美术馆开幕。展览分为三大篇章：一、“寻·民族振兴之梦”；二、“筑·国家富强之梦”；三、“追·人民幸福之梦”。展览以中国美术馆的馆藏精品为主，共展出作品近300件。

【中国梦——塑造中国新形象美术作品展】

2014年9月30日，由中国文学艺术界联合会、中国美术家协会、中国文学艺术基金会共同主办的“中国梦——塑造中国新形象”美术作品展在中国人民革命军事博物馆开幕。展览共展出290余件作品，涉及中国画、油画、版画等多个画种。

【第三届造型艺术新人展】

2014年10月12日，由中国文学艺术界联合会、中国美术家协会主办，中国文学艺术基金会、中国艺术报社承办，中国美术馆、中央数字电视书画频道协办的“第三届造型艺术新人展”在中国美术馆拉开序幕。展览展出了从全国评选出的259件青年美术家的优秀作品，其中评选出新人优秀作品5件、新人佳作10件、新人佳作提名作品20件。马文甲的雕塑《精魄》、马杰的中国画《基石》、张军的油画《微信——下午茶》、陈国的漆画《默默进化》、梁业健的版画《逸境NO.2、3、4、5》分获新人优秀作品奖。

【为师、为学、为艺——首都师范大学建校60周年暨美术学院建院50周年美术作品展】

2014年10月23日，“为师、为学、为艺——首都师范大学建校60周年暨美术学院建院50周年美术作品展”在中国美术馆开幕。展览作品以首师范大学美术学院教师近年创作的艺术作品为主，共500余件。

【“北京意象·丰台华彩”绘画作品展】

2014年11月19日，由北京市文学艺术界联合会、中共北京市丰台区委员会、北京市丰台区人民政府主办的“北京意象·丰台华彩”绘画作品展在中国美术馆开幕。共有105幅作品进入本次绘画展。

【大美寻源·国粹新传——琴棋书画精品展】

2014年11月25日，由中国艺术研究院主办、中国艺术研究院艺术创作院美术创作研究中心与北京孔庙和国子监博物馆共同承办的“大美寻源·国粹新传——琴棋书画精品展”在北京孔庙和国子监博物馆开幕。展览共展示了书法作品15件、中国画作品46件（其中花鸟作品14件，山水画作品20件，人物画作品12件、篆刻作品13方）。

【西部少数民族青年美术家创作精品展】

2014年12月26日，由中国文学艺术界联合会人事部、中国美术家协会、中央民族大学主办，由中国美术家协会展览部、中央民族大学美术学院承办的“西部少数民族青年美术家创作精品展”在炎黄艺术馆举办。展览遴选了170件作品展出，包括中国画、油画、版画、水彩、插画。

中国画

【翰墨四君子　书画一春风——马海方、董浩、田伯平、陈忠洲书画展】

2014年3月6日，由北京中华世纪坛世界艺术中心、中国国画研究院主办的“翰墨四君子　书画一春风——马海方、董浩、田伯平、陈忠洲书画展”在中华世纪坛世界艺术馆开幕。

【丹青楚韵——湖北省中国画作品展】

2014年3月16日至26日，由中共湖北省委宣传部、湖北省文化厅、湖北省文学艺术界联合会与中国美术馆联合举办的“丹青楚韵——湖北省中国画作品展”在中国美术馆开幕。展览集中展出了周韶华、邵声朗、徐勇民、董继宁等一批湖北知名中国画家的作品97幅。

【长安精神——陕西优秀中青年国画作品提名展】

2014年3月18日至26日，由中共陕西省委宣传部、陕西省文学艺术界联合会主办，陕西省美术家协会承办的“长安精神——陕西优秀中青年国画作品提名展”在中国美术馆开幕。本次展览共展出陕西11个地市64位中青年画家的128幅中国画作品，涵盖了重大题材创作、人物、山水、花鸟等多个领域。

【丹青京华——20世纪的北京中国画坛】

2014年3月18日，“丹青京华——20世纪的北京中国画坛”在广东美术馆展出，本次展览荟萃了齐白石、黄宾虹、李可染、陈师曾、李苦禅、徐悲鸿、蒋兆和、叶浅予、黄胄、吴作人等众多20世纪中国画大师的近百件绘画作品。

【新中国美术家系列——浙江省中国画作品展】

2014年3月21日，“新中国美术家系列——浙江省中国画作品展”在中国国家画院美术馆开幕。此次展览由中国国家画院、浙江省文学艺术界联合会、浙江省文化厅主办，中国国家画院创作研究部、中国国家画院美术馆、中国国家画院美术研究院、中国国家画院信息研究中心、浙江画院、浙江美术馆承办。

展览汇集了吴宪生、张伟民、池沙鸿、孙永、尉晓榕、王赞、陈虹、张谷旻、茹峰、马锋辉、张捷、袁进华、赵跃鹏、林海钟、韩璐共15位浙江中国画家的近百件作品。

【南象北相——王赞、周京新、张江舟、王颖生人物画展】

2014年3月24日至4月8日，“南象北相——王赞、周京新、张江舟、王颖生人物画展”在中国国家大剧院展出。展出的百幅作品均为4位艺术家的近期创作，作品内容以城市人物形象为主，展示城市人物的新生活、新面貌和新气象。

【关切的向度——当代水墨六人展】

2014年3月31日至4月10日，由中国美术馆、中国美术家协会中国画艺术委员会主办，由中国国家画院艺术交流中心、北京文化发展基金会·北京国际艺术品沙龙承办的“关切的向度——当代水墨六人展”在中国美术馆开幕。展览展出了梁占岩、刘进安、袁武、周京新、张江舟、刘庆和6位画家近年来创作的作品和手稿180余件。

【山脉·文脉——樊洲山水画艺术展】

2014年4月10日至22日，由文化部中外文化交流中心主办的“山脉·文脉——樊洲山水画艺术展”在中国美术馆开幕。展览展出樊洲《高山流水》《龙蛇舞金山》《天音图》《元音》等代表性作品。

【翰墨情缘——上海中国画院藏名家合作花鸟画展】

2014年4月11日，丹青五百年系列画展之一的“翰墨情缘——上海中国画院藏名家合作花鸟画展”在上海中国画院举行。此次展出唐云、石鲁、白蕉、林风眠等画家的作品近40幅。

【和而不同——戴顺智、范扬、韩敬伟、袁武四教授中国画作品展】

2014年4月12日至21日，由清华大学美术学院、中国国家画院、北京画院共同主办的“和而不同——戴顺智、范扬、韩敬伟、袁武四教授中国画作品展”在中国美术馆开幕。展览展出了戴顺智、范扬、韩敬伟、袁武四位画家的代表作品100余幅。

【群英会——中国书画名家邀请展】

2014年4月28日，由荣宝斋画院主办的“群英会——中国书画名家邀请展”在中华世纪坛世界艺术馆开幕。

【精致立场·全国第二届现代工笔画大展】

2014年6月12日，由中国美术家协会和现代工笔画院共同举办的“精致立场·全国第二届现代工笔画大展”在中国美术馆开幕。展出来自全国各地近500位艺术家创作的工笔画作品，包括优秀作品59件，入选作品343件，特邀名家作品近70件。

【香港当代水墨艺术展】

2014年7月25日，由北京画院、香港水墨创意会共同主办，北京画院美术馆协办的“香港当代水墨艺术展”在北京画院美术馆开幕。此次在北京画院推出了王无邪、王秋童、何百里、黄孝逵、沈平、熊海、林天行、陈镜田8位香港艺术家的数十件新作。

【金陵文脉——2014 年全国中国画展】

2014 年 8 月 10 日，由中国美术家协会、南京市人民政府主办的“金陵文脉——2014 年全国中国画展”南京金陵美术馆开幕，此次展览有 298 件入选作品展出，其中包括 57 件优秀作品。

【2014 南京青奥会美术大展】

2014 年 8 月 18 日，“2014 南京青奥会美术大展”在南京国际博览中心馆开展，来自世界 78 个国家的艺术家创作的代表性作品和奥运美术大会入展的 300 余幅作品以及国内 70 位当代优秀艺术家创作的 210 幅作品参展。本届美术大展以“分享艺术，激扬青春”为主旨，以书画作品为主体，涵盖中国画、油画、版画、书法四大门类，汇集了全球范围内由知名艺术家独立创作的最大的油画、书法和中国画作品。

【湖山掩映——浙江画院三十年】

2014 年 9 月 12 日，由中共浙江省委宣传部、中国美术馆、浙江省文学艺术界联合会、浙江画院共同主办的“湖山掩映——浙江画院三十年”在中国美术馆开幕。展览以展示浙江画院 30 年发展过程中所取得的学术成就与创作成果为主线，展出浙江画院首任院长陆俨少、浙江画院画师作品，以及部分研究员、学员的作品。

【大美寻源・翰墨薪传——中国画名家作品展】

2014 年 10 月 22 日，中国艺术研究院主办、中国艺术研究院・艺术创作院・美术创作研究中心承办的“大美寻源・翰墨薪传——中国画名家作品展”在北京国子监和孔庙博物馆开幕。

【写意中国・2014 中国国家画院美术作品（书法、版画）展】

2014 年 10 月 25 日，由中国国家画院、中国上海国际艺术节中心、中华艺术宫主办，中国国家画院创作研究部、中国国家画院书法篆刻院、中国国家画院版画院、中国国家画院艺术交流中心承办的“写意中国・2014 中国国家画院美术作品（书法、版画）展”在上海中华艺术宫开幕。本次展览甄选出中国国家画院研究员书法和版画作品共 200 余幅，包括了沈鹏、欧阳中石、李铎、李焕民、晁楣、徐匡、广军、阿鸽等艺术家及诸多中青年创作力量的作品。

【小平的足迹——漓江画派走进百色美术作品展】

2014 年 11 月 1 日，由中国美术家协会、中共百色市委、百色市人民政府主办，致公党广西区委、广西艺术学院、中共百色市委宣传部、漓江画派促进会等单位承办的“小平的足迹——漓江画派走进百色美术作品展”在中国美术馆展出。此次展览展出了“漓江画派”画家的 130 多幅作品。

【中国梦美丽中国——第二届大型国画展】

2014年11月4日，“中国梦美丽中国——第二届大型国画展”在北京炎黄艺术馆开幕。展览展出了刘文西、郭公达、李燕等50多位书画家的200多幅作品。

油画

【中华意蕴——中国当代油画巡展暨中国油画百年回望】

2014 年 1 月 25 日，“中华意蕴——中国当代油画巡展暨中国油画百年回望”首站在广东美术馆展出。展览对百年中国油画史进行了回顾，共有 60 多位油画家的 160 幅作品参展，包括靳尚谊作品《一个朋友的肖像》、杨参军作品《杨瑾像》、王沂东作品《沂河水》以及刘小东、尚扬等多位油画家的作品。

【图像的叙事性·第五届广东当代油画艺术展】

2014 年 4 月 8 日，由广东省美术家协会和广东美术馆主办，广东省美术家协会油画艺术委员会承办的“图像的叙事性·第五届广东当代油画艺术展”开幕仪式在广东美术馆举行。展览展出了夏雨、付智明、罗之勇、莫希亮、岳海喜、阳子、周作俊等当代艺术家的 140 余幅作品，10 件作品获得“作品奖”。

【“面孔后的故事——馆藏肖像精品（油画/素描部分）”展】

2014 年 6 月 27 日，“面孔后的故事——馆藏肖像精品（油画/素描部分）”展在中央美术学院美术馆开幕。“面孔后的故事——馆藏肖像精品（油画/素描部分）”是中央美术学院美术馆“经典藏品”系列研究展之一，包括 18 件油画作品、7 件素描作品，分为三部分：欧洲肖像画原作及摹品——主要是早期在国外留学的艺术家临摹的大师作品，如阿·巴斯蒂恩（比利时皇家美术学院院长，吴作人的导师）的《女画家肖像》、林岗临摹伦勃朗的《试耳环的少女》；中国早期肖像画——主要是第一批留学国外艺术家回国后创作的作品，如大家耳熟能详的李叔同的《半裸女像》、徐悲鸿的《男子正侧面速写》；新中国肖像画的多元发展——主要是中华人民共和国成立后，学习苏联绘画的一批艺术家的作品，如靳尚谊的《青年女歌手》等。

【沃土中原——吾土吾民油画邀请展】

2014 年 7 月 25 日，由中国美术家协会油画艺术委员会、山东省文化厅、山东省文学艺术界联合会主办，山东美术馆、山东艺术学院承办，中原地区四省两市：北京、天津、山东、山西、河北、河南美术家协会协办的“沃土中原——吾土吾民油画邀请展”在山东美术馆开幕。本次展览共展出 247 件油画作品，包括评选出的 193 件入选作品，13 件评委作品，以及从中国美术馆、中央美术学院美术馆、大都美术馆等机构借展、特邀的 41 件艺术名家经典代表作品，其中有吴作人的《凤凰山》、王式廓的《十三陵水库工地 3》、艾中信的《十三陵雷雨》、罗工柳的《半边天》、孙滋溪的《母亲》、侯一民的《地下工作者》、詹建俊的《妇女红灯照》、朱乃正的《国魂·屈原颂》、苏高礼的《太行山上》等经典油画作品。

【在场·第二届中国油画双年展（2014）】

2014年8月16日，由中国油画学会、中国美术馆联合主办"在场·第二届中国油画双年展（2014）"在中国美术馆开幕。本次展览由许江、范迪安和尚扬担任策展顾问，张晴、王焕青担任策展人。展览策划团队围绕学术主题"在场"，共邀请了34位画家的600余幅作品参加本届展览。

第二届中国油画双年展的主题"在场"，是对2012年第一届中国油画双年展的主题"在当代"的回访与推进。展览分为"在历史之场""在生活之场"和"在突围之场"三个部分，参展艺术家既有在新中国美术史上创作出名作经典的董希文、罗工柳、詹建俊、钟涵等人，也有很长时间被"遮蔽"的黄觉寺、吴大羽、王流秋等人，其中黄觉寺的作品第一展出，还有大批中青年油画家的新作，而20世纪70年代末"无名画会"的成员马克鲁、"85"美术新潮的代表画家毛旭辉、韦尔申、刘小东等，在德国生活和工作的赵博等的亮相，则使展览拥有不以"名分"出场的学术气息。

【境遇——中国新经典画会2014年展】

2014年9月12日，"境遇——中国新经典画会2014年展"在中国美术馆开幕。此次展览参展艺术家有常天鹄、蔡杰、范明正　赵艳婷、何红蓓、蒋焕、姜向东、来源、吕顺、刘向东、李文涛、默涵、彭伟衡、任志忠、沈磊、王晓勃、吴成伟、吴静涵、徐青峰、曾传兴、周松等。

【我们在绘画中——中国油画国美之路】

2014年9月20日，"我们在绘画中——中国油画国美之路"在中国美术学院美术馆开幕。此次展览共展出百余位艺术家的300多幅作品，是中国美术学院建校86周年以来首次全面的油画回顾展。展览分成"担当""先锋""创格""体象""传习"五个板块。

【中国写实画派十年展】

2014年11月7日至17日，由中国艺术研究院、中国美术馆主办，中国艺术研究院中国油画院、山东美术馆承办的"中国写实画派十年展"在中国美术馆举办。展览汇聚了靳尚谊、陈逸飞、艾轩、杨飞云、王沂东等31位艺术家的450余幅画作。

【画忆江南——第三届中国油画名家邀请展】

2014年12月2日，由江苏省美术馆主办、江苏省油画学会、上海市美术家协会油画艺术委员会、浙江省油画家协会、安徽省油画学会共同承办的"画忆江南——第三届中国油画名家邀请展"在江苏省美术馆新馆开幕。

版画

【春天的故事——全国版画艺术精品展】

2014 年 8 月 16 日，由中国中共文献研究会、中国美术家协会、中国国家画院、中共广安市委联合主办的“春天的故事——全国版画艺术精品展”在中国美术馆开幕。本次展览是一次展现改革开放以来中国巨变和邓小平光辉历程的专题性展览。展览分为两个部分：一部分是从 2011 年起，为此次展览邀请的版画家所创作的作品；另一部分是从 30 多年来全国美展、版画展中遴选出的优秀作品，其中获金奖、银奖、优秀奖的 50 余件。

【2014 第二届中国灵石国际版画双年展】

2014 年 9 月 16 日，由中国美术家协会、中共晋中市委宣传部主办，中国美术家协会版画艺术委员会，晋中市文学艺术界联合会，中共灵石县委、灵石县人民政府承办的“2014 第二届中国灵石国际版画双年展”在山西省灵石县开幕。本届版画双年展共有来自美国、加拿大、波兰、塞尔维亚等 19 个国家和地区的 90 位艺术家的 100 幅版画作品参展。

【2014 首届中国版画大展】

2014 年 10 月 26 日，由中国版画学会、深圳龙华新区管委会主办，中国美术家协会版画艺委会、中国版画博物馆承办的“2014 首届中国版画大展”在深圳观澜版画基地的中国版画博物馆拉开序幕。同时，中国版画博物馆开馆。此次展览展出了 70 余位艺术家在版画及相关领域创作的代表性作品 600 件。

【阅人——2014 第三届上海国际版画展】

2014 年 12 月 19 日，由上海市文广新局、上海市文学艺术界联合会、上海对外文化交流协会和上海美术家协会主办的“阅人——2014 第三届上海国际版画展”在上海中华艺术宫开幕，来自墨西哥、阿根廷、比利时、保加利亚、波兰、日本、韩国、中国的 30 余位艺术家的 150 余件作品展出。

雕塑

【创意——北京中青年雕塑家作品展】

2014 年 4 月 26 日，“创意——北京中青年雕塑家作品展”在北京朝阳规划艺术馆开幕。此次展览集中展示了吴为山、蔡志松、刘若望等 23 位中国雕塑艺术家的 36 件作品。

【第四届中国・芜湖刘开渠奖国际雕塑大展优秀方案展】

2014 年 6 月 15 日，“第四届中国・芜湖刘开渠奖国际雕塑大展优秀方案展”在安徽芜湖开幕，70 件入选作品在芜湖市艺术展览馆亮相。本届大展延续“人文・生态”的主题，作品强调艺术品质，坚持与自然环境共生共融，共收到全球 47 个国家和地区的 581 名艺术家的 2205 件雕塑作品方案，并从中评选出 70 件入选作品。

【情满桑梓・雕塑盐城——2014 中国当代青年雕塑家作品展・盐城展】

2014 年 8 月 15 日，“情满桑梓・雕塑盐城——2014 中国当代青年雕塑家作品展・盐城展”开幕。本次雕塑展由中国艺术研究院中国雕塑院、中共盐城市委宣传部、盐城市文化广电新闻出版局主办，盐城市演艺集团、南京大学艺术研究院承办。中国美术家协会副主席、中国艺术研究院中国雕塑院院长吴为山领衔 15 位国内青年雕塑家参展，共展出作品 40 余件。

【塑魂鉴史——吴为山创作侵华日军南京大屠杀遇难同胞纪念馆扩建工程主题雕塑展】

2014 年 12 月 9 日，由中国国家博物馆、中国美术家协会、中国艺术研究院、中国美术馆共同主办的“塑魂鉴史——吴为山创作侵华日军南京大屠杀遇难同胞纪念馆扩建工程主题雕塑展”在中国国家博物馆开幕。本次展览展出了吴为山创作的以《逃难》为主题的 12 组雕塑。

水彩

【第二届全国青年水彩画展览】

2014年4月26日，由中国美术家协会主办，中国美术家协会水彩画艺术委员会、山东美术馆承办的“第二届全国青年水彩画展览”在山东美术馆开幕。有168幅作品入选此次展览，其中10幅获评为“中国美术奖提名作品”，10幅获评为“优秀作品”。

帛画·漆画·插画·漫画

【第十届中国国际动漫节】

2014年4月28日，“第十届中国国际动漫节”在浙江省杭州市白马湖动漫广场开幕。本届动漫节以“动漫盛会·人民节日”为宗旨，以“国际动漫·美丽杭州”为年度主题，围绕“会展、商务、赛事、论坛、活动”五大板块，设置了滨江区白马湖主会场，10个分会场，共计47项活动。活动包括动漫舞台剧展演、动画电影论坛、动漫产业博览会、中国国际漫画展、变形金刚主题展等多项内容。

【首届中国国际漫画展】

2014年4月28日至5月3日，由中国美术家协会漫画艺术委员会、浙江省漫画家协会、山东省漫画家协会和丰子恺纪念馆、“天眼杯”少儿漫画大赛组委会、浙江中南卡通股份有限公司协助中国动漫博物馆举办的“首届中国国际漫画展”在杭州第十届中国国际动漫节上举行。本届中国国际漫画展共展出国内外77个国家的漫画精品500余幅，分为中国漫画、国际漫画、肖像漫画、少儿漫画四大板块。作品中包含水墨漫画、油彩漫画、水彩水粉漫画和钢笔绘制的漫画。

【第二届全国高等院校插图艺术作品巡展】

2014年5月9日，“第二届全国高等院校插图艺术作品巡展”在青岛农业大学举行。本次展览由中国美术家协会插图装帧艺术委员会主办、青岛农业大学艺术学院承办，全国156所高校师生的作品参加展出。

【丹青异彩——穆益林帛画艺术巡回展】

2014年5月16日，由中国艺术研究院、吴作人国际美术基金会、德国文化经济促进会、上海市美术家协会等单位联合主办的“丹青异彩——穆益林帛画艺术巡回展”在中国美术馆开幕。展览由“帛画春秋”“古风新韵”“和合中西”三个部分组成。

【大漆艺术——2014海峡漆艺术大展】

2014年11月29日，由中国艺术研究院、中国美术家协会、中国美术馆、福建省文化厅联合主办，福建省美术馆、福建博物院、福建省艺术馆承办的“大漆艺术——2014海峡漆艺术大展”在中国美术馆举行。展览从海峡两岸汇集了1800多件作品，精选其中的280件作品进京展出。

当代艺术

【“多维之观”新媒体艺术展】

2014 年 5 月 30 日，“多维之观”新媒体艺术展在中央美术学院美术馆项目空间开幕，此次展览是项目空间第十一回展览，由中央美术学院青年策展人罗可一策划。展览邀请了 4 位来自不同国家的艺术家参展：詹姆斯·霍兰德（英国）、本杰明·培根（美国）、徐维静（中国）、亚历山大·哈恩（瑞士），参展作品有声音装置、网络艺术、电子生物艺术以及录像装置。

【齐物等观：2014 年国际新媒体艺术三年展】

2014 年 6 月 11 日，“齐物等观：2014 年国际新媒体艺术三年展”在中国美术馆开幕。来自美国、法国、意大利、韩国等 22 个国家和地区的 65 位艺术家以及艺术家组合创作的 58 件作品参展。此次展览分为“独白：物自体”“对白：器物之间”和“合唱：物之会议”三个部分，多维度呈现多元生态条件与生命的关系，人与自然物质的关系以及万物之间的关系，集中展示了艺术与科技在新的文化语境下的发展状态。

【实年一验——中央美术学院实验艺术专业教学十年成果展】

2014 年 8 月 8 日，“实年一验——中央美术学院实验艺术专业教学十年成果展”在中央美术学院美术馆开展。此次展览作品数量十分庞大，呈现了实验艺术 10 年走过的历程和取得的成果。展览分为“实验课堂”“文本作业”“十八个案”三个部分进行展出。

【第十二届全国美术作品展·实验艺术展区】

2014 年 8 月 17 日，“第十二届全国美术作品展·实验艺术展区”在北京今日美术馆开幕，展览由文化部、中国文学艺术界联合会和中国美术家协会主办，中央美术学院、今日美术馆协办。此次展览也是实验艺术首次被纳入全国美展体系。

个人展览

【如歌的行板——沈行工油画作品展】

2014 年 2 月 20 日，由中国美术家协会、中国油画学会、中国美术馆、江苏省文化厅、江苏省文学艺术界联合会和南京艺术学院共同主办的“如歌的行板——沈行工油画作品展”在中国美术馆开幕。展览主要展出了沈行工近年来的新作，也有不同历史阶段的重要作品，共计 100 余件。

【这片地呀——赵奇绘画展】

2014 年 3 月 5 日至 13 日，由中国美术家协会、中国国家画院、中国美术馆、鲁迅美术学院共同主办的“这片地呀——赵奇绘画展”在中国美术馆举办。

【贯通融会——刘斯奋书画诗文艺术展】

2014 年 3 月 5 日至 15 日，由中国文学艺术界联合会、中国作家协会、中共广东省委宣传部联合主办的“贯通融会——刘斯奋书画诗文艺术展”在中国美术馆举办。展览展出了刘斯奋历年的著述以及所创作的古今题材人物画、《白门柳》人物选画、山水画和自书诗中的主要作品，共计 70 余幅。

【王济达·金高作品展】

2014 年 3 月 5 日至 15 日，由中国美术家协会、中国雕塑学会、内蒙古自治区文学艺术界联合会、内蒙古自治区美术家协会主办的“王济达·金高作品展”在中国美术馆展出。展览展出了金高的部分遗作以及王济达从艺 61 年的作品。

【艺道可观——陈其和教授从艺 40 年学术回顾展】

2014 年 3 月 18 日至 4 月 6 日，由广州大学美术与设计学院主办的“艺道可观——陈其和教授从艺 40 年学术回顾展”在广州市广东美术馆举办。展出的 90 余件作品是陈其和从事艺术教育、艺术活动 40 年来所积累的创作作品及课堂教学中的课稿精品，包括人物、山水、花鸟画等。

4 月 12 日至 25 日，“艺道可观——陈其和教授从艺 40 年学术回顾展”还在深圳市述古堂美术馆展出。

【军旅·行旅——孙立新油画展】

2014 年 3 月 19 日，由中国人民革命军事博物馆、中国美术家协会油画艺术委员会、中国油画学会、解放军美术书法研究院、广东美术馆主办的“军旅·行旅——孙立新油画展”在广州市广东美术馆开幕。

【工·课——黄致阳作品展】

2014年3月28日，“工·课——黄致阳作品展”在中国国家博物馆开幕。黄致阳作为台湾艺坛活跃的艺术家，以水墨、装置、雕塑、影像等诸多艺术媒介来表达其对东方传统与西方现代的文化思辨。“工·课”取义于“穷而后工”，共展出20余件作品。

【赤城霞——王德惠作品展】

2014年3月28日，由浙江省文化厅、台州市人民政府和浙江美术馆联合举办的“赤城霞——王德惠作品展”在中国美术馆开幕。本次展览展出了王德惠油画和国画作品100余件。

【视觉的凝聚——杨参军绘画艺术展】

2014年4月11日至22日，由中国美术家协会、中国美术馆、中国油画学会、中国美术学院联合主办的“视觉的凝聚——杨参军绘画艺术展”在中国美术馆启幕。展览由历史、物象、家园三部分构成，本次展览主要展出杨参军从1995年以来以视觉体验为基础的系列作品100余件。

【娘本唐卡艺术展】

2014年4月16日，“娘本唐卡艺术展”在中国国家博物馆开幕，展出了中国工艺美术大师和国家级非遗代表性传承人娘本的65幅唐卡作品及其绘制唐卡使用的矿物质颜料及工具等。

【大风大浪——唐小禾、程犁艺术回顾展】

2014年4月19日，“大风大浪——唐小禾、程犁艺术回顾展”在湖北美术馆开幕。此次展览由中国美术家协会、中共湖北省委宣传部、湖北省文化厅、湖北省文学艺术界联合会主办，湖北美术馆、中国美术家协会壁画艺术委员会、湖北美术家协会承办。展览由冀少峰担任策展人，展出了唐小禾、程犁这对画坛伉俪的油画历史巨作、壁画创作手稿和写生作品以及文献史料近300件。

【景物斯和——彭斯艺术展】

2014年4月25日，“景物斯和——彭斯艺术展”在北京画院美术馆开幕，本次展览的艺术作品为彭斯四年以来的作品，包括油画、书法、水彩、素描、速写等。

【椰风海韵——裴建华艺术展】

2014年4月25日，“椰风海韵——裴建华艺术展”在深圳美术馆开幕，展出了艺术家裴建华近百件油画、书法作品。

【大观——王首麟作品展】

2014 年 4 月 27 日，由中国美术家协会艺术委员会、云南省文学艺术界联合会、云南师范大学、九三学社中央书画院主办，云南美术家协会、中国美术家协会民族美术艺术委员会、炎黄艺术馆承办的“大观——王首麟作品展”在炎黄艺术馆开幕。展览展出了王首麟近 10 年来的 146 件线描和水墨作品。

【岁月回响——陈树东油画艺术展】

2014 年 5 月 6 日，由中国美术馆、中国油画学会、中国美术家协会艺委会、解放军美术书法研究院和武警美术书法研究院共同主办的“岁月回响——陈树东油画艺术展”在中国美术馆拉开序幕。此次展览共展出陈树东创作的“壮怀激烈”“伟人足迹”“踏访山川”三个系列的作品。

【物以神聚——范扬国画展】

2014 年 5 月 7 日，由中国美术家协会、中国国家画院、中国美术馆共同主办的“物以神聚——范扬国画展”在中国美术馆开幕。此次展览共展出范扬国画作品约 160 幅，内容涵盖范扬的写生作品、人物画、花鸟画和“世事绘”系列创作。

【凝固的音乐·刘建水墨建筑画展】

2014 年 5 月 14 日，由中国美术家协会、中国国家画院、深圳画院主办的“凝固的音乐·刘建水墨建筑画展”在深圳画院美术馆开幕，共展出画家刘建近年创作的 45 幅水墨作品。

【情凝厚土——曹新林油画展】

2014 年 5 月 16 日，由中国美术馆、中国美术家协会、中国油画学会、中国现代史学会、中共河南省委宣传部、河南省文学艺术界联合共同主办的“情凝厚土——曹新林油画展”在中国美术馆开幕。展览由厚土苍生、守护家园、历练图谱三部分组成。

【百川为海　绝顶为峰——殷保康水彩艺术 60 年回顾展】

2014 年 5 月 24 日，由湖南省文化厅、中国美术家协会水彩画艺术委员会、湖南师范大学主办，湖南省美术家协会、湖南师范大学美术学院协办的“百川为海　绝顶为峰——殷保康水彩艺术 60 年回顾展”在中国美术馆开幕。

【青花·水天堂——王伟中画展】

2014 年 5 月 25 日，由中国海外交流协会主办的“青花·水天堂——王伟中画展”在中国美术馆开幕。画展共展出旅美画家王伟中近 3 年创作的作品 80 余幅。

【“LOVE AIJING：艾敬的爱”艾敬综合艺术巡展】

2014年5月25日，“‘LOVE AIJING：艾敬的爱’艾敬综合艺术巡展”在上海中华艺术宫开幕。本次展览的作品以曾经展出的装置作品《我的母亲和我的家乡》为线索，重点呈现围绕这个线索最新创作的架上绘画《I LOVE COLOR》系列作品，同时艾敬全新的装置作品《艳粉街的故事》也首次展出。

【黄河哺艺——马建飞油画展】

2014年5月28日，由中国美术家协会、中国油画学会支持，陕西省美术家协会、延安市人民政府主办的“黄河哺艺——马建飞油画展”在中国美术馆开幕。本次展览分为“历史现场”“黄河画卷”“陕北人家”和“高原大地”四个部分，展出了马建飞的油画写生和创作作品。

【重返单纯——吴山明执教50年从艺60年中国画艺术展】

2014年5月31日，由中国美术学院、中国美术家协会、中国美术馆、中国国家画院、中国艺术研究院、中国画学会共同主办的“重返单纯——吴山明执教50年从艺60年中国画艺术展”在中国美术馆开幕。此次展览包括20世纪50至70年代吴山明从浙派人物画学习、研究传统的代表作品，及1975年至1985年鲜墨向宿墨变异过渡时期作品，以及近30年来的新作。

【爻——王雷2013年1月1日至12月31日】

2014年5月31日，由中央美术学院实验艺术系、中国雕塑学会沙龙、河南大学艺术学院、河南省美术家协会主办的“爻——王雷2013年1月1日至12月31日”在中国美术馆开幕。此次展览仅展出6件作品，包括一卷布、一个球、12根绳子、12张被单、12个麻袋、365个口罩。

【姚天沐从艺65周年回顾展】

2014年6月26日，由中国美术家协会、中共山西省委宣传部、山西省文学艺术界联合会、山西省美术家协会、山西画院主办的“姚天沐从艺65周年回顾展”在中国美术馆展出。此次展览是画家姚天沐从艺65年来绘画创作作品的集中展示，涵盖了中国画人物、版画、漆刻、花鸟画等各个时期的作品，共展出作品100余件。

【九天花雨——柯桐枝花鸟画作品展】

2014年6月26日，由中国画学会、湖南省文化厅、湖南省文学艺术界联合会、湖南省美术家协会共同主办的“九天花雨——柯桐枝花鸟画作品展”在中国美术馆举行，共展出柯桐枝近年来创作的水墨画40余件。

【太璞如琢——崔如琢指墨艺术展】

2014年7月1日，由文化部、中国文学艺术界联合会主办，中国国家博物馆、中国艺术研究院、中国美术家协会承办的“太璞如琢——崔如琢指墨艺术展”在中国国家博物馆拉开序幕。展览展出了崔如琢创作的指墨作品150余件，全面呈现了画家的艺术风格。

【庆祝澳门回归十五周年——孙蒋涛画展】

2014年7月5日，为庆祝澳门回归祖国15周年，由中国文学艺术界联合会、中国国家博物馆、中国文学艺术基金会、中国美术家协会与澳门基金会联合主办，中央人民政府驻澳门特别行政区联络办公室支持举办的“庆祝澳门回归十五周年——孙蒋涛画展”在中国国家博物馆举行。此次展览展出孙蒋涛新近创作的山水作品30余幅。

【片石叠山记——周矩敏水墨画作品展】

2014年7月11日，由中国民主促进会中央委员会、中国美术家协会、中国文化传媒集团主办的“片石叠山记——周矩敏水墨画作品展”在中国美术馆举办。本次展览共展出了周矩敏创作的民国园林人物、当代人物、印度印象和西藏风情四个系列近60幅作品。

【张羽——意念的形式】

2014年7月11日至8月3日，广东美术馆举办年度个展“张羽——意念的形式”，展出张羽的作品由空间、装置、影像、现成品、平面等综合形态组成。

【别样风景——龙虎作品展】

2014年7月11日，由广州美术学院和岭南画院主办的“别样风景——龙虎作品展”在中国美术馆开幕，展现了广东水彩画家龙虎所创作的、与传统自然风光不同的别样“风景”。展览由艺术批评家鲁虹教授担任策展人，艺术批评家杨小彦教授担任学术主持。

【重现的镜子：宋陵回顾展（1985—2013）】

2014年7月26日，由今日美术馆主办、蜂巢当代艺术中心协办的“重现的镜子：宋陵回顾展（1985—2013）”在今日美术馆开幕。作为“池社”的一员，宋陵是“85新潮”运动中最重要的艺术家之一。“重现的镜子：宋陵回顾展（1985—2013）”作为宋陵在国内的首次完整创作呈现，精心展示了艺术家各个时期的近200件代表作以及大量从未公开发表的文献资料，时间跨度长达30余年。

【钟开天美术展】

2014年8月1日，恰逢中国人民解放军建军节，由中国文学艺术界联合会、云南省人民政府、中国美术家协会、云南省军区联合主办的“钟开天美术展”在中国国家博物馆开幕。此次展览展出了艺术家、军旅画家钟开天40余年潜心创作的作品。

【艺术·生命·传承——钟天铎书画展】

2014年8月15日，由中国书法家协会、江苏省书法家协会、江苏省美术家协会、《中华国粹》杂志共同举办的“艺术·生命·传承——钟天铎书画展”在中国美术馆开幕，共展出钟天铎书画近100幅。

【梦笔成璋——任梦璋八十艺术回顾展】

2014年8月20日，由中国国家博物馆和鲁迅美术学院共同主办的“梦笔成璋——任梦璋八十艺术回顾展”在中国国家博物馆西大厅开幕。本次展览分为红旗漫卷、书生意气和天高云淡三个部分，汇集任梦璋不同时期的代表作80幅，较为完整地展现了任梦璋丰富多彩的创作历程和艺术成就。

【昆仑情　中国梦——马万国中国画作品展】

2014年8月28日，由中国美术家协会艺术委员会、中国艺术报社、山东省美术家协会、中国作家协会诗刊社共同主办的“昆仑情　中国梦——马万国中国画作品展”在中国美术馆开幕，共展出了马万国表现昆仑山自然之美、精神之美的139件作品。

【盛世繁英——周彦生花鸟画艺术展】

2014年9月11日，由中国国家博物馆、中国美术家协会、中共河南省委宣传部、广州美术学院等单位共同主办的“盛世繁英——周彦生花鸟画艺术展”在中国国家博物馆开幕。本次艺术展集中展出了周彦生近20年来创作的作品300余幅。

【王乃壮书画展】

2014年9月23日，由中国国家博物馆和清华大学建筑学院联合主办的“王乃壮书画展”在中国国家博物馆开幕。本次展览展出王乃壮的书画作品60余件，作品包括花鸟、人物、佛像、山水、白描、书法。

【刘曦林艺术印记·山东展】

2014年9月27日，由中国美术馆与中国美术家协会、中国国家画院、中央美术学院、山东美术馆、山东美术家协会、山东画院、山东艺术学院共同主办的“刘曦林艺术印记·山东展”在山东美术馆开幕。本次展出共分为“艺术学徒”（山东艺专——新疆——中央美术学院）、“画者从心”“书者如也”“古稀墨痕”四大部分。

【东方葵：许江艺术展】

2014年9月28日至11月15日，由中国美术家协会、中国国家博物馆、中国美术学院共同主办的“东方葵：许江艺术展”在中国国家博物馆展出。此次展览是许江近10年创作生涯的集中展示，共展出“葵园”主题的大型油画作品50余幅、系列水彩作品100余件，以及一系列大型雕塑作品。本次展览依照不同的观看方式，分为四个主题板块：“重屏——东方葵”“层览——葵平线”“综观——一花万果”以及“俯仰——共生”。

【我们的中国梦——全国优秀艺术作品展：傅剑锋石油系列油画展】

2014年10月10日，由中国文学艺术界联合会、中国文学艺术基金会、中国石油文学艺术界联合会、中国美术家协会艺术委员会、中国石油新疆独山子石化公司联合主办举办的“我们的中国梦——全国优秀艺术作品展：傅剑锋石油系列油画展”在中国文艺家之家展览馆开幕。

【烟云供养——买鸿钧山水画艺术展】

2014年10月11日，由中国美术家协会艺术委员会、北京画院主办的“烟云供养——买鸿钧山水画艺术展”在中国美术馆展出。展览展出画家历年来创作的近100幅山水画作品。

【2014 水墨家园——李小可作品展】

2014年10月23日，“2014水墨家园——李小可作品展”在上海中华艺术宫举行。此次展览展出李小可30余年的创作写生作品及版画作品200余幅。展览分为四部分，分别由“水墨家园”“雪域藏迹”“山水黄山”以及“师法自然”四个系列组成。

【独与天地精神往来——刘勃舒八十艺术展】

2014年10月28日，由中国国家博物馆、中国美术家协会、中国国家画院、中央美术学院共同主办的“独与天地精神往来——刘勃舒八十艺术展”在中国国家博物馆开幕。此次展览共展出刘勃舒历年创作的艺术作品50余幅。

【心若骄阳——姚舜熙作品展】

2014年11月22日，由中央美术学院、中国美术家协会艺术委员会、中国画学会、炎黄艺术馆、匡时拍卖有限公司联合主办的“心若骄阳——姚舜熙作品展”在北京炎黄艺术馆开幕。该展是姚舜熙在北京地区的第一次全方面的汇报展览，展出了工笔、写意、白描、实验性水墨等不同风格的作品，以及早年书法、刻竹等文献实物，还有他多年来在教学实践中积累总结的诸种教材和大量的教学文献。展览单独设置了“创作性写生”“工笔重彩”“白描”三个展厅，以集中和深入的方式，展现了姚舜熙花鸟画创作“形奇、境阔、意远”的“大花鸟境界”，以及“变古为今”的学术探索。

【融西于中·杜高杰艺术展】

2014年11月26日，由中共浙江省委宣传部、中国美术家协会艺委会、浙江大学、浙江省文化厅、浙江省文学艺术界联合会、人民美术出版社、西泠印社联合主办，浙江赛丽美术馆支持举办的“融西于中·杜高杰艺术展”在浙江美术馆开幕。这次展览分创作篇和教学篇两部分，展出了画家杜高杰的中国画、自书诗、油画、水彩、水粉画、粉画、石膏版画等250余件作品。

【风云迹——张新权油画艺术展】

2014年11月26日，由中国美术家协会艺术委员会、中国油画学会、中华艺术宫、南京艺术学院主办的“风云迹——张新权油画艺术展”在上海市中华艺术宫开幕，展览展出了艺术家张新权的《都市》《风景》《海魂》和《园林》四大系列逾百幅作品。

【曾经的永远——孙滋溪艺术生活轨迹展】

2014年11月28日，“曾经的永远——孙滋溪艺术生活轨迹展”在中央美术学院美术馆开幕。展览精选了艺术家孙滋溪不同年代的素描、插画、创作草图以及相关文本资料共200余幅展品。

【劲风朗怀——李琦书画展】

2014年11月29日，由河北省文学艺术界联合会、河北省美术家协会、河北省书法家协会联合主办的“劲风朗怀——李琦书画展”在中国美术馆开幕，展览展出了书画家李琦的30余幅书法和山水画作品。

【流光溢彩——刘云生水彩画展】

2014年11月30日，由四川省美术家协会主办的“流光溢彩——刘云生水彩画展”在中国美术馆开幕，展览共展出刘云生水彩画作品80余件。

【大形天成——旷小津中国画作品展】

2014年12月19日，“大形天成——旷小津中国画作品展”在广东美术馆开幕。此次展览是由中国美术家协会、湖南省文学艺术界联合会、广东省美术家协会、广东美术馆、湖南省美术家协会以及湖南省画院联合主办，共展出画家旷小津40余幅作品，为《太行神韵》《水墨张家界》两大系列。

艺术评奖

【第十一届造型表演艺术成就奖】

2014 年 3 月 19 日，由中国文学艺术界联合会主办的第十一届造型表演艺术成就奖颁奖仪式在北京中国文艺家之家举行。共有 10 位艺术家荣获第十一届造型奖，其中画家杨先让、林岗、闻立鹏获奖。

杨先让，1930 年生，版画家和美术教育家。历任人民美术出版社编辑和创作员，文化部研究室研究员，中央美术学院民间美术系主任、教授。曾任中国美术家协会版画艺术委员会副主任，中国民间美术学会常务副会长。代表作有《晌午》《渔村》《延安组画》《刘胡兰与六烈士》《纪念周总理》《出圈》《乡情》《敦煌幻想曲》等。其中木刻《出圈》获 1957 年全国青年美展奖。他曾获得“休斯敦市荣誉市民奖”“路易斯安那州巴特鲁茨市荣誉市长奖”“美国路易斯安那州立大学艺术学院文化交流奖”“休斯敦大学亚洲艺术部文化奖”，中国文学艺术界联合会从事新中国文艺工作 60 周年表彰。作品多被中国美术馆、巴黎博物馆、大英博物馆等收藏。1982 年在中国美术馆举办画展，曾赴美居住并举办画展和讲学交流活动。著作有《杨先让木刻选集》《杨先让彩绘选集》《杨先让文集》《中国乡土艺术》《黄河十四走民艺考》《艺苑随笔》等。

林岗，1925 年生，油画家。历任中央美术学院油画系研究生导师、油画系第四画室主任、教授，中国美术家协会会员。林岗是中国现实主义油画的代表画家之一，创作了许多人体、人物、风景和历史画作品。代表作有《群英会上赵桂兰》《峥嵘岁月》《狱中》《井冈山会师》《东渡》《沙风》系列等，其中《群英会上赵桂兰》获 1950 年全国年画创作一等奖，油画《峥嵘岁月》获第五届全国美展二等奖，《女民兵》获第六届全国美展优秀作品荣誉奖。出版有《林岗、庞涛油画集》。他曾入典英国剑桥世界名人传记中心编《世界名人录》，纳入世界范围内 500 名杰出人物之列，获 20 世纪成就奖；并入典美国名人传记研究院编《世界名人录》，获“杰出人物奖”，入典国内多种艺术名人录。曾获中国文学艺术界联合会从事新中国文艺工作 60 周年表彰。

闻立鹏，1931 年生，油画家。曾任中央美术学院油画系主任，现任中央美术学院教授、中国美术家协会油画艺术委员会副主任。闻立鹏是中国现实主义油画的代表画家之一，创作了许多历史人物和风景题材作品。代表作有《红烛颂》《大火》《红烛序曲》《雪色山岩》等。其中油画《红烛颂》获新中国成立三十周年全国美术展览优秀作品奖、第五届全国美展三等奖、北京美展二等奖，作品《大火》获北京美展二等奖，壁画《红烛序曲》获“首届全国壁画展大奖”“中国闻一多研究学会荣誉奖”，《雪色山岩》获“中国油画年展荣誉奖”。曾获中国文学艺术界联合会从事新中国文艺工作 60 周年表彰。多幅作品被中国美术馆、日本福山博物馆、中国台湾高雄炎黄艺术馆等海内外美术权威机构所收藏。1989 年在巴黎国际艺术城举办个人画展。主要著作有《艺术求索录》《追寻至美——闻一多的美术》等，出版有《大陆美术家选集·闻立鹏卷》《闻立鹏油画选》等。

【第八届 AAC 艺术中国终极大奖】

2014 年 5 月 23 日，由雅昌文化集团、雅昌艺术基金会主办，雅昌艺术网承办的“第八届 AAC 艺术中国·年度影响力评选（2013）”山水文园特约巅峰之夜颁奖盛典在故宫慈宁宫盛大举行。

第八届 AAC 艺术中国·年度影响力评选（2013）学术类 10 项大奖提名奖名单（按照艺术家姓氏字母顺序排名）：

年度艺术家·水墨：蔡广斌、刘庆和、梁铨

年度艺术家·书法：鲍贤伦、孙伯翔、何应辉

年度艺术家·雕塑：施慧、于凡、李秀勤

年度艺术家·摄影：黎朗、王国锋、魏壁

年度艺术家·装置多媒体：王鲁炎、谢德庆、尹秀珍

年度艺术家·油画：苏新平、王玉平、忻东旺

年度青年艺术家：高磊、厉槟源、孙逊

年度艺术策展人：李旭、栗宪庭 & 刘骁纯、王璜生

年度艺术展览："自治区"当代艺术展、留涟——皮皮洛蒂·瑞斯特个展、"时代肖像"当代艺术30年

年度艺术出版物：江苏美术出版社《现代生活的画像：马奈及其追随者艺术中的巴黎》、金城出版社《蜜蜂文库当代艺术书系》、浙江大学出版社《元画全集》

【第二届"中国美术奖·理论评论奖"终评结果】

序号	姓名	论文题目	分类	级别
1	刘曦林	二十世纪中国画史	史论（著作）	一等奖
2	尚　辉	以人民为主体的艺术社会学探索 ——《讲话》精神及党的美术主导思想的继承与发展	理论（文章）	一等奖
3	郑　岩	逝者的面具——汉唐墓葬艺术研究	史论（著作）	二等奖
4	朱良志	论石涛的"躁"（上）、（下）	史论（文章）	二等奖
5	毕建勋	画道	理论（著作）	二等奖
6	刘继潮	游观——中国古典绘画空间本体诠释	理论（著作）	二等奖
7	陈　锽	超越生命——中国古代帛画综论（上）、（下）	史论（著作）	二等奖
8	邵亦杨	穿越后现代——当代西方视觉艺术	史论（著作）	三等奖
9	杭　间	设计的善意	评论（著作）	三等奖
10	祝　帅	中国广告学术史论	史论（著作）	三等奖
11	潘公凯	中国现代美术之路	理论（著作）	三等奖
12	张　激	国家艺术支持——西方艺术政策与体制研究	理论（著作）	三等奖
13	吴啸雷	朝圣殿堂或艺术飨宴——世界双年展研究	理论（文章）	三等奖
14	张长虹	品鉴与经营——明末清初徽商艺术赞助研究	理论（著作）	三等奖
15	杜　键	与"柏拉图"的对话	理论（著作）	三等奖
16	邢　文	道、理、禅与中国书画	理论（著作）	三等奖
17	钟孺乾	水墨变象	理论（著作）	三等奖
18	周　博	字体家国——汉文正楷与现代中文字体设计中的民族国家意识	史论（文章）	入选
19	孔新苗 马菁汝	视角·历史·方法——当代中国美术与"国家形象"研究	理论（文章）	入选
20	刘伟冬	西方艺术史研究中的图像学概念、内涵、谱系及其在中国学界的传播	史论（文章）	入选
21	许向群	军旅画谈	评论（著作）	入选
22	杨振宇	王国维和中国现代美术史写作的思想资源	理论（文章）	入选
23	张幼云	多重视角的观看——论泥塑《收租院》的评论现象	史论（文章）	入选
24	韩　刚	迈往凌云——米芾书画考论	史论（著作）	入选

续表

序号	姓名	论文题目	分类	级别
25	杭春晓	渐进式文化改良——以民初北京地区传统派画家为中心的考察	史论（著作）	入选
26	李黎阳	德国现代美术史	史论（著作）	入选
27	盛　葳	历史的错位：让－弗郎索瓦·米勒研究	史论（著作）	入选
28	胡　斌	李可染访德写生的社会语境及艺术影响	评论（文章）	入选
29	陈履生	革命的时代：延安以来的主题创作研究	史论（著作）	入选
30	孔令伟	“观念的拟人化”及相关问题	理论（文章）	入选
31	李若晴	玉堂遗音——明初翰苑绘画的修辞策略	史论（著作）	入选
32	许宜兰	道经图像研究	史论（著作）	入选
33	李天垠	遗忘的经典——故宫藏朱德润真伪作品考辨	史论（文章）	入选
34	杨成寅	黄宾虹画学解析	理论（著作）	入选
35	张　鹏	穿越古今的逐梦之旅——《六骏图》研究	史论（文章）	入选
36	杜少虎	合群开蒙——二十世纪早期中国西画社团研究	史论（著作）	入选
37	刘礼宾	时代雕像：民国时期现代雕塑研究	史论（著作）	入选
38	张冬卉	八大山人山水画研究	史论（著作）	入选
39	倪志云	画而称“写”的语义疏证	理论（文章）	入选
40	韩昌力	如飞如动——气化思想与书画艺术	理论（著作）	入选
41	张甘霖	中国陶艺批评学	理论（著作）	入选
42	封治国	与古同游——项元汴书画鉴藏研究	史论（著作）	入选
43	孟繁玮	《溪山无尽图》跋文及其文化内蕴	史论（文章）	入选
44	丁　方	“经典”与东西方文明的相遇	理论（文章）	入选

交流

【ChiFra 中法艺术交流展】

2014 年 1 月 23 日，“ChiFra 中法艺术交流展”开幕式在中国美术馆举行。展览共展出目前活跃在中法艺术界的 40 多位艺术家的近 200 件油画、版画和雕塑作品。

【毕加索：沃拉尔系列版画展】

2014 年 2 月 28 日，由中国国家博物馆与西班牙国际合作发展署、西班牙驻华大使馆共同举办的“毕加索：沃拉尔系列版画展”在中国国家博物馆开幕。“沃拉尔系列版画”包含了巴勃罗·鲁伊斯·毕加索在 1930 年 9 月至 1936 年 6 月间创作完成了 97 幅作品，以及 1937 年增加的 3 幅沃拉尔的肖像版画。

【新境——中国当代艺术展】

2014 年 3 月 7 日至 15 日，由中国美术馆、西班牙孔德杜克宫、西班牙国际发展合作署、马德里中国文化中心主办的“新境——中国当代艺术展”在中国美术馆开幕。作为 2013 年中国和西班牙建交 40 周年的重要文化交流项目，本次展览以中国美术馆的馆藏作品为主，遴选了改革开放 30 余年来具有代表性的中国画、油画、雕塑、装置以及摄影艺术作品，分为“时代变迁”“诗意自然”“多元探索”三个部分。

【鲁本斯、凡·戴克与佛兰德斯画派——列支敦士登王室珍藏展】

2014 年 3 月 12 日，由中华艺术宫和列支敦士登王室收藏共同策划主办的“鲁本斯、凡·戴克与佛兰德斯画派——列支敦士登王室珍藏展”在上海中华艺术宫开幕。此次展览从列支敦士登王室多年的珍藏中精选了 100 件油画、版画与挂毯，涉及肖像、风景、静物等种类，主题涵盖宗教、神话和历史，并以 13 个篇章完整地展现了十六七世纪尼德兰南部地区绘画发展的历程，其中包括鲁本斯的《战神马尔斯与瑞亚西尔维亚》《克拉拉·赛琳娜·鲁本斯的肖像》，凡·戴克的《热那亚贵族肖像》《玛利亚·德·塔西斯的肖像》，以及昆丁·马西斯、扬·德·考克、勃鲁盖尔家族成员、雅各布·约丹斯等人的画作。

【名馆·名家·名作——纪念中法建交五十周年特展】

2014 年 4 月 11 日，由中国国家博物馆与法国国家博物馆联合会共同举办的“名馆·名家·名作——纪念中法建交五十周年特展”在中国国家博物馆开幕。本次展览展出的 10 件美术作品，囊括了卢浮宫博物馆、凡尔赛宫和特里亚农宫博物馆、奥赛博物馆、毕加索博物馆、蓬皮杜现代艺术中心这五家世界著名博物馆的藏品。

【“罗马与巴洛克艺术”展】

2014年4月29日，由中国国家博物馆，意大利文化遗产活动与旅游部文化遗产开发司，罗马历史、艺术、民族人类遗产及博物馆联盟特署联合举办的“罗马与巴洛克艺术”展在中国国家博物馆开幕。展览集中展示了50件17世纪意大利的绘画和雕塑作品，包括卡拉瓦乔、卡拉齐、贝尼尼、科尔托纳、阿尔加迪等20多位活跃于17世纪罗马艺术舞台上的艺术大师和艺术家的艺术作品。

【大师与大师——徐悲鸿与法国学院大家作品联展】

2014年5月9日，“大师与大师——徐悲鸿与法国学院大家作品联展”在中华世纪坛世界艺术馆展出。该展览由中华世纪坛世界艺术馆、徐悲鸿纪念馆、巴黎高等美术学院、河南博物院共同主办，法国奥赛美术馆、巴黎小皇宫博物馆、默伦美术馆、鲁贝博物馆、南特美术馆、科涅克市博物馆、博韦市瓦兹省立美术馆协办，展览展出了徐悲鸿及法国学院大家们的绘画作品共123件，其中包括徐悲鸿的4位法国老师（弗朗索瓦·弗拉孟、帕斯卡·达仰－布弗莱、费尔南德·柯罗蒙、保罗·阿尔伯特·贝纳尔）的重要代表作品。

【俄罗斯：历史与现代——瓦西里·涅斯捷连科作品展】

2014年5月24日，由中俄友好、和平与发展委员会，中国国际友好联络会主办，俄中文化教育发展基金会、俄罗斯美术科学院、莫斯科国立瓦西里·涅斯捷连科画廊共同承办的“俄罗斯：历史与现代——瓦西里·涅斯捷连科作品展”在中国美术馆开幕。

【千里之行：中央美术学院毕业生优秀作品收藏展】

2014年6月3日，“千里之行：中央美术学院毕业生优秀作品收藏展”加拿大巡展在温哥华英属哥伦比亚大学（University of British Columbia）亚洲中心礼堂开幕。此次展览由中国对外文化集团、中央美术学院联合主办，中央美术学院美术馆、加拿大中国文化促进会，英属哥伦比亚大学亚洲图书馆联合承办。此次展览精选了中央美术学院美术馆2012年和2013年“千里之行”毕业生优秀作品展的收藏中24位艺术家的约60件作品，包括油画、中国画、版画、雕塑、装置、影像等多种艺术形式，真实地反映出中国目前艺术教育的水平以及中国大陆新生代艺术家的艺术探索与倾向。

【地中海的女人——法国艺术家沃尔蒂作品展】

2014年7月9日至8月17日，“地中海的女人——法国艺术家沃尔蒂作品展”在中华世纪坛世界艺术馆展出。展览由文化部中外文化交流中心、中华世纪坛世界艺术馆、天津美术馆、四川博物院、武汉博物馆、中华艺术宫、沃尔蒂基金会和巴黎沃尔蒂展览策划公司共同主办。沃尔蒂是法国当代雕塑家及画家，本展是首次在中国展出这位艺术家的100件代表作品。这些作品以女性为主要题材，跨越不同的艺术时期，并涵括了雕塑、素描、粉笔、壁毯等多种类型。

【走进卡特中心——纪念中美建交35周年当代中国画作品展】

2014年7月17日，由中国美术家协会与美国卡特中心共同主办的“走进卡特中心——纪念中美建交35周年当代中国画作品展”在卡特中心开幕。画展集中展示了刘大为、吴长江、杜滋龄等31位中国当代美术家的30余幅水墨作品。

【中法建交50周年——中法书画名家作品联展】

2014年8月5日，“中法建交50周年——中法书画名家作品联展”在中国国家博物馆开幕。展览由中国文化管理协会、中华社会救助基金会、《经济参考报》、中国电力传媒集团有限公司、法国中法文化交流协会联合主办，汇集了王鑫生、何家英、姚治华、安妮·迪翁、让·弗朗索瓦·法佛尔、丹尼斯·里巴斯等30余位中法书画家的40余幅作品。

【意会中国——阿拉伯知名艺术家访华采风精品展】

2014年9月10日，由中国文化部、阿拉伯国家联盟秘书处主办的“意会中国——阿拉伯知名艺术家访华采风精品展”在中国美术馆开幕。

【“列夫·托尔斯泰与他的时代”大型主题展】

2014年9月23日，由中国国家博物馆与俄罗斯雅斯纳雅·波良纳庄园博物馆及国立托尔斯泰博物馆共同推出的“‘列夫·托尔斯泰与他的时代’大型主题展览”在中国国家博物馆开幕。展览展出共255件（套）作品，包括油画、版画、素描、雕塑、徽章、手稿、书籍、信件、照片、纺织品、金属制品、生活用具等。展览包括序厅、家庭、文学、探寻、中国、巨响6个单元。

【水墨中国梦——当代中国画作品展】

2014年10月16日，由中国美术家协会、荣宝斋、法国巴黎中国文化中心共同主办的“水墨中国梦——当代中国画作品展”在法国巴黎中国文化中心开幕。

【蒙卡奇和他的时代：世纪之交的匈牙利艺术】

2014年10月28日，由中华艺术宫、匈牙利国家美术馆共同策划的“蒙卡奇和他的时代：世纪之交的匈牙利艺术”在上海美术馆开幕。展览以米哈伊·蒙卡奇的重要作品构成展品主体，共展出95件油画作品，集中展示了19—20世纪之交匈牙利的绘画艺术及潮流。

【布里亚特的神灵——俄罗斯艺术家达西作品展】

2014年11月10日，由中华世纪坛世界艺术馆联合达西纳姆达科夫艺术文化资助基金会、河南博物院和鄂尔多斯青铜器博物馆共同推出的“布里亚特的神灵——俄罗斯艺术家达西作品展”在中华世纪坛世界艺术馆开幕。本次展出的作品共68件，其中雕塑56件、绘画12件，涵括了达西各个时期的重要代表作品。

【永远的思想者——罗丹雕塑回顾展】

2014 年 11 月 27 日，由中国国家博物馆与法国罗丹博物馆共同举办的“永远的思想者——罗丹雕塑回顾展”在中国国家博物馆开幕。本次展览展出了罗丹不同材质的作品，既有青铜、大理石作品，也有 61 件石膏雕塑。

【德国：艺术之域】

2014 年 11 月 28 日，由德国对外文化关系学院主办，由北京德国文化中心、歌德学院（中国）和中央美术学院美术馆合作承办的大型艺术展“德国：艺术之域”在中央美术学院美术馆开幕。展览展出阿曼多、坎迪斯·布莱兹、托尼·克拉格、玛丽安妮·艾根黑尔、艾谢·艾克曼等一大批国际知名艺术家的作品。

人物纪念

【版画家凌君武逝世】

2014 年 1 月 10 日，中国美术家协会会员，中国版画家协会会员，江苏版画艺术委员会副会长，苏州版画院院长兼桃花坞木刻年画博物馆馆长，版画家凌君武在苏州逝世，享年 52 岁。

凌君武，字寅是，祖籍绍兴。1962 年生于江苏苏州市，1986 年毕业于江苏省南京师范大学美术系。1998 年于中央美术学院版画系攻读硕士研究生学位，并留校任教。后任苏州美术馆副馆长兼苏州版画院院长，中国美术家协会会员，中国版画家协会会员，江苏版画院兼职画师。

凌君武的作品多次参加国内外展出，《园林印象之三》获第十七届全国版画展铜奖、“鲁迅版画”奖，曾出访西班牙、法国、德国等地。其作品被中国美术馆、上海美术馆、江苏美术馆、浙江美术馆、深圳美术馆、贵州美术馆、青岛美术馆、中国国家画院、中国神州版画博物馆、哈尔滨艺术宫版画博物馆、中央美术学院、西班牙奥仑萨艺术馆、维也纳青年美术馆、叙利亚博物馆、比利时私人艺术馆等机构收藏。部分文章和作品分别发表于《美术》《美术观察》《江苏画刊》《中国版画》《美术报》《香港南北报》《台湾艺术家》《东京文学》和《苏州园林》等报纸刊物。编著《水印版画技法》《归去来兮——凌君武水印版画艺术》《水·印·象——第十一届姑苏之秋当代水印版画作品集》。

【油画家忻东旺逝世】

2014 年 1 月 11 日，中国美术家协会会员，中国油画学会理事，清华大学美术学院副教授，油画家忻东旺因病在北京逝世，享年 51 岁。

忻东旺，1963 年生于河北省康保县，1988 年毕业于山西晋中师专艺术系，1994 年结业于中央美术学院油画系第七届助教进修班，2003 年结业于中央美术学院油画系首届高研班。先后任教于山西师范大学美术系、天津美术学院油画系，任教于清华大学美术学院。

忻东旺主要作品有《诚城》《明天多云转晴》《适度兴奋》《远亲》《武装》《保卫》《边缘》《早点》等，其作品参加“第三届中国油画年展”并获银奖，参加“首届中国油画学会展”，参加“走向新世纪——中国青年油画展”并获提名奖、参加“第九届全国美展”并获铜奖、参加“建党八十周年全国美术作品展览”并获优秀作品奖、参加第三届油画展、参加“首届北京国际双年展”、参加“第十届全国美展”并获金奖，2005 年 12 月至 2006 年 1 月分别在中国美术馆和上海美术馆举办个人画展。2006 年 1 月在上海美术馆举办“村民列传——忻东旺油画作品展”。

【水彩画家潘长臻逝世】

2014 年 2 月 2 日，中国美术家协会会员、中国版画家协会会员、中国水彩画家学会创立者，中国美术家协会水彩画艺术委员会原副主任、浙江省水彩画家协会会长，中国美术学院工艺系教授，水彩画家潘长臻因病在上海逝世，享年 83 岁。

潘长臻，1932 年 10 月 18 日生于上海，祖籍江苏宿迁，1949 年 9 月入杭州国立艺术专科学校（现中国美术学院）学习，1955 年 9 月起先后任教于浙江美术学院附中，浙江美术学院版画系、工艺系等部门。1992 年退休。

潘长臻擅长水彩画、水粉画、油画、版画等。画风写实崇尚意境，具有浓郁的东方情趣。作品曾先后在美国、法国、苏联、日本、马来西亚、新加坡、巴西、非洲诸国，及中国香港、台湾等地区展出。曾获美国国际艺术研究会颁发的“金马奖”“银蛇奖”及国内的各种奖 10 余项，获法国巴黎艺术家资格证书。

潘长臻先生一生致力艺术实践与教育工作，尤其是在水彩画方面，功勋卓著。20 世纪 80 年代起就不断地组织举办市级、省级乃至国家级的水彩画展览、研讨等教学实践活动，曾连续六届策划举办中国（杭州）水彩画大展，为中国水彩画艺术事业的繁荣做出了巨大的贡献。1992 年，他率先发起成立了中国水彩画家学会（筹）并当选为会长。1993 年中国美术家协会水彩画艺委会成立，他当选为副主任。此外，由他主持制作、出版的“色彩”“水彩”“水粉”等方面的美术教学片、教材等在我国当代艺术教育上都发挥了巨大的影响。1998 年，他在中国美术学院举办中国水彩画高级研修班。他毕生从事艺术教育工作，为国家培养了一大批优秀的书画人才和艺术教育工作者，桃李天下。2010 年，举办了“潘长臻师生作品展”。

【画家朱新建逝世】

2014 年 2 月 10 日，新文人画代表、画家朱新建因病逝世，享年 61 岁。

朱新建，1953 年生，江苏省南京市人。1980 年毕业于南京艺术学院美术系，留校任教。曾获第六届全国美术作品展银质奖；作品《除三害》获全国少儿图画优秀奖。为上海美术电影厂、中央电视台设计动画片《老鼠嫁女》《金元国历险记》《皮皮鲁与鲁西西》的人物造型，动画片《选美记》的造型设计获上海美术电影厂优秀奖及金鸡奖提名。曾赴比利时、法国举办个人作品展。作品曾被中国美术馆、法国国家图画馆、比利时皇家历史博物馆、巴黎美术学院等机构收藏。出版有《笔墨随心》《水墨小品》《戏曲人物》《大丰谈艺》《朱新建画集》等。

【艺术史家高居翰逝世】

2014 年 2 月 14 日，中国艺术史学家高居翰在美国逝世，享年 88 岁。

高居翰（James Cahill），1926 年出生于美国加州，曾长期担任加州大学伯克利分校艺术史和研究生院的教授，以及华盛顿弗利尔美术馆中国书画部顾问，是当今中国艺术史研究领域的权威之一。

作为中国绘画史研究的资深元老，他的著作多是由在各大学授课的讲稿修订，或是充分利用博物馆资源编纂而成，皆是通过风格分析研究中国绘画史的经典书籍，享有世界范围的学术声誉。重要作品包括《中国绘画》（1960 年）、《中国古画索引》（1980 年）及诸多重要的展览图录。他还纂写了一套五册的中国晚明绘画史，其中第一册《隔江山色：元代绘画》、第二册《江岸送别：明代初期与中期绘画》、第三册《山外山：晚明绘画》均已陆续出版。1987 年至 1979 年，高居翰教授受哈佛大学极负盛名的诺顿（Charles Eliot Norton）讲座之邀，以明清之际的艺术史为题，发表研究心得，后整理成书：《气势撼人：十七世纪中国绘画中的自然与风格》，该书曾被全美艺术学院联会选为 1982 年年度最佳艺术史著作。1991 年又受纽约哥伦比亚大学版普顿（Bampton）讲座之邀，发表研究成果，后整理成书《画家生涯：传统中国画家的生活与工作》。

高居翰教授曾任北京故宫博物院古书画研究中心外聘专家，通过国内外同行对研究方法和学术成果的交流，不断提高陈列和保管及修复、复制技术，不断培养学术新秀，从根本上推动中国书画类文物的学术研究与文物保护的发展，研究重点为故宫博物院的藏品和散佚在世界各地的清宫旧藏，其中包括中国历代书法、绘画、碑帖等。

【山水画家吕云所逝世】

2014年5月19日，山水画家、天津美术学院教授吕云所在天津逝世，享年75岁。

吕云所，别名吕云，1940年生于河北涉县，1962年毕业于天津美术学院并留校任教，先后师从秦仲文、刘君礼、孙奇峰等教授，历任助教、讲师、副教授、教授，中国美术家协会会员、天津美术家协会顾问、天津美术学院教授、硕士生导师，清华大学吕云所山水创作工作室导师，中国艺术研究院高研班导师，中国国家画院高研班导师，太行中国画协会总顾问。是我国当代北派山水画代表性人物，被誉为“北派重镇”。

吕云所的作品曾获第四、五、六、八届全国美展大奖，自20世纪80年代先后赴美国、新加坡、澳洲、日本等国以及中国香港等地区举办个展，并多次出国讲学，其作品也曾在中国美术馆、天津、河北、湖北、广东、福建等多地举办个展。其作品被收入《中国现代美术全集》《百年中国画集》《1977—1999中国当代美术》《当代中国美术》《今日中国美术》《山境水情——中国当代山水画研究》等国家级大型经典画集。

【画家、动画造型设计师柯明逝世】

2014年7月13日，画家、动画造型设计师柯明因病在美国匹兹堡市逝世，享年92岁。

柯明，原名吴樾人，曾用笔名吕西安。1923年3月生于福建省福州。早年就读于国立杭州艺术专科学校西画科，长期从事报纸美术编辑和书籍装帧设计的工作。他在艺术创作的道路上不断自我探索、学习、提高，晚年尤其热衷我国传统的民间艺术，收集整理，并从中吸取精华，运用于学术交流和艺术创作中，例如木版年画、剪刻纸、皮影、泥塑等，使其作品具有独特的个性和浓郁的中国民族民间风格。在此基础上，在水墨画中创作了《阿福》《荷花灯》等一系列作品；曾经多次为国产动画片设计造型，其中著名的有:《红军桥》《张飞审瓜》《天书奇谭》等；曾经独创了“南京小泥人”（彩塑），展出后被南京工艺美术界投入批量生产，成为南京旅游工艺纪念品之一。曾长期工作和生活在南京，后定居美国。

【国画家张桂铭逝世】

2014年9月22日，国家一级美术师，中国美术家协会中国画艺委会委员，上海市文学艺术界联合会委员，上海市美术家协会常务理事，上海大学美术学院、上海理工大学艺术设计学院客座教授，国画家张桂铭因病在上海逝世，享年75岁。

张桂铭，1939年出生于浙江绍兴，1964年毕业于浙江美术学院（现中国美术学院）中国画系，同年入上海中国画院专业创作。历任上海中国画院副院长，刘海粟美术馆执行馆长，中国美术家协会理事、中国画艺术委员会委员，上海市文学艺术界联合会委员、上海市美术家协会中国画艺术委员会主任，上海大学美术学院、上海理工大学艺术设计学院客座教授等。1988年被评聘为国家一级美术师，1998年起享受国务院颁发的政府特殊津贴。其作品被收入《中国现代美术全集》《20世纪中国美术馆藏画集》《当代中国美术》《百年中国画展作品集》《中国当代美术图鉴》《世纪风骨——当代中国艺术50家文献与作品》《深圳国际水墨双年展》《当代中国画学术论坛——当代中国画学术展》《北京国际美术双年展》等重要画集。出版有《中国近现代名家画集——张桂铭》《中国名画家精品集——张桂铭卷》《张桂铭画集》《“艺苑掇英”（特辑）——当代中国画名家张桂铭作品集》《百年中国画经典——张桂铭卷》《当代中国画文脉研究——张桂铭卷》《张桂铭》（日本版）等多种专集。作品《画家齐白石》《彩荷》等为中国美术馆、上海美术馆等收藏。

【版画家赵延年逝世】

2014 年 10 月 23 日，版画家赵延年因病在杭州逝世，享年 91 岁。

赵延年，1924 年出生，浙江湖州人，版画家。1938 年入上海美术专科学校学习，1939 年开始自学木刻，1941 年参加中华全国木刻界抗敌协会。20 世纪 40 年代曾任美术教员、美术编辑。50 年代到中央美术学院华东分院任教，后任中国美术学院教授。曾任中国美术家协会理事、中国版画家协会常务理事、美术家协会浙江分会常务理事、杭州市美术家协会名誉主席、浙江版画家协会名誉会长、浙江漫画研究会顾问、浙江省“省文史馆”名誉馆员。

赵延年创作了大量艺术作品。代表作有 20 世纪 40 年代的《弃婴》《抢米》；中华人民共和国成立后有《抗议》、《鲁迅像》、《起来，饥寒交迫的奴隶》、《为了解放》、《白求恩大夫》、《孤独者》、《阿 Q 正传》插图、《孺子牛》；90 年代的《新桑》《逐日》《路漫》《九十年代》等。出版有《赵延年版画选》等。

赵延年于 1991 年获中国美术家协会、中国版画家协会联合颁发的“中国新兴版画杰出贡献奖”。2009 年，荣获文化部、中国文学艺术界联合会、中国美术家协会共同颁发的“中国美术奖・终身成就奖”。

【油画家阿布都克里木・纳斯尔丁去世】

2014 年 11 月 18 日，新疆油画家阿布都克里木・纳斯尔丁因病在乌鲁木齐去世，享年 67 岁。

阿布都克里木・纳斯尔丁，维吾尔族，国家一级美术师、油画家、壁画家，曾任中国美术家协会理事、新疆油画学会主席、新疆画院院长。1947 年 2 月出生于乌鲁木齐。1972 年以来，其油画、粉画、壁画作品多次参加自治区美展、全国美展和国际美展，并荣获国际美展“特别奖”，国家“壁画大奖”“铜牌奖”“优秀奖”，省部级“一、二等奖”。油画、壁画作品被中国美术馆、中国油画博物馆、中央美术学院、意大利博罗尼亚美术学院、北京人民大会堂、新疆人民会堂等收藏。作品由文化部选送到法国、美国、澳大利亚、日本、哈萨克斯坦、吉尔吉斯斯坦和阿联酋、阿曼、巴林、卡塔尔等国以及中国台湾、香港、澳门等地区参加各类国际艺术博览会和画展。因为发展我国文化艺术事业做出贡献而被授予“全国有突出贡献中青年专家”“自治区优秀专家”等称号，享受“国务院特殊津贴”，2005 年被聘为“世界教科文卫组织专家成员”，同年被世界教科文卫组织授予百名中外专家首批特殊贡献“金色勋章”。

曾组织编辑出版了《中国・新疆・麦盖提农民画集》《新疆百名美术家（CD－ROOM)》《新疆画院作品集》《希望之星——新疆少儿美术作品集》《第三届中国油画展——新疆作品集》等画册，并任主编、副主编。代表作品有：《麦西来甫》、《哈密麦西来甫》、《多郎麦西来甫》、《农民的喜悦——麦西来甫》、《摇篮曲》、《于田人》、《母亲》、《女儿》、《新夏提古丽》、《古道集市》、《天山之春》（大型壁画）、《东归》（大型壁画）、《民族大团结万岁》等，多幅作品和学术论文在全国性专业刊物和国外报刊发表。

【艺术史家林树中逝世】

2014 年 12 月 1 日，中国美术家协会会员、艺术史家林树中在江苏省南京逝世，享年 89 岁。

林树中，别名光望，字树中，汉族，1926 年 5 月生，浙江平阳人。南京艺术学院教授、博士生导师、学术委员会委员，江苏省文史研究馆馆员，江苏省高校高级职务评审委员会美术学科评委，文化部美术学博士生指导教师专家评议组成员。香港中文大学艺术系校外职务评审委员，美国密西根大学客座教授、中国文化研究所研究员，日本龙谷大学佛教文化研究所顾问，北京画院“传统中国绘画研究中心”和“齐白石艺术国际研究中心”顾问，享受国务院政府特殊津贴专家。2009 年中国文化遗产保护杰出人物。编著有《中国美术全集·魏晋南北朝雕塑》《中国历代绘画图录》《中国美术通史》等。2004 年 5 月 23 日，林树中被中国美术家协会授予“卓有成就的美术史论家”。

【人生若寄——齐白石的手札情思】

2014 年 1 月 10 日，由北京画院主办的北京画院藏齐白石作品系列特展之十“人生若寄——齐白石的手札情思”在北京画院美术馆展出。此次展览主要展出北京画院收藏的齐白石手稿作品，具体包括日记、信札、杂记、诗稿等。

【江山万里——张大千艺术展】

2014 年 1 月 22 日，由中国美术馆和台湾长流美术馆共同举办的“江山万里——张大千艺术展”在北京中国美术馆举行。本次展览共展出台湾长流美术馆藏张大千不同时期的山水、花鸟、人物和书法作品 100 余件。

【艺为人生——冯法祀百年诞辰艺术回顾展】

2014 年 6 月 27 日，时值冯法祀百年诞辰之际，由中国美术馆、中国美术家协会、中央美术学院、中国油画学会联合主办，中央戏剧学院、吴作人国际美术基金会协办的“艺为人生——冯法祀百年诞辰艺术回顾展”在中国美术馆举行。本次展览既以历时的线索反映冯法祀不同时期的研究与创作，更聚焦他艺术生涯中两个重要艺术时期——20 世纪 40 年代抗敌演剧队时期和 50 年代马克西莫夫油画训练班时期，200 余件作品配合文献史料，构成冯法祀艺术人生的宏览，彰显出老一辈油画家对艺术与时代的关切。

【翰墨凝采——夏风绘画艺术回顾展】

2014 年 7 月 18 日，由中国美术家协会、北京画院、人民美术出版社、鲁迅美术学院联合主办的“翰墨凝采——夏风绘画艺术回顾展”在北京画院美术馆开幕。展览展出了这位林风眠已故弟子夏风的近 80 幅版画、中国画作品。

【补白·添彩——哈定艺术成就回顾展】

2014 年 8 月 3 日，由中华艺术宫主办，上海市美术家协会、上海油画雕塑院和上海大学美术学院协办的“补白·添彩——哈定艺术成就回顾展”在中华艺术宫开幕。

此次展览分“初露头角”“桃李芬芳”“劫后新生”和“异彩纷呈”四个部分，收入了从 20 世纪 40 年代中期到 21 世纪初哈定在水彩画和油画创作中的精品力作，同时还展出了哈定在各个教学时期的学生，如“哈定画室”时期的王劼音、董连宝、庞卡、俞晓夫、蔡江白、张安朴、徐纯中、徐文华和上海市美专时期的陈逸飞、夏葆元、魏景山、赖礼庠、陈培荣，以及西藏美术培训班学员乌斯玛等人的作品，比较完整地还原了哈定一生的艺术创作和艺术教学成就。

哈定（1923—2004），是我国第二代水彩画家中的水彩画大家和美术教育家，上海油画雕塑院一级美术师、中国美术家协会会员、上海美术家协会理事。

【凝铸的温度——中国第二代雕塑家司徒杰】

2014年8月5日至9月12日，同中央美术学院主办的“凝铸的温度——中国第二代雕塑家司徒杰”展在中央美术学院美术馆举办。此次展览将司徒杰作为“中国第二代雕塑家”的代表人物进行展示，展览分为“纪年与纪念——时代碑影”“民间与民鉴——抟土塑人”“新火与薪火——世纪传承”三个部分。

【含泪画下去——司徒乔艺术世界的爱与恨】

2014年8月5日，由中央美术学院主办的“含泪画下去——司徒乔艺术世界的爱与恨”在中央美术学院美术馆开幕。此次展览划分“抱着明丽之心”“流霞彩羽”“放下你的鞭子”“多少灾黎老异乡”“新疆猎画记”“玫瑰村”“未完成的画”以及“为了未完成的画”8个主题单元。

【大道传薪，金石为开——中国美术馆藏吴昌硕与二十世纪写意花鸟画名家展】

2014年8月9日，“大道传薪，金石为开——中国美术馆藏吴昌硕与二十世纪写意花鸟画名家展”在中国美术馆开幕。此次展览共展出作品100余件，在以经典作品展示吴昌硕“食金石力，养草木心”所开写意新风的同时，遴选了齐白石、潘天寿、陈师曾、王震、赵云壑、朱屺瞻、王个簃、陈半丁、来楚生、吴茀之、诸乐三、李苦禅、王梦白、王雪涛、于希宁、崔子范等16位20世纪写意花鸟画大家，分为江南与北方两大区域，以吴昌硕作品贯穿整个展览，在对应的比较中展示每位大家与其之间的承变关系，勾勒出20世纪写意花鸟画探古出新、雄健高昂的时代气象。

【大师与大师：徐悲鸿与法国学院大家作品展】

2014年8月14日，由中华世纪坛世界艺术馆、河南博物院、徐悲鸿纪念馆、巴黎高等美术学院共同主办的“大师与大师：徐悲鸿与法国学院大家作品展”在河南博物院开幕，本次展览共展出了来自法国八家博物馆和徐悲鸿纪念馆的150余幅作品，纪念中法建交50周年。

【踪迹大化——傅抱石艺术回顾展】

2014年8月15日，为纪念国画大师傅抱石先生诞辰110周年，北京画院联手南京博物院共同推出的“踪迹大化——傅抱石艺术回顾展”在北京画院美术馆开幕。

【师心写意——熊纬书百年诞辰山水画展】

2014年9月19日至24日，由江苏省文学艺术界联合会、北京画院、南京书画院、人民美术出版社共同主办的纪念熊纬书诞辰100周年“师心写意——熊纬书百年诞辰山水画展”在北京画院美术馆展出。这次展览共计展出熊纬书从20世纪50年代到90年代中期所创作的《古庙松杉图》《漓江小景》《少陵诗意》等70余件代表作品。

【开渠百年——纪念刘开渠诞辰110周年展】

2014年9月30日，“开渠百年——纪念刘开渠诞辰110周年展”在中国国家博物馆开幕。本次展览精选刘开渠最具代表性的51件雕塑作品和珍贵的历史文献资料，分四个单元：“为现代中国人造像（1914—1949）”“立民族之碑（1949—1978）”“向新时代致敬（1978—1993）”和“世纪回望”。

【赤子之献——丁正献百年诞辰艺术回顾展】

2014年10月15日，“赤子之献——丁正献百年诞辰艺术回顾展”在浙江美术馆开幕，展出版画家丁正献的近200件作品。展览共分为“烽火——晚钟”“涛声——岚气”“传薪——留真”三个板块。

【不尽丹心——蒋兆和诞辰110周年纪念特展】

2014年11月2日，由中国国家博物馆主办、中国美术家协会蒋兆和艺术研究会协办的“不尽丹心——蒋兆和诞辰110周年纪念特展”在中国国家博物馆开幕。此次展览汇集了蒋兆和不同时期的100件代表作品，其中有多件作品在国内是首次展出。展览分为四个单元：一、“国难家仇与人情民生”，集中展出表现新中国之前国难民生类题材的作品；二、“时代风尚与建设新貌”，主要展示了蒋兆和表现新中国时代新貌的作品；三、“肖像留影与写真传神”，汇集了蒋兆和大量生动传神的肖像作品；四、“历史人物与文学形象”，集中了历史人物和文学作品的人物画创作佳作。

蒋兆和（1904—1986），原名万绥，祖籍湖北麻城，生于四川泸州。1920年至上海，曾画广告，从事服装设计，并自学西画。1927年受聘于南京国立中央大学，为图案系教员。1930—1932年任上海美术专科学校素描教授，并参加临时青年爱国宣传队绘抗日宣传画。1935年至北平，次年返四川正式开始现代水墨人物画创作。1937年春返北平，任京华美术学院教授、北平艺术专科学校教师，并举办个展。1947年受聘于国立北平艺专。中华人民共和国成立后，1950年起任中央美术学院教授，曾当选中国美术家协会第二、三届理事，为第四届顾问，中国文学艺术界联合会委员，中国画研究院院务委员，第三、四、五、六届全国政协委员，民盟中央文教委员会委员。《流民图》是蒋兆和最重要的代表作，为现实主义绘画巨作。

【善彩馀韵——胡善馀艺术展】

2014年11月22日，“善彩馀韵——胡善馀艺术展”在中国美术馆举行了开幕式。本次展览展出胡善馀的200多件作品及部分文献实物。展览共分三个部分：第一部分“山河映照——胡善馀的写生足迹”，这部分以胡善馀历年在全国各地的写生作品为主，其中包含“建设新象”专题，汇集了画家在新中国成立之后，深入建设工地、阡陌田头、渔港码头，创作反映社会主义建设成就的题材作品。第二部分“湖上念忆——胡善馀的笔下江南”，这部分展出胡善馀客居杭州后，以西湖为中心的江南写生题材作品，其中包含专题“慈父情怀——胡善馀笔下的家人与家园”，胡善馀将内心真情与油画艺术交织一起表现出对家人与家园的慈爱。第三部分“神与物游——胡善馀的静物、人物写生”，这一部分汇聚了胡善馀历年来静物、人物写生作品。

胡善馀（1909—1993），广东开平人。1929年进入国立杭州艺专，跟随林风眠学画。因在学成绩表现优越，于1932年便随即转往法国留学，并进入巴黎国立高等美术学院，并先后于当地画室习画。1935年返国后，先后于国立重庆师范学校、国立艺专及中央美术学院任教。1980年起曾于杭州、广州、南京、昆明等地举行个展并由上海人民美术社出版《胡善馀油画选》。

【冯法祀百年诞辰专题展——冯法祀的“开山途”】

2014年11月29日，“冯法祀百年诞辰专题展——冯法祀的‘开山途’”开幕式暨捐赠仪式在中央美术学院美术馆举行。展览分为三个板块：一、开山。此板块主要展出《开山》《捉虱子》的不同版本及40余件创作稿。二、行走。此板块主要展出冯法祀的“风景写生”系列。三、登高。主要是冯法祀的几件未竟之作。冯法祀之子冯世光将冯法祀的55件作品捐赠给了中央美术学院美术馆。

冯法祀（1914—2009），别名“骆风”，安徽庐江人。曾为中国美术家协会会员、中国油画学会顾问、徐悲鸿国际艺术研究会名誉主席，徐悲鸿艺术学院首席顾问。冯法祀19岁那年以第一名的成绩考入南京中央大学教育学院艺术科，师从徐悲鸿；1937年投身抗日运动，参加工农红军。他的青壮年时代正是战火遍地之时，这深深影响了他以后的艺术发展之路，即把自身的艺术根植于广大的劳苦民众之中。对于冯法祀的作品，徐悲鸿的评价是：“以急行军之作法，描写前后方动人的景象，作法深刻。”1933年考入南京中央大学教育学院艺术科，受业于徐悲鸿、颜文梁、吕斯百、潘玉良等大师门下。1946年又随徐悲鸿到北平，参加北平国立艺术专科学校的创办工作。1950年中央美术学院建立，他被聘为教授、首任绘画系系主任。冯法祀曾创作了《雁荡山》、《捉虱子》、《演剧队的晨会》、《南京大屠杀》（合作）、《苏州耦园》、《长白山天池》、《西双版纳少女》、《吕霞光夫人像》、《暖冬》、《岁月》等一大批充满现实主义精神的作品。其中，尤以20世纪50年代创作的巨幅油画《刘胡兰就义》最为著名。

【油画中国风——董希文百年诞辰纪念展】

2014年12月19日，由中央美术学院主办，中国美术家协会、中国国家博物馆、中国人民革命军事博物馆、中国美术馆、中国美术学院、敦煌研究院共同协办的“油画中国风——董希文百年诞辰纪念展”在中央美术学院美术馆举办。展览分为“转益多师”“心系敦煌”“革命历史画”“重走长征路”“春到西藏”和“访苏之旅”六大部分，展现了董希文在“油画中国风”与“油画民族化”实践上的成就。

董希文（1914—1973），浙江绍兴人，1932年考入杭州浙江大学土木系，次年考入苏州美术专科学校。1939年到越南，同年回国。1942年赴重庆，次年去敦煌艺术研究所临摹壁画。1946年在兰州举办“董希文敦煌壁画临摹创作展览”，同年到国立北平艺术专科学校任教。后任中央美术学院教授。1952—1953年任人民英雄纪念碑浮雕起稿组组长。中国美术家协会会员、第二届全国政协委员。逝后在中国美术馆及拉萨举办遗作展。主要作品有《开国大典》《春到西藏》《红军过草地》《千年的土地翻了身》等。出版有《长征路线写生集》《董希文画辑》《董希文画集》等。发表论文《从中国绘画的表现方法谈到油画中国风》《素描基本练习对于彩墨画教学的关系》等。

大事记

1月10日，“人生若寄——齐白石的手札情思”在北京画院美术馆展出。

1月10日，版画家凌君武在苏州逝世，享年52岁。

1月11日，油画家忻东旺因癌症在北京逝世，享年51岁。

1月15日，“丹青贺岁——第十届中国艺术节全国优秀美术作品展”在中国美术馆开幕。

1月22日，由中国美术馆和台湾长流美术馆共同举办的“江山万里——张大千艺术展”在北京中国美术馆举行。

1月23日，“ChiFra中法艺术交流展”开幕式在中国美术馆举行。

1月25日，“中华意蕴——中国当代油画巡展暨中国油画百年回望”首站在广东美术馆展出。

2月2日，水彩画家潘长臻因病在上海逝世，享年83岁。

2月10日，新文人画代表、画家朱新建因病逝世，享年61岁。

2月14日，中国艺术史学家高居翰在美国逝世，享年88岁。

2月20日，“如歌的行板——沈行工油画作品展”在中国美术馆开幕。

2月28日，“毕加索：沃拉尔系列版画展”在中国国家博物馆开幕。

3月5日至13日，“这片地呀——赵奇绘画展”在中国美术馆展出。

3月5日至15日，由中国文学艺术界联合会、中国作家协会、中共广东省委宣传部联合主办的“贯通融会——刘斯奋书画诗文艺术展”在中国美术馆展出。

3月5日至15日，“王济达·金高作品展”在中国美术馆展出。

3月6日，“献给母亲的歌——中国女美术家提名邀请展”在北京中国文联大厦开幕。

3月6日，“翰墨四君子　书画一春风——马海方、董浩、田伯平、陈忠洲书画展”在中华世纪坛世界艺术馆开幕。

3月7日，版画家杨涵逝世，享年95岁。

3月7日至15日，“新境——中国当代艺术展”在中国美术馆展出。

3月10日，“脉脉之思——王悦之艺术展”在中国美术馆开幕。

3月12日，“鲁本斯、凡·戴克与佛兰德斯画派——列支敦士登王室珍藏展”在上海中华艺术宫开幕。

3月16日至26日，“丹青楚韵——湖北省中国画作品展”在中国美术馆举办。

3月17日，首届“红河哈尼梯田世界文化遗产国际摄影双年展”在红河州开幕。

3月18日，“丹青京华——20世纪的北京中国画坛”在广东美术馆展出。

3月18日至26日，“意绘——武汉八人美术作品展”在中国美术馆展出。

3月18日至26日，“长安精神——陕西优秀中青年国画作品提名展”在中国美术馆举办。

3月18日至4月6日，“艺道可观——陈其和教授从艺40年学术回顾展”在广州市广东美术馆展出。

3月19日，“军旅·行旅——孙立新油画展”在广州市广东美术馆开幕。

3月19日至27日，“汉风墨韵——李可染暨‘彭城画派’美术作品晋京展”在中国美术馆展出。

3月21日，“新中国美术家系列——浙江省中国画作品展”在中国国家画院美术馆开幕。

3月22日，美术家高泉因病在山东威海去世，享年78岁。

3月24日至4月8日，“南象北相——王赞、周京新、张江舟、王颖生人物画展”在中国国家大剧院展出。

3月26日，华人艺术家、法兰西学院第一位华人院士朱德群（Teh Chun Chu）在巴黎逝世，享年94岁。

3月28日，“工·课——黄致阳作品展”在中国国家博物馆开幕。

3月28日至4月8日，“赤城霞——王德惠作品展”在中国美术馆举办。

3月29日，“中央美术学院附中60周年校庆展”在中国美术馆开幕。

3月30日至4月10日，“我的心·方玉杰书法作品展”在中国美术馆展出。

3月31日至4月10日，“关切的向度——当代水墨六人展”在中国美术馆展出。

4月2日，工笔画家陈白一在长沙逝世，享年88岁。

4月5日，文艺家程士名因病在西安逝世，享年93岁。

4月8日，“图像的叙事性·第五届广东当代油画艺术展”开幕式在广东美术馆举行。

4月10日至22日，“山脉·文脉——樊洲山水画艺术展”在中国美术馆展出。

4月11日，“翰墨情缘——上海中国画院藏名家合作花鸟画展”在上海中国画院举行。

4月11日，“名馆·名家·名作——纪念中法建交五十周年特展”在中国国家博物馆开幕。

4月11日至22日，“视觉的凝聚——杨参军绘画艺术展”在中国美术馆展出。

4月12日，“除了要吃饭其他就跟神仙一样：朱新建个展”在北京今日美术馆开幕。

4月12日至21日，“和而不同——戴顺智、范扬、韩敬伟、袁武四教授中国画作品展”在中国美术馆展出。

4月12日至22日，“艺绘两岸——陈志声书法作品展”在中国美术馆展出。

4月12日至25日，“艺道可观——陈其和教授从艺40年学术回顾展”在深圳市述古堂美术馆展出。

4月16日，“娘本唐卡艺术展”在中国国家博物馆开幕。

4月18日，“文峰静雅——邹雅艺术回顾展”在北京画院美术馆开幕。

4月18日至20日，“丰华臻传——中国重要书画收藏展”在北京保利艺术博物馆展出。

4月19日，“大风大浪——唐小禾、程犁艺术回顾展”在湖北美术馆开幕。

4月24日，“南方艳阳——陈澄波艺术大展”在中国美术馆开展

4月25日，“景物斯和——彭斯艺术展”在北京画院美术馆开幕。

4月25日，“椰风海韵——裴建华艺术展”在深圳美术馆开幕。

4月25日，“七彩云南——中国美术作品展”与“多彩贵州——中国美术作品展”在中国美术馆开幕。

4月26日，“大美寻源——当代优秀书画家作品展”北京国子监举办。

4月26日，“创意——北京中青年雕塑家作品展”在北京朝阳规划艺术馆开幕。

4月26日，“第六届三影堂摄影奖作品展”开幕式及颁奖典礼在北京三影堂摄影艺术中心举行。

4月27日，“大观——王首麟作品展”在炎黄艺术馆开幕。

4月28日，“群英会——中国书画名家邀请展”在中华世纪坛世界艺术馆开幕。

4月29日，“罗马与巴洛克艺术”展在中国国家博物馆开幕。

4月30日，“第28届亚洲国际美术展”在广州美术馆开展。

4月30日，“2014届中央美术学院研究生毕业展”在中央美术学院美术馆开幕。

5月6日，“岁月回响——陈树东油画艺术展”在中国美术馆开幕。

5月7日，“物以神聚——范扬国画展”在中国美术馆开幕。

5月7日，“中国意象——当代中国水墨与雕塑艺术展”在中国美术馆开幕。

5 月 9 日，“第二届全国高等院校插图艺术作品巡展”在青岛农业大学开幕。

5 月 9 日，“大师与大师——徐悲鸿与法国学院大家作品联展”在中华世纪坛世界艺术馆开幕。

5 月 14 日，“凝固的音乐 · 刘建水墨建筑画展”在深圳画院美术馆开幕。

5 月 16 日，“丹青异彩——穆益林帛画艺术巡回展”在中国美术馆开幕。

5 月 16 日，“情凝厚土——曹新林油画展”在中国美术馆开幕。

5 月 19 日，山水画家吕云所在天津逝世，享年 75 岁。

5 月 24 日，“百川为海　绝顶为峰——殷保康水彩艺术 60 年回顾展”在中国美术馆开幕。

5 月 24 日，“俄罗斯：历史与现代——瓦西里 · 涅斯捷连科作品展”在中国美术馆开幕。

5 月 25 日，“青花 · 水天堂——王伟中画展”在中国美术馆开幕。

5 月 25 日，“新疆印象——青年艺术家画新疆创作展”在中国美术馆开幕。

5 月 25 日，“‘LOVE AIJING：艾敬的爱’艾敬综合艺术巡展”在上海中华艺术宫开幕。

5 月 28 日，“黄河哺艺——马建飞油画展”在中国美术馆开幕。

5 月 30 日，“‘多维之观’新媒体艺术展”在中央美术学院美术馆项目空间开幕。

5 月 31 日，“重返单纯——吴山明执教 50 年从艺 60 年中国画艺术展”在中国美术馆开幕。

5 月 31 日，“爻——王雷 2013 年 1 月 1 日至 12 月 31 日”在中国美术馆开幕。

6 月 3 日，“千里之行：中央美术学院毕业生优秀作品收藏展——加拿大巡展”在温哥华英属哥伦比亚大学亚洲中心礼堂开幕。

6 月 10 日，“刘延涛书画特展”在河南博物院开幕。

6 月 11 日，“齐物等观：2014 年国际新媒体艺术三年展”在中国美术馆开幕。

6 月 12 日，“精致立场 · 全国第二届现代工笔画大展”在中国美术馆开幕。

6 月 15 日，“第四届中国 · 芜湖刘开渠奖国际雕塑大展优秀方案展”在安徽芜湖开幕。

6 月 26 日，“姚天沐从艺 65 周年回顾展”在中国美术馆展出。

6 月 26 日，“九天花雨——柯桐枝花鸟画作品展”在中国美术馆举行。

6 月 27 日，“千里之行——中央美术学院 2014 届毕业生优秀作品展”在中央美术学院美术馆开幕。

6 月 27 日，“面孔后的故事——馆藏肖像精品（油画/素描部分）”展在中央美术学院美术馆开展。

6 月 27 日，“艺为人生——冯法祀百年诞辰艺术回顾展”在中国美术馆举行。

7 月 1 日，“太璞如琢——崔如琢指墨艺术展”在中国国家博物馆开幕。

7 月 5 日，“庆祝澳门回归十五周年——孙蒋涛画展”开幕式在中国国家博物馆举行。

7 月 9 日至 8 月 17 日，“地中海的女人——法国艺术家沃尔蒂作品展”在中华世纪坛世界艺术馆展出。

7 月 11 日，“片石叠山记——周矩敏水墨画作品展”在中国美术馆举办。

7 月 11 日，“别样风景——龙虎作品展”在中国美术馆开幕。

7 月 11 日至 8 月 3 日，广东美术馆举办年度个展“张羽——意念的形式”。

7 月 12 日，“澄怀味象——中国艺术研究院中国画院第三届院展”在中国美术馆展出。

7 月 13 日，画家、动画造型设计师柯明在美国匹兹堡市因病逝世，享年 92 岁。

7 月 14 日，“澳门美术家作品展——庆祝澳门回归十五周年”在中国国家博物馆开幕。

7 月 17 日，“走进卡特中心——纪念中美建交 35 周年当代中国画作品展”在卡特中心开幕。

7 月 18 日，“翰墨凝采——夏风绘画艺术回顾展”在北京画院美术馆开幕。

7 月 24 日，“旭宇艺术研讨会”在北京举行。

7 月 25 日，“沃土中原——吾土吾民油画邀请展”在山东美术馆开幕。

7 月 25 日，“香港当代水墨艺术展”在北京画院美术馆开幕。

7 月 26 日，“中国梦强军梦——军事题材美术作品展”在中国美术馆开幕。

7月26日，“重现的镜子：宋陵回顾展（1985—2013）”在北京今日美术馆开幕。

7月29日至8月30日，“浙江美术馆开馆五周年特展：西泠峰骨——纪念吴昌硕诞辰170周年暨西泠印社七任社长作品展”在浙江美术馆举办。

7月30日，“第八届AAC艺术·生态·观察巡展”在北京开幕。

8月1日，“钟开天美术展”在中国国家博物馆开幕。

8月1日，“同行——2014美术馆联合展”在上海中华艺术宫开幕。

8月3日，“中国画名家中堂作品展”在中国美术馆开幕。

8月3日，“补白·添彩——哈定艺术成就回顾展”在上海中华艺术宫开幕。

8月5日，“中法建交50周年——中法书画名家作品联展”在中国国家博物馆开幕。

8月5日，“含泪画下去——司徒乔艺术世界的爱与恨”在中央美术学院美术馆开幕。

8月5日至9月12日，“凝铸的温度——中国第二代雕塑家司徒杰”在中央美术学院美术馆举办。

8月7日，“文史翰墨——首届中华诗书画展”在中国美术馆开幕。

8月8日，“实年一验——中央美术学院实验艺术专业教学十年成果展”在中央美术学院美术馆开展。

8月9日，“大道传薪，金石为开——中国美术馆藏吴昌硕与二十世纪写意花鸟画名家展”在中国美术馆开幕。

8月10日，“金陵文脉——2014年全国中国画展”南京金陵美术馆开幕。

8月14日，“大师与大师：徐悲鸿与法国学院大家作品展”在河南博物院开幕。

8月15日，“情满桑梓·雕塑盐城——2014中国当代青年雕塑家作品展·盐城展”开幕。

8月16日，由中国油画学会、中国美术馆联合主办“在场·第二届中国油画双年展（2014）”在中国美术馆开幕。

8月17日，“第十二届全国美术作品展·实验艺术展区”在北京今日美术馆开幕。

8月18日，“2014南京青奥会美术大展”在南京国际博览中心馆开展。

8月19日，“激扬文字——陈求之艺术展”在中国博物馆开幕。

9月1日，“第十二届全国美术作品展览”漆画展在福州海峡国际会展中心开幕。

9月6日，“第十二届全国美术作品展览艺术设计作品展”在陕西省西安当代美术馆开幕。

9月10日，“意会中国——阿拉伯知名艺术家访华采风精品展”在中国美术馆开幕。

9月11日，“盛世繁英——周彦生花鸟画艺术展”在中国国家博物馆开幕。

9月12日，“湖山掩映——浙江画院三十年”在中国美术馆开幕。

9月12日，“境遇——中国新经典画会2014年展”在中国美术馆开幕。

9月16日，“第十二届全国美术作品展览综合材料绘画作品展”在石家庄市河北省博物院开幕。

9月16日，“2014第二届中国灵石国际版画双年展”在山西灵石县开幕。

9月18日，“第十二届全国美术作品展览综合画种·动漫作品展览”在浙江省嘉兴市秀洲·中国农民画艺术中心开幕。

9月19日至24日，“师心写意——熊纬书百年诞辰山水画展”在北京画院美术馆展出。

9月20日，“第十二届全国美术作品展览油画作品展览”在浙江美术馆开幕。

9月20日，“我们在绘画中——中国油画国美之路”在中国美术学院美术馆开幕。

9月21日，“第十二届全国美术作品展览壁画作品展览”及“第三届全国壁画大展”在中央美术学院美术馆开幕。

9月22日，国画家张桂铭因病在上海逝世，享年75岁。

9月23日，“第十二届全国美术作品展览版画作品展”在广东美术馆开幕。

9月23日，由文化部主办，文化部艺术司、中国美术馆承办的“丹青中国梦——庆祝中华人民共和国成立 65 周年美术作品展”在中国美术馆开幕。

9 月 23 日，“王乃壮书画展”在中国国家博物馆开幕。

9 月 23 日，“‘列夫・托尔斯泰与他的时代’大型主题展览”在中国国家博物馆开幕。

9 月 25 日，“第十二届全国美术作品展雕塑作品展览”在山西太原美术馆开幕。

9 月 26 日，“第十二届全国美术作品展览中国画作品展”在天津美术馆开幕。

9 月 27 日，“第十二届全国美术作品展览水彩・粉画作品展”在武汉美术馆开幕。

9 月 27 日，“刘曦林艺术印记・山东展”在山东美术馆开幕。

9 月 28 日至 11 月 15 日，“东方葵：许江艺术展”在中国国家博物馆展出。

9 月 29 日，“第十二届全国美术作品展览陶艺作品展”在西安市大唐西市博物馆开幕。

9 月 30 日，“中国梦——塑造中国新形象美术作品展”在中国人民革命军事博物馆开幕。

9 月 30 日，“开渠百年——纪念刘开渠诞辰 110 周年展”在中国国家博物馆开幕。

10 月 10 日，“我们的中国梦——全国优秀艺术作品展：傅剑锋石油系列油画展”在中国文学艺术界联合会文艺家之家展览馆开幕。

10 月 11 日，“烟云供养——买鸿钧山水画艺术展”在中国美术馆展出。

10 月 12 日，“第三届造型艺术新人展”在中国美术馆开幕。

10 月 15 日，“赤子之献——丁正献百年诞辰艺术回顾展”在浙江美术馆开幕。

10 月 16 日，“水墨中国梦——当代中国画作品展”在法国巴黎中国文化中心开幕。

10 月 22 日，“大美寻源・翰墨薪传——中国画名家作品展”在北京国子监和孔庙博物馆开幕。

10 月 23 日，“2014 水墨家园——李小可作品展”在上海中华艺术宫举行。

10 月 23 日，版画家赵延年在杭州因病逝世，享年 91 岁。

10 月 23 日，“为师、为学、为艺——首都师范大学建校 60 周年暨美术学院建院 50 周年美术作品展”在中国美术馆开幕。

10 月 25 日，“写意中国・2014 中国国家画院美术作品（书法、版画）展”在上海中华艺术宫开幕。

10 月 25 日，“节而励——庆祝首都师范大学建校六十周年暨书法学科创建三十年书作展”在中国美术馆开幕。

10 月 26 日，“2014 首届中国版画大展”在深圳观澜的版画基地的中国版画博物馆开幕。

10 月 28 日，“独与天地精神往来——刘勃舒八十艺术展”在中国国家博物馆开幕。

10 月 28 日，“蒙卡奇和他的时代：世纪之交的匈牙利艺术”在上海美术馆开幕。

11 月 1 日，“小平的足迹——漓江画派走进百色美术作品展”在中国美术馆展出。

11 月 2 日，“不尽丹心——蒋兆和诞辰 110 周年纪念特展”在中国国家博物馆开幕。

11 月 4 日，“中国梦美丽中国——第二届大型国画展”在北京炎黄艺术馆开幕。

11 月 7 日至 17 日，“中国写实画派十年展”在中国美术馆举办。

11 月 10 日，“布里亚特的神灵——俄罗斯艺术家达西作品展”在中华世纪坛世界艺术馆开幕。

11 月 18 日，新疆油画家阿布都克里木・纳斯尔丁在乌鲁木齐去世，享年 67 岁。

11 月 19 日，“北京意象・丰台华彩绘画作品展”在中国美术馆开幕。

11 月 22 日，“心若骄阳——姚舜熙作品展”在北京炎黄艺术馆开幕。

11 月 22 日，“善彩馀韵——胡善馀艺术展”在中国美术馆开幕。

11 月 25 日，“大美寻源・国粹新传——琴棋书画精品展”在北京孔庙和国子监博物馆开幕。

11 月 26 日，“融西于中・杜高杰艺术展”在浙江美术馆开幕。

11 月 26 日，“风云迹——张新权油画艺术展”在上海市中华艺术宫开幕。

11 月 27 日，“永远的思想者——罗丹雕塑回顾展”在中国国家博物馆开幕。

11 月 28 日，“曾经的永远——孙滋溪艺术生活轨迹展”在中央美术学院美术馆开幕。

11 月 28 日，“德国：艺术之域”在中央美术学院美术馆开幕。

11 月 29 日，“大漆艺术——2014 海峡漆艺术大展”开幕式在中国美术馆举行。

11 月 29 日，“劲风朗怀——李琦书画展”在中国美术馆开幕。

11 月 29 日，“冯法祀百年诞辰专题展——冯法祀的‘开山途’”开幕式暨捐赠仪式在中央美术学院美术馆举行。

11 月 30 日，“流光溢彩——刘云生水彩画展”在中国美术馆开幕。

12 月 1 日，艺术史家林树中在江苏省南京逝世，享年 89 岁。

12 月 2 日，“画忆江南——第三届中国油画名家邀请展”在江苏省美术馆新馆开幕。

12 月 9 日，“塑魂鉴史——吴为山创作侵华日军南京大屠杀遇难同胞纪念馆扩建工程主题雕塑展”在中国国家博物馆开幕。

12 月 15 日，“第十二届全国美术作品展览暨中国美术奖·创作奖、获奖提名作品展”在中国美术馆开幕。

12 月 19 日，“阅人——2014 第三届上海国际版画展”在上海中华艺术宫开幕。

12 月 19 日，“大形天成——旷小津中国画作品展”在广东美术馆开幕。

12 月 19 日，“油画中国风——董希文百年诞辰纪念展”在中央美术学院美术馆开幕。

12 月 26 日，“西部少数民族青年美术家创作精品展”在北京炎黄艺术馆开幕。

中国艺术年鉴

2014年卷

+

工艺美术卷

+

分卷主编：丛玲玲

年度述评

2014 年度全国工艺美术发展研究报告

◎中国艺术研究院工艺美术研究所

一、总览

1. 关键词组之一：虚热、市场遇冷

国家统计局快报数据显示：2013 年全国工艺美术行业规模以上企业 4225 家，主营收入 8295 亿元人民币，同比增长 28.52%；出口总额 525 亿美元，同比增长 17.93%，占全国轻工行业主要出口商品总值的 9.4%，增长率高于轻工行业平均值。2014 年的统计数据未出来，相比去年而言，总体发展情况很不容乐观。全国上下工艺美术从业人员反映较一致的关键词首先是“市场遇冷”“不景气”“下滑得厉害”。处于市场经济前沿的从业人员对于国内礼品市场的突然缩水有些不知所措，2014 年注定是近 10 年来工艺美术发展最特殊的一年。

自 20 世纪 80 年代末期以来，工艺美术由外向型逐渐转为内向型，海外市场萎缩之后，国内市场随着整体经济形势的看好而变得越来越大。加上近 10 年来政府重视传统文化的复兴，文化部有力推动非物质文化遗产保护工作，各种新闻媒体开设收藏、鉴宝频道等，工艺美术作为传统文化的重要载体，因此率先得到全民的重视。传统家居环境设计、茶道、香道、各式文玩杂项、汉服唐装、生肖文化礼物等逐一得到普通民众的认可，其高端工艺品成为收藏界追捧的对象。可以说，工艺美术的繁荣成为复兴传统文化的前沿阵地，它正在逐步深入地改变我们日常生活的内容，部分具有创意的工艺美术品如手串、具有民族色彩图纹的服饰、家具、茶具等甚至成了新生活时尚内容的一部分。

高端的工艺美术，譬如材料昂贵稀缺、名师设计制作、数量有限的工艺美术品一直走艺术收藏路线。这部分作品在陶瓷、刺绣、金属工艺、雕刻、唐卡等几乎所有工艺美术品类中都存在，甚至名家制作的剪纸作品和民间版画、皮影等也能成为收藏品。这些年来工艺美术从业人员为何纷纷不懈努力地要去追名，去评大师，是因为全社会已形成一个“逐利”氛围。刚迈入收藏群体的这批富人先前知识和文化储备不足，几乎是看“名头”收东西，或是看材料是否稀缺来收东西。因为从业人员和藏家有这方面的需求，所以相关社会团体纷纷抓住时机设立了花样繁多的奖项和荣誉称号。“人人称大师，大师遍地走”，这是目前全国工艺美术行业的一个乱象，像流毒一样难以根除。与此同时，有识之士也在批评这股歪风邪气，其中包括一些工艺美术大师，他们感到“大师”的称号越来越贬值，希望有相关部门能规范整顿大师的评审。

高端礼品其实与收藏品是同属一个层次，它同样需要大师的名头来彰显其“价值”。2014 年，政府的反腐力度空前地高，“雅贿”大幅度减少了。企业不景气的多，房地产开盘少，艺术资本市场虚热暴露出严重的变现难问题，一系列经济问题在工艺美术高端礼品市场方面有连锁反应。陶瓷、古典家具、玉器等前些年疯涨的工艺美术降温最明显。生肖瓷、礼品瓷遇冷，而其产生的泡沫正在破灭。以往只看名字、不辨真伪优劣、价格虚高的情景有明显改变。一些名人粗制滥造、批量复制的作品出现严重滞销现象，高端礼品陶瓷市场在不同瓷区分别萎缩了 20% 至 60%。古典家具成交率也大幅度下降，广东玉器市场萎缩得最明显。

2. 关键词组之二：调整转型、新常态

面对市场的突然变化，一些急躁冒进、盲目扩大生产规模的工艺美术企业遭遇到经营的困难，有的甚至关门歇业。另一些工艺美术从业人员开始做出适应性调整。普遍的做法是加强作品创新，避免同质化竞争，把生产规模调整到风险可控制的范围。

石湾的陶塑在2012年达到一个高热度，其时，家家做生肖礼品，而且不愁卖。2014年石湾的艺术瓷受市场需求和成本上升的影响较大，相比去年整体下降了20%，整个行业进入调整转型期。市场需求影响两极分化：高端艺术精品的需求依然在，只是艺术上要求更高了；普通工艺礼品则不得不大幅减产。此种形势逼迫艺人们必须回归艺术，苦练内功，提升自己创意设计能力和手工制作水平，以艺术赢得市场，以量少而高附加值的精品来谋求生存空间。

一条调整路线是走真正艺术化的路子，还有一条调整路线是走大众化、生活化的路子。全国各地的日用陶瓷在这场洗礼当中似乎找到了发展空间，艺术陶瓷的日用化成为一种消费热点和趋势。过去我国虽然是陶瓷大国，但日用陶瓷的水平一直不如英、法和日本。如今，国内经济水平和民众的消费水平已大幅度提高，民众对于半手工、高质量、创意好的日用瓷的需求与日俱增。景德镇的仿古瓷也开始朝日用方向转变。河北以陈文增为代表的定窑及时调整方向，加强产品创新，不再以陈设瓷为主，在生活用瓷方面花大力气去创新设计。浙江龙泉青瓷各生产企业，包括一些名家也在2014年里开始用生活用瓷与艺术瓷两条腿走路。

工艺美术不论是走纯艺术的道路，还是追求生活艺术化、工艺日用化的道路，两个方向都是围绕社会需要而展开。2014年国家经济调整到新常态，即合理的经济结构、健康的GDP、可持续性发展。面对这个调整机遇，或许中国的工艺美术能在一两年之内从高温虚热回归正常温度，在新常态下向前发展。

3. 关键词组之三：仿古、创新

2014年工艺美术创作方面依然是复古风和个性化并存。复古风首先表现在仿古普遍流行。在景德镇陶瓷产区，从元青花到成化斗彩、到清初三代的各类彩绘瓷、高温颜色釉都有专门的企业在仿制历史上的官窑名器，并且取得很好的市场回报。全国古典家具更是普遍地照抄明式或清式家具图谱来做。竹雕、木雕、石雕、刺绣多仿制古代名家名作。青瓷、钧瓷、汝瓷、定窑白瓷、北京玉雕、牙雕、宜兴紫砂、德化瓷塑人物等也在反复复制古代经典器型和人物造型。复古风在工艺美术界一直盛行，早已是行业惯性，社会也较认可经典文物，这在书画界似乎很难理解。复古有利于传承，对于很多贵重原材料的加工利用而言，复古是一种可靠的降低风险的做法。

但是，复古的背后存在可批评的保守势力和思维惰性，许多工艺美术品类都在反复复制《清明上河图》《富春山居图》这些中国画作品，尽管涉及材质工艺的转化技巧，但从艺术创造本身讲，这是投机取巧、急功近利的做法。如今全国各种大型的工艺美术博览会上都会同时出现几幅工艺美术的《清明上河图》，大的木雕作品长可超20米，连刺绣的《清明上河图》也越做越大，大到无法用一针一线去绣时，就用色笔染底色，或电脑喷绘底稿。如此粗制滥造已经远离了仿古的积极意义。

大量让人看了哭笑不得的仿制作品的问世，表明我国工艺美术的艺术创作能力还不足，主题创作题材内容偏旧。创新不是随便移植，如全国各地的刺绣都普遍采取简单的拿来主义，临摹摄影作品、书画作品，近年来甚至有人用刺绣工艺临摹青铜器皿，还有用电脑制图，随意拼凑捏合艺术图像就美其名曰主题创作，这些做法都不属于真正的艺术创新。一些已经评上中国工艺美术大师之后的艺人，因参与太多的社会活动无暇顾及艺术创作，也出现无新作、更无杰作问世的窘况。倒是有一批中青年表现出值得关注的创造活力。

4. 关键词组之四：跨界、创意文化产业、文化名片

2014年工艺美术界还流行"跨界"一词，工艺美术是多品类的，本身就蕴含可跨界的资源。以高校师生、一些有前瞻性的工艺美术企业如北京工艺美术集团公司为首，提出跨界设计的理念，并付诸创意设计实践，创作出了许多让人耳目一新的新工艺美术品。北京工艺美术协会举办工艺美术创意设计大赛和"百年风云：红色记忆创意设计大赛"，其中就有不少属于跨界的参评作品。不同材质和工艺手段的结合为创新设计打开了无限想象的空间，也为很多年轻人提供了施展创造力的机会。

工艺美术需要创意，而创意是文化产业的重要支撑。2014年，全国一些重要城市以及老工艺美术

乡镇都热衷于挖掘工艺美术的文化历史，整治工艺美术老厂区，改造手工业遗产，使之成为新的兼具创意空间和文化观光旅游功能的场所。比如，景德镇市和佛山市禅城区石湾街道成功利用老瓷区、博物馆、体验式作坊、前店后厂、观光设施集群打造当地的创意文化街区，陶瓷文化成为当地最重要的文化名片。11 月，上海市政协主办了展示开埠以来的城市巨变和成就的展览“开放中前行——上海开埠 170 周年历程展”，展览中上海“海派”工艺美术的发展史成为其中的重要内容。11 月，上海“海派”工艺美术的数十件代表作还参加了 19 届法国国际文化遗产沙龙，进入卢浮宫展出，说明工艺美术是上海重要的文化名片这一无可争辩的事实。2014 年北京 APEC 会议上，北京工艺美术品景泰蓝、雕漆、瓷器、银器、花丝镶嵌、风筝等成为展示北京历史文化风貌的重要内容，显示工艺美术作为一个现代化城市历史文化符号的厚重价值。

国内工艺美术的文化名城、名镇、名村在未来几年里必然都要朝着这个文化创意产业街区方向发展，国际国内的经验都已证明，此种做法是在现代化进程中保护好传统，并给传统工艺文化注入活力的有效方式。

5. 关键词组之四：扶持、传承、发展

国家对于非物质文化遗产中的传统技艺十分重视培养传承人。老艺人带徒弟可以获得政府津贴。从文化部到各地政府的文化主管部门常常举办非物质文化传承人培训班，提高他们传承技艺的实践能力。2014 年，新增了数十项传统工艺美术品类进入国家级非物质文化遗产保护名录中，如登封窑烧制技艺、绞胎瓷烧制技艺、邢窑烧制技艺、吉州窑烧制技艺等古老陶瓷种类都获得通过，表明在国家层面上高度重视其技艺的人文价值。

1997 年国务院通过了《传统工艺美术保护条例》之后，许多省市立刻出台了实施细则，北京、浙江等省还每年拿出千万元以上资金用于抢救、挖掘、扶持工艺美术项目。北京长期实施精品战略，每年评选北京工艺美术精品，给予资金奖励，还从保护经费中拿出钱来扶持一些企业搞工艺科技创新和产品创意设计，取得了显著成效。

国家于 2013 年设立了国家艺术基金，2014 年开始首批项目支持。对漆画、木雕、陶瓷、刺绣等工艺美术创作给予了项目资助。从 2015 年开始，国家艺术基金把艺术设计从美术中分离出来单列，工艺美术成为艺术设计中重点扶持的大类。

中国艺术研究院工艺美术研究所积极关注当前工艺美术的发展，并通过学术研究和出版等形式推动工艺美术的文化传承。由王文章主编的《中国工艺美术大师全集》系列学术丛书针对国内工艺美术名艺人开展学术整理，以点带面，以人为本，书写洋洋大观的当代工艺美术的发展史，产生很大的社会反响。2007 年 11 月开始启动，2014 年这项工作持续进行。由中国艺术研究院主办的“中国当代工艺美术双年展”于 12 月在国家博物馆展出，两年一次的展览成为推动工艺美术创作的重要事件。世界手工艺理事会举办的“2014 年世界工艺文化节”在浙江东阳举行，吸引了世界近 60 个国家和地区的手艺人参加。

2014 年，各高校也较重视工艺美术的专业教学和实践，除了清华大学美术学院保留了工艺美术诸多专业门类的招生和教学之外，其他许多艺术类院校也都设有工艺美术专业，如湖北美术学院招生工艺美术本科生，中国艺术研究院和北京服装学院请工艺美术大师带研究生。一些综合性院校也依据当地资源开设工艺美术工作室，如中南民族大学建立漆艺工作室、开设漆艺专业，努力培养漆艺创作的后续人才。南通大学设立了蓝染工作室，请吴元新主持。近几年，许多职业技术学院也十分重视工艺美术人才培养，这是新趋势。以佛山市为例，佛山科技学院新成立了陶瓷学院，佛山纺织学院设立了陶艺系，佛山华才职中设立了陶艺班。

二、陶瓷发展现状

中国依然是个陶瓷生产大国，国内对陶瓷的需求量也逐年增大，各大陶瓷产区不论生产艺术瓷还日用瓷都以内销为主。人们对陶瓷产品的要求不仅仅是可用性，更在产品设计、艺术水准和文化内涵等方面有越来越高的要求。除深圳等少数几个新兴城市在陶瓷生产方面在近几年内实现由无到有，由有到成规模生产之外，全国陶瓷行业依然未改变传统已经形成的名瓷产区和名陶产区的分布格局。

1. 景德镇陶瓷发展现状

2014 年度，景德镇陶瓷工艺美术总体上呈上趋势。江西省政府与景德镇市政府着力打造陶瓷创意文化产业，突出知识和技艺密集型、高文化附加值和高整合性，达到提升景德镇陶瓷创意产业发展水平，优化产业结构的目标。除传统的“三宝国际陶艺村”“乐天陶社”之外，依据本地资源景德镇提出“一轴四片六厂”的战略构想，规划建设了四片文化创意产业发展基地，即明清窑作群、红店街、陶溪川、雕塑陶艺村。当地政府逐一利用已经破产的建国瓷厂、艺术瓷厂、为民瓷厂、宇宙瓷厂、雕塑瓷厂等原国有瓷厂的老厂房、老设备以及人文历史，打造出“雕塑瓷厂陶瓷工业旅游暨陶瓷创意文化产业园”“1949 建国陶瓷文化创意园”“瓷立方陶瓷创意园”“陶溪川国际陶瓷文化创意园”四个文化创意园区，加上几所陶瓷院校和职校师生们自发聚集形成的创意“陶艺街”等，构成了景德镇当下陶瓷创意文化产业的几大平台。

景德镇陶瓷生产形成了日用瓷、陈设瓷、建筑瓷、卫生瓷、高新技术工业瓷等门类齐全的产品体系和生产体系。在日用瓷创新方面，景德镇望龙陶瓷公司在“高档青花玲珑瓷关键生产工艺及装备技术”方面取得突破；景德镇宝瓷林公司研发出“高温颜色釉系列日用陶瓷”；景德镇鼎窑公司研发出的“历代名贵色釉系列日用瓷”等。在瓷茶具、香道用器的个性化研发上，景德镇中青年艺人以及在校大学生们表现出了惊人的创造力，实际占据了全国该类市场的大部分份额，在很大程度上取代了台湾同类型的产品。在艺术瓷方面，历史上失传已久或处于濒危的陶瓷名品、名釉都得到恢复。景德镇各陶瓷名家或是在器型设计上，或在胎釉上，或在彩绘上各有技艺擅长，可谓百花齐放，异彩纷呈。在陶瓷文化多样性方面，景德镇依然保持全国瞩目的地位。

在 2014 年 APEC 会议期间，代表景德镇制瓷水平的 50 件精品艺术陈设瓷及 1500 余件生活用瓷在多个重要场合陈列和使用，向与会各国领袖展现了景德镇高超的当代制瓷技艺及手工文明的复兴。仿古瓷方面比较突出是以景德镇御窑元华堂等企业与刘益谦龙美术馆合作的景德镇仿成化鸡缸杯，引领了景德镇鸡缸杯、元青花、珐琅彩等一系列仿古瓷生产，使得一度低迷的景德镇仿古瓷业再现生机。

2014 年景德镇陶瓷工艺美术从事人员队伍有所扩大，据不完全统计，景德镇从事陶瓷经营的实体超过了 5000 家，从业人员在 15 万人以上，占城市人口的 70% 以上。在 15 万陶瓷工业大军当中，一半以上的人从事着艺术陶瓷生产或经营，创作设计型、学术研究型、陶瓷工艺科技研发型的高端陶瓷工艺人才、陶瓷学术人才在全国所占的比重依然居领先地位。景德镇作为国内最重要的陶瓷人才培养基地，向其他陶瓷产区输送人才的势头也一直未减。

2. 定窑、磁州窑、邢窑陶瓷发展现状

2014 年是定窑改革创新的一年，除了传统的拉坯成型、注浆成型，新增了高压注浆成型、滚压成型、离心注浆成型等工艺先进、设备科学、规模可观的生产流水线。不管是在工商部门注册过的公司，还是在自家小规模生产的小作坊，都转向日用瓷生产，从小茶盏、茶壶、咖啡壶到五六十头的餐具都有出产。如陈文增定瓷有限公司研究研发出的当代定窑转型时期的第一套高档餐具——定窑手工雕花系列餐具，造型简约、划花精美，体现定窑材质美与手工装饰美的结合，成功进入首都高档酒店。定窑陶瓷的日用瓷市场正一步步打开和拓展，改变了过去以仿古瓷为主的单一局面。

峰峰矿区磁州窑经过前些年的国企改革之后，民营陶瓷企业异军突起，小型陶瓷作坊也各具特色。目前，全区有陶瓷企业 90 余家，从业人员 2 万多人，主要产品有日用陶瓷、艺术陶瓷、建筑陶瓷、工业陶瓷、电瓷、陶瓷花纸、包装材料等；年产日用瓷 2.5 亿件，艺术瓷 10 万件，工业瓷 1000 万件，建筑瓷 1000 万平方米，陶瓷花纸 1500 万张，产品远销国内各省和 50 多个国家和地区，陶瓷产业年产值 6.5 亿元，利税 5000 多万元，年出口陶瓷 1.2 亿件，创汇 800 万美元。磁州窑的艺术瓷生产仍旧以仿古瓷为主，在胎釉以及器型上仿古，刻花和彩绘图案则带出时代新意。以刘立中为代表，有 30 余家。以安际衡等接受过学院美术教育的创新型艺术瓷代表也表现出很好的发展潜力，体现出更自由、更时尚的艺术风格。

邢窑位于河北邢台市所辖的内丘县和临城县祁村一带，是中国白瓷生产的发源地。邢窑是隋唐时期北方白瓷的代表，其发展对邻近诸窑诸如定窑、平定窑以及南方白瓷等有很大影响。近二三十年来，邢窑都处于恢复过程中，其中，张志忠在邢窑陶瓷研究方面贡献突出，他不局限于理论和考古方面，更多的是通过自己的烧制实践将邢窑瓷器呈现在世人面前。2014 年，邢窑陶瓷烧制技艺入选第四批国家级非物质文化遗产代表性目录，标志着这项古老又极重要的北方白瓷烧制技艺实现活态传承。

3. 钧窑、汝窑陶瓷发展现状

汝瓷是我国宋代“汝、钧、官、哥、定”五大名瓷之一，因产于汝州而得名，始于唐，盛于北宋，衰于南宋，在中国陶瓷史上素有“汝窑为魁”之称。近几年来，汝瓷有了长足发展，从事汝瓷生产的企业约 40 家，从业人员 2000 人左右，年产值 3000 多万元。朱文立、孟玉松等艺人在仿古瓷的生产和创作方面各有技艺特长。这些年，来自台湾地区、景德镇、德化等地的仿汝瓷茶具、香具等实际抢占了市场先机。与其他名瓷的迅猛发展势头相比，汝州本地的汝瓷在创新能力方面稍显落后。

钧瓷发源于今河南省禹州市，以神垕镇一带的窑厂最为集中，凭借其古朴的造型、精湛的工艺、复杂的配釉、“入窑一色出窑万彩”的神奇窑变而著称，至今依然对广大艺术瓷收藏者和普通民众有巨大吸引力。禹州市钧瓷生产厂家有一二百家，从业人员 2. 8 万人，年产值 13. 6 亿元，年实现利税 2. 3 亿元，可以说有相当的规模，发展势头也相当强劲。当地政府十分重视钧瓷文化的传承和拓展，一年举办一次隆重的“钧瓷文化艺术节”，向外推广钧瓷文化，此举对当地陶瓷企业和艺人的生产起到推动作用。2014 年钧瓷名家纷纷追求高品质的作品，尽管釉色难以完全实现人工控制，他们在釉料的配方和烧成温度的把握上还是摸索出许多经验，烧制出釉色十分美观的作品。钧瓷在发展过程中一直没有失去厚胎厚釉、视觉稳重、色彩瑰丽的艺术特点，只是在发色上过于追求铜红色，令趣味向俗文化方向发展，有些偏离历史上作为官窑的沉稳贵气感。

但是，钧瓷生产的创新在茶具上取得了突出成绩。过去钧瓷以瓶、炉、鼎、盘为主，如今开发出了系列茶壶和茶杯，工艺严谨，不仅可用性强，视觉上也有紫砂茶具替代不了的美感。

4. 龙泉青瓷、醴陵釉下彩瓷、德化瓷发展现状

龙泉青瓷自从被中国政府推荐入选了联合国“人类口头语非物质文化遗产名录”以来，国内外的知名度大增，发展势头十分强劲。如今，龙泉青瓷在几位老艺人的带领下，重视艺术陈设瓷的创作，中青年人才出现井喷式发展，来自景德镇等外地的陶瓷艺人也加入青瓷的创新事业中，这在 10 年前是不敢想象的。

龙泉青瓷的茶具和餐具的生产也取得了一定成绩，特别是各式各样精致的青瓷茶杯成为时尚，融入当代茶道文化中。

2014 年，醴陵釉下五彩瓷的发展呈现开放兼容的发展势头，彩绘内容和手法积极学习景德镇等其他陶瓷产区的手法，有一定的新意。但陈扬龙创新的“薄施淡染”彩绘方法更能体现釉下彩独有的淡雅精美的汾水装饰特点。他直接培养的学生有 300 多名，很多成了各厂的业务骨干，其技艺在醴陵得到了广泛推广，此技法形成了当代醴陵釉下彩的主流表现形式。

德化白瓷釉层腴润，光色如玉，显示出如牙似玉的特质。德化现有陶瓷企业 1400 多家，产业集群形成了传统瓷塑、出口工艺瓷、日用瓷并驾齐驱的发展格局。其中，瓷塑尤其是佛像人物瓷塑是其享誉世界的陶瓷名品，当今的德化陶瓷艺人继承明代何朝宗等创立的人物样式和瓷塑手法，依然保持了传统特色，只是当前在个人艺术造诣和成就方面没有特别突出的领军人物。

另外，山东淄博美术陶瓷，在造型和装饰上都保持了较高的水平。河北唐山日用瓷、美术陈列瓷等也有突飞猛进的发展。陕西耀州瓷有待于提高总体艺术水准。江西吉州窑、河南登封窑、福建漳州窑等传统窑口都还处于恢复性烧制阶段，虽有个别人的创作较突出，但全面的复兴还有待持续努力。

5. 传统“四大名陶”发展现状

四川荣昌陶、云南建水紫陶、广西钦州坭兴陶、江苏宜兴紫砂陶并称为“中国四大名陶”。

2014 年整个佛山的陶瓷艺术市场情况进入了调整转型的时期。过去，佛山是中国最大、最重要的工业陶瓷生产基地，其建筑陶瓷、卫生陶瓷年产量以及著名品牌占全国半壁江山。近年来，当地政府着手将一些工业陶瓷生产基地迁往外省，在当地保留研发，并且着力恢复和发展以石湾公仔为代表的传统艺术瓷文化。在产业上实现转型升级，传承本土陶瓷文化，提高自主创新能力，走可持续发展道路。

2014 年佛山加大了对外宣传的力度，调整思路“走出去”，全年在外举办的大型展览和推广活动多达五十场，分别在北京、上海、广州、深圳、昆明等地办展，而且力度有增无减。同时也吸引了一些商业机构进行投资，加强跨区域、跨行业合作，成立产业促进会，对石湾陶艺的推广宣传有利的支持。

以“南风古灶”为核心的周边城区北打造成了石湾陶塑文化创意园区，实现创意设计、艺术陈列，学术交流、文化观光旅游多功能为一体的文化交流平台。佛山陶塑在人物造型和生肖瓷的创意设计方面继续领先于全国，不仅名家众多，中青年队伍壮大，作品量也大，而且在岭南和港澳台地区以及海外华人社区都有较大影响力。

2014 年马年的生肖瓷产量占整个石湾陶艺产业的五成以上，高端艺术精品的社会需求仍有，很多名家的原作和限量精品仍然是供不应求。受社会大环境影响，普通工艺品大幅减产，整个石湾陶艺行业面临用工成本增长和熟练技工缺乏的困境，今年熟练技工的薪酬比前两年几乎增长了 50%，陶艺家工作室越来越担心人力成本提升和用工荒。

宜兴紫砂是一项传统特色的文化产业，20 世纪 90 年代初以来，宜兴紫砂在全国工艺美术各大品类中率先繁荣起来，内外销出现前所未有的好势头，紫砂收藏热先后在东南亚和我国港台和大陆各省传递，热度一直不减。2014 年，宜兴紫砂虽然中低端的交易有些减弱，但收藏群体没有明显萎缩，紫砂文化得到进一步的弘扬。紫砂名家大多能沉下心来创作，不急于出售作品，各自在艺术上都有追求。如今宜兴有上万家个体紫砂作坊，从事创作的和经销的人员逾 3 万人，产值超 20 亿元。获得各类技术职称的紫砂技艺人员 5500 多人，研究员级高级工艺师 95 人，高级工艺美术师 100 人。这些技艺人员有一半多来自 20 世纪 80 年代办起来的乡镇紫砂企业之中，也有名家后人、新近毕业的大学生加入紫砂行业中来，还有外地陶瓷艺人，宜兴紫砂行业日益呈现开放、包容趋势。

钦州坭兴陶被认定为目前广西最具民族特色的二件宝之一。近年来，坭兴陶发展很快，产品样式多，艺术水准总体有了明显的提高，尤其是茶具、文具的设计制作显出精致化趋势。坭兴陶的现代陶艺创作也出现了好作品。目前，从事坭兴陶生产的厂家（含小作坊生产）大小 10 余家，从业人员约 1000 人，其规模偏小。

荣昌陶过去以泡菜坛的生产为主，如今以陈设陶和酒坛、酒瓶的生产为主，在原有的国有（或集体）企业倒闭之后，原先大规模的厂房很大部分被闲置，只有少数厂房被用作生产工业用酒瓶。艺术陶的研发力度较小，不成规模，对外的文化影响力也不够。2014 年，当地政府投资 700 多万元在安富镇建起了荣昌陶博物馆，已经正式对外开放。

云南建水紫陶在发展过程始终保守住了“刻坯填泥”和“无釉磨光”的独有工艺，品质在近几年有飞速提高，知名度也增大了。一批年轻紫陶工艺美术师眼界开阔，艺术素养较好，后来居上，制作的紫陶产品越来越有艺术品位，装饰生动活泼，工艺上追求极致。当前从业人员 1500 余人，年产值逾 8000 万元，约 60 户企业（作坊）。

三、雕刻工艺发展现状

1. 玉雕发展现状

近年来，受到收藏投资的推动，国内玉雕行业发展较快，市场价格随材料的上涨不断升高。但进入 2014 年，随着反腐廉政等措施对奢侈消费风的抑制，玉雕产品市场逐步降温，进入一个调整阶段，但一些拍卖的成交情况尚好。

在这一过程中，原材料方面对白玉和翡翠的影响较大。经营玉雕的企业、大师工作室都已大幅减少对这两种材料的自主采购，更多地倾向于为客户进行来料加工；同时转向其他中档玉石材料和新材料的发现利用上。这也为其他多种玉石材料（如碧玉、墨玉、青花玉、水晶、玛瑙、南红玛瑙、阿拉善玛瑙、战国红玛瑙、松石、青金石、岫玉、密玉、独山玉、黄龙玉、金丝玉、泰山玉、台黄玉、佘泰玉等）提供了施展技艺的机遇和空间。

2014 年，玉雕延续着艺术化的发展方向，由于材料品种的增加，并且这些材料的产地复杂、颜色丰富、质地参差、特性多样，对于工艺美术师而言虽是困难，但无形中为他们拓展了创意设计的空间和表现手法的可选择性，并且间接推动雕刻题材内容的进一步多样化。

玉雕从业者队伍由于在近 10 年里迅猛增加，其整体素质原先较低。经过多年发展之后，年轻玉雕艺人在市场经济中摔打久了之后，整体素质也在不断提升，加上每年的“天工奖”“百花玉缘杯”“神工奖”“国石杯”等评比对他们也有刺激和促进。但由于缺乏必要的专业工艺美术批评，在短期内要想整体水平有质的飞越还很难。所以在玉雕市场上涌现精品佳作的同时，也大量出现不尽如人意的产品，对于珍稀的原材料是个浪费。

在艺术品化发展的同时，对材料的宣传和市场需求，也带动了玉石首饰化的发展，如白玉小籽料、碧玉、珊瑚、松石、青金石、南红玛瑙、阿拉善玛瑙、战国红玛瑙、黄龙玉、金丝玉等，切割或随形抛光后进行镶嵌，或者雕刻后作为挂件。其他如手镯、手串、项串等，亦受到广大消费者的喜爱，尤其是年轻人的追捧，呈现出较好的发展势头。

一直以来，北京玉雕基础和底蕴深厚，拥有众多的玉雕名师，并且有多位外省的名师（如宋建国、田健桥、于雪涛等）也迁到北京来发展。但在市场经营方面不及上海和江苏，目前，在保持自身特色的基础上也在学习、借鉴沪、苏的经验与模式。北京玉雕以各大师工作室和北京玉器厂为主；品种包括：器皿、人物、山子、牌子、把件、压金银丝（错金）、首饰等；主要采用翡翠、白玉、碧玉、墨玉、河磨玉（青花）、玛瑙、青金石、砗磲等。

江苏扬州治玉历史悠久，工艺精细，市场化后一直保持着扬州玉器厂、大师工作室和私营公司合作共赢的良好业态，产品适合国内市场的消费偏好，行业组管理有序得力，保持较快发展态势。随着前些年江南地区原材料市场转移到苏州，也将大批客户和年轻从业者吸引到了苏州。但 2014 年的市场调整对摆件、牌子、把件等影响较大，增长较前几年明显减缓。江苏玉雕品种包括山子、人物、白菜、把件、牌子、器皿等，主要采用白玉、翡翠、碧玉等。

上海玉雕在市场化过程中发展较快，吸引了多位外地名师在沪发展，技艺水平发展较快，形成新“海派”玉雕风格，经营状况较好，行业地位较高。2014 年上海玉雕的行业结构也进行着调整，从事中低档玉雕产品制作的从业者逐渐被市场淘汰，转向江苏等地发展，部分名师和从业者迁移到北京发展，上海本地则集中发展高档玉雕产品。上海玉雕以私营公司和大师工作室为主；品种包括人物、牌子、把件、器皿等，主要采用翡翠、白玉等。

新疆是重要的和田玉原料产地，虽然当代玉雕工艺起步较晚，但随着白玉投资收藏需求的快速增长，带动了新疆当地玉雕行业的发展，从业者队伍和技艺水平大幅提升。2014 年白玉原料的销售受到市场调整的影响，但新疆的行业地位随着从业者技艺水平和综合素质的提升较快。新疆玉雕主要采用白玉、碧玉、墨玉等原料，主要有错金、人物、山子、把件、牌子、器皿等作品。

广东玉雕以揭阳为主，随着 20 世纪 90 年代赴粤玉雕名师的北流，广东玉雕在行业中的地位和影响力不及京、沪、苏。原先广东玉雕以翡翠产品为主，2014 年开始更多地采用白玉等其他原料。

河南是重要的玉雕技艺人员的培养和输出地。随着近年外出从业者的回流创业，带动了当玉雕技艺水平的提高。河南玉雕产量很大，但以中低档为主。由于队伍太过庞杂，总体水平难有实质改观，行业地位和影响力未见明显提升。

辽宁是岫玉和玛瑙的主要产地，2014 年翡翠和白玉的市场不景气，为岫玉和玛瑙提供了较大的发展空间，但辽宁玉雕总体技艺水平一般。

此外，天津、河北、内蒙古、山东、黑龙江、四川、云南、甘肃等地还有少量玉雕产品的生产制作。

2. 石雕、砚刻发展现状

作为艺术品投资收藏，石雕和砚刻不可避免地也在2014年继续受到市场不景气的影响。石雕主要包括艺术品和建筑装饰两个大类，砚刻分观赏砚和实用砚。2014年各地有更多的玉石品种被应用到艺术创作中，在某些材料的运用上（如戈壁玉、台山玉等），使石雕和玉雕的界限更加模糊。从现有的参展、参评的石雕艺术摆件和观赏砚来看，石雕和砚刻的艺术水平未见明显提升。

中国几大名石如青田石雕、昌化鸡血石雕、寿山石雕、巴林石雕等都呈现出技艺人员跨区交流频繁、石材交互使用的特点。在巴林石雕艺人中有不少来自福建，福建本土也有不少人从事巴林石材、甚至印尼石材的雕刻。青田石雕艺人对于寿山石、鸡血石、巴林石等也来者不拒。如此人员流动和材料流动都对各自的传统技艺有很大的冲击。冲击的结果有两面性：好的一面是拓展了技艺，激发了艺人的创新动力，比如青田石雕艺人过去善于雕刻的题材跟当地石材的特性有关，如今题材极大地拓展了；不好的一面是几大石雕传统名产区的工艺特点逐渐趋同，只有人与人之间的技艺水平和个性的区别，难见雕刻品类的区域性风格差异，即“地方性知识”消失过快，影响到文化多样性的保存。

全国砚台雕刻的情况很类似，基本以端砚为龙头老大，它的多层镂雕、工艺趋于越来越精细化的风格如今影响到歙砚、易水石砚、金星砚、紫石砚等。

3. 牙、骨雕刻发展现状

自20世纪90年代中国加入《国际野生动物保护公约》以来，受象牙国际禁运的限制，象牙雕刻行业原料匮乏，发展遭遇困境。2014年，专门配给中国的非洲象象牙配额即将用尽，后续配额牙料暂无着落。市场目前以猛犸牙料为主，暂时不受禁运限制，但价格上涨迅猛。

从市场销售的牙雕产品和参展参评作品来看，牙雕行业总体技艺水平未见提升，年轻艺徒成长的速度明显要慢于玉雕。通过纵向与20世纪50至80年代，横向与其他工艺雕刻门类相比，象牙雕刻技艺水平呈现严重退步态势。主要表现在：作品缺乏艺术性和思想性，多是追求个人技巧的表现；小活、花卉等雕刻繁缛、形象堆砌；人物缺少性格气质；一些象牙平刻作品几与彩绘无异；市场中重新出现大量曾经遭受批评的染色、“棍子人”产品。但在从业者梯队培养方面象牙雕刻行业状况尚可，仍旧吸引了一些高校毕业生学艺就业。

目前，象牙雕刻行业发展主要分布在以下几个地区：北京：北京象牙厂大师工作室；品种包括人物、小活、花卉、动物等。上海：品种有小活、象牙扇等。广东：品种包括牙球、龙船、小活等。还有江苏、天津、云南等地有零星牙雕。

象牙雕刻技艺的萎缩为骨雕技艺发展提供了契机。广东的一些牙雕大师转攻骨雕，艺术风格与广东牙雕一脉相承，追求重工，难脱匠气，艺术水平鲜有提升。受材料特性（无大料、无厚度）所限，难以达到象牙雕刻的技艺高度。并且骨雕材料价值低廉，虽然部分作品作为象牙雕刻的仿品，但市场消费需求有限，并无较大发展空间，从业者较少。

4. 竹、木雕刻发展现状

2014年，木雕行业发展也受到整体市场不景气的影响，尤其是其中用于艺术投资、高档家具等需求弹性较大的品种。总体生产规模有所下降，从业者相对过剩使得招工较此前容易。

木雕行业多分布于南方各省，其中以浙江东阳规模最大。木雕包括艺术品、家具、陈设品、室内装饰、壁挂等品种。原材料包括：黄杨木、椴木、楠木、花梨、紫檀、香榧、樟木、红豆杉、沉香等。近年来崛起最快的莆田木雕和家具业在2014年有一定的萎缩，受资本市场波动的影响，莆田木雕和家具企业继续扩张的少，调整的多，在艺术水准上没有明显的提升。

竹雕主要包括竹节雕、留青、翻簧、竹根雕等品种，其中以竹节雕占比较大。全国从事手工竹雕的从业者约在1万人，以个人工作室形态为主，工作室规模通常两三人，10人即为大的。

2014年竹雕行业也有所收缩。但与玉、石、牙、木等品类相比，对于竹雕产品的消费相对小众，更趋向于文人品位。这类消费群体属于专业收藏，而非为投资，因此，受到的影响力度远小于其他品类。由于电脑雕刻可解决平刻、浮雕甚至镂雕造型，所以，机械化生产的竹雕产品对于纯手工竹雕的冲击较大。

目前，竹雕行业发展主要分布在以下几个地区：上海、常州（留青）、徽州（浮雕）、黄岩（翻簧）、邵阳（翻簧）、嘉定（留青）、莆田（留青）。

四、漆艺发展现状

传统漆艺的生产主要以漆器为主，尤其是具有实用功能的漆器。随着社会的发展、思想意识的变革，漆艺也逐渐的分化，发生了从功能性向艺术性的转变。当代漆艺主要包括漆器（传统）、漆画、漆立体（漆塑）三大部分。

传统漆器传承着中国8000多年的漆艺文化，具有深厚的文化内涵。现在，由名师制作的漆器精品价格很高，深受藏家的喜爱。由于1949年之后，漆器曾转向了大批量、标准化、机械化的生产，所以在今天，必然产生了些许后遗症。许多小型漆器厂、小作坊沿用批量化生产模式，生产的漆器产品审美格调不高、质量低下。更有甚者采用如塑料、树脂、化工油漆等现代化学材料冒充漆艺产品，不仅缺失了漆器应有的美观，还会对健康造成影响。另外，传统漆器的工艺复杂、成本过高、后继无人也成为阻碍漆艺向前发展的因素之一。

漆画与漆立体的创作主要来自各大专业院校和艺术家。漆画是当代中国新生的一个画种，作为当代漆艺向绘画性发展的产物，放弃了漆艺的立体特性，向平面性发展。漆立体的兴起主要是受日韩的影响。漆立体作品改变了传统漆器的造型与装饰方法，不再以实用器的面目出现，转而更加强调其装饰功能。无论漆画还是漆立体，都更着重于漆艺中的“艺”，将漆艺推到了纯艺术创作的范畴。然而作为艺术品，漆画与漆立体的作品水平也是参差不齐的。这是由于当前的市场环境下，许多艺术家转向进行漆艺创作，其中一部分从事漆艺创作的艺术家急功近利，对漆工艺、漆材料的学习理解不足。今天，无论是传统漆器还是现当代的漆画和漆立体，他们的状况可以说都是不容乐观的，然而机遇与挑战并存，漆艺在中国几千年的传承中证明了它的强大生命力，也必定会在今天延续下去。

市场对于漆艺作品、产品的认知度大大改善，漆艺作品展览数量不断增多，规格不断提高。例如2014年第十二届全国美术作品展中，福建展区展出漆画作品308件，并在艺术设计展区加入了漆艺作品。由中国艺术研究院主办的“大漆艺术——2014海峡漆艺术大展”于9月30日在福建省博物院举办，11月29日于中国美术馆开展，共有来自大陆和台湾的500多件漆艺作品参展。中国艺术研究院主办的中国当代工艺美术双年展于12月6日亮相中国国家博物馆。10月10日，第三届中国非物质文化遗产博览会在济南开幕，展出了一系列非物质文化遗产传承的漆艺作品。除全国性的大型展览外，各地区也加大力度组织漆艺作品展。例如，北京2014皇家风范漆艺精品展、河北省“器·物·声”漆器展、“大漆世界”湖北美术馆馆藏漆艺作品展、“漆悟”福建当代漆艺展、广州小洲首届漆画艺术展、漆重奏——广东省漆画精品展等。

1. 北京漆艺发展现状

北京的传统漆艺主要指雕漆和金漆镶嵌，主要生产企业有北京金漆镶嵌责任有限公司、北京雕漆厂、文乾刚大师工作室、李志刚大师工作室、满建民大师工作室以及其他以小规模生产为主的漆艺作坊。近几年来，雕漆作品越来越受到人们的喜爱，收藏雕漆艺术品的人也越来越多，特别是出自名师之手的精品更是供不应求。

在雕漆精品价格逐步走高的同时，也出现了许多问题。北京从事雕漆生产的厂家越来也少，产量也是逐年走低，而且由于雕漆工艺的费工费时，雕漆大师们的产量有限，市面上真正的雕漆产品也是越来越少。很多小厂用树脂翻模制作假冒的雕漆产品欺骗消费者，扰乱视听，破坏了雕漆在民众心中的形象。由于行业的不景气，雕漆后继人才的培养也出现了问题，雕漆工艺甚至面临着失传的危险。现在的雕漆行业存在着年龄结构老龄化的问题，北京仅有的几位雕漆工艺美术大师年龄也在60岁左右，他们的团队也不过20个人左右，许多需要口传心授的技艺一旦失传将很难恢复。

北京作为全国文化艺术的中心，其艺术敏感度和艺术视野冠绝全国。在这种大环境的影响下，北京的漆画和漆立体创作较其他地区处于领先地位。北京从事漆画和漆立体创作的艺术家逐年增多，大多出自清华大学美术学院。该院秉承“作品是漆艺产品的同时又是艺术品”的创作理念进行教学与研究，扩大了漆艺的角色，对于漆艺的传承发展起到了一定的作用。现在，清华美术学院漆艺专业每两年招收一届本科生，漆艺工作室现有教师5名、研究生7名、本科生15名，为漆艺的传承和发展培养后备人才。

2. 福建漆艺发展现状

福建自古就是中国著名的漆器产地，相对于全国其他地区，福建的漆艺传承相对完整的多，但是由于大环境的影响，依然经历了由兴致衰、再次复苏的过程。目前福建是全国规模最大的漆艺生产基地，从业人员众多，从事漆艺生产工人的技术都很娴熟，采用流水线作业的形式，大大提高了生产效率。福州的漆器生产主要以脱胎漆器为主，大致传承了传统的做法：制胎、裱布、刮灰、成型、打磨、髹漆、装饰等步骤。也加入了一些如机械印花、面漆喷涂等现代工艺。装饰手法也多种多样，既有传统的，如晕金、描绘、锦纹、镶嵌、薄料等，又有近些年发展起来的，如变涂、匏纹、暗花、雕填、浮堆等。产品的类型大致分为实用器品和艺术品两类，艺术品有脱胎人物、动物和各类陈设品，实用品如瓶、盘、盆、家具等。

福州现有漆艺作坊30多家，大都从事个体化经营，从一人至五六人不等，大多靠定制订单生存。闽侯上街镇鼓山洲村，号称漆村，几乎每家都以漆为生，而且整个村落形成了分工协作的形式，制胎、髹漆、推光分类进行，并且还保留了一些面临失传的工艺技法，如苔花、印锦、薄料等。

在原材料的加工方面，福建也领先于其他地区，特别是在促进漆艺生产的社会分工上起到了带头作用。以前，不论是漆器厂还是漆艺术家，只能购入生漆后自行加工，现在，我们可以从福建购买的精制好的生漆，在福建联建生漆厂，能够买到如油画颜料似的各色彩漆，对于漆艺家来说，大大降低了劳动强度。

与国内其他地区类似，福建传统漆艺在复苏的过程中也存在着诸多问题。首先，大漆原材料价格的逐年上涨，使得漆艺小作坊面临困境，以化学漆取代传统大漆、以塑料材质替代脱胎，影响了福州脱胎漆器的整体声誉。其次，由于当年福州第一、第二漆器厂的流水线生产模式，使得精通脱胎漆器工艺全部过程的人很少，使得许多传统工艺面临失传的风险。最后，实用性的缺失，现在在福州市场上很难看到以生活用品出现的脱胎漆器，大部分都是作为观赏的陈列品，这种实用性的缺失使得福州漆器远离了日常生活，不利于漆艺的普及推广。

作为首批国家级非物质文化遗产保护项目的厦门漆线雕近期也越来越受到人们的关注。厦门漆线雕以手工制作，用线条表现形象，通过线条的粗细变化、盘结缠绕进行装饰，具有很高的工艺价值。目前，厦门漆线雕的生产规模不大，经营模式也不完善，主要以参加展销、作为礼品等方式销售。

福建漆画是中国漆画的一个重要组成部分，福建的漆画家大多传承了祖先遗留下来的漆工艺技法，强调画面的漆工艺特征，具有典型的地域风格。福建漆画的创作主力是以福州大学厦门工艺美术学院为中心的高校群体，福建师范大学美术学院和闽江学院美术学院等高校也都开设了漆艺课程。福建当地政府也不断加大对漆艺的扶持力度，推动当地漆艺的发展。2014年第十二届全国美展漆画类在福建设立展区，共有308件作品入选，其中福建入选113件，占作品总数的36.7%。

3. 江苏漆艺发展现状

扬州漆器是中国漆艺文化的组成部分，曾经的扬州百宝嵌更是风光无限。扬州漆器在行业内处于领先地位，扬州漆器厂作为扬州地区的主要生产厂家，以雕漆嵌玉、平磨螺钿、点螺、骨石镶嵌等工艺生产一系列产品。扬州对于旅游产品、纪念品的开发，以及结合扬州古琴的生产，值得国内其他地区借鉴。扬州的旅游业自古比较发达，结合扬州漆器开发的旅游产品有台屏、首饰盒、漆砂砚、家居用品等。例如，2014 年南京青年奥林匹克运动会期间，雕漆二件套、嵌铜丝首饰盒、平磨螺钿秦淮月影台屏、点螺文房用品、点螺商务套装、嵌螺三件套，六件产品作为“最江苏”旅游商品进入青奥村进行展示。今年七夕，扬州漆器厂特别推出了一系列表达爱意、传递浪漫的“七夕风情”漆器产品。扬州漆器厂还通过现代网络平台进行推广，特别为粉丝们提供10 个名额免费参观漆器厂区，近距离观看非遗扬州漆器的生产制作过程，更有机会在大师身边“学两手”。

但由于漆艺行业大环境的不景气，人们对漆艺的认知度不高，加上扬州漆艺产品的题材过于传统、缺乏创新性、市场比较狭小等因素，扬州的漆艺依然处于窘境。首要问题是，为了节约成本、提高产量，扬州漆器大大降低了天然大漆的使用，取而代之以腰果漆、钢琴漆，市面上出现的扬州漆工艺品多数是使用化学漆制作的。扬州漆艺的人才匮乏也日益严重，一大批老艺人退休，导致了整个行业的从业人员不足，尤其是掌握优秀技艺的高端人才十分短缺。

江苏的漆画和漆立体创作以南京艺术学院为主，由于两任院长保彬先生和冯健亲先生的支持，漆艺创作一直非常活跃。

4. 山西漆艺发展现状

山西作为中国漆艺的主产区之一，以新绛云雕和平遥推光漆器最负盛名。当代新绛云雕，借鉴了现代设计的理念，融入现代元素，使得云雕纹样的风格符合当今国人的审美标准。同时新绛云雕将实用性与装饰性、观赏性很好地融为一体，多以瓶、壶、首饰盒、碗筷等日用品为载体，受到了人们的喜爱。新绛云雕所遇到的问题主要在工艺革新和人才培养两个方面。新绛云雕的工艺复杂、费工费时，成本较高，现在已经开始引进电脑雕刻替代传统的手工制作。但是需要注意，在提高生产效率、追求经济利益的同时，要不断加大力度保护传统工艺的流传。

传统的平遥推光漆器工序极其繁复，用料考究，主要有屏风、家具、器皿等形式，装饰多以描金彩绘为主，当地一些老艺人依然传承着传统。但是由于近年来平遥旅游业的发展，商户们唯利是图，使得现在平遥市场上的产品用化学漆代替天然漆，简化工艺、粗制滥造。

5. 广东阳江漆艺发展现状

阳江漆器是我国南方地区的主要代表之一，作为古代五大漆器产区，阳江地区的漆器以皮胎、纸胎漆器著称。自 20 世纪 90 年代漆器衰落以来，阳江漆器中传统的实用性漆器几乎消亡。随着近几年的国内漆艺文化的复苏，阳江地区的漆艺也面对着很多问题，寻找自己的出路。

现在，阳江漆艺进入复苏阶段，主要有陈奇积、范俊、傅以周、曾爱琼四位国家级、省级“非遗”传承人的工作室常年从事生产。大多集中在沿江市区，但现有从业人员不足百人，而且其中相当一部分还非专业人士，多以腰果漆作为创作材料而非传统意义上的大漆。阳江市场上所销售的漆器产品档次较低，整个行业也暂处于低迷状态。随着传统漆器的没落，现在阳江地区的漆艺产品以漆画为主，但阳江漆画除了少量精品外，大多形式单一，缺乏艺术性、装饰性。

6. 湖北漆艺发展现状

湖北作为曾经的漆艺术中心，有着深厚的历史底蕴。随着全国漆艺行业的复苏，湖北漆艺较北京、福建等发达地区相对落后，但在各方面的关注与努力下逐步追赶。

首先，湖北地区的毛坝一直是漆艺原材料——大漆的重要产地，现已经受到极大的重视和保护，加大种植力度，利川县现有漆树面积 3 万多亩，产地 3000 多担。其次，利用湖北省博物馆和荆州博物馆大量的漆器藏品，大力培养漆艺的后备人才。湖北美术学院和中南民族大学美术学院现有相当完备的漆艺工作室，开设漆艺专业课程。最后，湖北在学术上主张漆艺的当代性转换，在 2014 年 7 月在湖北美术馆举办了“大漆世界—湖北省美术馆馆藏漆艺作品展”，第三届“湖北国际漆艺三年展”也将于 2016 年举办。

7. 国内其他漆艺产区的发展现状

安徽黄山以出产菠萝漆闻名于世，当前菠萝漆的传统生产技艺已经基本恢复，并且在个别名师工作室还有明显的提高。黄山菠萝漆作为国家级非物质文化遗产保护项目，在传承人甘而可的带领下，坚持了用大漆生产，古法制作，并且在工艺上追求完美极致，保持了传统菠萝漆器千文万华的华美格调，得到收藏家的热捧。

成都自古被称为“中国漆艺之都”。但在中华人民共和国成立之初，成都漆艺行业陷入低谷，从业人员大量流失，漆艺的传承也几乎中断。2006 年被列为国家级非物质文化遗产以来，成都漆艺也在慢慢复苏。现有宋西平、杨莉、胡氏父子等几位工艺美术大师开办的漆艺工作室。

江西自古就是著名的漆器产地，现今江西的漆艺生产主要集中在鄱阳地区，主要生产脱胎花瓶、菠萝漆器以及漆画。

凉山彝族漆器具有十分悠久的历史，目前当地大约有 10 家企业从事漆器的生产。其中规模最大的是由非物质文化遗产传承人吉伍巫且创建的“凉山州民政民族漆器工艺厂”。彝族漆器的底胎一般选用木胎，现在大多采用车床生产，出现标准化的模式。以前彝族漆器具有“传男传媳不传女，传内不传外”的传统，现在已经大大改观，形成家族继承、工厂师徒与学校教育相结合的模式。

贵州大方县自古以来就是重要的生漆产地，具有“国漆之乡”的美誉，大方县也是现在贵州仍在唯一大量生产漆器的地区。当前大方有从事漆器生产、加工、销售的企业、个体工商户约 30 户。

浙东地区是漆艺的发源地之一，始于唐代的宁波犀皮漆艺享誉盛名。中国美术学院在壁画系内设置了漆艺专业工作室（第四工作室），并设立中国美术学院中国漆艺术研究中心。浙江省美术家协会宁波北仑漆画创作基地，由当地文化部门设立专项资金，培养漆画艺术创作人才，现有创作人员近 40 人。

黑龙江地区由于气候原因，并不适合漆器的生产和制作。由于近几十年来的漆画艺术发展，黑龙江地区涌现出一批优秀的漆画作者，将这门古老的艺术带到了这片黑土之上，并形成了具有当地特色的风格。

五、金属工艺发展现状

2014 年，传统金属工艺美术总体呈现了委顿的现象，生产和销售都有下降的趋势，尤其是在新型金属加工工艺出现的背景下更是如此。金属工艺美术行业所面临的问题具体可以归结为如下几项：

最主要的问题是人员问题。由于工资收入整体偏低，老龄化现象严重的影响，目前金属工艺行业的从业者数量大减。而在培养新人方面，也同样遇到了很严重的困难，特别是非贵重金属工艺领域。相比之下，贵重金属工艺在人才培养与技艺传承上的循环状况略微好些。显然，传统的师徒传承方式在现代社会语境下已经无法满足人才培养的需求了，但是，取代它的高校培养与职业教育并没有达到预期的效果，因为目的性不明确，仅停留于一般的操作技能的养成上，还没有建立一套完善的传习机制，它在传承传统金工技艺和创新方面都与企业和市场的需求上存在着明显的脱节。状况好的企业有能力和财力来组织自身的培养和传承工作，状况差的显然无能为力，其中最主要的原因还是没有认识到传统金工的价值及其对当今社会的作用。此外，在发展金属工艺时，还有观念认识上不足、经济投入不足、在产业化发展的过程中对于现代设计借鉴的不当等问题。在新的工艺顺应世界潮流和时尚的进程中又转变太快，在转变的过程中，中华传统金工的韵味与格调（或艺术性）丧失严重。

当然，传统金属工艺在政府的大力支持下，也有了一定的发展。第一，政府对金工行业多有保护与扶持，包括设立相关的政策法规和基地加以保护。第二，通过国家或政府的途径解决了一些原料的问题，如开发和利用有关的矿产和能源，购买一些国际上的资源。第三，减少税目。第四，在资金上予以充分的照顾。第五，规范市场等。近年来，国内外重大的盛事、会议（如奥运会、APEC 会议）以及旅游业的发展都给金工艺术带来了发展的良机。以下就几个较有代表性的金属工艺进行分说：

1. 花丝镶嵌发展现状

它是“花丝”与“镶嵌”两种工艺的结合，以金银铜丝为主要原料，镶嵌各种宝石、珍珠，或用编织技艺制造而成，在工艺制作中，二者常常结合使用。主要产地集中于北京、成都、潮州三地。目前中国从事花丝镶嵌的老艺人已经不超过50人。以大厂花丝为代表，第一代传承人马作文等人已先后作古，第二代传承人只有马福良等10人，第三代传承人更是寥若晨星。专业技术队伍青黄不接是高端工艺美术普遍存在的问题。

以花丝镶嵌为代表的传统首饰行业由盛转衰的原因除了同样面临着工艺美术发展的资金匮乏与技工不足的问题外，还面临着因为某些保护性法令、法规的实施而丧失原材料的困境：如点翠艺术所需要的原材料翠鸟是国家二级保护动物，而替代产品的品质与它又有很大的差异，因此这项传承了3000年的传统工艺面临着彻底消失。

另外，由于贵重的首饰同时具备收藏与保值的特点，因此在国际金融并不稳定的时期，它反而获得了一个良好的发展契机。同时，首饰类的工艺产品因与时尚结合得特别紧密，倘若把握得宜，便可以自然转换成符合时代需求的奢侈品。北京花丝镶嵌传承人白静宜获得企业的支持后，专心投入高端作品的设计和制作中，不仅带出一个团队，而且团队做出来的花丝镶嵌作品十分精美，达到当前最好水平，获得很高社会评价。

2. 铜器工艺的发展现状

比较有代表性的铜器工艺是景泰蓝、烧瓷等，这些是北京特有的工艺品种。景泰蓝是用细扁铜丝掐成图案，焊在铜胎上，再填点上彩色釉料，经烧制而成。景泰蓝面临的一个尴尬局面是，引入现代设计元素通常人们并不买账，但一成不变的话顾客又有意见，实际上探索或实验的成本也非常高，一般的设计师根本承担不起。当然，也有比较成功的例子，如北京珐琅厂将景泰蓝应用于现代室内设计中，成为许多公共场馆的装饰亮点，尤其在装饰2014年北京APEC会议场所时发展了不可替代的作用。此外，2014年北京在银胎掐丝珐琅的设计和制作方面取得瞩目成就，极大地提升了景泰蓝的艺术品位和工艺质量。

3. 金银器工艺发展现状

上海老凤祥的金银首饰在2014年继续保持着发展势头，老凤祥的金银细工制作技艺是国家级非物质文化遗产，其设计和制作保持了海派工艺文化讲究工细、雅致、精绝的特点，首饰可做到薄如蝉翼，细如毫发。老凤祥如今发展壮大成为国内金银细工方面的龙头企业。

江都金银摆件传承了中国古代金银器工艺，并不断创新发展，但随着市场经济的变革和人们审美观念的改变，目前出现了人才流失、后继乏人的危机。目前，江都相关部门正积极着手集合金银细工大师，打造一个旨在保护文化遗产的“金银细工工艺坊”，借此复兴江都金银细工工艺。

银器工艺多以面向少数民族的银饰工艺为代表，如云贵以及湖南地区的苗族、云南大理地区白族银饰都是很有代表性的银器工艺，它们在民族服饰中占有十分重要的位置，特别是在妇女盛装中，银饰是必不可少的饰物。云南鹤庆新华村的依然是国内最大的银器加工基地，它有从业人员数千人，产品行销国内西南部和东南亚地区。新华村的银器大到佛教用具、乐器、炊具、餐具，小到耳环、手镯等应有尽有，工艺上以錾刻为其特色，图案都寓意吉祥。2014年，新华村的银器手艺人接待了来自国内各高校的设计专业师生，通过交流有了合作，这为新华村银器的造型和装饰带来不少时尚风貌。湖南湘西苗族银器和贵州苗族银器以及福建畲族银器都各有特点，基本都围绕本民族的服装配饰展开，苗族银饰工艺非常讲究，各种工艺手段很丰富，尤其长于拉丝、盘丝。

当前银制首饰的发展离不开各地旅游业的繁荣。旅游业对于少数民族银器工艺的发展也是一个双刃剑，一方面促进了银饰工艺的经济发展，另一方面也因为现代工业的批量生产，对手工生产带来极其不良的影响。在产业化发展的过程中，以市场为导向的工艺生产，使得其产品的质量参差不齐：大量模具翻制的镀银白铜假器充斥市场，严重扰乱了传统银饰工艺产业的健康有序发展。

4. 锡器工艺发展现状

包括传统的锡器生产工艺、锡雕工艺以及锡镶工艺等。锡器工艺以云南个旧为代表。锡制品是云南个旧市的传统产品，其光如镜、色似银，造型精巧玲珑，且具有防潮、保温、耐酸、耐碱等特点，多用于制作酒器、香炉、烛台、餐具、花瓶等，近10年来，锡工艺进一步吸收了浮雕和中国画技法，创造了雕模浇铸和焊接装饰等技法相结合的技术，在艺术形式上有所发展，但在整体上锡器工艺走向没落。斑锡工艺作为个旧锡制品中异军突起的一个新产品，它较斑铜工艺出现得要晚一些，近年来，经过市场运作，尤其是借助于中国工艺美术大师的影响力，以斑锡为代表的个旧锡器工艺产业的发展有了些微的改善与转机。

锡雕工艺主要在永康与莱芜地区生产。浙江永康和山东莱芜的锡雕同时进入国务院颁布的第二批国家级非遗名录。但以永康为例，也面临严重的难以为继的困境，目前整个地区打锡的手艺人不到5人，尽管永康职业技术学校设立了永康锡艺锡雕的传承基地，但是要求年迈的大师应业根每周舟车劳顿前去授课，并在短短的几年内完成传艺，这也是极不现实的。因此永康锡雕难免面临失传与断层的濒危局面。而莱芜锡雕的影响无论是在国内还是在国际上都要比永康的来得大一些。以莱芜锡雕第八代传人王千钧为代表，他们积极寻求外向拓展，鲁王工坊还与清华大学美术学院合作开发了锡雕工艺，注重与市场的结合，促进其发展的良性循环。

除了纯锡制之外，还有一种锡镶工艺。其他如烟台威海的锡镶工艺在20世纪70年代末基本绝迹，80年代初，在谷祖威、汪正修等艺人的努力下，开始逐渐恢复，但是目前的形式并不乐观，其主要原因还在于它并没有被广泛地认知，因此产品的价格低与市场也得不到发展。

5. 唐卡发展现状

2014年，政府、藏传佛教寺庙、学院、民间经营实体（拍卖行、唐卡画廊、唐卡公司、家庭式作坊）、唐卡画师有效互动，共同促进了唐卡工艺美术在新时期的繁荣。

国家和各级地方政府对民族文化保护出台了相关政策，对唐卡等民间工艺从宣传引导到财政支持各方面的力度加大；藏传佛教寺庙凭借自身教派的影响力，积极促进寺庙收藏唐卡文物的整理保护宣传，并且将分散的家庭作坊集中起来，组织宣传和管理，在促进教派传播的同时也强化唐卡的当代传承；学院式教育，将唐卡纳入现代美术教育体系中，对唐卡的传承和学术性研究起到了重要作用；民间唐卡经营实体，利用唐卡拍卖、唐卡画廊、唐卡公司、家庭作坊等经营模式，刺激了唐卡工艺的收藏保护和当代传承。

北京、西宁、拉萨是唐卡文化交流互动的主要平台。2014年，北京举办了多次西藏唐卡艺术精品展。例如，“盛世吉祥·2014西藏唐卡艺术精品展”“西藏唐卡艺术——多吉顿珠、丁噶唐卡作品展”“娘本唐卡艺术展”等，展示了近期藏区唐卡艺术的优秀成果。2014年4月18日，拉萨西藏自治区政府首次评选出25位“西藏自治区级工艺美术大师”，其中，包括噶玛嘎孜派、勉唐派、勉萨派、钦则派都有代表画师入选，说明西藏自治区政府对民间工艺的重视。拉萨目前会集了来自于藏区所有唐卡绘画流派的画师、现代学院教育模式下培养起来绘制唐卡的画家，也有一批注重传统与现代的交融，敢于创新的唐卡画师。例如，以多吉顿珠为代表的西藏拉姆拉绰唐卡画院的唐卡画师，在继承西藏唐卡传统技艺基础之上，将藏汉、古今、宗俗、艺术等题材元素融为一体，以西藏唐卡噶玛嘎孜画派技法为基础，融合勉塘等其他画派的技艺手法，作品清新淡雅，复古中追求时尚，形成所谓的“多派”唐卡，表明唐卡不仅仅是佛教信徒供奉膜拜的宗教用品，更具有突出的艺术价值。

面对当今唐卡受众的多样化和唐卡市场快速发展的局面，藏区唐卡自治州、县、乡政府依据自身条件，积极开展唐卡的宣传、保护、传承、研究。

青海黄南藏族自治州隆务河流域的热贡，历史上就是唐卡工艺极为重要的传承地区。青海省政府很早就对这一具有广泛影响力的藏传佛教民族文化生态基地极为重视，热贡地区围绕隆务寺和吾屯上、下寺等藏传佛教寺院形成的吾屯上下庄村、年都乎等自然村落，形成了较为完整的唐卡工艺生态园。这些生态园，由寺庙、信众、唐卡经营实体（包括热贡画院、家庭作坊等）组成。热贡画院、龙树画苑是目前热贡地区具有较强产学研能力的经营实体，其余属于个体经营的家庭作坊。

康区唐卡主要流行噶玛嘎孜画派，其中，四川甘孜德格八邦、西藏昌都噶玛、青海玉树囊谦是三个主要的传承场。这三个传承场都是依托藏传噶举教派寺院而形成的。例如，德格八邦寺、昌都噶玛丹萨寺、玉树囊谦奇吉寺都是著名的噶举教派寺庙，他们除了收藏有大量珍贵的噶玛嘎孜派唐卡以外，历史上的唐卡传承就是依靠寺庙中的佛学院以及艺僧师徒“口手相传”来实现的。现在，寺庙内佛学院的唐卡传承已经不复存在，唐卡的传承主要转移到20世纪80年代以后建立的地方院校以及家庭式作坊中。例如，四川省甘孜州康定藏文学校工艺美术专业开设唐卡绘画、雕刻雕塑、美术理论和素描等课程，每年招收工艺美术专业的学生在15—30人，现在学制三年。西藏昌都噶玛乡全乡有10行政村，49个自然村落，其中，乡政府附近的里土行政村中的4个自然村和瓦寨行政村中的5个自然村是现在手工艺人最为密集的村落。这两个行政村现有117户，835人，其中，民间手工艺人168人，唐卡画师有68人，唐卡工艺的传承主要依托的就是这种家庭作坊式的师徒传承。这些自然村落，由于地处偏远，交通不便，因此，基本保持了传统中唐卡原生态的生产和消费模式，注重传统的唐卡工艺的传承。

国家对唐卡工艺传承保护的重视，也促进藏区政府、寺院以及学者纷纷投入唐卡的研究和保护中。例如，四川德格八邦寺现存传统的噶玛嘎孜画派唐卡9000幅左右，寺院对这批珍贵的唐卡进行了严格细致的保管，除了寺内供平时顶礼膜拜的少量唐卡以外，大部分唐卡都分单幅和组画，装箱入柜进库，由寺管会统一管理。青海玉树藏娘桑周寺是现在藏娘唐卡传承的主要推手。它以现代商业模式经营藏娘唐卡，桑周寺收藏的唐卡在西宁南山公园投资兴建“雪域文化博物馆”，在玉树州州府结古镇成立桑周寺藏娘工艺中心，开设唐卡画廊，组织画师参加西宁唐卡博览会，大力支持对藏娘唐卡进行学术调查研究，参与中国唐卡艺术抢救工程，编撰出版了《中国唐卡艺术集成·藏娘卷》。这些寺院的唐卡往往收藏丰富，但是文物保护和陈列的硬件设施不好，需要国家的大力支持。

除了以上几个重要的唐卡传承地区，在西藏、青海、四川、甘肃、新疆、内蒙古等许多藏族自治州县，都有唐卡工艺的传承。例如，四川壤塘觉囊唐卡、青海塔尔寺堆绣唐卡、云南迪庆藏区唐卡、四川康区郎卡杰唐卡、蒙古族唐卡等。他们往往依托藏传佛教寺院，虽然规模不大，但是不能忽视。

综上所述，2014年唐卡发展状况基本上呈现如下特征：

（1）唐卡在城市和偏远地区的手工艺自然村落之间存在着巨大差异。城市唐卡多元特征明显。这主要表现在：①传承方式多样。城市中现代学院式的教育体系、家庭作坊式传承以及商业唐卡公司画院生产三分天下。②经营方式多样。城市中唐卡的销售渠道多，商业化程度高，既有高端唐卡的经营收藏，也有普通信众和旅游者购买的中低端唐卡销售。③唐卡风格流派多样。既有传统的勉塘、钦则、噶玛嘎孜等画派，也有吸收现代绘画、传统尼泊尔－印度风格追求创新的唐卡。而手工艺自然村落，由于地处偏远，交通不便，较多地保留了唐卡工艺的传统生态模式。首先，以家庭为生产单位的唐卡作坊是自然村落唐卡生产的主要形式，绘制唐卡是家庭的重要经济来源；其次，宗教和画师之间的联系更加紧密，寺院利用教派的影响力，组织画师绘制、宣传、经营唐卡，画师则将绘制唐卡，既作为虔诚的宗教信仰，也是他们谋生的重要手段；最后，强调对唐卡传统的继承，注重严格的人物度量、上色用金工艺。

（2）寺庙在唐卡的传承保护中，起到的作用越来越明显。20世纪，藏传佛教寺院的发展受到抑制，传统中寺庙艺僧“口手相传”的唐卡传承方式也转移到家庭作坊式的师徒传授。现在，随着国家宗教和文化政策对藏传佛教寺院的物质文化遗产保护力度加大，各大寺院也开始纷纷利用本教派的影响力，在推动教派的传播的同时，对唐卡的宣传、生产、研究所起到的作用也日趋明显。

（3）家庭作坊虽然是目前唐卡生产的主要方式。但是唐卡画院、学院的唐卡专业、画廊则在绘制观念、经营模式、销售渠道更为灵活系统，对促进唐卡的当代传承起到更为重要的作用。

（4）唐卡画师用不同的方式发挥他们的主观能动性，一方面，积极参与到与外界的交流互动中，不仅主动获得国家话语下的文物认定、学术研究，还参与艺术展览与宣传，进行商业运作，尝试获取更多的有效资源。另一方面，也使这些画师卷入商品化、市场化的洪潮中，或受聘于画商，聚集在拉萨、成都、康定、云南香格里拉等城镇作画，或脱离对画商的依附，在昌都、玉树等小城镇中成立家庭式工作坊，接受寺院的委托任务，也与画商建立合作关系，自己开拓新市场。

6. 染织、刺绣发展现状

2014 年，植物染有所恢复和发展，蓝染在南通和浙江桐乡一直还有生产，只是量不大。可惜的是国内蓝染的图案整理和工艺总结工作做得还不足。河南、云南大理、苏州个别艺人和企业在努力拓展植物染的用料范围，并取得成效。市场上用植物染的成衣在苏州、杭州、北京、广州等地明显增多。

织锦方面，云锦、宋锦、蜀锦一直沿着传承与创新并重的路子在发展，依然都在坚持做传统的名品，并开发出了一些行销市场的包、围巾等服装配饰。少数民族织锦如土家族西兰卡普和侗族织锦等大部分都坚持沿用古法，手工织造传统图案，产品主要针对观光旅游者和博物馆收藏。但一些传习所与外地城市中的企业合作，采取公司加农户的形式，生产与销售分离。一方面，传习所可以安心地传承传统技艺，另一方面，企业还可针对产品做二次设计，从而开发出适应城市民众消费习惯的时尚产品。依据湖南龙山捞车河村的西兰卡普传习所的实践成果看，这种模式在目前来说是行之有效的。

棉纺织土布在河北、河南、山东等地有广泛分布，在海南、浙江省市有零星分布，工艺上虽大同小异，图案和肌理上却各有特点。2014 年土布手工纺织受全国非物质文化遗产保护工作的推动，其价值越来越得到人们的重新认可。围绕土布的深加工而成的系列床上用品、土布服装、背包、沙发、桌布等都不同程度地融入了时尚元素，显示出雅俗共赏的品位。

刺绣的发展在 2014 年呈现放缓的态势。一来因为手工费用的上涨，严重影响到中低端绣品的成本，因此，国内重点刺绣基地如苏州镇湖有大量的低端绣品转移到境外朝鲜生产。通过打印好图像、配好丝线、派技术人员指导等手段，这些年国内大量的低端绣品都出自朝鲜绣娘之手。但是，高端绣品靠的是名家名作的信誉，基本都还在国内生产。

苏绣依然保持着全国刺绣行业的技艺尖端位置，尤其是苏绣研究所聚集的一批老艺人依然坚持在生产第一线，她们的作品保持了苏绣艺术的特点和水准。顾绣的传承尚好，粤绣、潮绣、京绣、蜀绣、汉绣、汴绣等几大传统名绣都只有个别人保持了相当的水平，总体上都需要振兴。贵州苗族刺绣历史上留下的精品丰富多样，而且都是图案性的，如今从业人员大幅度减少，新的技艺精湛的带头人还缺乏。

全国刺绣行业普遍朝着绣画方向发展，这种单一性严重地禁锢了刺绣艺术的多元化发展。刺绣艺术应该复兴图案刺绣，复兴服饰配饰刺绣，传统最好的刺绣都没离开日用器物。如今刺绣单一地追求如画般陈列张挂，绣娘却做不到理解绘画并自主作画的程度，因此受制于其他姐妹艺术，有沦为次等艺术的危险。

此外，借助电脑打印拷贝原图，或放大缩小，绣娘可以较轻松地完成造型，并可不加取舍地绣得很细，如此导致绣品越做越大，越做越匠气。大了之后随之而来的就是上色取代刺绣，如今一些大幅刺绣清晰地保留了彩绘底色，令绣品工艺低劣，语言很不统一。这种做法严重地影响了刺绣艺术的整体形象。

课题负责单位：中国艺术研究院工艺美术研究所
课题负责人：邱春林
课题执笔人：邱春林、王焕、吴南、易晴、练春海、陈聪

文件辑录

【文化部、财政部关于推动特色文化产业发展的指导意见】
（文产发［2014］28号）

各省、自治区、直辖市文化厅（局）、财政厅（局），新疆生产建设兵团文化广播电视局、财务局，各计划单列市文化局、财政局：

特色文化产业是指依托各地独特的文化资源，通过创意转化、科技提升和市场运作，提供具有鲜明区域特点和民族特色的文化产品和服务的产业形态。发展特色文化产业对深入挖掘和阐发中华优秀传统文化的时代价值、培育和弘扬社会主义核心价值观、优化文化产业布局、推动区域经济社会发展、促进社会和谐、加快经济转型升级和新型城镇化建设，发挥文化育民、乐民、富民作用，具有重要意义。近年来，我国特色文化产业发展势头良好，但还存在产业基础薄弱、市场化程度不高、知名品牌较少、高端创意和管理人才不足等问题。为贯彻落实党的十七届六中全会关于发展特色文化产业、国务院关于推进文化创意和设计服务与相关产业融合发展的精神，加快实施《国家“十二五”时期文化改革发展规划纲要》，推动特色文化产业健康快速发展，特制定本意见。

一、总体要求

（一）基本原则

传承文化，科学发展。坚持古为今用、推陈出新，努力实现中华优秀传统文化的创造性转化、创新性发展。在产业发展尤其是特色街区、特色村镇、园区基地建设中，注重保护乡村原始风貌、文化特色和自然生态，突出传统特点，不搞大拆大建，不拆真建假，不毁坏古迹和历史记忆。

因地制宜，突出特色。立足各地特色文化资源和区域功能定位，发挥比较优势，明确发展重点，把文化资源优势转变为产业优势，构建具有鲜明区域和民族特色的文化产业体系，促进多样化、差异化发展。

创意引领，跨界融合。加强创意设计，打破行业和地区壁垒，促进特色文化资源与现代消费需求有效对接，加快特色文化产业与旅游等相关产业融合发展，提升产品品质，丰富产品形态，延伸产业链条，拓展特色文化产业发展空间。

市场运作，政府扶持。坚持企业主体、市场运作，更好地发挥政府的引导、扶持职能，完善政策措施，健全市场体系，优化发展环境，提升特色文化产业创新能力和发展活力。

（二）主要目标

到2020年，基本建立特色鲜明、重点突出、布局合理、链条完整、效益显著的特色文化产业发展格局，形成若干在全国有重要影响力的特色文化产业带，建设一批典型带动作用明显的特色文化产业示范区和示范乡镇，培育一大批充满活力的各类特色文化市场主体，形成一批具有核心竞争力的特色文化企业、产品和品牌。特色文化资源得到有效保护和合理利用，特色文化产业产值明显增加，吸纳就业能力大幅提高，产品和服务更加丰富，在促进地方经济发展、推动城镇化建设、提高生活品质、复兴优秀传统文化、提升文化软实力等方面作用更加凸显。

二、主要任务

（一）发展重点领域。鼓励各地发展工艺品、演艺娱乐、文化旅游、特色节庆、特色展览等特色文化产业。工艺品业要在保护多样性和独特性的基础上，坚持继承和创新相结合，促进特色文化元素、传统工艺技艺与创意设计、现代科技、时代元素相结合。演艺娱乐业要鼓励内容和形式创新，创作文化内涵丰富、适应市场需求的地域和民族特色演艺精品，支持发展集演艺、休闲、旅游、餐饮、购物等于一体的综合娱乐设施。文化旅游业要开发具有地域特色和民族风情的旅游产品，促进由单纯观光型向参与式、体验式等新型业态转变。特色节庆业要发掘各地传统节庆文化内涵，提升新兴节庆文化品质，形成一批参与度高、影响力大、社会效益和经济效益好的节庆品牌。特色展览业要依托各地文化资源，突出本地特色，实现市场化、专业化、品牌化发展。引导特色文化产业与建筑、园林、农业、体育、餐饮、服装、生活日用品等领域融合发展，培育新的产品类型和新兴业态。

（二）发展区域性特色文化产业带。加强对地缘相近、文脉相承区域的统筹协调，鼓励发展优势互补、相互促进的特色文化产业带。发挥现有区域合作框架作用，建立和完善特色文化产业区域合作机制，加强整体规划，围绕重点产业和重点项目，推动产业要素有效配置，促进区域特色文化产业协同发展。按照国家建设“丝绸之路经济带”总体部署，依托丝绸之路沿线丰富的文化资源，调动各方力量，推动丝绸之路文化产业带建设。持续推进藏羌彝文化产业走廊建设，合理规划、引导实施一批特色文化产业项目，突出民族文化特色，推进文化与生态、旅游的融合发展，建成国际知名的文化旅游目的地和有示范效应的特色文化产业带。促进南水北调工程景观与周边生态、文化、旅游资源有机融合，加快建设南水北调工程文化旅游产业带。

（三）建设特色文化产业示范区。加强规划引导、典型示范，鼓励各地结合当地文化特色不断推出优秀文化产品和服务，形成各具特色的文化产业发展格局，建设一批文化特色鲜明、产业优势突出的特色文化产业示范区。对投入力度大、工作取得明显成效的示范区予以重点扶持，充分调动地方政府积极性，引导各地深入研究评估当地可供产业开发的特色文化资源，提出资源利用和转化规划，推动特色文化产业有序集聚，形成一批集聚效应明显、孵化功能突出的特色文化产业基地、园区和集群。通过特色文化产业示范区的示范辐射作用，带动全国范围内特色文化产业创新发展，不断增强区域文化产业发展的核心竞争力，提升区域文化品格，打造地方文化名片。

（四）打造特色文化城镇和乡村。将特色文化产业发展纳入新型城镇化建设规划，延续城市历史文脉，承载文化记忆和乡愁，建设有历史记忆、地域特色、民族特点的特色文化城镇和乡村。明确城市文化定位和文化产业发展重点，把特色文化产业项目与城市景观风貌、功能布局紧密融合，形成地域特色，避免千城一面。突出传统特点，彰显文化特色，保护历史文化名镇名村和乡村原始风貌、自然生态，鼓励文化资源丰富的村镇因地制宜发展特色文化产业，建设一批文化特点鲜明和主导产业突出的特色文化产业示范乡镇、特色文化街区、特色文化乡村，促进城镇居民、农业转移人口和农民就业增收。

（五）健全各类特色文化市场主体。培育和引进特色文化骨干企业，发挥其在创意研发、品牌培育、渠道建设、市场推广等方面的龙头作用，带动区域特色文化产业发展。打破地区、行业分割，主动开放市场，鼓励外地企业到本地投资发展特色文化产业，鼓励其他行业企业和民间资本通过多种形式进入特色文化产业，把引入外部资源和做强做优本地企业有机结合。鼓励各类合作社、协作体和产业联盟在整合资源、搭建平台等方面发挥积极作用。扶持各类小微特色文化企业和创业个人，支持个体创作者、工作室等特色文化产业主体发展。

（六）培育特色文化品牌。支持各地实施“一地（县、镇、村）一品”战略，形成一批具有较强影响力和市场竞争力的产品品牌。发挥有代表性的民间手工艺人、工艺美术大师和文化名人在培育特色文化品牌中的作用。建立特色文化品牌认证和发布机制，加强宣传推广，完善传统工艺、技艺的认定保护机制，鼓励挖掘、保护、发展中华老字号等民间特色传统技艺和服务理念，鼓励特色文化企业申报原产地标记，加大知识产权的保护利用力度。

（七）促进特色文化产品交易。完善特色文化产品营销体系，创新营销理念，发展电子商务、物流配送、连锁经营等现代流通组织和流通形式，依托社交媒体等网络平台，拓展大众消费市场，探索个性化定制服务。支持特色文化产品参加各类文化产业展会，鼓励有条件的展会设立特色文化产品展示专区，支持西部地区、民族地区特色文化产品和服务参展。鼓励“公司 + 农户”经营模式发展，引导一家一户式的传统销售向代理、品牌授权等现代营销转变。借助社会组织、专业机构的营销渠道与营销经验，扩大特色文化产品销售。提升各类交易平台的信息化和网络化水平，促进特色文化产品和服务交易。

三、保障措施

（一）加大财税金融扶持。加大财政对特色文化产业发展的支持力度，把特色文化产业发展工程纳入中央财政文化产业发展专项资金扶持范围，分步实施、逐年推进。充分发挥财政资金杠杆作用，重点支持具有地域特色和民族风情的民族工艺品创意设计、文化旅游开发、演艺剧目制作、特色文化资源向现代文化产品转化和特色文化品牌推广，支持丝绸之路文化产业带、藏羌彝文化产业走廊建设。认真落实国家扶持文化产业发展的各项税收政策，加强税收政策跟踪问效。利用文化部与相关金融机构部行合作机制、文化产业投融资公共服务平台，加强对特色文化企业的投融资支持与服务。

（二）强化人才支撑。以培养高技能人才和高端文化创意、经营管理人才为重点，加大对特色文化产业人才的培养和扶持。探索与知名培训机构、专业院校、科研院所建立人才共同培养机制，办好西部文化产业经营管理人才培训班、文化产业投融资实务系列研修班。通过资金补助、师资支持等多种形式，支持各地开展特色文化产业人才培训。依托工作室、文化名人、艺术大师，促进人才培养和传统技艺传承。加强对非物质文化遗产传承人和学艺者的培训，着重提高其创新创意能力。积极将特色文化产业人才培养纳入各级政府人才发展规划和工作计划。

（三）建立重点项目库。按照自愿申报、动态管理、重点扶持的原则，依托国家文化产业项目服务平台，面向全国征集具有示范性和带动性的特色文化产业重点项目，加强对重点项目的组织、管理、协调、支持和服务。广泛吸引社会资本参与建设，拓宽特色文化产业重点项目投融资、交易、合作渠道。优先支持符合条件的重点项目享受中央财政文化产业发展专项资金项目补助、保费补贴、贷款贴息、绩效奖励等扶持。

（四）支持拓展境外市场。综合运用多种政策手段，对特色文化产品和服务出口、境外投资、营销渠道建设、市场开拓等方面给予支持。加强对外文化贸易公共信息服务，及时发布国际文化市场动态和国际文化产业政策信息。支持特色文化企业参加境外展会和文化活动，鼓励在境外开展项目推介、产品展销、投资合作，扶持特色文化精品进入国际市场。加强对外文化贸易信息服务，充分发挥驻外使领馆文化处（组）、海外中国文化中心等的作用，协助特色文化企业了解和分析境外文化市场动态，拓展境外营销网络和渠道。

（五）建立完善交流合作机制。鼓励高等学校、科研院所、骨干企业与地方加强合作，促进资源整合和有效配置，发挥各自优势，带动地方特色文化产业发展。鼓励建立产学研合作联盟，加快建设以企业为主体、高等学校和科研院所为依托的创意设计和产品研发中心，引导创意创新要素向企业集聚。支持举办相关交流研讨活动，为拓展特色文化产业交流合作提供平台。

（六）加强组织实施。各级文化行政部门、财政部门要按照本意见要求，对本地文化资源进行充分的摸底调查，根据本地区实际情况，因地制宜，科学研究制订特色文化产业发展规划，研究制定鼓励本地特色文化产业发展的财政、金融、土地等多方面扶持政策。要主动加强与发展改革、民族、宗教、旅游、金融等部门的沟通协调，加强跨地区、跨部门协作，确保各项任务措施落到实处。强化文化市场监管和执法，创造良好市场环境。加强宣传，积极营造全社会支持特色文化产业发展的良好氛围。充分发挥各级各类文化产业协会（商会、学会）在信息服务、行业自律、人才培训、制定标准、国际交流等方面的重要作用。

文化部　财政部
2014 年 8 月 8 日

专题

1895 中国当代工艺美术系列大展

【1895 中国当代工艺美术系列大展优秀作品展】

2014 年 5 月 10 日，由南通市人民政府、清华大学美术学院、中国国家大剧院共同主办的“1895 中国当代工艺美术系列大展优秀作品展”开幕。

作为目前中国当代最具权威性的工艺美术大展，本次展览分为漆艺、陶瓷艺术、纤维艺术、金属艺术、玻璃艺术五大系列，展品包括从 2000 多位作者报名的 2570 余件应征作品中遴选出的 200 件精品、“1895 中国当代工艺美术系列大展”中的获奖作品，以及来自全国美展、世界巡展等相关国际艺术和工艺大展的获奖作品。

【观点】再认知——1895 中国当代工艺美术系列大展综述

◎林乐成　梁　开

2012 年 11 月至 2014 年 5 月，由清华大学美术学院和南通市人民政府共同主办的“1895 中国当代工艺美术系列大展（以下简称“系列大展”）暨学术论坛”在南通 1895 文化创意产业园举行。“从洛桑到北京”第七届国际纤维艺术双年展成为系列大展的先声，中国当代金属艺术展、漆艺展、陶瓷艺术展、玻璃艺术展先后亮相南通，100 多所院校，2000 多件作品，3000 多平方米的场地，历时一年半的系列展览和学术论坛，以及会师中国国家大剧院的优秀作品展暨名家座谈，掀起中国当代工艺美术发展的新浪潮。

本次系列大展参展作者以院校师生、艺术家为主体，具有浓厚的“学院派”气息，旨在展示最具原创性、学术性和引领性的中国当代工艺美术成果。同时，系列展览由政府搭台，以“展”带“产”，把南通 1895 文化产业园作为工艺美术产品研发、人才培养、产权交易的平台。于是，便有了以“再生产”为主题的学术论坛，从“工艺美术与社会生产”这一视角探索工艺美术向创意生产力的转化，让学术与产业对接。继而，解决“再生产”产业链上游问题的“再教育”① 被提出，新时期工艺美术一线人才的“再教育”成为高校实践性教学的焦点。无论是系列展览、“再生产”，还是“再教育”，都是为了中国当代工艺美术的“再繁荣”。每一个“再”都充满了对当代工艺美术面向社会、面向产业、面向大众的期待，一系列“再”之后是否能形成对当代工艺美术的一种新知、一种共识至关重要。

“在中国，一提到工艺美术总觉得是过去的、遥远的，甚至觉得它是出口创汇的产品，或者高端的奢侈品及少数人把玩的物件儿”。系列大展策展人说，“展览不仅要反映中国工艺美术的最新成果、面貌，也要让人们看到它与当代艺术、当代生活、当代审美紧密相关。”那么，当代工艺美术与传统工艺美术有何不同？当代工艺美术的特点和面貌是怎样的？本次系列大展和学术活动在哪些方面推动了对新时期工艺美术的“再认知”？下文主要从原创性、当代性和大众性三个方面谈起。

“原创性”一直是学院派工艺美术创作要则，却是行业工艺美术的软肋。虽然工艺美术产业一直坚持传承与创新，但始终没有取得明显成效，没有让人们对工艺美术产生新的认识。而在中国的艺术院校

① 林乐成、梁开：《三十年河东，三十年河西——关于当代工艺美术再生产与再教育的实践性教学探究》，冯远主编《再生产——中国当代工艺美术学术论坛》，中国建筑工业出版社 2014 年 4 月版，第 180—184 页。

中，这五项专业或课程设置中华人民共和国成立后就有，院校师生经过长期的努力和探索，积累了很多非常有价值的成果，他们的作品带有艺术的眼光、社会的思考，使得展览具有批判性、借鉴性和启迪性。系列大展便是以艺术家的名义、情感、追求搭建一个具有原创魅力的交流平台，引导相关产业、行业的发展，与展览相结合的“再生产”研讨、“再教育”实践无不体现了高校工艺美术家对工艺美术产业的关注。值得一提的是，针对行业的原创性“再教育”成果在系列大展中已颇有显示度，如浙江省工艺美术大师哀警卫的《乌镇印象》将传统的蓝印花布以小桥流水般的装置给人以全新的感受，获得国际纤维艺术双年展铜奖。这些从行业走出来的人在接受学院派的“再教育”中，提高了文化修养，扩展了艺术视野，更新了创作观念，虽然还是同样的材质和技艺，但提高了原创能力，用艺术家的眼光表现当代人的生活和情感。“原创性”无疑是系列大展的特色和要义，它以一种新的方式展现当代工艺美术的魅力，带来一种对中国当代工艺美术的新认知。

“当代性”在系列大展学术论坛和专家座谈中备受热议，既然是当代工艺美术，“当代性”有何体现？中国国家画院副院长张晓凌从系列大展看出了当代艺术的两个转向：一是从观念到技艺；二是从审丑到审美，认为展览成功地把传统的技艺转化为一种当代的视觉样式，呈现了当代艺术家在现实生活中切实的当代性精神。如沈厉《河兮·南山》系列（中国当代陶瓷艺术展金奖）用陶瓷来做中国传统的山水，避免了中国当代水墨山水过分视觉化、图像化的问题，巧妙地展现了中国山水的精神和意境。以艺术家解勇的金属艺术作品《千针万痛》的“兔子”为例，“它表现了反对皮草运动的主题，有很强的观念性和思想性”。在巴西圣保罗举办的“中国当代艺术在巴西”展览选中了9件当代工艺美术作品，其中有正在展出的青年纤维艺术家王建用干燥剂袋做的“金缕玉衣”《子曰》，“看了本次当代工艺美术系列大展优秀作品展，我想，这个展场里面的很多作品以它的技艺性和思想性，放在任何一个世界大展上都毫不逊色”。张晓凌评论道：“中华民族向来都是审美的，向来都是吉祥的，向来都是和谐的，在本次展览和巴西圣保罗展中，我们看到了世界当代艺术的一个转向：由审丑转向审美。在某种意义上这也是中华文化复兴的前兆。”

在谈到工艺美术与当代艺术及其他艺术门类的关系时，艺术理论家、批评家邵大箴首先指出以往艺术界对工艺美术地位的认知错误，提出工艺美术从古至今都是综合性艺术的基础，是走在造型艺术前面的。他援据英国工艺美术运动对欧洲艺术变革的巨大影响，认为“手艺是艺术的基础，艺术家必须动手、动脑、动心，通过视觉的方式显示出来，这是工艺美术和造型艺术共同的特点”。而且，“材料的变革往往走在形式语言变革的前面。各种艺术家对材料的敏感甚于对形式的敏感，也就是对材料背后所藏的精神底蕴和文化底蕴的敏感，所以，我们非常尊重工艺美术家”。对于系列大展，他评价道：“我们现在看到的不是一般的工艺美术，它是现代工艺美术。这些作品表明艺术家们非常尊重传统工艺、传统手艺，同时他们大口地呼吸现代社会的空气，吸收时尚的东西。他们的作品和中国的工艺美术精神是一脉相承的，而面貌又是现代的、时代的，这是非常了不起的。”正如《中国美术》主编杨会来先生所言，“现代艺术跟工艺美术界限越来越模糊了”，系列大展也让“当代性”成为人们对当代工艺美术的新认知。

“大众性”是当代工艺美术的归宿：与民生相系，与生活相连。行业中的工艺美术往往选择贵重的材料、精湛的技艺，以此体现它的“完美”，但让大众望而却步。而纤维、玻璃、金属、漆、陶瓷这五项媒材都为人们所熟悉、亲近，艺术家们眼光和创作状态也都是带有社会性的，他们希望通过系列大展打开一个大众与艺术交流对话的通道。首先，作品带有一种新颖的视角、平民的价值和普世的关怀。如第七届纤维艺术双年展中唯一的金奖作品《荷韵》，由清华大学美术学院副教授洪兴宇与其研究生丁剑欣提供创意设计，并指导河南汴绣作坊的残疾人工匠制作而成。作者将汴绣的针法在《荷韵》中表现得十分自由、灵活、简洁，而且更容易让残疾人工匠掌握。第七届纤维艺术双年展评委、日本纤维艺术家福本繁树称此件作品：“用当代艺术设计的表达方式阐释传统刺绣工艺，相对于众多参展的刺绣作品，让人们获得轻松、自然的感受，同时又能恰到好处地体现传统刺绣的材质美，且视角很新。”① 其次，并不强调作者的艺术家身份，形成“人人都是艺术家”的开放领域。如《可餐》的作者阮少珍，没有受过院校的系统训练，在清华大学美术学院纤维艺术研究所为期两个月的艺术教学中受到启发，用丝绵和丝袜做出来一筐筐惟妙惟肖的“土豆”，受到大众的喜爱和媒体的热捧，且获得国际纤维艺术双年展优秀奖。不同于传统工艺美术的保守、稳定与密不外传，当代工艺美术变成开放的、人人可以参与的领域，并通过走近大众的展览与讲座，启迪生活，惠及民生。中国国家大剧院的优秀作品展在短短 20 天的展期内已累计近 4 万人次参观。

原创性、当代性、大众性构成了新时代语境下对中国当代工艺美术的“再认知”，系列大展、“再生产”学术论坛、“再教育”教学实践都推动了“再认知”的深化与推广。1895，原是实业家张謇在南通创办民族轻工业的起点，而今百年厂房改建的 1895 文化产业园集结纤维、金工、漆艺、陶瓷、玻璃 5 个系列大展和 1 个学术论坛，推出力作、推出新人，搭建艺术与生活、学术与市场的推广平台。1895，不仅是一个时间、一个地点、一个事件，更是一个由此而生的中国当代工艺美术文化品牌，在中国当代工艺美术发展的新阶段具有里程碑式意义。

“再认知”是一个持久的过程。当我们再次提起中国当代工艺美术，想到这五项以材料为基础的根植传统而又面向未来的艺术，形成一种具有原创性、当代性、大众性的“当代五项艺术”的共识，那么，工艺美术回归生活、回归大众、回归社会，成为一门与时代息息相关的艺术，不远矣。

林乐成　清华大学美术学院教授
梁　开　清华大学美术学院博士

【媒体观点】工艺美术仅停留在展览上是不够的

工艺美术走向式微？“1895 中国当代工艺美术系列大展优秀作品展”对此作出回应——工艺美术仅停留在展览上是不够的。

“为什么我们的电视里头，总是在播放收藏、鉴宝，但是那些收藏、鉴宝却很少演示过当代手艺人做出来的东西。手工艺有它的昨天、今天和明天，我们应该考虑的是全方位的，而不单纯是过去传统的手艺。”5 月 10 日，由江苏省南通市人民政府、清华大学美术学院、中国国家大剧院主办的“1895 中国当代工艺美术系列大展优秀作品展”在京举办。在此前接受记者采访时，面对媒体提出的“工艺美术走向式微”的疑问，中国工艺美术协会秘书长王山对“式微”予以否认，并直言媒体对当代工艺美术关注不足。

一个被咬了一口的苹果，被乔布斯变成了引领时尚的科技品牌。如今，经济腾飞的中国正面临从“制造大国”向“创意大国”转型的重要阶段，如何继承传统工艺美术，振兴、发展中国当代工艺美术，让它的今天和明天更加辉煌，也成了许多工艺美术界人士怀抱已久的“心事”。

回顾中国工艺美术的历史，绕不开一个时间——1895 年，也绕不开一个地方——江苏南通。当年，张謇在南通兴办民族工商业，不少当地传统手工艺随之转型融入近现代工业的领域，并勃兴起一批包含现代生活理念的工艺美术门类，特别是陶艺、漆艺、金工、玻璃、纤维等多种工艺美术更渐渐融入人们的衣、食、住、行用，成为人们欣赏、收藏、接受和使用的物品。一个多世纪后，南通已成为滨江临海的新兴工业城市，其工艺美术在延续传统流脉的同时，也呈现出丰富多姿、革新进取的新时代面貌，成为中国工艺美术发展的一个重要示范之一。

---

① 林乐成、梁开：《当代纤维艺术的回归——第七届“从洛桑到北京”国际纤维艺术双年展》，《装饰》2013 年第 2 期，第 40 页。

因此，由南通方面积极推动的“1895 中国当代工艺美术系列大展”从一开始就备受业界关注，也有了从大展遴选出优秀作品进行展出的此次展览。记者在展览现场看到，其中既有工艺美术名家的力作，也有传统手艺人的作品。尤其引人注目的是，不少作品并非简单的“高大上”摆设，而是与老百姓的生活息息相关。清华大学美术学院工艺美术系主任、本次展览策展人林乐成表示，要振兴和发展中国当代工艺美术，就要把传统与现代相结合，要让古老的工艺美术给当代人的生活带来享受。他以此次参展的一件普通手艺人制作的边绣作品为例指出，这件作品好，就在于它有平民化的意识，工艺美术并非高不可攀，不是精英文化，恰恰相反，它应该让老百姓能够共享文化发展的成果。

多年以前，清华大学美术学院教授、雕塑家赵萌就提出，工艺美术应该与当代人的衣、食、住、行、用结合起来。这一说法得到了业界的广泛认同。“工艺美术仅停留在展览上是不够的，它的振兴、发展还需要人才，还需要与产业相融合，需要在教学模式、创意理念以及与产业相关方面的整合上形成一个有效的平台。”林乐成认为，此次参展的作品在材料、技术以及设计理念上的创新，都体现了这一诉求。

原载《中国艺术报》2014 年 5 月 12 日

纪事

展览·评奖

【中国景泰蓝大全汇展】

2013年12月13日，由北京工美联合企业集团、北京工艺美术行业协会主办的“中国景泰蓝大全汇展”在德胜门工美大厦开幕。本届展览几乎涵盖了北京地区所有景泰蓝厂家，张同禄、戴嘉林、米振雄、霍铁辉、钟连盛5位国家级工艺美术大师及10多位北京市工艺美术大师到会。百余件大师获奖作品参展，千余款、数万件景泰蓝工艺品现场展销。

北京市珐琅厂有限责任公司、北京铭客诚景泰蓝工艺品有限公司、北京汉艺煌景泰蓝工艺品有限公司、中国工艺美术（集团）公司象牙雕刻厂、北京禄展铭盛文化发展有限责任公司、北京禄颖兰釉艺工艺品有限公司、北京景都利天珐琅制品有限公司、北京老天利典藏景泰蓝文化有限公司、北京市靛庄花丝厂等景泰蓝龙头企业参展。米振雄、韩振山、刘永森、李新民等大师到现场互动。

此次活动得到了中华老字号工作委员会、中国收藏家协会和北京市西城区商业委员会和北京市西城区商业联合会的支持。

【2013中国（江门）工艺美术精品文化博览会】

2013年12月29日至2014年1月4日，由中华全国手工业合作总社、中国工艺美术学会、广东省江门市人民政府主办的2013中国（江门）工艺美术精品文化博览会暨第二届“融和银行杯”台山玉雕刻创作大赛“金榕奖”的评审活动举行。

博览会期间，步正发会长和赵之硕副会长出席了广东省手工业联社主持的“关于工艺美术发展”座谈会，广东省各协会负责人及部分工艺美术大师在座谈会上发言。

【第49届全国工艺品交易会】

2014年3月21日至24日，由福州市人民政府、中国工艺美术协会联合主办，中国工艺美术协会秘书处、福州市商贸服务业局承办，各省、直辖市、自治区工艺美术协会共同协办的“第49届全国工艺品交易会”举办。来自全国27个省（区、市）的1000多家企业，以及300多位国家级和省市级工艺美术大师参展。展览面积4.5万平方米，展位数1800个。展品涉及11大类、数万件产品，品种上千。交易会订单额达3.45亿元，现场销售额3500万元，共吸引工艺美术爱好者8万人次。

【第十四届全国纺织品设计大赛暨国际理论研讨会、2014年国际刺绣艺术设计大展】

2014年4月14日至22日，“第十四届全国纺织品设计大赛暨国际理论研讨会、2014年国际刺绣艺术设计大展”开幕式及展览在清华大学美术学院美术馆举行。本次活动由清华大学艺术与科学研究中心主办，中国工艺美术协会、中国家用纺织品行业协会、中国纺织服装教育学会、中国流行色协会、清华大学美术学院联合举办，清华大学美术学院染织服装艺术设计系承办。

参与此次活动的来自世界各国刺绣艺术家和纺织艺术设计者、学者、专家、民间艺人等，以“针”作笔、以“线”为色，通过针线艺术共同为传统刺绣技艺在当代的应用、弘扬、传承而相互交流研讨，共同为艺术设计教育的和谐发展构建交流平台。大赛同时还展示了清华大学美术学院、中国美术学院、鲁迅美术学院、广州美术学院、西安美术学院、天津美术学院等全国近20所艺术院校学生的设计作品，作品包括室内纺织品设计、服饰纺织品设计、旅游纪念品设计、专业论文等多个种类。展览评出金奖、银奖、铜奖以及优秀奖、优秀论文奖等。国际理论研讨会于14日下午召开，来自国内外的刺绣专家发表演讲。

活动同期还举办了2014年国际刺绣艺术设计大展，展览展出来自中国大陆、中国香港、韩国、日本、印度尼西亚、墨西哥、埃及、印度、土耳其等国家与地区的100余件作品，国内外的刺绣艺术家、学者、民间艺人等共同展示了古老的刺绣技艺和多姿的手工艺作品。

【第六届“艺鼎杯”中国木雕现场创作大赛】

2014年4月16日至25日，第六届“艺鼎杯”中国木雕现场创作大赛举办。来自福建莆田的何春魁，凭借作品《学无止境》获得“2014年度中国木雕状元”称号；台湾艺术大学雕塑班硕士毕业生游宗穆的《贝壳·旋七》，与浙江义乌王泽和的《杨震拒金》获“2014年度中国木雕榜眼”；四川雅安何民的《我们往哪里去呀》、与天津徐特艺的《齐白石头像》，以及广州美术学院在读研究生卢洪新的《梦》，并列铜奖，获“2014年度中国木雕探花”；浙江东阳李斌的《梦》、宁德霞浦温作伟的《宁静优雅》、福鼎温作达的《笑傲江湖》，与泉州惠安陈拥军的《三重境》榜登“2014年度中国木雕进士”。

中国工艺美术协会专家评审团亲临现场，就所有选手的作品创意、技巧手法等方面进行现场点评与投票，从中选出年度十强。评委来自清华大学美术学院、福州大学美术学院和上海工艺美术职业学院的教授，以及浙江、福建等地的中国工艺美术大师。

【空间·境像——朱乐耕当代陶艺展】

2014年4月25日至5月6日，由中国艺术研究院与中国国家大剧院联合主办的“空间·境像——朱乐耕当代陶艺展”在北京中国国家大剧院举办。本次展览展示了《五彩云》《生命之歌唱》《涅槃》《风华岁月》等100余件朱乐耕新近创作的陶艺作品，同时还展出了作者2008年完成、坐落在九江市民广场的大型陶艺装置壁画《莲趣》，为迎接上海世博会创作位于上海浦东机场的大型陶艺装置壁画《惠风和畅》等作品的图像与视频资料。

中国陶瓷艺术名家朱乐耕，现任中国艺术研究院艺术创作院院长，作品多次参加国内外陶艺展，并有40余件作品获奖。继2012年获得“中华非物质文化遗产传承人薪传奖”后，2013年又获“中华艺文奖”。

展览开幕式后举行的“朱乐耕陶艺研讨会”上，来自清华大学美术学院、中央美术学院、中国艺术研究院、中国文化报社、景德镇陶瓷学院等单位的30多位专家学者，围绕现代陶艺与现代建筑的关系作了发言。

【手艺中国——传统手工艺品博览会】

2014年4月30日，“手艺中国——传统手工艺品博览会”在北京农业展览馆举办。此展为中华文化促进会主办，中华文化促进会艺展工作委员会以及诗满思（北京）文化发展有限公司承办的“手艺中国”计划的第一站。皮影专家孙建军、韩非子，中华文化促进会织染绣艺术中心织染绣专家张琴，哈氏风筝第四代传人哈亦琦，扎染艺人白鸽，苏奇灯笼画第五代传人苏海亮，剪纸艺人倪绣梅，民间文化保护者及推动者、《汉声》杂志总策划黄永松等来自国内各个手工艺领域的艺术家们为展览带来了手工艺精品展示。博览会按不同手工艺领域划分为染织绣、民间美术、刻绘、扎制四大展区，展示皮影、剪纸、风筝、灯彩、刺绣等艺术品。

【“盛世吉祥”——2014 西藏唐卡艺术精品展】

2014 年 5 月 11 日，由北京商报社主办的“盛世吉祥”——2014 西藏唐卡艺术精品展在北京举办。展览共展出西藏唐卡勉萨、勉唐、康·美萨、多派、嘎玛嘎赤等多个画派共计 46 幅唐卡精品。国家级非物质文化遗产藏族唐卡勉萨派传承人罗布斯达以及非物质文化遗产藏传矿物颜料制作工艺国家级代表性传承人阿旺晋美等皆有作品展示。

本次参展的唐卡作品作者均是来自拉萨、昌都等地的优秀画师，他们大多是家族世代传承，拥有非常精湛的唐卡绘画技艺和艺术成就。

【中国钧瓷四海行——红色钧官窑瓷器精品展】

2014 年 5 月 30 日，由中国国际书画研究会、禹州市人民政府、河南省美术馆、河南省钧瓷文化研究会联合举办的“中国钧瓷四海行——红色钧官窑瓷器精品展”在中国国家博物馆举办。

此次展出的 300 余件作品中，有近 200 件是具有代表性的钧瓷新工艺作品。由于种种原因，钧瓷新工艺自 20 世纪 90 年代初期断烧后，已成为钧瓷发展史上的一次绝唱。长期以来，由于人们对它的认识不足，自然毁坏严重，存世精品不多。因而，在新的历史时期，钧瓷新工艺的艺术价值、文化价值和收藏价值已越发凸显出来，并成为重要的文化遗产亟待挖掘与保护。

活动期间，河南钧瓷文化研究会向中国国家博物馆捐赠了 12 件钧瓷新工艺作品和一件由王忠全和司国顺设计、苗宗贤烧制的作品《国威尊》。

【花开敦煌——常沙娜艺术研究与应用展】

2014 年 7 月 1 日至 7 月 22 日，由中国对外文化交流协会、中国美术家协会等单位共同举办的“花开敦煌——常沙娜艺术研究与应用展”在北京今日美术馆开幕。

这次展出是常沙娜第一次完整呈现 60 多年来工作的重要记录。如今她已 83 岁高龄。展览展出作品近 250 件，多数作品均为第一次呈现在国内众人面前。有其 10 多岁少女时期与敦煌艺术家在敦煌临摹的作品、历代图案分析、花卉创作及 20 世纪 50 年代由林徽因带领指导下的景泰蓝等工艺设计作品。

常沙娜是我国著名的艺术教育家和艺术设计家，出生在法国里昂，12 岁开始跟着父亲在敦煌学习。国家多处重要艺术设计均出自她手，例如，人民大会堂宴会厅顶灯、北京展览馆、首都剧场、民族文化宫、中央人民政府赠送香港特区政府的紫荆花纪念雕塑等，均采用了她的设计。

从 20 世纪开始，常书鸿等人将“敦煌艺术”推向世界，成为“敦煌守护神”。常沙娜继承父亲衣钵，一生以研究敦煌艺术为主要工作，从事敦煌壁画及传统装饰图案研究和临摹。早在 20 世纪 50 年代开始，她就以敦煌古典图案进行创作设计。她强调：创造设计必须注重探索艺术“源与流”的融合关系，就是以古典文化为根本，创造出新的潮流。这一观点，正是目前发展国家美学艺术与文化经济的重要因素。

在中华人民共和国成立后的国际会议，林徽因带领常沙娜等人应用古典图案，把中国传统文化美学图案，运用到了生活用品中；敦煌图案的真丝头巾、仿明清绦子花边和刺绣的背心、景泰蓝的首饰盒等手工艺品，作为礼品赠给外国友人，获得国际友人的赞叹。这是中国最早的文化创意结合的产物。

常沙娜在担任中央工艺美术学院院长15年的时间里，不仅是中国第一位女性院长，也是中国在职历史最长的一位院长。在83岁高龄，她最大的心愿就是看到中国的工艺美学再度复兴，并且开花结果。

这次“花开敦煌”展览，不只展现60多年来她的重要设计临摹与花绘创作，也有整合多位年轻设计师及设计工厂实验性地以敦煌图案跟当代设计做出的新的组合；应用设计品有新景泰蓝的钟表设计、瓷器、服装等生活类用品。

【承忆指尖——民间手工艺新会员及新增艺术门类专场汇报展】

2014年7月5日至10日，北京市文学艺术界联合会、北京民间文艺家协会举办的“承忆指尖——民间手工艺新会员及新增艺术门类专场汇报展”在首都图书馆举行。本次展览汇集了59位民间艺术家的近200件作品，涉及核雕、砖雕、京绣、古琴制作、皮革雕刻等18个艺术门类，这些民间艺术家都是北京民间文艺家协会2013年入会的新会员，其中中青年艺术家占了80%，而非京籍和体制外艺术家占了九成。

为了使观众更好地了解展品，本次展览给每一件展品都制作了二维码，现场观众可以通过扫描二维码，联网观看作品的照片、简介和作者资料。展览还安排了“现场展示”环节，观众可在现场观看艺术家制作作品。主办方还举办了“民间手工艺鉴赏系列讲座”以普及民间手工艺鉴赏知识，内容涉及民间手工艺的历史沿革、创作流派、欣赏角度、文化内涵、市场价值等，“泥人张”第四代传人张锠等进行了讲解。

【第六届中国美术陶瓷技艺大赛】

2014年8月21日至22日，第六届中国美术陶瓷技艺大赛在河北省邯郸市峰峰矿区举办。本次大赛由中国工艺美术协会、河北省工艺美术协会主办，中共峰峰矿区区委、峰峰矿区人民政府承办，峰峰大家陶艺有限责任公司协办。大赛设陶瓷造型技艺、陶瓷装饰·刻花技艺、陶瓷装饰·彩绘技艺和陶瓷雕塑技艺四个比赛项目，来自河北、江西、湖南、湖北、江苏、山西、陕西、浙江、云南和河南等10个省（市）陶瓷产区的85名陶瓷艺术从业高手参加了大赛。大赛专家评审委员会由6位来自院校的教授和陶瓷专业的中国工艺美术大师组成，清华大学美术学院的王建中教授担任评委会主任。

大赛共评选出金奖4名、银奖8名、铜奖12名及优秀奖20名。来自河北的姚彦辉获陶瓷造型项目金奖，来自河北的马丽和李文景获陶瓷装饰·刻花项目并列金奖，来自河北的许来军获陶瓷装饰·彩绘项目金奖；来自陕西的王彩红、湖北的甘行知和江苏的薛峰等8位选手获大赛银奖；来自湖南的周金霞、山西的李金玲和江西的方黎波等12位选手获大赛铜奖；来自河北的刘那雷、云南的王芳和湖南的何录文等20位选手获大赛优秀奖。

第六届中国美术陶瓷技艺大赛开赛仪式和中国磁州窑艺术馆揭牌庆典同时举办，百余名陶瓷业界知名人士莅临参加。之后峰峰矿区政府组织了磁州窑传承与发展座谈会，来宾就磁州窑的技艺传承和产业发展提出建议。

【全国红木雕刻大赛】

2014年9月19日至20日，“2014‘观澜杯’全国红木雕刻大赛”在深圳市会展中心举办。本次大赛由中国工艺美术协会、工业和信息化部工业文化发展中心、深圳市文体旅游局、深圳市龙华新区管理委员会主办，深圳市龙华新区社会建设局、深圳市龙华新区观澜办事处承办，深圳市红木文化艺术协会协办。

来自浙江、广东、广西、海南、江苏等多个省（市）红木雕刻产区的55名从业高手参加了大赛决赛。大赛专家评审委员会由7位来自院校的教授和雕刻专业的中国工艺美术大师组成，清华大学美术学院的张暹教授担任了本次大赛的评委会主任。共评选出特等奖1名、金奖2名、银奖3名、铜奖5名及入围奖44名。来自深圳祥利工艺家私有限公司的王国华荣获特等奖，广西真源投资有限责任公司苏瑞芬、深圳市佛清缘红木家私工艺有限公司朱国朝荣获金奖。除特等奖、金奖以外，其他各奖项也花落各家，来自江苏紫艺轩红木家具有限公司楼红阳等3位选手荣获大赛银奖；来自东阳市檀林阁红木家具有限公司张为龙等5位选手荣获大赛铜奖；来自东莞市金航木制品厂徐伟良等44位选手荣获大赛优秀奖。

【第十二届全国美术作品展览陶艺作品展】

2014年9月29日至10月20日，由文化部、中国文学艺术界联合会、中国美术家协会主办，大唐西市文化产业投资集团有限公司承办，陕西省美术家协会协办的第十二届全国美术作品展览陶艺作品展在西安市大唐西市博物馆举办。

“陶艺作品展”是“第十二届全国美术作品展览”的13个分展区中最后一个开幕的展区。至此，“第十二届全国美术作品展览”各分展区全部开幕完毕。陶瓷艺术作为独立艺术展区，这是第一次。此次陶艺作品展览作为本届全国美展的独立展区来举办，可以更充分地发挥陶瓷艺术在弘扬中国传统文化中的重要作用，而且此次陶艺展区的承办工作由一家民营企业独立承担，这也是第十二届全国美展中一个很独特的现象。

本次“第十二届全国美术作品展览陶艺作品展”面向全国征稿，共评选出221件入选作品，29件进京作品。入选作品很大程度上代表了中国当代陶艺发展的艺术水平及未来发展趋势。全国美展陶艺展中一批新人脱颖而出，这些新生力量继承了传统陶艺的文化价值，使这门古老的工艺在新世纪呈现出生机勃勃的景象。

从组织角度来看，中国美术家协会陶瓷艺术委员会秘书长、清华大学美术学院陶瓷艺术设计系主任白明认为：“这次展览是陶瓷艺委会第一次独立地做一个全国美展，共收到将近4000人报名参赛。展览比以往有很大提升，主要体现在陶瓷材料的多方面实践、尝试与探索，包括成型工艺、烧成技术等。此外，特别让人感到欣喜的是有一代年轻艺术家在成长，他们大多数在30岁左右，受过良好的艺术教育，科班出身，在这一点上可以在展览里看到极为不同于以往的陶瓷艺术创作。”

【首届“我的手艺”大学生设计大赛】

2014年10月10日，由中国文化传媒集团、中共甘肃省委宣传部、中国民间文艺家协会、中国文化报社、敦煌研究院联合主办的“首届‘我的手艺’大学生设计大赛”颁奖典礼在兰州举行。来自甘肃政法学院、浙江理工大学、中国美术学院、北京服装学院、南京艺术学院等全国30余所高校的60多位获奖师生代表以及手工艺爱好者参加颁奖典礼。

首届“我的手艺”大学生设计大赛作为全国性大学生赛事，以“设计留住手艺，共创民艺复兴”为宗旨，以青年大学生为对象，落实“青年传统手工艺艺术家扶持计划”与“艺术设计类大学生创业扶持计划”，号召青年设计者参与到民族艺术文化传承、复兴与发展的队伍中来，推动传统文化借助现代艺术载体进行创新与实践。大赛分为“概念设计组”和“学生市集组”，“概念设计组”以“敦煌元素”为主题，倡导大学生深入敦煌、探索丝路文化，以行动追溯中国的美学文化根源；“学生市集组”主题不限，倡导青年人积极开展创意设计。

大赛自2014年2月20日启动至6月10日作品征集结束，共收到来自全国731所高校学生的作品，涵盖珠宝首饰、布艺纺织、针钩毛毡、陶器瓷器、皮革制品、纸品纸艺、木制雕刻、工艺玻璃、图案设计等18个品类共7960件作品。最终，有近400件作品获奖，其中“概念设计组”金奖1件、银奖7件、铜奖32件，“学生市集组”金奖5件、银奖19件、铜奖39件，入围奖若干。

在颁奖典礼上，主办方还发布了第二届“我的手艺”大学生设计大赛相关内容，第二届大赛主题拟定为“发现藏羌彝民族之美”，于2014年12月启动。

【2014世界工艺文化节国际木雕技艺大赛】

2014年10月10日，“2014世界工艺文化节国际木雕技艺大赛”在浙江东阳广厦学院举办，来自中国、美国、澳大利亚、英国、日本、法国、中国台湾等20个国家和地区的38位木雕高手参加了为期7天的比赛。

比赛设一等奖1名、二等奖2名、三等奖3名，获奖作品被收藏于东阳木雕博物馆。

【2014世界工艺文化节】

2014年10月18日，“2014世界工艺文化节”在东阳中国木雕城开幕。

世界手工艺理事会是一个国际非政府组织，也是联合国教科文组织中具有A级协商地位的国际组织。2013年6月，世界手工艺理事会、亚太手工艺理事会在完成综合考察后，决定将2014世界工艺文化节暨世界工艺50周年庆典活动举办地确定在东阳。

本次世界工艺文化节是世界手工艺理事会有史以来规格最高、规模最大的一次活动，有7大类40多项活动。活动以“振兴世界工艺美术、传承人类手工技艺、发展文化创意产业、共创手工劳作辉煌”为主题，通过展览、会议、论坛等内容，展现繁荣多元、和谐议事、欢歌笑语、自由奔放风貌。开幕式上，还举行了“东阳—世界木雕之都”等3个国家地区授牌和中国木雕博物馆开馆仪式。

文化节期间，主办方特别设置了国际论坛、世界民族服装秀、彩车巡游等活动，近60个国家的代表参加表演，展示各国的人文风情。此外，还举办第十五届中国工艺美术大师作品暨国际艺术精品博览会（东阳展区）。展览规模为2150个国际标准展位，4万多平方米，展区分五大洲国际展区、中国展区、世界手工艺理事会50周年历程展览、名誉理事长10年工作成果回顾展、世界手工艺理事会“徽章认证”（东亚）作品展、东阳国际木雕技艺大赛获奖作品展等。

【2014中国（广州）民间工艺博览会暨第七届广东省民间工艺精品展（青年专场）】

2014年11月6日，由中国文学艺术界联合会、中国民间文艺家协会、广东省文学艺术界联合会、广东省二轻工业集团公司主办的“2014中国（广州）民间工艺博览会暨第七届广东省民间工艺精品展（青年专场）”在广州开幕。本次博览会涵盖2014中国（广州）民间工艺博览会、第12届中国民间文艺山花奖·民间工艺美术作品奖评奖、第三届广东省民间工艺博览会、第七届广东省民间工艺精品展（青年专场）、“我们的希望”少儿手工艺展等活动，旨在集中展示当代民间工艺品精品力作，让“艺术来源于民间，回归民间”。全国260多件民间工艺精品参加了山花奖的角逐。博览会持续至11月10日。

本次博览会展厅面积达3万平方米，涉及全国16个省份的民间工艺品，其中广东省内有20个地市参展，参展种类包括10大类近50个品种。

【藏之梦——青海手工藏毯艺术展】

2014年11月23日至12月22日，由青海省文化和新闻出版厅、青海藏羊地毯（集团）有限公司、北京普罗之声文化传播有限公司联合主办的“藏之梦——青海手工藏毯艺术展”，在北京上坐家居设计体验馆的皇家粮仓展厅和798展厅同时开幕。活动现场，青海省文化和新闻出版厅还与中国文化传媒集团海洋国际文化艺术管理有限公司等签署了与青海文化产业相关的战略合作协议。

此次艺术展将瑰丽的藏毯艺术精品与现代设计家具相结合，营造出极具艺术气息的现代家居生活空间，并结合藏毯织造表演等丰富的现场活动，多维度、多角度地立体展示、传播出中国手工藏毯艺术的魅力。画家李永安的西藏风情画作也作为特邀展品参展。

【连紫华瓷艺作品展】

2014年11月26日至12月9日，“连紫华瓷艺作品展”在中国国家博物馆举办。中央党校常务副校长何毅亭，文化部副部长、国家文物局局长励小捷等出席展览开幕式。

德化窑是我国最重要的民窑之一，在世界陶瓷史上具有重要的地位。此次作品展展出的是连紫华从艺20多年来潜心创作的80余件（套）作品，包括他各个时期创作的宗教人物艺术造像。连紫华精选了10余件瓷艺作品捐赠给国家博物馆。

【大漆艺术——2014海峡漆艺术大展】

2014年11月29日至12月11日，“大漆艺术——2014海峡漆艺术大展”在北京中国美术馆举办。文化部部长蔡武，中华全国台湾同胞联谊会会长汪毅夫，中共中央宣传部副部长黄坤明，文化部副部长项兆伦、董伟、丁伟，福建省人大常委会副主任刘群英、副省长郑晓松，中国艺术研究院院长王文章，北京市政协副主席、中国国家大剧院院长陈平等分别参观展览。

本次展览由中国艺术研究院、中国美术家协会、中国美术馆、福建省文化厅联合主办，福建省美术馆、福建博物院、福建省艺术馆承办，是迄今为止国内规模最大、规格最高、展品最多、品类最全，并首次由海峡两岸漆艺术界共同参与的漆艺术大展。

主办方从海峡两岸汇集的1800多件作品中选出517件，于2014年9月30日至11月17日在福建博物院展出，此次精选了其中280件作品进京展出。

展览期间，还举办了主题为“漆与艺术、漆与生活”的学术研讨会。

【文心点石——陈礼忠寿山石雕刻艺术展】

2014年11月30日，由中国艺术研究院、中国美术馆、福建省文化厅、福建省文学艺术界联合会、福建省经济与信息化委员会等单位共同主办的“文心点石——陈礼忠寿山石雕刻艺术展”在中国美术馆揭幕。展览为期11天，共展出中国工艺美术大师陈礼忠近年创作的150件寿山石雕艺术精品。

陈礼忠自幼学习雕刻，师从中国工艺美术大师冯久和，潜心研究寿山石雕刻30余年。2012年，陈礼忠成为福建省最年轻的中国工艺美术大师。

展览揭幕后的研讨会上，近50位工艺美术界的专家学者和中国工艺美术大师共同探讨了陈礼忠的艺术成就，并对寿山石雕刻艺术在当代的继承发展提出建议。

【2014法蓝瓷陶瓷设计大赛总决赛暨颁奖典礼】

2014年12月1日，由中国艺术研究院、海峡两岸文化创意产业高校联盟与亚太文化创意产业协会共同主办的“2014法蓝瓷陶瓷设计大赛总决赛暨颁奖典礼”在北京举行。景德镇陶瓷学院学生王武的作品《手中线》获“陶瓷设计组金奖”，德国达姆施塔特应用技术大学学生马库斯·库尔考夫斯基以作品《天体》摘得“概念设计组金奖”。

此次大赛邀请到20个国家的参赛者同场竞技，总计近2000队报名，创历年新高。经过筛选，来自中国、德国、意大利、哥伦比亚的10组设计新锐进入决赛舞台。

陶瓷设计组今年度的决选入围作品创意多元，除了独具设计巧思的生活用品，更有跨入空间应用领域的陶瓷灯饰。概念设计组的入围作品则大胆与异材质结合，透过玻璃、竹编与瓷的混搭，营造出陶瓷的崭新风格。

【中国当代工艺美术双年展（2014·北京）】

2014年12月6日至18日，由中国艺术研究院主办，中国艺术研究院中国工艺美术馆承办，中国国家博物馆、中国工艺美术学会支持的“中国当代工艺美术双年展（2014·北京）”在中国国家博物馆西大厅举办。

该展览是中国艺术研究院继2012年在中国国家博物馆举办首届“中国当代工艺美术双年展”之后推出的又一个大型工艺美术展览。此次参展作品为全国各地区当代工艺美术名家新创作的优秀作品，共计约500件（套）。展览分别以展示手工技艺与工艺技巧为主的“承古启今、巧夺天工”和以艺术设计与装饰色彩为表现形式“薪火相传、演绎华彩”两个主题篇章呈现中国当代工艺美术风貌，分别展示了玉雕、牙雕、石雕、木雕等门类，以及陶瓷、漆器、织绣、唐卡等门类的作品。这些作品工艺精湛、品格高雅并富有时代特色和艺术创新气息，代表了当代中国工艺美术创造的最高水平和最新成就，对弘扬中华优秀传统文化，传承时代精神，推进文化事业繁荣和发展起着重要作用。

会议

【杰出手工艺品徽章认证研讨会】

2013 年 12 月 28 日下午，杰出手工艺品徽章认证研讨会（Award of Excellence for Handicrafts Programme Workshop）在北京举行。

世界手工艺理事会亚太地区主席 Ghada Rida Hijjawi，世界手工艺理事会北美地区主席 Cindy Bowden，世界手工艺理事会拉丁美洲地区主席 Alberto de Betolaza，世界手工艺理事会亚太地区副主席 Edric Ong、Dinara Chochunbaeva、Aizhan Bekkulova，联合国教科文组织驻华代表处文化项目官员 Beatrice Kaldun，加拿大手工艺联合会前主席 Simon Wroot，WCC 北美地区理事会成员 Milo Pinckney，清州国际手工艺双年展组委会秘书长 An Jongchoul，国际文化顾问 Joseph Lo，文化顾问李江萍等代表均出席了此次研讨会。

此次研讨会就世界手工艺理事会与联合国教科文组织关于徽章认证项目的进一步合作情况展开讨论。

与会代表就徽章认证项目 2014 年是否与联合国教科文继续合作举办，继续举办的形式及双方合作的义务和责任进行了探讨。同时就明年徽章认证活动具体的进展情况、启动安排、资金筹措等议题进行了讨论，各位与会代表积极发言，提出诸多建设性的意见。

世界手工艺理事会北美洲主席更表示十分乐于在北美洲开展徽章认证活动，明年将加入到徽章认证活动中来，将北美洲的工艺美术品推广至世界舞台。

世界手工艺理事会与会各洲主席及相关项目负责人均表示积极支持世界手工艺理事同联合国教科文组织合作推进徽章认证活动。各洲主席表示将积极推进徽章项目在各大洲的运作，全力支持世界手工艺理事会及中国的相关工作。

【2014 年中国工艺美术学会理论委员会年会】

2014 年 3 月 22 日至 23 日，2014 年中国工艺美术学会理论委员会年会在南通 1895 文化创意产业园召开。朱培初、张朋川、杭间、徐艺乙、李立新、余强、张燕、赵农、张夫也、尚刚、李砚祖、杨阳、李立芳、徐勤等理论委员会委员参会。

工作会议由常务副主任张夫也教授主持举行，针对中国工艺美术学会理论委员会改选、2015 年理论委员会年会筹备以及“工艺美术・再生产”的学术论坛主题进行了讨论。

委员们探讨了工艺美术发展现状，期待在理论委员会的努力下，在业界中形成一定的影响力，从保护和传承的角度对工艺美术产业的良性发展提出及时、合理的建议。

会议的另一项重要议题是中国工艺美术学会理论委员会的理事和会员发展工作、理论委员会的常务理事改选，以及结合目前的国际学术研究前沿课题讨论未来几届理论委员会年会的主要议题。

【当代中国工艺美术传承与发展理论研讨会】

2014 年 4 月 24 日，由中国装饰杂志社、浙江理工大学、浙江省工艺美术行业协会共同举办的“当代中国工艺美术传承与发展理论研讨会”在浙江理工大学召开。

研讨主题涉及“当代陶瓷艺术的传承与创新”“敦品生活，传统技艺的当代实验”“设计的智慧”“亦温故、亦知新”和“日常生活是工艺美术发展的基础”等内容。清华大学李砚祖教授、尚刚教授、方晓风教授、中国美术学院宋建明教授、广州美术学院赵健教授及全国80多所院校的130余位教师以及浙江省的十几位工艺美术大师参会。

会后，全体与会代表参加了“第四届中国·浙江工艺美术精品博览会”，并与浙江省的国家级、省级工艺美术大师进行工艺美术主题讨论。

【工艺美术行业高端论坛】

2014年5月16日，工艺美术行业高端论坛举办，全国79名中国工艺美术大师，与清华大学美术学院教授李砚祖等专家以及全国20多家知名工美企业负责人参加论坛。

一、传统手工艺与现代设计结合

工艺品究竟是不是艺术品？工艺美术与现代设计有何差别？研讨会上，清华大学美术学院教授、博士生导师李砚祖首先解释，“工艺美术”一词自20世纪初从日本引进中国，当时指用设计的方法改良工艺产品。“我曾在30年前专门提出，工艺美术不等于现代设计，它是现代手工艺的一个分支。”

然而现如今，工艺美术与现代设计的界限越来越模糊。李砚祖说，传统手工艺受现代技术的改造甚至冲击，“创新”的必要性横亘眼前。然而怎样才能既创新又不抛弃传统？“第一，在手工技艺上，以不变应万变，传承就是创新；第二，创造精致；第三，提倡有限创新；第四，手工艺与现代设计结合，传统工艺向文化创意产业转型。”

二、艺术品实用化，实用品艺术化

然而，传统手工艺如何与现代设计以及现代审美相结合？

第十届文博会上，中国工艺美术大师张汝财带来了一套中国领导人的内画鼻烟壶。近年来，古色古香的鼻烟壶内壁画越来越多地去承载现代题材。在此基础上，张汝财又研发了内画提梁壶、八棱瓶、圣诞球、笔筒等现代工艺品。“让艺术品实用化，让实用品艺术化，这是传统工艺品在当下社会的生存之道”，张汝财说。

又如中国古典家具的木工艺一直备受追捧，全国各地生产厂家和作坊多如雨后春笋。在福建仙游从事古典家具制造的连铁杞带来了自己设计的“吉祥如意厅堂椅”。他告诉记者：“产业化让中国家具名扬海外，但同时又陷入了相互抄袭、重复仿制的怪圈，粗制滥造的低端作品层出不穷，真正原创的作品却寥寥无几。”

连铁杞认为，其症结在于从业者们仅仅满足于“中国制造”而非“中国创造”，没有摆正“创意设计”以及“文化内核”在工艺美术生产中的指导性位置。“对于传统工艺美术的态度，我认为必须在传承的基础上植入当代创意的内涵。”

三、自发性创新，忌自觉性求变

虽然众人都在纷纷为产业化后的传统工艺品如何适应时代建言献策，但中国工艺美术大师周锦云认为，中国传统手工艺的“东方美学”不能丢弃。“凡是过于学院派与时尚化的，都不能称为地道的中国传统手工艺品。”周锦云说，中国传统工艺品具有文化内涵美、题材吉祥美、形式多元美、材料肌理美、技艺人工美、名师名作美、色彩视觉美、个性特色美以及和合圆满美九大特点。

李砚祖也认为，要保护和保持手工艺的自然性，不要拔苗助长。

“创新不能仅是一种外在要求，更要视之为工艺美术的内在要求；这种内在要求比过去任何一个时代都来得迫切和必要。”李砚祖认为工艺美术大师应该力图形成新的特色，以区别于大批量生产的日用产品。“我们不是要做大，而是要做精做强，‘创作世上独一无二’才是手工艺者存在的价值。”

【北京工艺美术发展论坛】

2014 年 5 月 20 日，北京工艺美术行业发展促进中心、北京工美联合企业集团、北京工艺美术行业协会联合举办了北京工艺美术发展论坛。北京市工艺美术相关单位代表、行业专家及工艺美术大师等 200 余人参加了此论坛。

北京工艺美术行业发展促进中心主任盛景涛主持会议并致开幕词。会上，中国工艺美术学会副理事长唐克美、中国艺术研究院工艺美术研究所研究员邱春林、北京工商大学教授侯汉坡、北京航空航天大学教授聂大同、北京华江文化发展有限公司董事长陈绍枢先后做了发言。5 位专家分别从当前工艺美术行业发展面临的现状、问题及趋势，北京工艺美术如何做好传承与创新，工艺美术与现代产业的跨界融合发展，结合现代电子商业手段转变工艺美术经营方式，以及打造北京工艺美术产业链等视角出发，阐述了各自观点。北京工艺美术行业协会常务副理事长李进华进行了总结发言。

【杰出手工艺品徽章认证评审会】

2014 年 7 月 23 日，每两年一度的“杰出手工艺品徽章认证评审会”在北京召开。世界手工艺理事会前主席 Usha Krishna，世界手工艺理事会亚太地区分会资深副主席、资深“徽章”项目专家 Edric Ong，世界手工艺理事会亚太地区分会副主席、资深“徽章”项目专家 Manjari Nirula，世界手工艺理事会拉丁美洲地区分会主席 Albeerto de Betolaza，世界手工艺理事会欧洲地区分会理事会成员 Johan Valcke，美国艺术与设计博物馆珠宝首饰馆馆长 Ursula Neuman 及伦敦大学文莱美术馆馆长 John Hollingworth 等七人组成的国际评审委员会对来自中国、蒙古和韩国的 106 件/套作品从技艺、市场、创新、文化等多方面进行了评审。

获得“徽章”认证的作品将受邀参加 2014 年 10 月在浙江省东阳市举办的世界工艺文化节期间的专题展览。

【中国工艺美术学会第四次全国会员代表大会】

2014 年 10 月 10 日上午，中国工艺美术学会第四次全国会员代表大会召开。大会审议通过了中国工艺美术学会第三届理事会工作报告、财务报告、《中国工艺美术学会章程（草案）》、中国工艺美术学会会费使用情况报告和会费标准。

大会按照规定程序，以无记名投票方式，进行了第四届理事会选举，选举出中国工艺美术学会第四届理事会理事 132 名。

之后，召开中国工艺美术学会四届一次理事会，按照规定程序，以无记名投票方式，选举出中国工艺美术学会第四届理事会常务理事 41 名，选举出中国工艺美术学会第四届理事会理事长、副理事长、秘书长。陶小年担任第四届理事会理事长，赵之硕、马佩、岳芙蓉、王建中、何炳钦、张玉蟲、张春雷、李节、李幼梅、杨明贤、沈国臣、邹本柱、黄宝庆担任第四届理事会副理事长，孙金瑞担任第四届理事会秘书长。

机构

【“中国紫砂博物馆”成立】

2014年1月17日，“中国紫砂博物馆”举办揭牌仪式，标志着宜兴陶瓷博物馆正式成为“国字号”紫砂博物馆。

宜兴陶瓷博物馆于2013年申报“中国紫砂博物馆”，馆区内设有“古代陶瓷馆”“紫砂历史馆”和“名人名作馆”等17个展厅及2个多功能厅，配套设置48间陶艺工作室和陶瓷（紫砂）文化研究院、陶艺交流中心等。目前，该馆藏品数量近万件，常年展示2000余件（套），均具有较高的历史、文化及艺术价值。经中国工艺美术协会组织全国行业内专家组成的考评组的评审，宜兴陶瓷博物馆顺利被中国工艺美术协会命名为“中国紫砂博物馆”。宜兴市紫砂界大师、工艺师们纷纷为“中国紫砂博物馆”捐赠了自己的创新、获奖作品。

【新疆和田玉文化创意产业园开园】

2014年5月18日，新疆和田玉文化创意产业园开园仪式在乌鲁木齐市巴州路的新疆职业大学举行。该产业园由新疆职业大学与新疆诚和和田玉文化传播中心共同创办。产业园占地面积8000平方米，主楼建筑面积4700平方米，包括新疆职业大学和田玉玉雕文化学院、国家玉雕大师工作室、百工坊、产业加工中心、艺术展厅等多重业态，是集文化创新、玉雕技艺传承、教育培训、文化展览、和田玉加工、旅游购物为一体的和田玉文化创意产业园。近年来，随着经济的发展，承载历史文化的和田玉早已成为人们投资收藏的热点。但作为全国最大的原料供应地和成品销售集散地之一，新疆年销售额达50多亿元的和田玉成品约80%都被送往疆外加工，玉雕技艺传承、玉器生产加工成为制约玉雕产业发展的瓶颈。新疆和田玉文化创意产业园的创办，对新疆和田玉的创意、设计、加工、研究及玉雕产业发展将起到重要推动作用。

其他

【庆祝建国65周年“大美紫砂”——宜兴紫砂向中国文学艺术基金会捐赠仪式】

2014年12月8日，由中国民间文艺家协会、中国文学艺术基金会等共同主办的“庆祝建国65周年‘大美紫砂’——宜兴紫砂向中国文学艺术基金会捐赠仪式”在北京举行，中国文学艺术界联合会主席孙家正，中国文学艺术界联合会党组书记赵实，全国政协副秘书长、政协机关党委书记张秋俭等出席捐赠仪式。

江苏宜兴素有“中国陶都”之称，此次捐赠的25件作品由中共宜兴市委宣传部联合该市民间文艺家协会和紫砂艺术研究院推选的25位作者所作。

研究著述选目

吴明娣主编：《百年京作：20世纪北京传统工艺美术的传承与保护》，首都师范大学出版社2014年版。

吴虹、张璐主编：《西南少数民族民间工艺美术实例赏析》，四川大学出版社2014年版。

张玉海（木雕）分卷主编：《中国工艺美术大师陆光正：东阳木雕》，江苏美术出版社2014年版。

刘文分卷主编：《中国工艺美术大师李小聪：粉彩瓷》，江苏美术出版社2014年版。

张道一总主编：《中国工艺美术大师吴元新：蓝印花布》，江苏美术出版社2014年版。

张道一总主编：《中国工艺美术大师邰立平：年画》，江苏美术出版社2014年版。

张道一总主编：《中国工艺美术大师关宝琮：陶瓷》，江苏美术出版社2014年版。

张道一总主编：《中国工艺美术大师仵应文：玉雕》，江苏美术出版社2014年版。

张道一总主编：《中国工艺美术大师娘本：唐卡》，江苏美术出版社2014年版。

张道一总主编：《中国工艺美术大师夏吾才郎：唐卡》，江苏美术出版社2014年版。

张道一总主编：《中国工艺美术大师殷秀云：雕漆》，江苏美术出版社2014年版。

王文章主编：《中国工艺美术大师全集：李文跃卷》，安徽美术出版社2014年版。

冯远主编：《1895中国当代工艺美术系列大展优秀作品展》，中国建筑工业出版社2014年版。

吴伟峰著：《壮族织锦技艺》，北京科学技术出版社2014年版。

周武，［澳大利亚］理查德·怀特里主编：《透器·透气：2014杭州国际当代玻璃艺术展》，中国美术学院出版社2014年版。

张金发著：《走向国际工艺美术大师典藏》，北京工艺美术出版社2014年版。

徐岳南、石永欣、杨玲编著：《中国民间工艺美术解读与欣赏》，西南师范大学出版社2014年版。

杨帆主编：《广西少数民族工艺概论》，武汉理工大学出版社2014年版。

柏贵喜主编：《黎锦研究》，海南出版社2014年版。

潘鲁生主编：《山东工艺美术学院十年历程，科研与创作十年：2003—2013》，山东美术出版社2014年版。

潘鲁生主编：《手艺农村报告：山东农村文化产业调研项目研究与教学成果》，山东美术出版社2014年版。

潘鲁生主编：《山东工艺美术学院十年历程，社会服务十年：2003—2013》，山东美术出版社2014年版。

潘鲁生主编：《山东工艺美术学院十年历程，国际合作十年：2003—2013》，山东美术出版社2014年版。

潘鲁生主编：《山东工艺美术学院十年历程，学术交流十年：2003—2013》，山东美术出版社2014年版。

潘鲁生主编：《山东工艺美术学院十年历程，学科与教学十年：2003—2013》，山东美术出版社2014年版。

王其钧编著：《中国工艺美术雕塑器物图解词典》，机械工业出版社2014年版。

王怀民主编：《介休琉璃》，山西人民出版社2014年版。

王晓琼主编：《走进丝带绣》，宁夏人民教育出版社2014年版。

大事记

【2013 年（补充）】

12 月 13 日，由北京工美联合企业集团、北京工艺美术行业协会主办的“中国景泰蓝大全汇展”在北京德胜门工美大厦开幕。

12 月 28 日，世界手工艺理事会杰出手工艺品徽章认证研讨会在北京举行。

12 月 29 日至 2014 年 1 月 4 日，由中华全国手工业合作总社、中国工艺美术学会、广东省江门市政府主办的 2013 中国（江门）工艺美术精品文化博览会暨第二届“融和银行杯”台山玉雕刻创作大赛“金榕奖”评审活动举行。

【2014 年】

1 月 17 日，“中国紫砂博物馆”举办揭牌仪式。

3 月 2 日，“st. art 就地出发——中国当代陶瓷艺术国际大展”在北京今日美术馆举行。

3 月 21 日至 24 日，由福州市人民政府、中国工艺美术协会联合主办，中国工艺美术协会秘书处、福州市商贸服务业局承办，各省、直辖市、自治区工艺美术协会共同协办的“第 49 届全国工艺品交易会”举办。

3 月 22 日，由南通市人民政府和清华大学美术学院共同主办的“再生产——中国当代工艺美术学术论坛暨 2014 年中国工艺美术学会理论委员会年会”在南通 1895 文化创意产业园开幕。

4 月 14 日至 22 日，第十四届全国纺织品设计大赛暨国际理论研讨会、2014 年国际刺绣艺术设计大展开幕式及展览在清华大学美术学院美术馆举行。

4 月 16 日至 25 日，第六届“艺鼎杯”中国木雕现场创作大赛举办。

4 月 24 日，由中国装饰杂志社、浙江理工大学、浙江省工艺美术行业协会共同举办的“当代中国工艺美术传承与发展理论研讨会”在浙江理工大学召开。

4 月 25 日至 5 月 6 日，由中国艺术研究院与中国国家大剧院联合主办的“空间·境像——朱乐耕当代陶艺展”在中国国家大剧院举办。

4 月 30 日，“手艺中国——传统手工艺品博览会”在北京农业展览馆开幕。

5 月 16 日，工艺美术行业高端论坛举办。

5 月 10 日，由南通市人民政府、清华大学美术学院、中国国家大剧院共同主办的“1895 中国当代工艺美术系列大展优秀作品展”开幕。

5 月 11 日，由北京商报社主办的“盛世吉祥”2014 西藏唐卡艺术精品展在北京举办。

5 月 18 日，新疆和田玉文化创意产业园开园仪式在乌鲁木齐市巴州路的新疆职业大学举行。

5 月 20 日，北京工艺美术行业发展促进中心、北京工美联合企业集团、北京工艺美术行业协会联合举办北京工艺美术发展论坛。

5 月 20 日，“畅安百年——王世襄老人纪念座谈会”在清华大学美术学院举办。

5 月 30 日，由中国国际书画研究会、禹州市人民政府、河南省美术馆、河南省钧瓷文化研究会联合举办的“中国钧瓷四海行——红色钧官窑瓷器精品展”在中国国家博物馆举办。

6 月 30 日，第 16 届全国设计大师奖暨东阳中国木雕城杯新国艺——创意设计大赛在浙江东阳中国木雕城举行颁奖典礼。

7月1日，由中国对外文化交流协会、中国美术家协会等单位共同举办的“花开敦煌——常沙娜艺术研究与应用展”在北京今日美术馆开幕。

7月5日至10日，北京市文学艺术界联合会、北京民间文艺家协会举办的“承忆指尖——民间手工艺新会员及新增艺术门类专场汇报展”在首都图书馆举办。

7月23日，世界手工艺理事会“杰出手工艺品徽章认证评审会”在北京召开。

8月8日，文化部、财政部下发《文化部 财政部关于推动特色文化产业发展的指导意见》。

8月21日至22日，由中国工艺美术协会、河北省工艺美术协会主办，中共峰峰矿区区委、峰峰矿区人民政府承办，峰峰大家陶艺有限责任公司协办的“第六届中国美术陶瓷技艺大赛”在河北省邯郸市举办。

9月19日至20日，由中国工艺美术协会、工业和信息化部工业文化发展中心、深圳市文体旅游局、深圳市龙华新区管理委员会主办的“2014‘观澜杯’全国红木雕刻大赛”在深圳举办。

9月29日至10月20日，由文化部、中国文学艺术界联合会、中国美术家协会主办，大唐西市文化产业投资集团有限公司承办，陕西省美术家协会协办的“第十二届全国美术作品展览陶艺作品展”在西安市大唐西市博物馆举办。

10月10日，由中国文化传媒集团、中共甘肃省委宣传部、中国民间文艺家协会、中国文化报社、敦煌研究院联合主办的“首届‘我的手艺’大学生设计大赛”颁奖典礼在兰州举行。

10月10日，中国工艺美术学会第四次全国会员代表大会召开。

10月10日，“2014世界工艺文化节国际木雕技艺大赛”在浙江东阳广厦学院举办。

10月18日，“2014世界工艺文化节”在东阳中国木雕城开幕。

11月6日至10日，由中国文学艺术界联合会、中国民间文艺家协会、广东省文学艺术界联合会、广东省二轻工业集团公司主办的“2014中国（广州）民间工艺博览会暨第七届广东省民间工艺精品展（青年专场）”在广州举办。

11月23日，由青海省文化和新闻出版厅、青海藏羊地毯（集团）有限公司、北京普罗之声文化传播有限公司联合主办的“藏之梦——青海手工藏毯艺术展”在北京上坐家居设计体验馆的皇家粮仓展厅和798展厅同时开幕。

11月26日至12月9日，“连紫华瓷艺作品展”在中国国家博物馆举办。

11月29日，由中国艺术研究院、中国美术家协会、中国美术馆、福建省文化厅联合主办，福建省美术馆、福建博物院、福建省艺术馆承办的“大漆艺术——2014海峡漆艺术大展”在北京中国美术馆开幕。

11月30日，由中国艺术研究院、中国美术馆、福建省文化厅、福建省文学艺术界联合会、福建省经济与信息化委员会等单位共同主办的“文心点石——陈礼忠寿山石雕刻艺术展”在中国美术馆揭幕。

12月1日，由中国艺术研究院、海峡两岸文化创意产业高校联盟与亚太文化创意产业协会共同主办的“2014法蓝瓷陶瓷设计大赛总决赛暨颁奖典礼”在北京举行。

12月6日，由中国艺术研究院主办，中国艺术研究院中国工艺美术馆承办，中国国家博物馆、中国工艺美术学会支持的“中国当代工艺美术双年展（2014·北京）”在中国国家博物馆西大厅开幕。

12月8日，由中国民间文艺家协会、中国文学艺术基金会等共同主办的“庆祝建国65周年‘大美紫砂’——宜兴紫砂向中国文学艺术基金会捐赠仪式”在北京举行。

中国艺术年鉴

2014年卷

+

摄影卷

+

分卷主编：王 伟

年度述评

2014 年度中国摄影艺术发展研究报告

◎李树峰　王保国　阳丽君

一、现象与趋势

（一）学习和贯彻习近平同志在文艺工作座谈会上重要讲话精神，摄影业界风气有很大好转

2014 年 10 月 15 日，中共中央总书记、国家主席、中央军委主席习近平在北京主持召开文艺工作座谈会并发表重要讲话。习近平总书记的重要讲话，是在新的历史时期对我国文化艺术领域现状的全面回应，同时也是对我国文化艺术未来发展方向的总体把握与及时引导，其所体现的文艺思想和价值立场，是每一个文艺工作者应该认真学习、自觉把握和遵循的；其所蕴含的危机意识和历史责任感，是每一个文艺工作者需要体悟和警醒的。

自座谈会后，加上反腐败斗争的影响，广大摄影工作者认真领会习近平同志重要讲话精神，自觉审视当前摄影界和摄影事业发展的现状，找差距，摆问题，付诸行动，努力改变工作作风，摄影业界的风气发生了很大变化，表现在以下几个方面。

一是党员领导干部组织和参加摄影采风活动、举办大型展览、出版豪华画册者大为减少，摄影艺术回归到自然真实的状态。10 多年来，摄影艺术实现数码化和大众化，大批业余爱好者纷纷走进艺术殿堂，举办展览，出版画册，甚至组织一些要求地方单位接待的大规模的豪华采风活动，参加者除了企业家，还有不少一定级别的领导干部，他们使用昂贵器材，制作精良照片，让大批职业摄影工作者目瞪口呆。有以自费形式举办活动的，也有以促进文艺发展的名义以公款举办的。不少人凭借自己的权力，加入专业社团组织并担任领导职务。一时间，摄影业界熙熙攘攘，摄影艺术仿佛失去了应有的标准和尺度。此次座谈会，应该是一个分水岭，使人们在喧哗与骚动中冷静下来，扫除“雾霾”，找到方向。自座谈会后几个月来，上述问题得到了遏制，摄影界风气正在好转。

二是以前有很长的一段时间，不知多少人去单纯追逐名利，忘记了文艺工作者本行主业是创作本身，立身之本是作品这个最基本的道理，你追我赶地追逐“诗外”功夫，似乎运作比创作重要，宗派比流派重要，包装和形式比内容、内涵重要，关系和传播比水平、特质重要，文艺在题材、体裁、形式和风格不断丰富的同时，出现了鱼龙混杂的情况。近年来在几个文艺行业，都有获大奖作品和传播甚广的作品，内容苍白空洞、形式陈旧孱弱，为人诟病的现象。原因在于不少人和机构舍本逐末、急功近利，把传播方式改变当作内容出新，把材质转换当成思想原创。

座谈会后，很多摄影工作者静下心来，摒弃了大轰大嗡到一个地方扫荡拍片的方式，个人策划选题，自费深入到自然深处和社会基层，把基层百姓和群众摆在主人公地位，安安静静地拍摄关心他人、有人文精神的作品，留住时代影像，留住乡愁，拍摄了大批接地气、有温度的作品，为变幻的影像世界吹进一股清新扎实的摄影之风。老一辈纪实摄影家从习近平讲话中更加坚定了深入生活、砥砺前行的信心，以为只有通过虚拟方式才能创新的年青一代摄影人重新认识到记录历史的重要性，摄影观念发生改变。

三是专业摄影领域更加重视对传统文化的拍摄。文化部、中国非物质文化遗产保护中心连续几年委托《中国摄影家》举办中国非物质文化遗产大展。社会上，以中国的世界遗产、文化遗产、非物质文化遗产为拍摄选题的摄影人越来越多，此类主题的摄影大展越来越多，不但有政府机构主办的，而且有民间机构主办的，甚至有个人举办的。从关注深度和广度来看，都在不断延伸和扩展，列入名录的有人专门拍摄，没有列入名录的，也有专人拍摄。从地域上看，摄影人的视野扩展到全国各地、各个民族、

各个层面，拍摄选题到了查漏补缺的阶段。与此同时，关于遗产拍摄的研究也在不断深入，从对象选择，到影像掌控，到编辑和图文处理，培训班也层出不穷。大家真正认识到，拍摄传统文化遗产，是摄影人责无旁贷的责任；传统文化与摄影艺术结合，表现中华美学精神，是创作的不竭源泉。

（二）开启了以“中国梦”为主题的影像创作和展示活动，影响深远

近两年来，“中国梦”成为新的历史时期对我们国家和民族100多年来的共同理想的全新阐释与形象表达；敏锐地捕捉和反映我们当下所处时代的精神内涵和价值理想，以文艺的方式抒写中国梦，表现人民群众努力实现中国梦的伟大实践，已经成为我们这个时代文学艺术创作追求的重要目标，成为文艺家责无旁贷的历史使命。摄影，因其相对的客观性，更容易走进历史；因其直观和快捷，更容易凝铸形象；因其现场性，有很强的感染力；因其选择性，能够体现价值走向；因其瞬间性，能摄取事件、人物和发展过程的典型细节，成为抒写中国梦最直接有效的方式。汇聚正能量，抒写中国梦，也是中国摄影家的摄影之梦。

为庆祝中华人民共和国成立65周年，由中国艺术研究院主办、中国摄影家杂志社承办的“中国人　中国梦”摄影艺术展于2014年8月24日至9月5日在中国国家博物馆展出。该展自2014年1月开始征稿，到6月15日截稿，共收到全国各地来稿1.2万幅（组）；与此同时还向近200位摄影家约稿。经过认真的初评、复评，最终确定了240幅（组）作品参展。本次展览以历史眼光，观察中国人的当下生活，作出影像化的提炼和记录；以中国人的主体精神，呈现中国自然、社会和人的客观面貌，从中国人民改革开放的实践中发掘中国精神，在日常生活和社会进程中梳理和呈现出中国道路，受到广大观众的欢迎。

本次展览特约作者库尔班江·赛买提拍摄了专题作品《我从新疆来》，反映了100多位新疆人在内地的工作生活状态，他在开幕式上的发言和他的作品引起社会关注。2014年12月9日，中共中央政治局常委、全国政协主席俞正声在北京会见库尔班江和作品中人物代表，从政治高度对他们奋发向上的精神给予鼓励。

2014年中国摄影家协会在《中国摄影报》1版刊发中国梦影像公益广告，并联手有关部门将1500幅中国梦影像公益广告投放到北京地铁各条线路，面向市民和中外游人展示。在北京召开APEC会议期间，中国梦影像公益广告走进首都国际机场，在“文化国门”等重要窗口展示。

关于中国梦的摄影艺术创作，只是刚刚开始。中国梦摄影可以有无数的机位、无数的瞬间、无数的角度和无数的专题来表现。只有深入生活，以人民为主体对象，以赤子捧心的热忱，深刻认识社会历史的客观进程，深切体悟人民群众的根本利益和情感所在，才能拿出与时代要求相匹配的作品，搭建起民族影像记忆的长河。

（三）个人媒体大量涌现，微信成为影像传播的日常途径

摄影自2012年、2013年实现大众化和日常化后，2014年最显著的变化是个人媒体蓬勃发展。在手机微信中，影像占据内容比值越来越大。微信已经成为影像传播的日常途径。人们随时随地在微信中发布自己拍摄的照片，圈子中的人可以随时随地回应，给予评价和转发。个人媒体（英文名称为We Media）是指公民个人以私人身份，作为平民，自主传播的媒体。与传统纸媒相比，其一般没有规定的出版周期，内容整散不一，可以随时互动，极为快捷，运营成本很低。因其以上特点，成为大众喜爱的最新媒体，其中着力经营内容者成为公众关注热点，也形成品牌效应和聚集群落。

由于自媒体接收和转发非常快捷方便，一时间就可以形成圈子摞圈子、圈子接圈子的强大传播效应。在这样的传播方式下，除了管理部门、服务商进行“云计算”，谁也不知道一个信息传播给了多少人，也没有哪个自然人能控制住传播速度和范围。在这样的生态境况下，摄影评论工作者如何慎独，如何发声，无疑是需要加以深入研究的。在全国电子信息网络上，每天要产生多少万张照片，这些照片，连同其言论，都给人以汪洋般的感觉。大数据时代使我们的思维方式在不知不觉间发生了转变：面对云计算，样本失效了；人们越来越乐于接受复杂性，不再追求精确性；越来越轻视因果关系，而把目光盯

在数据的相关性和延伸效果上。在这样的转变面前，评论工作者常常表现出失语般的无力状态。是没有平台吗？不是，即使你在一个平台上发声，也会迅速被淹没在喧哗众声里；是没有立场吗？常常不是，你的立场代替不了众多的立场。仿佛是一个站了无数人的大广场，人人拿一个大喇叭在叫喊；又好像马街书会，人人都在说书，不管别人听不听，看不看。

事实也说明，心灵不能是自我的小酒馆，天空不应是窟窿，艺术不单纯是技法，美就潜藏在百姓和读者心中，闪耀在能够驱散黑暗的文明光辉里。在上述众声喧哗的生态环境下，如何让向上向善的力量获得提升，让颠倒黑白、混淆视听的声音失去听众，亟待摄影机构给予重视，并下大力气组织力量策划、编辑内容，搭建平台，发出声音。

（四）中国摄影史志梳理形成氛围

2014 年，摄影界很明显的变化是对史志、作品的梳理，形成浓厚氛围。2014 年 6 月 5 日，“往事散记——袁毅平摄影回顾展”在中国摄影展览馆开幕。近 200 张照片和珍贵实物全面呈现了中国摄影家协会顾问袁毅平从 20 世纪 40 年代至 90 年代跨越 50 年的摄影历程。中国文学艺术界联合会文艺资源中心携手中国摄影家协会推出的袁毅平摄影数字艺术馆，是中华文艺人才信息数据库推出的第一个具有系统资料的艺术家数字艺术馆。这个永不闭幕的展馆，将以新技术新手段服务摄影文献整理与研究。

“顾棣从事摄影 70 周年特别展”“简庆福‘光影无垠’回顾展”，徐肖冰、侯波纪念馆开馆等事件表明，对老一辈摄影家影像的梳理和研究已经引起了业界共同的重视。2014 年辞世的摄影前辈，如张祖道、孟昭瑞、杜修贤等，他们的影像也成为各个媒体、机构公共关注的话题。石志民和高初作为摄影先贤的后人，更是自筹资金，对《晋察冀画报》进行了系统扎实的作品数字化整理，同时对当时的文本进行了切合实际的深入研究，成果显著。

2014 年 6 月 20 日，“四川摄影百年发展与探索”项目宣布启动，四川摄影理论成果整理、史志系统梳理、百年摄影作品选及口述历史影像等课题进入实质阶段。河北省摄影家协会随后也启动了《河北摄影史》编纂项目，面向社会征集史料。中国摄影家协会编辑出版的《中国摄影文丛》进行了袁毅平、林少忠等摄影名家的专题研究，广东省东莞市长安影像中心正在进行梁惠湘、林孙杏等摄影家的研究。此外，曾璜、黄一璜、梅常青等分别对福州、武汉、哈尔滨的历史影像进行了专题研究。

（五）国家艺术基金设立，面向个人和机构开放，支持摄影创作和展览

2014 年，国家艺术基金设立。经过申报、评选几个阶段，11 月 6 日，公示了首批资助项目名单。其中，创作项目是：郭月霞《河南传统手工技艺》、延婧《“郑州国棉”转型记——一座棉纺城的变迁记忆》、周岚系列创作《世界小极了》、范顺赞《美好时光》、胡群山《血色——史迪威公路》、袁徐庆《广厦—周山浜人居环境变迁影像档案》、王增跃系列创作《三生石》、陈文《三峡新移民》、何疆海《哈尼净土上的原始生命——黄连山珍稀动植物》、范南丹《边地行走——探索失落的南方丝绸古道》、周莉《灾后羌族建筑》，这些申报者都必须在今后的 1—2 年内完成项目，通过验收。首次获得展览项目资助的是中国艺术研究院摄影艺术研究所和《中国摄影家》申报的“影像中国梦”全国 10 个城市摄影艺术巡展。

除国家艺术基金外，社会力量以基金形式支持艺术发展的行动也开始出现。2014 年 7 月 31 日，中国文学艺术基金会中国摄影艺术发展专项基金签约仪式在北京举行，标志着首个国家级摄影专项基金正式设立。中国摄影艺术发展专项基金是中国摄影家协会第八次全国代表大会确立的重点项目之一，由中国摄影家协会与山西省晋中市、平遥县共同发起设立。该基金为全国性公募基金，将资助国家级重大摄影文化项目，表彰做出突出贡献的摄影家、理论家、评论家，资助重要摄影出版物，资助优秀摄影作品创作、典藏、展览展示，资助对外摄影文化艺术交流、群众摄影培训及促进摄影发展繁荣的其他文化项目等。

国家艺术基金的设立，是我国首次以此种方式，面向全社会的个人和机构，开展对艺术的资助，意义深远。艺术创造的活力在民间，艺术人才的成长需要国家支持。相信此举必将大大促进艺术事业的发

展和繁荣。

（六）《中国大百科全书》增加《摄影卷》

《中国大百科全书》（第一版）没有摄影学科内容，第二版给予了较少的条目来介绍摄影。本次修订是第三次，增加了“摄影卷”3000 个条目，可以系统、全面地介绍摄影学科知识。这对于摄影学科建设是一次重要的推动。2014 年底，中国大百科全书出版社已经把《摄影卷》的编写工作委托给中国艺术研究院摄影所，相应工作正在开展。

二、活动与问题

2014 年，各具特色的摄影活动（摄影节、摄影大展、双年展、摄影大 PK、“新锐”评选、摄影比赛及各类个展群展、讲座、工作坊、研讨班等）是装点中国摄影的一道亮丽风景线，为促进摄影创作、传播摄影文化、提升国际影响、繁荣艺术事业起到了重要作用。

与此前相比，2014 年中国摄影活动分级分层的趋势更加明显：地域性的摄影活动多依托于当地特殊资源（如风景名胜区）或相关部门支持，旨在调动基层影友的创作热情，同时也为支持单位提供形象宣传照片。而展览多、规模大、专业水准高的摄影活动，则无一不指向国际性。粗略统计，2014 年取名“国际摄影节”（大展、双年展、摄影周）、达到一定规模的摄影活动，至少有 11 个（跨年度的未包括在内），分别是（按举办时间为序）：

1. 西双版纳国际影像展（时间：2014. 1. 8—2. 8）
2. 杨柳青第一届国际民俗摄影大展（时间：2014. 2. 13—2. 15）
3. 红河哈尼梯田世界文化遗产国际摄影双年展（时间：2014. 3. 17—3. 20）
4. 青海三江源国际摄影节（时间：2014. 7. 11—7. 14）
5. 第五届中国摄影家响沙湾国际摄影周暨中外摄影家大 PK（时间：2014. 7. 17—7. 21）
6. 平遥国际摄影大展（时间：2014. 9. 19—9. 25）
7. 上海国际摄影节暨上海第十二届国际摄影艺术展览（时间：2014. 10. 13—10. 19）
8. 北京国际摄影周（时间：2014. 10. 12—10. 18）
9. 第一届深圳国际摄影周（时间：2014. 10. 22—10. 30）
10. 第五届济南国际摄影双年展（时间：2014. 10. 31—11. 30）
11. 连州国际摄影年展（时间：2014. 11. 21—12. 22）

当梳理 2014 年的摄影活动时，以下几点印象深刻：

第一，在追求活动国际化的同时，对摄影国际化的背景仍然缺少常识性了解。比如上海第十二届国际摄影展览和北京国际摄影周，都是货真价实、具有相当高水平的国际性摄影活动，但令人困惑的是，前者特别标榜“是目前国内唯一同时获得国际影艺联盟（Fédération Internationale de l'Art Photographique，简称 FIAP，一般译为国际摄影艺术联合会）、美国摄影学会（Photographic Society of Photography，简称 PSP）和英国皇家摄影学会（Royal Photographic Society，简称 RPS）等世界三大摄影权威组织论证的国际摄影艺术展览”；后者也特别强调：“2014 年北京国际摄影周作为中国摄影节展获得国际摄影艺术联合会（以下简称国际摄联（FIAP））的认证和授权。”其实，上面提到的国际摄联、美国摄影学会、英国皇家摄影学会，在今天的摄影发展中，都早已失去了标杆意义（详见下面关于上海国际摄影展览的分析）；中国极高层面的摄影活动（北京国际摄影周的主办单位是中华人民共和国文化部和北京市人民政府）居然还需要已经没有标杆意义、在摄影的艺术影响和社会影响两个层面都不代表专业高水准的国际摄联的授权和“认证”，实为自矮身份，多此一举。这实际上反映了我们对当今国际摄影现状的基本常识还缺少了解。

第二，各类活动的网络化和对移动终端的依赖空前增强。从活动策划、预热、征集方案到活动开幕后的传播和推广，网站、自媒体和微信成为与纸媒传播并驾齐驱的重要方式；纸媒在系统、深度、严谨、专业上胜过一筹，而网站、自媒体和微信则在时效性上胜出。

第三，众多国际摄影节和摄影活动的举办，为摄影创作的展示提供了前所未有的广阔平台；与此同时，摄影创作却明显乏力，也就是说，平台很大，但缺少足够多的有强劲创新意识的摄影家和具有强烈艺术感染力的作品。于是出现一个奇怪的现象：一年之内，多个摄影节会巡展某几个摄影师的作品。这种创作乏力的背后，表现出的是摄影师既缺少对摄影本体意义的深刻理解，也缺少深度的社会关怀；对摄影的技术问题、细节问题津津乐道，对与摄影相关的社会文化议题相当隔膜，对国际摄影动态一知半解直接模仿，仍是中国摄影界的突出现象。

第四，以摄影作品收藏和拍卖为代表的市场冲动十分强劲，但作品完成后进入市场的循环中缺少中间环节。随着2014年上海画廊博览会（Photo Shanghai）的举办，国外一些收藏家开始集体关注中国摄影师的作品，这无疑会在未来推升中国摄影市场的温度；同时，国内一些著名的摄影画廊如百年印象、映画廊、比极画廊、香格纳画廊等也积极参加国外的摄影博览会，将中国摄影师的作品带入国际市场。可以说，在未来10年，摄影的国内、国际两个市场都将进入上升期。但与此同时，中国摄影师的作品在完成之后，仍然面临某种困境：要么进入画廊代理，直接走向市场；要么就闷死在自己手里。在西方国家较为成熟的摄影创作与市场循环中，大致形成了一个有机系统：创作——展览（画廊代理/艺术中心展示）——美术馆、博物馆、藏家收藏——拍卖会。也就是说，摄影家在完成作品之后，如果被认为有市场价值，画廊会代理其作品，直接售卖，摄影家由此获得报酬；如果被认为没有市场价值，但有很强的艺术探索性，则会有艺术中心这个机构（一般是非营利机构，能获得基金会或者政府资助）进行展示，让这个摄影家的探索得以继续进行并进入公共视野，以后可能会发展成有艺术价值或市场价值的作品。在艺术中心的展示阶段，作品会得到评论界的关注，对其进行艺术史等多方面的分析、评判；待其价值获得较广泛的肯定，才是美术馆/博物馆的展览与收藏，最后才是拍卖会的拍卖。但现在中国的摄影作品创作与循环，明显缺少艺术中心和摄影评论这两个重要环节，特别是处在市场与探索缓冲地带的艺术中心，实在是当前中国摄影发展所急需，因为其能对年青一代的创新探索、摄影实验起到扶持、保护、鼓励作用，相当于一个创新实验庇护所。当前中国已经有丽水、大理、平遥、连州、成都等地在建设摄影博物馆，依笔者之见，建这么多摄影博物馆固然是锦上添花，但建艺术中心才是对当前中国摄影的雪中送炭。

本报告选择2014年7个重要的、有特色的摄影活动，简评如下：

（一）西双版纳国际影像展

时间：2014. 1. 8—2. 8

地点：云南景洪

主办：中共云南省委宣传部，中共西双版纳州委、州政府　　总策展人：石明

这是2014年的第一个国际影像节，国内和国际两个展览单元包含展览近200个，同时设计了“中国摄影之夜”“东南亚摄影之夜”和“经典纪录片”三场幻灯晚会。中国单元展出了100多位国内摄影师的作品，多数为首次展出；国际单元以湄公河流经的东南亚、南亚各国摄影师作品为主，其中两次获荷赛奖项的印度著名摄影家巴特罗缪（Pablo Bartholomew）的作品系首次在中国展出。应该说，展览的国际单元，特别是关于东南亚国家摄影的部分相当精彩，比如对柬埔寨摄影的梳理和展示，让国内观众了解到柬埔寨同样有高水平的摄影师，其关注的问题和摄影语言都十分国际化，这在国内摄影节中尚属首次。

西双版纳国际影像展特色鲜明：借助地缘优势，试图通过影像展使澜沧江—湄公河流域成为一个影像实践空间，以“水”的名义发起一场与人类生存有关的影像探讨，从而打造一个能够以“民族中国”“生态中国”形象同世界对话的影像平台，一个能融汇不同摄影流派与理念的影像交流平台，并以此促进云南与湄公河流域国家之间的文化经济联系。

（二）第五届中国摄影家响沙湾国际摄影周暨中外摄影家大PK

时间：2014. 7. 17—7. 21

地点：内蒙古响沙湾旅游景区

主办：中国艺术研究院摄影艺术研究所、鄂尔多斯市达拉特旗人民政府

本届响沙湾国际摄影周暨中外摄影家大PK活动以“现实与超现实的响沙湾”为主题，以对同一个地域景观和人物的不一样的观看和呈现为基础，以个性化和差异化为目标，邀请20位中外摄影家（其中玛格南摄影师两名，日本摄影师一名）展开大PK，同时有百余位影友参与，影像实验+学术探索+观念交流+作品分享+爱心助学+影像响沙湾，收获满满。中外摄影家大PK和中国摄影家大PK是《中国摄影家》创建的品牌摄影活动，旨在邀请中外摄影精英在相同时间段和地域范围内进行竞赛性创作，最大限度地激发摄影家的发现力、观察力、想象力和创造力。通过6年以来的10余场PK活动，显著改变了摄影业界千军万马到一个景区去拍摄雷同照片、千方百计拍摄与别人一样甜美的照片、个展无统一性、群展无差异性的现象，现已成为中国摄影界具有广泛影响、最具特色的活动之一。

（三）平遥国际摄影大展

时间：2014. 9. 19—9. 25

地点：山西平遥

主办：中共山西省委宣传部等　　艺术总监：张国田

平遥国际摄影大展是国际上最具声望的中国摄影节。本届主题是“影像生活，梦想世界”，共有来自亚洲、欧洲、美洲、澳洲等32个国家和地区的400余个展览（国外展览44个）参展，参展摄影师2100余人（国外摄影师250名），展览图片2万余幅；参展院校68所（其中国外院校17所），各类学术活动共计34场。

虽然继续保持了包容性强、视觉语言多元的特色，但本届大展整体质量下降明显。以往每届都有的“大师展”，本届缺席；被称为“亮点”的十国摄影节、摄影机构主席策展的“十国联展”，也没能照亮平遥。此外，令人遗憾的还有，那就是能反映当前摄影趋势和重要动向的一些展览已经亮相，但与其相关的摄影观念却没有得到阐释。比如新西兰摄影师的展览《绿殇》，是摄影师通过摄影为保护绿地和森林做斗争，在新西兰很有知名度，在国际上属于纪实摄影的最新动向，被称为行动主义摄影（photography as activism）。这种行动主义摄影在美国和欧洲都有一批代表性人物，比如美国女摄影家唐娜·费拉多（Donna Ferrato），她在20世纪90年代对美国的家庭暴力进行了深度拍摄，通过报道和与妇女组织合作，通过拍卖作品和募捐筹得资金，率先在纽约市建立了受家暴伤害妇女庇护所，为她们提供住所、食物和法律帮助，纽约市政府设立了“感谢费拉多日”对她进行褒扬，是行动主义摄影的著名案例。《绿殇》也是一个这方面的案例，但可惜的是没有任何评论或策展人对此进行阐释，由此，当代摄影中的一个重要动向就此错过。

（四）上海国际摄影节暨上海第十二届国际摄影艺术展览

时间：2014. 10. 13—10. 19

地点：上海

主办：上海市文学艺术界联合会、上海市摄影家协会

本届上海国际摄影节暨第十二届国际影展相当引人注目。摄影节的两个核心单元：一个是上海国际影展，收到52个国家投稿57962幅作品（最后选出获奖和入选作品800幅）；另一个是国际摄影邀请展，共有22个国家的摄影人投稿，从近18000幅作品中选出美国著名摄影家哈里·卡拉汉原作展、张祖道作品展等44个展览，总体水平相当高。同时，本届摄影节非常有上海地域特色的一项活动是“致摄影”主题摄影互动，包括“留影岁月·合家照”“游艇·旗袍秀”、照片着色工艺展演、黑白暗房工艺演示直播、古老相机“秀”场、海派人像研讨会等，旨在向上海摄影发展历程献上一份敬意。

但本届摄影节也有令人困惑之处，那就是宣称上海国际影展“是目前国内唯一同时获得国际影艺联盟（Fédération Internationale de l’Art Photographique，简称FIAP，一般译为国际摄影艺术联合会）、美国摄影学会（Photographic Society of Photography，简称PSA）和英国皇家摄影学会（Royal Photographic Society，简称 RPS）等世界三大摄影权威组织论证的国际摄影艺术展览”，这令人不解。首先，中国第一大城市主办的一个水平相当高的国际影展，为什么非要 FIAP、美国摄影学会和英国皇家摄影学会“认证”？实际上，上海国际影展的专业水准早已超过这三个“权威”组织的任何一项活动。其次，今天的它们有这个资格吗？笔者参加过英国、法国、德国、美国等国家的大型摄影活动，为何从没看见这类“认证”，甚至根本就无视这些“权威组织”？这种“认证”心理，某种程度上可能反映了摄影节主办方的不自信。坦率地讲，在今天的摄影发展中，FIAP、美国摄影学会、英国皇家摄影学会，无论就艺术影响还是社会文化影响，都早已不是“国际权威”，而是处于边缘地位。

此处不妨做一个简单的梳理：FIAP 由比利时人梵・德・韦杰（Van Der Wijer）创建于 1947 年（首届大会召开于 1950 年），一开始是由老牌欧洲国家的摄影爱好者参加，后来乃至今天仍然是由欧洲人主导的一个国际性摄影组织联合体。其较为特殊的一点是每个主权国家只吸收一个摄影组织为成员，这一点，由于中国的特殊情况（台湾曾一度代表中国是这个组织的成员），被我国相关部门上升到国际政治、国家主权形象、国家统一的高度，并被望文生义地理解为“国际上最权威的摄影组织”。其实该组织结构松散，其主要理事机构理事会的成员都是传统的摄影爱好者，包括 FIPA 的主席；作品水平也是欧洲传统的讲究精致情趣的中等爱好者的水平。FIAP 所组织的主要活动如双年展、摄影世界杯影展、青年影展，都具有强烈的沙龙味道和画意色彩，缺少摄影创新和探索精神，很少看到当代世界的复杂性和变化。英国皇家摄影学会虽然成立很早（1853 年），其创始者均为一代精英，但今非昔比，已经和美国摄影学会一样，是面向所有摄影爱好者、只要付费随便什么人都可加入的摄影俱乐部（会费方面细致到有家庭套餐，犹如麦当劳的“全家桶”），其所组织的摄影活动如比赛、巡展等，与 FIAP 大同小异，专业水准谈不上权威。所以，上海国际影展以这三个国际组织的“认证”为荣耀，是否有点小看了自己？或者，真的要警惕文化殖民问题？

还要指出的一点是，FIAP 其实一直在排斥欧洲之外的摄影组织参与 FIAP 事务的处理。中国 10 年之内高层次地主办了两届 FIAP 大会（1997 年，深圳；2006 年，成都），并拥有一批水平很高的老摄影家，但在 FIAP 框架内，中国摄影组织不仅没有可能获得一个理事席位，甚至代表 FIAP 最高荣衔的 MFIAP（Master of FIAP，FIAP 大师）都没有授予过中国。可以说，我们在求 FIAP“认证”的同时，FIAP 正高高在上，对中国摄影的了解欲望十分有限。

遗憾的是，国内一些大型摄影展览，包括中国摄影家协会组织的中国国际摄影艺术展览、北京国际摄影周，也都以获得这三个组织或其中之一的“认证”为荣耀（除了 FIAP，首届深圳国际摄影周还取得了加拿大摄影艺术协会的“认证”）。这提醒我们，在摄影文化交流日益国际化的背景下，确实需要对相关背景有常识性的了解。

（五）北京国际摄影周

时间：2014. 10. 12—10. 18

地点：北京中华世纪坛

主办：文化部、北京市人民政府

北京国际摄影周自 2013 年创建以来，积极致力于搭建一流的国际影像交流平台，立足于推动首都的文化事业建设与发展，充分利用北京深厚的文化积淀、丰富的文化资源、开放的国际平台，在内容和活动区域上充分彰显北京特色。本届摄影周从整体规模与多样性、国际化策展视角与合作、大众可参与程度等方面均有显著提升。为纪念摄影术诞生 175 周年精选的由 175 幅经典作品组成的“触摸经典——175 + 175・世界摄影大师原作展”和“华赛十年获奖精品展”，是本届摄影周最具专业水准的两个展览，提供了关于摄影史发展的感性认知机会和关于当前报道摄影现状的很多信息。其他有特色的展览和活动还有“观・影・形”“‘观・品’——十国摄影组织主席展”、“云影像”大众手机摄影作品展的推介活动以及主题讲堂等学术活动。

（六）第五届济南国际摄影双年展

时间：2014. 10. 31—11. 30

地点：山东济南

主办：中国艺术摄影学会、山东工艺美术学院等　　总策展人：王征

最近两届的济南国际摄影双年展，以其学术性、探索性而引人注目，且每届都制造出一定的话题。本届双年展分为大师邀请展、学术展、主题展三个单元，推出展览近百项；其中“大师展”部分推出了台湾著名摄影家张照堂的回顾展，这是张照堂的作品第一次较为完整地在大陆展出，意义特殊。张照堂创作历程长达半个世纪，在艺术上完整经历了探索期、台湾现代主义、乡土主义、后现代主义多个时段，并与电影、音乐多个艺术领域相融汇，创作出一批既具有独特的个人艺术眼光又具有深沉社会情怀的作品，被誉为20世纪最能代表台湾的摄影家。本届双年展同时推出了《影子的影子——当代语境下的东方向度》《伊人伊像》《显影》（第二季）、《非常像》《华山论》《乾坤湾》6部学术出版物，强烈彰显自己的学术思考和影像理念，这在2014年中国的众多摄影活动中独树一帜。

（七）连州国际摄影年展

时间：2014. 11. 21—12. 22

地点：广东连州

主办：广东清远市人民政府、中国艺术摄影学会等　　总策展人：段煜婷

本届年展恰逢10周年纪念，以“再造奇遇”为主题对当代摄影继续进行探索。展览的重头戏分为两部分，国内部分是“中国当代摄影十年”，将连州年展10周年的历程与中国当代摄影探索的10年历程相结合，将过去10年在连州曾经展出的当代摄影家的作品做一回顾。国际部分则是国外两位经典摄影家拉蒂格（Jacques Henri Lartigue）与奥古斯特·桑德（August Sander）的原作展；在国外当代摄影展中，杨·明戈（Yann Mingard）的《储存》也是十分有特色的一个，在连州展出之前已经多次获奖。专题展中的“两个照相馆”——《雅顾照相馆》和《阿富汗盒子照相馆》则是一个体验式的互动展览，前者是巴黎雅顾影楼记载上流社会的神话，后者是第三世界国家平民的照相方式，呈现了两个阶层的影像消费方式。本届年展新摄影大奖被《清明上河图2013》的作者戴翔夺得。这幅作品以张择端的《清明上河图》为蓝本，将当代中国社会中发生的种种失伦事件，通过摆拍方式拍摄，然后用数字技术按照《清明上河图》的画面结构拼贴成一幅浮世绘式的影像作品，具有强烈的反讽性，也熟练使用了挪用、拼贴等当代艺术手法；但就创新而言，与王庆松的《老栗夜宴图》（2005）相比，新意略显不足。

除了对年轻摄影师的挖掘，本届年展特别引人注目的展览还有约翰·莫里斯（John G. Morris）的作品《法国的某处》。莫里斯已经年逾90岁，1944年盟军诺曼底登陆时他时任《生活》杂志伦敦编辑部的编辑，也是罗伯特·卡帕诺曼底登陆照片的编辑和发稿人。盟军登陆诺曼底之后，莫里斯也随军登陆法国，并拍摄了一些照片。这些照片当时只有两张发表，后来便被放在抽屉里，一放就是70年，直到2013年被发现。展览之所以命名为《法国的某处》，乃是因莫里斯本人已经难以记清楚这些照片的拍摄地点［现在经罗伯特·普雷基（Robert Pledge）先生整理出来的大约有120幅底片］。这个展览既有强烈的战地气息，又有温暖的人文情怀，显示出莫里斯对摄影和战争的独特理解，是摄影史中一份具有独特价值的文献。

三、出版与研究

在2014年文化事业大发展大繁荣的整体趋势下，摄影艺术也呈现出蓬勃发展的态势，具体在图书出版和文章写作方面，涌现出一批具有学术价值和思想深度的图书和文章，在这生气勃勃的状态之中，在“中国梦”的摄影书写和呈现之中，这些图书和文章大体在三个向度展开其学术研究和艺术探索。一是回到摄影史，对摄影术诞生以来的摄影历史进行梳理和研究；探讨影像文本和历史之间实录和实证的关系；对老摄影家及其作品进行抢救性的发掘和整理，重新评估和研究老摄影家在摄影史中的作用和地位。二是关注摄影的艺术性和当代性，对摄影语言的可能性和丰富性进行各种可行性探索；探讨手机

摄影在多媒体和自媒体兴起状态之下的繁荣和发展；研究新锐摄影和观念摄影的前世今生、何去何从。三是继续探讨和研究当前摄影存在的普遍问题和一般问题，立足于当前摄影存在的各种问题，进行细致的剖析和合理的建议；对正值当年的摄影家进行个案研究和学术评论；提倡摄影的记录性特征，倡导人文关怀。

（一）摄影术自1839年诞生以来只有176年的历史，虽然在艺术的大花园里最迟绽放，但这几年摄影史的书写、译介和整理成为出版人和学者的一个重要工作，既有世界摄影史的译介、中国摄影史的梳理，还有特定时间段或特定地点摄影史的整理和研究。书籍方面，泰瑞·贝内特（Terry Bennett）著，徐婷婷译《中国摄影史——中国摄影师1844—1879》，祝帅、杨简茹编《民国摄影文论》把目光投向了晚清和民国时期的摄影师和文论建设；霍普·金斯利（Hope Kingsley）、克里斯多弗·里奥佩里（Christopher Riopelle）著，崔赢译《艺术的诱惑——摄影的前世今生》从历史发展的角度批判地阐述了曾经的摄影术如何影响了当代的艺术家；谢琳《对话公元——中国感光工业巨星远去的背影》一书从公元厂开辟中国感光新纪元着手，对公元厂整个历史进程进行梳理与整合；林路《风景摄影史》梳理了风景摄影的发展历程。文章方面，曾璜《摄影版画——摄影与艺术的交织》、赵俊毅《“遗失”的摄影大家：林泽苍和〈摄影须知〉》、张慧瑜《从〈真相画报〉看摄影师的主体想象》、艾姝《民国初期天津市美术馆的美术影展与美术摄影文化的早期建构》等从不同角度对摄影史中的某一个点进行了探讨和研究。

摄影最主要的特征是记录性，抗日战争对中华民族的影响巨大而深远，在那段屈辱的过往，摄影以其记录性和客观性为我们留下了珍贵的影像财富。曾璜的文章《影像的占领：1894—1945日本对华影像采集研究》、陈庆港的书《历史的深处——二战日军中国慰安妇影像实录》、中国摄影家协会主编的《穿越历史的回声——中国战地摄影师》《林迈可亲历的中国抗战（1927—1945）》文图等皆对那段岁月的影像进行了重新审视和评估。前事不忘，后事之师，以影像直观的形式来牢记历史、铭刻过往，其意义和价值已超越单纯的影像之义，进入历史、政治和军事的范畴。

摄影史范畴甚广，学术研究和探讨也应从多方面进行，除了宏观摄影史的写作，2014年，我们有幸看到两本书，王勇《村里来了照相的》和《我们村——中国城镇化影像实录》，把视角聚焦在底层影像的生动性和对村镇生活的记录性上面。顾铮《作为人性探索、社会透镜以及影像实验的肖像：中国当代肖像摄影简史》、江融《虚假面具与真实肖像——关于当代肖像摄影的思考》两文分别梳理了国内和国外当代肖像摄影的发展历程。晋永权《苏珊·桑塔格：那么近，又那么远》《罗兰·巴特：好的目光是一种斜视——1947年罗兰·巴特的中国之行》等文回顾的是西方摄影理论家与中国的种种关系。孙慨《摄影史的另一种读法》、李树峰《用摄影强化历史的客观性》、柴选（笔名奚水）《该站在什么角度书写地方摄影史》等文章从不同角度对摄影史或摄影的历史性进行了探讨。《再现：彩色摄影史上的三个抉择》（郑浓）、《数码浪潮下的“物影”言说》等专题，重新审视和发掘物影摄影的艺术价值。

有一部分老摄影家，或经历了抗战时期的影像建设，或经历了中华人民共和国成立后摄影发展的跌宕起伏。他们在当时的摄影工作中属于中坚力量，时过境迁，也因而在摄影史中占据了重要地位。然而，这些老摄影家也都年岁已高，随着一部分老摄影家的去世，对这些老摄影家的研究，对历史口述方面的资料抢救，对他们的摄影作品或保管的历史文献的整理日趋紧迫。这几年已陆陆续续地出版或发表了相关的图书或文章，2014年有朱炯主编的《被遗忘的影像记忆——袁毅平摄影》等书。

（二）随着这几年新锐摄影的各种评选、海选、推荐、展览，新锐摄影已经成为摄影业界的新贵，相关评论文章一出，也能引起相当程度的关注。在各大摄影节或摄影周上，当代摄影作品也占据了一个重要部分。《中国当代摄影：2009—2014》一书全面梳理并展现2009年以来中国当代摄影发展的大致脉络与走向。林路、唐卫的《当代摄影的多元突破》一书剖析了当代摄影如何在视觉与精神中探索时代、人性及媒介本身的独特密语。李楠《新锐！在哪？——中国当代摄影新生代观察》、海杰《场所改变当代艺术》《当代摄影的艺术史背景简述》、林路《当代观念摄影》、阮礼健《以摄影的名义——浅谈中国当代观念摄影的异化》、郭力昕《超现实摄影：对现实的收集，还是颠覆?》《新纪实与摄影新世界》等文从不同角度对当代摄影进行了分析和探讨。2014济南摄影双年展系列书籍《影子的影子——当代语境下的东方向度》、《伊人伊像》、《显影》（第二季）、《非常像》、《华山论》、《乾坤湾》展示了一系列探讨摄影语言多样性和丰富性的摄影作品以及从不同维度对影像实验及相关个案进行再认识和研究。严明的《我爱这哭不出来的浪漫》以颇具文学性的笔调阐释自己创作当代摄影作品的心路历程，在某种程度上，成为一本跨界的畅销书。

2014年的一个重要现象是随着多媒体和自媒体的兴起，摄影语言的探索日趋多元。当微信成为智能手机用户的一种生活方式的时候，各种自媒体、微信公众号推送着片断化、即时性的信息，成为一种新的信息交流工具。前几年还是一件新事物的手机摄影在这股潮流之下，已经吸纳了众多专业摄影师、业余摄影师和普通民众。李楠《作为艺术的媒介，与作为媒介的艺术》、江融《AIPAD 2014："后媒介状况"下的摄影现状》《各种可能性正在呼唤》、王保国（笔名南无哀）《摄影：众筹的时代》、马森《连接着的摄影与图像》、张颖《数字时代下图片传播面临的机遇与挑战》等文探讨媒介与摄影的关系。郭青剑《手机摄影，改变的不仅仅是器材》等文，《变轨：互联网的摄影之道》《文化工业机制下的手机摄影》《掌中视界》等专题讨论互联网时代摄影的变化以及手机摄影的繁荣。

（三）对摄影基本问题的探讨始终在一些学者的视野当中，关于摄影本质属性的探讨，关于摄影语言的探讨，关于摄影拍摄的问题，关于摄影评选的思考，等等，这些问题具有普遍性和当下性，是大多数摄影师所关注和困惑的。对这些问题的研究和思考也始终在进行当中。

盛希贵《怎样选出真正的优秀摄影报道？——新闻摄影"评优"之忧》、李树峰《摄影评选之惑》、孙慨《年度照片评选之利弊》、柴选（笔名奚水）《评选结果要不要解释?》等文对当前摄影评选的弊端进行了深入细致的分析和探讨，如何在评选当中保持不偏不倚的客观态度，促进业界的良势发展，是摄影比赛组织者和评委需要反思的。

随着数码技术与展示传播手段的不断翻新，当代摄影在创作观念和艺术语言上提出许多新想法和新成果的情况下，摄影客观记录现实的属性何去何从？顾铮《浅议摄影与人文关怀之关系》、李公明《当代摄影的人文关怀及其现实语境》《人道主义精神是摄影的本质——鲍昆与孟繁玮对谈》、杨小彦《作为观看控制的一种修改机制——从张大力的第二历史来谈摄影的人文关怀》、吴毅强《一种介入式影像样式——以新国人解读当代摄影的人文关怀》等文共同探讨"摄影的人文关怀"这个问题，探讨在影像制造、生成、传播异常简便迅捷的今天，依然需要提倡蕴含在摄影作品中的人文关怀与现实气息。这种"人文关怀"既指涉摄影家、摄影作品、摄影艺术本质等范畴，也关乎摄影能够良性发展的外在环境。

对摄影家个案的研究长文短论众多，《中国摄影家》杂志2014年连续对11位摄影家姜平、于志新、罗小韵、谭明、于文国、李舸、李膺、杨越峦、王石、李英杰、简庆福的摄影历程、摄影作品作了颇具学理的个性化探讨。王保国（笔名南无哀）《谈谈严莫凡》首次较系统地将法国著名摄影家严莫凡（Yan Morvan）介绍给中国读者，评论了严莫凡的《黑帮》《曼谷妓院》《战场》等系列作品。杨莉莉《抽象与潜能——托马斯·鲁夫的摄影新作评述》评述了托马斯·鲁夫（Thomas Ruff）在传统感光材料和感光器材范畴内进行的探索性影像。

对摄影基本理论和研究方法的译介始终是中国摄影艺术发展的重要部分，学者和批评家持续关注着基础理论的建设和摄影批评的发展态势。亨利·卡蒂埃-布列松著，赵欣译《思想的眼睛——布列松论摄影》一书收录了包括著名的"决定性瞬间"理论在内的诸多文章。毛卫东翻译的《摄影理论：历史脉络与案例分析》对西方理论文章作了译介。特里·贝内特著，何积惠译《看照片看什么——摄影批评方法》一书是关于如何阅读和进行摄影批评的。伊安·杰弗里（Jeffrey I.）著的《怎样阅读照片》是理解、阐释、欣赏杰出摄影家经典作品的一本书。钟建明等著，孔耐译《经典手工影像》一书详细介绍了摄影史上曾流行的多种古典手工印相技术，呈现了当今世界具前沿地位的34位古典手工影像艺术家的代表作品，还收入多篇艺术家对古典手工印相工艺的论述与对谈。蒋载荣《摄影的视觉心理》一书将摄影与其他平面影像视为一种视觉生理与知觉的机制，架构出一般人面对摄影图像时，形成有意义认知的知觉流程。郭力昕《阅读摄影》是一部呈现作者这15年间关心当代摄影实践与发展的相对完整的批评性思考轨迹记录的文集。

李树峰《影像中国：表情·故事·记忆》一文阐释了影像中国梦的概念。唐东平《摄影语言研究》、方向明《摄影艺术语言的本体力量》等文探讨了摄影的语言。郭力昕《摄影的政治性》、张辉《艺术影像的真实与幻象》、张念《影像现代性与技术——诸众的兴起》、李树峰《面对大众化浪潮，摄影理论研究的设想》、孙慨《中国摄影在当代的文化自觉》、晋永权《摄影何以书写》、赵刚《纪实摄影的“大”时代》、杨小彦《摄影与对象：存在还是消亡?》、吴鼎铭/石义彬《民间影像与中国公民社会建构》等文从不同角度探讨了摄影艺术发展的不同方面。李树峰《摄影，到深处去》《摄影的用力方向》《“摄”者与“设”者》《提炼与归纳》等短评针对摄影圈时下突出的问题，给出具体的建议和可行性的操作。

《触摸经典——175＋175·世界摄影大师原作》《乘物游心——直接摄影1839—2014》《瞬间永恒——美国〈国家地理〉人物摄影传世佳作》《传奇卡帕》《塞尔吉奥·拉莱》《中国世界遗产影像志》《庄学本1930藏地摄影作品选》，迈克尔·肯纳（Michael Kenna）《中国》，《沃克·埃文斯：美国影像》，阮义忠《正方形的乡愁》，查春明《西沙西沙》，阿尔内·埃格姆（Arne Eggum）著、胡默然和张璐瑶译《蒙克与摄影》，荒木经惟《写真的话》等画册展示了国外和国内的优秀摄影作品。

这三个向度一个回到过去，一个指向未来，一个立足当下，界限并不是泾渭分明，其中不乏错综复杂之处，只是基于研究的方便进行的一个大致梳理。在摄影艺术的发展上面，我们唯有回顾历史，研究当下，才能展望未来。

值得一提的是，2014年第十届中国摄影金像奖，杨莉莉、朱金平获理论研究类，潘科、宋刚明获理论评论类，谢琳获摄影史志类金像奖。

2014年出版方面，不容忽视的一个重要现象就是独立出版人和手工书的兴起。以言由为代表的独立出版人，集合了一批在当代摄影有突出成就的年轻新锐摄影师，小批量出版摄影集，在主流出版和官方出版之外，形成一股新的出版潮流。手工书是摄影师利用一两年时间或更多时间亲自制作的独一无二的摄影书籍，其中渗透了摄影师个人的审美体验和艺术感悟，更像是一个珍贵的艺术品，而非一本普通的书，只是这个艺术品以书的形式得以呈现。独立出版和手工书方兴未艾，未来的几年想必会出现更多此类书籍。

李树峰　中国艺术研究院党委副书记、纪委书记
王保国　中国艺术研究院《中国摄影家》副主编
阳丽君　中国艺术研究院《中国摄影家》编辑部主任

专题

第十届国际新闻摄影比赛（华赛 2013）

【第十届国际新闻摄影比赛（华赛 2013）评选结果揭晓】

2014 年 4 月 15 日，第十届国际新闻摄影比赛（华赛 2013）评选结果在北京揭晓。加拿大摄影记者凯文・弗赖尔拍摄的《台风海燕》夺得年度新闻照片大奖，该照片所在的组照还摘取本届比赛战争灾难类新闻组照的金奖。

本届华赛由中国新闻摄影学会主办，北京日报集团协办，以“和平与发展”为主题，共收到 60 多个国家和地区 3000 多名摄影记者和摄影师的 3 万余幅作品，其中半数以上的参评作品来自国外，包括美联社、路透社、法新社、俄新社、盖蒂图片社、欧洲新闻图片社、德国《地理》杂志等在内的世界主流媒体摄影记者和来自全球五大洲的摄影师均有参赛，参赛作品内容涉及全球各大洲 2013 年重大新闻事件。开评仪式 4 月 11 日在北京举行，由 13 名来自全球各地的国际新闻摄影专家组成的评委会经过 4 天工作，评选出 63 个奖项。

【第十届国际新闻摄影比赛（华赛 2013）获奖名单】

2013 年度最佳照片

台风海燕　Typhoon Haiyan

凯文・弗赖尔 Kevin Frayer

战争灾难等突发事件类新闻

单图

金奖

震后余生　Earthquake Survivor

王苡萱 Wang Yixuan

银奖

菲律宾台风海燕幸存者　Typhoon Survivors

菲利普・洛佩兹 Philippe Lopez

铜奖

叙利亚兵工厂　Boy Working in Syrian Weapon Factory

哈米德・哈提卜 Hamid Khatib

优秀奖

地洞　Cave

纳西索・孔特雷拉斯 Narciso Contreras

组图

金奖

台风海燕　Typhoon Haiyan

凯文・弗赖尔 Kevin Frayer

银奖

“奴隶制”的代价　Cost of Slavery

阿萨德 KM Asad
铜奖
大马士革的战斗　Battle of Damascus
高安·托马斯维克 Goran Tomasevic
优秀奖
土耳其僵局　Standoff in Turkey
雅尼斯·贝拉克斯 Yannis Behrakis
优秀奖
肯尼亚购物中心枪击　Westgate mall Shooting
高安·托马斯维克 Goran Tomasevic
非战争灾难等突发事件类新闻
单图
金奖
面对射击队　Facing Firing Squad
克里斯托弗·西蒙 Christophe Simon
银奖
撒切尔夫人的葬礼　Thatcher Funeral
斯蒂凡·沃姆斯 Stefan Wermuth
铜奖
缅甸暴力　Violence in Maynmar
梭泽亚本 Soe Zeya Tun
优秀奖
围观的中国人　Onlookers
华剑 Hua Jian
优秀奖
土耳其抗议　Turkey Protests
组图
金奖
阿富汗饥荒加剧　Afghanistan's Worsening Hunger Crisis
丹尼尔·贝雷胡拉克 Daniel Berehulak
银奖
巴西示威者　Uprising in Brazil
毛里西奥·利马 Mauricio Lima
铜奖
悼念曼德拉　Mourning Mandela
丹尼尔·贝雷胡拉克 Daniel Berehulak
优秀奖
战争受害者　Victim of War
法伊丁·瓦伊兹 Faedin Waezi
优秀奖
土耳其抗议者　Turkish Protestors
布伦特·其里克 Bulent Kilic

新闻人物单幅获奖照片

单图

金奖

脸部遭袭　Punch in the Face

安德烈·西维泰罗 Andrey Svitailo

银奖

肢体语言　Body Language

凯文·拉马克 Kevin Lamarque

铜奖

默克尔和手机　Merkel and Blackberry

法布里奇奥 Fabrizio Bensch

优秀奖

普京和默克尔遭袭　Putin and Merkel under Attack

康斯坦丁·扎夫拉仁 Konstantin Zavrazhin

组图

金奖

希腊：危机中的面孔　Greece：The Faces of a Crisis

阿尔奇斯 Alkis Konstantinidis

银奖

窗外的奥运圣火　Olympic Flame from Russians' Windows

瓦列里·梅尔尼科夫 Valery Melnikov

经济及科技类新闻单幅获奖照

单图

铜奖

埃塞俄比亚东正教教徒在耶路撒冷朝拜　Ethiopian Orthodox Worshippers in Jerusalem

霍尔迪·科恩 Jordi Cohen

组图

金奖

俄罗斯的外国旧教徒　Russian Old Believers

塔蒂安娜·普洛特尼科娃 Tatiana Plotnikova

银奖

非洲的时尚界　Fashion in Africa

安德斯·彼得森 Anders Pettersson

铜奖

梦幻之城　City of Dreams

盖·马丁 Guy Martin

优秀奖

非主流治疗　Physical Rehabilitation

邱伟荣 Qiu Weirong

优秀奖

中国大学宿舍的“信息化”　“Informatizaiton” in Chinese University Domitory

牛博 Niu Bo

肖像类新闻单幅获奖照片

单图

金奖

凯涅巴年轻矿工　Young Miners of Kenieba

瓦列里・梅尔尼科夫 Valery Melnikov

银奖

尼泊尔小火车窗前的孩子　Nepal Children at Train Window

尹永宏 Yin Yonghong

铜奖

不断恶化的阿富汗饥荒　Afghanistan's Worsening Hunger Crisis

丹尼尔・伯雷霍克 Daniel Berehulak

组图

金奖

举重：接通能量　Weightlifting: The Energy to Power On

弗拉基米尔　Vladimir Vyatkin

银奖

百岁老人的穿越　Centenarians Pose With Celebrities' Waxwork

邱焰 Qiu Yan

铜奖

跟“未来”有关的游戏　Game Concerning Future

delpiero84318

优秀奖

中东以色列“二战”老兵 Mideast Israel　WWII Veterans

阿布尔・苏丹 Abir Sultan

日常生活类新闻单幅获奖照片

单图

金奖

墨西哥女治安员　Mexico's Female Vigilantes

阿莱克斯・马斯 Alex Masi

银奖

无家可归者　A Homeless Man

马克・久里察 Marko Djurica

铜奖

生活在博帕尔的铁路旁　Living on Bhopals Railway Tracks

阿莱克斯・马斯 Alex Masi

组图

金奖

背叛传统的伊朗年轻人　Youth in Iran: A Quest for Identity

卡维・罗斯塔姆哈尼 Kaveh Rostamkhani

银奖

可持续型牧场　Ranching Rebooted

艾米・维特 Ami Vitale

铜奖
北方的斗牛　The North Corrida
塔蒂阿娜·普洛尼科娃 Tatiana Plotnikova
优秀奖
最后的欧洲异教徒　The Mari – The Last Pagans of Europe
塔蒂阿娜·普洛尼科娃 Tatiana Plotnikova

体育类新闻单幅获奖照片

单图

金奖
与月共舞　Overnight Ski Jump
丹尼尔·劳顿 Daniel Sannum Lautem
银奖
腾空一跃　Jump from the Water
阿伯特·吉尔 Albert Gea
铜奖
达喀尔拉力赛　Rallying in Dakar
杰琪·内热朗 Jacky Naegelen
优秀奖
牛仔落马　Whoa Boy
克里斯汀·科纳奇 Christine Cornege
优秀奖
黑暗天使　Dark Angels
阿尔·贝罗 Al Bello

组图

金奖
杠上争夺战　Competition on Bars
贾国荣　Jia Guorong
银奖
像鱼一样　Like a Fish
帕兹亚 Pazyar
铜奖
太阳城的健身老人 The Senior's of Sun City
露西·尼克尔森 Lucy Nicholson
优秀奖
美国跳水大奖赛　AT&T USA Diving Grand Prix
阿尔·贝罗 Al Bello
优秀奖
奔向光明　Toward the Light
高征 Gao Zheng

自然与环境类新闻单幅获奖照片

单图

金奖

府河鱼殇　Fuhe Massive Fish Death

王翮 Wang He

银奖

雾霾中的孩子　Children in Haze

王齐波 Wang Qibo

铜奖

钱江大潮　Great Tidal Wave of Qiantang River

钟黎明 Zhong Liming

优秀奖

最后的犀牛　Last rhinos

艾米·维特 Ami Vitale

组图

金奖

亚马孙森林砍伐　Deforestation in the Amazonia

丹尼尔·贝特拉 Daniel Beltra

银奖

一座村庄保护一头犀牛　It takes a Village to Protect a Rhino

艾米·维特 Ami Vitale

铜奖

基里巴斯——60 年后消失的国度　Kiribati – Gone in 60 Years

大卫·格雷 David Gray

纪事

综合展览

【中国·阿尔山冰雪摄影大展暨第三届中俄蒙国际摄影节】

2014年1月6日，由中国摄影家协会，内蒙古自治区旅游局，中共兴安盟委、兴安盟行政公署联合主办的“中国·阿尔山冰雪摄影大展暨第三届中俄蒙国际摄影节”在内蒙古兴安盟阿尔山市开幕。此次摄影节举办了冰雪摄影主题邀请展、阿尔山冰雪摄影大赛、阿尔山冰雪摄影论坛、阿尔山冰雪摄影讲座、冰雪摄影采风等多项主题活动。

【云上梯田　梦想红河——首届红河哈尼梯田世界文化遗产国际摄影双年展】

2014年3月17日，“云上梯田　梦想红河——首届红河哈尼梯田世界文化遗产国际摄影双年展”在红河州元阳县开幕。来自美国、法国以及全国各地（包括港、澳、台地区）的摄影家和媒体摄影记者近200人参加了摄影展。

【2009年以来的中国新摄影展】

2014年4月12日至5月11日，“2009年以来的中国新摄影展”在湖北武汉美术馆展出，王庆松、付羽、王宁德、刘辛夷、李郁、刘波、唐晶等50余位艺术家的摄影作品参展。展览分为6个单元：“溢出的界”“景观观景”“深浅日常”“身体身份”“返观再照”“再/在新闻”，旨在透过对于中国当代摄影中某些较为集中的趋势，相对清晰地梳理、展现2009年以来中国当代摄影发展的脉络与走向。

【第六届三影堂摄影奖作品展】

2014年4月26日，第六届三影堂摄影奖作品展开幕式及颁奖典礼在北京草场地艺术区三影堂摄影艺术中心举行。

展览由三影堂评委会从580位参赛者的作品中初选出28位作者的作品组成：安德生、陈灿荣、陈天心、陈晓峰、范晓颖、韩硕、侯帅、李朝晖、李骋佺、李今、李舜、李云川、李志国、刘涛、刘张铂泷、陆洁、马车、欧阳世忠、孙小川、田静、王星、王雅欣、王远凌、杨英吉、余华强、张文心、郑培堃、朱岚清。

朱岚清最终获得三影堂摄影奖大奖。

【非物质文化遗产——人类精神活化石——第三届“包商银行杯”中国国际摄影双年展】

2014年5月17日，由中国艺术研究院《中国摄影家》杂志与包商银行联合主办的“非物质文化遗产——人类精神活化石——第三届‘包商银行杯’中国国际摄影双年展”在中国美术馆开幕。

本次展览精选了国内的非物质文化遗产摄影作品80幅左右，展现了郎木寺展佛、赛大猪、元宵节、花萼楼祈福、闻喜花馍、南丰跳傩、杨家埠木版年画、婚姻礼俗、跑驴、民间社火、安塞腰鼓、苗家长桌宴、里北洋殿会、灯舞、马街书会、白云山庙会、苗族鼓藏节、高塘提线木偶、骡驮轿、端午节、侗族大歌、川剧、哈萨克族叼羊、靖西县“乜麽”加冕仪式、龙泉宝剑锻制技艺、新疆维吾尔木卡姆艺术、山南昌果卓舞、秦腔、查干淖尔冬捕习俗、无锡精微绣、兰州羊皮筏子、毛南族肥套、少林功夫、乌拉满族鹰猎习俗等各个省份、地区，各个民族独有的民俗民风，以及传统手工艺、传统艺术的特殊表现形式等。另外，还有世界各地的非遗摄影作品70幅左右，展现了阿根廷、法国、比利时、奥地利、阿塞拜疆共和国、玻利维亚、柬埔寨、塞浦路斯、捷克、韩国、罗马尼亚、西班牙、土耳其、乌拉圭、越南、匈牙利、印度、伊朗、意大利、立陶宛、墨西哥、蒙古、秘鲁、葡萄牙等国家和地区的传统文化和习俗，反映出各国深厚的文化底蕴及文化的丰富性和多样性。

【第十届华赛获奖作品首展】

2014年5月24日，第十届国际新闻摄影比赛（华赛）获奖作品首展在北京中华世纪坛开幕。本次展览作为北京国际摄影周的组成部分之一，共展出第十届国际新闻摄影比赛（华赛）获奖作品229幅，包括1幅年度新闻照片、八大类别单幅比赛所有28幅获奖作品和从全部33个获奖组照中精选的200幅照片。

【致青春——2014高校摄影专业毕业生邀请展】

2014年6月6日，“致青春——2014高校摄影专业毕业生邀请展”在北京乐凯大厦中国摄影画廊开幕。活动由中国摄影家协会主办，中国摄影发展中心、北京摄影函授学院和乐凯胶片股份有限公司承办。

本次邀请展的参展作品来自全国八所高校：北京电影学院、中央美术学院、大连医科大学、广州美术学院、中国人民大学、西安美术学院、北京印刷学院和沈阳城市学院，从摄影专业毕业生作品中选出了32组（68幅）作品。

【第四届全国农民摄影大展】

2014年7月23日，由中国文学艺术界联合会、农业部农村社会事业发展中心、中国摄影家协会共同主办的“第四届全国农民摄影大展”在中国摄影展览馆开幕，200余幅农民摄影作品亮相，这是农民摄影人的作品首次集中入展中国摄影展览馆。

【多彩贵州·第七届中国原生态国际摄影大展】

2014年8月14日，贵州省人民政府、文化部、国务院新闻办公室、国家旅游局、中国摄影家协会、联合国教科文组织、中国新闻社共同主办的“多彩贵州·第七届中国原生态国际摄影大展”在贵阳市拉开序幕。

本届摄影展以原生态文化研究及影像展示为主题，集合全球多位摄影师作品，策划了包括《GEO》（《德国地理》）杂志经典作品展、《故乡的路》第二季、茹遂初个人作品展等20个展览，其中多个展览为全球首展。

多彩贵州·第七届中国原生态国际摄影大展获奖名单

一、中国原生态国际摄影大展评委会奖

1. 第七届“中国原生态国际摄影大展评委会年度致敬摄影师奖”：

王玉文　作品：《我的父老乡亲》

2. 第七届“中国原生态国际摄影大展评审委员会年度摄影师奖”：

杨延康　作品：《心象》

3. 第七届“中国原生态国际摄影大展评委会年度优秀青年摄影师奖”：

库尔班江·赛买提　作品：《我从新疆来》

4. 第七届“中国原生态国际摄影大展评委会年度国际交流奖”：

阎雷　作品：《歌海木寨》

二、中国原生态国际摄影大展组委会推荐奖

艺术交流奖　陈小波

本届展览策展作品：王争平《马语者》

【中国人　中国梦——摄影艺术展】

2014 年 8 月 24 日，由中国艺术研究院主办、中国摄影家杂志社承办的“中国人　中国梦——摄影艺术展”在中国国家博物馆开幕。文化部副部长杨志今、中国艺术研究院院长王文章、中国国家博物馆馆长吕章申、中国文学艺术界联合会副主席李前光、中共中央宣传部文艺局局长汤恒、中国摄影家协会主席王瑶等出席开幕式。中国艺术研究院党委副书记李树峰、王瑶主席、摄影家代表库尔班江·阿布都赛买提先后讲话。

该展览以“汇聚正能量，抒写中国梦——摄影创作塑造中国梦”为主题，是落实中共中央宣传部、文化部、中国文学艺术界联合会等中央五部委以中国梦为主题进行文艺创作通知精神的一次实际行动，展出作品 240 余幅（组）。

【共建 21 世纪“海上丝绸之路”摄影展】

2014 年 9 月 16 日，“共建 21 世纪海上‘丝绸之路’摄影展”在广西南宁国际会展中心开幕。该展系中国—东盟国际摄影季系列活动之一，由中国摄影家协会、人民网、中国－东盟博览会秘书处共同主办，200 多幅来自中国和东盟各国摄影家的摄影作品展出。

【今日钢铁长城——首届“强军梦”大型军事摄影展】

2014 年 9 月 18 日，由中国军事文化研究会、中国摄影家协会、中国新闻摄影学会、中国艺术摄影学会共同主办的“今日钢铁长城——首届‘强军梦’大型军事摄影展”在中国人民革命军事博物馆开幕，展览从 5400 多幅作品中选出单张 246 幅、组照 50 组。

【追梦足迹——庆祝新中国成立 65 周年、改革开放 35 周年摄影大展】

2014 年 9 月 29 日，由中国文学艺术界联合会、中国文学艺术基金会、中国摄影家协会联合主办的“追梦足迹——庆祝新中国成立 65 周年、改革开放 35 周年摄影大展”在中国摄影展览馆开幕。展览共展出 300 幅影像。

【北京国际摄影周 2014】

2014 年 10 月 12 日，北京国际摄影周 2014 在中华世纪坛正式拉开序幕。北京国际摄影周 2014 主体内容包括开幕活动、系列展览、摄影讲堂、专题活动、系列奖项五大部分 30 余个活动。该活动由中华人民共和国文化部和北京市人民政府主办，中国艺术摄影学会、中国摄影家协会、新华通讯社图片中心和北京歌华文化发展集团承办，中国艺术研究院摄影艺术研究所和北京市中华世纪坛艺术基金会协办。

【2014 上海国际摄影节暨上海第十二届国际摄影艺术展】

2014 年 10 月 13 日至 19 日，由上海市文学艺术界联合会和上海市摄影家协会主办的“2014 上海国际摄影节暨上海第十二届国际摄影艺术展”在主展区中华艺术宫、分展区上海国际航运中心、宝山美兰湖区域展出。

此次摄影节吸引了世界 50 多个国家、全国 31 个省市和地区的摄影者参与，“影像炼金术师”哈里·卡拉汉（Harry Callahan）原作展、日本摄影家原直久（Naohisa Hara）《时间的遗产》展、张祖道作品致敬展等均为展场亮点。除了传统展项“上海国际摄影艺术展”和核心展项“国际摄影邀请展”的摄影作品展出，还有“国际摄影名家论坛”、“致摄影 - 主题摄影互动”、“中国梦”上海基层摄影团体主题会展和 10 个国际摄影节系列展。

【第五届济南国际摄影双年展】

2014 年 10 月 31 日，由中国艺术摄影学会、文化部对外交流中心、中共济南市委宣传部和山东工艺美术学院主办的“第五届济南国际摄影双年展”在山东工艺美术学院拉开序幕。

本届双年展的展览主题是“东方新思维”，项目分为主题展、学术展、邀请展和成果展四大类，共有 90 个展览，50 多个国家和地区摄影师的 4600 幅作品参展，其中有中国摄影家“骆伯年、金石声摄影展”、台湾摄影家“张照堂摄影展”、孟加拉国摄影大师“塔斯利马·阿科特尔（Taslima Akhter）摄影展”、韩国“三才图会——天地人摄影展”等，同时还有国际摄联摄影大师里加尔多·布西（Riccardo Busi）、尼可拉斯、维尔吉科奥等，以及中国摄影家王庆松、于德水、刘立宏、陆元敏、塔可、邵文欢、李志雄、严明等一大批优秀摄影家的展览和双年展国际沙龙比赛展、世界大学生摄影展。双年展的 90 多个展览分别在山东工艺美术学院美术馆、济南园博园国际会展中心和济南市美术馆同时展出。本届双年展学术主题是“影子的影子——当代语境下的东方向度”。

【乘物游心——1839—2014 直接摄影原作展】

2014 年 11 月 14 日至 12 月 10 日，由中国美术馆、中国摄影家协会主办的“乘物游心——1839—2014 直接摄影原作展”在中国美术馆举行，展出了 53 位国际摄影家的 200 余幅摄影原作。展览分为三大篇章：对等与再现（1839—1917）；自在与灵光（1917—1977）；融合与思变（1977—2014）。首次梳理展现亨利·福克斯·塔尔伯特（Henry Fox—Talbot）、安塞尔·亚当斯（Ansel Adams）、迈克尔·肯纳（Michael Kenna）、基姆·韦斯顿（Kim—Weston）等国际摄影家的脉络关系，探讨由纯艺术为目的摄影流派的诞生、流变与发展。

【2014中国首届“金驹奖”世界大学生摄影展】

2014年11月16日，2014中国首届“金驹奖”世界大学生摄影展在江西上饶市民公园广场开幕，900幅入选作品全部参展。

【第十届连州国际摄影年展】

2014年11月21日，由清远市人民政府、连州市人民政府、中国艺术摄影学会以及羊城晚报报业集团主办的2014“第十届连州国际摄影年展”开幕式在连州市举行。今年连州国际摄影年展的主题为“再造奇遇”，将对当代摄影进行继续探索。展览邀请2005年至2014年曾经在连州参展的艺术家，按照作品的主要特点分为“现代化的景观”“历史的某处”“摆布与导演”“传统的回溯”“私密的观看”“身体与身份”“语言的实验”“摄影作为后媒介”八大部分，围绕处于中国社会、文化和意识形态剧变10年的“中国当代摄影”展开探讨。

【中国梦·百姓情：群众摄影文化活动优秀作品展】

2014年12月18日，“中国梦·百姓情：群众摄影文化活动优秀作品展”在首都博物馆拉开序幕。本届展览主题为“北京市民全力建设新北京，为全面实现中华民族伟大复兴的中国梦而努力奋斗”，共分为点亮梦想、实践梦想、追寻梦想、放飞梦想、光影故事和外国友人眼中的“中国梦·百姓情”六个部分，展出作品共计347幅（组）。

个人展览

【黄河中原百姓50年生活变迁——朱宪民大型摄影展】

2014年1月21日，由中共河南省濮阳市委宣传部、濮阳市文化广电新闻出版局主办，濮阳市博物馆承办，濮阳市摄影艺术家协会策展的“黄河中原百姓50年生活变迁”——朱宪民大型摄影展览在濮阳市博物馆开展。

【朱宪民个展“躁动”】

2014年3月9日，由深圳企业家摄影协会、福田区摄影家协会、深圳色界文化发展有限公司联合举办的朱宪民个展“躁动”在深圳华侨城色界艺术空间开幕。

【光影随踪——姚思成摄影展】

2014年3月29日，由中国农工民主党北京市委员会、北京市西城区文学艺术界联合会主办的“光影随踪——姚思成摄影展”在中国美术馆开幕。

【亦幻·徐大庆摄影作品展】

2014年4月11日至22日，由中国摄影家协会、河南省文学艺术界联合会、中共郑州市委宣传部联合主办的“亦幻·徐大庆摄影作品展”在中国美术馆开幕。展览展出徐大庆近年来创作的“亦幻”天鹅系列作品22幅。

【雪原·马——李刚摄影作品展】

2014年5月6日，由中国艺术摄影学会主办的“雪原·马——李刚摄影作品展”在中国美术馆开展。此次展览展出的41幅作品是李刚历时7年在内蒙古坝上草原拍摄的。

【一个人的丝路：尔冬强视觉文献展】

2014年5月16日至7月6日，由人民日报社和中共上海市委宣传部主办，上海市文化广播影视管理局和上海市新闻出版局承办的“一个人的丝路：尔冬强视觉文献展”在中华艺术宫开幕。

这个展览汇集了尔冬强自1983年以来，在长达31年时间中，对古丝绸之路的无数次重走所收集的大量珍贵文献。展览分为“聆听之旅”“见证”“重新发现中国”和“视觉文献档案”四个部分。

【往事散记——袁毅平摄影回顾展】

2014年6月5日，由中国摄影家协会、中国文学艺术界联合会文艺资源中心和北京电影学院摄影学院共同主办的“往事散记——袁毅平摄影回顾展”在中国摄影展览馆举办。同时，由中国文学艺术界联合会文艺资源中心主办的袁毅平摄影数字艺术馆网站于当日正式对外开放。

本次回顾展基于对袁毅平进行的逾100小时的口述采访，通过整理和扫描袁毅平超过1万张的底片、照片和手稿，最终展出了近200张照片及珍贵实物，全面呈现了袁毅平从20世纪40年代至90年代跨越50年的影像作品。

【“杨抒怀——解放西的解放西”主题摄影展】

2014年6月7日至13日，由湖南省青年摄影家协会主办的“杨抒怀——解放西的解放西”主题摄影展在长沙市解放西路展出。展出的50多幅作品是青年摄影师杨抒怀历时4年记录的解放西路上发生的各种故事。

【故乡的云——傅文俊观念摄影作品汇报展】

2014年6月9日至30日，“故乡的云——傅文俊观念摄影作品汇报展”在重庆黄桷坪艺术园区开展。汇报展上展出了20幅摄影家傅文俊《故乡的云》系列作品。

【天地——木月自然摄影作品展】

2014年6月21日，“天地——木月自然摄影作品展”在北京中国摄影展览馆开幕，展出摄影家木月摄影作品90余幅。

【李英杰“太极Ⅱ”摄影作品展】

2014年8月8日，以太极文化为主题的“李英杰‘太极Ⅱ’摄影作品展”亮相北京中国摄影展览馆。展出的80余幅作品，是李英杰继去年“太极”摄影作品展后新的探索和实践。

【顾棣从事摄影70周年特别展】

2014年8月18日，由中国文学艺术界联合会文艺资源中心、中国摄影家协会主办，中国摄影画廊承办的“顾棣从事摄影70周年特别展”在北京中国摄影画廊开幕。本次展览按历史顺序，展出了85岁的老摄影家、中国革命摄影史料的保护者和研究者顾棣从事摄影工作70年来的70张摄影作品和70张生平照片，以及首次面世的大量珍贵资料，包括顾棣自1944年至今从未间断的380多本日记，个人收藏的红色摄影文献史料、画册、老照片等。

【墨影画韵——陈大志摄影作品展】

2014年10月24日，由中国摄影出版社主办的“墨影画韵——陈大志摄影作品展”在中国美术馆开幕。

【光影无垠——简庆福摄影作品展】

2014 年 11 月 6 日，“光影无垠——简庆福摄影作品展”在中国摄影展览馆开幕。展览以 80 幅影像佳作浓缩和回顾了中国摄影家协会顾问、香港摄影家简庆福 73 年的摄影历程和影像成果。

交流

【“中国摄影家眼中的纳米比亚”摄影展】

2014年4月7日，由中国摄影家协会、中华人民共和国驻纳米比亚大使馆共同主办的“中国摄影家眼中的纳米比亚”摄影展开幕式在中国摄影展览馆举办。此次展览精选7位中国摄影家在纳米比亚拍摄的60幅照片。

【巴黎—北京，百年法国摄影聚焦中国，1844—2014】

2014年4月12日，作为“2014中法文化之春”活动的主要展览之一，反映中法两国文化交流的展览“巴黎—北京，百年法国摄影聚焦中国，1844—2014”在北京今日美术馆开幕。

摄影展由阿兰·萨雅格策展，展出了法国摄影师奥古斯特、谢阁兰、亨利·卡蒂埃－布列松、马克·吕布、阿兰等从1844年至今100多年里百余幅记录中国的摄影作品。

【杜瓦诺眼中的雷诺：北京特展】

2014年5月14日至6月30日，以“杜瓦诺眼中的雷诺”为题的摄影展在北京开幕，展出20世纪法国人文主义摄影师罗伯特·杜瓦诺与雷诺合作期间所拍摄的70余幅作品。

【美丽国家——中国—南非摄影作品展暨中国—南非国家年活动】

2014年5月17日，“美丽国家——中国—南非摄影作品展暨中国－南非国家年活动”在南非开普敦贝尔维尔艺术中心画廊开幕，共展出来自中国和南非摄影家的优秀作品160幅。这些作品从生态、人文、文化、自然等各个方面反映了两个国家不同的民族风情、风光景观，以及社会文化生活。

【挑战传统——20世纪西方经典及中国当代摄影作品展】

2014年5月24日，“挑战传统——20世纪西方经典及中国当代摄影作品展”在北京中间美术馆开幕。本次展览会聚了“新彩色摄影之父”古典摄影大师威廉·爱高斯顿、为人熟知的萨利曼、当代摄影艺术家达明·赫斯特等70余位西方摄影艺术家、中国当代摄影的代表人物杨福东、邱志杰、荣荣等及收藏家靳宏伟收藏的近百幅摄影作品。

【“巴黎—北京，1844—2014：法国人镜头下的中国”摄影展】

2014年6月6日至7月6日，“巴黎—北京，1844—2014：法国人镜头下的中国”摄影展在广东美术馆举办。

此次展览由广东美术馆和法国驻广州总领事馆主办，由享有盛名的法国蓬皮杜当代艺术中心原摄影部负责人阿兰·萨雅格策展，展出了200多件19世纪中到21世纪关于中国的摄影作品。

【永恒的瞬间——汉内斯·施密德艺术展】

2014年6月22日，由瑞银集团（UBS）呈献、北京今日美术馆主办的多媒体互动展览“永恒的瞬间——汉内斯·施密德艺术展”在北京今日美术馆开幕。此次展览是瑞士摄影艺术家汉内斯·施密德（Hannes Schmid）在亚洲的首次个展。

【航拍中国，1945——美国国家档案馆馆藏精选展】

2014年7月9日，由中华世纪坛世界艺术馆、秦风老照片馆、福建教育出版社、看天下杂志社等机构共同主办的“航拍中国，1945——美国国家档案馆馆藏精选展”在中华世纪坛世界艺术馆开幕。本展览是北京国际摄影周2014年度系列展之一，精选了北京30幅，天津、青岛、上海各10幅，共60幅。这些城市的历史影像均为首次面世展出。

【冰雪魅力——王达军九寨沟黄龙摄影展】

2014年9月22日，中国摄影家协会副主席、四川省摄影家主席、风光人文摄影家王达军“冰雪魅力——王达军九寨沟黄龙摄影展”在美国内布拉斯加州林肯大学孔子学院开展。

【中国美术馆馆藏佩德罗·梅耶尔摄影作品选展】

2014年11月19日至27日，由中国美术馆主办的“中国美术馆馆藏佩德罗·梅耶尔摄影作品选展”在中国美术馆展出。

墨西哥摄影家佩德罗·梅耶尔（Pedro Meyer Richheimer，1935—）是现代摄影领域里颇具代表性的先驱者之一，在长达40余年的摄影生涯中，其摄影作品的表达形态，遍及从社会纪实到数码影像的广阔范围。

获奖

【色影无忌·第四届中国年度新锐摄影师发现之旅】

2014 年 1 月 11 日，“色影无忌·第四届中国年度新锐摄影师发现之旅颁奖典礼”在江苏省常州市开幕。摄影师张巍凭借其作品《人工剧团——领导者》摘得桂冠，荣获色影无忌“2013 年度新锐摄影师”称号。

【香港第五届全国摄影艺术展】

2014 年 2 月 22 日，香港第五届全国摄影艺术展览获奖作品揭晓。刘香成、解海龙、李忠获终身摄影成就奖。具体名单如下：

香港第五届全国摄影艺术展览获奖名单

中国摄影金龙奖终身摄影成就奖　刘香成　（中国香港）

中国摄影金龙奖终身摄影成就奖　解海龙　（北京）

中国摄影金龙奖终身摄影成就奖　李忠　（辽宁）

中国摄影金龙奖摄影创作成果奖　宋持月　（江苏）

中国摄影金龙奖摄影组织工作奖　福建省青年摄影协会

中国摄影金龙奖摄影教育成就奖　孙荔　（厦门）

中国摄影金龙奖摄影科研贡献奖　摄影图片银行　（北京）

综合大奖

（中华全国摄影工作者协会主席奖）

《龙马精神》（组照）　李忠　（吉林）

评委会大奖

《中国吴桥乡间杂技》（组照）　沈英　（河北沧州）

网络摄影精英奖　武传华　（山东临沂）

新闻及纪实摄影类

金奖 1 名

《奔向春天》　张桂林　（河北唐山）

银奖 2 名

《古村有戏》　李金辉　（浙江永嘉）

《渔舟唱晚》　马继忠　（甘肃康乐）

铜奖 4 名

《成长的乐园》（组照）　徐晓红　（福建永泰）

《赶海》　郑晓明　（福建福州）

《山盟》　王平　（江苏南京）

《台上台下》　谢文东　（浙江永嘉）

风光及人文类

金奖 1 名

《姊妹花》　宋持月　（江苏南京）

银奖2名

《掠影》　何光钊　（浙江杭州）

《烈马雄风》　孙敏利　（北京）

铜奖4名

《佛光普照共繁荣》　张子杰　（吉林）

《怀抱》　邱太建　（福建福州）

《黄河之水天上来》　王建华　（河北石家庄）

《蓝天梦》　马庆金　（广西梧州）

花卉及动物类

金奖1名

《两极故事》（组照）　杨家发　（辽宁大连）

银奖2名

《羲之神笔》　许世宏　（新疆）

《雪域争雄》　刘长德　（辽宁大连）

铜奖4名

《荷塘冬韵》（组照）　徐金星　（浙江永康）

《光绘荷花》　林长春　（山东曲阜）

《辛勤》　王本和　（河北沧州）

《冰原精灵》　董英歌　（辽宁大连）

广告及人像类

金奖1名

《眸》　支江　（浙江湖州）

银奖2名

《家门》　徐志均　（四川攀枝花）

《九百九十九朵玫瑰》　李伟光　（山西太原）

铜奖4名

《海的女儿》　白玉祥　（辽宁）

《水女人》　宋持月　（江苏南京）

《苏尼格日乐的冬天》　邢晓言　（内蒙古呼和浩特）

《飞身扑救》　李宗庆　（江苏南京）

工业及建筑类

金奖1名

《眉开眼笑》　姜明灯　（江苏南京）

银奖2名

《碧墙航影》　黎培生　（广东佛山）

《天行》　鲁力　（湖南岳阳）

铜奖4名

《徽州古建筑木雕》　项顺民　（安徽桐城）

《佳县香炉寺》　耿文海　（河北邯郸）

《工地钢琴曲》　刘剑洲　（浙江温州）

《韵律》　杨胜华　（湖南凤凰）

优秀作品奖

《湿地秋韵》（组照） 李奇鲁 （辽宁营口）

《宁静的猎手》《一瞥惊鸿》 董英歌 （辽宁大连）

《空中芭蕾》（组照） 王长安 （吉林长春）

《樱花与鸟》《直上云霄》 林琦墅 （福建福州）

《非洲动物世界》（组照） 刘长德 （辽宁大连）

《四季小调》（组照） 吴华明 （福建晋江）

《山中田园》《土楼美景尽收眼》 孙荔 （福建厦门）

《飚雪》 漆贯华 （江苏淮安）

《草原牧情》 吉久利 （河北承德）

《草原追梦》 邢晓言 （内蒙古呼和浩特）

《古城夜色》 许蕴茹 （黑龙江大庆）

《荷梦》 赵岗 （福建厦门）

《老街盛事》 杨胜华 （湖南凤凰）

《塞北的初冬》 项顺民 （安徽桐城）

《一路美景入窗来》 捷飞 （江苏南通）

《春到太湖》 朱宏 （江苏苏州）

《凤凰古城之夜》 赵曼琳 （辽宁营口）

《关东二月》 姜斌生 （吉林白山）

《合影》 邱太建 （福建福州）

《黄河源头》 郑小运 （江苏扬州）

《火把狂欢夜》 邹森 （四川西昌）

《蔓延》 王云霞 （北京）

《生命》 武传华 （山东临沂）

《水墨山林》 李树鹏 （辽宁兴城）

《天涯孤旅》 姜明灯 （江苏南京）

《雾锁石城》 吴利民 （福建福州）

《夕照夏营地》 邢宗仁 （内蒙古通辽）

《跃》 林致凡 （福建福州）

《争斗》 蒙超 （广西柳州）

【袁毅平获第11届造型表演艺术成就奖】

2014年3月19日，第11届造型表演艺术成就奖颁奖典礼在中国文学艺术界联合会文艺家之家举行，10位德艺双馨的老艺术家获奖。其中，中国摄影家协会顾问、摄影家、摄影理论家、摄影活动家袁毅平获造型艺术成就奖。

【傅文俊作品《图腾II》获“杰出艺术成就奖”】

2014年4月4日至6日，第36届纽约国际艺术博览会在纽约94号码头画廊举办，中国当代观念摄影艺术家傅文俊携带他的观念摄影作品《图腾II》系列，受邀参加了该展览，获得博览会“杰出艺术成就奖”，表彰其对于中美文化交流所做出的贡献。此前，《图腾I》系列于2012年在第十五届“世界华人艺术大会”香港大型艺术展上捧得“国际金奖”。

【“记忆 2013 · 中国新闻摄影盛典”颁奖仪式】

2014 年 4 月 19 日，由中国摄影家协会和吴中区人民政府联合主办的“记忆 2013 · 中国新闻摄影盛典”颁奖仪式在苏州举行，为在本次新闻摄影评选活动中胜出的 2013 年度十佳摄影记者、十佳图片编辑和十佳多媒体作品颁奖。

“记忆 2013 · 中国新闻摄影盛典”评选结果：

2013 年度十佳摄影记者

王　敬（《中国日报》）

杨抒怀（《晨报周刊》）

吴　芳（《合肥晚报》）

吴传明（《四川日报》）

张　涛（《南方周末》）

陈　剑（《中国青年报》）

陈荣辉（《都市快报》）

周平浪（《东方早报》）

柳　涛（《东南快报》）

夏世焱（《新快报》）

2013 年度十佳图片编辑

马俊岩（新浪网）

王　旻（《潇湘晨报》）

王　崴（腾讯网）

杨　杰（《新京报》）

杨晓东（《嘉兴日报》）

郑梓煜（《南方都市报》）

郑蓉蓉（《信息时报》）

赵　青（《中国青年报》）

夏　阳（《都市快报》）

郭　晴（《新快报》）

2013 年度十佳多媒体作品

1314 的礼物（作者：陈辉，《南方都市报》）

疫苗之殇（作者：郭现中　杨恩泽，《南方都市报》）

闪电乐队（导演：王斌斌；摄影：王昊中，北京百莲诺文化传播有限公司）

邹春兰　退役举重冠军的搓澡后岁月（导演：江涛；摄影：孙红敏，北京百莲诺文化传播有限公司）

中国梦 365 个故事——摄影队（作者：常庆辉，《京华时报》）

渐冻人（作者：谭扬，《京华时报》）

壮士暮歌（作者：吕迅，新华社）

中国“蜘蛛人”（作者：牛博，青岛大学）

春运之“破冰之旅”（作者：秦翼，《扬子晚报》）

汶川地震五周年视频系列之 Earthquake victim offers help and inspiration（作者：曹欢，中国日报网）

【陈复礼获“终身成就奖”】

2014年4月25日，由香港艺术发展局主办的“2013香港艺术发展奖”颁奖礼在香港文化中心大剧院举行，摄影家陈复礼成为“终身成就奖”得主。陈复礼毕生致力于推动摄影艺术，提出“画意与写实结合”的艺术主张，并开创“影画合璧”的艺术形式，通过摄影与绘画的跨媒介创作，提升摄影艺术的层次。

【张克纯赢得2014阿尔勒发现奖】

2014年7月12日，2014阿尔勒发现奖（Discovery Award）在法国阿尔勒古剧院揭晓，中国摄影师张克纯凭借作品《北流活活》摘得该奖，获得25000欧元的奖金。

【第九届亚洲大学生摄影大赛获奖作品揭晓】

2014年9月10日，“第九届亚洲大学生摄影展”优秀作品揭晓，华南师范大学宋世江的作品《玩耍》拔得头筹，周口师范学院洪汉清的《山村皮影戏》等3幅作品获二等奖，华北电力大学邬旭东的《爱在手心》等8幅作品获三等奖，25幅作品获优秀奖。

“亚洲大学生摄影展”由亚洲教育北京论坛、《中国青年报》、中国高校传媒联盟共同主办，平遥国际摄影大赛组委会荣誉支持，本届摄影展主题是“俭”。

第九届亚洲大学生摄影大赛获奖名单

一等奖（1名）：

《玩耍》　宋世江（中国）华南师范大学

二等奖（3名）：

《山村皮影戏》　洪汉清（中国）周口师范学院

《火车站—等候》　尹一智（中国）西南大学

《赛跑》　柳迹恒（中国）西北大学

三等奖（8名）：

《爱在手心》　邬旭东（中国）华北电力大学

《笑》　姜雨初（中国）北京电影学院

《大山小姊妹》　朱文斌（中国）吉林工程技术师范学院

《茶与生活》　王雨萌（中国）北京印刷学院

《寂静的童年》　汤雪灏（中国）重庆师范大学

《赶潮兄弟》　孙浩钧（中国）浙江师范大学

《梦魇》　张炀（中国）四川传媒学院

《当他》　苏伟（中国）三明学院

优秀奖（25名）：

《学习和睡觉在一起》　亚瑟尔 Yasir Muhammad（巴基斯坦）北京工商大学

《玩耍2》　宋世江（中国）华南师范大学

《梦里葵乡》　林志鹏（中国）江西理工大学应用科学学院

《放羊的孩子》　郑圣凡（中国）中山大学

《不同练法》　何文斌（中国）安徽理工大学

《希望之简：背着“收成”回家》　孙立青（中国）吉首大学

《相伴》　隋宜宏（中国）山东工艺美术学院
《老茶铺一》　陈浩夫（中国）四川传媒学院
《添丁之喜》　林志鹏（中国）江西理工大学应用科学学院
《掌握未来城市》　刘丹霞（中国）南昌工程学院
《求知》　郭家栋（中国）安徽师范大学
《净》　姚强（中国）西安工业大学
《芭蕾梦》　肖友存（中国）四川传媒学院
《夏日传奇》　郝志飞（中国）北京服装学院
《守望》　王坤（中国）怀化学院
《窗外》　黄琪（中国）华中师范大学武汉传媒学院
《佛国入夜》　苏伟（中国）三明学院
《我爱北京天安门》　赵明（中国）吉林动画学院
《独钓》　凌临渊（中国）桂林旅游学院
《老茶铺二》　陈浩夫（中国）四川传媒学院
《旧车回收》　朱怡俊（中国）丽水学院
《期盼》　刘雪（中国）华南农业大学
《酥油茶飘香》　何文（中国）安徽理工大学
《水木》　凌临渊（中国）桂林旅游学院
《1988—2014》　陈丹笛子（中国）广州美术学院

【2014 平遥国际摄影大展获奖名单揭晓】

2014 年 9 月 21 日，2014 平遥国际摄影大展颁奖颁奖典礼在山西平遥举行，各个奖项依次揭晓。

颁奖典礼揭晓了 10 类奖项，共有 80 人获奖。其中，“优秀摄影师奖”，新闻类优秀摄影师分别是：吴传明（《迟到半个世纪的铭记》）、李钟杰（《向着太阳的人们》）、徐小丹（《起舞蓝天》）、郭元伟（《浊日》）、李晓飞（《消失的记忆》）。社会生活类优秀摄影师分别是：胡群山（《将逝的驿站》）、吕鹏（《初・世界》）、马静坡（《宋陵・元像》）、杨抒怀（《开房的年轻人》）、霍志强（《河北工业・记忆》）。自然类优秀摄影师分别是：李秀（《马赛马拉的狮子》）、顾莹（《飞鸟世界》）、张义君（《心中的马》）、马晓波（《生命・生活》）、邓良明（《高原生灵》）。风光类奖项获奖者有：许世宏（《大地印象》）、高文秀（《南极印迹》）、王建中（《黄河三峡》）、王岩（《归来》）、张晖（《差异》）。艺术类获奖者则是：吴迪（《霾景》）、涂向东（《涂识骏马》）、李志国（《众生》）、蔡冰（《新市民面孔》）、吕益民（《有形无形》）。

“凤凰卫视优秀摄影画册奖”共有 10 人获奖，分别为：陈大志（《墨影画韵》）、王莹文（《寻找足迹》）、查春明（《西沙西沙》）、李迪（《孟加拉的城市贫民》）、庞相梁（《石油钻工》）、周荣生（《感受欧罗巴》）、郝海珍（《百鸟朝阳》）、王石（《风光极限》）、陈茂盛（《飞跃非洲》）、郝河山（《南街村》）。

微电影单元颁发了“最佳影片奖”——《尿不出来》、“最佳导演奖”——《回草原》、“最佳编剧奖”——《家・人》。

“新人奖”获得者分别是：武将（《田野守望者》）、刘林杰（《高级动物》）、徐思敏（《餐桌上的动物》）、吴亚楠（《馨乐敬老院的老人们》）、黄东黎（《表象之外》）、孔令捷（《海上西洋镜》）、居婧婷（《诸相非相》）、Davey（《河流》）、段然（《自行车》）、张续（《网络城市的痛》）。

在大展期间组织的“大美平遥・印象朱坑摄影采风比赛”，共评选出 5 名三等奖：孙梦雯（《现场》)、唐寅峰(《吹打》)、何健生(《一针一线总关情》)、刘畅(《分享》)、赵根才(《留不住的老院情》),3 名二等奖:季小微(《丰收的喜悦》)、窦泽中(《归来》)、梅红漫(《我想当演员》),2 名一等奖:梁生仁(《古堡仙境》)、彭鸣(《印象六河》)。

本届大展“资助奖”由金海岸凭借《钢的城》和王晴以《生命的回声》获得,平遥国际摄影大展艺术总监张国田为其颁奖,在接下来的一年中他们将利用大会资助的 10 万元奖金进行创作,并在来年的大展中进行汇报。

马丁·希尔(Martin Hill)(《拯救森林 To Save a Forest》)、维塔·德克汉诺斯(Dirk Hanus)(《内心世界 Inner Spaces》)、塞西莉亚·帕里茨(Cecilia Paredes)(《背景故事 Background Stories》)、艾迪·凯什(Ed Kashi)(《三个摄影故事 Three Photographic Storie》)、杰夫·莫夫特(Jeff Moorfoot)(《蔬菜之死 Legumes Morts》)最终获得了“优秀国际摄影师奖”。

中国摄影家协会策展人委员会颁发的“优秀策展人飞马奖”则由陈小波策展的《花朵·释放》、中国摄影出版策展的展览、付拥军策展的《快拍中国 24 小时》、唐浩武和王海宝策展的《摄影史上的无锡影响》及何成策展的《走进雅昌的摄影大师》最终获得。

本届大展将“致敬奖”颁发给了老摄影家袁毅平先生。

王争平的《马语者》和徐波的《鲲鹏极目》为本届“优秀摄影师评审委员会大奖”的最终获得者。

【第五届济南国际摄影双年展获奖名单揭晓】

2014 年 11 月 2 日,第五届济南国际摄影双年展公布各奖项名单

终身成就奖:张照堂

最高学院奖:塔可、藏策

最佳摄影展览奖:邵文欢、俞西奇、张畯

最佳摄影师大奖:李志雄、李杰、慕容拖鞋

最佳摄影图书奖

译作奖:毛卫东

编辑奖:郑幼幼、言由、张宇

优秀策展人“飞马奖”:大门、连芷平、石明

“青年摄影师资助计划”暨最佳摄影新人奖:陈卓、邓云、邢磊、梅若梅、郗文臻、李涛

优秀摄影展览奖:王同旭、张之洲、许云华、珀泊、田林、高岩、李朝晖、朱英豪、张森林、王相东

优秀摄影师奖:李明、杜扬、张文心、罗斌、刘劲勋、九口走召、黎明、陈亮、白冬泉、火炎

“青年摄影师资助计划”优秀成果奖:孙彦初、张克纯、苏洁浩、司马媛、吴郑鸥、何悦

尼克尔国际摄影特别奖:卡罗·迪亚纳(Carlo Diana)、任树高、刘雷

【第三届“徐肖冰杯”全国摄影大展评选结果揭晓】

2014 年 11 月 17 日,由中国摄影家协会和浙江省桐乡市人民政府共同主办的第三届“徐肖冰杯”全国摄影大展评选结果揭晓。

拟入展作品名单

奖项	作品名称	作者姓名
典藏作品	高原村小	王伟涛
典藏作品	黄河故乡	黄利平

典藏作品	毛家工业园	宁舟浩
典藏作品	启示	贺肖华
典藏作品	时代记忆（1981—2006）	彭振戈
深度专题	高中生	王向阳
影像探索佳作	呼吸的距离——记大学生异地恋	支雷鹰
新人佳作	埃及：路向何方	崔新钰
入选佳作	八届村选	段惠刚
入选佳作	伴我独行——单亲妈妈和她孤独症的儿子	夏世焱
入选佳作	尘界	窦绍林
入选佳作	含混的视线	李志雄
入选佳作	欢迎	周剑平
入选佳作	三峡移民走过 20 年	李风
入选佳作	山那边是我家	李泛
入选佳作	生活在金三角的人们	王艺忠
入选佳作	体操少女们的磨砺征途	贾国荣
入选佳作	异乡的蔺草	廖勇

【郎静山摄影艺术奖】

2014 年 12 月 18 日，中国华侨摄影学会、上海市归国华侨联合会等 17 家海内外社团、单位联合举办的 2014（第八届）上海国际“郎静山摄影艺术奖”在上海揭晓。

终身成就奖获得者

陈汉洲	泰国
罗素秋	中国台湾
颜秀婷	中国台湾
马　坚	上海
林浩然	中国台湾
王桂英	上海
葛世伟	上海
周志刚	中国台湾

机构

【中国企业家摄影学会成立】

2014 年 3 月 31 日，中国企业家摄影学会成立大会在江苏无锡举行。学会选举张富汉为会长，霍玮为副会长兼秘书长，王文强等 15 名副会长和 44 名常务理事、105 名理事。

【中国质检摄影协会成立】

2014 年 7 月 14 日，中国质检摄影协会成立大会在吉林省延吉市召开。葛志荣当选中国质检摄影协会主席。

【中国工业摄影协会成立】

2014 年 7 月 26 日，中国工业摄影协会第一次全国会员代表大会在沈阳中国工业博物馆举行，标志着中国工业摄影协会正式成立。中国工业摄影协会首批会员有 400 余名，王玉文任主席。

课题

【“四川摄影百年发展与探索”项目】

2014 年 6 月 20 日，“四川摄影百年发展与探索”项目在四川传媒大学正式启动。该项目的启动标志着四川摄影理论成果的全面研究和整理，四川摄影志、史的系统梳理和编撰，四川百年摄影作品选以及相关口述历史影像等课题的研究进入实质性实施阶段。项目是由四川省摄影家协会、四川传媒学院摄影系发起并具体实施。

人物纪念

【摄影家梁演错逝世】

2014 年 10 月 30 日，摄影家梁演错因病逝世，享年 65 岁。

梁演错生前为广东省文学艺术界联合会美术、书法、摄影工作部副调研员，广东省摄影家协会顾问，第七届、第八届副主席。

【摄影家赵清华逝世】

2014 年 11 月 13 日，甘肃省摄影家赵清华因病逝世，享年 83 岁。

赵清华 1948 年从沈阳迁居兰州，中华人民共和国成立后先后在兰州市文化局、友谊饭店、七里河区文化馆工作。1992 年退休。从 1958 年开始痴迷于摄影，1971 年转为专职摄影。赵清华系中国摄影家协会会员。其作品《待发》荣获 1986 年度尼康杯全国摄影大赛冠军。1996 年度，安曼国际摄影大赛银奖，其他摄影作品曾获得中国第四届国际摄影艺术展览金奖。第一届 CCTV 全国城市建筑摄影大赛优秀奖。赵清华于 1978 年首创 C41 高温快速彩色冲洗工艺，并获得甘肃省科技成果一等奖。该成果对当时彩色照片冲洗药水发展起到了推动和促进作用。赵清华为兰州留下了大量珍贵的历史照片，被中国文学艺术界联合会授予“德艺双馨”称号。

【中国美术馆藏郎静山摄影作品陈列】

2014 年 4 月 12 日至 21 日，中国美术馆藏郎静山摄影作品陈列在中国美术馆开展，此展览为中国美术馆“影像中国——20 世纪摄影名家系列”藏品陈列项目。

【再上一课——怀念恩师韩子善先生学生摄影展】

2014 年 8 月 23 日，摄影家韩子善逝世一周年纪念活动“再上一课——怀念恩师韩子善先生学生摄影展”在北京三影堂摄影艺术中心开幕。该展览是一次多元化的艺术作品展，展出作品汇聚了韩子善的著作文献及其 56 名学生作品。

大事记

1月6日，“中国·阿尔山冰雪摄影大展暨第三届中俄蒙国际摄影节”在内蒙古兴安盟阿尔山市开幕。

1月11日，“色影无忌·第四届中国年度新锐摄影师发现之旅颁奖典礼”在江苏省常州市开幕。摄影师张巍荣获色影无忌“2013年度新锐摄影师”称号。

1月21日，“黄河中原百姓50年生活变迁——朱宪民大型摄影展览”在河南濮阳市博物馆开幕。

2月22日，香港第五届全国摄影艺术展览获奖作品揭晓，刘香成、解海龙、李忠获终身摄影成就奖。

3月9日，朱宪民个展“躁动”在深圳华侨城色界艺术空间开幕。

3月17日，“首届红河哈尼梯田世界文化遗产国际摄影双年展”在红河州元阳县开幕。

3月19日，摄影家、摄影理论家、摄影活动家袁毅平获第11届造型表演艺术成就奖。

3月29日，“光影随踪——姚思成摄影展”在中国美术馆开幕。

3月31日，中国企业家摄影学会成立大会在江苏无锡举行。

4月4日至6日，摄影家傅文俊作品《图腾II》获第36届纽约国际艺术博览会“杰出艺术成就奖”。

4月7日，“中国摄影家眼中的纳米比亚”摄影展开幕式在中国摄影展览馆举办。

4月11日至22日，“亦幻·徐大庆摄影作品展”在中国美术馆展出。

4月12日，“巴黎—北京，百年法国摄影聚焦中国，1844—2014”在北京今日美术馆开幕。

4月12日至21日，中国美术馆藏郎静山摄影作品陈列在中国美术馆开展。

4月12日至5月11日，“2009年以来的中国新摄影展”在湖北武汉美术馆展出。

4月15日，“第十届国际新闻摄影比赛（华赛2013）评选结果”在北京揭晓。

4月19日，“记忆2013·中国新闻摄影盛典”颁奖仪式在苏州举行。

4月25日，摄影家陈复礼荣获“2013香港艺术发展奖”的“终身成就奖”。

4月26日，“第六届三影堂摄影奖作品展开幕式及颁奖典礼”在北京草场地艺术区三影堂摄影艺术中心举行。

5月6日，“雪原·马——李刚摄影作品展”在中国美术馆开展。

5月14日至6月30日，以“杜瓦诺眼中的雷诺”为题的摄影展在北京展出。

5月16日至7月6日，“一个人的丝路：尔冬强视觉文献展”在上海中华艺术宫展出。

5月17日，“美丽国家——中国—南非摄影作品展暨中国—南非国家年活动”在南非开普敦贝尔维尔艺术中心画廊开幕。

5月17日，“非物质文化遗产——人类精神活化石——第三届‘包商银行杯’中国国际摄影双年展”在中国美术馆开幕。

5月24日，“第十届国际新闻摄影比赛（华赛）获奖作品首展”在中华世纪坛开幕。

5月24日，“挑战传统——20世纪西方经典及中国当代摄影作品展”在北京中间美术馆开幕。

6月5日，“往事散记——袁毅平摄影回顾展”在中国摄影展览馆举办。

6月6日，“致青春——2014高校摄影专业毕业生邀请展”在北京乐凯大厦中国摄影画廊开幕。

6月6日至7月6日，“巴黎—北京，1844—2014：法国人镜头下的中国”摄影展在广东美术馆举办。

6月7日至13日，“杨抒怀——解放西的解放西”主题摄影展在长沙市解放西路展出。

6月9日至30日，“故乡的云——傅文俊观念摄影作品汇报展”在重庆黄桷坪艺术园区开展。

6月20日，“四川摄影百年发展与探索”项目在四川传媒大学正式启动。

6月21日，“天地——木月自然摄影作品展”在北京中国摄影展览馆开幕。

6月22日，“永恒的瞬间——汉内斯·施密德艺术展”在北京今日美术馆开幕。

7月9日，“航拍中国，1945——美国国家档案馆馆藏精选展”在中华世纪坛世界艺术馆开幕。

7月12日，张克纯荣获2014阿尔勒发现奖（Discovery Award）。

7月14日，中国质检摄影协会成立。

7月23日，“第四届全国农民摄影大展”在中国摄影展览馆开幕。

7月26日，中国工业摄影协会成立。

8月8日，“李英杰‘太极Ⅱ’摄影作品展”亮相北京中国摄影展览馆。

8月14日，“多彩贵州·第七届中国原生态国际摄影大展”在贵阳市开幕。

8月18日，“顾棣从事摄影70周年特别展”在北京中国摄影画廊开幕。

8月23日，“再上一课——怀念恩师韩子善先生学生摄影展”在北京三影堂摄影艺术中心开幕。

8月24日，“中国人 中国梦摄影艺术展”在中国国家博物馆开幕。

9月10日，“第九届亚洲大学生摄影展”优秀作品揭晓。

9月16日，共建21世纪“海上丝绸之路”摄影展在广西南宁国际会展中心开幕。

9月18日，“今日钢铁长城——首届‘强军梦’大型军事摄影展”在中国人民革命军事博物馆开幕。

9月21日，“2014平遥国际摄影大展颁奖典礼”在山西平遥举行。

9月22日，“冰雪魅力——王达军九寨沟黄龙摄影展”在美国内布拉斯加州林肯大学孔子学院开展。

9月29日，“追梦足迹——庆祝新中国成立65周年、改革开放35周年摄影大展”在北京中国摄影展览馆开幕。

10月12日，“北京国际摄影周2014”在中华世纪坛正式拉开序幕。

10月13日至19日，“2014上海国际摄影节暨上海第十二届国际摄影艺术展”在主展区中华艺术宫、分展区上海国际航运中心、宝山美兰湖区域展出。

10月24日，“墨影画韵——陈大志摄影作品展”在中国美术馆开幕。

10月30日，摄影家梁演锴因病逝世，享年65岁。

10月31日，“第五届济南国际摄影双年展”在山东工艺美术学院拉开序幕。

11月2日，“第五届济南国际摄影双年展”公布各奖项名单。

11月6日，“光影无垠——简庆福摄影作品展”在中国摄影展览馆开幕。

11月13日，甘肃省摄影家赵清华逝世，享年83岁。

11月14日至12月10日，“乘物游心——1839—2014直接摄影原作展”在中国美术馆举行。

11月16日，“2014中国首届‘金驹奖’世界大学生摄影展”在江西上饶开幕。

11月17日，“第三届‘徐肖冰杯’全国摄影大展”评选结果揭晓。

11月19日至27日，“中国美术馆馆藏佩德罗·梅耶尔摄影作品选展”在中国美术馆展出。

11月21日，“第十届连州国际摄影年展”开幕式在连州市举行。

12月18日，“中国梦·百姓情：群众摄影文化活动优秀作品展”在首都博物馆开幕。

12月18日，2014（第八届）上海国际“郎静山摄影艺术奖”在上海揭晓。

中国艺术年鉴

2014年卷

+

书法·篆刻卷

+

分卷主编：王　伟

年度述评

注重提升当代书法的文化内涵
——2014 年中国书法综述

◎刘宗超

2014 年，中国书法界注重提升当代书法的文化含量和精神高度，是苦练内功、“向内转”的一年。人们对书法作品的内涵和品位更加关注，对书法家的内在修养愈加重视。中国书法家协会在书法团体中率先垂范，所主办的书法展览比赛较往年大为减少，并且通过全国书法大展的评选，大力改善评审机制，使评审更为科学和客观，引领全国书法评审新风气。“第五届中国书法兰亭奖”“全国第十届书学讨论会”的评审成为近年来书法创作与理论研究成果的大盘点。理论研究队伍的专业化走向更为凸显，研究选题体现出对当代书法的关注。书法教育和培训呈现较强的自觉意识，中国书法家协会通过“翰墨薪传工程”和“国学修养与书法高研班”的举办，对基础教育师资和国展精英进行及时培训提高；中国美术馆“翰墨传承”提名展关注高校书法教师群体；“全国高等书法教育论坛”“反思书法高考”等活动表现出高等书法教育群体的自觉意识。书法团体的专业化建设引发新的关注。

一、书法创作：强调技道并进

2014 年全国书法创作状况主要由三类书法家队伍来呈现：通过参加各级各类展览，塑造展览书风的青年书法家群体；业内资深中年书法家群体；书风渐趋稳定的老年书法家群体。老书家文化蕴含的深度，中年书家艺术个性表现的力度，青年才俊深入书法传统的深度，汇成了本年度的创作景观。

步入老年的书法名家，他们的书风早为人们所熟悉。年逾耄耋的欧阳中石、沈鹏，步入古稀的孙伯翔、张海、旭宇等人，厚积薄发，推出新作，在今年亮点不断，备受关注。9 月，“欧阳中石书中华美德古训展”在中国国家博物馆开幕。其书法以行书为代表，本次展览是《中华美德古训》一书原作展，书古训六十则，体现出欧阳中石雅俗共赏的书法风格。5 月，“中国国家画院沈鹏工作室书法精英班回顾展”在中国国家画院美术馆开幕。精英班成员 40 余人毕业 7 年后又聚京城，师生共展新作。沈鹏的草书烂漫恣肆，书卷气浓郁。《中国书法》第 7 期“大家风采”推出沈鹏专题，刊登一组近作，他诗道书道并进，老而愈妙，展现出他草书艺术的诗人风采。孙伯翔是今年中国文学艺术界联合会“第十一届造型表演艺术成就奖”获得者之一，其书法是当代碑学书风的典型代表。5 月，“古稀新声——张海书法展”在河南博物院开幕。展览多采用大尺幅的整纸，以白纸黑字为主，字数几百字或上千字不等，也不乏日毕万言的蝇头小字册页。作品四体兼通，笔墨酣畅，无拼贴制作的流行风气。7 月，“旭宇艺术研讨会”在中国文学艺术界联合会举行。旭宇诗、书俱佳，曾提出“今楷”观点受到关注。他近期致力于草书创作，显示出年度新进。

代表性中年书法家的年度创作状态，从展览获奖和入选作品、评委作品、名家个展、专业媒体书家作品专题的发表呈现出来。《中国书法》《书法》杂志、中央数字电视“书画频道”、《书法报》头版书家等媒体不断推出书坛中青年专题与新作。“首届全国三名工程”50 位书法家的 50 件作品通过媒体不断地反复宣传，强化了“名家”和“代表作”的精品意识。“第五届中国书法兰亭奖·艺术奖”的 10 位获得者：韩天衡、李刚田、周俊杰、刘一闻、徐利明、张旭光、邱振中、徐本一、张建会、熊伯齐，均有多次担任全国展评委的经历，多为书法创作、书法理论与教育培训并进的学者型资深书法家，有的还在某一领域卓有建树和影响。首届“中国书法院奖”评选出的 10 名获奖者：徐右冰、鞠稚儒、李明、王卫军、卿三彬、彭双龙、曹端阳、娄红卫、李双阳、方建光，为近年来通过全国性展览脱颖而出的青年才俊，他们的书法创作深入传统，具备扎实的笔墨功夫和创变的可能空间。“翰墨传承——中国美术馆当代书法邀请展（2014）”遴选出当代高等书法教育界的26位书法家：朱以撒、徐利明、韩天雍、倪文东、刘彦湖、薛养贤、陆明君、张羽翔、刘灿铭、于明诠、郑晓华、甘中流、王元军、白砥、吕金光、陈海良、陈忠康、肖文飞、叶培贵、徐海、何来胜、杨涛、刘宗超、解小青、蔡梦霞、朱天曙。这些书法家多为专业博士，“学”与“术”兼优，技巧表现中具有个人学术思想的支撑。

以上老、中、青三代书法家是当今书法界的创作梯队，他们不断深入优秀书法传统，涵养人格学养，是2014书法创作队伍的代表人物，是书法创作的“高原”，有的具备了成就“高峰”的可能。

展览书风是书法创作状态的“风向标”“晴雨表”。本年度展览书风呈现出以下特点：1. 淡化作品形式感。许多展览征稿启事中明确“不提倡”拼接、染色，对形式化的追求有所抑制。2. 行草书作品依然强势，篆书作品较之以往有所增加，楷书作品较少。比如“金山岭长城杯”全国书法展18幅优秀作品中，草书作品6幅（33%），行书作品4幅（22%），隶书作品2幅（11%），篆书作品3幅（17%），篆刻作品2幅（11%），楷书作品1幅（6%）；“祭侄文稿杯”全国书法展22幅获奖作品中，草书作品6幅（27%），行书作品6幅（27%），隶书作品4幅（18%），楷书作品2幅（9%），篆刻作品3幅（14%），篆书作品1幅（5%）。3. 小字作品盛行，尤其是小楷创作，内容繁多，大字作品稀缺。4. 书法作品注重情趣、意趣的表现，追求技术上的娴熟巧妙，缺少独特个性和正大气象。5. 书法大省强省依然占据国展投稿及入展获奖作品的主体，力量略有消长变化。据本报告对2014年19个全国性展览的数据统计，江苏、浙江、山东、河南、辽宁、河北、江西、广东、湖南、安徽等省份为今年展览的主体。（表1、表2）

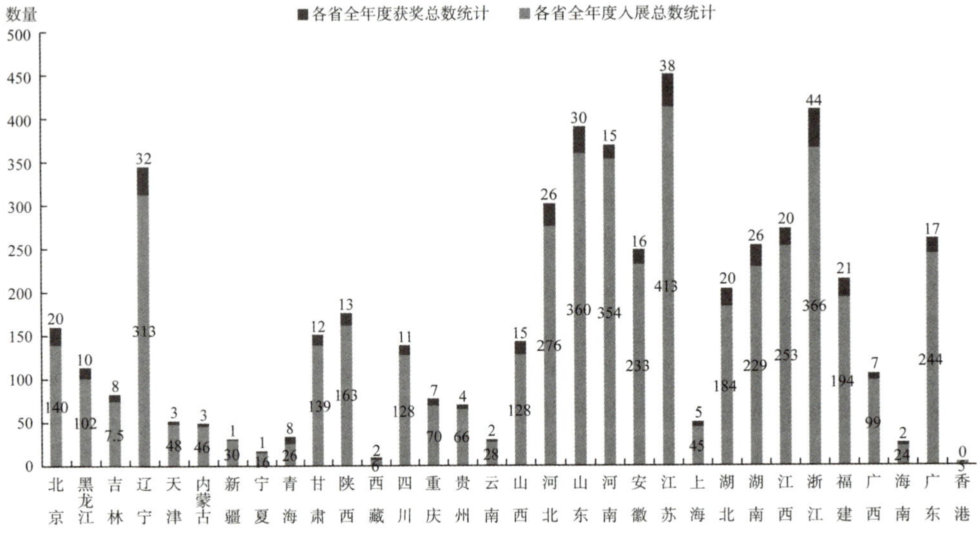

表1

书法创作以毛笔书法、篆刻、现代刻字艺术为主要艺术样式。在本年度，“写意篆刻”“义形刻字”的创作方式引发热议。

从全国展投稿数量来看，篆刻作品明显增多，获奖及入展比重有较大提高。地域性篆刻社团不断成立：4月，秦汉印吧揭牌；7月，海上印社成立。篆刻展览交流活动不断：7月，由江苏南京印社和湖南岳麓印社共同举办“江苏·湖南篆刻家作品联展”；西泠峰骨——纪念吴昌硕诞辰170周年暨西泠印社七任社长作品展举办；9月，“海上印坛百年”系列活动等。“写意篆刻”创作成为今年篆刻界讨论热点。11月，由中国国家画院书法篆刻院篆刻研究所承办的“当代写意篆刻研究展”在国家画院美术馆展出。此次展览以“写意”为创作理念，突破篆刻展览既有模式，采用装置、陶片、印屏等方式对篆

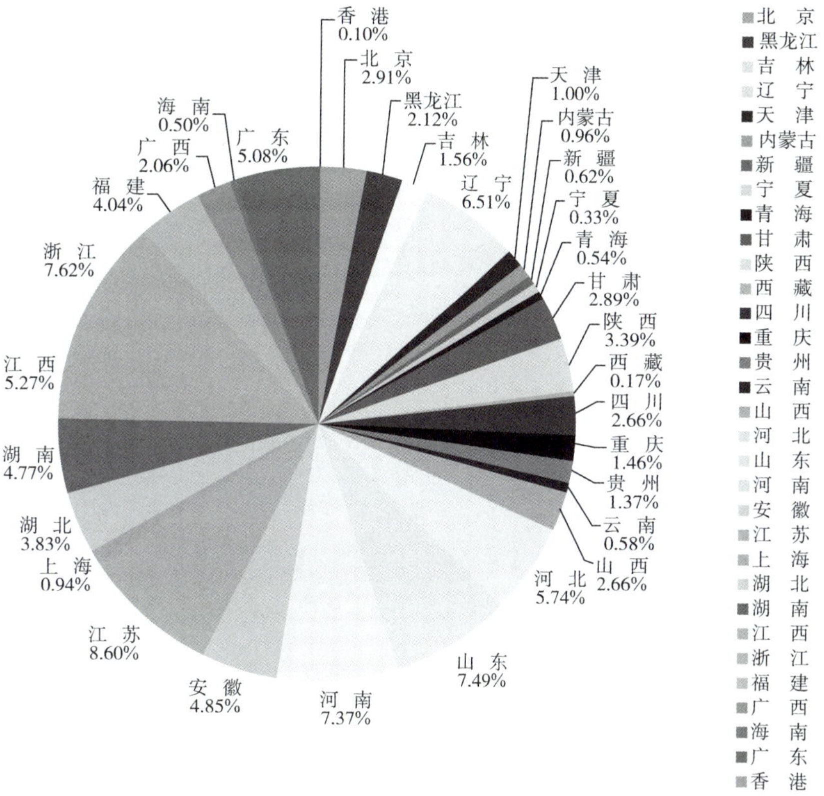

表 2　2014 年度各地图展入展比例

刻作品进行全方位的立体展示，涵盖印坛老、中、青篆刻作者，规格高、范围广、学术性强，是当代中国“写意篆刻”的一次集中展示。现代刻字艺术展览活动不断，“义形刻字”成为代表性创作模式。“全国第十届刻字展”收到投稿作品近 5000 件，入展作品 336 件，获奖作品 23 件。“迎新春・上海现代刻字提名展”“2014 江苏刻字艺术提名展”“第二届上海市刻字艺术作品展”“河南省第四届现代刻字艺术展”“铭刻太湖——无锡刻字八人作品展”等陆续举办。现代刻字艺术以色彩绚烂、汉字立体构成、装饰性、实物展示等特色凸显鲜明的时代特色，同时也与传统刻字渐行渐远。针对当代刻字创作走向，中国书法家协会在“全国第十届刻字展”开幕座谈会上，邀请各委员会专家代表把脉创作走向，大家对现代刻字艺术创作提出不同意见，呼唤传统刻字艺术风格和当代书风在现代刻字创作中的表现，引起刻字界热议。

通过对 2014 年书法创作状态的整体扫描，凸显如下年度特色。

1. 技道并进：提升当代书法的文化含量和精神高度

书法家是使用汉字媒介的专家，汉字的准确、语言的丰富是基本修养。而当下部分书法家“提笔忘字”、作品错字别字现象时有发生，在展览效果的驱动下，重视技巧而忽略内在涵养的问题日益凸显，这屡为书坛所诟病。对此，书法界力倡形式与内容统一，呼唤文化素养的回归。张海认为：“文化修养的缺失已经成为制约当代书法向更高层面发展的瓶颈。这提示我们，当代书法的发展同历史上的辉煌阶段还不能相提并论，与我们身处的伟大时代还存在相当距离。书法艺术的大发展大繁荣，并不仅仅是技法的娴熟，更是整体文化层面、文化精神的提升，只有具备了文化这一重要的基础，才能开创出当代书法艺术的新高度。”（《中国书法》2014 年第 7 期，第 199 页）

为此，中国书法家协会采取系列措施，大力倡导“技道并进”，督促书家不断提高文化修养，回归书法艺术的本源。6 月 18 日，由中国书法家协会主办的“国学修养与书法——首届全国青年书法创作骨干高研班”在中国人民大学开课。经过严格的评审与考察，首届国学高研班从来自全国 27 个省、市、自治区的近300位国展高手报名者中遴选出51名学员。培训课程为学员量身打造，每届学期三年。在课程设置上，选取《论语》《大学》等传统经典著作，邀请国学专家授课，对学员免费辅导。以观摩展、读书会等形式检测学习效果。中国书法家协会还为每位学员聘请了指导老师，对其论文写作具体指导。这是中国书法家协会提高书法创作者国学涵养、提倡“技道并进”的有力举措。另外，“第五届中国书法兰亭奖”征稿通知中强调：“提倡自作诗词联赋”，“自作诗文优秀者，在同等艺术水准情况下，优先作为入展、获奖的条件”。这是中国书法家协会在举办国展上首次强调的考核标准，是对当下书法文化缺失现象的力纠。文化内涵的培养是一个长期而又复杂的工程，需要时刻警醒、不断强化。如何通过常规措施采取科学培养方式，摒弃急功近利的浮躁心理，踏踏实实地提高书家文化品格，是整个书法界所共同面对的问题。

2. 曝光“问题作品”：展赛作品的文化内涵备受关注

《中国书法》第11期发表“书法展览评审及机制改进”专题，刊登“朝圣敦煌”全国书法大展评审中的23件作品，这些作品形式技巧颇为可观，但存在诸多内容和文字问题，作品错讹处被标出并加以说明。这些原本在以往展览中入选甚至可能获奖的作品，因为对作品文化内涵和文字内容的不重视而成为反面的典型。作品触目惊心，使人震惊与纠结。这是国展评审中的新举措，显示出中国书法家协会对当下不良创作走向的“零容忍”态度，可谓是对当代书法展“形式化”创作者的当头棒喝。李松撰文指出，审读作品内容问题主要有两个方面：文字内容问题和错别字问题。前者包括文字内容不完整、文字内容无主题、文字内容不统一；后者指字法硬伤：错别字、异体字、古今字、通假字、繁简字、废弃字等问题。（李松《关于展览评审中文字审读环节的思考》，《中国书法》2014年第11期，第127页）书法艺术是在文字正确书写的基础上形成的艺术形式，无论如何追求艺术性，都不能忽视文字正确的底线，也不能忽视文字内容的可读性和文学意蕴。

书法作品文化内涵的缺失，还表现在“书法作品制作化”“风格趋同化”“功利化”等方面。“书法制作化”主要是参赛者为应付展赛，吸引评委眼球，在作品外在形式上的精心包装，这种“为展览而创作”的固定思维依然存在。“风格趋同化”是当下展赛跟风现象时有发生，为入展或获奖，模仿他人书体，采取走所谓的“捷径”，没有自己对书法艺术本体深层次的独立思考，而是拾人牙慧，做简单的复制。“功利化”现象指明当下部分书法从事者为获得眼前利益，弄虚作假、找人代笔，或为入展获奖而一稿多投，风格复制，缺乏创新精神。这几种现象在当下书法展览中依然存在。

行草书创作仍是当下书法创作的主体。从今年全国行书入展作品来看，“二王”书风仍然占据主流，拼贴、做旧作品的比例有所下降，但仍占据很大比重。行书作品多采取古代手札式的创作方式，小字较多，字数冗杂，用笔情趣化，风格趋同化，“小品化”现象突出。草书作品数量仅次于行书，小字草书作品居多，多取法“二王”一路，狂草作品因其整体难度系数较高而数量较少，缺乏大气象、大格局的草书力作。草书创作中多夹杂行书，纯正的草书作品不多。并且，草法不规范、错别字等现象时有发生。篆书创作还是当下书法创作的“小众”，因为篆书创作需要有扎实的文字学功底，如果学识不够很容易出现舛误。对秦小篆以及清代篆书名家作品取法较为广泛，而对甲骨文、金文等篆书风格取法较少。楷书创作以小楷及取法魏碑为主流，唐楷作品稀少，书写内容繁多，多追求技巧的纯熟，楷书多夹杂行书笔意，追求抒情化表现。小字多，榜书缺乏。隶书创作呈显出美术化倾向，追求小情趣，不乏扭捏作态之作，缺乏古朴、厚重、大气之作。

通过对今年书法五体的各自分析，可以看出当下书法创作的总体趋势和问题所在：（1）小字作品为当下书法创作主流，缺乏大气象、大格局的书法作品。（2）注重书写的抒情化，极力表现毛笔的书写性，追求一种“小情趣”。（3）在“为展览而创作”理念的裹挟下，取法多选取相对一致的风格，缺乏个性鲜明、风格独特的作品。（4）过多地注重技法，作品流于形式化，忽视文字规定和文学色彩，缺乏字外功夫的积淀，缺少内在意蕴。

要解决当下书法创作所存在的问题，书法家要站在文化的高度，避免单纯的“炫技”，不断深入学习古人，而又能反思自己内心，不盲从他人，具有独立思考的学书品格。要把提升文化修养和作品内涵作为目标，深入传统，融入个性，反映时代。

二、书法研究：彰显当代关注

书法理论在研究内容上“厚古”但不“薄今”。书学研究以古代书法史论研究为主，同时对当代书法的关注与研究明显增加。以第十届全国书学讨论会为例，获奖和入选论文共77篇，古代书法史论研究论文48篇，当代书法研究论文20篇，分别占全部入选论文的62%和26%。当代书法研究论文比重的增加是非常突出的，这也是2013年度理论研究新取向的进一步深化。

1. 热点关注：当下书法发展的动态和问题

专业学术刊物不断开辟当代书法研究专栏，还有当代专题的书法研讨会，有力地推动了书法界对当代书法的关注和研究。《中国书法》杂志开设“书写时代与日常书写专题”“‘墨相’书法专题”“当代篆刻创作专题”“书法与情境专题”“当代小品书法创作专题”“雅集与当代书法创作专题”“沈鹏精英班十年回顾专题”；《书法》杂志开设“书法高考专题访谈”；《中国书画报》开设“‘枪手’泛滥，艺术遭殃”“书法国际化的思考”等专题；《美术观察》开辟“书法艺考”“当代书法评价体系”等专题。书法研讨会如“中国书法的跨文化交流与合作暨第九届汉字书法教育国际研讨会”、以“当代中国书法审美自觉的哲学思考”为主题的“第六届岭南书法大讲坛”“全国高校书法专业教材与学科建设研讨会”等。这些研究都能够关注当下，敢于直面当下书坛发展的诸多新问题，并通过系列研究试图探寻解决策略，表现出专业媒体的自觉和社会责任。

2014年的书法理论研究继续凸显“学院派”和“专业化”特色，彰显对当代书法的关注。“全国第十届书学讨论会”和“第五届中国书法兰亭奖·理论奖”在今年评审揭晓，是对近3年书法理论研究成果的大盘点，集中反映出当下书法理论研究的现状。学术研究的“专业化”特色突出，表现为：论文作者基本上为院校专业背景，有书法本科、硕士或博士、博士后的学历背景；研究者新人不断出现，展示出书学研究的后继有人；获奖者多为江苏、浙江、上海等南方书法重镇。论文选题小中见大，论文写作规范，讲究现代研究方法的运用，多采用图表、统计数字、心理学等现代跨学科研究方法。当下书法理论研究呈现以下特点：（1）有关当代书法研究的论文骤增，获奖和入选论文中研究当代的论文数量约占总数的四分之一，这是往届所没有的现象，反映出书法界对当代书法发展状况的关注和学术积累。（2）史学方面的论文仍占据主流位置，考证方法扎实，侧重于旁征博引。“第五届中国书法兰亭奖·理论奖”获奖成果甚至基本为考证类成果。美学、批评、技法方面的论文相对较少，美学论文尤为稀少，说明大家对书法艺术本身艺术性质的研究远远不足，这也是近年来书法创作缺少探索性潮流的主要原因。（3）入选和获奖论文追求撰写规范，论证充分，论文形式上做得很精致、很复杂，甚至有的像创作作品一样，堆砌数据或图表，呈现“形式化”的竞技特征，有“炫技”之嫌。（4）论文缺点是选题有些琐碎，缺乏大气和关注当下书法发展的锐气，综而不述，述而不评，缺乏让人为之一振的学术观点。

2. 理论与实践互动：书法评审体系的学术品位

艺术学术至上，科学民主评审。当下书法展赛的盛行，从整体上推动了书法艺术的繁荣，提高了大众学习书法的热情。然而，书法展赛中出现的“东道主现象”“风格趋同化”“展览作假行为”“书法制作化”等问题，一直是当下书法有识之士关注的话题。如何通过展览选拔出真正优秀的作品，更好地引导当下书法创作？这引发了书法界对展赛评选机制的讨论。《中国书法》第1期专门开辟“当代书法评审”专题，第11期又开设“书法展览评审及机制改进”专题。《书法》杂志、《书法导报》《书法报》等相关专业媒体对此也多有理论研究文章发表。李一主持的中国文学艺术界联合会课题《当代书法评价体系研究》，通过立项与开展，已经取得阶段性学术成果。

在学术探讨的同时，本年度的展赛评审活动也频出新招，改革评审机制。中国书法家协会通过主办的全国书法大赛开启评审新规。一是建立展览承办方不再担任评委和监委的“属地回避制度”，使书坛诟病的“东道主”现象得到有效控制。目的在于“让评委在制度的框架下评审，让机制在阳光下运行”。(《中国书法》2014年第1期，第151页）二是增设文字审读环节，提倡文化内涵，注重文字规范，明确对过度拼贴染色等实行减分，使重技轻文、重形式轻内涵现象得到抑制。三是评审坚持艺术学术至上，对风格雷同或近似作品经评审组讨论坚决拿下，鼓励参展书法艺术多元化，这是对当下展赛书法风格趋同化现象改变的一次有益尝试。四是对于打击“展赛作假”问题，部分展赛承办方也采取了有效的举措。比如，第五届兰亭奖还对获奖入围作者增设现场创作和文化考察环节，综合考量作者的全面素养。9月，首届“江苏书法奖”终评面试考试，对初评选出来的108位作者进行面试，面试分为文化考核和现场创作考核。文化考核是从题库中抽选出一套，内容为写一篇命题作文，要求必须用毛笔现场书写；现场创作考核也是从题库中抽选出来的内容，作者根据指定内容进行创作。现场考试后，根据初评投稿作品成绩（占60%），现场创作和文化考试（占20%），结合书家以往专业成果（占20%）进行综合评定，前10名即为“江苏书法奖”获得者。(《书法导报》2014年9月17日第1版）“河南篆隶书法研究展”在征稿启事中明确要求，要结合自身创作实践撰写1000字左右相关理论文章或创作自序。这种以学术性结合艺术性的评审，开辟了“书法打假”的新模式。《书法》杂志主办的第五届中国书坛中青年百强榜“谁是高手——百名书法家争霸赛”，提名前20名作者到现场比赛。现场比赛分临摹、创作和文化素质考核三个环节，其中文化素质考核是采取毛笔手札书写书论的方式进行。整个比赛总分为120分，其中初评作品20分，临摹20分，现场创作30分，手札书法20分，手札内容30分，明显加大了对书法作者文化素质考核的力度。以上举措，通过不断完善当下评审机制，敢于直面问题，以专业化、学术化的角度，以包容的心态，本着公平、公正、公开的原则，试图推选出一批经得住考验的精品，对当下展览“形式泛滥”问题予以有力扭转，以引导当下书法创作回归本源。

三、书法教育：艺术承传的群体自觉

学校基础书法教育与高等书法专业教育别开生面，“翰墨薪传工程”是基础书法教育师资培训的“及时雨”，“翰墨传承”展览是高等书法教育师资艺术成果的一次集中展示。

中小学书法教育扎实推进。4月，教育部在官网公布《完善中华优秀传统文化教育指导纲要》，称将据此适时调整课标，修订教材，并增加中华优秀传统文化内容在中考、高考升学考试中的比重，并对中小学书法教育提出了相关目标与要求。对于当下中小学书法教师师资匮乏问题，7月，中国书法家协会组织实施的“翰墨薪传工程”中小学书法师资首批培训在全国12个省、自治区、直辖市同时开课，1800多名中小学书法教师就近接受书法专业教学培训。此举是对当下中小学书法教师短缺、教育队伍不平衡等问题采取的有力举措。中国书法家协会培训中心2014年17个导师工作室培训学员500余人；举办临帖等短期培训班13期，培训学员1000多人次。继续在河南偃师举办“第二届西部书界新秀书法研修班”，开设行草书、书学理论和楷书三个系列，培训学员185人，为西部书法事业的发展提供人才支持。

高等书法教育呈现群体自觉。截至2014年，高等书法教育开设书法专业的院校已达107所，其中本科院校89所，具有书法硕士研究生点的院校50所，具有书法博士研究生点的院校15所，较去年有所提高。高等书法教育活动交流不断，成果丰富。7月12日，由中国美术馆主办的“翰墨传承——中国美术馆当代书法邀请展（2014)”启幕，这是中国美术馆继2012年举办首届该系列展览后的第四次展览。本次展览以高等书法教育价值取向为主题，邀请全国高校从事书法专业教育的26位书法家展出130件作品，这些书法家兼擅书法理论及创作实践，具有专业代表性。展览以“艺术沙龙”的方式作为此次展览的开幕活动，备受社会关注。针对高校书法教育教材不统一、不规范问题，5月，全国高校书法专业教材与学科建设研讨会在河北举行。6月，“国学修养与书法·首届全国青年书法创作骨干高研班”在中国人民大学开课。6月，教育部“十二五”规划教材暨首届“大学书法教材”研讨会在临潼举行。12月，首届全国高等书法教育论坛在首都师范大学开幕。这些活动展示了高等书法教育发展的自律。

书法教育的“瓶颈”：基础书法教育师资培训与书法“曲线高考”。

基础书法教育阶段，最为突出的问题是师资数量和师资素质。中国书法家协会“翰墨薪传工程”

率先垂范，影响广泛。该工程是一项公益性活动，2014 年的启动经费来自中国书法家协会主席张海捐资的 200 万元。首批培训选择北京、内蒙古、吉林、江苏、安徽、江西、山东、湖北、广东、四川、甘肃、青海 12 个省、市、自治区先行试点，在首府城市进行为期一周的集中培训。培训以《中小学书法教育指导纲要》的精神为指导，注重书法基本知识与技能，突出书法文化和审美知识。“翰墨薪传工程”专家团由具有丰富教学经验的书法家组成，负责培训的指导与评估，制订与修正培训方案和课程。学员为各省市教委负责选派本地中小学从事书法教学工作的一线专职或兼职教师，优先考虑培训边远、贫困地区的中小学书法教师。

“翰墨薪传工程”在中小学书法师资培训方面下了一场“及时雨”。但是，要尽可能地解决问题，还需要社会各界的多方行动，关键是书法院校要积极培养合格中小学书法师资，逐步改变由语文教师、美术教师或是有书法特长的其他教师兼任的情况，以形成良性供需关系。1 月 6 日，“我们的中国梦——文化进万家”志愿服务项目——平南县中小学教师书法培训班正式开班。这种招募书法志愿者参与的文艺支教形式，也是解决方法之一。

教材匮乏、教学方式混乱，是中小学书法教育中的重要问题。缺乏权威性、合理性教材的现状急需改善。应该不断改革创新，尽快完善中小学书法课程和教学目标设置，逐步形成规范系统的中小学书法教材体系。4 月，“田楷事件”“反田楷同盟”的出现，其焦点集中在学习“田楷”的利弊，“田楷”是否适合作为教育部书法教材、书法教材的编写标准以及书法教育应如何开展等方面，这暴露出中小学书法教材、课程设置的无序现象。同样，儿童书法教学也存在误区，家长对少儿学习书法的意义认识不深，学校对书法教育的不重视，培训机构良莠不齐、急功近利等现象急需解决。

随着高等书法教育院校的不断出现，高等书法教育招生“艺考”问题日益凸显。如广泛存在的“曲线高考”现象，为上大学而投身书法特长生队伍，造成生源后劲不足，对于招生的院校来说，存在生源“来者不善”“善者不来”的尴尬。又如，高考书法试题及考试形式等问题，由于教育部门缺乏统一的规范与管理，或省考或校考，各自为政，相对杂乱无序。由于考试时间的交错，考生忙于赶场各种书法专业考试。为扭转艺考热问题，2014 年有两大显著变化。一是按教育部的要求，越来越多的省市，对书法艺术类专业进行省统考，只是少数学校依旧保留校考、自主招生。这有利于防止高校招生腐败与“潜规则”现象，但是，省统考也有扼制高校自主招生权利，与学校招收愿望相背离的现象出现。二是从 2014 年起，提高文化课成绩要求，要求为对应普通高校批次分数线的 70%。以上两大变化有利于防止一些文化课成绩较差的考生侥幸过关，有利于提升高等书法教育的综合素质。

书法社会培训存在“泛滥化”“功利化”“技巧化”现象。“泛滥化“是指当下书法培训组织的泛滥，各种某某培训班、某某工作室相继成立，虽然其中不乏一些书法名家为书法教育付出的艰辛与努力，但某些社会培训组织也存在教学动机不纯、教学秩序混乱、教学成果堪忧等问题；“功利化”是指书法学习只是为了入展获奖，书法学习变成了为展赛而学习的投机行为；“技巧化”是指只专注于技巧训练而忽略了文化修为。对此，要以文化至上、学术先行、技术本位为指导思想，摈弃为谋私利而不顾书法艺术之本源的错误认识，要守得住寂寞，耐得住考验，书法的学习培训才能立足长远。

四、书法生态：“自媒体时代”的繁荣景象

1. 书法传播呈现“自媒体时代”的多样繁荣

在传统方式如报纸杂志传播的基础上，新的传播方式更具时代感，传播效果更为便捷自由。在网站、数字电视传播的同时，微博、微信等新兴自媒体传播日益普遍化。人们可以通过手机微信群聊，人人是媒体，更加快捷转载或发表信息，及时互动，极大方便了书法信息的传播交流，也为当下大众学习书法提供了一条新的便捷途径。又如，借助于影视传播，40 集电视剧《书圣王羲之》5 月在北京举行开机发布会，10 月在临沂市封镜；电影《启功》即将开拍。借助现代传媒，大众以一种便捷愉悦的心态了解书法知识，无疑推动了书法艺术的普及与提高，让书法传播更加迅捷。

书法出版呈现出集团化、多元化的繁荣新格局。4 月，中国书法出版传媒有限责任公司及中国书法

出版社、中国书法报社在北京揭牌成立。该公司为中国文学艺术界联合会主管，财政部代国务院履行出资人职责的中直企业，是中国文学艺术界联合会系统第一个专业艺术门类的出版传媒单位，同时也是文化体制改革的试点单位。陈洪武指出："中国书法家协会大力健全书、报、刊、电子媒体全覆盖的业态链，初步形成了书、报、刊'三位一体'的工作格局。中国书法出版社的揭牌和中国书法报社的揭牌，也使几代书法人的梦想得以实现。"（《中国书画报》2014年5月3日第1版）《中国书法报》2015年上线发行，《中国书法·翰墨天下》以新视野与读者见面，中国书法手机报三网平台运行，与手机读者互动。在书法传媒领域，中国书法家协会初步实现了书、报、刊、网融合发展的新格局。

2. 书法团体建设的拐点：去行政化

在本年度，周一波"请辞"书法家协会主席，书法家协会"去官员化"引发强烈社会关注。

2013年1月21日，陕西书法家协会换届，一共选出了11名名誉主席、1名主席、16名常务副主席、18名副主席、10名副秘书长以及6名顾问，62人的主席团阵容史无前例的臃肿，顿时让民众大跌眼镜。一时间，"官员膨胀、扎堆""究竟是职能需要，还是名利障眼"的质疑声音不断。2014年12月2日，陕西省书法家协会主席周一波在《人民日报》发表《让书法家协会少一些"官气"》的文章，希望领导干部从自身做起，自觉退出各级书画协会主席团。此文获得舆论点赞，"请领导干部自觉退出书画界"也成为各大媒体网站首页新闻，引发网友热议。12月7日，在陕西省书法家协会2014年工作总结会议上，周一波正式宣布辞去省书法家协会主席职务。12月27日，在陕西省文学艺术界联合会主持召开的省书法家协会主席团扩大会议上，省文学艺术界联合会正式宣布：包括周一波在内的8名副厅级以上干部（含离退休）不再担任省书法家协会领导职务。相比于2013年初的"选举事件"，2014年底的"请辞事件"显然得到了舆论的欢呼与称赞。

《人民日报》2015年1月3日第1版"今日谈"刊文《领导干部不要到艺术家的盘子里抢肉吃》。文章认为：为官发财，理应两道；从政与搞艺术，也理应界限更清晰一些，领导干部不要到艺术家的盘子里抢肉吃。"要尊重文艺工作者的创作个性和创造性劳动，政治上充分信任，创作上热情支持，营造有利于文艺创作的良好环境。"习近平总书记在文艺工作座谈会上的讲话精神，是要让文艺界多一份纯粹之风、清正之气。让权力的归权力，文艺的归文艺，不仅有利于推动政治文明的进步，更将净化文艺创作环境。周一波"请辞"书法家协会主席，给更多人带来了内心触动，可谓当今书法团体建设的一个"拐点"。当权力不再是艺术规则的制订者与艺术价值的指挥棒，艺术界或可迎来真正的清净与有序。

3. 书法产业问题成为关注热点

2014年的书法交易市场呈现出多元化的发展态势。（1）传统拍卖公司及画廊依然是当下书法交易市场的主力，古代书法作品拍卖依然强势。12月，在北京保利2014秋季拍卖会古画夜场拍卖中，乾隆帝书法手卷《白塔山记》以人民币1.01亿元落槌，创造全球年度中国书画拍卖价格最高纪录。12月，嘉德秋拍"王铎专场"总成交金额8214万元，成交率为95%；近现代文人书法拍卖再创新高，在南京经典秋拍中国书画专场上，茅盾手稿《谈最近的短篇小说》成交价达到1207.5万元，创中国文人手稿的拍卖新纪录；书法古籍善本、碑帖法书亦成为藏家的喜爱，在嘉德四季第37期拍卖会"古籍善本、碑帖法书"专场中，《汉孔宙碑》拓本以109.25万元折桂，张璧《草书》以92万元成交，《大佛顶如来密因修正了义诸菩萨万行首楞严经十卷》以44.85万元成交。（2）当下自媒体的崛起开辟书法交易的新模式。比如，新型网上画廊交易、微信、微博拍卖等。此类书法交易平台凭借其快捷化、大众化的优势受到越来越多人的喜爱。主要有以下特点：书法作品交易以现当代书法家作品居多；书法交易单笔交易金额相对传统拍卖公司及画廊较少，但是总体交易规模较大，交易总额不可小觑；参与人数广泛，交易程序简单，人们可以快捷方便地选择自己喜欢的作品。

在书法产业大背景下，书法交易火爆，频频爆出热门。但是，随着网络媒体的发展，一些新兴的交易方式产生，比如，新型网上画廊交易、微信、微博拍卖、淘宝拍卖等，而书法作假、书法市场机制混乱、监管缺失等问题成为今年舆论关注的焦点。针对种种情况，5月，"首届中国书法产业高峰论坛"

在浙江财经大学举行；6月，“艺术与经济·当代对话”活动在北京当代美术馆举办，这是全国经济界与艺术界委员进行的跨界交流活动。另外，《书法导报》《书法报》《中国书画报》等刊物也相继发表多篇理论文章探讨书法产业问题。

其一，赝品泛滥和鉴定权威机构的缺失。上海敬华春拍两件鲁迅手札被疑造假，拍卖公司回应：暂缓拍卖。6月，一幅林散之草书十一言对联立轴现身北京匡时拍卖春拍现场，并以644万元的高价创下林散之书法作品拍卖新纪录。南京玄奘寺住持传真法师却在微信上称，“这副对联是林散之写给南京栖霞寺的，如今被拍卖，如果是真迹，那么涉嫌寺庙财物被偷盗；如果是赝品，那么卖家涉嫌诈骗”。而南京市佛教协会经调查后称，林散之为栖霞寺所写对联目前完好保存在栖霞寺内。一副对联出现“双胞胎”，让事件变得扑朔迷离。（《中国书画报》2014年8月9日第1版）最具代表性的《功甫帖》真伪风波，引发出一系列问题与思考。如此众多事件的出现，引起业内对当下书法市场学术性、专业性鉴定与民间鉴定之间关系问题的讨论。专业文博机构是否能够对市场拍卖品、电视台、个人等介入进行鉴定，学术性、专业性鉴定机构的权威能否被挑战，传统权威机构的诚信机制、文博系统的信任危机和公信力等问题比较严峻。

其二，新型网上画廊交易、微信、微博、淘宝拍卖交易不透明问题。这导致了书法家素质参差不齐，价格形成缺乏合理机制，造成广泛的投机行为。“马体墨宝”拍出242万元，“话禅”一幅字书法拍卖到468万。有微博认为，书法价值 = 书法激发劳动价值 + 品牌价值，将艺术价值、学术价值等忽视，充分反映了当代书法价格的畸形态势。

其三，对当代书法市场前景的展望。当代书法有望成为未来拍卖市场的新增长点。再加上当代书法的保真、性价比较高，具有很大升值空间，其前景一致看好。但是，其风险性也同样较高，其中不乏陷阱。

文化艺术只有回归它的本位才能更好地体现其真正价值。书法家要提高自身修养，坚守学术品质、树立精品意识，要重视和顺应主流的书法市场，但不能过度追求，要兼顾社会责任。

4. 书法对外交流，拓展中华传统文化的影响力

通过不断“请进来”与“走出去”活动，开展书法艺术的对外交流与合作，加大书法的海外传播力度，提高中国书法国际影响力已成为中国书法界的共识。这一年里海内外书法活动交流频繁、成果丰富。

“走出去”的书法交流活动，主要有：

4月，中国书法家协会代表团应邀赴日本参加第30届“成田山全国竞书大会”，骆芃芃率代表团参加日本篆刻家协会成立30周年庆典；6月，第十回“韩·中·日东洋书艺招待作家展”在韩国首尔举办；8月，中国书法家协会陈洪武率团出席曼谷“第11届国际书法交流大展”；8月，吴善璋、李世俊率团出席日本成田山“第4届中日青少年书法交流活动”；9月，“第六届马来西亚—中国书法交流展”在基隆坡举行，张金梁作了题为“中国当代书法多元发展简论”的讲座；11月，“汉字之美——中国书法展”在加拿大加蒂诺市市政厅举行，展览共设置“古老中国—汉字时空”“当代中国—汉字艺术”“世界与中国—汉字互动”3个主题图片和文字展，同时展示了欧阳中石、聂成文、潘文海、李铎、朱关田等书法家的40幅作品；由上海市书法家协会主办的“海派书法全球性”活动，相继走进柬埔寨金边、法国巴黎、德国汉堡、俄罗斯莫斯科等多个国家和城市。

“走出去”的个人书法交流展览，主要有：

“郑晓华翰墨中华系列书法展——从书法看中国”，在以色列特拉维夫大学图书馆开幕；何奇耶徒书道艺术在日本东京举办；张天弓在韩国举办书展；刘守安书《论语》书法展在巴西举行。王义骅、黄寿耀书法巡展欧洲；上海书家赴伊朗交流书法；“鹤鸣九皋，求其友声——姜寿田书法近作展”在新加坡举办。

“请进来”的书法交流活动，主要有：

5月，由中国书法家协会、中日友好自咏书交流会主办的“第25届中日友好自作诗书交流展”在北京开幕，以“汉字”为桥梁，用自创的“汉诗”作品，相互切磋书艺、传达友情。本次展览共展出中日两国书法家书法作品152件，其中中方54件，日方98件。5月，由辽宁省台办和铁岭市人民政府联合主办的辽宁（铁岭）台中周暨两岸少儿文化展演节在铁岭开幕，台中市共有150余人莅临铁岭。7月，由人民画报社、海峡两岸关系协会书画交流分会等单位承办的“纪念甲午中日战争爆发120周年海峡两岸120位书法家公祭甲午中日战争中遇难的中国同胞”活动在山东威海刘公岛中国甲午战争博物馆举行。

大陆与港澳台地区的书法交流活动主要有：

3月，“我们爱和平——两岸四地书画名家作品展”在香港中央图书馆开幕，100位中国书法家协会理事提供了作品。3月，“书中识理，笔下传情——连家生诗文书法展”在澳门举行，中国书法家协会派代表出席。4月，中华台北书画家协会文化交流参访团一行13人，应邀来到太原与山西省书法家协会进行会见并举行了交流笔会。6月，“刘延涛书画特展”在河南博物院开幕，展览共展出台北历史博物馆所藏刘延涛书画作品52幅，创作时间多在迁居台湾以后。11月，“首届海峡两岸女书法家作品联展”，在北京民族文化宫开幕，本次展览涵盖海峡两岸具有代表性的老、中、青女书法家的书法作品，大陆方面展出林岫、周慧珺等女书法家参展作品96件。7月，“曹容120岁诞辰纪念书法展”在台北举办。10月“书画一家——周志高家庭书画展”在香港举办。11月，“台湾中华书道学会”主办的“草书美学之开展——2014两岸书法学术研讨会”在台北举办。这些活动的举办，深化了海峡两岸对中华文化的认同感。

如此众多的活动绘成了2014年中国书法国际、地区交流与合作的美丽画卷，展现出中国书法无穷的艺术魅力。

随着中国的崛起，中国文化不断为世界关注和认识，中国书法国际化课题也受到前所未有的重视。作为“世界文化遗产”，中国书法被屡屡推到前台。如1月，由上海书法家协会等主办“海派书法全球行——上海书法作品柬埔寨展”在柬埔寨金边市开幕。1月，“欢乐春节”迎新楹联书法展分别在泰国和日本举行。2月，ChiFra中法艺术交流展在中国美术馆举行，打开了中法两国艺术交流新窗口。另外，地方书画家协会与个人的书法国际交流也不少。

中国书法的国际交流，有两种不同的声音值得我们认真思考。一方面，作为中国文化精华和艺术瑰宝的书法艺术，在世界文化艺术中独树一帜，应该不断寻求国际认同、积极主动输出、扩大影响。另一方面，优秀的文化根本不需要主动输出，只要我们培养出优秀的书法家、艺术家，拿出一流的、无愧于古人的优秀书法艺术作品，别人自动会来学习。对于中国书法的国际交流问题，首先是我们深入传统，创作精品力作，合理利用“中俄文化年”“中法文化年”等国家级文化交流活动，把优秀书法作品推向世界。那些以简单、快餐式的创作理念进行策展参展、炒作包装进入国际交流市场的行为是不可取的。一些颇具国际眼光的书法家，在纽约、巴黎、伦敦等地直接利用行为艺术、书法秀等形式，试图以相对简单的方式快速传播，反而会损害书法的艺术形象。另外，还要全方位、多层面对中国书法的内容与形式进行思考，使之能够与国际文化、现代艺术、“当代艺术”进行交流与对话，为书法艺术的“走出去”做出扎实努力。

2014年中国书法，通过多种渠道和措施，提升当代书法的文化含量和精神高度，其文化艺术影响力不断得以彰显。

附：2014年书法活动扫描

2014年中国书法活动丰富，亮点不断，书法的文化艺术影响力得以提升。

1. 聚焦“中国梦”，突出以人民为中心的创作导向

2014年10月，习近平总书记在文艺工作座谈会重要讲话发表后，书法界迅速行动起来，通过学习活动和展览活动贯彻讲话精神。

书法界充分发挥书法艺术传承文化、雅俗共赏的属性，开展了一系列切实有效的活动。9月，由中国文学艺术界联合会、中国书法家协会、中国文学艺术基金会共同主办的“翰墨中国——全国书法作品大展”亮相中国国家博物馆。此次展览以“中国梦”为主题，设计新颖，分为“辉煌千载”“求索百年”“复兴今朝”三个板块，以书法弘扬中国传统文化，以关注社稷民生为创作题材，书法创作者经过数月的修改锤炼，创作出一批精品力作，社会各界好评如潮。

“弘道养正——培育和践行社会主义核心价值观书法巡展”举办。该活动由中国文学艺术界联合会、中国书法家协会、教育部语用司主办，中国书法家协会组织百位书法名家精心书写中华传统美德的格言警句和社会主义核心价值观24字的书法作品，先后在海淀区民族小学、北京师范大学、中国人民大学、首都师范大学、八一中学等学校及平谷农村举行巡展。展览同时邀请名家学者开设“中国书法公益大讲堂”。巡展旨在全面贯彻落实习近平总书记文艺工作座谈会讲话精神，树德立人、文以载道，受到了广大师生的欢迎。

2014年，中国书法家协会精心组织、广泛动员广大书法家和书法工作者深入基层一线，赴四川雅安、二炮、新疆阿尔山、北京301医院、昌平交警支队、大兴安岭、武警陕西省总队、北京大兴敬老孝村、四川广安、河北秦皇岛、北京宋庄等地举办“我们的中国梦——送欢乐下基层”慰问活动，在西藏、四川绵阳中心学校、山东沂蒙老区等地举办书法进万家活动。

各地书法工作者积极介入社会生活，践行社会主义核心价值观，努力为实现中国梦做出自己应有的贡献。比如，1月，“中国梦、乡村行——写福送春联、书法进万家”浙江书家走进社区；1月，重庆市书法家协会组织“书法名家进校园——走进大渡口区新工小学活动”在大渡口举行；4月，上海市“书法名家进校园”活动启动仪式在上海市第一师范附属小学举行；5月，“携手人道、关注健康——湖南省红十字彩虹桥第二届名家书画义卖会”举行；6月，内蒙古“书法名家进校园”活动启动仪式在呼和浩特市第六中学举行；6月，言恭达为四川雅安捐献50万元图书；7月，上海市书画家协会一行8人，赴香港慰问中国人民解放军特别行政区部队官兵；7月，乌鲁木齐市书法家协会组织的书法进军营活动在边陲拉开序幕；8月，“爱满天下，关注云南昭通地震”中国艺术创作院组织慈善笔会为鲁甸献爱心；8月，“祈福鲁甸，给力昆山”苏州市青年书画家协会在行动；9月，“欧阳中石书中华美德古训展”在中国国家博物馆正式开幕。

这些书法活动心存大爱，弘扬正能量，在体现为人民服务的同时，也为广大书法家提供了深入实际生活、深入人民大众的有效途径，切实推动了书法艺术的普及，促进了书法艺术的大繁荣、大发展。

2. 展览和研讨活动，在精炼中展现和把握时代气息

书法展览和书法研讨是书法界的最主要活动形式。2014年的这两大活动，相比往年，大幅度削减，体现出务实高效，静心发展的新思路，书法界以往的浮躁风气得到了大力扭转。

中国书法家协会主办的活动依然最具全国影响力，2014年主要举办全国书法大展14项：“祭侄文稿杯”全国书法大展、“天下大同·魏碑故里”全国书法作品展、首届“朝圣敦煌”全国书法大展暨“敦煌书法论坛”、丝绸之路全国书法展、首届“刘禹锡杯”全国书法作品展、首届“欧阳询杯”全国书法展、第五届中国书法兰亭奖、“生态大连”全国书法篆刻作品展、第四届中西部书法篆刻作品展、第三届“四堂杯”全国书法大展、首届“长江杯”全国书法作品展、第二届“赵孟頫奖”全国书法作品展、金山岭长城杯全国书法作品展、第十届全国刻字艺术展。以上展览活动数量不足以前年均的一半（2013年中国书法家协会主办或参与主办的展览30余项），展览重视征稿发动和评审改革环节，增加展览的专业学术水准，尽量减少开幕和接待环节；因精炼高效，锐意改革，带动了全国书法活动的清新风气。尤其是在展览评审机制改革上，注重考察的作品内涵和文化品位，增加获奖面试环节的科学规范性，在展览开幕的同时安排“名家书法讲座”部分，这都引领了书法评审专业学术风气的深化。

另外，“沈鹏工作室首届书法精英班回顾展”“大道书怀——中国书法院成立十周年展”“首都师大首届中国书法艺术专业班回顾展”“鸿篇巨制——当代百位名家书写美丽中国书法提名展”“《中国书

法》年展·百名大学生提名展”等，都产生了良好社会反响。由不同单位举办的合展主要还有：“辽宁十大青年书家展”“河南省十大青年书法家作品展”“吉林省十大青年书法家作品展”“河北省书画名家邀请展暨河北省书画院首届作品展”“翰墨草原——内蒙古书法名家作品展”“写意——书法艺术的当代思考全国邀请展”“回望傅山——十二家书法展”“锡山雅集——书法十二家作品展”，等等。

举办的个人展览主要有：

“沈鹏草书《古诗十条屏》全国巡回展永州首展”“我心匪石·黄君书法展”“曾翔书法篆刻展”“叩问心象·崔勇波军旅书画汇报展”“艺舟双楫——张其凤书法艺术展”“心印——姜寿田书法作品展”“朱以撒书法学术展”“我襟怀古——鲍贤伦书法展”“崇古尚法——何奇临习书法经典汇展”“笔墨伴随——李啸书法作品展”“可能的世界——邱振中书法大展”“静观风来——黄惇书法篆刻作品展”“游目骋怀——李远东书法作品展”“古道边——王冬龄书法展”“刘洪彪六十岁墨迹展”“王友谊篆书艺术大展”“刘锁祥主题书法展”“于茂阳书法作品展”“张旭光书法新作观摩展”“束手有策——张锡庚书法展”等。

书法研讨活动主要有：“尚意书风”全国理论研讨会在河南开封举办；第三届全国中小学书法教学高峰论坛在重庆举办；首届中国书法产业高峰论坛在浙江财经大学举行；全国高校书法专业教材与学科建设研讨会在河北美术学院举行；2014 中国苏州（吴江）书法史讲坛举办；“全国第三届碑帖学术研讨会”在青岛举行；第六届岭南书法大讲坛在广东书法院举行；首届海峡两岸“汉字文化与书法艺术教育论坛”在北京举办。

刘宗超　河北大学艺术学院院长、教授、博士生导师

2014年中国书法研究述评

◎陈慧慧

2014年，书法研究领域颇为活跃。举办了“中国苏州（吴江）书法史讲坛”“第十届全国书学讨论会”等多场学术活动，为书法研究者提供了交流的平台，推动书法研究的深入发展。纵览全年研究著作，笔者发现学界研究多着眼于书法史，针对新见书迹、书家、碑帖的考据与鉴藏等问题进行探究，并有30余部专著出版，近百篇期刊文章发表。此外，书法理论及书法批评方面的研究亦有值得关注之处。

一、书法史研究

（一）书史出版热潮

2014年书法研究领域共出版了7部通史著作，一本断代史著作。涵盖了书法本体、书法美学及篆刻三个方面。在对书法本体的历史梳理中，呈现出简明、通俗化的倾向，刘涛的《极简中国书法史》便是其中的代表。任教于中央美术学院的刘涛长期从事书法史、书法技法的教学和研究，有着深厚的书法史论功底。这本《极简中国书法史》共分10章，从文字起源入手，重点论述了篆、隶、草、行、楷五种书体的演变过程，在最后两章中分别论述了书家的风格特征、书法创作的社会意义，并厘清了书画同源的问题。与以往以时间为次序的书史写作方法不同，此书以书体为主要分类依据，以时代变迁作为各章节内的论述脉络，深入浅出，清晰呈现出中国书法的发展脉络。

断代史著作有《清民两代金石书画史》，此为龚方纬1943年所作手稿，经宗瑞冰点校，由凤凰出版社出版。此书为断代史研究，按姓氏排列，以笔画多少编次，每个姓氏后又别列女史、道家、补遗三类，共记载清及民国时期金石书画家8970余人。此稿本所录诸家，尤其是道光之后，在其他专著中鲜有记载。如秦国桢、金世和等人，甚至在《中国美术家人名辞典》中都无记载。故此书稿的出版，对这一时期的书学研究大有裨益。

（二）专门研究

1. 新见书迹

2014年，随着考古工作的不断开展，越来越多的书法遗存进入学界视野之中，且多以墓志、简牍帛书及碑板刻石的形式出现。

2014年，《中国书法精粹·新出土墓志精粹》由上海书画出版社出版。全书共六本，内容翔实，图文并茂，对近年来新出土的北朝及唐宋墓志书法进行梳理考证，对其内容详加辨析，是研究这一时期墓志书法的绝佳材料。

对于新出土墓志的研究，主要集中于墓志的史料价值、书法风格、墓主及撰文书丹者的身份考订等方面。如田熹晶《新出土唐殷亮墓志考释》，将墓志内容与文献记载进行对照求证，对墓主谱系及墓志的撰文者与书丹者等方面进行了全面的阐释。杨庆兴《新见宋代〈马氏墓志〉篆书研究》，以墓志的书法本体为着眼点，追溯了墓志篆书风格来源及成因，探究此志与李阳冰书法的师承关系。何汉儒《萧李佚文 熠熠珠玑——萧颖士撰〈李虚己墓志〉及李华撰〈吉居士墓志铭〉初探》，则从墓志内容考证墓主李虚己的生平，并对撰文者——唐代文学家萧颖士及李华的交游、生平经历进行辨析。

对简牍帛书的探究亦涉及书体、书风及书写者的考证。刘涛《长沙东牌楼东汉简牍的书体与书写者》，即以书体及书写者探究对象，通过风格分析及文献考证的方法，对这批近年出土的简牍书体进行辨别并分类，并对书写群体及其书法水平进行评估。此外，简牍帛书的材质及尺寸也被纳入研究范围。吴晓懿《楚国简帛书法的材质与款式研究》，对近年来出土的楚简材质、形式进行分析，探讨其书写特点和装饰风格的关系。指出楚简的容量小，乃是因为楚国文字字形修长、字距较大的缘故。而楚简端口形状的丰富变化，长宽皆甚过秦简，这除了书写习惯之外，亦与楚国盛产竹子，制作书写材料容易有关。

2014年，碑板刻石在原有研究基础上，也有了进一步的推进。张庆捷《北魏文成帝〈南巡碑〉的发现与意义》一文，为作者亲自考察《南巡碑》的遗址之后所作。作者发现了数块未发表的残碑碑文，新识别出1000余字的碑文，大大增加了此碑刻的信息量。此文将作者所考察的碑刻形制、内容进行梳理，并将碑文内容与史料对照，考订其史学价值。张永强《北京房山石经书法概述》，针对新出现的石刻资料及图片文献，从风格学入手，对房山石经书法进行分期，并对书丹者、镌刻者的身份进行考证。此外文中还将新发现的唐刻《佛本行集经》与《房山石经》进行比较，指出其内容上与《房山石经》中的一致性，并推测此唐刻《佛本行集经》极有可能是黄炳章等研究者一直寻找的马鞍山"孔雀洞"内的刻经。

新见海外书迹，主要见于马成名《寰宇读碑书系：海外所见善本碑帖录》。马成名是当代著名的书画碑帖鉴定专家，曾长期任职于佳士得拍卖公司书画部门，从事鉴定工作。1999年出任佳士得拍卖公司香港分公司董事会董事。这本书，记录了马成名在海外20多年间所见的善本碑帖，总计50种。其中多为私人收藏的珍稀之品，常人难得一见。作者精心辨析了每件作品的题跋、鉴藏印，又考证每册真伪、拓藏年代及递藏等相关信息，为研究者提供了珍贵的善本碑帖材料。此外，作者还以自己多年鉴藏经验，在每册善本中提出自己的鉴定意见，为学者提供宝贵的鉴定思路。

2. 书家研究

一直以来，对于书家生平及书艺的研究，是书法史研究的重要议题。就2014年而言，学界在宋代书家、幕府与乾嘉学派、杨维桢、吴大澂方面的研究有所推进。

（1）宋代书家

宋代书家众多，见于史籍记载的计有900余人，但在目前所见的研究中，进入人们视野的不足一半，且多数缺乏深入的个案研究，许多书家仍淹没于书史之中。对书家研究的不足，不仅影响书家的书法史定位，更影响对书法史进程的全面理解与把握。对此，陈志平对北宋书家群体进行考证，汇成《北宋书家丛考》一书。全书分为上、下两卷，以年谱为经，专题为纬。上卷撰李建中、石延年、唐询、苏舜元、陆经、沈辽及朱长文等8位书家年谱。在人物研究之外，此书亦涉及书家著述和书法理论的探究。在下卷中即以专题形式，从目录、版本、辑佚的角度详考周越《古今法书苑》和朱长文《墨池编》。此外，书后附北宋书家年表合编，按时间轴的顺序对北宋书家进行详细梳理，是研究这一时期十分全面的材料。

（2）幕府与乾嘉学派

乾嘉之际，金石考据之风兴盛，这一学术活动对碑学的振兴与发展起到了重要的推动作用。故而研究清代书法史，乾嘉学派特别值得关注，当中又以学术幕府与游幕书家尤有研究价值。

2014年，张俊岭《朱筠、毕沅、阮元三家幕府与乾嘉碑学》出版。此书以三家幕府为主脉，依靠大量的文字与图像资料，梳理考证了幕主、幕宾及幕外师友的碑学研究、书法实践、学术探讨、文化活动、教学践行及人际交往等活动，不仅以清晰的脉络呈现出乾嘉碑学中群峰迭起的人物群像，更解决了幕府活动与书法之间的逻辑关系、影响途径、发生细节等问题。另外，张俊岭还发表了《毕沅幕府与乾嘉篆书》《阮元幕府篆书》，从个案研究中，呈现两家幕府的篆书活动及其书史意义。

虽然自20世纪80年代开始，幕府研究已受大陆学者关注，20世纪90年代以后，对清代幕府的研究逐渐兴盛，但对幕府的研究多侧重于政治和文化意义方面，而对幕府活动与书法之间的联系，近几年才逐渐进入学界视野。

刘墨《乾嘉时期的学术赞助》（《徐州师范大学学报》，2005年第二期）注意到朱筠、毕沅、阮元三家幕府的赞助行为对乾嘉学术的推进作用。陈雅飞《乾嘉幕府的碑帖风尚——以钱泳为视角》（《书海观澜二——中国书法国际学术会议论文集》，2007 年，第 147—180 页）从幕宾钱泳与毕沅等人的交游中，探究乾嘉幕府的学术活动对碑帖风尚的推动作用。后作者又发表《毕沅幕府书家群概论》（《新美术》，2012 年第二期），根据毕沅在陕西、河南及湖北游幕的三个阶段，按入幕的先后顺序分述孙星衍、洪亮吉等幕府书家 10 余人，并考证其与毕沅之间的书法活动。以上几篇研究，将幕府活动置于书法史中，初步勾勒了幕府与书法之间的关联，拓宽了书法研究的领域。但仅停留于客观描述的层面，对于其中的内在逻辑关系，则缺乏深入探究。故而张俊岭的研究，对推动幕府书法研究的发展有着重要意义。

（3）杨维桢研究

顾工《铁笛一声吹破秋：杨维桢在吴门的交游与创作》详细考证了杨维桢在吴门的艺术活动，并探讨了这段经历对他个人创作及元末吴门文学艺术的发展产生的影响。此书为苏州市书法家协会主持出版的“书法学术小丛书”中的一本，篇幅不长，但资料翔实，是研究杨维桢的重要材料。此外，顾工还发表《杨维桢年表》《承古开今一大家——论杨维桢书法的创造性》，对杨维桢的整个生平经历及书法艺术进行深入考证与剖析。与顾工从文献着手的研究方法不同，边学斌的《杨维桢书法交游考论》一文，从杨维桢的作品入手，考察他与张雨、倪瓒、黄公望三人的交游活动。楚默《杨维桢〈梦游海棠城诗卷〉考析》则以杨氏晚年一幅记其梦境的书法为研究对象，对其版本进行考订，并探究其内容传达出的书家心理状态。陈海良撰《“文妖”？“书妖”？——直解杨维桢书法》，结合杨氏的诗文分析其书法创作的审美倾向。

（4）吴大澂研究

关于晚清金石学家吴大澂，虽早在 20 世纪 90 年代已有研究出现，但一直未受到学界广泛关注。直至近年来白谦慎发表了一系列有关吴大澂的文章，并出版《吴大澂和他的拓工》（海豚出版社，2013 年）一书，吴大澂才逐渐为当今学者所重视。

2014 年苏州（吴江）书法史讲坛中，白谦慎发表首场演讲，以“吴大澂和文人文化的现代命运”为主题，对其 10 余年来的吴大澂研究进行概述。围绕吴大澂及其师友，分析晚清政府高官的文化艺术活动，为人们提供中国传统社会晚期士大夫的文化生活的具体图像，并了解中国精英文化在 20 世纪发生的历史性变化提供一个可靠的观察点。

2014 年，李军也出版一部吴大澂研究专著——《访古与传古：吴大澂的金石生活考论》，从仿古、寄托、演变三者入手，对吴大澂的访古活动及风格形成进行探究。此书选取具有代表性的西北之行，对吴大澂的访古活动进行考察；并在对吴大澂绘画的师法源流与个人喜好加以梳理的基础上，讨论黄易《访碑图》对他的影响并非如白谦慎所说那么巨大；此外，他还以愙斋的《集古图》为中心，探讨吴大澂对旧传统的继承与突破，同时以他与师友对石印术、照相术等的利用与讨论，窥探他对东渐新技术的态度。

白谦慎对吴大澂的研究，更多的是将其作为窥探晚清士人文化的一个窗口，从艺术史的角度入手，洞悉当时的社会与政治状况。而李军的研究，则将吴大澂作为一个金石书画家个案，对他的艺术活动及理念进行探究，更加侧重对艺术家本身的研究。

3. 碑帖的考据与鉴藏

碑帖在流传过程中，往往产生众多版本，并出现大量伪作。因而对于碑帖的考据与鉴藏，对书法史研究有着重要的意义。就 2014 年而言，学界研究在碑帖内容的考据、流通及版本辨析、鉴定方法论等方面取得一定的成果。

随着对碑帖内容研究的不断深入和细化，原先存在的部分问题得以解决。李梦媛《褚遂良〈雁塔圣教序〉补笔修正考》，在分析学界对褚氏补笔意见之后，以原碑及相关拓本为基础，结合历史文献，证实此碑中存在的修改痕迹系褚氏二次补笔修正。并从书法艺术的角度，对修正现象的原因做出合理的阐释。陈书国《怀素〈自叙帖〉流日半卷本南宋人两跋考述》对帖后未见记载的两位南宋跋者生平及交游情况进行考证，并进一步明确了跋文中所涉及的题跋时间、地点、收藏者等相关问题。尹一梅《敬胜斋法帖考》在综合考察现存文物与清宫档案信息的基础上，对帖石的镌刻时间、现存清宫拓本的时间、宫廷刻石相关情况进行考证。万波《清姚学经〈晚香堂苏帖〉考》从辑刻者、刻帖内容及刻帖价值等方面入手，将姚氏刻帖与明代陈继儒《晚香堂苏帖》进行对比，判定高下，指出姚氏“恶刻冒充名帖”。

碑帖的流传及版本辨析。杨军《北宋官法帖的刊刻与流布研究》，从文献及现存实物的角度入手，考察了宋代的刻帖的社会背景及官修《淳化阁帖》及《大观帖》的刊刻流传情况。许国平《唐九成宫醴泉铭拓本版本试析——以北京故宫博物院藏本为主》对故宫所藏五本《醴泉铭》拓本进行研究与考证，将各本信息进行详细梳理并进行对比，指出故宫藏丙本即为晚清显赫一时的胜芳王氏本，并对两本南宋本之间的时间先后关系进行辨析。

前两者的研究中，皆会涉及鉴定方法的使用。但是对于碑帖的鉴定方法，之前虽有学者提及，但尚未形成系统的方法论著作。2014 年，上海图书馆研究员仲威对其近 20 年碑帖鉴定经验进行总结，撰《碑帖鉴定概论》（上海古籍出版社）一书。早在 2010 年，仲威著《中国碑拓鉴别图典》（文物出版社，2010 年）一书，选取历代名碑 300 余种，总结并整合前人校碑经验，删繁增减，结合实际校碑体会，提纲挈领，并配以历代碑拓考据点图片 2300 余幅，尝试着开创一个“图典”校碑的新阶段。而 2014 年这本《碑帖鉴定概论》，在“图典”校碑的基础上，对碑帖的形式与内容、拓本称谓等基本内容入手，由表及里，详细阐释碑帖鉴定的各个环节及常见的作伪手段，并提供诸多方法策略。并通过众多案例阐释鉴定方法的具体应用。此书内容更为翔实，首次在碑帖鉴定领域中提出了系统的鉴定方法。

4. 毛笔研究

书写工具的不同，对于风格的形成有着不同的影响。近年来，针对毛笔与笔法的探究逐渐受到重视。何炎泉《北宋的毛笔、桌椅与笔法》，针对诸葛散卓笔、桌椅与笔法逐一介绍，并重新思考它们之间的关系，试图从物质面来呈现北宋书法的发展脉络，并对其中涉及的桌椅的普及、笔法的中断、悬腕的倡导与书法典范的建立等相关议题进行详细考证，探究书写工具在其中的重要作用。李小平《古代毛笔“缠纸法”浅议》从制作工艺的角度，对毛笔“缠纸法”的产生及演变进行考证。陈秋速《亹亹柔翰　妙旨以敷：笔之溯源及明清宫廷用笔简述》结合实物资料及文献记载，对毛笔的产生及发展的过程进行梳理，并考证了明清宫廷御笔的来源、制作及使用情况。赵丽红《走进御书房：清代宫廷文房用具》（《紫禁城》，第十二期）则对清代宫廷中的笔墨纸砚进行更深入的探讨，对御笔种类、笔管题铭及装饰进行详细的梳理，并从宫廷造作及地方制作、上贡的角度探究其制作的情形。

随毛笔等器具、时代及观念的变异，执笔方法亦会随之产生一系列变化。庄天明《执笔的流变——中国历代执笔图像汇考》，对现今所见的执笔图像资料进行整理归纳，总结历代主流执笔方法，梳理出古代执笔演变的脉络。2015 年 1 月，南京博物院在艺术馆举行“‘执笔的流变——历代执笔图像汇展’开幕暨《执笔的流变——历代执笔图像汇考》首发仪式”，将这一研究成果通过展览的方式向大众呈现与推广。

（三）专题研究

1.《功甫帖》之争的反思

2013 年 12 月，上海博物馆三位馆员指认民间藏家刘益谦在苏富比所拍苏轼《功甫帖》为清中期双钩廓填版本。随后上博专家与苏富比团队及刘益谦三方，就此帖真伪展开一系列的争论。焦点主要集中于此本为钩摹本还是真迹、翁方纲题字的真伪、鉴藏印的真伪及对于张珩、徐邦达鉴定意见的解读四方面。众多业界人士参与到这场论战中，一时间众说纷纭，成为 2014 年书法和收藏界最为热门的话题。最后作品真伪仍无定论，《功甫帖》事件就此不了了之。在一系列争论之后，已不仅仅是简单的关于真伪的学术讨论，更牵涉到了诸多深层次的问题，引发学者对此进行反思。

此次事件的不了了之，暴露出了书画鉴定的困境。对此李逸峰《从〈功甫帖〉看中国古书画收藏鉴定的困局》，从古书画自身原因、人情权势等外在因素、鉴定者水平、拍卖行利益驱动、资本市场强势介入以及大众媒体推波助澜等方面对当下鉴定困境原因进行解读，并指出保持古书法家鉴定的学术独立，是摆脱困局的不二法门。尚晓周《从“功甫帖风波”看收藏鉴定的义与利》对收藏热潮中人们价值取向进行追问，剖析这场鉴定风波中的利益问题，指出当下科学鉴定模式及市场体系的不完善。曹鹏《〈功甫帖〉真伪：学术之争？话语之争？还是利益之争??》对这一事件背后隐藏的鉴定问题及利益立场进行讨论，揭示出了当下书画鉴定真伪难辨且夹杂利益纠纷的现象。

对此，学者对鉴定体系的构建提出了更多的讨论。赵华《书画鉴定中各种证据的地位和排序——以〈功甫帖〉论辩为例》，从书画鉴定方法的角度入手，厘清从作品本身到印鉴题跋、装裱及著录等证据的效力排序，并详细阐释各步骤中值得注意的问题。邱才桢《“功甫帖之争”：逻辑与权力》从鉴定的逻辑思路入手，对以“时间力量”取胜的逻辑提出质疑，指出古代鉴藏家的鉴定水平并非一定优于当代专家学者。同时提出一系列值得关注的话题，如权威话语如何取舍、公认的鉴定方法该由谁来建立等。

2. “二王”及兰亭书法

对“二王”及兰亭书法的研究，是书法研究领域一直以来的热点话题。就2014年而言，学界着眼点多在《十七帖》版本研究、兰亭研究及“二王”书法接受等方面。

2014年，学界对《十七帖》的研究有所推进。仲威《〈十七帖〉善本重现的意外收获》以作者新发现的明人吴纪仕跋语的《十七帖》为研究对象，对此帖的隔麻拓法进行介绍，并将其与《文征明朱释本》及《姜宸英本》进行校勘，发现三本皆有铲除遗留痕迹，推翻作者之前的“《吴纪仕跋本》为《文征明朱释本》的翻刻”说法，指出三者应出于一石，并从断版痕迹推测出三本拓印的先后顺序。刘东芹《王羲之〈十七帖〉释文考异》对释文中令人疑窦丛生或读来拗口的地方进行考辨，对此帖内容的解读更加深入。

此外对《十七帖》的版本梳理，也更为清晰与深入。徐学毅《〈十七帖〉来源与真迹遭割裂问题献说》对《十七帖》的来源、流传、摹刻过程以及帖数、次序与张彦远《右军书记》不符等问题进行考证与阐释。指出“贞观中内本”及《十七帖》真迹为褚遂良摹拓、整理于贞观六年至十年间，而《十七帖》真迹极可能在开元五年遭割裂，并对馆本面目的形成进行推测。胡蔚《四川博物馆藏〈修内司十七帖〉考略》厘清了《十七帖》的版本系统进，并将川博本与其他各本之间的关系进行校对考证。

20世纪60年代，郭沫若指出《兰亭序》出自智永之手，并发表《由王谢墓志的出土论到兰亭序的真伪》(《文物》，1965年第6期）一文，掀起了学术界对于兰亭真伪的论辩。虽然其热潮早已退去，但现今研究中仍可见其余绪。如祝总斌《〈兰亭集序〉再议》在对东晋南朝的历史文化条件、书法发展状况及琅琊王氏礼教家风等方面进行考证的基础上，否定郭沫若的说法，指出《兰亭序》确为王羲之所作。而张红军《〈兰亭序〉文本再研究》则对《兰亭序》全文的本来面目进行探讨，指出今存《兰亭序》文本是可信的，极有可能是全本。除了真伪的考证之外，郭丹《〈定武兰亭序〉吴炳本之吴炳考》对元人吴炳的生平及交游进行考证，并对其诗文书法及鉴藏活动加以阐释。祝帅《他山之石筑兰亭——北美、欧洲的〈兰亭序〉研究及其启示》从《兰亭序》研究入手，以小见大地分析海外中国书法研究的总体范式与方法论特色。

另外围绕兰亭书法的鉴藏，见于王照宇与许家德《南宋俞松的〈兰亭帖〉鉴藏述略》，对俞松所著《兰亭序考》一书中涉及的五十余种《兰亭序》版本进行梳理，并对古代书法的鉴定方法进行初步探究，以此呈现南宋时期藏家对《兰亭序》帖的鉴定和收藏之概貌。

对“二王”书法接受的研究，主要见于毛万宝《帝王接受：托起〈兰亭序〉的文化地位》围绕帝王对《兰亭序》的认同和推崇、接受原因及文化效应的产生进行分析，考证了帝王围绕《兰亭序》而进行的一系列的文化措施，从政治文化层面对《兰亭序》文化地位的确立进行考察。

3. 敦煌书法

一直以来，中国书法史的研究都是以文人传统为中心，重视探讨文人世界中书法艺术的形式、风格、内涵，以及相关的思想、文化等课题。然而，在文人书法以外，实不乏有其他的书法领域值得关注。敦煌书法，便是其中不可忽略者。

2014年，毛秋瑾出版了两本敦煌书法研究著作，其一为《墨香佛音：敦煌写经书法研究》。此书在全面考察近年来敦煌研究资料的基础上，将有纪年的佛经写本置于历史环境中进行考察。探讨政治、宗教及写经群体与写经书法之间的关系，并通过对不同时代写经的具体分析，勾画出写经书法演变的过程。前人的研究中，多涉及书法艺术方面，而此书侧重于对于历史文化背景的考察，深入挖掘与写经书法风格的形成和发展相关联的时代、地域、政治、历史以及文化背景等多方面的因素，为敦煌写经书法研究提供了较为全面的参考。其二为《敦煌吐鲁番文献与名家书法》，收录了作者的三篇文章，以个案研究的形式，分别针对《金刚经》拓本的真伪争议、敦煌吐鲁番写本与王羲之书法以及《文选》写本与裴行俭书法之关联进行考察。敦煌书法，是毛秋瑾近年来研究的主要课题。这两本书的出版，在前人研究的基础上，对出土材料进行了更深入的分析，尤其将书法史置于文化史中进行讨论的方法，使得对敦煌书法的考察更为全面。

自20世纪20年代起，日本学者便开始对敦煌书法进行研究。如中村不折《禹域出土墨宝书法源流考》（中华书局，2003年）；西川宁博士论文《西域出土晋代墨迹的书法史研究》（《西川宁著作集》第4卷，［日本］二玄社，1991年）；藤枝晃《敦煌写经的字体》《北朝写经的字体》等，探讨各时代写本的特征及演变情况。由于敦煌写本很大部分流落于英法等国，故而欧洲学者也十分重视敦煌写本的研究。他们有较多机会接触实物，因此在写本的外观、纸张颜色、纤维等涉及物质材料、形态等方面研究较为深入。代表性的如法国学者戴仁（见《法国学者敦煌学论文选粹》，中华书局，1993年）。

国内较早从书法角度研究敦煌书法并发表论文的是饶宗颐先生，他于1965年发表《敦煌写卷之书法》（《东方文化》第5卷，1965年，第41—45页），对部分写卷题记的时间和书写地点进行梳理，并注意到了书手的不同身份，他还对不同类别写卷的书风进行分析。此后，越来越多的学者关注敦煌书法，研究逐渐向更深广的领域扩展。

迄今为止，国内已有大量的论文及专著探讨敦煌书法，着眼于书法艺术、断代研究、书作真伪、史料价值、书写者、书写材质等诸多方面。较为重要的有郑汝中《唐代书法艺术与敦煌写卷》（《敦煌研究》，1996年第2期）、赵声良《南北朝写经的书法艺术》《早期敦煌写本书法的时代分期和类型》《隋代敦煌写本的书法艺术》（分别载《敦煌书法库》，第一、四辑）、邱才桢《隋唐敦煌佛教写经书法类型：以供养人身份为视角》（《装饰》，2013年第10期）等论文，以及王乃栋《丝绸之路与中国书法艺术——西域书法史纲》（新疆人民出版社，1991年）、沃兴华《敦煌书法艺术》（上海人民出版社，1994年）、焦明晨《敦煌写卷书法研究》（文史哲出版社，1997年）、王涵薇和陶小军《敦煌南朝写本书法研究》（人民出版社，2011年）等著作。

二、书法理论

2014年书法理论研究中，值得关注的便是书法的文化研究和美学研究。

（一）文化研究

成为近年来书画研究中的重要趋势，将书法定位成文化无疑增加了书法的内涵和可讨论的空间，是学术研究走向深化的必然结果。目前所见的研究中，台湾学者多采用这一思路。

高明一《选择的书史：北宋真宗朝的院体与李建中行书新体》结合文献记载与现存书迹，将真宗朝同时出现的院体与李建中行书新体进行比较，发现北宋文人确立的书法名家谱系并不符合实际书史发展状况，并对此现象产生原因进行探究，指出欧阳修、黄庭坚等人对书体的主动选择在这一过程中发挥的重要作用。卢慧纹《唐至宋的六朝书史观之变：以王羲之〈乐毅论〉在宋代的摹刻及变貌为例》从文献入手，整理唐人与宋人对钟繇、王羲之小楷的不同见解，厘清钟、王历史地位的变化消长，以及唐至宋对六朝小楷发展的概念转变。继而以王羲之《乐毅论》为焦点，比较数种唐临本与宋刻本，呈现宋人如何通过对视觉证据的筛选，变唐之妍美流丽而为平淡古质，以落实新的概念与见解。何炎泉《游戏三味：沈周化须疏》详细考证了化须一事的由来，又结合沈周现存书作和文献记载，对其大字书风的形成及特征进行考证与分析，并指出此疏的诙谐与戏谑特质与当时苏州文人游戏的关系。

大陆学者也关注到书法的文化史研究领域，如詹霓《从〈清明上河图〉谈宋代书法与市民生活》在对画中店铺招幌、厅堂屏风以及独轮车苫布上的汉字书法，探讨书法在宋代市民生活中的应用，并论述这种功能性的书法与艺术性之间存在相互促进的关系，以及文字装饰对文化水平不断提高的市民阶层的意义。邱文颖《一斋一世界：明代江南文人书斋与书事》一书，亦关注书法与文人生活的联系。通过对书斋陈设的研究，还原书法创作情境，并从书法活动中探究明代江南文人的生活。薛龙春《一件疑似伪作的故事：跋院藏祝允明诗翰卷》对卷末明代诸家题跋进行梳理，考察题跋者对于此卷末段真伪的争议，从各家或直言伪作或避而不谈的复杂态度上，探究明中叶吴门的世风与人情。

（二）美学研究

尹旭撰《中国书法美学史》一书，运用现代美学基本原理，从美学本体、艺术特征、继承创新、学书成家、创作方法与欣赏规律等方面，以历代书家为研究对象，勾勒出中国古代书法美学发展脉络。张宇宏《汉唐书法创作论之“兴”思想的提出及其发展》在综合考察当时社会背景的基础上，对“兴”的审美意义进行阐释，论述其发生的三个阶段，并通过唐代书家对“兴”的书法实践具体阐释唐人对此理论的认知。李跃平《建水陶“残帖”装饰的物化与文人书法审美》就“残帖”装饰中“残”与“帖”两个关键性特征与文人书法审美的内在关系进行梳理。

三、书法批评

2014 年，针对书法批评现象的研究，主要从书论及题跋中阐述古人批评观念。如查律《〈宣和书谱〉书法批评的三个基本层面》从“心画与胸次”“法与逸”“对书迹的评判”三个层面讨论此书的批评方式与观念，指出北宋时期对于书法批评的重点偏于精神层面，不斤斤于点画的讨论，对书法的认识与把握较为宏观的现象。此外，郭建平《书法题跋中的书法批评——以宋代诸家书法题跋为例》对宋人书法题跋批评的话语背景进行考察，并从苏轼、黄庭坚、董逌的题跋入手，探究其批评特色。指出苏黄二人针对书法时弊提出具体而深刻的见解，并予以理论观照，最终指导书法实践。而董氏题跋则更注重考辨，多引证翔实，长篇大论。刘立士《米芾书法鉴定与批评二题》从社会文化背景及米芾的著作入手，探究米芾批评观念的来源及具体表现以及其中呈现的时代精神。

陈慧慧　清华大学美术学院

纪事

综合展览

【大美平谷·中国书法之乡——第六届上元雅集“友谊奖”书法展】

2014 年 3 月 15 日，由中国书法家协会，中国艺术研究院中国书法院，中共北京市平谷区委、区政府，北京市平谷区文学艺术界联合会，北京市平谷区中国古文字书法研究院主办的“大美平谷·中国书法之乡——第六届上元雅集‘友谊奖’书法展”在中国美术馆开幕。“第六届上元雅集‘友谊奖’书法展”以篆书作品为主，此外又增加了隶、楷、行、草诸书体，汇集了 60 余件书法作品共同展出。

【中国梦·盐渎情——首届于门四杰国际书画展】

2014 年 3 月 26 日，由中国国家画院、中国标准草书学社等共同主办的“中国梦·盐渎情——首届于门四杰国际书画展”在盐城博物馆开幕，展出书画作品近 300 件，其中包括于右任作品 10 件，于右任的四位杰出弟子胡公石、刘延涛、李普同、金泽子卿作品各 10 件，还有来自中国国家画院书法篆刻院送展作品，以及全国各地与日本的作品参展。

【精聚神会·沈鹏工作室首届书法精英班回顾展】

2014 年 5 月 11 日，“精聚神会·沈鹏工作室首届书法精英班回顾展”在中国国家画院美术馆开幕，本次展览共展出精英班师生作品 150 余件。

【生态大连——全国书法篆刻作品展】

2014 年 6 月 28 日，由中国书法家协会，中共大连市委宣传部，中国书法研究院，中共甘井子区委、区政府，大连市文学艺术界联合会共同主办的“生态大连——全国书法篆刻作品展”在大连现代博物馆开幕。本次展览共收到来自全国 31 个省、市、自治区以及香港地区和西班牙、日本等国家的书法作品 7111 件，其中篆刻作品 311 件。经评审、筛选，共评出入展作品 305 件，其中优秀作品 20 件。

【大道书怀——中国艺术研究院中国书法院成立十周年书法作品展】

2014 年 7 月 12 日，由中国艺术研究院、中国书法家协会、中国美术馆主办的“大道书怀——中国艺术研究院中国书法院成立十周年书法作品展”在中国美术馆开幕。全国人大常委会副委员长严隽琪，全国政协副主席、中国文学艺术界联合会主席孙家正，第十届全国政协副主席张怀西，文化部副部长董伟，中国艺术研究院院长王文章，中国书法家协会主席张海，中国书法家协会党组书记陈洪武等领导出席了开幕式。此次展览共展出中国书法院顾问、研究员、专职创作人员 100 余幅作品。

【翰墨传承——中国美术馆当代书法邀请展（2014）】

2014年7月12日，由中国美术馆自主策划并主办的精品书法艺术展览“翰墨传承——中国美术馆当代书法邀请展（2014）”开幕。本次展览展出的130件作品出自朱以撒、徐利明、韩天雍、倪文东、刘彦湖、薛养贤、陆明君、张羽翔、刘灿铭、于明诠、郑晓华、甘中流、王元军、白砥、吕金光、陈海良、陈忠康、肖文飞、叶培贵、徐海、何来胜、杨涛、刘宗超、解小青、蔡梦霞、朱天曙等26位书法家。

【江苏·湖南篆刻家作品联展】

2014年7月19日，由长沙市文学艺术界联合会指导、江苏南京印社和湖南岳麓印社共同举办的“江苏·湖南篆刻家作品联展”在湖南省图书馆开展。展览共展出江苏、湖南两地篆刻家精心创作的作品120余幅。

【金石永寿——中国艺术研究院中国篆刻艺术院第三届院展暨国际邀请展】

2014年7月25日，“金石永寿——中国艺术研究院中国篆刻艺术院第三届院展暨国际邀请展”在中国美术馆开幕。本次展览由中国艺术研究院、中国美术馆主办，中国艺术研究院中国篆刻艺术院承办。参展作者以中国艺术研究院中国篆刻艺术院研究员为主，兼及我国港澳台地区和日本、韩国、马来西亚等东南亚国家的篆刻家100余位。

【第三届“四堂杯”全国书法大展】

2014年9月21日，由中国书法家协会与中国文字博物馆共同主办，中国文字博物馆书法院、安阳市文学艺术界联合会承办，河南省书法家协会等单位协办的第三届“四堂杯”全国书法大展开幕式在河南安阳中国文字博物馆举行。本届“四堂杯”全国书法大展共征集书法作品1万余幅，作品涵盖甲骨文、篆书、隶书、行书、草书、楷书6种书体和篆刻作品，创作风格、形式、内容均有所突破。经本届评审委员会和监审委员会综合评定，共有295幅作品入围，其中优秀作品28幅。

【第二届“赵孟頫奖”全国书法作品展】

2014年9月24日，第二届“赵孟頫奖”全国书法作品展在湖州博物馆开幕。本次展览共收到作品9254件，评出优秀奖20名，284件作品在“笔墨江南·清丽湖州”2014湖笔文化系列活动中展出。

【翰墨中国——全国书法作品大展】

2014年9月27日，由中国文学艺术界联合会、中国书法家协会、中国文学艺术基金会共同主办的“翰墨中国——全国书法作品大展”在国家博物馆开幕。展览分为三个板块：“辉煌千载”“求索百年”“复兴今朝”。

【首届“长江杯”全国书法作品展】

2014 年 10 月 24 日，由中国书法家协会、中共湖北省委宣传部、湖北省文学艺术界联合会联合主办的“首届‘长江杯’全国书法作品展”以及第三届湖北书法艺术节在湖北美术馆开幕。来自全国各省、市、自治区的 282 件入展书法作品在湖北美术馆集中展出。

【节而励——庆祝首都师范大学建校六十周年暨书法学科创建三十年书作展】

2014 年 10 月 25 日，由首都师范大学与中国美术馆联合主办的“节而励——庆祝首都师范大学建校六十周年暨书法学科创建三十年书作展”在中国美术馆开幕。

【全国第十届刻字艺术展】

2014 年 11 月 5 日，由中国书法家协会、江苏省书法家协会、中共南京市委宣传部联合主办的“全国第十届刻字艺术展”在江苏省美术馆开幕。本次艺术展共收到投稿作品近 5000 件，最终选出入展作品 336 件，获奖作品 23 件。

【二仪有象——馆藏中国近现代书法作品展】

2014 年 11 月 15 日，“二仪有象——馆藏中国近现代书法作品展”在青岛市博物馆举办，展出近 40 件馆藏珍品。本展是青岛市博物馆众多近现代书法馆藏的一次集中亮相。展览展出不乏吴昌硕、吴大澂、溥儒、罗振玉等书坛大家的名作，也有康有为、王垿、刘廷琛、赵尔巽、叶恭绰等晚清遗老寓居青岛时的墨宝，还有曹鸿勋、王懿荣、王献唐、丁佛言等山东籍书法名宿的真迹。

【“金山岭长城杯”全国书法展】

2014 年 11 月 19 日，由中国书法家协会和中共滦平县委、县政府主办的“‘金山岭长城杯’全国书法展”在中国国家博物馆开幕。本次展览共展出书法作品 297 件。

【第四届中国西部书法篆刻作品展】

2014 年 11 月 20 日，由中国书法家协会和眉山市人民政府主办“第四届中国西部书法篆刻作品展”在眉山会议中心开幕，共征集书法篆刻作品 8136 件，展出评委监委作品和优秀作品、入围作品共 300 余件。

【“欧阳询杯”全国书法展】

2014 年 11 月 28 日，由中国书法家协会和中共长沙市委、市政府联合主办的中国（长沙）“欧阳询杯”全国书法展在长沙市博物馆开展。本次展览收到来自 20 多个省（市、区）的参赛作品近 7000 件，共评出入展作品 193 件，其中优秀作品 20 件。

【“祭侄文稿杯”全国书法大展】

2014年11月29日，由中国书法家协会，中共河北省委宣传部、河北省文学艺术界联合会、河北省书法家协会主办的“‘祭侄文稿杯’全国书法大展”在河北省博物院开展。本次展览共收到投稿作品8660件，共评选出296件入展作品，其中优秀作品22件。

【“天下大同·魏碑故里”全国书法作品展】

2014年11月29日，由中国书法家协会和中共大同市委宣传部主办的“‘天下大同·魏碑故里’全国书法作品展”在山西省大同市和阳美术馆开幕。展览收到参展作品6362件，入展作品192件，其中优秀作品18件。

【首届“朝圣敦煌”全国书法大展】

2014年12月4日，由中国书法家协会、中共甘肃省委宣传部主办，甘肃省书法家协会和中共敦煌市委、市政府承办的“首届‘朝圣敦煌’全国书法大展”在敦煌市大唐美术馆开展。此次书法大展共征集书法作品近6000幅，共有193件作品入展。

【有道·第二届兰亭书法社双年展】

2014年12月5日，“有道·第二届兰亭书法社双年展”在浙江美术馆拉开序幕，170多位中外书法名家的作品展出。该展主题为“有道”，包含“书以载道”“书法道”“同于大道”三部分精髓。

【“丝绸之路”全国书法作品展】

2014年12月12日，由中国书法家协会、中共陕西省委宣传部主办，陕西省文学艺术界联合会和陕西省书法家协会承办的“‘丝绸之路’全国书法作品展”在陕西省美术博物馆开幕。此次展览共收到作品6658件，经中国书法家协会评委会严格评审，共选出196件作品入展，其中优秀作品20件。

【2014·深圳书法篆刻年度展】

2014年12月15日，由深圳市文学艺术界联合会主办，深圳市书法家协会承办的“2014·深圳书法篆刻年度展”在关山月美术馆开幕，展览展出了136件作品。

【中国国家博物馆典藏——中国古代书法】

2014年12月28日，由中国国家博物馆、中国书法家协会共同主办的“中国国家博物馆典藏——中国古代书法”专题陈列在中国国家博物馆开幕。“中国国家博物馆典藏——中国古代书法”专题陈列选取120余件文物精品，分为甲骨文、金文，陶文、砖文、瓦文，玺印、钱币文字，碑拓、墓志拓、刻帖，汉至唐墨迹，宋元明清墨迹六个部分展出。

个人展览

【我的心·方玉杰书法作品展】

2014年3月30日至4月10日，由全国公安文学艺术联合会、全国公安书法家协会、中央国家机关书法家协会、中国国家画院主办的“我的心·方玉杰书法作品展”在中国美术馆举办。

【自有我在——李胜洪书法展】

2014年4月10日至22日，由中国艺术研究院、中国书法家协会、中国美术馆主办，中国书法院承办的“自有我在——李胜洪书法展”在中国美术馆举办。展览分为“传统书法”与“主题书法”两个部分，共展出作品80余件。

【艺绘两岸——陈志声书法作品展】

2014年4月12日至22日，由中华文化联谊会主办的“艺绘两岸——陈志声书法作品展”在中国美术馆展出。展览展出了陈志声历年来创作的100余件书法作品。此展是文化部举办的“艺绘两岸”文化交流系列活动的重要组成部分，是海峡两岸文化艺术交流的最新成果。

【到真实处——石开书法新作展】

2014年4月20日，“到真实处——石开书法新作展”在北京杏坛美术馆开幕。本次展览共展出石开2014年新作共60件，作品以篆书、行书居多，中堂、对联兼有，书写内容以唐诗、宋词、偈语、题画诗为主。

【古稀新声——张海书法展】

2014年5月10日，由文化部、中国文学艺术界联合会、中共河南省委宣传部、中国书法家协会主办，河南省文化厅、河南省文学艺术界联合会、河南省书法家协会、郑州大学协办的“古稀新声——张海书法展”在河南省郑州市河南博物院开幕。本次展览展出的50余件作品，是中国书法家协会主席张海在年过古稀的近3年多时间中创作的，包括楷、行、草、隶、篆各种书体。尺幅大至八尺十联屏、丈二横幅，小至扇面、册页。

【我襟怀古——鲍贤伦书法展】

2014年6月12日，“我襟怀古——鲍贤伦书法展”在中国美术馆展出。展览由中国文学艺术界联合会作为支持单位，由中国书法家协会、中国美术馆、中共浙江省委宣传部、浙江省文化厅、浙江省文学艺术界联合会主办，浙江省书法家协会、浙江美术馆承办。这是鲍贤伦第一次进京书法个人展，100

多幅作品构建起“志于道”“敬于事”“游于艺”三个主题板块。

【如也——曾翔书法作品展】

2014年6月22日，“如也——曾翔书法作品展”在北京杏坛美术馆举行。本次展览展出曾翔近两年来的书法作品80余幅。

【崇古尚法——何奇临习书法经典汇展】

2014年7月15日，由内蒙古自治区书法家协会、内蒙古自治区政协书画院、赤峰市书法家协会、赤峰美术馆承办的“崇古尚法——何奇临习书法经典汇展”在赤峰市美术馆开展。展览共展出内蒙古自治区书法家协会主席何奇的作品200余幅。

【笔墨伴随——李啸书法作品展】

2014年7月26日，由中国书法家协会、中共江苏省委宣传部、江苏省文学艺术界联合会、江苏省文化厅主办，江苏省书画家协会、省书法院、省现代美术馆承办的“笔墨伴随——李啸书法作品展”在江苏省现代美术馆开幕。此次展览共展出李啸近期创作的书法作品100余件。

【王文杰书法作品展】

2014年8月16日，兰州军区政治部副主任王文杰将军书法作品展在中国美术馆开幕。这次书法展由中国书法家协会、解放军书法创作院和兰州军区政治部联合主办。这次展出的120幅书法作品，大多是王文杰近年创作的，楷、行、草、篆、隶等各体兼备。

【激扬文字——陈求之艺术展】

2014年8月19日，“激扬文字——陈求之艺术展”在中国国家博物馆开幕。展览由中国国家博物馆、中共深圳市委宣传部、安徽省文学艺术界联合会及深圳市文学艺术界联合会等多家单位共同主办，由中国国家博物馆副馆长陈履生担任策展人、中国美术馆馆长范迪安担任学术主持，展出艺术家陈求之创作的现代书法以及雕塑、装置作品60余件。

【静观风来——黄惇书法篆刻作品展】

2014年9月10日，由中国书法家协会、中共江苏省委宣传部、江苏省文化厅、江苏省文学艺术界联合会联合主办的“静观风来——黄惇书法篆刻作品展”在江苏省美术馆开幕。本次展览集中了黄惇近十年来百余件书法、篆刻作品。

【欧阳中石书中华美德古训展】

2014年9月25日，由中国国家博物馆、中国书法家协会和首都师范大学联合主办的“欧阳中石书中华美德古训展”在中国国家博物馆开幕。

【阅世读人·刘洪彪六十岁墨迹展】

2014年9月26日，由中国书法家协会、解放军美术书法研究院、第二炮兵政治部联合主办的“阅世读人·刘洪彪六十岁墨迹展”在中央数字电视书画频道美术馆开幕。这次展览展出书法家刘洪彪以“合成”“诗稿”“联句”“祝词”“短信”“文论”命名的6个板块的60件自书诗文作品。

【王友谊篆书艺术展】

2014年10月18日，“王友谊篆书艺术展”在北京市通州区宋庄上上国际美术馆举办。展览主要内容是《孝经》和《平谷赋》，也包括《大盂鼎》《毛公鼎》《散氏盘》《虢季子白盘》四大国宝的铭文临件，全部为书法家王友谊新创作的篆书作品。

【驿道题壁——于茂阳书法作品展】

2014年10月20日，由中国文学艺术界联合会书法艺术中心、山东省文化厅、山东省文学艺术界联合会、中国书法家协会教育工作委员会主办，山东工艺美术学院、山东省书法家协会、山东省教育书法家协会承办的“驿道题壁——于茂阳书法作品展”在山东美术馆开展，展出山东书法家于茂阳的书法作品近200幅。

【束手有策——张锡庚书法展】

2014年11月19日，由中国美术馆、中国书法家协会联合举办的“束手有策——张锡庚书法展”在中国美术馆展出。本次展览展出了书法家张锡庚的68幅书法作品。

交流

【郑晓华翰墨中华系列书法展——从书法看中国】

2014 年 1 月 7 日，由中国人民大学艺术学院和以色列特拉维夫大学孔子学院联合举办的“郑晓华翰墨中华系列书法展——从书法看中国”在以色列特拉维夫大学图书馆开幕。此次展览共展出书法家郑晓华准备的作品 30 余幅，篆、隶、楷、行、草五种书体俱备。

【何奇耶徒书道艺术·东京展】

2014 年 4 月 14 日，“何奇耶徒书道艺术·东京展”在日本东京开幕，共展出 30 余幅中国蒙古族书法家何奇耶徒创作的书法作品及临书作品。

【第六届马来西亚—中国书法交流展】

2014 年 9 月 13 日，由中国、马来西亚两国书法家协会联合主办的“第六届马来西亚—中国书法交流展”在吉隆坡举行开幕仪式。书法展从 9 月 13 日至 21 日，共展出 108 幅两国书法家的作品。

【神秘字符——中国当代艺术中的书法】

2014 年 11 月 7 日，“神秘字符——中国当代艺术中的书法”展览在德国汉堡堤坝之门（Deichtorhallen）美术馆开幕。此次展览是该美术馆与希克收藏以及香港 M + 视觉文化博物馆之间前所未有的一次洲际合作，也是由汉堡市政府主办的两年一度的“中国时代”大型文化系列活动 2014 年的核心主题项目。

【汉字之美——中国书法展】

2014 年 11 月 7 日，由中国书法家协会主办、加中文化发展协会承办的“汉字之美——中国书法展”在加拿大首都地区加蒂诺市市政厅拉开序幕。

本次中国书法展是中国书法家协会“中国书法环球行”活动的组成部分，展览共设置“古老中国—汉字”“当代中国—汉字艺术”“世界与中国—汉字互动”三个主题，以图片和文字形式简要介绍中国书法、篆刻的起源与演变历史，同时展示了欧阳中石、聂成文、潘文海、李铎、朱关田、旭宇等当代中国书法家、篆刻家、刻字家的 40 幅作品。

会议 · 论坛

【旭宇艺术研讨会】

2014 年 7 月 24 日，由中共河北省委宣传部、中国书法家协会、中国作家协会诗歌委员会、河北省文学艺术界联合会、河北省作家协会主办的“旭宇艺术研讨会”在北京举行。

【2014 中国苏州（吴江）书法史讲坛】

2014 年 7 月 18 日，由中国书法家协会、江苏省文学艺术界联合会、苏州市文学艺术界联合会、吴江区人民政府共同主办，苏州市书法家协会、吴江区文学艺术界联合会共同承办的“2014 中国苏州（吴江）书法史讲坛”在太湖之滨的平望古镇开幕。

本次活动邀请了波士顿大学教授白谦慎、台北故宫博物院研究员何传馨、香港中文大学教授莫家良、南京艺术学院教授黄惇、浙江大学教授缪哲 5 位学者进行了专题演讲。

【全国第三届碑帖学术研讨会】

2014 年 9 月 16 日，由文物出版社和青岛崇汉轩汉画像砖博物馆联合主办，青岛崇汉轩汉画像砖博物馆独家承办的“全国第三届碑帖学术研讨会”在山东青岛举行。

本届研讨会分为汉画像砖石和近两年碑帖学术研究两个专题进行了研讨，来自故宫博物院、上海博物馆、上海图书馆、北京石刻博物馆等单位的近 40 位专家就自己的研究成果进行了深入交流。会议论文集已由文物出版社出版。

获奖

【沈鹏书法艺术基金年度奖】

2014年3月19日，中国国家画院沈鹏书法艺术基金2013书法成果年度奖在中国国家画院揭晓，“中国书法数字工程”和《鉴斋丛稿初编》获奖。

【第十一届造型表演艺术成就奖】

2014年3月19日，由中国文学艺术界联合会主办的第十一届造型表演艺术成就奖颁奖仪式在北京中国文艺家之家举行。共有10位艺术家荣获第十一届造型表彰，书法家孙伯翔、姚奠中获奖。

孙伯翔，1934年11月生，字振羽，别署师魏斋主人，书法家。曾任中国书法家协会理事，现任天津市书画家协会顾问，多次担任中国书法家协会重大展览评委工作。孙伯翔自幼学书，临池不辍。崇尚碑学，倾心北派，兼涉隶、篆、行、草，潜心翰墨至今已有70余年。作品入选全国第二、三、四届书法篆刻展览，全国第一、二届中青年书法篆刻展览，中日书法交流展，中国新加坡书法联展等，作品收入《中日书法作品集》《中新书法联展作品集》《中国当代百家墨迹作品集》等或被各大美术馆、博物馆所收藏。出版有《孙伯翔书法集》、合作出版《书法艺术》。2013年11月在中国美术馆举办了孙伯翔个人书法作品展。曾获中国文学艺术界联合会从事新中国文艺工作60周年表彰、天津市“鲁迅文学奖”。

姚奠中，1913年生，原名豫泰，别署丁中、丁一等，我国当代学者、书法家、教育家，是国学大师章太炎晚年七名国学研究生之一。历任山西省政协副主席；九三学社中央委员，九三学社山西省委主委；山西省古典文学会会长，中国书法家协会理事，山西省书法家协会名誉主席，山西大学中文系教授、主任等职。姚奠中发表过文章及专著170万字，出版专著23种。著述包括《中国文学史》《庄子通义》《中国古代文学家年表》《南北诗词草》《姚奠中论文选集》《姚奠中诗文辑存》《姚奠中讲习文集》等。其书法作品被中南海、人民大会堂、中国美术馆及多处博物馆永久收藏。曾获中国文学艺术界联合会从事新中国文艺工作60周年表彰、第三届中国书法兰亭奖终身成就奖。

【第五届中国书法兰亭奖】

2014年12月15日至12月21日，历时7天，第五届中国书法兰亭奖评审工作在浙江省绍兴市圆满结束。

本届兰亭奖包含终身成就奖、艺术奖、理论奖、佳作奖四个奖项。其中，艺术奖61人参评，评出10位艺术奖获奖者；理论奖成果125部（篇），评出一等奖3部（篇）、二等奖5部（篇）、三等奖12部（篇）。佳作奖收到有资格作品5198件，评出入展作品198件，其中一等奖5件，二等奖10件，三等奖15件。

第五届中国书法兰亭奖艺术奖获奖公示名单（共10人）

韩天衡　李刚田　周俊杰　刘一闻　徐利明　张旭光　邱振中　徐本一　张建会　熊伯齐

第五届中国书法兰亭奖理论奖获奖公示名单（共 20 项）

一等奖（共 3 项）

金　丹　江苏　《阮元书学研究》　专著

盛东涛　江苏　《楚默全集》（书法部分）　专著

叶　梅　福建　《晚明嘉兴项氏法书鉴藏研究》　专著

二等奖（共 5 项）

陈志平　广东　《北宋书家丛考》　专著

王晓光　山东　《新出汉晋简牍及书刻研究》　专著

王祖龙　湖北　《楚书法史——中国先秦区域文字书体的发展与演变》

薛龙春　江苏　《雅宜山色——王宠的人生与书法》　专著

张俊岭　浙江　《朱筠、毕沅、阮元三家幕府与乾嘉碑学》　专著

三等奖（共 12 项）

王学雷　江苏　《古笔考——汉唐古笔文献与文物》　专著

祝　帅　北京　《从西学东渐到书学转型》　专著

水赉佑　上海　《〈兰亭序〉研究史料集》　专著

张小庄　天津　《清代笔记、日记中的书法史料整理与研究》专著

朱友舟　江苏　《中国古代毛笔研究》　专著

徐　清　浙江　《沙孟海学术研究》　专著

崔尔平　上海　《书苑菁华校注》　专著

顾　琴　上海　《海派篆刻研究》　专著

张天弓　湖北　《中国书法大事年表》　专著

顾　工　江苏　《铁笛一声吹破秋——杨维桢在吴门的交游与创作》　专著

杨　军　北京　《北宋馆阁书画鉴藏研究》等 4 篇　系列论文

陈书国　江苏　《唐代书家郐彤名考》等 5 篇　系列论文

第五届中国书法兰亭奖佳作奖获奖公示名单

一等奖（共 5 人）

蒋乐志　王卫军　刘永清　岳　奇　金泽珊

二等奖（共 10 人）

李　明　贺炜炜　刘宏卫　娄东昇　陈　华　丛　建　曾锦溪　仇高驰　张胜伟　彭双龙

三等奖（共 15 人）

谢少承　栾金广　陈胜凯　杨江帆　林玉梅　冯　岩　辛　宏　费胤斌　石文贞　刘德先　梁文斌　王家任　于铭洪　谢全胜　何宗国

第五届中国书法兰亭奖佳作奖入展公示名单（共 198 人，含获奖名单）

北京（7 人）

方　放　李　明　梁文斌　刘建丰　王饶杰　肖春光　徐右冰

黑龙江（4 人）

金泽珊　刘秉祥　栾金广　郑长华

吉林（2 人）

黄有为　王铁成

辽宁（20 人）

丛　建　冯　岩　兰德军　李书强　李　洋　刘长龙　刘宏卫　刘令诗　刘晏君　马丰军　孙万民　王　宏　王军轩　王　勤　王铁伟　辛　宏　许　彪　张福有　张实惠　张　威

天津（1人）

刘　啸

内蒙古（1人）

孙瑞芝

新疆（2人）

李长忠　王纪林

宁夏（2人）

范彦奎　杨　华

青海（1人）

谢全胜

甘肃（1人）

刘尚孝

陕西（8人）

梁照宏　牛似金　史江鸿　孙立滨　唐永平　原康生　岳　奇　张胜伟

四川（4人）

郭彦飞　刘洪健　王道义　杨江帆

重庆（2人）

罗小松　马小杰

贵州（4人）

岑　岚　邓　杨　韩宗祥　王大武

山西（3人）

李爱珍　李大刚　石文贞

河北（13人）

陈庆亮　郭亚林　李国胜　刘晓军　刘永清　吕铁元　马永林　王　鹏　姚静涛　于铭洪　于晓中　张国强　张志庆

山东（15人）

陈　杰　耿大军　贾长庆　蒋乐志　荆德杰　刘德龙　刘德先　刘鲁旭　田　超　王兆会　徐可然　张春晓　张丁利　张伟杰　张志鸿

河南（14人）

耿灵阁　谷松章　胡晓文　李树祥　李　为　刘颜涛　牛　耕　乔延坤　王铁刚　张海超　张红杰　张利安　张平均　周红军

安徽（12人）

晁亚州　丁子同　杜鹏飞　刘跟弟　刘　明　王春昉　吴前琪　徐士彬　杨文浏　叶核成　张兵民　周继中

江苏（24人）

陈克年　陈　鹏　仇高驰　范　青　何　勇　李守银　李志勤　刘山林　马宏峰　裴元庆　提俊丰　佟士委　王家任　王建根　王卫军　王晓明　谢少承　许　达　张东明　张　挥　张　利　张少怡　赵立志　朱志刚

上海（3人）

张洁明　张卫东　朱国平

湖北（4人）

葛蒲南　刘卫东　吴永斌　肖启富

湖南（7 人）

陈　华　何宗国　李　砺　欧阳明钰　邵启平　谢瑞成　朱　杰

江西（13 人）

陈德华　程向阳　杜思吾　桂相文　贺炜炜　胡中良　李良东　龙双红　罗华华　马于强　陶家鸿　吴德胜　郑人凤

浙江（12 人）

费胤斌　何来胜　贺东祥　梁世鲍　林邦德　娄东昇　钱丁盛　肖　慧　叶慧敏　虞海灿　喻世才　张一冰

福建（7 人）

蔡宝国　陈胜凯　龚子猛　林传生　林玉梅　叶韶霖　曾锦溪

广西（5 人）

陈美东　黄　琼　梁富振　廖炳智　刘蒙平

海南（2 人）

冯　伟　江寿男

广东（5 人）

邓炜明　高步明　林冠明　彭双龙　王道国

第五届中国书法兰亭奖　组委会、评审委员会、监审委员会名单

第五届中国书法兰亭奖组委会

艺术顾问：沈　鹏　欧阳中石　李　铎

主　　任：李　屹　张　海　钱建民

执行主任：陈洪武　刘尚军　俞志宏

副 主 任：李培隽　张陆一　姚　远

委　　员：王家新　申万胜　苏士澍　吴东民　吴善璋　何应辉　何奇耶徒　言恭达　张业法　张改琴　陈振濂　赵长青　胡抗美　聂成文　曹建明　潘文海　高克明　鲍贤伦　赵雁君　沈安龙

秘 书 长：张陆一（兼）　刘　恒　赵雁君　沈安龙

副秘书长：罗江华　王　彦　仲丽华

办公室主任：王　彦（兼）　段　军　仲丽华（兼）　郑培亮

第五届中国书法兰亭奖评审委员会　终身成就奖评审委员会

主　任：张　海

委　员：陈洪武　王家新　申万胜　苏士澍　吴东民　吴善璋　何应辉　何奇耶徒　言恭达　张业法　张改琴　陈振濂　赵长青　胡抗美　聂成文

秘书长：曹建明

艺术奖评审委员会

主　任：张　海

副主任：何应辉　胡抗美　聂成文

秘书长：张陆一

委　员：朱以撒　孙晓云　宋华平　张　继　曹宝麟　翟万益

佳作奖评审委员会

主　任：张　海

副主任：申万胜　吴东民　言恭达

秘书长：刘　恒

委　员：丛文俊　王　丹　叶培贵　刘文华　刘月卯　李有来　陈新亚　赵　熊　鲍贤伦　管　峻

文化考查评委：陈振濂　姚国瑾　陆明君　方爱龙　叶培贵

理论奖评审委员会

主　任：张　海

副主任：陈振濂

秘书长：潘文海

委　员：祁小春　张金梁　姜寿田　胡传海　郑晓华　姚国瑾　黄　惇　赖　非

第五届中国书法兰亭奖监审委员会

主　任：陈洪武　刘尚军

终身成就奖监审委员会

主　任：刘尚军

委　员：高克明　段　军

艺术奖监审委员会

主　任：吴善璋　张业法

委　员：罗江华　王　彦

佳作奖监审委员会

主　任：苏士澍　张改琴

委　员：李培隽　陈钦硕

理论奖监审委员会

主　任：何奇耶徒　赵长青

委　员：赵雁君

学术观察：方爱龙　陆明君

媒体观察：《中国书法》《书法报》《书法导报》《美术报》《书法》中国书法家协会网

人物纪念

【刘延涛书画特展】

2014年6月10日，由河南博物院与台北历史博物馆联合举办的“刘延涛书画特展”在河南博物院开幕。本次展览共展出台北历史博物馆所藏刘延涛书画作品52幅，其中包括山水画、花鸟画和书法条幅。

【西泠峰骨——纪念吴昌硕诞辰170周年暨西泠印社七任社长作品展】

2014年7月29日至8月30日，西泠印社、浙江美术馆、钱江晚报社联合推出的“浙江美术馆开馆五周年特展：西泠峰骨——纪念吴昌硕诞辰170周年暨西泠印社七任社长作品展”在浙江美术馆开展。展览展出了吴昌硕、马衡、张宗祥、沙孟海、赵朴初、启功、饶宗颐等西泠印社七任社长的350余件书画、篆刻、手稿等作品。

【金陵四家——林散之、胡小石、高二适、萧娴书法精品展】

2014年9月3日，由江苏省美术馆、江苏省书法家协会与求雨山文化名人纪念馆联合举办的“金陵四家——林散之、胡小石、高二适、萧娴书法精品展”在江苏省美术馆开展。展览共展出林散之、胡小石、高二适、萧娴的200件书法作品。

大事记

1月7日，“郑晓华翰墨中华系列书法展——从书法看中国”在以色列特拉维夫大学图书馆开幕。

3月15日，“大美平谷·中国书法之乡——第六届上元雅集‘友谊奖’书法展”在中国美术馆开幕。

3月19日，“沈鹏书法艺术基金2013书法成果年度奖”揭晓。

3月19日，“第十一届造型表演艺术成就奖颁奖仪式”在北京中国文艺家之家举行，书法家孙伯翔、姚奠中获第十一届造型表彰。

3月26日，“中国梦·盐渎情——首届于门四杰国际书画展”在盐城博物馆开幕。

3月30日至4月10日，“我的心·方玉杰书法作品展”在中国美术馆举办。

4月10日至22日，“自有我在——李胜洪书法展”在中国美术馆举办。

4月12日至22日，“艺绘两岸——陈志声书法作品展”在中国美术馆展出。

4月14日，“何奇耶徒书道艺术·东京展”在日本东京开幕。

4月20日，“到真实处——石开书法新作展”在北京杏坛美术馆开幕。

5月10日，“古稀新声——张海书法展”在河南博物院开幕。

5月11日，“精聚神会·沈鹏工作室首届书法精英班回顾展”在中国国家画院美术馆开幕。

6月10日，“刘延涛书画特展”在河南博物院开幕。

6月12日，“我襟怀古——鲍贤伦书法展”在中国美术馆展出。

6月22日，“如也——曾翔书法作品展”在北京杏坛美术馆举行。

6月28日，“生态大连——全国书法篆刻作品展”在大连现代博物馆开幕。

7月12日，“大道书怀——中国艺术研究院中国书法院成立十周年书法作品展”在中国美术馆开幕。

7月12日，“翰墨传承——中国美术馆当代书法邀请展（2014）”启幕。

7月15日，“崇古尚法——何奇临习书法经典汇展”在赤峰市美术馆开展。

7月18日，“2014中国苏州（吴江）书法史讲坛”在太湖之滨的平望古镇开幕。

7月19日，“江苏·湖南篆刻家作品联展”在湖南省图书馆开展。

7月24日，“旭宇艺术研讨会”在北京举行。

7月25日，“金石永寿——中国艺术研究院中国篆刻艺术院第三届院展暨国际邀请展”在中国美术馆开幕。

7月26日，“笔墨伴随——李啸书法作品展”在江苏省现代美术馆开幕。

7月29日至8月30日，“浙江美术馆开馆五周年特展：西泠峰骨——纪念吴昌硕诞辰170周年暨西泠印社七任社长作品展”在浙江美术馆开展。

8月16日，兰州军区政治部副主任王文杰将军书法作品展在中国美术馆开幕。

8月19日，“激扬文字——陈求之艺术展”在中国国家博物馆开幕。

9月3日，“金陵四家——林散之、胡小石、高二适、萧娴书法精品展”在江苏省美术馆开展。

9月10日，“静观风来——黄惇书法篆刻作品展”在江苏省美术馆开展。

9月13日，“第六届马来西亚—中国书法交流展”在吉隆坡开幕。

9月16日，“全国第三届碑帖学术研讨会”在山东青岛举行。

9 月 21 日，“第三届‘四堂杯’全国书法大展”开幕式在河南安阳中国文字博物馆举行。

9 月 24 日，“第二届‘赵孟頫奖’全国书法作品展”在湖州博物馆开幕。

9 月 25 日，“欧阳中石书中华美德古训展”在中国国家博物馆开幕。

9 月 26 日，“阅世读人·刘洪彪六十岁墨迹展”在中央数字电视书画频道美术馆开幕。

9 月 27 日，“翰墨中国——全国书法作品大展”在中国国家博物馆开幕。

10 月 18 日，“王友谊篆书艺术展”在北京市通州区宋庄上上国际美术馆举办。

10 月 20 日，“驿道题壁——于茂阳书法作品展”在山东美术馆开展。

10 月 24 日，“首届‘长江杯’全国书法作品展”以及第三届湖北书法艺术节在湖北美术馆开幕。

10 月 25 日，“节而励——庆祝首都师范大学建校六十周年暨书法学科创建三十年书作展”在中国美术馆开幕。

11 月 5 日，“全国第十届刻字艺术展”在江苏省美术馆开幕。

11 月 7 日，“神秘字符——中国当代艺术中的书法”展览在德国汉堡堤坝之门（Deichtorhallen）美术馆开幕。

11 月 7 日，“汉字之美——中国书法展”在加拿大首都地区加蒂诺市市政厅开幕。

11 月 15 日，“二仪有象——馆藏中国近现代书法作品展”在青岛市博物馆举办。

11 月 19 日，“束手有策——张锡庚书法展”在中国美术馆展出。

11 月 19 日，“‘金山岭长城杯’全国书法展”在中国国家博物馆开幕。

11 月 20 日，“第四届中国西部书法篆刻作品展”在眉山会议中心开幕。

11 月 28 日，“中国（长沙）‘欧阳询杯’全国书法展”在长沙市博物馆开幕。

11 月 29 日，“‘祭侄文稿杯’全国书法大展”在河北省博物院开展。

11 月 29 日，“‘天下大同·魏碑故里’全国书法作品展”在陕西省大同市和阳美术馆开幕。

12 月 4 日，“首届‘朝圣敦煌’全国书法大展”在敦煌市大唐美术馆开展。

12 月 5 日，“有道·第二届兰亭书法社双年展”在浙江美术馆开幕。

12 月 12 日，“‘丝绸之路’全国书法作品展”在陕西省美术博物馆开幕。

12 月 15 日，“2014·深圳书法篆刻年度展”在关山月美术馆开幕。

12 月 15 日至 12 月 21 日，“第五届中国书法兰亭奖”评审工作在浙江省绍兴市举行。

12 月 28 日，“中国国家博物馆典藏——中国古代书法”专题陈列在中国国家博物馆开幕。

中国艺术年鉴

2014年卷

+

设计卷

+

分卷主编：顾骁瑾

年度述评

2014年度中国设计艺术发展报告

◎潘鲁生　殷　波　吕明月

一、2014年度设计艺术政策发布及影响

2014年，设计艺术发展提上国家政策议程，从中央到地方，围绕设计服务与相关产业融合发展的一系列政策措施相继制定并出台。国家层面战略意义上政策措施的系统制定和颁布实施，具有标志性意义。

（一）设计政策发布

2014年，国务院先后发布《国务院关于推进文化创意和设计服务与相关产业融合发展的若干意见》（国发〔2014〕10号）和《关于加快发展生产性服务业促进产业结构调整升级的指导意见》（国发〔2014〕26号），明确从整体产业构架和经济、文化、社会、生态的整体需求对我国当前以及未来一段时期设计发展做出定位并提出指导意见。

中央层面主导性的政策出台直接推动了一系列配套政策和地方政策的制定和执行。文化部、财政部、工业和信息化部就具体产业发展、金融合作等出台指导意见（表1），地方政府制定一系列落实措施（表2），部分地区进一步成立设计行业联盟组织（表3）。整体上，以设计服务为核心的政策体系进一步建立。

表1　2014年度设计发展配套政策

发布时间	部委	名称	内容
2014.03.17	文化部、中国人民银行、财政部	《关于深入推进文化金融合作的意见》	鼓励金融资本、社会资本、文化资源相结合。 深入推进文化与金融合作，推动文化产业成为国民经济支柱性产业。
2014.03.20	文化部	《关于贯彻落实〈国务院关于推进文化创意和设计服务与相关产业融合发展的若干意见〉的实施意见》	深刻领会、准确把握推进文化创意和设计服务与相关产业融合发展的重大意义和工作思路。 提升文化产业的创意水平和整体实力。 充分发挥文化创意和设计服务对相关产业发展的支持作用。 实施重要文化产业促进计划与工程。 落实支持政策和保障措施。 加强组织实施。
2014.05.19	工业和信息化部	《工艺美术行业发展指导意见》	指导企业分类发展。 引导产业合理集聚。 加强人才队伍建设。 推进技艺传承创新。 强化自主品牌建设。
2014.08.08	文化部、财政部	《关于推动特色文化产业发展的指导意见》	发展特色文化产业，依托各地独特的文化资源，通过创意转化、科技提升和市场运作，提供具有鲜明区域特点和民族特色的文化产品和服务。 深入挖掘和阐发中华优秀传统文化的时代价值，培育和弘扬社会主义核心价值观，优化文化产业布局，推动区域经济社会发展，促进社会和谐，加快经济转型升级和新型城镇化建设，发挥文化育民、乐民、富民作用。

表 2　2014 年度地方设计发展政策

省市	政策内容
北京	《北京技术创新行动计划（2014—2017 年）》，提出“推进北京‘设计之都’建设，实施首都设计产业提升计划，加快中国设计交易市场、北京市设计创新中心建设”。 《北京市文化创意产业提升规划（2014—2020 年）》
上海	《上海市设计之都建设三年行动计划》
石家庄	《石家庄市推进文化创意和设计服务与相关产业融合发展行动计划（2014—2020 年）》
成都	《成都市文化创意和设计服务与相关产业融合发展行动计划（2014—2020）》 《成都市创意设计产业发展四年行动计划》
合肥	《合肥市现代服务业发展规划（2014—2020）》
河北	《河北省关于推进文化创意和设计服务与相关产业融合发展的实施意见》
吉林	《吉林省人民政府关于推进文化创意和设计服务与相关产业融合发展的实施意见》
福建	《福建省人民政府关于推进文化创意和设计服务与相关产业融合发展八条措施的通知》
贵州	《贵州省人民政府关于加快现代服务业发展的意见》

表 3　2014 年度设计行业联盟成立情况

成立时间	联盟	领域
2014. 05. 08	中国众筹创新联盟	2014 北京国际设计周重点项目——众筹中国设计联盟以及产品“设计宝”项目的发布。以联盟平台形式结合相关资源共同筹集基金，同时推出服务于设计领域的金融产品“设计宝”。
2014. 06. 27	深圳市时尚创意产业联盟	由深圳市政府倡导，深圳家具、服装、黄金珠宝首饰、钟表、皮革、工业设计、内衣、眼镜八大传统行业协会与行业内骨干企业共同参与。
2014. 10. 11	中国创新设计产业战略联盟	由中国机械工程学会、浙江大学倡议发起，涉及航天、航空、高铁、造船、车辆、化工、电力、重工、家电、信息网络、物流、设计服务等行业。

（二）设计政策要点

1. 界定“设计”构成

相关政策对设计做出界定。在设计构成要素上，明确提出“文化传承”和“科技支撑”，强调“加强科技与文化的结合，促进创意和设计产品服务的生产、交易和成果转化，创造具有中国特色的现代新产品，实现文化价值与实用价值的有机统一”。在设计形态上，提出“文化软件服务”“建筑设计服务”“专业设计服务”“广告服务”等内容，提出“着力推进文化软件服务、建筑设计服务、专业设计服务、广告服务等文化创意和设计服务与装备制造业、消费品工业、建筑业、信息业、旅游业、农业和体育产业等重点领域融合发展”。在设计依托的主要行业领域上，文化部《关于贯彻落实〈国务院关于推进文化创意和设计服务与相关产业融合发展的若干意见〉的实施意见》做出进一步梳理，包括“创意设计业”“动漫、游戏业”“演艺、娱乐业”“艺术品业”“工艺美术业”等领域。

2. 突出“服务融合”导向

相关政策明确提出设计与相关产业服务融合的七项重点任务，即加强文化创意和设计服务与装备制造业、消费品工业对接，塑造制造业新优势；加快文化与科技融合，促进数字内容产业发展；注重文化建设与人居环境相协调，提升人居环境质量；促进文化旅游融合发展，提升旅游发展文化内涵；推动文化与特色农业有机结合，挖掘特色农业发展潜力；促进文化与体育产业融合发展，拓展体育产业发展空间；推动特色文化产业发展，提升文化产业整体实力。

3. 明确“设计”保障实施

相关政策提出八项措施，包括增强创新动力、强化人才培养、壮大市场主体、培育市场需求、引导集约发展、加大财税支持、加强金融服务、优化发展环境。

提出一系列促进计划与工程，包括文化产业创业创意人才扶持计划、成长型小微文化企业扶持计划、特色文化产业发展工程、数字文化产业发展工程、文化产业投融资体系推进工程、文化产业园区基地提升工程。并对组织实施做出明确规定，包括组织领导，编制专项规划或行动计划，制定相关配套文件，建立工作机制，加强宣传，健全法制，加强统计、核算和分析，加快发展和规范相关行业协（商、学）会、中介组织建设等，并明确由发展改革委员会同相关部门对落实情况进行跟踪分析和监督检查。

（三）政策解读评价

1. 突出“大设计”理念

政策坚持注重创意创新、淡化行业界限、强调交互融合的“大设计”理念。之所以要打破行业和地区壁垒、促进文化创意和设计与相关产业融合服务，相关政策作出说明，即“随着我国新型工业化、信息化、城镇化和农业现代化进程的加快，文化创意和设计服务已贯穿在经济社会各领域各行业，呈现出多向交互融合态势”，在这样的发展态势和基础上，“推进文化创意和设计服务等新型、高端服务业发展，促进与实体经济深度融合，是培育国民经济新的增长点、提升国家文化软实力和产业竞争力的重大举措”，“是促进产品和服务创新、催生新兴业态、带动就业、满足多样化消费需求、提高人民生活质量的重要途径”。

以工业设计为例，相关政策特别明确提出，“促进工业设计向高端综合设计服务转变，推动工业设计服务领域延伸和服务模式升级”。这是一个重要信号，即从国家宏观政策领域对工业制造转型升级做出明确界定，实质是在世界工业制造领域从“工业化”到“去工业化”再到“再工业化”的升级发展形势下，以设计为核心，推动服务经济服务实体经济、对制造业的高附加值环节进行再造的发展战略。由此改变制造业严重依赖廉价劳动力和高度发达的物流业，并以过度消费和产能无限扩张作为产业经济基础的现状，推动工业设计更多与产业业态交叉、与科技手段融合、与生产制造挂钩、与企业战略交合、与社会文化对接，使设计从产业领域拓展到经济文化建设发展的各个方面，成为转型升级的重要动力。

政策对“塑造制造业新优势”做出具体划分，即加强文化创意和设计服务与装备制造业、消费品工业对接。由此明确了设计服务的两大制高点，即大制造和微制造。前者如高铁技术、集成创新系统等，是设计制造网络的协同与合力，代表国际水平；后者是在物联网兴起，定制化、个性化、多元化需求发展，产品生命周期不断缩短，价格和利润不断下降，产品复杂性增加，服务化成为重要趋势的发展形势下，面对巨大国内内需市场的重要发展方向。

总之，跨界成为典型趋势，大设计理念成为国家设计政策的重要内核，并将发挥关键的引领作用。

2. 确立“中国设计”的文化生长点、科技创新点和消费突破点

相关政策多角度解析强调文化对设计服务发展的关键作用，提出“依托丰厚文化资源，丰富创意和设计利用途径，促进文化遗产资源在与产业和市场的结合中实现传承和可持续发展”，“推动文化元素与现代设计有机结合，形成有中国文化特色的创意设计发展路径”，并就信息及游戏动漫产业发展，提出“强化文化对信息产业的内容支撑、创意和设计提升，加快培育双向深度融合的新型业态”。“深入挖掘优秀文化资源，推动动漫游戏等产业优化升级，打造民族品牌”。就旅游文化产业发展提出“以文化提升旅游的内涵质量，以旅游扩大文化的传播消费”。就演艺及娱乐业发展提出“鼓励演艺企业创作开发体现中华优秀文化、面向国际市场的演艺精品。支持开发具有民族文化特色、健康向上的原创娱乐产品和新兴娱乐方式，促进娱乐业与休闲产业结合”；就工艺美术业发展提出“坚持保护传承和创新发展相结合，发掘民族文化元素，突出地域特色”；提出鼓励各地结合当地文化特色不断推出原创文化产品和服务，积极发展新的艺术样式，推动特色文化产业发展。把文化对设计服务的支撑作用、标识意

义、重要影响提到新的高度，明确文化传承作为中国设计生长点的重要意义。

相关政策将科技作为与文化协同要素加以阐述，明确提出“加强科技与文化的结合，促进创意和设计产品服务的生产、交易和成果转化，创造具有中国特色的现代新产品，实现文化价值与实用价值的有机统一”。具体提出“支持基于新技术、新工艺、新装备、新材料、新需求的设计应用研究”，“深入实施国家文化科技创新工程，支持利用数字技术、互联网、软件等高新技术支撑文化内容、装备、材料、工艺、系统的开发和利用，加快文化企业技术改造步伐”。因此，在政策导向上确立了设计发展的科技创新点，并凸显科技与文化的协同理念。从根本上说，新型文化产业业态必将是文化内容、设计创新和科学技术三位一体的“文化综合体”，设计创新作为文化业态生成的最活跃因子，必将在和科学技术结合共生过程中，把产品的功能定义、产品的内涵、产品的结构创新和性能创新结合起来，并在发展设计产业自身的同时主动与不同文化内容资源相融相合，形成更多具有创新型的产业业态。从国家政策层面看，由此进一步明确了设计与科技的结合是未来设计产业的新走向。

相关政策重视设计消费，将相当比例的工业制造业界定为“消费品工业”，提出通过设计服务发展，推动“消费品工业向创新创造转变，增加多样化供给，引导消费升级”，既“推动转变消费观念，激发创意和设计产品服务消费，鼓励有条件的地区补贴居民文化消费，扩大文化消费规模”，又“促进创意设计与现代生产生活和消费需求对接，拓展大众消费市场，探索个性化定制服务”。由此有助于纠正缓解长期以来制造业和设计及销售市场的切割分离的现状，并重点关注基于网络信息技术发展的制造业转型升级问题，进一步引导适应以互联网为支撑的智能化大规模定制的生产方式，把握机遇，构建新的设计消费生态系统。

3. 建立系统化设计支持体系

相关政策较为系统全面地就文化创意与设计服务的主体——企业，发展的支持因素——财税、金融和人才，发展的动力机制——创新和市场需求，以及审批管理等综合性发展环境，做出部署，提出包括中小企业、小微企业、产业集团和产业联盟等主体扶持措施、知识产权战略、文化创意和设计服务人才扶持计划、市场交易发展、集约布局等一系列导向措施。

目的在于，通过文化创意和设计服务与相关产业融合发展，进一步构建以先进制造业为基础的，与金融、贸易、航运等现代生产服务业互相融合的产业体系，并凸显对知识创新与人力资本的比较优势的关注，有助于通过知识和智力资本，创造高附加值，改变处于产业链末端的局面。而且围绕文化创意与设计服务，培育和扶持各类市场主体，有助于进一步培养能够推动先进制造业与设计服务业价值链重构的“价值链集成商”，促进先进制造业与设计等现代生产性服务业动态匹配，并进一步完善市场规则，让设计企业真正发挥主体作用。

总之，设计创意具有无处不在的生活普及性，设计服务具备与更多产业领域跨界融合、催生裂变新型产业业态的强大功能。设计中文化的、知识的、信息的、科技的乃至心理的因素，在智力经济发展过程中将越来越具有决定性作用，在传统产业结构调整和转型升级中，将发挥关键作用。此次相关政策的颁布具有标志性意义，有助于实现设计驱动，破除产业评建，发挥战略性的导向作用。

二、2014 年度设计艺术研究综述

2014 年，我国设计艺术研究呈现一系列新特点和发展态势。在论文发表方面，据中国知网（CNKI）检索，以“设计”为主题的论文发表数量为 126133 篇，其中与设计艺术相关的文献为 7831 篇。就 CNKI 文献学科分类看，在物理、化工、水利、运输等理学、工学总体布局中，设计艺术研究文献占总比例的 6.2%，是我国当前设计艺术研究在各学科设计研究中的力度和比重的体现。在书籍出版方面，据检索统计，2014 年度共出版设计艺术类图书 1162 册，其中以设计艺术实践类图书为主体，设计理论类图书相对较少。

（一）2014 年度设计艺术文献发表情况

据统计，2014 年度，设计艺术各专业方向的“设计实践”研究文献为 7486 篇，“设计教育”研究

为289篇，“设计理论”研究为56篇（表4）。因此，关于设计艺术实践领域的经验、问题、观念和方法研究构成研究对象的主体。若将“设计实践”粗分为“平面设计”、“产品设计”（含工业设计、服装服饰设计、工艺美术设计等物化产品设计）、“空间设计”（含建筑、景观、室内、环境设计等）、“数字信息与服务体验设计”（含数字动画、交互体验等电子设计），则“空间设计”研究篇目为2719篇，“数字信息与服务体验设计”为2454篇，分别占“设计艺术实践”研究的36.3%和32.7%，成为研究的主要方向（表5）。此外，在56篇“设计理论”研究文献中，36篇为设计史研究，其余为设计原理、设计问题研究和设计批评，体现出设计史仍为2014年度设计艺术理论研究的重点，受到研究者关注（表6）。

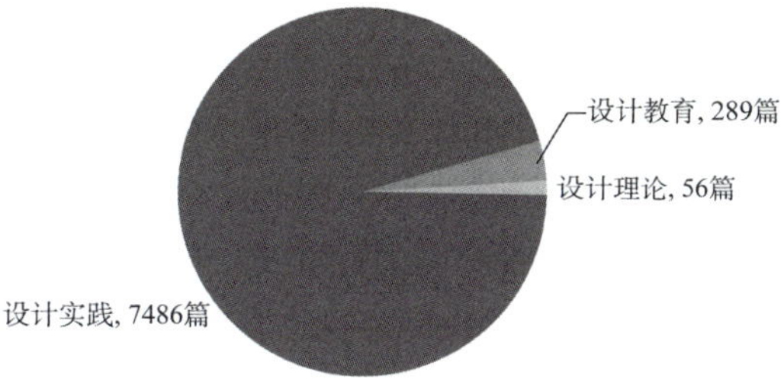

表4　2014年度设计艺术类论文发表情况统计

（数据来源：据中国知网数据库统计）

表5　2014年度设计艺术实践论文发表情况统计

设计实践分类数据来源	学术期刊	特色期刊	博士学位论文	优秀硕士学位论文	中国重要会议论文	国际会议论文	中国重要报纸	合计
平面设计	696	106	0	25	4	0	1	832
产品设计	836	66	1	51	3	5	18	1481
空间设计	2406	188	0	64	31	11	19	2719
数字信息与服务体验设计	1875	479	3	82	4	1	12	2454

数据来源：据中国知网数据库统计

表6　2014年度设计艺术图书出版情况

分类		出版数量（册）
设计理论		9
设计实践	平面设计/视觉传达设计	126
	工业设计/产品设计	247
	空间设计	609
	数字信息与服务体验设计	171

数据来源：网络检索统计

（二）2014年度设计艺术研究的焦点问题

综合梳理相关文献，2014年我国设计艺术研究主要集中于五项焦点问题。

其一，文化传统与当代设计对接融会，涉及面最广。

在平面设计领域，诸多论文研讨中国传统图案、图形、文化符号以及水墨画对现代平面设计的影响，包括传统图形、传统文化与现代标志设计，古代图腾纹样、吉祥纹样与现代视觉传达设计，传统文化符号与界面设计，传统文化观与当代书籍设计，汉字与当代设计文化等。在产品设计领域，传统元素的融入也受到关注。从家具到包装，从服装首饰到旅游产品，传统美学元素、神话题材、制作工艺等与当代设计的结合，得到进一步阐发。在空间设计领域，汉字符号与室内设计、园林景观设计，传统民居元素与现代城市景观设计等均有研究，传统文脉的空间延伸有不同角度的解析。在数字信息与服务体验设计领域，传统元素在动画造型中的应用、传统民间造物艺术对情感化设计行为水平的启迪等，成为传统与当代融会的延续性探讨。在设计艺术理论方面，中国传统民间艺术与中国现代设计的关系探讨、中原古代设计文化的变迁和融会、民间工艺的生态文明观等，也是持续探讨的话题。

设计领域对传统文化的回溯，体现国内日益关注设计的文化源流。无论是物化形态，还是观念意义，均致力于建构设计的文化谱系。尽管从某种程度上说，我们在当代设计领域对传统文化的追溯与融会还并不成熟，但理论的自觉和更普遍意义上的文化诉求必将是深入发展并行之久远的动力。

其二，村落、城镇等乡土建筑景观的设计问题，在空间设计领域里研究著述最多。内容涉及古村落视觉形象设计、传统民居形态设计、乡土景观设计、小城镇街道景观改造设计等。一个普遍的共识是，传统乡土建筑的设计建造往往是对当地文化、审美、气候、经济等诸多因素的综合回应，所以“无论是符号学层面的文化意向，还是景观学层面的人居环境，抑或是生态设计层面的技术措施”，都是有待借鉴深思的智慧。“对于今天的建筑师而言，由于社会语境、建筑材料、建造方式等方面的转变，古人的智慧在今天如何更好的传承与转译是我们应该深入思考的问题”①。

研究背景在于，以往城镇化建设造成的破坏、文化遗产保护意识的深化、“以人为核心”的新型城镇化的发展等。这些背景成为综合推动力，使建筑设计领域对于传统的、民族的、乡土的建筑文化关注突破建筑设计本身，回归社会场域，具有更广泛的、民生的、文化的社会意义。比之于 20 世纪 80 年代关于建筑“民族形式”的讨论，在具体内容上未见得更加深入，参与的广泛性和焦点性也不及当时，但问题是持续的，且并非简单的回归，而是新的现实的回应，具有更综合的聚落生存、文化生态的意义。

其三，中国设计艺术体制与政策问题研究有所突破。2014 年，《设计论》② 等专著进一步从宏观层面综合看待设计政策的内容、机制和影响作用，将设计作为国家层面的公共政策和发展战略，立足国情，综合分析产业、文化、人口素质、社会福利等多重因素的需求和发展趋向，基于工业制造业现状提出设计振兴发展的相关政策，并综合考虑产业结构调整的深层趋势和动因，构建具体可行的设计政策措施。研究设计对国民经济的提升价值，并向公益的、文化的领域拓展，从设计政策角度推进文化资源的转化与再生。既从设计政策角度解决设计教育面临的问题，又注重综合考虑人力资源的素质构成和发展可能，研究使高等设计教育与行业培训结合、设计精英培养与设计灰领人才培养相结合，城市创意设计教育培训与乡土在地文化设计教育相结合的综合政策机制。同时，着眼互联网发展、大数据、智能化等信息技术发展、创客文化兴起带来的机遇，从设计政策角度加以前瞻性的引领和培育。

其四，新信息技术条件下的设计发展问题成为前沿。大数据、3D 打印、智能化、物联网等信息技术领域的深刻变革，深入影响设计机制及设计者的角色定位，成为持续升温的研究热点。2014 年，从信息设计概念的辨析、信息图形设计的形式与价值、网络界面情感化设计、界面设计中的扁平化现象，到基于用户体验的社会化电子商务设计、基于用户需求获取与转化的交互设计，设计与信息技术的联系遍及各个环节，既是驱使的动因，也是新的作用发展的主渠道。相关研究文献对此做出全面清晰的概括：“在网络化的大数据时代下，‘数据科学’（Data Science）迅速兴起，数据界与物理界、人类社会之间的关联广度与强度发生了革命性变化。以信息交互为代表，大数据技术对于设计领域的影响主要体现在两个方面：一方面，以大范围、低成本、增量累积的方式获取设计驱动与约束的相关数据成为可能，如市场需求、消费者行为、使用情境信息等；另一方面，以开源（opensource）、众筹（kick - start）、社会化（social）的组织形式实现设计构想成为可能。这些影响首先促使设计开发的迭代周期变得更短，

① 陈敬等：《传统徽派民居建筑元素设计特征及对现代建筑的启示》，《西安建筑科技大学学报》（自然科学版）2014 年第 5 期。

② 潘鲁生：《设计论》，中华书局 2014 年 2 月版。

用户参与设计过程更直接和深入。"① 由于当代信息化社会的整体性结构发生改变，形成了新的社会化创新关系。设计领域的明星制、中心制被打破，基于互联网科技的"创客"群体、"群件"技术兴起，设计更具参与性和开放性，设计模式发生改变。不仅如此，相关文献从哲学层面对3D打印数据等影响设计的实质和设计未来的发展趋势做出了阐述。研究指出，"今后的设计者应当成为数据库设计者，或者说元设计者。他们不设计物品，而是设计空间，以便那些缺乏技巧的用户以简便易行的方式进行设计"②。

其五，是历史视野中设计的内涵与社会作用问题受到关注。2014年不少研究文献对设计赖以生成和存在的社会历史环境进行了还原和分析，阐述了设计与社会联系的发展趋势。诚如研究者在探究现代主义设计时所指出的那样："现代主义设计最终诞生于'一战'后的德国，其存在的社会背景、状态不容忽视。实际上，两次世界大战之间的德国社会具有自身的独特性，其深层因素推动了现代主义设计的诞生。"③ 此剖析可以提供我们看待设计的社会和历史视野，唯有如此才能真正把握其演进发展的动力和动因。连贯这条设计史的线索，2014年的译介文章指出："现代主义坚持认为一个对象的外在形式应该反映其生产方式。相反，波普的目的是与追逐时尚的消费社会建立一种富有表现力的关系。"④ 设计"成为各个变化繁复的领域的交叉点，成为一种前沿的、动态的、冒险的学科"⑤。事实上，无论是还原设计的社会背景和架构，还是深入探究设计的深层社会作用，价值导向都是共通而明确的，即设计应为人类更好地生活或生存发挥协调作用而非相反。设计是社会的组成部分，必然受到种种构成要素的影响。形成特定的历史面貌，也必须承担相应的社会责任，为集体环境做出贡献。虽然现实的演进远较理论上的批评研究更加复杂，但理念的洞识仍将发挥价值导向作用。期待这样的学术探究、理论研讨发挥现实的影响力，让设计文化、观念上的自觉与设计实践形成合力，从物质功利的商业迷雾中突围，为社会民生做细腻质实的贡献。

三、2014年度设计艺术展览情况

自1984年第六届全国美展中的平面展示开始，设计展览已经逐步发展成为集综合性、学术性、国际性为一体的设计活动。2014年，在国家政策扶持下，设计展的规模、数量、国际化水平达到历史新高。选题更加实际，偏重社会热点话题与现实民生，展示媒介也更加多元，主要集中在上海、北京、深圳等三个设计之都。⑥

（一）2014年设计展主办方分类

根据策展主体的机构属性进行分类，可以分为高等院校主办的展会、政府部门主办的展会、设计行业协会主办的展会以及其他机构主办的展会四类。此四类展会既有共性，也存在差异，起到彼此补充、共同促进的作用。

1. 高等院校主办

毕业展是院校办学方向和学科前景的展示与说明。以2014年各所高校的动画专业为例，虽然都是通过"选题+叙事手法+技术手段"呈现，但不同院校有不同理念：广美努力在艺术创意与商业形式之间寻找一个平衡点，鼓励团队合作形式；北京电影学院依托电影基础，提倡个人创作观念；清华大学美术学院擅长应用新技术、新材料、新工艺，社会责任感强；西安美院依托"美术专长"的平台，将

---

① 王巍：《数据驱动的设计模式之变》，《装饰》2014年第6期。

② ［荷兰］约斯·德·穆尔：《从开放设计到元设计（metadesign）——3D打印数据库本体的冲击》，华铭等译，《社会科学战线》2014年第10期。

③ 林鸿，江牧：《一战后德国现代主义设计诞生的社会深层因素》，《苏州大学学报》2014年第6期。

④ ［英］彭妮·斯帕克：《英国设计，从威廉·莫里斯到今天》，《装饰》2014年第11期。

⑤ 陈红玉：《20世纪后期英国的设计理论及其历史地位》，《装饰》2014年第11期。

⑥ 北京、上海、深圳是中国三家进入联合国教科文组织创意城市网络的"设计之都"，它们的发展状况是我国创意设计产业发展的重要标志。

视线聚焦于社会现实，在调侃的同时注入创作者的个性与反思、批判。①

除了毕业展，院校展还包括以学术探讨和理论研究为目的的设计展览。如“持续之道——国际可持续设计学术研讨会暨设计作品展”（11 月 14 日至 15 日）由清华大学美术学院、芬兰阿尔托大学艺术、设计与建筑学院、中国广东工业大学艺术设计学院联合主办，旨在探讨全球化背景下可持续设计战略的进一步深化和具体化。

2. 政府部门主办

政府部门主办的设计会展具有规模大、影响广、层次高等特点，有些设计会展已成为中国现代设计会展的品牌。如 2014 北京国际设计周由教育部、科技部、文化部及北京市人民政府联合主办，其间共举办 206 项设计展览。② 2014 上海时装周由中国商务部支持，上海市人民政府、上海时装周组委会主办；2014 深圳国际创客周由商务部、农业部、知识产权局、科技部、工信部、发改委、教育部、人力资源和社会保障部等八大部委联合主办；2014 中国（深圳）国际工业设计大展由工信部和深圳市人民政府共同主办；2014 首届中国工业设计创新展由国家八大部委、联合国工业发展组织主办等。

3. 设计协会主办

2014 中国国际大学生时装周由中国服装设计师协会、中国纺织服装教育学会、中国服装协会共同主办；第九届中国工业设计周暨首届江苏工业设计周由中国工业设计协会与江苏省经济和信息化委员会、江苏省工业设计协会联合举办；2014 年中国室内设计周暨“居然杯”CIDA 中国室内设计大奖由中国室内装饰协会主办；首届中国室内设计艺术周由中国建筑学会室内设计分会（CIID）与厦门大学主办；第八届现代手工艺学院展暨学术研讨会由中国国家画院公共艺术院、中国美术家协会工艺美术艺术委员会、全国艺术专业学位研究生教育指导委员会设计分委员会联合主办等。

4. 不同性质机构联合主办

“设计上海（DesignShanghai）2014”由东上海国际文化影视集团、上海艺博会国际展览有限公司及英国设计展览组织者 MIDIA 10 联合主办；第六届广州家居展由中国对外贸易广州展览总公司和广东省家具协会共同主办；第五届中国国际创意设计展由中国贸促会、中央美术学院和中国艺术研究院设计艺术院③共同主办；中国国际时装周 2014/2015 秋冬暨“汉帛奖”第 23 届中国国际青年设计师时装作品大赛由中国服装设计师协会与汉帛（国际）集团共同主办等。

（二）2014 年设计展会特点

1. 传播更具开放性、展示渠道多元化

一是院校展场地由校内转向校外；二是公众参与度明显提升，如“国庆 · 北京看设计”的主题宣传让民众参与性以及设计对社会的自主介入性更加明显和普遍；三是利用多种媒体，线上与线下同步推广。又如广美的动画专业毕业展，改变了以往只凭教师评价成绩的模式，不但在学校的报告厅展播，还同时在优酷、土豆、56 等视频媒体上发布，根据点击率、评价及转发量评估该作品的成绩，起到了多方位评价毕业创作的效果。④

2. 选题由虚变实，关注现实民生

一是关注社会热点议题。仅以动画专业的毕设展为例：广州美院关注“填鸭教育”“反腐倡廉”“关注下一代”等热点问题；北京电影学院的主题“舌尖上的挑战”，反映了学生对于食品安全问题的思考；清华大学美术学院针对环境破坏、留守儿童、战争创伤等现象进行反思与批判；西安美院聚焦于

① 来自广州美术学院、北京电影学院、清华大学美术学院、西安美术学院、中国传媒大学、中国美术学院的动画专业的毕业设计展述评，《装饰》2014 年第 7 期。

② 柯维：《北京：“科技 + 设计”模式催生新经济》，《科技日报》2014 年 12 月 11 日。

③ 中国艺术研究院设计艺术院担任“中国国际创意设计展”的主办方已经有 4 年，此展宗旨是通过展示优秀设计作品和产品，体现国际创意设计趋势和潮流，促进中外创意设计领域的交流、推动生产机构与设计机构之间的对接合作。

④ 陈赞蔚：《广州美术学院影视动画设计专业优秀毕业设计作品》，《装饰》2014 年第 7 期。

当代年轻人对生存环境的焦虑感，同时注入流行元素（如南北美食之争），反映了学生对于身边现实世界的思考。①

二是关注现实的民生问题，选题更加实际和具体。2014 年红星奖参评作品中的应对雾霾问题的空气质量检测设备与空气净化装置，体现出设计师在面对社会热点问题时的责任感与价值观。

三是关注产业转型问题。“设计·上海 2014”关注手工艺的现代设计应用，引入大量手工艺设计展品。在国家呼吁产业转型的当下，探索手工艺为重要元素的设计创新，旨在为中国设计由“制造”向“创造”的转型寻找合适的渠道或模式。

3. 强调人才孵化功能

一是通过展示促进师生的设计能力，有助于用人单位选拔合适的设计人才，提高就业率；二是有助于提高新锐设计师的知名度与影响力；三是大型设计创意的展示或竞赛活动更加开放，有利于鼓励非设计人士的参与。如深圳国际创客周的参赛者，包括了科研机构研发人员、大型企业职业人士及各大院校的在校学生等群体，并不仅限于设计创意界人士的参与，从而有助于提升设计师的实践水平，学习与观摩其他学科创作的原理与成果，促进自身的进步。

4. 重视学科的横向交流与合作

一是趋向注重不同学科的交叉性、跨学科的研究；二是促进同一学科不同院校之间的交流与合作，联展成为新特色。如第八届现代手工艺学院展，是清华大学美术学院、山东工艺美术学院、上海大学美术学院、南京艺术学院、西安美术学院 5 所院校发起的现代手工艺学院展，迄今已成功举办八届，在弘扬传统、鼓励创新、促进现代手工艺教学等方面，均已取得良好成果。

5. 反映企业对设计创新的空前重视

据相关报道，2014 年中国设计红星奖中，大型制造企业对设计的认知和运用能力有了显著提升，低端设计业务逐步缩减，技术含量更高、文化承载力更强。北京地区参评单位中有 90% 的是与 IT 信息、大数据、智能技术、新能源有关的高新技术企业，其中中关村高新示范区的企业就占到五成。② 这说明有更多的高新技术企业充分认识到设计的价值，开始将设计融于技术研发当中，而不再像以往一样，仅将设计视作美化产品外观的工具。

6. 国际化程度达到历史新高

在 2014 年关于设计展览大大小小的报道中，可以注意到出现了好几个与“国际”字眼相关的“第一次”：3 月“设计·上海 2014”是中国迄今为止规模最大的国际原创设计博览会，在逾 150 个世界品牌中，90% 的是“首次”被介绍到中国；11 月中旬“国际可持续设计作品展”是世界范围内顶尖可持续设计作品与成果在中国的“首次”集体呈现；11 月下旬中国设计大展秉承“打造世界设计风向标”的宗旨，整合美国 Spark Award 星火奖、日本 G－mark 设计大奖的同时，引入全球智能可穿戴行业巨头 Misfit、意大利知名开源硬件汽车公司 OS Vehicle 等机构参展，③ 国际化程度超过往年。

设计展不但能够提供给国人近距离接触国外设计名家、名作的机会，也是国内设计力量积极向外推广的平台。2014 年 4 月，北京市政府在联合国教科文组织巴黎总部举办“感知中国”设计北京展，39 家设计机构的近 400 幅作品体现了中国生态文明和城乡环境建设等方面的创新设计，也提升了国内设计品牌的国际影响力和话语权。

（三）2014 年设计展会活动机制总结

1. 学术角度：展览与研讨会相配套

2014 年，几乎所有的设计展会都配置了相应的学术讨论环节，不但具有很强的学术性和理论研究

① 来自广州美术学院、北京电影学院、清华大学美术学院、西安美术学院、中国传媒大学、中国美术学院的动画专业的毕业设计展述评，《装饰》2014 年第 7 期。

② 柯维：《北京：“科技 + 设计”模式催生新经济》，《科技日报》2014 年 12 月 11 日。

③ 苏兵：《全球最大工业设计盛宴开席》，《深圳商报》2014 年 11 月 30 日。

价值，还为展会的后续活动积攒了经验、指明了方向。如“1895 中国当代工艺美术系列大展优秀作品展”（5 月 10 日至 30 日），配备高端学术论坛“再生产——中国当代工艺美术学术论坛”，旨在推动教育与产业的协同发展，实现设计“产学研”结合之目标。

2. 经济角度：搭建设计洽商平台，促进区域或国家的经济发展

会展也是经济，设计展既是不同地域设计与创意水平的展示平台，也是设计与众多产业融合示范的平台。2014 年设计展的产业导向有以下四个特点：一是以政府政策为纲领①；二是注重多主体参与的运作模式；三是构建利于商贸合作与交易的线上平台②；四是以科技为驱动，注重原创性与创新性。目的是强化设计市场的服务功能，促进不同地域设计和创意产业的交流，推动商贸合作、带动设计产业由“制造”向“创造”的升级，实现企业设计交易服务项目与公众设计消费活动。

3. 教育角度：构架国内外设计领域高校与产业互动平台

除了中方主办的国际展外，2014 年国内还涌现出中外院校联合主办的联展：如“马上火 · 设计现场”是中国美术学院上海设计学院与日本武藏野美术大学的 2014 优秀毕业作品展，此展也是两校缔结 20 周年庆典内容之一。又如“清华大学美术学院与东京艺术大学纤维艺术作品展暨学术研讨会”，对教育教学、艺术创作、展览活动展开探讨，重点关注两国传统技艺的传承与现代设计产业的对接。国际校际联展往往走的是高端路线，邀请的也都是名校领导、业界精英以及部分优秀作品的作者，代表了当前艺术院校毕业设计的最高水平。

值得一提的还有在国外举办的中国设计展。“2014 中国设计进行时”（意大利米兰）以及国内设计院校作品在海外的巡回展，在表达对当代设计的理解与态度的同时，关注设计价值观与设计立场的表达，呈现了中国当代设计发展的真实面貌。这些活动都有效地架设了高校、产业、设计师、学术界之间的沟通桥梁。

4. 社会角度：提升公众对设计的认知度与参与度

正如前文所述，2014 年设计展览的传播方式更具开放性，而且移动互联和网络社交的兴起（如微信公众号的大量推送），造成公众对 2014 年设计展会产生前所未有的关注，在提高社会对设计认知度的同时，也吸引了普通民众的广泛参与。诸如设计猫、设计宝等金融产品的推出，和“O2O”双向互动电商平台的出现，使得民众直接可以参与对设计展品的评价与交易。

5. 预测行业发展趋向

设计展通常可以折射出行业的未来发展方向。2014 年度设计周明显表现出科技与设计“集成创新”的趋向，如创客创意周、工业设计大展、红星奖评选等活动中评选出的优秀作品，其共同之处都是整合先进科技成果，融合信息技术、创新型企业与民众创新（社会创新）集群的优势，将理念转化为产品实物。此外，2014 年设计展暨研讨会更多的是探索如何“协同创新”的商业模式，这些必然要引入大量的社会资源。因此，集合众人的力量协同进行设计创新显然成为另一重要趋向。

综上所述，2014 年的设计展在延续自水晶宫设计展以来所有功能——如对新技术、新材料、新工艺的展示与交流、促进商贸合作深度、广度与设计水平的提升——的同时，还表现出两种新的趋向：一

---

① 2014 年 4 月，文化部《关于贯彻落实〈国务院关于推进文化创意和设计服务与相关产业融合发展的若干意见〉的实施意见》将“优化提升北京国际设计周”列为“为创意设计推广、交易和交流合作提供平台”的重要途径之一。根据相关报道，“如何把设计与相关产业融合”是北京国际设计周工作的第一要务，对实施意见的落实是 2014 北京国际设计周的运作关键。

② 与往年相比，“上海时装周 2014”新增了设计师品牌线上销售渠道，在“2015 春夏”作品发布的同时推出线上营销平台“尚街”，嘉宾可扫描店铺二维码进入线上平台，即时选购自己心仪的走秀作品；此外，2014 年北京国际设计周上的“设计猫”建立起 O2O 互动电子商务平台，其特点是为创意产品提供线上预购和销售、线下展示和交易等服务。

是公众“参与”与“共享”属性明显提升，契合了“全民创新”的时代发展潮流①，也充分体现了设计的服务属性，越来越注重互动、参与、体验；二是“科技＋设计”的融合模式成为大型设计展览的重要内容②，这必然会引领以网络化、智能化和低碳可持续发展为特征的文明走向，并不断催生设计与其他产业的深度融合。

四、2014年设计艺术教育发展

（一）2014年设计教育概况

目前，设计学为一级学科，相关专业在中国各类高校的开办数与学生数，位居各学科和专业数前列。全国近七成高校设置设计学专业，预计2015年春夏将有逾40万设计学专业应届毕业生进入求职市场。

2014年，中国科学评价研究中心（RCCSE）、中国科教评价网和武汉大学中国教育质量评价中心（ECCEQ）共同发布《2014—2015年设计学研究生学科排名》③：参评的131所开办设计学专业院校中，前三位为清华大学美术学院、中国美术学院、四川大学；全国开设设计学博士点11个，博士后科研流动站7所。

（二）2014年设计教育界大事

1. 高等设计教育调整

2014年是中国高等教育的转型之年，加快发展现代职业教育成为高等教育改革的切入点。改革核心为分类办学和管理，内容涉及学校的办学模式、招考程序、人才培养理念和方法。在类型定位上，改变以往单一的“学术型”或“研究型”定位，进一步划分为“学术研究型”“应用技术型”“职业教育型”等类型特色。在招考方面，计划实施高考改革方案，区别“技术技能人才”和“学术型人才”，分别进行招生考试。在办学模式上，一大批本科院校，包括高职、新建地方本科院校、独立学院等，都将纳入现代职业教育体系。2014年6月国新办发布会上，教育部提出，转型院校以“应用技术型”大学为方向，目前已有130多所高校提出转型申请。

2. 积极开展国家层面设计教育研讨会，取得一定成果

为促进设计学学科建设，提升人才培养的质量，国务院学位委员会第六届学科评议组——设计学组召集全国高等学校的相关专家，对设计学的学科体系和学位标准进行专项研究，相关成果收入《学位授予和人才培养一级学科简介》和《博士、硕士学位基本要求》④。6月召开“学科建设与学科升级：设计学学科发展研讨会”，同时发布了由中国高等学校设计学学科教程研究组编写的《中国高等学校设计学学科教程》一书，以便共同促成在2020年完成设计学本科和研究生教育教学理论与实践系统的构建。10月高等教育学会设计教育专业委员会与河南大学主办“开元·在线生活——全国设计教育学术研讨会暨2014年中国高等教育学会设计教育专业委员会年会”⑤，立足中国设计教育，探寻设计教学的多样化和新途径，探索设计教育在跨文化语境与国际视野下的协同创新，为构建中国设计教育的新未来增添助力。12月教育部高等学校设计类专业教学指导委员会召开“教学质量国家标准”工作会议⑥，总结

---

① 在知识网络时代，一切传统的设计模式正在面临深刻变革。云计算、大数据、智能技术、3D打印等技术的出现，将彻底改变设计研发、制造和服务的过程，它是信息革命与能源革命、制造革命结合起来的一场新的产业革命和思维革命。

② 以工业设计大展、红星奖、创客设计周、北京国际设计周为代表。

③ 《2014—2015年设计学研究生学科排名》，发布于2014年7月8日，http：//www. dolcn. com/。

④ 由国务院学位委员会办公室组织编撰，高等教育出版社正式出版。

⑤ 值得一提的是，中国设计艺术院是该年会的主要支持单位之一：设计学教指委主任兼中国艺术研究院副院长谭平教授任组委会主任，设计学教指委副主任兼中国设计艺术院院长潘鲁生教授任组委会副主任，设计学教指委副主任兼中国设计艺术院何洁教授任常务副主任兼秘书长。

⑥ 中国艺术研究院是此项工作会议的主办方，中国艺术研究院副院长兼研究生院院长吕品田教授、设计学教指委主任兼中国艺术研究院副院长谭平教授、设计学教指委副主任兼中国设计艺术院院长潘鲁生教授、设计学教指委副主任兼中国设计艺术院何洁教授等主要负责人针对调研与工作进展作了重要汇报，旨在共同成功研制出设计专业的“教学质量国家标准”，并推进“标准”的落地实现。

和交流设计学科教学“标准”研制工作的调研和指导情况。各种指导意见逐步深化完善，相关教育质量评估渐成体系。

（三）2014年设计教育观念

随着信息技术飞速发展、人居环境问题和用户需求日益复杂，以用户为中心、以解决问题为导向逐渐成为近年来设计教育的重心。在此背景下，设计教育界通过一系列的学术研讨，展开对设计教育观念的种种思考。

1. 重视创新与实践能力培养

2014年，由国内外60余所高等院校及教育机构的200余位代表参加的“中国高等教育学会设计教育专业委员会年会”上，高等设计教育的创新与实践能力培养问题成为焦点。与会专家潘鲁生提出，基于设计学科的交叉属性和社会人才需求的变化，应深入理解设计教育的“实践”内涵，应积极探讨设计学科的创新与实践教学体系，构建包括课程实践教学、项目实践教学、创作实践教学、行业实践教学、社会实践教学等部分组成的创新与实践教学体系，坚持“以教学为中心，以教师为主导，以学生为主体”，强调人才在实际工作中经验、素质、技术、创意和学科专业知识的协调统一，就工艺传承型、科技创新型、产业服务型、策略管理型等设计人才实施分类培养，培养具有“科学精神、人文素养、艺术创新、技术能力”的创新型应用设计艺术人才。这是体现设计教育发展的内在趋势和解决当前设计教育与社会需求问题的根本。

2. 多渠道探索课程信息化的可行性

2014年，课程信息化探索方面有两个特点：一是在线教学资源库的扩展壮大，包括国家高等职业教育艺术设计（工业设计）专业教学资源库网站①的上线运营，和中国可持续设计学习网络（LeNS－China）② 的快速发展。二是“中国大学慕课”③ 设计课程上线，线上线下成为一体。此外，微课以类似网易公开课的视频演示，也在2014年推出众多与设计相关的精品课程，如国家高等职业教育艺术设计（工业设计）专业教学资源库网站的微课④。这些举措致力于从传统授课向网络时代教学的转变，以开放、共享的理念，打破地域、学历、专业的种种壁垒，促进设计教育发展。

3. 重视“大数据”（big data）的设计教育影响

2014年，学界基本公认大数据对设计教育会产生极大影响。清华大学美术学院举办“迎接大数据时代”学术研讨会，认为大数据会导致设计行为、设计目标及设计人才的培养模式发生根本变化。随后“大数据时代‘产学研’协同创新设计论坛”，以大数据、协同、创新为关键词，研究产学研新格局，加强跨学科思考，促进教育交流，反思三者间的关系与定位，探讨如何提升协同创新的能力。

4. 探索工艺美术“再生产”在设计教育中的定位

2014年，南通召开“再生产——中国当代工艺美术学术论坛暨2014年中国工艺美术学会理论委员会年会”，讨论振兴和发展当代工艺美术、并将其转化为全产业链的当代创意品牌，思考技艺传承、审美文化和生产实践，发布《中国工艺美术南通宣言》，旨在推动教育与产业的协同发展。浙江理工大学举办“当代中国工艺美术传承与发展理论研讨会”，探讨“工艺美术在教育与设计中的作用”，目标瞄准“技艺传承、行业发展、人才培养”三个方面，对当代工艺美术在设计教育中的定位与发展给予了深刻的思考。

5. “创客”现象推动教育创新

作为创意产出者，创客与设计师之间存有共性，将创客文化引入设计教育的研究范畴，强调用户作

---

① http：//idtr. cchve. com. cn/hep/plugin/newPortal/art/index. jsp.

② http：//www. lens－china. org/，成立于2011年，由国内多所大学与社会机构参与，是专供可持续设计学习、交流以及资源分享的网络平台，致力于可持续设计研究、教学、实践与知识分享。

③ http：//www. icourse163. org/.

④ http：//www. cchve. com. cn/hep/plugin/newPortal/art/weikecheng. jsp.

为设计者或参与者融入设计过程。清华大学美术学院举办“英特尔创客教育论坛”①，以“创客与教育”为主线，探索开放、自主和强调实践的创客运动将可能带给设计教育创新的新模式与新途径，以便在一定程度上实现“人人都是设计师”之愿景。

6. 可持续设计与社会创新课程比重加大

为培养可持续设计价值观，2014 年更多院校陆续开设“可持续设计”主题课程、讲座或研讨会，推动学界与社会对可持续设计加大关注力度，呼吁培养具备可持续设计价值观的设计人才。“数字化社会创新”2014 第四届江南大学 DESIS 国际研讨会作为“设计教育再设计”国际会议②的主要活动之一，提倡关注社会创新在设计学科中的重要作用，探讨设计和交互行为的产出结果，反映了产业和社会发展对设计教育提出的新要求。

7. 探索学生与市场接轨的新途径

2014 年 6 月“学生智造”③ 共享型网站上线运行，调动学生参与市场的积极性，整合教师、企业、政府的资源、协调性与能动性，探索设计人才孵化之创新性渠道。此外，2014 年众多院校将学生毕业作品展与用人单位的“双选会”合二为一，“2014 中国国际大学生时装周”上出现专场招聘会④，体现出高校推介设计人才的努力与成效。

（四）目前存在的主要问题及解决思路

1. 不同院校的设计教育“趋同化”

解决“趋同化”问题，需加强设计教育的地域化，因地制宜，寻找和创造基于地域特色或学校特色的专业优势，培养多元化的设计人才。目的是在适合本国、本地区、本校实际情况的同时，避免“千校一面”，根据自身特点和专长思考适合自身的办学理念，研究根据地域优势或学校特色而组织设计教学的途径与模式，以便在设计需求复杂化、多元化的背景下，更好地发挥有区别的教学优势，进一步形成教育创新手段的差异性策略。如中国美术学院设计学院重视实验教学，在实验室建设投入很大，并且以三个核心为实验教学的发展重点：①以传统手工艺为核心；②以机器制造工艺为核心；③以数字技术为核心。山东工艺美术学院深化设计教育特色办学实践，从学科专业布局到课堂内外实践教学环节突出创新与实践能力培养，完善高等设计教育“创新与实践教学体系”。同济大学设计创意学院强调激发学生自觉创建课程内容的重要性，由以往的“以教师为中心”转向“以学生为中心”，利用信息平台改造教学手段。

2. 创意与动手能力发展不平衡

2014 年相关论文指出，设计学是理论与实践的结合，是偏工学的交叉学科，包括本体、管理、教育三个层面。本体的研究方法更侧重工学的实证模式，设计教学训练更接近逻辑实证的工作方法⑤。将创意表达为实物作品的唯一捷径就是多学多练，因此解决以上问题的思路落在改进实践课的数量比例、体裁规范、互动教学等方面。目前国内高校中的实践教学通常通过以下三种模式进行：①包豪斯的“实践印证理论”教学模式，常见于本科生的教学；②导师制导向下的“工作室”模式，常见于研究生的

---

① 该论坛通过“高校跨学科创客教育实践”“创客文化对产业的推动”“学生创造力培养”三个议题，与会者包括来自北京、上海、成都的创客团队及其杰出代表。

② “设计教育再设计”系列国际会议已经成功举办两届，2014 年 5 月“设计教育再设计系列国际会议（三）：设计的哲学概念”在前两次关于学科研究和产业服务等问题探讨的基础上，尝试寻找各种复杂现象背后的普遍属性、共性技术和核心原则。

③ 曾强，蔡晓艳：《基于“学生智造”电商平台实现创意创新——设计人才孵化的研究与实践》，《装饰》2014 年第 8 期，该网站的下一步目标是完善在线交易内容，与传统线下展览（线下体验店）形成互动，促进学生作品的销量，同时还借助微信、微店、微博与 App 手机客户端等多渠道媒介进行推广。

④ 2014 年 4 月 23 日到 28 日于北京举办的“2014 中国国际大学生时装周”上出现了一项前所未有的特加项——针对“设计类、服装类、演艺类”的专场招聘会，旨在实现服装专业的学生与时尚企业之间“就业—招聘”的对接。

⑤ 郑曙旸：《机遇与挑战——关于中国道路的设计学思考》，《装饰》2014 年第 7 期。

教学；③基于真实项目的实践教育模式。这种模式对学生的学历没有严格要求，除了高校，也多见于高职与中职的实践教学。

3. 设计学科与其他领域脱节

2014 年，诸多设计界人士呼吁设计创新教育向“集成能力创新”方向发展。设计服务、设计方法及设计产出的教育培养，须打破之前单向度的纵向教育，培养知识的全面性与集成性。“人才问题的核心问题是教育改革；设计与艺术、经济、文化、社会的融合，是今天的大学教育任务。”① 大数据时代，技术创新更加成熟，设计教育创新视角将更多地聚焦于培养“集成”与“协同”的能力之上，通过跨地域、跨文化、跨学科的研究、交流与合作，聚合全社会的力量用于设计创新。这不但是设计教育转型中不可绕过的过程环节，更会为改善现有的教学与市场的脱节等诸多问题提供新的视角与解决方案。

潘鲁生　山东省文学艺术界联合会主席、山东工艺美术学院院长
殷　波　山东工艺美术学院副教授、中国艺术研究院研究生院博士后
吕明月　清华大学美术学院博士后

① 宋慰祖：2014 年 11 月 15 日，“持续之道——国际可持续设计学术研讨会暨设计作品展”分论坛讲话。

2014 年度中国设计理论界学术与思想动态

◎陈岸瑛　李　楠

本文主要从设计教学、设计应用研究和设计出版等方面分析中国设计理论界的成果与动向。本年度设计学界的大事，首推《国务院关于推进文化创意和设计服务与相关产业融合发展的若干意见》颁布、世界工艺文化节、“再生产——中国当代工艺美术学术论坛”、米兰世博会中国国家馆、“花开敦煌——常沙娜艺术研究与应用展”等，牵涉到设计教育和设计研究的方方面面。综观 2014 年度的设计展览、研讨会、期刊论文和图书出版，今年的学术热点可用“当代工艺美术再生产”“丝绸之路”“大数据”“智慧城市”“众筹”这几个关键词来概括。

1. “工艺美术再生产”主要体现在“中国当代工艺美术系列大展”以及“再生产——中国当代工艺美术学术论坛”在南通和北京的举办。

2. “一带一路”“丝绸之路”出自习近平总书记在 2013 年 9 月和 10 月分别提出建设“新丝绸之路经济带”和“21 世纪海上丝绸之路”的合作倡议。敦煌艺术成为学术界关注“一带一路”倡仪的焦点，相关活动有“花开敦煌——常沙娜艺术研究与应用展”、敦煌壁画艺术精品高校公益巡展以及各高校举办的丝绸之路相关的讲座等。还有 3400 多篇以“丝绸之路”为篇名的论文发表，而这类文章 2014 年前只有 1 篇，2014 年达到 780 多篇。

3. “智慧城市”涉及的主要活动有：（1）2 月中下旬，韩国首尔举行“2014 中韩设计行走”学术交流活动，以智慧城市为主题举办中韩联合工作坊。该活动由清华大学、中国传媒大学、北京服装学院，以及韩国国民大学、首尔大学、首尔女子大学、延世大学和弘益大学共 8 所高校联合举办。（2）4 月，由国家科技部国际合作司、江苏省科技厅、常州市人民政府主办“亚太经合组织（APEC）智慧城市创新与技术合作论坛”在江苏省常州市举办。论坛还发表了《常州宣言 2014》，宣言指出要进一步搭建智慧产业领域内创新驱动与交流对话的高层次平台；成立智慧城市专项科技计划，设立多边、双边或单个经济体城市内部智慧产业专项建设基金；继续建设“APEC 智慧城市研究院”，构建智慧产业领域交流与对话的长效机制等。（3）9 月中下旬，2014 北京国际设计周连续两届的智慧城市主题展全面升级，智慧城市首次作为设计周七大主体活动板块之一，亮相中华世纪坛，清华大学美术学院服务设计研究所受邀出席智慧城市主题展。

4. “大数据”。设计领域的相关活动有清华大学美术学院与北京市残疾人康复服务指导中心、北京大学第六医院等几个单位共同成立的“孤独症儿童康复训练研究室”，12 月发布了互联网产品“VB-MAPP 评测助手”，可以快速地收集数据，形成大数据体系，对指导患儿的康复训练、科学研究和政府决策均有重大的意义。11 月下旬，由清华大学美术学院、清华大学艺术与科学研究中心共同主办“第六届清华国际艺术·设计学术月——2014 第四届中国工业设计北滘论坛”举办，主题为“大数据时代下的设计、制造、管理”。以“大数据”为篇名的论文，2012 年 700 多篇，2013 年 3400 多篇，2014 年 7500 多篇。

5. “众筹”。2014 年 5 月上旬，2014 北京国际设计周重点项目——众筹中国设计联盟以及产品“设计宝”项目在北京设计之都大厦举行了发布活动。2013 年以“众筹”为篇名的研究有 110 多篇，2014 年达到 940 多篇。

除此之外，其他一些关键词如设计管理、新媒体、文化创意、创意产业、设计服务、传统设计、设计创新和设计文化等，近几年来，每年均有上千篇相关论文发表。

本年度，设计史论学界基本由“50后”和“60后”学者执掌牛耳，但是在“70后”和“80后”的青年学者中也涌现了一批活跃分子。2015年度的学术成果，主要体现在大型学术活动、工艺美术和设计教育培训项目、学术期刊的建设以及中青年学者的著述、科研和学术活动上。

一、年度事件

（1）《国务院关于推进文化创意和设计服务与相关产业融合发展的若干意见》颁布

2014年1月22日，国务院总理李克强主持召开国务院常务会议，会议确定了推进文化创意和设计服务与相关产业融合发展的政策措施。2月26日，《国务院关于推进文化创意和设计服务与相关产业融合发展的若干意见》颁布。3月6日，由《创意世界》杂志主办的首届创意世界菁英论坛暨2014文化创意中国行活动在京正式启动。与此同时，“中国文化创意产业集聚区联盟”正式成立。3月14日，国务院印发《关于推进文化创意和设计服务与相关产业融合发展的若干意见》，明确提出了文化创意和设计服务与装备制造业、消费品工业、建筑业、信息业、旅游业、农业和体育产业等融合发展的重点任务①。之后，吉林省、辽宁省、山西省人民政府陆续印发关于推进文化创意和设计服务与相关产业融合发展的实施意见或行动计划。随后，设计行业召开了一些相关的活动。如，5月中旬在深圳，由中国工业设计协会、深圳市经济贸易和信息化委员会、深圳设计联合会等单位联合主办的“2014全国青年设计师工作会议”等。9月26日—27日，中国工业设计协会、福建省经济和信息化委员会与香港贸发局共同主办的2014年第二届设计创新交易洽谈会暨福建省工业设计与制造业融合发展对接会在泉州晋江举办。对接会以“设计引领转型升级”为主题，旨在深入落实《国务院关于推进文化创意和设计服务与相关产业融合发展的若干意见》（国发〔2014〕10号）。

（2）世界工艺文化节

2014年6月中旬，2014世界工艺文化节新闻发布会在浙江省人民大会堂会议厅召开。主题为：振兴世界工艺美术，传承人类手工技艺，发展文化创意产业，共创“手工劳作”辉煌。根据这一主题“文化节”将举办盛大的开幕式、庆典晚会、世界民族服装秀、彩车民族盛装巡游、召开世界手工艺理事会理事长工作会议、举办“第十五届中国工艺美术大师作品暨国际艺术精品博览会”（东阳展区）、“2014‘中国原创·百花杯’中国工艺美术精品奖”评审、东阳国际木雕技艺大赛、世界工艺文化论坛、第十届中国工艺美术协会名誉理事长座谈会、第六届中国工艺美术协会会员代表大会等。

（3）再生产——中国当代工艺美术学术论坛暨2014年中国工艺美术学会理论委员会年会

1895年，清末状元张謇在南通创办纱厂，开启了中国近代民族工业之路。2011年，南通国有置业集团与清华大学美术学院联手对张謇留下的工业遗存进行保护性修缮，建成了“南通·1895文化创意产业园”。2014年1月上旬，清华大学美术学院举办了“工艺美术·再生产”专家座谈会，该会为“再生产——中国当代工艺美术学术论坛”的预备会议。3月初，“1895中国当代工艺美术系列大展暨学术论坛——中国当代玻璃艺术展”在南通·1895文化创意产业园举办。3月下旬，清华大学美术院艺术史论系组织策划的“再生产——中国当代工艺美术学术论坛暨2014年中国工艺美术学会理论委员会年会”论坛分三场先后进行，主题分别是工艺美术与当代生产、工艺美术的理论与研究、工艺美术的调研与实践，来自全国各地的百余名一流学者和业界精英云集此地，以“再生产”为主题，就如何接续由张謇开启的民族工商业之路，如何接续南通工艺美术的优良传统，如何振兴和发展中国当代工艺美术，如何将传统工艺转化为拥有全产业链的当代创意品牌展开热烈研讨。2014年5月中下旬，作为五个系列大展的总结，“1895中国当代工艺美术系列大展优秀作品展”在中国国家大剧院举办，同时举办“1895中国当代工艺美术系列大展优秀作品展”名家学术座谈会。

该活动由100多所院校参与，2000多件作品报名，3000多平方米的展览现场，历时一年多的系列展览和学术论坛，通过“再生产——中国当代工艺美术学术论坛”搭建的高端学术平台，代表了中国

---

① 《国务院印发〈关于推进文化创意和设计服务与相关产业融合发展的若干意见〉》，《印刷技术》2014年第7期。

当代工艺美术发展的最新成就和发展趋势，推动当代工艺美术教育与产业的协同发展，形成了可载入中国当代工艺美术发展史册的《中国工艺美术南通宣言》，为南通的文创事业和中国工艺美术的复兴注入了智慧与能量。论坛论文集于当年3月由中国建筑工业出版社出版。

（4）将在2015意大利米兰世博会上亮相的中国国家馆“麦浪”

2015年世博会于5月至10月在意大利米兰市举办。此次世博会主题为“滋养地球，生命的能源”。该世博会是中国第一次以独立自建馆的形式参加在海外的世博会，中国馆同时也是第二大国家馆。清华大学美术学院以“天、地、人”为核心概念设计的方案，完美诠释了中国馆“希望的田野、生命的源泉”的主题，在14家参与投标的设计机构中脱颖而出。

2014年2月下旬，2015年意大利米兰世博会中国馆项目签约仪式暨清华大学世博设计研究中心揭牌仪式举行。3月末，中国馆方案新闻发布会举行。5月12日，中国馆项目负责人、清华大学美术学院副院长苏丹与核心主创团队在清华大学世博设计中心召开了“中国馆展陈设计方案研讨会”。7月8日下午，2015年意大利米兰世博会中国馆总体设计沟通会议召开。1月25日至26日，由中国室内装饰协会主办的“2014中国室内设计周”在北京举行。设计周的核心活动为2014年中国室内装饰协会年和“2014中国室内设计颁奖盛典”。清华大学美术学院设计的“2015年米兰世博会中国馆项目”在此次活动中以排名第一的绝对优势获得了“中国室内设计双年展大奖”金奖。

2015意大利米兰世博会中国国家馆的设计，是光荣的国家任务，将成为实现“中国梦”的标志性成果，这项具有里程碑意义的设计工作也将载入中国艺术设计史册。

（5）花开敦煌——常沙娜艺术研究与应用展

2014年7月，中国对外文化交流协会、中国美术家协会、清华大学美术学院等单位共同主办的“花开敦煌——常沙娜艺术研究与应用展”在北京今日美术馆举办。常沙娜是原中央工艺美术学院院长、清华大学美术学院教授，这是她首次完整呈现60多年来学术研究工作的重要记录。展品包括老照片、20世纪在敦煌临摹的作品、历代图素分析及20世纪50年代由林徽因指导下创作的景泰蓝等工艺设计作品近250件，多数作品均为第一次呈现在国内众人面前。

常沙娜教授自12岁开始跟着父亲在敦煌学习，一生研究敦煌艺术，从事敦煌壁画及传统装饰图案研究和临摹，早在20世纪50年代开始，她就以敦煌古典图素创作设计。她主张创造设计必须注重探索艺术“源与流”的融合关系，就是以古典文化为根本，创造出新的潮流。她这一观点，正是目前发展设计与文创产业的重要出发点。常沙娜表示，创造设计必须让更多人广泛应用，现在政府提倡建设“一带一路”的倡议构想，将丝绸之路从过去带到了现在，并给了“一带一路”更多的现实意义。

除了“花开敦煌”之外，与敦煌相关的活动还有由中国敦煌石窟保护研究基金会、敦煌研究院和清华大学美术学院共同主办的敦煌壁画艺术精品高校公益巡展。

（6）设计大赛、设计展览与理论研讨

通过组织展览、论坛、竞赛、工作营来推进设计学科建设，是清华大学美术学院近年来的特色思路。2014年清华大学美术学院举办的大型活动，除了再生产——中国当代工艺美术学术论坛、中国国家馆“麦浪”的设计之外，还有如下比较重要的活动：

1月上旬，由中国工业设计协会信息与交互设计专业委员会、清华大学美术学院主办的“面向未来的汽车设计”对话活动在Tesla中国旗舰店举办。工业设计系举行了2013年度工业设计系本科生课程作品展暨“Since1984”奖颁奖典礼。2014年正值工业设计系1984年建系30周年。1月中旬，清华大学美术院服务设计研究所联手清华x－lab，面向创业团队推出Designow2014“服务设计与商业创新”工作坊。

3月初，由清华大学、中国美术家协会、中国工艺美术学会主办的“漆墨春秋——乔十光漆画艺术五十年全国巡展”及相关学术研讨会在广州举办。中旬，清华大学美术学院、清华大学经济管理学院、苏富比艺术学院联合培养高端艺术管理人才。3月末，“2014年海峡两岸设计营”活动在清华大学美术学院工业设计系举行。

4 月，由清华大学美术学院美术馆、高雄市立美术馆、韩国大邱美术馆、香港视觉艺术中心、澳门艺术博物馆等共同举办了动漫美学 2013—2014 双年展。4 月中旬，由清华大学艺术与科学研究中心主办的 2014 年第十四届全国纺织品设计大赛暨国际理论研讨会以及 2014 年国际刺绣艺术设计大展暨理论研讨会举办。研讨会主题是“穿针引线、针线之艺”。

5 月下旬，清华大学美术学院学术委员会、艺术史论系、王世襄先生百岁诞辰纪念活动委员会以及生活·读书·新知三联书店，在清华大学美术学院举办了“畅安百年——王世襄老人纪念座谈会”，一批工艺美术史论界的名家参与研讨。

6 月上旬，清华大学美术学院和中国装饰杂志社主办了“学科升级与学科建设——设计学学科发展研讨会”。

9 月初，国际文化遗产记录科学委员会（ICOMOS - CIPA）、中国古迹遗址保护协会（ICOMOSChina）、清华大学美术学院、清华大学建筑学院、清控人居集团（THHSCG）共同主办了第三届“文化遗产保护与数字化国际论坛”（CHCD2014）。9 月上旬，清华大学美术学院装饰材料研究所主办了以“共生”为主题的第八届“创意未来——装饰材料创作营”。9 月中上旬，清华大学美术学院信息艺术设计系与斯坦福大学人文科学学院联合举办主题为“人本城市：为人而设计”的工作坊。9 月中旬，中国陶瓷博览会举办，活动有首届中国当代设计陶瓷特展和以“设计中国”为主题的论坛。清华大学美术学院交互媒体艺术设计研究所与独立食粮（IndieMatters），北京牡丹电子集团有限公司以及北京大学软件与微电子学院数字娱乐实验室共同主办了“首届 VRplay 中国虚拟现实行业体验展”。9 月下旬，“空间、叙事、体验”学术论坛在清华大学美术学院举行。9 月末，由南通市人民政府、清华大学美术学院在江苏省南通市 1895 文化创意产业园主办了以“容·融”为主题的“从洛桑到北京”第八届国际纤维艺术双年展。同期，在浙江省桐乡市乌镇举办“从洛桑到北京”第八届国际纤维艺术学术研讨会。中国纤维艺术已赴亚、非、欧、美等地巡展，成为国际上规模最大的纤维艺术展。

10 月中旬，美术学院和东京艺术大学联合在重庆市主办了“茶境——第二届国际茶文化交流展”。10 月末，清华大学美术学院工业设计系 30 周年庆典暨 2014 第六届清华大学艺术·设计学术月举办，主要活动有 30 周年文献展，2014 工业设计发展高峰论坛，创新设计工作坊，地域经济转型与设计创新发展论坛，第二届持续之道——国际可持续设计学术研讨会暨设计作品展，国际艺术设计教育研讨会，大数据时代下的设计，制造与管理论坛，2014 中国工业设计园区创新力数据发布会，协同创新设计工作坊等。

11 月，由清华大学美术学院、中央美术学院、中国美术学院、鲁迅美术学院、四川美术学院、西安美术学院、广州美术学院、湖北美术学院、天津美术学院联合主办的“千里之行——中国重点美术院校 2014 届毕业生优秀作品展”（第五届）在湖北美术学院举办，同时举办“2014 年中国重点美术院校创作教学研讨会”。11 月末，2014 年度 Idea - Tops 艾特奖提名奖评审会议和“中国好设计”为题的设计论坛举办。艾特奖是由清华美术学院、中央美术学院、天津美术学院牵头，联合中化室内设计网共同创办的专业奖项。

12 月上旬，由鲁迅文化基金会、清华大学美术学院联合主办的“当代汉字艺术——2014 鲁迅文化论坛清华分论坛”在清华大学美术学院隆重召开。论坛上、下场的主题分别是“书法艺术的当代语境”“汉字设计的当代语境”。12 月下旬，第二届“韩美林日”系列活动在北京韩美林艺术馆盛大开幕。同时，第二届“韩美林艺术讲坛”举行，主题是“艺术设计的十字路口”。

除了清华大学美术学院之外，中国美术学院主办的活动有：2013 年 12 月底举办了中国文化设计研究所揭牌仪式，所长由杭间担任。2014 年 2 月底，葡萄牙建筑师阿尔瓦罗·西扎设计的中国国际设计博物馆在中国美术学院象山校区开工。3 月初，设计艺术学院和英国中央圣马丁设计艺术学院联合完成“‘城·乡再叙述’中英校际协同设计展”在上海当代艺术博物馆举办。4 月底，2014 第二届中国国际大学生动画双年展暨国际动漫教育高峰论坛在国美美术馆开幕。5月中旬，国美自创品牌“敦品”在包豪斯小楼开了象山校区实体体验生活店。9月下旬，杭州市人民政府、中国美术学院主办“作为启蒙的设计——中国国际设计博物馆包豪斯藏品展”在国家博物馆开展，同时推出6本出版物，举办“包豪斯遗泽与中国”国际研讨会。10月中旬，中国美术学院、香港科技大学、北京大学、杭州市人民政府主办文创设计制造业协同创新高峰论坛。随后，以“融——工艺、设计、生活”为主题的第八届（2014年）中国杭州文博会开幕，系列活动有2014杭州国际设计节、第六届中国（浙江）非物质文化遗产博览会、首届两岸文创精品展、“最设计”中国美术学院作品展、第二届两岸文创产业交流对接会、第十届海峡两岸文创产业高校联盟论坛、第七届文创产业投融资洽谈会、2015中国杭州文化创意产业博览会暨杭州创意生活节、“设计传承文化”·2014中国国际建筑装饰设计周之“D&I”——2014第二届两岸建筑装饰产业“产学研”峰会及“蓝海时代”——2014杭州建筑装饰产业发展峰会等。10月下旬，中国美术学院科学技术协会成立。11月下旬，由中国美术学院、中国美术家协会陶瓷艺术委员会主办的“泥之祭”第九届中国当代青年陶艺家作品双年展与“泥土与呼吸”2014杭州国际当代陶艺双年展，在中国美术学院美术馆举办。

中央美术学院举办的展览和活动主要是：1月中旬，由中央美术学院主办的“坐与长者”第6届“为坐而设计”大奖赛和“60把椅子”国际知名设计师作品邀请展以及“活着的无名设计”田野文献展在央美美术馆举办。2月底，CAFAM双年展“无形的手：策展作为立场”在美术馆开幕。4月中旬，北京高教学会艺术教育研究会年会在中央美术学院举行。4月下旬，由IAI亚太设计师联盟主办的“和而不同”第七届IAIAWARDS暨“2013竹美奖——全球空间设计大奖”大赛颁奖典礼及论坛，在中央美术学院美术馆召开。6月上旬，以“场域·黄建成设计”艺术展为依托的“场域——空间、展呈与博物馆”学术研讨会在中央美院举办。11月中旬，2014AGDIE亚洲平面设计邀请展在中央美术学院设计学院展出。

南京艺术学院举办的展览和活动主要有：1月上旬，由南京艺术学院工业设计学院与WACOM公司联合主办的“江苏省第一届工业设计教学论坛”在南京黄埔酒店举行。4月中旬，由南京艺术学院美术馆自主策划的展览项目“CHINA：当代陶瓷炼金术第一回”开展。南京青奥会期间，南艺举办了“绿色青奥创意无限”时装秀、“创意集市”文化教育互动项目、主题为“南京建筑”的设计学院作品展等活动。10月中旬，南京艺术学院创意产业园签约揭牌。11月下旬，由中国环境设计学年奖组委会主办的“2014中国环境设计教育年会暨第十二届中国环境设计学年奖颁奖典礼”在南京艺术学院举行。

其他高校为主的活动，还有6月上旬，“华东师范大学设计学院建院十周年汇报展暨2014届学生毕业设计展”在静安八佰秀举办。11月中旬，由中国美术家协会平面艺术委员会主办的“第八届全国视觉传达设计教育论坛暨第八届‘未来之星’全国大学生视觉设计大展”在山东艺术学院长清校区举办，论坛以“设计自觉”为主题。11月下旬，第十一届全国高等美术院校建筑艺术设计专业教学年会在广州美术学院举办。

二、学术会议与学术期刊

（1）学术会议举办情况

除上述由清华大学美术学院举办的学术会议外，还有行业协会、学会和院校举办的学术会议，比较重要的如下：

1月上旬，国际体验设计协会游戏委员会第一次筹备会议在深圳举行。1月上旬，由国家发改委高技术产业司、国务院发展研究中心、中国工业设计协会携手组织的研发服务座谈会在中国工业设计协会召开。1月中下旬，中国工业设计协会公示首批“中国工业设计示范基地”名单。1月下旬，上海市印发《上海市设计之都建设三年行动计划（2013—2015年）》。

2月下旬，“西方遇见东方设计上海”2014（上海国际设计创意博览会）在上海展览中心举行。

3月下旬，北京国际设计周在意大利驻华大使馆举办2014北京—米兰姊妹设计周互访活动发布会。

3 月底，由国务院新闻办、联合国教科文组织、中国联合国教科文组织全委会主办的“感知中国”设计北京展览在联合国教科文组织总部举办。

4 月上旬，“中国工业设计研究院”创立大会暨第一次股东大会在上海举行。4 月上旬，米兰设计周“居然·2014 中国设计进行时”展览在意大利米兰大学开幕，同期举办了“Yù——中国设计进行时学术研讨会”。4 月上旬，中欧创新中心于米兰市成立。4 月中旬，第七届 CDN Interior Motives 中国国际汽车设计会议在北京富力万丽酒店举办，随后 2014 年度 CDN 中国汽车设计大赛颁奖典礼在格维瑞（北京）汽车设计有限责任公司举行。4 月下旬，以“生活中的恒久设计”为主题的第四届 MUJIAWARD04 in China 设计竞赛落下帷幕，获奖作品在上海与杭州进行展示。4 月下旬，由中国丝绸博物馆、时尚集团和中国服装设计师协会联合主办的“时代映像——中国时装艺术展”亮相深圳关山月美术馆。

5 月初，科技部国家 863 计划虚拟现实与数字媒体专家组举办了“智能交互研讨会”。5 月上旬，由中华人民共和国教育部主办的“共筑梦想——中美青年创客大赛”在北京海外学人中心正式启动。作为第五轮中美人文交流高层磋商机制活动之一，本次大赛的主旨是“合作、创新、共享”。5 月上旬，由中华人民共和国商务部批准，中华人民共和国民政部、全国老龄工作委员会办公室、北京市人民政府主办“2014 年第三届中国国际养老服务业博览会——老龄福祉文化与服务产品设计应用主题研讨会”在北京国家会议中心举行。5 月中旬，上海大学美术学院虚拟实验室主办了 2014 中国高校交互设计教育论坛。5 月中旬，深圳市南山区人民政府、文博会组委会办公室主办第十届文博会深圳设计产业园分会场的系列活动及展览举办。5 月中旬，中国社会科学院文化研究中心、中国民营科技促进会、中国中外名人文化研究会、中国人工智能学会和中国创意产业联盟等联合国内多家产学研机构在第十七届科博会现场举办“中国创意创业人才培养工程”启动仪式发布会。5 月下旬，“国际新锐设计师周”暨 New “Form”国际平面设计探索展“杭州站”，在浙江树人大学美术馆举办。

6 月上旬，由中国对外文化集团公司主办的第 14 届威尼斯国际建筑双年展中国馆主题展开展。6 月中旬，“2014 世界绿色设计论坛扬州峰会暨世界绿色设计博览会”在扬州举办。6 月下旬，天津市设计学学会召开了第一次会员代表大会。

7 月上旬，2014 中国 4A 大学生广告周北京站在中国传媒大学广告学院启动。7 月上旬，2014 中国国际装备制造业工业设计论坛举办。7 月中旬，2014 国际体验设计大会在北京国家会议中心开幕。One-Show 金铅笔奖项及创意节落地中国。2014 国际体感交互设计工作坊在北京工业大学建筑与城市规划学院会议室举行了成果展示。第二届 E 级方程式国际设计锦标赛（中国区赛）在北京工业大学奥林匹克体育馆举行。

8 月上旬，纽约艺术指导俱乐部暨 11 届青年先锋年赛展开幕。8 月中旬，亚洲平面设计邀请展在韩国大田林立美术馆展出。8 月 23 日至 24 日，ICOGRADA（国际平面设计协会联合会）教育平台会议（Educational Platform Meeting）在香港知专设计学院（HKDI）举办。2014 年（第十届）光华龙腾奖新闻发布会在京召开；2014 NEW FORM 国际平面设计探索展，在中国台湾新光开幕。

9 月上旬，由中国家用纺织品行业协会、中国国际贸易促进委员会纺织行业分会等联合主办的海宁家纺杯·2014 年中国国际家用纺织品创意设计大赛举办；中国建筑装饰协会 2014 第九届中国国际建筑装饰及设计艺术博览会暨 2013—2014 年度中国高等院校环境艺术设计大赛；由文化部、中国文学艺术界联合会和中国美术家协会主办的第十二届全国美展艺术设计作品展览在西安当代美术馆开幕。9 月中旬，“工业和信息化部中小企业经营管理领军人才工业设计高研班”第五期培训课程在上海市举办。9 月下旬，“生长的天际线：1895—2014 中国百年城市设计”大型展览在中华世纪坛世界艺术馆 2 层展出。由中装新网主办的第二届“中装杯”全国大学生环境设计大赛总决赛暨颁奖典礼在北京服装学院（中关村文化创意产业园二楼报告厅）举行。“北京设计周人才交流推介会”“创意工坊系列体验活动”“北京设计沙龙设计周特别活动”“设计人才数字平台——设计咖网站上线”举办。由阿森特（北京）艺术设计中心主办的 2014 首届“Create Change 设计论坛”在北京举办。巴塞罗那作为北京设计周主宾城市正式揭幕位于751D. Park时尚设计广场的79罐的巴塞罗那展馆。“2014 KIKKERLAND中国设计挑战赛”获奖设计作品及金奖设计作品在中华世纪坛“中国设计挑战赛2014年会”揭晓。由教育部高等学校工业设计专业教学指导分委员会、广东省教育厅、广东省经济和信息化委员会以及顺德区人民政府共同主办的2014年全国大学生工业设计大赛颁奖典礼暨“中国设计新锐奖”展览开幕式在广东工业设计城举行。“作为启蒙的设计——中国国际设计博物馆包豪斯藏品展”在中国国家博物馆开展。

2014北京国际设计周于9月26日至10月3日在北京举办，活动有开幕活动、设计大奖、设计市场、智慧城市、设计人才、主宾城市和设计之旅七项主体内容。

10月10日，同济设计周开幕。10月中旬，以“数码时代的机遇与挑战”为主题的2014第九届中国4A论坛·金印奖·杭州盛会暨颁奖典礼在杭州西溪宾馆举办。10月下旬，由国家工信部指导，中国工业设计协会、江苏省经济和信息化委员会、江苏省工业设计协会共同主办第九届中国工业设计周暨首届江苏工业设计周在南京举办。第九届中国工业设计周暨首届江苏工业设计周的子活动有第三届“中国设计创新大会”暨首届“中韩设计创新论坛”等。

11月上旬，中国工业设计协会——德稻创新学院在上海揭牌成立。意大利中意设计协会（ADCI）于佛罗伦萨市政厅成立。由瑞中可持续设计协会（SSSDA）和瑞典皇家理工学院GreenLeap举办的首届瑞典——中国可持续设计研讨会暨“建筑之外——中国可持续设计展”在瑞典首都斯德哥尔摩召开。11月中旬，领秀上海——PDC创意生活体验展在（上海）国家会展中心开幕。由中国室内装饰协会主办的“2014中国室内设计周”在北京举行，颁发了“2014居然杯CIDA中国室内设计大奖”“生活家·2014中国室内设计十大年度人物”“2014中国十强室内设计机构”“晶麒麟生活艺术家”“2014中国室内设计周特别奖”“2014中国室内设计国际贡献奖”等多项权威大奖。11月下旬，“2014中国环境设计教育年会暨第十二届中国环境设计学年奖颁奖典礼”在南京艺术学院举行；2014第九届中国国际建筑装饰及设计艺术博览会在北京国际会议中心拉开序幕，这是“2014中国室内设计周”的核心活动。

12月上旬，2014（淄博）医疗、环保及相关产业设计创新国际论坛在中国山东淄博高新区国际会议中心举行。12月上旬，由教育部教育管理信息中心主办的“第九届全国信息技术应用水平大赛”全国总决赛在北京航空航天大学举行。12月中旬，由光华设计基金会设立的2014（第十届）“光华龙腾设计创新奖”颁奖典礼在天津举办。12月中旬，“信息·交互：教学研究创新与新业态”论坛暨信息与交互设计专业委员会第一届会员代表大会在北京紫光国际交流中心、清华大学美术学院召开。

（2）学术期刊建设情况

9月，2014年度中国期刊交易博览会上，《装饰》获得“中国最美期刊”称号。“中国最美期刊”遴选活动，由中国期刊交易博览会组委会主办，2014年是首届。

2015年度，《装饰》“特别策划”栏目推出了“工具”“交互·临界点”“回顾丹托”“设计管理”“工艺美术·再生产”“大数据”“毕业设计·动画设计”“景德镇”“回到希腊”“极简主义”“英国·设计”和“信息的形式”12个专题。

中国工业设计协会主办的《设计》，创刊于1988年。《设计》栏目除了刊首寄语、视野、报道、特稿之外，主要是按照产品、室内、建筑、装置、视觉、交互、服装、设计师、理论来分类的，在某些期的期刊上还区分为观点、专案、关注等栏目。本年度值得注意的文章有柳冠中的《漫话“美化？造型？还是设计?”》，朱焘的《增强创新意识迸发创造活力努力实现设计强国之梦》《放飞青春梦想筑就设计强国——在全国青年设计师工作会议上的讲话》等。

中国美术学院主办的月刊《新美术》2015年关注了城市、建筑和空间设计、包豪斯等。

北京服装学院学报《艺术设计研究》（季刊）入选CSSCI中国社会科学引文索引（2014—2015）来源期刊（含扩展版）①。鲁迅美术学院学报《美苑》（双月刊）入选CSSCI（2014—2015）扩展版来源

---

① 《〈艺术设计研究〉进入CSSCI（2014—2015）来源期刊扩展版目录》，《艺术设计研究》2013年第4期。

期刊目录，同时入选扩展版目录的还有《美术》杂志①。

《艺术设计研究》（北京服装学院、季刊）主要有科学·艺术·时尚、设计与文脉、学术立场、理论前沿、教学园地、书评等栏目，值得关注的文章如刘元风的《对中国服装高等教育和服装学科发展的一点思考》，扬之水的《隋唐五代金银首饰的名称与样式（上）（下）》《“无印良品”的设计灵魂——原研哉》，李之檀的《沈从文先生的服饰研究历程（一）（二）》等。

鲁迅美术学院学报《美苑》，第1、2期选登了2013年国际工业设计研讨会暨全国工业设计学术年会“第二届设计学院长（系主任）论坛”稿件。另外，“设计平台”栏刊登设计相关内容。

2014年，中国艺术研究院主办的《美术观察》（月刊）关注的热点有中国国家形象、“美术馆热”、当代建筑、民间美术、艺术设计学科和教育等问题。

《南京艺术学院学报（美术与设计版）》（双月刊）百年南艺、学术争鸣、非物质文化遗产研究、艺术史与艺术考古、理论与批评、美学与艺术学研究艺术教学与管理、艺术创作与实践等栏目中均有设计和工艺美术相关的论文发表。本年度值得关注的文章有李立新的《百年南艺影响中国艺术历史进程的十个事件》、李砚祖的《设计史的身份之争——性别话语的修补与重塑》等文。

中国艺术研究院主办的期刊《艺术评论》（月刊）中与设计或工艺美术相关的栏目主要有“瓷韵”“视觉空间”和“传承”等。本年度关注了网络时代的艺术批评、第五届两岸汉字艺术节。

山东工艺美术学院学报《设计艺术》（双月刊），本年度主要分为平面设计、设计史、民间艺术、展赛集萃、设计理论、工艺美术、设计教育、环艺设计、设计管理等栏目。值得关注的有黄厚石的《南京创意产业园批判》等文。

《艺术与设计（理论）》（月刊）是证券日报社主办的，主要的栏目有“环球·创意”“中国·创意”“设计理念·设计管理”“视觉传达设计”“空间设计艺术”“数字艺术”“服装设计·产品设计”“传统工艺美术”“设计艺术教育”等。

三、学术研究与出版

（1）工艺美术研究

由张道一先生担任总主编的“中国工艺美术大师”丛书，2014年度增加了殷秀云、夏吾才郎、娘本、仵应文、吴元新、邰立平、关宝琮，共7卷，此外还有和徐飚合著的《徐州画像石》《南京云锦》。

清华大学美术学院尚刚先生出版了《极简中国工艺美术史》，与他人共同编著了《中国古代物质文化史——纺织（上）（下）》《中国美术史：五代至宋元》。此外，尚刚还发表了《工艺美术：设计与风貌》。近年来，尚刚教授指导自己的科研团队、硕博士研究生从事中国工艺美术史断代史研究，成果颇丰，例如陈彦姝的《宋代书画包首丝绸研究》等。

扬之水先生本年度出版了专著《中国古代金银首饰》《从孩儿诗到百子图》《扬之水谈名物》《乾隆趣味：宁寿宫花园玉粹轩明间西壁通景画的解读》《香识》《宋代花瓶》。发表了近20篇文章，分别是《小阁幽窗，是处都香了》《交椅与栲栳样交椅》《看图说话记（二）（三）（四）（五）（六）》《“文”“物”相映之二——明代首饰中的“万寿”“摩利支天”“毛女”》《隋唐五代金银首饰的名称与样式（上）（下）》《忻州北朝壁画墓观画散记》《读物小札：吕师孟夫妇墓出土金银器细读》《“千春永如是日”——泸州宋墓石刻中的生活故事》《香事之韵》《听王夫人讲故事》《“大书”：有形的，无形的》《说刘涛的新作〈宋瓷笔记〉》《“千春永如是日”——泸州宋墓石刻中的生活故事》。

中国艺术研究院副院长吕品田先生出版了《动手有功：文化哲学视野中的手工劳动》《中国非物质文化遗产年鉴：2010年》，发表了《要高度重视艺术批评“说什么”的问题》《传统手工艺创新的表率——解读张美芳的苏绣艺术》《在现实基础上创造——华夏先生谈人生和艺术》《要高度重视文艺批评的立场问题》《气正格高的写真》《绘画和陶艺的交织——谈张建国的瓷版画创作》。

---

① 《〈美苑〉入选CSSCI（2014—2015）扩展版来源期刊目录》，《美苑》2014年第2期。

山东工艺美术学院院长潘鲁生教授本年度出版了《山东工艺美术学院十年历程：2003—2013》系列丛书，包括《学术交流十年》《学科与教学十年》《科研与创作十年》《社会服务十年》以及《全运形象设计：山东工艺美术学院承担第十一届全国运动会整体形象设计实录》《世博山东馆纪实：山东工艺美术学院参与“2010 年上海世博会山东馆”工作文献》《当代国际优秀摄影作品集》《手艺的温度：第八届中国现代手工艺学院展作品集》《宗家庄木版年画》《手艺农村报告：山东农村文化产业调研项目研究与教学成果》，发表了《城镇化进程中的传统民间美术研究》《正大气象——于茂阳书法作品展序》《执着的坚守——记迟海波的油画实践》《非物质文化遗产资源转化的亚洲经验与范式建构》《传统文化资源的设计价值与转化路径》《工艺美术的复兴》《设计伦理的发展进程》《重建艺术语言的历史主体性——解读周韶华现代彩墨艺术》《传统文化资源转化与设计产业发展——关于“设计新六艺计划”的构想》《手艺创造财富》10 篇文章。

中国艺术研究院的方李莉致力于推进艺术人类学建设，本年度出版了《浮华盛极：清瓷》《艺术人类学的本土视野》，发表了《中国少数民族非物质文化遗产保护的再认识》《从中国陶瓷史看近代中国社会中的俗文化趋势》《“文化自觉”视角中的休闲生活及其价值》《论“非遗”传承与当代社会的多样性发展——以景德镇传统手工艺复兴为例》。与王永健联合发表了《立足本土立场的艺术人类学研究——艺术名家访谈之十二》。

北京服装学院的陈芳教授发表了文章《物质文化视野下的工艺美术再生产——以服饰为例》，并和他人联合发表了《浅谈我国旧衣服回收及再利用》一文。

中国艺术研究院副研究员曹小鸥发表《近代中国“现代设计”的诞生》《图像设计：“中国式”的观看》。中国艺术研究院副研究员谷泉发表了《礼失求诸野》《看！一束光刺破乌云》《过度技艺及其在未来世界的可能性》。

2014 年，《中国工艺美术全集》领导小组、理论卷、河南卷、天津卷、学术委员会、贵州卷、广西卷、黑龙江、重庆卷、山东卷、广东卷、湖南卷等分别召开编撰工作会议、培训会议、座谈会、研讨会等活动，推动编撰工作进程。2008 年 7 月上旬，《中国工艺美术全集》出版招标工作结束。

（2）艺术设计研究

在设计史论基础研究方面，南京艺术学院设计学院李立新教授发表了《论象生》《百年南艺影响中国艺术历史进程的十个事件》《一种被忽视的工艺史资源转换方式——非延续性工艺的再生产研究》。袁熙旸教授出版了《中国现代设计教育发展历程研究》。邬烈炎教授发表了《多彩的窑变——关于李永清漆艺术之路的记录与描述》。

中国美术学院杭间教授出版专著《包豪斯道路：历史、遗泽、世界与中国》《从制造到设计：20 世纪德国设计》，与靳埭强共同编著了《中国现代设计与包豪斯》，发表了《“许江艺术展”播种历史和艺术转折中的“葵园”》《设计，从未中断的生活启蒙》《重返自由的“工艺美术”》《“工艺美术”在中国的五次误读》《让手艺走进民众生活》《从摹仿、象征到“映照物”——2014・杭州国际当代玻璃艺术展前的断想》《当代艺术中重生的后来者》《从摹仿、象征到“映照物”》《“工艺美术”不死》《历史和艺术转折中的“葵园”》。郑巨欣教授主编了《公器、时评与跨界：中国美术学院设计艺术学系教师自选文集》，与连冕共同主编了《设计管理学导论》。郑巨欣教授还发表了《为生态正义而管理设计》《美展的时评之评》。宋建明教授发表了《文化产业园区建设与发展需要的五种要素》《人文关怀与美丽乡村营造》《“三视”包豪斯》，与托马斯・聚德霍夫联合发表了《艺术与科学的邂逅》。

汕头大学长江艺术与设计学院王受之教授本年度出版了《威尼斯手记》《朝上的城市》，与陈冉共同发表了《从米拉公寓探索高迪的曲线意识》。中央美术学院许平教授发表了《生产中的解域与重归情境——兼及当代工艺美术学科的文化定义》。

东南大学艺术学院凌继尧教授出版了《西方美学史》《2013—2014 中国品牌年度发展报告》《名家通识讲座书系：美学十五讲（第 2 版）》，发表了《艺术学理论：历史、现状和思考》《“说清楚”和

"有深度的通俗"》《文化创意与相关产业的深度融合》。他和其他人联合发表4篇文章，分别是《论中国服装产业的设计创意与创新》《庄子的艺术学思想》《我国家具产业的设计创意与创新研究》《文化创意与相关产业的深度融合》。

清华大学美术学院李砚祖教授发表了《陶瓷艺术的边界与境界》《社会转型下的工艺美术》《设计批评的性别身份及其历史分期》《设计史的身份之争——性别话语的修补与重塑》。张夫也教授出版了《外国设计史》，发表了《守护与拓展——文化生态视域下的当代中国工艺美术》《彩绘玻璃真理和艺术之光》《古罗马玻璃奢华与朴素之间》。柳冠中教授出版了《中国工业设计年鉴（2006—2013）》，与蒋红斌联合出版了《2011—2013年度中国工业设计园区发展指数统计白皮书》，发表了《设计——人类未来不被毁灭的第三种智慧》《漫话"美化？造型？还是设计？"》《适可而止地"栖息"》《系统论指导下的知识结构创新型人才培养》《塑造制造业企业设计创新机制》。吕敬人教授发表了《华彩书美悠悠我心——担任2014莱比锡"世界最美的书"评委随笔》《当代阅读语境下中国书籍设计的传承与发展》《无量心界内宇磅礴——藏族画家吾要（嘎玛·多吉次仁）的绘画作品》《进步源于观念》。郑曙旸教授出版了《室内设计·思维与方法（第二版）》，与张绮曼联合出版了《室内设计资料集》，发表了《机遇与挑战——关于中国道路的设计学思考》。院长鲁晓波教授和徐迎庆联合出版了《第三届交互设计国际会议论文集》，与他人联合发表了2篇文章《从"独白"走向"合唱"——新媒体艺术的公共性》《实体交互界面设计的方法思辨》。贾京生教授发表了《白裤瑶女子服饰图案造型的文化解读》《新中式之美与新诗意之境的家纺设计解析》《论服饰图案设计的艺术特性与审美价值》《论汉字中古代"纺织"、"家纺"、"家具"名称及其关系》《论中国家用纺织品设计可持续发展之路》《论传统和谐文化与当代居室、家纺色彩设计》。宋立民教授的《城市户外广告——发展与探索》。苏丹教授发表了《改进建筑60秒》《我的客户就是我的学生》。林乐成教授发表《再认知——1895中国当代工艺美术系列大展综述》《紫气东来》。除了《第三届交互设计国际会议论文集》，徐迎庆教授还和多人联合发表了《SmartFlash：主动风格相机原型设计》。白明教授发表了《第十二届全国美展陶艺展区综述》。方晓风教授出版了《写在前面》，他是《装饰》的主编，在每一期《装饰》都会发表《前言》。方教授和吴琼共同出版了《艺术设计专业毕业论文写作与答辩教程》。方晓风发表的论文有《乡关何处：超越图像的城市愿景》《生产是工艺美术审美的基础》《极少主义的可能性——来自阿尔瓦罗·西扎的启示》，他还与周志、王小茉、魏皓严等多人联合发表了6篇文章。陈岸瑛教授翻译出版了弗朗西斯卡·加文的《影响我们时代的100位新锐艺术家》，发表了《设计启蒙与现代文明的重建包豪斯思想遗产对于当代中国的意义》《19世纪后半叶的都市现代化与巴黎印象派》《丹托艺术终结论中被遗忘的风格矩阵》等论文，还和李楠联合发表了《2013年度中国设计理论界学术与思想动态》。

清华大学美术学院的陈楠副教授出版了《企业形象识别设计丛书：标志与视觉识别系统设计基础》，发表了《2014年索契冬季奥运会多面性视觉识别系统设计分析》。除了与柳冠中联合出版的专著，蒋红斌副教授还发表了《大数据平台上的企业设计战略——以维尚集团的设计实践为例》《中国的工业设计产业园区发展特质》。周剑石副教授发表《漆与手工艺及其造物》《中国漆艺光华璀璨（三）》。陆轶辰副教授发表了《实践，在深圳》《大时代下的抉择》。潘妙副教授的《谈首饰的传统文化属性》《喀什维吾尔族传统耳饰与丝绸之路南道》。付志勇副教授发表了《从学科交叉到开放性创新人才培养——写在清华大学美术学院信息艺术设计系建系十年之际》《数据社会语境下的设计品牌建构》《面向智慧城市的协同设计创新实践》。张宝华出版了《纺织艺术设计2014年第十四届全国纺织品设计大赛暨国际理论研讨会2014年国际刺绣艺术设计大展——传承与创新》。此外还有郑宏副教授的《梦蝶》、祝卉副教授的《动画原创设计在移动应用中的探索》、陈雷副教授的《从动态漫画的兴起看信息时代下动漫形式的发展趋势》《形与时的共舞——动画动态设计的风格问题》。

清华大学美术学院的师丹青发表了《SmartFlash：主动风格相机原型设计》。何洁教授发表了《刹那中的永久——民国时期唯美主义书籍插图艺术的兴衰》。吴冠英教授发表了《丰乳肥臀》和海贝联合发表的《装饰有度——关于动画角色造型设计的审美思考》。邱松发表了《创新与管理——基于品牌战略的创新设计》，唐林涛发表了《种子、土壤与气候——中国设计产业的未来发展之路》，与张玉峰联合发表了《大洋科考船居住舱室人性化设计研究》。左恒峰发表《六帽思维法在设计创新实践中的应用》《基于心智模型的 CMF 数据库框架设计研究》。顾欣发表《希腊字母的起源与发展》。黄艳发表《文化景观的生态解释——对“工作”着的文化景观的保护》《实现视觉与文化的可持续发展——浅谈北京高层建筑对城市景观的冲击及应对》《休闲与休闲景观设计》。

中国工业设计协会会长朱焘出版文集《设计创造美好生活》，发表了《增强创新意识迸发创造活力努力实现设计强国之梦》《放飞青春梦想筑就设计强国——在全国青年设计师工作会议上的讲话》。

湖南大学设计艺术学院何人可教授与他人联合发表了 8 篇文章。湖南大学设计艺术学院青年教师季铁，与他人联合发表 3 篇文章。

工艺美术和设计史方面的出版物主要有：尚刚的《极简中国工艺美术史》，李会和肖丰的《汉代前的中国玻璃工艺》，李节的《足迹/北京工美人物丛书》，李铁柱的《中国少数民族文物图典》，丁凤英的《荆楚民间工艺》，冯思明和陈衡的《坭兴陶艺简史》，于文杰和陈晓律的《西方制度建构与社会发展研究丛书：英国十九世纪手工艺运动研究》，赵宏的《中国陶瓷史学史》，方怿的《世界现代艺术设计史》，袁宣萍和薛晔的《中外设计史简编》，王文广和钱安明的《视觉传达设计史》，吕锋和廉毅的《艺术设计史》，杜海滨和胡海权的《中国古代造物设计史》，刘海年和张立平的《近现代设计史》。傅克辉的《中国设计艺术史》，陈瑞林的《中国现代艺术设计简史》，徐岚和赵慧敏的《现代家具设计史》，徐铮铮和阳代娟的《中外设计简史教程》，吴仁敬和辛安潮的《中国陶瓷史》。重名的书有《中外设计史》，余玉霞和刘孟编著、张健和刘贝利编著、沈爱凤编著各一本；《艺术设计简史》有叶康宁和徐凡编著、范文南编著各一本。

设计概论方面的参考书主要有丁朝虹、刘利、刘晓红、刘涵、吕杰锋、朱和平、李琦、田甜、杜肇铭等人各自的编著《设计概论》，广晖、王昕宇、赵长娥等人各自编著的《艺术设计概论》，付璐编著《汽车造型设计美学概论》，付莎莎主编《设计概论新编》，何仁生编著《教学系统设计概论》，佟强主编《产品设计概论》，古大治编著《现代设计概论》，张建涛主编《环境艺术设计概论》，张相炎编著《武器发射系统设计概论》，方志雄等编著《C 语言程序设计概论》，杨昭景著《绿色饮食概论与设计》，胡琳主编《工业产品设计概论》，苗延荣著《中国民族艺术设计概论》，范幸义主编《房地产研发设计概论》，许和捷著《视觉设计概论》，谢珺主编《形象设计概论》，邵开文主编《舰船技术与设计概论》，郭菲著《设计语言学概论》，钱孟尧著《男装设计概论》，陈俊宏编著《视觉传达设计概论》，黄颖编著《动画设计概论》

值得关注的工艺美术和设计理论翻译类著作有卡扎罗托（Eric Karjaluoto）的《设计的方法》，宋树峰的《设计之道》，大卫·巴林杰（David barringer）的《设计不是闹着玩》、肖恩·亚当斯（Adamds S.）的《设计的原则：有所为，有所不为》，尼尔·伦纳德（Neil Leonard）等的《设计师生存手册：设计调研》，斯蒂凡·穆默等的《团队创意的咖啡因》，保罗·克拉克（Paul Clark）的《速成读本：设计》，基思·卡明斯（Cummings K.）的《世界玻璃工艺史》，亚瑟·莱恩的《早期阿拉伯陶瓷》。

此外，“70 后”“80 后”的年轻学子，作为学界新生力量在设计史论研究领域亦多出版和发表。如连冕的《“兵”、“农”与“医”、“工”：“古典设计管理”的“控制学”——兼论〈内经·素问〉与徐利合译之〈几何原本〉》《故纸四说：关于古典专门文献理董》《“式图”之于“形名”：旗纛的“事”、“仪”演进——兼论〈墨子·旗帜〉篇》《国际艺术学科科研创作评价体系研究综述》。《装饰》杂志编辑部主任周志发表《学科升级后的机遇与挑战——美术与设计类学术期刊的现状与发展对策研究》《平台为本，方法致胜——英国设计教育研讨会纪要》《电梯与摩天楼》《米兰世博，绽放的设计——IMOLA 千名设计师米兰世博之行见闻辑录》《“瓷”“都”之路——景德镇陶瓷产业发展的思考》《哥特式教堂彩绘玻璃中市民赞助人形象的意义探析》等 14 篇文章。田君发表了《汽车：险象风驰》，采访了设计师高一强，和王翔宇、杨超越、刘冠、姚之洁等采访了家具设计师侯正光、书籍设计师刘晓翔、庄惟敏教授、联想公司设计与用户体验高级总监李凤朗，并发表在《装饰》上。中央美术学院的周博发表《北京美术学校与中国现代设计教育的开端——以北京美术学校〈图案法讲义〉为中心的知识考察》《国画复兴与民族主义话语实践——以郑午昌的画学实践为中心的探讨》。中国艺术研究院祝帅发表了诸多书法方面的论文，以及《设计不是可有可无的摆设——第十二届全国美展设计展区观察》等，共19篇。北京师范大学李江发表《〈癸卯学制〉的颁行与清末中国设计教育制度的建立》等。北京印刷学院的滕晓铂发表《引进包豪斯》等。中国美术学院的姚之洁发表《城市变迁中的“叙述性环境设计”》等。此外，还有顾浩的《工艺致世对“非物质文化遗产”中民间美术“工艺”相关问题的反思》《对民间泥塑两种白色颜料属性及工艺的考辨》，宫崎清的《家具的意匠》等。

李　楠　山西大学美术学院
陈岸瑛　清华大学美术学院艺术史论系主任、《装饰》杂志副主编

融合发展大幕开启
——“国家创新驱动战略”思考中的2014中国设计

◎许　平

2014年1月1日，星期三，北京，晴。

2013年的北方冬季缺雨少雪，虽时有阴霾又很快被风吹散露出朗朗的晴空。2014年的元旦只放一天休假，但连续的晴日似乎有意以一种明快的节奏开启新年的大幕。

这一天，蓝天，白云，风力三级至四级。

一、描绘国家创新战略蓝图

未出正月，国家“科技创新驱动战略”蓝图规划工程乘着2014年早春气息发出新的重大信号。中国工程院重大咨询项目“国家创新设计发展战略研究”专题研讨会于2014年2月25日在北京西城冰窖口胡同中国工程院218会议室召开。该项重大课题由全国人大常委会原副委员长、中国科学院原院长、中国机械工程学会荣誉理事长路甬祥院士担纲负责，任务是为国家创新设计发展整体战略提供顶层设计的依据及决策论证。会议由中国工程院常务副院长潘云鹤院士主持，听取了路甬祥院士以“关于创新设计战略与路线图的再思考”为题的主旨报告。“创新设计战略”路线图的研制标志着我国创新战略顶层策略研究进入一个新的部署及论证阶段。中国科学院科技政策与管理科学研究所万劲波博士曾在中国科学院规划与战略研究项目《路线图方法的发展及其在创新管理中的应用》中论证：“路线图是对组织系统特定主题过去、现状与未来之间的联系、发展和延伸的趋势判断和情景分析，通常结合图形技术对技术、产品、市场等要素与组织结构和环境的相互关系的变化与变革进行系统探索和描述，以明晰特定主题及不同要素的演进趋势，进而识别风险和把握机遇”的一种有效方法；在国外，“路线图方法被各类研发及管理组织广泛用于战略规划的制定，内容涉及技术、产品、市场、研发和创新发展等多个领域”。① 此前，课题组已经就国家创新战略的内涵、条件、目标及路径，在全国范围内进行多轮调研及考察访问，路甬祥并以《设计的进化与面向未来的中国创新设计》为题，进行过多次关于中国创新设计发展路径战略思考的讲演。他的讲演提出一种与自然经济、市场经济到知识网络经济的历史进程相对应的“设计进化观”，并从动力系统设计、材料利用设计、资源利用设计、交通运载设计、农业及生物技术应用设计、制造方式设计、信息通信设计、生态与人居环境设计、社会管理与服务设计、公共与国家安全设计共十个领域的“设计进化”方式进行了概要的描述，进而重点论述了“将设计创新纳入国家创新驱动发展战略重要内容”“完善鼓励扶持创新设计相关政策”“发挥设计学术、行业组织及产业联盟相关作用”“培养和鼓励青少年探索未知、设计创造的意识和能力”“充分发挥媒体作用”等重要对策建言。作为国家领导人和原中国科学发展政策制定者，站在人类历史文明的高度，对“设计”的历史进步及现实意义作出如此清晰完整的描述，是对中国设计界寄予重托的信号。

研讨会上，路甬祥以“关于创新设计战略与路线图的再思考”为题，再次围绕创新设计的社会价值、现实作用、政策建议、实施路径等方面作主旨报告，对作为国家创新驱动战略组成部分的创新设计做了清晰的阐释。他强调：要科学认知创新设计的价值与内涵，阐释其在知识网络时代的特点和发展规律，充分认识创新设计对于我国实现创新驱动发展，建设创新型国家的重要意义；将“提升创新设计能

---

① 万劲波：《路线图方法的发展及其在创新管理中的应用》，《科学学研究》2009年10月第27卷第10期，第1455页。

力”纳入“国家创新驱动发展战略”，将为形成全社会重视、尊重、支持、激励创新设计的良好环境提出切实可行的政策建议。

本次研讨会上，浙江省经济信息化委员会邓国强副主任总结多年在政府一线推动设计产业发展的工作经验，从培育创新设计服务平台、人才培养、建立创新设计评价体系、落实创新设计融资渠道、推进创新设计成果转化等方面作重要发言；中国工程院李伯虎院士就信息网络背景下创新设计人才的培养、引导学生掌握将信息化云制造手段与设计实现相结合等方面作重点发言；中国工程院谭建荣院士就聚焦创新设计服务制造业发展、重点关注创新设计在制造业转型升级中的作用为主题发言；西北工业大学黄卫东教授强调了通过采用3D打印技术使得航空航天领域产品创新设计能力得到显著提升的建议，并主张将3D打印技术作为创新设计实施路径和手段之一纳入行动计划当中。大会主持人潘云鹤院士对会议予以充分肯定，他强调通过课题研究使得创新设计走向经济和社会发展的舞台中央，要在国家战略层面布局创新设计的技术创新和知识创新。在建设创新设计平台方面，结合信息网络和知识经济时代背景下的设计3.0，建立大数据和大知识中心，把设计相关学科知识、产业元素、专利和发明聚集在一起，为设计服务，为教育服务。

最后，路甬祥院士在总结中强调：课题研究既要立足国情，同时又要认识所处时代，既要考虑我国加快经济发展方式转型、产业结构调整，从制造大国向制造强国跨越式发展的实际，也要认识到我们正处在从后工业化时代向知识网络时代过渡的阶段，世界正酝酿着以信息知识大数据为背景的新的产业革命，课题研究要面向未来，使中国的设计从现阶段的设计1.0、设计2.0加快推进到设计3.0时代。①

二、拉开“融合·发展”的设计新时代大幕

《国务院关于推进文化创意和设计服务与相关产业融合发展的若干意见》中指出：近年来，随着我国新型工业化、信息化、城镇化和农业现代化进程的加快，文化创意和设计服务已贯穿在经济社会各领域各行业，呈现出多向交互融合态势。文化创意和设计服务具有高知识性、高增值性和低能耗、低污染等特征。推进文化创意和设计服务等新型、高端服务业发展，促进与实体经济深度融合，是培育国民经济新的增长点、提升国家文化软实力和产业竞争力的重大举措，是发展创新型经济、促进经济结构调整和发展方式转变、加快实现由“中国制造”向“中国创造”转变的内在要求，是促进产品和服务创新、催生新兴业态、带动就业、满足多样化消费需求、提高人民生活质量的重要途径。② 文件强调，要通过“切实提高我国文化创意和设计服务整体质量水平和核心竞争力，大力推进与相关产业融合发展，更好地为经济结构调整、产业转型升级服务，为扩大国内需求、满足人民群众日益增长的物质文化需要服务”。③ 国务院文件提出提高文化创意、设计服务与相关产业深度融合水平中必须遵循执行的“统筹协调，重点突破”“市场主导，创新驱动”以及“文化传承，科技支撑”三项原则；以及“到2020年，文化创意和设计服务的先导产业作用更加强化，与相关产业全方位、深层次、宽领域的融合发展格局基本建立，相关产业文化含量显著提升，培养一批高素质人才，培育一批具有核心竞争力的企业，形成一批拥有自主知识产权的产品，打造一批具有国际影响力的品牌，建设一批特色鲜明的融合发展城市、集聚区和新型城镇。文化创意和设计服务增加值占文化产业增加值的比重明显提高，相关产业产品和服务的附加值明显提高，为推动文化产业成为国民经济支柱性产业和促进经济持续健康发展发挥重要作用”的总体目标。文件明确提出“塑造制造业新优势”“加快数字内容产业发展”“提升人居环境质量”“提升旅游发展文化内涵”“挖掘特色农业发展潜力”“拓展体育产业发展空间”“提升文化产业整体实力”共七项重点任务。并提出“增强创新动力”“强化人才培养”“壮大市场主体”“培育市场需求”“引导集约发展”“加大财税支持”“加强金融服务”“优化发展环境”共八项政策措施。这是自2010年国务院工信部、发改委、财政部、教育部、文化部、科技部等11部委联合发布《关于促进工业设计

① 中国机械工程学会供稿《创新设计发展战略研究专题研讨会在京召开》，2014年4月14日。

②③ 引自《国务院关于推进文化创意和设计服务与相关产业融合发展的若干意见》(国发〔2014〕10号)。

发展的若干指导意见》（工信部联产业〔2010〕390号）一文以来，再次以具体、明确的指导意见方式，提出对设计服务及文化创意产业促进国民经济诸领域创新发展的工作要求，是一份重要的历史性文件。

国务院文件的颁布对国内设计服务、文化创意等相关产业领域的工作开展起到巨大推动作用。3月21日，文化部召开会议围绕贯彻落实该文件的实施办法，召集在京专家讨论在中央高度强调产业融合发展的形势下、文化产业工作如何进一步贯彻和落实“融合、发展”两大目标的工作思路和发展方向。10多位专家和领导在会上发表意见，各抒己见，提出一系列具体建议和发展对策。

文化部文化产业司司长刘玉珠在发言中强调，要尽可能为文化企业解决生存和发展中存在的实际问题。他认为，自党的十七届六中全会以来，中央就不断明确：文化产业要在2020年前作为国民经济的支柱性产业得到强化和发展。现在中央很明确地提出来目标、要求、任务、措施，文化部的工作任务就是要把政策落到实处，建议国家有关部门要牵头出台一些解决多年困扰着文化产业界的合理税收问题、土地问题、知识产权保护、维护市场秩序以及关系到企业生存和发展成本的问题的办法；取得社会共识，大家共同努力，为文化产业成为国民经济支柱性产业贡献力量。清华大学国家文化产业研究中心主任熊澄宇认为，抓住创意设计，变“中国制造”为“中国创造”这是值得下大力气思考的战略问题。按照文化产业整个生产链来说，我们说它叫作创意、生产、传播、销售。创意设计实际是文化产业其他所有产业的前端和高端，只有抓住这个头，我们才能够真正做到由“中国制造”变成“中国创造”。在高等学校，特别像清华这样的大学，我们谈的人才一般会限定在学历学位教育。但实际对于整个文化创意产业来说，这一类人才并不能够满足市场的需求，或者不能急切地满足市场的需求，我们更需要培养能够在实践中、在市场上发展的人才。这样一种人才的培养不仅是靠高等学校，还需要靠企业、靠园区和这样一种教育机构的合作。高学位、高学历和创意人才之间不能简单地画等号，它可以包容、可以交叉，但更重要的是在实践中拓展。熊澄宇强调，要吸收国际竞争的经验，充分考虑中小微企业的竞争力和市场贡献。英国创意产业中的90%以上都是十人以下的小微型企业，其中经验值得我们借鉴。熊澄宇还以文件中提到的“藏羌彝文化走廊建设”为例，谈到宗教文化对于特色文化建设的重要作用。他认为，如果把宗教文化和生活结合在一起，非常容易和老百姓接触，也能够和产业结合的切入点吻合，所以考虑特色文化的建设需要有一个新的思考、一个新的角度。

国家行政学院社会和文化教研部主任祁述裕在发言中谈到，中国的创造转型，科技与文化创意设计同样重要。提升文化创意水平和整体实力，是促进产业融合的基础。没有文化产业实力作为支撑，要提升产业融合的水平，相当于无源之水、无本之木。如果文化产业自身的发展不充分，包括创意设计、动漫游戏、演艺娱乐业等，创意水平和实力不够高，产业融合会受到很大限制。一次德国瓷砖协会会长到一家中国企业参观，走到企业的展示厅里面看到中国设计的中国书法瓷砖以后竖起大拇指，觉得这是最具有中国文化含义的制造产品。可见文化创意设计介入产品制造非常重要。如果没有制造业与文化的融合，就几乎不可能完成我们国家产业发展方式、产业结构的调整和产业的转型。他们在浙江东阳调研时就发现多数企业坚持生产红木家具，但中国并没有红木生产资源，红木材料主要从国外进口，因国际条约的限制，木材进口日益困难，这急需其他创意设计服务的进入。

光华设计基金会理事长张琦的发言认为，文化本身可以通过设计不断进行回溯和传播。设计的发展跟社会的变迁是紧密相连的，农耕社会在农业文明的时候，设计是传统设计作为发展的基础，那时候人类是为了满足自己生存的需要，文艺复兴之后，第一次工业革命开始，现代设计随之出现。到现在文化、个性化设计的出现，现代设计也应该到达一个新的高峰。我们通过50年、100年的时间来看，文化本身可以通过设计不断进行回溯和传播。传统设计是1.0版本，现代设计是2.0版本，未来以生态文明为主导的社会变迁会诱导出设计的3.0版本。绿色设计、智能化设计、多学科融合是未来设计的3.0版本。今天需要树立设计界、创新界、创意界的中流砥柱式、领军式的人物，他们是中国的名片、标杆和方向。把设计师出身的企业家做的产品去报道，中国社会变革就到了一个新的时期。今天还要特别关注大学生设计人才的培养。现在2000多所高校都有设计专业，每年毕业超过50万人，他们的就业方向和实际就业能力跟实际的工作需要都差得非常远。我们怎样通过这样一个春风雨露般的政策，能够进入这些学生的课堂对他们进行培养、再培养，是一个非常重要的关键点。我们应该通过文化的回溯和传承，不断在中国产品创造方面、中国创新方面做一些系列培训。比如对于手工艺品的不断推动，中国手工艺品如果不是在用投资或者国家的政策去扶持，它的发展肯定是越来越弱。现在70%的都是模仿西方的工业制品，而自己好的东西反而不去发展。中国其实有很多非常棒的产业传统，比如竹工艺品、丝工艺品，应该把更多的焦点放在更多类型的人才培养上，以及传统工业和产品的挖掘上。

北京国际设计周组委会副主任曾辉强调：工艺美术、传统手工艺的转型需要符合未来的生活美学方式。他认为，当谈设计产业的时候，大家都希望推出一些标杆性的领域，标杆性的项目。中国是世界上最大的消费市场，但不是世界上最大的设计消费市场。首先从设计产权的认证和保护就面临很大问题，现在国家强制性知识产权只是在商标和专利两块，但是真正对于设计相关文化产权来讲，我们国家缺乏强制性的保护。这不是靠专家来认定的，而是要形成市场化的价值评估体系。有了价值评估的模式以后，就为设计的金融服务、产业的投融资服务，这些环节的建立就为进一步形成设计市场，最后促进设计消费，带动设计跟不同领域的融合奠定了一个很好的基础。他还强调，在政策制定的过程中，要向传统致敬，为传统价值的传承和保护提供传播平台，更要大力推动现代设计介入传统手工的文化领域，让推动传统的现代转化，只有工艺美术、传统手工艺符合未来的现代的生活美学方式，才能够让未来的年轻人接受它。如何能让设计深入我们产业的灵魂、产业的内核？曾辉强调设计是解决我们生活方式的，不是只解决外观的。过去很多奖项评选，只要这个产品造型非常漂亮，那就是好产品。这几年我们在优秀产品评选中创造性地评出“青藏铁路”项目，就是鼓励一些国家重大项目里面能够投入将近30亿元的资金用于绿色生态设计，给藏羚羊留出生命通道，这么重大的项目能够考虑到绿色设计，不是说把路修通，就达到目的，而是充分考虑到未来的发展，让这种设计介入国家型项目里，来提升我们的装备、工业、交通各个环节的发展，具有国家战略意义。

来自设计前沿的北京东道设计公司董事长解建军强调：设计不能只以经济价值来衡量。互联网的时代影响了企业，也影响了设计。那么互联网时代的核心精神是什么呢？就是开放和平等。因为互联网的改变，现在企业都转向定制化，批量化的企业可能会面临非常大的风险；海尔的新经营方式鼓励员工创业，海尔可以跟他们合作成立小的公司，进而为个人和单位提供定制化服务，企业的形象会从“中心化”转向“去中心化”，为个人提供定制化服务。东道机构也用这样的方式进行创造，公司曾给北京汉龙科技做产品造型和包装设计、品牌设计，当下销售额已翻了三番，所以设计创意的价值不能用所支付的成本这点钱来衡量，设计能够影响整个国民经济，能够影响整个国家的战略、生存空间和议价空间。放眼今天的世界，亚洲的设计在崛起，但中国仍只属于亚洲第二梯队。未来的10年属于中国，属于中国的创造，大家可以共同创造和见证这个历史。

洛可可设计集团董事长贾伟从创造方法论的角度强调：他们尝试“创意”和“农业”结合已经有了丰富的经验，比如北京的“番茄联合国”，哈密的“哈密庄园”等；“创意”可以把农业从原来的“平行价值”做成一种新的“垂直价值”，让农业整个产业的格局变成垂直的价值，原来一亩三分地上的东西可以以主题的形式，把原来的“一产”做成“二产”，“二产”再转成“三产”——即现代服务业的价值。将来设计应该是“服务化”和“实体化”的结合。任何一个国家都要有带动性、标志性的综合体的设计公司出现。这样的集团在未来可能会产生平台式作用。设计产业化是设计服务与设计师结合才能成的，当然这里要有互联网思维，金融界进去。城市的服务就是服务行业的服务，中国最缺的是服务，我们的酒店硬件一点不差但服务缺失；因此需要有“服务设计”这个概念，以“服务”为概念提升设计的价值。他呼吁设计行业的品牌化，目前中国的设计行业量很大，公司很多，但是没有品牌。中国想把文化创意产业做起来，把设计做起来，服务全球才是目的。中国设计的品牌化，设计师的品牌，设计公司的品牌，设计师作品的品牌，包括设计师给大的品牌做的好的东西，同时传递这是中国设计，这是品牌概念。只有塑造出了品牌，才有可能被全球认知。

国际艺术授权基金秘书长郭羿承强调了艺术授权就是用文化提升各种产业的附加值的渠道。比如迪士尼的授权专机。通过文化提升航空业的附加值。台湾农产品从文化的角度去包装，都是用文化包装的元素和方式。艺术授权跟艺术衍生品并不画等号，艺术授权是总体规划的一种概念，在这个规划里面它会产生其中一种品相，会变成艺术衍生品。世界各国现在都在推动文化的思考，《功夫熊猫》是中国的文化品牌，但却是外国的电影，我们要把“功夫熊猫”印在杯子上反要付钱。韩国的大长今到现在的都教授，都是把韩国的文化元素透过一种方式延伸出来。设计可以学习他人，但如何从中国文化找到这个核心的本质，这是需要长期努力思考的。希望有机会能够结合更多好的设计、好的文化内容，通过授权的商业模式，让中华的文化能够帮更多产业提升附加值。

李宁（中国）体育用品有限公司设计总监郑永先强调，从20世纪初到现在，设计作为企业驱动创新的核心力量，需要融合美学功能，同时要加入工学、科学、消费心理学，甚至是哲学，最终通过设计实现可持续的发展，同时去改变人们的生活方式、生活品质。我们在提中国传统文化，或者中国智慧的时候，需要强调的是能够非常巧妙地去传承或者用现代的方式去演绎中国文化也好、东方文化也好，更多要从思维理念获得启发。有一句话对设计非常有启发，天有时，地有气，才有美，工有巧。当然也离不开当下消费者的需求，要关注现在年轻消费者怎样去思考，他们能不能接受这个。在当下的消费环境里，年轻人正在掀起一股中国式的审美复兴，年轻的消费者希望看到传统工艺或者艺术品，通过融入现在的工艺或者手法而不仅是非常符号化地去呈现。年轻的消费者非常希望看到中国传统文化与设计融合的风格。中国审美文化复兴不仅是关注发展的外观，同时也能够让他们以中国的视角解读生活。华侨城集团总裁助理栾倩强调多元手段文化融合实现产业可持续发展。她认为，第一，文化创意和旅游的融合促进了经济转型和升级。第二，文化元素和旅游融合，提升了产业的竞争力和文化的附加值。第三，多元手段文化融合实现产业可持续发展。这是根据目前的发展形势，在文化旅游与科技之间进行的融合，文化旅游与金融的融合，以及文化旅游与儿童教育等领域的融合做了一些尝试和探索。2013年华侨城科技公司已经拥有产权65项，在市场签约金额达到15亿元，发展势头非常好。深圳有一片旧厂房，就是今天的“华侨城创意文化园”，如果当初把厂房拆了建地产，会有四五十亿元的收益，但公司做成创意文化园，承办了文博会分会场、国际爵士音乐节等艺术活动。2013年园区入驻企业有150多家，创造的产值有82亿元，这也体现了华侨城在做旅游的同时，把文化工艺和旅游结合的尝试。中国传媒大学文化发展研究院院长范周强调了用“烹小菜”的心思建设宜居城镇的观点。他认为要建宜居城镇的建设不能是大锅炖，要用烹小菜的心思来建设宜居城镇。慎砍树、不填湖、少拆房。城镇化建设当中的文化与设计服务类的建设怎么融合，不能再搞那种豪情万里、江河日月的推进、钢筋水泥的建设，而是以烹小菜的心思来推进城镇化建设方方面面的融合，让老百姓体会到城镇化的芬芳和美味。尚8创意产业园副总经理张明博表达了通过设计好一个设计思维方式来解决社会问题的期望。现在所谓的设计不是仅指工业设计，而是一个新的设计思维方式的问题。他说：我们希望能够通过这样不同的，一些创意元素和创意资源要素怎么能够更好地嫁接到我们所认为的一产或者二产当中去，这是我们很关注的。北京市文化局副局长关宇在发言中强调，关于贯彻落实《国务院关于推进文化创意和设计服务与相关产业融合发展的若干意见》的“实施意见”，在文化系统也有里程碑的意义，会带来文化系统新一轮的思想解放和创新。它涉及文化系统的各个领域，比如设计、动漫、艺术品、工艺品等，提出了方向和目标。另外，还有一些重点领域我们怎么来推进，比如说人才培养，小微企业，等等；同时她还希望请求这个文件里面加一些地方的重大项目，比如说京津冀的协同发展问题，现在北京正在研究产业怎么疏解，京津冀怎么协同发展。新型的城镇化建设，应该来抓一些跨地域的项目问题，文化部在抓落实的过程中，为打破这种行业的局限必须推动管理上的创新，希望在京津冀重大的跨领域、跨区域发展中有充分的机遇能够纳入国家重点推进的项目，成为贯彻落实这个文件的创新。

2014年3月20日，文化部关于贯彻落实《国务院关于推进文化创意和设计服务与相关产业融合发展的若干意见》（以下简称《若干意见》）的实施意见正式发布，文件中强调：“《若干意见》的发布，体现了中央在新形势下对文化产业战略地位和重大作用的准确把握，标志着文化创意和设计服务与相关产业融合发展已经成为国家战略，对促进经济结构调整和发展方式转变、提升产业竞争力、满足多样化消费需求、提高人民生活质量具有重要意义，对提升全民文化素质、增强文化整体实力和竞争力、提高国家文化软实力有着重要的促进作用。”文件要求各级文化行政部门要认真研判、准确把握产业融合发展新趋势，打破部门行业区域藩篱，创新理念方式手段，抓好政策措施落实，在切实提升文化产业的创意水平和整体实力的基础上，更加积极主动地发挥文化创意和设计服务对相关产业发展的支持作用，实现文化产业与相关产业相互促进、共同发展。文件就创意设计业、动漫游戏业、演艺娱乐业、艺术品业、工艺美术业等五大行业提升文化产业的创意水平和整体实力提出具体要求；并要求加强文化创意和设计服务与装备制造业、消费品工业对接、注重文化建设与人居环境相协调、加快文化与科技融合、促进文化旅游融合发展、推动文化与特色农业有机结合、促进文化与体育产业融合发展；并在文化产业创业创意人才扶持计划、成长型小微文化企业扶持计划、特色文化产业发展工程、数字文化产业发展工程、文化产业投融资体系推进工程、文化产业园区基地提升工程等重要文化产业促进计划与工程中注重推进代表国家水准和未来发展方向的文化产业园区建设，推进动态管理，完善退出机制，严格控制园区基地数量，提高发展水平。文件并要求加强组织科学组织、仔细贯彻、严格监督、全面落实相关经济政策、支持政策和保障措施，加强公共服务，营造创意创新环境，加大人才培养力度，扩大市场需求，鼓励开拓境外市场，“主动加强与发展改革、财政、教育、科技、土地、税务、金融等部门的沟通协调，把各项政策措施落到实处。推进文化产业促进立法进程。充分发挥各级各类文化产业协（学、商）会、中介组织、研究机构等在提供政策咨询、加强行业自律、促进行业发展、维护企业合法权益、制定行业标准等方面的重要作用。”①

在 2014 年这个平凡而又潮流涌动的春天，来自政府高层与设计前沿的声音似乎在推动同一个思考：今天的社会已经对“设计创新”发出时代的邀请，设计界自身应当如何作为、如何交出这份时代的答卷?②

三、“融合·发展”大潮中的学科审思

2014 年 6 月 14 日，由清华大学美术学院和中国装饰杂志社联合主办的“学科升级与学科建设——设计学学科发展研讨会”在清华大学美术学院学术会议厅举行。这在全国近 3000 所高等院校几乎每天都在发布的各种“学术研讨”或“高峰论坛”消息中并无特殊之处，但是关于“学科升级与学科建设”的研讨主题，则多少透射出会议较为敏感的信息，因而消息一经传出即引起学界广泛注意，据报道当天有来自全国各地近 160 所高等学校设计学专业的负责人及教师共计 350 余人参加。《装饰》杂志当年第 7 期对此作了专题报道。

这次会议是自 2011 年我国高等艺术教育学科设置发生重大战略调整之后召开的，虽然只是学者与设计教育院校之间的学术对话，但多达 350 余位与会者，表明了设计教育界对 3 年前艺术学科设置发生制度性变革之后的“学科升级与学科建设”问题的普遍关注与重视。

根据 2011 年 4 月 7 日《光明日报》记者张玉梅的报道，当年的国务院学位委员会新年年会上，《国务院学位委员会批准艺术学成为独立学科门类》：

“本报北京 4 月 6 日电：国务院学位委员会新年会议第一议程通过将艺术学科独立成为‘艺术学门类’：原属‘文学门类’的艺术学科告别和中国语言文学（0501）、外国语言文学（0502）、新闻传播学（0503）、艺术学（0504）四个并列一级学科，成为新的第 13 个学科门类‘艺术学门类’。记者今天在教育部网站公布的《关于学位授予和人才培养学科目录（2011 年）》中看到艺术学门类下设五个一级学

---

① 引自文化部 2014 年 3 月 20 日关于贯彻落实《国务院关于推进文化创意和设计服务与相关产业融合发展的若干意见》的实施意见。

② 本节材料由新华网 2014 年 3 月 24 日记者朱雪瑞《文化部召开“关于贯彻落实〈国务院关于推进文化创意和设计服务与相关产业融合发展的若干意见〉的实施意见”的会议》、2014 年 3 月 26 日《中国文化报》记者程丽仙《让创意和设计深入产业核心》等媒体报道综合而成。

科：艺术学理论、音乐与舞蹈学、戏剧与影视学、美术学、设计学。"

这意味着经过艺术学及艺术教育界长达10余载不懈努力，"艺术学"终于成为"与自然科学学科互补共进的人文学科的重要组成部分，是对我国艺术学科发展成绩的肯定"。随后，教育部正式颁布的《关于学位授予和人才培养学科目录（2011年）》确定"艺术学"门类之下列出艺术学理论、音乐与舞蹈学、戏剧与影视学、美术学、设计学共五个一级学科；在最新颁布的《普通高等学校本科专业目录（2012年）》中，也对"艺术学"门类之下各相关本科专业群及专业名称进行了调整。在此基础之上，全国各艺术教育院校随即进行相关学科一级学科调整、晋升与增补。设计学科在2011年之后的一两年中，完成了从本科到研究生以上各级学科设置的全面调整，全国高等院校设计学科的总体布局基本形成；2013年，全国开设与"艺术学"相关的"设计"学科的普通本科院校及高职高专院校总数达到近2000所；一级学科硕士学位授予点100多个，一级学科博士学位授予点近20个。但是，在这种新学科格局之下，新生的一级学科"设计学"究竟面临着怎样的学科发展局面、怎样的人才培养目标以及学科建设重任，仍然需要进一步的理论梳理与策略适配。正因为如此，在2013—2014学年即将结束之际召开的这次教育研讨，自然受到全国设计院校的关注与积极参与。

与会者一致认为，设计学升级有其深刻的现实背景。设计学成为一级学科，反映了国家对社会经济、文化创新人才培养的高度重视，是国家教育政策层面的一大进步，也是社会现实需求的集中反映。在此前提下，设计教育工作者肩负着不可推卸的时代责任：开办设计学科的不同类型高等学校，需要在观念定位、内容体系、教育模式、制度建构等多方面确定其发展战略。根据清华新闻网6月16日报道，研讨会开幕式上清华大学校务委员会副主任王明旨和清华大学美术学院院长鲁晓波分别致辞；来自国务院学位委员会第六届学科评议组设计学临时学科评议组的五位专家——中国设计学学科教程研究组召集人、清华大学美术学院郑曙旸教授，中央美术学院许平教授，浙江大学计算机学院孙守迁教授，南京理工大学设计艺术与传媒学院李亚军教授和武汉理工大学工业设计系郑建启教授参加了本次研讨会并发言；郑曙旸对当前设计学面临的学科升级机遇和学科建设挑战做了宏观阐述，分析了信息与交互技术、大型开放式网络课程、可持续发展与消费主义价值导向对中国设计教育的影响；许平认为，面对国家现有体制、社会经济发展和国外教育竞争，中国设计学的教育更需立足本土，主动深入地进行基础理论研究，认清东西方设计不同的历史根源、工业化水平及民生状态。孙守迁提出，针对目前国家对设计的高度重视、信息技术的快速发展和跨学科的必然趋势，设计学如何从边缘走向舞台中央，如何提高自己的地位，如何有效建立设计与其他专业的关系等问题。李亚军期望许多综合性高校能借助学校本身的多学科优势，让工科背景的学生和教师加入设计队伍，以此取得学科融合的更好效果。作为《中国高等学校设计学学科教程》的编撰者之一，郑建启希望这本书将有助于各个设计专业高校更好地理解设计学的内涵、基本定义和属性，在达到了一些基本标准的前提下，进行特色建设。随后，《装饰》主编方晓风、华东师范大学美术学院院长魏劭农教授、中国美术学院设计学院院长吴海燕教授、深圳大学艺术与设计学院院长吴洪教授、北京工业大学艺术设计学院书记林志远教授、浙江理工大学美术学院院长李加林教授10余位与会嘉宾在四场研讨会上分别发言，就设计学学科升级的宏观思考、设计学学科升级的支撑体系、设计学学科建设的路径思考、设计学学科建设的地域性思考四个分主题进行对话与探讨。

研讨发言普遍认为，2011年国务院学位委员会将艺术学增列为第13学科门类、设计学列为一级学科，设计学的学科升级具有深刻的现实意义，设计教育院校必须尽快在观念定位、内容体系、教育模式、制度建构等多方面确定总体战略，发展不同类型的设计学科与设计院校，真正完成全面意义上的学科升级。为促进设计学学科建设，提升人才培养的质量，国务院学位委员会第六届学科评议组"设计学"临时学科组作出回应，召集全国高等学校的相关专家，对设计学的学科体系和学位标准进行了专项研究。2014年1月，该项研究成果被收入国务院学位委员会办公室组织编撰，由高等教育出版社正式出版的《学位授予和人才培养一级学科简介》和《博士、硕士学位基本要求》，对设计学学科建设的基本定义与人才培养要求提出初步的构想。在本次研讨会上，清华大学出版社还同期发布了由"中国高等学校设计学学科教程研究组”所著、清华大学出版社 2013 年 12 月最新出版的《中国高等学校设计学学科教程》一书，针对设计学学科建设中必须面对的设计历史理论、设计认知理论、设计方法理论、设计教育理论 4 个分支理论体“设计历史与文化”“设计思维与方法”“设计工程与技术”“设计经济与管理”4 个子知识领域构成基本的学科知识结构；提出包含 14 个子知识结构 98 门基本课程（55 门本科课程、44 门研究生课程）在内的“学科课程”概念。本次学科建设研讨会还力求搭建一个沟通与交流的平台，力求在推动中国设计与社会经济文化“融合发展”的时代大潮中，聚拢院校内外的学科力量，共同进行学科审思，讨论学科建设和发展中的切实问题，尽量汇集各地院校具体的现实需求，以期能够在 2020 年实现设计学本科和研究生教育教学理论与实践系统的完整建构。①

四、2014 年中国设计融合民族与世界文化的积极尝试

2014 年度，中国外交工作的一项重大主题是“2014 中国 APEC 峰会”。“APEC”是“亚太经济合作组织（Asia - Pacific Economic Cooperation）”的简称。此次“第 22 次 APEC 领导人非正式会议”又称“中国 APEC 峰会”，由上一任中国国家主席胡锦涛于 2012 年在俄罗斯举行的第 20 次峰会上庄严宣布，“2014 年 APEC 领导人非正式会议”在中国举行，由中方主办。亚太经合组织（APEC）北京峰会经贸领域主要议题已经确定，本次 APEC 领导人会议的主题也确定为“共建面向未来的亚太伙伴关系”。在这个主题之下，会议包含推动区域经济一体化、促进经济创新发展、改革与增长，加强全方位互联互通和基础设施建设等三个重要议题。其中领导人峰会于 2014 年 11 月 10 日至 11 日在北京怀柔雁栖湖举行，由中国国家主席习近平主持峰会。

上一次在中国举行的“APEC 峰会”是在 2001 年，由当时的中国国家主席江泽民主持，在中国改革开放的经济中心城市上海召开。中国东道主为与会嘉宾准备的领导人礼仪服装“唐装”当时曾经成为峰会礼仪的一大亮点。2014 年，这一庄严而神圣的工作再次交予中国设计界，并且成为中国设计界年度工作的重要担当。

2014 年 11 月 10 日至 11 日，亚太经合组织第 22 次领导人非正式会议（即“2014 中国 APEC 峰会”）在北京最美的季节、在诗情画意的北京怀柔雁栖湖召开。中国政府及北京人民为此做了精心准备。雁栖湖位于怀柔城北 8 公里处的燕山脚下，此处北邻雄伟的万里长城，南偎一望无际的华北平原，是一处风光旖旎的水上乐园。雁栖湖水面宽阔，湖水清澈，每年春、秋两季常有成群的大雁来湖中栖息，故而得名。

独特的会议背景与环境条件，都对会议的景观设计与礼仪设计提出不一般的要求。整个峰会过程不仅包括领导人非正式会议、部长级会议、高官会等一系列会议，还包括将在“水立方”举行的一场盛大国宴以及所有领导人及其夫人参加的“APEC 全家福”合影。以上会谈、宴会及合影等多种场合的环境设计、国礼设计、为各国领导人及其配偶们准备的中式礼仪服装设计，都将成为全球关注焦点。此外，与 13 年前相比，中国的综合国力、国际地位以及国内政治、经济、文化形势都有了巨大变化，中国设计能否体现综合国力、能否胜任这一历史时刻，具有无可回避的挑战意义。

这一年度，“APEC 峰会”环境及国礼设计、峰会领导人服装设计及制造工程，都成为中国设计界，尤其是服装设计、服装面料乃至整个纺织服装产业界工作的重中之重。

近年来我国服装产业迅猛发展，时尚设计也取得世界瞩目成就，一批视野开阔、实力雄厚并且频繁参与国际重大赛事的服装企业、时尚设计师不断涌现。在历史性的重托面前，设计界信心满满，都认为此次 APEC 领导人服装设计及制作工程，应是一次对中国服装产业整体水平的重要检阅。为完成此项工程，政府、行业、高校、企业和设计师等多方力量凝聚共识、整合资源、群策群力、共襄盛事，以百川汇海之势，将设计及试制工作做成一项全国范围内针对中式服装传统文化进行整合创新的“新中式”

① 根据清华新闻网 2014 年 6 月 16 日相关报道与《装饰》杂志 2014 年第 7 期专题报道《学科升级与学科建设：设计学学科发展研讨会综述》材料综合整理。

礼服实验工程。①

其实，该专项工程自2013年下半年就已进入启动与准备阶段。“APEC会议领导人服装设计试制”专项工作在中央筹委会和北京市筹备工作领导小组的领导之下，按照《2014年APEC会议领导人服装工作组织实施方案》，由市筹备工作领导小组办公室牵头负责，北京服装学院具体组织实施，组建了包括原中央工艺美术学院院长常沙娜、中国服装设计师协会主席李当岐、中国服装设计师协会原副会长李克瑜、设计历史及文化研究专家吕品田、许平、外交部礼宾司张卫参赞等10多名专家、学者和设计师在内，涵盖外交、服装、文化等领域的评审团队，并进行全程指导。

2013年12月至2014年3月，是该项目第一阶段的作品征集阶段。第一阶段的设计方案征集工作包括对设计风格、产业实力、业内评价等方面的综合考察，共向71家企业、259位设计师和18所高校发出了《2014年APEC会议领导人服装设计邀请函》。至2014年2月下旬，项目工作团队共收到136位参评人提交的设计稿件455份，其中包括8位中国服装设计界最高奖项“金顶奖”获奖设计师、21位“中国十佳服装设计师”和16所知名艺术设计类高校，在整体水平上代表了当前国内服装设计界一流水准。

3月8日，专家评审组进行了第一轮评审，共遴选出60份参评方案进入样衣制作环节，随即进入第二阶段“样衣制作及设计深化”。从2014年3月开始至9月的半年期间，入围参评人根据专家评审组的指导意见，凝聚力量深化设计，完成了从设计到成衣的首批样衣制作。评审专家团队一致评价认为，该批作品已经体现了当前国内服装设计及加工水平的一流水准，充分展示了中国时尚产业的创意能量和发展水平。令人欣慰的是，这次参加服装试样工作的，不仅包括实力雄厚的设计专业机构，而且包括一批近年来迅速涌现的积极参与纺织科技创新、纺织面料创新以及传统工艺创新的企业新星，这批力量的加入使得整个峰会服装实验及试制工程成为带动中国服装创新实验提升水平与视野的主动过程，对于提高整个服装产业，乃至纺织产业的创新能力具有长远的积极影响。

5月4日，专家评审组进行了第二轮评审，共遴选出35组样衣作为种子样衣，组成攻坚团队，进行深化设计。其间，中央领导、中央筹委会和北京市领导高度重视，多次分批亲临现场指导，召开专题会议现场研究解决问题，40余条指导意见汇集成了“款式先行”“形成系列”“仪式感强”“尊重个体”“流行推广”五点深化设计思路，引导本次服装工作不断推向深入。

2014年9月—10月进入成衣制作阶段。在此之前各工程参加企业已经提前将所有面辅料准备到位，组建男装、女装和配饰3个制作团队，进行精细化封闭制作。成立服装质量监审小组，对服装制作过程严格把关、确保品质。截至10月底，APEC经济体和东道主伙伴国领导人服装制作、包装工作已按计划全部完成。服装名称为“新中装”。本届会议首次为男领导人、女领导人和女配偶分别提供了服装，同时，每一款式均形成系列以供选择。其中，男领导人服装样式为“立领、对开襟、连肩袖、海水江崖纹、（提花万字纹）宋锦面料”上衣；女领导人样式为“立领、对襟、连肩袖、海水江崖纹、双宫缎面料”外套；女配偶服装为“开襟、连肩袖外套，内搭立领旗袍裙”等。

据报道，此次服装设计团队阵容强大，包括“2014年APEC会议市筹备办工作领导小组办公室”全体成员，北京服装学院院长、中国服装设计师协会副主席刘元风院长，APEC领导人服装设计深化团队、设计师楚艳（男领导人服装主创之一），设计师顾远渊（女领导人服装主创之一），设计师张志峰（是女配偶服装制作团队负责人），设计师赵卉洲（女配偶、女领导人服装设计团队成员之一），设计师吴青青（男领导人服装设计团队成员之一），设计师罗峥（女配偶、女领导人服装设计团队成员之一）等，参与企业及企业成员包括北京威克多制衣的蔡昌贤董事长，配饰制作企业1436（围巾、披肩）的王臻总经理。另外，面料织造团队负责人吴建华等承担了所有男领导人的服装制作工作。

本次服装设计工作团队担任主设计师角色的北京服装学院院长刘元风后来在一篇题为《第22届

① 本项内容主要根据2014年11月10日中国青年网（记者周小璐）等相关媒体多项报道材料综合而成。

APEC 会议领导人服装设计的感悟》的论文中总结了此次工程对于中国服装文化创新的重要意义。他指出，“本次 APEC 会议以‘新中装’命名的服装设计，得到党中央和北京市领导的高度认可。按照上级规划，将继续发挥政府、行业、高校、企业、设计师的协同作用，大力推进新的中国时尚文化的发展和进步，‘成风成俗’，在社会各界形成中式服装的时尚潮流，使中华服饰文化在中国乃至世界成为时尚，唤醒民族文化记忆，提高文化共识和凝聚力，增强文化自信心。为实现这一目标，我们高度重视的一个环节，就是充分发挥高校的作用，只有通过将民族服饰文化保护、传承、研究等贯彻到学校的教育教学、人才培养、科学研究和文化传承创新工作中，才能更好地实现这一任务”。同时他还强调，“APEC 服装工作对中国服装文化发展的新启示是：在民族的复兴、‘中国梦’的实现中，迫切需要文化自信、文化创新，也迫切需要对于当代世界文明的正确把握和对于传统文化的坚守、传承；对于中国高等教育的要求，是既要在人才培养中提出传统文化的素养素质，在科学研究中的探索和整理，又要发挥文化传承创新的职能，主动担当文化传承、文化创新和民族文化复兴的历史责任，成为推进民族服饰文化的主力军，成为新文化、新时尚的策源地，成为时代文化创造和时代风尚的引领者”。①

五、“融合发展”大潮中的艺术设计成就大展

2014 年是“全国美展年”。五年一次的“全国美展”在全国范围内所形成的期盼、开幕、高潮、传播这样的“美术律动”已经成为全国美术爱好者与专业人员生活中的一件大事。“美展年”必定带来一系列令人期待的创作收获以及展览盛事，也必定会在当代中国美术史中留下深深的印记，自 2000 年以来，“艺术设计”成为全国美展独立展区之一，艺术设计也卷入这样的全国美展潮。

全国美展是由中国政府主办的唯一代表全国创作力量、代表主流创作最高水平的专业展览，尽管发展的道路不乏坎坷曲折，但在几代新中国美术缔造者、建设者的持续努力下，已经成为最具影响力的国家级展览平台，在全国乃至国际都有着无可替代的影响。中华人民共和国历史上的第一届“全国美展”于 1949 年 7 月 2 日—16 日由第一次全国文代会举办，当时命名为“全国美术展览会”，展出作品 556 件，由此成为“全国美展”基本模式。第二届全国美展举办于 1955 年，在新中国美术事业呱呱坠地不久的时刻，这届展览取得的成就令人瞩目，如当时刚满 20 岁的青年画家靳尚谊和同事伍必端合作的水粉画《毛主席和亚非拉人民在一起》，入选美展后即被人民美术出版社印制成宣传画，走进千家万户，成为代表时代的经典作品。“文革”中，全国美展工作一度受到破坏。全国美展在“文革”前办过 4 届，“文革”期间被迫停办 10 年，“文革”结束之后“美展”制度即行恢复，自 1979 年第 5 届起展事重开，被压抑多年的热情造就了改革开放之初全国美展的巨大创作力量。1981 年罗中立的《父亲》等一批优秀作品脱颖而出，影响力从全国青年美展扩展到全国美展并直至今天。1984 年第六届全国美展中涌现出包括罗中立的《春蚕》、汪建伟的《亲爱的妈妈》、何多苓的《青春》、艾轩与何多苓合作的《第三代人》等一批新人新作，他们也成为新一代画坛巨星一路走来。从 1984 年规模空前的第 6 届开始，全国美展制度开始步入正轨，全国美展定为由文化部、中国文学艺术界联合会、中国美术家协会联合主办的国家级专业展览，定期为五年一届；自此基本奠定了其操作模式和办展特色；同时对作品的美学追求更为重视，对题材的选择更加宽容。至 2009 年，全国美展已办 11 届，2014 年进入第 12 届展期。

2014 年 2 月 27 日，在北京亚奥国际酒店举行了为迎接第 12 届全国美展的展区工作会议。会议由中国美术家协会副秘书长介绍“第十二届全国美展”赴各展区调研情况，并根据不同展区所开展的包括工作团队、场地选择、作品收发、后勤保障、评选、展示等工作评价。中国美术家协会分党组书记吴长江、美协秘书长徐里对各个展区接下来的工作提出要求和意见。第 12 届美展项目负责人孙同介绍了整年度展览的总体时间安排，初步拟定各美术类别评选在 7 月份进行、8 月陆续推出展览。港澳台海外华人展区、实验艺术、艺术设计、漆画、综合材料、油画、陶艺、中国画、壁画、版画、水彩、动漫等各

① 《从时代的角度看待服饰、从未来的高度认识传统——第 22 届 APEC 会议领导人服装设计的感悟》，刘元风《北京教育（高教）》杂志 2015 年第 10 期。

类别展览先后自 8 月 15 日起，在 8 月、9 月两个月中相继开幕；12 月 15 日，第 12 届全国美展进京展在中国美术馆开幕。

在经过一系列紧张的筹备、组织与评选之后，至 11 月止，第 12 届全国美术作品展各大奖项终于尘埃落定。令人期待的第 12 届全国美术作品展进京大展于 2014 年 12 月 15 日如期隆重开幕，中国美术馆倾五层所有展厅展出了本届美展的金银铜优秀获奖作品与各展区获奖提名作品。其中 160 件为第 10 届"中国美术奖·创作奖"获奖作品，包括金奖作品 7 件，银奖作品 18 件，铜奖作品 49 件，优秀奖作品 86 件。

第 12 届美展是一次蕴含多项改革设想的盛大展事，各种人们关注已久、讨论已久的改革举措在本届大展中都有所试行，比如新增实验艺术展区，推出"综合材料"与"实验艺术"等新概念美术品类；模糊"庙堂"与"江湖"的界限，取消进京大展中的名家作品邀请展，突出中青年艺术家的重要性；金奖定额也由往届的近 20 名减至 7 名，每个品类仅推出最值得关注的艺术家，等等。在全国艺术创作条件与氛围、文化与市场博弈不断激化的新时代条件下，美展体制的改革势在必行，尽管改革伴随着质疑与调侃的声音，但毕竟美展改革迈出了并不虚设的一步。比如专业内外都高度关注的"实验艺术展区"的设置问题，主办方正是希望通过这次展览把当下最有代表性的实验艺术家还有实验艺术家的作品通过全国美展这个平台展示，代表着一种中国艺术发展过程中包容、开放的态度，使这一领域出现的艺术变革实验也能跟所有其他艺术门类一样，能够在国家级的专业展示平台上发出声音和接受社会的判断。

艺术设计展区无疑也是本届大展最集中社会舆论关注的领域之一。自 1999 年第九届全国美展首设"艺术设计"展区以来，已经连续第 10 届、11 届、12 届美展艺术设计展区参展数量规模与作品质量都在上升，比较重要的变化是通过多年的推广与宣传，艺术设计终于突破了全国美展仅在"美协"系统内支撑的"瓶颈"，成功地向社会企业和专业机构扩展，避免了仅仅成为"院校展"的尴尬。

9 月 6 日，由文化部、中国文学艺术界联合会和中国美术家协会主办，陕西省美术家协会、西安美术学院、陕西文化产业投资控股（集团）有限公司联合承办的第 12 届全国美展艺术设计作品展览在西安当代美术馆隆重启幕，同时这个展览也是第 7 届中国西部文化产业博览会活动的组成部分。本届美展的艺术设计展区是历届美展中组成结构最为复杂的一次，参展作品共分为平面设计、环艺设计、服装设计、工业设计、工艺美术五个门类；参加展览复评的设计作品达到 765 件；最终入选作品 480 件，并从中产生进京参展作品 80 件。从作品面貌上看，本次参展的五大门类作品总体上比往届内容更加丰富，关注的问题更具社会性且表现的手法更加新颖、更加多样化。从作品气质上看，正如媒体报道指出，这届展出的设计作品中，"中国元素、中国气派、中国形象以及时代性、创新性，在这届展览中是主导的要素"。①

艺术设计展区评委会主任、文化部艺术司司长诸迪对本次展览取得的成果给予了积极的肯定。诸迪表示，"当今艺术设计的发展是很活跃的，大家的思想观念与现实相结合、与科技相结合、与我们所关注的重大社会问题相结合。本次评选的作品除了过去艺术院校师生的参与，也有设计师以及设计公司的参与，从参展的角度来说，这次的覆盖面以及作品的质量都有所提高。设计是一个专业性很强的领域，纳入全国美展还是一个新鲜事物，还需要一个过程让大家来认识。希望全国美展能吸引更多的、更好的设计师来积极参与，呈现中国设计这几年来高质量的优秀成果，也通过这个平台来扩大艺术设计的影响，使艺术设计能被更多的人所了解，为更多人和社会服务"②。

全国美展作为国家体制之中最高级专业展览平台，其推广机制以及艺术评价体系仍然处于一个积极的、变动的和发展的过程中。无论是作为艺术门类已相对成熟的中国画、油画、版画、壁画这些传统画

① 引自《中国文化报》2014 年 9 月 21 日记者李亦奕专题报道《设计的生命力在于实用性》。

② 以上材料综合了雅昌艺术网专题报道《第十二届全国美展观察报告》，《中国文化报》2014 年 9 月 21 日记者李亦奕专题报道《设计的生命力在于实用性》等相关报道。

种，还是作为仍然相对年轻的艺术设计、实验艺术、综合材料绘画等新进领域，都面临着在实践中探索经验与路径、改革中谋求不断进步的基本任务。尤其是艺术设计展区，尽管已历经 4 届、经过 14 年发展历程，但就其参展作品、主体身份以及评价机制而言，都远未达到成熟和完整的高度。因为艺术设计不同于一般艺术作品的根本之处，正在于它并非一般的艺术表现，而是一种艺术创造服务于社会经济、百姓生活的智慧创造；其成功的标志也许并不在于展于之内所能看到的艺术形式，但“艺术效果”“人文评价”又是其展评活动中不可缺少的主题内容，如何恰当地把握其中关系，形成适合于“美协”体制之下的作品征集、设计展陈及评价机制，就要进行多层面、多维度的探讨。媒体认为，本次展览的作品呈现出以下几个特点：第一，参展内容中不乏国家重点项目，显示出艺术设计界关注社会发展与国计民生的积极态度。第二，显示出关注中国设计朝向独立自主发展动向的追求，较多的设计作品更加重视基于中国国情条件的人文关怀和历史文化内涵。第三，参展作品有相当一部分是高校师生，这一方面展示了高等设计教育发展的现状，反映中国高等设计教育院校在设计发展中做出的努力；但另一方面，也反映出专业性设计机构与生产企业对美展关注与参与程度不够的历史惯性，尽管本次参展机构中已经出现一些新的成分，但总体上并未完全扭转这一格局，成为今后美展艺术设计展征集与推广工作中必须面对的现实挑战。

六、中国设计　红星闪烁

2014 年 12 月 12 日，北京，晴。

连续几天，晴空丽日。虽然气温较低，但“北京 APEC 峰会”之后仍然出现频率较高的“APEC 蓝”似乎有意为即将结束的 2014 年画上一个挂在蓝天白云间的句号。

这一年，从年初激情涌动的高层专家为“国家创新驱动发展战略”描绘路径蓝图的探讨开始，到《国务院关于推进文化创意和设计服务与相关产业融合发展的若干意见》文件颁布；从设计学界集体研讨“设计学”正式成为人才培养专业目录一级学科之后的学科规划与科学发展大计，到“北京 APEC 峰会”期间中国设计在雁栖湖畔、“水立方”前一系列令世界瞩目的精彩奉献——2014 年虽然普通、平凡，但却是中国设计在融合发展、开拓创新的实践中增强自信与探讨发展的一年。

一年一度的中国设计年底收官大戏照例是“中国设计红星奖”颁奖盛典。12 月 12 日，以“设计为人民”为主题的“2014 中国设计红星奖颁奖会暨 2014 北京国际设计周优秀项目表彰会”年度盛典如期举行。红星奖官网、新华网、中国文艺网、中国科技网、《中国文艺报》、设计新闻网等主流媒体都进行了报道。

“中国设计红星奖”自 2006 年创立以来已连续评审 9 届，每年都举行公开评审表彰结果的颁奖盛典。本年度颁奖盛典选在国贸大酒店二楼“群贤厅”举行，来自国内外各界的数百名设计嘉宾群贤毕至，齐聚这座新近落成、风格豪放的北京 CBD 新地标建筑。颁奖典礼之前，中国设计红星奖执行主席陈冬亮照例以红星奖特有的方式通过网络平台再次颁发《红星奖荣誉宣言》：

“‘公平、公正、公益、高水平、国际化’是中国设计红星奖所代表的原则。

“评审标准、评审程序均面向参评者和社会公开。评委按照评审标准所规定的指导原则对其所提交的资料和实物进行评审。为确保评审公平、公正和不受外界干扰，评审现场不对外开放，评委对产品进行试用和评估，以评委的独立判断为评审的最终结果。

“评委代表着奖项的高水平，来自多个国家，包括资深设计师、院校教授、媒体和经济界人士，他们均在本领域有出色的表现并同意遵守评审的荣誉准则。奖项还不断地邀请新的专家加入评审，以其专业知识丰富决策，对于设计超越文化、国界和实现基于文化多样性的设计创新极其具有意义。每年的评委主席由著名的专家轮流担任。

“红星奖是国家级的政府公益奖项。不向任何参评企业和个人收取报名费、评审费和宣传费用。同时，奖项还通过颁奖典礼、电视转播、网络新媒体、全球巡展和年鉴出版等形式，为参评者和企业提供尽可能多的宣传推广机会。

“为保证红星奖的声誉和社会公信力，红星奖自创立之日起，评审结果就没有来自政府官员、红星奖主席、执行主席等奖项组织者的影响，今后也将一如既往。”

中国工业设计协会会长、红星奖主席朱焘，北京市科学技术委员会副主任郑焕敏，黑龙江省艺术设计协会秘书长张震甫，深圳市设计联合会秘书长刘振，联想集团副总裁姚映佳，小米科技合伙人刘德等重量级人物出席颁奖会并为获奖者颁奖。

本次颁奖盛典共颁布至尊金奖 1 名，金奖 9 名，银奖 9 名，最佳团队、最佳新人奖各 1 名以及 247 名红星奖。同时，还颁发了红星原创奖、未来之星奖、原创优秀设计师奖以及 2014 中国设计红星奖特别奖。据媒体报道，本届“中国设计红星奖”盛况空前，再创新高。自发布作品征集消息以来，来自全球 1561 家企业的 6037 件产品报名参评，企业和产品分别比去年增加 21.9% 和 8.4%；其中 7 大类近 300 件产品获奖。获奖产品涵盖信息和通信产品、消费类电子和家用电器、家居用品和照明服饰、工艺美术和产品包装、装备制造和医疗器械、交通工具和公共设施、建筑装饰等领域。

“中国设计红星奖”是目前国内最重要的综合性创新设计评奖奖项，也是为世界设计类专业评奖活动所共同认可的、最具代表性的中国设计奖项。2014 年的统计结果表明，全球参评数量已跃升至千余家企业、6000 多件产品，成为全球首个年参评作品数量超过 6000 件的产品设计奖项。2006 年红星奖创立以来的 9 年中，已有 29 个国家、4322 家企业的 36522 件产品参评。红星奖委员会主席朱焘对本届作品中制造企业已成为红星奖参评主体表示满意，他强调：本届红星奖全球参评产品数量首次突破 6000 件；中国工业设计从帮助企业设计产品形象，到实现部件设计、制造流程的标准化，再到技术与设计研发的同步，在全球初步建立起中国设计的国际形象，同时增强了中国制造的国际竞争力。

今年获奖产品中有不少代表国际一流水平的亮点。如：在今年首设“红星奖原创奖”金奖作品缺评的情况下，两件作品“临时体温计”“婴儿脊椎保护盾”分别获原创奖银奖；两项银奖作品皆体现了由细节创新入手、针对普通患者的、崇高的人文关怀。如临时体温计是一款附带消炎药的“即时贴”产品。用时贴于患者额头，通过体温计的颜色变化可直观了解患者的身体状况。低烧时自己口服体温计上附带的药即可。在缺医少药的地区或是应对突发性自然灾害的时候，这样的产品可以方便地解决问题。

本年度尤其值得提及的评奖成果，是“2014 中国 APEC 峰会设计”荣获本年度“红星奖特别奖”。其中由上海华都建筑规划设计有限公司担纲设计的“日出东方”凯宾斯基酒店，配合雁栖湖优美景观以日出东方的诗意画面，诠释建筑与环境的融合；由北京工美集团设计的三件国礼景泰蓝赏瓶、《繁花》手包套装、《和美》纯银丝巾果盘，融合历史荣耀、彰显文化魅力；由景观照明设计师郑见伟设计的 LED 灯效“红地毯”，采用低角度、远距离 LED 均匀投光技术，营造出独到完美的“中国红”地毯；由北京服装学院等工作团队完成“APEC 领导人服装”采用“海水江崖纹”设计，成为 2014 北京 APEC 峰会的亮色。颁奖现场上 6 项 APEC 获奖设计吸引了最多的关注。

获得 2014 年度至尊金奖的“Isagy BIM 能源管理平台”，是国内唯一将建筑信息 3D 模型引入智能楼宇节能管理系统的设计。该项设计整合了建筑信息模型（BIM）和能源管理系统（EMS），采用三维立体展示方式，全方位模拟建筑，令管理者更直观、清晰地了解建筑内部的环境参数、实时能耗和实时效率。媒体称目前这种全新的能源管理系统已在北京银河 SOHO 和望京 SOHO 得到先期应用。今年红星奖获奖产品中还包括无叶风扇、旅行箱式的电动代步车、环保休闲椅到提高驾驶安全的蓝牙遥控器等，表明红星奖评审更强调设计思维着眼于发现人们在生活中的实际需求，并能够有效巧妙地解决问题。

2014 年，中国高铁研发过程中取得核心技术的成功突破，实现部构件 100% 中国创造的工程奇迹，成为“中国制造”在国际市场竞争中一颗明亮的新星。2014 年，由南车株洲电力机车有限公司研发的出口土耳其安卡拉的不锈钢地铁再次获奖。该车辆设计时速 80 公里，最大载客量 1008 人。车体内部宽敞、适宜，整车采用轻体化设计技术，其车体内部宽敞、适宜，整车采用轻体化设计技术，造型与色彩适应了民族文化，充分满足了当地人的出行需求，成为解决当地交通出行的重要轨道交通工具。这也是中国研制的不锈钢地铁出口欧洲市场的最大一笔订单。

媒体普遍认为，本届红星奖颁奖呈现三大亮点：一是北京 APEC 设计获 2014 中国设计红星奖特别奖，二是颁奖活动安排 4 项红星发布，三是获奖产品体现“设计为人民服务”的根本宗旨。

颁奖盛典程序中创造性地包括了首次出现的“4 项红星发布”活动内容。“红星发布”之一是“红星指数”。该指数利用数据采集分析，开展行业趋势及指数研究，刻画出设计行业动态发展变化，创建设计市场动态“晴雨表”。今年首推的红星设计指数包括“景气指数、50 指数、创意指数，本次先行发布红星设计 50 指数等多项指标”。“红星发布”之二，是“红星奖排行榜”。该指数根据 2006 年至 2014 年企业获奖情况，对获奖数据的统计梳理排名。红星奖执行主席陈冬亮说：“这个榜单的发表，绝不仅仅意味着获奖产品的数量，它意味着红星奖一直在伴随着中国经济的变革，伴随着中国企业的成长。”“红星发布”之三，是联想集团的“CPS 计划”。中国联想集团副总裁姚映佳表示：“CPS 计划”是一个综合性开放资源服务平台。通过成立“实验室”，搭建“产业基地”，将联想的新思维、管理经验、资本对接标准以及全球市场资源整合起来，服务于影响未来中国人生活方式与生活品质的相关产业。“红星发布”之四，是“红星众筹计划”。红星众筹计划“基于对设计消费和创意资源的大数据分析，将创意、融资与电子商务融为一体。这个项目的启动将为企业解决创新产品验证、优秀设计项目培育孵化、企业创新融资及市场渠道等问题提供有益帮扶”。

在颁奖盛典上，红星奖执行主席陈冬亮再次强调：回归本质、面对问题、探寻出路，中国设计依然任重道远。红星奖秉承“设计为人民”理念，将坚持以鼓励创新来推动经济、社会、文化和生态文明建设，以红星梦托起中国设计的未来梦想。①

[附：2014 年度中国设计红星奖获奖名单]

至尊金奖：

ISagyBIM 能源管理平台

设计：北京博锐尚格节能技术股份有限公司

生产：北京博锐尚格节能技术股份有限公司

金奖：

自动切换螺丝起子

设计：宝时得机械（中国）有限公司

生产：宝时得机械（中国）有限公司

全能 Dyson Cool 系列

设计：Dyson

雷迪奥黑玛瑙 LED 显示屏

设计：深圳洛可可工业设计有限公司

生产：深圳市雷迪奥光电技术有限公司

柔性直流输电设备

设计：北京洛可可科技有限公司

生产：中电普瑞电力工程有限公司

安卡拉列车　　南车株洲电力机车有限公司研发声学扩音设备

设计：杭州领跑者工业设计有限公司

生产：品物（北京）科技有限公司

Health 智能康复系列产品　木作可弯纸盒

① 本节材料引用中国设计红星奖官网、新华网、中国文艺网、设计新闻网等多家媒体有关报道综述而成。

设计：翌阳科技有限公司
生产：翌阳科技有限公司
巴拉卡床
设计：陈鹏
生产：深圳市左右家私有限公司

银奖：
叉车 FD－30
设计：王维佳
生产：奇瑞迪凯
ZK5540A 数控龙门移动钻床
设计：沈阳梵天工业设计有限公司
生产：武汉重型机床集团有限公司
LUBAO 电动旅行箱（系列）
设计：毛特
生产：路宝科技（上海）有限公司
气动切割机
设计：天津易诺威工业产品策划有限公司
生产：浙江瑞丰五福气动工具有限公司
致趣空间——旋律休闲椅
设计：产品研发中心
生产：曲美家具集团股份有限公司
无线智能 Wi－Fi 电灯泡
设计：深圳市想象力产品策划有限公司
生产：爱点多媒体科技有限公司
车载蓝牙遥控器
设计：深圳市想象力产品策划有限公司
生产：深圳市美塞达科技有限公司
喝酒好时机
设计：梁振辉、蔡国伟
生产：P. S. L. LTD
火红点炒锅
设计：马伟哲
生产：浙江苏泊尔股份有限公司

红星奖：
东航旅客自助服务系统
生产：中国东方航空股份有限公司信息部
设计：王秀娟、明亮亮
信号放大设备
生产：无锡雷华网络技术有限公司
设计：唐聪智、王小斌

全唐诗字库
  生产：北京汉仪科印信息技术有限公司
  设计：北京汉仪科印信息技术有限公司
PNS610 手持式网络报文分析仪
  生产：北京博电新力电气股份有限公司
  设计：王萌、周文闻
中科曙光 GreenRow 数据中心基础设施系统专用机柜
  生产：曙光信息产业股份有限公司
  设计：牛旭
中兴 - 高清视频会议终端 ET702
  生产：中兴通讯
  设计：中兴通讯股份有限公司
网络化控制器
  生产：成都乐创自动化技术股份有限公司
  设计：成都意町工业产品设计有限公司
云终端 S1
  生产：北京云端时代科技有限公司
  设计：柳涛
EC541 - HD 模组化嵌入式工业电脑
  生产：友通资讯
  设计：友通资讯
“魅钻”——ZTE 中兴超宽带 RRU 基站
  生产：中兴通讯
  设计：中兴通讯股份有限公司
鸿和视频展示台
  生产：北京鸿合盛视数字媒体技术有限公司
  设计：郑州市浪尖产品设计有限公司
ZXCOLUD E9000“云盾”刀片服务器
  生产：中兴通讯
  设计：中兴通讯股份有限公司

2014 年，与“中国设计红星奖颁奖盛典”先后同步举办的，还包括 2014 年 9 月 25 日在北京服装学院举办的第二届“中装杯”全国大学生环境设计大赛总决赛暨颁奖典礼、9 月 28 日在广东工业设计城举行的“全国大学生工业设计大赛颁奖典礼暨中国设计新锐奖”展览开幕式、10 月 15 日在杭州西溪宾馆举办的第九届中国 4A 论坛·金印奖·杭州盛会暨颁奖典礼、11 月 14 日至 15 日在北京嘉里大酒店举行的“One Show 中华创意节及颁奖典礼”、11 月 22 日至 23 日在南京艺术学院举行的“2014 中国环境设计教育年会暨第十二届中国环境设计学年奖颁奖典礼”、12 月 10 日在天津华侨城欢乐谷演播大厅举办的“2014（第十届）光华龙腾奖”颁奖典礼，等等。各种赛事展览信息不断，展现社会、公众、政府、企业对于设计事业及产业发展的高度关注与热力推动。然而，在持续的设计热度提升背后、不绝于耳的各种赛（展）信息之间，也包含着对中国设计应当如何面对社会需求、如何自觉地自我约束以及如何有效地提升自身能量的新思考。

总体而言，2014 年仍然是设计领域内赛事频繁、展讯不断的一年，但与往年不同的是：人们已经关注到，国内各种机构、各种主办方主办的赛事不断的背后，一些国际机构针对中国本土的各种大赛、各种评奖活动“衍生”品牌也在不断蔓延，针对中国设计报名者的各种宣传更加活跃、更加主动甚至辟出专区来包容“中国设计”。

从历史来看，现代设计发展中的评奖活动，是已经被西方工业发达国家的经验所证明有效的一种商业推广机制。通过各种专业性的设计评奖活动，一方面可以通过评奖标准的确立与评判，推广一种设计价值观以及优秀作品的专业水准，从而通过树立成功样板而推动行业设计水平的普遍提高。但是在现代商业化的市场环境中，这种评奖机制又被捆绑在商业化推广的战车上，除极少几个国家（如早期的日本“优秀设计”奖）之外，大多数设计奖机制是通过商业推广渠道来维系的，由于国家不直接介入评奖活动，评奖方只能通过收取报名费用、出售广告经营特许等商业运作方式来维持其高昂的评奖成本并从中获利。当中国经济的不断扩展而使得中国市场成为各种商业评奖活动有利可图的世界机会时，各种商业评奖开始把赢利的目光转向中国。在这个意义上，2014 年开始呈现出各种国际评奖活动“中国拓展”的迹象。

2014 年 12 月，媒体报道了在业界以敢于直言著称的“锤子手机”老总罗永浩在发言中把批评的矛头直指国内设计师最喜欢津津乐道的德国工业设计奖“红点奖”。①“（红点奖）是中国家电企业最喜欢花钱买的一个奖，这个奖在工业设计圈是一个笑柄。”虽然他后来在公开访谈中又表示因这些“不太严谨”的言论而正式地向“红点奖”和其他被调侃者道歉，但这一番不太“严谨”的批评言论却也道出了一些人所共知的事实，这就是这些国际奖项并不排除以种种商业手法放大品牌影响力，并努力从中获利的做法。

有媒体文章指出其中奥秘：“红点概念奖是一个获奖率很高的竞赛，其中有三届比赛获奖率超过10%”“红点概念奖的高获奖率让人不得不质疑其获奖作品的含金量”。文章还指出：“近些年，红点概念奖在中国异常的火爆，在业界与学界形成了一股‘趋之若骛’的风气。究其原因，一是大多数人对红点概念奖本身了解甚少，认为得了红点概念奖就得了传统意义上的红点奖（产品奖），殊不知其中的差别；二是部分参与者抱着投机取巧的心理，想借‘红点’之名自抬身价；三是部分参赛者受急功近利思想的驱使，想急于通过‘红点’证明自己的实力；四是红点官方在宣传上的夸大其词，过度夸张了红点概念奖的含金量与影响力。”②

“红点奖”的历史可追溯至 1955 年，今天已经是一个知名度很高的国际设计奖项。该奖项在北莱茵——维斯特法伦设计中心，由德国设计协会 DesignZentrumNordrheinWestfalen 创办，当时评奖的要求是参评作品必须两年内已经上市或已量产即将上市。从近年红点奖网站所公布的一系列评奖规则中可以看出，由于红点奖官网不断地推出各种使“红点”品牌“衍生”的商业手段，当初严苛的专业要求已在名目的转换中大大降低，“红点奖”品牌的含金量事实上正在被稀释。当下的“红点奖”分为三项：“红点设计产品奖”“红点设计传达奖”与“红点设计概念奖”；其中除“产品奖”还保持着较高的入选门槛外，包括红点传播奖在内的所谓红点概念奖只是“红点”根据市场需要所创建的新品牌，其影响力，特别是红点概念奖的影响力无法与红点产品奖相提并论。大多数红点概念奖参赛作品仅停留在设计图纸上，但由于概念奖颁发给设计师个人，这成为众多设计师与设计专业学生趋之若骛的原因。事实上德国红点奖是商业奖项，整体来看，红点奖的很大一部分商业收入是来自参展作品的报名费与评审费。有人作过计算，如一年参与产品达到 5000 件，按照 3000 欧元评审费的公开价，仅评审费一项收入就达 1500 万欧元。对于个人而言，从参加一次评审到获奖，需要花费人民币 2 万元左右，这不是小数额；但对于一些大公司就可以以量取胜、轻松获奖。比如 LG 手机就曾宣称在 2013 年度红点奖当中囊括33 项，光这 33 项的送审费用就达人民币 70 万元左右，更不要说其他失败项目的费用，所以这些红点奖

① 《红点奖是权威还是“笑柄”?》，http：//jiaju. sina. com. cn　2014 - 12 - 18　17：59：09　，新浪家居，杨毅编辑。

② 引自网站 http：//www. vx. com/news/2014/4034. html 文章。

项目的评选正在演变成大陆、台湾地区、韩国设计师之间的某种“三国杀”。为了方便中韩两国参赛者更多地参与红点概念奖评比，红点奖甚至一方面在两国（包括中国台湾地区）设立办事处推广赛事，另一方面在其概念奖官方网站上增加中文与韩文界面（除此以外仅有英语和德语）；而因为“红点概念奖”在传统设计强国诸如美国、日本、英国等国认可度及关注度较低，参评及获奖作品就十分有限，所以一些网友认为，只有当国内出现一个真正具有国际影响力的设计大奖，才能真正结束设计界对红点的追捧。①

2014 年在各种思考与探索的激荡、喜悦与忧虑的交错中过去。这一年中，中国设计没有停止脚步，也没有大踏步地跨上某个标志性平台；中国设计界没有放弃进取，也没有创造 GDP 的某种奇迹。但是，对于中国设计界，2014 年仍然是有所作为的一年，这一年中真正的收获是思考没有静止，探索没有降温，付出没有减少，积累没有停息；这是开始探索“融合·发展”时代使命的一年，也是在寻求“国家创新驱动战略”方向中为展现新的设计价值与目标而不断定义路径的一年。在这个意义上或许可以说，2014 是平稳过渡的一年，也是孕育新的未来的一年。

许　平　中央美术学院设计学院副院长、中国美术家协会工业设计艺术委员会副主任、中国工业设计协会常务理事、中国民间工艺专业委员会副主任委员

① 转引自杨毅编辑文章《红点奖是权威还是“笑柄”?》，http：//jiaju. sina. com. cn　2014－12－18　17：59：09 新浪家居。

2011 年至 2014 年中国的工业设计产业园区发展特质

◎蒋红斌　方　憬

一、背景

从20世纪80年代开始，通过引进工业设计教育和建立一系列的设计院和在企业中设立设计中心，设计在中国经历了30年的发展。这期间并非一帆风顺，设计反复地摇摆在艺术、装饰、文化产业之间，甚至连工业设计的基本概念也始终无法在学界形成统一意见。实际上，对于工业设计的概念和内涵外延20世纪50年代末的美国工业设计师协会（ICSID）已经给出了明确的定义，并且，随着时代的发展和工业设计师工作内容的更替，特别是经历了以计算机技术为代表的第二次产业革命和正在发生的以互联网和移动商务模式为代表的第三次产业革命的冲击下，工业设计作为艺术、创新、大规模工业化生产的交叉领域，越来越被重视。

然而，中国工业设计发展的尴尬却在于我们用极短的实践通过技术引进和人口红利等方式建立起来的制造业根基并不牢固，虽具产能上的规模，却难有成熟的自主工业体系来支撑，工业的发展缺乏工业化的良好社会土壤。但是，正是这些因素，使得2013年在工业设计事业领域，表现出了不同凡响的特征，其主要背景有三。

1. 中国工业设计的发展，正在通过建立国家管理体系的方式集聚力量

我们在吸收国外先进经验和技术时，经常会后缀一个定语——“基于中国国情的”。研究中国问题，确实具有一定的特殊性。2012年中国经济总量跻身世界第二，但财富、资源、人口、教育等分布尚处于极不均匀的状态，很难将创新、创业等要求简单地植入原有的加工型经济体中。因此，如何利用强大的国家机器来推动社会创新、创业，国家管理高效地开始发展作用，将工业设计作为改变国家经济发展方式和企业摆脱依赖国外技术、设备支撑企业发展的模式。

2. 更为科学的、专业化的工业设计评价体系，正在受到全社会的关注

我国设计行业中不缺乏具有商业操作能力和规模化效应的大型公司和企业，却奇缺从国家层面到区域、企业、设计公司、设计师各个层面的基础性研究和新形势下对于中国未来设计发展方向的战略性研究，因而很难从宏观层面提出适合经济转型和发展的相关设计策略。如何从一个技术加工型的经济形态，迈向以知识经济为核心的创新型社会，必然需要和重视如何建立一个科学的分析体系，让整个社会客观而真切地认识到工业设计价值评价体系正在不断受到关注。

由于我国的工业设计行业与其他发达国家的成长过程不同，因此，英国、美国，日本等国家的评价体系只具间接的参考意义，如何建立基于我国国情的评价模式依然亟待出炉。

3. 工业设计园区作为地方经济发展的新型方式，呈现出“设计实验田”的重要角色

工业设计园区作为中国设计产业的重要枢纽，起到了承上启下的作用。从数年前的政策导向来看，国家鼓励发展创意产业，这个概念比较大，将包含工业设计在内的大量与创意和相关的复合产业的发展。2012年最新提出的文化大发展战略又进一步将文化与国家发展政策进行了对接，大量的文创园区正是在这样的背景下浮现。工业设计作为“十二五”规划的重要内容，被重点提出需要扶持的几大创新产业之一，对于“工业设计园区”在一定程度上反映设计产业链的整体状况。因此，工业设计发展的数据，已经由清华大学艺术与科学中心，设计战略与原型创新研究所直接担当，于2011年成立的“中国工业设计园区联盟”平台上进行统计和分析。在获得大量的一手资料的同时，将研究与设计实践情况结合起来，快速地形成了一个动态的工业设计产业评价体系。

二、以促进“工业设计产业园区”建设为主要内容的地方经济政策正在成为新推动力

工业园是19世纪末工业化国家作为一种规划、管理、促进工业开发的手段而出现的。作为工业发展的一种有效手段，工业园区在降低基础设施成本，刺激地区经济发展，向社区提供各种效益。在我国，工业园区作为区域经济发展的新焦点，如雨后春笋般兴盛起来，不少工业园取得了经济效益，甚至成为区域形象工程。截至2010年末，我国国家级高新区有83家，国家级经济技术开发区有107家。截至2013年，入驻其中的“工业设计园区”性质的机构，并成为中国工业设计园区联盟成员的又近35家。2013年，中国各个省、大部分地市甚至部分区县，都已开始筹划和建设自己的“工业设计园”或“工业设计产业园”。

通过调研我们发现，国内对于工业设计产业发展和工业设计产业园区这一适应产业条件应运而生的组织形式的研究还十分欠缺，特别是能够反映工业设计发展整体状况的基础数据，没有可用的统计规范和体系，与我国现有的统计系统和经济杠杆更是缺乏有效呼应，而要借助国家管理，首先就需要提供一套可操作的评价体系，并且与现有的经济制度、统计模式相互衔接。因此，提出可以量化统计的操作流程和指标体系对于国家管理和促进工业设计产业发展具有重大意义。

自全国第一家工业设计园区——无锡（国家）工业设计产业园，于2003年5月被国家科技部批准，是当时国内唯一的以工业设计为主题的专业园区。10多年来，中国的工业设计事业和园区建设得到了快速发展，列入中国工业设计协会的全国工业设计园区联盟的已经达到近40家，并在社会影响力和发展目标上与国家的经济转型和转变发展方式高度一致。目前，园区已形成了以产品设计、建筑设计、艺术设计、平面设计、模具设计、工业计算机应用设计、精密零件设计、汽车及工装设计等为主要内容的工业产品研发和孵化新兴产业的初步格局。其主要分布在珠三角经济区、长三角经济区和环渤海经济区。工业设计整体事业形态，已经从原来的学校、企业为主体，向着社会公共服务平台、园区、公司等组织形态更为灵活、丰富和复杂的，以设计咨询、产业对接、文化创意和产权维护等领域衍生。

工业设计园区作为一个独立的经济体，它的存在已经脱离了“政府哺育期”。来自市场法则和自身组织机制的合理性等关键问题，开始经受经济环境、产业形态、市场需求的严厉拷问。工业设计产业的主体形态开始趋向多种方式并存，主要表现为以企业为代表的应用性工业设计领域；以职业设计公司为代表的服务性工业设计领域；以专业设计人才培养的大专院校、职业培训等综合性人才养成的领域和以产业园区为代表的、与区域经济相对接的集聚性工业设计领域等，共同形成了中国工业设计产业第三个阶段的主体结构。其中，工业设计园区是最具特色的一个，总体特征有以下二个特点。

1. 大规模高速增长阶段

园区数量高速增长（全国已有设计创意类园区超过1000家）、以工业设计为主的园区40多家。其辐射的设计企业和企业设计部门，有超过6000家。人才辐射数量也高速增长（全国已有设计类专业院校超过1700家，工业设计院校超过500家，在校学生总人数超过140万）。

与园区相关联的设计企业数量高速增长，以北京和深圳举例，北京工业设计产业起步较早，规模和技术服务水平都处于国内领先地位。统计在册的结果显示，2009年时，北京工业设计及相关业务收入已达60亿元，目前有200余家综合企业建立了自己的工业设计部门；全市专业工业设计公司400余家，主要集中在IT、通信设备、航空航天等领域。这些单位都与园区建立了多形式的联结。同样，2009年深圳工业设计专业的单项产值近2亿元，各类工业设计企业超过3500家，有5000余家设计型单位与园区发生深度连接。

2. 园区数量的高速增长：工业设计园区日益成为产业聚集的重要载体。近年来，在各地方政策的引导下，一些有条件的地区陆续建立了工业设计或设计产业园区，全国设计创意类园区已突破1000家。以工业设计为主体的园区有近40多家。其中，较有代表性的园区有：北京的DRC工业设计创意产业基地、无锡的工业设计园、深圳的设计之都、深圳的工业设计产业园、上海的8号桥设计创意园、顺德北滘的广东工业设计城、宁波的和丰创意广场等。

这些园区在当地政府的大力支持下，吸收国有资本、民营资本和外资共同投资兴建，采取市场化运营方式，形成了明显的聚集效应。其在人才辐射上也形成了一个高地，拉动并影响了劳动力数量的增长。据不完全统计，我国工业设计从业者年龄结构主要在20—30岁，所占比例达到总人数的93%。地域分布主要经济发达城市。其中，华北、华东、华南地区分别为24%、22%和20%，西南和东北地区分别占8%，西北地区为4%。目前，北京、上海、浙江、江苏、广东等经济发达地区的设计从业人员迅速增长。截至2011年，北京与设计相关人员已近25万人，其中工业设计相关从业人员超过2万人；而在广东，工业设计的从业人员已超过10万人。在上海，工业设计人员也已超过8万人，根据不完全的统计，全国直接从事工业设计的总人数约50万人，这种规模与增长速度都是十分可观的。2006年全国设有工业设计的院校共260多所，相当于2000年的2倍，而截至2011年，全国拥有工业设计的院校已超过500所，在校生每年毕业生约3万人，为我国工业设计产业的高速发展提供了丰富的人力支持。

三、从“工业设计产业园区”发展的评价指标体系来看，我国的工业设计处于高速成长期，但尚未成为整个社会经济形态的创新核心

基于2013年度的调研成果，覆盖了全国11个主要的工业设计产业积聚地区，20多个典型的工业设计聚集城市的数百家工业设计和其他设计门类的企业和公司。通过将本次调研的园区样本与我国规模以上的文化创意园区的发展情况比较，分析中国工业设计园区发展在整体上具有以下几个特点。

1. 工业设计园区的规模差别很大，其中又以中小规模的园区为主；
2. 京津地区、珠三角、长三角地区的园区聚集效应明显；
3. 园区与本地产业的互相依赖性强，其经营方式往往体现本地产业特征；
4. 园区创新活动的量化评价比较困难；
5. 园区的入驻企业多样性特征明显，发展方式和运营模式差异很大；
6. 存在比较多的缺省值，特别是关于企业投入产出的量化说明和涉及企业隐私的部分缺省值比较高。

以下截取几个园区评价的重要指标用以说明。

1. 园区所有制形式

园区从业人员平均在1000人左右。分别有2家园区的从业人数在50人以下和5000人以上。由此可见，同样作为设计园区，其规模和组织形式差异很大。比较两年的统计数据，我们发现很多园区精简了人员配置，这中间包括了正常的公司人员更替和入驻公司的改变，同时还包含一些园区对于运营部门进行了有效整合的影响。（如图1、图2）

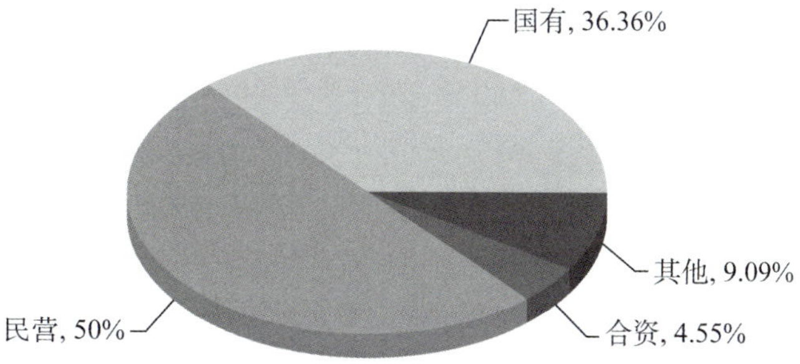

图1　园区所有制形式

2. 园区年总产值和设计产值占比

从园区年总产值来看，从2000万—10亿元以上区间，分布比较均匀，只有2家园区的年总产值在2000万元以下。这一方面说明园区的业态和类型比较丰富，同时也说明我们不能直接使用总产值一个数值来衡量设计园区的品质。现在园区的平均产值在2亿元左右。一半以上的园区的设计产值占比超过了园区总产值的30%，3家园区的设计产值占比超过50%甚至达到80%，这再次验证了设计产值有潜

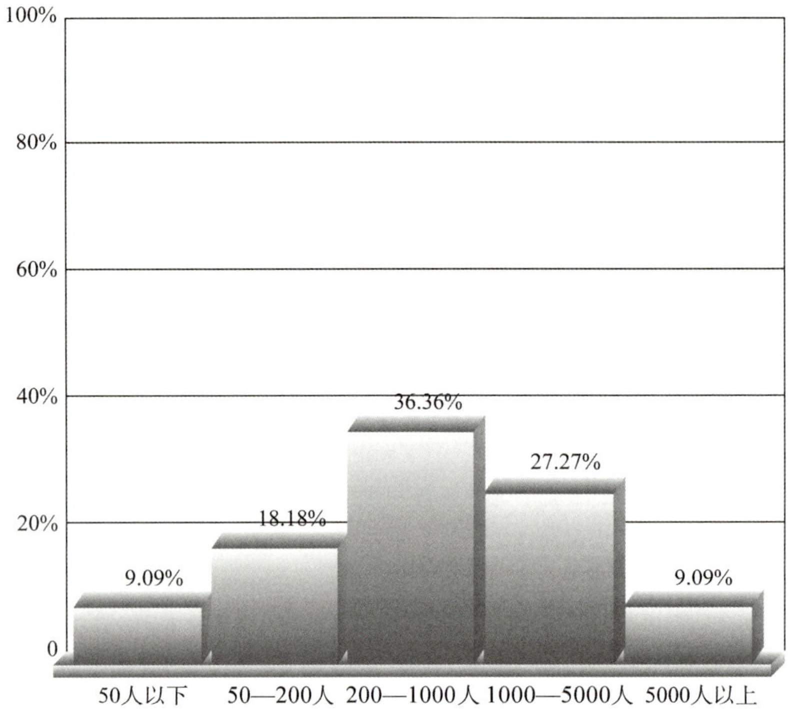

图2 园区从业人员总数的分布

力成为设计院区的主要贡献渠道。同时我们在今后统计中，需要继续细分不同的设计产值的贡献方式和分别占比，这样更能反映出不同的设计门类在不同的产业条件下能够多大程度上获得发展和资源协同。

四、工业设计在我国依然是一种新行业形态，设计产业的发展迎来一个新型产业体系——互联网信息时代

对于设计产业的认识，人们主要认为其是一种依托于科技、人文的“附着产业”。由于设计产业本身的经济价值难以很好地进行量化，一直以来也处于摇摆的状态，作为工业设计强国的英国、德国、美国、日本都早已开始着手建立本国的工业设计 DNA 数据库，并将其作为国力和经济发展水平的重要评价标准和预测国家发展方向的参考依据。

工业设计产业园区作为设计产业的重要枢纽，起到了承上启下的作用。对于“工业设计园区”的考察一定程度上即反映设计产业链的整体状况，并基于此进一步辐射至企业、设计师、各个行业中。设计园区最主要的特点就是“政产学研商”相结合，依托所在地的产业集群，政府通过园区这个公共服务平台，搞好产业链中各个方面的对接与整合。长期以来，虽然在学界和企业界都有大量的对于工业设计概念、方法、流程等的研究，但是，却很难统一出一种适用面广、比较客观的通用概念。同时，我国的设计相关产业发展不均衡和地区产业发展差异也使得工业设计的基本概念存在多种误读，比如：工业设计等同于造型和产品外观设计。虽然在设计学界和产业界关于设计价值、工业设计的广义和狭义定义已经经过了长时间的推演和研究，但是经过沉淀的知识并没有很好地传达到设计之外的更多领域。还有，工业设计产业的直接经济规模不大，不适合作为国家发展的重要参考因子，只是现代服务业的补充内容，并认为工业设计需要企业发展到一定规模，遇到同质化竞争时才需要认真考虑。在此之前，发展技术、优化管理更加重要。

事实上，大数据的应用已经遍地开花，使我们的设计服务及产品创新背后的方式和产业形态发生了革命性的变化。从英国分析设计者在知识经济时代来临所涵盖的30年间，知识分子、设计人员和技术工程人员的比例在上升，而体力劳动者和非技术工的人员比例在下降。这些变化很大程度是由设计和创新、创业促成的。英国在评价创新构成的时候并不是单纯地着眼于分析现有优势，还注重分析在创新过

程中的障碍因素。这对于我们分析自身发展中新型经济形态对工业设计未来趋势具有很好的启发意义。

五、在网路和信息技术的深刻影响下，近年我国的工业设计事业本身正在发生着激越的转型，是一种形态体系向另一种形态体系的转变，其中工业设计产业园区将发挥重要的集聚作用

创新已经渐进为创业，设计不再停留在服务经济的层面上，而是发展和发生到了产业层面上引发的转变。从产业结构上来看，目前我国初具规模的专业工业设计公司超过2000家，工业设计已从初期的产品外观设计，发展到产品研发、企业战略等全方位的设计策划。同时，随着产业升级和企业对于设计的认识提升，许多设计公司已经转型为更加偏重企业战略和品牌设计等，一些领先的设计公司更是将其产业链向上下两端进行了延伸，覆盖从融资到生产、渠道和销售等各个方面。

总体来看，工业设计正在摆脱传统的工作形态和经济形态，而在快步进入网络和信息经济为核心的知识经济时代。如果说这几年中国工业设计正在经历着从原有的单元体中转变出来，还不如说，中国的工业设计正在从以往的服务型设计公司为主体的经济形态，在向信息工业的新生产方式转变的背景中集聚力量，以灵活的经济方式进入更大的、基于整个大产业环境变革下的形态转换。

蒋红斌　清华大学美术学院副教授
方　憬　北京联合大学师范学院

2014 年中国平面设计述评

◎陶海鹰

2014 年的中国平面设计依然活跃在中国设计行业的舞台。纵观平面设计文化政策、产业发展、专业活动、学术论坛以及院校教育，一个非常重要的转折点是“文化创意”价值与理念的再次萌生，并在政策层面上升到关乎国家文化软实力和产业竞争力的重大举措，促使中国平面设计界在环境的激变中重新审视文化与观念、资源与市场、传统与时代等诸多命题。毋庸置疑，今天的创意产业无论于思维还是形式上，都在不断地推陈出新，人们对创新设计也有更高的需求。对于今天的平面设计行业而言，知识结构的更新、创作类型的跨界、多元文化的依托已成为平面设计实现自我蜕变与重构的唯一路径。纵观 2014 年的中国平面设计大事，还呈现出一个重要的趋势，便是国际化的步伐在政策导向、经济形势、行业交流等众多推力下继续加快。

一、创新观念：文化创意与平面设计知识体系更新

在 2014 年 2 月 26 日印发的《国务院关于推进文化创意和设计服务与相关产业融合发展的若干意见》中，明确指出“近年来，随着我国新型工业化、信息化、城镇化和农业现代化进程的加快，文化创意和设计服务已贯穿在经济社会领域各行业，呈现出多向交互融合态势。文化创意和设计服务具有高知识性、高增值性和低能耗、低污染等特征。推进文化创意和设计服务等新型、高端服务业发展，促进与实体经济深度融合，是培育国民经济新的增长点、提升国家文化软实力和产业竞争力的重大举措，是发展创新型经济、促进经济结构调整和发展方式转变、加快实现由‘中国制造’向‘中国创造’转变的内在要求，是促进产品和服务创新、催生新兴业态、带动就业、满足多样化消费需求、提高人民生活质量的重要途径”。该文件具有非常明确的政策导向信号，充分肯定了设计服务与相关产业对国家经济社会转型的重要作用，并强调了文化创意与设计产业高知高值、低能低耗的优质属性。更具里程碑意义的是，从国家文件与政府支持的层面为平面设计的发展创造了极为有利的外部环境。

2014 年 3 月 3 日，几乎同时，又颁布了《国务院关于加快发展对外文化贸易的意见》，其中，将对外文化贸易的重点支持对象首次指向设计产业，“加快发展对外文化贸易、对于拓展我国文化发展空间、提高对外贸易发展质量，对于继续扩大改革开放、转变经济发展方式，对于稳增长促就业惠民生、提升国家软实力、全面建成小康社会具有重要意义。”“鼓励和引导文化企业加大内容创新力度，创作开发体现中华优秀文化、展示当代中国形象、面向国家市场的文化产品和服务，在编创、设计、翻译、配音、市场推广等方面予以重点支持。”“为进一步做好有关工作，现提出以下意见：立足当前，着眼长远，改革创新，完善机制……在更大范围、更广领域和更高层次上参与国际文化合作和竞争，把更多具有中国特色的优秀文化产品推向世界。”从上述文件中，显现出我国政府对平面设计行业及其重要性的认识在不断深入。在这一年，政府明确将设计产业纳入文化产业发展中的重要支撑部分，并以此为支点，通过文化创意产业的设计提升，拉动国民经济稳步增长，增强海外市场核心竞争力。

2014 年 3 月 20 日，文化部正式印发《关于贯彻落实〈国务院关于推进文化创意和设计服务与相关产业融合发展的若干意见〉的实施意见》，继续深入推动文化创意与设计服务及相关产业的深度融合。文件中关于创意设计业提升文化产业的创意水平和整体实力，肯定了创意设计对实体经济相关领域的促进作用，旨在“推动民族文化元素与现代设计有机结合，形成有中国文化特色的创意设计发展路径。促进创意设计与现代生产生活和消费需求对接，拓展大众消费市场，探索个性化定制服务”。从这些重要举措和指导性意见中，不难看出政府对于创新与创意的高度重视，也从侧面折射出当下积极社会转型期

的焦点问题。

进入21世纪以来，随着后工业时代的到来，知识经济作为一种具有高技术、高知识的崭新经济形态正在逐步兴起，对社会发展与文化走向产生深远的影响。知识经济，也称作“智能经济”，是指以知识、科技为先导的和建立在信息生产、分配和使用基础上的经济形态，是与农业经济、工业经济相呼应的概念。智慧与创新是知识经济时代社会发展的原动力。而创新的本质，即打破常规、发现新的、有价值的、独具特色的事物与思维观念。然而在平面设计领域，创新思维与创意理念的落地，既要打破行业间的藩篱，实现跨界的深度融合，更重要的是设计师知识结构的更新，兼具“服务设计”与“文化引领”的意识。

2014年3月6日，“文化创意中国行”活动于贵阳正式启动。与此同时，“中国文化创意产业集聚区联盟”正式成立，“旨在搭建起政府、园区、企业和媒体之间沟通的桥梁，发挥出文化和科技深度融合所产生的创新作用、引领作用、转化作用和驱动作用”。这一活动自2013年5月在北京启动以来，已经走访了6座城市23家文化创意园区。实质上，在10多年前，就有学者曾经指出“文化创意产业”是一把双刃剑。时至今日，既要切忌“文化搭台，经济唱戏”的老问题，也须规避政府支持才能运营的新问题。不言而喻，在各地快速兴起的文化创意产业园区中，平面设计在产品的开发与创意环节发挥着重要的角色。与此同时，传统的平面设计思维逐渐与新媒体新技术的融合趋势进一步加强。

对于平面设计的而言，创新意味着形式与边界的打破，意味着媒介的转型与融合。2014年，习近平总书记在其主持召开的中央全面深化改革领导小组第四次会议中发表重要讲话。其中，会议审议通过了《关于推动传统媒体和新型媒体融合发展的指导意见》。会议强调，要着力打造一批形态多样、手段先进、具有竞争力的新型主流媒体，建成几家拥有强大实力和传播力、公信力、影响力的新型媒体集团，形成立体多样、融合发展的现代传播体系。可以说，顶层设计体现着中国特色的信息导向，毋庸置疑，新旧媒体的融合、形式的创新是平面设计未来的发展的必然。

诚然，将创新设计引入到产业可能带来一定的风险，然而风险无法阻挡创新的脚步。8月21日，2014年（第十届）光华龙腾奖新闻发布会在北京召开，发布会指出创新是活力，设计是灵魂，2014中国设计贡献奖、第十届中国设计业十大杰出青年奖等奖项的设置更加注重利用设计创新去引领企业转型升级和发展，并为中国设计业挖掘、培养更多的优秀设计人才。

在创新思维与价值的有效传播中，不仅需要政策的支持与经济的运作，介于政府与市场之间的行业协会发挥着非常重要的角色。9月6日，由文化部、中国文学艺术界联合会和中国美术家协会主办，陕西省美术家协会、西安美术学院、陕西文化产业投资控股（集团）有限公司承办的第十二届全国美展艺术设计作品展览在西安当代美术馆开幕。此次展览的遴选在内容上更强调多样化，突出中国元素、中国形象以及时代性与创新性，重视平面设计师的人文情怀与文化内涵。全国美展每五年举办一次，代表着目前中国设计界主流的一种动向和诉求。评委会主任、文化部艺术司司长诸迪表示，“希望全国美展能吸引更多的、更好的设计师来积极参与，呈现中国设计这几年来高质量的优秀成果，也通过这个平台来扩大艺术设计的影响，使艺术设计能被更多的人所了解，为更多人和社会服务”。

近年来，中国的平面设计界不仅在创意与媒介上不断的革新与跨界，在设计师群体中也成长起一批新生力量，在2014年正显现出这样一种新老设计师共同活跃在平面设计圈的特殊现象。9月5日，由现代传播集团旗下《新视线》杂志主办的2014大声展在三里屯太古里橙色大厅开幕，“大声”代表着新锐设计师们的声音，是对这些“新创意人”的创意运动推波助澜。目前，大声展已成为中国最具影响力的关注新锐设计与艺术的双年展，本次展览以“混”为主题，在作品中展开与“混乱当下”的对话。

相较其他设计门类，平面设计行业颇具特色的是更为关注设计师的个体经验与作品展示。2014年12月13日，由深圳华·美术馆主办的“对话视觉——李永铨与设计二十年展”开幕。该展览将呈现被誉为“品牌医生”的香港平面设计师李永铨20年来的创作历程与设计观点，以多变的思维和精准的定位，将黑色幽默运用在海报创作与品牌设计中，是李永铨设计的最大亮点。在展览期间，华·美术馆D-Talk设计论坛还围绕“日本眼中的中国设计”“新一代设计师何去何从”以及“和前辈好友的同台竞技”等主题展开了相关对话，从主题部分选题我们不难看出新生代独立设计师已在平面圈掀起一股不小的波澜，并占据愈来愈多的话语权。

二、国际化与多元化：平面设计活动频繁“引进来，走出去”

2014年的国际性平面设计活动与交流是本年度的一大亮点，与往年有所差异不仅体现在活动数量上的趋于频繁，而更具前瞻价值的是活动的类型与方式亦趋于多元。

1. 北京国际设计周

前文所述及的《关于贯彻落实〈国务院关于推进文化创意和设计服务与相关产业融合发展的若干意见〉的实施意见》一文中，在“创意设计业”阐明将“支持建设数个有国际影响力的‘设计之都’。优化提升北京国际设计周、中国苏州文化创意设计产业交易博览会等专业会展，为创意设计推广、交易和交流合作提供平台”。自2009年以来，由北京市政府联合教育部、科技部、文化部共同主办的北京国际设计周不仅写入政府工作报告，还受到国内外设计界的关注，已经逐渐成为一项具有国际影响力的大型设计活动。9月26日至10月3日，2014北京国际设计周连续两届的智慧城市主题展全面升级，智慧城市板块首次作为设计周七大主体活动板块之一，亮相中华世纪坛，使得设计产业打破行业间的壁垒，更加强调不同设计门类的融合与创新，从而为“国内外设计机构和人才提供常态化的展示、交流、交易的平台”。

2. 国际性设计活动

2014年1月18日，“Tokyo TDC 2013世界字体设计年赛展”在深圳华·美术馆展出，是全球最受瞩目的字体设计赛事之一，也是中国平面设计师最积极参与的海外比赛之一，其中，入围本次TDC年赛的中国设计师共26人。Tokyo TDC全称“东京字体指导俱乐部”，成立于1987年，至今已有27年的历史。其宗旨“是表现文字和语言之间的深刻关联的字体设计，同时也十分关注艺术指导者在品味企业诉求时的主张，以及视觉沟通艺术的始祖平面设计的主张”。本次展览展出了2013年年赛中的获奖作品，囊括平面设计、字体设计、装帧设计、标识与陈列设计、产品包装设计、广告设计、实验作品以及交互媒体设计。从形式上可以看出平面设计的概念在不断丰富与更新。

2014年5月23日至6月3日，“国际新锐设计师周”暨New Form国际平面设计探索展“杭州站”在浙江树人大学美术馆开幕，展览涵盖19个国家、近百幅平面设计作品。开幕仪式结束后，于美术馆展览现场举行了一场关于“设计教育与设计未来趋势”为主题的开放式座谈会，探索与交流国际教育与设计教育的发展现状。依托此次展览，进行荷兰、日本、意大利、美国、德国等一系列的最新平面设计学术讲座。

不言而喻，举办国际大型赛事与活动是展示一个国家视觉设计实力的绝好机遇。在2008年北京奥运会、2010年上海世博会上，我们都很好地通过设计向世界宣传了中国的国家形象，使得中国的平面设计能够在国际平台上受到万众瞩目。2022北京冬奥会申奥标志设计方案“墨舞冬奥”在这一年通过了国际奥委会与北京市政府的评审，由中央美术学院的设计团队创作，方案将中国传统书法文化与冰雪运动元素相结合，展现了冬季运动的活力与激情，也传递出中国文化的独特魅力，是将中国平面设计“走出去”的成功范例。

东方文化兼有共通、融合的意味。2014年8月19日，AGDIE亚洲平面设计邀请展在韩国大田林立美术馆展出，并于11月8日在中央美术学院设计学院展出。该展览的主题为“合”，以中国传统文化的精髓“和合”为精神，为全球平面设计精英提供一个平台，旨在促进亚洲平面设计的发展，从不同侧面发现冲突而加以融合发展，实现东西方文化的交流与碰撞。多名中国设计师入选此次展览，是一个中西合璧、相互学习的良机。

如同往年，字体设计仍然是平面设计展览的重头戏。2014年12月19日，“20/20澳门字体百分百设计交流展”在澳门博物馆回廊展览厅举行开幕仪式。字体是展现人类文化的一种直观有力的形式，无论是传统还是现代，中国文字之美都透露着民族文化与生活方式的意蕴。组委会邀请东方设计学院洪世杰、北京印刷学院许力、澳门理工学院陈汉才作为演讲嘉宾出席汉字设计国际学术会议，并围绕汉字的设计展开学术性研讨。

2014 年，中国的平面设计既以很进取的姿态进入国际设计活动与赛事中，也成功地举办了国际水准的设计活动。11 月 10 日至 12 日，One Show 中华创意节所有奖项落地北京进行评审。入围结果于 11 月 13 日公布。One Show 中华创意节及颁奖典礼于 2014 年 11 月 14 日至 15 日在北京嘉里大酒店举行。One Show 中华创意节是中国唯一按照国际广告节标准设立的创意奖项和创意节，内容涵盖创意领袖峰会、金铅笔奖项颁奖典礼、青年创意大师课，创意饕餮之夜、官方 After Party 等多项活动。第一，具有国际水准的专业评委，来自多个国家，拥有多元的专业背景以及 One Show 全球董事进行监审；第二，具有国际级的演讲嘉宾，来自行业创新的佼佼者，内容契合当下平面设计的热点话题；第三，关注年轻人才的培养项目；第四，After Party 的设置给予创意设计师一个庆祝与释放的场合。同样，2014 年的 One Show 中华创意节主题也是围绕行业的创新与融合展开，所有话题都涉及跨界，如“年轻人营销与年轻文化”“创意与技术创新”等。

三、新价值与新观念：平面设计研究的学术探索

1. 大数据时代

2014 年 5 月 10 日，中国装饰杂志社与清华大学美术学院主办策划了“迎接大数据时代”学术研讨会，探索大数据时代设计领域的发展动向。10 月 16 日至 19 日，由装饰杂志社、浙江万里学院主办的“大数据时代‘产学研’协同创新设计论坛”于该校设计艺术与建筑学院开幕，进一步深入讨论大数据时代与设计创新的关系。

信息时代在经历了 21 世纪最初 10 年之后，英国科学家维克托·迈尔－舍恩伯格进一步提出了“大数据时代”① 的概念，成为信息时代的新宣言书，它剥除了工业时代现代性那种物质主义和技术功能主义的外壳，它犹如 21 世纪的摩西，将人们从现实的物质世界的束缚中解放出来。人们之间的交往越来越便捷，光纤和无线通信技术已经突破了贝尔时代的梦想，它正以几何级数的增长速度将人们联系在一个更紧密的空间，世界仿佛一夜之间变小了。麦克卢汉正是在这个意义上第一次提出“地球村”的概念，这意味着，以往在人们眼中的巨大的地球空间在信息的魔法下成为一个小村庄，其中延伸的出来的意义不仅是人们对世界认识的变革，从根本上说，随着大数据时代的到来，任何学科都不可避免地投入与之相关的技术发展与思维创新。在设计领域，更加要求设计师打破原有的知识结构，在观念、艺术与科学的探索中实现“跨界”的可能。霍金先生在其著作《大设计》中，指出“哲学已死”，阐明科学理性是解除“存在之谜”的唯一合理理论。也就是说，今天通过科学技术建构的世界，宇宙万物以及生命存在的意义，已经不是传统哲学所能解释的，自然的逻辑可以揭示规律与法则的存在，这是对传统社会文化观念的巨大冲击。可以说，在今天普遍意义上的世界文化来看，传统的人文价值观与现代的科学文明观是并存的。由此我们可以重新审视平面设计的意义与未来，时代、环境的变化表明设计已不是“美化生活”“装饰生活”等狭义上的简单概念，而是融会科学技术、社会生活、文化艺术、经济产业的“大设计”范畴。

2. 绿色设计

“绿色设计”近年来不仅成为当代设计设计观念中一个非常重要的关键词，在更广泛的领域，也成为社会、经济和文化生活中的伦理观和价值观之一。绿色设计，与生态设计同义，是从对自然环境保护与可持续发展观的角度而出现的一种国际性的设计潮流，发轫于 20 世纪 90 年代。这种认知方式是在人们对过度开发的生存环境产生种种忧虑的背景下产生的。平面设计所体现的不仅是资本和审美的价值，还应更多地承担改良文化形态和保护资源环境的社会责任。

---

① 维克托·迈尔-舍恩伯格、肯尼斯·库克耶著，盛杨燕译：《大数据时代》，浙江人民出版社 2013 年 1 月版。

3月26日至4月2日，感知中国展览在联合国教科文组织总部举办，此次展览“设置了北京客厅与胡同变迁两组场景，结合新明式家具、饰品、城市主题海报等现代设计元素，展现古老北京的魅力与现代活力”；更为重要的是“通过新能源汽车与绿色交通、园博园与绿色建筑、首钢搬迁与绿色设计，突出产业转型与城市的可持续发展”。

在日益暴露资源危机、环境污染问题的今天中国，可持续发展与绿色设计的概念，已经不是平面设计的新问题，然而多数相关研究缺乏系统的研究理论与方法，往往停留于对设计作品的感性认识与批评。2014年6月11日至12日，“2014世界绿色设计论坛扬州峰会暨世界绿色设计博览会”在扬州举办。本届大会主题是“绿色设计助力全球可持续发展”，旨在搭建全球生态环境保护与绿色产业发展国际对话平台，在工业、农业、消费品等产品方面广泛推广绿色设计，坚持绿色设计理念。关于绿色设计的探索与研究也成为国际学术研讨的热点，2014年11月14日，第三届“持续之道——国际可持续设计学术研讨会暨设计作品展”开幕式在美术学院举行。“持续之道”学术活动是国内外探索可持续设计理论研究的制高点与重要平台，本次会议由清华大学美术学院、芬兰阿尔托大学艺术、设计与建筑学院、广东工业大学艺术设计学院三院校联合主办，可见，“可持续设计”战略已成为全球化背景下人类反思资源危机与环境恶化的重要途径。

四、改革与展望：平面设计教育的未来之路

1. 第八届全国视觉传达设计教育论坛

11月16日至17日，“第八届全国视觉传达设计教育论坛暨第八届‘未来之星’全国大学生视觉设计大展”在山东艺术学院长清校区举办。此次论坛的主题为“设计自觉——社会转型背景下的视觉传达设计教育”，开展了学术对话、主题展览、专题研讨、教学交流等环节的活动。该论坛是由中国美术家协会主办、中国美术家协会平面设计艺术委员会与山东艺术学院联合承办，是平面设计教育界颇具全国影响的重要学术活动，旨在增强全国院校平面设计学科的专业沟通与交流，积极推动中国设计教育的持续发展。

从本次论坛的主题，可以鲜明地呈现出在社会转型背景下，对平面设计教育本质及价值意义的思考，关注当下视觉传达设计的文化特征与社会影响，探讨设计教育的根本目标与国家经济发展、文化建设的内在联系，共同研讨国际视域下符合国情、面向未来的中国设计教育特色，以及设计教育与人才培养模式的发展走向。

2. 大学生平面设计赛事

一如往年，2014年的各类平面设计赛事依然大放光彩，各协会、企业、院校组织的大学生设计赛事延续了往年的精彩，呈现出更加市场化、国际化、媒介融合的重要特征。从积极的视角解读，这些实际落地的商业项目与社会课题，为大学生增强专业技能、激发创新思维与树立设计自信提供了良好的发展机遇，并借助企业、学校与专业协会共同搭建的桥梁，进行有益的相互学习与交流。

2014年由高教学会广告教育专业委员会主办的“创意我成长——第六届全国大学生广告艺术大赛”同往界一样热闹非凡，组委会将企业文化与校园文化相融合，OPPO手机、王老吉、东南汽车等命题企业为学生设立丰富的奖项以鼓励学生们的创作，同时也有效提升了企业品牌的认知度与传播力。同样在全国范围内具有影响力的平面设计大赛还有中国广告协会主办的大学生广告艺术节“学院奖”，2014年“学院奖”共颁发了19家命题企业，229个奖项，为平面设计行业、企业与学校的广告人才培养做出了积极的努力。诚然，气氛火热的各种大赛背后也存在着时代的矛盾与问题，如本来参赛是学校学习之余的一种专业磨炼，然而由于教育体制的局限和就业压力的迫使，学生过于在乎浮夸的荣誉本身，导致脱离学习平面设计的初衷，过于看重竞赛拿奖，甚至在一些院校影响了正常的教学内容。此外，在设计教育界始终讨论的话题之一便是设计的文化价值，平面设计除了商业价值与利益之外，还承载着怎样的社会责任与伦理问题？并且，这种对问题的深入思考不应局限于学术界，更应通过院校教育渗透到未来平面设计师群体的文化思维中。

3. 2014 院校毕业设计展

一年一度的毕业设计展是平面设计学子 4 年学习成果的展演，是创意思维的集会，也为设计界带来一股新锐思潮。同时，各个院校的毕业展设计作品脱离不了社会与时代的格局，展现了学生们对新时代、新技术与新观念的思考，毕竟，在大数据的时代，他们生活与学习环境的改变速度超乎以往。

2014 年中央美术学院毕业展以“Best Year：最好的时代 001 – 148”为题于 6 月 3 日晚在设计学院开幕，用“148 个创作者，148 个陈述，148 个设计文本，148 个作品与 148 个展点”完成了毕业生们对时代的理解、观念的诠释与设计的表达。本次毕业展主题借用狄更斯的《双城记》，这是最好的时代，这是最坏的时代，这也许恰当地映现了今天我们所面临的设计处境。如中央美术学院设计学院院长王敏所说，这是“一个充满生机、朝气蓬勃的设计产业，一个几十万学子的巨大设计教育产业，一个‘中国梦’的日新月异的时代，一个设计师大量制造垃圾的年代，一个不尊重设计的设计文化现状，一个不可预测的迷茫的就业环境，一个为人诟病的浪费无数青年光阴的教育模式。我们正努力去证明这是一个最好的时代，也去印证在最坏的年代有最好的机会，这有赖于设计学院教育的开拓、示范与引领”。而在清华大学美术学院毕业设计展中，师生们传达出他们在新的技术环境下，尝试以“新的媒介形态”“新的视觉沟通形态”“新的社会沟通的结构”诠释对平面设计价值的思考。

2014 年北京服装学院毕业设计展主题为“未果 wego”，鲜明地阐明年青一代设计师对未来设计之路的自信与憧憬，同时，“未果”意为“花已开，还未果”，表达了毕业生们始终奋斗“在路上”的坚持与忍耐，毕业设计是 4 年专业学习成果的秀场，也是未来设计界中坚力量的新生代。

在今天，我们强调设计教育的多元与个性，体现在各个艺术院校的毕业设计展中，较往年也逐渐显现出不同院校自身的特色。2014 年四川美术学院“开放的六月”本科毕业设计展于 6 月 5 日正式拉开帷幕。从主题不难看出，川美的平面设计毕业作品展更加强调对社会与市场的开放，融合文化艺术品牌活动，在展览期间举办创意产品展销，评选“学院奖”优秀作品，同时与地方政府和企业单位合作评选“大学生创意奖”“Eland 奖学金”等，通过多种形式与渠道为青年设计师提供更多的作品推介的机会，搭建其步入社会创新创业的平台。

结语

回望 2014 年，这一年的中国平面设计依然非常活跃，并未被所谓的“危机”所困扰，而是以一种积极进取的姿态摆脱困境，建构新的文化价值与主体身份。面对互联网、云计算、大数据、App 等媒体融合大趋势，也开始从技术与观念积极开拓新媒介的应用，在文化创意产业轰轰烈烈的大背景下更加着力于思维创新。更为可喜的是，在平面设计理论界和平面设计院校教育中，也逐渐开展关于“持续之道”“绿色设计”以及社会转型期的设计自觉的理性思考。所有的成就、困惑、探索与展望呈现了 2014 年中国平面设计的独有面貌。

陶海鹰　中国艺术研究院博士、北京印刷学院讲师

2014 年度环境艺术设计发展年度述评

◎滕晓铂

概述

2014 年，中国环境艺术设计发展的新形势是从环境艺术策划、创意、规划设计、制作施工、监理、咨询，到环境艺术工程项目管理、行业管理等各个环节，逐渐形成了一条环境艺术产业链，为新的经济增长做出了贡献。这种状态的形成是基于行业的发展规律和近期相关政策带来的利好消息。

2014 年 3 月，国务院正式出台《国务院关于推进文化创意和设计服务与相关产业融合发展的若干意见》（国发〔2014〕10 号），这是我国首次就文化创意和设计服务与相关产业融合发展出台的系统性文件。该文件明确定位了文化产业与整体经济发展之间的关系，在今后较长一个时期内都将是中国文化产业发展，乃至推动结构调整、产业转型的重要指导性文件。2014 年 4 月，国务院发布《关于印发文化体制改革中经营性文化事业单位转制为企业和进一步支持文化企业发展两个规定的通知》；2014 年 5 月 1 日，《国家艺术基金章程（试行）》颁布。与此同时，文化部、央行、财政部联合发布《关于深入推进文化金融合作的意见》，不仅比四年前的“意见”更落地、更具体、措施更详细，最为关键的是，将金融支持文化产业，把文化产业发展成为“国民经济支柱产业”确立为“国家战略的重中之重”。环境艺术设计领域在 2014 年的蓬勃发展，就是适应了使“文化产业成为国民经济支柱性产业”的新形势而形成的局面。

总体上讲，2014 年环境艺术设计发展的特点是适应文化产业融合化发展大势所趋，坚持生态发展，积极关注美丽中国、美丽城市、美丽乡村、特色文化城市、特色文化居住区、文化创意聚集区、环境艺术文化创意产业园、环境艺术示范校园等的建设实践，注重环境艺术创意和环境艺术实证研究，注重提升文化附加值和艺术感染力，实现了传承创新、交流互鉴、互联互通、文化融合、协同发展。在传承中国建设传统文化的同时，实现环境艺术创新和开放升级，从纵向到横向发展的融合；从粗放型向精品型转变，向精细化、集约化、专业化、品牌化、国际化方向发展。

2014 年环境艺术设计的发展趋势，可从生态文明、关注民生、国家形象、地域文化、全球视野、教育发展等几个方面进行总结。

1. 生态文明

随着环境问题的日益凸显和人们精神需求的提高，绿色、环保理念深入人心，生态文明思想与环境艺术设计之间的关联越来越密切。因此，从生态文明的理念出发，构建健康、和谐、可持续的生态人居环境，是 2014 年环境艺术设计探求的发展方向。

自十八大报告首次提出“美丽中国”的概念以来，党中央对生态文明建设重视程度不断提升。2013 年 12 月，中央城镇化工作会议再次强调要坚持生态文明，城镇建设要依托现有山水脉络等独特风光，让城市融入大自然。

随着政策的推出，环境艺术设计领域对于绿色、可持续的生态人居环境的追求更加关注。基于生态文明观的环境艺术设计，也重视与地域文化之间、物质与精神层面的多重意义，强调地域性文化的应用与传承，探索符合地域特征和具有传统文化意蕴的设计思路。生态文明的观念在中国传统文化思想中一直都有体现，比如中国传统建筑和园林设计中的“师法自然”“天人合一”，都注重于强调人工环境和自然环境的和谐。因此，在当下的环境艺术设计中倡导生态文明的很多设计师，都不约而同地回归到了传统文化的语境中，从形式、材料、技术等方面，全方位地打造出有中国特色的环境艺术设计作品，这对具有中国风骨的环境艺术设计整体形象的提升有着非常重要的意义。

2014 年 3 月 28 日至 30 日，由中国城市科学研究会、中国绿色建筑与节能专业委员会和中国生态城市研究专业委员会联合主办的第十届国际绿色建筑与建筑节能大会暨新技术与产品博览会在北京国际会议中心召开，会议主题为“普及绿色建筑，促进节能减排”。“国际绿色建筑与建筑节能大会暨新技术与产品博览会”的举办是为了贯彻落实党中央国务院关于加强节能减排工作的战略部署，建设资源节约型、环境友好型社会，推动绿色建筑与建筑节能工作，由中国住房和城乡建设部、科学技术部、国家发展和改革委员会、财政部、环境保护部、工业和信息化部共同支持主办的，自 2005 年至 2013 年，已成功举办了 9 届。在中国及世界各国政府和业界的大力支持下，大会已成为中国绿色建筑领域规模和影响力最大的行业盛事。历届大会国内外参会代表超过 3000 人，参展单位 300 多家，汇集国内外绿色建筑专家学者和企业精英 300 余名到会演讲，堪称绿色建筑领域的“百家讲坛”，建筑节能行业的名企汇聚。

2. 地域文化

为深入贯彻党的十八大、十八届三中全会、中央一号文件和习近平总书记系列重要讲话精神，进一步推进生态文明和美丽中国建设，2014 年农业部开展了中国最美休闲乡村和中国美丽田园推介活动。经过地方推荐、专家评审和网上公示等程序，认定北京市密云区干峪沟村等 100 个村为 2014 年中国最美休闲乡村，北京市密云区蔡家洼玫瑰花景观等 140 项农事景观为 2014 年中国美丽田园。2014 年 12 月 12 日至 14 日，由农业部美丽乡村创建办公室、农业部环境保护科研监测所、中国农业大学、中国建筑设计院联合主办的美丽乡村环境保护与治理研讨会在天津召开，会议宣布成立“美丽乡村建设技术创新联盟”。2014 年环境艺术设计领域对于地域文化的注重，即是缘于“美丽中国”“美丽乡村”“美丽田园”等一系列政策的实施与活动的开展。

“地域文化”在环境艺术设计中主要体现为提倡地方主义和新地域主义，在景观设计中注重与所处区域的地域文化、民族文化、环境条件相关联，反映地方特色与生态理念，创造具有地域精神的景观空间环境。在设计时，注重从场地的地域特征出发，利用自然资源和地方传统材料，营造传统乡土景观意象，结合景观生态学的理论及内容，打造具有地域特征和民族特色的乡土新景观，创造具有地方文化特色的、可持续发展的景观生态环境，从而实现对传统文化及地方文脉的回归与传承。

3. 关注民生

“城镇化”与“老龄化社会”是 2014 年环境艺术设计领域在关注民生方面的关键词。2014 年 3 月 25 日，国务院发展研究中心和世界银行联合报告《中国：推进高效、包容、可持续的城镇化》提出了构建新型城镇化模式的六大优先领域。报告中指出，高效的城镇化将最优地使用中国的生产资源，在同样的劳动投入、土地利用和资本积累条件下，高效率或高生产率可以实现更快的增长，增加中国人民的福利。包容的城镇化为人们提供分享城镇化成果的均等机会，应通过改革促进农业转移人口融入城市，为他们提供与城市居民同等的社会服务，确保农村地区获得同质同量的公共服务，促进包容性。可持续的城镇化是与中国的环境和自然资源条件相适应的城镇化，能够提供和中国人民愿望相称的生活质量。

随着报告的出台，城镇化景观建设成为 2014 年度环境艺术设计领域的一件大事。经过近几十年的发展，我国城镇化景观建设取得了一定成果，但也存在大量问题：千篇一律、布局陈旧，忽略本土文化内涵和地方特色，甚至破坏生态环境，贪大求全等弊端。因此，新型城镇化建设需要在已有的成果上总结经验教训，突出生态文明和地域文化特征，因地制宜，以人为本，最大限度地发挥景观精神文化和满足居民社交、休闲、健身等物质生活的需要。城镇化景观建设不仅要保证绝对的安全性，还要不失美感，并兼顾城镇的整体布局，从实际需要出发去做好设计。

据有关部门预测，中国老年人口到 2050 年将由现在的 1.32 亿上升到 3.84 亿，针对这个日渐庞大的特殊群体的个性化需求，老龄化人居环境设计成为近年来民生问题的另一焦点。通过科学的实际调查和合理的数据分析，切实了解广大老年人的居住环境状况和他们对居住空间的具体需求，从建筑学、环境行为学、人体工程学以及老年学的基本理论出发，在分析老年人生理、心理以及行为特征的基础上，系统性地探寻适应不同城市老年人需要的住宅室内空间环境的设计模式、量化标准，并针对存在的问题对居室的改造和设计提出合理、可行的方案，打造出适于老年人的有针对性、多样性、无障碍性以及可持续性的环境，是环境艺术设计领域急需解决的一大问题。2014 年 1 月 10 日至 2 月 16 日，由中央美术学院主办的第六届“为坐而设计”大奖赛的主题即是“坐与长者”，参赛者围绕自己的生活环境或成长过程，表现与长者们共处时所引发的对于“坐”的行为和坐具的设计灵感。在中国老龄化问题日益凸显的背景下，大赛主题在作品征集期间就得到各界好评与支持，认为具备社会性、时效性和学术性，是社会当下必须探讨的原创主题，大赛前期也引发了媒体对本届主题的热论。

4. 国家形象

随着 2014 年 APEC 会议在北京的举办，以及“一带一路”倡议的推进，“国家形象”成为本年度环境艺术设计的一大焦点。通过环境艺术设计所展现的国家形象是国家的视觉符号，具有重要的文化意义，是国家软实力的体现，是向世界输出中国文化价值观的窗口。

在 2014 年中国环境艺术年会的主题报告上，“国家形象”成为与会专家们讨论的热点。结合本年度的文化政策和重要事件，专家们带来了一系列有关“国家形象与环境艺术设计”的报告，如“国家文化战略与城市公共艺术研究”（王中，中央美术学院城市设计学院院长、教授，环境艺术委员会专家委员、常务理事）；“国家‘一带一路’战略与环境艺术发展——丝绸之路起点的环境规划”（李存东，中国建筑设计院副院长、中央美术学院特聘教授，环境艺术委员会专家委员、常务理事，中国公园协会秘书长）；“文化自觉：北京 APEC 会议中心《集贤厅》国家礼仪空间设计”（马怡西，清华大学美术学院教授、北京清尚建筑设计研究院副院长，环境艺术委员会专家委员）；“北京 APEC 会议中心门户景观营建”（史丽秀，中国建筑设计院环境艺术设计研究院院长、中央美术学院特聘教授，环境艺术委员会专家委员、常务理事）等，通过他们的讨论，传达出当代背景下环境艺术设计师对人、建筑、文化、环境、艺术、生活的思考，以生态文明建设为指针，探讨中国环境艺术参与国家形象建设、参与“一带一路”倡议的现实路径。

5. 国际视野

2014 年环境艺术设计领域的主要展会及活动，从国际设计创意博览会、中国国际家具展，到北京国际设计周、上海设计之都活动周的举办，都整合了全球的设计资源，充分体现了国际化视野的特点。

2014 年 2 月 27 日至 3 月 2 日，“设计·上海”2014 国际设计创意博览会在上海展览中心举行。这场国际原创家居设计博览会的主题为“西方遇到东方”，集中了超过 150 个世界知名艺术设计品牌，其中 90% 的品牌为首次被介绍到中国。2014 年 9 月 10 日至 14 日，中国国际家具展在上海浦东举办。本届展会更关注家具设计最顶尖最活跃的原创力量，开设了原创设计馆及品牌设计馆，Design of Designers 中国国际设计师作品展示交易会（简称 DOD 设计展）也成为展会的重头戏之一，吸引了更多致力于原创家具品牌的设计师和家具人加入其中，集中呈现了 2014—2015 年度国际家具家居流行趋势。

2014 年 9 月 26 日至 10 月 3 日，以“设计之都·智慧城市·生态文明”为主题的“2014 北京国际设计周”活动成功举办。活动由开幕活动、设计大奖、设计市场、智慧城市、设计人才、主宾城市和设计之旅七项主体内容组成，为国内外设计机构和人才提供展示、交流、交易的服务平台，打造服务公众的“展示周”、服务专业的“交流周”、服务产业的“交易周”。2014 年北京国际设计周主宾城市为西班牙巴塞罗那。2014 年上海设计之都活动周以“设计引领·融合发展”为主题，“设计引领产业，设计改善生活”为策展思路，从 10 月 9 日至 11 月 8 日的核心月中，举办上海展览中心的主场活动、上海新国际展览中心创新设计展、静安区 800 秀上海国际创意城市智库论坛等重要活动。

另外，中国城市和中国设计师在国际上获得的重要奖项，也凸显了当下中国环境艺术设计在国际上的地位得到了认可。2014 年 3 月 24 日，第三届“李光耀世界城市奖”在新加坡揭晓，中国苏州从日本横滨、哥伦比亚麦德林等全球 36 个申报城市中脱颖而出。这一奖项被喻为城市规划界的“诺贝尔奖”。能够获此殊荣，表明过去 20 多年间，苏州在平衡经济发展和古城保护中取得的成功获得了世界的认可。

2014年7月5日，国际风景园林师联合会杰里科奖由北京林业大学园林学院孙筱祥教授获得。该奖项全称为国际风景园林师联合会（IFLA）杰弗里·杰里科爵士金质奖。IFLA杰里科爵士金质奖是为健在的风景园林师而设的崇高荣誉，其目的在于肯定获奖者一生的成就，即为造福社会和环境而设计的独一无二并有长期影响力的作品，为推进风景园林事业发展而做出的贡献。杰里科奖设立于2004年，最初每4年颁发一次，2010年之后改为每年一次，每次在世界范围内评出一名杰出风景园林师，孙筱祥教授是中国首位获此殊荣的风景园林师，也充分体现了中国风景园林行业对世界风景园林的深刻影响。

2014年9月29日，美国景观设计师协会（ASLA）公布了2014年专业奖和学生奖的获奖者。这些奖项主要颁发给美国及世界各地顶级的公共、商业、住宅、机构、规划、通信和研究项目。其中，中国土人设计（Turenscape）和北京大学建筑与景观设计学院设计的六盘水明湖湿地公园、中国张唐景观设计事务所（Z + T Studio）设计的中国东莞市万科建筑科技研发中心生态园区获得2014 ASLA综合设计类荣誉奖。

6. 教育发展

有关环境艺术设计学科建设的问题，从20世纪80年代后期至今，国内高校从专科、本科至研究生培养方面均取得了不少成功经验，到2014年底，国内已有500余所高校开设了与环境艺术设计相关的专业。依据《中国建筑装饰行业“十二五”规划纲要》的发展目标，到2015年，我国建筑室内装饰行业工程总产值力争达到3.8万亿元，比2010年增长1.7万亿元，总增长率为81%，年平均增长率为12.3%左右。由此展现出环境艺术设计行业所具有巨大的发展潜力与人才需求市场，对于高层次、复合型室内设计及其理论人才将呈现迫切的需求。这就为环境艺术设计在未来的发展提出了更高的要求。

2014年中国环境艺术设计教育的发展成果显著，主要体现在活跃的学术论坛及各大赛事的举办，以及学科建设不断规范化、系统化等方面。

2014年3月24日至26日，由华中科技大学建筑与城市规划学院主办，建筑与城市规划学院设计学系与建筑学系承办的“室内设计学科在中国”学术论坛在华中科技大学举行。来自国内建筑与室内设计学科的近10位著名学者和武汉地区相关高校建筑设计、院系的师生，在热烈自由的学术氛围中围绕论坛主题进行了广泛深入而富有成效的学术交流，并围绕室内设计学科建设问题，带来了6场面向全院师生的系列学术报告及设计学系研究生的学术座谈会。

由中国国际室内设计联合会举办、中国国际室内设计网承办的“第二届金创意奖国际空间设计大赛获奖作品全国巡展活动暨国际设计师论坛”于2014年12月30日在北京圆满落幕。本届金创意奖国际大学生设计大赛共有46所全国设计艺术院校的大学生参加，共征集参赛作品1000多套。大赛共设个人特等奖、一等奖、二等奖、三等奖、优秀奖及导师奖、团体奖、院校奖，共计有近百余名优秀大学生和导师分获各类奖项。同期举行的“国际设计高峰论坛”以“创意成就设计梦想 & 创新引领行业发展”为主题，围绕国内外设计行业发展状况、国内外设计艺术人才培养及大学生学习及就业发展三个方面进行了讨论和分析，意在让设计行业的新生代了解行业发展现状和趋势，明确未来设计行业市场对创新人才的需求，倡导和鼓励企业在一定程度上给予新生代设计人才提供更多学习实践的机会，真正是实现校企合作、产学结合，为设计行业未来发展打好坚实的基础。

2014年10月25日，第三届中国环境艺术“青年设计师”作品展在吉林艺术学院美术馆开幕。本次活动由中国建筑学会建筑师分会和吉林艺术学院主办，中国建筑学会环境艺术专业委员会、吉林艺术学院设计学院、吉林省设计艺术研究中心承办。本次展览共收到来自中国大陆、港澳台地区以及海外设计机构、设计院校的环境艺术设计作品共计3711件（套），本次展出的是精选出来的200余件（套）获奖作品。作品涵盖环境景观设计、室内空间设计、建筑空间设计、环境模型与手绘表现设计、公共艺术等类别，作品题材广泛、内容丰富、立意新颖，具有时代精神和地域特色，兼顾设计的功能性，体现了一年来国内环境艺术设计学科发展的成果。在展览同期举办的“亚洲地域文化与环境艺术论坛”上，邀请了建筑业界的专家学者交流研讨，韩国建筑师承孝相作了主题为《环境语境文化交融》讲座，我国著名建筑师张利作了主题为《陌生的熟悉与熟悉的陌生》讲座。本次展览和论坛活动的举办，对于现代工业文明中高速发展的城市建设背景下，创造符合生态环境良性循环和生态平衡的城市建设生态系统起到促进作用。同时，对于缩小国内外环境艺术设计行业发展的差距，使国内环境艺术设计行业健康持续发展，为国内环境艺术设计行业机构与高校环境艺术设计专业建设提供了展示与交流的平台。

2014 年 11 月 29 日至 30 日，2014 中国风景园林教育大会暨中国风景园林学会教育工作委员会成立大会在北京林业大学召开。本届大会主题为风景园林教育规范化，大会参与对象涵盖了全国开设风景园林或相关专业的绝大部分院校。本次大会设风景园林本科教育规范化、风景园林研究生教育规范化、风景园林教育与实践三个专题分论坛，分论坛邀请来自多所高校的学科负责人以及知名风景园林规划设计、施工相关企业、单位负责人进行多层次、多角度的探讨，共同推动风景园林学科教育改革发展。中国风景园林教育工作委员会的成立以及本次大会的召开，有利于加强风景园林教育工作，建立健全科学合理的风景园林教育体系，促进风景园林专业人才的培养，并以此为平台，促进中国风景园林教育事业的进一步发展，最终提升整个行业的人才质量，为风景园林行业创造出更为丰富的社会效益、经济效益和生态文明效益。

随着国民社会和经济水平快速发展以及十八大关于生态文明建设与“美丽中国”宏伟蓝图构想的推进，中国环境艺术设计事业迎来了发展的黄金时期。十八大以后面临国家发展战略的调整，在城镇化建设、生态文明建设等重大战略构想框架内，如何快速高效适应中国社会发展需求与总体方向，成为时代赋予环境艺术设计教育系统的新课题。

结语

2014 年，环境艺术设计领域的发展与相关政策、国家大事和经济形势密不可分。随着我国改革开放的不断深入，经济建设快速发展，国家在人居环境建设与改善方面取得了辉煌的成绩，环境艺术设计也成为建设“美丽中国”，实现“中国梦”的有机组成部分。

根据 2014 年度各大主要学术论坛的专家报告和讨论成果，未来中国环境艺术设计的发展应通过对“人与自然”“城市与乡村”“建筑与环境”“传统与现代”“继承与发展”“科技与艺术”“民族性与世界性”等问题的关注，传达当代背景下中国环境艺术设计师对人、建筑、文化、环境、艺术、生活的思考，以生态文明建设为指针，探讨中国环境艺术设计参与“一带一路”倡议，走向“可持续发展”道路的现实路径。

时代的发展要求环境艺术设计需要通过立足中国传统文化，深度参与全球文化产业链，实现人文与生态、继承与创新、科技与艺术、自然与人文、传统与现代的共融，为国家形象、人居环境、地域文化、新城镇建设和美丽中国建设等方面提供重要支持。

滕晓铂　北京印刷学院设计学院副教授

文件辑录

【国务院关于推进文化创意和设计服务与相关产业融合发展的若干意见】

（国发［2014］10号）

各省、自治区、直辖市人民政府，国务院各部委、各直属机构：

近年来，随着我国新型工业化、信息化、城镇化和农业现代化进程的加快，文化创意和设计服务已贯穿在经济社会各领域各行业，呈现出多向交互融合态势。文化创意和设计服务具有高知识性、高增值性和低能耗、低污染等特征。推进文化创意和设计服务等新型、高端服务业发展，促进与实体经济深度融合，是培育国民经济新的增长点、提升国家文化软实力和产业竞争力的重大举措，是发展创新型经济、促进经济结构调整和发展方式转变、加快实现由“中国制造”向“中国创造”转变的内在要求，是促进产品和服务创新、催生新兴业态、带动就业、满足多样化消费需求、提高人民生活质量的重要途径。为推进文化创意和设计服务与相关产业融合发展，现提出以下意见。

一、总体要求

（一）指导思想。以邓小平理论、“三个代表”重要思想、科学发展观为指导，按照加快转变经济发展方式和全面建成小康社会的总体要求，以改革创新和科技进步为动力，以知识产权保护利用和创新型人力资源开发为核心，牢固树立绿色节能环保理念，充分发挥市场作用，促进资源合理配置，强化创新驱动，增强创新动力，优化发展环境，切实提高我国文化创意和设计服务整体质量水平和核心竞争力，大力推进与相关产业融合发展，更好地为经济结构调整、产业转型升级服务，为扩大国内需求、满足人民群众日益增长的物质文化需要服务。

（二）基本原则。

统筹协调，重点突破。统筹各类资源，加强协调配合，着力推进文化软件服务、建筑设计服务、专业设计服务、广告服务等文化创意和设计服务与装备制造业、消费品工业、建筑业、信息业、旅游业、农业和体育产业等重点领域融合发展。根据不同地区实际、不同产业特点，鼓励先行先试，发挥特色优势，促进多样化、差异化发展。

市场主导，创新驱动。以市场为导向、企业为主体，产学研用协同，转变政府职能，加强扶持引导，实施支持企业创新政策，打破行业和地区壁垒，充分调动社会各方面积极性，促进技术创新、业态创新、内容创新、模式创新和管理创新，推进文化创意和设计服务产业化、专业化、集约化、品牌化发展，促进与相关产业深度融合，催生新技术、新工艺、新产品，满足新需求。

文化传承，科技支撑。依托丰厚文化资源，丰富创意和设计内涵，拓展物质和非物质文化遗产传承利用途径，促进文化遗产资源在与产业和市场的结合中实现传承和可持续发展。加强科技与文化的结合，促进创意和设计产品服务的生产、交易和成果转化，创造具有中国特色的现代新产品，实现文化价值与实用价值的有机统一。

（三）发展目标。到2020年，文化创意和设计服务的先导产业作用更加强化，与相关产业全方位、深层次、宽领域的融合发展格局基本建立，相关产业文化含量显著提升，培养一批高素质人才，培育一批具有核心竞争力的企业，形成一批拥有自主知识产权的产品，打造一批具有国际影响力的品牌，建设一批特色鲜明的融合发展城市、集聚区和新型城镇。文化创意和设计服务增加值占文化产业增加值的比重明显提高，相关产业产品和服务的附加值明显提高，为推动文化产业成为国民经济支柱性产业和促进经济持续健康发展发挥重要作用。

二、重点任务

（一）塑造制造业新优势。支持基于新技术、新工艺、新装备、新材料、新需求的设计应用研究，促进工业设计向高端综合设计服务转变，推动工业设计服务领域延伸和服务模式升级。汽车、飞机、船舶、轨道交通等装备制造业要加强产品的外观、结构、功能等设计能力建设。以打造品牌、提高质量为重点，推动生活日用品、礼仪休闲用品、家用电器、服装服饰、家居用品、数字产品、食品、文化体育用品等消费品工业向创新创造转变，增加多样化供给，引导消费升级。支持消费类产品提升新产品设计和研发能力，加强传统文化与现代时尚的融合，创新管理经营模式，以创意和设计引领商贸流通业创新，加强广告营销策划，增加消费品的文化内涵和附加值，健全品牌价值体系，形成一批综合实力强的自主品牌，提高整体效益和国际竞争力。

（二）加快数字内容产业发展。推动文化产品和服务的生产、传播、消费的数字化、网络化进程，强化文化对信息产业的内容支撑、创意和设计提升，加快培育双向深度融合的新型业态。深入实施国家文化科技创新工程，支持利用数字技术、互联网、软件等高新技术支撑文化内容、装备、材料、工艺、系统的开发和利用，加快文化企业技术改造步伐。大力推动传统文化单位发展互联网新媒体，推动传统媒体和新兴媒体融合发展，提升先进文化互联网传播吸引力。深入挖掘优秀文化资源，推动动漫游戏等产业优化升级，打造民族品牌。推动动漫游戏与虚拟仿真技术在设计、制造等产业领域中的集成应用。全面推进三网融合，推动下一代广播电视网和交互式网络电视等服务平台建设，推动智慧社区、智慧家庭建设。加强通信设备制造、网络运营、集成播控、内容服务单位间的互动合作。提高数字版权集约水平，健全智能终端产业服务体系，推动产品设计制造与内容服务、应用商店模式整合发展。推进数字电视终端制造业和数字家庭产业与内容服务业融合发展，提升全产业链竞争力。推进数字绿色印刷发展，引导印刷复制加工向综合创意和设计服务转变，推动新闻出版数字化转型和经营模式创新。

（三）提升人居环境质量。坚持以人为本、安全集约、生态环保、传承创新的理念，进一步提高城乡规划、建筑设计、园林设计和装饰设计水平，完善优化功能，提升文化品位。注重对文物保护单位、历史文化名城名镇名村和传统村落的保护。加强城市建设设计和景观风貌规划，突出地域特色，有效保护历史文化街区和历史建筑，提高园林绿化、城市公共艺术的设计质量，建设功能完善、布局合理、形象鲜明的特色文化城市。加强村镇建设规划，培育村镇建筑设计市场，建设环境优美、设施完备、幸福文明的社会主义新农村。贯彻节能、节地、节水、节材的建筑设计理念，推进技术传承创新，积极发展绿色建筑。因地制宜融入文化元素，加快相关建筑标准规范的更新或修订。完善建筑、园林、城市设计、城乡规划等设计方案竞选制度，重视对文化内涵的审查。鼓励装饰设计创新，引领装饰产品和材料升级。

（四）提升旅游发展文化内涵。坚持健康、文明、安全、环保的旅游休闲理念，以文化提升旅游的内涵质量，以旅游扩大文化的传播消费。支持开发康体、养生、运动、娱乐、体验等多样化、综合性旅游休闲产品，建设一批休闲街区、特色村镇、旅游度假区，打造便捷、舒适、健康的休闲空间，提升旅游产品开发和旅游服务设计的人性化、科学化水平，满足广大群众个性化旅游需求。加强自然、文化遗产地和非物质文化遗产的保护利用，大力发展红色旅游和特色文化旅游，推进文化资源向旅游产品转化，建设文化旅游精品。加快智慧旅游发展，促进旅游与互联网融合创新，支持开发具有地域特色和民族风情的旅游演艺精品和旅游商品，鼓励发展积极健康的特色旅游餐饮和主题酒店。

（五）挖掘特色农业发展潜力。提高农业领域的创意和设计水平，推进农业与文化、科技、生态、旅游的融合。强化休闲农业与乡村旅游经营场所的创意和设计，建设集农耕体验、田园观光、教育展示、文化传承于一体的休闲农业园。注重农村文化资源挖掘，不断丰富农业产品、农事景观、环保包装、乡土文化等创意和设计，着力培育一批休闲农业知名品牌，提升农产品附加值，促进创意和设计产品产业化。发展楼宇农业、阳台农艺，进一步拓展休闲农业发展空间。支持专业农产品市场建设特色农产品展览展示馆（园），推进特色农产品文化宣传交流。建立健全地理标志的技术标准体系、质量保证体系与检测体系，扶持地理标志产品，加强地理标志和农产品商标的注册和保护。支持农业企业申报和推介绿色环保产品和原产地标记，鼓励利用信息技术创新具有地域文化特色的农产品营销模式。

（六）拓展体育产业发展空间。积极培育体育健身市场，引导大众体育消费。丰富传统节庆活动内容，支持地方根据当地自然人文资源特色举办体育活动，策划打造影响力大、参与度高的精品赛事，推动体育竞赛表演业全面发展。鼓励发展体育服务组织，以赛事组织、场馆运营、技术培训、信息咨询、中介服务、体育保险等为重点，逐步扩大体育服务规模。推动与体育赛事相关版权的开发与保护，进一步放宽国内赛事转播权的市场竞争范围，探索建立与体育赛事相关的版权交易平台。加强体育产品品牌建设，开发科技含量高、拥有自主知识产权的体育产品，提升市场竞争力。促进体育衍生品创意和设计开发，推进相关产业发展。

（七）提升文化产业整体实力。坚持正确的文化产品创作生产方向，着力提升文化产业各门类创意和设计水平及文化内涵，加快构建结构合理、门类齐全、科技含量高、富有创意、竞争力强的现代文化产业体系，推动文化产业快速发展。鼓励各地结合当地文化特色不断推出原创文化产品和服务，积极发展新的艺术样式，推动特色文化产业发展。强化与规范新兴网络文化业态，创新新兴网络文化服务模式，繁荣文学、艺术、影视、音乐创作与传播。加强舞美设计、舞台布景创意和舞台技术装备创新。坚持保护传承和创新发展相结合，促进艺术衍生产品、艺术授权产品的开发生产，加快工艺美术产品、传统手工艺品与现代科技和时代元素融合。完善博物馆、美术馆等公共文化设施功能，提高展陈水平。

三、政策措施

（一）增强创新动力。深入实施知识产权战略，加强知识产权运用和保护，健全创新、创意和设计激励机制。加强商标法、专利法、著作权法、反不正当竞争法等知识产权保护法律法规宣传普及，完善有利于创意和设计发展的产权制度。完善网络环境下著作权保护等法律法规，加强数据保护等问题研究。加强知识产权监督执法，加大对侵权行为的惩处力度，完善维权援助机制。优化知识产权申请与审查制度，建立并完善专利优先审查通道和软件著作权快速登记通道，健全便捷高效的商标注册审查体系。完善知识产权入股、分红等形式的激励机制和管理制度。活跃知识产权交易，促进知识产权的合理有效流通。提升企业知识产权综合能力，培育一批知识产权优势企业。鼓励企业、院校、科研机构成立战略联盟，引导创意和设计、科技创新要素向企业聚集，加大联盟知识产权管理能力建设，推行知识产权集群式管理。

（二）强化人才培养。推动实施文化创意和设计服务人才扶持计划，打破体制壁垒，扫除身份障碍，营造有利于创新型人才健康成长、脱颖而出的制度环境。优化专业设置，鼓励普通本科高校和科研院所加强专业（学科）建设和理论研究。鼓励将非物质文化遗产传承人才培养纳入职业教育体系，发挥职业教育在文化传承创新中的重要作用，重点建设一批民族文化传承创新专业点。推动民间传统手工艺传承模式改革，培养一批具有文化创新能力的技术技能人才。积极推进产学研用合作培养人才，发展专业学位研究生教育，扶持和鼓励相关行业和产业园区、龙头企业与普通本科高校、职业院校及科研机构共同建立人才培养基地，支持符合条件的设立博士后科研工作站，探索学历教育与职业培训并举、创意和设计与经营管理结合的人才培养新模式，加快培养高层次、复合型人才。加大核心人才、重点领域专门人才、高技能人才和国际化人才的培养和扶持力度，造就一批领军人物。完善政府奖励、用人单位奖励和社会奖励互为补充的多层次创意和设计人才奖励体系，对各类创意和设计人才的创作活动、学习深造、国际交流等进行奖励和资助。加强创业孵化，加大对创意和设计人才创业创新的扶持力度。规范和鼓励举办国际化、专业化的创意和设计竞赛活动，促进创意和设计人才的创新成果展示交易。积极利用各类引才引智计划，引进海外高端人才。健全符合创意和设计人才特点的使用、流动、评价和激励体系，按照国家有关规定，进一步落实国有企业、院所转制企业、职业院校、普通本科高校和科研院所创办企业的股权激励政策，推进职业技能鉴定和职称评定工作，加强人才科学管理。

（三）壮大市场主体。实施中小企业成长工程，支持专业化的创意和设计企业向专、精、特、新方向发展，打造中小企业集群。鼓励挖掘、保护、发展中华老字号等民间特色传统技艺和服务理念，培育具有地方特色的创意和设计企业，支持设计、广告、文化软件工作室等各种形式小微企业发展。推动创意和设计优势企业根据产业联系，实施跨地区、跨行业、跨所有制业务合作，打造跨界融合的产业集团和产业联盟。鼓励有条件的大型企业设立工业设计中心，建设一批国家级工业设计中心。积极推进相关事业单位分类改革，鼓励国有文化企业引进战略资本，实行股份制改造，积极引导民间资本投资文化创意和设计服务领域。支持有条件的企业“走出去”，扩大产品和服务出口，通过海外并购、联合经营、设立分支机构等方式积极开拓国际市场。推进文化等服务业领域有序开放，放开建筑设计领域外资准入限制。围绕提升产业竞争力，建立健全文化创意和设计服务与相关产业融合发展的技术标准体系，加快制定修订一批相关领域的重要国家标准。鼓励行业组织、中介组织和企业参与制定国际标准，支持自主标准国际化。

（四）培育市场需求。加强全民文化艺术教育，提高人文素养，推动转变消费观念，激发创意和设计产品服务消费，鼓励有条件的地区补贴居民文化消费，扩大文化消费规模。鼓励企业应用各类设计技术和设计成果，开展设计服务外包，扩大设计服务市场。创新公共文化服务提供方式，加大政府对创意和设计产品服务的采购力度。消除部门限制和地区分割，促进形成统一开放、竞争有序的国内市场。充分利用上海、深圳文化产权交易所等市场及文化产业、广告、设计等展会，规范交易秩序，提升交易平台的信息化和网络化水平，促进产品和服务交易。鼓励电子商务平台针对创意和设计提供专项服务，帮助小微企业、创意和设计创业人才拓展市场。鼓励有条件的地区在国家许可范围内，根据自身特点建设区域性和行业性交易市场。在商贸流通业改造升级中，运用创意和设计促进专业市场和特色商业街等发展。鼓励批发、零售、住宿、餐饮等生活服务企业在店面装饰、产品陈列、商品包装和市场营销上突出创意和设计，更加注重节能环保，顺应消费者需求。

（五）引导集约发展。依托现有各类文化、创意和设计园区基地，加强规范引导、政策扶持，加强公共技术、资源信息、投资融资、交易展示、人才培养、交流合作等服务能力建设，完善创新创业服务体系，促进各类园区基地提高效益、发挥产业集聚优势。鼓励各地根据资源条件和产业优势，明确发展重点，科学规划建设融合发展集聚区，打造区域性创新中心和成果转化中心。建立区域协调机制与合作平台，加强产业集群内部的有机联系，形成合理分工与协作，构建优势互补、相互促进的区域发展格局。充分发挥各部门职能，组织实施基础性、引导性重大工程和重点项目，提升产业整体素质，增强发展后劲。

（六）加大财税支持。增加文化产业发展专项资金规模，加大对文化创意和设计服务企业支持力度。在体现绿色节能环保导向、增强可操作性的基础上，完善相关税收扶持政策。在文化创意和设计服务领域开展高新技术企业认定管理办法试点，将文化创意和设计服务内容纳入文化产业支撑技术等领域，对经认定为高新技术企业的文化创意和设计服务企业，减按15%的税率征收企业所得税。文化创意和设计服务企业发生的职工教育经费支出，不超过工资薪金总额8%的部分，准予在计算应纳税所得额时扣除。企业发生的符合条件的创意和设计费用，执行税前加计扣除政策。对国家重点鼓励的文化创意和设计服务出口实行营业税免税。落实营业税改增值税试点有关政策，对纳入增值税征收范围的国家重点鼓励的文化创意和设计服务出口实行增值税零税率或免税，对国家重点鼓励的创意和设计产品出口实行增值税零税率。

（七）加强金融服务。建立完善文化创意和设计服务企业无形资产评估体系。支持符合条件的企业上市，鼓励企业发行公司债、企业债、集合信托和集合债、中小企业私募债等非金融企业债务融资工具。支持金融机构选择文化创意和设计服务项目贷款开展信贷资产证券化试点。鼓励银行业金融机构支持文化创意和设计服务小微企业发展。鼓励金融机构创新金融产品和服务，增加适合文化创意和设计服务企业的融资品种，拓展贷款抵（质）押物的范围，完善无形资产和收益权抵（质）押权登记公示制度，探索开展无形资产质押和收益权抵（质）押贷款等业务。建立社会资本投资的风险补偿机制，鼓励各类担保机构提供融资担保和再担保服务。鼓励保险公司加大创新型文化保险产品开发力度，提升保险服务水平，探索设立专业文化产业保险组织机构，促进文化产业保险发展。政府引导，推动设立文化创意和设计服务与相关产业融合发展投资基金。积极引导私募股权投资基金、创业投资基金及各类投资机构投资文化创意和设计服务领域。

（八）优化发展环境。评估清理现有行政审批事项，确需保留的，要精简审批流程，严控审批时限，公开审批标准，提高审批效率。支持以划拨方式取得土地的单位利用存量房产、原有土地兴办文化创意和设计服务，在符合城乡规划前提下土地用途和使用权人可暂不变更，连续经营一年以上，符合划拨用地目录的，可按划拨土地办理用地手续；不符合划拨用地目录的，可采取协议出让方式办理用地手续。广告领域文化事业建设费征收范围严格限定在广告媒介单位和户外广告经营单位，清理其他不合理收费，推动落实文化创意和设计服务企业用水、用电、用气、用热与工业同价。完善城乡规划、建筑设计收费制度，鼓励和推行优质优价。创新政府支持方式，发挥社会组织作用，加强人才队伍建设，资助创业孵化，开展研讨交流等。

四、组织实施

各地区、各部门要按照本意见的要求，根据本地区、本部门、本行业实际情况，切实加强对推进文化创意和设计服务与相关产业融合发展工作的组织领导，编制专项规划或行动计划，制定相关配套文件。要建立工作机制，加强地区间、部门间、行业间的协同联动，确保各项任务措施落到实处。要加强宣传，积极营造全社会支持创新、鼓励创意和设计的良好氛围。加强文化产业振兴方面的立法工作，不断健全相关法律法规和制度。重视完善文化产业统计制度，加强文化创意和设计服务类产业统计、核算和分析。加快发展和规范相关行业协（商、学）会、中介组织，充分发挥行业组织在行业研究、标准制定等方面的作用。发展改革委要会同相关部门对本意见的落实情况进行跟踪分析和监督检查，重大事项及时向国务院报告。

国务院

2014 年 2 月 26 日

【文化部关于贯彻落实《国务院关于推进文化创意和设计服务与相关产业融合发展的若干意见》的实施意见】

各省、自治区、直辖市文化厅（局），新疆生产建设兵团文化广播电视局，各计划单列市文化局：

为深入贯彻落实《国务院关于推进文化创意和设计服务与相关产业融合发展的若干意见》（国发〔2014〕10号，以下简称《若干意见》），提高文化产业创意水平和整体实力，推动文化创意和设计服务与相关产业深度融合，制定本实施意见。

一、深刻领会、准确把握推进文化创意和设计服务与相关产业融合发展的重大意义和工作思路

《若干意见》的发布，体现了中央在新形势下对文化产业战略地位和重大作用的准确把握，标志着文化创意和设计服务与相关产业融合发展已经成为国家战略，对促进经济结构调整和发展方式转变、提升产业竞争力、满足多样化消费需求、提高人民生活质量具有重要意义，对提升全民文化素质、增强文化整体实力和竞争力、提高国家文化软实力有着重要的促进作用。各级文化行政部门要主动把文化产业融入经济社会发展全局，认真研判、准确把握产业融合发展新趋势，打破部门行业区域藩篱，创新理念方式手段，抓好政策措施落实，在切实提升文化产业的创意水平和整体实力的基础上，更加积极主动地发挥文化创意和设计服务对相关产业发展的支持作用，以文化提升相关产业产品和服务的附加值，以融合发展拓展文化产业发展空间，实现文化产业与相关产业相互促进、共同发展。

二、提升文化产业的创意水平和整体实力

（一）创意设计业。坚持注重创意创新、淡化行业界限、强调交互融合的大设计理念，不断提高创意设计能力，充分发挥创意设计对实体经济相关领域的促进作用。推动民族文化元素与现代设计有机结合，形成有中国文化特色的创意设计发展路径。促进创意设计与现代生产生活和消费需求对接，拓展大众消费市场，探索个性化定制服务。支持建设数个有国际影响力的“设计之都”。优化提升北京国际设计周、中国苏州文化创意设计产业交易博览会等专业会展，为创意设计推广、交易和交流合作提供平台。

（二）动漫、游戏业。扶持内容健康向上、富有创意的优秀原创动漫产品的创作、生产、传播和消费。组织评选好中国文化艺术政府奖动漫奖，继续实施国家动漫品牌建设和保护计划，加大对优秀动漫创意人才的扶持力度。推广手机（移动终端）动漫行业标准，鼓励面向新媒体渠道的动漫游戏创作。提高游戏产品的文化内涵，培育国产游戏知名品牌，增强游戏产业核心竞争力和国际影响力。加强网络游戏规范管理，积极引导行业和企业自律。办好中国国际动漫游戏博览会，建设最具影响力的专业化、国际化动漫游戏会展交易平台。

（三）演艺、娱乐业。通过政府购买服务、原创剧目补贴、以奖代补等方式，扶持演艺企业创作生产，增强面向市场服务群众的能力。加强舞美设计、舞台布景创意和舞台技术装备创新，丰富舞台艺术表现形式。鼓励演艺企业创作开发体现中华优秀文化、面向国际市场的演艺精品。加快演艺基础设施建设改造和文艺演出院线建设。支持开发具有民族文化特色、健康向上的原创娱乐产品和新兴娱乐方式，促进娱乐业与休闲产业结合。鼓励娱乐企业连锁经营，促进娱乐产品传播消费。

（四）艺术品业。支持多种艺术形式、艺术风格、艺术流派创新发展，鼓励创作更多思想性艺术性观赏性俱佳的艺术品。加强艺术品市场需求和消费趋势预测研究，促进艺术创作与市场需求对接、与生活结合。推动画廊业健康发展，扶持经纪代理制画廊等市场主体，引导、培育和建设艺术品一级市场。鼓励原创新媒体艺术发展。鼓励开发艺术衍生品和艺术授权产品，培育艺术品市场新增长点。鼓励有实力的艺术家积极开拓境外市场。加强对优秀青年艺术家的培育、宣传、推广服务。办好中国（北京）

艺术品产业博览会，搭建全国性、专业化、品牌化的艺术品产业交易交流平台。

（五）工艺美术业。坚持保护传承和创新发展相结合，发掘民族文化元素，突出地域特色，在保护多样性和独特性的基础上，促进工艺美术业全面健康发展。保护传承传统技艺，推动传统工艺美术产品融入现当代生活。在保护传承的基础上，支持开发新技术、新工艺、新产品，增加艺术含量和科技含量，提高产品附加值。强化品牌意识，培育一批有较高知名度的工艺美术品牌。

三、充分发挥文化创意和设计服务对相关产业发展的支持作用

（六）加强文化创意和设计服务与装备制造业、消费品工业对接。提升文化创意和设计服务企业服务装备制造的能力，支持基于新技术、新工艺、新设备、新材料的应用设计和文化内涵开发，进一步提升实用功能和审美性。推动在生活消费品制造中引入创意设计元素，提高附加值，引导消费升级。鼓励文化企业与制造企业深度合作，通过形象授权、限量复制、加盟制造、委托代理等形式开发文化衍生产品，推动文化创意和设计服务渗透到制造业产品生产、销售流通、宣传推广全过程。

（七）注重文化建设与人居环境相协调。鼓励文化创意和设计服务单位参与新型城镇化和新农村建设，强化创意设计理念，丰富文化元素，提升村镇规划和农村住宅、居民点建设水平，提升城乡居民宜居水平。强化文化传承创新，有效保护历史文化街区和历史建筑，提高城市公共空间和公共艺术的规划水平和设计品质，合理发展各类艺术园区，完善图书馆、文化馆、美术馆、博物馆等公共文化设施功能，提高展陈水平，努力使城市成为历史底蕴厚重、时代特色鲜明的人文空间。推进文化生态保护区建设，保持乡村原始风貌、文化特色和自然生态，保护有历史、艺术价值的传统村落和民居，建设各具特色的美丽乡村。鼓励装饰设计创新，突出文化内涵，创造舒适优美的个性化家居环境。

（八）加快文化与科技融合。促进文化与科技双向深度融合，依托高新技术增强文化产品的表现力、感染力、传播力，强化文化对信息产业的内容支撑和创意提升。通过国家文化科技提升计划和文化科技创新项目，研发一批具有自主知识产权的核心技术，推广一批高新技术成果，提升文化行业技术与装备水平。推动高新技术成果向文化领域的转化应用，加强对传统文化产业的技术改造，培育新兴文化业态。鼓励对舞台剧目、音乐、美术、文化遗产的数字化转化，支持开发适宜互联网、移动终端的数字文化产品。加强多媒体、动漫游戏软件开发，推动动漫游戏与虚拟仿真技术在相关产业中的集成应用。

（九）促进文化旅游融合发展。鼓励文化创意和设计服务进入旅游业，提升文化旅游产品开发和服务设计水平，促进发展特色文化旅游，促进发展参与式、体验式等新型业态。鼓励文化创意、演艺、工艺美术与旅游资源整合，开发具有地域特色和民族风情的旅游演艺精品和旅游商品。支持建设富有文化特色与内涵的休闲街区、特色村镇、旅游度假区，加快培育文化旅游精品。

（十）推动文化与特色农业有机结合。充分发挥文化在服务“三农”中的作用，鼓励文化创意和设计服务企业及个人工作室为乡村集体经济组织、专业合作社、农户开展多种形式的创意设计，提升农产品文化附加值，提高农业品牌的知名度。加强休闲农业与乡村旅游经营场所的创意设计，支持建设集农耕体验、田园观光、教育展示、文化创意于一体的休闲农业创意园。促进农业文化遗产的保护。

（十一）促进文化与体育产业融合发展。鼓励文化企业向体育领域拓展，支持发展体育竞赛表演、电子竞技、体育动漫等新业态。加强创意设计，提升体育用品及衍生产品附加值。丰富传统节庆活动内容，支持各地依托自然人文资源举办特色体育活动。

四、实施重要文化产业促进计划与工程

（十二）文化产业创业创意人才扶持计划。适应创业创意人才成果转化、市场推广的需要，通过加大资金投入、提供展示机会、扩大品牌影响，鼓励各类文化人才大胆创意、创造和创新，促进融合发展。制定人才选拔条件，5年内重点扶持5000名青年创业创意人才，建设创业创意人才库。以文化会展、画廊、竞技比赛等为平台，通过提供展示交易机会、奖励、补助等形式对创意人才予以支持。依托文化产业园区基地和各类支持平台，建设文化产业创业创意人才扶持计划实践基地。

（十三）成长型小微文化企业扶持计划。落实国家关于扶持小微企业发展的政策措施，引导和帮助各类小微文化企业增强盈利能力和发展后劲。发挥文化产业园区基地的孵化、服务功能，培育具有地方特色的小微文化企业和个人工作室，支持文化创意和设计服务企业向专、精、特、新发展，重点培育一批具有较强创意创新能力和发展潜力的中小微文化企业。

（十四）特色文化产业发展工程。以特色文化资源保护和合理利用为基础，鼓励各地不断推出特色鲜明的文化产品和服务，引导特色文化产业与建筑、园林、农业、体育、餐饮、服装、生活日用品等领域融合发展。合理规划、引导实施一批特色文化产业项目，支持建设一批文化特色鲜明、产业优势突出的特色文化产业示范区。建设有历史记忆、地域特色、民族特点的特色文化城镇和乡村。持续推进藏羌彝文化产业走廊建设，突出民族文化特色，推进文化与生态、旅游的融合发展，建成国际知名的文化旅游目的地和有示范效应的特色文化产业带。

（十五）数字文化产业发展工程。强化创新驱动，积极支持科研机构和企业加强数字文化产业关键技术研发、产业融合、商业模式创新和品牌培育。推动建立高技术服务业专项支持数字内容动漫游戏领域项目的长效机制。支持建立数字内容生产、转换、加工、投送平台，加强网络文化信息内容建设。加强数字文化产业人才培养和趋势研究工作。

（十六）文化产业投融资体系推进工程。发挥文化产业、金融、财政政策协同作用，深化文化金融合作，引导金融资本支持文化创意和设计服务发展。根据文化创意和设计服务企业特点和资产特性，创新文化金融服务体制机制，创新文化金融产品和服务。加大文化金融人才培训力度，提升文化创意和设计服务企业的投融资能力。推进文化金融合作改革试点工作，探索创建文化金融合作试验区。实施“文化金融扶持计划”，发挥财政对文化金融合作的引导带动作用。

（十七）文化产业园区基地提升工程。支持文化产业园区基地更好地发挥促进创意孵化、加强人才培养、推进产业融合、建设服务平台、培育文化品牌等功能，促其转型升级。依托国家级新区、现代服务业合作区、综合实验区、自由贸易区等，推进资源整合，支持建设数个高起点、规模化、代表国家水准和未来发展方向的文化产业园区。推进动态管理，完善退出机制，严格控制园区基地数量，提高发展水平。

五、落实支持政策和保障措施

（十八）落实相关经济政策。加快推进文化创意和设计服务企业认定标准制定和认定试点工作，确定企业创意设计费用税前扣除范围和标准，将《若干意见》提出的税收、土地、价格等优惠政策落到实处。经认定的文化创意和设计服务企业减按15%税率征收企业所得税，发生的职工教育经费支出不超过工资薪金总额8%的部分，准予在计算应纳税所得额时扣除。企业发生的符合条件的创意和设计费用执行税前加计扣除政策。推动落实文化创意和设计服务出口营业税免税政策。推动营业税改增值税试点有关政策在文化创意和设计服务领域落实。支持以划拨方式取得土地的单位利用存量房产、原有土地兴办文化创意和设计服务，并享受相关政策。推动落实文化创意和设计服务企业用水、用电、用气、用热与工业同价。推动落实对非物质文化遗产项目经营实行税收优惠政策。用好各类文化产业发展专项资金、投资基金，发挥财政资金杠杆作用，吸引社会资本广泛参与，促进文化创意和设计服务蓬勃发展。将文化创意和设计服务与相关产业融合纳入文化部文化金融合作工作框架、文化产业投融资服务体系的重点支持与服务范围。推动建立完善文化创意和设计服务企业无形资产评估体系，提高文化保险产品开发力度和服务水平。

（十九）营造创意创新环境。加强文化类知识产权运用和保护，促进知识产权转化和合理有效流通，加大对侵权行为的打击力度，健全创新创意激励保障机制。营造鼓励创新、宽容失败的文化创造环境，支持企业和个人加强产品研发和内容原创，推动文化内容、形式、手段创新。提高政府公共文化服务水平，发挥各类公共文化机构功能，培育公众文化创新创造意识。搭建各类文化交流平台，为文艺创作者、创意设计人才深入生活提供条件。积极推动创意社区建设。

（二十）加大人才培养力度。发挥高校院所、文化企业、园区基地、创业创意孵化器等各自优势，推进产学研用合作培养人才。实施重点文化设施经营管理人才培养计划，有效提升剧院、图书馆、博物馆、文化产业园区基地等各类文化设施经营管理水平。办好国家数字文化产业高级研修班、国家原创动漫高级研修班、西部文化产业经营管理人才培训班、文化产业投融资实务系列研修班，组织全国演艺企业经营管理人才进行分批次系统化轮训。鼓励依托工作室、文化名人、艺术大师，培养具有较强创意创新能力和国际视野的文化创意和设计服务人才。推动将非物质文化遗产传承人培养纳入职业教育体系，推动将学艺者纳入免费中等职业教育范畴，并提供资金补助、免费培训等扶持。规范和鼓励举办国际化、专业化的创意和设计竞赛活动，促进创意和设计人才创新成果展示交易。

（二十一）扩大市场需求。加强全民文化艺术教育，提高人文素养，提升文化消费水平。积极推进与相关部门对文化消费现状和发展规律研究，发布文化消费指数，引导文化消费。鼓励实施文化消费补贴制度，开展文化惠民活动，培育文化消费需求，扩大文化消费规模。结合公共文化服务体系建设，继续扩大各类文化产品和服务的政府采购。支持有条件的地区建设有特色、专业化的文化创意产品和设计服务的交易市场。鼓励文化创意和设计服务企业利用电子商务平台开展网络销售。

（二十二）加强公共服务。加强对文化创意和设计服务与相关产业融合发展的支撑，提高公共技术、资源信息、投资融资、交易展示、人才培养、交流合作等服务能力。完善创意创业服务体系，支持各类创意创业孵化器发展，促进创意成果转化和创业团队孵化。建设一批布局合理、功能完善、运营高效的文化产业技术服务平台。引导各类文化产业展会转型升级，提升其市场化、专业化、国际化水平。

（二十三）鼓励开拓境外市场。综合运用多种政策手段，对文化服务出口、境外投资、营销渠道建设、市场开拓、公共服务平台建设、文化贸易人才培养等方面给予支持。减少对文化出口的行政审批事项，简化手续，缩短时限。支持有条件的企业通过海外并购、联合经营、设立分支机构等方式开拓境外市场。加强对外文化贸易公共信息服务，及时发布国际文化市场动态和国际文化产业政策信息。在重点出口地区建立和完善创意设计产品出口服务平台，推动中国原创设计产品走入国际市场。支持文化创意和设计服务企业参加国际知名展会和文化活动。鼓励发展设计服务外包。鼓励文化创意和设计服务企业通过文化交流、项目合作等方式，积极参与国际交流合作。

六、加强组织实施

各级文化行政部门要认真学习、深刻认识《若干意见》的重大意义，领会精神实质，按照本实施意见要求，在党委、政府的领导下，统一思想，提高认识，把文化创意和设计服务与相关产业融合发展列入重要议事日程，结合本地区实际制定配套政策措施，创造性地抓好组织实施。要主动加强与发展改革、财政、教育、科技、土地、税务、金融等部门的沟通协调，把各项政策措施落到实处。推进文化产业促进立法进程。充分发挥各级各类文化产业协（学、商）会、中介组织、研究机构等在提供政策咨询、加强行业自律、促进行业发展、维护企业合法权益、制定行业标准等方面的重要作用。

文化部

2014 年 3 月 20 日

【国务院关于加快发展生产性服务业促进产业结构调整升级的指导意见】

（国发〔2014〕26号）

各省、自治区、直辖市人民政府，国务院各部委、各直属机构：

国务院高度重视服务业发展。近年来陆续出台了家庭、养老、健康、文化创意等生活性服务业发展指导意见，服务供给规模和质量水平明显提高。与此同时，生产性服务业发展相对滞后、水平不高、结构不合理等问题突出，亟待加快发展。生产性服务业涉及农业、工业等产业的多个环节，具有专业性强、创新活跃、产业融合度高、带动作用显著等特点，是全球产业竞争的战略制高点。加快发展生产性服务业，是向结构调整要动力、促进经济稳定增长的重大措施，既可以有效激发内需潜力、带动扩大社会就业、持续改善人民生活，也有利于引领产业向价值链高端提升。为加快重点领域生产性服务业发展，进一步推动产业结构调整升级，现提出以下意见：

一、总体要求

（一）指导思想。

以邓小平理论、“三个代表”重要思想、科学发展观为指导，深入贯彻党的十八大和十八届二中、三中全会精神，全面落实党中央、国务院各项决策部署，科学规划布局，放宽市场准入，完善行业标准，创造环境条件，加快生产性服务业创新发展，实现服务业与农业、工业等在更高水平上有机融合，推动我国产业结构优化调整，促进经济提质增效升级。

（二）基本原则。

坚持市场主导。处理好政府和市场的关系，使市场在资源配置中起决定性作用和更好发挥政府作用，鼓励和支持各种所有制企业根据市场需求，积极发展生产性服务业。

坚持突出重点。以显著提升产业发展整体素质和产品附加值为重点，围绕全产业链的整合优化，充分发挥生产性服务业在研发设计、流程优化、市场营销、物流配送、节能降耗等方面的引领带动作用。

坚持创新驱动。建立与国际接轨的专业化生产性服务业体系，推动云计算、大数据、物联网等在生产性服务业的应用，鼓励企业开展科技创新、产品创新、管理创新、市场创新和商业模式创新，发展新兴生产性服务业态。

坚持集聚发展。适应中国特色新型工业化、信息化、城镇化、农业现代化发展趋势，深入实施区域发展总体战略和主体功能区战略，因地制宜引导生产性服务业在中心城市、制造业集中区域、现代农业产业基地以及有条件的城镇等区域集聚，实现规模效益和特色发展。

二、发展导向

以产业转型升级需求为导向，进一步加快生产性服务业发展，引导企业进一步打破“大而全”“小而全”的格局，分离和外包非核心业务，向价值链高端延伸，促进我国产业逐步由生产制造型向生产服务型转变。

（一）鼓励企业向价值链高端发展。

鼓励农业企业和涉农服务机构重点围绕提高科技创新和推广应用能力，加快推进现代种业发展，完善农副产品流通体系。鼓励有能力的工业企业重点围绕提高研发创新和系统集成能力，发展市场调研、产品设计、技术开发、工程总包和系统控制等业务。加快发展专业化设计及相关定制、加工服务，建立健全重大技术装备第三方认证制度。促进专利技术运用和创新成果转化，健全研发设计、试验验证、运行维护和技术产品标准等体系。重点围绕市场营销和品牌服务，发展现代销售体系，增强产业链上下游企业协同能力。强化期货、现货交易平台功能。鼓励分期付款等消费金融服务方式。推进仓储物流、维修维护和回收利用等专业服务的发展。

（二）推进农业生产和工业制造现代化。

搭建各类农业生产服务平台，加强政策法律咨询、市场信息、病虫害防治、测土配方施肥、种养过程监控等服务。健全农业生产资料配送网络，鼓励开展农机跨区作业、承包作业、机具租赁和维修服务。推进面向产业集群和中小企业的基础工艺、基础材料、基础元器件研发和系统集成以及生产、检测、计量等专业化公共服务平台建设，鼓励开展工程项目、工业设计、产品技术研发和检验检测、工艺诊断、流程优化再造、技能培训等服务外包，整合优化生产服务系统。发展技术支持和设备监理、保养、维修、改造、备品备件等专业化服务，提高设备运行质量。鼓励制造业与相关产业协同处置工业“三废”及社会废弃物，发展节能减排投融资、清洁生产审核及咨询等节能环保服务。

（三）加快生产制造与信息技术服务融合。

支持农业生产的信息技术服务创新和应用，发展农作物良种繁育、农业生产动态监测、环境监控等信息技术服务，建立健全农产品质量安全可追溯体系。鼓励将数字技术和智能制造技术广泛应用于产品设计和制造过程，丰富产品功能，提高产品性能。运用互联网、大数据等信息技术，积极发展定制生产，满足多样化、个性化消费需求。促进智能终端与应用服务相融合、数字产品与内容服务相结合，推动产品创新，拓展服务领域。发展服务于产业集群的电子商务、数字内容、数据托管、技术推广、管理咨询等服务平台，提高资源配置效率。

三、主要任务

现阶段，我国生产性服务业重点发展研发设计、第三方物流、融资租赁、信息技术服务、节能环保服务、检验检测认证、电子商务、商务咨询、服务外包、售后服务、人力资源服务和品牌建设。

（一）研发设计。

积极开展研发设计服务，加强新材料、新产品、新工艺的研发和推广应用。大力发展工业设计，培育企业品牌、丰富产品品种、提高附加值。促进工业设计向高端综合设计服务转变。支持研发体现中国文化要素的设计产品。整合现有资源，发挥企业创新主体作用，推进产学研用合作，加快创新成果产业化步伐。鼓励建立专业化、开放型的工业设计企业和工业设计服务中心，促进工业企业与工业设计企业合作。完善知识产权交易和中介服务体系，发展研发设计交易市场。开展面向生产性服务业企业的知识产权培训、专利运营、分析评议、专利代理和专利预警等服务。建立主要由市场评价创新成果的机制，加快研发设计创新转化为现实生产力。

（二）第三方物流。

优化物流企业供应链管理服务，提高物流企业配送的信息化、智能化、精准化水平，推广企业零库存管理等现代企业管理模式。加强核心技术开发，发展连锁配送等现代经营方式，重点推进云计算、物联网、北斗导航及地理信息等技术在物流智能化管理方面的应用。引导企业剥离物流业务，积极发展专业化、社会化的大型物流企业。完善物流建设和服务标准，引导物流设施资源集聚集约发展，培育一批具有较强服务能力的生产服务型物流园区和配送中心。加强综合性、专业性物流公共信息平台和货物配载中心建设，衔接货物信息，匹配运载工具，提高物流企业运输工具利用效率，降低运输车辆空驶率。提高物流行业标准化设施、设备和器具应用水平以及托盘标准化水平。继续推进制造业与物流业联动发展示范工作和快递服务制造业工作，加强仓储、冷链物流服务。大力发展铁水联运、江海直达、滚装运输、道路货物甩挂运输等运输方式，推进货运汽车（挂车）、列车标准国际化。优化城市配送网络，鼓励统一配送和共同配送。推动城市配送车辆标准化、标识化，建立健全配送车辆运力调控机制，完善配送车辆便利通行措施。在关系民生的农产品、药品、快速消费品等重点领域开展标准化托盘循环共用示范试点。完善农村物流服务体系，加强产销衔接，扩大农超对接规模，加快农产品批发和零售市场改造升级，拓展农产品加工服务。

（三）融资租赁。

建立完善融资租赁业运营服务和管理信息系统，丰富租赁方式，提升专业水平，形成融资渠道多样、集约发展、监管有效、法律体系健全的融资租赁服务体系。大力推广大型制造设备、施工设备、运输工具、生产线等融资租赁服务，鼓励融资租赁企业支持中小微企业发展。引导企业利用融资租赁方式，进行设备更新和技术改造。鼓励采用融资租赁方式开拓国际市场。紧密联系产业需求，积极开展租赁业务创新和制度创新，拓展厂商租赁的业务范围。引导租赁服务企业加强与商业银行、保险、信托等金融机构合作，充分利用境外资金，多渠道拓展融资空间，实现规模化经营。建设程序标准化、管理规范化、运转高效的租赁物与二手设备流通市场，建立和完善租赁物公示、查询系统和融资租赁资产退出机制。加快研究制定融资租赁行业的法律法规。充分发挥行业协会作用，加强信用体系建设和行业自律。建立系统性行业风险防范机制，以及融资租赁业统计制度和评价指标体系。

（四）信息技术服务。

发展涉及网络新应用的信息技术服务，积极运用云计算、物联网等信息技术，推动制造业的智能化、柔性化和服务化，促进定制生产等模式创新发展。加快面向工业重点行业的知识库建设，创新面向专业领域的信息服务方式，提升服务能力。加强相关软件研发，提高信息技术咨询设计、集成实施、运行维护、测试评估和信息安全服务水平，面向工业行业应用提供系统解决方案，促进工业生产业务流程再造和优化。推动工业企业与软件提供商、信息服务提供商联合提升企业生产经营管理全过程的数字化水平。支持工业企业所属信息服务机构面向行业和社会提供专业化服务。加快农村互联网基础设施建设，推进信息进村入户。

（五）节能环保服务。

健全节能环保法规和标准体系，增强节能环保指标的刚性约束，严格落实奖惩措施。大力发展节能减排投融资、能源审计、清洁生产审核、工程咨询、节能环保产品认证、节能评估等第三方节能环保服务体系。规范引导建材、冶金、能源企业协同开展城市及产业废弃物的资源化处理，建立交易市场。鼓励结合改善环境质量和治理污染的需要，开展环保服务活动。发展系统设计、成套设备、工程施工、调试运行和维护管理等环保服务总承包。鼓励大型重点用能单位依托自身技术优势和管理经验，开展专业化节能环保服务。推广合同能源管理，建设“一站式”合同能源管理综合服务平台，积极探索节能量市场化交易。建设再生资源回收体系和废弃物逆向物流交易平台。积极发展再制造专业技术服务，建立再制造旧件回收、产品营销、溯源等信息化管理系统。推行环境污染第三方治理。

（六）检验检测认证。

加快发展第三方检验检测认证服务，鼓励不同所有制检验检测认证机构平等参与市场竞争，不断增强权威性和公信力，为提高产品质量提供有力的支持保障服务。加强计量、检测技术、检测装备研发等基础能力建设，发展面向设计开发、生产制造、售后服务全过程的分析、测试、计量、检验等服务。建设一批国家产业计量测试中心，构建国家产业计量测试服务体系。加强先进重大装备、新材料、新能源汽车等领域的第三方检验检测服务，加快发展药品检验检测、医疗器械检验、进出口检验检疫、农产品质量安全检验检测、食品安全检验检测等服务，发展在线检测，完善检验检测认证服务体系。开拓电子商务等服务认证领域。优化资源配置，引导检验检测认证机构集聚发展，推进整合业务相同或相近的检验检测认证机构。积极参与制定国际检验检测标准，开展检验检测认证结果和技术能力国际互认。培育一批技术能力强、服务水平高、规模效益好、具有一定国际影响力的检验检测认证集团。加大生产性服务业标准的推广应用力度，深化国家级服务业标准化试点。

（七）电子商务。

深化大中型企业电子商务应用，促进大宗原材料网上交易、工业产品网上定制、上下游关联企业业务协同发展，创新组织结构和经营模式。引导小微企业依托第三方电子商务服务平台开展业务。抓紧研究制定鼓励电子商务创新发展的意见。深化电子商务服务集成创新。加快并规范集交易、电子认证、在线支付、物流、信用评估等服务于一体的第三方电子商务综合服务平台发展。加快推进适应电子合同、电子发票和电子签名发展的制度建设。建设开放式电子商务快递配送信息平台和社会化仓储设施网络，加快布局、规范建设快件处理中心和航空、陆运集散中心。鼓励对现有商业设施、邮政便民服务设施等的整合利用，加强共同配送末端网点建设，推动社区商业电子商务发展。深入推进国家电子商务示范城市、示范基地和示范企业建设，发展电子商务可信交易保障、交易纠纷处理等服务。建立健全促进电子商务发展的工作保障机制。加强网络基础设施建设和电子商务信用体系、统计监测体系建设，不断完善电子商务标准体系和快递服务质量评价体系。推进农村电子商务发展，积极培育农产品电子商务，鼓励网上购销对接等多种交易方式。支持面向跨境贸易的多语种电子商务平台建设、服务创新和应用推广。积极发展移动电子商务，推动移动电子商务应用向工业生产经营和生产性服务业领域延伸。

（八）商务咨询。

提升商务咨询服务专业化、规模化、网络化水平。引导商务咨询企业以促进产业转型升级为重点，大力发展战略规划、营销策划、市场调查、管理咨询等提升产业发展素质的咨询服务，积极发展资产评估、会计、审计、税务、勘察设计、工程咨询等专业咨询服务。发展信息技术咨询服务，开展咨询设计、集成实施、运行维护、测试评估、应用系统解决方案和信息安全服务。加强知识产权咨询服务，发展检索、分析、数据加工等基础服务，培育知识产权转化、投融资等市场化服务。重视培育品牌和商誉，发展无形资产、信用等评估服务。抓紧研究制定咨询服务业发展指导意见。依法健全商务咨询服务的职业评价制度和信用管理体系，加强执业培训和行业自律。开展多种形式的国际合作，推动商务咨询服务国际化发展。

（九）服务外包。

把握全球服务外包发展新趋势，积极承接国际离岸服务外包业务，大力培育在岸服务外包市场。抓紧研究制定在岸与离岸服务外包协调发展政策。适应生产性服务业社会化、专业化发展要求，鼓励服务外包，促进企业突出核心业务、优化生产流程、创新组织结构、提高质量和效率。引导社会资本积极发展信息技术外包、业务流程外包和知识流程外包服务业务，为产业转型升级提供支撑。鼓励政府机构和事业单位购买专业化服务，加强管理创新。支持企业购买专业化服务，构建数字化服务平台，实现包括产品设计、工艺流程、生产规划、生产制造和售后服务在内的全过程管理。

（十）售后服务。

鼓励企业将售后服务作为开拓市场、提高竞争力的重要途径，增强服务功能，健全服务网络，提升服务质量，完善服务体系。完善产品“三包”制度，推动发展产品配送、安装调试、以旧换新等售后服务，积极运用互联网、物联网、大数据等信息技术，发展远程检测诊断、运营维护、技术支持等售后服务新业态。大力发展专业维护维修服务，加快技术研发与应用，促进维护维修服务业务和服务模式创新，鼓励开展设备监理、维护、修理和运行等全生命周期服务。积极发展专业化、社会化的第三方维护维修服务，支持具备条件的工业企业内设机构向专业维护维修公司转变。完善售后服务标准，加强售后服务专业队伍建设，健全售后服务认证制度和质量监测体系，不断提高用户满意度。

（十一）人力资源服务和品牌建设。

以产业引导、政策扶持和环境营造为重点，推进人力资源服务创新，大力开发能满足不同层次、不同群体需求的各类人力资源服务产品。提高人力资源服务水平，促进人力资源服务供求对接，引导各类企业通过专业化的人力资源服务提升人力资源管理开发和使用水平，提升劳动者素质和人力资源配置效率。加快形成一批具有国际竞争力的综合型、专业型人力资源服务机构。统筹利用高等院校、科研院所、职业院校、社会培训机构和企业等各种培训资源，强化生产性服务业所需的创新型、应用型、复合型、技术技能型人才开发培训。加快推广中关村科技园区股权激励试点经验，调动科研人员创新进取的积极性。营造尊重人才、有利于优秀人才脱颖而出和充分发挥作用的社会环境。鼓励具有自主知识产权的知识创新、技术创新和模式创新，积极创建知名品牌，增强独特文化特质，以品牌引领消费，带动生产制造，推动形成具有中国特色的品牌价值评价机制。

四、政策措施

从深化改革开放、完善财税政策、强化金融创新、有效供给土地、健全价格机制和加强基础工作等方面，为生产性服务业发展创造良好环境，最大限度地激发企业和市场活力。

（一）进一步扩大开放。

进一步放开生产性服务业领域市场准入，营造公平竞争环境，不得对社会资本设置歧视性障碍，鼓励社会资本以多种方式发展生产性服务业。进一步减少生产性服务业重点领域前置审批和资质认定项目，由先证后照改为先照后证，加快落实注册资本认缴登记制。允许社会资本参与应用型技术研发机构市场化改革。鼓励社会资本参与国家服务业综合改革试点。

引导外资企业来华设立生产性服务业企业、各类功能性总部和分支机构、研发中心、营运基地等。统一内外资法律法规，推进生产性服务业领域有序开放，放开建筑设计、会计审计、商贸物流、电子商务等服务业领域外资准入限制。加快研究制定服务业进一步扩大开放的政策措施，对已经明确的扩大开放要求，要抓紧落实配套措施。探索对外商投资实行准入前国民待遇加负面清单的管理模式。发挥中国（上海）自由贸易试验区在服务业领域先行先试的作用。加强与香港、澳门、台湾地区的服务业合作，加快推进深圳前海、珠海横琴、广州南沙与港澳地区，福建厦门、平潭和江苏昆山与台湾地区的服务业合作试点。

鼓励有条件的企业依托现有产品贸易优势，在境外设立分支机构，大力拓展生产性服务业发展空间。简化境外投资审批程序，进一步提高生产性服务业境外投资的便利化程度。鼓励企业利用电子商务开拓国际营销渠道，积极研究为符合条件的电子商务企业、快递企业提供便利通关措施。加快跨境电子商务通关试点建设。鼓励设立境外投资贸易服务机构，做好境外投资需求的规模、领域和国别研究，提供对外投资准确信息，为企业“走出去”提供咨询服务。

（二）完善财税政策。

尽快将营业税改征增值税试点扩大到服务业全领域。根据生产性服务业产业融合度高的特点，完善促进生产性服务业的税收政策。研发设计、检验检测认证、节能环保等科技型、创新型生产性服务业企业，可申请认定为高新技术企业，享受15%的企业所得税优惠税率。研究适时扩大生产性服务业服务产品出口退税政策范围，制定产品退税目录和具体管理办法。

中央财政和地方财政在各自事权和支出责任范围内，重点支持公共基础设施、市场诚信体系、标准体系建设以及公共服务平台等服务业发展薄弱环节建设，探索完善财政资金投入方式，提高资金使用效率，推动建立统一开放、规范竞争的服务业市场体系。鼓励开发区、产业集群、现代农业产业基地、服务业集聚区和发展示范区积极建设重大服务平台。积极研究自主创新产品首次应用政策，增加对研发设计成果应用的支持。完善政府采购办法，逐步加大政府向社会力量购买服务的力度，凡适合社会力量承担的，都可以通过委托、承包、采购等方式交给社会力量承担。研究并制定政府向社会力量购买服务的指导性目录，明确政府购买的服务种类、性质和内容。

（三）创新金融服务。

鼓励商业银行按照风险可控、商业可持续原则，开发适合生产性服务业特点的各类金融产品和服务，积极发展商圈融资、供应链融资等融资方式。支持节能环保服务项目以预期收益质押获得贷款。研究制定利用知识产权质押、仓单质押、信用保险保单质押、股权质押、商业保理等多种方式融资的可行措施。建立生产性服务业重点领域企业信贷风险补偿机制。完善动产抵（质）押登记公示体系，建立健全动产押品管理公司监管制度。支持符合条件的生产性服务业企业通过银行间债券市场发行非金融企业债务融资工具融资，拓宽企业融资渠道。支持商业银行发行专项金融债券，服务小微企业。根据研发、设计、应用的阶段特征和需求，建立完善相应的融资支持体系和产品。搭建方便快捷的融资平台，支持符合条件的生产性服务业企业上市融资、发行债券。对符合条件的中小企业信用担保机构提供担保服务实行免征营业税政策。鼓励融资性担保机构扩大生产性服务业企业担保业务规模。

（四）完善土地和价格政策。

合理安排生产性服务业用地，促进节约集约发展。鼓励工业企业利用自有工业用地兴办促进企业转型升级的自营生产性服务业，经依法批准，对提高自有工业用地容积率用于自营生产性服务业的工业企业，可按新用途办理相关手续。选择具备条件的城市和国家服务业综合改革试点区域，鼓励通过对城镇低效用地的改造发展生产性服务业。加强对服务业发展示范区促进生产性服务业发展与土地利用工作的协同指导。

建立完善主要以市场决定价格的生产性服务业价格形成机制，规范服务价格。建立科学合理的生产性服务业企业贷款定价机制，加大对生产性服务业重点领域企业的支持力度。加快落实生产性服务业用电、用水、用气与工业同价。对工业企业分离出的非核心业务，在水、气方面实行与原企业相同的价格政策。符合条件的生产性服务业重点领域企业，可申请参与电力用户与发电企业直接交易试点。加强对生产性服务业重点领域违规收费项目的清理和监督检查。

（五）加强知识产权保护和人才队伍建设。

鼓励生产性服务业企业创造自主知识产权，加强对服务模式、服务内容等创新的保护。加快数字版权保护技术研发，推进国家版权监管平台建设。扩大知识产权基础信息资源共享范围，促进知识产权协同创新。加强知识产权执法，加大对侵犯知识产权和制售假冒伪劣商品的打击力度，维护市场秩序，保护创新积极性。加强政府引导，及时发布各类人才需求导向等信息。支持生产性服务业创新团队培养，建立创新发展服务平台。研究促进设计、创意人才队伍建设的措施办法，鼓励创新型人才发展。建设大型专业人才服务平台，增强人才供需衔接。

（六）建立健全统计制度。

以国民经济行业分类为基础，抓紧研究制定生产性服务业及重点领域统计分类，完善相关统计制度和指标体系，明确各有关部门相关统计任务。建立健全有关部门信息共享机制，逐步形成年度、季度信息发布机制。

各地区、各部门要充分认识发展生产性服务业的重大意义，把加快发展生产性服务业作为转变经济发展方式、调整产业结构的重要任务，采取有力措施，确保各项政策落到实处、见到实效。地方各级人民政府要加强组织领导，结合本地实际进一步研究制定扶持生产性服务业发展的政策措施。国务院各有关部门要密切协作配合，抓紧制定各项配套政策和落实政策措施分工的具体措施，营造促进生产性服务业发展的良好环境。发展改革委要加强统筹协调，会同有关部门对本意见落实情况进行督促检查和跟踪分析，每半年向国务院报告一次落实情况，重大问题及时报告。

在推进生产性服务业加快发展的同时，要围绕人民群众的迫切需要，继续大力发展生活性服务业，落实和完善生活性服务业支持政策，拓展新领域，不断丰富健康、家庭、养老等服务产品供给；发展新业态，不断提高网络购物、远程教育、旅游等服务层次水平；培育新热点，不断扩大文化创意、数字家庭、信息消费等消费市场规模，做到生产性服务业与生活性服务业并重、现代服务业与传统服务业并举，切实把服务业打造成经济社会可持续发展的新引擎。

附件：政策措施分工表

国务院

2014 年 7 月 28 日

附件：

政策措施分工表

序号	工作任务	负责部门
1	进一步放开生产性服务业领域市场准入，营造公平竞争环境，不得对社会资本设置歧视性障碍，鼓励社会资本以多种方式发展生产性服务业	发展改革委、商务部会同有关部门
2	进一步减少生产性服务业重点领域前置审批和资质认定项目，由先证后照改为先照后证，加快落实注册资本认缴登记制	工商总局、中央编办会同有关部门
3	加快研究制定服务业进一步扩大开放的政策措施，对已经明确的扩大开放要求，要抓紧落实配套措施	发展改革委、商务部会同有关部门
4	进一步提高生产性服务业境外投资的便利化程度	发展改革委、商务部会同有关部门
5	加快跨境电子商务通关试点建设	海关总署、发展改革委、商务部、质检总局会同有关部门
6	尽快将营业税改征增值税试点扩大到服务业全领域。根据生产性服务业产业融合度高的特点，完善促进生产性服务业的税收政策	财政部、税务总局
7	研究适时扩大生产性服务业服务产品出口退税政策范围，制定产品退税目录和具体管理办法	财政部、税务总局、发展改革委
8	完善政府采购办法，逐步加大政府向社会力量购买服务的力度，凡适合社会力量承担的，都可以通过委托、承包、采购等方式交给社会力量承担。研究制定政府向社会力量购买服务的指导性目录，明确政府购买的服务种类、性质和内容	财政部
9	研究制定利用知识产权质押、仓单质押、信用保险保单质押、股权质押、商业保理等多种方式融资的可行措施	人民银行、银监会、财政部、保监会、知识产权局、版权局、商务部、工商总局等
10	支持符合条件的生产性服务业企业上市融资、发行债券	证监会、发展改革委、人民银行
11	鼓励融资性担保机构扩大生产性服务业企业担保业务规模	银监会、发展改革委、工业和信息化部、财政部等
12	鼓励工业企业利用自有工业用地兴办促进企业转型升级的自营生产性服务业，经依法批准，对提高自有工业用地容积率用于自营生产性服务业的工业企业，可按新用途办理相关手续	发展改革委、工业和信息化部、住房城乡建设部、国土资源部
13	选择具备条件的城市和国家服务业综合改革试点区域，鼓励通过对城镇低效用地的改造发展生产性服务业。加强对服务业发展示范区促进生产性服务业发展与土地利用工作的协同指导	国土资源部、住房城乡建设部、发展改革委
14	支持生产性服务业创新团队培养	发展改革委、人力资源社会保障部
15	抓紧研究制定生产性服务业及重点领域统计分类，完善相关统计制度和指标体系，明确各有关部门相关统计任务。建立健全有关部门信息共享机制，逐步形成年度、季度信息发布机制	统计局、发展改革委、工业和信息化部会同有关部门

【关于推动特色文化产业发展的指导意见】
（文产发［2014］28号）

各省、自治区、直辖市文化厅（局）、财政厅（局），新疆生产建设兵团文化广播电视局、财务局，各计划单列市文化局、财政局：

特色文化产业是指依托各地独特的文化资源，通过创意转化、科技提升和市场运作，提供具有鲜明区域特点和民族特色的文化产品和服务的产业形态。发展特色文化产业对深入挖掘和阐发中华优秀传统文化的时代价值、培育和弘扬社会主义核心价值观、优化文化产业布局、推动区域经济社会发展、促进社会和谐、加快经济转型升级和新型城镇化建设，发挥文化育民、乐民、富民作用，具有重要意义。近年来，我国特色文化产业发展势头良好，但还存在产业基础薄弱、市场化程度不高、知名品牌较少、高端创意和管理人才不足等问题。为贯彻落实党的十七届六中全会关于发展特色文化产业、国务院关于推进文化创意和设计服务与相关产业融合发展的精神，加快实施《国家“十二五”时期文化改革发展规划纲要》，推动特色文化产业健康快速发展，特制定本意见。

一、总体要求

（一）基本原则

传承文化，科学发展。坚持古为今用、推陈出新，努力实现中华优秀传统文化的创造性转化、创新性发展。在产业发展尤其是特色街区、特色村镇、园区基地建设中，注重保护乡村原始风貌、文化特色和自然生态，突出传统特点，不搞大拆大建，不拆真建假，不毁坏古迹和历史记忆。

因地制宜，突出特色。立足各地特色文化资源和区域功能定位，发挥比较优势，明确发展重点，把文化资源优势转变为产业优势，构建具有鲜明区域和民族特色的文化产业体系，促进多样化、差异化发展。

创意引领，跨界融合。加强创意设计，打破行业和地区壁垒，促进特色文化资源与现代消费需求有效对接，加快特色文化产业与旅游等相关产业融合发展，提升产品品质，丰富产品形态，延伸产业链条，拓展特色文化产业发展空间。

市场运作，政府扶持。坚持企业主体、市场运作，更好地发挥政府的引导、扶持职能，完善政策措施，健全市场体系，优化发展环境，提升特色文化产业创新能力和发展活力。

（二）主要目标

到2020年，基本建立特色鲜明、重点突出、布局合理、链条完整、效益显著的特色文化产业发展格局，形成若干在全国有重要影响力的特色文化产业带，建设一批典型带动作用明显的特色文化产业示范区和示范乡镇，培育一大批充满活力的各类特色文化市场主体，形成一批具有核心竞争力的特色文化企业、产品和品牌。特色文化资源得到有效保护和合理利用，特色文化产业产值明显增加，吸纳就业能力大幅提高，产品和服务更加丰富，在促进地方经济发展、推动城镇化建设、提高生活品质、复兴优秀传统文化、提升文化软实力等方面作用更加凸显。

二、主要任务

（一）发展重点领域。鼓励各地发展工艺品、演艺娱乐、文化旅游、特色节庆、特色展览等特色文化产业。工艺品业要在保护多样性和独特性的基础上，坚持继承和创新相结合，促进特色文化元素、传统工艺技艺与创意设计、现代科技、时代元素相结合。演艺娱乐业要鼓励内容和形式创新，创作文化内涵丰富、适应市场需求的地域和民族特色演艺精品，支持发展集演艺、休闲、旅游、餐饮、购物等于一体的综合娱乐设施。文化旅游业要开发具有地域特色和民族风情的旅游产品，促进由单纯观光型向参与式、体验式等新型业态转变。特色节庆业要发掘各地传统节庆文化内涵，提升新兴节庆文化品质，形成一批参与度高、影响力大、社会效益和经济效益好的节庆品牌。特色展览业要依托各地文化资源，突出本地特色，实现市场化、专业化、品牌化发展。引导特色文化产业与建筑、园林、农业、体育、餐饮、服装、生活日用品等领域融合发展，培育新的产品类型和新兴业态。

（二）发展区域性特色文化产业带。加强对地缘相近、文脉相承区域的统筹协调，鼓励发展优势互补、相互促进的特色文化产业带。发挥现有区域合作框架作用，建立和完善特色文化产业区域合作机制，加强整体规划，围绕重点产业和重点项目，推动产业要素有效配置，促进区域特色文化产业协同发展。按照国家建设“丝绸之路经济带”总体部署，依托丝绸之路沿线丰富的文化资源，调动各方力量，推动丝绸之路文化产业带建设。持续推进藏羌彝文化产业走廊建设，合理规划、引导实施一批特色文化产业项目，突出民族文化特色，推进文化与生态、旅游的融合发展，建成国际知名的文化旅游目的地和有示范效应的特色文化产业带。促进南水北调工程景观与周边生态、文化、旅游资源有机融合，加快建设南水北调工程文化旅游产业带。

（三）建设特色文化产业示范区。加强规划引导、典型示范，鼓励各地结合当地文化特色不断推出优秀文化产品和服务，形成各具特色的文化产业发展格局，建设一批文化特色鲜明、产业优势突出的特色文化产业示范区。对投入力度大、工作取得明显成效的示范区予以重点扶持，充分调动地方政府积极性，引导各地深入研究评估当地可供产业开发的特色文化资源，提出资源利用和转化规划，推动特色文化产业有序集聚，形成一批集聚效应明显、孵化功能突出的特色文化产业基地、园区和集群。通过特色文化产业示范区的示范辐射作用，带动全国范围内特色文化产业创新发展，不断增强区域文化产业发展的核心竞争力，提升区域文化品格，打造地方文化名片。

（四）打造特色文化城镇和乡村。将特色文化产业发展纳入新型城镇化建设规划，延续城市历史文脉，承载文化记忆和乡愁，建设有历史记忆、地域特色、民族特点的特色文化城镇和乡村。明确城市文化定位和文化产业发展重点，把特色文化产业项目与城市景观风貌、功能布局紧密融合，形成地域特色，避免千城一面。突出传统特点，彰显文化特色，保护历史文化名镇名村和乡村原始风貌、自然生态，鼓励文化资源丰富的村镇因地制宜发展特色文化产业，建设一批文化特点鲜明和主导产业突出的特色文化产业示范乡镇、特色文化街区、特色文化乡村，促进城镇居民、农业转移人口和农民就业增收。

（五）健全各类特色文化市场主体。培育和引进特色文化骨干企业，发挥其在创意研发、品牌培育、渠道建设、市场推广等方面的龙头作用，带动区域特色文化产业发展。打破地区、行业分割，主动开放市场，鼓励外地企业到本地投资发展特色文化产业，鼓励其他行业企业和民间资本通过多种形式进入特色文化产业，把引入外部资源和做强做优本地企业有机结合。鼓励各类合作社、协作体和产业联盟在整合资源、搭建平台等方面发挥积极作用。扶持各类小微特色文化企业和创业个人，支持个体创作者、工作室等特色文化产业主体发展。

（六）培育特色文化品牌。支持各地实施“一地（县、镇、村）一品”战略，形成一批具有较强影响力和市场竞争力的产品品牌。发挥有代表性的民间手工艺人、工艺美术大师和文化名人在培育特色文化品牌中的作用。建立特色文化品牌认证和发布机制，加强宣传推广，完善传统工艺、技艺的认定保护机制，鼓励挖掘、保护、发展中华老字号等民间特色传统技艺和服务理念，鼓励特色文化企业申报原产地标记，加大知识产权的保护利用力度。

（七）促进特色文化产品交易。完善特色文化产品营销体系，创新营销理念，发展电子商务、物流配送、连锁经营等现代流通组织和流通形式，依托社交媒体等网络平台，拓展大众消费市场，探索个性化定制服务。支持特色文化产品参加各类文化产业展会，鼓励有条件的展会设立特色文化产品展示专区，支持西部地区、民族地区特色文化产品和服务参展。鼓励“公司 + 农户”经营模式发展，引导一家一户式的传统销售向代理、品牌授权等现代营销转变。借助社会组织、专业机构的营销渠道与营销经验，扩大特色文化产品销售。提升各类交易平台的信息化和网络化水平，促进特色文化产品和服务交易。

三、保障措施

（一）加大财税金融扶持。加大财政对特色文化产业发展的支持力度，把特色文化产业发展工程纳入中央财政文化产业发展专项资金扶持范围，分步实施、逐年推进。充分发挥财政资金杠杆作用，重点支持具有地域特色和民族风情的民族工艺品创意设计、文化旅游开发、演艺剧目制作、特色文化资源向现代文化产品转化和特色文化品牌推广，支持丝绸之路文化产业带、藏羌彝文化产业走廊建设。认真落实国家扶持文化产业发展的各项税收政策，加强税收政策跟踪问效。利用文化部与相关金融机构部行合作机制、文化产业投融资公共服务平台，加强对特色文化企业的投融资支持与服务。

（二）强化人才支撑。以培养高技能人才和高端文化创意、经营管理人才为重点，加大对特色文化产业人才的培养和扶持。探索与知名培训机构、专业院校、科研院所建立人才共同培养机制，办好西部文化产业经营管理人才培训班、文化产业投融资实务系列研修班。通过资金补助、师资支持等多种形式，支持各地开展特色文化产业人才培训。依托工作室、文化名人、艺术大师，促进人才培养和传统技艺传承。加强对非物质文化遗产传承人和学艺者的培训，着重提高其创新创意能力。积极将特色文化产业人才培养纳入各级政府人才发展规划和工作计划。

（三）建立重点项目库。按照自愿申报、动态管理、重点扶持的原则，依托国家文化产业项目服务平台，面向全国征集具有示范性和带动性的特色文化产业重点项目，加强对重点项目的组织、管理、协调、支持和服务。广泛吸引社会资本参与建设，拓宽特色文化产业重点项目投融资、交易、合作渠道。优先支持符合条件的重点项目享受中央财政文化产业发展专项资金项目补助、保费补贴、贷款贴息、绩效奖励等扶持。

（四）支持拓展境外市场。综合运用多种政策手段，对特色文化产品和服务出口、境外投资、营销渠道建设、市场开拓等方面给予支持。加强对外文化贸易公共信息服务，及时发布国际文化市场动态和国际文化产业政策信息。支持特色文化企业参加境外展会和文化活动，鼓励在境外开展项目推介、产品展销、投资合作，扶持特色文化精品进入国际市场。加强对外文化贸易信息服务，充分发挥驻外使领馆文化处（组）、海外中国文化中心等的作用，协助特色文化企业了解和分析境外文化市场动态，拓展境外营销网络和渠道。

（五）建立完善交流合作机制。鼓励高等学校、科研院所、骨干企业与地方加强合作，促进资源整合和有效配置，发挥各自优势，带动地方特色文化产业发展。鼓励建立产学研合作联盟，加快建设以企业为主体、高等学校和科研院所为依托的创意设计和产品研发中心，引导创意创新要素向企业集聚。支持举办相关交流研讨活动，为拓展特色文化产业交流合作提供平台。

（六）加强组织实施。各级文化行政部门、财政部门要按照本意见要求，对本地文化资源进行充分的摸底调查，根据本地区实际情况，因地制宜，科学研究制定特色文化产业发展规划，研究制定鼓励本地特色文化产业发展的财政、金融、土地等多方面扶持政策。要主动加强与发展改革、民族、宗教、旅游、金融等部门的沟通协调，加强跨地区、跨部门协作，确保各项任务措施落到实处。强化文化市场监管和执法，创造良好市场环境。加强宣传，积极营造全社会支持特色文化产业发展的良好氛围。充分发挥各级各类文化产业协会（商会、学会）在信息服务、行业自律、人才培训、制定标准、国际交流等方面的重要作用。

文化部　财政部

2014 年 8 月 8 日

专题

智慧城市

【“2014 中韩设计行走”学术交流活动】

2014 年 2 月中下旬，韩国首尔举行“2014 中韩设计行走”学术交流活动，以智慧城市为主题举办中韩联合工作坊。该活动由清华大学、中国传媒大学、北京服装学院，以及韩国国民大学、首尔大学、首尔女子大学、延世大学和弘益大学共 8 所高校联合举办。

【未来城市，智慧设计　2014 北京国际设计周——智慧城市】

2014 北京国际设计周连续两届的智慧城市主题展全面升级，智慧城市板块首次作为设计周七大主体活动板块之一，于 2014 年 9 月 26 日至 10 月 3 日亮相中华世纪坛。

本届智慧城市板块以“未来城市，智慧设计”为主题，以“城市”作为主要元素，面向公众展现。涵盖智慧城市创新中心启动活动、智慧城市专题论坛、智慧城市专业出版物、智慧城市规划设计系列展及主题活动五部分，为未来智慧城市博览会汇集资源，形成服务平台。此次活动由北京国际设计周组委会、住建部中国城市科学研究会数字城市工程研究中心共同主办，中城（智慧）城市规划设计研究院有限公司与北京歌华蓝石数字艺术有限公司共同承办。

智慧城市是围绕经济生态、人居生态融合发展理念的城市建设体系。智慧城市板块希望以城市规划设计的视角作为切入点，有效串联政府、企业、研究机构及公众，邀请大家一起回望历史，感知现在，畅想未来发展，为北京未来智慧城市建设提供发展建议，助力北京打造“宜居与创新之都”。

北京国际设计周智慧城市板块：

一、智慧城市创新中心启动活动

智慧城市创新中心启动活动于 2014 年 9 月 26 日在中华世纪坛数字艺术馆举办。活动期间集中展示中兴、日立、微软等企业在智慧城市建设领域内前沿企业的产品成果及最新技术方案。并以互动体验形式为载体，把握行业发展方向，聚焦新项目与新技术，充分发挥创新中心体验、展示、交易、孵化四大核心功能服务平台功效，完善创新生态，激发创新活力，促进产业发展。

二、智慧城市专题论坛

智慧城市专题论坛围绕“城市”元素，研讨如何打造智慧城市，以规划“人居”生态与“经济”生态作为主题。论坛分为市长论坛、规划设计论坛、产业论坛三大方向，以城市管理、顶层设计、产品技术自上而下作为逻辑主线。有多位政府领导、专家学者、企业代表上台发言。针对目前国家智慧城市政策解读、国际先进发展经验、成熟高效的产品解决方案为交流内容，对中国智慧城市发展现状及未来做一次系统的梳理与解读。“智慧城市，规划为本”——智慧城市发展的规划与定位具有重大的现实意义。在未来智慧城市规划设计领域，应以城市“人居”生态与“经济”生态作为主线，合理利用文化驱动发展小微社区作为城市单元。强调人口、资源、环境相协调打造可持续发展之路。

三、智慧城市专业出版物

西班牙巴塞罗那市作为目前世界知名的智慧城市代表，在智慧城市建设领域内有着丰富经验与先进理念。此次邀请西班牙巴塞罗那市政府首席规划师比森特·瓜利亚尔特先生进行主旨演讲。与此同时，设计周将其著作《自给自足的城市》汉语版作为《大设计》系列丛书第二部引入国内。瓜利亚尔特先生从城市规划的人文生态角度入手，表达了城市的文化自觉、经济生态的自觉与人居生态的自觉。不仅是城市物质与技术层面的“自给自足”，更是人文、经济、人居、生态等城市软件层面的“自给自足”。

四、智慧城市规划设计系列展

本届城市规划设计系列展于2014年9月26日至10月3日在中华世纪坛举办，包含：“中国百年城市设计展”“艺术空间介入展”“历史的构建——当代中国建筑展”“建筑之外”四个系列展览。本次系列展以城市经济生态、人居生态两大生态智慧建设为主线，回望中国城市的百年发展，着眼中国城市当代现状，勾画中国智慧城市未来蓝图。

其中“中国百年城市设计展”是智慧城市规划设计系列展的主展。以六个不同时期最具代表性的中国城市为例，展示中国城市百年自身发展的脉络和变化，并从生态、智慧、人文三个方向来勾勒中国未来城市的图景。

“艺术空间介入展”：以城市综合体/街区的公共空间营造为主线，通过史料、图表、模型、3D影像等手段，展示艺术设计对提升城市空间质量与人居生态的重要作用。

“历史的构建——当代中国建筑展”：汇集了20世纪30年代至80年代中国建筑师的思想和建筑作品，他们回应不同时期中国建筑的发展事实。这些不同的实践描绘了一个充满活力的中国当代建筑发展情境，为中国未来智慧城市人居生态规划设计提供借鉴。

“建筑之外”：展出安藤忠雄、黑川雅之、马清运、陈展辉等80余位国内外知名及新生代建筑师的跨界实践作品，他们都从建筑的原点出发，又以不同的独立面貌展现建筑设计思维如何与人居生态有机结合并发挥功效。

五、智慧城市主题活动

本届智慧城市板块还与住建部、工信部等多家部委合作，主打“城市”元素，拓展了丰富多彩的主题活动。

1. 智慧城市信息安全技术沙龙

网络信息安全是一个关系国家安全和主权、社会稳定、民族文化继承和发扬的重要问题。本次活动由住建部国家智慧城市联合实验室与设计周共同主办，邀请了国内大数据存储及信息安全领域的专家及优秀企业代表，共同商讨信息安全在智慧城市领域的应用与未来发展方向。

2. 智慧城市项目对接会

联合住建部7家试点城市主要管理者，与创新中心核心企业展开一次项目需求对接会。在参与对接会之前，组委会把项目方情况提前发送给创新中心参与企业，并积极组织项目前期情况分析、需求匹配等多项工作。并在创新中心启动活动中组织城市代表，专题参观企业产品展示区，并听取相关产品介绍。在活动现场鼓励企业与项目方进行一对一的沟通，促成创新中心服务成果转化。

六、充分与国际接轨，打造全方位国际化交流的新平台

北京国际设计周智慧城市板块在本次活动确立与巴塞罗那智慧城市博览会及世界大会的战略合作关系。北京国际设计周与巴塞罗那智慧城市博览会的合作涵盖：智慧城市创新中心、北京国际设计周智慧城市博览会及北京国际文化贸易服务中心三大业务领域，通过上述领域的合作，打造国内智慧城市领域内面向国际化的综合服务平台。

自2015年开始，北京国际设计周智慧城市板块将以智慧城市博览会的形式为统领，并计划启动面向国内智慧城市领域内政府、企业与项目的专项评奖工作。

【清华大学美术学院服务设计研究所受邀出席北京设计周智慧城市板块】

2014年9月26日至30日，清华大学美术学院服务设计研究所受邀出席2014北京国际设计周七大主体活动板块之一的智慧城市板块，与国内外专家分享和交流“设计人本城市”“设计创新孵化”及“智慧生活实验室”解决方案。

清华大学美术学院服务设计研究所以全方位的形式参与了智慧城市板块，包括中华世纪坛智慧城市创新中心的“智慧生活实验室”空间展示，“设计人本城市”的国际化作品展示，同期也举办了四场旨在推动人人创新的“设计发声”体验工作坊活动。研究所负责人付志勇副教授受邀在2014北京国际设计周智慧城市——“规划设计论坛”做主题演讲。

“设计人本城市”的目标是探究国际化的人本城市与服务设计解决方案，构建政产学研商协同的伙伴社区。本次展出了与美国斯坦福大学、韩国首尔大学、澳大利亚昆士兰科技大学、荷兰爱因霍芬理工大学，以及社会创新与可持续联盟（DESIS）在智慧城市、城市媒体与可持续发展战略方面的研究合作成果。

“设计创新孵化”包含“设计合伙人”和“设计发声”。“设计合伙人”推动设计驱动的创新与创业，提供平台和机会让设计师成为创业合伙人。“设计发声”是为设计师提供的体验式分享会。本次在世纪坛的展览场地举办了四场活动，包括与百度用户体验部门合作的“对话90后设计师”，与斯坦福大学合作的城市研究项目“设计人本城市”，与联合国计划发展署合作的“社会创新应用与工具”，与英特尔合作的“清华X青橙创客教育”活动。以上活动致力于在智慧城市领域推动“人人创新”和“人人创业”，关注青年设计人才的发展，营造创新创业的生态系统。

“智慧生活实验室”在世纪坛搭建的实验室展示了15套来自清华创客空间与青橙创客教育团队的智慧城市作品，内容涵盖了环境、生态、交通、生活、教育与娱乐等多个方面。作品融入到灵活多变的空间中，能够满足市民体验、知识分享和专业研究的需求，体现了创新2.0的理念。

在规划设计论坛中，付志勇以“参与式设计与创制未来城市”为演讲主题，提出参与式设计的方法和实施模式，通过推动市民参与到智慧城市建设中，与不同的利益相关人展开积极的合作与对话，结合智慧生活实验室和创客空间的平台，就能够探索出可持续的人本城市设计模式。

【北京国际设计周设计人才板块】

2014年9月26日，北京国际设计周在中华世纪坛开幕。

本届设计周期间设计人才板块主要活动涵盖：“北京设计周人才交流推介会”“创意工坊系列体验活动”“北京设计沙龙设计周特别活动”“设计人才数字平台——设计咖网站上线”。借助几大热点活动，着力打造一个品牌化的人才发掘、培养、实践的服务体系。

26日的活动包括：论坛的新锐设计竞赛华灿奖颁奖仪式、优秀青年创业设计师主题演讲、设计行业大咖现场对话三大环节。

在“新锐设计竞赛华灿奖”颁奖仪式上，国台办、统战部、民革中央、市台办及设计周组委会、设计人才板块相关领导均出席了活动，并为获奖者颁发了获奖证书。

北京国际设计周两岸新锐设计竞赛由中国高等教育学会、中华中山文化交流协会、两岸文化创意人才服务基地共同主办。竞赛面向海峡两岸及港澳地区青年设计师和在校学生，旨在选拔和培养有潜力参与国际设计竞赛的青年设计师及团队。竞赛奖项——华灿奖以作品的创新性、时尚性、可应用性和跨界尝试作为评审原则，以专业化的评审团队，透过作品的评选，选拔、推介中国最具创新精神、跨界意识和培养潜力的青年设计人才，并将其推向国际设计竞赛。通过竞赛活动增进海峡两岸及港澳地区的设计交流，发挥各自优势，共同培养更多优秀的青年设计人才。此次华灿奖设置了视觉传达、产品设计、数字动画三个竞赛类别，海峡两岸及港澳地区共有近500所学校的3600多件套作品参赛。并最终角逐出2014年度华灿奖全场大奖、最佳新锐设计师、十佳新锐设计师、优秀新锐设计师和华灿奖普洱咖啡创新设计奖五大奖项的31个作品。本次活动还邀请青年设计师、知名设计企业创始人以及文创投资人围绕着论坛主题进行互动。对话部分，两岸四地院校、设计企业、资深设计师、青年学生领袖围绕“设计的跨界融合思维”主题进行了探讨。

【“空间、叙事、体验”学术论坛】

“空间、叙事、体验”学术论坛于2014年9月26日在清华大学美术学院举行。参加本次论坛的嘉宾有德国Atelier Brückner事务所创意总监乌维·布鲁克纳，荷兰TOTEMS事务所创始人吉拉德·德·霍尔特，德国J. Mayer. H事务所创始人尤尔根·迈尔·H，清华大学美术学院视觉传达系教授、城市视觉规划设计研究所所长马泉，清华大学美术学院副院长、教授、环境建设艺术咨询研究所所长苏丹。“空间、叙事、体验”论坛是在“2014北京国际设计周——2014展陈设计+”期间开展的高端学术论坛，论坛话题围绕“空间、叙事、体验”展开，来自国外的展陈设计师、建筑师与清华大学美术学院的教授进行直接对话，从不同领域进行一次跨界交流。

【巴塞罗那馆亮相2014北京国际设计周】

2014年9月27日，巴塞罗那作为北京国际设计周主宾城市揭幕位于751 D. Park时尚设计广场的巴塞罗那展馆。

巴塞罗那市长Xavier Trias先生向参加开幕庆典的嘉宾致欢迎辞。

巴塞罗那馆位于751时尚设计广场。展馆内举办的大型主题展《巴塞罗那，设计启迪未来》将城市作为设计及创意的完整生态系统进行展示，包括一座大型的视听装置及100多个信息台座，令观众从不同角度亲身体验和发现巴塞罗那：建筑遗产、当代建筑、城市规划、平面设计和产品、室内及时尚设计、应用于设计的新技术、文化机构及设施、文化遗产及节日等。展览还重点展示30件代表当今设计以及向20世纪的加泰罗尼亚经典设计致敬的精选产品。该展览由ExitDesign公司负责承办，从9月28日至10月3日向公众开放。

巴塞罗那在北京，这一主宾城市项目在中国首都的不同场地举行，包括5个展览、17场讲座、超过20项的各类活动、双方城市的设计及建筑院校的参与交流以及一个企业代表团。

同时751 D. Park时尚设计广场呈现的还有BB Make项目，这是由加泰罗尼亚建筑高等学院联合北京设计院校的学生共同参与的一个项目，双方使用3D打印机及激光切割技术制造出的组件建起一座巨大的结构装置，所使用的材料均为中国传统建材，如竹和藤等。

设计周期间还举办各类文化和经贸活动。其中包括亚洲之家组织的关于全球环境下的创业精神座谈会，由乐家集团主办的“越过界”国际设计大赛介绍会，由艾利萨瓦（ELISAVA）设计及工程高等学院和“斗牛犬”DNA挑战合办的旨在鼓励设计和烹饪领域创意思维的实验工作坊，电影放映以及关于高迪和现代主义的讲座。

“巴塞罗那之家”包括15个小型展览，旨在展示巴塞罗那的创意元素。Allioli是一个整体的参与介入活动，包含一系列探索设计界限的跨界项目，比如Telenoika的构筑地图、由费兰·亚得里亚和Bestirario合作的“烹调流程图”项目，以及一系列的露天电影放映。“姐妹联结”包含在大栅栏的一个展览、一场工作坊活动以及在798艺术区的尤伦斯当代艺术中心举办的对话讲座系列活动。

在大栅栏地区还能欣赏到两个建筑和城市规划展，一个是由EMBT建筑事务所举办的圣卡特琳娜市场及其周边改建展，另一个是由恩里克·米拉耶斯基金会举办的临时建筑项目《重置》展。

此外，北京塞万提斯学院还举办了加泰罗尼亚艺术家佩里克·帕斯托的个展《西安—巴塞罗那—北京：漫步水墨山河》。

【“生长的天际线：1895—2014中国百年城市设计”展览】

作为2014年北京国际设计周智慧城市板块筹划和酝酿最久的项目之一，“生长的天际线：1895—

2014 中国百年城市设计”大型展览，于 2014 年 9 月 25 日至 10 月 8 日在中华世纪坛世界艺术馆 2 层展出。本次展览由 UE 策划，于冰、叶春曦担任策展人。展览开幕当天北京市国有文化资产监督管理办公室主任周茂非、北京市海淀区区长孙文锴、中国文化遗产研究院院长刘曙光、北京歌华文化发展集团总经理王建琪等亲临观展。

展览分为四个主题部分：南入口处大型装置“建构”、西侧展厅“回望百年”、东侧展厅“未来构想”和环 2 楼圆形展厅的“百年设计时间轴”。由 UE 旗下的《Domus 国际中文版》策划的“明日之城”专业对话也于开幕仪式同期举行。本次展览从百年史实的角度切入，在回望城市、社会、建筑等的历史节点、典型案例的陈列分析之后，尽可能多地采用声光视频通感共鸣的形式，以及用艺术化的建筑作品模型和 3D 打印装置展示等方法，努力勾勒生态可持续的、智慧与人文的中国未来城市的图景。

“明日之城”专业对话是《Domus 国际中文版》Dialogue 系列之一，“明日之城”标题借用了童明博士翻译的，Peter Hall 爵士的著作的书名，并以此向他以及那些他书中提到的具有远见卓识，对城市建设发展产生影响，伫立在城市规划运动的圣贤祠中的名字致敬。对话的核心主题是关注城镇化发展过程中的民族特征、历史传承、人文智慧等问题。“明日之城”专业对话的 6 位嘉宾分别从政府政策引导、城市规划方法、绿色建筑标准、城市设计哲学等层面探讨这一主题，从专业角度展现中国人文精神与智慧及对城市的思考和展望。

整个展览试图阐述这样的观点：我们认为今日的城市发展，不应是炫耀科学进步的技术泛滥以及模糊目的的大数据堆砌，而应是“经济生态的智慧建设”和“人居生态的智慧建设”相乘的“智慧设计”。我们期待这种建设思想在自然与人的博弈中良性互动，缓释正能量，这也是我们策划这次展览始终想要提出的问题和想要寻求但其实最终也没能得到的答案。只有期望各界同人，在未来的设计实践中，不断求索并共同累积其正解。

【14 度 · 青年设计论坛】

2014 年 10 月 27 日至 28 日，“14 度 · 青年设计论坛”在北京召开。本次论坛以北京设计周为依托，立足于当代文化和社会语境下，力图在设计与人、设计与社会、设计与自然、设计与时代之间建构一种结构性的、相生相动的关系，为当代中国的设计发展提供多维的视角参照。论坛围绕态度（伦理之维）、尺度（实践之维）、温度（人文之维）、力度（批评之维）、广度（创新之维）、风度（时尚之维）六个板块展开，旨在为设计实践、设计研究和相关学科提供更为广阔的对话平台。

中国 4A 金印奖

【2014 中国 4A 论坛·金印奖·杭州盛会】

中国 4A 金印奖是由中国商务广告协会（中国 4A）发起的，集结中国广告界优秀创意作品的评选。2014 年中国 4A 金印奖评委会的评审工作已于 9 月初结束，奖项结果于 10 月 15 日在杭州西湖区西溪宾馆举行的颁奖典礼上揭晓。

作为本届金印奖的一大亮点，创意金印奖下新设立了 SAD 自主创意类别，参赛单位可根据某一创意原点（本年度以公益环保，社会道德风尚为主题），将创意主题发挥到极致，给创意以最大限度自由。此次金印奖在近千件报名作品中，选取了其中最具创新性、最具感染力的 276 件入围作品，而各大奖项的归属则于 10 月 15 日举办的金印奖颁奖盛典上一一揭晓。

2014 年中国 4A 金印奖活动，得到来自杭州市政府文化创意产业办及杭州西湖国家广告产业园区的大力支持，连续第三年落户杭州。除了盛大的颁奖典礼之外，还安排了论坛、沙龙、广告作品展览、广告饕餮等一系列活动。

10 月 14 日下午，中国 4A 在杭州西湖区西溪宾馆举行以“数据驱动商业变革”为主题的大数据沙龙。10 月 15 日上午以“数码时代的机遇与挑战”为主题的论坛，除了邀请四大代理商讨论国际广告公司趋势与发展走向外，还请到阿里巴巴参与，分享新媒体新科技应用下电商的改变和趋势等议题。在 15 日下午“品牌与新媒体传播”为主题的新媒体论坛中，百度、阿里妈妈、创维集团等嘉宾从各个角度探讨品牌在新媒体的传播机会。

【2014 中国 4A 论坛“数码时代的机遇与挑战”】

2014 年 10 月 15 日，以“数码时代的机遇与挑战”为主题的 2014 中国 4A 金印奖论坛，在中国 4A 理事长李西沙的主持下拉开序幕。

首先，睿狮广告传播董事长、首席执行官，香港公益广告之母伦洁莹带来了“创意机构模式究竟出了什么问题”的主题演讲，分享了她对于国际广告公司发张趋势与走向的思考；随后，电通安吉斯集团中国区董事长李桂芬，与大家分享了“从‘创意’到‘创新’国际广告公司的发展趋势”。

奥美集团大中华区副董事长庄淑芬为大家解析了“品牌与整合营销传播十大趋势”，数据与案例结合，为大家进行了准确分析；北京电通广告有限公司总经理长崎之保为我们带来的演讲主题为“跨界思考广告的未来——多元化沟通设计实现创新”，并且分享了许多国际获奖案例。

苏宁集团苏宁云商运营总部市场管理中心副总监闵涓清和奥美集团中国区企划副总裁钱威志就“苏宁双线融合的经验”进行交流沟通和分享；阿里巴巴集团旗下阿里妈妈事业部总经理王华，就“品效合一新世代”进行独到阐述；胜三管理咨询（北京）有限公司中国区总经理李佳女士与大家分享了“针对 2014 中国市场广告主及代理商合作期望及营销趋势研究”。

圆桌讨论环节主题为“新科技/数码公司与老品牌代理商如何互补生存”，由 DDB 中国区副主席兼首席创意官林俊明主持。讨论嘉宾：VML IM2.0 执行创意总监及管理合伙人李浪，北京圣特尔科技发展有限公司 CEO 陈涛，互通国际传播集团董事长邓超明，智威汤逊中乔广告有限公司上海分公司全球兼亚太区创意委员会主席劳双恩共同对此主题展开讨论。

【2014 中国 4A 新媒体论坛“品牌与新媒体的传播”举行】

2014 年 10 月 15 日，2014 中国 4A 金印奖新媒体论坛举行。以“品牌与新媒体的传播”为主题，由广告门 CEO 劳博担当主持。

中国传媒大学广告学院副教授、媒介研究所副所长、《媒介》杂志副主编王薇，她为大家带来的演讲主题是“广告向何处去——用数据看广告市场十年变化，分析广告市场变革趋势”。

阿里妈妈（阿里巴巴旗下网络营销平台）营销总监霍志刚为大家解析“如何运用大数据做精准营销”。百度营销咨询部总经理刘伟的演讲主题是“新营销的左右手——大数据与技术，围绕大数据新媒体技术展开的营销探索”。创维集团中国区域营销总部执行副总经理兼市场总监杨孝俊，为阐述“品牌在新媒体上的机会”。

此次圆桌讨论环节主题为：“互联网传播的价值洼地如何形成？”由广告门 CEO 劳博主持并参与讨论，邀请嘉宾分别是创维集团中国区域营销总部执行副总经理兼市场总监杨孝俊，芒果移动广告 CEO 王江，电众数码（北京）广告有限公司首席营销官尹敬业，灵狮中国首席创意官/合伙人吴捷。各位嘉宾从各自领域展开讨论，分享观点，包括新媒体、专业品牌、互联网内容、策略等多个角度出发，深入探讨互联网传播的新价值所在、未来价值核心。

【2014 第九届中国 4A 论坛·金印奖颁奖典礼】

2014 第九届中国 4A 金印奖，历经 3 个月的征选和评审，迎来了颁奖典礼。10 月 15 日晚第九届中国 4A 论坛·金印奖·杭州盛会暨颁奖典礼在杭州西溪宾馆举办。

中国商务广告协会会长、原对外经济贸易部副部长周可仁，中国广告协会会长李东生，中国 4A 理事长李西沙，杭州政府文创办领导，西湖国家广告产业园领导，金印奖监审莫康孙，评审团主席林俊明及众多行业领军人，与来自北京电通、北广、奥美、中视金桥、分众传媒、麦肯·光明、睿狮、电通安吉斯、群邑、灵思、DDB 中国、智威汤逊等多家 4A 公司的行业先锋和获奖作品的创意人等 300 余人，共同见证了盛礼。

29 位专家评审精选 278 件作品。

本次中国 4A 金印奖以“拍什么都不如拍脑袋”为主题，对怀揣优秀创意的广告人敞开平台，欢迎所有创意人来拍脑袋，进一步宣扬广告人以创意出发、把创意作为准则和目标的理念。

整个 4A 金印奖奖项由创意金印奖和媒体金印奖共 11 个类别组成，各类别分别设立金、银、铜奖，并在此基础上设立创意金印奖全场大奖及媒体金印奖全场大奖，全场大奖将从全部金奖作品中产生。作为本届金印奖的一大亮点，创意金印奖新增 SAD 自主创意类别，本年度以“公益环保，社会道德风尚”为主题，参赛单位可根据这一创意原点，最大限度地将创意主题自由发挥到极致。

睿狮广告创作的《事关人命，遵守交规》获得创意金印奖全场大奖，这也是本届金印奖唯一的全场大奖。现场还向搜狐 CEO 张朝阳颁发“中国 4A 特别贡献奖”；中央电视台、麦肯光明莫康孙及中央电视台石正茂共同获得“公益广告推动奖”；思美朱明虬及 DDB 林俊明荣获“2014 中国 4A 年度人物奖”；麦肯光明莫康孙及广东省戴书华荣获“中国 4A 终身成就奖”。此外，为表彰企业为中国 4A 做出的巨大贡献，现场还为搜狐公司、北京电通、奥美、北京广告、麦肯光明、中视金桥等 15 家企业颁发了“中国 4A 年度突出贡献奖”。其他获得各类金奖的公司包括奥美、睿狮、天联、实力媒体、阳狮、氩氪集团、扬·罗必凯、ADK Taiwan、智威汤逊、杰尔等机构，最终全部 113 个奖项花落各家。

光华龙腾奖

【2014 年光华龙腾奖】

2014 年 8 月 21 日，2014 年（第十届）光华龙腾奖新闻发布会在北京召开。

发布会上，光华设计基金会理事长张琦先生介绍 2014 年度光华龙腾奖评选情况：评选围绕建筑设计、室内设计、产品设计、时尚设计、交互设计、视觉传达设计等多个设计门类，覆盖包含港澳台地区的 34 个省、市、自治区及特别行政区展开参评人征集，以初评会、公众投票、专家远程投票、终评会的四阶段评选，最终产生 2014 中国设计贡献奖金质、银质奖章获得者；第十届中国设计业十大杰出青年、中国设计业十大杰出青年提名奖、中国设计业青年百人榜。同时张理事长还强调了本届光华龙腾奖评审规则将通过参评人在设计行业中的市场占有率、产业贡献率及绿色设计实例等多维度评价标准进行测评，加大了对绿色设计、可持续性的关注度。并将联合天津金融资产交易所、中金赛富投资集团、网信金融集团、中国文化产业投促基金等多家金融机构为光华龙腾奖获得者提供全方位的金融服务。

【光华龙腾奖十周年】

由中国创新设计产业战略联盟、北京光华设计发展基金会联合主办，天津金融资产交易所、淘宝拍卖会、天津华侨城欢乐谷协办，中国环球公共关系公司承办，设计瑰谷、雅志国际顾问、优诺普国际会展专业支持，由新浪家居作为独家战略合作媒体的 2014（第十届）“光华龙腾奖”颁奖典礼于 2014 年 12 月 10 日在天津华侨城欢乐谷演播大厅举办。

“光华龙腾奖”由光华设计基金会设立于 2005 年，并于 2011 年 10 月经国家科学技术奖励办公室正式批准，是国家科学技术奖励工作办公室批准的中国首个且唯一的设计类奖项。多年来，“光华龙腾奖”始终秉承“扶持设计人才成长，树立自主创新楷模”的宗旨，坚持“公平、公正、公开、公益”的评审原则，使这个奖项成为中国设计行业最重要、最有分量的中国设计人才表彰国家奖。

在颁奖典礼上，中国创新设计产业战略联盟会长、中国科学院学部主席团名誉主席、科学院原院长、中国机械工程学会荣誉理事长、两院院士路甬祥先生，中联部原常务副部长、第十一届全国人大外事委员会副主任委员、中国留学人才发展基金会理事长马文普先生，中国工业设计协会会长朱焘先生，国务院参事、中国科学院可持续发展战略研究组组长、首席科学家牛文元先生等重要领导以及来自新华社、中国新闻社、北京电视台、天津电视台、东丽区电视台等众多媒体出席了活动，共同见证了 2014 中国设计贡献奖金质奖章、银质奖章和第十届中国设计业十大杰出青年、中国设计业十大杰出青年提名奖、第十届中国设计业青年百人榜，以及为十周年庆典设立的中国设计业十大杰出青年十周年特别奖的产生。

【光华龙腾奖（2014）中国设计贡献奖银质奖章获奖名单】

1. 上海木马工业设计有限公司创始人丁伟
2. 北京市服装学院副教授龚奕
3. 洛可可整合创新设计集团董事长贾伟

4. 浙江省宁波市镇海科技局局长李德军
5. 昆山科致瑞斯传感技术有限公司总经理李新华
6. 深圳设计联合会秘书长刘振
7. 深圳浪尖工业设计公司总经理罗成
8. 中国建筑节能减排产业技术创新战略联盟秘书长孙惠琴
9. 中铁第五勘察设计集团有限公司院长、党委副书记、董事王立新
10. 北京元泰达环保建材科技有限责任公司总经理、经济师王以峰
11. 南京工业大学自动化与电气工程学院院长谢明
12. 江南大学设计学院院长辛向阳
13. 中国科学院宁波材料技术与工程研究所、先进制造技术研究所所长杨桂林
14. 上海杨明洁联合设计机构设计总监杨明洁
15. 中国建筑设计院有限公司总建筑师张祺
16. 杭州市经济和信息化委员会副主任郑荣新

【光华龙腾奖金奖获奖名单】

1. 北京工业设计促进中心主任陈冬亮
2. 扬州市广陵区人民政府区委书记陈锴竑
3. 湖南大学美术学院院长何人可
4. 大连市经济和信息化委员会党委书记兼主任靳国卫
5. 南京理工大学设计艺术与传媒学院院长李亚军
6. 华侨城集团公司首席顾问任克雷
7. 新华社广告中心、中国名牌杂志社常务副社长税立
8. 中央美术学院设计学院院长王敏
9. 汕头大学长江艺术与设计学院院长王受之
10. 同济大学副校长吴志强
11. 中国航天科技集团总工程师杨海成
12. 全国工商联家具装饰业商会执行会长兼秘书长张传喜
13. 中国建筑学会室内设计分会名誉理事长张世礼
14. 中国机械工程学会副理事长兼秘书长张彦敏

【光华龙腾奖特别奖获奖者名单】

1. 联想集团副总裁、首席设计师姚映佳
2. 中国工业设计协会专职副会长兼秘书长刘宁
3. 上海同捷科技股份有限公司董事长雷雨成
4. 广东毅昌投资有限公司董事长冼燃
5. 厦门凤飞服饰设计有限公司董事长兼设计总监曾凤飞

【光华龙腾奖十大杰出青年获奖名单】

1. 电子科学研究院崔继先
2. 北京香黛宫品牌文化有限公司龚航宇
3. 中央美术学院海军
4. 杭州凸凹工业设计有限公司李耀华
5. 北京宇航系统工程研究所刘彬
6. 北京兰玉服饰有限公司刘兰玉
7. 北京科技大学覃京燕
8. 北京工业大学王国彬
9. 中国室内装饰协会张俊富
10. 洛可可创新设计集团周志鹏

【光华龙腾奖十大杰出青年提名奖名单】

1. 沈阳创新设计服务中心崔亮生
2. 中兴通讯股份有限公司高峰
3. 国际体验设计协会胡晓
4. 北京汽车股份有限公司黄将
5. 中铁第五勘察设计院集团有限公司黄群
6. 海信集团金婵
7. 深圳市东海浪潮工业设计有限公司李海波
8. 锤子科技（北京）有限公司李剑叶
9. 广东明星创意动画有限公司林铭浩
10. 兰州理工大学设计艺术学院苏建宁
11. 上海筑能环境科技有限公司苏树强
12. 北京形意达创新咨询顾问有限公司谢大欢
13. 比亚迪汽车工业有限公司赵龙
14. 中国建筑设计院有限公司赵昕
15. 中航工业第一飞机设计研究院张立军
16. 北京航空航天大学张述泉
17. 中科院宁波材料技术与工程研究所祝颖丹
18. 品物（北京）科技有限公司钟荣

【光华龙腾奖第十届中国设计业十大杰出青年百人榜获奖代表】

1. 广东省佛山班仕达节能新材料科技有限公司总经理任远征
2. 广东明星创意动画有限公司动画导演罗铭
3. 海宁市海涛时装创意设计有限公司首席设计官兼总经理孙海涛
4. 江苏瀚港文化发展有限公司总经理祝峻

5. 北京品物堂产品设计有限公司创意群总监李俊魁
6. 品物顾问与设计机构副总经理王光源
7. 安徽铜陵铜雕艺术研究院主任刘哲军
8. 北京诺亚星云科技有限责任公司设计总监、产品经理周少聪
9. 佛山市南海益高卫浴有限公司工业设计师莫忠才
10. 北京和丰智为文化发展有限公司总经理兼艺术总监崔磊
11. 北京天和丰展览有限公司设计总监高畅
12. 陕西仲夏设计机构总经理王海涛

工业设计

【观点】工业设计要有国家战略

◎柳冠中

英国设计委员会的主席有一次来中国讲课。课后有人问，中国的工业设计怎么搞？对方说，那是你们的事，不是我的事。工业设计关乎国家战略和目标，不能光看一线的设计实践，要有设计政治、设计战略、设计管理，必须进行顶层设计。

从理论上说，工业设计是工业化时代创造性设计活动的总称，贯穿于研究需求、工业制造、营销流通、消费使用、环境保护等社会活动全过程中。

我国的工业设计基本还停留在产品改良的层次，很少在开发设计环节有所作为，而在服务系统设计层次上实践更是凤毛麟角。工业设计的作用在中国被扭曲、割裂、边缘化。

考察原因，首先，中国工业几乎所有产品的原始创意和技术起点均来自境外，虽然见效益快，却让我们忽视了设计平台、设计系统的建立。过去我们只是制造，拿来外国的标准、工艺、流水线、技术，中国工人便宜、资源不值钱、污染无所谓，所以中国制造全球扬名。从国外引进快倒是快了，可人家的技术是有根的，引进的没有根，再往前就不会走了。

其次，对工业设计在观念上不重视，大部分企业的制造机制只重视引进技术、购买设备、广告营销，根本没有把工业设计作为企业产品开发流程的核心竞争力纳入决策议事日程中。

这样一来，企业引进了流水线和工艺，给设计师的任务能是什么？你敢动人家的流水线吗？花几千万美元买的。那就只能换个外观，换个外壳，换个颜色。

就这样，即便我们培养出一个高级工业设计师，得到的任务却是初级的，而不是改原理、改模具、改发动机。所以如果企业的问题不解决，再好的设计师也没有用武之地。这就是种子和土壤的问题。良种再好，土壤不好，扎不下根去。

必须明确，建立工业设计的体系不等于设计师数量的增加，而是系统结构优化。设计团队的精髓是分工合作，有领导，有中层，有基层。不是说要有几百几千个设计师，而是要有梯队，否则那不是团队是团伙。

一直以来，我们过于重视技术的力量，很多地方都在提技术进步、技术创新。可技术进步的标准是什么？越快越好吗？越新越好吗？不见得，关键要看用在哪儿，怎么用，这是工业设计的责任。

要看到，是工业设计在推动技术发展，给技术出题目，让技术进步。否则，技术进步的标准只能是跟着国外走，追人家一流的技术，追上了就变成二流了。

原载《人民日报》2014 年 1 月 9 日

【观点】创新设计引领新工业革命走向——路甬祥谈创新设计

◎中国机械工程学会

2014 年 1 月 15 日，由中国工程院主办的“2014 中国创新设计发展战略专题研讨会”在北京举行。来自中科院、工程院的数名院士以及国内设计界的专家学者 30 多人，围绕创新设计的内涵、价值以及

“创新设计发展战略研究重大咨询课题”的相关问题进行了研讨。全国人大常委会原副委员长路甬祥院士在会上作了主旨报告。

路甬祥院士以人类文明进程中设计价值和规律的认知历程为主线，深入审视新时期创新设计的内涵与发展及其对经济社会发展的重要推动作用。他认为，从人类文明的三个阶段——农耕时代、工业时代和知识网络时代，及其分别对应的自然经济、市场经济和知识网络经济三种经济形态中，可以考察研究设计发展的规律和特点。他从各个时代的资源、材料、交通运输、通信和制造业等方面，阐释了设计的不同内涵特质及其与社会演进的关系。从设计发展的历程来看，“传统设计”创造促进了农耕文明，“现代设计”推进了第一次工业革命的机械化和第二次工业革命的电气化、电子化和信息化，“创新设计”在第三次工业革命浪潮中，必然会引领以网络化、智能化和低碳可持续发展为特征的文明走向。农耕时代的传统设计、工业化时代的现代设计、知识网络时代的创新设计也分别可以用设计1.0、设计2.0、设计3.0来表征，在后两个时代中又相应出现了“工业设计1.0”和与时俱进的“工业设计2.0”。因此，各个时代设计的本质内涵、设计与制造的关系、设计的资源要素、设计价值拓展演变均可得以清晰的呈现，得以合理继承、进化和发展。

路院士还围绕创新设计与社会变革的关系、设计创新引领和推动文明进步的类型、创新设计内涵认知的深化和拓展、对创新设计认知局限的根源、创新设计人才教育体系的科学建立和提升，以及建设鼓励创新设计的社会大环境等方面，提出了诸多值得深思的现实问题和极有价值的意见。他深信，创新设计必将促进引领全球知识网络时代的创新创造，必将使创意、创造、创新产品、工艺与装备、经营服务模式，有效引导促进原始创新、关键技术创新、自主集成创新、管理和业态创新，将大幅提升个人、企业和国家的创造力、竞争力和持续发展能力。创新设计将促进引领“中国制造”向“中国创造”的历史跨越，促进实现中华民族伟大复兴的中国梦，促进引领人类知识文明持续发展的进程。

谈到创新设计发展战略研究重大咨询课题的相关工作时，路院士强调，一要牢牢遵循社会和市场发展的客观规律，认知设计的价值理念和未来发展的走向，使得创新设计发展战略咨询报告具有坚实的理论基础。二要处理好设计的原创性和再创性的关系，继续探索后发展国家引进、消化、吸收、再创新的捷径，积极鼓励通过创意、创造、创新推动原创性、关键技术的突破性创新，推动知识和技术创造性集成应用创新，创造出引领世界的产品、工艺流程、重大装备和经营服务模式。三要将研究的科学性和实践性结合起来，处理好前瞻性和包容性的关系，面向未来，兼容并蓄，凝聚形成引领和推动中国自主创新能力提升、创新驱动发展的重要力量。四要注意立足国情和时代特征，形成我国创新设计的特色发展，既顺应国际前沿设计的整体发展方向，亦有效发挥中国创新设计发展的后发优势。

路院士介绍，这项研究工作主要包括制订创新设计发展战略路线图和行动计划，描绘我国创新设计发展的战略和技术发展路径，提出切实可行的创新设计发展政策制度和建议。他认为，这些工作将为深入贯彻落实国家创新驱动发展战略，加强产学研协同创新，在全社会形成重视、尊重、支持、激励创新设计的良好环境，加快我国发展方式转型和创新型国家建设，促进经济社会绿色低碳、智能、持续发展产生积极重大的影响。

纪事

项目 · 活动

【首批“中国工业设计示范基地”】

为进一步贯彻落实国家工业和信息化部等 11 个部委联合印发的《关于促进工业设计发展的若干指导意见》，推广在工业设计创新方面做出积极努力和突出成绩的设计园区、企业、设计机构和院校的先进经验，树立全国性典型和示范，引导我国工业设计产业的健康快速发展，更好地服务于创新驱动、转型发展的国家战略，中国工业设计协会于 2013 年开展了首批“中国工业设计示范基地”评定工作。

根据《中国工业设计示范基地评定和管理办法》，经过材料初筛、专家初评、终评答辩和情况核实一系列严格、公平、公正的评审程序，共评选出 15 家具有行业代表性的企业、设计机构、园区和院校。

企业：

1. 飞亚达（集团）股份有限公司
2. 广州汽车集团股份有限公司
3. 中山华帝燃具股份有限公司
4. 宁波欧琳厨具有限公司
5. 路达（厦门）工业有限公司

设计机构：

1. 深圳市浪尖设计有限公司
2. 深圳市嘉兰图设计有限公司
3. 杭州飞鱼工业设计有限公司
4. 厦门市拙雅科技有限公司

园区：

1. 广东工业设计城
2. 北京 DRC 工业设计创意产业基地
3. 深圳设计产业园
4. 宁波和丰创意广场

院校：

1. 江南大学设计学院
2. 南京艺术学院工业设计学院

中国工业设计协会
中国工业设计示范基地评定组委会办公室

【“设计·上海 2014”（上海国际设计创意博览会）】

2014 年 2 月 27 日至 3 月 2 日，“设计·上海 2014”（上海国际设计创意博览会）在上海展览中心举行。逾 80 个世界知名设计品牌齐聚上海。

“设计·上海 2014”由屡获殊荣的英国设计展览组织者 Media 10 和上海艺博会国际展览有限公司联合主办。

“设计·上海2014”汇聚西方高端家居品牌和独立前沿设计师作品。Magis，Fritz Hansen，Boss Design，Ginger &Jagger，Cole & Son等国际设计品牌均在列展览名录，携其最经典和最新颖的设计作品登陆上海。“设计·上海2014”在上海展览中心逾万平方米的展厅内，分当代、古典、限量/珍藏设计三个分馆进行展示。当代设计馆呈现当代家居设计的最高水准和前沿设计；古典设计馆把代表西方百年历史和传统工艺的品牌带到中国；在限量/珍藏设计馆内，观众则可以看到经受历史考验的传世之作和精湛的限量版新锐设计。

“设计·上海2014”的主题为“西方遇到东方”，并在2013年9月的伦敦100%设计展上发布了以中国传统祥瑞“龙”为创意的主视觉形象。该主视觉形象以“西方遇见东方”作为设计概念。

【米兰设计周“居然·2014中国设计进行时”展览及“Yù——中国设计进行时学术研讨会”】

2014年4月8日，米兰设计周“居然·2014中国设计进行时”展览在意大利米兰大学开幕，同期举办了“Yù——中国设计进行时学术研讨会”。中国重要策展人和知名设计师对设计立场的表达，与国际前沿设计思想进行了对话。

本次展览以“Yù”为主题，由清华大学美术学院杨冬江教授及米兰设计周沙龙外围展创始人、INTERNI杂志主编吉达·博亚迪（Gilda Bojardi）女士共同策划，两位策展人再度联手，将展览的内容及立足点提升至新的高度，从中国设计现状出发，引发关于设计本质和未来设计发展路向的思考。

展览汇集了张永和、朱锫、邵帆、林学明、陈耀光、石大宇等20余位国内一流设计师的经典作品，涵盖了建筑、产品、家具、装置等多个设计门类。

同日于米兰大学举办学术研讨会。研讨会由意大利著名设计师恩里科·马提奥（Enrico Morteo）主持，意大利后现代设计代表人物亚历山德罗·门迪尼（Alessandro Mendini）出席研讨会。策展人杨冬江教授阐释表达中国文化特征的展览主题“Yù”，并介绍展览构架。策展顾问吉达·博亚迪女士阐述在米兰大学学术殿堂举办“中国设计进行时”展览和研讨会的重要意义。总策划、北京居然之家投资控股集团总裁汪林朋先生展望了中国本土设计发展的前景。

【第14届威尼斯国际建筑双年展中国馆主题展】

2014年4月29日，由中国对外文化集团公司主办的“第14届威尼斯国际建筑双年展中国馆主题展”在北京召开新闻发布会。文化部外联局副局长蒲通宣布：经过威尼斯国际建筑双年展中国国家馆评审委员会评选，最终确定姜珺的策展方案“山外山”。

本次建筑双年展总策展人雷姆·库哈斯提出“Fundamental”（基本法则）这一总主题。姜珺携手当代中国最优秀的几组建筑、设计和研究团队以“根本法则”来阐述中国建筑根植于传统哲学的东方格局思想内涵，并回顾了1914—2014年100年间中国建筑的代表案例。

此次中国馆建立了多位一体的合作构架：三家建筑事务所采用三种材料和构造体系，在台基、屋体、院宅等基本建筑概念间实现相生相克的磨合和共生。此外，研究团队、视觉设计师和艺术家则通过内容研究、信息传达和意象再造的方式融入空间，使得中国馆成为“你中有我、我中有你”的整体，实现库哈斯策划一届“有关建筑而不是建筑师的展览”的要求，回归建筑本身。

本届威尼斯双年展全部国家馆展览有一个共同的主题：Absorbing Modernity（吸收现代性）。中国馆将这一主题意译为“化解现代性”，以“案例卡”作为基本元素，大量展现过去百年间中国建筑在构件、结构、格局、造园和形意方面的案例，一方面，突出现代性作为外来冲击以及中国建筑现代化过程中此起彼伏的矛盾；另一方面，则暗示中国文明对外来冲击所一贯具有的化解甚至同化能力。

第14届威尼斯国际建筑双年展在2014年6月7日开幕，持续到11月23日结束。

【第十届文博会深圳设计产业园分会场】

2014年5月16日至18日，由中国工业设计协会、设计＆艺术联盟（筹）特别支持，深圳市南山区人民政府、文博会组委会办公室主办，深圳市南山区人民政府文化产业发展办公室、深圳市设计联合会、深圳市工业设计行业协会、深圳设计产业园、深圳市龙文文化传播有限公司、深圳市五行创新文化传播有限公司承办的第十届文博会深圳设计产业园分会场的系列活动及展览展出。

本届文博会分会场活动重点突出“设计”特色，以“设计变奏　产业共鸣”为主题，推出第五届中国工业设计贡献奖暨星光大道明星手印式颁奖典礼、广东省设计人才发展座谈暨高级工业设计师颁证礼、优秀创意设计项目推介及签约仪式、第二届全国青年设计师大会、设计师之夜交流晚会等五项活动，同期搭配展出3D技术亲密接触展、深圳工业设计精品展、园区优秀企业形象展三大展览。

【中国创意创业人才培养工程】

2014年5月18日，中国社会科学院文化研究中心、中国民营科技促进会、中国中外名人文化研究会、中国人工智能学会和中国创意产业联盟等联合国内多家产学研机构在第十七届科博会现场举办“中国创意创业人才培养工程”启动仪式发布会。该工程旨在加速培养科技、绿色、文化相融合的中国创意人才，并推动创意人才的创业、就业。

中国创意创业人才培养工程的关键是要发挥资源协调和整合作用，扎实做好几件实事：一是整合一批创意领军企业，通过巡讲活动、校企合作、企业特训等方式加速创意人才的生成速度和质量；二是组织一批创意领军人物、专家，推出一套实用的、有中国风格的创意训练课程，提高各类专业人才的创意素养和能力；三是建立一个创意人才创业支持平台，并成立专项创业支持基金，加快创意到创业的转换速度、质量和效率。

发布会现场还举行了工程合作签约仪式，北京电影学院动画学院、天津市武清商务区、LKK洛可可设计集团、兆富创业投资管理公司等单位和工程签订了战略合作协议。

【国际设计联合会跨界设计资源对接大会】

在落实《国务院关于推进文化创意和设计服务与相关产业融合发展的若干意见》的基础上，为促进设计与相关产业对接、沟通贸易，5月28日至6月1日，由国际设计联合会与光华设计基金会联合主办、中关村工业设计产业协会协办的“国际设计联合会（中国）跨界设计资源对接大会”于第三届“京交会”上举行。会议由民盟北京市委专职副主委宋慰祖主持，共分为“设计3.0时代的跨界创新”主题演讲、“中华版权代理中心设计事业部成立仪式”“设计价值评估发布”三项内容。

设计作为文化智慧，其创造的商品和服务创新将为中国带来哪些改变？设计3.0时代，中国设计产业如何把握机遇？在此次大会上，众多国内著名设计机构和设计服务商以及来自国际设计联合会和立陶宛设计协会代表团的外国嘉宾就跨界、融合、创新等话题展开探讨。

在中国统计学会、天津财经大学等单位的大力支持下，光华设计基金会将全面开展设计价值评估工作。通过收集设计服务企业的信息，以企业的创新力、骨干设计师贡献力、人力成本、知识产权、商标权价值评估等为主要参数，尝试建立一套系统的、有效的、适用于当下及未来金融资本市场发展趋势的数理评估模型或参考标准，为设计服务企业的融资以及投资者提供可靠的参照和依据。

【2014 中国 4A 大学生广告周北京站】

2014 年 7 月 1 日，2014 中国 4A 大学生广告周北京站在中国传媒大学广告学院启动。原国家工商行政总局广告司司长、中国 4A 协会终身顾问刘保孚，以及中国传媒大学广告学院副院长钟以谦致辞。中国 4A 大学生广告周由“大师公开课”“4A 实习生计划”及“中国 4A 金印奖校园展”三大部分组成。

4A 大师公开课由北京电通媒介群总监金轶伦的主讲主题为《社交媒体时代的电通心法》，智立方品牌营销传播集群董事长兼 CEO 杨石头和副总经理创意群总监郑志平等也带来了主题演讲。

本届中国 4A 大学生广告周将 4A 实习生计划纳入活动日程，包括 4A 实习生校园面试以及寒暑假的 4A 公司实习。

【2014 国际体验设计大会】

由 IXDC（国际体验设计协会）主办的“2014 国际体验设计大会”于 2014 年 7 月 18 日在北京国家会议中心开幕。

本届大会的主题为“用户体验战略”。IXDC 秘书长胡晓发表题为《用户体验时代下的我们》的演讲，表达了对“用户体验战略”这个主题的理解。同时发布了由 IXDC 与百度用户体验部共同调研制作的 2014 用户体验行业调查报告。

飞利浦设计全球副总裁、设计战略与设计创新负责人 Paul Gardien 发表了题为《创建丰富的互联世界——飞利浦在体验设计上的新方法使用》的演讲。和硕设计的设计总监郭文祺发表了题为《创新硬件开发过五关斩六将》的演讲。斯坦福大学教授、IDEO 专家 Barry Katz 发表了题为《硅谷的创新生态系统》的演讲。小米科技用户体验总监、小米路由器负责人唐沐发表了题为《从远古时代到智能家居 X. 0》的演讲。斯坦福设计研究中心主任 Larry Leifer 发表了题为《与多种可能共舞：从理论到实践，在行动中发展的“设计思维”》的演讲。百度用户体验部总监刘超发表了题为《整体的用户体验设计》的演讲。清华大学美术学院工业设计系教授蔡军发表了题为《价值导向的全流程用户体验》的演讲。洛可可设计集团创始人、董事长贾伟发表了题为《在体验中服务》的演讲。华为副总裁、全球媒体实验室负责人 Bo Begole 发表了题为《无处不在的媒体：未来用户体验的普及和可穿戴式设备》的演讲。ARKDesign 联合创始人王心磊带来了题为《看不见的设计》的演讲。Google Android Wear 主设计师 Alex Faaborg 则带来题为《Designing for Wearables》的演讲。IXDC 副主任委员、江南大学工业设计学院院长、教授辛向阳发表《体验的属性和品质》的演讲。

除大会演讲外，在为期 5 天的会期里，共有 150 多名来自国内外知名企业的业内人士带来 78 场工作坊。

【One Show 金铅笔奖项及创意节落地中国】

美国 One Show 创意节分别于 2014 年 7 月 22 日、24 日在北京和上海举办两场发布会及展映会。发布会上由 One Show 全球主席 Kevin Swanepoel 宣布 One Show 专业区域性奖项于 2014 年正式登陆中国，命名为“One Show 中华创意节”。面向中国大陆及港澳台地区进行征稿。申奖系统于 2014 年 8 月 5 日正式开启，登录 One Show 申奖页面 http：//awards. oneshow. cn/即可进行申奖。征稿截止日期为 2014 年 10 月 15 日。所有的作品于 11 月初举办的评审会进行评审，并在 2014 年的 11 月 6 日至 7 日举办的为期两天的创意节上进行颁奖。

在奖项划分上，本次 One Show 中华创意节设立了 4 个大的奖项单元。

广告与传播：为包含平面、电视、户外等媒介以及体验式营销、整合传播、广告技巧等设立了分支类目。

互动传播：为基于数字技术、媒介与体验的传播案例，并包括社会化媒体与移动设备等媒介技术应用设立了分支类目。

产品与服务创新：为带给人们全新使用体验和生活方式的产品与服务，包括软件、硬件或者软硬件结合产品及线上线下整合服务设立了分支类目。广告公司、创意公司、互联网公司创造的产品与服务皆可参与此类目的申奖。

娱乐营销：为含有品牌内容的线上电视节目、电影，及娱乐营销事件，名人的创新营销运用设立了分支类目。

【北京 2022 年冬奥会申办标识发布】

2014 年 7 月 31 日，北京 2022 年冬季奥林匹克运动会申办委员会官方网站正式开通上线。这是继 7 月 7 日，国际奥委会正式发布北京入围 2022 年冬奥会候选城市后，北京联合张家口申办 2022 年冬奥会的又一重大事件。

随着北京正式成为 2022 年冬奥会候选城市，加上了奥运五环的申奥标志正式面向公众。正式版的申奥标志与 3 月份的北京申办 2022 年冬奥会标志的主要元素一致，但是底下的“Applicant City”（申请城市）已经变成经过国际奥委会认可的“Candidate City”（候选城市），并加上了奥运五环的标志。

【清华大学与斯坦福大学联合举办“人本城市”主题工作坊】

2014 年 9 月 8 日至 20 日，清华大学美术学院与斯坦福大学人文科学学院联合举办主题为“人本城市：为人而设计”的工作坊，通过体验式学习探索人本设计方法以应对城市所面临的挑战。斯坦福大学人文科学学院城市研究项目 Deland Chan 和 Kevin Hsu 与清华大学美术学院付志勇老师共同指导了本次工作坊，两校各半共计 24 名高年级本科与博硕研究生完成为期两周的探索工作坊，参与学生具有跨学科的交叉背景，包括城市研究、信息艺术设计、工业设计、国际关系、计算机科学、土木与环境工程。学生团队将北京作为城市实验室进行体验式学习，探索加强可持续发展和提高生活质量的策略。六支团队的项目涉及食品系统、住宅能源、电动汽车、自行车生计、土地利用和公共设施。

在新兴经济体中，城市的快速发展对国内、国外都产生着重要的影响。当今，世界上已有超过一半的人口居住在城市环境当中，而这个比例可能会在未来 30 年上升到 70%。因此，一种“以人为本”的发展方式显得尤为重要。“城市不是简单的基础设施混凝土公路和高大的玻璃建筑的集合”，Kevin Hsu 认为，“它是一种生活的载体，承载着居民们每天的行为与互动。对于教育者、城市规划师和政策制定者来讲，他们需要采取人性化的方式来发展城市，在人与社会之间达到一种美好的和谐”。

在这次工作坊中，设计师团队接触了国内外可持续发展专家；用步行、骑行和公共交通等不同方式，走访了许多街坊邻里；并与北京市民们沟通交流，了解他们的生活情况。他们锻炼了观察能力，实践了城市社会学家 William Whyte 和 Jan Gehl 所提出的设计思路，去解读城市生活。工作坊的参与者们还利用如“移情映射”等为北京当地环境量身定制的“设计思维”工具开展研究工作。这次的经验展示了体验式学习的优势，“通过直接与北京当地的人和环境的接触，我们的学生在学术研究中，获得了一个独有的‘解读’城市的机会”。Deland Chan 解释说，“通过研究真实的当地问题和社会需求，结合理论性的教育理念，使学生受益匪浅”。

在这个时代，很多设计项目的都是国际性的。它们汇集了来自不同文化背景和具有不同生活体验的参与者。本次工作坊可以说是一个模拟性的“原型”，也就是说，帮助学生们对未来职业生涯中可能遇到的跨文化合作项目做好准备和训练。跨文化的合作，不仅仅是把来自不同的国家的同学们放到同一个团队。老师们还需要围绕“可持续发展”这个概念来为大家建立共同的术语用词。他们鼓励学生们不仅要重视结果，也要注重调研的过程。“团队成员必须从多个角度来发现问题和寻找解决的可能。”付志勇老师认为，“作为教师，我们应该帮助他们，在设计思维的过程中分享见解，并达成统一共识”。同时，学生们在互相学习中也建立了深厚的友谊。它的意义超越了本次工作坊本身。

作为本次工作坊的延续，部分学生将继续参与到接下来的10周合作项目——国际城市化研讨课中。

9月20日，两校的六支团队在清华大学美术学院B413教室汇报了他们的研究成果。9月25日至30日，作品还参与在中华世纪坛举办的北京国际设计周智慧城市板块的展示。

【2014上海设计之都活动周】

2014年上海设计之都活动周以“设计引领·融合发展”为主题，“设计引领产业，设计改善生活”为策展思路，从10月9日至11月8日的核心月中，开展上海展览中心的主场活动，上海新国际展览中心创新设计展，静安区800秀上海国际创意城市智库论坛等重要活动。

10月9日至12日，全新推出“设计城中城”的概念，在活动周主场——上海展览中心1.25万平方米的空间内，以独立的空间策展与布展方式，通过“情景再造”再现不同国家与地区的设计之美，现场共有70%的国际化品牌及产品，包含了法国、意大利、英国、北欧、新加坡等国家和地区的最新设计。

2014年恰逢中法建交50周年，打造以“沉醉在法国”为主题的设计展示体验区，力邀法国国家艺术联合会（Atelier France）和多个设计平台，共同打造法国设计展场。“重新体会生活”为主题，意大利展场主体为放大的5个字母ITALY，每一个字母都暗藏玄机，对应着不同的设计、生活和艺术理念。天然北欧区展场以“从自然到自然而然”（from Nature to Usual）为主题，以家具与家居产品为媒介，展示北欧人特有的对大自然近乎疯狂的热爱，以及将这种热爱化为产品设计的灵感，并进而在点滴生活中能够切身感受的源自大自然之手的创作。海派街则以“设计·原创·品牌”为主题，推出上海自主品牌专卖、艺术衍生品专区、实验性产品展售处、设计品商店、创意水吧等特色区域，邀请了知名设计品牌的产品参展。

活动周期间，举办一系列高端论坛，主要包括：1. 首届国际创意城市设计创新论坛。以“设计@世界城市创新发展”为主题，于2014年10月10日下午在静安800秀创意产业集聚区举办，12位来自伦敦、纽约、巴黎、米兰等著名设计节及展览的负责人，国际设计行业协会及联合国机构的负责人等带来设计与城市创新发展的新理念，开启国际设计展、节、周的联航。2. “设计成就中国”高峰论坛围绕设计与中国发展的商业问题展开，邀请世界级主持人、设计师、创业者、商业领袖以“设计”作为聚焦点，11场大咖演讲者分享“设计”在各领域的作用和表现，与800位精英共襄一场“设计变革商业”的智慧盛举。3. 亚洲创意产业论坛。创新，为亚洲带来的创意生活。本次论坛希望能够大力推进亚洲创意产业机构与设计师们能在上海设计之都的舞台上展现亚洲创意产业的风貌，能立足于亚洲放眼于世界。同时也能栽培亚洲创意产业的新起之秀、请到的学术界精英能给予专业扶持，提供亚洲创意产业机构与商业设计策略合作的桥梁。

设计周的外围创意设计类活动还包括“再生·绿色设计”项目，“设计师健康跑”、2014上海国际室内设计节、2014首饰艺术博览会、ROSA天空农场嘉年华、世界杰出华人设计师展等60余场。其中“再生—绿色设计展”于2014年10月在上海静安公园举办，意在通过革新的创意、精巧的手工艺，赋予材料新生命力和新价值，呼吁人们重新审视宝贵的材料和资源，以创意设计发掘、重新定义这些材料本身更多的价值。主办方邀请来自会展、建筑、室内设计、工业设计、平面等领域的数十名优秀设计师，带领各高校的设计专业学生、制作工厂，混搭组建数十支团队，通过创意设计、精巧的手工艺，利用废弃的会展材料和其他废弃材料和物品，塑造和创作公众能够与之亲密互动并运用在日常生活中的设计品（装置或物品）。

【2014 第六届清华大学艺术·设计学术月】

2014 年 10 月 30 日，清华大学美术学院工业设计系 30 周年庆典暨 2014 第六届清华大学艺术·设计学术月在美术学院美术馆拉开序幕。来自全国各地的校友和来宾，国际著名设计大师出席了开幕式并参观了“清华大学美术学院工业设计系 30 周年文献展”。

比利时王国驻华使馆瓦隆—布鲁塞尔大区驻华代表团团长那烨飞先生（Philippe Nayer），清华大学副校长谢维和教授，广州市顺德区北滘镇党委书记罗厚光先生，清华大学美术学院院长、清华大学艺术与科学研究中心主任鲁晓波，清华大学美术学院工业设计系教师代表柳冠中，工业设计系校友代表朱中言先生在开幕式上先后致辞。

在学术月期间，工业设计系承办一系列由中国美术家协会工业设计艺委会、清华大学、中国工业设计协会、教育部高等学校工业设计专业教学指导委员会共同支持的国际学术会议，其中包括“社会创新语境中的设计学科转型”国际学术研讨会和国际设计教育工作坊。回顾中国设计教育和设计学科的发展历史，探讨设计生态系统当下的热点话题，展望设计学科未来发展的趋势和轨迹。

此外，第六届清华大学艺术·设计学术月还举办持续之道——国际可持续设计学术研讨会暨设计作品展，2014 中国工业设计园区创新力数据发布会，国际艺术设计教育研讨会等一系列学术活动。来自芬兰、印度尼西亚、日本、美国、韩国、瑞典、德国、澳大利亚、英国等国家的 23 位著名学者、设计师和艺术家，与学院的师生一起，围绕着“设计与创新”这一主线，共同探索设计教育、研究和产业的新动向、新格局、新思维。

【城南计划——前门东区 2014 论坛及学术研讨会】

2014 年 10 月 28 日，由北京天街集团、北京市建筑设计研究院、天安时间当代艺术中心联合主办的“城南计划——前门东区 2014 论坛及学术研讨会”在北京市规划展览馆举行。论坛由清华大学建筑学院副教授周榕主持，针对北京旧城重生议题，以前门东区为研究蓝本，朱小地、刘家琨、孟岩、胡如珊、马岩松、Winy Maas、Terence Riley、史建等在建筑界具有代表性的建筑师和学者发表了自己的研究和设想，徐晋涛、陈嘉映、沈伟、翁菱、Murry Moss、David Chu、Nicolai Peiterson 等专注于城市发展、哲学、艺术、设计、生活方式多个领域的专家学者也共同参与讨论，建言献策。晚上 6 点，“城南计划——前门东区 2014”展览在天安时间当代艺术中心开幕，以展览的形式将国内外 9 家建筑事务所及学术机构的旧城改造设想具象化，来自纽约的沈伟舞蹈团结合行为艺术、实时影像、互动装置的综合舞蹈现场，呈现了人与城市空间的丰富意涵。

以前门大街、鲜鱼口街为代表的前门西区近年来进行了大量修缮和更新，而向东与之相邻的前门东区却成为都市核心的衰落区域，其残旧的街巷院落与周边现代化的城区景观形成了剧烈反差。如何以最小的代价换取区域的复兴？如何最大限度地保护旧城的民生和文脉？如何平衡经济发展与环境需求？“城南计划——前门东区 2014”论坛及学术研讨会，秉持旧城有机更新与复兴的理想，由国内外专家牵头的跨界活动，致力于以学术层面的研究讨论，全新探寻城市的功能和空间演进、旧城改造与民生保障、历史文脉的保护与传承等几大综合性问题。

专注城市规划、建筑设计和景观设计的建筑事务所 MVRDV，关注当代建筑设计趋势及全球问题的建筑师、建筑策展人 Terence Riley，“负建筑”“限研吾流”的创始者限研吾，MAD 建筑事务所创始人马岩松，将个性思想纳入理性设计中、追求激发观众在空间中动态的心理体验的北京建筑设计院院长朱小地，擅长以小型文化空间完成对环境的把握并获得解决问题的创造力的建筑师刘家琨，以研究城市问题为基础致力于建筑学领域探索的机构都市实践，以全球化的观念创造多元化建筑的如恩设计研究室，以极具开创性的跨文化和跨媒介创作发展出“自然身体发展”独特技术体系的编舞家、视觉艺术家和导演沈伟，以及一直致力于推动中国建筑文化发展的文化发展机构有方空间，这9家参展方以前门东区旧城重生为课题，经过大量调查研究，对这一区域的未来发展设计出自己的蓝图，以模型、资料、视频、互动等综合方式通过展览和论坛等形式对公众分享。

在论坛上，有方空间合伙人史建展示了有方工作坊对前门东区现存31条胡同600余院落的调研成果，通过把当下现状与1750年的史料叠加，试图探讨院落肌理的演进规律。北京建筑设计院院长朱小地提出“民有化”的概念，认为旧城保护应该从历史街区实体保护转向文化整体保护：“就是把当地的老百姓留下，形成一个整体。”都市实践合伙人孟岩认为前门东区小而灵活的院落格局带来城市的多样性，具有巨大的潜力，赞成保持院落的机制，重建人与居住地之间情感的联系。K/R事务所合伙人Terence Riley以威尼斯作为失败案例，反对一味地全盘保留，认为应在尊重历史的前提下有选择地进行保护，实现现代和历史的和谐。如恩设计研究室合伙人胡如珊列举了上海的旧宅改造实例，并针对前门东区现状借用考古学的方法提出“清理、挖掘、移植”的建议。MVRDV事务所合伙人Winy maas的想法大胆而超前：“我们是不是可以提供更多的个性、还有更多的表现空间。”通过1700多个不同想法、不同项目的叠加融合，意图“形成全世界最好的胡同区”。家琨建筑设计事务所创始人刘家琨认为前门东区目前的状况“很紧急”，相比于天马行空的概念，亟须找到现实的办法，因此提出循序渐进式的“连环计”改造方案。MAD的合伙人马岩松希望通过建造住宅让更多的年轻人入住这片区域，“不要全是富人，要混合人群进来”，让这里不只是旅游和商业，而是有更多“真实的生活”。

除了参展建筑师的陈述，欧盟—中国城市化合作高级专家Nicolai Peiterson认为旧城应该建设成为文化合作的区域，北京大学国家发展研究院教授徐晋涛认为推动好的市场环境才能真正可持续地实现建筑师们的设想，哲学家陈嘉映认为有创造力的年轻人可以给旧城注入新的活力。纽约艺术设计集团创始人Murry Moss、舞蹈艺术家沈伟、Georg Jensen首席执行官及首席创意总监David chu，以及此次展览及学术活动的主办方天安时间当代艺术中心艺术总监翁菱，也从人文和艺术的角度对城市精神文化建设发表了各自的观点。

【2014One Show中华创意节】

One Show中华创意节是由美国One Show国际创意节按照国际标准在中国设立的区域性专业创意节，2014年11月14日至15日在北京举行了第一届创意节。

2014年11月10日至12日，One Show中华创意节金铅笔奖项进行了为期3天的评审会，评审了来自中国及中国香港、台湾等地区的769件作品。33位来自美国、加拿大、越南及我国北京、上海、广州、深圳及中国香港、台湾地区的多个国家和城市的评委，对广告与传播、互动传播、产品与服务创新、娱乐营销四个单元的作品，以国际标准与本土文化和消费者洞察相结合的多方位角度进行评审。两位来自美国和加拿大的One Show全球董事直接参与了评审并担任监审，于2014年11月15日晚颁出了首届One Show中华创意节的所有奖项。本次奖项评审结果共评出8个金铅笔奖、9个银铅笔奖、10个铜铅笔奖、16个佳作奖，以及全场大奖、绿铅笔奖、红铅笔奖各一个。

【第三届中国设计创新大会暨首届中韩设计创新论坛】

2014年10月25日，由国家工信部指导，工信部工业文化发展中心、中国工业设计协会、江苏省经济和信息化委员会、江苏省工业设计协会主办，韩国设计振兴院（KIDP）联合主办，以“新经济形势下的设计创新驱动”为主题的第三届“中国设计创新大会暨首届中韩设计创新论坛”在江苏常州举行，这也是第九届“中国工业设计周”暨首届“江苏工业设计周”的第二站活动。

“中国设计创新大会”作为“中国工业设计周”重要活动之一，为推动设计产业发展、提升设计理念、增强国际交流发挥越来越重要的作用。中国工业设计协会会长朱焘、工信部工业文化发展中心主任罗民、韩国设计振兴院院长李泰镕和常州市副市长王成斌分别为活动致辞。

活动邀请浙江大学国际设计研究院常务副院长应放天、韩国起亚汽车副社长 Youn Seonho（尹善浩）、浪尖设计集团总经理陈汉良和韩国 Coway 生活用品常务社长 Yeom ILsoo（廉日洙）作为演讲嘉宾与超过200位的与会政府人士、国内外专家学者、设计精英、企业代表分享各自在设计中的经验和观点。

【2014 第九届中国国际建筑装饰及设计博览会】

2014 年 11 月 24 日，由中国建筑装饰协会主办，清华大学美术学院、中国贸促会建设行业分会联合主办的“2014 第九届中国国际建筑装饰及设计艺术博览会”在北京国际会议中心拉开帷幕，25 日下午闭幕。

中国建筑装饰协会副会长兼秘书长刘晓一出席开幕式并致辞。

组委会还邀请了众多来自台湾、香港优秀的设计师作为演讲嘉宾与大陆设计师们进行交流分享，同期在北京国际会议中心举办了三场设计创新交流论坛，以及 24 日举办的“设计师之夜”交流酒会，为广大设计师们提供了一个良好的交流平台。

国际设计创新论坛暨颁奖盛典的三位演讲人分别是来自建峰集团设计院设计总监、外研院常驻首席设计师 Goger Billington，来自 DAVIDE MACULLO ARCHITECTS 的 Aileen Forbes Munnelly，来自美国 Gensler 上海公司设计总监 Henry Chiang。

展览

【“感知中国”设计北京展览亮相联合国教科文组织总部】

2014 年 3 月 26 日至 4 月 2 日，“感知中国”展览在联合国教科文组织总部举办。此次展览是 2013 年联合国教科文组织创意城市网络北京峰会的延续。

此次展览设置了北京客厅与胡同变迁两组场景，结合新明式家具、饰品、城市主题海报等现代设计元素，展现古老北京的魅力与现代活力；通过新能源汽车与绿色交通、园博园与绿色建筑、首钢搬迁与绿色设计，突出产业转型与城市的可持续发展；以大栅栏创意街区和衣、食、住、行、用等创意活动和产品，展现北京设计的活跃度，反映设计促进消费，惠及百姓生活。此次展出的创意产品主要来自中国设计红星奖在全球征集的 3 万件作品中精选出的 20 件获奖作品和北京设计师针对大数据时代的概念创意作品，共包括了 65 件展品、25 段视频、300 余幅图片。

这是北京在 2012 年作为设计之都加入联合国教科文组织创意城市网络以来首次亮相教科文组织总部，同时中国设计红星奖也是首个在此地举办展览的设计奖项。此次展览由北京市政府主办，北京市科学技术委员会承办，北京工业设计促进中心具体执行。

【虚实之间——吴伟和教授师生交互设计作品展】

2014 年 4 月 7 日，由北京工业大学艺术设计学院数字媒体系举办的系列展览之“虚实之间——吴伟和教授师生交互设计作品展”，在北工大艺术设计学院视觉艺术馆开展，展览为期 5 天。展品从形式上包含裸眼 3D 显示、裸眼全息展示等；从交互形式上有 kinect 体感互动、leapmotion 互动等；从内容上，展览展出了清明河畔、清明夜境、音动墨现、三星飘灵等具有古典韵味且符合节日气息的多媒体交互作品。此外，还有穿墙达人、简单世界、魔幻丛林、虚境探宝等具有时尚和魔幻色彩的趣味互动作品，观众可以通过肢体动作在游戏中往返穿梭，或者运用手势隔空操控虚拟物品。

所有展品都是北京工业大学吴伟和教授独立研发、具有自主知识产权的实时 3D 裸眼创作平台设计开发完成。该平台将裸眼 3D 显示技术、3D 渲染技术与体感技术相结合，以体感设备作为交互输入，以裸眼显示作为输出，以自主开发的实时 3D 裸眼渲染引擎为核心，具备快速、实时生成多通道裸眼显示画面的功能。并在此平台基础上，建立了裸眼显示集成创作设计规范体系，形成了一套快速、易修改、高效、便于推广的设计制作流程。该平台的推广应用有望突破目前裸眼显示器在内容制作过程烦琐、成本高、周期长等方面的问题。不仅如此，吴伟和教授的五位研究生在此平台基础之上，充分发挥自己的创意和艺术天分，结合三维模型渲染制作技术和交互动画等多媒体技术，制作出了一个个生动有趣的交互作品。

【“蒙古齐·纸上五十年”展览】

2014 年 4 月 12 日至 6 月 15 日，“蒙古齐·纸上五十年”展览在深圳华·美术馆展出。展览回顾和呈现世界设计史上举足轻重的瑞士设计师布鲁诺·蒙古齐（Bruno Monguzzi）从业逾 50 年的百件经典原作。这是他在亚洲地区的首场原作展，除此之外，展览还将以珍贵的影像资料浓缩再现布鲁诺·蒙古齐

50年的设计历程。

本次展览开幕当天，“我们在参与”系列讲座第十五讲也在华·美术馆三楼展厅开讲，蒙古齐带来题为“一个设计师的自省”的演讲，意大利视觉传达设计协会主席丹妮拉·皮希泰利与大家一同分享意大利设计产业的现状。

【中央美术学院研究生毕业作品展“研展2014”】

2014年4月30日，中央美术学院研究生毕业作品展“研展2014”于中央美术学院美术馆开幕，参加“研展2014”毕业作品展出的硕、博士研究生总共307人（人文学院美术学各专业学生毕业论文不参加展出），参展作品覆盖中国画、油画、版画、壁画、雕塑、实验艺术、设计、建筑、影视等各个专业约400余件。

【红点传达设计大奖世界巡回展台北站】

走过德国柏林、埃森、瑞士巴塞尔等国际城市，红点传达设计大奖世界巡回展台北站于2014年5月15日至9月21日在台北红点设计博物馆展出。展览展出2013年国内外红点传达设计大奖精选得奖作品，共计102件。台北站除延续在其他城市展出的58件作品外，一并集结台湾44件获奖作品一次呈现。

本次国际作品都是获得红点传达设计大奖中的最佳奖（Red Dot：Best of Best）与至尊大奖（Red Dot：Grand Prix）的作品，其中也包括设计新秀最高荣耀初级特优奖（Junior Prize）得主Mustafa Karakas的作品*Women's Rights*。6张系列海报以海芋呈现当今女性在世界各地不同文化族群中遭受的重大迫害，希望透过设计的力量，唤起世界对此议题的关注。此外，网路世代盛行的“贴图”与“颜文字”，让人们在虚拟世界用易懂的符码打破语言与国界障碍，也是新世代视觉传达设计师感兴趣的议题。

【2014　NEW“FORM”国际平面设计探索展（杭州站）】

“国际新锐设计师周”暨NEW“FORM”国际平面设计探索展以“未来”为主题，邀请来自中国、美国、德国、法国、瑞士、意大利、捷克、日本、波兰、以色列、爱尔兰、伊朗、西班牙、阿根廷、土耳其、墨西哥、匈牙利、玻利维亚等20个国家的新锐设计师携百余幅作品参展，展览曾在德国、捷克、北京、杭州、桂林、济南、福州等地展出。通过新形式的图形设计，诠释他们对未来的理解。本次展览旨在促进当代青年设计师发展，搭建新锐设计师施展才华的交流平台，展现平面图形设计多元空间、多维方式的新视觉。所有参展作品将用图形表现“未来”的主题，力求打开新的表现空间，探求表现技法的多样性，为平面图形设计未来发展方向提供一个新的探索。

2014年5月23日至6月3日，“国际新锐设计师周”暨NEW“FORM”国际平面设计探索展“杭州站”在浙江树人大学美术馆举办，展出作品来自19个国家，近百幅专题设计作品。出席开幕仪式的有北京、上海、河北、江苏、浙江等国内各设计类高等院校专家和意大利、荷兰等国际新锐设计师。在开幕仪式上，浙江树人大学纪委书记王军致开幕词，NEW“FORM”国际平面设计探索展学术顾问李中扬教授、意大利著名设计师切萨雷·蒙切利先生以及浙江树人大学艺术学院院长卢少夫教授等专家也分别致辞。

同时，浙江树人大学艺术学院依托本次展览，开展了“国际新锐设计师周”年度学术系列活动。进行荷兰、日本、意大利、美国、德国等一系列的最新平面设计专题讲座。

2014年8月22日至9月15日，2014 NEW“FORM”在台湾高雄文化会馆展出。主办单位为捷克布拉格 AAAD 艺术展览馆、台湾高雄应用科技大学、台湾新光三越高雄左营店。承办单位为台湾高雄应用科技大学文化创意展业系　AAD 亚洲视觉艺术交流。

【华东师范大学设计学院建院十周年汇报展】

2014 年 6 月 5 日至 19 日，“华东师范大学设计学院建院十周年汇报展暨 2014 届学生毕业设计展”在静安八佰秀举行了开幕仪式。

本次展览展出的是华东师范大学设计学院视觉传达、产品设计、环境艺术与公共艺术 4 个本科专业及其下设的 10 个专业方向的学生毕业设计作品。展出作品体现了设计学院所倡导的人文设计的价值理念，强调专业基础与综合素质并重，思考能力培养与实践经验积累并重，文化视野与艺术感觉优先，面向未来，为社会输送高端设计人才的办学理念与办学特色。

【为中国而设计：第六届全国环境艺术设计大展暨论坛】

2014 年 6 月 28 日至 29 日，中国美术家协会主办，中国美术家协会环境设计艺术委员会和上海大学美术学院承办的“为中国而设计：第六届全国环境艺术设计大展暨论坛”在上海大学举行。“为中国而设计：全国环境艺术设计大展暨论坛”是中国美术家协会为全国环境艺术设计领域设置的具有权威性和学术水准的专业平台。本届大展以“美丽中国——设计关注生态、关注民生”为主题，征集到全国 59 所高等专业美术院校的 1000 余件参赛作品。经过专家评选，有 268 件作品入围，其中提名作品 10 件，最佳概念设计作品 12 件，最佳手绘表现作品 7 件和优秀作品 33 件。大展同期举办的专业论坛邀请全国各地相关领域专家学者，思考在中国经济高速发展的背景下人与生存空间环境的矛盾问题。从高端视角审视本土设计的突破与创新、原创与跨界，探寻低碳生活与家居及环境设计的依赖路径，凝练并提升当代中国环境艺术创意的价值意蕴和设计能力。

【2014 第三届国际体感交互设计科技工作坊成果展】

由北京工业大学主办，北京工业大学建筑与城市规划学院工业设计系承办的 2014 国际体感交互设计科技工作坊于 2014 年 7 月 25 日在北京工业大学建筑与城市规划学院会议室举行了成果展示，并为参加本次工作坊的师生们颁发了结业证书。

这是北京工业大学建筑与城市规划学院工业设计系举办的第三期国际体感交互设计工作坊。此次活动由来自荷兰代尔夫特理工大学的 Aadjan van der Helm、Marco Rozendaal 教授和同济大学刘伟助理教授提出了 10 个抽象概念，例如 anger、kindness、pride、inspiration 等，并要求同学们在工作坊期间设计一个基于特殊情感需求的简易音乐播放器，针对这种情感的变化特性进行分析。基于这种情感变化，精心设计音乐播放器的交互方式。在最后的模型中，情感变化的体现与产品构成一个整体。在创意过程中，集成技术、美学、交互设计原理并制作原型和视频作为设计与沟通工具。

【纽约艺术指导俱乐部暨11届青年先锋年赛展】

2014年8月1日，纽约艺术指导俱乐部（New York Art Directors Club）旗下两大设计赛事，由华·美术馆引进亮相深圳，呈现其最新赛果以及全球创意，本次展览一直持续到8月31日。7月15日至31日，展览特设预展环节，观众可以在此期间前来体验互动作品。

此次展览从三个部分向观众呈现设计创作：1. 第92届纽约ADC年度大赛获奖作品展示。2. 第93届纽约ADC年度大赛获奖作品展示。3. 第11届青年先锋年赛获奖作品展。展出的近300件获奖作品涵盖交互媒体、广播和印刷广告、平面设计、插画、摄影、书籍装帧及包装设计等几大类别。

【2014亚洲平面设计邀请展韩国展出】

2014年8月19日，亚洲平面设计邀请展在韩国大田林立美术馆展出。展览由视觉战略（中国）联盟、视觉战略联盟国际培训中心、大连甘井子区人民政府、创业者公共实训（孵化）基地、韩国大田林立美术馆、869（大连）设计学校主办，国际平面设计协会联合会（Icograda）支持。策展人吴中昊，执行策展人为王进华、袁德尊、战国栋，国际策展人为杨超（德国）、沙锋（意大利）、陈禹（美国）。

本次亚洲平面设计邀请展以“合”为主题，以和合为精神。“合”在东方文化中有着合作、融合的含义，同时也代表着中国文化精髓中“和合”文化，所谓和合，就是和而不同，合而为一。在世界高速发展融合的今天，东西方文化交流与碰撞也越来越多，作为文化前沿的设计更是如此。而和合，正是鼓励从各个不同角度、侧面提出各种不同、冲突意见，而后加以融合，发展。

【2014 NEW “FORM”国际平面设计探索展】

2014 NEW“FORM”国际平面设计探索展于2014年8月22日在台湾新光三越左营店11楼文化会馆举行开幕记者会，海峡两岸设计师与媒体茶叙，受邀参展的20个国家的新锐设计师以新形式的图形设计诠释他们对未来的理解。

这项展览由高应大文化创意产业系老师陈育民、捷克布拉格AAAD艺术展览馆及北京印刷学院设计艺术学院老师许力合力举办，向来自中国、美国、德国、法国、瑞士、意大利、捷克、日本、波兰、以色列、爱尔兰、伊朗、西班牙、阿根廷、土耳其、墨西哥、匈牙利、玻利维亚等20个国家的年轻设计家邀展。

同期，主办单位举办国际平面设计交流论坛，邀约2014 NEW“FORM”国际平面设计探索展总策展人、北京印刷学院设计艺术学院讲师许力，艺术顾问、首都师范大学教授李中扬及执行策展人高应大专任助理教授陈育民与与会者面对面交流互动，共同探讨平面设计的发展前景。

陈育民老师表示，人们对于未来有着不同的认知和定义，NEW“FORM”国际平面设计探索展就是以“未来”为主题，设计师通过新形式的图形设计诠释他们对未来的理解，将我们的视线引向未来。

本次展览旨在打破国界，为潜力十足的当代青年设计师搭建施展才华的交流平台，展现平面图形设计多元空间、多维方式的新视觉，所有展览作品用图形表现“未来”的主题，力求打开新的表现空间，探求表现技法的多样性，为平面图形设计未来发展方向提供一个新的探索途径。

【北京、中国香港、伦敦艺术家交流展“TILT”】

伦敦时间2014年9月2日至14日，来自北京、中国香港、伦敦三地艺术家于英国皇家美术学院（RA）举办的展览“TILT”开幕。此次展览是艺术家3年交流访问交流项目的首秀。交流由中央美术学院、香港艺术及古迹资料研究有限公司、皇家艺术学院三个机构联合主办。

这次交流的成员来自不同的艺术背景和文化，参与项目的 8 位艺术家，2 位来自中国北京、2 位来自中国香港，其余 4 位来自伦敦。他们将多样性的文化融合于此次艺术创作，形式从中国传统绘画到新媒体、从文本艺术到表演项目，用全新的经验方法支撑起每一件展览作品。

8 位青年艺术家在视觉艺术及新领域探索方面相互交流经验，从方法、意义、形式等多方面对艺术进行讨论，并合作完成这次展览。

参与艺术家包括：Peter Donaldson，Alana Francis，Ella McCartney and John Robertson（英国皇家美术学院），冼朗儿、吴森枝（中国香港），和筱、崔冉（中国中央美术学院）。

【2014 大声展】

2014 年 9 月 5 日至 17 日，“2014 大声展”在三里屯太古里橙色大厅开幕。大声展是中国最具影响力的关注新锐设计与艺术的双年展。逾百位新锐艺术家、创意人以“混”为主题，在建筑、艺术、平面、音乐、摄影、服装、食物等 12 个主题单元展开与混乱当下的对话。

大声展主策展人之一的陈皎皎指出，“混乱的周遭正是创造力滋生的绝佳环境”。因而，在焦虑且混乱的当代社会语境下，2014 大声展提出了全新命题“混”，并围绕这一关键词展开并呈现年轻创作人与纷乱当下的新鲜对话。本届大声展囊括了建筑、艺术、平面、服装、摄影、文学、音乐、食物、跨界等多达 12 个主题展览单元，展出了全球范围内 136 位艺术家、设计师的 341 件展品，呈现了主策展人彭杨军、陈皎皎以及 8 位联合策展人张永和、李振华、张达、刘治治、欧阳应霁、黄振伟、张有待、沈丹扬的观察和梳理，涵盖了当代文化艺术生活的方方面面。

本届大声展亦包含 ESQ 特别单元，集结了陈天灼、陆扬、温凌、烟囱、王懿泉等 9 组新锐艺术家及其原创的跨界作品。

【第十二届全国美展艺术设计展】

作为第七届中国西部文化产业博览会活动之一，2014 年 9 月 6 日，由文化部、中国文学艺术界联合会和中国美术家协会主办，陕西省美术家协会、西安美术学院、陕西文化产业投资控股（集团）有限公司承办的“第十二届全国美展艺术设计作品展览”在西安当代美术馆开幕。

艺术设计展区是全国美展中相对复杂的一个展区，分为平面设计、环艺设计、服装设计、工业设计、工艺美术 5 个门类。

【中国国际设计博物馆包豪斯藏品展】

2014 年 9 月 28 日，“作为启蒙的设计——中国国际设计博物馆包豪斯藏品展”在中国国家博物馆开展。此次展览由杭州市政府、中国美术学院主办，展览藏品来自 2010 年杭州市政府引进的“以包豪斯为核心的西方近现代设计史系统收藏”。这个亚洲最大的包豪斯收藏涵盖了城市规划、建筑设计、工业设计、平面设计、染织设计和绘画、雕塑、戏剧作品及相关文献。中国美术学院为发掘包豪斯收藏的历史价值，组建了中国国际设计博物馆和包豪斯研究院。本次展览是该收藏落户在中国美术学院后，最大规模的集中展示。

展览在 1000 平方米的展厅中展出作品约 300 件。而这些似乎就存在于我们生活中的展品，囊括了最杰出的现代主义设计大师的作品，如沃尔特·格罗皮乌斯（Walter Gropius）、马塞尔·布劳耶（Macel Breuer）、路德维希·密斯·凡·德·罗（Ludwig Mies Van De Rho）、瓦西里·康定斯基（Wassily Kandinsky）等大师的作品。这些作品堪称是现代设计史上最杰出的证明。

展览围绕包豪斯理想在五个方面的“启蒙”展开，包括“思想启蒙”“形式和材料启蒙”“教育启蒙”“生产启蒙”“日常生活方式启蒙”。展览以多种现代展示手段，帮助观众充分体验和理解包豪斯的设计和理念。

展览持续至11月8日，围绕该主题展开的研讨会于9月29日在展厅举行。为配合展览，由中国美术学院包豪斯研究院与山东美术出版社一起发起的“中国设计与世界设计研究大系”丛书推出其中的5本。

【2014AGDIE 亚洲平面设计邀请展中央美术学院巡展】

2014年11月8日，“2014AGDIE 亚洲平面设计邀请展”在中央美术学院设计学院展出。主题“合”在东方文化中有着合作、融合的含义，同时也代表着中国文化精髓中“和合”文化。本次亚洲平面设计邀请展以“合”为主题，以和合为精神，为全世界平面设计师提供一个平台，促进亚洲平面设计的发展，中西合璧、相互学习，促进亚洲平面设计与世界范围内设计艺术的交流与碰撞。

AGDIE 亚洲平面设计邀请展6位国际评审团成员有：FinnNygaard（丹麦、AGI）、FonsHickmann（德国、AGI）、Erich Brechbuhi（瑞士、AGI）、CaoFang（中国、AGI）、Faldin Alexander（俄罗斯）、Eduard Cehovin（斯洛文尼亚，TDC）。

【领秀上海——PDC 创意生活体验展】

2014年11月12日至16日，“领秀上海—PDC 创意生活体验展”在（上海）国家会展中心开幕。

该展由广交会产品设计与贸易促进中心主办。中国进出口商品交易会（广交会）设立产品设计与贸易促进中心，旨在为“世界设计”与“中国制造”的紧密合作提供一个高效的对接服务平台。通过PDC，设计师能快捷、高效地开拓中国市场；中国企业能借助设计创新提升产品竞争力。

展会期间，PDC 还将围绕时尚生活方式、生活美学、两岸三地设计、创意发声等主题举办一系列活动，邀请设计大师及专业人士来分享设计概念、生活理念。

【全球获奖广告作品与艾美奖纪录影片 Art & Copy 展映】

2014年11月14日，“全球获奖广告作品与艾美奖纪录影片 Art & Copy 展映”在北京嘉里中心大酒店举行。

同时放映的还有 The One Club 出品的有关全球广告历史的艾美奖获奖纪录电影《Art & Copy》。通过采访广告界的泰斗人物和创作历程，回顾了历史上那些具有里程碑意义作品的诞生，如广告界泰斗比尔伯恩巴克为大众创作的 Think Small 广告，W + K 为 Nike 乔丹创作的 Fail Harder Campaign，乔布斯的挚友 Lee Clow 为苹果创作的划时代的1984广告，以及纽约城市形象广告并后来成为世界流行文化符号的 I Love NY 等。

【上海艺术设计展·美学城市】

2013年12月3日至2014年3月30日，“上海艺术设计展·美学城市”在上海当代艺术博物馆举办展览。

上海艺术设计双年展自2000年创办，每两年举办一届，旨在推动上海创意设计发展，培育具有创新开拓精神的设计师，打造具有上海城市特色的文化品牌项目。

在本次展览中，来自中国、美国、法国、英国、意大利、奥地利、荷兰、瑞士、德国、日本等15个国家及地区的537件优秀设计作品，分成主题展和邀请展进行展览。主题展分“逆光之城”“夜晚之城”“移动之城”“界面之城”“手工之城”和“电影城市”6个单元，邀请展则分为“校际社区展示交流”“上海·再设计”“形而上下”和“品牌媒介”4个单元。

【20/20澳门字体百分百设计交流展】

2014年12月19日至28日，由澳门海报设计协会主办，澳门理工学院，澳门同点设计协办的“20/20澳门字体百分百设计交流展”在澳门博物馆回廊展览厅举行开幕仪式。

12月18日，组委会邀请北京印刷学院许力在澳门理工学院汇智楼开设了设计工作坊。

组委会邀请了东方设计学院洪世杰（中国台湾）、北京印刷学院许力（北京）、澳门理工学院陈汉才（中国澳门）作为演讲嘉宾，于12月19日在澳门理工学院一号演讲厅分别作了演讲，并出席汉字设计国际学术会议等活动。3位嘉宾围绕汉字的设计展开了学术性探讨。展览共展出中国及中国澳门40多幅作品。

评奖

【第6届“为坐而设计”展大奖赛】

2014年1月10日，由中央美术学院主办的第6届“为坐而设计”新闻发布会和展览开幕式在中央美术学院美术馆举办。本届设计展分为3个部分：“坐与长者”竞赛作品、“60把椅子”国际知名设计师作品展和“活着的无名好设计”田野文献调研成果。

德国卡尔斯鲁厄国立造型艺术学院副院长沃克·阿布斯、日本著名设计师黑川雅之、澳珀家具总裁首席设计师朱小杰、清华大学美术学院教授石振宇以及中央美术学院设计学院第九工作室教授江黎参加了发布会。

“为坐而设计”本次大赛的主题是“坐与长者”，“长者”指的是比我们年长的人，我们的生命、我们的生活、我们的成长都与他们密不可分，参赛者围绕自己的生活环境或成长过程，表现与长者们共处时所引发的对于“坐”的行为和坐具的设计灵感。本届评委有：谭平、阿布斯、黑川雅之、胡本立、三田村有纯、石振宇、朱小杰、柳冠中、谭平、吴晞、邵帆、石大宇、江黎。第6届“为坐而设计”最终诞生了14大奖项：金奖1名、银奖2名、铜奖3名、优秀奖5名、最佳创意奖1名、最佳制作奖2名，以及若干优秀奖等。

新闻发布会后的开幕式上，主持人许平教授介绍活动情况、到场嘉宾。中央美术学院党委书记高洪、赞助商代表丰意德安钟岩、评委主席谭平、荣麟创意家具董事长戚麟先后致辞。

［第6届“为坐而设计”大奖赛获奖名单］

金奖：

《授与哺》李燕

银奖：

《凳几箱》刘亚楠

《拐杖·椅》熊子欣、崔强

铜奖：

《编织温暖记忆》康悦

《挎包椅》杨晓燕

《端坐椅》薛延年

最佳创意奖：

《千层底椅》张晗

最佳制作奖：

《太虚》王沛璇

《地铁清洁工爱心椅》王翊人、游东和

优秀奖：

《追忆》石丹彤、林芳璐

《伴随》张可人、侯旭南

《搓衣凳》陈杰

《行走的马札》魏涛

《厨房椅》沈源远

另有3名团体组织奖，1名特殊贡献奖，1名优秀导师奖和6名企业赞助奖。

【Tokyo TDC 2013世界字体设计年赛展】

2014年1月18日，“Tokyo TDC 2013世界字体设计年赛展”在华·美术馆展出。本次展览展出的作品是Tokyo TDC（东京字体指导俱乐部）于2013年年赛中评选出来的各类获奖作品原作。展览于1月18日至3月11日在深圳进行展出。

本次展览展出的作品是Tokyo TDC于2013年年赛中评选出来的各类获奖作品原作。展品共计165组，包括平面设计、字体设计、装帧设计、标识与陈列设计、产品包装设计、广告设计、实验作品以及交互媒体设计。2013年的TDC评选出全场大奖1名、特别奖2名、TDC奖5名、字体设计奖1名以及RGB奖1名，书籍设计奖空缺。美国设计师施德明（Stefan Sagmeister）凭借字体作品*Now Is Better*斩获全场大奖，中国香港的黄炳培凭借《妙法/自然》获得了TDC奖。来自美国、日本、瑞士、中国香港、韩国、意大利等国家和地区的10位设计师及设计团队分获各奖项。

[Tokyo TDC 2013 **世界字体设计年赛获奖名单**]

全场大奖

Stefan Sagmeister & Jessica Walsh（美国）——当下更好

特别奖

仲条正义（日本）——遗忘使万事简单，记忆令众人狂癫

葛西薰（日本）——思考建筑

TDC奖

新世界字体研究会（日本）——横向书写“新”假名的字体结构

Felix Pfäffli（瑞士）——Südpol系列海报

Erich Brechbühl（瑞士）——我与明天之间

栗林和夫（日本）——意大利红酒

黄炳培（又一山人）（中国香港）——妙法/自然

字体设计奖

安三烈（韩国）——Ahn Sam-Yeol，Hangul字体

RGB奖

Cohen Van Balen（英国）——金鸽（2011）

【2014第61届iF设计奖颁奖】

2014年2月28日，“第61届iF设计奖颁奖典礼”在德国慕尼黑宝马世界举行。

共75件iF金奖的所有三个类别iF设计大奖颁发。iF首席执行官Ralph Wiegmann主持了仪式，介绍了75件获奖作品并颁发了Herbert H. Schultes设计的金奖奖杯。

2014年的iF设计大奖共4615件作品入围。由来自不同领域的国际设计专家评委会选出1626件作品。其中1220件入选产品设计奖，311件入选2014传达类设计奖，95件入选包装设计奖。55个国家的设计师参加了第61届iF设计奖。

【中国设计师获 A'Design Award 国际设计大奖提名】

2014 年 2 月 28 日，一年一度的意大利 A' 设计大奖 A'Design Award 征集截止，经过国际评委的初评，中国 3 位设计师获得大赛获奖提名，分别是：吴中昊、沙锋、杨超。

国际著名设计赛事——意大利 A' 设计大奖是一个全球性的世界级设计比赛，是一项被国际平面设计协会联合会 ICOGRADA、欧洲设计协会 BEDA 所认可的国际赛事。大赛面对全球设计师、创意人士和设计公司征集作品，旨在评选出最优秀的设计、设计意念以及产品和服务，并颁发奖项给优秀的作品。

2014 年意大利 A' 设计大奖共收到来自 198 个国家 5197 件参赛作品，获得大赛初评提名的作品将有机会在终评角逐金、银、铜大奖，组委会将邀请金、银、铜奖获得者赴意大利参加颁奖典礼等一系列活动。

【第二届江门“五邑杯”创新工业设计大赛获奖作品公布】

2014 年 4 月 4 日，2013 年第二届“五邑杯”创新工业设计大赛延续“以创新设计为突破口，提升产业核心竞争力”的主题，大赛组委办共征集了 660 多份优秀作品，邀请了国内知名设计师和香港的设计专家担任大赛的评委。本届优良产品组一等奖由开平欧标水暖器材有限公司设计的“伊娃系列面盆龙头”获得，江门职业技术学院陈振益、卢伟亮、黄健英、方景荣共同设计的“盲人便利贴”获得概念设计组一等奖。本届“五邑杯”的最大亮点是首次加入了以企业或行业协会与高校联合举办分赛的元素，即由江门市安豪贸易有限公司与华南农业大学工程学院合作举办“安豪杯”浴室用品专项分赛、由江门家电进出口商会与广州美术学院联合举办家电专项分赛，加强了产学研的氛围，学生的优秀概念作品将被生产企业转化为新产品，更好地推动设计与制造的无缝对接。

获奖作品：

第二届五邑杯一等奖——伊娃系列面盆龙头

第二届五邑杯二等奖——双按键盖垃圾桶

第二届五邑杯三等奖——JACK 艺术软包

第二届五邑杯三等奖——管形多方向照明 LED 灯

【2014 年度 CDN 中国汽车设计大赛】

2014 年 4 月 19 日，“2014 年度 CDN 中国汽车设计大赛”颁奖典礼在格维瑞（北京）汽车设计有限责任公司举行，揭晓了 2014 年中国汽车设计大赛获奖名单。

2014 年度 CDN 中国汽车设计大赛评委团：

长城华冠汽车科技有限公司首席设计师 Daniel Darancou；观致汽车有限公司设计总监 GertHildebrand；观致汽车有限公司设计项目高级经理 Tim Pilsbury；沃尔沃集团上海设计中心首席设计师 Gustavo Guerra；UD TRUCKS 公司、沃尔沃集团产品设计首席设计师 Tooru Sekiguchi；江淮汽车意大利研发中心设计总监路迪；底特律创意学院（CCS）教务长、副校长 Sooshin Choi 教授；戴姆勒东北亚公司设计副总裁 Olivier Boulay；大众汽车（中国）设计总监 Simon Loasby；李尔公司（亚太区）首席设计师 Ryuzo Kubo；江森自控有限公司（亚太区工业设计、工艺、消费者调查）副总裁 Richard Chung；延锋汽车饰件系统有限公司设计室经理 Shizuki Kajiyama；IAC 集团北南亚区副总裁 Brian K Pour。

最佳外观设计奖：邱湜，河北工业大学

最佳内饰设计奖：史英男、李康、许杰，中国矿业大学

最佳奢华概念奖：刘孝龙，中央美术学院
中国文化传统设计特别奖：朱路遥，武汉理工大学
最佳生态解决方案奖：刘丽圭、庞建慧、高斌，华中科技大学
最佳创新奖：薛亚宏、黄莹、吴承扬，郑州轻工业学院
最佳量产车型奖：汤繁稀、陶亮，南昌大学
最佳虚拟设计奖：赵光远、张高磊，天津美术学院
最佳生活时尚设计奖：邱珍、杜川生、郭旭阳，江南大学
2014 年度最佳学生设计：郭嘉翌，中央美术学院
最佳院校奖：中央美术学院

【第四届 MUJI AWARD 04 in China 设计竞赛】

2014 年 4 月 29 日，“第四届 MUJI AWARD 04 in China 设计竞赛”落下帷幕。本次比赛以“生活中的恒久设计”为主题向全世界设计师发出邀约，共有来自 49 个国家的 4824 件作品参赛。该主题强调了“学习先人的智慧，观察现代的生活，从崭新的视角发现未来仍将持续存在的设计”的理念。

本次竞赛的评审团共有 10 人，最终，评审员将最高荣誉的金奖授予两件参赛作品，分别是来自中国香港参赛者叶智泉设计的“收纳本”，与日本参赛者小高浩平设计的“小石头粉笔”。

本次竞赛还设立了评审员推荐奖。参赛者伊藤兼太朗设计的“纸质三角垃圾架”、参赛者周拓设计的单肩包“了解你的肩”、参赛者罗钰莹设计的“女朋友也能拧开的矿泉水瓶”、参赛者崔婧设计的“易撕胶带”、参赛者黄士豪设计的“堆叠图钉”、参赛者上田和弘为高龄人士设计的带有亮灯功能的拐杖“光之杖”、参赛者 Cheol woong Seo 与 Jae hee Park 设计的“靠墙伞”、参赛者户田光佑设计的“触感拼图”、参赛者桧垣万里子设计的“分阶段玩耍的玩具”、参赛者杜函芳设计的“乳椅”等优秀作品都受到了评审员的推荐。

【全国大中学生第三届海洋文化创意设计大赛】

2014 年 5 月 5 日至 6 日，“全国大中学生第三届海洋文化创意设计大赛”作品评审会在中国海洋大学崂山校区举行。来自清华大学、同济大学、西安美术学院、天津美术学院、鲁迅美术学院、南京艺术学院、湖北美术学院、中国艺术研究院、武汉理工大学、山东工艺美术学院、中国海洋大学 12 位设计领域专家到会。大赛组委会主任、国家海洋局宣教中心主任盖广生，大赛组委会主任、中国海洋大学副校长李巍然出席评审会并分别致辞。

此次大赛是 2014 年“世界海洋日暨全国海洋宣传日”期间举办的活动之一，由国家海洋局宣传教育中心、中国海洋大学共同主办。大赛主题是“海洋强国梦”。本次大赛共收到作品 8315 件，其中大学组 7619 件，中学组 696 件。来自全国 28 个省市和中国台湾、澳门地区 303 所高校，来自内地及澳门 43 所中学积极参赛。作品类别涵盖招贴海报、包装书装、环境景观、产品造型、媒体动漫等。本届大赛的作品数量及质量比往届大赛有了很大的提高。

经过评审，大学组评出获奖作品 255 件，其中金奖 10 件、银奖 14 件、铜奖 33 件、优秀奖 198 件；中学组评出获奖作品 52 件，其中金奖 3 件、银奖 5 件、铜奖 10 件、优秀奖 33 件。大赛还评选出入围奖、优秀组织单位、优秀指导教师等奖项。获奖作品将编辑《海洋强国梦——全国大中学生第三届海洋文化创意设计大赛优秀作品集》，并由中国海洋大学出版社出版。

5 月 6 日，参加大赛评审的专家与中国海洋大学相关领导、学者及青岛各高校师生代表参加了由组委会举办的“海洋强国梦大家谈”论坛，评审专家就有关海洋文化创意设计等话题与相关学者进行了交流。

【“雕塑自然　灵感之美”现代汽车设计大赛】

2014年5月8日，由现代汽车（中国）创办，主题为“雕塑自然　灵感之美”的2014 Hyundai Car Design Award现代汽车设计大赛，经过国际专业评委评选，本着公平、公正原则，从全国639份作品中最终遴选出30件优秀作品入围决赛。

现代汽车设计大赛自2014年2月28日正式启动以来，共收到来自全国105所高校提交的639份作品。由现代汽车设计中心总裁Lee byung seob，国际知名设计大师、北京长城华冠汽车设计公司首席设计师DAN DARANCOU，SYNC代表设计师刘传凯，中国著名汽车造型设计师陈群一，以及现代中国汽车设计研究院的资深设计专家共同组成的大赛评审团，根据作品对大赛主题的诠释、原创设计理念的表达和汽车造型设计水准，以及其体现出的创新性、表现力和应用性等方面综合考量，最终评选出来自清华大学、中央美术学院、鲁迅美术学院等19所知名高校的30件优秀作品，入围决赛争夺最终大奖。

【第二届E级方程式国际设计锦标赛（中国区赛）】

2014年7月27日，由北京工业大学艺术设计学院与美国艺术中心设计学院（Art Center College of Design，简称ACCD）联合主办的“第二届E级方程式国际设计锦标赛（中国区赛）”在北京工业大学奥林匹克体育馆举行。

这项赛事是由美国艺术设计中心学院于2006年创办的，是一项以创意设计为核心内容、面向全球优秀设计学生的皮筋动力车综合设计竞赛。

本赛季活动自2014年4月开始以来，来自北京工业大学、北京理工大学、同济大学、华南理工大学、北京信息科技大学、武汉科技大学、河南工业大学、西华大学、江南大学、北京联合大学、汕头大学、中国美术学院、山东工艺美术学院、湖北工业大学全国14所高校共计30支赛队参与。

最终来自同济大学的“壹”队以15分19秒的成绩获得了爬坡竞速赛的第一名；由北京工业大学的“BEE”队分别以23分31秒和5分89秒的成绩获得了障碍竞速赛和拉力竞速赛的第一名；三项竞速赛的总成绩第一名由同济大学的“壹”队获得；湖北工业大学的“风驭”队获得最佳品牌设计奖第一名；第二名则是由北京工业大学的“Rainbow”队获得；“Rainbow”队同时还获得了最佳公益设计奖的第一名；第二名获得者是同济大学的“XD”队；最佳车辆设计奖前两名分别是北京工业大学的“BEE”队和西华大学的“第六元素”队；北京工业大学的“BEE”队以总成绩第一名，摘得桂冠；同济大学的“壹”队获得总成绩第二名；中国美术学院“S－DNA”队获得总成绩第三名；中国美术学院的“Fantastic－T”队获得第四名；北京工业大学的“Outstanding”队获得第五名。

按照比赛规则，获得赴美比赛资格的三支队伍将获得广汽传祺的资助参加8月7日在美国艺术设计中心学院校园里举办的总决赛。

2014赛季获奖名单：

爬坡竞速赛：壹

障碍竞速赛：BEE

拉力竞速赛：BEE

竞速总成绩：壹

最佳车辆设计奖

第一名：BEE

第二名：第六元素

最佳品牌设计奖

第一名：风驭
第二名：Rainbow
最佳公益设计奖
第一名：Rainbow
第二名：XD
冠军车队：BEE
亚军车队：壹
季军车队：S－DNA

【第二届“中装杯”全国大学生环境设计大赛】

2014年9月25日，由中装新网主办的“第二届‘中装杯’全国大学生环境设计大赛”总决赛暨颁奖典礼在北京服装学院（中关村文化创意产业园二楼报告厅）举行。大赛的全程战略合作机构深圳中装建设集团股份有限公司副总裁熊兆宽主持本次活动。

大赛共邀请5位各大设计企业负责人和一线资深设计师作为评委导师出席本次活动，他们分别是：苏州金螳螂设计院执行院长姜樱、中装建设吕邵苍酒店设计研究中心首席设计师吕邵苍、北京银坐标室内装饰设计公司设计总监孙凯、北京卓正和商业建筑设计有限公司总设计师王轶昆、中国中建华腾装饰工程有限公司设计研发中心总经理熊宏飞。

中国建筑装饰协会会长李秉仁，深圳中装建设集团股份有限公司人力资源总监赵海峰，北京服装学院副院长、艺术设计学院院长詹炳宏，中装新网副总编刘玄出席活动并发表讲话。

中国建筑装饰协会会长李秉仁立足于行业宏观层面指出了建筑装饰人才培养的必要性和重要性，充分肯定了“中装杯”在装饰设计人才发掘方面的成绩。他重申建筑装饰行业发展的六字方针——适用、经济、美观，指出设计师应该追求符合这六字方针的高品质作品，表达了对从业设计师和参赛大学生的殷殷期待。

北京服装学院副院长、艺术设计学院院长詹炳宏和深圳中装建设集团股份有限公司人力资源总监赵海峰分别从学校和企业的角度论述了建筑装饰设计人才培养和招聘之间存在的隔阂，呼吁更多的高校和企业参与到“中装杯”这样有效促进校企结合的平台。

第二届“中装杯”全国大学生环境设计大赛于2014年4月28日在广州美术学院正式启动，历时5个月，先后在广州、哈尔滨、西安、郑州、武汉、重庆、长沙等城市巡回宣讲，继2013年首届大赛宣讲的9座城市，进一步扩大“中装杯”在全国范围内的影响力。大赛共征集优秀作品逾千份，评审团从中评选出了83份命题类优秀作品和87份毕业设计类优秀作品入围大赛的复评，复评中排名前9的命题作品设计者参与了此次总决赛答辩。

答辩环节是第二届“中装杯”在赛制上的改善和创新。9组作品的设计者依次上台演讲并对5位评委导师的提问进行答辩，理念交锋，思维碰撞。依据参赛选手答辩环节的表现，5位评委导师评选出了本次大赛的特等奖、一等奖和二等奖，并且确定了“跟导师学设计”的人选。

另外，大赛还评选出了命题类作品三等奖8名，优秀奖30名；毕业设计类作品一等奖3名，二等奖5名，三等奖8名，优秀奖30名；优秀组织奖、优秀指导老师奖各10名。

第二届“中装杯”全国大学生环境设计大赛命题类获奖名单

序号	奖项	姓名	学校	指导老师	命题	主题
1	特等奖	王谨文 林晓芳 陈冰晶	福州大学厦门工艺美术学院	梁青	3	溅开的颜色——福州大学厦门工艺美术学院纪念品展示空间设计
2	一等奖	易丽岚 郑瑾 钏晓强	福州大学厦门工艺美术学院	梁青	3	光与线的邂逅——福大美院展售空间设计
3	一等奖	赵轩羽 栗采奇	广东财经大学	杜肇铭	1	荷居
4	一等奖	钟婉琦	湖南工艺美术职业学院	胡毓轩	3	变数
5	二等奖	陈添君	广东省韩山师范学院	黄兵	2	慢品生活——湖南民居主题别墅设计
6	二等奖	程春艳 张缀	江苏工程职业技术学院	蔡云 王文玲	2	居家
7	二等奖	王璐涵	燕山大学	赵琳	1	恒大教师公寓设计
8	二等奖	许俊杰 卞怡然 孙媛媛	南京艺术学院	唐余雄	3	与书卷为乐
9	二等奖	张志阳	湖北理工学院	杨雪梅	1	都市静谧
10	三等奖	陈杭君 张木敏 袁丽霞	天津工业大学	王维	3	学生艺术中心
11	三等奖	冯永瑞 孙晓晴	江苏工程职业技术学院	于新建	1	四叶草的幸福
12	三等奖	黄圳 陈可涵 简黄凯	福州大学厦门工艺美术学院	梁青	3	顺流与逆流——高校纪念品展示销售空间
13	三等奖	靳程兰	湖南工艺美术职业学院	刘延国	3	Hourglass 假意展览馆——消逝的记忆
14	三等奖	黄志星 王倩 陈剑武	福州大学厦门工艺美术学院	梁青	4	素·域——神话创意产业园基地酒店大堂设计
15	三等奖	张明 张鑫	中南大学	朱力	1	简欧式样板间设计
16	三等奖	张校 沈怡 朱佳丽	南京艺术学院	唐余雄	3	南京艺术学院纪念品展厅设计——“网”
17	三等奖	谢雁彪	广东省韩山师范学院		1	素简雅

【2014 第二届金创意奖国际大学生空间设计大赛暨国际设计师论坛】

2014 年 9 月 28 日，由中国国际室内设计联合会举办，中国国际室内设计网承办的“第二届金创意奖国际空间设计大赛获奖作品全国巡展活动暨国际设计师论坛”开幕式在山东工艺美术学院举办，于 2014 年 12 月 30 日在北京丰大国际酒店圆满落幕。本届金创意奖国际大学生设计大赛共有 46 所全国设计艺术院校的大学生参加，共征集参赛作品 1000 多套。大赛共设：个人特等奖、一等奖、二等奖、三等奖、优秀奖及导师奖、团体奖、院校奖。共计有近百余名优秀大学生和导师分获各类奖项。同期举行的“国际设计高峰论坛”以“创意成就设计梦想 & 创新引领行业发展”为主题，围绕国内外设计行业发展状况、国内外设计艺术人才培养及大学生学习及就业发展三个方面进行了讨论和分析，意在让设计行业的新生代了解行业发展现状和趋势，明确未来设计行业市场对创新人才的需求，倡导和鼓励企业在一定程度上给予新生代设计人才提供更多学习实践的机会，真正是实现校企合作、产学结合，为设计行业未来发展打好坚实的基础。

【2014KIKKERLAND 中国设计挑战赛】

2014 年 9 月 28 日，“2014KIKKERLAND 中国设计挑战赛”获奖设计作品及金奖设计作品在中华世纪坛“中国设计挑战赛 2014 年会”上揭晓。

“2014KIKKERLAND 中国设计挑战赛”由北京国际设计周及中国设计红星奖发起，KIKKERLAND 携手家居行业互联网第一平台——新浪家居联合主办，涵盖设计命题策划、成立国际权威评审团、工作室指导、全球推广及生产等不同环节的高品质内容。

本挑战赛主题为“突破局限，改善生活，通往设计之路”，意在寻觅下一批突破局限，用灵动幽默的设计改善平凡生活的中国年轻设计之星。

自 2014 年 2 月征集开启后，KIKKERLAND 挑战赛共征集近 1000 件设计作品，其中 30 位入围设计师参加了为期 3 天的工作室指导。在为期 20 天的全球网络投票活动中，吸引了国内外设计爱好者 1.8 万人次参与本次投票，浏览量高达 25 万次。

本届挑战赛金奖由中方特邀评审清华大学美术学院教授柳冠中先生开出，设计师周易的“胡同橡皮擦”喜获殊荣。该作品展现了设计师对“正在消失的”中国胡同文化的怀念，每一块橡皮的设计都是中国传统建筑的缩影。

设计师王磊的“姜太公泡茶器”获得许多评委和公众的青睐。本设计灵感来自“姜太公钓鱼”的形象，让泡速溶茶的节奏慢下来，使人在紧张的生活步调下同时有一丝小情调在其中，泡茶叶何尝不是一种风景。

其他全部获奖设计作品名单：

作品名称：瓷味调味瓶　设计师：林紫薇、郭思琪

作品名称：云曲别针　设计师：闫龑

作品名称：长城卷尺　设计师：袁晓涵、张炜茹、李婧、臧凤岐

作品名称：木笺便签纸　设计师：杜超越

作品名称：夹子相框　设计师：林思安

作品名称：西游记系列开瓶器　设计师：林思安、邓钰朗、范湘婷

作品名称：松果转笔刀　设计师：白仁飞

全部获奖设计作品在 2014 北京国际设计周——中国设计挑战赛 2014 年会展览上精彩呈现，并将被

KIKKERLAND 设计公司投资生产，2015 年陆续进入全球市场。

【2014 年全国大学生工业设计大赛】

2014 年 9 月 28 日，由教育部高等学校工业设计专业教学指导分委员会、广东省教育厅、广东省经济和信息化委员会以及顺德区人民政府共同主办的“2014 年全国大学生工业设计大赛颁奖典礼暨‘中国设计新锐奖’展览”开幕式在广东工业设计城举行。中国教育学会副会长林炎志，教育部高等学校工业设计专业教学指导分委员会主任委员何人可、副主任委员童慧明，广东省教育厅副巡视员胡振敏，广东省经济和信息化委员会吴育光副主任，顺德区人民政府黄喜忠区长，广州美术学院吴卫光副院长等领导出席。

2014 年参赛的总人数为 14714 人，提交的参赛作品数量为 18129 件，实际参赛作品数超过 2 万件。经全国各分赛区举行初评和复评，共向全国总决赛推荐了 926 件入围奖作品。全国赛区组委会经过细致、严谨、客观、公正的评选，最终确定了 6 件一等奖作品、18 件二等奖作品、49 件三等奖作品以及 187 件优秀奖作品，并评选出优秀指导老师 9 名，最佳组织奖 10 名。

2012 年 12 月，习近平总书记到访并参观了广东工业设计城，提出了“聚集 8000 名设计师”的殷切期待。为回应习近平总书记的期待，近年来，顺德高度重视工业设计行业的发展，注重设计与产业相结合，也出台了一系列的政策以吸引设计人才在顺德集聚。随着广东工业设计城软硬件条件的进一步完善，以及广东顺德工业设计研究院的建立，将在顺德北滘打造一个工业设计产业与人才的高地。2014 年全国大学生工业设计大赛是首个在顺德举办的全国性工业设计类赛事。

【2014 第三届中国环境艺术“青年设计师奖”作品展暨亚洲地域文化与环境艺术论坛】

2014 年 10 月 25 日，“2014 第三届中国环境艺术‘青年设计师奖’作品展暨亚洲地域文化与环境艺术论坛”在吉林艺术学院美术馆开幕。本次活动由中国建筑学会建筑师分会和吉林艺术学院主办，中国建筑工业出版社《室内设计师》杂志和《装饰》杂志协办，中国建筑学会环境艺术专业委员会、吉林艺术学院设计学院、吉林省设计艺术研究中心承办。

本次展览共收到来自海峡两岸暨港澳台地区以及海外设计机构、设计院校的环境艺术设计作品共计 3711 件（套），本次展出的是精选出来的 200 余件（套）获奖作品。作品涵盖环境景观设计、室内空间设计、建筑空间设计、环境模型与手绘表现设计、公共艺术等类别，作品题材广泛、内容丰富、立意新颖，具有时代精神和地域特色，兼顾设计的功能性，体现了一年来国内环境艺术设计学科发展的成果。

在展览同期举办的“亚洲地域文化与环境艺术论坛”上，邀请了建筑业界的专家学者交流研讨，韩国建筑师承孝相作了主题为“环境语境文化交融”讲座，我国著名建筑师张利作了主题为“陌生的熟悉与熟悉的陌生”的讲座。

本次论坛活动的举办，对于现代工业文明中高速发展的城市建设背景下，创造符合生态环境良性循环和生态平衡的城市建设生态系统起到促进作用。同时，对于缩小国内外环境艺术设计行业发展的差距，使国内环境艺术设计行业健康持续发展，为国内环境艺术设计行业机构与高校环境艺术设计专业建设提供了展示与交流的平台。

【2014 中国环境设计教育年会暨第十二届中国环境设计学年奖】

2014 年 11 月 22 日至 23 日，“2014 中国环境设计教育年会暨第十二届中国环境设计学年奖”颁奖典礼在南京艺术学院举行，会议由中国环境设计学年奖组委会主办，南京艺术学院设计学院承办。本届论坛秉持公平、公正、公开的原则使所有参与院校能够在这个平台上自由竞技充分展示，呈现专业性、文化性、交叉性的特点。

“中国环境设计学年奖”是由16所具有代表性的美术、建筑、艺术设计学院联合发起的设计奖项与论坛活动。作为一个致力于推动中国环境设计教育与国际对接交流的平台，学年奖自2008年开始与日本、法国、英国、德国、美国等设计发达国家进行了专业深入持久的交流，其中学年奖每年举办数十次专业国际交流论坛和设计培训。

本次活动邀请国内著名建筑院校、设计院校的领导、学科带头人莅临指导。依据各院校教育和各地区经济、历史与文化的背景，探讨和挖掘不同的教学优势与特色，对我国高校不同学科背景下环境设计专业的教学改革与实践成果进行检阅；激发本专业学生的学习热情，促进大学生坚实地迈入社会与市场，催生中国环境设计专业创新人才；推动我国环境设计教育发展、提升我国环境设计领域整体水平产生积极影响；构建相关企业与高校环境设计教育合作的教学互动平台。

【2014中国风景园林教育大会暨中国风景园林学会教育工作委员会成立大会】

2014年11月29日至30日，“2014中国风景园林教育大会暨中国风景园林学会教育工作委员会成立大会”在北京林业大学召开。此次大会在国务院学位办、住建部人事司、中国风景园林学会的批准和指导下，经由中国风景园林学会教育工作委员会、全国风景园林专业学位研究生教育指导委员会、全国高等学校风景园林学科专业指导委员会联合主办，由北京林业大学承办。此次大会的参加对象为具有风景园林学科硕博士授权以及具有风景园林专业学位授权的院校负责人，全国开设风景园林、园林、环境设计及相关本科或高职院校负责人或教师代表以及部分风景园林规划设计、施工单位的有关人员。共有120余所高校、400余名高校和企业单位代表参加此次大会。

本届大会主题为风景园林教育规范化，参与对象涵盖了全国开设风景园林或相关专业的绝大部分院校。随着国民社会和经济水平快速发展以及十八大关于生态文明建设与“美丽中国”宏伟蓝图构想的推进，中国风景园林事业迎来了发展的黄金时期。十八大以后面临国家发展战略的调整，在城镇化建设、生态文明建设等重大战略构想框架内，风景园林教育如何快速高效适应中国社会发展需求与总体方向，成为了时代赋予风景园林教育系统的新课题。本次大会设风景园林本科教育规范化、风景园林研究生教育规范化、风景园林教育与实践三个专题分论坛，分论坛邀请来自多所高校的学科负责人以及知名风景园林规划设计、施工相关企业、单位负责人进行多层次、多角度的探讨，共同推动风景园林学科教育改革发展。中国风景园林教育工作委员会的成立以及本次大会的召开，有利于加强风景园林教育工作，建立健全科学合理的风景园林教育体系，促进风景园林专业人才的培养，并以此为平台，促进中国风景园林教育事业的进一步发展，最终提升整个行业的人才质量，为风景园林行业创造出更为丰富的社会效益、经济效益和生态文明效益。

【2014金点设计奖大陆入围147件作品】

台湾金点设计奖2014年决审入围名单出炉，来自中国、中国台湾、中国香港和新加坡等地共1901件参赛作品中，共有416件作品进入决审。其中来自中国的作品共入围了147件，如北京小米科技、广东美的暖通、三一重机等皆有作品入围，得奖名单于12月11日举行的颁奖典礼公布。

【中国高等院校设计作品大赛】

由设计杂志社发起的“中国高等院校设计作品大赛”经过最终评审，获奖名单公布。这场由设计杂志社及其学术研究共建单位共同开展的设计作品大赛，经过业内权威专家的严格终评后，最终在入围作品中评选出了一、二、三等奖以及优秀奖。

此次大赛是由设计杂志社发起。来自北京服装学院、广州美术学院、南京理工大学、香港公开大学、北京工业大学、北京林业大学、东北大学、华东理工大学、浙江理工大学、湖北美术学院、山东大学、武汉大学、武汉理工大学等高校的作品分获一、二、三等奖，部分入围作品获得优秀奖。本次大赛获奖作品及部分优秀入围作品已被收录《中国高等院校设计作品精选年鉴（2014 卷）》中。

中国高等院校设计作品大赛一等奖获奖名单（排名不分先后）

序号	奖项	作者	作品名称
1	一等奖	付志伟	“共生”电子生态系统
2	一等奖	郭强	《适》系列
3	一等奖	李伟新	三合一刨土机创新设计
4	一等奖	李中豪	《敦煌辫》现代有线珐琅套装
5	一等奖	林思安、邓钰朗、范湘婷	电子印台
6	一等奖	卢彬	欲望
7	一等奖	乔泱	北极熊手套
8	一等奖	时准	吉剧经典系列海报
9	一等奖	王军超	茶具·随
10	一等奖	杨淳、郭宜清、郭嘉琳、黄隆达	自助组合式电动轮椅

中国高等院校设计作品大赛二等奖获奖名单（排名不分先后）

序号	奖项	作者	作品名称
1	二等奖	杜状、鲁阳	坝上春秋接待大厅设计方案
2	二等奖	高伟	云系列浮雕
3	二等奖	郭剑	《自然·冥想》主题景观设计
4	二等奖	何松冰	民声
5	二等奖	黄志聪	分享轮椅概念设计
6	二等奖	李楚欣	Cant
7	二等奖	李中豪	Dangerous Liaison（危险关系）现代有线珐琅胸饰套装
8	二等奖	刘倩	智能农场
9	二等奖	卢沛瑶	没有买卖就没有杀害
10	二等奖	马驰	轮回
11	二等奖	磨炼、王军超	Screw spirit
12	二等奖	倪一旻	Ms & Mr Beers 酒吧视觉形象设计
13	二等奖	尚澎	六度空间
14	二等奖	吴慧兰	注水式记号笔

续表

序号	奖项	作者	作品名称
15	二等奖	徐乐、杨存园、王晨	Blind crisper
16	二等奖	闫夔	云曲别针
17	二等奖	游冉	重聚与融合
18	二等奖	周俊宇	微旅游社交 App 应用界面设计
19	二等奖	朱广远	清洁手套设计
20	二等奖	朱婧	PTP 椅

【第 14 届中日韩风景园林学术研讨会】

2014 年 10 月 17 日至 19 日，由中国风景园林学会、日本造园学会、韩国造景学会共同主办的“第 14 届中日韩风景园林学术研讨会”在四川省成都市召开。中日韩风景园林学术研讨会每两年举办一次，自 1998 年开始至 2014 年，已成功举办过 13 届，受到三国风景园林专业人士的普遍好评，对促进风景园林学科的发展和三国的专业交流起到了积极的作用。本届会议主题为“风景园林与美丽城乡”，研讨会共设有 3 个专题：“地域性风景园林”“田园风光与文化传承” 和 “连接城市和乡村的绿道”，共有 6 位中国专家、3 位日本专家和 3 位韩国专家针对专题进行主题报告。为加强中日韩三国在校大学生的相互学习交流，在第 14 届中日韩风景园林学术研讨会期间还举办了中日韩大学生风景园林设计竞赛。

会议·论坛

【第四届园冶高峰论坛】

2014年1月9日至11日，“第四届园冶高峰论坛”在北京新大都饭店举行。本届论坛由园冶杯风景园林国际竞赛组委会、亚洲园林协会、中国建设教育协会等联合主办。中国风景园林网、世界园林杂志社等承办。本届大会以“促进生态文明，发展美丽中国”为主题，设有风景园林国际竞赛颁奖仪式、园林大师对话会、学术交流研讨会、高校论坛、企业管理论坛等重要环节。

本届论坛的开幕式上举行了“2013园冶杯风景园林国际竞赛（毕业设计、论文）”“园冶杯住宅景观奖”“城市园林绿化综合竞争力百强暨十佳园林企业”颁奖典礼。已经连续举办4届的“园冶杯”系列竞赛活动，促进了我国风景园林行业的健康发展，提高了国内风景园林院校的教育水平和质量，为我国园林行业培养了综合型、复合型、创新型人才，满足了景观园林行业的发展需要，推动了园林绿化建设的可持续发展，为新型城镇化建设打好了坚实基础。

根据目前国内外风景园林行业的现状和发展方向，本届论坛共设有8个分论坛：园林城市与人居环境高峰论坛，生态城市与城市设计学术研讨会，欧亚设计师学术论坛，休闲度假与住宅景观设计交流会，女风景园林师座谈会，园林植物与工程设计研讨会，风景园林高校论坛，园林工程技术与企业管理论坛。

【研发设计服务座谈会】

2014年1月10日，由国家发改委高技术产业司、国务院发展研究中心、中国工业设计协会携手组织的“研发设计服务座谈会”在中国工业设计协会举办。

来自联想、飞亚达、浪尖、浙江大学、大千、洛可可、北京工业设计促进中心、中国家电研究院等行业组织代表就目前行业面临的问题、如何通过研发设计促进产业转型升级等议题进行了探讨。

国家发改委就本次调研成果整理并写入提报给国务院的年度经济运行情况报告和下年度发展建议，并在高技术服务领域继续加强对工业设计的相关扶持。

【2014中国创新设计发展战略专题研讨会】

2014年1月15日，由中国工程院主办的“2014中国创新设计发展战略专题研讨会”在北京举行。来自中科院、工程院的数名院士以及国内设计界的专家学者30多人，围绕创新设计的内涵、价值以及“创新设计发展战略研究重大咨询课题”的相关问题进行了研讨。

为有效宣传中国工程院“创新设计发展战略”研究重大咨询项目的阶段性研究成果，推动中国设计界对新时期创新设计内涵及价值问题的再思考而召开本次大会。本次研讨会由中国工程院常务副院长潘云鹤院士主持，包括全国人大常委会原副委员长、中国机械工程学会荣誉理事长路甬祥院士，徐志磊院士，闻邦椿院士，李伯虎院士以及浙江大学冯培恩教授，清华大学柳冠中教授等在内的30多位设计界专家参会研讨。

会上路甬祥院士以“关于设计进化的再思考”为题作主旨报告，他以人类文明进程中设计价值和规律的认知历程为主线，重新审视新时期创新设计的内涵与发展走向及其对经济社会推动的重要作用。

【第七届 CDN Interior Motives 中国国际汽车设计会议】

2014 年 4 月 18 日至 19 日，“第七届 CDN Interior Motives 中国国际汽车设计会议”在北京富力万丽酒店举办。为期两天的会议以“创造城市新景象”为主题，吸引全球各地的众多顶尖设计师齐聚一堂，探讨各种话题，如时尚奢华、人机界面设计、可持续设计和智能材料，以及中国设计文化。会议第一天由清华大学美术学院杨冬江发表主旨演讲。

在会议中发表演讲的还有 20 多位汽车与工业设计领域的负责人，包括通用汽车中国的乌琳高娃、长城汽车的 Pierre Leclercq、广汽集团的张帆、宝马集团上海设计工作室的 Magnus Aspegren、长安汽车的陈政、吉利汽车的 Guy Burgoyne、丰田上海的堀井育郎、沃尔沃的 Robin Page、PSA 标致雪铁龙中国的杜宝南，以及北京汽车的 Peter Arcadipane。

【2014 老龄福祉文化与服务产品设计应用主题研讨会】

2014 年 5 月 6 日，由商务部批准，民政部、全国老龄工作委员会办公室、北京市人民政府主办，中国社会福利协会、北京市民政局、北京市老龄工作委员会承办，中国社会福利协会老年康复护理辅具用品适配应用专业工作委员会、国家康复辅具研究中心、北京理工大学珠海学院福祉文化与服务设计研究院承办的“2014 年第三届中国国际养老服务业博览会——老龄福祉文化与服务产品设计应用主题研讨会”在北京国家会议中心举行。

本次博览会首次引入与老年人生活息息相关的设计行业，特设老龄福祉文化与服务产品设计应用主题研讨会。研讨会紧紧围绕博览会“感恩、关爱、服务、发展”的主题，根据老年人生活需求和服务业发展的迫切需求，力邀行业专家，从不同角度、不同领域共同探讨，面向老龄社会发扬设计的社会责任、体现设计的人文关怀，构建人性化老年社会新秩序。

研讨会首先由中国社会福利协会副会长兼秘书长冯晓丽女士、国家康复辅具研究中心主任王喜太先生发表活动致辞。

【CCII“创意中国・解读当代”主题沙龙】

CCII798 国际设计馆于 2014 年 5 月中下旬在 798 艺术区举办了“创意中国・解读当代”主题沙龙活动。其主要内容包括“解读 798 创意谜题”与国际双年奖赏评会活动。来自北京、山东、陕西等地的 CCII 理事、会员、学员代表们积极参与了此次 798 国际设计馆主题沙龙活动。会上，CCII 执行会长任宝华针对著名艺术家的作品以及关于 798 创意谜题进行了解读。CCII 也借此沙龙主题活动，对近期申请加入的理事及会员现场颁发了理事与团体会员证书，并安排出席颁发证书的评委代表与新老会员之间进行了交流。

【学科升级与学科建设——设计学学科发展研讨会】

2014 年 6 月 7 日，由清华大学美术学院和中国装饰杂志社主办的“学科升级与学科建设——设计学学科发展研讨会”在北京举行，同时发布：中国高等学校设计学学科教程研究组所著《中国高等学校设计学学科教程》，力求搭建一个沟通与交流的平台，讨论学科建设和发展中的问题，以期能够在 2020 年完成——设计学本科和研究生教育教学理论与实践系统的构建。

开幕式上清华大学校务委员会副主任王明旨和清华大学美术学院院长鲁晓波分别致辞。与会嘉宾在研讨会上分别就设计学学科升级的宏观思考，设计学学科升级的支撑体系，设计学学科建设的路径思考，设计学学科建设的地域性思考四个主题分别进行深入讨论。面对产业政策、时代发展、学科升级，设计学学科应该如何适应发展，变被动为主动、幕后到台前、边缘到中间。

【2014 年中国照明设计大会】

2014 年 6 月 8 日至 9 日，由中国照明学会（CIES）担任指导单位，中国照明网主办的“2014 年中国照明设计大会”在广州保利世贸博览馆举行。参与本次大会的人员包括：城市投资部门、行业主管部门、学术机构研究人员；城市规划设计师、建筑设计师、室内设计师、电气工程师、景观设计师；国家职业资格照明设计师；照明工程建设方及相关建筑单位相关负责人；优秀照明产品生产、设计厂家、照明设计公司以及地产商和业主代表等。大会的主题：“设计的和鸣——一场行业的共赢：设计期许与行业展望”，希望共同打造一个“设计与产业”“设计与生活”“设计与品牌”三者互融互通的行业盛会。大会积极邀请国际有影响力的建筑设计师、照明设计师、产品设计师、平面设计师、媒体与会，展开在照明设计方面的讨论。大会的分会场主题包括：商业综合体的城市效应；绿色照明与节能再应用；传统建筑的夜面孔表情；照明的人文价值等。与此同时，还举办了主题单元活动：1. “光路”——中国照明设计十年历程回顾展；2. 2014 首届“光之筑”——设计师的建筑摄影艺术展；3. 2014 年第一届中国照明手绘艺术设计大赛。大会将创新的设计理念、先锋的设计观点进行全面的展示，旨在为提高中国照明行业的整体水平做出贡献。

【2014 世界绿色设计论坛扬州峰会暨世界绿色设计博览会】

2014 年 6 月 11 日至 12 日，“2014 世界绿色设计论坛扬州峰会暨世界绿色设计博览会”在扬州开幕。此次峰会以“绿色设计助力全球可持续发展”为主题，重点就交通、纺织、家电、通信、建筑与建材、食品等领域的绿色设计技术、新型应用材料、国际领先设备进行交流。同时，多家投资机构也出席了扬州峰会，与优质项目进行资本对接。活动将继续延续国际性、高端性、专业性的办会风格，参与本次峰会的人员包括协会组织、金融机构、政府职能部门、高校科研院所、知名设计机构、专业媒体等来自 20 多个国家和地区的近 600 位代表。

【2014 中国国际装备制造业工业设计论坛】

根据国务院发布的《国务院关于推进文化创意和设计服务与相关产业融合发展的若干意见》（国发〔2014〕10 号）的精神，进一步促进工业设计向高端综合设计服务转变，推动装备制造业产业的振兴，2014 年 9 月 1 日，“2014 中国国际装备制造业工业设计论坛”在辽宁沈阳举办。

会议以提升装备制造业产品市场竞争力、品牌影响力，提高市场营销效率，促进销售增值为目标，举办为期 4 天的工业设计工作坊、论坛、现场咨询会。

【中国风景园林学会 2014 年会】

2014 年 9 月 11 日至 13 日，“中国风景园林学会 2014 年会”在沈阳农业大学举行。本届会议主题为“新型城镇化与风景园林”，专题分别为：新型城镇化与自然文化遗产保护；新型城镇化与生态基础设施建设；新型城镇化与风景园林植物应用；新型城镇化与风景园林科技创新；新型城镇化与风景园林管理创新；新型城镇化与寒冷地区风景园林营建。来自全国各地的风景园林工作者约 800 人参会，研讨交流风景园林在新型城镇化领域发展的新思想、新理论，加强行业内外的交流与合作，促进行业间的融合与发展，推动行业不同领域的科技创新，扩大风景园林学术交流平台，进一步完善风景园林学科体系，提升风景园林行业发展水平与学科地位。论坛期间，中国风景园林学会女风景园林师分会在9月12日上午宣告成立。

【工信部2014届工业设计高研班上海站】

2014年9月19日至21日，“工业和信息化部中小企业经营管理领军人才工业设计高研班”第五期培训班在上海市举办。

为贯彻落实《国家中长期人才发展规划纲要（2010—2020年）》，在国务院2014年10号、26号文件的指导下，工业和信息化部统一部署，在工信部中小企业司、人事教育司、产业政策司的总体安排下，开设“工信部中小企业经营管理领军人才工业设计高级研修班”，并委托工信部人才交流中心与中国工业设计协会共同组织实施，培养一批具有全球战略眼光、开拓创新精神、管理创新能力和社会责任感的优秀企业家，成为推动和带动企业主体创新发展的领军力量。

【第五届筑巢奖学术论坛】

2014年9月26日，由中国建筑装饰协会主办的“第五届中国国际空间环境艺术设计大赛（筑巢奖）学术论坛暨颁奖典礼”在北京·钓鱼台国宾馆举行。

第五届筑巢奖以“筑巢·专业走向公众”为主题，突出体现了室内设计师作为开展生活艺术的设计者和创造者，应该从以往的行业内专业认可逐步走向公众，成为社会大众尊敬认可的明星。2014年，筑巢奖组委会整合媒体资源和国际学术资源，携手大众媒体、行业媒体、专业媒体自2月22日起，在北京、上海、南京、合肥、杭州、天津、深圳、广州等28个城市，举办了以“私人订制”为核心的筑巢奖全国启动活动，成立“设计博客”专属频道，开展社会大众传播，塑造设计师的社会公众影响力，全力转化设计价值，让设计师从专业平台走向公众平台，形成线上与线下的传播系统，全国参赛投稿达1.01万余套。同时筑巢奖组委会联合业内资深专家以及米兰理工大学、清华大学美术学院等国内外知名院校对“筑巢奖”的作品开展“三评一审”不断提升其学术品质。2014年第五届中国国际空间环境艺术设计大赛（筑巢奖）专业类别共16类932项作品获奖，其中酒店空间67项作品；商业空间70项作品；办公空间68项作品；体育空间13项作品；展陈空间64项作品；餐饮空间69项作品；娱乐空间55项作品；商品房、公寓空间60项作品；别墅空间72项作品；样板房空间69项作品；艺术陈设空间33项作品；园林景观67项作品；空间表现技法43项作品；教师作品48项作品；学生作品66项作品；文化建筑空间68项作品。公众媒体关注奖共三类86项作品获奖，其中公共空间28项作品获奖；功能区域28项作品获奖；住宅空间30项作品获奖。百项优秀设计奖共三类297项作品获奖，其中商品房、公寓空间99项作品；别墅空间100项作品；样板房空间98项作品。

【2014首届“Create Change设计论坛”】

2014年9月26日至28日，由阿森特（北京）艺术设计中心主办的2014首届“Create Change设计论坛”在北京举办。论坛着眼于新型创意过程和设计战略，围绕汽车设计、品牌与设计战略、电影娱乐等文化产业三个领域展开研讨教学，旨在启迪中国创新设计并教授如何开展创新实践。

本次论坛分为“品牌与设计战略”“交通工具设计”“电影娱乐视觉故事”3个主题单元，由Art Center邀请设计领域的专家授课。

“品牌与设计战略”论坛单元设有“品牌国际化”“设计与商业”“设计战略”“工作坊”等内容，

邀请了苹果第一家旗舰店设计者提姆·考博（Tim Kobe）先生讲解如何塑造国际化品牌；美国艺术中心设计学院工业设计研究生系主任、前迪斯尼研发中心副总裁安迪·奥格登（Andy Ogden）讲解如何利用设计战略创造更成功的商业模式；弗洛里安·丹格勒（Florian Dengler）阐述如果创建消费品品牌形象。

“交通工具设计”论坛讨论了“交通工具的未来”“创新与创造力”“设计流程”等内容，邀请了原宝马设计总监克里斯·班戈（Chris Bangle）讲述他理解的21世纪的交通工具设计、创新与创造力；美国艺术中心设计学院交通设计研究生系主任师杰夫·沃德尔（Geoff Wardle）与大家一起思考未来交通工具的设计；曾任劳斯莱斯外观设计领军人及宝马美国设计工作室创意总监马立克·乔尔杰维茨（Marek Djordjevic）带领参与者领悟设计、创新和设计流程的未来。

“电影娱乐视觉故事”论坛侧重“故事中的概念设计”“视觉故事”“电影电视中的视觉故事”等议题，邀请好莱坞概念设计师内维尔·佩奇（Neville Page）；美国艺术中心设计学院娱乐设计系主任、概念设计师蒂姆·弗莱特瑞（Tim Flattery）；制片人肯·阿瓜多（Ken Aguado）等，讲解如何通过视觉形象讲述一个强大而精彩的故事。

【同济设计周】

2014年同济设计周10月10日开幕，本次设计周由同济大学设计创意学院主办，与2014上海设计之都活动周、上海工业设计协会、中国工业设计研究院（上海）有限公司等联合主办。在同济大学设计创意学院等多处会场举办20余场展览、论坛等其他活动。本次设计周活动主题定位“新空间”，涵盖工业设计、平面设计、交互设计、创新教育、仿生学研究、可持续发展等多重领域，展现了现代设计在诸多领域、不同层次的发展成就。

【2014全国高等学校工业设计教育研讨会】

2014年10月11日至14日，“2014全国高等学校工业设计教育研讨会”在山西太原理工大学举行。会议以“遗产与再现，融合与创新”为主题，重点围绕“文化遗产，设计再现，产业融合”三个领域的问题展开研讨。会议主要内容包括教学指导分委员会年会，“文化遗产保护与虚拟仿真再现”“产业融合与设计教育转变”两个主题的特邀专家报告，以及数字化教学、工业设计特色专业与实验示范中心建设经验介绍等。此次会议提供了一个充分交流和深入探讨的平台，为文化遗产保护、文化创意与工业设计、网络和数字化教学、设计教育发展提供了方向。

【持续之道——国际可持续设计学术研讨会暨设计作品展】

2014年11月14日，第三届“持续之道——国际可持续设计学术研讨会暨设计作品展”开幕式在清华大学美术学院举行。

在11月14日至15日两天的学术研讨会上，共有来自芬兰、美国、日本、中国香港和内地的9位专家学者围绕“可持续设计”这一主题作了主旨演讲。作为“持续之道”活动的创始人和推动者，本届大会主席周浩明作了题为《可持续设计的中国之路——从理论到实践》的演讲；芬兰阿尔托大学艺术、设计与建筑学院研究院院长拜卡·高勒文玛教授作了题为《文化可持续设计与设计——反响：很少回答》的演讲；中国社会科学院文学研究所副所长、国际美学协会主席高建平先生作了主题为《生态、城市与救赎》的演讲。来自日本京都艺术大学的池上俊郎（Toshiroh IKEGAMI）教授的演讲题目为《住居—空间设计的未来—微生物圈中的微气候》；中央美术学院许平教授结合近期的研究，作了《中国城乡关系下的可持续设计需求》的演讲；美国卡耐基梅隆大学沃尔克·哈库夫（Volker Hartkopf）教授是可持续建筑室内物理环境的专家，他与大家分享了关于《既有建筑与环境改造的系统整合契机》的研究；香港理工大学设计学院梁町（Benny Ding Leong）先生作了《由内而变：可持续性产品设计在未来中国发展中的角色》的演讲；美国OSIsoft公司安・摩尔（Ann Moore）女士则带来了《智能设施、智能园区与智慧城市：数据的力量——成就实时决策》的演讲；最后芬兰拉普兰大学教授萨图・米迪宁（Satu Miettinen）从服务、创新设计的角度作了题为《藉由服务设计思维的可持续性创造》的演讲。

15日下午，举行了“可持续建筑环境”和“可持续产品设计与服务创新”两个专题论坛。

本次活动除了“国际可持续设计学术研讨会”，还包括了另一个重要的部分——“国际可持续设计作品展”，本次展览所涉及的范畴，从建筑环境设计、产品设计、服装设计、工艺美术设计到服务设计。所有的学生作品经本次活动评委的评审，评出了包括一、二、三等奖和优秀奖共11个奖项。展览持续到11月23日。

【第八届全国视觉传达设计教育论坛暨第八届“未来之星”全国大学生视觉设计大展】

2014年11月16日至17日，由中国美术家协会主办，中国美术家协会平面设计艺术委员会、山东艺术学院联合承办的“第八届全国视觉传达设计教育论坛暨第八届‘未来之星’全国大学生视觉设计大展”在山东艺术学院长清校区举办。

活动环节包括主旨论坛、分论坛、系列展览、大展评选以及平面艺委会年会。与会代表围绕“设计自觉——社会转型背景下的视觉传达设计教育”宣讲、阐述了他们的研究成果。在学术对话中，专家们分享了他们在设计教育中多年的经验与作品。

在论坛展开的同时，第八届“未来之星”全国大学生视觉设计大展，墨界——2014当代视觉艺术邀请展，山东艺术学院、澳大利亚格里菲斯大学、韩国又松大学、中国台湾艺术大学四校联展，“2013平面设计在中国”优秀作品展，山东艺术学院设计学院30周年回顾展，“天齐文汇”——齐国文字博物馆精品展6个展览同时开展。

【2014年度中国环境设计教育年会】

2014年11月22日至23日，“2014年度中国环境设计教育年会”在南京艺术学院举办。论坛目的是推动中国各高校之间的环境设计专业教学实践与学术交流；探讨和挖掘不同的教学优势与特色；催生中国环境设计专业创新人才；推动我国环境设计教育发展、提升我国环境设计领域整体水平产生积极影响；构建相关企业与高校环境设计教育合作的教学互动平台。

【2014香港设计营商周论坛】

2014年12月1日至6日，“2014香港设计营商周论坛”在香港会议展览中心举办。研讨活动包括“生活设计”“尖端创新”“文化与大都会”“可持续发展设计”“时尚与设计”“科技与设计”“空间与设计”“创业与设计”“品牌亚洲”“产品与设计”“全球游戏营商及创新”等10余个主题分享会。本年度的伙伴国是瑞典，以“生活设计”为主题展现了瑞典在衣、食、住、行、玩乐等领域的设计和创意。除“生活设计”外，“尖端创新”是2014香港设计营商周的另一重大亮点，与会嘉宾分享了如何始终处于行业领先地位并创造领先于时代的设计成果的原因所在：每项设计创举或战略规划背后都蕴含着耗时无数的深思熟虑、提炼升华和新颖创新。“设计营商周”搭建了一个促进知识共享与业务合作的国际平台，有助于在展示香港设计实力的同时借鉴吸收国际宝贵经验。

【信息·交互：教学、研究、创新与新业态论坛暨信息与交互设计专业委员会第一届会员代表大会】

“信息·交互：教学、研究、创新与新业态论坛暨信息与交互设计专业委员会第一届会员代表大会”于2014年12月20日至21日在北京紫光国际交流中心、清华大学美术学院召开。

清华大学美术学院院长、信息与交互设计专业委员会主任鲁晓波与中国工业设计协会副会长刘宁分别主持了会议，中国工业设计协会会长朱焘，中国科学技术协会副主席、中国工程院院士、北京航空航天大学教授赵沁平出席会议并致辞。赵沁平院士、微软亚洲研究院芮勇副院长、美国密歇根大学电气工程和计算机系马克·阿科曼教授、中央美术学院设计学院靳军副院长、清华大学美术学院信息艺术设计系主任徐迎庆、英特尔中国研究院高级主任研究员宋继强、网易游戏总监胡志鹏、百度技术副总裁王海峰、中央美术学院设计学院彦风副教授等进行了大会主旨演讲，重点就目前国内外信息与交互设计最新研究成果、业界新动态和学科建设等前沿学术理论话题，进行深层次解读与论述。

2014年12月21日，在清华大学美术学院开设了三个分论坛，新浪、阿里巴巴、小鱼科技等企业以及清华大学美术学院、中国美术学院、天津美术学院、同济大学、浙江大学、江南大学等40多位专家学者先后从创新设计与思维方法、交互艺术与学科研究、人工智能与数字生活、交互与体验、虚拟与现实、产品开发设计与人才培养等诸多方面，发表了演讲。

2014年12月20日下午，召开了信息与交互设计专业委员会第一届会员代表大会，审议通过了专委会章程等相关文件，产生了执行主任、常务副主任、副主任、秘书长及执行秘书长等，并讨论确定了2015年专委会工作计划。

【第十二届中国大学生广告艺术节学院奖全国高校巡讲】

由中国广告协会主办、广告人杂志社承办的“第十二届中国大学生广告艺术节学院奖全国高校巡讲”落幕。学院奖巡讲自2013年12月16日开启后，历时5个月时间，到达27座城市，深入36所高校，举办38场创意讲座，与近2万名学生共享设计创意。

本届学院奖全国高校巡讲活动赴郑州、重庆、合肥、成都、西安、南京、上海、长沙、青岛、武汉、昆明、济南、广州、南昌、沈阳、兰州、南宁、北京、天津、厦门、福州、杭州、长春、石家庄、哈尔滨、太原、呼和浩特27座重点城市，深入武汉大学、中国人民大学、广州美术学院、郑州大学、郑州华信学院、重庆大学、安徽大学、成都信息工程学院银杏酒店管理学院、西北大学、西南交通大学、南京林业大学、上海师范大学、湖南商学院、青岛农业大学、合肥工业大学、云南民族大学、山东建筑大学、南昌大学、沈阳工业大学、兰州大学、广西大学、首都经济贸易大学、天津师范大学、广东轻工职业技术学院、厦门大学、福建工程学院、浙江工业大学、吉林大学、河北师范大学、黑龙江大学、西安欧亚学院、上海交通大学、山西大学、内蒙古师范大学、昆明理工大学、云南大学36所知名高校，与当地学生亲密接触。近2万名学生来到学院奖巡讲现场，聆听创意讲堂。

机构

【中国美术学院设计艺术学院设计联盟】

2014 年 3 月，中国美术学院设计艺术学院举行了设计联盟成立暨中国美术学院设计研究院启动仪式。设计联盟旨在促进设计行业人才培养，以及为设计系毕业生寻找更好的出路。

设计联盟以纺织服装研究院、工业设计研究院、中国美术学院艺术研究院三大研究院为依托，协同多方资源，创新管理模式，提升高校服务的社会职能，创建学生实习、就业与创业基地。

【中欧创新中心落户米兰】

2014 年 4 月 9 日，中欧创新中心在位于米兰市 Farini 大街 8 号挂牌成立，来自中国的数十家媒体以及众多国内外设计专业人士参加了挂牌仪式。中国驻米兰总领馆廖菊华总领事在现场致辞中对中欧创新中心的成立表示热烈祝贺，并期望创新中心在中欧文化交流特别是创意设计领域的合作中，起到重要的桥梁与平台的作用。意大利前教育部部长、米兰市前市长莫拉蒂也到场祝贺。

中欧创新中心由联想集团发起，北京国际设计周、中国设计红星奖、意中基金会、米兰华夏集团受邀成为共同发起单位。该中心致力于加强国际创新研发机构与资本市场的对接。

【天津市设计学学会成立】

天津市设计学学会经过半年多的筹备，在业务主管单位天津市科学技术协会和天津市社团登记管理机关天津市民政局、社团局及社会各界的支持下，于 2014 年 6 月 24 日召开了第一次会员代表大会，宣告天津市设计学学会成立。

首先，天津市科学技术协会学会部李刚部长宣读了津科协学〔2014〕16 号文件《关于筹备成立天津市设计学学会请示的批复》。天津市社团局社团管理处处长陈鸿毅宣读了《准予筹备天津市设计学学会成立行政许可决定书》。

天津市设计学学会（TIANJIN ASSOCIATION OF DESIGN，简称 TJAD）是我国成立的第一个以“设计学”命名的省级学术团体，是由天津市从事设计学和设计学相关领域研究的企事业单位、科研院所、高等院校及其设计师、工程师、教师、研究生及相关科研人员自愿组成的学术性、非营利性的社会组织，受业务主管单位天津市科学技术协会的业务指导和天津市社团登记管理机关天津市民政局的监督管理。

大会表决通过了《天津市设计学学会章程》《天津市设计学学会内部管理制度》等文件。依据《社会团体登记管理条例》和《天津市设计学学会章程》，本着民主、公开的原则，在广泛征求意见的基础上，选举产生了第一届理事会理事。会员代表大会休会期间，召开了天津市设计学学会第一届理事会第一次会议，选举了第一届理事会常务理事、理事长、副理事长、秘书长及副秘书长。

【中国工业设计协会—德稻创新学院揭牌成立】

2014年11月5日，中国工业设计协会—德稻创新学院在上海揭牌成立并举行新闻发布会，中国工业设计协会会长朱焘出任院长；德稻集团李卓智担任董事长；清华大学柳冠中教授、青蛙设计创始人艾斯林格出任学术院长；中国工业设计协会秘书长刘宁、德稻集团总裁夏军担任常务院长；来自全球著名行业机构、企业、高校、设计公司的专家担任副院长。

工信部党组成员、总工程师朱宏任，中国工业设计协会会长朱焘，德稻集团董事长李卓智为“创新学院”致辞。

“创新学院高端对话暨新闻发布会”同期举行，中外设计大师同台对话，“创新学院”总经理张颖主持，各位大师就“创新学院”发展、中国设计创新教育改革等内容分享观点、智慧碰撞。

【意大利中意设计协会成立】

2014年11月6日，意大利中意设计协会（ADCI）于佛罗伦萨市政厅举行新闻发布会暨协会成立仪式。

会上，协会主席和常务理事也重点向出席来宾介绍了协会未来发展合作的方向。意大利中意设计协会与亚洲平面设计邀请展组委会达成战略共识，于2015年4月或5月在意大利举行亚洲平面设计邀请展意大利巡展。意大利中意设计协会（ADCI）已与展览主办方达成协议，成为2015亚洲平面设计邀请展意大利巡展区官方协作单位，将全程负责本次巡展事宜。

国际平面设计协会（AGI）意大利区主席Leonardo Sonnoli（莱昂纳多·索诺里）将出任2015亚洲平面设计邀请展（AGDIE）意大利巡展区荣誉主席。亚洲平面设计邀请展已在2014年8月于韩国大田美术馆展出，并于11月8日在中央美术学院设计学院展出。

人物

【中央美术学院设计学院交通工具设计专业教学系列展：金成龙汽车设计作品展】

2014 年 6 月 13 日至 22 日，中央美术学院设计学院交通工具设计专业教学系列展：金成龙汽车设计作品展在 CAFA 美术馆开幕。

金成龙教授于 20 世纪 80 年代毕业于汽车设计领域最知名的院校之一——美国艺术中心设计大学（Art Center College of Design），有着多年在美国与韩国的汽车设计经验，负责过众多设计项目。同时，他长期参与汽车设计的教学，在美国底特律的创意设计学院（College for Creative Studies）、韩国弘益大学、韩国国立艺术大学有多年交通工具设计教学经验。2014 年 2 月起，金成龙教授在中央美术学院设计学院交通工具设计专业作为访问教授执教。

本次展览展出了金成龙教授近 26 年来的汽车设计草图、手绘效果图、CG 作品，时间从 20 世纪 80 年代贯穿至今，表现手法多样。除了传统的铅笔草图、马克笔、色粉以及电脑辅助绘图技法，金成龙教授还尝试从中国传统水墨画中寻找一种新的汽车设计表达方式。

【孙筱祥教授获 IFLA 国际风景园林师联合会最高荣誉】

2014 年 7 月 5 日，国际风景园林师联合会杰里科奖由北京林业大学园林学院孙筱祥教授获得。该奖项全称为国际风景园林师联合会（IFLA）杰弗里・杰里科爵士金质奖。IFLA 杰里科爵士金质奖是为健在的风景园林师而设的崇高荣誉，其目的在于肯定获奖者一生的成就，即为造福社会和环境而设计的独一无二并有长期影响力的作品，为推进风景园林事业发展而做出的贡献。杰里科奖设立于 2004 年，最初每 4 年颁发一次，2010 年之后改为每年一次，每次在世界范围内评出一名杰出风景园林师，孙筱祥教授是中国首位获此殊荣的风景园林师，也充分体现了中国风景园林行业对世界风景园林的深刻影响。

孙筱祥，1921 年 5 月 29 日生，浙江省萧山县（今杭州市）人。1946 年 6 月国立浙江大学农学院园艺系毕业，主修造园学，获农学士学位；1954—1955 年，南京东南大学（当时改称南京工学院）建筑系，在刘敦桢教授研究生班进修建筑设计一年。曾师从孙多慈教授、徐悲鸿大师学习油画多年。孙筱祥教授的园林设计创作作品主要有：杭州花港观鱼公园设计，杭州植物园规划，杭州植物分类园设计，北京植物园（南、北园））总规划，华南植物园规划设计，厦门万石植物园规划设计，深圳仙湖植物园规划设计，中国科学院西双版纳热带植物园总体规划等。孙筱祥教授曾于 2010 年在 IFLA 第 23 届总理事会上被授予 IFLA 杰出贡献奖，2011 年获首届“中国风景园林学会终身成就奖”。

【贝聿铭获 2014 年 UIA 国际建筑师协会金奖】

2014 年 8 月 6 日，在南非德班举行的第 25 届国际建筑师协会（UIA）世界大会上，97 岁著名美籍华人建筑师贝聿铭被评为 2014 年建筑界最负盛名的国际建筑师协会金奖。作为世界最知名的建筑师，贝聿铭一生中有很多全球知名建筑设计作品，包括巴黎卢浮宫博物馆、华盛顿国家美术馆、肯尼迪图书馆、中银大厦、日本美秀美术馆、伊斯兰艺术博物馆等知名建筑。他曾获得多项国际著名奖项，包括普利兹克建筑奖、美国建筑师学会（AIA）金奖以及英国皇家建筑师协会（RIBA）奖项。

【流动的水墨——李薇艺术作品展】

由清华大学美术学院、苏州瑞富祥丝绸有限公司主办的“李薇艺术作品展”于2014年11月1日在北京798悦美术馆开幕。此次展览作品涵盖了清华大学美术学院教授、博士生导师、留法访问学者李薇从20世纪90年代至今的一系列作品，包括壁挂、装置、屏风和手稿等种类，完整展示了其创作生成与感受的逻辑性。

李薇个人艺术作品展反映了当代社会人们的精神诉求，这体现了对当下国际化语境下的“中国性”和“差异性”的探索。正如评论家刘军平所写，“她的艺术历程也是当代许多学者主张的：先‘去中国化’到‘再中国化’，其创作有生成和感受的逻辑性，是‘易之卦象、彩陶纹象、中医脉象，既非抽象，也非具象’，即‘在空的状态中实现一切’的终极关怀”。

本次展览得到了清华大学GUCCI教育基金、苏州瑞富祥丝绸有限公司、广东省佛山市南海区顺天意鞋业有限公司、皇锦公司、达利丝绸（浙江）有限公司的大力支持。展览持续至11月5日。

【对话视觉——李永铨与设计二十年展】

2014年12月13日，由深圳华·美术馆主办的“对话视觉——李永铨与设计二十年展”开幕。展览向公众全面展示了香港设计师李永铨从业20年来最具代表性的品牌设计案例，并尝试借由图像与观众的“视觉对话”回看商业与设计的关系。

本展览是华·美术馆“历程展”系列中的第二个项目，该系列关注中国当代设计师的个体经验和历程展示。本次呈现被誉为“品牌医生”的香港设计师李永铨从业20余年的创作历程及设计观点，其中包括他为本次展览全新创作作品、20年来最具代表性的品牌设计案例和海报创作，及香港与内地百余位设计师创作的*Hi*，*Tommy*主题作品邀请展。其间，华·美术馆D-Talk系列设计论坛开启，李永铨分别与日本设计师杉崎真之助、高桥善丸，香港设计师陈幼坚、毛灼然以及台湾的聂永真，围绕日本眼中的中国设计、新一代设计师何去何从以及和前辈好友的同台竞技这三大主题，举行3场跨年对谈。

【杨明洁工业设计博物馆入选英国年度设计大奖】

在英国Surface Design Award大奖决赛名单中，杨明洁工业设计博物馆在全球181个项目中脱颖而出，作为唯一一个来自中国的公共建筑室内再设计项目入选。Surface Design Award由英国百年历史的国际建筑展览机构MONTGOMERY主办，致力于表彰英国及全球在前卫设计和外观创新上表现杰出的建筑相关案例。本届评委包括建筑师Ralph Courteney、艺术家Sarah Featherstone、作家Theresa Dowling等各界精英，从根据功能、美学、社会影响等多项标准选出决赛入选者。最终结果于2015年初公布。

杨明洁工业设计博物馆是中国第一座以工业设计为主题的私人博物馆，由中国工业设计师、YANG DESIGN及YDC创始人杨明洁投资创办，并亲自完成设计工作，是集展示、传播、研究、教育等多种功能于一体的创意性公共平台。其内部包含历史馆、现代馆、未来馆3个核心板块。

在杨明洁工业设计博物馆入选的本届“公共建筑室内再设计”奖项案例中，还包括英国泰特美术馆、南非的威尔士会所、意大利的Ospedale Giovanni XIII教堂和新西兰的TE Mirumiru草坪屋顶。

研究著述选目

【著述选目】

书名	作者	出版信息
汉字的诱惑	陈楠	湖北美术出版社 2014 年 1 月
中外设计简史教程	徐铮铮、阳代娟	西南师范大学出版社 2014 年 1 月
平湖看霞：关于美术史与设计史	张朋川	重庆大学出版社 2014 年 1 月
艺术设计创意产业研究	王国华、李世忠	中国文史出版社 2014 年 1 月
汉字文化与现代平面设计	张娴	湖南师范大学出版社 2014 年 1 月
影响我们时代的 100 位新锐艺术家	弗朗西斯卡・加文 陈岸瑛译，	北京美术摄影出版社 2014 年 1 月
从包豪斯到我们的豪斯	汤姆・沃尔夫 关肇邺译，	重庆大学出版社 2014 年 1 月
设计美学导论	金银珍	武汉理工大学出版社 2014 年 2 月
设计文化视野下的设计批评研究	张犇	江苏美术出版社 2014 年 2 月
工业产品设计概论	胡琳、娄燕	高等教育出版社 2014 年 2 月
经济转型视野下的设计创意研究	刘永涛	中国电力出版社 2014 年 2 月
西方美学史	凌继尧	学林出版社 2014 年 2 月
世界现代艺术设计史	方怿	人民邮电出版社 2014 年 2 月
中外设计史简编	袁宣萍、薛晔、吾宵	浙江大学出版社 2014 年 2 月
视觉传达设计史	王文广、钱安明、 杨永波、陈昊	合肥工业大学出版社 2014 年 3 月
中国现代设计与包豪斯	靳埭强、杭间	人民美术出版社 2014 年 3 月
威尼斯手记	王受之	中国青年出版社 2014 年 3 月
朝上的城市	王受之	浙江大学出版社 2014 年 3 月
设计概论新编	付莎莎	电子工业出版社 2014 年 3 月
包豪斯舞台	奥斯卡・施莱默等 周诗岩译，	金城出版社 2014 年 3 月
国际景观设计：生态景观设计	南希・罗特、肯・尤科姆 樊璐译，	大连理工大学出版社 2014 年 3 月
设计原理	杨滟君、任戬	辽宁美术出版社 2014 年 4 月
中国现代园林：历史与理论研究	赵纪军	东南大学出版社 2014 年 4 月
西方艺术视角下的当代景观设计	曾伟	东南大学出版社 2014 年 4 月
设计概论	丁朝虹	辽宁美术出版社 2014 年 4 月
艺术设计专业毕业论文写作与答辩教程	方晓风、吴琼	辽宁美术出版社 2014 年 4 月
中国现代设计教育发展历程研究	袁熙旸	东南大学出版社 2014 年 4 月

续表

书名	作者	出版信息
微言：晚明设计批评的文人话语	彭圣芳	上海人民出版社 2014 年 4 月
新视觉：包豪斯设计、绘画、雕塑与建筑基础	拉兹洛·莫霍利－纳吉 刘小路译，	重庆大学出版社 2014 年 4 月
欲求之物：1750 年以来的设计与社会	阿德里安·福蒂 苟娴煦译，	译林出版社 2014 年 4 月
现代家具设计史	徐岚、赵慧敏	北京大学出版社 2014 年 5 月
企业形象识别设计丛书：标志与视觉识别系统设计基础	陈楠	辽宁美术出版社 2014 年 5 月
全球顶尖 10×100 景观 4	石莹、林佳艺	江苏科学技术出版社 2014 年 5 月
中国新景观（共 3 册）	设计家杂志社	广西师范大学出版社 2014 年 5 月
2013 中国室内设计集成（1、2、3）	设计家杂志社	广西师范大学出版社 2014 年 5 月
中国环境艺术设计 05	鲍诗度	中国建筑工业出版社 2014 年 5 月
园林谈往：罗哲文古典园林文集	罗哲文	中国建筑工业出版社 2014 年 5 月
2013 北京城市园林绿化与生态文明建设	北京园林学会、北京市园林绿化局、北京市公园管理中心	科学技术文献出版社 2014 年 5 月
室内设计史	李砚祖、王春雨	中国建筑工业出版社 2014 年 5 月
景观园林设计 10 原则	苏西·怀特　高彩霞译，	山东画报出版社 2014 年 5 月
中国园林文化史	王毅	上海人民出版社 2014 年 5 月
物象与心境：中国的园林	汉宝德	生活·读书·新知三联书店 2014 年 5 月
西方制度建构与社会发展研究丛书：英国十九世纪手工艺运动研究	于文杰、陈晓律	南京大学出版社 2014 年 6 月
中国设计艺术史（修订版）	傅克辉	重庆大学出版社 2014 年 6 月
设计之美：张衡设计美学思想研究	朱洁	武汉大学出版社 2014 年 6 月
2013—2014 中国品牌年度发展报告	凌继尧	辽宁美术出版社 2014 年 6 月
中国现代艺术设计简史	陈瑞林	上海人民美术出版社 2014 年 6 月
为中国而设计（2014 第六届全国环境艺术设计大展优秀论文集）	中国美术家协会、中国美术家协会环境艺术设计委员会、上海大学美术学院	中国建筑工业出版社 2014 年 6 月
为中国而设计（2014 第六届全国环境艺术设计大展获奖作品集）		
城市公共艺术研究——环境美学国际论坛暨第七届亚洲艺术学会襄樊年会学术文献集	黄有柱、雷礼锡等	武汉大学出版社 2014 年 6 月
设计学研究 2013	邹其昌等	人民出版社 2014 年 6 月
现代设计方法	张大可	机械工业出版社 2014 年 7 月
正在设计的未来	李德庚	重庆大学出版社 2014 年 7 月
设计的大地	许平、陈冬亮	北京大学出版社 2014 年 7 月
外国设计史	张夫也	广西美术出版社 2014 年 7 月
设计的大地	许平、陈冬亮等	北京大学出版社 2014 年 7 月

续表

书名	作者	出版信息
北欧设计	王绍强，赵冬蕾译	北京美术摄影出版社 2014 年 7 月
Art Deco 装饰艺术 （套装共 2 册）精装－2014 年 7 月 1 日	高迪国际，卢晓娟等译	江苏科学技术出版社 2014 年 7 月
世界景观工程实录： 可持续发展生态景观	高迪国际，王丽娟等译	大连理工大学出版社 2014 年 7 月
景观设计学 ——场地规划与设计手册（原著第五版）	巴里・W. 斯塔克、 约翰・O. 西蒙兹 朱强等译，	中国建筑工业出版社 2014 年 7 月
城市与绿地 ——为创造新型的城市环境而努力	石川幹子，雷芸等译	中国建筑工业出版社 2014 年 7 月
闽南传统园林营造史研究	何志榕、李敏	中国建筑工业出版社 2014 年 7 月
设计的立场：扩展的服务设计观念	郑子云	中国轻工业出版社 2014 年 7 月
艺术设计理论体系及风格嬗变	伍云秀、李佳、武明煜	中国水利水电出版社 2014 年 8 月
设计美学	邱景源、江滨、艾红华	中国建筑工业出版社 2014 年 8 月
名家通识讲座书系： 美学十五讲（第 2 版）	凌继尧	北京大学出版社 2014 年 8 月
中国式设计管理初探	徐平华	中国社会科学出版社 2014 年 8 月
艺术设计理论体系及风格嬗变	伍云秀、李佳、武明煜等	中国水利水电出版社 2014 年 8 月
中国古代造物设计史	杜海滨、胡海权、赵妍	辽宁科学技术出版社 2014 年 8 月
风景园林文汇	张国强	中国建筑工业出版社 2014 年 8 月
世界伟大城市的保护： 历史大都会的毁灭与重建	安东尼・滕，郝笑丛译，	清华大学出版社 2014 年 8 月
立体景观	克利里，李婵译，	辽宁科学技术出版社 2014 年 8 月
风景园林 1	郑波、顾玉梅	大连理工大学出版社 2014 年 8 月
风景园林 2	李壮、时真妹	
风景园林美学	吕忠义	中国林业出版社 2014 年 8 月
景与心会 2：日式庭院设计	潘富鸾、蒋森丽	华中科技大学出版社 2014 年 8 月
第二届优秀风景园林 规划设计奖获奖作品集	中国风景园林学会	中国建筑工业出版社 2014 年 8 月
院子里的中国	黄其森等	作家出版社 2014 年 8 月
环境艺术设计概论	张建涛等	中国水利水电出版社 2014 年 9 月
近现代设计史	刘海年、张立平	辽宁科学技术出版社 2014 年 9 月
从制造到设计：20 世纪德国设计	杭间、冯博一等	山东美术出版社 2014 年 9 月
包豪斯道路：历史、遗泽、世界与中国	杭间、靳埭强、胡恩威等	
包豪斯：作为启蒙的设计	张春艳、王洋等	
遗产与更新：中国设计教育反思	许江、靳埭强等	
设计管理学导论	郑巨欣、连冕等	浙江大学出版社 2014 年 9 月
现代设计伦理思想史	周博	北京大学出版社 2014 年 9 月
艺术设计理论的多维度研究	梁艳、赵文瑾、程军生	中国书籍出版社 2014 年 9 月

续表

书名	作者	出版信息
汽车造型设计美学概论	付璐	机械工业出版社 2014 年 9 月
中国风景园林学会 2014 年会论文集	中国风景园林学会	中国建筑工业出版社 2014 年 9 月
城市设计：现代主义、传统、绿色和系统的观点	乔纳森·巴内特，刘晨译	电子工业出版社 2014 年 9 月
2013—2014 全球室内设计年鉴	《设计家》	广西师范大学出版社 2014 年 9 月
2014 中国景观设计年鉴	景观设计杂志社	大连理工大学出版社 2014 年 9 月
中国园林	王昀	中国电力出版社 2014 年 9 月
20 世纪西方艺术对景观设计的影响	张健健	东南大学出版社 2014 年 9 月
中国古典园林	蓝先琳	江苏凤凰科学技术出版社 2014 年 9 月
中国建筑与园林文化	居阅时	上海人民出版社 2014 年 9 月
第三届交互设计国际会议论文集	鲁晓波、徐迎庆	江苏凤凰美术出版社 2014 年 9 月
写在前面	方晓风	江苏美术出版社 2014 年 10 月
2013 中国环境艺术设计年鉴	中国建筑学会环境艺术专业委员会	清华大学出版社 2014 年 10 月
2014 中国室内设计年鉴	《设计家》	广西师范大学出版社 2014 年 10 月
2014 中国室内设计论文集	中国建筑学会室内设计分会	中国水利水电出版社 2014 年 10 月
环境友好型设计：绿色和可持续的室内设计	路易丝·琼斯，韦晓宇译	电子工业出版社 2014 年 10 月
竹类主题公园规划设计理论与实践	陈其兵等	科学出版社 2014 年 10 月
中国活态乡土聚落的空间文化表达：以黔东南地区侗寨为例	赵晓梅	东南大学出版社 2014 年 10 月
中国园林经典 2：中国园林史年表	宁晶	中国电力出版社 2014 年 10 月
姑苏园林构园图说	沈苏杰、沈炳春	中国建筑工业出版社 2014 年 10 月
意大利古典花园	张祖刚	中国建筑工业出版社 2014 年 10 月
法国巴黎凡尔赛宫苑		
借古开今匠心独运——中国园林古建筑理论与实践文集	梁宝富	中国建材工业出版社 2014 年 10 月
设计哲学	陈登凯	西安交通大学出版社 2014 年版 10 月
设计展览与创意城市	李敏敏	中国建筑工业出版社 2014 年 11 月
设计美学	李龙生	江苏美术出版社 2014 年 11 月
2011—2013 年度中国工业设计园区发展指数统计白皮书	柳冠中、蒋红斌、胡鸿	清华大学出版社 2014 年 11 月
2014 中国室内设计年鉴	《中国室内设计年鉴》编委会	辽宁科学技术出版社 2014 年 11 月
室内设计系统论	吴青泰	中国建筑工业出版社 2014 年 11 月
近代都市公园史：欧化的源流	白幡洋三郎，赵晴等译	新星出版社 2014 年 11 月
苏州园林	周文雍	古吴轩出版社 2014 年 11 月
江南园林志（典藏版）	童寯	中国建筑工业出版社 2014 年 11 月
设计进化论	封昌红等	电子工业出版社 2014 年 11 月

续表

书名	作者	出版信息
设计美学	李龙生	江苏美术出版社 2014 年 11 月
石头记 （上海近代石印书业研究 1843—1956）	许静波	苏州大学出版社 2014 年 12 月
迷途知返——中国环艺发展史掠影	苏丹	中国建筑工业出版社 2014 年 12 月
后现代语境下的生态设计艺术	刘文良	文化艺术出版社 2014 年 12 月
中国工业设计年鉴（2006—2013）	柳冠中	知识产权出版社 2014 年 12 月
日本庭园：空间美的历史	小野健吉，蔡敦达译	南京大学出版社 2014 年 12 月
中国园林细节图鉴	林源	黄山书社 2014 年 12 月
创新思维与现代设计	谢友柏、陈泳	上海交通大学出版社 2014 年 12 月
跨界·综合，第三届设计教育高层论坛文集	周刚、成朝晖等	中国美术学院出版社 2014 年

【文章选目】

柳冠中：《漫话“美化？造型？还是设计？”》，《设计》2014 年第 1 期。

朱焘：《增强创新意识迸发创造活力努力实现设计强国之梦》，《设计》2014 年第 1 期。

朱焘：《放飞青春梦想筑就设计强国——在全国青年设计师工作会议上的讲话》，《设计》2014 年第 1 期。

刘元风：《对中国服装高等教育和服装学科发展的一点思考》，《艺术设计研究》2014 年第 1 期。

扬之水：《隋唐五代金银首饰的名称与样式（上、下）》，《艺术设计研究》2014 年第 1 期、第 2 期。

李之檀：《沈从文先生的服饰研究历程（一、二）》，《艺术设计研究》2014 年第 2 期、第 3 期。

李立新：《百年南艺影响中国艺术历史进程的十个事件》，《南京艺术学院学报（美术与设计版）》2014 年第 1 期。

李砚祖：《设计史的身份之争——性别话语的修补与重塑》，《南京艺术学院学报（美术与设计版）》2014 年第 3 期。

李立新：《论象生》，《创意与设计》2014 年第 1 期。

李立新：《百年南艺影响中国艺术历史进程的十个事件》，《南京艺术学院学报（美术与设计版）》2014 年第 1 期。

李立新：《一种被忽视的工艺史资源转换方式——非延续性工艺的再生产研究》，《装饰》2014 年第 5 期。

邬烈炎：《多彩的窑变——关于李永清漆艺术之路的记录与描述》，《中华儿女（海外版）·书画名家》2014 年第 1 期。

杭间：《“许江艺术展”播种历史和艺术转折中的“葵园”》，《美术》2014 年第 11 期。

杭间：《设计，从未中断的生活启蒙》，《新美术》2014 年第 11 期。

杭间：《重返自由的“工艺美术”》，《装饰》2014 年第 5 期。

杭间：《“工艺美术”在中国的五次误读》，《文艺研究》2014 年第 6 期。

杭间：《让手艺走进民众生活》，《文化月刊》2014 年第 21 期。

杭间：《从摹仿、象征到“映照物”——2014·杭州国际当代玻璃艺术展前的断想》，《画刊》2014 年第 2 期。

杭间：《当代艺术中重生的后来者》，《中国艺术报》2014 年 1 月 15 日。

杭间：《从摹仿、象征到“映照物”》，《美术报》2014 年 1 月 18 日。

杭间：《“工艺美术”不死》，《中国文化报》2014 年 4 月 27 日。

杭间：《历史和艺术转折中的“葵园”》，《美术报》2014 年 9 月 27 日。

郑巨欣：《为生态正义而管理设计》，《装饰》2014 年第 8 期。

郑巨欣：《美展的时评之评》，《美术报》2014 年 11 月 8 日。

宋建明：《文化产业园区建设与发展需要的五种要素》，《中原文化研究》2014 年第 3 期。

宋建明：《人文关怀与美丽乡村营造》，《新美术》2014 年第 4 期。

宋建明：《“三视”包豪斯》，《新美术》2014 年第 11 期。

宋建明、托马斯·聚德霍夫：《艺术与科学的邂逅》，《新美术》2014 年第 11 期。

王受之、陈冉：《从米拉公寓探索高迪的曲线意识》，《艺术教育》2014 年第 11 期。

许平：《生产中的解域与重归情境——兼及当代工艺美术学科的文化定义》，《艺术教育》2014 年第 11 期。

凌继尧：《艺术学理论：历史、现状和思考》，《云南艺术学院学报》2014 年第 4 期。

凌继尧：《“说清楚””和“有深度的通俗”》，《民族艺术》2014 年第 1 期。

凌继尧：《文化创意与相关产业的深度融合》，《东南大学学报（哲学社会科学版)》2014 年第 6 期。

凌继尧、张晓刚：《论中国服装产业的设计创意与创新》，《创意与设计》2014 年第 1 期。

荆琦、凌继尧：《庄子的艺术学思想》，《云南艺术学院学报》2014 年第 1 期。

凌继尧、张晓刚：《我国家具产业的设计创意与创新研究》，《创意与设计》2014 年第 4 期。

凌继尧、李林俐：《文化创意与相关产业的深度融合》，《东南大学学报（哲学社会科学版)》2014 年第 6 期。

李砚祖：《陶瓷艺术的边界与境界》，《陶瓷学报》2014 年第 1 期。

李砚祖：《社会转型下的工艺美术》，《装饰》2014 年第 5 期。

李砚祖：《设计批评的性别身份及其历史分期》，《艺术百家》2014 年第 2 期。

李砚祖：《设计史的身份之争——性别话语的修补与重塑》，《南京艺术学院学报（美术与设计版)》2014 年第 3 期。

张夫也：《守护与拓展——文化生态视域下的当代中国工艺美术》，《艺术生活（福州大学厦门工艺美术学院学报)》2014 年第 4 期。

张夫也：《彩绘玻璃真理和艺术之光》，《文明》2014 年第 7 期。

张夫也：《古罗马玻璃奢华与朴素之间》，《文明》2014 年第 11 期。

柳冠中：《设计——人类未来不被毁灭的第三种智慧》，《创意与设计》2014 年第 5 期。

柳冠中：《漫话“美化？造型？还是设计?”》，《设计》2014 年第 1 期。

柳冠中：《适可而止地“栖息”》，《设计》2014 年第 5 期。

柳冠中：《系统论指导下的知识结构创新型人才培养》，《设计》2014 年第 3 期。

柳冠中：《塑造制造业企业设计创新机制》，《中国新时代》2014 年第 10 期。

吕敬人：《华彩书美悠悠我心——担任 2014 莱比锡“世界最美的书”评委随笔》，《中国美术》2014 年第 3 期。

吕敬人：《当代阅读语境下中国书籍设计的传承与发展》，《编辑学刊》2014 年第 3 期。

吕敬人：《无量心界内宇磅礴——藏族画家吾要（嘎玛·多吉次仁）的绘画作品》，《民族画报（汉文版)》2014 年第 6 期。

吕敬人：《进步源于观念》，《颂雅风·艺术月刊》2014 年第 3 期。

郑曙旸：《机遇与挑战——关于中国道路的设计学思考》，《装饰》2014 年第 7 期。

鲁晓波、刘月林：《从“独白”走向“合唱”——新媒体艺术的公共性》，《美术观察》2014 年第 10 期。

郝凝辉、鲁晓波：《实体交互界面设计的方法思辨》，《装饰》2014 年第 2 期。

贾京生：《白裤瑶女子服饰图案造型的文化解读》，《美与时代（上）》2014 年第 12 期。

贾京生：《新中式之美与新诗意之境的家纺设计解析》，《美与时代（上）》2014 年第 1 期。

贾京生：《论服饰图案设计的艺术特性与审美价值》，《服饰导刊》2014 年第 2 期。

贾京生：《论汉字中古代“纺织”、“家纺”、“家具”名称及其关系》，《美与时代（上）》2014 年第 7 期。

贾京生：《论中国家用纺织品设计可持续发展之路》，《浙江纺织服装职业技术学院学报》2014 年第 3 期。

贾京生：《论传统和谐文化与当代居室、家纺色彩设计》，《2014 全国棉纺印染家纺技术对接交流会论文集》2014 年 7 月版。

宋立民：《城市户外广告——发展与探索》，《设计》2014 年第 1 期。

苏丹：《改进建筑 60 秒》，《世界建筑》2014 年第 8 期。

苏丹：《我的客户就是我的学生》，《缤纷》2014 年第 12 期。

林乐成：《再认知——1895 中国当代工艺美术系列大展综述》，《中国美术》2014 年第 4 期。

林乐成：《紫气东来》，《中国美术》2014 年第 4 期。

徐迎庆、师丹青、方可、陆志聪、敖梦星、刘畅：《SmartFlash：主动风格相机原型设计》，《装饰》2014 年第 10 期。

白明：《第十二届全国美展陶艺展区综述》，《中国陶艺家》2014 年第 4 期。

方晓风：《乡关何处：超越图像的城市愿景》，《公共艺术》2014 年第 1 期。

方晓风：《生产是工艺美术审美的基础》，《装饰》2014 年第 5 期。

方晓风：《极少主义的可能性——来自阿尔瓦罗·西扎的启示》，《装饰》2014 年第 10 期。

陈岸瑛：《设计启蒙与现代文明的重建包豪斯思想遗产对于当代中国的意义》，《新美术》2014 年第 11 期。

陈岸瑛：《19 世纪后半叶的都市现代化与巴黎印象派》，《艺术设计研究》2014 年第 1 期。

陈岸瑛：《丹托艺术终结论中被遗忘的风格矩阵》，《装饰》2014 年第 3 期。

陈楠：《2014 年索契冬季奥运会多面性视觉识别系统设计分析》，《艺术设计研究》2014 年第 1 期。

蒋红斌：《大数据平台上的企业设计战略——以维尚集团的设计实践为例》，《装饰》2014 年第 6 期。

蒋红斌：《中国的工业设计产业园区发展特质》，《装饰》2014 年第 6 期。

周剑石：《漆与手工艺及其造物》，《当代手工艺》2014 年第 2 期。

周剑石：《中国漆艺光华璀璨（三）》，《中外文化交流》2014 年第 2 期。

陆轶辰：《实践，在深圳》，《时代建筑》2014 年第 4 期。

潘妙：《谈首饰的传统文化属性》，《美术观察》2014 年第 10 期。

潘妙：《喀什维吾尔族传统耳饰与丝绸之路南道》，《装饰》2014 年第 9 期。

付志勇：《从学科交叉到开放性创新人才培养——写在清华大学美术学院信息艺术设计系建系十年之际》，《装饰》2014 年第 12 期。

付志勇：《数据社会语境下的设计品牌建构》，《美术观察》2014 年第 1 期。

付志勇：《面向智慧城市的协同设计创新实践》，《办公自动化》2014 年第 19 期。

郑宏：《梦蝶》，《北京规划建设》2014 年第 4 期。

陈雷：《从动态漫画的兴起看信息时代下动漫形式的发展趋势》，《装饰》2014 年第 12 期。

陈雷：《形与时的共舞——动画动态设计的风格问题》，《装饰》2014 年第 12 期。

何洁：《刹那中的永久——民国时期唯美主义书籍插图艺术的兴衰》，《装饰》2014 年第 5 期。

吴冠英：《丰乳肥臀》，《连环画报》2014 年第 2 期。

吴冠英、海贝：《装饰有度——关于动画角色造型设计的审美思考》，《装饰》2014 年第 12 期。

邱松：《创新与管理——基于品牌战略的创新设计》，《装饰》2014 年第 4 期。

唐林涛：《种子、土壤与气候——中国设计产业的未来发展之路》，《装饰》2014 年第 6 期。

唐林涛、张玉峰：《大洋科考船居住舱室人性化设计研究》，《设计》2014 年第 2 期。

左恒峰：《六帽思维法在设计创新实践中的应用》，《设计艺术研究》2014 年第 4 期。

左恒峰：《基于心智模型的 CMF 数据库框架设计研究》，《装饰》2014 年第 1 期。

顾欣：《希腊字母的起源与发展》，《装饰》2014 年第 9 期。

黄艳：《文化景观的生态解释——对“工作”着的文化景观的保护》，《装饰》2014 年第 2 期。

黄艳：《实现视觉与文化的可持续发展——浅谈北京高层建筑对城市景观的冲击及应对》，《城市规划》2014 年第 4 期。

黄艳：《休闲与休闲景观设计》，《设计艺术研究》2014 年第 1 期。

朱焘：《增强创新意识迸发创造活力努力实现设计强国之梦》，《设计》2014 年第 1 期。

朱焘：《放飞青春梦想筑就设计强国——在全国青年设计师工作会议上的讲话》，《设计》2014 年第 1 期。

马超民、何人可：《基于位置服务的现代公共客运服务设计分析》，《装饰》2014 年第 1 期。

周仲凡、周宏春、刘说芳、林衍堂、赵新、何人可、林家阳、辛向阳、王琥、汤重熹、于平：《勇于探索　敢于担当——国家社会科学基金艺术学重大招标项目〈绿色设计与可持续发展研究〉开题报告会专家研讨纪要》，《生态经济（学术版）》2014 年第 2 期。

黄慧、何人可：《设计在企业品牌化发展中的角色探讨——以消费者市场下电商为例》，《艺术与设计（理论）》2014 年第 3 期。

马超民、何人可：《基于空间需求的大型客机座椅造型风格设计研究》，《艺术与设计（理论）》2014 年第 8 期。

赵丽维、季铁：《基于鱼骨形信息构架的数字阅读应用跨屏设计研究》，《装饰》2014 年第 6 期。

戴芳琼、季铁、弗朗切斯科·加利：《网络游戏的 HUD 设计方法初探》，《装饰》2014 年第 2 期。

连冕：《“兵”、“农”与“医”、“工”：“古典设计管理”的“控制学”——兼论〈内经·素问〉与徐、利合译之〈几何原本〉》，《艺术生活（福州大学厦门工艺美术学院学报）》2014 年第 4 期。

连冕：《故纸四说：关于古典专门文献理董》，《艺术生活（福州大学厦门工艺美术学院学报）》2014 年第 1 期。

连冕：《“式图”之于“形名”：旗纛的“事”、“仪”演进——兼论〈墨子·旗帜〉篇》，《民族艺术》2014 年第 1 期。

连冕：《国际艺术学科科研创作评价体系研究综述》，《求知导刊》2014 年第 6 期。

周志：《学科升级后的机遇与挑战——美术与设计类学术期刊的现状与发展对策研究》，《编辑之友》2014 年第 9 期。

周志：《平台为本，方法致胜——英国设计教育研讨会纪要》，《装饰》2014 年第 11 期。

周志：《电梯与摩天楼》，《装饰》2014 年第 1 期。

周志：《“瓷”“都”之路——景德镇陶瓷产业发展的思考》，《装饰》2014 年第 8 期。

周志：《哥特式教堂彩绘玻璃中市民赞助人形象的意义探析》，《南京艺术学院学报（美术与设计版）》2014 年第 6 期。

田君：《汽车：险象风驰》，《装饰》2014 年第 1 期。

周博：《北京美术学校与中国现代设计教育的开端——以北京美术学校〈图案法讲义〉为中心的知识考察》，《美术研究》2014 年第 1 期。

周博：《国画复兴与民族主义话语实践——以郑午昌的画学实践为中心的探讨》，《美术研究》2014 年第 3 期。

祝帅：《设计不是可有可无的摆设——第十二届全国美展设计展区观察》，《美术观察》2014 年第 11 期。

祝帅：《设计评展乱象》，《美术观察》2014 年第 9 期。

祝帅：《中国平面设计产业竞争力提升路径探析》，《设计艺术（山东工艺美术学院学报）》2014 年第 1 期。

李江：《〈癸卯学制〉的颁行与清末中国设计教育制度的建立》，《装饰》2014 年第 1 期。

滕晓铂：《引进包豪斯》，《装饰》2014 年第 2 期。

姚之洁：《城市变迁中的“叙述性环境设计”》，《新美术》2014 年第 4 期。

顾浩：《工艺致世对“非物质文化遗产”中民间美术“工艺”相关问题的反思》，《新美术》2014 年第 4 期。

顾浩：《对民间泥塑两种白色颜料属性及工艺的考辨》，《装饰》2014 年第 8 期。

［日］宫崎清：《家具的意匠》，《家具》2014 年第 6 期。

【著作选介】

【朱焘文集《设计创造美好生活》】

2014 年 1 月，中国工业设计协会会长朱焘文集《设计创造美好生活》由企业管理出版社出版。

朱焘文集收录的重要文献、文章多与近年来我国工业设计发展的重要事件或观点相联系，如“关于我国应大力发展工业设计的建议”（呈送温家宝总理的报告）、“政府部门应大力扶持工业设计”（在全国政协十届一次会议上的提案）、路甬祥与朱焘谈“设计”、从包豪斯到乔布斯、危机可成为企业发展工业设计的“倒逼机制”、认真贯彻落实《指导意见》，全力推动我国工业设计产业健康快速发展，制造业是中国设计服务的重点，设计教育应率先转型升级，设计更需要转型升级，中国设计与中国制造的协同创新、解放思想，以创新思想推动工业设计发展等。朱焘文集收录的中国工业设计协会的工作报告，以及中国工业设计协会及主要活动介绍，从协会工作角度所反映的理念、观点、方法及活动，是我国工业设计发展进程中的缩影，从中可以窥见近 10 年来我国工业设计产业发展的重要轨迹。朱焘文集还选录了国内最有影响的“2012 中国优秀工业设计奖”和“中国设计红星奖”，以及德国“红点奖（Reddot Design Award）”、德国“IF 奖”（Produt Design Award）、美国“IDEA 奖”（Industrial Design Excellence Award）、日本“G－MARK 奖”（Good Design Award）的产品作为示样。朱焘文集从一个行业推动者、创新倡导者的视角和高度，展示了对我国工业设计发展的观察、思考和倡导。

【弗朗西斯卡·加文著，陈岸瑛译《影响我们时代的 100 位新锐艺术家》】

2014 年 1 月，弗朗西斯卡·加文著，陈岸瑛译《影响我们时代的 100 位新锐艺术家》由北京美术摄影出版社出版。

《影响我们时代的 100 位新锐艺术家》一书，一方面致力于成为一部对当代艺术新走向有所预见的指南，揭晓那些即将决定人类美学未来的人物；另一方面，它又有意识地不加入作者个人的价值判断，采取口述史的形式，让艺术家有机会用自己的语言阐述自己的作品，并为读者提供更多的线索，去了解他们所采取的方法。

弗朗西斯卡·加文在访谈艺术家时，尽量采用中性、平实的提问方式，有意对艺术家和作品不加臧否，不做评判。本书不是严格的艺术史写作，但其口述实录和作品著录，为当代艺术史提供了原材料和出发点。

本书所提的问题，帮助读者了解艺术家的创作理念，从而对表面上杂乱无章、不知所云的当代艺术作品形成理解。作者力图用访谈构筑起当代新锐艺术的景观。

【凌继尧著《西方美学史》】

2014 年 2 月，凌继尧著《西方美学史》由学林出版社出版。

作者研究、著述时，以年代、时期为经，以著名美学家、美学思潮为纬，采用了细读美学史原著（包括外文版）文本和吸纳中外各种西方美学史研究成果的双向互动的方法，遵循厘清思路、说清问题的宗旨与目标，翔实、清晰、有比较地阐述了西方美学史演进的历程，并在不同层面上，重点对一些以前表述简单的命题或判断作出尽可能具体和展开的阐述；对一些孤立阐述的美学现象，包括一些以前未被重点关注、未能深入探究的问题进行了重新概括与发挥。《西方美学史》是对西方美学史的重新梳理，是美学史研究的最新成果。

【方怿著《世界现代艺术设计史》】

2014 年 2 月，方怿著《世界现代艺术设计史》由人民邮电出版社出版。

本书力图对世界现代艺术设计的发展历程进行初步的梳理，为读者勾勒出一条现代艺术设计发展的脉络，并对各个时期设计思潮和设计流派的成因及其影响，做出分析和论述。全书内容共 9 章，包括：现代艺术设计的萌芽和工业美术运动、新艺术运动、装饰艺术运动、现代主义设计的发展、现代主义设计的高峰——包豪斯、美国的现代主义艺术设计、世界现代艺术设计的蓬勃发展、后现代主义艺术设计、中国的现代艺术设计发展概况。

【袁宣萍、薛晔、吾宵编著《中外设计史简编》】

2014 年 2 月，袁宣萍、薛晔、吾宵编著《中外设计史简编》由浙江大学出版社出版。

《中外设计史简编》为高等院校艺术设计专业教材，也可作为高等院校通识教育课程教材或参考用书。全书分上、下两篇，合为一册。上篇为中国设计简史，以时间为主线，系统而有重点地介绍了中国史前、先秦与秦汉、魏晋南北朝与隋唐、宋辽金元与明清时期的古代设计，涉及城市与建筑、园林、玉器、画像石与画像砖、陶瓷、漆器、纺织品、金属工艺、家具设计等内容。下篇为外国设计简史，以区域为主线，系统而有重点地介绍古埃及、两河流域与古代波斯设计、古代希腊与罗马设计、欧洲中世纪与伊斯兰设计、欧洲文艺复兴至洛可可时期的设计、西方工业化初期的设计，20 世纪以来的现代设计与后现代设计等。

【靳埭强、杭间主编《中国现代设计与包豪斯》】

《中国现代设计与包豪斯》由靳埭强、杭间主编，2014 年 3 月由人民美术出版社出版。“包豪斯”自 1919 年创立以来，其艺术思想、教育理念一直对世界产生着影响。因为其中的“乌托邦”和“激进”性质，多年来它又在各个区域产生了很多的歧义，在中国也不例外。充分讨论这些歧义产生的原因，总结研究包豪斯艺术思想的遗产和真相，可能会给当代思想带来新的收获。“包豪斯”的影响不仅体现在建筑、设计上，还与造型艺术有着深刻的关系，研究这些关系，可以讨论这些专业、学科之间在当代的新的联系。值得注意的是，包豪斯还与中国现代化进程密不可分，工业化背后是人的命运，从社会学角度考察中国与包豪斯的关系，对于理解中国社会是一特殊维度。

【王受之著《朝上的城市》】

2014 年 3 月，王受之著《朝上的城市》由浙江大学出版社出版。

王受之专著的《朝上的城市》是建筑文化随笔集。从对杭州历史沉淀的感怀，探讨了世界城市的发展：从横向蔓延（郊区化城市发展），到后来西方所做的探索包括“第十小组”和“建筑电讯”；再到城市的竖向发展，并详细阐述了对城市新陈代谢派的思考，并剖析了六本木丘、东京中城。再把目光自世界、从历史，转向今天的杭州以及百大绿城的西子国际项目。从项目的意义、项目的设计，解析了慢城慢客的生活理念。最后以对城市发展未来的思考作为本书的总结。

【王文广、钱安明、杨永波、陈昊编著《视觉传达设计史》】

2014 年 3 月，王文广、钱安明、杨永波、陈昊编著《视觉传达设计史》由合肥工业大学出版社出版。

《视觉传达设计史》是部立足“古今中外”视角专门描述“视觉传达设计史”的专用教材。这是一本列举了大量图例的书籍，编者王文广、钱安明、杨永波、陈昊整理并收集了众多国内外的经典图案作品，并包含大量编者在授课过程中产生的学生习作。本书试图以图文并茂的方式为读者提供一个具体可行的研究、学习方法。

【付莎莎主编《设计概论新编》】

2014 年 3 月，付莎莎主编《设计概论新编》由电子工业出版社出版。本书是全国高等院校“十二五”设计专业统编规划教材、普通高等教育艺术设计类专业教材。本书从理论性和实践性结合出发，介绍了有关艺术设计的相关体系、基础理论和设计应用等方面的知识。全书共分 16 章，主要内容包括：设计概论、设计的特征与类型、设计的原则与要素、设计的方法与程序、设计教育、创造世界的设计师、设计学的研究体系、设计风格学、设计符号学、设计策划与管理学、设计批评学、设计美学、设计心理学、设计之源、中外设计之路、当代设计思潮。

【袁熙旸著《中国现代设计教育发展历程研究》】

2014 年 4 月，由东南大学出版社出版，袁熙旸著《中国现代设计教育发展历程研究》出版发行。

袁熙旸所著的《中国现代设计教育发展历程研究》从史料的整理、归纳与分析出发，通过对中国艺术设计教育在一个半多世纪中由孕育、萌发、探索直至初步发展的历程的梳理与回顾，着重探讨、总结了晚清、民国、中华人民共和国成立至“文革”以及改革开放以来这样几个历史阶段中，艺术设计教育在教育结构、办学形式、课程设置以及教育方法等方面所形成的基本特点、基本模式以及相关的经验、教训；同时，也对经济、政治、文化等各种社会因素对艺术设计教育发展所产生的复杂影响，以及外国办学经验所起的借鉴与促进作用，作了具体的分析与研究；并进而以史为鉴，从外国经验的中国化、民族文化传统的现代转换以及课程结构的充实、更新与优化三方面，提出了初步的设想。通过以上研究以求对构筑既能反映学科特点与社会需求，又能体现时代特征与中国特色的、较为科学与合理的艺术设计教育模式有所裨益。

【陈瑞林编《中国现代艺术设计简史》】

2014年6月，陈瑞林编《中国现代艺术设计简史》由上海人民美术出版社出版。

《艺术设计名家特色精品课程：中国现代艺术设计简史》简要介绍中国现代艺术设计的发生和发展，展示伴随中国由农业、手工业生产的传统社会向机器工业生产的现代社会的转变，现代建筑艺术设计、现代书籍艺术设计、现代商业艺术设计、工业产品设计的发生和发展，染织服装艺术设计和陶瓷艺术设计从传统走向现代的历史进程。本书以历史发展为脉络，通过对史料的挖掘和整理，勾画出中国现代艺术设计发展的历史轮廓。在“纯美术”与“实用美术”，“艺术”与“科学”，“传统”和“现代”，“民族”和“世界”等诸多困扰中国现代艺术设计发展的问题当中，《中国现代艺术设计简史》力求走出传布甚广的“二元对立”，获取统一和超越的认识，为中国现代艺术设计家和理论家提供历史的借鉴。

【于文杰、陈晓律著《西方制度建构与社会发展研究丛书：英国十九世纪手工艺运动研究》】

2014年6月，于文杰、陈晓律著《西方制度建构与社会发展研究丛书：英国十九世纪手工艺运动研究》由南京大学出版社出版。

《西方制度建构与社会发展研究丛书：英国十九世纪手工艺运动研究》讨论英国工业革命之后出现的信仰衰落、道德沦丧、情感冷漠及其给社会带来的一系列问题。英国手工艺运动以约翰·罗斯金、威廉·莫里斯等人为代表，19世纪三四十年代起始于英国，一直影响到20世纪的欧美及东南亚等地区。本书以大量的实地考察与第一手文献资料，通过对诸多国家、民族和地域手工艺运动的历史、理论与案例研究，来展示这一场新人文主义运动所寻求的宗教信仰、传统道德、人文情怀与社会协作等文化传统伟大复兴的意义与价值。英国手工艺运动倡导以传统的手工劳动为主要生产方式，传播英国式的社会主义观念，寻找解决生态环境、人口增长、社会矛盾与国际冲突等问题的有效途径，努力实现整个社会的和谐发展。

【张夫也编著《外国设计史》】

2014年7月1日，张夫也编著《外国设计史》由广西美术出版社出版。

《外国设计史》力图应用新的资讯和材料，来概括论述国外设计演讲历程，同时也尽力做到简明精要的叙述和较为透彻的分析研究，并从与我们生活密切关联的器物、工具，以及生活环境的设计入手，勾勒出一条较为清晰明了的外国设计发展史脉络，展示各历史时期、各地区、各民族、各宗教设计风格和发展状况的瑰丽图景。

【刘海年、张立平编著《近现代设计史》】

2014年9月，刘海年、张立平编著《近现代设计史》由辽宁科学技术出版社出版。

《近现代设计史》共分12章，对世界现代设计史的源流、发展及现状进行通论式的阐述，描述世界现代设计目前各个时期的重要流派、代表人物、主要作品，展现世界现代设计史的基本轮廓。近现代设计史理论包括范围广阔，主要包括现代建筑史、工业产品设计史、平面设计史、时装设计史、广告设计史等，而在每一个范畴中，又有派生的理论分支。本书也基本是按照这些门类分开进行研究的，具体内容包括：水晶宫展览、工艺美术运动、新艺术运动、装饰艺术运动、德意志工业联盟、设计的风格、设计中的构成主义、包豪斯、美国的设计、流线型设计、有计划的废止制、波普设计、意大利现代艺术的发展、后现代主义设计、孟菲斯设计集团、绿色设计、斯堪的纳维亚设计、波兰的招贴设计、古巴的设计、现代主义设计运动、国际主义风格、后现代主义设计、中国近现代设计等。

【郑巨欣、连冕主编《设计管理学导论》】

2014 年 9 月 1 日，浙江大学出版社出版，郑巨欣、连冕主编的《设计管理学导论》是立足于中国美术学院设计艺术学系设计管理学课程教学实践，面向国内相关教学实体和专业的一本教研参考书。书中部分内容是 2010 年度文化部文化艺术科学研究项目“中国传统工艺与设计管理思想体系研究”的课题成果，但全书内容则远远超出了课题成果内容。参与完成此书的有中国美术学院、浙江理工大学管理学院等高校教师、研究生和个别企业管理者。书中的内容大体可归纳为深层管理思想、中层制度管理和表层功用管理，以及有形的和无形的、主动的和被动的、思想的和视觉的等不同设计管理形式。

【杭间、靳埭强、胡恩威主编《包豪斯道路：历史、遗泽、世界与中国》】

杭间、靳埭强、胡恩威主编《包豪斯道路：历史、遗泽、世界与中国》，2014 年 9 月由山东美术出版社出版。

本书第一次对“包豪斯在中国”进行深入研究。本书的重点是研究包豪斯对中国设计艺术的发展和设计教育的影响，在学术上颇具新意。本书是距离包豪斯精神实质最近的一次探索，系统全面地回顾了包豪斯运动的发展历程，并梳理了其在时间、空间中的外延作用，尤其重点研究其在中国的影响，以中国的视角重新理解包豪斯的历史现实意义，这是本书在学术研究上的突破。书中汇集了大量珍贵的资料图片，特别是对中国部分的研究，因资料少、收集难度大，显得弥足珍贵。

【付璐编著《汽车造型设计美学概论》】

2014 年 9 月，付璐编著《汽车造型设计美学概论》由机械工业出版社出版。本教材是为大专院校汽车造型设计课程所编写的教材。当前，汽车工业发展迅猛，市场竞争越发激烈，除了技术研发外，汽车造型设计已成为汽车品牌甚至是国家民族汽车工业腾飞的重要支撑。本书正是在这一现实背景下的一个初步探索，对汽车造型设计美学进行了相对全面的梳理和归纳，其中也包括关于汽车设计中技术要素、经济要素和材料要素的介绍，力图形成完整的汽车造型设计美学课程体系。

【周博著《现代设计伦理思想史》】

周博著《现代设计伦理思想史》2014 年 9 月由北京大学出版社出版。

该书以著名设计理论家维克多·帕帕奈克的设计思想为中心，从设计思想史的角度梳理了现代设计伦理问题的线索。全书一直围绕这样一个潜在的问题展开，即现代设计作为一种设计师从 19 世纪以来逐渐掌握的知识、经验和创造力的综合体，到底应该如何运用和发展才能够增进人类的福祉。《现代设计伦理思想史》的研究跨越了 20 世纪，而围绕设计伦理问题展开的设计思想史线索事实上也勾画出现代设计史的一个重要思维传统，即人道的设计思想传统。在该传统中，现代设计不满足于其职业所规定某种或某一些物品功能的完善，向往着一种对于至善或人类总体幸福的追求。当然，对于现代设计论理问题的研究也必须放在一个更复杂的社会语境中进行讨论。

【鲁晓波、徐迎庆编撰《第三届交互设计国际会议论文集》】

2014年9月1日，鲁晓波、徐迎庆编撰的《第三届交互设计国际会议论文集》由江苏凤凰美术出版社出版。

《第三届交互设计国际会议论文集》收录了40余篇参会论文，涉及实体交互设计、智慧城市、社会化网络交互设计、技术与创新、新媒介设计、文化遗产数字化保护、以用户为中心的设计和服务设计等设计领域的前沿和热点内容，总体反映了国内外交互设计研究的特点和发展趋势。

【方晓风著《写在前面》】

2014年10月1日，方晓风著《写在前面》由江苏美术出版社出版。

《写在前面》作者作为《装饰》杂志的主编，每期均亲自为杂志撰写“卷首语”，后更名为“写在前面”，自2007年4月累积至今，已有80余篇，近10万字，结集成此书。这些文章既是作者7年主编工作的见证，也是《装饰》杂志7年选题思路和构架的缩影。每篇文字千字，均围绕当时中国设计界的热点，本着“立足当代，关注本土”的宗旨，关注中国制造、城市发展、世界设计、日常设计等诸多方面。

【柳冠中、蒋红斌、胡鸿编著《2011—2013年度中国工业设计园区发展指数统计白皮书》】

2014年11月2日，柳冠中、蒋红斌、胡鸿编著《2011—2013年度中国工业设计园区发展指数统计白皮书》由清华大学出版社出版。

工业设计园区作为当今中国设计界在主体经济中最具影响力的一种形态，发挥了“政、产、学、研、商”相结合的枢纽作用。对于全国各个重点地区的工业设计园区的发展情况考察，一定程度上反映出今天中国设计在实际的产业体系中所发挥的作用，以及其在各种产业链环节中所呈现的角色。编者通过此研究，力求用一个经过三年沉淀的评价框架来汇聚其中的客观数据。数据客观排序的结果，可以供园区之间互相借鉴，也可以作为观察中国工业设计发展形态的参考，并为今后日趋丰富、科学地分析设计发展水平奠定基础。

【柳冠中编著《中国工业设计年鉴（2006—2013）》】

2014年12月1日，柳冠中编著《中国工业设计年鉴（2006—2013）》由知识产权出版社出版。

《中国工业设计年鉴（2006—2013）》全景式展现了2006—2013年中国工业设计发展的印迹和成果，从政府推动、制造企业、设计企业、设计园区、设计院校、行业组织、促进活动、国际交流、精英人物、获奖产品等方面，集中记载了重要的政策、事件、活动、成就等。《中国工业设计年鉴（2006—2013）》集中了数十位最权威专家的研究成果，阐述了工业设计产业主体的发展状况，概述了全国及众多省市的工业设计发展。

大事记

1月5日，“国际体验设计协会游戏委员会第一次筹备会议”在深圳举行。

1月6日，“2013两岸三地公共艺术研讨会”在上海大学美术学院开幕。

1月8日，“清华大学美术学院工业设计系2013年度本科生课程作品展暨‘Since 1984’奖颁奖典礼”举行。

1月10日，由中央美术学院主办的第6届“为坐而设计”新闻发布会和展览开幕式在中央美术学院美术馆举办。

1月10日，由国家发改委高技术产业司、国务院发展研究中心、中国工业设计协会携手组织的“研发设计服务座谈会”在中国工业设计协会召开。

1月14日，中国国家画院公共艺术院一院四所的成立仪式在中国国家画院会议楼举行，其中包括：建筑设计院、壁画艺术研究所、视觉艺术研究所、陶瓷艺术研究所、纤维艺术研究所。

1月16日，首批“中国工业设计示范基地”名单公示。

1月18日，“Tokyo TDC 2013世界字体设计年赛展”在华·美术馆展出。

1月22日，《上海市设计之都建设三年行动计划（2013—2015年）》印发。

2月27日至3月2日，“设计·上海2014”（上海国际设计创意博览会）在上海展览中心举行。

2月26日，《国务院关于推进文化创意和设计服务与相关产业融合发展的若干意见》颁布。

2月28日，“第61届iF设计奖颁奖典礼”在德国慕尼黑举行。

3月6日，“文化创意中国行”活动正式启动，活动首站走进“筑城”贵阳。与此同时，“中国文化创意产业集聚区联盟”正式成立。

3月20日，文化部正式印发《关于贯彻落实〈国务院关于推进文化创意和设计服务与相关产业融合发展的若干意见〉的实施意见》。

3月20日，北京国际设计周在意大利驻华大使馆举办“2014北京—米兰姊妹设计周互访活动发布会”。

3月26日至4月2日，“感知中国展览”在联合国教科文组织总部举办。

4月4日，“第二届江门‘五邑杯’创新工业设计大赛”获奖作品公布。

4月7日，由北京工业大学艺术设计学院数字媒体系举办的系列展览之“虚实之间——吴伟和教授师生交互设计作品展”在北工大艺术设计学院视觉艺术馆开展。

4月8日，米兰设计周“居然·2014中国设计进行时”展览在意大利米兰大学开幕，同期举办了“Yù——中国设计进行时学术研讨会”。

4月9日，中欧创新中心在位于米兰市Farini大街8号正式挂牌成立。

4月12日至6月15日，“蒙古齐·纸上五十年”展览在深圳华·美术馆展出。

4月18日至19日，“第七届CDN Interior Motives中国国际汽车设计会议”在北京富力万丽酒店举办。

4月19日，“2014年度CDN中国汽车设计大赛颁奖典礼”在格维瑞（北京）汽车设计有限责任公司举行，揭晓了中国汽车设计大赛获奖名单。

4月26日，“第七届IAI AWARDS暨2013竹美奖—全球空间设计大奖”大赛颁奖典礼举办。

4月29日，“第四届MUJI AWARD 04 in China设计竞赛”落下帷幕。

4月29日，由中国对外文化集团公司主办的“第十四届威尼斯国际建筑双年展中国馆主题展”在北京召开新闻发布会。

4月30日，中央美术学院研究生毕业作品展“研展2014”于中央美术学院美术馆开幕。

5月5日至6日，“全国大中学生第三届海洋文化创意设计大赛”作品评审会在中国海洋大学崂山校区举行。

5月6日，由商务部批准，民政部、全国老龄工作委员会办公室、北京市人民政府主办，中国社会福利协会、北京市民政局、北京市老龄工作委员会承办，中国社会福利协会老年康复护理辅具用品适配应用专业工作委员会、国家康复辅具研究中心、北京理工大学珠海学院福祉文化与服务设计研究院承办的“2014年第三届中国国际养老服务业博览会——老龄福祉文化与服务产品设计应用主题研讨会”在北京国家会议中心举行。

5月8日，2014北京国际设计周重点项目——众筹中国设计联盟以及产品“设计宝”项目的发布活动在北京设计之都大厦举行。

5月15日至9月21日，“红点传达设计大奖世界巡回展”台北站在台北红点设计博物馆展出。

5月16日至18日，由中国工业设计协会、设计 & 艺术联盟（筹）特别支持，深圳市南山区人民政府、文博会组委会办公室主办，深圳市南山区人民政府文化产业发展办公室、深圳市设计联合会、深圳市工业设计行业协会、深圳设计产业园、深圳市龙文文化传播有限公司、深圳市五行创新文化传播有限公司承办的第十届文博会深圳设计产业园分会场的系列活动及展览展出。

5月18日，中国社会科学院文化研究中心、中国民营科技促进会、中国中外名人文化研究会、中国人工智能学会和中国创意产业联盟等联合国内多家产学研机构在第十七届科博会现场举办“中国创意创业人才培养工程”启动仪式发布会。

5月23日至6月3日，“国际新锐设计师周”暨NEW“FORM”国际平面设计探索展“杭州站”在浙江树人大学美术馆举办。

6月5日至6月19日，“华东师范大学设计学院建院十周年汇报展暨2014届学生毕业设计展”在静安八佰秀举办。

6月7日，清华大学美术学院和中国装饰杂志社主办“学科升级与学科建设——设计学学科发展研讨会”举行。

6月11日至12日，“2014世界绿色设计论坛扬州峰会暨世界绿色设计博览会”在扬州举办。

6月13日至22日，中央美术学院设计学院交通工具设计专业教学系列展“金成龙汽车设计作品展”在CAFA美术馆举办。

6月24日，天津市设计学学会召开了第一次会员代表大会。

7月1日，“2014中国4A大学生广告周”北京站在中国传媒大学广告学院启动。

7月1日，“2014中国国际装备制造业工业设计论坛”举办。

7月18日，“2014国际体验设计大会”在北京国家会议中心开幕。

7月22日、24日，“One Show金铅笔奖项及创意节”落地中国。

7月25日，“2014国际体感交互设计工作坊”在北京工业大学建筑与城市规划学院会议室举行成果展示。

7月27日，“第二届E级方程式国际设计锦标赛（中国区赛）”在北京工业大学奥林匹克体育馆举行。

8月1日，“纽约艺术指导俱乐部暨11届青年先锋年赛展”开幕。

8月19日，“亚洲平面设计邀请展”在韩国大田林立美术馆展出。

8月21日，“2014年（第十届）光华龙腾奖新闻发布会”在北京举行。

8月22日至9月15日，“2014 NEW‘FORM’”在中国台湾高雄文化会馆展出。

8月22日，“2014 NEW‘FORM’国际平面设计探索展”在中国台湾新光三越左营店11楼文化会馆开幕。

9月5日至17日，“2014大声展”在北京三里屯太古里橙色大厅举办。

9 月 6 日，由文化部、中国文学艺术界联合会和中国美术家协会主办，陕西省美术家协会、西安美术学院、陕西文化产业投资控股（集团）有限公司承办的“第十二届全国美展艺术设计作品展览”在西安当代美术馆开幕。

9 月 8 日至 20 日，清华大学美术学院与斯坦福大学人文科学学院联合举办主题为“人本城市：为人而设计”的工作坊。

9 月 19 日至 21 日，“工业和信息化部中小企业经营管理领军人才工业设计高研班”第五期培训课程在上海市举办。

9 月 20 日，“2014 中国 · 上海静安国际雕塑展”系列活动“2014 静安国际公共艺术峰会”在上海 800show 创意园举行。

9 月 25 日，由中装新网主办的“第二届‘中装杯’全国大学生环境设计大赛总决赛暨颁奖典礼”在北京服装学院（中关村文化创意产业园二楼报告厅）举行。

9 月 25 日至 10 月 8 日，“生长的天际线：1895—2014 中国百年城市设计”大型展览在中华世纪坛世界艺术馆展出。

9 月 26 日至 10 月 3 日，2014 北京国际设计周连续两届的智慧城市主题展全面升级，智慧城市板块首次作为设计周七大主体活动板块之一，亮相中华世纪坛。

9 月 26 日至 30 日，清华美术学院服务设计研究所受邀出席 2014 北京国际设计周七大主体活动板块之一的智慧城市板块。

9 月 26 日，“北京设计周人才交流推介会”“创意工坊系列体验活动”“北京设计沙龙设计周特别活动”“设计人才数字平台——设计咖网站上线”举办。

9 月 26 日，“空间、叙事、体验学术论坛”在清华大学美术学院举行。

9 月 27 日，巴塞罗那作为北京设计周主宾城市正式揭幕位于 751 D. Park 时尚设计广场的 79 罐的巴塞罗那展馆。

9 月 26 日至 28 日，由阿森特（北京）艺术设计中心主办的 2014 首届“Create Change 设计论坛”在北京举办。

9 月 28 日，“2014KIKKERLAND 中国设计挑战赛”获奖设计作品及金奖设计作品在中华世纪坛“中国设计挑战赛 2014 年会”上揭晓。

9 月 28 日，由教育部高等学校工业设计专业教学指导分委员会、广东省教育厅、广东省经济和信息化委员会以及顺德区人民政府共同主办的“2014 年全国大学生工业设计大赛颁奖典礼暨‘中国设计新锐奖’展览”开幕式在广东工业设计城举行。

9 月 28 日，“作为启蒙的设计——中国国际设计博物馆包豪斯藏品展”在中国国家博物馆开展。

10 月 10 日，“同济设计周”开幕。

10 月 15 日，以“数码时代的机遇与挑战”为主题的 2014 中国 4A 金印奖论坛开幕。

10 月 15 日，“2014 中国 4A 金印奖新媒体论坛”举行。

10 月 15 日，“第九届中国 4A 论坛 · 金印奖 · 杭州盛会暨颁奖典礼”在杭州西溪宾馆举办。

10 月 16 日，文化部艺术司在中央美术学院图书馆报告厅召开“中国公共艺术大展文献研究专项讨论会”。

10 月 24 日至 26 日，“我们的城市——公共艺术教育国际论坛暨公共艺术学科建设年主题活动”在广西艺术学院举办。

10 月 25 日，第三届“中国设计创新大会暨首届中韩设计创新论坛”在江苏常州举行。

10 月 28 日，由北京天街集团、北京市建筑设计研究院、天安时间当代艺术中心联合主办的“城南计划——前门东区 2014 论坛及学术研讨会”在北京市规划展览馆举行。

10 月 30 日，“清华大学美术学院工业设计系 30 周年庆典暨 2014 第六届清华大学艺术 · 设计学术月”在清华大学美术学院美术馆开幕。

11 月 5 日，中国工业设计协会—德稻创新学院在上海揭牌成立并举行新闻发布会。

11 月 6 日，“意大利中意设计协会（ADCI）”于佛罗伦萨市政厅举行新闻发布会暨协会成立仪式。

11 月 8 日，“2014AGDIE 亚洲平面设计邀请展”在中央美术学院设计学院展出。

11 月 10 日至 12 日，“One Show 中华创意节”所有奖项落地北京进行评审。入围结果于 11 月 13 日公布。“One Show 中华创意节及颁奖典礼”于 2014 年 11 月 14 日至 15 日在北京嘉里大酒店举行。

11 月 12 日至 16 日，“领秀上海——PDC 创意生活体验展”在上海国家会展中心举办。

11 月 14 日至 15 日，“One Show 中华创意节”在北京举行第一届创意节。

11 月 14 日，全球获奖广告作品与艾美奖纪录影片 Art & Copy 展映在北京嘉里中心大酒店举行。

11 月 14 日，第三届“持续之道——国际可持续设计学术研讨会暨设计作品展”开幕式在清华大学美术学院举行。

11 月 16 日至 17 日，“第八届全国视觉传达设计教育论坛暨第八届‘未来之星’全国大学生视觉设计大展”在山东艺术学院长清校区举办。

11 月 21 日至 22 日，“2014 国际公共艺术研究员会议”在上海大学美术学院举行。

11 月 22 日至 23 日，“2014 中国环境设计教育年会暨第十二届中国环境设计学年奖”颁奖典礼在南京艺术学院举行。

11 月 24 日，“第九届中国国际建筑装饰及设计艺术博览会”在北京国际会议中心开幕。

12 月 2 日至 3 日，“2014（淄博）医疗、环保及相关产业设计创新国际论坛”在山东淄博高新区国际会议中心举行。

12 月 6 日，中国文化管理协会公共艺术专业委员会成立。

12 月 10 日，“2014（第十届）‘光华龙腾奖’颁奖典礼”在天津举办。

12 月 13 日，由深圳华·美术馆主办的“对话视觉——李永铨与设计二十年展”开幕。

12 月 19 日至 28 日，“20/20 澳门字体百分百设计交流展”在澳门博物馆回廊展览厅举办。

12 月 20 日至 21 日，“信息·交互：教学、研究、创新与新业态论坛暨信息与交互设计专业委员会第一届会员代表大会”在北京紫光国际交流中心、清华大学美术学院举行。

中国艺术年鉴

2014年卷

索引卷

分卷主编：傅　秋

人名索引

C

F

G

H

K

L

N

R

S

T

W

X

Y

作品索引

C

D

H

J

T

W

Z

机构索引

C

G

H

J

K

L

M

N

Q

R

S

Y

Z

后　记

《中国艺术年鉴》（以下简称《年鉴》）由中国艺术研究院《中国艺术年鉴》编辑部组织编纂，系专业艺术全门类的综合性年鉴，本卷之前已连续出版2011年卷、2012年卷和2013年卷，得到普遍好评并取得很大的社会反响。为了使结构更加完善，信息涵盖更加全面，《中国艺术年鉴·2014年卷》在保持原有体例架构的基础上，结合各门类特点，细化了类目，反映了各行业的典型特征。

《年鉴》组稿方式以约稿和摘录为主。各卷本的“年度述评”部分的组稿方式为约稿，所约撰稿者主要为相关门类的专家、学者，所录过半稿件为课题组团队倾力协作完成；“文件辑录”“专题”“作品”“纪事”部分的信息均摘编和来源于全国主要报纸期刊、公开出版物及相关网站，摘录文章除对有明显错讹、遗漏与不符出版文字规范之处加以校改外，保持原貌。

《中国艺术年鉴·2014年卷》的编纂工作于2016年4月正式启动。经过4个多月紧张有序的编辑，于8月初总纂完成，各分卷主编将相关卷本分发至25位行业专家及相关专业人士审稿，在吸收了相关专家的建议并修改后，《年鉴》编辑部在10月初再次组织业内部分专家对整体稿件进行审订工作。经过几轮的修改与编辑，《中国艺术年鉴·2014年卷》于10月底交付文化艺术出版社进入出版流程。

《中国艺术年鉴·2014年卷》的编辑出版工作得到了各方的大力支持和帮助，谨表示衷心地感谢。首先感谢文化部的大力支持，感谢中国艺术研究院谭平副院长，中国艺术研究院电影电视艺术研究所丁亚平所长、赵卫防副所长，中国艺术研究院曲艺研究所吴文科所长，中国艺术研究院话剧研究所宋宝珍所长、刘彦君研究员，中国艺术研究院工艺美术研究所邱春林所长，中国艺术研究院戏曲研究所王馗所长，中国艺术研究院音乐研究所项阳所长、李宏锋副研究员，感谢《歌剧》杂志主编游暐之，“2014年度音乐发展研究报告”课题组及“2014年度歌剧、音乐剧发展研究报告”课题组的全体成员，感谢北京师范大学艺术与传媒学院胡智锋院长，清华大学美术学院林乐成教授，《装饰》杂志编辑部主任周志副编审、梁开博士、陈岸瑛教授，山西大学美术学院李楠教授，中央美术学院设计学院许平教授，福建师范大学音乐学院黄宗权副教授，中国社会科学院哲学研究所梁梅研究员，苏州大学艺术学院李超德教授等。因编纂过程中得到多方支持，未能一一列出，谨表歉意。

错漏之处在所难免，敬请批评指正。

中国艺术研究院《中国艺术年鉴》编辑部

2017年9月